प्रतियोगी परीक्षाओं के लिए

अंकगणित

विषयात्मक एवं वस्तुनिष्ठ प्रश्नों सहित

प्रतियोगी परीक्षाओं के लिए

अंकगणित

विषयात्मक एवं वस्तुनिष्ठ प्रश्नों सहित

संशोधित संस्करण

विभिन्न प्रतियोगी परीक्षाओं जैसे–

एस.एस.सी., स्नातक व मैट्रिक स्तर,
रेलवे भर्ती बोर्ड प्रवेश परीक्षा,
यू.डी.सी., एल.डी.सी.,
इनकम टैक्स इंस्पेक्टर,
पुलिस सब-इंस्पेक्टर,
बैंक पी.ओ.,
स्पेशलिस्ट ऑफीसर,
पी.सी.एस., सी.डी.एस.,
एन.डी.ए., एल.आई.सी.,
प्रशासनिक आफीसर ग्रेड,
एम.बी.ए., मैट परीक्षा
आदि के लिए
सर्वोत्तम पुस्तक

डॉ. आर० एस० अग्रवाल
एम०एस०सी०, पी०एच०डी० (दिल्ली)

दीपक अग्रवाल
एम०एस०सी०

S.CHAND
PUBLISHING
empowering minds

एस चन्द एण्ड कम्पनी लिमिटेड
(ISO 9001 : 2008 कम्पनी)
राम नगर, नई दिल्ली-110 055

एस चन्द एण्ड कम्पनी लिमिटेड

S. CHAND
PUBLISHING
empowering minds

(ISO 9001 : 2008 कम्पनी)
मुख्य कार्यालय: 7361, रामनगर, नई दिल्ली-110 055
फोन : 23672080-81-82, 9899107446, 9911310888,
फैक्स: 91-11-23677446
www.schandpublishing.com; **e-mail:** helpdesk@schandpublishing.com

शाखाएँ :

अहमदाबाद	:	Ph: 27541965, 27542369, ahmedabad@schandpublishing.com
बेंगलुरु	:	Ph: 22268048, 22354008, bangalore@schandpublishing.com
भोपाल	:	Ph: 4274723, 4209587, bhopal@schandpublishing.com
कोलकाता	:	Ph: 22367459, 22373914, bhopal@schandpublishing.com
जालंधर	:	Ph: 2401630, 5000630, jalandhar@schandpublishing.com
जयपुर	:	Ph: 2219175, 2219176, jaipur@schandpublishing.com
चेन्नई	:	Ph. 28410027, 28410058, chennai@schandpublishing.com
कोयम्बटूर	:	Ph: 2625356, 2625446, coimbatore@schandpublishing.com (Mark. Office)
चण्डीगढ़	:	Ph: 2625356, 2625546, chandigarh@schandpublishing.com
कटक	:	Ph: 2332580; 2332581, cuttack@schandpublishing.com
देहरादून	:	Ph: 2711101, 2710861, dehradun@schandpublishing.com
गुवाहाटी	:	Ph: 2738811, 2735640, guwahati@schandpublishing.com
हैदराबाद	:	Ph: 27550194, 27550195, hyderabad@schandpublishing.com
कोची	:	Ph: 2378740, 2378207-08, cochin@schandpublishing.com
लखनऊ	:	Ph: 4026791, 4065646 lucknow@schandpublishing.com
मुम्बई	:	Ph: 22690881, 22610885, mumbai@schandpublishing.com
नागपुर	:	Ph: 6451311, 2720523, 2777666, nagpur@schandpublishing.com
पटना	:	Ph: 2300489, 2302100, patna@schandpublishing.com
पुणे	:	Ph: 64017298, pune@schandpublishing.com
रांची	:	Ph: 2361178, ranchi@schandpublishing.com
रायपुर	:	Ph: 2443142, raipur@schandpublishing.com (Marketing Office)
सिलीगुड़ी	:	Ph: 2520750, siliguri@schandpublishing.com (Marketing Office)
विशाखापत्तनम	:	Ph: 2782609 visakhapatnam@schandpublishing.com (Marketing Office)

प्रथम संस्करण 1996, पुन: मुद्रित 1997 (Twice), 1998 (Twice), 1999, 2000, 2001, 2002, 2003, 2004 (Twice), 2005, 2006 (Twice), 2007 (Twice), 2008 (Twice), 2009, 2011 (Twice), 2012 (Twice) 2013, **पूर्णतया संशोधित संस्करण** 2013, 2014 (Fourth), 2015, (Thrice) 2016 (Fourth) **संशोधित संस्करण 2017, पुन: मुद्रित 2017**

ISBN : 978-93-5253-567-5

भारत में,

विकास पब्लिशिंग हाउस प्रा.लि., प्लाट नं. 20/4, साइट-4, इंडस्ट्रियल एरिया साहिबाबाद, गाजियाबाद-201010 द्वारा मुद्रित एवं एस चंद एण्ड कम्पनी लिमिटेड, 7361, रामनगर, नई दिल्ली-110 055 द्वारा प्रकाशित।

संशोधित संस्करण

प्रतियोगी परीक्षाओं की जटिलता एवं पाठकों के सुझाव को ध्यान में रखकर इस पुस्तक को संशोधित किया गया है। गहन अध्ययन एवं परिश्रम के बाद अंकगणित के प्रश्नों को नये रूप में प्रस्तुत किया गया है।

इस पुस्तक में विषयात्मक एवं वस्तुनिष्ठ दोनों प्रकार के प्रश्नों को जगह दी गई है और एक नया अतिरिक्त प्रश्न-उत्तर संग्रह जोड़ा गया है, जिसमें हाल ही की प्रतियोगी परीक्षाओं में से लिए गए प्रश्न हल सहित सम्मिलित किए गए हैं। आशा है कि नवीनतम शैली पर आधारित यह पुस्तक छात्रों को विभिन्न परीक्षाओं में सफल होने में सहायक सिद्ध होगी।

लेखक

प्राक्कथन

इस पुस्तक की अपार सफलता के पश्चात् हमारे पाठकों से प्राप्त सुझावों के आधार पर समस्त प्रतियोगी परीक्षाओं में वर्तमान में पूछे गए प्रश्नों के स्तर को ध्यान में रखते हुए यह नवीनतम संस्करण प्रस्तुत करने में हम अत्यन्त हर्ष का अनुभव कर रहे हैं। जैसा कि सर्व-विदित है कि यह पुस्तक एस०एस०सी० असिस्टेंट ग्रेड, यू०डी०सी०, एल०डी०सी०, आयकर सहायक ग्रेड, पुलिस सब-इंस्पेक्टर, बैंक पी० ओ०, स्पेशलिस्ट ऑफीसर, एल०आई०सी०, पी०सी०एस०, रेलवे परीक्षा, मैनेजमैन्ट परीक्षा आदि सभी महत्त्वपूर्ण प्रतियोगी परीक्षाओं के लिए अत्यन्त उपयोगी है।

अधिकतर परीक्षाओं में वस्तुनिष्ठ व कुछ में विषयात्मक प्रश्न पूछे जाते हैं। अतः सभी परीक्षाओं की आपूर्ति हेतु दोनों प्रकार के प्रश्नों का अपार भण्डार इस पुस्तक में निंहित है और वह भी, पूर्ण हल सहित। विभिन्न परीक्षाओं में पूछे गये प्रश्नों के विवरण परीक्षार्थियों से पूछकर उनकी स्मृति के आधार पर तथा बाजार में उपलब्ध विभिन्न प्रकार की पत्रिकाओं आदि से दिये गये हैं।

पुस्तक में सुधार लाने हेतु आपके विचार सादर आमन्त्रित हैं।

पुस्तक को इस संशोधित रूप में प्रस्तुत करने में मेरे पुत्र श्री दीपक अग्रवाल द्वारा किए गए अथक प्रयास सराहनीय हैं।

लेखक

विषय-सूची

विषय **पृष्ठ संख्या**

भाग-1 : अंकगणितीय योग्यता

1

भाग 1 : अंकगणितीय योग्यता

संख्या पद्धति (NUMBER SYSTEM)

हम जानते हैं कि किसी संख्या को लिखने के लिए दस अंकों का प्रयोग किया जाता है.

ये अंक हैं **0, 1, 2, 3, 4, 5, 6, 7, 8 तथा 9.**

किसी संख्या को लिखने के लिए हम दायीं ओर से बायीं ओर क्रमशः इकाई, दहाई, सैंकड़ा, हजार, दस-हजार, लाख, दस-लाख, करोड़, दस-करोड़ आदि स्थान लेते हैं.

इन स्थानों की तालिका बनाकर हम किसी भी संख्या को सुविधापूर्वक लिख सकते हैं.

उदाहरण 1. निम्नलिखित संख्याओं को शब्दों में लिखिये :

(*i*) 61487029 (*ii*) 723892514 (*iii*) 5894160723

हल : स्थानों की तालिका बनाकर लिखने पर :

अरब	दस-करोड़	करोड़	दस लाख	लाख	दस हजार	हजार	सैंकड़ा	दहाई	इकाई
(*i*)		6	1	4	8	7	0	2	9
(*ii*)	7	2	3	8	9	2	5	1	4
(*iii*) 5	8	9	4	1	6	0	7	2	3

अतः दी गई संख्यायें हैं क्रमशः

(*i*) छः करोड़ चौदह लाख सत्तासी हजार उनतीस.

(*ii*) बहत्तर करोड़ अठतीस लाख बानवे हजार पाँच सौ चौदह.

(*iii*) पाँच अरब नवासी करोड़ इक्तालीस लाख साठ हजार सात सौ तेईस.

उदाहरण 2 : निम्नलिखित संख्याओं को अंकों में लिखिये :

(*i*) सात करोड़ चार लाख पाँच हजार नौ.

(*ii*) चौदह करोड़ आठ लाख चार हजार एक सौ सोलह.

(*iii*) आठ लाख अस्सी. (*iv*) ग्यारह करोड़ तेईस लाख एक हजार नौ सौ तेईस.

हल : स्थानों की तालिका बनाकर संख्याओं को लिखने पर :

	दस-करोड़	करोड़	दस लाख	लाख	दस हजार	हजार	सैकड़ा	दहाई	इकाई
(*i*)		7	0	4	0	5	0	0	9
(*ii*)	1	4	0	8	0	4	1	1	6
(*iii*)				8	0	0	0	8	0
(*iv*)	1	1	2	3	0	1	9	2	3

दी गई संख्या में अंकों का जातीय मान (Local Value) :

किसी दी गई संख्या में किसी अंक का जातीय मान उसका अपना मान है, चाहे वह किसी भी स्थान पर क्यों न हो।

जैसे : संख्या 63578 में 3 का जातीय मान 3 है, 6 का जातीय मान 6 है आदि.

दी गई संख्या में अंकों का स्थानीय मान (Place Value) :

किसी दी गई संख्या में :

इकाई अंक का स्थानीय मान = (इकाई अंक) × 1;

दहाई अंक का स्थानीय मान = (दहाई अंक) × 10;

सैंकड़े के अंक का स्थानीय मान = (सैंकड़े का अंक) × 100 आदि.

उदाहरण 3. संख्या 32567809 में निम्न अंकों के स्थानीय मान लिखिए :

(i) 3 (ii) 5 (iii) 7 (iv) 8 (v) 0

हल : इन्हें स्थानीय तालिका में लिखने पर :

करोड़	दस लाख	लाख	दस हजार	हजार	सैंकड़ा	दहाई	इकाई
3	2	5	6	7	8	0	9

(*i*) 3 का स्थानीय मान = (3 × 10000000) = 30000000.

(*ii*) 5 का स्थानीय मान = (5 × 100000) = 500000.

(*iii*) 7 का स्थानीय मान = (7 × 1000) = 7000.

(*iv*) 8 का स्थानीय मान = (8 × 100) = 800.

(*v*) 0 का स्थानीय मान = (0 × 10) = 0.

उदाहरण 4 : संख्या 536487 में निम्न अंकों के जातीय मान लिखिये :

(i) 5 (ii) 4 (iii) 8

हल : (*i*) 5 का जातीय मान = 5.

(*ii*) 4 का जातीय मान = 4.

(*iii*) 8 का जातीय मान = 8.

विभक्ति के नियम

I. 2 से विभक्त होने के नियम :

यदि किसी संख्या का इकाई अंक 0, 2, 4, 6, 8 में से कोई हो, तो वह संख्या 2 से पूर्णतया विभक्त होगी.

जैसे : निम्नलिखित में से प्रत्येक संख्या 2 से पूर्णतया विभक्त होगी :

(*i*) 97532 (*ii*) 180634 (*iii*) 7809516 (*iv*) 3579108 (*v*) 1579340

II. 3 से विभक्त होने के नियम :

यदि दी गई संख्या के सभी अंकों का योग 3 से पूर्णतया विभक्त हो जाये तो वह संख्या 3 से पूर्णतया विभक्त होगी.

जैसे : (*i*) संख्या 75684 लें :

इसके अंकों का योग = (7 + 5 + 6 + 8 + 4) = 30, जो 3 से पूर्णतया विभक्त होता है.

अत: दी गई संख्या 75684 पूर्णतया 3 से विभक्त होगी.

(*ii*) संख्या 963421 लें :

इसके अंकों का योग = (9 + 6 + 3 + 4 + 2 + 1) = 25, जो 3 से पूर्णतया विभक्त नहीं होती.

अत: दी गई संख्या 963421 पूर्णतया 3 से विभक्त नहीं होगी.

III. 9 से विभक्त होने का नियम :

यदि किसी दी गई संख्या के सभी अंकों का योग 9 से पूर्णतया विभक्त हो, तो दी गई संख्या 9 से पूर्णतया विभक्त होगी.

जैसे : (*i*) संख्या 754623 लें :

इसके अंकों का योग = (7 + 5 + 4 + 6 + 2 + 3) = 27, जो 9 से पूर्णतया विभक्त होता है.

अत: दी गई संख्या 754623 पूर्णतया 9 से विभक्त होगी.

(*ii*) संख्या 375693 लें :

इसके अंकों का योग = (3 + 7 + 5 + 6 + 9 + 3) = 33, जो 9 से पूर्णतया विभक्त नहीं होती.

अत: दी गई संख्या 375693 पूर्णतया 9 से विभक्त नहीं होगी.

IV. 5 से विभक्त होने का नियम :

यदि किसी दी गई संख्या का इकाई अंक 5 अथवा 0 हो, तो वह संख्या 5 से पूर्णतया विभक्त होगी.

जैसे : 86735 तथा 68730 में से प्रत्येक 5 से विभक्त होगी.

V. 4 से विभक्त होने का नियम :

कोई दी गई संख्या 4 से विभक्त तभी होगी जब उसके दहाई और इकाई अंकों से बनी संख्या 4 से पूर्णतया विभक्त हो.

जैसे : (*i*) संख्या 978132 लीजिए.

इसके दहाई और इकाई अंकों से बनी संख्या 32 है, जो 4 से पूर्णतया विभक्त होगी है.

अत: दी गई संख्या 978132 पूर्णतया 4 से विभक्त होगी.

(*ii*) संख्या 844254 लीजिए.

इसके दहाई और इकाई अंकों से बनी संख्या 54 है, जो 4 से पूर्णतया विभक्त नहीं होती.

अत: दी गई संख्या 844254 पूर्णतया 4 से विभक्त नहीं होगी.

VI. 8 से विभक्त होने का नियम :

कोई दी गई संख्या 8 से विभक्त तभी होगी जब उसके सैंकड़े, दहाई तथा इकाई अंकों से बनी संख्या 8 से पूर्णतया विभक्त हो.

जैसे : (*i*) संख्या 6795416 लीजिए.

इसके सैंकड़े दहाई और इकाई अंकों से बनी संख्या 416 है जो 8 से पूर्णतया विभक्त होती है.

अत: दी गई संख्या 8 से पूर्णतया विभक्त होगी.

VII. 11 से विभक्त होने का नियम :

कोई दी गई संख्या 11 से तभी विभक्त होगी जबकि इकाई से बायीं ओर चलने पर सम-स्थानों के अंकों के योग तथा विषम-स्थानों के अंकों के योग का अन्तर 0 हो अथवा 11 से पूर्णतया विभक्त हो.

जैसे : (*i*) संख्या 80164591 में

(सम स्थानों के अंकों का योग) – (विषम स्थानों के अंकों का योग)

$= (9 + 4 + 1 + 8) - (1 + 5 + 6 + 0) = (22 - 12) = 10$, जो 11 से विभक्त नहीं होता.

अत: दी गई संख्या 80164591 पूर्णतया 11 से विभक्त नहीं होगी.

(*ii*) संख्या 23697069 में

(विषम स्थानों के अंकों का योग) – (सम स्थानों के अंकों का योग)

$= (9 + 0 + 9 + 3) - (6 + 7 + 6 + 2) = (21 - 21) = 0$.

अत: दी गई संख्या 23697069 पूर्णतया 11 से विभक्त होगी.

(*iii*) संख्या 938245 लीजिए.

इसके (सम स्थानों के अंकों का योग) – (विषम स्थानों के अंकों का योग)

$= (4 + 8 + 9) - (5 + 2 + 3) = (21 - 10) = 11$, जो 11 से पूर्णतया विभक्त होता है.

अत: दी गई संख्या 938245 पूर्णतया 11 से विभक्त होगी.

VIII. 7 से विभक्त होने का नियम :

यदि इकाई अंक को छोड़कर शेष बची संख्या में से इकाई अंक का दुगुना घटा देने के बाद बची संख्या 7 से विभक्त हो, तो दी गई संख्या 7 से विभक्त होगी.

जैसे : (*i*) संख्या 882 लें.

$(88 - 2 \times 2) = 84$, जो 7 से पूर्णतया विभक्त होती है. अत: 882 भी 7 से पूर्णतया विभक्त होगी.

(*ii*) संख्या 663 लें.

$(66 - 2 \times 3) = 60$, जो 7 से पूर्णतया विभक्त नहीं होती.

$\therefore$ 663 भी 7 से पूर्णतया विभक्त नहीं होगी.

सहअभाज्य संख्यायें (Co-Primes) : यदि a तथा b दो ऐसी संख्यायें हैं जिनका महत्तमसमापर्तक (HCF) 1 हो, तो ऐसी संख्यायें सहअभाज्य संख्यायें कहलाती हैं.

जैसे : (2, 3), (3, 5), (6, 7), (9, 11), (21, 65) आदि.

एक विशेष नियम : यदि कोई दी गई संख्या दो सहअभाज्य संख्याओं a तथा b में से प्रत्येक से पूर्णतया विभक्त हो, तो वह संख्या ab से भी पूर्णतया विभक्त होगी.

जैसे : 19752 लीजिए.

इसका इकाई अंक 2 है, अत: दी गई संख्या 2 से विभक्त होगी.

$(1 + 9 + 7 + 5 + 2) = 24$, जो 3 से पूर्णतया विभक्त होती है, अत: दी गई संख्या 3 से भी विभक्त होगी.

स्पष्ट है कि 2 तथा 3 सहभाज्य संख्यायें हैं.

अत: 19752 पूर्णतया 6 से विभक्त होगी.

उदाहरण 5 : कोई संख्या यदि 4 तथा 6 दोनों से विभक्त होती है, तो क्या यह आवश्यक है कि यह संख्या 24 से विभक्त हो ? इसकी विवेचना कीजिए.

उदाहरण देकर स्पष्ट कीजिए.

हल : नहीं, उदाहरण हेतु 36 लीजिए.

यह 4 तथा 6 दोनों से विभक्त होता है, परन्तु 24 से विभक्त नहीं होता.

ध्यान रहे, 4 तथा 6 सह-अभाज्य संख्यायें नहीं हैं.

सम-संख्यायें (Even Numbers) : जो प्राकृत संख्यायें 2 से पूर्णतया विभक्त हो जायें, उन्हें सम-संख्यायें कहते हैं. जैसे : (*i*) 32 (*ii*) 46 (*iii*) 54 (*iv*) 98 (*v*) 90 आदि सभी सम-संख्यायें हैं.

विषम-संख्यायें (Odd Numbers) : जो प्राकृत संख्यायें 2 से पूर्णतया विभक्त न हों उन्हें विषम संख्यायें कहते हैं.

जैसे : (*i*) 23 (*ii*) 35 (*iii*) 57 (*iv*) 81 आदि सभी विषम संख्यायें हैं.

अभाज्य संख्यायें (Prime Numbers) : ऐसी प्राकृत संख्या जिसके दो तथा केवल दो गुणनखण्ड हों, अभाज्य संख्या कहलाती है.

जैसे : 100 से कम सभी अभाज्य संख्यायें नीचे दी गई हैं :

2, 3, 5, 7, 11, 13, 17, 19, 23, 29, 31, 37, 41, 43, 47, 53, 59, 61, 67, 71, 73, 79, 83, 89, 97.

इनकी संख्या 25 है.

जाँच (Test) : माना a कोई दी गई संख्या है तथा n वह छोटी से छोटी प्राकृत संख्या है कि $n^2 \geq a$.

अब दी गई संख्या को n तथा इससे छोटी प्रत्येक अभाज्य संख्या से विभक्त करके देखें. यदि इनमें से किसी भी संख्या से a पूर्णतया विभक्त नहीं होता तो a एक अभाज्य संख्या होगी, अन्यथा नहीं.

उदाहरण 6. जाँच करें कि 173 एक अभाज्य संख्या है अथवा नहीं.

हल : हम जानते हैं कि $(14)^2 > 173$.

14 से छोटी सभी अभाज्य संख्यायें हैं 2, 3, 5, 7, 11, 13.

स्पष्ट है कि 173 इनमें से किसी भी संख्या से पूर्णतया विभक्त नहीं होता. अत: 173 एक अभाज्य संख्या है.

उदाहरण 7. जाँच करें कि 341 एक अभाज्य संख्या है, अथवा नहीं.

हल : हम जानते हैं कि $(19)^2 > 341$.

19 से छोटी सभी अभाज्य संख्यायें हैं 2, 3, 5, 7, 11, 13, 17.

स्पष्ट है 341 इनमें से 11 से पूर्णतया विभक्त होता है.

अत: 341 एक अभाज्य संख्या नहीं है.

उदाहरण 8. जाँच करें कि 437 एक अभाज्य संख्या है अथवा नहीं.

हल : हम जानते हैं कि $(21)^2 > 437$.

21 से छोटी सभी अभाज्य संख्यायें हैं 2, 3, 5, 7, 11, 13, 17, 19.

स्पष्ट है कि 437 इनमें से 19 से पूर्णतया विभक्त होता है.

अत: 437 एक अभाज्य संख्या नहीं है.

उदाहरण 9. जाँच करें कि 811 एक अभाज्य संख्या है अथवा नहीं.

हल : हम जानते हैं कि $(29)^2 > 811$.

29 से छोटी सभी अभाज्य संख्यायें हैं 2, 3, 5, 7, 11, 13, 17, 19, 23

भाग देने से ज्ञात होगा कि 811 इनमें से किसी से भी पूर्णतया विभक्त नहीं होता.

अत: 811 एक अभाज्य संख्या है.

संख्याओं में भाग संक्रिया (DIVISION ON NUMBERS)

माना किसी संख्या a को संख्या b से विभक्त करने पर भागफल q तथा शेषफल r है. तब

$a = bq + r$, जहाँ $0 \le r < b$
a = भाज्य (dividend); b = भाजक (divisor); q = भागफल (quotient); r = शेषफल (remainder).

$$b \overline{)\, a \,(} q \quad \underline{r}$$

भाज्य = (भाजक × भागफल) + शेषफल

कुछ साधित उदाहरण

उदाहरण 10. 1043 को किसी संख्या से भाग देने पर भागफल 11 तथा शेषफल 20 प्राप्त होता है. भाजक ज्ञात कीजिए.

हल : यहाँ भाज्य = 1043, भागफल = 11 तथा शेषफल = 20.

$$\text{भाजक} = \frac{(\text{भाज्य}) - (\text{शेषफल})}{\text{भागफल}} = \frac{(1043-20)}{11} = \frac{1023}{11} = 93.$$

उदाहरण 11. 1000 में से छोटी से छोटी कौन–सी संख्या घटाई जाये कि शेष बची संख्या 19 से पूर्णतया विभक्त हो जाये ?

```
19 ) 1000 ( 52
     95
      50
      38
      12
```

हल : 1000 को 19 से भाग देने पर शेषफल = 12.

अत: अभीष्ट संख्या = 12.

उदाहरण 12. किसी संख्या को 195 से भाग देने पर 47 शेष बचते हैं. इस संख्या को 15 से भाग देने पर शेष क्या बचेगा ?

हल : माना दी गई संख्या को 195 से भाग देने पर भागफल = q तथा शेषफल = 47.

तब, दी गई संख्या $= 195 \times q + 47$

$= 15 \times (13q) + 15 \times 3 + 2$

$= 15 \times (13q + 3) + 2.$

अत: उस संख्या को 15 से भाग देने पर भागफल = 2.

कुछ विशेष सूत्र (FORMULAE)

(i) $(a+b)^2 = (a^2 + b^2 + 2ab)$

(ii) $(a-b)^2 = (a^2 + b^2 - 2ab)$

(iii) $(a+b)^2 + (a-b)^2 = 2(a^2 + b^2)$

(iv) $(a+b)^2 - (a-b)^2 = 4ab$

(v) $(a^2 - b^2) = (a+b)(a-b)$

(vi) $(a+b)^3 = a^3 + b^3 + 3ab(a+b)$

(vii) $(a-b)^3 = a^3 - b^3 - 3ab(a-b)$

(viii) $(a^3 + b^3) = (a+b)(a^2 - ab + b^2)$

(ix) $(a^3 - b^3) = (a-b)(a^2 + ab + b^2)$

समान्तर श्रेढ़ी (A.P.) :

श्रेढ़ी $a, a+d, a+2d, a+3d,$ .... एक समान्तर श्रेढ़ी है, जिसमें प्रथम पद $= a$ तथा सार्वअन्तर $= d$ है।

nवाँ पद, $T_n = a+(n-1)\,d$.

n पदों का योग, $S_n = \frac{n}{2}[2a+(n-1)d]$.

n पदों का योग, $S_n = \frac{n}{2}(a+l)$, जहाँ $l =$ अन्तिम पद.

गुणोतर श्रेढ़ी (G.P.)

श्रेढ़ी $a, ar, ar^2,$...... एक गुणोतर श्रेढ़ी है जिसमें प्रथम पद $= a$, सार्वअनुपात $= r$.

nवाँ पद, $T_n = ar^{n-1}$ तथा n पदों का योग, $S_n = \frac{a(r^n-1)}{(r-1)} = \frac{a(1-r^n)}{(1-r)}$.

सभी प्रकार के साधित उदाहरण

प्रश्न 1. 6784 × 786 + 6784 × 214 = ?

हल : वितरण नियम द्वारा :

6784 × 786 + 6784 × 214 = 6784 × (786 + 214)
= 6784 × 1000 = 6784000.

प्रश्न 2. 8765 × 974 – 8765 × 874 = ?

हल : वितरण नियम द्वारा :

8765 × 974 – 8765 × 874
= 8765 × (974 – 874)
= 8765 × 100 = 876500.

प्रश्न 3. (*i*) **1509 × 1509 = ?** (*ii*) **1994 × 1994 = ?**

हल : (*i*) $1509 \times 1509 = (1509)^2$

$= (1500+9)^2$

$= (1500)^2 + 9^2 + 2\times 1500\times 9 \left[\because (a+b)^2 = a^2+b^2-2ab\right]$

= 2250000 + 81 + 27000 = 2277081.

(*ii*) $1994\times 1994 = (1994)^2$

$= (2000-6)^2$

$= (2000)^2 + 6^2 - 2\times 2000\times 6 \left[\because (a-b)^2 = a^2+b^2-2ab\right]$

= 4000000 + 36 – 24000
= 4000036 – 24000 = 3976036.

प्रश्न 4. 883 × 883 – 117 × 117 = ?

हल : $883 \times 883 - 117 \times 117 = (883)^2 - (117)^2$

$= (883+117)\,(883-117) \left[\because (a^2-b^2) = (a+b)\,(a-b)\right]$

= 1000 × 766 = 766000.

प्रश्न 5. (220 × 220 + 180 × 180) = ?

हल : $(a^2+b^2) = \frac{1}{2}.\left\{(a+b)^2 + (a-b)^2\right\}$

$= \frac{1}{2}.\left\{(220+180)^2 + (220-180)^2\right\}$

$= \frac{1}{2}\times\left\{(400)^2 + (40)^2\right\} = \frac{1}{2}\times(160000+1600)$

$= \frac{1}{2}\times 161600 = 80800.$

प्रश्न 6. $\dfrac{(867+289)^2-(867-289)^2}{(867\times 289)}=?$

हल : दिया गया व्यंजक $=\dfrac{(a+b)^2-(a-b)^2}{ab}$, जहाँ $a = 867$ तथा $b = 289$

$$=\frac{4ab}{ab}=4\left[\because (a+b)^2-(a-b)^2=4ab\right]$$

प्रश्न 7. $\dfrac{(956+479)^2+(956-479)^2}{(956\times 956+479\times 479)}=?$

हल : दिया गया व्यंजक $=\dfrac{(a+b)^2+(a-b)^2}{(a^2+b^2)}$, जहाँ $a = 956$ तथा $b = 479$

$$=\frac{2(a^2+b^2)}{(a^2+b^2)}=2\left[\because (a+b)^2+(a-b)^2=2(a^2+b^2)\right]$$

प्रश्न 8. $\dfrac{783\times 783\times 783+217\times 217\times 217}{783\times 783-783\times 217+217\times 217}=?$

हल : दिया गया व्यंजक $=\dfrac{(783)^3+(217)^3}{(783)^2-783\times 217+(217)^2}$

$$=\frac{(a^3+b^3)}{(a^2-ab+b^2)},\text{ जहाँ } a = 783 \text{ तथा } b = 217$$

$$=(a+b)=(783+217)=1000.$$

प्रश्न 9. $\dfrac{693\times 693\times 693-383\times 383\times 383}{693\times 693+693\times 383+383\times 383}=?$

हल : दिया गया व्यंजक $=\dfrac{(693)^3-(383)^3}{(693)^2+693\times 383+(383)^2}$

$$=\frac{(a^3-b^3)}{(a^2+ab+b^2)},\text{ जहाँ } a = 693 \text{ तथा } b = 383$$

$$=(a-b)=(693-383)=310.$$

प्रश्न 10. (476 × 198 × 359 × 242) में इकाई अंक क्या होगा?

हल :- दी गई संख्याओं के इकाई अंकों का गुणनफल = (6 × 8 × 9 × 2) = 864.

अत: अभीष्ट अंक = 4.

प्रश्न 11. $(3527)^{654}$ में इकाई अंक क्या होगा?

हल : अभीष्ट अंक $(7)^{654}$ में इकाई अंक $=[(7^4)^{163}\times 7^2]$ में इकाई अंक = (1 × 49) में इकाई अंक = 9.

$\therefore$ $(3527)^{654}$ में इकाई अंक = 9.

प्रश्न 12. $(7^{65}\times 6^{41}\times 3^{57})$ में इकाई अंक क्या होगा?

हल : 7^{65} का इकाई अंक $=(7^4)^{16}\times 7$ का इकाई अंक = (1 × 7) = 7.

6^{41} का इकाई अंक = 6.

3^{57} का इकाई अंक $=(3^4)^{14}\times 3$ का इकाई अंक = (1 × 3) = 3.

अभीष्ट अंक = (7 × 6 × 3) का इकाई अंक = 126 का इकाई अंक = 6.

प्रश्न 13. 10690 को किसी संख्या से भाग देने पर भागफल = 73 तथा शेषफल = 32 प्राप्त होता है. भाजक कितना है?

हल : दिया है : भाज्य = 10690, भागफल = 73 तथा शेषफल = 32.

भाज्य = (भाजक × भागफल) + शेषफल

$\Rightarrow$ (भाजक × भागफल) = (भाज्य) – (शेषफल)

$$\Rightarrow \text{भाजक} = \frac{(\text{भाज्य}) - (\text{शेषफल})}{\text{भागफल}}$$

$$= \frac{(10690 - 32)}{73} = \frac{10658}{73} = 146.$$

73) 10658 (146
73
335
292
438
438
x

प्रश्न 14. 3100 में से कौन-सी छोटी से छोटी संख्या घटाई जाए कि शेष बची संख्या 17 से पूर्णतया विभक्त हो?

हल : 3100 को 17 से भाग देने पर शेषफल = 6.

$\therefore$ अभीष्ट संख्या = 6.

17) 3100 (182
17
140
136
40
34
6

प्रश्न 15. 4508 के समीपतम कौन-सी संख्या है जो 21 से पूर्णतया विभक्त हो?

हल : 4508 को 21 से भाग देने पर शेषफल = 14.

अभीष्ट संख्या = 4508 + (21 – 14)
= (4508 + 7) = 4515.

21) 4508 (214
42
30
21
98
84
14

प्रश्नमाला 1A

निम्नलिखित प्रश्नों में से प्रत्येक में प्रश्नचिन्ह (?) के स्थान पर कौन-सी संख्या होगी?

1. $16 \times 12 - 672 \div 21 = ? - 211$ **(बैंक पी०ओ० परीक्षा, 2010)**
   (*a*) 381 (*b*) 347 (*c*) 372 (*d*) 311 (*e*) इनमें से कोई नहीं
2. 475 + 950 का 64% = 900 + ? **(बैंक पी०ओ० परीक्षा, 2010)**
   (*a*) 183 (*b*) 233 (*c*) 1983 (*d*) 1863 (*e*) इनमें से कोई नहीं
3. 7960 + 2956 – 8050 + 4028 = ? **(बैंक पी०ओ० परीक्षा, 2010)**
   (*a*) 6984 (*b*) 6884 (*c*) 6894 (*d*) 6954 (*e*) इनमें से कोई नहीं
4. 3842 का $\frac{1}{2}$ + ? का 15% = 2449 **(बैंक पी०ओ० परीक्षा, 2010)**
   (*a*) 3520 (*b*) 3250 (*c*) 3350 (*d*) 3540 (*e*) इनमें से कोई नहीं
5. ? का 350% ÷ 50 + 248 = 591 **(बैंक पी०ओ० परीक्षा, 2010)**
   (*a*) 4890 (*b*) 4900 (*c*) 4850 (*d*) 4950 (*e*) इनमें से कोई नहीं
6. $25 \times 3.25 + 50.4 \div 24 = ?$ **(बैंक पी०ओ० परीक्षा, 2010)**
   (*a*) 84.50 (*b*) 83.53 (*c*) 83.35 (*d*) 82.45 (*e*) इनमें से कोई नहीं
7. $(833.25 - 384.45) \div 24 = ?$ **(बैंक पी०ओ० परीक्षा, 2010)**
   (*a*) 1.87 (*b*) 20.1 (*c*) 2.01 (*d*) 18.7 (*e*) इनमें से कोई नहीं

8. $5.6 \times 12.5 \div 0.5 + 15.5 = ? + 49.5$ **(बैंक पी०ओ० परीक्षा, 2010)**

(a) 106 (b) 110 (c) 120 (d) 156 (e) इनमें से कोई नहीं

9. $1575 \div 21 \div 5 = \sqrt{?} \times 6$ **(बैंक पी०ओ० परीक्षा, 2010)**

(a) 6.25 (b) 2.5 (c) 62.5 (d) $\sqrt{2.5}$ (e) इनमें से कोई नहीं

10. $(\sqrt{?} - 1)^2 = 8 - \sqrt{28}$ **(बैंक पी०ओ० परीक्षा, 2010)**

(a) 6 (b) 4 (c) 9 (d) 7 (e) इनमें से कोई नहीं

11. 32.5×450 का $26\% \div 3 - 745.5 = ?$ **(बैंक पी०ओ० परीक्षा, 2010)**

(a) 542 (b) 522 (c) 632 (d) 612 (e) इनमें से कोई नहीं

12. $(0.7)^2 \div 0.343 = (0.7)^? \div (0.49)^3$ **(बैंक पी०ओ० परीक्षा, 2010)**

(a) 3 (b) 6 (c) 7 (d) 4 (e) इनमें से कोई नहीं

13. $87878 - 7878 - 6666 - 777 - 33 = ?$ **(बैंक पी०ओ० परीक्षा, 2010)**

(a) 73354 (b) 75224 (c) 72534 (d) 72524 (e) इनमें से कोई नहीं

14. $642 + 4120 + 387 - 51620 = ?$ **(बैंक पी०ओ० परीक्षा, 2010)**

(a) 41629 (b) 31539 (c) 21869 (d) 31529 (e) इनमें से कोई नहीं

15. $4172 + 593 - ? = 3069$ **(बैंक पी०ओ० परीक्षा, 2009)**

(a) 1666 (b) 1669 (c) 1996 (d) 1969 (e) इनमें से कोई नहीं

16. $8888 + 848 + 88 - ? = 7337 + 737$ **(बैंक पी०ओ० परीक्षा, 2009)**

(a) 1750 (b) 1650 (c) 1550 (d) 1450 (e) इनमें से कोई नहीं

17. $8595 + 2319 - 5658 = ?$ **(बैंक पी०ओ० परीक्षा, 2009)**

(a) 5266 (b) 5546 (c) 5526 (d) 5246 (e) इनमें से कोई नहीं

18. $3895 - 1563 + 1089 = ?$ **(बैंक पी०ओ० परीक्षा, 2009)**

(a) 3321 (b) 3527 (c) 3329 (d) 3429 (e) इनमें से कोई नहीं

19. $5982 + 1345 + 736 - ? = 4588 + 992$ **(बैंक पी०ओ० परीक्षा, 2009)**

(a) 2485 (b) 2480 (c) 2473 (d) 2467 (e) इनमें से कोई नहीं

20. $136 \times 12 \times 8 = ?$ **(बैंक पी०ओ० परीक्षा, 2009)**

(a) 12066 (b) 13064 (c) 13066 (d) 13046 (e) इनमें से कोई नहीं

21. $518 \times ? \times 9 = 303030$ **(बैंक पी०ओ० परीक्षा, 2008)**

(a) 75 (b) 65 (c) 85 (d) 55 (e) इनमें से कोई नहीं

22. $74156 - ? - 321 - 20 + 520 = 69894$ **(बैंक पी०ओ० परीक्षा, 2008)**

(a) 3451 (b) 4441 (c) 5401 (d) 4531 (e) इनमें से कोई नहीं

23. $85793 - ? + 151 = 77477$ **(बैंक पी०ओ० परीक्षा, 2006)**

(a) 8467 (b) 8476 (c) 8674 (d) 8764 (e) इनमें से कोई नहीं

24. $8125 - 4018 - 1219 = ?$

(a) 2798 (b) 2888 (c) 2978 (d) 2988 (e) इनमें से कोई नहीं

25. $333 \times 33 \times 3 = ?$ **(बैंक पी०ओ० परीक्षा, 2008)**

(a) 32697 (b) 36297 (c) 32679 (d) 39267 (e) इनमें से कोई नहीं

26. $916 \times ? \times 3 = 214344$ **(बैंक पी०ओ० परीक्षा, 2007)**

(a) 78 (b) 68 (c) 84 (d) 66 (e) इनमें से कोई नहीं

27. $20111 \times 21 \times 11 = ?$ **(बैंक पी०ओ० परीक्षा, 2006)**

(a) 4645641 (b) 4645461 (c) 4645611 (d) 4645645 (e) इनमें से कोई नहीं

28. $587 \times 999 = ?$ **(एम०बी०ए० परीक्षा, 2005)**

(*a*) 586413 (*b*) 587523 (*c*) 614823 (*d*) 615173

29. $72519 \times 9999 = ?$

(*a*) 725117481 (*b*) 674217481 (*c*) 685126481 (*d*) इनमें से कोई नहीं

30. $2056 \times 987 = ?$

(*a*) 1936372 (*b*) 2029272 (*c*) 1896172 (*d*) इनमें से कोई नहीं

31. $1904 \times 1904 = ?$

(*a*) 3654316 (*b*) 3625216 (*c*) 3632646 (*d*) इनमें से कोई नहीं

32. $1397 \times 1397 = ?$

(*a*) 1951609 (*b*) 2031719 (*c*) 1981709 (*d*) इनमें से कोई नहीं

33. $(66)^2 - (34)^2 = ?$ **(बैंक पी०ओ० परीक्षा, 2009)**

(*a*) 3600 (*b*) 3200 (*c*) 2146 (*d*) 2466 (*e*) इनमें से कोई नहीं

34. $(999)^2 - (998)^2 = ?$ **(एम०बी०ए० परीक्षा, 2008)**

(*a*) 1 (*b*) 999 (*c*) 1997 (*d*) 998

35. $(106 \times 106 - 94 \times 94) = ?$ **(रेलवे परीक्षा, 2006)**

(*a*) 2400 (*b*) 2000 (*c*) 1904 (*d*) 1906

36. $(217 \times 217 + 183 \times 183) = ?$

(*a*) 79698 (*b*) 80578 (*c*) 80698 (*d*) 81268

37. $(107 \times 107 + 93 \times 93) = ?$

(*a*) 19578 (*b*) 19418 (*c*) 20098 (*d*) इनमें से कोई नहीं

38. $(287 \times 287 + 269 \times 269 - 2 \times 287 \times 269) = ?$

(*a*) 534 (*b*) 446 (*c*) 354 (*d*) 324

39. $(456 \times 456 + 144 \times 144 + 2 \times 456 \times 144) = ?$

(*a*) 250000 (*b*) 360000 (*c*) 375600 (*d*) 361600

40. $\dfrac{(589+187)^2 - (589-187)^2}{589 \times 187} = ?$

(*a*) 4 (*b*) 2 (*c*) 402 (*d*) $\dfrac{201}{388}$

41. $\dfrac{(931+138)^2 + (931-138)^2}{(931 \times 931 + 138 \times 138)} = ?$

(*a*) 793 (*b*) 1069 (*c*) $\dfrac{793}{1069}$ (*d*) इनमें से कोई नहीं

42. $(465+415)^2 - 4 \times 465 \times 415 = ?$

(*a*) 2500 (*b*) 3160 (*c*) 3500 (*d*) 3600

43. $\dfrac{(735 \times 735 \times 735 - 105 \times 105 \times 105)}{(735 \times 735 + 735 \times 105 + 105 \times 105)} = ?$

(*a*) 630 (*b*) $\dfrac{1}{630}$ (*c*) $\dfrac{1}{7}$ (*d*) इनमें से कोई नहीं

44. $\dfrac{(680\times680+320\times320-680\times320)}{(680\times680\times680+320\times320\times320)}=?$

(*a*) 1000 (*b*) $\dfrac{1}{1000}$ (*c*) 360 (*d*) $\dfrac{1}{360}$

45. $\dfrac{(963\times963\times963+137\times137\times137)}{(963\times963-963\times137+137\times137)}=?$

(*a*) 1000 (*b*) 826 (*c*) 1100 (*d*) इनमें से कोई नहीं

46. $\dfrac{(256\times256-144\times144)}{112}=?$ **(एस०एस०सी० परीक्षा, 2010)**

(*a*) 420 (*b*) 400 (*c*) 360 (*d*) 320

47. यदि $a=11$ तथा $b=9$ हो, तो $\dfrac{(a^2+b^2+ab)}{(a^3-b^3)}=?$ **(एस०एस०सी० परीक्षा, 2010)**

(*a*) $\dfrac{1}{2}$ (*b*) 2 (*c*) $\dfrac{1}{20}$ (*d*) 20

48. यदि a तथा b ऐसे धन पूर्णांक हैं कि $a^2-b^2=19$ है, तो a का मान क्या होगा?

(*a*) 19 (*b*) 20 (*c*) 9 (*d*) 10

(एस०एस०सी० परीक्षा, 2010)

49. $\left(1\frac{1}{2}+11\frac{1}{2}+111\frac{1}{2}+1111\frac{1}{2}\right)=?$ **(एस०एस०सी० परीक्षा, 2010)**

(*a*) 1236 (*b*) $1234\frac{1}{2}$ (*c*) 618 (*d*) 617

50. यदि $4^a=5, 5^b=6, 6^c=7$ तथा $7^d=8$ हो, तो $(a\times b\times c\times d)=?$ **(एस०एस०सी० परीक्षा, 2010)**

(*a*) 1 (*b*) 1.5 (*c*) 3 (*d*) 4.5

51. यदि $\left(\frac{3}{5}\right)^3\left(\frac{3}{5}\right)^{-6}=\left(\frac{3}{5}\right)^{2x-1}$ हो, तो $x=?$ **(एस०एस०सी० परीक्षा, 2010)**

(*a*) −2 (*b*) 2 (*c*) −1 (*d*) 1

52. $\left[\frac{1}{1\times2}+\frac{1}{2\times3}+\frac{1}{3\times4}+.....+\frac{1}{99\times100}\right]=?$ **(एस०एस०सी० परीक्षा, 2010)**

(*a*) $\dfrac{1}{9900}$ (*b*) $\dfrac{99}{100}$ (*c*) $\dfrac{100}{99}$ (*d*) $\dfrac{1000}{99}$

53. $\left(1-\frac{1}{2^2}\right)\left(1-\frac{1}{3^2}\right)\left(1-\frac{1}{4^2}\right)....\left(1-\frac{1}{19^2}\right)\left(1-\frac{1}{20^2}\right)=?$ **(ए०ए०ओ० परीक्षा, 2010)**

(*a*) 0.522 (*b*) 0.552 (*c*) 0.525 (*d*) 0.555

54. $\left[\dfrac{(1.331)^{-1}+(1.331)^{-2}+....+(1.331)^{-7}}{(1.331)^{-2}+(1.331)^{-3}+....+(1.331)^{-8}}\right]^{2/3}=?$ **(ए०ए०ओ० परीक्षा, 2010)**

(*a*) $(1.331)^{-2}$ (*b*) 1.331 (*c*) $(1.1)^{-2}$ (*d*) 1.21

55. $\left(1-\frac{1}{3}\right)\left(1-\frac{1}{4}\right)\left(1-\frac{1}{5}\right)....\left(1-\frac{1}{n}\right)=?$

(*a*) $\dfrac{1}{n}$ (*b*) $\dfrac{2}{n}$ (*c*) $\dfrac{2(n-1)}{n}$ (*d*) $\dfrac{2}{n(n+1)}$

56. $\left(2-\frac{1}{3}\right)\left(2-\frac{3}{5}\right)\left(2-\frac{5}{7}\right)....\left(2-\frac{997}{999}\right)=?$

(*a*) $\frac{5}{999}$ (*b*) $\frac{1001}{999}$ (*c*) $\frac{1001}{3}$ (*d*) इनमें से कोई नहीं

57. किसी प्राकृत संख्या n के लिए $\left\{\frac{1}{1.2}+\frac{1}{2.3}+\frac{1}{3.4}+....+\frac{1}{n(n+1)}\right\}$ का मान क्या होगा?

(*a*) सदैव 1 (*b*) सदैव 1 से बड़ा (*c*) सदैव 1 से छोटा (*d*) निश्चित नहीं

58. $\left(4^{61}+4^{62}+4^{63}+4^{64}\right)$ निम्नलिखित में से किससे विभाज्य है?

(*a*) 3 (*b*) 10 (*c*) 11 (*d*) 13

59. यदि n एक सम संख्या है, तो (6^n-1) निम्नलिखित में से किससे पूर्णतया विभक्त होगा?

(*a*) 30 (*b*) 36 (*c*) 6 (*d*) 35

60. $(51+52+53+....+100)=?$

(*a*) 2525 (*b*) 2975 (*c*) 3225 (*d*) 3775

61. $(11^2+12^2+13^2+....+20^2)=?$

(*a*) 385 (*b*) 2485 (*c*) 2870 (*d*) 3255

62. यदि $(1^2+2^2+3^2+....+20^2)=2870$ हो, तो $(2^2+4^2+6^2+....+40^2)=?$

(*a*) 2870 (*b*) 5740 (*c*) 11480 (*d*) 28700

63. $\frac{(225)^{0.2}\times(225)^{0.3}}{(225)^{0.8}\times(225)^{0.2}}=?$ **(एस०एस०सी० परीक्षा, 2006)**

(*a*) 15 (*b*) $\frac{1}{15}$ (*c*) 1.5 (*d*) $\frac{1}{25}$

64. संख्या $(2137)^{753}$ में इकाई का अंक क्या है? **(ए०ए०ओ० परीक्षा, 2010)**

(*a*) 1 (*b*) 3 (*c*) 7 (*d*) 9

65. संख्या $(13)^{2003}$ में इकाई का अंक कितना है? **(ए०ए०ओ० परीक्षा, 2010)**

(*a*) 7 (*b*) 9 (*c*) 3 (*d*) 1

66. संख्या $(22)^{23}$ में इकाई का अंक कितना है? **(एस०एस०सी० परीक्षा, 2008)**

(*a*) 2 (*b*) 4 (*c*) 6 (*d*) 8

67. 7^{105} में इकाई का अंक कितना है? **(एस०एस०सी० परीक्षा, 2005)**

(*a*) 5 (*b*) 7 (*c*) 9 (*d*) 1

68. $(584\times328\times547\times613)$ में इकाई अंक कितना है?

(*a*) 2 (*b*) 3 (*c*) 4 (*d*) 5

69. $(5627)^{153}\times(671)^{72}$ में इकाई का अंक कितना है?

(*a*) 1 (*b*) 3 (*c*) 7 (*d*) 9

70. $(7^{95}-3^{58})$ का इकाई अंक कितना है?

(*a*) 0 (*b*) 4 (*c*) 6 (*d*) 7

71. $(3694)^{1793}\times(615)^{317}\times(841)^{491}$ में इकाई अंक कितना है?

(*a*) 0 (*b*) 2 (*c*) 3 (*d*) 5

72. $(3^{61}\times6^{43}\times7^{82})$ में इकाई अंक कितना है?

(*a*) 3 (*b*) 2 (*c*) 6 (*d*) 8

73. $(17)^{1999}+(11)^{1999}-(7)^{1999}$ के इकाई का अंक कितना है ? **(एस०एस०सी० परीक्षा, 2010)**
(*a*) 1 (*b*) 2 (*c*) 3 (*d*) इनमें से कोई नहीं

74. 867943 में 7 के स्थानीय तथा जातीय मान में क्या अन्तर है ?
(*a*) 943 (*b*) 7936 (*c*) 6993 (*d*) इनमें से कोई नहीं

75. 689235 में 9 तथा 3 के स्थानीय मानों का अन्तर कितना है ?
(*a*) 9200 (*b*) 8970 (*c*) 6 (*d*) 40

76. यदि a तथा b पूर्णांक हों, जहाँ $b>0$ तो दो पूर्णांक q तथा r ऐसे होंगे कि : **(एम०बी०ए० परीक्षा, 2008)**
(*a*) $a=bq+r$, जहाँ $0\le r<b$ (*b*) $b=aq+r$, जहाँ $0<r\le b$
(*c*) $b=rq+a$, जहाँ $0\le r<b$ (*d*) इनमें से कोई नहीं

77. यदि a तथा b दो वास्तविक संख्यायें ऐसी हों कि $ab=0$, तो **(रेलवे परीक्षा, 2006)**
(*a*) $a=0$ तथा $b=0$ (*b*) $a=0$ अथवा $b=0$ दोनों में से प्रत्येक 0
(*c*) $a=0$ तथा $b\ne 0$ (*d*) $b=0$ तथा $a\ne 0$

78. सबसे छोटी अभाज्य संख्या कौन-सी है ?
(*a*) 0 (*b*) 1 (*c*) 2 (*d*) 3

79. 70 से छोटी अभाज्य संख्यायें कितनी है ?
(*a*) 17 (*b*) 18 (*c*) 19 (*d*) 20

80. 50 तथा 90 के बीच सभी अभाज्य संख्याओं का योग कितना है ?
(*a*) 485 (*b*) 572 (*c*) 722 (*d*) 635

81. 110 तथा 120 के बीच कितनी अभाज्य संख्यायें हैं ? **(एम०बी०ए० परीक्षा, 2006)**
(*a*) 0 (*b*) 1 (*c*) 2 (*d*) 3 (*e*) 4

82. निम्नलिखित में से कौन-सी संख्या एक अभाज्य संख्या है ?
(*a*) 161 (*b*) 221 (*c*) 373 (*d*) 437

83. प्राकृत संख्या n के लिए (n^3-n) सर्वदा किस बड़ी से बड़ी संख्या से विभक्त होगा ?
(*a*) 3 (*b*) 6 (*c*) 12 (*d*) 18

(एस०एस०सी० परीक्षा, 2010)

84. यदि n एक धनात्मक पूर्णांक है, तो $(3^{4n}-4^{3n})$ (सदैव निम्नलिखित में से किस संख्या से पूर्णतया विभक्त होगा ?
(*a*) 7 (*b*) 17 (*c*) 112 (*d*) 145

(एम०बी०ए० परीक्षा, 2008)

85. $\left\{(127)^{127}+(97)^{127}\right\}$ तथा $\left\{(127)^{97}+(97)^{97}\right\}$ का उभयनिष्ठ गुणनखण्ड क्या होगा ?
(*a*) 127 (*b*) 97 (*c*) 30 (*d*) 224

(एस०एस०सी० परीक्षा, 2006)

86. यदि n एक प्राकृत संख्या हो तथा (10^n-1) के अंकों का योग 4707 हो, तो n का मान कितना होगा ?
(*a*) 477 (*b*) 523 (*c*) 532 (*d*) 704

(होटल मैनेजमैन्ट परीक्षा, 2010)

87. संख्याओं 1, 2, 3, 4, ..., 98, 99, 100 को परस्पर गुणा किया जाता है. गुणनफल के दाईं ओर अन्त में शून्यों की संख्या कितनी होगी ? **(एस०एस०सी० परीक्षा, 2009)**
(*a*) 24 (*b*) 22 (*c*) 21 (*d*) 11

88. भाग की एक क्रिया में भागफल 403, भाजक 100 तथा शेषफल 58 है. भाज्य कितना है ?
(*a*) 40458 (*b*) 34058 (*c*) 43058 (*d*) 40358

(रेलवे परीक्षा, 2010)

89. 48 को किस संख्या से गुणा करने पर प्राप्त गुणनफल, 173 तथा 240 के गुणनफल के बराबर होगा ?
(*a*) 545 (*b*) 685 (*c*) 865 (*d*) 495

(दिल्ली पुलिस परीक्षा, 2010)

90. 3428 में से कौन-सी न्यूनतम संख्या घटाने पर प्राप्त संख्या 13 से पूर्णतया विभक्त होती है?
(*a*) 8 (*b*) 4 (*c*) 22 (*d*) 35 (*e*) इनमें से कोई नहीं
(बैंक पी०ओ० परीक्षा, 2010)

91. किसी संख्या को 136 से भाग देने पर शेषफल 36 प्राप्त होता है. उसी संख्या को यदि 17 से भाग दें तो शेषफल क्या होगा? **(एस०एस०सी० परीक्षा, 2010)**
(*a*) 9 (*b*) 7 (*c*) 3 (*d*) 2

92. किसी संख्या को 156 से भाग देने पर 29 शेष बचते हैं. उसी संख्या को 13 से भाग देने पर शेष क्या बचेगा?
(*a*) 1 (*b*) 2 (*c*) 3 (*d*) 6

93. किसी संख्या को 195 से विभक्त करने पर 47 शेष बचते हैं. यदि उसी संख्या को 15 से विभक्त करें तो शेषफल क्या होगा? **(होटल मैनेजमैन्ट परीक्षा, 2010)**
(*a*) 4 (*b*) 3 (*c*) 2 (*d*) 1

94. 4000 में से छोटी से छोटी कौन-सी संख्या घटाई जाये कि शेष बची संख्या 19 से पूर्णतः विभक्त हो जाये?
(*a*) 20 (*b*) 30 (*c*) 40 (*d*) 10

95. छः अंकों की वह छोटी से छोटी संख्या कौन-सी है जो 111 से पूर्णतया विभक्त हो?
(*a*) 111111 (*b*) 110011 (*c*) 100011 (*d*) इनमें से कोई नहीं

96. वह छोटी से छोटी संख्या जिसे 803642 में जोड़ने पर प्राप्त संख्या 11 की गुणज हो, निम्न में से कौन-सी है?
(*a*) 1 (*b*) 4 (*c*) 7 (*d*) 9
(एस०एस०सी० परीक्षा, 2003)

97. तीन अंकों की छोटी से छोटी संख्या कौन-सी है जो 14 से पूर्णतः विभक्त हो? **(मैनेजमैन्ट परीक्षा, 2010)**
(*a*) 112 (*b*) 100 (*c*) 114 (*d*) इनमें से कोई नहीं

98. 5 अंकों की वह बड़ी से बड़ी संख्या ज्ञात करो जो 463 से पूर्णतः विभक्त हो? **(मैनेजमैन्ट परीक्षा, 2010)**
(*a*) 99082 (*b*) 99545 (*c*) 99568 (*d*) 99999

99. 7865321 को किसी संख्या से भाग देने पर भागफल 33612 तथा शेषफल 113 प्राप्त होता है. भाजक कितना है?
(*a*) 243 (*b*) 234 (*c*) 423 (*d*) 432
(मैनेजमैन्ट परीक्षा, 2010)

100. किसी संख्या को 6 से विभक्त करने पर शेषफल 3 प्राप्त होता है. उसी संख्या के वर्ग को 6 से विभक्त करने पर शेषफल क्या होगा? **(एस०एस०सी० परीक्षा, 2005)**
(*a*) 0 (*b*) 1 (*c*) 2 (*d*) 3

101. एक संख्या को क्रमशः 9, 11, 13 से विभक्त करने पर क्रमशः 8, 9, 8 शेष बचते हैं. यदि विभाजकों के क्रम को उलट दिया जाये तो शेष क्या बचेगा? **(रेलवे परीक्षा, 2006)**
(*a*) 8, 9, 8 (*b*) 9, 8, 8 (*c*) 10, 1, 6 (*d*) 10, 8, 9 (*e*) इनमें से कोई नहीं

102. $(17)^{200}$ को 18 से भाग देने पर शेषफल क्या होगा? **(एस०एस०सी० परीक्षा, 2006)**
(*a*) 1 (*b*) 2 (*c*) 16 (*d*) 17

103. $(25)^{25}$ को 26 से भाग देने पर शेषफल क्या होगा? **(एस०एस०सी० परीक्षा, 2000)**
(*a*) 1 (*b*) 2 (*c*) 24 (*d*) 25

104. किसी संख्या n को 4 से भाग देने पर शेषफल 3 प्राप्त होता है. संख्या $2n$ को 4 से भाग देने पर शेषफल कितना होगा?
(*a*) 4 (*b*) 2 (*c*) 1 (*d*) इनमें से कोई नहीं

105. निम्नलिखित में से कौन-सी संख्या किसी प्राकृत संख्या का वर्ग नहीं हो सकती?
(*a*) 75625 (*b*) 30976 (*c*) 29561 (*d*) 143642

106. निम्नलिखित में से कौन-सी संख्या किसी प्राकृत संख्या का वर्ग नहीं है?
(*a*) 32761 (*b*) 81225 (*c*) 42437 (*d*) 20164

107. 6735*1 में * का अल्पतम मान क्या होगा जिससे प्राप्त संख्या 9 से पूर्णतया विभक्त हो?
(*a*) 7 (*b*) 9 (*c*) 5 (*d*) 4
(रेलवे परीक्षा, 2005)

108. किसी दो-अंकीय संख्या को दो बार साथ-साथ लिखकर एक चार-अंकीय संख्या बनाई जाती है जैसे : 1515, 3737 आदि. इस रूप की कोई संख्या निम्न में से किस संख्या से पूर्णत: विभक्त होगी?
(*a*) 7 (*b*) 11 (*c*) 13 (*d*) 101
(एस०एस०सी० परीक्षा, 2010)

109. यदि p तथा q अंक निरूपित करें तो कथन $5p9 + 327 + 2q8 = 1114$ में q का सम्भव अधिकतम मान क्या होगा? **(एस०एस०सी० परीक्षा, 2010)**
(*a*) 9 (*b*) 8 (*c*) 7 (*d*) 6

110. संख्या 502789 में कम से कम क्या जोड़ा जाये कि योगफल 4 से पूर्णतया विभक्त हो जाये?
(*a*) 3 (*b*) 1 (*c*) 2 (*d*) 4

111. 803642 में कम से कम क्या जोड़ा जाये कि योगफल 11 से पूर्णतया विभक्त हो?
(*a*) 1 (*b*) 4 (*c*) 7 (*d*) 9
(एस०एस०सी० परीक्षा, 2003)

112. 156 * 942 में लुप्त अंक ज्ञात करें जिससे यह संख्या 11 से पूर्णतया विभक्त हो?
(*a*) 4 (*b*) 7 (*c*) 8 (*d*) 9
(एस०एस०सी० परीक्षा, 2009)

113. 41116 में कम से कम क्या जोड़ा जाये कि योगफल 8 से पूर्णतया विभक्त हो?
(*a*) 8 (*b*) 5 (*c*) 4 (*d*) 12
(बैंक पी०ओ० परीक्षा, 2006)

114. यदि $1y3y6$ पूर्णतया 11 से विभक्त हो, तो y का मान क्या होगा? **(रेलवे परीक्षा, 2005)**
(*a*) 6 (*b*) 1 (*c*) 2 (*d*) 5

115. यदि संख्या 48327 * 8 पूर्णतया 11 से विभक्त हो, तो * का मान होगा : **(एस०एस०सी० परीक्षा, 2008)**
(*a*) 5 (*b*) 3 (*c*) 2 (*d*) 1

116. * का छोटे से छोटा मान क्या होगा कि संख्या 6735 * 1 पूर्णतया 9 से विभक्त हो जाये?
(*a*) 4 (*b*) 5 (*c*) 7 (*d*) 9
(रेलवे परीक्षा, 2005)

117. यदि 671 * 483 पूर्णतया 9 से विभक्त हो, तो * के स्थान पर कौन-सा अंक होगा?
(*a*) 2 (*b*) 5 (*c*) 7 (*d*) 8

118. यदि 157 * 234 पूर्णतया 3 से विभक्त हो, तो * के स्थान पर कौन-सा अंक होगा?
(*a*) 0 (*b*) 1 (*c*) 2 (*d*) इनमें से कोई नहीं

119. निम्नलिखित में से कौन-सी संख्या 18 से विभक्त नहीं होती? **(एस०एस०सी० परीक्षा, 2005)**
(*a*) 34056 (*b*) 54036 (*c*) 50436 (*d*) 65043

120. निम्नलिखित में से कौन-सी संख्या 24 से पूर्णतया विभक्त होगी?
(*a*) 35718 (*b*) 63810 (*c*) 537804 (*d*) 3125736

121. किसी संख्या को 7 से गुणा करने पर गुणनफल का प्रत्येक अंक 3 प्राप्त होता है. ऐसी सबसे छोटी संख्या क्या है?
(*a*) 47649 (*b*) 47719 (*c*) 47619 (*d*) 48619
(एस०एस०सी० परीक्षा, 2006)

122. 1 से 200 के बीच कितने पूर्णांक हैं जो 2 तथा 3 दोनों से विभक्त हों? **(रेलवे परीक्षा, 2004)**
(*a*) 25 (*b*) 27 (*c*) 29 (*d*) 33

123. एक संख्या को 13 से विभक्त करने पर 1 शेष बचता है. यदि भागफल को 5 से भाग दें तो 3 शेष बचता है. यदि इस संख्या को 65 से भाग दें, तो शेषफल क्या होगा? **(एस०एस०सी० परीक्षा, 2005)**
(*a*) 16 (*b*) 18 (*c*) 28 (*d*) 40

124. किसी संख्या में 7 जोड़कर योगफल को 5 से गुणा करके गुणनफल को 9 से भाग देते हैं. इस प्रकार प्राप्त भागफल में से 3 घटाने पर 12 शेष बचते हैं. शेषफल कितना है ? **(एस०एस०सी० परीक्षा, 2005)**

(*a*) 20 (*b*) 30 (*c*) 40 (*d*) 60

125. किसी संख्या को 4 से भाग देने पर शेषफल 2 प्राप्त होता है. इससे प्राप्त भागफल को 5 से भाग देने पर शेषफल 3 प्राप्त होता है. इस प्रकार प्राप्त भागफल को 6 से भाग देने पर शेषफल 5 प्राप्त होता है. यदि अन्तिम भागफल 7 हो, तो संख्या क्या थी ? **(ए०ए०ओ० परीक्षा, 2010)**

(*a*) 962 (*b*) 954 (*c*) 946 (*d*) 938

126. चार प्राकृत संख्यायें इस प्रकार हैं कि उन्हें तीन-तीन करके जोड़ने पर योग क्रमश: 180, 197, 208 तथा 222 प्राप्त होता है. इन संख्याओं का माध्य कितना है ? **(ए०ए०ओ० परीक्षा, 2010)**

(*a*) $89\frac{2}{3}$ (*b*) $80\frac{7}{8}$ (*c*) $67\frac{1}{2}$ (*d*) $67\frac{1}{4}$

127. 3 अंकों वाली एक संख्या $4a3$ को 3 अंकों वाली दूसरी संख्या 984 में जोड़ने पर 4-अंकों वाली संख्या $13b7$ प्राप्त होती है, जो 11 से विभाज्य है. तब, $3a + 4b = ?$ **(ए०ए०ओ० परीक्षा, 2010)**

(*a*) 31 (*b*) 35 (*c*) 37 (*d*) 39

128. दो ऐसी संख्यायें हैं कि पहली संख्या को दो बार तथा दूसरी संख्या को तीन बार जोड़ा जाये तो योग 100 प्राप्त होता है. इसी प्रकार, पहली संख्या को तीन बार तथा दूसरी संख्या को दो बार जोड़ने पर योग 120 प्राप्त होता है. इनमें बड़ी संख्या कौन-सी है ? **(बैंक पी०ओ० परीक्षा, 2010)**

(*a*) 32 (*b*) 12 (*c*) 35 (*d*) 14 (*e*) इनमें से कोई नहीं

129. जब एक विद्यालय के सभी छात्रों को 54 छात्रों की पंक्तियों में खड़ा किया जाता है, तो 30 पंक्तियाँ बनती हैं. यदि इन्हें 45 छात्रों वाली पंक्तियों में खड़ा किया जाये, तो ऐसी कितनी पंक्तियाँ बनेंगी ?

(*a*) 25 (*b*) 42 (*c*) 36 (*d*) 32 (*e*) इनमें से कोई नहीं

(बैंक पी०ओ० परीक्षा, 2010)

130. 597523 में 7 के स्थानीय व जातीय मान में कितना अन्तर है ?

(*a*) 623 (*b*) 7616 (*c*) 6993 (*d*) इनमें से कोई नहीं

131. 647135 में 7 तथा 3 के स्थानीय मानों का अन्तर कितना है ?

(*a*) 4 (*b*) 45 (*c*) 430 (*d*) 6970

उत्तरमाला (प्रश्नमाला 1A)

1. (e)	2. (a)	3. (c)	4. (a)	5. (b)	6. (c)	7. (d)	8. (a)	9. (a)	10. (d)
11. (b)	12. (e)	13. (d)	14. (d)	15. (e)	16. (a)	17. (e)	18. (e)	19. (e)	20. (e)
21. (b)	22. (b)	23. (a)	24. (b)	25. (e)	26. (a)	27. (a)	28. (a)	29. (a)	30. (b)
31. (b)	32. (a)	33. (b)	34. (c)	35. (a)	36. (b)	37. (c)	38. (d)	39. (b)	40. (a)
41. (d)	42. (a)	43. (a)	44. (b)	45. (c)	46. (b)	47. (a)	48. (d)	49. (a)	50. (b)
51. (c)	52. (b)	53. (c)	54. (d)	55. (b)	56. (c)	57. (c)	58. (b)	59. (d)	60. (d)
61. (b)	62. (c)	63. (b)	64. (c)	65. (a)	66. (d)	67. (b)	68. (a)	69. (c)	70. (b)
71. (a)	72. (b)	73. (a)	74. (c)	75. (b)	76. (a)	77. (b)	78. (c)	79. (c)	80. (d)
81. (b)	82. (c)	83. (b)	84. (b)	85. (d)	86. (b)	87. (c)	88. (d)	89. (c)	90. (e)
91. (d)	92. (c)	93. (c)	94. (d)	95. (c)	96. (c)	97. (a)	98. (b)	99. (b)	100. (d)
101. (c)	102. (a)	103. (d)	104. (b)	105. (d)	106. (c)	107. (c)	108. (d)	109. (c)	110. (a)
111. (c)	112. (d)	113. (c)	114. (d)	115. (d)	116. (b)	117. (b)	118. (c)	119. (d)	120. (a)
121. (c)	122. (d)	123. (d)	124. (a)	125. (b)	126. (d)	127. (d)	128. (a)	129. (c)	130. (c)
131. (d)									

दिये गए प्रश्नों के हल प्रश्नमाला 1A

1. माना $16\times12-672\div21=x-211$.

तब $16\times12-32=x-211\Rightarrow192-32=x-211$

$$\Rightarrow160=x-211\Rightarrow x=160+211=371.$$

2. माना $475+950$ का $64\%=900+x$. तब,

$475+950$ का $\frac{64}{100}=900+x$

$\Rightarrow475+608=900+x\Rightarrow1083=900+x$

$\Rightarrow x=1083-900=183.$

3.
$$\begin{array}{r} 7960 \\ +2956 \\ +4028 \\ \hline 14944 \\ -8050 \\ \hline 6894 \\ \hline \end{array}$$

4. माना 3842 का $\frac{1}{2}+x$ का $15\%=2449$.

तब $1921+x\times\frac{15}{100}=2449$

$\Rightarrow\frac{3x}{20}=(2449-1921)=528$

$\Rightarrow x=\left(528\times\frac{20}{3}\right)=3520.$

5. माना x का $350\%\div50+248=591$. तब ,

x का $\frac{350}{100}\times\frac{1}{50}+248=591\Rightarrow\frac{7x}{100}=(591-248)=343$

$$\Rightarrow x=\left(343\times\frac{100}{7}\right)=4900.$$

6. माना $25\times3.25+50.4\div24=x$. तब,

$x=25\times3.25+50.4\times\frac{1}{24}=25\times\frac{325}{100}+2.1=81.25+2.1=83.35.$

7. माना $(833.25-384.45)\div24=x$. तब

$x=448.8\times\frac{1}{24}=18.7$

$$\begin{array}{r} 833.25 \\ -384.45 \\ \hline 448.80 \\ \hline \end{array}$$

$$\frac{\overset{18.7}{\cancel{448.8}}}{\underset{1}{\cancel{24}}}$$

8. माना $5.6\times12.5\div0.5+15.5=x+49.5$. तब,

$$\frac{56\times125}{100}\times\frac{10}{5}+15.5=x+49.5$$

$$\Rightarrow 140+15.5=x+49.5\Rightarrow x=155.5-49.5=106.$$

9. माना $1575\div21\div5=\sqrt{x}\times6$. तब,

$$1575\times\frac{1}{21}\times\frac{1}{5}\times\frac{1}{6}=\sqrt{x}\Rightarrow\sqrt{x}=\frac{5}{2}\Rightarrow x=\frac{25}{4}=6.25.$$

10. माना $(\sqrt{x}-1)^2=8-\sqrt{28}=(\sqrt{7}-1)^2$

$$\Rightarrow\sqrt{x}-1=\sqrt{7}-1\Rightarrow\sqrt{x}=\sqrt{7}\Rightarrow x=7.$$

11. माना 32.5×450 का $26\%\div3-745.5=x$. तब,

$$x=\frac{325\times450}{10}\text{ का }\frac{26}{100}\times\frac{1}{3}-745.5\Rightarrow x=1267.5-745.5=522.$$

12. माना $(0.7)^2\div(0.343)=(0.7)^x\div(0.49)^3$. तब,

$$\frac{(0.7)^2}{(0.7)^3}=\frac{(0.7)^x}{\{(0.7)^2\}^3}\Rightarrow\frac{1}{0.7}=\frac{(0.7)^x}{(0.7)^6}$$

$$\Rightarrow 6-x-1\Rightarrow x=5.$$

13.

$$\begin{array}{r} -7878 \\ -6666 \\ -777 \\ -33 \\ \hline -15354 \end{array}\qquad\Bigg|\qquad\begin{array}{r} 87878 \\ -15354 \\ \hline 72524 \end{array}$$

14.

$$\begin{array}{r} 78642 \\ +4120 \\ +387 \\ \hline 83149 \\ -51620 \\ \hline 31529 \end{array}$$

15. $4172+593-x=3069$

$$\Rightarrow x=4172+593-3069$$

$$\begin{array}{r} 4172 \\ +593 \\ \hline 4765 \\ -3069 \\ \hline 1696 \end{array}$$

16. $8888+848+88-x=7337+737$

$$\Rightarrow 9824-x=8074$$

$$\Rightarrow x=9824-8074=1750.$$

17.

$$\begin{array}{r} 8595 \\ +2319 \\ \hline 10914 \\ -5658 \\ \hline 5256 \end{array}$$

18.

$$\begin{array}{r} 3895 \\ +1089 \\ \hline 4984 \\ -1563 \\ \hline 3421 \end{array}$$

19. $5982+1345+736-x=4588+992$

$$\Rightarrow 8063-x=5580$$

$$\Rightarrow x=(8063-5580)=2483.$$

20. $136\times12\times8=136\times96$

$$=136\times(100-4)$$

$$=(136\times100)-(136\times4)=13600-544=13056.$$

21. माना $518 \times \ \times 9 = 303030$.

तब, $x = \dfrac{303030}{518 \times 9} = \dfrac{33670}{518} = 65$.

22. माना $74156 - x - 321 - 20 + 520 = 69894$. तब,

$x = 74156 - 341 + 520 - 69894 = 4441$.

$$\begin{array}{r} 74156 \\ +\ 520 \\ \hline 74676 \\ -\ 70235 \\ \hline 4441 \end{array} \qquad \begin{array}{r} -\ 69894 \\ -\ 341 \\ \hline -\ 70235 \end{array}$$

23. माना $85793 - x + 151 = 77477$

$\Rightarrow 85944 = x + 77477$

$\Rightarrow x = 85944 - 77477 = 8467$.

$$\begin{array}{r} 85944 \\ -\ 77477 \\ \hline 8467 \end{array}$$

24. $x = 8125 - 4018 - 1219$

$= 8125 - 5237 = 2888$.

25. $333 \times 33 \times 3 = 333 \times 99 = 333 \times (100 - 1)$

$= 333 \times 100 - 333 \times 1 = 33300 - 333 = 32967$.

26. माना $916 \times x \times 3 = 214344$.

तब, $x = \dfrac{214344}{916 \times 3} = \dfrac{71448}{916} = 78$.

$$916 \overline{)\,71448\,(} 78$$
$$\begin{array}{r} 6412 \\ \hline 7328 \\ 7328 \\ \hline \times \end{array}$$

27. $20111 \times 21 \times 11 = 20111 \times 231$.

$= (20000 + 100 + 10 + 1) \times 231$

$= 4620000 + 23100 + 2310 + 231$

$= 4645641$.

$$\begin{array}{r} 4620000 \\ 23100 \\ 2310 \\ +\ 231 \\ \hline 4645641 \end{array}$$

28. $587 \times 999 = 587 \times (1000 - 1)$

$= 587 \times 1000 - 587 \times 1$

$= 587000 - 587 = 586413$.

29. $72519 \times 9999 = 72519 \times (10000 - 1)$

$= 72519 \times 10000 - 72519 \times 1$

$= 725190000 - 72519$

$= 725117481$.

$$\begin{array}{r} 725190000 \\ -\ 72519 \\ \hline 725117481 \end{array}$$

30. $2056 \times 987 = 2056 \times (1000 - 13)$

$= 2056 \times 1000 - 2056 \times 13$

$= 2056000 - 26728 = 2029272$.

31. $1904 \times 1904 = (1904)^2 = (1900 + 4)^2 = (1900)^2 + 4^2 + 2 \times 1900 \times 4$

$= 3610000 + 16 + 15200 = 3625216$.

32. $1397 \times 1397 = (1397)^2 = (1400 - 3)^2 = (1400)^2 + 3^2 - 2 \times 1400 \times 3$

$= 1960000 + 9 - 8400 = 1951609$.

33. $(66)^2 - (34)^2 = (66 + 34)\,(66 - 34)$ $\quad [\because (a^2 - b^2) = (a + b)\,(a - b)]$

$= (100 \times 32) = 3200$.

34. $(999)^2-(998)^2=(999+998)(999-998)$ $[\because (a^2-b^2)=(a+b)(a-b)]$
$=(1997\times 1)=1997.$

35. $(106\times106-94\times94)=(106)^2-(94)^2$
$=(106+94)(106-94)$ $[\because (a^2-b^2)=(a+b)(a-b)]$
$=(200\times 12)=2400.$

36. $(217\times217+183\times183)=(217)^2+(183)^2$
$=(200+17)^2+(200-17)^2$
$=2\times[(200)^2+(17)^2]$ $[(a+b)^2+(a-b)^2=2(a^2+b^2)]$
$=2\times(40000+289)=(2\times40289)=80578.$

37. $(107\times107+93\times93)=(107)^2+(93)^2$
$=(100+7)^2+(100-7)^2$
$=2\times[(100)^2+7^2]$ $[(a+b)^2+(a-b)^2=2(a^2+b^2)]$
$=2\times[10000+49]=2(10049)=20098.$

38. दिया गया व्यंजक $=(a^2+b^2-2ab)$, जहाँ $a=287$ तथा $b=269$
$=(a-b)^2=(287-269)^2=(18)^2=324.$

39. दिया गया व्यंजक $=(a^2+b^2+2ab)$, जहाँ $a=456$ तथा $b=144$
$=(a+b)^2=(456+144)^2=(600)^2=360000.$

40. दिया गया व्यंजक $=\dfrac{(a+b)^2-(a-b)^2}{ab}=\dfrac{4ab}{ab}=4$, जहाँ $a=589$ तथा $b=187$.

41. दिया गया व्यंजक $=\dfrac{(a+b)^2+(a-b)^2}{(a^2+b^2)}$, जहाँ $a=931$ तथा $b=138$
$=\dfrac{2(a^2+b^2)}{(a^2+b^2)}=2.$

42. दिया गया व्यंजक $=\{(a+b)^2-4ab\}$, जहाँ $a=465$ तथा $b=415$
$=(a^2+b^2+2ab-4ab)=(a^2+b^2-2ab)$
$=(a-b)^2=(465-415)^2=(50)^2=2500.$

43. दिया गया व्यंजक $=\dfrac{(963)^3+(137)^3}{(963)^2-963\times137+(137)^2}$
$=\dfrac{(a^3+b^3)}{(a^2-ab+b^2)}$, जहाँ $a=963$ तथा $b=137$
$=(a+b)=(963+137)=1100.$

44. दिया गया व्यंजक $=\dfrac{(680)^2+(320)^2-680\times320}{(680)^3+(320)^3}$
$=\dfrac{(a^2+b^2-ab)}{(a^3+b^3)}$, जहाँ $a=680$ तथा $b=320$
$=\dfrac{1}{(a+b)}=\dfrac{1}{(680+320)}=\dfrac{1}{1000}.$

45. दिया गया व्यंजक $= \dfrac{(735)^3-(105)^3}{(735)^2+735\times105+(105)^2} = \dfrac{(a^3-b^3)}{(a^2+ab+b^2)}$, जहाँ $a = 735$ तथा $b = 105$

$= (a-b) = (735-105) = 630.$

46. दिया गया व्यंजक $= \dfrac{(256)^2-(144)^2}{(256-144)} = (256+144) = 400.$

47. $\dfrac{(a^2+b^2+ab)}{(a^3-b^3)} = \dfrac{(a^2+b^2+ab)}{(a-b)(a^2+b^2+ab)} = \dfrac{1}{(a-b)} = \dfrac{1}{(11-9)} = \dfrac{1}{2}.$

48. $(a^2-b^2) = 19 \Rightarrow (a+b)(a-b) = 19\times1$

$\Rightarrow a+b = 19$ तथा $a-b = 1$

$\Rightarrow 2a = 20 \Rightarrow a = 10.$

49. दिया गया व्यंजक $= (1+11+111+1111) + \left(4\times\dfrac{1}{2}\right)$

$= (1234+2) = 1236.$

$$\begin{array}{r} 1 \\ 11 \\ 111 \\ +\,1111 \\ \hline 1234 \\ \hline \end{array}$$

50. $8 = 7^d = (6^c)^d = 6^{cd} = (5^b)^{cd} = 5^{bcd} = (4^a)^{bcd} = 4^{abcd}$

$\Rightarrow 2^3 = 2^{2abcd} \Rightarrow 2abcd = 3 \Rightarrow abcd = \dfrac{3}{2} = 1.5.$

51. $\left(\dfrac{3}{5}\right)^{2x-1} = \left(\dfrac{3}{5}\right)^3 \times \left(\dfrac{3}{5}\right)^{-6} = \left(\dfrac{3}{5}\right)^{3+(-6)} = \left(\dfrac{3}{5}\right)^{-3}$

$\Rightarrow 2x-1 = -3 \Rightarrow 2x = -3+1 = -2 \Rightarrow x = 1.$

52. दिया गया व्यंजक $= \left(1-\dfrac{1}{2}\right) + \left(\dfrac{1}{2}-\dfrac{1}{3}\right) + \left(\dfrac{1}{3}-\dfrac{1}{4}\right) + ... + \left(\dfrac{1}{99}-\dfrac{1}{100}\right)$

$= \left(1-\dfrac{1}{100}\right) = \dfrac{99}{100}.$

53. दिया गया व्यंजक

$= \left(1-\dfrac{1}{2^2}\right)\left(1-\dfrac{1}{3^2}\right)\left(1-\dfrac{1}{4^2}\right)....\left(1-\dfrac{1}{19^2}\right)\left(1-\dfrac{1}{20^2}\right)$

$= \left(1-\dfrac{1}{2}\right)\left(1+\dfrac{1}{2}\right)\left(1-\dfrac{1}{3}\right)\left(1+\dfrac{1}{3}\right)\left(1-\dfrac{1}{4}\right)\left(1+\dfrac{1}{4}\right)....\left(1-\dfrac{1}{19}\right)\left(1+\dfrac{1}{19}\right)\left(1-\dfrac{1}{20}\right)\left(1+\dfrac{1}{20}\right)$

$= \left\{\left(1-\dfrac{1}{2}\right)\left(1-\dfrac{1}{3}\right)\left(1-\dfrac{1}{4}\right)....\left(1-\dfrac{1}{19}\right)\left(1-\dfrac{1}{20}\right)\right\}\left\{\left(1+\dfrac{1}{2}\right)\left(1+\dfrac{1}{3}\right)\left(1+\dfrac{1}{4}\right)....\left(1+\dfrac{1}{19}\right)\left(1+\dfrac{1}{20}\right)\right\}$

$= \left\{\dfrac{1}{2}\times\dfrac{2}{3}\times\dfrac{3}{4}\times....\times\dfrac{18}{19}\times\dfrac{19}{20}\right\}\left\{\dfrac{3}{2}\times\dfrac{4}{3}\times\dfrac{5}{4}\times....\times\dfrac{20}{19}\times\dfrac{21}{20}\right\}$

$= \left(\dfrac{1}{20}\times\dfrac{21}{2}\right) = \dfrac{21}{40} = 0.525.$

54. दिया गया व्यंजक $= \left[\dfrac{\{(1.331)[(1.331)^{-1}+(1.331)^{-2}+....+(1.331)^{-7}]\}}{[(1.331)^{-1}+(1.331)^{-2}+....+(1.331)^{-7}]}\right]^{2/3}$

$= (1.331)^{2/3} = \left[(1.1)^3\right]^{2/3} = (1.1)^{\left(3\times\frac{2}{3}\right)} = (1.1)^2 = 1.21.$

55. दिया गया व्यंजक $= \left[\dfrac{2}{3}\times\dfrac{3}{4}\times\dfrac{4}{5}\times....\times\dfrac{(n-1)}{n}\right] = \dfrac{2}{n}.$

56. दिया गया व्यंजक $= \left[\dfrac{5}{3}\times\dfrac{7}{5}\times\dfrac{9}{7}\times....\times\dfrac{1001}{999}\right] = \dfrac{1001}{3}.$

57. दिया गया व्यंजक $= \left(1-\dfrac{1}{2}\right)+\left(\dfrac{1}{2}-\dfrac{1}{3}\right)+\left(\dfrac{1}{3}-\dfrac{1}{4}\right)+....+\left(\dfrac{1}{n}-\dfrac{1}{n+1}\right)$

$= \left\{1-\dfrac{1}{2}+\dfrac{1}{2}-\dfrac{1}{3}+\dfrac{1}{3}-.....+\dfrac{1}{n}-\dfrac{1}{n+1}\right\} = \left(1-\dfrac{1}{n+1}\right) = \dfrac{n}{(n+1)} < 1.$

58. $(4^{61}+4^{62}+4^{63}+4^{64}) = 4^{61}(1+4+4^2+4^3) = 4^{61}\ (1+4+16+64) = 4^{61}\times 85$

$= 4^{60}\times 4\times 85 = 4^{60}\times 34\times 10,$ जो 10 से विभाज्य है.

59. $n = 2 \Rightarrow (6^2-1) = 35\times 1.$

$n = 4 \Rightarrow (6^4-1) = (6^2-1)(6^2+1) = 35\times 37.$

$n = 6 \Rightarrow (6^6-1) = (6^2-1)(6^4+6^2+1) = 35\times(1296+36+1) = 35\times 1333.$

60. दिया गया व्यंजक $= (1+2+3+....+50+51+52+....+100)-(1+2+3+....+50)$

$= \left(\dfrac{100\times 101}{2}\right)-\left(\dfrac{50\times 51}{2}\right) = (5050-1275) = 3775.$

61. हम जानते हैं कि : $(1^2+2^2+3^2+....+n^2) = \dfrac{1}{6}n\,(n+1)\,(2n+1).$

$\therefore$ दिया गया व्यंजक $= (1^2+2^2+....+10^2+11^2+...+20^2)-(1^2+2^2+....+10^2)$

$= \left(\dfrac{1}{6}\times 20\times 21\times 41\right)-\left(\dfrac{1}{6}\times 10\times 11\times 21\right) = (2870-385) = 2485.$

62. $(2^2+4^2+6^2+....+40^2) = \{(2\times 1)^2+(2\times 2)^2+(2\times 3)^2+....+(2\times 20)^2\}$

$= \left[(2^2\times 1^2)+(2^2\times 2^2)+(2^2\times 3^2)+....(2^2\times 20^2)\right]$

$= 2^2\times(1^2+2^2+3^2+....+20^2) = (4\times 2870) = 11480.$

63. दिया गया व्यंजक $= \dfrac{(225)^{0.2+0.3}}{(225)^{0.8+0.2}} = \dfrac{(225)^{0.5}}{(225)^1} = \dfrac{1}{(225)^{(1-0.5)}} = \dfrac{1}{(225)^{0.5}}$

$= \dfrac{1}{\{(15)^2\}^{\frac{1}{2}}} = \dfrac{1}{15^{\left(2\times\frac{1}{2}\right)}} = \dfrac{1}{(15)^1} = \dfrac{1}{15}.$

64. $(2137)^{753}$ में इकाई का अंक $= (7)^{753}$ में इकाई का अंक.

(7^4) में इकाई का अंक $= 1.$

$(7^4)^{188}$ में इकाई का अंक $= 1.$

$(7)^{753} = (7^4)^{188}\times 7.$ अत: $(7)^{753}$ में इकाई का अंक $= (1\times 7) = 7.$

65. $(13)^{2003}$ में इकाई का अंक $= (3)^{2003}$ में इकाई का अंक

(3^4) में इकाई का अंक = 1

$(3^4)^{500}$ में इकाई का अंक = 1.

$\left(3^{2003}\right) = 3^{(2000+3)} = (3^4)^{500} \times 3^3$

$\therefore 3^{2003}$ में इकाई का अंक = (1 × 27) में इकाई का अंक = 7.

$\therefore (13)^{2003}$ में इकाई का अंक = 7.

66. $(22)^{23}$ में इकाई का अंक $= (2)^{23}$ में इकाई का अंक

2^4 में इकाई का अंक $= 6 \Rightarrow (2^4)^5$ में इकाई का अंक = 6.

$2^{23} = (2^4)^5 \times 2^3$. इसमें इकाई का अंक = (6×8) में इकाई का अंक = 8.

67. 7^4 का इकाई अंक = 1. अब, $7^{105} = (7^4)^{26} \times 7$

$(7^4)^{26}$ का इकाई का अंक = 1

$(7^4)^{26} \times 7$ का इकाई का अंक = (1 × 7) = 7.

अत: अभीष्ट अंक = 7.

68. दिये गये गुणनफल में इकाई का अंक

= (4×8×7×3) में इकाई का अंक = 672 में इकाई का अंक = 2.

69. अभीष्ट अंक $= (7)^{153} \times (1)^{72}$ का इकाई अंक $= (7^4)^{38} \times 7 \times 1$ का इकाई अंक

= (1 × 7) का इकाई अंक = 7.

70. 7^{95} का इकाई अंक $= (7^4)^{23} \times 7^3$ का इकाई अंक = (1 × 3) = 3.

3^{58} का इकाई अंक $= (3^4)^{14} \times 3^2$ का इकाई अंक = (1 × 9) = 9

$(7^{95} - 3^{58})$ का इकाई अंक = (13 – 9) = 4.

71. $(3694)^{1793}$ में इकाई अंक $= (4)^{1793}$ में इकाई अंक $= \left\{(4^2)^{896} \times 4\right\}$ में इकाई अंक

= (6 × 4) में इकाई अंक = 4.

$(615)^{317}$ में इकाई अंक $= (5)^{317}$ में इकाई अंक = 5.

$(841)^{491}$ में इकाई अंक $= (1)^{491}$ में इकाई अंक = 1.

अभीष्ट अंक = (4 × 5 × 1) का इकाई अंक = 0.

72. $3^{61} = (3^4)^{15} \times 3 = (81)^{15} \times 3$

$\therefore 3^{61}$ में इकाई अंक = (1 × 3) = 3.

6^{43} में इकाई अंक = 6.

$7^{82} = (7^4)^{20} \times 7^2$.

$\therefore 7^{82}$ में इकाई अंक = (1 × 49) में इकाई अंक = 9.

अभीष्ट अंक = (3 × 6 × 9) में इकाई अंक = 162 का इकाई अंक = 2.

73. $(17)^{1999}$ में इकाई अंक $= (7)^{1999}$ में इकाई अंक

$= (7^4)^{499} \times 7^3$ में इकाई अंक = (1×343) में इकाई अंक = 3

$(11)^{1999}$ में इकाई अंक = 1

$(7)^{1999}$ में इकाई अंक $= (7^4)^{499} \times 7^3$ में इकाई अंक = (1×343) में इकाई अंक = 3.

दिये गये व्यंजक में इकाई अंक = 3 + 1 – 3 = 1.

74. 7 का स्थानीय मान = 7000 तथा 7 का जातीय मान = 7.

अभीष्ट अन्तर = (7000 – 7) = 6993.

75. 9 का स्थानीय मान = 9000, 3 का स्थानीय मान = 30.

अभीष्ट अन्तर = (9000 – 30) = 8970.

76. स्पष्ट है कि $a = bq + r$, जहाँ $0 \le r < b$.

77. $ab = 0 \Rightarrow a = 0$ अथवा $b = 0$ अथवा दोनों में से प्रत्येक 0.

78. सबसे छोटी अभाज्य संख्या 2 है.

79. 70 से छोटी अभाज्य संख्यायें हैं :

2, 3, 5, 7, 11, 13, 17, 19, 23, 29, 31, 37, 41, 43, 47, 53, 59, 61, 67. इनकी संख्या 19 है.

80. अभीष्ट योग = (53 + 59 + 61 + 67 + 71 + 73 + 79 + 83 + 89) = 635.

81. 110 तथा 120 के बीच केवल एक ही अभाज्य संख्या है, जो 113 है.

82. चूँकि 161 का गुणनखण्ड 7 है, अत: यह अभाज्य संख्या नहीं है.

चूँकि 221 का गुणनखण्ड 13 है, अत: यह अभाज्य संख्या नहीं है.

चूँकि 437 का गुणनखण्ड 19 है, अत: यह अभाज्य संख्या नहीं है.

अब, $20 > \sqrt{373}$.

20 से कम अभाज्य संख्यायें हैं : 2, 3, 5, 7, 11, 13, 17, 19.

स्पष्ट है कि 373 इनमें से किसी से विभक्त नहीं होता.

अत: 373 एक अभाज्य संख्या है.

83. $(n^3 - n) = n(n^2 - 1) = n(n-1)(n+1)$

$n = 1 \Rightarrow (n^3 - n) = 0$;

$n = 2 \Rightarrow (n^3 - n) = 2 \times 1 \times 3 = 6$;

$n = 3 \Rightarrow (n^3 - n) = 3 \times 2 \times 4 = 6 \times 4$;

$n = 4 \Rightarrow (n^3 - n) = 4 \times 3 \times 5 = 6 \times 10$.

$\therefore (n^3 - n)$ सदैव 6 से विभक्त होगा.

84. $(3^{4n} - 4^{3n}) = (3^4)^n - (4^3)^n = (81)^n - (64)^n$.

हम जानते हैं $(x^n - y^n)$ सदैव $(x - y)$ से विभक्त होगा, जबकि n कोई धनपूर्णांक हो.

$\therefore (3^{4n} - 4^{3n})$ सदैव (81 – 64) = 17 से पूर्णतया विभक्त होगा.

85. $(x^m + y^m)$ का एक गुणनखण्ड $(x + y)$ है.

$\therefore \left\{(127)^{127} + (97)^{127}\right\}$ का एक गुणनखण्ड (127 + 97) = 224 है.

इसी प्रकार, $\left\{(127)^{97} + (97)^{97}\right\}$ का एक गुणनखण्ड (127 + 97) = 224 है.

अत: दोनों का उभयनिष्ठ गुणनखण्ड 224 है.

86. माना 10^n में x अंक हैं. तब, $(10^n - 1)$ में x बार 9 आयेंगे.

$\therefore 9x = 4707 \Rightarrow x = \frac{4707}{9} = 523.$

अत: $(10^n - 1)$ में 523 बार 9 आयेंगे.

87. 1 से 10 तक की गिनतियों के गुणनफल में शून्यों की संख्या = 2,

11 से 20 तक की गिनतियों के गुणनफल में शून्यों की संख्या = 2,

21 से 30 तक की गिनतियों के गुणनफल में शून्यों की संख्या = 2,

....

....

81 से 90 तक की गिनतियों के गुणनफल में शून्यों की संख्या = 2

91 से 100 तक की गिनतियों के गुणनफल में शून्यों की संख्या = 3
शून्यों की कुल संख्या = (9 × 2 + 3) = 21.

88. भाज्य = (भाजक × भागफल) + शेषफल = (100 × 403) + 58 = 40300 + 58 = 40358.

89. माना $48 \times x = 173 \times 240 \Rightarrow x = \frac{173 \times 240}{48} = 865.$

90. 3428 को 13 से भाग देने पर शेषफल = 9.
∴ घटाई जाने वाली संख्या = 9.

91. माना दी गई संख्या को 136 से भाग देने पर भागफल k तथा शेषफल 36 प्राप्त होता है.
तब, दी गई संख्या = $136k + 36$
$= (17 \times 8k) + (17 \times 2) + 2 = 17 \times (8k + 2) + 2.$
अत: दी गई संख्या को 17 से भाग देने पर शेषफल = 2.

92. माना दी गई संख्या को 156 से भाग देने पर भागफल k तथा शेषफल 29 प्राप्त होता है.
तब, दी गई संख्या = $156k + 29$
$= (13 \times 12k) + (13 \times 2) + 3 = 13 \times (12k + 2) + 3.$
अत: दी गई संख्या को 13 से भाग देने पर शेषफल = 3.

93. माना दी गई संख्या = $195k + 47$
$= (15 \times 13k) + (15 \times 3) + 2 = 15 \times (13k + 3) + 2.$
अत: दी गई संख्या को 15 से भाग देने पर शेषफल = 2.

94. 4000 को 19 से भाग देने पर शेषफल = 10.
अत: घटाई जाने वाली संख्या = 10.

95. छ: अंकों की छोटी से छोटी संख्या = 100000

```
111 ) 100000 ( 900
       999
      ----
        100
```

अभीष्ट संख्या = 100000 + (111 – 100) = 100011.

```
11 ) 803642 ( 73058
     77
     --
      33
      33
      --
       64
       55
       --
        92
        88
        --
         4
```

96. 803642 को 11 से भाग देने पर शेष = 4.
∴ दी गई संख्या में जोड़े जाने वाली संख्या = (11 – 4) = 7.

97. तीन अंकों की छोटी से छोटी संख्या = 100
इसे 14 से भाग देने पर शेषफल = 2.
∴ अभीष्ट संख्या = 100 + (14 – 2) = 112.

98. 5 अंकों की बड़ी से बड़ी संख्या = 99999

$$
\begin{array}{r|l}
463 & 99999\ (215 \\
 & \underline{926} \\
 & \ \ 739 \\
 & \ \ \underline{463} \\
 & \ \ 2769 \\
 & \ \ \underline{2315} \\
 & \ \ \ \ 454
\end{array}
$$

अभीष्ट संख्या = (99999 – 454) = 99545.

99. दिया है : भाज्य = 7865321, भागफल = 33612, शेषफल = 113.

$$\text{भाजक} = \frac{\text{भाज्य - शेषफल}}{\text{भागफल}} = \frac{7865321 - 113}{33612} = 234.$$

100. माना दी गई संख्या = $6n + 3$, जहाँ n एक पूर्णांक है.

इस संख्या का वर्ग $= (6n+3)^2 = 36n^2 + 9 + 36n$

$= 6\,(6n^2 + 6n + 1) + 3$.

∴ उस संख्या के वर्ग को 6 से भाग देने पर शेषफल 3 प्राप्त होगा.

101.

9	a	8
11	b	9
13	c	8
	1	

$c = 13 \times 1 + 8 = 21,\ b = 11 \times 21 + 9 = 240,\ a = 9 \times 240 + 8 = 2168$

13	2168	10
11	166	1
9	15	6
	1	

अत: अभीष्ट शेषफल 10, 1, 6 हैं.

102. यदि n एक समसंख्या हो, तो $(x^n - 1)$ सदैव $(x + 1)$ से विभक्त होगा.

∴ $\left[(17)^{200} - 1\right]$ सदैव (17 + 1) अर्थात 18 से विभक्त होगा.

अत: $(17)^{200}$ को 18 से भाग देने पर शेषफल = 1.

103. यदि n एक विषम संख्या हो, तो $(x^n + 1)$ सदैव $(x + 1)$ से विभक्त होगा.

∴ $\left[(25)^{25} + 1\right]$ सदैव (25 + 1) अर्थात 26 से विभक्त होगा.

∴ $(25)^{25}$ को 26 से भाग देने पर शेषफल = (26 – 1) = 25.

104. माना n को 4 से भाग देने पर भागफल = q तथा शेषफल = 3.

तब, $n = 4q + 3 \Rightarrow 2n = 8q + 6 = 4(2q + 1) = 2$.

अत: $2n$ को 4 से भाग देने पर शेषफल = 2.

105. किसी प्राकृत संख्या के वर्ग का इकाई अंक 2, 3, 7, 8 में से कोई नहीं हो सकता. अत: उत्तर (d) सही है.

106. किसी प्राकृत संख्या के वर्ग का इकाई अंक 2, 3, 7, 8 में से कोई नहीं हो सकता. अत: उत्तर (c) सही है.

107. माना * के स्थान पर x लें. तब

$(6 + 7 + 3 + 5 + x + 1)$ अर्थात $(22 + x)$ पूर्णतया 9 से विभक्त होगा.

स्पष्ट है कि $x = 5$.

108. माना अभीष्ट संख्या $xyxy$ है.

तब यह संख्या $= 1000x + 100y + 10x + y$

$$= 100\,(10x + y) + (10x + y) = (10x + y) \times (100 + 1) = (10x + y) \times 101.$$

अत: ऐसी संख्या 101 से सदैव विभक्त होगी.

109. $5p9 + 327 + 2q8 = 1114$

$\Rightarrow 5p9 + 2q8 = (1114 - 327) = 787$

$\Rightarrow 500 + 10p + 9 + 200 + 10q + 8 = 787$

$\Rightarrow (10p + 10q) + 717 = 787 \Rightarrow 10(p + q) = 70 \Rightarrow p + q = 7.$

$\therefore q$ का अधिकतम संभव मान = 7.

110. 4 से विभक्त होने के लिए दाईं ओर से प्रथम 2 अंकों से बनी संख्या 4 से विभक्त होनी चाहिए.

स्पष्ट है कि $89 + 3 = 92$, जो 4 से विभक्त होती है.

अत: दी गई संख्या में 3 जोड़ा जाना चाहिए.

111. माना इकाई अंक में x जोड़ना होगा. तब,

$(4 + 3 + 8) - [(2 + x) + 6 + 0] = 15 - (8 + x) = 7 - x.$

$\therefore\ 7 - x = 0 \ \Rightarrow\ x = 7.$

अत: इकाई में 7 जोड़ने पर प्राप्त संख्या 11 से पूर्णतया विभक्त होगी.

112. माना लुप्त अंक $= x$. तब,

$(2 + 9 + 6 + 1) - (4 + x + 5) = 18 - (9 + x) = (9 - x).$

$\therefore\ 9 - x = 0 \Rightarrow x = 9.$

अत: लुप्त अंक = 9.

113. माना जोड़ी जाने वाली संख्या $= x$. तब,

प्रथम तीन अंकों से बनी संख्या = 116.

स्पष्ट है कि $(116 + x)$ पूर्णतया 8 से विभक्त होना चाहिए.

अत: $x = 4$. अर्थात जोड़ी जाने वाली संख्या = 4.

114. 11 से विभक्त होने के लिए $(6 + 3 + 1) - (y + y) = 0 \Rightarrow 2y = 10 \Rightarrow y = 5.$

115. 11 से विभक्त होने के लिए $[(8 + 7 + 3 + 4) - (x + 2 + 8)]$ पूर्णतया 11 से विभक्त होगा.

अर्थात $(12 - x)$ पूर्णतया 11 से विभक्त होगा. अत: $x = 1$.

116. माना विलुप्त अंक $= x$. तब,

$(6 + 7 + 3 + 5 + x + 1) = (22 + x)$ पूर्णतया 9 से विभक्त होना चाहिए.

$\therefore\ x = 5.$

117. माना विलुप्त अंक $= x$. तब,

$(6 + 7 + 1 + x + 4 + 8 + 3) = (29 + x)$ पूर्णतया 9 से विभक्त होना चाहिए

$\therefore\ x = 7.$

118. माना विलुप्त अंक $= x$. तब,

$(1 + 5 + 7 + x + 2 + 3 + 4) = (22 + x)$ पूर्णतया 3 से विभक्त होना चाहिए.

अत: $x = 2$.

119. 2 तथा 9 सहअभाज्य संख्यायें हैं जिनका गुणनफल 18 है.

अत: किसी संख्या को 18 से विभक्त होने के लिए 9 तथा 2 में से प्रत्येक से विभक्त होना चाहिए.

परन्तु 65043 स्पष्ट रूप से 2 से विभक्त नहीं होती.

अत: यह 18 से विभक्त नहीं होगी.

120. 3 तथा 8 सहअभाज्य संख्यायें हैं जिनका गुणनफल 24 है.

स्पष्ट है कि 718 पूर्णतया 8 से विभक्त नहीं होती.

अत: 35718 पूर्णतया 24 से विभक्त नहीं होगी.

121. स्पष्ट है कि $\frac{333333}{7} = 47619$

$\therefore$ अभीष्ट संख्या = 47619.

122. अभीष्ट संख्यायें हैं 6, 12, 18, ..., 198.

यह एक समान्तर श्रेढ़ी है जिसमें $a = 6, d = 6$ तथा $l = 198$.

माना $T_n = 198$. तब $a + (n-1)d = 198$.

$6 + (n-1) \times 6 = 198 \Rightarrow (n-1) = \frac{192}{6} = 32 \Rightarrow n = 33.$

123. अभीष्ट संख्या = $13q + 1$ तथा $q = 5Q + 3$

$\Rightarrow$ अभीष्ट संख्या = $13 \times (5Q + 3) + 1 = 65Q + 40$

$\Rightarrow$ उस संख्या को 65 से भाग देने पर शेषफल = 40.

124. माना अभीष्ट संख्या = x. तब

$\frac{(x+7)\times 5}{9} - 3 = 12 \Rightarrow 5x + 35 - 27 = 108$

$\Rightarrow 5x + 8 = 108 \Rightarrow 5x = 100 \Rightarrow x = 20.$

अत: अभीष्ट संख्या = 20.

125. संख्या = $4 \times Q + 2$, $Q = 5q + 3$ तथा $q = 6 \times 7 + 5 = 47$.

$\therefore Q = 5 \times 47 + 3 = 238 \Rightarrow$ संख्या $= 4 \times 238 + 2 = 954$.

126. $a + b + c = 180, b + c + d = 197, c + d + a = 208$ तथा $d + a + b = 222$.

इन्हें जोड़ने पर : $3(a + b + c + d) = 807 \Rightarrow a + b + c + d = 269$

इन संख्याओं का माध्य $= \frac{a+b+c+d}{4} = \frac{269}{4} = 67\frac{1}{4}$.

127.
$$\begin{array}{r} 4a3 \\ +\,984 \\ \hline 13b7 \\ \hline \end{array}$$

चूँकि $13b7$, 11 से विभाज्य है, अत: $(7 + 3) - (b + 1) = 0 \Rightarrow b = 9$.

$1397 - 984 = 413 \Rightarrow a = 1, b = 9.$

$\therefore 3a + 4b = 3 \times 1 + 4 \times 9 = 3 + 36 = 39.$

128. $2x + 3y = 100$ ...(*i*)

$3x + 2y = 120$ ...(*i*)

इन्हें हल करने पर $y = 12$ तथा $x = 32$.

अत: बड़ी संख्या = 32.

129. अभीष्ट पंक्तियाँ $= \frac{54 \times 30}{45} = 36.$

130. 7 का स्थानीय मान = 7000 तथा 7 का जातीय मान = 7.

अभीष्ट अन्तर = (7000 – 7) = 6993.

131. अभीष्ट अन्तर = (7000 – 30) = 6970.

प्रश्नमाला 1B

1. किसी संख्या को 4 से भाग देने पर भागफल तथा शेषफल का योग 8 है तथा इनके वर्गों का योग 34 है. संख्या ज्ञात कीजिए. **(एस०एस०सी० परीक्षा, 2009)**
2. एक तीन अंकों से बनी संख्या के अंकों का योग 6 है. अंक पलटने से प्राप्त संख्या मूल संख्या से 198 अधिक है. यदि मध्य अंक शेष दोनों अंकों के औसत के बराबर हो, तो मूल संख्या ज्ञात कीजिए. **(एस०एस०सी० परीक्षा, 2009)**
3. एक परीक्षा में उत्तीर्ण होने वाले छात्रों की संख्या अनुत्तीर्ण छात्रों की चौगुनी थी. यदि कुल परीक्षार्थी 35 कम होते तथा 9 अधिक अनुत्तीर्ण होते तो उत्तीर्ण तथा अनुत्तीर्ण छात्रों का अनुपात 2 : 1 होता. कुल कितने परीक्षार्थी थे. **(एस०एस०सी० परीक्षा, 2009)**
4. कुछ लड़कों को कतारों में इस प्रकार बैठाया जाता है कि प्रत्येक कतार में 8 लड़के हों, तो 6 लड़के शेष बचते हैं. यदि प्रत्येक कतार में 10 लड़के हों, तो 8 लड़के शेष बचते हैं. यदि प्रत्येक कतार में 12 लड़के हों, तो 10 लड़के शेष बचते हैं. यदि प्रत्येक कतार में 14 लड़के हों, तो कोई लड़का शेष नहीं बचता. लड़कों की निम्नतम संख्या कितनी है ? **(एस०एस०सी० परीक्षा, 2009)**
5. एक परीक्षा में प्रत्येक ठीक उत्तर के लिए 2 अंक मिलते हैं तथा गलत उत्तर के लिए 1 अंक कम कर दिया जाता है. एक परीक्षार्थी ने सारे 100 प्रश्न हल किये तथा उसके कुल प्राप्तांक 80 थे. उसने कितने प्रश्नों का ठीक उत्तर दिया ? **(एस०एस०सी० परीक्षा, 2008)**
6. किसी संख्या को 713 से भाग देने पर शेषफल 115 प्राप्त होता है. इसी संख्या को 31 से भाग देने पर शेषफल कितना होगा ? **(एस०एस०सी० परीक्षा, 2008)**
7. यदि $(683^{125} - 598^{125}) - (647^{125} - 598^{125})$ को 36 से विभक्त करें तो शेषफल क्या होगा ? **(एस०एस०सी० परीक्षा, 2008)**
8. $(527^{379} + 473^{379})$ तथा $(527^{166} - 473^{166})$ के सार्व-गुणनखण्ड ज्ञात कीजिए. **(एस०एस०सी० परीक्षा, 2008)**
9. एक छात्र को किसी संख्या को 34 से गुणा करना था. उसने त्रुटिवश 3 को 8 पढ़ लिया तथा उस संख्या को 84 से गुणा कर दिया. इससे उसका उत्तर ठीक उत्तर से 5600 अधिक था. वह संख्या कौनसी थी ? **(एस०एस०सी० परीक्षा, 2007)**
10. $(23^{19} + 19^{19})$ तथा $(23^{23} + 19^{23})$ के सार्व-गुणनखण्ड ज्ञात कीजिए. **(एस०एस०सी० परीक्षा, 2007)**
11. भाग के एक प्रश्न में भाजक, भागफल का 10 गुना है तथा शेषफल का 5 गुना है. यदि शेषफल 46 हो, तो भाज्य ज्ञात कीजिए. **(एस०एस०सी० परीक्षा, 2007)**
12. चार प्राकृत संख्याओं में से तीन को क्रमागत लेकर जोड़ने पर योगफल क्रमशः 180, 197, 208 तथा 222 प्राप्त होता है. संख्यायें ज्ञात कीजिए. **(एस०एस०सी० परीक्षा, 2007)**
13. एक तीन अंकों की संख्या $2a3$ को 326 में जोड़ने पर तीन अंकों की संख्या $5b9$ प्राप्त होती है, जो 9 से पूर्णतया विभक्त होती है. $(5a - 2b)$ का मान ज्ञात कीजिए. **(एस०एस०सी० परीक्षा, 2007)**
14. $(3257)^{683}$ को 3256 से भाग देने पर शेषफल क्या होगा ? **(एस०एस०सी० परीक्षा, 2006)**
15. 84159 के समीपतम कौन-सी संख्या है जो 97 से पूर्णतया विभक्त हो जाये ?
16. 36920 में छोटी से छोटी क्या संख्या जोड़ी जाये कि योगफल 137 से पूर्णतया विभक्त हो जाये ?
17. 434081 में से छोटी से छोटी क्या संख्या घटाई जाये कि शेष संख्या 287 से पूर्णतया विभक्त हो जाये ?
18. छः अंकों की वह छोटी से छोटी संख्या ज्ञात करो जो 67 से पूर्णतया विभक्त हो जाये.
19. किसी संख्या को 783 से भाग देने पर 48 शेष बचता है. उस संख्या को 29 से भाग देने पर शेषफल क्या होगा ?
20. किसी संख्या को 11 से गुणा करने पर वह 180 से उतनी अधिक हो जाती है जितनी वह आरंभ में 180 से कम थी. संख्या ज्ञात कीजिए. **(एस०एस०सी० परीक्षा, 2002)**
21. एक संख्या को 4 स भाग देने पर भागफल तथा शेषफल का योग 8 है तथा उनके वर्गों का योग 34 है. वह सख्या ज्ञात कीजिए.

22. तीन प्राकृत संख्यायें 2 : 3 : 4 के अनुपात में हैं. यदि इन संख्याओं के वर्गों का योग 116 हो, तो संख्यायें ज्ञात कीजिए. **(एस०एस०सी० परीक्षा, 2002)**

23. $\dfrac{(719-187)^2+(719+187)^2}{(719\times719+187\times187)}$ का मान ज्ञात कीजिए.

24. $\dfrac{(824\times824\times824-395\times395\times395)}{(824\times824+824\times395+395\times395)}$ का मान ज्ञात कीजिए.

25. $\dfrac{(917\times917\times917+283\times283\times283)}{(917\times917-917\times283+283\times283)}$ का मान ज्ञात कीजिए.

उत्तरमाला (प्रश्नमाला 1B)

1. 23	**2.** 123	**3.** 155	**4.** 238	**5.** 60	**6.** 22	**7.** शून्य	**8.** 1000	**9.** 112	**10.** 42
11. 5336	**12.** 89, 72, 61, 47		**13.** 2	**14.** 1	**15.** 84196		**16.** 70	**17.** 137	
18. 100031		**19.** 19	**20.** 30	**21.** 23	**22.** 4, 6, 8		**23.** 2	**24.** 429	**25.** 1200

दिये गए प्रश्नों के हल प्रश्नमाला 1B

1. माना दी गई संख्या को 4 से भाग देने पर भागफल = a तथा शेषफल = b.

तब, $a+b=8$ ...(i) तथा $a^2+b^2=34$ ...(ii)

$\therefore (a+b)^2=8^2=64 \Rightarrow a^2+b^2+2ab=64$

$\Rightarrow 34+2ab=64 \Rightarrow 2ab=30 \Rightarrow ab=15.$

$\therefore (a-b)^2=(a+b)^2-4ab=(8^2-4\times15)=(64-60)=4=2^2$

अत: $(a-b)=2$.

$a+b=8$ तथा $a-b=2$ को हल करने पर $a=5, b=3$.

अभीष्ट संख्या $=4a+b=(4\times5+3)=23$.

2. माना सैंकड़े, दहाई तथा इकाई अंक क्रमशः x, y तथा z हैं.

तब, अभीष्ट संख्या = $100x+10y+z$.

$x+y+z=6$ ...(i) $y=\dfrac{x+z}{2} \Rightarrow x+z=2y$ ...(ii)

तथा $(100z+10y+x)-(100x+10y+z)=198 \Rightarrow 99z-99x=198$

$\Rightarrow z-x=2$ ...(iii)

(ii) तथा (i) से $3y=6 \Rightarrow y=2$. अत: $z+x=4$ ...(iv)

(iii) तथा (iv) को हल करने पर $z=3, x=1$.

अत: अभीष्ट संख्या = $(100\times1+10\times2+3)=123$.

3. माना अनुत्तीर्ण छात्र = x. तब, उत्तीर्ण छात्र = $4x$ तथा कुल छात्र = $5x$.

कुल छात्रों की नई संख्या = $5x-35$, अनुत्तीर्ण छात्रों की संख्या = $x+9$.

तब, उत्तीर्ण छात्रों की संख्या = $(5x-35)-(x+9)=4x-44$.

$\therefore \dfrac{4x-44}{x+9}=\dfrac{2}{1} \Rightarrow 2x+18=4x-44 \Rightarrow 2x=62 \Rightarrow x=31.$

अत: कुल छात्रों की अभीष्ट संख्या = $(5\times31)=155$.

4. माना अभीष्ट संख्या = x.

तब, x को 8 से भाग देने पर शेषफल = 6.

x को 10 से भाग देने पर शेषफल = 8.

x को 12 से भाग देने पर शेषफल = 10.

x को 14 से भाग देने पर शेषफल = 0.

स्पष्ट है कि प्रत्येक दशा में भाजक तथा शेषफल का अन्तर = (8 – 6) = (10 – 8) = (12 – 10) = 2.

8, 10, 12 का ल०स० = 120.

लड़कों की कम से कम संख्या = $(120k - 2)$, जो 14 से पूर्णतया विभक्त होता है.

$(120k - 2) = (112k + 8k - 2) = (14 \times 8k) + (8k - 2)$.

स्पष्ट है $(8k - 2)$ तभी 14 से पूर्णतया विभक्त होगा जबकि $k = 2$ हो.

∴ लड़कों की अभीष्ट संख्या = $(120 \times 2 - 2) = 238$.

5. माना ठीक उत्तर = x तथा गलत उत्तर = $(100 - x)$.

कुल प्राप्तांक = $2x - (100 - x) = 3x - 100$.

$\therefore\ 3x - 100 = 80 \Rightarrow 3x = 180 \Rightarrow x = 60$.

ठीक उत्तरों की संख्या = 60.

6. माना दी गई संख्या = x तथा इसे 713 से भाग देने पर माना भागफल = k तथा शेषफल = 115. तब

$x = 713k + 115 = 31 \times 23k + 31 \times 3 + 22 = 31 \times (23k + 3) + 22$.

अत: दी गई संख्या को 31 से भाग देने पर शेषफल = 22.

7. $(683^{125} - 598^{125}) - (647^{125} - 598^{125})$

$= (683^{125} - 598^{125} - 647^{125} + 598^{125}) = (683^{125} - 647^{125})$.

हम जानते हैं कि n के सभी मानों के लिए $(x^n - y^n)$ सदैव $(x - y)$ से पूर्णतया विभक्त होता है.

अत: दिया गया व्यंजक $(683 - 647) = 36$ से पूर्णतया विभक्त होगा.

8. यदि n विषम हो, तो $(x^n + y^n)$ पूर्णतया $(x + y)$ से विभक्त होगा.

$n = 379$ विषम है, अत: $(527^{379} + 473^{379})$ पूर्णतया $(527 + 473) = 1000$ से विभक्त होगा.

यदि n सम हो, तो $(x^n - y^n)$ पूर्णतया $(x + y)$ से विभक्त होगा.

$n = 166$ सम है, अत: $(527^{166} - 473^{166})$ पूर्णतया $(527 + 473) = 1000$ से विभक्त होगा.

अत: अभीष्ट सार्व गुणनखण्ड = 1000.

9. मानां अभीष्ट संख्या = x. तब,

$84x - 34x = 5600 \Rightarrow 50x = 5600 \Rightarrow x = 112$.

अत: अभीष्ट संख्या = 112.

10. यदि n एक विषम सख्या हो, तो $(x^n + y^n)$ सदैव $(x + y)$ से पूर्णतया विभक्त होगा.

$n = 19$ विषम है, अत: $(23^{19} + 19^{19})$ पूर्णतया $(23 + 19) = 42$ से विभक्त होगा.

$n = 23$ विषम है, अत: $(23^{23} + 19^{23})$ पूर्णतया $(23 + 19) = 42$ से विभक्त होगा.

अत: अभीष्ट गुणनखण्ड = 42.

11. भाजक = (5 × शेषफल) = (5 × 46) = 230.

भागफल $= \dfrac{\text{भाजक}}{10} = \dfrac{230}{10} = 23$.

भाज्य = (भाजक × भागफल) + शेषफल $= (230 \times 23) + 46 = (5290 + 46) = 5336$.

12. माना चार प्राकृत संख्यायें a, b, c तथा d हैं. तब

$a + b + c = 180,\ b + c + d = 197,\ c + d + a = 208$ तथा $d + a + b = 222$.

चारों समीकरणों को जोडने पर : $3(a + b + c + d) = 807 \Rightarrow a + b + c + d = 269$.

$\therefore\ d = (269 - 180) = 89,\ a = (269 - 197) = 72,\ b = (269 - 208) = 61$ तथा $c = (269 - 222) = 47$.

अत: अभीष्ट संख्यायें 89, 72, 61, 47 हैं.

13. $(5 + b + 9)$ पूर्णतया 9 से विभक्त होता है. अत: $b = 4$.

$$\begin{array}{r} 2a3 \\ +\,326 \\ \hline 549 \end{array}$$

अत: $a = 2$.

$\therefore (5a - 2b) = (5 \times 2 - 2 \times 4) = (10 - 8) = 2$.

14. हम जानते हैं कि $(x^n - 1)$ सदैव $(x - 1)$ से पूर्णतया विभक्त होगा.

$\therefore \left[(3257)^{683} - 1\right]$ पूर्णतया $(3257 - 1)$ से विभक्त होगा

$\Rightarrow \left[(3257)^{683} - 1\right]$ पूर्णतया 3256 से विभक्त होगा

$\Rightarrow (3257)^{683}$ को 3256 से भाग देने पर 1 शेष बचेगा.

15. 84159 को 97 से भाग देने पर शेषफल = 60.

अत: अभीष्ट संख्या = 84159 + (97 – 60) = (84159 + 37) = 84196.

16. 36920 को 137 से भाग देने पर शेषफल = 67.

$\therefore$ अभीष्ट संख्या = (137 – 67) = 70.

17. 434081 को 287 से भाग देने पर शेषफल = 137.

$\therefore$ अभीष्ट संख्या = 137.

18. 6 अंकों की छोटी से छोटी संख्या = 100000.

100000 को 67 से भाग देने पर शेषफल = 36.

$\therefore$ अभीष्ट संख्या = 100000 + (67 – 36)

= (100000 + 31) = 100031.

```
67 ) 100000 ( 1492
     67
     ---
     330
     268
     ---
      620
      603
      ---
       170
       134
       ---
        36
```

19. माना दी गई संख्या को 783 से भाग देने पर भागफल = q तथा शेषफल = 48.

तब, दी गई संख्या = $(783q + 48) = (29 \times 27q) + (29 + 19)$

$= 29 \times (27q + 1) + 19$.

अत: दी गई संख्या को 29 से भाग देने पर शेषफल = 19.

20. माना अभीष्ट संख्या = x. तब,

$11x - 180 = 180 - x \Rightarrow 12x = 360 \Rightarrow x = 30$.

अत: अभीष्ट संख्या = 30.

21. माना अभीष्ट संख्या = x तथा इसे 4 से भाग देने पर माना भागफल = q तथा शेषफल = r. तब

$x = 4q + r, q + r = 8$ तथा $q^2 + r^2 = 34$.

अब $q + r = 8 \Rightarrow (q + r)^2 = 64 \Rightarrow (q^2 + r^2) + 2qr = 64 \Rightarrow 34 + 2qr = 64 \Rightarrow 2qr = 30 \Rightarrow qr = 15$.

$(q - r)^2 = (q + r)^2 - 4qr = (8)^2 - 4 \times 15 = (64 - 60) = 4 \Rightarrow q - r = 2$

$q + r = 8$ तथा $q - r = 2$ को हल करने पर $q = 5$ तथा $r = 3$.

$\therefore x = (4 \times 5 + 3) = 23$.

22. माना अभीष्ट संख्यायें $2x$, $3x$ तथा $4x$ हैं. तब

$4x^2 + 9x^2 + 16x^2 = 116 \Rightarrow 29x^2 = 116 \Rightarrow x^2 = 4 \Rightarrow x = 2$.

$\therefore$ अभीष्ट संख्यायें 4, 6 तथा 8 हैं.

23. माना $a = 719$ तथा $b = 187$. तब

दिया गया व्यंजक $= \dfrac{(a - b)^2 + (a + b)^2}{(a^2 + b^2)} = \dfrac{2(a^2 + b^2)}{(a^2 + b^2)} = 2$.

24. माना $a = 824$ तथा $b = 395$. तब

दिया गया व्यंजक $= \dfrac{(a^3 - b^3)}{(a^2 + ab + b^2)} = (a - b) = (824 - 395) = 429$.

25. माना $a = 917$ तथा $b = 283$. तब

दिया गया व्यंजक $= \dfrac{(a^3 + b^3)}{(a^2 - ab + b^2)} = (a + b) = (917 + 283) = 1200$.

2 महत्तम समापवर्तक तथा लघुत्तम समापवर्त्य (HCF AND LCM)

परिभाषायें तथा सामान्य नियम

1. गुणनखण्ड तथा गुणज :

यदि a, b को पूर्णतया विभक्त कर दे तो a को b का गुणनखण्ड कहते हैं तथा b को a का गुणज कहते हैं.

उदाहरण : (*i*) 5 है 15 का गुणनखण्ड, अत: 15 है 5 का गुणज.

(*ii*) 35 के सभी गुणनखण्ड हैं 1, 5, 7, 35.

2. महत्तम समापवर्तक (म०स०) :

दो या दो से अधिक संख्याओं का म०स० वह बड़ी से बड़ी संख्या है जो प्रत्येक दी गई संख्या को पूर्णतया विभक्त कर दे.

जैसे : 35 तथा 42 का म०स० = 7.

3. लघुत्तम समापवर्त्य (ल०स०) :

वह छोटी से छोटी संख्या जो प्रत्येक दी गई संख्या द्वारा पूर्णतया विभक्त हो जाये, दी गई संख्या का लघुत्तम समापवर्त्य कहलाती है.

जैसे : 12, 15, 18, 27 का ल०स०

$= 3 \times 2 \times 3 \times 2 \times 5 \times 3 = 540.$

3	12, 15, 18, 27
2	4, 5, 6, 9
3	2, 5, 3, 9
	2, 5, 1, 3

4. दो संख्याओं का गुणनफल = (इनका म०स०) × (इनका ल०स०).

5. भिन्नों का म०स० $= \dfrac{\text{अंशों का म०स०}}{\text{हरों का ल०स०}}$

6. भिन्नों का ल०स० $= \dfrac{\text{अंशों का ल०स०}}{\text{हरों का म०स०}}$

साधित उदाहरण

प्रश्न 1. $\dfrac{368}{437}$ **का सरलतम रूप क्या है ?**

(*a*) $\dfrac{15}{17}$ (*b*) $\dfrac{16}{17}$ (*c*) $\dfrac{15}{19}$ (*d*) $\dfrac{16}{19}$

हल : 368 तथा 437 का म०स० = 23.

$$\therefore \frac{368}{437} = \frac{368 \div 23}{437 \div 23} = \frac{16}{19}.$$

अत: सही उत्तर (*d*) है.

```
368 ) 437 ( 1
      368
      69 ) 368 ( 5
           345
           23 ) 69 ( 3
                69
                x
```

∴ 368 तथा 437 का म०स० = 23.

प्रश्न 2. 84, 126, 140 का महत्तम समापवर्तक कितना है ?

हल : 84, 126 तथा 140 में से प्रत्येक के गुणनखण्ड लेने पर :

2	84
2	42
3	21
	7

2	126
3	63
3	21
	7

2	140
2	70
5	35
	7

$\therefore\ 84 = 2^2\times3\times7;\ \ 126 = 2\times3^2\times7$ तथा $140 = 2^2\times5\times7$.

अत: 84, 126, 140 का म०स० = (2 × 7) = 14.

प्रश्न 3. 15, 18, 24, 27, 36 का लघुत्तम समापवर्त्य क्या होगा?

हल : संक्षिप्त विधि द्वारा :

3	15, 18, 24, 27, 36
3	5, 6, 8, 9, 12
2	5, 2, 8, 3, 4
2	5, 1, 4, 3, 2
	5, 1, 2, 3, 1

$\therefore$ ल०स० = (3 × 3 × 2 × 2 × 5 × 2 × 3) = 1080.

प्रश्न 4. $\frac{14}{33}, \frac{42}{55}, \frac{21}{22}$ का महत्तम समाप्रवर्तक ज्ञात कीजिए.

11	33, 55, 22
	3, 5, 2

हल : अभीष्ट म०स० $= \frac{\text{14, 42, 21 का म०स०}}{\text{33, 55, 22 का ल०स०}} = \frac{7}{330}$.

प्रश्न 5. $\frac{11}{14}, \frac{55}{42}, \frac{33}{35}, \frac{44}{63}$ का लघुत्तमभ समापवर्त्य ज्ञात कीजिए.

11	11, 55, 33, 44
	1, 5, 3, 4

हल : अभीष्ट ल०स० $= \frac{\text{11, 55, 33, 44 का ल०स०}}{\text{14, 42, 35, 63 का म०स०}} = \frac{660}{7}$.

[$\because$ चूँकि 14, 42, 35, 63 का म०स० = 7].

प्रश्न 6. 1.75, 5.6 तथा 7 का महत्तम समापवर्तक ज्ञात कीजिए.

हल : $1.75 = \frac{175}{100} = \frac{7}{4}, 5.6 = \frac{56}{10} = \frac{28}{5}$ तथा $7 = \frac{7}{1}$.

अभीष्ट म०स० $= \frac{7}{4}, \frac{28}{5}, \frac{7}{1}$ का म०स०

$= \frac{\text{7, 28, 7 का म०स०}}{\text{4, 5, 1 का ल०स०}} = \frac{7}{20} = 0.35.$

प्रश्न 7. 0.36, 1.2, 4.8 का लघुत्तमम समापवर्त्य ज्ञात कीजिए.

हल : $0.36 = \frac{36}{100} = \frac{9}{25};\ 1.2 = \frac{12}{10} = \frac{6}{5}$ तथा $4.8 = \frac{48}{10} = \frac{24}{5}$.

3	9, 6, 24
2	3, 2, 8
	3, 1, 4

अभीष्ट ल०स० $= \frac{9}{25}, \frac{6}{5}, \frac{24}{5}$ का ल०स०

$= \frac{\text{9, 6, 24 का ल०स०}}{\text{25, 5, 5 का म०स०}} = \frac{72}{5} = 14.4.$ [ल०स० = 3 × 2 × 3 × 4 = 72]

प्रश्न 8. दो संख्याओं का लघुत्तमम समापवर्त्य 1920 तथा महत्तम समापवर्तक 16 है. यदि इनमें से एक संख्या 128 हो, तो दूसरी संख्या क्या होगी?

हल : माना दूसरी संख्या = x. तब $x \times 128 = 1920 \times 16$ [दो संख्याओं का गुणनफल = (ल०स. × म०स०)]

$\Rightarrow x = \frac{1920\times16}{128} = 240.$

अत: दूसरी संख्या = 240.

प्रश्न 9. वह दो से छोटी संख्या कौन-सी है जो 8, 12, 18, 24 में से प्रत्येक से पूर्णतया विभक्त हो जाये?

2	8, 12, 18, 24
2	4, 6, 9, 12
2	2, 3, 9, 6
3	1, 3, 9, 3
	1, 1, 3, 1

हल : अभीष्ट संख्या = 8, 12, 18, 24 का ल०स०
= $(2 \times 2 \times 2 \times 3 \times 3)$
= 72

प्रश्न 10. वह छोटी से छोटी संख्या कौन-सी है जिसे 14, 21, 28, 35 में से प्रत्येक से भाग देने पर प्रत्येक दशा में 5 शेष बचे?

2	14, 21, 28, 35
7	7, 21, 14, 35
	1, 3, 2, 5

हल : अभीष्ट संख्या = (14, 21, 28, 35 का ल०स०) + 5
= $(2 \times 7 \times 3 \times 2 \times 5) + 5$
= (420 + 5) = 425.

प्रश्न 11. वह छोटी से छोटी संख्या ज्ञात करो जिसमें से 8 घटाने पर शेष बची संख्या 16, 18, 20, 24 में से प्रत्येक से पूर्णतया विभक्त हो जाये.

2	16, 18, 20, 24
2	8, 9, 10, 12
2	4, 9, 5, 6
3	2, 9, 5, 3
	2, 3, 5, 1

हल : अभीष्ट संख्या = (16, 18, 20, 24 का ल०स०) + 8
= $(2 \times 2 \times 2 \times 3 \times 2 \times 3 \times 5) + 8$
= (720 + 8) = 728.

प्रश्न 12. वह छोटी से छोटी संख्या ज्ञात करो जिसे 20, 25 तथा 30 से भाग देने पर क्रमशः 8, 13 तथा 18 शेष बचें.

5	20, 25, 30
2	4, 5, 6
	2, 5, 3

हल : यहाँ प्रत्येक भाजक तथा संगत शेषफल का अन्तर
= (20 – 8) = (25 – 13) = (30 – 18) = 12
अभीष्ट संख्या = (20, 25, 30 का ल०स०) – 12
= $(5 \times 2 \times 2 \times 5 \times 3) - 12$
= (300 – 12) = 288.

प्रश्न 13. वह छोटी से छोटी संख्या कौन-सी होगी जिसे 3, 5, 6, 8, 10, 12 से भाग देने पर प्रत्येक दशा में 2 शेष बचे परन्तु 13 से पूर्णतया विभक्त हो.

3	3, 5, 6, 8, 10, 12
2	1, 5, 2, 8, 10, 4
2	1, 5, 1, 4, 5, 2
5	1, 5, 1, 2, 5, 1
	1, 1, 1, 2, 1, 1

हल : 3, 5, 6, 8, 10, 12 का ल०स० = $(3 \times 2 \times 2 \times 5 \times 2)$ = 120.
माना अभीष्ट संख्या = (120k + 2), जो 13 से पूर्णतया विभक्त होगी.
स्पष्ट है कि k = 8 रखने पर अभीष्ट संख्या
$(120 \times 8 + 2)$ = 962 प्राप्त होगी, जो 13 से पूर्णतया विभक्त होती है.

प्रश्न 14. पाँच अंकों की वह बड़ी से बड़ी संख्या ज्ञात करो जो 12, 16, 18, 24, 32 में से प्रत्येक से पूर्णतया विभक्त हो.

2	12, 16, 18, 24, 32
2	6, 8, 9, 12, 16
2	3, 4, 9, 6, 8
2	3, 2, 9, 3, 4
3	3, 1, 9, 3, 2
	1, 1, 3, 1, 2

हल : 5 अंकों की बड़ी से बड़ी संख्या = 99999.
12, 16, 18, 24, 32 का ल०स० = $(2^4 \times 3^2 \times 2)$ = 288
अब, 99999 को 288 से भाग देने पर शेषफल = 63.
अभीष्ट संख्या = (99999 – 63) = 99936.

प्रश्न 15. चार अंकों की वह बड़ी से बड़ी संख्या ज्ञात करो जिसे 12, 18, 21, 24 में से प्रत्येक से भाग देने पर हर दशा में 7 शेष बचे.

2	12, 18, 21, 24
3	6, 9, 21, 12
2	2, 3, 7, 4
	1, 3, 7, 2

हल : 4 अंकों की बड़ी से बड़ी संख्या = 9999.
12, 18, 21, 24 का ल०स० = $(2 \times 3 \times 2 \times 3 \times 7 \times 2)$ = 504.
अब 9999 को 504 से भाग देने पर शेषफल = 423.
अभीष्ट संख्या = (9999 – 423 + 7) = 9583.

प्रश्नमाला 2A

निम्नलिखित प्रश्नों में से प्रत्येक में ठीक उत्तर को चिन्हांकित (✓) कीजिए :

1. $\frac{611}{1363}$ का सरलतम रूप क्या है ?

(*a*) $\frac{23}{29}$ (*b*) $\frac{13}{29}$ (*c*) $\frac{13}{23}$ (*d*) $\frac{17}{23}$

2. $\frac{777}{1147}$ का सरलतम रूप क्या है ?

(*a*) $\frac{17}{19}$ (*b*) $\frac{19}{21}$ (*c*) $\frac{13}{29}$ (*d*) $\frac{21}{31}$

3. $\frac{756}{882} = ?$

(*a*) $\frac{7}{6}$ (*b*) $\frac{6}{7}$ (*c*) $\frac{5}{6}$ (*d*) इनमें से कोई नहीं

4. $\frac{128352}{238368}$ का सरलतम रूप क्या है ?

(*a*) $\frac{3}{4}$ (*b*) $\frac{5}{13}$ (*c*) $\frac{7}{13}$ (*d*) $\frac{9}{13}$

5. 2324 तथा 8148 का महत्तम समापवर्तक क्या होगा ?

(*a*) 69 (*b*) 84 (*c*) 28 (*d*) 38

6. 216, 288 तथा 720 का महत्तम समापवर्तक क्या होगा ?

(*a*) 12 (*b*) 24 (*c*) 84 (*d*) 72

7. 1134, 1344 तथा 1701 का महत्तम समापवर्तक कितना है ?

(*a*) 42 (*b*) 21 (*c*) 23 (*d*) 29

8. 96, 528, 2160, 3520 का महत्तम समापवर्तक कितना है ? **(रेलवे परीक्षा, 2009)**

(*a*) 8 (*b*) 16 (*c*) 12 (*d*) 24

9. 1.75, 5.6 तथा 7 का महत्तम समापवर्तक कितना है ? **(होटल मैनेजमैन्ट परीक्षा, 2009)**

(*a*) 0.07 (*b*) 0.7 (*c*) 3.5 (*d*) 0.35

10. 2.4, 0.36 तथा 7.2 का महत्तम समापवर्तक कितना है ? **(एस०एस०सी० परीक्षा, 2009)**

(*a*) 12 (*b*) 1.2 (*c*) 0.12 (*d*) 120

11. $\frac{7}{9}, \frac{14}{15}, \frac{7}{10}$ का महत्तम समापवर्तक कितना है ?

(*a*) $\frac{7}{45}$ (*b*) $\frac{7}{90}$ (*c*) $\frac{14}{45}$ (*d*) $\frac{7}{675}$

12. $\frac{9}{10}, \frac{12}{25}, \frac{18}{35}, \frac{21}{40}$ का महत्तम समापवर्तक कितना है ?

(*a*) $\frac{3}{5}$ (*b*) $\frac{3}{1400}$ (*c*) $\frac{9}{100}$ (*d*) $\frac{252}{5}$

13. तीन संख्यायें 1 : 2 : 3 के अनुपात में हैं तथा इनका महत्तम समापवर्तक 12 है. ये संख्यायें हैं :

(*a*) 6, 12, 18 (*b*) 12, 24, 30 (*c*) 12, 24, 36 (*d*) 5, 12, 15

14. 105, 165, 285, 1365 का महत्तम समापवर्तक कितना है

(*a*) 105 (*b*) 75 (*c*) 45 (*d*) 15

15. 0 तथा 6 का महत्तम समापवर्तक कितना है ?
(*a*) 0 (*b*) 6 (*c*) 3 (*d*) अपरिभाषित

16. दो संख्यायें 5 : 6 के अनुपात में हैं. यदि इनका महत्तम समापवर्तक 4 हो, तो इनका लघुत्तम समापवर्त्य कितना होगा ? **(एस०एस०सी० परीक्षा, 2010)**
(*a*) 90 (*b*) 96 (*c*) 120 (*d*) 150

17. 8, 9, 12, 15, 20, 25 का लघुत्तम समापवर्त्य कितना है ?
(*a*) 900 (*b*) 1800 (*c*) 3600 (*d*) 4500

18. 24, 36, 40 का लघुत्तम समापवर्त्य कितना है ?
(*a*) 120 (*b*) 240 (*c*) 360 (*d*) 480

19. 22, 54, 108, 135, 198 का लघुत्तम समापवर्त्य कितना है ?
(*a*) 330 (*b*) 1980 (*c*) 5940 (*d*) 11880

20. 148 तथा 185 का लघुत्तम समापवर्त्य कितना है ?
(*a*) 680 (*b*) 740 (*c*) 2960 (*d*) 3700

21. $\frac{1}{3}, \frac{2}{9}, \frac{5}{6}, \frac{4}{27}$ का लघुत्तम समापवर्त्य कितना है ?
(*a*) $\frac{1}{54}$ (*b*) $\frac{10}{27}$ (*c*) $\frac{20}{3}$ (*d*) इनमें से कोई नहीं

22. $\frac{2}{3}, \frac{3}{5}, \frac{4}{7}, \frac{9}{13}$ का लघुत्तम समापवर्त्य कितना है ?
(*a*) 36 (*b*) $\frac{1}{36}$ (*c*) $\frac{1}{1365}$ (*d*) $\frac{12}{455}$

23. 1.08, 0.36 तथा 0.9 का लघुत्तम समापवर्त्य कितना है ?
(*a*) 1.08 (*b*) 0.9 (*c*) 10.8 (*d*) 5.4

24. दो संख्याओं के महत्तम समापवर्तक तथा लघुत्तम समापवर्त्य क्रमशः 8 तथा 48 हैं. यदि इनमें से एक संख्या 24 हो, तो दूसरी संख्या क्या होगी ? **(एस०एस०सी० परीक्षा, 2010)**
(*a*) 48 (*b*) 36 (*c*) 16 (*d*) 24

25. दो संख्याओं का महत्तम समापवर्तक 11 तथा लघुत्तम समापवर्त्य 7700 है. यदि इनमें से एक संख्या 275 हो, तो दूसरी संख्या क्या होगी ?
(*a*) 279 (*b*) 283 (*c*) 318 (*d*) 308

26. 12 के दो गुणजों का लघुत्तम समापवर्त्य 1056 है. यदि इनमें से एक संख्या 132 हो, तो दूसरी संख्या क्या होगी ? **(एस०एस०सी० परीक्षा, 2009)**
(*a*) 12 (*b*) 72 (*c*) 96 (*d*) 84

27. दो संख्यायें 3 : 4 के अनुपात में हैं तथा इनका लघुत्तम समापवर्त्य 84 है. इनमें से बड़ी संख्या कौन-सी होगी ? **(एस०एस०सी० परीक्षा, 2010)**
(*a*) 21 (*b*) 24 (*c*) 28 (*d*) 84

28. 29 से बड़ी दो संख्याओं का महत्तम समापवर्तक 29 तथा लघुत्तम समापवर्त्य 4147 है. इन संख्याओं का योग कितना है ? **(एस०एस०सी० परीक्षा, 2009)**
(*a*) 966 (*b*) 696 (*c*) 669 (*d*) 666

29. दो संख्याओं का योग 36 है. इनका महत्तम समापवर्तक 3 तथा लघुत्तम समापवर्त्य 105 है. इन संख्याओं के व्युत्क्रमों का योग कितना होगा ? **(एस०एस०सी० परीक्षा, 2010)**
(*a*) $\frac{2}{35}$ (*b*) $\frac{3}{25}$ (*c*) $\frac{4}{35}$ (*d*) $\frac{2}{25}$

30. तीन अंकों वाली दो संख्याओं का महत्तम समापवर्तक 17 तथा लघुत्तम समापवर्त्य 714 है. इन संख्याओं का योग कितना होगा? **(एस०एस०सी० परीक्षा, 2007)**
(*a*) 289 (*b*) 391 (*c*) 221 (*d*) 731

31. दो संख्याओं के महत्तम समापवर्तक तथा लघुत्तम समापवर्त्य क्रमशः 12 तथा 72 हैं. यदि इन संख्याओं का योग 60 हो, तो इनमें से छोटी संख्या निम्न में से कौन-सी है?
(*a*) 12 (*b*) 24 (*c*) 60 (*d*) 72

32. दो संख्याओं के महत्तम समापवर्तक तथा लघुत्तम समापवर्त्य का योग 680 है. यदि लघुत्तम समापवर्त्य, महत्तम समापवर्तक का 84 गुना हो तथा एक संख्या 56 हो, तो दूसरी संख्या क्या होगी?
(*a*) 36 (*b*) 84 (*c*) 96 (*d*) 112
(एस०एस०सी० परीक्षा, 2005)

33. दो संख्याओं का लघुत्तम समापवर्त्य 120 है. निम्नलिखित में से कौन-सी संख्या इन संख्याओं का महत्तम समापवर्तक नहीं हो सकती?
(*a*) 8 (*b*) 12 (*c*) 24 (*d*) 35

34. ऐसी संख्याओं के कितने जोड़े होंगे जिनका महत्तम समापवर्तक 16 तथा लघुत्तम समापवर्त्य 136 हो?
(*a*) केवल एक (*b*) केवल दो (*c*) अनन्त (*d*) कोई नहीं

35. 306 तथा 657 का महत्तम समापवर्तक 9 है, लघुत्तम समापवर्त्य कितना होगा?
(*a*) 22338 (*b*) 23328 (*c*) 28233 (*d*) 28323

36. वह न्यूनतम पूर्ण वर्ग संख्या क्या होगी जो 12, 15 तथा 25 से पूर्णतया विभक्त हो?
(*a*) 400 (*b*) 900 (*c*) 1300 (*d*) 1600
(एस०एस०सी० परीक्षा, 2010)

37. वह न्यूनतम संख्या कौन-सी है जिसे 8, 10 अथवा 12 से विभक्त करने पर प्रत्येक दशा में 7 शेष बचे?
(*a*) 127 (*b*) 137 (*c*) 177 (*d*) 267 (*e*) इनमें से कोई नहीं
(बैंक पी०ओ० परीक्षा, 2010)

38. वह छोटी से छोटी संख्या कौन-सी है जिसमें से 11 घटाने पर प्राप्त शेषफल 14, 15, 21, 32 तथा 60 में से प्रत्येक से पूर्णतया विभक्त हो जाये?
(*a*) 3352 (*b*) 3349 (*c*) 3371 (*d*) 3381

39. वह छोटी से छोटी संख्या कौन-सी है जिसमें 9 जोड़ने पर प्राप्त संख्या 24, 32, 36, 54 में से प्रत्येक से पूर्णतया विभक्त हो जाये?
(*a*) 462 (*b*) 855 (*c*) 871 (*d*) इनमें से कोई नहीं

40. वह छोटे से छोटा 7 का गुणज क्या होगा जिसे 6, 9, 15, 18 से भाग देने पर प्रत्येक दशा में 4 शेष बचे?
(*a*) 74 (*b*) 94 (*c*) 184 (*d*) 364

41. वह छोटी से छोटी संख्या कौन-सी होगी जिसे 5, 6, 8, 9, 12 से भाग देने पर प्रत्येक दशा में 1 शेष बचे परन्तु 13 से पूर्णतया विभक्त हो?
(*a*) 361 (*b*) 721 (*c*) 1801 (*d*) 3601

42. वह छोटी से छोटी संख्या कौन-सी होगी जिसे 5, 6, 7, 8 से भाग देने पर प्रत्येक दशा में 3 शेष बचे परन्तु 9 से भाग देने पर शून्य शेष बचे? **(जीवन बीमा निगम परीक्षा, 2006)**
(*a*) 1677 (*b*) 1683 (*c*) 2523 (*d*) 3363

43. वह छोटी से छोटी संख्या कौन-सी होगी जिसे 3, 5, 6, 8, 10, 12 से भाग देने पर प्रत्येक दशा में 2 शेष बचे परन्तु 13 से पूर्णतया विभक्त हो? **(एस०एस०सी० परीक्षा, 2005)**
(*a*) 312 (*b*) 962 (*c*) 1562 (*d*) 1586

44. वह छोटी से छोटी संख्या कौन-सी है जिसे 8, 9, 12, 15 से भाग देने पर प्रत्येक दशा में 1 शेष बचे?
(*a*) 179 (*b*) 181 (*c*) 359 (*d*) 361

45. 10000 के समीपतम कौन-सी संख्या है जो 3, 4, 5, 6, 7, 8 में से प्रत्येक से पूर्णतया विभक्त हो ?
(*a*) 9240 (*b*) 9996 (*c*) 10000 (*d*) 10080
(एस०एस०सी० परीक्षा, 2004)

46. वह छोटी से छोटी संख्या कौन-सी है जो कि पूर्ण वर्ग हो तथा 3, 4, 5, 6, 8 में से प्रत्येक से पूर्णतया विभक्त हो ?
(*a*) 900 (*b*) 1600 (*c*) 2500 (*d*) 3600
(रेलवे परीक्षा, 2005)

47. 1856 में से कौन-सी न्यूनतम संख्या घटाई जाये कि शेषफल को 7, 12 और 16 से विभक्त करने पर प्रत्येक दशा में शेष 4 बचे ? **(एस०एस०सी० परीक्षा, 2010)**
(*a*) 137 (*b*) 140 (*c*) 172 (*d*) 1361

48. वह छोटी से छोटी संख्या कौन-सी है जिसे 2, 3, 4, 5, 6 में से किसी से भी विभक्त करने पर 1 शेष बचे परन्तु 7 से पूर्णतया विभक्त हो ?
(*a*) 301 (*b*) 273 (*c*) 231 (*d*) 61

49. वह छोटी से छोटी संख्या कौन-सी है जिसे क्रमशः 12, 15 तथा 16 से भाग देने पर 7, 10 तथा 11 शेष बचे ?
(*a*) 115 (*b*) 235 (*c*) 247 (*d*) 475

50. वह छोटी से छोटी संख्या कौन-सी है जिसे 15, 25, 35 तथा 45 से भाग देने पर क्रमशः 7, 17, 27 तथा 37 शेष बचे ?
(*a*) 1575 (*b*) 1567 (*c*) 1576 (*d*) 1570

51. वह बड़ी से बड़ी संख्या कौन-सी है जिसे 5834 में से घटाने पर प्राप्त संख्या 20, 28, 32 तथा 35 में से प्रत्येक से पूर्णतः विभक्त हो ? **(एस०एस.सी० परीक्षा, 2010)**
(*a*) 1120 (*b*) 234 (*c*) 4714 (*d*) इनमें से कोई नहीं

52. चार अंकों की बड़ी से बड़ी संख्या कौन-सी है जो 12, 15, 18, 27 में से प्रत्येक से पूर्णतया विभक्त हो ?
(*a*) 9690 (*b*) 9720 (*c*) 9930 (*d*) 9960
(एस०एस०सी० परीक्षा, 2006)

53. तीन अंकों की वह बड़ी से बड़ी संख्या कौन-सी होगी जिसे 6, 9, 12 में से प्रत्येक से भाग देने पर प्रत्येक दशा में 3 शेष बचे ?
(*a*) 903 (*b*) 939 (*c*) 975 (*d*) 996

54. वह बड़ी से बड़ी संख्या कौन-सी है जिससे 1657 तथा 2037 को भाग दिये जाने पर क्रमशः 6 तथा 5 शेष बचे ?
(*a*) 127 (*b*) 133 (*c*) 235 (*d*) 305
(एस०एस०सी० परीक्षा, 2006)

55. वह कौन-सी सबसे बड़ी संख्या है जिसके द्वारा 3026 तथा 5053 को भाग देने पर क्रमशः 11 तथा 13 शेष बचे ?
(*a*) 15 (*b*) 30 (*c*) 45 (*d*) 60
(एस०एस०सी० परीक्षा, 2005)

56. वह बड़ी से बड़ी संख्या कौन-सी है जो 147, 168, 210, 315 में से प्रत्येक को पूर्णतया विभक्त कर दे ?
(*a*) 7 (*b*) 21 (*c*) 441 (*d*) 4410

57. वह बड़ी से बड़ी संख्या कौन-सी है जिससे 187, 233, 279 को भाग देने पर प्रत्येक दशा में समान शेष बचे ?
(*a*) 30 (*b*) 36 (*c*) 46 (*d*) 56

58. वह बड़ी से बड़ी संख्या कौन-सी है जिससे 1356, 1868, 2764 को भाग देने पर प्रत्येक दशा में 12 शेष बचे ?
(*a*) 64 (*b*) 124 (*c*) 156 (*d*) 260

59. वह बड़ी से बड़ी संख्या कौन-सी है जिससे 964, 1238, 1400 को विभक्त करने पर क्रमशः 41, 31 तथा 51 शेष बचे ?
(*a*) 61 (*b*) 71 (*c*) 73 (*d*) 81

60. किसी दूध वाले की एक टंकी में 75 लीटर तथा दूसरी टंकी में 45 लीटर दूध है. उस बड़े से बड़े बर्तन की माप क्या होगी जो दोनों टंकियों के दूध को पूरा-पूरा माप सके ? **(एस०एस०सी० परीक्षा, 2002)**
(*a*) 1 लीटर (*b*) 5 लीटर (*c*) 15 लीटर (*d*) 25 लीटर

61. दो टंकियों की धारिता क्रमश: 120 लीटर तथा 56 लीटर है. वह बड़े से बड़े किस माप का डिब्बा होगा जो प्रत्येक टंकी के द्रव को पूरी संख्या में नाप दे? **(रेलवे परीक्षा, 2005)**

(*a*) 7500 घन सेमी० (*b*) 7850 घन सेमी० (*c*) 8000 घन सेमी० (*d*) 9500 घन सेमी०

62. तीन ड्रमों में क्रमश: 2527 लीटर, 1653 लीटर तथा 2261 लीटर दूध है. वह बड़े से बड़ा किस माप का डिब्बा होगा जो प्रत्येक ड्रम के दूध को डिब्बों की पूर्ण संख्या में नाप दे?

(*a*) 19 लीटर (*b*) 20 लीटर (*c*) 29 लीटर (*d*) 31 लीटर

63. एक व्यक्ति को पैट्रोल के 403 लीटर, डीजल के 465 लीटर तथा मोबिल ऑयल के 496 लीटर को एक दूसरे के साथ मिलाये बिना पूर्णत: समान माप के डिब्बों में इस प्रकार भरना है कि प्रत्येक डिब्बा पूरा भर जाये. ऐसे कम से कम कितने डिब्बों की आवश्यकता होगी?

(*a*) 34 (*b*) 44 (*c*) 54 (*d*) इनमें से कोई नहीं

64. 78 सेमी०, 104 सेमी०, 117 सेमी० तथा 169 सेमी० लम्बी धातु की चार छड़ों को अधिकतम लम्बाई की बराबर छड़ों में काटने पर प्राप्त सभी छड़ों की अधिकतम संख्या कितनी होगी? (एस०एस०सी० परीक्षा, 2008)

(*a*) 27 (*b*) 36 (*c*) 43 (*d*) 48

65. 105 बकरियाँ, 140 गधे तथा 175 गायों को एक नदी के पार ले जाना हैं. मात्र एक ही बड़ी नाव के उपलब्ध होने के कारण इस कार्य को सम्पन्न करने हेतू नाविक शर्त रखता है कि प्रत्येक फेरे में वह केवल एक ही प्रकार के तथा गिनती में समान अधिक से अधिक पशुओं को ले जायेगा. प्रत्येक बार ले जाये जाने वाले पशुओं की संख्या कितनी होगी? (एस०एस०सी० परीक्षा, 2009)

(*a*) 42 (*b*) 28 (*c*) 35 (*d*) 15

66. एक कमरा 15 मी० 17 सेमी० लम्बा तथा 9 मी० 2 सेमी० चौड़ा है. इसकी छत के निचले भाग में कम से कम कितनी वर्गाकार टाइलें लगेंगी? **(एम०बी०ए० परीक्षा, 2006)**

(*a*) 656 (*b*) 738 (*c*) 814 (*d*) 902

67. नापने की तीन छड़ें क्रमश: 64 सेमी०, 80 सेमी० तथा 96 सेमी० लम्बी हैं. इनमें से कोई भी छड़ प्रयोग करके कम से कम किस लम्बाई का कपड़ा पूर्ण संख्या में नापा जा सकता है?

(*a*) 0.96 मीटर (*b*) 9.60 मीटर (*c*) 19.20 मीटर (*d*) 96 मीटर

68. अमित, सुचेता और नीति एक वृत्ताकार रास्ते के गिर्द एक ही बिंदु से एक साथ दौड़ना आरम्भ करते हैं तथा क्रमश 18, 24 और 32 सेकण्ड में एक चक्कर पूरा करते हैं. वे तीनों कितने समय बाद प्रारम्भिक बिंदु पर मिलेंगे?

(*a*) 196 सेकण्ड (*b*) 288 सेकण्ड (*c*) 324 सेकण्ड

(*d*) निर्धारित नहीं किया जा सकता (*e*) इनमें से कोई नहीं **(बैंक पी०ओ० परीक्षा, 2010)**

69. तीन विभिन्न चौराहों पर आवागमन सूचक बत्तियाँ क्रमश: 48 सेकण्ड, 72 सेकण्ड तथा 108 सेकण्ड के बाद बदलती हैं. यदि वे एक साथ 8 : 20 : 00 बजे बदली गई हों, तो फिर वे एक साथ कितने बजे बदलेंगी?

(*a*) 8 : 20 : 08 बजे (*b*) 8 : 24 : 10 बजे (*c*) 8 : 27 : 12 बजे (*d*) 8 : 30 : 15 बजे

70. तीन मित्र A, B तथा C एक वृत्ताकार स्टेडियम के गिर्द एक ही बिंदु से एक साथ दौड़ना आरम्भ करते हैं तथा वे एक चक्कर क्रमश: 24 सेकण्ड, 36 सेकण्ड तथा 30 सेकण्ड में पूरा करते हैं. कितने समय बाद वे प्रारम्भिक बिंदु पर पुन: मिलेंगे? **(बैंक पी०ओ० परीक्षा, 2009)**

(*a*) 6 मिनट (*b*) 8 मिनट (*c*) 12 मिनट (*d*) 15 मिनट (*e*) 18 मिनट

71. टीनू दर्जी एक महिला के स्कर्ट बनाने के लिए किसी चौड़ाई के कपड़े का उपयोग करता है. परन्तु, उसे याद नहीं कि सही चौड़ाई 32 इंच थी अथवा 36 इंच. क्या तुम उसे कपड़ा खरीदने में सहायता दे सकते हो ताकि वह कपड़ा दोनों दशाओं में प्रयोग किया जा सके? उसे कितना कपड़ा खरीदना होगा? **(बी०सी०ए० परीक्षा, 2008)**

(*a*) 324 इंच (*b*) 288 इंच (*c*) 248 इंच (*d*) 271 इंच

72. छ: घण्टियाँ एक साथ बजनी आरम्भ हुई. यदि ये घण्टियाँ क्रमश: 2, 4, 6, 8, 10, 12 सेकण्ड के अन्तराल से बजें तो 30 मिनट में कितनी बार ये इक्कट्ठी बजेंगी?

(*a*) 4 बार (*b*) 10 बार (*c*) 16 बार (*d*) इनमें से कोई नहीं

73. पत्थरों के एक ढ़ेर को क्रमश: 32, 40, 72 के ढ़ेर बनाने पर 10, 18 तथा 50 पत्थर शेष बचते हैं. इस ढ़ेर में कम से कम कितने पत्थर हैं? **(एम०बी०ए० परीक्षा, 2005)**

(*a*) 1412 (*b*) 1416 (*c*) 1418 (*d*) 1420

उत्तरमाला (प्रश्नमाला 2A)

1. (*b*)	**2.** (*d*)	**3.** (*b*)	**4.** (*c*)	**5.** (*c*)	**6.** (*d*)	**7.** (*b*)	**8.** (*b*)	**9.** (*d*)	**10.** (*c*)
11. (*b*)	**12.** (*b*)	**13.** (*c*)	**14.** (*d*)	**15.** (*d*)	**16.** (*c*)	**17.** (*b*)	**18.** (*c*)	**19.** (*c*)	**20.** (*b*)
21. (*c*)	**22.** (*a*)	**23.** (*d*)	**24.** (*c*)	**25.** (*d*)	**26.** (*c*)	**27.** (*c*)	**28.** (*b*)	**29.** (*c*)	**30.** (*c*)
31. (*b*)	**32.** (*c*)	**33.** (*d*)	**34.** (*d*)	**35.** (*a*)	**36.** (*b*)	**37.** (*a*)	**38.** (*c*)	**39.** (*b*)	**40.** (*d*)
41. (*d*)	**42.** (*b*)	**43.** (*b*)	**44.** (*d*)	**45.** (*d*)	**46.** (*d*)	**47.** (*c*)	**48.** (*a*)	**49.** (*b*)	**50.** (*b*)
51. (*c*)	**52.** (*b*)	**53.** (*c*)	**54.** (*a*)	**55.** (*c*)	**56.** (*b*)	**57.** (*c*)	**58.** (*a*)	**59.** (*b*)	**60.** (*c*)
61. (*c*)	**62.** (*a*)	**63.** (*b*)	**64.** (*b*)	**65.** (*c*)	**66.** (*c*)	**67.** (*b*)	**68.** (*b*)	**69.** (*c*)	**70.** (*a*)
71. (*b*)	**72.** (*c*)	**73.** (*c*)							

दिये गये प्रश्नों के हल — प्रश्नमाला 2A

1. 611) 1363 (2
1222
141) 611 (4
564
47) 141 (3
141
x

∴ 611 तथा 1363 का म०स० = 47.

अत: $\frac{611}{1363} = \frac{611 \div 47}{1363 \div 47} = \frac{13}{29}$.

2. 777) 1147 (1
777
370) 777 (2
740
37) 370 (10
37
0

∴ 777 तथा 1147 का म०स० = 37.

अत: $\frac{777}{1147} = \frac{777 \div 37}{1147 \div 37} = \frac{21}{31}$.

3. 756) 882 (1
756
126) 756 (6
756
x

∴ $\frac{756}{882} = \frac{756 \div 126}{882 \div 126} = \frac{6}{7}$.

4. 128352) 238368 (1
128352
110016) 128352 (1
110016
18336) 110016 (6
110016
x

$\frac{128352}{238368} = \frac{128352 \div 18336}{238368 \div 18336} = \frac{7}{13}$.

5. 2324) 8148 (3
6972
1176) 2324 (1
1176
1148) 1176 (1
1148
28) 1148 (41
112
28
28
x

अभीष्ट म०स० = 28.

6. 216) 288 (1
216
72) 216 (3
216
x

∴ 216 तथा 288 का म०स० = 72.

स्पष्ट है कि 72 तथा 720 का म०स० = 72.

अत: अभीष्ट म०स० = 72.

7.

```
1134 ) 1344 ( 1                     42 ) 1701 ( 40
       1134                               168
       210 ) 1134 ( 5                     21 ) 42 ( 2
             1050                                42
             84 ) 210 ( 2                        x
                  168
                  42 ) 84 ( 2
                       84
                       x
```

∴ 1134, 1344 तथा 1701 का म०स० = 21.

8.

2	96
2	48
2	24
2	12
2	6
	3

2	528
2	264
2	132
2	66
3	33
	11

2	2160
2	1080
2	540
2	270
3	135
3	45
3	15
	5

2	3520
2	1760
2	880
2	440
2	220
2	110
5	55
	11

$96 = 2^5 \times 3,\ 528 = 2^4 \times 3 \times 11,\ 2160 = 2^4 \times 3^3 \times 5$ तथा $3520 = 2^6 \times 5 \times 11$

अभीष्ट म०स० $= 2^4 = 16$.

9. दी गई संख्यायें दशमलव के दो स्थानों तक क्रमशः 1.75, 5.60 तथा 7.00 हैं.

```
560 ) 700 ( 1              35 ) 700 ( 20
      560                        70
      140 ) 560 ( 4               0
            560
            x
```

अत: 175, 560 तथा 700 का म०स० = 35

∴ 1.75, 5.60 तथा 7.00 का म०स० = 0.35.

10. दी गई संख्यायें दशमलव के दो स्थानों तक क्रमशः 2.40, 0.36 तथा 7.20 हैं.

अब 240, 36 तथा 720 का म०स० = 12.

∴ 2.40, 0.36 तथा 7.20 का म०स० = 0.12.

11. $\frac{7}{9}, \frac{14}{15}, \frac{7}{10}$ का म०स० $= \frac{7, 14, 7 \text{ का म०स०}}{9, 15, 10 \text{ का ल०स०}} = \frac{7}{90}$.

12. $\frac{9}{10}, \frac{12}{25}, \frac{18}{35}, \frac{21}{40}$ का म०स० $= \frac{9, 12, 18, 21 \text{ का म०स०}}{10, 25, 35, 40 \text{ का ल०स०}} = \frac{3}{1400}$.

∴ 10, 25, 35, 40 का ल०स० = 5 × 2 × 5 × 7 × 4 = 1400.

5	10, 25, 35, 40
2	2, 5, 7, 8
	1, 5, 7, 4

दी गई भिन्नों का म०स० $= \frac{3}{1400}$.

13. माना अभीष्ट संख्यायें x, $2x$ तथा $3x$ हैं. तब, इनका म०स० $= x$.

$\therefore x = 12$.

अत: ये संख्यायें हैं 12, 24, 36.

14.

5	105
3	21
	7

5	165
3	33
	11

5	285
3	57
	19

5	1365
3	273
13	91
	7

$\therefore 105 = 5 \times 3 \times 7,\ 165 = 5 \times 3 \times 11,\ 285 = 5 \times 3 \times 19,\ 1365 = 5 \times 3 \times 13 \times 7$

अत: 105, 165, 285, 1365 का म०स० $= (5 \times 3) = 15$.

15. 0 तथा 6 का म०स० अपरिभाषित है.

16. माना ये संख्यायें $5x$ तथा $6x$ हैं. तब इनका म.स० $= x$.

$\therefore x = 4$. अत: ये संख्यायें $(5 \times 4) = 20$ तथा $(6 \times 4) = 24$ है.

इनका ल०स० $= 4 \times 5 \times 6 = 120$.

4	20, 24
	5, 6

17.

2	8, 9, 12, 15, 20, 25
2	4, 9, 6, 15, 10, 25
3	2, 9, 3, 15, 5, 25
5	2, 3, 1, 5, 5, 25
	2, 3, 1, 1, 1, 5

$\therefore$ ल०स० $= 2 \times 2 \times 3 \times 5 \times 2 \times 3 \times 5 = 1800$.

18.

4	24, 36, 40
3	6, 9, 10
2	2, 3, 10
	1, 3, 5

$\therefore$ ल०स० $= 4 \times 3 \times 2 \times 3 \times 5 = 360$.

19.

2	22, 54, 108, 135, 198
11	11, 27, 54, 135, 99
3	1, 27, 54, 135, 9
3	1, 9, 18, 45, 3
3	1, 3, 6, 15, 1
	1, 1, 2, 5, 1

$\therefore$ ल०स० $= 2 \times 11 \times 3 \times 3 \times 3 \times 2 \times 5 = 5940$.

20.

2	148
2	74
	37

5	185
	37

$148 = 2^2 \times 37$ तथा $185 = 5 \times 37$.

$\therefore$ ल०स० $= 37 \times 5 \times 2^2 = 740$.

21. $\frac{1}{3}, \frac{2}{9}, \frac{5}{6}, \frac{4}{27}$ का ल०स० $= \dfrac{1, 2, 5, 4 \text{ का ल०स०}}{3, 9, 6, 27 \text{ का म०स०}} = \dfrac{20}{3}$.

22. $\frac{2}{3}, \frac{3}{5}, \frac{4}{7}, \frac{9}{13}$ का ल०स० $= \dfrac{2, 3, 4, 9 \text{ का ल०स०}}{3, 5, 7, 13 \text{ का म०स०}} = \dfrac{36}{1} = 36$.

2	2, 3, 4, 9
3	1, 3, 2, 9
	1, 1, 2, 3

23. दी गई संख्यायें हैं 1.08, 0.36 तथा 0.90

अब 108, 36, 90 का ल०स० = 18 × 2 × 3 × 5
= 540.

18	108, 36, 90
2	6, 2, 5
	3, 1, 5

अभीष्ट ल०स० = 5.4.

24. माना दूसरी संख्या = x. तब

(पहली संख्या × दूसरी संख्या) = (इनका म०स०) × (इनका ल०स०)

$$\Rightarrow (24\times x) = (8\times 48) \Rightarrow x = \frac{8\times 48}{24} = 16.$$

अत: अभीष्ट संख्या = 16.

25. माना दूसरी संख्या = x. तब

$$(275\times x) = (11\times 7700) \Rightarrow x = \frac{11\times 7700}{275} = 308.$$

अत: दूसरी संख्या = 308.

26. एक संख्या = 132 = 12 × 11. माना दूसरी संख्या = $12x$.

तब इनका ल०स० = $132x$.

$$\therefore 132x = 1056 \Rightarrow x = \frac{1056}{132} = 8.$$

अत: दूसरी संख्या = (12 × 8) = 96.

27. माना ये संख्यायें $3x$ तथा $4x$ हैं. तब, इनका ल०स० = $12x$.

$\therefore 12x = 84 \Rightarrow x = 7.$

अत: ये संख्यायें (3 × 7) = 21 तथा (4 × 7) = 28 हैं.

इनमें से बड़ी संख्या 28 है.

28. माना अभीष्ट संख्यायें $29a$ तथा $29b$ हैं. तब

$$29a\times 29b = 29\times 4147 \Rightarrow a\times b = \frac{4147}{29} = 143 = 11\times 13$$

∴ ये संख्यायें हैं (29 × 11) तथा (29 × 13) अर्थात 319 तथा 377.

इन संख्याओं का योग = (319 + 377) = 696.

29. माना ये संख्यायें x तथा y हैं. तब

$x + y = 36$ तथा $xy = (3\times 105) = 315.$

$$\therefore \left(\frac{1}{x}+\frac{1}{y}\right) = \frac{(x+y)}{xy} = \frac{36}{315} = \frac{4}{35}.$$

अत: इन संख्याओं के व्युत्क्रमों का योग $= \frac{4}{35}$.

30. माना ये संख्यायें $17a$ तथा $17b$ हैं, जहाँ a तथा b परस्पर अभाज्य हैं.

तब, $17a\times 17b = 17\times 714 \Rightarrow ab = \frac{714}{17} = 42 = 6\times 7.$

एक संख्या = (17 × 6) = 102, दूसरी संख्या = (17 × 7) = 119.

इन संख्याओं का योग = (102 + 119) = 221.

31. माना ये संख्यायें x तथा $(60 - x)$ हैं. तब

$$x\times(60-x) = 12\times 72 \Rightarrow x^2 - 60x + 864 = 0$$

$$\therefore x = \frac{60\pm\sqrt{3600-3456}}{2} = \frac{60\pm\sqrt{144}}{2}$$

$\therefore x = \frac{(60+12)}{2} = 36$ तथा $x = \frac{(60-12)}{2} = 24.$

अत: अभीष्ट संख्या 24 है।

32. म०स० + ल०स० = 680 ⇒ म०स० + 84 × (म०स०) = 680.

$\therefore 85 \times$(म०स०) = 680 ⇒ म० स० $= \frac{680}{85} = 8.$

∴ ल०स० = (84 × 8) = 672.

⇒ दूसरी संख्या $= \frac{8 \times 672}{56} = 96.$

33. स्पष्ट है कि दो संख्याओं का महत्तम समापवर्तक इन संख्याओं के लघुत्तमम समापवर्त्य को सदैव पूर्णतया विभक्त करता है.

अत: किन्हीं दो संख्याओं का ल०स० 120 तथा म०स० 35 नहीं हो सकता.

34. स्पष्ट है कि दो संख्याओं का महत्तम समापवर्तक इन संख्याओं के लघुत्तमम समापवर्त्य को सदैव पूर्णतया विभक्त करता है.

अत: ऐसी संख्याओं का कोई जोड़ा नहीं है.

35. ल०स० $= \frac{306 \times 657}{9} = (306 \times 73) = 22338.$

36. 12, 15, 25 का ल०स० = 3 × 5 × 4 × 5

$= 3 \times 2^2 \times 5^2.$

अभीष्ट पूर्ण वर्ग $= (3^2 \times 2^2 \times 5^2) = 900.$

3	12, 15, 25
5	4, 5, 25
	4, 1, 5

37. अभीष्ट संख्या = (8, 10, 12 का ल०स०) + 7
= (2 × 2 × 2 × 5 × 3) + 7 = 127.

2	8, 10, 12
2	4, 5, 6
	2, 5, 3

38. अभीष्ट संख्या = (14, 15, 21, 32, 60 का ल०स०) + 11
= (2 × 2 × 3 × 5 × 7 × 8) + 11
= (3360 + 11) = 3371.

2	14, 15, 21, 32, 60
2	7, 15, 21, 16, 30
3	7, 15, 21, 8, 15
5	7, 5, 7, 8, 5
7	7, 1, 7, 8, 1
	1, 1, 1, 8, 1

39. अभीष्ट संख्या = (24, 32, 36, 54 का ल०स०) – 9
= (2 × 2 × 2 × 3 × 3 × 4 × 3) – 9
= (864 – 9) = 855.

2	24, 32, 36, 54
2	12, 16, 18, 27
2	6, 8, 9, 27
3	3, 4, 9, 27
3	1, 4, 3, 9
	1, 4, 1, 3

40. 6, 9, 15, 18 का ल०स० = (3 × 2 × 3 × 5) = 90.
माना अभीष्ट संख्या = $90k + 4$ है, जो 7 का गुणज है.
∴ अभीष्ट संख्या = (90 × 4 + 4) = 364.

3	6, 9, 15, 18
2	2, 3, 5, 6
3	1, 3, 5, 3
	1, 1, 5, 1

41. 5, 6, 8, 9, 12 का ल०स० $= (2 \times 3 \times 2 \times 5 \times 2 \times 3) = 360.$
माना अभीष्ट संख्या $= 360k + 1$, जो 13 का गुणज है.
$\therefore$ अभीष्ट संख्या $= (360 \times 10 + 1) = 3601.$

2	5, 6, 8, 9, 12
3	5, 3, 4, 9, 6
2	5, 1, 4, 3, 2
	5, 1, 2, 3, 1

42. 5, 6, 7, 8 का ल०स० $= (2 \times 5 \times 3 \times 7 \times 4) = 840.$
माना अभीष्ट संख्या $= (840k + 3)$, जो 9 का गुणज है.
$\therefore$ अभीष्ट संख्या $= (840 \times 2 + 3) = 1683.$

2	5, 6, 7, 8
	5, 3, 7, 4

43. 3, 5, 6, 8, 10, 12 का ल०स० $= (2 \times 2 \times 3 \times 5 \times 2) = 120.$
माना अभीष्ट संख्या $= (120k + 2)$
$\therefore$ अभीष्ट संख्या $= (120 \times 8 + 2) = 962.$

2	3, 5, 6, 8, 10, 12
2	3, 5, 3, 4, 5, 6
3	3, 5, 3, 2, 5, 3
5	1, 5, 1, 2, 5, 1
	1, 1, 1, 2, 1, 1

44. 8, 9, 12, 15 का ल०स० $= (2 \times 2 \times 3 \times 2 \times 3 \times 5)$
$= 360.$
अभीष्ट संख्या $= (360 + 1) = 361.$

2	8, 9, 12, 15
2	4, 9, 6, 15
3	2, 9, 3, 15
	2, 3, 1, 5

45. 3, 4, 5, 6, 7, 8 का ल०स० $= (2 \times 2 \times 3 \times 5 \times 7 \times 2)$
$= 840.$
10000 को 840 से भाग देने पर भागफल = 11 तथा शेषफल = 760.
$\therefore$ अभीष्ट संख्या $= (840 \times 12) = 10080.$

2	3, 4, 5, 6, 7, 8
2	3, 2, 5, 3, 7, 4
3	3, 1, 5, 3, 7, 2
	1, 1, 5, 1, 7, 2

46. 3, 4, 5, 6, 8 का ल०स० $= (2 \times 2 \times 3 \times 5 \times 2)$
$= (2^2 \times 3 \times 5 \times 2)$
अभीष्ट संख्या $= (2^2 \times 3^2 \times 5^2 \times 2^2) = 3600.$

2	3, 4, 5, 6, 8
2	3, 2, 5, 3, 4
3	3, 1, 5, 3, 2
	1, 1, 5, 1, 2

47. 7, 12, 16 का ल०स० $= (4 \times 7 \times 3 \times 4) = 336$
1856 को 336 से भाग देने पर शेषफल = 176.
$\therefore$ अभीष्ट संख्या $= 176 - 4 = 172.$

4	7, 12, 16
	7, 3, 4

336) 1856 (5
1680
176

48. 2, 3, 4, 5, 6 का ल०स० $= (2 \times 3 \times 2 \times 5) = 60$
माना अभीष्ट संख्या $= (60k + 1)$,
जो 7 से पूर्णतया विभक्त हो.
$k = 5$ रखने पर अभीष्ट संख्या $= (60 \times 5 + 1) = 301.$

2	2, 3, 4, 5, 6
3	1, 3, 2, 5, 3
	1, 1, 2, 5, 1

49. यहाँ $(12 - 7) = (15 - 10) = (16 - 11) = 5.$
$\therefore$ अभीष्ट संख्या = (12, 15, 16 का ल०स०) − 5
$= (2 \times 2 \times 3 \times 5 \times 4) - 5$
$= (240 - 5) = 235.$

2	12, 15, 16
2	6, 15, 8
3	3, 15, 4
	1, 5, 4

50. स्पष्ट है कि $(15 - 7) = (25 - 17) = (35 - 27) = (45 - 37) = 8.$
$\therefore$ अभीष्ट संख्या = (15, 25, 35, 45 का ल०स०) − 8
$= (5 \times 3 \times 5 \times 7 \times 3) - 8$
$= (1575 - 8) = 1567.$

5	15, 25, 35, 45
3	3, 5, 7, 9
	1, 5, 7, 3

51. 20, 28, 32, 35 का ल०स० = $(4 \times 7 \times 5 \times 8) = 1120$.
अभीष्ट संख्या = $(5834 - 1120) = 4714$.

4	20, 28, 32, 35
7	5, 7, 8, 35
5	5, 1, 8, 5
	1, 1, 8, 1

52. 12, 15, 18, 27 का ल०स० = $(3 \times 2 \times 3 \times 2 \times 5 \times 3)$
= 540
चार अंकों की बड़ी से बड़ी संख्या = 9999
9999 को 540 से भाग देने पर शेषफल = 279.
∴ अभीष्ट संख्या = $(9999 - 279) = 9720$.

3	12, 15, 18, 27
2	4, 5, 6, 9
3	2, 5, 3, 9
	2, 5, 1, 3

$$540 \overline{)9999} (18$$
$$\frac{540}{4599}, \quad \frac{4320}{279}$$

53. 6, 9, 12 का ल०स० = $(3 \times 2 \times 3 \times 2) = 36$
तीन अंकों की बड़ी से बड़ी संख्या = 999.
999 को 36 से भाग देने पर शेषफल = 27
अभीष्ट संख्या = $(999 - 27 + 3) = 975$.

3	6, 9, 12
2	2, 3, 4
	1, 3, 2

$$36 \overline{)999} (27$$
$$\frac{72}{279}, \quad \frac{252}{27}$$

54. अभीष्ट संख्या = $(1657 - 6)$ तथा $(2037 - 5)$ का म०स०
= 1651 तथा 2032 का म०स०
= 127.

$$1651 \overline{)2032} (1$$
$$\frac{1651}{381} \overline{)1651} (4$$
$$\frac{1524}{127} \overline{)381} (3$$
$$\frac{381}{\times}$$

55. अभीष्ट संख्या = $(3026 - 11)$ तथा $(5053 - 13)$ का म०स०
= 3015 तथा 5040 का म०स०
= 45 (स्वयं ज्ञात करें)

56. अभीष्ट संख्या = 147, 168, 210, 315 का म०स०

3	147
7	49
	7

8	168
3	21
	7

2	210
3	105
5	35
	7

5	315
3	63
3	21
	7

$147 = 3 \times 7^2$, $168 = 2^3 \times 3 \times 7$, $210 = 2 \times 3 \times 5 \times 7$ तथा $315 = 5 \times 3^2 \times 7$.
∴ म०स० = $(3 \times 7) = 21$. अत: अभीष्ट संख्या = 21.

57. अभीष्ट संख्या = $\{(233-187), (279-233), (279-187)\}$ का म०स०
= $\{46, 46, 92\}$ का म०स० = 46.

58. अभीष्ट संख्या = $(1356 - 12), (1868 - 12), (2764 - 12)$ का म०स०
= $\{1344, 1856, 2752\}$ का म०स०
= 64

[∵ $1344 = 2^6 \times 3 \times 7$, $1856 = 2^6 \times 29$, $2752 = 2^6 \times 43$
इनका म०स० = $2^6 = 64$.]

59. अभीष्ट संख्या = $\{(964 - 41), (1238 - 31), (1400 - 51)\}$ का म०स०
= (923, 1207, 1349) का म०स० = 71.

60. बड़े से बड़े बर्तन की अभीष्ट माप = 75 लीटर तथा 45 लीटर का म०स० = 15 लीटर

61. अभीष्ट माप = 120000 घन सेमी० तथा 56000 घन सेमी० का म०स०
= 8000 घन सेमी०

62. अभीष्ट माप = 2527 लीटर, 1653 लीटर तथा 2261 लीटर का म०स०

$$\begin{array}{r|l} 7 & 2527 \\ \hline 19 & 361 \\ \hline & 19 \end{array} \qquad \begin{array}{r|l} 3 & 1653 \\ \hline 19 & 551 \\ \hline & 29 \end{array} \qquad \begin{array}{r|l} 7 & 2261 \\ \hline 17 & 323 \\ \hline & 19 \end{array}$$

$2527 = 7\times(19)^2; 1653 = 3\times19\times29$ तथा $2261 = 7\times17\times19.$

अत: म०स० = 19 तथा अभीष्ट माप = 19 लीटर.

63. प्रत्येक डिब्बे का माप = 403 लीटर, 465 लीटर, 496 लीटर का म०स०.

$$\begin{array}{r|l} 13 & 403 \\ \hline & 31 \end{array} \qquad \begin{array}{r|l} 5 & 465 \\ \hline 3 & 93 \\ \hline & 31 \end{array} \qquad \begin{array}{r|l} 4 & 496 \\ \hline 4 & 124 \\ \hline & 31 \end{array}$$

$403 = 13\times31,\ 465 = 5\times3\times31,\ 496 = 4^2\times31.$

∴ प्रत्येक डिब्बे का माप = 31 लीटर

इन डिब्बों की संख्या $= \left(\frac{403}{31}+\frac{465}{31}+\frac{496}{31}\right) = (13+15+16) = 44.$

64. प्रत्येक छड़ की लम्बाई = 78 सेमी०, 104 सेमी०, 117 सेमी०, 169 सेमी० का म०स० = 13 सेमी०

अभीष्ट छड़ों की संख्या $= \left(\frac{78}{13}+\frac{104}{13}+\frac{117}{13}+\frac{169}{13}\right) = (6+8+9+13) = 36.$

65. प्रत्येक बार ले जाये जाने वाले पशुओं की संख्या = 105, 140, 175 का म०स०

$$\begin{array}{r|l} 5 & 105 \\ \hline 3 & 21 \\ \hline & 7 \end{array} \qquad \begin{array}{r|l} 5 & 140 \\ \hline 2 & 28 \\ \hline 2 & 14 \\ \hline & 7 \end{array} \qquad \begin{array}{r|l} 5 & 175 \\ \hline 5 & 35 \\ \hline & 7 \end{array}$$

$\therefore 105 = 5\times3\times7,\ 140 = 5\times2^2\times7$ तथा $175 = 5^2\times7.$

अभीष्ट संख्या = 105, 140, 175 का म०स० = (5 × 7) = 35.

66. प्रत्येक वर्गाकार टाइल की अधिकतम लम्बाई = 1517 सेमी० तथा 902 सेमी० का म०स०

$$\begin{array}{l}
902)\ 1517\ (1 \\
\quad\ \ 902 \\
\hline
\quad 615)\ 902\ (1 \\
\qquad\quad 615 \\
\hline
\qquad 287)\ 615\ (2 \\
\qquad\qquad 574 \\
\hline
\qquad\quad 41)\ 287\ (7 \\
\qquad\qquad\quad 287 \\
\hline
\qquad\qquad\quad \times
\end{array}$$

इन टाइलों की संख्या $= \frac{\cancel{1517}^{37} \times \cancel{902}^{22}}{\cancel{41}\times41} = 814.$

67. अभीष्ट नाप = 64 सेमी०, 80 सेमी०, 96 सेमी० का ल०स०
= (8 × 2 × 2 × 2 × 5 × 3) सेमी० = 960 सेमी०
= 9.60 मीटर.

8	64, 80, 96
2	8, 10, 12
2	4, 5, 6
	2, 5, 3

10. ऐसी दो संख्यायें ज्ञात कीजिए जिनका योग 216 तथा महत्तम समापवर्तक 27 हो.

11. तीन अंका वाली ऐसीं दो संख्यायें ज्ञात कीजिए जिनका लघुत्तम समापवर्त्य 5760 तथा महत्तम समापवर्तक 80 हो

(एस०एस०सी० परीक्षा, 2005)

12. दो संख्याओं का अनुपात 3 : 5 है तथा इनका लधुत्तम समापवर्त्य 300 है. संख्यायें ज्ञात कीजिए.

13. $\frac{368}{437}$ को सरलतम रूप में लिखिये.

14. एक खोखले वर्ग के रूप में कम से कम कितने लड़कों को खड़ा किया जा सकता है जबकि वर्ग की प्रत्येक भुजा 12, 15 अथवा 18 लड़कों से बनाई जा सके ? यदि यह वर्ग ठोस हो, तो कम से कम लड़कों की संख्या कितनी होगी ?

15. तीन खेतों के क्षेत्रफल क्रमशः 165 वर्ग मीटर तथा 285 वर्ग मीटर हैं. इनमें बराबर-बराबर नाप की फूलों की आयताकार क्यारियाँ बनानी हैं. यदि प्रत्येक क्यारी की चौड़ाई 3 मीटर हो, तो प्रत्येक की लम्बाई कितनी है ?

16. सरल कीजिए : $\frac{3}{4}+\frac{5}{36}+\frac{7}{144}+...+\frac{17}{5184}+\frac{19}{8100}$ **(एस०एस०सी० परीक्षा, 2009)**

उत्तरमाला (प्रश्नमाला 2B)

1. 119 **2.** 98276 **3.** 9072 **4.** 3601 **5.** 119 **6.** 45 **7.** 1469 **8.** 149
9. 52, 39 **10.** (27, 189) अथवा (81, 135) **11.** 640, 720 **12.** 60, 100 **13.** $\frac{16}{19}$
14. 3600 **15.** 5 मीटर **16.** $\frac{99}{100}$

दिये गए प्रश्नों के हल | प्रश्नमाला 2B

1. स्पष्ट है कि प्रत्येक भाजक तथा उसके संगत शेषफल का अन्तर 1 है.
i.e. $(2-1)=(3-2)=(4-3)=(5-4)=(6-5)=1$.
अब 2, 3, 4, 5, 6 का ल०स० $=(2\times3\times2\times5)=60$.
माना अभीष्ट संख्या $=(60k-1)$, जो 7 से पूर्णतया विभक्त होगी. स्पष्ट है कि $k=2$.
$\therefore$ अभीष्ट संख्या $=(60\times2-1)=119$.

2	2, 3, 4, 5, 6
3	1, 3, 2, 5, 3
	1, 1, 2, 5, 1

2. 15, 18, 21, 24 का ल०स०
$=(3\times2\times5\times3\times7\times4)=2520$.
भाजक तथा संगत शेषफल का अन्तर
$=(15-11)=(18-14)=(21-17)=(24-20)=4$.
5 अंकों की बड़ी से बड़ी संख्या = 99999.
99999 को 2520 से भाग देने पर शेषफल = 1719
अभीष्ट संख्या $=(99999-1719)-4=98276$.

3	15, 18, 21, 24
2	5, 6, 7, 8
	5, 3, 7, 4

2520) 99999 (39
7560
24399
22680
1719

16, 24, 56, 72 का ल०स० = 1008.
चार अंकों की बड़ी से बड़ी संख्या = 9999.
9999 को 1008 से भाग देने पर शेषफल = 927
अभीष्ट संख्या $=(9999-927)=9072$.

1008) 9999 (9
9072
927

6, 8, 9, 12 में से प्रत्येक से विभक्त होने वाली संख्या
6, 8, 9, 12 का ल०स०
$\times2\times3\times5\times2\times3)=360$.
भीष्ट संख्या $=(360k+1)$, जो 13 से विभक्त हो.
कि $k=10$. अतः अभीष्ट संख्या $=(360\times10+1)=3601$.

2	5, 6, 8, 9, 12
2	5, 3, 4, 9, 6
3	5, 3, 2, 9, 3
	5, 1, 2, 3, 1

5. 3, 4, 5, 6, 8 का ल०स० = 120.
यहाँ (3 – 2) = (4 – 3) = (5 – 4) = (6 – 5) = (8 – 7) = 1.
माना अभीष्ट संख्या = (120k – 1), जो 17 से विभक्त हो.
k = 1 रखने पर अभीष्ट संख्या = 119, जो 17 से विभक्त होती है.

6. अभीष्ट संख्या = (186 – 141), (231 – 186), (231 – 141) का म०स०
= 45, 45, 90 का म०स० = 45.

7. अभीष्ट संख्या = (3739 – 2270), (6677 – 3739), (6677 – 2270) का म०स०
= 1469, 2938, 4407 का म०स० = 1469.

8. अभीष्ट संख्यायें = 108, 114, 120, 126, ..., 990, 996.
यह एक समान्तर श्रेढ़ी है जिसमें $a = 108, d = 6$ तथा $T_n = 996$.

$$T_n = a+(n-1)\,d \Rightarrow 108+(n-1)\times 6 = 996$$
$$\Rightarrow 6\times(n-1) = (996-108) = 888$$
$$\Rightarrow (n-1) = \frac{888}{6} = 148 \Rightarrow n = 149.$$

अत: ऐसी संख्यायें 149 हैं.

9. माना अभीष्ट संख्यायें 13a तथा 13b हैं जहाँ a तथा b सहअभाज्य हैं.

$$\therefore (13a\times 13b) = 2028 \Rightarrow ab = \frac{2028}{13\times 13} = 12.$$

$\therefore (a=12, b=1)$ अथवा $(a=4, b=3)$
∴ अभीष्ट संख्यायें (13 × 12, 13 × 1) अथवा (13 × 4, 13 × 3) हैं.
स्पष्ट है कि इनमें से 2 अंकों वाली संख्यायें 52 तथा 39 हैं.

10. माना अभीष्ट संख्यायें 27a तथा 27b हैं जहाँ a तथा b सहअभाज्य हैं.
अब $(27a+27b) = 216 \Rightarrow 27(a+b) = 216 \Rightarrow (a+b) = 8$
$\therefore (a=1, b=7)$ अथवा $(a=3, b=5)$
अत: अभीष्ट संख्यायें (27 × 1, 27 × 7) अथवा (27 × 3, 27 × 5) हैं.
अर्थात ये संख्यायें (27, 189) अथवा (81, 135) हैं.

11. माना दी गई संख्यायें 80a तथा 80b, जहाँ a तथा b सहअभाज्य हैं.
तब, इनका लघुत्तमम समापवर्त्य = 80ab.

$$\therefore 80ab = 5760 \Rightarrow ab = \frac{5760}{80} = 72$$

(a, b) के अभीष्ट मान (72, 1) अथवा (8, 9) हैं.
अभीष्ट संख्यायें (80 × 72, 80 × 1) अथवा (80 × 8, 80 × 9) हैं.
इनमें 3 अंकों वाली संख्यायें 640 तथा 720 हैं.

12. माना अभीष्ट संख्यायें 3x तथा 5x हैं.
इनका लघुत्तमम समापवर्त्य = 15x.
$\therefore 15x = 300 \Rightarrow x = 20.$
अत: अभीष्ट संख्यायें 60 तथा 100 हैं.

13. 368 तथा 437 का महत्तम समापवर्तक = 23.

$$\therefore \frac{368}{437} = \frac{368\div 23}{437\div 23} = \frac{16}{19}.$$

```
368 ) 437 ( 1
      368
      ----
       69 ) 368 ( 5
            345
            ----
             23 ) 69 ( 3
                  69
                  --
                   X
```

14. 12, 15, 18 का लघुत्तमम समापवर्त्य

$= (3 \times 2 \times 2 \times 5 \times 3) = 180.$

3	12, 15, 18
2	4, 5, 6
	2, 5, 3

खोखले वर्ग की प्रत्येक भुजा पर लड़कों की संख्या = 180

कुल लड़कों की संख्या = $(180 \times 4) = 720.$

$720 = (2^2 \times 2^2 \times 3^2 \times 5)$

ठोस वर्ग बनाने हेतू कम से कम लड़कों की संख्या $= (2^2 \times 2^2 \times 3^2 \times 5^2)$

$= 3600.$

15. प्रत्येक क्यारी का क्षेत्रफल = (165 वर्ग मी०, 195 वर्ग मी०, 285 वर्ग मी०) का म०स०

= 15 वर्ग मीटर.

प्रत्येक क्यारी की चौड़ाई = 3 मीटर

प्रत्येक क्यारी की लम्बाई $= \frac{15}{3}$ मीटर = 5 मीटर.

16. दिया गया व्यंजक $= \left(1-\frac{1}{4}\right)+\left(\frac{1}{4}-\frac{1}{9}\right)+\left(\frac{1}{9}-\frac{1}{16}\right)+\ldots+\left(\frac{1}{81}-\frac{1}{100}\right)$

$= \left(1-\frac{1}{100}\right)=\frac{99}{100}.$

दशमलव भिन्नों को जोड़ना :

नियम : दी गई दशमलव भिन्नों को इस प्रकार लिखते हैं कि उनके दशमलव बिंदु एक दूसरे के ऊपर-नीचे रहें. अब इन संख्याओं को सामान्य विधि से जोड़ते हैं. उत्तर में दशमलव बिन्दु के ठीक नीचे दशमलव बिंदु लगाते हैं.

इसी प्रकार घटाने की प्रक्रिया की जाती है.

प्रश्न 3. सरल कीजिए :

(*i*) 348 + 36.4 + 9.35 + 0.473 + 0.0067 + 0.8
(*ii*) 0.874 + 2.96 + 3.5 + 16.467 + 0.0678
(*iii*) 82.064 – 37.8962.

हल : (*i*)
```
   348
    36.4
     9.35
     0.473
     0.0067
  +  0.8
  ---------
   395.0297
```
(*ii*)
```
   0.874
   2.96
   3.5
  16.467
 + 0.0678
 ---------
  23.8688
```
(*iii*)
```
   82.0640
 – 37.8962
 ---------
   44.1678
```

दशमलव भिन्न को एक पूर्णांक से गुणा करना :

नियम : बिना दशमलव बिन्दु का ध्यान रखे इस संख्या को दिये गये पूर्णांक से गुणा करके गुणनफल में दशमलव बिन्दु उतने अंकों से पहले लगायें जितने कि दी गई दशमलव भिन्न वाली संख्या में हैं.

प्रश्न 4. सरल करें: (*i*) 24.7156 ×12 (*ii*) 0.000865 × 43.

हल : (*i*) 247156 × 12 = 2965872.

अब गुणनफल में दशमलव के 4 स्थान लेने पर :

24.7156 × 12 = 296.5872.

(*ii*) 865 × 43 = 37195.

अब गुणनफल में दशमलव के 6 स्थान लेने पर :

0.000865 × 43 = 0.037195.

दशमलव भिन्नों की गुणा :

नियम : दी गई संख्याओं को बिना दशमलव बिन्दु के गुणा कर लेते हैं. गुणनफल में दशमलव बिंदु उतने स्थानों पूर्व लेते हैं, जितना कि दी गई भिन्नों के दशमलव स्थानों का योग है.

प्रश्न 5. सरल कीजिए : (*i*) 13.6 × 1.24 (*ii*) 2.3 × 1.05 × 0.007

हल : (*i*) 136 × 124 = 16864.

दी गई संख्याओं में दशमलव स्थानों का योग = (1 + 2) = 3.

अत: गुणनफल में दशमलव के तीन स्थान लेने पर :

13.6 × 1.24 = 16.864.

(*ii*) बिना दशमलव के गुणा करने पर :

23 × 105 × 7 = 16905.

दी गई संख्याओं में दशमलव स्थानों का योग = (1 + 2 + 3) = 6.

अत: गुणनफल में दशमलव के 6 स्थान लेने पर :

2.3 × 1.05 × 0.007 = 0.016905.

दशमलव भिन्न को एक पूर्णांक से भाग देना :

नियम : दशमलव भिन्न को बिना दशमलव का ध्यान रखे दिये गये पूर्णांक से भाग दें तथा भागफल में उतने स्थानों से पूर्व दशमलव बिन्दु लगायें जितने दशमलव स्थान दी गई भिन्न में हैं.

प्रश्न 9. निम्नलिखित दशमलव भिन्नों को साधारण भिन्नों में बदलें :

(i) 0·3333 .... **(ii) 0·676767.....** **(iii) 0·32513251....**

हल : (i) $0\cdot 3333.... = 0.\overline{3} = \frac{3}{9} = \frac{1}{3}$. (ii) $0\cdot 676767 .... = 0\cdot \overline{67} = \frac{67}{99}$.

(iii) $0\cdot 32513251 .... = 0\cdot \overline{3251} = \frac{3251}{9999}$.

मिश्रित-पुनरावृत्त दशमलव भिन्न : ऐसी भिन्न जिसमें दशमलव बिन्दु के बाद के कुछ अंकों की पुनरावृत्ति नहीं होती तथा कुछ अंकों की पुनरावृत्ति होती है, मिश्रित-पुनरावृत्त दशमलव भिन्न कहलाती है.

मिश्रित-पुनरावृत्त दशमलव भिन्न को साधारण भिन्न में बदलना :

नियम : एक बार पुनरावृत्त भाग में से अपुनरावृत्त भाग घटाकर अंश में लेते हैं तथा हर में जितने पुनरावृत्त अंक हैं उतनी बार 9 लेकर उनके आगे उतनी शून्य लगाते हैं जितने अपुनरावृत्त अंक हैं.

प्रश्न 10. निम्नलिखित दशमलव भिन्नों को साधारण भिन्नों में बदलो :

(i) $0\cdot 1\overline{8}$ **(ii) $0\cdot 5\overline{76}$** **(iii) $0\cdot 12\overline{54}$** **(iv) $3\cdot 00\overline{72}$**

हल : (i) $0\cdot 1\overline{8} = \frac{(18-1)}{90} = \frac{17}{90}$. (ii) $0\cdot 5\overline{76} = \frac{(576-57)}{900} = \frac{519}{900}$.

(iii) $0\cdot 12\overline{54} = \frac{(1254-12)}{9900} = \frac{1242}{9900} = \frac{69}{550}$.

(iv) $3\cdot 00\overline{72} = 3 + 0\cdot 00\overline{72} = 3 + \frac{(72-00)}{9900} = 3 + \frac{2}{275} = 3\frac{2}{275}$

प्रश्न 11. संख्याओं $\frac{2}{7}, \frac{3}{8}, \frac{5}{11}, \frac{9}{16}$ को अवरोही क्रम में लिखिये.

हल : प्रत्येक दी गई संख्या को दशमलव भिन्न में व्यक्त करने पर :

$\frac{2}{7} = 0\cdot 285, \frac{3}{8} = 0\cdot 375, \frac{5}{11} = 0\cdot 454$ तथा $\frac{9}{16} = 0\cdot 562$.

अवरोही क्रम में लेने पर :

$0\cdot 562 > 0\cdot 454 > 0\cdot 375 > 0\cdot 285$

अत: $\frac{9}{16} > \frac{5}{11} > \frac{3}{8} > \frac{2}{7}$.

प्रश्न 12. संख्याओं $\frac{7}{9}, \frac{11}{13}, \frac{16}{19}, \frac{21}{25}$ को आरोही क्रम में लिखिये.

हल : प्रत्येक दी गई संख्या को दशमलव भिन्न में व्यक्त करने पर :

$\frac{7}{9} = 0\cdot 777, \frac{11}{13} = 0\cdot 846, \frac{16}{19} = 0\cdot 842$ तथा $\frac{21}{25} = 0\cdot 840$.

आरोही क्रम में लेने पर :

$0\cdot 777 < 0\cdot 840 < 0\cdot 842 < 0\cdot 846$

अत: $\frac{7}{9} < \frac{21}{25} < \frac{16}{19} < \frac{11}{13}$.

प्रश्नमाला 3A

नीचे लिखे प्रश्नों में से प्रत्येक में ठीक उत्तर को चिन्हांकित (✓) कीजिए :

1. $33 \cdot 333 + 3 \cdot 033 - 2 \cdot 003 = ?$ **(बैंक पी०ओ० परीक्षा, 2009)**

(*a*) 33·363 (*b*) 33·463 (*c*) 34·363 (*d*) 34·463 (*e*) इनमें से कोई नहीं

2. $358 \cdot 085 + 42 \cdot 91 + 25 \cdot 55 = ?$ **(बैंक पी०ओ० परीक्षा, 2009)**

(*a*) 425·565 (*b*) 426·545 (*c*) 426·555 (*d*) 425·545 (*e*) इनमें से कोई नहीं

3. $515 \cdot 15 - 15 \cdot 51 - 1 \cdot 51 - 5 \cdot 11 - 1 \cdot 11 = ?$ **(बैंक पी०ओ० परीक्षा, 2009)**

(*a*) 491·91 (*b*) 419·91 (*c*) 499·19 (*d*) 411·19 (*e*) इनमें से कोई नहीं

4. $15 \cdot 593 - 9 \cdot 214 - 3 \cdot 452 - 2 \cdot 191 = ?$

(*a*) 1·874 (*b*) 0·686 (*c*) 2·342 (*d*) 0·736 (*e*) इनमें से कोई नहीं

5. $454 \cdot 58 - 376 \cdot 89 + 121 \cdot 45 - 95 \cdot 42 = ?$ **(बैंक पी०ओ० परीक्षा, 2010)**

(*a*) 102·22 (*b*) 103·72 (*c*) 91·72 (*d*) 92·32 (*e*) इनमें से कोई नहीं

6. $534 \cdot 596 + 61 \cdot 472 - 496 \cdot 708 = ? + 27 \cdot 271$ **(बैंक पी०ओ० परीक्षा, 2010)**

(*a*) 126·631 (*b*) 62·069 (*c*) 72·089 (*d*) 132·788 (*e*) इनमें से कोई नहीं

7. $4433 \cdot 764 - 2211 \cdot 993 - 1133 \cdot 667 + 3377 \cdot 442 = ?$ **(बैंक पी०ओ० परीक्षा, 2010)**

(*a*) 4466 (*b*) 4377 (*c*) 3633 (*d*) 4144 (*e*) 3344

8. $28 \cdot 314 - 31 \cdot 427 + 113 \cdot 928 = ? + 29 \cdot 114$ **(बैंक पी०ओ० परीक्षा, 2010)**

(*a*) 81·711 (*b*) 80·701 (*c*) 71·711 (*d*) 81·701 (*e*) इनमें से कोई नहीं

9. $6598 - 2506 \div 20 = ?$ **(बैंक पी०ओ० परीक्षा, 2010)**

(*a*) 6472·7 (*b*) 204·6 (*c*) 304·6 (*d*) 6472·5 (*e*) इनमें से कोई नहीं

10. $65 \cdot 4 \div 13 \cdot 08 \times 20 = ?$ **(बैंक पी०ओ० परीक्षा, 2010)**

(*a*) 100 (*b*) 150 (*c*) 0·25 (*d*) 25·02 (*e*) इनमें से कोई नहीं

11. $188 \cdot 21 - 27 \cdot 54 - 11 \cdot 93 = ?$ **(बैंक पी०ओ० परीक्षा, 2009)**

(*a*) 139·74 (*b*) 126·64 (*c*) 148·74 (*d*) 184·64 (*e*) इनमें से कोई नहीं

12. $750 \cdot 46 + 114 \cdot 09 - 840 \cdot 04 = ? - 13 \cdot 09$ **(बैंक पी०ओ० परीक्षा, 2010)**

(*a*) 37·06 (*b*) 63·78 (*c*) 37·60 (*d*) 67·38 (*e*) इनमें से कोई नहीं

13. $56 \cdot 703 - 63 \cdot 179 + 49 \cdot 361 = ?$ **(बैंक पी०ओ० परीक्षा, 2010)**

(*a*) 41·785 (*b*) 41·885 (*c*) 42·895 (*d*) 42·885 (*e*) इनमें से कोई नहीं

14. $4895 + 364 \times 0 \cdot 75 - 49 = ?$ **(बैंक पी०ओ० परीक्षा, 2008)**

(*a*) 5119 (*b*) 3895 (*c*) 3907 (*d*) 5210 (*e*) इनमें से कोई नहीं

15. $(0 \cdot 05 \times 5 - 0 \cdot 005 \times 5) = ?$ **(एस०एस०सी० परीक्षा, 2005)**

(*a*) 0·0225 (*b*) 0·225 (*c*) 0·250 (*d*) 0·275

16. $(13 \cdot 96)^2 - (15 \cdot 03)^2 + (18 \cdot 09)^2 - 32 \cdot 65 = ?$ **(बैंक पी०ओ० परीक्षा, 2010)**

(*a*) 223 (*b*) 264 (*c*) 334 (*d*) 354 (*e*) 201

17. $124 + 56 \times 1 \cdot 5 - 12 = ?$ **(बैंक पी०ओ० परीक्षा, 2009)**

(*a*) 1890 (*b*) 252 (*c*) 230 (*d*) 196 (*e*) इनमें से कोई नहीं

18. $74 + 12 \times 0 \cdot 75 - 6 = ?$ **(बैंक पी०ओ० परीक्षा, 2009)**

(*a*) 72 (*b*) 67 (*c*) 62 (*d*) 77 (*e*) इनमें से कोई नहीं

19. $12 \cdot 28 \times 1 \cdot 5 - 36 \div 2 \cdot 4 = ?$ **(बैंक पी०ओ० परीक्षा, 2009)**

(*a*) 3·24 (*b*) 7·325 (*c*) 6·42 (*d*) 4·32 (*e*) इनमें से कोई नहीं

53. $\dfrac{(0\cdot289+0\cdot147)^2-(0\cdot289-0\cdot147)^2}{0\cdot147\times0\cdot289}=?$

(a) 0·258 (b) 0·236 (c) 0·142 (d) 4

54. $\dfrac{(0\cdot125+0\cdot027)}{0\cdot25-0\cdot15+0\cdot09}=?$ **(एस०एस०सी० परीक्षा, 2010)**

(a) 0·3 (b) 0·5 (c) 0·8 (d) 0·9

55. $\dfrac{0\cdot009}{?}=0\cdot01$ **(एस०एस०सी० परीक्षा, 2009)**

(a) 0·009 (b) 0·09 (c) 0·9 (d) 9

56. $\dfrac{(0\cdot96)^3-(0\cdot1)^3}{(0\cdot96)^2+0\cdot096+(0\cdot1)^2}=?$ **(रेलवे परीक्षा, 2009)**

(a) 0·86 (b) 0·95 (c) 0·97 (d) 1·06

57. $\dfrac{(1\cdot5)^3+(4\cdot7)^3+(3\cdot8)^3-3\times1\cdot5\times4\cdot7\times3\cdot8}{(1\cdot5)^2+(4\cdot7)^2+(3\cdot8)^2-1\cdot5\times4\cdot7-4\cdot7\times3\cdot8-3\cdot8\times1\cdot5}=?$ **(एस०एस०सी० परीक्षा, 2005)**

(a) 0 (b) 1 (c) 10 (d) 30

58. $\dfrac{(3\cdot473+\cdot598)^2+(3\cdot473-\cdot598)^2}{3\cdot473\times3\cdot473+\cdot598\times\cdot598}=?$

(a) 4·071 (b) 2·875 (c) 2 (d) 4

59. $\dfrac{\cdot896\times\cdot753+\cdot896\times\cdot247}{\cdot8\times\cdot057+\cdot8\times\cdot943}=?$

(a) 11·2 (b) 112 (c) 0·112 (d) 1·12

60. $\dfrac{5\cdot32\times56+5\cdot32\times44}{(7\cdot66)^2-(2\cdot34)^2}=?$

(a) 7·2 (b) 8·5 (c) 10 (d) 12

61. $\dfrac{(2\cdot3)^3-0\cdot027}{(2\cdot3)^2+0\cdot69+0\cdot09}=?$ **(एम०बी०ए० परीक्षा, 2003)**

(a) 2 (b) 2·273 (c) 2·327 (d) 3

62. $0\cdot8\times?=\cdot0004$

(a) ·5 (b) ·005 (c) ·0005 (d) 5

63. $\cdot009\div?=\cdot01$

(a) 9 (b) ·9 (c) ·09 (d) ·0009

64. $\dfrac{1}{\cdot04}=?$

(a) ·025 (b) ·25 (c) 2·5 (d) 25

65. यदि $4137\div1\cdot75=2364$ हो, तो $41\cdot37\div17\cdot5=?$

(a) 23·64 (b) 2·364 (c) ·2364 (d) 236·4

66. यदि $4571\div3\cdot265=1400$ हो, तो $457\cdot1\div32\cdot65=?$

(a) ·14 (b) 1·4 (c) 14 (d) ·014

67. यदि $148\times74=10952$ हो, तो $0\cdot10952\div14\cdot8=?$

(a) ·74 (b) ·074 (c) ·0074 (d) ·00074

68. यदि $\frac{1}{3\cdot718}=0\cdot2689$ हो, तो $\frac{1}{\cdot0003718}=?$

(a) 0·2689 (b) 2·689 (c) 2689 (d) 26890

69. $2\cdot62 \div 131 = ?$

(a) 2 (b) 20 (c) 0·2 (d) 0·02

70. $\cdot000066 \div 11 = ?$

(a) ·006 (b) ·0006 (c) ·000006 (d) ·00006

71. $3\cdot5 \div 0\cdot0007 = ?$

(a) 5000 (b) 500 (c) ·005 (d) ·0005

72. $\cdot032 \div 40 = ?$

(a) ·08 (b) ·008 (c) ·0008 (d) ·00008

73. $4 \div 0\cdot0025 = ?$

(a) 160 (b) 16 (c) ·0016 (d) इनमें से कोई नहीं

74. $\cdot000036 \div \cdot18 = ?$

(a) ·002 (b) ·02 (c) ·0002 (d) ·2

75. $4\cdot8438 \div \cdot069 = ?$

(a) 60·2 (b) 70·2 (c) 69·2 (d) 71·2

76. $86\cdot04 \div 4000 = ?$

(a) ·10215 (b) ·02151 (c) ·15201 (d) ·21015

77. $(256)^{0\cdot16} \times (16)^{0\cdot18} = ?$ **(एस०एस०सी० परीक्षा, 2007)**

(a) 4 (b) 16 (c) 64 (d) 256·25

78. $3^{3\cdot5} \times (21)^2 \times (42)^{2\cdot5} \div 2^{(2\cdot5)} \times 7^{3\cdot5} = (21)^?$ **(बैंक पी०ओ० परीक्षा, 2006)**

(a) 8 (b) 10 (c) 12·5 (d) 6·5 (e) इनमें से कोई नहीं

79. $6^{1\cdot2} \times 36^? \times (30)^{2\cdot4} \times (25)^{1\cdot3} = (30)^5$ **(बैंक पी०ओ० परीक्षा, 2006)**

(a) 0·7 (b) 0·1 (c) 1·4 (d) 2·6 (e) इनमें से कोई नहीं

80. $\frac{1}{11} = ?$ **(एस०एस०सी० परीक्षा, 2008)**

(a) $0\cdot009$ (b) $0\cdot0\overline{9}$ (c) $0\cdot\overline{09}$ (d) $0\cdot00\overline{9}$

81. 18·484848 ..... को $\frac{p}{q}$ के रूप में निरूपित करने पर लिखेंगे :

(a) $\frac{462}{25}$ (b) $\frac{610}{33}$ (c) $\frac{200}{11}$ (d) $\frac{609}{33}$

82. $2\cdot1\overline{36} = ?$ **(जीवन बीमा निगम परीक्षा, 2006)**

(a) $\frac{47}{220}$ (b) $\frac{68}{495}$ (c) $2\frac{11}{27}$ (d) $2\frac{3}{22}$

83. $1\cdot\overline{27} = ?$ **(एस०एस०सी० परीक्षा, 2010)**

(a) $\frac{127}{100}$ (b) $\frac{73}{100}$ (c) $\frac{14}{11}$ (d) $\frac{11}{14}$

84. $0\cdot\overline{57} = ?$ 0

(a) $\frac{57}{100}$ (b) $\frac{57}{99}$ (c) $\frac{26}{45}$ (d) इनमें से कोई नहीं

1. (c)	2. (b)
11. (c)	12. (c)
21. (e)	22. (a)
31. (b)	32. (a)
41. (a)	42. (b)
51. (b)	52. (b)
61. (a)	62. (c)
71. (a)	72. (c)
81. (b)	82. (d)
91. (d)	92. (a)
101. (e)	102. (c)

1. $33.333 + 3.033 = 36.366$, $36.366 - 2.003 = 34.363$

5. $454.58 + 121.45 = 576.03$, $576.03 - 472.31 = 103.72$

7. $4433.764 + 3377.442 = 7811.206$, $7811.206 - 3345.660 = 4465.546 \sim 44$

8. $28.314 - 31.42$

$\Rightarrow x = 28.314 -$

$28.314 + 113.928 = 142.242$, $142.242 - 60.541 = 81.701$

9. दिया गया व्यंजक

10. दिया गया व्यंजक

51. $(106\times106-94\times94)=?$ **(रेलवे परीक्षा, 2006)**

(a) 2400 (b) 2000 (c) 1904 (d) 1906

52. $\dfrac{(967+289)^2+(967-289)^2}{(967\times967+289\times289)}=?$

(a) 1 (b) 2 (c) 678 (d) 1256

53. $\dfrac{629\times629\times629+371\times371\times371}{629\times629-629\times371+371\times371}=?$

(a) 1000 (b) 258 (c) 1258 (d) 742

54. $\dfrac{(823+698)^2-(823-698)^2}{823\times698}=?$

(a) 1521 (b) 125 (c) 1 (d) 4

55. यदि $x=2y+6$ हो, तो $(x^3-8y^3-36xy-216)=?$ **(उ०प्र० पुलिस, 2010)**

(a) 4 (b) 0 (c) −2 (d) −1

56. यदि $\left(x-\dfrac{1}{x}\right)=2$ हो, तो $\left(x^2+\dfrac{1}{x^2}\right)$ का मान क्या होगा? **(रेलवे परीक्षा, 2006)**

(a) 6 (b) 4 (c) 8 (d) 10

57. यदि $\left(x+\dfrac{1}{x}\right)=5$ हो, तो $\left(x^3+\dfrac{1}{x^3}\right)$ का मान क्या होगा? **(रेलवे परीक्षा, 2005)**

(a) 180 (b) 110 (c) 125 (d) 80

58. यदि $\left(a+\dfrac{1}{a}\right)=6$ हो, तो $\left(a^4+\dfrac{1}{a^4}\right)$ का मान क्या होगा? **(रेलवे परीक्षा, 2006)**

(a) 1154 (b) 1158 (c) 1160 (d) 1164

59. यदि $\left(a+\dfrac{1}{a}\right)^2=3$ हो, तो $\left(a^3+\dfrac{1}{a^3}\right)=?$

(a) $\dfrac{10\sqrt3}{3}$ (b) 0 (c) $3\sqrt3$ (d) $6\sqrt3$

60. यदि $\left(x-\dfrac{1}{x}\right)=2$ हो, तो $\left(x^4+\dfrac{1}{x^4}\right)=?$

(a) 4 (b) 16 (c) 34 (d) 64

61. यदि $\left(x+\dfrac{1}{x}\right)=\sqrt{13}$ हो, तो $\left(x^3-\dfrac{1}{x^3}\right)=?$ **(दिल्ली पुलिस परीक्षा, 2010)**

(a) 27 (b) 30 (c) 26 (d) 36

62. यदि $\left(4b^2+\dfrac{1}{b^2}\right)=2$ हो, तो $\left(8b^3+\dfrac{1}{b^3}\right)=?$ **(एस०एस०सी० परीक्षा, 2008)**

(a) 0 (b) 1 (c) 2 (d) 5

63. यदि $\dfrac{a}{3}=\dfrac{b}{4}=\dfrac{c}{7}$ हो, तो $\dfrac{a+b+c}{c}=?$ **(एस०एस०सी० परीक्षा, 2007)**

(a) 2 (b) $\sqrt2$ (c) 3 (d) 7

64. यदि $\dfrac{a}{b}=\dfrac{6}{7}$ हो, तो $\dfrac{a+2b}{a-3b}=?$ **(एस०एस०सी० परीक्षा, 2008)**

(a) $\dfrac{3}{4}$ (b) $\dfrac{-4}{3}$ (c) $\dfrac{7}{2}$ (d) $\dfrac{-3}{5}$

11. $\begin{array}{r} 27\cdot54 \\ +\,11\cdot93 \\ \hline 39\cdot47 \end{array}$ $\begin{array}{r} 188\cdot21 \\ -\,39\cdot47 \\ \hline 148\cdot74 \end{array}$

12. $750\cdot46+114\cdot09-840\cdot04=x-13\cdot09$

$\Rightarrow x=750\cdot46+114\cdot09-840\cdot04+13\cdot09$

$$\begin{array}{r} 750\cdot46 \\ 114\cdot09 \\ +\,13\cdot09 \\ \hline 877\cdot64 \\ -\,840\cdot04 \\ \hline 37\cdot60 \end{array}$$

13. $\begin{array}{r} 56\cdot703 \\ +\,49\cdot361 \\ \hline 106\cdot064 \\ -\,63\cdot179 \\ \hline 42\cdot885 \end{array}$

14. दिया गया व्यंजक $=4895+364\times\frac{75}{100}-49$

$=4895+364\times\frac{3}{4}-49=4895+273-49=5119.$

$$\begin{array}{r} 4895 \\ +\,273 \\ \hline 5168 \\ -\,49 \\ \hline 5119 \end{array}$$

15. दिया गया व्यंजक $0\cdot25-0\cdot025=0\cdot225.$

$$\begin{array}{r} \cdot250 \\ -\,\cdot025 \\ \hline \cdot225 \end{array}$$

16. दिया गया व्यंजक $\approx(14)^2-(15)^2+(18)^2-33$

$\approx196-225+324-33=(520-258)=262$ (लगभग)

अत: उत्तर (*b*) सही है.

17. दिया गया व्यंजक $=124+56\times\frac{3}{2}-12=124+84-12=196$.

18. दिया गया व्यंजक $=74+12\times\frac{3}{4}-6=74+9-6=77.$

19. दिया गया व्यंजक $=\frac{1228}{100}\times\frac{15}{10}-36\times\frac{1}{2\cdot4}$

$=\frac{614\times3}{100}-\frac{360}{24}=\frac{1842}{100}-15=18\cdot42-15=3\cdot42.$

20. $\begin{array}{r} 666\cdot66 \\ 66\cdot66 \\ 6\cdot66 \\ 6\cdot00 \\ 0\cdot66 \\ \hline 746\cdot64 \end{array}$

45. दिया गया व्यंजक $=\left\{\frac{(0\cdot01-0\cdot0001)}{0\cdot0001}+1\right\}$

$=\frac{0\cdot0099}{0\cdot0001}+1=(99+1)=100.$

46. दिया गया व्यंजक $=\frac{3\cdot20\times(3\cdot25-3\cdot05)}{0\cdot064}=\frac{3\cdot20\times0\cdot20}{0\cdot064}=\frac{3\cdot20\times0\cdot2}{0\cdot064}$

$=\frac{320\times2}{64}=10.$

47. $0\cdot6=a$ तथा $0\cdot5=b$ रखने पर :

दिया गया व्यंजक $=\frac{(a^4-b^4)}{(a^2+b^2)}=(a^2-b^2)=(0\cdot6)^2-(0\cdot5)^2$

$=(0\cdot36-0\cdot25)=0\cdot11.$

48. $2\cdot89=a$ तथा $2\cdot11=b$ रखने पर :

दिया गया व्यंजक $=a^3+b^3+3ab\,(a+b)$

$=(a+b)^3=(2\cdot89+2.11)^3=5^3=125.$

49. $(a^2+2ab+b^2)=(a+b)^2=(1\cdot9+2\cdot1)^2=4^2=16.$

50. $0\cdot41=a$ तथा $0\cdot69=b$ रखने पर :

दिया गया व्यंजक $=\frac{(a^3+b^3)}{(a^2-ab+b^2)}=(a+b)=(0\cdot41+0\cdot69)=1\cdot1.$

51. $0\cdot1=a$ तथा $0\cdot02=b$ रखने पर :

दिया गया व्यंजक$=\frac{a\times a\times a+b\times b\times b}{2a\times2a\times2a+2b\times2b\times2b}=\frac{(a^3+b^3)}{(8a^3+8b^3)}$

$=\frac{(a^3+b^3)}{8(a^3+b^3)}=\frac{1}{8}=0.125.$

52. $2\cdot75=a$ तथा $2\cdot25=b$ रखने पर :

दिया गया व्यंजक $=\frac{(a^3-b^3)}{(a^2+ab+b^2)}=(a-b)=(2\cdot75-2\cdot25)=0\cdot50=0\cdot5.$

53. $0\cdot289=a$ तथा $0\cdot147=b$ रखने पर :

दिया गया व्यंजक $=\frac{(a+b)^2-(a-b)^2}{ab}=\frac{4ab}{ab}=4.$

54. दिया गया व्यंजक $=\frac{(0\cdot5)^3+(0\cdot3)^3}{(0\cdot5)^2-0\cdot5\times0\cdot3+(0\cdot3)^2}$

$=\frac{(a^3+b^3)}{(a^2-ab+b^2)}$, जहाँ $a=0\cdot5$ तथा $b=0\cdot3$

$=(a+b)=(0\cdot5+0\cdot3)=0\cdot8.$

55. $\frac{0\cdot009}{x}=0\cdot01\Rightarrow0\cdot01\times x=0\cdot009$

$\Rightarrow x=\frac{0\cdot009}{0\cdot010}=\frac{9}{10}=0\cdot9.$

56. दिया गया व्यंजक $= \frac{(a^3 - b^3)}{(a^2 + ab + b^2)} = (a - b) = 0 \cdot 96 - 0 \cdot 1 = 0 \cdot 86.$

57. $1 \cdot 5 = a, 4 \cdot 7 = b$ तथा $3 \cdot 8 = c$ रखने पर :

दिया गया व्यंजक $= \frac{(a^3 + b^3 + c^3 - 3abc)}{(a^2 + b^2 + c^2 - ab - bc - ca)} = \frac{(a + b + c)(a^2 + b^2 + c^2 - ab - bc - ca)}{(a^2 + b^2 + c^2 - ab - bc - ca)}$

$= (a + b + c) = (1 \cdot 5 + 4 \cdot 7 + 3 \cdot 8) = 10.$

58. $3 \cdot 473 = a$ तथा $\cdot 598 = b$ रखने पर :

दिया गया व्यंजक $= \frac{(a + b)^2 + (a - b)^2}{(a^2 + b^2)} = \frac{2(a^2 + b^2)}{(a^2 + b^2)} = 2.$

59. दिया गया व्यंजक $= \frac{\cdot 896 \times (\cdot 753 + \cdot 247)}{\cdot 8 \times (\cdot 057 + \cdot 943)} = \frac{\cdot 896 \times 1}{\cdot 8 \times 1} = \frac{896}{800} = \frac{112}{100} = 1 \cdot 12.$

60. दिया गया व्यंजक $= \frac{5 \cdot 32 \times (56 + 44)}{(7 \cdot 66 + 2 \cdot 34)(7 \cdot 66 - 2 \cdot 34)}$

$= \frac{5 \cdot 32 \times 100}{10 \times 5 \cdot 32} = 10.$

61. दिया गया व्यंजक $= \frac{(2 \cdot 3)^3 - (0 \cdot 3)^3}{(2 \cdot 3)^2 + 2 \cdot 3 \times 0 \cdot 3 + (0 \cdot 3)^2}$

$= \frac{(a^3 - b^3)}{(a^2 + ab + b^2)} = (a - b) = (2 \cdot 3 - 0 \cdot 3) = 2.$

62. माना $0 \cdot 8 \times x = \cdot 0004$. तब, $x = \frac{\cdot 0004}{\cdot 8} = \frac{\cdot 004}{8} = \cdot 0005.$

63. माना $\cdot 009 \div x = \cdot 01$. तब $\frac{\cdot 009}{x} = \cdot 01.$

$\therefore\ x = \frac{\cdot 009}{\cdot 01} = \frac{\cdot 009}{\cdot 010} = \frac{9}{10} = 0 \cdot 9.$

64. $\frac{1}{\cdot 04} = \frac{1}{4} \times 100 = 25.$

65. $\frac{41 \cdot 37}{17 \cdot 5} = \frac{4 \cdot 137}{1 \cdot 75} = \frac{4 \cdot 137 \times 1000}{1 \cdot 75 \times 1000} = \frac{4137}{1 \cdot 75} \times \frac{1}{1000}$

$= \frac{2364}{1000} = 2 \cdot 364.$

66. $\frac{457 \cdot 1}{32 \cdot 65} = \frac{45 \cdot 71}{3 \cdot 265} = \frac{45 \cdot 71 \times 100}{3 \cdot 265 \times 100} = \frac{4571}{3 \cdot 265} \times \frac{1}{100}$

$= \frac{1400}{100} = 14.$

67. $\frac{0 \cdot 10952}{14 \cdot 8} = \frac{0 \cdot 10952 \times 100000}{14 \cdot 8 \times 100000}$

$= \frac{10952}{148} \times \frac{1}{10000} = \frac{74}{10000} = \cdot 0074.$

68. $\dfrac{1}{\cdot0003718} = \dfrac{1}{\cdot0003718} \times \dfrac{10000}{10000}$

$= \dfrac{1}{3\cdot718} \times 10000 = 0\cdot2689 \times 10000 = 2689.$

69. $\dfrac{2\cdot62}{131} = \dfrac{2\cdot62 \times 100}{131 \times 100} = \dfrac{262}{131} \times \dfrac{1}{100} = \dfrac{2}{100} = 0\cdot02.$

70. $\dfrac{0\cdot000066}{11} = 0\cdot000006.$

71. $\dfrac{3\cdot5}{0\cdot0007} = \dfrac{3\cdot5 \times 10000}{0\cdot0007 \times 10000} = \dfrac{35000}{7} = 5000.$

72. $\dfrac{\cdot032}{40} = \dfrac{\cdot032}{10 \times 4} = \dfrac{\cdot0032}{4} = \cdot0008.$

73. $\dfrac{4}{\cdot0025} = \dfrac{4 \times 10000}{\cdot0025 \times 10000} = \dfrac{40000}{25} = 1600.$

74. $\dfrac{\cdot000036}{\cdot18} = \dfrac{\cdot000036 \times 100}{\cdot18 \times 100} = \dfrac{\cdot0036}{18} = \cdot0002.$

75. $\dfrac{4\cdot8438}{\cdot069} = \dfrac{4843\cdot8}{69}$

$= 70\cdot2.$

```
69 ) 4843·8 ( 70·2
     483
     ---
       138
       138
       ---
         x
```

76. $\dfrac{86\cdot04}{4000} = \dfrac{86\cdot04}{4} \times \dfrac{1}{1000} = 21\cdot51 \times \dfrac{1}{1000} = \cdot02151$

77. दिया गया व्यंजक $= \left\{(16)^2\right\}^{0\cdot16} \times (16)^{0\cdot18}$

$= 16^{0\cdot32} \times 16^{0\cdot18} = 16^{(0\cdot32+0\cdot18)} = 16^{(0\cdot50)} = (4^2)^{0\cdot50}$

$= 4^{2\times0\cdot50} = 4^1 = 4.$

78. $3^{3\cdot5} \times (3\times7)^2 \times (2\times3\times7)^{2\cdot5} \times \dfrac{1}{2^{2\cdot5}} \times 7^{3\cdot5} = (3\times7)^x$

$\Rightarrow 3^{(3\cdot5+2+2\cdot5)} \times 7^{(2+2\cdot5+3\cdot5)} \times 2^{2\cdot5} \times \dfrac{1}{2^{2\cdot5}} = 3^x \times 7^x$

$\Rightarrow 3^x \times 7^x = 3^8 \times 7^8 \Rightarrow x = 8.$

79. $6^{1\cdot2} \times (6^2)^x \times (6\times5)^{2\cdot4} \times (5^2)^{1\cdot3} = (5\times6)^5$

$\Rightarrow 6^{(1\cdot2+2x+2\cdot4)} \times 5^{(2\cdot4+2\cdot6)} = 5^5 \times 6^5 \Rightarrow 3\cdot6 + 2x = 5 \Rightarrow 2x = 1\cdot4 \Rightarrow x = 0\cdot7.$

80.
```
11 ) 1·000 ( ·090909.....
       99
       --
       10
```

$\therefore \dfrac{1}{11} = \overline{\cdot09}.$

81. माना $x = 18\cdot484848$...............तब,

$100x = 1848\cdot484848$..........

घटाने पर, $99x = 1830 \Rightarrow x = \frac{1830}{99} = \frac{610}{33}$.

अत: 18·484848............का अभीष्ट रूप $= \frac{610}{33}$.

82. माना $x = 2\cdot1363636$.........तब

$10x = 21\cdot363636$.....

$1000x = 2136\cdot363636$......

घटाने पर $990x = 2115 \Rightarrow x = \frac{2115}{990} = \frac{235}{110} = \frac{47}{22} = 2\frac{3}{22}$.

83. माना $x = 1\cdot\overline{27}$. तब $x = 1\cdot272727$........ (*i*)

$\therefore\ 100x = 127\cdot272727$ .... (*ii*)

(*ii*) में से (*i*) घटाने पर $99x = 126 \Rightarrow x = \frac{126}{99} = \frac{14}{11}$.

$\therefore\ 1\cdot\overline{27} = \frac{14}{11}$.

84. माना $x = 0\cdot\overline{57}$. तब, $x = 0\cdot5757$ .... (*i*)

$\therefore\ 100x = 57\cdot5757$ .... (*ii*)

(*ii*) में से (*i*) घटाने पर : $99x = 57 \Rightarrow x = \frac{57}{99}$.

$\therefore\ 0\cdot\overline{57} = \frac{57}{99}$.

85. $0\cdot\overline{63} + 0\cdot\overline{37} = \frac{63}{99} + \frac{37}{99} = \frac{100}{99} = 1\cdot\overline{01}$.

86. माना $x = 3\cdot\overline{87}$. तब, $x = 3\cdot878787$.......

$\therefore\ 100x = 387\cdot8787$.....

अत: $99x = 384 \Rightarrow x = \frac{384}{99}$

पुन: माना $y = 2\cdot\overline{59}$. तब, $y = 2\cdot595959$.......

$\therefore\ 100y = 259\cdot5959$.....

अत: $99y = 257 \Rightarrow y = \frac{257}{99}$.

$\therefore\ (3\cdot\overline{87} - 2\cdot\overline{59}) = \left(\frac{384}{99} - \frac{257}{99}\right) = \frac{127}{99} = 1\cdot\overline{28}$.

87. माना $x = 0\cdot4777$..... तब, $10x = 4\cdot777$.....

$\therefore\ 100x = 47\cdot777$....

घटाने पर $90x = 43 \Rightarrow x = \frac{43}{90}$.

अत: $0\cdot4777 .... = \frac{43}{90}$.

88. माना $x = 1\cdot\overline{2}$. तब, $x = 1\cdot 222........$ अत: $10x = 12\cdot 222.....$

$\therefore\ 9x = 11 \Rightarrow x = \frac{11}{9}.$

माना $y = 0\cdot\overline{03} = 0\cdot 030303.......$ तब $100y = 3\cdot 0303.......$

$99y = 3 \Rightarrow y = \frac{3}{99} = \frac{1}{33}.$

$\therefore\ x \times y = \frac{11}{9} \times \frac{1}{33} = \frac{1}{27} = 0\cdot 037037...... = 0\cdot\overline{037}.$

89. प्रत्येक दी गई संख्या को दशमलव के 2 स्थानों तक लिखने पर ये संख्यायें हैं : 1·75, 5·60, 7·00.

175, 560, 700 का महत्तम समापवर्तक = 35.

∴ दी गई संख्याओं का म०स० = 0·35.

90. प्रत्येक दी गई संख्या को दशमलव के 2 स्थानों तक लिखने पर ये संख्यायें हैं : 1·08, 0·36, 0·90.

108, 36, 90 का म०स० = 18.

∴ दी गई संख्याओं का महत्तम समापवर्तक = 0·18.

91. प्रत्येक दी गई संख्या को दशमलव के 2 स्थानों तक लिखने पर ये संख्यायें हैं : 3·00, 2·70 तथा ·09

300, 270, 9 का लघुत्तम समापवर्त्य = 2700.

∴ दी गई संख्याओं का ल०स० = 27·00 अर्थात् 27.

92. प्रत्येक दी गई संख्या को दशमलव के 2 स्थानों तक लिखने पर ये संख्यायें हैं : 0·54, 1·80 तथा 7·20

54, 180 720 का ल०स० = 2160.

∴ दी गई संख्याओं का ल०स० = 21·60 अर्थात् 21·6.

93. $\frac{4}{9} = 0\cdot 444, \sqrt{\frac{9}{49}} = \frac{3}{7} = 0\cdot 428, 0\cdot\overline{45} = \frac{45}{99} = \frac{5}{11} = 0\cdot 454, (0\cdot 8)^2 = 0\cdot 8 \times 0\cdot 8 = 0\cdot 64$

इनमें सबसे छोटी संख्या 0·428 अर्थात् $\sqrt{\frac{9}{49}}$ है.

94. $\frac{15}{16} = 0\cdot 937, \frac{19}{20} = 0\cdot 95, \frac{24}{25} = 0\cdot 96, \frac{34}{35} = 0\cdot 971.$

इनमें सबसे छोटी भिन्न है $= \frac{15}{16}.$

95. $\frac{3}{7} = 0\cdot 428, \frac{2}{9} = 0\cdot 222, \frac{4}{13} = 0\cdot 307, \frac{6}{11} = 0\cdot 545, \frac{7}{9} = 0\cdot 777.$

इनमें सबसे बड़ी भिन्न है $= \frac{7}{9}.$

96. $\frac{5}{7} = 0\cdot 714, \frac{9}{11} = 0\cdot 818, \frac{7}{9} = 0\cdot 777, \frac{3}{5} = 0\cdot 6$

स्पष्ट है कि $0\cdot 818 > 0\cdot 777 > 0\cdot 714 > 0\cdot 6$ अर्थात $\frac{9}{11} > \frac{7}{9} > \frac{5}{7} > \frac{3}{5}.$

∴ अवरोही क्रम है : $\frac{9}{11}, \frac{7}{9}, \frac{5}{7}, \frac{3}{5}.$

97. प्रत्येग भिन्न को दशमलव में लेने पर :

$\frac{3}{5} = 0\cdot 6, \frac{1}{8} = 0\cdot 125, \frac{8}{11} = 0\cdot 727, \frac{4}{9} = 0\cdot 444, \frac{2}{7} = 0\cdot 285, \frac{5}{7} = 0\cdot 714$

तथा $\frac{5}{12} = 0 \cdot 416$

इन्हें अवरोही क्रम में लेने पर :

$0 \cdot 727 > 0 \cdot 714 > 0 \cdot 6 > 0 \cdot 444 > 0 \cdot 416 > 0 \cdot 285 > 0 \cdot 125$

$\Rightarrow \frac{8}{11} > \frac{5}{7} > \frac{3}{5} > \frac{4}{9} > \frac{5}{12} > \frac{2}{7} > \frac{1}{8}$ (अवरोही क्रम)

इनमें तीसरी भिन्न $\frac{3}{5}$ है.

98. प्रत्येक दी गई भिन्न को दशमलव में लेने पर :

$\frac{2}{5} = 0 \cdot 4, \frac{3}{8} = 0 \cdot 375, \frac{4}{9} = 0 \cdot 444, \frac{5}{13} = 0 \cdot 384, \frac{6}{11} = 0 \cdot 545.$

इन्हें आरोही क्रम में लेने पर :

$0 \cdot 375 < 0 \cdot 384 < 0 \cdot 4 < 0 \cdot 444 < 0 \cdot 545$ (आरोही क्रम)

$\Rightarrow \frac{3}{8} < \frac{5}{13} < \frac{2}{5} < \frac{4}{9} < \frac{6}{11}$

$\Rightarrow$ इनमें चौथी भिन्न $\frac{4}{9}$ है.

99. प्रत्येक दी गई भिन्न को दशमलव में लेने पर :

$\frac{8}{9} = 0 \cdot 888, \frac{9}{12} = 0 \cdot 75, \frac{7}{8} = 0 \cdot 875, \frac{5}{6} = 0 \cdot 833, \frac{17}{20} = 0 \cdot 85$

इन्हें आरोही क्रम में लेने पर :

$0 \cdot 75 < 0 \cdot 833 < 0 \cdot 85 < 0 \cdot 875 < 0 \cdot 888$

$\Rightarrow \frac{9}{12} < \frac{5}{6} < \frac{17}{20} < \frac{7}{8} < \frac{8}{9}$

$\Rightarrow$ इनमें ऊपर से चौथी भिन्न $\frac{5}{6}$ है.

100. प्रत्येक दी गई भिन्न को दशमलव भिन्न में बदलने पर :

$\frac{5}{14} = 0 \cdot 357, \frac{6}{11} = 0 \cdot 545, \frac{7}{9} = 0 \cdot 777, \frac{8}{13} = 0 \cdot 615, \frac{9}{10} = 0 \cdot 9$

इन्हें आरोही क्रम में लेने पर :

$0 \cdot 357 < 0 \cdot 545 < 0 \cdot 615 < 0 \cdot 777 < 0 \cdot 9$

$\Rightarrow \frac{5}{14} < \frac{6}{11} < \frac{8}{13} < \frac{7}{9} < \frac{9}{10}$

$\Rightarrow$ इनमें चौथी भिन्न $\frac{7}{9}$ है.

101. प्रत्येक दी गई भिन्न को दशमलव भिन्न में बदलने पर :

$\frac{4}{9} = 0 \cdot 444, \frac{2}{7} = 0 \cdot 286, \frac{3}{8} = 0 \cdot 375, \frac{6}{13} = 0.461, \frac{5}{11} = 0 \cdot 454$

इन्हें अवरोही क्रम में लेने पर :

$0 \cdot 461 > 0 \cdot 454 > 0 \cdot 444 > 0 \cdot 375 > 0 \cdot 286$

$\Rightarrow \frac{6}{13} > \frac{5}{11} > \frac{4}{9} > \frac{3}{8} > \frac{2}{7}$

$\Rightarrow$ इनमें दूसरी भिन्न $\frac{5}{11}$ है.

21. निम्नलिखित भिन्नों को आरोही क्रम (ascending order) में लिखिए :

(*i*) $\frac{5}{7}, \frac{9}{11}, \frac{7}{13}, \frac{15}{23}$ (*ii*) $\frac{7}{13}, \frac{26}{31}, \frac{19}{24}, \frac{16}{21}$ (*iii*) $\frac{1}{8}, \frac{2}{7}, \frac{3}{11}, \frac{8}{13}$

22. $(18 \cdot 687 \times 14 \cdot 714 + 18 \cdot 687 \times 5 \cdot 286)$ को सरल कीजिए.

23. (*i*) 2·22, 33·3, 37 के महत्तम समापवर्तक तथा लघुत्तम समापवर्त्य ज्ञात कीजिए

(*ii*) 0·24, 1·8, 2·7 तथा 16 के महत्तम समापवर्तक तथा लघुत्तम समापवर्त्य ज्ञात कीजिए.

उत्तरमाला (प्रश्नमाला 3B)

1. सही उत्तर $= \frac{19}{20}$, त्रुटि % $= 5\frac{5}{19}$% **2.** 2 **3.** 13·928 **4.** 1 **5.** 1·1

6. 6·76 **7.** 0 **8.** $1\frac{1}{9}$ **9.** 0·57 **10.** 100 **11.** 0·74 **12.** 2689

13. $0 \cdot \overline{148}$ **14.** (*i*) $0 \cdot 91\overline{6}$ (*ii*) $0 \cdot \overline{307692}$ (*iii*) $0 \cdot 34\overline{090}$ (*iv*) $0 \cdot 208\overline{3}$

15. (*i*) $\frac{4}{125}$ (*ii*) $\frac{7}{2500}$ (*iii*) $5\frac{1357}{2000}$

16. (*i*) $\frac{7}{9}$ (*ii*) $\frac{14}{3}$ (*iii*) $\frac{35}{99}$ (*iv*) $\frac{1431}{999}$ (*v*) $\frac{23}{90}$ (*vi*) $\frac{517}{900}$ (*vii*) $\frac{1147}{1980}$ (*viii*) $1\frac{13}{2250}$

17. $2\frac{1522}{8991}$ **18.** (*i*) $2\frac{564}{999}$ (*ii*) $3\frac{78}{99}$ **19.** $\frac{7}{9}$

20. (*i*) $\frac{3}{5} > \frac{1}{2} > \frac{4}{9} > \frac{3}{7}$ (*ii*) $\frac{13}{18} > \frac{7}{10} > \frac{2}{3} > \frac{5}{8}$ (*iii*) $\frac{31}{35} > \frac{19}{23} > \frac{11}{17} > \frac{16}{27}$

21. (*i*) $\frac{7}{13} < \frac{15}{23} < \frac{5}{7} < \frac{9}{11}$ (*ii*) $\frac{7}{13} < \frac{16}{21} < \frac{19}{24} < \frac{26}{31}$ (*iii*) $\frac{1}{8} < \frac{3}{11} < \frac{2}{7} < \frac{8}{13}$

22. 373·74 **23.** (*i*) म०स० = 0·74, ल०स० = 333 (*ii*) म०स० = 0·02, ल०स० = 432.

दिये गए प्रश्नों के हल — प्रश्नमाला 3B

1. दिया गया व्यंजक $= \frac{16 \times 25}{325 \times 5 \times 100} \div \frac{1216 \times 105 \times 2 \times 10}{8512 \times 625 \times 39} + \left\{(3^3)^{\frac{1}{6}} - \sqrt{\frac{27}{4}}\right\}^2$

$= \frac{4}{1625} \div \frac{4}{325} + \left\{3^{\left(3 \times \frac{1}{6}\right)} - \sqrt{\frac{27}{4}}\right\}^2 = \frac{4}{1625} \times \frac{325}{4} + \left(\sqrt{3} - \frac{3\sqrt{3}}{2}\right)^2$

$= \frac{1}{5} + \left(3 + \frac{27}{4} - 9\right) = \left(\frac{1}{5} + \frac{3}{4}\right) = \frac{19}{20}.$

सही उत्तर $= \frac{19}{20}$, विद्यार्थी का उत्तर $= \frac{9}{10}$.

त्रुटि $\left(\frac{19}{20} - \frac{9}{10}\right) = \frac{1}{20}$.

त्रुटि % $= \frac{(1/20)}{(19/20)} \times 100 = \left(\frac{1}{20} \times \frac{20}{19} \times 100\right) = \frac{100}{19}\% = 5\frac{5}{19}\%$.

2. $(16)^{0.15} \times (2)^{0.4} = (2^4)^{0.15} \times 2^{0.4} = 2^{(4 \times 0.15)} \times 2^{0.4} = 2^{(0.6+0.4)} = 2^1 = 2.$

3. $\frac{(2+\sqrt{3})}{(2-\sqrt{3})}=\frac{(2+\sqrt{3})}{(2-\sqrt{3})}\times\frac{(2+\sqrt{3})}{(2+\sqrt{3})}=\frac{(2+\sqrt{3})^2}{(4-3)}=(4+3+4\sqrt{3})=(7+4\sqrt{3})$

$=(7+4\times1\cdot732)=(7+6\cdot928)=13\cdot928.$

4. माना $0\cdot0347=a$ तथा $0\cdot9653=b.$ तब

दिया गया व्यंजक $=\frac{(a^3+b^3)}{(a^2-ab+b^2)}=(a+b)=(0\cdot0347+0\cdot9653)=1.$

5. दिया गया व्यंजक $=\left[\frac{\{1\cdot331)^{-1}+(1\cdot331)^{-2}+....+(1\cdot331)^{-6}\}}{(1\cdot331)^{-1}\{(1\cdot331)^{-1}+(1\cdot331)^{-2}+....+(1\cdot331)^{-6}\}}\right]^{\frac{1}{3}}$

$=\left[\frac{1}{(1\cdot331)^{-1}}\right]^{\frac{1}{3}}=(1\cdot331)^{\frac{1}{3}}=\left(\frac{1331}{1000}\right)^{\frac{1}{3}}=\left[\left(\frac{11}{10}\right)^3\right]^{\frac{1}{3}}=\left(\frac{11}{10}\right)^{\left(3\times\frac{1}{3}\right)}=\frac{11}{10}=1\cdot1.$

6. दिया गया व्यंजक

$=\frac{(2\cdot4)^6+9\,(2\cdot4)^2+6\,(2\cdot4)^4}{(2\cdot4)^4+6\,(2\cdot4)^2+9}-\frac{a^3+b^3+c^3}{(-3abc)}$, जहाँ $a=0\cdot25, b=0\cdot43, c=-0\cdot68$

$=\frac{(2\cdot4)^2\left[(2\cdot4)^4+6\,(2\cdot4)^2+9\right]}{\left[(2\cdot4)^4+6\,(2\cdot4)^2+9\right]}-\frac{3abc}{(-3abc)}\left[\because a+b+c=0\Rightarrow a^3+b^3+c^3=3abc\right]$

$=(2\cdot4)^2+1=(5\cdot76+1)=6\cdot76.$

7. दिया गया व्यंजक $=(0\cdot111)^3+(0\cdot222)^3+(-0\cdot333)^3-3\times(0\cdot111)\times(0\cdot222)\,(-0\cdot333)$

$=(a^3+b^3+c^3-3abc)$, जहाँ $a=0\cdot111, b=0\cdot222$ तथा $c=(-0\cdot333)$

$=0.\quad[\because a+b+c=0\Rightarrow a^3+b^3+c^3=3abc].$

8. दिया गया व्यंजक

$=\frac{(0\cdot13)^2+(0\cdot21)^2}{(3\times0\cdot13)^2+(3\times0\cdot21)^2}-\frac{(a^3+b^3+c^3)}{(-3abc)}$, जहाँ $a=0\cdot25, b=0\cdot43, c=-0\cdot68$

$=\frac{\left[(0\cdot13)^2+(0\cdot21)^2\right]}{9\times\left[(0\cdot13)^2+(0\cdot21)^2\right]}-\frac{3abc}{(-3abc)}=\left(\frac{1}{9}+1\right)=1\frac{1}{9}.$

9. दिया गया व्यंजक $=\frac{(0\cdot67)^3-(0\cdot1)^3}{(0\cdot67)^2+(0\cdot67\times0\cdot1)+(0\cdot1)\times(0\cdot1)}$

$=\frac{(a^3-b^3)}{(a^2+ab+b^2)}$, जहाँ $a=0{\cdot}67$ तथा $b=0{\cdot}1$

$=(a-b)=(0\cdot67-0\cdot1)=0\cdot57.$

10. दिया गया व्यंजक $=\frac{(0\cdot06)^2+(0\cdot47)^2+(0\cdot079)^2}{(0\cdot006)^2+(0\cdot047)^2+(0\cdot0079)^2}$

$=\frac{(10\times0\cdot006)^2+(10\times0\cdot047)^2+(10\times0\cdot0079)^2}{(0\cdot006)^2+(0\cdot047)^2+(0\cdot0079)^2}$

$=\frac{(10)^2\times\{(0\cdot006)^2+(0\cdot047)^2+(0\cdot0079)^2\}}{\{(0\cdot006)^2+(0\cdot047)^2+(0\cdot0079)^2\}}=(10)^2=100.$

11. दिया गया व्यंजक $= \dfrac{(0\cdot87)^3-(0\cdot13)^3}{(0\cdot87)^2+(0\cdot87\times0\cdot13)+(0\cdot13)^2}$

$= \dfrac{(a^3-b^3)}{(a^2+ab+b^2)}$, जहाँ $a=0\cdot87, b=0\cdot13$

$=(a-b)=(0\cdot87-0\cdot13)=0\cdot74.$

12. $\dfrac{1}{\cdot0003718}=\dfrac{1\times10000}{10000\times\cdot0003718}=\dfrac{10000}{3\cdot718}=(10000\times\cdot2689)=2689.$

13. माना $0\cdot333....=x$. तब, $10x=3\cdot333.....$

$\therefore\ 9x=3\Rightarrow x=\dfrac{3}{9}=\dfrac{1}{3}.$

माना $0\cdot444....=y$. तब, $10y=4\cdot444....$

$\therefore\ 9y=4\Rightarrow y=\dfrac{4}{9}.$

अत: $(0\cdot333....)\times(0\cdot444....)=\left(\dfrac{1}{3}\times\dfrac{4}{9}\right)=\dfrac{4}{27}=0\cdot\overline{148}.$

14. (*i*)

$$\begin{array}{r} \cdot9166... \\ 12\overline{)\,110} \\ \underline{108} \\ 20 \\ \underline{12} \\ 80 \\ \underline{72} \\ 8 \end{array}$$

$\therefore\ \dfrac{11}{12}=0\cdot91\overline{6}$

इसी प्रकार भाग देने पर :

(*ii*) $\dfrac{4}{13}=0\cdot\overline{307692}$

(*iii*) $\dfrac{15}{44}=0\cdot34\overline{09}0$

(*iv*) $\dfrac{5}{24}=0\cdot208\overline{3}$

15. (*i*) $\cdot032=\dfrac{32}{1000}=\dfrac{4}{125}.$

(*ii*) $\cdot0028=\dfrac{28}{10000}=\dfrac{7}{2500}.$

(*iii*) $5\cdot6785=\dfrac{56785}{10000}=\dfrac{11357}{2000}=5\dfrac{1357}{2000}.$

16. (*i*) माना $x=0\cdot\overline{7}$. तब, $x=0\cdot777...$ तथा $10x=7\cdot777...$

घटाने पर, $9x=7\Rightarrow x=\dfrac{7}{9}.$

(*ii*) माना $x=4\cdot\overline{6}$. तब, $x=4\cdot666...,$ तथा $10x=46\cdot666...$

घटाने पर, $9x=42\ \Rightarrow\ x=\dfrac{42}{9}=\dfrac{14}{3}.$

(*iii*) माना $x=0\cdot\overline{35}$. तब, $x=0\cdot3535...$ तथा $100x=35\cdot3535...$

घटाने पर, $99x=35\ \Rightarrow\ x=\dfrac{35}{99}.$

(*iv*) माना $x=1\cdot\overline{432}$. तब, $x=1\cdot432432...\ \Rightarrow\ 1000x=1432\cdot432432...$

घटाने पर, $999x=1431\ \Rightarrow\ x=\dfrac{1431}{999}.$

(*v*) माना $x = 0\cdot2\bar{5}$. तब, $x = 0\cdot2555....$ $\therefore$ $10x = 2\cdot555...$ तथा $100x = 25\cdot555...$

घटाने पर, $90x = 23 \Rightarrow x = \frac{23}{90}$.

(*vi*) माना $x = 0\cdot57\bar{4}$. तब, $x = 5\cdot5744....$ $\therefore$ $100x = 57\cdot444...$ तथा $1000x = 574\cdot44...$

घटाने पर, $900x = 517 \Rightarrow x = \frac{517}{900}$

(*vii*) माना $x = 0\cdot57\overline{92}$. तब, $x = 0\cdot579292...$ $\therefore$ $100x = 57\cdot9292... \Rightarrow 10000x = 5792\cdot92...$

घटाने पर, $9900x = (5792 - 57) = 5735 \Rightarrow x = \frac{5735}{9900} = \frac{1147}{1980}$.

(*viii*) माना $x = 1\cdot005\bar{7}$. तब, $x = 1\cdot005777... \Rightarrow 1000x = 1005\cdot777...$ तथा $10000x = 10057\cdot77...$

घटाने पर, $9000x = (10057 - 1005) = 9052$.

$\therefore \quad x = \frac{9052}{9000} = \frac{2263}{2250} = 1\frac{13}{2250}$.

17. $0\cdot\overline{936} = \frac{936}{999}$, $0\cdot\overline{568} = \frac{568}{999}$.

$\therefore \quad \left(0\cdot\overline{936} - 0\cdot\overline{568}\right) = \left(\frac{936}{999} - \frac{568}{999}\right) = \frac{(936-568)}{999} = \frac{368}{999}$.

$0\cdot\overline{45} = \frac{45}{99}, 2\cdot\overline{67} = 2 + 0\cdot\overline{67} = 2 + \frac{67}{99} = \frac{198+67}{99} = \frac{265}{99}$.

$\therefore \quad \left(0\cdot\overline{45} + 2\cdot\overline{67}\right) = \left(\frac{45}{99} + \frac{265}{99}\right) = \frac{(45+265)}{99} = \frac{310}{99}$.

दिया गया व्यंजक $= \left(\frac{\overset{184}{\cancel{368}}}{\underset{111}{\cancel{999}}} \times \frac{\overset{11}{\cancel{99}}}{\underset{155}{\cancel{310}}}\right) = \frac{2024}{17205}$.

18. (*i*) दिया गया व्यंजक $= \left(3 + 0\cdot\overline{917}\right) - \left(1 + 0\cdot\overline{353}\right)$

$= (3-1) + \left(0\cdot\overline{917} - 0\cdot\overline{353}\right) = 2 + \left(\frac{917}{999} - \frac{353}{999}\right)$

$= 2 + \frac{564}{999} = 2\frac{564}{999}$.

(*ii*) दिया गया व्यंजक $= \left(2 + 0\cdot\overline{17}\right) + \left(3 + 0\cdot\overline{03}\right) - \left(1 + 0\cdot\overline{41}\right) = (2+3-1) + \left(0\cdot\overline{17} + 0\cdot\overline{03} - 0\cdot\overline{41}\right)$

$= 4 + \left(\frac{17}{99} + \frac{3}{99} - \frac{41}{99}\right) = \left(4 - \frac{21}{99}\right) = \frac{(396-21)}{99} = \frac{375}{99} = 3\frac{78}{99}$.

19. $\frac{7}{9} = 0\cdot777....$, $\frac{6}{11} = 0\cdot5454....$, $\frac{16}{21} = 0\cdot7619....$, $\frac{12}{17} = 0\cdot70588...$

स्पष्ट है कि इनमें सबसे बड़ी संख्या $0\cdot777....$ अर्थात् $\frac{7}{9}$ है.

20. प्रत्येक दी गई भिन्न को दशमलव भिन्न में बदलने पर :

(*i*) $\frac{1}{2} = 0\cdot5, \frac{3}{7} = 0\cdot4285...., \frac{3}{5} = 0\cdot6, \frac{4}{9} = 0\cdot444...$

$\therefore$ $0\cdot6 > 0\cdot5 > 0\cdot444... > 0\cdot4285...$

अत: $\frac{3}{5} > \frac{1}{2} > \frac{4}{9} > \frac{3}{7}$.

(*ii*) $\frac{2}{3} = 0 \cdot 666....,\ \frac{5}{8} = 0 \cdot 625,\ \frac{7}{10} = 0 \cdot 7,\ \frac{13}{18} = 0 \cdot 722...$

$\therefore$ $0 \cdot 722... > 0 \cdot 7 > 0 \cdot 666... > 0 \cdot 625$

अर्थात् $\frac{13}{18} > \frac{7}{10} > \frac{2}{3} > \frac{5}{8}.$

(*iii*) $\frac{11}{17} = 0 \cdot 647....,\ \frac{19}{23} = 0 \cdot 826....,\ \frac{16}{27} = 0 \cdot 5925....,\ \frac{31}{35} = 0 \cdot 8857...$

$0 \cdot 8857... > 0 \cdot 826... > 0 \cdot 647... > 0 \cdot 5925...$

$\therefore$ $\frac{31}{35} > \frac{19}{23} > \frac{11}{17} > \frac{16}{27}.$

21. प्रत्येक दी गई भिन्न को दशमलव भिन्न में बदलने पर :

(*i*) $\frac{5}{7} = 0 \cdot 7142....,\ \frac{9}{11} = 0 \cdot 8181....,\ \frac{7}{13} = 0 \cdot 5384....,\ \frac{15}{23} = 0 \cdot 761...$

$0 \cdot 5384... < 0 \cdot 652... < 0 \cdot 7142... < 0 \cdot 8181...$

$\therefore$ $\frac{7}{13} < \frac{15}{23} < \frac{5}{7} < \frac{9}{11}.$

(*ii*) $\frac{7}{13} = 0 \cdot 538....,\ \frac{26}{31} = 0 \cdot 838....,\ \frac{19}{24} = 0 \cdot 791....,\ \frac{16}{21} = 0 \cdot 652...$

$0 \cdot 538... < 0 \cdot 761... < 0 \cdot 791... < 0 \cdot 838....$

अर्थात् $\frac{7}{13} < \frac{16}{21} < \frac{19}{24} < \frac{26}{31}.$

(*iii*) $\frac{1}{8} = 0 \cdot 125,\ \frac{2}{7} = 0 \cdot 2857....,\ \frac{3}{11} = 0 \cdot 2727....,\ \frac{8}{13} = 0 \cdot 615...$

$0 \cdot 125 < 0 \cdot 2727.... < 0 \cdot 2857... < 0 \cdot 615....$

अर्थात् $\frac{1}{8} < \frac{3}{11} < \frac{2}{7} < \frac{8}{13}.$

22. दिया गया व्यंजक $= 18 \cdot 687 \times (14 \cdot 714 + 5 \cdot 286) = (18 \cdot 687 \times 20) = 373 \cdot 74.$

23. (*i*) दी गई संख्यायें हैं 2·22, 33·30, 37·00.

बिना दशमलव के ये संख्यायें हैं 222, 3330, 3700.

इनका म०स० = 74 तथा ल०स० = 33300.

$\therefore$ दी गई संख्याओं का म०स० = 0·74 तथा ल०स० = 333.00.

(*ii*) दी गई संख्यायें हैं 0·24, 1·80, 2·70, 16·00.

बिना दशमलव के ये संख्यायें हैं 24, 180, 270, 1600.

इनका म०स० = 2 तथा ल०स० = 43200.

$\therefore$ दी गई संख्याओं का म०स० = 0·02 तथा ल०स० = 432·00.

4 सरलीकरण (SIMPLIFICATION)

सामान्य नियम

ध्यान रहे कि विभिन्न संक्रियाओं को केवल निम्न क्रमानुसार लेते हैं :

(*i*) रेखा-कोष्ठक (*ii*) कोष्ठक (*iii*) का (*iv*) भाग (*v*) गुणा (*vi*) जोड़ (*vi*) घटा

सरलीकरण में पहले छोटे कोष्ठक ( ), फिर मंझले कोष्ठक { } तथा अन्त में बड़े कोष्ठक [ ] को हटाया जाता है. इस क्रम के लिए BODMAS याद रखें, जहाँ B, O, D, M, A, S क्रमशः Bracket, Of, Division, Multiplication, Addition तथा Subtraction के लिए है.

साधित उदाहरण

प्रश्न 1. $\mathbf{6010 - 6000 \div 10 = ?}$

हल : पहले भाग तथा बाद में घटा को लेने पर :

दिया गया व्यंजक $= 6010 - 6000 \times \frac{1}{10} = 6010 - 600 = 5410.$

प्रश्न 2. $\mathbf{72 \div 9}$ **का** $\mathbf{\frac{1}{3} + \frac{2}{3} \times 1\frac{1}{2} = ?}$

हल : BODMAS का प्रयोग करके :

दिया गया व्यंजक $= 72 \div 9$ का $\frac{1}{3} + \frac{2}{3} \times \frac{3}{2}$

$= 72 \div 3 + \frac{2}{3} \times \frac{3}{2} = 24 + \frac{2}{3} \times \frac{3}{2}$

$= (24 + 1) = 25.$

प्रश्न 3. $\mathbf{2\frac{1}{2} + 3\frac{1}{4} + ? + 2\frac{1}{3} = 13\frac{5}{12}.}$

हल : माना $\frac{5}{2} + \frac{13}{4} + x + \frac{7}{3} = \frac{161}{12}$. तब,

$\frac{5}{2} + \frac{13}{4} + \frac{7}{3} + x = \frac{161}{12}$

$\Rightarrow \frac{(30 + 39 + 28)}{12} + x = \frac{161}{12} \Rightarrow \frac{97}{12} + x = \frac{161}{12}$

$\Rightarrow x = \frac{161}{12} - \frac{97}{12} = \frac{(161 - 97)}{12} = \frac{64}{12} = \frac{16}{3} = 5\frac{1}{3}.$

प्रश्न 4. $\mathbf{\left(1\frac{1}{2} + 11\frac{1}{2} + 111\frac{1}{2} + 1111\frac{1}{2}\right) = ?}$ **(एस०एस०सी० परीक्षा, 2010)**

हल : दिया गया व्यंजक $= (1 + 11 + 111 + 1111) + \left(\frac{1}{2} + \frac{1}{2} + \frac{1}{2} + \frac{1}{2}\right)$

$= (1234 + 2) = 1236.$

प्रश्न 5. $\dfrac{1}{2+\dfrac{1}{2+\dfrac{1}{2-\dfrac{1}{2}}}}$ **का मान ज्ञात कीजिए.**

हल : दिया गया व्यंजक $\dfrac{1}{2+\dfrac{1}{2+\dfrac{2}{3}}}=\dfrac{1}{2+\dfrac{3}{8}}=\dfrac{8}{19}.$

प्रश्न 6. यदि $\dfrac{a}{b}=\dfrac{5}{4}$ हो, तो $\dfrac{(a^2+b^2)}{(a^2-b^2)}$ **का मान क्या होगा?**

हल : $\dfrac{(a^2+b^2)}{(a^2-b^2)}=\dfrac{\left(\dfrac{a^2}{b^2}+1\right)}{\left(\dfrac{a^2}{b^2}-1\right)}$ [अंश तथा हर को b^2 से भाग देने पर]

$$=\frac{\left\{\left(\frac{a}{b}\right)^2+1\right\}}{\left\{\left(\frac{a}{b}\right)^2-1\right\}}=\frac{\left\{\left(\frac{5}{4}\right)^2+1\right\}}{\left\{\left(\frac{5}{4}\right)^2-1\right\}}=\frac{\left(\frac{25}{16}+1\right)}{\left(\frac{25}{16}-1\right)}\left[\because \frac{a}{b}=\frac{5}{4}\right]$$

$$=\frac{\frac{(25+16)}{16}}{\frac{(25-16)}{16}}=\frac{(41/16)}{(9/16)}=\frac{41}{9}.$$

प्रश्न 7. $\dfrac{(67895\times67895-37895\times37895)}{30000}$ **का मान ज्ञात करें.**

हल : दिया गया व्यंजक $=\dfrac{(67895)^2-(37895)^2}{(67895-37895)}=\dfrac{a^2-b^2}{a-b}$, जहाँ $a=67895$ तथा $b=37895$

$$=(a+b)=(67895+37895)=105790.$$

प्रश्न 8. $\left\{\dfrac{247\times247\times247-137\times137\times137}{247\times247+247\times137+137\times137}\right\}=?$

हल : दिया गया व्यंजक $=\dfrac{(247)^3-(137)^3}{(247)^2+(247\times137)+(137)^2}$

$=\dfrac{(a^3-b^3)}{(a^2+ab+b^2)}$, जहाँ $a=247$ तथा $b=137$

$$=(a-b)=(247-137)=110.$$

प्रश्न 9. यदि $a * b=(a^2+b^2-ab)$ हो, तो $6 * 9=?$

हल : स्पष्ट है कि : $6 * 9=(6^2+9^2-6\times9)=(36+81-54)=63.$

प्रश्न 10. ममता के पास ₹ 100 तथा ₹ 50 के कुल 85 नोट हैं जिनका कुल मूल्य ₹ 5000 है. इनमें से ₹ 50 के नोट कितने हैं?

हल : माना ₹ 50 के नोटों की संख्या = x.

तब, ₹ 100 के नोटों की संख्या = $(85 - x)$.

$\therefore \quad 50x + 100(85 - x) = 5000$

$\Rightarrow \quad 50x = (8500 - 5000) = 3500 \Rightarrow x = 70.$

अतः ₹ 50 के नोटों की संख्या = 70.

प्रश्न 11. 14 पैन तथा 17 पैन्सिलों का कुल मूल्य ₹ 146 है, जबकि 17 पैन तथा 14 पैन्सिलों का मूल्य ₹ 164 है. 3 पैनों का मूल्य कितना है?

हल : माना प्रत्येक पैन का मूल्य = ₹ x तथा प्रत्येक पैन्सिल का मूल्य = ₹ y.

तब, $14x + 17y = 146 \quad \ldots(i) \qquad 17x + 14y = 164 \quad \ldots(ii)$

(i) तथा (ii) को जोड़ने पर, $31(x + y) = 310 \Rightarrow x + y = 10.$

(i) को (ii) में से घटाने पर, $3(x - y) = 18 \Rightarrow x - y = 6.$

इन्हें हल करने पर $x = 8$.

अतः 3 पैनों का मूल्य = ₹ (3×8) = ₹ 24.

प्रश्न 12. एक व्यक्ति अपने वेतन का $\frac{2}{5}$ भाग मकान किराये में, शेष का $\frac{3}{10}$ भाग खाने पर तथा शेष का $\frac{1}{8}$ भाग यात्रा पर खर्च करने के बाद ₹ 1470 की बचत करता है. वह खाने पर कितना खर्च करता है?

हल : माना कुल वेतन = ₹ x.

मकान किराया = ₹ $\left(\frac{2}{5} \times x\right)$. शेष = ₹ $\left(x - \frac{2x}{5}\right)$ = ₹ $\frac{3x}{5}$.

खाने पर खर्च = ₹ $\left(\frac{3x}{5} \text{ का } \frac{3}{10}\right)$ = ₹ $\frac{9x}{50}$.

शेष = ₹ $\left(\frac{3x}{5} - \frac{9x}{50}\right)$ = ₹ $\frac{21x}{50}$; यात्रा पर खर्च = ₹ $\left(\frac{1}{8} \times \frac{21x}{50}\right)$ = ₹ $\frac{21x}{400}$.

शेष = ₹ $\left(\frac{21x}{50} - \frac{21x}{400}\right)$ = ₹ $\frac{(168x - 21x)}{400}$ = ₹ $\frac{147x}{400}$.

$\therefore \quad \frac{147x}{400} = 1470 \Rightarrow x = \frac{1470 \times 400}{147} = 4000.$

खाने पर खर्च = ₹ $\left(\frac{9}{50} \times 4000\right)$ = ₹ 720.

प्रश्नमाला 4A

निम्नलिखित प्रश्नों में से प्रत्येक में ठीक उत्तर को चिन्हांकित (✓) कीजिए :

1. $2^{60}, 3^{48}, 4^{36}$ तथा 5^{24} में से सबसे बड़ी संख्या कौन-सी है? **(एस०एस०सी० परीक्षा, 2010)**

(a) 2^{60} (b) 3^{48} (c) 4^{36} (d) 5^{34}

2. $\left[3 + \frac{1}{\sqrt{3}} + \frac{1}{3 + \sqrt{3}} + \frac{1}{\sqrt{3} - 3}\right] = ?$ **(एस०एस०सी० परीक्षा, 2010)**

(a) 3 (b) $3 + \sqrt{3}$ (c) 6 (d) $6 + \sqrt{3}$

3. $\{(35)^2 + (38)^2\} \div ? = 5$

(a) 503 (b) 543.6 (c) 567.8 (d) 592 (e) इनमें से कोई नहीं

4. $1\frac{3}{5} + 1\frac{2}{7} + 1\frac{1}{4} = ?$ **(बैंक पी०ओ० परीक्षा, 2009)**

(a) $5\frac{9}{35}$ (b) $6\frac{1}{7}$ (c) $3\frac{2}{9}$ (d) $4\frac{19}{140}$ (e) इनमें से कोई नहीं

5. $1\frac{8}{9} + 3\frac{2}{7} - 2\frac{1}{7} + 11\frac{1}{6} = ?$ **(बैंक पी०ओ० परीक्षा, 2009)**

(a) $7\frac{12}{223}$ (b) $14\frac{25}{223}$ (c) $14\frac{25}{126}$ (d) $7\frac{11}{126}$ (e) इनमें से कोई नहीं

6. $9\frac{3}{4} + 7\frac{2}{17} - 9\frac{1}{15} = ?$ **(बैंक पी०ओ० परीक्षा, 2006)**

(a) $7\frac{719}{1020}$ (b) $9\frac{817}{1020}$ (c) $9\frac{719}{1020}$ (d) $7\frac{817}{1020}$ (e) इनमें से कोई नहीं

7. $6696 \div 12 + 294 = ?$

(a) 836 (b) 844 (c) 859 (d) 821 (e) 852

8. $5\frac{2}{5} + 8\frac{1}{4} - 6\frac{1}{3} = ?$ **(रेलवे परीक्षा, 2005)**

(a) $6\frac{19}{60}$ (b) $7\frac{1}{3}$ (c) $7\frac{19}{60}$ (d) $4\frac{19}{60}$

9. $5\frac{1}{6} \times 4\frac{3}{8} \div 2\frac{1}{8} = ?$ **(बैंक पी०ओ० परीक्षा, 2008)**

(a) $10\frac{9}{34}$ (b) $10\frac{31}{102}$ (c) $10\frac{11}{51}$ (d) $10\frac{65}{102}$ (e) इनमें से कोई नहीं

10. $74844 \div ? = 54 \times 63$ **(बैंक पी०ओ० परीक्षा, 2009)**

(a) 34 (b) 42 (c) 22 (d) 54 (e) इनमें से कोई नहीं

11. $24336 \div ? = 78 \times 24$ **(बैंक पी०ओ० परीक्षा, 2008)**

(a) 6 (b) 13 (c) 11 (d) 17 (e) इनमें से कोई नहीं

12. $[(84)^2 \div 28 \times 12] \div 24 = 7 \times ?$ **(बैंक पी०ओ० परीक्षा, 2009)**

(a) 15 (b) 17 (c) 19 (d) 21 (e) इनमें से कोई नहीं

13. 845 का $\frac{3}{5}$ तथा 333 का $\frac{2}{3}$ का अन्तर कितना है ? **(बैंक पी०ओ० परीक्षा, 2009)**

(a) 175 (b) 285 (c) 238 (d) 209 (e) इनमें से कोई नहीं

14. $9\frac{1}{9}$ में से $3\frac{2}{3}$ घटाने पर प्राप्त अन्तर को 450 से गुणा करने पर क्या प्राप्त होगा ?

(a) 2250 (b) 2045 (c) 2540 **(बैंक पी०ओ० परीक्षा, 2009)**

(d) निर्धारित नहीं किया जा सकता (e) इनमें से कोई नहीं

15. $1148 \div 28 \times 1408 \div 32 = ?$ **(बैंक पी०ओ० परीक्षा, 2008)**

(a) 1800 (b) 1804 (c) 1814 (d) 1822 (e) इनमें से कोई नहीं

16. $11960 \div ? = 65 \times 23$ **(बैंक पी०ओ० परीक्षा, 2008)**

(a) 6 (b) 11 (c) 3 (d) 8 (e) इनमें से कोई नहीं

17. $\frac{7}{128} \times ? + 595 = 883$ **(जीवन बीमा निगम परीक्षा, 2007)**

(*a*) 4480 (*b*) 4352 (*c*) 4608 (*d*) 4096 (*e*) इनमें से कोई नहीं

18. $\frac{1}{8} \times (223 + ?) = 71$ **(बैंक पी०ओ० परीक्षा, 2008)**

(*a*) 342 (*b*) 346 (*c*) 345 (*d*) 348 (*e*) इनमें से कोई नहीं

19. $x - \left[y - \left\{z - (x - \overline{y - z})\right\}\right] = ?$

(*a*) $x + y + z$ (*b*) $x - y - z$ (*c*) 1 (*d*) 0

20. $222 - \left[\frac{1}{3} \text{ का } \left\{42 + (56 - \overline{8 + 9})\right\} + 108\right] = ?$ **(एस०एस०सी० परीक्षा, 2010)**

(*a*) 87 (*b*) 78 (*c*) 47 (*d*) 37

21. $5 - \left[\frac{3}{4} + \left\{2\frac{1}{2} - \left(\frac{1}{2} + \overline{\frac{1}{6} - \frac{1}{7}}\right)\right\}\right] = ?$

(*a*) $1\frac{19}{84}$ (*b*) $2\frac{61}{84}$ (*c*) $2\frac{23}{84}$ (*d*) $2\frac{47}{84}$

22. $1 + 2 \div \left\{1 + 2 \div \left(1 + \frac{1}{3}\right)\right\} = ?$ **(एस०एस०सी० परीक्षा, 2005)**

(*a*) $5\frac{1}{4}$ (*b*) $4\frac{1}{5}$ (*c*) $2\frac{1}{4}$ (*d*) $1\frac{4}{5}$

23. $9 - 3\frac{3}{11}$ का $1\frac{2}{9} \div \frac{7}{9}$ का $5\frac{1}{7} = ?$

(*a*) 9 (*b*) 8 (*c*) $\frac{5}{4}$ (*d*) $8\frac{32}{81}$

24. $\frac{3}{2} \times \frac{11}{5} \div \left(\frac{25}{44} \times \frac{11}{5}\right) \div \frac{33}{15} = ?$ **(बैंक पी०ओ० परीक्षा, 2006)**

(*a*) $\frac{1}{2}$ (*b*) $\frac{2}{3}$ (*c*) $5\frac{101}{125}$ (*d*) $1\frac{1}{125}$ (*e*) इनमें से कोई नहीं

25. $\frac{2 + 2 \times 2}{2 \div 2 \times 2} \div \frac{\frac{1}{2} \div \frac{1}{2} \text{ का } \frac{1}{2}}{\frac{1}{2} + \frac{1}{2} \text{ का } \frac{1}{2}} = ?$

(*a*) 1 (*b*) 2 (*c*) $1\frac{1}{3}$ (*d*) $1\frac{1}{8}$

26. $\frac{\frac{1}{2} \div \frac{1}{2} \text{ का } \frac{1}{2}}{\frac{1}{2} \text{ का } \frac{1}{2} + \frac{1}{2}} \div \left\{\frac{1\frac{1}{2}}{1\frac{1}{3}}\right\} = ?$ **(रेलवे परीक्षा, 2008)**

(*a*) $2\frac{10}{27}$ (*b*) $1\frac{1}{2}$ (*c*) $3\frac{1}{8}$ (*d*) इनमें से कोई नहीं

27. $\frac{54 \div 3 \times 16 \div 2}{180 \div 5 \times 6 \div 3} = ?$

(*a*) 2 (*b*) 4 (*c*) 6 (*d*) 8 (*e*) इनमें से कोई नहीं

28. $\left(516 \text{ का } \frac{5}{12}\right)$ तथा $\left(495 \text{ का } \frac{4}{9}\right)$ में कितना अन्तर है? **(बैंक पी०ओ० परीक्षा, 2008)**

(*a*) 22 (*b*) 15 (*c*) 12 (*d*) 17 (*e*) इनमें से कोई नहीं

29. किसी संख्या के $\frac{3}{4}$ तथा $\frac{4}{7}$ का अन्तर 100 है. वह संख्या क्या होगी? **(पी०सी०एस० परीक्षा, 2009)**

(*a*) 520 (*b*) 540 (*c*) 500 (*d*) 560

30. $2296 \div 56 \times 704 \div 16 = ?$ **(बैंक पी०ओ० परीक्षा, 2008)**

(*a*) 1800 (*b*) 1804 (*c*) 1814 (*d*) 1822 (*e*) इनमें से कोई नहीं

31. $2\frac{1}{2}$ का $\frac{3}{4} \times \frac{1}{2} \div \frac{3}{2} + \frac{1}{2} \div \frac{3}{2}\left[\frac{2}{3} - \frac{1}{2} \text{ का } \frac{2}{3}\right] = ?$ **(रेलवे परीक्षा, 2006)**

(*a*) $\frac{1}{2}$ (*b*) $\frac{7}{8}$ (*c*) $2\frac{3}{5}$ (*d*) $1\frac{5}{8}$

32. $\frac{5}{6} \div \frac{6}{7} \times ? - \frac{8}{9} \div 1\frac{3}{5} + \frac{3}{4} \times 3\frac{1}{3} = 2\frac{7}{9}$.

(*a*) $\frac{7}{6}$ (*b*) $\frac{6}{7}$ (*c*) 1 (*d*) इनमें से कोई नहीं

33. $\dfrac{3\frac{1}{4} - \frac{4}{5} \text{ का } \frac{5}{6}}{4\frac{1}{3} \div \frac{1}{5} - \left(\frac{3}{10} + 21\frac{1}{5}\right)} = ?$

(*a*) $\frac{1}{6}$ (*b*) $15\frac{1}{2}$ (*c*) $2\frac{7}{12}$ (*d*) $21\frac{1}{2}$

34. $\left(999\frac{999}{1000} \times 7\right) = ?$ **(एस०एस०सी० परीक्षा, 2007)**

(*a*) $6993\frac{7}{1000}$ (*b*) $7000\frac{7}{1000}$ (*c*) $6633\frac{7}{1000}$ (*d*) $6999\frac{993}{1000}$

35. $\left(999\frac{98}{99} \times 99\right) = ?$ **(एस०एस०सी० परीक्षा, 2003)**

(*a*) 9899 (*b*) 98999 (*c*) 99899 (*d*) 99998

36. $\left(999\frac{1}{7} + 999\frac{2}{7} + 999\frac{3}{7} + 999\frac{4}{7} + 999\frac{5}{7} + 999\frac{6}{7}\right) = ?$ **(एस०एस०सी० परीक्षा, 2004)**

(*a*) 2997 (*b*) 5979 (*c*) 5997 (*d*) 5994

37. $\left(1-\frac{1}{2}\right)\left(1-\frac{1}{3}\right)\left(1-\frac{1}{4}\right)\left(1-\frac{1}{5}\right)\ldots\left(1-\frac{1}{19}\right)\left(1-\frac{1}{20}\right) = ?$

(*a*) $\frac{1}{20}$ (*b*) $\frac{2}{19}$ (*c*) $\frac{19}{10}$ (*d*) इनमें से कोई नहीं

38. $\left(2-\frac{1}{3}\right)\left(2-\frac{3}{5}\right)\left(2-\frac{5}{7}\right)\ldots\left(2-\frac{997}{999}\right) = ?$ **(रेलवे परीक्षा, 2005)**

(*a*) $\frac{1001}{3}$ (*b*) $\frac{5}{999}$ (*c*) $\frac{1001}{999}$ (*d*) इनमें से कोई नहीं

39. $\left[\left\{1+\frac{1}{10+\frac{1}{10}}\right\}\times\left\{1+\frac{1}{10+\frac{1}{10}}\right\}-\left\{1-\frac{1}{10+\frac{1}{10}}\right\}\times\left\{1-\frac{1}{10+\frac{1}{10}}\right\}\div\left\{1+\frac{1}{10+\frac{1}{10}}\right\}+\left\{1-\frac{1}{10+\frac{1}{10}}\right\}\right]=?$

(एस०एस०सी० परीक्षा, 2003)

(*a*) $\frac{20}{101}$ (*b*) $\frac{90}{101}$ (*c*) $\frac{100}{101}$ (*d*) $\frac{101}{100}$

40. $\left(1+\frac{1}{x+1}\right)\left(1+\frac{1}{x+2}\right)\left(1+\frac{1}{x+3}\right)\left(1+\frac{1}{x+4}\right)=?$ **(एम०बी०ए० परीक्षा, 2003)**

(*a*) $\frac{x+5}{x+1}$ (*b*) $\left(x+\frac{1}{x+5}\right)$ (*c*) $\frac{1}{(x+5)}$ (*d*) $\left(1+\frac{1}{x+5}\right)$

41. $\frac{1}{2}+\frac{1}{6}+\frac{1}{12}+\frac{1}{20}+\frac{1}{30}+....+\frac{1}{n(n+1)}=?$ **(एस०एस०सी० परीक्षा, 2006)**

(*a*) $\frac{1}{n}$ (*b*) $\frac{1}{(n+1)}$ (*c*) $\frac{2(n-1)}{n}$ (*d*) $\frac{n}{(n+1)}$

42. $\left(1-\frac{1}{5}\right)\left(1-\frac{1}{6}\right)\left(1-\frac{1}{7}\right)....\left(1-\frac{1}{100}\right)=?$ **(एस०एस०सी० परीक्षा, 2008)**

(*a*) 0 (*b*) $\frac{1}{25}$ (*c*) $\frac{1}{50}$ (*d*) $\frac{1}{100}$

43. $\frac{3}{4}+\frac{5}{36}+\frac{7}{144}+....+\frac{17}{5184}+\frac{19}{8100}=?$ **(ओरियन्टल बीमा ए०ए०ओ० परीक्षा, 2010)**

(*a*) 0.9 (*b*) 0.95 (*c*) 0.99 (*d*) 1.91

44. यदि $x+\frac{1}{x}=-2$ हो तथा n एक धनपूर्णांक हो, तो $x^{2n+1}+\frac{1}{x^{2n+1}}$ का मान क्या होगा?

(एस०एस०सी० परीक्षा, 2008)

(*a*) 0 (*b*) 2 (*c*) -2 (*d*) -5

45. $621\times?\times6=152766$ **(बैंक पी०ओ० परीक्षा, 2008)**

(*a*) 39 (*b*) 43 (*c*) 47 (*d*) 51 (*e*) इनमें से कोई नहीं

46. $7100-?+41\times125=7225$

(*a*) 7226 (*b*) 5000 (*c*) 7000 (*d*) 1000 (*e*) इनमें से कोई नहीं

47. $39114\div246\times?=6201$ **(जीवन बीमा निगम परीक्षा, 2007)**

(*a*) 37 (*b*) 39 (*c*) 43 (*d*) 41 (*e*) इनमें से कोई नहीं

48. $\frac{(147\times147+147\times143+143\times143)}{(147\times147\times147-143\times143\times143)}=?$

(*a*) 4 (*b*) $\frac{1}{4}$ (*c*) 290 (*d*) $\frac{1}{290}$

49. यदि $a=11$ तथा $b=9$ हो, तो $\frac{(a^2+b^2+ab)}{(a^3-b^3)}=?$ **(एस०एस०सी० परीक्षा, 2007)**

(*a*) $\frac{1}{2}$ (*b*) 2 (*c*) $\frac{1}{20}$ (*d*) 20

50. $\frac{(458\times458\times458-239\times239\times239)}{(458\times458+239\times239+458\times239)}=?$ **(रेलवे परीक्षा, 2005)**

(*a*) 697 (*b*) 219 (*c*) 447 (*d*) 349

51. $(106 \times 106 - 94 \times 94) = ?$ **(रेलवे परीक्षा, 2006)**

(*a*) 2400 (*b*) 2000 (*c*) 1904 (*d*) 1906

52. $\dfrac{(967+289)^2 + (967-289)^2}{(967 \times 967 + 289 \times 289)} = ?$

(*a*) 1 (*b*) 2 (*c*) 678 (*d*) 1256

53. $\dfrac{629 \times 629 \times 629 + 371 \times 371 \times 371}{629 \times 629 - 629 \times 371 + 371 \times 371} = ?$

(*a*) 1000 (*b*) 258 (*c*) 1258 (*d*) 742

54. $\dfrac{(823+698)^2 - (823-698)^2}{823 \times 698} = ?$

(*a*) 1521 (*b*) 125 (*c*) 1 (*d*) 4

55. यदि $x = 2y + 6$ हो, तो $(x^3 - 8y^3 - 36xy - 216) = ?$ **(उ०प्र० पुलिस, 2010)**

(*a*) 4 (*b*) 0 (*c*) -2 (*d*) -1

56. यदि $\left(x - \dfrac{1}{x}\right) = 2$ हो, तो $\left(x^2 + \dfrac{1}{x^2}\right)$ का मान क्या होगा? **(रेलवे परीक्षा, 2006)**

(*a*) 6 (*b*) 4 (*c*) 8 (*d*) 10

57. यदि $\left(x + \dfrac{1}{x}\right) = 5$ हो, तो $\left(x^3 + \dfrac{1}{x^3}\right)$ का मान क्या होगा? **(रेलवे परीक्षा, 2005)**

(*a*) 180 (*b*) 110 (*c*) 125 (*d*) 80

58. यदि $\left(a + \dfrac{1}{a}\right) = 6$ हो, तो $\left(a^4 + \dfrac{1}{a^4}\right)$ का मान क्या होगा? **(रेलवे परीक्षा, 2006)**

(*a*) 1154 (*b*) 1158 (*c*) 1160 (*d*) 1164

59. यदि $\left(a + \dfrac{1}{a}\right)^2 = 3$ हो, तो $\left(a^3 + \dfrac{1}{a^3}\right) = ?$

(*a*) $\dfrac{10\sqrt{3}}{3}$ (*b*) 0 (*c*) $3\sqrt{3}$ (*d*) $6\sqrt{3}$

60. यदि $\left(x - \dfrac{1}{x}\right) = 2$ हो, तो $\left(x^4 + \dfrac{1}{x^4}\right) = ?$

(*a*) 4 (*b*) 16 (*c*) 34 (*d*) 64

61. यदि $\left(x + \dfrac{1}{x}\right) = \sqrt{13}$ हो, तो $\left(x^3 - \dfrac{1}{x^3}\right) = ?$ **(दिल्ली पुलिस परीक्षा, 2010)**

(*a*) 27 (*b*) 30 (*c*) 26 (*d*) 36

62. यदि $\left(4b^2 + \dfrac{1}{b^2}\right) = 2$ हो, तो $\left(8b^3 + \dfrac{1}{b^3}\right) = ?$ **(एस०एस०सी० परीक्षा, 2008)**

(*a*) 0 (*b*) 1 (*c*) 2 (*d*) 5

63. यदि $\dfrac{a}{3} = \dfrac{b}{4} = \dfrac{c}{7}$ हो, तो $\dfrac{a+b+c}{c} = ?$ **(एस०एस०सी० परीक्षा, 2007)**

(*a*) 2 (*b*) $\sqrt{2}$ (*c*) 3 (*d*) 7

64. यदि $\dfrac{a}{b} = \dfrac{6}{7}$ हो, तो $\dfrac{a+2b}{a-3b} = ?$ **(एस०एस०सी० परीक्षा, 2008)**

(*a*) $\dfrac{3}{4}$ (*b*) $\dfrac{-4}{3}$ (*c*) $\dfrac{7}{2}$ (*d*) $\dfrac{-3}{5}$

65. यदि $\frac{x}{y} = \frac{1}{3}$ हो, तो $\frac{x^2 + y^2}{x^2 - y^2} = ?$ **(रेलवे परीक्षा, 2006)**

(*a*) $\frac{-5}{3}$ (*b*) $\frac{-5}{4}$ (*c*) $\frac{5}{4}$ (*d*) $\frac{-10}{9}$

66. यदि $\frac{x}{y} = \frac{3}{2}$ हो, तो $\frac{2x^2 + 3y^2}{3x^2 - 2y^2} = ?$

(*a*) $\frac{6}{5}$ (*b*) $\frac{12}{5}$ (*c*) $\frac{10}{3}$ (*d*) $\frac{30}{19}$

67. यदि $\frac{x}{5} = \frac{y}{8}$ हो, तो $\frac{x+5}{y+8}$ का मान क्या होगा?

(*a*) $\frac{7}{8}$ (*b*) $\frac{3}{5}$ (*c*) $\frac{5}{8}$ (*d*) $\frac{8}{5}$

68. यदि $\frac{x}{y} = \frac{4}{5}$ हो, तो $\left(\frac{4}{7} + \frac{2y - x}{2y + x}\right)$ का मान क्या होगा? **(रेलवे परीक्षा, 2003)**

(*a*) $1\frac{1}{7}$ (*b*) $\frac{3}{7}$ (*c*) 1 (*d*) 2

69. यदि $\frac{2a+b}{a+4b} = 3$ हो, तो $\frac{a+b}{a+2b} = ?$

(*a*) $\frac{2}{7}$ (*b*) $\frac{5}{9}$ (*c*) $\frac{10}{7}$ (*d*) $\frac{10}{9}$

70. यदि $4x + 5y = 83$ हो तथा $\frac{3x}{2y} = \frac{21}{22}$ हो, तो $y - x = ?$ **(बैंक पी०ओ० परीक्षा, 2008)**

(*a*) 3 (*b*) 4 (*c*) 7 (*d*) 11 (*e*) इनमें से कोई नहीं

71. यदि $2x + 3y = 31, y - z = 4$ तथा $x + 2z = 11$ हो, तो $(x + y + z) = ?$

(*a*) 12 (*b*) 13 (*c*) 15 (*d*) 16

72. यदि $y + \frac{1}{z} = 1$ तथा $x + \frac{1}{y} = 1$ हो, तो $xyz = ?$

(*a*) – 1 (*b*) 0 (*c*) $\frac{1}{2}$ (*d*) 1

73. यदि $a + b + c = 13$ तथा $a^2 + b^2 + c^2 = 69$ हो, तो $(ab + bc + ca) = ?$

(*a*) 50 (*b*) – 50 (*c*) 69 (*d*) 75

74. यदि $\frac{(x^2 + y^2 + z^2 - 64)}{(xy - yz - zx)} = -2$ हो तथा $x + y = 3z$ हो, तो $z = ?$ **(एस०एस०सी० परीक्षा, 2010)**

(*a*) 2 (*b*) 3 (*c*) 4 (*d*) कोई नहीं

75. $\left(\frac{1}{1 \cdot 4} + \frac{1}{4 \cdot 7} + \frac{1}{7 \cdot 10} + \frac{1}{10 \cdot 13} + \frac{1}{13 \cdot 16}\right) = ?$ **(एस०एस०सी० परीक्षा, 2007)**

(*a*) $\frac{1}{3}$ (*b*) $\frac{5}{16}$ (*c*) $\frac{3}{8}$ (*d*) $\frac{41}{7280}$

76. यदि $x = (\sqrt{2} + 1)^{\frac{-1}{3}}$ हो, तो $\left(x^3 - \frac{1}{x^3}\right)$ का मान क्या होगा? **(एस०एस०सी० परीक्षा, 2010)**

(*a*) 0 (*b*) $-\sqrt{2}$ (*c*) – 2 (*d*) $3\sqrt{2}$

77. यदि $\frac{a}{b}=\frac{4}{5}$ तथा $\frac{b}{c}=\frac{15}{16}$ हो, तो $\frac{(c^2-a^2)}{(c^2+a^2)}=?$ **(एस०एस०सी० परीक्षा, 2010)**

(*a*) $\frac{1}{7}$ (*b*) $\frac{7}{25}$ (*c*) $\frac{3}{4}$ (*d*) इनमें से कोई नहीं

78. यदि $8^{x+1}=64$ हो, तो 3^{2x+1} का मान कितना होगा? **(रेलवे परीक्षा, 2006)**

(*a*) 1 (*b*) 9 (*c*) 27 (*d*) 81

79. यदि $10^{3x}=125$ हो, तो 10^{-2x} का मान क्या होगा? **(रेलवे परीक्षा, 2006)**

(*a*) $\frac{1}{5}$ (*b*) $\frac{1}{25}$ (*c*) 25 (*d*) $\frac{-1}{25}$

80. यदि $a-b=1$ हो, तो $a^3-b^3-3ab=?$

(*a*) –3 (*b*) –1 (*c*) 1 (*d*) 3

81. यदि $a-b=1$ तथा $(a^2+b^2)=41$ हो, तो $(a+b)=?$

(*a*) 5 अथवा 4 (*b*) –5 अथवा –4 (*c*) ±9 (*d*) ±1

82. यदि $\frac{x}{2}=\frac{y}{3}=\frac{z}{5}$ हो, तो $\frac{x+y-z}{x-y+z}$ का मान कितना होगा?

(*a*) 0 (*b*) 3 (*c*) 5 (*d*) 10

83. यदि $\frac{4x-3y}{7x+6y}=\frac{4}{13}$ हो, तो $\frac{x}{y}$ का मान क्या होगा?

(*a*) $\frac{8}{21}$ (*b*) $\frac{3}{5}$ (*c*) $\frac{5}{3}$ (*d*) $\frac{21}{8}$

84. यदि $a^2-6a-1=0$ हो तो $\left(a-\frac{1}{a}\right)$ का मान क्या होगा?

(*a*) 3 (*b*) 6 (*c*) 12 (*d*) 24

85. $37\frac{1}{2}$ में कितने $\frac{1}{8}$ हैं?

(*a*) 150 (*b*) 200 (*c*) 250 (*d*) इनमें से कोई नहीं

86. किसी संख्या के तीन-चौथाई का $\frac{2}{5}$ यदि 174 हो, तो वह संख्या कितनी है? **(बैंक पी०ओ० परीक्षा, 2006)**

(*a*) 232 (*b*) 326 (*c*) 435 (*d*) 480 (*e*) इनमें से कोई नहीं

87. एक संख्या के $\frac{2}{3}$ का $\frac{3}{4}$ यदि 782 हो, तो इस संख्या के $\frac{1}{4}$ का $\frac{3}{5}$ क्या होगा?

(*a*) 231 (*b*) 236.6 (*c*) 246.5 (*d*) 234.6 (*e*) इनमें से कोई नहीं

(बैंक पी०ओ० परीक्षा, 2006)

88. एक संख्या को 357 से भाग देने पर शेष 39 प्राप्त होता है. यदि उस संख्या को 17 से भाग दें, तो शेष क्या बचेगा?

(*a*) 0 (*b*) 3 (*c*) 5 (*d*) 11

(एस०एस०सी० परीक्षा, 2005)

89. एक परीक्षा में एक विद्यार्थी को किसी संख्या का $\frac{3}{14}$ ज्ञात करना था. त्रुटिवश उसने उस संख्या का $\frac{3}{4}$ ज्ञात किया, जो सही उत्तर से 150 अधिक था. वह संख्या है : **(रेलवे परीक्षा, 2005)**

(*a*) 140 (*b*) 70 (*c*) 210 (*d*) 280

90. एक विद्यार्थी को किसी संख्या को 27 से गुणा करने को कहा गया, त्रुटिवश उसने इसे 72 से गुणा कर दिया. यह उत्तर सही उत्तर से 405 अधिक है. जिस संख्या को गुणा करने के लिए कहा गया, वह संख्या कौन-सी है ?

(*a*) 45 (*b*) 15 (*c*) 9 (*d*) 5

(एस०एस०सी० परीक्षा, 2005)

91. यदि $9\frac{4}{5}$ में से $6\frac{3}{4}$ घटाया जाये तथा अन्तर को 220 से गुणा करें, तो अन्तिम उत्तर क्या होगा ?

(*a*) 685 (*b*) 671 (*c*) 666 (*d*) निर्धारित नहीं किया जा सकता

(*e*) इनमें से कोई नहीं

(बैंक पी०ओ० परीक्षा, 2008)

92. एक विद्यार्थी को किसी संख्या का $\frac{3}{2}$ भाग निकालने को कहा गया, उसने उस संख्या को $\frac{3}{2}$ से भाग कर दिया. इससे उसका परिणाम सही उत्तर से 10 कम था. वह संख्या कितनी है ?

(*a*) 10 (*b*) 12 (*c*) 15 (*d*) 18

93. $\frac{(2^n + 2^{n-1})}{(2^{n+1} - 2^n)}$ का मान है :

(रेलवे परीक्षा, 2006)

(*a*) $\frac{1}{2}$ (*b*) $\frac{3}{2}$ (*c*) $2^{\frac{n-1}{n+1}}$ (*d*) इनमें से कोई नहीं

94. $\dfrac{5}{4+\dfrac{7}{4-\dfrac{10}{11}}} = ?$

(*a*) $\frac{170}{213}$ (*b*) $\frac{213}{170}$ (*c*) $\frac{1065}{34}$ (*d*) $\frac{114}{17}$

95. $\dfrac{2}{2+\dfrac{2}{3+\dfrac{2}{3}}\times 0\cdot 39} = ?$

(एस०एस०सी० परीक्षा, 2004)

(*a*) $\frac{1}{3}$ (*b*) 2 (*c*) 6 (*d*) इनमें से कोई नहीं

96. यदि $2 = x + \dfrac{1}{1+\dfrac{1}{3+\dfrac{1}{4}}}$ हो, तो x का मान है :

(*a*) $\frac{12}{17}$ (*b*) $\frac{13}{17}$ (*c*) $1\frac{1}{17}$ (*d*) $1\frac{4}{17}$

97. यदि $\dfrac{2x}{1+\dfrac{1}{1+\dfrac{x}{1-x}}} = 1$ हो, तो x का मान है :

(*a*) $\frac{1}{3}$ (*b*) $\frac{2}{3}$ (*c*) $\frac{3}{5}$ (*d*) $\frac{5}{3}$

98. $\frac{13}{48} = ?$ **(एस०एस०सी० परीक्षा, 2006)**

(a) $\frac{1}{3+\frac{1}{\left(1+\frac{1}{16}\right)}}$ (b) $\frac{1}{2+\frac{1}{1+\frac{1}{8}}}$ (c) $\frac{1}{3+\frac{1}{1+\frac{1}{1+\frac{1}{8}}}}$ (d) $\frac{1}{3+\frac{1}{1+\frac{1}{2+\frac{1}{4}}}}$

99. यदि $a+b+c=0$ हो, तो $\left(\frac{a^2}{bc}+\frac{b^2}{ca}+\frac{c^2}{ab}\right)=?$ **(एम०बी०ए० परीक्षा, 2006)**

(a) -1 (b) 0 (c) 1 (d) 3

100. यदि $a+b+c=11$ तथा $ab+bc+ca=20$ हो, तो $(a^3+b^3+c^3-3abc)=?$

(a) 121 (b) 341 (c) 671 (d) 781

101. $\frac{(a^2-b^2-2bc-c^2)}{(a^2+b^2+2ab-c^2)}=?$

(a) $\frac{a-b+c}{a+b+c}$ (b) $\frac{a-b-c}{a-b+c}$ (c) $\frac{a-b-c}{a+b-c}$ (d) $\frac{a+b+c}{a-b+c}$

102. $\frac{(x-y)^3+(y-z)^3+(z-x)^3}{9\,(x-y)\,(y-z)\,(z-x)}=?$

(a) 0 (b) $\frac{1}{9}$ (c) $\frac{1}{3}$ (d) 1

103. $\frac{x^2-(y-z)^2}{(x+z)^2-y^2}+\frac{y^2-(x-z)^2}{(x+y)^2-z^2}+\frac{z^2-(x-y)^2}{(y+z)^2-x^2}=?$ **(एम०बी०ए० परीक्षा, 2006)**

(a) -1 (b) 0 (c) 1 (d) इनमें से कोई नहीं

104. यदि $x * y = 3x+2y$ हो, तो $2*3+3*4=?$ **(एस०एस०सी० परीक्षा, 2005)**

(a) 18 (b) 29 (c) 32 (d) 38

105. यदि $a*b=a^2+ab+b^2$ हो, तो $2*3=?$

(a) 6 (b) 9 (c) 19 (d) 29

106. यदि $a*b=2(a+b)$ हो, तो $5*2=?$ **(एम०बी०ए० परीक्षा, 2002)**

(a) 3 (b) 10 (c) 14 (d) 20

107. यदि $x*y=x^2+y^2+xy+1$ हो, तो $(1*2)*3=?$ **(एस०एस०सी० परीक्षा, 2003)**

(a) 6 (b) 19 (c) 82 (d) 98

108. यदि $a*b=\frac{ab}{a+b}$ हो, तो $3*\{3*(-1)\}$ का मान क्या होगा? **(एम०बी०ए० परीक्षा, 2002)**

(a) -3 (b) $-\frac{3}{2}$ (c) -1 (d) $\frac{2}{3}$

109. यदि $\oplus$ एक ऐसी संक्रिया है कि :

$$a \oplus b = \begin{cases} 2a, & \text{यदि } a>b \\ a+b, & \text{यदि } a<b \\ a^2, & \text{यदि } a=b \end{cases}$$

तब $\frac{(5 \oplus 7)+(4 \oplus 4)}{3(5 \oplus 5)-(15 \oplus 11)-3}=?$ **(एस०एस०सी० परीक्षा, 2007)**

(*a*) $\frac{1}{3}$ (*b*) $\frac{14}{23}$ (*c*) $\frac{2}{3}$ (*d*) $\frac{14}{13}$

110. ₹ 561 को A, B, C में इस प्रकार वितरित करना है कि A को B से ₹ 120 अधिक तथा C से ₹ 120 कम मिले. इसमें B का भाग कितना है ? **(एस०एस०सी० परीक्षा, 2008)**

(*a*) ₹ 73 (*b*) ₹ 67 (*c*) ₹ 76 (*d*) ₹ 80

111. ₹ 600 को A, B, C में इस प्रकार वितरित करना है कि A के भाग के $\frac{2}{5}$ से ₹ 40 अधिक, B के भाग के $\frac{2}{7}$ से ₹ 20 अधिक तथा C के भाग के $\frac{9}{17}$ से ₹ 10 अधिक, सभी बराबर हैं. A का भाग कितना है ?

(*a*) ₹ 180 (*b*) ₹ 160 (*c*) ₹ 150 (*d*) ₹ 140

(एस०एस०सी० परीक्षा, 2010)

112. ₹ 1050 को A, B, C में इस प्रकार विभक्त करना है कि A को B तथा C के योग का $\frac{2}{5}$ तथा B को A और C के योग का $\frac{3}{7}$ प्राप्त हो. C का भाग कितना है ? **(एस०एस०सी० परीक्षा, 2006)**

(*a*) ₹ 315 (*b*) ₹ 300 (*c*) ₹ 210 (*d*) ₹ 435

113. 116 को चार भागों में इस प्रकार विभक्त किया गया है कि प्रथम भाग में 5 जोड़ने पर, द्वितीय भाग में से 4 घटाने पर, तृतीय भाग को 3 से गुणा करने पर तथा चौथे भाग को 2 से भाग देने पर समान संख्या प्राप्त हो. चौथा भाग कितना है ? **(बी०एड० प्रवेश परीक्षा, 2007)**

(*a*) 22 (*b*) 31 (*c*) 54 (*d*) 9

114. 12 प्लेटों तथा 9 चम्मचों का कुल मूल्य 339 ₹ हो, तो 4 प्लेटों तथा 3 चम्मचों का मूल्य कितना होगा ?

(*a*) ₹ 130 (*b*) ₹ 127 (*c*) ₹ 133 (*d*) निर्धारित नहीं किया जा सकता

(*e*) इनमें से कोई नहीं **(बैंक पी०ओ० परीक्षा, 2009)**

115. 5 लॉकेट तथा 8 जंजीरों का कुल मूल्य ₹ 145785 हो, तो ऐसे 15 लॉकेट तथा 24 जंजीरों का मूल्य कितना होगा ? **(बैंक पी०ओ० परीक्षा, 2009)**

(*a*) ₹ 325285 (*b*) ₹ 439355 (*c*) ₹ 550000 (*d*) निर्धारित नहीं किया जा सकता

(*e*) इनमें से कोई नहीं

116. एक टंकी 12 बाल्टियों के पानी से भर जाती है तथा प्रत्येक बाल्टी की धारिता 13.5 लीटर है. इस टंकी को 9 लीटर क्षमता वाली कितनी बाल्टियों से भरा जा सकेगा ?

(*a*) 21 (*b*) 18 (*c*) 15 (*d*) 22

117. अदिती ने 100 पृष्ठों वाली टिनटीन कॉमिक पुस्तक का $\frac{4}{5}$ भाग पढ़ा है. अभी अदिती ने कितने पृष्ठ नहीं पढ़े ?

(*a*) 40 (*b*) 60 (*c*) 80 (*d*) 20

(रेलवे परीक्षा, 2009)

118. एक नक्शे पर 0.5 सेमी०, 10 किमी० को व्यक्त करता है. यदि नक्शे पर दो नगरों के बीच की दूरी 82.5 सेमी० हो, तो इन नगरों के बीच वास्तविक दूरी कितनी है ? **(रेवले परीक्षा, 2005)**

(*a*) 1150 किमी० (*b*) 1650 किमी० (*c*) 6500 किमी० (*d*) 150 किमी०

119. एक बाल्टी का $\frac{4}{9}$ भाग 1 मिनट में भरे तो शेष भाग भरने में कितना समय लगेगा ?

(*a*) 1 मिनट (*b*) $\frac{9}{4}$ मिनट (*c*) $\frac{5}{4}$ मिनट (*d*) $\frac{4}{5}$ मिनट

(होटल मैनेजमैन्ट परीक्षा, 2009)

120. एक किसान अपनी n गायों के झुण्ड को अपने चार पुत्रों में इस प्रकार बाँटता है कि पहले पुत्र को पूरे झुण्ड की आधी गायें, दूसरे पुत्र को पूरे झुण्ड की एक-चौथाई गायें, तीसरे पुत्र को पूरे झुण्ड की $\frac{1}{5}$ गायें तथा चौथे पुत्र को 7 गायें मिलती हैं. n का मान कितना है? **(एस०एस०सी परीक्षा, 2008)**

(*a*) 80 (*b*) 100 (*c*) 140 (*d*) 180

121. रामसिंह ने अपनी सम्पत्ति में से आधा भाग अपनी पत्नी को, बाकी बची सम्पत्ति का आधा भाग अपने पुत्र को तथा शेष सम्पत्ति का एक तिहाई अपनी पुत्री को दिया. यदि पुत्री को ₹ 125000 मिले हों, तो उसकी सारी सम्पत्ति का मूल्य कितना था? **(लोक सेवा आयोग परीक्षा, 2009)**

(*a*) ₹ 15 लाख (*b*) ₹ 18 लाख (*c*) ₹ 20 लाख (*d*) ₹ 22 लाख

122. एक फल विक्रेता कुल सेबों की संख्या का आधा तथा 1 सेब पहले ग्राहक को; शेष का $\frac{1}{3}$ तथा 1 सेब दूसरे ग्राहक को तथा शेष का $\frac{1}{5}$ तथा 1 सेब तीसरे ग्राहक को बेचता है. इसके बाद उसके पास 3 सेब बच जाते हैं. प्रारम्भ में उसके पास कुल कितने सेब थे? **(बी०सी०ए० परीक्षा, 2008)**

(*a*) 15 (*b*) 18 (*c*) 20 (*d*) 25

123. एक व्यक्ति को लक्ष्य पर निशाना लगाने के लिए प्रत्येक बार ₹ 1 मिलता है तथा निशाना चूकने पर उसे ₹ 1 देना पड़ता है. सौ बार निशाना लगाने पर उसे ₹ 30 मिले. कितनी बार उसका निशाना चूका?

(*a*) 25 (*b*) 35 (*c*) 40 (*d*) 45

(लोक सेवा आयोग परीक्षा, 2009)

124. रेल के एक आधे टिकट का मूल्य पूरे किराये का आधा है, किन्तु आधे टिकट पर आरक्षण प्रभार पूरे टिकट जितना है. दो स्टेशनों के बीच एक आरक्षित प्रथम श्रेणी टिकट का मूल्य ₹ 525 है तथा एक पूरे और एक आधे आरक्षित प्रथम श्रेणी टिकटों का मूल्य ₹ 850 है. आरक्षण प्रभार कितना है? **(बैंक पी०ओ० परीक्षा, 2008)**

(*a*) ₹ 125 (*b*) ₹ 200 (*c*) ₹ 145 (*d*) निर्धारित नहीं किया जा सकता

(*d*) इनमें से कोई नहीं

125. एक टैक्सी कुछ निश्चित राशि तथा दूरी के समानुपाती राशि लेती है. यदि 16 किमी० यात्रा का चार्ज ₹ 156 तथा 24 किमी० यात्रा का चार्ज ₹ 204 हो, तो 30 किमी० यात्रा का चार्ज कितना होगा?

(*a*) ₹ 236 (*b*) ₹ 240 (*c*) ₹ 248 (*d*) ₹ 252

(बी०सी०ए० परीक्षा, 2008)

126. एक किसान के पास कुछ मुर्गियाँ तथा बकरियाँ हैं. यदि इन सबके कुल 240 सिर तथा 640 पैर हों, तो मुर्गियाँ कितनी हैं? **(बी०सी०ए० परीक्षा, 2008)**

(*a*) 80 (*b*) 120 (*c*) 140 (*d*) 160

127. एक परीक्षा में किसी परीक्षार्थी को प्रत्येक सही उत्तर के लिए 5 अंक मिलते हैं तथा प्रत्येक गलत उत्तर के 2 अंक काट लिए जाते हैं. यदि वह 140 प्रश्नों का उत्तर दे तथा 350 अंक प्राप्त करे, तो उसने कितने प्रश्नों का सही उत्तर दिया? **(जीवन बीमा निगम परीक्षा, 2006)**

(*a*) 65 (*b*) 70 (*c*) 85 (*d*) 90

128. कुछ चिड़ियाँ तथा कुछ शाखायें दी गई हैं. यदि प्रत्येक शाखा पर एक चिड़िया बैठे तो एक चिड़िया के लिए कोई शाखा नहीं बचती. यदि प्रत्येक शाखा पर दो चिड़िया बैठें तो एक शाखा बच जाती है. चिड़ियों तथा शाखाओं की संख्यायें हैं क्रमशः **(बी०बी०ए० परीक्षा, 2007)**

(*a*) 5 चिड़ियाँ, 4 शाखायें (*b*) 3 चिड़ियाँ, 2 शाखायें

(*c*) 4 चिड़ियाँ, 3 शाखायें (*d*) 6 चिड़ियाँ, 4 शाखायें

129. किसी कक्षा का पहला पीरियड 10:30 बजे प्रारम्भ होता है तथा चौथा (अन्तिम) पीरियड 13:45 बजे समाप्त होता है. यदि प्रत्येक पीरियड की समयावधि एक समान हो तथा प्रत्येक पीरियड के अन्त में 5 मिनट का विश्राम दिया गया हो, तो प्रत्येक पीरियड की समयावधि कितनी है? **(एस०एस०सी० परीक्षा, 2007)**

(*a*) 35 मिनट (*b*) 40 मिनट (*c*) 45 मिनट (*d*) 42 मिनट

130. क्रिकेट के एक खेल में उच्चतम रनसंख्या सम्पूर्ण रनसंख्या का $\frac{3}{11}$ है; अगली उच्चतम रनसंख्या शेष रनसंख्या की $\frac{3}{11}$ है. यदि दोनों रनसंख्याओं का अन्तर 9 हो, तो सम्पूर्ण रनसंख्या कितनी है ?

(*a*) 110 (*b*) 121 (*c*) 132 (*d*) 143

(बी०सी०ए० परीक्षा, 2009)

131. कुछ टॉफियाँ बच्चों के एक समूह में इस प्रकार बाँटी गई कि प्रत्येक को 7 टॉफियाँ मिली तथा 14 शेष बची. यदि इस समूह में दो अधिक बच्चे होते, तो कोई टॉफी नहीं बचती. इस समूह में कितने बच्चे थे ?

(*a*) 70 (*b*) 56 (*c*) 63 (*d*) निर्धारित नहीं किया जा सकता

(*e*) इनमें से कोई नहीं **(बैंक पी०ओ० परीक्षा, 2008)**

132. 25 कैरट का एक बहुमूल्य नग दो भागों में तोड़ा गया. दोनों टुकड़ों में से एक टुकड़े को तराजू के एक पलड़े में तथा दूसरे टुकड़े को दूसरे पलड़े में रखा गया. समतुल्य भार करने हेतू 9 कैरट एक पलड़े में रखना पड़ा. दोनों टुकड़ों की तोल का गुणनफल कितने कैरट है ? **(एम०बी०ए० परीक्षा, 2008)**

(*a*) 126 (*b*) 136 (*c*) 156 (*d*) 176

133. एक पार्टी में प्रत्येक व्यक्ति सभी उपस्थित व्यक्तियों से हाथ मिलाता है. यदि कुल 'हैण्ड शेक' 66 हुए हों, तो पार्टी में कितने व्यक्ति थे ? **(लोक सेवा आयोग परीक्षा, 2008)**

(*a*) 11 (*b*) 12 (*c*) 22 (*d*) इनमें से कोई नहीं

134. कुछ व्यक्ति तथा समान संख्या में घोड़े कहीं जा रहे हैं. आधे व्यक्ति घोड़ों की पीठ पर बैठे हैं तथा शेष व्यक्ति घोड़ों के साथ पैदल चल रहे हैं. यदि जमीन पर कुल पैरों की संख्या 70 हो, तो घोड़े कितने हैं ?

(*a*) 10 (*b*) 12 (*c*) 14 (*d*) 16

135. A तथा B में से प्रत्येक के पास कुछ रुपये हैं. यदि A, B को ₹ 50 देता है तो B के पास, A के पास बचे रुपयों से दुगुने रुपये होंगे. यदि B, A को ₹ 20 देता है, तो A के पास, B के पास बचे रुपयों से तिगुने रुपये होंगे. A के पास कितने रुपये हैं ?

(*a*) ₹ 62 (*b*) ₹ 106 (*c*) ₹ 93 (*d*) ₹ 81

136. कुछ मिठाइयाँ 175 बच्चों में बराबर-बराबर वितरित की जानी थी, परन्तु 35 बच्चों के अनुपस्थित रहने के कारण प्रत्येक बच्चे को 4 मिठाई अधिक मिली. कितनी मिठाइयाँ वितरित की गई ? **(बैंक पी०ओ० परीक्षा, 2003)**

(*a*) 2400 (*b*) 2480 (*c*) 2680 (*d*) 2750 (*e*) इनमें से कोई नहीं

137. एक कक्षा के छात्रों को पंक्तियों में खड़ा किया जाता है. यदि प्रत्येक पंक्ति में एक छात्र अधिक खड़ा किया जाता है, तो कुल पंक्तियों की संख्या 2 कम होती. यदि प्रत्येक पंक्ति में एक छात्र कम होता तो कुल पंक्तियों की संख्या 3 अधिक होती. कक्षा में कुल कितने छात्र हैं ?

(*a*) 60 (*b*) 56 (*c*) 72 (*d*) 48

138. 225 मीटर लम्बी रोड के एक ओर बराबर-बराबर दूरी पर 26 पेड़ लगाये गये हैं. इस दूरी के आरम्भ में तथा अन्त में भी पेड़ लगे हैं. दो क्रमागत पेड़ों के बीच की दूरी कितनी है ? **(रेलवे परीक्षा, 2002)**

(*a*) 8 मीटर (*b*) 9 मीटर (*c*) 10 मीटर (*d*) 15 मीटर

139. एक बाग में पेड़ों की 10 पंक्तियाँ तथा 12 कतारें हैं. दो पेड़ों के बीच 2 मीटर का फासला है तथा बाहर चारों ओर एक-एक मीटर का फासला छोड़ा गया है. बाग की लम्बाई कितनी है ?

(*a*) 20 मीटर (*b*) 22 मीटर (*c*) 24 मीटर (*d*) 26 मीटर

140. एक विद्यालय में खेल दिवस पर प्रत्येक कतार में 30 छात्रों को खड़ा करने पर 16 कतारें बनती हैं. यदि प्रत्येक कतार में 24 छात्रों को खड़ा करें, तो कितनी कतारें बनेंगी ? **(होटल मैनेजमैन्ट परीक्षा, 2002)**

(*a*) 20 (*b*) 22 (*c*) 29 (*d*) 45

141. जब एक गेंद कुछ ऊँचाई से गिरती है तो यह धरती से टकराकर $\frac{3}{4}$ भाग तक उछलती है. यदि किसी गेंद को 32 मीटर ऊँचाई से गिराया जाये तो अपने तीसरे उछाल में यह कितनी ऊँचाई तय करेगी?

(*a*) 13 मीटर (*b*) $13\frac{1}{2}$ मीटर (*c*) $14\frac{1}{2}$ मीटर (*d*) इनमें से कोई नहीं

(एस०एस०सी० परीक्षा, 2000)

142. एक विद्यार्थी को $2^5 \cdot 9^2$ लिखने को कहा गया. परन्तु उसने 2592 लिख दिया. इन दोनों में कितना संख्यात्मक अन्तर है? **(एम०बी०ए० परीक्षा, 2009)**

(*a*) 0 (*b*) 1 (*c*) 2 (*d*) 3

143. एक व्यक्ति के पास ₹ 5, ₹ 10 तथा ₹ 20 के नोटों के रूप में कुल धनराशि ₹ 1575 है तथा प्रत्येक प्रकार के नोटों की संख्या समान है. उसके पास कुल कितने नोट हैं?

(*a*) 115 (*b*) 125 (*c*) 135 (*d*) 165

144. कुछ छात्रों ने एक पिकनिक मनाने की योजना बनाई. इसमें भोजन पर ₹ 5000 खर्च होने थे. परन्तु 5 विद्यार्थियों के न जाने से प्रत्येक सदस्य पर ₹ 50 अतिरिक्त खर्च बढ़ गया. कितने छात्र पिकनिक पर गये?

(*a*) 15 (*b*) 25 (*c*) 20 (*d*) 30

145. एक 80 मीटर ऊँचे गोल खम्भे पर एक बन्दर एक मिनट में 5 मीटर चढ़ता है परन्तु दूसरे मिनट में 2 मीटर नीचे फिसल जाता है. खम्भे के ऊपरी सिरे पर पहुँचने में उसे कितना समय लगेगा?

(*a*) 51 मिनट (*b*) 54 मिनट (*c*) 58 मिनट (*d*) 61 मिनट

(लोक सेवा आयोग परीक्षा, 2006)

146. गणतन्त्र दिवस पर 450 बच्चों में एक समान मिठाई बाँटी जानी थी. परन्तु उस दिन 150 बच्चों के अनुपस्थित रहने के कारण प्रत्येक बच्चे को 3 अतिरिक्त मिठाइयाँ मिली. प्रत्येक बच्चे को कितनी मिठाइयाँ मिली?

(*a*) 6 (*b*) 12 (*c*) 9 (*d*) निर्धारित नहीं की जा सकती

(*e*) इनमें से कोई नहीं **(बैंक पी०ओ० परीक्षा, 2010)**

147. एक वन में कुछ तोते तथा कुछ बाघ हैं. यदि इनकी कुल 1746 टाँगें तथा 858 सिर हों, तो तोतों की संख्या कितनी है? **(बैंक पी०ओ० परीक्षा, 2010)**

(*a*) 845 (*b*) 833 (*c*) 800 (*d*) निर्धारित नहीं की जा सकती

(*e*) इनमें से कोई नहीं

148. 4 कैमरों तथा 6 सेलफोनों का मूल्य ₹ 51365 है. 12 कैमरों तथा 18 सैलफोनों का मूल्य कितना होगा?

(*a*) ₹ 174500 (*b*) ₹ 513650 (*c*) ₹ 154095 (*d*) निर्धारित नहीं किया जा सकता

(*e*) इनमें से कोई नहीं

149. 24 बल्लों तथा 32 हॉकी स्टीक्स का मूल्य ₹ 8400 है. 3 बल्लों तथा 4 हॉकी स्टीक्स का मूल्य क्या होगा?

(*a*) ₹ 2100 (*b*) ₹ 4200 (*c*) ₹ 1050 (*d*) निर्धारित नहीं किया जा सकता

(*e*) इनमें से कोई नहीं

150. एक व्यक्ति ने वेतनमान ₹ 8325 – 50 – 9275 – 75 – 10660 में नौकरी का पदभार संभाला. 23 वर्ष उपरान्त उसका वेतन कितना होगा?

(*a*) ₹ 9475 (*b*) ₹ 9500 (*c*) ₹ 9575 (*d*) ₹ 9975

151. $\frac{1}{2}$ तथा $\frac{3}{5}$ के बीच निम्न में से कौन-सी परिमेय संख्या होगी? **(एस०एस०सी० परीक्षा, 2008)**

(*a*) $\frac{2}{5}$ (*b*) $\frac{4}{7}$ (*c*) $\frac{2}{3}$ (*d*) $\frac{1}{3}$

152. दो ऐसी संख्यायें हैं जिनमें से पहली संख्या को दो बार तथा दूसरी संख्या को तीन बार जोड़ा जाये तो योग 100 प्राप्त होता है. पहली संख्या को तीन बार तथा दूसरी संख्या को दो बार जोड़ने पर योग 120 प्राप्त होता है. बड़ी संख्या कौन-सी है ? **(बैंक पी०ओ० परीक्षा, 2010)**

(*a*) 32 (*b*) 12 (*c*) 14 (*d*) 35 (*e*) इनमें से कोई नहीं

153. किसी विद्यालय के सभी छात्रों को 54 छात्रों की एक-एक पंक्ति में खड़ा किये जाने पर 30 पंक्तियाँ बनती हैं. यदि उन्हें 45 छात्रों की एक-एक पंक्ति में खड़ा किया जाये तो कितनी पंक्तियाँ बनेंगी ?

(*a*) 25 (*b*) 42 (*c*) 36 (*d*) 32 (*e*) इनमें से कोई नहीं

(बैंक पी०ओ० परीक्षा, 2010)

154. पाँच क्रमागत संख्याओं का योग 270 है. इनमें से दूसरी तथा पाँचवीं संख्याओं का योग क्या होगा ?

(*a*) 108 (*b*) 107 (*c*) 110 (*d*) ज्ञात नहीं किया जा सकता
(*e*) इनमें से कोई नहीं **(बैंक पी०ओ० परीक्षा, 2010)**

155. किसी संख्या में से 600 के 75% का दो-तिहाई घटाने पर 320 प्राप्त होता है. वह संख्या कितनी है ?

(*a*) 300 (*b*) 620 (*c*) 720 (*d*) 500 (*e*) इनमें से कोई नहीं

(बैंक पी०ओ० परीक्षा, 2010)

उत्तरमाला (प्रश्नमाला 4A)

1. (*b*)	**2.** (*a*)	**3.** (*e*)	**4.** (*d*)	**5.** (*c*)	**6.** (*d*)	**7.** (*e*)	**8.** (*c*)	**9.** (*d*)	**10.** (*c*)
11. (*b*)	**12.** (*e*)	**13.** (*b*)	**14.** (*e*)	**15.** (*b*)	**16.** (*d*)	**17.** (*b*)	**18.** (*c*)	**19.** (*d*)	**20.** (*a*)
21. (*c*)	**22.** (*d*)	**23.** (*b*)	**24.** (*e*)	**25.** (*d*)	**26.** (*a*)	**27.** (*a*)	**28.** (*e*)	**29.** (*d*)	**30.** (*b*)
31. (*d*)	**32.** (*b*)	**33.** (*b*)	**34.** (*d*)	**35.** (*b*)	**36.** (*c*)	**37.** (*a*)	**38.** (*a*)	**39.** (*a*)	**40.** (*a*)
41. (*d*)	**42.** (*b*)	**43.** (*c*)	**44.** (*c*)	**45.** (*e*)	**46.** (*b*)	**47.** (*b*)	**48.** (*b*)	**49.** (*a*)	**50.** (*b*)
51. (*a*)	**52.** (*b*)	**53.** (*a*)	**54.** (*d*)	**55.** (*b*)	**56.** (*a*)	**57.** (*b*)	**58.** (*a*)	**59.** (*b*)	**60.** (*c*)
61. (*d*)	**62.** (*a*)	**63.** (*a*)	**64.** (*b*)	**65.** (*b*)	**66.** (*d*)	**67.** (*c*)	**68.** (*c*)	**69.** (*d*)	**70.** (*b*)
71. (*c*)	**72.** (*a*)	**73.** (*a*)	**74.** (*c*)	**75.** (*b*)	**76.** (*c*)	**77.** (*b*)	**78.** (*c*)	**79.** (*b*)	**80.** (*c*)
81. (*c*)	**82.** (*a*)	**83.** (*d*)	**84.** (*b*)	**85.** (*d*)	**86.** (*e*)	**87.** (*d*)	**88.** (*c*)	**89.** (*d*)	**90.** (*c*)
91. (*b*)	**92.** (*b*)	**93.** (*b*)	**94.** (*a*)	**95.** (*d*)	**96.** (*d*)	**97.** (*b*)	**98.** (*d*)	**99.** (*d*)	**100.** (*c*)
101. (*c*)	**102.** (*c*)	**103.** (*c*)	**104.** (*b*)	**105.** (*c*)	**106.** (*c*)	**107.** (*d*)	**108.** (*a*)	**109.** (*c*)	**110.** (*b*)
111. (*c*)	**112.** (*d*)	**113.** (*c*)	**114.** (*e*)	**115.** (*e*)	**116.** (*b*)	**117.** (*d*)	**118.** (*b*)	**119.** (*c*)	**120.** (*c*)
121. (*a*)	**122.** (*c*)	**123.** (*b*)	**124.** (*a*)	**125.** (*b*)	**126.** (*d*)	**127.** (*d*)	**128.** (*c*)	**129.** (*c*)	**130.** (*b*)
131. (*d*)	**132.** (*b*)	**133.** (*b*)	**134.** (*c*)	**135.** (*b*)	**136.** (*e*)	**137.** (*a*)	**138.** (*b*)	**139.** (*e*)	**140.** (*a*)
141. (*b*)	**142.** (*a*)	**143.** (*c*)	**144.** (*c*)	**145.** (*a*)	**146.** (*c*)	**147.** (*e*)	**148.** (*c*)	**149.** (*c*)	**150.** (*c*)
151. (*b*)	**152.** (*a*)	**153.** (*c*)	**154.** (*e*)	**155.** (*b*)					

दिये गए प्रश्नों के हल | प्रश्नमाला 4A

1. 60, 48, 36, 24 का म०स० = 12.

$2^{60} = 2^{(5\times12)} = (2^5)^{12} = (32)^{12}$.

$3^{48} = 3^{(4\times12)} = (3^4)^{12} = (81)^{12}$.

$4^{36} = 4^{(3\times12)} = (4^3)^{12} = (64)^{12}$.

$5^{24} = 5^{(2\times12)} = (5^2)^{12} = (25)^{12}$.

इनमें से सबसे बड़ी संख्या $= (81)^{12} = 3^{48}$.

2. दिया गया व्यंजक $= 3 + \frac{1}{\sqrt{3}} + \frac{1}{(3+\sqrt{3})} - \frac{1}{(3-\sqrt{3})}$

$$= \frac{(3\sqrt{3}+1)}{\sqrt{3}} + \frac{(3-\sqrt{3})-(3+\sqrt{3})}{(9-3)} = \frac{(3\sqrt{3}+1)\sqrt{3}}{3} - \frac{2\sqrt{3}}{6} = \frac{9+\sqrt{3}}{3} - \frac{\sqrt{3}}{3}$$

$$= \frac{9+\sqrt{3}-\sqrt{3}}{3} = \frac{9}{3} = 3.$$

3. माना $\left\{(35)^2 + (38)^2\right\} \div x = 5.$ तब, $\frac{(35)^2 + (38)^2}{x} = 5.$

$\therefore\ x = \frac{(35)^2 + (38)^2}{5} = \frac{(1225+1444)}{5} = \frac{2669}{5} = 533 \cdot 8.$

4. दिया गया व्यंजक $= (1+1+1) + \left(\frac{3}{5} + \frac{2}{7} + \frac{1}{4}\right)$

$$= 3 + \frac{(84+40+35)}{140} = 3 + \frac{159}{140} = 3 + 1\frac{19}{140} = 3 + 1 + \frac{19}{140} = 4\frac{19}{140}.$$

5. दिया गया व्यंजक $= (1+3-2+11) + \left(\frac{8}{9} + \frac{1}{6} + \frac{2}{7} - \frac{1}{7}\right)$

$$= 13 + \frac{(16+3)}{18} + \frac{(2-1)}{7} = 13 + \frac{19}{18} + \frac{1}{7} = 13 + 1 + \frac{1}{18} + \frac{1}{7}$$

$$= 14 + \frac{(7+18)}{126} = 14\frac{25}{126}.$$

6. दिया गया व्यंजक $= (9+7-9) + \left(\frac{3}{4} + \frac{2}{17} - \frac{1}{15}\right)$

$$= 7 + \frac{(51+8)}{68} - \frac{1}{15} = 7 + \frac{59}{68} - \frac{1}{15} = 7 + \frac{(885-68)}{1020} = 7 + \frac{817}{1020} = 7\frac{817}{1020}.$$

7. दिया गया व्यंजक $= \frac{6696}{12} + 294 = 558 + 294 = 852.$

8. दिया गया व्यंजक $= (5+8-6) + \left(\frac{2}{5} + \frac{1}{4} - \frac{1}{3}\right) = 7 + \frac{(24+15-20)}{60} = 7 + \frac{19}{60} = 7\frac{19}{60}.$

9. दिया गया व्यंजक $= \frac{31}{6} \times \frac{35}{8} \div \frac{17}{8} = \frac{31}{6} \times \frac{35}{8} \times \frac{8}{17} = \frac{1085}{102} = 10\frac{65}{102}.$

10. माना $\frac{74844}{x} = 54 \times 63.$ तब, $x = \frac{74844}{54 \times 63} = 22.$

11. माना $\frac{24336}{x} = 78 \times 24.$ तब, $x = \frac{24336}{78 \times 24} = 13.$

12. माना $7 \times x = \left[(84)^2 \div 28 \times 12\right] \div 24$

$$\Rightarrow 7 \times x = \left[\frac{7056}{28} \times 12\right] \div 24 \Rightarrow 7 \times x = \frac{3024}{24}$$

$$\Rightarrow x = \frac{3024}{24 \times 7} = 18.$$

13. $\left(845 \text{ का } \frac{3}{5}\right)-\left(333 \text{ का } \frac{2}{3}\right)=(507-222)=285.$

14. $\left(9\frac{1}{9}-3\frac{2}{3}\right)\times 450=\left(\frac{82}{9}-\frac{11}{3}\right)\times 450=\frac{(82-33)}{9}\times 450=49\times 50=2450.$

15. दिया गया व्यंजक $=1148\times\frac{1}{28}\times 1408\times\frac{1}{32}=41\times 44=1804.$

16. माना $11960\div x=65\times 23$. तब, $\frac{11960}{x}=65\times 23$

$\therefore\ x=\frac{11960}{65\times 23}=8.$

17. माना $\frac{7}{128}\times x+595=833$. तब, $\frac{7x}{128}=(833-595)=238$

$\therefore\ x=\frac{238\times 128}{7}=(34\times 128)=4352.$

18. माना $\frac{1}{8}\times(223+x)=71$. तब, $(223+x)=568.$

$\therefore\ x=568-223=345.$

19. क्रमशः रेखा-कोष्ठक, ( ), { } तथा [ ] को हल करने पर :

दिया गया व्यंजक $=x-\left[y-\{z-(x-y+z)\}\right]$ **[रेखा-कोष्ठक हटाने पर]**

$=x-\left[y-\{z-x+y-z\}\right]$ **[( ) हटाने पर]**

$=x-[y+x-y]$ **[{ } हटाने पर]** $=x-x=0$ {[ ] हटाने पर}

20. क्रमशः रेखा-कोष्ठक, ( ), { } तथा [ ] हटाने पर :

दिया गया व्यंजक $=222-\left[\frac{1}{3} \text{ का } \{42+(56-17)\}+108\right]$

$=222-\left[\frac{1}{3} \text{ का } \{42+39\}+108\right]=222-\left[\frac{1}{3} \text{ का } 81+108\right]$

$=222-[27+108]=222-135=87.$

21. क्रमशः रेखा-कोष्ठक, ( ), { } तथा [ ] हटाने पर :

दिया गया व्यंजक $=5-\left[\frac{3}{4}+\left\{\frac{5}{2}-\left(\frac{1}{2}+\frac{1}{42}\right)\right\}\right]=5-\left[\frac{3}{4}+\left\{\frac{5}{2}-\frac{22}{44}\right\}\right]$

$=5-\left[\frac{3}{4}+\left\{\frac{5}{2}-\frac{11}{21}\right\}\right]=5-\left[\frac{3}{4}+\frac{(105-22)}{42}\right]=5-\left[\frac{3}{4}+\frac{83}{42}\right]$

$=5-\frac{63+166}{84}=5-\frac{229}{84}=\frac{420-229}{84}=\frac{191}{84}=2\frac{23}{84}.$

22. क्रमशः ( ) तथा { } हटाने पर :

दिया गया व्यंजक $=1+2\div\left\{1+2\div\frac{4}{3}\right\}=1+2\div\left\{1+2\times\frac{3}{4}\right\}$

$=1+2\div\left\{1+\frac{3}{2}\right\}=1+2\div\frac{5}{2}=1+2\times\frac{2}{5}=1+\frac{4}{5}=1\frac{4}{5}.$

23. दिये गये व्यंजक में क्रमशः का, भाग, घटा को हल करने पर :

दिया गया व्यंजक $= 9 - \frac{36}{11}$ का $\frac{11}{9} \div \frac{7}{9}$ का $\frac{36}{7}$

$= 9 - 4 \div 4$ [**'का'** हटाने पर]

$= 9 - 1$ ['भाग' हटाने पर] $= 8$.

24. क्रमशः ( ), ÷ तथा × हल करने पर :

दिया गया व्यंजक $= \frac{3}{2} \times \frac{11}{5} \div \frac{5}{4} \div \frac{33}{15}$ **[( ) हटाने पर]**

$= \frac{3}{2} \times \frac{11}{5} \times \frac{4}{5} \times \frac{15}{33} = \frac{6}{5} = 1\frac{1}{5}$ [÷ हटाने पर]

25. प्रत्येक व्यंजक से क्रमशः का, भाग तथा गुणा हटाने पर :

दिया गया व्यंजक $= \frac{2+2\times 2}{2\div 2\times 2} \div \frac{\frac{1}{2} \div \frac{1}{4}}{\frac{1}{2} + \frac{1}{4}} = \frac{2+2\times 2}{2\times \frac{1}{2} \times 2} \div \frac{\frac{1}{2} \times \frac{4}{1}}{\frac{1}{2} + \frac{1}{4}}$

$= \frac{2+4}{2} \div \frac{2}{\frac{1}{2} + \frac{1}{4}} = \frac{6}{2} \div \frac{2}{\left(\frac{3}{4}\right)} = 3 \div \left(2 \times \frac{4}{3}\right)$

$= 3 \div \frac{8}{3} = 3 \times \frac{3}{8} = \frac{9}{8} = 1\frac{1}{8}$.

26. क्रमशः का, भाग, जोड़ हटाने पर :

दिया गया व्यंजक $= \frac{\frac{1}{2} \div \frac{1}{4}}{\frac{1}{4} + \frac{1}{2}} \div \frac{\left(\frac{3}{2}\right)}{\left(\frac{4}{3}\right)} = \frac{\frac{1}{2} \times 4}{\frac{(1+2)}{4}} \div \left(\frac{3}{2} \times \frac{3}{4}\right)$

$= \left(2 \times \frac{4}{3}\right) \div \frac{9}{8} = \frac{8}{3} \div \frac{9}{8} = \frac{8}{3} \times \frac{8}{9} = \frac{64}{27} = 2\frac{10}{27}$.

27. अंश तथा हर में क्रमशः भाग, गुणा, जोड़, घटा को हल करने पर :

दिया गया व्यंजक $= \frac{18\times 8}{36\times 2} = 2$.

28. 516 का $\frac{5}{12} = 48 \times 5 = 240$, $\left(495 \text{ का } \frac{4}{9}\right) = 55 \times 4 = 220$.

अभीष्ट अन्तर $= 240 - 220 = 20$.

29. माना अभीष्ट संख्या $= x$. तब

$\frac{3}{4}x - \frac{4}{7}x = 100 \Rightarrow 21x - 16x = 2800 \Rightarrow 5x = 2800 \Rightarrow x = 560$.

30. पहले भाग तथा बाद में गुणा को हल करने पर :

दिया गया व्यंजक $= \frac{2296}{56} \times \frac{704}{16} = 41 \times 44 = 1804$.

31. दिया गया व्यंजक $= \frac{5}{2}$ का $\frac{3}{4} \times \frac{1}{2} \div \frac{3}{2} + \frac{1}{2} \div \frac{3}{2}\left[\frac{2}{3} - \frac{1}{2} \text{ का } \frac{2}{3}\right]$

$= \frac{15}{8} \times \frac{1}{2} \div \frac{3}{2} + \frac{1}{2} \div \frac{3}{2}\left[\frac{2}{3} - \frac{1}{3}\right]$ **[का हटाने पर]**

$$=\frac{15}{8}\times\frac{1}{2}\div\frac{3}{2}+\frac{1}{2}\div\frac{3}{2}\left[\frac{1}{3}\right]=\frac{15}{8}\times\frac{1}{2}\div\frac{3}{2}+\frac{1}{2}\div\frac{1}{2}$$

$$=\frac{15}{8}\times\frac{1}{2}\times\frac{2}{3}+\frac{1}{2}\times\frac{2}{1}=\frac{5}{8}+1=1\frac{5}{8}.$$

32. माना $\frac{5}{6}\div\frac{6}{7}\times x-\frac{8}{9}\div\frac{8}{5}+\frac{3}{4}\times\frac{10}{3}=\frac{25}{9}.$

तब, $\frac{5}{6}\times\frac{7}{6}\times x-\frac{8}{9}\times\frac{5}{8}+\frac{3}{4}\times\frac{10}{3}=\frac{25}{9}$ [भाग हटाने पर]

$$\Rightarrow\frac{35x}{36}-\frac{5}{9}+\frac{5}{2}=\frac{25}{9}\ \Rightarrow\ \frac{35x}{36}=\frac{25}{9}+\frac{5}{9}-\frac{5}{2}$$

$$\Rightarrow\frac{35x}{36}=\frac{30}{9}-\frac{5}{2}=\frac{10}{3}-\frac{5}{2}=\frac{5}{6}\ \Rightarrow x=\frac{5}{6}\times\frac{36}{35}=\frac{6}{7}.$$

33. दिया गया व्यंजक $=\dfrac{\frac{13}{4}-\frac{2}{3}}{\frac{13}{3}\div\frac{1}{5}-\left(\frac{3}{10}+\frac{106}{5}\right)}=\dfrac{\frac{13}{4}-\frac{2}{3}}{\frac{13}{3}\div\frac{1}{5}-\left(\frac{3+212}{10}\right)}$

$$=\dfrac{\frac{13}{4}-\frac{2}{3}}{\frac{13}{3}\div\frac{1}{5}-\frac{215}{10}}=\dfrac{\frac{13}{4}-\frac{2}{3}}{\frac{13}{3}\times\frac{5}{1}-\frac{43}{2}}=\dfrac{\frac{13}{4}-\frac{2}{3}}{\frac{65}{3}-\frac{43}{2}}=\dfrac{\frac{(39-8)}{12}}{\frac{(130-129)}{6}}$$

$$=\left(\frac{31}{12}\times\frac{6}{1}\right)=\frac{31}{2}=15\frac{1}{2}.$$

34. दिया गया व्यंजक $=\left(999+\frac{999}{1000}\right)\times 7$

$$=(999\times7)+\left(\frac{999}{1000}\times7\right)=6993+\frac{6993}{1000}$$

$$=6993+6+\frac{993}{1000}=6999+\frac{993}{1000}=6999\frac{993}{1000}.$$

35. दिया गया व्यंजक $=\left(999+\frac{98}{99}\right)\times99$

$$=(999\times99)+\frac{98}{99}\times99=(999\times99)+98$$

$$=(1000-1)\times99+98=99000-99+98=99000-1=98999.$$

36. दिया गया व्यंजक $=\left(999+\frac{1}{7}\right)+\left(999+\frac{2}{7}\right)+\left(999+\frac{3}{7}\right)+\left(999+\frac{4}{7}\right)+\left(999+\frac{5}{7}\right)+\left(999+\frac{6}{7}\right)$

$$=(6\times999)+\left(\frac{1}{7}+\frac{2}{7}+\frac{3}{7}+\frac{4}{7}+\frac{5}{7}+\frac{6}{7}\right)=6\times(1000-1)+\frac{21}{7}=(6000-6+3)$$

$$=(6003-6)=5997.$$

37. दिया गया व्यंजक $=\frac{1}{\cancel{2}}\times\frac{\cancel{2}}{\cancel{3}}\times\frac{\cancel{3}}{\cancel{4}}\times\frac{\cancel{4}}{\cancel{5}}\times.....\times\frac{\cancel{18}}{\cancel{19}}\times\frac{\cancel{19}}{20}=\frac{1}{20}.$

38. दिया गया व्यंजक $= \frac{5}{3} \times \frac{7}{5} \times \frac{9}{7} \times \ldots\ldots \frac{1001}{999} = \frac{1001}{3}$.

39. माना $a = \left\{1 + \frac{1}{10 + \frac{1}{10}}\right\} = \left\{1 + \frac{10}{101}\right\} = \frac{111}{101}$.

तथा $b = \left\{1 - \frac{1}{10 + \frac{1}{10}}\right\} = \left\{1 - \frac{10}{101}\right\} = \frac{91}{101}$.

दिया गया व्यंजक $= \frac{(a^2 - b^2)}{(a+b)} = (a-b) = \left(\frac{111}{101} - \frac{91}{101}\right) = \frac{20}{101}$.

40. दिया गया व्यंजक $= \frac{(x+2)}{(x+1)} \times \frac{(x+3)}{(x+2)} \times \frac{(x+4)}{(x+3)} \times \frac{(x+5)}{(x+4)} = \frac{(x+5)}{(x+1)}$.

41. दिया गया व्यंजक $= \frac{1}{2} + \left(\frac{1}{2} - \frac{1}{3}\right) + \left(\frac{1}{3} - \frac{1}{4}\right) + \left(\frac{1}{4} - \frac{1}{5}\right) + \ldots + \left(\frac{1}{n} - \frac{1}{n+1}\right)$

$= \left(1 - \frac{1}{n+1}\right) = \frac{n}{(n+1)}$.

42. दिया गया व्यंजक $= \frac{4}{5} \times \frac{5}{6} \times \frac{6}{7} \times \frac{7}{8} \times \ldots \times \frac{99}{100} = \frac{4}{100} = \frac{1}{25}$.

43. दिया गया व्यंजक $= \frac{3}{4} + \frac{5}{36} + \frac{7}{144} + \ldots + \frac{17}{5184} + \frac{19}{8100}$

$= \left(1 - \frac{1}{4}\right) + \left(\frac{1}{4} - \frac{1}{9}\right) + \left(\frac{1}{9} - \frac{1}{16}\right) + \ldots \left(\frac{1}{64} - \frac{1}{81}\right) + \left(\frac{1}{81} - \frac{1}{100}\right)$

$= \left(1 - \frac{1}{100}\right) = \frac{99}{100} = 0.99$.

44. $x + \frac{1}{x} = -2 \Rightarrow x^2 + 1 = -2x \Rightarrow x^2 + 2x + 1 = 0 \Rightarrow (x+1)^2 = 0 \Rightarrow x + 1 = 0 \Rightarrow x = -1$.

$\therefore\ x^{2n+1} + \left(\frac{1}{x}\right)^{2n+1} = (-1)^{2n+1} + \left(\frac{1}{-1}\right)^{2n+1} = (-1-1) = -2$.

45. माना $621 \times x \times 6 = 152766$. तब,

$x = \frac{152766}{621 \times 6} = 41$.

46. माना $7100 - x + 41 \times 125 = 7225$. तब

$7100 - x = 7225 - 5125 = 2100$

$\Rightarrow x = 7100 - 2100 = 5000$.

47. माना $39114 \div 246 \times x = 6201$. तब,

$\frac{39114}{246} \times x = 6201 \Rightarrow 159x = 6201 \Rightarrow x = \frac{6201}{159} = 39$.

48. दिया गया व्यंजक $= \frac{(a^2 + ab + b^2)}{(a^3 - b^3)}$, जहाँ $a = 147$ तथा $b = 143$

$= \frac{1}{(a-b)} = \frac{1}{(147 - 143)} = \frac{1}{4}$.

49. $\frac{(a^2+b^2+ab)}{(a^3-b^3)}=\frac{1}{(a-b)}=\frac{1}{(11-9)}=\frac{1}{2}.$

50. दिया गया व्यंजक $=\frac{(a^3-b^3)}{(a^2+b^2+ab)}=(a-b)=(458-239)=219.$

51. दिया गया व्यंजक $=(a^2-b^2)=(a+b)(a-b)=(106+94)(106-94)=200\times12=2400.$

52. दिया गया व्यंजक $=\frac{(a+b)^2+(a-b)^2}{(a^2+b^2)}=\frac{2(a^2+b^2)}{(a^2+b^2)}=2.$

53. दिया गया व्यंजक $=\frac{(629)^3+(371)^3}{(629)^2-629\times371+(371)^2}=\frac{(a^3+b^3)}{(a^2-ab+b^2)}$, जहाँ $a=629, b=371$

$=(a+b)=(629+371)=1000.$

54. दिया गया व्यंजक $=\frac{(a+b)^2-(a-b)^2}{ab}$, जहाँ $a=823$ तथा $b=698$

$=\frac{4ab}{ab}=4.$ $[\because (a+b)^2-(a-b)^2=4ab]$

55. $x=2y+6$

$\Rightarrow x^3-8y^3-36xy-216=(2y+6)^3-8y^3-36(2y+6)y-216$

$=36y(2y+6)-72y^2-216y=0.$

56. $\left(x-\frac{1}{x}\right)=2\Rightarrow\left(x-\frac{1}{x}\right)^2=2^2\Rightarrow x^2+\frac{1}{x^2}-2=4\Rightarrow x^2+\frac{1}{x^2}=6.$

57. $\left(x+\frac{1}{x}\right)=5\Rightarrow\left(x+\frac{1}{x}\right)^3=5^3\Rightarrow x^3+\frac{1}{x^3}+3x.\frac{1}{x}\cdot\left(x+\frac{1}{x}\right)=125$

$\Rightarrow x^3+\frac{1}{x^3}+3\times5=125\Rightarrow x^3+\frac{1}{x^3}=110.$

58. $\left(a+\frac{1}{a}\right)=6\Rightarrow\left(a+\frac{1}{a}\right)^2=6^2$

$\Rightarrow a^2+\frac{1}{a^2}+2=36\Rightarrow a^2+\frac{1}{a^2}=34$

$\Rightarrow\left(a^2+\frac{1}{a^2}\right)^2=(34)^2\Rightarrow a^4+\frac{1}{a^4}+2=1156\Rightarrow\left(a^4+\frac{1}{a^4}\right)=1154.$

59. $\left(a+\frac{1}{a}\right)^2=3\Rightarrow\left(a+\frac{1}{a}\right)=\sqrt{3}\Rightarrow\left(a+\frac{1}{a}\right)^3=3\sqrt{3}$

$\Rightarrow a^3+\frac{1}{a^3}+3a\times\frac{1}{a}\times\left(a+\frac{1}{a}\right)=3\sqrt{3}$

$\Rightarrow a^3+\frac{1}{a^3}+3\sqrt{3}=3\sqrt{3}\Rightarrow\left(a^3+\frac{1}{a^3}\right)=0.$

60. $\left(x-\frac{1}{x}\right)^2=2^2\Rightarrow x^2+\frac{1}{x^2}-2=4\Rightarrow\left(x^2+\frac{1}{x^2}\right)=6$

$\Rightarrow\left(x^2+\frac{1}{x^2}\right)^2=6^2\Rightarrow x^4+\frac{1}{x^4}+2=36\Rightarrow\left(x^4+\frac{1}{x^4}\right)=34.$

61. $\left(x-\frac{1}{x}\right)^2=\left(x+\frac{1}{x}\right)^2-4=\left(\sqrt{13}\right)^2-4=(13-4)=9\Rightarrow\left(x-\frac{1}{x}\right)=3.$

$\therefore\ \left(x-\frac{1}{x}\right)^3=3^3=27\Rightarrow\left(x^3-\frac{1}{x^3}\right)-3x\times\frac{1}{x}\times\left(x-\frac{1}{x}\right)=27$

$\therefore\ \left(x^3-\frac{1}{x^3}\right)-3\times3=27\Rightarrow\left(x^3-\frac{1}{x^3}\right)=36.$

62. $\left(4b^2+\frac{1}{b^2}\right)=2\Rightarrow\left(2b+\frac{1}{b}\right)^2-4=2\Rightarrow\left(2b+\frac{1}{b}\right)^2=6\Rightarrow\left(2b+\frac{1}{b}\right)=\sqrt{6}$

$\Rightarrow\left(2b+\frac{1}{b}\right)^3=\left(\sqrt{6}\right)^3=6\sqrt{6}\Rightarrow 8b^3+\frac{1}{b^3}+3\times2b\times\frac{1}{b}\times\left(2b+\frac{1}{b}\right)=6\sqrt{6}$

$\Rightarrow\left(8b^3+\frac{1}{b^3}\right)+6\sqrt{6}=6\sqrt{6}\Rightarrow\left(8b^3+\frac{1}{b^3}\right)=0.$

63. माना $\frac{a}{3}=\frac{b}{4}=\frac{c}{7}=k.$ तब, $a=3k, b=4k, c=7k.$

$\therefore\ \frac{a+b+c}{c}=\frac{3k+4k+7k}{7k}=\frac{14k}{7k}=2.$

64. $\frac{a+2b}{a-3b}=\frac{\left(\frac{a}{b}\right)+2}{\left(\frac{a}{b}\right)-3}$ [अंश तथा हर को b से भाग देने पर]

$=\frac{\frac{6}{7}+2}{\frac{6}{7}-3}=\frac{(6+14)}{(6-21)}=\frac{20}{-15}=\frac{-4}{3}.$

65. $\frac{x^2+y^2}{x^2-y^2}=\frac{\frac{x^2}{y^2}+1}{\frac{x^2}{y2}-1}=\frac{\left(\frac{x}{y}\right)^2+1}{\left(\frac{x}{y}\right)^2-1}$ [अंश तथा हर को y^2 से भाग देने पर]

$=\frac{\left(\frac{1}{3}\right)^2+1}{\left(\frac{1}{3}\right)^2-1}=\frac{\frac{1}{9}+1}{\frac{1}{9}-1}=\frac{(1+9)}{1-9)}=\frac{10}{-8}=\frac{-5}{4}.$

66. $\frac{2x^2+3y^2}{3x^2-2y^2}=\frac{2\left(\frac{x^2}{y^2}\right)+3}{3\left(\frac{x^2}{y^2}\right)-2}=\frac{2\left(\frac{x}{y}\right)^2+3}{3\left(\frac{x}{y}\right)^2-2}$ [अंश तथा हर को y^2 से भाग देने पर]

$=\frac{\left(2\times\frac{9}{4}\right)+3}{\left(3\times\frac{9}{4}\right)-2}=\frac{\frac{9}{2}+3}{\frac{27}{4}-2}=\frac{\left(\frac{15}{2}\right)}{\left(\frac{19}{4}\right)}=\frac{15}{2}\times\frac{4}{19}=\frac{30}{19}.$

67. माना $\frac{x}{5}=\frac{y}{8}=k$. तब $x=5k$ तथा $y=8k$.

$\therefore\ \frac{x+5}{y+8}=\frac{5k+5}{8k+8}=\frac{5(k+1)}{8(k+1)}=\frac{5}{8}$.

68. $\frac{4}{7}+\frac{2y-x}{2y+x}=\frac{4}{7}+\frac{2-\frac{x}{y}}{2+\frac{x}{y}}$ [अंश तथा हर को y से भाग देने पर]

$$=\frac{4}{7}+\frac{2-\frac{4}{5}}{2+\frac{4}{5}}=\frac{4}{7}+\frac{(10-4)}{(10+4)}=\frac{4}{7}+\frac{6}{14}=\frac{4}{7}+\frac{3}{7}=\frac{4+3}{7}=\frac{7}{7}=1.$$

69. $\frac{2a+b}{a+4b}=3\Rightarrow 2a+b=3a+12b\Rightarrow a=-11b$.

$\therefore\ \frac{a+b}{a+2b}=\frac{-11b+b}{-11b+2b}=\frac{-10b}{-9b}=\frac{10}{9}$.

70. $\frac{3x}{2y}=\frac{21}{22}\Rightarrow\frac{x}{y}=\frac{21}{22}\times\frac{2}{3}=\frac{7}{11}$.

माना $x=7k$ तथा $y=11k$. तब

$4x+5y=83\Rightarrow 28k+55k=83\Rightarrow 83k=83\Rightarrow k=1$.

$\therefore\ x=7$ तथा $y=11$. अत: $y-x=(11-7)=4$.

71. $(y-z=4\Rightarrow y=z+4)$, $(x+2z=11\Rightarrow x=11-2z)$

$2x+3y=31\Rightarrow 2(11-2z)+3(z+4)=31\Rightarrow z=22+12-31=3$.

$\therefore\ x=(11-2\times 3)=5$ तथा $y=(3+4)=7$.

अत: $x+y+z=(5+7+3)=15$.

72. $x+\frac{1}{y}=1\Rightarrow x=\left(1-\frac{1}{y}\right)=\frac{(y-1)}{y}$

$y+\frac{1}{z}=1\Rightarrow\frac{1}{z}=(1-y)\Rightarrow z=\frac{1}{(1-y)}$

$\therefore\ xyz=\frac{(y-1)}{y}\times y\times\frac{1}{(1-y)}=-1$.

73. $(a+b+c)^2=(13)^2\Rightarrow(a^2+b^2+c^2)+2(ab+bc+ca)=169$

$\Rightarrow 69+2(ab+bc+ca)=169\Rightarrow 2(ab+bc+ca)=100$

$\Rightarrow(ab+bc+ca)=50$.

74. $x^2+y^2+z^2-64=-2xy+2yz+2zx$

$\Rightarrow(x^2+y^2+2xy)+z^2-64=2z(y+x)$

$\Rightarrow(x+y)^2+z^2-64=2z(x+y)\Rightarrow(3z)^2+z^2-64=2z\times 3z$ [$\because$ $\boldsymbol{x+y=3z}$]

$\Rightarrow 9z^2+z^2-6z^2=64\Rightarrow 4z^2=64\Rightarrow z^2=16\Rightarrow z=4$.

75. दिया गया व्यंजक $= \frac{1}{3}\left[\left(1-\frac{1}{4}\right)+\left(\frac{1}{4}-\frac{1}{7}\right)+\left(\frac{1}{7}-\frac{1}{10}\right)+\left(\frac{1}{10}-\frac{1}{13}\right)+\left(\frac{1}{13}-\frac{1}{16}\right)\right]$

$$= \frac{1}{3}\left(1-\frac{1}{16}\right)=\left(\frac{1}{3}\times\frac{15}{16}\right)=\frac{5}{16}.$$

76. $x=(\sqrt{2}+1)^{\frac{-1}{3}} \Rightarrow x^3=(\sqrt{2}+1)^{-\frac{1}{3}\times 3}=(\sqrt{2}+1)^{-1}=\frac{1}{(\sqrt{2}+1)}\times\frac{(\sqrt{2}-1)}{(\sqrt{2}-1)}=(\sqrt{2}-1).$

$\therefore \frac{1}{x^3}=\frac{1}{(\sqrt{2}-1)}\times\frac{(\sqrt{2}+1)}{(\sqrt{2}+1)}=(\sqrt{2}+1).$

$\therefore \left(x^3-\frac{1}{x^3}\right)=(\sqrt{2}-1)-(\sqrt{2}+1)=-2.$

77. $\frac{a}{c}=\left(\frac{a}{b}\times\frac{b}{c}\right)=\left(\frac{4}{5}\times\frac{15}{16}\right)=\frac{3}{4}.$

$\frac{(c^2-a^2)}{(c^2+a^2)}=\frac{1-\frac{a^2}{c^2}}{1+\frac{a^2}{c^2}}=\frac{1-\frac{9}{16}}{1+\frac{9}{16}}=\frac{\left(\frac{7}{16}\right)}{\left(\frac{25}{16}\right)}=\left(\frac{7}{16}\times\frac{16}{25}\right)=\frac{7}{25}.$

78. $8^{x+1}=64=8^2 \Rightarrow x+1=2 \Rightarrow x=1.$

$\therefore 3^{2x+1}=3^{(2\times1+1)}=3^3=27.$

79. $10^{3x}=125 \Rightarrow (10^x)^3=5^3 \Rightarrow 10^x=5 \Rightarrow 10^{2x}=5^2=25$

$\therefore 10^{-2x}=\frac{1}{10^{2x}}=\frac{1}{25}.$

80. $(a-b)=1 \Rightarrow (a-b)^3=1$

$\Rightarrow a^3-b^3-3ab\,(a-b)=1 \Rightarrow a^3-b^3-3ab=1.$

81. $(a+b)^2+(a-b)^2=2\,(a^2+b^2)$

$\Rightarrow (a+b)^2+1^2=2\times41 \Rightarrow (a+b)^2=81 \Rightarrow (a+b)=\pm 9.$

82. माना $\frac{x}{2}=\frac{y}{3}=\frac{z}{5}=k.$ तब, $x=2k, y=3k$ तथा $z=5k.$

$\therefore \frac{x+y-z}{x-y+z}=\frac{2k+3k-5k}{2k-3k+5k}=\frac{0}{4k}=0.$

83. $\frac{4x-3y}{7x+6y}=\frac{4}{13} \Rightarrow 52x-39y=28x+24y$

$$\Rightarrow 24x=63y \Rightarrow \frac{x}{y}=\frac{63}{24}=\frac{21}{8}.$$

84. $a^2-6a-1=0 \Rightarrow a-6-\frac{1}{a}=0$ [प्रत्येक पद को a से भाग देने पर]

$$\Rightarrow a-\frac{1}{a}=6.$$

85. अभीष्ट संख्या $=\frac{37\frac{1}{2}}{\left(\frac{1}{8}\right)}=\left(\frac{75}{2}\times8\right)=300.$

86. माना अभीष्ट संख्या x है. तब,

x का $\frac{3}{4}$ का $\frac{2}{5}=174 \Rightarrow x\times\frac{3}{10}=174 \Rightarrow x=174\times\frac{10}{3}=580.$

87. माना दी गई संख्या x.तब,

x का $\frac{2}{3}$ का $\frac{3}{4}=782 \Rightarrow x$ का $\frac{1}{2}=782 \Rightarrow x=(782\times2)=1564$.

इस संख्या के $\frac{1}{4}$ का $\frac{3}{5}=\left(1564 \text{ का } \frac{1}{4} \text{ का } \frac{3}{5}\right)=\frac{391\times3}{5}=\frac{1173}{5}=234\cdot6.$

88. माना भागफल $= x$. तब संख्या $= 357 \times x + 39$.

$\therefore$ संख्या $= (17 \times 21 \times x + 17 \times 2 + 5) = 17 \times (21x + 2) + 5$

अतः इस संख्या को 17 से भाग देने पर शेष 5 बचेगा

89. माना अभीष्ट संख़्या $= x$. तब $\frac{3x}{4}-\frac{3x}{14}=150$

$\therefore\ (21x-6x)=150\times28 \Rightarrow 15x=150\times28 \Rightarrow x=280.$

अतः अभीष्ट संख्या $= 280$.

90. माना अभीष्ट संख्या $= x$. तब, $72x-27x=405 \Rightarrow 45x=405 \Rightarrow x=9.$

91. $\left(\frac{49}{5}-\frac{27}{4}\right)\times220=\frac{(196-135)}{20}\times220=61\times11=671.$

92. माना अभीष्ट संख्या $= x$. तब,

$\frac{3}{2}x-\frac{x}{(3/2)}=10 \Rightarrow \frac{3x}{2}-\frac{2x}{3}=10$

$\Rightarrow 9x-4x=60 \Rightarrow 5x=60 \Rightarrow x=12.$

$\therefore$ अभीष्ट संख्या $= 12$.

93. $\frac{\left(2^n+2^{n-1}\right)}{\left(2^{n+1}-2^n\right)}=\frac{2^{n-1}\,(2+1)}{2^n\,(2-1)}=\frac{3}{2\times1}=\frac{3}{2}.$

94. दिया गया व्यंजक $=\frac{5}{4+\frac{7}{\left(\frac{34}{11}\right)}}=\frac{5}{4+\frac{77}{34}}=\frac{5}{\frac{(136+77)}{34}}=\frac{5\times34}{213}=\frac{170}{213}.$

95. दिया गया व्यंजक $=\frac{2}{2+\frac{2}{3+\frac{6}{11}}\times0\cdot39}=\frac{2}{2+\frac{22}{39}\times0\cdot39}=\frac{200}{222}=\frac{100}{111}.$

96. दायाँ पक्ष $=x+\frac{1}{1+\frac{1}{(13/4)}}=x+\frac{1}{1+\frac{4}{13}}=x+\frac{1}{(17/13)}=x+\frac{13}{17}$

$\therefore\ x+\frac{13}{17}=2 \Rightarrow x=2-\frac{13}{17}=\frac{(34-13)}{17}=\frac{21}{17}=1\frac{4}{17}.$

97. बायाँ पक्ष $= \dfrac{2x}{1+\dfrac{1}{\dfrac{(1-x+x)}{1-x}}} = \dfrac{2x}{1+\dfrac{1}{\dfrac{1}{(1-x)}}} = \dfrac{2x}{1+(1-x)} = \dfrac{2x}{(2-x)}$

$\therefore \dfrac{2x}{(2-x)} = 1 \Rightarrow 2x = 2 - x \Rightarrow 3x = 2 \Rightarrow x = \dfrac{2}{3}.$

98. माना इनके मान क्रमशः A, B, C, D हैं, तब

$A = \dfrac{1}{3+\dfrac{16}{17}} = \dfrac{1}{\dfrac{67}{17}} = \dfrac{17}{67}$, $\quad B = \dfrac{1}{2+\dfrac{8}{9}} = \dfrac{9}{26}$,

$C = \dfrac{1}{3+\dfrac{1}{1+\dfrac{8}{9}}} = \dfrac{1}{3+\dfrac{9}{17}} = \dfrac{17}{60}$, $\quad D = \dfrac{1}{3+\dfrac{1}{1+\dfrac{4}{9}}} = \dfrac{1}{3+\dfrac{9}{13}} = \dfrac{13}{48}$.

99. $a+b+c=0 \Rightarrow (a^3+b^3+c^3) = 3abc.$

$\left(\dfrac{a^2}{bc}+\dfrac{b^2}{ca}+\dfrac{c^2}{ab}\right) = \dfrac{(a^3+b^3+c^3)}{abc} = \dfrac{3abc}{abc} = 3.$

100. $(a+b+c)^2 = (11)^2 \Rightarrow (a^2+b^2+c^2) + 2\,(ab+bc+ca) = 121$

$\Rightarrow (a^2+b^2+c^2) + 2\times 20 = 121 \Rightarrow (a^2+b^2+c^2) = (121-40) = 81$

$(a^3+b^3+c^3-3abc) = (a+b+c)\left[a^2+b^2+c^2-(ab+bc+ca)\right]$

$= 11\times(81-20) = 11\times 61 = 671.$

101. दिया गया व्यंजक $= \dfrac{a^2-(b^2+2bc+c^2)}{(a+b)^2-c^2} = \dfrac{a^2-(b+c)^2}{(a+b)^2-c^2} = \dfrac{(a+b+c)\,(a-b-c)}{(a+b+c)\,(a+b-c)}$

$= \dfrac{(a-b-c)}{(a+b-c)}.$

102. माना $x-y=a,\ y-z=b$ तथा $z-x=c.$

तब $a+b+c=0 \Rightarrow a^3+b^3+c^3 = 3abc.$

$\therefore$ दिया गया व्यंजक $= \dfrac{(a^3+b^3+c^3)}{9abc} = \dfrac{3abc}{9abc} = \dfrac{1}{3}.$

103. दिया गया व्यंजक

$= \dfrac{[x+(y-z)][x-(y-z)]}{(x+z+y)\,(x+z-y)} + \dfrac{[y+(x-z)][y-(x-z)]}{(x+y+z)\,(x+y-z)} + \dfrac{[z+(x-y)][z-(x-y)]}{(y+z+x)\,(y+z-x)}$

$= \dfrac{(x+y-z)\,(x+z-y)}{(x+y+z)\,(x+z-y)} + \dfrac{(x+y-z)\,(y+z-x)}{(x+y+z)\,(x+y-z)} + \dfrac{(x+z-y)\,(y+z-x)}{(x+y+z)\,(y+z-x)}$

$= \dfrac{(x+y-z)}{(x+y+z)} + \dfrac{(y+z-x)}{(x+y+z)} + \dfrac{(x+z-y)}{(x+y+z)} = \dfrac{(x+y-z)+(y+z-x)+(x+z-y)}{(x+y+z)} = \dfrac{(x+y+z)}{(x+y+z)} = 1.$

104. $(2 * 3) = (3\times 2 + 2\times 3) = 12,\ (3 * 4) = (3\times 3 + 2\times 4) = 17.$

$\therefore$ अभीष्ट मान $= (12 + 17) = 29.$

105. $(2 * 3) = (2^2 + 2\times 3 + 3^2) = (4+6+9) = 19.$

106. $(5 * 2) = 2(5+2) = 14.$

107. $(1*2)=(1^2+2^2+1\times2+1)=8.$

$(1*2)*3=(8*3)=64+9+8\times3+1=98.$

108. $3*(-1)=\frac{3\times(-1)}{3+(-1)}=\frac{-3}{2}.$

$$3*\{3*(-1)\}=3*\left(\frac{-3}{2}\right)=\frac{3\times\left(\frac{-3}{2}\right)}{3+\left(\frac{-3}{2}\right)}=\left(\frac{-9}{2}\right)\times\frac{2}{3}=-3.$$

109. $(5\oplus7)=5+7=12, (4\oplus4)=4^2=16, (5\oplus5)=5^2=25, (15\oplus11)=2\times15=30.$

$\therefore$ दिया गया व्यंजक $=\frac{12+16}{3\times25-30-3}=\frac{28}{75-33}=\frac{28}{42}=\frac{2}{3}.$

110. माना B का भाग = ₹ x. तब A का भाग = ₹ $(x+120)$

तथा C का भाग = ₹ $(x+120+120)$ = ₹ $(x+240)$.

$\therefore (x+120)+x+(x+240)=561 \Rightarrow 3x+360=561$

$\Rightarrow 3x=201 \Rightarrow x=67.$

$\therefore$ B का भाग = ₹ 67.

111. माना $\frac{2A}{5}+40=\frac{2B}{7}+20=\frac{9C}{17}+10=x.$ तब

$\frac{2A}{5}+40=x \Rightarrow \frac{2A}{5}=(x-40) \Rightarrow A=\frac{(5x-200)}{2}.$

$\frac{2B}{7}+20=x \Rightarrow \frac{2B}{7}=(x-20) \Rightarrow B=\frac{(7x-140)}{2}.$

$\frac{9C}{17}+10=x \Rightarrow \frac{9C}{17}=(x-10) \Rightarrow C=\frac{(17x-170)}{9}.$

$A+B+C=600 \Rightarrow \frac{(5x-200)}{2}+\frac{(7x-140)}{2}+\frac{(17x-170)}{9}=600$

$\Rightarrow (45x-1800)+(63x-1260)+(34x-340)=10800$

$\Rightarrow 142x-3400=10800 \Rightarrow 142x=(10800+3400)$

$\Rightarrow 142x=14200 \Rightarrow x=100.$

$\therefore$ A का भाग = ₹ $\frac{(5x-200)}{2}$ = ₹ $\frac{(5\times100-200)}{2}$ = ₹ 150.

112. $A=\frac{2}{5}(B+C) \Rightarrow A:(B+C)=2:5$;

$B=\frac{3}{7}(A+C) \Rightarrow B:(A+C)=3:7$.

$\therefore$ A का भाग = ₹ $\left(\frac{2}{7}\times1050\right)$ = ₹ 300,

B का भाग = ₹ $\left(\frac{3}{10}\times1050\right)$ = ₹ 315,

C का भाग = ₹ $(1050-615)$ = ₹ 435.

113. माना चार भाग A, B, C, D हैं. तब

$$A+5=B-4=3C=\frac{D}{2}=K \text{ (माना)}$$

$$\Rightarrow A=(K-5), B=(K+4), C=\frac{K}{3} \text{ तथा } D=2K$$

$$\Rightarrow (K-5)+(K+4)+\frac{K}{3}+2K=116$$

$$\Rightarrow (4K-1)+\frac{K}{3}=116 \Rightarrow 12K-3+K=348$$

$$\Rightarrow 13K=351 \Rightarrow K=27.$$

चौथा भाग $=2K=(2\times 27)=54$.

114. (12 प्लेटों + 9 चम्मचों) का कुल मूल्य = ₹ 339.

⇒ 3 (4 प्लेटों + 3 चम्मचों) का कुल मूल्य = ₹ 339.

⇒ (4 प्लेटों + 3 चम्मचों) का कुल मूल्य = ₹ $\left(\frac{1}{3}\times 339\right)$ = ₹ 113.

115. (5 लॉकेट + 8 जंजीरों) का मूल्य = ₹ 145785.

(15 लॉकेट + 24 जंजीरों) का मूल्य = 3 × (5 लॉकेट + 8 जंजीरों) का मूल्य

= ₹ (3 × 145785) = ₹ 437355.

116. टंकी की धारिता $=(13\cdot 5\times 12)$ लीटर = 162 लीटर.

प्रत्येक बाल्टी की धारिता = 9 लीटर.

बाल्टियों की अभीष्ट संख्या $=\frac{162}{9}=18$.

117. बिना पढ़ा भाग $=\left(1-\frac{4}{5}\right)=\frac{1}{5}$.

बिना पढ़े पृष्ठों की संख्या $=\left(100\times\frac{1}{5}\right)=20$.

118. $\frac{1}{2}$ सेमी॰ व्यक्त करता है 10 किमी॰ को

⇒ 1 सेमी॰ व्यक्त करता है $\left(10\times\frac{2}{1}\right)=20$ किमी॰ को

⇒ $\frac{165}{2}$ सेमी॰ व्यक्त करता है $=\left(\frac{165}{2}\times 20\right)$ किमी॰ को = 1650 किमी॰ को.

119. भरा हुआ भाग $=\frac{4}{9}$. शेष भाग $=\left(1-\frac{4}{9}\right)=\frac{5}{9}$.

माना अभीष्ट समय $=x$ मिनट.

अधिक भाग, अधिक समय (समानुपात)

$$\frac{4}{9}:\frac{5}{9}=1:x$$

$$\Rightarrow \frac{4}{9}\times x=\frac{5}{9}\times 1 \Rightarrow x=\frac{5}{9}\times\frac{9}{4}=\frac{5}{4} \text{ मिनट.}$$

120. पहले पुत्र को मिली गायों की संख्या $=\frac{n}{2}$;

दूसरे पुत्र को मिली गायों की संख्या $=\frac{n}{4}$;

तीसरे पुत्र को मिली गायों की संख्या $= \frac{n}{5}$.

$\therefore \ \frac{n}{2}+\frac{n}{4}+\frac{n}{5}+7=n \Rightarrow 10n+5n+4n+140=20n \Rightarrow n=140.$

121. माना कुल सम्पत्ति का मूल्य = ₹ x, पत्नि का भाग = ₹ $\frac{x}{2}$, शेष = ₹ $\frac{x}{2}$.

पुत्र का भाग = ₹ $\frac{x}{2}$ का $\frac{1}{2}$ = ₹ $\frac{x}{4}$. शेष = ₹ $\left(\frac{x}{2}-\frac{x}{4}\right)$ = ₹ $\frac{x}{4}$.

पुत्री का भाग = ₹ $\left(\frac{x}{4}\right.$ का $\left.\frac{1}{3}\right)$ = ₹ $\frac{x}{12}$.

$\therefore \ \frac{x}{12}=125000 \Rightarrow x=$ ₹ 1500000 = ₹ 15 लाख.

122. माना कुल सेब $= x$. तब

$\text{I} \rightarrow \left(\frac{x}{2}+1\right)$. शेष $= x-\left(\frac{x}{2}+1\right)=\left(\frac{x}{2}-1\right)$.

$\text{II} \rightarrow \frac{1}{3}\left(\frac{x}{2}-1\right)+1=\left(\frac{x}{6}-\frac{1}{3}+1\right)=\left(\frac{x}{6}+\frac{2}{3}\right)$

शेष $=\left(\frac{x}{2}-1\right)-\left(\frac{x}{6}+\frac{2}{3}\right)=\frac{x}{3}-\frac{5}{3}=\frac{(x-5)}{3}$.

$\text{III} \rightarrow \frac{1}{5}\left(\frac{x-5}{3}\right)+1=\frac{x-5+15}{15}=\frac{x+10}{15}$.

$\therefore \ \left(\frac{x}{2}+1\right)+\left(\frac{x}{6}+\frac{2}{3}\right)+\left(\frac{x+10}{15}\right)+3=x$

$\Rightarrow \frac{x}{2}+\frac{x}{6}+\frac{x}{15}+1+\frac{2}{3}+\frac{2}{3}+3=x \Rightarrow \frac{(15x+5x+2x)}{30}+\frac{7}{3}+3=x$

$\Rightarrow x-\frac{22x}{30}=\frac{16}{3} \Rightarrow \frac{8x}{30}=\frac{16}{3} \Rightarrow x=\left(\frac{16}{3}\times 30\times\frac{1}{8}\right)=20.$

अत: प्रारम्भ में कुल सेबों की संख्या = 20.

123. माना निशाना चूका $= x$ बार. तब निशाना लगा $= (100-x)$ बार

$\therefore \ (100-x)-x=30 \Rightarrow 100-2x=30 \Rightarrow 2x=70 \Rightarrow x=35.$

$\therefore$ निशाना चूका = 35 बार.

124. माना पूरे टिकट का मूल्य = ₹ x तथा आरक्षण प्रभार = ₹ y. तब

$x+y=525 \quad \ldots(i) \qquad \frac{3}{2}x+2y=850 \quad \ldots(ii)$

अर्थात् $3x+4y=1700 \quad \ldots(iii)$

(i) को 3 से गुणा करके (iii) में से घटाने पर : $y=125$.

$\therefore$ आरक्षण प्रभार = ₹ 125.

125. माना निश्चित राशि = ₹ x तथा समानुपाती राशि = ₹ y प्रति किमी०.

तब, $x+16y=156 \quad \ldots(i)$ तथा $x+24y=204 \quad \ldots(ii)$

इन्हें हल करने पर $(8y=48 \Rightarrow y=6)$ तथा $x=(156-96)=60$.

30 किमी० यात्रा का खर्च = ₹ $x+30y$ = ₹ $(60+30\times 6)$ = ₹ 240.

126. माना मुर्गियाँ x तथा बकरियाँ y हैं. तब,
कुल सिर $= x + y$; कुल टाँगें $= 2x + 4y$
$\therefore x+y=240 \quad ...(i)$ तथा $2x+4y=640 \Rightarrow x+2y=320 \quad ...(ii)$
इन्हें हल करने पर $x = 160$. अत: मुर्गियाँ 160 हैं.

127. माना सही उत्तर $= x$. तब, गलत उत्तर $= (140 - x)$.
$\therefore 5x-2(140-x)=350 \Rightarrow 5x+2x-280=350$
$\Rightarrow 7x=630 \Rightarrow x=90.$
सही उत्तर = 90.

128. माना चिड़ियाँ $= x$ तथा शाखायें $= y$. तब
$x=y+1$ तथा $x=2(y-1)$
$\therefore x-y=1 \quad ...(i)$ तथा $x-2y=-2 \quad ...(ii)$
इन्हें हल करने पर $x = 4, y = 3$
अत: चिड़ियाँ = 4 तथा शाखायें = 3.

129. माना प्रत्येक पीरियड़ की समयावधि $= x$ मिनट.
कुल समयावधि = (13 : 45) – (10 : 30) = 3 घण्टे 15 मिनट = 195 मिनट
$(x+5)+(x+5)+(x+5)+x=195 \Rightarrow 4x+15=195$
$\therefore 4x=180 \Rightarrow x=45.$
अत: प्रत्येक पीरियड़ की समयावधि = 45 मिनट.

130. माना सम्पूर्ण रनसंख्या $= x$. तब, उच्चतम रनसंख्या $= \frac{3x}{11}$.
शेष रनसंख्या $= \left(x-\frac{3x}{11}\right)=\frac{8x}{11}$.
अगली उच्चतम रनसंख्या $= \left(\frac{8x}{11} \text{ का } \frac{3}{11}\right)=\frac{24x}{121}$.
$\frac{3x}{11}-\frac{24x}{121}=9 \Rightarrow 33x-24x=1089$
$\Rightarrow 9x=1089 \Rightarrow x=121.$
$\therefore$ सम्पूर्ण रनसंख्या = 121.

131. माना कुल बच्चों की संख्या $= x$.
कुल टाफियों की संख्या $= 7x + 14$.
$\therefore 7x+14=(x+2)\times 7$
$\therefore$ बच्चों की संख्या को निर्धारित नहीं किया जा सकता.

132. माना एक टुकड़े का भार $= x$ कैरट. तब, दूसरे टुकड़े का भार $= (25 - x)$ कैरट
$25-x+9=x \Rightarrow 2x=34 \Rightarrow x=17.$
एक टुकड़े का भार = 17 कैरट, दूसरे टुकड़े का भार = (25 – 17) = 8 कैरट
अभीष्ट गुणनफल = (17 × 8) कैरट = 136 कैरट.

133. माना पार्टी में कुल n व्यक्ति थे.
तब, ${}^nC_2=66 \Rightarrow \frac{n(n-1)}{2}=66 \Rightarrow n^2-n-132=0$
$\Rightarrow n^2-12n+11n-132=0 \Rightarrow n(n-12)+11(n-12)=0$
$\Rightarrow (n-12)(n+11)=0 \Rightarrow n=12 \quad [\because n \neq -11]$
अत: पार्टी में 12 व्यक्ति थे.

134. माना x व्यक्ति तथा x घोड़े हैं.

$\frac{x}{2}$ व्यक्ति घोड़ों की पीठ पर हैं.

x घोड़े तथा $\frac{x}{2}$ व्यक्ति पैदल चल रहे हैं.

इनके पैरों की संख्या $= 4x + 2\times\frac{x}{2} = 4x + x = 5x.$

$\therefore\ 5x = 70 \Rightarrow x = 14.$

अत: घोड़ों की संख्या = 14.

135. माना A के पास ₹ x तथा B के पास ₹ y हैं. तब

$y + 50 = 2(x - 50) \Rightarrow 2x - y = 150 \quad \ldots(i)$

$x + 20 = 3(y - 20) \Rightarrow x - 3y = -80 \quad \ldots(ii)$

इन्हें हल करने पर $x = 106.$

136. माना कुल मिठाइयों की संख्या = x. तब,

$\frac{x}{140} - \frac{x}{175} = 4 \Rightarrow 5x - 4x = 2800 \Rightarrow x = 2800.$

$\therefore$ कुल मिठाइयों की संख्या = 2800.

137. माना x पंक्तियाँ हैं तथा प्रत्येक पंक्ति में y छात्र हैं.

तब, कुल छात्र = xy.

$(x-2)(y+1) = xy \Rightarrow x - 2y = 2 \quad \ldots(i)$

$(x+3)(y-1) = xy \Rightarrow -x + 3y = 3 \quad \ldots(ii)$

इन्हें हल करने पर $x = 12$ तथा $y = 5$.

$\therefore$ छात्रों की कुल संख्या = $(12 \times 5) = 60$.

138. 26 पेड़ों के बीच में 25 फासले हैं.

अत: दो पेड़ों के बीच की दूरी $= \frac{225}{25}$ मीटर = 9 मीटर.

139. प्रत्येक पंक्ति में 12 पेड़ हैं.

पहले तथा अन्तिम पेड़ का फासला = (11×2) मीटर = 22 मीटर.

एक-एक मीटर अन्त में दोनों ओर छोड़ा गया है.

$\therefore$ कुल लम्बाई = 24 मीटर.

140. कुल छात्रों की संख्या = $(30 \times 16) = 480$.

प्रत्येक कतार में छात्रों की संख्या = 24.

कतारों की संख्या $= \frac{480}{24} = 20.$

141. पहले उछाल में ऊँचाई $= \left(32\times\frac{3}{4}\right)$ मीटर = 24 मीटर.

दूसरे उछाल में ऊँचाई $= \left(24\times\frac{3}{4}\right)$ मीटर = 18 मीटर.

तीसरे उछाल में ऊँचाई $= \left(18\times\frac{3}{4}\right)$ मीटर $= \frac{27}{2}$ मीटर $= 13\frac{1}{2}$ मीटर.

142. $2^5 \cdot 9^2 = (32\times81) = 2592.$

अत: दोनों संख्याओं में संख्यात्मक अन्तर = 0.

143. माना प्रत्येक प्रकार के नोटों की संख्या = x. तब

$5x + 10x + 20x = 1575 \Rightarrow 35x = 1575 \Rightarrow x = 45.$

कुल नोटों की संख्या $= 3x = (3\times45) = 135.$

144. माना x छात्र पिकनिक पर गये. तब

$$\frac{5000}{x}-\frac{5000}{x+5}=50 \Rightarrow \frac{100}{x}-\frac{100}{x+5}=1$$

$$\Rightarrow \frac{1}{x}-\frac{1}{x+5}=\frac{1}{100} \Rightarrow \frac{(x+5)-x}{x\,(x+5)}=\frac{1}{100}$$

$$\Rightarrow x(x+5)-500=0 \Rightarrow x^2+5x-500=0$$

$$\Rightarrow x^2+25x-20x-500=0 \Rightarrow x(x+25)-20\,(x+25)=0$$

$$\Rightarrow (x+25)\,(x-20)=0 \Rightarrow x=20 \;\; [\because x \neq -25]$$

अत: 20 छात्र पिकनिक पर गये.

145. 2 मिनट में बन्दर की शुद्ध चढ़त = 3 मीटर.

$\therefore$ 3 मीटर चढ़ने में लिया गया समय = 2 मिनट.

75 मीटर चढ़ने में लिया गया समय $=\left(\frac{2}{3}\times 75\right)$ मिनट = 50 मिनट.

शेष 5 मीटर वह 1 मिनट में चढ़ कर खम्भे पर बैठ जायेगा.

अत: बन्दर द्वारा लिया गया समय = 51 मिनट.

146. माना प्रत्येक बच्चे को x मिठाईयाँ मिलीं.

$$(x-3)\times 450 = x\times 300$$

$$\Rightarrow 450x-300x=3\times 450 \Rightarrow 150x=3\times 450$$

$$\Rightarrow x=\frac{3\times 450}{150}=9.$$

अत: प्रत्येक बच्चे को 9 मिठाईयाँ मिलीं.

147. माना तोतों की संख्या $= x$. तब, बाघों की संख्या $= (858-x)$

$\therefore$ पैरों की कुल संख्या $=2x+4\,(858-x)$

$$\therefore 2x+4\,(858-x)=1746$$

$$\Rightarrow 2x=(3432-1746)=1686 \Rightarrow x=843.$$

148. (4 कैमरों + 6 सेलफोनों) का मूल्य = ₹ 51365

3 (4 कैमरों + 6 सेलफोनों) का मूल्य = ₹ (3 × 51365) = ₹ 154095.

(12 कैमरों + 18 सेलफोनों) का मूल्य = ₹ 154095.

149. (24 बल्लों + 32 हॉकी स्टीक्स) का मूल्य = ₹ 8400

8 (3 बल्लों + 4 हॉकी स्टीक्स) का मूल्य = ₹ 8400

$\therefore$ (3 बल्लों + 4 हॉकी स्टीक्स) का मूल्य = ₹ $\frac{8400}{8}$ = ₹ 1050.

150. माना x वर्ष बाद वेतन ₹ 9275 होगा. तब

$$8325+50x=9275 \Rightarrow 50x=950 \Rightarrow x=19.$$

$\therefore$ 19 वर्ष बाद वेतन ₹ 9275 होगा.

इसके 4 वर्ष बाद वृद्धि = ₹ (75 × 4) = ₹ 300

23 वर्ष बाद वेतन = ₹ (9275 + 300) = ₹ 9575.

151. $\frac{1}{2}=0\cdot 5, \frac{3}{5}=0\cdot 6.$ अब, $\frac{2}{5}=0\cdot 4, \frac{4}{7}=0\cdot 57$

स्पष्ट है कि $0\cdot 5<0\cdot 57<0\cdot 6$. अत: $\frac{1}{2}<\frac{4}{7}<\frac{3}{5}$.

152. माना पहली संख्या $= x$ तथा दूसरी संख्या $= y$. तब,

$2x+3y=100 \quad \ldots(i)$ तथा $3x+2y=120 \ldots(ii)$

इन्हें हल करने पर $x=32, y=12$.

अत: बड़ी संख्या $= 32$.

153. माना अभीष्ट पंक्तियों की संख्या $= x$. तब

$$54\times30=45\times x \Rightarrow x=\frac{54\times30}{45}=36.$$

$\therefore$ अभीष्ट पंक्तियों की संख्या $= 36$.

154. माना पाँच क्रमागत संख्यायें $x, (x+1), (x+2), (x+3)$ तथा $(x+4)$ हैं.

तब $x+(x+1)+(x+2)+(x+3)+(x+4)=270$

$\Rightarrow 5x+10=270 \Rightarrow 5x=260 \Rightarrow x=52.$

अभीष्ट योग $=(x+1)+(x+4)=(2x+5)=(2\times52+5)=(104+5)=109.$

155. माना अभीष्ट संख्या $= x$. तब

$$x-\frac{2}{3}\times\frac{75}{100}\times600=320 \Rightarrow x=(320+300)=620.$$

अभीष्ट संख्या $= 620$.

प्रश्नमाला 4B

सरल कीजिए :

1. $9\frac{1}{2}+\frac{3}{2}\div\frac{1}{2}$ का $\frac{5}{4}-\frac{3}{5}\times2\frac{1}{3}\div1\frac{5}{7}$ का $\left(3\frac{1}{2}-2\frac{1}{3}\right)$.

2. $$\frac{\frac{1}{4}\times\frac{3}{4}\div1\frac{1}{4} \text{ का } \frac{2}{5}+\frac{1}{8}}{\frac{2}{5}\div1\frac{2}{3} \text{ का } \frac{3}{25}+1\frac{3}{4}-\frac{1}{2}}\div\frac{\frac{1}{3}-\frac{1}{3} \text{ का } \frac{3}{5}}{\frac{1}{5}-\frac{1}{5} \text{ का } \frac{5}{7}}$$

3. $1\frac{1}{2}$ का $\left(\frac{3}{4}\div\frac{7}{8}\right)+\frac{1}{2}\div\left[2\frac{4}{5}-\left\{\frac{2}{3}\div\left(\frac{1}{2}+\frac{1}{3}-\overline{\frac{1}{3}+\frac{1}{4}}\right)\right\}\right]$.

4. $$\frac{7}{5-\frac{8}{3}}\div\frac{3-\frac{3}{2}}{4-\frac{3}{2}}-\frac{5}{7} \text{ का } \left\{\frac{1}{1\frac{3}{7}}+\frac{6}{5} \text{ का } \frac{3\frac{1}{3}-2\frac{1}{2}}{\frac{47}{21}-2}\right\}.$$

5. $$\frac{5+5\times5}{5\times5+5}\times\frac{\frac{1}{5}\div\frac{1}{5} \text{ का } \frac{1}{5}}{\frac{1}{5} \text{ का } \frac{1}{5}\div\frac{1}{5}}\times\left(5-\frac{1}{5}\right)\times\frac{1}{\left[\frac{46}{5}-\frac{1}{\left(1-\frac{2}{3}\right)}\right]}.$$

6. $\left(\frac{889\times889\times889+311\times311\times311}{889\times889-889\times311+311\times311}\right)$ का मान ज्ञात कीजिए.

7. $\left(\frac{657\times657\times657-189\times189\times189}{657\times657+657\times189+189\times189}\right)$ का मान ज्ञात कीजिए.

8. $\frac{(767+683)^2-(767-683)^2}{(767\times 683)}$ का मान ज्ञात कीजिए.

9. $\frac{(896+639)^2+(896-639)^2}{(896\times 896+639\times 639)}$ का मान ज्ञात कीजिए.

10. $\left(\frac{47\times 47\times 47+35\times 35\times 35+18\times 18\times 18-47\times 35\times 54}{47\times 47+35\times 35+18\times 18-47\times 35-35\times 18-47\times 18}\right)$ का मान ज्ञात कीजिए.

11. $\frac{(a-b)^3+(b-c)^3+(c-a)^3}{9\,(a-b)\,(b-c)\,(c-a)}$ का मान ज्ञात कीजिए.

सरल कीजिए:

12. $1-\cfrac{5}{7+\cfrac{1}{4+\cfrac{1}{2+\cfrac{1}{3}}}}$

13. $\cfrac{1}{2+\cfrac{1}{2+\cfrac{1}{2-\cfrac{1}{2}}}}$

14. $1+\cfrac{1}{1+\cfrac{1}{1-\cfrac{1}{6}}}$

15. $(-2)^{(-2)^{(-2)^{(-2)}}}$ का मान क्या होगा ? **(एस०एस०सी० परीक्षा, 2006)**

16. $\left[\frac{1\times 3\times 9+2\times 6\times 18+3\times 9\times 27+\ldots.}{1\times 5\times 25+2\times 10\times 50+3\times 15\times 75+\ldots.}\right]^{1/3}$ का मान ज्ञात कीजिए. **(एस०एस०सी० परीक्षा, 2006)**

17. रमेश कुछ निश्चित दिनों की यात्रा पर निकला. उसके पास ₹ 3600 थे. यदि वह अपनी यात्रा की अवधि 4 दिन और बढ़ा दे तो उसे अपना खर्च ₹ 30 प्रतिदिन कम करना होगा. वह कितने दिन की यात्रा पर निकला ?

18. कुछ मित्रों ने मिलकर पिकनिक पर जाने की योजना बनाई जिसमें ₹ 192 खाद्य सामग्री पर खर्च करना था. परन्तु चार मित्रों के पिकनिक पर न आने से शेष में से प्रत्येक को ₹ 8 अधिक खर्च करना पड़ा. कितने मित्र पिकनिक पर आये ?

19. एक परीक्षा में प्रत्येक ठीक उत्तर के 4 अंक मिलते हैं तथा प्रत्येक त्रुटिपूर्ण उत्तर का 1 अंक काट लिया जाता है. यदि एक परीक्षार्थी ने 75 प्रश्न हल किये हों तथा उसे 125 अंक प्राप्त हुये हों, तो उसके कितने उत्तर ठीक थे ?

20. एक व्यक्ति के पास कुछ मिठाइयाँ थी. यदि वह इन्हें 25 बच्चों में बराबर संख्या में बाँटे तो 8 मिठाइयाँ शेष बचती हैं. यदि 28 बच्चे होते तो इनमें ये मिठाइयाँ बराबर संख्या में बाँटने पर 22 मिठाइयाँ शेष बचती हैं. कुल मिठाइयों की संख्या ज्ञात कीजिए.

21. एक कैम्प में कुछ लड़कों तथा लड़कियों के समूह में से 15 लड़कियाँ चली गईं. इसके बाद लड़कों की संख्या लड़कियों से दुगुनी रह गई. इसके बाद 45 लड़के चले गये तथा लड़कियों की संख्या लड़कों से पाँच गुना हो गई. आरम्भ में लड़कियों की संख्या कितनी थी ?

22. दो परीक्षा हाल A तथा B हैं. इनमें परीक्षार्थी बैठे हैं. यदि 10 विद्यार्थियों को हाल A से हाल B में भेज दिया जाये तो दोनों कमरों में परीक्षार्थियों की संख्या बराबर हो जायेगी. यदि 20 परीक्षार्थियों को हाल B से हाल A में भेज दिया जाये, तो हाल A में परीक्षार्थियों की संख्या B की संख्या से दुगुनी हो जायेगी. हाल A में कितने परीक्षार्थी हैं ?

23. किसी कम्पनी के कर्मचारियों में से $\frac{2}{3}$ कुशल कार्यकर्ता हैं तथा शेष अकुशल. यदि कुशल कार्यकर्ताओं का $\frac{5}{9}$ तथा अकुशल कार्यकर्ताओं का $\frac{7}{8}$ अस्थायी हों, तो कुल कर्मचारियों की संख्या ज्ञात कीजिए जबकि स्थायी कर्मचारियों की कुल संख्या 292 है. **(एस०एस०सी० परीक्षा, 2000)**

24. एक शहर में टैक्सी के किराये में कुछ निश्चित अचर राशि तथा तय की गई दूरी के लिए देय धन सम्मिलित है. 16 किमी० दूरी तय करने पर कुल ₹ 156 देने पड़ते हैं तथा 24 किमी० दूरी तय करने पर कुल ₹ 204 देने पड़ते हैं. 30 किमी० दूरी तय करने पर कितने रुपये देने होंगे ?

25. किसी विद्यालय में विद्यार्थियों की संख्या का $\frac{3}{7}$ वाँ भाग लड़कियाँ हैं तथा शेष लड़के हैं. लड़कों की संख्या के $\frac{1}{4}$ की आयु 10 वर्ष से कम है तथा लड़कियों की संख्या के $\frac{5}{6}$ की आयु भी 10 वर्ष से कम है. यदि 10 वर्ष से अधिक आयु वाले विद्यार्थियों की संख्या 500 हो, तो विद्यालय में कुल विद्यार्थियों की संख्या ज्ञात कीजिए.

(एस०एस०सी० परीक्षा, 2002)

26. किसी दफ्तर में काम करने वालों का $\frac{1}{3}$ भाग स्त्रियाँ हैं. आधी स्त्रियाँ विवाहित हैं तथा विवाहित स्त्रियों का $\frac{1}{3}$ भाग बच्चों वाली हैं. यदि पुरुषों की संख्या का $\frac{3}{4}$ भाग विवाहित है तथा विवाहित पुरुषों का $\frac{2}{3}$ भाग पुरुष बच्चों वाले हैं, तो काम करने वालों का कितना भाग नि:संतान है ?

27. किसी प्रश्नपत्र में दिये गये पाँचों प्रश्नों में से, विद्यार्थियों की संख्या के $\frac{1}{20}$ भाग ने सभी प्रश्नों के उत्तर दिये तथा $\frac{1}{20}$ ने किसी भी प्रश्न का उत्तर नहीं दिया. शेष विद्यार्थियों के $\frac{1}{4}$ भाग ने केवल चार प्रश्नों के उत्तर दिये और $\frac{1}{5}$ ने केवल एक प्रश्न का उत्तर दिया. यदि कुल विद्यार्थियों के $24\frac{1}{2}\%$ ने केवल तीन प्रश्नों के उत्तर दिये हों तथा 200 विद्यार्थियों ने केवल दो प्रश्नों के उत्तर दिये हों, तो विद्यार्थियों की कुल संख्या कितनी थी ?

(असिस्टैंट ग्रेड परीक्षा, 2000)

28. 2 किमी० लम्बी एक सड़क के दोनों किनारों पर समान दूरियों पर कुल 201 पेड़ लगाये गये हैं. 50 किमी० लम्बी एक सड़क पर उसके दोनों किनारों पर कुल मिलाकर ऐसे कितने पेड़ लगाये जायेंगें ताकि दो क्रमागत पेड़ों के बीच की दूरी वही रहे जो 2 किमी० लम्बी सड़क के दो क्रमागत पेड़ों के बीच की है ?

(असिस्टैंट ग्रेड परीक्षा, 2004)

उत्तरमाला (प्रश्नमाला 4B)

1. $11\frac{1}{5}$	**2.** $\frac{6}{91}$	**3.** $5\frac{1}{28}$	**4.** $1\frac{1}{2}$	**5.** 600	**6.** 1200	**7.** 468	**8.** 4
9. 2	**10.** 100	**11.** $\frac{1}{3}$	**12.** $\frac{69}{224}$	**13.** $\frac{8}{19}$	**14.** $1\frac{5}{11}$	**15.** $\frac{1}{256}$	**16.** $\frac{3}{5}$
17. 20	**18.** 12	**19.** 40	**20.** 358	**21.** 40	**22.** 100	**23.** 864	
24. ₹ 240	**25.** 1000	**26.** $\frac{11}{18}$	**27.** 800	**28.** 10002			

दिये गये प्रश्नों के हल प्रश्नमाला 4B

1. दिया गया व्यंजक $= \frac{19}{2}+\frac{3}{2}\div\frac{1}{2}$ का $\frac{5}{4}-\frac{3}{5}\times\frac{7}{3}\div\frac{12}{7}$ का $\left(\frac{7}{2}-\frac{7}{3}\right)$

$= \frac{19}{2}+\frac{3}{2}\div\frac{1}{2}$ का $\frac{5}{4}-\frac{3}{5}\times\frac{7}{3}\div\frac{12}{7}$ का $\frac{7}{6} = \frac{19}{2}+\frac{3}{2}\div\frac{5}{8}-\frac{3}{5}\times\frac{7}{3}\div 2$

$= \frac{19}{2}+\frac{3}{2}\times\frac{8}{5}-\frac{3}{5}\times\frac{7}{3}\times\frac{1}{2} = \frac{19}{2}+\frac{12}{5}-\frac{7}{10} = \frac{95+24-7}{10} = \frac{112}{10} = \frac{56}{5} = 11\frac{1}{5}.$

2. दिया गया व्यंजक $= \dfrac{\frac{1}{4}\times\frac{3}{4}\div\frac{5}{4} \text{ का } \frac{2}{5}+\frac{1}{8}}{\frac{2}{5}\div\frac{5}{3} \text{ का } \frac{3}{25}+\frac{7}{4}-\frac{1}{2}} \div \dfrac{\frac{1}{3}-\frac{1}{5}}{\frac{1}{5}-\frac{1}{7}} = \dfrac{\frac{1}{4}\times\frac{3}{4}\div\frac{1}{2}+\frac{1}{8}}{\frac{2}{5}\div\frac{1}{5}+\frac{7}{4}-\frac{1}{2}} \div \left(\frac{2}{15}\times\frac{35}{2}\right)$

$$= \frac{\frac{1}{4}\times\frac{3}{4}\times 2+\frac{1}{8}}{\frac{2}{5}\times 5+\frac{7}{4}-\frac{1}{2}} \div \frac{7}{3} = \frac{\frac{3}{8}+\frac{1}{8}}{2+\frac{7}{4}-\frac{1}{2}} \div \frac{7}{3} = \frac{1}{2}\times\frac{4}{13}\times\frac{3}{7} = \frac{6}{91}.$$

3. दिया गया व्यंजक $= \frac{3}{2}$ का $\left(\frac{3}{4}\times\frac{8}{7}\right)+\frac{1}{2}\div\left[\frac{14}{5}-\left\{\frac{2}{3}\div\left(\frac{1}{2}+\frac{1}{3}-\frac{7}{12}\right)\right\}\right]$

$= \frac{3}{2}$ का $\frac{6}{7}+\frac{1}{2}\div\left[\frac{14}{5}-\left\{\frac{2}{3}\div\frac{3}{12}\right\}\right] = \frac{9}{7}+\frac{1}{2}\div\left[\frac{14}{5}-\left\{\frac{2}{3}\times 4\right\}\right] = \frac{9}{7}+\frac{1}{2}\div\left[\frac{14}{5}-\frac{8}{3}\right]$

$$= \frac{9}{7}+\frac{1}{2}\div\frac{2}{15} = \frac{9}{7}+\frac{1}{2}\times\frac{15}{2} = \frac{9}{7}+\frac{15}{4} = \frac{141}{28} = 5\frac{1}{28}.$$

4. दिया गया व्यंजक $= \frac{7}{\left(\frac{7}{3}\right)}\div\frac{\left(\frac{3}{2}\right)}{\left(\frac{5}{2}\right)}-\frac{5}{7}$ का $\left\{\frac{7}{10}+\frac{6}{5}\right.$ का $\left.\frac{\frac{10}{3}-\frac{5}{2}}{\left(\frac{5}{21}\right)}\right\}$

$= \left(7\times\frac{3}{7}\right)\div\left(\frac{3}{2}\times\frac{2}{5}\right)-\frac{5}{7}$ का $\left\{\frac{7}{10}+\frac{6}{5}\right.$ का $\left.\left(\frac{5}{6}\times\frac{21}{5}\right)\right\}$

$= 3\div\frac{3}{5}-\frac{5}{7}$ का $\left\{\frac{7}{10}+\frac{6}{5}\right.$ का $\left.\frac{7}{2}\right\} = 3\div\frac{3}{5}-\frac{5}{7}$ का $\left\{\frac{7}{10}+\frac{21}{5}\right\}$

$= 3\div\frac{3}{5}-\frac{5}{7}$ का $\frac{49}{10} = 3\times\frac{5}{3}-\frac{7}{2} = 5-\frac{7}{2} = \frac{3}{2} = 1\frac{1}{2}.$

5. दिया गया व्यंजक $= \frac{5+25}{25+5}\times\frac{\frac{1}{5}\div\frac{1}{25}}{\frac{1}{25}\div\frac{1}{5}}\times\frac{24}{5}\times\frac{1}{\left[\frac{46}{5}-(3\times 3)\right]}$

$$= 1\times\frac{\frac{1}{5}\times 25}{\frac{1}{25}\times 5}\times\frac{24}{5}\times\frac{1}{\left[\frac{46}{5}-9\right]} = \frac{5}{\left(\frac{1}{5}\right)}\times\frac{24}{5}\times\frac{1}{\left(\frac{1}{5}\right)} = 5\times 5\times\frac{24}{5}\times 5 = 600.$$

6. $889 = a$ तथा $311 = b$ रखने पर:

दिया गया व्यंजक $= \frac{(a^3+b^3)}{(a^2-ab+b^2)} = (a+b) = (889+311) = 1200.$

7. $657 = a$ तथा $189 = b$ रखने पर:

दिया गया व्यंजक $= \frac{(a^3-b^3)}{(a^2+ab+b^2)} = (a-b) = (657-189) = 468.$

8. $767 = a$ तथा $683 = b$ रखने पर:

दिया गया व्यंजक $= \frac{(a+b)^2-(a-b)^2}{ab} = \frac{4ab}{ab} = 4.$

9. $896 = a$ तथा $639 = b$ रखने पर :

दिया गया व्यंजक $= \frac{(a+b)^2+(a-b)^2}{(a^2+b^2)} = \frac{2(a^2+b^2)}{(a^2+b^2)} = 2.$

10. माना 47 = a, 35 = b तथा 18 = c. तब,

दिया गया व्यंजक $= \dfrac{(a^3+b^3+c^3-3abc)}{(a^2+b^2+c^2-ab-bc-ac)} = (a+b+c) = (47+35+18) = 100.$

11. $(a-b) = x$, $(b-c) = y$ तथा $(c-a) = z$ रखने पर:

$(x+y+z) = (a-b)+(b-c)+(c-a) = 0.$

$\therefore\ x^3+y^3+z^3 = 3xyz.$

अत: दिया गया व्यंजक $= \dfrac{x^3+y^3+z^3}{9\times xyz} = \dfrac{3xyz}{9xyz} = \dfrac{1}{3}.$

12. से **14.** स्वयं करें.

15. दिया गया व्यंजक $= (-2)^{(-2)^3} = (-2)^{(-8)} = \dfrac{1}{(-2)^8} = \dfrac{1}{256}.$

16. दिया गया व्यंजक $= \left\{\dfrac{1\times3\times9+2\times1\times2\times3\times2\times9+3\times1\times3\times3\times3\times9+....}{1\times5\times25+2\times1\times2\times5\times2\times25+3\times1\times3\times5\times3\times25+....}\right\}^{1/3}$

$= \left\{\dfrac{(1\times3\times9)+2^3(1\times3\times9)+3^3(1\times3\times9)+....}{(1\times5\times25)+2^3(1\times5\times25)+3^3(1\times5\times25)+....}\right\}^{1/3}$

$= \left\{\dfrac{27(1+8+27+....)}{125(1+8+27+...)}\right\}^{1/3} = \left(\dfrac{27}{125}\right)^{1/3} = \dfrac{3}{5}.$

17. माना रमेश x दिन की यात्रा पर निकला. तब,

$\dfrac{3600}{x} - \dfrac{3600}{(x+4)} = 30 \Rightarrow \dfrac{1}{x} - \dfrac{1}{(x+4)} = \dfrac{30}{3600} = \dfrac{1}{120}$

$\Rightarrow \dfrac{(x+4)-x}{x(x+4)} = \dfrac{1}{120} \Rightarrow x^2+4x-480 = 0$

$\Rightarrow (x+24)(x-20) = 0 \Rightarrow x = 20.\ [\because x \neq -24]$

अत: रमेश 20 दिन की यात्रा पर निकला था.

18. माना x मित्रों ने योजना बनाई. तब,

$\dfrac{192}{(x-4)} - \dfrac{192}{x} = 4 \Rightarrow \dfrac{1}{(x-4)} - \dfrac{1}{x} = \dfrac{4}{192} = \dfrac{1}{48}$

$\Rightarrow \dfrac{x-(x-4)}{x(x-4)} = \dfrac{1}{48} \Rightarrow x^2-4x-192 = 0 \Rightarrow (x-16)(x+12) = 0 \Rightarrow x = 16.$

पिकनिक पर जाने वालों की संख्या = (16 – 4) = 12.

19. माना ठीक उत्तरों की संख्या = x.

त्रुटिपूर्ण उत्तरों की संख्या = $(75 - x)$.

$\therefore\ 4x - (75-x) = 125 \Rightarrow 5x = 200 \Rightarrow x = 40.$

अत: ठीक उत्तरों की संख्या = 40.

20. माना कुल मिठाइयों की संख्या = $(25x + 8)$. तब,

$\{(25x+8) - 22\}$, 28 से पूर्णतया विभक्त होगी

$\Rightarrow (25x - 14)$, 28 से पूर्णतया विभक्त होगी

$\Rightarrow \{28x - (3x + 14)\}$, 28 से पूर्णतया विभक्त होगी

$\Rightarrow (3x + 14)$, 28 से पूर्णतया विभक्त होगी

$\Rightarrow x = 14$ $\quad\therefore$ मिठाइयों की संख्या $= (25 \times 14 + 8) = 358$.

21. माना आरम्भ में लड़कों की संख्या $= x$ तथा लड़कियों की संख्या $= y$.

15 लड़कियों के जाने के बाद शेष लड़कियों की संख्या $= (y - 15)$.

अब, लड़कों की संख्या $= 2 \times$ (लड़कियों की संख्या)

$\therefore\ x = 2(y - 15) \Rightarrow 2y - x = 30.$ ...(i)

पुन: 45 लड़कों के जाने के बाद शेष लड़कों की संख्या $= (x - 45)$.

अब, लड़कियों की संख्या $= 5 \times$ (लड़कों की संख्या)

$\therefore\ (y - 15) = 5(x - 45) \Rightarrow 5x - y = 210$ ...(ii)

अब, (i) तथा (ii) को हल करने पर, $y = 40$.

अत: आरम्भ में लड़कियों की संख्या = 40.

22. माना हाल A में परीक्षार्थियों की संख्या $= x$ तथा हाल B में परीक्षार्थियों की संख्या $= y$.

तब, $(x - 10) = (y + 10) \Rightarrow x - y = 20.$ ...(i)

तथा $(x + 20) = 2(y - 20) \Rightarrow 2y - x = 60.$ ...(ii)

अब, (i) तथा (ii) को हल करने पर, $x = 100$ तथा $y = 80$.

अत: कक्ष A में परीक्षार्थियों की संख्या = 100.

23. माना कुल कर्मचारियों की संख्या $= x$. तब,

कुशल कार्यकर्ता $= \dfrac{2x}{3}$ तथा अकुशल कार्यकर्ता $= \left(x - \dfrac{2x}{3}\right) = \dfrac{x}{3}$.

अस्थायी कर्मचारी $= \left(\dfrac{2x}{3} \text{ का } \dfrac{5}{9}\right) + \left(\dfrac{x}{3} \text{ का } \dfrac{7}{8}\right) = \left(\dfrac{10x}{27} + \dfrac{7x}{24}\right) = \dfrac{143x}{216}$.

स्थायी कर्मचारी $= \left(x - \dfrac{143x}{216}\right) = \dfrac{73x}{216}$.

$\therefore\ \dfrac{73x}{216} = 292 \Rightarrow x = \dfrac{(292 \times 216)}{73} = 864.$

अत: कुल कर्मचारियों की संख्या = 864.

24. माना निश्चित अचर राशि = ₹ x तथा शेष देय = ₹ y प्रति किमी०.

तब, $x + 16y = 156$ ...(i)

$x + 24y = 204$ ...(ii)

अब, (ii) में से (i) घटाने पर, $8y = 48 \Rightarrow y = 6$.

अब, (i) में $y = 6$ रखने पर, $x + 96 = 156 \Rightarrow x = (156 - 96) = 60$.

अत: 30 किमी० दूरी के लिए देय धन = ₹ $(x + 30y)$ = ₹ $(60 + 30 \times 6)$ = ₹ 240.

25. माना कुल विद्यार्थियों की संख्या $= x$.

लड़कियों की संख्या $= \dfrac{3x}{7}$ तथा लड़कों की संख्या $= \left(x - \dfrac{3x}{7}\right) = \dfrac{4x}{7}$.

10 वर्ष से कम आयु के लड़के $= \left(\dfrac{1}{4} \times \dfrac{4x}{7}\right) = \dfrac{x}{7}$.

10 वर्ष से कम आयु की लड़कियाँ $= \left(\dfrac{5}{6} \times \dfrac{3x}{7}\right) = \dfrac{5x}{14}$.

$\therefore\ \dfrac{x}{7} + \dfrac{5x}{14} + 500 = x \Rightarrow \dfrac{2x + 5x}{14} + 500 = x \Rightarrow \left(x - \dfrac{x}{2}\right) = 500 \Rightarrow x = 1000.$

अत: विद्यालय में कुल विद्यार्थियों की संख्या = 1000.

26. माना दफ्तर में काम करने वालों की कुल संख्या $= x$.

स्त्रियों की कुल संख्या $= \frac{x}{3}$.

विवाहित स्त्रियों की संख्या $= \left(\frac{1}{2} \times \frac{x}{3}\right) = \frac{x}{6}$.

बच्चों वाली स्त्रियों की संख्या $= \left(\frac{1}{3} \times \frac{x}{6}\right) = \frac{x}{18}$.

पुरुषों की संख्या $= \left(x - \frac{x}{3}\right) = \frac{2x}{3}$.

विवाहित पुरुषों की संख्या $= \left(\frac{3}{4} \times \frac{2x}{3}\right) = \frac{x}{2}$.

बच्चों वाले पुरुषों की संख्या $= \left(\frac{2}{3} \times \frac{x}{2}\right) = \frac{x}{3}$.

बच्चों वाले पुरुषों तथा स्त्रियों की कुल संख्या $= \left(\frac{x}{3} + \frac{x}{18}\right) = \frac{7x}{18}$.

नि:सन्तान पुरुषों तथा स्त्रियों की कुल संख्या $= \left(x - \frac{7x}{18}\right) = \frac{11x}{18}$.

अत: कुल काम करने वालों का $\frac{11}{18}$ भाग नि:संतान है.

27. माना विद्यार्थियों की कुल संख्या $= x$.

सभी प्रश्नों के उत्तर देने वालों की संख्या $= \left(\frac{1}{20} x\right) = \frac{x}{20}$.

किसी भी प्रश्न का उत्तर न देने वालों की संख्या $= x$ का $\frac{1}{20} = \frac{x}{20}$.

शेष $= x - \left(\frac{x}{20} + \frac{x}{20}\right) = \left(x - \frac{x}{10}\right) = \frac{9x}{10}$.

चार प्रश्नों के उत्तर देने वालों की संख्या $= \left(\frac{9x}{10} \text{ का } \frac{1}{4}\right) = \frac{9x}{40}$.

एक प्रश्न का उत्तर देने वालों की संख्या $= \left(\frac{9x}{10} \text{ का } \frac{1}{5}\right) = \frac{9x}{50}$.

तीन प्रश्नों के उत्तर देने वालों की संख्या $= \left(x \text{ का } \frac{49}{2}\%\right) = \left(x \times \frac{49}{2} \times \frac{1}{100}\right) = \frac{49x}{200}$.

दो प्रश्नों के उत्तर देने वालों की संख्या $= x - \left(\frac{x}{20} + \frac{x}{20} + \frac{9x}{40} + \frac{9x}{50} + \frac{49x}{200}\right)$

$$= \left\{x - \frac{(10x + 10x + 45x + 36x + 49x)}{200}\right\} = \left(x - \frac{150x}{200}\right) = \left(x - \frac{3x}{4}\right) = \frac{x}{4}.$$

$\therefore \quad \frac{x}{4} = 200 \Rightarrow x = 800.$

अत: कुल विद्यार्थियों की संख्या $= 800$.

28. दो पेड़ों के बीच की दूरी $= \frac{2000}{200}$ मीटर $= 10$ मीटर.

एक ओर के पौधों की संख्या $= \left(\frac{50 \times 1000}{10} + 1\right) = 5001$.

दोनों ओर के पौधों की संख्या $= (5001 \times 2) = 10002$.

5 वर्गमूल तथा घनमूल (SQUARE ROOT AND CUBE ROOT)

सामान्य नियम

वर्गमूल : किसी संख्या का वर्गमूल वह संख्या है जिसे अपने से गुणा करने पर दी गई संख्या प्राप्त हो. x के वर्गमूल को $\sqrt{x}$ से व्यक्त करते हैं.

जैसे : (i) $\sqrt{9}=3$ (ii) $\sqrt{16}=4$ (iii) $\sqrt{64}=8$ आदि.

घनमूल : किसी संख्या a का घनमूल b होगा, यदि $a=b^3$ हो. हम इसे लिखते हैं : $\sqrt[3]{a}=b$.

जैसे : (i) $\sqrt[3]{8}=2$ (ii) $\sqrt[3]{125}=5$ (iii) $\sqrt[3]{216}=6$.

साधित उदाहरण

प्रश्न 1. $\sqrt{1225}=?$

हल : $1225=(5\times5\times7\times7)$

$=(5^2\times7^2)$

$\therefore \sqrt{1225}=(5\times7)=35.$

5	1225
5	245
7	49
	7

प्रश्न 2. $\sqrt{4356}=?$

हल : $4356=(2\times2\times3\times3\times11\times11)$

$=(2^2\times3^2\times11^2)$

$\therefore \sqrt{4356}=(2\times3\times11)=66.$

2	4356
2	2178
3	1089
3	363
11	121
	11

प्रश्न 3. $\sqrt{137641}=?$

हल :

```
   3 | 13 76 41 ( 371
     | 9
     |----
  67 | 476
     | 469
     |-----
 741 |   741
     |   741
     |   ---
     |    x
```

$\therefore \sqrt{137641}=371.$

प्रश्न 4. $\sqrt{1814409}=?$

हल :

```
    1 | 1 81 44 09 ( 1347
      | 1
      |----
   23 |  81
      |  69
      |------
  264 | 1244
      | 1056
      |-------
 2687 |  18809
      |  18809
      |  -----
      |    x
```

$\therefore \sqrt{1814409}=1347.$

प्रश्न 5. $\sqrt{\dfrac{\cdot 049 \times \cdot 016 \times \cdot 09}{\cdot 81 \times \cdot 036 \times \cdot 064}} = ?$

हल : दिये गये वर्गमूल के अंश में दशमलव स्थानों का योग = (3 + 3 + 2) = 8

तथा हर में दशमलव स्थानों का योग = (2 + 3 + 3) = 8.

अतः हम दशमलव बिन्दुओं को हटा सकते हैं.

$\therefore$ दिया गया व्यंजक $= \sqrt{\dfrac{49 \times 16 \times 9}{81 \times 36 \times 64}} = \dfrac{(7 \times 4 \times 3)}{(9 \times 6 \times 8)} = \dfrac{7}{36}.$

> **दो विशेष सूत्र :**
>
> $(i)\ \sqrt{ab} = \sqrt{a} \times \sqrt{b} \qquad (ii)\ \sqrt{\dfrac{a}{b}} = \dfrac{\sqrt{a}}{\sqrt{b}}.$

प्रश्न 6. $\dfrac{\sqrt{162}}{\sqrt{288}} = ?$

हल : $\dfrac{\sqrt{162}}{\sqrt{288}} = \sqrt{\dfrac{162}{288}} = \sqrt{\dfrac{81}{144}} = \dfrac{9}{12} = \dfrac{3}{4}.$

प्रश्न 7. $\sqrt{98} \times \sqrt{72} = ?$

हल : $\sqrt{98} \times \sqrt{72} = \sqrt{98 \times 72} = \sqrt{49 \times 2 \times 2 \times 36} = \sqrt{7^2 \times 2^2 \times 6^2} = (7 \times 2 \times 6) = 84.$

> **दशमलव भिन्नों के वर्गमूल :** यदि दिये गये दशमलव भिन्न में दशमलव बिन्दु के बाद अंकों की संख्या विषम हो, तो अन्त में एक शून्य और लगाकर दायीं ओर दो-दो अंकों के जोड़े बनाते हैं तथा ऊपर दी गई विधि से वर्गमूल ज्ञात करते हैं.

प्रश्न 8. $\sqrt{\cdot 9} = ?$ **(दशमलव के तीन स्थानों तक ज्ञात करें)**

हल :

```
   9  | ·90 (·948
      |  81
 184  |   900
      |   736
1888  |  16400
      |  15104
```

$\therefore \sqrt{\cdot 9} = \cdot 948.$

प्रश्न 9. $\sqrt{161 \cdot 29} = ?$

हल :

```
   1 | 1 61·29 (12·7
     | 1
  22 |   61
     |   44
 247 |   1729
     |   1729
     |     x
```

$\therefore \sqrt{161 \cdot 29} = 12 \cdot 7.$

प्रश्न 10. यदि $\sqrt{3} = 1\cdot732$ तथा $\sqrt{2} = 1\cdot414$ हो, तो $\left(\frac{\sqrt{3}+\sqrt{2}}{\sqrt{3}-\sqrt{2}}\right)$ का वर्गमूल ज्ञात करें.

हल : $\frac{(\sqrt{3}+\sqrt{2})}{(\sqrt{3}-\sqrt{2})} = \frac{(\sqrt{3}+\sqrt{2})}{(\sqrt{3}-\sqrt{2})} \times \frac{(\sqrt{3}+\sqrt{2})}{(\sqrt{3}+\sqrt{2})} = \frac{(\sqrt{3}+\sqrt{2})^2}{(3-2)} = (\sqrt{3}+\sqrt{2})^2$

$\therefore \sqrt{\frac{(\sqrt{3}+\sqrt{2})}{(\sqrt{3}-\sqrt{2})}} = (\sqrt{3}+\sqrt{2}) = (1\cdot732 + 1\cdot414) = 3\cdot146.$

प्रश्न 11. $\frac{52}{?} = \frac{?}{13}$.

हल : माना $\frac{52}{x} = \frac{x}{13}$. तब $x^2 = (52\times13) = (4\times13\times13) = 2^2\times(13)^2$.

$\therefore x = (2\times13) = 26.$

अतः लुप्त स्थान पर 26 होगा.

प्रश्न 12. छात्रों के एक समूह में प्रत्येक छात्र से उतने ही पैसे लिये गये जितने इस समूह में छात्र थे. यदि कुल धन ₹ 59·29 एकत्र किया गया हो, तो समूह में कितने छात्र थे?

हल : माना समूह में कुल x छात्र थे. तब, प्रत्येक छात्र से लिए गए पैसे $= x$.

कुल एकत्रित धन $= (x\times x)$ पैसे $=$ ₹ $\left(\frac{x^2}{100}\right)$

$\therefore \left(\frac{x^2}{100}\right) = 59.29 \Rightarrow x^2 = 5929 \Rightarrow x = \sqrt{5929} = 77.$

अतः समूह में कुल 77 छात्र थे.

घनमूल ज्ञात करना :

दी गई संख्या को अभाज्य गुणनखण्डों के गुणनफल के रूप में व्यक्त करें. एक ही प्रकार के प्रत्येक तीन गुणनखण्डों में से एक लेकर बने गुणनखण्डों का गुणनफल ही अभीष्ट घनमूल है.

प्रश्न 13. $\sqrt[3]{74088} = ?$

हल : $74088 = (2^3\times7^3\times3^3)$

$\therefore \sqrt[3]{74088} = (2\times7\times3) = 42.$

2	74088
2	37044
2	18522
7	9261
7	1323
7	189
3	27
3	9
	3

प्रश्न 14. $\sqrt[3]{0\cdot000027} = ?$

हल : $\cdot000027 = \frac{27}{10^6}$

$\therefore \sqrt[3]{\cdot000027} = \sqrt[3]{\frac{27}{10^6}} = \frac{3}{10^2} = \frac{3}{100} = \cdot03.$

प्रश्नमाला 5A

निम्नलिखित प्रश्नों में से प्रत्येक में ठीक उत्तर को चिन्हांकित (✓) कीजिए :

1. $\sqrt{625}+\sqrt{484}=?$ **(एस०एस०सी० परीक्षा, 2009)**

(*a*) 47 (*b*) 56 (*c*) 52 (*d*) 35

2. $\sqrt{1225}=?$ **(बैंक पी०ओ० परीक्षा, 2009)**

(*a*) 25 (*b*) 45 (*c*) 55 (*d*) 15 (*e*) इनमें से कोई नहीं

3. $\sqrt{3364}=?$ **(बैंक पी०ओ० परीक्षा, 2009)**

(*a*) 62 (*b*) 58 (*c*) 32 (*d*) 68 (*e*) इनमें से कोई नहीं

4. $\sqrt{64009}=?$ **(रेलवे परीक्षा, 2009)**

(*a*) 803 (*b*) 423 (*c*) 253 (*d*) 323

5. $\sqrt{894916}=?$ **(बैंक पी०ओ० परीक्षा, 2006)**

(*a*) 856 (*b*) 920 (*c*) 946 (*d*) 880 (*e*) 768

6. $\sqrt{9216}+\sqrt{12544}=?$ **(बैंक पी०ओ० परीक्षा, 2006)**

(*a*) 200 (*b*) 196 (*c*) 218 (*d*) 208 (*e*) इनमें से कोई नहीं

7. $\sqrt{?}-34=\sqrt{484}$ **(बैंक पी०ओ० परीक्षा, 2010)**

(*a*) 56 (*b*) 65 (*c*) 2631 (*d*) 3136 (*e*) इनमें से कोई नहीं

8. $\left(\sqrt{5}-2\right)^2=?-\sqrt{80}$ **(बैंक पी०ओ० परीक्षा, 2010)**

(*a*) $4\sqrt{5}+4$ (*b*) $4\sqrt{5}$ (*c*) $9-4\sqrt{5}$ (*d*) 9 (*e*) इनमें से कोई नहीं

9. $\left(\sqrt{?}-1\right)^2=8-\sqrt{28}$ **(बैंक पी०ओ० परीक्षा, 2010)**

(*a*) 6 (*b*) 4 (*c*) 9 (*d*) 7 (*e*) इनमें से कोई नहीं

10. $\sqrt{8464}+\sqrt{?}=102$

(*a*) 100 (*b*) 225 (*c*) 400 (*d*) 625 (*e*) इनमें से कोई नहीं

11. $\sqrt{\sqrt{2500}+\sqrt{961}}=(?)^2$

(*a*) 81 (*b*) 3 (*c*) 6561 (*d*) 9 (*e*) इनमें से कोई नहीं

12. $\sqrt{176+\sqrt{2401}}=?$

(*a*) 14 (*b*) 15 (*c*) 18 (*d*) 24 (*e*) इनमें से कोई नहीं

13. $\sqrt{5+\sqrt{11+\sqrt{19+\sqrt{29+\sqrt{49}}}}}=?$ **(एस०एस०सी० परीक्षा, 2009)**

(*a*) 3 (*b*) 2 (*c*) 4 (*d*) 6

14. $\dfrac{\sqrt{32}+\sqrt{48}}{\sqrt{8}+\sqrt{12}}=?$

(*a*) 2 (*b*) 4 (*c*) 8 (*d*) $\sqrt{2}$

15. $\dfrac{\sqrt{24}+\sqrt{216}}{\sqrt{96}}=?$

(*a*) $2\sqrt{6}$ (*b*) 2 (*c*) $6\sqrt{2}$ (*d*) $\dfrac{\sqrt{6}}{3}$

16. $\dfrac{8}{?}=\dfrac{?}{50}$

(*a*) 1 (*b*) 20 (*c*) 25 (*d*) 100

17. $\frac{9^2}{?} = \frac{?}{9}$ **(एस०एस०सी० परीक्षा, 2002)**

(*a*) 3 (*b*) 9 (*c*) 27 (*d*) 81

18. $\frac{?}{49} = \frac{16}{?}$ **(बैंक पी०ओ० परीक्षा, 2009)**

(*a*) 48 (*b*) 18 (*c*) 38 (*d*) 28 (*e*) इनमें से कोई नहीं

19. $\frac{121}{?} = \frac{?}{81}$ **(बैंक पी०ओ० परीक्षा, 2009)**

(*a*) 89 (*b*) 73 (*c*) 99 (*d*) 85 (*e*) इनमें से कोई नहीं

20. $\frac{256 \times 256 - 144 \times 144}{112} = ?$ **(एस०एस०सी० परीक्षा, 2010)**

(*a*) 420 (*b*) 400 (*c*) 360 (*d*) 320

21. $\sqrt{1\frac{9}{16}} = ?$

(*a*) $1\frac{3}{4}$ (*b*) $1\frac{1}{4}$ (*c*) 1·125 (*d*) इनमें से कोई नहीं

22. $\sqrt{110\frac{1}{4}} = ?$

(*a*) 19·5 (*b*) 10·25 (*c*) 10·5 (*d*) 11·5

23. $\frac{\sqrt{288}}{\sqrt{128}} = ?$

(*a*) $\frac{\sqrt{3}}{2}$ (*b*) $\frac{3}{\sqrt{2}}$ (*c*) $\frac{3}{2}$ (*d*) $\sqrt{\frac{3}{2}}$

24. $\frac{\sqrt{256}}{?} \times \frac{\sqrt{625}}{?} = 4$

(*a*) 16 (*b*) 20 (*c*) 10 (*d*) इनमें से कोई नहीं

25. $\sqrt{\frac{?}{169}} = \frac{18}{13}$

(*a*) 108 (*b*) 324 (*c*) 2916 (*d*) 4800

26. $\sqrt{\frac{1694}{?}} + 14 = 25$

(*a*) 11 (*b*) 12 (*c*) 14 (*d*) 22

27. $\frac{?}{2880} = \frac{180}{?}$ **(बैंक पी०ओ० परीक्षा, 2008)**

(*a*) 360 (*b*) 750 (*c*) 540 (*d*) 1080 (*e*) इनमें से कोई नहीं

28. $\sqrt{?} + \sqrt{961} = \sqrt{2025}$ **(बैंक पी०ओ० परीक्षा, 2009)**

(*a*) 28 (*b*) 24 (*c*) 169 (*d*) 256 (*e*) इनमें से कोई नहीं

29. $2432 \div ? = \sqrt{23104}$ **(बैंक पी०ओ० परीक्षा, 2009)**

(*a*) 12 (*b*) 14 (*c*) 16 (*d*) 18 (*e*) इनमें से कोई नहीं

30. $\sqrt{\frac{12544}{13689}} = ?$

(*a*) $\frac{112}{127}$ (*b*) $\frac{112}{117}$ (*c*) $\frac{117}{112}$ (*d*) इनमें से कोई नहीं

31. $\sqrt{\frac{0 \cdot 009 \times 0 \cdot 036 \times 0 \cdot 016 \times 0 \cdot 08}{0 \cdot 002 \times 0 \cdot 0008 \times 0 \cdot 0002}} = ?$ **(एस०एस०सी० परीक्षा, 2010)**

(*a*) 34 (*b*) 36 (*c*) 38 (*d*) 39

32. $\sqrt{900} + \sqrt{0 \cdot 09} - \sqrt{0 \cdot 000009} = ?$ **(एस०एस०सी० परीक्षा, 2009)**

(*a*) 30·27 (*b*) 30·297 (*c*) 30·097 (*d*) 30·197

33. $\sqrt{0 \cdot 0081} = ?$ **(एस०एस०सी० परीक्षा, 2008)**

(*a*) 0·09 (*b*) 0·9 (*c*) 0·08 (*d*) 0·81

34. $\sqrt{0 \cdot 01 + \sqrt{0 \cdot 0064}} = ?$

(*a*) 0·03 (*b*) 0·3 (*c*) $0 \cdot 3\sqrt{2}$ (*d*) इनमें से कोई नहीं

35. $\sqrt{0 \cdot 00059049} = ?$

(*a*) ·243 (*b*) ·0243 (*c*) ·00243 (*d*) इनमें से कोई नहीं

36. $\sqrt{1 \cdot 0816} = ?$

(*a*) 0·14 (*b*) 1·4 (*c*) 1·004 (*d*) 1·04

37. $\sqrt{\frac{36 \cdot 1}{102 \cdot 4}} = ?$

(*a*) $\frac{29}{32}$ (*b*) $\frac{19}{72}$ (*c*) $\frac{19}{32}$ (*d*) $\frac{29}{62}$

38. $\sqrt{\frac{\cdot 289}{\cdot 00121}} = ?$

(*a*) $\frac{170}{11}$ (*b*) $\frac{17}{110}$ (*c*) $\frac{17}{11}$ (*d*) $\frac{0 \cdot 17}{11}$

39. $\sqrt{\frac{1 \cdot 21 \times 0 \cdot 9}{1 \cdot 1 \times 0 \cdot 11}} = ?$

(*a*) 2 (*b*) 3 (*c*) 9 (*d*) 11

40. $\sqrt{\frac{\cdot 081 \times \cdot 484}{\cdot 0064 \times 6 \cdot 25}} = ?$

(*a*) 9 (*b*) 0·9 (*c*) 99 (*d*) 0·99

41. $\sqrt{\frac{0 \cdot 204 \times 42}{0 \cdot 07 \times 3 \cdot 4}} = ?$

(*a*) 6 (*b*) 0·6 (*c*) 0·06 (*d*) $\frac{1}{6}$

42. $\sqrt{\frac{9 \cdot 5 \times 0 \cdot 0085 \times 18 \cdot 9}{\cdot 0017 \times 1 \cdot 9 \times 2 \cdot 1}} = ?$

(*a*) 0·15 (*b*) 0·5 (*c*) 15 (*d*) 250

43. यदि $\sqrt{1 + \frac{x}{144}} = \frac{13}{12}$ हो, तो $x = ?$

(*a*) 1 (*b*) 12 (*c*) 13 (*d*) 25

44. यदि $\sqrt{1+\frac{x}{169}}=\frac{14}{13}$ हो, तो $x = ?$

(*a*) 1 (*b*) 13 (*c*) 27 (*d*) इनमें से कोई नहीं

45. यदि $\sqrt{2^n}=64$ हो, तो $n = ?$ **(रेलवे परीक्षा, 2005)**

(*a*) 2 (*b*) 4 (*c*) 6 (*d*) 12

46. यदि $\sqrt{4^n}=1024$ हो, तो $n = ?$ **(रेलवे परीक्षा, 2006)**

(*a*) 5 (*b*) 8 (*c*) 10 (*d*) 12

47. यदि $\frac{1120}{\sqrt{n}}=80$ हो, तो $n = ?$

(*a*) 14 (*b*) 140 (*c*) 196 (*d*) 225

48. यदि $\frac{x}{\sqrt{2\cdot 25}}=550$ हो, तो $x = ?$

(*a*) 825 (*b*) 82·5 (*c*) 366·66 (*d*) 2

49. यदि $\sqrt{18225}=135$ हो, तो $\left(\sqrt{18225}+\sqrt{182\cdot 25}+\sqrt{1\cdot 8225}+\sqrt{\cdot 018225}\right)=?$

(*a*) 142·875 (*b*) 137·795 (*c*) 149·985 (*d*) 1499·85

50. यदि $\sqrt{6084}=78$ हो, तो $\sqrt{60\cdot 84}+\sqrt{0\cdot 6084}+\sqrt{0\cdot 006084}+\sqrt{0\cdot 00006084}$ का मान क्या होगा ?

(*a*) 0·86658 (*b*) 8·6658 (*c*) 86·658 (*d*) 866·58

(रेलवे परीक्षा, 2006)

51. $\sqrt{6+\sqrt{6+\sqrt{6+\ldots\ldots\ldots\ldots \infty}}}=?$ **(एस०एस०सी० परीक्षा, 2010)**

(*a*) 3 (*b*) 4 (*c*) 5 (*d*) 6

52. किस लघुत्तम संख्या को 13218 में जोड़ देने से यह पूर्ण वर्ग बन जायेगा ? **(एस०एस०सी० परीक्षा, 2009)**

(*a*) 1 (*b*) 3 (*c*) 5 (*d*) 7

53. $\sqrt{0\cdot 4}=?$

(*a*) ·2 (*b*) ·02 (*c*) ·613 (*d*) ·632

54. $\sqrt{0\cdot 064}=?$

(*a*) ·8 (*b*) ·08 (*c*) ·008 (*d*) इनमें से कोई नहीं

55. $\sqrt{0\cdot 009}=?$

(*a*) 0·03 (*b*) 0·3 (*c*) 0·094 (*d*) इनमें से कोई नहीं

56. $\sqrt{0\cdot 9}=?$

(*a*) 0·3 (*b*) 0·03 (*c*) 0·9 (*d*) इनमें से कोई नहीं

57. $\sqrt{0\cdot 121}=?$

(*a*) 0·11 (*b*) ·011 (*c*) 1·1 (*d*) 1·01 (*e*) इनमें से कोई नहीं

58. $\sqrt{654}=?$ **(होटल मैनेजमैन्ट परीक्षा, 2004)**

(*a*) 25 (*b*) 25·05 (*c*) 25·57 (*d*) इनमें से कोई नहीं

59. $\sqrt{1296}=(?)^2$ **(बैंक पी०ओ० परीक्षा, 2006)**

(*a*) 6 (*b*) 36 (*c*) 625 (*d*) 1296 (*e*) इनमें से कोई नहीं

60. $\sqrt{2+\sqrt{2+\sqrt{2+\ldots\ldots\ldots \infty}}}=?$

(*a*) 1 (*b*) 1·5 (*c*) 2 (*d*) 2·5

61. $\frac{\sqrt{2}}{(2+\sqrt{2})} = ?$ **(रेलवे परीक्षा, 2009)**

(*a*) $(\sqrt{2}-1)$ (*b*) $(\sqrt{2}+1)$ (*c*) $2\sqrt{2}$ (*d*) $(1-\sqrt{2})$

62. यदि $\frac{\sqrt{7}-2}{\sqrt{7}+2} = a\sqrt{7}+b$ हो, तो $a = ?$ **(एस०एस०सी० परीक्षा, 2007)**

(*a*) $\frac{11}{3}$ (*b*) $\frac{-4}{3}$ (*c*) $\frac{4}{3}$ (*d*) $\frac{-4\sqrt{7}}{3}$

63. $\frac{(\sqrt{7}+\sqrt{5})}{(\sqrt{7}-\sqrt{5})} + \frac{(\sqrt{7}-\sqrt{5})}{(\sqrt{7}+\sqrt{5})} = ?$

(*a*) 6 (*b*) 12 (*c*) 8 (*d*) 5

64. $\frac{(\sqrt{7}+\sqrt{5})}{(\sqrt{7}-\sqrt{5})} = ?$

(*a*) $6+\sqrt{35}$ (*b*) $6-\sqrt{35}$ (*c*) 1 (*d*) 2

65. $\frac{1}{(\sqrt{9}-\sqrt{8})} = ?$

(*a*) $(3+2\sqrt{2})$ (*b*) $(3-2\sqrt{2})$ (*c*) $2(3+\sqrt{2})$ (*d*) $\frac{1}{2}(3-\sqrt{2})$

66. $\frac{1}{(\sqrt{9}-\sqrt{8})} - \frac{1}{(\sqrt{8}-\sqrt{7})} + \frac{1}{(\sqrt{7}-\sqrt{6})} - \frac{1}{(\sqrt{6}-\sqrt{5})} + \frac{1}{(\sqrt{5}-\sqrt{4})} = ?$

(*a*) 0 (*b*) 1 (*c*) 5 (*d*) $\frac{1}{3}$

67. यदि $\sqrt{3} = 1 \cdot 732$ हो, तो $\sqrt{\frac{3}{4}} = ?$

(*a*) 0·577 (*b*) 0·866 (*c*) 0·433 (*d*) इनमें से कोई नहीं

68. यदि $\sqrt{5} = 2 \cdot 24$ तथा $\sqrt{6} = 2 \cdot 45$ हो, तो $\sqrt{\frac{2}{3}} + \sqrt{\frac{5}{6}} = ?$

(*a*) 1·37 (*b*) 1·57 (*c*) 1·73 (*d*) 1·75

69. यदि $\sqrt{5} = 2 \cdot 236$ हो, तो $\frac{1}{\sqrt{5}} = ?$

(*a*) ·367 (*b*) ·745 (*c*) ·447 (*d*) इनमें से कोई नहीं

70. यदि $\sqrt{6} = 2 \cdot 449$ हो, तो $\frac{3\sqrt{2}}{2\sqrt{3}} = ?$

(*a*) ·6122 (*b*) 1·2245 (*c*) 1·3245 (*d*) ·8163

71. $\sqrt{\frac{4}{3}} - \sqrt{\frac{3}{4}} = ?$

(*a*) 1 (*b*) $\frac{-1}{2\sqrt{3}}$ (*c*) $\frac{1}{2\sqrt{3}}$ (*d*) $\frac{\sqrt{3}}{6}$

72. $(4)^2 + (3)^2 = \sqrt{?}$ **(बैंक पी०ओ० परीक्षा, 2005)**

(*a*) 5 (*b*) 25 (*c*) 125 (*d*) 425 (*e*) इनमें से कोई नहीं

73. यदि $\sqrt{2} = 1 \cdot 4142$ हो, तो $\frac{7}{(3+\sqrt{2})} = ?$

(*a*) 1·5858 (*b*) 1·5947 (*c*) 1·6136 (*d*) 1·7316

74. यदि $\sqrt{2} = 1\cdot4142$ हो, तो $\frac{(4+\sqrt{2})}{(\sqrt{2}+1)} = ?$

(*a*) 2·1236 (*b*) 2·2426 (*c*) 2·4136 (*d*) 2·3216

75. $\sqrt{7+2\sqrt{10}} = ?$

(*a*) $(\sqrt{5}+\sqrt{2})$ (*b*) $(\sqrt{3}+2)$ (*c*) $(\sqrt{6}+1)$ (*d*) $(2+\sqrt{5})$

76. $\sqrt{8+2\sqrt{15}} = ?$

(*a*) $(\sqrt{2}+\sqrt{6})$ (*b*) $(\sqrt{5}+\sqrt{3})$ (*c*) $(2\sqrt{3}+5\sqrt{3})$ (*d*) $(2+\sqrt{6})$

77. यदि $a = \sqrt{7+2\sqrt{12}}$ तथा $b = \sqrt{7-2\sqrt{12}}$ हो, तो $(a^3+b^3) = ?$ **(एस०एस०सी० परीक्षा, 2010)**

(*a*) 40 (*b*) 44 (*c*) 48 (*d*) 52

78. $\frac{\sqrt{7}}{\sqrt{16+6\sqrt{7}} - \sqrt{16-6\sqrt{7}}} = ?$ **(एस०एस०सी० परीक्षा, 2010)**

(*a*) $\frac{1}{2}$ (*b*) $\frac{1}{3}$ (*c*) $\frac{1}{4}$ (*d*) $\frac{1}{5}$

79. यदि $\sqrt{24} = 4\cdot898$ हो, तो $\sqrt{\frac{8}{3}} = ?$ **(एस०एस०सी० परीक्षा, 2007)**

(*a*) 0·544 (*b*) 1·333 (*c*) 1·633 (*d*) 2·666

80. यदि $\frac{(\sqrt{3+x}+\sqrt{3-x})}{(\sqrt{3+x}-\sqrt{3-x})} = 2$ हो, तो $x = ?$ **(एस०एस०सी० परीक्षा, 2010)**

(*a*) $\frac{5}{12}$ (*b*) $\frac{12}{5}$ (*c*) $\frac{5}{7}$ (*d*) $\frac{7}{5}$

81. यदि $x = \frac{\sqrt{3}}{2}$ हो, तो $\frac{(\sqrt{1+x}+\sqrt{1-x})}{(\sqrt{1+x}-\sqrt{1-x})} = ?$ **(एस०एस०सी० परीक्षा, 2010)**

(*a*) $-\sqrt{3}$ (*b*) -1 (*c*) 1 (*d*) $\sqrt{3}$

82. यदि $x = (7-4\sqrt{3})$ हो, तो $\left(x+\frac{1}{x}\right) = ?$ **(रेलवे परीक्षा, 2005)**

(*a*) $3\sqrt{3}$ (*b*) $8\sqrt{3}$ (*c*) $14+8\sqrt{3}$ (*d*) 14

83. यदि $x = \frac{(\sqrt{5}+\sqrt{3})}{(\sqrt{5}-\sqrt{3})}$ तथा $y = \frac{(\sqrt{5}-\sqrt{3})}{(\sqrt{5}+\sqrt{3})}$ हो, तो $(x+y) = ?$ **(एस०एस०सी० परीक्षा, 2005)**

(*a*) 8 (*b*) 16 (*c*) $2\sqrt{15}$ (*d*) $2(\sqrt{5}+\sqrt{3})$

84. $\frac{(\sqrt{7}+\sqrt{3})}{(\sqrt{7}-\sqrt{3})} + \frac{(\sqrt{7}-\sqrt{3})}{(\sqrt{7}+\sqrt{3})} + \frac{(\sqrt{3}-1)}{(\sqrt{3}+1)} + \frac{(\sqrt{3}+1)}{(\sqrt{3}-1)} = ?$ **(एस०एस०सी० परीक्षा, 2005)**

(*a*) 7 (*b*) 4 (*c*) 6 (*d*) 9

85. यदि $a = (5+2\sqrt{6})$ हो, तो $\left(\sqrt{a}-\frac{1}{\sqrt{a}}\right) = ?$

(*a*) $2\sqrt{2}$ (*b*) $3\sqrt{2}$ (*c*) $2\sqrt{3}$ (*d*) $3\sqrt{3}$

86. यदि $(\sqrt{a}+\sqrt{b}) = 17$ तथा $(\sqrt{a}-\sqrt{b}) = 1$ हो, तो $\sqrt{ab} = ?$

(*a*) 17 (*b*) 18 (*c*) 72 (*d*) इनमें से कोई नहीं

87. यदि $a = \frac{(\sqrt{5}+1)}{(\sqrt{5}-1)}$ तथा $b = \frac{(\sqrt{5}-1)}{(\sqrt{5}+1)}$ हो, तो $\frac{(a^2+ab+b^2)}{(a^2-ab+b^2)} = ?$ **(रेलवे परीक्षा, 2006)**

(*a*) 0·75 (*b*) 1·25 (*c*) 0·6 (*d*) 1·33

88. $\left(\sqrt{2}+\frac{1}{\sqrt{2}}\right)^2 = ?$ **(एस०एस०सी० परीक्षा, 2005)**

(*a*) $2\frac{1}{2}$ (*b*) $3\frac{1}{2}$ (*c*) $4\frac{1}{2}$ (*d*) $5\frac{1}{2}$

89. $\frac{2}{(\sqrt{7}+\sqrt{5})} + \frac{7}{(\sqrt{12}-\sqrt{5})} - \frac{5}{(\sqrt{12}+\sqrt{7})} = ?$ **(एस०एस०सी० परीक्षा, 2005)**

(*a*) 0 (*b*) 1 (*c*) 2 (*d*) 5

90. एक माली 17956 पौधे इस प्रकार लगाता है कि प्रत्येक पंक्ति में उतने ही पौधे हैं जितनी पंक्तियाँ हैं. एक पंक्ति में कितने पौधे हैं ? **(एम०बी०ए० परीक्षा, 2006)**

(*a*) 134 (*b*) 136 (*c*) 144 (*d*) 154

91. 920 में कम से कम क्या जोड़ें कि योगफल एक पूर्ण वर्ग हो ? **(बैंक पी०ओ० परीक्षा, 2006)**

(*a*) 31 (*b*) 39 (*c*) 41 (*d*) 49 (*e*) इनमें से कोई नहीं

92. 549162 में से कम से कम क्या घटाया जाये कि शेषफल एक पूर्ण वर्ग हो ?

(*a*) 28 (*b*) 36 (*c*) 62 (*d*) 81

93. 5 अंकों की वह बड़ी से बड़ी संख्या कौन-सी है जो पूर्ण वर्ग हो ?

(*a*) 99999 (*b*) 99764 (*c*) 99976 (*d*) 99856

94. 6 अंकों की वह छोटी से छोटी संख्या कौन-सी है जो पूर्ण वर्ग हो ?

(*a*) 100036 (*b*) 100049 (*c*) 100489 (*d*) 100169

95. 294 को किस छोटी से छोटी संख्या से गुणा करें कि गुणनफल एक पूर्ण वर्ग हो ?

(*a*) 2 (*b*) 3 (*c*) 6 (*d*) 24

96. 1470 को किस छोटी से छोटी संख्या से भाग दें कि भागफल एक पूर्ण वर्ग हो ?

(*a*) 5 (*b*) 6 (*c*) 15 (*d*) 30

97. वह छोटी से छोटी संख्या कौन-सी है जो एक पूर्ण वर्ग है तथा 10, 12, 15, 18 में से प्रत्येक से पूर्णतया विभक्त होती है ?

(*a*) 360 (*b*) 400 (*c*) 600 (*d*) 900

98. वह संख्या कौन-सी है जिसका वर्ग 975 तथा 585 के वर्गों के अन्तर के बराबर है ?

(*a*) 130 (*b*) 390 (*c*) 780 (*d*) 1560

(एस०एस०सी० परीक्षा, 2005)

99. $\sqrt[3]{4096} = ?$ **(बैंक पी०ओ० परीक्षा, 2009)**

(*a*) 16 (*b*) 26 (*c*) 18 (*d*) 24 (*e*) इनमें से कोई नहीं

100. $\sqrt[3]{15625} = ?$

(*a*) 225 (*b*) 125 (*c*) 25 (*d*) 65 (*e*) इनमें से कोई नहीं

101. $\sqrt[3]{328509} = ?$ **(बैंक पी०ओ० परीक्षा, 2008)**

(*a*) 63 (*b*) 59 (*c*) 73 (*d*) 69 (*e*) इनमें से कोई नहीं

102. $\sqrt[3]{4\frac{12}{125}} = ?$ **(एस०एस०सी० परीक्षा, 2009)**

(*a*) 1·4 (*b*) 1·6 (*c*) 1·8 (*d*) 2·4

103. $\sqrt[3]{\cdot 000216} = ?$

(*a*) ·6 (*b*) ·06 (*c*) ·006 (*d*) इनमें से कोई नहीं

104. $\sqrt[3]{\cdot 000729} = ?$

(*a*) ·027 (*b*) ·009 (*c*) ·09 (*d*) इनमें से कोई नहीं

105. $\sqrt[3]{(13\cdot 608)^2 - (13\cdot 392)^2} = ?$ **(एस०एस०सी० परीक्षा, 2010)**

(*a*) 0·6 (*b*) ·06 (*c*) 1·8 (*d*) 2·6

106. $\sqrt[3]{\cdot 000001} = ?$

(*a*) ·1 (*b*) ·01 (*c*) ·001 (*d*) ·0001

107. $\sqrt[3]{\cdot 064} + \sqrt{1\cdot 21} = ?$

(*a*) 1·26 (*b*) 1·274 (*c*) 1·5 (*d*) 2·7

108. $\sqrt[3]{\sqrt{0\cdot 000729}} + \sqrt[3]{0\cdot 008} = ?$

(*a*) 0·1 (*b*) 0·5 (*c*) 0·6 (*d*) 0·8

109. 1029 को किस छोटी से छोटी संख्या से गुणा करने पर प्राप्त संख्या एक पूर्ण घन होगी ?

(*a*) 4 (*b*) 7 (*c*) 9 (*d*) 25

110. 3600 को किस छोटी से छोटी संख्या से भाग दिया जाये कि भागफल एक पूर्ण घन हो ?

(*a*) 9 (*b*) 50 (*c*) 300 (*d*) 450

111. 4 अंकों की वह बड़ी से बड़ी संख्या कौन-सी है जो पूर्ण घन हो ?

(*a*) 9999 (*b*) 9261 (*c*) 8000 (*d*) इनमें से कोई नहीं

112. एक घनात्मक सन्दूक का आयतन 13·824 घन सेमी० है. इसकी प्रत्येक भुजा की लम्बाई कितनी है ?

(*a*) 3·8 सेमी० (*b*) 4·8 सेमी० (*c*) 2·4 सेमी० (*d*) 2·8 सेमी०

113. $\sqrt[3]{2197} = ?$ **(बैंक पी०ओ० परीक्षा, 2010)**

(*a*) 14 (*b*) 11 (*c*) 7 (*d*) 13 (*e*) इनमें से कोई नहीं

114. 120 तथा 300 के बीच कितनी पूर्ण वर्ग संख्यायें हैं ? **(एस०एस०सी० परीक्षा, 2010)**

(*a*) 5 (*b*) 6 (*c*) 7 (*d*) 8

115. यदि $\frac{\sqrt{0\cdot 0196}}{k} = 0\cdot 2$ हो, तो $k = ?$

(*a*) 4·9 (*b*) 0·7 (*c*) 0·49 (*d*) 7

116. $\sqrt[3]{\frac{7}{875}} = ?$

(*a*) $\frac{1}{3}$ (*b*) $\frac{1}{4}$ (*c*) $\frac{1}{5}$ (*d*) $\frac{1}{15}$

117. 10, 16 तथा 24 तीनों से विभाजित होने वाली सबसे छोटी वर्ग संख्या क्या है ?

(*a*) 900 (*b*) 1600 (*c*) 2500 (*d*) 3600

उत्तरमाला (प्रश्नमाला 5A)

1. (*a*)	**2.** (*e*)	**3.** (*b*)	**4.** (*c*)	**5.** (*c*)	**6.** (*d*)	**7.** (*d*)	**8.** (*d*)	**9.** (*d*)	**10.** (*a*)
11. (*b*)	**12.** (*b*)	**13.** (*a*)	**14.** (*a*)	**15.** (*b*)	**16.** (*b*)	**17.** (*c*)	**18.** (*d*)	**19.** (*c*)	**20.** (*b*)
21. (*b*)	**22.** (*c*)	**23.** (*c*)	**24.** (*c*)	**25.** (*b*)	**26.** (*c*)	**27.** (*e*)	**28.** (*e*)	**29.** (*c*)	**30.** (*b*)
31. (*b*)	**32.** (*b*)	**33.** (*a*)	**34.** (*b*)	**35.** (*b*)	**36.** (*d*)	**37.** (*c*)	**38.** (*a*)	**39.** (*b*)	**40.** (*d*)
41. (*a*)	**42.** (*c*)	**43.** (*d*)	**44.** (*c*)	**45.** (*d*)	**46.** (*c*)	**47.** (*c*)	**48.** (*a*)	**49.** (*c*)	**50.** (*b*)
51. (*a*)	**52.** (*d*)	**53.** (*d*)	**54.** (*d*)	**55.** (*c*)	**56.** (*c*)	**57.** (*e*)	**58.** (*c*)	**59.** (*a*)	**60.** (*c*)
61. (*a*)	**62.** (*a*)	**63.** (*b*)	**64.** (*a*)	**65.** (*a*)	**66.** (*c*)	**67.** (*b*)	**68.** (*c*)	**69.** (*c*)	**70.** (*b*)

71. (*d*)	72. (*e*)	73. (*a*)	74. (*b*)	75. (*a*)	76. (*b*)	77. (*d*)	78. (*a*)	79. (*c*)	80. (*b*)
81. (*d*)	82. (*d*)	83. (*a*)	84. (*d*)	85. (*a*)	86. (*c*)	87. (*d*)	88. (*c*)	89. (*a*)	90. (*a*)
91. (*c*)	92. (*d*)	93. (*d*)	94. (*c*)	95. (*c*)	96. (*b*)	97. (*d*)	98. (*c*)	99. (*a*)	100. (*c*)
101. (*d*)	102. (*b*)	103. (*b*)	104. (*c*)	105. (*c*)	106. (*b*)	107. (*c*)	108. (*b*)	109. (*c*)	110. (*d*)
111. (*b*)	112. (*c*)	113. (*d*)	114. (*c*)	115. (*b*)	116. (*c*)	117. (*d*)			

दिये गये प्रश्नों के हल प्रश्नमाला 5A

1.
$$\begin{array}{r|l} 2 & \overline{6}\;\overline{25}\,(25 \\ & 4 \\ \hline 45 & 225 \\ & 225 \\ \hline & \text{x} \end{array} \qquad \begin{array}{r|l} 2 & \overline{4}\;\overline{84}\,(22 \\ & 4 \\ \hline 42 & 84 \\ & 84 \\ \hline & \text{x} \end{array}$$

$\therefore\ \sqrt{625}+\sqrt{484}=(25+22)=47.$

2.
$$\begin{array}{r|l} 3 & \overline{12}\;\overline{25}\,(35 \\ & 9 \\ \hline 65 & 325 \\ & 325 \\ \hline & \text{x} \end{array}$$

$\therefore\ \sqrt{1225}=35$

3.
$$\begin{array}{r|l} 5 & \overline{33}\;\overline{64}\,(58 \\ & 25 \\ \hline 108 & 864 \\ & 864 \\ \hline & \text{x} \end{array}$$

$\therefore\ \sqrt{3364}=58$

4.
$$\begin{array}{r|l} 2 & \overline{6}\;\overline{40}\;\overline{09}\,(253 \\ & 4 \\ \hline 45 & 240 \\ & 225 \\ \hline 503 & 1509 \\ & 1509 \\ \hline & \text{x} \end{array}$$

$\therefore\ \sqrt{64009}=253$

5.
$$\begin{array}{r|l} 9 & \overline{89}\;\overline{49}\;\overline{16}\,(946 \\ & 81 \\ \hline 184 & 849 \\ & 736 \\ \hline 1886 & 11316 \\ & 11316 \\ \hline & \text{x} \end{array}$$

$\therefore\ \sqrt{894916}=946$

6.
$$\begin{array}{r|l} 9 & \overline{92}\;\overline{16}\,(96 \\ & 81 \\ \hline 186 & 1116 \\ & 1116 \\ \hline & \text{x} \end{array} \qquad \begin{array}{r|l} 1 & \overline{1}\;\overline{25}\;\overline{44}\,(112 \\ & 1 \\ \hline 21 & 25 \\ & 21 \\ \hline 222 & 444 \\ & 444 \\ \hline & \text{x} \end{array}$$

$\therefore\ \sqrt{9216}+\sqrt{12544}=(96+112)=208.$

7. माना $\sqrt{x}-34=\sqrt{484}$

$$\begin{array}{r|l} 2 & \overline{4}\;\overline{84}\,(22 \\ & 4 \\ \hline 42 & 84 \\ & 84 \\ \hline & \text{x} \end{array}$$

तब, $\sqrt{x}-34=22$

$\Rightarrow \sqrt{x}=(22+34)=56$

$\Rightarrow\ x=(56)^2=(50+6)^2$

$=(50)^2+6^2+2\times50\times6$

$=2500+36+600=3136.$

8. माना $(\sqrt{5}-2)^2=x-\sqrt{80}.$ तब $5+4-4\sqrt{5}=x-4\sqrt{5}$

$\therefore 9-4\sqrt{5}=x-4\sqrt{5}\Rightarrow x=9.$

9. माना $(\sqrt{x}-1)^2=8-\sqrt{28}=7+1-2\sqrt{7}=(\sqrt{7}-1)^2$

$\Rightarrow \sqrt{x}-1=\sqrt{7}-1 \Rightarrow \sqrt{x}=\sqrt{7}\Rightarrow x=7.$

10. माना $\sqrt{8464} + \sqrt{x} = 102.$

तब $92 + \sqrt{x} = 102$

$\Rightarrow \sqrt{x} = (102 - 92) = 10$

$\Rightarrow \quad x = (10)^2 = 100.$

$$\begin{array}{r|l} 9 & \overline{84}\,\overline{64}\,(92 \\ & \underline{81} \\ 182 & \;364 \\ & \underline{\;364} \\ & \quad \text{x} \end{array}$$

11. माना $\sqrt{\sqrt{2500} + \sqrt{961}} = x^2.$ तब

$\sqrt{50 + 31} = x^2 \Rightarrow x^2 = \sqrt{81} = 9$

$\Rightarrow \quad x = 3.$

$$\begin{array}{r|l} 3 & \overline{9}\,\overline{61}\,(31 \\ & \underline{9} \\ 61 & \;61 \\ & \underline{\;61} \\ & \quad \text{x} \end{array}$$

12. $\sqrt{176 + \sqrt{2401}} = \sqrt{176 + 49} = \sqrt{225}$

$= \sqrt{225}$

$= 15$

$$\begin{array}{r|l} 4 & \overline{24}\,\overline{01}\,(49 \\ & \underline{16} \\ 89 & \;801 \\ & \underline{\;801} \\ & \quad \text{x} \end{array}$$

13. दिया गया व्यंजक $= \sqrt{5 + \sqrt{11 + \sqrt{19 + \sqrt{29 + \sqrt{7}}}}}$ $= \sqrt{5 + \sqrt{11 + \sqrt{19 + \sqrt{36}}}}$

$= \sqrt{5 + \sqrt{11 + \sqrt{19 + 6}}} = \sqrt{5 + \sqrt{11 + \sqrt{25}}} = \sqrt{5 + \sqrt{11 + 5}}$

$= \sqrt{5 + \sqrt{16}} = \sqrt{5 + 4} = \sqrt{9} = 3.$

14. $\dfrac{\sqrt{32} + \sqrt{48}}{\sqrt{8} + \sqrt{12}} = \dfrac{\sqrt{16 \times 2} + \sqrt{16 \times 3}}{\sqrt{4 \times 2} + \sqrt{4 \times 3}} = \dfrac{4\sqrt{2} + 4\sqrt{3}}{2\sqrt{2} + 2\sqrt{3}} = \dfrac{4(\sqrt{2} + \sqrt{3})}{2(\sqrt{2} + \sqrt{3})} = 2.$

15. $\dfrac{\sqrt{24} + \sqrt{216}}{\sqrt{96}} = \dfrac{\sqrt{6 \times 4} + \sqrt{6 \times 36}}{\sqrt{6 \times 16}} = \dfrac{2\sqrt{6} + 6\sqrt{6}}{4\sqrt{6}} = \dfrac{(2 + 6)\sqrt{6}}{4\sqrt{6}} = \dfrac{8}{4} = 2.$

16. माना $\dfrac{8}{x} = \dfrac{x}{50}.$ तब, $x^2 = (8 \times 50) = 400 = (20)^2 \Rightarrow x = 20.$

17. माना $\dfrac{9^2}{x} = \dfrac{x}{9} \Rightarrow x^2 = 9^3 = (81 \times 9) = 729 = (27)^2 \Rightarrow x = 27.$

18. माना $\dfrac{x}{49} = \dfrac{16}{x}.$ तब, $x^2 = (16 \times 49) = (4^2 \times 7^2) = (4 \times 7)^2 = (28)^2 \Rightarrow x = 28.$

19. माना $\dfrac{121}{x} = \dfrac{x}{81}.$ तब, $x^2 = (121 \times 81) = (11)^2 \times (9^2) = (11 \times 9)^2 = (99)^2 \Rightarrow x = 99.$

20. दिया गया व्यंजक $= \dfrac{(256)^2 - (144)^2}{112} = \dfrac{(256 + 144)\,(256 - 144)}{112} = \dfrac{400 \times 112}{112} = 400.$

21. $\sqrt{1\dfrac{9}{16}} = \sqrt{\dfrac{25}{16}} = \dfrac{\sqrt{25}}{\sqrt{16}} = \dfrac{5}{4} = 1\dfrac{1}{4}.$

22. $\sqrt{110\dfrac{1}{4}} = \sqrt{\dfrac{441}{4}} = \dfrac{\sqrt{441}}{\sqrt{4}} = \dfrac{21}{2} = 10 \cdot 5.$

23. $\dfrac{\sqrt{288}}{\sqrt{128}} = \sqrt{\dfrac{288}{128}} = \sqrt{\dfrac{8 \times 36}{8 \times 16}} = \sqrt{\dfrac{36}{16}} = \dfrac{\sqrt{36}}{\sqrt{16}} = \dfrac{6}{4} = \dfrac{3}{2}.$

24. माना $\frac{\sqrt{256}}{x} \times \frac{\sqrt{625}}{x} = 4$. तब, $\frac{16}{x} \times \frac{25}{x} = 4$.

$\therefore\ 4x^2 = (16 \times 25) \Rightarrow x^2 = (4 \times 25) = 100 = (10)^2 \Rightarrow x = 10.$

25. माना $\sqrt{\frac{x}{169}} = \frac{18}{13} \Rightarrow \frac{x}{169} = \frac{18 \times 18}{13 \times 13} \Rightarrow x = (18 \times 18) = 324.$

26. माना $\sqrt{\frac{1694}{x}} + 14 = 25 \Rightarrow \sqrt{\frac{1694}{x}} = (25 - 14) = 11$

$\therefore\ \frac{1694}{x} = (11)^2 = 121 \Rightarrow x = \frac{1694}{121} = 14.$

27. माना $\frac{x}{2880} = \frac{180}{x}$. तब, $x^2 = 180 \times 2880 = 18 \times 18 \times 16 \times 100$

$\therefore\ x = 18 \times 4 \times 10 = 720.$

28. माना $\sqrt{x} + \sqrt{961} = \sqrt{2025}$

$\Rightarrow \sqrt{x} = \sqrt{2025} - \sqrt{961}$

$\Rightarrow \quad = (45 - 31) = 14$

$\Rightarrow\ x = (14)^2 = 196.$

```
 3 | 9 61 ( 31
   | 9
61 |   61
   |   61
   |    x
```

```
 4 | 20 25 ( 45
   | 16
85 |  425
   |  425
   |    x
```

29. माना $\frac{2432}{x} = \sqrt{23104}$

$\Rightarrow 2432 = 152 \times x \Rightarrow x = \frac{2432}{152} = 16$

```
  1 | 2 31 04 ( 152
    | 1
 25 | 131
    | 125
302 |   604
    |   604
    |     x
```

30.

```
  1 | 1 25 44 ( 112
    | 1
 21 |  25
    |  21
222 |   444
    |   444
    |     x
```

```
  1 | 1 36 89 ( 117
    | 1
 21 |  36
    |  21
227 |  1589
    |  1589
    |     x
```

$\therefore\ \sqrt{\frac{12544}{13689}} = \frac{\sqrt{12544}}{\sqrt{13689}} = \frac{112}{117}.$

31. अंश में दशमलव स्थानों का योग = (3 + 3 + 3 + 2) = 11.

हर में दशमलव स्थानों का योग = (3 + 4 + 4) = 11.

अत: दशमलव हटाने पर :

दिया गया व्यंजक $= \sqrt{\frac{9 \times 36 \times 16 \times 8}{2 \times 8 \times 2}} = \sqrt{9 \times 36 \times 4} = (3 \times 6 \times 2) = 36.$

32. दिया गया व्यंजक $= \sqrt{900} + \sqrt{\frac{9}{100}} - \sqrt{\frac{9}{10^6}}$

$$= \left(30 + \frac{3}{10} - \frac{3}{10^3}\right) = \left(30 + \frac{3}{10} - \frac{3}{1000}\right) = (30 + 0 \cdot 3 - 0 \cdot 003)$$

$$= (30 \cdot 3 - 0 \cdot 003) = 30 \cdot 297.$$

33. दिया गया व्यंजक $= \sqrt{\frac{81}{10000}} = \frac{9}{100} = 0 \cdot 09.$

34. दिया गया व्यंजक $= \sqrt{\frac{1}{100} + \sqrt{\frac{64}{10000}}} = \sqrt{\frac{1}{100} + \frac{8}{100}} = \sqrt{\frac{9}{100}} = \frac{\sqrt{9}}{\sqrt{100}} = \frac{3}{10} = 0 \cdot 3.$

35. दिया गया व्यंजक $= \sqrt{\frac{59049}{10^8}} = \frac{\sqrt{59049}}{10^4}$

$$= \frac{243}{10000} = 0 \cdot 0243.$$

$$\begin{array}{r|l} 2 & \overline{5}\,\overline{90}\,\overline{49}\,(\,243 \\ & 4 \\ 44 & 190 \\ & 176 \\ 483 & 1449 \\ & 1449 \\ & \times \end{array}$$

36. दिया गया व्यंजक $= \sqrt{\frac{10816}{10000}} = \frac{\sqrt{10816}}{100}$

$$= \frac{104}{100} = 1 \cdot 04.$$

$$\begin{array}{r|l} 1 & \overline{1}\,\overline{08}\,\overline{16}\,(\,104 \\ & 1 \\ 204 & 0816 \\ & 816 \\ & \times \end{array}$$

37. $\sqrt{\frac{36 \cdot 1}{102 \cdot 4}} = \sqrt{\frac{361}{1024}} = \frac{\sqrt{361}}{\sqrt{1024}} = \frac{19}{32}.$

$$\begin{array}{r|l} 1 & \overline{3}\,\overline{61}\,(\,19 \\ & 1 \\ 29 & 261 \\ & 261 \\ & \times \end{array} \qquad \begin{array}{r|l} 3 & \overline{10}\,\overline{24}\,(\,32 \\ & 9 \\ 62 & 124 \\ & 124 \\ & \times \end{array}$$

38. $\sqrt{\frac{\cdot 289}{\cdot 00121}} = \sqrt{\frac{\cdot 28900}{\cdot 00121}}$ (दशमलव के स्थान समान करें)

$$= \sqrt{\frac{28900}{121}} = \frac{170}{11}.$$

39. $\sqrt{\frac{1 \cdot 21 \times 0 \cdot 9}{1 \cdot 1 \times 0 \cdot 11}} = \sqrt{\frac{121 \times 9}{11 \times 11}} = \sqrt{9} = 3.$

40. अंश में दशमलव स्थानों का योग = 6, हर में दशमलव स्थानों का योग = 6.

दिया गया व्यंजक $= \sqrt{\frac{81 \times 484}{64 \times 625}} = \frac{9 \times 22}{8 \times 25} = \frac{198}{200} = \cdot 99.$

41. अंश में दशमलव स्थान = 3, हर में दशमलव स्थानों का योग = 3.

$\therefore$ दिया गया व्यंजक $= \sqrt{\frac{204 \times 42}{7 \times 34}} = \sqrt{6 \times 6} = 6.$

42. अंश में दशमलव स्थानों का योग = 6, हर में दशमलव स्थानों का योग = 6.

$\therefore$ दिया गया व्यंजक $= \sqrt{\dfrac{95\times85\times189}{17\times19\times21}} = \sqrt{5\times5\times9} = (5\times3) = 15.$

43. $\sqrt{1+\dfrac{x}{144}} = \dfrac{13}{12} \Rightarrow \left(1+\dfrac{x}{144}\right) = \left(\dfrac{13}{12}\right)^2 = \dfrac{169}{144}$ [दोनों ओर वर्ग करने पर]

$\Rightarrow \dfrac{x}{144} = \left(\dfrac{169}{144}-1\right) = \dfrac{(169-144)}{144} = \dfrac{25}{144} \Rightarrow x = 25.$

44. $\sqrt{1+\dfrac{x}{169}} = \dfrac{14}{13} \Rightarrow \left(1+\dfrac{x}{169}\right) = \left(\dfrac{14}{13}\right)^2 = \dfrac{196}{169}$ [दोनों ओर वर्ग करने पर]

$\Rightarrow \dfrac{x}{169} = \left(\dfrac{196}{169}-1\right) = \dfrac{(196-169)}{169} = \dfrac{27}{169} \Rightarrow x = 27.$

45. $\sqrt{2^n} = 64 \Rightarrow 2^n = (64)^2$ [दोनों ओर वर्ग करने पर]

$\Rightarrow 2^n = (2^6)^2 = 2^{12} \Rightarrow n = 12.$

46. $\sqrt{4^n} = 1024 \Rightarrow 4^n = (1024)^2$ [दोनों ओर वर्ग करने पर]

$\Rightarrow 4^n = (4^5)^2 = 4^{10} \Rightarrow n = 10.$

47. $\dfrac{1120}{\sqrt{n}} = 80 \Rightarrow \sqrt{n} = \dfrac{1120}{80} = 14$

$\Rightarrow n = (14)^2 = 196$ [दोनों ओर वर्ग करने पर]

48. $\dfrac{x}{\sqrt{2\cdot25}} = 550 \Rightarrow x = 550\times\sqrt{2\cdot25} = 550\times\sqrt{\dfrac{225}{100}} = 550\times\dfrac{15}{10} = 825.$

49. दिया गया व्यंजक

$= \sqrt{18225} + \sqrt{\dfrac{18225}{100}} + \sqrt{\dfrac{18225}{10000}} + \sqrt{\dfrac{18225}{1000000}}$

$= \left(135 + \dfrac{135}{10} + \dfrac{135}{100} + \dfrac{135}{1000}\right)$

$= (135 + 13\cdot5 + 1\cdot35 + \cdot135) = 149\cdot985.$

135
13·5
1·35
·135
149·985

50. दिया गया व्यंजक

$= \sqrt{\dfrac{6084}{100}} + \sqrt{\dfrac{6084}{10000}} + \sqrt{\dfrac{6084}{1000000}} + \sqrt{\dfrac{6084}{100000000}}$

$= \left(\dfrac{78}{10} + \dfrac{78}{100} + \dfrac{78}{1000} + \dfrac{78}{10000}\right)$

$= (7\cdot8 + 0\cdot78 + 0\cdot078 + 0\cdot0078) = 8\cdot6658.$

7·8
0·78
0·078
0·0078
8·6658

51. माना दिये गये व्यंजक का मान = x. तब

$\sqrt{6+x} = x \Rightarrow 6 + x = x^2$ [दोनों ओर वर्ग करने पर]

$\Rightarrow x^2 - x - 6 = 0 \Rightarrow x^2 - 3x + 2x - 6 = 0$

$\Rightarrow x(x-3) + 2(x-3) = 0 \Rightarrow (x-3)(x+2) = 0 \Rightarrow x = 3.$

अभीष्ट मान = 3.

52.

1	$\overline{1}\ \overline{32}\ \overline{18}$ (114
	1
21	32
	21
224	1118
	896

$\therefore\ (114)^2 < 13218 < (115)^2$

अभीष्ट लघुत्तम संख्या $= (115)^2 - 13218 = (13225 - 13218) = 7.$

53. दशमलव स्थानों को सम स्थान बनाने पर

$$\sqrt{0\cdot4} = \sqrt{0\cdot40} = \sqrt{\frac{40}{100}} = \frac{\sqrt{40}}{10} = \frac{6\cdot32}{10} = \cdot632.$$

6	40 (6·32
	36
123	400
	369
1262	3100
	2524

54. $\sqrt{0\cdot064} = \sqrt{\frac{640}{10000}} = \frac{\sqrt{640}}{100} = \frac{25}{100} = \cdot25.$

2	640 (25
	4
45	240
	225
	15

55. दशमलव स्थानों को सम स्थान बनाने पर

$$\sqrt{0\cdot009} = \sqrt{0\cdot0090} = \sqrt{\frac{90}{10000}} = \frac{\sqrt{90}}{100} = \frac{9\cdot4}{100} = \cdot094.$$

9	90 (9·4
	81
184	900
	736
	164

56.

9	0·$\overline{90}$ (·9
	81
	9

$\therefore \sqrt{0\cdot9} = \sqrt{0\cdot90} = 0\cdot9.$

57.

3	0·$\overline{12}\ \overline{10}$ (·34
	9
64	310
	256

$\therefore \sqrt{0\cdot121} = \sqrt{0\cdot1210} = 0\cdot34.$

58.

2	$\overline{6}\ \overline{54}$ (25·57
	4
45	254
	225
505	2900
	2525
5107	37500
	35749

$\therefore \sqrt{654} = 25\cdot57.$

59. माना $\sqrt{1296} = x^2.$

तब, $x^2 = 36 \Rightarrow x = 6.$

3	$\overline{12}\ \overline{96}$ (36
	9
66	396
	396
	x

60. माना दिया गया व्यंजक $= x$. तब,

$$\sqrt{2+x} = x \Rightarrow 2+x = x^2$$

$$\Rightarrow x^2 - x - 2 = 0 \Rightarrow x^2 - 2x + x - 2 = 0$$

$$\Rightarrow x(x-2)+(x-2) = 0 \Rightarrow (x-2)(x+1) = 0 \Rightarrow x = 2.$$

$\therefore$ दिये गये व्यंजक का मान $= 2$.

61. $$\frac{\sqrt{2}}{(2+\sqrt{2})} = \frac{\sqrt{2}}{(2+\sqrt{2})} \times \frac{(2-\sqrt{2})}{(2-\sqrt{2})} = \frac{2\sqrt{2}-2}{(4-2)} = \frac{2(\sqrt{2}-1)}{2} = (\sqrt{2}-1).$$

62. $$\frac{(\sqrt{7}-2)}{(\sqrt{7}+2)} = \frac{(\sqrt{7}-2)}{(\sqrt{7}+2)} \times \frac{(\sqrt{7}-2)}{(\sqrt{7}-2)} = \frac{(\sqrt{7}-2)^2}{(7-4)} = \frac{7+4-4\sqrt{7}}{3} = \frac{11}{3} - \frac{4}{3}\sqrt{7}.$$

$\therefore a = \frac{11}{3}$.

63. $$\frac{(\sqrt{7}+\sqrt{5})}{(\sqrt{7}-\sqrt{5})} + \frac{(\sqrt{7}-\sqrt{5})}{(\sqrt{7}+\sqrt{5})} = \frac{(\sqrt{7}+\sqrt{5})^2 + (\sqrt{7}-\sqrt{5})^2}{(7-5)} = \frac{2\left\{(\sqrt{7})^2 + (\sqrt{5})^2\right\}}{2} = (7+5) = 12.$$

64. $$\frac{(\sqrt{7}+\sqrt{5})}{(\sqrt{7}-\sqrt{5})} = \frac{(\sqrt{7}+\sqrt{5})}{(\sqrt{7}-\sqrt{5})} \times \frac{(\sqrt{7}+\sqrt{5})}{(\sqrt{7}+\sqrt{5})} = \frac{(\sqrt{7}+\sqrt{5})^2}{(7-5)} = \frac{7+5+2\sqrt{35}}{2}$$

$$= \frac{12+2\sqrt{35}}{2} = (6+\sqrt{35}).$$

65. $$\frac{1}{(\sqrt{9}-\sqrt{8})} = \frac{1}{(\sqrt{9}-\sqrt{8})} \times \frac{(\sqrt{9}+\sqrt{8})}{(\sqrt{9}+\sqrt{8})} = \frac{\sqrt{9}+\sqrt{8}}{(9-8)} = (\sqrt{9}+\sqrt{8}) = (3+2\sqrt{2}).$$

66. $\frac{1}{(\sqrt{9}-\sqrt{8})} = (\sqrt{9}+\sqrt{8}), \frac{1}{(\sqrt{8}-\sqrt{7})} = (\sqrt{8}+\sqrt{7}), \frac{1}{(\sqrt{7}-\sqrt{6})} = (\sqrt{7}+\sqrt{6})$ आदि आदि.

$\therefore$ दिया गया व्यंजक $= (\sqrt{9}+\sqrt{8}) - (\sqrt{8}+\sqrt{7}) + (\sqrt{7}+\sqrt{6}) - (\sqrt{6}+\sqrt{5}) + (\sqrt{5}+\sqrt{4})$

$$= (\sqrt{9}+\sqrt{4}) = (3+2) = 5.$$

67. $$\sqrt{\frac{3}{4}} = \frac{\sqrt{3}}{\sqrt{4}} = \frac{\sqrt{3}}{2} = \frac{1\cdot 732}{2} = 0\cdot 866.$$

68. $$\sqrt{\frac{2}{3}} + \sqrt{\frac{5}{6}} = \frac{\sqrt{2}}{\sqrt{3}} + \frac{\sqrt{5}}{\sqrt{6}} = \frac{2}{\sqrt{6}} + \frac{\sqrt{5}}{\sqrt{6}} = \frac{(2+\sqrt{5})}{\sqrt{6}}.$$

$$= \frac{2+2\cdot 24}{2\cdot 45} = \frac{4\cdot 24}{2\cdot 45} = \frac{424}{245} = 1\cdot 73.$$

```
245 ) 424 ( 1·73
      245
      1790
      1715
       750
       735
```

69. $$\frac{1}{\sqrt{5}} = \frac{1}{\sqrt{5}} \times \frac{\sqrt{5}}{\sqrt{5}} = \frac{\sqrt{5}}{5} = \frac{2\cdot 236}{5} = 0\cdot 447.$$

70. $$\frac{3\sqrt{2}}{2\sqrt{3}} = \frac{3\sqrt{2}}{2\sqrt{3}} \times \frac{\sqrt{3}}{\sqrt{3}} = \frac{\sqrt{6}}{2} = \frac{2\cdot 449}{2} = 1\cdot 2245.$$

71. $\sqrt{\frac{4}{3}} = \frac{\sqrt{4}}{\sqrt{3}} = \frac{2}{\sqrt{3}} \times \frac{\sqrt{3}}{\sqrt{3}} = \frac{2}{3}.\sqrt{3}$ तथा $\sqrt{\frac{3}{4}} = \frac{\sqrt{3}}{\sqrt{4}} = \frac{\sqrt{3}}{2}$.

$\therefore$ दिया गया व्यंजक $= \frac{2\sqrt{3}}{3} - \frac{\sqrt{3}}{2} = \frac{4\sqrt{3}-3\sqrt{3}}{6} = \frac{\sqrt{3}}{6}$.

72. माना $\sqrt{x}=16+9=25$. तब, $x=(25)^2=625$.

73. $\frac{7}{(3+\sqrt{2})}=\frac{7}{(3+\sqrt{2})}\times\frac{(3-\sqrt{2})}{(3-\sqrt{2})}=\frac{7(3-\sqrt{2})}{(9-2)}=\frac{7(3-\sqrt{2})}{7}=(3-\sqrt{2})$

$=(3-1\cdot4142)=1\cdot5858.$

74. $\frac{(4+\sqrt{2})}{(\sqrt{2}+1)}=\frac{(4+\sqrt{2})}{(\sqrt{2}+1)}\times\frac{(\sqrt{2}-1)}{(\sqrt{2}-1)}=\frac{(4\sqrt{2}-4+2-\sqrt{2})}{(2-1)}$

$=(3\sqrt{2}-2)=(3\times1\cdot4142-2)=(4\cdot2426-2)=2\cdot2426.$

75. $(7+2\sqrt{10})=(5+2+2\times\sqrt{5}\times\sqrt{2})=\left[(\sqrt{5})^2+(\sqrt{2})^2+2\times\sqrt{5}\times\sqrt{2}\right]=(\sqrt{5}+\sqrt{2})^2$

$\Rightarrow\sqrt{7+2\sqrt{10}}=(\sqrt{5}+\sqrt{2}).$

76. $(8+2\sqrt{15})=(5+3+2\times\sqrt{5}\times\sqrt{3})=\left[(\sqrt{5})^2+(\sqrt{3})^2+2\times\sqrt{5}\times\sqrt{2}\right]=(\sqrt{5}+\sqrt{3})^2$

$\Rightarrow\sqrt{8+2\sqrt{15}}=(\sqrt{5}+\sqrt{3}).$

77. $(7+2\sqrt{12})=(4+3+2\times2\times\sqrt{3})=\left\{2^2+(\sqrt{3})^2+2\times2\times\sqrt{3}\right\}=(2+\sqrt{3})^2$

तथा $(7-2\sqrt{12})=(2-\sqrt{3})^2$.

$\therefore\ a=\sqrt{7+2\sqrt{12}}=(2+\sqrt{3})$ तथा $b=\sqrt{7-2\sqrt{12}}=(2-\sqrt{3})$

$\Rightarrow(a+b)=4$ and $ab=(4-3)=1$

$\Rightarrow(a^3+b^3)=(a+b)^3-3ab(a+b)=(4^3-3\times1\times4)=(64-12)=52.$

78. $(16+6\sqrt{7})=(9+7+2\times3\times\sqrt{7})=\left[3^2+(\sqrt{7})^2+2\times3\times\sqrt{7}\right]=(3+\sqrt{7})^2$

$\Rightarrow\sqrt{16+6\sqrt{7}}=(3+\sqrt{7})$ तथा $\sqrt{16-6\sqrt{7}}=(3-\sqrt{7})$

$\Rightarrow\sqrt{16+6\sqrt{7}}-\sqrt{16-6\sqrt{7}}=(3+\sqrt{7})-(3-\sqrt{7})=2\sqrt{7}.$

$\therefore$ दिया गया व्यंजक $=\frac{\sqrt{7}}{2\sqrt{7}}=\frac{1}{2}.$

79. $\sqrt{\frac{8}{3}}=\frac{\sqrt{8}}{\sqrt{3}}\times\frac{\sqrt{3}}{\sqrt{3}}=\frac{\sqrt{24}}{3}=\frac{1}{3}\times4\cdot898=1\cdot633.$

80. दिया गया व्यंजक $=\frac{(\sqrt{3+x}+\sqrt{3-x})}{(\sqrt{3+x}-\sqrt{3-x})}\times\frac{(\sqrt{3+x}+\sqrt{3-x})}{(\sqrt{3+x}+\sqrt{3-x})}$

$=\frac{(\sqrt{3+x}+\sqrt{3-x})^2}{(3+x)-(3-x)}=\frac{(3+x)+(3-x)+2(\sqrt{3+x})(\sqrt{3-x})}{2x}$

$=\frac{6+2\sqrt{9-x^2}}{2x}=\frac{3+\sqrt{9-x^2}}{x}$

$\therefore\ \frac{3+\sqrt{9-x^2}}{x}=2\Rightarrow3+\sqrt{9-x^2}=2x$

$\Rightarrow\sqrt{9-x^2}=(2x-3)\Rightarrow(9-x^2)=(2x-3)^2$

$\Rightarrow9-x^2=4x^2+9-12x\Rightarrow5x^2-12x=0$

$\Rightarrow x(5x-12)=0\Rightarrow x=0$ or $x=\frac{12}{5}.$

81. दिया गया व्यंजक $= \dfrac{(\sqrt{1+x}+\sqrt{1-x})}{(\sqrt{1+x}-\sqrt{1-x})} \times \dfrac{(\sqrt{1+x}+\sqrt{1-x})}{(\sqrt{1+x}+\sqrt{1-x})}$

$$= \frac{(\sqrt{1+x}+\sqrt{1-x})^2}{(1+x)-(1-x)} = \frac{(1+x)+(1-x)+2\sqrt{1-x^2}}{2x}$$

$$= \frac{2\left\{1+\sqrt{1-x^2}\right\}}{2x} = \frac{1+\sqrt{1-x^2}}{x} = \frac{1+\sqrt{1-\frac{3}{4}}}{\frac{\sqrt{3}}{2}}$$

$$= \frac{\left(1+\frac{1}{2}\right)}{(\sqrt{3}/2)} = \left(\frac{3}{2}\times\frac{2}{\sqrt{3}}\right) = \sqrt{3}.$$

82. $\dfrac{1}{x} = \dfrac{1}{(7-4\sqrt{3})} \times \dfrac{(7+4\sqrt{3})}{(7+4\sqrt{3})} = \dfrac{(7+4\sqrt{3})}{(49-48)} = (7+4\sqrt{3})$

$\therefore \left(x+\dfrac{1}{x}\right) = (7-4\sqrt{3})+(7+4\sqrt{3}) = 14.$

83. $(x+y) = \dfrac{(\sqrt{5}+\sqrt{3})}{(\sqrt{5}-\sqrt{3})} + \dfrac{(\sqrt{5}-\sqrt{3})}{(\sqrt{5}+\sqrt{3})} = \dfrac{(\sqrt{5}+\sqrt{3})^2+(\sqrt{5}-\sqrt{3})^2}{(5-3)}$

$$= \frac{2\left[(\sqrt{5})^2+(\sqrt{3})^2\right]}{2} = (5+3) = 8.$$

84. दिया गया व्यंजक $= \dfrac{(\sqrt{7}+\sqrt{3})^2+(\sqrt{7}-\sqrt{3})^2}{(7-3)} + \dfrac{(\sqrt{3}-1)^2+(\sqrt{3}+1)^2}{(3-1)}$

$$= \frac{2\left[(\sqrt{7})^2+(\sqrt{3})^2\right]}{4} + \frac{2\left[(\sqrt{3})^2+(1)^2\right]}{2} = \left(\frac{10}{2}+4\right) = (5+4) = 9.$$

85. $\left(\sqrt{a}-\dfrac{1}{\sqrt{a}}\right)^2 = \left(a+\dfrac{1}{a}-2\right)$

$$= \left[(5+2\sqrt{6})+(5-2\sqrt{6})-2\right] = 8 \quad \left[\because\ a=(5+2\sqrt{6}) \Rightarrow \frac{1}{a}=(5-2\sqrt{6})\right]$$

$\Rightarrow \left(\sqrt{a}-\dfrac{1}{\sqrt{a}}\right) = \sqrt{8} = 2\sqrt{2}.$

86. $4\sqrt{ab} = (\sqrt{a}+\sqrt{b})^2-(\sqrt{a}-\sqrt{b})^2 = (17)^2-1^2 = (289-1) = 288$

$\Rightarrow \sqrt{ab} = 72.$

87. $(a+b) = \dfrac{(\sqrt{5}+1)^2+(\sqrt{5}-1)^2}{(5-1)} = \dfrac{2\left[(\sqrt{5})^2+1^2\right]}{4} = 3,$

$(a-b) = \dfrac{(\sqrt{5}+1)^2-(\sqrt{5}-1)^2}{(5-1)} = \dfrac{4\times\sqrt{5}\times 1}{4} = \sqrt{5}$ तथा $ab = 1$.

$\dfrac{(a^2+ab+b^2)}{(a^2-ab+b^2)} = \dfrac{(a+b)^2-ab}{(a-b)^2+ab} = \dfrac{(3)^2-1}{(\sqrt{5})^2+1} = \dfrac{9-1}{5+1} = \dfrac{8}{6} = \dfrac{4}{3} = 1\cdot 33.$

88. $\left(\sqrt{2}+\frac{1}{\sqrt{2}}\right)^2=\left(2+\frac{1}{2}+2\times\sqrt{2}\times\frac{1}{\sqrt{2}}\right)=4\frac{1}{2}.$

89. $\frac{2}{(\sqrt{7}+\sqrt{5})}+\frac{7}{(\sqrt{12}-\sqrt{5})}-\frac{5}{(\sqrt{12}-\sqrt{7})}$

$=\frac{2}{(\sqrt{7}+\sqrt{5})}\times\frac{(\sqrt{7}-\sqrt{5})}{(\sqrt{7}-\sqrt{5})}+\frac{7}{(\sqrt{12}-\sqrt{5})}\times\frac{(\sqrt{12}+\sqrt{5})}{(\sqrt{12}+\sqrt{5})}-\frac{5}{(\sqrt{12}-\sqrt{7})}\times\frac{(\sqrt{12}+\sqrt{7})}{(\sqrt{12}+\sqrt{7})}$

$=\frac{2(\sqrt{7}-\sqrt{5})}{(7-5)}+\frac{7(\sqrt{12}+\sqrt{5})}{(12-5)}-\frac{5(\sqrt{12}+\sqrt{7})}{(12-7)}$

$=(\sqrt{7}-\sqrt{5})+(\sqrt{12}+\sqrt{5})-(\sqrt{12}+\sqrt{7})=0.$

90. प्रत्येक पंक्ति में पौधों की संख्या $=\sqrt{17956}=134.$

91. स्पष्ट है कि $(30)^2<920<(31)^2$

जोड़े जानी वाली संख्या $=(31)^2-920=(961-920)=41.$

92.

```
   7 | 54 91 62 ( 741
     | 49
 144 |  591
     |  576
1481 |   1562
     |   1481
     |     81
```

$\therefore$ घटाई जाने वाली संख्या = 81

93. 5 अंकों की बड़ी से बड़ी संख्या = 99999.

```
  3 | 9 99 99 ( 316
    | 9
 61 |  99
    |  61
626 |  3899
    |  3756
    |   143
```

अभीष्ट संख्या = (99999 – 143) = 99856.

94. 6 अंकों की छोटी से छोटी संख्या = 100000.

```
  3 | 10 00 00 ( 316
    |  9
 61 |  100
    |   61
626 |  3900
    |  3756
    |   144
```

अभीष्ट संख्या = $(317)^2$ = 100489.

95. $294=2\times3\times7\times7$

अभीष्ट पूर्ण वर्ग $=(2\times3\times7\times7)\times2\times3$

अत: पूर्ण वर्ग बनाने के लिए इसे 6 से गुणा करना होगा.

96. $1470=7\times7\times30$

स्पष्ट है कि इसे पूर्ण वर्ग बनाने के लिए 30 से भाग देना होगा.

97. 10, 12, 15, 18 का ल०स०

$= (2\times3\times5\times2\times3) = (2^2\times3^2\times5)$

अभीष्ट संख्या $= (2^2\times3^2\times5^2) = 900.$

2	10	12	15	18
3	5	6	15	9
5	5	2	5	3
	1	2	1	3

98. माना $a^2 = (975)^2 - (585)^2 = (975+585)\,(975-585)$

$\Rightarrow a^2 = (1560\times390) = (780\times780) = (780)^2 \Rightarrow a = 780.$

अत: अभीष्ट संख्या = 780.

99.

2	4096
2	2048
2	1024
2	512
2	256
2	128
2	64
2	32
2	16
2	8
2	4
	2

$4096 = (2^3\times2^3\times2^3\times2^3) = (16)^3$

$\therefore \sqrt[3]{4096} = 16.$

100.

5	15625
5	3125
5	625
5	125
5	25
	5

$\therefore 15625 = (5^3\times5^3)$

$\Rightarrow \sqrt[3]{15625} = (5\times5) = 25.$

101.

3	328509
3	109503
3	36501
23	12167
23	529
	23

$\therefore 328509 = [3^3\times(23)^3) \Rightarrow \sqrt[3]{328509} = (3\times23) = 69.$

102. $\sqrt[3]{4\frac{12}{125}} = \sqrt[3]{\frac{512}{125}} = \sqrt[3]{\frac{8\times8\times8}{5\times5\times5}} = \frac{8}{5} = 1\cdot6.$

103. $\sqrt[3]{\cdot000216} = \sqrt[3]{\frac{216}{10^6}} = \frac{6}{10^2} = \frac{6}{100} = \cdot06.$

104. $\sqrt[3]{\cdot000729} = \sqrt[3]{\frac{729}{10^6}} = \sqrt[3]{\frac{9\times9\times9}{10^2\times10^2\times10^2}} = \frac{9}{10^2} = \frac{9}{100} = 0\cdot09.$

105. दिया गया व्यंजक $= \sqrt[3]{(13\cdot608+13\cdot392)\,(13\cdot608-13\cdot392)}$

$= \sqrt[3]{27\times0\cdot216} = \sqrt[3]{\frac{27\times216}{1000}} = \frac{3\times6}{10} = \frac{18}{10} = 1\cdot8.$

106. दिया गया व्यंजक $= \sqrt[3]{\frac{1}{10^6}} = \frac{1}{10^2} = \frac{1}{100} = \cdot01.$

107. $\sqrt[3]{\frac{64}{1000}} + \sqrt{\frac{121}{100}} = \frac{4}{10} + \frac{11}{10} = \cdot4 + 1\cdot1 = 1\cdot5.$

108. $\sqrt{\cdot 000729}=\sqrt{\frac{729}{10^6}}=\frac{27}{10^3}=\frac{27}{1000}=\cdot 027.$

$\sqrt[3]{\cdot 027}=\sqrt[3]{\frac{27}{1000}}=\frac{3}{10}=0\cdot 3.$

$\sqrt[3]{\cdot 008}=\sqrt[3]{\frac{8}{1000}}=\frac{2}{10}=0\cdot 2.$

दिया गया व्यंजक $=0\cdot 3+0\cdot 2=0\cdot 5.$

109.

7	1029
7	147
7	21
	3

$\therefore 1029=(7^3\times 3^1).$

इसे पूर्ण घन बनाने हेतू 3^2 अर्थात 9 से गुणा करना होगा.

5	3600
5	720
2	144
2	72
2	36
2	18
3	9
	3

110. $3600=5^2\times 2^3\times 3^2\times 2$

पूर्ण घन बनाने के लिए इसे

$(5^2\times 3^2\times 2)=450$ से भाग देना होगा.

111. स्पष्ट है कि दी गई संख्याओं में 9261 अभीष्ट संख्या है.

2	13824
2	6912
2	3456
2	1728
2	864
2	432
2	216
2	108
2	54
3	27
3	9
	3

$13824=(2^3\times 2^3\times 2^3\times 3^3)$

112. $\sqrt[3]{13\cdot 824}=\sqrt[3]{\frac{13824}{1000}}$

$=\frac{\sqrt[3]{13824}}{\sqrt[3]{1000}}$

$=\frac{(2\times 2\times 2\times 3)}{10}=\frac{24}{10}=2\cdot 4.$

113.

13	2197
13	169
	13

$\therefore (2197)=(13)^3$

$\Rightarrow \sqrt[3]{2197}=13.$

114. 120 तथा 300 के बीच पूर्ण वर्ग संख्यायें हैं $(11)^2, (12)^2, (13)^2, (14)^2, (15)^2, (16)^2$ तथा $(17)^2$ जिनकी संख्या 7 है.

115. $\sqrt{0\cdot 0196}=\sqrt{\frac{196}{10000}}=\frac{14}{100}=0\cdot 14$

$\therefore \frac{\sqrt{0\cdot 0196}}{k}=0\cdot 2\Rightarrow 0\cdot 2\times k=\sqrt{0\cdot 0196}=0\cdot 14$

$\Rightarrow k=\frac{0\cdot 14}{0\cdot 20}=\frac{14}{20}=0\cdot 7.$

116. $\sqrt[3]{\frac{7}{875}}=\sqrt[3]{\frac{1}{125}}=\sqrt[3]{\frac{1}{5\times 5\times 5}}=\frac{1}{5}.$

117. 10, 16, 24 का ल०स० $= 2 \times 4 \times 5 \times 2 \times 3$

$= 2^2 \times 2^2 \times 5 \times 3$

अभीष्ट वर्ग संख्या $= 2^2 \times 2^2 \times 5^2 \times 3^2 = 3600.$

2	10, 16, 24
4	5, 8, 12
	5, 2, 3

प्रश्नमाला 5B

1. यदि $\sqrt{2} = 1 \cdot 4142$ हो, तो $\dfrac{23}{(5+\sqrt{2})}$ का मान दशमलव के चार स्थानों तक ज्ञात कीजिए.

2. यदि $\sqrt{3} = 1 \cdot 732$ तथा $\sqrt{5} = 2 \cdot 236$ हो, तो $\sqrt{8 + 2\sqrt{15}}$ का मान ज्ञात कीजिए.

3. $\left\{\sqrt{28 + 10\sqrt{3}} - \dfrac{1}{\sqrt{7 - 4\sqrt{3}}}\right\}$ का मान ज्ञात कीजिए. **(एस०एस०सी० परीक्षा, 2009)**

4. यदि $\sqrt{3} = 1 \cdot 732$ हो, तो $\left(\dfrac{2-\sqrt{3}}{2+\sqrt{3}}\right)$ का वर्गमूल ज्ञात कीजिए. **(एस०एस०सी० परीक्षा, 2008)**

5. यदि $a = \dfrac{\sqrt{3}}{2}$ हो, तो $\left(\sqrt{1+a} + \sqrt{1-a}\right)$ का मान ज्ञात कीजिए. **(एस०एस०सी० परीक्षा, 2007)**

6. यदि $x = \dfrac{1}{(2+\sqrt{3})}$ हो, तो $\dfrac{(3x - x^3)}{(1 - 3x^2)}$ का मान ज्ञात कीजिए. **(एस०एस०सी० परीक्षा, 2009)**

7. यदि $(a+b) : \sqrt{ab} = 4 : 1$ हो, तो सिद्ध करो कि $a : b = (7 + 4\sqrt{3}) : 1.$ **(एस०एस०सी० परीक्षा, 2009)**

8. यदि $\sqrt{3} = 1 \cdot 732$ तथा $\sqrt{2} = 1 \cdot 414$ हो, तो $\dfrac{(\sqrt{3}+\sqrt{2})}{(\sqrt{3}-\sqrt{2})}$ के वर्गमूल का मान दशमलव के तीन स्थानों तक ज्ञात कीजिए. **(एस०एस०सी० परीक्षा, 2005)**

9. $\sqrt{\dfrac{19 + 8\sqrt{3}}{7 - 4\sqrt{3}}}$ को सरल कीजिए. **(एस०एस०सी० परीक्षा, 2004)**

10. निम्नलिखित संख्याओं में से प्रत्येक का वर्गमूल ज्ञात कीजिए :
(*i*) 6889 (*ii*) 11449 (*iii*) 120409
(*iv*) 100489 (*v*) 63409369 (*vi*) 9511056

11. निम्नलिखित संख्याओं में से प्रत्येक का वर्गमूल ज्ञात कीजिए :
(*i*) 470·89 (*ii*) 106·9156 (*iii*) ·125316
(*iv*) ·006241 (*v*) ·00038809 (*vi*) 12·229009

12. निम्नलिखित संख्याओं में से प्रत्येक का वर्गमूल दशमलव के तीन स्थानों तक ज्ञात कीजिए :
(*i*) 427 (*ii*) ·5 (*iii*) ·121 (*iv*) ·000945

13. वह छोटी से छोटी संख्या ज्ञात करो जिसे 10420 में से घटाने पर प्राप्त संख्या एक पूर्ण वर्ग हो. **(एस०एस०सी० परीक्षा, 2004)**

14. 16160 में से कम से कम क्या घटाया जाये कि शेष संख्या एक पूर्ण वर्ग हो ?

15. 2582415 में छोटी से छोटी कौन-सी संख्या जोड़ी जाये कि इस प्रकार प्राप्त योगफल एक पूर्ण वर्ग हो ?

16. वह छोटी से छोटी संख्या ज्ञात करो जो एक पूर्ण वर्ग हो तथा 9, 12, 32 में से प्रत्येक से पूर्णतया विभक्त हो जाये.

17. 6 अंकों की वह बड़ी से बड़ी संख्या ज्ञात करो जो कि पूर्ण वर्ग हो.

18. 4 अंकों की वह छोटी से छोटी संख्या ज्ञात करो जो एक पूर्ण वर्ग हो.

19. 6 अंकों की वह छोटी से छोटी संख्या ज्ञात करो जो एक पूर्ण वर्ग हो.

20. $\sqrt{\dfrac{2}{3}}$ का मान दशमलव के 3 स्थानों तक ज्ञात कीजिए.

उत्तरमाला (प्रश्नमाला 5B)

1. 3·5858 **2.** 3·968 **3.** 3 **4.** 0·268 **5.** $\sqrt{3}$ **6.** 1
7. $(a:b)=(7+4\sqrt{3}):1$ **8.** 3·146 **9.** $(11+6\sqrt{3})$
10. (*i*) 83 (*ii*) 107 (*iii*) 347 (*iv*) 317 (*v*) 7963 (*vi*) 3084
11. (*i*) 21.7 (*ii*) 10.34 (*iii*) 0.354 (*iv*) 0.079 (*v*) 0.0197 (*vi*) 3.497
12. (*i*) 20.663 (*ii*) 0.707 (*iii*) 0.347 (*iv*) 0.0307 **13.** 16 **14.** 31 **15.** 34
16. 576 **17.** 998001 **18.** 1024 **19.** 100489 **20.** 0·816

दिये गए प्रश्नों के हल प्रश्नमाला 5B

1. $\frac{23}{(5+\sqrt{2})}=\frac{23}{(5+\sqrt{2})}\times\frac{(5-\sqrt{2})}{(5-\sqrt{2})}=\frac{23\times(5-\sqrt{2})}{(25-2)}=(5-\sqrt{2})=(5-1\cdot4142)=3\cdot5858.$

2. $(8+2\sqrt{15})=5+3+2\times\sqrt{5}\times\sqrt{3}=\left\{(\sqrt{5})^2+(\sqrt{3})^2+2\times\sqrt{5}\times\sqrt{3}\right\}=(\sqrt{5}+\sqrt{3})^2.$

$\therefore\ \sqrt{8+2\sqrt{15}}=(\sqrt{5}+\sqrt{3})=(2\cdot236+1\cdot732)=3\cdot968.$

3. $\sqrt{28+10\sqrt{3}}=\sqrt{28+2\times5\times\sqrt{3}}=\sqrt{25+3+2\times5\times\sqrt{3}}$

$=\sqrt{(5)^2+(\sqrt{3})^2+2\times5\times\sqrt{3}}=\sqrt{(5+\sqrt{3})^2}=(5+\sqrt{3}).$

$\frac{1}{(7-4\sqrt{3})}=\frac{1}{(7-4\sqrt{3})}\times\frac{(7+4\sqrt{3})}{(49-48)}=(7+4\sqrt{3})$

$\therefore\ \frac{1}{\sqrt{7-4\sqrt{3}}}=\sqrt{7+4\sqrt{3}}=\sqrt{7+2\times2\times\sqrt{3}}=\sqrt{4+3+2\times2\times\sqrt{3}}$

$=\sqrt{2^2+(\sqrt{3})^2+2\times2\times\sqrt{3}}=\sqrt{(2+\sqrt{3})^2}=(2+\sqrt{3}).$

$\therefore$ दिया गया व्यंजक $=(5+\sqrt{3})-(2+\sqrt{3})=3.$

4. $\frac{(2-\sqrt{3})}{(2+\sqrt{3})}=\frac{(2-\sqrt{3})}{(2+\sqrt{3})}\times\frac{(2-\sqrt{3})}{(2-\sqrt{3})}=\frac{(2-\sqrt{3})^2}{(4-3)}=(2-\sqrt{3})^2.$

$\therefore$ अभीष्ट वर्गमूल $=(2-\sqrt{3})=(2-1\cdot732)=0\cdot268.$

5. माना $x=(\sqrt{1+a}+\sqrt{1-a})$. तब,

$x^2=(\sqrt{1+a}+\sqrt{1-a})^2=(1+a)+(1-a)+2\sqrt{1+a}\cdot\sqrt{1-a}$

$=2+2\sqrt{1-a^2}=2\left[1+\sqrt{1-a^2}\right]=2\left[1+\sqrt{\left(1-\frac{3}{4}\right)}\right]=2\left[1+\sqrt{\frac{1}{4}}\right]$

$=2\left[1+\frac{1}{2}\right]=\left(2\times\frac{3}{2}\right)=3.$

$\therefore\ x=\sqrt{3}.$

6. $x=\frac{1}{(2+\sqrt{3})}\times\frac{(2-\sqrt{3})}{(2-\sqrt{3})}=\frac{(2-\sqrt{3})}{(4-3)}=(2-\sqrt{3}).$

$\therefore\ x^2=(2-\sqrt{3})^2=(4+3-4\sqrt{3})=(7-4\sqrt{3}).$

तथा $x^3=(x\times x^2)=(2-\sqrt{3})\,(7-4\sqrt{3})=(14+12-15\sqrt{3})=(26-15\sqrt{3}).$

$\therefore\ \frac{(3x-x^3)}{(1-3x^2)}=\frac{(6-3\sqrt{3})-(26-15\sqrt{3})}{1-(21-12\sqrt{3})}=\frac{-20+12\sqrt{3}}{-20+12\sqrt{3}}=1.$

7. $\frac{a+b}{\sqrt{ab}}=\frac{4}{1}\Rightarrow\frac{a+b}{2\sqrt{ab}}=\frac{2}{1}\Rightarrow\frac{a+b+2\sqrt{ab}}{a+b-2\sqrt{ab}}=\frac{2+1}{2-1}$ **[योगान्तरानुपात से]**

$\Rightarrow\frac{(\sqrt{a}+\sqrt{b})^2}{(\sqrt{a}-\sqrt{b})^2}=\frac{3}{1}\Rightarrow\frac{\sqrt{a}+\sqrt{b}}{\sqrt{a}-\sqrt{b}}=\frac{\sqrt{3}}{1}$

$\Rightarrow\frac{\sqrt{a}+\sqrt{b}+\sqrt{a}-\sqrt{b}}{\sqrt{a}+\sqrt{b}-\sqrt{a}+\sqrt{b}}=\frac{\sqrt{3}+1}{\sqrt{3}-1}$ **[योगान्तरानुपात से]**

$\Rightarrow\frac{2\sqrt{a}}{2\sqrt{b}}=\frac{(\sqrt{3}+1)}{(\sqrt{3}-1)}\times\frac{(\sqrt{3}+1)}{(\sqrt{3}+1)}\Rightarrow\frac{\sqrt{a}}{\sqrt{b}}=\frac{(\sqrt{3}+1)^2}{(3-1)}=\frac{(3+1+2\sqrt{3})}{2}$

$\Rightarrow\frac{\sqrt{a}}{\sqrt{b}}=\frac{2(2+\sqrt{3})}{2}=(2+\sqrt{3})$

$\Rightarrow\frac{a}{b}=\left(\frac{\sqrt{a}}{\sqrt{b}}\right)^2=(2+\sqrt{3})^2=(4+3+4\sqrt{3})=(7+4\sqrt{3}).$

अत: $a:b=(7+4\sqrt{3}):1.$

8. $\frac{(\sqrt{3}+\sqrt{2})}{(\sqrt{3}-\sqrt{2})}=\frac{(\sqrt{3}+\sqrt{2})}{(\sqrt{3}-\sqrt{2})}\times\frac{(\sqrt{3}+\sqrt{2})}{(\sqrt{3}+\sqrt{2})}=\frac{(\sqrt{3}+\sqrt{2})^2}{(3-2)}=(\sqrt{3}+\sqrt{2})^2$

अभीष्ट वर्गमूल $=(\sqrt{3}+\sqrt{2})$

$=(1\cdot732+1\cdot414)=3\cdot146.$

9. $(19+8\sqrt{3})=(16+3+2\times4\times\sqrt{3})=\left[(4)^2+(\sqrt{3})^2+2\times4\times\sqrt{3}\right]=(4+\sqrt{3})^2.$

$(7-4\sqrt{3})=(4+3-2\times2\times\sqrt{3})=\left[(2)^2+(\sqrt{3})^2-2\times2\times\sqrt{3}\right]=(2-\sqrt{3})^2.$

$\therefore\sqrt{\frac{19+8\sqrt{3}}{7-4\sqrt{3}}}=\frac{(4+\sqrt{3})}{(2-\sqrt{3})}\times\frac{(2+\sqrt{3})}{(2+\sqrt{3})}=\frac{(4+\sqrt{3})(2+\sqrt{3})}{(4-3)}=(8+6\sqrt{3}+3)=(11+6\sqrt{3}).$

10. (*i*)
```
   8 | 68 89 ( 83
     | 64
 163 |  489
     |  489
     |   x
```
$\therefore\sqrt{6889}=83$

(*ii*)
```
   1 | 1 14 49 ( 107
     | 1
 207 |  1449
     |  1449
     |    x
```
$\therefore\sqrt{11449}=107$

(*iii*)
```
   3 | 12 04 09 ( 347
     |  9
  64 |  304
     |  256
 687 |   4809
     |   4809
     |     x
```
$\therefore\sqrt{120409}=347.$

(*iv*)
```
   3 | 10 04 89 ( 317
     |  9
  61 |  104
     |   61
 627 |   4389
     |   4389
     |     x
```
$\therefore\sqrt{100489}=317$

(*v*)
```
     7 | 63 40 93 69 ( 7963
       | 49
   149 | 1440
       | 1341
  1586 |   9993
       |   9516
 15923 |    47769
       |    47769
       |      x
```
$\therefore\sqrt{63409369}=7963$

(*vi*)
```
    3 | 9 51 10 56 ( 3084
      | 9
  608 |   5110
      |   4864
 6164 |    24656
      |    24656
      |      x
```
$\therefore\sqrt{9511056}=3084$

11. (*i*)
$$\begin{array}{r|l} 2 & \overline{4}\,\overline{70}\cdot\overline{89}\,(21\cdot7 \\ & 4 \\ 41 & \;70 \\ & \;41 \\ 427 & \;2989 \\ & \;2989 \\ & \quad x \end{array}$$
$\therefore \sqrt{470\cdot89} = 21\cdot7$

(*ii*)
$$\begin{array}{r|l} 1 & \overline{1}\,\overline{06}\cdot\overline{91}\,\overline{56}\,(10\cdot34 \\ & 1 \\ 203 & 0691 \\ & \;609 \\ 2064 & \quad 8256 \\ & \quad 8256 \\ & \quad\; x \end{array}$$
$\therefore \sqrt{106\cdot9156} = 10\cdot34$

(*iii*)
$$\begin{array}{r|l} 3 & \cdot\overline{12}\,\overline{53}\,\overline{16}\,(\cdot354 \\ & \;9 \\ 65 & \;353 \\ & \;325 \\ 704 & \quad 2816 \\ & \quad 2816 \\ & \quad\; x \end{array}$$
$\therefore \sqrt{\cdot125316} = \cdot354$

(*iv*)
$$\begin{array}{r|l} 7 & \cdot\overline{00}\,\overline{62}\,\overline{41}\,(\cdot079 \\ & \quad 49 \\ 149 & \quad 1341 \\ & \quad 1341 \\ & \quad\; x \end{array}$$
$\therefore \sqrt{\cdot006241} = \cdot079$

(*v*)
$$\begin{array}{r|l} 1 & \cdot\overline{00}\,\overline{03}\,\overline{88}\,\overline{09}\,(\cdot0197 \\ & \quad 1 \\ 29 & \quad 288 \\ & \quad 261 \\ 387 & \quad\; 2709 \\ & \quad\; 2709 \\ & \quad\;\; x \end{array}$$
$\therefore \sqrt{\cdot00038809} = \cdot0197$

(*vi*)
$$\begin{array}{r|l} 3 & \overline{12}\cdot\overline{22}\,\overline{90}\,\overline{09}\,(3\cdot497 \\ & 9 \\ 64 & 322 \\ & 256 \\ 689 & \;6690 \\ & \;6201 \\ 6987 & \;\; 48909 \\ & \;\; 48909 \\ & \quad\; x \end{array}$$
$\therefore \sqrt{12\cdot229009} = 3\cdot497$

12. (*i*)
$$\begin{array}{r|l} 2 & \overline{4}\,\overline{27}\cdot0000(20\cdot663 \\ & 4 \\ 406 & \;2700 \\ & \;2436 \\ 4126 & \;\;26400 \\ & \;\;24756 \\ 41323 & \;\;\;164400 \\ & \;\;\;123969 \end{array}$$
$\therefore \sqrt{427} = 20\cdot663$

(*ii*)
$$\begin{array}{r|l} 7 & \cdot5000\,(\cdot707 \\ & 49 \\ 1407 & 10000 \\ & \;9849 \end{array}$$
$\therefore \sqrt{\cdot5} = \cdot707$

(*iii*)
$$\begin{array}{r|l} 3 & \cdot\overline{12}\,\overline{10}\,\overline{00}\,(\cdot347 \\ & \;9 \\ 64 & \;310 \\ & \;256 \\ 687 & \quad 5400 \\ & \quad 4809 \end{array}$$
$\therefore \sqrt{\cdot121} = \cdot347$

(*iv*)
$$\begin{array}{r|l} 3 & \cdot\overline{00}\,\overline{09}\,\overline{45}\,(\cdot0307 \\ & \quad 9 \\ 607 & \quad\; 4500 \\ & \quad\; 4249 \end{array}$$
$\therefore \sqrt{\cdot000945} = \cdot0307.$

13. 10420 का वर्गमूल लेने पर :
$$\begin{array}{r|l} 1 & \overline{1}\,\overline{04}\,\overline{20}\,(102 \\ & 1 \\ 202 & 0420 \\ & \;\;404 \\ & \;\;\;16 \end{array}$$
अभीष्ट संख्या = 16.

14.

```
    1 | 1 61 60 (127
      | 1
   22 |  61
      |  44
  247 |  1760
      |  1729
      |    31
```

घटाई जाने वाली संख्या = 31.

15.

```
     1 | 2 58 24 15 (1606
       | 1
    26 | 158
       | 156
  3206 |   22415
       |   19236
       |    3179
```

अभीष्ट संख्या $= (1607)^2 - 2582415 = 34.$

16. 9, 12, 32 का ल०स० = 3 × 3 × 4 × 4 × 2

$= (3^2 \times 4^2 \times 2).$

अभीष्ट संख्या $= (3^2 \times 4^2 \times 2^2) = 576.$

```
  3 | 9, 12, 32
  4 | 3, 4, 32
    | 3, 1, 8
```

17. 6 अंकों की बड़ी से बड़ी संख्या = 999999.

इसका वर्गमूल लेने पर :

अभीष्ट संख्या

= (999999 – 1998) = 998001.

```
     9 | 99 99 99 (999
       | 81
   189 | 1899
       | 1701
  1989 |  19899
       |  17901
       |   1998
```

18. 4 अंकों की छोटी से छोटी संख्या = 1000.

इसका वर्गमूल लेने पर :

```
   3 | 10 00 (31
     |  9
  61 | 100
     |  61
     |  39
```

अभीष्ट संख्या $= (32)^2 = 1024.$

19. 6 अंकों की छोटी से छोटी संख्या = 100000.

इसका वर्गमूल लेने पर :

```
    3 | 10 00 00 (316
      |  9
   61 | 100
      |  61
  626 |  3900
      |  3756
      |   144
```

अभीष्ट संख्या $= (317)^2 = 100489.$

20. $\sqrt{\frac{2}{3}} = \frac{\sqrt{2}}{\sqrt{3}} \times \frac{\sqrt{3}}{\sqrt{3}} = \frac{\sqrt{6}}{3} = \frac{2449}{3} = 0 \cdot 816.$

```
     2 | 6·0000 (2·449
       | 4
    44 | 200
       | 176
   484 |  2400
       |  1936
  4889 |  46400
       |  44001
```

6 औसत (AVERAGE)

सामान्य नियम

1. औसत $= \dfrac{\text{दिये गये परिमाणों का योग}}{\text{परिमाणों की संख्या}}$.

2. माना एक व्यक्ति एक निश्चित दूरी x किमी०/घण्टा की चाल से तथा उतनी ही दूरी y किमी०/घण्टा की चाल से तय करता है. तब,

   पूरी यात्रा में औसत चाल $= \dfrac{2xy}{(x+y)}$ किमी०/घण्टा.

3. **समान्तर श्रेढ़ी :** $a, a+d, a+2d, a+3d, \ldots\ldots$ एक समान्तर श्रेढ़ी है जिसमें

   प्रथम पद $= a$, सार्वअन्तर $= d$

   $\therefore$ nवाँ पद $= T_n = a+(n-1)\,d$.

   n पदों का योग $= S_n = \dfrac{n}{2}[2a+(n-1)d]$ तथा $S_n = \dfrac{n}{2}(a+l)$, जहाँ अन्तिम पद $= l$.

4. (*i*) प्रथम n प्राकृत संख्याओं का योग

   $$= (1+2+3+\ldots\ldots\ldots\ldots+n) = \frac{1}{2}n\,(n+1).$$

   (*ii*) प्रथम n विषम प्राकृत संख्याओं का योग

   $$= \{1+3+5+\ldots\ldots+(2n-1)\} = n^2.$$

   (*iii*) प्रथम n सम प्राकृत संख्याओं का योग

   $$= \{2+4+6+\ldots\ldots+2n\} = n\,(n+1)$$

   (*iv*) प्रथम n प्राकृत संख्याओं के वर्गों का योग

   $$= \{1^2+2^2+3^2+\ldots\ldots+n^2\} = \frac{1}{6}n\,(n+1)\,(2n+1).$$

   (*v*) प्रथम n प्राकृत संख्याओं के घनों का योग

   $$= (1^3+2^3+3^3+\ldots\ldots+n^3) = \left\{\frac{1}{2}n\,(n+1)\right\}^2.$$

साधित उदाहरण

प्रश्न 1. प्रथम 50 प्राकृत संख्याओं का औसत कितना है?

हल : हम जानते हैं कि $(1+2+3+\ldots\ldots+n) = \dfrac{1}{2}n\,(n+1)$.

$$\therefore\ (1+2+3+\ldots\ldots+50) = \left(\frac{1}{2}\times 50\times 51\right) = 1275.$$

अत: अभीष्ट औसत $= \dfrac{1275}{50} = \dfrac{51}{2} = 25\cdot 5$.

प्रश्न 2. 60 तक की सभी विषम प्राकृत संख्याओं का औसत कितना है?

हल : अभीष्ट योग $= (1+3+5+\ldots\ldots+59)$.

यह एक समान्तर श्रेढ़ी है जिसमें $a = 1$ तथा $d = 2$.

nवाँ पद $= 59 \Rightarrow a+(n-1)d = 59$

$\Rightarrow 1+(n-1)\times 2 = 59 \Rightarrow (n-1) = \frac{58}{2} = 29 \Rightarrow n = 30.$

$\therefore$ 1+3+5+...... तीस पदों तक $= (30)^2 = 900.$

अत: अभीष्ट औसत $= \frac{900}{30} = 30.$

प्रश्न 3. 50 तक की सभी सम प्राकृत संख्याओं का औसत कितना है?

हल : इन संख्याओं का योग $= 2+4+6+8+.......+50$

$= 2(1+2+3+4+......+25) = \left(2\times\frac{25\times 26}{2}\right) = 25\times 26.$

अभीष्ट औसत $= \frac{25\times 26}{25} = 26.$

प्रश्न 4. A, B तथा C की आयु क्रमशः 32 वर्ष, 36 वर्ष तथा 46 वर्ष है. इनकी औसत आयु कितनी है?

हल : A, B तथा C की आयु का योग = (32 + 36 + 46) वर्ष = 114 वर्ष

$\therefore$ इनकी औसत आयु $= \frac{114}{3}$ वर्ष = 38 वर्ष.

प्रश्न 5. एक कक्षा के 31 छात्रों का औसत भार 30 किग्रा० है. यदि अध्यापक का भार भी सम्मिलित कर लिया जाये तो औसत भार में 500 ग्राम की वृद्धि होती है. अध्यापक का भार ज्ञात कीजिए.

हल : 31 छात्रों का कुल भार = (30 × 31) किग्रा० = 930 किग्रा०

(31 छात्र + अध्यापक) का औसत भार = (30 + 0·5) किग्रा० = 30·5 किग्रा०

(31 छात्र + अध्यापक) का कुल भार = (30·5 × 32) किग्रा० = 976 किग्रा०

अध्यापक का भार = (976 – 930) किग्रा० = 46 किग्रा०.

प्रश्न 6. एक नाव के 10 नाविकों में से 56 किग्रा० भार वाले व्यक्ति के स्थान पर नया व्यक्ति आने से औसत भार में 800 ग्राम की वृद्धि हो जाती है. नये नाविक का भार कितना है?

हल : भार में कुल वृद्धि $= \left(\frac{800}{1000}\times 10\right)$ किग्रा० = 8 किग्रा०.

अत: नये नाविक का भार = (56 + 8) किग्रा० = 64 किग्रा०.

प्रश्न 7. 11 परिणामों का औसत 50 है. यदि प्रथम छः परिणामों का औसत 49 हो तथा अन्तिम छः का औसत 52 हो, तो छठा परिणाम ज्ञात कीजिए.

हल : 11 परिणामों का कुल परिमाण = (50 × 11) = 550.

प्रथम 6 परिणामों का कुल परिमाण = (49 × 6) = 294.

अन्तिम 6 परिणामों का कुल परिमाण = (52 × 6) = 312.

छठा परिणाम = (294 + 312 – 550) = 56.

प्रश्न 8. किसी वर्ष में एक परिवार के प्रथम 3 माह, अगले 4 माह तथा अन्तिम 5 माह के औसत खर्च क्रमशः ₹ 8400 मासिक, ₹ 10080 मासिक तथा ₹ 10608 मासिक हैं तथा वार्षिक बचत ₹ 8640 है. इस परिवार की औसत मासिक आय कितनी है?

हल : परिवार की 1 वर्ष की कुल आय

= ₹ (8400 × 3 + 10080 × 4 + 10608 × 5 + 8640).

= ₹ (25200 + 40320 + 53040 + 8640) = ₹ 127200.

परिवार की औसत मासिक आय = ₹ $\frac{127200}{12}$ = ₹ 10600.

प्रश्न 9. किसी सप्ताह सोमवार, मंगलवार तथा बुधवार का औसत तापमान 40°C था; मंगलवार, बुधवार तथा बृहस्पतिवार का औसत तापमान 41°C था. यदि बृहस्पतिवार का तापमान 38°C हो, तो सोमवार का तापमान कितना था?

हल : (M + T + W) का तापमान का योग = (40 × 3) = 120° ...(*i*)

(T + W + Th) का तापमान का योग = (41 × 3) = 123° ...(*ii*)

Th का तापमान = 38°. ...(*iii*)

(*iii*) को (*ii*) में से घटाने पर, (T + W) का योग = (123 – 38) = 85°.

∴ सोमवार का तापमान = (120 – 85) = 35°.

प्रश्न 10. एक कक्षा के 24 छात्रों में से 6 की औसत ऊँचाई 1 मी० 15 सेमी०, 8 की औसत ऊँचाई 1 मीटर 5 सेमी० तथा शेष छात्रों की औसत ऊँचाई 1 मीटर 11 सेमी० है. इन सभी छात्रों की औसत ऊँचाई कितनी है?

हल : 24 छात्रों की कुल ऊँचाई का योग

$= (6 \times 1 \cdot 15 + 8 \times 1 \cdot 05 + 10 \times 1 \cdot 11)$ मीटर $= (6 \cdot 90 + 8 \cdot 40 + 11 \cdot 10)$ मीटर $= 26 \cdot 40$ मीटर.

अभीष्ट औसत ऊँचाई $= \frac{26 \cdot 40}{24}$ मीटर = 1·10 मीटर.

प्रश्नमाला 6A

नीचे दिये गये प्रश्नों में से प्रत्येक में ठीक उत्तर को चिन्हांकित (✓) कीजिए :

1. निम्नलिखित संख्याओं का औसत कितना है ?
76, 48, 84, 66, 70, 64
(*a*) 72 (*b*) 68 (*c*) 66 (*d*) 64 (*e*) इनमें से कोई नहीं

2. प्रथम 100 धनपूर्णांकों का औसत कितना है ? **(एस०एस०सी० परीक्षा, 2010)**
(*a*) 100 (*b*) 51 (*c*) 50·5 (*d*) 49·5

3. प्रथम 9 अभाज्य संख्याओं का औसत कितना है ?
(*a*) 9 (*b*) 11 (*c*) $11\frac{2}{9}$ (*d*) $11\frac{1}{9}$

4. प्रथम 10 सम-प्राकृत संख्याओं का औसत कितना है ? **(होटल मैनेजमैन्ट परीक्षा, 2009)**
(*a*) 9 (*b*) 10 (*c*) 11 (*d*) 13

5. 100 से कम सभी विषम संख्याओं का औसत कितना है ? **(एस०एस०सी० परीक्षा, 2009)**
(*a*) 49 (*b*) 49·5 (*c*) 51 (*d*) 50

6. 50 तक की सभी सम प्राकृत संख्याओं का औसत कितना है ?
(*a*) 24 (*b*) 25 (*c*) 26 (*d*) 28

7. 3 के प्रथम पाँच गुणजों का औसत कितना है ? **(रेलवे परीक्षा, 2009)**
(*a*) 3 (*b*) 9 (*c*) 15 (*d*) 12

8. प्रथम 10 प्राकृत संख्याओं के वर्गों का औसत कितना है ? **(एस०एस०सी० परीक्षा, 2010)**
(*a*) 35·5 (*b*) 36 (*c*) 37·5 (*d*) 38·5

9. यदि $25a + 25b = 115$ हो, तो a तथा b का औसत कितना है ? **(बैंक पी०ओ० परीक्षा, 2009)**
(*a*) 4·6 (*b*) 2·5 (*c*) 4·5 (*d*) 3·4 (*e*) इनमें से कोई नहीं

10. 5 संख्याओं का औसत 10 है. कौन-सी संख्या जोड़ी जाये कि औसत 12 हो जाये ?
(*a*) 12 (*b*) 18 (*c*) 22 (*d*) 24

11. यदि 7 क्रमागत संख्याओं का औसत 33 हो, तो इनमें से सबसे बड़ी संख्या कौन-सी है ?
(एम०बी०ए० परीक्षा, 2008)
(*a*) 28 (*b*) 30 (*c*) 33 (*d*) 36

12. चार क्रमागत समसंख्याओं का औसत 27 है. इनमें से सबसे बड़ी संख्या कौन-सी है ?
(*a*) 28 (*b*) 30 (*c*) 32 (*d*) 36

13. सतत् पाँच विषम संख्याओं का औसत 95 है. अवरोही क्रम में चौथी संख्या कौन-सी है ?
(*a*) 91 (*b*) 95 (*c*) 97 (*d*) 99 (*e*) इनमें से कोई नहीं
(बैंक पी०ओ० परीक्षा, 2009)

14. A, B, C तथा D चार क्रमागत विषम संख्यायें हैं जिनका औसत 42 है. B तथा D का गुणनफल कितना होगा ?
(*a*) 1860 (*b*) 1890 (*c*) 1845 (*d*) 1677 (*e*) इनमें से कोई नहीं
(बैंक पी०ओ० परीक्षा, 2006)

15. पाँच क्रमागत समसंख्याओं A, B, C, D तथा E का औसत 66 है. B तथा E का गुणनफल कितना होगा ?
(*a*) 4352 (*b*) 4340 (*c*) 4620 (*d*) 4224 (*e*) इनमें से कोई नहीं
(जीवन बीमा निगम परीक्षा, 2007)

16. 5 क्रमागत संख्याओं का औसत x है. यदि अगली दो संख्यायें मिला ली जायें, तो औसत में क्या परिवर्तन होगा ?
(*a*) 1 की वृद्धि (*b*) 1·4 की वृद्धि (*c*) 2 की वृद्धि (*d*) अपरिवर्तित रहेगा

17. यदि m संख्याओं का औसत n^2 तथा n संख्याओं का औसत m^2 हो, तो $(m + n)$ संख्याओं का औसत कितना होगा ?
(*a*) $\frac{m}{n}$ (*b*) $(m + n)$ (*c*) $(m - n)$ (*d*) mn

18. तीन संख्याओं का औसत 7 है तथा पहली दो संख्याओं का औसत 4 है. तीसरी संख्या क्या है ?
(*a*) 15 (*b*) 13 (*c*) 7 (*d*) 4

19. तीन संख्याओं का औसत 28 है. यदि पहली संख्या दूसरी संख्या की आधी तथा तीसरी संख्या दूसरी संख्या की दुगुनी हो, तो तीसरी संख्या क्या है ?
(*a*) 48 (*b*) 36 (*c*) 24 (*d*) 18

20. 5 संख्याओं का योग 240 है. इनमें से पहली दो संख्याओं का औसत 30 है तथा अन्तिम दो संख्याओं का औसत 70 है. तीसरी संख्या क्या है ?
(*a*) 33 (*b*) 60 (*c*) 75 (*d*) निर्धारित नहीं किया जा सकता
(*e*) इनमें से कोई नहीं

21. 5 संख्याओं का औसत 306·4 है. इनमें से पहली दो संख्याओं का औसत 431 तथा अन्तिम दो संख्याओं का औसत 214·5 है. तीसरी संख्या कौन-सी है ? **(बैंक पी०ओ० परीक्षा, 2008)**
(*a*) 108 (*b*) 52 (*c*) 321 (*d*) निर्धारित नहीं किया जा सकता
(*e*) इनमें से कोई नहीं

22. 5 संख्याओं का औसत 65 है. इनमें से प्रथम दो संख्याओं का औसत 81 तथा अन्तिम दो संख्याओं का औसत 38 है. तीसरी संख्या क्या है ?
(*a*) 63 (*b*) 87 (*c*) 99 (*d*) निर्धारित नहीं किया जा सकता
(*e*) इनमें से कोई नहीं

23. 13 संख्याओं का औसत 68 है. इनमें से प्रथम 7 संख्याओं का औसत 63 है, जबकि अन्तिम 7 संख्याओं का औसत 70 है. सातवीं संख्या क्या है ?
(*a*) 31 (*b*) 47 (*c*) 49 (*d*) 56

24. दो संख्याओं A तथा B का औसत 20, B तथा C का औसत 19 और C तथा A का औसत 21 है. A का मान कितना है ? **(एस०एस०सी० परीक्षा, 2010)**
(*a*) 24 (*b*) 22 (*c*) 20 (*d*) 18

25. A तथा B की औसत मासिक आय ₹ 14000, B तथा C की औसत मासिक आय ₹ 15600 और A तथा C की औसत मासिक आय ₹ 14400 है. B की मासिक आय कितनी है ? **(एस०एस०सी० परीक्षा, 2010)**
(*a*) ₹ 12400 (*b*) ₹ 12800 (*c*) ₹ 15200 (*d*) ₹ 16000

26. एक समूह में विद्यार्थियों के औसत अंक 63 हैं. इनमें से 3 के प्राप्तांक 78, 69 तथा 48 हैं. शेष 6 विद्यार्थियों के औसत अंक कितने हैं ?
(बैंक पी०ओ० परीक्षा, 2010)
(*a*) 63·5 (*b*) 64 (*c*) 63 (*d*) 62·5 (*e*) इनमें से कोई नहीं

27. गणित में 28 छात्रों द्वारा प्राप्त अंकों का औसत 50 था. 8 छात्र विद्यालय छोड़कर चले गये. इससे शेष छात्रों के औसत प्राप्तांक में 5 की वृद्धि हो गई. विद्यालय छोड़कर जाने वाले छात्रों द्वारा प्राप्तांकों का औसत कितना है ?
(*a*) 50·5 (*b*) 37·5 (*c*) 42·5 (*d*) 45

28. किसी कक्षा के विद्यार्थियों का औसत प्राप्तांक 68 है. कक्षा में लड़कियों का औसत प्राप्तांक 80 तथा लड़कों का औसत प्राप्तांक 60 है. कक्षा में कितने प्रतिशत विद्यार्थी लड़के हैं ?
(*a*) 40 (*b*) 60 (*c*) 65 (*d*) 70

29. 120 छात्रों का औसत प्राप्तांक 35 था. यदि उत्तीर्ण हुए छात्रों का औसत प्राप्तांक 39 हो तथा अनुत्तीर्ण हुए छात्रों का औसत प्राप्तांक 15 हो, तो कितने छात्र उत्तीर्ण हुये ? **(एम०बी०ए० परीक्षा, 2005)**
(*a*) 100 (*b*) 110 (*c*) 115 (*d*) इनमें से कोई नहीं

30. किसी परीक्षा में छात्रों तथा छात्राओं के औसत प्राप्तांक क्रमश: 71 तथा 73 हैं. समस्त विद्यार्थियों के औसत प्राप्तांक 71·8 हैं. छात्रों तथा छात्राओं का अनुपात कितना है ? **(एम०बी०ए० परीक्षा, 2008)**
(*a*) 3 : 2 (*b*) 5 : 2 (*c*) 4 : 5 (*d*) 3 : 5

31. 11 संख्याओं का औसत 10·9 है. यदि प्रथम 6 संख्याओं का औसत 6·5 तथा अन्तिम छ: संख्याओं का औसत 11·4 हो, तो मध्य संख्या क्या है ? **(मैनेजमैन्ट परीक्षा, 2003)**
(*a*) 11 (*b*) 11·3 (*c*) 11·4 (*d*) 11·5

32. 4 धनात्मक पूर्णांकों का औसत 72·5 है. इनमें सबसे बड़ा पूर्णांक 117 तथा सबसे छोटा पूर्णांक 15 है. शेष दो पूर्णांकों का अन्तर 12 है. शेष दो में से बड़ा पूर्णांक क्या है ? **(बैंक पी०ओ० परीक्षा, 2006)**
(*a*) 70 (*b*) 73 (*c*) 84 (*d*) ज्ञात नहीं किया जा सकता
(*e*) इनमें से कोई नहीं

33. यदि a तथा b का औसत $\dfrac{\left(a^{n+1}+b^{n+1}\right)}{\left(a^{n}+b^{n}\right)}$ हो, तो $n = ?$
(*a*) 0 (*b*) 1 (*c*) 2 (*d*) 4

34. यदि a, b, c का औसत m हो तथा $(ab + bc + ca) = 0$ हो a^2, b^2, c^2 का औसत कितना होगा ?
(*a*) m^2 (*b*) $3m^2$ (*c*) $6m^2$ (*d*) $9m^2$

35. 5 संख्याओं का औरात 18 है. एक संख्या छोड़ देने पर औसत 16 हो जाता है. छोड़ी गई संख्या क्या है ?
(*a*) 25 (*b*) 26 (*c*) 27 (*d*) 30 **(एम०बी०ए० परीक्षा, 2004)**

36. एक कार की 7 माह की पैट्रोल की औसत मासिक खपत 110 लीटर है. यदि अगले 5 माह की औसत मासिक खपत 86 लीटर हो, तो इस कार की पूरे वर्ष की औसत मासिक खपत कितनी है ?
(*a*) 98 लीटर (*b*) 100 लीटर (*c*) 96 लीटर (*d*) 102 लीटर

37. एक वर्कशाप में कार्यरत सभी कर्मचारियों का औसत वेतन ₹ 8000 है. इनमें से 7 अभियन्ताओं का औसत वेतन ₹ 12000 है तथा शेष कर्मचारियों का औसत वेतन ₹ 6000 है. इस वर्कशाप में कार्यरत सभी कर्मचारियों की संख्या कितनी है ? **(मैनेजमैन्ट परीक्षा, 2005)**
(*a*) 20 (*b*) 21 (*c*) 22 (*d*) 23

38. 4 कमाने वाले सदस्यों के एक परिवार की औसत मासिक आय ₹ 15130 थी. इनमें से एक पुत्री का विवाह हुआ तथा वह घर से विदा हो गई. इससे परिवार की औसत आय घटकर ₹ 14660 हो गई. विवाहित पुत्री की मासिक आय कितनी है ? **(बैंक पी०ओ० परीक्षा, 2009)**
(*a*) ₹ 15350 (*b*) ₹ 12000 (*c*) ₹ 16540 (*d*) निर्धारित नहीं किया जा सकता
(*e*) इनमें से कोई नहीं

39. एक व्यक्ति A से B तक x किमी०/घण्टा की औसत चाल से जाता है तथा वापिस B से A तक y किमी०/घण्टा की औसत चाल से लौट आता है. पूरी यात्रा में उसकी औसत चाल कितनी है

(*a*) $\frac{x+y}{2xy}$ किमी०/घण्टा (*b*) $\frac{2xy}{x+y}$ किमी०/घण्टा (*c*) $\frac{2}{x+y}$ किमी०/घण्टा

(*d*) $\left(\frac{1}{x}+\frac{1}{y}\right)$ किमी०/घण्टा **(एस०एस०सी० परीक्षा, 2010)**

40. एक व्यक्ति कार द्वारा नगर A से नगर B तक 63 किमी०/घण्टा की औसत चाल से जाता है तथा 42 किमी०/घण्टा की औसत चाल से वापिस लौटता है. पूरी यात्रा में उसकी औसत चाल कितनी है ?

(*a*) 52·5 किमी०/घण्टा (*b*) 50·4 किमी०/घण्टा (*c*) 51·8 किमी०/घण्टा (*d*) इनमें से कोई नहीं

41. एक स्थान A से स्थान B तक एक मोटरसाईकिल की औसत गति 65 किमी०/घण्टा रही तथा B से A तक आने में इसकी औसत गति 60 किमी०/घण्टा थी. पूरी यात्रा में मोटरसाईकिल की औसत गति कितनी थी ?

(*a*) 62·5 किमी०/घण्टा (*b*) 72·2 किमी०/घण्टा (*c*) 62·4 किमी०/घण्टा (*d*) 60·8 किमी०/घण्टा

(रेलवे परीक्षा, 2006)

42. 50 संख्याओं का औसत 36 ज्ञात किया गया. बाद में पता चला कि एक संख्या 48 के स्थान पर 23 ले ली गई. शुद्ध औसत क्या है ? **(एस०एस०सी० परीक्षा, 2003)**

(*a*) 35·2 (*b*) 36·1 (*c*) 36·5 (*d*) 39·1

43. 25 लड़कों की औसत ऊँचाई 1·4 मीटर है. इस ग्रुप में से 5 लड़कों के कैम्प छोड़ जाने के बाद शेष लड़कों की औसत ऊँचाई में 0·15 मीटर की वृद्धि हो जाती है. जाने वाले 5 लड़कों की औसत ऊँचाई कितनी है ?

(*a*) 0·8 मीटर (*b*) 0·9 मीटर (*c*) 0·95 मीटर (*d*) 1·05 मीटर

(एस०एस०सी० परीक्षा, 2003)

44. 512 पृष्ठ वाली एक पुस्तक में छपाई की त्रुटियों की औसत संख्या 4 प्रति पृष्ठ है. यदि प्रथम 302 पृष्ठों में इन त्रुटियों की संख्या 998 हो तो शेष पृष्ठों में त्रुटियों की औसत संख्या प्रति पृष्ठ कितनी है ?

(*a*) 4 (*b*) 5 (*c*) 5·5 (*d*) 6·5 **(एस०एस०सी० परीक्षा, 2000)**

45. एक थैले में कुल 10 गेंदें है जिनमें से कुछ लाल तथा शेष सफेद हैं. सभी गेंदों का औसत मूल्य ₹ 28 प्रति गेंद है. यदि लाल गेंदों का औसत मूल्य ₹ 25 प्रति गेंद हो तथा सफेद गेंदों का औसत मूल्य ₹ 30 प्रति गेंद हो, तो सफेद गेंदों की संख्या कितनी है ? **(एस०एस०सी० परीक्षा, 2000)**

(*a*) 3 (*b*) 5 (*c*) 6 (*d*) 7

46. एक कम्पनी ने वर्ष के पहले 3 माह में 4000 वस्तुयें प्रति माह बनाई तथा पूरे वर्ष में 4375 वस्तुयें प्रति माह की औसत से बनाई. अगले 9 माह में कितनी औसत वस्तुयें प्रति माह बनाई ?

(*a*) 4500 (*b*) 4600 (*c*) 4680 (*d*) 4710

47. एक सप्ताह के प्रथम चार दिनों का औसत तापमान 40·2°C था तथा अन्तिम चार दिनों का औसत तापमान 41·3°C था. यदि पूरे सप्ताह का औसत तापमान 40·6°C हो, तो चौथे दिन का तापमान कितना था ?

(*a*) 38·5°C (*b*) 40·8°C (*c*) 41·3°C (*d*) 41·8°C **(मैनेजमैन्ट परीक्षा, 2005)**

48. सोमवार से बुधवार तक का औसत तापमान 37°C था तथा मंगलवार से बृहस्पतिवार तक का औसत तापमान 34°C था. यदि बृहस्पतिवार का तापमान सोमवार के तापमान का $\left(\frac{4}{5}\right)$ हो, तो बृहस्पतिवार का तापमान कितना था ? **(मैनेजमैन्ट परीक्षा, 2006)**

(*a*) 34°C (*b*) 35·5°C (*c*) 36°C (*d*) 36·5°C

49. एक कक्षा में 30 लड़कों की औसत आयु 16 वर्ष तथा 20 लड़कियों की औसत आयु 14 वर्ष है. कक्षा के सभी विद्यार्थियों की औसत आयु कितनी है ? **(बैंक पी०ओ० परीक्षा, 2009)**
(*a*) 15·2 वर्ष (*b*) 15 वर्ष (*c*) 14·5 वर्ष (*d*) 14 वर्ष (*e*) इनमें से कोई नहीं

50. एक कक्षा में 80 बच्चों की औसत आयु 15 वर्ष है. इनमें से 15 बच्चों के एक समूह की औसत आयु 16 वर्ष है तथा कक्षा के दूसरे 25 बच्चों की औसत आयु 14 वर्ष है. कक्षा के शेष बच्चों की औसत आयु कितनी है ?
(*a*) 15·25 वर्ष (*b*) 14 वर्ष (*c*) 14·75 वर्ष (*d*) निर्धारित नहीं किया जा सकता
(*e*) इनमें से कोई नहीं **(बैंक पी०ओ० परीक्षा, 2010)**

51. 36 छात्रों के समूह की औसत आयु 14 वर्ष है. शिक्षक की आयु इनमें सम्मिलित किये जाने पर औसत आयु में 1 वर्ष की वृद्धि हो जाती है. शिक्षक की आयु कितनी है ?
(*a*) 36 वर्ष (*b*) 51 वर्ष (*c*) 31 वर्ष (*d*) ज्ञात नहीं की जा सकती
(*e*) इनमें से कोई नहीं

52. किसी समिति के 10 सदस्यों की औसत आयु आज भी उतनी ही है जितनी यह 2 वर्ष पूर्व थी क्योंकि एक अधिक आयु वाले सदस्य को एक नवयुवक सदस्य द्वारा बदला गया है. पुराने सदस्य की तुलना में नया सदस्य कितना छोटा है ? **(एस०एस०सी० परीक्षा, 2010)**
(*a*) 20 वर्ष (*b*) 15 वर्ष (*c*) 10 वर्ष (*d*) 2 वर्ष

53. किसी क्रिकेट टीम में दो खिलाड़ियों की आयु क्रमशः 17 वर्ष तथा 20 वर्ष है. इनके स्थान पर दो नये खिलाड़ी लेने पर टीम के 11 खिलाड़ियों की औसत आयु 2 महीने कम हो जाती है. नये खिलाड़ियों की औसत आयु कितनी है ?
(*a*) 17 वर्ष 1 मास (*b*) 17 वर्ष 7 मास (*c*) 17 वर्ष 11 मास (*d*) 18 वर्ष 3 मास

54. 8 पुरुषों में से दो पुरुषों की आयु क्रमशः 21 वर्ष तथा 23 वर्ष है. इनके स्थान पर दो नये पुरुषों को लेने पर इनकी औसत आयु में 2 वर्ष की वृद्धि हो जाती है. दोनों नये पुरुषों की औसत आयु कितनी है ?
(*a*) 22 वर्ष (*b*) 24 वर्ष (*c*) 28 वर्ष (*d*) 30 वर्ष

55. एक परिवार में पिता तथा माता की औसत आयु 35 वर्ष है. पिता, माता तथा उनके एकमात्र पुत्र की औसत आयु 27 वर्ष है. पुत्र की आयु कितनी है ? **(एस०एस०सी० परीक्षा, 2010)**
(*a*) 12 वर्ष (*b*) 11 वर्ष (*c*) 10·5 वर्ष (*d*) 10 वर्ष

56. राम की वर्तमान आयु उसके पुत्र की वर्तमान आयु से तिगुनी है तथा उसके पिता की आयु का $\frac{2}{5}$ है. तीनों की औसत आयु 46 वर्ष है. राम की वर्तमान आयु तथा उसके पिता की वर्तमान आयु में कितना अन्तर है ?
(*a*) 68 वर्ष (*b*) 58 वर्ष (*c*) 54 वर्ष (*d*) ज्ञात नहीं किया जा सकता
(*e*) इनमें से कोई नहीं

57. 5 व्यक्तियों में से एक 60 किग्रा० भार वाले व्यक्ति के स्थान पर नया व्यक्ति आने से इनके औसत भार में 1 किग्रा० की वृद्धि हो जाती है. नये व्यक्ति का भार कितना है ?
(*a*) 50 किग्रा० (*b*) 55 किग्रा० (*c*) 60 किग्रा० (*d*) 65 किग्रा०

58. एक कक्षा के 40 विद्यार्थियों की औसत आयु 15 वर्ष है. 10 नये विद्यार्थियों के प्रवेश करने के उपरान्त औसत आयु में 0·2 वर्ष की वृद्धि हो जाती है. नये विद्यार्थियों की औसत आयु कितनी है ?
(*a*) 15·2 वर्ष (*b*) 16 वर्ष (*c*) 16·2 वर्ष (*d*) 16·4 वर्ष
(एस०एस०सी० परीक्षा, 2008)

59. A, B तथा C की औसत आयु 20 वर्ष है. यदि A तथा B की औसत आयु 19 वर्ष हो, तो C की आयु कितनी है ?
(*a*) 20 वर्ष (*b*) 21 वर्ष (*c*) 22 वर्ष (*d*) 24 वर्ष
(एस०एस०सी० परीक्षा, 2009)

60. एक कक्षा में 32 लड़कों की औसत आयु 14 वर्ष है तथा 26 लड़कियों की औसत आयु 12 वर्ष है. सभी विद्यार्थियों की औसत आयु कितनी है ? (दशमलव के बाद 2 अंकों तक पूर्णांकित) **(बैंक पी०ओ० परीक्षा, 2008)**
(*a*) 12·90 वर्ष (*b*) 13·10 वर्ष (*c*) 13·50 वर्ष (*d*) 13·70 वर्ष (*e*) इनमें से कोई नहीं

61. शादी के समय एक औरत तथा उसके पति की औसत आयु 23 वर्ष थी. 5 वर्ष बाद उनके पास 1 वर्ष का बच्चा है. अब सारे परिवार की औसत आयु कितनी है ?

(*a*) 19 वर्ष (*b*) 23 वर्ष (*c*) 28·5 वर्ष (*d*) 29·3 वर्ष

62. 3 लड़कों की औसत आयु 16 वर्ष है. यदि उनकी आयु का अनुपात 4 : 5 : 7 हो, तो सबसे छोटे लड़के की आयु कितनी है ? **(एम०बी०ए० परीक्षा, 2003)**

(*a*) 8 वर्ष (*b*) 9 वर्ष (*c*) 12 वर्ष (*d*) 16 वर्ष

63. एक परिवार में 6 पुत्रों की औसत आयु 8 वर्ष है. इन लड़कों तथा उनके माता पिता की औसत आयु 22 वर्ष है. यदि पिता की आयु माता की आयु से 8 वर्ष अधिक हो, तो माता की आयु कितनी है ?

(*a*) 44 वर्ष (*b*) 52 वर्ष (*c*) 60 वर्ष (*d*) 68 वर्ष

(एस०एस०सी० परीक्षा, 2003)

64. एक कक्षा के 30 छात्रों की औसत आयु 15 वर्ष है. एक 20 वर्षीय छात्र कक्षा छोड़कर चला गया तथा इसके स्थान पर दो नये छात्र आ गये जिनकी आयु का अन्तर 5 वर्ष है. यदि अब सभी छात्रों की औसत आयु 15 वर्ष हो, तो नये छात्रों में से छोटे की आयु कितनी है ? **(एस०एस०सी० परीक्षा, 2005)**

(*a*) 8 वर्ष (*b*) 10 वर्ष (*c*) 15 वर्ष (*d*) 20 वर्ष

65. एक क्रिकेट टीम के दो खिलाड़ियों की आयु क्रमश: 18 वर्ष तथा 20 वर्ष है. इनके स्थान पर दो नये खिलाड़ी लेने से क्रिकेट टीम की औसत आयु में 2 माह की वृद्धि हो जाती है. दो नए खिलाड़ियों की औसत आयु कितनी है ?

(*a*) 19 वर्ष 1 माह (*b*) 19 वर्ष 9 माह (*c*) 19 वर्ष 11 माह (*d*) 19 वर्ष 5 माह

(एस०एस०सी० परीक्षा, 2005)

66. एक कक्षा के 16 लड़कों का औसत भार 50·25 किग्रा० है तथा शेष 8 लड़कों का औसत भार 45·15 किग्रा० है. कक्षा में सभी लड़कों का औसत भार कितना है ? **(रेलवे परीक्षा, 2009)**

(*a*) 38·55 किग्रा० (*b*) 48 किग्रा० (*c*) 48·55 किग्रा० (*d*) इनमें से कोई नहीं

67. एक कक्षा में 45 विद्यार्थी हैं जिनमें से 30 लड़के तथा शेष लड़कियाँ हैं. यदि लड़कियों का औसत भार 45 किग्रा० तथा लड़कों का औसत भार 52 किग्रा० हो, तो सम्पूर्ण कक्षा का औसत भार लगभग कितना है ?

(*a*) 48 किग्रा० (*b*) 49 किग्रा० (*c*) 50 किग्रा० (*d*) 51 किग्रा०

(होटल मैनेजमैन्ट परीक्षा, 2010)

68. आठ लड़कों के समूह में से एक लड़का चला गया तथा 56 किग्रा० भार वाला नया लड़का समूह में सम्मिलित हो गया. इससे समूह के औसत भार में 2·5 किग्रा० की वृद्धि हो गई. नये लड़के का भार कितना है ?

(*a*) 38·5 किग्रा० (*b*) 38 किग्रा० (*c*) 36·5 किग्रा० (*d*) 36 किग्रा०

(रेलवे परीक्षा, 2006)

69. 20 लड़कों के एक समूह के औसत भार की गणना 89·4 किग्रा० की गई. बाद में ज्ञात हुआ कि एक लड़के के 87 किग्रा० भार के स्थान पर 78 किग्रा० पढ़ा गया. सही औसत भार कितना है ? **(रेलवे परीक्षा, 2006)**

(*a*) 88·95 किग्रा० (*b*) 89·25 किग्रा० (*c*) 89·55 किग्रा० (*d*) 89·85 किग्रा०

70. किसी बल्लेबाज ने बारहवीं पारी में 63 रन बनाये जिससे उसके रनों की औसत में 2 रन की वृद्धि हो जाती है. बारहवीं पारी के बाद उसके रनों का औसत कितना है ? **(एस०एस०सी० परीक्षा, 2010)**

(*a*) 41 (*b*) 42 (*c*) 34 (*d*) 35

71. क्रिकेट के एक खिलाड़ी का 10 पारियों का कुछ औसत था. 11वीं पारी में उसने 108 रन बनाये तथा इससे उसकी औसत रन संख्या में 6 की वृद्धि हो गई. अब उसकी औसत रन संख्या कितनी है ?

(*a*) 48 रन (*b*) 52 रन (*c*) 55 रन (*d*) 60 रन

72. एक क्रिकेट मैच में 6 खिलाड़ियों की औसत रन संख्या 36 थी. यदि इनमें से एक खिलाड़ी ने 16 रन बनाये हों, तो शेष खिलाड़ियों की औसत रन संख्या कितनी है ? **(जीवन बीमा परीक्षा, 2003)**

(*a*) 24 (*b*) 30 (*c*) 36 (*d*) 40

73. 19वीं पारी में 98 रन बनाकर एक क्रिकेट खिलाड़ी की औसत रन संख्या में 4 रनों की वृद्धि हो गई. 19 पारियों के बाद उसकी औसत रन संख्या कितनी थी ?

(*a*) 22 (*b*) 24 (*c*) 26 (*d*) 28

74. एक क्रिकेट मैच में पहले 10 ओवर में रन रेट केवल 3·2 थी. 282 रन के लक्ष्य को पूरा करने हेतू शेष 40 ओवर के लिए रन रेट क्या होनी चाहिए ?

(*a*) 6·25 (*b*) 6·50 (*c*) 6·75 (*d*) 7·00

75. एक बल्लेबाज अपनी 51वीं पूर्ण पारी में कुछ रन बनाता है जिससे उसका औसत 59·6 से बढ़कर 60 हो जाता है. बल्लेबाज द्वारा 51वीं पारी में बनाई गई रनसंख्या कितनी है ?

(*a*) 75 (*b*) 70 (*c*) 100 (*d*) 80

76. एक दिवसीय क्रिकेट टीम के कप्तान ने उसी टीम के शेष अन्य 6 बल्लेबाजों के औसत रनों से 30 रन अधिक बनाये. यदि उस टीम के सभी बल्लेबाजों द्वारा 310 रन बनाये गये हों, तो कप्तान द्वारा कितने रन बनाये गये ?

(*a*) 60 (*b*) 70 (*c*) 50 (*d*) निर्धारित नहीं किया जा सकता

(*e*) इनमें से कोई नहीं **(बैंक पी०ओ० परीक्षा, 2005)**

77. एक बल्लेबाज की 11 पारियों के रनों का एक निश्चित औसत है. 12वीं पारी में उसने 129 रन बनाये. तत्पश्चात् उसके रनों का औसत 9 रन बढ़ गया. उसकी 11 पारियों का औसत कितना है ?

(*a*) 82 (*b*) 45 (*c*) 21 (*d*) 48

78. एक कार, जीप और ट्रैक्टर की गति के बीच का अनुपात क्रमशः 3 : 5 : 2 है. जीप की गति ट्रैक्टर की गति की 250% है, जो 12 घण्टे में 360 किमी० दूरी तय करता है. कार और जीप की औसत गति कितनी है ?

(*a*) 60 किमी०/घण्टा (*b*) 75 किमी०/घण्टा (*c*) 40 किमी०/घण्टा (*d*) निर्धारित नहीं की जा सकती

(*e*) इनमें से कोई नहीं **(बैंक पी०ओ० परीक्षा, 2010)**

उत्तरमाला (प्रश्नमाला 6A)

1. (*b*)	**2.** (*c*)	**3.** (*d*)	**4.** (*c*)	**5.** (*d*)	**6.** (*c*)	**7.** (*b*)	**8.** (*d*)	**9.** (*e*)	**10.** (*c*)
11. (*d*)	**12.** (*b*)	**13.** (*e*)	**14.** (*c*)	**15.** (*e*)	**16.** (*a*)	**17.** (*d*)	**18.** (*b*)	**19.** (*a*)	**20.** (*e*)
21. (*e*)	**22.** (*b*)	**23.** (*b*)	**24.** (*b*)	**25.** (*c*)	**26.** (*e*)	**27.** (*b*)	**28.** (*b*)	**29.** (*a*)	**30.** (*a*)
31. (*d*)	**32.** (*e*)	**33.** (*a*)	**34.** (*b*)	**35.** (*b*)	**36.** (*b*)	**37.** (*b*)	**38.** (*c*)	**39.** (*b*)	**40.** (*b*)
41. (*c*)	**42.** (*c*)	**43.** (*a*)	**44.** (*b*)	**45.** (*c*)	**46.** (*a*)	**47.** (*d*)	**48.** (*c*)	**49.** (*a*)	**50.** (*a*)
51. (*b*)	**52.** (*a*)	**53.** (*b*)	**54.** (*d*)	**55.** (*b*)	**56.** (*c*)	**57.** (*d*)	**58.** (*b*)	**59.** (*c*)	**60.** (*b*)
61. (*a*)	**62.** (*c*)	**63.** (*c*)	**64.** (*c*)	**65.** (*c*)	**66.** (*c*)	**67.** (*c*)	**68.** (*d*)	**69.** (*c*)	**70.** (*a*)
71. (*a*)	**72.** (*d*)	**73.** (*c*)	**74.** (*a*)	**75.** (*d*)	**76.** (*b*)	**77.** (*c*)	**78.** (*a*)		

दिये गये प्रश्नों के हल प्रश्नमाला 6A

1. दी गई 6 संख्याओं का योग (76 + 48+ 84 + 66 + 70 + 64) = 408

अभीष्ट औसत $= \frac{408}{6} = 68.$

2. हम जानते हैं कि : $1+2+3+ ..... + n = \frac{1}{2} n (n+1).$

$\therefore$ प्रथम 100 धनपूर्णांकों का योग $= \left(\frac{1}{2} \times 100 \times 101\right) = 5050.$

अभीष्ट औसत $= \frac{5050}{100} = \frac{101}{2} = 50 \cdot 5.$

3. प्रथम 9 अभाज्य संख्याओं का औसत

$$= \frac{1}{9}(2+3+5+7+11+13+17+19+23) = \frac{100}{9} = 11\frac{1}{9}.$$

4. अभीष्ट योग = (2 + 4 + 6 + ... + 20)

$$= 2\,(1+2+3+......+10) = \left(2\times\frac{1}{2}\times10\times11\right) = 110.$$

अभीष्ट औसत $= \frac{110}{10} = 11.$

5. अभीष्ट योग = (1 + 3 + 5 + 7 + ... + 99)

माना ये संख्यायें n हैं. तब $a+(n-1)\,d = 99.$

$\therefore\ 1+(n-1)\times2 = 99 \Rightarrow (n-1) = \frac{98}{2} = 49 \Rightarrow n = 50.$

इनका योग $= \frac{n}{2}(a+l) = \frac{50}{2}\times(1+99) = (25\times100) = 2500.$

अभीष्ट औसत $= \frac{2500}{50} = 50.$

6. अभीष्ट योग = (2 + 4 + 6 + 8 + ... + 50)

$$= 2\,(1+2+3+4+.....+25) = \left(2\times\frac{1}{2}\times25\times26\right) = 650.$$

अभीष्ट औसत $= \frac{650}{25} = 26.$

7. अभीष्ट योग = (3 + 6 + 9 + 12 + 15) = 45

अभीष्ट औसत $= \frac{45}{5} = 9.$

8. हम जानते हैं कि : $(1^2+2^2+3^2+.....+n^2) = \frac{1}{6}n\,(n+1)\,(2n+1)$

$\therefore\ (1^2+2^2+3^2+.....+10^2) = \left(\frac{1}{6}\times10\times11\times21\right) = 385.$

अतः अभीष्ट औसत $= \frac{385}{10} = 38\cdot5.$

9. $25a+25b = 115 \Rightarrow 25\,(a+b) = 115 \Rightarrow a+b = \frac{115}{25} = \frac{23}{5}.$

a तथा b का औसत $= \frac{1}{2}(a+b) = \left(\frac{1}{2}\times\frac{23}{5}\right) = \frac{23}{10} = 2\cdot3.$

10. 5 संख्याओं का औसत = 10.

इन संख्याओं का योग = (10×5) = 50.

माना जोड़ी जाने वाली संख्या = x. तब,

$\frac{50+x}{6} = 12 \Rightarrow 50+x = 72 \Rightarrow x = (72-50) = 22.$

11. माना ये संख्यायें $x, x+1, x+2, x+3, x+4, x+5$ तथा $x+6$ हैं. तब,

इनका योग = $(7x + 21)$.

$\therefore\ \frac{7x+21}{7} = 33 \Rightarrow 7x+21 = 231$

$\Rightarrow 7x = (231-21) = 210 \Rightarrow x = 30.$

इनमें से सबसे बड़ी संख्या $(x + 6) = (30 + 6) = 36.$

12. माना 4 क्रमागत समसंख्यायें $x, x + 2, x + 4$ तथा $x + 6$ हैं. तब,

$\frac{1}{4}(x+x+2+x+4+x+6) = 27 \Rightarrow 4x+12 = 108 \Rightarrow 4x = 96 \Rightarrow x = 24.$

इनमें से सबसे बड़ी संख्या = (x + 6) = (24 + 6) = 30.

13. माना 5 क्रमागत विषम संख्यायें $x + 5, x + 3, x + 1, x - 1$ तथा $x - 3$ हैं.

इनका योग $= (x + 5 + x + 3 + x + 1 + x - 1 + x - 3) = (5x + 5)$.

$\therefore\ 5x+5 = (95\times5) = 475 \Rightarrow 5x = 470 \Rightarrow x = 94$.

अवरोही क्रम में चौथी संख्या $= x - 1 = (94 - 1) = 93$.

14. माना चार क्रमागत विषम संख्यायें हैं :

$A=(x+1), B=(x+3), C=(x+5)$ तथा $D=(x+7)$. तब,

$(x+1)+(x+3)+(x+5)+(x+7)=(42\times4)$

$\Rightarrow 4x+16=168 \Rightarrow 4x=152 \Rightarrow x=38$

$\therefore\ (B\times D)=(41\times45)=1845$.

15. माना $A=x, B=x+2, C=x+4, D=x+6, E=x+8$.

तब इनका औसत $= \dfrac{x+x+2+x+4+x+6+x+8}{5} = \dfrac{5x+20}{5} = (x+4)$.

$\therefore\ x+4=66 \Rightarrow x=(66-4)=62$.

$(B\times E)=(x+2)(x+8)=(62+2)(62+8)=(64\times70)=4480$.

16. माना ये संख्यायें $(x - 2), (x - 1), x, (x + 1)$ तथा $(x + 2)$ हैं.

इन 5 संख्याओं का योग $=(x-2)+(x-1)+x+(x+1)+(x+2)=5x$.

इन 5 संख्याओं का औसत $= \dfrac{5x}{5} = x$.

अगली दो संख्यायें $(x + 3)$ तथा $(x + 4)$ हैं.

इन 7 संख्याओं का औसत $= \dfrac{5x+(x+3)+(x+4)}{7} = \dfrac{7x+7}{7} = \dfrac{7(x+1)}{7} = (x+1)$.

$\therefore$ औसत में 1 की वृद्धि होगी.

17. $(m + n)$ संख्याओं का औसत $= \dfrac{mn^2+nm^2}{m+n}$

$$= \frac{m^2n+mn^2}{m+n} = \frac{mn\,(m+n)}{(m+n)} = mn.$$

18. 3 संख्याओं का योग $= (7 \times 3) = 21$.

पहली 2 संख्याओं का योग $= (4 \times 2) = 8$.

तीसरी संख्या $= (21 - 8) = 13$.

19. माना संख्यायें क्रमशः $n, 2n$ तथा $4n$ हैं. तब,

$\dfrac{n+2n+4n}{3} = 28 \Rightarrow 7n = 84 \Rightarrow n = 12$.

$\therefore$ तीसरी संख्या $= 4n = (4 \times 12) = 48$.

20. 5 संख्याओं का योग $= 240$.

पहली 2 संख्याओं का योग $= (30 \times 2) = 60$.

अन्तिम 2 संख्याओं का योग $= (70 \times 2) = 140$.

तीसरी संख्या $= 240 - (60 + 140) = 40$.

21. 5 संख्याओं का योग $= (306{\cdot}4 \times 5) = 1532$.

पहली 2 संख्याओं का योग $= (431 \times 2) = 862$.

अन्तिम 2 संख्याओं का योग $= (214{\cdot}5 \times 2) = 429$.

$\therefore$ तीसरी संख्या $= 1532 - (862 + 429) = (1532 - 1291) = 241$.

22. 5 संख्याओं का योग = $(65 \times 5) = 325$.
प्रथम 2 संख्याओं का योग = $(81 \times 2) = 162$.
अन्तिम 2 संख्याओं का योग = $(38 \times 2) = 76$
तीसरी संख्या = $325 - (162 + 76) = (325 - 238) = 87$.

23. 13 संख्याओं का योग = $(68 \times 13) = 884$.
प्रथम 7 संख्याओं का योग = $(63 \times 7) = 441$.
अन्तिम 7 संख्याओं का योग = $(70 \times 7) = 490$.
सातवीं संख्या = $(441 + 490) - 884 = (931 - 884) = 47$.

24. $(A + B) = (20 \times 2) = 40$, $(B + C) = (19 \times 2) = 38$ तथा $(C + A) = (21 \times 2) = 42$.
जोड़ने पर : $2(A + B + C) = (40 + 38 + 42) = 120 \Rightarrow (A + B + C) = 60$.
$\therefore\ A = (A+B+C) - (B+C) = (60-38) = 22$.

25. ₹ $(A + B) = (14000 \times 2) =$ ₹ 28000, $(B + C) =$ ₹ $(15600 \times 2) =$ ₹ 31200
तथा $(A + C) =$ ₹ $(14400 \times 2) =$ ₹ 28800.
जोड़ने पर : $2(A + B + C) =$ ₹ $(28000 + 31200 + 28800) =$ ₹ 88000.

$$\Rightarrow (A+B+C) = ₹\ \frac{88000}{2} = ₹\ 44000$$

$$\Rightarrow B = (A+B+C) - (A+C) = ₹\ (44000 - 28800) = ₹\ 15200.$$

26. समूह के कुल विद्यार्थियों की संख्या = $(3 + 6) = 9$.
9 विद्यार्थियों के अंकों का योग = $(63 \times 9) = 567$.
3 विद्यार्थियों के अंकों का योग = $(78 + 69 + 48) = 195$.
6 विद्यार्थियों के अंकों का योग = $(567 - 195) = 372$.
इनके औसत अंक $= \frac{372}{6} = 62$.

27. 28 छात्रों के कुल प्राप्तांक = $(50 \times 28) = 1400$.
20 छात्रों के औसत प्राप्तांक = $(50 + 5) = 55$.
20 छात्रों के कुल प्राप्तांक $(55 \times 20) = 1100$.
शेष 8 छात्रों के कुल प्राप्तांक = $(1400 - 1100) = 300$.
इन 8 छात्रों के औसत प्राप्तांक $= \frac{300}{8} = 37 \cdot 5$.

28. माना कक्षा में x लड़के तथा $(100 - x)$ लड़कियाँ हैं.
कक्षा के 100 विद्यार्थियों के कुल प्राप्तांक = $(68 \times 100) = 6800$.
x लड़कों के कुल प्राप्तांक = $(x \times 60) = 60x$.
$(100 - x)$ लड़कियों के कुल प्राप्तांक = $(100 - x) \times 80 = (8000 - 80x)$
$\therefore\ 60x + (8000 - 80x) = 6800 \Rightarrow 20x = (8000 - 6800) = 1200 \Rightarrow x = 60$.
अत: कक्षा में 60% विद्यार्थी लड़के हैं.

29. माना उत्तीर्ण छात्रों की संख्या = x. तब, अनुत्तीर्ण छात्रों की संख्या = $(120 - x)$.
तब, $39x + 15(120 - x) = 35 \times 120$
$\Rightarrow 39x - 15x = 4200 - 1800 \Rightarrow 24x = 2400 \Rightarrow x = 100$.
$\therefore$ उत्तीर्ण छात्रों की संख्या = 100.

30. माना छात्रों की संख्या $= x$ तथा छात्राओं की संख्या $= y$. तब

$$71x + 73y = 71{\cdot}8 \times (x+y)$$

$$\Rightarrow (71{\cdot}8x - 71x) = (73y - 71{\cdot}8y)$$

$$\Rightarrow 0{\cdot}8x = 1{\cdot}2y \Rightarrow \frac{x}{y} = \frac{1{\cdot}2}{0{\cdot}8} = \frac{12}{8} = \frac{3}{2} \Rightarrow x : y = 3:2.$$

31. 11 संख्याओं का कुल योग = (10·9 × 11) = 119·9.

प्रथम 6 संख्याओं का योग = (10·5 × 6) = 63.

अन्तिम 6 संख्याओं का योग = (11·4 × 6) = 68·4.

मध्य संख्या = (63 + 68·4 – 119·9) = 11·5.

32. 4 पूर्णांकों का कुल योग = (72·5 × 4) = 290.

मानो बड़ा पूर्णांक $= x$. तब, छोटा पूर्णांक $= (x - 12)$.

$$117 + x + (x-12) + 15 = 290 \Rightarrow 2x + 120 = 290$$

$$\Rightarrow 2x = 170 \Rightarrow x = 85.$$

अभीष्ट पूर्णांक = 85.

33. $$\frac{(a^{n+1} + b^{n+1})}{(a^n + b^n)} = \frac{(a+b)}{2} \Rightarrow 2a^{n+1} + 2b^{n+1} = a^{n+1} + b^{n+1} + a^n b + ab^n$$

$$\Rightarrow a^{n+1} - a^n b = ab^n - b^{n+1} \Rightarrow a^n (a-b) = (a-b)\, b^n \Rightarrow a^n = b^n \Rightarrow n = 0.$$

34. $$(a+b+c)^2 = (a^2+b^2+c^2) + 2\,(ab+bc+ca) = (a^2+b^2+c^2) + 2\times 0 = (a^2+b^2+c^2) \quad \ldots(i)$$

अब, $\frac{a+b+c}{3} = m \Rightarrow (a+b+c) = 3m \Rightarrow (a+b+c)^2 = 9m^2$

$$\Rightarrow \frac{(a^2+b^2+c^2)}{3} = 3m^2 \quad \left[\because (a+b+c)^2 = (a^2+b^2+c^2) \text{ by } (i)\right]$$

अभीष्ट औसत $= 3m^2$.

35. अभीष्ट संख्या = (18 × 5 – 16 × 4) = (90 – 64) = 26.

36. 12 माह की कुल खपत = (110 × 7 + 86 × 5) लीटर

= (770 + 430) लीटर = 1200 लीटर

पूरे वर्ष की औसत मासिक खपत $= \frac{1200}{12}$ लीटर = 100 लीटर.

37. माना कुल कर्मचारियों की संख्या $= x$. तब

12000 × 7 + 6000 × (x – 7) = 8000 × x ईंटें

$$\Rightarrow 84000 + 6000x - 42000 = 8000x$$

$$\Rightarrow 8000x - 6000x = 84000 - 42000 \Rightarrow 2000x = 42000 \Rightarrow x = 21.$$

∴ सभी कर्मचारियों की संख्या = 21.

38. 4 सदस्यों की कुल मासिक आय = ₹ (15130 × 4) = ₹ 60520.

3 सदस्यों की कुल मासिक आय = ₹ (14660 × 3) = ₹ 43980.

विवाहित पुत्री की मासिक आय = ₹ (60520 – 43980) = ₹ 16540.

39. माना दूरी $AB = z$ किमी॰ तय करने में लगा समय $= \frac{z}{x}$ घण्टे

दूरी $BA = z$ किमी॰ तय करने में लगा समय $= \frac{z}{y}$ घण्टे

2z किमी० दूरी तय करने में लगा समय $= \left(\frac{z}{x}+\frac{z}{y}\right)$ घण्टे $= z\left(\frac{1}{x}+\frac{1}{y}\right)$ घण्टे

$= \frac{z(x+y)}{xy}$

औसत चाल $= \frac{2z \times xy}{z(x+y)} = \frac{2xy}{(x+y)}$ किमी०/घण्टा.

40. यहाँ $x = 63$ तथा $y = 42$.

$\therefore$ औसत चाल $= \frac{2xy}{(x+y)}$ किमी०/घण्टा $= \frac{2\times63\times42}{(63+42)}$ किमी०/घण्टा

$= \frac{2\times63\times42}{105}$ किमी०/घण्टा $= \frac{252}{5}$ किमी०/घण्टा = 50·4 किमी०/घण्टा.

41. यहाँ $x = 65$ तथा $y = 60$.

$\therefore$ औसत चाल $= \frac{2xy}{(x+y)}$ किमी०/घण्टा $= \frac{2\times65\times60}{(65+60)}$ किमी०/घण्टा

$= \frac{2\times65\times60}{125}$ किमी०/घण्टा $= \frac{312}{5}$ किमी०/घण्टा = 62·4 किमी०/घण्टा.

42. दी गई 50 संख्याओं का कुल योग = (36 × 50) = 1800.

इन 50 संख्याओं का सही योग = (1800 + 48 – 23) = 1825.

सही औसत $= \frac{1825}{50} = \frac{73}{2} = 36\cdot5$.

43. 25 लड़कों की ऊँचाई का योग = (1·4 × 25) मीटर = 35 मीटर.

20 लड़कों की औसत ऊँचाई = (1·4 + 0·15) मीटर = 1·55 मीटर.

20 लड़कों की ऊँचाई का योग = (1·55 × 20) मीटर = 31 मीटर

5 लड़कों की ऊँचाई का योग = (35 – 31) मीटर = 4 मीटर

5 लड़कों की औसत ऊँचाई $= \frac{4}{5}$ मीटर = 0·8 मीटर.

44. पूरी पुस्तक में कुल त्रुटियों की संख्या = (512 × 4) = 2048.

302 पृष्ठों में त्रुटियों की संख्या = 998.

शेष 210 पृष्ठों में त्रुटियों की संख्या = (2048 – 998) = 1050.

इन त्रुटियों की प्रति पृष्ठ औसत संख्या $= \frac{1050}{210} = 5$.

45. माना सफेद गेंदों की संख्या = x. तब, लाल गेंदों की संख्या = $(10 - x)$.

$30x + 25(10 - x) = 10 \times 28 \Rightarrow 5x = 30 \Rightarrow x = 6$.

अत: सफेद गेंदों की संख्या = 6.

46. 3 माह में बनी कुल वस्तुओं की संख्या = (4000 × 3) = 12000.

12 माह में बनी कुल वस्तुओं की संख्या = (4375 × 12) = 52500.

शेष 9 माह में बनी कुल वस्तुओं की संख्या = (52500 – 12000) = 40500.

अभीष्ट औसत $= \frac{40500}{9} = 4500$.

47. $(M + T + W + Th)$ का कुल तापमान $= (40\cdot2\times4) = 160\cdot8$°C ...(I)

$(Th + F + S + S)$ का कुल तापमान $= (41\cdot3\times4) = 165\cdot2$°C. ...(II)

$(M + T + W + Th + F + S + S)$ का कुल तापमान $= (40\cdot6\times7) = 284\cdot2$°C. ...(III)

चौथे दिन का तापमान = Th का तापमान = $(I + II) - (III)$ = [(160·8 + 165·2) – 284·2] = 41·8°C.

48. $(M + T + W)$ का कुल तापमान $= (37 \times 3)°C = 111°C$. ...(i)

$(T + W + Th)$ का कुल तापमान $= (34 \times 3)°C = 102°C$ ...(ii)

$Th = \frac{4}{5}M \Rightarrow \frac{4}{5}M + T + W = 102$ ...(iii)

(i) में से (iii) घटाने पर $\frac{1}{5}M = 9 \Rightarrow M = 45$.

$\therefore$ $Th = \left(\frac{4}{5} \times 45\right) = 36$. अत: बृहस्पतिवार का तापमान = 36°C.

49. 30 लड़कों की आयु का योग = (16 × 30) वर्ष = 480 वर्ष.

20 लड़कियों की आयु का योग = (14 × 20) वर्ष = 280 वर्ष.

50 विद्यार्थियों की आयु का योग = (480 + 280) वर्ष = 760 वर्ष.

कक्षा के सभी विद्यार्थियों की औसत आयु $= \frac{760}{50}$ वर्ष = 15·2 वर्ष.

50. कक्षा के 80 बच्चों की आयु का योग = (15 × 80) वर्ष = 1200 वर्ष.

कक्षा के 15 बच्चों की आयु का योग = (16 × 15) वर्ष = 240 वर्ष.

कक्षा के 25 बच्चों की आयु का योग = (14 × 25) वर्ष = 350 वर्ष.

कक्षा के शेष 40 बच्चों की आयु का योग = [1200 – (240 + 350)] वर्ष

= (1200 – 590) वर्ष = 610 वर्ष.

इन बच्चों की औसत आयु $= \frac{610}{40}$ वर्ष $= \frac{61}{4}$ वर्ष = 15·25 वर्ष.

51. 36 छात्रों की आयु का योग = (14 × 36) वर्ष = 504 वर्ष.

(36 छात्रों + अध्यापक) की औसत आयु = (14 +1) वर्ष = 15 वर्ष.

(36 छात्रों + अध्यापक) की आयु का योग = (15 × 37) वर्ष = 555 वर्ष.

अध्यापक की आयु = (555 – 504) वर्ष = 51 वर्ष.

52. 2 वर्ष में कुल आयु में वृद्धि = (2 × 10) वर्ष = 20 वर्ष

$\therefore$ नया सदस्य पुराने सदस्य से 20 वर्ष छोटा है.

53. 11 खिलाड़ियों की कुल आयु में कमी = (2 × 11) मास = 22 मास $= \frac{22}{12}$ वर्ष.

नये 2 खिलाड़ियों की कुल आयु $= \left(17 + 20 - \frac{22}{12}\right)$ वर्ष $= \left(37 - \frac{11}{6}\right)$ वर्ष $= \frac{211}{6}$ वर्ष

नये 2 खिलाड़ियों की औसत आयु $= \left(\frac{1}{2} \times \frac{211}{6}\right)$ वर्ष $= \frac{211}{12}$ वर्ष = 17 वर्ष 7 मास.

54. कुल आयु में वृद्धि = (2 × 8) वर्ष = 16 वर्ष.

दोनों नये पुरुषों की कुल आयु = (21 + 23 + 16) वर्ष = 60 वर्ष.

इन नये दो पुरुषों की औसत आयु $= \frac{60}{2}$ वर्ष = 30 वर्ष.

55. पिता तथा माता की आयु का योग = (35 × 2) वर्ष = 70 वर्ष.

पिता, माता तथा बच्चे की आयु का योग = (27 × 3) वर्ष = 81 वर्ष.

बच्चे की आयु = (81 – 70) वर्ष = 11 वर्ष.

56. माना राम के पुत्र की आयु = x वर्ष.

तब, राम की आयु = $3x$ वर्ष.

राम की आयु $= \frac{2}{5} \times$ (राम के पिता की आयु).

$\therefore$ राम के पिता की आयु $= \frac{5}{2} \times$ (राम की आयु) $= \left(\frac{5}{2} \times 3x\right)$ वर्ष $= \frac{15x}{2}$ वर्ष.

तीनों की आयु का योग = (46 × 3) वर्ष = 138 वर्ष.

$$\therefore\ x + 3x + \frac{15x}{2} = 138 \Rightarrow 2x + 6x + 15x = 276$$

$$\Rightarrow 23x = 276 \Rightarrow x = \frac{276}{23} = 12.$$

राम तथा उसके पिता की वर्तगान आयु में अन्तर $= \left(\frac{15x}{2} - 3x\right)$ वर्ष $= \frac{9x}{2}$ वर्ष

$= \left(\frac{9}{2} \times 12\right)$ वर्ष = 54 वर्ष.

57. भार में कुल वृद्धि = (1 × 5) किग्रा० = 5 किग्रा०
नये व्यक्ति का भार = (60 + 5) किग्रा० = 65 किग्रा०.

58. 40 विद्यार्थियों की औसत आयु = 15 वर्ष
40 विद्यार्थियों की कुल आयु = (15 × 40) वर्ष = 600 वर्ष.
50 विद्यार्थियों की औसत आयु = (15 + 0·2) वर्ष = 15·2 वर्ष.
50 विद्यार्थियों की कुल आयु = (15·2 × 50) वर्ष = 760 वर्ष.
10 नये विद्यार्थियों की कुल आयु = (760 – 600) वर्ष = 160 वर्ष.
इन विद्यार्थियों की औसत आयु $= \frac{160}{10}$ वर्ष = 16 वर्ष.

59. *A*, *B* तथा *C* की कुल आयु = (20 × 3) वर्ष = 60 वर्ष.
A तथा *B* की कुल आयु = (19 × 2) वर्ष = 38 वर्ष.
$\therefore$ *C* की आयु = (60 – 38) वर्ष = 22 वर्ष.

60. 32 लड़कों की कुल आयु = (14 × 32) वर्ष = 448 वर्ष.
26 लड़कियों की कुल आयु = (12 × 26) वर्ष = 312 वर्ष.
58 विद्यार्थियों की कुल आयु = (448 + 312) वर्ष = 760 वर्ष
सभी विद्यार्थियों की औसत आयु $= \frac{760}{58}$ वर्ष = 13·10 वर्ष
(दशमलव के 2 स्थानों तक)

61. शादी के समय औरत तथा उसके पति की कुल आयु = (23 × 2) वर्ष = 46 वर्ष,
5 वर्ष बाद तीनों की आयु का योग = (46 + 5 + 5 + 1) वर्ष = 57 वर्ष
अभीष्ट औसत आयु $= \frac{57}{3}$ वर्ष = 19 वर्ष.

62. 3 लड़कों की कुल आयु = (16 × 3) वर्ष = 48 वर्ष
इनकी आयु का अनुपात = 4 : 5 : 7.
सबसे छोटे लड़के की आयु $= \left(48 \times \frac{4}{16}\right)$ वर्ष = 12 वर्ष.

63. 6 पुत्रों की कुल आयु = (8 × 6) वर्ष = 48 वर्ष.
इन लड़कों तथा उनके माता पिता की कुल आयु = (22 × 8) वर्ष = 176 वर्ष
माता तथा पिता की आयु = (176 – 48) वर्ष = 128 वर्ष.
माना माता की आयु = x वर्ष. तब, पिता की आयु = (x + 8) वर्ष

$$x + x + 8 = 128 \Rightarrow 2x = 120 \Rightarrow x = 60.$$

$\therefore$ माता की आयु = 60 वर्ष.

64. 30 छात्रों की कुल आयु = (30×15) वर्ष = 450 वर्ष.
शेष 29 छात्रों की कुल आयु = $(450 - 20)$ वर्ष = 430 वर्ष
माना नये 2 छात्रों की आयु x वर्ष तथा $(x - 5)$ वर्ष हैं.
31 छात्रों की कुल आयु = $[430 + x + (x - 5)]$ वर्ष = $(425 + 2x)$ वर्ष.
$$\therefore \frac{425+2x}{31} = 15 \Rightarrow 425+2x = 465 \Rightarrow 2x = 40 \Rightarrow x = 20.$$
∴ छोटे छात्र की आयु = $(20 - 5)$ वर्ष = 15 वर्ष.

65. जाने वाले दो खिलाड़ियों की आयु का योग = $(18 + 20)$ वर्ष = 38 वर्ष.
दो नये खिलाड़ी लेने पर कुल वृद्धि = (11×2) माह = 22 माह = 1 वर्ष 10 माह.
दो नये खिलाड़ियों की कुल आयु = 38 वर्ष + 1 वर्ष 10 माह = 39 वर्ष 10 माह.
इन दो नये खिलाड़ियों की औसत आयु $= \frac{1}{2}$ (39 वर्ष 10 माह) = 19 वर्ष 11 माह.

66. 16 लड़कों का कुल भार = $(50{\cdot}25 \times 16)$ किग्रा० = 804 किग्रा०.
8 लड़कों का कुल भार = $(45{\cdot}15 \times 8)$ किग्रा० = 361·2 किग्रा०.
24 लड़कों का कुल भार = $(804 + 361{\cdot}2)$ किग्रा० = 1165·2 किग्रा०.
सभी लड़कों का औसत भार $= \frac{1165{\cdot}2}{24}$ किग्रा० = 48·55 किग्रा०.

67. लड़कियों की संख्या = $(45 - 30) = 15$.
लड़कों का कुल भार = (52×30) किग्रा० = 1560 किग्रा०.
लड़कियों का कुल भार = (45×15) किग्रा० = 675 किग्रा०.
45 विद्यार्थियों का कुल भार = $(1560 + 675)$ किग्रा० = 2235 किग्रा०.
सम्पूर्ण कक्षा का औसत भार $= \frac{2235}{45}$ किग्रा० = 49·67 किग्रा० = 50 किग्रा० लगभग.

68. भार में कुल वृद्धि = $(8 \times 2{\cdot}5)$ किग्रा० = 20 किग्रा०.
जाने वाले लड़के का भार = $(56 - 20)$ किग्रा० = 36 किग्रा०.

69. गणना किया गया कुल भार = $(89{\cdot}4 \times 20)$ किग्रा० = 1788 किग्रा०
सही भार = $(1788 + 87 - 78)$ किग्रा० = 1797 किग्रा०.
सही औसत भार $= \frac{1797}{20}$ किग्रा० = 89·85 किग्रा०.

70. माना 11 पारियों के बाद औसत रन संख्या = x.
तब, 12 पारियों के बाद औसत रन संख्या = $(x + 2)$.
$$\therefore 12(x+2) - 11x = 63 \Rightarrow 12x - 11x = 63 - 24 \Rightarrow x = 39.$$
12 परियों के बाद औसत रन संख्या = $(x + 2) = (39 + 2) = 41$.

71. माना 11 पारियों की औसत रन संख्या = x.
तब 10 पारियों की औसत रन संख्या = $(x - 6)$.
$$\therefore 11x - 10(x - 6) = 108 \Rightarrow x = 48.$$

72. 5 खिलाड़ियों की कुल रन संख्या = $[(36 \times 6) - 16] = (216 - 16) = 200$.
इन खिलाड़ियों की औसत रन संख्या $= \frac{200}{5} = 40$.

73. माना 19 पारियों की औसत रन संख्या = x. तब 18 पारियों की औसत रन संख्या = $(x - 4)$.
$$19x - 18(x-4) = 98 \Rightarrow x = (98 - 72) = 26.$$
∴ अभीष्ट औसत रन संख्या = 26.

74. 10 ओवर में बने रनों की संख्या = (3·2 × 10) = 32.
अगले 40 ओवर में बनाये जाने वाले रनों की संख्या = 282 – 32 = 250.
अगले 40 ओवर के लिए रन-रेंट $= \frac{250}{40} = 6 \cdot 25.$

75. 51वीं पारी में बने रनों की संख्या = (60 × 51) – (59·6 × 50)
= (3060 – 2980) = 80.

76. माना अन्य 6 बल्लेबाजों की औसत रन संख्या = x.
तब कप्तान द्वारा बनाये गये रन = $(x + 30)$.
$\therefore\ (x+30)+6x = 310 \Rightarrow 7x = 280 \Rightarrow x = 40.$
अत: कप्तान द्वारा बनाये गये रनों की संख्या = (40 + 30) = 70.

77. माना 11 पारियों का औसत = x.
तब 12 पारियों का औसत = $(x + 9)$.
$\therefore\ 12(x+9)-11x = 129 \Rightarrow 12x - 11x = 129 - 108 \Rightarrow x = 21.$
अत: उसका 11 पारियों का औसत 21 है.

78. ट्रैक्टर की गति $= \frac{360}{12}$ किमी०/घण्टा = 30 किमी०/घण्टा.
जीप की गति = 30 किमी०/घण्टा का 250%
$= \left(\frac{250}{100} \times 30\right)$ किमी०/घण्टा = 75 किमी०/घण्टा.
कार : जीप की गति = 3 : 5 किमी०/घण्टा.
कार की गति $= \left(\frac{3}{5} \times 75\right)$ किमी०/घण्टा = 45 किमी०/घण्टा.
कार और जीप की औसत गति $= \frac{(45+75)}{2}$ किमी०/घण्टा = 60 किमी०/घण्टा.

प्रश्नमाला 6B

1. चार भिन्न-भिन्न प्राकृत संख्यायें दी गई हैं. इनमें से तीन संख्याओं के औसत में चौथी संख्या जोड़ने पर क्रमश: 36, 34, 30 तथा 32 प्राप्त होते हैं. ये संख्यायें ज्ञात कीजिए. **(एस०एस०सी० परीक्षा, 2009)**

2. एक कस्बे की जनसंख्या में स्त्रियों तथा पुरुषों का अनुपात 11 : 10 है. यदि स्त्रियों की औसत आयु 34 वर्ष हो तथा पुरुषों की औसत आयु 32 वर्ष हो, तो सारी जनसंख्या की औसत आयु कितनी है ? **(एस०एस०सी० परीक्षा, 2009)**

3. एक क्रिकेट खिलाड़ी की 40 पारियों की औसत रनसंख्या 50 है. उसकी उच्चतम रनसंख्या न्यूनतम रनसंख्या से 172 अधिक है. इन दो पारियों को छोड़कर शेष 38 पारियों की औसत रनसंख्या 48 है. उसकी उच्चतम रनसंख्या कितनी रही ? **(एस०एस०सी० परीक्षा, 2008)**

4. पाँच क्रमागत धनात्मक पूर्णांकों के वर्गों का औसत 66 है. इन पूर्णांकों का औसत क्या होगा ? **(एस०एस०सी० परीक्षा, 2008)**

5. 8 छात्रों के एक समूह में एक 60 किग्रा० भार वाले छात्र के स्थान पर नया छात्र आ जाने से इनके औसत भार में 1 किग्रा० की वृद्धि हो जाती है. नये विद्यार्थी का भार कितना है ? **(एस०एस०सी० परीक्षा, 2008)**

6. 10 वर्ष पूर्व एक परिवार के 4 सदस्यों की औसत आयु 24 वर्ष थी. इसी अन्तराल में दो बच्चे पैदा हो जाने से आज भी परिवार की औसत आयु वही है. यदि इन दो बच्चों की आयु में 2 वर्ष का अन्तर हो, तो छोटे बच्चे की आयु कितनी है ? **(एस०एस०सी० परीक्षा, 2007)**

7. एक व्यक्ति तथा उसकी पत्नि की जिनका 7 वर्ष पूर्व विवाह हुआ, उस समय औसत आयु 25 वर्ष थी. अब, पति, पत्नि तथा उनके एक बच्चे की औसत आयु 23 वर्ष है. बच्चे की वर्तमान आयु कितनी है ? **(एस०एस०सी० परीक्षा, 2007)**

8. गणित की एक परीक्षा में लड़कियों का औसत प्राप्तांक 73 तथा लड़कों का औसत प्राप्तांक 71 था. यदि इन सारे विद्यार्थियों का औसत प्राप्तांक 71·8 हो, तो कितने प्रतिशत लड़कियाँ तथा लड़के इस परीक्षा में बैठे ? **(एस०एस०सी० परीक्षा, 2007)**

9. एक कक्षा में 50 छात्र हैं. एक 40 किग्रा० भार वाला छात्र विद्यालय छोड़कर चला जाता है तथा उसके स्थान पर एक नया विद्यार्थी प्रवेश लेता है. इससे औसत भार में 100 ग्राम की कमी हो जाती है. नये विद्यार्थी का भार कितना है ? **(एस०एस०सी० परीक्षा, 2006)**

10. A तथा B की औसत आयु 20 वर्ष है; B तथा C की औसत आयु 19 वर्ष है तथा A और C की औसत आयु 21 वर्ष है. A, B तथा C में से प्रत्येक की आयु ज्ञात कीजिए. **(एस०एस०सी० परीक्षा, 2006)**

11. 25 विद्यार्थियों का औसत भार 28·8 किग्रा० है. एक नये विद्यार्थी के प्रवेश लेने पर औसत भार में 300 ग्राम की कमी आ जाती है. नये विद्यार्थी का भार ज्ञात कीजिए.

12. किसी कक्षा में दो खण्ड A तथा B हैं जिनमें क्रमश: 35 तथा 40 विद्यार्थी हैं. एक परीक्षा में खण्ड A का औसत प्राप्तांक 64 तथा पूरी कक्षा का औसत प्राप्तांक 60 है. खण्ड B का औसत प्राप्तांक ज्ञात कीजिए.

13. 13 कुर्सियों तथा 5 मेजों का कुल मूल्य ₹ 8280 है. यदि प्रत्येक मेज का औसत मूल्य ₹ 1227 हो, तो प्रत्येक कुर्सी का औसत मूल्य कितना है ? **(एस०एस०सी० परीक्षा, 2005)**

14. एक क्रिकेट टीम में 11 खिलाड़ियों में से कप्तान की आयु 25 वर्ष है तथा विकेट कीपर उससे 3 वर्ष बड़ा है. यदि इन दोनों को छोड़ दें तो शेष टीम की औसत आयु पूरी टीम की औसत आयु से 1 वर्ष कम हो जाती है. पूरी टीम की औसत आयु कितनी है ? **(एस०एस०सी० परीक्षा, 2004)**

15. एक क्रिकेट खिलाड़ी की 40 पारियों की औसत रन संख्या 50 है. किसी पारी में उस खिलाड़ी द्वारा प्राप्त अधिकतम एवं किसी एक पारी में उसके द्वारा प्राप्त न्यूनतम रन संख्याओं का अन्तर 172 है. यदि ये दो पारियाँ छोड़ दी जायें तो शेष 38 पारियों की औसत रन संख्या 48 है. उस खिलाड़ी द्वारा किसी पारी में प्राप्त अधिकतम रन संख्या ज्ञात कीजिए. **(एस०एस०सी० परीक्षा, 2003)**

16. कुछ व्यक्तियों के एक समूह में व्यापारियों का वर्ग A तथा नौकरी करने वालों का वर्ग B है. पूरे समूह की औसत आयु 27 वर्ष है. यदि वर्ग A के व्यक्तियों की औसत आयु 34 वर्ष तथा वर्ग B के व्यक्तियों की औसत आयु 24 वर्ष हो, तो पूरे समूह में व्यापारियों तथा नौकरी करने वालों में से प्रत्येक का प्रतिशत ज्ञात कीजिए.

17. 8 परिणामों का औसत 20 है. इनमें से प्रथम दो का औसत $15\frac{1}{2}$ तथा अगले तीन परिणामों का औसत $21\frac{1}{3}$ है. यदि छठा परिणाम सातवें से 4 कम तथा आठवें से 7 कम हो, तो अन्तिम परिणाम क्या है ?

18. एक समुद्री-जहाज किनारे से 40 किमी० दूरी पर है. इसमें एक छेद हो जाता है, जिससे 6 मिनट में $1\frac{7}{8}$ टन पानी अन्दर भर जाता है. 60 टन पानी इस जहाज को डुबोने के लिए पर्याप्त है. किन्तु जहाज में लगा एक निकासी पम्प 12 टन प्रति घण्टा की दर से पानी बाहर फेंक सकता है. जहाज की वह औसत गति ज्ञात करें जिससे वह जैसे ही डूबना आरम्भ करे, किनारे पर पहुँच जाये.

उत्तरमाला (प्रश्नमाला 6B)

1. $a = 15, b = 12, c = 18, d = 21$ **2.** 33·05 वर्ष **3.** 174 **4.** 8 **5.** 68 किग्रा०
6. 3 वर्ष **7.** 5 वर्ष **8.** लड़कियाँ = 40%, लड़के = 60% **9.** 35 किग्रा०
10. 22 वर्ष, 18 वर्ष, 20 वर्ष **11.** 21 किग्रा० **12.** 56·5 **13.** ₹ 165 **14.** 22 वर्ष **15.** 174
16. 30%, 70% **17.** 25 **18.** 4·5 किमी०/घण्टा

दिये गए प्रश्नों के हल | प्रश्नमाला 6B

1. माना अभीष्ट संख्यायें a, b, c, d हैं. तब

$$\frac{a+b+c}{3}+d=36 \Rightarrow a+b+c+3d=108 \qquad \ldots(i)$$

$$\frac{a+b+d}{3}+c=34 \Rightarrow a+b+3c+d=102 \qquad \ldots(ii)$$

$$\frac{a+c+d}{3}+b=30 \Rightarrow a+3b+c+d=90 \qquad \ldots(iii)$$

$$\frac{b+c+d}{3}+a=32 \Rightarrow 3a+b+c+d=96 \qquad \ldots(iv)$$

सभी समीकरणों को जोड़ने पर $6(a+b+c+d)=396 \Rightarrow (a+b+c+d)=66 \qquad \ldots(v)$

(i) में से (v) घटाने पर $2d=(108-66)=42 \Rightarrow d=21.$

(ii) में से (v) घटाने पर $2c=(102-66)=36 \Rightarrow c=18.$

(iii) में से (v) घटाने पर $2b=(90-66)=24 \Rightarrow b=12.$

(iv) में से (v) घटाने पर $2a=(96-66)=30 \Rightarrow a=15.$

अत: $a = 15, b = 12, c = 18, d = 21.$

2. माना स्त्रियों की संख्या $= 11x$ तथा पुरुषों की संख्या $= 10x$. तब

सारी जनसंख्या की औसत आयु $= \dfrac{(34\times 11x)+(32\times 10x)}{(11x+10x)}$

$$= \frac{(374x+320x)}{21x} = \frac{694x}{21x} = 33\cdot 05 \text{ वर्ष.}$$

3. माना उच्चतम रन संख्या $= x$ तब न्यूनतम रन संख्या $= (x - 172)$.

$(48\times 38)+x+(x-172)=(40\times 50)$

$\Rightarrow 1824+2x-172=2000 \Rightarrow 2x=(2172-1824)=348$

$\Rightarrow x=174.$

$\therefore$ उच्चतम रन संख्या $= 174$.

4. माना पाँच क्रमागत धनात्मक पूर्णांक $x, (x+1), (x+2), (x+3)$ तथा $(x+4)$ हैं. तब

$x^2+(x+1)^2+(x+2)^2+(x+3)^2+(x+4)^2=(66\times 5)$

$\Rightarrow 5x^2+(2x+4x+6x+8x)+(1+4+9+16)=330$

$\Rightarrow 5x^2+20x=300 \Rightarrow x^2+4x-60=0$

$\Rightarrow (x+10)(x-6)=0 \Rightarrow x=6.$

अभीष्ट औसत $= \dfrac{x+(x+1)+(x+2)+(x+3)+(x+4)}{5} = \dfrac{(5x+10)}{5} = \dfrac{(5\times 6+10)}{5} = \dfrac{40}{5} = 8.$

5. कुल भार में वृद्धि $= (1 \times 8)$ किग्रा० $= 8$ किग्रा०.

नये छात्र का भार $= (60 + 8)$ किग्रा० $= 68$ किग्रा०.

6. 10 वर्ष पहले 4 सदस्यों की कुल आयु का योग $= (24 \times 4)$ वर्ष $= 96$ वर्ष.

इन 4 सदस्यों की वर्तमान आयु का योग $= (96 + 10 \times 4)$ वर्ष $= 136$ वर्ष.

अब 6 सदस्यों की आयु का कुल योग $= (24 \times 6)$ वर्ष $= 144$ वर्ष

दो बच्चों की आयु का कुल योग $= (144 - 136)$ वर्ष $= 8$ वर्ष.

माना नये बच्चों की आयु क्रमश: x वर्ष तथा $(x + 2)$ वर्ष है.

$\therefore\ x+(x+2)=8 \Rightarrow 2x=6 \Rightarrow x=3.$

इनमें से छोटे बच्चे की आयु $= 3$ वर्ष.

7. 7 वर्ष पूर्व पति एवं पत्नि की आयु का योग = (25 × 2) वर्ष = 50 वर्ष.
अब पति एवं पत्नि की आयु का योग = (50 + 7 × 2) वर्ष = 64 वर्ष.
अब पति, पत्नि एवं बच्चे की आयु का योग = (23 × 3) वर्ष = 69 वर्ष.
∴ बच्चे की वर्तमान आयु = (69 – 64) वर्ष = 5 वर्ष.

8. माना x लड़कियाँ तथा $(100 - x)$ लड़के परीक्षा में बैठे.
तब, $73x + 71 \times (100 - x) = 71 \cdot 8 \times 100$
$\Rightarrow (73x - 71x) = (7180 - 7100) \Rightarrow 2x = 80 \Rightarrow x = 40.$
∴ इस परीक्षा में 40% लड़कियाँ तथा 60% लड़के बैठे.

9. 50 छात्रों के औसत भार में कमी = 100 ग्राम प्रति छात्र.
50 छात्रों के कुल भार में कमी $= (100 \times 50)$ ग्राम $= \left(\frac{100 \times 50}{1000}\right)$ किग्रा० = 5 किग्रा०.
जाने वाले विद्यार्थी का भार = 40 किग्रा०.
नये विद्यार्थी का भार = (40 – 5) किग्रा० = 35 किग्रा०.

10. A तथा B की कुल आयु = (20 × 2) वर्ष = 40 वर्ष.
B तथा C की कुल आयु = (19 × 2) वर्ष = 38 वर्ष.
A तथा C की कुल आयु = (21 × 2) वर्ष = 42 वर्ष.
$2(A + B + C)$ की कुल आयु = (40 + 38 + 42) वर्ष = 120 वर्ष.
∴ $(A + B + C)$ की कुल आयु $= \frac{120}{2}$ वर्ष = 60 वर्ष.
अत: C की आयु = (60 – 40) वर्ष = 20 वर्ष.
A की आयु = (60 – 38) वर्ष = 22 वर्ष.
B की आयु = (60 – 42) वर्ष = 18 वर्ष.

11. 25 विद्यार्थियों का औसत भार = 28·800 किग्रा०.
25 विद्यार्थियों का कुल भार = (28·8 × 25) किग्रा०. = 720 किग्रा०.
26 विद्यार्थियों का औसत भार = (28·500 – 0·300) किग्रा०. = 28·500 किग्रा०.
26 विद्यार्थियों का कुल भार = (28·500 × 26) किग्रा०. = 741 किग्रा०.
नये विद्यार्थी का भार = (741 – 720) किग्रा०. = 21 किग्रा०.

12. खण्ड A के औसत प्राप्तांक = 64
खण्ड A के कुल प्राप्तांक = (64 × 35) = 2240.
माना खण्ड B के औसत प्राप्तांक = x.
तब खण्ड B के कुल प्राप्तांक = $40x$.
पूरी कक्षा के औसत प्राप्तांक = 60.
पूरी कक्षा के कुल प्राप्तांक = (60 × 75) = 4500.
$\therefore 2240 + 40x = 4500 \Rightarrow 40x = (4500 - 2240) = 2260$
$$\Rightarrow x = \frac{2260}{40} = 56 \cdot 5.$$
अत: खण्ड B के औसत प्राप्तांक = 56·5.

13. माना प्रत्येक कुर्सी का औसत मूल्य = ₹ x.
तब, 13 कुर्सियों का कुल मूल्य = ₹ $(13x)$
5 मेजों का कुल मूल्य = ₹ (1227 × 5) = ₹ 6135.
$\therefore 6135 + 13x = 8280 \Rightarrow 13x = (8280 - 6135)$
$$\Rightarrow 13x = 2145 \Rightarrow x = \frac{2145}{13} = 165.$$
अत: प्रत्येक कुर्सी का औसत मूल्य = ₹ 165.

14. माना पूरी टीम की औसत आयु = x वर्ष.
तब, पूरी टीम की कुल आयु का योग = $11x$ वर्ष.
दो खिलाड़ियों की आयु का योग = $(25 + 28)$ वर्ष = 53 वर्ष.
नौ खिलाड़ियों की आयु का योग = $(11x - 53)$ वर्ष.
$\therefore \ \frac{(11x-53)}{9} = (x-1) \Rightarrow 11x - 53 = 9x - 9 \Rightarrow 2x = (53-9) = 44 \Rightarrow x = 22.$
पूरी टीम की औसत आयु = 22 वर्ष.

15. माना अधिकतम रन संख्या = x.
तब, न्यूनतम रन संख्या = $(x - 172)$.
38 पारियों की औसत रन संख्या = 48.
38 पारियों की कुल रन संख्या = $(48 \times 38) = 1824$.
40 पारियों की कुल रन संख्या = $1824 + x + (x - 172) = (2x + 1652)$.
40 पारियों की औसत रन संख्या = 50.
$\therefore$ 40 पारियों की कुल रन संख्या = $(50 \times 40) = 2000$.
अतः $2x+1652 = 2000 \Rightarrow 2x = (2000-1652) = 348$

$$\Rightarrow x = \frac{348}{2} = 174.$$

अतः अभीष्ट रन संख्या = 174.

16. माना वर्ग A में व्यक्तियों की संख्या = x.
तब, वर्ग B में व्यक्तियों की संख्या = $(100 - x)$.
वर्ग A में व्यक्तियों की औसत आयु = 34 वर्ष.
वर्ग A में व्यक्तियों की कुल आयु = $(34x)$ वर्ष.
वर्ग B में व्यक्तियों की औसत आयु = 24 वर्ष.
वर्ग B में व्यक्तियों की कुल आयु = $[24 \times (100 - x)]$ वर्ष.
पूरे समूह की कुल आयु = (27×100) वर्ष.
$\therefore \ 34x + 24(100-x) = 2700 \Rightarrow (34x - 24x) = (2700 - 2400)$

$$\Rightarrow 10x = 300 \Rightarrow x = 30.$$

$\therefore$ व्यापारियों का प्रतिशत = 30%.
नौकरी वालों का प्रतिशत = $(100 - 30)\% = 70\%$.

17. 8 परिणामों का औसत = 20.
8 परिणामों का कुल परिमाण = $(20 \times 8) = 160$.
प्रथम दो परिणामों का औसत = $\left(\frac{31}{2}\right)$.
प्रथम दो परिणामों का कुल परिमाण = $\left(\frac{31}{2} \times 2\right) = 31$.
अगले 3 परिणामों का औसत = $\left(\frac{64}{3}\right)$.
अगले 3 परिणामों का कुल परिमाण = $\left(\frac{64}{3} \times 3\right) = 64$.
माना 8वाँ परिणाम = x. तब, छठा परिणाम = $(x - 7)$.
7वाँ परिणाम = $(x - 7 + 4) = (x - 3)$.
$\therefore \ 31 + 64 + x + (x - 7) + (x - 3) = 160$
$\Rightarrow 3x + 85 = 160 \Rightarrow 3x = 75 \Rightarrow x = 25.$
अतः 8वाँ परिणाम = 25.

18. 6 मिनट में पानी का भराव $= \frac{15}{8}$ टन.

1 घण्टे में पानी का भराव $= \left(\frac{15}{8} \times \frac{1}{6} \times 60\right)$ टन $= \frac{75}{4}$ टन.

1 घण्टे में पानी की निकासी = 12 टन.

1 घण्टे में शुद्ध भराव $= \left(\frac{75}{4} - 12\right)$ टन $= \frac{27}{4}$ टन.

$\frac{27}{4}$ टन शुद्ध भराव है = 1 घण्टे में.

60 टन शुद्ध भराव होगा $= \left(1 \times \frac{4}{27} \times 60\right)$ घण्टे में $= \frac{80}{9}$ घण्टे में.

अत: 40 किमी० दूरी तय करने में लगा अधिकतम समय $= \frac{80}{9}$ घण्टे.

$\therefore$ जहाज की इच्छित औसत गति $= \frac{40}{(80/9)}$ किमी०/घण्टा $= \left(\frac{40 \times 9}{80}\right)$ किमी०/घण्टा = 4·5 किमी०/घण्टा.

7 संख्याओं पर आधारित प्रश्न (PROBLEMS ON NUMBERS)

साधित उदाहरण

प्रश्न 1. एक संख्या 54 से उतनी अधिक है जितनी 82 से कम. संख्या ज्ञात कीजिए.

हल : माना अभीष्ट संख्या $= x$. तब

$$x - 54 = 82 - x \Rightarrow 2x = (82 + 54) = 136$$

$$\Rightarrow x = 68.$$

अभीष्ट संख्या = 68.

प्रश्न 2. किसी संख्या के 60% में 40 जोड़ने पर संख्या का 80% प्राप्त होता है. वह संख्या क्या है?

हल : माना अभीष्ट संख्या $= x$. तब

(x का 60%) + 40 = (x का 80%)

$$\Rightarrow \left(x \times \frac{60}{100}\right) + 40 = \left(x \times \frac{80}{100}\right) \Rightarrow \frac{4x}{5} - \frac{3x}{5} = 40$$

$$\Rightarrow \frac{x}{5} = 40 \Rightarrow x = 200.$$

अभीष्ट संख्या = 200.

प्रश्न 3. एक संख्या के तीन-चौथाई का $\frac{2}{5}$ यदि 204 हो, तो संख्या क्या है?

हल : माना अभीष्ट संख्या $= x$. तब

x का $\frac{3}{4}$ का $\frac{2}{5} = 204 \Rightarrow x$ का $\frac{3}{10} = 204$

$$\Rightarrow x = \left(204 \times \frac{10}{3}\right) = 680.$$

अभीष्ट संख्या = 680.

प्रश्न 4. दो अंकों से बनी संख्या अपने अंकों के योग का 7 गुना है. अंक पलटने से प्राप्त संख्या मूल संख्या से 18 कम है. वह संख्या क्या है?

हल : माना दहाई अंक $= x$ तथा इकाई अंक $= y$.

$$10x + y = 7(x + y) \Rightarrow 3x - 6y = 0 \Rightarrow x = 2y \quad \ldots(i)$$

$$(10x + y) - (10y + x) = 18 \Rightarrow 9(x - y) = 18 \Rightarrow x - y = 2 \quad \ldots(ii)$$

$\therefore\ 2y - y = 2 \Rightarrow y = 2$ तथा $x = 4$.

$\therefore$ दहाई अंक = 4 तथा इकाई अंक = 2. अत: अभीष्ट संख्या = 42.

प्रश्न 5. किसी भिन्न के अंश तथा हर में से प्रत्येक में 1 जोड़ने पर $\frac{2}{3}$ प्राप्त होता है. इस भिन्न के अंश तथा हर प्रत्येक में से 1 घटाने पर $\frac{1}{2}$ प्राप्त होता है. वह भिन्न ज्ञात कीजिए.

हल : माना अभीष्ट भिन्न $= \frac{a}{b}$. तब

$$\frac{a+1}{b+1} = \frac{2}{3} \Rightarrow 3a + 3 = 2b + 2 \Rightarrow 3a - 2b = -1 \quad \ldots(i)$$

तथा $\frac{a-1}{b-1}=\frac{1}{2} \Rightarrow 2a-2=b-1 \Rightarrow 2a-b=1$ ...(ii)

(ii) को 2 से गुणा करके (i) में से घटाने पर :

$(3a-2b)-2(2a-b)=-1-2 \Rightarrow -a=-3 \Rightarrow a=3.$

(i) में $a=3$ रखने पर $9-2b=-1 \Rightarrow 2b=10 \Rightarrow b=5.$

अभीष्ट भिन्न $=\frac{3}{5}.$

प्रश्न 6. एक भिन्न के अंश में 25% वृद्धि तथा हर में 20% कमी करने पर प्राप्त भिन्न $\frac{5}{8}$ है. मूल भिन्न क्या है?

हल : माना मूल भिन्न $\frac{a}{b}$ है. तब

$$\frac{a \text{ का } 125\%}{b \text{ का } 80\%}=\frac{5}{8} \Rightarrow \frac{25a}{16b}=\frac{5}{8} \Rightarrow \frac{a}{b}=\left(\frac{5}{8}\times\frac{16}{25}\right)=\frac{2}{5}.$$

∴ अभीष्ट भिन्न $=\frac{2}{5}.$

प्रश्न 7. दो संख्यायें इस प्रकार हैं कि पहली संख्या के तिगुने तथा दूसरी संख्या के दुगुने का योग 127 है. पहली संख्या के 5 गुने तथा दूसरी संख्या के 4 गुने का अन्तर 43 है. संख्यायें ज्ञात कीजिए.

हल : माना अभीष्ट संख्यायें a तथा b हैं. तब

$3a+2b=127$ ...(i)

तथा $5a-4b=43$ ...(ii)

(i) को 2 से गुणा करके (ii) में जोड़ने पर :

$(6a+4b)+(5a-4b)=(254+43) \Rightarrow 11a=297 \Rightarrow a=27.$

(i) में $a=27$ रखने पर :

$3\times27+2b=127 \Rightarrow 2b=(127-81)=46 \Rightarrow b=23.$

अतः अभीष्ट संख्यायें 27 तथा 23 हैं.

प्रश्नमाला 7A

निम्नलिखित प्रश्नों में से प्रत्येक में ठीक उत्तर को चिन्हांकित (✓) कीजिए :

1. किसी संख्या का $\frac{2}{5}$ का $\frac{3}{7}$ यदि 198 हो, तो वह संख्या क्या है?

(a) 1055 (b) 1145 (c) 1155 (d) 1255

2. एक संख्या तथा उस संख्या का $\frac{3}{5}$ दोनों का अन्तर 50 है. संख्या कितनी है?

(a) 75 (b) 100 (c) 125 (d) इनमें से कोई नहीं

(होटल मैनेजमैन्ट परीक्षा, 2009)

3. एक संख्या का $\frac{4}{5}$ उस संख्या के दो-तिहाई से 10 अधिक है. संख्या कितनी है?

(a) 70 (b) 75 (c) 69 (d) 85 (e) इनमें से कोई नहीं

(बैंक पी०ओ० परीक्षा, 2010)

4. एक संख्या के चौथे व पाँचवें भागों का योग उसके तीसरे भाग से 28 बड़ा है. वह संख्या क्या है?

(a) 120 (b) 160 (c) 220 (d) 240

(एस०एस०सी० परीक्षा, 2010)

5. किसी संख्या के 60% का $\frac{3}{5}$ यदि 36 हो, तो वह संख्या कौन-सी है?

(*a*) 100 (*b*) 80 (*c*) 75 (*d*) 90

6. 740 का 35% एक संख्या से 34 अधिक है. इस संख्या का $\frac{2}{5}$ कितना है? **(बैंक पी०ओ० परीक्षा, 2010)**

(*a*) 45 (*b*) 90 (*c*) 180 (*d*) 120 (*e*) इनमें से कोई नहीं

7. किसी संख्या के 55% तथा उसी संख्या के 25% का अन्तर 11·10 है. उस संख्या का 75% कितना है?

(*a*) 27·75 (*b*) 37 (*c*) 21·25 (*d*) 45 (*e*) इनमें से कोई नहीं

(बैंक पी०ओ० परीक्षा, 2006)

8. यदि एक भिन्न के अंश में 150% की वृद्धि कर दें तथा हर में 350% की वृद्धि कर दें, तो परिणामी भिन्न $\frac{25}{51}$ प्राप्त होता है. मूल भिन्न क्या है? **(बैंक पी०ओ० परीक्षा, 2010)**

(*a*) $\frac{11}{17}$ (*b*) $\frac{11}{15}$ (*c*) $\frac{15}{17}$ (*d*) $\frac{13}{15}$ (*e*) इनमें से कोई नहीं

9. एक संख्या की तीन-चौथाई का एक-तिहाई 30 है. संख्या क्या है?

(*a*) 90 (*b*) 80 (*c*) 150 (*d*) 60 (*e*) इनमें से कोई नहीं

10. किसी संख्या के एक-तिहाई के एक-चौथाई का दो-तिहाई 6 है. वह संख्या क्या है?

(*a*) 108 (*b*) 144 (*c*) 96 (*d*) 78 (*e*) इनमें से कोई नहीं

11. एक संख्या के $\frac{2}{3}$ तथा $\frac{3}{5}$ तथा उसी संख्या के $\frac{1}{4}$ का $\frac{2}{5}$, इन दोनों का अन्तर 288 है. वह संख्या क्या है?

(*a*) 960 (*b*) 850 (*c*) 895 (*d*) 955 (*e*) इनमें से कोई नहीं

(बैंक पी०ओ० परीक्षा, 2006)

12. एक संख्या का $\frac{4}{5}$ उसी संख्या के दो-तिहाई से 10 अधिक है. वह संख्या कितनी है?

(*a*) 70 (*b*) 75 (*c*) 69 (*d*) 85 (*e*) इनमें से कोई नहीं

13. एक संख्या में $(19)^2$ जोड़ने पर $(23)^2$ प्राप्त होता है. संख्या कितनी है?

(*a*) 165 (*b*) 166 (*c*) 178 (*d*) 158 (*e*) इनमें से कोई नहीं

14. वह कौन-सी संख्या है जिसे 13 से गुणा करने पर उसमें 180 की वृद्धि हो जाती है?

(*a*) 13 (*b*) 15 (*c*) 23 (*d*) 35 **(एस०एस०सी० परीक्षा, 2009)**

15. किसी संख्या को 296 से भाग देने पर 75 शेष बचते हैं. उसी संख्या को 37 से भाग देने पर शेष क्या बचेगा?

(*a*) 1 (*b*) 2 (*c*) 19 (*d*) 31 **(एस०एस०सी० परीक्षा, 2010)**

16. किसी संख्या को 114 से भाग देने पर 21 शेष बचते हैं. उसी संख्या को 19 से भाग देने पर शेष क्या बचेगा?

(*a*) 1 (*b*) 2 (*c*) 7 (*d*) 17 **(एस०एस०सी० परीक्षा, 2010)**

17. छः क्रमागत प्राकृत संख्याओं में से पहली तीन संख्याओं का योग 27 हो, तो शेष तीन संख्याओं का योगफल कितना होगा? **(एस०एस०सी० परीक्षा, 2010)**

(*a*) 36 (*b*) 35 (*c*) 25 (*d*) 24

18. पाँच क्रमबद्ध विषम संख्याओं का योग 235 है. इनमें से बीच वाली विषम संख्या कौन-सी है?

(*a*) 47 (*b*) 51 (*c*) 57 (*d*) 61

19. *A*, *B*, *C*, *D* तथा *E* निरन्तर पाँच विषम संख्यायें हैं. *A* तथा *C* का योग 146 है. *E* का मूल्य कितना है?

(*a*) 75 (*b*) 81 (*c*) 71 (*d*) 79 (*e*) इनमें से कोई नहीं

(बैंक पी०ओ० परीक्षा, 2009)

20. a, b, c, d तथा e निरन्तर पाँच सम संख्यायें हैं. यदि a तथा b का योग 162 हो, तो सभी संख्याओं का योग कितना है ? **(बैंक पी०ओ० परीक्षा, 2009)**

(*a*) 400 (*b*) 380 (*c*) 420 (*d*) निर्धारित नहीं किया जा सकता
(*e*) इनमें से कोई नहीं

21. क्रमागत पाँच संख्याओं का योग 270 है. दूसरी तथा पाँचवीं संख्याओं का योग कितना है ?

(*a*) 108 (*b*) 107 (*c*) 110 (*d*) निर्धारित नहीं किया जा सकता
(*e*) इनमें से कोई नहीं **(बैंक पी०ओ० परीक्षा, 2010)**

22. यदि तीन क्रमागत प्राकृत संख्याओं के वर्गों का योगफल 110 हो, तो इनमें सबसे छोटी प्राकृत संख्या क्या है ?

(*a*) 8 (*b*) 6 (*c*) 7 (*d*) 5 **(एस०एस०सी० परीक्षा, 2010)**

23. दो पूर्ण संख्याओं का गुणनफल 37 है. इन संख्याओं के अन्तर का वर्गमूल कितना होगा ?

(*a*) 8 (*b*) 7·5 (*c*) 6 (*d*) 4·5 **(एस०एस०सी० परीक्षा, 2010)**

24. दो संख्याओं का गुणनफल 1092 है. इनका योग इनके अन्तर से 42 अधिक है. इनमें से बड़ी संख्या कौन-सी है ?

(*a*) 48 (*b*) 44 (*c*) 52 (*d*) 54 (*e*) इनमें से कोई नहीं
(बैंक पी०ओ० परीक्षा, 2008)

25. दो क्रमागत प्राकृत संख्याओं के वर्गों का योग 61 है. ये संख्यायें हैं : **(होटल मैनेजमैन्ट परीक्षा, 2010)**

(*a*) 4 तथा 5 (*b*) 5 तथा 6 (*c*) 6 तथा 7 (*d*) – 6 तथा – 5

26. चार क्रमिक समसंख्याओं का योग 60 है. इन संख्याओं के वर्गों का योग कितना है ?

(*a*) 2423 (*b*) 2323 (*c*) 2424 (*d*) 920 (*e*) इनमें से कोई नहीं
(बैंक पी०ओ० परीक्षा, 2009)

27. चार क्रमिक समसंख्याओं का योग 156 है. इन संख्याओं के वर्गों का योग कितना होगा ?

(*a*) 6104 (*b*) 9156 (*c*) 7812 (*d*) 23716 (*e*) इनमें से कोई नहीं
(बैंक पी०ओ० परीक्षा, 2009)

28. दो उत्तरोत्तर संख्याओं का गुणनफल 9506 है. इन दोनों में से छोटी संख्या कौन-सी है ?

(*a*) 96 (*b*) 97 (*c*) 98 (*d*) 99 (*e*) इनमें से कोई नहीं
(बैंक पी०ओ० परीक्षा, 2009)

29. दो सतत् समसंख्याओं का गुणनफल 6888 है. इन दोनों में से बड़ी संख्या कौन-सी है ?

(*a*) 78 (*b*) 82 (*c*) 86 (*d*) 90 (*e*) इनमें से कोई नहीं
(बैंक पी०ओ० परीक्षा, 2007)

30. दो धनपूर्णांकों का अन्तर 3 है तथा इनके वर्गों का अन्तर 33 है. ये पूर्णांक हैं :

(*a*) 5 तथा 8 (*b*) 6 तथा 9 (*c*) 7 तथा 4 (*d*) इनमें से कोई नहीं

31. एक संख्या के वर्ग का दुगुना उस संख्या के 11 गुने से 21 अधिक है. वह संख्या कौन-सी है ?

(*a*) 4 अथवा $\frac{-7}{2}$ (*b*) 7 अथवा $\frac{-3}{2}$ (*c*) 3 अथवा $\frac{-7}{2}$ (*d*) $\frac{9}{2}$ अथवा – 4
(*e*) इनमें से कोई नहीं **(बैंक पी०ओ० परीक्षा, 2008)**

32. दो संख्यायें 1 : 5 के अनुपात में हैं तथा इनका गुणनफल 320 है. इन संख्याओं का योग कितना है ?

(*a*) 40 (*b*) 42 (*c*) 44 (*d*) 48

33. दो संख्याओं का अनुपात 3 : 7 है. इनमें से प्रत्येक में 6 जोड़ने पर यह अनुपात 5 : 9 हो जाता है. ये संख्यायें हैं :

(*a*) 9 तथा 21 (*b*) 15 तथा 35 (*c*) 6 तथा 14 (*d*) 7 तथा 15

34. दो संख्यायें किसी तीसरी संख्या से क्रमशः 12·5% तथा 25% अधिक हैं. पहली संख्या, दूसरी संख्या के कितने प्रतिशत के बराबर है ? **(एस०एस०सी० परीक्षा, 2010)**

(*a*) 90% (*b*) 87·5% (*c*) 25% (*d*) 12·5%

35. यदि दो संख्यायें किसी तीसरी संख्या से क्रमशः 30% तथा 40% अधिक हों, तो पहली संख्या दूसरी संख्या का कितने प्रतिशत है ? **(रेलवे परीक्षा, 2006)**

(*a*) 85% (*b*) $79\frac{1}{2}\%$ (*c*) $92\frac{6}{7}\%$ (*d*) $63\frac{2}{3}\%$

36. दो संख्यायें एक तीसरी संख्या से क्रमशः 30% तथा 37% कम हैं. दूसरी संख्या पहली संख्या से कितने प्रतिशत कम है ? **(रेलवे परीक्षा, 2006)**

(*a*) 15% (*b*) 10% (*c*) 25% (*d*) 20%

37. तीन संख्याओं का अनुपात 3 : 4 : 6 है तथा इनका गुणनफल 1944 है. इनमें सबसे बड़ी संख्या क्या है ?

(*a*) 6 (*b*) 12 (*c*) 18 (*d*) इनमें से कोई नहीं

(मैनेजमैन्ट परीक्षा, 2006)

38. दो संख्याओं का अन्तर 3 है तथा इनके वर्गों का अन्तर 39 है. इनमें से बड़ी संख्या कितनी है ?

(*a*) 8 (*b*) 9 (*c*) 12 (*d*) 13 **(एस०एस०सी० परीक्षा, 2005)**

39. दो संख्याओं का योग 15 है तथा इनके वर्गों का योग 113 है. इन संख्याओं का गुणनफल क्या होगा ?

(*a*) 48 (*b*) 54 (*c*) 56 (*d*) 50 **(रेलवे परीक्षा, 2006)**

40. दो संख्याओं का योग 25 तथा अन्तर 13 है. इनका गुणनफल कितना है ?

(*a*) 104 (*b*) 114 (*c*) 315 (*d*) 325

41. दो संख्याओं के वर्गों का योग 3341 तथा इन संख्याओं के वर्गों का अन्तर 891 है. ये संख्यायें हैं :

(*a*) 46 तथा 25 (*b*) 46 तथा 35 (*c*) 36 तथा 25 (*d*) इनमें से कोई नहीं

(मैनेजमैन्ट परीक्षा, 2006)

42. दो संख्याओं का योग 34 तथा इनके वर्गों का योग 650 है. इन संख्याओं में से छोटी संख्या क्या है ?

(*a*) 11 (*b*) 13 (*c*) 15 (*d*) 16

43. ऐसी दो संख्यायें कौन-सी हैं जिनका अन्तर 5 हो तथा बड़ी संख्या को छोटी से भाग देने पर भागफल 5 हो ?

(*a*) 12 तथा 7 (*b*) 16 तथा 11 (*c*) 15 तथा $\frac{15}{2}$ (*d*) $\frac{25}{4}$ तथा $\frac{5}{4}$

44. तीन संख्याओं में से पहली व दूसरी का अनुपात 8 : 9 है जबकि दूसरी व तीसरी का अनुपात 3 : 4 है. यदि पहली तथा तीसरी संख्याओं का गुणनफल 2400 हो, तो दूसरी संख्या कितनी है ?

(*a*) 45 (*b*) 40 (*c*) 30 (*d*) 55

45. तीन संख्याओं में से पहली संख्या दूसरी संख्या से दुगुनी है तथा तीसरी संख्या की आधी है. यदि तीनों संख्याओं का औसत 56 हो, तो पहली तथा तीसरी संख्या का अन्तर कितना होगा ? **(एस०एस०सी० परीक्षा, 2005)**

(*a*) 12 (*b*) 20 (*c*) 24 (*d*) 48

46. तीन संख्याओं का योग 102 है. यदि प्रथम तथा द्वितीय संख्याओं का अनुपात 2 : 3 हो तथा द्वितीय एवं तृतीय संख्याओं का अनुपात 5 : 3 हो, तो द्वितीय संख्या कौन-सी है ? **(एस०एस०सी० परीक्षा, 2005)**

(*a*) 30 (*b*) 48 (*c*) 58 (*d*) इनमें से कोई नहीं

47. तीन संख्याओं में से पहली दो संख्याओं का योग 45 है. दूसरी संख्या तथा तीसरी संख्या का योग 55 है. तीसरी संख्या तथा पहली संख्या के तिगुने का योग 90 है. तीसरी संख्या क्या है ?

(*a*) 20 (*b*) 25 (*c*) 30 (*d*) 35

48. दो संख्याओं का योग 184 है. यदि एक संख्या का एक-तिहाई दूसरी संख्या के सातवें भाग से 8 अधिक हो, तो छोटी संख्या क्या है ?

(*a*) 64 (*b*) 72 (*c*) 76 (*d*) 84

49. दो संख्याओं का अन्तर 1365 है. बड़ी संख्या को छोटी संख्या से भाग देने पर भागफल 6 तथा शेषफल 15 प्राप्त होता है. इन दोनों में से छोटी संख्या क्या है ?

(*a*) 240 (*b*) 270 (*c*) 295 (*d*) 360

50. दो संख्याओं में 3 : 5 का अनुपात है तथा इनका लघुत्तम समापवर्त्य 300 है. इनमें से छोटी संख्या कौन-सी है ?
(*a*) 30 (*b*) 50 (*c*) 60 (*d*) 75 **(एस०एस०सी० परीक्षा, 2006)**

51. वह कौन-सी संख्या है जिसमें 27·5% कमी कर देने पर 87 प्राप्त होता है ?
(*a*) 120 (*b*) 110 (*c*) 135 (*d*) 58

52. किसी संख्या में 37·5% वृद्धि करने पर 33 प्राप्त होता है. वह संख्या क्या है ?
(*a*) 27 (*b*) 25 (*c*) 24 (*d*) 22

53. 3 के तीन क्रमागत गुणजों का योगफल 90 है. इनमें से सबसे बड़ी संख्या क्या है ?
(*a*) 27 (*b*) 30 (*c*) 33 (*d*) 66

54. $\frac{4^2}{9^2}$ के अंश तथा हर में से प्रत्येक में कितना जोड़ा जाये कि $\frac{4}{9}$ प्राप्त हो ? **(एस०एस०सी० परीक्षा, 2005)**
(*a*) 0 (*b*) 16 (*c*) 36 (*d*) 81

55. दो भिन्नों का गुणनफल $\frac{14}{15}$ तथा भागफल $\frac{35}{24}$ है. इनमें से बड़ी भिन्न क्या है ?
(*a*) $\frac{7}{4}$ (*b*) $\frac{7}{6}$ (*c*) $\frac{7}{3}$ (*d*) $\frac{4}{5}$ **(एस०एस०सी० परीक्षा, 2005)**

56. दो संख्याओं के व्युत्क्रमों का योग $\frac{46}{21}$ तथा इन संख्याओं के व्युत्क्रमों का अन्तर $\frac{10}{21}$ है. ये संख्यायें निम्न में से कौन-सी हैं ? **(रेलवे परीक्षा, 2004)**
(*a*) 3 तथा $\frac{3}{29}$ (*b*) $\frac{8}{21}$ तथा $\frac{5}{21}$ (*c*) $\frac{4}{3}$ तथा $\frac{6}{7}$ (*d*) $\frac{3}{4}$ तथा $\frac{7}{6}$

57. दो संख्याओं के योगफल तथा गुणनफल क्रमशः 11 तथा 18 हैं. इन संख्याओं के व्युत्क्रमों का योगफल कितना होगा ? **(एस०एस०सी० परीक्षा, 2010)**
(*a*) $\frac{2}{11}$ (*b*) $\frac{11}{2}$ (*c*) $\frac{18}{11}$ (*d*) $\frac{11}{18}$

58. दो संख्याओं के योगफल तथा गुणनफल क्रमशः 12 और 35 हैं. इन संख्याओं के व्युत्क्रमों का योगफल कितना होगा ? **(एस०एस०सी० परीक्षा, 2010)**
(*a*) $\frac{1}{3}$ (*b*) $\frac{1}{5}$ (*c*) $\frac{12}{35}$ (*d*) $\frac{35}{12}$

59. एक भिन्न के अंश में 20% तथा हर में 25% वृद्धि करने पर प्राप्त भिन्न $\frac{3}{5}$ है. मूल भिन्न क्या है ?
(*a*) $\frac{3}{5}$ (*b*) $\frac{3}{8}$ (*c*) $\frac{5}{8}$ (*d*) निर्धारित नहीं की जा सकती
(*e*) इनमें से कोई नहीं

60. एक भिन्न के अंश में 20% वृद्धि करने पर तथा हर में 5% कमी करने पर, नई भिन्न का मान $\frac{5}{2}$ हो जाता है. प्रारम्भिक भिन्न क्या है ? **(एस०एस०सी० परीक्षा, 2005)**
(*a*) $\frac{24}{19}$ (*b*) $\frac{1}{6}$ (*c*) $\frac{95}{48}$ (*d*) $\frac{48}{95}$

61. एक भिन्न के अंश में $\frac{1}{4}$ जोड़ने तथा हर में से $\frac{1}{3}$ घटा देने पर प्राप्त भिन्न $\frac{33}{64}$ है. मूल भिन्न क्या है ?
(*a*) $\frac{9}{11}$ (*b*) $\frac{5}{7}$ (*c*) $\frac{3}{7}$ (*d*) $\frac{7}{9}$ (*e*) ज्ञात नहीं किया जा सकता
(रेलवे परीक्षा, 2004)

62. एक भिन्न के अंश तथा हर में से प्रत्येक में 1 जोड़ने पर $\frac{2}{3}$ प्राप्त होता है. मूल भिन्न क्या है ?

(*a*) $\frac{1}{2}$ (*b*) $\frac{5}{8}$ (*c*) $\frac{11}{17}$ (*d*) निर्धारित नहीं की जा सकती

(*e*) इनमें से कोई नहीं

(बैंक पी०ओ० परीक्षा, 2006)

63. किसी भिन्न के अंश में से 2 घटाने पर तथा हर में 3 जोड़ने पर यह $\frac{1}{4}$ हो जाती है. किन्तु भिन्न के अंश में 6 जोड़ने पर तथा हर को 3 से गुणा करने पर यह $\frac{2}{3}$ हो जाती है. मूल भिन्न क्या है ?

(*a*) $\frac{1}{5}$ (*b*) $\frac{2}{5}$ (*c*) $\frac{4}{5}$ (*d*) $\frac{3}{5}$

64. एक भिन्न के अंश तथा हर का योग 11 है. यदि अंश में 1 जोड़ दें तथा हर में से 2 घटा दें तो भिन्न $\frac{2}{3}$ बन जाती है. यह भिन्न क्या है ?

(होटल मैनेजमैन्ट परीक्षा, 2004)

(*a*) $\frac{3}{8}$ (*b*) $\frac{5}{6}$ (*c*) $\frac{1}{10}$ (*d*) $\frac{4}{7}$ (*e*) इनमें से कोई नहीं

65. किसी भिन्न के अंश तथा हर में से प्रत्येक में 1 जोड़ने पर $\frac{4}{5}$ प्राप्त होता है. इसी भिन्न के अंश तथा हर में से प्रत्येक से 5 घटाने पर $\frac{1}{2}$ प्राप्त होता है. यह भिन्न क्या है ?

(*a*) $\frac{1}{2}$ (*b*) $\frac{3}{2}$ (*c*) $\frac{5}{3}$ (*d*) $\frac{7}{9}$

66. दो ऐसी संख्यायें हैं कि पहली संख्या के दुगुने तथा दूसरी संख्या के तिगुने का योग 36 है. पहली संख्या के तिगुने तथा दूसरी संख्या के दुगुने का योग 39 है. इनमें से छोटी संख्या कौन-सी है ? **(बैंक पी०ओ० परीक्षा, 2008)**

(*a*) 9 (*b*) 5 (*c*) 7 (*d*) 3 (*e*) इनमें से कोई नहीं

67. दो संख्यायें ऐसी हैं कि पहली को 2 बार तथा दूसरी को 3 बार जोड़ने पर योग 100 प्राप्त होता है. पहली संख्या को 3 बार तथा दूसरी को 2 बार जोड़ने पर योग 120 प्राप्त होता है. बड़ी संख्या कौन-सी है ?

(*a*) 32 (*b*) 12 (*c*) 14 (*d*) 35 (*e*) इनमें से कोई नहीं

(बैंक पी०ओ० परीक्षा, 2010)

68. एक द्विअंकीय संख्या के अंकों को परस्पर बदलने से प्राप्त संख्या मूल संख्या से 63 कम है. यदि संख्या के अंकों का योग 11 हो, तो मूल संख्या क्या है ? **(बैंक पी०ओ० परीक्षा, 2009)**

(*a*) 29 (*b*) 92 (*c*) 74 (*d*) निर्धारित नहीं किया जा सकता

(*e*) इनमें से कोई नहीं

69. एक द्विअंकीय संख्या के अंकों को परस्पर बदलने से प्राप्त संख्या मूल संख्या से 18 अधिक है. संख्या के अंकों का योग 6 हो, तो मूल संख्या क्या है ? **(बैंक पी०ओ० परीक्षा, 2009)**

(*a*) 64 (*b*) 46 (*c*) 42 (*d*) 24 (*e*) इनमें से कोई नहीं

70. एक द्विअंकीय संख्या के दोनों अंकों के स्थान परस्पर बदलने पर प्राप्त संख्या मूल संख्या से 27 कम है. संख्या के अंक 1 : 2 के अनुपात में हों, तो मूल संख्या क्या है ? **(बैंक पी०ओ० परीक्षा, 2009)**

(*a*) 36 (*b*) 63 (*c*) 48 (*d*) निर्धारित नहीं किया जा सकता

(*e*) इनमें से कोई नहीं

71. एक द्विअंकीय धनात्मक संख्या में इकाई का अंक दहाई के अंक के वर्ग के बराबर है. मूल संख्या तथा इसके अंकों को परस्पर बदलने पर प्राप्त संख्या का अन्तर 54 है. मूल संख्या का 40% कितना है ?

(*a*) 15·6 (*b*) 39 (*c*) 37·2 (*d*) 24 (*e*) इनमें से कोई नहीं

(बैंक पी०ओ० परीक्षा, 2008)

72. दो अंकों की एक संख्या अपने अंकों के योग से तिगुनी है. इस संख्या में 45 जोड़ने पर इसके अंक पलट जाते हैं. यह संख्या क्या है ? **(जीवन बीमा परीक्षा, 2006)**

(*a*) 23 (*b*) 27 (*c*) 32 (*d*) 72

73. दो भिन्नों के हर क्रमशः 5 तथा 7 हैं. इन दोनों भिन्नों का योग $\frac{41}{35}$ है तथा इन भिन्नों के अंश परस्पर पलट देने से भिन्नों का योग $\frac{43}{35}$ हो जाता है. ये भिन्नें हैं : **(बी०सी०ए० परीक्षा, 2008)**

(*a*) $\frac{2}{5}$ तथा $\frac{4}{7}$ (*b*) $\frac{3}{5}$ तथा $\frac{4}{7}$ (*c*) $\frac{4}{5}$ तथा $\frac{2}{7}$ (*d*) $\frac{3}{5}$ तथा $\frac{5}{7}$

74. एक भिन्न में अंश का दुगुना हर से 2 अधिक है. अंश तथा हर प्रत्येक में 3 जोड़ने पर परिणामी भिन्न $\frac{2}{3}$ प्राप्त होती है. मूल भिन्न क्या है ?

(*a*) $\frac{5}{18}$ (*b*) $\frac{6}{13}$ (*c*) $\frac{13}{6}$ (*d*) $\frac{7}{12}$ (*e*) इनमें से कोई नहीं

75. एक परीक्षा में एक छात्र को किसी संख्या का $\frac{3}{14}$ ज्ञात करना था. त्रुटिवश उसने संख्या का $\frac{3}{4}$ ज्ञात किया. इससे उसका उत्तर सही उत्तर से 150 अधिक था. वह संख्या क्या है ? **(रेलवे परीक्षा, 2005)**

(*a*) 140 (*b*) 70 (*c*) 210 (*d*) 280

76. किसी विद्यार्थी को एक संख्या को 12 से गुणा करने को कहा गया. त्रुटिवश उसने उस संख्या को 21 से गुणा कर दिया. इस प्रकार उसका उत्तर सही उत्तर से 63 अधिक था. जिस संख्या को गुणा करना था वह संख्या कौन-सी है ? **(एस०एस०सी० परीक्षा, 2005)**

(*a*) 7 (*b*) 8 (*c*) 9 (*d*) 12

77. किसी संख्या का द्विगुण वर्ग 18 का घन है. यह संख्या है :

(*a*) 54 (*b*) 108 (*c*) 432 (*d*) इनमें से कोई नहीं

78. यदि 11 क्रमागत धनपूर्णांकों का योगफल 2761 हो, तो इनमें से मध्य संख्या क्या होगी ?

(*a*) 249 (*b*) 250 (*c*) 251 (*d*) 252

79. एक संख्या को 4 से भाग देने पर भागफल, संख्या से 21 कम हो जाता है. वह संख्या है :

(*a*) 40 (*b*) 32 (*c*) 28 (*d*) 24

80. दो संख्याओं का योगफल 23 तथा गुणनफल 120 है. इनके वर्गों का योग होगा :

(*a*) 289 (*b*) 324 (*c*) 240 (*d*) इनमें से कोई नहीं

81. किसी भिन्न का अंश 2 कम करने से भिन्न का मान $\frac{1}{3}$ हो जाता है. यदि मूल भिन्न का हर, अंश से 4 अधिक हो, तो मूल भिन्न क्या है ?

(*a*) $\frac{3}{7}$ (*b*) $\frac{7}{11}$ (*c*) $\frac{5}{9}$ (*d*) $\frac{9}{13}$

82. किसी संख्या के एक-चौथाई का एक-तिहाई भाग 15 है. उस संख्या का $\frac{3}{10}$ वाँ भाग क्या होगा ?

(*a*) 35 (*b*) 36 (*c*) 45 (*d*) 54

83. यदि किसी दो अंकों की एक संख्या के अंक परस्पर पलट दिये जायें तथा इस प्रकार प्राप्त संख्या का आधा किया जाये तो परिणामी संख्या मूल संख्या से 14 कम है. यदि मूल संख्या के अंकों का अन्तर 2 हो, तो मूल संख्या क्या है ?

(*a*) 46 (*b*) 64 (*c*) 68 (*d*) 86 (*e*) इनमें से कोई नहीं

उत्तरमाला (प्रश्नमाला 7A)

1. (*c*)	**2.** (*c*)	**3.** (*e*)	**4.** (*d*)	**5.** (*a*)	**6.** (*b*)	**7.** (*a*)	**8.** (*c*)	**9.** (*e*)	**10.** (*a*)
11. (*a*)	**12.** (*b*)	**13.** (*e*)	**14.** (*b*)	**15.** (*a*)	**16.** (*b*)	**17.** (*a*)	**18.** (*a*)	**19.** (*d*)	**20.** (*c*)
21. (*e*)	**22.** (*d*)	**23.** (*c*)	**24.** (*c*)	**25.** (*b*)	**26.** (*d*)	**27.** (*a*)	**28.** (*b*)	**29.** (*e*)	**30.** (*c*)
31. (*b*)	**32.** (*d*)	**33.** (*a*)	**34.** (*a*)	**35.** (*c*)	**36.** (*b*)	**37.** (*c*)	**38.** (*a*)	**39.** (*c*)	**40.** (*b*)
41. (*b*)	**42.** (*a*)	**43.** (*d*)	**44.** (*a*)	**45.** (*d*)	**46.** (*d*)	**47.** (*c*)	**48.** (*b*)	**49.** (*b*)	**50.** (*c*)
51. (*a*)	**52.** (*c*)	**53.** (*c*)	**54.** (*c*)	**55.** (*b*)	**56.** (*d*)	**57.** (*d*)	**58.** (*c*)	**59.** (*c*)	**60.** (*c*)
61. (*e*)	**62.** (*a*)	**63.** (*c*)	**64.** (*a*)	**65.** (*d*)	**66.** (*e*)	**67.** (*a*)	**68.** (*b*)	**69.** (*d*)	**70.** (*b*)
71. (*a*)	**72.** (*b*)	**73.** (*b*)	**74.** (*d*)	**75.** (*d*)	**76.** (*a*)	**77.** (*a*)	**78.** (*c*)	**79.** (*c*)	**80.** (*a*)
81. (*c*)	**82.** (*d*)	**83.** (*a*)							

दिये गये प्रश्नों के हल | प्रश्नमाला 7A

1. माना अभीष्ट संख्या x. तब x का $\frac{2}{5}$ का $\frac{3}{7}$ $= 198$.

$\therefore\ x \times \frac{6}{35} = 198 \Rightarrow x = \left(198 \times \frac{35}{6}\right) = (33 \times 35) = 1155.$

अत: संख्या = 1155.

2. माना अभीष्ट संख्या = x. तब $x - x$ का $\frac{3}{5} = 50$.

$\therefore\ x - \frac{3x}{5} = 50 \Rightarrow (5x - 3x) = 250 \Rightarrow 2x = 250 \Rightarrow x = 125.$

अत: अभीष्ट संख्या = 125.

3. माना अभीष्ट संख्या = x. तब, $\frac{4x}{5} - \frac{2x}{3} = 10$

$\therefore\ 12x - 10x = 150 \Rightarrow 2x = 150 \Rightarrow x = 75.$

अत: अभीष्ट संख्या = 75.

4. माना अभीष्ट संख्या = x. तब, $\frac{x}{4} + \frac{x}{5} = \frac{x}{3} + 28$

$\therefore\ \frac{x}{4} + \frac{x}{5} - \frac{x}{3} = 28 \Rightarrow 15x + 12x - 20x = 1680$

$\Rightarrow 7x = 1680 \Rightarrow x = 240.$

अभीष्ट संख्या = 240.

5. माना अभीष्ट संख्या = x. तब, x का 60% का $\frac{3}{5} = 36$.

$\therefore\ x \times \frac{60}{100} \times \frac{3}{5} = 36 \Rightarrow \frac{9x}{25} = 36 \Rightarrow x = \frac{36 \times 25}{9} = 100.$

अभीष्ट संख्या = 100.

6. माना अभीष्ट संख्या = x. तब,

740 का 35% $= x + 34 \Rightarrow 740 \times \frac{35}{100} = x + 34$

$\Rightarrow x = (259 - 34) = 225$

इस संख्या का $\frac{2}{5} = x$ का $\frac{2}{5} = \left(225 \times \frac{2}{5}\right) = 90.$

7. माना अभीष्ट संख्या = x. तब x का 55% $-x$ का 25% = 11·10.

x का $(55-25)\% = 11\cdot10 \Rightarrow x$ का $30\% = 11\cdot10$

$\Rightarrow x \times \frac{30}{100} = 11\cdot10 \Rightarrow x = \frac{11\cdot10\times100}{30} = \frac{1110}{30} = 37.$

उस संख्या का 75% = (37 का 75%) $= \left(37\times\frac{75}{100}\right) = \left(37\times\frac{3}{4}\right) = \frac{111}{4} = 27\cdot75.$

8. माना भिन्न $= \frac{a}{b}$. तब $\frac{a \text{ का } 250\%}{b \text{ का } 450\%} = \frac{\left(a\times\frac{250}{100}\right)}{\left(b\times\frac{450}{100}\right)} = \frac{5a}{9b}$.

$\therefore \frac{5a}{9b} = \frac{25}{51} \Rightarrow \frac{a}{b} = \left(\frac{25}{51}\times\frac{9}{5}\right) = \frac{15}{17}.$

9. माना अभीष्ट संख्या = x. तब x का $\frac{3}{4}$ का $\frac{1}{3} = 30$

$\therefore \frac{x}{4} = 30 \Rightarrow x = 120.$

अत: अभीष्ट संख्या = 120.

10. माना अभीष्ट संख्या = x. तब x का $\frac{1}{3}$ का $\frac{1}{4}$ का $\frac{2}{3} = 6$.

$\therefore \frac{x}{18} = 6 \Rightarrow x = (18\times6) = 108.$

अत: अभीष्ट संख्या = 108.

11. माना अभीष्ट संख्या = x. तब, x का $\frac{2}{3}$ का $\frac{3}{5} - x$ का $\frac{1}{4}$ का $\frac{2}{5} = 288$

$\therefore \frac{2x}{5} - \frac{x}{10} = 288 \Rightarrow 4x - x = 288\times10 \Rightarrow 3x = 288\times10$

$\therefore x = \frac{288\times10}{3} = 960.$

अत: अभीष्ट संख्या = 960.

12. माना अभीष्ट संख्या = x. तब $\frac{4x}{5} - \frac{2x}{3} = 10$

$\therefore 12x - 10x = 150 \Rightarrow 2x = 150 \Rightarrow x = 75.$

अत: अभीष्ट संख्या = 75.

13. माना अभीष्ट संख्या = x. तब, $x + (19)^2 = (23)^2$

$\therefore x = (23)^2 - (19)^2 = (23+19)(23-19) = (42\times4) = 168.$

14. माना अभीष्ट संख्या = x. तब, $13x - x = 180.$

$\therefore 12x = 180 \Rightarrow x = 15.$

अभीष्ट संख्या = 15.

15. माना संख्या = x. इसे 296 से भाग देने पर माना भागफल = q तथा शेषफल = 75.

तब, $x = 296\times q + 75 \Rightarrow x = 37\times8q + 37\times2 + 1$

$\Rightarrow x = 37\times(8q+2) + 1.$

अत: उस संख्या को 37 से भाग देने पर, शेषफल = 1.

16. माना संख्या $= x$. इसे 114 से भाग देने पर माना भागफल $= q$ तथा शेषफल $= 21$.

तब, $x = 114 \times q + 21 \Rightarrow x = 19 \times 6q + 19 \times 1 + 2$

$$\Rightarrow x = 19 \times (6q + 1) + 2$$

अत: उस स्थान को 19 से भाग देने पर शेषफल = 2.

17. माना छ: क्रमागत प्राकृत संख्यायें $x, x+1, x+2, x+3, x+4$ तथा $x+5$ हैं. तब

$x + x + 1 + x + 2 = 27 \Rightarrow 3x + 3 = 27 \Rightarrow 3x = 24 \Rightarrow x = 8$.

अभीष्ट योग $= x + 3 + x + 4 + x + 5 = 3x + 12 = (3 \times 8 + 12) = 36$.

18. माना 5 क्रमबद्ध विषम संख्यायें $x, x+2, x+4, x+6$ तथा $x+8$ हैं.

तब, $x + x + 2 + x + 4 + x + 6 + x + 8 = 235 \Rightarrow 5x + 20 = 235$

$\therefore\ 5x = 215 \Rightarrow x = 43$.

बीच वाली विषम संख्या $= x + 4 = (43 + 4) = 47$.

19. माना $A = x, B = x+2, C = x+4, D = x+6$ तथा $E = x+8$ दी गई 5 विषम संख्यायें हैं. तब,

$A + C = 146 \Rightarrow x + x + 4 = 146 \Rightarrow 2x = 142 \Rightarrow x = 71$.

$\therefore\ E = x + 8 = (71 + 8) = 79$.

20. माना $a = x, b = x+2, c = x+4, d = x+6, e = x+8$ दी गई 6 समसंख्यायें हैं.

तब, $a + b = 162 \Rightarrow x + x + 2 = 162 \Rightarrow 2x = 160 \Rightarrow x = 80$.

सभी संख्यायों का योग $= (5x + 20) = (5 \times 80 + 20) = 420$.

21. माना पाँच क्रमागत संख्यायें $x, x+1, x+2, x+3$ तथा $x+4$ हैं.

तब, $x + x + 1 + x + 2 + x + 3 + x + 4 = 270 \Rightarrow 5x + 10 = 270$

$$\Rightarrow 5x = 260 \Rightarrow x = 52.$$

(दूसरी + पाँचवीं) $= (x+1) + (x+4) = (2x+5) = (2 \times 52 + 5) = 109$.

22. माना तीन क्रमागत प्राकृत संख्यायें $x, x+1$ तथा $x+2$ हैं. तब

$x^2 + (x+1)^2 + (x+2)^2 = 110 \Rightarrow 3x^2 + 6x + 5 = 110$

$\therefore\ 3x^2 + 6x - 105 = 0 \Rightarrow x^2 + 2x - 35 = 0 \Rightarrow x^2 + 7x - 5x - 35 = 0$

$$\Rightarrow x(x+7) - 5(x+7) = 0 \Rightarrow (x+7)(x-5) = 0$$

$$\Rightarrow x = 5\ [\because x = -7 \text{ मान्य नहीं है}]$$

$\therefore$ इनमें सबसे छोटी प्राकृत संख्या = 5.

23. स्पष्ट है कि ये पूर्ण संख्यायें 37 तथा 1 हैं.

इनके अन्तर का वर्गमूल $= \sqrt{37 - 1} = \sqrt{36} = 6$.

24. माना ये संख्यायें a तथा b हैं. तब

$(a + b) - (a - b) = 42 \Rightarrow 2b = 42 \Rightarrow b = 21$.

$a \times b = 1092 \Rightarrow a \times 21 = 1092 \Rightarrow a = \dfrac{1092}{21} = 52$.

इनमें से बड़ी संख्या = 52.

25. माना अभीष्ट प्राकृत संख्यायें x तथा $(x + 1)$ हैं. तब

$x^2 + (x+1)^2 = 61 \Rightarrow 2x^2 + 2x - 60 = 0$

$$\Rightarrow x^2 + x - 30 = 0 \Rightarrow x^2 + 6x - 5x - 30 = 0$$

$$\Rightarrow x(x+6) - 5(x+6) = 0 \Rightarrow (x+6)(x-5) = 0$$

$$\Rightarrow x = 5\ [\because x = -6 \text{ एक प्राकृत संख्या नहीं है}]$$

26. माना चार क्रमिक समसंख्यायें $x, x+2, x+4$ तथा $x+6$ हैं.

तब, $x+x+2+x+4+x+6=60 \Rightarrow 4x+12=60 \Rightarrow 4x=48 \Rightarrow x=12.$

ये संख्यायें हैं : 12, 14, 16 तथा 18.

इनके वर्गों का योग $=(12)^2+(14)^2+(16)^2+(18)^2$

$=(144+196+256+324)=920.$

27. माना चार क्रमिक समसंख्यायें क्रमश: $x, x+2, x+4$ तथा $x+6$ हैं. तब,

$x+x+2+x+4+x+6=156 \Rightarrow 4x+12=156 \Rightarrow 4x=144 \Rightarrow x=36.$

$\therefore$ ये संख्यायें 36, 38, 40 तथा 42 हैं.

इनके वर्गों का योग $=(36)^2+(38)^2+(40)^2+(42)^2$

$=1296+1600+\left[(40-2)^2+(40+2)^2\right]$

$=2896+2\times\left[(40)^2+2^2\right]=2896+2\times1604$

$=2896+3208=6104.$

28. माना ये संख्यायें x तथा $(x+1)$ हैं. तब

$x(x+1)=9506=97\times98 \Rightarrow x=97$

अत: अभीष्ट संख्या = 97.

29. माना ये संख्यायें x तथा $(x+2)$ हैं. तब

$x(x+2)=6888 \Rightarrow 41\times2\times4\times3\times7=82\times84.$

अत: अभीष्ट संख्या = 84.

30. माना अभीष्ट धनपूर्णांक a तथा $a+3$ हैं. तब

$(a+3)^2-a^2=33 \Rightarrow 6a+9=33 \Rightarrow 6a=24 \Rightarrow a=4.$

$\therefore$ अभीष्ट धनपूर्णांक 7 तथा 4 हैं.

31. माना अभीष्ट संख्या $=x$. तब

$2x^2-11x=21 \Rightarrow 2x^2-11x-21=0$

$\Rightarrow 2x^2-14x+3x-21=0 \Rightarrow 2x(x-7)+3(x-7)=0$

$\Rightarrow (x-7)(2x+3)=0 \Rightarrow x=7$ अथवा $x=\frac{-3}{2}.$

32. माना संख्यायें x तथा $5x$ हैं. तब, $x\times5x=320$

$\therefore\ x^2=64 \Rightarrow x=8.$

इन संख्याओं का योग $=(x+5x)=6x=(6\times8)=48.$

33. माना अभीष्ट संख्यायें $3x$ तथा $7x$ हैं. तब,

$\frac{3x+6}{7x+6}=\frac{5}{9} \Rightarrow 27x+54=35x+30$

$\Rightarrow 8x=24 \Rightarrow x=3.$

$\therefore$ अभीष्ट संख्यायें 9 तथा 21 हैं.

34. माना तीसरी संख्या = 100. तब पहली संख्या = 112·5 तथा दूसरी संख्या = 125.

माना 112·5 = 125 का $x\%$ $\Rightarrow 125\times\frac{x}{100}=\frac{225}{2}$

$\Rightarrow x=\frac{225}{2}\times\frac{4}{5}=90.$

$\therefore$ पहली संख्या दूसरी संख्या का 90% है.

35. माना तीसरी संख्या = 100. तब, पहली संख्या = 130 तथा दूसरी संख्या = 140.
माना 130 = 140 का $x\%$. तब
$$140\times\frac{x}{100}=130 \Rightarrow x=\left(130\times\frac{5}{7}\right)=\frac{650}{7}\%=92\frac{6}{7}\%.$$

36. माना तीसरी संख्या =100. तब, पहली संख्या = 70 तथा दूसरी संख्या = 63.
माना दूसरी संख्या = पहली संख्या का $x\%$. तब
$$63=70\times\frac{x}{100} \Rightarrow \frac{7x}{10}=63 \Rightarrow x=63\times\frac{10}{7}=90.$$
∴ दूसरी संख्या = पहली संख्या का 90% अर्थात 10% कम.

37. माना अभीष्ट संख्यायें $3x$, $4x$ तथा $6x$ हैं. तब
$$3x\times4x\times6x=1944 \Rightarrow x^3=\frac{1944}{3\times4\times6}=27=3^3 \Rightarrow x=3.$$
इनमें सबसे बड़ी संख्या = $6x = (6 \times 3) = 18$.

38. दिया है : $a-b=3$ तथा $a^2-b^2=39$.
$$\therefore\ (a+b)=\frac{(a^2-b^2)}{(a-b)}=\frac{39}{3}=13.$$
$a-b=3$ तथा $a+b=13$ को हल करने पर : $a=8, b=5$.
अत: इन दोनों में बड़ी संख्या = 8.

39. दिया है : $a+b=15$ तथा $(a^2+b^2)=113$.
$$(a+b)^2=(15)^2 \Rightarrow (a^2+b^2)+2ab=225$$
$$\Rightarrow 113+2ab=225 \Rightarrow 2ab=112 \Rightarrow ab=56.$$

40. दिया है : $(a+b)=25$ तथा $(a-b)=13$.
$$4ab=(a+b)^2-(a-b)^2=(25)^2-(13)^2=(25+13)\,(25-13)=38\times12.$$
$$ab=\frac{38\times12}{4}=114.$$

41. दिया है : $(a^2+b^2)=3341$ तथा $(a^2-b^2)=891$.
घटाने पर $2b^2=(3341-891)=2450 \Rightarrow b^2=1225 \Rightarrow b=\sqrt{1225}=35.$
$a^2=(3341-b^2)=(3341-1225)=2116 \Rightarrow a=\sqrt{2116}=46.$
ये संख्यायें हैं 46 तथा 35.

42. दिया है : $a+b=34$ तथा $a^2+b^2=650$.
$$(a+b)^2=(34)^2 \Rightarrow a^2+b^2+2ab=1156$$
$$\Rightarrow 650+2ab=1156 \Rightarrow 2ab=1156-650=506.$$
$$(a^2+b^2)-2ab=(650-506) \Rightarrow (a-b)^2=144=(12)^2 \Rightarrow a-b=12.$$
$a+b=34$ तथा $a-b=12$ को हल करने पर $a=23, b=11$.
इनमें से छोटी संख्या = 11.

43. दिया है : $(a-b)=5$ तथा $\frac{a}{b}=5$. अत: $a=5b$.
$$\therefore\ 5b-b=5 \Rightarrow 4b=5 \Rightarrow b=\frac{5}{4}.$$
$$\therefore\ a=\left(5\times\frac{5}{4}\right)=\frac{25}{4}.$$
अत: अभीष्ट संख्यायें $\frac{25}{4}$ तथा $\frac{5}{4}$ हैं.

44. (पहली) : (दूसरी) = 8 : 9, (दूसरी) : (तीसरी) = 3 : 4 = 9 : 12

$\Rightarrow$ पहली : दूसरी : तीसरी = 8 : 9 : 12.

माना पहली संख्या = $8x$, दूसरी संख्या = $9x$ तथा तीसरी संख्या = $12x$.

तब, $8x \times 12x = 2400 \Rightarrow x^2 = \frac{2400}{8 \times 12} = 25 \Rightarrow x = 5.$

$\therefore$ दूसरी संख्या = $(9 \times 5) = 45$.

45. माना दूसरी संख्या = x. तब, पहली संख्या = $2x$ तथा तीसरी संख्या = $4x$.

$\frac{x+2x+4x}{3} = 56 \Rightarrow 7x = 56 \times 3 \Rightarrow x = 8 \times 3 = 24.$

अभीष्ट अन्तर $= (4x - 2x) = 2x = (2 \times 24) = 48.$

46. $I : II = 2 : 3 = \frac{2}{3} : 1$ तथा $II : III = 5 : 3 = 1 : \frac{3}{5}$

$\therefore I : II : III = \frac{2}{3} : 1 : \frac{3}{5} = \left(\frac{2}{3} \times 15\right) : (1 \times 15) : \left(\frac{3}{5} \times 15\right) = 10 : 15 : 9.$

माना ये संख्यायें $10x$, $15x$ तथा $9x$ हैं. तब

$10x + 15x + 9x = 102 \Rightarrow 34x = 102 \Rightarrow x = 3.$

$\therefore$ द्वितीय संख्या = $(15 \times 3) = 45$.

47. माना तीन संख्यायें क्रमशः x, y तथा z हैं. तब,

$x + y = 45$, $y + z = 55$ तथा $z + 3x = 90$.

इन्हें जोड़ने पर $4x + 2y + 2z = 190 \Rightarrow 2x + y + z = 95$.

$\therefore 2x = (2x + y + z) - (y + z) = (95 - 55) = 40 \Rightarrow x = 20$.

$z + 3x = 90 \Rightarrow z + 3 \times 20 = 90 \Rightarrow z = (90 - 60) = 30.$

48. माना संख्यायें a तथा b हैं. तब

$a + b = 184 \;\ldots(i)$ तथा $\frac{a}{3} - \frac{b}{7} = 8 \Rightarrow 7a - 3b = 168 \;\ldots(ii)$

इन्हें हल करने पर : $a = 72$, $b = 112$. अतः छोटी संख्या = 72.

49. माना संख्यायें x तथा $1365 + x$ हैं.

$\therefore 1365 + x = 6x + 15 \Rightarrow 5x = 1350 \Rightarrow x = 270.$

अतः छोटी संख्या = 270.

50. माना ये संख्यायें $3x$ तथा $5x$ हैं. तब इनका लघुत्तम समापवर्त्य = $15x$.

$15x = 300 \Rightarrow x = 20.$

छोटी संख्या = $3x = (3 \times 20) = 60$.

51. माना अभीष्ट संख्या = x. तब, x का 72·5% = 87.

$\therefore x \times \frac{72\cdot5}{100} = 87 \Rightarrow x = \left(87 \times \frac{1000}{725}\right) = 120.$

52. माना अभीष्ट संख्या = x. तब, x का 137·5% = 33.

$\therefore x \times \frac{137\cdot5}{100} = 33 \Rightarrow x = \left(33 \times \frac{1000}{1375}\right) = 24.$

53. माना अभीष्ट संख्यायें $3x$, $3(x + 1)$ तथा $3(x + 2)$ हैं. तब

$3x + 3x + 3 + 3x + 6 = 90 \Rightarrow 9x + 9 = 90 \Rightarrow 9x = 81 \Rightarrow x = 9.$

इनमें सबसे बड़ी संख्या $= 3(x + 2) = 3(9 + 2) = (3 \times 11) = 33.$

54. माना $\frac{4^2+x}{9^2+x}=\frac{4}{9}$. तब, $\frac{16+x}{81+x}=\frac{4}{9}$

$\therefore\ 9(16+x)=4(81+x) \Rightarrow 144+9x=324+4x$

$\Rightarrow 5x=180 \Rightarrow x=36.$

$\therefore$ अभीष्ट संख्या = 36.

55. माना अभीष्ट भिन्न x तथा y हैं. तब,

$xy=\frac{14}{15}$ तथा $\frac{x}{y}=\frac{35}{24}$.

इन्हें गुणा करने पर : $xy\times\frac{x}{y}=\frac{14}{15}\times\frac{35}{24}=\frac{49}{36} \Rightarrow x^2=\frac{49}{36}=\left(\frac{7}{6}\right)^2$

$\therefore\ x=\frac{7}{6}$ तथा $y=\frac{14}{15}\times\frac{6}{7}=\frac{4}{5}$.

$\frac{7}{6}>\frac{4}{5}\ [\because 35>24]$

अत: बड़ी भिन्न $=\frac{7}{6}$.

56. माना अभीष्ट भिन्न x तथा y हैं. तब

$\frac{1}{x}+\frac{1}{y}=\frac{46}{21}$ तथा $\frac{1}{x}-\frac{1}{y}=\frac{10}{21}$

इन्हें जोड़ने पर $\frac{2}{x}=\left(\frac{46}{21}+\frac{10}{21}\right)=\frac{56}{21}=\frac{8}{3} \Rightarrow \frac{1}{x}=\frac{1}{2}\times\frac{8}{3}=\frac{4}{3} \Rightarrow x=\frac{3}{4}$.

घटाने पर $\frac{2}{y}=\left(\frac{46}{21}-\frac{10}{21}\right)=\frac{36}{21}=\frac{12}{7} \Rightarrow \frac{1}{y}=\left(\frac{1}{2}\times\frac{12}{7}\right)=\frac{6}{7} \Rightarrow y=\frac{7}{6}$.

$\therefore$ अभीष्ट भिन्नें $\frac{3}{4}$ तथा $\frac{7}{6}$ हैं.

57. माना अभीष्ट संख्यायें x तथा y हैं. तब $x+y=11$ तथा $xy=18$.

$\left(\frac{1}{x}+\frac{1}{y}\right)=\frac{(x+y)}{xy}=\frac{11}{18} \Rightarrow$ व्युत्क्रमों का योग $=\frac{11}{18}$.

58. माना अभीष्ट संख्यायें x तथा y हैं. तब $x+y=12$ तथा $xy=35$.

$\therefore\ \left(\frac{1}{x}+\frac{1}{y}\right)=\frac{(x+y)}{xy}=\frac{12}{35}$.

59. माना मूल भिन्न $=\frac{a}{b}$. तब $\frac{a \text{ का } 120\%}{b \text{ का } 125\%}=\frac{3}{5}$.

$\therefore\ \frac{a\times\frac{120}{100}}{b\times\frac{125}{100}}=\frac{3}{5} \Rightarrow \frac{24a}{25b}=\frac{3}{5} \Rightarrow \frac{a}{b}=\left(\frac{3}{5}\times\frac{25}{24}\right)=\frac{5}{8}$.

60. माना मूल भिन्न $=\frac{a}{b}$. तब $\frac{a \text{ का } 120\%}{b \text{ का } 95\%}=\frac{5}{2}$.

$\therefore\ \frac{a\times\frac{120}{100}}{b\times\frac{95}{100}}=\frac{5}{2} \Rightarrow \frac{24a}{19b}=\frac{5}{2} \Rightarrow \frac{a}{b}=\left(\frac{5}{2}\times\frac{19}{24}\right)=\frac{95}{48}$.

61. माना मूल भिन्न $=\frac{a}{b}$. तथा $\frac{a+\frac{1}{4}}{b-\frac{1}{3}}=\frac{33}{64}$

$$\frac{(4a+1)}{4}\times\frac{3}{(3b-1)}=\frac{33}{64}\Rightarrow\frac{(4a+1)}{(3b-1)}=\left(\frac{33}{64}\times\frac{4}{3}\right)=\frac{11}{16}$$

$$\Rightarrow 64a+16=33b-11$$

स्पष्ट है कि इससे $\frac{a}{b}$ ज्ञात नहीं किया जा सकता.

62. माना अभीष्ट भिन्न $=\frac{a}{b}$. तथा $\frac{a+1}{b+1}=\frac{2}{3}$.

$\therefore a+1=2$ तथा $b+1=3 \Rightarrow a=1$ तथा $b=2$. अत: अभीष्ट भिन्न $=\frac{1}{2}$.

63. माना मूल भिन्न $=\frac{a}{b}$. तब $\frac{a-2}{b+3}=\frac{1}{4}\Rightarrow 4a-8=b+3\Rightarrow 4a-b=11$ ...(*i*)

तथा $\frac{a+6}{3b}=\frac{2}{3}\Rightarrow 3a+18=6b\Rightarrow 6b-3a=18$ ...(*ii*)

(*i*) को 6 से गुणा करके (*ii*) में जोड़ने पर : $21a=84\Rightarrow a=4$.

(*i*) में $a=4$ रखने पर $16-b=11\Rightarrow b=(16-11)=5$.

अभीष्ट भिन्न $=\frac{4}{5}$.

64. माना अभीष्ट भिन्न $=\frac{a}{b}$. तब, $a+b=11$ ...(*i*)

तथा $\frac{a+1}{b-2}=\frac{2}{3}\Rightarrow 3a+3=2b-4\Rightarrow 3a-2b=-7$ ...(*ii*)

(*i*) तथा (*ii*) को हल करने पर : $a=3$, $b=8$. अत: अभीष्ट भिन्न $=\frac{3}{8}$.

65. माना अभीष्ट भिन्न $=\frac{a}{b}$. तब, $\frac{a+1}{b+1}=\frac{4}{5}\Rightarrow 5a+5=4b+4$

$\Rightarrow 5a-4b=-1$ ...(*i*)

तथा $\frac{a-5}{b-5}=\frac{1}{2}\Rightarrow 2a-10=b-5 \quad\Rightarrow 2a-b=5$ ...(*ii*)

(*i*) तथा (*ii*) को हल करने पर : $a=7$ तथा $b=9$.

$\therefore$ अभीष्ट भिन्न $=\frac{7}{9}$.

66. माना अभीष्ट संख्यायें x तथा y हैं. तब

$2x+3y=36$ ...(*i*) $3x+2y=39$ ...(*ii*)

(*i*) को 3 से गुणा करने, (*ii*) को 2 से गुणा करने तथा घटाने पर

$(6x+9y)-(6x+4y)=(108-78)\Rightarrow 5y=30\Rightarrow y=6$.

(*i*) में $y=6$ रखने पर $2x+3\times6=36\Rightarrow 2x=18\Rightarrow x=9$.

अत: छोटी संख्या = 6.

67. माना अभीष्ट संख्यायें x तथा y हैं. तब

$$2x+3y=100 \quad \ldots(i) \quad \text{तथा} \quad 3x+2y=120 \quad \ldots(ii)$$

(i) को 3 से गुणा करने, (ii) को 2 से गुणा करने तथा घटाने पर :

$(6x+9y)-(6x+4y)=(300-240) \Rightarrow 5y=60 \Rightarrow y=12.$

(i) में $y=12$ रखने पर $2x+36=100 \Rightarrow 2x=64 \Rightarrow x=32.$

अत: बड़ी संख्या = 32.

68. माना दहाई अंक = x तथा इकाई अंक = y. तब $x+y=11 \quad \ldots(i)$

$(10x+y)-(10y+x)=63 \Rightarrow 9(x-y)=63 \Rightarrow x-y=7 \quad \ldots(ii)$

(i) तथा (ii) को हल करने पर $x=9$ तथा $y=2$.

अभीष्ट संख्या = 92.

69. माना दहाई अंक = x तथा इकाई अंक = y. तब, $x+y=6 \quad \ldots(i)$

$(10y+x)-(10x+y)=18 \Rightarrow 9(y-x)=18 \Rightarrow y-x=2 \quad \ldots(ii)$

(i) तथा (ii) को हल करने पर : $x=2, y=4$.

अभीष्ट संख्या = 24.

70. अंक परस्पर बदलने से संख्या कम होती है. अत: दहाई का अंक इकाई-अंक से बड़ा है.

माना इकाई अंक = x तथा दहाई अंक = $2x$.

$20x+x-27=10x+2x \Rightarrow 9x=27 \Rightarrow x=3.$

$\therefore$ इकाई अंक = 3 तथा दहाई अंक = 6. अत: अभीष्ट संख्या = 63.

71. माना मूल संख्या में दहाई अंक = x तथा इकाई अंक = x^2.

स्पष्ट है कि अंक परस्पर बदलने से प्राप्त संख्या बड़ी होगी.

$\therefore \ (10x^2+x)-(10x+x^2)=54 \Rightarrow 9(x^2-x)=54$

$\Rightarrow x^2-x=6 \Rightarrow x^2-x-6=0 \Rightarrow x^2-3x+2x-6=0$

$\Rightarrow x(x-3)+2(x-3)=0 \Rightarrow (x-3)\,(x+2)=0 \Rightarrow x=3.$

$\therefore$ मूल संख्या = 39 तथा इसका 40% $=\left(39\times\dfrac{40}{100}\right)=\dfrac{78}{5}=15\cdot 6.$

72. माना दहाई अंक = x तथा इकाई अंक = y. तब

$(10x+y)=3(x+y) \Rightarrow 7x=2y \quad \ldots(i)$

$10x+y+45=10y+x \Rightarrow 9(y-x)=45 \Rightarrow y-x=5 \quad \ldots(ii)$

$2y-2x=10 \Rightarrow 7x-2x=10 \Rightarrow 5x=10 \Rightarrow x=2.$

$\therefore \ 2y=14 \Rightarrow y=7.$

अभीष्ट संख्या = 27.

73. माना अभीष्ट भिन्नें $\dfrac{x}{5}$ तथा $\dfrac{y}{7}$ हैं. तब

$\dfrac{x}{5}+\dfrac{y}{7}=\dfrac{41}{35} \Rightarrow 7x+5y=41 \quad \ldots(i)$

$\dfrac{y}{5}+\dfrac{x}{7}=\dfrac{43}{35} \Rightarrow 5x+7y=43 \quad \ldots(ii)$

(ii) को 7 से तथा (i) को 5 से गुणा करके घटाने पर :

$(35x+49y)-(35x+25y)=(301-205) \Rightarrow 24y=96 \Rightarrow y=4.$

$\therefore \ 7x+20=41 \Rightarrow 7x=21 \Rightarrow x=3.$

$\therefore$ अभीष्ट भिन्नें हैं $\dfrac{3}{5}$ तथा $\dfrac{4}{7}$.

74. माना मूल भिन्न $\frac{x}{y}$ है. तब $2x = y+2 \Rightarrow 2x-y=2$ ...(*i*)

तथा $\frac{x+3}{y+3} = \frac{2}{3} \Rightarrow 3x+9 = 2y+6 \Rightarrow 3x-2y=-3$ ...(*ii*)

(*i*) को 3 से तथा (*ii*) को 2 से गुणा करके घटाने पर :

$(6x-3y)-(6x-4y) = 6+6 \Rightarrow y=12$.

$2x-12=2 \Rightarrow 2x=14 \Rightarrow x=7$.

अत: अभीष्ट भिन्न $= \frac{7}{12}$.

75. माना अभीष्ट संख्या $= x$. तब $\frac{3x}{4} - \frac{3x}{14} = 150$

$\Rightarrow 21x - 6x = 4200 \Rightarrow 15x = 4200 \Rightarrow x = 280$.

अत: अभीष्ट संख्या = 280.

76. माना अभीष्ट संख्या $= x$. तब, $21x - 12x = 63$.

$\therefore\ 9x = 63 \Rightarrow x = 7$.

अत: अभीष्ट संख्या = 7.

77. माना अभीष्ट संख्या $= x$. तब, $2 \times x^2 = (18)^3$

$\therefore\ x^2 = 18 \times 18 \times 9 \Rightarrow x = (18 \times 3) = 54$.

अत: अभीष्ट संख्या 54 है.

78. माना प्रथम संख्या $= a$. यहाँ सार्वअन्तर, $d = 1$.

n पदों का योग $= \frac{n}{2}[2a+(n-1)\,d]$

$\Rightarrow$ 11 पदों का योग $= \frac{11}{2} \times [2a+10\times 1] = 11a+55$

$\Rightarrow\ 11a+55 = 2761 \Rightarrow 11a = 2706 \Rightarrow a = 246$.

मध्य संख्या $= (a+5) = (246+5) = 251$.

79. माना अभीष्ट संख्या $= x$. तब, $x = 4\,(x-21)$

$\Rightarrow 3x = 84 \Rightarrow x = 28$.

अत: अभीष्ट संख्या = 28.

80. माना संख्यायें x तथा $(23-x)$ हैं. तब,

$x(23-x) = 120 \Rightarrow x^2 - 23x + 120 = 0$

$\Rightarrow x^2 - 15x - 8x + 120 = 0 \Rightarrow x(x-15) - 8(x-15) = 0$

$\Rightarrow (x-15)\,(x-8) = 0 \Rightarrow x = 15$ अथवा $x = 8$.

अत: ये संख्यायें 15 तथा 8 हैं.

इनके वर्गों का योग $= (15)^2 + 8^2 = (225+64) = 289$.

81. माना मूल भिन्न $\frac{a}{b}$ है. तब, $\frac{a-2}{b} = \frac{1}{3} \Rightarrow 3a-6 = b \Rightarrow 3a-b=6$ ...(*i*)

अब $b = a+4 \Rightarrow a-b = -4$. ...(*ii*)

(*i*) तथा (*ii*) को हल करने पर : $a = 5, b = 9$. अत: अभीष्ट भिन्न $= \frac{5}{9}$.

82. माना दी गई संख्या $= x$. तब, x का $\frac{1}{4}$ का $\frac{1}{3} = 15$

$\therefore\ x \times \frac{1}{4} \times \frac{1}{3} = 15 \Rightarrow x = (15 \times 12) = 180.$

x का $\frac{3}{10} = \left(\frac{3}{10} \times 180\right) = 54.$

83. माना संख्या का दहाई अंक $= x$ तथा इकाई अंक $= y$. तब

$y - x = 2.$ ...(*i*)

$(10x + y) - \frac{(10y + x)}{2} = 14 \Rightarrow (20x + 2y) - (10y + x) = 28$

$\Rightarrow 19x - 8y = 28$ ...(*ii*)

(*i*) तथा (*ii*) को हल करने पर : $x = 4, y = 6$. अत: अभीष्ट संख्या $= 46$.

---

8 आयु सम्बन्धी प्रश्न (PROBLEMS ON AGES)

साधित उदाहरण

प्रश्न 1. समीना तथा सुहाना की आयु का अनुपात 7 : 3 है. 6 वर्ष बाद इनकी आयु का अनुपात 5 : 3 होगा. इनकी आयु में कितना अन्तर है?

हल : माना समीना की वर्तमान आयु = $7x$ वर्ष तथा सुहाना की वर्तमान आयु = $3x$ वर्ष.

तब $\frac{7x+6}{3x+6} = \frac{5}{3} \Rightarrow 3(7x+6) = 5(3x+6)$

$\Rightarrow 21x + 18 = 15x + 30 \Rightarrow 6x = 12 \Rightarrow x = 2.$

इनकी आयु में अन्तर $= (7x - 3x)$ वर्ष $= 4x$ वर्ष $= (4 \times 2)$ वर्ष $= 8$ वर्ष.

प्रश्न 2. रमेश की आयु अपने पुत्र राहुल की आयु से 4 गुना है. 5 वर्ष पूर्व रमेश की आयु राहुल की आयु से 9 गुना थी. रमेश की वर्तमान आयु कितनी है?

हल : माना राहुल की वर्तमान आयु = x वर्ष. तब, रमेश की वर्तमान आयु = $4x$ वर्ष.

$(4x - 5) = 9(x - 5) \Rightarrow 4x - 5 = 9x - 45$

$\Rightarrow 5x = 40 \Rightarrow x = 8.$

रमेश की वर्तमान आयु = (4×8) वर्ष = 32 वर्ष.

प्रश्न 3. 8 वर्ष पूर्व विशाल की आयु अपने पुत्र शेखर की आयु से 4 गुना थी. 8 वर्ष बाद विशाल की आयु शेखर की आयु से दुगुनी होगी. प्रत्येक की वर्तमान आयु ज्ञात कीजिए.

हल : माना 8 वर्ष पूर्व शेखर की आयु = x वर्ष तथा विशाल की आयु = $4x$ वर्ष.

शेखर की वर्तमान आयु = $(x + 8)$ वर्ष तथा विशाल की वर्तमान आयु = $(4x + 8)$ वर्ष.

$(4x+8)+8 = 2[(x+8)+8] \Rightarrow 4x + 16 = 2x + 32$

$\Rightarrow 2x = 16 \Rightarrow x = 8.$

$\therefore$ शेखर की वर्तमान आयु = $(8 + 8)$ वर्ष = 16 वर्ष.

विशाल की वर्तमान आयु = $(4 \times 8 + 8)$ वर्ष = 40 वर्ष.

प्रश्न 4. A तथा B की आयु का अन्तर 16 वर्ष है. 6 वर्ष पहले A की आयु B की आयु से तिगुनी थी. प्रत्येक की वर्तमान आयु ज्ञात कीजिए.

हल : माना 6 वर्ष पहले B की आयु = x वर्ष तथा A की आयु = $3x$ वर्ष.

B की वर्तमान आयु = $(x + 6)$ वर्ष तथा A की वर्तमान आयु = $(3x + 6)$ वर्ष.

$\therefore (3x+6) - (x+6) = 16 \Rightarrow 2x = 16 \Rightarrow x = 8.$

अत: B की वर्तमान आयु = $(8 + 6)$ वर्ष = 14 वर्ष.

A की वर्तमान आयु = $(3 \times 8 + 6)$ वर्ष = 30 वर्ष.

प्रश्न 5. एक व्यक्ति की आयु अपने पुत्र की आयु के तिगुने से 3 वर्ष अधिक है. यदि 3 वर्ष बाद उस व्यक्ति की आयु अपने पुत्र की आयु के दुगुने से 10 वर्ष अधिक हो, तो पुत्र की वर्तमान आयु ज्ञात कीजिए.

हल : माना पुत्र की आयु = x वर्ष. तब, व्यक्ति की आयु = $(3x + 3)$ वर्ष.

$(3x+3)+3 = 2(x+3)+10 \Rightarrow 3x + 6 = 2x + 16 \Rightarrow x = 10.$

अत: पुत्र की वर्तमान आयु = 10 वर्ष.

प्रश्न 6. रीना तथा उसकी माता की आयु का योग 49 वर्ष है. 7 वर्ष पूर्व माता की आयु रीना की आयु से चार गुना थी. रीना की माता की वर्तमान आयु ज्ञात कीजिए.

हल : माना रीना की आयु = x वर्ष. अतः उसकी माता की आयु = $(49 - x)$ वर्ष.

7 वर्ष पूर्व रीना की आयु = $(x - 7)$ वर्ष.

7 वर्ष पूर्व माता की आयु = $(49 - x - 7)$ वर्ष = $(42 - x)$ वर्ष

$\therefore\ 42 - x = 4(x-7) \Rightarrow 42 - x = 4x - 28$

$\Rightarrow 5x = 70 \Rightarrow x = 14.$

$\therefore$ रीना की माता की वर्तमान आयु = (49 – 14) वर्ष = 35 वर्ष.

प्रश्न 7. A, B, C की वर्तमान आयु का योग 90 वर्ष है. 6 वर्ष पूर्व उनकी आयु का अनुपात 1:2:3 था. C की वर्तमान आयु कितनी है?

हल : माना 6 वर्ष पूर्व A की आयु = x वर्ष, B की आयु = $2x$ वर्ष, C की आयु = $3x$ वर्ष. तब,

A की वर्तमान आयु = $(x + 6)$ वर्ष,

B की वर्तमान आयु = $(2x + 6)$ वर्ष,

C की वर्तमान आयु = $(3x + 6)$ वर्ष.

$\therefore\ (x+6)+(2x+6)+(3x+6) = 90 \Rightarrow 6x + 18 = 90$

$\Rightarrow 6x = 72 \Rightarrow x = 12.$

$\therefore$ C की वर्तमान आयु = $(3 \times 12 + 6)$ वर्ष = 42 वर्ष.

प्रश्न 8. राजीव की 5 वर्ष पूर्व आयु तथा 9 वर्ष बाद आयु का गुणनफल 15 है. राजीव की वर्तमान आयु कितनी है?

हल : माना राजीव की वर्तमान आयु = x वर्ष. तब

$(x-5)(x+9) = 15 \Rightarrow x^2 + 4x - 45 = 15$

$\Rightarrow x^2 + 4x - 60 = 0 \Rightarrow x^2 + 10x - 6x - 60 = 0$

$\Rightarrow x(x+10) - 6(x+10) = 0 \Rightarrow (x+10)(x-6) = 0$

$\Rightarrow x = 6.$ [$\because$ आयु ऋणात्मक नहीं हो सकती]

$\therefore$ राजीव की वर्तमान आयु = 6 वर्ष.

प्रश्नमाला 8A

निम्नलिखित प्रश्नों में से प्रत्येक में ठीक उत्तर को चिन्हांकित (✓) कीजिए :

1. A तथा B की वर्तमान आयु का अनुपात क्रमशः 4 : 5 है. 5 वर्ष बाद यह अनुपात क्रमशः 5 : 6 हो जायेगा. A की वर्तमान आयु कितनी है? **(रेलवे परीक्षा, 2010)**

(*a*) 10 वर्ष (*b*) 20 वर्ष (*c*) 25 वर्ष (*d*) 40 वर्ष

2. विशाल तथा शेखर की वर्तमान आयु का अनुपात क्रमशः 14 : 17 है. 6 वर्ष बाद इनकी आयु का अनुपात क्रमशः 17 : 20 हो जायेगा. शेखर की वर्तमान आयु कितनी है? **(बैंक पी०ओ० परीक्षा, 2010)**

(*a*) 17 वर्ष (*b*) 51 वर्ष (*c*) 34 वर्ष (*d*) 28 वर्ष (*e*) इनमें से कोई नहीं

3. मीरा तथा प्रिया की वर्तमान आयु का अनुपात क्रमशः 3 : 4 है. 10 वर्ष पूर्व इनकी आयु का अनुपात क्रमशः 4 : 7 था. 5 वर्ष बाद मीरा की आयु कितनी होगी? **(बैंक पी०ओ० परीक्षा, 2010)**

(*a*) 18 वर्ष (*b*) 24 वर्ष (*c*) 23 वर्ष (*d*) 29 वर्ष (*e*) इनमें से कोई नहीं

4. 7 वर्ष पूर्व A तथा B की आयु का अनुपात क्रमशः 4 : 5 था तथा 7 वर्ष बाद इनकी आयु का अनुपात क्रमशः 5 : 6 होगा. B की वर्तमान आयु कितनी है? **(एस०एस०सी० परीक्षा, 2010)**

(*a*) 56 वर्ष (*b*) 63 वर्ष (*c*) 70 वर्ष (*d*) 77 वर्ष

5. अंजु तथा संध्या की वर्तमान आयु का अनुपात 13 : 17 है. 4 वर्ष पूर्व इनकी आयु का अनुपात क्रमशः 11:15 था. 6 वर्ष बाद इनकी आयु का अनुपात क्रमशः कितना होगा? **(बैंक पी०ओ० परीक्षा, 2010)**
(*a*) 3 : 4 (*b*) 7 : 8 (*c*) 5 : 4 (*d*) 6 : 5 (*e*) इनमें से कोई नहीं

6. समीर तथा तनुज की आयु का अनुपात क्रमशः 8 : 15 है. 9 वर्ष बाद इनकी आयु का अनुपात क्रमशः 11:18 होगा. इन दोनों की आयु में कितना अन्तर है? **(बैंक पी०ओ० परीक्षा, 2007)**
(*a*) 24 वर्ष (*b*) 20 वर्ष (*c*) 33 वर्ष (*d*) 21 वर्ष (*e*) इनमें से कोई नहीं

7. सीमा तथा रीमा की आयु का अनुपात क्रमशः 9 : 16 है. 10 वर्ष बाद इनकी आयु का अनुपात क्रमशः 2 : 3 होगा. इन दोनों की आयु में कितना अन्तर है? **(बैंक पी०ओ० परीक्षा, 2006)**
(*a*) 10 वर्ष (*b*) 12 वर्ष (*c*) 15 वर्ष (*d*) 9 वर्ष (*e*) इनमें से कोई नहीं

8. एक पिता तथा उसके पुत्र की आयु 10 वर्ष बाद क्रमशः 5 : 3 के अनुपात में होगी जबकि 10 वर्ष पूर्व इनकी आयु का अनुपात क्रमशः 3 : 1 था. पिता तथा पुत्र की वर्तमान आयु का अनुपात क्रमशः कितना होगा?
(*a*) 2 : 1 (*b*) 3 : 1 (*c*) 3 : 2 (*d*) 5 : 2
(एस०एस०सी० परीक्षा, 2006)

9. एक वर्ष पूर्व सानिका तथा गौरी की आयु का अनुपात क्रमशः 3 : 4 था. एक वर्ष बाद इनकी आयु का अनुपात क्रमशः 10 : 13 होगा. सानिका की वर्तमान आयु कितनी है? **(बैंक पी०ओ० परीक्षा, 2008)**
(*a*) 18 वर्ष (*b*) 20 वर्ष (*c*) 26 वर्ष (*d*) निर्धारित नहीं की जा सकती
(*e*) इनमें से कोई नहीं

10. एक व्यक्ति तथा उसकी पुत्री की औसत आयु 34 वर्ष है. 4 वर्ष बाद इनकी आयु का अनुपात क्रमशः 14 : 5 होगा. पुत्री की वर्तमान आयु कितनी है? **(बैंक पी०ओ० परीक्षा, 2008)**
(*a*) 12 वर्ष (*b*) 18 वर्ष (*c*) 10 वर्ष (*d*) निर्धारित नहीं की जा सकती
(*e*) इनमें से कोई नहीं

11. सुरेश की आयु उसके पिता की आयु से आधी है. 20 वर्ष बाद उसके पिता की आयु उसकी आयु से डेढ़ गुनी होगी. उसके पिता की वर्तमान आयु कितनी है?
(*a*) 40 वर्ष (*b*) 20 वर्ष (*c*) 26 वर्ष (*d*) 30 वर्ष

12. सीता तथा गीता की वर्तमान आयु का अनुपात क्रमशः 8 : 9 है तथा इनकी आयु का योग 68 वर्ष है. 10 वर्ष बाद इनकी आयु का अनुपात क्या होगा?
(*a*) 23 : 24 (*b*) 15 : 16 (*c*) 7 : 8 (*d*) 21 : 23 (*e*) इनमें से कोई नहीं

13. सरिता की वर्तमान आयु उसके पुत्र की आयु से 5 गुनी है. 5 वर्ष पहले उसकी आयु उसके पुत्र की उस समय की आयु का 25 गुना थी. सरिता की वर्तमान आयु कितनी है?
(*a*) 30 वर्ष (*b*) 32 वर्ष (*c*) 35 वर्ष (*d*) 25 वर्ष (*e*) इनमें से कोई नहीं

14. वीणा की वर्तमान आयु 15 वर्ष है. वीणा तथा राहुल की वर्तमान आयु का अनुपात क्रमशः 5 : 7 है. दिनेश तथा राहुल की वर्तमान आयु का अनुपात क्रमशः 5 : 3 है. 4 वर्ष बाद दिनेश की आयु कितनी होगी?
(*a*) 38 वर्ष (*b*) 35 वर्ष (*c*) 31 वर्ष (*d*) निर्धारित नहीं की जा सकती
(*e*) इनमें से कोई नहीं **(बैंक पी०ओ० परीक्षा, 2010)**

15. मीना की आयु उसकी पुत्री की आयु से 8 गुना है. 8 वर्ष बाद मीना तथा उसकी पुत्री की आयु का अनुपात क्रमशः 10 : 3 होगा. मीना की वर्तमान आयु कितनी है? **(बैंक पी०ओ० परीक्षा, 2009)**
(*a*) 32 वर्ष (*b*) 40 वर्ष (*c*) 36 वर्ष (*d*) निर्धारित नहीं की जा सकती
(*e*) इनमें से कोई नहीं

16. हमारी माँ की आयु मेरे भाई की आयु से तिगुनी है तथा मैं अपने भाई से आयु में $\frac{1}{3}$ गुना बड़ा हूँ. 4 वर्ष पहले मैं अपने भाई की वर्तमान आयु के बराबर था. मेरी माँ की वर्तमान आयु कितनी है?
(*a*) 40 वर्ष (*b*) 36 वर्ष (*c*) 44 वर्ष (*d*) 42 वर्ष **(होटल मैनेजमेन्ट परीक्षा, 2009)**

17. राम की आयु उसके पुत्र की आयु की तिगुनी है तथा उसके पिता की आयु की $\frac{2}{5}$ है. इन तीनों की औसत आयु 46 वर्ष है. राम तथा उसके पिता की आयु में कितना अन्तर है ?

(*a*) 68 वर्ष (*b*) 88 वर्ष (*c*) 58 वर्ष (*d*) ज्ञात नहीं किया जा सकता
(*e*) इनमें से कोई नहीं **(बैंक पी०ओ० परीक्षा, 2010)**

18. दीपक की वर्तमान आयु उसके पुत्र की आयु से तिगुनी है. 5 वर्ष बाद इनकी आयु का अनुपात क्रमशः 34:13 हो जायेगा. दीपक की वर्तमान आयु कितनी है ? **(जीवन बीमा परीक्षा, 2007)**

(*a*) 63 वर्ष (*b*) 68 वर्ष (*c*) 58 वर्ष (*d*) 60 वर्ष (*e*) इनमें से कोई नहीं

19. रंजना तथा राखी की आयु का अनुपात 15 : 17 है. 6 वर्ष बाद इनकी आयु का अनुपात 9 : 10 होगा. 6 वर्ष बाद रंजना की आयु कितनी होगी ? **(बैंक पी०ओ० परीक्षा, 2007)**

(*a*) 40 वर्ष (*b*) 30 वर्ष (*c*) 34 वर्ष (*d*) 36 वर्ष

20. किसी पिता तथा उसके पुत्र की आयु का योग 45 वर्ष है. 5 वर्ष पहले इनकी आयु का गुणनफल पिता की उस समय की आयु का चार गुना था. पिता तथा पुत्र की आयु है क्रमशः **(जीवन बीमा निगम परीक्षा, 2006)**

(*a*) 35 वर्ष, 10 वर्ष (*b*) 36 वर्ष, 9 वर्ष
(*c*) 37 वर्ष, 8 वर्ष (*d*) 39 वर्ष, 6 वर्ष

21. 10 वर्ष पहले पिता की आयु पुत्र की आयु से तिगुनी थी. 10 वर्ष बाद पिता की आयु पुत्र की आयु से दुगुनी होगी. इनकी वर्तमान आयु किस अनुपात में है ? **(जीवन बीमा निगम परीक्षा, 2006)**

(*a*) 5 : 2 (*b*) 9 : 2 (*c*) 7 : 3 (*d*) 13 : 4

22. अंजु तथा संध्या की वर्तमान आयु का अनुपात क्रमशः 13 : 17 है. चार वर्ष पहले इनकी आयु का अनुपात क्रमशः 11 : 15 था. 6 वर्ष बाद इनकी आयु का अनुपात क्रमशः कितना होगा ? **(बैंक पी०ओ० परीक्षा, 2010)**

(*a*) 3 : 4 (*b*) 7 : 8 (*c*) 5 : 4 (*d*) 6 : 5 (*e*) इनमें से कोई नहीं

23. एक वर्ष पूर्व एक महिला की आयु अपने पुत्र की आयु से चार गुना थी. 6 वर्ष बाद उसकी आयु अपने पुत्र की दुगुनी आयु से 5 वर्ष अधिक होगी. उनकी वर्तमान आयु का अनुपात क्या होगा ?

(*a*) 13 : 12 (*b*) 11 : 3 (*c*) 3 : 1 (*d*) 25 : 7

(होटल मैनेजमैन्ट परीक्षा, 2009)

24. एक लड़के की आयु उसके पिता की आयु की एक-तिहाई है. 12 वर्ष बाद लड़के की आयु अपने पिता की आयु की आधी हो जायेगी. लड़के की वर्तमान आयु कितनी है ? **(रेलवे परीक्षा, 2009)**

(*a*) 10 वर्ष (*b*) 11 वर्ष (*c*) 12 वर्ष (*d*) 13 वर्ष

25. मेरी वर्तमान आयु मेरे पुत्र की आयु से तीन गुनी है. 5 वर्ष बाद मेरी आयु मेरे पुत्र की आयु से $2\frac{1}{2}$ गुना होगी. मेरी वर्तमान आयु कितनी है ?

(*a*) 15 वर्ष (*b*) 30 वर्ष (*c*) 45 वर्ष (*d*) 60 वर्ष

26. *A* का विवाह 6 वर्ष पूर्व हुआ. अब उसकी आयु उसके विवाह के समय की आयु से $1\frac{1}{4}$ गुना है. उसके पुत्र की आयु उसकी आयु की $\frac{1}{10}$ गुना है. उसके पुत्र की वर्तमान आयु कितनी है ?

(*a*) 2 वर्ष (*b*) 3 वर्ष (*c*) 4 वर्ष (*d*) 5 वर्ष

(जीवन बीमा निगम परीक्षा, 2009)

27. राजू की आयु उसके पिता की आयु से आधी है. 10 वर्ष पहले उसकी आयु अपने पिता की आयु की एक-तिहाई थी. 5 वर्ष बाद उसके पिता की आयु कितनी होगी ?

(*a*) 55 वर्ष (*b*) 35 वर्ष (*c*) 40 वर्ष (*d*) 45 वर्ष

28. एक लड़की तथा एक लड़के की वर्तमान आयु का अनुपात क्रमशः 5 : 4 है. चार वर्ष पूर्व लड़के की आयु 24 वर्ष थी. 5 वर्ष बाद लड़की की आयु कितनी होगी ?

(*a*) 39 वर्ष (*b*) 40 वर्ष (*c*) 32 वर्ष (*d*) निर्धारित नहीं की जा सकती
(*e*) इनमें से कोई नहीं

29. सीमा तथा रीमा की आयु का अनुपात 9:16 है. 10 वर्ष बाद इनकी आयु का अनुपात 2:3 होगा. इन दोनों की आयु में कितना अन्तर है ? **(बैंक पी०ओ० परीक्षा, 2006)**

(*a*) 10 वर्ष (*b*) 12 वर्ष (*c*) 15 वर्ष (*d*) 9 वर्ष (*e*) इनमें से कोई नहीं

30. 6 वर्ष पूर्व सुशील की आयु स्नेहल की आयु की तिगुनी थी. 6 वर्ष बाद सुशील की आयु स्नेहल की आयु का $\frac{5}{3}$ गुना होगी. स्नेहल की वर्तमान आयु कितनी है ? **(एम०बी०ए० परीक्षा, 2006)**

(*a*) 12 वर्ष (*b*) 15 वर्ष (*c*) 18 वर्ष (*d*) 24 वर्ष

31. 1 वर्ष पूर्व सानिका तथा गौरी की आयु का अनुपात क्रमशः 3 : 4 था. 1 वर्ष बाद इनकी आयु का अनुपात क्रमशः 10 : 13 होगा. सानिका की वर्तमान आयु कितनी है ?

(*a*) 18 वर्ष (*b*) 20 वर्ष (*c*) 26 वर्ष (*d*) निर्धारित नहीं की जा सकती

(*e*) इनमें से कोई नहीं

32. एक पिता तथा उसके पुत्र की आयु का अनुपात क्रमशः 17:7 है. 6 वर्ष पूर्व यह अनुपात क्रमशः 3:1 था. पिता की वर्तमान आयु कितनी है ? **(बैंक पी०ओ० परीक्षा, 2009)**

(*a*) 64 वर्ष (*b*) 51 वर्ष (*c*) 48 वर्ष (*d*) निर्धारित नहीं की जा सकती

(*e*) इनमें से कोई नहीं

33. *A* तथा *B* की वर्तमान आयु का अनुपात 5:6 है. 6 वर्ष बाद यह अनुपात 6:7 हो जायेगा. 5 वर्ष पूर्व *B* की आयु कितनी थी ? **(बैंक पी०ओ० परीक्षा, 2009)**

(*a*) 25 वर्ष (*b*) 30 वर्ष (*c*) 36 वर्ष (*d*) 31 वर्ष (*e*) इनमें से कोई नहीं

34. त्रिशा तथा शालिनी की आयु का अनुपात क्रमशः 7 : 6 है. 8 वर्ष बाद इनकी आयु का अनुपात 9:8 हो जायेगा. इनकी आयु में कितना अन्तर है ? **(बैंक पी०ओ० परीक्षा, 2009)**

(*a*) 4 वर्ष (*b*) 8 वर्ष (*c*) 10 वर्ष (*d*) 12 वर्ष (*e*) इनमें से कोई नहीं

35. अरुण तथा दीपक की वर्तमान आयु में 14 वर्ष का अन्तर है. 7 वर्ष पहले इनकी आयु का अनुपात क्रमशः 5:7 था. दीपक की वर्तमान आयु कितनी है ? **(बैंक पी०ओ० परीक्षा, 2008)**

(*a*) 49 वर्ष (*b*) 42 वर्ष (*c*) 63 वर्ष (*d*) 35 वर्ष (*e*) इनमें से कोई नहीं

36. फराह का विवाह 8 वर्ष पूर्व हुआ था. आज उसकी आयु उसकी विवाह के समय की आयु की $1\frac{2}{7}$ गुनी है. इस समय उसकी पुत्री की आयु उसकी आयु का एक-छठमांश है. 3 वर्ष पूर्व उसकी पुत्री की आयु कितनी थी ?

(*a*) 6 वर्ष (*b*) 7 वर्ष (*c*) 3 वर्ष (*d*) निर्धारित नहीं की जा सकती

(*e*) इनमें से कोई नहीं **(बैंक पी०ओ० परीक्षा, 2009)**

37. एक पिता तथा पुत्र की वर्तमान आयु का योग 99 वर्ष है. जब पिता की आयु उतनी थी जितनी कि अब पुत्र की है, तब उसकी आयु पुत्र की उस समय की आयु की चार गुना थी. पुत्र तथा पिता की वर्तमान आयु में क्या अनुपात है ? **(होटल मैनेजमैन्ट परीक्षा, 2009)**

(*a*) 3 : 7 (*b*) 3 : 8 (*c*) 4 : 9 (*d*) 4 : 7

38. समीर की आयु अपने पिता की आयु की एक-चौथाई तथा अपनी बहन रीमा की आयु की दो-तिहाई है. समीर, रीमा तथा उनके पिता की आयु का अनुपात क्रमशः कितना है ? **(बैंक पी०ओ० परीक्षा, 2009)**

(*a*) 3 : 2 : 8 (*b*) 3 : 4 : 8 (*c*) 2 : 3 : 8 (*d*) 4 : 3 : 8 (*e*) इनमें से कोई नहीं

39. एक दम्पत्ति का एक पुत्र तथा एक पुत्री है. पिता की आयु पुत्र की आयु की चार गुनी है तथा पुत्री की आयु माता की आयु की एक-तिहाई है. यदि पत्नि की आयु पति की आयु से 6 वर्ष कम हो तथा बहन अपने भाई से 3 वर्ष बड़ी हो, तो माता की आयु कितनी है ?

(*a*) 42 वर्ष (*b*) 48 वर्ष (*c*) 54 वर्ष (*d*) 63 वर्ष

40. राम की वर्तमान आयु उसके पुत्र की आयु से तिगुनी है तथा उसके पिता की आयु का $\frac{2}{5}$ है. इन सभी की औसत आयु 46 वर्ष है. राम के पुत्र तथा राम के पिता की आयु में कितना अन्तर हैं ?

(*a*) 68 वर्ष (*b*) 88 वर्ष (*c*) 58 वर्ष (*d*) निर्धारित नहीं किया जा सकता
(*e*) इनमें से कोई नहीं

41. *A*, *B* से 16 वर्ष बड़ा है परन्तु *B* की आधी आयु *A* की एक-तिहाई आयु के बराबर है. उनकी वर्तमान आयु कितनी है ?

(*a*) $A = 40$ वर्ष, $B = 32$ वर्ष (*b*) $A = 48$ वर्ष, $B = 32$ वर्ष
(*c*) $A = 46$ वर्ष, $B = 30$ वर्ष (*d*) $A = 32$ वर्ष, $B = 16$ वर्ष

42. जयेश अनिल से उतना छोटा है जितना वह प्रशान्त से बड़ा है. यदि अनिल तथा प्रशान्त की आयु का योग 48 वर्ष हो, तो जयेश की आयु कितनी है ?

(*a*) 20 वर्ष (*b*) 24 वर्ष (*c*) 30 वर्ष (*d*) इनमें से कोई नहीं

43. *A* तथा *B* की वर्तमान आयु क्रमशः 36 वर्ष तथा 16 वर्ष है. कितने वर्ष बाद *A* की आयु *B* की आयु से दुगुनी होगी ? **(एम०सी०ए० परीक्षा, 2005)**

(*a*) 1 वर्ष (*b*) 2 वर्ष (*c*) 3 वर्ष (*d*) 4 वर्ष

44. एक स्त्री की आयु अपने पुत्र की आयु से तिगुनी है. 5 वर्ष पूर्व पुत्र की आयु अपने पिता की आयु का (1/6) थी. यदि उसका पिता उसकी माता से 5 वर्ष बड़ा हो, तो पुत्र की वर्तमान आयु कितनी है ? **(रेलवे परीक्षा, 2006)**

(*a*) 10 वर्ष (*b*) 12 वर्ष (*c*) 15 वर्ष (*d*) 18 वर्ष

45. यदि गुलजार की वर्तमान आयु में से 6 घटाकर शेषफल को 18 से भाग दें तो अनूप की आयु प्राप्त होती है. महेश की आयु 5 वर्ष है तथा अनूप महेश से 2 वर्ष छोटा है. गुलजार की वर्तमान आयु कितनी है ?

(*a*) 60 वर्ष (*b*) 48 वर्ष (*c*) 84 वर्ष (*d*) 64 वर्ष

46. एक व्यक्ति तथा उसके पुत्र की आयु का योग 45 वर्ष है. 5 वर्ष पूर्व उनकी आयु का गुणनफल उस समय उस व्यक्ति की आयु का 4 गुना था. उस व्यक्ति तथा उसके पुत्र की आयु हैं क्रमशः

(*a*) 35 वर्ष, 10 वर्ष (*b*) 36 वर्ष, 9 वर्ष
(*c*) 39 वर्ष, 6 वर्ष (*d*) इनमें से कोई नहीं **(एम०बी०ए० परीक्षा, 2005)**

47. एक व्यक्ति की आयु उसकी माता की आयु का $\frac{2}{5}$ भाग है. 8 वर्ष बाद उस व्यक्ति की आयु उसकी माता की आयु से आधी होगी. उसकी माता की वर्तमान आयु कितनी है ?

(*a*) 32 वर्ष (*b*) 36 वर्ष (*c*) 40 वर्ष (*d*) 48 वर्ष

48. स्नेह की आयु अपने पिता की आयु का छठा भाग है. 10 वर्ष बाद स्नेह के पिता की आयु विमल की आयु से दुगुनी होगी. यदि विमल का 8वाँ जन्म-दिन 2 वर्ष पूर्व मनाया गया हो, तो स्नेह की वर्तमान आयु कितनी है ?

(*a*) 24 वर्ष (*b*) 30 वर्ष (*c*) 5 वर्ष (*d*) इनमें से कोई नहीं

49. एक पिता तथा पुत्र की आयु 10 वर्ष बाद 5 : 3 के अनुपात में होगी. जबकि, 10 वर्ष पूर्व इनकी आयु 3 : 1 के अनुपात में थी. पुत्र तथा पिता की वर्तमान आयु का अनुपात है : **(एस०एस०सी० परीक्षा, 2006)**

(*a*) 1 : 2 (*b*) 1 : 3 (*c*) 2 : 3 (*d*) 2 : 5

50. इस समय मीना की आयु अपनी बेटी की आयु से 8 गुनी है. 8 वर्ष बाद मीना तथा उसके बेटी का आयु का अनुपात क्रमशः 10 : 3 होगा. मीना की वर्तमान आयु कितनी है ?

(*a*) 32 वर्ष (*b*) 40 वर्ष (*c*) 36 वर्ष (*d*) निर्धारित नहीं की जा सकती
(*e*) इनमें से कोई नहीं

51. राकेश एवं योगेश की आयु का अनुपात 4 : 3 है तथा इनकी आयु का योग 28 वर्ष है. 16 वर्ष बाद इनकी आयु का अनुपात क्या होगा ?

(*a*) 8 : 7 (*b*) 4 : 3 (*c*) 7 : 4 (*d*) 6 : 5

52. एक पिता की आयु उसके पुत्र की वर्तमान आयु से दुगुनी है. यदि पुत्र की वर्तमान आयु 20 वर्ष हो, तो कितने वर्ष पहले पिता की आयु पुत्र की आयु से तीन गुना थी ?

(*a*) 8 वर्ष (*b*) 10 वर्ष (*c*) 12 वर्ष (*d*) 15 वर्ष

53. मिशेल ने 9 वर्ष पहले विवाह किया था. आज उसकी आयु उस समय की आयु का $1\frac{1}{3}$ गुना है. अब उसकी पुत्री की आयु उसकी आयु का (1/6) है. दो वर्ष पूर्व उसकी पुत्री की आयु कितनी थी ?

(*a*) 6 वर्ष (*b*) 7 वर्ष (*c*) 3 वर्ष (*d*) निर्धारित नहीं की जा सकती

(*e*) इनमें से कोई नहीं

उत्तरमाला (प्रश्नमाला 8A)

1. (*b*)	**2.** (*c*)	**3.** (*c*)	**4.** (*d*)	**5.** (*e*)	**6.** (*d*)	**7.** (*e*)	**8.** (*a*)	**9.** (*e*)	**10.** (*e*)
11. (*a*)	**12.** (*d*)	**13.** (*a*)	**14.** (*e*)	**15.** (*a*)	**16.** (*b*)	**17.** (*e*)	**18.** (*a*)	**19.** (*d*)	**20.** (*b*)
21. (*c*)	**22.** (*e*)	**23.** (*d*)	**24.** (*c*)	**25.** (*c*)	**26.** (*b*)	**27.** (*d*)	**28.** (*b*)	**29.** (*e*)	**30.** (*a*)
31. (*e*)	**32.** (*b*)	**33.** (*d*)	**34.** (*a*)	**35.** (*e*)	**36.** (*c*)	**37.** (*d*)	**38.** (*c*)	**39.** (*c*)	**40.** (*e*)
41. (*b*)	**42.** (*b*)	**43.** (*d*)	**44.** (*a*)	**45.** (*a*)	**46.** (*b*)	**47.** (*c*)	**48.** (*c*)	**49.** (*a*)	**50.** (*a*)
51. (*a*)	**52.** (*b*)	**53.** (*e*)							

दिये गये प्रश्नों के हल प्रश्नमाला 8A

1. माना A की वर्तमान आयु = $4x$ वर्ष तथा B की वर्तमान आयु = $5x$ वर्ष.

5 वर्ष बाद A की आयु = $(4x + 5)$ वर्ष.

5 वर्ष बाद B की आयु = $(5x + 5)$ वर्ष.

$$\therefore \frac{4x+5}{5x+5} = \frac{5}{6} \Rightarrow 24x + 30 = 25x + 25 \Rightarrow x = 5.$$

अत: A की वर्तमान आयु = (4×5) वर्ष = 20 वर्ष.

2. माना विशाल की वर्तमान आयु = $14x$ वर्ष तथा शेखर की वर्तमान आयु = $17x$ वर्ष.

6 वर्ष बाद इनकी आयु का अनुपात $= \dfrac{14x+6}{17x+6}$.

$$\therefore \frac{14x+6}{17x+6} = \frac{17}{20} \Rightarrow 280x + 120 = 289x + 102 \Rightarrow 9x = 18 \Rightarrow x = 2.$$

शेखर की वर्तमान आयु = (17×2) वर्ष = 34 वर्ष.

3. माना मीरा की वर्तमान आयु = $3x$ वर्ष तथा प्रिया की वर्तमान आयु = $4x$ वर्ष.

10 वर्ष पूर्व इनकी आयु का अनुपात $= \dfrac{3x-10}{4x-10}$.

$$\therefore \frac{3x-10}{4x-10} = \frac{4}{7} \Rightarrow 7(3x-10) = 4(4x-10)$$

$$\Rightarrow 21x - 70 = 16x - 40 \Rightarrow 5x = 30 \Rightarrow x = 6.$$

5 वर्ष बाद मीरा की आयु = $(3x + 5)$ वर्ष = $(3 \times 6 + 5)$ वर्ष = 23 वर्ष.

4. माना 7 वर्ष पूर्व A की आयु = $4x$ वर्ष तथा B की आयु = $5x$ वर्ष.

7 वर्ष बाद इनकी आयु का अनुपात $= \dfrac{4x+14}{5x+14}$.

$$\therefore \frac{4x+14}{5x+14} = \frac{5}{6} \Rightarrow 24x + 84 = 25x + 70 \Rightarrow x = 14.$$

B की वर्तमान आयु = $(5x + 7)$ वर्ष = $(5 \times 14 + 7)$ वर्ष = 77 वर्ष.

5. माना अंजु की वर्तमान आयु = $13x$ वर्ष तथा संध्या की वर्तमान आयु = $17x$ वर्ष.

4 वर्ष पूर्व इनकी आयु का अनुपात $= \frac{13x-4}{17x-4}$.

$\therefore \frac{13x-4}{17x-4} = \frac{11}{15} \Rightarrow 195x - 60 = 187x - 44$

$\Rightarrow 8x = 16 \Rightarrow x = 2.$

6 वर्ष बाद इनकी आयु का अनुपात $= \frac{13x+6}{17x+6} = \frac{(13\times2+6)}{(17\times2+6)} = \frac{32}{40} = \frac{4}{5} = 4:5.$

6. माना समीर की वर्तमान आयु = $8x$ वर्ष तथा तनुज की वर्तमान आयु = $15x$ वर्ष

9 वर्ष बाद इनकी आयु का अनुपात $= \frac{8x+9}{15x+9}$.

$\therefore \frac{8x+9}{15x+9} = \frac{11}{18} \Rightarrow 144x + 162 = 165x + 99$

$\Rightarrow 21x = 63 \Rightarrow x = 3.$

इनकी आयु में अन्तर = $(15x - 8x)$ वर्ष = $7x$ वर्ष = (7×3) वर्ष = 21 वर्ष.

7. माना सीमा की वर्तमान आयु = $9x$ वर्ष तथा रीमा की वर्तमान आयु = $16x$ वर्ष.

10 वर्ष बाद इनकी आयु का अनुपात $= \frac{9x+10}{16x+10}$.

$\therefore \frac{9x+10}{16x+10} = \frac{2}{3} \Rightarrow 27x + 30 = 32x + 20 \Rightarrow 5x = 10 \Rightarrow x = 2.$

इन दोनों की आयु में अन्तर = $(16x - 9x)$ वर्ष = $7x$ वर्ष = (7×2) वर्ष = 14 वर्ष.

8. माना 10 वर्ष बाद पिता की आयु = $5x$ वर्ष तथा 10 वर्ष बाद पुत्र की आयु = $3x$ वर्ष.

10 वर्ष पूर्व इनकी आयु का अनुपात $= \frac{5x-20}{3x-20}$.

$\therefore \frac{5x-20}{3x-20} = \frac{3}{1} \Rightarrow 5x - 20 = 9x - 60 \Rightarrow 4x = 40 \Rightarrow x = 10.$

पिता तथा पुत्र की वर्तमान आयु का अनुपात $= \frac{5x-10}{3x-10} = \frac{(5\times10-10)}{(3\times10-10)} = \frac{40}{20} = 2:1.$

9. माना 1 वर्ष पूर्व सानिका की आयु = $3x$ वर्ष तथा गौरी की आयु = $4x$ वर्ष.

1 वर्ष बाद इनकी आयु का अनुपात $= \frac{3x+2}{4x+2}$.

$\therefore \frac{3x+2}{4x+2} = \frac{10}{13} \Rightarrow 13(3x+2) = 10(4x+2)$

$\Rightarrow 39x + 26 = 40x + 20 \Rightarrow x = 6.$

सानिका की वर्तमान आयु = $(3x + 1)$ वर्ष = $(3 \times 6 + 1)$ वर्ष = 19 वर्ष.

10. पिता तथा पुत्री की आयु का योग = (34×2) वर्ष = 68 वर्ष.

माना 4 वर्ष बाद इनकी आयु क्रमश: $14x$ वर्ष तथा $5x$ वर्ष.

इनकी वर्तमान आयु क्रमश: $(14x - 4)$ वर्ष तथा $(5x - 4)$ वर्ष.

$\therefore 14x - 4 + 5x - 4 = 68 \Rightarrow 19x = 76 \Rightarrow x = 4.$

पुत्री की वर्तमान आयु = $(5 \times 4 - 4)$ वर्ष = 16 वर्ष.

11. माना पिता की आयु = $2x$ वर्ष. तब, सुरेश की आयु = x वर्ष.

$(2x + 20) = \frac{3}{2}(x + 20) \Rightarrow 2(2x + 20) = 3(x + 20)$

$\Rightarrow 4x + 40 = 3x + 60 \Rightarrow x = 20.$

$\therefore$ पिता की वर्तमान आयु = $2x$ वर्ष = (2×20) वर्ष = 40 वर्ष.

12. माना सीता की आयु = $8x$ वर्ष तथा गीता की आयु = $9x$ वर्ष.

$\therefore\ 8x+9x=68 \Rightarrow 17x=68 \Rightarrow x=4.$

10 वर्ष बाद इनकी आयु का अनुपात = $(8x+10) : (9x+10)$

$= (8\times 4+10) : (9\times 4+10) = 42 : 46 = 21 : 23.$

13. माना पुत्र की आयु = x वर्ष. तब, सरिता का आयु = $5x$ वर्ष.

$(5x-5) = 25\,(x-5) \Rightarrow 5x-5=25x-125$

$\Rightarrow 20x = 120 \Rightarrow x = 6.$

सरिता की वर्तमान आयु = $5x$ वर्ष = (5×6) वर्ष = 30 वर्ष.

14. माना वीणा की आयु = $5x$ वर्ष तथा राहुल की आयु = $7x$ वर्ष.

$\therefore\ 5x=15 \Rightarrow x=3.$

$\therefore$ वीणा की आयु = 15 वर्ष तथा राहुल की आयु = (7×3) वर्ष = 21 वर्ष.

माना दिनेश की वर्तमान आयु = $5y$ वर्ष. तब, राहुल की आयु = $3y$ वर्ष.

$\therefore\ 3y=21 \Rightarrow y=7.$

अत: दिनेश की आयु = (5×7) वर्ष = 35 वर्ष.

4 वर्ष बाद दिनेश की आयु = $(35+4)$ वर्ष = 39 वर्ष.

15. माना पुत्री की आयु = x वर्ष. तब, मीना की आयु = $8x$ वर्ष.

$\frac{8x+8}{x+8} = \frac{10}{3} \Rightarrow 24x+24 = 10x+80$

$\Rightarrow 14x = 56 \Rightarrow x = 4.$

मीना की वर्तमान आयु = $8x$ वर्ष = (8×4) वर्ष = 32 वर्ष.

16. माना मेरे भाई की आयु = x वर्ष. तब, माँ की आयु = $3x$ वर्ष.

मेरी आयु = $\left(x+\frac{1}{3}x\right)$ वर्ष = $\frac{4x}{3}$ वर्ष.

$\frac{4x}{3}-4 = x \Rightarrow 4x-12 = 3x \Rightarrow x = 12.$

$\therefore$ माँ की आयु = 36 वर्ष.

17. माना पुत्र की आयु = x वर्ष. तब, राम की आयु = $3x$ वर्ष.

राम की आयु = $\frac{2}{5}\times$ पिता की आयु $\Rightarrow$ पिता की आयु = $\frac{5}{2}\times$ राम की आयु

$= \left(\frac{5}{2}\times 3x\right)$ वर्ष = $\frac{15x}{2}$ वर्ष.

राम, उसके पुत्र तथा राम के पिता की आयु का योग = (46×3) वर्ष = 138 वर्ष.

$3x+x+\frac{15x}{2} = 138 \Rightarrow 6x+2x+15x = 276$

$\Rightarrow 23x = 276 \Rightarrow x = 12.$

राम तथा उसके पिता की आयु में अन्तर = $\left(\frac{15x}{2}-3x\right)$ वर्ष = $\frac{9x}{2}$ वर्ष

$= \left(\frac{9}{2}\times 12\right)$ वर्ष = 54 वर्ष.

18. माना पुत्र की आयु = x वर्ष. तब, दीपक की आयु = $3x$ वर्ष.

$\frac{3x+5}{x+5} = \frac{34}{13} \Rightarrow 34\,(x+5) = 13\,(3x+5)$

$\Rightarrow 34x+170 = 39x+65 \Rightarrow 5x = 105 \Rightarrow x = 21.$

दीपक की वर्तमान आयु = $3x$ वर्ष = (3×21) वर्ष = 63 वर्ष.

19. माना रंजना की आयु = $15x$ वर्ष तथा राखी की आयु = $17x$ वर्ष. तब,

$$\frac{15x+6}{17x+6} = \frac{9}{10} \Rightarrow 10\,(15x+6) = 9\,(17x+6)$$
$$\Rightarrow 150x + 60 = 153x + 54 \Rightarrow 3x = 6 \Rightarrow x = 2.$$

6 वर्ष बाद रंजना की आयु = $(15x + 6)$ वर्ष = $(15 \times 2 + 6)$ वर्ष = 36 वर्ष.

20. माना पिता की आयु = x वर्ष. तब, पुत्र की आयु = $(45 - x)$ वर्ष.

$(x-5)\,(45-x-5) = (x-5) \times 4 \Rightarrow 40 - x = 4 \Rightarrow x = 36.$

पिता की आयु = 36 वर्ष तथा पुत्र की आयु = $(45 - 36)$ वर्ष = 9 वर्ष.

21. माना 10 वर्ष पहले पुत्र की आयु = x वर्ष तथा पिता की आयु = $3x$ वर्ष.

पुत्र की वर्तमान आयु = $(x + 10)$ वर्ष, पिता की वर्तमान आयु = $(3x + 10)$ वर्ष.

$(3x+10+10) = 2\,(x+10+10) \Rightarrow 3x + 20 = 2x + 40 \Rightarrow x = 20.$

पिता तथा पुत्र की वर्तमान आयु का अनुपात

$$= (3x + 10) : (x + 10) = (3 \times 20 + 10) : (20 + 10)$$
$$= 70 : 30 = 7 : 3.$$

22. माना अंजु की वर्तमान आयु = $13x$ वर्ष तथा संध्या की वर्तमान आयु = $17x$ वर्ष.

$$\frac{13x-4}{17x-4} = \frac{11}{15} \Rightarrow 15(13x-4) = 11\,(17x-4)$$
$$\Rightarrow 195x - 60 = 187x - 44 \Rightarrow 8x = 16 \Rightarrow x = 2.$$

6 वर्ष बाद अंजु तथा संध्या की आयु का अनुपात = $(13x + 6) : (17x + 6)$

$$= (13 \times 2 + 6) : (17 \times 2 + 6) = 32 : 40 = 4 : 5.$$

23. माना 1 वर्ष पूर्व पुत्र की आयु = x वर्ष तथा महिला की आयु = $4x$ वर्ष.

पुत्र की वर्तमान आयु = $(x + 1)$ वर्ष तथा महिला की वर्तमान आयु = $(4x + 1)$ वर्ष.

6 वर्ष बाद महिला की आयु = $(4x + 1 + 6)$ वर्ष = $(4x + 7)$ वर्ष.

$\therefore\ 4x + 7 = 2\,(x+1+6) + 5 \Rightarrow 4x + 7 = 2x + 19 \Rightarrow 2x = 12 \Rightarrow x = 6.$

महिला तथा उसके पुत्र की वर्तमान आयु का अनुपात

$$= (4x+1) : (x+1) = (4 \times 6 + 1) : (6 + 1) = 25 : 7.$$

24. माना पिता की आयु = $3x$ वर्ष तथा लड़के की आयु = x वर्ष.

12 वर्ष बाद पिता की आयु = $(3x + 12)$ वर्ष तथा लड़के की आयु = $(x + 12)$ वर्ष.

$$2\,(x+12) = 3x + 12 \Rightarrow 2x + 24 = 3x + 12 \Rightarrow x = 12.$$

लड़के की वर्तमान आयु = 12 वर्ष.

25. माना पुत्र की वर्तमान आयु = x वर्ष तथा मेरी आयु = $3x$ वर्ष.

5 वर्ष बाद पुत्र की आयु = $(x + 5)$ वर्ष तथा मेरी आयु = $(3x + 5)$ वर्ष.

$$\therefore\ (3x+5) = \frac{5}{2}(x+5) \Rightarrow 2\,(3x+5) = 5\,(x+5)$$
$$\Rightarrow 6x + 10 = 5x + 25 \Rightarrow x = 15.$$

मेरी वर्तमान आयु = $3x$ वर्ष = (3×15) वर्ष = 45 वर्ष.

26. माना A की 6 वर्ष पूर्व आयु = x वर्ष. तब, A की वर्तमान आयु = $(x + 6)$ वर्ष.

$$(x+6) = \frac{5}{4}x \Rightarrow 4\,(x+6) = 5x \Rightarrow x = 24.$$

$\therefore A$ की वर्तमान आयु = $(24 + 6)$ वर्ष = 30 वर्ष.

उसके पुत्र की वर्तमान आयु = $\left(\frac{1}{10} \times 30\right)$ वर्ष = 3 वर्ष.

27. माना राजू की आयु = x वर्ष तथा पिता की आयु = $2x$ वर्ष.

$$(x-10)=\frac{1}{3}(2x-10) \Rightarrow 3(x-10)=2x-10$$
$$\Rightarrow 3x-30=2x-10 \Rightarrow x=20.$$

5 वर्ष बाद पिता की आयु = $(2x+5)$ वर्ष = $(2 \times 20+5)$ वर्ष = 45 वर्ष.

28. माना लड़की की आयु = $5x$ वर्ष तथा लड़के की आयु = $4x$ वर्ष.

4 वर्ष पूर्व लड़के की आयु = $(4x-4)$ वर्ष.

$\therefore\ 4x-4=24 \Rightarrow 4x=28 \Rightarrow x=7.$

5 वर्ष बाद लड़की की आयु = $(5x+5)$ वर्ष = $(5 \times 7+5)$ वर्ष = 40 वर्ष.

29. माना सीमा की आयु = $9x$ वर्ष तथा रीमा की आयु = $16x$ वर्ष.

$$\frac{9x+10}{16x+10}=\frac{2}{3} \Rightarrow 3(9x+10)=2(16x+10)$$
$$\Rightarrow 27x+30=32x+20 \Rightarrow 5x=10 \Rightarrow x=2.$$

इन दोनों की आयु में अन्तर = $(16x-9x)$ वर्ष = $7x$ वर्ष = (7×2) वर्ष = 14 वर्ष.

30. माना 6 वर्ष पूर्व स्नेहल की आयु = x वर्ष तथा सुशील की आयु = $3x$ वर्ष.

स्नेहल की वर्तमान आयु = $(x+6)$ वर्ष तथा सुशील की वर्तमान आयु = $(3x+6)$ वर्ष.

$$(3x+6)+6=\frac{5}{3}\{(x+6)+6\} \Rightarrow 3x+12=\frac{5}{3}(x+12)$$
$$\Rightarrow 3(3x+12)=5(x+12)$$
$$\Rightarrow 9x+36=5x+60 \Rightarrow 4x=24 \Rightarrow x=6.$$

स्नेहल की वर्तमान आयु = $(x+6)$ वर्ष = $(6+6)$ वर्ष = 12 वर्ष.

31. माना 1 वर्ष पूर्व सानिका की आयु = $3x$ वर्ष तथा गौरी की आयु = $4x$ वर्ष.

सानिका की वर्तमान आयु = $(3x+1)$ वर्ष तथा गौरी की वर्तमान आयु = $(4x+1)$ वर्ष.

1 वर्ष बाद इनकी आयु का अनुपात = $\frac{3x+2}{4x+2}$.

$$\therefore\ \frac{3x+2}{4x+2}=\frac{10}{13} \Rightarrow 13(3x+2)=10(4x+2)$$
$$\Rightarrow 39x+26=40x+20 \Rightarrow x=6.$$

सानिका की वर्तमान आयु = $(3 \times 6+1)$ वर्ष = 19 वर्ष.

32. माना पिता की आयु = $17x$ वर्ष तथा पुत्र की आयु = $7x$ वर्ष.

$$\therefore\ \frac{17x-6}{7x-6}=\frac{3}{1} \Rightarrow 17x-6=3(7x-6)$$
$$\Rightarrow 17x-6=21x-18 \Rightarrow 4x=12 \Rightarrow x=3.$$

पिता की वर्तमान आयु = (17×3) वर्ष = 51 वर्ष.

33. माना A की वर्तमान आयु = $5x$ वर्ष तथा B की वर्तमान आयु = $6x$ वर्ष.

$$\therefore\ \frac{5x+6}{6x+6}=\frac{6}{7} \Rightarrow 7(5x+6)=6(6x+6)$$
$$\Rightarrow 35x+42=36x+36 \Rightarrow x=6.$$

5 वर्ष पूर्व B की आयु = $(6x-5)$ वर्ष = $(6 \times 6-5)$ वर्ष = 31 वर्ष.

34. माना त्रिशा की आयु = $7x$ वर्ष तथा शालिनी की आयु = $6x$ वर्ष.

$$\frac{7x+8}{6x+8}=\frac{9}{8} \Rightarrow 8(7x+8)=9(6x+8)$$
$$\Rightarrow 56x+64=54x+72 \Rightarrow 2x=8 \Rightarrow x=4.$$

इनकी आयु में अन्तर = $(7x-6x)$ वर्ष = x वर्ष = 4 वर्ष.

35. माना 7 वर्ष पहले अरुण की आयु = $5x$ वर्ष तथा दीपक की आयु = $7x$ वर्ष.
अरुण की वर्तमान आयु = $(5x + 7)$ वर्ष तथा दीपक की वर्तमान आयु = $(7x + 7)$ वर्ष.
$\therefore\ (7x+7)-(5x+7)=14 \Rightarrow 2x=14 \Rightarrow x=7.$
दीपक की वर्तमान आयु = $(7 \times 7 + 7)$ वर्ष = 56 वर्ष.

36. माना 8 वर्ष पूर्व फराह की आयु = x वर्ष.
फराह की वर्तमान आयु = $(x + 8)$ वर्ष.
$\therefore\ x+8=\frac{9}{7}x \Rightarrow 7\,(x+8)=9x$
$\Rightarrow 7x+56=9x \Rightarrow 2x=56 \Rightarrow x=28.$
फराह की वर्तमान आयु = $(28 + 8)$ वर्ष = 36 वर्ष.
उसकी पुत्री की आयु = $\left(36 \text{ का } \frac{1}{6}\right)$ वर्ष = 6 वर्ष
3 वर्ष पूर्व उसकी पुत्री की आयु = $(6 - 3)$ वर्ष = 3 वर्ष.

37. माना पिता की वर्तमान आयु = x वर्ष तथा पुत्र की वर्तमान आयु = y वर्ष.
तब, $x + y = 99$
पिता की आयु y वर्ष, अब से $(x - y)$ वर्ष पहले थी $[\because\ x-(x-y)=y]$
तब पुत्र की आयु $[y - (x - y)]$ वर्ष = $(2y - x)$ वर्ष.
जब पिता की आयु $(99 - x)$ वर्ष थी तब पुत्र की आयु = $2\,(99 - x) - x = (198 - 3x)$ वर्ष.
$\therefore\ (99-x)=4\,(198-3x) \Rightarrow 99-x=792-12x$
$\Rightarrow 11x=693 \Rightarrow x=63.$
अभीष्ट अनुपात = $(99 - 63) : 63 = 36 : 63 = 4 : 7$.

38. माना पिता की आयु = x वर्ष. तब, समीर की आयु = $\frac{x}{4}$ वर्ष.
समीर की आयु = $\frac{2}{3}\times$ रीमा की आयु.
$\therefore$ रीमा की आयु = $\frac{3}{2}$ (समीर की आयु) = $\left(\frac{3}{2}\times\frac{x}{4}\right)$ वर्ष = $\frac{3x}{8}$ वर्ष.
समीर की आयु : रीमा की आयु : उनके पिता की आयु = $\frac{x}{4}:\frac{3x}{8}:x = 2x:3x:8x = 2:3:8.$

39. माना पुत्र की आयु = x वर्ष तथा पुत्री की आयु = y वर्ष.
तब, पिता की आयु = $4x$ वर्ष तथा माता की आयु = $3y$ वर्ष.
$3y = 4x - 6$ तथा $y = x + 3$.
$\Rightarrow 4x-3y=6$ तथा $y-x=3$.
अब $y-x=3 \Rightarrow 4y-4x=12$.
जोड़ने पर, $4x-3y+4y-4x=18 \Rightarrow y=18.$
$\therefore$ माता की आयु = (3×18) वर्ष = 54 वर्ष.

40. माना राम के पुत्र की आयु = x वर्ष तथा राम की आयु = $3x$ वर्ष.
राम की आयु = $\frac{2}{5}\times$ राम के पिता की आयु.
$\therefore$ राम के पिता की आयु = $\frac{3}{2}\times$ राम की आयु = $\left(\frac{5}{2}\times 3x\right)$ वर्ष = $\frac{15x}{2}$ वर्ष.
इनकी आयु का योग = (46×3) वर्ष = 138 वर्ष.

$\therefore\ x+3x+\frac{15x}{2}=138 \Rightarrow 2x+6x+15x=276$

$\Rightarrow 23x=276 \Rightarrow x=12.$

अभीष्ट अन्तर $=\left(\frac{15x}{2}-x\right)$ वर्ष $=\frac{13x}{2}$ वर्ष $=\left(\frac{13}{2}\times 12\right)$ वर्ष = 78 वर्ष.

41. माना B की आयु = x वर्ष. तब, A की आयु = $(x + 16)$ वर्ष.

$\frac{1}{2}\times x=\frac{1}{3}(x+16) \Rightarrow 3x=2(x+16)$

$\Rightarrow 3x=2x+32 \Rightarrow x=32.$

$\therefore$ A की आयु = (32 + 16) वर्ष = 48 वर्ष तथा B की आयु = 32 वर्ष.

42. $A-J=J-P \Rightarrow A+P=2J \Rightarrow 2J=48 \Rightarrow J=24.$

अत: जयेश की आयु 24 वर्ष है.

43. माना x वर्ष बाद A की आयु B से दुगुनी होगी. तब

$(36+x)=2(16+x) \Rightarrow 36+x=32+2x \Rightarrow x=4.$

अत: 4 वर्ष बाद A की आयु B से दुगुनी होगी.

44. माना पुत्र की आयु = x वर्ष. माता की आयु = $3x$ वर्ष, पिता की आयु = $(3x + 5)$ वर्ष. तब,

$(x-5)=\frac{1}{6}(3x+5-5) \Rightarrow (x-5)=\frac{1}{6}\times 3x$

$\Rightarrow 6(x-5)=3x \Rightarrow 6x-30=3x \Rightarrow 30 \Rightarrow x=10.$

$\therefore$ पुत्र की वर्तमान आयु = 10 वर्ष.

45. माना गुलजार की वर्तमान आयु = x वर्ष.

तब, $\frac{x-6}{18}=(5-2) \Rightarrow x-6=54 \Rightarrow x=60.$

अत: गुलजार की वर्तमान आयु = 60 वर्ष.

46. माना व्यक्ति की वर्तमान आयु = x वर्ष.

तब, पुत्र की वर्तमान आयु = $(45 - x)$ वर्ष.

$\therefore\ (x-5)(45-x-5)=4(x-5) \Rightarrow 40-x=4 \Rightarrow x=36.$

अत: व्यक्ति की वर्तमान आयु = 36 वर्ष

तथा पुत्र की वर्तमान आयु = (45 – 36) वर्ष = 9 वर्ष.

47. माना माता की वर्तमान आयु = x वर्ष.

उस व्यक्ति की वर्तमान आयु $=\frac{2}{5}x$ वर्ष.

$\therefore\ \frac{2x}{5}+8=\frac{1}{2}(x+8) \Rightarrow 4x+80=5x+40 \Rightarrow x=40.$

अत: माता की वर्तमान आयु = 40 वर्ष.

48. 10 वर्ष बाद विमल की आयु = (8 + 2 + 10) वर्ष = 20 वर्ष.

स्नेह के पिता की 10 वर्ष बाद आयु = 40 वर्ष.

स्नेह के पिता की वर्तमान आयु = (40 – 10) वर्ष = 30 वर्ष.

स्नेह की वर्तमान आयु $=\left(\frac{1}{6}\times 30\right)$ वर्ष = 5 वर्ष.

49. माना 10 वर्ष बाद पिता की आयु = $5x$ वर्ष तथा पुत्र की आयु = $3x$ वर्ष.

पिता की वर्तमान आयु = $(5x - 10)$ वर्ष, पुत्र की वर्तमान आयु = $(3x - 10)$ वर्ष.

10 वर्ष पूर्व पिता की आयु = $(5x - 10 - 10)$ वर्ष = $(5x - 20)$ वर्ष.

10 वर्ष पूर्व पुत्र की आयु = $(3x - 10 - 10)$ वर्ष = $(3x - 20)$ वर्ष.

$\therefore \dfrac{5x-20}{3x-20} = \dfrac{3}{1} \Rightarrow 5x - 20 = 3(3x-20)$

$\Rightarrow 5x - 20 = 9x - 60 \Rightarrow 4x = 40 \Rightarrow x = 10.$

पुत्र तथा पिता की वर्तमान आयु का अनुपात $= \dfrac{3x-10}{5x-10} = \dfrac{(3\times10-10)}{(5\times10-10)} = \dfrac{20}{40} = \dfrac{1}{2} = 1:2.$

50. माना बेटी की आयु = x वर्ष. तब, मीना की आयु = $8x$ वर्ष.

$\therefore \dfrac{8x+8}{x+8} = \dfrac{10}{3} \Rightarrow 3(8x+8) = 10(x+8)$

$\Rightarrow 24x + 24 = 10x + 80 \Rightarrow 14x = 56 \Rightarrow x = 4.$

मीना की वर्तमान आयु = (8×4) वर्ष = 32 वर्ष.

51. माना राकेश की आयु = $4x$ वर्ष तथा योगेश की आयु = $3x$ वर्ष.

$\therefore 4x + 3x = 28 \Rightarrow 7x = 28 \Rightarrow x = 4.$

16 वर्ष बाद इनकी आयु का अनुपात $= \dfrac{4x+16}{3x+16} = \dfrac{(4\times4+16)}{(3\times4+16)} = \dfrac{32}{28} = \dfrac{8}{7} = 8:7.$

52. पुत्र की वर्तमान आयु = 20 वर्ष, पिता की वर्तमान आयु = 40 वर्ष.

माना x वर्ष पहले पिता की आयु पुत्र की आयु से तिगुनी थी.

तब, $(40 - x) = 3(20 - x) \Rightarrow 40 - x = 60 - 3x$

$\Rightarrow 2x = 20 \Rightarrow x = 10.$

$\therefore$ 10 वर्ष पहले पिता की आयु पुत्र की आयु से तिगुनी थी.

53. माना विवाह के समय मिशेल की आयु x वर्ष थी. तब

$(x+9) = \dfrac{4}{3}x \Rightarrow 3(x+9) = 4x$

$\Rightarrow 3x + 27 = 4x \Rightarrow x = 27.$

मिशेल की वर्तमान आयु = $(27 + 9)$ वर्ष = 36 वर्ष.

उसकी पुत्री की आयु $= \left(\dfrac{1}{6}\times 36\right)$ वर्ष = 6 वर्ष.

2 वर्ष पूर्व उसकी पुत्री की आयु = $(6 - 2)$ वर्ष = 4 वर्ष.

9 घातांक तथा करणी (SURDS AND INDICES)

सामान्य नियम

करणी : माना a एक परिमेय संख्या है तथा n एक धन-पूर्णांक है।

यदि a का nवाँ मूल एक अपरिमेय राशि हो तो $a^{1/n} = \sqrt[n]{a}$ को घात n की करणी कहा जाता है।

उदाहरण : (i) $\sqrt{3} = 3^{\frac{1}{2}}$, एक द्वितीय घात की करणी है।

(ii) $\sqrt[4]{5} = 5^{\frac{1}{4}}$, एक करणी है जिसकी घात 4 है।

घातांक के नियम (Laws of Indices) :

(i) $a^m \times a^n = a^{m+n}$ (ii) $(a^m) \div (a^n) = a^{m-n}$ (iii) $(a^m)^n = a^{mn}$

(iv) $(ab)^n = (a^n \times b^n)$ (v) $\left(\frac{a}{b}\right)^n = \frac{a^n}{b^n}$ (vi) $a^0 = 1$

करणी के नियम (Laws of Surds) :

(i) $\left(\sqrt[n]{a}\right)^n = \left(a^{1/n}\right)^n = a$ (ii) $\sqrt[n]{ab} = \sqrt[n]{a} \cdot \sqrt[n]{b}$ (iii) $\sqrt[n]{\frac{a}{b}} = \frac{\sqrt[n]{a}}{\sqrt[n]{b}}$

(iv) $\left(\sqrt[n]{a}\right)^m = \sqrt[n]{a^m}$ (v) $\sqrt[m]{\sqrt[n]{a}} = \sqrt[mn]{a}$

साधित उदाहरण

प्रश्न 1. सरल कीजिए :

(i) $(81)^{\frac{3}{4}}$ (ii) $\left(\frac{1}{64}\right)^{\frac{-2}{3}}$ (iii) $(64)^{\frac{-1}{6}}$

हल : सरल करने पर :

(i) $(81)^{\frac{3}{4}} = (3^4)^{\frac{3}{4}} = 3^{\left(4\times\frac{3}{4}\right)} = 3^3 = 27.$

(ii) $\left(\frac{1}{64}\right)^{-\frac{2}{3}} = (64)^{\frac{2}{3}} = (4^3)^{\frac{2}{3}} = 4^{\left(3\times\frac{2}{3}\right)} = 4^2 = 16.$

(iii) $(64)^{-\frac{1}{6}} = \left(\frac{1}{64}\right)^{\frac{1}{6}} = \left(\frac{1}{2^6}\right)^{\frac{1}{6}} = \frac{1}{2^{\left(6\times\frac{1}{6}\right)}} = \frac{1}{2^1} = \frac{1}{2}.$

प्रश्न 2. $(\cdot 00032)^{\cdot 6} = ?$

हल : $(\cdot 00032)^{\cdot 6} = \left(\frac{32}{100000}\right)^{\frac{6}{10}} = \left(\frac{2^5}{10^5}\right)^{\frac{3}{5}} = \left\{\left(\frac{2}{10}\right)^5\right\}^{\frac{3}{5}}$

$= \left(\frac{2}{10}\right)^{\left(5\times\frac{3}{5}\right)} = \left(\frac{1}{5}\right)^3 = (\cdot 2 \times \cdot 2 \times \cdot 2) = \cdot 008.$

प्रश्न 3. $\dfrac{(625)^{6\cdot25}\times(25)^{2\cdot6}}{(625)^{6\cdot75}\times(5)^{1\cdot2}}=?$

हल : दिया गया व्यंजक $=\dfrac{\left(5^4\right)^{6\cdot25}\times\left(5^2\right)^{2\cdot6}}{\left(5^4\right)^{6\cdot75}\times(5)^{1\cdot2}}=\dfrac{(5)^{(4\times6\cdot25)}\times5^{(2\times2\cdot6)}}{(5)^{4\times6\cdot75}\times5^{(1\cdot2)}}$

$=\dfrac{5^{25}\times5^{5\cdot2}}{5^{27}\times5^{1\cdot2}}=\dfrac{5^{(25+5\cdot2)}}{5^{(27+1\cdot2)}}=\dfrac{5^{30\cdot2}}{5^{28\cdot2}}=5^{(30\cdot2-28\cdot2)}$

$=5^2=25.$

प्रश्न 4. यदि $(\sqrt{3})^5\times9^2=3^n\times3\sqrt{3}$ हो, तो n का मान ज्ञात कीजिए.

हल : $(\sqrt{3})^5\times\left(3^2\right)^2=3^n\times3\times3^{\frac{1}{2}}\Rightarrow\left(3^{1/2}\right)^5\times3^4=3^n\times3\times3^{\frac{1}{2}}$

$\Rightarrow3^{\left(\frac{5}{2}+4\right)}=3^{\left(n+1+\frac{1}{2}\right)}\Rightarrow3^{\frac{13}{2}}=3^{\left(n+\frac{3}{2}\right)}\Rightarrow n+\dfrac{3}{2}=\dfrac{13}{2}\Rightarrow n=\left(\dfrac{13}{2}-\dfrac{3}{2}\right)=\dfrac{10}{2}=5.$

अत: $n=5$.

प्रश्न 5. सरल कीजिए : $\left(\dfrac{x^a}{x^b}\right)^{(a^2+ab+b^2)}\cdot\left(\dfrac{x^b}{x^c}\right)^{(b^2+bc+c^2)}\cdot\left(\dfrac{x^c}{x^a}\right)^{(c^2+ca+a^2)}$

हल : दिया गया व्यंजक

$=x^{(a-b)(a^2+ab+b^2)}\cdot x^{(b-c)(b^2+bc+c^2)}\cdot x^{(c-a)(c^2+ca+a^2)}$

$=x^{(a^3-b^3)}\cdot x^{(b^3-c^3)}\cdot x^{(c^3-a^3)}=x^{(a^3-b^3+b^3-c^3+c^3-a^3)}=x^0=1.$

प्रश्न 6. $\sqrt{2}$ तथा $\sqrt[3]{3}$ में से कौन-सा बड़ा है?

हल : दी गई करणी क्रमशः घात 2 तथा 3 की हैं, जिनका ल०स० = 6. प्रत्येक को घात 6 की करणी में बदलने पर : $\sqrt{2}=2^{\frac{1}{2}}=\left(2^3\right)^{\frac{1}{6}}=(8)^{\frac{1}{6}}$, $\sqrt[3]{3}=3^{\frac{1}{3}}=\left(3^2\right)^{\frac{1}{6}}=(9)^{\frac{1}{6}}$.

स्पष्ट है $(9)^{\frac{1}{6}}>(8)^{\frac{1}{6}}$. अत: $\sqrt[3]{3}>\sqrt{2}$.

प्रश्न 7. $\sqrt{2},\sqrt[3]{4},\sqrt[4]{6}$ को आरोही क्रम में लिखिए.

हल : दी गई करणियों की घात क्रमशः 2, 3, 4 हैं जिनका ल०स० = 12.

$\sqrt{2}=2^{\frac{1}{2}}=(2^6)^{\frac{1}{12}}=(64)^{\frac{1}{12}},\sqrt[3]{4}=4^{\frac{1}{3}}=(4^4)^{\frac{1}{12}}=(256)^{\frac{1}{12}}$

तथा $\sqrt[4]{6}=6^{\frac{1}{4}}=(6^3)^{\frac{1}{12}}=(216)^{\frac{1}{12}}$.

स्पष्ट है कि $(64)^{\frac{1}{12}}<(216)^{\frac{1}{12}}<(256)^{\frac{1}{12}}\Rightarrow\sqrt{2}<\sqrt[4]{6}<\sqrt[3]{4}$.

प्रश्न 8. यदि $3^{x-y}=27$ तथा $3^{x+y}=243$ हो, तो x का मान ज्ञात कीजिए.

हल : $3^{x-y}=27=3^3\Rightarrow x-y=3\quad\ldots(i)\qquad 3^{x+y}=243=3^5\Rightarrow x+y=5\quad\ldots(ii)$

(*i*) तथा (*ii*) को जोड़ने पर, $2x=8\Rightarrow x=4$.

(*ii*) में से (*i*) घटाने पर, $2y=2\Rightarrow y=1$.

$\therefore x=4$ तथा $y=1$.

प्रश्नमाला 9A

निम्नलिखित प्रश्नों में से प्रत्येक में ठीक उत्तर को चिन्हांकित (✓) कीजिए :

1. यदि $\left(\frac{3}{5}\right)^3 \cdot \left(\frac{3}{5}\right)^{-6} = \left(\frac{3}{5}\right)^{2x-1}$ हो, तो $x = ?$ **(एस०एस०सी० परीक्षा, 2010)**

(*a*) – 2 (*b*) 2 (*c*) – 1 (*d*) 1

2. $(2\times3)^3 \div (4\times9)^2 \times (27\times8)^? = 6^?$ **(बैंक पी०ओ० परीक्षा, 2010)**

(*a*) 5 (*b*) 6 (*c*) 3 (*d*) 8 (*e*) इनमें से कोई नहीं

3. यदि $8^{x+1} = 64$ हो, तो 3^{2x+1} का मान क्या होगा ?

(*a*) 81 (*b*) 9 (*c*) 1 (*d*) 27

4. $(23)^{2\cdot8} \times (23)^{7\cdot2} \times (23)^{3\cdot6} = (23)^?$ **(बैंक पी०ओ० परीक्षा, 2009)**

(*a*) 13·6 (*b*) 12·6 (*c*) 12·8 (*d*) 13·8 (*e*) इनमें से कोई नहीं

5. $(21)^? \times (21)^{6\cdot5} = (21)^{12\cdot4}$ **(बैंक पी०ओ० परीक्षा, 2009)**

(*a*) 18·9 (*b*) 4·4 (*c*) 6·9 (*d*) 16·4 (*e*) इनमें से कोई नहीं

6. $(34)^{56} \times (34)^{-53} = ?$ **(बैंक पी०ओ० परीक्षा, 2009)**

(*a*) 39304 (*b*) 1156 (*c*) 170504 (*d*) 102 (*e*) इनमें से कोई नहीं

7. $(31)^{31} \times (31)^{-27} = ?$ **(बैंक पी०ओ० परीक्षा, 2008)**

(*a*) $(961)^2$ (*b*) $(31)^2$ (*c*) 29791 (*d*) 4 (*e*) इनमें से कोई नहीं

8. $(21)^{5\cdot5} \times (21)^? = (21)^{12}$

(*a*) 2·18 (*b*) – 17·5 (*c*) 6·5 (*d*) 5·5

9. $4^{2\cdot3} \times 2^{2\cdot3} \times 8^{1\cdot7} = ?$ **(बैंक पी०ओ० परीक्षा, 2008)**

(*a*) 64 (*b*) 512 (*c*) 16 (*d*) 4096 (*e*) इनमें से कोई नहीं

10. $8^{1\cdot3} \times 4^{0\cdot6} \times 16^{0\cdot2} = 2^?$ **(बैंक पी०ओ० परीक्षा, 2007)**

(*a*) 2·1 (*b*) 3·8 (*c*) 5·9 (*d*) 4·7 (*e*) इनमें से कोई नहीं

11. $2^{0\cdot2} \times 64 \times 8^{1\cdot3} \times 4^{0\cdot2} = 8^?$ **(बैंक पी०ओ० परीक्षा, 2007)**

(*a*) 2·7 (*b*) 2·5 (*c*) 3·7 (*d*) 3·2 (*e*) इनमें से कोई नहीं

12. $(1000)^{12} \div (10)^{30} = ?$ **(बैंक पी०ओ० परीक्षा, 2008)**

(*a*) $(1000)^2$ (*b*) 10 (*c*) $(100)^2$ (*d*) 100 (*e*) इनमें से कोई नहीं

13. $\sqrt{(24)^4} + 224 = ? \times (20)^2$ **(बैंक पी०ओ० परीक्षा, 2008)**

(*a*) 20 (*b*) 4 (*c*) 2 (*d*) 16 (*e*) इनमें से कोई नहीं

14. $\left(3^?\right)^? = 19683$ **(बैंक पी०ओ० परीक्षा, 2007)**

(*a*) 6 (*b*) 9 (*c*) 4 (*d*) 8 (*e*) इनमें से कोई नहीं

15. यदि m तथा n ऐसे धनपूर्णांक हैं कि $m^n = 25$ हो, तो $n^m = ?$ **(बी०सी०ए० परीक्षा, 2008)**

(*a*) 4 (*b*) 10 (*c*) 25 (*d*) 32

16. यदि x तथा y ऐसी धनात्मक वास्तविक संख्यायें हों कि $x^{1/3} = y^{1/4}$ हो, तो :

(*a*) $x^3 = y^4$ (*b*) $x^3 = y$ (*c*) $x = y^4$ (*d*) $x^{20} = y^{15}$

(एस०एस०सी० परीक्षा, 2006)

17. यदि $\sqrt{3^n}=81$ हो, तो $n=?$
(*a*) 2 (*b*) 4 (*c*) 8 (*d*) 12

18. यदि $4^x-3^{x-\frac{1}{2}}=3^{x+\frac{1}{2}}-2^{2x-1}$ हो, तो $x=?$
(*a*) $\frac{3}{2}$ (*b*) 1 (*c*) $\frac{1}{2}$ (*d*) $-\frac{3}{2}$

19. $8^{4.2}\times64^{2.1}\times7^{8.4}\times56^{3.5}=(56)^?$ **(बैंक पी०ओ० परीक्षा, 2005)**
(*a*) 18·2 (*b*) 9·8 (*c*) 11·9 (*d*) 12·6 (*e*) इनमें से कोई नहीं

20. $(16)^{0.16}\times(16)^{0.04}\times(2)^{0.2}=?$ **(एस०एस०सी० परीक्षा, 2005)**
(*a*) 1 (*b*) 2 (*c*) 4 (*d*) 16

21. $(8)^{1.1}\times(4)^{2.7}\times(2)^{3.3}=2^?$ **(बैंक पी०ओ० परीक्षा, 2009)**
(*a*) 7·1 (*b*) 14 (*c*) ·5 (*d*) 9 (*e*) इनमें से कोई नहीं

22. $(9)^{8.6}\times(8)^{3.9}\times(72)^{4.4}\times(9)^{3.9}\times(8)^{8.6}=(72)^?$
(*a*) 15·1 (*b*) 29·4 (*c*) 20·9 (*d*) 17·9 (*e*) इनमें से कोई नहीं

23. $(1000)^9\div(10)^{24}=?$
(*a*) 100000 (*b*) 1000 (*c*) 10 (*d*) 100 (*e*) इनमें से कोई नहीं

24. $\left[3^{m^2}\div(3^m)^2\right]^{1/m}=81$ हो, तो $m=?$
(*a*) – 3 (*b*) – 6 (*c*) 3 (*d*) 6

25. यदि $\sqrt{4^n}=1024$ हो, तो $n=?$ **(रेलवे परीक्षा, 2006)**
(*a*) 5 (*b*) 8 (*c*) 12 (*d*) 10

26. $(27)^{2/3}\times(64)^{2/3}=?$
(*a*) $\frac{1}{12}$ (*b*) $\frac{1}{144}$ (*c*) $\frac{1}{48}$ (*d*) 144

27. $(0\cdot6)^4\times(0\cdot36)^2\times(0\cdot216)=(0\cdot6)^?$
(*a*) 12 (*b*) 14 (*c*) 11 (*d*) 13 (*e*) इनमें से कोई नहीं

28. $(0\cdot00032)^{0\cdot6}=?$
(*a*) 0·08 (*b*) 0·008 (*c*) 0·8 (*d*) 8

29. $(64)^{3.1}\times8^{4.3}=8^?$
(*a*) 10·5 (*b*) 7·4 (*c*) 1·2 (*d*) 13·3 (*e*) इनमें से कोई नहीं

30. $\dfrac{3^{n+4}-6\times3^{n+1}}{3^{n+2}}=?$
(*a*) 7 (*b*) 5 (*c*) 4 (*d*) 1

31. $\dfrac{343\times49}{216\times16\times81}=?$ **(बैंक पी०ओ० परीक्षा, 2010)**
(*a*) $\frac{7^5}{6^7}$ (*b*) $\frac{7^5}{6^8}$ (*c*) $\frac{7^6}{6^7}$ (*d*) $\frac{7^4}{6^8}$ (*e*) इनमें से कोई नहीं

32. $\dfrac{36\times18}{125\times75}=?$ **(बैंक पी०ओ० परीक्षा, 2010)**
(*a*) $\frac{6^3}{5^4}$ (*b*) $\frac{6^2}{5^7}$ (*c*) $\frac{6^3}{5^5}$ (*d*) $\frac{6^2}{5^5}$ (*e*) इनमें से कोई नहीं

33. $\left\{\left(\sqrt[5]{x^{-3/5}}\right)^{-5/3}\right\}^5$ का सरलीकृत रूप है : **(एस०एस०सी० परीक्षा, 2010)**

(*a*) x^5 (*b*) x^{-5} (*c*) x (*d*) $\frac{1}{x}$ (*e*) इनमें से कोई नहीं

34. $(0\cdot1\times0\cdot01\times0\cdot001\times10^7)=?$ **(एस०एस०सी० परीक्षा, 2010)**

(*a*) 100 (*b*) $\frac{1}{10}$ (*c*) $\frac{1}{100}$ (*d*) 10

35. यदि $3^{x+y}=81$ तथा $(81)^{x-y}=3$ हो, तो $x=?$ **(एस०एस०सी० परीक्षा, 2009)**

(*a*) 42 (*b*) $\frac{15}{8}$ (*c*) $\frac{17}{8}$ (*d*) 39

36. यदि $2^{3\cdot6}\times4^{3\cdot6}\times4^{3\cdot6}\times32^{2\cdot3}=(32)^?$

(*a*) 5·9 (*b*) 9·5 (*c*) 7·7 (*d*) 13·1

37. यदि $x=2+2^{2/3}+2^{1/3}$ हो, तो $x^3-6x^2+6x=?$ **(रेलवे परीक्षा, 2001)**

(*a*) 1 (*b*) 3 (*c*) 2 (*d*) इनमें से कोई नहीं

38. यदि $x=5-5^{2/3}-5^{1/3}$ हो, तो $x^3-15x^2+60x-15=?$ **(रेलवे परीक्षा, 2001)**

(*a*) 20 (*b*) 15 (*c*) 5 (*d*) – 5

39. यदि $2^x=3^y=6^{-z}$ हो, तो $\left(\frac{1}{x}+\frac{1}{y}+\frac{1}{z}\right)=?$

(*a*) 0 (*b*) 1 (*c*) $-\frac{1}{2}$ (*d*) $\frac{3}{2}$

40. यदि $2^x=4^y=8^z$ हो, तथा $\left(\frac{1}{2x}+\frac{1}{4y}+\frac{1}{6z}\right)=\frac{24}{7}$ हो, तो $z=?$

(*a*) $\frac{7}{16}$ (*b*) $\frac{7}{32}$ (*c*) $\frac{7}{48}$ (*d*) $\frac{7}{64}$

41. यदि $a^x=b^y=c^z$ तथा $b^2=ac$ हो, तो $y=?$

(*a*) $\frac{xz}{x+y}$ (*b*) $\frac{xz}{2(x-z)}$ (*c*) $\frac{xz}{2(z-x)}$ (*d*) $\frac{2xz}{(z+x)}$

42. यदि $2^{x-1}+2^{x+1}=320$ हो, तो x का मान है :

(*a*) 5 (*b*) 6 (*c*) 7 (*d*) 8

43. यदि $2^{x+4}-2^{x+2}=3$ हो, तो x का मान है :

(*a*) – 2 (*b*) – 1 (*c*) 0 (*d*) 2

44. यदि $2^a+3^b=17$ हो तथा $2^{a+2}-3^{b+1}=5$ हो, तो

(*a*) $a=2, b=3$ (*b*) $a=-2, b=3$

(*c*) $a=2, b=-3$ (*d*) $a=3, b=2$

45. यदि $\left(\frac{a}{b}\right)^{x-1}=\left(\frac{b}{a}\right)^{x-3}$ हो, तो $x=?$

(*a*) – 1 (*b*) 1 (*c*) 2 (*d*) 3

46. यदि $x=y^a$, $y=z^b$ तथा $z=x^c$ हो, तो $abc=?$ **(एम०बी०ए० परीक्षा, 2006)**

(*a*) 1 (*b*) 2 (*c*) 3 (*d*) 4

47. यदि a, b, c वास्तविक संख्यायें हों, तो $\sqrt{a^{-1}b}\,.\,\sqrt{b^{-1}c}\,.\,\sqrt{c^{-1}a}=?$

(*a*) abc (*b*) $\frac{1}{abc}$ (*c*) $\sqrt{abc}$ (*d*) 1

48. $\frac{1}{1+a^{n-m}}+\frac{1}{1+a^{m-n}}=?$

(a) 0 (b) $\frac{1}{2}$ (c) 1 (d) a^{m+n}

49. यदि $abc=1$ हो, तो $\left(\frac{1}{1+a+b^{-1}}+\frac{1}{1+b+c^{-1}}+\frac{1}{1+c+a^{-1}}\right)$ का मान है :

(a) 0 (b) 1 (c) ab (d) $\frac{1}{ab}$

50. $\left(\frac{x^a}{x^b}\right)^{\frac{1}{ab}}\cdot\left(\frac{x^b}{x^c}\right)^{\frac{1}{bc}}\cdot\left(\frac{x^c}{x^a}\right)^{\frac{1}{ca}}=?$

(a) 1 (b) $x^{\frac{1}{abc}}$ (c) $x^{\frac{1}{(ab+bc+ca)}}$ (d) इनमें से कोई नहीं

51. $\left(x^{b+c}\right)^{b-c}\cdot\left(x^{c+a}\right)^{c-a}\cdot\left(x^{a+b}\right)^{a-b}=?$

(a) 0 (b) 1 (c) x (d) इनमें से कोई नहीं

52. $\left(\frac{x^a}{x^b}\right)^{(a+b)}\cdot\left(\frac{x^b}{x^c}\right)^{(b+c)}\cdot\left(\frac{x^c}{x^a}\right)^{(c+a)}=?$

(a) 1 (b) 0 (c) x^{a+b+c} (d) x^{abc}

53. $\left(\frac{x^a}{x^b}\right)^{(a+b-c)}\cdot\left(\frac{x^b}{x^c}\right)^{(b+c-a)}\cdot\left(\frac{x^c}{x^a}\right)^{(c+a-b)}=?$

(a) 1 (b) x^{abc} (c) x^{a+b+c} (d) $x^{(ab+bc+ca)}$

54. $\frac{1}{1+x^{b-a}+x^{c-a}}+\frac{1}{1+x^{a-b}+x^{c-b}}+\frac{1}{1+x^{b-c}+x^{a-c}}=?$

(a) 0 (b) 1 (c) x^{a-b-c} (d) इनमें से कोई नहीं

55. यदि $a+\frac{1}{b}=1$ तथा $b+\frac{1}{c}=1$ हो, तो $c+\frac{1}{a}=?$

(a) 1 (b) 2 (c) $\frac{1}{2}$ (d) 0

56. यदि $a=\frac{\sqrt{3}}{2}$ हो, तो $\sqrt{1+a}+\sqrt{1-a}$ का मान क्या होगा? **(एस०एस०सी० परीक्षा, 2007)**

(a) $\sqrt{3}$ (b) $\frac{\sqrt{3}}{2}$ (c) $(2+\sqrt{3})$ (d) $(2-\sqrt{3})$

57. $\frac{(2^n+2^{n-1})}{(2^{n+1}-2^n)}$ का मान है : **(रेलवे परीक्षा, 2006)**

(a) $\frac{1}{2}$ (b) $\frac{3}{2}$ (c) $2^{\frac{(n-1)}{(n+1)}}$ (d) इनमें से कोई नहीं

58. यदि $2^{2x-1}=\frac{1}{8^{x-3}}$ हो, तो $x=?$ **(जीवन बीमा निगम परीक्षा, 2007)**

(a) −2 (b) −1 (c) 2 (d) 3

59. यदि $a^{2x+2}=1$, जहाँ a एक धनात्मक वास्तविक संख्या है तथा $a\neq 1$, तब $x=?$ **(एस०एस०सी० परीक्षा, 2007)**

(a) −2 (b) −1 (c) 0 (d) 1

60. यदि $\sqrt{24} = 4 \cdot 898$ हो, तो $\sqrt{\frac{8}{3}} = ?$ **(एस०एस०सी० परीक्षा, 2007)**

(*a*) 0·544 (*b*) 1·333 (*c*) 1·633 (*d*) 2·666

61. यदि $8^{x+1} = 64$ हो, तो 3^{2x+1} का मान क्या होगा? **(रेलवे परीक्षा, 2006)**

(*a*) 1 (*b*) 9 (*c*) 27 (*d*) 81

62. यदि $1 \cdot 5x = 0 \cdot 04y$ हो, तो $\frac{y-x}{y+x}$ का मान क्या होगा? **(जीवन बीमा निगम परीक्षा, 2007)**

(*a*) $\frac{730}{77}$ (*b*) $\frac{73}{77}$ (*c*) $\frac{73}{770}$ (*d*) $\frac{703}{77}$

63. यदि $4^x = \sqrt{2^{3y}}$ हो, तो : **(रेलवे परीक्षा, 2006)**

(*a*) $x = \frac{3}{4}y$ (*b*) $y = \frac{3}{4}x$ (*c*) $x = 3y$ (*d*) $x = \frac{1}{3}y$

64. यदि $x^{-\frac{4}{5}} = 81$ हो, तो $x = ?$

(*a*) $\frac{1}{243}$ (*b*) 243 (*c*) $\frac{1}{3}$ (*d*) 3

65. यदि $5^{(x+3)} = 25^{(3x-4)}$ हो, तो x का मान है :

(*a*) $\frac{5}{11}$ (*b*) $\frac{11}{5}$ (*c*) $\frac{11}{3}$ (*d*) $\frac{13}{5}$

66. यदि $(64)^{(2x-5)} = 4 \times 8^{(x-4)}$ हो, तो x का मान है :

(*a*) 2 (*b*) 11 (*c*) $\frac{10}{7}$ (*d*) $\frac{20}{9}$

67. यदि $\left(\frac{9}{4}\right)^x \cdot \left(\frac{8}{27}\right)^{(x-1)} = \frac{2}{3}$ हो, तो x का मान है :

(*a*) 1 (*b*) 2 (*c*) 3 (*d*) 4

68. $\left(64x^3 \div 27a^{-3}\right)^{-\frac{2}{3}} = ?$ **(रेलवे परीक्षा, 2006)**

(*a*) $\frac{9ax}{16}$ (*b*) $\frac{9}{16ax}$ (*c*) $\frac{3}{4}x^{-2}a^{-2}$ (*d*) $\frac{9}{16x^2a^2}$

69. $\sqrt[3]{-8} \times \sqrt[4]{16} = ?$

(*a*) – 4 (*b*) – 2 (*c*) 2 (*d*) 4

70. $\left(\frac{1}{2}\right)^{-\frac{1}{2}} = ?$ **(एस०एस०सी० परीक्षा, 2005)**

(*a*) $\frac{1}{\sqrt{2}}$ (*b*) $2\sqrt{2}$ (*c*) $-\sqrt{2}$ (*d*) $\sqrt{2}$

71. $\left(\sqrt{8}\right)^{\frac{1}{3}} = ?$

(*a*) 2 (*b*) 4 (*c*) $\sqrt{2}$ (*d*) $2\sqrt{2}$

72. $\left(\frac{32}{243}\right)^{-\frac{4}{5}} = ?$

(*a*) $\frac{4}{9}$ (*b*) $\frac{9}{4}$ (*c*) $\frac{16}{81}$ (*d*) $\frac{81}{16}$

73. $\left(\frac{-1}{343}\right)^{-\frac{2}{3}} = ?$

(*a*) $\frac{-1}{49}$ (*b*) $\frac{1}{49}$ (*c*) -49 (*d*) 49

74. $\left(\frac{1}{216}\right)^{-\frac{2}{3}} \div \left(\frac{1}{27}\right)^{-\frac{4}{3}} = ?$

(*a*) $\frac{3}{4}$ (*b*) $\frac{2}{3}$ (*c*) $\frac{4}{9}$ (*d*) $\frac{1}{8}$

75. यदि $(27)^{\frac{2}{3}} \times (81)^{-\frac{1}{2}} = 3^n$ हो, तो $n = ?$

(*a*) 0 (*b*) 1 (*c*) 27 (*d*) 81

76. $(16)^{1\cdot75} = ?$

(*a*) 64 (*b*) $64\sqrt{2}$ (*c*) 128 (*d*) $128\sqrt{2}$

77. यदि $\sqrt{2^n} = 64$ हो, तो $n = ?$ **(रेलवे परीक्षा, 2006)**

(*a*) 2 (*b*) 4 (*c*) 6 (*d*) 12

78. $(256)^{0\cdot16} \times (16)^{0\cdot18} = ?$ **(एस०एस०सी० परीक्षा, 2007)**

(*a*) 4 (*b*) 16 (*c*) 64 (*d*) 256·25

79. $9^{8\cdot6} \times 8^{3\cdot9} \times (72)^{4\cdot4} \times 9^{3\cdot9} \times 8^{8\cdot6} = (72)^?$ **(जीवन बीमा निगम परीक्षा, 2005)**

(*a*) 15·1 (*b*) 17·9 (*c*) 20·9 (*d*) 29·4 (*e*) इनमें से कोई नहीं

80. $6^{1\cdot2} \times (36)^? \times (30)^{2\cdot4} \times (25)^{1\cdot3} = (30)^5$ **(बैंक पी०ओ० परीक्षा, 2006)**

(*a*) 0·1 (*b*) 0·7 (*c*) 1·4 (*d*) 2·6 (*e*) इनमें से कोई नहीं

81. $(0\cdot01024)^{\frac{1}{5}} = ?$

(*a*) 0·00004 (*b*) 0·04 (*c*) 0·4 (*d*) 4

82. $(3+\sqrt{5})$ का वर्गमूल है : **(जीवन बीमा निगम परीक्षा, 2007)**

(*a*) $\left(\frac{\sqrt{3}}{2}+\frac{1}{\sqrt{2}}\right)$ (*b*) $\left(\frac{\sqrt{3}}{2}-\frac{1}{2}\right)$ (*c*) $\left(\frac{\sqrt{5}}{2}-\frac{1}{\sqrt{2}}\right)$ (*d*) $\left(\sqrt{\frac{5}{2}}+\sqrt{\frac{1}{2}}\right)$

83. यदि $x = (7-4\sqrt{3})$ हो, तो $\left(x+\frac{1}{x}\right)$ का मान क्या होगा ? **(रेलवे परीक्षा, 2005)**

(*a*) $3\sqrt{3}$ (*b*) $8\sqrt{3}$ (*c*) $14+8\sqrt{3}$ (*d*) 14

84. यदि $x = (3+\sqrt{8})$ हो, तो $\left(x^2+\frac{1}{x^2}\right)$ का मान क्या होगा ? **(एस०एस०सी० परीक्षा, 2007)**

(*a*) 38 (*b*) 36 (*c*) 34 (*d*) 30

85. $\sqrt{2}, \sqrt[3]{3}, \sqrt[4]{4}, \sqrt[6]{6}$ में से सबसे बड़ी संख्या कौन-सी है ? **(एस०एस०सी० परीक्षा, 2005)**

(*a*) $\sqrt{2}$ (*b*) $\sqrt[3]{3}$ (*c*) $\sqrt[4]{4}$ (*d*) $\sqrt[6]{6}$

86. $\sqrt{3}, \sqrt[3]{4}, \sqrt[4]{6}, \sqrt[6]{8}$ में से सबसे बड़ी संख्या कौन-सी है ? **(एस०एस०सी० परीक्षा, 2006)**

(*a*) $\sqrt{3}$ (*b*) $\sqrt[3]{4}$ (*c*) $\sqrt[4]{6}$ (*d*) $\sqrt[6]{8}$

87. $\sqrt[3]{2}, \sqrt{3}, \sqrt[3]{5}, 1\cdot5$ में से सबसे बड़ी संख्या कौन-सी है ? **(एस०एस०सी० परीक्षा, 2009)**

(*a*) 1·5 (*b*) $\sqrt{3}$ (*c*) $\sqrt[3]{2}$ (*d*) $\sqrt[3]{5}$

88. $\sqrt{2}, \sqrt[3]{4}, \sqrt[4]{6}$ को बढ़ते क्रम में लिखने पर : (एoएoओo परीक्षा, 2006)

(*a*) $\sqrt{2} < \sqrt[3]{4} < \sqrt[4]{6}$ (*b*) $\sqrt[4]{6} < \sqrt{2} < \sqrt[3]{4}$

(*c*) $4\sqrt{6} < \sqrt[3]{4} < \sqrt{2}$ (*d*) $\sqrt{2} < \sqrt[4]{6} < \sqrt[3]{4}$

89. $2^{\frac{1}{3}}, 3^{\frac{1}{3}}, 8^{\frac{1}{8}}$ तथा $9^{\frac{1}{9}}$ में से कौन-सी संख्या सबसे बड़ी है ? (एoएoओo परीक्षा, 2010)

(*a*) $2^{\frac{1}{3}}$ (*b*) $3^{\frac{1}{3}}$ (*c*) $8^{\frac{1}{8}}$ (*d*) $9^{\frac{1}{9}}$

90. $\sqrt{8-2\sqrt{15}} = ?$ (एसoएसoसीo परीक्षा, 2007)

(*a*) $(\sqrt{5}+\sqrt{3})$ (*b*) $(5-\sqrt{3})$ (*c*) $(\sqrt{5}-\sqrt{3})$ (*d*) $(3-\sqrt{5})$

91. $\left\{(-2)^{(-2)}\right\}^{(-2)} = ?$ (एसoएसoसीo परीक्षा, 2005)

(*a*) -16 (*b*) -8 (*c*) 8 (*d*) 16

92. यदि $\sqrt{3} = 1 \cdot 732$ हो, तो $\dfrac{4+3\sqrt{3}}{\sqrt{7+4\sqrt{3}}} = ?$ (एसoएसoसीo परीक्षा, 2005)

(*a*) ·023 (*b*) ·464 (*c*) 2·464 (*d*) 3·023

93. यदि $\sqrt{3} = 1 \cdot 732$ हो, तो $\dfrac{(3+\sqrt{6})}{(5\sqrt{3}-2\sqrt{12}-\sqrt{32}+\sqrt{50})} = ?$ (एसoएसoसीo परीक्षा, 2007)

(*a*) 4·899 (*b*) 2·551 (*c*) 1·414 (*d*) 1·732

94. $\dfrac{12}{(3+\sqrt{5}+2\sqrt{2})} = ?$ (एसoएसoसीo परीक्षा, 2010)

(*a*) $1-\sqrt{5}+\sqrt{2}+\sqrt{10}$ (*b*) $1+\sqrt{5}+\sqrt{2}-\sqrt{10}$

(*c*) $1+\sqrt{5}-\sqrt{2}+\sqrt{10}$ (*d*) $1-\sqrt{5}-\sqrt{2}+\sqrt{10}$

95. $\dfrac{\sqrt{7}}{\sqrt{16+6\sqrt{7}}-\sqrt{16-6\sqrt{7}}} = ?$ (एसoएसoसीo परीक्षा, 2010)

(*a*) $\frac{1}{2}$ (*b*) $\frac{1}{3}$ (*c*) $\frac{1}{4}$ (*d*) $\frac{1}{5}$

96. यदि $a = \sqrt{7+2\sqrt{12}}$ तथा $b = \sqrt{7-2\sqrt{12}}$ हो, तो $(a^3+b^3) = ?$ (एसoएसoसीo परीक्षा, 2010)

(*a*) 40 (*b*) 44 (*c*) 48 (*d*) 52

97. यदि $x^{1/3}+y^{1/3} = z^{1/3}$ हो, तो $\left\{(x+y-z)^3+27xyz\right\} = ?$ (एसoएसoसीo परीक्षा, 2007)

(*a*) -1 (*b*) 1 (*c*) 0 (*d*) 27

98. 2^{50} का दुगुना क्या होगा ?

(*a*) 2^{100} (*b*) 2^{55} (*c*) 2^{51} (*d*) इनमें से कोई नहीं

99. $\left(\dfrac{5^{-1}\times7^2}{5^2\times7^{-4}}\right)^{7/2} \times \left(\dfrac{5^{-2}\times7^3}{5^3\times7^{-5}}\right)^{\frac{-5}{2}} = ?$

(*a*) 150 (*b*) 125 (*c*) 175 (*d*) 90

100. $\left\{\dfrac{\dfrac{m}{x^{m-n}}}{\dfrac{m}{x^{m+n}}} \times \dfrac{\dfrac{n}{x^{n-m}}}{\dfrac{n}{x^{n+m}}}\right\}^{m+n} = ?$

(*a*) $\dfrac{x^m}{x^n}$ (*b*) $\dfrac{x^n}{x^m}$ (*c*) 1 (*d*) 2

101. यदि $a=\dfrac{\sqrt{5}+1}{\sqrt{5}-1}$ तथा $b=\dfrac{\sqrt{5}-1}{\sqrt{5}+1}$ हो, तो $\dfrac{(a^2+ab+b^2)}{(a^2-ab+b^2)}=?$ **(एस०एस०सी० परीक्षा, 2005)**

(*a*) $\dfrac{3}{4}$ (*b*) $\dfrac{4}{3}$ (*c*) $\dfrac{3}{5}$ (*d*) $\dfrac{5}{3}$

102. यदि $x=(3+2\sqrt{2})$ हो, तो $\left(\sqrt{x}-\dfrac{1}{\sqrt{x}}\right)$ का मान कितना होगा ?

(*a*) 1 (*b*) 2 (*c*) $2\sqrt{2}$ (*d*) $3\sqrt{3}$

103. $\dfrac{1}{(1+\sqrt{2})}+\dfrac{1}{(\sqrt{2}+\sqrt{3})}+\dfrac{1}{(\sqrt{3}+\sqrt{4})}+\ldots+\dfrac{1}{(\sqrt{99}+\sqrt{100})}=?$ **(एस०एस०सी० परीक्षा, 2006)**

(*a*) 1 (*b*) 5 (*c*) 9 (*d*) 10

104. $\dfrac{1}{(\sqrt{3}+\sqrt{4})}+\dfrac{1}{(\sqrt{4}+\sqrt{5})}+\dfrac{1}{(\sqrt{5}+\sqrt{6})}+\dfrac{1}{(\sqrt{6}+\sqrt{7})}+\dfrac{1}{(\sqrt{7}+\sqrt{8})}+\dfrac{1}{(\sqrt{8}+\sqrt{9})}=?$

(*a*) $\sqrt{3}$ (*b*) $3\sqrt{3}$ (*c*) $(3-\sqrt{3})$ (*d*) $5-\sqrt{3}$

(एस०एस०सी० परीक्षा, 2005)

105. $\dfrac{1}{(\sqrt{100}-\sqrt{99})}-\dfrac{1}{(\sqrt{99}-\sqrt{98})}+\dfrac{1}{(\sqrt{98}-\sqrt{97})}-\ldots-\dfrac{1}{(\sqrt{3}-\sqrt{2})}+\dfrac{1}{(\sqrt{2}-\sqrt{1})}=?$

(*a*) 0 (*b*) 9 (*c*) 10 (*d*) 11

(एस०एस०सी० परीक्षा, 2005)

उत्तरमाला (प्रश्नमाला 9A)

1. (*c*)	**2.** (*a*)	**3.** (*d*)	**4.** (*a*)	**5.** (*e*)	**6.** (*a*)	**7.** (*a*)	**8.** (*c*)	**9.** (*d*)	**10.** (*c*)
11. (*e*)	**12.** (*a*)	**13.** (*c*)	**14.** (*e*)	**15.** (*d*)	**16.** (*d*)	**17.** (*c*)	**18.** (*a*)	**19.** (*c*)	**20.** (*b*)
21. (*e*)	**22.** (*e*)	**23.** (*b*)	**24.** (*d*)	**25.** (*d*)	**26.** (*d*)	**27.** (*c*)	**28.** (*b*)	**29.** (*a*)	**30.** (*a*)
31. (*a*)	**32.** (*c*)	**33.** (*c*)	**34.** (*d*)	**35.** (*c*)	**36.** (*a*)	**37.** (*c*)	**38.** (*c*)	**39.** (*a*)	**40.** (*c*)
41. (*d*)	**42.** (*c*)	**43.** (*a*)	**44.** (*d*)	**45.** (*c*)	**46.** (*a*)	**47.** (*d*)	**48.** (*c*)	**49.** (*b*)	**50.** (*a*)
51. (*b*)	**52.** (*a*)	**53.** (*a*)	**54.** (*b*)	**55.** (*a*)	**56.** (*a*)	**57.** (*b*)	**58.** (*c*)	**59.** (*b*)	**60.** (*c*)
61. (*c*)	**62.** (*b*)	**63.** (*a*)	**64.** (*a*)	**65.** (*b*)	**66.** (*d*)	**67.** (*d*)	**68.** (*d*)	**69.** (*a*)	**70.** (*d*)
71. (*c*)	**72.** (*d*)	**73.** (*d*)	**74.** (*c*)	**75.** (*a*)	**76.** (*c*)	**77.** (*d*)	**78.** (*a*)	**79.** (*e*)	**80.** (*b*)
81. (*c*)	**82.** (*d*)	**83.** (*d*)	**84.** (*c*)	**85.** (*b*)	**86.** (*a*)	**87.** (*b*)	**88.** (*d*)	**89.** (*b*)	**90.** (*c*)
91. (*d*)	**92.** (*c*)	**93.** (*d*)	**94.** (*b*)	**95.** (*a*)	**96.** (*d*)	**97.** (*c*)	**98.** (*c*)	**99.** (*c*)	**100.** (*c*)
101. (*b*)	**102.** (*b*)	**103.** (*c*)	**104.** (*c*)	**105.** (*d*)					

दिये गये प्रश्नों के हल | प्रश्नमाला 9A

1. $\left(\frac{3}{5}\right)^{3+(-6)} = \left(\frac{3}{5}\right)^{2x-1} \Rightarrow 2x-1=-3 \Rightarrow 2x=-2 \Rightarrow x=-1.$

2. $(6)^3 \div (36)^2 \times (216)^2 = 6^x$

$\Rightarrow 6^3 \div (6^2)^2 \times (6^3)^2 = 6^x \Rightarrow 6^3 \div 6^4 \times 6^6 = 6^x$

$\Rightarrow 6^3 \times \frac{1}{6^4} \times 6^6 = 6^x \Rightarrow 6^{(3+6-4)} = 6^x \Rightarrow 6^5 = 6^x \Rightarrow x=5.$

3. $8^{x+1} = 64 = 8^2 \Rightarrow x+1=2 \Rightarrow x=1.$

$\therefore\ 3^{2x+1} = 3^{(2\times1)+1} = 3^3 = 27.$

4. $(23)^{2\cdot8+7\cdot2+3\cdot6} = (23)^x \Rightarrow (23)^{13\cdot6} = (23)^x \Rightarrow x = 13\cdot6.$

5. माना $(21)^x \times (21)^{6\cdot5} = (21)^{12\cdot4}$. तब $(21)^{x+6\cdot5} = (21)^{12\cdot4}$

$\therefore\ x+6\cdot5 = 12\cdot4 \Rightarrow x = (12\cdot4-6\cdot5) = 5\cdot9.$

6. $(34)^{56} \times (34)^{-53} = (34)^{56-53} = (34)^3 = 39304.$

7. $(31)^{31} \times (31)^{-27} = (31)^{31+(-27)} = (31)^4 = (961)^2.$

8. माना $(21)^{5\cdot5} \times (21)^x = (21)^{12}$. तब $(21)^{5\cdot5+x} = (21)^{12}$.

$\therefore\ 5\cdot5+x=12 \Rightarrow x=(12-5\cdot5)=6\cdot5.$

9. $4^{2\cdot3} \times 2^{2\cdot3} \times 8^{1\cdot7} = (2^2)^{2\cdot3} \times 2^{2\cdot3} \times (2^3)^{1\cdot7}$

$= 2^{4\cdot6} \times 2^{2\cdot3} \times 2^{5\cdot1} = 2^{(4\cdot6+2\cdot3+5\cdot1)} = 2^{12} = 4096.$

10. $8^{1\cdot3} \times 4^{0\cdot6} \times 16^{0\cdot2} = (2^3)^{1\cdot3} \times (2^2)^{0\cdot6} \times (2^4)^{0\cdot2}$

$= 2^{3\cdot9} \times 2^{1\cdot2} \times 2^{0\cdot8} = 2^{(3\cdot9+1\cdot2+0\cdot8)} = 2^{5\cdot9}.$

11. $2^{0\cdot2} \times 64 \times 8^{1\cdot3} \times 4^{0\cdot2} = 8^x$

$\Rightarrow (2\times4)^{0\cdot2} \times 8^2 \times 8^{1\cdot3} = 8^x \Rightarrow 8^{0\cdot2+2+1\cdot3} = 8^x \Rightarrow x = 3\cdot5.$

12. $\frac{(1000)^{12}}{(10)^{30}} = \frac{(10^3)^{12}}{(10)^{30}} = \frac{(10)^{36}}{(10)^{30}} = (10)^{(36-30)} = 10^6 = (10^3)^2 = (1000)^2.$

13. $\sqrt{(24)^4} + 224 = x \times (20)^2$

$\Rightarrow (24)^2 + 224 = x \times 400 \Rightarrow 576 + 224 = x \times 400$

$\Rightarrow x \times 400 = 800 \Rightarrow x = 2.$

14. माना $(3^x)^x = 19683 \Rightarrow 3^{x^2} = 3^3 \times 3^6 = 3^9$

$\Rightarrow x^2 = 9 \Rightarrow x = 3.$

3	19683
3	6561
3	2187
9	729
9	81
	9

15. $5^2 = 25 \Rightarrow m=5$ तथा $n=2.$

$\Rightarrow n^m = 2^5 = 32.$

16. $x^{1/3} = y^{1/4} \Rightarrow \left(x^{1/3}\right)^{12} = \left(y^{\frac{1}{4}}\right)^{12}$ [$\because$ 3 तथा 4 का ल०स० = 12]

$\Rightarrow x^4 = y^3 \Rightarrow (x^4)^5 = (y^3)^5 \Rightarrow x^{20} = y^{15}.$

17. $\sqrt{3^n} = 81 \Rightarrow \left(3^n\right)^{\frac{1}{2}} = 3^4 \Rightarrow 3^{\frac{n}{2}} = 3^4 \Rightarrow \frac{n}{2} = 4 \Rightarrow n = 8.$

18. $4^x - 3^{x-\frac{1}{2}} = 3^{x+\frac{1}{2}} - 2^{2x-1} \Rightarrow 2^{2x} + 2^{2x-1} = 3^{x+\frac{1}{2}} + 3^{x-\frac{1}{2}}$

$\Rightarrow 2^{(2x-1)}(2+1) = 3^{\left(x-\frac{1}{2}\right)}.(3+1)$

$\Rightarrow \dfrac{2^{(2x-1)}}{2^2} = \dfrac{3^{\left(x-\frac{1}{2}\right)}}{3}$

$\Rightarrow 2^{(2x-3)} = 3^{\left(x-\frac{3}{2}\right)}$

$\Rightarrow 2x - 3 = 0$ तथा $x - \dfrac{3}{2} = 0 \Rightarrow x = \dfrac{3}{2}$.

19. $8^{4.2} \times (8^2)^{2.1} \times 7^{8.4} \times (56)^{3.5} = (56)^x$

$\Rightarrow 8^{4.2} \times 8^{4.2} \times 7^{8.4} \times (56)^{3.5} = (56)^x$

$\Rightarrow 8^{8.4} \times 7^{8.4} \times (56)^{3.5} = (56)^x \Rightarrow (8\times 7)^{8.4} \times (56)^{3.5} = (56)^x$

$\Rightarrow (56)^{8.4+3.5} = (56)^x \Rightarrow x = 11\cdot 9.$

20. $(16)^{0.16} \times (16)^{0.04} \times (2)^{0.2} = (2^4)^{0.16} \times (2^4)^{0.04} \times (2)^{0.2}$

$= 2^{0.64} \times 2^{0.16} \times 2^{0.2} = 2^{(0.8+0.2)} = 2^1 = 2.$

21. $(8)^{1.1} \times (4)^{2.7} \times (2)^{3.3} = (2^3)^{1.1} \times (2^2)^{2.7} \times (2)^{3.3}$

$= 2^{3.3} \times 2^{5.4} \times 2^{3.3} = 2^{(3.3+5.4+3.3)} = 2^{12}.$

22. $(9)^{8.6} \times (8)^{3.9} \times (72)^{4.4} \times (9)^{3.9} \times (8)^{8.6} = (72)^x$

$\Rightarrow (9\times 8)^{8.6} \times (8\times 9)^{3.9} \times (72)^{4.4} = (72)^x$

$\Rightarrow (72)^{8.6} \times (72)^{3.9} \times (72)^{4.4} = (72)^x \Rightarrow (72)^{8.6+3.9+4.4} = (72)^x$

$\Rightarrow x = (8\cdot 6 + 3\cdot 9 + 4\cdot 4) = 16\cdot 9.$

23. $(1000)^9 \div (10)^{24} = \dfrac{(1000)^9}{(10)^{24}} = \dfrac{\{(10)^3\}^9}{(10)^{24}} = \dfrac{10^{(3\times 9)}}{(10)^{24}} = \dfrac{(10)^{27}}{(10)^{24}}$

$= (10)^{(27-24)} = (10)^3 = 1000.$

24. $\left\{\dfrac{3^{m^2}}{3^{2m}}\right\}^{\frac{1}{m}} = 81 \Rightarrow 3^{(m^2-2m)\times\frac{1}{m}} = 3^4$

$\Rightarrow 3^{(m-2)} = 3^4 \Rightarrow m - 2 = 4 \Rightarrow m = 6.$

25. $\sqrt{4^n} = 1024 = 4^5 \Rightarrow (4^n)^{\frac{1}{2}} = 4^5 \Rightarrow 4^{n/2} = 4^5$

$\Rightarrow \dfrac{n}{2} = 5 \Rightarrow n = 10.$

26. $(27)^{2/3} \times (64)^{2/3} = (3^3)^{\frac{2}{3}} \times (4^3)^{\frac{2}{3}}$

$= 3^{\left(3\times\frac{2}{3}\right)} \times 4^{\left(3\times\frac{2}{3}\right)} = (3^2 \times 4^2) = (9\times 16) = 144.$

27. $(0\cdot 6)^4 \times (0\cdot 36)^2 \times (0\cdot 216) = (0\cdot 6)^x$

$\Rightarrow (0\cdot 6)^4 \times \{(0\cdot 6)^2\}^2 \times (0\cdot 6)^3 = (0\cdot 6)^x$

$\Rightarrow (0\cdot6)^4 \times (0\cdot6)^4 \times (0\cdot6)^3 = (0\cdot6)^x \Rightarrow (0\cdot6)^{(4+4+3)} = (0\cdot6)^x$

$\Rightarrow x = (4+4+3) = 11.$

28. $(0\cdot00032)^{0\cdot6} = \left(\frac{32}{10^5}\right)^{0\cdot6} = \left(\frac{2^5}{10^5}\right)^{0\cdot6}$

$= \frac{2^{(5\times0\cdot6)}}{10^{(5\times0\cdot6)}} = \frac{2^3}{10^3} = \frac{8}{1000} = 0\cdot008.$

29. $(64)^{3\cdot1} \times 8^{4\cdot3} = 8^x \Rightarrow (8^2)^{3\cdot1} \times 8^{4\cdot3} = 8^x$

$\Rightarrow 8^{6\cdot2} \times 8^{4\cdot3} = 8^x \Rightarrow 8^{(6\cdot2+4\cdot3)} = 8^x \Rightarrow x = 10\cdot5.$

30. $\frac{3^{n+4} - 6\times3^{n+1}}{3^{n+2}} = \frac{3^{n+4} - 2\times3\times3^{n+1}}{3^{n+2}} = \frac{3^{n+4} - 2\times3^{n+2}}{3^{n+2}}$

$= \frac{3^{n+2}\cdot[3^2-2]}{3^{n+2}} = (9-2) = 7.$

31. $\frac{343\times49}{216\times16\times81} = \frac{7^3\times7^2}{6^3\times2^4\times3^4} = \frac{7^{(3+2)}}{6^3\times(2\times3)^4} = \frac{7^5}{6^3\times6^4} = \frac{7^5}{6^{(3+4)}} = \frac{7^5}{6^7}.$

32. $\frac{36\times18}{125\times75} = \frac{6\times6\times6\times3}{5^3\times5^2\times3} = \frac{6\times6\times6}{5^3\times5^2} = \frac{6^3}{5^5}.$

33. दिया गया व्यंजक $= \left[\left\{\left(x^{-3/5}\right)^{\frac{1}{5}}\right\}^{\frac{-5}{3}}\right]^5$

$= \left[\left\{x^{\left(\frac{-3}{5}\times\frac{1}{5}\right)}\right\}^{\frac{-5}{3}}\right]^5 = \left[x^{\left\{\frac{-3}{25}\times\frac{(-5)}{3}\right\}}\right]^5$

$= x^{\left(\frac{1}{5}\times5\right)} = x^1 = x.$

34. दिया गया व्यंजक $= \left(\frac{1}{10}\times\frac{1}{100}\times\frac{1}{1000}\times10^7\right) = \frac{1}{10\times10^2\times10^3}\times10^7$

$= \frac{1}{(10)^{(1+2+3)}}\times10^7 = \frac{10^7}{10^6} = 10^{(7-6)} = 10.$

35. $3^{x+y} = 81$ तथा $(81)^{x-y} = 3$

$\Rightarrow 3^{x+y} = 3^4$ तथा $(3^4)^{x-y} = 3 = 3^1$

$\Rightarrow x+y = 4$ तथा $4x-4y = 1$

$\Rightarrow 4x+4y = 16$ तथा $4x-4y = 1 \Rightarrow x = \frac{17}{8}.$

36. $2^{3\cdot6}\times4^{3\cdot6}\times4^{3\cdot6}\times32^{2\cdot3} = (2\times4\times4)^{3\cdot6}\times(32)^{2\cdot3}$

$= (32)^{3\cdot6}\times(32)^{2\cdot3} = (32)^{(3\cdot6+2\cdot3)} = (32)^{5\cdot9}$

$\therefore x = 5\cdot9.$

37. $(x-2) = 2^{2/3}+2^{1/3} \Rightarrow (x-2)^3 = (2^{2/3}+2^{1/3})^3$

$\Rightarrow x^3 - 8 - 6x(x-2) = 2^2 + 2 + 3\times2^{2/3}\times2^{1/3}\left(2^{2/3}+2^{1/3}\right)$

$\Rightarrow x^3 - 6x^2 + 12x - 8 = 6 + 3\times2\,(x-2)$

$\Rightarrow x^3 - 6x^2 + 12x - 8 = 6 + 6x - 12$

$\Rightarrow x^3 - 6x^2 + 6x = 2.$

38. $(5-x)=(5^{2/3}+5^{1/3}) \Rightarrow (5-x)^3=(5^{2/3}+5^{1/3})^3$

$$\Rightarrow 5^3-x^3-15x(5-x)=5^2+5+3\times5^{2/3}\times5^{1/3}\ (5^{2/3}+5^{1/3})$$
$$\Rightarrow 125-x^3-75x+15x^2=25+5+3\times5\times(5-x)$$
$$\Rightarrow 125-x^3-75x+15x^2=30+75-15x$$
$$\Rightarrow x^3-15x^2+60x-15=5.$$

39. माना $2^x=3^y=6^{-z}=k$. तब

$$2=(k)^{\frac{1}{x}}, 3=(k)^{\frac{1}{y}} \text{ तथा } 6=(k)^{\frac{-1}{z}}.$$

अब, $2\times3=6 \Rightarrow (k)^{\frac{1}{x}}\times(k)^{\frac{1}{y}}=(k)^{\frac{-1}{z}}$

$$\Rightarrow (k)^{\left(\frac{1}{x}+\frac{1}{y}\right)}=(k)^{-\frac{1}{z}} \Rightarrow \frac{1}{x}+\frac{1}{y}=\frac{-1}{z} \Rightarrow \left(\frac{1}{x}+\frac{1}{y}+\frac{1}{z}\right)=0.$$

40. $2^x=4^y=8^z \Rightarrow 2^x=2^{2y}=2^{3z} \Rightarrow x=2y=3z.$

$$\frac{1}{2x}+\frac{1}{4y}+\frac{1}{6z}=\frac{24}{7} \Rightarrow \frac{1}{6z}+\frac{1}{6z}+\frac{1}{6z}=\frac{24}{7} \Rightarrow \frac{3}{6z}=\frac{24}{7} \Rightarrow \frac{1}{z}=\left(\frac{24}{7}\times2\right)=\frac{48}{7}.$$

अत: $z=\frac{7}{48}$.

41. माना $a^x=b^y=c^z=k$. तब, $a=(k)^{\frac{1}{x}}, b=(k)^{\frac{1}{y}}$ तथा $c=(k)^{\frac{1}{z}}$.

$$b^2=ac \Rightarrow (k)^{\frac{2}{y}}=k^{\frac{1}{x}}\times k^{\frac{1}{z}} \Rightarrow \frac{2}{y}=\frac{1}{x}+\frac{1}{z} \Rightarrow y=\frac{2xz}{(z+x)}.$$

42. $2^{x-1}+2^{x+1}=320 \Rightarrow 2^{x-1}(1+2^2)=320$

$$\Rightarrow 5\times2^{x-1}=320 \Rightarrow 2^{x-1}=64=2^6$$
$$\Rightarrow x-1=6 \Rightarrow x=7.$$

43. $2^{x+4}-2^{x+2}=3 \Rightarrow 2^{x+2}\ (2^2-1)=3 \Rightarrow 2^{x+2}=1=2^0$

$$\Rightarrow x+2=0 \Rightarrow x=-2.$$

44. $2^a=x$ तथा $3^b=y$ रखने पर : $x+y=17$ ...(i)

$2^2\times2^a-3\times3^b=5 \Rightarrow 4x-3y=5$ ...(ii)

इन्हें हल करने पर $x=8$ तथा $y=9$.

$\therefore\ 2^a=8=2^3$ तथा $3^b=9=3^2 \Rightarrow a=3$ तथा $b=2$.

45. $\left(\frac{a}{b}\right)^{x-1}=\left(\frac{b}{a}\right)^{x-3}=\left(\frac{a}{b}\right)^{3-x} \Rightarrow x-1=3-x \Rightarrow 2x=4 \Rightarrow x=2.$

46. $x=y^a \Rightarrow x=(z^b)^a=(z)^{ba}=(x^c)^{ba}=x^{cba}$

$$\Rightarrow cba=1 \Rightarrow abc=1.$$

47. $\sqrt{a^{-1}b}\cdot\sqrt{b^{-1}c}\cdot\sqrt{c^{-1}a}=\sqrt{a^{-1}b\cdot b^{-1}c\cdot c^{-1}a}=1.$

48. दिया गया व्यंजक $=\dfrac{1}{1+\frac{a^n}{a^m}}+\dfrac{1}{1+\frac{a^m}{a^n}}=\dfrac{a^m}{(a^m+a^n)}+\dfrac{a^n}{(a^n+a^m)}$

$$=\frac{(a^m+a^n)}{(a^m+a^n)}=1.$$

49. दिया गया व्यंजक $= \dfrac{1}{(1+a+b^{-1})} + \dfrac{b^{-1}}{b^{-1}+1+b^{-1}c^{-1}} + \dfrac{a}{a+ac+1}$

$$= \frac{1}{(1+a+b^{-1})} + \frac{a}{1+a+ac} + \frac{b^{-1}}{1+b^{-1}+b^{-1}c^{-1}}$$

$$= \frac{1}{(1+a+b^{-1})} + \frac{a}{(1+a+b^{-1})} + \frac{b^{-1}}{(1+a+b^{-1})} \quad \left[\begin{array}{l} \because\ abc=1 \Rightarrow b^{-1}=ac \\ (cb)^{-1}=a \Rightarrow b^{-1}c^{-1}=a \end{array}\right]$$

$$= \frac{(1+a+b^{-1})}{(1+a+b^{-1})} = 1.$$

50. दिया गया व्यंजक $= \left(x^{a-b}\right)^{\frac{1}{ab}} \cdot \left(x^{b-c}\right)^{\frac{1}{bc}} \cdot \left(x^{c-a}\right)^{\frac{1}{ca}}$

$$= x^{\left(\frac{a-b}{ab}\right)} \cdot x^{\left(\frac{b-c}{bc}\right)} \cdot x^{\left(\frac{c-a}{ca}\right)} \cdot x^{\left(\frac{1}{b}-\frac{1}{a}\right)} \cdot x^{\left(\frac{1}{c}-\frac{1}{b}\right)} \cdot x^{\left(\frac{1}{a}-\frac{1}{c}\right)}$$

$$= x^{\left(\frac{1}{b}-\frac{1}{a}+\frac{1}{c}-\frac{1}{b}+\frac{1}{a}-\frac{1}{c}\right)} = x^0 = 1.$$

51. दिया गया व्यंजक $= x^{(b+c)(b-c)} \cdot x^{(c+a)(c-a)} \cdot x^{(a+b)(a-b)}$

$$= x^{(b^2-c^2)} \cdot x^{(c^2-a^2)} \cdot x^{(a^2-b^2)}$$

$$= x^{(b^2-c^2+c^2-a^2+a^2-b^2)} = x^0 = 1.$$

52. दिया गया व्यंजक $= x^{(a-b)(a+b)} \cdot x^{(b-c)(b+c)} \cdot x^{(c-a)(c+a)}$

$$= x^{(a^2-b^2)} \cdot x^{(b^2-c^2)} \cdot x^{(c^2-a^2)}$$

$$= x^{(a^2-b^2+b^2-c^2+c^2-a^2)} = x^0 = 1.$$

53. दिया गया व्यंजक $= x^{(a-b)(a+b-c)} \cdot x^{(b-c)(b+c-a)} \cdot x^{(c-a)(c+a-b)}$

$$= x^{(a-b)(a+b)} \cdot x^{-c(a-b)} \cdot x^{(b-c)(b+c)} \cdot x^{-a(b-c)} \cdot x^{(c-a)(c+a)} \cdot x^{-b(c-a)}$$

$$= x^{(a^2-b^2+b^2-c^2+c^2-a^2)} \cdot x^{-ca+bc-ab+ca-bc+ab} = (x^0 \times x^0) = (1\times 1) = 1.$$

54. दिया गया व्यंजक $= \dfrac{1}{1+\dfrac{x^b}{x^a}+\dfrac{x^c}{x^a}} + \dfrac{1}{1+\dfrac{x^a}{x^b}+\dfrac{x^c}{x^b}} + \dfrac{1}{1+\dfrac{x^b}{x^c}+\dfrac{x^a}{x^c}}$

$$= \frac{x^a}{(x^a+x^b+x^c)} + \frac{x^b}{(x^b+x^a+x^c)} + \frac{x^c}{(x^c+x^b+x^a)}$$

$$= \frac{(x^a+x^b+x^c)}{(x^a+x^b+x^c)} = 1.$$

55. $\left\{\dfrac{1}{c} = (1-b) \Rightarrow c = \dfrac{1}{(1-b)}\right\}, \left\{a = \left(1-\dfrac{1}{b}\right) = \dfrac{(b-1)}{b} \Rightarrow \dfrac{1}{a} = \dfrac{b}{(b-1)}\right\}$

$$\left\{\therefore \left(c+\frac{1}{a}\right) = \frac{1}{(1-b)} + \frac{b}{(b-1)} = \frac{1}{(1-b)} - \frac{b}{(1-b)} = \frac{(1-b)}{(1-b)} = 1\right\}$$

56. माना $p = \sqrt{1+a}+\sqrt{1-a}$. तब, $p^2 = (1+a)+(1-a)+2\sqrt{1-a^2}$

$$\Rightarrow p^2 = 2+2\sqrt{1-a^2} = 2+2\sqrt{1-\frac{3}{4}} = 2+2\times\frac{1}{2} = (2+1) = 3 \Rightarrow p = \sqrt{3}.$$

57. $\dfrac{\left(2^n+2^{n-1}\right)}{\left(2^{n+1}-2^n\right)}=\dfrac{2^{n-1}\,(2+1)}{2^n\,(2-1)}=\dfrac{3}{2}.$

58. $2^{2x-1}=\dfrac{1}{(2^3)^{x-3}}=\dfrac{1}{2^{(3x-9)}}=2^{(9-3x)}$

$\therefore\ 2x-1=9-3x \Rightarrow 5x=10 \Rightarrow x=2.$

59. $a^{2x+2}=1=a^0 \Rightarrow 2x+2=0 \Rightarrow 2x=-2 \Rightarrow x=-1.$

60. $\sqrt{\dfrac{8}{3}}=\sqrt{\dfrac{8\times 3}{3\times 3}}=\dfrac{\sqrt{24}}{3}=\dfrac{1}{3}\times 4\cdot 898=1\cdot 633.$

61. $8^{x+1}=64=8^2 \Rightarrow x+1=2 \Rightarrow x=1.$

$\therefore\ 3^{2x+1}=3^{(2\times 1+1)}=3^3=27.$

62. $\dfrac{y}{x}=\dfrac{1\cdot 50}{0\cdot 04}=\dfrac{150}{4}=\dfrac{75}{2}.$

$\therefore\ \dfrac{y-x}{y+x}=\dfrac{\dfrac{y}{x}-1}{\dfrac{y}{x}+1}$ [अंश तथा हर में x से भाग देने पर]

$=\dfrac{\left(\dfrac{75}{2}-1\right)}{\left(\dfrac{75}{2}+1\right)}=\dfrac{73}{77}.$

63. $4^x=\left(2^{3y}\right)^{\frac{1}{2}} \Rightarrow 2^{2x}=2^{\frac{3y}{2}} \Rightarrow 2x=\dfrac{3y}{2} \Rightarrow x=\dfrac{3}{4}y.$

64. $x^{-\frac{4}{5}}=81 \Rightarrow \dfrac{1}{x^{4/5}}=81 \Rightarrow x^{4/5}=\dfrac{1}{81}$

$\Rightarrow \left(x^{1/5}\right)^4=\left(\dfrac{1}{3}\right)^4 \Rightarrow x^{1/5}=\dfrac{1}{3} \Rightarrow x=\left(\dfrac{1}{3}\right)^5=\dfrac{1^5}{3^5}=\dfrac{1}{243}$

65. $5^{(x+3)}=(5^2)^{3x-4}=5^{6x-8} \Rightarrow x+3=6x-8 \Rightarrow 5x=11 \Rightarrow x=\dfrac{11}{5}.$

66. $(64)^{(2x-5)}=2^2\times 2^{3(x-4)} \Rightarrow 2^{6(2x-5)}=2^{3x-12+2}$

$\therefore\ 6(2x-5)=3x-10 \Rightarrow 12x-30=3x-10 \Rightarrow 9x=20 \Rightarrow x=\dfrac{20}{9}.$

67. $\left\{\left(\dfrac{3}{2}\right)^2\right\}^x\cdot\left(\dfrac{2}{3}\right)^{3(x-1)}=\dfrac{2}{3}$

$\Rightarrow \left(\dfrac{3}{2}\right)^{2x}\cdot\left(\dfrac{2}{3}\right)^{(3x-3)}=\dfrac{2}{3} \Rightarrow \left(\dfrac{2}{3}\right)^{-2x}\cdot\left(\dfrac{2}{3}\right)^{(3x-3)}=\dfrac{2}{3}$

$\Rightarrow \left(\dfrac{2}{3}\right)^{(3x-3-2x)}=\left(\dfrac{2}{3}\right)^1 \Rightarrow x-3=1 \Rightarrow x=4.$

68. $\left(\frac{64x^3}{27a^{-3}}\right)^{-\frac{2}{3}}=\left(\frac{64x^3a^3}{27}\right)^{-\frac{2}{3}}=\left(\frac{27}{64x^3a^3}\right)^{\frac{2}{3}}=\left\{\left(\frac{3}{4xa}\right)^3\right\}^{\frac{2}{3}}$

$=\left(\frac{3}{4xa}\right)^{\left(3\times\frac{2}{3}\right)}=\left(\frac{3}{4xa}\right)^2=\frac{9}{16x^2a^2}.$

69. $\sqrt[3]{-8}\times\sqrt[4]{16}=(-8)^{\frac{1}{3}}\times(16)^{\frac{1}{4}}$

$=\{(-2)^3\}^{\frac{1}{3}}\times(2^4)^{\frac{1}{4}}=(-2)^{\left(3\times\frac{1}{3}\right)}\times2^{\left(4\times\frac{1}{4}\right)}=(-2)^1\times2^1=(-2)\times2=-4.$

70. $\left(\frac{1}{2}\right)^{\frac{-1}{2}}=2^{\frac{1}{2}}=\sqrt{2}.$

71. $(\sqrt{8})^{\frac{1}{3}}=\left(8^{\frac{1}{2}}\right)^{\frac{1}{3}}=8^{\left(\frac{1}{2}\times\frac{1}{3}\right)}=8^{\frac{1}{6}}=(2^3)^{\frac{1}{6}}=2^{\left(3\times\frac{1}{6}\right)}=2^{\frac{1}{2}}=\sqrt{2}.$

72. $\left(\frac{32}{243}\right)^{-\frac{4}{5}}=\left\{\left(\frac{2}{3}\right)^5\right\}^{-\frac{4}{5}}=\left(\frac{2}{3}\right)^{5\times\frac{(-4)}{5}}=\left(\frac{2}{3}\right)^{-4}=\left(\frac{3}{2}\right)^4=\frac{3^4}{2^4}=\frac{81}{16}.$

73. $\left(\frac{-1}{343}\right)^{\frac{-2}{3}}=(-343)^{\frac{2}{3}}=\{(-7)^3\}^{\frac{2}{3}}=(-7)^{\left(3\times\frac{2}{3}\right)}=(-7)^2=49.$

74. $\left(\frac{1}{216}\right)^{-\frac{2}{3}}=(216)^{\frac{2}{3}}=(6^3)^{\frac{2}{3}}=6^{\left(3\times\frac{2}{3}\right)}=6^2=36.$

$\left(\frac{1}{27}\right)^{-\frac{4}{3}}=(27)^{\frac{4}{3}}=(3^3)^{\frac{4}{3}}=3^{\left(3\times\frac{4}{3}\right)}=3^4=81.$

$\therefore$ दिया गया व्यंजक $=36\div81=\frac{36}{81}=\frac{4}{9}.$

75. $3^n=\left(3^3\right)^{\frac{2}{3}}\times\left(\frac{1}{81}\right)^{\frac{1}{2}}\Rightarrow3^{\left(3\times\frac{2}{3}\right)}\times\frac{1}{9}=3^2\times\frac{1}{9}=9\times\frac{1}{9}=1\Rightarrow n=0.$

76. $(16)^{1\cdot75}=(16)^{\frac{175}{100}}=(16)^{\frac{7}{4}}=(2^4)^{\frac{7}{4}}=2^{\left(4\times\frac{7}{4}\right)}=2^7=128.$

77. $\sqrt{2^n}=2^6\Rightarrow2^{n/2}=2^6\Rightarrow\frac{n}{2}=6\Rightarrow n=12.$

78. $(256)^{0\cdot16}\times(16)^{0\cdot18}=(4^4)^{0\cdot16}\times(4^2)^{0\cdot18}$

$=(4)^{0\cdot64}\times4^{0\cdot36}=4^{(\cdot64+\cdot36)}=4^1=4.$

79. माना $(72)^x=(9\times8)^{8\cdot6}\times(8\times9)^{3\cdot9}\times(72)^{4\cdot4}$

$=(72)^{8\cdot6}\times(72)^{3\cdot9}\times(72)^{4\cdot4}=(72)^{(8\cdot6+3\cdot9+4\cdot4)}=(72)^{16\cdot9}$

$\Rightarrow x=16\cdot9.$

80. माना $6^{1\cdot2}\times(36)^x\times(30)^{2\cdot4}\times(25)^{1\cdot3}=(30)^5$

तब, $6^{1\cdot2}\times(6^2)^x\times(30)^{2\cdot4}\times(5^2)^{1\cdot3}=(30)^5$

तब, $6^{1\cdot2}\times(6^2)^x\times(6\times5)^{2\cdot4}\times(5^2)^{1\cdot3}=(30)^5$

$\Rightarrow6^{(1\cdot2+2x+2\cdot4)}\times5^{(2\cdot4+2\cdot6)}=(30)^5$

$\Rightarrow6^{(3\cdot6+2x)}\times5^5=(30)^5\Rightarrow3\cdot6+2x=5\Rightarrow2x=1\cdot4\Rightarrow x=0\cdot7.$

81. $(0\cdot01024)^{\frac{1}{5}}=\left(\frac{1024}{10^5}\right)^{\frac{1}{5}}=\left(\frac{4^5}{10^5}\right)^{\frac{1}{5}}=\left\{\left(\frac{4}{10}\right)^5\right\}^{\frac{1}{5}}=\left(\frac{4}{10}\right)^{\left(5\times\frac{1}{5}\right)}=\left(\frac{4}{10}\right)=0\cdot4.$

82. माना $\sqrt{3+\sqrt{5}}=\sqrt{a}+\sqrt{b}$. तब $(3+\sqrt{5})=a+b+2\sqrt{ab}$

$\therefore\ a+b=3$ तथा $2\sqrt{ab}=\sqrt{5}\Rightarrow 4ab=5\Rightarrow ab=\frac{5}{4}.$

$(a-b)^2=(a+b)^2-4ab=\left(3^2-4\times\frac{5}{4}\right)=(9-5)=4\Rightarrow(a-b)=2.$

$(a+b)=3$ तथा $(a-b)=2\Rightarrow 2a=5$ तथा $2b=1\Rightarrow a=\frac{5}{2}$ तथा $b=\frac{1}{2}.$

$\therefore$ अभीष्ट वर्गमूल $=\sqrt{\frac{5}{2}}+\sqrt{\frac{1}{2}}.$

83. $\frac{1}{x}=\frac{1}{(7-4\sqrt{3})}\times\frac{(7+4\sqrt{3})}{(7+4\sqrt{3})}=\frac{(7+4\sqrt{3})}{(49-48)}=(7+4\sqrt{3})$

$\therefore\ \left(x+\frac{1}{x}\right)=(7-4\sqrt{3})+(7+4\sqrt{3})=14.$

84. $\frac{1}{x}=\frac{1}{(3+\sqrt{8})}\times\frac{(3-\sqrt{8})}{(3-\sqrt{8})}=\frac{(3-\sqrt{8})}{(9-8)}=(3-\sqrt{8}).$

$\therefore\ \left(x+\frac{1}{x}\right)=(3+\sqrt{8})+(3-\sqrt{8})=6\Rightarrow\left(x+\frac{1}{x}\right)^2=6^2=36.$

$\therefore\ x^2+\frac{1}{x^2}+2=36\Rightarrow\left(x^2+\frac{1}{x^2}\right)=(36-2)=34.$

85. 2, 3, 4, 6 का ल०स० = 12.

$\sqrt{2}=2^{\frac{1}{2}}=(2^6)^{\frac{1}{12}}=(64)^{\frac{1}{12}},\ \sqrt[3]{3}=3^{\frac{1}{3}}=(3^4)^{\frac{1}{12}}=(81)^{\frac{1}{12}},$

$\sqrt[4]{4}=4^{\frac{1}{4}}=(4^3)^{\frac{1}{12}}=(64)^{\frac{1}{12}},\ \sqrt[6]{6}=6^{\frac{1}{6}}=(6^2)^{\frac{1}{12}}=(36)^{\frac{1}{12}}.$

$\therefore\ (81)^{\frac{1}{12}}>(64)^{\frac{1}{12}}>(36)^{\frac{1}{12}}.$

अत: सबसे बड़ी संख्या $=\sqrt[3]{3}.$

86. 2, 3, 4, 6 का ल०स० = 12.

$\sqrt{3}=3^{\frac{1}{2}}=(3^6)^{\frac{1}{12}}=(729)^{\frac{1}{12}},\ \sqrt[3]{4}=4^{\frac{1}{3}}=(4^4)^{\frac{1}{12}}=(256)^{\frac{1}{12}},$

$\sqrt[4]{6}=6^{\frac{1}{4}}=(6^3)^{\frac{1}{12}}=(216)^{\frac{1}{12}},\ \sqrt[6]{8}=8^{\frac{1}{6}}=(8^2)^{\frac{1}{12}}=(64)^{\frac{1}{12}}.$

$(729)^{\frac{1}{12}}>(256)^{\frac{1}{12}}>(216)^{\frac{1}{12}}>(64)^{\frac{1}{12}}.$

अतः $\sqrt{3}$ इनमें सबसे बड़ा है.

87. 3, 2 का ल०स० = 6.

$\sqrt[3]{2}=2^{\frac{1}{3}}=(2^2)^{\frac{1}{6}}=(4)^{\frac{1}{6}},\ \sqrt{3}=3^{\frac{1}{2}}=(3^3)^{\frac{1}{6}}=(27)^{\frac{1}{6}}.$

$\sqrt[3]{5}=5^{\frac{1}{3}}=(5^2)^{\frac{1}{6}}=(25)^{\frac{1}{6}},\ \frac{3}{2}=\left\{\left(\frac{3}{2}\right)^6\right\}^{\frac{1}{6}}=\left(\frac{729}{64}\right)^{\frac{1}{6}}=\left(11\frac{25}{64}\right)^{\frac{1}{6}}.$

अत: इन सबमें बड़ा है $(27)^{\frac{1}{6}}$ अर्थात् $\sqrt{3}.$

88. 2, 3, 4 का ल०स० = 12.

$\sqrt{2} = \left(2^{\frac{1}{2}}\right) = \left(2^6\right)^{\frac{1}{12}} = (64)^{\frac{1}{12}}.$

$\sqrt[3]{4} = 4^{\frac{1}{3}} = (4^4)^{\frac{1}{12}} = (256)^{\frac{1}{12}}.$

$\sqrt[4]{6} = 6^{\frac{1}{4}} = (6^3)^{\frac{1}{12}} = (216)^{\frac{1}{12}}.$

स्पष्ट है कि $(64)^{\frac{1}{12}} < (216)^{\frac{1}{12}} < (256)^{\frac{1}{12}}$.

अर्थात् $\sqrt{2} < \sqrt[4]{6} < \sqrt[3]{4}$.

89. 3, 3, 8, 9 का ल०स० = 72.

$2^{\frac{1}{3}} = 2^{\left(\frac{1}{3}\times\frac{24}{24}\right)} = \left(2^{24}\right)^{\frac{1}{72}}$; $3^{\frac{1}{3}} = 3^{\left(\frac{1}{3}\times\frac{24}{24}\right)} = \left(3^{24}\right)^{\frac{1}{72}}$;

$8^{\frac{1}{8}} = 2^{\left(\frac{3}{8}\times\frac{9}{9}\right)} = \left(2^{27}\right)^{\frac{1}{72}}$; $9^{\frac{1}{9}} = 3^{\left(\frac{2}{9}\times\frac{8}{8}\right)} = \left(3^{16}\right)^{\frac{1}{72}}$.

स्पष्ट है कि इन सबमें $\left(3^{24}\right)^{\frac{1}{72}}$ अर्थात् $\sqrt[3]{3}$ सबसे बड़ी संख्या है.

90. $(8-2\sqrt{15}) = (\sqrt{5})^2 + (\sqrt{3})^2 - 2\times\sqrt{5}\times\sqrt{3} = (\sqrt{5}-\sqrt{3})^2$

$\Rightarrow \sqrt{8-2\sqrt{15}} = (\sqrt{5}-\sqrt{3}).$

91. दिया गया व्यंजक $= (-2)^{(-2)(-2)} = (-2)^4 = 16.$

92. $(7+4\sqrt{3}) = 4+3+2\times2\times\sqrt{3}$

$= (2)^2 + (\sqrt{3})^2 + 2\times2\times\sqrt{3} = (2+\sqrt{3})^2$

$\Rightarrow \sqrt{7+4\sqrt{3}} = (2+\sqrt{3}).$

$\therefore$ दिया गया व्यंजक $= \frac{4+3\sqrt{3}}{2+\sqrt{3}} = \frac{2(2+\sqrt{3})+\sqrt{3}}{(2+\sqrt{3})} = 2 + \frac{\sqrt{3}}{(2+\sqrt{3})}$

$= 2 + \frac{1\cdot732}{3\cdot732} = \left(2+\frac{1732}{3732}\right) = \left(2+\frac{433}{933}\right) = 2 + 0\cdot464 = 2\cdot464.$

93. दिया गया व्यंजक $= \frac{(3+\sqrt{6})}{\left(5\sqrt{3} - 2\sqrt{4\times3} - \sqrt{16\times2} + \sqrt{25\times2}\right)}$

$= \frac{(3+\sqrt{6})}{\left(5\sqrt{3}-4\sqrt{3}-4\sqrt{2}+5\sqrt{2}\right)} = \frac{(3+\sqrt{6})}{\left(\sqrt{3}+\sqrt{2}\right)} \times \frac{(\sqrt{3}-\sqrt{2})}{(\sqrt{3}-\sqrt{2})}$

$= \left(3\sqrt{3}-3\sqrt{2}+\sqrt{18}-\sqrt{12}\right) = \left(3\sqrt{3}-3\sqrt{2}+3\sqrt{2}-2\sqrt{3}\right)$

$= \sqrt{3} = 1\cdot732.$

94. दिया गया व्यंजक $= \frac{12}{\left(3+\sqrt{5}+2\sqrt{2}\right)} \times \frac{(3+\sqrt{5}-2\sqrt{2})}{\left(3+\sqrt{5}-2\sqrt{2}\right)} = \frac{12(3+\sqrt{5}-2\sqrt{2})}{\left(3+\sqrt{5}\right)^2 - \left(2\sqrt{2}\right)^2} = \frac{12(3+\sqrt{5}-2\sqrt{2})}{9+5+6\sqrt{5}-8}$

$= \frac{12(3+\sqrt{5}-2\sqrt{2})}{6(\sqrt{5}+1)} \times \frac{(\sqrt{5}-1)}{(\sqrt{5}-1)}$

$= \frac{1}{2}\left(3\sqrt{5}-3+5-\sqrt{5}-2\sqrt{10}+2\sqrt{2}\right) = \frac{1}{2}\left(2+2\sqrt{5}+2\sqrt{2}-2\sqrt{10}\right)$

$= (1+\sqrt{5}+\sqrt{2}-\sqrt{10}).$

95. $(16+6\sqrt{7})=9+7+2\times3\times\sqrt{7}=3^2+(\sqrt{7})^2+2\times3\times\sqrt{7}=(3+\sqrt{7})^2.$

$\Rightarrow \sqrt{16+6\sqrt{7}}=(3+\sqrt{7})$ तथा $\sqrt{16-6\sqrt{7}}=(3-\sqrt{7})$

$\Rightarrow \sqrt{16+6\sqrt{7}}-\sqrt{16-6\sqrt{7}}=(3+\sqrt{7})-(3-\sqrt{7})=2\sqrt{7}$.

$\therefore$ दिया गया व्यंजक $=\dfrac{\sqrt{7}}{2\sqrt{7}}=\dfrac{1}{2}.$

96. $(7+2\sqrt{12})=4+3+2\times2\times\sqrt{3}=2^2+(\sqrt{3})^2+2\times2\times\sqrt{3}=(2+\sqrt{3})^2$.

$\Rightarrow a=\sqrt{7+2\sqrt{12}}=(2+\sqrt{3})$ तथा $b=\sqrt{7-2\sqrt{12}}=(2-\sqrt{3})$

$\Rightarrow a+b=4$ तथा $ab=(4-3)=1$

$\Rightarrow (a^3+b^3)=(a+b)^3-3ab(a+b)=(4)^3-3\times1\times4=(64-12)=52.$

97. $(x^{1/3}+y^{1/3})^3=\left(z^{1/3}\right)^3 \Rightarrow x+y+3x^{1/3}y^{1/3}\left(x^{1/3}+y^{1/3}\right)=z$

$\Rightarrow (x+y-z)=-3x^{1/3}y^{1/3}z^{1/3}$

$\Rightarrow (x+y-z)^3=-27xyz$

$\Rightarrow (x+y-z)^3+27xyz=0.$

98. 2^{50} का दुगुना $=(2\times2^{50})=(2^{51}).$

99. दिया गया व्यंजक $=\left\{\dfrac{7^{(2+4)}}{5^{(2+1)}}\right\}^{\frac{7}{2}}\times\left\{\dfrac{7^{(3+5)}}{5^{(3+2)}}\right\}^{\frac{-5}{2}}$

$$=\left(\frac{7^6}{5^3}\right)^{\frac{7}{2}}\times\left(\frac{7^8}{5^5}\right)^{-\frac{5}{2}}=\frac{7^{\left(6\times\frac{7}{2}\right)}\times7^{\left\{8\times\frac{(-5)}{2}\right\}}}{5^{\left(3\times\frac{7}{2}\right)}\times5^{\left\{5\times\frac{(-5)}{2}\right\}}}$$

$$=\frac{7^{21}\times7^{-20}}{5^{\left(\frac{21}{2}\right)}\times5^{\left(\frac{-25}{2}\right)}}=\frac{7^{(21-20)}}{5^{\left(\frac{21}{2}-\frac{25}{2}\right)}}=\frac{7^1}{5^{(-2)}}=(7\times5^2)=(7\times25)=175.$$

100. दिया गया व्यंजक $=\left\{\dfrac{x^{\frac{m}{(m-n)}+\frac{n}{(n-m)}}}{x^{\frac{m}{(m+n)}+\frac{n}{(n+m)}}}\right\}^{m+n}=\left\{\dfrac{x^{\left\{\frac{m}{(m-n)}-\frac{n}{(m-n)}\right\}}}{x^{\left\{\frac{m}{m+n}+\frac{n}{m+n}\right\}}}\right\}^{(m+n)}$

$$=\left\{\frac{x^{\left(\frac{m-n}{m-n}\right)}}{x^{\frac{(m+n)}{(m+n)}}}\right\}^{m+n}=\left(\frac{x}{x}\right)^{m+n}=(1)^{m+n}=1.$$

101. $(a+b)=\dfrac{\sqrt{5}+1}{\sqrt{5}-1}+\dfrac{\sqrt{5}-1}{\sqrt{5}+1}=\dfrac{\left(\sqrt{5}+1\right)^2+\left(\sqrt{5}-1\right)^2}{(5-1)}=\dfrac{2(5+1)}{4}=3.$

$(a-b)=\dfrac{\sqrt{5}+1}{\sqrt{5}-1}-\dfrac{\sqrt{5}-1}{\sqrt{5}+1}=\dfrac{\left(\sqrt{5}+1\right)^2-\left(\sqrt{5}-1\right)^2}{(5-1)}=\dfrac{4\times\sqrt{5}\times1}{4}=\sqrt{5},\ ab=1$

$\dfrac{(a^2+ab+b^2)}{(a^2-ab+b^2)}=\dfrac{(a+b)^2-ab}{(a+b)^2-3ab}=\dfrac{(9-1)}{(9-3)}=\dfrac{8}{6}=\dfrac{4}{3}.$

102. $x=\left(3+2\sqrt{2}\right)\Rightarrow\frac{1}{x}=\frac{1}{\left(3+2\sqrt{2}\right)}\times\frac{(3-2\sqrt{2})}{(3-2\sqrt{2})}=\frac{(3-2\sqrt{2})}{(9-8)}=(3-2\sqrt{2}).$

$$\left(\sqrt{x}-\frac{1}{\sqrt{x}}\right)^2=\left(x+\frac{1}{x}-2\right)=\left(3+2\sqrt{2}+3-2\sqrt{2}-2\right)=4.$$

$$\therefore\ \left(\sqrt{x}-\frac{1}{\sqrt{x}}\right)=2.$$

103. $\frac{1}{\left(1+\sqrt{2}\right)}=\frac{1}{\left(\sqrt{2}+1\right)}\times\frac{\left(\sqrt{2}-1\right)}{\left(\sqrt{2}-1\right)}=\frac{\left(\sqrt{2}-1\right)}{(2-1)}=\left(\sqrt{2}-1\right).$

इसी प्रकार, $\frac{1}{\left(\sqrt{2}+\sqrt{3}\right)}=\frac{1}{\left(\sqrt{3}+\sqrt{2}\right)}\times\frac{\left(\sqrt{3}-\sqrt{2}\right)}{\left(\sqrt{3}-\sqrt{2}\right)}=\frac{\left(\sqrt{3}-\sqrt{2}\right)}{(3-2)}=\left(\sqrt{3}-\sqrt{2}\right).$

$$\frac{1}{\left(\sqrt{3}+\sqrt{4}\right)}=\left(\sqrt{4}-\sqrt{3}\right),\ \frac{1}{\left(\sqrt{99}+\sqrt{100}\right)}=\left(\sqrt{100}-\sqrt{99}\right).$$

∴ दिया गया व्यंजक

$$=\left(\sqrt{2}-\sqrt{1}\right)+\left(\sqrt{3}-\sqrt{2}\right)+\left(\sqrt{4}-\sqrt{3}\right)+\left(\sqrt{5}-\sqrt{4}\right)+\ldots+\left(\sqrt{99}-\sqrt{98}\right)+\left(\sqrt{100}-\sqrt{99}\right)$$
$$=\left(\sqrt{100}-\sqrt{1}\right)=(10-1)=9.$$

104. $\frac{1}{(\sqrt{3}+\sqrt{4})}=\frac{1}{\left(\sqrt{4}+\sqrt{3}\right)}\times\frac{\left(\sqrt{4}-\sqrt{3}\right)}{\left(\sqrt{4}-\sqrt{3}\right)}=\frac{\left(\sqrt{4}-\sqrt{3}\right)}{(4-3)}=\left(\sqrt{4}-\sqrt{3}\right)$ आदि आदि.

∴ दिया गया व्यंजक $=\left(\sqrt{4}-\sqrt{3}\right)+\left(\sqrt{5}-\sqrt{4}\right)+\left(\sqrt{6}-\sqrt{5}\right)+\left(\sqrt{7}-\sqrt{6}\right)+\left(\sqrt{8}-\sqrt{7}\right)+\left(\sqrt{9}-\sqrt{8}\right)$

$$=\left(\sqrt{9}-\sqrt{3}\right)=\left(3-\sqrt{3}\right).$$

105. $\frac{1}{\left(\sqrt{100}-\sqrt{99}\right)}=\frac{1}{\left(\sqrt{100}-\sqrt{99}\right)}\times\frac{\left(\sqrt{100}+\sqrt{99}\right)}{\left(\sqrt{100}+\sqrt{99}\right)}=\left(\sqrt{100}+\sqrt{99}\right)$ आदि आदि.

दिया गया व्यंजक $=\left(\sqrt{100}+\sqrt{99}\right)-\left(\sqrt{99}+\sqrt{98}\right)+\left(\sqrt{98}+\sqrt{97}\right)-\ldots-\left(\sqrt{3}+\sqrt{2}\right)+\left(\sqrt{2}+\sqrt{1}\right)$

$$=\left(\sqrt{100}+\sqrt{1}\right)=(10+1)=11.$$

प्रश्नमाला 9B

1. यदि $x=\frac{1}{(2+\sqrt{3})}$ हो, तो $\frac{(3x-x^3)}{(1-3x^2)}$ का मान ज्ञात कीजिए. **(एस०एस०सी० परीक्षा, 2009)**

2. यदि $\sqrt{3}=1\cdot732$ हो, तो $(\sqrt{6}+\sqrt{2})\div(\sqrt{6}-\sqrt{2})\div\left\{(2+\sqrt{3})\div 2\sqrt{3}\right\}$ का मान ज्ञात कीजिए. **(एस०एस०सी० परीक्षा, 2008)**

3. यदि $\sqrt{3}=1\cdot732$ हो, तो $\frac{(2-\sqrt{3})}{(2+\sqrt{3})}$ का मान ज्ञात कीजिए. **(एस०एस०सी० परीक्षा, 2008)**

4. $\left(3+\frac{1}{\sqrt{3}}+\frac{1}{3+\sqrt{3}}-\frac{1}{3-\sqrt{3}}\right)$ का मान ज्ञात कीजिए. **(एस०एस०सी० परीक्षा, 2007)**

5. यदि $\sqrt{2}=1\cdot414$ हो, तो $\frac{\sqrt{3}}{\sqrt{6}}$ का मान ज्ञात कीजिए.

6. यदि $\left(\frac{2\sqrt{6}-\sqrt{5}}{3\sqrt{5}-2\sqrt{6}}\right)=a+\sqrt{30}\,b$ हो, तो a तथा b के मान ज्ञात कीजिए.

7. यदि $\sqrt{5}=2\cdot236$ हो, तो $\left(\frac{3-\sqrt{5}}{3+2\sqrt{5}}\right)$ का मान दशमलव के तीन स्थानों तक ज्ञात कीजिए.

8. यदि $\sqrt{2}=1\cdot414, \sqrt{5}=2\cdot236$ तथा $\sqrt{10}=3\cdot162$ हो, तो $\frac{1}{(3+\sqrt{5}-2\sqrt{2})}$ का मान ज्ञात कीजिए.

9. यदि $\sqrt{2}=1\cdot414$ हो, तो $\left(\sqrt{63}+\sqrt{28}-\sqrt{175}+\sqrt{162}-\sqrt{32}\right)$ का मान ज्ञात कीजिए.

10. यदि $\sqrt{5}=2\cdot236$ तथा $\sqrt{10}=3\cdot162$ हो, तो $\frac{15}{\left(\sqrt{10}+\sqrt{20}+\sqrt{40}-\sqrt{5}-\sqrt{80}\right)}$ का मान ज्ञात कीजिए.

11. सिद्ध कीजिए कि : $\frac{7\sqrt{3}}{\left(\sqrt{10}+\sqrt{3}\right)}-\frac{2\sqrt{5}}{\left(\sqrt{6}+\sqrt{5}\right)}-\frac{3\sqrt{2}}{\left(\sqrt{15}+3\sqrt{2}\right)}=1.$

12. सिद्ध कीजिए कि : $\frac{1}{\left(3-\sqrt{8}\right)}-\frac{1}{\left(\sqrt{8}-\sqrt{7}\right)}+\frac{1}{\left(\sqrt{7}-\sqrt{6}\right)}-\frac{1}{\left(\sqrt{6}-\sqrt{5}\right)}+\frac{1}{\left(\sqrt{5}-2\right)}=5.$

13. यदि $x=\frac{\sqrt{3}}{2}$ हो, तो $\frac{\sqrt{1+x}+\sqrt{1-x}}{\sqrt{1+x}-\sqrt{1-x}}$ का मान ज्ञात कीजिए. **(एस०एस०सी० परीक्षा, 2002)**

14. यदि $x=\left(7+4\sqrt{3}\right)$ हो, तो $(i)\left(x^2+\frac{1}{x^2}\right)$ $(ii)\left(\sqrt{x}+\frac{1}{\sqrt{x}}\right)$ के मान ज्ञात कीजिए.

15. यदि $x^{\frac{1}{a}}=y^{\frac{1}{b}}=z^{\frac{1}{c}}$ तथा $xyz=1$ हो, तो सिद्ध करो कि $a+b+c=0$.

16. यदि $3^x=5^y=(75)^z$ हो, तो सिद्ध करो कि $z=\frac{xy}{(2x+y)}$.

17. यदि $x=10^{0\cdot48}, y=10^{0\cdot7}$ तथा $x^z=y^2$ हो, तो z का मान ज्ञात करो.

18. यदि $a+b+c=0$ हो, तो सिद्ध करो कि $\frac{1}{\left(x^a+x^{-b}+1\right)}+\frac{1}{(x^b+x^{-c}+1)}+\frac{1}{\left(x^c+x^{-a}+1\right)}=1.$

19. $\left(\frac{1}{1\cdot4}+\frac{1}{4\cdot7}+\frac{1}{7\cdot10}+\frac{1}{10\cdot13}+\frac{1}{13\cdot16}\right)=?$ **(एस०एस०सी० परीक्षा, 2007)**

20. $\left(\frac{1}{20}+\frac{1}{30}+\frac{1}{42}+\frac{1}{56}+\frac{1}{72}+\frac{1}{90}\right)=?$

21. $\left(\frac{1}{35}+\frac{1}{63}+\frac{1}{99}+\frac{1}{143}+\frac{1}{195}+\frac{1}{255}\right)=?$

22. $\left(\frac{1}{54}+\frac{1}{108}+\frac{1}{180}+\frac{1}{270}+\frac{1}{378}\right)=?$

23. $\left(\frac{1}{2}+\frac{1}{6}+\frac{1}{12}+\frac{1}{20}+\frac{1}{30}+\frac{1}{42}+\frac{1}{56}+\frac{1}{72}+\frac{1}{90}+\frac{1}{110}+\frac{1}{132}\right)=?$ **(असिस्टैन्ट ग्रेड परीक्षा, 2000)**

24. $\left(\frac{1\cdot2\cdot4+2\cdot4\cdot8+3\cdot6\cdot12+.....}{1\cdot3\cdot9+2\cdot6\cdot18+3\cdot9\cdot27+.....}\right)^{\frac{1}{3}}$ का मान ज्ञात कीजिए.

उत्तरमाला (प्रश्नमाला 9B)

1. 1 **2.** 3·464 **3.** 0·072 **4.** 3 **5.** 0·707 **6.** $a=\frac{3}{7}$, $b=\frac{4}{21}$ **7.** 0·102 **8.** 0·415 **9.** 7·07 **10.** 5·398 **13.** $\sqrt{3}$ **14.** (*i*) 194 (*ii*) 4 **17.** $2\frac{11}{12}$ **19.** $\frac{5}{16}$ **20.** $\frac{3}{20}$ **21.** $\frac{6}{85}$ **22.** $\frac{5}{126}$ **23.** $\frac{11}{12}$ **24.** $\frac{2}{3}$

दिये गए प्रश्नों के हल | प्रश्नमाला 9B

1. $x=\frac{1}{(2+\sqrt{3})}\times\frac{(2-\sqrt{3})}{(2-\sqrt{3})}=\frac{(2-\sqrt{3})}{(4-3)}=(2-\sqrt{3}).$

$\therefore\ x^2=(2-\sqrt{3})^2=(4+3-4\sqrt{3})=(7-4\sqrt{3})$

तथा $x^3=(7-4\sqrt{3})\,(2-\sqrt{3})=(14+12-15\sqrt{3})=(26-15\sqrt{3}).$

$\therefore\ \frac{(3x-x^3)}{(1-3x^2)}=\frac{(6-3\sqrt{3})-(26-15\sqrt{3})}{\{1-(21-12\sqrt{3})\}}=\frac{(-20+12\sqrt{3})}{(-20+12\sqrt{3})}=1.$

2. दिया गया व्यंजक $=\frac{(\sqrt{6}+\sqrt{2})}{(\sqrt{6}-\sqrt{2})}+\frac{(2+\sqrt{3})}{2\sqrt{3}}=\frac{(\sqrt{6}+\sqrt{2})}{(\sqrt{6}-\sqrt{2})}\times\frac{2\sqrt{3}}{(2+\sqrt{3})}$

$=\frac{(\sqrt{6}+\sqrt{2})}{(\sqrt{6}-\sqrt{2})}\times\frac{(\sqrt{6}+\sqrt{2})}{(\sqrt{6}+\sqrt{2})}\times\frac{2\sqrt{3}}{(2+\sqrt{3})}\times\frac{(2-\sqrt{3})}{(2-\sqrt{3})}=\frac{(\sqrt{6}+\sqrt{2})^2\times(4\sqrt{3}-6)}{(6-2)\times(4-3)}$

$=\frac{(6+2+2\sqrt{12})\times(4\sqrt{3}-6)}{4\times1}=\frac{(8+4\sqrt{3})\,(4\sqrt{3}-6)}{4}$

$=\frac{4(2+\sqrt{3})\,(4\sqrt{3}-6)}{4}=(2+\sqrt{3})\,(4\sqrt{3}-6)=(8\sqrt{3}-12+12-6\sqrt{3})=2\sqrt{3}$

$=(2\times1\cdot732)=(3\cdot464).$

3. दिया गया व्यंजक $=\frac{(2-\sqrt{3})}{(2+\sqrt{3})}\times\frac{(2-\sqrt{3})}{(2-\sqrt{3})}=\frac{(2-\sqrt{3})^2}{(4-3)}=(4+3-4\sqrt{3})$

$=(7-4\sqrt{3})=(7-4\times1\cdot732)=(7-6\cdot928)=0\cdot072.$

4. दिया गया व्यंजक $=3+\frac{1}{\sqrt{3}}\times\frac{\sqrt{3}}{\sqrt{3}}+\frac{1}{(3+\sqrt{3})}\times\frac{(3-\sqrt{3})}{(3-\sqrt{3})}-\frac{1}{(3-\sqrt{3})}\times\frac{(3+\sqrt{3})}{(3+\sqrt{3})}$

$=3+\frac{\sqrt{3}}{3}+\frac{(3-\sqrt{3})}{(9-3)}-\frac{(3+\sqrt{3})}{(9-3)}=3+\frac{\sqrt{3}}{3}+\frac{(3-\sqrt{3})}{6}-\frac{(3+\sqrt{3})}{6}$

$=3+\frac{\sqrt{3}}{3}+\frac{(3-\sqrt{3})-(3+\sqrt{3})}{6}=3+\frac{\sqrt{3}}{3}-\frac{\sqrt{3}}{3}=3.$

5. $\frac{\sqrt{3}}{\sqrt{6}}=\frac{\sqrt{3}}{\sqrt{6}}\times\frac{\sqrt{6}}{\sqrt{6}}=\frac{\sqrt{3\times6}}{6}=\frac{\sqrt{18}}{6}=\frac{\sqrt{2\times9}}{6}=\frac{3\sqrt{2}}{6}=\frac{\sqrt{2}}{2}=\frac{1\cdot414}{2}=0\cdot707.$

6. $\frac{(2\sqrt{6}-\sqrt{5})}{(3\sqrt{5}-2\sqrt{6})}=\frac{(2\sqrt{6}-\sqrt{5})}{(3\sqrt{5}-2\sqrt{6})}\times\frac{(3\sqrt{5}+2\sqrt{6})}{(3\sqrt{5}+2\sqrt{6})}=\frac{(2\sqrt{6}-\sqrt{5})\,(3\sqrt{5}+2\sqrt{6})}{(45-24)}$

$=\frac{(6\sqrt{30}-2\sqrt{30}+24-15)}{21}=\frac{(4\sqrt{30}+9)}{21}=\left(\frac{9}{21}+\frac{4\sqrt{30}}{21}\right)=\left(\frac{3}{7}+\frac{4\sqrt{30}}{21}\right).$

$\therefore\ (a+\sqrt{30}\,b)=\left(\frac{3}{7}+\sqrt{30}\times\frac{4}{21}\right)\Rightarrow a=\frac{3}{7}$ तथा $b=\frac{4}{21}.$

7. $\frac{(3-\sqrt{5})}{(3+2\sqrt{5})}=\frac{(3-\sqrt{5})}{(3+2\sqrt{5})}\times\frac{(3-2\sqrt{5})}{(3-2\sqrt{5})}=\frac{(3-\sqrt{5})(3-2\sqrt{5})}{(9-20)}$

$=\frac{(9+10)-6\sqrt{5}-3\sqrt{5}}{-11}=\frac{19-9\sqrt{5}}{-11}=\left(\frac{9}{11}\times\sqrt{5}-\frac{19}{11}\right)$

$=\frac{(9\sqrt{5}-19)}{11}=\frac{(9\times2\cdot236-19)}{11}=\frac{(20\cdot124-19)}{11}=\frac{1\cdot124}{11}=0\cdot102.$

8. दिया गया व्यंजक $=\frac{1}{\{(3+\sqrt{5})-2\sqrt{2}\}}\times\frac{(3+\sqrt{5})+2\sqrt{2}}{(3+\sqrt{5})+2\sqrt{2}}$

$=\frac{(3+\sqrt{5})+2\sqrt{2}}{(3+\sqrt{5})^2-8}=\frac{(3+\sqrt{5})+2\sqrt{2}}{(9+5+6\sqrt{5}-8)}=\frac{3+\sqrt{5}+2\sqrt{2}}{6+6\sqrt{5}}$

$=\frac{(3+\sqrt{5}+2\sqrt{2})}{6(\sqrt{5}+1)}\times\frac{(\sqrt{5}-1)}{(\sqrt{5}-1)}=\frac{3\sqrt{5}-3+5-\sqrt{5}+2\sqrt{10}-2\sqrt{2}}{6(5-1)}$

$=\frac{2+2\sqrt{5}+2\sqrt{10}-2\sqrt{2}}{24}=\frac{(1+\sqrt{5}+\sqrt{10}-\sqrt{2})}{12}$

$=\frac{(1+2\cdot236+3\cdot162-1\cdot414)}{12}=\frac{4\cdot984}{12}=0\cdot415.$

9. दिया गया व्यंजक $=\left(\sqrt{9\times7}+\sqrt{4\times7}-\sqrt{25\times7}+\sqrt{81\times2}-\sqrt{16\times2}\right)$

$=\left(3\sqrt{7}+2\sqrt{7}-5\sqrt{7}+9\sqrt{2}-4\sqrt{2}\right)=5\sqrt{2}=(5\times1\cdot414)=7\cdot07.$

10. दिया गया व्यंजक $=\frac{15}{\sqrt{10}+\sqrt{4\times5}+\sqrt{4\times10}-\sqrt{5}-\sqrt{16\times5}}$

$=\frac{15}{(\sqrt{10}+2\sqrt{5}+2\sqrt{10}-\sqrt{5}-4\sqrt{5})}=\frac{15}{(3\sqrt{10}-3\sqrt{5})}$

$=\frac{15}{3(\sqrt{10}-\sqrt{5})}\times\frac{(\sqrt{10}+\sqrt{5})}{(\sqrt{10}+\sqrt{5})}=\frac{5\times(\sqrt{10}+\sqrt{5})}{(10-5)}=(\sqrt{10}+\sqrt{5})$

$=(3\cdot162+2\cdot236)=5\cdot398.$

11. $\frac{7\sqrt{3}}{(\sqrt{10}+\sqrt{3})}=\frac{7\sqrt{3}}{(\sqrt{10}+\sqrt{3})}\times\frac{(\sqrt{10}-\sqrt{3})}{(\sqrt{10}-\sqrt{3})}=\frac{7\sqrt{3}(\sqrt{10}-\sqrt{3})}{(10-3)}=\sqrt{3}(\sqrt{10}-\sqrt{3})=(\sqrt{30}-3).$

$\frac{2\sqrt{5}}{(\sqrt{6}+\sqrt{5})}=\frac{2\sqrt{5}}{(\sqrt{6}+\sqrt{5})}\times\frac{(\sqrt{6}-\sqrt{5})}{(\sqrt{6}-\sqrt{5})}=\frac{2\sqrt{5}(\sqrt{6}-\sqrt{5})}{(6-5)}=2\sqrt{5}(\sqrt{6}-\sqrt{5})=2\sqrt{30}-10.$

$\frac{3\sqrt{2}}{(\sqrt{15}+3\sqrt{2})}=\frac{3\sqrt{2}}{(\sqrt{15}+3\sqrt{2})}\times\frac{(\sqrt{15}-3\sqrt{2})}{(\sqrt{15}-3\sqrt{2})}=\frac{3\sqrt{2}(\sqrt{15}-3\sqrt{2})}{(15-18)}=-\sqrt{2}(\sqrt{15}-3\sqrt{2})=(6-\sqrt{30}).$

$\therefore$ बायाँ पक्ष $=(\sqrt{30}-3)-(2\sqrt{30}-10)-(6-\sqrt{30})$

$=(\sqrt{30}-2\sqrt{30}+\sqrt{30})-3+10-6=1=$ दायाँ पक्ष.

12. $\frac{1}{(3-\sqrt{8})}=\frac{1}{(3-\sqrt{8})}\times\frac{(3+\sqrt{8})}{(3+\sqrt{8})}=\frac{(3+\sqrt{8})}{(9-8)}=(3+\sqrt{8}).$

$\frac{1}{(\sqrt{8}-\sqrt{7})}=\frac{1}{(\sqrt{8}-\sqrt{7})}\times\frac{(\sqrt{8}+\sqrt{7})}{(\sqrt{8}+\sqrt{7})}=\frac{(\sqrt{8}+\sqrt{7})}{(8-7)}=(\sqrt{8}+\sqrt{7}).$

इसी प्रकार, $\frac{1}{(\sqrt{7}-\sqrt{6})}=(\sqrt{7}+\sqrt{6}),\ \frac{1}{(\sqrt{6}-\sqrt{5})}=(\sqrt{6}+\sqrt{5}),\ \frac{1}{(\sqrt{5}-2)}=(\sqrt{5}+2).$

$\therefore$ दिया गया व्यंजक $=(3+\sqrt{8})-(\sqrt{8}+\sqrt{7})+(\sqrt{7}+\sqrt{6})-(\sqrt{6}+\sqrt{5})+(\sqrt{5}+2)=(3+2)=5.$

13. $\frac{\sqrt{1+x}+\sqrt{1-x}}{\sqrt{1+x}-\sqrt{1-x}}=\frac{(\sqrt{1+x}+\sqrt{1-x})}{(\sqrt{1+x}-\sqrt{1-x})}\times\frac{(\sqrt{1+x}+\sqrt{1-x})}{(\sqrt{1+x}+\sqrt{1-x})}=\frac{(\sqrt{1+x}+\sqrt{1-x})^2}{(1+x)-(1-x)}$

$=\frac{(1+x+1-x)+2\sqrt{1+x}\,.\,\sqrt{1-x}}{2x}=\frac{(1+\sqrt{1-x^2})}{x}$

$=\frac{1+\sqrt{1-\frac{3}{4}}}{\left(\frac{\sqrt{3}}{2}\right)}=\frac{1+\sqrt{\frac{1}{4}}}{(\sqrt{3}/2)}=\frac{\left(1+\frac{1}{2}\right)}{(\sqrt{3}/2)}\quad\left[\because x=\frac{\sqrt{3}}{2}\right]$

$=\left(\frac{3}{2}\times\frac{2}{\sqrt{3}}\right)=\sqrt{3}.$

14. $\frac{1}{x}=\frac{1}{(7+4\sqrt{3})}\times\frac{(7-4\sqrt{3})}{(7-4\sqrt{3})}=\frac{(7-4\sqrt{3})}{(49-48)}=(7-4\sqrt{3}).$

$\therefore\ \left(x+\frac{1}{x}\right)=(7+4\sqrt{3})+(7-4\sqrt{3})=14.$

$\Rightarrow\ \left(x+\frac{1}{x}\right)^2=(14)^2\Rightarrow x^2+\frac{1}{x^2}+2x\,.\,\frac{1}{x}=196\Rightarrow x^2+\frac{1}{x^2}+2=196\Rightarrow\left(x^2+\frac{1}{x^2}\right)=194.$

अब, $\left(\sqrt{x}+\frac{1}{\sqrt{x}}\right)^2=x+\frac{1}{x}+2\sqrt{x}\times\frac{1}{\sqrt{x}}=\left(x+\frac{1}{x}+2\right)=(14+2)=16.$

अत: $\left(\sqrt{x}+\frac{1}{\sqrt{x}}\right)=4.$

15. माना $x^{\frac{1}{a}}=y^{\frac{1}{b}}=z^{\frac{1}{c}}=k.$ तब $x=k^a,\ y=k^b,\ z=k^c.$

$xyz=1\Rightarrow k^a\times k^b\times k^c=1=k^0$

$\Rightarrow k^{a+b+c}=k^0\Rightarrow a+b+c=0.$

16. माना $3^x=5^y=(75)^z=K.$ तब $3=K^{\frac{1}{x}},\ 5=K^{\frac{1}{y}},\ 75=K^{\frac{1}{z}}.$

अब, $75=(3\times5^2)\Rightarrow K^{\frac{1}{z}}=K^{\frac{1}{x}}\times K^{\frac{2}{y}}=K^{\left(\frac{1}{x}+\frac{2}{y}\right)}\Rightarrow\frac{1}{z}=\left(\frac{1}{x}+\frac{2}{y}\right)=\frac{(y+2x)}{xy}\Rightarrow z=\frac{xy}{(y+2x)}.$

17. $x^z = y^2 \Rightarrow (10^{0\cdot 48})^z = (10^{0\cdot 7})^2 \Rightarrow 10^{(0\cdot 48)z} = 10^{(0\cdot 7\times 2)} = 10^{(1\cdot 4)}$

$\Rightarrow 0\cdot 48\times z = 1\cdot 4 \Rightarrow z = \frac{1\cdot 40}{0\cdot 48} = \frac{140}{48} = \frac{35}{12} = 2\frac{11}{12}.$

अतः $z = 2\frac{11}{12}.$

18. दिया गया व्यंजक $= \frac{1}{(x^a + x^{-b} + 1)} + \frac{1}{(x^b + x^{-c} + 1)} + \frac{1}{(x^c + x^{-a} + 1)}$

$= \frac{x^{-a}}{\{1 + x^{(-a-b)} + x^{-a}\}} + \frac{x^c}{(x^{b+c} + 1 + x^c)} + \frac{1}{(x^c + x^{-a} + 1)}$

$= \frac{x^{-a}}{(1 + x^c + x^{-a})} + \frac{x^c}{(x^{-a} + 1 + x^c)} + \frac{1}{(x^c + x^{-a} + 1)}$ $[\because -(a+b) = c, (b+c) = -a]$

$= \frac{1}{(1 + x^{-a} + x^c)} + \frac{x^{-a}}{(1 + x^{-a} + x^c)} + \frac{x^c}{(1 + x^{-a} + x^c)} = \frac{(1 + x^{-a} + x^c)}{(1 + x^{-a} + x^c)} = 1.$

19. दिया गया व्यंजक $= \frac{1}{3}\cdot\left[\left(1 - \frac{1}{4}\right) + \left(\frac{1}{4} - \frac{1}{7}\right) + \left(\frac{1}{7} - \frac{1}{10}\right) + \left(\frac{1}{10} - \frac{1}{13}\right) + \left(\frac{1}{13} - \frac{1}{16}\right)\right]$

$= \frac{1}{3}\left(1 - \frac{1}{16}\right) = \left(\frac{1}{3} \times \frac{15}{16}\right) = \frac{5}{16}.$

20. दिया गया व्यंजक $= \left(\frac{1}{4} - \frac{1}{5}\right) + \left(\frac{1}{5} - \frac{1}{6}\right) + \left(\frac{1}{6} - \frac{1}{7}\right) + \left(\frac{1}{7} - \frac{1}{8}\right) + \left(\frac{1}{8} - \frac{1}{9}\right) + \left(\frac{1}{9} - \frac{1}{10}\right)$

$= \left(\frac{1}{4} - \frac{1}{10}\right) = \frac{3}{20}.$

21. दिया गया व्यंजक $= \frac{1}{2}\cdot\left[\left(\frac{1}{5} - \frac{1}{7}\right) + \left(\frac{1}{7} - \frac{1}{9}\right) + \left(\frac{1}{9} - \frac{1}{11}\right) + \left(\frac{1}{11} - \frac{1}{13}\right) + \left(\frac{1}{13} - \frac{1}{15}\right) + \left(\frac{1}{15} - \frac{1}{17}\right)\right]$

$= \frac{1}{2}\cdot\left(\frac{1}{5} - \frac{1}{17}\right) = \frac{1}{2} \times \frac{12}{85} = \frac{6}{85}.$

22. दिया गया व्यंजक $= \frac{1}{3}\cdot\left[\left(\frac{1}{6} - \frac{1}{9}\right) + \left(\frac{1}{9} - \frac{1}{12}\right) + \left(\frac{1}{12} - \frac{1}{15}\right) + \left(\frac{1}{15} - \frac{1}{18}\right) + \left(\frac{1}{18} - \frac{1}{21}\right)\right]$

$= \frac{1}{3}\left(\frac{1}{6} - \frac{1}{21}\right) = \left(\frac{1}{3} \times \frac{5}{42}\right) = \frac{5}{126}.$

23. दी गई श्रेणी $= \left(1 - \frac{1}{2}\right) + \left(\frac{1}{2} - \frac{1}{3}\right) + \left(\frac{1}{3} - \frac{1}{4}\right) + \ldots + \left(\frac{1}{10} - \frac{1}{11}\right) + \left(\frac{1}{11} - \frac{1}{12}\right) = \left(1 - \frac{1}{12}\right) = \frac{11}{12}.$

24. दिया गया व्यंजक $= \left(\frac{8 + 8\times 8 + 8\times 27 + \ldots\ldots}{27 + 27\times 8 + 27\times 27 + \ldots\ldots}\right)^{\frac{1}{3}} = \left\{\frac{8(1 + 8 + 27 + \ldots\ldots)}{27(1 + 8 + 27 + \ldots\ldots)}\right\}^{\frac{1}{3}}$

$= \left(\frac{8}{27}\right)^{\frac{1}{3}} = \left\{\left(\frac{2}{3}\right)^3\right\}^{\frac{1}{3}} = \left(\frac{2}{3}\right)^{\left(3\times\frac{1}{3}\right)} = \left(\frac{2}{3}\right)^1 = \left(\frac{2}{3}\right).$

---

10 प्रतिशतता (PERCENTAGE)

आवश्यक तथ्य एवं सूत्र

1. I. **प्रतिशतता:** प्रतिशत वह भिन्न है जिसका हर 100 हो.

II. x प्रतिशत का अर्थ है, **किसी वस्तु के 100 बराबर भागों में से x भाग.**
इसे $x\%$ से व्यक्त करते हैं.
स्पष्ट है कि, $x\% = \frac{x}{100}$.

जैसे : (*i*) $36\% = \frac{36}{100} = \frac{9}{25}$ (*ii*) $0 \cdot 6\% = \frac{6}{1000} = \frac{3}{500}$.

III. **भिन्न $\frac{a}{b}$ को प्रतिशत में व्यक्त करने के लिए सूत्र :**

$$\frac{a}{b} = \left(\frac{a}{b} \times 100\right)\%.$$

जैसे : (*i*) $\frac{3}{4} = \left(\frac{3}{4} \times 100\right)\% = 75\%$.

(*ii*) $0 \cdot 8 = \frac{8}{10} = \left(\frac{8}{10} \times 100\right)\% = 80\%$.

2. दो आवश्यक नियम (संक्षिप्त विधि):

(*i*) यदि A का मान B से $R\%$ अधिक हो, तो

$$\textbf{B का मान A से कम है} = \left\{\frac{R}{(100+R)} \times 100\right\}\%.$$

(*ii*) यदि A का मान B से $R\%$ कम हो, तो

$$\textbf{B का मान A से अधिक है} = \left\{\frac{R}{(100-R)} \times 100\right\}\%.$$

3. दो आवश्यक नियम (संक्षिप्त विधि):

(*i*) किसी वस्तु के भाव में $R\%$ वृद्धि हो जाने पर इस मद पर खर्च न बढ़े, इसके लिए

$$\textbf{वस्तु की खपत में कमी} = \left\{\frac{R}{(100+R)} \times 100\right\}\%.$$

(*ii*) किसी वस्तु के भाव में $R\%$ कमी आ जाने पर इस मद पर खर्च कम न हो, इसके लिए

$$\textbf{वस्तु की खपत में वृद्धि} = \left\{\frac{R}{(100-R)} \times 100\right\}\%.$$

4. जनसंख्या पर आधारित प्रश्नों के लिए सूत्र:

माना किसी शहर की जनसंख्या P है तथा यह $R\%$ वार्षिक दर से बढ़ती है.

तब, (*i*) n वर्ष बाद जनसंख्या $= P\left(1+\frac{R}{100}\right)^n$.

(*ii*) n वर्ष पूर्व जनसंख्या $= \frac{P}{\left(1+\frac{R}{100}\right)^n}$.

(*iii*) माना किसी शहर की जनसंख्या P थी तथा इसमें पहले, दूसरे व तीसरे वर्ष में क्रमशः $R_1\%$, $R_2\%$ तथा $R_3\%$ वृद्धि होती है।

तब, 3 वर्ष बाद जनसंख्या $= P\left(1+\frac{R_1}{100}\right)\left(1+\frac{R_2}{100}\right)\left(1+\frac{R_3}{100}\right)$.

5. मशीनों के अवमूल्यन पर आधारित प्रश्नों के लिए सूत्रः

माना किसी मशीन का वर्तमान मूल्य P है तथा इसके अवमूल्यन (*Depreciation*) की दर $R\%$ वार्षिक है, तब,

(*i*) n वर्ष बाद मशीन का मूल्य $= \boldsymbol{P\left(1-\frac{R}{100}\right)^n}$.

(*ii*) n वर्ष पूर्व मशीन का मूल्य $= \dfrac{\boldsymbol{P}}{\left(1-\frac{R}{100}\right)^n}$.

साधित उदाहरण

प्रश्न 1. निम्नलिखित में से प्रत्येक को साधारण भिन्न के रूप में व्यक्त कीजिए :

(*i*) 35% (*ii*) 1·6% (*iii*) 0·5% (*iv*) 125%

हल : हम जानते हैं कि :

(*i*) $35\% = \frac{35}{100} = \frac{7}{20}$. (*ii*) $1\cdot6\% = \frac{1\cdot6}{100} = \frac{16}{1000} = \frac{2}{125}$.

(*iii*) $0\cdot05\% = \frac{0\cdot05}{100} = \frac{5}{10000} = \frac{1}{2000}$. (*iv*) $125\% = \frac{125}{100} = \frac{5}{4}$.

प्रश्न 2. निम्नलिखित में से प्रत्येक को दशमलव भिन्न में व्यक्त कीजिए :

(*i*) 20% (*ii*) 8% (*iii*) 0·25% (*iv*) 0·06%

हल : हम जानते हैं कि :

(*i*) $20\% = \frac{20}{100} = \frac{1}{5} = 0\cdot2$. (*ii*) $8\% = \frac{8}{100} = 0\cdot08$.

(*iii*) $0\cdot25\% = \frac{0\cdot25}{100} = 0\cdot0025$. (*iv*) $0\cdot06\% = \frac{0\cdot06}{100} = 0\cdot0006$.

प्रश्न 3. $\frac{9}{16}$ को दर प्रतिशत में बदलें.

हल : $\frac{9}{16} = \left(\frac{9}{16}\times100\right)\% = \frac{225}{4}\% = 56\frac{1}{4}\%$.

प्रश्न 4. (*i*) 48 का कितने प्रतिशत 6 है? (*ii*) 18 का कितने प्रतिशत 36 है?

हल : (*i*) माना 48 का $x\% = 6$.

तब, $48\times\frac{x}{100} = 6 \Rightarrow \frac{12x}{25} = 6$

$\Rightarrow x = \frac{6\times25}{12} = 12\frac{1}{2}$.

$\therefore$ 48 का $12\frac{1}{2}\% = 6$ है.

(*ii*) माना 18 का $x\% = 36$.

तब, $18 \times \frac{x}{100} = 36 \Rightarrow x = \frac{36 \times 100}{18} = 200.$

$\therefore$ 18 का 200% = 36 है.

प्रश्न 5. 3 किग्रा० का कितने प्रतिशत 12 ग्राम है?

हल : माना 3 किग्रा० का $x\%$ = 12 ग्राम.

तब, 3000 ग्राम का $\frac{x}{100} = 12$ ग्राम $\Rightarrow 30x = 12$.

$\therefore\ x = \frac{12}{30} = \frac{2}{5} = 0 \cdot 4.$

अत: 3 किग्रा० का 0·4% = 12 ग्राम.

प्रश्न 6. 4 : 5 = ?%

हल : $4:5 = \left(\frac{4}{5} \times 100\right)\% = 80\%.$

प्रश्न 7. ₹ 432 का $6\frac{2}{3}\%$ कितना होगा?

हल: ₹ 432 का $6\frac{2}{3}\% = ₹\left(432 \times \frac{20}{3} \times \frac{1}{100}\right) = ₹\,\frac{144}{5} = ₹\,28.80.$

प्रश्न 8. किसी भिन्न के अंश में 10% वृद्धि करने तथा इसके हर को 12% कम कर देने पर $\frac{15}{64}$ प्राप्त होता है. वह भिन्न क्या है?

हल: माना अभीष्ट भिन्न $= \frac{a}{b}$. तब,

$$\frac{a \text{ का } 110\%}{b \text{ का } 88\%} = \frac{15}{64} \Rightarrow \frac{a \times 110}{b \times 88} = \frac{15}{64}$$

$$\Rightarrow \frac{a}{b} = \left(\frac{15}{64} \times \frac{88}{110}\right) = \frac{3}{16}.$$

$\therefore$ अभीष्ट भिन्न $= \frac{3}{16}$.

प्रश्न 9. एक व्यक्ति अपनी मासिक आय का 12% बचत करता है. यदि उसका मासिक खर्च ₹ 19360 हो, तो उसकी मासिक आय कितनी है?

हल : बचत = मासिक आय का 12% $\Rightarrow$ खर्च = मासिक आय का 88%.

माना मासिक आय = ₹ x. तब

$$x \text{ का } 88\% = 19360 \Rightarrow x \times \frac{88}{100} = 19360$$

$$\Rightarrow x = \left(19360 \times \frac{100}{88}\right) = 22000.$$

अत: मासिक आय = ₹ 22000.

प्रश्न 10. एक मेज के अंकित मूल्य में 8% कटौती करने पर इसका मूल्य ₹ 4600 है. इसका अंकित मूल्य कितना है?

हल : माना मेज का अंकित मूल्य = ₹ x. तब,

मेज का विक्रय मूल्य = ₹ x का 92% $= \left(x \times \frac{92}{100}\right) = ₹\,\frac{23x}{25}.$

$\therefore\ \frac{23x}{25} = 4600 \Rightarrow x = \left(4600 \times \frac{25}{23}\right) = 5000.$

अत: मेज का अंकित मूल्य = ₹ 5000.

विशिष्ट चार प्रश्न : (संक्षिप्त विधि द्वारा)

प्रश्न 11. यदि A की आय B की आय से 25% अधिक हो तो B की आय A की आय से कितने प्रतिशत कम है?

हल : संक्षिप्त विधि :

$$\text{अभीष्ट } \% = \left\{\frac{R}{(100+R)} \times 100\right\}\% = \left(\frac{25}{125} \times 100\right)\% = 20\%.$$

प्रश्न 12. यदि A की ऊँचाई B की ऊँचाई से 20% कम हो, तो B की ऊँचाई, A की ऊँचाई से कितने प्रतिशत अधिक है?

हल : संक्षिप्त विधि :

$$\text{अभीष्ट } \% = \left\{\frac{R}{(100-R)} \times 100\right\}\% = \left(\frac{20}{80} \times 100\right)\% = 25\%.$$

प्रश्न 13. यदि चीनी के मूल्य में 20% वृद्धि हो जाये, तो एक गृहिणी को इसकी खपत कितने प्रतिशत कम करनी होगी कि इस पर खर्च न बढ़े?

हल : संक्षिप्त विधि :

$$\text{खपत में कमी } \% = \left\{\frac{R}{(100+R)} \times 100\right\}\% = \left(\frac{20}{120} \times 100\right)\% = 16\frac{2}{3}\%.$$

प्रश्न 14. चीनी के मूल्य में 10% कमी होने पर इसकी खपत में कितने प्रतिशत वृद्धि करनी होगी कि इस मद में खर्च पर कोई परिवर्तन न हो?

हल : संक्षिप्त विधि :

$$\text{खपत में वृद्धि } \% = \left\{\frac{R}{(100-R)} \times 100\right\}\% = \left(\frac{10}{90} \times 100\right)\% = 11\frac{1}{9}\%.$$

परीक्षा सम्बन्धी दो विशेष प्रश्न :

प्रश्न 15. सन्नी को एक परीक्षा में उत्तीर्ण होने के लिए 36% अंक प्राप्त करने थे. उसने 24% अंक प्राप्त किये तथा 9 अंकों से अनुत्तीर्ण रहा. पूर्णांक ज्ञात कीजिए.

हल : माना पूर्णांक = x. तब

x का 36% = (x का 24%) + 9

$\Rightarrow$ (x का 36%) − (x का 24%) = 9

$\Rightarrow$ (x का 12%) = 9 $\Rightarrow x \times \frac{12}{100} = 9$

$\Rightarrow x = \left(9 \times \frac{100}{12}\right) = 75.$

अत: पूर्णांक = 75.

प्रश्न 16. एक परीक्षा में एक छात्र ने 30% अंक लिए तथा वह 45 अंक से अनुत्तीर्ण हो गया. दूसरे छात्र ने 42% अंक लिए जो उत्तीर्ण होने के लिए आवश्यक न्यूनतम अंकों से 45 अंक अधिक हैं. पूर्णांक तथा उत्तीर्ण होने के लिए न्यूनतम अंक ज्ञात कीजिए.

हल: माना पूर्णांक = x. तब

(x का 30%) + 45 = (x का 42%) − 45

$\Rightarrow$ (x का 42%) − (x का 30%) = 90

$\Rightarrow x$ का $12\% = 90 \Rightarrow x \times \frac{12}{100} = 90$

$\Rightarrow x = \left(90 \times \frac{100}{12}\right) = 750.$

$\therefore$ पूर्णांक = 750. उत्तीर्ण होने के लिए न्यूनतम अंक $= \left(750 \times \frac{30}{100}\right) + 45 = (225 + 45) = 270.$

जनसंख्या सम्बन्धी तथा मशीनों के अवमूल्यन सम्बन्धी प्रश्न

प्रश्न 17. एक कस्बे की जनसंख्या 176400 है. इसमें 5% वार्षिक दर से वृद्धि होती है.

(i) दो वर्ष बाद कस्बे की जनसंख्या कितनी होगी?

(ii) दो वर्ष पूर्व कस्बे की जनसंख्या कितनी थी?

हल : (i) 2 वर्ष बाद कस्बे की जनसंख्या $= 176400 \times \left(1 + \frac{5}{100}\right)^2 = \left(176400 \times \frac{21}{20} \times \frac{21}{20}\right) = 194481.$

(ii) 2 वर्ष पूर्व कस्बे की जनसंख्या $= \frac{176400}{\left(1 + \frac{5}{100}\right)^2} = \left(176400 \times \frac{20}{21} \times \frac{20}{21}\right) = 160000.$

मशीन के अवमूल्यन पर प्रश्न (संक्षिप्त विधि द्वारा)

t **वर्ष बाद अवमूल्य = (क्रय मूल्य)** $\times \left(1 - \frac{R}{100}\right)^t$.

प्रश्न 18. एक मशीन ₹ 120000 में खरीदी गई. इसका 10% वार्षिक दर से अवमूल्यन हो जाता है. 2 वर्ष बाद इस मशीन का मूल्य क्या होगा?

हल : 2 वर्ष बाद मशीन का मूल्य $=$ ₹ $\left\{120000 \times \left(1 - \frac{10}{100}\right)^2\right\} =$ ₹ $\left(120000 \times \frac{9}{10} \times \frac{9}{10}\right) =$ ₹ 97200.

चुनाव सम्बन्धी प्रश्न :

प्रश्न 19. एक चुनाव में दो उम्मीदवार थे. हारने वाले उम्मीदवार ने 41% मत प्राप्त किये तथा वह 5580 मतों से पराजित हो गया. कुल मतों की संख्या कितनी थी?

हल : माना कुल मतों की संख्या $= x$.

हारने वाले उम्मीदवार द्वारा प्राप्त मत = 41%. जीतने वाले उम्मीदवार द्वारा प्राप्त मत = 59%.

(x का 59%) – (x का 41%) = 5580

$\Rightarrow \frac{59x}{100} - \frac{41x}{100} = 5580 \Rightarrow (59x - 41x) = 558000 \Rightarrow 18x = 558000 \Rightarrow x = 31000.$

अत: कुल मतों की संख्या = 31000.

प्रश्न 20. एक चुनाव में दो उम्मीदवार थे. एक उम्मीदवार ने कुल वैध मतों के 55% मत प्राप्त किये तथा 20% मत अवैध घोषित कर दिये गये. यदि कुल मतों की संख्या 7500 हो तो दूसरे उम्मीदवार ने कुल कितने वैध मत प्राप्त किये?

हल : अवैध मत $= \left(7500 \times \frac{20}{100}\right) = 1500$. वैध मत = (7500 – 1500) = 6000.

जीतने वाले उम्मीदवार को मिले वैध मतों की संख्या $= \left(6000 \times \frac{55}{100}\right) = 3300.$

हारने वाले उम्मीदवार को मिले वैध मतों की संख्या = (6000 – 3300) = 2700.

प्रश्न 21. एक चुनाव में दो उम्मीदवार थे. इस चुनाव में 8% मतदाताओं ने अपने मत का प्रयोग नहीं किया. जीतने वाले उम्मीदवार ने कुल मतों के 48% मत लेकर दूसरे उम्मीदवार को 1100 मतों से पराजित कर दिया. इस चुनाव में कुल कितने मतदाता थे?

हल : माना कुल मतदाता = 100.

तब, कुल मत पड़े = (100 – 8) = 92.

जीतने वाले उम्मीदवार को मिले मत = 48.

हारने वाले उम्मीदवार को मिले मत = (92 – 48) = 44.

अत: हारने वाला उम्मीदवार 4 मतों से पराजित रहा.

यदि मतों का अन्तर 4 है, तो कुल मतदाता = 100

यदि मतों का अन्तर 1100 है, तो कुल मतदाता $=\left(\frac{100}{4}\times 1100\right)=27500.$

प्रश्न 22. एक चुनाव में दो उम्मीदवार थे. इसमें मतदाता सूची में से 10% मतदाताओं ने अपने मताधिकार का प्रयोग नहीं किया तथा कुल डाले गये मतों के 10% मत अवैध घोषित कर दिये गये. सफल उम्मीदवार कुल वैध मतों के 54% मत प्राप्त करके 1620 मतों से जीत गया. मतदाता सूची में कुल कितने मतदाता थे? (एस०एस०सी० परीक्षा, 2003)

(*a*) 32500 (*b*) 27500 (*c*) 28950 (*d*) 25000

हल : माना कुल मतदाता = 100, डाले गये मत = 90. अवैध मत = 90 का 10% = 9.

वैध मत = (90 – 9) = 81.

मतों का अन्तर = 81 का (54% – 46%) = 81 का 8% $=\frac{(81\times 8)}{100}$.

यदि मतों का अन्तर $\frac{(81\times 8)}{100}$ है तो कुल मत = 100.

यदि मतों का अन्तर = 1620 है तो कुल मत $=\left(\frac{100\times 100\times 1620}{81\times 8}\right)=25000.$

प्रश्न 23. रमेश के वेतन में 20% वृद्धि कर दी गई. बढ़े हुए वेतन को 20% कम करने पर रमेश को कितने प्रतिशत लाभ अथवा हानि होगी?

हल : माना प्रारम्भिक वेतन = ₹ 100. वृद्धि के बाद वेतन = ₹ 120.

कम करने पर वेतन = ₹ 120 का 80% = ₹ $\left(120\times\frac{80}{100}\right)$ = ₹ 96.

कुल हानि = (100 – 96)% = 4%.

प्रश्न 24. एक वस्तु की कर की दर में 10% कमी कर दी गई तथा इसकी खपत में 10% वृद्धि कर दी गई. इससे राजस्व प्राप्ति पर क्या प्रभाव पड़ा?

हल : माना खपत = 100 इकाई तथा कर की दर = ₹ 100 प्रति इकाई.

कुल कर = ₹ (100 × 100) = ₹ 10000.

नई खपत = 110 इकाई तथा नई दर = ₹ 90 प्रति इकाई.

अब, कुल कर = (110 × 90) = ₹ 9900.

कर में कमी % $=\left(\frac{100}{10000}\times 100\right)\% = 1\%$.

राजस्व प्राप्ति = 1% कम.

प्रश्न 25. एक आयत की लम्बाई में 10% वृद्धि तथा चौड़ाई में 10% कमी करने पर इसके क्षेत्रफल में कितने प्रतिशत वृद्धि अथवा कमी होगी?

हल : माना आयत की लम्बाई = 100 मीटर तथा चौड़ाई = 100 मीटर.

तब, आयत का क्षेत्रफल = (100 × 100) वर्ग मीटर = 10000 वर्ग मीटर.

नई लम्बाई = 110 मीटर तथा नई चौड़ाई = 90 मीटर.

∴ नया क्षेत्रफल = (110 × 90) वर्ग मीटर = 9900 वर्ग मीटर.

क्षेत्रफल में कमी $\% = \left(\frac{100}{10000} \times 100\right)\% = 1\%$.

अत: आयत के क्षेत्रफल में 1% कमी होगी.

प्रश्न 26. चाय के मूल्य में 10% कमी होने के कारण ₹ 270 खर्च करने पर पहले से 250 ग्राम चाय अधिक आती है. चाय का पहले वाला भाव तथा नया भाव ज्ञात करें.

हल : माना पहले चाय की दर = ₹ x प्रति किग्रा०.

नई दर = ₹ $\left(x \times \frac{90}{100}\right)$/किग्रा० = ₹ $\frac{9x}{10}$/किग्रा०.

₹ 270 में पहले चाय की मात्रा $= \frac{270}{x}$ किग्रा०.

₹ 270 में अब चाय की मात्रा $= \frac{270}{(9x/10)}$ किग्रा० $= \frac{300}{x}$ किग्रा०.

$$\therefore \frac{300}{x} - \frac{270}{x} = \frac{250}{1000} = \frac{1}{4} \Rightarrow \frac{(300-270)}{x} = \frac{1}{4}$$

$$\Rightarrow \frac{30}{x} = \frac{1}{4} \Rightarrow x = (30 \times 4) = 120.$$

पहले चाय की दर = ₹ 120 प्रति किग्रा०.

नई चाय की दर = ₹ $\left(\frac{9}{10} \times 120\right)$ प्रति किग्रा० = ₹ 108 प्रति किग्रा०.

प्रश्न 27. नमक के 6 लीटर घोल में 5% नमक है. वाष्प द्वारा इस घोल में से 1 लीटर पानी निकाल दिये जाने पर शेष बचे घोल में कितने प्रतिशत नमक है?

हल : 6 लीटर घोल में नमक की मात्रा $= \left(6 \times \frac{5}{100}\right)$ लीटर $= \frac{3}{10}$ लीटर.

1 लीटर पानी निकल जाने पर घोल की मात्रा = 5 लीटर.

5 लीटर में नमक $= \frac{3}{10}$ लीटर.

नमक का $\% = \left(\frac{3}{10} \times \frac{1}{5} \times 100\right)\% = 6\%$.

प्रश्नमाला 10A

नीचे दिये गये प्रश्नों में से प्रत्येक में ठीक उत्तर को चिन्हांकित (✓) कीजिए :

1. ? का 52% = 182 **(बैंक पी०ओ० परीक्षा, 2010)**

(*a*) 354 (*b*) 350 (*c*) 360 (*d*) 380 (*e*) इनमें से कोई नहीं

2. 1260 का $33\frac{1}{3}\% + 755$ का $80\% = ?$ **(बैंक पी०ओ० परीक्षा, 2010)**

(*a*) 976 (*b*) 952 (*c*) 1024 (*d*) 1048 (*e*) इनमें से कोई नहीं

3. 540 का 75% का $1\frac{2}{5}$ का $\frac{2}{3}$ = ? **(बैंक पी०ओ० परीक्षा, 2010)**

(*a*) 378 (*b*) 756 (*c*) 252 (*d*) 332 (*e*) इनमें से कोई नहीं

4. 420 का 36% − 350 का 56% = ? − 94 **(बैंक पी०ओ० परीक्षा, 2010)**

(*a*) 48·2 (*b*) 49·2 (*c*) 138·8 (*d*) 158·8 (*e*) इनमें से कोई नहीं

5. 3842 का $\frac{1}{2}$ + ? का 15% = 2449 **(बैंक पी०ओ० परीक्षा, 2010)**

(*a*) 3520 (*b*) 3250 (*c*) 3350 (*d*) 3540 (*e*) इनमें से कोई नहीं

6. 420 का 25% − 140 का ? % = 77 **(बैंक पी०ओ० परीक्षा, 2010)**

(*a*) 25 (*b*) 36 (*c*) 20 (*d*) 40 (*e*) इनमें से कोई नहीं

7. 365 का 36% + 56·2 का ? % = 156·69 **(बैंक पी०ओ० परीक्षा, 2010)**

(*a*) 35 (*b*) 45 (*c*) 40 (*d*) 30 (*e*) इनमें से कोई नहीं

8. 250 का 14% + 150 का ? % = 140 **(बैंक पी०ओ० परीक्षा, 2010)**

(*a*) 15 (*b*) 18 (*c*) 16 (*d*) 12 (*e*) इनमें से कोई नहीं

9. 550 का ? % − 150 का 12% = 125 **(बैंक पी०ओ० परीक्षा, 2010)**

(*a*) 54 (*b*) 44 (*c*) 16 (*d*) 36 (*e*) इनमें से कोई नहीं

10. 160 का $\sqrt{?}$ % = 64 ÷ 2

(*a*) 20 (*b*) 400 (*c*) $\sqrt{20}$ (*d*) 40 (*e*) इनमें से कोई नहीं

11. 160 का 45% + 250 का 14% = ? − 23 **(बैंक पी०ओ० परीक्षा, 2010)**

(*a*) 120 (*b*) 138 (*c*) 130 (*d*) 140 (*e*) इनमें से कोई नहीं

12. 350 का 66% + ? = 1256 का $\frac{5}{8}$. **(बैंक पी०ओ० परीक्षा, 2010)**

(*a*) 521 (*b*) 496 (*c*) 554 (*d*) 568 (*e*) इनमें से कोई नहीं

13. (750 का 64%) ÷ 4 = ? ÷ 5 **(बैंक पी०ओ० परीक्षा, 2010)**

(*a*) 24 (*b*) 48 (*c*) 300 (*d*) 600 (*e*) इनमें से कोई नहीं

14. 3600 का $\frac{7}{9}$ का 45% का 35% = ? **(बैंक पी०ओ० परीक्षा, 2008)**

(*a*) 441 (*b*) 414 (*c*) 444 (*d*) 411 (*e*) इनमें से कोई नहीं

15. 4240 का $\frac{3}{5}$ का 75% का 25% = ? **(बैंक पी०ओ० परीक्षा, 2008)**

(*a*) 595 (*b*) 424 (*c*) 348 (*d*) 477 (*e*) इनमें से कोई नहीं

16. (240 का 5·6%) − (480 का 0·3%) = ? **(बैंक पी०ओ० परीक्षा, 2006)**

(*a*) 8·43 (*b*) 9·33 (*c*) 7·53 (*d*) 8·33 (*e*) इनमें से कोई नहीं

17. (980 का 12%) − (450 का ? %) = 227 का 30% **(बैंक पी०ओ० परीक्षा, 2006)**

(*a*) 14 (*b*) 17 (*c*) 11 (*d*) 8 (*e*) इनमें से कोई नहीं

18. (280 का ? %) + (550 का 18%) = 143·8

(*a*) 11 (*b*) 18 (*c*) 21 (*d*) 16 (*e*) इनमें से कोई नहीं

19. 1245 का 15·5% − 1458 का 12·5% = ? **(बैंक पी०ओ० परीक्षा, 2008)**

(*a*) 10·725 (*b*) 10·735 (*c*) 10·745 (*d*) 10·755 (*e*) इनमें से कोई नहीं

20. 530 का 20·3% + 225 का 16·8% = ? **(बैंक पी०ओ० परीक्षा, 2008)**

(*a*) 123·27 (*b*) 145·39 (*c*) 165·49 (*d*) 186·57 (*e*) इनमें से कोई नहीं

21. 220 का 18·5% + 680 का 12·4% = ? **(बैंक पी०ओ० परीक्षा, 2009)**

(*a*) 132·05 (*b*) 125·02 (*c*) 142·07 (*d*) 118·07 (*e*) इनमें से कोई नहीं

22. $0{\cdot}05 = ?\ \%$

(*a*) 50 (*b*) 5 (*c*) ·05 (*d*) ·5 (*e*) इनमें से कोई नहीं

23. $\cdot 025 = ?\ \%$

(*a*) ·25 (*b*) 25 (*c*) 2·5 (*d*) 37·5 (*e*) इनमें से कोई नहीं

24. $5 : 4 = ?\ \%$

(*a*) 80 (*b*) 120 (*c*) 125 (*d*) 60 (*e*) 75

25. $22{\cdot}5\% = ?$

(*a*) 2·25 (*b*) 0·225 (*c*) 0·0225 (*d*) 22·5 (*e*) इनमें से कोई नहीं

26. ? का 16% = ·008

(*a*) ·5 (*b*) ·05 (*c*) ·005 (*d*) ·0005 (*e*) इनमें से कोई नहीं

27. 130 का ? % = 11·7

(*a*) 90 (*b*) 9 (*c*) ·9 (*d*) ·09 (*e*) इनमें से कोई नहीं

28. $\dfrac{80 \text{ का } 30\%}{?} = 24$

(*a*) $\frac{3}{10}$ (*b*) $\frac{3}{17}$ (*c*) 1 (*d*) 2 (*e*) 3

29. 24 का ? % = 64

(*a*) $133\frac{1}{3}$ (*b*) $37\frac{1}{2}$ (*c*) $266\frac{2}{3}$ (*d*) $2\frac{2}{3}$ (*e*) इनमें से कोई नहीं

30. यदि 500 का $x\%$ = 300 का $y\%$ तथा 200 का $y\%$ का $x\%$ = 60 हो, तो x = ?

(*a*) $10\sqrt{2}$ (*b*) $20\sqrt{2}$ (*c*) $15\sqrt{2}$ (*d*) $30\sqrt{2}$ (*e*) इनमें से कोई नहीं

(बैंक पी०ओ० परीक्षा, 2009)

31. एक संख्या के 45% का 15% यदि 105·3 हो, तो इस संख्या का 24% कितना है ?

(*a*) 385·5 (*b*) 374·4 (*c*) 390 (*d*) 375 (*e*) इनमें से कोई नहीं

(बैंक पी०ओ० परीक्षा, 2009)

32. 500 का $\frac{6}{7}$ का 42% का 35% = ? **(बैंक पी०ओ० परीक्षा, 2009)**

(*a*) 36 (*b*) 44 (*c*) 52 (*d*) 60 (*e*) इनमें से कोई नहीं

33. एक संख्या का $\frac{1}{5}$ यदि 81 हो, तो उस संख्या का 68% क्या होगा ? **(बैंक पी०ओ० परीक्षा, 2008)**

(*a*) 195·2 (*b*) 275·4 (*c*) 225·6 (*d*) 165·8 (*e*) इनमें से कोई नहीं

34. व्यंजक x^3y^2 में x तथा y के मानों में क्रमशः 25% तथा 20% कमी करने पर व्यंजक के मान में कितने प्रतिशत कमी आयेगी ?

(*a*) 63% (*b*) 66% (*c*) 71% (*d*) 73%

35. एक भिन्न के अंश में 25% वृद्धि करें तथा हर दुगुना करें तो प्राप्त भिन्न $\frac{5}{9}$ है. मूल भिन्न क्या है ?

(*a*) $\frac{2}{3}$ (*b*) $\frac{4}{9}$ (*c*) $\frac{8}{9}$ (*d*) निर्धारित नहीं की जा सकती

(*e*) इनमें से कोई नहीं **(बैंक पी०ओ० परीक्षा, 2009)**

36. एक भिन्न के अंश में 220% वृद्धि करने तथा हर में 150% वृद्धि करने पर परिणामी भिन्न $\frac{4}{5}$ है. मूल भिन्न क्या है ? **(बैंक पी०ओ० परीक्षा, 2009)**

(*a*) $\frac{5}{8}$ (*b*) $\frac{3}{5}$ (*c*) $\frac{4}{5}$ (*d*) $\frac{5}{6}$ (*e*) इनमें से कोई नहीं

37. एक भिन्न के अंश में 200% वृद्धि करने तथा हर में 400% वृद्धि करने पर परिणामी भिन्न $1\frac{1}{20}$ प्राप्त होती है. मूल भिन्न क्या है ? **(बैंक पी०ओ० परीक्षा, 2009)**

(*a*) $1\frac{3}{4}$ (*b*) $1\frac{1}{10}$ (*c*) $1\frac{1}{5}$ (*d*) $1\frac{1}{2}$ (*e*) इनमें से कोई नहीं

38. आधे घण्टे का 1 मिनट 10 सैकण्ड कौन-सा प्रतिशत है ?

(*a*) 2·5% (*b*) 3·89% (*c*) 3·5% (*d*) 4%

39. 6·8 किग्रा० का कितने प्रतिशत 17 ग्राम है ?

(*a*) 25% (*b*) 2·5% (*c*) 0·25% (*d*) 0·025%

40. 2 किवन्टल, 2·5 किग्रा० का कितने प्रतिशत है ?

(*a*) 0·8% (*b*) 8% (*c*) 80% (*d*) 800% (*e*) 8000%

41. 75 मिलीलीटर, 1·75 लीटर का कितने प्रतिशत है ?

(*a*) $21\frac{2}{3}\%$ (*b*) $4\frac{2}{7}\%$ (*c*) $47\frac{2}{7}\%$ (*d*) इनमें से कोई नहीं

42. 30 क्विन्टल, 2 मीट्रिक-टन का कितने प्रतिशत है ?

(*a*) 15% (*b*) 1·5% (*c*) 30% (*d*) 150%

43. $\sqrt{80 \text{ का } 7\cdot2\%} = ?$

(*a*) 5·6 (*b*) 3·6 (*c*) 2·4 (*d*) इनमें से कोई नहीं

44. किसी भिन्न के अंश में 15% वृद्धि करने तथा हर में 8% कमी करने पर $\frac{15}{16}$ प्राप्त होता है. मूल भिन्न क्या है ?

(*a*) $\frac{3}{5}$ (*b*) $\frac{3}{4}$ (*c*) $\frac{3}{7}$ (*d*) $\frac{2}{3}$

45. यदि दो संख्यायें एक तीसरी संख्या से क्रमशः 30% तथा 40% अधिक हों, तो दूसरी से पहली संख्या का प्रतिशत कितना है ? **(रेलवे परीक्षा, 2006)**

(*a*) 85% (*b*) $92\frac{6}{7}\%$ (*c*) $79\frac{1}{2}\%$ (*d*) $63\frac{2}{3}\%$

46. दो संख्यायें एक तीसरी संख्या से क्रमशः $12\frac{1}{2}\%$ तथा 25% अधिक हैं. पहली संख्या दूसरी संख्या का कितने प्रतिशत है ? **(एस०एस०सी० परीक्षा, 2010)**

(*a*) 90% (*b*) 87·5% (*c*) 25% (*d*) 12·5%

47. $\frac{1}{2}\%$ का मान दशमलव भिन्न में क्या होगा ? **(रेलवे परीक्षा, 2006)**

(*a*) ·0005 (*b*) ·005 (*c*) ·05 (*d*) ·5

48. यदि *A* की आय *B* की आय से 10% अधिक हो, तो *B* की आय, *A* की आय से कितने प्रतिशत कम है ?

(*a*) 10% (*b*) $9\frac{1}{2}\%$ (*c*) $9\frac{1}{11}\%$ (*d*) 9%

49. यदि नीता का वेतन पायल के वेतन से 25% अधिक हो, तो पायल का वेतन, नीता के वेतन से कितने प्रतिशत कम है ? **(एस०एस०सी० परीक्षा, 2006)**

(*a*) 25% (*b*) 20% (*c*) 15% (*d*) 32%

50. यदि *A* की आय *B* की आय से 30% अधिक हो, तो *B* की आय, *A* की आय से कितने प्रतिशत कम है ?

(*a*) 30% (*b*) $13\frac{1}{3}\%$ (*c*) $23\frac{1}{13}\%$ (*d*) $26\frac{2}{3}\%$

51. यदि अनिल की ऊँचाई दीपक की ऊँचाई से 60% अधिक हो, तो दीपक की ऊँचाई, अनिल की ऊँचाई से कितने प्रतिशत कम है ?

(*a*) 60% (*b*) 40% (*c*) $37\frac{1}{2}\%$ (*d*) इनमें से कोई नहीं

52. यदि x, y से 10% अधिक हो, तो y, x से कितने प्रतिशत कम है ?
(a) $9\frac{1}{11}\%$ (b) $8\frac{1}{11}\%$ (c) $7\frac{1}{11}\%$ (d) $10\frac{1}{11}\%$

53. यदि A की आय, B की आय से 20% कम हो तो B की आय, A की आय से कितने प्रतिशत अधिक है ?
(a) 20% (b) 25% (c) 30% (d) 35%

54. यदि A की आय, B की आय से 25% कम हो, तो B की आय, A की आय से कितने प्रतिशत अधिक है ?
(a) 25% (b) 30% (c) $33\frac{1}{3}\%$ (d) $66\frac{2}{3}\%$
(एस०एस०सी० परीक्षा, 2010)

55. यदि A की आय, B की आय से 50% कम हो तो B की आय, A की आय से कितने प्रतिशत अधिक है ?
(a) 50% (b) 75% (c) 100% (d) 125%
(एस०एस०सी० परीक्षा, 2010)

56. यदि A का 60% = B का $\frac{3}{4}$ हो, तो $A : B = ?$ (एस०एस०सी० परीक्षा, 2010)
(a) 9 : 20 (b) 20 : 9 (c) 4 : 5 (d) 5 : 4

57. 740 का 35% एक संख्या से 34 अधिक है. इस संख्या का $\frac{2}{5}$ कितना है ? (बैंक पी०ओ० परीक्षा, 2010)
(a) 45 (b) 90 (c) 180 (d) 120 (e) इनमें से कोई नहीं

58. किसी वस्तु की 10% तथा 10% की दो क्रमवार मूल्य वृद्धियाँ किस एकमात्र मूल्य-वृद्धि के समतुल्य है ?
(a) 19% (b) 20% (c) 21% (d) 22%
(एस०एस०सी० परीक्षा, 2010)

59. किसी वस्तु के मूल्य में पहले 10% की वृद्धि तथा इसके उपरान्त 20% की वृद्धि की गई. यदि अन्तिम बढ़ा हुआ मूल्य ₹ 33 हो, तो प्रारम्भिक मूल्य कितना था ? (एस०एस०सी० परीक्षा, 2010)
(a) ₹ 30 (b) ₹ 27·50 (c) ₹ 26·50 (d) ₹ 25

60. 20% तथा 5% के दो क्रमवार बट्टे किस एकमात्र बट्टे के समतुल्य हैं ? (एस०एस०सी० परीक्षा, 2010)
(a) 25% (b) 24% (c) 18% (d) 15%

61. यदि किसी संख्या में 20% की वृद्धि की जाये तथा परिणामी संख्या में पुन: 20% की वृद्धि की जाये, तो कुल वृद्धि कितने प्रतिशत होगी ? (एस०एस०सी० परीक्षा, 2010)
(a) 40% (b) 48% (c) 44% (d) 41%

62. जोसेफ की आय में 10% कमी कर दी गई. उसकी आय को पूर्व स्तर पर लाने हेतू नई आय में कितने प्रतिशत की वृद्धि करनी होगी ? (एस०एस०सी० परीक्षा, 2010)
(a) $12\frac{1}{2}\%$ (b) $11\frac{1}{9}\%$ (c) 10% (d) 11%

63. एक संख्या में से 600 के 75% का दो-तिहाई घटाने पर प्राप्त संख्या 320 है. मूल संख्या कितनी है ?
(a) 300 (b) 620 (c) 720 (d) 500 (e) इनमें से कोई नहीं
(बैंक पी०ओ० परीक्षा, 2010)

64. फलों के मूल्य में 30% कमी करने पर उनकी बिक्री 40% अधिक हो जाती है. इससे विक्रय-मूल्य पर क्या प्रभाव पड़ेगा ? (बैंक पी०ओ० परीक्षा, 2010)
(a) 22% वृद्धि (b) 22% कमी (c) 2% वृद्धि (d) 2% कमी (e) इनमें से कोई नहीं

65. चीनी के भाव में 40% वृद्धि होने पर किसी परिवार को चीनी की वार्षिक खपत कितने प्रतिशत कम करनी होगी जिससे परिवार का खर्च न बढ़े ? (एस०एस०सी० परीक्षा, 2010)
(a) $24\frac{4}{7}\%$ (b) $28\frac{4}{7}\%$ (c) $29\frac{4}{7}\%$ (d) $30\frac{4}{7}\%$

66. किसी वस्तु के भाव में 20% वृद्धि होने पर उस वस्तु की खपत कितने प्रतिशत कम की जाये कि खर्च न बढ़े ?

(*a*) 16% (*b*) $16\frac{2}{3}\%$ (*c*) $16\frac{1}{3}\%$ (*d*) 18%

(एस०एस०सी० परीक्षा, 2010)

67. चीनी के मूल्य में 10% कमी होने पर कोई गृहिणी ₹ 1116 में 6·2 किग्रा० चीनी अधिक खरीद सकती है. चीनी का घटा हुआ मूल्य प्रति किग्रा० कितना है ? **(एस०एस०सी० परीक्षा, 2009)**

(*a*) ₹ 12 (*b*) ₹ 14 (*c*) ₹ 16 (*d*) ₹ 18

68. किसी वस्तु पर 10% कर कम कर देने पर कुल राजस्व अपरिवर्तित रहता है. इस वस्तु के उपभोग में कितने प्रतिशत वृद्धि हुई ? **(रेलवे परीक्षा, 2002)**

(*a*) $11\frac{1}{9}\%$ (*b*) 20% (*c*) 10% (*d*) $9\frac{1}{11}\%$

69. यदि जल-कर में 20% वृद्धि होने पर पानी की खपत 20% कम कर दी जाये, तो कुल कर में कितने प्रतिशत कमी अथवा वृद्धि होगी ?

(*a*) 5% कमी (*b*) 4% कमी (*c*) 4% वृद्धि (*d*) अपरिवर्तनीय

70. किसी वस्तु के मूल्य में 20% कटौती कर दी गई. इसे पूर्व मूल्य पर लाने हेतू कितने प्रतिशत वृद्धि करनी होगी ?

(*a*) 20% (*b*) 25% (*c*) $16\frac{2}{3}\%$ (*d*) 24%

71. किसी वस्तु पर दलाली की दर 4% से बढ़कर 5% होने पर भी एक दलाल की आय अपरिवर्तित रही. उसके व्यापार में कितने प्रतिशत कमी आई ? **(जीवन बीमा निगम परीक्षा, 2009)**

(*a*) 1% (*b*) 8% (*c*) 9% (*d*) 20%

72. पटसन के भाव में 20% कमी आने पर इसका भाव ₹ 800 प्रति क्विन्टल हो गया. इसका प्रारम्भिक भाव प्रति क्विन्टल कितना था ?

(*a*) ₹ 640 (*b*) ₹ 900 (*c*) ₹ 960 (*d*) ₹ 1000

73. खाद्य तेलों में 25% की वृद्धि होने पर एक गृहिणी को अपनी तेल की खपत कितने प्रतिशत कम करनी होगी कि इस मद पर खर्च न बढ़े ? **(एस०एस०सी० परीक्षा, 2005)**

(*a*) 16% (*b*) 18% (*c*) 20% (*d*) 25%

74. किसी वस्तु पर कर में 20% वृद्धि होने पर इसकी खपत में 20% कमी कर दी गई. इस वस्तु पर कुल कर प्राप्ति में :—

(*a*) कोई अन्तर नहीं हुआ (*b*) 4% की वृद्धि हुई (*c*) 4% की कमी हुई

(*d*) 5% की कमी हुई (*e*) 5% की वृद्धि हुई

75. एक दुकानदार ₹ 45 में एक कापी बेचता है तथा 4% लाभ कमाता है. वह एक पैंसिल बॉक्स ₹ 80 में बेचता है तथा इस पर 20% लाभ कमाता है. यदि वह प्रतिदिन 10 कापियाँ तथा 6 पैंसिल बॉक्स बेचे तो 2 सप्ताह में वह कितना धन कमायेगा ? **(बैंक पी०ओ० परीक्षा, 2010)**

(*a*) ₹ 1956 (*b*) ₹ 1586 (*c*) ₹ 1496 (*d*) ₹ 1596 (*e*) इनमें से कोई नहीं

76. अमन का खर्च विमल के खर्च से 30% अधिक है तथा विमल का खर्च रमन के खर्च से 10% कम है. यदि तीनों के खर्च का योग ₹ 6447 हो, तो अमन का खर्च कितना है ? **(बैंक पी०ओ० परीक्षा, 2009)**

(*a*) ₹ 2200 (*b*) ₹ 2457 (*c*) ₹ 1890 (*d*) ₹ 2100 (*e*) इनमें से कोई नहीं

77. पैट्रोल के मूल्य में 10% कमी होने पर एक उपभोक्ता को पैट्रोल की खपत में कितनी वृद्धि करनी होगी जिससे उसका पैट्रोल पर खर्च न घटे ? **(रेलवे परीक्षा, 2006)**

(*a*) $11\frac{1}{9}\%$ (*b*) $12\frac{1}{3}\%$ (*c*) $10\frac{1}{2}\%$ (*d*) 14%

78. एक व्यक्ति की मासिक आय ₹ 13500 थी तथा उसका मासिक व्यय ₹ 9000 था. अगले वर्ष उसकी मासिक आय में 14% वृद्धि तथा व्यय में 7% वृद्धि हुई. उसकी बचत में कितने प्रतिशत वृद्धि हुई ?

(*a*) 7% (*b*) 21% (*c*) 28% (*d*) 35%

(एस०एस०सी० परीक्षा, 2005)

79. किसी बाल्टी में $66\frac{2}{3}\%$ भरी होने की तुलना में 80% भरी होने पर 2 लीटर अधिक पानी आता है. बाल्टी की धारिता (क्षमता) कितनी है ? **(एस०एस०सी० परीक्षा, 2005)**

(*a*) 10 लीटर (*b*) 15 लीटर (*c*) $16\frac{2}{3}$ लीटर (*d*) 20 लीटर

80. 50 किग्रा० शीशे वं टिन के मिश्रण में 60% शीशा है. इस मिश्रण में कितना शीशा मिलाने पर बने मिश्रण में 75% शीशा हो जायेगा ? **(दिल्ली पुलिस परीक्षा, 2009)**

(*a*) 20 किग्रा० (*b*) 25 किग्रा० (*c*) 30 किग्रा० (*d*) 40 किग्रा०

81. यदि 7% लवण वाले 12 लीटर घोल को उबाल कर 4 लीटर पानी को वाष्पित कर दिया जाये तो शेष बचे घोल में लवण का प्रतिशत कितना है ? **(एस०एस०सी० परीक्षा, 2009)**

(*a*) 10·5% (*b*) 11·5% (*c*) 12% (*d*) 13%

82. 50% अम्लीय 9 लीटर द्रव में कितना पानी मिलाया जाये कि अम्लीय सान्द्रता 30% रह जाये ?

(*a*) 4·5 लीटर (*b*) 3 लीटर (*c*) 6 लीटर (*d*) 7·5 लीटर

(एम०बी०ए० परीक्षा, 2010)

83. 300 ग्राम चीनी के घोल में 40% चीनी है. इसमें कितने ग्राम चीनी और मिलाई जाये कि नये घोल में 50% चीनी हो ?

(*a*) 10 ग्राम (*b*) 40 ग्राम (*c*) 60 ग्राम (*d*) 80 ग्राम

84. 3 लीटर चीनी के घोल में 40% चीनी है. इस घोल में एक लीटर पानी मिलाये जाने पर नये घोल में कितने प्रतिशत चीनी होगी ?

(*a*) $13\frac{1}{3}\%$ (*b*) 15% (*c*) 30% (*d*) 33%

85. चीनी तथा पानी के 12 लीटर घोल में 4% चीनी है. घोल को गर्म करके वाष्प द्वारा 2 लीटर पानी उड़ा दिये जाने पर शेष घोल में कितने प्रतिशत चीनी है ?

(*a*) 1·4% (*b*) 5·2% (*c*) 4·8% (*d*) 3·4%

86. 40% एल्कोहल के 5 लीटर विलयन में 1 लीटर पानी डालने पर नये विलयन में एल्कोहल की मात्रा कितनी होगी ?

(*a*) 30% (*b*) 33% (*c*) $33\frac{2}{3}\%$ (*d*) $33\frac{1}{3}\%$

(एस०एस०सी० परीक्षा, 2007)

87. 50% एल्कोहल की मात्रा वाले 9 ग्राम शेविंग लोशन में कितने ग्राम पानी मिलाया जाये कि लोशन में एल्कोहल की मात्रा 30% हो जाये ? **(रेलवे परीक्षा, 2005)**

(*a*) 4 ग्राम (*b*) 5 ग्राम (*c*) 6 ग्राम (*d*) 7 ग्राम

88. सोने तथा चाँदी की 50 ग्राम मिश्रधातु में भार के रूप में 80% सोना है. इस धातु में कितना सोना और मिलाया जाये कि मिश्रधातु में 95% सोना हो ? **(एस०एस०सी० परीक्षा, 2005)**

(*a*) 200 ग्राम (*b*) 150 ग्राम (*c*) 50 ग्राम (*d*) 10 ग्राम

89. सेब के मूल्य में 25% कमी होने पर एक ग्राहक को ₹ 240 में 2 किग्रा० अधिक सेब मिलते हैं. घटा मूल्य प्रति किग्रा० कितना है ? **(एम०बी०ए० परीक्षा, 2004)**

(*a*) ₹ 30 (*b*) ₹ 35 (*c*) ₹ 40 (*d*) ₹ 45

90. यदि मिटाने वाली रबड़ों के भाव में 25% कमी हो जाये, तो कोई व्यक्ति एक रुपये में 2 रबड़ और अधिक खरीद सकता है. ₹ 1 में प्राप्त रबड़ों की संख्या कितनी है ? **(एस०एस०सी० परीक्षा, 2005)**

(*a*) 8 (*b*) 6 (*c*) 4 (*d*) 2

91. किसी वस्तु के मूल्य में $33\frac{1}{3}\%$ कमी होने पर ₹ 1 में 4 वस्तुयें अधिक खरीदी जा सकती हैं. घटने से पहले वस्तु का मूल्य कितना था ? **(एस०एस०सी० परीक्षा, 2005)**

(*a*) ₹ 1 की 2 (*b*) ₹ 1 की 4 (*c*) ₹ 1 की 8 (*d*) ₹ 1 की 12

92. एक परीक्षा में उत्तीर्ण होने के लिए 35% अंक लेने होते हैं. एक अभ्यर्थी को 40 अंक मिले तथा वह 30 अंकों से अनुत्तीर्ण हो गया. परीक्षा के अधिकतम अंक कितने हैं ? **(बैंक पी०ओ० परीक्षा, 2009)**

(*a*) 280 (*b*) 180 (*c*) 200 (*d*) 150 (*e*) 210

93. किसी परीक्षा के लिए उत्तीर्णांक 40% हैं. एक विद्यार्थी ने 185 अंक प्राप्त किये तथा वह 15 अंकों से अनुत्तीर्ण हो गया. परीक्षा के अधिकतम अंक कितने हैं ? **(एस०एस०सी० परीक्षा, 2010)**

(*a*) 200 (*b*) 300 (*c*) 500 (*d*) 400

94. एक परीक्षा में लड़कियों तथा लड़कों के लिए उत्तीर्ण प्रतिशतता क्रमशः 35% तथा 40% है. एक लड़के ने 483 अंक प्राप्त किये तथा वह 117 अंकों से अनुत्तीर्ण रहा. लड़कियों के लिए न्यूनतम उत्तीर्ण अंक कितने हैं ?

(*a*) 425 (*b*) 520 (*c*) 500 (*d*) 625 (*e*) इनमें से कोई नहीं

(बैंक पी०ओ० परीक्षा, 2010)

95. किसी परीक्षा में *A* तथा *B* क्रमशः अधिकतम अंकों का 60% तथा 30% अंक प्राप्त करते हैं. इनके प्राप्तांकों का योग 783 है. परीक्षा में पूर्णांक कितने थे ? **(रेलवे परीक्षा, 2009)**

(*a*) 850 (*b*) 870 (*c*) 900 (*d*) 960

96. किसी परीक्षा में 5% अभ्यर्थी अयोग्य घोषित हुए तथा योग्य अभ्यर्थियों में से 85% परीक्षार्थी सामान्य वर्ग के थे. यदि 4275 योग्य अभ्यर्थी अन्य वर्गों से हों, तो कुल कितने अभ्यर्थियों ने आवेदन किया ?

(*a*) 30000 (*b*) 35000 (*c*) 37000 (*d*) इनमें से कोई नहीं

(रेलवे परीक्षा, 2009)

97. एक परीक्षार्थी 30% अंक प्राप्त करके 5 अंकों से अनुत्तीर्ण हो जाता है. एक अन्य विद्यार्थी 40% अंक प्राप्त करके आवश्यक न्यूनतम अंकों से 10 अंक अधिक प्राप्त करता है. उत्तीर्ण होने के लिए आवश्यक न्यूनतम अंक कितने हैं ? **(एस०एस०सी० परीक्षा, 2006)**

(*a*) 50 (*b*) 70 (*c*) 100 (*d*) 150

98. एस परीक्षार्थी ने 30% अंक प्राप्त किये तथा वह 108 अंकों से अनुत्तीर्ण रहा. दूसरे परीक्षार्थी ने 52% अंक प्राप्त किये जो उत्तीर्ण होने के लिए आवश्यक अंकों से 24 अधिक हैं. उत्तीर्ण होने के लिए कम से कम कितने प्रतिशत अंक चाहियें ?

(*a*) 33% (*b*) 36% (*c*) 45% (*d*) 48%

99. एक छात्र को परीक्षा में उत्तीर्ण होने के लिए 40% अंक लेने थे. उसने 178 अंक प्राप्त किये तथा 22 अंकों से अनुत्तीर्ण घोषित किया गया. कुल पूर्णांक कितने थे ?

(*a*) 200 (*b*) 500 (*c*) 800 (*d*) 1000

100. एक परीक्षा में कमल ने 70% अंक प्राप्त किये. उसे चार विषयों में से तीन विषयों में क्रमशः 81%, 66% तथा 61% अंक मिले. चौथे विषय में उसे कितने अंक मिले ?

(*a*) 65% (*b*) 66% (*c*) 67% (*d*) 72%

101. एक परीक्षा में 900 लड़कियाँ तथा 1100 लड़के बैठे. इनमें से 40% लड़कियाँ तथा 50% लड़के उत्तीर्ण हुये. कुल कितने प्रतिशत विद्यार्थी अनुत्तीर्ण रहे ?

(*a*) 45% (*b*) 45·5% (*c*) 54·5% (*d*) 59·2%

102. किसी परीक्षा में 60% विद्यार्थी अंग्रेजी में तथा 70% गणित में उत्तीर्ण हुए. यदि 20% विद्यार्थी दोनों विषयों में अनुत्तीर्ण रहे हों तथा 2500 विद्यार्थी दोनों विषयों में उत्तीर्ण रहे हों, तो कुल परीक्षार्थियों की संख्या कितनी है?

(*a*) 3000 (*b*) 3500 (*c*) 4000 (*d*) 5000

(एस०एस०सी० परीक्षा, 2007)

103. एक परीक्षा में 42% अभ्यर्थी गणित में तथा 52% अभ्यर्थी अंग्रेजी में अनुत्तीर्ण हुए. यदि 17% अभ्यर्थी दोनों विषयों में अनुत्तीर्ण हुए हों तथा दोनों विषयों में 46 अभ्यर्थी उत्तीर्ण हुए हों, तो कुल अभ्यर्थियों की संख्या कितनी है?

(*a*) 100 (*b*) 200 (*c*) 300 (*d*) 350

(एस०एस०सी० परीक्षा, 2009)

104. किसी कक्षा के 72% विद्यार्थियों ने जीव विज्ञान तथा 44% ने गणित विषय चुना. यदि प्रत्येक विद्यार्थी ने जीव विज्ञान तथा गणित में से कम से कम एक विषय चुना हो तथा 40 विद्यार्थियों ने ये दोनों विषय चुने हों, तो कक्षा में कुल कितने विद्यार्थी हैं? **(एस०एस०सी० परीक्षा, 2010)**

(*a*) 200 (*b*) 240 (*c*) 250 (*d*) 320

105. एक कक्षा के तीन सैक्शन हैं जिनमें क्रमश: 40, 50 तथा 60 छात्र हैं. इनमें से क्रमश: 10%, 20% तथा 10% उत्तीर्ण हुये. पूरी कक्षा में कितने प्रतिशत विद्यार्थी उत्तीर्ण हुए?

(*a*) $13\frac{1}{3}\%$ (*b*) $16\frac{2}{3}\%$ (*c*) 15% (*d*) 20%

106. खिलौनों के मूल्य में प्रति खिलौना 20% वृद्धि किये जाने पर इनकी बिक्री की संख्या 15% कम हो गई. खिलौनों के बिक्री मूल्य में कितना परिवर्तन हुआ? **(एस०एस०सी० परीक्षा, 2010)**

(*a*) 2% की वृद्धि (*b*) 2% की कमी (*c*) 4% की वृद्धि (*d*) 4% की कमी

107. अजय अपने वेतन का 25% घर के किराये, 5% खाद्यान्न, 15% यात्रा तथा 10% कपड़ों पर खर्च करता है तथा ₹ 27000 की बचत करता है. अजय की मासिक आय कितनी है? **(बैंक पी०ओ० परीक्षा, 2010)**

(*a*) ₹ 60000 (*b*) ₹ 80500 (*c*) ₹ 60700 (*d*) ₹ 70500 (*e*) इनमें से कोई नहीं

108. कौशल के मासिक वेतन का 12%, नन्दिनी के मासिक वेतन के 16% के समान है. सुरेश का मासिक वेतन नन्दिनी के मासिक वेतन का आधा है. सुरेश का वार्षिक वेतन ₹ 1·08 लाख है. कौशल का मासिक वेतन कितना है?

(*a*) ₹ 20000 (*b*) ₹ 18000 (*c*) ₹ 26000 (*d*) ₹ 24000 (*e*) इनमें से कोई नहीं

(बैंक पी०ओ० परीक्षा, 2010)

109. कोई व्यक्ति अपनी आय का 80% खर्च करता है. निर्वाह खर्च में वृद्धि होने के कारण उसके खर्च में $37\frac{1}{2}\%$ की वृद्धि होती है तथा उसकी आय में $16\frac{2}{3}\%$ की वृद्धि होती है. उस व्यक्ति की वर्तमान बचत कितनी है?

(*a*) $5\frac{3}{7}\%$ (*b*) $5\frac{5}{7}\%$ (*c*) $6\frac{2}{3}\%$ (*d*) $6\frac{1}{3}\%$

(जीवन बीमा निगम परीक्षा, 2010)

110. राम अपनी मासिक आय का 20% अपनी घरेलू आवश्यकताओं पर, शेष आय का 15% पुस्तकों पर तथा शेष आय का 30% कपड़ों पर खर्च करता है. अब, उसके पास ₹ 9520 बचते हैं. उसकी मासिक आय कितनी है?

(*a*) ₹ 15000 (*b*) ₹ 10000 (*c*) ₹ 20000 (*d*) इनमें से कोई नहीं

(रेलवे परीक्षा, 2009)

111. नताशा ने अपने मासिक वेतन का 45% खरीदारी पर खर्च करने का निर्णय लिया. ₹ 11475 खर्च करने के बाद उसे ज्ञात हुआ कि यह धन उसके द्वारा खर्च किये जाने वाली राशि का 60% था. नताशा का वेतन कितना है?

(*a*) ₹ 29600 (*b*) ₹ 38800 (*c*) ₹ 42500 (*d*) निर्धारित नहीं किया जा सकता

(*e*) इनमें से कोई नहीं **(बैंक पी०ओ० परीक्षा, 2009)**

112. मि० अग्रवाल ने अपने धन का 30% भाग अपनी पत्नी को दे दिया. शेष धन का आधा अपनी पुत्री को दे दिया तथा बचे हुए धन को अपने 5 पुत्रों में बराबर-बराबर बाँट दिया. यदि प्रत्येक लड़के को ₹ 14000 मिले हों, तो उसके पास कुल कितना धन था? **(एस०एस०सी० परीक्षा, 2009)**

(*a*) ₹ 175000 (*b*) ₹ 200000 (*c*) ₹ 100000 (*d*) इनमें से कोई नहीं

113. एक विद्यालय में छात्राओं का $\frac{1}{5}$ भाग तथा छात्रों का $\frac{1}{4}$ भाग, 12 वर्ष से कम आयु के हैं. यदि विद्यालय में कुल 1000 विद्यार्थी हों तथा इनका $\frac{2}{5}$ भाग छात्रायें हों, तो 12 वर्ष तथा उससे अधिक आयु के कितने प्रतिशत विद्यार्थी हैं? **(एम०बी०ए० परीक्षा, 2006)**

(*a*) 23% (*b*) 45% (*c*) 55% (*d*) 77%

114. दिया गया है कि *A* की आय का 10% = *B* की आय का 15% = *C* की आय का 20%. यदि *A*, *B* तथा *C* की कुल आय का योग ₹ 78000 हो, तो *B* की आय कितनी है?

(*a*) ₹ 36000 (*b*) ₹ 30000 (*c*) ₹ 24000 (*d*) ₹ 18000

115. मोहन ने अपनी कुल सम्पत्ति अपनी पत्नि, तीन पुत्रों, दो पुत्रियों तथा 5 नात्ती-नातिनियों में इस प्रकार वितरित की कि प्रत्येक नाती-नातिन को प्रत्येक पुत्र का $\frac{1}{8}$ भाग तथा प्रत्येक पुत्री का $\frac{1}{10}$ भाग मिले. उसकी पत्नि को उसके पुत्रों एवं पुत्रियों के कुल भाग का 40% मिले. यदि प्रत्येक पुत्री को ₹ 1·25 लाख मिले हों, तो उसकी पत्नि एवं तीन नाती-नातिनियों को कुल कितना धन मिला? **(बैंक पी०ओ० परीक्षा, 2005)**

(*a*) ₹ 32500 (*b*) ₹ 257500 (*c*) ₹ 282500 (*d*) निर्धारित नहीं किया जा सकता
(*e*) इनमें से कोई नहीं

116. एक कालिज के सभी छात्रों में से 12% छात्रों की रुचि खेलों में है. कुल छात्रों के 10% की रुचि गायन में है तथा कुल छात्रों के तीन-चौथाई की रुचि नृत्य में है और शेष 15 छात्रों की रुचि किसी गतिविधि में नहीं है. कालिज में कुल कितने छात्र हैं? **(बैंक पी०ओ० परीक्षा, 2010)**

(*a*) 450 (*b*) 500 (*c*) 600 (*d*) निर्धारित नहीं किया जा सकता
(*e*) इनमें से कोई नहीं

117. एक मेले में किसी दिन 35000 दर्शक पहुँचे तथा उनसे ₹ 950000 प्रवेश राशि प्राप्त की गई. यदि प्रवेश शुल्क व्यस्क के लिए ₹ 40 तथा बच्चे के लिए ₹ 20 हो तथा 10% दर्शकों को नि:शुल्क पास मिला हो, तो मेले में कितने बच्चे थे? **(होटल मैनेजमैन्ट परीक्षा, 2010)**

(*a*) 12500 (*b*) 15500 (*c*) 16000 (*d*) 31500

118. किसी विद्यालय में लड़के तथा लड़कियाँ 3 : 2 के अनुपात में हैं. यदि 20% लड़के तथा 30% लड़कियाँ छात्रवृत्ति लेने वाले हों, तो छात्रवृत्ति न लेने वाले विद्यार्थियों का प्रतिशत कितना है? **(एस०एस०सी० परीक्षा, 2007)**

(*a*) 50% (*b*) 72% (*c*) 75% (*d*) 76%

119. किसी परिवार के चावल, मछली तथा खाद्य तेल पर किये जाने वाले व्यय 12 : 17 : 3 के अनुपात में हैं. इन वस्तुओं के मूल्यों में क्रमश: 20%, 30% तथा 50% की वृद्धि हो जाती है. परिवार के इन वस्तुओं पर किये जाने वाले व्यय में कुल कितनी वृद्धि होगी? **(एस०एस०सी० परीक्षा, 2007)**

(*a*) $14\frac{1}{8}\%$ (*b*) $7\frac{1}{8}\%$ (*c*) $50\frac{1}{8}\%$ (*d*) $28\frac{1}{8}\%$

120. यदि *A* की आय का 5% = *B* की आय का 15% तथा *B* की आय का 10% = *C* की आय का 20% हो तथा *B* की आय ₹ 8000 हो, तो तीनों की कुल आय कितनी है?

(*a*) ₹ 28000 (*b*) ₹ 32000 (*c*) ₹ 36000 (*d*) ₹ 24000

121. एक एम०आर०आई० मशीन का मूल्य ₹ 1 करोड़ है. विक्रेता कम्पनी इस पर 5% छूट देती है. छूट की राशि कितनी है?

(*a*) ₹ 50 हजार (*b*) ₹ 5 लाख (*c*) ₹ 50 लाख (*d*) ₹ 75 लाख

122. एक कर्मचारी की मासिक आय में $2\frac{2}{3}\%$ वृद्धि करने पर उसे ₹ 720 अधिक मिलते हैं. उसकी मासिक आय कितनी है ?
(*a*) ₹ 20000 (*b*) ₹ 27000 (*c*) ₹ 36000 (*d*) ₹ 54000

123. तुलसीराम का वेतन कश्यप के वेतन से 20% अधिक है. यदि तुलसीराम की बचत ₹ 720 हो जो उसके वेतन का 4% है, तो कश्यप का वेतन कितना है ? **(एस०एस०सी० परीक्षा, 2009)**
(*a*) ₹ 12000 (*b*) ₹ 15000 (*c*) ₹ 14400 (*d*) ₹ 22000

124. एक विद्यार्थी को किसी राशि का $3\frac{1}{2}\%$ ज्ञात करने के लिए कहा गया. उसने त्रुटिवश उस राशि का $5\frac{1}{2}\%$ ज्ञात किया जो ₹ 220 था. सही उत्तर क्या है ? **(एस०एस०सी० परीक्षा, 2009)**
(*a*) ₹ 120 (*b*) ₹ 140 (*c*) ₹ 160 (*d*) ₹ 150

125. एक कर्मचारी की मजदूरी पहले 40% कम कर दी गई तथा उसके बाद उसमें 50% वृद्धि की गई. उसे कितने प्रतिशत लाभ अथवा हानि हुई ?
(*a*) 10% लाभ (*b*) 10% हानि (*c*) न लाभ न हानि (*d*) इनमें से कोई नहीं

126. किसी परीक्षा में *A* तथा *B* क्रमशः अधिकतम अंकों का 60% तथा 30% अंक प्राप्त करते हैं. इनके प्राप्तांकों का योग 783 है. परीक्षा में पूर्णांक कितने हैं ? **(रेलवे परीक्षा, 2009)**
(*a*) 850 (*b*) 870 (*c*) 900 (*d*) 960

127. 1 से 70 तक की कितने प्रतिशत संख्याओं के वर्ग के अन्त में 1 आता है ? **(रेलवे परीक्षा, 2009)**
(*a*) 14 (*b*) 21 (*c*) 18 (*d*) 20

128. सोनू ने मोना से 10% अधिक निवेश किया तथा मोना ने रघु से 10% कम निवेश किया. यदि तीनों ने कुल ₹ 5780 निवेश किये हों तो रघु ने कितना धन निवेश किया ? **(बैंक पी०ओ० परीक्षा, 2010)**
(*a*) ₹ 2010 (*b*) ₹ 2000 (*c*) ₹ 2100 (*d*) ₹ 2210 (*e*) इनमें से कोई नहीं

129. एक कम्पनी को बॉल-बीयरिंग की दो किस्तें मिलती हैं तथा दूसरी किस्त पहली किस्त से दुगुनी है. पहली किस्त में 1% बॉल-बीयरिंग खराब थी तथा दूसरी किस्त में 4·5% खराब थी. यदि कुल 100 बॉल-बीयरिंग खराब हों, तो पहली किस्त में कितनी बॉल-बीयरिंग थी ? **(एस०एस०सी० परीक्षा, 2005)**
(*a*) 990 (*b*) 2000 (*c*) 1000 (*d*) 3000

130. एक परीक्षा में 150 प्रश्न दिये गये तथा प्रत्येक प्रश्न का 1 अंक है. मीनल ने प्रथम 75 प्रश्नों में से 80% प्रश्नों का सही उत्तर दिया. कुल 60% अंक प्राप्त करने हेतू उसे शेष प्रश्नों में से कितने प्रश्नों का सही उत्तर देना चाहिए ?
(*a*) 60 (*b*) 20 (*c*) 50 (*d*) 40 (*e*) इनमें से कोई नहीं
(बैंक पी०ओ० परीक्षा, 2006)

131. किसी जनपद की जनसंख्या 8500 है. इसमें प्रथम वर्ष में 20% वृद्धि हो तथा द्वितीय वर्ष में 25% वृद्धि हो, तो 2 वर्ष बाद इसकी जनसंख्या क्या होगी ? **(एस०एस०सी० परीक्षा, 2006)**
(*a*) 10950 (*b*) 12750 (*c*) 11950 (*d*) 12550

132. किसी सम्पत्ति का मूल्य प्रति वर्ष उसके प्रारम्भिक वर्ष की तुलना में 10% कम हो जाता है. यदि सम्पत्ति का वर्तमान मूल्य ₹ 81000 हो, तो 2 वर्ष पहले उसका मूल्य कितना था ?
(*a*) ₹ 72000 (*b*) ₹ 90000 (*c*) ₹ 100000 (*d*) इनमें से कोई नहीं

133. एक गाँव में प्रतिवर्ष 10% बच्चों की वृद्धि होती है. यदि वर्ष 2003 में बच्चों की संख्या 2000 हो, तो वर्ष 2006 में बच्चों की संख्या कितनी होगी ? **(बैंक पी०ओ० परीक्षा, 2010)**
(*a*) 2600 (*b*) 2620 (*c*) 2862 (*d*) 2682 (*e*) इनमें से कोई नहीं

134. किसी कस्बे की जनसंख्या में पहले वर्ष 5% की वृद्धि हुई तथा दूसरे वर्ष 5% की कमी हुई. यदि दूसरे वर्ष के अन्त में इसकी जनसंख्या 7980 हो, तो पहले वर्ष के प्रारम्भ में जनसंख्या कितनी थी ?
(*a*) 7890 (*b*) 8900 (*c*) 9800 (*d*) 8000
(एम०बी०ए० परीक्षा, 2010)

135. एक राज्य की जनसंख्या में प्रतिवर्ष 10% की वृद्धि होती है. यदि वर्ष 2003 में इस राज्य की जनसंख्या 15 लाख हो, तो वर्ष 2005 में इसकी जनसंख्या कितनी थी ? **(बैंक पी०ओ० परीक्षा, 2009)**

(*a*) 16·5 लाख (*b*) 15·5 लाख (*c*) 17·25 लाख (*d*) 18·25 लाख (*e*) इनमें से कोई नहीं

136. एक नगर की जनसंख्या 48600 है. यदि पहले वर्ष में इसमें 25% वृद्धि हो तथा दूसरे वर्ष में 8% घटोतरी हो, तो 2 वर्ष के अन्त में इस नगर की जनसंख्या कितनी होगी ? **(बैंक पी०ओ० परीक्षा, 2008)**

(*a*) 65610 (*b*) 55580 (*c*) 60750 (*d*) 64850 (*e*) इनमें से कोई नहीं

137. 3 वर्ष पूर्व एक कस्बे की जनसंख्या 160000 थी. यदि यह प्रतिवर्ष क्रमशः 3%, 2·5% तथा 5% की दर से बढ़ी हो, तो इसकी वर्तमान जनसंख्या कितनी है ? **(एम०बी०ए० परीक्षा, 2004)**

(*a*) 176432 (*b*) 176800 (*c*) 177366 (*d*) 178234

138. एक मकान का मूल्य ₹ 500000 है तथा इसके मूल्य में 10% प्रतिवर्ष कमी आती है. कितने वर्ष में इसका मूल्य ₹ 364500 हो जायेगा ? **(एम०बी०ए० परीक्षा, 2004)**

(*a*) 3 वर्ष (*b*) 4 वर्ष (*c*) 5 वर्ष (*d*) 6 वर्ष

139. एक नये स्कूटर का मूल्य ₹ 25000 है. प्रत्येक वर्ष के अन्त में इसका मूल्य उस वर्ष के आरम्भ के मूल्य का 80% रह जाता है. 3 वर्ष बाद स्कूटर का मूल्य क्या होगा ? **(मैनेजमैन्ट परीक्षा, 2006)**

(*a*) ₹ 10000 (*b*) ₹ 12000 (*c*) ₹ 12500 (*d*) ₹ 12800

140. एक मशीन का मूल्य 10% वार्षिक दर से घटता है. यह 3 वर्ष पूर्व खरीदी गई थी. यदि इसका वर्तमान मूल्य ₹ 87480 हो, तो इसका क्रय-मूल्य कितना था ?

(*a*) ₹ 100000 (*b*) ₹ 113724 (*c*) ₹ 120000 (*d*) इनमें से कोई नहीं

141. एक मशीन का क्रय-मूल्य ₹ 200000 है. यदि इसका 10% वार्षिक दर से अवमूल्यन हो, तो 3 वर्ष बाद इसका मूल्य कितना होगा ?

(*a*) ₹ 60000 (*b*) ₹ 140000 (*c*) ₹ 145800 (*d*) ₹ 266200

142. एक व्यक्ति ने ₹ 72900 में एक भूखण्ड खरीद कर उस पर ₹ 133100 की लागत से मकान बनाया. यदि भूखण्ड के मूल्य में 10% वार्षिक दर से वृद्धि हो तथा बिल्डिंग के मूल्य में 10% वार्षिक दर से कमी हो, तो कितने समय बाद दोनों का मूल्य समान हो जायेगा ?

(*a*) $2\frac{1}{2}$ वर्ष (*b*) 2 वर्ष (*c*) $1\frac{1}{2}$ वर्ष (*d*) 3 वर्ष

143. प्रत्येक वर्षान्त में एक तालाब में मेंढ़कों की संख्या में 10% की वृद्धि होती है. वर्षारम्भ 2004 में तालाब में 214000 मेंढ़क थे. वर्ष 2006 के अन्त में तालाब में मेंढ़कों की संख्या क्या होगी ? **(बैंक पी०ओ० परीक्षा, 2005)**

(*a*) 235400 (*b*) 268940 (*c*) 264328 (*d*) 298644 (*e*) इनमें से कोई नहीं

144. 72 बच्चे एक कक्षा में कतारों तथा स्तम्भों में इस प्रकार खड़े हैं कि प्रत्येक कतार में बच्चों की संख्या, प्रत्येक स्तम्भ में बच्चों की संख्या से 12·5% अधिक है. प्रत्येक कतार में बच्चों की संख्या कितनी है ?

(*a*) 9 (*b*) 8 (*c*) 18 (*d*) 12

(मैट्रो रेल दिल्ली, 2009)

145. यदि किसी वर्ग की प्रत्येक भुजा में 10% की वृद्धि कर दी जाये तो इसके क्षेत्रफल में कितनी वृद्धि होगी ?

(*a*) 10% (*b*) 21% (*c*) 44% (*d*) 100%

(एस०एस०सी० परीक्षा, 2010)

146. एक आयत की लम्बाई में 10% की वृद्धि तथा चौड़ाई में 10% कमी करने पर नये आयत के क्षेत्रफल में:

(*a*) 1% की वृद्धि होगी (*b*) 1% की कमी होगी (*c*) 10% की कमी होगी

(*d*) न कोई कमी होगी तथा न वृद्धि **(एस०एस०सी० परीक्षा, 2007, 2010)**

147. किसी वर्ग की प्रत्येक भुजा में 30% वृद्धि करने पर इसके क्षेत्रफल में कितने प्रतिशत वृद्धि होगी ?

(*a*) 30% (*b*) 45% (*c*) 60% (*d*) इनमें से कोई नहीं

148. एक वर्ग की लम्बाई तथा चौड़ाई में क्रमश: 40% तथा 30% वृद्धि करने पर प्राप्त आयत का क्षेत्रफल दिये गये वर्ग के क्षेत्रफल से कितने प्रतिशत अधिक होगा ?

(*a*) 42% (*b*) 62% (*c*) 82% (*d*) इनमें से कोई नहीं

149. एक आयत की लम्बाई में 20% वृद्धि करने तथा चौड़ाई में 20% कमी करने पर इसके क्षेत्रफल में कितने प्रतिशत कमी आयेगी ?

(*a*) 0·8% (*b*) 1·2% (*c*) 4% (*d*) 8%

150. एक आयत की लम्बाई में 60% वृद्धि करने पर इसकी चौड़ाई कितने प्रतिशत कम करनी होगी जिससे इसका क्षेत्रफल पूर्ववत् रहे ?

(*a*) 37·5% (*b*) 60% (*c*) 30% (*d*) 32·5%

151. किसी वृत्त की त्रिज्या में 50% वृद्धि होने पर इसके क्षेत्रफल में कितने प्रतिशत वृद्धि होगी ?

(*a*) 25% (*b*) 50% (*c*) 12·5% (*d*) 125%

152. किसी गोले की त्रिज्या में 50% कमी होने पर इसके पृष्ठ के क्षेत्रफल में कितने प्रतिशत कमी होगी ?

(*a*) 25% (*b*) 50% (*c*) 75% (*d*) 100%

153. क्रमश: 1 सेमी०, 2 सेमी० तथा 3 सेमी० अर्द्धव्यास वाली तीन गोलाकार ठोस गेंदों को पिघलाकर एक बड़ी गोलाकार गेंद बनाई गई है. यदि इस प्रक्रिया में 25% सामग्री नष्ट हुई हो, तो नई गेंद का अर्द्धव्यास कितना होगा ?

(*a*) 6 सेमी० (*b*) 5 सेमी० (*c*) 3 सेमी० (*d*) 2 सेमी०

(एस०एस०सी० परीक्षा, 2010)

154. एक चुनाव में दो उम्मीदवार थे. एक उम्मीदवार 30% मत लेकर 16000 मतों से हार गया. कुल कितने मत पड़े ?

(*a*) 24000 (*b*) 28000 (*c*) 30000 (*d*) 40000

(एस०एस०सी० परीक्षा, 2000)

155. एक चुनाव में दो उम्मीदवार थे. इसमें कुल 7500 मत पड़े. इन मतों में से 20% मतों को अवैध घोषित कर दिया गया. यदि एक उम्मीदवार को वैध मतों के 55% मत मिले हों तो दूसरे उम्मीदवार को कितने वैध मत मिले ?

(*a*) 2700 (*b*) 2900 (*c*) 3000 (*d*) 3100

156. एक चुनाव में दो उम्मीदवार थे. इस चुनाव में 68 मत अवैध घोषित कर दिये गये. जीतने वाले उम्मीदवार ने 52% मत प्राप्त किये तथा वह 98 मतों से जीता. कुल कितने मत पड़े ?

(*a*) 2518 (*b*) 2450 (*c*) 2382 (*d*) इनमें से कोई नहीं

157. दो उम्मीदवारों के बीच एक चुनाव में एक उम्मीदवार को कुल वैध मतों के 55% मत मिले. यदि कुल मत 15200 हों तथा 15% मत अवैध घोषित कर दिये गये हों, तो दूसरे उम्मीदवार को कितने वैध मत मिले ?

(*a*) 7106 (*b*) 6840 (*c*) 8360 (*d*) 5814 (*e*) इनमें से कोई नहीं

(बैंक पी०ओ० परीक्षा, 2009)

158. एक चुनाव में दो उम्मीदवार हैं. एक उम्मीदवार को 71% मत मिलते हैं तथा वह 756 मतों से चुनाव जीत जाता है. कुल मतों की संख्या कितनी है ?

(*a*) 1890 (*b*) 1800 (*c*) 1860 (*d*) 1850

159. दो उम्मीदवारों के बीच हुए एक चुनाव में एक उम्मीदवार को कुल वैध मतों के 52% मत मिले तथा कुल मतों के 25% मत अवैध हैं. यदि कुल मतों की संख्या 8400 हो, तो दूसरे उम्मीदवार को कितने वैध मत मिले ?

(*a*) 3276 (*b*) 3196 (*c*) 3024 (*d*) निर्धारित नहीं किया जा सकता

(*e*) इनमें से कोई नहीं **(बैंक पी०ओ० परीक्षा, 2008)**

160. एक कक्षा में लड़कों की संख्या लड़कियों से 16% अधिक है. कक्षा में लड़कों की संख्या का लड़कियों की संख्या से क्रमश: अनुपात क्या है ? **(बैंक पी०ओ० परीक्षा, 2010)**

(*a*) 27 : 22 (*b*) 29 : 21 (*c*) 29 : 25 (*d*) निर्धारित नहीं किया जा सकता

(*e*) इनमें से कोई नहीं

161. एक परीक्षा में रितिज ने 52%, सुनील ने 64% तथा रवि ने 74% अंक प्राप्त किये. यदि परीक्षा के अधिकतम अंक 750 हों, तो तीनों लड़कों के औसत प्राप्तांक कितने हैं ? **(बैंक पी०ओ० परीक्षा, 2010)**

(*a*) 475 (*b*) 485 (*c*) 450 (*d*) 490 (*e*) इनमें से कोई नहीं

162. एक जिले की जनसंख्या 296000 है जिनमें से 166000 पुरुष हैं. कुल जनसंख्या का 50% शिक्षित हैं. यदि कुल पुरुषों का 70% शिक्षित हों, तो शिक्षित स्त्रियों की संख्या कितनी है ? **(मैनेजमैन्ट परीक्षा, 2006)**

(*a*) 31800 (*b*) 32200 (*c*) 48000 (*d*) 66400

163. 605 टॉफी कुछ बच्चों में बराबर बराबर इस प्रकार बाँटी गई कि प्रत्येक बच्चे को कुल बच्चों की संख्या के 20% के बराबर टॉफी मिले. प्रत्येक बच्चे को कितनी टॉफियाँ मिली ? **(बैंक पी०ओ० परीक्षा, 2006)**

(*a*) 11 (*b*) 24 (*c*) 45 (*d*) ज्ञात नहीं किया जा सकता

(*e*) इनमें से कोई नहीं

164. एक पेड़ की ऊँचाई में प्रतिवर्ष उसकी ऊँचाई का $\frac{1}{8}$ वृद्धि होती है. यदि अब इस पेड़ की ऊँचाई 8 मीटर हो, तो $2\frac{1}{2}$ वर्ष में इसकी ऊँचाई में कितनी वृद्धि होगी ? **(रेलवे परीक्षा, 2006)**

(*a*) 2·76 मीटर (*b*) 3·84 मीटर (*c*) 10·76 मीटर (*d*) इनमें से कोई नहीं

165. गेहूँ के मूल्य में 20% कमी होने के कारण एक व्यक्ति ₹ 600 में पहले से 10 किग्रा० गेहूँ अधिक खरीद सकता है. भाव में कमी होने के बाद गेहूँ का भाव कितना है ?

(*a*) ₹ 11·50 प्रति किग्रा० (*b*) ₹ 12·50 प्रति किग्रा० (*c*) ₹ 12 प्रति किग्रा० (*d*) ₹ 15 प्रति किग्रा०

166. एक छात्रावास में 600 लड़के हैं. इनमें से प्रत्येक लड़का हाकी अथवा फुटबाल अथवा दोनों खेल खेलता है. यदि 75% लड़के हाकी तथा 45% लड़के फुटबाल खेलते हों, तो कितने विद्यार्थी दोनों खेल खेलते हैं ?

(*a*) 48 (*b*) 60 (*c*) 80 (*d*) 120

167. एक कार्यालय में 72% कर्मचारी चाय पीते हैं तथा 44% कॉफी पीते हैं. यदि प्रत्येक कर्मचारी चाय अथवा कॉफी अवश्य पीता हो तथा 40 कर्मचारी चाय तथा कॉफी दोनों पीते हों, तो इस कार्यालय में कुल कितने कर्मचारी हैं ?

(*a*) 200 (*b*) 240 (*c*) 250 (*d*) 320

168. एक परीक्षा में 35% विद्यार्थी एक विषय में तथा 42% दूसरे विषय में अनुत्तीर्ण रहे जबकि 15% विद्यार्थी दोनों विषयों में अनुत्तीर्ण रहे. यदि कुल परीक्षार्थियों की संख्या 2500 हो, तो केवल एक ही विषय में कितने विद्यार्थी उत्तीर्ण रहे ?

(*a*) 325 (*b*) 1175 (*c*) 2125 (*d*) इनमें से कोई नहीं

169. एक दुकानदार अपने ग्राहकों से क्रय-मूल्य से 15% अधिक मूल्य लेता है. यदि एक ग्राहक ने सोफा-सैट ₹ 9039 में खरीदा हो, तो दुकानदार ने इसे कितने में खरीदा ? **(बैंक पी०ओ० परीक्षा, 2006)**

(*a*) ₹ 7680 (*b*) ₹ 7860 (*c*) ₹ 7660 (*d*) ₹ 7880 (*e*) इनमें से कोई नहीं

170. पहले किसी संख्या को 10% कम कर दिया गया. इसके बाद इसमें 10% वृद्धि कर दी गई. इस प्रकार प्राप्त संख्या प्रारम्भिक संख्या से 50 कम है. प्रारम्भिक संख्या क्या है ? **(एस०एस०सी० परीक्षा, 2005)**

(*a*) 5000 (*b*) 5050 (*c*) 5500 (*d*) 5900

उत्तरमाला (प्रश्नमाला 10A)

1. (*b*)	**2.** (*c*)	**3.** (*a*)	**4.** (*b*)	**5.** (*a*)	**6.** (*c*)	**7.** (*b*)	**8.** (*e*)	**9.** (*e*)	**10.** (*b*)
11. (*c*)	**12.** (*c*)	**13.** (*d*)	**14.** (*a*)	**15.** (*d*)	**16.** (*e*)	**17.** (*c*)	**18.** (*d*)	**19.** (*a*)	**20.** (*b*)
21. (*b*)	**22.** (*b*)	**23.** (*c*)	**24.** (*c*)	**25.** (*b*)	**26.** (*b*)	**27.** (*b*)	**28.** (*c*)	**29.** (*c*)	**30.** (*d*)
31. (*b*)	**32.** (*e*)	**33.** (*b*)	**34.** (*d*)	**35.** (*c*)	**36.** (*a*)	**37.** (*a*)	**38.** (*b*)	**39.** (*c*)	**40.** (*e*)
41. (*b*)	**42.** (*d*)	**43.** (*c*)	**44.** (*b*)	**45.** (*b*)	**46.** (*a*)	**47.** (*b*)	**48.** (*c*)	**49.** (*b*)	**50.** (*c*)
51. (*c*)	**52.** (*a*)	**53.** (*b*)	**54.** (*c*)	**55.** (*c*)	**56.** (*d*)	**57.** (*b*)	**58.** (*c*)	**59.** (*d*)	**60.** (*b*)
61. (*c*)	**62.** (*b*)	**63.** (*b*)	**64.** (*d*)	**65.** (*b*)	**66.** (*b*)	**67.** (*d*)	**68.** (*a*)	**69.** (*b*)	**70.** (*b*)

71. (*d*)	**72.** (*d*)	**73.** (*c*)	**74.** (*c*)	**75.** (*d*)	**76.** (*b*)	**77.** (*a*)	**78.** (*c*)	**79.** (*b*)	**80.** (*c*)
81. (*a*)	**82.** (*c*)	**83.** (*c*)	**84.** (*c*)	**85.** (*c*)	**86.** (*d*)	**87.** (*c*)	**88.** (*b*)	**89.** (*a*)	**90.** (*b*)
91. (*c*)	**92.** (*c*)	**93.** (*c*)	**94.** (*e*)	**95.** (*b*)	**96.** (*a*)	**97.** (*a*)	**98.** (*d*)	**99.** (*b*)	**100.** (*d*)
101. (*c*)	**102.** (*d*)	**103.** (*b*)	**104.** (*c*)	**105.** (*a*)	**106.** (*a*)	**107.** (*a*)	**108.** (*d*)	**109.** (*b*)	**110.** (*c*)
111. (*c*)	**112.** (*b*)	**113.** (*d*)	**114.** (*c*)	**115.** (*b*)	**116.** (*b*)	**117.** (*b*)	**118.** (*d*)	**119.** (*d*)	**120.** (*c*)
121. (*b*)	**122.** (*b*)	**123.** (*b*)	**124.** (*b*)	**125.** (*b*)	**126.** (*b*)	**127.** (*d*)	**128.** (*b*)	**129.** (*c*)	**130.** (*d*)
131. (*b*)	**132.** (*c*)	**133.** (*e*)	**134.** (*d*)	**135.** (*e*)	**136.** (*e*)	**137.** (*c*)	**138.** (*a*)	**139.** (*d*)	**140.** (*c*)
141. (*c*)	**142.** (*d*)	**143.** (*e*)	**144.** (*a*)	**145.** (*b*)	**146.** (*b*)	**147.** (*d*)	**148.** (*c*)	**149.** (*c*)	**150.** (*a*)
151. (*d*)	**152.** (*c*)	**153.** (*c*)	**154.** (*d*)	**155.** (*a*)	**156.** (*a*)	**157.** (*d*)	**158.** (*b*)	**159.** (*c*)	**160.** (*b*)
161. (*a*)	**162.** (*a*)	**163.** (*a*)	**164.** (*a*)	**165.** (*c*)	**166.** (*d*)	**167.** (*c*)	**168.** (*b*)	**169.** (*b*)	**170.** (*a*)

दिये गये प्रश्नों के हल — प्रश्नमाला 10A

1. माना x का 52% = 182. तब, $x\times\frac{52}{100}=182.$

$\therefore\ x=\left(182\times\frac{100}{52}\right)=350.$

2. 1260 का $\frac{100}{3}$% + 755 का 80% $=\left(1260\times\frac{100}{3}\times\frac{1}{100}\right)+\left(755\times\frac{80}{100}\right)$

$=(420+604)=1024.$

3. 540 का 75% का $\frac{7}{5}$ का $\frac{2}{3}=\left(540\times\frac{75}{100}\times\frac{7}{5}\times\frac{2}{3}\right)=378.$

4. माना (420 का 36%) – (350 का 56%) = $x-94$. तब,

$\left(420\times\frac{36}{100}\right)-\left(350\times\frac{56}{100}\right)+94=x$

$\Rightarrow x=\left(\frac{756}{5}-196+94\right)=(151\cdot2+94-196)$

$=(245\cdot2-196)=49\cdot2.$

5. माना $\left(3842 \text{ का } \frac{1}{2}\right)+(x \text{ का } 15\%)=2449.$ तब,

$\left(x\times\frac{15}{100}\right)=(2449-1921)=528\Rightarrow\frac{3x}{20}=528$

$\Rightarrow x=\left(528\times\frac{20}{3}\right)=3520.$

6. माना (420 का 25%) – (140 का x%) = 77. तब,

$\left(420\times\frac{25}{100}\right)-77=\left(140\times\frac{x}{100}\right)$

$\Rightarrow\frac{7x}{5}=(105-77)=28\Rightarrow x=\left(28\times\frac{5}{7}\right)=20.$

7. माना (365 का 36%) + (56·2 का x%) = 156·69. तब

$\frac{(56\cdot2\times x)}{100}=(156\cdot69-131\cdot40)=25\cdot29$

$\Rightarrow x=\frac{25\cdot29\times100}{56\cdot2}=45.$

8. माना 250 का 14% + 150 का x% = 140. तब,

$$\frac{(150\times x)}{100}=140-\left(250\times\frac{14}{100}\right)=(140-35)=105$$

$$\Rightarrow\frac{3x}{2}=105\Rightarrow x=\left(105\times\frac{2}{3}\right)=70.$$

9. माना (550 का x%) – (150 का 12%) = 125. तब,

$$550\times\frac{x}{100}=(125+18)\Rightarrow\frac{11x}{2}=143\Rightarrow x=\left(143\times\frac{2}{11}\right)=26.$$

10. माना 160 का $\sqrt{x}\%=32$. तब,

$$160\times\frac{\sqrt{x}}{100}=32\Rightarrow\sqrt{x}=\left(32\times\frac{5}{8}\right)=20\Rightarrow x=(20)^2=400.$$

11. माना 160 का 45% + 250 का 14% = x – 23. तब,
$x = (72 + 35 + 23) = 130.$

12. माना 350 का 66% + x = 1256 का $\frac{5}{8}$. तब,
$x = (785 - 231) = 554.$

13. माना $\frac{750 \text{ का } 64\%}{4}=\frac{x}{5}$. तब $\frac{x}{5}=\frac{480}{4}=120$.
$\therefore x = (120 \times 5) = 600.$

14. 3600 का $\frac{7}{9}$ का 45% का 35%

$$=\left(3600\times\frac{7}{9}\times\frac{45}{100}\times\frac{35}{100}\right)=441.$$

15. 4240 का $\frac{3}{5}$ का 75% का 25%

$$=\left(4240\times\frac{3}{5}\times\frac{75}{100}\times\frac{25}{100}\right)=477.$$

16. (240 का 5·6%) – (480 का 0·3%)

$$=\left(240\times\frac{56}{1000}\right)-\left(480\times\frac{3}{1000}\right)=\left(\frac{336}{25}-\frac{36}{25}\right)=\frac{(336-36)}{25}=\frac{300}{25}=12.$$

17. माना (980 का 12%) – (450 का x%) = (227 का 30%). तब,

$$\left(450\times\frac{x}{100}\right)=\left(980\times\frac{12}{100}\right)-\left(227\times\frac{30}{100}\right)$$

$$\Rightarrow\frac{9x}{2}=(117\cdot6-68\cdot1)=49\cdot5\Rightarrow x=\left(49\cdot5\times\frac{2}{9}\right)=11.$$

18. माना (280 का x%) + (550 का 18%) = 143·8

तब, $\left(280\times\frac{x}{100}\right)+\left(550\times\frac{18}{100}\right)=143\cdot8$

$$\Rightarrow\frac{14x}{5}=(143\cdot8-99)=44\cdot8\Rightarrow x=\left(\frac{44\cdot8\times5}{14}\right)=(3\cdot2\times5)=16.$$

19. 1245 का 15·5% – 1458 का 12·5%

$$= \left(1245 \times \frac{31}{2} \times \frac{1}{100}\right) - \left(1458 \times \frac{25}{2} \times \frac{1}{100}\right)$$

$$= \frac{(249 \times 31)}{40} - \frac{729}{4} = \frac{(7719 - 7290)}{40} = \frac{429}{40} = 10 \cdot 725.$$

20. 530 का 20·3% + 225 का 16·8%

$$= \left(530 \times \frac{203}{1000}\right) + \left(\frac{225 \times 168}{1000}\right) = \left(\frac{10759}{100} + \frac{189}{5}\right) = \frac{(10759 + 3780)}{100}$$

$$= \frac{14539}{100} = 145 \cdot 39.$$

21. 220 का 18·5% + 680 का 12·4%

$$= \left(220 \times \frac{37}{2 \times 100}\right) + \left(680 \times \frac{124}{1000}\right) = \left(\frac{407}{10} + \frac{2108}{25}\right) = \frac{(4070 + 8432)}{100}$$

$$= \frac{12502}{100} = 125 \cdot 02.$$

22. $0 \cdot 05 = \frac{5}{100} = \left(\frac{5}{100} \times 100\right)\% = 5\%.$

23. $\cdot 025 = \left(\frac{25}{1000} \times 100\right)\% = \frac{25}{10}\% = 2 \cdot 5\%.$

24. $5 : 4 = \frac{5}{4} = \left(\frac{5}{4} \times 100\right)\% = 125\%.$

25. $22 \cdot 5\% = \frac{45}{2}\% = \left(\frac{45}{2} \times \frac{1}{100}\right) = \frac{9}{40} = 0 \cdot 225.$

26. माना x का 16% = ·008. तब $x \times \frac{16}{100} = \frac{8}{1000}$

$$\therefore \; x = \left(\frac{8}{1000} \times \frac{100}{16}\right) = \frac{1}{20} = 0 \cdot 05.$$

27. माना 130 का $x\%$ = 11·7. तब $130 \times \frac{x}{100} = 11 \cdot 7$

तब, $x = \frac{11 \cdot 7 \times 100}{130} = \frac{117}{13} = 9.$

$\therefore \; x = 9.$

28. माना $\frac{80 \text{ का } 30\%}{x} = 24$. तब $24x = \left(80 \times \frac{30}{100}\right) = 24$

$\therefore x = 1.$

29. माना 24 का $x\%$ = 64. तब, $24 \times \frac{x}{100} = 64$

$$\therefore \; x = \frac{64 \times 100}{24} = \frac{800}{3} = 266\frac{2}{3}.$$

30. $500\times\frac{x}{100}=300\times\frac{y}{100}\Rightarrow 5x=3y\Rightarrow y=\frac{5x}{3}.$

$200\times\frac{y}{100}\times\frac{x}{100}=60\Rightarrow 2x\times\frac{5x}{3}=6000$

$\therefore\ x^2=\frac{6000\times3}{10}=1800=900\times2\Rightarrow x=\sqrt{900\times2}=30\sqrt{2}.$

31. माना $x\times\frac{45}{100}\times\frac{15}{100}=105\cdot3\Rightarrow x=105\cdot3\times\frac{400}{27}=1560.$

अब 1560 का 24% $=\left(1560\times\frac{24}{100}\right)=374\cdot4.$

32. 500 का $\frac{6}{7}$ का 42% का 35%

$=\left(500\times\frac{6}{7}\times\frac{42}{100}\times\frac{35}{100}\right)=63.$

33. माना संख्या $=x$. तब, $\frac{1}{5}\times x=81\Rightarrow x=(81\times5)=405.$

x का 68% $=\left(405\times\frac{68}{100}\right)=\frac{1377}{5}=275\cdot4.$

34. माना $A=x^3y^2$

तथा $B=(x\text{ का }75\%)^3\times(y\text{ का }80\%)^2=\left(x\times\frac{75}{100}\right)^3\times\left(y\times\frac{80}{100}\right)^2$

$=\left(\frac{3x}{4}\right)^3\times\left(\frac{4y}{5}\right)^2=\left(\frac{27}{64}\times\frac{16}{25}\right)(x^3y^2)=\left(\frac{27}{100}\right)(x^3y^2)=\frac{27}{100}A.$

कमी $=(A-B)=\left(A-\frac{27}{100}A\right)=\frac{63}{100}A.$

$\therefore$ कमी % $=\left(\frac{63}{100}A\times\frac{1}{A}\times100\right)\%=63\%.$

35. माना मूल भिन्न $=\frac{x}{y}$. तब, नई भिन्न $\frac{\frac{125}{100}x}{2y}=\frac{5x}{8y}$

$\therefore\ \frac{5}{8}\times\frac{x}{y}=\frac{5}{9}\Rightarrow\frac{x}{y}=\left(\frac{5}{9}\times\frac{8}{5}\right)=\frac{8}{9}.$

अत: मूल भिन्न $=\frac{8}{9}.$

36. माना मूल भिन्न $=\frac{x}{y}$. तब, नई भिन्न $=\frac{\frac{320}{100}x}{\frac{250}{100}y}=\frac{32}{25}\cdot\frac{x}{y}.$

$\therefore\ \frac{32}{25}\times\frac{x}{y}=\frac{4}{5}\Rightarrow\frac{x}{y}=\left(\frac{4}{5}\times\frac{25}{32}\right)=\frac{5}{8}.$

अत: मूल भिन्न $=\frac{5}{8}.$

37. माना मूल भिन्न $=\frac{x}{y}$. तब, नई भिन्न $=\dfrac{\frac{300}{100}x}{\frac{500}{100}y}=\frac{3}{5}\cdot\frac{x}{y}$.

$\therefore\ \frac{3}{5}\times\frac{x}{y}=\frac{21}{20}\Rightarrow\frac{x}{y}=\left(\frac{21}{20}\times\frac{5}{3}\right)=\frac{7}{4}=1\frac{3}{4}$.

अतः मूल भिन्न $=1\frac{3}{4}$.

38. अभीष्ट $\%=\left(\frac{70}{30\times60}\times100\right)\%=\frac{35}{9}\%=3\cdot89\%$.

39. अभीष्ट $\%=\left(\frac{17}{6\cdot8\times1000}\times100\right)\%=\frac{1}{4}\%=0\cdot25\%$.

40. अभीष्ट $\%=\left(\frac{2\times100}{2\cdot5}\times100\right)\%=8000\%$.

41. अभीष्ट $\%=\left(\frac{75}{1\cdot75\times1000}\times100\right)\%=\frac{30}{7}\%=4\frac{2}{7}\%$.

42. अभीष्ट $\%=\left(\frac{30}{2\times10}\times100\right)\%=150\%$.

43. 80 का $7\cdot2\%=\left(80\times\frac{7\cdot2}{100}\right)=\frac{80\times72}{100\times10}=\frac{144}{25}$

$\Rightarrow\sqrt{80\text{ का }7\cdot2\%}=\sqrt{\frac{144}{25}}=\frac{12}{5}=2\cdot4$.

44. माना मूल भिन्न $=\frac{x}{y}$. तब, $\frac{x\text{ का }115\%}{y\text{ का }92\%}=\frac{15}{16}$.

$\therefore\ \dfrac{x\times\frac{115}{100}}{y\times\frac{92}{100}}=\frac{15}{16}\Rightarrow\frac{x\times115}{y\times92}=\frac{15}{16}\Rightarrow\frac{x}{y}=\left(\frac{15}{16}\times\frac{92}{115}\right)=\frac{3}{4}$.

अतः मूल भिन्न $=\frac{3}{4}$.

45. माना तीसरी संख्या = 100. तब, पहली संख्या = 130 तथा दूसरी संख्या = 140.

अभीष्ट $\%=\left(\frac{130}{140}\times100\right)\%=\frac{1300}{14}\%=\frac{650}{7}\%=92\frac{6}{7}\%$.

46. माना तीसरी संख्या = 100. तब पहली संख्या $=112\frac{1}{2}$ तथा दूसरी संख्या = 125.

अभीष्ट $\%=\left(\frac{225}{2\times125}\times100\right)\%=90\%$.

47. $\frac{1}{2}\%=\left(\frac{1}{2}\times\frac{1}{100}\right)=\frac{1}{200}=0\cdot005$.

48. यहाँ $R=10$.

अभीष्ट $\%=\left\{\frac{R}{(100+R)}\times100\right\}\%=\left(\frac{10}{110}\times100\right)\%=\frac{100}{11}\%=9\frac{1}{11}\%$.

49. यहाँ $R = 25$.

अभीष्ट $\% = \left\{\frac{R}{(100+R)} \times 100\right\}\% = \left(\frac{25}{125} \times 100\right)\% = 20\%.$

50. यहाँ $R = 30$.

अभीष्ट $\% = \left(\frac{30}{130} \times 100\right)\% = \frac{300}{13}\% = 23\frac{1}{13}\%.$

51. यहाँ $R = 60$.

अभीष्ट $\% = \left\{\frac{R}{(100+R)} \times 100\right\}\% \left(\frac{60}{160} \times 100\right)\% = \frac{75}{2}\% = 37\frac{1}{2}\%.$

52. यहाँ $R = 10$.

अभीष्ट $\% = \left\{\frac{R}{(100+R)} \times 100\right\}\% = \left(\frac{10}{110} \times 100\right)\% = \frac{100}{11}\% = 9\frac{1}{11}\%.$

53. यहाँ $R = 20$.

अभीष्ट $\% = \left\{\frac{R}{(100-R)} \times 100\right\}\% = \left(\frac{20}{80} \times 100\right)\% = 25\%.$

54. यहाँ $R = 25$.

अभीष्ट $\% = \left\{\frac{R}{(100-R)} \times 100\right\}\% = \left(\frac{25}{75} \times 100\right)\% = \frac{100}{3}\% = 33\frac{1}{3}\%.$

55. यहाँ $R = 50$.

अभीष्ट $\% = \left\{\frac{R}{(100-R)} \times 100\right\}\% = \left(\frac{50}{50} \times 100\right)\% = 100\%.$

56. $A \times \frac{60}{100} = B \times \frac{3}{4} \Rightarrow A \times \frac{3}{5} = B \times \frac{3}{4}$

$\Rightarrow \frac{A}{B} = \left(\frac{3}{4} \times \frac{5}{3}\right) = \frac{5}{4} \Rightarrow A : B = 5 : 4.$

57. माना 740 का $35\% = x + 34$. तब $\left(740 \times \frac{35}{100}\right) = x + 34.$

$\Rightarrow 259 = x + 34 \Rightarrow x = 259 - 34 = 225.$

$\Rightarrow x$ का $\frac{2}{5} = \left(225 \times \frac{2}{5}\right) = 90.$

58. माना किसी वस्तु का प्रारम्भिक मूल्य = ₹ 100.

नया मूल्य = ₹ 100 का 110% का 110%

$= ₹\left(100 \times \frac{110}{100} \times \frac{110}{100}\right) = ₹\ 121.$

एक मात्र मूल्य वृद्धि = 21%.

59. माना प्रारम्भिक मूल्य = ₹ x. तब

बढ़ा हुआ मूल्य = ₹ x का 110% का 120%

$= \left(x \times \frac{110}{100} \times \frac{120}{100}\right) = ₹\ \frac{33x}{25}.$

$\therefore \frac{33x}{25} = 33 \Rightarrow x = \frac{33 \times 25}{33} = 25.$

अत: प्रारम्भिक मूल्य = ₹ 25.

60. माना प्रारम्भिक मूल्य = ₹ 100.

तब विक्रय-मूल्य = ₹ 100 का 80% का 95%

$= ₹\left(100 \times \frac{80}{100} \times \frac{95}{100}\right) = ₹\ 76.$

समतुल्य बट्टा = (100 – 76)% = 24%.

61. माना संख्या = 100.

तब, परिणामी संख्या = 100 का 120% का 120%

$= \left(100 \times \frac{120}{100} \times \frac{120}{100}\right) = 144.$

कुल वृद्धि = 44%.

62. माना जोसेफ की आय = ₹ 100. कमी के बाद आय = ₹ 90.

इच्छित वृद्धि = ₹ (100 – 90) = ₹ 10.

₹ 90 पर वृद्धि = ₹ 10

₹ 100 पर वृद्धि = $\left(\frac{10}{90} \times 100\right)\% = \frac{100}{9}\% = 11\frac{1}{9}\%.$

63. माना अभीष्ट संख्या = x. तब

$x - \left(600 \text{ का } 75\% \text{ का } \frac{2}{3}\right) = 320$

$\Rightarrow x - \left(600 \times \frac{75}{100} \times \frac{2}{3}\right) = 320 \Rightarrow x = (320 + 300) = 620.$

64. माना पहले मूल्य = ₹ 100 प्रति इकाई तथा कुल बिक्री = 100 इकाई.

पहले कुल मूल्य = ₹ (100 × 100) = ₹ 10000.

अब, नया मूल्य = ₹ 70 प्रति इकाई तथा नई बिक्री = 140 इकाई.

अब, कुल मूल्य = ₹ (140 × 70) = ₹ 9800.

वि० मूल्य में कमी = ₹ (10000 – 9800) = ₹ 200.

वि० मूल्य में कमी % = $\left(\frac{200}{10000} \times 100\right)\% = 2\%.$

65. माना पहले खपत = 100 इकाई तथा मूल्य प्रति इकाई = ₹ 100.

पहले कुल खर्च = ₹ (100 × 100) = ₹ 10000.

नया मूल्य = ₹ 140 प्रति इकाई तथा माना नई खपत = (100 – x) इकाई.

अब खर्च = ₹ 140 × (100 – x) = ₹ (14000 – 140x).

$14000 - 140x = 10000 \Rightarrow 140x = 4000 \Rightarrow x = \frac{4000}{140} = \frac{200}{7}\% = 28\frac{4}{7}\%.$

खपत में कमी = $28\frac{4}{7}\%.$

66. माना पहले खपत = 100 इकाई तथा पहले भाव = ₹ 100 प्रति इकाई.

पहले कुल मूल्य = ₹ (100 × 100) = ₹ 10000.

अब खपत = (100 – x) इकाई तथा अब भाव = ₹ 120 प्रति इकाई.

अब, कुल मूल्य = ₹ {(100 – x) × 120} = ₹ (12000 – 120x)

$\therefore\ 12000-120x=10000 \Rightarrow 120x=2000 \Rightarrow x=\frac{50}{3}=16\frac{2}{3}\%.$

खपत में कमी $=16\frac{2}{3}\%$.

67. माना पहले भाव = ₹ x प्रति किग्रा०. अब, भाव = ₹ $\frac{90x}{100}$ प्रति किग्रा० = ₹ $\frac{9x}{10}$ प्रति किग्रा०.

$\frac{1116}{(9x/10)}-\frac{1116}{x}=6\cdot 2 \Rightarrow \frac{1240}{x}-\frac{1116}{x}=6\cdot 2$

$\Rightarrow 6\cdot 2x=(1240-1116)=124 \Rightarrow x=\frac{124}{6\cdot 2}=\frac{1240}{62}=20.$

घटा भाव = ₹ $\left(\frac{90}{100}\times 20\right)$/किग्रा० = ₹ 18/किग्रा०.

68. माना खपत = 100 इकाई तथा कर की दर = ₹ 100 प्रति इकाई.

कुल राजस्व = ₹ (100 × 100) = ₹ 10000.

माना नई खपत = $(100+x)$ इकाई तथा कर की दर = ₹ 90 प्रति इकाई.

अब कुल राजस्व = ₹ $[90\times(100+x)]$ = ₹ $(9000+90x)$.

$\therefore\ 9000+90x=10000 \Rightarrow 90x=1000$

$\Rightarrow 9x=100 \Rightarrow x=11\frac{1}{9}.$

उपभोग में वृद्धि $=11\frac{1}{9}\%$.

69. माना पानी की खपत = 100 इकाई तथा जलकर = ₹ 100 प्रति इकाई.

तब, कुल जलकर = ₹ (100 × 100) = ₹ 10000.

नई खपत = 80 इकाई तथा नया कर = ₹ 120 प्रति इकाई.

अब कुल जलकर = ₹ (80 × 120) = ₹ 9600.

जलकर में कमी = ₹ (10000 – 9600) = ₹ 400.

जलकर में कमी % $=\left(\frac{400}{10000}\times 100\right)\%=4\%.$

70. माना पहले वस्तु का मूल्य = ₹ 100.

20% कटौती के बाद वस्तु का मूल्य = ₹ 80.

अभीष्ट वृद्धि = ₹ (100 – 80) = ₹ 20.

₹ 80 पर वृद्धि = ₹ 20.

₹ 100 पर वृद्धि $=\left(\frac{20}{80}\times 100\right)\%=25\%.$

71. माना पहले व्यापार = ₹ 100 तथा बाद में व्यापार = ₹ x.

पहले दलाली = ₹ 4, बाद में दलाली = x का 5%.

$\therefore\ x$ का $5\%=4 \Rightarrow x\times\frac{5}{100}=4 \Rightarrow x=80.$

व्यापार में कमी = (100 – 80)% = 20%.

72. माना पहले पटसन का भाव = ₹ x प्रति क्विन्टल.

नया भाव = ₹ $\left(x\times\frac{80}{100}\right)$ प्रति क्विन्टल = ₹ $\frac{4x}{5}$ प्रति क्विन्टल.

$\therefore\ \frac{4x}{5}=800 \Rightarrow x=\left(800\times\frac{5}{4}\right)=1000.$

अतः प्रारम्भिक भाव = ₹ 1000 प्रति क्विन्टल.

73. माना पहले खपत = 100 इकाई तथा मूल्य = ₹ 100 प्रति इकाई.

तब, कुल खर्च = ₹ (100 × 100) = ₹ 10000.

माना नई खपत = $(100 - x)$ इकाई तथा मूल्य = ₹ 125 प्रति इकाई.

अब, कुल खर्च = ₹ $[(100 - x) \times 125]$ = ₹ $(12500 - 125x)$.

$\therefore 12500 - 125x = 10000 \Rightarrow 125x = 2500 \Rightarrow x = 20.$

∴ खपत में कमी = 20%.

74. माना कर की दर = ₹ 100 प्रति इकाई तथा खपत = 100 इकाई.

कुल कर = ₹ (100 × 100) = ₹ 10000.

कर की नई दर = ₹ 120 प्रति इकाई तथा खपत = 80 इकाई.

अब, कुल कर = ₹ (120 × 80) = ₹ 9600.

कर में कमी = ₹ (10000 – 9600) = ₹ 400.

कर में कमी % = $\left(\frac{400}{10000} \times 100\right)\% = 4\%.$

75. कुल कापियों की बिक्री = (10 × 14) = 140.

कुल पैंसिल बॉक्स की बिक्री = (6 × 14) = 84.

140 कापियों का मूल्य = ₹ (45 × 140) = ₹ 6300.

84 पैंसिल बॉक्स का मूल्य = ₹ (80 × 84) = ₹ 6720.

कुल लाभ = (₹ 6300 का 4%) + (₹ 6720 का 20%)

$$= ₹\left[\left(6300 \times \frac{4}{100}\right) + \left(6720 \times \frac{20}{100}\right)\right] = ₹\ (252 + 1344) = ₹\ 1596.$$

76. माना $R = ₹\ x$, तब, $V = ₹\ \frac{90x}{100} = ₹\ \frac{9x}{10}$ तथा $A = ₹\ \frac{130}{100} \times \frac{9x}{10} = ₹\ \frac{117x}{100}$.

$$\therefore x + \frac{9x}{10} + \frac{117x}{100} = 6447 \Rightarrow 100x + 90x + 117x = 644700$$

$$\Rightarrow 307x = 644700 \Rightarrow x = \frac{644700}{307} = 2100.$$

∴ अमन का खर्च = ₹ $\left(\frac{117}{100} \times 2100\right)$ = ₹ 2457.

77. माना पहले पैट्रोल का खपत = 100 इकाई तथा इसका मूल्य = ₹ 100 प्रति इकाई.

कुल मूल्य = ₹ (100 × 100) = ₹ 10000.

नया मूल्य = ₹ 90 प्रति इकाई. माना नई खपत = $(100 + x)$ इकाई.

अब, कुल मूल्य = ₹ $[(100 + x) \times 90]$ = ₹ $(9000 + 90x)$.

$$\therefore 9000 + 90x = 10000 \Rightarrow 90x = 1000 \Rightarrow x = \frac{1000}{90} = \frac{100}{9} = 11\frac{1}{9}.$$

∴ खपत में वृद्धि % = $11\frac{1}{9}\%$.

78. पहले मासिक आय = ₹ 13500 तथा मासिक व्यय = ₹ 9000.

∴ पहले मासिक बचत = ₹ (13500 – 9000) = ₹ 4500.

अब, आय = ₹ 13500 का 114% = ₹ $\left(13500 \times \frac{114}{100}\right)$ = ₹ 15390.

अब, व्यय = ₹ 9000 का 107% = ₹ $\left(9000 \times \frac{107}{100}\right)$ = ₹ 9630.

अब, मासिक बचत = ₹ (15390 – 9630) = ₹ 5760.

बचत में वृद्धि = ₹ (5760 – 4500) = ₹ 1260.

बचत में वृद्धि % = $\left(\frac{1260}{4500}\times100\right)\%=28\%$.

79. माना बाल्टी की धारिता = x लीटर. तब

$(x$ का $80\%)-\left(x \text{ का } \frac{200}{3}\%\right)=2$.

$\therefore \left(x\times\frac{80}{100}\right)-\left(x\times\frac{200}{3}\times\frac{1}{100}\right)=2\Rightarrow\frac{4x}{5}-\frac{2x}{3}=2$.

$\therefore 12x-10x=30\Rightarrow 2x=30\Rightarrow x=15$.

अत: बाल्टी की धारिता = 15 लीटर.

80. शीशे की मात्रा = $\left(50\times\frac{60}{100}\right)$ किग्रा॰ = 30 किग्रा॰.

टिन की मात्रा = (50 – 30) किग्रा॰ = 20 किग्रा॰.

माना शीशे की मिलाई जाने वाली मात्रा = x किग्रा॰.

कुल मिश्रण = $(50 + x)$ किग्रा॰.

शीशे का % = $\frac{(30+x)}{(50+x)}\times100$. अत: $\frac{(30+x)}{(50+x)}\times100=75$.

$\therefore \frac{(30+x)}{(50+x)}=\frac{75}{100}=\frac{3}{4}\Rightarrow 4(30+x)=3(50+x)$

$\Rightarrow 4x-3x=150-120\Rightarrow x=30$.

शीशे की अभीष्ट मात्रा = 30 किग्रा॰.

81. 12 लीटर घोल में लवण की मात्रा = $\left(12\times\frac{7}{100}\right)$ लीटर = 0·84 लीटर.

शेष बचे घोल की मात्रा = (12 – 4) लीटर = 8 लीटर.

8 लीटर घोल में लवण = 0·84 लीटर

इस घोल में लवण का % = $\left(\frac{0\cdot84}{8}\times100\right)\%=\frac{84}{8}\%=\frac{21}{2}\%=10\cdot5\%$.

82. 9 लीटर द्रव में अम्ल की मात्रा = 9 लीटर का 50% = 4·5 लीटर तथा पानी की मात्रा = 4·5 लीटर.

माना इसमें x लीटर पानी और मिलाया जाये.

तब, $\frac{4\cdot5}{(9+x)}\times100=30\Rightarrow\frac{4\cdot5}{9+x}=\frac{30}{100}=\frac{3}{10}$

$\Rightarrow 27+3x=45\Rightarrow 3x=18\Rightarrow x=6$ लीटर.

83. दिये गये घोल में चीनी की मात्रा = $\left(300\times\frac{40}{100}\right)$ ग्राम = 120 ग्राम.

माना चीनी की मिलाई जाने वाली मात्रा = x ग्राम. तब

$\frac{120+x}{300+x}\times100=50\Rightarrow\frac{120+x}{300+x}=\frac{50}{100}=\frac{1}{2}$

$\Rightarrow 300+x=240+2x\Rightarrow x=60$ ग्राम.

84. दिये गये घोल में चीनी की मात्रा $= \left(3 \times \frac{40}{100}\right)$ लीटर = 1·2 लीटर, पानी = 1·8 लीटर.

नये घोल में चीनी = 1·2 लीटर, पानी = 2·8 लीटर. कुल घोल = 4 लीटर.

चीनी की मात्रा % $= \left(\frac{1 \cdot 2}{4} \times 100\right)\% = 30\%$.

85. 12 लीटर घोल में चीनी की मात्रा $= \left(\frac{4}{100} \times 12\right)$ लीटर = 0·48 लीटर.

नये 10 लीटर घोल में चीनी = 0·48 लीटर.

इस घोल में चीनी की % $= \left(\frac{0 \cdot 48}{10} \times 100\right)\% = 4 \cdot 8\%$.

86. 5 लीटर विलयन में एल्कोहल की मात्रा $= \left(\frac{40}{100} \times 5\right)$ लीटर = 2 लीटर, पांनी = 3 लीटर.

नये 6 लीटर विलयन में एल्कोहल = 2 लीटर.

एल्कोहल की मात्रा % $= \left(\frac{2}{6} \times 100\right)\% = \frac{100}{3}\% = 33\frac{1}{3}\%$.

87. 9 ग्राम लोशन में एल्कोहल = 9 ग्राम का 50% $= \left(9 \times \frac{50}{100}\right)$ ग्राम = 4·5 ग्राम.

माना इसमें x ग्राम पानी मिलाया जाये.

तब, एल्कोहल की मात्रा % $= \left\{\frac{4 \cdot 5}{(9+x)} \times 100\right\}\%$.

$\therefore \frac{4 \cdot 5}{(9+x)} \times 100 = 30 \Rightarrow 30(9+x) = 450$

$\Rightarrow 270 + 30x = 450 \Rightarrow 30x = 180 \Rightarrow x = 6$ ग्राम.

88. 50 ग्राम मिश्रधातु में सोने की मात्रा $= \left(50 \times \frac{80}{100}\right)$ ग्राम = 40 ग्राम.

माना इसमें सोना x ग्राम मिलाया जाये. तब

$$\frac{(40+x)}{(50+x)} \times 100 = 95 \Rightarrow \frac{40+x}{50+x} = \frac{95}{100} = \frac{19}{20}$$

$\Rightarrow 19\,(50+x) = 20\,(40+x) \Rightarrow 20x - 19x = 950 - 800 \Rightarrow x = 150$ ग्राम.

89. माना पहले भाव = ₹ x प्रति किग्रा०. अब, भाव = ₹ $\left(x \times \frac{75}{100}\right)$ प्रति किग्रा० = ₹ $\frac{3x}{4}$ प्रति किग्रा०.

$$\therefore \frac{240}{(3x/4)} - \frac{240}{x} = 2 \Rightarrow \frac{240 \times 4}{3x} - \frac{240}{x} = 2$$

$$\Rightarrow \frac{320}{x} - \frac{240}{x} = 2 \Rightarrow 2x = 80 \Rightarrow \mathbf{x = 40}.$$

घटा मूल्य = ₹ $\left(\frac{3}{4} \times 40\right)$ प्रति किग्रा० = ₹ 30 प्रति किग्रा०.

90. माना वास्तविक भाग ₹ 1 की x हैं.

घटा भाव = ₹ $\left(1 \times \frac{75}{100}\right)$ की x अर्थात् ₹ $\frac{3}{4}$ की x. अत: ₹ 1 की $\frac{4}{3}x$.

$\therefore \frac{4x}{3} - x = 2 \Rightarrow 4x - 3x = 6 \Rightarrow x = 6$.

अत: ₹ 1 में 6 रबड़ खरीदी जा सकती हैं.

91. माना घटने से पहले भाव ₹ 1 की x हैं. तब

भाव में कमी $= \frac{100}{3}\%$

घटा हुआ भाव $= \left(100 - \frac{100}{3}\right)\% = \frac{200}{3}\%$

$= ₹\left(1 \times \frac{200}{3 \times 100}\right)$ की x अर्थात् ₹ $\frac{2}{3}$ की x. अतः ₹ 1 की $\frac{3x}{2}$.

$\frac{3x}{2} - x = 4 \Rightarrow 3x - 2x = 8 \Rightarrow x = 8.$

$\therefore$ घटने से पहले भाव = ₹ 1 की 8.

92. माना अधिकतम अंक = x. तब x का 35% = 40 + 30.

$\therefore\ x \times \frac{35}{100} = 70 \Rightarrow x = \left(70 \times \frac{100}{35}\right) = 200.$

अतः अधिकतम अंक = 200.

93. माना अधिकतम अंक = x. तब x का 40% = 185 + 15.

$\therefore\ x \times \frac{40}{100} = 200 \Rightarrow x = \left(200 \times \frac{100}{40}\right) = 500.$

अतः अधिकतम अंक = 500.

94. माना अधिकतम अंक = x. तब x का 40% = 483 + 117.

अर्थात् $x \times \frac{40}{100} = 600 \Rightarrow x = \left(600 \times \frac{100}{40}\right) = 1500.$

लड़कियों के लिए न्यूनतम उत्तीर्ण अंक = 1500 का 35%

$= \left(1500 \times \frac{35}{100}\right) = 525.$

95. माना पूर्णांक = x. तब x का 60% + x का 30% = 783.

अर्थात् $\left(x \times \frac{60}{100}\right) + \left(x + \frac{30}{100}\right) = 783 \Rightarrow 60x + 30x = 78300$

$\Rightarrow 90x = 78300 \Rightarrow x = 870.$

अतः पूर्णांक = 870.

96. माना कुल आवेदक = x. योग्य अभ्यर्थी = x का 95% = $\left(x \times \frac{95}{100}\right) = \frac{19x}{20}$.

अन्य वर्गों के अभ्यर्थी $= \frac{19x}{20}$ का 15% $= \left(\frac{19x}{20} \times \frac{15}{100}\right) = \frac{57x}{400}$.

$\therefore\ \frac{57x}{400} = 4275 \Rightarrow x = \frac{4275 \times 400}{57} = (75 \times 400) = 30000.$

अतः कुल आवेदक = 30000.

97. माना पूर्णांक = x. तब (x का 30%) + 5 = (x का 40%) – 10.

$\therefore\ \left(x \times \frac{40}{100}\right) - \left(x \times \frac{30}{100}\right) = 5 + 10 \Rightarrow \frac{4x}{10} - \frac{3x}{10} = 15$

$\Rightarrow 4x - 3x = 150 \Rightarrow x = 150.$

$\therefore$ पूर्णांक = 150.

उत्तीर्ण होने के लिए न्यूनतम अंक = (150 का 30%) + 5

$= \left(150 \times \frac{30}{100}\right) + 5 = (45 + 5) = 50.$

98. माना पूर्णांक $= x$. तब (x का 30%) + 108 = (x का 52%) − 24

$\therefore \left(x\times\frac{52}{100}\right)-\left(x\times\frac{30}{100}\right)=108+24 \Rightarrow \frac{52x}{100}-\frac{30x}{100}=132$

$\Rightarrow (52x-30x)=13200 \Rightarrow 22x=13200 \Rightarrow x=\frac{13200}{22}=600.$

पास होने के लिए कम से कम अंक $\% = \left[\frac{(600 \text{ का } 30\%)+108}{600}\times 100\right]\%$

$=\frac{(180+108)}{6}\%=\frac{288}{6}\%=48\%.$

99. माना पूर्णांक $= x$. तब, x का 40% = 178 + 22.

$\therefore x\times\frac{40}{100}=200 \Rightarrow x=\left(200\times\frac{100}{40}\right)=500.$

अत: पूर्णांक = 500.

100. माना चौथे विषय के अंक $= x$. तब,

$\frac{(81+66+61+x)}{400}\times 100=70 \Rightarrow 208+x=280 \Rightarrow x=72\%.$

∴ चौथे विषय के अंक = 72%.

101. कुल विद्यार्थियों की संख्या = (900 + 1100) = 2000.

कुल अनुत्तीर्ण विद्यार्थियों की संख्या = (900 का 60%) + (1100 का 50%)

$=\left(900\times\frac{60}{100}\right)+\left(1100\times\frac{50}{100}\right)=(540+550)=1090.$

अनुत्तीर्ण विद्यार्थियों की $\% = \left(\frac{1090}{2000}\times 100\right)\% = 54\cdot 5\%.$

102. अंग्रेजी में अनुत्तीर्ण = (100 − 60) = 40, गणित में अनुत्तीर्ण = (100 − 70) = 30.

दोनों में अनुत्तीर्ण = 20.

केवल अंग्रेजी में अनुत्तीर्ण = (40 − 20) = 20, केवल गणित में अनुत्तीर्ण = (30 − 20) = 10.

एक अथवा दोनों विषयों में अनुत्तीर्ण = (20 + 10 + 20) = 50.

दोनों विषयों में उत्तीर्ण = (100 − 50)% = 50%.

माना कुल विद्यार्थी $= x$. तब, x का 50% = 2500.

$\therefore x\times\frac{50}{100}=2500 \Rightarrow x=(2500\times 2)=5000.$

103. केवल गणित में अनुत्तीर्ण = (42 − 17) = 25.

केवल अंग्रेजी में अनुत्तीर्ण = (52 − 17) = 35.

एक अथवा दोनों विषयों में अनुत्तीर्ण = (25 + 35 + 17) = 77.

दोनों विषयों में उत्तीर्ण = (100 − 77)% = 23%.

माना कुल अभ्यर्थी $= x$.

तब, x का $23\% = 46 \Rightarrow x\times\frac{23}{100}=46 \Rightarrow x=\left(46\times\frac{100}{23}\right)=200.$

अत: कुल अभ्यर्थी = 200.

104. माना कुल विद्यार्थी = 100 तथा माना दोनों विषयों में विद्यार्थी $= x$.

केवल जीव विज्ञान के विद्यार्थी = $(72 - x)$, केवल गणित के विद्यार्थी = $(44 - x)$.

$\therefore (72-x)+(44-x)+x=100 \Rightarrow 116-x=100 \Rightarrow x=16.$

यदि दोनों विषयों में 16 विद्यार्थी चुने गये हों, तो कुल विद्यार्थी = 100.

यदि दोनों विषयों में 40 विद्यार्थी चुने गये हों, तो कुल विद्यार्थी $= \left(\frac{100}{16} \times 40\right) = 250.$

105. कुल विद्यार्थियों की संख्या = (40 + 50 + 60) = 150.

उत्तीर्ण विद्यार्थियों की संख्या $= \left(40 \times \frac{10}{100}\right) + \left(50 \times \frac{20}{100}\right) + \left(60 \times \frac{10}{100}\right)$

$= (4 + 10 + 6) = 20.$

अभीष्ट % $= \left(\frac{20}{150} \times 100\right)\% = \frac{40}{3}\% = 13\frac{1}{3}\%.$

106. माना प्रति खिलौना मूल्य = ₹ 100 तथा बिक्री की संख्या = 100.

तब, कुल मूल्य = ₹ (100 × 100)= ₹ 10000.

प्रति खिलौना नया मूल्य = ₹ 120 तथा बिक्री की संख्या = (100 – 15) = 85.

अब, कुल मूल्य = ₹ (120 × 85) = ₹ 10200.

बिक्री मूल्य में वृद्धि % $= \left(\frac{200}{10000} \times 100\right)\% = 2\%.$

107. माना अजय की मासिक आय = ₹ x. तब

x का 25% + x का 5% + x का 15% + x का 10% + 27000 = x

$\Rightarrow x$ का 55% + 27000 = x

$\Rightarrow \left(x - x \times \frac{55}{100}\right) = 27000 \Rightarrow \left(x - \frac{11x}{20}\right) = 27000$

$\Rightarrow \frac{9x}{20} = 27000 \Rightarrow x = \left(27000 \times \frac{20}{9}\right) = 60000.$

अतः अजय की मासिक आय = ₹ 60000.

108. K का 12% = N का 16% तथा $S = \frac{1}{2}N$

$\Rightarrow K \times \frac{12}{100} = N \times \frac{16}{100} \Rightarrow K = N \times \frac{16}{100} \times \frac{100}{12} = \frac{4}{3} \times N$ तथा $N = 2S.$

$\Rightarrow N = (2 \times 108000) = 216000$ (वार्षिक)

$\Rightarrow K = \left(\frac{4}{3} \times 216000\right) = (4 \times 72000) = 288000$ (वार्षिक)

$\Rightarrow K$ का मासिक वेतन $= \frac{288000}{12}$ रु० = 24000 रु०.

109. माना पहले आय = ₹ 100 तथा खर्च = ₹ 80.

अब आय = ₹ $\left(100 + 16\frac{2}{3}\right)$ = ₹ $116\frac{2}{3}$ = ₹ $\frac{350}{3}$.

अब, खर्च = (₹ 80 + ₹ 80 का $37\frac{1}{2}\%$) = ₹ $\left(80 + 80 \times \frac{75}{2 \times 100}\right)$ = ₹ (80 + 30) = ₹ 110.

बचत = ₹ $\left(116\frac{2}{3} - 110\right)$ = ₹ $6\frac{2}{3}$ = ₹ $\frac{20}{3}$.

₹ $\frac{350}{3}$ पर बचत = ₹ $\frac{20}{3}$.

₹ 100 पर बचत $= \left(\frac{20}{3} \times \frac{3}{350} \times 100\right)\% = \frac{40}{7}\% = 5\frac{5}{7}\%.$

110. माना मासिक आय = ₹ 100.

तब, घरेलू खर्च = ₹ 20, शेष = ₹ (100 – 20) = ₹ 80.

पुस्तकों पर खर्च $= ₹\left(80\times\frac{15}{100}\right) = ₹\ 12$. शेष = ₹ (80 – 12) = ₹ 68.

कपड़ों पर खर्च $= ₹\left(68\times\frac{30}{100}\right) = ₹\ \frac{204}{10}$. शेष = ₹ (68 – 20·40) = ₹ 47·60.

यदि बचत ₹ 47·60 है, तो मासिक आय = ₹ 100.

यदि बचत ₹ 9520 है, तो मासिक आय $= ₹\left(\frac{100}{47\cdot60}\times9520\right) = ₹\ 20000$.

111. माना खरीदारी पर खर्च की जाने वाली राशि = ₹ x.

तब, x का 60% = 11475 $\Rightarrow x\times\frac{60}{100} = 11475$

$\Rightarrow x\times\frac{3}{5} = 11475 \Rightarrow x = \left(11475\times\frac{5}{3}\right) = 19125.$

माना मासिक वेतन = ₹ y.

तब, y का 45% = 19125 $\Rightarrow y\times\frac{45}{100} = 19125$

$\Rightarrow y\times\frac{9}{20} = 19125 \Rightarrow y = \left(19125\times\frac{20}{9}\right) = 42500.$

∴ नताशा का मासिक वेतन = ₹ 42500.

112. माना कुल धन = ₹ x. तब, पत्नि का भाग $= ₹\left(x\times\frac{30}{100}\right) = ₹\ \frac{3x}{10}$.

शेष भाग $= ₹\left(x-\frac{3x}{10}\right) = ₹\ \frac{7x}{10}$, पुत्री का भाग $= ₹\left(\frac{1}{2}\times\frac{7x}{10}\right) = ₹\ \frac{7x}{20}$.

शेष भाग $= ₹\left(\frac{7x}{10}-\frac{7x}{20}\right) = ₹\ \frac{(14x-7x)}{20} = ₹\ \frac{7x}{20}$.

प्रत्येक लड़के का भाग $= ₹\left(\frac{1}{5}\times\frac{7x}{20}\right) = ₹\ \frac{7x}{100}$.

$\therefore\ \frac{7x}{100} = 14000 \Rightarrow x = \left(14000\times\frac{100}{7}\right) = 200000.$

अत: कुल धन = ₹ 200000.

113. छात्राओं की संख्या $= \left(\frac{2}{5}\times1000\right) = 400$, छात्रों की संख्या = (1000 – 400) = 600.

12 वर्ष से कम आयु के विद्यार्थी $= \left(\frac{1}{5}\times400+\frac{1}{4}\times600\right) = (80+150) = 230.$

12 वर्ष तथा उससे अधिक आयु के विद्यार्थी = (1000 – 230) = 770.

अभीष्ट % $= \left(\frac{770}{1000}\times100\right)\% = 77\%$.

114. (A की आय) $\times\frac{10}{100}$ = (B की आय) $\times\frac{15}{100}$ = (C की आय)$\times\frac{20}{100}$ = x (माना)

तब $A\times\frac{1}{10} = B\times\frac{3}{20} = C\times\frac{1}{5} = x$

$\Rightarrow A = 10x, B = \frac{20x}{3}$ तथा $C = 5x$

$\Rightarrow 10x + \frac{20x}{3} + 5x = 78000 \quad [\because A + B + C = 78000]$

$\Rightarrow 30x + 20x + 15x = 234000 \Rightarrow 65x = 234000$

$\Rightarrow x = \frac{234000}{65} = 3600.$

$\therefore B$ की आय $=$ ₹ $\left(\frac{20}{3} \times 3600\right) =$ ₹ 24000.

115. माना $\frac{1}{8}S = \frac{1}{10}D = K \Rightarrow S = 8K$ तथा $D = 10K$. अत: $GS = \left(\frac{1}{8} \times 8K\right) = K.$

$W = (3S + 2D)$ का 40% $= (3 \times 8K + 2 \times 10K) \times \frac{40}{100} = \left(44K \times \frac{2}{5}\right) = \frac{88K}{5}.$

$D = 10K = (1 \cdot 25 \times 100000) = 125000 \Rightarrow K = 12500.$

$(W + 3GS) = \left(\frac{88K}{5} + 3K\right) = \frac{103K}{5}$

$= \left(\frac{103}{5} \times 12500\right)$ रु० $= 257500$ रु०.

116. माना कुल छात्रों की संख्या $= x$. तब

$x \times \frac{12}{100} + x \times \frac{10}{100} + \frac{3x}{4} + 15 = x$

$\Rightarrow \frac{3x}{25} + \frac{x}{10} + \frac{3x}{4} + 15 = x \Rightarrow 12x + 10x + 75x + 1500 = 100x$

$\Rightarrow 100x - 97x = 1500 \Rightarrow 3x = 1500 \Rightarrow x = 500.$

अत: कुल छात्रों की संख्या = 500.

117. माना कुल बच्चे $= x$.

नि:शुल्क पास वालों की संख्या $= \left(35000 \times \frac{10}{100}\right) = 3500.$

बिना पास वाले व्यस्कों की संख्या $= 35000 - (3500 + x) = (31500 - x).$

$\therefore 20x + 40(31500 - x) = 950000 \Rightarrow 20x = 1260000 - 950000 = 310000$

$\therefore x = \frac{310000}{20} = 15500.$

118. माना कुल विद्यार्थी = 100. तब, लड़के $= \left(100 \times \frac{3}{5}\right) = 60$ तथा लड़कियाँ = 40.

छात्रवृत्ति न लेने वालों की संख्या = (60 का 80%) + (40 का 70%) = (48 + 28) = 76.

अभीष्ट % = 76%.

119. माना पहले व्यय क्रमश: ₹ $12x$, ₹ $17x$ तथा ₹ $3x$ था. तब, कुल व्यय = ₹ $32x$.

अब कुल व्यय = ₹ [($12x$ का 120%) + ($17x$ का 130%) + ($3x$ का 150%)]

$=$ ₹ $\left[\left(12x \times \frac{120}{100}\right) + \left(17x \times \frac{130}{100}\right) + \left(3x \times \frac{150}{100}\right)\right] =$ ₹ $\frac{(144x + 221x + 45x)}{10} =$ ₹ $41x$.

व्यय में वृद्धि % $= \left(\frac{9x}{32x} \times 100\right)\% = \frac{225}{8}\% = 28\frac{1}{8}\%.$

120. A का 5% = B का 15% तथा B का 10% = C का 20%

$\Rightarrow A\times\frac{5}{100}=B\times\frac{15}{100}$ तथा $B\times\frac{10}{100}=C\times\frac{20}{100}$

$\Rightarrow \frac{A}{20}=\frac{3B}{20}$ तथा $\frac{B}{10}=\frac{C}{5}\Rightarrow A=3B$ तथा $B=2C$

$\Rightarrow A=(3\times8000)=24000,\ C=\frac{1}{2}B=\left(\frac{1}{2}\times8000\right)=4000$ तथा $B=8000$

$\Rightarrow (A+B+C)=(24000+8000+4000)=36000$ रु०.

121. मशीन पर छूट = ₹ 100 लाख पर 5% = ₹ $\left(100 \text{ लाख}\times\frac{5}{100}\right)$ = ₹ $\left(100 \text{ लाख}\times\frac{1}{20}\right)$ = ₹ 5 लाख.

122. माना मासिक आय = ₹ x. तब $\left(x \text{ का } 102\frac{2}{3}\%\right)-x=720$.

$\Rightarrow \left(x\times\frac{308}{3\times100}\right)-x=720\Rightarrow 308x-300x=(720\times300)$

$\Rightarrow 8x=(720\times300)\Rightarrow x=(90\times300)=27000.$

∴ उस कर्मचारी की मासिक आय = ₹ 27000.

123. माना K = ₹ x. तब T = ₹ $\frac{120x}{100}$ = ₹ $\frac{6x}{5}$.

$\therefore \frac{4}{100}\times\frac{6x}{5}=720\Rightarrow x=\left(720\times\frac{500}{24}\right)=15000.$

अत: कश्यप का वेतन = ₹ 15000.

124. माना दी गई राशि = ₹ x. तब, x का $\frac{11}{2}\%=220$.

$\therefore x\times\frac{11}{2}\times\frac{1}{100}=220\Rightarrow x=\left(220\times\frac{200}{11}\right)=4000.$

सही उत्तर = ₹ 4000 का $\frac{7}{2}\%$ = ₹ $\left(4000\times\frac{7}{2}\times\frac{1}{100}\right)$ = ₹ 140.

125. माना प्रारम्भिक मजदूरी = ₹ 100.

40% कम करने के बाद मजदूरी = ₹ (100 – 40) = ₹ 60.

50% वृद्धि के बाद मजदूरी = ₹ 60 का 150% = ₹ $\left(60\times\frac{150}{100}\right)$ = ₹ 90.

अत: उसे 10% हानि होती है.

126. माना पूर्णांक = x. तब x का 60% + x का 30% = 783.

$\therefore x$ का 90% = 783 $\Rightarrow x\times\frac{90}{100}=783\Rightarrow x=\left(783\times\frac{10}{9}\right)=870.$

अत: पूर्णांक = 870.

127. 1 से 70 तक की वे संख्यायें जिनके वर्ग का इकाई अंक 1 है वे हैं :

1, 9, 11, 19, 21, 29, 31, 39, 41, 49, 51, 59, 61, 69. इनकी संख्या 14 है.

अभीष्ट % = $\left(\frac{14}{70}\times100\right)\%=20\%.$

128. माना R = ₹ 100, M = ₹ 100 का 90% = ₹ 90 तथा

S = ₹ 90 का 110% = ₹ $\left(90\times\frac{110}{100}\right)$ = ₹ 99.

$R + M + S = ₹\ (100 + 90 + 99) = ₹\ 289.$

यदि कुल निवेश ₹ 289 है, तो रघु का निवेश = ₹ 100.

यदि कुल निवेश ₹ 5780 है, तो रघु का निवेश $= ₹\left(\frac{100}{289}\times 5780\right) = ₹\ 2000.$

129. माना पहली किस्त = x तथा दूसरी किस्त = $2x$.

$(x \text{ का } 1\%) + \left(2x \text{ का } \frac{9}{2}\%\right) = 100$

$\Rightarrow \left(x\times\frac{1}{100}\right)+\left(2x\times\frac{9}{2\times 100}\right)=100 \Rightarrow \frac{x}{100}+\frac{9x}{100}=100$

$\Rightarrow 10x = 10000 \Rightarrow x = 1000.$

पहली किस्त में बॉल-बीयरिंग = 1000.

130. माना शेष प्रश्नों में से x प्रश्नों का सही उत्तर चाहिए. तब

$\left(75\times\frac{80}{100}\right)+\left(75\times\frac{x}{100}\right)=150 \text{ का } 60\%$

$\Rightarrow 60+\frac{3x}{4}=150\times\frac{60}{100}=90 \Rightarrow \frac{3x}{4}=30 \Rightarrow x=\left(30\times\frac{4}{3}\right)=40.$

$\therefore$ अभीष्ट प्रश्नों की संख्या = 40.

131. 2 वर्ष बाद जनसंख्या $=\left[8500\times\left(1+\frac{20}{100}\right)\times\left(1+\frac{25}{100}\right)\right]$

$=\left(8500\times\frac{6}{5}\times\frac{5}{4}\right)=12750.$

132. माना 2 वर्ष पहले सम्पत्ति का मूल्य = ₹ x. तब

$x\left(1-\frac{10}{100}\right)^2 = 81000 \Rightarrow x\times\frac{9}{10}\times\frac{9}{10}=81000$

$\Rightarrow x=\left(81000\times\frac{10}{9}\times\frac{10}{9}\right)= ₹\ 100000.$

133. वर्ष 2006 में बच्चों की संख्या $=\left[2000\times\left(1+\frac{10}{100}\right)^3\right]$

$=\left(2000\times\frac{11}{10}\times\frac{11}{10}\times\frac{11}{10}\right)=2662.$

134. माना पहले वर्ष के प्रारम्भ में जनसंख्या = x. तब

$x\times\left(1+\frac{5}{100}\right)\times\left(1-\frac{5}{100}\right)=7980$

$\Rightarrow x\times\frac{21}{20}\times\frac{19}{20}=7980 \Rightarrow x=\left(7980\times\frac{20}{21}\times\frac{20}{19}\right)=8000.$

$\therefore$ पहले वर्ष के प्रारम्भ में जनसंख्या = 8000.

135. वर्ष 2005 में जनसंख्या = (15 लाख) $\times\left(1+\frac{10}{100}\right)^2$

$=\left(15 \text{ लाख}\times\frac{11}{10}\times\frac{11}{10}\right)=\frac{1815}{100}$ लाख = 18·15 लाख.

136. 2 वर्ष के अन्त में जनसंख्या $=48600\times\left(1+\frac{25}{100}\right)\times\left(1-\frac{8}{100}\right)$

$$=\left(48600\times\frac{5}{4}\times\frac{23}{25}\right)=55890.$$

137. कस्बे की वर्तमान जनसंख्या $=160000\times\left(1+\frac{3}{100}\right)\times\left(1+\frac{5}{2\times100}\right)\times\left(1+\frac{5}{100}\right)$

$$=\left(160000\times\frac{103}{100}\times\frac{41}{40}\times\frac{21}{20}\right)=177366.$$

138. माना अभीष्ट मूल्य n वर्ष में हो जायेगा. तब

$$500000\times\left(1-\frac{10}{100}\right)^n=364500\Rightarrow\left(\frac{9}{10}\right)^n=\frac{364500}{500000}=\frac{3645}{5000}=\frac{729}{1000}=\left(\frac{9}{10}\right)^3$$

$$\Rightarrow n=3.$$

अत: अभीष्ट मूल्य 3 वर्ष बाद हो जायेगा.

139. मूल्य में कमी % = 20%.

3 वर्ष बाद स्कूटर का मूल्य $=₹\left\{25000\times\left(1-\frac{20}{100}\right)^3\right\}$

$$=₹\left(25000\times\frac{4}{5}\times\frac{4}{5}\times\frac{4}{5}\right)=₹\ 12800.$$

140. माना मशीन का क्रय मूल्य = ₹ x. तब

$$x\left(1-\frac{10}{100}\right)^3=87480\Rightarrow x\times\frac{9}{10}\times\frac{9}{10}\times\frac{9}{10}=87480.$$

$$\therefore\ x=\left(87480\times\frac{10}{9}\times\frac{10}{9}\times\frac{10}{9}\right)=120000.$$

अत: मशीन का क्रय-मूल्य = ₹ 120000.

141. 3 वर्ष बाद मशीन का मूल्य $=₹\left[200000\times\left(1-\frac{10}{100}\right)^3\right]$

$$=₹\left(200000\times\frac{9}{10}\times\frac{9}{10}\times\frac{9}{10}\right)=₹\ 145800.$$

142. माना n वर्ष बाद दोनों का मूल्य समान हो जायेगा. तब

$$72900\times\left(1+\frac{10}{100}\right)^n=133100\times\left(1-\frac{10}{100}\right)^n$$

$$\Rightarrow\left(\frac{11}{10}\right)^n\times72900=\left(\frac{9}{10}\right)^n\times133100$$

$$\Rightarrow\frac{(11)^n}{(9)^n}=\frac{133100}{72900}=\frac{1331}{729}=\frac{(11)^3}{(9)^3}\Rightarrow\left(\frac{11}{9}\right)^n=\left(\frac{11}{9}\right)^3\Rightarrow n=3.$$

अत: 3 वर्ष बाद दोनों का मूल्य समान हो जायेगा.

143. वर्ष 2006 के अन्त में तालाब में मेंढ़कों की संख्या $=214000\times\left(1+\frac{10}{100}\right)^3$

$$=\left(214000\times\frac{11}{10}\times\frac{11}{10}\times\frac{11}{10}\right)=284834.$$

144. माना प्रत्येक स्तम्भ में बच्चों की संख्या $= x$.

प्रत्येक कतार में बच्चों की संख्या $= x$ का $112\cdot5\% = \left(x\times\frac{225}{2\times100}\right) = \frac{9x}{8}$.

$\therefore\ x\times\frac{9x}{8} = 72 \Rightarrow x^2 = 72\times\frac{8}{9} = 8\times8 \Rightarrow x = 8.$

अतः प्रत्येक कतार में बच्चों की संख्या $= \left(\frac{9}{8}\times8\right) = 9.$

145. माना वर्ग की प्रत्येक भुजा = 10 सेमी०. तब इसका क्षेत्रफल = (10 × 10) सेमी०² = 100 वर्ग सेमी०.

प्रत्येक नई भुजा = (10 सेमी० का 110%) = $\left(10\times\frac{110}{100}\right)$ सेमी० = 11 सेमी०.

क्षेत्रफल में वृद्धि = (121 – 100)% = 21%.

146. माना लम्बाई $= x$ मी० तथा चौड़ाई $= y$ मी०.

तब, क्षेत्रफल $= xy$ वर्ग मी०.

नई लम्बाई = (x का 110%) मी० $= \left(x\times\frac{110}{100}\right)$ मी० $= \frac{11x}{10}$ मी० .

नई चौड़ाई = (y का 90%) मी० $= \left(y\times\frac{90}{100}\right)$ मी० $= \frac{9y}{10}$ मी० .

नया क्षेत्रफल $= \left(\frac{11x}{10}\times\frac{9y}{10}\right)$ वर्ग मी० $= \left(\frac{99xy}{100}\right)$ वर्ग मी०.

क्षेत्रफल में कमी $= \left(xy-\frac{99xy}{100}\right)$ वर्ग मी० $= \frac{xy}{100}$ वर्ग मी०.

क्षेत्रफल में कमी $\% = \left(\frac{xy}{100}\times\frac{1}{xy}\times100\right)\% = 1\%.$

147. माना वर्ग की प्रत्येक भुजा = 10 सेमी०. तब, इसका क्षेत्रफल = 100 वर्ग सेमी०.

प्रत्येक नई भुजा = (10 सेमी० का 130%) = $\left(10\times\frac{130}{100}\right)$ सेमी० = 13 सेमी०.

नये वर्ग का क्षेत्रफल = (13 × 13) वर्ग सेमी० = 169 वर्ग सेमी०.

∴ क्षेत्रफल में वृद्धि = 69%.

148. माना वर्ग की प्रत्येक भुजा = 10 मी०. तब, क्षेत्रफल = 100 वर्ग मी०.

नई लम्बाई = (10 मी० का 140%) = $\left(10\times\frac{140}{100}\right)$ मी० = 14 मी०.

नई चौड़ाई = (10 मी० का 130%) = $\left(10\times\frac{130}{100}\right)$ मी० = 13 मी०.

नया क्षेत्रफल = (14 × 13) वर्ग मी० = 182 वर्ग मी०.

क्षेत्रफल में वृद्धि = 82%.

149. माना लम्बाई $= x$ मी० तथा चौड़ाई $= y$ मी०. तब, क्षेत्रफल $= (xy)$ वर्ग मी०.

नई लम्बाई = (x का 120%) मी० $= \left(x\times\frac{120}{100}\right)$ मी० $= \frac{6x}{5}$ मी०.

नई चौड़ाई = (y का 80%) मी० $= \left(y\times\frac{80}{100}\right)$ मी० $= \frac{4y}{5}$ मी०.

नया क्षेत्रफल $= \left(\frac{6x}{5}\times\frac{4y}{5}\right) = \frac{24xy}{25}$ वर्ग मी०.

क्षेत्रफल में कमी $=\left(xy-\frac{24xy}{25}\right)$ वर्ग मी० $=\frac{xy}{25}$ वर्ग मी० .

क्षेत्रफल में कमी $\%=\left(\frac{xy}{25}\times\frac{1}{xy}\times100\right)\%=4\%.$

150. माना लम्बाई $= x$ तथा चौड़ाई $= y$. तब, क्षेत्रफल $= xy$ वर्ग इकाई.

नई लम्बाई $=\left(x\times\frac{160}{100}\right)=\frac{8x}{5}$. माना नई चौड़ाई $= z$.

तब, $\frac{8x}{5}\times z=xy\Rightarrow z=\frac{5y}{8}$.

चौड़ाई में कमी $=\left(y-\frac{5y}{8}\right)=\frac{3y}{8}$.

चौड़ाई में कमी $\%=\left(\frac{3y}{8}\times\frac{1}{y}\times100\right)\%=37\cdot5\%.$

151. माना प्रारम्भिक त्रिज्या $= R$ इकाई. तब, क्षेत्रफल $=\pi R^2$ वर्ग इकाई.

नई त्रिज्या $=\left(R\times\frac{150}{100}\right)=\frac{3R}{2}$. नया क्षेत्रफल $=\pi\times\left(\frac{3R}{2}\right)^2=\frac{9\pi R^2}{4}$.

क्षेत्रफल में वृद्धि $=\left(\frac{9\pi R^2}{4}-\pi R^2\right)=\frac{5\pi R^2}{4}$.

क्षेत्रफल में वृद्धि $\%=\left(\frac{5\pi R^2}{4}\times\frac{1}{\pi R^2}\times100\right)\%=125\%.$

152. माना गोले की त्रिज्या $= R$. तब, इसके पृष्ठ का क्षेत्रफल $= 4\pi R^2$.

नई त्रिज्या $=\left(R\times\frac{50}{100}\right)=\frac{R}{2}$. तब, इसके पृष्ठ का क्षेत्रफल $=4\pi\times\left(\frac{R}{2}\right)^2=\pi R^2$.

पृष्ठ के क्षेत्रफल में कमी $=(4\pi R^2-\pi R^2)=3\pi R^2$.

पृष्ठ के क्षेत्रफल में कमी $\%=\left(\frac{3\pi R^2}{4\pi R^2}\times100\right)\%=75\%.$

153. तीनों गेंदों को पिघलाने पर कुल आयतन

$\left\{\frac{4}{3}\pi\times(1)^3+\frac{4}{3}\pi\times(2)^3+\frac{4}{3}\pi\times(3)^3\right\}$ घन सेमी० $=\left(\frac{4}{3}\pi\times36\right)$ घन सेमी० $=48\pi$ घन सेमी०.

नई गेंद का आयतन $=48\pi$ का $75\%=\left(48\pi\times\frac{75}{100}\right)$ घन सेमी० $=36\pi$ घन सेमी०.

$\frac{4}{3}\pi R^3=36\pi\Rightarrow R^3=\left(36\pi\times\frac{3}{4\pi}\right)=27=(3)^3$.

अत: नई गेंद का अर्द्धव्यास = 3 सेमी०.

154. माना कुल मत पड़े $= x$. तब (x का 70%) – (x का 30%) = 16000

$\Rightarrow x$ का $40\%=16000\Rightarrow x\times\frac{40}{100}=16000\Rightarrow x=\left(16000\times\frac{100}{40}\right)=40000.$

155. वैध मत = (7500 का 80%) = $\left(7500\times\frac{80}{100}\right)$ = 6000.

दूसरे उम्मीदवार के मत = 6000 का 45% = $\left(6000\times\frac{45}{100}\right)$ = 2700.

156. माना वैध मत = x. तब, (x का 52%) – (x का 48%) = 98 ⇒ x का 4% = 98 ⇒ $x\times\frac{4}{100}=98$

$\Rightarrow x=\left(98\times\frac{100}{4}\right)=2450.$

कुल डाले गये मत = (2450 + 68) = 2518.

157. अवैध मत = 15200 का 15% = $\left(15200\times\frac{15}{100}\right)$ = 2280.

वैध मत = (15200 – 2280) = 12920.

एक उम्मीदवार को मिले वैध मत = 12920 का 55%

$=\left(12920\times\frac{55}{100}\right)=7106.$

दूसरे उम्मीदवार को मिले वैध मत = (12920 – 7106) = 5814.

158. माना कुल मतों की संख्या = x. तब

(x का 71%) – (x का 29%) = 756 ⇒ x का (71 – 29%) = 756

⇒ x का 42% = 756 ⇒ $x\times\frac{42}{100}=756\Rightarrow x=\left(756\times\frac{100}{42}\right)=1800.$

अत: कुल मतों की संख्या = 1800.

159. कुल अवैध मतों की संख्या = $\frac{8400\times25}{100}=2100.$

कुल वैध मतों की संख्या = (8400 – 2100) = 6300.

पहले उम्मीदवार को मिले वैध मतों की संख्या = $\frac{6300\times52}{100}=3276.$

दूसरे उम्मीदवार को मिले वैध मतों की संख्या = (6300 – 3276) = 3024.

160. माना लड़कियों की संख्या = x%. तब लड़कों की संख्या = (x + 16)%.

$\therefore\ x+x+16=100\Rightarrow 2x=84\Rightarrow x=42.$

$\therefore$ अभीष्ट अनुपात $=\frac{x+16}{x}=\frac{42+16}{42}=\frac{58}{42}=\frac{29}{21}=29:21.$

161. रितिज के प्राप्तांक = $\left(750\times\frac{52}{100}\right)$ = 390;

सुनील के प्राप्तांक = $\left(750\times\frac{64}{100}\right)$ = 480;

रवि के प्राप्तांक = $\left(750\times\frac{74}{100}\right)$ = 555.

तीनों के औसत प्राप्तांक = $\frac{(390+480+555)}{3}=\frac{1425}{3}=475.$

162. कुल स्त्रियाँ = (296000 – 166000) = 130000.

कुल शिक्षित व्यक्ति = $\left(296000\times\frac{50}{100}\right)$ = 148000.

शिक्षित पुरुषों की संख्या $= \left(166000\times\frac{70}{100}\right) = 116200.$

शिक्षित स्त्रियों की संख्या $= (148000 - 116200) = 31800.$

163. माना कुल बच्चों की संख्या $= x$.

प्रत्येक बच्चे को मिली टॉफियों की संख्या $= x$ का $20\% = \left(x\times\frac{20}{100}\right) = \frac{x}{5}.$

$$x \times \frac{x}{5} = 605 \Rightarrow x^2 = 3025 = (55)^2 \Rightarrow x = 55.$$

प्रत्येक बच्चे को मिली टॉफियों की संख्या $= \frac{55}{5} = 11.$

164. प्रतिवर्ष ऊँचाई में वृद्धि की दर $= \left(\frac{1}{8}\times 100\right)\% = \frac{25}{2}\%.$

अब, ऊँचाई = 8 मीटर.

$2\frac{1}{2}$ वर्ष बाद पेड़ की ऊँचाई $= 8 \times \left(1+\frac{25}{2\times 100}\right)^2 \times \left(1+\frac{25}{4\times 100}\right)$

$= \left(8\times\frac{9}{8}\times\frac{9}{8}\times\frac{17}{16}\right)$ मीटर $= \frac{1377}{128}$ मीटर.

ऊँचाई में वृद्धि $= \left(\frac{1377}{128} - 8\right)$ मी० $= \frac{353}{128}$ मी० $= 2{\cdot}76$ मी०.

165. माना पहले मूल्य = ₹ x प्रति किग्रा०. नया मूल्य = ₹ $\left(x\times\frac{80}{100}\right)$ प्रति / किग्रा० = ₹ $\frac{4x}{5}$ प्रति / किग्रा० .

$$\therefore \frac{600}{(4x/5)} - \frac{600}{x} = 10 \Rightarrow \frac{750}{x} - \frac{600}{x} = 10$$

$$\Rightarrow 10x = (750 - 600) = 150 \Rightarrow x = 15.$$

भाव में कमी होने के बाद गेहूँ का भाव = ₹ $\left(\frac{4}{5}\times 15\right)$ प्रति किग्रा० = ₹ 12 प्रति किग्रा० .

166. $n(A) = \left(600\times\frac{75}{100}\right) = 450, n(B) = \left(600\times\frac{45}{100}\right) = 270.$

$$600 = n(A) + n(B) - n(A \cap B)$$

$$\Rightarrow \quad n(A \cap B) = (450 + 270 - 600) = (720 - 600) = 120.$$

अत: 120 विद्यार्थी दोनों खेल खेलते हैं.

167. माना कुल कर्मचारी $= x$. तब,

$$n(A) = \left(x\times\frac{72}{100}\right) = \frac{18x}{25}, n(B) = \left(x\times\frac{44}{100}\right) = \frac{11x}{25}, n(A \cap B) = 40.$$

$$\therefore \quad x = n(A) + n(B) - n(A \cap B)$$

$$\Rightarrow \quad x = \frac{18x}{25} + \frac{11x}{25} - 40 \Rightarrow \frac{29x}{25} - x = 40 \Rightarrow 4x = (40 \times 25) \Rightarrow x = 250.$$

अत: कुल कर्मचारी = 250.

168. पहले विषय में अनुत्तीर्ण $= \left(2500\times\frac{35}{100}\right) = 875.$

दूसरे विषय में अनुत्तीर्ण $= \left(2500\times\frac{42}{100}\right) = 1050.$

दोनों विषयों में अनुत्तीर्ण $= \left(2500 \times \frac{15}{100}\right) = 375.$

केवल पहले विषय में अनुत्तीर्ण $= (875 - 375) = 500.$

केवल दूसरे विषय में अनुत्तीर्ण $= (1050 - 375) = 675.$

केवल एक विषय में अनुत्तीर्ण $= (500 + 675) = 1175.$

169. माना दुकानदार ने इसे ₹ x में खरीदा. तब,

x का 115% = 9039 $\Rightarrow \left(x \times \frac{115}{100}\right) = 9039 \Rightarrow x = \left(9039 \times \frac{20}{23}\right) = 7860.$

अतः दुकानदार ने इसे ₹ 7860 में खरीदा.

170. माना अभीष्ट संख्या $= x$. तब,

x का 90% का 110% $= (x - 50)$

$\Rightarrow \left(x \times \frac{90}{100} \times \frac{110}{100}\right) = (x - 50)$

$\Rightarrow \left(x - \frac{99x}{100}\right) = 50 \Rightarrow \frac{x}{100} = 50 \Rightarrow x = (50 \times 100) = 5000.$

$\therefore$ अभीष्ट संख्या = 5000.

प्रश्नमाला 10B

1. एक कस्बे की जनसंख्या में पहले वर्ष 12% की वृद्धि होती है तथा दूसरे वर्ष 10% की कमी. यदि वर्तमान जनसंख्या 50400 हो, तो दो वर्ष पहले यह जनसंख्या कितनी थी? **(एस०एस०सी० परीक्षा, 2004)**

2. एक कस्बे की जनसंख्या 5% वार्षिक दर से घटती है. यदि इसकी वर्तमान जनसंख्या 68590 हो, तो 3 वर्ष पूर्व इसकी जनसंख्या कितनी थी?

3. पपीते का एक पेड़ 2 वर्ष पूर्व रोपा गया था. यदि इसकी ऊँचाई में 20% वार्षिक दर से निरन्तर वृद्धि हो तथा अब इसकी ऊँचाई 540 सेमी० हो, तो रोपे जाते समय इसकी ऊँचाई कितनी थी?

4. एक मशीन 2 वर्ष पूर्व ₹ 17280 में खरीदी गई. यदि इसका अवमूल्यन $16\frac{2}{3}\%$ वार्षिक दर से हो, तो इसका वर्तमान मूल्य कितना होगा?

5. एक मशीन 2 वर्ष पूर्व खरीदी गई. यदि $12\frac{1}{2}\%$ वार्षिक दर से इसका अवमूल्यन हो तथा इसका वर्तमान मूल्य ₹ 26460 हो, तो मशीन का क्रय-मूल्य कितना था?

6. 35% का 10% किस भिन्न के तुल्य होगा?

7. ₹ 630 का कितने प्रतिशत ₹ 7 है?

8. एक विद्यालय में 36% छात्रायें है तथा 864 छात्र हैं. कुल विद्यार्थियों की संख्या कितनी है?

9. एक विद्यालय में लड़के तथा लड़कियाँ 3 : 2 के अनुपात में हैं. यदि 20% लड़के तथा 25% लड़कियाँ छात्रवृत्ति धारक हों, तो विद्यालय के उन विद्यार्थियों का प्रतिशत ज्ञात कीजिए जो छात्रवृत्ति धारक नहीं हैं. **(एस०एस०सी० परीक्षा, 2003)**

10. एक व्यक्ति अपनी मासिक आय का 4% एक अनाथालय को दान कर देता है तथा शेष आय का 10% बैंक में जमा करा देता है. यदि उसके पास ₹ 10800 बचे हों, तो उसकी मासिक आय कितनी है? **(एस०एस०सी० परीक्षा, 2003)**

11. एक एजेन्ट को ₹ 10000 तक की बिक्री पर 5% तथा इससे अधिक बिक्री पर 4% कमीशन मिलता है. यदि कुल बिक्री पर कमीशन काटकर शेष धन वह कम्पनी को ₹ 31100 दे, तो ज्ञात कीजिए कि उसने कुल कितनी बिक्री की. **(एस०एस०सी० परीक्षा, 2003)**

12. एक अधिकारी के मासिक वेतन का 10% मकान किराया भत्ता काट लिया जाता है. शेष वेतन का 20% वह पैट्रोल पर खर्च करता है. शेष वेतन का 20% वह आयकर जमा करा देता है तथा शेष वेतन का 10% वह कपड़ों पर खर्च करता है. इन खर्चों के बाद उसके पास ₹ 15552 बचें, तो उसका मासिक वेतन ज्ञात कीजिए.

13. कोई व्यक्ति अपनी आय का 80% खर्च करता है. यदि उसकी आय में $16\frac{2}{3}\%$ की वृद्धि हो जाये तथा महँगाई के कारण उसके खर्च में $37\frac{1}{2}\%$ की वृद्धि हो जाये तो उस व्यक्ति की वर्तमान प्रतिशत बचत ज्ञात कीजिए.

(एस०एस०सी० परीक्षा, 2002)

14. एक गाँव में पुरुष, महिलायें तथा बच्चे क्रमशः 11 : 9 : 5 के अनुपात में हैं. यदि 80% पुरुष साक्षर हों, 30% महिलायें निरक्षर हों तथा 90% बच्चे साक्षर हों, तो उस गाँव की निरक्षरता का प्रतिशत ज्ञात कीजिए.

15. एक नगर की जनसंख्या 560000 है. इसमें पुरुषों तथा स्त्रियों का अनुपात 43:37 है. पुरुषों की संख्या का 88% साक्षर तथा स्त्रियों की संख्या का 20% निरक्षर है. उस नगर की निरक्षरता का प्रतिशत ज्ञात कीजिए.

16. किसी गाँव में दो-तिहाई पुरुष तथा शेष महिलायें हैं. इनमें से 70% पुरुष तथा 60% महिलायें साक्षर हैं. साक्षर पुरुषों का 30% तथा साक्षर महिलाओं का 20% स्नातक हैं. स्नातक पुरुषों का 20% तथा स्नातक महिलाओं का 15% नौकरी में हैं. उस गाँव में नौकरी करने वालों की संख्या कुल जनसंख्या का कितने प्रतिशत है ?

17. तीन व्यक्ति *A, B, C* जिनका सम्मिलित वेतन ₹ 14400 है, अपने वेतन का क्रमशः 80%, 85%, 75% व्यय करते हैं. यदि इनकी बचत 8 : 9 : 20 के अनुपात में हों, तो प्रत्येक का वेतन ज्ञात कीजिए.

18. एक कार के उत्पादन मूल्य में तीन मदें सम्मिलित हैं; कच्चे माल का मूल्य, श्रमिकों पर व्यय तथा अतिरिक्त मदें. किसी वर्ष में इन मुद्दों पर खर्च 4 : 3 : 2 के अनुपात में थे. अगले वर्ष कच्चे माल के मूल्य में 10% वृद्धि हो गई, श्रमिकों पर व्यय 8% बढ़ गया तथा अतिरिक्त मदों पर व्यय 5% घट गया. एक कार के उत्पादन मूल्य में प्रतिशत वृद्धि ज्ञात कीजिए.

19. यदि *A* की आय का 60%, *B* की आय के 75% के बराबर हो, तो *B* की आय, *A* की आय का कितने प्रतिशत है ?

20. किसी परीक्षा में चार छात्रों *A, B, C, D* में से *A* को *B* से 10% कम अंक मिले; *B* को *C* से 25% अधिक अंक मिले तथा *C* को *D* से 20% कम अंक मिले. यदि *A* को 360 अंक मिले हों तथा पूर्णांक 500 हों, तो ज्ञात कीजिए कि *D* ने कितने प्रतिशत अंक प्राप्त किये ?

21. एक विद्यार्थी किसी परीक्षा में 30% अंक प्राप्त करता है तथा 27 अंकों से अनुत्तीर्ण हो जाता है. एक दूसरा विद्यार्थी इसी परीक्षा में 40% अंक प्राप्त करके उत्तीर्णांकों से 27 अंक अधिक प्राप्त करता है. इस परीक्षा के पूर्णांक तथा उत्तीर्णांक प्रतिशत ज्ञात कीजिए.

22. किसी परीक्षा में उत्तीर्ण होने के लिए 40% अंक चाहियें. *A* ने उत्तीर्णांक से 10% कम अंक प्राप्त किये तथा *B* ने *A* से $11\frac{1}{9}\%$ कम अंक प्राप्त किये जबकि *C* ने, *A* तथा *B* के कुल अंकों से $41\frac{3}{17}\%$ कम अंक प्राप्त किये. ज्ञात कीजिए कि *C* इस परीक्षा में उत्तीर्ण हुआ अथवा नहीं.

23. किसी परीक्षा में 70% छात्र अंग्रेजी में तथा 80% गणित में उत्तीर्ण हुये जबकि 10% छात्र दोनों विषयों में अनुत्तीर्ण रहे. यदि 144 छात्र दोनों विषयों में उत्तीर्ण हुए हों, तो कुल परीक्षार्थियों की संख्या ज्ञात कीजिए.

24. किसी परीक्षा में सम्मिलित लड़के तथा लड़कियों का अनुपात 16 : 9 है. इस परीक्षा में उत्तीर्ण हुए लड़के तथा लड़कियों का अनुपात 5 : 4 है. यदि 80% लड़कियाँ उत्तीर्ण हुई हों, तो कितने प्रतिशत लड़के उत्तीर्ण हुए. यह भी ज्ञात कीजिए कि कुल कितने प्रतिशत विद्यार्थी इस परीक्षा में उत्तीर्ण हुए.

25. किसी चुनाव में दो प्रत्याशी *A* तथा *B* थे. इस चुनाव में मतदाता सूची में दर्ज व्यक्तियों में से 10% ने भाग नहीं लिया तथा 60 मत अमान्य घोषित कर दिये गये. यदि *A* को मिले मतों की संख्या कुल सूची में दर्ज संख्या का 47% हो तथा वह *B* को 308 मतों से पराजित करे, तो कुल डाले गये मतों की संख्या ज्ञात कीजिए.

26. एक चुनाव में दो उम्मीदवार थे. इसमें 75% मतदाताओं ने अपने मताधिकार का प्रयोग किया तथा इनमें से 2% मतों को अवैध घोषित कर दिया गया. एक उम्मीदवार ने 9261 मत प्राप्त किये जो वैध मतों के 75% थे. मतदाता सूची में कुल कितने मतदाता थे ?

27. एक व्यक्ति अपनी आय का 75% खर्च करता है. उसकी आय में 20% वृद्धि होने पर वह अपने खर्च में 10% वृद्धि कर देता है. उसकी बचत में कितने प्रतिशत वृद्धि होगी ?

28. किसी वस्तु के मूल्य में 10% वृद्धि होने पर इसके उपभोक्ता को उसकी खपत कितने प्रतिशत कम करनी होगी जिससे कि इस मद में उसके खर्च में कोई वृद्धि न हो? **(एस०एस०सी० परीक्षा, 2003)**

29. किसी वस्तु पर कर में 10% कमी करने पर उसकी खपत में 8% की वृद्धि हो जाती है. इस वस्तु से प्राप्त राजस्व में प्रतिशत वृद्धि अथवा कमी ज्ञात कीजिए.

30. दालों के मूल्य में 30% वृद्धि होने पर एक गृहणी को उसकी खपत कितने प्रतिशत कम करनी होगी जिससे इस मद में खर्च केवल 10% बढ़े ?

31. एक मशीन का 10% वार्षिक दर से अवमूल्यन हो जाता है. यदि इसका वर्तमान मूल्य ₹ 16200 हो तो (*i*) 2 वर्ष बाद मशीन का मूल्य क्या होगा ? (*ii*) 2 वर्ष पूर्व इस मशीन का मूल्य कितना था ?

32. सन्तरों के मूल्य में 20% कमी होने पर एक व्यक्ति ₹ 25 में 5 सन्तरे अधिक खरीद सकता है. सन्तरों का वर्तमान मूल्य तथा प्रारम्भिक मूल्य ज्ञात कीजिए.

33. किसी वस्तु के मूल्य में 60% की वृद्धि की गई है. एक उपभोक्ता उस वस्तु की खपत में कितने प्रतिशत की कमी करे ताकि उस वस्तु पर उसके व्यय में कोई वृद्धि न हो ? **(एस०एस०सी० परीक्षा, 2008)**

34. नमक और पानी के एक घोल में 15% नमक था. इसमें से 30 किग्रा० पानी वाष्पित करने के उपरान्त शेष घोल में नमक की मात्रा 20% रह गई. आरम्भिक घोल का भार ज्ञात कीजिए. **(एस०एस०सी० परीक्षा, 2008)**

35. व्यंजक x^3y^2 में x तथा y के मानों में क्रमशः 25% तथा 20% की कमी की जाती है. व्यंजक के मान में कितने प्रतिशत कमी हो जायेगी ? **(एस०एस०सी० परीक्षा, 2009)**

36. किसी वर्ष एक गाँव की जनसंख्या 9800 थी. यदि अगले वर्ष पुरुषों की संख्या में 8% तथा महिलाओं की संख्या में 5% वृद्धि होने के उपरान्त गाँव की जनसंख्या 10458 हो गई हो, तो ज्ञात कीजिए कि वृद्धि से पहले गाँव में पुरुषों की संख्या कितनी थी ? **(एस०एस०सी० परीक्षा, 2009)**

37. एक व्यक्ति अपने मासिक वेतन का 1% अपने दो पुत्रों को जेब-खर्च के रूप में देता है. दोनों पुत्रों को दिये जाने वाले जेब खर्च का 80% बड़े पुत्र को मिलता है तथा वह अपने भाग के जेब खर्च का 80% व्यय कर देता है. यदि वह ₹ 20 मासिक की बचत करे, तो ज्ञात कीजिए कि उसके पिता का मासिक वेतन कितना है ?
(एस०एस०सी० परीक्षा, 2009)

38. एक व्यक्ति अपनी आय का 75% व्यय करता है. उसकी आय में 20% की वृद्धि होने पर वह अपने व्यय में 10% की वृद्धि कर देता है. उसकी बचत में कितने प्रतिशत वृद्धि होगी ? **(एस०एस०सी० परीक्षा, 2008)**

39. पानी के साथ 20% ऐल्कोहल वाले 5 लीटर मिश्रण में से 2 लीटर मिश्रण निकाल लिया जाता है तथा उसके बदले उसमें 2 लीटर पानी मिला दिया जाता है. नए मिश्रण में ऐल्कोहल की मात्रा का प्रतिशत ज्ञात कीजिए.
(एस०एस०सी० परीक्षा, 2008)

40. चीनी के भाव में 10% कमी हो जाने पर ₹ 140 में 500 ग्राम अधिक चीनी खरीदी जा सकती है. चीनी का प्रारम्भिक भाव तथा कम भाव ज्ञात कीजिए. **(एस०एस०सी० परीक्षा, 2006)**

41. एक परीक्षा में 70% विद्यार्थी अग्रेजी में तथा 65% गणित में उत्तीर्ण हुए. यदि 27% विद्यार्थी दोनों विषयों में अनुत्तीर्ण रहे हों तथा 248 विद्यार्थी दोनों विषयों में उत्तीर्ण हुए हों, तो कुल कितने परीक्षार्थी थे ?
(एस०एस०सी० परीक्षा, 2007)

42. किसी विद्यालय में कक्षा-दस की परीक्षा में लड़कियों का औसत प्राप्तांक 73 तथा लड़कों का औसत प्राप्तांक 71 है. यदि इस कक्षा के सभी विद्यार्थियों का औसत प्राप्तांक 71·8 हो तो लड़कियों तथा लड़कों की प्रतिशतता ज्ञात कीजिए.

43. चीनी तथा पानी के 6 लीटर घोल में 4% चीनी तथा शेष पानी है. इस घोल में से एक लीटर पानी वाष्पित किये जाने पर शेष घोल में चीनी की प्रतिशतता ज्ञात कीजिए.

उत्तरमाला (प्रश्नमाला 10B)

1. 50000	**2.** 80000	**3.** 375 सेमी०	**4.** ₹ 12000	**5.** ₹ 34560
6. $\frac{7}{200}$	**7.** ₹ 7	**8.** 1350	**9.** 78%	**10.** ₹ 12500
11. ₹ 32500	**12.** ₹ 30000	**13.** $5\frac{5}{7}$%	**14.** $21\frac{3}{5}$%	**15.** 15·7%
16. 3·4%	**17.** ₹ 3200, ₹ 4800, ₹ 6400		**18.** 6%	**19.** 80%
20. 80%	**21.** 35%	**22.** उत्तीर्ण	**23.** 240	**24.** 64·8%
25. 6200	**26.** 16800	**27.** 50%	**28.** $9\frac{1}{11}$%	**29.** 2·8%
30. $15\frac{5}{13}$%	**31.** (*i*) ₹ 13122 (*ii*) ₹ 20000		**32.** ₹ 1 प्रति सन्तरा, ₹ 1.25 प्रति सन्तरा	
33. 37·5%	**34.** 120 किग्रा०	**35.** 73%	**36.** 5600	**37.** ₹ 12500
38. 31·25%	**39.** 12%	**40.** ₹ 31·11 प्रति किग्रा०, ₹ 28 प्रति किग्रा०		**41.** 400
42. लड़कियाँ = 40%, लड़के = 60%		**43.** 4·8%		

दिये गये प्रश्नों के हल प्रश्नमाला 10B

1. माना 2 वर्ष पहले कस्बे की जनसंख्या = x. तब,

$$x \times \left(1+\frac{12}{100}\right)\times\left(1-\frac{10}{100}\right) = 50400$$

$$\Rightarrow x \times \frac{28}{25}\times\frac{9}{10} = 50400 \Rightarrow x = \left(50400\times\frac{25}{28}\times\frac{10}{9}\right) = 50000.$$

2. माना 3 वर्ष पूर्व कस्बे की जनसंख्या x थी. तब,

$$x \times \left(1-\frac{5}{100}\right)^3 = 68590 \Rightarrow x\times\frac{19}{20}\times\frac{19}{20}\times\frac{19}{20} = 68590 \Rightarrow x = \left(68590\times\frac{20}{19}\times\frac{20}{19}\times\frac{20}{19}\right) = 80000.$$

3. माना रोपे जाते समय पौधे की ऊँचाई = x सेमी०. तब,

$$x \times \left(1+\frac{20}{100}\right)^2 = 540 \Rightarrow x\times\frac{6}{5}\times\frac{6}{5} = 540 \Rightarrow x = \left(540\times\frac{5}{6}\times\frac{5}{6}\right) = 375 \text{ सेमी०}.$$

4. वर्तमान मूल्य = $₹\left\{17280\times\left(1-\frac{50}{3\times100}\right)^2\right\} = ₹\left(17280\times\frac{5}{6}\times\frac{5}{6}\right) = ₹\ 12000.$

5. माना मशीन का क्रय-मूल्य = ₹ x. तब,

$$x \times \left(1-\frac{25}{2\times100}\right)^2 = 26460 \Rightarrow x\times\frac{7}{8}\times\frac{7}{8} = 26460 \Rightarrow x\left(26460\times\frac{8}{7}\times\frac{8}{7}\right) = 34560.$$

अतः मशीन का क्रय-मूल्य = ₹ 34560.

6. 35% का 10% = $\left(\frac{35}{100}\times\frac{10}{100}\right) = \frac{7}{200}$.

7. माना ₹ 630 का x% = ₹ 7.

तब, $\left(630\times\frac{x}{100}\right) = 7 \Rightarrow x = \frac{(7\times100)}{630} = \frac{10}{9} = 1\frac{1}{9}$.

अतः ₹ 630 का $1\frac{1}{9}$% = ₹ 7.

8. माना कुल विद्यार्थियों की संख्या = x. तब, छात्रों की संख्या = (100 – 36)% = 64%.

$\therefore$ x का $64\% = 864 \Rightarrow x \times \frac{64}{100} = 864 \Rightarrow x = \left(864 \times \frac{100}{64}\right) = 1350.$

अत: विद्यालय में कुल विद्यार्थियों की संख्या = 1350.

9. माना विद्यालय में लड़के = $3x$ तथा लड़कियाँ = $2x$.

छात्रवृत्ति धारक विद्यार्थियों की संख्या = ($3x$ का 20%) + ($2x$ का 25%)

$$= \left(3x \times \frac{20}{100}\right) + \left(2x \times \frac{25}{100}\right) = \left(\frac{3x}{5} + \frac{x}{2}\right) = \frac{11x}{10}.$$

उन विद्यार्थियों की संख्या जो छात्रवृत्ति धारक नहीं हैं $= \left(5x - \frac{11x}{10}\right) = \frac{39x}{10}.$

अभीष्ट % $= \left(\frac{39x}{10} \times \frac{1}{5x} \times 100\right)\% = 78\%.$

10. माना उस व्यक्ति की मासिक आय = ₹ 100.

अनाथालय को दिया गया दान = ₹ 4.

शेष धन = ₹ (100 – 4) = ₹ 96.

बैंक में जमा किया गया धन = ₹ 96 का 10% = ₹ $\left(96 \times \frac{10}{100}\right)$ = ₹ 9·60.

शेष बचा धन = ₹ (96 – 9·60) = ₹ 86·40.

यदि शेष बचा धन ₹ 86·40 है, तो व्यक्ति की मासिक आय = ₹ 100.

यदि शेष बचा धन ₹ 10800 है, तो व्यक्ति की मासिक आय = ₹ $\left(\frac{100}{86 \cdot 40} \times 10800\right)$ = ₹ 12500.

अत: उस व्यक्ति की मासिक आय = ₹ 12500.

11. माना कुल बिक्री = ₹ x.

₹ 10000 पर कमीशन = ₹ $\left(10000 \times \frac{5}{100}\right)$ = ₹ 500.

₹ $(x - 10000)$ पर कमीशन = ₹ $\left\{(x - 10000) \times \frac{4}{100}\right\}$ = ₹ $\frac{(x-10000)}{25}$.

कुल कमीशन = ₹ $\left\{500 + \frac{(x-10000)}{25}\right\}$ = ₹ $\left\{\frac{(2500+x)}{25}\right\}$.

शेष धन = (कुल बिक्री) – (कुल कमीशन) = ₹ $\left\{x - \frac{(2500+x)}{25}\right\}$ = ₹ $\left\{\frac{(24x-2500)}{25}\right\}$

$\therefore$ $\frac{(24x-2500)}{25} = 31100 \Rightarrow (24x - 2500) = 777500 \Rightarrow 24x = 780000 \Rightarrow x = 32500.$

अत: कुल बिक्री = ₹ 32500.

12. माना अधिकारी का मासिक वेतन = ₹ 100. तब, मकान किराया भत्ता = ₹ 10.

शेष वेतन = ₹ 90. पैट्रोल पर व्यय = (₹ 90 का 20%) = ₹ $\left(90 \times \frac{20}{100}\right)$ = ₹ 18.

शेष वेतन = ₹ (90 – 18) = ₹ 72, आयकर = ₹ $\left(72 \times \frac{20}{100}\right)$ = ₹ 14·40.

शेष वेतन = ₹ (72 – 14·40) = ₹ 57·60.

कपड़ों पर खर्च = ₹ $\left(57 \cdot 60 \times \frac{10}{100}\right)$ = ₹ 5·76.

शेष = ₹ (57·60 – 5·76) = ₹ 51·84.

यदि शेष धन ₹ 51·84 है, तो कुल वेतन = ₹ 100.

यदि शेष धन ₹ 15552 है, तो कुल वेतन = ₹ $\left(\frac{100}{51\cdot84}\times15552\right)$ = ₹ 30000.

अत: अधिकारी का मासिक वेतन = ₹ 30000.

13. माना उस व्यक्ति की प्रारम्भिक आय = ₹ 100. तब, खर्च = ₹ 80 .

$16\frac{2}{3}$% वृद्धि के बाद आय = ₹ $116\frac{2}{3}$ = ₹ $\frac{350}{3}$.

$37\frac{1}{2}$% वृद्धि के बाद खर्च = ₹ 80 का $137\frac{1}{2}$% = ₹ $\left(80\times\frac{275}{2\times100}\right)$ = ₹ 110.

वर्तमान बचत = ₹ $\left(\frac{350}{3}-110\right)$ = ₹ $\frac{20}{3}$.

वर्तमान बचत % = $\left(\frac{20}{3}\times\frac{3}{350}\times100\right)\% = \frac{40}{7}\% = 5\frac{5}{7}\%$.

14. माना पुरुष = $11x$, महिलायें = $9x$ तथा बच्चे = $5x$. कुल = $25x$.

निरक्षरता = ($11x$ का 20%) + ($9x$ का 30%) + ($5x$ का 10%)

$$=\left(11x\times\frac{20}{100}\right)+\left(9x\times\frac{30}{100}\right)+\left(5x\times\frac{10}{100}\right)=\left(\frac{11x}{5}+\frac{27x}{10}+\frac{x}{2}\right)=\frac{54x}{10}=\frac{27x}{5}.$$

निरक्षता % = $\left(\frac{27x}{5}\times\frac{1}{25x}\times100\right)\% = \frac{108}{5}\% = 21\frac{3}{5}\%$.

15. पुरुषों की संख्या = $\left(560000\times\frac{43}{80}\right) = 301000$.

स्त्रियों की संख्या = (560000 – 301000) = 259000.

निरक्षरों की संख्या = (301000 का 12%) + (259000 का 20%) = $\left(301000\times\frac{12}{100}\right)+\left(259000\times\frac{20}{100}\right)$

= (36120 + 51800) = 87920.

निरक्षरता % = $\left(\frac{87920}{560000}\times100\right)\% = 15\cdot7\%$.

16. माना गाँव की कुल जनसंख्या = x. तब,

पुरुषों की संख्या = $\frac{2x}{3}$, महिलाओं की संख्या = $\frac{x}{3}$.

साक्षर पुरुषों की संख्या = $\left(\frac{2x}{3}\times\frac{70}{100}\right)=\frac{7x}{15}$.

साक्षर महिलाओं की संख्या = $\left(\frac{x}{3}\times\frac{60}{100}\right)=\frac{x}{5}$.

स्नातक पुरुषों की संख्या = $\left(\frac{7x}{15}\times\frac{30}{100}\right)=\frac{7x}{50}$.

स्नातक महिलाओं की संख्या = $\left(\frac{x}{5}\times\frac{20}{100}\right)=\frac{x}{25}$.

नौकरी करने वाले पुरुषों की संख्या = $\left(\frac{7x}{50}\times\frac{20}{100}\right)=\frac{7x}{250}$.

नौकरी करने वाली महिलाओं की संख्या = $\left(\frac{x}{25}\times\frac{15}{100}\right)=\frac{3x}{500}$.

कुल नौकरी करने वालों की संख्या = $\left(\frac{7x}{250}+\frac{3x}{500}\right)=\frac{17x}{500}$.

अभीष्ट % = $\left(\frac{17x}{500}\times\frac{1}{x}\times 100\right)\% = \frac{17}{5}\% = 3\cdot 4\%$.

17. माना A, B, C के मासिक वेतन क्रमशः ₹ x, ₹ y, ₹ z हैं तथा

इनकी बचत क्रमशः ₹ $8k$, ₹ $9k$ तथा ₹ $20k$ हैं. तब,

A की बचत = ₹ $\left(x\times\frac{20}{100}\right)$, B की बचत = ₹ $\left(y\times\frac{15}{100}\right)$ = ₹ $\frac{3y}{20}$

तथा C की बचत = ₹ $\left(z\times\frac{25}{100}\right)$ = ₹ $\frac{z}{4}$.

$\frac{x}{5}=8k, \frac{3y}{20} = 9k$ तथा $\frac{z}{4}=20k$

$\therefore\ x=40k,\ y=60k$ तथा $z=80k$.

$40k+60k+80k=14400 \Rightarrow 180k=14400 \Rightarrow k=80$.

$\therefore\ x=(40\times 80)=3200,\ y=(60\times 80)=4800,\ z=(80\times 80)=6400$.

अतः A, B, C के वेतन क्रमशः ₹ 3200, ₹ 4800 तथा ₹ 6400 हैं.

18. माना पहले वर्ष में कच्चे माल का मूल्य = ₹ $4x$, श्रमिकों पर व्यय = ₹ $3x$ तथा अतिरिक्त मदों पर व्यय = ₹ $2x$ था.

अगले वर्ष कच्चे माल का मूल्य = ₹ $\left(4x\times\frac{110}{100}\right)$ = ₹ $\frac{22x}{5}$.

अगले वर्ष श्रमिकों पर व्यय = ₹ $\left(3x\times\frac{108}{100}\right)$ = ₹ $\frac{81x}{25}$.

अगले वर्ष अतिरिक्त मदों पर व्यय = ₹ $\left(2x\times\frac{95}{100}\right)$ = ₹ $\frac{19x}{10}$.

पहले वर्ष कुल खर्च = ₹ $(4x+3x+2x)$ = ₹ $9x$.

अगले वर्ष कुल खर्च = ₹ $\left(\frac{22x}{5}+\frac{81x}{25}+\frac{19x}{10}\right)$ = ₹ $\frac{(220x+162x+95x)}{50}$ = ₹ $\frac{477x}{50}$.

कार के उत्पादन मूल्य में वृद्धि = ₹ $\left(\frac{477x}{50}-9x\right)$ = ₹ $\frac{27x}{50}$.

कार के उत्पादन मूल्य में वृद्धि % = $\left(\frac{27x}{50}\times\frac{1}{9x}\times 100\right)\% = 6\%$.

19. माना A की आय = ₹ x तथा B की आय = ₹ y. तब

$$x\times\frac{60}{100}=y\times\frac{75}{100}\Rightarrow\frac{3x}{5}=\frac{3y}{4}\Rightarrow\frac{x}{y}=\frac{5}{4}.$$

$\therefore\quad y=\frac{4x}{5}=x$ का $\left(\frac{4}{5}\times 100\right)\% = x$ का 80%.

अतः B की आय, A की आय का 80% है.

20. माना D द्वारा प्राप्तांक = 100. तब, C द्वारा प्राप्तांक = 80.

B द्वारा प्राप्तांक = $\left(80\times\frac{125}{100}\right)$ = 100, A द्वारा प्राप्तांक = 90.

यदि A के प्राप्तांक 90 हों, तो D के प्राप्तांक = 100.

यदि A के प्राप्तांक 360 हों, तो D के प्राप्तांक = $\left(\frac{100}{90}\times 360\right)$ = 400.

D द्वारा प्राप्त अंक % = $\left(\frac{400}{500}\times 100\right)\% = 80\%.$

21. माना पूर्णांक = x. तब, $x \times \frac{30}{100} + 27 = x \times \frac{40}{100} - 27.$

$\therefore \quad \frac{2x}{5} - \frac{3x}{10} = 54 \Rightarrow 4x - 3x = 540 \Rightarrow x = 540.$

अत: पूर्णांक = 540, उत्तीर्णांक % = $\left[\left\{\frac{\left(540\times\frac{30}{100}\right)+27}{540}\right\}\times 100\right]\% = 35\%.$

22. माना पूर्णांक = 100. तब, उत्तीर्णांक = 40.

A द्वारा प्राप्तांक = $\left(40\times\frac{90}{100}\right) = 36.$

B द्वारा प्राप्तांक = 36 का $\left(100 - 11\frac{1}{9}\right)\% = 36$ का $\frac{800}{9}\% = \left(36\times\frac{800}{9}\times\frac{1}{100}\right) = 32.$

C द्वारा प्राप्तांक = (36 + 32) का $\left(100 - \frac{700}{17}\right)\% = \left(68\times\frac{1000}{17}\times\frac{1}{100}\right) = 40.$

अत: C परीक्षा में उत्तीर्ण हुआ.

23. माना कुल परीक्षार्थी = 100.

अंग्रेजी में अनुत्तीर्ण छात्र = (100 – 70) = 30.

गणित में अनुत्तीर्ण छात्र = (100 – 80) = 20.

दोनों विषयों में अनुत्तीर्ण छात्र = 10.

केवल अंग्रेजी में अनुत्तीर्ण छात्र = (30 – 10) = 20.

केवल गणित में अनुत्तीर्ण छात्र = (20 – 10) = 10.

एक या दोनों विषयों में अनुत्तीर्ण छात्र = (20 + 10 + 10) = 40.

दोनों विषयों में उत्तीर्ण छात्र = (100 – 40) = 60.

यदि दोनों विषयों में उत्तीर्ण 60 हों, तो कुल परीक्षार्थी = 100.

यदि दोनों विषयों में उत्तीर्ण 144 हों, तो कुल परीक्षार्थी = $\left(\frac{100}{60}\times 144\right) = 240.$

24. माना परीक्षा में लड़के = $16x$ तथा लड़कियाँ = $9x$.

उत्तीर्ण होने वाली लड़कियाँ = $\left(9x\times\frac{80}{100}\right) = \frac{36x}{5}.$

उत्तीर्ण होने वाले लड़के तथा लड़कियों का अनुपात = 5 : 4.

उत्तीर्ण होने वाले लड़के = $\left(\frac{5}{4}\times\frac{36x}{5}\right) = 9x.$

उत्तीर्ण लड़कों का % = $\left(\frac{9x}{16x}\times 100\right)\% = \frac{225}{4}\% = 56{\cdot}25\%.$

कुल उत्तीर्ण विद्यार्थी = $\left(9x + \frac{36x}{5}\right) = \frac{81x}{5}.$

कुल उत्तीर्ण विद्यार्थियों का % = $\left(\frac{81x}{5}\times\frac{1}{25x}\times 100\right)\% = \frac{324}{5}\% = 64{\cdot}8\%.$

25. माना कुल मतदाता = x. डाले गये मतों की संख्या = $\left(x\times\frac{90}{100}\right)=\frac{9x}{10}$. मान्य मत = $\left(\frac{9x}{10}-60\right)$.

A को मिले मत = $\left(x\times\frac{47}{100}\right)=\frac{47x}{100}$.

B को मिले मत = $\left(\frac{9x}{10}-60-\frac{47x}{100}\right)=\frac{(90x-6000-47x)}{100}=\frac{(43x-6000)}{100}$.

$\therefore \quad \frac{47x}{100}-\frac{(43x-6000)}{100}=308 \Rightarrow 47x-(43x-6000)=30800 \Rightarrow 4x=24800 \Rightarrow x=6200.$

अतः कुल मतों की संख्या = 6200.

26. माना सूची में मतदाताओं की संख्या = x.

डाले गये मत = $\left(x\times\frac{75}{100}\right)=\frac{3x}{4}$, वैध मत = $\left(\frac{3x}{4}\times\frac{98}{100}\right)=\frac{147x}{200}$.

$\therefore \quad \left(\frac{147x}{200}\times\frac{75}{100}\right)=9261 \Rightarrow 441x=9261\times 800 \Rightarrow x=\frac{(9261\times 800)}{441}=16800.$

अतः कुल मतदाता = 16800.

27. माना कुल आय = ₹ 100. तब, खर्च = ₹ 75 तथा बचत = ₹ 25.

नई आय = ₹ 120, नया खर्च = ₹ $\left(75\times\frac{110}{100}\right)$ = ₹ $\frac{165}{2}$.

नई बचत = ₹ $\left(120-\frac{165}{2}\right)$ = ₹ $\frac{75}{2}$.

बचत में वृद्धि = ₹ $\left(\frac{75}{2}-25\right)$ = ₹ $\frac{25}{2}$.

बचत में वृद्धि % = $\left(\frac{25}{2}\times\frac{1}{25}\times 100\right)\% = 50\%$.

28. माना पहले 1 इकाई खपत होती थी जिसका मूल्य ₹ 100 था.

अब, 1 इकाई का मूल्य = ₹ 110.

₹ 110 में अब प्राप्त = 1 इकाई.

₹ 100 में अब प्राप्त = $\left(\frac{1}{110}\times 100\right)$ इकाई = $\frac{10}{11}$ इकाई.

खपत में कमी = $\left(1-\frac{10}{11}\right)=\frac{1}{11}$ इकाई.

खपत में कमी % = $\left(\frac{1}{11}\times\frac{1}{1}\times 100\right)\% = 9\frac{1}{11}\%$.

29. माना प्रारम्भिक खपत = 100 इकाई तथा प्रारम्भिक कर = ₹ 100 प्रति इकाई.

कुल राजस्व = ₹ (100 × 100) = ₹ 10000.

नई खपत = 108 इकाई, नया कर प्रति इकाई = ₹ 90.

अब राजस्व = ₹ (108 × 90) = ₹ 9720.

राजस्व में कमी = ₹ (10000 – 9720) = ₹ 280.

राजस्व में कमी % = $\left(\frac{280}{10000}\times 100\right)\% = 2{\cdot}8\%$.

30. माना पहले खर्च = 1 यूनिट तथा इसका मूल्य = ₹ 100.

दाल पर पहले खर्च = ₹ 100 तथा नया खर्च = ₹ 110.

नया भाव = ₹ 130.

₹ 130 में प्राप्त = 1 यूनिट.

₹ 110 में प्राप्त = $\left(\frac{1}{130}\times110\right)$ यूनिट = $\frac{11}{13}$ यूनिट.

खपत में कमी = $\left(1-\frac{11}{13}\right)=\frac{2}{13}$.

खपत में कमी % = $\left(\frac{2}{13}\times\frac{1}{1}\times100\right)\% = \frac{200}{13}\% = 15\frac{5}{13}\%$.

31. (*i*) 2 वर्ष बाद मशीन का मूल्य = ₹ $\left\{16200\times\left(1-\frac{10}{100}\right)^2\right\}$ = ₹ $\left(16200\times\frac{9}{10}\times\frac{9}{10}\right)$ = ₹ 13122.

(*ii*) माना 2 वर्ष पूर्व मशीन का मूल्य = ₹ x. तब,

$$x\left(1-\frac{10}{100}\right)^2 = 16200 \Rightarrow x\times\frac{9}{10}\times\frac{9}{10} = 16200 \Rightarrow x = \left(16200\times\frac{10}{9}\times\frac{10}{9}\right) = 20000.$$

अत: 2 वर्ष पूर्व मशीन का मूल्य = ₹ 20000.

32. माना 1 सन्तरे का प्रारम्भिक मूल्य = ₹ x.

₹ 25 में खरीदे गये सन्तरों की संख्या = $\frac{25}{x}$.

नया मूल्य = ₹ x का 80% = ₹ $\left(x\times\frac{80}{100}\right)$ = ₹ $\frac{4x}{5}$.

₹ 25 में खरीदे गये सन्तरों की संख्या = $\frac{25}{\left(\frac{4x}{5}\right)} = \frac{125}{4x}$.

$$\therefore \quad \frac{125}{4x}-\frac{25}{x} = 5 \Rightarrow (125-100) = 20x \Rightarrow x = \frac{25}{20} = \frac{5}{4}.$$

वर्तमान मूल्य = ₹ $\left(\frac{4}{5}\times\frac{5}{4}\right)$ प्रति सन्तरा = ₹ 1 प्रति सन्तरा.

प्रारम्भिक मूल्य = 1 ₹ 25 पै० प्रति सन्तरा.

33. माना 1 इकाई का मूल्य = ₹ 100 तथा खपत = 1 इकाई.

1 इकाई का नया मूल्य = ₹ 160.

अब, ₹ 160 में प्राप्त वस्तु = 1 इकाई.

₹ 100 में प्राप्त वस्तु = $\left(\frac{1}{160}\times100\right)$ इकाई = $\frac{5}{8}$ इकाई.

खपत में कमी = $\left(1-\frac{5}{8}\right)$ इकाई = $\frac{3}{8}$ इकाई .

खपत में कमी % = $\left(\frac{3}{8}\times\frac{1}{1}\times100\right)\% = \frac{75}{2}\% = 37\cdot5\%$.

34. माना कुल घोल की मात्रा = x किग्रा०.

इसमें नमक की मात्रा = $\left(x\times\frac{15}{100}\right)$ किग्रा० = $\frac{3x}{20}$ किग्रा०.

वाष्पित पानी के बाद घोल की मात्रा = $(x-30)$ किग्रा०.

इसमें नमक की मात्रा $= \left[(x-30)\times\frac{20}{100}\right]$ किग्रा० $= \frac{(x-30)}{5}$ किग्रा०.

$\therefore\ \frac{x-30}{5} = \frac{3x}{20} \Rightarrow 20x - 600 = 15x \Rightarrow 5x = 600 \Rightarrow x = 120.$

अत: प्रारम्भिक घोल का भार = 120 किग्रा०.

35. प्रारम्भिक मान $= x^3y^2$.

नया मान $= (x$ का $75\%)^3 \times (y$ का $80\%)^2$

$= \left(x\times\frac{75}{100}\right)^3 \times \left(y\times\frac{80}{100}\right)^2 = \left(\frac{3x}{4}\right)^3 \times \left(\frac{4y}{5}\right)^2$

$= \left(\frac{27}{64}\times\frac{16}{25}\right)(x^3y^2) = \left(\frac{27}{100}\right)(x^3y^2)$.

मान में कमी $= \left(x^3y^2 - \frac{27}{100}x^3y^2\right) = \frac{(100-27)}{100}x^3y^2 = \frac{73}{100}x^3y^2$.

मान में कमी $\% = \left(\frac{73}{100}x^3y^2 \times \frac{1}{x^3y^2}\times 100\right)\% = 73\%.$

36. माना पुरुषों की संख्या $= x$ तथा महिलाओं की संख्या $= (9800 - x)$. तब

$x\left(1+\frac{8}{100}\right) + (9800-x)\left(1+\frac{5}{100}\right) = 10458$

$\Rightarrow \frac{27x}{25} + \frac{21}{20}(9800-x) = 10458 \Rightarrow \frac{27x}{25} - \frac{21x}{20} = 10458 - 10290$

$\Rightarrow 108x - 105x = 16800 \Rightarrow 3x = 16800 \Rightarrow x = 5600.$

$\therefore$ गाँव में पुरुषों की संख्या = 5600.

37. माना उसके पिता का मासिक वेतन = ₹ x.

दोनों पुत्रों का जेब खर्च = ₹ x का 1% = ₹ $\left(x\times\frac{1}{100}\right)$ = ₹ $\frac{x}{100}$.

बड़े पुत्र का भाग = ₹ $\left(\frac{x}{100}\times\frac{80}{100}\right)$ = ₹ $\frac{x}{125}$.

बड़े पुत्र की बचत = ₹ $\frac{x}{125}$ का 20% = ₹ $\left(\frac{x}{125}\times\frac{20}{100}\right)$ = ₹ $\frac{x}{625}$.

$\therefore\ \frac{x}{625} = 20 \Rightarrow x = (20\times 625) = 12500.$

अत: पिता का मासिक वेतन = ₹ 12500.

38. माना व्यक्ति की आय = ₹ 100. तब खर्च = ₹ 75 तथा बचत = ₹ 25.

नई आय = ₹ 120, नया व्यय = ₹ 75 का 110% = ₹ $\left(75\times\frac{110}{100}\right)$ = ₹ $\frac{165}{2}$.

बचत = ₹ $\left(120-\frac{165}{2}\right)$ = ₹ $\frac{75}{2}$.

अब, बचत $\% = \left(\frac{75}{2}\times\frac{1}{120}\times 100\right)\% = 31\cdot25\%.$

39. 3 लीटर मिश्रण में अल्कोहल $= \left(3\times\frac{20}{100}\right)$ लीटर $= \frac{3}{5}$ लीटर.

अब, 5 लीटर मिश्रण में अल्कोहल $= \frac{3}{5}$ लीटर.

इसमें अल्कोहल का % $= \left(\frac{3}{5} \times \frac{1}{5} \times 100\right)\% = 12\%$.

40. माना चीनी का प्रारम्भिक भाव = ₹ x प्रति किग्रा०.

₹ 140 में चीनी की मात्रा $= \frac{140}{x}$ किग्रा०.

नया भाव = ₹ $\left(x \times \frac{90}{100}\right)$ प्रति किग्रा० = ₹ $\frac{9x}{10}$ प्रति किग्रा०.

अब, ₹ 140 में चीनी की मात्रा $= \frac{140}{(9x/10)}$ किग्रा० $= \frac{1400}{9x}$ किग्रा०.

$\therefore \frac{1400}{9x} - \frac{140}{x} = \frac{1}{2} \Rightarrow \frac{(1400 - 1260)}{9x} = \frac{1}{2}$

$\therefore 9x = 2 \times 140 \Rightarrow x = \frac{280}{9}$.

प्रारम्भिक भाव = ₹ 31·11 प्रति किग्रा०.

नया भाव = ₹ $\left(\frac{280}{9} \times \frac{9}{10}\right)$ प्रति किग्रा० = ₹ 28 प्रति किग्रा०.

41. अंग्रेजी में अनुत्तीर्ण = (100 – 70) = 30, गणित में अनुत्तीर्ण = (100 – 65) = 35.

दोनों में अनुत्तीर्ण = 27.

केवल अंग्रेजी में अनुत्तीर्ण = (30 – 27) = 3, केवल गणित में अनुत्तीर्ण = (35 – 27) = 8.

एक अथवा दोनों विषयों में अनुत्तीर्ण = (3 + 8 + 27) = 38.

दोनों विषयों में उत्तीर्ण = (100 – 38) = 62%.

माना कुल विद्यार्थी = x. तब x का 62% = 248.

$\therefore x \times \frac{62}{100} = 248 \Rightarrow x = \left(248 \times \frac{100}{62}\right) = 400.$

अत: कुल विद्यार्थी = 400.

42. माना लड़कियों की संख्या = x तथा लड़कों की संख्या = $(100 - x)$. तब

$73x \times 71\,(100 - x) = 71 \cdot 8 \times 100$

$\Rightarrow (73x - 71x) = (7180 - 7100) \Rightarrow 2x = 80 \Rightarrow x = 40.$

∴ लड़कियाँ = 40% तथा लड़के = 60%.

43. 6 लीटर घोल में चीनी की मात्रा $= \left(6 \times \frac{4}{100}\right)$ लीटर $= \frac{6}{25}$ लीटर.

6 लीटर घोल में पानी की मात्रा $= \left(6 - \frac{6}{25}\right)$ लीटर $= \frac{144}{25}$ लीटर .

वाष्पित होने के बाद 5 लीटर घोल में चीनी की मात्रा $= \frac{6}{25}$ लीटर.

इस घोल में चीनी की प्रतिशतता $= \left(\frac{6}{25} \times \frac{1}{5} \times 100\right)\% = \frac{24}{5}\% = 4 \cdot 8\%.$

11 लाभ तथा हानि (PROFIT AND LOSS)

सामान्य नियम

(i) **क्रय-मूल्य :** जिस मूल्य पर कोई वस्तु खरीदी जाती है वह मूल्य इस वस्तु का क्रय-मूल्य कहलाता है.

(ii) **विक्रय-मूल्य :** जिस मूल्य पर कोई वस्तु बेची जाती है वह मूल्य इस वस्तु का विक्रय-मूल्य कहा जाता है.

(iii) **लाभ = (विक्रय मूल्य) – (क्रय मूल्य).**

(iv) **हानि = (क्रय-मूल्य) – (विक्रय-मूल्य).**

नोट: लाभ अथवा हानि सदैव क्रय-मूल्य पर गिने जाते हैं.

(v) यदि क्रय-मूल्य = ₹ x तथा लाभ = 20%, तो विक्रय-मूल्य = (₹ x का 120%).

(vi) यदि क्रय-मूल्य = ₹ x तथा हानि = 20%, तो विक्रय-मूल्य = (₹ x का 80%).

(vii) लाभ % = $\left(\frac{\text{लाभ}}{\text{क्रय - मूल्य}}\times 100\right)$% तथा हानि % = $\left(\frac{\text{हानि}}{\text{क्रय - मूल्य}}\times 100\right)$%.

(viii) यदि विक्रय मूल्य = ₹ x तथा लाभ = 20%, तो क्रय-मूल्य = ₹ $\left(\frac{100}{120}\times x\right)$.

(ix) यदि विक्रय मूल्य = ₹ x तथा हानि = 20%, तो क्रय-मूल्य = ₹ $\left(\frac{100}{80}\times x\right)$.

(x) बट्टा सदैव अंकित मूल्य पर होता है.

(xi) एक व्यक्ति ने अपने दो घोड़ों में से प्रत्येक को ₹ 10870 में बेचकर एक पर 16% लाभ तथा दूसरे पर 16% हानि उठाई। पूरे लेन देन में उसे कितने प्रतिशत लाभ अथवा हानि हुई?

संक्षिप्त विधि: ऐसे प्रश्नों में सदैव हानि होती है, विक्रय-मूल्य अस्तित्वहीन है.

सूत्र है: हानि % = $\left(\frac{\text{उभयनिष्ठ लाभ तथा हानि \%}}{10}\right)^2$ %.

अत: ऊपर दिये गये प्रश्न में, हानि % = $\left(\frac{16}{10}\right)^2$ % = $(1\cdot6)^2$ % = 2·56%.

(xii) यदि कोई दुकानदार अपनी वस्तुयें क्रय-मूल्य पर बेचता है परन्तु त्रुटिपूर्ण बाट का प्रयोग करता है, तो

लाभ % = $\left\{\frac{\text{त्रुटि}}{(\text{सही मान}) - (\text{त्रुटि})}\times 100\right\}$%.

साधित उदाहरण

प्रश्न 1. एक पुस्तक का क्रय मूल्य ₹ 110 तथा विक्रय मूल्य ₹ 123·20 है. इसे बेचने पर पुस्तक विक्रेता को कितने प्रतिशत लाभ होगा?

हल : क्रय-मूल्य = ₹ 110 तथा विक्रय-मूल्य = ₹ 123·20.

लाभ = (विक्रय मूल्य) – (क्रय मूल्य) = ₹ (123·20 – 110) = ₹ 13·20.

$\therefore$ लाभ % = $\left(\frac{13\cdot 20}{110}\times 100\right)$% = $\left(\frac{1320}{110}\right)$% = 12%.

प्रश्न 2. एक साईकिल को ₹ 1960 में खरीद कर ₹ 1862 में बेचे जाने पर कितने प्रतिशत हानि होगी ?

हल : साईकिल का क्रय-मूल्य = ₹ 1960 तथा विक्रय-मूल्य = ₹ 1862.

हानि = (क्रय-मूल्य) – (विक्रय-मूल्य) = ₹ (1960 – 1862) = ₹ 98.

हानि % $= \left(\frac{98}{1960} \times 100\right)\% = 5\%$.

प्रश्न 3. आदित्य ने एक गाय ₹ 8580 में बेचकर 4% लाभ कमाया. उसने यह गाय कितने रुपये में खरीदी ?

हल : गाय का विक्रय मूल्य = ₹ 8580, लाभ % = 4%

$\therefore$ गाय का क्रय मूल्य = ₹ $\left(\frac{100}{104} \times 8580\right)$ = ₹ 8250 .

प्रश्न 7. एक कुर्सी को ₹ 873 में बेचने से विक्रेता को 10% हानि होती है. कुर्सी का क्रय-मूल्य कितना है ?

हल : कुर्सी का विक्रय मूल्य = ₹ 873. हानि % = 10%.

$\therefore$ कुर्सी का क्रय-मूल्य = ₹ $\left(\frac{100}{90} \times 873\right)$ = ₹ 970 .

प्रश्न 8. एक घड़ी को ₹ 2880 में बेचने पर एक व्यक्ति को 10% हानि होती है. वह इसे कितने में बेचे कि उसे 5% लाभ हो ?

हल : घड़ी का विक्रय मूल्य = ₹ 2880 तथा हानि = 10%.

$\therefore$ घड़ी का क्रय मूल्य = ₹ $\left(\frac{100}{90} \times 2880\right)$ = ₹ 3200 .

अब, क्रय-मूल्य = ₹ 3200. इच्छित लाभ % = 5%.

$\therefore$ घड़ी का विक्रय मूल्य = ₹ $\left(\frac{105}{100} \times 3200\right)$ = ₹ 3360 .

प्रश्न 9. यदि किसी वस्तु को 5% हानि की अपेक्षा 10% लाभ पर बेचा जाता तो विक्रेता को ₹ 75 अधिक मिलते. वस्तु का क्रय-मूल्य कितना है ?

हल : माना वस्तु का क्रय मूल्य = ₹ x. तब

$$\frac{110x}{100} - \frac{95x}{100} = 75 \Rightarrow \frac{(110x - 95x)}{100} = 75$$

$$\Rightarrow 15x = 7500 \Rightarrow x = \frac{7500}{15} = 500.$$

$\therefore$ वस्तु का क्रय-मूल्य = ₹ 500.

प्रश्न 10. एक व्यक्ति ने दो घोड़ों में से प्रत्येक को ₹ 32500 में बेचा. उसे एक घोड़े पर 15% लाभ तथा दूसरे पर 15% हानि हुई. कुल सौदे पर उसे कितने प्रतिशत लाभ अथवा हानि हुई ?

हल : संक्षिप्त विधि :

ऐसे सौदे में सदैव हानि होती है.

सूत्र : हानि % $= \left(\frac{\text{उभयनिष्ठ लाभ तथा हानि \%}}{10}\right)^2 \%$

$$= \left(\frac{15}{10}\right)^2 \% = \left(\frac{3}{2}\right)^2 \% = \frac{9}{4}\% = 2 \cdot 25\%.$$

त्रुटिपूर्ण बट्टों का प्रयोग करके लाभ कमाना

सूत्र : लाभ % $= \left\{\frac{\text{त्रुटि}}{(\text{सत्य माप} - \text{त्रुटि})} \times 100\right\}\%$.

प्रश्न 11. एक हलवाई अपने सामान को क्रयमूल्य पर ही बेचता है. परन्तु, वह 1 किग्रा० के स्थान पर 900 ग्राम तोलता है. उसका लाभ प्रतिशत ज्ञात कीजिए.

हल : स्पष्ट है कि लाभ % $= \left\{\frac{\text{त्रुटि}}{\text{सत्य माप} - \text{त्रुटि}} \times 100\right\}\%$

$$= \left\{\frac{100}{(1000-100)} \times 100\right\}\% = \left(\frac{100}{900} \times 100\right)\%$$

$$= \frac{100}{9}\% = 11\frac{1}{9}\%.$$

प्रश्न 12. यदि 15 वस्तुओं का क्रय मूल्य 12 वस्तुओं के विक्रय मूल्य के बराबर हो, तो लाभ प्रतिशत ज्ञात कीजिए.

हल : माना प्रत्येक वस्तु का क्रय मूल्य = ₹ 1.

तब, 12 वस्तुओं का क्रय मूल्य = ₹ 12.

12 वस्तुओं का विक्रय मूल्य = 15 वस्तुओं का क्रय-मूल्य = ₹ 15.

लाभ = ₹ (15 – 12) = ₹ 3.

लाभ % $= \left(\frac{3}{12} \times 100\right)\% = 25\%.$

प्रश्न 13. एक फल विक्रेता ने ₹ 15 के 6 की दर से केले खरीद कर ₹ 12 के 4 की दर से बेच दिये. उसका लाभ अथवा हानि प्रतिशत ज्ञात कीजिए.

हल : माना कुल खरीदे गये केलों की संख्या = 15, 6, 12, 4 का ल०स०

$= (3 \times 2 \times 2 \times 5) = 60$

3	15, 6, 12, 4
2	5, 2, 4, 4
2	5, 1, 2, 2
	5, 1, 1, 1

60 केलों का क्रय-मूल्य $=$ ₹ $\left(\frac{15}{6} \times 60\right) =$ ₹ 150.

60 केलों का विक्रय-मूल्य $=$ ₹ $\left(\frac{12}{4} \times 60\right) =$ ₹ 180.

लाभ % $= \left(\frac{30}{150} \times 100\right)\% = 20\%.$

प्रश्न 14. एक दुकानदार अपने सामान पर क्रय-मूल्य से 20% अधिक अंकित करता है तथा अंकित मूल्य पर 10% की छूट देता है. उसका लाभ प्रतिशत ज्ञात कीजिए.

हल : माना सामान का क्रय-मूल्य = ₹ 100. तब, अंकित मूल्य = ₹ 120.

∴ विक्रय-मूल्य = ₹ 120 का 90% = ₹ $\left(120 \times \frac{90}{100}\right) =$ ₹ 108.

अतः लाभ % = 8%.

प्रश्न 15. एक दुकानदार अंकित मूल्य पर 10% की छूट देता हैं. उसे 8% लाभ कमाने हेतु अंकित-मूल्य को क्रय-मूल्य से कितने प्रतिशत अधिक रखना होगा?

हल: माना क्रय मूल्य = ₹ 100. तब, विक्रय-मूल्य = ₹ 108.

माना अंकित मूल्य = ₹ x.

x का 90% $= 108 \Rightarrow \left(x \times \frac{90}{100}\right) = 108 \Rightarrow x = \left(108 \times \frac{10}{9}\right) \Rightarrow x = 120.$

अतः अंकित मूल्य क्रय मूल्य से 20% अधिक रखना होगा.

प्रश्न 16. तीन क्रमागत बट्टों 20%, 10% तथा 5% के समतुल्य बट्टा क्या होगा?

हल : माना किसी वस्तु का अंकित मूल्य = ₹ 100.

तब, इस वस्तु का विक्रय मूल्य = ₹ 100 का 80% का 90% का 95%

$=$ ₹ $\left(100 \times \frac{80}{100} \times \frac{90}{100} \times \frac{95}{100}\right) =$ ₹ $\frac{342}{5} =$ ₹ $68 \cdot 40$

अभीष्ट समतुल्य बट्टा = (100 – 68·4)% = 31·6%.

प्रश्न 17. एक कमीज का अंकित मूल्य ₹ 600 है. दो क्रमागत बट्टे देने के बाद इसका मूल्य ₹ 432 है. यदि दूसरा बट्टा 10% हो, तो पहला बट्टा कितना है ?

हल : माना पहला बट्टा = x%. तब, 600 का $(100 - x)$% का 90% = 432.

$$\Rightarrow 600 \times \frac{(100-x)}{100} \times \frac{90}{100} = 432 \Rightarrow (100 - x) = \left(432 \times \frac{5}{27}\right) = 80 \Rightarrow x = 20.$$

अतः पहला बट्टा = 20%.

प्रश्न 12. तीन क्रमागत बट्टों 30%, 20%, 5% के समतुल्य बट्टा क्या होगा ?

हल: माना किसी वस्तु का अंकित-मूल्य = ₹ 100.

तब, इस वस्तु का वि० मूल्य = ₹ 100 का 70% का 80% का 95%

$$= ₹\left(100 \times \frac{70}{100} \times \frac{80}{100} \times \frac{95}{100}\right) = ₹\ 53{\cdot}20.$$

अभीष्ट समतुल्य बट्टा = ₹ (100 – 53·20) = ₹ 46·80

प्रश्नमाला 11A

निम्नलिखित प्रश्नों में से प्रत्येक में ठीक उत्तर को चिन्हांकित (✓) कीजिए :

1. मीनल ने एक कार ₹ 250000 में खरीदी तथा ₹ 348000 में बेच दी. उसे कार पर कितने प्रतिशत लाभ हुआ ?
(*a*) 40% (*b*) 39·2% (*c*) 38·4% (*d*) 38% (*e*) इनमें से कोई नहीं
(बैंक पी०ओ० परीक्षा, 2010)

2. एक व्यक्ति कुछ वस्तुयें ₹ P प्रति दर्जन के भाव से खरीदता है तथा ₹ $(P/8)$ प्रति वस्तु के भाव से बेच देता है. उसका लाभ प्रतिशत कितना है ? **(एस०एस०सी० परीक्षा, 2009)**
(*a*) 30% (*b*) 40% (*c*) 50% (*d*) 60%

3. एक व्यक्ति ने कोई पुस्तक ₹ 891 में बेचकर लागत का $\frac{1}{10}$ लाभ कमाया. उस पुस्तक का क्रय-मूल्य कितना है ? **(दिल्ली पुलिस परीक्षा, 2010)**
(*a*) ₹ 850 (*b*) ₹ 800 (*c*) ₹ 810 (*d*) उपर्युक्त में से कोई नहीं

4. एक व्यक्ति ने ₹ 2470 में 26 किग्रा० चावल खरीदे. इसमें से उसने ₹ 110 प्रति किग्रा० की दर से 10 किग्रा० चावल बेच दिये. ₹ 70 का लाभ कमाने के लिए उसे शेष चावल किस दर पर बेचना होगा ?
(*a*) ₹ 90 प्रति किग्रा० (*b*) ₹ 95 प्रति किग्रा० (*c*) ₹ 85 प्रति किग्रा० (*d*) ₹ 75 प्रति किग्रा०
(*e*) इनमें से कोई नहीं **(बैंक पी०ओ० परीक्षा, 2010)**

5. ₹ 2·50 प्रति पैंसिल की दर से पैंसिलें बेचने पर विनोद को ₹ 110 का लाभ होता है. इतनी ही पैंसिलें ₹ 1·75 प्रति पैंसिल बेचने से उसे ₹ 55 की हानि होती है. विनोद के पास कितनी पैंसिलें हैं ?
(*a*) 220 (*b*) 240 (*c*) 200 (*d*) निर्धारित नहीं किया जा सकता
(*e*) इनमें से कोई नहीं **(बैंक पी०ओ० परीक्षा, 2010)**

6. एक व्यक्ति ने एक घोड़ा तथा एक गाड़ी ₹ 20000 में खरीदे. उसने घोड़े को 20% लाभ पर तथा गाड़ी को 10% हानि पर बेच दिया. इस प्रकार से उसे कुल सौदे में 2% का लाभ हुआ. घोड़े का क्रय मूल्य कितना है ?
(*a*) ₹ 7200 (*b*) ₹ 7500 (*c*) ₹ 8000 (*d*) ₹ 9000
(एस०एस०सी० परीक्षा, 2010)

7. चाय के मूल्य में 10% कमी होने पर एक व्यापारी ₹ 22500 में 25 किग्रा० चाय अधिक खरीद सकता है. चाय का मूल्य प्रति किग्रा० कितना है ? **(एस०एस०सी० परीक्षा, 2010)**
(*a*) ₹ 70 (*b*) ₹ 80 (*c*) ₹ 90 (*d*) ₹ 100

8. एक व्यक्ति ने एक वस्तु 25% हानि पर ₹ 6750 में बेची. यदि वह इसे 15% लाभ पर बेचता तो इसका विक्रय मूल्य कितना होता ? **(बैंक पी०ओ० परीक्षा, 2010)**

(*a*) ₹ 10530 (*b*) ₹ 9950 (*c*) ₹ 10350 (*d*) ₹ 11340 (*e*) इनमें से कोई नहीं

9. *A* किसी वस्तु को 15% लाभ पर *B* को बेचता है. *B* इसे 10% हानि पर *C* को बेचता है. यदि *C* ने इसके लिए ₹ 517·50 का भुगतान किया हो, तो *A* ने इसे कितने रुपए में खरीदा ? **(एस०एस०सी० परीक्षा, 2010)**

(*a*) ₹ 500 (*b*) ₹ 750 (*c*) ₹ 1000 (*d*) ₹ 1250

10. एक वस्तु को ₹ 1754 में बेचकर उतना ही लाभ प्राप्त होता है जितनी उसे ₹ 1492 में बेचकर हानि होती है. वस्तु का लागत मूल्य कितना है ? **(बैंक पी०ओ० परीक्षा, 2009)**

(*a*) ₹ 1623 (*b*) ₹ 1523 (*c*) ₹ 1689 (*d*) ₹ 1589 (*e*) इनमें से कोई नहीं

11. एक वस्तु को ₹ 996 में बेचने पर प्राप्त लाभ तथा उस वस्तु को ₹ 894 में बेचने से हुई हानि दोनों समान हैं. उस वस्तु का क्रय मूल्य कितना है ? **(बैंक पी०ओ० परीक्षा, 2008)**

(*a*) ₹ 935 (*b*) ₹ 905 (*c*) ₹ 945 (*d*) ₹ 975 (*e*) इनमें से कोई नहीं

12. एक कपड़ा विक्रेता ₹ 10 प्रति मीटर का लाभ कमा कर ₹ 12325 में 145 मीटर कपड़ा बेचता है. एक मीटर कपड़े का क्रय मूल्य कितना है ? **(बैंक पी०ओ० परीक्षा, 2008)**

(*a*) ₹ 65 (*b*) ₹ 75 (*c*) ₹ 95 (*d*) ₹ 85 (*e*) इनमें से कोई नहीं

13. एक वस्तु को किसी निर्धारित मूल्य पर बेचा जाता है. उस मूल्य के $\frac{2}{3}$ पर बेचने से 10% हानि होती है. आरंभिक निर्धारित मूल्य पर बेचने से उसे कितना प्रतिशत लाभ होगा ? **(एस०एस०सी० परीक्षा, 2010)**

(*a*) 20% (*b*) $33\frac{1}{3}\%$ (*c*) 35% (*d*) 40%

14. कोई वस्तु ₹ x में बेचने से 15% हानि होती है. इसी वस्तु को ₹ y में बेचने से 15% लाभ होता है. $(y - x)$ तथा $(y + x)$ में क्या अनुपात है ? **(होटल मैनेजमैंट, परीक्षा, 2009)**

(*a*) 20 : 23 (*b*) 20 : 3 (*c*) 3 : 20 (*d*) 17 : 23

15. किसी वस्तु के क्रय-मूल्य तथा विक्रय-मूल्य का अनुपात 20 : 21 है. उस पर लाभ प्रतिशत कितना है ?

(*a*) 5·5% (*b*) 6% (*c*) 5% (*d*) 6·25%

(एस०एस०सी० परीक्षा, 2006)

16. किसी वस्तु को ₹ 100 में बेचने से एक व्यक्ति को ₹ 20 लाभ होता है. उसका लाभ प्रतिशत कितना है ?

(*a*) 20% (*b*) 25% (*c*) 22·5% (*d*) इनमें से कोई नहीं

17. एक सोफे को ₹ 19800 में बेचने से 10% लाभ होता है. इसका क्रय-मूल्य कितना है ?

(*a*) ₹ 17820 (*b*) ₹ 21780 (*c*) ₹ 18000 (*d*) इनमें से कोई नहीं

18. किसी वस्तु को ₹ 69·60 में बेचने पर 25% हानि होती है. इस वस्तु का क्रय-मूल्य कितना है ?

(*a*) ₹ 92·80 (*b*) ₹ 52·20 (*c*) ₹ 86 (*d*) ₹ 86·40

19. एक वस्तु को ₹ 450 में बेचने पर दुकानदार को 25% हानि होती है. वह इसे किस मूल्य पर बेचे कि उसे 25% लाभ हो ? **(रेलवे परीक्षा, 2006)**

(*a*) ₹ 700 (*b*) ₹ 750 (*c*) ₹ 800 (*d*) ₹ 900

20. एक कुर्सी को ₹ 720 में बेचने से दुकानदार को 25% हानि होती है. वह इस कुर्सी को कितने रुपये में बेचे कि उसे इस पर 25% लाभ हो ? **(एस०एस०सी० परीक्षा, 2007)**

(*a*) ₹ 1200 (*b*) ₹ 1000 (*c*) ₹ 960 (*d*) ₹ 900

21. किसी वस्तु को 20% लाभ पर बेचने से उसे 20% हानि पर बेचने की तुलना में ₹ 60 अधिक प्राप्त होते हैं. वस्तु का क्रय-मूल्य कितना है ? **(एस०एस०सी० परीक्षा, 2009)**

(*a*) ₹ 200 (*b*) ₹ 150 (*c*) ₹ 140 (*d*) ₹ 120

22. A ने कोई वस्तु B को 25% लाभ पर, B ने वह वस्तु C को 20% लाभ पर तथा C ने D को 10% लाभ पर बेची. यदि D ने इसे ₹ 330 में खरीदा हो, तो A ने उसे कितने में खरीदा? **(एस०एस०सी० परीक्षा, 2010)**

(*a*) ₹ 200 (*b*) ₹ 250 (*c*) ₹ 275 (*d*) ₹ 290

23. एक दुकानदार चीनी को इस प्रकार बेचता है कि 950 ग्राम चीनी का विक्रय मूल्य 1 किग्रा० चीनी के क्रय-मूल्य के बराबर हो. उसका लाभ प्रतिशत कितना है? **(बैंक पी०ओ० परीक्षा, 2010)**

(*a*) $5\frac{5}{19}\%$ (*b*) $5\frac{1}{5}\%$ (*c*) 5% (*d*) $4\frac{1}{19}\%$

24. यदि किसी निर्माता का लाभांश 10%, थोक विक्रेता का लाभांश 15% तथा फुटकर विक्रेता का लाभांश 25% हो, तो उस वस्तु का उत्पादन मूल्य क्या होगा जिसका फुटकर मूल्य ₹ 1265 है?

(*a*) ₹ 700 (*b*) ₹ 750 (*c*) ₹ 800 (*d*) ₹ 900

(एस०एस०सी० परीक्षा, 2006)

25. एक दुकानदार ₹ 1 प्रति अण्डा की दर से 144 अण्डे खरीदता है. इनमें से 20 अण्डे टूट जाते हैं. शेष अण्डों को वह ₹ 1·20 प्रति अण्डा की दर से बेच देता है. इससे उसे कितने प्रतिशत लाभ अथवा हानि हुई?

(*a*) $3\frac{1}{3}\%$ लाभ (*b*) $4\frac{1}{3}\%$ लाभ (*c*) $3\frac{1}{3}\%$ हानि (*d*) $3\frac{1}{3}\%$ लाभ

26. किसी वस्तु को ₹ 21 में बेचने से एक व्यक्ति को क्रय मूल्य के बराबर प्रतिशत हानि हुई. वस्तु का क्रय मूल्य कितना था? **(एस०एस०सी० परीक्षा, 2010)**

(*a*) ₹ 30 अथवा ₹ 70 (*b*) ₹ 35 अथवा ₹ 60 (*c*) ₹ 45 (*d*) ₹ 50

27. किसी वस्तु को बेचने पर एक व्यक्ति उसके विक्रय मूल्य के 25% के बराबर लाभ कमाता है. उसका लाभ प्रतिशत कितना है? **(एस०एस०सी० परीक्षा, 2010)**

(*a*) 20% (*b*) 25% (*c*) $16\frac{2}{3}\%$ (*d*) $33\frac{1}{3}\%$

28. यदि किसी वस्तु के क्रय-मूल्य तथा विक्रय मूल्य का अनुपात 10 : 11 हो, तो लाभ प्रतिशत कितना होगा?

(*a*) 8% (*b*) 10% (*c*) 11% (*d*) 15%

(एस०एस०सी० परीक्षा, 2010)

29. एक साईकिल को ₹ 2850 में बेचने पर एक दुकानदार को 14% लाभ होता है. यदि यह लाभ 8% रखा जाये, तो साईकिल का विक्रय मूल्य कितना होगा? **(एस०एस०सी० परीक्षा, 2010)**

(*a*) ₹ 2600 (*b*) ₹ 2700 (*c*) ₹ 2800 (*d*) ₹ 3000

30. एक दर्जन बाल-पैन बेचने पर एक दुकानदार को 4 बाल-पैनों के विक्रय मूल्य के बराबर लाभ होता है. उसका लाभ प्रतिशत कितना है? **(एस०एस०सी० परीक्षा, 2009)**

(*a*) 50% (*b*) 40% (*c*) $33\frac{1}{3}\%$ (*d*) $31\frac{1}{4}\%$

31. 39 दर्जन आम बेचने पर एक व्यक्ति को 13 दर्जन आम के विक्रय मूल्य का लाभ होता है. लाभ प्रतिशत कितना है? **(बी०बी०ए०/बी०सी०ए० परीक्षा, 2008)**

(*a*) 26% (*b*) 33% (*c*) 40% (*d*) 50%

32. एक सब्जी विक्रेता ₹ 1 में 2 की दर से नींबू खरीदता है तथा ₹ 3 में 5 की दर से उन्हें बेचता है. उसका लाभ प्रतिशत कितना है? **(एस०एस०सी० परीक्षा, 2007)**

(*a*) 10% (*b*) 15% (*c*) 20% (*d*) 25%

33. एक फल विक्रेता कुछ सन्तरे ₹ 10 में 5 की दर से खरीदकर ₹ 15 में 6 की दर से बेचता है. उसका लाभ प्रतिशत कितना है? **(रेलवे परीक्षा, 2006)**

(*a*) 50% (*b*) 40% (*c*) 30% (*d*) 25%

34. एक रुपये की 12 टॉफी बेचने पर एक व्यक्ति को 20% हानि होती है. इस पर 20% लाभ कमाने हेतू 1 रुपये की कितनी टॉफी बेची जानी चाहिए?

(a) 5 (b) 8 (c) 10 (d) 15

35. ₹ 1 के 20 की दर से बटन बेचने पर एक दुकानदार को 4% हानि होती है. इस पर 20% लाभ कमाने हेतू 1 रुपये के कितने बटन बेचे जाने चाहिए?

(a) 16 (b) 20 (c) 24 (d) 25

36. एक खिलौने को ₹ 10·80 में बेचने पर 10% हानि होती है. इसे कितने रुपये में बेचा जाये कि 20% लाभ हो?

(a) ₹ 12 (b) ₹ 12·96 (c) ₹ 14·40 (d) इनमें से कोई नहीं

(मैनेजमैन्ट परीक्षा, 2005)

37. एक व्यक्ति एक मेज को 5% हानि पर बेचता है. यदि वह इसे 80 रुपये अधिक में बेचता तो उसे 5% लाभ होता. मेज का क्रय-मूल्य कितना है? **(एस०एस०सी० परीक्षा, 2007)**

(a) ₹ 1600 (b) ₹ 1200 (c) ₹ 1000 (d) ₹ 800

38. एक पुस्तक विक्रेता किसी पुस्तक को 10% लाभ पर बेचता है. यदि उसने इसे 4% कम पर खरीदा होता तथा ₹ 6 अधिक में बेचा होता, तो उसे $18\frac{3}{4}\%$ लाभ होता. पुस्तक का क्रय-मूल्य कितना है?

(a) ₹ 130 (b) ₹ 140 (c) ₹ 150 (d) ₹ 160

(एस०एस०सी० परीक्षा, 2007)

39. 100 पैंसिल बेचने पर एक दुकानदार को 20 पैंसिलों के विक्रय मूल्य के बराबर लाभ होता है. उसका लाभ प्रतिशत कितना है? **(एस०एस०सी० परीक्षा, 2007)**

(a) 25% (b) 20% (c) 15% (d) 12%

40. 36 सन्तरे बेचने पर एक फल विक्रेता को 4 सन्तरों के विक्रय मूल्य के बराबर हानि होती है. उसकी हानि प्रतिशत कितनी है?

(a) 10% (b) $12\frac{1}{2}\%$ (c) $11\frac{1}{9}\%$ (d) इनमें से कोई नहीं

41. 250 केले बेचने पर एक फल विक्रेता को 50 केलों के विक्रय मूल्य के बराबर लाभ होता है. उसका लाभ प्रतिशत कितना है?

(a) 5% (b) 10% (c) 20% (d) 25%

42. एक दुकानदार अपने सामान को क्रय-मूल्य पर ही बेचता है, परन्तु वह 1 किग्रा० के स्थान पर 960 ग्राम बाट का प्रयोग करता है. उसका लाभ प्रतिशत कितना है? **(एस०एस०सी० परीक्षा, 2006)**

(a) 40% (b) 4% (c) $4\frac{1}{6}\%$ (d) इनमें से कोई नहीं

43. एक दुकानदार त्रुटिपूर्ण तराजू के माध्यम से वस्तुओं को खरीदते समय 10% का घोटाला करता है तथा बेचते समय 10% का घोटाला करता है. उसका लाभ प्रतिशत कितना है? **(एस०एस०सी० परीक्षा, 2006)**

(a) 10% (b) 11% (c) 21% (d) 20%

44. एक बेईमान दुकानदार अपने सामान को क्रय-मूल्य पर ही बेचने का दावा करता है. परन्तु, वह त्रुटिपूर्ण बाट का प्रयोग करके $11\frac{1}{9}\%$ लाभ कमाता है. 1 किग्रा० के स्थान पर वह कितना सामान देता है?

(a) 960 ग्राम (b) 940 ग्राम (c) 925 ग्राम (d) 900 ग्राम

45. एक दुकानदार 10% लाभ पर चाय बेचता है तथा वास्तविक माप से 20% कम तोल के बाट प्रयोग करता है. उसका कुल लाभ कितने प्रतिशत है?

(a) 30% (b) 35% (c) $37\frac{1}{2}\%$ (d) इनमें से कोई नहीं

46. किसी वस्तु को ₹ 900 में बेचने से प्राप्त लाभ उस वस्तु को ₹ 600 में बेचने पर हुई हानि का दुगुना है. इस वस्तु का क्रय-मूल्य कितना है

(a) ₹ 500 (b) ₹ 680 (c) ₹ 700 (d) आँकड़े अपर्याप्त

47. दो प्रकार की चाय के क्रय-मूल्य क्रमशः ₹ 180 प्रति.किग्रा० तथा ₹ 200 प्रति किग्रा० हैं. इन्हें 5 : 3 के अनुपात में मिलाकर मिश्रण को ₹ 210 प्रति किग्रा० की दर से बेचा जाता है. इससे उसे कितने प्रतिशत लाभ होता ?

(*a*) 10% (*b*) 11% (*c*) 12% (*d*) 13% **(एस०एस०सी० परीक्षा, 2006)**

48. शुद्ध घी का भाव ₹ 100 प्रति किग्रा० है. इसमें ₹ 50 प्रति किग्रा० के भाव वाला वनस्पति तेल मिलाकर मिश्रण को ₹ 96 प्रति किग्रा० बेचा जाता है. इस प्रकार 20% लाभ होता है. इन्हें किस अनुपात में मिलाया गया है ?

(*a*) 1 : 2 (*b*) 3 : 1 (*c*) 3 : 2 (*d*) इनमें से कोई नहीं

(मैनेजमैन्ट परीक्षा, 2006)

49. मुकेश ने 40 किग्रा० गेंहूँ, ₹ 12·50 प्रति किग्रा० की दर से तथा 25 किग्रा० गेंहूँ ₹ 15·10 प्रति किग्रा० की दर से खरीदा. इन्हें मिलाकर मिश्रण को किस भाव बेचे कि कुल पर 10% लाभ हो ? **(बैंक पी०ओ० परीक्षा, 2004)**

(*a*) ₹ 13·25 प्रति किग्रा० (*b*) ₹ 13·50 प्रति किग्रा० (*c*) ₹ 14·75 प्रति किग्रा०

(*d*) ₹ 14·85 प्रति किग्रा० (*e*) इनमें से कोई नहीं

50. कपड़े के एक व्यापारी ने अपने कपड़े का आधा भाग 20% लाभ पर तथा शेष कपड़े का आधा भाग 20% हानि पर बेचा तथा शेष को उसके क्रय-मूल्य पर बेच दिया. उसको कितने प्रतिशत लाभ अथवा हानि हुई ?

(*a*) 5% लाभ (*b*) न लाभ न हानि (*c*) 5% हानि (*d*) 10% लाभ

(एस०एस०सी० परीक्षा, 2010)

51. 50 किग्रा० दूध के साथ पानी की कितनी मात्रा मिलाई जाये कि मिश्रण को क्रय-मूल्य पर बेचकर 10% लाभ प्राप्त किया जा सके ? **(एस०एस०सी० परीक्षा, 2008)**

(*a*) 2·5 किग्रा० (*b*) 5 किग्रा० (*c*) 7·5 किग्रा० (*d*) 10 किग्रा०

52. एक दुकानदार ने एक कुर्सी $2\frac{1}{2}\%$ हानि पर बेची. यदि वह इसे ₹ 100 अधिक में बेचता तो $7\frac{1}{2}\%$ लाभ होता. $12\frac{1}{2}\%$ लाभ कमाने हेतू इसे कितने रुपये में बेचना होगा ? **(एम०बी०ए० परीक्षा, 2006)**

(*a*) ₹ 850 (*b*) ₹ 925 (*c*) ₹ 1080 (*d*) ₹ 1125

53. एक व्यक्ति ने कोई वस्तु खरीद कर इसे 5% लाभ पर बेच दिया. यदि वह इसे 5% कम में खरीदता तथा 1 रुपया कम में बेचता, तो उसे 10% लाभ होता. वस्तु का क्रय-मूल्य कितना है ?

(*a*) ₹ 100 (*b*) ₹ 150 (*c*) ₹ 200 (*d*) ₹ 500

54. किसी वस्तु का क्रय-मूल्य उस वस्तु के विक्रय मूल्य का 40% है. विक्रय मूल्य, क्रय-मूल्य का कितने प्रतिशत है ?

(*a*) 40% (*b*) 60% (*c*) 240% (*d*) 250%

55. एक मशीन को 10% लाभ पर बेचा गया. यदि इसे ₹ 80 कम में बेचा जाता तो विक्रेता को 10% हानि होती. मशीन का क्रय-मूल्य कितना है ?

(*a*) ₹ 350 (*b*) ₹ 400 (*c*) ₹ 450 (*d*) ₹ 520

56. 100 वस्तुओं में से आधी वस्तुओं को 20% लाभ पर तथा शेष वस्तुओं को 40% लाभ पर बेचा गया. यदि सभी वस्तुओं को 25% लाभ पर बेचा गया होता, तो यह लाभ पहले से ₹ 100 कम मिलता. प्रत्येक वस्तु का क्रय-मूल्य कितना है ? **(एस०एस०सी० परीक्षा, 2010)**

(*a*) ₹ 10 (*b*) ₹ 15 (*c*) ₹ 20 (*d*) ₹ 30

57. यदि 20 वस्तुओं का क्रय-मूल्य 15 वस्तुओं के विक्रय-मूल्य के बराबर हो, तो लाभ प्रतिशत कितना है ?

(*a*) $16\frac{2}{3}\%$ (*b*) 20% (*c*) $33\frac{1}{3}\%$ (*d*) $66\frac{2}{3}\%$

(एस०एस०सी० परीक्षा, 2010)

58. किसी अल्मारी को ₹ 2576 में बेचने पर एक व्यक्ति को 12% लाभ होता है. यदि इसे ₹ 100 कम में खरीदा गया होता, तो कितने प्रतिशत लाभ होता ? **(एस०एस०सी० परीक्षा, 2010)**

(*a*) $11\frac{1}{9}\%$ (*b*) $13\frac{1}{3}\%$ (*c*) $17\frac{1}{11}\%$ (*d*) $17\frac{9}{11}\%$

59. प्रतीक ने एक संगीत वाद्य कार्तिक को 20% लाभ पर बेच दिया और कार्तिक ने इसे स्वस्तिक को 40% लाभ पर बेचा. यदि स्वस्तिक ने इसका मूल्य ₹ 10500 दिया हो तो प्रतीक ने इसके लिए कितनी राशि दी ?

(*a*) ₹ 8240 (*b*) ₹ 7500 (*c*) ₹ 6250 (*d*) निर्धारित नहीं की जा सकती

(*e*) इनमें से कोई नहीं **(बैंक पी०ओ० परीक्षा, 2009)**

60. मनीष ने 25 किग्रा० चावल ₹ 32 प्रति किग्रा० तथा 15 किग्रा० चावल ₹ 36 प्रति किग्रा० खरीदे. दोनों को मिलाकर बने मिश्रण को ₹ 40·20 प्रति किग्रा० की दर से बेचने पर कितने प्रतिशत लाभ हुआ ?

(*a*) 25% (*b*) 40% (*c*) 30% (*d*) 20% (*e*) इनमें से कोई नहीं

(बैंक पी०ओ० परीक्षा, 2009)

61. मनोज ने दो रेडियो ₹ 6400 में खरीदे. उसने एक रेडियो को 25% लाभ पर तथा दूसरे को 25% हानि पर बेच दिया. यदि दोनों रेडियों के विक्रय-मूल्य समान हों, तो प्रत्येक का विक्रय-मूल्य कितना होगा ?

(*a*) ₹ 3200 (*b*) ₹ 3120 (*c*) ₹ 3280 (*d*) ₹ 3000

62. एक व्यक्ति ने कोई वस्तु खरीदकर इसे 10% हानि पर बेच दिया. यदि वह इसे 20% कम में खरीदता तथा ₹ 55 अधिक में बेचता, तो उसे 40% लाभ होता. इस वस्तु का क्रय-मूल्य कितना है ?

(*a*) ₹ 200 (*b*) ₹ 225 (*c*) ₹ 250 (*d*) इनमें से कोई नहीं

63. किसी वस्तु को ₹ 8000 में बेचने पर क्रय मूल्य के $\frac{1}{5}$ भाग के बराबर हानि होती है. इस वस्तु का क्रय मूल्य कितना है ?

(*a*) ₹ 6400 (*b*) ₹ 9600 (*c*) ₹ 10000 (*d*) इनमें से कोई नहीं

64. दो साईकिलें समान मूल्य पर बेची जाती हैं. इनमें से पहली साईकिल 20% लाभ पर तथा दूसरी साईकिल 20% हानि पर बेची जाती है. इससे कुल ₹ 18 की हानि हुई हो तो इनके क्रय मूल्य होंगे क्रमशः

(*a*) ₹ 180, ₹ 270 (*b*) ₹ 200, ₹ 240 (*c*) ₹ 180, ₹ 240 (*d*) ₹ 200, ₹ 270

65. एक घड़ी को 20% लाभ पर बेचा जाता है. यदि घड़ी के क्रय-मूल्य तथा विक्रय मूल्य में से प्रत्येक को ₹ 100 कम कर दिया जाये, तो लाभ 5% कम हो जाता है. घड़ी का प्रारम्भिक क्रय-मूल्य कितना है ?

(*a*) ₹ 450 (*b*) ₹ 500 (*c*) ₹ 550 (*d*) ₹ 600 **(ए०ए०ओ० परीक्षा, 2010)**

66. एक फर्नीचर विक्रेता ने ₹ 720 की दर से दो कुर्सियाँ बेची. उनमें से एक कुर्सी पर 20% लाभ तथा दूसरी पर 20% हानि हुई. इस सौदे में कितने प्रतिशत लाभ अथवा हानि हुई ?

(*a*) 4% लाभ (*b*) 4% हानि (*c*) 10% लाभ (*d*) न लाभ न हानि

67. एक व्यक्ति ₹ 75 प्रति किग्रा० की दर से कुछ चावल खरीदता है. इसमें से 10% चावल खराब हो जाता है. शेष चावल वह किस भाव बेचे कि उसे 20% लाभ हो ?

(*a*) ₹ 90 प्रति किग्रा० (*b*) ₹ 80 प्रति किग्रा० (*c*) ₹ 100 प्रति किग्रा० (*d*) इनमें से कोई नहीं

68. एक कूकर 16% लाभ पर बेचा गया. यदि इसे ₹ 20 अधिक पर बेचा जाता तो लाभ 20% होता. कूकर का क्रय मूल्य कितना है ? **(एस०एस०सी० परीक्षा, 2009)**

(*a*) ₹ 350 (*b*) ₹ 400 (*c*) ₹ 500 (*d*) ₹ 600

69. एक व्यक्ति ने एक टी०वी० सैट ₹ 9400 में बेचा. इससे उसे कुछ हानि हुई. उसने दूसरा टी०वी० सैट ₹ 10600 में बेचा. इस बार उसका लाभ पिछली हानि से दुगुना था. एक टी०वी० सैट का क्रय मूल्य कितना है ?

(*a*) ₹ 9800 (*b*) ₹ 10000 (*c*) ₹ 10200 (*d*) ₹ 10400

70. एक व्यक्ति दो वस्तुयें ₹ 99 प्रति वस्तु की दर से बेचता है. उसे एक पर 10% लाभ तथा दूसरे पर 10% हानि होती है. कुल दोनों वस्तुओं पर उसे

(*a*) ₹ 2 का लाभ होता है (*b*) ₹ 2 की हानि होती है

(*c*) ₹ 1 की हानि होती है (*d*) न लाभ होता है तथा न हानि

71. एक व्यापारी किसी वस्तु को उसकी लागत में 10% वृद्धि करके बेचता है. इसके बाद वह इसके मूल्य में 10% कमी कर देता है. उक्त व्यवसाय में व्यापारी को प्राप्त होता है : **(एस०एस०सी० परीक्षा, 2002)**

(*a*) न हानि न लाभ (*b*) 1% हानि (*c*) 1% लाभ (*d*) 2% लाभ

72. किसी वस्तु को बेचने पर एक व्यक्ति को उसके विक्रय मूल्य के 25% के बराबर लाभ होता है. उसका लाभ प्रतिशत कितना है? **(एस०एस०सी० परीक्षा, 2010)**

(*a*) 20% (*b*) 25% (*c*) $16\frac{2}{3}$% (*d*) $33\frac{1}{3}$%

73. किसी व्यापारी ने अपने तीन-चौथाई माल को 20% लाभ पर तथा शेष को क्रय मूल्य पर ही बेच दिया. इस सम्पूर्ण माल की बिक्री पर उसे कितने प्रतिशत लाभ मिला? **(रेलवे परीक्षा, 2005)**

(*a*) 10% (*b*) 25% (*c*) 20% (*d*) 15%

74. एक बेईमान व्यापारी अपना माल क्रय-मूल्य पर ही बेचता है. फिर भी वह कम तौल कर 25% लाभ अर्जित करता है. एक किग्रा० के स्थान पर वह कितना तौलता है? **(रेलवे परीक्षा, 2006)**

(*a*) 750 ग्राम (*b*) 800 ग्राम (*c*) 825 ग्राम (*d*) 850 ग्राम

75. एक दुकानदार ने बिजली की प्रैस 10% लाभ पर बेची. यदि उसने इसे 10% कम में खरीदा हो तथा ₹ 16·50 कम में बेचा हो तो उसे 10% लाभ होगा. बिजली की प्रैस का लागत मूल्य कितना है? **(रेलवे परीक्षा, 2005)**

(*a*) ₹ 130 (*b*) ₹ 150 (*c*) ₹ 137·50 (*d*) ₹ 148·50

76. एक वस्तु ₹ 450 में बेचने पर एक व्यक्ति को 25% हानि होती है. वह इसे किस मूल्य पर बेचे कि उसे 25% लाभ हो? **(रेलवे परीक्षा, 2006)**

(*a*) ₹ 700 (*b*) ₹ 750 (*c*) ₹ 800 (*d*) ₹ 900

77. 144 पैन बेचने पर मोनिका को 6 पैनों के विक्रय मूल्य के बराबर हानि होती है. हानि प्रतिशत कितनी है?

(*a*) 2% (*b*) 6% (*c*) 14% (*d*) 4%

78. एक दुकानदार ने 30 किग्रा० चावल, ₹ 45 प्रति किग्रा० की दर से खरीदे. कुल मात्रा का 40% उसने ₹ 60 प्रति किग्रा० की दर से बेच दिया. कुल 20% लाभ प्राप्त करने हेतू उसे शेष मात्रा किस भाव से बेचनी होगी?

(*a*) ₹ 54 प्रति किग्रा० (*b*) ₹ 52 प्रति किग्रा० (*c*) ₹ 50 प्रति किग्रा०
(*d*) ₹ 60 प्रति किग्रा० (*e*) ₹ 56 प्रति किग्रा० **(बैंक पी०ओ० परीक्षा, 2010)**

79. सीमा ने एक मोबाइल फोन 25% हानि से ₹ 1950 में बेच दिया. 30% लाभ कमाने हेतू उसे यह मोबाइल फोन कितने रुपये में बेचना चाहिए?

(*a*) ₹ 3300 (*b*) ₹ 2600 (*c*) ₹ 2535 (*d*) ₹ 3380 (*e*) इनमें से कोई नहीं

80. एक इत्र की शीशी का 15% बट्टे के बाद विक्रय मूल्य ₹ 3675·40 है. इसका अंकित मूल्य कितना है?

(*a*) ₹ 4324 (*b*) ₹ 4386 (*c*) ₹ 4400 (*d*) ₹ 4294 (*e*) इनमें से कोई नहीं

(बैंक पी०ओ० परीक्षा, 2009)

81. किसी वस्तु का क्रय मूल्य उसके अंकित मूल्य का 80% है. 12% का बट्टा देने के उपरान्त व्यापारी का लाभ प्रतिशत कितना है? **(एस०एस०सी० परीक्षा, 2010)**

(*a*) 20% (*b*) 12% (*c*) 10% (*d*) 8%

82. किसी व्यापारी ने बिक्री के लिए सिले-सिलाये वस्त्रों के मूल्य पर 25% की छूट देने की घोषणा की. यदि कोई खरीददार ₹ 400 की छूट चाहता है, तो उसे ₹ 320 मूल्य वाली कितनी कमीजें खरीदनी होंगी?

(*a*) 10 (*b*) 7 (*c*) 6 (*d*) 5

(एस०एस०सी० परीक्षा, 2010)

83. किसी वस्तु का अंकित मूल्य उसके क्रय मूल्य से 20% अधिक है. अंकित मूल्य पर 20% का बट्टा दिया जाता है. इस प्रकार की बिक्री में होगा : **(एस०एस०सी० परीक्षा, 2009)**

(*a*) न लाभ न हानि (*b*) 4% हानि (*c*) 4% लाभ (*d*) 8% लाभ

84. कोई व्यापारी एक घड़ी ₹ 450 में खरीदता है तथा इसका सूची मूल्य इस प्रकार निर्धारित करता है कि 10% बट्टा देने के उपरांत उसे 20% लाभ हो. इस घड़ी का सूची मूल्य कितना है? **(एस०एस०सी० परीक्षा, 2010)**

(*a*) ₹ 500 (*b*) ₹ 600 (*c*) ₹ 750 (*d*) ₹ 800

85. कोई व्यापारी अपनी वस्तओं के मूल्य उनके क्रय मूल्य से 20% अधिक पर अंकित करता है तथा बेचने के समय 10% का बट्टा देता है. उसका लाभ प्रतिशत कितना है ? **(एस०एस०सी० परीक्षा, 2010)**
(*a*) 5% (*b*) 6% (*c*) 8% (*d*) 10%

86. एक दुकानदार किसी कमीज को 7% बट्टे पर देता है. यदि उसने 9% बट्टा दिया होता तो उसे ₹ 15 कम लाभ होता. कमीज का अंकित मूल्य कितना है ?
(*a*) ₹ 750 (*b*) ₹ 720 (*c*) ₹ 712·50 (*d*) ₹ 600

87. एक पुस्तक को उस पर छपे मूल्य पर 10% बट्टा देकर बेचने से एक दुकानदार को 12% लाभ होता है. पुस्तक के क्रय मूल्य तथा उस पर छपे मूल्य का अनुपात क्या है ? **(एस०एस०सी० परीक्षा, 2010)**
(*a*) 45 : 56 (*b*) 45 : 51 (*c*) 47 : 56 (*d*) 47 : 51

88. किसी निर्माता ने एक वस्तु का अंकित मूल्य ₹ 50 निर्धारित किया तथा उसे 20% का बट्टा देकर बेच दिया. यदि उसे 25% लाभ हुआ हो तो उस वस्तु का क्रय-मूल्य कितना है ? **(एस०एस०सी० परीक्षा, 2010)**
(*a*) ₹ 40 (*b*) ₹ 35 (*c*) ₹ 32 (*d*) ₹ 30

89. एक व्यापारी अपने माल पर क्रय मूल्य से 30% अधिक मूल्य अंकित करता है तथा इस पर 15% बट्टा देता है. उस वस्तु का क्रय मूल्य कितना है जिस पर उसे ₹ 84 लाभ हो ? **(एस०एस०सी० परीक्षा, 2010)**
(*a*) ₹ 800 (*b*) ₹ 560 (*c*) ₹ 373·33 (*d*) ₹ 280

90. एक दुकानदार किसी वस्तु के अंकित मूल्य पर 5% कमीशन देना चाहता है तथा वह 10% लाभ कमाना चाहता है. यदि किसी वस्तु का क्रय-मूल्य ₹ 95 हो, तो इसका अंकित मूल्य कितना होगा ?
(*a*) ₹ 100 (*b*) ₹ 110 (*c*) ₹ 120 (*d*) ₹ 130
(एस०एस०सी० परीक्षा, 2010)

91. एक घड़ी का अंकित मूल्य ₹ 3200 है. इसे दो क्रमिक बट्टों के साथ ₹ 2448 में बेचा जाता है. यदि पहला बट्टा 10% हो, तो दूसरा बट्टा कितना है ? **(एस०एस०सी० परीक्षा, 2010)**
(*a*) 5% (*b*) 10% (*c*) 15% (*d*) 20%

92. किसी वस्तु के लिखित मूल्य पर 10% बट्टा देने पर 20% लाभ होता है. यदि बट्टा बढ़ा कर 20% कर दिया जाये, तो लाभ प्रतिशत कितना होगा ? **(एस०एस०सी० परीक्षा, 2008)**
(*a*) $6\frac{2}{3}\%$ (*b*) 5% (*c*) 8% (*d*) $5\frac{1}{3}\%$

93. एक व्यापारी अपने माल पर अंकित मूल्य पर 15% का बट्टा देता है. वह अपने माल पर लागत मूल्य से कितना अधिक मूल्य अंकित करे कि उसे 19% लाभ हो ? **(एस०एस०सी० परीक्षा, 2008)**
(*a*) 34% (*b*) 40% (*c*) 25% (*d*) 30%

94. एक रेडियो का अंकित मूल्य ₹ 4800 है. दुकानदार इस पर 10% का बट्टा देता है तथा 8% लाभ कमाता है. यदि वह कोई बट्टा न दे तो उसका लाभ प्रतिशत कितना है ? **(एस०एस०सी० परीक्षा, 2009)**
(*a*) 18% (*b*) 20% (*c*) 22% (*d*) 25%

95. एक दुकानदार घड़ी के मूल्य में 15% छूट देता है. यदि वह 20% की छूट दे तो उसे ₹ 51 कम लाभ होता है. घड़ी का मूल मूल्य कितना है ? **(बैंक पी०ओ० परीक्षा, 2008)**
(*a*) ₹ 920 (*b*) ₹ 985 (*c*) ₹ 1125 (*d*) ₹ 1020 (*e*) इनमें से कोई नहीं

96. नरेश ने एक टी०वी० सैट, अंकित मूल्य पर 10% बट्टा लेकर ₹ 11250 में खरीदा. इसे लाने के लिए भाड़े में ₹ 150 खर्च किये तथा इसे लगवाने पर ₹ 800 खर्च किया. बिना कोई बट्टा दिये, 15% लाभ कमाने हेतू इसे किस मूल्य पर बेचा जाना चाहिए ? **(बैंक पी०ओ० परीक्षा, 2009)**
(*a*) ₹12937·50 (*b*) ₹ 14030 (*c*) ₹ 13450 (*d*) ₹ 15467·50
(*e*) इनमें से कोई नहीं

97. किसी वस्तु की 10% तथा 10% की दो क्रमवार मूल्य-वृद्धियाँ किस एकमात्र मूल्य-वृद्धि के समतुल्य है ?
(*a*) 19% (*b*) 20% (*c*) 21% (*d*) 22%
(एस०एस०सी० परीक्षा, 2010)

98. 20% तथा 15% क्रमिक बट्टों के समतुल्य बट्टा क्या होगा? **(रेलवे परीक्षा, 2006)**
(*a*) 32% (*b*) 35% (*c*) 30% (*d*) 23%

99. $12\frac{1}{2}$% तथा 10% की दो अनुक्रमिक छूट के बाद चाँदी की एक प्लेट को ₹ 6300 में बेचा गया. इस प्लेट का अंकित मूल्य कितना है? **(रेलवे परीक्षा, 2006)**
(*a*) ₹ 8000 (*b*) ₹ 7800 (*c*) ₹ 7500 (*d*) ₹ 8600

100. एक व्यापारी किसी वस्तु पर 20% तथा 10% के दो उत्तरोत्तर बट्टे देता है. यदि किसी वस्तु के उसे ₹ 108 मिले हों, तो उस वस्तु का अंकित मूल्य कितना था? **(रेलवे परीक्षा, 2006)**
(*a*) ₹ 160 (*b*) ₹ 144 (*c*) ₹ 148 (*d*) ₹ 150

101. एक कम्पनी तीन प्रकार के क्रमवार बट्टे पेश करती है: **(एस०एस०सी० परीक्षा, 2007)**
I. 25% तथा 15% II. 30% तथा 10% III. 35% तथा 5%
किसी ग्राहक के लिए सबसे अच्छा प्रस्ताव कौन-सा है?
(*a*) I (*b*) II (*c*) III (*d*) सभी प्रस्ताव बराबर हैं

102. 30%, 20% तथा 10% के क्रमिक बट्टों के समतुल्य एकमात्र बट्टा है: **(एस०एस०सी० परीक्षा, 2006)**
(*a*) 50% (*b*) 49·6% (*c*) 49·4% (*d*) 51%

103. 20% तथा 5% के दो क्रमवार बट्टे किस एकमात्र बट्टे के समतुल्य हैं? **(एस०एस०सी० परीक्षा, 2010)**
(*a*) 25% (*b*) 24% (*c*) 18% (*d*) 15%

104. 20%, 25% तथा 10% के तीन क्रमिक बट्टों के समतुल्य एकमात्र बट्टा क्या होगा?
(*a*) 55% (*b*) 50% (*c*) 48% (*d*) 46%
(एस० एस० सी० परीक्षा, 2009)

105. एक व्यापारी अपने सामान पर क्रय-मूल्य से 25% अधिक मूल्य अंकित करता है तथा ग्राहकों को अंकित मूल्य पर 10% की छूट देता है. उसका लाभ प्रतिशत कितना है? **(रेलवे परीक्षा, 2006)**
(*a*) 8·5% (*b*) 12·5% (*c*) 15% (*d*) 17·5%

106. एक दुकानदार अपने ग्राहकों को 10% बट्टा देकर भी 26% लाभ कमाता है. एक वस्तु का अंकित मूल्य ₹ 280 है. उसने इसे कितने रुपये में खरीदा? **(रेलवे परीक्षा, 2006)**
(*a*) ₹ 175 (*b*) ₹ 200 (*c*) ₹ 215 (*d*) ₹ 225

107. एक छतरी का अंकित मूल्य ₹ 162 तथा विक्रय मूल्य ₹ 135 है. बट्टे की दर क्या है?
(*a*) 20% (*b*) $16\frac{2}{3}$% (*c*) $13\frac{1}{2}$% (*d*) इनमें से कोई नहीं

108. एक व्यापारी अपने सामान पर क्रय-मूल्य से 20% अधिक मूल्य अंकित करता है तथा इस पर कुछ बट्टा देकर 8% लाभ पर सामान बेचता है. बट्टे की दर क्या है?
(*a*) 4% (*b*) 6% (*c*) 10% (*d*) 12%

109. किसी वस्तु का अंकित मूल्य ₹ 900 है तथा इस पर 8% और 9% के दो क्रमवार बट्टे दिये जाते हैं. यदि इन दो क्रमवार बट्टों के स्थान पर विक्रेता 16% का एकमात्र बट्टा दे तो उसे कितना लाभ अथवा हानि होगी?
(*a*) ₹ 4·76 लाभ (*b*) ₹ 5·76 हानि (*c*) ₹ 5·76 लाभ (*d*) ₹ 4·76 हानि
(एस०एस०सी० परीक्षा, 2007)

110. किसी कमीज तथा पैन्ट के अंकित मूल्य 1 : 2 के अनुपात में हैं. दुकानदार कमीज पर 40% की छूट देता है तथा कमीज और पैन्ट दोनों को मिलाकर 30% की छूट देता है. पैन्ट पर दी गई छूट कितनी है?
(*a*) 15% (*b*) 20% (*c*) 25% (*d*) 30%
(एस० एस० सी० परीक्षा, 2007)

111. एक पैन का अंकित मूल्य ₹ 12 है. इस पर 15% का एक बट्टा दिया गया है. इसके बाद दूसरा बट्टा दिया गया है, जिससे पैन का मूल्य ₹ 8·16 हो जाता है. दूसरे बट्टे की दर कितनी है? **(एस०एस०सी० परीक्षा, 2007)**
(*a*) 15% (*b*) 18% (*c*) 20% (*d*) 25%

112. एक व्यापारी ₹ 25000 अंकित मूल्य वाली किसी वस्तु को 20% तथा 5% के क्रमवार बट्टों के साथ खरीदता है. वह इसकी मरम्मत पर ₹ 1000 व्यय करता है तथा इसे ₹ 25000 में बेच देता है. उसकी लाभ-हानि की प्रतिशतता कितनी है? **(एस०एस०सी० परीक्षा, 2007)**

(*a*) 25% हानि (*b*) 25% लाभ (*c*) 10% लाभ (*d*) 10% हानि

113. एक व्यापारी पंखों पर वास्तविक मूल्य से 40% अधिक मूल्य अंकित करता है तथा इस पर 15% बट्टा देता है. वह कितने प्रतिशत लाभ कमाता है?

(*a*) 25% (*b*) 27·5% (*c*) 9% (*d*) 19%

114. एक घड़ी विक्रेता अंकित मूल्य पर 5% बट्टा देता है. यदि वह 7% बट्टा दे तो पहले से उसे ₹ 30 कम लाभ होगा. घड़ी का अंकित मूल्य कितना है?

(*a*) ₹ 1395 (*b*) ₹ 1425 (*c*) ₹ 1575 (*d*) इनमें से कोई नहीं

115. एक वस्तु के अंकित मूल्य पर 15% बट्टा देने के बाद 20% लाभ होता है. यदि वस्तु का क्रय-मूल्य ₹ 153 हो, तो अंकित मूल्य क्या होगा?

(*a*) ₹ 162 (*b*) ₹ 184 (*c*) ₹ 216 (*d*) ₹ 224

116. एक व्यापारी अपनी प्रत्येक वस्तु पर इतना मूल्य अंकित करता है कि इस मूल्य पर 20% छूट देने पर उसे 25% लाभ होता है. यदि किसी वस्तु का क्रय-मूल्य ₹ 432 हो, तो इसका अंकित मूल्य क्या होगा?

(*a*) ₹ 675 (*b*) ₹ 625 (*c*) ₹ 648 (*d*) ₹ 540

117. किसी वस्तु के अंकित मूल्य पर 20% छूट देने से इसका विक्रय-मूल्य ₹ 24 हो जाता है. अंकित मूल्य पर 30% छूट दिये जाने पर इसका विक्रय-मूल्य कितना होगा?

(*a*) ₹ 27 (*b*) ₹ 21 (*c*) ₹ 21·60 (*d*) ₹ 20

118. एक दुकानदार अपनी प्रत्येक वस्तु के अंकित मूल्य पर 15% छूट देता है. इस पर 19% लाभ कमाने हेतु, क्रय-मूल्य से अंकित मूल्य कितना अधिक होगा?

(*a*) 34% (*b*) 36% (*c*) 40% (*d*) 36·85%

119. एक दुकानदार प्रत्येक वस्तु के मूल्य पर 10% छूट का दिखावा करता है. परन्तु वह प्रत्येक वस्तु के मूल्य में 20% वृद्धि कर देता है. वह कितना प्रतिशत लाभ कमाता है?

(*a*) 6% (*b*) 8% (*c*) 10% (*d*) 12%

120. किसी घड़ी के अंकित मूल्य पर 10% छूट देने के बाद घड़ी का मूल्य ₹ 1080 है. यदि छूट न दी जाती तो दुकानदार को 20% लाभ होता. घड़ी का क्रय-मूल्य कितना है?

(*a*) ₹ 1000 (*b*) ₹ 1200 (*c*) ₹ 1296 (*d*) इनमें से कोई नहीं

121. एक ट्रांजिस्टर के अंकित मूल्य से ₹ 32 कम कर देने के बाद भी दुकानदार को 15% लाभ होता है. यदि इसका क्रय-मूल्य ₹ 320 हो, तो अंकित मूल्य पर इसे बेचने से कितने प्रतिशत लाभ होगा?

(*a*) 10% (*b*) 20% (*c*) 25% (*d*) 16%

उत्तरमाला (प्रश्नमाला 11A)

1. (*b*)	**2.** (*c*)	**3.** (*c*)	**4.** (*a*)	**5.** (*a*)	**6.** (*c*)	**7.** (*d*)	**8.** (*c*)	**9.** (*a*)	**10.** (*a*)
11. (*c*)	**12.** (*b*)	**13.** (*c*)	**14.** (*c*)	**15.** (*c*)	**16.** (*b*)	**17.** (*c*)	**18.** (*a*)	**19.** (*b*)	**20.** (*a*)
21. (*b*)	**22.** (*a*)	**23.** (*a*)	**24.** (*c*)	**25.** (*a*)	**26.** (*a*)	**27.** (*d*)	**28.** (*b*)	**29.** (*b*)	**30.** (*a*)
31. (*d*)	**32.** (*c*)	**33.** (*d*)	**34.** (*b*)	**35.** (*a*)	**36.** (*c*)	**37.** (*d*)	**38.** (*c*)	**39.** (*a*)	**40.** (*a*)
41. (*d*)	**42.** (*c*)	**43.** (*c*)	**44.** (*d*)	**45.** (*c*)	**46.** (*c*)	**47.** (*c*)	**48.** (*c*)	**49.** (*d*)	**50.** (*a*)
51. (*b*)	**52.** (*d*)	**53.** (*c*)	**54.** (*d*)	**55.** (*b*)	**56.** (*c*)	**57.** (*c*)	**58.** (*c*)	**59.** (*c*)	**60.** (*d*)
61. (*d*)	**62.** (*c*)	**63.** (*c*)	**64.** (*a*)	**65.** (*b*)	**66.** (*b*)	**67.** (*c*)	**68.** (*c*)	**69.** (*a*)	**70.** (*b*)
71. (*b*)	**72.** (*d*)	**73.** (*d*)	**74.** (*b*)	**75.** (*b*)	**76.** (*b*)	**77.** (*d*)	**78.** (*c*)	**79.** (*d*)	**80.** (*a*)
81. (*c*)	**82.** (*d*)	**83.** (*b*)	**84.** (*b*)	**85.** (*c*)	**86.** (*a*)	**87.** (*a*)	**88.** (*c*)	**89.** (*a*)	**90.** (*b*)
91. (*c*)	**92.** (*a*)	**93.** (*b*)	**94.** (*b*)	**95.** (*d*)	**96.** (*b*)	**97.** (*c*)	**98.** (*a*)	**99.** (*a*)	**100.** (*d*)
101. (*c*)	**102.** (*b*)	**103.** (*b*)	**104.** (*d*)	**105.** (*b*)	**106.** (*b*)	**107.** (*b*)	**108.** (*c*)	**109.** (*b*)	**110.** (*c*)
111. (*c*)	**112.** (*b*)	**113.** (*d*)	**114.** (*d*)	**115.** (*c*)	**116.** (*a*)	**117.** (*b*)	**118.** (*c*)	**119.** (*b*)	**120.** (*a*)
121. (*c*)									

दिये गये प्रश्नों के हल | प्रश्नमाला 11A

1. कार का क्रय मूल्य = ₹ 250000, विक्रय मूल्य = ₹ 348000.

लाभ = ₹ (348000 − 250000) = ₹ 98000.

लाभ $\% = \left(\frac{98000}{250000}\times 100\right)\% = \frac{196}{5}\% = 39\cdot 2\%$.

2. एक दर्जन वस्तुओं का क्रय मूल्य = ₹ P.

एक दर्जन वस्तुओं का विक्रय मूल्य $=$ ₹ $\left(\frac{P}{8}\times 12\right) =$ ₹ $\frac{3P}{2}$.

लाभ $=$ ₹ $\left(\frac{3P}{2} - P\right) =$ ₹ $\frac{P}{2}$.

लाभ $\% = \left(\frac{P}{2}\times\frac{1}{P}\times 100\right)\% = 50\%$.

3. माना क्रय मूल्य = ₹ x, लाभ $=$ ₹ $\frac{x}{10}$.

$\therefore$ विक्रय मूल्य $=$ ₹ $\left(x + \frac{x}{10}\right) =$ ₹ $\frac{11x}{10}$.

$\therefore \frac{11x}{10} = 891 \Rightarrow x = \left(891\times\frac{10}{11}\right) = 810.$

4. 26 किग्रा० चावल का क्रय मूल्य = ₹ 2470.

26 किग्रा० चावल का इच्छित विक्रय मूल्य = ₹ (2470 + 70) = ₹ 2540.

10 किग्रा० चावल का विक्रय मूल्य = ₹ (10 × 110) = ₹ 1100.

16 किग्रा० चावल का विक्रय मूल्य = ₹ (2540 − 1100) = ₹ 1440.

इस चावल को बेचने की दर $=$ ₹ $\frac{1440}{16}$ प्रति किग्रा० = ₹ 90 प्रति किग्रा०.

5. माना विनोद के पास x पैंसिलें हैं. तब

$$\frac{5x}{2} - 110 = \frac{7x}{4} + 55 \Rightarrow \frac{5x}{2} - \frac{7x}{4} = 110 + 55$$

$$\therefore \frac{(10x - 7x)}{4} = 165 \Rightarrow 3x = 165\times 4 \Rightarrow x = \frac{(165\times 4)}{3} = 220.$$

$\therefore$ पैंसिलों की अभीष्ट संख्या = 220.

6. माना घोड़े का क्रय मूल्य = ₹ x. तब गाड़ी का क्रय मूल्य = ₹ $(20000 - x)$.

$$\left(x\times\frac{120}{100}\right) + \left\{(20000 - x)\times\frac{90}{100}\right\} - 20000 = \left(20000\times\frac{2}{100}\right)$$

$$\Rightarrow \frac{6x}{5} + \frac{9\,(20000 - x)}{10} = 20400 \Rightarrow \frac{6x}{5} - \frac{9x}{10} = (20400 - 18000)$$

$$\Rightarrow \frac{(12x - 9x)}{10} = 2400 \Rightarrow 3x = 24000 \Rightarrow x = 8000.$$

$\therefore$ घोड़े का क्रय मूल्य = ₹ 8000.

7. माना पहले चाय का मूल्य = ₹ x प्रति किग्रा०. नया भाव $=$ ₹ $\left(x\times\frac{90}{100}\right) =$ ₹ $\frac{9x}{10}$ प्रति किग्रा०.

$$\frac{22500}{(9x/10)} - \frac{22500}{x} = 25 \Rightarrow \frac{22500\times 10}{9x} - \frac{22500}{x} = 25$$

$\Rightarrow \frac{25000}{x} - \frac{22500}{x} = 25 \Rightarrow 25x = (25000 - 22500) = 2500$

$\Rightarrow x = \frac{2500}{25} =$ ₹ 100 प्रति किग्रा०.

8. विक्रय मूल्य = ₹ 6750 तथा हानि = 25%.

$\therefore$ क्रय मूल्य = ₹ $\left(\frac{100}{75} \times 6750\right)$ = ₹ 9000, लाभ = 15%.

$\therefore$ अभीष्ट विक्रय मूल्य = ₹ $\left(\frac{115}{100} \times 9000\right)$ = ₹ 10350.

9. माना A ने इसे ₹ x में खरीदा. तब

x का 115% का 90% = 517·50 $\Rightarrow x \times \frac{115}{100} \times \frac{90}{100} = 517 \cdot 50$

$\therefore\ x \times \frac{23}{20} \times \frac{9}{10} = 517 \cdot 50 \Rightarrow (23 \times 9)x = 103500 \Rightarrow x = \frac{103500}{23 \times 9} = 500$

अतः A ने इसे ₹ 500 में खरीदा.

10. माना क्रय मूल्य = ₹ x. तब,

$1754 - x = x - 1492 \Rightarrow 2x = (1754 + 1492) = 3246$

$\Rightarrow x = 1623.$

$\therefore$ वस्तु का लागत मूल्य = ₹ 1623.

11. माना क्रय मूल्य = ₹ x. तब,

$996 - x = x - 894 \Rightarrow 2x = (996 + 894) = 1890 \Rightarrow x = 945.$

$\therefore$ वस्तु का क्रय मूल्य = ₹ 945.

12. 1 मीटर कपड़े का विक्रय मूल्य = ₹ $\frac{12325}{145}$ = ₹ 85, लाभ प्रति मीटर = ₹ 10.

$\therefore$ 1 मीटर कपड़े का क्रय मूल्य = ₹ (85 – 10) = ₹ 75.

13. माना निर्धारित मूल्य = ₹ x.

अब, विक्रय मूल्य = ₹ $\frac{2x}{3}$, हानि = 10%.

$\therefore$ क्रय-मूल्य = ₹ $\left(\frac{100}{90} \times \frac{2x}{3}\right)$ = ₹ $\frac{20x}{27}$.

नया विक्रय-मूल्य = ₹ x. अतः लाभ = ₹ $\left(x - \frac{20x}{27}\right)$ = ₹ $\frac{7x}{27}$.

लाभ % = $\left(\frac{7x}{27} \times \frac{27}{20x} \times 100\right)\% = 35\%.$

14. विक्रय मूल्य = ₹ x तथा हानि = 15%.

$\therefore$ क्रय मूल्य = ₹ $\left(\frac{100}{85} \times x\right)$ = ₹ $\frac{20x}{17}$.

विक्रय मूल्य = ₹ y तथा लाभ = 15%.

$\therefore$ क्रय मूल्य = ₹ $\left(\frac{100}{115} \times y\right)$ = ₹ $\frac{20y}{23}$.

$\therefore\ \frac{20x}{17} = \frac{20y}{23} \Rightarrow 23x = 17y \Rightarrow y = \frac{23x}{17}$

$\therefore \dfrac{(y-x)}{(y+x)} = \dfrac{\left(\dfrac{23x}{17}-x\right)}{\left(\dfrac{23x}{17}+x\right)} = \dfrac{(23x-17x)}{(23x+17x)} = \dfrac{6x}{40x} = \dfrac{3}{20}$

अत: $(y-x):(y+x) = 3:20$.

15. माना क्रय-मूल्य = ₹ $20x$. तब, विक्रय मूल्य = ₹ $21x$.

लाभ % $= \left(\dfrac{x}{20x}\times 100\right)\% = 5\%$.

16. विक्रय मूल्य = ₹ 100, लाभ = ₹ 20. अत: क्रय मूल्य = ₹ (100 – 20) = ₹ 80.

$\therefore$ लाभ % $= \left(\dfrac{20}{80}\times 100\right)\% = 25\%$.

17. विक्रय मूल्य = ₹ 19800, लाभ अर्जित = 10%

क्रय-मूल्य = ₹ $\left(\dfrac{100}{110}\times 19800\right)$ = ₹ 18000.

18. विक्रय मूल्य = ₹ 69.60, हानि = 25%.

क्रय-मूल्य = ₹ $\left(\dfrac{100}{75}\times 69\cdot 60\right)$ = ₹ $\dfrac{6960}{75}$ = ₹ 92·80.

19. विक्रय मूल्य = ₹ 450, हानि = 25%.

क्रय-मूल्य = ₹ $\left(\dfrac{100}{75}\times 450\right)$ = ₹ 600.

अब, क्रय मूल्य = ₹ 600, लाभ = 25%.

$\therefore$ विक्रय मूल्य = ₹ $\left(\dfrac{125}{100}\times 600\right)$ = ₹ 750.

20. विक्रय मूल्य = ₹ 720, हानि = 25%.

क्रय मूल्य = ₹ $\left(\dfrac{100}{75}\times 720\right)$ = ₹ 960.

अब, क्रय मूल्य = ₹ 960, लाभ = 25%.

$\therefore$ विक्रय मूल्य = ₹ $\left(\dfrac{125}{100}\times 960\right)$ = ₹ 1200.

21. माना वस्तु का क्रय मूल्य = ₹ x. तब

(x का 120%) – (x का 80%) = 60 $\Rightarrow \left(x\times\dfrac{120}{100}\right)-\left(x\times\dfrac{80}{100}\right)=60$.

$\therefore \dfrac{6x}{5}-\dfrac{4x}{5}=60 \Rightarrow (6x-4x)=300 \Rightarrow 2x=300 \Rightarrow x=150.$

अत: वस्तु का क्रय मूल्य ₹ 150 है.

22. माना A ने वह वस्तु ₹ x में खरीदी. तब

x का 125% का 120% का 110% = 330

$\Rightarrow x\times\dfrac{125}{100}\times\dfrac{120}{100}\times\dfrac{110}{100}=330 \Rightarrow x\times\dfrac{5}{4}\times\dfrac{6}{5}\times\dfrac{11}{10}=330 \Rightarrow \dfrac{33x}{20}=330$

$\Rightarrow x=\left(330\times\dfrac{20}{33}\right)=200.$

अत: A ने वह वस्तु ₹ 200 में खरीदी.

23. माना 1 ग्राम चीनी का क्रय-मूल्य = ₹ 1.

950 ग्राम चीनी का क्रय-मूल्य = ₹ 950.

950 ग्राम चीनी का विक्रय मूल्य = 1000 ग्राम चीनी का क्रय मूल्य = ₹ 1000.

$\therefore$ लाभ = ₹ (1000 – 950) = ₹ 50.

लाभ % $= \left(\frac{50}{950}\times 100\right)\% = \frac{100}{19}\% = 5\frac{5}{19}\%$.

24. माना उस वस्तु का उत्पादन मूल्य = ₹ x. तब

₹ x का 110% का 115% का 125% = 1265

$\Rightarrow x\times\frac{110}{100}\times\frac{115}{100}\times\frac{125}{100}=1265 \Rightarrow x\times\frac{11}{10}\times\frac{23}{20}\times\frac{5}{4}=1265$

$\Rightarrow x=\frac{1265\times 10\times 20\times 4}{11\times 23\times 5}=800.$

अत: उस वस्तु का उत्पादन मूल्य ₹ 800 है.

25. 144 अण्डों का क्रय मूल्य = ₹ 144.

(144 – 20) अण्डों का विक्रय मूल्य = ₹ (124 × 1·20) = ₹ 148·80

लाभ = ₹ (148·80 – 144) = ₹ 4·80.

लाभ % $= \left(\frac{4\cdot 80}{144}\times 100\right)\% = \frac{480}{144}\% = \frac{10}{3}\% = 3\frac{1}{3}\%$.

26. माना क्रय मूल्य = ₹ x. विक्रय मूल्य = ₹ 21 तथा हानि = x%.

$\therefore \frac{(x-21)}{x}\times 100 = x \Rightarrow 100x-2100=x^2$

$\therefore x^2-100x+2100=0 \Rightarrow x^2-70x-30x+2100=0$

$\Rightarrow x(x-70)-30(x-70)=0 \Rightarrow (x-70)(x-30)=0$

$\Rightarrow x=70$ अथवा $x=30$.

27. माना विक्रय मूल्य ₹ x. तब, लाभ $=₹\left(x\times\frac{25}{100}\right)=₹\,\frac{x}{4}$.

$\therefore$ क्रय मूल्य $=₹\left(x-\frac{x}{4}\right)=₹\,\frac{3x}{4}$.

लाभ % $=\left(\frac{x}{4}\times\frac{4}{3x}\times 100\right)\% = \frac{100}{3\%} = 33\frac{1}{3}\%$.

28. माना क्रय मूल्य = ₹ $10x$. तब, विक्रय मूल्य = ₹ $11x$.

लाभ = ₹ $(11x - 10x)$ = ₹ x.

$\therefore$ लाभ % $=\left(\frac{x}{10x}\times 100\right)\% = 10\%$.

29. विक्रय मूल्य = ₹ 2850, लाभ अर्जित = 14%.

$\therefore$ क्रय-मूल्य $=₹\left(\frac{100}{114}\times 2850\right)=₹\,2500$.

अब, क्रय-मूल्य = ₹ 2500, लाभ = 8%.

$\therefore$ अभीष्ट विक्रय मूल्य $=₹\left(\frac{108}{100}\times 2500\right)=₹\,2700$.

30. (12 बाल-पैनों का विक्रय मूल्य) – (12 बाल पैनों का क्रय मूल्य) = लाभ = 4 बाल पैनों का विक्रय मूल्य

$\Rightarrow$ 12 बाल पैनों का क्रय मूल्य = (12 बाल पैनों का विक्रय मूल्य) – (4 बाल पैनों का विक्रय मूल्य)

$\Rightarrow$ 12 बाल पैनों का क्रय मूल्य = 8 बाल पैनों का विक्रय मूल्य

माना प्रत्येक बाल पैन का क्रय मूल्य = ₹ 1. तब

8 बाल पैनों का क्रय मूल्य = ₹ 8 तथा 8 बाल पैनों का विक्रय मूल्य = ₹ 12.

लाभ % $=\left(\frac{4}{8}\times 100\right)\% = 50\%$.

31. (39 दर्जन आम का विक्रय मूल्य) − (39 दर्जन आम का क्रय मूल्य) = लाभ = 13 दर्जन आम का विक्रय मूल्य

⇒ 39 दर्जन आम का क्रय मूल्य = (39 दर्जन आम का विक्रय मूल्य) − (13 दर्जन आम का विक्रय मूल्य)

⇒ 39 दर्जन आम का क्रय मूल्य = 26 दर्जन आम का विक्रय मूल्य

माना प्रत्येक दर्जन आम का क्रय मूल्य = ₹ 1.

तब, 26 दर्जन आम का क्रय मूल्य = ₹ 26 तथा 26 दर्जन आम का विक्रय मूल्य = ₹ 39.

लाभ = ₹ (39 − 26) = ₹ 13.

लाभ $\% = \left(\frac{13}{26}\times 100\right)\% = 50\%$.

32. 1, 2, 3 तथा 5 का ल०स० = 30.

माना उसने 30 नींबू खरीदे.

30 नींबू का क्रय मूल्य $= ₹\left(\frac{1}{2}\times 30\right) = ₹\, 15$.

∴ लाभ $\% = \left(\frac{3}{15}\times 100\right)\% = 20\%$.

33. 10, 5, 15, 6 का ल०स० = (15 × 2 × 3) = 30

माना वह 30 सन्तरे खरीदता है.

30 सन्तरों का क्रय-मूल्य $= ₹\left(\frac{10}{5}\times 30\right) = ₹\, 60$.

30 सन्तरों का विक्रय-मूल्य $= ₹\left(\frac{15}{6}\times 30\right) = ₹\, 75$.

60 पर लाभ = ₹ (75 − 60) = ₹ 15.

लाभ $\% = \left(\frac{15}{60}\times 100\right)\% = 25\%$.

5	10, 5, 15, 6
2	2, 1, 3, 6
3	1, 1, 3, 3
	1, 1, 1, 1

34. माना कुल टॉफी = 12, विक्रय मूल्य = ₹ 1 तथा हानि = 20%.

क्रय-मूल्य $= ₹\left(\frac{100}{80}\times 1\right) = ₹\,\frac{5}{4}$, इच्छित लाभ = 20%.

विक्रय मूल्य $= ₹\left(\frac{5}{4}\times\frac{120}{100}\right) = ₹\,\frac{3}{2}$.

₹ $\frac{3}{2}$ में टॉफी बेचेगा = 12.

₹ 1 में टॉफी बेचेगा $= \left(12\times\frac{2}{3}\right) = 8$.

35. माना कुल बटन = 20, विक्रय मूल्य = ₹ 1 तथा हानि = 4%.

क्रय-मूल्य $= ₹\left(\frac{100}{96}\times 1\right) = ₹\,\frac{25}{24}$, इच्छित लाभ = 20%.

विक्रय मूल्य $= ₹\left(\frac{120}{100}\times\frac{25}{24}\right) = ₹\,\frac{5}{4}$.

₹ $\frac{5}{4}$ में बटन बेचेगा =20.

₹ 1 में बटन बेचेगा $= \left(20\times\frac{4}{5}\right) = 16$.

36. खिलौने का विक्रय मूल्य = ₹ 10·86, हानि = 10%.

अत: क्रय-मूल्य $= ₹\left(\frac{100}{90}\times 10\cdot 80\right) = ₹\, 12$, इच्छित लाभ = 20%.

$\therefore$ विक्रय मूल्य $= ₹\left(\frac{120}{100}\times 12\right) = ₹\ 14{\cdot}40.$

37. माना मेज का क्रय मूल्य = ₹ x. तब

$(x \text{ का } 105\%) - (x \text{ का } 95\%) = 80 \Rightarrow \left(x\times\frac{105}{100}\right) - \left(x\times\frac{95}{100}\right) = 80$

$\Rightarrow \frac{21x}{20} - \frac{19x}{20} = 80 \Rightarrow (21x - 19x) = 1600 \Rightarrow 2x = 1600 \Rightarrow x = 800.$

अतः मेज का क्रय-मूल्य = ₹ 800.

38. माना पुस्तक का क्रय मूल्य = ₹ x.

10% लाभ पर विक्रय मूल्य $= ₹\left(x\times\frac{110}{110}\right) = ₹\ \frac{11x}{10}$.

नया क्रय मूल्य $= ₹\left(x\times\frac{96}{110}\right) = ₹\ \frac{24x}{25}$.

नया विक्रय मूल्य $= ₹\left(\frac{24x}{25}\times\frac{475}{400}\right) = ₹\ \frac{57x}{50}$.

$\therefore \frac{57x}{50} - \frac{11x}{10} = 6 \Rightarrow \frac{2x}{50} = 6 \Rightarrow x = 150$.

अतः पुस्तक का क्रय-मूल्य = ₹ 150.

39. लाभ = (100 पैंसिलों का वि०मूल्य) – (100 पैंसिलों का क्रय-मूल्य)

$\Rightarrow$ 20 पैंसिलों का वि०मूल्य = (100 पैंसिलों का वि० मूल्य) – (100 पैंसिलों का क्रय-मूल्य)

$\Rightarrow$ 80 पैंसिलों का वि० मूल्य = 100 पैंसिलों का क्रय-मूल्य

माना प्रत्येक पैंसिल का क्रय-मूल्य = ₹ 1.

तब, 80 पैंसिलों का क्रय मूल्य = ₹ 80.

80 पैंसिलों का वि० मूल्य = 100 पैंसिलों का क्रय-मूल्य = ₹ 100.

लाभ = ₹ (100 – 80) = ₹ 20.

लाभ % $= \left(\frac{20}{80}\times 100\right)\% = 25\%$.

40. हानि = (36 सन्तरों का क्रय-मूल्य) – (36 सन्तरों का वि० मूल्य)

$\Rightarrow$ 4 सन्तरों का वि०मूल्य = (36 सन्तरों का क्रय-मूल्य) – (36 सन्तरों का वि० मूल्य)

$\Rightarrow$ 40 सन्तरों का वि०मूल्य = 36 सन्तरों का क्रय-मूल्य.

माना प्रत्येक सन्तरे का क्रय-मूल्य = ₹ 1.

तब, 40 सन्तरों का क्रय-मूल्य = ₹ 40.

40 सन्तरों का वि०मूल्य = 36 सन्तरों का क्रय-मूल्य = ₹ 36.

हानि = ₹ (40 – 36) = ₹ 4.

हानि % $= \left(\frac{4}{40}\times 100\right)\% = 10\%$.

41. लाभ = (250 केलों का वि० मूल्य) – (250 केलों का क्रय-मूल्य)

$\Rightarrow$ 50 केलों का वि०मूल्य = (250 केलों का वि०मूल्य) – (250 केलों का क्रय-मूल्य)

$\Rightarrow$ 200 केलों का वि०मूल्य = 250 केलों का क्रय-मूल्य.

माना प्रत्येक केले का क्रय-मूल्य = ₹ 1. तब,

200 केलों का क्रय-मूल्य = ₹ 200.

200 केलों का वि० मूल्य = 250 केलों का क्रय-मूल्य = ₹ 250.

लाभ = ₹ (250 − 200) = ₹ 50.

लाभ % = $\left(\frac{50}{200}\times 100\right)$% = 25%.

42. **सूत्र द्वारा :** लाभ % = $\left\{\frac{\text{त्रुटि}}{(\text{सही मान}) - (\text{त्रुटि})}\times 100\right\}$%

$$=\left(\frac{40}{960}\times 100\right)\% = 4\frac{1}{6}\%.$$

43. **सूत्र:** लाभ % = $\left\{\frac{(100+\text{घोटाला }\%)^2}{100} - 100\right\}$%

$$=\left\{\frac{(100+10)^2}{100} - 100\right\} = \frac{(110)^2-(100)^2}{100} = \frac{(210\times 10)}{100} = 21\%.$$

44. माना त्रुटि = x ग्राम. तब

$$\frac{x}{(1000-x)}\times 100 = \frac{100}{9} \Rightarrow \frac{x}{1000-x} = \frac{1}{9} \Rightarrow 1000 - x = 9x$$

$$\Rightarrow 10x = 1000 \Rightarrow x = 100.$$

45. माना चाय के पैकिट पर 1 किग्रा० अंकित है.

वास्तविक माप = 1000 ग्राम का 80% = 800 ग्राम.

माना 1 ग्राम का क्रय-मूल्य = ₹ 1.

800 ग्राम का क्रय-मूल्य = ₹ 800.

800 ग्राम का वि० मूल्य = ₹ 1000 का 110% = ₹ $\left(1000\times\frac{110}{100}\right)$ = ₹ 1100.

लाभ % = $\left(\frac{300}{800}\times 100\right)$% = $37\frac{1}{2}$%.

46. माना वस्तु का क्रय मूल्य = ₹ x. तब,

$(900 - x) = 2\,(x - 600)$

$\Rightarrow 3x = 2100 \Rightarrow x = 700$

∴ वस्तु का क्रय मूल्य = ₹ 700.

47. माना पहली प्रकार की 5 किग्रा० चाय के साथ दूसरी प्रकार की 3 किग्रा० चाय मिलाई जाती है. तब,

8 किग्रा० चाय का क्रय-मूल्य = ₹ (180 × 5 + 200 × 3) = ₹ 1500.

8 किग्रा० चाय का विक्रय-मूल्य = ₹ (210 × 8) = ₹ 1680.

लाभ % = $\left(\frac{180}{1500}\times 100\right)$% = 12%.

48. माना अभीष्ट अनुपात = x : 1.

$(x + 1)$ किग्रा० मिश्रण का क्रय-मूल्य = ₹ $(100x + 50)$.

$(x + 1)$ किग्रा० मिश्रण का विक्रय-मूल्य = ₹ $96(x + 1)$.

लाभ % = $\left\{\frac{(46-4x)}{(100x+50)}\times 100\right\}\% = \frac{(92-8x)}{(2x+1)}\%$

$$\therefore\ \frac{92-8x}{2x+1} = 20 \Rightarrow 92 - 8x = 40x + 20 \Rightarrow 48x = 72 \Rightarrow 2x = 3 \Rightarrow x = \frac{3}{2}$$

अभीष्ट अनुपात = $\frac{3}{2}$: 1 = 3 : 2.

49. 65 किग्रा० मिश्रण का क्रय-मूल्य $= ₹\left[\left(40\times\frac{25}{2}\right)+\left(25\times\frac{1510}{100}\right)\right] = ₹\,(500+377{\cdot}50) = ₹\,877{\cdot}50.$

लाभ अर्जित = 10%.

65 किग्रा० का विक्रय मूल्य $= ₹\left(877\cdot50\times\frac{110}{100}\right) = ₹\,(87{\cdot}75\times11).$

1 किग्रा० का विक्रय मूल्य $= ₹\left(\frac{87\cdot75\times11}{65}\right) = ₹\,(1{\cdot}35\times11) = ₹\,14{\cdot}85.$

50. माना कुल कपड़े का क्रय-मूल्य = ₹ x.

आधे कपड़े का क्रय मूल्य $= ₹\,\frac{x}{2}$.

शेष कपड़े के आधे भाग का क्रय मूल्य $= ₹\,\frac{x}{4}$.

शेष कपड़े का क्रय मूल्य $= ₹\left\{x-\left(\frac{x}{2}+\frac{x}{4}\right)\right\} = ₹\left(x-\frac{3x}{4}\right) = ₹\,\frac{x}{4}$.

∴ कुल कपड़े का विक्रय मूल्य

$$= ₹\left\{\left(\frac{x}{2}\times\frac{120}{100}\right)+\left(\frac{x}{4}\times\frac{80}{100}\right)+\frac{x}{4}\right\} = ₹\left(\frac{3x}{5}+\frac{x}{5}+\frac{x}{4}\right) = ₹\left(\frac{4x}{5}+\frac{x}{4}\right) = \frac{21x}{20}.$$

लाभ $= ₹\left(\frac{21x}{20}-x\right) = ₹\,\frac{x}{20}$.

लाभ % $= \left(\frac{x}{20}\times\frac{1}{x}\times100\right)\% = 5\%.$

51. माना 50 किग्रा० दूध में x किग्रा० पानी मिलाया जाये तथा क्रय मूल्य ₹ y प्रति किग्रा० है.

$$\frac{(50+x)\,y-50y}{50y}\times100 = 10 \Rightarrow \frac{(50+x)-50}{50}\times100 = 10$$

$\therefore\ 2x = 10 \Rightarrow x = 5.$

अत: पानी की अभीष्ट मात्रा = 5 किग्रा०.

52. माना कुर्सी का क्रय मूल्य = ₹ x.

$$\left(x \text{ का } 107\tfrac{1}{2}\%\right)-\left(x \text{ का } 97\tfrac{1}{2}\%\right) = 100$$

$$\Rightarrow \left(x\times\frac{215}{2}\times\frac{1}{100}\right)-\left(x\times\frac{195}{2}\times\frac{1}{100}\right) = 100$$

$$\Rightarrow \frac{43x}{40}-\frac{39x}{40} = 100 \Rightarrow (43x-39x) = 4000$$

$$\Rightarrow 4x = 4000 \Rightarrow x = 1000.$$

अब, क्रय मूल्य = ₹ 1100, लाभ $= \frac{25}{2}\%$.

∴ विक्रय मूल्य $= ₹\left(1000\times\frac{225}{2\times100}\right) = ₹\,1125.$

53. माना वस्तु का क्रय-मूल्य = ₹ x. तब, वि० मूल्य $= ₹\,\frac{105x}{100} = ₹\,\frac{21x}{20}$.

नया क्रय-मूल्य = ₹ $\frac{95x}{100}$ = ₹ $\frac{19x}{20}$, नया वि०मू० = ₹ $\left(\frac{19x}{20}\times\frac{110}{100}\right)$ = ₹ $\frac{209x}{200}$.

$\frac{21x}{20}-\frac{209x}{200}=1 \Rightarrow 210x-209x=200 \Rightarrow x=200.$ अत: अभीष्ट क्रय-मूल्य = ₹ **200.**

54. माना विक्रय-मूल्य = ₹ x. तब क्रय-मूल्य = ₹ $\left(x\times\frac{4}{100}\right)$ = ₹ $\frac{2x}{5}$.

माना $x=\frac{2x}{5}$ का $z\% \Rightarrow \frac{2x}{5}\times\frac{z}{100}=x \Rightarrow z=\frac{500}{2}=250.$

∴ विक्रय मूल्य = क्रय मूल्य का 250%.

55. माना मशीन का क्रय-मूल्य = ₹ x.

$\left(x\times\frac{110}{100}\right)-\left(x\times\frac{90}{100}\right)=80 \Rightarrow \frac{11x}{10}-\frac{9x}{10}=80 \Rightarrow 11x-9x=800 \Rightarrow 2x=800 \Rightarrow x=\mathbf{400}.$

56. माना प्रत्येक वस्तु का क्रय-मूल्य = ₹ x. तब

$\left(50x\times\frac{120}{100}\right)+\left(50x\times\frac{140}{100}\right)-\left(100x\times\frac{125}{100}\right)=100$

$\Rightarrow 60x+70x-125x=100 \Rightarrow 5x=100 \Rightarrow x=20.$

∴ प्रत्येक वस्तु का क्रय-मूल्य = ₹ 20.

57. माना प्रत्येक वस्तु का क्रय-मूल्य = ₹ 1. तब

15 वस्तुओं का क्रय-मूल्य = ₹ 15.

15 वस्तुओं का विक्रय-मूल्य = 20 वस्तुओं का क्रय मूल्य = ₹ 20.

∴ लाभ % = $\left(\frac{5}{15}\times100\right)\% = 33\frac{1}{3}\%.$

58. विक्रय मूल्य = ₹ 2576, लाभ = 12%.

∴ क्रय-मूल्य = ₹ $\left(\frac{100}{112}\times2576\right)$ = ₹ 2300.

नया क्रय मूल्य = ₹ (2300 – 100) = ₹ 2200, विक्रय मूल्य = ₹ 2576.

लाभ = ₹ (2576 – 2200) = ₹ 376.

अभीष्ट लाभ % = $\left(\frac{376}{2200}\times100\right)\% = \frac{188}{11}\% = 17\frac{1}{11}\%.$

59. माना प्रतीक ने संगीत वाद्य ₹ x में खरीदा. तब

x का 120% का 140% = 10500

$\Rightarrow x\times\frac{120}{100}\times\frac{140}{100}=10500 \Rightarrow x\times\frac{42}{25}=10500$

$\Rightarrow x=\left(10500\times\frac{25}{42}\right)=6250.$

अत: प्रतीक ने संगीत वाद्य ₹ 6250 में खरीदा.

60. 40 किग्रा० मिश्रण का मूल्य = ₹ $[(25\times32)+(15\times36)]$ = ₹ $(800+540)$ = ₹ 1340.

40 किग्रा० मिश्रण का विक्रय मूल्य = ₹ (40 × 40·20) = ₹ 1608.

लाभ = ₹ (1608 – 1340) = ₹ 268.

∴ लाभ % = $\left(\frac{268}{1340}\times100\right)\% = 20\%.$

61. माना प्रत्येक रेडियो का विक्रय मूल्य = ₹ x. तब

$$\left(x\times\frac{100}{125}\right)+\left(x\times\frac{100}{75}\right)=6400\Rightarrow\frac{4x}{5}+\frac{4x}{3}=6400$$

$$\Rightarrow(12x+20x)=96000\Rightarrow32x=96000\Rightarrow x=3000.$$

∴ प्रत्येक रेडियो का विक्रय मूल्य = ₹ 3000.

62. माना पहले क्रय मूल्य = ₹ x. तब, विक्रय मूल्य = ₹ $\frac{90x}{100}$ = ₹ $\frac{9x}{10}$.

नया क्रय मूल्य = ₹ $\left(x \text{ का } \frac{80}{100}\right)$ = ₹ $\frac{4x}{5}$.

नया विक्रय-मूल्य = ₹ $\left(\frac{4x}{5}\times\frac{140}{100}\right)$ = ₹ $\frac{28x}{25}$.

$$\therefore\ \frac{28x}{25}-\frac{9x}{10}=55\Rightarrow(56x-45x)=2750\Rightarrow11x=2750\Rightarrow x=250.$$

∴ क्रय-मूल्य = ₹ 250.

63. माना क्रय मूल्य = ₹ x तब, हानि = ₹ $\frac{x}{5}$.

विक्रय मूल्य = ₹ $\left(x-\frac{x}{5}\right)$ = ₹ $\frac{4x}{5}$.

$$\therefore\ \frac{4x}{5}=8000\Rightarrow x=\left(8000\times\frac{5}{4}\right)=10000.$$

अतः क्रय मूल्य = ₹ 10000.

64. माना प्रत्येक साईकिल का विक्रय मूल्य = ₹ x. तब

$$\left(x\times\frac{100}{120}\right)+\left(x\times\frac{100}{80}\right)-2x=18$$

$$\Rightarrow\frac{5x}{6}+\frac{5x}{4}-2x=18\Rightarrow10x+15x-24x=216\Rightarrow x=216.$$

∴ क्रय मूल्य होंगे ₹ $\left(\frac{5}{6}\times216\right)$ तथा ₹ $\left(\frac{5}{4}\times210\right)$ अर्थात् ₹ 180 तथा ₹ 270.

65. माना घड़ी का प्रारम्भिक क्रय मूल्य = ₹ x.

तब, इसका विक्रय मूल्य = ₹ $\left(x\times\frac{120}{100}\right)$ = ₹ $\frac{6x}{5}$.

नया क्रय मूल्य = ₹ $(x-100)$, नया विक्रय मूल्य = ₹ $\left(\frac{6x}{5}-100\right)$ = ₹ $\left(\frac{6x-500}{5}\right)$.

लाभ अर्जित = 25%.

$$\therefore\ (x-100)\times\frac{125}{100}=\frac{(6x-500)}{5}\Rightarrow(x-100)\times\frac{5}{4}=\frac{(6x-500)}{5}$$

$$\Rightarrow25\,(x-100)=4\,(6x-500)\Rightarrow(25x-24x)=(2500-2000)\Rightarrow x=500.$$

अतः घड़ी का प्रारम्भिक मूल्य = ₹ 500.

66. दोनों कुर्सियों का कुल विक्रय मूल्य = ₹ (720 × 2) = ₹ 1440.

दोनों कुर्सियों का कुल क्रय-मूल्य = ₹ $\left[\left(\frac{100}{120}\times720\right)+\left(\frac{100}{80}\times720\right)\right]$

= ₹ (600 + 900) = ₹ 1500.

हानि = ₹ (1500 – 1440) = ₹ 60.

हानि % = $\left(\frac{60}{1500}\times100\right)\%=4\%$.

67. माना वह x किग्रा० चावल खरीदता है. तब, क्रय मूल्य = ₹ $75x$.

बिक्री योग्य चावल $= \left(x \times \frac{90}{100}\right)$ किग्रा० $= \frac{9x}{10}$ किग्रा०.

20% लाभ से विक्रय मूल्य = ₹ $\left(75x \times \frac{120}{100}\right)$ = ₹ $90x$.

इस चावल का बिक्री भाव = ₹ $\left(90x \times \frac{10}{9x}\right)$ प्रति किग्रा० = ₹ 100 प्रति किग्रा०.

68. माना कूकर का क्रय-मूल्य = ₹ x. तब,

$(x$ का $120\%) - (x$ का $116\%) = 20$

$\Rightarrow \left(x \times \frac{120}{100}\right) - \left(x \times \frac{116}{100}\right) = 20 \Rightarrow \frac{6x}{5} - \frac{29x}{25} = 20$

$\Rightarrow (30x - 29x) = 500 \Rightarrow x = 500.$

$\therefore$ कूकर का क्रय-मूल्य = ₹ 500.

69. माना टी०वी० सैट का क्रय-मूल्य = ₹ x. तब,

$(10600 - x) = 2(x - 9400) \Rightarrow 2x + x = 10600 + 18800$

$\Rightarrow 3x = 29400 \Rightarrow x = 9800.$

$\therefore$ एक टी०वी० सैट का क्रय-मूल्य = ₹ 9800.

70. पहली वस्तु का विक्रय-मूल्य = ₹ 99, लाभ = 10%.

$\therefore$ पहली वस्तु का क्रय-मूल्य = ₹ $\left(99 \times \frac{100}{110}\right)$ = ₹ 90.

दूसरी वस्तु का विक्रय-मूल्य ₹ 99, हानि = 10%.

$\therefore$ दूसरी वस्तु का क्रय-मूल्य = ₹ $\left(99 \times \frac{100}{90}\right)$ = ₹ 110.

दोनों वस्तुओं का क्रय-मूल्य = ₹ (90 + 110) = ₹ 200.

दोनों वस्तुओं का विक्रय-मूल्य = ₹ (99 × 2) = ₹ 198.

हानि = ₹ (200 − 198) = ₹ 2.

71. माना वस्तु का क्रय-मूल्य = ₹ x.

वस्तु का विक्रय मूल्य = x का 110% का 90%

= ₹ $\left(x \times \frac{110}{100} \times \frac{90}{100}\right)$ = ₹ $\frac{99x}{100}$.

हानि = ₹ $\left(x - \frac{99x}{100}\right)$ = ₹ $\frac{x}{100}$.

हानि % $= \left(\frac{x}{100} \times \frac{1}{x} \times 100\right)\% = 1\%$.

72. माना विक्रय मूल्य = ₹ x. तब, लाभ = ₹ $\left(x \times \frac{25}{100}\right)$ = ₹ $\frac{x}{4}$.

क्रय-मूल्य = (विक्रय मूल्य) − (लाभ) = ₹ $\left(x - \frac{x}{4}\right)$ = ₹ $\frac{3x}{4}$.

लाभ % $= \left(\frac{x}{4} \times \frac{4}{3x} \times 100\right)\% = \frac{100}{3}\% = 33\frac{1}{3}\%$.

73. माना सारे माल का क्रय मूल्य = ₹ x.

तीन-चौथाई माल का क्रय-मूल्य = ₹ $\frac{3x}{4}$, इस पर अर्जित लाभ = 20%.

$\frac{3}{4}$ माल का विक्रय मूल्य = ₹ $\left(\frac{3x}{4}\times\frac{120}{100}\right)$ = ₹ $\frac{9x}{10}$.

$\frac{1}{4}$ माल का विक्रय मूल्य = $\frac{1}{4}$ माल का क्रय-मूल्य = ₹ $\frac{x}{4}$.

कुल विक्रय मूल्य = ₹ $\left(\frac{9x}{10}+\frac{x}{4}\right)$ = ₹ $\frac{23x}{20}$.

लाभ = ₹ $\left(\frac{23x}{20}-x\right)$ = ₹ $\frac{3x}{20}$.

लाभ % = $\left(\frac{3x}{20}\times\frac{1}{x}\times100\right)\% = 15\%$.

74. माना वह 1 किग्रा० के स्थान पर x ग्राम तौलता है तथा 1 ग्राम का मूल्य = ₹ 1.

तब क्रय मूल्य = ₹ x तथा विक्रय मूल्य = ₹ 1000.

$\frac{(1000-x)}{x}\times100 = 25 \Rightarrow \frac{1000-x}{x}=\frac{1}{4}$

$\Rightarrow 4000-4x = x \Rightarrow 5x = 4000 \Rightarrow x = 800.$

अतः वह 1 किग्रा० के स्थान पर 800 ग्राम तौलता है.

75. माना प्रैस का क्रय मूल्य = ₹ x. तब विक्रय मूल्य = ₹ $\left(x\times\frac{110}{100}\right)$ = ₹ $\frac{11x}{10}$.

नया क्रय-मूल्य = ₹ $\left(x\times\frac{90}{100}\right)$ = ₹ $\frac{9x}{10}$, नया विक्रय मूल्य = ₹ $\left(\frac{11x}{10}-\frac{33}{2}\right)$.

$\therefore \left(\frac{9x}{10}\times\frac{110}{100}\right)=\left(\frac{11x}{10}-\frac{33}{2}\right)\Rightarrow \frac{11x}{10}-\frac{99x}{100}=\frac{33}{2}$

$\Rightarrow (110x-99x)=1650 \Rightarrow 11x = 1650 \Rightarrow x = 150.$

$\therefore$ प्रैस का क्रय-मूल्य = ₹ 150.

76. विक्रय मूल्य = ₹ 450, हानि = 25%.

क्रय मूल्य = ₹ $\left(\frac{100}{75}\times450\right)$ = ₹ 600, लाभ = 25%.

अभीष्ट विक्रय मूल्य = ₹ $\left(\frac{125}{100}\times600\right)$ = ₹ 750.

77. (144 पैनों का क्रय मूल्य) − (144 पैनों का विक्रय मूल्य) = हानि = 6 पैनों का विक्रय मूल्य

$\therefore$ 150 पैनों का विक्रय मूल्य = 144 पैनों का क्रय मूल्य

माना प्रत्येक पैन का क्रय मूल्य = ₹ 1. तब

150 पैनों का क्रय मूल्य = ₹ 150.

150 पैनों का विक्रय मूल्य = ₹ 144.

हानि % = $\left(\frac{6}{150}\times100\right)\% = 4\%$.

78. 30 किग्रा० चावल का क्रय मूल्य = ₹ (30 × 45) = ₹ 1350.

इच्छित लाभ = 20%, इच्छित विक्रय मूल्य = ₹ $\left(1350\times\frac{120}{100}\right)$ = ₹ 1620.

$\left(30 \text{ किग्रा॰ का } \frac{40}{100}\right)$ अर्थात् 12 किग्रा॰ चावल का विक्रय मूल्य ₹ = (12×60) = ₹ 720 .

शेष 18 किग्रा॰ चावल का विक्रय मूल्य = ₹ (1620 – 720) = ₹ 900.

इस चावल का भाव = ₹ $\frac{900}{18}$ प्रति किग्रा॰ = ₹ 50 प्रति किग्रा॰.

79. फोन का वि॰ मूल्य = ₹ 1950, हानि = 25%.

∴ फोन का क्रय मूल्य = ₹ $\left(\frac{100}{75}\times 1950\right)$ = ₹ 2600.

अब, क्रय मूल्य = ₹ 2600, लाभ = 30%.

∴ विक्रय मूल्य = ₹ $\left(\frac{130}{100}\times 2600\right)$ = ₹ 3380.

80. माना अंकित मूल्य = ₹ x. तब

x का 85% = 3675·40 $\Rightarrow x\times\frac{85}{100} = 3675\cdot 40$

$\Rightarrow x = \left(3675\cdot 40\times\frac{100}{85}\right) = \frac{367540}{85} = 4324.$

∴ इत्र की शीशी का अंकित मूल्य = ₹ 4324.

81. माना अंकित मूल्य = ₹ 100. तब, क्रय मूल्य = ₹ 80.

बट्टा = 12% ⇒ विक्रय मूल्य = ₹ (100 – 12) = ₹ 88.

∴ लाभ % = $\left(\frac{8}{80}\times 100\right)\%$ = 10%.

82. 1 कमीज पर छूट = ₹ 320 का 25% = ₹ $\left(320\times\frac{25}{100}\right)$ = ₹ 80.

₹ 80 की छूट के लिए 1 कमीज लेना होगा

₹ 400 की छूट के लिए कमीजों की संख्या = $\left(\frac{1}{80}\times 400\right)$ = 5.

83. माना क्रय मूल्य = ₹ 100. तब, अंकित मूल्य = ₹ 120. बट्टा = 20%.

∴ विक्रय मूल्य = ₹ $\left(\frac{80}{100}\times 120\right)$ = ₹ 96.

∴ हानि = (100 – 96%) = 4%.

84. क्रय मूल्य = ₹ 450, लाभ = 20%.

∴ विक्रय मूल्य = ₹ $\left(450\times\frac{120}{100}\right)$ = ₹ 540.

माना सूची मूल्य = ₹ x. तब, बट्टा = 10%.

∴ विक्रय मूल्य = ₹ (x का 90%) = ₹ $\left(x\times\frac{90}{100}\right)$ = ₹ $\frac{9x}{10}$.

$\therefore \frac{9x}{10} = 540 \Rightarrow x = \left(540\times\frac{10}{9}\right) \Rightarrow x = 600.$

अत: सूची मूल्य = ₹ 600.

85. माना क्रय-मूल्य = ₹ 100. तब, अंकित मूल्य = ₹ 120. बट्टा = 10%.

∴ विक्रय-मूल्य = $\left(\frac{90}{100}\times 120\right)$ = ₹ 108.

अत: लाभ % = 8%.

86. माना अंकित मूल्य = ₹ x. तब

(x का 93%) – (x का 91%) = 15

$\Rightarrow \left(x\times\frac{93}{100}\right)-\left(x\times\frac{91}{100}\right)=15 \Rightarrow (93x-91x)=1500$

$\Rightarrow 2x=1500 \Rightarrow x=750.$

∴ अंकित मूल्य = ₹ 750.

87. माना पुस्तक पर छपा मूल्य = ₹ 100, बट्टा = ₹ 10.

∴ विक्रय मूल्य = ₹ (100 – 10) = ₹ 90, लाभ अर्जित = 12%.

∴ क्रय-मूल्य = ₹ $\left(\frac{100}{112}\times 90\right)$ = ₹ $\frac{1125}{14}$.

(क्रय-मूल्य) : (छपा मूल्य) $=\frac{1125}{14}:100=1125:1400=45:56.$

88. अंकित मूल्य = ₹ 50, बट्टा = 20%.

विक्रय मूल्य = ₹ $\left(\frac{80}{100}\times 50\right)$ = ₹ 40, लाभ = 25%.

माना क्रय-मूल्य = ₹ x.

तब, x का 125% = 40 $\Rightarrow x\times\frac{125}{100}=40$.

$\therefore \frac{5x}{4}=40 \Rightarrow 5x=160 \Rightarrow x=32.$

अतः क्रय-मूल्य = ₹ 32.

89. माना क्रय-मूल्य = ₹ x. तब, अंकित मूल्य = ₹ $\left(x\times\frac{130}{100}\right)$ = ₹ $\frac{13x}{10}$, बट्टा = 15%.

∴ विक्रय मूल्य = ₹ $\left(\frac{85}{100}\times\frac{13x}{10}\right)$ = ₹ $\frac{221x}{200}$.

लाभ = ₹ $\left(\frac{221x}{200}-x\right)$ = ₹ $\frac{21x}{200}$.

$\therefore \frac{21x}{200}=84 \Rightarrow x=\frac{84\times 200}{21}=800.$

अतः क्रय मूल्य = ₹ 800.

90. क्रय मूल्य = ₹ 95, लाभ = 10%.

∴ विक्रय मूल्य = ₹ $\left(\frac{110}{100}\times 95\right)$ = ₹ $\frac{209}{2}$.

माना अंकित मूल्य = ₹ x.

तब, x का 95% $=\frac{209}{2} \Rightarrow x\times\frac{95}{100}=\frac{209}{2} \Rightarrow x=\frac{209}{2}\times\frac{100}{95} \Rightarrow x=110.$

∴ वस्तु का अंकित मूल्य = ₹ 110.

91. माना दूसरा बट्टा = x%. तब

3200 का 90% का $(100-x)$% = 2448 $\Rightarrow 3200\times\frac{90}{100}\times\frac{(100-x)}{100}=2448$

$\therefore (100-x)=\left(2448\times\frac{5}{144}\right)=85 \Rightarrow x=(100-85)=15.$

अतः दूसरा बट्टा = 15%.

92. माना वस्तु का लिखित मूल्य = ₹ 100, बट्टा = 10%. विक्रय मूल्य = ₹ (100 – 10) = ₹ 90.

विक्रय मूल्य = ₹ 90, लाभ = 20% ⇒ क्रय मूल्य = ₹ $\left(\frac{100}{120}\times 90\right)$ = ₹ 75.

पुनः लिखित मूल्य = ₹ 100, बट्टा = 20% ⇒ विक्रय मूल्य = ₹ (100 – 20) = ₹ 80.

अब, क्रय मूल्य = ₹ 75 तथा विक्रय मूल्य = ₹ 80.

$\therefore$ लाभ % $= \left(\frac{5}{75} \times 100\right)\% = \frac{20}{3}\% = 6\frac{2}{3}\%$.

93. माना लागत मूल्य = ₹ 100 तथा अंकित मूल्य = ₹ $(100 + x)$.

बट्टा = 15% $\Rightarrow$ विक्रय मूल्य = ₹ $\left(\frac{85}{100} \times (100 - x)\right)$ = ₹ $\frac{17(100+x)}{20}$.

$\therefore \frac{17(100+x)}{20} = 119 \Rightarrow 17(100+x) = 119 \times 20$

$\Rightarrow (100 + x) = 7 \times 20 = 140 \Rightarrow x = 40$.

$\therefore$ अंकित मूल्य = लागत मूल्य से 40% अधिक.

94. अंकित मूल्य = 4800. बट्टा = ₹ (4800 का 10%) = ₹ $\left(4800 \times \frac{10}{100}\right)$ = ₹ 480.

$\therefore$ विक्रय मूल्य = ₹ (4800 – 480) = ₹ 4320, लाभ = 8%.

$\therefore$ क्रय मूल्य = ₹ $\left(\frac{100}{108} \times 4320\right)$ = ₹ 4000.

बट्टा न देने पर विक्रय मूल्य = अंकित मूल्य = ₹ 4800.

इस दशा में लाभ % $= \left(\frac{800}{4000} \times 100\right)\% = 20\%$.

95. माना घड़ी का मूल मूल्य = ₹ x. तब

(x का 85%) – (x का 80%) = 51

$\Rightarrow \left(x \times \frac{85}{100}\right) - \left(x \times \frac{80}{100}\right) = 51 \Rightarrow \frac{17x}{20} - \frac{4x}{5} = 51 \Rightarrow x = (51 \times 20) = 1020$.

अत: घड़ी का मूल मूल्य = ₹ 1020 है.

96. टी०वी० सैट का कुल मूल्य = ₹ (11250 + 150 + 800) = ₹ 12200.

अभीष्ट विक्रय मूल्य = ₹ $\left(12200 \times \frac{115}{100}\right)$ = ₹ 14030.

97. माना अंकित मूल्य = ₹ 100.

तब, विक्रय मूल्य = ₹ 100 का 110% का 110%

= ₹ $\left(100 \times \frac{110}{100} \times \frac{110}{100}\right)$ = ₹ 121.

$\therefore$ एकमात्र मूल्य वृद्धि = 21%.

98. माना अंकित मूल्य = ₹ 100. तब

विक्रय मूल्य = ₹ 100 का 80% का 85%

= ₹ $\left(100 \times \frac{80}{100} \times \frac{85}{100}\right)$ = ₹ 68.

समतुल्य बट्टा = (100 – 68)% = 32%.

99. माना अंकित मूल्य = ₹ x. तब

x का $87\frac{1}{2}\%$ का 90% = 6300 $\Rightarrow x \times \frac{175}{2} \times \frac{1}{100} \times \frac{90}{100} = 6300$

$\Rightarrow x = \left(6300 \times \frac{80}{63}\right) = 8000$.

$\therefore$ प्लेट का अंकित मूल्य = ₹ 8000.

100. माना अंकित मूल्य = ₹ x

तब, विक्रय मूल्य = ₹ x का 80% का 90%

= ₹ $\left(x \times \frac{80}{100} \times \frac{90}{100}\right)$ = ₹ $\frac{18x}{25}$.

$\therefore \ \frac{18x}{25} = 108 \Rightarrow x = \frac{108 \times 25}{18} = 150.$

अतः उस वस्तु का अंकित मूल्य = ₹ 150.

101. माना अंकित मूल्य = ₹ x. तब

I से क्रय मूल्य ₹ (x का 75% का 85%) $= ₹\left(x \times \frac{75}{100} \times \frac{85}{100}\right) = ₹\ \frac{51x}{80} = ₹\ \frac{255x}{400}.$

II से क्रय मूल्य ₹ (x का 70% का 90%) $= ₹\left(x \times \frac{70}{100} \times \frac{90}{100}\right) = ₹\ \frac{63x}{100} = ₹\ \frac{252x}{400}.$

III से क्रय मूल्य ₹ (x का 65% का 95%) $= ₹\left(x \times \frac{65}{100} \times \frac{95}{100}\right) = ₹\ \frac{247x}{400}.$

स्पष्ट है कि III का क्रय मूल्य सबसे कम है.

102. माना अंकित मूल्य = ₹ 100.

तब, विक्रय मूल्य = ₹ 100 का 70% का 80% का 90%

$= ₹\left(100 \times \frac{70}{100} \times \frac{80}{100} \times \frac{90}{100}\right) = ₹\ \frac{252}{2} = ₹\ 50 \cdot 40$

समतुल्ट बट्टा = (100 – 50·40)% = 49·6%.

103. माना अंकित मूल्य = ₹ 100.

तब, विक्रय मूल्य = ₹ 100 का 80% का 95%

$= ₹\left(100 \times \frac{80}{100} \times \frac{95}{100}\right) = ₹\ 76.$

एकमात्र समतुल्य बट्टा = (100 – 76)% = 24%.

104. माना अंकित मूल्य = ₹ 100. तब,

विक्रय मूल्य = ₹ 100 का 80% का 75% का 90%

$= ₹\left(100 \times \frac{80}{100} \times \frac{95}{100}\right) = ₹\ 54.$

∴ एकमात्र समतुल्य बट्टा = (100 – 54)% = 46%.

105. माना क्रय-मूल्य = ₹ 100. तब, अंकित मूल्य = ₹ 125.

∴ विक्रय मूल्य = ₹ 125 का 90% $= ₹\left(125 \times \frac{90}{100}\right) = ₹\ \frac{225}{2}.$

लाभ % $= \left(\frac{225}{2} - 100\right)\% = \frac{25}{2}\% = 12 \cdot 5\%.$

106. अंकित मूल्य = ₹ 280. तब, अंकित मूल्य = ₹ 125.

∴ विक्रय मूल्य = ₹ (280 का 90%) $= ₹\left(280 \times \frac{90}{100}\right) = ₹\ 252.$

लाभ अर्जित = 26%.

माना क्रय मूल्य = ₹ x. तब, x का 126% = 252.

$\therefore \ x \times \frac{126}{100} = 252 \Rightarrow x = \left(252 \times \frac{100}{126}\right) = 200.$

अतः क्रय मूल्य = ₹ 200.

107. ₹ 162 पर बट्टा = ₹ (162 – 135) = ₹ 27.

₹ 100 पर बट्टा $= \left(\frac{27}{162} \times 100\right)\% = \frac{50}{3}\% = 16\frac{2}{3}\%.$

अतः बट्टे की दर $= 16\frac{2}{3}\%.$

108. माना क्रय मूल्य = ₹ 100. तब, अंकित मूल्य = ₹ 120.

विक्रय मूल्य = ₹ 108.

₹ 120 पर बट्टा = ₹ (120 – 108) = ₹ 12.

₹ 100 पर बट्टा $= \left(\frac{12}{120} \times 100\right)\% = 10\%.$

109. दो क्रमवार बट्टे के बाद मूल्य = ₹ 900 का 92% का 92%

$$= ₹\left(900 \times \frac{92}{100} \times \frac{92}{100}\right) = ₹\,\frac{76176}{100} = ₹\,761{\cdot}76.$$

16% बट्टे के बाद मूल्य = ₹ (900 का 84%) $= ₹\left(900 \times \frac{84}{100}\right) = ₹\,756.$

हानि = ₹ (761.76 – 756) = ₹ 5·76.

110. माना कमीज तथा पैन्ट के मूल्य क्रमशः ₹ 100 तथा ₹ 200 हैं.

40% छूट के बाद कमीज का मूल्य = ₹ 100 का 60% = ₹ 60.

30% छूट के बाद कमीज तथा पैन्ट का मूल्य = ₹ 300 का 70% = ₹ 210.

∴ 1 पैन्ट का मूल्य = ₹ (210 – 60) = ₹ 150.

₹ 200 पर छूट = ₹ 50.

₹ 100 पर छूट $= \left(\frac{50}{200} \times 100\right)\% = 25\%.$

अतः पैन्ट पर छूट = 25%.

111. अंकित मूल्य = ₹ 12. बट्टा = ₹ 12 का 15% $= ₹\left(12 \times \frac{15}{100}\right) = ₹\,1{\cdot}80.$

पहले बट्टे के बाद मूल्य = ₹ (12 – 1·80) = ₹ 10·20.

दूसरे बट्टे के बाद मूल्य = ₹ 8·16.

₹ 10·20 पर बट्टा = ₹ (10·20 – 8·16) = ₹ 2·04.

₹ 100 पर बट्टा $= \left(\frac{2 \cdot 04}{10 \cdot 20} \times 100\right)\% = 20\%.$

112. वस्तु का क्रय-मूल्य = ₹ 25000 का 80% का 95% $= ₹\left(25000 \times \frac{80}{100} \times \frac{95}{100}\right) = ₹\,19000.$

मरम्मत के बाद वस्तु का क्रय-मूल्य = ₹ (19000 + 1000) = ₹ 20000.

विक्रय-मूल्य = ₹ 25000.

लाभ % $= \left(\frac{5000}{20000} \times 100\right)\% = 25\%.$

113. माना पंखे का वास्तविक मूल्य = ₹ 100. तब, अंकित मूल्य = ₹ 140.

∴ विक्रय मूल्य = ₹ (140 का 85%) $= ₹\left(140 \times \frac{85}{100}\right) = ₹\,119.$

लाभ % = 19%.

114. माना अंकित मूल्य = ₹ x. तब

(x का 95%) – (x का 93%) = 30 ⇒ x का 2% = 30.

$\therefore\ x \times \frac{2}{100} = 30 \Rightarrow x = (30 \times 50) = 1500.$

∴ घड़ी का अंकित मूल्य = ₹ 1500.

115. माना अंकि मूल्य = ₹ x. तब, विक्रय मूल्य = x का 85% = ₹ $\left(x \times \frac{85}{100}\right)$ = ₹ $\frac{17x}{20}$.

$\frac{17x}{20} = \left(153 \times \frac{120}{100}\right) \Rightarrow x = \left(153 \times \frac{120}{100} \times \frac{20}{17}\right) = 216.$

अतः अंकित मूल्य = ₹ 216.

116. माना अंकित मूल्य = ₹ x. तब, विक्रय मूल्य = ₹ $\left(x \times \frac{80}{100}\right)$ = ₹ $\frac{4x}{5}$.

$\left(\text{वि० मूल्य ₹ } \frac{4x}{5}, \text{ लाभ} = 25\%\right) \Rightarrow$ क्रय मूल्य $= \left(\frac{100}{125} \times \frac{4x}{5}\right)$ = ₹ $\frac{16x}{25}$.

$\therefore \frac{16x}{25} = 432 \Rightarrow x = \left(432 \times \frac{25}{16}\right) = 675.$

∴ अंकित मूल्य = ₹ 675.

117. माना अंकित मूल्य = ₹ x. तब, x का 80% = 24.

$\therefore \left(x \times \frac{80}{100}\right) = 24 \Rightarrow \frac{4x}{5} = 24 \Rightarrow x = \left(24 \times \frac{5}{4}\right) = 30.$

∴ अंकित मूल्य = ₹ 30, छूट = 30%.

∴ विक्रय मूल्य = ₹ 30 का 70% = $\left(30 \times \frac{70}{100}\right)$ = ₹ 21.

118. माना क्रय-मूल्य = ₹ 100. तब, विक्रय-मूल्य = ₹ 119.

माना अंकित मूल्य = ₹ x. तब, छूट = 15%.

∴ विक्रय मूल्य = ₹ $\left(\frac{85}{100} \times x\right)$ = ₹ $\frac{17x}{20}$.

$\frac{17x}{20} = 119 \Rightarrow x = \frac{(119 \times 20)}{17} = 140.$

अंकित मूल्य = ₹ 140, जो क्रय-मूल्य से 40% अधिक है.

119. माना क्रय मूल्य = ₹ 100. तब, अंकित मूल्य = ₹ 120.

विक्रय मूल्य = ₹ 120 का 90% = ₹ $\left(120 \times \frac{90}{100}\right)$ = ₹ 108.

लाभ = 8%.

120. माना घड़ी का अंकित मूल्य = ₹ x तब, x का 90% = 1080.

$\therefore x \times \frac{90}{100} = 1080 \Rightarrow x = \left(1080 \times \frac{100}{90}\right) = 1200.$

अब, विक्रय मूल्य = अंकित मूल्य = ₹ 1200, लाभ = 20%.

∴ क्रय मूल्य = ₹ $\left(\frac{100}{120} \times 1200\right)$ = ₹ 1000.

121. क्रय-मूल्य = ₹ 320, लाभ = 15%.

∴ विक्रय मूल्य = ₹ $\left(\frac{115}{100} \times 320\right)$ = ₹ 368.

अंकित मूल्य = ₹ (368 + 32) = ₹ 400.

अब, क्रय मूल्य = ₹ 320 तथा विक्रय मूल्य = ₹ 400.

$\therefore$ लाभ % $= \left(\frac{80}{320} \times 100\right)\% = 25\%.$

प्रश्नमाला 11B

1. एक घड़ी को ₹ 1140 में बेचने से 5% हानि होती है. इस घड़ी को कितने में बेचा जाये कि इस पर 5% लाभ हो?

2. सचिन ने ₹ 18000 में दो पुराने स्कूटर खरीदे. एक को 25% लाभ तथा दूसरे को 20% हानि पर बेचने से उसे कुल मिलाकर न लाभ होता है तथा न हानि. स्कूटरों के अलग-अलग क्रय-मूल्य ज्ञात कीजिए. **(एस०एस०सी० परीक्षा, 2004)**

3. कोई व्यक्ति एक मेज को 25% लाभ पर तथा एक कुर्सी को $16\frac{2}{3}\%$ हानि पर बेचे तो उसे कुल ₹ 50 लाभ होता है. परन्तु, यदि वह मेज को $16\frac{2}{3}\%$ हानि पर तथा कुर्सी को 25% लाभ पर बेचे, तो उसे कोई लाभ अथवा हानि नहीं होती. मेज तथा कुर्सी के क्रय-मूल्य ज्ञात कीजिए. **(एस०एस०सी० परीक्षा, 2002)**

4. एक घड़ी को ₹ 280 में बेचने पर एक दुकानदार को क्रय-मूल्य का एक-तिहाई लाभ के रूप में प्राप्त होता है. घड़ी का क्रय-मूल्य व लाभ प्रतिशत ज्ञात कीजिए. **(एस०एस०सी० परीक्षा, 2003)**

5. एक व्यक्ति ने एक मेज तथा एक कुर्सी कुल ₹ 2000 में खरीदी. उसने मेज 20% लाभ पर तथा कुर्सी 30% लाभ पर बेची. इस प्रकार उसे 23% लाभ हुआ. मेज का क्रय-मूल्य ज्ञात कीजिए. **(एस०एस०सी० परीक्षा, 2000)**

6. एक साईकिल 3% लाभ पर बेची जाती है. यदि यह ₹ 68 अधिक में बेची जाती तो इस पर 8% लाभ होता. साईकिल का क्रय-मूल्य ज्ञात कीजिए.

7. एक व्यक्ति किसी वस्तु को 15% लाभ पर बेचता है. यदि वह इसे 15% कम में खरीदता तथा ₹ 10·40 कम में बेचता तो उसे 20% लाभ होता. वस्तु का क्रय-मूल्य ज्ञात कीजिए.

8. एक पुस्तक विक्रेता किसी पुस्तक को 6% लाभ पर बेचता है. यदि वह इसे 4% कम में खरीदता तथा ₹ 23 अधिक में बेचता तो उसे 20% लाभ होता. पुस्तक का क्रय-मूल्य ज्ञात कीजिए.

9. यदि कोई वस्तु 4% हानि की अपेक्षा 4% लाभ में बेची जाये तो ₹ 106 अधिक मिलते हैं. वस्तु का क्रय-मूल्य ज्ञात कीजिए.

10. कोई वस्तु 20% लाभ पर बेची जाती है. यदि क्रय-मूल्य तथा विक्रय-मूल्य दोनों ही ₹ 20 कम होते तो लाभ 10% अधिक होता. उस वस्तु का विक्रय-मूल्य ज्ञात कीजिए. **(एस०एस०सी० परीक्षा, 2004)**

11. एक व्यापारी ने 500 मीटर तार, ₹ 7·50 प्रति मीटर की दर से खरीदा. इसके 60% भाग को उसने 8% लाभ पर बेच दिया. शेष भाग को वह कितने प्रतिशत लाभ पर बेचे कि पूरे सामान पर उसे 12% लाभ हो?

12. एक निर्माता एक वस्तु को 6% लाभ पर थोक व्यापारी को बेचता है. थोक व्यापारी इसे 10% लाभ पर फुटकर व्यापारी को बेचता है. फुटकर व्यापारी इस पर 20% लाभ अर्जित करके इसे ₹ 629·64 में उपभोक्ता को बेच देता है. निर्माता का लागत मूल्य ज्ञात करें.

13. चीनी के भाव में कमी होने पर एक व्यक्ति ₹ 544 में 3 किग्रा० अधिक चीनी खरीद सकता है. पहले चीनी का भाव क्या था? चीनी की घटी दर कितनी है?

14. एक व्यक्ति ने 90 कलम खरीदे. इनमें से उसने 40 कलमों को 10% लाभ पर तथा शेष को 20% लाभ पर बेच दिया. यदि वह इन सभी कलमों को 15% लाभ पर बेचता तो उसे 10 कम मिलते. प्रत्येक कलम का क्रय-मूल्य ज्ञात कीजिए. **(एस०एस०सी० परीक्षा, 2000)**

15. अण्डों के भाव 20% गिर जाने से एक व्यक्ति ₹ 90 में अब 15 अण्डे अधिक खरीद सकता है. घटी दर तथा पूर्व दर ज्ञात कीजिए.

16. एक दुकानदार ₹ 10 में 11 पैन्सिलें खरीद कर, ₹ 11 में 10 पैन्सिलें बेच देता है. उसका लाभ प्रतिशत ज्ञात करें.

17. यदि 9 वस्तुओं का विक्रय-मूल्य, 15 वस्तुओं के क्रय-मूल्य के बराबर हो, तो इस सौदे में लाभ या हानि प्रतिशत ज्ञात कीजिए. **(एस०एस०सी० परीक्षा, 2001)**

18. एक फल-विक्रेता द्वारा 35 केले बेचने पर 7 केलों के विक्रय-मूल्य के बराबर लाभ होता है. लाभ प्रतिशत ज्ञात कीजिए.

19. यदि किसी पुस्तक के अंकित मूल्य पर 10% कमीशन दिया जाये तो एक पुस्तक विक्रेता को 20% लाभ होता है. यदि कमीशन बढ़ा कर 15% कर दिया जाये, तो लाभ प्रतिशत कितना होगा ?

20. एक व्यापारी को एक प्रकार की चीनी ₹ 24 प्रति किग्रा० की दर से बेचने पर 4% हानि होती है तथा एक दूसरे प्रकार की चीनी ₹ 30 प्रति किग्रा० की दर से बेचने पर 20% लाभ होता है. इन दोनों प्रकार की चीनी को बराबर बराबर मात्रा में मिलाकर ₹ 32 प्रति किग्रा० की दर से बेचने पर उसे कितने प्रतिशत लाभ होगा ?

21. ₹ 200 प्रति किग्रा० की चाय के प्रत्येक 3 किग्रा० के साथ दूसरी प्रकार की 2 किग्रा० चाय मिलाकर, मिश्रण को ₹ 177 प्रति किग्रा० की दर पर बेचने से दुकानदार को 18% लाभ होता है. दूसरे प्रकार की चाय का मूल्य प्रति किग्रा० ज्ञात कीजिए.

22. एक बेईमान दुकानदार अपने सामान को क्रय-मूल्य पर ही बेचने का दिखावा करता है तथा त्रुटिपूर्ण बाट का प्रयोग करके $6\frac{18}{47}$ % का लाभ कमाता है. एक किग्रा० के स्थान पर वह कितना बाट प्रयोग करता है ?

23. *A* अपनी वस्तुयें *B* से 20% कम मूल्य पर और *C* से 20% अधिक मूल्य पर बेचता है. एक व्यक्ति *A* से ₹ 9600 के मूल्य की वस्तुयें खरीदता है. यदि वह व्यक्ति आधी वस्तुयें *B* से तथा आधी वस्तुयें *C* से खरीदता तो क्या उसे यह सौदा अधिक लाभप्रद रहता और कितना ? **(एस०एस०सी० परीक्षा, 2000)**

24. एक दुकानदार 100 किग्रा० चीनी का कुछ भाग 10% लाभ पर तथा शेष 20% लाभ पर बेचता है. यदि पूरे सौदे में उसे 12% लाभ हो, तो उसने कितनी चीनी 20% लाभ पर बेची ? **(एस०एस०सी० परीक्षा, 2002)**

25. एक व्यापारी अपनी वस्तुओं के मूल्य उनके क्रय मूल्य से 25% अधिक अंकित करता है तथा नकद भुगतान पर 8% की छूट देता है. ज्ञात कीजिए कि वह कितने प्रतिशत लाभ अर्जित करता है ?

(एस०एस०सी० परीक्षा, 2008)

26. मैंने ₹ 5400 में दो मेजें खरीदी. मैंने उनमें से एक को 5% हानि पर तथा दूसरी को 7% लाभ पर बेच दिया. कुल सौदे में मुझे न लाभ हुआ न हानि. मेजों का अलग-अलग मूल्य ज्ञात कीजिए.

(एस०एस०सी० परीक्षा, 2008)

27. अंकित मूल्य पर 12% की छूट के बाद भी एक दुकानदार को 21% लाभ होता है. उसने अपनी वस्तुओं का अंकित मूल्य उनके क्रय मूल्य से कितने प्रतिशत अधिक पर निर्धारित किया हुआ है ? **(एस०एस०सी० परीक्षा, 2009)**

28. एक दुकानदार अपने सामान का मूल्य उनके क्रय मूल्य से 20% अधिक अंकित करता है. वह तीन-चौथाई सामान को अंकित मूल्य पर बेचता है तथा शेष सामान को अंकित मूल्य के 50% पर बेचता है. कुल सौदे में उसका लाभ प्रतिशत निर्धारित कीजिए. **(एस०एस०सी० परीक्षा, 2008)**

29. एक व्यापारी अंकित मूल्य पर 12% की छूट देता है. वह अपनी वस्तुओं का मूल्य क्रय मूल्य से कितने प्रतिशत अधिक पर अंकित करे ताकि उसे 10% लाभ हो ? **(एस०एस०सी० परीक्षा, 2008)**

30. एक घड़ी का अंकित मूल्य ₹ 820 है. एक व्यक्ति ने दो क्रमवार कटौतियाँ लेने के उपरान्त इसे ₹ 570·72 में खरीदा. यदि पहली कटौती 20% है तो दूसरी कटौती की दर ज्ञात कीजिए. **(एस०एस०सी० परीक्षा, 2008)**

31. एक घड़ी का अंकित मूल्य ₹ 400 है. अंकित मूल्य पर 25% की कटौती देने के बाद एक व्यक्ति को ₹ 20 की हानि हुई. हानि प्रतिशत ज्ञात कीजिए. **(एस०एस०सी० परीक्षा, 2008)**

32. एक घड़ी को 15% लाभ पर बेचा गया. यदि इसका मूल्य 5% कम होता तथा इसे ₹ 21 कम में बेचा गया होता तो 10% लाभ होता. घड़ी का क्रय मूल्य ज्ञात कीजिए. **(एस०एस०सी० परीक्षा, 2009)**

33. एक व्यापारी ₹ 1500 अंकित मूल्य वाली एक मेज को 20% तथा 10% के दो क्रमिक बट्टों से खरीदता है. वह इसकी ढूलाई पर ₹ 20 खर्च करता है तथा उसे 10% लाभ पर बेच देता है. मेज का विक्रय मूल्य ज्ञात कीजिए.

(एस०एस०सी० परीक्षा, 2007)

उत्तरमाला (प्रश्नमाला 11B)

1. ₹ 1260 2. ₹ 8000, ₹ 10000 3. ₹ 360, ₹ 240
4. $33\frac{1}{3}\%$ 5. ₹ 1400 6. ₹ 1360 7. ₹ 80 8. ₹ 250
9. ₹ 1325 10. ₹ 72 11. 18% 12. ₹ 450
13. ₹ 32 प्रति किग्रा०, ₹ 27·20 प्रति किग्रा० 14. ₹ 20
15. घटी दर = ₹ 1·20 प्रति अण्डा, पूर्व दर = ₹ 1·50 प्रति अण्डा
16. ₹ 21 17. $66\frac{2}{3}\%$ 18. 25% 19. $13\frac{1}{3}\%$ 20. 28%
21. ₹ 75 प्रति किग्रा० 22. 940 ग्राम 23. न लाभ न हानि 24. 20 किग्रा० 25. 15%
26. ₹ 3150, ₹ 2250 27. क्रय मूल्य से 37·5% अधिक 28. 5%
29. क्रय मूल्य से 25% अधिक 30. 13% 31. $6\frac{1}{4}\%$ 32. ₹ 200
33. ₹ 1210

दिये गये प्रश्नों के हल प्रश्नमाला 11B

1. घड़ी का वि० मूल्य = ₹ 1140, हानि = 5%.

∴ क्रय-मूल्य = ₹ $\left(\frac{100}{95}\times 1140\right)$ = ₹ 1200, इच्छित लाभ = 5%.

अतः विक्रय मूल्य = ₹ $\left(\frac{105}{100}\times 1200\right)$ = ₹ 1260.

2. माना एक स्कूटर का क्रय-मूल्य = ₹ x. तब, दूसरे स्कूटर का क्र०मू० = ₹ $(18000 - x)$.

$$\left(x\times\frac{125}{100}\right)+(18000-x)\times\frac{80}{100}=18000$$

$$\Rightarrow \frac{5x}{4}+\frac{4(18000-x)}{5}=18000$$

$$\Rightarrow 25x+16(18000-x)=360000 \Rightarrow 9x=72000 \Rightarrow x=8000.$$

एक स्कूटर का क्रय-मूल्य = ₹ 8000 तथा दूसरे स्कूटर का क्रय-मूल्य = ₹ 10000.

3. माना मेज का क्रय-मूल्य = ₹ x तथा कुर्सी का क्रय-मूल्य = ₹ y.

तब, (x का 125%) + $\left[y \text{ का} \left(100-\frac{50}{3}\right)\%\right] - (x+y) = 50$

$$\Rightarrow \left(x\times\frac{125}{100}\right)+\left(y\times\frac{250}{300}\right)-x-y=50$$

$$\Rightarrow \frac{5x}{4}+\frac{5y}{6}-x-y=50 \Rightarrow 15x+10y-12x-12y=600 \Rightarrow 3x-2y=600 \quad ...(i)$$

पुनः $x\times\left(100-\frac{50}{3}\right)\% + (y\times 125\%) - x - y = 0$

$$\Rightarrow \left(x\times\frac{250}{300}\right)+\left(y\times\frac{125}{100}\right)-x-y=0$$

$$\Rightarrow \frac{5x}{6}+\frac{5y}{4}-x-y=0 \Rightarrow 10x+15y-12x-12y=0 \Rightarrow 3y-2x=0 \quad ...(ii)$$

(*ii*) से $y = \frac{2x}{3}$ (*i*) में रखने पर :

$3x - 2 \times \frac{2x}{3} = 600 \Rightarrow 9x - 4x = 1800 \Rightarrow 5x = 1800 \Rightarrow x = 360.$

(*ii*) में $x = 360$ रखने पर, $3y - 720 = 0 \Rightarrow 3y = 720 \Rightarrow y = 240.$

अतः मेज का क्रय-मूल्य = ₹ 360 तथा कुर्सी का क्रय-मूल्य = ₹ 240.

4. माना क्रय-मूल्य = ₹ x. तब, लाभ = ₹ $\left(\frac{x}{3}\right)$.

∴ विक्रय-मूल्य = ₹ $\left(x + \frac{x}{3}\right)$ = ₹ $\frac{4x}{3}$.

∴ $\frac{4x}{3} = 280 \Rightarrow x = \left(280 \times \frac{3}{4}\right) = 210.$

घड़ी का क्रय मूल्य = ₹ 210 तथा लाभ = ₹ $\left(\frac{1}{3} \times 210\right)$ = ₹ 70.

∴ लाभ % = $\left(\frac{70}{210} \times 100\right)\% = 33\frac{1}{3}\%.$

5. माना मेज का क्रय-मूल्य = ₹ x . तब, कुर्सी का क्रय-मूल्य = ₹ $(2000 - x)$.

तब, ₹ (x का 120%) + ₹ $(2000 - x)$ का 130% = ₹ 2000 का 123%

$\Rightarrow \left(x \times \frac{120}{100}\right) + (2000 - x) \times \frac{130}{100} = \left(2000 \times \frac{123}{100}\right)$

$\Rightarrow \frac{6x}{5} + (2000 - x) \times \frac{13}{10} = 2460$

$\Rightarrow 12x + 13(2000 - x) = 24600 \Rightarrow x = 1400.$

अतः मेज का क्रय-मूल्य = ₹ 1400.

6. माना साईकिल का क्रय मूल्य = ₹ x.

(x का 108%) – (x का 103%) = 68

$\Rightarrow \left(x \times \frac{108}{100}\right) - \left(x \times \frac{103}{100}\right) = 68$

$\Rightarrow (108x - 103x) = 6800 \Rightarrow 5x = 6800 \Rightarrow x = 1360.$

∴ साईकिल का क्रय-मूल्य = ₹ 1360.

7. माना वस्तु का क्रय-मूल्य = ₹ x. तब,

विक्रय मूल्य = ₹ x का 115% = ₹ $\left(x \times \frac{115}{100}\right)$ = ₹ $\frac{23x}{20}$.

नया क्रय-मूल्य = ₹ x का 85% = ₹ $\left(x \times \frac{85}{100}\right)$ = ₹ $\frac{17x}{20}$.

नया विक्रय-मूल्य = $\left(\frac{17x}{20}\right.$ का 120%$\left.\right)$ = ₹ $\left(\frac{17x}{20} \times \frac{120}{100}\right)$ = ₹ $\frac{51x}{50}$.

∴ $\frac{23x}{20} - \frac{51x}{50} = 10{\cdot}40 \Rightarrow (115x - 102x) = 1040 \Rightarrow 13x = 1040 \Rightarrow x = 80.$

अतः वस्तु का क्रय-मूल्य = ₹ 80.

8. माना पुस्तक का क्रय-मूल्य = ₹ x.

6% लाभ पर पुस्तक का विक्रय-मूल्य = ₹ $\left(x \times \frac{106}{100}\right)$ = ₹ $\frac{53x}{50}$.

नया क्रय-मूल्य = ₹ x का 96% = ₹ $\left(x \times \frac{96}{100}\right)$ = ₹ $\frac{24x}{25}$.

इस पर अर्जित लाभ = 20%.

नया विक्रय-मूल्य = ₹ $\left(\frac{24x}{25}\right.$ का 120% $\left.\right) = \left(\frac{24x}{25} \times \frac{120}{100}\right) =$ ₹ $\frac{144x}{125}$.

$\therefore \quad \frac{144x}{125} - \frac{53x}{50} = 23 \Rightarrow (288x - 265x) = (23 \times 250) \Rightarrow 23x = 23 \times 250 \Rightarrow x = 250.$

अत: पुस्तक का क्रय-मूल्य = ₹ 250.

9. माना वस्तु का क्रय-मूल्य = ₹ x. तब,

$$\frac{104x}{100} - \frac{96x}{100} = 106 \Rightarrow 104x - 96x = 10600 \Rightarrow 8x = 10600 \Rightarrow x = 1325.$$

अत: वस्तु का क्रय-मूल्य = ₹ 1325.

10. माना आरम्भ में क्रय-मूल्य = ₹ x तथा वि० मूल्य = ₹ y.

तब, $y = \left(x \times \frac{120}{100}\right) \Rightarrow 6x - 5y = 0$ ...(*i*)

नया क्रय-मूल्य = ₹ $(x - 20)$, नया विक्रय-मूल्य = ₹ $(y - 20)$.

तब, $(y - 20) = (x - 20)$ का 130%

$\Rightarrow \quad (y - 20) = (x - 20) \times \frac{130}{100} \Rightarrow 10(y - 20) = 13(x - 20) \Rightarrow 13x - 10y = 60$ ...(*ii*)

(*ii*) में $x = \frac{5y}{6}$ रखने पर : $13 \times \frac{5y}{6} - 10y = 60 \Rightarrow 65y - 60y = 360 \Rightarrow 5y = 360 \Rightarrow y = 72.$

अत: उस वस्तु का विक्रय मूल्य = ₹ 72.

11. 500 मीटर तार का क्रय-मूल्य = ₹ $\left(500 \times \frac{15}{2}\right)$ = ₹ 3750.

कुल 12% लाभ पर वि० मूल्य = ₹ $\left(3750 \times \frac{112}{100}\right)$ = ₹ 4200.

60% भाग का क्रय-मूल्य = ₹ $\left(3750 \times \frac{60}{100}\right)$ = ₹ 2250.

इस भाग का वि० मूल्य = ₹ $\left(2250 \times \frac{108}{100}\right)$ = ₹ 2430.

शेष भाग का वि० मूल्य = ₹ (4200 – 2430) = ₹ 1770.

40% भाग का क्रय-मूल्य = ₹ $\left(3750 \times \frac{40}{100}\right)$ = ₹ 1500.

इच्छित लाभ % = $\left(\frac{270}{1500} \times 100\right)\% = 18\%.$

12. माना निर्माता का लागत मूल्य = ₹ x.

थोक व्यापारी का क्रय मूल्य = ₹ $\left(x \times \frac{106}{100}\right)$.

फुटकर व्यापारी का क्रय मूल्य = ₹ $\left(x \times \frac{106}{100} \times \frac{110}{100}\right)$.

उपभोक्ता का क्रय-मूल्य = ₹ $\left(x \times \frac{106}{100} \times \frac{110}{100} \times \frac{120}{100}\right)$ = ₹ $\frac{1749x}{1250}$.

$\therefore \quad \frac{1749x}{1250} = \frac{62964}{100} \Rightarrow x = \left(\frac{62964 \times 1250}{1749 \times 100}\right) = 450.$

अत: निर्माता का लागत मूल्य = ₹ 450.

13. माना पहले चीनी का भाव = ₹ x प्रति किग्रा०.

₹ 544 में खरीदी गई चीनी का मात्रा = $\frac{544}{x}$ किग्रा०.

नया भाव = (₹ x का 85%) प्रति किग्रा॰ = ₹ $\left(x\times\frac{85}{100}\right)$ प्रति किग्रा॰ = ₹ $\frac{17x}{20}$ प्रति किग्रा॰.

₹ 544 में अब खरीदी गई मात्रा = $\frac{544}{\left(\frac{17x}{20}\right)}$ किग्रा॰ = $\frac{(544\times20)}{17x}$ किग्रा॰ = $\frac{640}{x}$ किग्रा॰.

$\therefore \quad \frac{640}{x}-\frac{544}{x}=3 \Rightarrow 3x=(640-544) \Rightarrow 3x=96 \Rightarrow x=32.$

अत: पहले चीनी का भाव = ₹ 32 प्रति किग्रा॰.

चीनी की घटी दर = ₹ $\left(32\times\frac{17}{20}\right)$/किग्रा॰ = $\frac{136}{5}$ प्रति किग्रा॰ = ₹ 27·20 प्रति किग्रा॰.

14. माना प्रत्येक कलम का क्रय-मूल्य = ₹ x.

40 कलमों का क्रय-मूल्य = ₹ $40x$.

10% लाभ पर इन कलमों का वि॰ मूल्य = ₹ $\left(\frac{110}{100}\times40x\right)$ = ₹ $44x$.

शेष 50 कलमों का क्रय-मूल्य = ₹ $50x$.

20% लाभ पर इन कलमों का वि॰ मूल्य = ₹ $\left(\frac{120}{100}\times50x\right)$ = ₹ $60x$.

कुल क्रय-मूल्य = ₹ $90x$.

कुल विक्रय-मूल्य = ₹ $(44x+60x)$ = ₹ $104x$.

सभी कलमों को 15% लाभ पर बेचने से वि॰मू॰ = ₹ $\left(90x\times\frac{115}{100}\right)$ = ₹ $\frac{207x}{2}$.

$\therefore \quad 104x-\frac{207x}{2}=10 \Rightarrow x=20.$

अत: प्रत्येक कलम का क्रय-मूल्य = ₹ 20.

15. माना पहले अण्डे के भाव = ₹ x प्रति अण्डा.

अब घटी दर = ₹ $\left(x\times\frac{80}{100}\right)$ प्रति अण्डा = ₹ $\frac{4x}{5}$ प्रति अण्डा.

पहले ₹ 90 में प्राप्त अंडों की संख्या = $\frac{90}{x}$.

अब, ₹ 90 में प्राप्त अंडों की संख्या = $\left(90\times\frac{5}{4x}\right)=\frac{225}{2x}$.

$\therefore \quad \frac{225}{2x}-\frac{90}{x}=15 \Rightarrow 30x=(225-180)=45 \Rightarrow x=1\cdot50.$

पूर्व दर = ₹ 1·50 प्रति अण्डा, घटी दर = ₹ $\left(\frac{4}{5}\times\frac{3}{2}\right)$ प्रति अण्डा = ₹ 1·20 प्रति अण्डा.

16. माना कुल खरीदी गई पैन्सिलों की संख्या = $(10\times11)=110$.

110 पैन्सिलों का क्रय-मूल्य = ₹ $\left(\frac{10}{11}\times110\right)$ = ₹ 100.

110 पैन्सिलों का विक्रय-मूल्य = ₹ $\left(\frac{11}{10}\times110\right)$ = ₹ 121.

₹ 100 पर लाभ = ₹ (121 – 100) = ₹ 21.

17. माना प्रत्येक वस्तु का क्रय-मूल्य = ₹ 1. तब,

9 वस्तुओं का क्रय-मूल्य = ₹ 9.

9 वस्तुओं का विक्रय-मूल्य = 15 वस्तुओं का क्रय मूल्य = ₹ 15.

$\therefore$ क्रय-मूल्य = ₹ 9, विक्रय-मूल्य = ₹ 15.

$\therefore$ लाभ = ₹ (15 – 9) = ₹ 6.

लाभ % = $\left(\frac{6}{9}\times100\right)\% = 66\frac{2}{3}\%$.

18. लाभ = (35 केलों का वि० मूल्य) – (35 केलों का क्र० मूल्य)

$\Rightarrow$ 7 केलों का वि०मू० = (35 केलों का वि०मूल्य) – (35 केलों का क्र० मूल्य)

$\Rightarrow$ 28 केलों का वि०मूल्य = 35 केलों का क्रय-मूल्य.

माना प्रत्येक केले का क्रय-मूल्य = ₹ 1.

तब, 28 केलों का क्रय-मूल्य = ₹ 28.

28 केलों का वि० मूल्य = 35 केलों का क्रय-मूल्य = ₹ 35.

लाभ = ₹ (35 – 28) = ₹ 7.

लाभ % = $\left(\frac{7}{28}\times100\right)\% = 25\%$.

19. माना अंकित मूल्य = ₹ 100.

10% कमीशन देने के बाद वि० मूल्य = ₹ 90.

लाभ अर्जित = 20%.

$\therefore$ क्रय-मूल्य = ₹ $\left(\frac{100}{120}\times90\right)$ = ₹ 75.

15% कमीशन देने के बाद वि० मूल्य = ₹ 85.

लाभ % = $\left(\frac{10}{75}\times100\right)\% = 13\frac{1}{3}\%$.

20. पहली प्रकार की 1 किग्रा० चीनी का वि०मूल्य = ₹ 24, हानि = 4%.

इस चीनी का 1 किग्रा० का क्रय-मूल्य = ₹ $\left(\frac{100}{96}\times24\right)$ = ₹ 25.

दूसरी प्रकार की 1 किग्रा० चीनी का वि०मूल्य = ₹ 30, लाभ = 20%.

इस चीनी का 1 किग्रा० का क्रय-मूल्य = ₹ $\left(\frac{100}{120}\times30\right)$ = ₹ 25.

बराबर-बराबर मिलाने पर 2 किग्रा० मिश्रण का क्रय-मूल्य = ₹ (25 + 25) = ₹ 50.

2 किग्रा० मिश्रण का वि०मूल्य = ₹ (32 × 2) = ₹ 64.

लाभ % = $\left(\frac{14}{50}\times100\right)\% = 28\%$.

21. माना दूसरे प्रकार की चाय का भाव = ₹ x प्रति किग्रा०.

पहले प्रकार की 3 किग्रा० तथा दूसरे प्रकार की 2 किग्रा० चाय के मिश्रण का क्रय मूल्य

= ₹ [(200 × 3) + (x × 2)] = ₹ (600 + 2x).

5 किग्रा० मिश्रण का क्रय-मूल्य = ₹ (600 + 2x).

5 किग्रा० मिश्रण का वि० मूल्य = ₹ (177 × 5) = ₹ 885.

लाभ % = $\frac{[885-(600+2x)]}{(600+2x)}\times100 = \left(\frac{285-2x}{600+2x}\times100\right)\%$.

$$\therefore \frac{(285-2x)}{(600+2x)}\times100 = 18 \Rightarrow \frac{(285x-2x)}{(600+2x)} = \frac{9}{50}$$

$$\Rightarrow 14250 - 100x = 5400 + 18x$$

$$\Rightarrow 118x = 8850 \Rightarrow x = 75.$$

दूसरे प्रकार की चाय का भाव = ₹ 75/किग्रा०.

22. माना सामान का क्रय मूल्य = ₹ 1 प्रति ग्राम तथा माना कि वह 1000 ग्राम के स्थान पर (1000 – x) ग्राम का बाट प्रयोग करता है.

(1000 – x) ग्राम वस्तु का क्रय-मूल्य = ₹ (1000 – x).

(1000 – x) ग्राम वस्तु का विक्रय-मूल्य = 1000 ग्राम का क्रय-मूल्य = ₹ 1000.

लाभ = ₹ {1000 – (1000 – x)} = ₹ x.

लाभ % = $\left\{\frac{x}{(1000-x)}\times 100\right\}\%$

$\therefore \quad \frac{x\times 100}{(1000-x)} = \frac{300}{47} \Rightarrow \frac{x}{(1000-x)} = \frac{3}{47} \Rightarrow 47x = 3000 - 3x \Rightarrow 50x = 3000 \Rightarrow x = 60.$

अत: वह 1 किग्रा० के स्थान पर (1000 – 60) ग्राम अथात 940 ग्राम का बाट प्रयोग करता है.

23. आधी वस्तुयें B से तथा आधी वस्तुयें C से खरीदने पर कुल क्रय-मूल्य

= × (₹ 9600 का 120%) + $\frac{1}{2}$ × (₹ 9600 का 80%)

= ₹ $\left\{\left(\frac{1}{2}\times 9600\times\frac{120}{100}\right)+\left(\frac{1}{2}\times 9600\times\frac{80}{100}\right)\right\}$ = ₹ (5760 + 3840) = ₹ 9600.

अत: उसे न लाभ होता है तथा न हानि.

24. माना दुकानदार x किग्रा० चीनी 20% लाभ पर तथा $(100 - x)$ किग्रा० 10% लाभ पर बेचता है. तब

(x का 20%) + $(100 - x)$ का 10% = 100 का 12%

$\Rightarrow \quad \left(x\times\frac{20}{100}\right)+(100-x)\times\frac{10}{100} = 100\times\frac{12}{100}$

$\Rightarrow \quad \frac{x}{5}+\frac{(100-x)}{10} = 12 \Rightarrow 2x + (100 - x) = 120 \Rightarrow x = 20.$

अत: 20% लाभ पर बेची गई चीनी की मात्रा = 20 किग्रा०.

25. माना वस्तु का क्रय मूल्य = ₹ 100. तब, अंकित मूल्य = ₹ 125.

8% की छूट के बाद विक्रय मूल्य ₹ $\left(125\times\frac{92}{100}\right)$ = ₹ 115.

∴ लाभ % = 15%.

26. माना एक मेज का क्रय-मूल्य = ₹ x. तब, दूसरी मेज का क्रय मूल्य = ₹ $(5400 - x,$

पहली मेज का 5% हानि पर विक्रय मूल्य = ₹ $\left(\frac{95}{100}\times x\right)$ = ₹ $\frac{19x}{20}$.

दूसरी मेज का 7% लाभ पर विक्रय मूल्य = ₹ $\left\{(5400-x)\times\frac{107}{100}\right\}$

दोनों मेजों का कुल विक्रय मूल्य = ₹ $\left\{\frac{19x}{20}+(5400-x)\times\frac{107}{100}\right\}$

= ₹ $\left\{\frac{95x+107(5400-x)}{100}\right\}$ = ₹ $\frac{(577800-12x)}{100}$

$\therefore \quad \frac{(577800-12x)}{100} = 5400 \Rightarrow 577800 - 12x = 540000$

$\Rightarrow 12x = 37800 \Rightarrow x = 3150.$

अत: एक मेज का क्रय मूल्य = ₹ 3150.

दूसरी मेज का क्रय मूल्य = ₹ (5400 – 3150) = ₹ 2250.

27. माना दुकानदार ने अपनी वस्तुओं का अंकित मूल्य उनके क्रय मूल्य से x% अधिक निर्धारित किया हुआ है.

माना वस्तु का क्रय मूल्य = ₹ 100. तब, अंकित मूल्य = ₹ $(100 + x)$.

$(100+x)\times\frac{88}{100} = 121 \Rightarrow (100+x) = \left(121\times\frac{100}{88}\right) = \frac{275}{2}$

$\Rightarrow x = \left(\frac{275}{2}-100\right) = \frac{75}{2} = 37\cdot 5.$

∴ अंकित मूल्य, क्रय मूल्य से 37·5% अधिक है.

28. माना सामान का क्रय-मूल्य = ₹ 100. तब, अंकित मूल्य = ₹ 120.

सारे सामान का विक्रय मूल्य $= ₹\left[\left(\frac{3}{4}\times 120\right)+\left(\frac{1}{4}\times 120\times\frac{50}{100}\right)\right] = ₹\,(90 + 15) = ₹\,105.$

लाभ % = (105 – 100)% = 5%.

29. माना व्यापारी अपनी वस्तुओं का अंकित मूल्य उनके क्रय मूल्य से x% अधिक निर्धारित करता है.

माना वस्तु का क्रय मूल्य = ₹ 100. तब, अंकित मूल्य = ₹ $(100 + x)$.

तब, $(100+x)\times\frac{88}{100} = 110 \Rightarrow (100+x) = \left(110\times\frac{100}{88}\right) = 125$

$\Rightarrow x = (125-100) = 25.$

मूल्य निर्धारण क्रय मूल्य से 25% अधिक होना चाहिए.

30. माना दूसरी कटौती की दर = x%. तब

$820 \times 80\% \times (100 - x)\% = 570{\cdot}72$

$\Rightarrow 820\times\frac{80}{100}\times\frac{(100-x)}{100} = 570\cdot 72 \Rightarrow 656\times(100-x) = 57072$

$\Rightarrow 656x = 65600-57072 \Rightarrow 656x = 8528 \Rightarrow x = 13.$

अतः दूसरी कटौती की दर = 13%.

31. अंकित मूल्य = ₹ 400.

वस्तु का विक्रय मूल्य = ₹ 400 का 75% $= ₹\left(400\times\frac{75}{100}\right) = ₹\,300.$

(वि० मूल्य = ₹ 300, हानि = ₹ 20) ⇒ क्रय-मूल्य = ₹ (300 + 20) = ₹ 320.

हानि % $= \left(\frac{20}{320}\times 100\right)\% = \frac{25}{4}\% = 6\frac{1}{4}\%.$

32. माना घड़ी का क्रय मूल्य = ₹ x.

15% लाभ पर घड़ी का वि० मूल्य $= ₹\left(x\times\frac{115}{100}\right) = ₹\,\frac{23x}{20}.$

नया क्रय मूल्य $= ₹\left(x\times\frac{95}{100}\right) = ₹\,\frac{19x}{20}$, लाभ = 10%.

नया विक्रय मूल्य $= ₹\left(\frac{19x}{20}\times\frac{110}{100}\right) = ₹\,\frac{209x}{200}.$

$\therefore\ \frac{23x}{20}-\frac{209x}{200} = 21 \Rightarrow (230x-209x) = 4200$

$\Rightarrow 21x = 4200 \Rightarrow x = 200.$

∴ घड़ी का क्रय मूल्य = ₹ 200.

33. मेज का क्रय मूल्य = ₹ (1500 का 80% का 90%)

$= ₹\left(1500\times\frac{80}{100}\times\frac{90}{100}\right) = ₹\,1080.$

ढूलाई सहित मेज का मूल्य = ₹ (1080 + 20) = ₹ 1100.

लाभ अर्जित = 10%.

∴ विक्रय मूल्य = ₹ (1100 का 110%) $= ₹\left(1100\times\frac{110}{100}\right) = ₹\,1210.$

12 अनुपात तथा समानुपात (RATIO AND PROPORTION)

सामान्य नियम

(i) $\frac{a}{b}$ को a तथा b का अनुपात कहते हैं तथा इसे लिखते हैं, $a : b$.

(ii) **समानुपात:** दो अनुपातों की बराबरी को समानुपात कहते हैं.
जैसे: $2 : 5 = 6 : 15$ को हम लिखेंगे $2 : 5 :: 6 : 15$.

(iii) यदि $a : b :: c : d$ हो, तो हम a तथा d को **बाहरी राशियाँ** तथा b और c को **माध्यमिक राशियाँ** कहते हैं.

बाहरी राशियों का गुणनफल = माध्यमिक राशियों का गुणनफल

$$\therefore\ (a\times d) = (b\times c).$$

(iv) **मध्यानुपाती:** a तथा b का मध्यानुपाती $= \sqrt{ab}$.

(v) **चतुर्थानुपाती:** तीन राशियों a, b, c का चतुर्थानुपाती x हो, तो
$\mathbf{a : b :: c : x}$ अर्थात् $(a \times x) = (b \times c) \Rightarrow x = \frac{(b\times c)}{a}$.

(vi) **तृतीयानुपाती:** माना a तथा b का तृतीयानुपाती x है. तब $\mathbf{a : b :: b : x} \Rightarrow (\mathbf{a \times x}) = \mathbf{b^2} \Rightarrow \mathbf{x} = \frac{\mathbf{b^2}}{\mathbf{a}}$.

(vii) **मिश्र अनुपात:** $(a : b)$ तथा $(c : d)$ का मिश्र अनुपात $= (ac : bd)$.

(viii) **अनुपातों की तुलना:** यदि $\frac{a}{b} > \frac{c}{d}$ हो, तो हम कहते हैं कि $(a : b) > (c : d)$.

(ix) यदि $\frac{a}{b} = \frac{c}{d}$ हो, तो $\frac{a+b}{a-b} = \frac{c+d}{c-d}$.

(x) किसी राशि M को $a : b$ में बाँटने पर:
पहला भाग $= \left\{M\times\frac{a}{(a+b)}\right\}$, दूसरा भाग $= \left\{M\times\frac{b}{(a+b)}\right\}$.

(xi) किसी राशि M को $a : b : c$ में बाँटने पर:
प्रथम भाग $= \left\{M\times\frac{a}{(a+b+c)}\right\}$, दूसरा भाग $= \left\{M\times\frac{b}{(a+b+c)}\right\}$
तथा, तृतीय भाग $= \left\{M\times\frac{c}{(a+b+c)}\right\}$.

(xii) **समानुपाती:** यदि $x = ky$, जहाँ k अचर हो, तो हम कहते हैं कि x, y के समानुपाती है. इसे लिखते हैं, $x \propto y$.

(xiii) **विलोमानुपाती:** यदि $x = \frac{k}{y}$, जहाँ k अचर हो, तो हम कहते हैं कि x, y के विलोमानुपाती है. इसे लिखते हैं, $x \propto \frac{1}{y}$.

साधित उदाहरण

प्रश्न 1. यदि $a : b = 5 : 9$ तथा $b : c = 6 : 11$ हो, तो (*i*) $a : c$ (*ii*) $a : b : c$ ज्ञात करें.

हल : दिया है: $\frac{a}{b} = \frac{5}{9}$ तथा $\frac{b}{c} = \frac{6}{11}$.

$\therefore$ (*i*) $\frac{a}{c} = \left(\frac{a}{b} \times \frac{b}{c}\right) = \left(\frac{5}{9} \times \frac{6}{11}\right) = \frac{10}{33}$.

अत: $a : c = 10 : 33$.

(*ii*) $a : b = 5 : 9, b : c = 6 : 11 = 6 \times \frac{9}{6} : 11 \times \frac{9}{6} = 9 : \frac{33}{2}$.

$\therefore \quad a : b : c = 5 : 9 : \frac{33}{2} = 10 : 18 : 33$.

प्रश्न 2. यदि $a : b = 5 : 7$ हो तो $(3a + 5b) : (5a - 2b)$ ज्ञात कीजिए.

हल : दिया है, $\frac{a}{b} = \frac{5}{7}$.

$$\therefore \quad \frac{(3a+5b)}{(5a-2b)} = \frac{3\left(\frac{a}{b}\right)+5}{5\left(\frac{a}{b}\right)-2} = \frac{3\times\frac{5}{7}+5}{5\times\frac{5}{7}-2} = \frac{50}{11}.$$

अत: $(3a + 5b) : (5a - 2b) = 50 : 11$.

प्रश्न 3. यदि $a : b = \frac{2}{9} : \frac{1}{3}$, , $b : c = \frac{2}{7} : \frac{5}{14}$ तथा $d : c = \frac{7}{10} : \frac{3}{5}$ हो, तो $a : b : c : d = ?$

हल : $\therefore a : b = 2 : 3, b : c = 4 : 5$ तथा $c : d = 6 : 7$

$\Rightarrow a : b = 2 : 3, b : c = 1 : \frac{5}{4}$ तथा $c : d = 1 : \frac{7}{6}$

$\Rightarrow a : b = 2 : 3, b : c = 3 : \frac{15}{4}$ तथा $c : d = \frac{15}{4} : \frac{7}{6} \times \frac{15}{4}$

$\Rightarrow a : b = 2 : 3, b : c = 3 : \frac{15}{4}, c : d = \frac{15}{4} : \frac{35}{8}$

$\Rightarrow a : b : c : d = 2 : 3 : \frac{15}{4} : \frac{35}{8} = 16 : 24 : 30 : 35$.

प्रश्न 4. यदि A, B से 40% अधिक हो तथा B, C से 20% कम हो, = ?

हल : माना $C = x$. तब, $B = x$ का 80% $= \left(x \times \frac{80}{100}\right) = \frac{4x}{5}$

तथा $A = \frac{4x}{5}$ का 140% $= \left(\frac{4x}{5} \times \frac{140}{100}\right) = \frac{28x}{25}$.

$\therefore A : B : C = \frac{28x}{25} : \frac{4x}{5} : x = \frac{28x}{25} : \frac{20x}{25} : \frac{25x}{25}$

$= 28x : 20x : 25x = 28 : 20 : 25$.

प्रश्न 5. यदि $0{\cdot}75 : x :: 5 : 8$ हो, तो x का मान ज्ञात कीजिए.

हल : स्पष्ट है कि : $x \times 5 = 0{\cdot}75 \times 8$

$\therefore 5x = 6 \Rightarrow x = \frac{6}{5} = 1{\cdot}2$.

प्रश्न 6. 5, 9, 12 का चतुर्थानुपाती क्या है ?

हल : माना 5, 9, 12 का चतुर्थानुपाती = x है. तब,

$5 : 9 :: 12 : x \Rightarrow 5x = (9 \times 12)$

$$\Rightarrow x = \frac{9 \times 12}{5} = \frac{108}{5} = 21 \cdot 6.$$

$\therefore$ 5, 9, 12 का चतुर्थानुपाती = 21·6 है.

प्रश्न 7. 18, 24 का तृतीयानुपाती क्या है ?

हल : माना 18, 24 का तृतीयानुपाती = x. तब,

$18 : 24 :: 24 : x$

$\Rightarrow 18x = 24 \times 24$

$$\Rightarrow x = \frac{24 \times 24}{18} = 32.$$

$\therefore$ 18, 24 का तृतीयानुपाती = 32.

प्रश्न 8. 6, 24 का मध्यानुपाती ज्ञात कीजिए.

हल : 6 तथा 24 का मध्यानुपाती = $\sqrt{6 \times 24} = \sqrt{144} = 12.$

प्रश्न 9. (2 : 3), (4 : 7) तथा (5 : 8) में सबसे बड़ा अनुपात कौन-सा है ?

हल : $\frac{2}{3} = 0 \cdot 666....,\ \frac{4}{7} = 0 \cdot 571....,\ \frac{5}{8} = \cdot 625.$

इनमें सबसे बड़ी दशमलव भिन्न 0·666 ... है.

अत: सबसे बड़ा अनुपात = 2 : 3.

प्रश्न 10. ₹ 675 को A और B में 5 : 4 के अनुपात में विभक्त कीजिए.

हल : A का भाग = ₹ $\left(675 \times \frac{5}{9}\right)$ = ₹ 375.

B का भाग = ₹ $\left(675 \times \frac{4}{9}\right)$ = ₹ 300.

प्रश्न 11. ₹ 952 को A, B, C में 37 : 18 : 13 के अनुपात में विभक्त कीजिए.

हल : दिये गये अनुपात के पदों का योग = (37 + 18 + 13) = 68.

A का भाग = ₹ $\left(952 \times \frac{5}{9}\right)$ = ₹ 518, B का भाग = ₹ $\left(952 \times \frac{18}{68}\right)$ = ₹ 252,

C का भाग = ₹ $\left(952 \times \frac{13}{18}\right)$ = ₹ 182.

प्रश्न 12. ₹ 846 को ऐसे दो भागों में विभक्त कीजिए कि प्रथम भाग का 5 वाँ भाग तथा द्वितीय भाग का 8वाँ भाग 3 : 4 के अनुपात में हों ?

हल : माना अभीष्ट भाग A तथा B हैं. तब, $\frac{\left(\frac{A}{5}\right)}{\left(\frac{B}{8}\right)} = \frac{3}{4} \Rightarrow \frac{A}{5} \times \frac{8}{B} = \frac{3}{4} \Rightarrow \frac{A}{B} = \left(\frac{3}{4} \times \frac{5}{8}\right) = \frac{15}{32}.$

$\therefore A : B = 15 : 32.$

अत: प्रथम भाग = ₹ $\left(846 \times \frac{15}{47}\right)$ = ₹ 270.

द्वितीय भाग = ₹ $\left(846 \times \frac{32}{47}\right)$ = ₹ 576.

प्रश्न 13. एक थैली में 1 रु०, 50 पै० तथा 25 पै० के सिक्के 5 : 9 : 25 के अनुपात में हैं. यदि थैली में कुल धन ₹ 1008 हो, तो विभिन्न प्रकार के सिक्कों की संख्या ज्ञात कीजिए.

हल : माना 1 रु०, 50 पै०, 25 पै० के सिक्कों की संख्या क्रमश: $5x, 9x, 25x$ है.

तब, इनका कुल मूल्य = ₹ $\left(\frac{5x}{1}+\frac{9x}{2}+\frac{25x}{4}\right)$ = ₹ $\frac{(20x+18x+25x)}{4}$ = ₹ $\frac{63x}{4}$.

$\therefore \frac{63x}{4}=1008 \Rightarrow x=\frac{(1008\times4)}{63}=64.$

1 रु० के सिक्कों की संख्या = (5 × 64) = 320.

50 पै० के सिक्कों की संख्या = (9 × 64) = 576.

25 पै० के सिक्कों की संख्या = (25 × 64) = 1600.

प्रश्न 14. एक कारखाने में कर्मचारियों की संख्या 9 : 8 के अनुपात में कम कर दी जाती है तथा उनके दैनिक वेतन में 14 : 15 के अनुपात में वृद्धि कर दी जाती है. कुल दैनिक वेतन बिल में किस अनुपात में कमी अथवा वृद्धि होगी?

हल : माना पहले कर्मचारी $9x$ थे तथा अब $8x$ हैं.

माना पहले प्रति कर्मचारी वेतन ₹ $14y$ था तथा अब ₹ $15y$ है.

पहले दैनिक वेतन बिल = ₹ $(9x \times 14y)$ = ₹ $(126xy)$.

अब दैनिक वेतन बिल = ₹ $(8x \times 15y)$ = ₹ $(120\,xy)$.

दैनिक वेतन बिलों का अनुपात = $126xy : 120xy = 21 : 20$, जिसमें स्पष्टतया कमी आई है.

प्रश्न 15. सोने और तांबे के दो मिश्रण *A* तथा *B* हैं. *A* में सोने और तांबे का अनुपात 7 : 2 है तथा *B* में सोने और तांबे का अनुपात 7 : 11 है. *A* तथा *B* की समान मात्राओं को मिलाने पर धातु *C* बनाई जाती है. *C* में सोने तथा तांबे का अनुपात ज्ञात कीजिए.

हल : A की 1 इकाई में सोना = $\frac{7}{9}$ तथा तांबा = $\frac{2}{9}$.

B की 1 इकाई में सोना = $\frac{7}{18}$ तथा तांबा = $\frac{11}{18}$.

C में सोने तथा तांबे का अनुपात = $\left(\frac{7}{9}+\frac{7}{18}\right):\left(\frac{2}{9}+\frac{11}{18}\right)=\frac{21}{18}:\frac{15}{18}=21:15=7:5.$

प्रश्न 16. दूध और पानी के 42 लीटर मिश्रण में दूध और पानी का अनुपात 5 : 2 है. यदि इस मिश्रण में 3 लीटर पानी और डाल दिया जाये, तो नये मिश्रण में दूध और पानी का अनुपात क्या होगा?

हल : दिये गये मिश्रण में दूध की मात्रा = $\left(42\times\frac{5}{7}\right)$ लीटर = 30 लीटर

तथा पानी की मात्रा = (42 – 30) लीटर = 12 लीटर.

नये मिश्रण में दूध और पानी का अनुपात = 30 : (12 + 3) = 30 : 15 = 2 : 1.

प्रश्न 17. एक 20 लीटर मिश्रण में दूध और पानी का अनुपात 3 : 1 है. इस मिश्रण में कितना दूध और मिलाया जाये कि नये मिश्रण में दूध और पानी का अनुपात 4 : 1 हो?

हल : दिये गये मिश्रण में दूध की मात्रा = $\left(20\times\frac{3}{4}\right)$ लीटर = 15 लीटर

तथा पानी की मात्रा = (20 – 15) लीटर = 5 लीटर.

माना मिलाई जाने वाले दूध की मात्रा = x लीटर. तब,

$\frac{15+x}{5}=\frac{4}{1} \Rightarrow 15+x=20 \Rightarrow x=5$ लीटर.

अतः इस मिश्रण में 5 लीटर दूध और डालना होगा.

प्रश्नमाला 12A

निम्नलिखित प्रश्नों में से प्रत्येक में ठीक उत्तर को चिन्हांकित (3) कीजिए :

1. यदि $a : b = 3 : 4$ तथा $b : c = 8 : 9$ हो तो $a : c = ?$ **(एस०एस०सी० परीक्षा, 2006)**
(*a*) 1 : 2 (*b*) 3 : 2 (*c*) 1 : 3 (*d*) 2 : 3

2. यदि $A : B = 3 : 2$ तथा $B : C = 3 : 4$ हो, तो $A : C = ?$ **(एस०एस०सी० परीक्षा, 2008)**
(*a*) 1 : 2 (*b*) 2 : 1 (*c*) 8 : 9 (*d*) 9 : 8

3. यदि $W_1 : W_2 = 2 : 3$ तथा $W_1 : W_3 = 1 : 2$ हो, तो $W_2 : W_3 = ?$ **(एस०एस०सी० परीक्षा, 2010)**
(*a*) 3 : 4 (*b*) 4 : 3 (*c*) 2 : 3 (*d*) 4 : 5

4. यदि $ab = 64$ हो, तो निम्न में से कौन-सा कथन सत्य है ? **(बैंक पी०ओ० परीक्षा, 2010)**
(*a*) $8 : a = 8 : b$ (*b*) $a : 16 = b : 4$ (*c*) $a : 8 = b : 8$ (*d*) $32 : a = b : 2$
(*e*) इनमें से कोई नहीं

5. यदि $a : b = 3 : 4$ तथा $b : c = 4 : 7$ हो, तो $\frac{a+b+c}{c} = ?$ **(होटल मैनेजमैंट परीक्षा, 2010)**
(*a*) 1 (*b*) 2 (*c*) 3 (*d*) 7

6. यदि A का 60% = B का $\frac{3}{4}$ हो, तो $A : B = ?$ **(एस०एस०सी० परीक्षा, 2010)**
(*a*) 9 : 20 (*b*) 20 : 9 (*c*) 4 : 5 (*d*) 5 : 4

7. यदि $A = B$ का $\frac{4}{5}$ तथा $B = C$ का $\frac{5}{2}$ हो, तो $A : C = ?$ **(एस०एस०सी० परीक्षा, 2009)**
(*a*) 1 : 2 (*b*) 2 : 1 (*c*) 2 : 3 (*d*) 1 : 3

8. यदि $x : y = 12 : 5$ तथा $z : y = 21 : 16$ हो, तो $x : z = ?$ **(एम०बी०ए० परीक्षा, 2008)**
(*a*) 35 : 64 (*b*) 64 : 35 (*c*) 20 : 63 (*d*) 63 : 20

9. यदि $2A = 3B$ तथा $4B = 5C$ हो, तो $A : C = ?$
(*a*) 4 : 3 (*b*) 8 : 15 (*c*) 3 : 4 (*d*) 15 : 8

10. यदि $a : b = 7 : 9$ तथा $b : c = 1 : 5$ हो, तो $a : b : c = ?$ **(एस०एस०सी० परीक्षा, 2009)**
(*a*) 7 : 9 : 45 (*b*) 7 : 9 : 5 (*c*) 21 : 35 : 45 (*d*) 7 : 3 : 15

11. यदि $a : b = 5 : 7$ तथा $b : c = 6 : 11$, हो, तो $a : b : c = ?$
(*a*) 55 : 77 : 66 (*b*) 30 : 42 : 77 (*c*) 35 : 49 : 42 (*d*) इनमें से कोई नहीं

12. यदि $\frac{1}{x} : \frac{1}{y} : \frac{1}{z} = 2 : 3 : 5$ हो, तो $x : y : z = ?$ **(एस०एस०सी० परीक्षा, 2005)**
(*a*) 2 : 3 : 5 (*b*) 15 : 10 : 6 (*c*) 5 : 3 : 2 (*d*) 6 : 10 : 15

13. यदि $2A = 3B = 4C$ हो, तो $A : B : C = ?$
(*a*) 2 : 3 : 4 (*b*) 4 : 3 : 2 (*c*) 6 : 4 : 3 (*d*) 3 : 4 : 6

14. यदि $\frac{A}{3} = \frac{B}{4} = \frac{C}{5}$ हो, तो $A : B : C = ?$
(*a*) 3 : 4 : 5 (*b*) 4 : 3 : 5 (*c*) 5 : 4 : 3 (*d*) 20 : 15 : 12

15. यदि $A = \frac{B}{3}$ तथा $B = \frac{C}{2}$ हो, तो $A : B : C = ?$
(*a*) 1 : 3 : 6 (*b*) 3 : 1 : 2 (*c*) 2 : 3 : 6 (*d*) 3 : 2 : 6

16. यदि A का 30% = B का 0·25 = C का $\frac{1}{5}$ हो, तो $A : B : C = ?$ **(रेलवे परीक्षा, 2000)**
(*a*) 10 : 12 : 15 (*b*) 10 : 15 : 12 (*c*) 12 : 15 : 10 (*d*) 15 : 12 : 10

17. यदि $\frac{a}{3} = \frac{b}{4} = \frac{c}{7}$ हो, तो $\frac{a+b+c}{c} = ?$
(*a*) 7 (*b*) 2 (*c*) $\frac{1}{7}$ (*d*) $\frac{1}{2}$

18. यदि $A : B : C = 2 : 3 : 4$ हो तो $\frac{A}{B} : \frac{B}{C} : \frac{C}{A} = ? = ?$ **(एस०एस०सी० परीक्षा, 2005)**

(*a*) 4 : 9 : 16 (*b*) 8 : 9 : 24 (*c*) 8 : 9 : 12 (*d*) 8 : 9 : 16

19. यदि $A : B = 3 : 4$, $B : C = 5 : 7$ तथा $C : D = 8 : 9$ हो, तो $A : D = ?$ **(एस०एस०सी० परीक्षा, 2005)**

(*a*) 3 : 7 (*b*) 7 : 3 (*c*) 10 : 21 (*d*) 21 : 10

20. यदि $A : B = 2 : 3$, $B : C = 9 : 7$, $C : D = 14 : 15$ हो, तो $A : B : C : D = ?$

(*a*) 18 : 14 : 12 : 15 (*b*) 12 : 15 : 18 : 14 (*c*) 12 : 18 : 14 : 15 (*d*) 15 : 12 : 14 : 18

21. यदि $A : B = A : B = \frac{1}{2} : \frac{3}{8}$; $B : C = \frac{1}{3} : \frac{5}{9}$ तथा $C : D = \frac{5}{6} : \frac{3}{4}$ हो, तो $A : B : C : D = ?$

(*a*) 4 : 6 : 8 : 10 (*b*) 8 : 6 : 10 : 9 (*c*) 6 : 8 : 9 : 10 (*d*) 6 : 4 : 8 : 10

(एस०एस०सी० परीक्षा, 2005)

22. यदि $A : B = \frac{2}{9} : \frac{1}{3}$; $B : C = \frac{2}{7} : \frac{5}{14}$ तथा $D : C = \frac{7}{10} : \frac{3}{5}$ हो, तो $A : B : C : D = ?$

(*a*) 4 : 6 : 7 : 9 (*b*) 8 : 12 : 15 : 7 (*c*) 16 : 24 : 30 : 35 (*d*) 30 : 35 : 24 : 16

23. यदि $A : B : C = 4 : 7 : 11$ तथा $B : C : D = 21 : 33 : 44$ हो, तो $A : B : C : D = ?$

(*a*) 12 : 21 : 36 : 44 (*b*) 12 : 21 : 33 : 44 (*c*) 12 : 22 : 31 : 44

(*d*) ज्ञात नहीं किया जा सकता (*e*) इनमें से कोई नहीं **(बैंक पी०ओ० परीक्षा, 2005)**

24. यदि $a : b = b : c$ हो, तो $a^4 : b^4 = ?$ **(एस०एस०सी० परीक्षा, 2005)**

(*a*) $b^2 : ac$ (*b*) $c^2 : a^2$ (*c*) $a^2 : c^2$ (*d*) $ac : b^2$

25. यदि A का 15% = B का 20% हो, तो $A : B = ?$

(*a*) 3 : 4 (*b*) 4 : 3 (*c*) 17 : 16 (*d*) 16 : 17

26. यदि A, B से 40% अधिक हो तथा B, C से 20% कम हो, तो $A : C = ?$

(*a*) 3 : 1 (*b*) 3 : 2 (*c*) 26 : 25 (*d*) 28 : 25

27. यदि $a : b = 2 : 3$ तथा $b : c = 4 : 5$ हो, तो $(a + b) : (b + c) = ?$

(*a*) 3 : 4 (*b*) 4 : 3 (*c*) 20 : 27 (*d*) 27 : 20

28. यदि $x : y = 2 : 1$ हो, तो $(x^2 - y^2) : (x^2 + y^2) = ?$ **(रेलवे परीक्षा, 2010)**

(*a*) 3 : 5 (*b*) 5 : 3 (*c*) 1 : 3 (*d*) 3 : 1

29. यदि $x : y = 7 : 3$ हो, तो $\frac{xy + y^2}{x^2 - y^2} = ?$ **(एस०एस०सी० परीक्षा, 2009)**

(*a*) $\frac{3}{4}$ (*b*) $\frac{4}{3}$ (*c*) $\frac{3}{7}$ (*d*) $\frac{7}{3}$

30. यदि $x : y = 2 : 5$ हो, तो $(3x + 2y) : (2x + 5y) = ?$

(*a*) $\frac{14}{27}$ (*b*) $\frac{15}{28}$ (*c*) $\frac{16}{29}$ (*d*) $\frac{17}{30}$

31. यदि $x : y = 3 : 1$ हो, तो $(x^3 - y^3) : (x^3 + y^3) = ?$

(*a*) 10 : 11 (*b*) 11 : 10 (*c*) 13 : 14 (*d*) 14 : 13

32. यदि $x : y = 3 : 4$ हो, तो $(7x + 3y) : (7x - 3y) = ?$ **(एस०एस०सी० परीक्षा, 2005)**

(*a*) 5 : 2 (*b*) 4 : 3 (*c*) 11 : 3 (*d*) 37 : 19

33. यदि $x : y = 3 : 5$ हो, तो $(10x + 3y) : (5x + 2y) = ?$ **(रेलवे परीक्षा, 2006)**

(*a*) 9 : 4 (*b*) 5 : 9 (*c*) 9 : 5 (*d*) 4 : 9

34. यदि $\frac{x}{5} = \frac{y}{8}$ हो, तो $(x + 5) : (y + 8) = ?$

(*a*) 3 : 5 (*b*) 13 : 8 (*c*) 8 : 5 (*d*) 5 : 8

35. यदि $(4x^2 - 3y^2) : (2x^2 + 5y^2) = 12 : 19$ हो, तो $x : y = ?$

(*a*) 2 : 3 (*b*) 1 : 2 (*c*) 3 : 2 (*d*) 2 : 1

36. यदि $x^2 + 4y^2 = 4xy$ हो, तो $x : y = ?$

(*a*) 2 : 1 (*b*) 1 : 2 (*c*) 1 : 1 (*d*) 1 : 4

37. यदि $(x + y) : (x - y) = 4 : 1$ हो, तो $(x^2 + y^2) : (x^2 - y^2) = ?$

(*a*) 25 : 9 (*b*) 16 : 1 (*c*) 8 : 17 (*d*) 17 : 8

38. यदि $(2a + 3b) : (3a - 2b) = 19 : 9$ हो, तो $a : b = ?$

(*a*) 2 : 5 (*b*) 3 : 5 (*c*) 4 : 7 (*d*) 5 : 3

39. यदि $(3a + 5b) : (3a - 5b) = 5 : 1$ हो, तो $a : b = ?$ **(एस०एस०सी० परीक्षा, 2005)**

(*a*) 2 : 1 (*b*) 5 : 3 (*c*) 3 : 2 (*d*) 5 : 2

40. यदि $\frac{4a - 5b}{4a + 5b} = \frac{1}{6}$ हो, तो $a : b = ?$

(*a*) 5 : 4 (*b*) 9 : 4 (*c*) 7 : 4 (*d*) 3 : 4

41. 6 : ? : : 5 : 35 में लुप्त पद क्या है ? **(एम०बी०ए० परीक्षा, 2010)**

(*a*) 30 (*b*) 36 (*c*) 42 (*d*) 48

42. यदि $(a + b) : (b + c) : (c + a) = 6 : 7 : 8$ तथा $a + b + c = 14$ हो, तो $c = ?$

(*a*) 6 (*b*) 7 (*c*) 8 (*d*) 14

43. 12, 14, 24 का चतुर्थ अनुपात क्या है ? **(एम०बी०ए० परीक्षा, 2010)**

(*a*) 30 (*b*) 28 (*c*) 32 (*d*) 36

44. 0·2, 0·12 तथा 0·3 का चतुर्थानुपाती क्या है ?

(*a*) 0·13 (*b*) 0·15 (*c*) 0·18 (*d*) 0·8

45. 16 तथा 24 का तृतीयानुपाती क्या है ? **(एम०बी०ए० परीक्षा, 2010)**

(*a*) 20 (*b*) 18 (*c*) 36 (*d*) 40

46. 6 तथा 54 के बीच मध्यानुपाती क्या है ?

(*a*) 9 (*b*) 12 (*c*) 16 (*d*) 18

47. 0·02 तथा 0·32 के बीच मध्यानुपाती क्या है ?

(*a*) 0·34 (*b*) 0·3 (*c*) 0·16 (*d*) 0·08

48. 7 : 13 के प्रत्येक पद में छोटी से छोटी कौन-सी संख्या जोड़ें कि नई संख्यायें 2 : 3 के अनुपात में हों ?

(*a*) 1 (*b*) 2 (*c*) 3 (*d*) 5

49. 3 : 5 के प्रत्येक पद में छोटी से छोटी कौन-सी संख्या जोड़ें कि नई संख्यायें 3 : 4 के अनुपात में हों ?

(*a*) 13 (*b*) 7 (*c*) 12 (*d*) 6

(रेलवे परीक्षा, 2006)

50. 15 : 19 के प्रत्येक पद में से क्या घटाया जाये कि नई संख्यायें 3 : 4 के अनुपात में हो जायें ?

(*a*) 3 (*b*) 5 (*c*) 6 (*d*) 9

51. 21, 38, 55, 106 प्रत्येक में से क्या घटाया जाये कि नई संख्यायें समानुपाती हों ?

(*a*) 2 (*b*) 4 (*c*) 6 (*d*) 8

52. 5, 13, 22 तथा 47 में से प्रत्येक में क्या जोड़ें कि प्राप्त संख्यायें समानुपाती हों ?

(*a*) 2 (*b*) 4 (*c*) 3 (*d*) 5

(एस०एस०सी० परीक्षा, 2010)

53. दो संख्यायें 7 : 11 के अनुपात में हैं. इनमें से प्रत्येक में 7 जोड़ने पर इनका अनुपात 2 : 3 हो जाता है. इनमें से छोटी संख्या कौन-सी है ? **(एस०एस०सी० परीक्षा, 2010)**

(*a*) 39 (*b*) 49 (*c*) 66 (*d*) 77

54. दो संख्यायें 1 : 3 के अनुपात में हैं. यदि इनका योगफल 240 हो, तो इनका अन्तर कितना है ?
(*a*) 120 (*b*) 108 (*c*) 100 (*d*) 96

(एस०एस०सी० परीक्षा, 2010)

55. किसी व्यक्ति की आय तथा व्यय क्रमशः 11 : 10 के अनुपात में है. यदि प्रतिवर्ष वह ₹ 9000 की बचत करता है तो उसकी मासिक आय कितनी है ? **(एस०एस०सी० परीक्षा, 2010)**
(*a*) ₹ 8000 (*b*) ₹ 8800 (*c*) ₹ 8500 (*d*) ₹ 8250

56. 7 : 11 के प्रत्येक पद में किस संख्या को जोड़ने पर अनुपात 3 : 4 प्राप्त होगा ? **(एस०एस०सी० परीक्षा, 2010)**
(*a*) 8 (*b*) 7·5 (*c*) 6·5 (*d*) 5

57. दो संख्यायें 3 : 4 के अनुपात में हैं तथा इनका लघुत्तम समापवर्त्य 84 है. इनमें से बड़ी संख्या क्या होगी ?
(*a*) 21 (*b*) 24 (*c*) 28 (*d*) 84

(एस०एस०सी० परीक्षा, 2010)

58. दो प्राकृत संख्यायें 3 : 5 के अनुपात में हैं तथा इनका गुणनफल 2160 है. इनमें से छोटी संख्या क्या होगी ?
(*a*) 36 (*b*) 24 (*c*) 18 (*d*) 12

(एस०एस०सी० परीक्षा, 2010)

59. यदि ₹ 1000 को *A* तथा *B* में 3 : 2 के अनुपात में विभक्त करें, तो *A* को प्राप्त होंगे :
(*a*) ₹ 400 (*b*) ₹ 500 (*c*) ₹ 600 (*d*) ₹ 800

(एस०एस०सी० परीक्षा, 2010)

60. *A*, *B* तथा *C* में ₹ 1050 को इस प्रकार विभक्त किया गया है कि *A* का भाग, *B* तथा *C* के संयुक्त भाग का $\frac{2}{5}$ हो. तब, *A* को मिलेंगे : **(एस०एस०सी० परीक्षा, 2010)**
(*a*) ₹ 200 (*b*) ₹ 300 (*c*) ₹ 320 (*d*) ₹ 420

61. एक धनराशि को *A*, *B*, *C* तथा *D* में क्रमशः 3 : 4 : 9 : 10 के अनुपात में विभक्त किया जाता है. यदि *C* का भाग, *B* के भाग से ₹ 2580 अधिक हो तो *A* तथा *D* की कुल राशि कितनी है ?
(*a*) ₹ 5676 (*b*) ₹ 6192 (*c*) ₹ 6708 (*d*) ₹ 7224 (*e*) इनमें से कोई नहीं

(बैंक पी०ओ० परीक्षा, 2009)

62. 1655 रु० 90 पै० को अमित, विपिन तथा चन्द्रा के बीच इस प्रकार बाँटा गया है कि अमित को मिलने वाले प्रति 2 रु० पर विपिन को 3 रु० मिलें तथा विपिन को मिलने वाले प्रति 4 रु० पर चन्द्रा को 3 रु० मिलें. इसमें अमित का भाग कितना होगा ? **(रेलवे परीक्षा, 2010)**
(*a*) 456 रु० 80 पै० (*b*) 472 रु० 70 पै० (*c*) 486 रु० 90 पै० (*d*) इनमें से कोई नहीं

63. एक व्यक्ति ने अपनी सम्पत्ति को इस प्रकार से विभक्त किया कि उसकी पुत्री तथा पत्नी के भाग और उसकी पत्नी तथा पुत्र के भाग में से प्रत्येक 3 : 1 के अनुपात में हों. यदि पुत्र को पुत्री से 10000 रु० कम मिलें हों, तो सम्पत्ति का कुल मूल्य कितना है ? **(दिल्ली पुलिस परीक्षा, 2010)**
(*a*) ₹ 15250 (*b*) ₹ 16250 (*c*) ₹ 17500 (*d*) ₹ 18500

64. ₹ 750 को *A*, *B* तथा *C* में इस प्रकार बाँटा गया है कि $A : B = 5 : 2$ तथा $B : C = 7 : 13$. इनमें से *A* का भाग कितना है ? **(एस०एस०सी० परीक्षा, 2004)**
(*a*) ₹ 140 (*b*) ₹ 250 (*c*) ₹ 260 (*d*) ₹ 350

65. ₹ 530 को *A*, *B* तथा *C* में इस प्रकार बाँटा गया है कि *A* को *B* से 70 रु० अधिक मिलें तथा *B* को *C* से ₹ 80 अधिक मिलें. इनके भागों का अनुपात कितना है ?
(*a*) 15 : 8 : 30 (*b*) 16 : 9 : 18 (*c*) 18 : 25 : 10 (*d*) 25 : 18 : 10

66. एक व्यक्ति ₹ 330000 को अपनी पुत्री, पत्नी तथा पुत्र में इस प्रकार बाँटता है कि पुत्री का $\frac{1}{2}$ भाग, पत्नी का $\frac{1}{4}$ भाग तथा पुत्र का $\frac{1}{5}$ भाग परस्पर बराबर हैं. पुत्री का भाग कितना है ? **(एम०बी०ए० परीक्षा, 2002)**
(*a*) ₹ 30000 (*b*) ₹ 60000 (*c*) ₹ 90000 (*d*) ₹ 120000 (*e*) ₹ 150000

67. किसी धन को A, B तथा C में 3 : 5 : 7 के अनुपात में बाँटा गया है. यदि C का भाग, A के भाग से 1600 रु० अधिक हो, तो B का भाग कितना है ?

(*a*) ₹ 1000 (*b*) ₹ 1500 (*c*) ₹ 2000 (*d*) इनमें से कोई नहीं

68. एक व्यक्ति के खर्च और बचत का अनुपात 26 : 3 है. यदि उसकी मासिक आय ₹ 14500 हो, तो उसकी मासिक बचत कितनी है ?

(*a*) ₹ 580 (*b*) ₹ 700 (*c*) ₹ 1500 (*d*) ₹ 1560

69. ₹ 3068 को A, B तथा C में इस प्रकार वितरित किया गया है कि प्रत्येक के भाग में से ₹ 50 कम करने पर इनके भागों का अनुपात 1 : 3 : 2 है. C द्वारा प्राप्त धन कितना है ?

(*a*) ₹ 560 (*b*) ₹ 520 (*c*) ₹ 490 (*d*) ₹ 440

70. 94 को दो भागों A तथा B में इस प्रकार विभक्त किया गया है कि A के पाँचवें भाग तथा B के आठवें भाग का अनुपात 3 : 4 है. A का मान कितना है ?

(*a*) 27 (*b*) 30 (*c*) 36 (*d*) 48

71. ₹ 600 को A, B तथा C में इस प्रकार वितरित किया गया है कि A के $\frac{2}{5}$ से 40 रु० अधिक, B के $\frac{2}{7}$ से ₹ 20 अधिक तथा C के $\frac{9}{17}$ से ₹ 10 अधिक परस्पर बराबर हैं. इनमें से A का भाग कितना है ?

(*a*) ₹ 150 (*b*) ₹ 170 (*c*) ₹ 200 (*d*) ₹ 280

72. ₹ 56250 को A, B तथा C में इस प्रकार वितरित किया गया है कि A को B तथा C के कुल भाग का आधा मिले तथा B को A तथा C के कुल भाग का $\frac{1}{4}$ मिले. A का भाग, B के भाग से कितना अधिक है ?

(*a*) ₹ 7500 (*b*) ₹ 7750 (*c*) ₹ 15000 (*d*) ₹ 16000

73. ₹ 624 को A, B तथा C में $\frac{1}{2}:\frac{1}{3}:\frac{1}{4}$ के अनुपात में बाँटने पर C का भाग कितना होगा ?

(*a*) ₹ 144 (*b*) ₹ 156 (*c*) ₹ 180 (*d*) ₹ 190

(रेलवे परीक्षा, 2005)

74. ₹ 117 को A, B तथा C में $\frac{1}{2}:\frac{1}{3}:\frac{1}{4}$ के अनुपात में बाँटने की अपेक्षा त्रुटिवश 2 : 3 : 4 के अनुपात में बाँटने पर किसको लाभ होगा ?

(*a*) केवल A को (*b*) केवल B को (*c*) केवल C को (*d*) B तथा C को

75. A, B तथा C की आय का अनुपात 7 : 9 : 12 है तथा इनके खर्च का अनुपात 8 : 9 : 15 है. यदि A की बचत उसकी कुल आय का $\frac{1}{4}$ भाग हो, तो A, B तथा C की बचत का अनुपात क्या होगा ?

(*a*) 56 : 99 : 69 (*b*) 99 : 56 : 69 (*c*) 69 : 56 : 99 (*d*) 99 : 69 : 56

76. रामलाल दो धनों को अपने चार पुत्रों A, B, C तथा D में क्रमशः 4 : 3 : 2 : 1 तथा 5 : 6 : 7 : 8 के अनुपात में बाँटता है. यदि दूसरा धन पहले धन से दुगुना हो, तो सबसे अधिक धन प्राप्त करने वाला कौन है ?

(*a*) A (*b*) B (*c*) C (*d*) D

77. A, B तथा C के वेतन क्रमशः 1:2:3 के अनुपात में हैं. यदि B तथा C का कुल वेतन ₹ 12000 हो, तो A से C का वेतन कितने प्रतिशत अधिक है ?

(*a*) 100% (*b*) 200% (*c*) 300% (*d*) 600%

78. एक राशि A, B तथा C में 2:5:9 के अनुपात में बाँटी गई. यदि A का भाग ₹ 2500 हो, तो कुल राशि कितनी है ?

(*a*) ₹ 20000 (*b*) ₹ 17500 (*c*) ₹ 12500 (*d*) ₹ 22500

79. ₹ 3700 को A, B तथा C में इस प्रकार बाँटा गया है कि :

$\frac{A \text{ का भाग}}{B \text{ का भाग}} = \frac{B \text{ का भाग}}{C \text{ का भाग}} = \frac{3}{4}$. तब, A का भाग कितना है ?

(*a*) ₹ 900 (*b*) ₹ 1320 (*c*) ₹ 2210 (*d*) ₹ 2400

80. ₹ 8400 को A, B, C त D में इस प्रकार बाँटा गया है कि $A : B = 2 : 3$, $B : C = 4 : 5$ तथा $C : D = 6 : 7$. इनमें से A का भाग कितना है ? **(एस०एस०सी० परीक्षा, 2002)**

(a) ₹ 1280 (b) ₹ 1320 (c) ₹ 2210 (d) ₹ 2400

81. यदि $\frac{1}{5} : \frac{1}{x} = \frac{1}{x} : \frac{1}{1 \cdot 25}$ हो, तो $x = ?$

(a) 2·5 (b) 3·5 (c) 1·5 (d) 2

82. यदि $x = \frac{1}{3}y$ तथा $y = \frac{1}{2}z$ हो, तो $x : y : z = ?$

(a) 1 : 2 : 6 (b) 1 : 3 : 6 (c) 1 : 2 : 3 (d) 3 : 2 : 1

83. यदि $a : b = c : d$ हो, तो $(ma + nc) : (mb + nd) = ?$

(a) $m : n$ (b) $na : mb$ (c) $a : b$ (d) $md : nc$

84. यदि $7 : x :: 17 \cdot 5 : 22 \cdot 5$ हो, तो $x = ?$

(a) 5·5 (b) 7·5 (c) 6 (d) 9

85. यदि $0 \cdot 75 : x :: 5 : 8$ हो, तो $x = ?$ **(जीवन बीमा निगम परीक्षा, 2003)**

(a) 1·12 (b) 1·20 (c) 1·25 (d) 1·30

86. यदि $336 : 216 :: 980 : x$ हो, तो $x = ?$

(a) 720 (b) 630 (c) 872 (d) 967

87. यदि $p : q = r : s = t : u = 2 : 3$ हो, तो $(mp + nr + vt) : (mq + ns + vu) = ?$

(a) 3 : 2 (b) 2 : 3 (c) 1 : 3 (d) 1 : 2

(एस०एस०सी० परीक्षा, 2005)

88. किसी मानचित्र के लिए पैमाना $1 : 4 \times 10^5$ दिया गया है. यदि मानचित्र में दो बिन्दुओं के बीच की दूरी 4 सेमी० हो, तो इन बिन्दुओं के बीच वास्तविक दूरी कितनी है ? **(एस०एस०सी० परीक्षा, 2008)**

(a) 16 सेमी० (b) 16 मीटर (c) 16 किलोमीटर (d) 4 किलोमीटर

89. किसी समय पर 1·4 मीटर ऊँचाई के एक लड़के की परछाई की लम्बाई 1·2 मीटर है. इसी समय पर एक भवन की परछाई की लम्बाई 5·4 मीटर है. भवन की ऊँचाई कितनी है ?

(a) 5·6 मीटर (b) 6·3 मीटर (c) 3·21 मीटर (d) 4·63 मीटर

90. एक भिन्न के अंश तथा हर का अनुपात 3 : 4 है. अंश में से 9 घटाने पर नई भिन्न मूल भिन्न का $\frac{2}{3}$ हो जाती है. मूल भिन्न का अंश कितना है ?

(a) 9 (b) 18 (c) 27 (d) 36

91. वह कौन-सी भिन्न है जिसका $\frac{1}{27}$ के साथ वही अनुपात है जो $\frac{3}{11}$ तथा $\frac{5}{9}$ का अनुपात है ?

(a) $\frac{1}{11}$ (b) $\frac{3}{11}$ (c) 55 (d) $\frac{1}{55}$

(एस०एस०सी० परीक्षा, 2001)

92. एक पेटी में एक दर्जन शीशे थे. पेटी के गिरने पर टूटे हुए तथा बिना टूटे हुए शीशों का अनुपात निम्न में से कौन-सा नहीं हो सकता ?

(a) 2 : 1 (b) 3 : 1 (c) 3 : 2 (d) 7 : 5

93. निम्नलिखित में से सबसे बड़ा अनुपात कौन-सा है ?

(a) 7 : 15 (b) 15 : 23 (c) 17 : 25 (d) 21 : 29

94. किसी समकोण त्रिभुज की समकोण बनाने वाली भुजायें 5 : 12 के अनुपात में हैं. यदि त्रिभुज का क्षेत्रफल 270 वर्ग सेमी० हो, तो कर्ण की लम्बाई कितनी होगी ? **(एस०एस०सी० परीक्षा, 2010)**

(a) 39 सेमी० (b) 42 सेमी० (c) 45 सेमी० (d) 51 सेमी०

95. एक चतुर्भुज के कोण 6:3:4:5 के अनुपात में हैं. एक त्रिभुज का सबसे छोटा कोण चतुर्भुज के सबसे बड़े कोण का एक-चौथाई है. त्रिभुज का सबसे बड़ा कोण चतुर्भुज के दूसरे सबसे बड़े कोण से 10° अधिक है. त्रिभुज का दूसरा सबसे बड़ा कोण कितना है ? **(बैंक पी०ओ० परीक्षा, 2010)**

(*a*) 80° (*b*) 60° (*c*) 70° (*d*) निर्धारित नहीं किया जा सकता (*e*) इनमें से कोई नहीं

96. एक त्रिभुज के कोण क्रमश: 2:3:4 के अनुपात में हैं. सबसे छोटे कोण के दुगुने तथा दूसरे सबसे बड़े कोण के तिगुने का मिलकर योग क्या होगा ?

(*a*) 250° (*b*) 260° (*c*) 200° (*d*) 220° (*e*) इनमें से कोई नहीं

97. चार पात्रों के मिश्रणों में दूध और पानी क्रमश: 5:3, 2:1, 3:2 तथा 7:4 के अनुपात में है. किस पात्र में पानी के सापेक्ष दूध की मात्रा सबसे कम है ? **(एस०एस०सी० परीक्षा, 2010)**

(*a*) पहले (*b*) दूसरे (*c*) तीसरे (*d*) चौथे

98. एक 60 लीटर के मिश्रण में दूध और पानी का अनुपात 3:1 है. इस अनुपात को 2:1 करने के लिए इसमें कितना पानी और मिलाया जाना चाहिए ? **(दिल्ली पुलिस परीक्षा, 2010)**

(*a*) 5 लीटर (*b*) 7·5 लीटर (*c*) 10 लीटर (*d*) 15 लीटर

99. एक 35 लीटर मिश्रण में दूध और पानी का अनुपात 5:2 है. यदि इसमें 5 लीटर दूध और डाल दिया जाये तो नये मिश्रण में दूध और पानी का अनुपात क्या होगा ?

(*a*) 3:1 (*b*) 5:2 (*c*) 6:5 (*d*) 2:7

100. दो बर्तनों *A* तथा *B* में दूध और पानी के मिश्रण क्रमश: 5:3 तथा 2:3 के अनुपात में हैं. इन मिश्रणों को किस अनुपात में मिलाया जाये कि नये मिश्रण में आधा दूध और आधा पानी हो ? **(एम०बी०ए० परीक्षा, 2006)**

(*a*) 2:5 (*b*) 3:5 (*c*) 4:5 (*d*) 7:3

101. तीन बराबर गिलासों में सिप्रिट तथा पानी के मिश्रण क्रमश: 3:4, 4:5 तथा 5:6 के अनुपात में हैं. इन मिश्रणों को एक नये गिलास में उलट कर मिला दिया जाये तो नये मिश्रण में सिप्रिट तथा पानी का अनुपात क्या होगा ?

(*a*) 820 : 1149 (*b*) 920 : 1159 (*c*) 505 : 561 (*d*) 560 : 567

102. *A* तथा *B* दो मिश्र धातुयें हैं जिन्हें सोने और ताँबे को क्रमश: 5 : 3 तथा 5 : 11 के अनुपात में मिलाकर बनाया गया है. इन दोनों धातुओं की समान मात्राओं को पिघला कर एक तीसरी मिश्र धातु *C* बनाई गई है. *C* में सोने तथा ताँबे का अनुपात क्या होगा ? **(एस०एस०सी० परीक्षा, 2009)**

(*a*) 25 : 33 (*b*) 33 : 25 (*c*) 15 : 17 (*d*) 17 : 15

103. सोना पानी से 19 गुना भारी है जबकि ताँबा पानी से 9 गुना भारी है. इनको किस अनुपात में मिलाया जाये ताकि मिश्रण धातु पानी से 15 गुना भारी हो ? **(एम०बी०ए० परीक्षा, 2008)**

(*a*) 1 : 1 (*b*) 2 : 3 (*c*) 1 : 2 (*d*) 3 : 2

104. दिया गया है कि 24 कैरेट सोना शुद्ध सोना है. 18 कैरेट सोने में $\frac{3}{4}$ भाग सोना है तथा 20 कैरेट सोने में $\frac{5}{6}$ भाग सोना है. 18 कैरेट सोने में शुद्ध सोने का तथा 20 कैरेट सोने में शुद्ध सोने का अनुपात क्या है ?

(*a*) 5 : 8 (*b*) 8 : 5 (*c*) 9 : 10 (*d*) इनमें से कोई नहीं

(मैनेजमैन्ट परीक्षा, 2004)

105. श्री तथा श्रीमती गुप्ता का भार 7 : 8 के अनुपात में है तथा इनका कुल भार 120 किग्रा० है. डायटिंग कोर्स करने के बाद श्री गुप्ता का भार 6 किग्रा० कम हो गया तथा इनके भार का अनुपात 5 : 6 हो गया. श्रीमती गुप्ता का भार कितना कम हुआ ? **(एस०एस०सी० परीक्षा, 2009)**

(*a*) 2 किग्रा० (*b*) 4 किग्रा० (*c*) 3 किग्रा० (*d*) 5 किग्रा०

106. एक हीरे का मूल्य उसके भार के वर्ग के अनुक्रमानुपाती है. एक हीरा चार भागों में इस प्रकार टूटा कि उसके टुकड़ों का भार 1:2:3:4 के अनुपात में था. यदि टूटने पर हीरे के मूल्य में ₹ 7000 की हानि हुई हो, तो मूल हीरे का मूल्य कितना था ? **(बीमा परीक्षा, 2010)**

(*a*) ₹ 100000 (*b*) ₹ 140000 (*c*) ₹ 150000 (*d*) ₹ 175000

107. एक बोतल में मदिरा तथा पानी का अनुपात 3 : 1 है. इसका कितना भाग निकाल कर उतना ही पानी मिला दिया जाये कि अन्त में बने मिश्रण में मदिरा तथा पानी बराबर-बराबर हों? **(एस०एस०सी० परीक्षा, 2005)**

(*a*) $\frac{1}{3}$ (*b*) $\frac{1}{4}$ (*c*) $\frac{2}{3}$ (*d*) $\frac{3}{4}$

108. सम्पूर्ण पृथ्वी पर थल और पानी का अनुपात 1 : 2 है. उत्तरी अर्द्ध-गोलार्द्ध पर यह अनुपात 2 : 3 है. दक्षिणी अर्द्ध-गोलार्द्ध पर थल और पानी का अनुपात कितना है? **(एस०एस०सी० परीक्षा, 2004)**

(*a*) 4:11 (*b*) 4:15 (*c*) 11:4 (*d*) 15:4

109. दो धातुओं में जिंक तथा ताँबे का अनुपात क्रमशः 2 : 1 तथा 4 : 1 है. दोनों धातुओं को किस अनुपात में मिलाया जाये कि नई धातु में जिंक तथा ताँबे का अनुपात 3 : 1 हो?

(*a*) 3 : 5 (*b*) 5 : 7 (*c*) 7 : 5 (*d*) इनमें से कोई नहीं

110. एक धातु में ताँबा तथा जिंक 9 : 4 के अनुपात में हैं. 24 किग्रा० ताँबे के साथ कितना जिंक पिघलाना होगा?

(*a*) $10\frac{2}{3}$ किग्रा० (*b*) $10\frac{1}{3}$ किग्रा० (*c*) $9\frac{2}{3}$ किग्रा० (*d*) 9 किग्रा०

111. धातु *A* के 60 किग्रा० के साथ धातु *B* का 100 किग्रा० मिलाया गया है. यदि धातु *A* में शीशे और टिन का अनुपात 3 : 2 हो तथा धातु *B* में यह अनुपात 4 : 1 हो, तो नई धातु में टिन कितना होगा?

(*a*) 36 किग्रा० (*b*) 44 किग्रा० (*c*) 53 किग्रा० (*d*) 80 किग्रा०

112. एक महाविद्यालय में कला, वाणिज्य तथा विज्ञान में अध्ययन करने वाले छात्रों की संख्या का अनुपात 3 : 5 : 8 है. यदि इन विभागों में छात्रों की संख्या में क्रमशः 20%, 40% तथा 25% की वृद्धि हुई हो तो अब इन विभागों में छात्रों की संख्या का अनुपात है क्रमशः **(बैंक पी०ओ० परीक्षा, 2008)**

(*a*) 18 : 35 : 50 (*b*) 3 : 10 : 10 (*c*) 4 : 8 : 5 (*d*) 32 : 35 : 25 (*e*) इनमें से कोई नहीं

113. एक कालिज में कला तथा वाणिज्य संकायों में विद्यार्थी क्रमशः 4 : 5 के अनुपात में थे. वाणिज्य संकाय में 65 और विद्यार्थियों द्वारा प्रवेश लेने पर यह अनुपात क्रमशः 8 : 11 हो गया. कला संकाय में कितने विद्यार्थी हैं?

(*a*) 520 (*b*) 650 (*c*) 715 (*d*) निर्धारित नहीं किया जा सकता

(*e*) इनमें से कोई नहीं **(बैंक पी०ओ० परीक्षा, 2009)**

114. तीन विद्यालयों *A, B* तथा *C* के छात्रों का अनुपात क्रमशः 5 : 4 : 7 है. इन विद्यालयों में छात्रों की संख्या में क्रमशः 20%, 25% तथा 20% की वृद्धि होने पर यह अनुपात होगा क्रमशः **(बैंक पी०ओ० परीक्षा, 2010)**

(*a*) 5 : 5 : 7 (*b*) 30 : 25 : 42 (*c*) 30 : 20 : 49 (*d*) निर्धारित नहीं किया जा सकता

(*e*) इनमें से कोई नहीं

115. तीन संख्यायें क्रमशः 3 : 4 : 5 के अनुपात में हैं. पहली तथा तीसरी संख्या का योग दूसरी संख्या से 52 अधिक है. सबसे बड़ी संख्या क्या है? **(बैंक पी०ओ० परीक्षा, 2010)**

(*a*) 65 (*b*) 52 (*c*) 79 (*d*) 63 (*e*) इनमें से कोई नहीं

116. दो संख्यायें 3 : 4 के अनुपात में हैं. प्रत्येक संख्या में 6 की वृद्धि करने पर यह अनुपात 4 : 5 हो जाता है. इन संख्याओं का अन्तर कितना है? **(एस०एस०सी० परीक्षा, 2009)**

(*a*) 1 (*b*) 3 (*c*) 6 (*d*) 8

117. दो संख्यायें 2 : 3 के अनुपात में हैं तथा इनका गुणनफल 96 है. इनका योगफल कितना है?

(*a*) 5 (*b*) 20 (*c*) 101 (*d*) 102

(एस०एस०सी० परीक्षा, 2009)

118. तीन संख्यायें *A, B* तथा *C* ऐसी हैं कि *A* का दुगुना *B* के तिगुने के बराबर है तथा *B* का चार गुना *C* के पाँच गुना के बराबर है. *A* तथा *C* का अनुपात कितना है? **(एस०एस०सी० परीक्षा, 2009)**

(*a*) 3 : 4 (*b*) 8 : 15 (*c*) 15 : 8 (*d*) 4 : 3

119. तीन संख्यायें 5 : 6 : 7 के अनुपात में हैं. यदि इन संख्याओं का गुणनफल 5670 हो, तो इनमें सबसे बड़ी संख्या कौन-सी है? **(एस०एस०सी० परीक्षा, 2009)**

(*a*) 15 (*b*) 18 (*c*) 21 (*d*) 28

120. दो संख्यायें 4 : 5 के अनुपात में हैं. पहली संख्या में 20% की वृद्धि तथा दूसरी संख्या में 20% की कमी करने पर प्राप्त संख्याओं में अनुपात क्या होगा? **(एस०एस०सी० परीक्षा, 2009)**

(*a*) 4 : 5 (*b*) 5 : 4 (*c*) 5 : 6 (*d*) 6 : 5

121. दो संख्याओं के अन्तर, योगफल तथा गुणनफल का अनुपात 1 : 7 : 24 है. इन संख्याओं का गुणनफल कितना होगा? **(एस०एस०सी० परीक्षा, 2006)**

(*a*) 36 (*b*) 52 (*c*) 48 (*d*) 40

122. तीन संख्याओं का योग 64 है. पहली तथा दूसरी संख्याओं का अनुपात 3 : 5 है जबकि दूसरी तथा तीसरी संख्याओं का अनुपात 5 : 8 है. दूसरी संख्या क्या है?

(*a*) 20 (*b*) 30 (*c*) 40 (*d*) इनमें से कोई नहीं

123. तीन संख्याओं का अनुपात 3 : 4 : 7 है तथा इनका गुणनफल 18144 है. ये संख्यायें हैं क्रमश:

(*a*) 9, 12, 21 (*b*) 15, 20, 25 (*c*) 18, 24, 42 (*d*) इनमें से कोई नहीं

(होटल मैनेजमैन्ट परीक्षा, 2004)

124. एक संख्या का 40%, दूसरी संख्या के $\frac{3}{5}$ के बराबर है. पहली संख्या का दूसरी संख्या से क्या अनुपात है?

(*a*) 2 : 3 (*b*) 3 : 2 (*c*) 3 : 4 (*d*) ज्ञात नहीं किया जा सकता

(*d*) इनमें से कोई नहीं

125. एक विद्यालय में लड़कों की संख्या का 10%, लड़कियों की संख्या का $\frac{1}{4}$ भाग है तथा लड़कियों की संख्या का 10%, लड़कों की संख्या का $\frac{1}{25}$ है. लड़के तथा लड़कियों की संख्या का अनुपात कितना है?

(*a*) 3 : 2 (*b*) 5 : 2 (*c*) 2 : 1 (*d*) 4 :3

126. तीन कारों द्वारा 1 : 2 : 3 के अनुपात में दूरी तय की गई. यदि यात्रा के समय का अनुपात 3 : 2 : 1 हो तो उनकी चालों का अनुपात क्या है? **(एस०एस०सी० परीक्षा, 2009)**

(*a*) 3 : 9 : 1 (*b*) 1 : 3 : 9 (*c*) 1 : 2 : 4 (*d*) 4 : 3 : 2

127. जितने समय में एक खरगोश 5 छलाँगें लगाता है, उतनी देर में एक कुत्ता 3 छलाँगें लगाता है. यदि कुत्ते की एक छलाँग में तय की गई दूरी खरगोश की 3 छलाँगों में लगाई गई दूरी के बराबर हो, तो कुत्ते व खरगोश की चालों का अनुपात क्या है?

(*a*) 8 : 5 (*b*) 9 : 5 (*c*) 8 : 7 (*d*) 9 : 7

128. एक परीक्षा में प्रवीण तथा विजय के प्राप्तांकों का अनुपात 4 : 5 है, जबकि विजय तथा सुरेश के प्राप्तांकों का अनुपात 3 : 2 है. प्रवीण तथा सुरेश के प्राप्तांकों का अनुपात क्या है?

(*a*) 2 : 1 (*b*) 5 : 3 (*c*) 6 : 5 (*d*) 5 : 6

129. एक परीक्षा में आंशुल ने अंग्रेजी में विज्ञान से दुगुने अंक लिये. अंग्रेजी, विज्ञान तथा गणित में उसके कुल प्राप्तांक 180 थे. यदि अंग्रेजी तथा गणित में उसके प्राप्तांकों का अनुपात 2 : 3 हो, तो विज्ञान में उसके प्राप्तांक कितने थे?

(*a*) 15 (*b*) 30 (*c*) 60 (*d*) 90

130. 5 केले तथा 4 सेबों का मूल्य 3 केले तथा 7 सेबों के मूल्य के बराबर है. एक केले तथा एक सेब के मूल्यों का अनुपात क्या होगा?

(*a*) 3 : 2 (*b*) 4 : 3 (*c*) 3 : 4 (*d*) 1 : 3

131. हरि के पास कुछ गायें तथा कुछ मुर्गे हैं. यदि कुल सिरों की संख्या 48 तथा पैरों की संख्या 140 हो, तो उसके पास कितने मुर्गे हैं?

(*a*) 22 (*b*) 23 (*c*) 24 (*d*) 26

132. ₹ 126 प्रति किग्रा०, ₹ 135 प्रति किग्रा० की दो प्रकार की चाय को तीसरे प्रकार के चाय के साथ 1 : 1 : 2 के अनुपात में मिलाया गया है. यदि इस प्रकार बने मिश्रण का मूल्य ₹ 153 प्रति किग्रा० हो, तो तीसरे प्रकार की चाय का मूल्य प्रति किग्रा० क्या है? **(एस०एस०सी० परीक्षा, 2003)**

(*a*) ₹ 169·50 (*b*) ₹ 175 (*c*) ₹ 175·50 (*d*) ₹ 185

133. किसी कारखाने में एक व्यक्ति द्वारा किये गये उत्पादन का $33\frac{1}{3}$ %, दूसरे व्यक्ति द्वारा किये गये उत्पादन का 50% है. यदि दूसरा व्यक्ति प्रतिदिन 1500 पेंच बनाये, तो पहला व्यक्ति प्रतिदिन कितने पेंच बनाता है ?

(*a*) 500 (*b*) 1000 (*c*) 2000 (*d*) 2250

134. एक कारखाने में स्त्री तथा पुरुष कर्मचारियों का अनुपात 3 : 5 है. यदि स्त्रियों की संख्या पुरुषों की संख्या से 40 कम हो, तो कारखाने में कुल कितने कर्मचारी हैं ?

(*a*) 100 (*b*) 160 (*c*) 200 (*d*) 500

135. दो संख्याओं का अन्तर उनके योगफल का 45% है. बड़ी संख्या तथा छोटी संख्या का अनुपात क्या है ?

(*a*) 9 : 20 (*b*) 11 : 29 (*c*) 20 : 9 (*d*) 29 : 11

(एस०एस०सी० परीक्षा, 2004)

136. दो छात्रों की आयु का अनुपात 3 : 2 है. इनमें से एक दूसरे से 5 वर्ष बड़ा है. छोटे छात्र की आयु कितनी है ?

(*a*) 5 वर्ष (*b*) $5\frac{1}{2}$ वर्ष (*c*) 10 वर्ष (*d*) 15 वर्ष

(एस०एस०सी० परीक्षा, 2004)

137. दो संख्यायें 3 : 4 के अनुपात में हैं. उनके लघुत्तम समापवर्त्य तथा महत्तम समापवर्तक का गुणनफल 2028 है. इन संख्याओं का योगफल कितना है ? **(एस०एस०सी० परीक्षा, 2009)**

(*a*) 68 (*b*) 72 (*c*) 86 (*d*) 91

138. यदि $A = B$ का $\frac{4}{5}$ तथा $B = C$ का $\frac{5}{2}$ हो, तो $A : C = ?$ **(एस०एस०सी० परीक्षा, 2009)**

(*a*) 1 : 2 (*b*) 2 : 1 (*c*) 2 : 3 (*d*) 1 : 3

139. संख्याओं 6, 7, 15, 17 में से प्रत्येक में कम से कम क्या जोड़ें कि परिणामी संख्यायें समानुपाती हो जायें ?

(*a*) 6 (*b*) 5 (*c*) 4 (*d*) 3

(एस०एस०सी० परीक्षा, 2009)

140. तीन पात्रों के आयतन का अनुपात 3 : 4 : 5 है. इन्हें दूध और पानी के मिश्रणों से भरा जाता है. इन तीन पात्रों से भरे मिश्रणों में दूध और पानी का अनुपात 4 : 1, 3 : 1 तथा 5 : 2 है. इन तीन पात्रों के मिश्रणों को एक चौथे पात्र में डाल दिया जाता है. चौथे पात्र में दूध और पानी का अनुपात कितना होगा ?

(*a*) 5 : 2 (*b*) 157 : 53 (*c*) 151 : 48 (*d*) 4 : 1

141. ₹ 126 प्रति किग्रा० और ₹ 135 प्रति किग्रा० वाली चाय को एक तीसरी प्रकार की चाय के साथ 1 : 1 : 2 के अनुपात में मिलाया गया है. यदि इस मिश्रण का मूल्य ₹ 153 प्रति किग्रा० हो, तो तीसरे प्रकार की चाय का मूल्य प्रति किग्रा० कितना है ?

(*a*) ₹ 169·50 (*b*) ₹ 175·50 (*c*) ₹ 175 (*d*) ₹ 185

142. कुछ राशि *A*, *B*, *C* और *D* के बीच क्रमश: 5 : 2 : 4 : 3 के अनुपात में वितरित की गई है. यदि *A* को *C* से ₹ 1000 अधिक मिलें तो *B* का भाग कितना है ?

(*a*) ₹ 2000 (*b*) ₹ 1500 (*c*) ₹ 500 (*d*) ज्ञात नहीं किया जा सकता

(*e*) इनमें से कोई नहीं

143. एक संख्या का 40%, दूसरी संख्या का $\frac{4}{7}$ है. पहली तथा दूसरी संख्या के बीच का अनुपात क्या होगा ?

(*a*) 7 : 10 (*b*) 5 : 7 (*c*) 7 : 5 (*d*) 10 : 7 (*d*) इनमें से कोई नहीं

144. एक कार तथा एक रेल की गति का अनुपात क्रमश: 15 : 22 है. यदि रेल की गति, कार की गति से 35 किमी०/घण्टा अधिक हो, तो कार की गति कितनी है ? **(एस०एस०सी० परीक्षा, 2003)**

(*a*) 75 किमी०/घण्टा (*b*) 110 किमी०/घण्टा (*c*) 85 किमी०/घण्टा (*d*) निर्धारित नहीं किया जा सकता

(*d*) इनमें से कोई नहीं

145. यदि $(P + Q)$ का 20% = $(P - Q)$ का 50% हो, तो $P : Q = ?$

(*a*) 7 : 5 (*b*) 5 : 7 (*c*) 3 : 7 (*d*) 7 : 3

146. यदि $A : B : C = 2 : 3 : 4$ हो, तो $\frac{A}{B} : \frac{B}{C} : \frac{C}{A} = ?$

(*a*) 8 : 9 : 16 (*b*) 8 : 9 : 12 (*c*) 8 : 9 : 24 (*d*) 4 : 9 : 16

147. 28 लीटर मिश्रण में पैट्रोल तथा तेल का अनुपात 5 : 2 है. इसमें कितना तेल और मिलाया जाये कि यह अनुपात 2 : 1 हो जाये ?

(*a*) 4 लीटर (*b*) 3 लीटर (*c*) 2 लीटर (*d*) 1 लीटर

148. 1 रु०, 50 पैसे तथा 25 पैसे के 378 सिक्कों के मूल्यों का अनुपात 13 : 11 : 7 है. इनमें से 50 पैसे के सिक्कों की संख्या कितनी है ?

(*a*) 128 (*b*) 132 (*c*) 133 (*d*) 136

149. एक थैली में 1 रु०, 50 पैसे तथा 25 पैसे के सिक्के हैं. 50 पैसे के सिक्कों की संख्या, 25 पैसे के सिक्कों की संख्या से दुगुनी तथा 1 रु० के सिक्कों की संख्या से चौगुनी है. इन सिक्कों का कुल मूल्य 56 रु० है. 50 पैसे के सिक्कों की संख्या कितनी है ?

(*a*) 64 (*b*) 32 (*c*) 16 (*d*) आँकड़े अपर्याप्त

150. *A* तथा *B* के वेतन का अनुपात 8 : 9 है. यदि *A* के वेतन में 50% वृद्धि करें तथा *B* के वेतन में 25% कमी कर दें तो इनके वेतन का अनुपात 16 : 9 रह जाता है. *A* का वेतन कितना है ? **(बैंक पी०ओ० परीक्षा, 2006)**

(*a*) ₹ 22000 (*b*) ₹ 28500 (*c*) ₹ 37000 (*d*) ज्ञात नहीं किया जा सकता

(*d*) इनमें से कोई नहीं

151. दो संख्याओं का अनुपात $1\frac{1}{2} : 2\frac{2}{3}$ है. प्रत्येक में 15 जोड़ने पर यह अनुपात $1\frac{2}{3} : 2\frac{1}{2}$ हो जाता है. इनमें से बड़ी संख्या क्या है ? **(एस०एस०सी० परीक्षा, 2005)**

(*a*) 27 (*b*) 36 (*c*) 48 (*d*) 64

उत्तरमाला (प्रश्नमाला 12A)

1. (*d*)	2. (*d*)	3. (*a*)	4. (*d*)	5. (*b*)	6. (*d*)	7. (*b*)	8. (*b*)	9. (*d*)	10. (*a*)
11. (*b*)	12. (*b*)	13. (*c*)	14. (*a*)	15. (*a*)	16. (*a*)	17. (*b*)	18. (*b*)	19. (*c*)	20. (*c*)
21. (*b*)	22. (*c*)	23. (*b*)	24. (*c*)	25. (*b*)	26. (*d*)	27. (*c*)	28. (*a*)	29. (*a*)	30. (*c*)
31. (*c*)	32. (*c*)	33. (*c*)	34. (*d*)	35. (*c*)	36. (*a*)	37. (*d*)	38. (*d*)	39. (*d*)	40. (*c*)
41. (*c*)	42. (*a*)	43. (*b*)	44. (*c*)	45. (*c*)	46. (*d*)	47. (*d*)	48. (*d*)	49. (*b*)	50. (*a*)
51. (*b*)	52. (*c*)	53. (*b*)	54. (*a*)	55. (*d*)	56. (*d*)	57. (*c*)	58. (*a*)	59. (*c*)	60. (*b*)
61. (*c*)	62. (*a*)	63. (*b*)	64. (*d*)	65. (*d*)	66. (*b*)	67. (*c*)	68. (*c*)	69. (*c*)	70. (*b*)
71. (*a*)	72. (*a*)	73. (*a*)	74. (*d*)	75. (*a*)	76. (*a*)	77. (*b*)	78. (*a*)	79. (*a*)	80. (*a*)
81. (*a*)	82. (*b*)	83. (*c*)	84. (*d*)	85. (*b*)	86. (*b*)	87. (*b*)	88. (*c*)	89. (*b*)	90. (*c*)
91. (*d*)	92. (*c*)	93. (*d*)	94. (*a*)	95. (*e*)	96. (*b*)	97. (*c*)	98. (*b*)	99. (*a*)	100. (*c*)
101. (*b*)	102. (*c*)	103. (*d*)	104. (*c*)	105. (*b*)	106. (*a*)	107. (*a*)	108. (*a*)	109. (*a*)	110. (*a*)
111. (*b*)	112. (*a*)	113. (*a*)	114. (*b*)	115. (*a*)	116. (*c*)	117. (*b*)	118. (*c*)	119. (*c*)	120. (*d*)
121. (*c*)	122. (*a*)	123. (*c*)	124. (*b*)	125. (*b*)	126. (*b*)	127. (*b*)	128. (*c*)	129. (*b*)	130. (*a*)
131. (*d*)	132. (*c*)	133. (*d*)	134. (*b*)	135. (*d*)	136. (*c*)	137. (*d*)	138. (*b*)	139. (*d*)	140. (*b*)
141. (*b*)	142. (*a*)	143. (*d*)	144. (*a*)	145. (*d*)	146. (*c*)	147. (*c*)	148. (*b*)	149. (*a*)	150. (*d*)
151. (*c*)									

दिये गये प्रश्नों के हल प्रश्नमाला 12A

1. $\frac{a}{c} = \left(\frac{a}{b} \times \frac{b}{c}\right) = \left(\frac{3}{4} \times \frac{8}{9}\right) = \frac{2}{3} \Rightarrow a : c = 2 : 3.$

2. $\frac{A}{C} = \left(\frac{A}{B} \times \frac{B}{C}\right) = \left(\frac{3}{2} \times \frac{3}{4}\right) = \frac{9}{8} \Rightarrow A : C = 9 : 8.$

3. $\frac{W_2}{W_3} = \left(\frac{W_2}{W_1} \times \frac{W_1}{W_3}\right) = \left(\frac{3}{2} \times \frac{1}{2}\right) = \frac{3}{4} \Rightarrow W_2 : W_3 = 3 : 4.$

4. $ab = 64 = 32 \times 2 \Rightarrow \frac{32}{a} = \frac{b}{2} \Rightarrow 32 : a = b : 2.$

5. $\frac{a}{c} = \left(\frac{a}{b} \times \frac{b}{c}\right) = \left(\frac{3}{4} \times \frac{4}{7}\right) = \frac{3}{7}$ तथा $\frac{b}{c} = \frac{4}{7}.$

$\therefore \frac{a+b+c}{c} = \left(\frac{a}{c} + \frac{b}{c} + \frac{c}{c}\right) = \left(\frac{a}{c} + \frac{b}{c} + 1\right) = \left(\frac{3}{7} + \frac{4}{7} + 1\right) = \frac{(3+4+7)}{7} = \frac{14}{7} = 2.$

6. $A \times \frac{60}{100} = B \times \frac{3}{4} \Rightarrow \frac{A}{B} = \left(\frac{3}{4} \times \frac{100}{60}\right) = \frac{5}{4} \Rightarrow A : B = 5 : 4.$

7. $\left(A = B \times \frac{4}{5} \Rightarrow \frac{A}{B} = \frac{4}{5}\right), \left(B = C \times \frac{5}{2} \Rightarrow \frac{B}{C} = \frac{5}{2}\right).$

$\therefore \frac{A}{C} = \left(\frac{A}{B} \times \frac{B}{C}\right) = \left(\frac{4}{5} \times \frac{5}{2}\right) = \left(\frac{2}{1}\right) \Rightarrow A : C = 2 : 1.$

8. $z : y = 21 : 16 \Rightarrow y : z = 16 : 21.$

$\frac{x}{z} = \left(\frac{x}{y} \times \frac{y}{z}\right) = \left(\frac{12}{5} \times \frac{16}{21}\right) = \frac{64}{35} \Rightarrow x : z = 64 : 35.$

9. $\left(2A = 3B \Rightarrow \frac{A}{B} = \frac{3}{2}\right), \left(4B = 5C \Rightarrow \frac{B}{C} = \frac{5}{4}\right)$

$\therefore \frac{A}{C} = \left(\frac{A}{B} \times \frac{B}{C}\right) = \left(\frac{3}{2} \times \frac{5}{4}\right) = \frac{15}{8} \Rightarrow A : C = 15 : 8.$

10. $a : b = 7 : 9 = \frac{7}{9} : 1$ तथा $b : c = 1 : 5$

$\Rightarrow a : b : c = \frac{7}{9} : 1 : 5 = 7 : 9 : 45.$

11. $a : b = 5 : 7 = \frac{5}{7} : 1 = \left(6 \times \frac{5}{7}\right) : (6 \times 1) = \frac{30}{7} : 6$ तथा $b : c = 6 : 11$

$\Rightarrow a : b : c = \frac{30}{7} : 6 : 11 \Rightarrow 30 : 42 : 77.$

12. $x : y : z = \frac{1}{2} : \frac{1}{3} : \frac{1}{5} = 15 : 10 : 6.$

13. माना $2A = 3B = 4C = k$. तब, $A = \frac{k}{2}, B = \frac{k}{3}$ तथा $C = \frac{k}{4}.$

$\therefore A : B \cdot C = \frac{k}{2} : \frac{k}{3} : \frac{k}{4} = 6 : 4 : 3.$

14. माना $\frac{A}{3} = \frac{B}{4} = \frac{C}{5} = k$. तब, $A = 3k, B = 4k$ तथा $C = 5k.$

$\therefore A : B : C = 3k : 4k : 5k = 3 : 4 : 5.$

15. $\frac{A}{B} = \frac{1}{3}$ तथा $\frac{B}{C} = \frac{1}{2} \Rightarrow A : B = 1 : 3, B : C = 1 : 2 = 3 : 6$

$\therefore A : B : C = 1 : 3 : 6.$

16. A का 30% = B का 0.25 = C का $\frac{1}{5} = k$ (माना)

$\Rightarrow A\times\frac{30}{100} = B\times\frac{25}{100} = C\times\frac{1}{5} = k$

$\Rightarrow A\times\frac{3}{10} = B\times\frac{1}{4} = C\times\frac{1}{5} = k \Rightarrow A = \frac{10}{3}k, B = 4k$ तथा $C = 5k$

$\Rightarrow A:B:C = \frac{10k}{3}:4k:5k = 10k:12k:15k = 10:12:15.$

17. माना $\frac{a}{3}=\frac{b}{4}=\frac{c}{7}=k$. तब, $a = 3k, b = 4k$ तथा $c = 7k$.

$\therefore \frac{a+b+c}{c} = \frac{(3k+4k+7k)}{7k} = \frac{14k}{7k} = 2.$

18. माना $A = 2k, B = 3k$ तथा $C = 4k$. तब

$\frac{A}{B} = \frac{2k}{3k} = \frac{2}{3}, \frac{B}{C} = \frac{3k}{4k} = \frac{3}{4}$ तथा $\frac{C}{A} = \frac{4k}{2k} = 2$

$\Rightarrow \frac{A}{B}:\frac{B}{C}:\frac{C}{A} = \frac{2}{3}:\frac{3}{4}:\frac{2}{1} = 8:9:24.$

19. $\frac{A}{D} = \left(\frac{A}{B}\times\frac{B}{C}\times\frac{C}{D}\right) = \left(\frac{3}{4}\times\frac{5}{7}\times\frac{8}{9}\right) = \frac{10}{21} \Rightarrow A:D = 10:21.$

20. $A:B = 2:3, B:C = 9:7, C:D = 14:15$

$\Rightarrow A:B = 2:3, B:C = 18:14$ तथा $C:D = 14:15$

$\Rightarrow A:B = 12:18, B:C = 18:14$ तथा $C:D = 14:15$

$\Rightarrow A:B:C:D = 12:18:14:15.$

21. $A:B = 4:3; B:C = 3:5$ तथा $C:D = 10:9$

$\Rightarrow A:B:C = 4:3:5$ तथा $C:D = 10:9$

$\Rightarrow A:B:C = 8:6:10$ तथा $C:D = 10:9$

$\Rightarrow A:B:C:D = 8:6:10:9.$

22. $A:B = \frac{2}{9}:\frac{1}{3} = 2:3, B:C = \frac{2}{7}:\frac{5}{14} = 4:5, C:D = \frac{3}{5}:\frac{7}{10} = 6:7$

$\Rightarrow A:B = \frac{2}{3}:1, B:C = 1:\frac{5}{4}$ तथा $C:D = 1:\frac{7}{6}$

$\Rightarrow A:B:C = \frac{2}{3}:1:\frac{5}{4}$ तथा $C:D = 1:\frac{7}{6}$

$\Rightarrow A:B:C = 8:12:15$ तथा $C:D = 15:\left(\frac{7}{6}\times15\right)$

$\Rightarrow A:B:C:D = 8:12:15:\frac{35}{2} = 16:24:30:35.$

23. $A:B = 4:7$ तथा $B:C:D = 21:33:44$

$\Rightarrow A:B:C:D = 12:21:33:44.$

24. माना $\frac{a}{b} = \frac{b}{c} = k$ तब $a = bk$ तथा $b = ck$.

$\therefore b = ck$ तथा $a = ck^2$.

$\therefore \frac{a^4}{b^4} = \frac{(ck^2)^4}{(ck)^4} = \frac{c^4k^8}{c^4k^4} = k^4 = \frac{a^2}{c^2}$

तब, $(a^4:b^4) = (a^2:c^2)$.

25. $A\times\frac{15}{100}=B\times\frac{20}{100}\Rightarrow\frac{A}{B}=\left(\frac{20}{100}\times\frac{100}{15}\right)=\frac{4}{3}\Rightarrow A:B=4:3.$

26. $A=B$ का 140% तथा $B=C$ का 80%

$\Rightarrow A=B\times\frac{140}{100}$ तथा $B=C\times\frac{80}{100}\Rightarrow A=\frac{7B}{5},\ B=\frac{4C}{5}$

$\Rightarrow A=\frac{7}{5}\times\frac{4C}{5}\Rightarrow\frac{A}{C}=\frac{28}{25}\Rightarrow A:C=28:25.$

27. $a:b=2:3,\ b:c=1:\frac{5}{4}=3:\frac{15}{4}$

$\Rightarrow a:b:c=2:3:\frac{15}{4}=8:12:15.$

$\Rightarrow\frac{a+b}{b+c}=\frac{8k+12k}{12k+15k}=\frac{20k}{27k}=\frac{20}{27}\Rightarrow(a+b):(b+c)=20:27.$

28. $\frac{x^2-y^2}{x^2+y^2}=\frac{\frac{x^2}{y^2}-1}{\frac{x^2}{y^2}+1}$ [अंश तथा हर को y^2 से भाग देने पर]

$=\frac{4-1}{4+1}=\frac{3}{5}\left[\because\frac{x}{y}=\frac{2}{1}\Rightarrow\frac{x^2}{y^2}=\frac{4}{1}=4\right]$

$\therefore(x^2-y^2):(x^2+y^2)=3:5.$

29. $\frac{xy+y^2}{x^2-y^2}=\frac{\frac{x}{y}+1}{\frac{x^2}{y^2}-1}$ [अंश तथा हर को y^2 से भाग देने पर]

$=\frac{\frac{7}{3}+1}{\frac{49}{9}-1}=\frac{\left(\frac{10}{3}\right)}{\left(\frac{40}{9}\right)}=\left(\frac{10}{3}\times\frac{9}{40}\right)=\frac{3}{4}.$

$\therefore(xy+y^2):(x^2-y^2)=3:4.$

30. $\frac{3x+2y}{2x+5y}=\frac{3\left(\frac{x}{y}\right)+2}{2\left(\frac{x}{y}\right)+5}=\frac{\left(3\times\frac{2}{5}\right)+2}{\left(2\times\frac{2}{5}\right)+5}=\frac{\left(\frac{6}{5}+2\right)}{\left(\frac{4}{5}+5\right)}=\frac{\left(\frac{16}{5}\right)}{\left(\frac{29}{5}\right)}=\frac{16}{29}.$

$\therefore(3x+2y):(2x+5y)=16:29.$

31. $\frac{x^3-y^3}{x^3+y^3}=\frac{\frac{x^3}{y^3}-1}{\frac{x^3}{y^3}+1}$ [अंश तथा हर को y^3 से भाग देने पर]

$=\frac{\left(\frac{x}{y}\right)^3-1}{\left(\frac{x}{y}\right)^3+1}=\frac{(3^3-1)}{(3^3+1)}=\frac{(27-1)}{(27+1)}=\frac{26}{28}=\frac{13}{14}.$

$\therefore(x^3-y^3):(x^3+y^3)=13:14.$

32. $\frac{(7x+3y)}{(7x-3y)}=\frac{7\left(\frac{x}{y}\right)+3}{7\left(\frac{x}{y}\right)-3}$ [अंश तथा हर को y से भाग देने पर]

$$=\frac{\left(7\times\frac{3}{4}\right)+3}{\left(7\times\frac{3}{4}\right)-3}=\frac{\left(\frac{21}{4}+3\right)}{\left(\frac{21}{4}-3\right)}=\frac{\left(\frac{33}{4}\right)}{\left(\frac{9}{4}\right)}=\frac{33}{9}=\frac{11}{3}.$$

$\therefore\ (7x+3y):(7x-3y)=11:3.$

33. $\frac{10x+3y}{5x+2y}=\frac{10\left(\frac{x}{y}\right)+3}{5\left(\frac{x}{y}\right)+2}$ [अंश तथा हर को y से भाग देने पर]

$$=\frac{\left(10\times\frac{3}{5}\right)+3}{\left(5\times\frac{3}{5}\right)+2}=\frac{(6+3)}{(3+2)}=\frac{9}{5}.$$

$\therefore\ (10x+3y):(5x+2y)=9:5.$

34. माना $\frac{x}{5}=\frac{y}{8}=k$. तब, $x=5k$ तथा $y=8k$.

$\therefore\ \frac{(x+5)}{(y+8)}=\frac{(5k+5)}{(8k+8)}=\frac{5(k+1)}{8(k+1)}=\frac{5}{8}.$

$\Rightarrow (x+5):(y+8)=5:8.$

35. $\frac{4x^2-3y^2}{2x^2+5y^2}=\frac{12}{19}\Rightarrow\frac{4\left(\frac{x^2}{y^2}\right)-3}{2\left(\frac{x^2}{y^2}\right)+5}=\frac{12}{19}$

$\Rightarrow\frac{4z^2-3}{2z^2+5}=\frac{12}{19}$ जहाँ $\frac{x}{y}=z.$

$\Rightarrow 76z^2-57=24z^2+60\Rightarrow 52z^2=117\Rightarrow z^2=\frac{117}{52}=\frac{9}{4}\Rightarrow z=\frac{3}{2}$

$\Rightarrow x:y=3:2.$

36. $x^2+4y^2-4xy=0\Rightarrow(x-2y)^2=0\Rightarrow x-2y=0.$

$\therefore\ x=2y\Rightarrow\frac{x}{y}=\frac{2}{1}\Rightarrow x:y=2:1.$

37. $\frac{x+y}{x-y}=\frac{4}{1}\Rightarrow x+y=4x-4y$

$\Rightarrow 5y=3x\Rightarrow\frac{x}{y}=\frac{5}{3}$

$$\therefore\ \frac{x^2+y^2}{x^2-y^2}=\frac{\left(\frac{x^2}{y^2}+1\right)}{\left(\frac{x^2}{y^2}-1\right)}=\frac{\left(\frac{x}{y}\right)^2+1}{\left(\frac{x}{y}\right)^2-1}=\frac{\left(\frac{5}{3}\right)^2+1}{\left(\frac{5}{3}\right)^2-1}=\frac{\left(\frac{25}{9}+1\right)}{\left(\frac{25}{9}-1\right)}=\frac{\left(\frac{34}{9}\right)}{\left(\frac{16}{9}\right)}=\frac{34}{16}=\frac{17}{8}.$$

$\Rightarrow (x^2+y^2):(x^2-y^2)=17:8.$

38. $\dfrac{2a+3b}{3a-2b}=\dfrac{19}{9}\Rightarrow 9(2a+3b)=19(3a-2b)$

$\Rightarrow 18a+27b=57a-38b$

$\Rightarrow 39a=65b\Rightarrow 3a=5b\Rightarrow \dfrac{a}{b}=\dfrac{5}{3}\Rightarrow a:b=5:3.$

39. $\dfrac{(3a+5b)}{(3a-5b)}=\dfrac{5}{1}\Rightarrow (3a+5b)=5(3a-5b)$

$\Rightarrow 3a+5b=15a-25b\Rightarrow 12a=30b\Rightarrow \dfrac{a}{b}=\dfrac{30}{12}=\dfrac{5}{2}\Rightarrow a:b=5:2.$

40. $\dfrac{4a-5b}{4a+5b}=\dfrac{1}{6}\Rightarrow 6(4a-5b)=(4a+5b)\Rightarrow 24a-30b=4a+5b$

$\Rightarrow 20a=35b\Rightarrow \dfrac{a}{b}=\dfrac{35}{20}=\dfrac{7}{4}\Rightarrow a:b=7:4.$

41. माना $6:x::5:35$. तब $\dfrac{6}{x}=\dfrac{5}{35}$

$\therefore\ 5x=(6\times 35)\Rightarrow x=\dfrac{6\times 35}{5}=42.$

अत: लुप्त पद = 42.

42. माना $(a+b)=6k,(b+c)=7k$ तथा $(c+a)=8k$. तब

$2(a+b+c)=21k\Rightarrow 2\times 14=21k\Rightarrow k=\dfrac{28}{21}=\dfrac{4}{3}.$

$\therefore\ c=(a+b+c)-(a+b)=\left(\dfrac{21}{2}k-6k\right)=\dfrac{9k}{2}=\dfrac{9}{2}\times\dfrac{4}{3}=6.$

43. माना 12, 14, 24 का चतुर्थ अनुपात $=x$. तब

$12:14::24:x\Rightarrow 12\times x=14\times 24$

$\Rightarrow x=\dfrac{(14\times 24)}{12}=28.$

अभीष्ट संख्या = 28.

44. माना $0\cdot 2:0\cdot 12::0\cdot 3:x$. तब,

$0\cdot 2\times x=0\cdot 12\times 0\cdot 3\Rightarrow x=\dfrac{0\cdot 12\times 0\cdot 3}{0\cdot 2}=\dfrac{18}{100}=0\cdot 18.$

45. माना 16 तथा 24 का तृतीयानुपाती x है. तब

$16:24::24:x\Rightarrow 16\times x=24\times 24$

$\Rightarrow x=\dfrac{24\times 24}{16}=36.$

अत: 16 तथा 24 का तृतीयानुपाती 36 है.

46. 6 तथा 54 का मध्यानुपाती $=\sqrt{6\times 54}=\sqrt{6\times 6\times 3\times 3}=6\times 3=18.$

47. 0·02 तथा 0·32 का मध्यानुपाती $=\sqrt{0\cdot 02\times 0\cdot 32}=\sqrt{\dfrac{2}{100}\times\dfrac{32}{100}}=\sqrt{\dfrac{64}{100\times 100}}$

$=\dfrac{8}{100}=0\cdot 08.$

48. माना अभीष्ट संख्या $=x$. तब

$\dfrac{7+x}{13+x}=\dfrac{2}{3}\Rightarrow 3(7+x)=2(13+x)$

$\Rightarrow (3x-2x)=(26-21)\Rightarrow x=5.$

$\therefore$ अभीष्ट संख्या = 5.

49. माना अभीष्ट संख्या = x. तब

$$\frac{3+x}{5+x}=\frac{5}{6} \Rightarrow 6(3+x)=5(5+x)$$
$$\Rightarrow (6x-5x)=(25-18) \Rightarrow x=7.$$

$\therefore$ अभीष्ट संख्या = 7.

50. माना अभीष्ट संख्या = x. तब

$$\frac{15-x}{19-x}=\frac{3}{4} \Rightarrow 4(15-x)=3(19-x)$$
$$\Rightarrow (4x-3x)=(60-57) \Rightarrow x=3.$$

$\therefore$ अभीष्ट संख्या = 3.

51. माना अभीष्ट संख्या = x. तब

$$\frac{21-x}{38-x}=\frac{55-x}{106-x} \Rightarrow (21-x)(106-x)=(55-x)(38-x)$$
$$\Rightarrow 2226-127x=2090-93x \Rightarrow 34x=136 \Rightarrow x=4.$$

$\therefore$ अभीष्ट संख्या = 4.

52. माना अभीष्ट संख्या = x. तब

$$\frac{5+x}{13+x}=\frac{22+x}{47+x} \Rightarrow (5+x)(47+x)=(22+x)(13+x)$$
$$\Rightarrow 52x+235+x^2=35x+286+x^2$$
$$\Rightarrow 17x=(286-235)=51 \Rightarrow x=3.$$

53. माना अभीष्ट संख्यायें $7x$ तथा $11x$ हैं. तब

$$\frac{7x+7}{11x+7}=\frac{2}{3} \Rightarrow 3(7x+7)=2(11x+7)$$
$$\Rightarrow (22x-21x)=(21-14) \Rightarrow x=7.$$

$\therefore$ दी गई संख्यायें 49 तथा 77 हैं. इनमें से छोटी संख्या 49 है.

54. माना दो संख्यायें x तथा $3x$ हैं.

तब, $x+3x=240 \Rightarrow 4x=240 \Rightarrow x=60.$

अभीष्ट अन्तर $=(3x-x)=2x=(2\times 60)=120.$

55. माना मासिक आय = ₹ $11x$ तथा मासिक व्यय = ₹ $10x$.

तब, मासिक बचत = ₹ $(11x-10x)$ = ₹ x.

$\therefore$ वार्षिक बचत = ₹ $12x$.

$\therefore 12x=9000 \Rightarrow x=750.$

अत: मासिक आय = ₹ (11×750) = ₹ 8250.

56. माना 7 : 11 के प्रत्येक पद में x जोड़ने पर 3 : 4 प्राप्त होता है.

तब, $$\frac{7+x}{11+x}=\frac{3}{4} \Rightarrow 4(7+x)=3(11+x)$$
$$\Rightarrow (4x-3x)=(33-28) \Rightarrow x=5.$$

$\therefore$ अभीष्ट संख्या = 5.

57. माना दी गई संख्यायें $3x$ तथा $4x$ हैं. तब, इनका ल०स० = $12x$.

$\therefore 12x=84 \Rightarrow x=7.$

अत: ये संख्यायें 21 तथा 28 हैं. इनमें से बड़ी संख्या 28 है.

58. माना दी गई संख्यायें $3x$ तथा $5x$ हैं. तब

$3x\times 5x=2160 \Rightarrow x^2=144 \Rightarrow x=\sqrt{144}=12.$

$\therefore$ ये संख्यायें 36 तथा 60 हैं. इनमें से छोटी संख्या 36 है.

59. अनुपात पदों का योग = (3 + 2) = 5.

A का भाग = ₹ $\left(1000\times\frac{3}{5}\right)$ = ₹ 600.

60. माना ($B + C$) का भाग = ₹ x. तब, A का भाग = ₹ $\frac{2x}{5}$.

$\therefore\ A:(B+C)=\frac{2x}{5}:x=2x:5x=2:5.$

कुल धन = ₹ 1050.

A का भाग = ₹ $\left(1050\times\frac{2}{7}\right)$ = ₹ 300.

61. माना A, B, C, D के भाग क्रमशः ₹ $3x$, ₹ $4x$, ₹ $9x$ तथा ₹ $10x$ है.

तब $(C-B)=2580 \Rightarrow 9x-4x=2580$

$\Rightarrow 5x=2580 \Rightarrow x=516.$

($A + D$) का कुल भाग = ₹ $(3x + 10x)$ = ₹ $13x$

= ₹ (13 × 516) = ₹ 6708.

62. अमित : विपिन = 2 : 3 = 8 : 12, विपिन : चन्द्रा = 4 : 3 = 12 : 9

⇒ अमित : विपिन : चन्द्रा = 8 : 12 : 9.

अमित का भाग = ₹ $\left(1655\cdot 90\times\frac{8}{29}\right)$ = ₹ (57·1 × 8) = ₹ 456·80

= 456 रु० 80 पै०.

63. पुत्री : पत्नी = 3 : 1 तथा पत्नी : पुत्र = 3 : 1

⇒ पुत्री : पत्नी = 9 : 3, पत्नी : पुत्र = 3 : 1

⇒ पुत्री : पत्नी : पुत्र = 9 : 3 : 1.

माना पुत्री का भाग ₹ $9x$, पत्नी का भाग ₹ $3x$ तथा पुत्र का भाग = ₹ x.

तब $(9x-x)=10000 \Rightarrow 8x=10000 \Rightarrow x=1250.$

∴ सम्पत्ति का कुल मूल्य = ₹ $(9x+3x+x)$ = ₹ $13x$ = ₹ (13×1250) = ₹ 16250.

64. $A : B = 5 : 2$ तथा $B : C = 7 : 13$

$\Rightarrow A:B=35:14,\ B:C=14:26$

$\Rightarrow A:B:C=35:14:26$

कुल धन = ₹ 750.

A का भाग = ₹ $\left(750\times\frac{35}{75}\right)$ = ₹ 350.

65. माना C का भाग = ₹ x. तब, B का भाग = ₹ $(x + 80)$ तथा A का भाग = ₹ $(x + 150)$.

$\therefore x+x+80+x+150=530 \Rightarrow 3x=300 \Rightarrow x=100.$

∴ C का भाग = ₹ 100, B का भाग = ₹ 180 तथा A का भाग = ₹ 250.

$A : B : C = 250 : 180 : 100 = 25 : 18 : 10.$

66. माना $\frac{1}{2}\times$ (पुत्री का भाग) = $\frac{1}{4}\times$ (पत्नी का भाग) = $\frac{1}{5}\times$ (पुत्र का भाग) = x.

तब, पुत्री का भाग = ₹ $2x$, पत्नी का भाग = ₹ $4x$ तथा पुत्र का भाग = ₹ $5x$.

पुत्री का भाग : पत्नी का भाग : पुत्र का भाग = $2x : 4x : 5x = 2 : 4 : 5$.

कुल धन = ₹ 330000.

∴ पुत्री का भाग = ₹ $\left(330000\times\frac{2}{11}\right)$ = ₹ 60000.

67. माना A का भाग = ₹ $3x$, B का भाग = ₹ $5x$ तथा C का भाग = ₹ $7x$.

$C=A+1600 \Rightarrow 7x=3x+1600 \Rightarrow 4x=1600 \Rightarrow x=400.$

∴ B का भाग = $5x$ = ₹ (5 × 400) = ₹ 2000.

68. कुल मासिक आय = ₹ 14500. खर्च : बचत = 26 : 3.

$\therefore$ बचत = ₹ $\left(14500\times\frac{3}{29}\right)$ = ₹ 1500.

69. ₹ (1470 – 150) अर्थात ₹ 1320 को 1:3:2 के अनुपात में बाँटने के बाद प्रत्येक भाग में ₹ 50 जोड़ दें.

$\therefore$ C का भाग = ₹ $\left\{\left(1320\times\frac{2}{6}\right)+50\right\}$ = ₹ (440 + 50) = ₹ 490.

70. दिया है : $\frac{(A/5)}{(B/8)}=\frac{3}{4}\Rightarrow\frac{8A}{5B}=\frac{3}{4}\Rightarrow\frac{A}{B}=\left(\frac{3}{4}\times\frac{5}{8}\right)=\frac{15}{32}$.

94 को 15 : 32 के अनुपात में बाँटने पर, $A=\left(94\times\frac{15}{47}\right)=30$.

71. A का $\frac{2}{5}+40=B$ का $\frac{2}{7}+20=C$ का $\frac{9}{17}+10=k$ (माना)

तब, $A=\frac{5(k-40)}{2}$, $B=\frac{7(k-20)}{2}$ तथा $C=\frac{17(k-10)}{9}$.

परन्तु, $A + B + C = 600$

$\Rightarrow\frac{5(k-40)}{2}+\frac{7(k-20)}{2}+\frac{17(k-10)}{9}=600$

$\Rightarrow 45(k-40)+63(k-20)+34(k-10)=10800$

$\Rightarrow (45k+63k+34k)=10800+1800+1260+340$

$\Rightarrow 142k=14200\Rightarrow k=100$.

$\therefore$ A का भाग = ₹ $\frac{5(100-40)}{2}$ = ₹ 150.

72. $A=\frac{1}{2}(B+C)\Rightarrow A:(B+C)=1:2$

$\Rightarrow A$ का भाग = ₹ $\left(56250\times\frac{1}{3}\right)$ = ₹ 18750.

$B=\frac{1}{4}(A+C)\Rightarrow B:(A+C)=1:4$

$\Rightarrow B$ का भाग = ₹ $\left(56250\times\frac{1}{5}\right)$ = ₹ 11250.

$\therefore$ $(A-B)$ = ₹ (18750 – 11250) = ₹ 7500.

73. $A:B:C=\frac{1}{2}:\frac{1}{3}:\frac{1}{4}=6:4:3$.

C का भाग = ₹ $\left(624\times\frac{3}{13}\right)$ = ₹ 144.

74. $A:B:C=\frac{1}{2}:\frac{1}{3}:\frac{1}{4}=6:4:3$.

इससे, A का भाग = ₹ $\left(117\times\frac{6}{13}\right)$ = ₹ 54, B का भाग = ₹ $\left(117\times\frac{4}{13}\right)$ = ₹ 36.

तथा C का भाग = ₹ $\left(117\times\frac{3}{13}\right)$ = ₹ 27.

पुनः $A:B:C=2:3:4$ लेने पर :

A का भाग = ₹ $\left(117\times\frac{2}{9}\right)$ = ₹ 26, B का भाग = ₹ $\left(117\times\frac{3}{9}\right)$ = ₹ 39 C का भाग = ₹ 52.

स्पष्ट है कि इससे B तथा C दोनों को लाभ होगा.

75. माना A, B, C की आय क्रमशः ₹ $7x$, ₹ $9x$ तथा ₹ $12x$ है तथा इनके खर्च क्रमशः ₹ $8y$, ₹ $9y$ तथा ₹ $15y$ है.

$7x-8y=\frac{1}{4}\times 7x \Rightarrow 28x-32y=7x \Rightarrow 21x=32y \Rightarrow x=\frac{32}{21}y$.

A, B, C की बचत का अनुपात $=(7x-8y):(9x-9y):(12x-15y)$

$=\left(7\times\frac{32}{21}y-8y\right):\left(9\times\frac{32}{21}y-9y\right):\left(12\times\frac{32}{21}y-15y\right)$

$=\left(\frac{32}{3}-8\right)y:\left(\frac{96}{7}-9\right)y:\left(\frac{128}{7}-15\right)y$

$=\frac{8}{3}y:\frac{33}{7}y:\frac{23}{7}y=56:99:69.$

76. माना पहले धन में से A, B, C, D को क्रमशः ₹ $4x$, ₹ $3x$, ₹ $2x$ तथा ₹ x मिलते हैं तथा दूसरे धन में से इन्हें क्रमशः ₹ $5y$, ₹ $6y$, ₹ $7y$ तथा ₹ $8y$ मिलते हैं.

तब $(5y+6y+7y+8y)=2(4x+3x+2x+x) \Rightarrow 26y=20x \Rightarrow x=\frac{13y}{10}$.

A का भाग $=(4x+5y)=\left(4\times\frac{13y}{10}+5y\right)=\left(\frac{26y}{5}+5y\right)=\frac{51y}{5}=$ ₹ $(10\cdot 2)y$.

B का भाग $=(3x+6y)=\left(3\times\frac{13y}{10}+6y\right)=\left(\frac{39y}{10}+6y\right)=\frac{99y}{10}=$ ₹ $(9\cdot 9)y$.

C का भाग $=(2x+7y)=\left(2\times\frac{13y}{10}+7y\right)=\left(\frac{26y}{10}+7y\right)=\frac{96y}{10}=$ ₹ $(9\cdot 6)y$.

D का भाग $=(x+8y)=\left(\frac{13y}{10}+8y\right)=\frac{93y}{10}=$ ₹ $(9\cdot 3)y$.

अतः सबसे अधिक धन A को मिलता है. [$\because 10\cdot 2>9\cdot 9>9\cdot 6>9\cdot 3$].

77. माना A, B तथा C का वेतन क्रमशः ₹ x, ₹ $2x$ तथा ₹ $3x$ है.

तब, $B+C=12000 \Rightarrow 2x+3x=12000 \Rightarrow 5x=12000 \Rightarrow x=2400.$

A का वेतन = ₹ 2400, C का वेतन = ₹ (3 × 2400) = ₹ 7200.

A से C के वेतन की अधिकता $=\left(\frac{4800}{2400}\times 100\right)\%=200\%.$

78. माना A, B तथा C के भाग क्रमशः ₹ $2x$, ₹ $5x$ तथा ₹ $9x$ हैं.

तब, $2x=2500 \Rightarrow x=1250.$

कुल राशि = ₹ $(2x+5x+9x)$ = ₹ $16x$ = ₹ (16×1250) = ₹ 20000.

79. $A:B=3:4$ तथा $B:C=3:4$

$\Rightarrow A:B=9:12$ तथा $B:C=12:16 \Rightarrow A:B:C=9:12:16.$

$\therefore A$ का भाग = ₹ $\left(3700\times\frac{9}{37}\right)$ = ₹ 900.

80. $A:B=2:3=\frac{2}{3}:1, B:C=4:5=1:\frac{5}{4}$ तथा $C:D=6:7$

$\Rightarrow A:B:C=\frac{2}{3}:1:\frac{5}{4}=8:12:15$ तथा $C:D=6:7$

$\Rightarrow A:B:C=16:24:30$ तथा $C:D=30:35 \Rightarrow A:B:C:D=16:24:30:35$

कुल धन = ₹ 8400.

A का भाग = ₹ $\left(8400\times\frac{16}{105}\right)$ = ₹ 1280.

81. $\frac{1}{x}\times\frac{1}{x}=\frac{1}{5}\times\frac{1}{1\cdot25}\Rightarrow\frac{1}{x^2}=\frac{1}{6\cdot25}\Rightarrow x^2=6\cdot25=(2\cdot5\times2\cdot5)=(2\cdot5)^2\Rightarrow x=2\cdot5$.

82. $3x=y=\frac{1}{2}z=k$ (माना). तब $x=\frac{k}{3}, y=k$ तथा $z=2k$.

$\therefore\ x:y:z=\frac{k}{3}:k:2k=\frac{1}{3}:1:2=1:3:6.$

83. माना $\frac{a}{b}=\frac{c}{d}=k$. तब $a=bk$ तथा $c=dk$.

$\therefore\ (ma+nc):(mb+nd)=\frac{ma+nc}{mb+nd}=\frac{mbk+ndk}{mb+nd}=\frac{k(mb+nd)}{(mb+nd)}=k=\frac{a}{b}=a:b.$

84. $x\times17\cdot5=7\times22\cdot5\Rightarrow x=\frac{7\times22\cdot5}{17\cdot5}=\frac{7\times225}{175}=9.$

85. $x\times5=0\cdot75\times8=6\Rightarrow x=\frac{6}{5}=1\cdot20.$

86. $336:216::980:x\Rightarrow 336\times x=216\times980$

$\Rightarrow x=\frac{216\times980}{336}=630.$

87. माना $\frac{p}{q}=\frac{r}{s}=\frac{t}{u}=\frac{2}{3}$. तब $\frac{mp}{mq}=\frac{nr}{ns}=\frac{vt}{vu}=\frac{2}{3}$

$\Rightarrow mp=\frac{2}{3}mq, nr=\frac{2}{3}ns$ तथा $vt=\frac{2}{3}vu$

$\Rightarrow mp+nr+vt=\frac{2}{3}(mq+ns+vu)$

$\Rightarrow (mp+nr+vt):(mq+ns+vu)=2:3.$

88. 1 सेमी० निरूपित करेगा $=(4\times10^5)$ सेमी० $=\frac{4\times10^5}{10^2}$ मीटर $=\frac{4\times10^3}{10^3}$ किमी० = 4 किमी०.

4 सेमी० निरूपित करेगा =(4 × 4) किमी० = 16 किमी०.

89. माना भवन की ऊँचाई = x मीटर. तब

$1\cdot4:1\cdot2::x:5\cdot4\Rightarrow1\cdot2\times x=5\cdot4\times1\cdot4$

$\Rightarrow x=\frac{54\times14}{12\times10}=\frac{63}{10}=6\cdot3.$

$\therefore$ भवन की ऊँचाई = 6·3 मीटर.

90. माना मूल भिन्न का अंश = $3x$ तथा हर = $4x$. तब

$\frac{3x-9}{4x}=\frac{2}{3}\times\frac{3x}{4x}\Rightarrow\frac{3x-9}{4x}=\frac{1}{2}$

$\Rightarrow 6x-18=4x\Rightarrow 2x=18\Rightarrow x=9.$

अत: मूल भिन्न का अंश = (3 × 9) = 27.

91. माना $x:\frac{1}{27}=\frac{3}{11}:\frac{5}{9}\Rightarrow\frac{5}{9}x=\frac{1}{27}\times\frac{3}{11}=\frac{1}{99}$

$\Rightarrow x=\left(\frac{1}{99}\times\frac{9}{5}\right)=\frac{1}{55}.$

अत: अभीष्ट भिन्न $=\frac{1}{55}$.

92. 12 को दो पूर्णांकों में विभक्त करने के लिए अनुपात के पदों का योग 12 का गुणनखण्ड होना चाहिए. अत: यह अनुपात 3 : 2 नहीं हो सकता.

93. $\frac{7}{15}=0\cdot466.....,\ \frac{15}{23}=0\cdot652....,\ \frac{17}{25}=0\cdot68,\ \frac{21}{29}=0\cdot724....$

इनमें सबसे बड़ा अनुपात 21 : 29 है.

94. माना दी गई भुजायें $5x$ सेमी॰ तथा $12x$ सेमी॰ हैं. तब

$\frac{1}{2}\times5x\times12x=270\Rightarrow x^2=9\Rightarrow x=3.$

$\therefore$ एक भुजा = 15 सेमी॰, दूसरी भुजा = 36 सेमी॰.

$(\text{कर्ण})^2=(15)^2+(36)^2=(225+1296)=1521$

$\Rightarrow$ कर्ण $=\sqrt{1521}=39$ सेमी॰ .

	39
3	$\overline{15}\,\overline{21}$
	9
69	621
	621
	x

95. माना चतुर्भुज के कोण $(6x)°, (3x)°, (4x)°$, तथा $(5x)°$ हैं.

तब, $6x+3x+4x+5x=360\Rightarrow18x=360\Rightarrow x=20.$

$\therefore$ चतुर्भुज का सबसे बड़ा कोण 120° तथा दूसरा सबसे बड़ा कोण 100° है.

त्रिभुज का सबसे छोटा कोण $=\left(\frac{1}{4}\times120\right)°=30°.$

त्रिभुज का सबसे बड़ा कोण $=(100°+10°)=110°.$

त्रिभुज का दूसरा सबसे बड़ा कोण $=180°-(30°+110°)=(180°-140°)=40°.$

96. माना त्रिभुज के कोण $(2x)°, (3x)°$ तथा $(4x)°$ हैं. तब

$2x+3x+4x=180\Rightarrow9x=180\Rightarrow x=20.$

अभीष्ट योग $=(2\times2x)°+(3\times3x)°=(4x+9x)°=(13x)°=(13\times20)°=260°.$

97. पहले पात्र में दूध $\%=\left(\frac{5}{8}\times100\right)\%=\frac{125}{2}\%=62\cdot5\%.$

दूसरे पात्र में दूध $\%=\left(\frac{2}{3}\times100\right)\%=\frac{200}{3}\%=66\cdot6\%.$

तीसरे पात्र में दूध $\%=\left(\frac{3}{5}\times100\right)\%=60\%.$

चौथे पात्र में दूध $\%=\left(\frac{7}{11}\times100\right)\%=\frac{700}{11}\%=63\cdot63\%.$

अभीष्ट पात्र तीसरा है जिसमें पानी के सापेक्ष दूध की मात्रा सबसे कम है.

98. दिये गये मिश्रण में दूध $=\left(60\times\frac{3}{4}\right)$ लीटर = 45 लीटर तथा पानी = 15 लीटर.

माना x लीटर पानी की अभीष्ट मात्रा है. तब

$\frac{45}{15+x}=\frac{2}{1}\Rightarrow30+2x=45\Rightarrow2x=15\Rightarrow x=7\cdot5.$

अत: मिलाये जाने वाले पानी की मात्रा = 7·5 लीटर.

99. 35 लीटर मिश्रण में दूध की मात्रा $=\left(35\times\frac{5}{7}\right)$ लीटर = 25 लीटर तथा पानी = 10 लीटर.

नये मिश्रण में दूध = (25 + 5) लीटर तथा पानी = 10 लीटर.

नये मिश्रण में दूध : पानी = 30 : 10 = 3 : 1.

100. माना इन मिश्रणों को x : 1 के अनुपात में मिलाया जाये. तब

दूध की मात्रा $=\left(x\times\frac{5}{8}\right)+\left(1\times\frac{2}{5}\right)=\left(\frac{5x}{8}+\frac{2}{5}\right)=\frac{(25x+16)}{40}.$

पानी की मात्रा $= \left(x \times \frac{3}{8}\right) + \left(1 \times \frac{3}{5}\right) = \left(\frac{3x}{8} + \frac{3}{5}\right) = \frac{(15x+24)}{40}$.

$\therefore \frac{25x+16}{40} = \frac{15x+24}{40} \Rightarrow 25x+16 = 15x+24$

$\Rightarrow 10x = 8 \Rightarrow 5x = 4 \Rightarrow x = \frac{4}{5}$.

अभीष्ट अनुपात $= \frac{4}{5} : 1 = 4 : 5$.

101. माना प्रत्येक मिश्रण का 1 इकाई लिया जाता है.

सिप्रिट की मात्रा $= \left(1 \times \frac{3}{7}\right) + \left(1 \times \frac{4}{9}\right) + \left(1 \times \frac{5}{11}\right) = \left(\frac{3}{7} + \frac{4}{9} + \frac{5}{11}\right) = \frac{(297+308+315)}{693} = \frac{920}{693}$.

पानी की मात्रा $= \left(1 \times \frac{4}{7}\right) + \left(1 \times \frac{5}{9}\right) + \left(1 \times \frac{6}{11}\right) = \left(\frac{4}{7} + \frac{5}{9} + \frac{6}{11}\right) = \frac{(396+385+378)}{693} = \frac{1159}{693}$.

$\therefore$ सिप्रिट : पानी $= \frac{920}{693} : \frac{1159}{693} = 920 : 1159$.

102. माना प्रत्येक मिश्रण की 1 इकाई ली गई. तब

सोने की मात्रा $= \left(1 \times \frac{5}{8}\right) + \left(1 \times \frac{5}{16}\right) = \left(\frac{5}{8} + \frac{5}{16}\right) = \frac{15}{16}$.

ताँबे की मात्रा $= \left(1 \times \frac{3}{8}\right) + \left(1 \times \frac{11}{16}\right) = \left(\frac{3}{8} + \frac{11}{16}\right) = \frac{17}{16}$.

C में सोना : ताँबा $= \frac{15}{16} : \frac{17}{16} : 15 : 17$.

103. माना अभीष्ट अनुपात $= x : 1$. तब

$19x + 9 \times 1 = 15(x+1) \Rightarrow 19x - 15x = (15-9)$

$\Rightarrow 4x = 6 \Rightarrow x = \frac{6}{4} = \frac{3}{2}$.

अभीष्ट अनुपात $= \frac{3}{2} : 1 = 3 : 2$.

104. अभीष्ट अनुपात $= \frac{3}{4} : \frac{5}{6} = 9 : 10$.

105. श्री गुप्ता का भार $= \left(120 \times \frac{7}{15}\right)$ किग्रा० = 56 किग्रा०.

श्रीमती गुप्ता का भार = (120 – 56) किग्रा० = 64 किग्रा०.

डायटिंग के बाद श्री गुप्ता का भार = (56 – 6) किग्रा० = 50 किग्रा०.

माना डायटिंग के बाद श्रीमती गुप्ता का भार $= (64 - x)$ किग्रा०.

तब, $\frac{50}{(64-x)} = \frac{5}{6} \Rightarrow 5(64-x) = 300$

$\Rightarrow 5x = 320 - 300 = 20 \Rightarrow x = 4$.

अतः डायटिंग के बाद श्रीमती गुप्ता का भार 4 किग्रा० कम हो गया.

106. माना हीरे का भार = 1 ग्राम तथा मूल हीरे का मूल्य = ₹ x.

पहले, दूसरे, तीसरे व चौथे टुकड़े का भार क्रमशः $\frac{1}{10}$ ग्राम, $\frac{2}{10}$ ग्राम, $\frac{3}{10}$ ग्राम व $\frac{4}{10}$ ग्राम.

इन टुकड़ों के मूल्य क्रमशः ₹ $\frac{x}{100}$, ₹ $\frac{4x}{100}$, ₹ $\frac{9x}{100}$ तथा ₹ $\frac{16x}{100}$.

$\therefore\ x-\left(\frac{x}{100}+\frac{4x}{100}+\frac{9x}{100}+\frac{16x}{100}\right)=70000$

$\Rightarrow x-\frac{(x+4x+9x+16x)}{100}=70000 \Rightarrow x-\frac{30x}{100}=70000$

$\Rightarrow x-\frac{3x}{10}=70000 \Rightarrow \frac{7x}{10}=70000 \Rightarrow x=\frac{70000\times10}{7}=100000.$

मूल हीरे का मूल्य = ₹ 100000.

107. माना मदिरा = 3 इकाई तथा पानी = 1 इकाई. अत: कुल मिश्रण = 4 इकाई.

माना इसमें से x इकाई मिश्रण निकाल दें. तब,

x इकाई मिश्रण में मदिरा $=\left(\frac{3x}{4}\right)$ इकाई तथा पानी $=\frac{x}{4}$ इकाई.

अब प्राप्त मिश्रण में x इकाई पानी भरने पर :

नये मिश्रण में मदिरा $=\left(3-\frac{3x}{4}\right)=\frac{(12-3x)}{4}$ इकाई

तथा पानी $=\left(1-\frac{x}{4}+x\right)=\left(1+\frac{3x}{4}\right)=\frac{(4+3x)}{4}$ इकाई.

$\therefore\ \frac{12-3x}{4}=\frac{4+3x}{4} \Rightarrow 12-3x=4+3x$

$\Rightarrow 6x=8 \Rightarrow x=\frac{8}{6}=\frac{4}{3}.$

4 इकाई में से निकाला गया मिश्रण $=\frac{4}{3}$ इकाई

1 इकाई में से निकाला गया मिश्रण $=\left(\frac{4}{3}\times\frac{1}{4}\times1\right)$ इकाई $=\frac{1}{3}$ इकाई.

108. माना सम्पूर्ण पृथ्वी का क्षेत्रफल = A वर्ग किमी०.

थल $=\left(A\times\frac{1}{3}\right)$ किमी० $=\frac{A}{3}$ किमी०, पानी $=\left(A\times\frac{2}{3}\right)$ किमी० $=\frac{2A}{3}$ किमी०.

उत्तरी अर्द्ध-गोलार्द्ध में पृथ्वी $=\frac{A}{2}$ वर्ग किमी०, दक्षिणी अर्द्ध-गोलार्द्ध में पृथ्वी $=\frac{A}{2}$ वर्ग किमी०.

उत्तरी अर्द्ध-गोलार्द्ध में भूमि $=\left(\frac{A}{2}\times\frac{2}{5}\right)$ वर्ग किमी० $=\frac{A}{5}$ वर्ग किमी०.

उत्तरी अर्द्ध-गोलार्द्ध में पानी $=\left(\frac{A}{2}\times\frac{3}{5}\right)$ वर्ग किमी० $=\frac{3A}{10}$ वर्ग किमी०.

माना दक्षिणी अर्द्ध-गोलार्द्ध में भूमि तथा पानी का अनुपात = $x:1$.

दक्षिणी अर्द्ध-गोलार्द्ध में भूमि $=\left\{\frac{A}{2}\times\frac{x}{(x+1)}\right\}$ वर्ग किमी०.

$\therefore\ \frac{A}{5}+\frac{Ax}{2(x+1)}=\frac{A}{3} \Rightarrow \frac{x}{2(x+1)}=\frac{1}{3}-\frac{1}{5}=\frac{2}{15}$

$\Rightarrow 15x=4x+4 \Rightarrow 11x=4 \Rightarrow x=\frac{4}{11}.$

अभीष्ट अनुपात $=\frac{4}{11}:1=4:11.$

109. माना पहली धातु का x इकाई दूसरी धातु के 1 इकाई के साथ मिलाया जाये.

तब, जिंक की मात्रा $=\left(x\times\frac{2}{3}\right)+\left(1\times\frac{4}{5}\right)=\left(\frac{2x}{3}+\frac{4}{5}\right).$

तथा ताँबे की मात्रा $=\left(x\times\frac{1}{3}\right)+\left(1\times\frac{1}{5}\right)=\left(\frac{x}{3}+\frac{1}{5}\right)$.

$$\therefore \frac{\left(\frac{2x}{3}+\frac{4}{5}\right)}{\left(\frac{x}{3}+\frac{1}{5}\right)}=\frac{3}{1}\Rightarrow\left(\frac{2x}{3}+\frac{4}{5}\right)=3\left(\frac{x}{3}+\frac{1}{5}\right)$$

$$\Rightarrow\left(x-\frac{2x}{3}\right)=\left(\frac{4}{5}-\frac{3}{5}\right)\Rightarrow\frac{x}{3}=\frac{1}{5}\Rightarrow x=\frac{3}{5}.$$

अभीष्ट अनुपात $=\frac{3}{5}:1=3:5.$

110. माना ताँबा $= 9x$ किग्रा०. तब जिंक $= 4x$ किग्रा०.

$9x=24\Rightarrow x=\frac{24}{9}=\frac{8}{3}.$

$\therefore$ जिंक की अभीष्ट मात्रा $= 4x$ किग्रा० $=\left(4\times\frac{8}{3}\right)$ किग्रा० $=\frac{32}{3}$ किग्रा० $=10\frac{2}{3}$ किग्रा०.

111. नई धातु में टिन $=\left(60\times\frac{2}{5}\right)$ किग्रा० $+\left(100\times\frac{1}{5}\right)$ किग्रा०

$= (24 + 20)$ किग्रा० $= 44$ किग्रा०.

112. माना कला, वाणिज्य तथा विज्ञान में क्रमशः $3x$, $5x$ तथा $8x$ छात्र हैं.

तब इनका अनुपात है क्रमशः

($3x$ का 120%) : ($5x$ का 140%) : ($8x$ का 125%)

अर्थात $\left(3x\times\frac{120}{100}\right):\left(5x\times\frac{140}{100}\right):\left(8x\times\frac{125}{100}\right)$ अर्थात $\left(\frac{18x}{5}:7x:10x\right)$

अर्थात 18 : 35 : 50.

113. माना कला में विद्यार्थी $= 4x$ तथा वाणिज्य में विद्यार्थी $= 5x$. तब,

$\frac{4x}{5x+65}=\frac{8}{11}\Rightarrow 44x=40x+520$

$\Rightarrow 4x=520.$

अतः कला संकाय में 520 विद्यार्थी हैं.

114. माना विद्यालयों A, B तथा C में छात्रों की संख्या क्रमशः $5x$, $4x$, $7x$ है.

वृद्धि के बाद इनका अनुपात होगा :

($5x$ का 120%) : ($4x$ का 125%) : ($7x$ का 120%)

अर्थात $\left(5x\times\frac{120}{100}\right):\left(4x\times\frac{125}{100}\right):\left(7x\times\frac{120}{100}\right)$ अर्थात $6x:5x:\frac{42x}{5}$

अर्थात 30 : 25 : 42.

115. माना तीन संख्यायें क्रमशः $3x$, $4x$ तथा $5x$ हैं. तब,

$(3x+5x)-4x=52\Rightarrow 4x=52\Rightarrow x=13.$

सबसे बड़ी संख्या $=5x=(5\times13)=65.$

116. माना दी गई संख्यायें $3x$ तथा $4x$ हैं. तब

$\frac{3x+6}{4x+6}=\frac{4}{5}\Rightarrow 15x+30=16x+24\Rightarrow x=6.$

इन संख्यायों का अन्तर $=(4x-3x)=x=6.$

117. माना दो संख्यायें $2x$ तथा $3x$ हैं. तब

$2x\times3x=96\Rightarrow x^2=16\Rightarrow x=\sqrt{16}=4.$

इनका योगफल $=(2x+3x)=5x=(5\times4)=20.$

118. दिया है : $2A = 3B$ तथा $4B = 5C$

$\Rightarrow \frac{A}{B} = \frac{3}{2}$ तथा $\frac{B}{C} = \frac{5}{4} \Rightarrow \frac{A}{C} = \left(\frac{A}{B} \times \frac{B}{C}\right) = \left(\frac{3}{2} \times \frac{5}{4}\right) = \frac{15}{8}$

$\Rightarrow A : C = 15 : 8.$

119. माना दी गई संख्यायें क्रमशः $5x$, $6x$ तथा $7x$ हैं. तब

$5x \times 6x \times 7x = 5670 \Rightarrow x^3 = 27 = 3^3 \Rightarrow x = 3.$

$\therefore$ इनमें सबसे बड़ी संख्या $= 7x = (7 \times 3) = 21.$

120. माना दी गई संख्यायें क्रमशः $4x$ तथा $5x$ हैं.

परिवर्तन के बाद प्राप्त संख्याओं में अनुपात

= ($4x$ का 120%) : ($5x$ का 80%)

$= \left(4x \times \frac{120}{100}\right) : \left(5x \times \frac{80}{100}\right) = \left(\frac{24x}{5} : 4x\right)$

$= 24x : 20x = 24 : 20 = 6 : 5.$

121. माना अभीष्ट संख्यायें a तथा b हैं. माना

$a - b = k$, $a + b = 7k$ तथा $ab = 24\,k$. तब

$(a+b)^2 - (a-b)^2 = 4ab \Rightarrow (7k)^2 - k^2 = 4 \times 24k$

$\Rightarrow 49k^2 - k^2 = 96k \Rightarrow 48k^2 = 96k$

$\Rightarrow k = 2.$

$\therefore$ इन संख्याओं का गुणनफल $= 24\,k = (24 \times 2) = 48.$

122. माना ये संख्यायें A, B तथा C हैं. तब

$A : B = 3 : 5$ तथा $B : C = 5 : 8 \Rightarrow A : B : C = 3 : 5 : 8.$

माना ये संख्यायें क्रमशः $3x$, $5x$ तथा $8x$ हैं.

तब, $3x + 5x + 8x = 64 \Rightarrow 16x = 64 \Rightarrow x = 4.$

$\therefore$ दूसरी संख्या $= 5x = (5 \times 4) = 20.$

123. माना ये संख्यायें क्रमशः $3x$, $4x$ तथा $7x$ हैं. तब

$3x \times 4x \times 7x = 18144 \Rightarrow x^3 = \frac{18144}{84} = 216 = 6^3 \Rightarrow x = 6.$

$\therefore$ ये संख्यायें हैं क्रमशः 18, 24 तथा 42.

124. माना ये संख्यायें क्रमशः A तथा B हैं. तब

(A का 40%) = B का $\frac{3}{5} \Rightarrow \left(A \times \frac{40}{100}\right) = \left(B \times \frac{3}{5}\right)$

$\therefore \frac{2A}{5} = \frac{3B}{5} \Rightarrow \frac{A}{B} = \left(\frac{3}{5} \times \frac{5}{2}\right) = \frac{3}{2} \Rightarrow A : B = 3 : 2.$

125. B का 10% = G का $\frac{1}{4} \Rightarrow B \times \frac{10}{100} = G \times \frac{1}{4} \Rightarrow \frac{B}{10} = \frac{G}{4} \Rightarrow \frac{B}{G} = \frac{10}{4} = \frac{5}{2} \Rightarrow B : G = 5 : 2.$

G का 10% = B का $\frac{1}{25} \Rightarrow \frac{B}{25} = \frac{G}{10} \Rightarrow \frac{B}{G} = \frac{25}{10} = \frac{5}{2} \Rightarrow B : G = 5 : 2.$

126. माना इन कारों द्वारा तय की गई दूरी क्रमशः x, $2x$ तथा $3x$ इकाई हैं.

तथा इनकी यात्रा का समय क्रमशः $3y$, $2y$ तथा y इकाई हैं.

तब इनकी चालों का अनुपात क्रमशः $\frac{x}{3y} : \frac{2x}{2y} : \frac{3x}{y}$ अर्थात $\frac{1}{3} : 1 : 3$

अर्थात 1 : 3 : 9 है.

127. (कुत्ते की चाल) : (खरगोश की चाल)

= {खरगोश की (3 × 3) छलाँगें} : {खरगोश की 5 छलाँगें} = 9 : 5.

128. प्रवीण : विजय = 4 : 5 तथा विजय : सुरेश = 3 : 2

$\Rightarrow \frac{P}{V}=\frac{4}{5}$ तथा $\frac{V}{S}=\frac{3}{2}$

$\Rightarrow \left(\frac{P}{V}\times\frac{V}{S}\right)=\left(\frac{4}{5}\times\frac{3}{2}\right)\Rightarrow \frac{P}{S}=\frac{6}{5}$

⇒ प्रवीण : सुरेश = 6 : 5.

129. माना विज्ञान में अंक = x. तब, अंग्रेजी में अंक = $2x$.

अंग्रेजी + विज्ञान + गणित = 180 ⇒ $2x + x$ + गणित = 180.

∴ गणित में अंक = $(180 - 3x)$.

अंग्रेजी : गणित = 2 : 3 $\Rightarrow \frac{2x}{180-3x}=\frac{2}{3}\Rightarrow 6x=360-6x$

$\Rightarrow 12x=360\Rightarrow x=30.$

विज्ञान में प्राप्तांक = x = 30.

130. $5B+4A=3B+7A\Rightarrow 2B=3A$

$\Rightarrow \frac{B}{A}=\frac{3}{2}\Rightarrow B:A=3:2$

एक केले का मूल्य : एक सेब का मूल्य = 3 : 2.

131. माना हरि के पास x गायें तथा y मुर्गे हैं. तब

$x + y = 48$ ...(*i*) तथा $4x + 2y = 140$ अर्थात $2x + y = 70$ ...(*ii*)

(*i*) को 2 से गुणा करके, गुणनफल में से (*ii*) घटाने पर

$y = (96 - 70) = 26$.

अत: हरि के पास मुर्गों की संख्या 26 है.

132. माना क्रमश: 1 किग्रा०, 1 किग्रा० तथा 2 किग्रा० का मिश्रण लिया गया है.

माना तीसरे प्रकार की चाय का भाव x रु० प्रति किग्रा० है. तब

$\frac{126+135+2x}{4}=153\Rightarrow 261+2x=612$

$\Rightarrow 2x=351\Rightarrow x=175\cdot50$ रु०

∴ तीसरे प्रकार की चाय का मूल्य = ₹ 175·50 प्रति किग्रा० है.

133. माना पहला व्यक्ति प्रतिदिन x पेच बनाता है. तब

x का $\frac{100}{3}\%=1500$ का $50\%\Rightarrow\left(x\times\frac{100}{3\times100}\right)=\left(1500\times\frac{50}{100}\right)$

$\Rightarrow \frac{x}{3}=750\Rightarrow x=2250.$

अत: पहला व्यक्ति प्रतिदिन 2250 पेच बनाता है.

134. माना स्त्रियों की संख्या = $3x$ तथा पुरुषों की संख्या = $5x$.

तब, $5x-3x=40\Rightarrow 2x=40\Rightarrow x=20.$

कारखाने में कुल कर्मचारी $=(3x+5x)=8x=(8\times20)=160.$

135. माना बड़ी संख्या = A तथा छोटी संख्या = B. तब

$(A-B)=(A+B)$ का $45\%=(A+B)\times\frac{45}{100}$

$\Rightarrow 20(A-B)=9(A+B)\Rightarrow 20A-20B=9A+9B$

$\Rightarrow 11A=29B\Rightarrow \frac{A}{B}=\frac{29}{11}\Rightarrow A:B=29:11.$

136. माना छात्रों की आयु क्रमशः $3x$ वर्ष तथा $2x$ वर्ष है. तब

$3x-2x=5 \Rightarrow x=5.$

छोटे छात्र की आयु $= 2x$ वर्ष $= (2 \times 5)$ वर्ष $= 10$ वर्ष.

137. माना अभीष्ट संख्यायें $3x$ तथा $4x$ हैं. तब

इन संख्याओं का म०स० $= x$ तथा ल०स० $= 12x$.

$\therefore\ x \times 12x = 2028 \Rightarrow x^2 = 169 = (13)^2 \Rightarrow x = 13.$

$\therefore$ इन संख्याओं का योगफल $= (3x+4x) = 7x = (7 \times 13) = 91.$

138. $\left(A = B \times \frac{4}{5} \Rightarrow \frac{A}{B} = \frac{4}{5}\right), \left(B = C \times \frac{5}{2} \Rightarrow \frac{B}{C} = \frac{5}{2}\right)$

$\therefore\ \frac{A}{C} = \left(\frac{A}{B} \times \frac{B}{C}\right) = \left(\frac{4}{5} \times \frac{5}{2}\right) = 2 \Rightarrow A : C = 2 : 1.$

139. माना प्रत्येक दी गई संख्या में x जोड़ने पर परिणामी संख्यायें समानुपाती होंगी.

तब $\frac{6+x}{7+x} = \frac{15+x}{17+x} \Rightarrow (6+x)(17+x) = (15+x)(7+x)$

$\Rightarrow x^2 + 23x + 102 = x^2 + 22x + 105 \Rightarrow x = 3.$

$\therefore$ अभीष्ट संख्या $= 3$.

140. पहले बर्तन के 3 इकाई, दूसरे बर्तन के 4 इकाई तथा तीसरे बर्तन के 5 इकाई मिश्रणों में

कुल दूध की मात्रा $= \left(3 \times \frac{4}{5} + 4 \times \frac{3}{4} + 5 \times \frac{5}{7}\right) = \left(\frac{12}{5} + 3 + \frac{25}{7}\right) = \frac{(84+105+125)}{35} = \frac{314}{35}.$

पहले बर्तन के 3 इकाई, दूसरे बर्तन के 4 इकाई तथा तीसरे बर्तन के 5 इकाई मिश्रणों में

कुल पानी की मात्रा $= \left(3 \times \frac{1}{5} + 4 \times \frac{1}{4} + 5 \times \frac{2}{7}\right) = \left(\frac{3}{5} + 1 + \frac{10}{7}\right) = \frac{(21+35+50)}{35} = \frac{106}{35}.$

चौथे पात्र में दूध और पानी का अनुपात $= \frac{314}{35} : \frac{106}{35} = 314 : 106 = 157 : 53.$

141. माना तीसरे प्रकार की चाय का मूल्य ₹ x प्रति किग्रा० है. तब

$(1 \times 126) + (1 \times 135) + (2 \times x) = (1+1+2) \times 153$

$\Rightarrow 126 + 135 + 2x = 612 \Rightarrow 261 + 2x = 612$

$\Rightarrow 2x = (612 - 261) = 351 \Rightarrow x = 175 \cdot 50.$

अतः तीसरे प्रकार की चाय का मूल्य ₹ 175·50 प्रति किग्रा० है.

142. माना A, B, C और D के भाग क्रमशः ₹ $5x$, ₹ $2x$, ₹ $4x$ तथा ₹ $3x$ हैं.

तब $5x - 4x = 1000 \Rightarrow x = 1000.$

B का भाग $=$ ₹ $2x =$ ₹ $(2 \times 1000) =$ ₹ 2000.

143. माना दी गई संख्यायें A तथा B हैं. तब

A का $40\% = B$ का $\frac{4}{7} \Rightarrow A \times \frac{40}{100} = B \times \frac{4}{7}$

$\therefore\ A \times \frac{2}{5} = B \times \frac{4}{7} \Rightarrow \frac{A}{B} = \left(\frac{4}{7} \times \frac{5}{2}\right) = \frac{10}{7} \Rightarrow A : B = 10 : 7.$

144. माना कार की चाल $= x$ किमी०/घण्टा. तब, रेल की चाल $= (x + 35)$ किमी०/घण्टा.

$\therefore\ x : x + 35 = 15 : 22 \Rightarrow \frac{x}{x+35} = \frac{15}{22}$

$\therefore\ 22x = 15(x+35) \Rightarrow 22x = 15x + 525$

$\Rightarrow 7x = 525 \Rightarrow x = 75.$

$\therefore$ कार की गति = 75 किमी०/घण्टा.

145. $(P + Q)$ का 20% = $(P - Q)$ का 50%

$\Rightarrow (P+Q)\times\frac{20}{100} = (P-Q)\times\frac{50}{100} \Rightarrow (P+Q)\times\frac{1}{5} = (P-Q)\times\frac{1}{2}$

$\Rightarrow 2(P+Q) = 5(P-Q) \Rightarrow 2P+2Q = 5P-5Q$

$\Rightarrow 3P = 7Q \Rightarrow \frac{P}{Q} = \frac{7}{3} \Rightarrow P : Q = 7 : 3.$

146. $A : B : C = 2 : 3 : 4 \Rightarrow \frac{A}{2} = \frac{B}{3} = \frac{C}{4} = k$ (माना)

तब, $A = 2k$, $B = 3k$ तथा $C = 4k$.

$\therefore\ \frac{A}{B} = \frac{2k}{3k} = \frac{2}{3}, \frac{B}{C} = \frac{3k}{4k} = \frac{3}{4}$ तथा $\frac{C}{A} = \frac{4k}{2k} = \frac{2}{1}$

$\therefore\ \frac{A}{B} : \frac{B}{C} : \frac{C}{A} = \frac{2}{3} : \frac{3}{4} : \frac{2}{1} = 8 : 9 : 24.$

147. दिये गये मिश्रण में पैट्रोल की मात्रा $= \left(28\times\frac{5}{7}\right)$ लीटर = 20 लीटर, तेल = 8 लीटर.

माना इसमें x लीटर तेल मिलाया जाये. तब

$\frac{20}{8+x} = \frac{2}{1} \Rightarrow 2(8+x) = 20 \Rightarrow 16 + 2x = 20 \Rightarrow 2x = 4 \Rightarrow x = 2.$

$\therefore$ मिलाये जाने वाले तेल की मात्रा = 2 लीटर.

148. माना 1 रु०, 50 पै० तथा 25 पै० के सिक्कों के मूल्य क्रमशः ₹ $13x$, ₹ $11x$ तथा ₹ $7x$ हैं.

तब इन सिक्कों की संख्या $= (13x \times 1) + (11x \times 2) + (7x \times 4)$

$= (13x + 22x + 28x) = 63x.$

$\therefore\ 63x = 378 \Rightarrow x = \frac{378}{63} = 6.$

50 पै० के सिक्कों की संख्या $= 22x = (22 \times 6) = 132.$

149. माना 1 रु० के सिक्कों की संख्या $= x$.

तब 50 पैसे के सिक्कों की संख्या $= 4x$ तथा 25 पैसे के सिक्कों की संख्या $= 2x$.

इन सिक्कों का कुल मूल्य = ₹ $\left(x + \frac{1}{2}\times 4x + \frac{1}{4}\times 2x\right)$ = ₹ $\left(x + 2x + \frac{x}{2}\right)$ = ₹ $\frac{7x}{2}$.

$\therefore\ \frac{7x}{2} = 56 \Rightarrow x = \frac{2\times 56}{7} = 16.$

अतः 50 पैसे के सिक्कों की संख्या $= (4 \times 16) = 64.$

150. माना A का वेतन = ₹ $8x$ तथा B का वेतन ₹ $9x$.

$\frac{8x \text{ का } 150\%}{9x \text{ का } 75\%} = \frac{16}{9} \Rightarrow \frac{8x\times\frac{150}{100}}{9x\times\frac{75}{100}} = \frac{16}{9} \Rightarrow \frac{12x}{\left(\frac{27x}{4}\right)} = \frac{16}{9} \Rightarrow \frac{48}{27} = \frac{16}{9}$

स्पष्ट है कि इससे A का वेतन ज्ञात नहीं किया जा सकता.

151. माना ये संख्यायें $\frac{3x}{2}$ तथा $\frac{8x}{3}$ हैं. तब

$$\frac{\frac{3x}{2}+15}{\frac{8x}{3}+15}=\frac{\left(\frac{5}{3}\right)}{\left(\frac{5}{2}\right)} \Rightarrow \frac{3(3x+30)}{2(8x+45)}=\frac{2}{3} \Rightarrow 9(3x+30)=4\,(8x+45)$$

$$\Rightarrow (32x-27x)=(270-180) \Rightarrow 5x=90 \Rightarrow x=18.$$

पहली संख्या $=\left(18\times\frac{3}{2}\right)=27.$ दूसरी संख्या $=\left(18\times\frac{8}{3}\right)=48.$ अत: अभीष्ट संख्या = 48.

प्रश्नमाला 12B

1. एक थैली में 1 रु०, 50 पै० तथा 25 पै० के सिक्के 5 : 6 : 8 के अनुपात में हैं. यदि इस थैली में कुल ₹ 210 हों, तो प्रत्येक प्रकार के सिक्कों की संख्या ज्ञात कीजिए. **(एस०एस०सी० परीक्षा, 2005)**

2. *A, B, C* की पिछले वर्ष की आय का अनुपात 3 : 4 : 5 है. इनकी व्यक्तिगत पिछले वर्ष तथा इस वर्ष की आय का अनुपात क्रमश: 4 : 5, 2 : 3 तथा 3 : 4 है. यदि तीनों की वर्तमान आय का योग ₹ 78800 हो, तो इस वर्ष की प्रत्येक की आय ज्ञात कीजिए. **(एस०एस०सी० परीक्षा, 2006)**

3. एक कार के उत्पादन में तीन मदों में खर्च होता है. ये मद हैं खनिज पदार्थों का मूल्य, मजदूरी तथा ऊपरी-खर्च. एक वर्ष में इन मदों पर होने वाले खर्च का अनुपात 4 : 3 : 2 है. परन्तु खनिज-पदार्थों के मूल्यों में 10% वृद्धि होने से, मजदूरी में 8% वृद्धि होने से तथा ऊपरी-खर्च 5% घटने से, कार के मूल्य में कितने प्रतिशत वृद्धि होगी ? **(एस०एस०सी० परीक्षा, 2006)**

4. एक विद्यालय में छात्र तथा छात्राओं का अनुपात 3 : 2 है. यदि इनमें से 20% छात्रों तथा 25% छात्राओं को छात्रवृत्ति मिलती हो, तो विद्यालय के कितने प्रतिशत विद्यार्थियों को छात्रवृत्ति नहीं मिलती ? **(एस०एस०सी० परीक्षा, 2004)**

5. *A* तथा *B* की मासिक आय का अनुपात 5 : 4 है, मासिक खर्च का अनुपात 19 : 21 है तथा उनकी मासिक बचत का अनुपात 37 : 18 है. यदि *A* तथा *B* की कुल वार्षिक बचत ₹ 66000 हो, तो प्रत्येक की मासिक आय कितनी है ?

6. तीन व्यक्तियों *A, B, C* का कुल मासिक वेतन ₹ 30000 है. यदि वे अपने वेतन का क्रमश: 75%, 70% तथा 62% खर्च करें, तो उनकी बचत का अनुपात 20 : 21 : 19 है. प्रत्येक का मासिक वेतन ज्ञात कीजिए.

7. ₹ 299 को $\frac{1}{2}:\frac{2}{3}:\frac{3}{4}$ के अनुपात में बाँटिये.

8. ₹ 1040 को *A, B, C* में इस प्रकार बाँटिये कि $2A=3B=4C$.

9. ₹ 5083 को 4 पुरुषों, 3 स्त्रियों तथा 5 बच्चों में इस प्रकार बाँटिये कि प्रत्येक पुरुष को स्त्री से डयोढ़ा मिले तथा प्रत्येक स्त्री को बच्चे से दुगुना मिले.

10. ₹ 5440 को *A, B, C* में इस प्रकार बाँटिये कि *A* को *B* का $\frac{2}{3}$ भाग मिले तथा *B* को *C* का $\frac{1}{4}$ भाग मिले.

11. *X* और *Y* दो प्रकार के मिश्रण हैं. मिश्रण *X* में द्रव *A, B, C* क्रमश: 3 : 5 : 2 के अनुपात में हैं जबकि मिश्रण *Y* में द्रव *A* तथा *B* क्रमश: 4 : 5 के अनुपात में हैं. एक लीटर मिश्रण *X* तथा 2 लीटर मिश्रण *Y* को मिलाकर एक नया मिश्रण बनाया जाता है. नये मिश्रण के 540 मिली० में द्रव *A* की मात्रा ज्ञात कीजिए. **(एस०एस०सी० परीक्षा, 2004)**

12. एक बर्तन में पानी तथा दूध 1 : 2 के अनुपात में हैं तथा दूसरे बर्तन में 3 : 4 के अनुपात में हैं. दोनों प्रकार के मिश्रणों में से एक-एक लीटर मिश्रण लेकर मिलाया जाता है. नये मिश्रण में पानी व दूध का अनुपात क्या होगा ? **(एस०एस०सी० परीक्षा, 2003)**

13. एक बर्तन में दो द्रवों A तथा B का मिश्रण 5 : 3 के अनुपात में है. यदि इस बर्तन में से 16 लीटर मिश्रण निकाल कर बर्तन को B द्रव से भर दिया जाये, तो A तथा B का अनुपात 3 : 5 हो जाता है. बर्तन में कितने लीटर द्रव था?

14. एक व्यक्ति ने 2560 किमी० की कुल दूरी का कुछ भाग वायुयान से, कुछ भाग जलयान से तथा शेष भाग कार द्वारा तय किया. वायुयान, जलयान तथा कार द्वारा की गई यात्राओं में लिये गये समय का अनुपात 1 : 4 : 5 है तथा इन यात्राओं में प्रयोग किये गये साधनों की औसत गतियों का अनुपात 20 : 1 : 8 है. यदि पूरी यात्रा में औसत गति 64 किमी०/घण्टा रही हो तो जलयान की औसत गति, इसके द्वारा लिया गया समय तथा इस द्वारा तय की गई दूरी ज्ञात कीजिए.

15. बाजार में A तथा B दो प्रकार का स्टील उपलब्ध है. टाईप A में 5% निक्कल तथा टाईप B में 40% निक्कल है. दोनों प्रकार के स्टील को किस-किस मात्रा में मिलाया जाये कि 30% निक्कल वाला 140 टन स्टील प्राप्त हो.
(एस०एस०सी० परीक्षा, 2000)

16. चाँदी और ताँबे से बनी दो मिश्र धातुओं में से एक में चाँदी और ताँबे का अनुपात 7 : 3 तथा दूसरी में 5 : 1 है. इन दोनों मिश्र धातुओं की कितनी-कितनी मात्रायें मिलाई जायें कि कुल मात्रा 8 किग्रा० हो तथा उसमें 75% चाँदी हो?

17. सोने और ताँबे के दो मिश्रण A तथा B हैं. A में सोने और ताँबे का अनुपात 9 : 2 है जबकि B में यह अनुपात 7 : 15 है. यदि A तथा B की समान मात्राओं को मिलाकर तीसरी धातु C बनाई जाये, तो C में सोने और ताँबे का अनुपात क्या होगा?

18. सोना पानी से 19 गुना भारी है तथा चाँदी पानी से 9 गुना भारी है. दोनों धातुओं को किस अनुपात में मिलाया जाये कि नया मिश्रण पानी से 15 गुना भारी हो?

19. ₹ 2120 को A, B, C में इस प्रकार बाँटिये कि $\frac{1}{6}A = \frac{2}{3}B = \frac{3}{4}C.$

20. माना x, y के वर्ग के विलोमानुपाती है. जब $x = 4$, तब $y = 3$. x का मान ज्ञात कीजिए, जबकि $y = 6$ हो.

21. एक व्यक्ति किसी बैंक से ₹ 600 का एक चैक भुनाता है. बैंक से उसे ₹ 10 तथा ₹ 5 के कुल 72 नोट मिलते हैं. ₹ 10 तथा ₹ 5 के नोटों की संख्या का अनुपात क्रमशः कितना है? **(एस०एस०सी० परीक्षा, 2009)**

22. यदि $(a+b):\sqrt{ab} = 4:1$ हो, तो सिद्ध कीजिए कि :
$a:b = (7+4\sqrt{3}):1.$ **(एस०एस०सी० परीक्षा, 2009)**

23. यदि $m : n = 3 : 2$ हो, तो $(4m+5n):(4m-5n)$ ज्ञात कीजिए. **(एस०एस०सी० परीक्षा, 2008)**

24. यदि $x:a = y:b = z:c$ हो, तो सिद्ध कीजिए कि : **(एस०एस०सी० परीक्षा, 2008)**

$$\frac{(ax-by)}{(a+b)(x-y)} + \frac{(by-cz)}{(b+c)(y-z)} + \frac{(cz-ax)}{(c+a)(z-x)} = 3.$$

25. यदि $a:(b+c) = 1:3$ तथा $c:(a+b) = 5:7$ हो, तो $b:(a+c)$ का मान ज्ञात कीजिए.
(एस०एस०सी० परीक्षा, 2006)

26. यदि $p : q = 3 : 4$ तथा $q : r = 8 : 9$ हो, तो $r : p$ ज्ञात कीजिए.

उत्तरमाला (प्रश्नमाला 12B)

1. 105, 126, 168 **2.** ₹ 18000, ₹ 28800, ₹ 32000
3. 6% **4.** 78% **5.** ₹ 7500, ₹ 6000
6. ₹ 12000, ₹ 10500, ₹ 7500 **7.** ₹ 78, ₹ 104, ₹ 117
8. ₹ 480, ₹ 320, ₹ 240 **9.** ₹ 2652, ₹ 1326, ₹ 1105
10. ₹ 640, ₹ 960, ₹ 3840 **11.** 214 मिली० **12.** 8 : 13 **13.** 40 लीटर
14. 10 किमी०/घण्टा, 16 घण्टे, 160 किमी० **15.** $A = 40$ टन, $B = 100$ टन
16. पहली धातु के 5 किग्रा० के साथ दूसरी धातु के 3 किग्रा० **17.** 25 : 19
18. 3 : 2 **19.** ₹ 1440, ₹ 360, ₹ 320 **20.** $x = 1$ **21.** 2 : 1
23. 11 : 1 **25.** 1 : 2 **26.** 3 : 2

दिये गये प्रश्नों के हल | प्रश्नमाला 12B

1. माना ₹ 1, 50 पै० तथा 25 पै० के सिक्कों की संख्या क्रमशः $5x$, $6x$ तथा $8x$ है.

इनका कुल मूल्य = ₹ $\left(\frac{5x}{1}+\frac{6x}{2}+\frac{8x}{4}\right)$ = ₹ $(5x + 3x + 2x)$ = ₹ $10x$.

परन्तु, कुल मूल्य = ₹ 210 (दिया गया है).

$\therefore \quad 10x = 210 \Rightarrow x = 21.$

1 रु० के सिक्कों की संख्या = $(5 \times 21) = 105$, 50 पै० के सिक्कों की संख्या = $(6 \times 21) = 126$, 25 पै० के सिक्कों की संख्या = $(8 \times 21) = 168$.

2. माना A, B, C की पिछले वर्ष की आय क्रमशः ₹ $3x$, ₹ $4x$ तथा ₹ $5x$ थी.

A की इस वर्ष की आय = ₹ $\left(\frac{5}{4}\times 3x\right)$ = ₹ $\frac{15x}{4}$.

B की इस वर्ष की आय = ₹ $\left(\frac{3}{2}\times 4x\right)$ = ₹ $6x$.

C की इस वर्ष की आय = ₹ $\left(\frac{4}{3}\times 5x\right)$ = ₹ $\frac{20x}{3}$.

$$\therefore \quad \frac{15x}{4}+6x+\frac{20x}{3} = 78800 \Rightarrow 45x + 72x + 80x = 945600.$$

$$\Rightarrow 197x = 945600 \Rightarrow x = \frac{945600}{197} = 4800.$$

$\therefore$ A की इस वर्ष की आय = ₹ $\left(\frac{15}{4}\times 4800\right)$ = ₹ 18000.

B की इस वर्ष की आय = ₹ (6×4800) = ₹ 28800.

C की इस वर्ष की आय = ₹ $\left(\frac{20}{3}\times 4800\right)$ = ₹ 32000.

3. माना खनिज पदार्थों पर, मजदूरी पर तथा ऊपरी मदों पर पिछले वर्ष खर्च क्रमशः ₹ $4x$, ₹ $3x$ तथा ₹ $2x$ था.

पिछले वर्ष कुल खर्च = ₹ $(4x + 3x + 2x)$ = ₹ $9x$.

इस वर्ष कुल खर्च = ₹ {($4x$ का 110%) + ($3x$ का 108%) + ($2x$ का 95%)}

$$= ₹ \left[\left(4x\times\frac{110}{100}\right)+\left(3x\times\frac{108}{100}\right)+\left(2x\times\frac{95}{100}\right)\right]$$

$$= ₹ \left(\frac{22x}{5}+\frac{81x}{25}+\frac{19x}{10}\right) = ₹ \frac{(220x+162x+95x)}{50} = ₹ \frac{477x}{50}.$$

कुल वृद्धि = ₹ $\left(\frac{477x}{50}-9x\right)$ = ₹ $\frac{27x}{50}$.

वृद्धि % = $\left(\frac{27x}{50}\times\frac{1}{9x}\times 100\right)\% = 6\%$.

4. माना विद्यालय में छात्रों की संख्या = $3x$ तथा छात्राओं की संख्या = $2x$.

छात्रवृत्ति न मिलने वाले विद्यार्थियों की संख्या

$$= (3x \text{ का } 80\% + 2x \text{ का } 75\%) = \left(3x\times\frac{80}{100}\right)+\left(2x\times\frac{75}{100}\right)=\left(\frac{12x}{5}+\frac{3x}{2}\right)=\frac{39x}{10}.$$

कुल विद्यार्थियों की संख्या = $(3x + 2x) = 5x$.

छात्रवृत्ति न मिलने वाले विद्यार्थियों का प्रतिशत = $\left(\frac{39x}{10}\times\frac{1}{5x}\times 100\right)\% = 78\%$.

5. माना A तथा B की मासिक आय क्रमशः ₹ $5x$, ₹ $4x$ है; मासिक खर्च क्रमशः ₹ $19y$, ₹ $21y$ है तथा मासिक बचत क्रमशः ₹ $37z$, ₹ $18z$ हैं।

तब, $5x - 19y = 37z$ तथा $4x - 21y = 18z$.

A तथा B की मासिक बचत = ₹ $\frac{66000}{12}$ = ₹ 5500.

$\therefore \quad 37z + 18z = 5500 \Rightarrow 55z = 5500 \Rightarrow z = 100.$

$5x - 19y = 3700 \quad ...(i) \qquad 4x - 21y = 1800 \quad ...(ii)$

(i) को 21 से तथा (ii) को 19 से गुणा करके घटाने पर:

$$105x - 76x = 77700 - 34200 \Rightarrow 29x = 43500 \Rightarrow x = 1500.$$

A की मासिक आय = ₹ (5×1500) = ₹ 7500.

B की मासिक आय = ₹ (4×1500) = ₹ 6000.

6. माना A, B, C का मासिक वेतन क्रमशः ₹ x, ₹ y तथा ₹ z है।

तब, $x + y + z = 30000 \quad ...(i)$

A की बचत = (₹ x का 25%) = ₹ $\left(x \times \frac{25}{100}\right)$ = ₹ $\frac{x}{4}$.

B की बचत = (₹ y का 30%) = ₹ $\left(y \times \frac{30}{100}\right)$ = ₹ $\frac{3y}{10}$.

C की बचत = (₹ z का 38%) = $\left(z \times \frac{38}{100}\right)$ = ₹ $\frac{19z}{50}$.

$$\frac{A \text{ की बचत}}{B \text{ की बचत}} = \frac{\left(\frac{x}{4}\right)}{\left(\frac{3y}{10}\right)} = \left(\frac{x}{4} \times \frac{10}{3y}\right) = \frac{5x}{6y}; \qquad \frac{A \text{ की बचत}}{C \text{ की बचत}} = \frac{\left(\frac{x}{4}\right)}{\left(\frac{19z}{50}\right)} = \left(\frac{x}{4} \times \frac{50}{19z}\right) = \frac{25x}{38z}.$$

$$\therefore \frac{5x}{6y} = \frac{20}{21} \Rightarrow y = \frac{21 \times 5x}{20 \times 6} = \frac{7x}{8}; \quad \frac{25x}{38z} = \frac{20}{19} \Rightarrow 760z = 465x \Rightarrow z = \frac{465x}{760} = \frac{5x}{8}.$$

$$\therefore x + y + z = 30000 \Rightarrow x + \frac{7x}{8} + \frac{5x}{8} = 30000 \Rightarrow (8x + 7x + 5x) = 240000$$

$$\Rightarrow 20x = 240000 \Rightarrow x = 12000.$$

$$\therefore y = \left(\frac{7}{8} \times 12000\right) = 10500, \; z = \left(\frac{5}{8} \times 12000\right) = 7500.$$

अतः A, B, C के मासिक वेतन क्रमशः ₹ 12000, ₹ 10500 तथा ₹ 7500 हैं।

7. कुल राशि = ₹ 299.

दिया गया अनुपात = $\frac{1}{2} : \frac{2}{3} : \frac{3}{4} = 6 : 8 : 9.$

प्रथम भाग = ₹ $\left(299 \times \frac{6}{23}\right)$ = ₹ 78; द्वितीय भाग = ₹ $\left(299 \times \frac{8}{23}\right)$ = ₹ 104;

तृतीय भाग = ₹ $\left(299 \times \frac{9}{23}\right)$ = ₹ 117.

8. माना $2A = 3B = 4C = K$. तब, $A = \frac{K}{2}$, $B = \frac{K}{3}$ तथा $C = \frac{K}{4}$.

$$\therefore \quad \frac{K}{2} + \frac{K}{3} + \frac{K}{4} = 1040 \Rightarrow 6K + 4K + 3K = 12480 \Rightarrow 13K = 12480 \Rightarrow K = 960.$$

$\therefore$ A का भाग = ₹ $\left(\frac{1}{2}\times 960\right)$ = ₹ 480; B का भाग = ₹ $\left(\frac{1}{3}\times 960\right)$ = ₹ 320;

C का भाग = ₹ $\left(\frac{1}{4}\times 960\right)$ = ₹ 240.

9. माना प्रत्येक बच्चे को ₹ x, प्रत्येक स्त्री को ₹ $2x$ तथा प्रत्येक पुरुष को ₹ $3x$ मिले. तब

$$4\times 3x+3\times 2x+5\times x=5083 \Rightarrow 12x+6x+5x=5083 \Rightarrow 23x=5083 \Rightarrow x=221.$$

4 पुरुषों का भाग = ₹ $12x$ = ₹ (12×221) = ₹ 2652.

3 स्त्रियों का भाग = ₹ $6x$ = ₹ (6×221) = ₹ 1326.

5 बच्चों का भाग = ₹ $5x$ = ₹ (5×221) = ₹ 1105.

10. माना C का भाग = ₹ x. तब, B का भाग = ₹ $\frac{x}{4}$, A का भाग = ₹ $\left(\frac{2}{3}\times\frac{x}{4}\right)$ = ₹ $\frac{x}{6}$. कुल धन = ₹ 5440.

$$\therefore \frac{x}{6}+\frac{x}{4}+x=5440 \Rightarrow \frac{(2x+3x+12x)}{12}=5440 \Rightarrow 17x=(5440\times 12) \Rightarrow x=\frac{(5440\times 12)}{17}=3840.$$

$\therefore$ C का भाग = 3840 रु०, B का भाग = ₹ $\frac{3840}{4}$ = ₹ 960 तथा A का भाग = ₹ $\frac{3840}{6}$ = ₹ 640.

11. मिश्रण X के 1 लीटर में $A=\frac{3}{10}$ लीटर, $B=\frac{5}{10}$ लीटर, $C=\frac{2}{10}$ लीटर.

मिश्रण Y के 2 लीटर में $A=\left(\frac{4}{9}\times 2\right)$ लीटर $=\frac{8}{9}$ लीटर, $B=\left(\frac{5}{9}\times 2\right)$ लीटर $=\frac{10}{9}$ लीटर.

इन दोनों के 3 लीटर मिश्रण में, $A=\left(\frac{3}{10}+\frac{8}{9}\right)$ लीटर $=\left(\frac{107}{90}\right)$ लीटर.

3000 मिली० में $A=\left(\frac{107}{90}\times 1000\right)$ मिली०.

540 मिली० में $A=\left(\frac{107000}{90}\times\frac{1}{3000}\times 540\right)$ मिली० = 214 मिली०.

12. पहले बर्तन के 1 लीटर मिश्रण में पानी $=\frac{1}{3}$ लीटर, दूध $=\frac{2}{3}$ लीटर.

दूसरे बर्तन के 1 लीटर मिश्रण में पानी $=\frac{3}{7}$ लीटर, दूध $=\frac{4}{7}$ लीटर.

नये मिश्रण में पानी $=\left(\frac{1}{3}+\frac{3}{7}\right)$ लीटर $=\frac{16}{21}$ लीटर, दूध $=\left(\frac{2}{3}+\frac{4}{7}\right)$ लीटर $=\frac{26}{21}$ लीटर.

नये मिश्रण में पानी व दूध का अनुपात $=\frac{16}{21}:\frac{26}{21}=16:26=8:13$.

13. माना बर्तन में x लीटर द्रव था जिसमें $A=\frac{5x}{8}$ लीटर तथा $B=\frac{3x}{8}$ लीटर.

16 लीटर मिश्रण में द्रव $A=\left(16\times\frac{5}{8}\right)$ लीटर = 10 लीटर तथा द्रव B = 6 लीटर.

शेष मिश्रण में द्रव $A=\left(\frac{5x}{8}-10\right)$ लीटर तथा द्रव $B=\left(\frac{3x}{8}-6\right)$ लीटर.

अब, बर्तन में 16 लीटर द्रव B डालने पर:

द्रव A की मात्रा $=\left(\frac{5x}{8}-10\right)$ लीटर तथा द्रव $B=\left(\frac{3x}{8}-6+16\right)$ लीटर.

$\therefore \quad \dfrac{\left(\dfrac{5x}{8}-10\right)}{\left(\dfrac{3x}{8}+10\right)}=\dfrac{3}{5} \Rightarrow 5\left(\dfrac{5x}{8}-10\right)=3\left(\dfrac{3x}{8}+10\right) \Rightarrow \left(\dfrac{25x}{8}-\dfrac{9x}{8}\right)=80 \Rightarrow 2x=80 \Rightarrow x=40.$

अत: उस बर्तन में आरम्भ में 40 लीटर द्रव था.

14. माना वायुयान, जलयान तथा कार द्वारा तय की गई यात्राओं में लगा समय क्रमश: x घण्टे, $4x$ घण्टे तथा $5x$ घण्टे है तथा इनकी औसत गतियाँ क्रमश: $20y$ किमी०/घण्टा, y किमी०/घण्टा तथा $8y$ किमी०/घण्टा हैं.

कुल तय की गई दूरी = $[(x \times 20y) + (4x \times y) + (5x \times 8y)]$ किमी० = $(64xy)$ किमी०.

$\therefore \quad 64xy = 2560 \Rightarrow xy = \dfrac{2560}{64} \Rightarrow xy = 40.$

कुल दूरी = 2560 किमी०.

इस दूरी को तय करने में लगा समय = $(x + 4x + 5x)$ घण्टे = $10x$ घण्टे.

औसत गति = 64 किमी०/घण्टा.

दूरी = (औसत गति) × समय

$\therefore \quad 2560 = 10x \times 64 \Rightarrow x = \left(\dfrac{2560}{10\times 64}\right) \Rightarrow x = 4.$ अब $x = 4$ रखने पर, $y = 10$.

$\therefore$ जलयान की औसत गति = 10 किमी०/घण्टा.

जलयान द्वारा लिया गया समय = $4x$ घण्टे = (4×4) घण्टे = 16 घण्टे.

जलयान द्वारा तय की गई दूरी = (10×16) किमी० = 160 किमी०.

15. माना A टाईप स्टील के x टन को, B टाईप स्टील के $(140 - x)$ टन के साथ मिलाया जाये.

तब x टन A टाईप में निक्कल की मात्रा = $\left(x\times\dfrac{5}{100}\right)$ टन = $\dfrac{x}{20}$ टन.

$(140 - x)$ टन B टाईप में निक्कल की मात्रा = $\left[(140-x)\times\dfrac{40}{100}\right]$ टन = $\dfrac{(280-2x)}{5}$ टन.

मिश्रण के 140 टन में निक्कल की मात्रा = 140 टन का 30% = $\left(140\times\dfrac{30}{100}\right)$ टन = 42 टन.

$\therefore \quad \dfrac{x}{20}+\dfrac{(280-2x)}{5}=42 \Rightarrow x + 4(280 - 2x) = 840 \Rightarrow 7x = 280 \Rightarrow x = 40.$

$\therefore \quad (140 - x) = (140 - 40) = 100.$

अत: A टाईप स्टील के 40 टन के साथ B टाईप स्टील का 100 टन मिलाना होगा.

16. माना पहली धातु के x किग्रा० के साथ दूसरी धातु का $(8 - x)$ किग्रा० मिलाया जाये.

पहली धातु में चाँदी और ताँबे का अनुपात = 7 : 3.

पहली धातु के x किग्रा० में चाँदी की मात्रा = $\left(x\times\dfrac{7}{10}\right)$ किग्रा० = $\dfrac{7x}{10}$ किग्रा०.

दूसरी धातु में चाँदी तथा ताँबे का अनुपात = 5 : 1.

दूसरी धातु के $(8 - x)$ किग्रा० में चाँदी की मात्रा = $\left[(8-x)\cdot\dfrac{5}{6}\right]$ किग्रा०.

कुल 8 किग्रा० मिश्रण में चाँदी की मात्रा = $\left(8\times\dfrac{75}{100}\right)$ किग्रा० = 6 किग्रा०.

$\therefore \quad \dfrac{7x}{10}+(8-x)\times\dfrac{5}{6}=6 \Rightarrow 21x + 25(8 - x) = 180 \Rightarrow 4x = 20 \Rightarrow x = 5.$

अत: पहली धातु के 5 किग्रा० के साथ दूसरी धातु का 3 किग्रा० मिलाना होगा.

17. माना धातु C बनाने हेतु A का 1 ग्राम B के 1 ग्राम के साथ मिलाया जाता है.

तब, A के 1 ग्राम में सोने की मात्रा = $\left(1\times\frac{9}{11}\right)$ ग्राम = $\frac{9}{11}$ ग्राम.

B के 1 ग्राम में सोने की मात्रा = $\left(1\times\frac{7}{22}\right)$ ग्राम = $\frac{7}{22}$ ग्राम.

C के 2 ग्राम में सोने की मात्रा = $\left(\frac{9}{11}+\frac{7}{22}\right)$ ग्राम = $\frac{25}{22}$ ग्राम.

तथा ताँबे की मात्रा = $\left(2-\frac{25}{22}\right)$ ग्राम = $\frac{19}{22}$ ग्राम.

$\therefore$ C में सोने तथा ताँबे का अनुपात = $\frac{25}{22}:\frac{19}{22} = 25 : 19.$

18. माना x घन इकाई सोना और y घन इकाई चाँदी को मिलाकर नया मिश्रण बनता है.
माना 1 घन इकाई पानी का भार w ग्राम है.
1 घन इकाई सोने का भार = $19w$ ग्राम, 1 घन इकाई चाँदी का भार = $9w$ ग्राम
तथा 1 घन इकाई मिश्रण का भार = $15w$ ग्राम.
x घन इकाई सोने का भार = $(19xw)$ ग्राम,
y घन इकाई चाँदी का भार = $(9yw)$ ग्राम.
$(x + y)$ घन इकाई मिश्रण का भार = $\{15(x + y)\, w\}$ ग्राम.

$\therefore$ $19xw + 9yw = 15(x + y)w \Rightarrow 19x + 9y = 15x + 15y \Rightarrow 4x = 6y \Rightarrow \frac{x}{y}=\frac{6}{4}=\frac{3}{2}.$

अभीष्ट अनुपात = 3 : 2.

19. माना $\frac{1}{6}A=\frac{2}{3}B=\frac{3}{4}C=k$. तब $A = 6k$, $B=\frac{3k}{2}$, $C=\frac{4k}{3}$.

$A + B + C = 2120 \Rightarrow 6k+\frac{3k}{2}+\frac{4k}{3}=2120 \Rightarrow 36k + 9k + 8k = 12720$

$\Rightarrow 53k = 12720 \Rightarrow k = 240.$

$\therefore$ $A =$ ₹ $(6 \times 240) =$ ₹ 1440, $B =$ ₹ $\left(\frac{3}{2}\times 240\right) =$ ₹ 360, $C =$ ₹ $\left(\frac{4}{3}\times 240\right) =$ ₹ 320.

20. माना $x=\frac{k}{y^2}$, जहाँ k अचर है.

$x = 4$ तथा $y = 3$ रखने पर, $k = (4 \times 9) = 36.$

$\therefore$ $x=\frac{36}{y^2}$. इसमें $y = 6$ रखने पर, $x=\frac{36}{36}=1.$

21. माना ₹ 10 तथा ₹ 5 के नोटों की संख्या क्रमशः x तथा y है.
तब $x + y = 72$ ...(*i*) तथा $10x + 5y = 600$ ...(*ii*)
(*i*) को 5 से गुणा करके (*ii*) में से घटाने पर :
$5x = (600-360) = 240 \Rightarrow x = 48.$
(*i*) में $x = 48$ रखने पर : $y = (72 - 48) = 24.$
अभीष्ट अनुपात = 48 : 24 = 2 : 1.

22. $\frac{(a+b)}{\sqrt{ab}}=\frac{4}{1}\Rightarrow\frac{(a+b)^2}{ab}=\frac{16}{1}\Rightarrow\frac{a^2+b^2+2ab}{ab}=\frac{16}{1}$

$\Rightarrow\left(\frac{a^2}{ab}\right)+\left(\frac{b^2}{ab}\right)+\frac{2ab}{ab}=16$

$$\Rightarrow \frac{a}{b}+\frac{b}{a}+2=16 \Rightarrow x+\frac{1}{x}+2=16 \qquad \left[\text{जहाँ } \frac{a}{b}=x\right]$$

$$\Rightarrow x+\frac{1}{x}-14=0 \Rightarrow x^2-14x+1=0$$

$$\Rightarrow \quad x=\frac{14\pm\sqrt{196-4}}{2}=\frac{14\pm\sqrt{192}}{2}=\frac{14\pm 8\sqrt{3}}{2}=7\pm 4\sqrt{3}$$

$$\Rightarrow \frac{a}{b}=7+4\sqrt{3}.$$

$\therefore\ (a:b)=(7+4\sqrt{3}):1.$

23. $$\frac{(4m+5n)}{(4m-5n)}=\frac{4\left(\frac{m}{n}\right)+5}{4\left(\frac{m}{n}\right)-5}=\frac{\left(4\times\frac{3}{2}\right)+5}{\left(4\times\frac{3}{2}\right)-5}=\frac{(6+5)}{(6-5)}=\frac{11}{1}$$

$\Rightarrow (4m+5n):(4m-5n)=11:1.$

24. माना $\frac{x}{a}=\frac{y}{b}=\frac{z}{c}=k$. तब $x=ak,\ y=bk$ तथा $z=ck$.

$$\therefore\ \frac{(ax-by)}{(a+b)\,(x-y)}+\frac{(by-cz)}{(b+c)\,(y-z)}+\frac{(cz-ax)}{(c+a)\,(z-x)}$$

$$=\frac{(a^2k-b^2k)}{(a+b)\,(ak-bk)}+\frac{(b^2k-c^2k)}{(b+c)\,(bk-ck)}+\frac{(c^2k-a^2k)}{(c+a)\,(ck-ak)}$$

$$=\frac{(a^2-b^2)k}{(a+b)\,(a-b)\,k}+\frac{(b^2-c^2)k}{(b+c)\,(b-c)\,k}+\frac{(c^2-a^2)k}{(c+a)\,(c-a)\,k}=(1+1+1)=3.$$

25. $$\frac{a}{b+c}=\frac{1}{3}\Rightarrow\frac{a}{b+c}+1=\frac{1}{3}+1\Rightarrow\frac{a+b+c}{b+c}=\frac{4}{3}\Rightarrow(b+c)=\frac{3}{4}(a+b+c)$$

पुनः $$\frac{c}{a+b}=\frac{5}{7}\Rightarrow\frac{c}{a+b}+1=\frac{5}{7}+1\Rightarrow\frac{a+b+c}{a+b}=\frac{12}{7}\Rightarrow(a+b)=\frac{7}{12}(a+b+c)$$

अब, $b=(a+b)+(b+c)-(a+b+c)$

$$=\frac{7}{12}(a+b+c)+\frac{3}{4}(a+b+c)-(a+b+c)=\left(\frac{7}{12}+\frac{3}{4}-1\right)(a+b+c)$$

$$=\frac{(7+9-12)}{12}(a+b+c)=\frac{1}{3}(a+b+c)$$

$$\Rightarrow 3b=a+b+c\Rightarrow 2b=a+c\Rightarrow\frac{b}{a+c}=\frac{1}{2}.$$

$\therefore\ b:(a+c)=1:2.$

26. $$\left(\frac{p}{q}=\frac{3}{4}\text{ तथा }\frac{q}{r}=\frac{8}{9}\right)\Rightarrow\left(\frac{p}{q}\times\frac{q}{r}\right)=\left(\frac{3}{4}\times\frac{8}{9}\right)=\frac{2}{3}\Rightarrow\frac{p}{r}=\frac{2}{3}$$

$$\Rightarrow\frac{r}{p}=\frac{3}{2}.$$

$\therefore\ r:p=3:2.$

13 साझा
(PARTNERSHIP)

आवश्यक तथ्य एवं सूत्र

(*i*) **साझा:** दो या दो से अधिक व्यापारियों द्वारा धन लगाकर, मिलकर व्यापार करने को साझा कहते हैं तथा इसमें सम्मिलित प्रत्येक व्यक्ति को साझीदार (Partner) कहते हैं.

(*ii*) **पूँजी:** साझीदारों द्वारा लगाये गये धन को पूँजी कहते हैं.

(*iii*) **लाभ का साझीदारों में वितरण:**
प्रत्येक वर्ष (या पहले से तय की गई समयावधि) के अन्त में व्यापार में होने वाले लाभ या हानि को: {(प्रत्येक साझीदार की पूँजी) × (पूँजी लगी रहने का समय)} के अनुपात में साझीदारों में बाँटा जाता है.

उदाहरण: माना A की पूँजी ₹ x, p महीने के लिए निवेशित है तथा B की पूँजी ₹ y, q महीने के लिए निवेशित है. तब, लाभ में $\boldsymbol{A : B = (xp) : (yq)}$.

साधित उदाहरण

प्रश्न 1. तीन साझीदारों *P, Q* तथा *R* ने क्रमश: ₹ 45000, ₹ 70000 तथा ₹ 90000 का निवेश करके एक व्यापार आरम्भ किया. दो वर्ष के अन्त में ₹ 369000 का लाभ कमाया. इस लाभ में *P, Q* तथा *R* में से प्रत्येक का भाग कितना है?

हल : P, Q तथा R की पूँजियों का अनुपात

$= (45000 \times 24) : (70000 \times 24) : (90000 \times 24)$

$= 45 : 70 : 90 = 9 : 14 : 18$

कुल लाभ = ₹ 369000.

P का भाग = ₹ $\left(369000 \times \frac{9}{41}\right)$ = ₹ 81000.

Q का भाग = ₹ $\left(369000 \times \frac{14}{41}\right)$ = ₹ 126000.

R का भाग = ₹ $\left(369000 \times \frac{18}{41}\right)$ = ₹ 162000.

प्रश्न 2. मीनाक्षी ने ₹ 1200000 का निवेश करके एक व्यवसाय आरम्भ किया. 5 माह बाद ₹ 900000 की पूँजी के साथ अभय इस व्यापार में साझीदार हो गया. वर्ष के अन्त में ₹ 441600 के लाभ में से प्रत्येक को कितना मिला?

हल : मीनाक्षी तथा अभय की पूँजियों का अनुपात

$= (1200000 \times 12) : (900000 \times 7) = 144 : 63 = 16 : 7.$

कुल लाभ = ₹ 441600.

मीनाक्षी का भाग = ₹ $\left(441600 \times \frac{16}{23}\right)$ = ₹ 307200.

अभय का भाग = ₹ $\left(441600 \times \frac{7}{23}\right)$ = ₹ 134400.

प्रश्न 3. तीन ग्वाले A, B तथा C मिलकर एक चरागाह ₹ 26600 किराये पर लेते हैं. A अपनी 18 गाय, 4 महीने चराता है; B अपनी 16 गाय, 6 महीने चराता है; C अपनी 14 गाय, 7 महीने चराता है. इसके लिए B को कितना किराया देना होगा?

हल : चरागाह का कुल किराया = ₹ 26600.

A, B, C की खपत का अनुपात $= (18 \times 4) : (16 \times 6) : (14 \times 7)$

$= (72 : 96 : 98) = (36 : 48 : 49).$

किराये में B का भाग = ₹ $\left(26600 \times \frac{48}{133}\right)$ = ₹ 9600.

प्रश्न 4. A, B तथा C ने मिलकर एक व्यापार आरम्भ किया. कुल पूँजी का $\frac{1}{3}$ भाग A ने लगाया तथा B ने उतनी पूँजी लगाई जितनी A तथा C ने मिलकर लगाई. वर्ष के अन्त में ₹ 2352000 के लाभ में से प्रत्येक का भाग ज्ञात करें.

हल : माना कुल पूँजी = ₹ x.

A की पूँजी = ₹ $\frac{x}{3}$, B की पूँजी = $(A + C)$ की पूँजी = ₹ $\frac{x}{2}$.

$\therefore$ C की पूँजी = ₹ $\left[x - \left(\frac{x}{3} + \frac{x}{2}\right)\right]$ = ₹ $\left(x - \frac{5x}{6}\right)$ = ₹ $\frac{x}{6}$.

A, B, C की पूँजियों का अनुपात $= \frac{x}{3} : \frac{x}{2} : \frac{x}{6} = 2 : 3 : 1.$

कुल लाभ = ₹ 2352000.

A का भाग = ₹ $\left(2352000 \times \frac{2}{6}\right)$ = ₹ 784000.

B का भाग = ₹ $\left(2352000 \times \frac{3}{6}\right)$ = ₹ 1176000.

C का भाग = ₹ $\left(2352000 \times \frac{1}{6}\right)$ = ₹ 392000.

प्रश्न 5. A, B तथा C मिलकर व्यापार आरम्भ करते हैं. A पूरे वर्ष के लिए ₹ 200000 लगाता है; B पहले ₹ 300000 लगाता है तथा 4 माह बाद ₹ 100000 और लगाता है; C पहले ₹ 400000 लगाता है तथा 9 माह बाद ₹ 100000 निकाल लेता है. वर्ष के अन्त में ₹ 847500 के लाभ में से प्रत्येक का भाग ज्ञात कीजिए.

हल : A, B, C की पूँजियों का अनुपात

$= (200000 \times 12) : (300000 \times 4 + 400000 \times 8) : (400000 \times 9 + 300000 \times 3)$

$= (2400000 : 4400000 : 4500000) = 24 : 44 : 45.$

कुल लाभ = ₹ 847500.

A का भाग = ₹ $\left(847500 \times \frac{24}{113}\right)$ = ₹ (7500×24) = ₹ 180000.

B का भाग = ₹ $\left(847500 \times \frac{44}{113}\right)$ = ₹ (7500×44) = ₹ 330000.

B का भाग = ₹ $\left(847500 \times \frac{45}{113}\right)$ = ₹ (7500×45) = ₹ 337500.

प्रश्न 6. A, B तथा C मिलकर एक व्यापार आरम्भ करते हैं. आरम्भ में इनकी पूँजियों का अनुपात $\frac{1}{2} : \frac{1}{3} : \frac{1}{5}$ है. चार माह बाद, B अपनी आधी पूँजी निकाल लेता है. वर्ष के अन्त में ₹ 415000 के कुल लाभ में से प्रत्येक का भाग ज्ञात करें.

हल : प्रारम्भ में A, B, C की पूँजियों का अनुपात $= \frac{1}{2} : \frac{1}{3} : \frac{1}{5} = 15 : 10 : 6.$

माना प्रारम्भ में A, B तथा C ने क्रमशः ₹ $15x$, ₹ $10x$ तथा ₹ $6x$ लगाये.

तब, $A : B : C = (15x \times 12) : (10x \times 4 + 5x \times 8) : (6x \times 12)$

$= 180x : 80x : 72x = 45 : 20 : 18.$

कुल लाभ = ₹ 415000.

A का भाग = ₹ $\left(415000 \times \frac{45}{83}\right)$ = ₹ 225000.

B का भाग = ₹ $\left(415000 \times \frac{20}{83}\right)$ = ₹ 100000.

C का भाग = ₹ $\left(415000 \times \frac{18}{83}\right)$ = ₹ 90000.

प्रश्नमाला 13A

निम्नलिखित प्रश्नों में से प्रत्येक में ठीक उत्तर को चिन्हांकित (✓) कीजिए :

1. नीना तथा मीना ने क्रमशः ₹ 30000 तथा ₹ 45000 के निवेश से साझेदारी में व्यापार आरम्भ किया. 2 वर्ष बाद ₹ 150000 के लाभ में से मीना का भाग कितना होगा? **(बैंक पी०ओ० परीक्षा, 2010)**

(*a*) ₹ 30000 (*b*) ₹ 45000 (*c*) ₹ 75000 (*d*) निर्धारित नहीं किया जा सकता
(*e*) इनमें से कोई नहीं

2. मिथिलेश ने ₹ 48000 निवेश करके एक व्यापार प्रारम्भ किया. 7 माह बाद ₹ 56000 की पूँजी लगाकर विद्या भी इस व्यापार में साझीदार हो गई. वर्षान्त में कुल ₹ 5885 के लाभ में से विद्या को कितना धन मिलेगा?

(*a*) ₹ 3635 (*b*) ₹ 1650 (*c*) ₹ 1925 (*d*) ₹ 3960 (*e*) इनमें से कोई नहीं

(बैंक पी०ओ० परीक्षा, 2010)

3. 5 : 6 के अनुपात में पूँजी लगाकर A तथा B साझे में कोई व्यापार प्रारम्भ करते हैं. 8 मास के बाद A अपनी पूँजी वापिस ले लेता है. यदि वर्ष के अन्त में लाभांश 5 : 9 के अनुपात में हो, तो B ने अपनी पूँजी कितने समय के लिए निवेश की? **(एस०एस०सी० परीक्षा, 2010)**

(*a*) 6 मास (*b*) 8 मास (*c*) 10 मास (*d*) 12 मास

4. हेमन्त ने ₹ 50000 निवेश करके एक व्यापार आरम्भ किया. 8 महीने बाद ₹ 70000 की राशि के साथ संदीप व्यापार में सम्मिलित हो गया. 3 वर्ष बाद इनके लाभ का बँटवारा क्रमशः किस अनुपात में होगा?

(*a*) 45 : 49 (*b*) 43 : 45 (*c*) 51 : 49 (*d*) 53 : 51 (*e*) इनमें से कोई नहीं

(बैंक पी०ओ० परीक्षा, 2009)

5. प्रकाश, सुनील तथा अनिल ने संयुक्त रूप से क्रमशः 11 लाख रु०, 16·5 लाख रु० तथा 8·25 लाख रु० के निवेश से एक व्यापार आरम्भ किया. तीन वर्ष के अन्त में उनके द्वारा कमाया गया लाभ 19·5 लाख रु० था. इस लाभ में अनिल के भाग का 50% कितना होगा? **(बैंक पी०ओ० परीक्षा, 2009)**

(*a*) 4.5 लाख रु० (*b*) 2.25 लाख रु० (*c*) 2.5 लाख रु० (*d*) 3.75 लाख रु० (*e*) इनमें से कोई नहीं

6. गौतम ने ₹ 60000 के निवेश से एक व्यापार आरम्भ किया. 8 माह बाद ₹ 35000 निवेशित करके जतिन भी व्यापार में साझीदार हो गया. दो वर्ष बाद दोनों का लाभ क्रमशः किस अनुपात में बँटेगा?

(*a*) 2 : 1 (*b*) 37 : 14 (*c*) 3 : 1 (*d*) 18 : 7 (*e*) इनमें से कोई नहीं

(बैंक पी०ओ० परीक्षा, 2008)

7. ₹ 50000 निवेश करके सरिता ने एक बुटीक चालू किया. 6 माह बाद ₹ 80000 का निवेश करके नीता उसकी साझीदार हो गई. एक वर्ष के अन्त में ₹ 18000 रु० के लाभ में से सरिता का भाग कितना है?

(*a*) ₹ 9000 (*b*) ₹ 8000 (*c*) ₹ 12000 (*d*) ₹ 10000 (*e*) इनमें से कोई नहीं

(बैंक पी०ओ० परीक्षा, 2009)

8. तीन मित्रों P, Q तथा R ने मिलकर एक व्यापार आरम्भ किया तथा क्रमशः ₹ 45000, ₹ 70000 तथा ₹ 90000 का निवेश किया. दो वर्ष के अन्त में ₹ 164000 के कुल लाभ में से Q का भाग कितना होगा?

(*a*) ₹ 56000 (*b*) ₹ 36000 (*c*) ₹ 72000 (*d*) इनमें से कोई नहीं

(बैंक पी०ओ० परीक्षा, 2009)

9. निनाद, विकास तथा मानव मिलकर साझे में एक व्यापार आरम्भ करते हैं. आरम्भ में निनाद कुछ राशि का निवेश करता है. 6 माह बाद विकास उससे दुगुना धन लगाकर व्यापार में सम्मिलित हो जाता है. इसके 8 माह बाद मानव, विकास से तिगुना धन लगाकर व्यापार में सम्मिलित हो जाता है. वर्ष के अन्त में ₹ 45000 के कुल लाभ में से मानव का भाग कितना है? **(बैंक पी०ओ० परीक्षा, 2008)**

(*a*) ₹ 25000 (*b*) ₹ 15000 (*c*) ₹ 12000 (*d*) ₹ 9000 (*e*) इनमें से कोई नहीं

10. शीना, मीना तथा रीना एक व्यापार में क्रमशः ₹ 63000, ₹ 56000 तथा ₹ 84000 का निवेश करते हैं. वर्ष के अन्त में कुल लाभ को उनके निवेश के अनुपात में वितरित किया जाता है. यदि इस लाभ में रीना का भाग ₹ 54000 हो, तो कुल अर्जित लाभ कितना है? **(बैंक पी०ओ० परीक्षा, 2007)**

(*a*) ₹ 130500 (*b*) ₹ 145000 (*c*) ₹ 135030 (*d*) निर्धारित नहीं किया जा सकता

(*e*) इनमें से कोई नहीं

11. अमन ने ₹ 40000 लगाकर एक व्यापार आरम्भ किया. 6 माह बाद सामन्त ₹ 60000 लगाकर तथा उसके 3 माह बाद रचित ₹ 50000 लगाकर साझीदार हो गया. 2 वर्ष बाद इनके लाभ का अनुपात क्या होगा?

(*a*) 5 : 8 : 9 (*b*) 25 : 32 : 36 (*c*) 36 : 32 : 25 (*d*) इनमें से कोई नहीं

12. तीन साझीदारों A, B तथा C ने मिलकर एक व्यापार में ₹ 50000 का निवेश किया. यदि A ने B से ₹ 4000 अधिक लगाये हों तथा B ने C से ₹ 5000 अधिक लगाये हों, तो वर्ष के अन्त में ₹ 35000 के कुल लाभ में से A को कितना धन मिलेगा? **(मैनेजमैन्ट परीक्षा, 2005)**

(*a*) ₹ 8400 (*b*) ₹ 11900 (*c*) ₹ 13600 (*d*) ₹ 14700

13. A ने ₹ 45000 की पूँजी लगाकर एक व्यापार आरम्भ किया. कुछ समय बाद B भी ₹ 54000 लगाकर इस व्यापार में साझीदार हो गया. यदि वर्ष के अन्त में उनका लाभ 2 : 1 के अनुपात में बाँटा गया हो, तो व्यापार आरम्भ होने के कितने महीने बाद B साझीदार बना? **(एस०एस०सी० परीक्षा, 2005)**

(*a*) 4 महीने (*b*) 5 महीने (*c*) 6 महीने (*d*) 7 महीने

14. A, B तथा C ने मिलकर एक व्यापार आरम्भ किया तथा 5 : 6 : 8 के अनुपात में पूँजी लगाई. एक वर्ष बाद C ने अपनी 50% पूँजी वापिस ले ली तथा A ने अपनी पूँजी की 60% राशि और लगा दी. दो वर्ष बाद कुल लाभ को A, B तथा C में किस अनुपात में बाँटा जायेगा? **(बैंक पी०ओ० परीक्षा, 2004)**

(*a*) 2 : 3 : 3 (*b*) 4 : 3 : 2 (*c*) 13 : 13 : 12 (*d*) ज्ञात नहीं किया जा सकता

(*e*) इनमें से कोई नहीं

15. A, B तथा C ने मिलकर एक व्यापार आरम्भ किया. प्रारम्भ में A ने कुछ पूँजी लगाई. 6 माह बाद B ने इससे दुगुनी पूँजी लगाई तथा 8 माह बाद C ने A से तिगुनी पूँजी लगाई. वर्ष के अन्त में ₹ 27000 के कुल लाभ में से C का भाग कितना होगा? **(मैनेजमैन्ट परीक्षा, 2006)**

(*a*) ₹ 8625 (*b*) ₹ 9000 (*c*) ₹ 10800 (*d*) ₹ 11250

16. A, B तथा C ने मिलकर व्यापार आरम्भ किया तथा $\frac{7}{2}:\frac{4}{3}:\frac{6}{5}$ के अनुपात में धन लगाया. चार माह बाद A ने अपने भाग में 50% की वृद्धि कर दी. यदि वर्ष के अन्त में कुल लाभ ₹ 21600 हो, तो इसमें से B का भाग कितना है? **(जीवन बीमा निगम परीक्षा, 2003)**

(*a*) ₹ 2100 (*b*) ₹ 2400 (*c*) ₹ 3600 (*d*) ₹ 4000

17. A तथा B ने क्रमशः ₹ 50000 तथा ₹ 45000 लगाकर एक व्यापार आरम्भ किया. चार माह बाद A ने अपनी आधी पूँजी वापिस ले ली तथा B ने उसी समय अपनी एक तिहाई पूँजी वापिस ले ली. इस समय C कुल ₹ 70000 लगाकर व्यापार में साझीदार हो गया. वर्ष के अन्त में 41400 रु० के लाभ में से C का भाग कितना होगा?

(*a*) ₹ 17800 (*b*) ₹ 16800 (*c*) ₹ 18600 (*d*) ₹ 18800

18. साझे के एक व्यापार में A कुल पूँजी का $\frac{1}{6}$ भाग, $\frac{1}{6}$ समय के लिए; B कुल पूँजी का $\frac{1}{3}$ भाग, $\frac{1}{3}$ समय के लिए तथा C, कुल पूँजी का शेष भाग पूरे समय के लिए निवेश करता है. ₹ 46000 के कुल लाभ में से B का भाग कितना है ?

(*a*) ₹ 6500 (*b*) ₹ 8000 (*c*) ₹ 9600 (*d*) ₹ 10000

19. A तथा B दो साझीदारों ने एक व्यापार में 4 : 5 के अनुपात में पूँजी लगाई. तीन माह बाद A ने अपनी पूँजी का $\frac{1}{4}$ भाग तथा B ने अपनी पूँजी का $\frac{1}{5}$ भाग वापिस ले लिया. 10 माह बाद कुल ₹ 7600 के लाभ में से A का भाग कितना है ?

(*a*) ₹ 3300 (*b*) ₹ 3600 (*c*) ₹ 3800 (*d*) ₹ 4300

20. A तथा B मिलकर 6 : 5 के अनुपात में पूँजी लगाकर व्यापार आरम्भ करते हैं. 7 माह बाद A अपनी सारी पूँजी वापिस ले लेता है जबकि B अपनी आधी पूँजी वापिस ले लेता है. यदि अन्त में मिले लाभ के भागों का अनुपात 4 : 5 हो, तो B का धन कितने समय तक व्यापार में लगा रहा ?

(*a*) 12 माह (*b*) 9 माह (*c*) 14 माह (*d*) इनमें से कोई नहीं

21. तीन साझीदार A, B और C में एक व्यापार का लाभ इस प्रकार बाँटा जाता है कि A के भाग का 4 गुना; B के भाग का 6 गुना तथा C के भाग का 11 गुना बराबर है. तीनों को मिलने वाली लाभ की राशियों का अनुपात $A : B : C$ क्या होगा ?

(*a*) 4 : 6 : 11 (*b*) $\frac{1}{6}:\frac{1}{4}:\frac{1}{11}$ (*c*) 11 : 6 : 4 (*d*) 33 : 22 : 12

22. A, B तथा C मिलकर एक व्यापार आरम्भ करते हैं. A, पूरी लागत का एक-तिहाई भाग निवेश करता है तथा B का निवेश A तथा C के कुल निवेश के बराबर है. वर्ष के अन्त में ₹ 90000 के लाभ में से C का भाग कितना है ?

(*a*) ₹ 10000 (*b*) ₹ 15000 (*c*) ₹ 20000 (*d*) ₹ 30000

23. A तथा B ने मिलकर व्यापार आरम्भ किया. A ने ₹ 36000, 8 माह के लिए निवेश किये तथा B कुछ पूँजी लगाकर 6 माह तक व्यापार में रहा. अन्त में B को कुल लाभ का $\frac{15}{31}$ भाग मिला. B ने कितना धन लगाया ?

(*a*) ₹ 42000 (*b*) ₹ 39000 (*c*) ₹ 35000 (*d*) ₹ 45000

24. एक व्यापार में तीन साझीदारों के लाभ का अनुपात 5 : 7 : 8 है. इनका धन क्रमश: 14 महीने, 8 महीने तथा 7 महीने के लिए निवेशित रहा. इनकी पूँजियों का अनुपात क्या है ?

(*a*) 5 : 7 : 8 (*b*) 20 : 49 : 64 (*c*) 38 : 28 : 21 (*d*) इनमें से कोई नहीं

25. A, B तथा C ने एक कार्य को ₹ 16500 में समाप्त करने का ठेका लिया. A तथा B ने मिलकर कुल कार्य का $\frac{7}{11}$ भाग समाप्त कर दिया तथा शेष कार्य C ने किया. इस धन में से C का भाग कितना होगा ?

(*a*) ₹ 7200 (*b*) ₹ 6400 (*c*) ₹ 6000 (*d*) ₹ 8400

26. मीनाक्षी ने ₹ 12000 का निवेश करके एक व्यवसाय आरम्भ किया. 5 माह बाद ₹ 9000 की पूँजी लगाकर अभय साझीदार हो गया. वर्ष के अन्त में ₹ 4416 के कुल लाभ में से मीनाक्षी का भाग कितना है ?

(*a*) ₹ 1344 (*b*) ₹ 3364 (*c*) ₹ 3072 (*d*) ₹ 2568 (*e*) इनमें से कोई नहीं

(बैंक पी०ओ० परीक्षा, 2009)

27. प्रभा ने ₹ 32000 का निवेश करके एक व्यापार आरम्भ किया. 5 माह बाद ₹ 22000 की पूँजी लगाकर अमित साझीदार हो गया. वर्ष के अन्त में ₹ 16409 के कुल लाभ में से प्रभा का भाग कितना है ?

(*a*) ₹ 5284 (*b*) ₹ 11712 (*c*) ₹ 10182 (*d*) ₹ 4697 (*e*) इनमें से कोई नहीं

(बैंक पी०ओ० परीक्षा, 2009)

28. A ने ₹ 45000 के निवेश से एक व्यापार आरम्भ किया तथा कुछ समय बाद B, ₹ 54000 का निवेश करके उसका साझीदार हो गया. यदि व्यापार में होने वाले लाभ को वर्ष के अन्त में उनमें 2 : 1 में बाँटा गया हो तो कितने महीने के बाद B व्यापार में साझीदार बना ? **(एस०एस०सी० परीक्षा, 2005)**

(*a*) 4 महीने (*b*) 5 महीने (*c*) 6 महीने (*d*) 7 महीने

29. चार ग्वालों A, B, C तथा D ने मिलकर एक चरागाह किराये पर ली. A ने अपनी 18 गाय 4 महीने चराई; B ने 25 गाय 2 महीने चराई; C ने 28 गाय 5 महीने चराई तथा D ने 21 गाय 3 महीने चराई. यदि कुल किराये में से A का भाग 3600 रु० हो, तो चरागाह का कुल किराया कितना है ?

(*a*) ₹ 15000 (*b*) ₹ 16000 (*c*) ₹ 16250 (*d*) ₹ 16500

30. समियारा, महीरा तथा कियारा ने डी०वी०डी० का एक सैट ₹ 578 किराये पर लिया. यदि उन्होंने इसका प्रयोग क्रमश: 8 घण्टे, 12 घण्टे तथा 14 घण्टे किया हो, तो कुल किराये में से कियारा को कितना देना होगा ?

(*a*) ₹ 238 (*b*) ₹ 204 (*c*) ₹ 192 (*d*) ₹ 215 (*e*) इनमें से कोई नहीं

(बैंक पी०ओ० परीक्षा, 2008)

उत्तरमाला (प्रश्नमाला 13A)

1. (*e*)	**2.** (*c*)	**3.** (*d*)	**4.** (*a*)	**5.** (*b*)	**6.** (*e*)	**7.** (*d*)	**8.** (*a*)	**9.** (*e*)	**10.** (*a*)
11. (*d*)	**12.** (*d*)	**13.** (*d*)	**14.** (*c*)	**15.** (*b*)	**16.** (*d*)	**17.** (*b*)	**18.** (*b*)	**19.** (*a*)	**20.** (*c*)
21. (*d*)	**22.** (*b*)	**23.** (*d*)	**24.** (*b*)	**25.** (*c*)	**26.** (*c*)	**27.** (*b*)	**28.** (*d*)	**29.** (*c*)	**30.** (*a*)

दिये गये प्रश्नों के हल प्रश्नमाला 13A

1. नीना : मीना = 30000 × 24 : 45000 × 24 = 2 : 3.

कुल लाभ = ₹ 150000.

मीना का भाग = ₹ $\left(150000\times\frac{3}{5}\right)$ = ₹ 90000.

2. मिथिलेश : विद्या = (48000 × 12 : 56000 × 5) = (6 × 12 : 7 × 5) = (72 : 35).

कुल लाभ = ₹ 5885.

विद्या का भाग = ₹ $\left(5885\times\frac{35}{107}\right)$ = ₹ 1925.

3. माना A ने ₹ $5x$, 8 मास के लिए निवेश किये तथा B ने ₹ $6x$, y मास के लिए निवेश किये.

तब $\frac{5x\times 8}{6x\times y}=\frac{5}{9}\Rightarrow\frac{20}{3y}=\frac{5}{9}$.

$\therefore\ 15y=180\Rightarrow y=12$.

अत: B का धन 12 मास तक निवेशित रहा.

4. हेमन्त : संदीप = (50000 × 36) : (70000 × 28)

= 180 : 196 = 45 : 49.

अत: इनके लाभ का बँटवारा 45:49 के अनुपात में होगा.

5. प्रकाश : सुनील : अनिल = 11 लाख : 16·5 लाख : 8·25 लाख

$$=11:16\cdot5:8\cdot25=11:\frac{165}{10}:\frac{825}{100}$$

$$=11:\frac{33}{2}:\frac{33}{4}=44:66:33=4:6:3.$$

कुल लाभ = 19·5 लाख रु०.

अनिल का भाग = ₹ $\left(19\cdot5 \text{ लाख}\times\frac{3}{13}\right)$ = ₹ (1·5 लाख × 3) = 4·5 लाख रु०.

अनिल के भाग का 5% = ₹ $\left(4\cdot5 \text{ लाख}\times\frac{50}{100}\right)$ = 2·25 लाख रु०.

6. गौतम : जतिन = (60000 × 24) : (35000 × 16)

= (144 : 560) = 9 : 35.

अत: 2 वर्ष बाद कुल लाभ गौतम तथा जतिन में 9:35 के अनुपात में बँटेगा.

7. सरिता : नीता = (50000 × 12) : (80000 × 6)
 = 60 : 48 = 5 : 4.

कुल लाभ = ₹ 18000.

सरिता का भाग = ₹ $\left(18000\times\frac{5}{9}\right)$ = ₹ 10000.

8. $P:Q:R$ = (45000 × 2) : (70000 × 2) : (90000 × 2)
 = 90 : 140 : 180 = 9 : 14 : 18.

कुल लाभ = ₹ 164000.

Q का भाग = ₹ $\left(164000\times\frac{14}{41}\right)$ = ₹ 56000.

9. माना निनाद की राशि = ₹ x. तब, विकास की राशि = ₹ $2x$, मानव की राशि = ₹ $6x$.

निनाद : विकास : मानव $= x:2x:6x = 1:2:6$.

कुल लाभ = ₹ 45000.

मानव का भाग = ₹ $\left(45000\times\frac{6}{9}\right)$ = ₹ 30000.

10. शीना : मीना : रीना = 63000 : 56000 : 84000 = 9 : 8 : 12.

माना शीना, मीना, रीना का लाभांश क्रमशः ₹ $9x$, ₹ $8x$ तथा ₹ $12x$ है.

तब, $12x = 54000 \Rightarrow x = 4500$.

∴ कुल अर्जित लाभ = ₹ $(9x + 8x + 12x)$
 = ₹ $29x$ = ₹ (29 × 4500) = ₹ 130500.

11. अमन : सामन्त : रचित = (40000 × 24) : (60000 × 18) : (50000 × 15)
 = (96 : 108 : 75) = 32 : 36 : 25.

अतः इनके लाभ का अनुपात = 32 : 36 : 25.

12. माना C की पूँजी = ₹ x. तब, B की पूँजी = ₹ $(x + 5000)$ तथा A की पूँजी = ₹ $(x + 9000)$.

तब, $(x+9000)+(x+5000)+x = 50000 \Rightarrow 3x = 36000 \Rightarrow x = 12000$.

∴ C की पूँजी = ₹ 12000, B की पूँजी = ₹ 17000 तथा A की पूँजी = ₹ 21000.

$A:B:C$ = 21000 : 17000 : 12000 = 21 : 17 : 12.

कुल लाभ = ₹ 35000.

A का भाग = ₹ $\left(35000\times\frac{21}{50}\right)$ = ₹ 14700.

13. माना B आरम्भ में x महीने बाद व्यापार में साझीदार बना. तब

A तथा B की पूँजियों का अनुपात = (45000 × 12) : 54000 × $(12 - x)$
 = (5 × 12) : 6 × $(12 - x)$ = 60 : $(72 - 6x)$.

$$\therefore \frac{60}{72-6x} = \frac{2}{1} \Rightarrow 144 - 12x = 60$$

$$\Rightarrow 12x = 84 \Rightarrow x = 7.$$

अतः व्यापार आरम्भ होने के 7 महीने बाद B व्यापार में सम्मिलित हुआ.

14. माना आरम्भ में A, B तथा C की पूँजियाँ क्रमशः ₹ $5x$, ₹ $6x$ तथा ₹ $8x$ थी.

A, B तथा C की पूँजियों का अनुपात

$= \{(5x\times12) + (5x + 5x \text{ का } 60\%)\times12\} : (6x\times24) : (8x\times12 + 4x\times12)$

$= \left\{120x + \left(60x\times\frac{60}{100}\right)\right\} : (144x) : (144x)$

$= (120x + 36x) : (144x) : (144x) = (156x) : (144x) : (144x) = 13 : 12 : 12.$

15. माना A की पूँजी = ₹ x. तब,

A, B तथा C की पूँजियों का अनुपात $= (x\times 12):(2x\times 6):(3x\times 4) = 12x:12x:12x = 1:1:1.$

$\therefore$ C का भाग = ₹ $\left(27000\times\frac{1}{3}\right)$ = ₹ 9000.

16. आरम्भ में A, B तथा C की पूँजियों का अनुपात $= \frac{7}{2}:\frac{4}{3}:\frac{6}{5} = 105:40:36.$

माना A, B, C ने आरम्भ में क्रमशः ₹ $105x$, ₹ $40x$ तथा ₹ $36x$ लगाये.

पूरे वर्ष में A, B, C की पूँजियों का अनुपात

$$= \left\{(105x\times 4) + \left(105x\times\frac{150}{100}\right)\times 8\right\}:(40x\times 12):(36x\times 12)$$
$$= (420x + 1260x):(480x):(432x) = (1680x):(480x):(432x)$$
$$= 105:30:27 = 35:10:9.$$

कुल वार्षिक लाभ = ₹ 21600.

इसमें से B का लाभ = ₹ $\left(21600\times\frac{10}{54}\right)$ = ₹ 4000.

17. A की पूँजी = ₹ $[(50000\times 4) + (25000\times 8)]$ = ₹ 400000.

B की पूँजी = ₹ $\left[(45000\times 4) + \left(45000\times\frac{2}{3}\times 8\right)\right]$ = ₹ 420000.

C की पूँजी = ₹ (70000×8) = ₹ 560000.

$A:B:C = 400000:420000:560000 = 40:42:56 = 20:21:28.$

कुल लाभ = ₹ 41400.

C का भाग = ₹ $\left(41400\times\frac{28}{69}\right)$ = ₹ 16800.

18. माना A, ₹ $\frac{x}{6}$, $\frac{y}{6}$ माह के लिए निवेश करता है;

B, ₹ $\frac{x}{3}$, $\frac{y}{3}$ माह के लिए निवेश करता है;

तथा C, ₹ $\left\{x - \left(\frac{x}{6}+\frac{x}{3}\right)\right\}$ = ₹ $\frac{x}{2}$, y माह के लिए निवेश करता है.

$$A:B:C = \left(\frac{x}{6}\times\frac{y}{6}\right):\left(\frac{x}{3}\times\frac{y}{3}\right):\left(\frac{x}{2}\times y\right) = \frac{xy}{36}:\frac{xy}{9}:\frac{xy}{2} = 1:4:18.$$

कुल लाभ = ₹ 46000.

इसमें, B का भाग = ₹ $\left(46000\times\frac{4}{23}\right)$ = ₹ 8000.

19. माना आरम्भ में A की पूँजी = ₹ $4x$ तथा B की पूँजी = ₹ $5x$.

3 माह बाद A की पूँजी = ₹ $\left[4x - \left(\frac{1}{4}\times 4x\right)\right]$ = ₹ $3x$.

3 माह बाद B की पूँजी = ₹ $\left[5x - \left(\frac{1}{5}\times 5x\right)\right]$ = ₹ $4x$.

$\therefore$ A की पूँजी = ₹ $[(4x\times 3) + (3x\times 7)]$ = ₹ $(12x + 21x)$ = ₹ $33x$.

B की पूँजी = ₹ $[(5x\times 3) + (4x\times 7)]$ = ₹ $(15x + 28x)$ = ₹ $43x$.

$\therefore$ $A:B = 33x:43x = 33:43.$

कुल लाभ = ₹ 7600.

इस लाभ में A का भाग = ₹ $\left(7600\times\frac{33}{76}\right)$ = ₹ 3300.

20. माना आरम्भ में A तथा B की पूँजियाँ क्रमशः ₹ $6x$ तथा ₹ $5x$ थी.

माना B का धन $(7 + y)$ महीने तक व्यापार में रहा. तब

$$\frac{(6x\times 7)}{(5x\times 7)+\left(\frac{5x}{2}\times y\right)}=\frac{4}{5}\Rightarrow\frac{84}{70+5y}=\frac{4}{5}$$

$$\Rightarrow 4(70+5y)=420\Rightarrow 20y=140\Rightarrow y=7.$$

अतः B का धन $(7 + 7)$ अर्थात 14 महीने तक व्यापार में रहा.

21. दिया है: $4A = 6B = 11C = k$ (माना). तब, $A=\frac{k}{4}, B=\frac{k}{6}$ तथा $C=\frac{k}{11}$.

$$\therefore\ A:B:C=\frac{k}{4}:\frac{k}{6}:\frac{k}{11}=\frac{1}{4}:\frac{1}{6}:\frac{1}{11}=33:22:12.$$

22. माना कुल निवेश = ₹ x. तब, A का निवेश = ₹ $\frac{x}{3}$. शेष निवेश = ₹ $\left(x-\frac{x}{3}\right)$ = ₹ $\frac{2x}{3}$.

$\therefore\ B+C=\frac{2x}{3}$. दिया है : $B=A+C=\frac{x}{3}+C\Rightarrow B-C=\frac{x}{3}$.

$B+C=\frac{2x}{3}$ तथा $B-C=\frac{x}{3}$ को हल करने पर $B=\frac{x}{2}$ तथा $C=\left(\frac{2x}{3}-\frac{x}{2}\right)=\frac{x}{6}$.

$$\therefore\ A:B:C=\frac{x}{3}:\frac{x}{2}:\frac{x}{6}=2:3:1.$$

कुल लाभ = ₹ 90000.

इसमें से C का भाग = ₹ $\left(90000\times\frac{1}{6}\right)$ = ₹ 15000.

23. कुल लाभ में B का भाग $=\frac{15}{31}$ तथा A का भाग $=\left(1-\frac{15}{31}\right)=\frac{16}{31}$.

कुल लाभ में A तथा B के भाग का अनुपात $=\frac{16}{31}:\frac{15}{31}=16:15$.

माना B की पूँजी ₹ x, 6 माह के लिए.

तब A तथा B की पूँजियों का अनुपात $=(36000\times 8):(6x)=48000:x$.

$$\therefore\ \frac{48000}{x}=\frac{16}{15}\Rightarrow 16x=48000\times 15\Rightarrow x=\frac{48000\times 15}{16}=45000.$$

अतः B का धन = ₹ 45000.

24. माना इनकी पूँजियाँ क्रमशः ₹ x, ₹ y तथा ₹ z है. तब,

$14x:8y:7z=5:7:8$

अतः $\frac{14x}{8y}=\frac{5}{7}\Rightarrow 40y=98x\Rightarrow y=\frac{98x}{40}=\frac{49x}{20}$.

तथा $\frac{14x}{7z}=\frac{5}{8}\Rightarrow\frac{2x}{z}=\frac{5}{8}\Rightarrow 5z=16x\Rightarrow z=\frac{16x}{5}$.

$$\therefore\ x:y:z=x:\frac{49x}{20}:\frac{16x}{5}=20x:49x:64x=20:49:64.$$

अतः इनकी पूँजियों का अनुपात 20 : 49 : 64 है.

25. $(A + B)$ का कार्य $=\frac{7}{11}$ तथा C का कार्य $=\left(1-\frac{7}{11}\right)=\frac{4}{11}$.

$$\therefore\ (A+B):C=\frac{7}{11}:\frac{4}{11}=7:4.$$

A, B, C को मिला कुल धन = ₹ 16500.

इसमें C का भाग = ₹ $\left(16500\times\frac{4}{11}\right)$ = ₹ 6000.

26. मीनाक्षी : अभय = (12000 × 12) : (9000 × 7) = 144 : 63 = 16 : 7.

कुल लाभ = ₹ 4416.

मीनाक्षी का भाग = ₹ $\left(4416 \times \frac{16}{23}\right)$ = ₹ 3072.

27. प्रभा : अमित = (32000 × 12) : (22000 × 7) = (384 : 154) = 192 : 77.

कुल लाभ = ₹ 16409.

प्रभा का भाग = ₹ $\left(16409 \times \frac{192}{269}\right)$ = ₹ 11712.

28. माना B व्यापार में x महीने बाद साझीदार बना. तब

$(45000 \times 12) : 54000 \times (12 - x) = 2 : 1$

$\Rightarrow \frac{45000 \times 12}{54000 \times (12 - x)} = \frac{2}{1} \Rightarrow \frac{45 \times 12}{54 \times (12 - x)} = \frac{2}{1}$

$\Rightarrow 1296 - 108x = 540 \Rightarrow 108x = (1296 - 540) = 756 \Rightarrow x = 7.$

अत: B व्यापार में 7 महीने बाद साझीदार बना.

29. A, B, C, D के किराये का अनुपात = (18 × 4) : (25 × 2) : (28 × 5) : (21 × 3)

= 72 : 50 : 140 : 63

माना किराये में A का भाग = ₹ $72x$, B का भाग = ₹ $50x$, C का भाग = ₹ $140x$.

तथा D का भाग = ₹ $63x$.

$\therefore\ 72x = 3600 \Rightarrow x = \frac{3600}{72} = 50.$

चरागाह का कुल किराया = ₹ $(72x + 50x + 140x + 63x)$ = ₹ $325x$

= ₹ (325 × 50) = ₹ 16250.

30. $S : M : K = 8 : 12 : 14 = 4 : 6 : 7.$

कुल किराया = ₹ 578.

किराये में कियारा का भाग = ₹ $\left(578 \times \frac{7}{17}\right)$ = ₹ 238.

प्रश्नमाला 13B

1. तीन साझीदारों A, B तथा C ने क्रमश: ₹ 40000, ₹ 38000 तथा ₹ 42000 लगाकर एक व्यापार आरम्भ किया. एक वर्ष के अन्त में ₹ 55200 के कुल लाभ में से प्रत्येक का लाभांश ज्ञात कीजिए.

2. A ₹ 5000 लगाकर एक व्यापार आरम्भ करता है तथा B दो महीने बाद ₹ 4000 लगाकर व्यापार में सम्मिलित हो जाता है. व्यापार आरम्भ होने के 6 महीने बाद C, ₹ 8000 लगाकर सम्मिलित हो जाता है. यदि वर्ष के अन्त में कुल लाभ ₹ 22200 मिला हो, तो इसमें से प्रत्येक का भाग ज्ञात कीजिए.

3. तीन ग्वाले A, B, C मिलकर एक चरागाह ₹ 5880 किराये पर लेते हैं. इसमें A अपनी 18 गाय 4 महीने चराता है; B अपनी 16 गाय 6 महीने चराता है तथा C अपनी 14 गाय 9 महीने चराता है. प्रत्येक को कितना-कितना किराया देना पड़ेगा?

4. A, B, C मिलकर एक व्यापार आरम्भ करते हैं. आरम्भ में इनकी पूँजियाँ $\frac{1}{2} : \frac{1}{3} : \frac{1}{5}$ के अनुपात में हैं. चार माह बाद, B अपनी आधी पूँजी निकाल लेता है. वर्ष के अन्त में ₹ 41500 के कुल लाभ में से C का भाग ज्ञात कीजिए.

5. A तथा B ने मिलकर व्यापार आरम्भ किया तथा 4 : 5 के अनुपात में धन लगाया. 3 माह बाद A ने अपनी पूँजी का $\frac{1}{4}$ भाग तथा B ने अपनी पूँजी का $\frac{1}{5}$ भाग वापिस ले लिया. व्यापार आरम्भ करने के 10 माह बाद ₹ 60800 के लाभ में से प्रत्येक का भाग ज्ञात कीजिए.

A द्वारा दिया जाने वाला किराया = ₹ $\left(5880\times\frac{12}{49}\right)$ = ₹ 1440;

B द्वारा दिया जाने वाला किराया = ₹ $\left(5880\times\frac{16}{49}\right)$ = ₹ 1920;

C द्वारा दिया जाने वाला किराया = ₹ $\left(5880\times\frac{21}{49}\right)$ = ₹ 2520.

4. A, B, C की पूँजियों का अनुपात = $\frac{1}{2}:\frac{1}{3}:\frac{1}{5} = 15:10:6$.

माना प्रारम्भ में A, B, C ने क्रमशः ₹ $15x$, ₹ $10x$ तथा ₹ $6x$ लगाये.

A की कुल पूँजी = ₹ $(15x)$, 12 माह के लिए = ₹ $(15x\times12)$, 1 माह के लिए = ₹ $(180x)$, 1 माह के लिए.

B की कुल पूँजी = ₹ [$(10x)$, 4 माह के लिए] + [₹ $(5x)$, 8 माह के लिए]

= ₹ [$(40x)$, 1 माह के लिए] + [₹ $(40x)$, 1 माह के लिए] = ₹ $(80x)$, 1 माह के लिए.

C की कुल पूँजी = ₹ $6x$, 12 माह के लिए = ₹ $(6x\times12)$, 1 माह के लिए = ₹ $(72x)$, 1 माह के लिए.

A, B, C की पूँजियों का अनुपात = $180x : 80x : 72x = 45 : 20 : 18$.

अनुपात पदों का योग = $(45 + 20 + 18) = 83$.

वर्ष के अन्त में कुल लाभ = ₹ 41500.

कुल वार्षिक लाभ में से C का भाग = ₹ $\left(41500\times\frac{18}{83}\right)$ = ₹ 9000.

5. माना आरम्भ में A तथा B ने क्रमशः ₹ $4x$ तथा ₹ $5x$ लगाये.

A की पूँजी = (₹ $4x$, 3 माह के लिए) + ₹ $\left(4x-\frac{1}{4}\times4x\right)$, 7 माह के लिए

= (₹ $12x$, 1 माह के लिए) + (₹ $3x$, 7 माह के लिए)

= (₹ $12x$, 1 माह के लिए) + (₹ $21x$, 1 माह के लिए) = ₹ $33x$, 1 माह के लिए.

B की पूँजी = (₹ $5x$, 3 माह के लिए) + ₹ $\left[\left(5x-\frac{1}{5}\times5x\right)\right.$, 7 माह के लिए$\left.\right]$

= (₹ $15x$, 1 माह के लिए) + (₹ $4x$, 7 माह के लिए)

= (₹ $15x$, 1 माह के लिए) + (₹ $28x$, 1 माह के लिए) = ₹ $43x$, 1 माह के लिए.

A तथा B की पूँजियों का अनुपात = $33x : 43x = 33 : 43$.

अनुपात पदों का योग = $(33 + 43) = 76$.

वर्ष के अन्त में कुल लाभ = ₹ 60800.

$\therefore$ A का भाग = ₹ $\left(60800\times\frac{33}{76}\right)$ = ₹ 26400;

B का भाग = ₹ $\left(60800\times\frac{43}{76}\right)$ = ₹ 34400.

6. A तथा B की पूँजियों का अनुपात = $50000 : 60000 = 5 : 6$.

कुल लाभ = ₹ 8800.

प्रबन्धक के रूप में A को मिला धन = ₹ 8800 का $\frac{25}{2}\%$ = ₹ $\left(8800\times\frac{25}{2}\times\frac{1}{100}\right)$ = ₹ 1100.

शुद्ध लाभ = ₹ $(8800 - 1100)$ = ₹ 7700.

इस लाभ में A तथा B के भागों का अनुपात = $5 : 6$.

अनुपात पदों का योग = $(5 + 6) = 11$.

$\therefore$ शुद्ध लाभ में A का भाग = ₹ $\left(7700\times\frac{5}{11}\right)$ = ₹ 3500.

शुद्ध लाभ में B का भाग = ₹ $\left(7700 \times \frac{6}{11}\right)$ = ₹ 4200.

अतः A का कुल भाग = ₹ (1100 + 3500) = ₹ 4600; B का कुल भाग = ₹ 4200.

7. A तथा B की पूँजियों का अनुपात = 10000 : 40000 = 1 : 4.

कुल वार्षिक लाभ = ₹ 40000.

A को मिला ब्याज = ₹ 10000 का 5% = ₹ $\left(10000 \times \frac{5}{100}\right)$ = ₹ 500.

B को मिला ब्याज = ₹ 40000 का 5% = ₹ $\left(40000 \times \frac{5}{100}\right)$ = ₹ 2000.

B को प्रबन्धक के रूप में मिला धन = ₹ (1000 × 12) = ₹ 12000.

वार्षिक लाभ में से कुल खर्च = ₹ (500 + 2000 + 12000) = ₹ 14500.

शुद्ध लाभ = ₹ (40000 – 14500) = ₹ 25500.

A तथा B के भागों का अनुपात = 1 : 4.

अनुपात पदों का योग = (1 + 4) = 5.

$\therefore$ A का लाभांश = ₹ $\left(25500 \times \frac{1}{5}\right)$ = ₹ 5100; B का लाभांश = ₹ $\left(25500 \times \frac{4}{5}\right)$ = ₹ 20400.

अतः A का कुल भाग = ₹ (500 + 5100) = ₹ 5600.

तथा B का कुल भाग = ₹ (2000 + 12000 + 20400) = ₹ 34400.

8. माना कुल वार्षिक लाभ = ₹ x, व्यापार में लगी कुल पूँजी = ₹ 450000.

इसमें से आधी पूँजी = ₹ $\left(\frac{1}{2} \times 450000\right)$ = ₹ 225000.

B द्वारा A को दिया गया ब्याज = ₹ $\left(225000 \times \frac{10}{100}\right)$ = ₹ 22500.

B को निरीक्षण कार्य के लिए मिला धन = ₹ (1200 × 12) = ₹ 14400.

शुद्ध वार्षिक लाभ = ₹ $(x - 14400)$, इसमें से प्रत्येक का भाग = ₹ $\frac{1}{2}(x - 14400)$.

A की कुल आय = ₹ $\left[22500 + \frac{1}{2}(x - 14400)\right]$.

B की कुल आय = ₹ $\left[14400 + \frac{1}{2}(x - 14400) - 22500\right]$.

परन्तु दिया है कि, B की आय = $\frac{1}{2}$ × (A की आय)

$$\therefore \quad 14400 + \frac{1}{2}(x - 14400) - 22500 = \frac{1}{2} \times \left[22500 + \frac{1}{2}(x - 14400)\right]$$

$$\Rightarrow \quad \frac{1}{4}(x - 14400) = (11250 + 22500 - 14400)$$

$$\Rightarrow \quad x - 14400 = (4 \times 19350) \Rightarrow x = (77400 + 14400) \Rightarrow x = 91800.$$

अतः कुल वार्षिक लाभ = ₹ 91800.

9. माना कि वार्षिक लाभ = ₹ x.

A, B, C की पूँजियों का अनुपात = 12000 : 15000 : 18000 = 4 : 5 : 6.

प्रबन्धन के लिए A को मिला धन = ₹ x का 25% = ₹ $\left(x \times \frac{25}{100}\right)$ = ₹ $\frac{x}{4}$.

शेष लाभ = ₹ $\left(x - \frac{x}{4}\right)$ = ₹ $\frac{3x}{4}$.

इस लाभ में से :

A का भाग = ₹ $\left(\frac{3x}{4}\times\frac{4}{15}\right)$ = ₹ $\frac{x}{5}$; B का भाग = ₹ $\left(\frac{3x}{4}\times\frac{5}{15}\right)$ = ₹ $\frac{x}{4}$;

C का भाग = ₹ $\left(\frac{3x}{4}\times\frac{6}{15}\right)$ = ₹ $\frac{3x}{10}$.

A को मिला कुल धन = ₹ $\left(\frac{x}{4}+\frac{x}{5}\right)$ = ₹ $\frac{9x}{20}$.

B तथा C को मिला कुल धन = ₹ $\left(\frac{x}{4}+\frac{3x}{10}\right)$ = ₹ $\frac{11x}{20}$.

दिया है कि :

A को मिला धन = [(B और C को मिला धन) – 1000].

$\therefore \quad \frac{9x}{20}=\frac{11x}{20}-1000 \Rightarrow \frac{11x}{20}-\frac{9x}{20}=1000 \Rightarrow \frac{x}{10}=1000 \Rightarrow x=10000.$

अत: वार्षिक लाभ = ₹ 10000.

10. माना C की पूँजी ₹ x लाख तथा कुल लाभ ₹ y है.

A को प्रबन्धक के रूप में मिला धन = ₹ y का 10% = ₹ $\frac{y}{10}$.

B को सहायक प्रबन्धक के रूप में मिला धन = ₹ y का 5% = ₹ $\frac{y}{20}$.

शेष लाभ = ₹ $\left[y-\left(\frac{y}{10}+\frac{y}{20}\right)\right]$ = ₹ $\frac{17y}{20}$.

A, B, C की पूँजियों का अनुपात = (7 लाख) : (6 लाख) : (x लाख) = 7 : 6 : x.

इन पदों का योग = $(7+6+x)=(13+x)$.

इस लाभ में B का भाग = ₹ $\left[\frac{17y}{20}\times\frac{6}{(13+x)}\right]$ = ₹ $\frac{51y}{10(13+x)}$.

B को मिला कुल धन = ₹ $\left[\frac{y}{20}+\frac{51y}{10(13+x)}\right]$ = ₹ $\left[\frac{1}{20}+\frac{51}{10(13+x)}\right]y$

= ₹ $\left[\frac{(13+x)+102}{20(13+x)}\right]y$ = ₹ $\frac{(x+115)y}{20(13+x)}$.

परन्तु, B को मिला कुल धन = कुल लाभ का 35%

$\therefore \quad \frac{(x+115)y}{20(13+x)}=\left(y\times\frac{35}{100}\right) \Rightarrow \frac{x+115}{20(13+x)}=\frac{7}{20}$

$\Rightarrow \quad 20x+2300=1820+140x \Rightarrow 120x=480 \Rightarrow x=4.$

$\therefore$ C की पूँजी = ₹ 4 लाख = ₹ 400000.

11. A की पूँजी = ₹ $\left(\frac{1}{2}\times 400000\right)$ = ₹ 200000.

शेष पूँजी = ₹ (400000 – 200000) = ₹ 200000.

B की पूँजी = C की पूँजी = ₹ $\left(\frac{1}{2}\times 200000\right)$ = ₹ 100000.

A, B, C की पूँजियों का अनुपात = 200000 : 100000 : 100000 = 2 : 1 : 1.

कुल लाभ = ₹ 12600.

D को प्रबन्धन के लिए मिला धन = ₹ 12600 का 10% = ₹ 1260.

B को प्रबन्धन के लिए मिला धन = ₹ 12600 का 5% = ₹ 630.

C को प्रबन्धन के लिए मिला धन = ₹ 12600 का 5% = ₹ 630.

प्रबन्धन के लिए दिया गया धन = ₹ (1260 + 630 + 630) = ₹ 2520.

शेष लाभ = ₹ (12600 – 2520) = ₹ 10080.

इसमें A का भाग = ₹ $\left(10080\times\frac{2}{4}\right)$ = ₹ 5040, इसमें B का भाग = ₹ $\left(10080\times\frac{1}{4}\right)$ = ₹ 2520,

इसमें C का भाग = ₹ $\left(10080\times\frac{1}{4}\right)$ = ₹ 2520.

A का कुल भाग = ₹ 5040; B का कुल भाग = ₹ (630 + 2520) = ₹ 3150;

C का कुल भाग = ₹ (630 + 2520) = ₹ 3150; D का कुल भाग = ₹ 1260.

12. प्रबन्धक के रूप में A को मिला धन = ₹ $\left(880000\times\frac{25}{2\times100}\right)$ = ₹ 110000.

शेष लाभ = ₹ (880000 – 110000) = ₹ 770000.

A तथा B की पूँजियों का अनुपात = 5 लाख : 6 लाख = 5 : 6.

$\therefore$ B का भाग = ₹ $\left(770000\times\frac{6}{11}\right)$ = ₹ 420000.

A का भाग = ₹ $\left(110000+770000\times\frac{5}{11}\right)$ = ₹ 460000.

13. माना कुल पूँजी = ₹ x.

तब, B ने ₹ $\frac{x}{5}$, 10 माह के लिए निवेशित किये.

माना A ने ₹ $\frac{4x}{5}$, y माह के लिए निवेश किये.

तब, $$\frac{\frac{4x}{5}\times y}{\frac{x}{5}\times10}=\frac{\left(\frac{2}{3}\right)}{\left(\frac{1}{3}\right)}\Rightarrow\frac{2y}{5}=2\Rightarrow y=\frac{5\times2}{2}=5.$$

$\therefore$ A ने अपनी पूँजी 5 महीनों के लिए निवेश की.

14. माना A ने ₹ $11x$, 8 माह के लिए निवेश किये तथा B ने ₹ $12x$, y माह के लिए निवेश किये. तब

$$\frac{11x\times8}{12x\times y}=\frac{2}{3}\Rightarrow\frac{88}{12y}=\frac{2}{3}$$

$$\Rightarrow 24y=3\times88\Rightarrow y=\frac{3\times88}{24}=11.$$

अत: B ने अपनी पूँजी 11 माह के लिए निवेश की.

15. माना कुल पूँजी = ₹ x. तब,

राम ₹ $\frac{x}{3}$, 8 मास के लिए तथा ₹ $\frac{x}{6}$, 16 मास के लिए निवेशित करता है.

माना रहीम ₹ $\frac{2x}{3}$, y मास के लिए निवेशित करता है.

तब, $$\frac{\left(\frac{x}{3}\times8\right)+\left(\frac{x}{6}\times16\right)}{\left(\frac{2x}{3}\times y\right)}=\frac{\left(\frac{1}{4}\right)}{\left(\frac{3}{4}\right)}\Rightarrow\frac{\left(\frac{8x}{3}+\frac{8x}{3}\right)}{\left(\frac{2xy}{3}\right)}=\left(\frac{1}{4}\times\frac{4}{3}\right)=\frac{1}{3}$$

$$\Rightarrow\left(\frac{16x}{3}\times\frac{3}{2xy}\right)=\frac{1}{3}\Rightarrow\frac{8}{y}=\frac{1}{3}\Rightarrow y=24 \text{ माह} = 2 \text{ वर्ष}.$$

अत: रहीम ने अपनी पूँजी 2 वर्ष के लिए निवेशित की.

16. स्पष्ट है कि *A*, *B* तथा *C* उस मकान में क्रमश: 12 महीने, 9 महीने तथा 4 महीने रहे.

अत: इनका किराया क्रमश: 12 : 9 : 4 के अनुपात में होगा.

A द्वारा देय किराया = ₹ $\left(\frac{12}{25}\times 13825\right)$ = ₹ 6636.

B द्वारा देय किराया = ₹ $\left(\frac{9}{25}\times 13825\right)$ = ₹ 4977.

C द्वारा देय किराया = ₹ $\left(\frac{4}{25}\times 13825\right)$ = ₹ 2212.

17. 3 वर्ष के बाद पूँजी = ₹ $\left\{500000\times\left(1-\frac{4}{100}\right)\times\left(1+\frac{5}{100}\right)\times\left(1+\frac{10}{100}\right)\right\}$

= ₹ $\left(500000\times\frac{24}{25}\times\frac{21}{20}\times\frac{11}{10}\right)$ = ₹ 554400.

शुद्ध लाभ = ₹ (554400 – 500000) = ₹ 54400.

---

14 मिश्र समानुपात (COMPOUND PROPORTION)

सामान्य नियम

त्रैराशिक विधि (CHAIN RULE) : यदि चार राशियाँ समानुपाती हों तथा इनमें से तीन राशियाँ ज्ञात हों, तो चौथी राशि को x मान कर समानुपात के गुण का प्रयोग करके इसका मान ज्ञात करते हैं.

$$(a : b) :: (c : x) \Rightarrow (a \times x) = (b \times c) \Rightarrow x = \frac{(b \times c)}{a}.$$

सीधा अनुपात : यदि दो राशियाँ इस प्रकार हों कि एक राशि के घटने (या बढ़ने) पर दूसरी राशि भी उसी अनुपात में घटे (या बढ़े), तो ये राशियाँ सीधे अनुपात में कहलाती हैं.

विलोमानुपात : यदि दो राशियाँ इस प्रकार हों कि एक राशि के घटने (या बढ़ने) पर दूसरी राशि भी उसी अनुपात में बढ़े (या घटे), तो ये राशियाँ विलोमानुपात में कहलाती हैं.

मिश्र समानुपात : ऐसे समानुपात को जिसमें दो से अधिक अनुपात हों, मिश्र समानुपात कहते हैं. इस प्रकार के प्रश्नों में त्रैराशिक विधि को बार-बार दोहराते हैं.

साधित उदाहरण

प्रश्न 1. यदि 15 कलमों का मूल्य ₹ 198 हो, तो 25 कलमों का मूल्य कितना होगा?

हल : माना अभीष्ट मूल्य = ₹ x.

अधिक कलम, अधिक मूल्य **(सीधा अनुपात)**

$15 : 25 :: 198 : x$

$$\Rightarrow (15 \times x) = (25 \times 198) \Rightarrow x = \frac{(25 \times 198)}{15} \Rightarrow x = 330.$$

अत: 25 कलमों का मूल्य = ₹ 330.

प्रश्न 2. यदि 25 आदमी किसी कार्य को 27 घण्टे में समाप्त करें, तो 15 आदमी इस कार्य को कितने समय में समाप्त कर सकेंगे?

हल : माना अभीष्ट समय = x घण्टे.

कम आदमी, अधिक घण्टे **(विलोमानुपात)**

$15 : 25 :: 27 : x$

$$\Rightarrow (15 \times x) = (25 \times 27) \Rightarrow x = \frac{(25 \times 27)}{15} \Rightarrow x = 45.$$

अत: 15 आदमी इस कार्य को 45 घण्टे में समाप्त कर सकेंगे.

प्रश्न 3. यदि 45 व्यक्ति 300 किग्रा० चावल 12 दिन में खायें, तो 24 व्यक्ति 80 किग्रा० चावल कितने दिन में खायेंगे?

हल: माना अभीष्ट दिनों की संख्या = x.

कम व्यक्ति, अधिक दिन **(विलोमानुपात)**

कम चावल, कम दिन **(सीधा अनुपात)**

$$\left.\begin{array}{l} \text{व्यक्ति} \quad 24 : 45 \\ \text{मात्रा} \quad 300 : 80 \end{array}\right\} :: 12 : x$$

$$\therefore (24 \times 300 \times x) = (45 \times 80 \times 12) \Rightarrow x = \frac{(45 \times 80 \times 12)}{(24 \times 300)} = 6.$$

अत: अभीष्ट दिन = 6.

3. 18 बच्चे एक कार्य को 12 दिन में समाप्त कर सकते हैं. इसी कार्य को 8 दिन में समाप्त करने के लिए कितने बच्चे लगाने होंगे? **(बैंक पी०ओ० परीक्षा, 2009)**
(*a*) 12 (*b*) 18 (*c*) 24 (*d*) 27 (*e*) इनमें से कोई नहीं

4. 56 व्यक्ति किसी कार्य को 24 दिन में समाप्त कर सकते हैं. 42 व्यक्ति उसी कार्य को कितने दिन में समाप्त कर सकेंगे? **(बैंक पी०ओ० परीक्षा, 2008)**
(*a*) 18 दिन (*b*) 32 दिन (*c*) 48 दिन (*d*) 98 दिन (*e*) इनमें से कोई नहीं

5. एक कैन्टीन में एक सप्ताह के लिए 238 किग्रा० चावल की आवश्यकता हो, तो 49 दिन के लिए कितना चावल चाहिए? **(जीवन बीमा निगम परीक्षा, 2007)**
(*a*) 1715 किग्रा० (*b*) 1764 किग्रा० (*c*) 1568 किग्रा० (*d*) 1617 किग्रा० (*e*) इनमें से कोई नहीं

6. 10 नल जिनमें से एक ही दर से पानी प्रवाहित होता है, एक टंकी को 24 मिनट में भर सकते हैं. यदि 2 नल खराब हो जायें, तो शेष नल इस खाली टंकी को भरने में कितना समय लेंगे? **(रेलवे परीक्षा, 2009)**
(*a*) 26 मिनट (*b*) 28 मिनट (*c*) 29 मिनट (*d*) 30 मिनट

7. यदि एक बाल्टी का $\frac{4}{9}$ भाग 1 मिनट में भरा जा सके, तो शेष भाग भरने में कितने मिनट लगेंगे?
(*a*) 1 मिनट (*b*) $\frac{9}{4}$ मिनट (*c*) $\frac{5}{4}$ मिनट (*d*) $\frac{4}{5}$ मिनट
(होटल मैनेजमेंट परीक्षा, 2010)

8. एक पानी की टंकी का $\frac{3}{16}$ भाग 15 मिनट में भरता है. बाकी टंकी कितनी देर में भरेगी?
(*a*) 61 मिनट (*b*) 65 मिनट (*c*) 79 मिनट (*d*) 81 मिनट

9. यदि 1 आदमी किसी काम को 1 दिन में पूरा कर सकता हो, तो 5 आदमी मिलकर इससे 5 गुने कार्य को कितने समय में पूरा करेंगे? **(एस०एस०सी० परीक्षा, 2007)**
(*a*) 25 दिन (*b*) 1 दिन (*c*) 5 दिन (*d*) 10 दिन

10. एक कैंप में भाग लेने वाले 1600 व्यक्तियों के लिए 60 दिन की खाद्य सामग्री है. परन्तु इस कैंप में केवल 1200 व्यक्ति भाग ले सके. यह खाद्य सामग्री कितने दिनों में समाप्त होगी? **(रेलवे परीक्षा, 2008)**
(*a*) 75 दिन (*b*) 90 दिन (*c*) 80 दिन (*d*) 100 दिन

11. एक किले में 150 सैनिकों के लिए 50 दिन के भोजन का प्रावधान था. 20 दिन बाद 50 सैनिक किले को छोड़ गये. बाकी बचा भोजन कितने दिन तक चलेगा? **(दिल्ली मैट्रो रेलवे परीक्षा, 2010)**
(*a*) 40 दिन (*b*) 45 दिन (*c*) 42 दिन (*d*) 50 दिन

12. 21 जिल्दसाज 1400 पुस्तकों की जिल्द 15 दिन में तैयार कर सकते हैं. 800 पुस्तकों की जिल्द 20 दिन में तैयार करने के लिए कितने जिल्दसाज चाहियें? **(बैंक पी०ओ० परीक्षा, 2009)**
(*a*) 7 (*b*) 9 (*c*) 12 (*d*) 14 (*e*) इनमें से कोई नहीं

13. 60 आदमी 14 दिन में 280 किग्रा० चावल का उपभोग करते हैं. 30 आदमी कितने दिन में 120 किग्रा० चावल का उपभोग करेंगे? **(बैंक पी०ओ० परीक्षा, 2007)**
(*a*) 8 दिन (*b*) 12 दिन (*c*) 7 दिन (*d*) 9 दिन (*e*) इनमें से कोई नहीं

14. यदि 12 बढ़ई प्रतिदिन 6 घण्टा कार्य करके 24 दिन में 460 कुर्सियाँ बनायें, तो 18 बढ़ई प्रतिदिन 8 घण्टा कार्य करके 36 दिन में कितनी कुर्सियाँ बनायेंगे? **(एस०एस०सी० परीक्षा, 2010)**
(*a*) 1260 (*b*) 1320 (*c*) 920 (*d*) 1380

15. 7 आदमी किसी कार्य को 12 दिन में पूरा कर सकते हैं. उससे दुगुने कार्य को 8 दिन में पूरा करने के लिए कितने अतिरिक्त आदमियों की आवश्यकता होगी? **(एस०एस०सी० परीक्षा, 2010)**
(*a*) 28 (*b*) 21 (*c*) 14 (*d*) 7

16. रवि किसी दूरी को प्रतिदिन 9 घण्टे विश्राम करके 40 दिन में तय कर सकता है. पहले से दुगुनी दूरी को, दुगुनी चाल से, प्रतिदिन दुगुने समय विश्राम करके वह कितने दिन में तय करेगा ?

(*a*) 40 दिन (*b*) 80 दिन (*c*) 50 दिन (*d*) 100 दिन

(जीवन बीमा निगम परीक्षा, 2010)

17. 18 व्यक्ति प्रतिदिन 6 घण्टे कार्य करके एक छोटे सभा भवन को 30 दिन में बनाते हैं. इस सभा भवन की तुलना में 16 गुना बड़े सभा भवन को प्रतिदिन 6 घण्टे कार्य करते हुए 27 दिन में बनाने के लिए कितने व्यक्तियों की आवश्यकता होगी ? **(दिल्ली पुलिस परीक्षा, 2009)**

(*a*) 320 (*b*) 300 (*c*) 280 (*d*) 275

18. 5 किमी० लम्बी सड़क को 100 दिन में बनाने हेतू 280 मजदूर लगाये गये. किन्तु, 80 दिन बाद ज्ञात हुआ कि $3\frac{1}{2}$ किमी० लम्बी सड़क बनी है. कार्य को निर्धारित अवधि में पूरा करने हेतू अब और कितने लोगों की जरूरत है ? **(एस०एस०सी० परीक्षा, 2009)**

(*a*) 480 (*b*) 80 (*c*) 200 (*d*) 100

19. 3 आदमी अथवा 6 लड़के एक काम को 40 दिन में पूरा करते हैं, तो 6 आदमी तथा 8 लड़के इसी काम को कितने दिन में पूरा करेंगे ? **(एस०एस०सी० परीक्षा, 2010)**

(*a*) 7 दिन (*b*) 8 दिन (*c*) 10 दिन (*d*) 12 दिन

20. यदि 5 आदमी अथवा 7 महिलायें प्रतिदिन ₹ 5250 कमाते हों, तो 7 आदमी तथा 13 महिलायें प्रतिदिन कितना धन कमायेंगे ? **(एस०एस०सी० परीक्षा, 2010)**

(*a*) ₹ 11600 (*b*) ₹ 11700 (*c*) ₹ 16100 (*d*) ₹ 17100

21. यदि 8 घण्टे प्रतिदिन कार्य करके 25 व्यक्ति किसी कार्य को 15 दिन में समाप्त करें तो 20 व्यक्ति 10 घण्टे प्रतिदिन कार्य करके इससे दुगुने कार्य को कितने दिन में समाप्त कर सकेंगे ? **(बी०एड० प्रवेश परीक्षा, 2010)**

(*a*) 50 दिन (*b*) 40 दिन (*c*) 30 दिन (*d*) 25 दिन

22. 8 पुरुष प्रतिदिन 9 घण्टे कार्य करके एक काम को 20 दिन में पूरा करते हैं. 7 पुरुष प्रतिदिन 10 घण्टे कार्य करके उस काम को कितने दिन में पूरा करेंगे ? **(बैंक पी०ओ० परीक्षा, 2006)**

(*a*) 21 दिन (*b*) $20\frac{3}{5}$ दिन (*c*) $20\frac{4}{7}$ दिन (*d*) $21\frac{3}{7}$ दिन (*e*) इनमें से कोई नहीं

23. कुछ व्यक्ति एक काम को 90 दिन में पूरा करते हैं. यदि 15 व्यक्ति कम हो जायें तो 10 दिन अधिक लगेंगे. आरम्भ में कितने व्यक्ति थे ? **(रेलवे परीक्षा, 2009)**

(*a*) 160 (*b*) 150 (*c*) 145 (*d*) 120

24. किसी कार्य को कुछ श्रमिकों द्वारा 22 दिन में पूरा किया जा सकता था. किन्तु 3 श्रमिकों के अनुपस्थित रहने के कारण उसे 24 दिन में पूरा किया गया. आरम्भ में लगाये जाने वाले श्रमिकों की संख्या कितनी थी ?

(*a*) 33 (*b*) 18 (*c*) 36 (*d*) 25

(रेलवे परीक्षा, 2005)

25. एक छावनी में 3300 व्यक्तियों के लिए 850 ग्राम प्रति व्यक्ति की दर से 32 दिन का भोजन है. 7 दिन बाद कुछ और व्यक्ति छावनी में आ गये. अब 825 ग्राम प्रति व्यक्ति की दर से वह भोजन 17 दिन तक पर्याप्त रहा. कितने व्यक्ति नये आये ? **(एम०बी०ए० परीक्षा, 2005)**

(*a*) 1500 (*b*) 1700 (*c*) 1800 (*d*) 1600

26. यदि 6 समान मशीनें एक निश्चित चाल से 1 मिनट में 270 बोतलें बनाती हों, तो इसी चाल से ऐसी ही 10 मशीनें 4 मिनट में कितनी बोतलें बनायेंगी ? **(एम०बी०ए० परीक्षा, 2005)**

(*a*) 1800 (*b*) 648 (*c*) 2700 (*d*) 10800

27. किसी छावनी में 200 व्यक्तियों की भोजन सामग्री 30 दिन के लिए थी. 10 दिन बाद 50 व्यक्ति और आ जाने से यह सामग्री कितने दिन के लिये पर्याप्त होगी ? **(रेलवे परीक्षा, 2009)**

(*a*) 12 दिन (*b*) 15 दिन (*c*) 20 दिन (*d*) 16 दिन

53. यदि 300 व्यक्ति किसी कार्य को 16 दिन में समाप्त करें तो कितने व्यक्ति इस कार्य के $\frac{1}{5}$ भाग को 15 दिन में समाप्त कर लेंगे ?

(*a*) 56 (*b*) 60 (*c*) 64 (*d*) 72

54. 20 व्यक्ति किसी कार्य के $\frac{1}{3}$ भाग को 20 दिन में समाप्त कर लेते हैं. कितने व्यक्ति और लगाये जायें कि शेष भाग को पूरा करने में 25 दिन और लगें ?

(*a*) 10 (*b*) 12 (*c*) 15 (*d*) 20

55. एक कारीगर M मिनट में J वस्तुयें बनाता है. $\frac{2}{3}$ घण्टे में वह कितनी वस्तुयें बनायेगा ?

(*a*) $\frac{2M}{3J}$ (*b*) $\frac{2J}{3M}$ (*c*) $\frac{40M}{J}$ (*d*) $\frac{40J}{M}$

(मैनेजमैन्ट परीक्षा, 2003)

56. एक सैनिक शिविर में 95 सैनिकों के लिए 200 दिन की खाद्य-सामग्री थी. 5 दिन बाद 30 सैनिक दूसरे कैम्प में चले गये. अब यह खाद्य-सामग्री और कितने दिनों के लिए पर्याप्त होगी ?

(*a*) $136\frac{16}{19}$ दिन (*b*) 280 दिन (*c*) 285 दिन (*d*) 375 दिन

57. एक सैनिक शिविर में 500 सैनिकों के लिए 27 दिन की खाद्य-सामग्री थी. 3 दिन बाद 300 सैनिक और आ गये. शेष सामग्री कितने दिनों के लिए पर्याप्त होगी ?

(*a*) 15 दिन (*b*) 16 दिन (*c*) $17\frac{1}{2}$ दिन (*d*) 18 दिन

58. एक शिविर में ठहरे सैनिकों के लिए एक निश्चित अवधि के लिए खाद्य-सामग्री थी. 10 दिन बाद इनमें से $\frac{1}{5}$ सैनिकों के छोड़कर जाने पर ज्ञात हुआ कि शेष सामग्री उतने ही दिन और चलेगी जितने दिन के लिए आरम्भ में निश्चित की गई थी. यह निश्चित अवधि कितने दिन की थी ?

(*a*) 15 दिन (*b*) 25 दिन (*c*) 35 दिन (*d*) 50 दिन

उत्तरमाला (प्रश्नमाला 14A)

1. (*b*)	**2.** (*b*)	**3.** (*d*)	**4.** (*b*)	**5.** (*e*)	**6.** (*d*)	**7.** (*c*)	**8.** (*b*)	**9.** (*b*)	**10.** (*c*)
11. (*b*)	**12.** (*b*)	**13.** (*b*)	**14.** (*d*)	**15.** (*c*)	**16.** (*b*)	**17.** (*a*)	**18.** (*c*)	**19.** (*d*)	**20.** (*d*)
21. (*c*)	**22.** (*c*)	**23.** (*b*)	**24.** (*c*)	**25.** (*b*)	**26.** (*a*)	**27.** (*d*)	**28.** (*b*)	**29.** (*b*)	**30.** (*c*)
31. (*b*)	**32.** (*c*)	**33.** (*a*)	**34.** (*b*)	**35.** (*b*)	**36.** (*d*)	**37.** (*c*)	**38.** (*d*)	**39.** (*d*)	**40.** (*c*)
41. (*a*)	**42.** (*b*)	**43.** (*a*)	**44.** (*c*)	**45.** (*b*)	**46.** (*d*)	**47.** (*d*)	**48.** (*d*)	**49.** (*a*)	**50.** (*c*)
51. (*a*)	**52.** (*a*)	**53.** (*c*)	**54.** (*b*)	**55.** (*d*)	**56.** (*c*)	**57.** (*a*)	**58.** (*d*)		

दिये गये प्रश्नों के हल — प्रश्नमाला 14A

1. माना अभीष्ट दिनों की संख्या = x.

कम पुरुष, अधिक दिन (विलोमानुपात)

$$8:12::24:x \Rightarrow 8x = (12\times24) \Rightarrow x = \frac{(12\times24)}{8} = 36 \text{ दिन.}$$

2. माना अभीष्ट मजदूरों की संख्या = x.

कम दिन, अधिक मजदूर (विलोमानुपात)

$$10:15::120:x \Rightarrow 10x = (15\times120) \Rightarrow x = \frac{(15\times120)}{10} = 180.$$

अभीष्ट मजदूरों की संख्या = 180.

3. माना अभीष्ट बच्चों की संख्या = x.

कम दिन, अधिक बच्चे (विलोमानुपात)

$8:12::18:x \Rightarrow 8x=(12\times18) \Rightarrow x=\frac{(12\times18)}{8}=27.$

अभीष्ट बच्चों की संख्या = 27.

4. माना अभीष्ट दिनों की संख्या = x.

कम व्यक्ति, अधिक दिन (विलोमानुपात)

$42:56::24:x \Rightarrow 42\times x=56\times24$

$\Rightarrow x=\frac{(56\times24)}{42}=32$ दिन.

5. माना चावल की अभीष्ट मात्रा = x किग्रा०.

अधिक दिन, अधिक चावल (सीधा अनुपात)

$7:49::238:x \Rightarrow 7\times x=49\times238$

$\Rightarrow x=\frac{(49\times238)}{7}=1666$ किग्रा०.

6. माना अभीष्ट समय = x मिनट.

कम नल, अधिक समय (विलोमानुपाती)

$8:10::24:x \Rightarrow 8x=10\times24 \Rightarrow x=\frac{10\times24}{8}=30$ मिनट.

7. माना शेष भाग को भरने में लगा समय = x मिनट.

शेष भाग $=\left(1-\frac{4}{9}\right)=\frac{5}{9}.$

अधिक भाग, अधिक समय (सीधा अनुपात)

$\frac{4}{9}:\frac{5}{9}::1:x \Rightarrow \frac{4}{9}\times x=\frac{5}{9}\times1 \Rightarrow x=\left(\frac{5}{9}\times\frac{9}{4}\right)=\frac{5}{4}$ मिनट.

8. माना शेष भाग को भरने में लगा समय = x मिनट.

शेष भाग $=\left(1-\frac{3}{16}\right)=\frac{13}{16}.$

अधिक भाग, अधिक समय (सीधा अनुपात)

$\frac{3}{16}:\frac{13}{16}::15:x \Rightarrow \frac{3}{16}\times x=\frac{13}{16}\times15$

$\therefore\ x=\frac{13}{16}\times15\times\frac{16}{3}=65$ मिनट.

9. माना अभीष्ट समय = x दिन.

अधिक आदमी, कम दिन (विलोमानुपात)

अधिक कार्य, अधिक दिन (सीधा अनुपात)

$\left.\begin{array}{l}\text{आदमी}\ 5:1\\ \text{कार्य}\ 1:5\end{array}\right\}::1:x$

$\therefore\ (5\times1\times x)=(1\times5\times1) \Rightarrow x=1$ दिन.

10. माना अभीष्ट दिनों की संख्या = x.

कम व्यक्ति, अधिक दिन (विलोमानुपात)

$1200:1600::60:x$

$\Rightarrow 1200\times x=1600\times60 \Rightarrow x=\frac{1600\times60}{1200}=80$ दिन.

11. अब 150 सैनिकों के लिए (50 – 20) दिन अर्थात 30 दिन की सामग्री थी.

शेष बचे सैनिक = (150 – 50) = 100.

माना शेष भोजन x दिन चलेगा.

$$\Rightarrow x = \frac{(114 \times 1050)}{7} = 17100.$$

अभीष्ट धन = ₹ 17100.

21. माना अभीष्ट दिनों की संख्या = x.

कम व्यक्ति, अधिक दिन (विलोमानुपात)

अधिक घण्टे प्रतिदिन, कम दिन (विलोमानुपात)

अधिक कार्य, अधिक दिन (सीधा अनुपात)

$$\left.\begin{array}{r} \text{व्यक्ति } 20 : 25 \\ \text{घण्टे प्रतिदिन } 10 : 8 \\ \text{कार्य } 1 : 2 \end{array}\right\} :: 15 : x$$

$\therefore (20 \times 10 \times 1 \times x) = (25 \times 8 \times 2 \times 15) \Rightarrow x = \frac{200 \times 30}{200} \Rightarrow x = 30$ दिन.

22. माना अभीष्ट दिनों की संख्या = x.

कम पुरुष, अधिक दिन (विलोमानुपात)

अधिक घण्टे प्रतिदिन, कम दिन (विलोमानुपात)

$$\left.\begin{array}{r} \text{पुरुष } 7 : 8 \\ \text{घण्टे प्रतिदिन } 10 : 9 \end{array}\right\} :: 20 : x$$

$\therefore (7 \times 10 \times x) = (8 \times 9 \times 20) \Rightarrow x = \frac{144}{7} = 20\frac{4}{7}$ दिन.

23. माना आरम्भ में x व्यक्ति थे.

अधिक दिन, कम व्यक्ति (विलोमानुपात)

$100 : 90 :: x : (x - 15)$

$\Rightarrow 100 \times (x - 15) = 90x \Rightarrow 100x - 1500 = 90x \Rightarrow 10x = 1500 \Rightarrow x = 150$.

अभीष्ट व्यक्तियों की संख्या = 150.

24. माना आरम्भ में लगाये जाने वाले श्रमिकों की संख्या = x.

कम श्रमिक, अधिक दिन (विलोमानुपात)

$(x - 3) : x :: 22 : 24 \Rightarrow 24\,(x - 3) = 22x$

$\Rightarrow (24x - 22x) = 72 \Rightarrow 2x = 72 \Rightarrow x = 36.$

25. 3300 व्यक्तियों के लिए 850 ग्राम प्रति व्यक्ति की दर से $(32 - 7) = 25$ दिन का भोजन है.

माना x व्यक्ति और आ गये. तब

$(3300 + x)$ व्यक्तियों के लिए 825 ग्राम प्रति व्यक्ति की दर से 17 दिन का भोजन है.

कम भोजन/व्यक्ति, ज्यादा व्यक्तियों के लिए **(विलोमानुपात)**

कम दिन, ज्यादा व्यक्तियों के लिए **(विलोमानुपात)**

$$\left.\begin{array}{r} \text{भोजन } 825 : 850 \\ \text{दिन } 17 : 25 \end{array}\right\} :: 3300 : (3300 + x)$$

$\Rightarrow 825 \times 17 \times (3300 + x) = 850 \times 25 \times 3300$

$\Rightarrow (3300 + x) = \frac{850 \times 25 \times 3300}{825 \times 17} = 5000$

$\Rightarrow x = (5000 - 3300) = 1700.$ नये व्यक्ति = 1700.

26. माना बोतलों की अभीष्ट संख्या = x.

अधिक मशीनें, अधिक बोतलें (सीधा अनुपात)

अधिक समय, अधिक बोतलें (सीधा अनुपात)

$$\left.\begin{array}{r} \text{मशीनें } 6 : 10 \\ \text{समय (मिनटों में) } 1 : 4 \end{array}\right\} :: 270 : x$$

$\therefore (6 \times 1 \times x) = (10 \times 4 \times 270) \Rightarrow x = 1800$ बोतलें.

27. 200 व्यक्तियों के लिए शेष सामग्री 20 दिन के लिए थी.
माना 250 व्यक्तियों के लिए यह सामग्री x दिन के लिए पर्याप्त है.
अधिक व्यक्ति, कम दिन (विलोमानुपात)

$$250:200::20:x \Rightarrow 250\times x = 200\times 20 \Rightarrow x = \frac{200\times 20}{250} = 16 \text{ दिन.}$$

28. माना अनाज की अभीष्ट मात्रा = x किग्रा०.
अधिक गायें, अधिक किग्रा० (सीधा अनुपात)
अधिक दिन, अधिक किग्रा० (सीधा अनुपात)

$$\left.\begin{array}{lr} \text{गायें} & 15:18 \\ \text{दिन} & 9:30 \end{array}\right\}::2700:x$$

$$\therefore\ (15\times 9\times x) = (18\times 30\times 2700) \Rightarrow x = \frac{(18\times 30\times 2700)}{(15\times 9)} = 10800 \text{ किग्रा०.}$$

29. माना भवन की अभीष्ट ऊँचाई = x मीटर.
कम परछाई, कम ऊँचाई (सीधा अनुपात)

$$40{\cdot}25:28{\cdot}75::17{\cdot}5:x$$

$$\Rightarrow 40{\cdot}25\times x = 28{\cdot}75\times 17{\cdot}5$$

$$\Rightarrow x = \frac{(28{\cdot}75\times 17{\cdot}5)}{40{\cdot}25} = \frac{2875\times 175}{40250} = \frac{25}{2} = 12{\cdot}5 \text{ m.}$$

30. माना प्रतिदिन कार्य घण्टे = x.
कम परीक्षक, अधिक कार्य घण्टे (विलोमानुपात)
अधिक दिन, कम कार्य घण्टे (विलोमानुपात)
अधिक उत्तर-पुस्तिकायें, अधिक कार्य घण्टे (सीधा अनुपात)

$$\left.\begin{array}{lr} \text{परीक्षक} & 4:9 \\ \text{दिन} & 30:12 \\ \text{उ० पुस्तिकायें} & 1:2 \end{array}\right\}::5:x$$

$$\therefore\ (4\times 30\times 1\times x) = (9\times 12\times 2\times 5) \Rightarrow x = \frac{1080}{120} = 9 \text{ घण्टे प्रतिदिन.}$$

31. माना अभीष्ट दिनों की संख्या = x.
कम पम्प, अधिक दिन (विलोमानुपात)
अधिक घण्टे प्रति दिन, कम दिन (विलोमानुपात)
कम टन पानी, कम दिन (सीधा अनुपात)

$$\left.\begin{array}{rr} \text{पम्प} & 16:18 \\ \text{घण्टे / दिन} & 9:7 \\ \text{मात्रा (टनों में)} & 2170:1736 \end{array}\right\}::10:x$$

$$\therefore\ (16\times 9\times 2170\times x) = (18\times 7\times 1736\times 10) \Rightarrow x = \frac{(18\times 7\times 1736\times 10)}{(16\times 9\times 2170)} = 7 \text{ दिन.}$$

32. माना कोयले की अभीष्ट खपत = x टन.
अधिक ईंजन, कोयले की अधिक खपत (समानुपात)
अधिक कार्य घण्टे प्रतिदिन, कोयले की अधिक खपत (सीधा अनुपात)
खपत दर कम, कोयले की कम खपत (सीधा अनुपात)
माना पहले 3 ईंजन 1 इकाई खपत करें, तो प्रत्येक ईंजन की खपत = $\frac{1}{3}$.
इसी प्रकार, दूसरी प्रकार के प्रत्येक ईंजन की खपत = $\frac{1}{4}$.

$$\left.\begin{array}{rl}\text{ईंजन} & 5 : 8 \\ \text{कार्य घण्टे} & 9 : 10 \\ \text{खपत दर} & \frac{1}{3} : \frac{1}{4}\end{array}\right\} :: 6 : x$$

$\therefore \left(5\times9\times\frac{1}{3}\times x\right)=\left(8\times10\times\frac{1}{4}\times6\right)\Rightarrow 15x=120\Rightarrow x=8$ मी० टन.

33. माना अभीष्ट समय $= x$ मिनट.

कम पाईप, अधिक समय **(विलोमानुपात)**

$7:10::28:x\Rightarrow 7x=10\times28\Rightarrow x=\frac{(10\times28)}{7}=$ 40 मिनट.

34. माना यह रस्सी x बार लपेटी जायेगी.

अधिक त्रिज्या का बेलन, कम बार (विलोमानुपात)

$\therefore\ 20:14::70:x\Rightarrow 20x=(14\times70)\Rightarrow x=\frac{(14\times70)}{20}=49$ बार.

35. माना अभीष्ट भार $= x$ किग्रा०.

अधिक लम्बाई, अधिक भार **(सीधा अनुपात)**

$4\cdot5:12::17\cdot1:x\Rightarrow \frac{9x}{2}=\frac{12\times171}{10}\Rightarrow x=\frac{(12\times171)}{10}\times\frac{2}{9}=45\cdot6$ किग्रा०.

36. माना अभीष्ट दूरी $= x$ किमी०.

मानचित्र में अधिक दूरी, वास्तव में अधिक दूरी (सीधा अनुपात)

$0\cdot8:80\cdot5::8\cdot8:x\Rightarrow 0\cdot8\times x=80\cdot5\times8\cdot8$

$\therefore\ x=\frac{(80\cdot5\times8\cdot8)}{0\cdot8}=\left(\frac{805\times88}{8\times10}\right)=\frac{1771}{2}=885\cdot5$ किमी०.

37. माना अभीष्ट दिनों की संख्या $= x$.

कम मकड़ी, अधिक दिन **(विलोमानुपात)**

कम जाल, कम दिन **(सीधा अनुपात)**

$$\left.\begin{array}{rl}\text{मकड़ी} & 1 : 7 \\ \text{जाल} & 7 : 1\end{array}\right\} :: 7 : x$$

$(1\times7\times x)=(7\times1\times7)\Rightarrow x=7$ दिन.

38. माना अभीष्ट घंटों की संख्या $= x$. तब,

कम औरतें, अधिक घण्टे **(विलोमानुपात)**

कम झाड़ू, अधिक घण्टे **(विलोमानुपात)**

कम मंजिल, कम घण्टे **(सीधा अनुपात)**

$$\left.\begin{array}{rl}\text{औरतें} & 3 : 7 \\ \text{झाड़ू} & 3 : 7 \\ \text{मंजिलें} & 7 : 3\end{array}\right\} :: 7 : x$$

$\therefore\ (3\times3\times7\times x)=(7\times7\times3\times7)\Rightarrow x=\frac{(7\times7\times3\times7)}{(3\times3\times7)}=\frac{49}{3}$ घण्टे $=16\frac{1}{3}$ घण्टे.

39. माना अभीष्ट चटाइयों की संख्या $= x$.

अधिक बुनकर, अधिक चटाइयाँ (सीधा अनुपात)

अधिक दिन, अधिक चटाइयाँ **(सीधा अनुपात)**

$$\left.\begin{array}{rl}\text{बुनकर} & 4 : 8 \\ \text{दिन} & 4 : 8\end{array}\right\} :: 4 : x$$

$\therefore\ (4\times4\times x)=(8\times8\times4)\Rightarrow x=\frac{(64\times4)}{16}=16$ चटाइयाँ.

40. माना कुल व्यक्ति = x.

कम घण्टे प्रतिदिन, अधिक व्यक्ति **(विलोमानुपात)**

अधिक कार्य भाग, अधिक व्यक्ति **(सीधा अनुपात)**

अधिक दिन, कम व्यक्ति **(विलोमानुपात)**

$$\left.\begin{array}{lccc} \text{घण्टे / दिन} & 8 & : & 9 \\ \text{कार्य भाग} & \frac{1}{4} & : & \frac{3}{4} \\ \text{दिन} & 20 & : & 10 \end{array}\right\} :: 400 : x$$

$$\therefore \left(8\times\frac{1}{4}\times20\times x\right)=\left(9\times\frac{3}{4}\times10\times400\right) \Rightarrow 40x = 27000 \Rightarrow x = 675.$$

अभीष्ट अतिरिक्त व्यक्ति = (675 – 400) = 275.

41. कार्य का शेष भाग $=\left(1-\frac{2}{3}\right)=\frac{1}{3}$, शेष दिन = 30 दिन.

कम कार्य, कम व्यक्ति **(सीधा अनुपात)**

कम दिन, अधिक व्यक्ति **(विलोमानुपात)**

माना कुल व्यक्तियों की संख्या = x.

$$\left.\begin{array}{lccc} \text{कार्य} & \frac{2}{3} & : & \frac{1}{3} \\ \text{दिन} & 30 & : & 32 \end{array}\right\} :: 60 : x$$

$$\therefore \left(\frac{2}{3}\times30\times x\right)=\left(\frac{1}{3}\times32\times60\right) \Rightarrow 20x = 640 \Rightarrow x = 32.$$

42. [(100 × 35) + (200 × 5)] अर्थात् 4500 व्यक्ति इस कार्य को 1 दिन में समाप्त कर सकते हैं.

अत: 100 व्यक्ति इस कार्य को समाप्त करेंगे $= \frac{4500}{100}$ दिन में = 45 दिन में.

अत: यह कार्य नियत समय से 5 दिन बाद समाप्त होगा.

43. 25 दिन बाद, 35 व्यक्ति कार्य को समाप्त करेंगे = 12 दिन में.

∴ शेष कार्य को 35 व्यक्ति समाप्त करेंगें = 12 दिन में.

इस कार्य को 30 व्यक्ति समाप्त करेंगे $= \frac{(12\times35)}{30}$ दिन में = 14 दिन में

अर्थात् नियत समय से 1 दिन बाद.

44. माना अभीष्ट घण्टे = x. तब,

अधिक व्यक्ति, कम घण्टे **(विलोमानुपात)**

कम दिन, अधिक घण्टे **(विलोमानुपात)**

$$\left.\begin{array}{lccc} \text{व्यक्ति} & 7 & : & 5 \\ \text{दिन} & 4 & : & 8 \end{array}\right\} :: 7 : x$$

$$\therefore (7 \times 4 \times x) = (5 \times 8 \times 7) \Rightarrow x = \frac{(5\times8\times7)}{(7\times4)} = 10 \text{ घण्टे}.$$

45. [(4 × 8) आदमी + (6 × 8) महिलायें] ≡ [(3 × 10) आदमी + (7 × 10) महिलायें]

∴ 2 आदमी ≡ 22 महिलायें

(44 + 6) महिलायें कार्य समाप्त करती हैं = 8 दिन में.

10 महिलायें कार्य समाप्त करेंगी $= \frac{(8\times50)}{10}$ = 40 दिन में.

46. अभीष्ट अनुपात = 5 : (1450 × 1000 × 100)

$$=1:\frac{(1450\times1000\times100)}{5}=1:(29\times10^6).$$

47. माना कार्य की अभीष्ट इकाई = z.

अधिक व्यक्ति, अधिक कार्य **(सीधा अनुपात)**

अधिक कार्य घण्टे, अधिक कार्य **(सीधा अनुपात)**

अधिक दिन, अधिक कार्य **(सीधा अनुपात)**

$$\left.\begin{matrix} \text{व्यक्ति} & x : y \\ \text{कार्य घण्टे} & x : y \\ \text{दिन} & x : y \end{matrix}\right\} :: x : z$$

$$\Rightarrow (x \times x \times x \times z) = (y \times y \times y \times x) \Rightarrow x^3 \times z = y^3 \times x \Rightarrow z = \frac{y^3}{x^2}.$$

48. माना अभीष्ट जिल्दसाजों की संख्या = x.

अधिक घण्टे, कम जिल्दसाज **(विलोमानुपात)**

कम पुस्तकें, कम जिल्दसाज **(सीधा अनुपात)**

$$\left.\begin{matrix} \text{घण्टे} & 12 : 10 \\ \text{पुस्तकें} & 900 : 660 \end{matrix}\right\} :: 18 : x$$

$$\therefore (12 \times 900 \times x) = (10 \times 660 \times 18) \Rightarrow x = \frac{(10 \times 660 \times 18)}{(12 \times 900)} \Rightarrow x = 11.$$

49. माना अभीष्ट दिनों की संख्या = x.

कम घोड़े, अधिक दिन **(विलोमानुपात)**

अधिक अनाज, अधिक दिन **(सीधा अनुपात)**

$$\left.\begin{matrix} \text{घोड़े} & 28 : 35 \\ \text{अनाज} & 270 : 360 \end{matrix}\right\} :: 21 : x$$

$$(28 \times 270 \times x) = (35 \times 360 \times 21) \Rightarrow x = \frac{(35 \times 360 \times 21)}{(28 \times 270)} = 35.$$

अभीष्ट दिनों की संख्या = 35.

50. माना अभीष्ट दिनों की संख्या = x.

कम व्यक्ति, अधिक दिन **(विलोमानुपात)**

अधिक घण्टे प्रतिदिन, कम दिन **(विलोमानुपात)**

$$\left.\begin{matrix} \text{व्यक्ति} & 14 : 16 \\ \text{घण्टे / दिन} & 12 : 7 \end{matrix}\right\} :: 48 : x$$

$$\therefore (14 \times 12 \times x) = (16 \times 7 \times 48) \Rightarrow x = \frac{(16 \times 7 \times 48)}{(14 \times 12)} = 32.$$

अभीष्ट दिनों की संख्या = 32.

51. माना अभीष्ट लम्बाई = x मीटर.

कम चौड़ी, अधिक लम्बी **(विलोमानुपात)**

अधिक गहरी, कम लम्बी **(विलोमानुपात)**

अधिक दिन, अधिक लम्बी **(सीधा अनुपात)**

$$\left.\begin{matrix} \text{चौड़ाई} & 25 : 50 \\ \text{गहराई} & 15 : 10 \\ \text{दिन} & 10 : 30 \end{matrix}\right\} :: 100 : x$$

$$\therefore (25 \times 15 \times 10 \times x) = (50 \times 10 \times 30 \times 100) \Rightarrow x = \frac{(50 \times 10 \times 30 \times 100)}{(25 \times 15 \times 10)} = 400.$$

अभीष्ट लम्बाई = 400 मीटर.

52. (7 आदमी ≡ 10 औरतें) ⇒ (14 आदमी ≡ 20 औरतें)

⇒ (14 आदमी + 20 औरतें) ≡ 40 औरतें.

अधिक औरतें, कम दिन **(विलोमानुपात)**

अधिक लम्बाई, अधिक दिन **(सीधा अनुपात)**

$$\left.\begin{array}{l}\text{औरतें} \quad 40 : 10 \\ \text{लंबाई} \ \ 100 : 600\end{array}\right\} :: 10 : x$$

$\therefore$ $(40 \times 100 \times x) = (10 \times 600 \times 10) \Rightarrow x = \dfrac{(10\times600\times10)}{(40\times100)} = 15.$
अभीष्ट दिनों की संख्या = 15.

53. माना अभीष्ट व्यक्तियों की संख्या = x.

कम भाग, कम व्यक्ति **(सीधा अनुपात)**

कम दिन, अधिक व्यक्ति **(विलोमानुपात)**

$$\left.\begin{array}{l}\text{भाग} \quad 1 : \frac{1}{5} \\ \text{दिन} \ \ 15 : 16\end{array}\right\} :: 300 : x$$

$\therefore$ $1 \times 15 \times x = \dfrac{1}{5} \times 16 \times 300 \Rightarrow x = \dfrac{960}{15} = 64$ व्यक्ति.

54. माना कुल व्यक्तियों की संख्या = x

अधिक भाग, अधिक व्यक्ति **(सीधा अनुपात)**

अधिक दिन, कम व्यक्ति **(विलोमानुपात)**

$$\left.\begin{array}{l}\text{भाग} \quad \frac{1}{3} : \frac{2}{3} \\ \text{दिन} \quad 25 : 20\end{array}\right\} :: 20 : x$$

$\therefore \dfrac{1}{3}\times25\times x = \dfrac{2}{3}\times20\times20 \Rightarrow x = \dfrac{800}{3}\times\dfrac{3}{25} = 32.$

नये लगाये जाने वाले व्यक्तियों की संख्या = (32 – 20) = 12.

55. M मिनट में बनती हैं = J वस्तुयें.

1 मिनट में बनती हैं $= \dfrac{J}{M}$ वस्तुयें.

$\dfrac{2}{3}$ घण्टे अर्थात $\left(\dfrac{2}{3}\times60\right)$ मिनट = 40 मिनट में बनेंगी $= \dfrac{40J}{M}$ वस्तुयें.

56. 30 सैनिकों के जाने के बाद शेष सामग्री 95 सैनिकों के लिए 195 दिन चलेगी.

65 सैनिकों के लिए माना यह x दिन चलेगी.

कम सैनिक, अधिक दिन **(विलोमानुपात)**

$65 : 95 :: 195 : x \Rightarrow 65\times x = 95\times195$

$\Rightarrow x = \dfrac{(95\times195)}{65} = 285$ दिन.

57. 500 सैनिकों के लिए (27 – 3) = 24 दिन की सामग्री थी.

माना 800 सैनिकों के लिए यह x दिन चलेगी.

अधिक सैनिक, कम दिन **(विलोमानुपात)**

$800 : 500 :: 24 : x \Rightarrow 800 \times x = 500 \times 24$

$$\Rightarrow x = \frac{(500 \times 24)}{800} = 15 \text{ दिन.}$$

58. माना आरम्भ में x सैनिकों के लिए y दिन की सामग्री थी.

10 दिन बाद x सैनिकों के लिए $(y - 10)$ दिन की सामग्री थी.

अब $\left(x - \frac{x}{5}\right)$ अर्थात $\frac{4x}{5}$ सैनिकों के लिए y दिन की सामग्री थी.

$x(y-10) = \left(\frac{4x}{5} \times y\right) \Rightarrow xy - 10x = \frac{4xy}{5}$

$\therefore 5xy - 50x = 4xy \Rightarrow xy = 50x \Rightarrow y = 50$ दिन.

प्रश्नमाला 14B

1. 4 आदमी तथा 6 औरतें किसी कार्य को 8 दिन में समाप्त कर सकते हैं, 3 आदमी तथा 7 औरतें इस कार्य को 10 दिन में समाप्त कर सकते हैं. 10 औरतें इस कार्य को कितने दिन में समाप्त कर सकेंगी ?

2. यदि 10 आदमी और 15 लड़के मिलकर किसी कार्य को 15 दिन में समाप्त करें, तो 16 आदमी और 20 लड़के मिलकर इससे तिगुने कार्य को कितने दिन में समाप्त करेंगे जबकि 3 आदमी 2 घण्टे में उतना ही कार्य करते हैं जितना कि 5 लड़के 3 घण्टे में ? **(एस०एस०सी० परीक्षा, 2003)**

3. 75 लड़के किसी कार्य को 24 दिन में समाप्त कर सकते हैं. कितने पुरुष इससे दुगुने कार्य को 20 दिन में समाप्त कर सकेंगे, जबकि 2 पुरुष 1 दिन में उतना कार्य करते हैं जितना 3 लड़के 1 दिन में करते हैं ?

4. 2 आदमी तथा 7 औरतें किसी कार्य को 14 दिन में समाप्त कर सकते हैं, जबकि 3 आदमी तथा 8 औरतें इसी कार्य को 11 दिन में समाप्त कर सकते हैं. 8 आदमी तथा 6 औरतें मिलकर इससे तिगुने कार्य को कितने दिन में समाप्त कर सकेंगे ? **(एस०एस०सी० परीक्षा, 2009)**

5. एक ठेकेदार ने किसी काम को 90 दिन में पूरा करने का ठेका लिया तथा कुछ आदमी काम पर लगाये. 24 दिन के बाद उसे ज्ञात हुआ कि कुल काम का $\frac{2}{7}$ भाग पूरा हो पाया है. उसने 2 आदमी हटा दिये तथा काम समय पर पूरा हो गया. आरम्भ में कितने आदमी काम पर लगाये गये थे ? **(एस०एस०सी० परीक्षा, 2009)**

6. एक आदमी तथा एक औरत दोनों मिलकर किसी काम को 33 दिन में समाप्त कर सकते हैं. इनकी कार्यदक्षता का अनुपात क्रमश: 14 : 11 है. केवल 1 औरत अकेले इस कार्य को कितने दिन में समाप्त कर सकती है ? **(एस०एस०सी० परीक्षा, 2009)**

7. 8 आदमी तथा 12 लड़के किसी कार्य को 12 दिन में समाप्त कर सकते हैं. 40 आदमी तथा 45 लड़के इससे तिगुने कार्य को कितने दिन में समाप्त कर सकेंगे जबकि 16 आदमी 8 घण्टे में उतना कार्य करते हैं जितना कि 12 लड़के 24 घण्टे में कर सकते हैं ? **(एस०एस०सी० परीक्षा, 2006)**

8. एक ठेकेदार ने एक सड़क का निर्माण कार्य 200 दिन में पूर्ण करने का ठेका लिया तथा उसने 140 आदमी काम पर लगाये. 60 दिन के बाद उसे ज्ञात हुआ कि कुल कार्य का $\frac{1}{4}$ भाग पूरा किया गया है. वह कितने अतिरिक्त व्यक्ति काम पर लगाये कि पूर्ण कार्य समय पर समाप्त हो जाये ?

9. एक ठेकेदार ने कोई कार्य 19 दिन में पूर्ण करने के लिए 15 व्यक्ति काम पर लगाये, जो 8 घण्टे प्रतिदिन कार्य करते हैं. 10 दिन के बाद किसी दुर्घटना के कारण 3 दिन कार्य न हो सका तथा 4 व्यक्ति कार्य करने योग्य न रहे. कितने अतिरिक्त व्यक्ति और लगाये जायें कि 9 घण्टे प्रतिदिन कार्य करके समय पर कार्य पूर्ण हो सके ?

10. एक ठेकेदार ने किसी कार्य को 9 दिन में पूर्ण करने का ठेका लिया तथा उसने कुछ मज़दूर नियुक्त किये. परन्तु इनमें से 6 मज़दूर पहले ही दिन से अनुपस्थित रहे तथा शेष मज़दूर कार्य को 15 दिन में समाप्त कर सके. उसने कुल कितने मज़दूर नियुक्त किये थे ?

11. एक किले में कुछ सैनिकों के लिए 32 दिन के लिए पर्याप्त भोजन-सामग्री थी. 4 दिन के बाद 150 सैनिक और आ जाने से शेष सामग्री 21 दिन तक पर्याप्त रही. प्रारम्भ में किले में कितने सैनिक थे ?

(एस०एस०सी० परीक्षा, 2000)

12. रवि किसी दूरी को प्रतिदिन 9 घण्टे विश्राम करके 40 दिनों में तय कर सकता है. पहले से दुगुनी दूरी, दुगुनी चाल से, प्रतिदिन दुगुने समय विश्राम करके वह कितने दिनों में तय करेगा ?

13. यदि 9 व्यक्ति $7\frac{1}{2}$ घण्टे प्रतिदिन कार्य करके किसी काम को 40 दिन में समाप्त कर सकें तो इसी काम को 6 घण्टे प्रतिदिन कार्य करके 12 व्यक्ति कितने दिन में समाप्त कर सकेंगे जबकि पहले वाले 3 व्यक्ति, बाद वाले 2 व्यक्तियों के बराबर कार्य करते हों ?

14. यदि 8 व्यक्ति 9 घण्टे प्रतिदिन कार्य करके 18 मीटर लम्बी, 2 मीटर चौड़ी तथा 12 मीटर ऊँची दीवार 10 दिन में पूरी बना सकें, तो 32 मीटर लम्बी, 3 मीटर चौड़ी तथा 9 मीटर ऊँची दीवार कितने व्यक्ति 6 घण्टे प्रतिदिन कार्य करके 8 दिन में पूरी कर सकेंगे ?

15. एक कार्य पूरा करने का 56 दिन का ठेका दिया गया तथा इस पर 104 व्यक्ति लगाये गये. प्रतिदिन 8 घण्टे कार्य करके 30 दिन में $\frac{2}{5}$ कार्य पूर्ण हो गया. कितने व्यक्ति और लगाये जायें कि अब 9 घण्टे प्रतिदिन कार्य करके पूर्ण कार्य समय पर समाप्त हो जाये ?

16. 8 प्रेस कम्पोजिटर 600 पृष्ठ की पांडुलिपि को 12 घण्टे प्रतिदिन कार्य करके 16 दिन में सैट कर सकते हैं, जबकि प्रत्येक पृष्ठ में 60 पंक्तियाँ हैं तथा प्रत्येक पंक्ति में 40 अक्षर हैं. 1000 पृष्ठ की एक अन्य पांडुलिपि के प्रत्येक पृष्ठ में 48 पंक्तियाँ तथा प्रत्येक पंक्ति में 50 अक्षर हैं. इसे 10 कम्पोजिटर, 8 घण्टे प्रतिदिन कार्य करके कितने दिनों में सैट करेंगे ?

17. 5 घण्टे प्रतिदिन कार्य करके 60 व्यक्ति एक 300 मीटर लम्बी 6 मीटर चौड़ी तथा 2 मीटर गहरी खाई को 6 दिन में खोद सकते हैं. एक दूसरी 540 मीटर लम्बी 4 मीटर चौड़ी तथा $3\frac{1}{2}$ मीटर गहरी खाई को 40 व्यक्ति 4 घण्टे प्रतिदिन कार्य करके कितने दिन में खोद सकेंगे ? **(एस०एस०सी० परीक्षा, 2009)**

18. 2 व्यक्ति 2 घण्टे प्रतिदिन कार्य करके 2 दिन में 2 मशीनें तैयार कर लेते हैं. 6 व्यक्तियों द्वारा 6 घण्टे प्रतिदिन कार्य करके 6 दिन में कितनी मशीनें बनेंगी ? **(एस०एस०सी० परीक्षा, 2009)**

उत्तरमाला (प्रश्नमाला 14B)

1. 40 दिन **2.** 30 दिन **3.** 120 पुरुष **4.** 21 दिन **5.** 22 **6.** 75 दिन **7.** 8 दिन
8. 40 **9.** 9 **10.** 15 **11.** 450 **12.** 100 दिन **13.** 25 दिन **14.** 30
15. 56 **16.** 32 दिन **17.** $23\frac{5}{8}$ दिन **18.** 54 मशीनें

दिये गये प्रश्नों के हल प्रश्नमाला 14B

1. माना 1 आदमी का 1 दिन का काम $= x$ तथा 1 औरत का 1 दिन का काम $= y$. तब,

$4x+6y=\frac{1}{8}$ ...(*i*) तथा $3x+7y=\frac{1}{10}$ ...(*ii*)

(*ii*) को 4 से तथा (*i*) को 3 से गुणा करके घटाने पर :

$$10y=\left(\frac{2}{5}-\frac{3}{8}\right)=\frac{1}{40} \Rightarrow y=\frac{1}{400}.$$

$\therefore$ 1 औरत का 1 दिन का काम $=\frac{1}{400}$.

10 औरतों का 1 दिन का काम $= \left(\frac{1}{400} \times 10\right) = \frac{1}{40}$.

अत: 10 औरतें इस कार्य को 40 दिन में समाप्त करेंगी.

2. 3 आदमियों का 2 घण्टे का कार्य = 5 लड़कों का 3 घण्टे का कार्य.

$\therefore$ (3×2) आदमियों का 1 घण्टे का कार्य = (5×3) लड़कों का 1 घण्टे का कार्य.

$\therefore$ 6 आदमी ≡ 15 लड़के ⇒ 1 आदमी ≡ $\frac{5}{2}$ लड़के.

10 आदमी + 15 लड़के ≡ $\left(10 \times \frac{5}{2}\right)$ लड़के + 15 लड़के = 40 लड़के.

16 आदमी + 20 लड़के ≡ $\left(16 \times \frac{5}{2}\right)$ लड़के + 20 लड़के = 60 लड़के.

माना अभीष्ट दिनों की संख्या $= x$.

अधिक कार्य, अधिक दिन **(सीधा अनुपात)**

अधिक लड़के, कम दिन **(विलोमानुपात)**

$\left.\begin{array}{l} \text{कार्य} \quad 1 : 3 \\ \text{लड़के} \; 60 : 40 \end{array}\right\} :: 15 : x$

$(1 \times 60 \times x) = (3 \times 40 \times 15) \Rightarrow x = 30.$

अत: अभीष्ट दिनों की संख्या = 30.

3. 3 लड़के ≡ 2 पुरुष ⇒ 1 लड़का ≡ $\frac{2}{3}$ पुरुष ⇒ 75 लड़के ≡ $\left(75 \times \frac{2}{3}\right)$ पुरुष = 50 पुरुष.

माना पुरुषों की अभीष्ट संख्या $= x$.

अधिक कार्य, अधिक पुरुष **(समानुपात)**

कम दिन, अधिक पुरुष **(विलोमानुपात)**

$\left.\begin{array}{l} \text{व्यक्ति} \quad 1 : 2 \\ \text{दिन} \; 20 : 24 \end{array}\right\} :: 50 : x$

$\therefore (1 \times 20 \times x) = (2 \times 24 \times 50) \Rightarrow x = 120.$

पुरुषों की अभीष्ट संख्या = 120.

4. माना 1 आदमी का 1 दिन का कार्य $= x$ तथा 1 औरत का 1 दिन का कार्य $= y$.

तब, $2x + 7y = \frac{1}{14}$ ...(*i*) तथा $3x + 8y = \frac{1}{11}$ ...(*ii*)

(*i*) को 3 से तथा (*ii*) को 2 से गुणा करके घटाने पर :

$5y = \left(\frac{3}{14} - \frac{2}{11}\right) \Rightarrow 5y = \frac{5}{154} \Rightarrow y = \frac{1}{154}.$

(*i*) में $y = \frac{1}{154}$ रखने पर $2x + \frac{7}{154} = \frac{1}{14} \Rightarrow 2x = \left(\frac{1}{14} - \frac{1}{22}\right) = \frac{(11-7)}{154} = \frac{4}{154}$

$\Rightarrow x = \frac{2}{154} = \frac{1}{77}.$

8 आदमी तथा 6 औरतों का 1 दिन का काम $= \left(\frac{8}{77} + \frac{6}{154}\right) = \frac{22}{154} = \frac{1}{7}$.

अत: 8 आदमी तथा 6 औरतें इस कार्य को 7 दिन में समाप्त करेंगे.

इससे तिगुने कार्य को ये $(7 \times 3) = 21$ दिन में समाप्त करेंगे.

5. माना आरम्भ में ठेकेदार ने x आदमी काम पर लगाये.

x आदमियों ने 24 दिन में $\frac{2}{7}$ काम पूरा किया.

शेष कार्य $=\left(1-\frac{2}{7}\right)=\frac{5}{7}$.

स्पष्ट है कि $(x-2)$ आदमियों ने $\frac{5}{7}$ काम $(90-24)=66$ दिन में पूरा किया.

अधिक दिन, कम आदमी (विलोमानुपात)

अधिक काम, अधिक आदमी (सीधा अनुपात)

$$\left.\begin{array}{lccc} \text{दिन} & 66 & : & 24 \\ \text{काम} & \frac{2}{7} & : & \frac{5}{7} \end{array}\right\} :: x : (x-2)$$

$$\therefore \left[66\times\frac{2}{7}\times(x-2)\right]=\left(24\times\frac{5}{7}\times x\right)$$

$\Rightarrow 132\,(x-2)=120x \Rightarrow 12x=264 \Rightarrow x=22.$

आरम्भ में लगाये गये व्यक्ति = 22.

6. 1 आदमी तथा 1 औरत की कार्य-दक्षता का अनुपात = 14 : 11.

इनके द्वारा किसी कार्य को समाप्त करने में लगे समय का अनुपात = 11:14.

माना 1 आदमी द्वारा कार्य समाप्त करने में लिया गया समय = $11x$ दिन

तब 1 औरत द्वारा कार्य समाप्त करने में लिया गया समय = $14x$ दिन.

$$\therefore \frac{1}{11x}+\frac{1}{14x}=\frac{1}{33} \Rightarrow \frac{(14+11)}{154x}=\frac{1}{33} \Rightarrow 154x=(33\times25)$$

$$\Rightarrow x=\frac{(33\times25)}{154}$$

1 औरत द्वारा कार्य समाप्त करने में लगा समय $=\left\{\frac{(33\times25)}{154}\times14\right\}$ दिन = 75 दिन.

7. स्पष्ट है कि (16×8) आदमी $\equiv(12\times24)$ लड़के.

1 आदमी $\equiv\frac{(12\times24)}{(16\times8)}$ लड़के $=\frac{9}{4}$ लड़के.

(8 आदमी + 12 लड़के) $\equiv\left[\left(8\times\frac{9}{4}\right)+12\right]$ लड़के = 30 लड़के.

(40 आदमी + 45 लड़के) $\equiv\left[\left(40\times\frac{9}{4}\right)+45\right]$ लड़के = 135 लड़के.

माना अभीष्ट दिन $=x$.

अधिक लड़के, कम दिन (विलोमानुपात)

अधिक काम, अधिक दिन (समानुपात)

$$\left.\begin{array}{lccc} \text{लड़के} & 135 & : & 30 \\ \text{काम} & 1 & : & 3 \end{array}\right\} :: 12 : x$$

$\therefore (135\times1\times x)=(30\times3\times12) \Rightarrow x=\frac{(30\times3\times12)}{135}=8$ दिन.

8. शेष कार्य $=\left(1-\frac{1}{4}\right)=\frac{3}{4}$, , शेष दिन = (200 – 60) = 140.

माना अभीष्ट व्यक्तियों की संख्या $=x$.

अधिक कार्य, अधिक व्यक्ति (सीधा अनुपात)

अधिक दिन, कम व्यक्ति (विलोमानुपात)

$$\left.\begin{array}{lccc} \text{कार्य} & \frac{1}{4} & : & \frac{3}{4} \\ \text{दिन} & 140 & : & 60 \end{array}\right\} :: 140 : x$$

$\therefore \left(\frac{1}{4}\times 140\times x\right)=\left(\frac{3}{4}\times 60\times 140\right)\Rightarrow x=180.$

अतिरिक्त व्यक्ति = (180 – 140) = 40.

9. 10 दिन का कार्य = $\frac{10}{19}$. शेष कार्य = $\left(1-\frac{10}{19}\right)=\frac{9}{19}$. शेष दिन = 6.

माना कुल व्यक्ति = x.

$$\left.\begin{array}{r} \text{दिन } 6 : 19 \\ \text{कार्य } 1 : \frac{9}{19} \\ \text{कार्य घण्टे } 9 : 8 \end{array}\right\} :: 15 : x$$

$\therefore (6\times 1\times 9\times x)=\left(19\times\frac{9}{19}\times 8\times 15\right)\Rightarrow x=\frac{9\times 8\times 15}{6\times 9}=20.$

अतिरिक्त व्यक्ति = (20 – 11) = 9.

10. माना उसने x व्यक्ति नियुक्त किये थे.

अधिक दिन, कम व्यक्ति (विलोमानुपात)

$15 : 9 :: x : (x-6) \Rightarrow 15\times(x-6)=9x \Rightarrow 6x=90 \Rightarrow x=15.$

मजदूरों की अभीष्ट संख्या = 15.

11. माना प्रारम्भ में किले में x सैनिक थे.

अब, x सैनिकों के लिए (32 – 4) = 28 दिन की भोजन सामग्री है.

तथा $(x + 150)$ सैनिकों के लिए 21 दिन की भोजन सामग्री है.

कम दिन, अधिक सैनिक (विलोमानुपात)

$\therefore 21 : 28 :: x : (x+150) \Rightarrow 21\times(x+150)=28\times x \Rightarrow 7x=(21\times 150)\Rightarrow x=\frac{21\times 150}{7}=450.$

अत: प्रारम्भ में किले में 450 सैनिक थे.

12. पहले कार्य घण्टे = (24 – 9) = 15, बाद में कार्य घण्टे = (24 – 18) = 6.

माना अभीष्ट दिनों की संख्या = x.

अधिक दूरी, अधिक दिन (समानुपात)

अधिक चाल, कम दिन (विलोमानुपात)

कम कार्य घण्टे, अधिक दिन (विलोमानुपात)

$$\left.\begin{array}{r} \text{दूरी } y : 2y \\ \text{चाल } 2z : z \\ \text{कार्य घण्टे } 6 : 15 \end{array}\right\} :: 40 : x$$

$\therefore (y\times 2z\times 6\times x)=(2y\times z\times 15\times 40)$

$\Rightarrow x=\frac{(2y\times z\times 15\times 40)}{(y\times 2z\times 6)}\Rightarrow x=100$ दिन.

13. माना पहले वाले 3 व्यक्ति एक निश्चित समय में 1 इकाई कार्य करते हैं.

तब, इनमें से प्रत्येक व्यक्ति उस निश्चित समय में $\frac{1}{3}$ इकाई कार्य करेगा.

बाद वाला प्रत्येक व्यक्ति उस निश्चित समय में $\frac{1}{2}$ इकाई कार्य करेगा.

माना अभीष्ट दिनों की संख्या = x.

अधिक व्यक्ति, कम दिन (विलोमानुपात)

कम कार्य घण्टे, अधिक दिन (विलोमानुपात)

अधिक कार्यक्षमता, कम दिन (विलोमानुपात)

$$\left.\begin{array}{rl} \text{व्यक्ति} & 12 : 9 \\ \text{कार्य घण्टे} & 6 : \frac{15}{2} \\ \text{कार्यक्षमता} & \frac{1}{2} : \frac{1}{3} \end{array}\right\} :: 40 : x$$

$$\therefore \left(12\times6\times\frac{1}{2}\times x\right)=\left(9\times\frac{15}{2}\times\frac{1}{3}\times40\right)\Rightarrow 36x=900 \Rightarrow x=\frac{900}{36}=25.$$

अभीष्ट दिनों की संख्या = 25.

14. माना अभीष्ट व्यक्तियों की संख्या = x.

अधिक लम्बाई, अधिक व्यक्ति **(सीधा अनुपात)**
अधिक चौड़ाई, अधिक व्यक्ति **(सीधा अनुपात)**
अधिक ऊँचाई, अधिक व्यक्ति **(सीधा अनुपात)**
कम दिन, अधिक व्यक्ति **(विलोमानुपात)**
कम घण्टे प्रतिदिन, अधिक व्यक्ति **(विलोमानुपात)**

$$\left.\begin{array}{rl} \text{लंबाई} & 18 : 32 \\ \text{चौड़ाई} & 2 : 3 \\ \text{ऊँचाई} & 12 : 9 \\ \text{दिन} & 8 : 10 \\ \text{घण्टे (प्रतिदिन)} & 6 : 9 \end{array}\right\} :: 8 : x$$

$$\therefore (18\times2\times12\times8\times6\times x)=(32\times3\times9\times10\times9\times8)\Rightarrow x=\frac{(32\times3\times9\times10\times9\times8)}{(18\times2\times12\times8\times6)}=30.$$

अभीष्ट व्यक्तियों की संख्या = 30.

15. शेष कार्य = $\left(1-\frac{2}{5}\right)=\frac{3}{5}$, शेष दिन = (56 – 30) = 26.

माना अब कुल कार्यरत व्यक्ति = x.

अधिक कार्य, अधिक व्यक्ति **(सीधा अनुपात)**
कम दिन, अधिक व्यक्ति **(विलोमानुपात)**
अधिक घण्टे प्रतिदिन, कम व्यक्ति **(विलोमानुपात)**

$$\left.\begin{array}{rl} \text{कार्य} & \frac{2}{5} : \frac{3}{5} \\ \text{दिन} & 26 : 30 \\ \text{कार्य घण्टे} & 9 : 8 \end{array}\right\} :: 104 : x$$

$$\left(\frac{2}{5}\times26\times9\times x\right)=\left(\frac{3}{5}\times30\times8\times104\right)\Rightarrow x=\frac{3}{5}\times\frac{30\times8\times104}{26\times9}\times\frac{5}{2}=160.$$

अभीष्ट व्यक्ति = (160 – 104) = 56.

16. माना अभीष्ट दिनों की संख्या = x.

अधिक कम्पोजिटर, कम दिन **(विलोमानुपात)**
अधिक कार्य, अधिक दिन **(सीधा अनुपात)**
कम कार्य घण्टे, अधिक दिन **(विलोमानुपात)**
कम पंक्तियाँ, कम दिन **(सीधा अनुपात)**
अधिक अक्षर, अधिक दिन **(सीधा अनुपात)**

$$\left.\begin{array}{lrcl} \text{कंपोजिटर} & 10 & : & 8 \\ \text{पृष्ठ} & 600 & : & 1000 \\ \text{कार्य घण्टे} & 8 & : & 12 \\ \text{पंक्तियाँ} & 60 & : & 48 \\ \text{अक्षर / पंक्ति} & 40 & : & 50 \end{array}\right\} :: 16 : x$$

$\therefore\ (10 \times 600 \times 8 \times 60 \times 40 \times x) = (8\times1000\times12\times48\times50\times16)$

$x = \dfrac{8\times1000\times12\times48\times50\times16}{10\times600\times8\times60\times40} \Rightarrow x = 32$ दिन.

17. माना अभीष्ट दिनों की संख्या $= x$.

कम व्यक्ति, अधिक दिन **(विलोमानुपात)**
अधिक लम्बाई, अधिक दिन **(सीधा अनुपात)**
कम चौड़ाई, कम दिन **(सीधा अनुपात)**
अधिक गहरी, अधिक दिन **(सीधा अनुपात)**
कम घण्टे प्रतिदिन कार्य, अधिक दिन **(विलोमानुपात)**

$$\left.\begin{array}{lrcl} \text{व्यक्ति} & 40 & : & 60 \\ \text{लम्बाई} & 300 & : & 540 \\ \text{चौड़ाई} & 6 & : & 4 \\ \text{गहराई} & 2 & : & \frac{7}{2} \\ \text{घण्टे / दिन} & 4 & : & 5 \end{array}\right\} :: 6 : x$$

$(40\times300\times6\times2\times4\times x) = \left(60\times540\times4\times\dfrac{7}{2}\times5\times6\right)$

$\Rightarrow x = \dfrac{(60\times540\times420)}{(40\times300\times48)} = \dfrac{189}{8} = 23\dfrac{5}{8}$ दिन.

18. माना मशीनों की अभीष्ट संख्या $= x$.

अधिक व्यक्ति, अधिक मशीनें **(समानुपात)**
अधिक घण्टे प्रतिदिन, अधिक मशीनें **(समानुपात)**
अधिक दिन, अधिक मशीनें **(समानुपात)**

$$\left.\begin{array}{lrcl} \text{व्यक्ति} & 2 & : & 6 \\ \text{घण्टे / दिन} & 2 & : & 6 \\ \text{दिन} & 2 & : & 6 \end{array}\right\} :: 2 : x$$

$\therefore\ (2\times2\times2\times x) = (6\times6\times6\times2) \Rightarrow x = \dfrac{432}{8} = 54$ मशीनें.

---

15 समय तथा कार्य (TIME & WORK)

सामान्य नियम

(*i*) यदि A किसी कार्य को 15 दिन में समाप्त करे, तो A का 1 दिन का कार्य $= \frac{1}{15}$.

(*ii*) यदि A का 1 दिन का कार्य $\frac{1}{8}$ हो, तो A पूरे कार्य को 8 दिन में समाप्त करेगा.

(*iii*) यदि A की कार्य-क्षमता B से दुगुनी हो, तो इनकी कार्य क्षमता का अनुपात 2 : 1 है तथा इनके द्वारा किसी काम को पूरा करने में लगे समय का अनुपात 1:2 है.

साधित उदाहरण

प्रश्न 1. A अकेला किसी कार्य को 6 दिन में समाप्त कर सकता है तथा B अकेला इस कार्य को 12 दिन में समाप्त कर सकता है. A तथा B दोनों मिलकर इस कार्य को कितने दिन में समाप्त कर सकेंगे?

हल : A का 1 दिन का कार्य $= \frac{1}{6}$ तथा B का 1 दिन का कार्य $= \frac{1}{12}$.

$(A + B)$ का 1 दिन का कार्य $= \left(\frac{1}{6}+\frac{1}{12}\right) = \frac{(2+1)}{12} = \frac{3}{12} = \frac{1}{4}$.

अत: A तथा B दोनों मिलकर इस कार्य को 4 दिन में समाप्त कर देंगे.

प्रश्न 2. A एक कार्य को 12 दिन में समाप्त कर सकता है. A तथा B मिलकर इसे 8 दिन में समाप्त कर सकते हैं. B अकेला इस कार्य को कितने दिन में समाप्त कर सकता है?

हल : $(A + B)$ का 1 दिन का कार्य $= \frac{1}{8}$ तथा A का 1 दिन का कार्य $= \frac{1}{12}$.

$\therefore$ B का 1 दिन का कार्य $= \left(\frac{1}{8}-\frac{1}{12}\right) = \frac{(3-2)}{24} = \frac{1}{24}$.

अत: B अकेला इस कार्य को 24 दिन में समाप्त कर सकता है.

प्रश्न 3. A, B तथा C एक कार्य को क्रमश: 10 दिन, 15 दिन तथा 18 दिन में समाप्त कर सकते हैं. यदि तीनों मिलकर इस कार्य को करें तो कितने दिन में समाप्त कर सकेंगे?

हल : A का 1 दिन का कार्य $= \frac{1}{10}$; B का 1 दिन का कार्य $= \frac{1}{15}$ तथा C का 1 दिन का कार्य $= \frac{1}{18}$.

$(A + B + C)$ का 1 दिन का कार्य $= \left(\frac{1}{10}+\frac{1}{15}+\frac{1}{18}\right) = \frac{(9+6+5)}{90} = \frac{20}{90} = \frac{2}{9}$.

अत: तीनों मिलकर इस कार्य को $\frac{9}{2}$ दिन अर्थात $4\frac{1}{2}$ दिन में समाप्त कर सकेंगे.

प्रश्न 4. A किसी कार्य का $\frac{2}{5}$ भाग 12 दिन में समाप्त कर सकता है, जबकि B इसी कार्य का $\frac{3}{4}$ भाग 15 दिन में समाप्त कर सकता है. दोनों मिलकर इस कार्य को कितने दिन में समाप्त कर सकेंगे?

हल : A, $\frac{2}{5}$ कार्य करता है = 12 दिन में

A पूरा कार्य समाप्त करेगा $= \left(12\times\frac{5}{2}\right)$ अर्थात 30 दिन में.

B, $\frac{3}{4}$ कार्य करता है = 15 दिन में

B पूरा कार्य समाप्त करेगा $= \left(15\times\frac{4}{3}\right)$ अर्थात 20 दिन में.

$(A + B)$ का 1 दिन का कार्य $= = \left(\frac{1}{30}+\frac{1}{20}\right)=\frac{(2+3)}{60}=\frac{5}{60}=\frac{1}{12}.$

अत: A तथा B दोनों मिलकर इस कार्य को 12 दिन में समाप्त कर सकेंगे.

प्रश्न 5. A तथा B मिलकर किसी कार्य को 20 दिन में समाप्त करते हैं, B तथा C मिलकर इसे 15 दिन में और C तथा A मिलकर इसे 12 दिन में पूरा करते हैं. तीनों मिलकर इस कार्य को कितने दिन में समाप्त कर सकेंगे? B अकेला इसे कितने दिनों में कर सकेगा?

हल : $(A + B)$ का 1 दिन का कार्य $= \frac{1}{20}$; $(B + C)$ का 1 दिन का कार्य $= \frac{1}{15}$

तथा $(C + A)$ का 1 दिन का कार्य $= \frac{1}{12}.$

जोड़ने पर : $2(A + B + C)$ का 1 दिन का कार्य $= \left(\frac{1}{20}+\frac{1}{15}+\frac{1}{12}\right)=\frac{12}{60}=\frac{1}{5}$

$\Rightarrow (A + B + C)$ का 1 दिन का कार्य $= \frac{1}{10}.$

अत: तीनों मिलकर इस कार्य को 10 दिन में समाप्त कर सकेंगे.

B का 1 दिन का कार्य = {$(A + B + C)$ का 1 दिन का कार्य} – {$(C + A)$ का 1 दिन का कार्य}

$$=\left(\frac{1}{10}-\frac{1}{12}\right)=\frac{1}{60}.$$

अत: B अकेला इस कार्य को 60 दिन में पूरा कर सकेगा.

प्रश्न 6. A की कार्य-क्षमता B से दुगुनी है. अत: किसी कार्य को पूरा करने में A, B से 10 दिन कम लेता है. दोनों मिलकर इस कार्य को कितने दिन में समाप्त करेंगे?

हल : माना दिये गये कार्य को समाप्त करने में B लेता है $= x$ दिन.

तब, इस कार्य को समाप्त करने में A लेगा $= (x - 10)$ दिन.

A का 1 दिन का कार्य = 2 (B का 1 दिन का कार्य)

$\therefore \frac{1}{(x-10)}=\frac{2}{x}\Rightarrow x=2x-20\Rightarrow x=20.$

पूरे कार्य समाप्त करने में B लेता है = 20 दिन तथा A लेता है = 10 दिन.

$\therefore (A + B)$ का 1 दिन का कार्य $= \left(\frac{1}{10}+\frac{1}{20}\right)=\frac{3}{20}$ दिन.

अत: दोनों मिलकर इस कार्य को करने में $\frac{20}{3}$ दिन अर्थात् $6\frac{2}{3}$ दिन लेंगे.

प्रश्न 7. A की कार्य-क्षमता B से दुगुनी है. यदि दोनों मिलकर किसी कार्य को 14 दिन में समाप्त करें, तो A अकेला इसे कितने दिन में समाप्त करेगा?

हल : (A का 1 दिन का कार्य) : (B का 1 दिन का कार्य) = 2:1.

$(A + B)$ का 1 दिन का कार्य $= \frac{1}{14}.$

A का 1 दिन का कार्य $= \left(\frac{1}{14}\times\frac{2}{3}\right)=\frac{1}{21}.$

अत: A अकेला इस कार्य को 21 दिन में समाप्त करेगा.

प्रश्न 8. A अकेला एक कार्य को 20 दिन में समाप्त कर सकता है जबकि B अकेला इस कार्य को 25 दिन में समाप्त कर सकता है. दोनों मिलकर 5 दिन कार्य करते है. फिर B काम छोड़कर चला जाता है. शेष कार्य को A अकेला कितने दिन में कर पायेगा?

हल : $(A + B)$ का 5 दिन का कार्य $= 5\left(\frac{1}{20}+\frac{1}{25}\right)=\frac{9}{20}$.

शेष कार्य $= \left(1-\frac{9}{20}\right)=\frac{11}{20}$.

$\frac{1}{20}$ कार्य को करने में A लेता है = 1 दिन.

$\frac{11}{20}$ कार्य को करने में A लेता है $= \left(20\times\frac{11}{20}\right)$ दिन = 11 दिन.

अत: शेष कार्य को A अकेला 11 दिन में कर लेगा.

प्रश्न 9. A तथा B एक काम को क्रमश: 7 दिन तथा 8 दिन में पूरा कर सकते हैं. यदि दोनों एक दिन छोड़कर एक दिन कार्य करें तथा A कार्य को आरम्भ करे, तो सारा कार्य कितने दिन में समाप्त होगा?

हल : A तथा B का 2 दिन का कार्य $= \left(\frac{1}{7}+\frac{1}{8}\right)=\frac{15}{56}$.

A तथा B का 6 दिन का कार्य $= \left(\frac{15}{56}\times\frac{1}{2}\times 6\right)=\frac{45}{56}$.

शेष कार्य $= \left(1-\frac{45}{56}\right)=\frac{11}{56}$, A का 1 दिन का कार्य $= \frac{1}{7}$.

शेष कार्य $= \left(\frac{11}{56}-\frac{1}{7}\right)=\frac{3}{36}$. अब, B की बारी है.

$\frac{1}{8}$ कार्य B करता है = 1 दिन में.

$\frac{3}{56}$ कार्य B करेगा $= \left(\frac{3}{56}\times 8\right)$ दिन में $= \frac{3}{7}$ दिन में.

कार्य समाप्त होने में लगा समय $= \left(6+1+\frac{3}{7}\right)$ दिन $= 7\frac{3}{7}$ दिन.

प्रश्न 10. 2 आदमी तथा 3 लड़के मिलकर किसी कार्य को 10 दिन में समाप्त कर सकते हैं, जबकि 3 आदमी तथा 2 लड़के मिलकर इसी कार्य को 8 दिन में समाप्त कर सकते हैं. 2 आदमी तथा 1 लड़का मिलकर इस कार्य को कितने दिन में समाप्त कर पायेंगे?

हल : माना 1 आदमी का 1 दिन का कार्य $= \frac{1}{x}$ तथा 1 लड़के का 1 दिन का कार्य $= \frac{1}{y}$.

तब, $\frac{2}{x}+\frac{3}{y}=\frac{1}{10}$ ...(*i*) तथा $\frac{3}{x}+\frac{2}{y}=\frac{1}{8}$ ...(*ii*)

(*ii*) को 3 से गुणा करने तथा (*i*) को 2 से गुणा करके, घटाने पर :

$\frac{5}{x}=\left(\frac{3}{8}-\frac{2}{10}\right)\Rightarrow\frac{5}{x}=\frac{7}{40}\Rightarrow x=\frac{200}{7}$.

(*i*) में $x = \frac{200}{7}$ रखने पर: $\frac{3}{y}=\left(\frac{1}{10}-\frac{7}{100}\right)=\frac{3}{100}\Rightarrow y=100$.

(2 आदमी + 1 लड़के) का 1 दिन का कार्य $= \left(\frac{2}{x}+\frac{1}{y}\right)=\left(\frac{2\times 7}{200}+\frac{1}{100}\right)=\frac{8}{100}=\frac{2}{25}$.

$\therefore$ 2 आदमी तथा 1 लड़का मिलकर इस कार्य को $\frac{25}{2}$ दिनों अर्थात् $12\frac{1}{2}$ दिन में समाप्त करेंगे.

प्रश्न 11. 8 पुरुष एक काम को 20 दिन में पूरा कर सकते हैं. यही काम 8 महिलायें 32 दिन में पूरा कर सकती हैं. इसी काम को 5 पुरुष तथा 8 महिलायें मिलकर कितने दिन में पूरा कर लेंगे?

हल : (8 × 20) पुरुषों का 1 दिन का काम $= 1 \Rightarrow 1$ पुरुष का 1 दिन का काम $= \frac{1}{160}$.

(8 × 32) महिलाओं का 1 दिन का काम $= 1 \Rightarrow 1$ महिला का 1 दिन का काम $= \frac{1}{256}$.

(5 पुरुष + 8 महिलाओं) का 1 दिन का काम $= \left(5\times\frac{1}{160}+8\times\frac{1}{256}\right)$

$$= \left(\frac{1}{32}+\frac{1}{32}\right) = \frac{2}{32} = \frac{1}{16}.$$

∴ 5 पुरुष तथा 8 महिलायें इस कार्य को 16 दिन में पूरा कर लेंगे.

प्रश्नमाला 15A

नीचे दिये गये प्रश्नों में से प्रत्येक में ठीक उत्तर को चिन्हांकित (✓) कीजिए :

1. A किसी कार्य को 12 दिन में समाप्त कर सकता है. A की तुलना में B, 60% अधिक कार्यकुशल है. उसी कार्य को पूरा करने में B कितने दिन लेगा? **(एस०एस०सी० परीक्षा, 2010)**

(*a*) 6 दिन (*b*) $7\frac{1}{2}$ दिन (*c*) 8 दिन (*d*) $8\frac{1}{2}$ दिन

2. A किसी कार्य को 10 दिन में समाप्त कर सकता है जबकि B इसे 15 दिन में समाप्त कर सकता है. दोनों मिलकर इस कार्य को कितने दिन में समाप्त कर सकेंगे? **(रेलवे परीक्षा, 2003)**

(*a*) 5 दिन (*b*) 6 दिन (*c*) 8 दिन (*d*) 10 दिन

3. यदि A तथा B मिलकर किसी कार्य को 15 दिन में समाप्त करें तथा B अकेला इस कार्य को 20 दिन में समाप्त करे, तो A अकेला इस कार्य को कितने दिन में समाप्त करेगा? **(एस०एस०सी० परीक्षा, 2010)**

(*a*) 60 दिन (*b*) 45 दिन (*c*) 40 दिन (*d*) 30 दिन

4. तपस मिहिर से दुगुनी गति से कार्य करता है. यदि वे दोनों मिलकर किसी कार्य को 12 दिन में पूरा करें तो तपस अकेला उसे कितने समय में पूरा कर सकेगा? **(एस०एस०सी० परीक्षा, 2010)**

(*a*) 15 दिन (*b*) 18 दिन (*c*) 20 दिन (*d*) 24 दिन

5. A अकेला किसी कार्य को 18 दिन में तथा B अकेला इसे 15 दिन में पूरा कर सकता है. B अकेले ने इस पर 10 दिन कार्य करके छोड़ दिया. शेष कार्य को A अकेला कितने और दिनों में पूरा करेगा?

(*a*) 5 दिन (*b*) $5\frac{1}{2}$ दिन (*c*) 6 दिन (*d*) 8 दिन

(एस०एस०सी० परीक्षा, 2010)

6. A एक कार्य का $\frac{1}{2}$ भाग 5 दिन में समाप्त करता है; B इस कार्य का $\frac{3}{5}$ भाग 9 दिन में समाप्त करता है तथा C इस कार्य का $\frac{2}{3}$ भाग 8 दिन में समाप्त कर सकता है. तीनों मिलकर इस कार्य को कितने दिन में समाप्त करेंगे?

(*a*) 3 दिन (*b*) 4 दिन (*c*) $4\frac{1}{2}$ दिन (*d*) 5 दिन

(एस०एस०सी० परीक्षा, 2005)

7. A और B मिलकर किसी कार्य को 8 दिन में पूरा कर सकते हैं. B अकेला उसी कार्य को 12 दिन में पूरा कर सकता है. B अकेला इस कार्य में पूरे 4 दिन लगा रहता है. इसके पश्चात् A अकेला उसे पूरा करने में कितने दिन और लेगा? **(एस०एस०सी० परीक्षा, 2005)**

(*a*) 3 दिन (*b*) 16 दिन (*c*) 18 दिन (*d*) 20 दिन

8. A किसी कार्य को 9 दिन में समाप्त कर सकता है. यदि B की कार्यक्षमता A से 50% अधिक हो, तो B अकेला इस कार्य को कितने दिन में समाप्त कर सकेगा? **(मैनेजमैन्ट परीक्षा, 2003)**

(*a*) 3 दिन (*b*) $4\frac{1}{2}$ दिन (*c*) 6 दिन (*d*) $13\frac{1}{2}$ दिन

9. A तथा B मिलकर एक कार्य को 18 दिन में समाप्त कर सकते हैं, जबकि B तथा C मिलकर इसे 24 दिन में और C तथा A मिलकर इसे 36 दिन में समाप्त कर सकते हैं. A, B, C तीनों मिलकर इस कार्य को कितने दिन में समाप्त कर सकेंगे? **(एस०एस०सी० परीक्षा, 2005)**

(*a*) 15 दिन (*b*) 16 दिन (*c*) 17 दिन (*d*) 18 दिन

10. A तथा B मिलकर एक कार्य को 8 दिन में समाप्त कर सकते हैं जबकि B तथा C इसे 12 दिन में और C तथा A इसे 15 दिन में समाप्त कर सकते हैं. C अकेला इसे कितने दिन में समाप्त करेगा? **(एस०एस०सी० परीक्षा, 2006)**

(*a*) 80 दिन (*b*) 120 दिन (*c*) 75 दिन (*d*) 90 दिन

11. A किसी कार्य को 18 दिन में, B, 20 दिन में तथा C, 30 दिन में पूरा कर सकता है. B तथा C मिलकर इस कार्य को आरम्भ करते हैं किन्तु 2 दिन बाद वे कार्य छोड़कर चले जाते हैं. शेष कार्य को पूरा करने में A कितना समय लेगा? **(एस०एस०सी० परीक्षा, 2010)**

(*a*) 10 दिन (*b*) 12 दिन (*c*) 15 दिन (*d*) 16 दिन

12. A, B तथा C एक कार्य को क्रमशः 6 घण्टे, 4 घण्टे तथा 12 घण्टे में समाप्त करते हैं. तीनों मिलकर इस कार्य को कितने घण्टे में समाप्त कर सकेंगे? **(बैंक पी०ओ० परीक्षा, 2004)**

(*a*) 2 घण्टे (*b*) 5 घण्टे (*c*) 6 घण्टे (*d*) 8 घण्टे

13. एक पुरुष, एक स्त्री और एक लड़का मिलकर एक काम को 3 दिन में पूरा करते हैं. यदि एक पुरुष अकेला इसे 6 दिन में और एक लड़का अकेला इसे 18 दिन में पूरा करे, तो एक स्त्री अकेली इसे कितने दिन में पूरा करेगी?

(*a*) 9 दिन (*b*) 21 दिन (*c*) 24 दिन (*d*) 27 दिन

14. एक आदमी और एक लड़का मिलकर किसी कार्य को 24 दिन में पूरा कर सकते हैं. यदि अन्तिम 6 दिनों में आदमी अकेला काम करे तो कार्य 26 दिन में समाप्त हो जाता है. लड़का अकेला इस कार्य को कितने दिन में समाप्त कर पायेगा? **(एस०एस०सी० परीक्षा, 2005)**

(*a*) 72 दिन (*b*) 20 दिन (*c*) 24 दिन (*d*) 36 दिन

15. किसी कार्य के $\frac{7}{10}$ भाग को A 15 दिन में पूरा करता है. उसके पश्चात् वह B की सहायता से शेष कार्य को 4 दिन में पूरा करता है. पूरे कार्य को A तथा B मिलकर कितने दिन में पूरा करेंगे?

(*a*) $10\frac{1}{3}$ दिन (*b*) $12\frac{2}{3}$ दिन (*c*) $13\frac{1}{3}$ दिन (*d*) $8\frac{1}{4}$ दिन

(एस०एस०सी० परीक्षा, 2005)

16. A एक कार्य को 4 घण्टे में, B तथा C मिलकर 3 घण्टे में तथा A और C मिलकर उसे 2 घण्टे में पूरा कर सकते हैं. B अकेला इस कार्य को कितने समय में पूरा करेगा? **(एस०एस०सी० परीक्षा, 2005)**

(*a*) 10 घण्टे (*b*) 12 घण्टे (*c*) 8 घण्टे (*d*) 24 घण्टे

17. B किसी कार्य को जितने समय में करता है उसके $\frac{1}{6}$ समय में A आधा काम करता है. यदि दोनों मिलकर इस कार्य को 10 दिन में समाप्त करें, तो B अकेला इसे कितने दिन में समाप्त करेगा? **(एस०एस०सी० परीक्षा, 2005)**

(*a*) 70 दिन (*b*) 30 दिन (*c*) 40 दिन (*d*) 50 दिन

18. A, B की तुलना में तीन गुना अधिक कार्य-कुशल है. अतएव वह किसी कार्य को B की तुलना में 60 दिन कम में पूरा कर सकता है. A तथा B मिलकर उस कार्य को कितने दिन में पूरा कर सकेंगे? **(एस०एस०सी०, 2005)**

(*a*) $22\frac{1}{2}$ दिन (*b*) 25 दिन (*c*) $27\frac{1}{2}$ दिन (*d*) 30 दिन

19. *A, B, C* एक कार्य को क्रमशः 36 दिन, 54 दिन तथा 72 दिन में पूरा कर सकते हैं. तीनों ने मिलकर कार्य आरम्भ किया. काम समाप्त होने से 8 दिन पहले *A* ने काम छोड़ दिया तथा काम समाप्त होने से 12 दिन पहले *B* ने काम छोड़ दिया. *C* ने कितने दिन काम किया ?

(*a*) 4 दिन (*b*) 8 दिन (*c*) 12 दिन (*d*) 24 दिन

20. *A* तथा *B* मिलकर एक कार्य को 12 दिन में समाप्त करते हैं जबकि *B* तथा *C* इसे 16 दिन में समाप्त कर सकते हैं. पहले इस पर *A* ने 5 दिन कार्य किया फिर *B* ने 7 दिन कार्य किया तथा शेष कार्य *C* ने 13 दिन में समाप्त कर लिया. *C* अकेला इस कार्य को कितने दिन में पूरा करेगा ?

(*a*) 16 दिन (*b*) 24 दिन (*c*) 36 दिन (*d*) 48 दिन

21. *A* अकेला एक कार्य को 10 दिन में समाप्त कर सकता है, जबकि *B* अकेला इसे 15 दिन में समाप्त कर सकता है. यदि वे एक दिन छोड़कर एक दिन बारी-बारी से काम करें तथा *A* आरम्भ करे, तो कार्य समाप्त होने में कितने दिन लगेंगे ? **(एस०एस०सी० परीक्षा, 2003)**

(*a*) 6 दिन (*b*) 12 दिन (*c*) 13 दिन (*d*) 18 दिन

22. *A* अकेला एक कार्य को 16 दिन में समाप्त कर सकता है जबकि *B* अकेला इस कार्य को 12 दिन में समाप्त कर सकता है. यदि *A* कार्य आरम्भ करे तथा वे एक दिन छोड़कर एक दिन बारी-बारी से काम करें, तो सारा कार्य कितने दिन में समाप्त होगा ? **(एस०एस०सी० परीक्षा, 2004)**

(*a*) 12 दिन (*b*) 13 दिन (*c*) $13\frac{3}{4}$ दिन (*d*) $13\frac{5}{7}$ दिन

23. *A, B, C* एक कार्य को क्रमशः 11 दिन, 20 दिन तथा 55 दिन में समाप्त कर सकते हैं. यदि *A* के साथ एक दिन *B* तथा अगले दिन *C*, बारी-बारी से काम करें, तो कार्य समाप्त होने में कितना समय लगेगा ?

(*a*) 7 दिन (*b*) 8 दिन (*c*) 9 दिन (*d*) 10 दिन

24. *A, B, C* एक कार्य को क्रमशः 20 दिन, 30 दिन तथा 60 दिन में समाप्त कर सकते हैं. यदि *A* लगातार कार्य करे तथा हर तीसरे दिन *B* तथा *C* भी *A* के साथ मिलकर कार्य करें, तो कार्य कितने दिन में समाप्त होगा ?

(*a*) 12 दिन (*b*) 15 दिन (*c*) 16 दिन (*d*) 18 दिन

25. *A* अकेला एक कार्य को 12 दिन में तथा *B* अकेला इसे 18 दिन में समाप्त कर सकता है. दोनों ने मिलकर कार्य आरम्भ किया परन्तु कार्य समाप्त होने से 3 दिन पहले *A* ने कार्य छोड़ दिया. पूरा कार्य कितने दिन में समाप्त हुआ ?

(*a*) $6\frac{3}{5}$ दिन (*b*) 9 दिन (*c*) $9\frac{1}{5}$ दिन (*d*) $10\frac{1}{5}$ दिन

26. *A* किसी कार्य को 10 दिन में, *B*, 15 दिन में तथा *C*, 20 दिन में पूरा कर सकता है. *A* तथा *C* ने मिलकर 2 दिन कार्य किया. तत्पश्चात् *A* के स्थान पर *B* को कार्य पर लगा दिया गया. कुल मिलाकर कार्य कितने दिन में पूरा हुआ ? **(एस०एस०सी० परीक्षा, 2007)**

(*a*) 12 दिन (*b*) 10 दिन (*c*) 6 दिन (*d*) 8 दिन

27. *A* किसी काम को 12 दिन में समाप्त कर सकता है. *B* इसे 10 दिन में कर सकता है. *A, B* तथा *C* तीनों मिलकर इसे 5 दिन में पूरा कर सकते हैं. *C* अकेला इसे कितने दिन में पूरा करेगा ? **(एस०एस०सी० परीक्षा, 2007)**

(*a*) 17 दिन (*b*) 60 दिन (*c*) 27 दिन (*d*) 30 दिन

28. *A* तथा *B* मिलकर किसी कार्य को 8 दिन में तथा *B* और *C* मिलकर इसे 12 दिन में पूरा कर सकते हैं. तीनों एक साथ मिलकर इसे 6 दिन में पूरा कर सकते हैं. *A* तथा *C* मिलकर इसे कितने दिन में पूरा कर लेंगे ?

(*a*) 8 दिन (*b*) 10 दिन (*c*) 12 दिन (*d*) 20 दिन

(एस०एस०सी० परीक्षा, 2007)

29. *A* तथा *B* मिलकर किसी कार्य को 5 दिन में समाप्त कर सकते हैं. *B* तथा *C* मिलकर इसे 7 दिन में पूरा कर सकते हैं तथा *A* और *C* मिलकर इसे 4 दिन में समाप्त कर सकते हैं. इनमें से कौन अकेला सबसे कम समय में इस कार्य को समाप्त करेगा ?

(*a*) *A* (*b*) *B* (*c*) *C* (*d*) *A* और *C*

30. A तथा B मिलकर किसी कार्य को 12 दिन में तथा B और C मिलकर इसे 15 दिन में पूरा कर सकते हैं. यदि C की तुलना में A दुगुना अच्छा कार्यकर्ता हो, तो उस कार्य को पूरा करने में B कितने दिन लेगा?
(*a*) 30 दिन (*b*) 25 दिन (*c*) 24 दिन (*d*) 20 दिन
(एस०एस०सी० परीक्षा, 2010)

31. 12 आदमी एक काम को 8 दिन में पूरा करते हैं. काम आरम्भ करने के 3 दिन बाद यह तय किया गया कि शेष कार्य 4 दिन में पूरा करना है. कितने आदमी और बढ़ाये जायें ताकि काम 4 दिन में पूरा हो जाये?
(*a*) 3 (*b*) 4 (*c*) 5 (*d*) 6 **(होटल मैनेजमैंट परीक्षा, 2010)**

32. 3 पुरुष 1 काम को 6 दिन में पूरा कर सकते हैं जबकि 5 महिलायें यही काम 18 दिन में पूरा कर सकती हैं. 4 पुरुष और 10 महिलायें मिलकर यह काम कितने दिनों में पूरा करेंगे? **(बैंक पी०ओ० परीक्षा, 2010)**
(*a*) 3 दिन (*b*) 5 दिन (*c*) 2 दिन (*d*) 4 दिन (*e*) इनमें से कोई नहीं

33. 4 लड़कियाँ एक काम को 8 दिन में समाप्त कर सकती हैं. यही काम 3 लड़के 9 दिन में, 7 पुरुष 2 दिन में और 5 महिलायें 4 दिन में कर सकती हैं. सबसे कम कार्यदक्ष कौन है? **(बैंक पी०ओ० परीक्षा, 2011)**
(*a*) लड़के (*b*) लड़कियाँ (*c*) महिलायें (*d*) पुरुष (*e*) लड़के और पुरुष दोनों

34. 3 पुरुष एक काम को 18 दिन में पूरा कर सकते हैं जबकि 6 बच्चे इसी काम को 18 दिन में कर सकते हैं. 4 पुरुष तथा 4 बच्चे मिलकर इस काम को कितने दिन में पूरा कर पायेंगे? **(बैंक पी०ओ० परीक्षा, 2010)**
(*a*) 10 दिन (*b*) 6 दिन (*c*) 12 दिन (*d*) 9 दिन

35. 6 पुरुष एक काम को 12 दिन में पूरा कर सकते हैं. उसी काम को 8 महिलायें 18 दिन में तथा 18 बच्चे 10 दिन में पूरा कर सकते हैं. 4 पुरुष, 12 महिलायें और 20 बच्चे मिलकर 2 दिन काम करते हैं. यदि शेष बचे कार्य को केवल पुरुषों को 1 दिन में पूरा करना हो, तो कितने पुरुषों की आवश्यकता होगी?
(*a*) 36 (*b*) 24 (*c*) 18 (*d*) निर्धारित नहीं किया जा सकता
(*e*) इनमें से कोई नहीं **(बैंक पी०ओ० परीक्षा, 2010)**

36. 6 लड़के या 4 पुरुष एक कार्य को 18 दिन में समाप्त कर सकते हैं. 3 लड़के तथा 10 पुरुष मिलकर इसे कितने दिन में पूरा करेंगे? **(बैंक पी०ओ० परीक्षा, 2010)**
(*a*) 6 दिन (*b*) 8 दिन (*c*) 12 दिन (*d*) निर्धारित नहीं किया जा सकता
(*e*) इनमें से कोई नहीं

37. 4 आदमी तथा 6 औरतें मिलकर किसी कार्य को 8 दिन में पूरा कर सकते हैं जबकि 3 आदमी तथा 7 औरतें मिलकर इसे 10 दिन में पूरा कर सकते हैं. 20 औरतें मिलकर इसे कितने दिन में पूरा करेंगी?
(*a*) 36 दिन (*b*) 32 दिन (*c*) 24 दिन (*d*) 20 दिन
(एस०एस०सी० परीक्षा, 2010)

38. यदि 6 आदमी तथा 8 लड़के एक काम को 10 दिन में समाप्त करें और 26 आदमी तथा 48 लड़के इस काम को 2 दिन में समाप्त करें, तो 15 आदमी तथा 20 लड़के इस कार्य को कितने दिन में समाप्त करेंगे?
(*a*) 4 दिन (*b*) 5 दिन (*c*) 6 दिन (*d*) 7 दिन

39. 8 पुरुष एक काम 20 दिन में पूरा कर सकते हैं. यही काम 8 महिलायें 32 दिन में पूरा कर सकती हैं. इस काम को 5 पुरुष तथा 8 महिलायें मिलकर कितने दिन में पूरा करेंगे? **(बैंक पी०ओ० परीक्षा, 2010)**
(*a*) 16 दिन (*b*) 12 दिन (*c*) 14 दिन (*d*) 10 दिन (*e*) इनमें से कोई नहीं

40. 18 पुरुष एक कार्य को 24 दिन में समाप्त कर सकते हैं. 54 महिलायें इस कार्य को 12 दिन में तथा 16 बच्चे इस कार्य को 54 दिन में समाप्त कर सकते हैं. 3 पुरुष, 9 महिलायें और 6 बच्चे इसे कितने दिन में पूरा कर सकेंगे?
(*a*) 18 दिन (*b*) 36 दिन (*c*) 27 दिन (*d*) निर्धारित नहीं किया जा सकता
(*e*) इनमें से कोई नहीं **(बैंक पी०ओ० परीक्षा, 2007)**

41. A और B मिलकर किसी काम को T दिनों में करते हैं. यदि A अकेला इस काम को $(T + 3)$ दिन में पूरा करे तथा B अकेला इस काम को $(T + 12)$ दिन में पूरा करे, तो T का मान कितना है ?

(*a*) 3 (*b*) 12 (*c*) 9 (*d*) निर्धारित नहीं किया जा सकता

(*e*) इनमें से कोई नहीं **(बैंक पी०ओ० परीक्षा, 2008)**

42. A द्वारा 1 दिन में किया गया कार्य B द्वारा 1 दिन में किये गये कार्य का आधा है. B द्वारा 1 दिन में किया गया कार्य C द्वारा 1 दिन में किये गये कार्य का आधा है. C अकेला इस कार्य को 7 दिन में पूरा कर सकता है. A, B तथा C तीनों मिलकर इसे कितने दिनों में पूरा कर सकेंगे ? **(बैंक पी०ओ० परीक्षा, 2008)**

(*a*) 4 दिन (*b*) $1\frac{3}{4}$ दिन (*c*) 28 दिन (*d*) निर्धारित नहीं किया जा सकता

(*e*) इनमें से कोई नहीं

43. A, B तथा C किसी कार्य को क्रमशः 10 दिन, 12 दिन तथा 15 दिन में पूरा कर सकते हैं. उन्होंने एक साथ मिलकर कार्य करना आरम्भ किया. किन्तु, कार्य समाप्ति के 5 दिन पूर्व A कार्य छोड़कर चला गया. A के छोड़ने के 2 दिन बाद B भी कार्य छोड़कर चला गया. कार्य कितने दिन में पूरा हुआ ? **(एस०एस०सी० परीक्षा, 2008)**

(*a*) 6 दिन (*b*) 7 दिन (*c*) 8 दिन (*d*) 9 दिन

44. A तथा B अकेले किसी कार्य को क्रमशः 9 दिन तथा 18 दिन में पूरा कर सकते हैं. उन्होंने एक साथ मिलकर कार्य करना आरम्भ किया. किन्तु, कार्य पूरा होने से 3 दिन पहले A कार्य छोड़कर चला गया. कुल कार्य कितने दिन में समाप्त हुआ ? **(एस०एस०सी० परीक्षा, 2008)**

(*a*) 13 दिन (*b*) 8 दिन (*c*) 6 दिन (*d*) 5 दिन

45. A, B तथा C अकेले किसी कार्य को क्रमशः 20 दिन, 30 दिन तथा 60 दिन में पूरा कर सकते हैं. A अकेला कार्य करता है किन्तु प्रत्येक तीसरे दिन वह B और C की सहायता से कार्य करता है. यह कार्य कितने दिन में पूरा होगा ?

(*a*) 10 दिन (*b*) 12 दिन (*c*) 15 दिन (*d*) 18 दिन

(एस०एस०सी० परीक्षा, 2008)

46. A और B एक काम को क्रमशः 10 दिन और 15 दिन में पूरा कर सकते हैं. A ने अकेले 4 दिन काम किया. बाद में B ने अकेले 5 दिन काम किया. उसके बाद C ने अकेले शेष काम को 8 दिन में पूरा किया. तीनों मिलकर इस कार्य को समाप्त करने में कितना समय लगाते ? **(रेलवे परीक्षा, 2010)**

(*a*) 4 दिन (*b*) 5 दिन (*c*) 6 दिन (*d*) इनमें से कोई नहीं

47. 6 पुरुष और 4 महिलायें एक काम को 12 दिन में पूरा करते हैं. 14 पुरुष इस काम को 12 दिन में पूरा कर सकते हैं. 4 महिलायें इस काम को कितने दिन में पूरा कर सकेंगी ?

(*a*) 42 दिन (*b*) 16 दिन (*c*) 21 दिन (*d*) निर्धारित नहीं किया जा सकता

(*e*) इनमें से कोई नहीं

48. एक कार्य को 3 पुरुष 6 दिन में पूरा कर सकते हैं. इसी कार्य को 6 महिलायें 18 दिन में पूरा कर सकती हैं. इस कार्य को 2 पुरुष तथा 12 महिलायें कितने दिन में समाप्त कर सकेंगे ? **(बैंक पी०ओ० परीक्षा, 2010)**

(*a*) 3 दिन (*b*) $2\frac{1}{4}$ दिन (*c*) $2\frac{1}{2}$ (*d*) 5 दिन (*e*) इनमें से कोई नहीं

उत्तरमाला (प्रश्नमाला 15A)

1. (*b*)	**2.** (*b*)	**3.** (*a*)	**4.** (*b*)	**5.** (*c*)	**6.** (*b*)	**7.** (*b*)	**8.** (*c*)	**9.** (*b*)	**10.** (*a*)
11. (*c*)	**12.** (*a*)	**13.** (*a*)	**14.** (*d*)	**15.** (*c*)	**16.** (*b*)	**17.** (*c*)	**18.** (*a*)	**19.** (*d*)	**20.** (*b*)
21. (*b*)	**22.** (*c*)	**23.** (*b*)	**24.** (*b*)	**25.** (*b*)	**26.** (*c*)	**27.** (*b*)	**28.** (*a*)	**29.** (*a*)	**30.** (*a*)
31. (*a*)	**32.** (*a*)	**33.** (*b*)	**34.** (*d*)	**35.** (*a*)	**36.** (*a*)	**37.** (*d*)	**38.** (*a*)	**39.** (*a*)	**40.** (*b*)
41. (*e*)	**42.** (*a*)	**43.** (*b*)	**44.** (*b*)	**45.** (*c*)	**46.** (*b*)	**47.** (*c*)	**48.** (*e*)		

दिये गये प्रश्नों के हल प्रश्नमाला 15A

1. A का 1 दिन का कार्य $=\frac{1}{12}$.

B का 1 दिन का कार्य $=\frac{1}{12}$ का 160% $=\left(\frac{1}{12}\times\frac{160}{100}\right)=\frac{2}{15}$.

$\therefore$ कार्य समाप्त करने में B द्वारा लिया गया समय $=\frac{15}{2}$ दिन $=7\frac{1}{2}$ दिन.

2. A का 1 दिन का कार्य $=\frac{1}{10}$, B का 1 दिन का कार्य $=\frac{1}{15}$.

$(A+B)$ का 1 दिन का कार्य $=\left(\frac{1}{10}+\frac{1}{15}\right)=\frac{(3+2)}{30}=\frac{5}{30}=\frac{1}{6}$.

$\therefore A$ तथा B दोनों मिलकर इस कार्य को 6 दिन में समाप्त करेंगे.

3. A का 1 दिन का कार्य $=\{(A+B)$ का 1 दिन कार्य$\}-\{B$ का 1 दिन कार्य$\}$

$=\left(\frac{1}{15}-\frac{1}{20}\right)=\frac{(4-3)}{60}=\frac{1}{60}$.

अत: A अकेला इस कार्य को 60 दिन में समाप्त करेगा.

4. माना तपस इस कार्य को x दिन में समाप्त करता है तो मिहिर इसे $2x$ दिन में समाप्त करेगा.

$\therefore \frac{1}{x}+\frac{1}{2x}=\frac{1}{12}\Rightarrow\frac{3}{2x}=\frac{1}{12}\Rightarrow 2x=36\Rightarrow x=18.$

अत: तपस अकेला इस कार्य को 18 दिन में समाप्त करेगा.

5. A का 1 दिन का कार्य $=\frac{1}{18}$ तथा B का 1 दिन का कार्य $=\frac{1}{15}$.

B का 10 दिन का कार्य $=\left(\frac{1}{15}\times 10\right)=\frac{2}{3}$. शेष कार्य $=\left(1-\frac{2}{3}\right)=\frac{1}{3}$.

यह कार्य अकेले A ने किया.

$\frac{1}{18}$ काम को A करता है = 1 दिन में

$\frac{1}{3}$ काम को A करता है $=\left(1\times\frac{18}{1}\times\frac{1}{3}\right)$ दिन में = 6 दिन में

अत: शेष कार्य को A अकेला 6 दिन में करेगा.

6. स्पष्ट है कि A इस कार्य को $\left(5\times\frac{2}{1}\right)$ अर्थात 10 दिन में, B इसे $\left(9\times\frac{5}{3}\right)$ अर्थात 15 दिन में तथा C इसे $\left(8\times\frac{3}{2}\right)$ अर्थात 12 दिन में समाप्त करेगा.

$(A+B+C)$ का 1 दिन का काम $=\left(\frac{1}{10}+\frac{1}{15}+\frac{1}{12}\right)=\frac{(6+4+5)}{60}=\frac{15}{60}=\frac{1}{4}$.

अत: तीनों मिलकर इस कार्य को 4 दिन में समाप्त करेंगे.

7. $(A+B)$ का 1 दिन का कार्य $=\frac{1}{8}$, B का 1 दिन का कार्य $=\frac{1}{12}$.

A का 1 दिन का कार्य $=\left(\frac{1}{8}-\frac{1}{12}\right)=\frac{(3-2)}{24}=\frac{1}{24}$.

B का 4 दिन का कार्य $=\left(\frac{1}{12}\times 4\right)=\frac{1}{3}$. शेष कार्य $=\left(1-\frac{1}{3}\right)=\frac{2}{3}$.

$\frac{1}{24}$ कार्य A करता है = 1 दिन में

$\frac{2}{3}$ कार्य A करेगा $= \left(1\times\frac{24}{1}\times\frac{2}{3}\right)$ दिन में = 16 दिन में

अतः शेष कार्य को करने में A अकेला 16 दिन लेगा.

8. A का 1 दिन का कार्य $= \frac{1}{9}$. B का 1 दिन का कार्य $= \left(\frac{1}{9}\times\frac{150}{100}\right) = \frac{1}{6}$.

अतः B अकेला इस कार्य को 6 दिन में समाप्त कर लेगा.

9. $(A + B)$ का 1 दिन का कार्य $= \frac{1}{18}$, $(B + C)$ का 1 दिन का कार्य $= \frac{1}{24}$

तथा $(C + A)$ का 1 दिन का कार्य $= \frac{1}{36}$.

जोड़ने पर : 2 $(A + B + C)$ का 1 दिन का कार्य $= \left(\frac{1}{18}+\frac{1}{24}+\frac{1}{36}\right) = \frac{(4+3+2)}{72} = \frac{9}{72} = \frac{1}{8}$

$\Rightarrow (A+B+C)$ का 1 दिन का कार्य $= \left(\frac{1}{2}\times\frac{1}{8}\right) = \frac{1}{16}$.

अतः A, B, C तीनों मिलकर इसे 16 दिन में समाप्त करेंगे.

10. $(A + B)$ का 1 दिन का काम $= \frac{1}{8}$, $(B + C)$ का 1 दिन का काम $= \frac{1}{12}$,

$(C + A)$ का 1 दिन का काम $= \frac{1}{15}$.

जोड़ने पर : 2 $(A + B + C)$ का 1 दिन का काम $= \left(\frac{1}{8}+\frac{1}{12}+\frac{1}{15}\right) = \frac{(15+10+8)}{120} = \frac{33}{120} = \frac{11}{40}$

$\Rightarrow (A+B+C)$ का 1 दिन का काम $= \frac{11}{80}$.

C का 1 दिन का काम = {$(A + B + C)$ का 1 दिन का काम} – $(A + B)$ का 1 दिन का काम

$= \left(\frac{11}{80}-\frac{1}{8}\right) = \frac{(11-10)}{80} = \frac{1}{80}$.

$\therefore$ C अकेला इसे 80 दिन में समाप्त करेगा.

11. $(B + C)$ का 2 दिन का काम $= 2\left(\frac{1}{20}+\frac{1}{30}\right) = \left(2\times\frac{5}{60}\right) = \frac{1}{6}$.

शेष कार्य $= \left(1-\frac{1}{6}\right) = \frac{5}{6}$.

यह कार्य A ने किया.

$\frac{1}{18}$ कार्य करने में A लेता है = 1 दिन

$\frac{5}{6}$ कार्य करने में A लेता है $= \left(1\times 18\times\frac{5}{6}\right)$ दिन = 15 दिन.

12. $(A + B + C)$ का 1 घण्टे का काम $= \left(\frac{1}{6}+\frac{1}{4}+\frac{1}{12}\right) = \frac{(2+3+1)}{12} = \frac{6}{12} = \frac{1}{2}$.

अतः तीनों मिलकर इस कार्य को 2 घण्टे में समाप्त कर लेंगे.

13. 1 स्त्री का 1 दिन का काम $= \frac{1}{3}-\left(\frac{1}{6}+\frac{1}{18}\right) = \frac{1}{3}-\frac{(3+1)}{18} = \left(\frac{1}{3}-\frac{4}{18}\right) = \frac{(6-4)}{18} = \frac{2}{18} = \frac{1}{9}$.

अतः 1 स्त्री अकेली इसे 9 दिन में समाप्त कर लेगी.

14. (1 आदमी + 1 लड़के) का 1 दिन का काम $= \frac{1}{24}$.

इनका 20 दिन का काम + 6 दिन का लड़के का काम = 1

$\Rightarrow \left(20\times\frac{1}{24}\right)+6$ दिन का लड़के का काम $= 1$

$\Rightarrow$ 6 दिन का लड़के का काम $=\left(1-\frac{5}{6}\right)=\frac{1}{6}$

$\Rightarrow$ 1 दिन का लड़के का काम $=\frac{1}{36}$.

$\therefore$ लड़का अकेला इस कार्य को 36 दिन में करेगा.

15. शेष कार्य $=\left(1-\frac{7}{10}\right)=\frac{3}{10}$.

$\frac{3}{10}$ भाग को $(A + B)$ करते हैं $= 4$ दिन में

सारे कार्य को $(A + B)$ करेंग $=\left(4\times\frac{10}{3}\right)$ दिन में $=13\frac{1}{3}$ दिन में.

16. A का 1 घण्टे का कार्य $=\frac{1}{4}$.

$(A + C)$ का 1 घण्टे का कार्य $=\frac{1}{2}\Rightarrow C$ का 1 घण्टे का कार्य $=\left(\frac{1}{2}-\frac{1}{4}\right)=\frac{1}{4}$.

$(B + C)$ का 1 घण्टे का कार्य $=\frac{1}{3}\Rightarrow B$ का 1 घण्टे का कार्य $=\left(\frac{1}{3}-\frac{1}{4}\right)=\frac{1}{12}$.

$\therefore B$ अकेला इस कार्य को 12 घण्टे में पूरा करेगा.

17. माना B इस कार्य को x दिन में समाप्त करता है.

तब A आधे कार्य को $\frac{x}{6}$ दिन में तथा पूरे कार्य को $\frac{2x}{6}=\frac{x}{3}$ दिन में पूरा करता है.

$(A + B)$ का 1 दिन का कार्य $=\left(\frac{3}{x}+\frac{1}{x}\right)=\frac{4}{x}$.

$\therefore \frac{4}{x}=\frac{1}{10}\Rightarrow x=40$.

अत: B अकेला इस कार्य को 40 दिन में समाप्त करेगा.

18. माना B इस कार्य को x दिन में तथा A इसे $(x - 60)$ दिन में पूरा करता है.

B द्वारा लिया गया समय $= 3 \times$ (A द्वारा लिया गया समय)

$\therefore x=3(x-60)\Rightarrow 2x=180\Rightarrow x=90$.

$\therefore B$ इसे 90 दिन में तथा A इसे 30 दिन में पूरा करेगा.

$(A + B)$ का 1 दिन का काम $=\left(\frac{1}{90}+\frac{1}{30}\right)=\frac{4}{90}=\frac{2}{45}$.

अत: दोनों मिलकर इस कार्य को $\frac{45}{2}$ अर्थात् $22\frac{1}{2}$ दिन में पूरा करेंगे.

19. माना कुल कार्य x दिन में समाप्त हुआ. तब,

$\{A$ का $(x - 8)$ दिन का कार्य$\}$ + $\{B$ का $(x - 12)$ दिन का कार्य$\}$ + $\{C$ का x दिन का कार्य $= 1$

तब, $\frac{(x-8)}{36}+\frac{(x-12)}{54}+\frac{x}{72}=1\Rightarrow 6(x-8)+4(x-12)+3x=216$

$\Rightarrow 13x=312\Rightarrow x=24$.

20. (A का 5 दिन का कार्य) + (B का 7 दिन का कार्य) + (C का 13 दिन का कार्य) = 1

$\Rightarrow\{(A+B)$ का 5 दिन का कार्य$\}$ + $\{(B + C)$ का 2 दिन का कार्य$\}$ + C का 11 दिन का कार्य = 1

$\Rightarrow\left(\frac{1}{12}\times5\right)+\left(\frac{1}{16}\times2\right)+C$ का 11 दिन का कार्य $= 1$

$\Rightarrow C$ का 11 दिन का कार्य $=1-\left(\frac{5}{12}+\frac{1}{8}\right)=\left(1-\frac{13}{24}\right)=\frac{11}{24}$

$\Rightarrow C$ का 1 दिन का कार्य $= \left(\frac{11}{24} \times \frac{1}{11}\right) = \frac{1}{24}$.

अत: C अकेला इस कार्य को 24 दिन में समाप्त करेगा.

21. $(A + B)$ का 2 दिन का कार्य $= \left(\frac{1}{10} + \frac{1}{15}\right) = \frac{5}{30} = \frac{1}{6}$.

$\frac{1}{6}$ कार्य करने में इन्हें लगते हैं = 2 दिन

पूरा कार्य करने में इन्हें लगेंगे = (2×6) दिन = 12 दिन.

22. $(A + B)$ का 2 दिन का कार्य $= \left(\frac{1}{16} + \frac{1}{12}\right) = \frac{7}{48}$

$\Rightarrow (A+B)$ का 12 दिन का कार्य $= \left(\frac{7}{48} \times \frac{12}{2}\right) = \frac{7}{8}$

$\Rightarrow$ शेष कार्य $= \left(1 - \frac{7}{8}\right) = \frac{1}{8}$.

अब, A का 1 दिन का कार्य $= \frac{1}{16}$. शेष $= \left(\frac{1}{8} - \frac{1}{16}\right) = \frac{1}{16}$.

अब, B की बारी है.

$\frac{1}{12}$ कार्य B करता है = 1 दिन में.

$\frac{1}{16}$ कार्य B करेगा $= \left(12 \times \frac{1}{16}\right)$ दिन में $= \frac{3}{4}$ दिन में.

कुल समय लगा $= \left(12 + 1 + \frac{3}{4}\right)$ दिन $= 13\frac{3}{4}$ दिन.

23. 2 दिन में समाप्त हुआ कार्य = $(2A + B + C)$ का कार्य $= \left(\frac{2}{11} + \frac{1}{20} + \frac{1}{55}\right) = \frac{(40+11+4)}{220} = \frac{55}{220} = \frac{1}{4}$.

$\frac{1}{4}$ कार्य समाप्त होता है = 2 दिन में.

पूरा कार्य समाप्त होगा = (2×4) दिन में = 8 दिन में.

24. 3 दिन में समाप्त हुआ कार्य = $(3A + B + C)$ का कार्य $= \left(\frac{3}{20} + \frac{1}{30} + \frac{1}{60}\right) = \frac{12}{60} = \frac{1}{5}$.

$\frac{1}{5}$ कार्य समाप्त होता है = 3 दिन में.

पूरा कार्य समाप्त होगा = (3×5) दिन में = 15 दिन में.

25. A का 1 दिन का कार्य $= \frac{1}{12}$, B का 1 दिन का कार्य $= \frac{1}{18}$.

B का 3 दिन का कार्य $= \left(\frac{1}{18} \times 3\right) = \frac{1}{6}$. शेष कार्य $= \left(1 - \frac{1}{6}\right) = \frac{5}{6}$.

$(A + B)$ का 1 दिन का कार्य $= \left(\frac{1}{12} + \frac{1}{18}\right) = \frac{5}{36}$.

$\frac{5}{36}$ कार्य करने में $(A + B)$ लेते हैं = 1 दिन.

$\frac{5}{6}$ कार्य करने में $(A + B)$ लेते हैं $= \left(\frac{36}{5} \times \frac{5}{6}\right) = 6$ दिन.

कुल समय = $(3 + 6)$ = 9 दिन.

26. $(A + C)$ का 2 दिन का कार्य $= 2\left(\frac{1}{10} + \frac{1}{20}\right) = \left(2 \times \frac{3}{20}\right) = \frac{3}{10}$.

शेष कार्य $= \left(1 - \frac{3}{10}\right) = \frac{7}{10}$.

$(B + C)$ का 1 दिन का कार्य $= \left(\frac{1}{15}+\frac{1}{20}\right) = \frac{(4+3)}{60} = \frac{7}{60}$.

$\frac{7}{60}$ कार्य $(B + C)$ करते हैं = 1 दिन में

$\frac{7}{10}$ कार्य $(B + C)$ करते हैं $= \left(1\times\frac{60}{7}\times\frac{7}{10}\right) = 6$ दिन में.

27. C का 1 दिन का कार्य $= \frac{1}{5}-\left(\frac{1}{12}+\frac{1}{10}\right) = \frac{1}{5}-\frac{(5+6)}{60} = \left(\frac{1}{5}-\frac{11}{60}\right) = \frac{1}{60}$.

$\therefore$ C अकेला इस कार्य को 60 दिन में समाप्त करेगा.

28. $(A+B)\rightarrow\frac{1}{8}, (B+C)\rightarrow\frac{1}{12}$ तथा $(A+B+C)\rightarrow\frac{1}{6}$

$C\rightarrow\left(\frac{1}{6}-\frac{1}{8}\right)=\frac{1}{24}, A\rightarrow\left(\frac{1}{6}-\frac{1}{12}\right)=\frac{1}{12},$

$(A+C)\rightarrow\left(\frac{1}{24}+\frac{1}{12}\right)=\frac{3}{24}=\frac{1}{8}.$

अत: A तथा C मिलकर इस कार्य को 8 दिन में समाप्त कर सकेंगे.

29. $(A+B)\rightarrow\frac{1}{5}; (B+C)\rightarrow\frac{1}{7}; (C+A)\rightarrow\frac{1}{4}$

$2(A+B+C)=\left(\frac{1}{5}+\frac{1}{7}+\frac{1}{4}\right)=\frac{(28+20+35)}{140}=\frac{83}{140}\Rightarrow(A+B+C)\rightarrow\frac{83}{280}.$

$A\rightarrow\left(\frac{83}{280}-\frac{1}{7}\right)=\frac{43}{280}; B\rightarrow\left(\frac{83}{280}-\frac{1}{4}\right)=\frac{13}{280}; C\rightarrow\left(\frac{83}{280}-\frac{1}{5}\right)=\frac{27}{280}.$

A अकेला $\rightarrow\frac{280}{43}$ दिन में, B अकेला $\rightarrow\frac{280}{13}$ दिन में, C अकेला $\rightarrow\frac{280}{27}$ दिन में.

अत: A अकेला सबसे कम समय में कार्य समाप्त करेगा.

30. $(A+B)\rightarrow\frac{1}{12}; (B+C)\rightarrow\frac{1}{15}$. परन्तु $C=\frac{1}{2}A$

$\therefore \left(B+\frac{1}{2}A\right)\rightarrow\frac{1}{15}$

$(A+B)-\left(B+\frac{1}{2}A\right)=\left(\frac{1}{12}-\frac{1}{15}\right)=\frac{1}{60}\Rightarrow\frac{1}{2}A=\frac{1}{60}\Rightarrow A=\left(2\times\frac{1}{60}\right)=\frac{1}{30}.$

अत: A अकेला इस कार्य को 30 दिन में समाप्त करेगा.

31. 3 दिन में किया गया कार्य $=\frac{3}{8}$. शेष कार्य $=\left(1-\frac{3}{8}\right)=\frac{5}{8}$.

कम काम, कम मजदूर **(समानुपात)**

कम दिन, अधिक मजदूर **(विलोमानुपात)**

$\left.\begin{array}{ll}\text{काम} & 1:\frac{5}{8}\\ \text{दिन} & 4:8\end{array}\right\}::12:x$

$\therefore 1\times4\times x=\frac{5}{8}\times8\times12\Rightarrow 4x=60\Rightarrow x=15.$

बढ़ाये गये मजदूरों की संख्या = (15 – 12) = 3.

32. 3 पुरुष का 6 दिन का काम = 5 महिलाओं का 18 दिन का काम

$\Rightarrow$ (3×6) पुरुष का 1 दिन का काम = (5×18) महिलाओं का 1 दिन का काम

$\Rightarrow$ 18 पुरुष $\equiv$ 90 महिलायें $\Rightarrow$ 1 पुरुष $\equiv$ 5 महिलायें.

$\Rightarrow$ (4 पुरुष + 10 महिलायें) $\equiv$ (20 महिलायें + 10 महिलायें) = 30 महिलायें.

5 महिलायें काम समाप्त करती हैं = 18 दिन में.

1 महिला काम समाप्त करेगी = (18×5) दिन में.

30 महिलायें काम समाप्त करेंगी = $\frac{(18\times5)}{30}$ दिन में = 3 दिन में.

33. 1 लड़की काम पूरा करेगी = (4×8) दिन में = 32 दिन में.

1 लड़का $\rightarrow$ (3×9) दिन में = 27 दिन में; 1 पुरुष $\rightarrow$ (7×2) दिन में = 14 दिन में.

1 महिला $\rightarrow$ (5×4) दिन में = 20 दिन में.

लड़की सबसे ज्यादा दिन लेगी अत: लड़की काम में सबसे कम दक्ष है.

34. 1 पुरुष काम पूरा करेगा = (3×18) दिन में = 54 दिन में.

1 बच्चा काम पूरा करेगा = (6×18) दिन में = 108 दिन में.

(4 पुरुष + 4 बच्चों) का 1 दिन का काम $= \left(\frac{4}{54}+\frac{4}{108}\right)=\frac{12}{108}=\frac{1}{9}.$

$\therefore$ 4 पुरुष तथा 4 बच्चे इस काम को 9 दिन में पूरा करेंगे.

35. 1 पुरुष काम पूरा करेगा = (6×12) दिन में = 72 दिन में.

1 महिला काम पूरा करेगी = (8×18) दिन में = 144 दिन में.

1 बच्चा काम पूरा करेगा = (18×10) दिन में = 180 दिन में.

(4 पुरुष + 12 महिलाओं + 20 बच्चों) का 2 दिन का काम

$$=2\left(\frac{4}{72}+\frac{12}{144}+\frac{20}{180}\right)=2\left(\frac{1}{18}+\frac{1}{12}+\frac{1}{9}\right)=\frac{2(2+3+4)}{36}=\frac{1}{2}.$$

72 पुरुष पूरा काम करेंगे 1 दिन में.

$\frac{1}{2}$ काम 1 दिन में करेंगे 36 पुरुष.

36. (6 लड़के $\equiv$ 4 पुरुष) $\Rightarrow$ (3 लड़के $\equiv$ 2 पुरुष).

(3 लड़के + 10 पुरुष) $\equiv$ (2 पुरुष + 10 पुरुष) = 12 पुरुष.

4 पुरुष कार्य समाप्त करते हैं = 18 दिन में

1 पुरुष कार्य समाप्त करेगा = (18×4) दिन में

12 पुरुष कार्य समाप्त करेंगे = $\frac{(18\times4)}{12}$ दिन में = 6 दिन में.

37. माना 1 आदमी का 1 दिन का काम $=\frac{1}{x}$ तथा 1 औरत का 1 दिन का काम $=\frac{1}{y}$. तब

$\frac{4}{x}+\frac{6}{y}=\frac{1}{8}$ ...(*i*) तथा $\frac{3}{x}+\frac{7}{y}=\frac{1}{10}$ ...(*ii*)

(*ii*) को 4 से तथा (*i*) को 3 से गुणा करके घटाने पर :

$$\frac{28}{y}-\frac{18}{y}=\frac{4}{10}-\frac{3}{8}\Rightarrow\frac{10}{y}=\frac{(16-15)}{40}=\frac{1}{40}\Rightarrow y=400.$$

1 औरत का 1 दिन का काम $=\frac{1}{400}$.

20 औरतों का 1 दिन का काम $=\left(\frac{1}{400}\times20\right)=\frac{1}{20}$.

अत: 20 औरतें इस काम को 20 दिन में समाप्त करेंगी.

38. माना 1 आदमी का 1 दिन का कार्य $= \frac{1}{x}$ तथा 1 लड़के का 1 दिन का कार्य $= \frac{1}{y}$. तब

$\frac{6}{x}+\frac{8}{y}=\frac{1}{10}$ ...(*i*) तथा $\frac{26}{x}+\frac{48}{y}=\frac{1}{2}$ ...(*ii*)

(*ii*) को 3 से तथा (*i*) को 13 से गुणा करके घटाने पर :

$$\frac{144}{y}-\frac{104}{y}=\frac{3}{2}-\frac{13}{10} \Rightarrow \frac{40}{y}=\frac{2}{10}=\frac{1}{5} \Rightarrow y=200.$$

(*i*) में $y = 200$ रखने पर, $\frac{6}{x}+\frac{1}{25}=\frac{1}{10} \Rightarrow \frac{6}{x}=\left(\frac{1}{10}-\frac{1}{25}\right)=\frac{3}{50}$

$$\Rightarrow x=\frac{6\times 50}{3}=100.$$

(15 आदमी + 20 लड़कों) का 1 दिन का काम $=\left(\frac{15}{x}+\frac{20}{y}\right)=\left(\frac{15}{100}+\frac{20}{200}\right)=\frac{50}{200}=\frac{1}{4}.$

अत: 15 आदमी तथा 20 लड़के इस कार्य को 4 दिन में समाप्त करेंगे.

39. 1 पुरुष काम समाप्त करेगा = (8 × 20) दिन में = 160 दिन में.

1 महिला काम समाप्त करेगी = (8 × 32) दिन में = 256 दिन में.

5 पुरुष तथा 8 महिलाओं का 1 दिन का काम $=\left(\frac{5}{160}+\frac{8}{256}\right)=\left(\frac{1}{32}+\frac{1}{32}\right)=\frac{2}{32}=\frac{1}{16}.$

अत: 5 पुरुष तथा 8 महिलायें इस कार्य को 16 दिन में समाप्त करेंगे.

40. (18 × 24) पुरुष काम समाप्त करते हैं = 1 दिन में $\Rightarrow$ 1 पुरुष का 1 दिन का काम $=\frac{1}{432}.$

(54 × 12) महिलायें काम समाप्त करती हैं = 1 दिन में $\Rightarrow$ 1 महिला का 1 दिन का काम $=\frac{1}{648}.$

(16 × 54) बच्चे काम समाप्त करते हैं = 1 दिन में $\Rightarrow$ 1 बच्चे का 1 दिन का काम $=\frac{1}{864}.$

(3 पुरुषों + 9 महिलाओं + 6 बच्चों) का 1 दिन का काम

$$=\left(\frac{3}{432}+\frac{9}{648}+\frac{6}{864}\right)=\left(\frac{1}{144}+\frac{1}{72}+\frac{1}{144}\right)=\frac{(1+2+1)}{144}$$

$$=\frac{4}{144}=\frac{1}{36}.$$

अत: ये काम समाप्त करेंगे = 36 दिन में.

41. (*A* का 1 दिन का काम) + (*B* का 1 दिन का काम) = (*A* + *B*) का 1 दिन का काम

$$\frac{1}{T+3}+\frac{1}{T+12}=\frac{1}{T} \Rightarrow \frac{(T+12)+(T+3)}{(T+3)(T+12)}=\frac{1}{T}$$

$$\Rightarrow (2T+15)T=(T+3)(T+12)$$

$$\Rightarrow 2T^2+15T=T^2+15T+36 \Rightarrow T^2=36 \Rightarrow T=6.$$

42. माना *A* इसे *x* दिन में समाप्त कर सकता है. तब, *B* इसे $\frac{x}{2}$ दिन में तथा *C* इसे $\frac{x}{4}$ दिन में समाप्त कर सकेगा.

$\therefore \frac{x}{4}=7 \Rightarrow x=28.$

$(A+B+C)$ का 1 दिन का कार्य $=\left(\frac{1}{x}+\frac{2}{x}+\frac{4}{x}\right)=\frac{7}{x}=\frac{7}{28}=\frac{1}{4}.$

अत: तीनों मिलकर इसे 4 दिन में समाप्त कर सकेंगे.

43 माना कार्य x दिन में पूरा हुआ. तब

A का $(x-5)$ दिन का कार्य + B का $(x-3)$ दिन का कार्य + C का x दिन का कार्य = 1.

$$\therefore \frac{(x-5)}{10}+\frac{(x-3)}{12}+\frac{x}{15}=1 \Rightarrow 6(x-5)+5(x-3)+4x=60$$

$$\Rightarrow 15x-45=60 \Rightarrow 15x=105 \Rightarrow x=7.$$

अत: यह कार्य 7 दिन में पूरा हुआ.

44. माना कार्य x दिन में पूरा हुआ. तब

A का $(x-3)$ दिन का कार्य + B का x दिन का कार्य = 1.

$$\therefore \frac{(x-3)}{9}+\frac{x}{18}=1 \Rightarrow 2(x-3)+x=18$$

$$\Rightarrow 3x=24 \Rightarrow x=8.$$

अत: कुल कार्य 8 दिन में समाप्त हुआ.

45. 3 दिन में किया गया कार्य $=\frac{2}{20}+\left(\frac{1}{20}+\frac{1}{30}+\frac{1}{60}\right)=\frac{1}{10}+\frac{(3+2+1)}{60}=\left(\frac{1}{10}+\frac{6}{60}\right)$

$$=\left(\frac{1}{10}+\frac{1}{10}\right)=\frac{2}{10}=\frac{1}{5}.$$

$\frac{1}{5}$ कार्य होगा = 3 दिन में

पूरा कार्य होगा = (3×5) दिन में = 15 दिन में.

46. A का 4 दिन का कार्य $=\frac{4}{10}=\frac{2}{5}$.

B का 5 दिन का कार्य $=\frac{5}{15}=\frac{1}{3}$.

C का 8 दिन का कार्य $=1-\left(\frac{2}{5}+\frac{1}{3}\right)=\left(1-\frac{11}{15}\right)=\frac{4}{15}$.

C का 1 दिन का कार्य $=\left(\frac{4}{15}\times\frac{1}{8}\right)=\frac{1}{30}$.

$(A+B+C)$ का 1 दिन का कार्य $=\left(\frac{1}{10}+\frac{1}{15}+\frac{1}{30}\right)=\frac{(3+2+1)}{30}=\frac{6}{30}=\frac{1}{5}$.

$\therefore$ तीनों मिलकर इस कार्य को 5 दिन में समाप्त कर सकते हैं.

47. 6 पुरुष + 4 महिलायें ≡ 14 पुरुष ⇒ 8 पुरुष ≡ 4 महिलायें

14 पुरुष काम को समाप्त करते हैं = 12 दिन में.

1 पुरुष काम को समाप्त करेगा = (14×12) दिन में.

8 पुरुष काम को समाप्त करेंगे $=\frac{(14\times12)}{8}$ दिन में = 21 दिन में.

48. स्पष्ट है कि (3×6) पुरुषों का 1 दिन का कार्य = 1.

तथा (6×18) महिलायों का 1 दिन का कार्य = 1.

$\therefore$ 1 पुरुष का 1 दिन का कार्य $=\frac{1}{18}$ तथा 1 महिला का 1 दिन का कार्य $=\frac{1}{108}$.

(2 पुरुष + 12 महिलाओं) का 1 दिन का कार्य $=\left(\frac{1}{18}\times2\right)+\left(\frac{1}{108}\times12\right)$

$$=\left(\frac{1}{9}+\frac{1}{9}\right)=\frac{2}{9}.$$

$\therefore$ 2 पुरुष तथा 12 महिलायें इस कार्य को $\frac{9}{2}$ अर्थात् $4\frac{1}{2}$ दिन में पूरा करेंगी.

प्रश्नमाला 15B

1. A तथा B मिलकर किसी कार्य को 8 दिन में समाप्त कर सकते हैं; B तथा C मिलकर इसे 12 दिन में और C तथा A मिलकर इसे 15 दिन में समाप्त कर सकते हैं. C अकेला इस कार्य को कितने दिन में समाप्त कर सकेगा? **(एस०एस०सी० परीक्षा, 2006)**

2. A किसी कार्य को 9 दिन में समाप्त कर सकता है; B इसे 10 दिन में तथा C इसे 15 दिन में समाप्त कर सकता है. B तथा C ने मिलकर कार्य आरम्भ किया परन्तु 2 दिन बाद उन्हें काम छोड़ना पड़ा. शेष कार्य को A कितने दिनों में समाप्त कर सकेगा? **(एस०एस०सी० परीक्षा, 2005)**

3. A और B मिलकर किसी कार्य को 30 दिन में समाप्त कर सकते हैं. इन्होंने मिलकर 10 दिन कार्य किया तथा इसके बाद C की सहायता से अगले 10 दिन में कार्य समाप्त कर दिया. यदि B का 3 दिन का कार्य C के 2 दिन के कार्य के बराबर हो, तो A अकेला इस कार्य को कितने दिन में समाप्त करेगा? **(एस०एस०सी० परीक्षा, 2004)**

4. A किसी कार्य को 10 दिन में पूरा कर सकता है तथा B इसे 20 दिन में. वे साथ-साथ कार्य करते हैं. परन्तु कार्य समाप्त होने के 2 दिन पहले A कार्य छोड़कर चला जाता है. ज्ञात कीजिए कि यह कार्य कितने दिन में समाप्त हुआ. **(एस०एस०सी० परीक्षा, 2004)**

5. A किसी कार्य को 30 दिन में पूरा कर सकता है. B तथा C मिलकर इसी कार्य को 20 दिन में पूरा कर सकते हैं. A तथा B ने मिलकर काम किया और 12 दिन में पूरे कार्य का $\frac{2}{3}$ भाग पूरा कर लिया. शेष कार्य को पूरा करने में C को कितने दिन लगेंगे? **(एस०एस०सी० परीक्षा, 2001)**

6. A तथा B मिलकर एक कार्य को 12 दिन में और B तथा C मिलकर उसी कार्य को $6\frac{2}{3}$ दिन में पूरा कर सकते हैं. A ने इस पर 3 दिन तथा B ने इस पर 4 दिन कार्य किया. शेष कार्य C ने 7 दिन में समाप्त कर लिया. प्रत्येक अलग-अलग उस कार्य को कितने दिन में समाप्त कर सकेगा? **(एस०एस०सी० परीक्षा, 2000)**

7. A, B, C किसी कार्य को क्रमशः 10 दिन, 30 दिन तथा 60 दिन में पूरा कर सकते हैं. यदि एक-एक दिन छोड़कर B और C क्रमशः A को कार्य करने में सहायता करें, तो ज्ञात कीजिए कि कार्य कितने दिनों में समाप्त हो जायेगा. **(एस०एस०सी० परीक्षा, 2002)**

8. 10 व्यक्ति किसी कार्य को करना प्रारम्भ करते हैं. परन्तु कुछ दिन बाद 4 व्यक्ति काम छोड़कर चले जाते हैं. इसके परिणामस्वरूप जो कार्य 40 दिन में समाप्त होना था वह 50 दिन में समाप्त हुआ. कार्य प्रारम्भ होने के कितने दिनों बाद 4 व्यक्तियों ने काम छोड़ा था? **(एस०एस०सी० परीक्षा, 2004)**

9. किसी कार्य को पूरा करने के लिए X, Y, Z को क्रमशः 8 दिन, 12 दिन तथा 16 दिन लगते हैं. पहले X इस पर 2 दिन कार्य करता है तथा उसके बाद Y उतने दिन कार्य करता है जब तक कि Z के लिए 25% कार्य शेष रहे. इस शेष कार्य को Z करता है. पूरा कार्य होने में कुल कितने दिन लगेंगे? **(सैक्शन आफिसर परीक्षा, 2000)**

10. A, B, C एक कार्य को क्रमशः 24 दिन, 32 दिन तथा 64 दिन में समाप्त कर सकते हैं. वे एक साथ मिलकर कार्य आरम्भ करते हैं. A, 6 दिन बाद कार्य छोड़कर चला जाता है तथा B कार्य समाप्त होने से 6 दिन पहले कार्य छोड़कर चला जाता है. यह कार्य कुल कितने दिनों में समाप्त हुआ?

11. A अकेला किसी कार्य को 30 घण्टे में समाप्त कर सकता है जबकि B अकेला इस कार्य को 40 घण्टे में समाप्त कर सकता है. दोनों ने मिलकर इस कार्य को समाप्त किया. कुल ₹ 770 मजदूरी में से A का भाग ज्ञात कीजिए.

12. A किसी कार्य का $\frac{2}{5}$ भाग 12 दिन में तथा B इस कार्य का $\frac{3}{4}$ भाग 15 दिन में समाप्त कर सकता है. दोनों मिलकर इस कार्य को कितने दिन में कर सकेंगे?

13. A की कार्य-क्षमता B से दुगुनी है. यदि दोनों मिलकर किसी कार्य को 21 दिन में समाप्त करें, तो A अकेला इस कार्य को कितने दिन में समाप्त कर सकेगा?

14. A की कार्य-क्षमता B से दुगुनी है. अतः किसी कार्य को पूरा करने में A, B से 20 दिन कम लेता है. दोनों मिलकर इस कार्य को समाप्त करने में कितने दिन लेंगे?

15. यदि 4 आदमी अथवा 6 लड़के किसी कार्य को 20 दिन में पूरा करें, तो 6 आदमी और 11 लड़के मिलकर इस कार्य को कितने दिन में पूरा करेंगे? **(एस०एस०सी० परीक्षा, 2003)**

16. 5 पुरुष किसी कार्य को 6 दिन में पूरा कर सकते हैं जबकि 10 महिलायें इसे 5 दिन में पूरा कर सकती हैं. 5 महिलायें तथा 3 पुरुष मिलकर इस कार्य को कितने दिन में पूरा कर सकेंगे?

17. 3 पुरुष और 4 महिलायें मिलकर 7 दिनों में ₹ 3780 अर्जित कर सकते हैं. 11 पुरुष और 13 महिलायें 8 दिनों में ₹ 15040 अर्जित कर सकते हैं. 7 पुरुष और 9 महिलायें ₹ 12400 कितने दिनों में अर्जित कर पायेंगे? **(एस०एस०सी० परीक्षा, 2005)**

18. यदि 10 आदमी तथा 15 लड़के किसी कार्य को 15 दिन में समाप्त कर सकें तो 16 आदमी तथा 20 लड़के इससे तीन गुना कार्य को कितने दिन में करेंगे, जबकि 3 आदमी 2 घण्टे में उतना ही कार्य कर पाते हैं जितना कि 5 लड़के 3 घण्टे में कर सकते हैं? **(एस०एस०सी० परीक्षा, 2003)**

19. 1 आदमी अथवा 2 औरतें अथवा 3 लड़के किसी कार्य को 44 दिन में समाप्त करते हैं. एक आदमी, एक औरत तथा एक लड़का मिलकर उस कार्य को कितने दिन में पूरा करेंगे? **(एस०एस०सी० परीक्षा, 2003)**

20. A एक कार्य को 6 दिन में पूरा कर सकता है जिसके लिए ₹ 900 मिलेंगे. A तथा एक सहायक दोनों मिलकर इसे 4 दिन में पूरा कर लेते हैं. सहायक को मिलने वाली धनराशि ज्ञात कीजिए. **(एस०एस०सी० परीक्षा, 2008)**

21. हरपाल, केवल की तुलना में तीन गुना कार्यकुशल कारीगर है तथा किसी कार्य को करने में केवल से 10 दिन कम लेता है. उसी कार्य को पूरा करने में केवल कितने दिन लेगा? **(एस०एस०सी० परीक्षा, 2008)**

22. P तथा Q किसी कार्य को क्रमशः 9 दिन तथा 12 दिन में समाप्त करते हैं. किन्तु वे, P द्वारा कार्य आरम्भ करने के उपरान्त, बारी-बारी से एक-एक दिन कार्य करते हैं. कार्य को पूरा करने में कितना समय लगेगा? **(एस०एस०सी० परीक्षा, 2008)**

23. एक पुरुष तथा एक महिला मिलकर किसी कार्य को 33 दिन में पूरा कर सकते हैं. उनके कार्य करने की क्षमताएँ 14:11 के अनुपात में हैं. एक महिला को उस कार्य को अकेले पूरा करने में कितने दिन लगेंगे? **(एस०एस०सी० परीक्षा, 2009)**

उत्तरमाला (प्रश्नमाला 15B)

1. 80 दिन **2.** 6 दिन **3.** 90 दिन **4.** 8 दिन **5.** 12 दिन
6. $A \to$ 30 दिन, $B \to$ 20 दिन, $C \to$ 10 दिन **7.** 8 दिन **8.** 25 दिन बाद **9.** 12 दिन
10. 20 दिन **11.** ₹ 440 **12.** 12 दिन **13.** $31\frac{1}{2}$ दिन **14.** $13\frac{1}{3}$ दिन **15.** 6 दिन
16. 5 दिन **17.** 10 दिन **18.** 30 दिन **19.** 24 दिन **20.** ₹ 300 **21.** 15 दिन
22. $10\frac{1}{4}$ दिन **23.** 75 दिन

दिये गये प्रश्नों के हल प्रश्नमाला 15B

1. $(A+B)$ का 1 दिन का कार्य $=\frac{1}{8}$, $(B+C)$ का 1 दिन का कार्य $=\frac{1}{12}$, $(C+A)$ का 1 दिन का कार्य $=\frac{1}{15}$.

जोड़ने पर : $2(A+B+C)$ का 1 दिन का कार्य $=\left(\frac{1}{8}+\frac{1}{12}+\frac{1}{15}\right)=\frac{33}{120}=\frac{11}{40}$

$\Rightarrow (A+B+C)$ का 1 दिन का कार्य $=\frac{11}{80}$

$\Rightarrow C$ का 1 दिन का कार्य $=\left(\frac{11}{80}-\frac{1}{8}\right)=\frac{1}{80}$.

अतः C अकेला इस कार्य को 80 दिन में समाप्त करेगा.

2. A का 1 दिन का कार्य $=\frac{1}{9}$, B का 1 दिन का कार्य $=\frac{1}{10}$, C का 1 दिन का कार्य $=\frac{1}{15}$.

$(B + C)$ का 2 दिन का कार्य $= \left(\frac{1}{10}+\frac{1}{15}\right)\times 2 = \left(\frac{5}{30}\times 2\right) = \frac{1}{3}.$

शेष कार्य $= \left(1-\frac{1}{3}\right) = \frac{2}{3}.$

$\frac{1}{9}$ कार्य करने में A लेता है = 1 दिन.

$\frac{2}{3}$ कार्य करने में A लेगा $= \left(1\times 9\times\frac{2}{3}\right) = 6$ दिन.

3. $(A + B)$ का 1 दिन का कार्य $= \frac{1}{30} \Rightarrow (A+B)$ का 20 दिन का कार्य $= \left(\frac{1}{30}\times 20\right) = \frac{2}{3}.$

{$(A + B)$ का 20 दिन का कार्य} + {C का 10 दिन का कार्य} = 1

$\Rightarrow \frac{2}{3}+${C का 10 दिन का कार्य} = 1

$\Rightarrow C$ का 10 दिन का कार्य $= \left(1-\frac{2}{3}\right) = \frac{1}{3}$

$\Rightarrow C$ का 1 दिन का कार्य $= \frac{1}{30}.$

अब, B का 3 दिन का कार्य = C का 2 दिन का कार्य $= \left(\frac{1}{30}\times 2\right) = \frac{1}{15}$

$\Rightarrow B$ का 1 दिन का कार्य $= \frac{1}{45}$

$\Rightarrow A$ का 1 दिन का कार्य $= \left(\frac{1}{30}-\frac{1}{45}\right) = \frac{1}{90}.$

अत: A अकेला इस कार्य को 90 दिन में समाप्त करेगा.

4. माना A तथा B ने मिलकर x दिन कार्य किया.

तब, A ने x दिन तथा B ने $(x + 2)$ दिन कार्य किया.

A का 1 दिन का कार्य $= \frac{1}{10} \Rightarrow A$ का x दिन का कार्य $= \frac{x}{10}.$

B का 1 दिन का कार्य $= \frac{1}{20} \Rightarrow B$ का $(x + 2)$ दिन का कार्य $= \frac{x+2}{20}.$

$\therefore \frac{x}{10}+\frac{x+2}{20} = 1 \Rightarrow 2x+x+2 = 20 \Rightarrow 3x = 18 \Rightarrow x = 6.$

अत: कार्य समाप्त होने में लगा समय = (6 + 2) दिन = 8 दिन.

5. $(A + B)$ द्वारा $\frac{2}{3}$ भाग कार्य करने में लगा समय = 12 दिन.

$(A + B)$ द्वारा पूरा कार्य करने में लगा समय $= \left(12\times\frac{3}{2}\right)$ दिन = 18 दिन.

$(A + B)$ का 1 दिन का कार्य $= \frac{1}{18}$, A का 1 दिन का कार्य $= \frac{1}{30}.$

B का 1 दिन का कार्य $= \left(\frac{1}{18}-\frac{1}{30}\right) = \frac{(5-3)}{90} = \frac{2}{90} = \frac{1}{45}.$

$(B + C)$ का 1 दिन का कार्य $= \frac{1}{20}.$

C का 1 दिन का कार्य $= \left(\frac{1}{20}-\frac{1}{45}\right) = \frac{(9-4)}{180} = \frac{5}{180} = \frac{1}{36}.$

$(A + B)$ द्वारा किया गया कार्य $= \frac{2}{3}$. शेष भाग $= \left(1-\frac{2}{3}\right) = \frac{1}{3}.$

अब, $\frac{1}{36}$ कार्य को करने में C लेता है = 1 दिन.

$\frac{1}{3}$ कार्य को करने में C लेगा $= \left(36 \times \frac{1}{3}\right)$ दिन = 12 दिन.

अतः शेष कार्य को पूरा करने में C को 12 दिन लगेंगे.

6. माना B अकेला उस कार्य को x दिन में समाप्त करता है.

तब, B का 1 दिन का कार्य $= \frac{1}{x}$.

$(A + B)$ का 1 दिन का कार्य $= \frac{1}{12} \Rightarrow A$ का 1 दिन का कार्य $= \left(\frac{1}{12} - \frac{1}{x}\right)$.

$(B + C)$ का 1 दिन का कार्य $= \frac{3}{20} \Rightarrow C$ का 1 दिन का कार्य $= \left(\frac{3}{20} - \frac{1}{x}\right)$.

(A का 3 दिन का कार्य) + (B का 4 दिन का कार्य) + (C का 7 दिन का कार्य) = 1

$$\Rightarrow 3\left(\frac{1}{12} - \frac{1}{x}\right) + \frac{4}{x} + 7\left(\frac{3}{20} - \frac{1}{x}\right) = 1$$

$$\Rightarrow \left(\frac{3}{x} + \frac{7}{x} - \frac{4}{x}\right) = \left(\frac{3}{12} + \frac{21}{20} - 1\right) \Rightarrow \frac{6}{x} = \frac{18}{60} = \frac{3}{10} \Rightarrow x = \left(6 \times \frac{10}{3}\right) = 20.$$

$\therefore B$ अकेला इस कार्य को 20 दिन में समाप्त करेगा.

A का 1 दिन का कार्य $= \left(\frac{1}{12} - \frac{1}{20}\right) = \frac{2}{60} = \frac{1}{30}$.

$\therefore A$ अकेला इस कार्य को 30 दिन में समाप्त करेगा.

C का 1 दिन का कार्य $= \left(\frac{3}{20} - \frac{1}{20}\right) = \frac{2}{20} = \frac{1}{10}$.

$\therefore$ C अकेला इस कार्य को 10 दिन में समाप्त करेगा.

7. A का 1 दिन का कार्य $= \frac{1}{10}$, B का 1 दिन का कार्य $= \frac{1}{30}$, C का 1 दिन का कार्य $= \frac{1}{60}$.

$(A + B)$ का 1 दिन का कार्य $= \left(\frac{1}{10} + \frac{1}{30}\right) = \frac{4}{30} = \frac{2}{15}$.

$(A + C)$ का 1 दिन का कार्य $= \left(\frac{1}{10} + \frac{1}{60}\right) = \frac{7}{60}$.

अतः 2 दिनों का कुल कार्य $= \left(\frac{2}{15} + \frac{7}{60}\right) = \frac{15}{60} = \frac{1}{4}$.

$\frac{1}{4}$ कार्य करने में लगा समय = 2 दिन.

पूरा कार्य करने में लगा समय = (2×4) दिन = 8 दिन.

8. माना कि 10 व्यक्ति x दिनों तक मिलकर कार्य करते हैं तथा $(10 - 4)$

अर्थात् 6 व्यक्ति मिलकर $(50 - x)$ दिन काम करते हैं.

तब 10 व्यक्तियों का x दिन का काम + 6 व्यक्तियों का $(50 - x)$ दिन का काम

= 10 **व्यक्तियों** का 40 दिन का काम

$$\Rightarrow 10x + 6\,(50 - x) = 10 \times 40 \Rightarrow 4x = 100 \Rightarrow x = 25.$$

अतः कार्य आरम्भ होने के 25 दिन बाद 4 व्यक्तियों ने काम छोड़ा.

9. X का 1 दिन का कार्य $= \frac{1}{8}$, Y का 1 दिन का कार्य $= \frac{1}{12}$, Z का 1 दिन कार्य $= \frac{1}{16}$.

X का 2 दिन का कार्य $= \left(2 \times \frac{1}{8}\right) = \frac{1}{4}$.

Z का कार्य = कुल कार्य का 25% $= \frac{25}{100} = \frac{1}{4}$.

$\frac{1}{16}$ कार्य को करने में Z लेता है = 1 दिन.

$\frac{1}{4}$ कार्य को करने में Z लेगा $= \left(1 \times 16 \times \frac{1}{4}\right)$ दिन = 4 दिन.

Y द्वारा किया गया कार्य $= 1 - \left(\frac{1}{4} + \frac{1}{4}\right) = \frac{1}{2}$.

$\frac{1}{12}$ कार्य करने में Y लेता है = 1 दिन.

$\frac{1}{2}$ कार्य करने में Y लेगा $= \left(12 \times \frac{1}{2}\right)$ दिन = 6 दिन.

पूरा कार्य करने में लगा समय = (2 + 4 + 6) दिन = 12 दिन.

10. A का 1 दिन का कार्य $= \frac{1}{24}$, B का 1 दिन का कार्य $= \frac{1}{32}$, C का 1 दिन का कार्य $= \frac{1}{64}$.

$(A + B + C)$ का 1 दिन का कार्य $= \left(\frac{1}{24} + \frac{1}{32} + \frac{1}{64}\right) = \frac{(8+6+3)}{192} = \frac{17}{192}$.

$\Rightarrow (A+B+C)$ का 6 दिन का कार्य $= \left(\frac{17}{192} \times 6\right) = \frac{17}{32}$.

अब, C का 6 दिन का कार्य $= \left(\frac{1}{64} \times 6\right) = \frac{3}{32}$.

कुल समाप्त किया गया कार्य $= \left(\frac{17}{32} + \frac{3}{32}\right) = \frac{20}{32} = \frac{5}{8}$.

शेष कार्य $= \left(1 - \frac{5}{8}\right) = \frac{3}{8}$. यह कार्य $(B + C)$ ने किया.

$(B + C)$ का 1 दिन का कार्य $= \left(\frac{1}{32} + \frac{1}{64}\right) = \frac{3}{64}$.

$\frac{3}{64}$ कार्य $(B + C)$ करते हैं = 1 दिन में.

$\frac{3}{8}$ कार्य $(B + C)$ करेंगे $= \left(1 \times \frac{64}{3} \times \frac{3}{8}\right)$ दिन में = 8 दिन में.

सारा कार्य समाप्त होने में लगा समय = (6 + 6 + 8) दिन = 20 दिन.

11. A का 1 घण्टे का कार्य $= \frac{1}{30}$, B का 1 घण्टे का कार्य $= \frac{1}{40}$.

A तथा B की मजदूरी का अनुपात $= \frac{1}{30} : \frac{1}{40} = 4 : 3$.

कुल मजदूरी में से A का भाग = ₹ $\left(770 \times \frac{4}{7}\right)$ = ₹ 440.

12. A द्वारा $\frac{2}{5}$ भाग कार्य करने में लगा समय = 12 दिन.

$\therefore$ A द्वारा पूरा कार्य करने में लगा समय $= \left(12 \times \frac{5}{2}\right)$ दिन = 30 दिन.

B द्वारा $\frac{3}{4}$ भाग कार्य करने में लगा समय = 15 दिन.

$\therefore$ B द्वारा पूरा कार्य करने में लगा समय $= \left(15 \times \frac{4}{3}\right)$ दिन = 20 दिन.

अत: A का 1 दिन का कार्य $= \frac{1}{30}$ तथा B का 1 दिन का कार्य $= \frac{1}{20}$.

$\therefore$ $(A + B)$ का 1 दिन का कार्य $= \left(\frac{1}{30} + \frac{1}{20}\right) = \frac{5}{60} = \frac{1}{12}$.

अत: A तथा B दोनों मिलकर कार्य को 12 दिन में समाप्त करेंगे.

13. (A का 1 दिन का कार्य) : (B का 1 दिन का कार्य) = 2:1

($A + B$) का 1 दिन का कार्य $= \frac{1}{21}$.

$\therefore$ A का 1 दिन का कार्य $= \left(\frac{1}{21} \times \frac{2}{3}\right) = \frac{2}{63}$.

अत: A अकेला इस कार्य को $\frac{63}{2}$ अर्थात् $31\frac{1}{2}$ दिन में समाप्त करेगा.

14. A तथा B की कार्य-क्षमता का अनुपात = 2:1.

A तथा B द्वारा कार्य को समाप्त करने में लगे समय का अनुपात = 1:2.

माना इस कार्य को समाप्त करने में A तथा B को क्रमश: x दिन तथा $2x$ दिन लगते हैं.

तब, $2x - x = 20 \Rightarrow x = 20$.

$\therefore$ A इस कार्य को 20 दिन में तथा B इसे 40 दिन में समाप्त करेगा.

($A + B$) का 1 दिन का कार्य $= \left(\frac{1}{20} + \frac{1}{40}\right) = \frac{3}{40}$.

अत: दोनों मिलकर इस कार्य को $\frac{40}{3}$ दिन अर्थात $13\frac{1}{3}$ दिन में समाप्त करेंगे.

15. 4 आदमी ≡ 6 लड़के $\Rightarrow$ 1 आदमी ≡ $\frac{6}{4}$ लड़के

$\Rightarrow$ 6 आदमी ≡ $\left(\frac{6}{4} \times 6\right)$ लड़के = 9 लड़के.

(6 आदमी + 11 लड़के) ≡ (9 लड़के + 11 लड़के) = 20 लड़के.

6 लड़के कार्य को पूरा करते हैं = 20 दिन में.

1 लड़का कार्य को पूरा करेगा = (20 × 6) दिन में.

20 लड़के कार्य को पूरा करेंगे $= \frac{(20 \times 6)}{20}$ दिन में = 6 दिन में.

16. 5 पुरुषों का 6 दिन का कार्य = 10 महिलाओं का 5 दिन का कार्य

$\Rightarrow$ (5 × 6) पुरुषों का 1 दिन का कार्य = (10 × 5) महिलाओं का 1 दिन का कार्य

$\Rightarrow$ 30 पुरुष ≡ 50 महिलायें $\Rightarrow$ 1 पुरुष ≡ $\frac{5}{3}$ महिलायें

$\Rightarrow$ (5 महिलायें + 3 पुरुष) ≡ 5 महिलायें + $\left(3 \times \frac{5}{3}\right)$ महिलायें = 10 महिलायें.

परन्तु 10 महिलायें इस कार्य को 5 दिन में करती हैं.

अत: 5 महिलायें तथा 3 पुरुष इस कार्य को 5 दिन में करेंगे.

17. माना 1 पुरुष 1 दिन में ₹ x तथा 1 महिला 1 दिन में ₹ y कमाते हैं.

तब, 3 पुरुष 7 दिन में ₹ $(3 \times 7 \times x)$ तथा 4 महिलायें 7 दिन में ₹ $(4 \times 7 \times y)$ कमाते हैं.

$\therefore$ $21x + 28y = 3780 \Rightarrow 3x + 4y = 540$ ...(*i*)

11 पुरुष 8 दिन में ₹ $(11 \times 8 \times x)$ तथा 13 महिलायें 8 दिन में ₹ $(13 \times 8 \times y)$ कमाते हैं.

$\therefore$ $88x + 104y = 15040 \Rightarrow 11x + 13y = 1880$ ...(*ii*)

(*i*) तथा (*ii*) को हल करने पर, $x = 100$ तथा $y = 60$

(7 पुरुष + 9 महिलायें) एक दिन में कमाते हैं = ₹ (7 × 100 + 9 × 60) = ₹ 1240.

₹ 1240 कमाते हैं = 1 दिन में.

₹ 12400 कमायेंगे = $\left(\frac{1}{1240} \times 12400\right)$ दिन में = 10 दिन में.

18. 3 आदमियों का 2 घण्टे का काम = 5 लड़कों का 3 घण्टे का काम

$\Rightarrow$ (3 × 2) आदमियों का 1 घण्टे का काम = (5 × 3) लड़कों का 1 घण्टे का काम

$\Rightarrow$ 6 आदमी $\equiv$ 15 लड़के $\Rightarrow$ 1 आदमी $\equiv \frac{5}{2}$ लड़के

$\Rightarrow$ (10 आदमी + 15 लड़के) $\equiv \left(10\times\frac{5}{2}\right)$ लड़के + 15 लड़के = 40 लड़के

तथा (16 आदमी + 20 लड़के) $\equiv \left(16\times\frac{5}{2}\right)$ लड़के + 20 लड़के = 60 लड़के

अब, 40 लड़के कार्य को समाप्त करते हैं = 15 दिन में.

60 लड़के कार्य को समाप्त करेंगे $= \frac{(15\times40)}{60}$ दिन में = 10 दिन में.

अत: 60 लड़के इससे तीन गुना कार्य को समाप्त करने में लेंगे = 30 दिन.

19. 1 आदमी $\equiv$ 3 लड़के, 1 औरत $\equiv \frac{3}{2}$ लड़के.

(1 आदमी + 1 औरत + 1 लड़का) $\equiv \left(3 \text{ लड़के} + \frac{3}{2} \text{ लड़के} + 1 \text{ लड़का}\right) = \frac{11}{2}$ लड़के

अधिक लड़के, कम दिन (विलोमानुपात)

$\frac{11}{2}:3::44:x \Rightarrow \frac{11}{2}x = 3\times44 \Rightarrow x = \frac{3\times44\times2}{11} = 24.$

अत: 1 आदमी, 1 औरत तथा 1 लड़का मिलकर उस कार्य को 24 दिन में समाप्त करेंगे.

20. A का 1 दिन का काम $= \frac{1}{6} \Rightarrow A$ का 4 दिन का काम $= \left(\frac{1}{6}\times4\right) = \frac{2}{3}.$

शेष कार्य $= \left(1-\frac{2}{3}\right) = \frac{1}{3}.$

A : सहायक $= \frac{2}{3}:\frac{1}{3}:2:1.$

सहायक को मिलने वाली राशि = ₹ $\left(900\times\frac{1}{3}\right)$ = ₹ 300.

21. माना केवल उस कार्य को x दिन में करेगा.

तब, हरपाल उस कार्य को $(x-10)$ दिन में करेगा.

हरपाल, केवल की तुलना में तीन गुना कार्यकुशल है.

$\therefore (x-10) = \frac{x}{3} \Rightarrow 3x-30 = x \Rightarrow 2x = 30 \Rightarrow x = 15.$

अत: केवल उस कार्य को 15 दिन में समाप्त करेगा.

22. 2 दिन का कार्य $= \left(\frac{1}{9}+\frac{1}{12}\right) = \frac{(4+3)}{36} = \frac{7}{36}$

$\Rightarrow$ 10 दिन का कार्य $= \left(\frac{7}{36}\times\frac{10}{2}\right) = \frac{35}{36}.$

शेष कार्य $= \left(1-\frac{35}{36}\right) = \frac{1}{36}$

अब बारी P की है.

P को $\frac{1}{36}$ कार्य करने में लगा समय $= \left(\frac{1}{36}\times9\right)$ दिन $= \frac{1}{4}$ दिन.

कार्य समाप्त होने में लगा समय $= \left(10\frac{1}{4} \text{ दिन}\right).$

23. दोनों का 1 दिन का काम $= \frac{1}{33}.$

1 पुरुष तथा 1 महिला के 1 दिन के काम का अनुपात = 14 : 11

1 महिला का 1 दिन का काम $= \left(\frac{1}{33}\times\frac{11}{25}\right) = \frac{1}{75}$

अत: 1 महिला इस कार्य को 75 दिन में समाप्त करेगी.

16 पाईप तथा टंकी के प्रश्न
(PIPES & CISTERNS)

सामान्य नियम

(*i*) यदि एक पाईप किसी टंकी को x घण्टे में भरे, तो

पाईप का 1 घण्टे का भराव कार्य $= \frac{1}{x}$.

(*ii*) यदि एक निकासी पाईप किसी भरी टंकी को y घण्टे में खाली करे, तो

पाईप का 1 घण्टे का निकासी कार्य $= \frac{1}{y}$.

(*iii*) यदि एक पाईप खाली टंकी को x घण्टे में भरे तथा एक निकासी पाईप भरी टंकी को y घण्टे में खाली करे, तो

दोनों पाईपों का 1 घण्टे का भराव कार्य $= \left(\frac{1}{x} - \frac{1}{y}\right)$, **जबकि** $x < y$.

दोनों पाईपों का 1 घण्टे का निकासी कार्य $= \left(\frac{1}{y} - \frac{1}{x}\right)$, **जबकि** $x > y$.

साधित उदाहरण

प्रश्न 1. दो नल *A* तथा *B* एक टंकी को क्रमश: 12 घण्टे तथा 15 घण्टे में भर सकते हैं. यदि दोनों नल एक साथ खोल दिये जायें, तो खाली टंकी को भरने में कितना समय लगेगा?

हल : A का 1 घण्टे का कार्य $= \frac{1}{12}$, B का 1 घण्टे का कार्य $= \frac{1}{15}$.

$(A + B)$ का 1 घण्टे का कार्य $= \left(\frac{1}{12} + \frac{1}{15}\right) = \frac{9}{60} = \frac{3}{20}$.

दोनों नलों द्वारा टंकी को भरने में लगा समय $= \frac{20}{3}$ घण्टे = 6 घण्टे 40 मिनट.

प्रश्न 2. एक नल एक टंकी को 16 घण्टे में भरता है. परन्तु टंकी की तली में छेद होने के कारण टंकी 24 घण्टे में भरी जाती है. यदि टंकी पूरी भरी हो, तो छेद के कारण कितनी देर में खाली हो जायेगी?

हल : नल का 1 घण्टे का कार्य $= \frac{1}{16}$.

(नल + छेद) का 1 घण्टे का कार्य $= \frac{1}{24}$.

छेद का 1 घण्टे का कार्य $= \left(\frac{1}{24} - \frac{1}{16}\right) = \frac{(2-3)}{48} = -\frac{1}{48}$.

$\frac{1}{48}$ टंकी छेद के कारण खाली होती है = 1 घण्टे में.

पूरी टंकी को खाली होने में लगा समय = 48 घण्टे.

प्रश्न 3. दो नल *A* तथा *B* एक टंकी को क्रमश: 36 मिनट तथा 45 मिनट में भर देते हैं. पेंदी में लगा नल *C*, भरी टंकी को 30 मिनट में खाली कर देता है. *A* तथा *B* के खोले जाने के 7 मिनट बाद *C* भी खोल दिया जाता है. ज्ञात कीजिए कि टंकी के भरने में कितना समय लगेगा?

हल : 7 मिनट में टंकी का भरा गया भाग $= 7\times\left(\frac{1}{36}+\frac{1}{45}\right)=\frac{7}{20}$.

शेष भाग $=\left(1-\frac{7}{20}\right)=\frac{13}{20}$.

तीनों नलों का 1 मिनट का कार्य $=\left(\frac{1}{36}+\frac{1}{45}-\frac{1}{30}\right)=\frac{(5+4-6)}{180}=\frac{3}{180}=\frac{1}{60}$.

$\frac{1}{60}$ भाग भरने में लगा समय = 1 मिनट.

$\frac{13}{20}$ भाग भरने में लगा समय $=\left(1\times60\times\frac{13}{20}\right)$ मिनट = 39 मिनट.

अत: टंकी को भरने में लगा कुल समय = (7 + 39) मिनट = 46 मिनट.

प्रश्न 4. दो नल A तथा B एक टंकी को क्रमश: 15 मिनट तथा 12 मिनट में भर सकते हैं तथा तीसरा नल C, भरी टंकी को 6 मिनट में खाली कर सकता है. पहले A तथा B, 5 मिनट तक खुले रहते हैं तथा इसके बाद C भी खोल दिया जाता है. टंकी कितनी देर में खाली हो जायेगी?

हल : $(A+B)$ द्वारा 5 मिनट में भरा गया भाग $= 5\times\left(\frac{1}{15}+\frac{1}{12}\right)=\left(5\times\frac{9}{60}\right)=\frac{3}{4}$.

$(A+B+C)$ द्वारा 1 मिनट में खाली किया गया भाग $=\frac{1}{6}-\left(\frac{1}{15}+\frac{1}{12}\right)=\left(\frac{1}{6}-\frac{3}{20}\right)=\frac{1}{60}$.

$\frac{1}{60}$ भाग खाली होने में लगा समय = 1 मिनट.

$\frac{3}{4}$ भाग खाली होने में लगा समय $=\left(1\times60\times\frac{3}{4}\right)$ मिनट = 45 मिनट.

प्रश्नमाला 16A

निम्नलिखित प्रश्नों में से प्रत्येक में ठीक उत्तर को चिन्हांकित (✓) कीजिए :

1. दो नल A और B किसी हौज को क्रमश: 10 घण्टे तथा 15 घण्टे में भर सकते हैं. दोनों को एक साथ खाली हौज में खोल दिया जाये तो हौज को भरने में कितना समय लगेगा? **(एस०एस०सी० परीक्षा, 2009)**

(*a*) 6 घण्टे (*b*) 7 घण्टे (*c*) 8 घण्टे (*d*) 9 घण्टे

2. दो नल एक टंकी को क्रमश: 2 घण्टे तथा 3 घण्टे में भर देते हैं. यदि दोनों नल एक साथ खाली टंकी में खोल दिये जायें तो टंकी भरने में कितना समय लगेगा? **(रेलवे परीक्षा, 2009)**

(*a*) 30 घण्टे (*b*) 5 घण्टे (*c*) 1 घण्टा 12 मिनट (*d*) 2 घण्टे 3 मिनट

3. किसी टंकी का $\frac{3}{5}$ भाग 10 मिनट में भर जाता है. शेष भाग को भरने के लिए कितना समय चाहिये?

(*a*) 5 मिनट (*b*) 6 मिनट 40 सैकण्ड (*c*) 6 मिनट (*d*) 4 मिनट

(एस०एस०सी० परीक्षा, 2010)

4. दो नल A तथा B एक टंकी को अलग-अलग क्रमश: 10 मिनट तथा 20 मिनट में भर देते हैं. टंकी के तल में रिसाव के कारण भरी हुई टंकी 40 मिनट में खाली हो जाती है. खाली टंकी को (रिसाव सहित) भरने में कितना समय लगेगा? **(एस०एस०सी० परीक्षा, 2010)**

(*a*) 6 मिनट (*b*) 8 मिनट (*c*) 15 मिनट (*d*) 10 मिनट

5. दो नल एक हौज को क्रमश: 3 घण्टे तथा 4 घण्टे में भर सकते हैं तथा एक निकासी नल इस भरे हौज को 2 घण्टे में खाली कर सकता है. यदि तीनों नल एक साथ खाली हौज में खोल दिये जायें तो इसे भरने में कितना समय लगेगा? **(एस०एस०सी परीक्षा, 2004)**

(*a*) 5 घण्टे (*b*) 8 घण्टे (*c*) 10 घण्टे (*d*) 12 घण्टे

6. एक नल खाली टंकी को 8 घण्टे में भर देता है. परन्तु टंकी में छेद होने के कारण इसे भरने में 2 घण्टे अधिक लगते हैं. भरी टंकी को खाली करने में यह छेद कितना समय लेगा? **(होटल मैनेजमैन्ट परीक्षा, 2003)**

(*a*) 15 घण्टे (*b*) 20 घण्टे (*c*) 24 घण्टे (*d*) 40 घण्टे

7. एक पाईप खाली टंकी को 3 घण्टे में भर देता है. दो निकासी पाईप भरी टंकी को क्रमश: 6 घण्टे तथा 10 घण्टे में खाली कर सकते हैं. यदि खाली टंकी में तीनों पाईप इकट्‌ठे खोल दिये जायें, तो टंकी भरने में कितना समय लगेगा?

(*a*) 18 घण्टे (*b*) 9 घण्टे (*c*) 16 घण्टे (*d*) 15 घण्टे

8. एक पाईप किसी पानी की टंकी को एक अन्य पाईप की तुलना में तीन गुनी तेजी से भरता है. यदि दोनों पाईप मिलकर खाली टंकी को 36 मिनट में भरें, तो धीमी गति वाला पाईप खाली टंकी को भरने में कितना समय लेगा?

(*a*) 1 घण्टा 21 मिनट (*b*) 1 घण्टा 48 मिनट (*c*) 2 घण्टे (*d*) 2 घण्टे 24 मिनट

(एस०एस०सी० परीक्षा, 2010)

9. दो नल *A* तथा *B* पानी की एक खाली टंकी को क्रमश: 20 मिनट तथा 24 मिनट में भर सकते हैं तथा एक तीसरा नल *C*, 3 गैलन प्रति मिनट की दर से टंकी खाली करता है. यदि *A*, *B* तथा *C* तीनों को एक साथ खोल दिया जाये, तो टंकी भरने में 15 मिनट लगते हैं. टंकी की धारिता कितनी है? **(एस०एस०सी० परीक्षा, 2007)**

(*a*) 180 गैलन (*b*) 150 गैलन (*c*) 120 गैलन (*d*) 60 गैलन

10. एक पाईप किसी पानी की टंकी को 5 घण्टे में भर सकता है. परनु, इसकी तली में एक छेद होने के कारण इस टंकी को भरने में 30 मिनट का समय अधिक लगता है. यदि टंकी पूरी भरी हो और पानी भरने वाले पाईप को बन्द कर दिया जाये, तो छेद के कारण टंकी कितने घण्टे में खाली हो जायेगी? **(ए०ए०ओ० परीक्षा, 2010)**

(*a*) 55 घण्टे (*b*) 44 घण्टे (*c*) $27\frac{1}{2}$ घण्टे (*d*) 22 घण्टे

11. दो नल *P* तथा *Q* किसी पानी की टंकी को क्रमश: 12 मिनट तथा 15 मिनट में भर सकते हैं. दोनों को एक साथ खोला जाता है. किन्तु 3 मिनट बाद *P* को बन्द कर दिया जाता है. *Q* टंकी को भरने में कितना समय और लेगा?

(*a*) 7 मिनट (*b*) $7\frac{1}{2}$ मिनट (*c*) 8 मिनट (*d*) $8\frac{1}{4}$ मिनट

(एस०एस०सी० परीक्षा, 2010)

12. तीन नल *A*, *B* और *C* एक टंकी को 6 घण्टे में भर सकते हैं. इन्हें इकट्‌ठे खाली टंकी में खोल दिया गया. 2 घण्टे बाद *C* को बन्द कर दिया गया तथा *A* और *B* ने शेष भाग को 7 घण्टे में भर दिया. अकेले *C* द्वारा खाली टंकी को भरने में कितना समय लगेगा? **(एस०एस०सी० परीक्षा, 2009)**

(*a*) 14 घण्टे (*b*) 15 घण्टे (*c*) 16 घण्टे (*d*) 17 घण्टे

13. एक हौज में तीन पाईप हैं. पहले दो पाईप इसे क्रमश: 3 घण्टे तथा 3 घण्टे 45 मिनट में भर सकते हैं जबकि तीसरा पाईप इसे 1 घण्टे में खाली कर सकता है. यदि तीनों नलों को अपरान्ह 1 बजे, 2 बजे तथा 3 बजे खोला गया हो, तो हौज कब खाली हो जायेगा? **(रेलवे परीक्षा, 2010)**

(*a*) सायं 4:20 बजे (*b*) सायं 4:45 बजे (*c*) सायं 5:20 बजे (*d*) सायं 5:45 बजे

14. एक पाईप की गति दूसरे पाईप से तिगुनी है. यदि दोनों मिलकर खाली टंकी को 36 मिनट में भर दें, तो धीमी गति वाला पाईप इसे कितने समय में भरेगा?

(*a*) 81 मिनट (*b*) 108 मिनट (*c*) 144 मिनट (*d*) 192 मिनट

15. तीन नल *A*, *B* तथा *C* एक खाली टंकी को 5 घण्टे में भर देते हैं. यदि *C* की गति *B* से दुगुनी हो तथा *B* की गति *A* से दुगुनी हो, तो नल *A* खाली टंकी को भरने में कितना समय लेगा?

(*a*) 20 घण्टे (*b*) 25 घण्टे (*c*) 35 घण्टे (*d*) इनमें से कोई नहीं

16. दो नल *A* तथा *B* एक टंकी को भरने में क्रमश: 20 मिनट तथा 1 घण्टा लेते हैं. दोनों नलों को 10 मिनट के लिए खोल दिया जाता है. इसके बाद नल *A* को बन्द कर दिया जाता है. अब शेष भाग को भरने में *B* कितना समय लेगा? **(मैनेजमैन्ट परीक्षा, 2006)**

(*a*) 10 मिनट (*b*) 12 मिनट (*c*) 15 मिनट (*d*) 20 मिनट

17. दो नल A तथा B एक टंकी को क्रमशः 6 मिनट तथा 7 मिनट में भर सकते हैं. A से आरम्भ करते हुये प्रत्येक नल को बारी-बारी एक मिनट के लिए खोला जाता है. टंकी को भरने में कितना समय लगेगा ?

(*a*) 5 मिनट (*b*) $5\frac{2}{3}$ मिनट (*c*) $6\frac{3}{7}$ मिनट (*d*) $6\frac{1}{4}$ मिनट

(रेलवे परीक्षा, 2006)

18. एक पाईप किसी भरी हुई टंकी को 40 मिनट में खाली कर सकता है. एक दूसरे निकासी पाईप का व्यास इस पाईप के व्यास का दुगुना है. दोनों पाईप भरी टंकी को खाली करने में कितना समय लेंगे ?

(*a*) 8 मिनट (*b*) $13\frac{1}{3}$ मिनट (*c*) 30 मिनट (*d*) 38 मिनट

(एस०एस०सी० परीक्षा, 2005)

19. तीन नल A, B, C एक हौज को क्रमशः 6 मिनट, 8 मिनट तथा 24 मिनट में भर सकते हैं. खाली हौज में तीनों नलों को एक साथ खोल दिया जाता है तथा नल C को हौज भरने से 2 मिनट पहले बन्द कर दिया जाता है. हौज भरने में कितना समय लगा ?

(*a*) 4 मिनट 20 सै० (*b*) 5 मिनट (*c*) 3 मिनट 15 सै० (*d*) 3 मिनट 40 सै०

20. नल A किसी हौज को 20 मिनट में भर सकता है जबकि नल B इसमें से 5 लीटर प्रति सैकण्ड की दर से पानी बाहर निकालता है. पूर्णतः खाली हौज में दोनों नल एक साथ खोल दिये जाने पर 100 मिनट में हौज भर जाता है. हौज की क्षमता कितनी है ? **(रेलवे परीक्षा, 2005)**

(*a*) 1500 लीटर (*b*) 4500 लीटर (*c*) 6500 लीटर (*d*) 7500 लीटर

21. एक छेद भरी टंकी को 8 घण्टे में खाली कर देता है. भरी टंकी में 6 लीटर प्रति मिनट की दर से टंकी को भरने वाला नल खोलने पर टंकी 12 घंटे में खाली हो जाती है. टंकी की धारिता कितनी है ? **(मैनेजमैन्ट परीक्षा, 2005)**

(*a*) 4560 लीटर (*b*) 8640 लीटर (*c*) 9000 लीटर (*d*) 10000 लीटर

22. दो पाईप A तथा B एक टंकी को क्रमशः 60 मिनट तथा 75 मिनट में भरते हैं तथा तीसरा पाईप C एक निकासी पाईप है. तीनों नलों को एक साथ खाली टंकी में खोल देने पर टंकी 50 मिनट में भर जाती है. पाईप C भरी टंकी को कितनी देर में खाली कर देगा ? **(एस०एस०सी० परीक्षा 2003)**

(*a*) 90 मिनट (*b*) 100 मिनट (*c*) 110 मिनट (*d*) 120 मिनट

23. एक पाईप किसी टंकी को 6 घण्टे में भर देता है. आधी टंकी भरने पर, ऐसे ही तीन और पाईप खोल दिये जाते हैं. टंकी को पूरी भरने में कितना समय लगेगा ? **(एस०एस०सी० परीक्षा, 2003)**

(*a*) 3 घण्टे 15 मिनट (*b*) 3 घण्टे 45 मिनट (*c*) 4 घण्टे (*d*) 4 घण्टे 15 मिनट

24. दो पाईप A तथा B मिलकर किसी टंकी को 4 घण्टे में भर देते हैं. यदि ये पाईप अलग-अलग खोले जायें तो टंकी को भरने में B, A से 6 घण्टे अधिक लेता है. केवल A द्वारा इस टंकी को भरने में कितना समय लगेगा ?

(*a*) 1 घण्टा (*b*) 2 घण्टे (*c*) 6 घण्टे (*d*) 8 घण्टे

(एस०एस०सी० परीक्षा, 2003)

25. 12 बाल्टी पानी से एक टंकी पूरी भर जाती है, जबकि प्रत्येक बाल्टी की धारिता 13·5 लीटर है. 9 लीटर धारिता वाली कितनी बाल्टियों से यह टंकी पूरी भरेगी ?

(*a*) 8 (*b*) 15 (*c*) 16 (*d*) 18

26. बाल्टी P की धारिता बाल्टी Q की धारिता से तिगुनी है. एक खाली टंकी को भरने के लिए P के 60 फेरे लगते हैं. दोनों बाल्टी साथ-साथ लें तो कितने फेरे इस टंकी को भर देंगे ?

(*a*) 30 (*b*) 40 (*c*) 45 (*d*) 90

27. एक खाली हौज को भरने में दो पाईप A तथा B क्रमशः 60 मिनट तथा 40 मिनट लेते हैं. यदि टंकी को भरने में आधा समय B काम करे तथा आधा समय A तथा B दोनों काम करें, तो हौज को भरने में कितना समय लगेगा ?

(*a*) 15 मिनट (*b*) 20 मिनट (*c*) $27\frac{1}{2}$ मिनट (*d*) 30 मिनट

(मैट्रो रेल परीक्षा, 2003)

28. तीन नल A, B तथा C एक टंकी को क्रमश: 12 घण्टे, 15 घण्टे तथा 20 घण्टे में भरते हैं. यदि A सदैव खुला रहे तथा B और C को एक-एक घण्टे बारी-बारी खोला जाये, तो टंकी को भरने में कितना समय लगेगा?

(*a*) 7 घण्टे (*b*) $6\frac{2}{3}$ घण्टे (*c*) $7\frac{1}{2}$ घण्टे (*d*) 5 घण्टे

29. तीन नल A, B तथा C एक खाली टंकी को 6 घण्टे में भरते हैं. दो घण्टे तक तीनों नल खोल दिये जाते हैं. इसके बाद C को बन्द कर दिया जाता है. शेष भाग को A तथा B, 7 घण्टे में भर देते हैं. केवल C खाली टंकी को भरने में कितना समय लेगा? **(जीवन बीमा निगम, परीक्षा, 2003)**

(*a*) 10 घण्टे (*b*) 12 घण्टे (*c*) 14 घण्टे (*d*) 16 घण्टे

30. एक टंकी में दो पाईप लगे हुए हैं. एक पाईप इसको 8 घण्टे में पानी से भर सकता है तथा दूसरा इसको 5 घण्टे में खाली कर सकता है. यदि टंकी का $\frac{3}{4}$ भाग पानी से भरा हो और दोनों पाईप एक साथ खोल दिये जायें तो टंकी कितने समय में खाली हो जायेगी? **(एस०एस०सी० परीक्षा, 2005)**

(*a*) $13\frac{1}{3}$ घण्टे (*b*) 10 घण्टे (*c*) 6 घण्टे (*d*) $3\frac{1}{3}$ घण्टे

31. किसी टंकी को एक विद्युत-पम्प 3 घण्टे में भर सकता है. परन्तु टंकी में छेद होने के कारण इसे भरने में $3\frac{1}{2}$ घण्टे लगते हैं. भरी टंकी का सारा जल छेद से कितने समय में बाहर निकल जायेगा? **(रेलवे परीक्षा, 2006)**

(*a*) 12 घण्टे (*b*) $10\frac{1}{2}$ घण्टे (*c*) $6\frac{1}{2}$ घण्टे (*d*) 21 घण्टे

32. एक पाईप एक टंकी को 15 मिनट में भर सकता है जबकि एक अन्य पाईप इसे 10 मिनट में भर सकता है. एक तीसरा पाईप भरी टंकी को 5 मिनट में खाली कर सकता है. प्रारम्भ में 4 मिनट तक पहले दोनों पाईप खोल दिये जाते हैं. इसके बाद तीसरा पाईप भी खोल दिया जाता है. तीसरा पाईप खोलने के कितने समय बाद टंकी खाली हो जायेगी? **(एस०बी०ए० परीक्षा, 2005)**

(*a*) 35 मिनट (*b*) 15 मिनट (*c*) 20 मिनट (*d*) खाली नहीं हो सकता

33. दो नल A तथा B तेल की टंकी को क्रमश: 15 मिनट तथा 18 मिनट में भर देते हैं जबकि टंकी को खाली करने के लिए एक तीसरे नल का प्रयोग किया जाता है. A तथा B को 6 मिनट तक खोलने के बाद तीसरा नल खोल दिया जाता है. यदि तीसरे नल के खोलने के 16·5 मिनट बाद टंकी खाली हो जाये, तो तीसरा नल भरी टंकी को कितने समय में खाली कर देगा?

(*a*) 12 मिनट (*b*) 10 मिनट (*c*) 6 मिनट (*d*) इनमें से कोई नहीं

उत्तरमाला (प्रश्नमाला 16A)

1. (*a*) **2.** (*c*) **3.** (*b*) **4.** (*b*) **5.** (*d*) **6.** (*d*) **7.** (*d*) **8.** (*d*) **9.** (*c*) **10.** (*a*)
11. (*d*) **12.** (*a*) **13.** (*c*) **14.** (*c*) **15.** (*c*) **16.** (*d*) **17.** (*c*) **18.** (*b*) **19.** (*c*) **20.** (*d*)
21. (*b*) **22.** (*b*) **23.** (*b*) **24.** (*c*) **25.** (*d*) **26.** (*c*) **27.** (*d*) **28.** (*a*) **29.** (*c*) **30.** (*b*)
31. (*d*) **32.** (*c*) **33.** (*c*)

दिये गये प्रश्नों के हल प्रश्नमाला 16A

1. A का 1 घण्टे का भराव कार्य $= \frac{1}{10}$, B का 1 घण्टे का भराव कार्य $= \frac{1}{15}$.

$(A + B)$ का 1 घण्टे का भराव कार्य $= \left(\frac{1}{10} + \frac{1}{15}\right) = \frac{(3+2)}{30} = \frac{5}{30} = \frac{1}{6}$.

अत: दोनों नल मिलकर खाली हौज को 6 घण्टे में भरेंगे.

2. दोनों नलों का 1 घण्टे का कार्य $= \left(\frac{1}{2} + \frac{1}{3}\right) = \frac{5}{6}$.

अत: दोनों नल मिलकर खाली टंकी को $\frac{6}{5}$ घण्टे अर्थात 1 घण्टा 12 मिनट में भरेंगे.

3. टंकी का शेष भाग $=\left(1-\frac{3}{5}\right)=\frac{2}{5}$. माना यह भाग x मिनट में भरता है.

थोड़ा भाग, थोड़ा समय (सीधा अनुपात)

$$\frac{3}{5}:\frac{2}{5}::10:x \Rightarrow \frac{3}{5}\times x=\frac{2}{5}\times 10=4 \Rightarrow x=4\times\frac{5}{3}=\frac{20}{3}.$$

∴ शेष भाग $\frac{20}{3}$ मिनट में अर्थात 6 मिनट 40 सैकण्ड में भरेगा.

4. A, B तथा रिसाव का 1 मिनट का कार्य $=\left(\frac{1}{10}+\frac{1}{20}-\frac{1}{40}\right)=\frac{(4+2-1)}{40}=\frac{5}{40}=\frac{1}{8}$.

∴ खाली टंकी को भरने में 8 मिनट लगेंगे.

5. तीनों नलों का 1 घण्टे का शुद्ध भराव कार्य $=\left(\frac{1}{3}+\frac{1}{4}-\frac{1}{2}\right)=\frac{(4+3-6)}{12}=\frac{1}{12}$.

अत: टंकी को भरने में 12 घण्टे लगेंगे.

6. नल का 1 घण्टे का भराव कार्य $=\frac{1}{8}$.

(नल + छेद) का 1 घण्टे का भराव कार्य $=\frac{1}{10}$.

छेद का 1 घण्टे का कार्य $=\left(\frac{1}{8}-\frac{1}{10}\right)=\frac{1}{40}$.

अत: छेद भरी टंकी को 40 घण्टे में खाली कर देगा.

7. तीनों पाईपों का 1 घण्टे का शुद्ध भराव कार्य $=\frac{1}{3}-\left(\frac{1}{6}+\frac{1}{10}\right)=\frac{1}{3}-\frac{(5+3)}{30}=\left(\frac{1}{3}-\frac{8}{30}\right)$

$$=\left(\frac{1}{3}-\frac{4}{15}\right)=\frac{(5-4)}{15}=\frac{1}{15}.$$

अत: यदि खाली टंकी में तीनों नल इकट्ठे खोल दिये जायें तो यह 15 घण्टे में भरेगी.

8. माना धीमी गति का पाईप टंकी को x मिनट में भरेगा.

तब, तेज गति का पाईप इसे $\frac{x}{3}$ मिनट में भरेगा.

∴ $\frac{1}{x}+\frac{3}{x}=\frac{1}{36} \Rightarrow \frac{4}{x}=\frac{1}{36} \Rightarrow x=144$ मिनट = 2 घण्टे 24 मिनट.

9. निकासी पाईप का 1 मिनट का कार्य $=\left(\frac{1}{20}+\frac{1}{24}\right)-\frac{1}{15}=\left(\frac{11}{120}-\frac{1}{15}\right)=\frac{3}{120}=\frac{1}{40}$.

टंकी के $\frac{1}{40}$ भाग का आयतन = 3 गैलन.

टंकी की धारिता = (3×40) गैलन = 120 गैलन.

10. भरने वाले पाईप द्वारा टंकी भरने में लगा समय = 5 घण्टे.

छेद के कारण टंकी भरने में लगा समय $=5\frac{1}{2}$ घण्टे $=\frac{11}{2}$ घण्टे.

माना छेद, भरी टंकी को x घण्टे में खाली कर देगा. तब

$$\frac{1}{5}-\frac{1}{x}=\frac{2}{11} \Rightarrow \frac{1}{x}=\left(\frac{1}{5}-\frac{2}{11}\right)=\frac{1}{55} \Rightarrow x=55.$$

अत: छेद, भरी टंकी को 55 घण्टे में खाली कर देगा.

11. 3 मिनट का भराव कार्य $=3\left(\frac{1}{12}+\frac{1}{15}\right)=\frac{3(5+4)}{60}=\frac{9}{20}$.

शेष भाग $=\left(1-\frac{9}{20}\right)=\frac{11}{20}$. यह भाग Q द्वारा भरा गया.

$\frac{1}{15}$ भाग भरा जाता है = 1 मिनट में.

$\frac{11}{20}$ भाग भरा जायेगा $=\left(15\times\frac{11}{20}\right)$ मिनट में $=\frac{33}{4}$ मिनट में $=8\frac{1}{4}$ मिनट में.

12. $(A+B+C)$ का 2 घण्टे का कार्य $=\left(\frac{1}{6}\times 2\right)=\frac{1}{3}$. शेष भाग $=\left(1-\frac{1}{3}\right)=\frac{2}{3}$.

$(A+B)$ द्वारा $\frac{2}{3}$ भाग भरने में लगा समय = 7 घण्टे.

$(A+B)$ द्वारा पूरी टंकी भरने में लगा समय $=\left(7\times\frac{3}{2}\right)$ घण्टे $=\frac{21}{2}$ घण्टे.

C द्वारा 1 घण्टे में भरा भाग $=\left(\frac{1}{6}-\frac{2}{21}\right)=\frac{(7-4)}{42}=\frac{3}{42}=\frac{1}{14}$.

C द्वारा टंकी को भरने में लगा समय = 14 घण्टे.

13. पहले पाईप द्वारा 1 घण्टे में भरा भाग $=\frac{1}{3}$. दूसरे पाईप द्वारा 1 घण्टे में भरा भाग $=\frac{1}{(15/4)}=\frac{4}{15}$.

माना पूरा हौज 3 बजे के x घण्टे बाद पूरा खाली हो जायेगा.

$(x+2)$ घण्टे में पहले पाईप द्वारा भरा भाग + $(x+1)$ घण्टे में दूसरे पाईप द्वारा भरा भाग

= x घण्टे में तीसरे पाईप द्वारा खाली किया गया भाग

$$\therefore\ \frac{(x+2)}{3}+(x+1)\cdot\frac{4}{15}=\frac{x}{1}\Rightarrow 5(x+2)+4(x+1)=15x$$

$$\Rightarrow 6x=14\Rightarrow 3x=7\Rightarrow x=\frac{7}{3}=2\frac{1}{3}.$$

अभीष्ट समय = 3 बजे + 2 घण्टा 20 मिनट = सायं 5 : 20 बजे.

14. माना धीमी गति वाला पाईप टंकी को x मिनट में भरता है.

तब, तेज गति वाला पाईप इसे $\frac{x}{3}$ मिनट में भरेगा.

$$\therefore\ \frac{1}{x}+\frac{3}{x}=\frac{1}{36}\Rightarrow\frac{4}{x}=\frac{1}{36}\Rightarrow x=144.$$

अत: धीमी गति वाला पाईप टंकी को 144 मिनट में भरेगा.

15. माना नल A खाली टंकी को x घण्टे में भरता है. तब, नल B इसे $\frac{x}{2}$ घण्टे में तथा नल C इसे $\frac{x}{4}$ घण्टे में भरेगा.

$(A+B+C)$ का 1 घण्टे का कार्य $=\left(\frac{1}{x}+\frac{2}{x}+\frac{4}{x}\right)=\frac{7}{x}$.

$$\therefore\ \frac{7}{x}=\frac{1}{5}\Rightarrow x=35.$$

अत: नल A खाली टंकी को 35 घण्टे में भरेगा.

16. $(A+B)$ का 10 मिनट का भराव कार्य $=10\left(\frac{1}{20}+\frac{1}{60}\right)=\frac{10\times 4}{60}=\frac{2}{3}$. शेष भाग $=\left(1-\frac{2}{3}\right)=\frac{1}{3}$.

$\frac{1}{60}$ भाग भरने में B लेता है = 1 मिनट.

$\frac{1}{3}$ भाग भरने में B लेगा $=\left(60\times\frac{1}{3}\right)$ मिनट = 20 मिनट.

17. पहली 2 मिनट में भरा गया भाग $=\left(\frac{1}{6}+\frac{1}{7}\right)=\frac{13}{42}$.

पहली 6 मिनट में भरा गया भाग $=\left(\frac{13}{42}\times 3\right)=\frac{13}{14}$.

$(A + B + C)$ का 1 घण्टे का कार्य $= \frac{1}{6}$.

C का 1 घण्टे का कार्य $= \left(\frac{1}{6} - \frac{2}{21}\right) = \frac{3}{42} = \frac{1}{14}$.

अत: C अकेला खाली टंकी को 14 घण्टे में भरेगा.

30. दोनों पाईपों के कार्यरत होने पर 1 घण्टे का शुद्ध निकासी कार्य $= \left(\frac{1}{5} - \frac{1}{8}\right) = \frac{3}{40}$.

$\frac{3}{40}$ भाग खाली होता है = 1 घण्टे में

$\frac{3}{4}$ भाग खाली होता है $= \left(1 \times \frac{40}{3} \times \frac{3}{4}\right)$ घण्टे में = 10 घण्टे में.

31. पम्प द्वारा 1 घण्टे में भरा गया भाग $= \frac{1}{3}$.

(पम्प + छेद) द्वारा 1 घण्टे में भरा गया भाग $= \frac{2}{7}$.

छेद द्वारा 1 घण्टे का निकासी कार्य $= \left(\frac{1}{3} - \frac{2}{7}\right) = \frac{1}{21}$.

$\therefore$ छेद से भरी टंकी का सारा जल 21 घण्टे में निकल जायेगा.

32. पहले दोनों पाईपों का 4 मिनट का भराव कार्य $= 4\left(\frac{1}{15} + \frac{1}{10}\right) = \frac{4 \times 5}{30} = \frac{2}{3}$.

माना तीसरा पाईप खोलने के x घण्टे बाद टंकी खाली हो जायेगी. तब

$$x \times \frac{1}{5} = \frac{2}{3} + \frac{x}{6} \Rightarrow \frac{x}{5} - \frac{x}{6} = \frac{2}{3}$$

$$\Rightarrow (6x - 5x) = 20 \Rightarrow x = 20.$$

अभीष्ट समय = 20 मिनट.

33. माना तीसरा नल x मिनट में भरी टंकी को खाली कर देता है. तब

$$6\left(\frac{1}{15} + \frac{1}{18}\right) + \left(\frac{1}{15} + \frac{1}{18} - \frac{1}{x}\right) \times 16 \cdot 5 = 0$$

$$\Rightarrow \frac{11}{15} + \frac{181 \cdot 5}{90} = \frac{16 \cdot 5}{x}$$

$$\Rightarrow \frac{(66 + 181 \cdot 5)}{90} = \frac{16 \cdot 5}{x} \Rightarrow x = \frac{16 \cdot 5 \times 90}{247 \cdot 5} = 6.$$

अत: तीसरा नल 6 मिनट में भरी टंकी को खाली कर देगा.

प्रश्नमाला 16B

1. दो नल एक टंकी को क्रमश: 12 मिनट तथा 18 मिनट में भर सकते हैं. 2 मिनट तक दोनों नल खाली टंकी में खोल दिये जाते हैं तथा इसके बाद पहले नल को बन्द कर दिया जाता है. इसके बाद कितने मिनट में टंकी पूर्ण रूप से भर जायेगी? **(एस०एस०सी० परीक्षा, 2006)**

2. एक टंकी को भरने के लिए तीन पाईप लगे हैं जिनके व्यास क्रमश: 1 सेमी०, $1\frac{1}{3}$ सेमी० तथा 2 सेमी० हैं. एक निश्चित समय में प्रत्येक पाईप से बहने वाले पानी की मात्रा उस पाईप के व्यास के वर्ग के समानुपाती है. सबसे अधिक व्यास वाला पाईप इस टंकी को 61 मिनट में भर देता है. यदि तीनों पाईप इकट्ठे खोल दिये जायें तो टंकी को भरने में कितना समय लगेगा? **(रेलवे परीक्षा, 2006)**

3. एक नल किसी टंकी को 16 मिनट में भर सकता है तथा दूसरा नल इसे 8 मिनट में खाली कर सकता है. यदि टंकी पहले से ही आधी भरी हुई हो तथा दोनों नल एक साथ खोल दिये जायें तो टंकी भर जायेगी या खाली होगी तथा इसमें कितना समय लगेगा? **(एस०एस०सी० परीक्षा, 2004)**

4. दो नल *A* तथा *B* एक पानी की टंकी को क्रमश: 15 घण्टे व 20 घण्टे में भर सकते हैं. भरी टंकी को एक तीसरा नल *C*, 25 घण्टे में खाली कर सकता है. खाली टंकी में तीनों नलों को एक साथ खोल दिया जाता है तथा 10 घण्टे बाद *C* को बन्द कर दिया जाता है. ज्ञात कीजिए कि टंकी को भरने में कुल कितना समय लगेगा?

5. दो नल *A* तथा *B* किसी हौज को क्रमश: 30 मिनट तथा 40 मिनट में भर सकते हैं तथा तीसरा नल *C* उस हौज से 50 लीटर प्रति मिनट की दर से पानी बाहर निकालता है. यदि तीनों नल एक साथ खाली टंकी में खोल दिये जायें तथा 1 घण्टे में हौज भर जाये, तो हौज की धारिता ज्ञात कीजिए.

6. एक नल की कार्य-क्षमता दूसरे नल की अपेक्षा तीन गुनी है. यदि दोनों नल मिलकर एक खाली हौज को 18 घण्टे में भरें, तो पहला नल उस हौज को कितने घण्टे में भरेगा?

7. *A*, *B* की तुलना में दुगुना अच्छा कार्यकर्ता है तथा वे दोनों मिलकर किसी कार्य को 14 दिन में पूरा करते हैं. *A* अकेला इस कार्य को पूरा करने में कितने दिन लेगा? **(एस०एस०सी० परीक्षा, 2004)**

8. *A*, *B*, *C* एक कार्य को क्रमश: 10 दिन, 12 दिन तथा 15 दिन में समाप्त करते हैं. परन्तु कार्य आरम्भ होने के 2 दिन बाद, *A* काम छोड़ कर चला जाता है तथा *B* कार्य समाप्त होने से 3 दिन पहले काम छोड़ जाता है. कार्य कितने दिन में समाप्त हुआ? **(एस०एस०सी० परीक्षा, 2005)**

9. तीन पाईप *A*, *B*, *C* एक टंकी को क्रमश: 10 घण्टे, 12 घण्टे तथा 15 घण्टे में भर सकते हैं. पहले खाली टंकी में *A* को खोल दिया गया. एक घण्टे बाद *B* को भी खोल दिया गया तथा *A* के कार्यरत होने के 2 घण्टे बाद *C* को भी खोल दिया गया. पूरी टंकी को भरने में कुल कितना समय लगेगा?

10. दो नल एक टंकी को क्रमश: 30 मिनट तथा 36 मिनट में भर सकते हैं. दोनों पाईप एक साथ खाली टंकी में खोल दिये जाते हैं परन्तु अवरुद्ध होने के कारण पहले पाईप से कुल मात्रा का $\frac{5}{6}$ भाग तथा दूसरे पाईप से कुल मात्रा का $\frac{9}{10}$ भाग बहता है. कुछ देर में पाईपों को साफ करने के बाद, $15\frac{1}{2}$ मिनट में टंकी भर जाती है. पाईपों में पानी का पूरा बहाव कितनी देर बाद आरम्भ हुआ?

11. दो नल एक टंकी को क्रमश: 15 मिनट तथा 12 मिनट में भर सकते हैं तथा तीसरा नल भरी टंकी को 6 मिनट में खाली कर सकता है. पहले दोनों नल 5 मिनट तक खुले रहते हैं तथा इसके बाद तीसरा नल भी खोल दिया जाता है. टंकी कितनी देर में खाली हो जायेगी?

12. एक टंकी में दो नल *A* तथा *B* लगे हैं जो इसे क्रमश: 20 मिनट तथा 30 मिनट में भर सकते हैं तथा इसमें एक निकासी नल *C* लगा है. एक व्यक्ति नल *A* तथा *B* खोलकर चला जाता है तथा तभी वापिस लौटता है जबकि टंकी को भर जाना चाहिए था. परन्तु, वह वापिस आकर देखता है कि नल *C* भी खुला रह गया था. अब वह इसे बन्द कर देता है. इसके बाद टंकी 3 मिनट में भर जाती है. भरी टंकी को अकेला नल *C* कितनी देर में खाली कर देगा?

13. एक पानी की टंकी में 8 नल लगे हैं. इनमें से कुछ पानी भरने के लिए तथा शेष पानी बाहर निकालने के लिए हैं. पानी भरने वाला प्रत्येक नल टंकी को 12 घण्टे में भर सकता है तथा पानी बाहर निकालने वाला प्रत्येक नल भरी टंकी को 36 घण्टे में खाली कर सकता है. सभी नल खाली टंकी में एक साथ खोलने पर टंकी 3 मिनट में भर जाती है. पानी भरने वाले नलों की संख्या ज्ञात कीजिए. **(एस०एस०सी० परीक्षा, 2001)**

14. पाईप *A* तथा *B* एक टंकी को क्रमश: 36 मिनट तथा 45 मिनट में भरते हैं. यदि दोनों पाईप खोल दिये जायें तो कितने समय बाद *A* को बन्द किया जाये कि टंकी पूर्णतया कुल 25 मिनट में भर जाये?

15. दो पाईप *A* तथा *B* एक टंकी को क्रमश: 15 घण्टे तथा 20 घण्टे में भर सकते हैं, जबकि एक तीसरा पाईप *C* पूरी भरी हुई टंकी को 25 घण्टे में खाली कर सकता है. आरम्भ में तीनों पाईप एक साथ खोल दिये जाते हैं. 10 घण्टे बाद पाईप *C* को बन्द कर दिया जाता है. कुल कितने समय में टंकी पूर्णत: भर जायेगी?

(एस०एस०सी० परीक्षा, 2008)

उत्तरमाला (प्रश्नमाला 16B)

1. 13 मिनट	**2.** 36 मिनट	**3.** 8 मिनट	**4.** 12 घण्टे	**5.** 1200 लीटर
6. 24 घण्टे	**7.** 21 दिन	**8.** 7 दिन	**9.** 4 घण्टे 52 मिनट	**10.** 1 मिनट
11. 45 मिनट	**12.** 48 मिनट	**13.** 5	**14.** 16 मिनट	**15.** 12 घण्टे

दिये गये प्रश्नों के हल प्रश्नमाला 16B

1. पहले नल का 1 मिनट का कार्य $=\frac{1}{12}$, दूसरे नल का 1 मिनट का कार्य $=\frac{1}{18}$.

दोनों नलों का 1 मिनट का कार्य $=\left(\frac{1}{12}+\frac{1}{18}\right)=\frac{5}{36}$.

2 मिनट में इन नलों द्वारा भरा गया भाग $=\left(\frac{5}{36}\times 2\right)=\frac{5}{18}$.

शेष भाग $=\left(1-\frac{5}{18}\right)=\frac{13}{18}$.

$\frac{1}{18}$ भाग भरने में दूसरा नल समय लेता है = 1 मिनट.

$\frac{13}{18}$ भाग भरने में दूसरा नल समय लेगा $=\left(1\times\frac{18}{1}\times\frac{13}{18}\right)$ मिनट = 13 मिनट.

2. एक निश्चित समय में इन पाईपों से बहने वाले पानी की मात्रा का अनुपात $=1:\frac{16}{9}:4=\frac{1}{4}:\frac{4}{9}:1$

तीसरे पाईप का 1 मिनट का कार्य $=\frac{1}{61}$.

पहले पाईप का 1 मिनट का कार्य $=\left(\frac{1}{4}\times\frac{1}{61}\right)=\frac{1}{244}$.

दूसरे पाईप का 1 मिनट का कार्य $=\left(\frac{4}{9}\times\frac{1}{61}\right)=\frac{4}{549}$.

तीनों पाईपों का 1 मिनट का कार्य $=\left(\frac{1}{61}+\frac{1}{244}+\frac{4}{549}\right)=\frac{61}{2196}=\frac{1}{36}$.

अत: तीनों पाईप खाली टंकी को 36 मिनट में भर देंगे.

3. चूँकि टंकी को खाली करने वाले नल की तेज गति है, अत: दोनों नल एक साथ खोलने पर टंकी खाली होगी.

1 मिनट में खाली होने वाला टंकी का भाग $=\left(\frac{1}{8}-\frac{1}{16}\right)=\frac{1}{16}$.

$\frac{1}{16}$ भाग को खाली होने में लगा समय = 1 मिनट.

$\frac{1}{2}$ भाग को खाली होने में लगा समय $=\left(1\times 16\times\frac{1}{2}\right)$ मिनट = 8 मिनट.

4. $(A+B+C)$ का 1 घण्टे का कार्य $=\left(\frac{1}{15}+\frac{1}{20}-\frac{1}{25}\right)=\frac{23}{300}$.

$(A+B+C)$ का 10 घण्टे का कार्य $=\left(\frac{23}{300}\times 10\right)=\frac{23}{30}$.

टंकी का शेष भाग $=\left(1-\frac{23}{30}\right)=\frac{7}{30}$.

$(A+B)$ का 1 घण्टे का कार्य $=\left(\frac{1}{15}+\frac{1}{20}\right)=\frac{7}{60}$.

अब, $\frac{7}{60}$ भाग भरने में समय लगता है = 1 घण्टा.

$\frac{7}{30}$ भाग भरने में समय लगेगा $= \left(1 \times \frac{60}{7} \times \frac{7}{30}\right) = 2$ घण्टे.

टंकी को भरने में लगा कुल समय = (10 + 2) घण्टे = 12 घण्टे.

5. माना हौज की धारिता $= x$ लीटर.

C द्वारा किया गया निकासी कार्य = 50 लीटर प्रति मिनट.

C का 1 मिनट का निकासी कार्य $= \frac{50}{x}$.

$(A + B + C)$ का 1 मिनट का भराव कार्य $= \left(\frac{1}{30} + \frac{1}{40} - \frac{50}{x}\right) = \left(\frac{7}{120} - \frac{50}{x}\right)$.

$(A + B + C)$ का 1 घण्टे का भराव कार्य $= \left(\frac{7}{120} - \frac{50}{x}\right) \times 60 = \left(\frac{7}{2} - \frac{3000}{x}\right)$.

$\therefore \frac{7}{2} - \frac{3000}{x} = 1 \Rightarrow \frac{3000}{x} = \left(\frac{7}{2} - 1\right) = \frac{5}{2} \Rightarrow 5x = 6000 \Rightarrow x = 1200.$

अतः हौज में कुल 1200 लीटर पानी आता है.

6. पहले तथा दूसरे नल की कार्य-क्षमता का अनुपात = 3 : 1.

इन नलों द्वारा हौज को भरने में लगे समय का अनुपात = 1 : 3.

माना पहला नल हौज को x घण्टे में भरता है.

तब, दूसरा नल हौज को $3x$ घण्टे में भरेगा.

पहले नल द्वारा एक घण्टे में भरा गया भाग $= \frac{1}{x}$.

दूसरे नल द्वारा एक घण्टे में भरा गया भाग $= \frac{1}{3x}$.

दोनों नलों द्वारा एक घण्टे में भरा गया भाग $= \left(\frac{1}{x} + \frac{1}{3x}\right) = \frac{4}{3x}$.

परन्तु दोनों नल हौज को 18 घण्टे में भरते हैं.

$\therefore$ दोनों नलों द्वारा 1 घण्टे में भरा गया भाग $= \frac{1}{18}$.

$\therefore \frac{4}{3x} = \frac{1}{18} \Rightarrow 3x = 72 \Rightarrow x = 24$.

अतः पहला नल खाली हौज को 24 घण्टे में भरेगा.

7. A तथा B की कार्य-क्षमता का अनुपात = 2 : 1.

A तथा B द्वारा इस कार्य को समाप्त करने में लगे समय का अनुपात = 1 : 2.

माना A तथा B इस कार्य को करने में क्रमशः x तथा $2x$ दिन लेते हैं.

तब, A का 1 दिन का कार्य $= \frac{1}{x}$ तथा B का 1 दिन का कार्य $= \frac{1}{2x}$.

$\therefore (A + B)$ का 1 दिन का कार्य $= \left(\frac{1}{x} + \frac{1}{2x}\right) = \frac{3}{2x}$.

$\therefore \frac{3}{2x} = \frac{1}{14} \Rightarrow 2x = 42 \Rightarrow x = 21.$

अतः A अकेला इस कार्य को 21 दिन में पूरा करेगा.

8. A का 1 दिन का कार्य $= \frac{1}{10}$, B का 1 दिन का कार्य $= \frac{1}{12}$, C का 1 दिन का कार्य $= \frac{1}{15}$.

$(A + B + C)$ का 1 दिन का कार्य $= \left(\frac{1}{10}+\frac{1}{12}+\frac{1}{15}\right) = \frac{15}{60} = \frac{1}{4}$.

2 दिन का $(A + B + C)$ का कार्य $= \left(\frac{1}{4}\times 2\right) = \frac{1}{2}$.

अन्तिम 3 दिनों में C द्वारा किया गया कार्य $= \left(3\times\frac{1}{15}\right) = \frac{1}{5}$.

शेष कार्य $= 1-\left(\frac{1}{2}+\frac{1}{5}\right) = \left(1-\frac{7}{10}\right) = \frac{3}{10}$.

यह कार्य B तथा C ने मिलकर किया.

$(B + C)$ का 1 दिन का कार्य $= \left(\frac{1}{12}+\frac{1}{15}\right) = \frac{(5+4)}{60} = \frac{9}{60} = \frac{3}{20}$.

$\frac{3}{20}$ कार्य को करने में $(B + C)$ लेते हैं = 1 दिन.

$\frac{3}{10}$ कार्य को करने में $(B + C)$ लेते हैं $= \left(1\times\frac{20}{3}\times\frac{3}{10}\right) = 2$ दिन.

$\therefore$ कार्य पूर्ण होने में लगा समय = (2 + 3 + 2) दिन = 7 दिन.

9. A द्वारा 2 घण्टे का भराव + B द्वारा 1 घण्टे का भराव $= \left(\frac{2}{10}+\frac{1}{12}\right) = \frac{17}{60}$.

शेष भाग $= \left(1-\frac{17}{60}\right) = \frac{43}{60}$.

$(A + B + C)$ द्वारा 1 घण्टे का भराव $= \left(\frac{1}{10}+\frac{1}{12}+\frac{1}{15}\right) = \frac{15}{60} = \frac{1}{4}$.

$\frac{1}{4}$ भाग को भरने में लगा समय = 1 घण्टा.

$\frac{43}{60}$ भाग को भरने में लगा समय $= \left(1\times\frac{4}{1}\times\frac{43}{60}\right)$ घण्टे $= \frac{43}{15}$ घण्टे.

टंकी को भरने में लगा कुल समय $= \left(2+\frac{43}{15}\right)$ घण्टे $= \frac{73}{15}$ घण्टे = 4 घण्टे 52 मिनट.

10. $\frac{31}{2}$ मिनट में टंकी का भरा गया भाग $= \left(\frac{1}{30}+\frac{1}{36}\right)\times\frac{31}{2} = \frac{341}{360}$.

माना दोनों पाईप x मिनट तक अवरुद्ध रहे.

इन x मिनटों में भरा गया भाग $= \left(\frac{x}{30}\times\frac{5}{6}+\frac{x}{36}\times\frac{9}{10}\right) = \frac{19x}{360}$.

शेष भाग $= \left(1-\frac{19x}{360}\right) = \frac{(360-19x)}{360}$.

$\therefore \frac{360-19x}{360} = \frac{341}{360} \Rightarrow 360-19x = 341 \Rightarrow 19x = (360-341) = 19 \Rightarrow x = 1$.

अत: दोनों पाईप 1 मिनट तक अवरुद्ध रहे.

11. 5 मिनट में भरा गया टंकी का भाग $= \left(\frac{1}{15}+\frac{1}{12}\right)\times 5 = \frac{3}{4}$.

तीनों नल खोलने पर 1 मिनट में खाली हुआ भाग $= \frac{1}{6}-\left(\frac{1}{15}+\frac{1}{12}\right)=\frac{1}{60}$.

$\frac{1}{60}$ भाग खाली होने में लगा समय = 1 मिनट.

$\frac{3}{4}$ भाग खाली होने में लगा समय $= \left(60\times\frac{3}{4}\right)$ मिनट = 45 मिनट.

12. $(A + B)$ का 1 मिनट का कार्य $= \left(\frac{1}{20}+\frac{1}{30}\right)=\frac{5}{60}=\frac{1}{12}$.

स्पष्ट है कि $(A + B)$ खाली टंकी को 12 मिनट में भरेंगे.

माना C अकेला भरी टंकी को x मिनट में खाली कर देता है.

तब, C का 1 मिनट का कार्य $= \frac{1}{x}$.

$(A + B + C)$ का 12 मिनट का कार्य $= \left(\frac{1}{12}-\frac{1}{x}\right)\times 12 = \frac{(x-12)}{x}$.

$(A + B)$ का 3 मिनट का कार्य $= \left(3\times\frac{1}{12}\right)=\frac{1}{4}$.

$\therefore\ \frac{x-12}{x}+\frac{1}{4}=1 \Rightarrow 4x-48+x=4x \Rightarrow x=48.$

अत: भरी टंकी को C, 48 मिनट में खाली कर देगा.

13. माना पानी भरने वाले नलों की संख्या $= x$.

तब, पानी बाहर निकालने वाले नलों की संख्या $= (8 - x)$.

पानी भरने वाले प्रत्येक नल का 1 घण्टे का कार्य $= \frac{1}{12}$.

पानी भरने वाले x नलों का 1 घण्टे का कार्य $= \frac{x}{12}$.

पानी बाहर निकालने वाले प्रत्येक नल का 1 घण्टे का कार्य $= \frac{1}{36}$.

पानी बाहर निकालने वाले $(8 - x)$ नलों का 1 घण्टे का कार्य $= \frac{(8-x)}{36}$.

सभी नलों का 1 घण्टे का भराव कार्य $= \left\{\frac{x}{12}-\frac{(8-x)}{36}\right\}=\frac{(x-2)}{9}$.

सभी नलों द्वारा टंकी को भरने में लगा समय = 3 घण्टे.

सभी नलों का 1 घण्टे का भराव कार्य $= \frac{1}{3}$.

$\therefore\ \frac{x-2}{9}=\frac{1}{3} \Rightarrow x-2=3 \Rightarrow x=5.$

अत: पानी भरने वाले नलों की संख्या = 5.

14. A का 1 मिनट का कार्य $= \frac{1}{36}$, B का 1 मिनट का कार्य $= \frac{1}{45}$.

माना A को x मिनट बाद बन्द कर दिया गया.

तब, $(A + B)$ का x मिनट का कार्य $= \left(\frac{1}{36}+\frac{1}{45}\right)x = \frac{x}{20}$.

B का $(25-x)$ मिनट का कार्य $= \frac{(25-x)}{45}$.

$\therefore\ \frac{x}{20} + \frac{(25-x)}{45} = 1 \Rightarrow 9x + 4\,(25-x) = 180 \Rightarrow 5x = 80 \Rightarrow x = 16.$

अत: A को 16 मिनट बाद बन्द किया जायेगा.

15. तीनों पाईपों का 10 घण्टे का भराव कार्य $= 10\left(\frac{1}{15} + \frac{1}{20} - \frac{1}{25}\right) = \frac{10\,(20+15-12)}{300} = \frac{23}{30}$.

शेष भाग $= \left(1 - \frac{23}{30}\right) = \frac{7}{30}$.

$(A+B)$ द्वारा 1 घण्टे में भरा गया भाग $= \left(\frac{1}{15} + \frac{1}{20}\right) = \frac{7}{60}$.

$\frac{7}{60}$ भाग भरा जाता है = 1 घण्टे में

$\frac{7}{30}$ भाग भरा जायेगा $= \left(1 \times \frac{60}{7} \times \frac{7}{30}\right)$ घण्टे में = 2 घण्टे में.

टंकी को भरने में लगा कुल समय = (10 + 2) घण्टे = 12 घण्टे.

17 समय तथा दूरी (TIME AND DISTANCE)

आवश्यक तथ्य एवं सूत्र

(i) चाल $= \dfrac{\text{दूरी}}{\text{समय}}$.

(ii) दूरी = (चाल × समय).

(iii) x किमी०/घण्टा $= \left(x \times \dfrac{5}{18}\right)$ मीटर/सैकण्ड.

(iv) y मीटर/सैकण्ड $= \left(y \times \dfrac{18}{5}\right)$ किमी०/घण्टा.

(v) यदि A तथा B की चालों का अनुपात $\boldsymbol{a : b}$ हो, तो एक ही दूरी तय करने में इनके द्वारा लिये गये समय का अनुपात = $\boldsymbol{b : a}$.

(vi) माना कोई व्यक्ति एक निश्चित दूरी x किमी०/घण्टा की चाल से तथा इतनी ही दूरी y किमी०/घण्टा की चाल से तय करता है. तब,

पूरी यात्रा में औसत चाल $= \dfrac{2xy}{(x+y)}$ **किमी०/घण्टा.**

साधित उदाहरण

प्रश्न 1. एक स्कूटर सवार 54 किमी० प्रति घण्टा की चाल से 1 मिनट में कितनी दूरी तय करेगा?

हल : चाल = 54 किमी० प्रति घण्टा

$= \left(54 \times \dfrac{5}{18}\right)$ मीटर प्रति सैकण्ड = 15 मीटर प्रति सैकण्ड.

1 सैकण्ड में तय की गई दूरी = 15 मीटर.

1 मिनट में तय की गई दूरी = (15 × 60) मीटर = 900 मीटर.

प्रश्न 2. स्कूटी पर सवार एक व्यक्ति 5 मीटर प्रति सैकण्ड की चाल से 3 घण्टे 20 मिनट में कितने किलोमीटर दूरी तय करेगा?

हल : चाल = 5 मीटर प्रति सैकण्ड

$= \left(5 \times \dfrac{18}{5}\right)$ किमी० प्रति घण्टा = 18 किमी० प्रति घण्टा.

1 घण्टे में तय की गई दूरी = 18 किमी०.

$\dfrac{10}{3}$ घण्टे में तय की गई दूरी $= \left(18 \times \dfrac{10}{3}\right)$ किमी० = 60 किमी०.

प्रश्न 3. एक व्यक्ति कार द्वारा नगर A से नगर B तक 72 किमी० प्रति घण्टा की चाल से जाता है. वह नगर B से नगर A तक 48 किमी० प्रति घण्टा की चाल से वापिस लौटता है. पूरी यात्रा में उसकी औसत चाल कितनी है?

हल : SHORT CUT METHOD :

याद रहे : औसत चाल $= \dfrac{2xy}{(x+y)}$ किमी० प्रति घण्टा.

$\therefore$ **औसत चाल** $= \dfrac{(2 \times 72 \times 48)}{(72+48)}$ किमी० प्रति घण्टा.

$= \left(\dfrac{2 \times 72 \times 48}{120}\right)$ किमी० प्रति घण्टा = 57·6 किमी०/घण्टा.

प्रश्न 4. मैं अपने घर से कॉलिज के लिए एक निश्चित समय पर चलता हूँ. यदि मैं 5 किमी० प्रति घण्टा की चाल से चलूं तो मुझे 7 मिनट की देरी हो जाती है. परन्तु, यदि मैं 6 किमी० प्रति घण्टा की चाल से चलूं तो ठीक समय से 5 मिनट पहले पहुँचता हूँ. मेरे घर से कॉलिज की दूरी कितनी है?

हल : माना मेरे घर से कॉलिज की दूरी = x किमी०.

दोनों चालों से लगे समय में अन्तर = 12 मिनट.

$$\therefore \frac{x}{5} - \frac{x}{6} = \frac{12}{60} \Rightarrow \frac{x}{5} - \frac{x}{6} = \frac{1}{5}$$

$$\Rightarrow (6x - 5x) = 6 \Rightarrow x = 6.$$

अभीष्ट दूरी = 6 किमी०.

प्रश्न 5. दो साईकिल सवार बराबर दूरी क्रमशः 15 किमी० प्रति घण्टा तथा 16 किमी० प्रति घण्टा की चाल से तय करते हैं. यह दूरी तय करने में एक सवार को दूसरे सवार से 16 मिनट अधिक लगते हैं. यह दूरी कितनी है?

हल : माना अभीष्ट दूरी = x किमी०. तब

$$\frac{x}{15} - \frac{x}{16} = \frac{16}{60} \Rightarrow (16x - 15x) = 64 \Rightarrow x = 64.$$

अतः अभीष्ट दूरी = 64 किमी०.

प्रश्न 6. एक कार 840 किमी० की दूरी एक निश्चित समान चाल से तय करती है. यदि कार की चाल 10 किमी० प्रति घण्टा अधिक होती, तो इस दूरी को तय करने में 2 घण्टे कम लगते. कार की वास्तविक चाल ज्ञात कीजिए.

हल : माना कार की वास्तविक चाल = x किमी० प्रति घण्टा. तब

$$\frac{840}{x} - \frac{840}{(x+10)} = 2 \Rightarrow 840 \times [(x+10) - x] = 2x\,(x+10)$$

$$\Rightarrow 2x^2 + 20x - 8400 = 0 \Rightarrow x^2 + 10x - 4200 = 0$$

$$\Rightarrow x^2 + 70x - 60x - 4200 = 0 \Rightarrow x\,(x+70) - 60\,(x+70) = 0$$

$$\Rightarrow (x+70)\,(x-60) = 0 \Rightarrow x = 60.$$ [$\because$ चाल ऋणात्मक नहीं हो सकती]

अतः कार की वास्तविक चाल = 60 किमी० प्रति घण्टा.

प्रश्न 7. अपनी वास्तविक चाल की $\frac{5}{6}$ चाल से चलकर एक रेलगाड़ी 10 मिनट देरी से अपने गंतव्य स्थान पर पहुँचती है. वास्तविक चाल से अपनी यात्रा यह कितनी देर में तय करती है?

हल : नई चाल = वास्तविक चाल का $\frac{5}{6}$.

$\Rightarrow$ नई चाल से यात्रा पूरी करने में लगा समय = वास्तविक चाल से लगे समय का $\frac{6}{5}$

$\Rightarrow$ $\frac{6}{5}$ × (वास्तविक चाल से लगा समय) − (वास्तविक चाल से लगा समय) = 10 मिनट

$\Rightarrow$ $\left(\frac{6}{5} - 1\right) \times$ वास्तविक चाल से लगा समय = 10 मिनट

$\Rightarrow$ वास्तविक चाल से लगा समय = (5 × 10) मिनट = 50 मिनट.

प्रश्न 8. एक व्यक्ति को अपनी यात्रा में 7 घण्टे 20 मिनट लगते हैं. यदि वह एक तिहाई यात्रा 60 किमी० प्रति घण्टा की चाल से तय करे तथा शेष यात्रा 45 किमी० प्रति घण्टा की चाल से तय करे तो उसने कुल कितनी दूरी तय की?

हल : माना कुल यात्रा = x किमी०. तब,

यात्रा का पहला भाग = $\frac{x}{3}$ किमी०, यात्रा का दूसरा भाग = $\frac{2x}{3}$ किमी०.

$$\therefore \frac{(x/3)}{60}+\frac{(2x/3)}{45}=\frac{22}{3} \Rightarrow \frac{x}{180}+\frac{2x}{135}=\frac{22}{3}$$

$$\Rightarrow (3x+8x)=(180\times 22) \Rightarrow 11x=180\times 22 \Rightarrow x=\frac{180\times 22}{11}=360.$$

अतः कुल यात्रा = 360 किमी०.

प्रश्न 9. एक व्यक्ति मोटर साईकिल द्वारा एक निश्चित दूरी तय करता है. यदि वह 6 किमी० प्रति घण्टा धीरे चलता तो उसे 8 मिनट अधिक लगते. परन्तु, यदि वह 4 किमी० प्रति घण्टा तेज चलता तो उसे $4\frac{1}{2}$ मिनट कम लगते. दूरी ज्ञात कीजिए.

हल : माना अभीष्ट दूरी = x किमी० तथा वास्तविक चाल = y किमी०/घण्टा. तब,

$$\frac{x}{(y-6)}-\frac{x}{y}=\frac{8}{60} \Rightarrow x\left[\frac{1}{(y-6)}-\frac{1}{y}\right]=\frac{2}{15}$$

$$\Rightarrow x\left[\frac{y-(y-6)}{y(y-6)}\right]=\frac{2}{15} \Rightarrow y(y-6)=45x \qquad \ldots(i)$$

तथा $$\frac{x}{y}-\frac{x}{(y+4)}=\frac{9}{120} \Rightarrow x\left[\frac{1}{y}-\frac{1}{(y+4)}\right]=\frac{3}{40}$$

$$\Rightarrow x\left[\frac{(y+4)-y}{y(y+4)}\right]=\frac{3}{40} \Rightarrow 3y(y+4)=160x \qquad \ldots(ii)$$

(i) को (ii) से भाग देने पर :

$$\frac{(y-6)}{3(y+4)}=\frac{9}{32} \Rightarrow 27y+108=32y-192$$

$$\Rightarrow 5y=300 \Rightarrow y=60.$$

(ii) में $y=60$ रखने पर $3\times 60\times 64=160x$.

$$\therefore \; x=\frac{3\times 60\times 64}{160}=72.$$

अभीष्ट दूरी = 72 किमी०.

प्रश्न 10. एक सिपाही को अपने से 100 मीटर आगे एक चोर दिखाई दिया. जैसे ही सिपाही ने उसका पीछा करना आरम्भ किया, चोर ने भागना आरम्भ कर दिया. यदि चोर की चाल 8 किमी० प्रति घण्टा हो तथा सिपाही की चाल 10 किमी० प्रति घण्टा हो, तो कितने मीटर भागने के बाद चोर पकड़ा जायेगा?

हल : सिपाही की चोर के सापेक्ष चाल = (10 – 8) किमी० प्रति घण्टा = 2 किमी० प्रति घण्टा.

100 मीटर दूरी को सापेक्ष चाल से तय करने में लगा समय $=\left(\frac{1}{2000}\times 100\right)$ घण्टा $=\frac{1}{20}$ घण्टा.

$\frac{1}{20}$ घण्टे में चोर द्वारा तय की गई दूरी $=\left(8\times\frac{1}{20}\right)$ किमी० $=\left(\frac{2}{5}\times 1000\right)$ मीटर = 400 मीटर.

प्रश्नमाला 17A

नीचे दिये गये प्रश्नों में से प्रत्येक में ठीक उत्तर को चिन्हांकित (✓) कीजिए :

1. दो रेलगाड़ियों की चाल 6 : 7 के अनुपात में हैं. यदि दूसरी रेलगाड़ी 4 घण्टे में 364 किमी० चले, तो पहली रेलगाड़ी की चाल कितनी है? **(एस०एस०सी० परीक्षा, 2010)**

(*a*) 60 किमी०/घण्टा (*b*) 72 किमी०/घण्टा (*c*) 78 किमी०/घण्टा (*d*) 84 किमी०/घण्टा

2. तीन कारों की चाल 2 : 3 : 4 के अनुपात में हैं. समान दूरी तय करने में इन कारों द्वारा लिए गये समय में क्रमशः अनुपात होगा :
(*a*) 2 : 3 : 4 (*b*) 4 : 3 : 2 (*c*) 4 : 3 : 6 (*d*) 6 : 4 : 3

3. एक व्यक्ति *A* से *B* तक *x* किमी॰ प्रति घण्टा की औसत चाल से गया तथा वापिस *B* से *A* तक *y* किमी॰ प्रति घण्टा की औसत चाल से लौटा. पूरी यात्रा में उसकी औसत चाल कितनी थी ?
(*a*) $\frac{(x+y)}{2xy}$ (*b*) $\frac{2xy}{(x+y)}$ (*c*) $\frac{x}{(x+y)}$ (*d*) $\left(\frac{1}{x}+\frac{1}{y}\right)$

(एस०एस०सी० परीक्षा, 2010)

4. *A* तथा *B* किसी एक ही दूरी को क्रमशः 9 किमी॰/घण्टा तथा 10 किमी॰/घण्टा की चाल से तय करते हैं. यदि *A* द्वारा लिया गया समय *B* द्वारा लिये गये समय से 36 मिनट अधिक हो तो यह दूरी कितनी है ?
(*a*) 48 किमी॰ (*b*) 54 किमी॰ (*c*) 60 किमी॰ (*d*) 66 किमी॰

(एस०एस०सी० परीक्षा, 2010)

5. *A*, *B* से दुगुना तेज धावक है तथा *B*, *C* से तिगुना तेज धावक है. यदि *C* ने कोई दूरी 1 घण्टा 54 मिनट में तय की हो, तो *A* उसे तय करने में कितना समय लेगा ? **(एस०एस०सी० परीक्षा, 2010)**
(*a*) 19 मिनट (*b*) 38 मिनट (*c*) 51 मिनट (*d*) 57 मिनट

6. एक रेलगाड़ी ने 19 घण्टे में 1235 किमी॰ की दूरी तय की. यदि एक कार की औसत गति रेलगाड़ी की औसत गति का $\frac{4}{5}$ हो, तो कार 22 घण्टे में कितनी दूरी तय करेगी ? **(बैंक पी०ओ० परीक्षा, 2010)**
(*a*) 1234 किमी॰ (*b*) 1144 किमी॰ (*c*) 1134 किमी॰ (*d*) 1244 किमी॰ (*e*) इनमें से कोई नहीं

7. *A* अपने घर से अपने विद्यालय 3 किमी॰ प्रति घण्टा की चाल से जाने पर 5 मिनट देरी से पहुँचता है. यदि वह 4 किमी॰ प्रति घण्टा की चाल से चले तो विद्यालय के समय से 5 मिनट पहले पहुँच जाता है. उसके घर से विद्यालय की दूरी कितनी है ? **(एस०एस०सी० परीक्षा, 2010)**
(*a*) 1 किमी॰ (*b*) 2 किमी॰ (*c*) 3 किमी॰ (*d*) 4 किमी॰

8. एक लड़का 1 किमी॰ की दूरी तय करने के लिए *p* किमी॰/घण्टा की गति से दौड़ रहा है परन्तु फिसलन के कारण उसकी चाल *q* किमी॰/घण्टा कम हो जाती है. यदि इस दूरी को तय करने हेतु उसे *r* घण्टे लगें, तो निम्न में से कौनसा सम्बन्ध सही है ? **(एम०बी०ए० परीक्षा, 2006)**
(*a*) $\frac{1}{r}=(p-q)$ (*b*) $r=(p-q)$ (*c*) $\frac{1}{r}=(p+q)$ (*d*) $r=(p+q)$

9. एक राजमार्ग पर दो स्थान *A* तथा *B* एक दूसरे से 100 किमी॰ की दूरी पर हैं. एक कार *A* से तथा अन्य कार *B* से रवाना होती है. यदि दोनों कार एक ही दिशा में चलें तो परस्पर 5 घण्टे में मिलती हैं. यदि वे एक-दूसरे की ओर विपरीत दिशाओं में चलें तो 1 घण्टे में मिलती हैं. तेज चलने वाली कार की चाल कितनी है ?
(*a*) 60 किमी॰/घण्टा (*b*) 50 किमी॰/घण्टा (*c*) 40 किमी॰/घण्टा (*d*) 32 किमी॰/घण्टा

(एस०एस०सी० परीक्षा, 2010)

10. अपनी सामान्य चाल की $\frac{3}{4}$ चाल से चलने पर कोई व्यक्ति अपने कार्यालय सामान्य समय की तुलना में 20 मिनट देरी से पहुँचता है. उसके द्वारा अपने कार्यालय पहुँचने में लिए जाने वाला सामान्य समय कितना है ?
(*a*) 75 मिनट (*b*) 60 मिनट (*c*) 40 मिनट (*d*) 30 मिनट

(एस०एस०सी० परीक्षा, 2010)

11. एक व्यक्ति *A* से *B* तक 60 किमी॰ प्रति घण्टा की गति से जाता है तथा *B* से *A* तक 40 किमी॰ प्रति घण्टा की गति से लौटता है. सम्पूर्ण यात्रा के लिए उसकी औसत गति कितनी है ? **(होटल मैनेजमैन्ट परीक्षा, 2009)**
(*a*) 50 किमी॰/घण्टा (*b*) 48 किमी॰/घण्टा (*c*) 45 किमी॰/घण्टा (*d*) 55 किमी॰/घण्टा

12. विश्रामों को छोड़कर एक बस की गति 64 किमी० प्रति घण्टा है और विश्रामों सहित बस की गति 48 किमी० प्रति घण्टा है. प्रत्येक 1 घण्टे में बस कितने समय विश्राम के लिए रुकती है ? **(बैंक पी०ओ० परीक्षा, 2009)**

(*a*) 12·5 मिनट (*b*) 15 मिनट (*c*) 10 मिनट (*d*) 18 मिनट (*e*) इनमें से कोई नहीं

13. एक व्यक्ति 24 किमी० की दूरी 6 किमी०/घण्टा की चाल से, एक अन्य 24 किमी० की दूरी 8 किमी०/घण्टा की चाल से तथा एक अन्य 24 किमी० की दूरी 12 किमी०/घण्टा की चाल से तय करता है. पूरी यात्रा के लिए उसकी औसत चाल कितनी है ? **(एस०एस०सी० परीक्षा, 2008)**

(*a*) $8\frac{2}{3}$ किमी०/घण्टा (*b*) 8 किमी०/घण्टा (*c*) $2\frac{10}{13}$ किमी०/घण्टा (*d*) 9 किमी०/घण्टा

14. एक व्यक्ति अपने गंतव्य पर जो 90 किमी० की दूरी पर है 3 घण्टे में पहुँचना चाहता है. वह प्रथम आधी दूरी 20 किमी०/घण्टा की चाल से तय करता है. शेष यात्रा के लिए उसकी औसत चाल कितनी होगी ?

(*a*) 40 किमी०/घण्टा (*b*) 50 किमी०/घण्टा (*c*) 60 किमी०/घण्टा (*d*) 70 किमी०/घण्टा

15. रमन अपने घर से पास के एक शहर में कार द्वारा 50 किमी०/घण्टा की गति से गया तथा 45 किमी०/घण्टा की गति से वापिस आया. वापस आने में यदि उसे एक घण्टा अधिक लगा हो, तो रमन के घर से उस शहर की दूरी कितनी है ? **(बैंक पी०ओ० परीक्षा, 2008)**

(*a*) 450 किमी० (*b*) 225 किमी० (*c*) 900 किमी० (*d*) 500 किमी० (*e*) इनमें से कोई नहीं

16. एक स्कूल बस एक गाँव से स्कूल तक की दूरी 12 किमी०/घण्टा की गति से तय करती है तथा 8 मिनट देरी से स्कूल पहुँचती है. अगले दिन यह बस 20 किमी०/घण्टा की गति से तय करती है तथा समय से 10 मिनट पहले स्कूल पहुँच जाती है. गाँव तथा स्कूल के बीच की दूरी कितनी है ? **(बैंक पी०ओ० परीक्षा, 2007)**

(*a*) 15 किमी० (*b*) 6 किमी० (*c*) 9 किमी० (*d*) 12 किमी० (*e*) इनमें से कोई नहीं

17. एक कार पहले 35 किमी० की यात्रा 45 मिनट में तथा शेष 69 किमी० यात्रा 75 मिनट में तय करती है. कार की औसत गति कितनी है ? **(बैंक पी०ओ० परीक्षा, 2007)**

(*a*) 42 किमी०/घण्टा (*b*) 50 किमी०/घण्टा (*c*) 52 किमी०/घण्टा (*d*) 60 किमी०/घण्टा
(*e*) इनमें से कोई नहीं

18. रमेश 760 किमी० की कुछ दूरी रेलगाड़ी द्वारा तथा कुछ कार द्वारा तय करता है. यदि वह 160 किमी० रेलगाड़ी द्वारा तथा शेष कार द्वारा तय करे तो उसे 8 घण्टे लगते हैं. यदि वह 240 किमी० रेलगाड़ी द्वारा तथा शेष कार द्वारा तय करे, तो उसे 12 मिनट अधिक लगते हैं. रेलगाड़ी तथा कार की गतियाँ क्रमश: कितनी कितनी हैं ?

(*a*) 90 किमी०/घण्टा, 60 किमी०/घण्टा (*b*) 100 किमी०/घण्टा, 80 किमी०/घण्टा
(*c*) 80 किमी०/घण्टा, 70 किमी०/घण्टा (*d*) 100 किमी०/घण्टा, 90 किमी०/घण्टा

(एम०बी०ए० परीक्षा, 2007)

19. एक व्यक्ति एक निश्चित दूरी तय करने में साईकिल से जाने तथा स्कूटर से लौटने में 6 घण्टे 30 मिनट लेता है. यदि वह दोनों ओर साईकिल से जाये तो 2 घण्टे 10 मिनट अधिक लगते हैं. दोनों ओर स्कूटर से जाने में कितना समय लगेगा ? **(एम०बी०ए० परीक्षा, 2006)**

(*a*) 2 घण्टे (*b*) $4\frac{1}{3}$ घण्टे (*c*) $3\frac{1}{3}$ घण्टे (*d*) $5\frac{1}{3}$ घण्टे

20. अपनी सामान्य गति की $\frac{2}{3}$ गति से चलने पर एक रेलगाड़ी अपने गंतव्य पर 3 घण्टे देरी से पहुँचती है. सामान्य गति से यह यात्रा पूरी करने में उसे कितना समय लगेगा ? **(ए०ए०ओ० परीक्षा, 2006)**

(*a*) 6 घण्टे (*b*) 8 घण्टे (*c*) 10 घण्टे (*d*) 12 घण्टे

21. 6000 किमी० की एक उड़ान में एक वायुयान को मौसम खराब होने के कारण अपनी औसत गति 400 किमी०/घण्टा कम करनी पड़ी तथा उसके उड़ान के समय में 30 मिनट की वृद्धि हो गई. उड़ान का मूल समय कितना था ?

(*a*) $1\frac{1}{2}$ घण्टा (*b*) $2\frac{1}{2}$ घण्टे (*c*) $3\frac{1}{2}$ घण्टे (*d*) $4\frac{1}{2}$ घण्टे

(एम०बी०ए० परीक्षा, 2006)

22. स्टेशनों पर रुकने के समय को सम्मिलित करने पर किसी रेलगाड़ी की चाल 28 किमी०/घण्टा है. जबकि, स्टेशनों पर रुकने के समय को हटाकर उसकी चाल 42 किमी०/घण्टा है. कितने समय प्रति घण्टा की औसत से रेलगाड़ी स्टेशनों पर रुकी ? **(एस०एस०सी० परीक्षा, 2010)**

(*a*) 14 मिनट (*b*) 6 मिनट (*c*) 10 मिनट (*d*) 20 मिनट

23. एक जीप एक कार का पीछा कर रही है जो जीप से 5 किमी० आगे है. उनकी चाल क्रमशः 90 किमी०/घण्टा तथा 75 किमी०/घण्टा है. जीप, कार को कितने समय के बाद पकड़ लेगी ? **(एस०एस०सी० परीक्षा, 2009)**

(*a*) 18 मिनट (*b*) 20 मिनट (*c*) 24 मिनट (*d*) 25 मिनट

24. कार *A* ने 448 किमी० की दूरी 8 घण्टे में तय की तथा कार *B* ने 9 घण्टे में कार *A* से 110 किमी० अधिक दूरी तय की. कार *A* कार *B* की गति का अनुपात है क्रमशः **(बैंक पी०ओ० परीक्षा, 2010)**

(*a*) 31 : 28 (*b*) 29 : 32 (*c*) 55 : 2 (*d*) 62 : 55 (*e*) इनमें से कोई नहीं

25. एक रेलगाड़ी तथा एक कार की गति का अनुपात क्रमशः 16 : 15 है. एक बस 480 किमी० की दूरी 8 घण्टे में तय करती है. बस की गति रेलगाड़ी की गति की तीन-चौथाई है. 6 घण्टे में कार कितनी दूरी तय करेगी ?

(*a*) 450 किमी० (*b*) 480 किमी० (*c*) 360 किमी० (*d*) निर्धारित नहीं किया जा सकता

(*e*) इनमें से कोई नहीं **(बैंक पी०ओ० परीक्षा, 2010)**

26. एक कार, जीप और ट्रैक्टर की गति का अनुपात क्रमशः 3 : 5 : 2 है. जीप की गति ट्रैक्टर की गति की 250% है, जो 12 घण्टे में 360 किमी० दूरी तय करता है. कार तथा जीप की मिलाकर औसत गति कितनी है ?

(*a*) 60 किमी०/घण्टा (*b*) 75 किमी०/घण्टा (*c*) 40 किमी०/घण्टा (*d*) निर्धारित नहीं किया जा सकता

(*e*) इनमें से कोई नहीं **(बैंक पी०ओ० परीक्षा, 2010)**

27. एक मालगाड़ी दिल्ली से मुम्बई के लिए 40 किमी०/घण्टा की औसत चाल से रवाना होती है. उसके 2 घण्टे बाद एक एक्सप्रैस गाड़ी दिल्ली से मुम्बई के लिए 60 किमी०/घण्टा की औसत चाल से चलकर पहले रवाना हुई मालगाड़ी के समान्तर पथ पर रवाना होती है. दिल्ली से किस दूरी पर एक्सप्रैस गाड़ी मालगाड़ी से जा मिलेगी ?

(*a*) 230 किमी० (*b*) 240 किमी० (*c*) 260 किमी० (*d*) 280 किमी०

28. एक कार शहर *Y* से शहर *Z* की दूरी 60 किमी०/घण्टा की गति से तथा शहर *Z* से शहर *Y* की दूरी 65 किमी०/घण्टा की गति से तय करती है. कार की औसत गति कितनी है ? **(बैंक पी०ओ० परीक्षा, 2010)**

(*a*) 62·5 किमी०/घण्टा (*b*) 62 किमी०/घण्टा (*c*) 62·4 किमी०/घण्टा (*d*) निर्धारित नहीं किया जा सकता

(*e*) इनमें से कोई नहीं

29. एक व्यक्ति एक खड़ी हुई बस को 18 सेकण्ड में पार करता है. यही बस 4 सेकण्ड में एक खम्भा पार करती है. बस तथा उस व्यक्ति की गतियों का अनुपात है क्रमशः **(बैंक पी०ओ० परीक्षा, 2010)**

(*a*) 9 : 2 (*b*) 9 : 4 (*c*) 18 : 5 (*d*) निर्धारित नहीं किया जा सकता

(*e*) इनमें से कोई नहीं

30. दो शहर *A* तथा *B* एक-दूसरे से 500 किमी० की दूरी पर हैं. एक रेलगाड़ी प्रातः 8 बजे *A* से *B* की ओर 70 किमी०/घण्टा की गति से चलती है. 10 बजे एक अन्य गाड़ी *B* से *A* की ओर 110 किमी०/घण्टा की गति से चलती है. दोनों गाड़ियाँ आपस में कब मिलेंगी ? **(एस०एस०सी० परीक्षा, 2009)**

(*a*) 1 बजे अपराह्न (*b*) 12 बजे दोपहर (*c*) 12·30 बजे अपराह्न (*d*) 1·30 बजे अपराह्न

31. एक कार कुछ दूरी $4\frac{1}{2}$ घण्टे में तय कर सकती है. यदि इसकी गति 5 किमी०/घण्टा बढ़ा दी जाये तो वही दूरी तय करने में आधा घण्टा कम लगेगा. कार की धीमी गति कितनी है ? **(एस०एस०सी० परीक्षा, 2009)**

(*a*) 50 किमी०/घण्टा (*b*) 40 किमी०/घण्टा (*c*) 45 किमी०/घण्टा (*d*) 60 किमी०/घण्टा

32. एक किसान 61 किमी० की दूरी 9 घण्टे में तय करता है. वह आंशिक रूप से 4 किमी०/घण्टा की दर से पैदल तथा 9 किमी०/घण्टा की दर से साईकिल द्वारा तय करता है. पैदल तय की गई दूरी कितनी है ?

(*a*) 17 किमी० (*b*) 16 किमी० (*c*) 15 किमी० (*d*) 14 किमी०

33. 54 किमी०/घण्टा के वेग को मीटर/सैकण्ड में बदलने पर प्राप्त होता है : **(रेलवे परीक्षा, 2009)**

(*a*) 14 मीटर/सैकण्ड (*b*) 21 मीटर/सैकण्ड (*c*) 15 मीटर/सैकण्ड (*d*) 27 मीटर/सैकण्ड

34. यदि किसी सवारी गाड़ी की चाल अपनी सामान्य चाल से 10 किमी०/घण्टा बढ़ा दी जाये तो वह 360 किमी० की दूरी तय करने में 3 घण्टे कम समय लेगी. गाड़ी की सामान्य गति कितनी है ?

(*a*) 25 किमी०/घण्टा (*b*) 30 किमी०/घण्टा (*c*) 40 किमी०/घण्टा (*d*) 60 किमी०/घण्टा

35. एक साईकिल सवार 100 मीटर अर्द्धव्यास के एक गोलाकार रास्ते का एक चक्कर 2 मिनट में पूरा करता है. साईकिल सवार की गति कितनी है ? ($\pi = 3{\cdot}14$ लें) **(रेलवे परीक्षा, 2009)**

(*a*) 200 मीटर/मिनट (*b*) 314 मीटर/मिनट (*c*) 300 मीटर/मिनट (*d*) 900 मीटर/मिनट

36. एक रेलगाड़ी अपनी सामान्य चाल की $\frac{7}{11}$ चाल से चलकर किसी स्थान पर 22 घण्टे में पहुँचती है. यदि रेलगाड़ी अपनी सामान्य चाल से चली होती, तो कितने समय की बचत होती ? **(एस०एस०सी० परीक्षा, 2005)**

(*a*) 14 घण्टे (*b*) 7 घण्टे (*c*) 8 घण्टे (*d*) 16 घण्टे

37. एक एक्सप्रैस रेलगाड़ी ने 100 किमी०/घण्टा की औसत चाल से एक दूरी प्रत्येक 75 किमी० के बाद 3 मिनट रुकते हुए तय की. कितनी देर में यह रेलगाड़ी 600 किमी० की दूरी पर स्थित गन्तव्य स्थान पर पहुँचेगी ?

(*a*) 6 घण्टे 21 मिनट (*b*) 6 घण्टे 24 मिनट (*c*) 6 घण्टे 27 मिनट (*d*) 6 घण्टे 30 मिनट

(मैनेजमैंट परीक्षा, 2003)

38. एक कार की चाल 10 मीटर/सैकण्ड है. इसकी चाल कितने किमी० प्रति घण्टा है ?

(*a*) 32 किमी०/घण्टा (*b*) 36 किमी०/घण्टा (*c*) 40 किमी०/घण्टा (*d*) 50 किमी०/घण्टा

(एस०एस०सी० परीक्षा, 2002)

39. एक रेलगाड़ी 40 किमी०/घण्टा की औसत चाल से चलकर अपने गंतव्य स्थान पर ठीक समय पर पहुँच जाती है. यदि इसकी औसत चाल 35 किमी०/घण्टा हो, तो यह अपने गंतव्य स्थान पर 15 मिनट देरी से पहुँचती है. यह दूरी कितनी है ?

(*a*) 30 किमी० (*b*) 40 किमी० (*c*) 70 किमी० (*d*) 80 किमी०

40. एक सिपाही किसी चोर का पीछा कर रहा है तथा चोर से 100 मीटर पीछे है. यदि सिपाही तथा चोर की चालों का अनुपात 5 : 4 हो, तो पकड़े जाने पर चोर कितनी दूरी तय कर चुका होगा ?

(*a*) 80 मीटर (*b*) 200 मीटर (*c*) 400 मीटर (*d*) 600 मीटर

(एस०एस०सी० परीक्षा, 2005)

41. किसी दूरी को तय किये जाने वाले समय में 20% कमी करने हेतू एक कार चालक को कार की चाल में कितने प्रतिशत वृद्धि करनी होगी ?

(*a*) 20% (*b*) 25% (*c*) 30% (*d*) 40%

42. 30 किमी० दूरी तय करने में A, B से 2 घण्टे अधिक लेता है. यदि A अपनी चाल दुगुनी कर दे तो इस दूरी कों तय करने में B से 1 घण्टा कम लेगा. A की चाल कितनी है ?

(*a*) 5 किमी०/घण्टा (*b*) 6 किमी०/घण्टा (*c*) 6·25 किमी०/घण्टा (*d*) 7·5 किमी०/घण्टा

43. एक कार कुछ दूरी को एक निश्चित चाल से 8 घण्टे में तय करती है. यदि इस चाल में 4 किमी०/घण्टा की वृद्धि कर दी जाये, तो यही दूरी $7\frac{1}{2}$ घण्टे में तय की जाती है. यह दूरी कितनी है ? **(बैंक पी०ओ० परीक्षा, 2003)**

(*a*) 420 किमी० (*b*) 480 किमी० (*c*) 640 किमी० (*d*) ज्ञात नहीं की जा सकती

(*e*) इनमें से कोई नहीं

44. एक व्यक्ति को एक निश्चित दूरी तक पैदल जाने तथा वापिस घुड़सवारी करके आने में 5 घण्टे 45 मिनट लगते हैं. दोनों ओर घुड़सवारी करने पर उसके 2 घण्टे बच जाते हैं. दोनों ओर पैदल यात्रा करने पर उसे कितना समय लगेगा ?

(*a*) 3 घण्टे 45 मिनट (*b*) 7 घण्टे 30 मिनट (*c*) 7 घण्टे 45 मिनट (*d*) 11 घण्टे 45 मिनट

45. A तथा B की चालों का अनुपात 3:4 है. एक निश्चित दूरी B ने 24 मिनट में तय की है. इस दूरी को तय करने में A कितना समय लेगा ?

(*a*) 18 मिनट (*b*) 32 मिनट (*c*) $10\frac{6}{7}$ मिनट (*d*) $13\frac{5}{7}$ मिनट

46. एक कार किसी दूरी को 10 घण्टे में तय करती है. यदि इस यात्रा की आधी दूरी 40 किमी०/घण्टा की चाल से तथा शेष आधी दूरी 60 किमी०/घण्टा की चाल से पूरी की हो, तो यह कितनी दूरी है ?

(*a*) 400 किमी० (*b*) 480 किमी० (*c*) 380 किमी० (*d*) 300 किमी०

(एस०एस०सी० परीक्षा, 2005)

47. एक व्यक्ति बिन्दु A से बिन्दु B तक 4 किमी०/घण्टा की गति से जाता है तथा वापिस बिन्दु B से बिन्दु A तक 6 किमी०/घण्टा की गति से लौटता है. A से B तक पहुँचने तथा B से A तक आने में लगे समय का अनुपात क्या होगा ? **(बैंक पी०ओ० परीक्षा, 2009)**

(*a*) 5:3 (*b*) 2:3 (*c*) 2:1 (*d*) 4:3 (*e*) 3:2

48. एक व्यक्ति जो पहाड़ी के ढ़लान के अनुदिश $4\frac{1}{2}$ किमी०/घण्टा की चाल से तथा ढ़लान की विपरीत दिशा में 3 किमी०/घण्टा की चाल से चल सकता है. पहाड़ी के ऊपर जाकर वापिस अपने प्रारम्भिक स्थान पर 5 घण्टे में आता है. वह पहाड़ी पर कितनी ऊँचाई तक चढ़ा ? **(एस०एस०सी० परीक्षा, 2004)**

(*a*) 13·5 किमी० (*b*) 3 किमी० (*c*) 15 किमी० (*d*) 9 किमी०

49. एक रेलगाड़ी अपनी सामान्य गति से कुछ दूरी तय करती है. यदि इसकी गति 6 किमी०/घण्टा अधिक होती तो यह दूरी 4 घण्टे कम समय में तय की जाती तथा यदि इसकी गति 6 किमी०/घण्टा कम होती तो यह दूरी 6 घण्टे अधिक समय में तय की जाती. यात्रा की कुल दूरी कितनी है ? **(एम०बी०ए० परीक्षा, 2006)**

(*a*) 700 किमी० (*b*) 740 किमी० (*c*) 720 किमी० (*d*) 760 किमी०

50. एक वायुयान अपने निश्चित समय से 30 मिनट बाद उड़ना आरम्भ करता है तथा 1500 किमी० दूरी पर ठीक समय पर पहुँचने के लिए इसकी गति में 250 किमी० प्रति घण्टा की वृद्धि की जाती है. उसकी सामान्य गति कितनी थी ?

(*a*) 720 किमी०/घण्टा (*b*) 740 किमी०/घण्टा (*c*) 730 किमी०/घण्टा (*d*) 750 किमी०/घण्टा

(एम०बी०ए० परीक्षा, 2006)

51. मुम्बई एक्सप्रैस मुम्बई जाने के लिए दिल्ली से 14:30 बजे चलती है तथा इसकी चाल 60 किमी०/घण्टा है. राजधानी एक्सप्रैस मुम्बई जाने के लिए उसी दिन दिल्ली से 16:30 बजे चलती है तथा इसकी चाल 80 किमी०/घण्टा है. ये दोनों गाड़ियाँ दिल्ली से कितनी दूरी पर मिलेंगी ? **(एम०बी०ए० परीक्षा, 2005)**

(*a*) 120 किमी० (*b*) 360 किमी० (*c*) 480 किमी० (*d*) 500 किमी०

52. सुभाष तथा सुशील अपने-अपने घर से 8 किमी० दूर जाने के लिए चलना आरम्भ करते हैं तथा एक-दूसरे की ओर चलते हैं. वे 1 घण्टा 15 मिनट बाद मिलते हैं. यदि सुभाष 4 किमी०/घण्टा की औसत चाल से चले, तो सुशील की औसत चाल कितनी होगी ? **(रेलवे परीक्षा, 2005)**

(*a*) 3 किमी०/घण्टा (*b*) 4 किमी०/घण्टा (*c*) $2\frac{2}{5}$ किमी०/घण्टा (*d*) $3\frac{1}{2}$ किमी०/घण्टा

53. एक व्यक्ति किसी दूरी को तय करने में पैदल चलकर जाने तथा घुड़सवारी द्वारा वापिस आने में 4 घण्टे 30 मिनट का समय लेता है. वह उसी दूरी को पैदल चलकर जाने तथा आने में 8 घण्टे 20 मिनट का समय लेता है. उसी दूरी को घुड़सवारी द्वारा जाने तथा आने में उसे कितना समय लगेगा ? **(एस०एस०सी० परीक्षा, 2009)**

(*a*) 20 मिनट (*b*) 30 मिनट (*c*) 40 मिनट (*d*) 1 घण्टा

54. दो रेलगाड़ियाँ क्रमशः स्टेशन A तथा B से क्रमशः 50 किमी०/घण्टा तथा 60 किमी०/घण्टा की चाल से एक दूसरे की ओर एक ही समय में चलना आरम्भ करती हैं. जब ये परस्पर मिलती हैं, तो दूसरी रेलगाड़ी पहली रेलगाड़ी से 120 किमी० अधिक चल चुकी होती है. A तथा B के बीच की दूरी कितनी है ?

(*a*) 990 किमी० (*b*) 1200 किमी० (*c*) 1320 किमी० (*d*) 1440 किमी०

(एस०एस०सी० परीक्षा, 2005)

उत्तरमाला (प्रश्नमाला 17A)

1. (c)	**2.** (d)	**3.** (b)	**4.** (b)	**5.** (a)	**6.** (b)	**7.** (b)	**8.** (a)	**9.** (a)	**10.** (b)
11. (b)	**12.** (b)	**13.** (b)	**14.** (c)	**15.** (a)	**16.** (c)	**17.** (c)	**18.** (b)	**19.** (b)	**20.** (a)
21. (b)	**22.** (d)	**23.** (b)	**24.** (e)	**25.** (a)	**26.** (a)	**27.** (b)	**28.** (c)	**29.** (a)	**30.** (b)
31. (b)	**32.** (b)	**33.** (c)	**34.** (b)	**35.** (b)	**36.** (c)	**37.** (a)	**38.** (b)	**39.** (c)	**40.** (c)
41. (b)	**42.** (a)	**43.** (b)	**44.** (c)	**45.** (b)	**46.** (b)	**47.** (e)	**48.** (d)	**49.** (c)	**50.** (d)
51. (c)	**52.** (c)	**53.** (c)	**54.** (c)						

दिये गये प्रश्नों के हल प्रश्नमाला 17A

1. दूसरी रेलगाड़ी की चाल $= \frac{364}{4}$ किमी०/घण्टा = 91 किमी०/घण्टा.

पहली रेलगाड़ी की चाल $= \left(\frac{6}{7}\times 91\right)$ किमी०/घण्टा = 78 किमी०/घण्टा.

2. तीन कारों की चाल का अनुपात = 2 : 3 : 4.

समान दूरी तय करने में इनके द्वारा लिये गये समय का अनुपात $= \frac{1}{2}:\frac{1}{3}:\frac{1}{4} = 6:4:3$.

3. माना A से B तक दूरी = s किमी०.

A से B तक जाने तथा A तक वापिस आने में लगा समय $= \left(\frac{s}{x}+\frac{s}{y}\right) = \frac{s\,(x+y)}{xy}$

कुल दूरी = $2s$ किमी०.

औसत गति $= \frac{\text{कुल दूरी}}{\text{समय}} = \frac{2s\times xy}{s\,(x+y)} = \frac{2xy}{(x+y)}$.

4. माना अभीष्ट दूरी = x किमी०. तब

$\frac{x}{9}-\frac{x}{10}=\frac{36}{60} \Rightarrow \frac{x}{9}-\frac{x}{10}=\frac{3}{5} \Rightarrow 10x-9x=54 \Rightarrow x=54.$

∴ अभीष्ट दूरी = 54 किमी०.

5. C द्वारा लिया गया समय = 1 घण्टा 54 मिनट = 114 मिनट.

B द्वारा लिया गया समय $= \frac{1}{3}\times$ (C द्वारा लिया गया समय)

$= \left(\frac{1}{3}\times 114\right)$ मिनट = 38 मिनट.

A द्वारा लिया गया समय $= \frac{1}{2}\times$ (B द्वारा लिया गया समय)

$= \left(\frac{1}{2}\times 38\right)$ मिनट = 19 मिनट.

6. रेलगाड़ी की औसत गति $= \frac{1235}{19}$ किमी०/घण्टा = 65 किमी०/घण्टा.

कार की औसत गति $= \left(\frac{4}{5}\times 65\right)$ किमी०/घण्टा = 52 किमी०/घण्टा.

22 घण्टे में कार द्वारा तय की गई दूरी = (52 × 22) किमी० = 1144 किमी०.

7. माना अभीष्ट दूरी = x किमी०. दोनों समयों में अन्तर = 10 मिनट $= \frac{1}{6}$ घण्टा.

$\therefore \frac{x}{3}-\frac{x}{4}=\frac{1}{6} \Rightarrow (4x-3x)=2 \Rightarrow x=2.$

अत: अभीष्ट दूरी = 2 किमी०.

8. चाल $= \dfrac{\text{दूरी}}{\text{समय}} \Rightarrow (p-q) = \dfrac{1}{r}$.

9. माना A पर स्थित कार की चाल x किमी०/घण्टा है तथा B पर स्थित कार की चाल y किमी०/घण्टा है, जहाँ $y > x$.

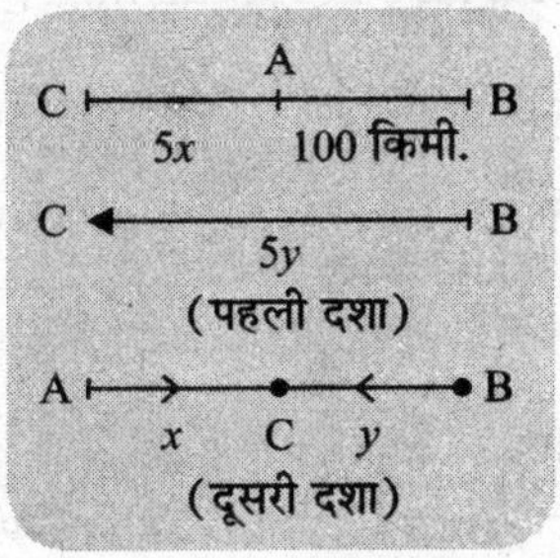

पहली दशा में

$5y - 5x = 100 \Rightarrow y - x = 20 \quad \ldots(i)$

दूसरी दशा में

$y + x = 100 \quad \ldots(ii)$

इन्हें हल करने पर $y = 60$ तथा $x = 40$.

तेज चलने वाली कार की चाल = 60 किमी०/घण्टा.

10. माना वास्तविक चाल $= x$ किमी०/घण्टा.

तब, नई चाल $= \dfrac{3x}{4}$ किमी०/घण्टा.

माना कुल दूरी $= y$ किमी०.

$$\frac{y}{(3x/4)} - \frac{y}{x} = \frac{20}{60} \Rightarrow \left(\frac{4}{3} - 1\right)\frac{y}{x} = \frac{1}{3} \Rightarrow \frac{y}{x} = 1.$$

$\therefore$ वास्तविक चाल से लिया गया समय = 1 घण्टा = 60 मिनट.

11. Short Cut Method

औसत गति $= \dfrac{2xy}{(x+y)} = \left(\dfrac{2 \times 60 \times 40}{100}\right)$ किमी०/घण्टा = 48 किमी०/घण्टा.

12. 1 घण्टे में बस की रुकने वाली दूरी = (64 – 48) किमी० = 16 किमी०.

इस दूरी को तय करने में लगा समय $= \left(\dfrac{16}{64} \times 60\right)$ मिनट = 15 मिनट.

$\therefore$ 1 घण्टे में विश्राम का समय = 15 मिनट.

13. कुल दूरी = (24 + 24 + 24) किमी० = 72 किमी०.

कुल समय $= \left(\dfrac{24}{6} + \dfrac{24}{8} + \dfrac{24}{12}\right)$ घण्टे = (4 + 3 + 2) घण्टे = 9 घण्टे.

औसत चाल $= \dfrac{72}{9}$ किमी०/घण्टा = 8 किमी०/घण्टा.

14. प्रथम दूरी = 45 किमी०, चाल = 20 किमी०/घण्टा.

इस दूरी को तय करने में लगा समय $= \dfrac{45}{20}$ घण्टे $= \dfrac{9}{4}$ घण्टे.

शेष दूरी = (90 – 45) किमी० = 45 किमी०, शेष समय $= \left(3 - \dfrac{9}{4}\right)$ घण्टे $= \dfrac{3}{4}$ घण्टे.

इस दूरी के लिए औसत चाल $= \dfrac{45}{(3/4)}$ किमी०/घण्टा $= \left(\dfrac{45 \times 4}{3}\right)$ किमी०/घण्टा

= 60 किमी०/घण्टा.

15. माना अभीष्ट दूरी $= x$ किमी०, तब

$$\frac{x}{45} - \frac{x}{50} = 1 \Rightarrow (10x - 9x) = 450 \Rightarrow x = 450.$$

अभीष्ट दूरी = 450 किमी०.

16. माना अभीष्ट दूरी $= x$ किमी०. दोनों समयों में अन्तर = 18 मिनट.

$$\therefore \frac{x}{12} - \frac{x}{20} = \frac{18}{60} \Rightarrow \frac{x}{12} - \frac{x}{20} = \frac{3}{10}$$

$\Rightarrow 5x - 3x = 18 \Rightarrow 2x = 18 \Rightarrow x = 9.$

अतः अभीष्ट दूरी = 9 किमी॰.

17. कुल दूरी = (35 + 69) किमी॰ = 104 किमी॰.

इसे तय करने में लगा कुल समय = (45 + 75) मिनट = 120 मिनट = 2 घण्टे.

औसत गति $= \frac{104}{2}$ किमी॰/घण्टा = 52 किमी॰/घण्टा.

18. माना रेलगाड़ी की चाल = x किमी॰/घण्टा तथा कार की चाल = y किमी॰/घण्टा.

तब $\frac{160}{x} + \frac{600}{y} = 8$ ...(*i*)

$\frac{240}{x} + \frac{520}{y} = 8\frac{1}{5} \Rightarrow \frac{240}{x} + \frac{520}{y} = \frac{41}{5}$

$\therefore \frac{1200}{x} + \frac{2600}{y} = 41$ ...(*ii*)

(*ii*) को 3 से तथा (*i*) को 13 से गुणा करके घटाने पर :

$\frac{3600}{x} - \frac{2080}{x} = 19 \Rightarrow 19x = (3600 - 2080) = 1520 \Rightarrow x = 80.$

(*i*) में $x = 80$ रखने पर :

$\frac{160}{80} + \frac{600}{y} = 8 \Rightarrow \frac{600}{y} = (8-2) = 6 \Rightarrow 6y = 600 \Rightarrow y = 100.$

$\therefore$ रेलगाड़ी की चाल = 80 किमी॰/घण्टा, कार की चाल = 100 किमी॰/घण्टा.

19. माना दूरी = a किमी॰, साईकिल की चाल = x किमी॰/घण्टा, स्कूटर की चाल = y किमी॰/घण्टा.

$\therefore \frac{a}{x} + \frac{a}{y} = \frac{13}{2}$ ...(*i*) तथा $\frac{2a}{x} = \frac{26}{3} \Rightarrow \frac{a}{x} = \frac{13}{3}$ ...(*ii*)

(*i*) में $\frac{a}{x} = \frac{13}{3}$ रखने पर $\frac{a}{y} = \left(\frac{13}{2} - \frac{13}{3}\right) = \frac{13}{6}.$

दोनों ओर स्कूटर से जाने में लगा समय $= \frac{2a}{y} = \left(2 \times \frac{13}{6}\right)$ घण्टे $= \frac{13}{3}$ घण्टे $= 4\frac{1}{3}$ घण्टे.

20. माना रेलगाड़ी की सामान्य गति x किमी॰/घण्टा है तथा उसे यात्रा पूरी करने में लगा समय y घण्टे है.

तब, कुल दूरी = xy किमी॰.

नई गति $= \frac{2x}{3}$ किमी॰/घण्टा. अब लगा समय = $(y + 3)$ घण्टे.

$\therefore$ कुल दूरी $= \frac{2x}{3}(y+3)$ किमी॰.

अतः $xy = \frac{2x}{3}(y+3) \Rightarrow 2(y+3) = 3y \Rightarrow 2y + 6 = 3y \Rightarrow y = 6.$

$\therefore$ अभीष्ट समय = 6 घण्टे.

21. माना वायुयान की मूल गति = x किमी॰/घण्टा. नई गति = $(x - 400)$ किमी॰/घण्टा.

$\frac{6000}{(x-400)} - \frac{6000}{x} = \frac{1}{2} \Rightarrow 6000 \times \left[\frac{1}{(x-400)} - \frac{1}{x}\right] = \frac{1}{2}$

$\Rightarrow 12000 \times \frac{[x-(x-400)]}{(x-400)\,x} = 1 \Rightarrow x^2 - 400x - 4800000 = 0$

$\Rightarrow x^2 - 2400x + 2000x - 4800000 = 0$

$\Rightarrow x\,(x-2400) + 2000\,(x-2400) = 0 \Rightarrow (x-2400)\,(x+2000) = 0$

$\Rightarrow x = 2400$ [$\because$ गति ऋणात्मक नहीं हो सकती]

अत: वायुयान की मूल गति = 2400 किमी०/घण्टा.

उड़ान का मूल समय $= \frac{6000}{2400}$ घण्टे $= 2\frac{1}{2}$ घण्टे.

22. स्टेशनों पर रुकने का समय = 42 किमी० प्रति घण्टा की दर से (42 – 28) किमी० तय करने में लगा समय

$= \frac{14}{42}$ घण्टे $= \left(\frac{1}{3} \times 60\right)$ मिनट = 20 मिनट.

23. जीप की कार के सापेक्ष चाल = (90 – 75) किमी०/घण्टा = 15 किमी०/घण्टा.

सापेक्ष चाल से 5 किमी० दूरी तय करने में लगा समय $= \left(\frac{1}{15} \times 5\right)$ घण्टा $= \frac{1}{3}$ घण्टा.

$= \left(\frac{1}{3} \times 60\right)$ मिनट = 20 मिनट.

24. अभीष्ट अनुपात $= \frac{448}{8} : \frac{(448+110)}{9} = 56 : \frac{558}{9} = 56 : 62 = 28 : 31.$

25. बस की गति $= \frac{480}{8}$ किमी०/घण्टा = 60 किमी०/घण्टा.

$\frac{3}{4} \times$ रेलगाड़ी की गति = बस की गति = 60 किमी०/घण्टा

$\Rightarrow$ रेलगाड़ी की गति $= \left(\frac{4}{3} \times 60\right)$ किमी०/घण्टा = 80 किमी०/घण्टा.

कार की गति $= \frac{15}{16} \times$ रेलगाड़ी की गति $= \left(\frac{15}{16} \times 80\right)$ किमी०/घण्टा = 75 किमी०/घण्टा.

6 घण्टे में कार द्वारा तय की गई दूरी = (75 × 6) किमी० = 450 किमी०.

26. ट्रैक्टर की गति $= \frac{360}{12}$ किमी०/घण्टा = 30 किमी०/घण्टा

$\Rightarrow$ जीप की गति $= \left(30 \times \frac{250}{100}\right)$ किमी०/घण्टा = 75 किमी०/घण्टा

$\Rightarrow$ कार की गति $= \left(75 \times \frac{3}{5}\right)$ किमी०/घण्टा = 45 किमी०/घण्टा.

कार तथा जीप की औसत गति $= \frac{(45+75)}{2}$ किमी०/घण्टा = 60 किमी०/घण्टा.

27. मालगाड़ी द्वारा 2 घण्टे में तय की गई दूरी = (40 × 2) किमी० = 80 किमी०.

एक्सप्रैस गाड़ी की मालगाड़ी के सापेक्ष गति = (60 – 40) किमी०/घण्टा = 20 किमी०/घण्टा.

80 किमी० दूरी को सापेक्ष गति से तय करने में लगा समय $= \frac{80}{20}$ घण्टे = 4 घण्टे.

4 घण्टे में एक्सप्रैस गाड़ी द्वारा तय की गई दूरी = (60 × 4) किमी० = 240 किमी०.

दूसरी विधि :

माना दोनों रेलगाड़ियाँ t घण्टे बाद मिलती हैं.

तब $40t = 60(t-2) \Rightarrow 20t = 120 \Rightarrow t = 6.$

6 घण्टे में मालगाड़ी द्वारा तय की गई दूरी = (40 × 6) किमी० = 240 किमी०.

अत: एक्सप्रैस गाड़ी मालगाड़ी से, दिल्ली से 240 किमी० की दूरी पर मिलेगी.

28. Short Cut Method

औसत गति $= \frac{2xy}{(x+y)} = \left(\frac{2\times60\times65}{125}\right)$ किमी०/घण्टा $= \frac{312}{5}$ किमी०/घण्टा = 62·4 किमी०/घण्टा.

29. माना बस की लम्बाई = x मीटर.

बस की गति $= \frac{x}{4}$ मीटर/सैकण्ड, व्यक्ति की गति $= \frac{x}{18}$ मीटर/सैकण्ड.

अभीष्ट अनुपात $= \frac{x}{4} : \frac{x}{18} = 9 : 2.$

30. माना ये रेलगाड़ियाँ 8 बजे के x घण्टे बाद मिलती हैं.

A से चलने वाली रेलगाड़ी द्वारा x घण्टे में तय की गई दूरी = $70x$ किमी०.

B से चलने वाली रेलगाड़ी द्वारा $(x-2)$ घण्टे में तय की गई दूरी = $110\ (x-2)$ किमी०.

$\therefore\ 70x + 110(x-2) = 500 \Rightarrow 180x = (500+220) = 720 \Rightarrow x = 4.$

अत: ये रेलगाड़ियाँ आपस में 12 बजे दोपहर मिलेंगी.

31. माना कार की धीमी गति = x किमी०/घण्टा.

तब $x \times \frac{9}{2} = (x+5)\times 4 \Rightarrow 9x = 8x + 40 \Rightarrow x = 40.$

अत: अभीष्ट धीमी गति = 40 किमी०/घण्टा.

32. माना पैदल तय की गई दूरी = x किमी०.

तब, साईकिल द्वारा तय की गई दूरी = $(61-x)$ किमी०.

$\therefore\ \frac{x}{4} + \frac{61-x}{9} = 9 \Rightarrow 9x + 4\ (61-x) = 324$

$\Rightarrow 5x = (324-244) = 80 \Rightarrow x = 16.$

अत: पैदल तय की गई दूरी = 16 किमी०.

33. 54 किमी०/घण्टा $= \left(54\times\frac{5}{18}\right)$ मीटर/सैकण्ड = 15 मीटर/सैकण्ड.

34. माना सामान्य गति = x किमी०/घण्टा. तब

$$\frac{360}{x} - \frac{360}{(x+10)} = 3 \Rightarrow \frac{1}{x} - \frac{1}{(x+10)} = \frac{3}{360} = \frac{1}{120}$$

$$\Rightarrow \frac{(x+10)-x}{x\ (x+10)} = \frac{1}{120} \Rightarrow x^2 + 10x - 1200 = 0$$

$$\Rightarrow x^2 + 40x - 30x - 1200 = 0 \Rightarrow x\ (x+40) - 30\ (x+40) = 0$$

$$\Rightarrow (x+40)\ (x-30) = 0 \Rightarrow x = 30\ [\because\ x \neq -40]$$

$\therefore$ सवारी गाड़ी की सामान्य चाल = 30 किमी०/घण्टा.

35. गोलाकार रास्ते की परिधि $= 2\pi R = (2\times3{\cdot}14\times100)$ मीटर = 628 मीटर.

2 मिनट में तय की गई दूरी = 628 मीटर.

1 मिनट में तय की गई दूरी $= \frac{628}{2}$ मीटर = 314 मीटर.

$\therefore$ साईकिल सवार की गति = 314 मीटर/मिनट.

36. माना रेलगाड़ी की सामान्य चाल = x किमी०/घण्टा.

नई चाल $= \frac{7x}{11}$ किमी०/घण्टा.

दूरी = (चाल × समय) $= \left(\frac{7x}{11} \times 22\right)$ किमी० = $14x$ किमी०.

सामान्य चाल से लगा समय $= \frac{14x}{x}$ घण्टे = 14 घण्टे.

37. 600 किमी० दूरी तय करने में लगा समय $= \left(\frac{600}{100}\right)$ घण्टे = 6 घण्टे.

पड़ावों की संख्या $= \left(\frac{600}{75} - 1\right) = 7$.

रुकने का कुल समय = (7 × 3) मिनट = 21 मिनट.

कुल समय लगा = 6 घण्टे 21 मिनट.

38. 10 मीटर/सैकण्ड $= \left(10 \times \frac{18}{5}\right)$ किमी०/घण्टा = 36 किमी०/घण्टा.

39. माना अभीष्ट दूरी = x किमी०. तब

$$\frac{x}{35} - \frac{x}{40} = \frac{15}{60} \Rightarrow \frac{x}{35} - \frac{x}{40} = \frac{1}{4}$$

$$\Rightarrow (8x - 7x) = 70 \Rightarrow x = 70.$$

∴ अभीष्ट दूरी = 70 किमी.

40. सिपाही द्वारा 1 मीटर का अन्तर पूरा करने पर चोर चलता है = 4 मीटर.

सिपाही द्वारा 100 मीटर का अन्तर पूरा करने पर चोल चलता है = (4 × 100) मीटर = 400 मीटर.

41. माना पहले चाल = x किमी०/ घण्टा तथा इस दूरी को तय करने में लगा समय = y घण्टे.

तब, दूरी = xy किमी०.

नया समय = (y का 80%) घण्टे $= \left(y \times \frac{80}{100}\right)$ घण्टे $= \frac{4y}{5}$ घण्टे.

नई चाल $= \frac{\text{दूरी}}{\text{समय}} = \frac{xy}{(4y/5)}$ किमी०/ घण्टा $= \frac{5x}{4}$ किमी०/ घण्टा.

चाल में वृद्धि $= \left(\frac{5x}{4} - x\right)$ किमी०/ घण्टा $= \frac{x}{4}$ किमी०/ घण्टा.

चाल में वृद्धि % $= \left(\frac{x}{4} \times \frac{1}{x} \times 100\right)\% = 25\%$.

42. माना A की चाल = x किमी०/घण्टा.

दोनों चालों से लगे समय में अन्तर = 3 घण्टे.

$$\therefore \frac{30}{x} - \frac{30}{2x} = 3 \Rightarrow \frac{1}{x} - \frac{1}{2x} = \frac{1}{10} \Rightarrow \frac{1}{2x} = \frac{1}{10} \Rightarrow 2x = 10 \Rightarrow x = 5.$$

अत: A की चाल = 5 किमी०/घण्टा.

43. माना अभीष्ट दूरी = x किमी०. तब

$$\frac{x}{(15/2)} - \frac{x}{8} = 4 \Rightarrow \frac{2x}{15} - \frac{x}{8} = 4 \Rightarrow (16x - 15x) = 480 \Rightarrow x = 480.$$

∴ अभीष्ट दूरी = 480 किमी०.

44. (x किमी० पैदल जाने में लगा समय) + (x किमी० घुड़सवारी में लगा समय) $= \frac{23}{4}$ घण्टे.

⇒ ($2x$ किमी० पैदल जाने में लगा समय) + ($2x$ किमी० घुड़सवारी में लगा समय) $= \frac{23}{2}$ घण्टे

⇒ ($2x$ किमी० पैदल जाने में लगा समय) $+ \left(\frac{23}{4} - 2\right)$ घण्टे $= \frac{23}{2}$ घण्टे

$\Rightarrow$ (2x किमी० पैदल जाने में लगा समय) $= \left(\frac{23}{2} - \frac{15}{4}\right)$ घण्टे $= \frac{31}{4}$ घण्टे = 7 घण्टे 45 मिनट.

45. A तथा B की चालों का अनुपात = 3 : 4

A तथा B द्वारा समान दूरी तय करने में लगे समय का अनुपात = 4 : 3.

माना A ने $4x$ मिनट तथा B ने $3x$ मिनट में यह दूरी तय की. तब

$3x = 24 \Rightarrow x = 8.$

A द्वारा लिया गया समय = $4x$ मिनट = (4×8) मिनट = 32 मिनट.

46. माना कुल दूरी = x किमी०. तब

$$\frac{x}{2\times40} + \frac{x}{2\times60} = 10 \Rightarrow \frac{x}{80} + \frac{x}{120} = 10$$

$$\Rightarrow 3x + 2x = 2400 \Rightarrow 5x = 2400 \Rightarrow x = 480.$$

अभीष्ट दूरी = 480 किमी०.

47. माना दूरी AB = दूरी BA = x किमी०.

A से B तक जाने में लगा समय $= \frac{x}{4}$ घण्टे.

B से A तक आने में लगा समय $= \frac{x}{6}$ घण्टे.

अभीष्ट अनुपात $= \frac{x}{4} : \frac{x}{6} = \frac{1}{4} : \frac{1}{6} = 3 : 2.$

48. माना वह पहाड़ी पर x किमी० चढ़ा. तब,

$$\frac{x}{3} + \frac{x}{4\cdot5} = 5 \Rightarrow \frac{x}{3} + \frac{2x}{9} = 5$$

$$\Rightarrow 3x + 2x = 45 \Rightarrow 5x = 45 \Rightarrow x = 9.$$

अभीष्ट ऊँचाई = 9 किमी०.

49. माना कुल दूरी = x किमी० तथा सामान्य गति = y किमी०/घण्टा. तब

$$\frac{x}{y} - \frac{x}{y+6} = 4 \qquad ...(i)$$

$$\frac{x}{y-6} - \frac{x}{y} = 6 \qquad ...(ii)$$

(i) से : $x\left[\frac{1}{y} - \frac{1}{y+6}\right] = 4 \Rightarrow x\left[\frac{y+6-y}{y\,(y+6)}\right] = 4 \Rightarrow \frac{6x}{y\,(y+6)} = 4$ ...(iii)

(ii) से : $x\left[\frac{1}{y-6} - \frac{1}{y}\right] = 6 \Rightarrow x\left[\frac{y-(y-6)}{y\,(y-6)}\right] = 6 \Rightarrow \frac{6x}{y\,(y-6)} = 6$ ...(iv)

(iii) को (iv) से भाग देने पर :

$$\frac{6x}{y\,(y+6)} \times \frac{y\,(y-6)}{6x} = \frac{4}{6} \Rightarrow \frac{y-6}{y+6} = \frac{2}{3} \Rightarrow 3y - 18 = 2y + 12 \Rightarrow y = 30.$$

(ii) में $y = 30$ रखने पर : $\frac{6x}{30\times36} = 4 \Rightarrow x = (4\times180) = 720.$

$\therefore$ यात्रा की कुल दूरी = 720 किमी०.

50. माना वायुयान की सामान्य गति = x किमी०/घण्टा. तब

$$\frac{1500}{x}-\frac{1500}{(x+250)}=\frac{1}{2}\Rightarrow\frac{1}{x}-\frac{1}{(x+250)}=\frac{1}{3000}$$

$$\Rightarrow\frac{(x+250)-x}{x\,(x+250)}=\frac{1}{3000}\Rightarrow x\,(x+250)=750000$$

$$\Rightarrow x^2+250x-750000=0\Rightarrow x^2+1000x-750x-750000=0$$

$$\Rightarrow x\,(x+1000)-750\,(x+1000)=0\Rightarrow(x+1000)\,(x-750)=0$$

$$\Rightarrow x=750.$$

∴ वायुयान की सामान्य गति = 750 किमी०/घण्टा.

51. दोनों रेलगाड़ियों के चलने के समय में अन्तर = [(16 : 30 बजे) – (14 : 30) बजे] = 2 घण्टे.

तेज गाड़ी की धीमी गाड़ी के सापेक्ष चाल = (80 – 60) किमी०/घण्टा = 20 किमी०/घण्टा.

मुम्बई एक्सप्रैस द्वारा 2 घण्टे में तय की गई दूरी = (60 × 2) किमी० = 120 किमी०.

सापेक्ष चाल से 120 किमी० दूरी तय करने में लगा समय $=\frac{120}{20}$ घण्टे = 6 घण्टे.

(6 + 2) घण्टे में मुम्बई एक्सप्रैस द्वारा तय की गई दूरी = (60 × 8) किमी० = 480 किमी०.

अतः ये दोनों गाड़ियाँ दिल्ली से 480 किमी० दूरी पर मिलेंगी.

52. सुभाष द्वारा $1\frac{1}{4}$ घण्टे में तय की गई दूरी $=\left(4\times\frac{5}{4}\right)$ किमी० = 5 किमी०.

सुशील द्वारा $1\frac{1}{4}$ घण्टे में तय की गई दूरी = (8 – 5) किमी० = 3 किमी०.

सुशील की औसत चाल $=\left(3\times\frac{4}{5}\right)$ किमी०/घण्टा $=2\frac{2}{5}$ किमी०/घण्टा.

53. पैदल चलकर केवल जाने में लगा समय $=\left(\frac{1}{2}\times8\frac{1}{3}\right)$ घण्टे $=\left(\frac{1}{2}\times\frac{25}{3}\right)$ घण्टे

$=\frac{25}{6}$ घण्टे = 4 घण्टे 10 मिनट.

घुड़सवारी द्वारा आने में लगा समय = (4 घण्टे 30 मिनट) – (4 घण्टे 10 मिनट)

= 20 मिनट

घुड़सवारी द्वारा जाने तथा आने में लगा समय = (2 × 20) मिनट = 40 मिनट.

54. माना ये रेलगाड़ियाँ चलने के x घण्टे बाद मिलती हैं. तब

$60x-50x=120\Rightarrow10x=120\Rightarrow x=12.$

12 घण्टे में पहली रेलगाड़ी द्वारा तय की गई दूरी = (50 × 12) किमी० = 600 किमी०.

12 घण्टे में दूसरी रेलगाड़ी द्वारा तय की गई दूरी = (60 × 12) किमी० = 720 किमी०.

दूरी AB = (600 + 720) किमी० = 1320 किमी०.

प्रश्नमाला 17B

1. एक साईकिल सवार 5 मीटर प्रति सैकण्ड की चाल से 2 घण्टे 20 मिनट में कितने किलोमीटर दूरी तय करेगा?

2. एक व्यक्ति 6 किमी०/घण्टा की चाल से 4 मिनट में कितने मीटर दूरी तय करेगा?

3. 3 किमी० प्रति घण्टा की चाल से चलकर मैं अपने गन्तव्य पर 40 मिनट देर से पहुँचता हूँ तथा 4 किमी० प्रति घण्टा की चाल से चलकर मैं अपने गन्तव्य पर निर्धारित समय से 30 मिनट पहले पहुँच जाता हूँ. मेरे गन्तव्य की दूरी कितनी है? **(एस०एस०सी० परीक्षा, 2008)**

4. एक व्यक्ति स्थान A से स्थान B की दूरी 20 किमी॰ प्रति घण्टा की चाल से तथा B से A तक की दूरी 30 किमी॰ प्रति घण्टा की चाल से तय करता है. यदि पूरी यात्रा में उसे 5 घण्टे लगे हों तो A से B तक की दूरी ज्ञात कीजिए.

5. तीन कारों की चाल 2:3:4 के अनुपात में हैं. इन कारों द्वारा समान दूरी तय करने में लिये गये समय का अनुपात कितना है ? **(एस॰एस॰सी॰ परीक्षा, 2004)**

6. दो स्टेशनों A तथा B के बीच की दूरी 200 किमी॰ है. एक मोटर साईकिल सवार स्टेशन A से प्रात: 7 बजे, 20 किमी॰ प्रति घण्टा की चाल से B के लिए चलता है. एक अन्य मोटर साईकिल सवार स्टेशन B से उसी दिन प्रात: 8 बजे, 25 किमी॰ प्रति घण्टा की चाल से स्टेशन A की ओर चलता है. वे आपस में किस समय मिलेंगे ? **(एस॰एस॰सी॰ परीक्षा, 2009)**

7. शिवांगी एक नियत समय पर अपने घर से विद्यालय के लिए चलना आरम्भ करती है. यदि उसकी चाल 5 किमी॰ प्रति घण्टा हो तो वह 7 मिनट देरी से विद्यालय पहुँचती है. यदि उसकी चाल 6 किमी॰ प्रति घण्टा हो, तो वह ठीक समय से 5 मिनट पहले विद्यालय पहुँच जाती है. उसके घर से विद्यालय की दूरी कितनी है ? **(एस॰एस॰सी॰ परीक्षा, 2005)**

8. एक कार द्वारा 100 किमी॰ की दूरी एक निश्चित चाल से की जानी थी. परन्तु आधी दूरी तय करने के बाद इन्जिन में कुछ खराबी हो जाने के कारण इसने शेष दूरी उस चाल की आधी चाल से तय की तथा गन्तव्य स्थान पर यह 2 घण्टे देरी से पहुँचा. कार की प्रारम्भिक चाल कितनी थी ? **(एस॰एस॰सी॰ परीक्षा, 2004)**

9. दो स्थान A तथा B एक दूसरे से 80 किमी॰ के फासले पर स्थित हैं. एक कार A से चलना आरम्भ करती है तथा दूसरी B से. यदि वे एक ही दिशा में चलें तो 8 घण्टे बाद परस्पर मिलती हैं. यदि वे एक दूसरे की विपरीत दिशा में चलें तो 1 घण्टा 20 मिनट बाद मिलती हैं. प्रत्येक कार की गति ज्ञात कीजिए. **(एस॰एस॰सी॰ परीक्षा, 2006)**

10. दो रेलगाड़ियाँ दो स्थानों से जिनके बीच की दूरी 650 किमी॰ है, एक दूसरे की ओर चलती हैं. यदि वे एक ही समय पर चलें तो 10 घण्टे बाद मिलती हैं. परन्तु, यदि एक गाड़ी दूसरी गाड़ी से 4 घण्टे 20 मिनट देरी से चले, तो वे दूसरी गाड़ी के चलने के 8 घण्टे बाद मिलती हैं. प्रत्येक गाड़ी की औसत गति ज्ञात कीजिए. **(एस॰एस॰सी॰ परीक्षा, 2000)**

11. एक रेलगाड़ी $193\frac{1}{3}$ किमी॰ की दूरी $4\frac{1}{4}$ घण्टे में तय करती है जबकि यह रास्ते में 10 मिनट के लिए एक स्थान पर 5-5 मिनटों के लिए दो स्थानों पर तथा 3 मिनट के लिए एक स्थान पर रुकती है. इस रेलगाड़ी की औसत चाल ज्ञात कीजिए. **(एस॰एस॰सी॰ परीक्षा, 2001)**

12. एक व्यक्ति मोटर साईकिल द्वारा एक निश्चित दूरी तय करता है. यदि वह 6 किमी॰/घण्टा धीरे चलता तो उसे 8 मिनट अधिक लगते. परन्तु, यदि वह 4 किमी॰/घण्टा तेज चलता तो उसे $4\frac{1}{2}$ मिनट कम लगते. दूरी ज्ञात कीजिए.

13. एक व्यक्ति साईकिल पर किसी चाल से कुछ दूरी तय करता है. यदि वह 3 किमी॰ प्रति घण्टा तेज चलता तो उसे वह दूरी तय करने में 40 मिनट कम लगते. यदि वह 2 किमी॰ प्रति घण्टा धीरे चलता, तो उसे 40 मिनट अधिक लगते. कुल दूरी तथा उस व्यक्ति की साईकिल द्वारा प्रारम्भिक चाल ज्ञात कीजिए.

14. एक खरगोश एक कुत्ते से 100 मीटर आगे है. उसने पीछे मुड़कर कुत्ते को देखा तथा 12 किमी॰ प्रति घण्टा की गति से भागना आरम्भ किया. आधा मिनट बाद कुत्ते ने खरगोश को देखा तथा 16 किमी॰ प्रति घण्टा की गति से उसका पीछा किया. वह कब उसे पकड़ लेगा ?

15. एक व्यक्ति ने 3990 किमी॰ की दूरी का कुछ भाग वायुयान द्वारा, कुछ भाग जलयान द्वारा तथा शेष भाग थल यात्रा से तय किया. वायुयान, जलयान तथा थल पर की गई यात्रा में लिये गये समय का अनुपात 1:16:2 है तथा यात्रा के साधनों की औसत गतियों का अनुपात क्रमश: 20:1:3 है. यदि उसकी कुल औसत गति 42 किमी॰ प्रति घण्टा हो, तो जलयान द्वारा तय की गई दूरी ज्ञात कीजिए.

16. एक रेलगाड़ी को किसी स्टेशन से चलने के 3 घण्टे बाद दुर्घटनाग्रस्त होने के कारण एक घण्टा रुकना पड़ा. इसके बाद यह रेलगाड़ी मूलगति की 75% गति से आगे चली तथा अपने गंतव्य स्थान पर 4 घण्टे देरी से पहुँची. यदि

दुर्घटना उसी रेलवे लाइन पर 150 किमी० आगे हुई होती, तो गाड़ी केवल $3\frac{1}{2}$ घण्टे विलम्ब से पहुँचती. यात्रा की दूरी तथा गाड़ी की मूल गति ज्ञात कीजिए. **(एस०एस०सी० परीक्षा, 2001)**

17. एक मालगाड़ी स्टेशन A से स्टेशन B की ओर जाती हुई, चलने के ठीक 1 घण्टे के बाद दुर्घटनाग्रस्त हो जाती है. वहाँ पर 30 मिनट रुकने के बाद वह अपनी प्रारम्भिक चाल की $\frac{4}{5}$ चाल से पुनः चलना आरम्भ कर देती है तथा इसी चाल से B पर 2 घण्टे देरी से पहुँचती है. यदि गाड़ी दुर्घटनाग्रस्त होने से पहले 80 किमी० और अधिक चल लेती, तो वह ठीक एक घण्टा देरी से पहुँचती. गाड़ी की प्रारम्भिक चाल ज्ञात कीजिए.

(एस०एस०सी० परीक्षा, 2002)

उत्तरमाला (प्रश्नमाला 17B)

1. 42 किमी० **2.** 400 मीटर **3.** 14 किमी० **4.** 60 किमी० **5.** 6 : 4 : 3 **6.** 12 बजे दोहपर
7. 6 किमी० **8.** 25 किमी०/घण्टा **9.** 35 किमी०/घण्टा, 25 किमी०/घण्टा
10. 30 किमी०/घण्टा, 35 किमी०/घण्टा **11.** 50 किमी०/घण्टा **12.** 72 किमी०
13. 12 किमी०, 40 किमी०/घण्टा **14.** 3 मिनट **15.** 1520 किमी०
16. 1200 किमी०, 100 किमी०/घण्टा **17.** 20 किमी०/घण्टा

दिये गये प्रश्नों के हल प्रश्नमाला 17B

1. साईकिल सवार की चाल = 5 मीटर/सै० $= \left(5 \times \frac{18}{5}\right)$ किमी०/घण्टा = 18 किमी०/घण्टा.
1 घण्टे में तय की गई दूरी = 18 किमी०.
$\frac{7}{3}$ घण्टे में तय की गई दूरी $= \left(18 \times \frac{7}{3}\right)$ किमी० = 42 किमी०.

2. व्यक्ति की चाल = 6 किमी०/घण्टा $= \left(6 \times \frac{5}{18}\right)$ मीटर/सैकण्ड $= \frac{5}{3}$ मीटर/सैकण्ड.
1 सैकण्ड में तय की गई दूरी $= \frac{5}{3}$ मीटर.
(4×60) सैकण्ड में तय की गई दूरी $= \left(\frac{5}{3} \times 4 \times 60\right)$ मीटर = 400 मीटर.

3. माना मेरे गन्तव्य की दूरी = x किमी०. तब

$$\frac{x}{3} - \frac{x}{4} = \frac{(30+40)}{60} \Rightarrow \frac{x}{3} - \frac{x}{4} = \frac{7}{6}$$
$$\Rightarrow 4x - 3x = 14 \Rightarrow x = 14.$$

अभीष्ट दूरी = 14 किमी०.

4. माना दूरी AB = दूरी BA = x किमी०. तब

$$\frac{x}{20} + \frac{x}{30} = 5 \Rightarrow 3x + 2x = 300$$
$$\Rightarrow 5x = 300 \Rightarrow x = 60.$$

$\therefore$ दूरी AB = 60 किमी०.

5. माना कारों की चाल क्रमशः $2x$ किमी०/घण्टा, $3x$ किमी०/घण्टा तथा $4x$ किमी०/घण्टा है.
माना इनके द्वारा तय की गई समान दूरी = d किमी०.
तब, इनके द्वारा लिया गया समय है क्रमशः $\frac{d}{2x}$ घण्टे, $\frac{d}{3x}$ घण्टे तथा $\frac{d}{4x}$ घण्टे.

अभीष्ट अनुपात $= \frac{d}{2x} : \frac{d}{3x} : \frac{d}{4x} = \frac{1}{2} : \frac{1}{3} : \frac{1}{4} = 6 : 4 : 3.$

6. माना पहला मोटर साईकिल सवार X है तथा दूसरा Y है.

माना X के स्टेशन A से चलने के t घण्टे बाद दोनों सवार मिलते हैं.

तब, (X द्वारा t घण्टे में तय की गई दूरी) + [Y द्वारा $(t-1)$ घण्टे में तय की गई दूरी] = 200 किमी॰.

$\therefore\ 20t + 25(t-1) = 200 \Rightarrow 45t - 25 = 200$

$$\Rightarrow 45t = 225 \Rightarrow t = \frac{225}{45} = 5 \text{ घण्टे.}$$

अत: वे दोनों (7 बजे + 5 घण्टे) = 12 बजे दोपहर मिलेंगे.

7. माना अभीष्ट दूरी = x किमी॰. तब

$$\frac{x}{5} - \frac{x}{6} = \frac{12}{60} \Rightarrow \frac{x}{5} - \frac{x}{6} = \frac{1}{5}$$

$$\Rightarrow 6x - 5x = 6 \Rightarrow x = 6.$$

$\therefore$ उसके घर से विद्यालय की दूरी = 6 किमी॰.

8. माना प्रारम्भिक चाल = x किमी॰/घण्टा. तब

$$\frac{50}{(x/2)} - \frac{50}{x} = 2 \Rightarrow \frac{100}{x} - \frac{50}{x} = 2$$

$$\Rightarrow 2x = (100 - 50) = 50 \Rightarrow x = 25.$$

अत: प्रारम्भिक चाल = 25 किमी॰/घण्टा.

9. माना A तथा B से चलने वाली कारों की गति क्रमश: x किमी॰ प्रति घण्टा तथा y किमी॰ प्रति घण्टा हैं तथा ये कार क्रमश: A तथा B हैं.

दशा 1 : जब दोनों कारें एक ही दिशा में चलें :

इस दशा में :

(कार A द्वारा 8 घण्टे में चली दूरी) – (कार B द्वारा 8 घण्टे में चली दूरी)

= 80 किमी॰.

$\Rightarrow 8x - 8y = 80$

$\Rightarrow x - y = 10$ ...(*i*)

दशा 2 : जब दोनों कारें विपरीत दिशा में चलें :

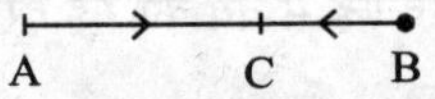

इस दशा में :

(कार A द्वारा $\frac{4}{3}$ घण्टे में चली दूरी) + (कार B द्वारा $\frac{4}{3}$ घण्टे में चली दूरी) = 80 किमी॰

$\Rightarrow \frac{4x}{3} + \frac{4y}{3} = 80 \Rightarrow 4x + 4y = 240 \Rightarrow x + y = 60$ ...(*ii*)

(*i*) तथा (*ii*) को जोड़ने पर : $2x = 70 \Rightarrow x = 35$.

(*i*) में $x = 35$ रखने पर : $35 - y = 10 \Rightarrow y = (35 - 10) = 25$.

कार A की गति = 35 किमी॰/घण्टा.

कार B की गति = 25 किमी॰/घण्टा.

10. माना रेलगाड़ियों A तथा B की औसत गति क्रमश: x किमी॰/ घण्टा तथा y किमी॰/घण्टा है.

स्थिति 1. जब A तथा B एक ही समय पर चलें :

तब, A द्वारा 10 घण्टे में तय की गई दूरी = $(10x)$ किमी॰.

B द्वारा 10 घण्टे में तय की गई दूरी = $(10y)$ किमी॰.

$\therefore\ 10x + 10y = 650 \Rightarrow x + y = 65$ ...(*i*)

स्थिति 2. जब गाड़ी B, गाड़ी A से 4 घण्टे 20 मिनट देरी से चले :

$12\frac{1}{3}$ घण्टे में A द्वारा तय की गई दूरी = $\left(\frac{37x}{3}\right)$ किमी॰.

8 घण्टे में B द्वारा तय की गई दूरी = $(8y)$ किमी०.

$\therefore \; \dfrac{37x}{3}+8y=650 \Rightarrow 37x+24y=1950$ ...(ii)

(i) को 37 से गुणा करके इसमें से (ii) घटाने पर, $13y=455 \Rightarrow y=35$.

अब (i) में $y = 35$ रखने पर, $x = 30$.

अतः इन गाड़ियों की औसत गति क्रमशः 30 किमी०/घण्टा तथा 35 किमी०/घण्टा हैं.

11. रेलगाड़ी द्वारा लिया गया कुल समय $=\dfrac{17}{4}$ घण्टे.

रुकने में लिया गया समय = (10 + 5 + 5 + 3) मिनट $=\dfrac{23}{60}$ घण्टे.

दूरी तय करने में लगा समय $=\left(\dfrac{17}{4}-\dfrac{23}{60}\right)$ घण्टे $=\dfrac{(255-23)}{60}$ घण्टे $=\dfrac{232}{60}$ घण्टे $=\dfrac{58}{15}$ घण्टे.

दी गई दूरी $=\left(\dfrac{580}{3}\right)$ किमी०.

रेलगाड़ी की औसत चाल $=\left(\dfrac{580}{3}\times\dfrac{15}{58}\right)$ किमी०/घण्टा = 50 किमी०/घण्टा.

12. माना कुल दूरी = x किमी० तथा सामान्य गति = y किमी० प्रति घण्टा.

$\dfrac{x}{(y-6)}-\dfrac{x}{y}=\dfrac{8}{60} \Rightarrow \dfrac{x}{(y-6)}-\dfrac{x}{y}=\dfrac{2}{15}$ ...(i)

$\dfrac{x}{y}-\dfrac{x}{(y+4)}=\dfrac{9}{2\times60} \Rightarrow \dfrac{x}{y}-\dfrac{x}{(y+4)}=\dfrac{3}{40}$ ...(ii)

(i) से : $x\left[\dfrac{1}{(y-6)}-\dfrac{1}{y}\right]=\dfrac{2}{15} \Rightarrow x\left[\dfrac{y-(y-6)}{y\,(y-6)}\right]=\dfrac{2}{15}$

$\Rightarrow \dfrac{x}{y\,(y-6)}=\dfrac{1}{45}$ ...(iii)

(ii) से : $x\left[\dfrac{1}{y}-\dfrac{1}{(y+4)}\right]=\dfrac{3}{40} \Rightarrow x\left[\dfrac{(y+4)-y}{y\,(y+4)}\right]=\dfrac{3}{40}$

$\Rightarrow \dfrac{x}{y\,(y+4)}=\dfrac{3}{160}$ ...(iv)

(iii) को (iv) से भाग देने पर :

$\dfrac{y\,(y+4)}{y\,(y-6)}=\left(\dfrac{1}{45}\times\dfrac{160}{3}\right) \Rightarrow \dfrac{y+4}{y-6}=\dfrac{32}{27}$

$\Rightarrow 27y+108=32y-192$

$\Rightarrow 5y=300 \Rightarrow y=60.$

(iii) में $y = 60$ रखने पर : $\dfrac{x}{60\times54}=\dfrac{1}{45} \Rightarrow x=\dfrac{60\times54}{45}=72.$

अभीष्ट दूरी = 72 किमी०.

13. माना कुल दूरी = x किमी० तथा प्रारम्भिक चाल = y किमी०/घण्टा. तब

$\dfrac{x}{y}-\dfrac{x}{(y+3)}=\dfrac{40}{60} \Rightarrow \dfrac{x}{y}-\dfrac{x}{(y+3)}=\dfrac{2}{3}$ ...(i)

$\dfrac{x}{(y-2)}-\dfrac{x}{y}=\dfrac{40}{60} \Rightarrow \dfrac{x}{(y-2)}-\dfrac{x}{y}=\dfrac{2}{3}$ ...(ii)

(i) से : $x\left[\dfrac{1}{y}-\dfrac{1}{(y+3)}\right]=\dfrac{2}{3} \Rightarrow x\left[\dfrac{y+3-y}{y\,(y+3)}\right]=\dfrac{2}{3}$

$$\Rightarrow \frac{x}{y(y+3)} = \frac{2}{9} \quad \ldots(iii)$$

(ii) से : $x\left[\frac{1}{(y-2)} - \frac{1}{y}\right] = \frac{2}{3} \Rightarrow x\left[\frac{y-(y-2)}{(y-2)y}\right] = \frac{2}{3}$

$$\Rightarrow \frac{x}{(y-2)y} = \frac{1}{3} \quad \ldots(iv)$$

(iii) को (iv) से भाग देने पर : $\frac{x}{y(y+3)} \times \frac{(y-2)y}{x} = \left(\frac{2}{9} \times \frac{3}{1}\right) = \frac{2}{3}$

$\therefore\ \frac{(y-2)}{(y+3)} = \frac{2}{3} \Rightarrow 3y - 6 = 2y + 6 \Rightarrow y = 12.$

(iii) में $y = 12$ रखनें पर : $\frac{x}{12 \times 15} = \frac{2}{9} \Rightarrow x = \left(\frac{2}{9} \times 12 \times 15\right) = 40.$

अत: कुल दूरी = 12 किमी॰ तथा प्रारम्भिक चाल = 40 किमी॰/घण्टा.

14. खरगोश का वेग = 12 किमी॰/घण्टा $= \left(12 \times \frac{5}{18}\right)$ मीटर / सै॰ $= \frac{10}{3}$ मीटर / सै॰.

कुत्ते का वेग = 16 किमी॰/ घण्टा $= \left(16 \times \frac{5}{18}\right)$ मीटर / सै॰ $= \frac{40}{9}$ मीटर / सै॰.

माना कुत्ता t सैकण्ड बाद खरगोश को पकड़ लेता है.

तब, t सैकण्ड में कुत्ते द्वारा तय की गई दूरी $= \left(\frac{40t}{9}\right)$ मीटर.

$(t+30)$ सैकण्ड में खरगोश द्वारा तय की गई दूरी $= \frac{10}{3}(t+30)$ मीटर.

$\frac{10}{3}(t+30) + 100 = \frac{40t}{9} \Rightarrow \left(\frac{40t}{9} - \frac{10t}{3}\right) = 200$

$$\Rightarrow \frac{(40t - 30t)}{9} = 200 \Rightarrow 10t = 1800 \Rightarrow t = 180 \text{ सै॰} = 3 \text{ मिनट}.$$

अत: कुत्ता खरगोश को 3 मिनट में पकड़ लेगा.

15. माना वायुयान, जलयान तथा तल पर यात्राओं में लिये गये समय क्रमश: x घण्टे, $16x$ घण्टे तथा $2x$ घण्टे हैं तथा इन यानों की गति क्रमश: $20y$ किमी॰ प्रति घण्टा, y किमी॰ प्रति घण्टा तथा $3y$ किमी॰ प्रति घण्टा है.

तब कुल दूरी $= [(20y \times x) + (y \times 16x) + (3y \times 2x)]$ किमी॰ $= (42xy)$ किमी॰.

$\therefore\ 42xy = 3990 \Rightarrow xy = \frac{3990}{42} \Rightarrow xy = 95.$

कुल लिया गया समय $= (x + 16x + 2x)$ घण्टे $= 19x$ घण्टे.

$\therefore\ \frac{3990}{19x} = 42 \Rightarrow 19x \times 42 = 3990$

$$\Rightarrow x = \frac{3990}{19 \times 42} \Rightarrow x = 5.$$

$x = 5$ रखने पर $5y = 95 \Rightarrow y = 19.$

$\therefore\ x = 5$ तथा $y = 19.$

अत: जलयान द्वारा तय की गई दूरी $= (16 \times x \times y)$ किमी॰

$= (16 \times 5 \times 19)$ किमी॰ = 1520 किमी॰.

16. माना यात्रा की कुल दूरी = d किमी॰ तथा रेलगाड़ी की मूल गति = x किमी॰/घण्टा.

इस चाल से यात्रा पूरी करने में लगा समय $= \frac{d}{x}$ घण्टे.

3 घण्टे में रेलगाड़ी द्वारा चली दूरी = 3 x किमी०.

शेष दूरी = $(d-3x)$ किमी०.

दुर्घटना के बाद रेलगाड़ी की गति $=\frac{75x}{100}$ किमी०/ घण्टा $=\frac{3x}{4}$ किमी०/ घण्टा.

शेष दूरी तय करने में लगा समय $=\frac{(d-3x)}{(3x/4)}$ घण्टे $=\frac{4(d-3x)}{3x}$ घण्टे.

अत: रेलगाड़ी द्वारा पूरी यात्रा में लिया गया समय $=\left\{3+1+\frac{4(d-3x)}{3x}\right\}$ घण्टे $=\frac{4d}{3x}$ घण्टे.

सामान्य चाल से पूरी यात्रा में लिया गया समय $=\frac{d}{x}$ घण्टे.

$\therefore\ \frac{4d}{3x}-\frac{d}{x}=4 \Rightarrow \frac{(4d-3d)}{3x}=4 \Rightarrow d=12x.$ ...(*i*)

यदि रेलगाड़ी 150 किमी० आगे चलकर दुर्घटनाग्रस्त होती, तो रेलगाड़ी द्वारा लिया गया समय

$=3+1+\frac{150}{x}+\frac{\{d-(150+3x)\}}{(3x/4)}=4+\frac{150}{x}+\frac{4\{d-(150+3x))}{3x}=\frac{(4d-150)}{3x}$ घण्टे.

$\therefore\ \frac{(4d-150)}{3x}-\frac{d}{x}=\frac{7}{2} \Rightarrow \frac{(4d-150)-3d}{3x}=\frac{7}{2} \Rightarrow 2d-21x=300.$ ...(*ii*)

(*i*) तथा (*ii*) को हल करने पर, $x=100$ तथा $d=1200$.

अत: यात्रा की कुल दूरी = 1200 किमी० तथा गाड़ी की मूल गति = 100 किमी०/ घण्टा.

17. माना दूरी $AB=d$ किमी० तथा मालगाड़ी की प्रारम्भिक चाल = x किमी०/घण्टा.

इस चाल से यात्रा पूरी करने में लगा समय $=\frac{d}{x}$ घण्टे.

1 घण्टे में मालगाड़ी द्वारा चली दूरी = x किमी०.

शेष दूरी = $(d-x)$ किमी०.

दुर्घटना के बाद मालगाड़ी की चाल $=\frac{4x}{5}$ किमी०/घण्टा.

शेष दूरी तय करने में लगा समय $=\frac{(d-x)}{(4x/5)}$ घण्टे $=\frac{5(d-x)}{4x}$ घण्टे.

मालगाड़ी द्वारा लिया गया कुल समय $=\left\{1+\frac{1}{2}+\frac{5(d-x)}{4x}\right\}$ घण्टे $=\left\{\frac{3}{2}+\frac{5(d-x)}{4x}\right\}$ घण्टे.

$\therefore\ \frac{3}{2}+\frac{5(d-x)}{4x}=\frac{d}{x}+2 \Rightarrow \frac{5(d-x)}{4x}-\frac{d}{x}=\frac{1}{2}$

$\Rightarrow \frac{5(d-x)-4d}{4x}=\frac{1}{2} \Rightarrow 2d-10x=4x$

$\Rightarrow 2d=14x \Rightarrow d=7x.$ ...(*i*)

यदि मालगाड़ी 80 किमी० आगे चलकर दुर्घटनाग्रस्त हुई होती, तो :

मालगाड़ी द्वारा लिया गया कुल समय $=1+\frac{80}{x}+\frac{1}{2}+\frac{d-(80+x)}{(4x/5)}$

$\therefore\ 1+\frac{80}{x}+\frac{1}{2}+\frac{d-(80+x)}{(4x/5)}=\frac{d}{x}+1$

$\Rightarrow \frac{80}{x}-\frac{100}{x}+\frac{5d}{4x}-\frac{5}{4}+\frac{1}{2}=\frac{d}{x}$

$\Rightarrow \frac{d}{4x}-\frac{20}{x}=\frac{3}{4} \Rightarrow d=(80+3x)$ ...(*ii*)

(*i*) तथा (*ii*) को हल करने पर : $x=20$ तथा $d=140$.

अत: गाड़ी की प्रारम्भिक चाल = 20 किमी०/घण्टा.

18 रेल सम्बन्धित प्रश्न (PROBLEMS ON TRAINS)

सामान्य नियम

1. (*i*) x किमी० प्रति घण्टा $= \left(x \times \frac{5}{18}\right)$ मीटर प्रति सैकण्ड.

(*ii*) x मीटर प्रति सैकण्ड $= \left(x \times \frac{18}{5}\right)$ किमी० प्रति घण्टा

2. x मीटर लम्बी रेलगाड़ी द्वारा एक खड़े व्यक्ति अथवा खम्भे को पार करने में लगा समय
= अपनी चाल से x मी० दूरी तय करने में लगा समय.

3. x मीटर लम्बी रेलगाड़ी द्वारा y मीटर लम्बी स्थिर वस्तु (जैसे: प्लेटफार्म, पुल, सुरंग, खड़ी गाड़ी आदि) को पार करने में लगा समय = $(x + y)$ मीटर दूरी तय करने में लगा समय.

4. (*i*) माना किसी रेलगाड़ी की चाल x किमी० प्रतिघण्टा है तथा इसी की दिशा में कोई चलायमान वस्तु y किमी० प्रति घण्टा की चाल से जा रही है. तब गाड़ी की उस वस्तु के सापेक्ष चाल = $(x - y)$ किमी० प्रति घण्टा.

(*ii*) माना किसी रेलगाड़ी की चाल x किमी० प्रति घण्टा है तथा इसकी विपरीत दिशा में कोई चलायमान वस्तु y किमी० प्रति घण्टा की चाल से आ रही है. तब,
गाड़ी की उस वस्तु के सापेक्ष चाल = $(x + y)$ किमी० प्रति घण्टा.

5. (*i*) माना a मीटर लम्बी रेलगाड़ी x मीटर प्रति सैकण्ड की चाल से जा रही है तथा b मीटर लम्बी रेलगाड़ी इसी की दिशा में समान्तर पटरी पर y मीटर प्रति सैकण्ड की गति से जा रही है. तब,

तेज गाड़ी द्वारा दूसरी गाड़ी को पार करने में लगा समय $= \left(\frac{a+b}{x-y}\right)$ सै०.

(*ii*) माना a मीटर लम्बी रेलगाड़ी x मीटर प्रति सैकण्ड की चाल से जा रही है तथा b मीटर लम्बी रेलगाड़ी इसकी विपरीत दिशा में y मीटर प्रति सैकण्ड की गति से जा रही है. तब,

इन गाड़ियों द्वारा एक दूसरे को पार करने में लगा समय $= \left(\frac{a+b}{x+y}\right)$ सै०.

6. (*i*) माना एक रेलगाड़ी की लम्बाई a मीटर है. यह रेलगाड़ी x मीटर प्रति सैकण्ड की गति से जा रही है. एक व्यक्ति y मीटर प्रति सै० की दर से गाड़ी की दिशा में दौड़ रहा है.

इस व्यक्ति को पार करने में गाड़ी द्वारा लिया गया समय $= \frac{a}{(x-y)}$ सै०.

(*ii*) माना एक रेलगाड़ी की लम्बाई a मीटर है. यह रेलगाड़ी x मीटर प्रति सैकण्ड की गति से जा रही है. एक व्यक्ति y मीटर प्रति सै० की दर से गाड़ी की विपरीत दिशा में दौड़ रहा है.

इस व्यक्ति को पार करने में गाड़ी द्वारा लिया गया समय $= \frac{a}{(x+y)}$ सै०.

साधित उदाहरण

प्रश्न 1. 72 किमी०/घण्टा की चाल से जा रही 60 मीटर लम्बी रेलगाड़ी एक बिजली के खम्भे को कितनी देर में पार कर लेगी?

हल : गाड़ी की चाल $= \left(72 \times \frac{5}{18}\right)$ मीटर/सै० = 20 मीटर/सैकण्ड.

खम्भे को पार करने में लगा समय = 60 मीटर दूरी तय करने में लगा समय $= \frac{60}{20}$ सै० = 3 सैकण्ड.

प्रश्न 2. 350 मीटर लम्बी रेलगाड़ी 54 किमी०/घण्टा की चाल से 250 मीटर लम्बी गुफा को कितनी देर में पार कर लेगी?

हल : गाड़ी की चाल $= \left(54 \times \frac{5}{18}\right)$ मीटर/सै० = 15 मीटर/सै०.

गुफा को पार करने में लगा समय = (350 + 250) मीटर दूरी तय करने में लगा समय

$= \frac{600}{15}$ सै० = 40 सै०.

प्रश्न 3. एक रेलगाड़ी 120 मीटर लम्बे प्लेटफार्म को 10 सैकण्ड में तथा एक खम्भे को 4 सैकण्ड में पार करती है. रेलगाड़ी की लम्बाई तथा चाल किमी०/घण्टा में ज्ञात कीजिए.

हल : माना रेलगाड़ी की लम्बाई = x मीटर. तब,

रेलगाड़ी की चाल $= \frac{x}{4}$ मीटर/सै०.

रेलगाड़ी की चाल $= \frac{(x+120)}{10}$ मीटर/सै०.

$\therefore \frac{x}{4} = \frac{(x+120)}{10} \Rightarrow 10x = 4x + 480$

$\Rightarrow 6x = 480 \Rightarrow x = 80.$

$\therefore$ रेलगाड़ी की लम्बाई = 80 मीटर.

रेलगाड़ी की चाल $= \frac{80}{4}$ मीटर/सै० $= \left(20 \times \frac{18}{5}\right)$ किमी०/घण्टा = 72 किमी०/घण्टा.

प्रश्न 4. 62 किमी०/घण्टा की चाल से जा रही 120 मीटर लम्बी रेलगाड़ी उसी दिशा में 8 किमी०/घण्टा की चाल से भागे जा रहे व्यक्ति को कितनी देर में पार कर लेगी?

हल : रेलगाड़ी की व्यक्ति के सापेक्ष चाल = (62 – 8) किमी०/घण्टा $= \left(54 \times \frac{5}{18}\right)$ मीटर/सै० = 15 मीटर/सैकण्ड.

रेलगाड़ी द्वारा व्यक्ति को पार करने में लगा समय

= 120 मीटर दूरी को 15 मीटर/सैकण्ड की चाल से तय करने में लगा समय

$= \left(120 \times \frac{1}{15}\right)$ सैकण्ड = 8 सैकण्ड.

प्रश्न 5. 64 किमी०/घण्टा की चाल से जा रही 200 मीटर लम्बी रेलगाड़ी अपने सामने से 8 किमी०/घण्टा की चाल से भागे आ रहे व्यक्ति को कितनी देर में पार कर लेगी?

हल : रेलगाड़ी की व्यक्ति के सापेक्ष चाल = (64 + 8) किमी०/घण्टा

$= \left(72 \times \frac{5}{18}\right)$ मीटर/सै० = 20 मीटर/सै०.

रेलगाड़ी द्वारा व्यक्ति को पार करने में लगा समय

= 20 मीटर/सै० की चाल से 200 मीटर दूरी तय करने में लगा समय

$= \frac{200}{20}$ सै० = 10 सैकण्ड.

प्रश्न 6. 100 मीटर लम्बी एक रेलगाड़ी अपनी विपरीत दिशा से 5 किमी० प्रति घण्टा की चाल से अपनी ओर आते हुए व्यक्ति को 6 सैकण्ड में पार कर जाती है. गाड़ी की चाल क्या है ?

हल : माना गाड़ी की चाल = x किमी०/घण्टा.

गाड़ी की व्यक्ति के सापेक्ष चाल = $(x + 5)$ किमी०/घण्टा $= \left\{(x+5)\times\frac{5}{18}\right\}$ मीटर/सै०.

$$\therefore \frac{100}{(x+5)\times\frac{5}{18}} = 6 \Rightarrow \frac{360}{(x+5)} = 6 \Rightarrow x+5 = \frac{360}{6} = 60 \Rightarrow x = 55 \text{ किमी०/घण्टा.}$$

अत: गाड़ी की चाल = 55 किमी०/घण्टा.

प्रश्न 7. 126 मीटर तथा 114 मीटर लम्बी दो रेलगाड़ियाँ विपरीत दिशाओं में क्रमानुसार 30 किमी०/घण्टा तथा 42 किमी०/घण्टा की चाल से जा रही हैं. मिलने के कितने समय बाद वे एक दूसरे को पार कर लेंगी ?

हल : रेलगाड़ियों की लम्बाई का योग = (126 + 114) मीटर = 240 मीटर.

आपेक्षिक चाल = (30 + 42) किमी०/घण्टा $= \left(72\times\frac{5}{18}\right)$ मीटर/सै० = 20 मीटर/सै०.

अभीष्ट समय $= \left(\frac{240}{20}\right)$ सै० =12 सैकण्ड.

प्रश्नमाला 18A

निम्नलिखित प्रश्नों में से प्रत्येक में ठीक उत्तर को चिन्हांकित (✓) कीजिए :

1. 100 मीटर लम्बी रेलगाड़ी 30 किमी० प्रति घण्टा की चाल से जाते हुये रेलवे लाइन के पास खड़े व्यक्ति को कितनी देर में पार करेगी ? **(रेलवे परीक्षा, 2006)**
   (*a*) 12 सैकण्ड (*b*) 15 सैकण्ड (*c*) 10 सैकण्ड (*d*) 11 सैकण्ड
2. 171 मीटर लम्बी रेलगाड़ी 45 किमी० प्रति घण्टा की चाल से 229 मीटर लम्बे पुल को कितने समय में पार करेगी ?
   (*a*) 30 सैकण्ड (*b*) 35 सैकण्ड (*c*) 32 सैकण्ड (*d*) 40 सैकण्ड
   (रेलवे परीक्षा, 2006)
3. 180 मीटर लम्बी रेलगाड़ी अपने समान लम्बाई के प्लेटफार्म को पार करने में 18 सैकण्ड लेती है. रेलगाड़ी की चाल कितनी है ? **(बैंक पी०ओ० परीक्षा, 2006)**
   (*a*) 22 मीटर/सै० (*b*) 10 मीटर/सै० (*c*) 15 मीटर/सै० (*d*) 18 मीटर/सै० (*e*) इनमें से कोई नहीं
4. 125 मीटर लम्बी रेलगाड़ी 60 किमी० प्रति घण्टा की चाल से चलकर एक पुल को 30 सैकण्ड में पार कर जाती है. पुल की लम्बाई कितनी है ? **(एस०एस०सी० परीक्षा, 2006)**
   (*a*) 375 मीटर (*b*) 225 मीटर (*c*) 125 मीटर (*d*) इनमें से कोई नहीं
5. एक रेलगाड़ी की बिना रुके औसत चाल 90 किमी०/घण्टा है. बार-बार रुकने के कारण इसकी औसत चाल 80 किमी०/घण्टा हो जाती है. गाड़ी कितने मिनट प्रति घण्टे रुकती है ? **(रेलवे परीक्षा, 2006)**
   (*a*) $13\frac{1}{3}$ मिनट/घण्टा (*b*) $6\frac{2}{3}$ मिनट/घण्टा (*c*) 8 मिनट/घण्टा (*d*) 12 मिनट/घण्टा
6. एक 250 मीटर लम्बी रेलगाड़ी एक सिग्नल के खम्भे को 15 सैकण्ड में पार करती है. रेलगाड़ी की चाल कितनी है ? **(बैंक पी०ओ० परीक्षा, 2009)**
   (*a*) 48 किमी०/घण्टा (*b*) 60 किमी०/घण्टा (*c*) 72 किमी०/घण्टा (*d*) 64 किमी०/घण्टा
   (*e*) इनमें से कोई नहीं
7. एक 280 मीटर लम्बी रेलगाड़ी की गति 60 किमी०/घण्टा है. यह रेलगाड़ी 220 मीटर लम्बे प्लेटफार्म को पार करने में कितना समय लेगी ? **(होटल मैनेजमैन्ट परीक्षा, 2008)**
   (*a*) 20 सैकण्ड (*b*) 25 सैकण्ड (*c*) 30 सैकण्ड (*d*) 35 सैकण्ड

8. 108 किमी०/घण्टा की चाल से जा रही 240 मीटर लम्बी रेलगाड़ी एक प्लेटफार्म को 20 सैकण्ड में पार कर जाती है. एक व्यक्ति इसी प्लेटफार्म को 5 मिनट में पार करता है. उस व्यक्ति की चाल कितनी है ?

(*a*) 1·8 मीटर/सै० (*b*) 2·2 मीटर/सै० (*c*) 1·2 मीटर/सै० (*d*) 1·6 मीटर/सै०

(एस०एस०सी० परीक्षा, 2010)

9. एक 240 मीटर लम्बी रेलगाड़ी एक प्लेटफार्म को 20 सैकण्ड में पार कर जाती है. रेलगाड़ी की चाल कितनी है ?

(*a*) 10 मीटर/सै० (*b*) 12 मीटर/सै० (*c*) 18 मीटर/सै० (*d*) निर्धारित नहीं किया जा सकता

(*e*) इनमें से कोई नहीं **(बैंक पी०ओ० परीक्षा, 2008)**

10. एक रेलगाड़ी एक बिजली के खम्भे को 5 सैकण्ड में पार कर जाती है तथा एक 600 मीटर लम्बे पुल को 35 सैकण्ड में. रेलगाड़ी की चाल कितनी है ? **(बी०बी०ए० परीक्षा, 2007)**

(*a*) 40 किमी०/घण्टा (*b*) 64 किमी०/घण्टा (*c*) 72 किमी०/घण्टा (*d*) 84 किमी०/घण्टा

11. एक रेलगाड़ी 90 किमी०/घण्टा की चाल से एक पुल को 36 सैकण्ड में पार कर जाती है. इसी पुल को एक दूसरी रेलगाड़ी जो पहली रेलगाड़ी से 100 मीटर छोटी है, 45 किमी०/घण्टा की चाल से कितने समय में पार कर लेगी ?

(*a*) 61 सैकण्ड (*b*) 63 सैकण्ड (*c*) 62 सैकण्ड (*d*) 64 सैकण्ड

12. एक समान चाल से चलती हुई रेलगाड़ी 162 मीटर लम्बे प्लेटफार्म को 18 सैकण्ड में तथा एक अन्य 120 मीटर लम्बे प्लेटफार्म को 15 सैकण्ड में पार कर जाती है. रेलगाड़ी की चाल कितनी है ?

(*a*) 40·6 किमी०/घण्टा (*b*) 42 किमी०/घण्टा (*c*) 50·4 किमी०/घण्टा (*d*) 67·2 किमी०/घण्टा

(एस०एस०सी० परीक्षा, 2009)

13. एक रेलगाड़ी एक समान चाल से चलकर 122 मीटर लम्बे प्लेटफार्म को 17 सैकण्ड में तथा 210 मीटर लम्बे पुल को 25 सैकण्ड में पार करती है. रेलगाड़ी की चाल कितनी है ? **(एस०एस०सी० परीक्षा, 2008)**

(*a*) 46·5 किमी०/घण्टा (*b*) 37·5 किमी०/घण्टा (*c*) 37·6 किमी०/घण्टा (*d*) 39·6 किमी०/घण्टा

14. एक 240 मीटर लम्बी रेलगाड़ी को एक खम्भे को पार करने में जितना समय लगता है, उतनी ही गति से उसे अपनी लम्बाई की दुगुनी लम्बाई के प्लेटफार्म को पार करने में उससे 40 सैकण्ड अधिक लगते हैं. रेलगाड़ी की चाल कितनी है ? **(बैंक पी०ओ० परीक्षा, 2008)**

(*a*) 6 मीटर/सैकण्ड (*b*) 24 मीटर/सैकण्ड (*c*) 36 मीटर/सैकण्ड (*d*) 12 मीटर/सैकण्ड

(*e*) इनमें से कोई नहीं

15. एक रेलगाड़ी 110 मीटर लम्बे प्लेटफार्म को 40 सैकण्ड में तथा उस प्लेटफार्म पर खड़े लड़के को 30 सैकण्ड में पार कर जाती है. रेलगाड़ी की लम्बाई कितनी है ? **(एस०एस०सी० परीक्षा, 2008)**

(*a*) 100 मीटर (*b*) 110 मीटर (*c*) 220 मीटर (*d*) 330 मीटर

16. दो रेलगाड़ियों में से प्रत्येक 210 मीटर लम्बी है. इनमें से एक रेलगाड़ी प्लेटफार्म पर खड़ी है तथा दूसरी इस गाड़ी की ओर समान्तर पटरी पर 84 किमी०/घण्टा की चाल से आ रही है. परस्पर मिलने के कितनी देर बाद यह गाड़ी खड़ी गाड़ी को पार कर जायेगी ?

(*a*) 9 सैकण्ड (*b*) 12 सैकण्ड (*c*) 15 सैकण्ड (*d*) 18 सैकण्ड

17. दो रेलगाड़ियाँ *A* तथा *B* एक ही बिन्दु से एक ही समय पर आरम्भ होकर क्रमशः 60 किमी०/घण्टा तथा 72 किमी०/घण्टा की चाल से एक ही दिशा में जाती हैं. यदि प्रत्येक रेलगाड़ी की लम्बाई 240 मीटर हो, तो *B* द्वारा *A* को पार करने में कितना समय लगेगा ? **(बैंक पी०ओ० परीक्षा, 2005)**

(*a*) 1 मिनट 12 सै० (*b*) 1 मिनट 24 सै० (*c*) 2 मिनट 12 सै० (*d*) 2 मिनट 24 सै०

(*e*) इनमें से कोई नहीं

18. 60 किमी०/घण्टा की चाल से जा रही 240 मीटर लम्बी एक रेलगाड़ी अपनी विपरीत दिशा में 48 किमी०/घण्टा की गति से आ रही एक 270 मीटर लम्बी रेलगाड़ी को कितने समय में पार करेगी ?

(*a*) 17 सैकण्ड (*b*) 13 सैकण्ड (*c*) 12 सैकण्ड (*d*) 8 सैकण्ड (*e*) इनमें से कोई नहीं

(बैंक पी०ओ० परीक्षा, 2009)

19. 120 मीटर और 90 मीटर लम्बी दो रेलगाड़ियाँ क्रमश: 80 किमी०/घण्टा तथा 55 किमी०/घण्टा की चाल से एक दूसरे की ओर समान्तर पटरियों पर दौड़ रही हैं. यदि उनके बीच की दूरी 90 मीटर हो, तो वे कितने समय बाद एक दूसरे को पार कर जायेंगी? **(होटल मैनेजमैन्ट परीक्षा, 2009)**

(*a*) 5·6 सैकण्ड (*b*) 7·2 सैकण्ड (*c*) 8 सैकण्ड (*d*) 9 सैकण्ड

20. दो व्यक्ति क्रमश: 2 किमी०/घण्टा तथा 4 किमी०/घण्टा की चाल से उसी दिशा में जा रहे हैं जिस दिशा में एक रेलगाड़ी जा रही है. यह रेलगाड़ी इन्हें क्रमश: 9 सैकण्ड तथा 10 सैकण्ड में पार कर जाती है. रेलगाड़ी की लम्बाई कितनी है?

(*a*) 72 मीटर (*b*) 54 मीटर (*c*) 50 मीटर (*d*) 45 मीटर

21. 240 मीटर लम्बी एक रेलगाड़ी अपने सामने से विपरीत दिशा में 3 किमी०/घण्टा की चाल से रेलवे लाईन के साथ-साथ आ रहे व्यक्ति को 10 सैकण्ड में पार कर जाती है. रेलगाड़ी की चाल कितनी है?

(*a*) 63 किमी०/घण्टा (*b*) 75 किमी०/घण्टा (*c*) 83·4 किमी०/घण्टा (*d*) 86·4 किमी०/घण्टा

(एस०एस०सी० परीक्षा, 2010)

22. एक रेलगाड़ी 30 किमी०/घण्टा की चाल से जा रही है. एक व्यक्ति उसी दिशा में पटरियों के समान्तर 15 किमी०/घण्टा की गति से दौड़ रहा है. यदि रेलगाड़ी उस व्यक्ति को 48 सैकण्ड में पार करे तो रेलगाड़ी की लम्बाई कितनी है? **(रेलवे परीक्षा, 2008)**

(*a*) 220 मीटर (*b*) 300 मीटर (*c*) 250 मीटर (*d*) 200 मीटर

23. दो रेलगाड़ियाँ जिनकी चाल 3 : 4 के अनुपात में हैं, समान्तर पटरियों पर विपरीत दिशाओं में जा रही हैं. यदि प्रत्येक रेलगाड़ी एक खम्भे को पार करने में 3 सैकण्ड ले, तो वे कितने समय में एक दूसरे को पार कर लेंगी?

(*a*) 3 सैकण्ड (*b*) 4 सैकण्ड (*c*) 7 सैकण्ड (*d*) 21 सैकण्ड

24. समान लम्बाई की दो रेलगाड़ियाँ एक दूसरे के समान्तर पटरियों पर एक ही दिशा में क्रमश: 56 किमी०/घण्टा तथा 46 किमी०/घण्टा की चाल से जा रही हैं. तेज गति वाली रेलगाड़ी दूसरी रेलगाड़ी को 36 सैकण्ड में पार कर जाती है. प्रत्येक रेलगाड़ी की लम्बाई कितनी है?

(*a*) 50 मीटर (*b*) 60 मीटर (*c*) 72 मीटर (*d*) 80 मीटर

25. एक ही चाल से जा रही एक रेलगाड़ी 96 मीटर लम्बे प्लेटफार्म को 12 सैकण्ड में तथा 141 मीटर लम्बे प्लेटफार्म को 15 सैकण्ड में पार कर जाती है. रेलगाड़ी की लम्बाई तथा चाल हैं क्रमश: **(रेलवे परीक्षा, 2006)**

(*a*) 64 मी० तथा 44 किमी०/घण्टा (*b*) 64 मी० तथा 54 किमी०/घण्टा

(*c*) 84 मी० तथा 54 किमी०/घण्टा (*d*) 84 मी० तथा 60 किमी०/घण्टा

26. दो मालगाड़ियाँ जिनमें से प्रत्येक 500 मीटर लम्बी है, समान्तर पटरियों पर एक दूसरे की विपरीत दिशा में क्रमश: 45 किमी०/घण्टा तथा 30 किमी०/घण्टा की चाल से जा रही हैं. धीमी गति वाली रेलगाड़ी दूसरी गाड़ी के चालक को कितनी देर में पार कर जायेगी?

(*a*) 12 सैकण्ड (*b*) 24 सैकण्ड (*c*) 48 सैकण्ड (*d*) 60 सैकण्ड

27. एक दूसरे की विपरीत दिशाओं में जा रही दो रेलगाड़ियाँ प्लेटफार्म पर खड़े एक व्यक्ति को क्रमश: 27 सैकण्ड तथा 17 सैकण्ड में पार करती हैं तथा एक दूसरे को 23 सैकण्ड में पार करती हैं. इनकी चालों का अनुपात है:

(*a*) 1 : 3 (*b*) 3 : 2 (*c*) 3 : 4 (*d*) इनमें से कोई नहीं

28. 48 किमी०/घण्टा की चाल से जा रही एक रेलगाड़ी अपने से आधी लम्बाई की रेलगाड़ी को जो इसकी विपरीत दिशा में 42 किमी०/घण्टा की चाल से आ रही है उसे 12 सैकण्ड में पार कर जाती है. यह रेलगाड़ी एक प्लेटफार्म को 45 सैकण्ड में पार कर जाती है. इस प्लेटफार्म की लम्बाई कितनी है?

(*a*) 400 मीटर (*b*) 450 मीटर (*c*) 560 मीटर (*d*) 600 मीटर

29. दो स्टेशन A तथा B एक दूसरे से 220 किमी० दूरी पर हैं. एक रेलगाड़ी A से 80 किमी०/घण्टा की चाल से B की ओर जाती है. 30 मिनट बाद दूसरी रेलगाड़ी 100 किमी०/घण्टा की चाल से B से A की ओर जाती है. दोनों रेलगाड़ियाँ A से कितनी दूरी पर मिलेंगी?

(*a*) 120 किमी० (*b*) 130 किमी० (*c*) 140 किमी० (*d*) 150 किमी०

30. दो स्टेशन A तथा B एक दूसरे से 110 किमी० दूरी पर स्थित हैं. एक रेलगाड़ी A से प्रातः 7 बजे B की ओर 20 किमी०/घण्टा की चाल से चलती है. दूसरी रेलगाड़ी उसी दिन प्रातः 8 बजे B से A की ओर 25 किमी०/घण्टा की चाल से चलती है. वे किस समय मिलेंगी ?

(*a*) प्रातः 9 बजे (*b*) प्रातः 10 बजे (*c*) प्रातः 10·30 बजे (*d*) प्रातः 11 बजे

31. 120 किमी०/घण्टा की चाल से जा रही एक रेलगाड़ी A इसी की दिशा में समान्तर पटरी पर जा रही गाड़ी B को 2 मिनट में पार कर जाती है. यदि इन गाड़ियों की लम्बाईयाँ क्रमशः 100 मीटर तथा 200 मीटर हों, तो B की चाल कितनी है ?

(*a*) 111 किमी०/घण्टा (*b*) 123 किमी०/घण्टा (*c*) 127 किमी०/घण्टा (*d*) 129 किमी०/घण्टा

32. प्लेटफार्म पर खड़े एक व्यक्ति ने अनुभव किया कि एक रेलगाड़ी उसे 6 सैकण्ड में पार कर गई. इस गाड़ी के विपरीत दिशा में जाने वाली गाड़ी ने इस व्यक्ति को 9 सैकण्ड में पार किया. यदि दोनों गाड़ियों की लम्बाई बराबर हों, तो एक दूसरे को पार करने में ये गाड़ियाँ कितना समय लेंगी ?

(*a*) 6·8 सैकण्ड (*b*) 7·2 सैकण्ड (*c*) 6·2 सैकण्ड (*d*) 7·8 सैकण्ड

33. एक रेलगाड़ी A मेरठ से साँय 4 बजे चलकर साँय 5 बजे गाजियाबाद पहुँचती है. दूसरी रेलगाड़ी B गाजियाबाद से साँय 4 बजे चलकर साँय 5·30 बजे मेरठ पहुँचती है. दोनों रेलगाड़ियाँ कितने बजे एक दूसरे को मिलेंगी ?

(*a*) साँय 4·36 बजे (*b*) साँय 4·42 बजे (*c*) साँय 4·48 बजे (*d*) साँय 4·50 बजे

34. एक रेलगाड़ी पटना से हावड़ा के लिए तथा दूसरी हावड़ा से पटना के लिए एक ही समय पर चलती हैं. मिलने के बाद ये रेलगाड़ियाँ क्रमशः 9 घण्टे तथा 16 घण्टे में अपने गंतव्य स्थान पर पहुँचती हैं. इनकी चालों में क्या अनुपात है ?

(*a*) 2 : 3 (*b*) 4 : 3 (*c*) 6 : 7 (*d*) 9 : 16

35. दो रेलगाड़ियाँ X तथा Y, स्टेशन A तथा B से क्रमशः B तथा A की ओर एक ही समय पर चलना प्रारम्भ करती हैं. एक दूसरे को मिलने के बाद वे क्रमशः 4 घण्टे 48 मिनट तथा 3 घण्टे 20 मिनट में B तथा A पर पहुँचती हैं. यदि X की चाल 45 किमी०/घण्टा हो, तो Y की चाल कितनी है ?

(*a*) 60 किमी०/घण्टा (*b*) 54 किमी०/घण्टा (*c*) 64·8 किमी०/घण्टा (*d*) 37·5 किमी०/घण्टा

36. दो व्यक्ति एक रेलवे लाईन के साथ-साथ एक ही दिशा में क्रमशः 3 किमी०/घण्टा तथा 6 किमी०/घण्टा की चाल से जा रहे हैं. उनके पीछे से आ रही एक रेलगाड़ी उन्हें क्रमशः 9 सैकण्ड तथा 10 सैकण्ड में पार कर जाती है. इस रेलगाड़ी की चाल कितनी है ?

(*a*) 23·2 किमी०/घण्टा (*b*) 33 किमी०/घण्टा (*c*) 35 किमी०/घण्टा (*d*) 40 किमी०/घण्टा

37. दो रेलगाड़ियाँ एक ही दिशा में क्रमशः 60 किमी०/घण्टा तथा 40 किमी०/घण्टा की चाल से समान्तर पटरियों पर जा रही हैं. तेज रफ्तार वाली रेलगाड़ी धीमी गति वाली रेलगाड़ी में बैठे एक व्यक्ति को 18 सैकण्ड में पार कर जाती है. तेज गति वाली गाड़ी की लम्बाई कितनी है ?

(*a*) 100 मीटर (*b*) 90 मीटर (*c*) 72 मीटर (*d*) 108 मीटर

38. एक रेलगाड़ी एक खम्भे को 20 सैकण्ड में पार करती है तथा 100 मीटर लम्बे एक प्लेटफार्म को 30 सैकण्ड में पार करती है. इस रेलगाड़ी की लम्बाई कितनी है ? **(बैंक पी०ओ० परीक्षा, 2010)**

(*a*) 100 मीटर (*b*) 150 मीटर (*c*) 180 मीटर (*d*) 200 मीटर (*e*) इनमें से कोई नहीं

39. 90 किमी०/घण्टा की गति से जा रही एक 200 मीटर लम्बी गाड़ी को एक विपरीत दिशा से आ रही गाड़ी 15 सैकण्ड में पार कर जाती है. दूसरी गाड़ी की लम्बाइ कितनी है ? **(बैंक पी०ओ० परीक्षा, 2003)**

(*a*) 175 मीटर (*b*) 275 मीटर (*c*) 187·5 मीटर (*d*) ज्ञात नहीं किया जा सकता
(*e*) इनमें से कोई नहीं

40. चलती हुई रेलगाड़ी में बैठा हुआ एक यात्री बाहर 1 मिनट में टेलीफोन के 21 खम्भे गिनता है. यदि प्रत्येक दो खम्भों के बीच की दूरी 50 मीटर हो, तो रेलगाड़ी की चाल कितनी है ? **(एम०बी०ए० परीक्षा, 2002)**

(*a*) 57 किमी०/घण्टा (*b*) 60 किमी०/घण्टा (*c*) 63 किमी०/घण्टा (*d*) 55 किमी०/घण्टा

41. एक व्यक्ति एक खड़ी हुई रेलगाड़ी को 5 मिनट में पार करता है. यही रेलगाड़ी एक खम्भे को 48 सैकण्ड में पार करती है. व्यक्ति तथा रेलगाड़ी की चालों के बीच क्रमशः क्या अनुपात है ? **(बैंक पी०ओ० परीक्षा, 2010)**

(*a*) 3 : 25 (*b*) 4 : 25 (*c*) 25 : 3 (*d*) निर्धारित नहीं किया जा सकता

(*e*) इनमें से कोई नहीं

42. 60 किमी०/घण्टा की दर से गतिमान 750 मीटर लम्बी रेलगाड़ी को एक सिग्नल पोस्ट को पार करने में कितना समय लगेगा ? **(रेलवे परीक्षा, 2010)**

(*a*) 50 सैकण्ड (*b*) 40 सैकण्ड (*c*) 55 सैकण्ड (*d*) 45 सैकण्ड

43. एक रेलगाड़ी A एक स्थिर रेलगाड़ी B को 50 सैकण्ड में तथा उसी गति से एक खम्भे को 20 सैकण्ड में पार करती है. यदि A की लम्बाई 240 मीटर हो, तो B की लम्बाई कितनी है ? **(बैंक पी०ओ० परीक्षा, 2010)**

(*a*) 360 मीटर (*b*) 260 मीटर (*c*) 300 मीटर (*d*) ज्ञात नहीं की जा सकती

(*e*) इनमें से कोई नहीं

44. एक 300 मीटर लम्बी रेलगाड़ी ने रेलवे लाइन के साथ-साथ रेलगाड़ी की ही दिशा में 3 किमी०/घण्टा की चाल से जा रहे व्यक्ति को 33 सैकण्ड में पार किया. रेलगाड़ी की चाल कितनी है ?

(*a*) 30 किमी०/घण्टा (*b*) 32 किमी०/घण्टा (*c*) $32\frac{8}{11}$ किमी०/घण्टा (*d*) $35\frac{8}{11}$ किमी०/घण्टा

(एस०एस०सी० परीक्षा, 2010)

45. एक 180 मीटर लम्बी रेलगाड़ी एक अपने से विपरीत दिशा में चल रही 270 मीटर लम्बी रेलगाड़ी को 10·8 सैकण्ड में पार कर जाती है. यदि पहली रेलगाड़ी की चाल 60 किमी०/घण्टा हो, तो दूसरी रेलगाड़ी की चाल कितनी है ?

(*a*) 80 किमी०/घण्टा (*b*) 90 किमी०/घण्टा (*c*) 150 किमी०/घण्टा (*d*) ज्ञात नहीं की जा सकती

(*e*) इनमें से कोई नहीं **(बैंक पी०ओ० परीक्षा, 2010)**

उत्तरमाला (प्रश्नमाला 18A)

1. (*a*)	**2.** (*c*)	**3.** (*e*)	**4.** (*a*)	**5.** (*b*)	**6.** (*b*)	**7.** (*c*)	**8.** (*c*)	**9.** (*d*)	**10.** (*c*)
11. (*d*)	**12.** (*c*)	**13.** (*d*)	**14.** (*d*)	**15.** (*d*)	**16.** (*d*)	**17.** (*d*)	**18.** (*a*)	**19.** (*c*)	**20.** (*c*)
21. (*c*)	**22.** (*d*)	**23.** (*a*)	**24.** (*a*)	**25.** (*c*)	**26.** (*c*)	**27.** (*b*)	**28.** (*a*)	**29.** (*a*)	**30.** (*b*)
31. (*a*)	**32.** (*b*)	**33.** (*a*)	**34.** (*b*)	**35.** (*b*)	**36.** (*b*)	**37.** (*a*)	**38.** (*d*)	**39.** (*d*)	**40.** (*b*)
41. (*b*)	**42.** (*d*)	**43.** (*a*)	**44.** (*d*)	**45.** (*b*)					

दिये गये प्रश्नों के हल प्रश्नमाला 18A

1. रेलगाड़ी की चाल $= \left(30 \times \frac{5}{18}\right)$ मीटर प्रति सै० $= \frac{25}{3}$ मीटर प्रति सै०.

अभीष्ट समय $= \frac{(100)}{(25/3)}$ सैकण्ड $= \frac{(100 \times 3)}{25}$ सैकण्ड = 12 सैकण्ड.

2. रेलगाड़ी की चाल $= \left(45 \times \frac{5}{18}\right)$ मीटर प्रति सैकण्ड $= \frac{25}{2}$ मीटर प्रति सैकण्ड.

अभीष्ट समय = रेलगाड़ी द्वारा (171 + 229) मीटर दूरी तय करने में लगा समय

$= \left(400 \times \frac{2}{25}\right)$ सैकण्ड = 32 सैकण्ड.

3. प्लेटफार्म को पार करने में तय की गई दूरी = (180 + 180) मीटर = 360 मीटर.

रेलगाड़ी की चाल $= \frac{\text{दूरी}}{\text{समय}} = \frac{360}{18}$ मीटर/सै० = 20 मीटर/सै०.

4. रेलगाड़ी की चाल $= \left(60 \times \frac{5}{18}\right)$ मीटर/सै० $= \frac{50}{3}$ मीटर/सै०.

माना पुल की लम्बाई $= x$ मीटर.

$\left(\frac{\text{दूरी}}{\text{चाल}} = \text{समय}\right) \Rightarrow \frac{(125+x)}{(50/3)} = 30 \Rightarrow 125 + x = 500 \Rightarrow x = 375.$

अत: पुल की लम्बाई = 375 मीटर.

5. बिना रुके लिया गया समय = 8 घण्टे, रुकते हुए लिया गया समय = 9 घण्टे.

9 घण्टे में से रुकने में लगा समय = 1 घण्टा = 60 मिनट.

1 घण्टे में से रुकने में लगा समय $= \left(\frac{60}{9}\right)$ मिनट $= 6\frac{2}{3}$ मिनट.

6. रेलगाड़ी की चाल $= \left(\frac{250}{15}\right)$ मीटर/सै० $= \left(\frac{250}{15} \times \frac{18}{5}\right)$ किमी०/घण्टा = 60 किमी०/घण्टा.

7. रेलगाड़ी की चाल $= \left(60 \times \frac{5}{18}\right)$ मीटर/सै० $= \frac{50}{3}$ मीटर/सै०.

अभीष्ट समय = (280 + 220) मीटर दूरी तय करने में लगा समय

$= \left(500 \times \frac{3}{50}\right)$ सैकण्ड = 30 सैकण्ड.

8. रेलगाड़ी की चाल $= \left(108 \times \frac{5}{18}\right)$ मीटर/सै० = 30 मीटर/सै०.

माना प्लेटफार्म की लम्बाई $= x$ मीटर.

$\frac{(240+x)}{30} = 20 \Rightarrow 240 + x = 600 \Rightarrow x = (600 - 240) = 360$ मी०.

व्यक्ति की चाल $= \frac{(360)}{(5 \times 60)}$ मीटर/सै० = 1·2 मीटर/सैकण्ड.

9. चूँकि प्लेटफार्म की लम्बाई नहीं दी गई है, अत: रेलगाड़ी की चाल ज्ञात नहीं की जा सकती.

अत: उत्तर (*d*) सही है.

10. माना रेलगाड़ी की लम्बाई $= x$ मीटर. तब

$\frac{x}{5} = \frac{(600+x)}{35} \Rightarrow 35x = 3000 + 5x \Rightarrow 30x = 3000 \Rightarrow x = 100.$

अत: रेलगाड़ी की लम्बाई = 100 मीटर.

रेलगाड़ी की चाल $= \frac{100}{5}$ मीटर/सै० $= \left(20 \times \frac{18}{5}\right)$ किमी०/घण्टा = 72 किमी०/घण्टा.

11. माना पहली रेलगाड़ी की लम्बाई $= x$ मीटर तथा पुल की लम्बाई $= y$ मीटर.

पहली रेलगाड़ी की चाल $= \left(90 \times \frac{5}{18}\right)$ मीटर/सै० = 25 मीटर/सैकण्ड.

$\therefore \frac{(x+y)}{25} = 36 \Rightarrow x + y = 900$ . ...(*i*)

दूसरी रेलगाड़ी की लम्बाई $= (x - 100)$ मीटर, पुल की लम्बाई $= y$ मीटर.

दूसरी रेलगाड़ी की चाल $= \left(45 \times \frac{5}{18}\right)$ मीटर/सै० $= \frac{25}{2}$ मीटर/सै०.

पुल पार करने में इस गाड़ी द्वारा लिया गया समय $= \frac{(x-100)+y}{(25/2)}$ सै०

$$= \frac{2[(x+y)-100]}{25} \text{ सै०} = \left[\frac{2(x+y)-200}{25}\right] \text{ सै०}$$

$$= \frac{(2\times 900-200)}{25} \text{ सै०} = \frac{1600}{25} \text{ सै०} = 64 \text{ सै०}.$$

12. माना रेलगाड़ी की चाल = x मीटर/सै० तथा इसकी लम्बाई = y मीटर. तब

$$\frac{(162+y)}{x} = 18 \Rightarrow 18x - y = 162 \qquad \ldots(i)$$

$$\frac{(120+y)}{x} = 15 \Rightarrow 15x - y = 120 \qquad \ldots(ii)$$

(i) में से (ii) घटाने पर $3x = 42 \Rightarrow x = 14$.

$\therefore$ रेलगाड़ी की चाल = 14 मीटर/सै० $= \left(14\times\frac{18}{5}\right)$ किमी०/घण्टा.

$= \frac{252}{5}$ किमी०/घण्टा = 50·4 किमी०/घण्टा.

13. माना रेलगाड़ी की लम्बाई = x मीटर. तब

$$\frac{(x+122)}{17} = \frac{(x+210)}{25} \Rightarrow 25x + 3050 = 17x + 3570$$

$$\Rightarrow 8x = 520 \Rightarrow x = 65 \text{ मीटर}.$$

रेलगाड़ी की चाल $= \frac{(65+122)}{17}$ मीटर/सै० $= \left(\frac{187}{17}\right)$ मीटर/सै०

$= \left(11\times\frac{18}{5}\right)$ किमी०/घण्टा $= \frac{198}{5}$ किमी०/घण्टा

= 39·6 किमी०/घण्टा.

14. माना रेलगाड़ी की चाल = x मीटर/सैकण्ड. तब

$$\frac{240}{x} + 40 = \frac{(240+480)}{x} \Rightarrow \frac{720}{x} - \frac{240}{x} = 40$$

$$\Rightarrow 40x = (720-240) = 480 \Rightarrow x = 12.$$

$\therefore$ रेलगाड़ी की चाल = 12 मीटर/सैकण्ड.

15. माना रेलगाड़ी की लम्बाई = x मीटर. तब

$$\frac{(110+x)}{40} = \frac{x}{30} \Rightarrow 3300 + 30x = 40x \Rightarrow 10x = 3300 \Rightarrow x = 330 \text{ मीटर}.$$

16. चल रही गाड़ी की चाल $= \left(84\times\frac{5}{18}\right)$ मीटर/सै० $= \frac{70}{3}$ मीटर/सैकण्ड.

खड़ी गाड़ी को पार करने में चली गई दूरी = (210 + 210) मीटर = 420 मीटर.

अभीष्ट समय $= \left(420\times\frac{3}{70}\right)$ सैकण्ड = 18 सैकण्ड.

17. तेज गाड़ी की धीमी गाड़ी के सापेक्ष चाल = (72 – 60) किमी०/घण्टा

$= \left(12\times\frac{5}{18}\right)$ मीटर/सै० $= \frac{10}{3}$ मीटर/सै०.

अभीष्ट समय = सापेक्ष चाल से (240 + 240) मीटर दूरी तय करने में लगा समय

$= \left(480\times\frac{3}{10}\right)$ सैकण्ड = 144 सैकण्ड = 2 मिनट 24 सैकण्ड.

18. रेलगाड़ियों की सापेक्ष चाल = (60 + 48) किमी०/घण्टा $= \left(108 \times \frac{5}{18}\right)$ मीटर/सै० = 30 मीटर/सै०.
कुल तय की गई दूरी = (240 + 270) मीटर = 510 मीटर.
एक दूसरे को पार करने में लगा समय $= \frac{510}{30}$ सैकण्ड = 17 सैकण्ड.

19. रेलगाड़ियों के सापेक्ष चाल = (80 + 55) किमी०/घण्टा
$= \left(135 \times \frac{5}{18}\right)$ मीटर/सै० $= \frac{75}{2}$ मीटर/सै०.
कुल दूरी = (90 + 120 + 90) मीटर = 300 मीटर.
अभीष्ट समय $= \left(300 \times \frac{2}{75}\right)$ सैकण्ड = 8 सैकण्ड.

20. माना रेलगाड़ी की लम्बाई = x किमी० तथा चाल = y किमी०/घण्टा. तब

$$\frac{x}{(y-2)} = \frac{9}{60 \times 60} \Rightarrow 3600x = 9y - 18 \Rightarrow y - 400x = 2 \qquad \ldots(i)$$

तथा $\frac{x}{(y-4)} = \frac{10}{60 \times 60} \Rightarrow 360x = y - 4 \Rightarrow y - 360x = 4 \qquad \ldots(ii)$

(i) तथा (ii) को हल करने पर $40x = 2 \Rightarrow x = \frac{1}{20}$.

रेलगाड़ी की लम्बाई $= \frac{1}{20}$ किमी० $= \left(\frac{1}{20} \times 1000\right)$ मीटर = 50 मीटर.

21. माना रेलगाड़ी की चाल = x किमी०/घण्टा.
रेलगाड़ी की सामने से आ रहे व्यक्ति के सापेक्ष चाल = $(x + 3)$ किमी०/घण्टा.

$$\therefore (x+3) \times \frac{5}{18} = \frac{240}{10} \Rightarrow 5(x+3) = 432$$
$$\Rightarrow 5x = (432 - 15) = 417 \Rightarrow x = 83 \cdot 4.$$

$\therefore$ रेलगाड़ी की चाल = 83·4 किमी०/घण्टा.

22. माना रेलगाड़ी की लम्बाई = x मीटर.
रेलगाड़ी की व्यक्ति के सापेक्ष चाल = (30 – 15) किमी०/घण्टा
$= \left(15 \times \frac{5}{18}\right)$ मीटर/सै० $= \frac{25}{6}$ मीटर/सै०.

$\therefore \frac{x}{(25/6)} = 48 \Rightarrow 6x = 25 \times 48 \Rightarrow x = 200$ मीटर.

23. माना गाड़ियों की चाल क्रमश: $3x$ मीटर/सै० तथा $4x$ मीटर/सै० हैं.
इनके द्वारा 3 सैकण्ड में तय की गई दूरियाँ क्रमश: $9x$ मीटर तथा $12x$ मीटर हैं.
अत: इन गाड़ियों की लम्बाईयाँ क्रमश: $9x$ मीटर तथा $12x$ मीटर हैं.
इन गाड़ियों की सापेक्ष चाल = $(3x + 4x)$ मीटर/सै० = $7x$ मीटर/सै०.
एक दूसरे को पार करने में लगा समय $= \frac{(9x + 12x)}{7x}$ सै० = 3 सैकण्ड.

24. तेज गाड़ी की धीमी गाड़ी के सापेक्ष चाल = (56 – 46) किमी०/घण्टा
$= \left(10 \times \frac{5}{18}\right)$ मीटर/सै० $= \frac{25}{9}$ मीटर/सै०.

माना प्रत्येक गाड़ी की लम्बाई = x मीटर. तब

$$\frac{2x}{\left(\frac{25}{9}\right)} = 36 \Rightarrow \frac{18x}{25} = 36 \Rightarrow x = \frac{36\times25}{18} = 50 \text{ मीटर.}$$

25. माना रेलगाड़ी की लम्बाई = L मीटर तथा चाल = x मी०/सै० है. तब

$$\frac{(96+L)}{12} = \frac{(141+L)}{15} \Rightarrow 15(96+L) = 12(141+L) \Rightarrow 3L = (1692-1440) = 252 \Rightarrow L = 84.$$

∴ रेलगाड़ी की लम्बाई = 84 मीटर.

चाल $= \frac{(96+84)}{12}$ मी०/सै० $= \left(\frac{180}{12}\times\frac{18}{5}\right)$ किमी०/घण्टा = 54 किमी०/घण्टा.

26. मालगाड़ियों की सापेक्ष गति = (45 + 30) किमी०/घण्टा $= \left(75\times\frac{5}{18}\right)$ मीटर/सै० $= \frac{125}{6}$ मीटर/सै०.

तय की गई दूरी = (500 + 500) मीटर = 1000 मीटर.

अभीष्ट समय $= \left(1000\times\frac{6}{125}\right)$ सैकण्ड = 48 सैकण्ड.

27. माना इन रेलगाड़ियों की चाल क्रमशः x मीटर/सै० तथा y मीटर/सै० हैं.

तब, पहली रेलगाड़ी की लम्बाई = $27x$ मीटर.

दूसरी रेलगाड़ी की लम्बाई = $17y$ मीटर.

$$\therefore \frac{(27x+17y)}{(x+y)} = 23 \Rightarrow 27x+17y = 23x+23y \Rightarrow 4x = 6y.$$

$\therefore \frac{x}{y} = \frac{3}{2}$. अतः अभीष्ट अनुपात = 3 : 2.

28. माना पहली रेलगाड़ी की लम्बाई = $2x$ मीटर तथा दूसरी रेलगाड़ी की लम्बाई = x मीटर.

इन गाड़ियों के सापेक्ष चाल = (48 + 42) किमी०/घण्टा

$= \left(90\times\frac{5}{18}\right)$ मीटर/सैकण्ड = 25 मीटर/सैकण्ड.

$$\therefore \frac{(2x+x)}{25} = 12 \Rightarrow 3x = 300 \Rightarrow x = 100.$$

पहली गाड़ी की लम्बाई = 200 मीटर.

माना प्लेटफार्म की लम्बाई = y मीटर.

$$\therefore \frac{(200+y)}{45} = \left(48\times\frac{5}{18}\right) = \frac{40}{3} \Rightarrow 600+3y = 1800$$

$$\Rightarrow 3y = 1200 \Rightarrow y = 400.$$

अतः प्लेटफार्म की लम्बाई = 400 मीटर.

29. माना ये रेलगाड़ियाँ A से x किमी० की दूरी पर मिलेंगी. तब,

$$\frac{x}{80} - \frac{(200-x)}{100} = \frac{1}{2} \Rightarrow 5x - 4(220-x) = 200$$

$\therefore 9x = 1080 \Rightarrow x = 120.$

अतः दोनों रेलगाड़ियाँ A से 120 किमी० की दूरी पर मिलेंगी.

30. माना दोनों रेलगाड़ियाँ 7 बजे से x घण्टे बाद मिलती हैं. तब

A द्वारा x घण्टे में तय की गई दूरी = $(20x)$ किमी०.

B द्वारा $(x-1)$ घण्टे में तय की गई दूरी = $25(x-1)$ किमी०.

$\therefore 20x + 25(x-1) = 110 \Rightarrow 45x = 135 \Rightarrow x = 3.$

अतः दोनों रेलगाड़ियाँ प्रातः 10 बजे मिलेंगी.

31. माना रेलगाड़ी B की चाल $= x$ किमी०/घण्टा.

A की B के सापेक्ष चाल $= (120 - x)$ किमी०/घण्टा

$$= \left[(120-x)\times\frac{5}{18}\right] \text{ मीटर/सैकण्ड } = \frac{(600-5x)}{18} \text{ मीटर/सै०.}$$

$$\therefore \frac{30}{\frac{(600-5x)}{18}} = 120 \Rightarrow \frac{5400}{(600-5x)} = 120 \Rightarrow \frac{45}{(600-5x)} = 1$$

$$\Rightarrow 600 - 5x = 45 \Rightarrow 5x = (600-45) = 555$$

$$\Rightarrow x = 111 \text{ किमी०/घण्टा.}$$

32. माना प्रत्येक गाड़ी की लम्बाई $= x$ मीटर.

पहली गाड़ी की चाल $= \frac{x}{6}$ मीटर/सैकण्ड.

दूसरी गाड़ी की चाल $= \frac{x}{9}$ मीटर/सैकण्ड.

आपेक्षिक चाल $= \left(\frac{x}{6}+\frac{x}{9}\right)$ मीटर/सै० $= \frac{5x}{18}$ मीटर/सै०

अभीष्ट समय $= \frac{(x+x)}{(5x/18)}$ सैकण्ड $= \left(\frac{2x\times18}{5x}\right)$ सैकण्ड $= \frac{36}{5}$ सैकण्ड $= 7{\cdot}2$ सैकण्ड.

33. माना अभीष्ट दूरी $= x$ किमी०.

A द्वारा लिया गया समय = 1 घण्टा, B द्वारा लिया गया समय $= \frac{3}{2}$ घण्टे.

A की चाल $= x$ किमी०/घण्टा, B की चाल $= \left(x\times\frac{2}{3}\right)$ किमी०/घण्टा.

माना ये रेलगाड़ियाँ सायं 4 बजे के y घण्टे बाद मिलती हैं.

तब, $xy + \frac{2xy}{3} = x \Rightarrow y + \frac{2y}{3} = 1 \Rightarrow \frac{5y}{3} = 1 \Rightarrow y = \frac{3}{5}$ घण्टे

$\Rightarrow y = \left(\frac{3}{5}\times60\right)$ मिनट = 36 मिनट.

अत: दोनों गाड़ियाँ सायं 4:36 बजे मिलेंगी.

34. विशेष संक्षिप्त विधि :

(A की चाल) : (B की चाल) $= \left(\sqrt{b} : \sqrt{a}\right) = \sqrt{16} : \sqrt{9} = 4:3.$

35. विशेष संक्षिप्त विधि :

$$\frac{X \text{ की चाल}}{Y \text{ की चाल}} = \left(\frac{Y \text{ द्वारा } A \text{ तक पहुँचने में लिया गया समय}}{X \text{ द्वारा } B \text{ तक पहुँचने में लिया गया समय}}\right)^{\frac{1}{2}}$$

$$\Rightarrow \frac{45}{y} = \sqrt{\frac{10}{3}\times\frac{5}{24}} = \sqrt{\frac{25}{36}} = \frac{5}{6}$$

$$\Rightarrow y = \frac{6\times45}{5} \Rightarrow y = 54.$$

$\therefore Y$ की चाल = 54 किमी०/घण्टा.

36. माना रेलगाड़ी की चाल $= x$ किमी०/घण्टा.

इन व्यक्तियों के सापेक्ष रेलगाड़ी की चाल क्रमश: $(x-3)$ किमी०/घण्टा तथा $(x-6)$ किमी०/घण्टा हैं.

$$\therefore (x-3)\times\frac{5}{18}\times9 = (x-6)\times\frac{5}{18}\times10 \Rightarrow 9(x-3) = 10(x-6) \Rightarrow x = 33.$$

अभीष्ट चाल = 33 किमी०/घण्टा.

37. तेज गाड़ी की धीमी गाड़ी के सापेक्ष चाल = (60 – 40) किमी०/घण्टा

$$= \left(20\times\frac{5}{18}\right) \text{ मीटर/सै०} = \frac{50}{9} \text{ मीटर/सै०.}$$

अभीष्ट गाड़ी की लम्बाई = सापेक्ष गति से 18 सैकण्ड में तय की गई दूरी

$$= \left(\frac{50}{9}\times 18\right) \text{ मीटर} = 100 \text{ मीटर.}$$

38. माना रेलगाड़ी की लम्बाई = x मीटर. तब

$$\frac{x}{20} = \frac{x+100}{30} \Rightarrow 30x = 20x + 2000$$

$$\Rightarrow 10x = 2000 \Rightarrow x = 200 \text{ मीटर.}$$

39. दूसरी गाड़ी की लम्बाई ज्ञात करने हेतू उस गाड़ी की चाल भी ज्ञात होना आवश्यक है, जो नहीं दी गई है. अत: दूसरी गाड़ी की लम्बाई ज्ञात नहीं की जा सकती.

40. 21 खम्भों के बीच की दूरी = (20 × 50) मीटर = 1000 मीटर.

समय = 1 मिनट = 60 सैकण्ड.

$$\text{गाड़ी की औसत चाल} = \frac{1000}{60} \text{ मीटर/सै०} = \left(\frac{1000}{60}\times\frac{18}{5}\right) \text{ किमी०/घण्टा} = 60 \text{ किमी०/घण्टा.}$$

41. माना रेलगाड़ी की लम्बाई = x मीटर.

$$\text{तब, व्यक्ति की चाल} = \frac{x}{(5\times 60)} \text{ मीटर/सै०} = \frac{x}{300} \text{ मीटर/सै०.}$$

$$\text{तथा, रेलगाड़ी की चाल} = \frac{x}{48} \text{ मीटर/सै०.}$$

$$\text{(व्यक्ति की चाल) : (रेलगाड़ी की चाल)} = \frac{x}{300} : \frac{x}{48} = \frac{1}{300} : \frac{1}{48}$$

$$= 48 : 300 = 4 : 25.$$

42.
$$\text{रेलगाड़ी की चाल} = 60 \text{ किमी०/घण्टा} = \left(60\times\frac{5}{18}\right) \text{ मीटर/सै०} = \frac{50}{3} \text{ मीटर/सै०.}$$

$$\text{अभीष्ट समय} = \frac{750}{(50/3)} \text{ सैकण्ड} = \frac{(750\times 3)}{50} \text{ सैकण्ड} = 45 \text{ सैकण्ड.}$$

43. माना स्थिर रेलगाड़ी की लम्बाई = x मीटर. तब

$$\frac{240+x}{50} = \frac{240}{20} \Rightarrow \frac{240+x}{50} = 12 \Rightarrow 240 + x = 600$$

$$\Rightarrow x = (600 - 240) = 360 \text{ मीटर.}$$

44. माना रेलगाड़ी की चाल = x किमी०/घण्टा.

$$\text{व्यक्ति के सापेक्ष रेलगाड़ी की चाल} = (x-3) \text{ किमी०/घण्टा} = \frac{(x-3)\times 5}{18} \text{ मीटर/सैकण्ड.}$$

$$\therefore \frac{(x-3)\times 5}{18} = \frac{300}{33} \Rightarrow x - 3 = \left(\frac{100}{11}\times\frac{18}{5}\right) = \frac{360}{11}$$

$$\Rightarrow 11x - 33 = 360 \Rightarrow 11x = 393 \Rightarrow x = 35\frac{8}{11} \text{ किमी०/घण्टा.}$$

45. माना दूसरी रेलगाड़ी की चाल = x किमी०/घण्टा.

पहली गाड़ी की दूसरी गाड़ी के सापेक्ष चाल = $(60 + x)$ किमी०/घण्टा

$$= \left[(60+x)\times\frac{5}{18}\right] \text{ मीटर/सैकण्ड.}$$

$$\therefore \frac{(60+x)\times 5}{18} = \frac{(180+270)}{10\cdot 8} \Rightarrow (60+x) = \left(\frac{4500}{108}\times\frac{18}{5}\right) \Rightarrow 60 + x = 150$$

$$\Rightarrow x = 90 \text{ किमी०/घण्टा.}$$

प्रश्नमाला 18B

1. एक रेलगाड़ी 30 किमी० की दूरी तय करने के बाद दुर्घटनाग्रस्त हो गई. इसके परिणामस्वरूप गाड़ी की चाल अपनी सामान्य चाल की $\frac{4}{5}$ हो गई तथा यह अपने गंतव्य स्थान पर 45 मिनट देरी से पहुंची. यदि दुर्घटना इस दुर्घटनास्थल से 18 किमी० आगे हुई होती तो यह रेलगाड़ी अपने गंतव्य पर केवल 36 मिनट देर से पहुँचती. रेलगाड़ी की सामान्य चाल कितनी थी? **(एस०एस०सी० परीक्षा, 2009)**
2. एक 100 मीटर लम्बी रेलगाड़ी 60 किमी० प्रति घण्टा की चाल से जा रही है. यह अपने सामने से दुगुनी चाल से आ रही रेलगाड़ी को 10 सैकण्ड में पार कर जाती है. दूसरी रेलगाड़ी की लम्बाई कितनी है? **(एस०एस०सी० परीक्षा, 2008)**
3. एक मालगाड़ी शहर X से शहर Y की ओर जाते हुए 1 घण्टे बाद दुर्घटनाग्रस्त हो जाने पर इसे आधा-घण्टा रोक लिया जाता है. इसके बाद यह अपनी सामान्य चाल की $\frac{4}{5}$ चाल से चलकर Y पर 2 घण्टे देरी से पहुँचती है. यदि दुर्घटना से पहले यह 80 किमी० और चली होती, तो केवल एक घण्टे देरी से पहुँचती. दुर्घटना से पहले मालगाड़ी की चाल कितनी थी तथा X और Y के बीच दूरी कितनी है? **(एस०एस०सी० परीक्षा, 2004)**
4. 100 मीटर लम्बी रेलगाड़ी अपने सामने से 5 किमी०/घण्टा की चाल से आ रहे व्यक्ति को $7\frac{1}{5}$ सैकण्ड में पार कर जाती है. रेलगाड़ी की चाल कितनी है? **(एस०एस०सी० परीक्षा, 2005)**
5. दो रेलगाड़ियाँ 650 किमी० की दूरी पर स्थित दो बिन्दुओं से एक दूसरी की ओर चलना आरम्भ करती हैं. यदि वे दोनों एक ही समय पर एक दूसरी की ओर चलें तो 10 घण्टे बाद मिलती हैं. परन्तु यदि इनमें से एक दूसरी से 4 घण्टे 20 मिनट बाद चले तो बाद में चलने वाली रेलगाड़ी के चलने के 8 घण्टे बाद ये दोनों मिलती हैं. प्रत्येक रेलगाड़ी की औसत चाल ज्ञात कीजिए. **(एस०एस०सी० परीक्षा, 2000)**
6. 125 मीटर लम्बी रेलगाड़ी 60 किमी०/घण्टा की सामान्य चाल से जा रही है. यदि यह एक पुल को 30 सैकण्ड में पार करे तो पुल की लम्बाई कितनी है? **(एस०एस०सी० परीक्षा, 2005)**
7. दो रेलगाड़ियाँ एक ही दिशा में क्रमशः 30 किमी०/घण्टा तथा 58 किमी०/घण्टा की गति से जा रही हैं. धीमी गति वाली रेलगाड़ी में बैठा हुआ एक व्यक्ति तेज गति वाली रेलगाड़ी को 18 सैकण्ड में पार कर जाता है. तेज गति वाली रेलगाड़ी की लम्बाई कितनी है? **(एस०एस०सी० परीक्षा, 2006)**
8. दो रेलगाड़ियाँ जो एक दूसरे की विपरीत दिशा में क्रमशः 75 किमी०/घण्टा तथा 60 किमी०/घण्टा की चाल से जा रही हैं, एक दूसरे को 8 सैकण्ड में पार कर जाती हैं. जब वे एक ही दिशा में जाती हैं तो तेज गाड़ी में बैठा हुआ एक यात्री अनुभव करता है कि वह दूसरी गाड़ी को 30 सैकण्ड में पार कर लेता है. गाड़ियों की लम्बाइयाँ ज्ञात कीजिए.
9. दो रेलगाड़ियाँ जिनमें से प्रत्येक 80 मीटर लम्बी है, समान्तर पटरियों पर चल रही हैं. यदि वे एक दिशा में जा रही हैं, तो तेज गति वाली रेलगाड़ी दूसरी रेलगाड़ी को एक मिनट में पार कर जाती है. जब वे विपरीत दिशा में जाती हैं तो एक दूसरे को 3 सैकण्ड में पार कर जाती हैं. प्रत्येक गाड़ी की चाल मीटर/सैकण्ड में ज्ञात कीजिए.
10. 72 किमी०/घण्टा की गति से जा रही एक रेलगाड़ी समान्तर पटरी पर उसी दिशा में 54 किमी०/घण्टा की गति से जा रही 192 मीटर लम्बी रेलगाड़ी के पास पहुँच जाती है तथा इसे पूर्णतया $1\frac{1}{2}$ मिनट में पार कर जाती है. यदि ये दोनों गाड़ियाँ विपरीत दिशाओं में जा रही हों, तो कितने समय में एक दूसरे को पार कर जायेंगी? तेज गति से जा रही रेलगाड़ी की लम्बाई भी ज्ञात करें.
11. 126 मीटर तथा 114 मीटर लम्बी दो रेलगाड़ियाँ विपरीत दिशाओं में क्रमशः 30 किमी०/घण्टा तथा 42 किमी०/घण्टा की चाल से जा रही हैं. मिलने के कितने समय बाद वे एक दूसरे को पार कर लेंगी?
12. 100 मीटर लम्बी एक रेलगाड़ी अपनी विपरीत दिशा से 5 किमी०/घण्टा की चाल से अपनी ओर आते हुए व्यक्ति को 6 सैकण्ड में पार कर जाती है. गाड़ी की चाल कितनी है?

13. 54 किमी०/घण्टा की चाल से जा रही एक रेलगाड़ी एक प्लेटफार्म को 20 सैकण्ड में पार कर जाती है. यही रेलगाड़ी अपनी ही दिशा में 6 किमी०/घण्टा की चाल से भागे जा रहे व्यक्ति को 12 सैकण्ड में पार कर जाती है. गाड़ी की लम्बाई तथा प्लेटफार्म की लम्बाई ज्ञात कीजिए.

14. दो रेलगाड़ियाँ समान्तर पटरियों पर विपरीत दिशाओं में क्रमश: 75 किमी०/घण्टा तथा 60 किमी०/घण्टा की गति से जा रही हैं तथा एक दूसरे को 8 सैकेण्ड में पार कर जाती हैं. जब वे एक ही दिशा में जा रही होती हैं तो तेज गति वाली रेलगाड़ी में बैठे व्यक्ति को दूसरी रेलगाड़ी $32\frac{1}{2}$ सैकण्ड में पार कर जाती है. प्रत्येक रेलगाड़ी की लम्बाई ज्ञात करें.

दिये गये प्रश्नों के हल | प्रश्नमाला 18B

1. माना कुल दूरी $= x$ किमी० तथा सामान्य चाल $= y$ किमी०/घण्टा. तब,

$$\frac{(x-30)}{\frac{4}{5}y} - \frac{(x-30)}{y} = \frac{45}{60} \Rightarrow \frac{5(x-30)}{4y} - \frac{(x-30)}{y} = \frac{3}{4}$$

$$\Rightarrow (5x-150)-(4x-120) = 3y$$

$$\Rightarrow x - 3y = 30 \qquad \ldots(i)$$

तथा $$\frac{(x-48)}{\frac{4}{5}y} - \frac{(x-48)}{y} = \frac{36}{60} \Rightarrow \frac{5(x-48)}{4y} - \frac{(x-48)}{y} = \frac{3}{5}$$

$$\Rightarrow 25\,(x-48) - 20\,(x-48) = 12y$$

$$\Rightarrow 5x - 12y = 240 \qquad \ldots(ii)$$

(i) को 5 से गुणा करके (ii) में से घटाने पर : $3y = 90 \Rightarrow y = 30$.

अत: रेलगाड़ी की सामान्य चाल = 30 किमी०/घण्टा.

2. माना दूसरी रेलगाड़ी की लम्बाई $= x$ मीटर.

पहली रेलगाड़ी की चाल = 60 किमी०/घण्टा, दूसरी रेलगाड़ी की चाल = 120 किमी०/घण्टा.

ये दोनों रेलगाड़ियाँ एक दूसरे की विपरीत दिशा में जा रही हैं.

$\therefore$ इनकी सापेक्ष गति = (60 + 120) किमी०/घण्टा

$$= \left(180 \times \frac{5}{18}\right) \text{ मीटर/सै०} = 50 \text{ मीटर/सै०}.$$

एक दूसरे को पार करने में लगा समय $= \frac{(100+x)}{50}$ सै०.

$$\therefore \frac{(100+x)}{50} = 10 \Rightarrow (100+x) = 500 \Rightarrow x = 400.$$

अत: दूसरी गाड़ी की लम्बाई = 400 मीटर.

3. माना मालगाड़ी की सामान्य चाल $= x$ किमी०/घण्टा तथा $XY = y$ किमी०.

माना यह बिन्दु A पर दुर्घटनाग्रस्त होती है, जहाँ $XA = x$ किमी०. तब

$$1 + \frac{1}{2} + \frac{(y-x)}{\frac{4}{5}x} = \frac{y}{x} + 2$$

$$\Rightarrow \frac{5(y-x)}{4x} - \frac{y}{x} = \frac{1}{2}$$

$$\Rightarrow 5y - 5x - 4y = 2x \Rightarrow y - 7x = 0 \qquad \ldots(i)$$

पुन: माना यह बिन्दु B पर दुर्घटनाग्रस्त होती है, जहाँ $AB = 80$ किमी०. तब

$$\frac{(x+80)}{x} + \frac{1}{2} + \frac{y-(x+80)}{\frac{4x}{5}} = \frac{y}{x} + 1$$

$\Rightarrow \dfrac{(x+80)}{x}+\dfrac{5\,(y-x-80)}{4x}-\dfrac{y}{x}=\dfrac{1}{2}$

$\Rightarrow 4\,(x+80)+5\,(y-x-80)-4y=2x$

$\Rightarrow 4x+320+5y-5x-400-4y=2x \Rightarrow y-3x=80$ ...(ii)

(i) से (ii) में $y=7x$ रखने पर, $7x-3x=80 \Rightarrow 4x=80 \Rightarrow x=20$.

(i) में $x=20$ रखने पर, $y=140$.

अतः मालगाड़ी की सामान्य चाल = 20 किमी०/घण्टा तथा दूरी XY=140 किमी०.

4. माना रेलगाड़ी की चाल = x किमी०/घण्टा.

व्यक्ति के सापेक्ष रेलगाड़ी की चाल = $(x+5)$ किमी०/घण्टा

$=\left[(x+5)\times\dfrac{5}{18}\right]$ मीटर/सैकण्ड.

$\therefore \dfrac{100}{\dfrac{5(x+5)}{18}}=\dfrac{36}{5} \Rightarrow \dfrac{20\times18}{x+5}=\dfrac{36}{5} \Rightarrow \dfrac{10}{x+5}=\dfrac{1}{5} \Rightarrow x+5=50 \Rightarrow x=45.$

अतः रेलगाड़ी की चाल = 45 किमी०/घण्टा.

5. माना इन रेलगाड़ियों की औसत चाल क्रमशः x किमी०/घण्टा तथा y किमी० प्रति घण्टा हैं.

जब दोनों एक साथ एक दूसरे की ओर चलती हैं तो सापेक्ष चाल = $(x+y)$ किमी०/घण्टा.

$\therefore 10\,(x+y)=650 \Rightarrow x+y=65$ ...(i)

दूसरी दशा में पहली रेलगाड़ी दूसरी से $4\dfrac{20}{60}$ घण्टे अर्थात $\dfrac{13}{3}$ घण्टे पहले चलती है.

पहली रेलगाड़ी द्वारा $\dfrac{13}{3}$ घण्टे में तय की गई दूरी $=\dfrac{13x}{3}$ किमी०.

शेष दूरी $(x+y)$ किमी०/घण्टा की दर से 8 घण्टे में तय की जाती है.

$\therefore \dfrac{13x}{3}+8\,(x+y)=650 \Rightarrow \dfrac{13x}{3}+8\times65=650$

$\Rightarrow \dfrac{13x}{3}=(650-520)=130 \Rightarrow x=\dfrac{130\times3}{13} \Rightarrow x=30.$

(i) में $x=30$ रखने पर, $y=35$.

अतः इन रेलगाड़ियों की चाल क्रमशः 30 किमी०/घण्टा तथा 35 किमी०/घण्टा हैं.

6. रेलगाड़ी की चाल $=\left(60\times\dfrac{5}{18}\right)$ मीटर/सै० $=\dfrac{50}{3}$ मीटर/सै०.

माना पुल की लम्बाई = x मीटर. तब,

$\dfrac{(125+x)}{(50/3)}=30 \Rightarrow 3\,(125+x)=1500$

$\Rightarrow 3x=(1500-375)=1125 \Rightarrow x=375.$

$\therefore$ पुल की लम्बाई = 375 मीटर.

7. धीमी गति वाली रेलगाड़ी की चाल = 30 किमी०/घण्टा.

तेज गति वाली रेलगाड़ी की चाल = 58 किमी०/घण्टा.

दोनों रेलगाड़ियाँ एक ही दिशा में जा रही हैं.

इनकी सापेक्ष चाल = (58 – 30) किमी०/घण्टा $=\left(28\times\dfrac{5}{18}\right)$ मीटर/सै० $=\dfrac{70}{9}$ मीटर/सै०.

इस चाल से 18 सै० में तय की गई दूरी $=\left(\dfrac{70}{9}\times18\right)$ मीटर =140 मीटर.

तेज चाल वाली गाड़ी की लम्बाई = 140 मीटर.

8. विपरीत दिशा में जा रही रेलगाड़ियों की आपेक्षिक चाल = (75 + 60) किमी०/घण्टा

$$= \left(135 \times \frac{5}{18}\right) \text{ मीटर/सै०} = \frac{75}{2} \text{ मीटर/सै०.}$$

इस चाल से 8 सैकण्ड में तय की गई दूरी $= \left(\frac{75}{2} \times 8\right)$ मीटर = 300 मीटर.

अत: दोनों गाड़ियों की लम्बाई का योग = 300 मीटर.

एक ही दिशा में जा रही रेलगाड़ियों की सापेक्ष चाल = (75 – 60) किमी०/सै०

$$= \left(15 \times \frac{5}{18}\right) \text{ मीटर/सै०} = \frac{25}{6} \text{ मीटर/सै०.}$$

इस चाल से 30 सैकण्ड में तय की गई दूरी $= \left(\frac{25}{6} \times 30\right)$ मीटर = 125 मीटर.

धीमी चलने वाली गाड़ी की लम्बाई = 125 मीटर.

दूसरी गाड़ी की लम्बाई = (300 – 125) मीटर = 175 मीटर.

9. माना रेलगाड़ियों की चाल क्रमशः x मीटर/सै० तथा y मीटर/सै० हैं.

जब वे एक ही दिशा में जाती हैं तो उनकी सापेक्ष चाल = $(x - y)$ मीटर/सै०.

जब वे विपरीत दिशा में जाती हैं तो उनकी सापेक्ष चाल = $(x + y)$ मीटर/सै०.

$$\frac{160}{(x-y)} = 60 \Rightarrow 3(x-y) = 8 \Rightarrow 3x - 3y = 8 \quad \ldots(i)$$

$$\frac{160}{(x+y)} = 3 \Rightarrow 3(x+y) = 160 \Rightarrow 3x + 3y = 160 \quad \ldots(ii)$$

(*i*) तथा (*ii*) को जोड़ने पर : $6x = 168 \Rightarrow x = 28$.

(*i*) में $x = 28$ रखने पर $84 - 3y = 8 \Rightarrow 3y = 76 \Rightarrow y = \frac{76}{3}$.

अभीष्ट चाल हैं क्रमशः 28 मीटर/सै० तथा $25\frac{1}{3}$ मीटर/सै०.

10. माना तेज चलने वाली गाड़ी की लम्बाई = x मीटर.

तेज चलने वाली रेलगाड़ी की चाल $= \left(72 \times \frac{5}{18}\right)$ मीटर/सै० = 20 मीटर/सै०,

धीमी चलने वाली रेलगाड़ी की चाल $= \left(54 \times \frac{5}{18}\right)$ मीटर/सै० = 15 मीटर/सै०.

इन गाड़ियों की आपेक्षिक चाल = (20 – 15) मीटर/सै० = 5 मीटर/सै०.

$(192 + x)$ मीटर दूरी तय करने में लगा समय $= \left(\frac{3}{2} \times 60\right)$ सै० = 90 सैकण्ड.

$$\therefore \frac{(192 + x)}{5} = 90 \Rightarrow 192 + x = 450 \Rightarrow x = (450 - 192) = 258.$$

∴ तेज रेलगाड़ी की लम्बाई = 258 मीटर.

जब गाड़ियाँ विपरीत दिशाओं में चलती हैं तो सापेक्ष गति = (20 + 15) मी०/सै० = 35 मीटर/सै०

दोनों गाड़ियों की लम्बाई का योग = (192 + 258) मीटर = 450 मीटर.

एक दूसरे को पार करने में लगा समय $= \frac{450}{35}$ सैकण्ड $= \frac{90}{7}$ सैकण्ड $= 12\frac{6}{7}$ सैकण्ड.

11. रेलगाड़ियों की लम्बाइयों का योग = (126 + 114) मीटर = 240 मीटर.

आपेक्षिक चाल = (30 + 42) किमी०/घण्टा = $\left(72 \times \frac{5}{18}\right)$ मीटर/सै० = 20 मीटर/सै०.

अभीष्ट समय $= \frac{240}{20}$ सै० = 12 सै०.

12. माना गाड़ी की चाल = x किमी०/घण्टा.

गाड़ी की आपेक्षिक चाल = $(x + 5)$ किमी०/घण्टा $= \left\{(x+5)\times\frac{5}{18}\right\}$ मीटर/सै०.

$$\therefore \frac{100}{(x+5)\times\frac{5}{18}} = 6 \Rightarrow 30x + 150 = 1800 \Rightarrow 30x = 1650 \Rightarrow x = 55.$$

अत: गाड़ी की चाल 55 किमी०/घण्टा है.

13. गाड़ी की चाल $= \left(54\times\frac{5}{18}\right)$ मीटर/सै० = 15 मीटर/सै०.

व्यक्ति के सापेक्ष गाड़ी की चाल = (54 – 6) किमी०/घण्टा $= \left(48\times\frac{5}{18}\right)$ मीटर/सै० $= \frac{40}{3}$ मीटर/सै०.

माना गाड़ी की लम्बाई = x मीटर.

गाड़ी द्वारा व्यक्ति को पार करने में लगा समय $= \frac{x}{(40/3)}$ सै० $= \frac{3x}{40}$ सै०.

$$\therefore \frac{3x}{40} = 12 \Rightarrow x = \frac{(12\times 40)}{3} = 160.$$

अत: गाड़ी की लम्बाई = 160 मीटर.

माना प्लेटफार्म की लम्बाई = y मीटर.

प्लेटफार्म को पार करने में लगा समय $= \frac{(160+y)}{15}$ सैकण्ड.

$$\therefore \frac{(160+y)}{15} = 20 \Rightarrow (160+y) = 300 \Rightarrow y = 140.$$

अत: प्लेटफार्म की लम्बाई = 140 मीटर.

14. पहली रेलगाड़ी की गति $= \left(75\times\frac{5}{18}\right)$ मीटर/सै० $= \frac{125}{6}$ मीटर/सै०.

दूसरी रेलगाड़ी की गति $= \left(60\times\frac{5}{18}\right)$ मीटर/सै० $= \frac{50}{3}$ मीटर/सै०.

विपरीत दिशा में जा रही गाड़ियों की सापेक्षित गति $= \left(\frac{125}{6}+\frac{50}{3}\right)$ मीटर/सै० $= \frac{225}{6}$ मीटर/सै०.

एक दूसरे को पार करने में लिया गया समय = 8 सैकण्ड.

दोनों गाड़ियों की लम्बाई का योग $= \left(\frac{225}{6}\times 8\right)$ मी० = 300 मीटर.

समान दिशा में जाते हुए गाड़ियों की आपेक्षिक गति $= \left(\frac{125}{6}-\frac{50}{3}\right)$ मीटर/सै० $= \frac{25}{6}$ मीटर/सै०.

$\frac{63}{2}$ सै० में इस गति से तय की गई दूरी $= \left(\frac{25}{6}\times\frac{63}{2}\right)$ मीटर = 131·25 मीटर.

दूसरी रेलगाड़ी की लम्बाई = 131·25 मीटर.

पहली रेलगाड़ी की लम्बाई = (300 – 131·25) मीटर = 168·75 मीटर.

19 धारा तथा नाव सम्बन्धी प्रश्न
(BOATS AND STREAMS)

सामान्य नियम

माना शान्त जल में नाव का वेग $= a$ किमी०/घण्टा तथा धारा का वेग $= b$ किमी०/घण्टा.

1. (*i*) धारा की दिशा में नाव का वेग (अनुप्रवाह) $= (a + b)$ किमी०/घण्टा.

   (*ii*) धारा की विपरीत दिशा में नाव का वेग (ऊर्ध्वप्रवाह) $= (a - b)$ किमी०/घण्टा.

2. यदि धारा की दिशा में नाव का वेग $= x$ किमी०/घण्टा

   तथा धारा की विपरीत दिशा में नाव का वेग $= y$ किमी०/घण्टा.

   तब, शान्त जल में नाव का वेग $= \mathbf{\frac{1}{2}(x + y)}$ किमी०/घण्टा,

   धारा का वेग $= \frac{1}{2}(x - y)$ किमी०/घण्टा.

साधित उदाहरण

प्रश्न 1. एक तैराक की चाल धारा की दिशा में 10 किमी० प्रति घण्टा है तथा धारा के विरुद्ध 6 किमी० प्रति घण्टा है. धारा का वेग तथा शान्त जल में तैराक की चाल ज्ञात कीजिए.

हल : धारा की दिशा में चाल = 10 किमी०/घण्टा.

धारा के विरुद्ध चाल = 6 किमी०/घण्टा.

धारा का वेग $= \frac{1}{2}(10 - 6)$ किमी०/घण्टा = 2 किमी०/घण्टा.

शान्त जल में तैराक की चाल $= \frac{1}{2}(10 + 6)$ किमी०/घण्टा = 8 किमी०/घण्टा.

प्रश्न 2. एक नाविक धारा के विरुद्ध 15 किमी० जाता है तथा धारा की दिशा में 25 किमी० जाता है. उसे प्रत्येक दशा में 5 घण्टे लगते हैं. धारा का वेग तथा शान्त जल में नाविक की चाल ज्ञात कीजिए.

हल : धारा की दिशा में चाल $= \frac{25}{5}$ किमी०/घण्टा = 5 किमी०/घण्टा.

धारा के विरुद्ध चाल $= \frac{15}{5}$ किमी०/घण्टा = 3 किमी०/घण्टा.

धारा का वेग $= \frac{1}{2}(5 - 3)$ किमी०/घण्टा = 1 किमी०/घण्टा.

शान्त जल में नाविक की चाल $= \frac{1}{2}(5 + 3)$ किमी०/घण्टा = 4 किमी०/घण्टा.

प्रश्न 3. एक नाविक का शान्त जल में वेग 6 किमी० प्रति घण्टा है तथा धारा का वेग 2 किमी० प्रति घण्टा है. नदी में नाविक को स्थान *A* से स्थान *B* तक जाने तथा वापिस *A* तक आने में कुल 4 घण्टे 30 मिनट लगते हैं. दूरी *AB* ज्ञात कीजिए.

हल : धारा की दिशा में वेग = (6 + 2) किमी०/घण्टा = 8 किमी०/घण्टा.

धारा के विपरीत वेग = (6 − 2) किमी०/घण्टा = 4 किमी०/घण्टा.

माना दूरी $AB = x$ किमी०. तब

$\frac{x}{8}+\frac{x}{4}=\frac{9}{2} \Rightarrow x+2x=36 \Rightarrow 3x=36 \Rightarrow x=12.$

अभीष्ट दूरी = 12 किमी०.

प्रश्न 4. शान्त जल में एक नाव 13 किमी० प्रति घण्टा की चाल से जाती है तथा धारा का वेग 4 किमी० प्रति घण्टा है. धारा के अनुकूल 68 किमी० दूरी तय करने में इसे कितना समय लगेगा?

हल : धारा के अनुकूल नाव की चाल = (13 + 4) किमी०/घण्टा = 17 किमी०/घण्टा.

धारा के अनुकूल 68 किमी० जाने में लगा समय = $\frac{68}{17}$ घण्टे = 4 घण्टे.

प्रश्न 5. एक नाव धारा की दिशा में 30 किमी० दूरी 2 घण्टे 30 मिनट में तय करती है तथा धारा के विपरीत इतनी दूरी तय करने में इसे 3 घण्टे 45 मिनट लगते हैं. धारा का वेग ज्ञात कीजिए.

हल : धारा की दिशा में नाव का वेग = $\frac{30}{(5/2)}$ किमी०/घण्टा = 12 किमी०/घण्टा.

धारा के विपरीत नाव का वेग = $\frac{30}{(15/4)}$ किमी०/घण्टा = $\frac{(30\times4)}{15}$ किमी०/घण्टा = 8 किमी०/घण्टा.

धारा का वेग = $\frac{1}{2}(12-8)$ किमी०/घण्टा = 2 किमी०/घण्टा.

प्रश्न 6. एक नदी में धारा का वेग 2 किमी०/घण्टा है. इसमें एक मोटर बोट 6 किमी० धारा के विपरीत जाकर वापिस प्रारम्भिक बिन्दु पर 33 मिनट में पहुँचती है. मोटर बोट की शान्त जल में चाल कितनी है?

हल : माना मोटर बोट की शान्त जल में चाल = x किमी०/घण्टा.

तब, धारा की दिशा में मोटर बोट की चाल = $(x + 2)$ किमी०/घण्टा.

तथा, धारा के विपरीत मोटर बोट की चाल = $(x - 2)$ किमी०/घण्टा.

$$\therefore \frac{6}{(x+2)}+\frac{6}{(x-2)}=\frac{33}{60} \Rightarrow \frac{1}{(x+2)}+\frac{1}{(x-2)}=\frac{11}{120}$$

$$\Rightarrow \frac{(x-2)+(x+2)}{(x+2)(x-2)}=\frac{11}{120} \Rightarrow 240x=11(x^2-4)$$

$$\therefore 11x^2-240x-44=0 \Rightarrow 11x^2-242x+2x-44=0$$

$$\Rightarrow 11x(x-22)+2(x-22)=0 \Rightarrow (x-22)(11x+2)=0 \Rightarrow x=22.$$

$\therefore$ मोटर बोट की शान्त जल में चाल = 22 किमी०/घण्टा.

प्रश्नमाला 19A

निम्नलिखित प्रश्नों में से प्रत्येक में ठीक उत्तर को चिन्हांकित (✓) कीजिए :

1. एक नाव धारा की दिशा में 24 किमी० दूरी 4 घण्टे में तय करती है तथा धारा के विपरीत इतनी ही दूरी तय करने में 6 घण्टे लेती है. शान्त जल में नाव की चाल कितनी है? **(बैंक पी०ओ० परीक्षा, 2006)**

(*a*) 3.5 किमी०/घण्टा (*b*) 5.5 किमी०/घण्टा (*c*) 6 किमी०/घण्टा (*d*) आँकड़े अपर्याप्त

(*e*) इनमें से कोई नहीं

2. एक नाव धारा की दिशा में 8 किमी० दूरी 1 घण्टे में तय करती है तथा धारा के विपरीत 2 किमी० दूरी 1 घण्टे में तय करती है. धारा का वेग कितना है? **(एस०एस०सी० परीक्षा, 2005)**

(*a*) 2 किमी०/घण्टा (*b*) 3 किमी०/घण्टा (*c*) 4 किमी०/घण्टा (*d*) 5 किमी०/घण्टा

3. एक नाविक धारा के अनुदिश 5 मिनट में 1 किमी० की गति से तथा धारा के विपरीत 1 घण्टे में 6 किमी० की गति से नाव खेता है. धारा का वेग कितना है? **(एस०एस०सी० परीक्षा, 2010)**

(*a*) 6 किमी०/घण्टा (*b*) 10 किमी०/घण्टा (*c*) 3 किमी०/घण्टा (*d*) 12 किमी०/घण्टा

4. एक नाव धारा की विपरीत दिशा में 48 मिनट में 12 किमी० की दूरी तय करती है. यदि धारा की गति 2 किमी०/घण्टा हो, तो शान्त जल में नाव की गति कितनी होगी?

(*a*) 17 किमी०/घण्टा (*b*) 15 किमी०/घण्टा (*c*) 13 किमी०/घण्टा (*d*) 2·25 किमी०/घण्टा

5. एक मोटर बोट बहाव की दिशा में 9 किमी० की दूरी तय करने में 2 घण्टे लेती है तथा बहाव की विपरीत दिशा में वही दूरी तय करने में 6 घण्टे लेती है. स्थिर पानी में बोट की चाल कितनी है? **(सी०डी०एस० परीक्षा, 2010)**

(*a*) 3 किमी०/घण्टा (*b*) 2 किमी०/घण्टा (*c*) 1·5 किमी०/घण्टा (*d*) 1 किमी०/घण्टा

6. एक आदमी धारा के विपरीत 15 मिनट में तीन-चौथाई किलोमीटर नाव खे सकता है तथा उसी दूरी को वापिस तय करनें में उसे 10 मिनट लगते हैं. उसकी शान्त जल में चाल का धारा की चाल से क्या अनुपात है?

(*a*) 3 : 5 (*b*) 5 : 3 (*c*) 1 : 5 (*d*) 5 : 1

(एस०एस०सी० परीक्षा, 2010)

7. कोई मोटर बोट शान्त जल में 36 किमी०/घण्टा की चाल से चलती है. यह धारा के विपरीत दिशा में 1 घण्टे 45 मिनट में 56 किमी० जाती है. उतनी ही दूरी को धारा के अनुकूल तय करने में उसे कितना समय लगेगा?

(*a*) 2 घण्टे 25 मिनट (*b*) 3 घण्टे (*c*) 1 घण्टा 24 मिनट (*d*) 2 घण्टे 21 मिनट

(एस०एस०सी० परीक्षा, 2007)

8. किसी मोटर बोट की शान्त जल में चाल 45 किमी०/घण्टा है. यदि धारा के अनुकूल 80 किमी० की दूरी तय करने में मोटर बोट 1 घण्टा 20 मिनट का समय ले तो उतनी ही दूरी धारा के विपरीत दिशा में तय करने में वह कितना समय लेगी? **(एस०एस०सी० परीक्षा, 2008)**

(*a*) 3 घण्टे (*b*) 1 घण्टा 20 मिनट (*c*) 2 घण्टे 40 मिनट (*d*) 2 घण्टे 55 मिनट

9. किसी धारा के प्रवाह की चाल 4 किमी०/घण्टा है. एक नाव धारा के प्रवाह के प्रतिकूल 6 किमी० जाकर अपने पहले वाले स्थान पर 2 घण्टे में लौट आती है. नाव को धारा के प्रवाह के प्रतिकूल जाने में लगा समय कितना है?

(*a*) 1 घण्टा (*b*) $1\frac{1}{5}$ घण्टा (*c*) $1\frac{1}{4}$ घण्टा (*d*) $1\frac{1}{2}$ घण्टा

(बीमा कम्पनी परीक्षा, 2010)

10. एक नदी का प्रवाह 2 किमी० प्रति घण्टा है. एक व्यक्ति को नदी के प्रवाह के विरुद्ध खेने में उसके प्रवाह के साथ खेने से दुगुना समय लगता है. व्यक्ति की स्थिर जल में खेने की दर क्या है?

(*a*) 6 किमी०/घण्टा (*b*) 4 किमी०/घण्टा (*c*) 10 किमी०/घण्टा (*d*) 8 किमी०/घण्टा

(जीवन बीमा निगम परीक्षा, 2006)

11. एक नौका अनुप्रवाह की दिशा में चलते हुए 30 किमी० की दूरी 2 घण्टे में तय करती है जबकि वापिस आते समय नौका को वही दूरी तय करने में 6 घण्टे लग जाते हैं. यदि प्रवाह की गति, नौका की गति से आधी हो, तो उस नौका की गति कितनी है? **(बैंक पी०ओ० परीक्षा, 2008)**

(*a*) 15 किमी०/घण्टा (*b*) 5 किमी०/घण्टा (*c*) 10 किमी०/घण्टा (*d*) तय नहीं कर सकते
(*e*) इनमें से कोई नहीं

12. एक व्यक्ति 1 किमी० की दूरी को धारा की दिशा में 10 मिनट में तथा धारा के विपरीत दिशा में 30 मिनट में तय करता है. धारा की गति कितनी है? **(एस०एस०सी० परीक्षा, 2010)**

(*a*) 1 किमी०/घण्टा (*b*) 2 किमी०/घण्टा (*c*) 4 किमी०/घण्टा (*d*) 3 किमी०/घण्टा

13. अनुप्रवाह जाती हुई एक नौका 20 किमी० की दूरी 2 घण्टे में तय करती है तथा ऊर्ध्वप्रवाह वही दूरी 5 घण्टे में तय करती है. स्थिर पानी में नौका की गति कितनी है? **(एस०एस०सी० परीक्षा, 2009)**

(*a*) 7 किमी०/घण्टा (*b*) 8 किमी०/घण्टा (*c*) 9 किमी०/घण्टा (*d*) 10 किमी०/घण्टा

14. एक व्यक्ति नदी में 48 किमी० दूरी तक जाने तथा वापिस आने में 14 घण्टे का समय लेता है. यदि वह धारा की दिशा में जितने समय में 4 किमी० जाता है उतने ही समय में धारा के विपरीत 3 किमी० जाता है. धारा की गति कितनी है? **(एम०बी०ए० परीक्षा, 2005)**

(*a*) 1 किमी०/घण्टा (*b*) 1·5 किमी०/घण्टा (*c*) 1·8 किमी०/घण्टा (*d*) 3·5 किमी०/घण्टा

15. एक नदी में धारा का वेग 1 किमी०/घण्टा है. एक मोटर बोट धारा के विपरीत 35 किमी० जाकर प्रारम्भिक बिन्दु पर वापिस आने में 12 घण्टे लेती है. शान्त जल में मोटर बोट का बेग कितना है ?

(*a*) 6 किमी०/घण्टा (*b*) 7 किमी०/घण्टा (*c*) 8 किमी०/घण्टा (*d*) 5 किमी०/घण्टा

(जीवन बीमा निगम परीक्षा, 2003)

16. एक नाव धारा के विपरीत 30 किमी० तथा धारा की दिशा में 44 किमी० दूरी तय करने में 10 घण्टे लेती है. यही नाव उसी चाल से धारा के विपरीत 40 किमी० तथा धारा की दिशा में 55 किमी० दूरी तय करने में 13 घण्टे लेती है. शान्त जल में नाव की चाल कितनी है ?

(*a*) 3 किमी०/घण्टा (*b*) 8 किमी०/घण्टा (*c*) 11 किमी०/घण्टा (*d*) 12 किमी०/घण्टा

17. एक नाव धारा की दिशा में कुछ दूरी 1 घण्टे में तय करती है तथा धारा की विपरीत दिशा में यही दूरी $1\frac{1}{2}$ घण्टे में तय करती है. यदि धारा का वेग 3 किमी०/घण्टा हो, तो शान्त जल में नाव का वेग क्या होगा ?

(*a*) 12 किमी०/घण्टा (*b*) 13 किमी०/घण्टा (*c*) 14 किमी०/घण्टा (*d*) 15 किमी०/घण्टा

(*e*) इनमें से कोई नहीं **(बैंक पी०ओ० परीक्षा, 2003)**

18. शान्त जल में एक नाव की चाल $9\frac{1}{3}$ किमी० प्रति घण्टा है. धारा की दिशा में एक विशेष दूरी तय करने में वह जितना समय लेती है, धारा के विपरीत उतनी ही दूरी तय करने में वह इससे तिगुना समय लेती है. धारा का वेग कितना है ?

(*a*) $3\frac{1}{3}$ किमी०/घण्टा (*b*) $3\frac{1}{9}$ किमी०/घण्टा (*c*) $4\frac{2}{3}$ किमी०/घण्टा (*d*) $4\frac{1}{2}$ किमी०/घण्टा

19. एक निश्चित दूरी तय करने में एक नाव धारा के अनुकूल जाने में, धारा के प्रतिकूल जाने में लिए गये समय से आधा समय लेती है. स्थिर जल में नाव की चाल तथा धारा के वेग का अनुपात कितना है ?

(*a*) 2 : 1 (*b*) 3 : 1 (*c*) 1 : 2 (*d*) 1 : 3

(रेलवे परीक्षा, 2006)

20. एक नाव किसी दूरी को धारा की विपरीत दिशा में 8 घण्टे 48 मिनट में तय करती है तथा धारा की दिशा में इस दूरी को 4 घण्टे में तय करती है. शान्त जल में नाव की चाल तथा धारा के वेग का अनुपात क्या है ?

(*a*) 2 : 1 (*b*) 3 : 2 (*c*) 8 : 3 (*d*) अपर्याप्त आँकड़े

(*e*) इनमें से कोई नहीं **(बैंक पी०ओ० परीक्षा, 2003)**

21. एक तैराक शान्त जल में 5 किमी०/घण्टा की चाल से तैर सकता है. यदि धारा का वेग 1 किमी०/घण्टा हो तो इस तैराक को एक स्थान से दूसरे स्थान तक जाने तथा प्रारम्भिक बिन्दु तक वापिस आने में 1 घण्टा लगता है. वह स्थान प्रारम्भिक बिन्दु से कितनी दूर है ? **(एस०एस०सी० परीक्षा, 2004)**

(*a*) 2.4 किमी० (*b*) 2.5 किमी० (*c*) 3 किमी० (*d*) 3.6 किमी०

22. एक तैराक धारा के विरुद्ध $11\frac{1}{4}$ मिनट में $\frac{3}{4}$ किमी० दूरी तय करता है तथा वहाँ से वापिस $7\frac{1}{2}$ मिनट में प्रारम्भिक बिन्दु पर पहुँच जाता है. शान्त जल में तैराक की चाल कितनी है ? **(मैनेजमैन्ट परीक्षा, 2005)**

(*a*) 2 किमी०/घण्टा (*b*) 3 किमी०/घण्टा (*c*) 4 किमी०/घण्टा (*d*) 5 किमी०/घण्टा

उत्तरमाला (प्रश्नमाला 19A)

1. (*e*) **2.** (*b*) **3.** (*c*) **4.** (*a*) **5.** (*a*) **6.** (*d*) **7.** (*c*) **8.** (*c*) **9.** (*d*) **10.** (*a*)
11. (*c*) **12.** (*b*) **13.** (*a*) **14.** (*a*) **15.** (*a*) **16.** (*b*) **17.** (*d*) **18.** (*c*) **19.** (*b*) **20.** (*c*)
21. (*a*) **22.** (*d*)

दिये गये प्रश्नों के हल प्रश्नमाला 19A

1. धारा की दिशा में नाव की चाल $= \frac{24}{4}$ किमी०/घण्टा = 6 किमी०/घण्टा.

धारा के विरुद्ध नाव की चाल $= \frac{24}{6}$ किमी०/घण्टा = 4 किमी०/घण्टा.

शान्त जल में नाव की चाल $= \frac{1}{2}(6+4)$ किमी०/घण्टा = 5 किमी०/घण्टा.

2. धारा की दिशा में नाव की चाल = 8 किमी०/घण्टा.
धारा के विरुद्ध नाव की चाल = 2 किमी०/घण्टा.
धारा का वेग $= \frac{1}{2}(8-2)$ किमी०/घण्टा = 3 किमी०/घण्टा.

3. धारा के अनुदिश नाव की चाल $= \left(\frac{1}{5}\times 60\right)$ किमी०/घण्टा = 12 किमी०/घण्टा.
धारा के विपरीत नाव की चाल = 6 किमी०/घण्टा.
धारा का वेग $= \frac{1}{2}(12-6)$ किमी०/घण्टा = 3 किमी०/घण्टा.

4. धारा की विपरीत दिशा में नाव की चाल $= \left(\frac{12}{48}\times 60\right)$ किमी०/घण्टा = 15 किमी०/घण्टा.
माना शान्त जल में नाव की चाल = x किमी०/घण्टा.
धारा की गति = 2 किमी०/घण्टा.
$\therefore\ x-2=15 \Rightarrow x=17.$
अत: शान्त जल में नाव की चाल = 17 किमी०/घण्टा.

5. बहाव की दिशा में मोटर बोट की चाल $= \frac{9}{2}$ किमी०/घण्टा.
बहाव के विपरीत मोटर बोट की चाल $= \frac{9}{6}$ किमी०/घण्टा $= \frac{3}{2}$ किमी०/घण्टा.
स्थिर पानी में मोटर बोट की चाल $= \frac{1}{2}\left(\frac{9}{2}+\frac{3}{2}\right)$ किमी०/घण्टा = 3 किमी०/घण्टा.

6. धारा के विपरीत तैराक की चाल $= \left(\frac{3}{4}\times\frac{1}{15}\times 60\right)$ किमी०/घण्टा = 3 किमी०/घण्टा.
धारा की दिशा में तैराक की चाल $= \left(\frac{3}{4}\times\frac{1}{10}\times 60\right)$ किमी०/घण्टा $= \frac{9}{2}$ किमी०/घण्टा.
अभीष्ट अनुपात $= \frac{1}{2}\left(\frac{9}{2}+3\right) : \frac{1}{2}\left(\frac{9}{2}-3\right) = \frac{15}{2} : \frac{3}{2} = 5:1.$

7. शान्त जल में मोटर बोट की चाल = 36 किमी०/घण्टा.
माना धारा का वेग = x किमी०/घण्टा.
धारा के विपरीत मोटर बोट की चाल $= \left(\frac{56}{7/4}\right)$ किमी०/घण्टा $= \left(\frac{56\times 4}{7}\right)$ किमी०/घण्टा = 32 किमी०/घण्टा.
$\therefore\ 36-x=32 \Rightarrow x=(36-32)=4.$
अत: धारा का वेग = 4 किमी०/घण्टा.
धारा के अनुकूल 56 किमी० जाने में लगा समय $= \frac{56}{(36+4)}$ घण्टे
$= \frac{56}{40}$ घण्टे $= \frac{7}{5}$ घण्टे = 1 घण्टा 24 मिनट.

8. शान्त जल में मोटर बोट की चाल = 45 किमी०/घण्टा.
माना धारा का वेग = x किमी०/घण्टा
धारा के अनुकूल वेग $= \left(\frac{80}{4/3}\right)$ किमी०/घण्टा $= \frac{(80\times 3)}{4}$ किमी०/घण्टा = 60 किमी०/घण्टा.
$\therefore\ 45+x=60 \Rightarrow x=15.$ अत: धारा का वेग = 15 किमी०/घण्टा.
धारा के विपरीत वेग = (45 – 15) किमी०/घण्टा = 30 किमी०/घण्टा.
धारा के विपरीत 80 किमी० तय करने में लगा समय $= \frac{80}{30}$ घण्टे $= \frac{8}{3}$ घण्टे = 2 घण्टे 40 मिनट.

9. माना शान्त जल में चाल = x किमी०/घण्टा. तब

$$\frac{6}{(x-4)}+\frac{6}{(x+4)}=2 \Rightarrow 6\left[\frac{1}{(x-4)}+\frac{1}{(x+4)}\right]=2$$

$$\therefore \frac{(x+4)+(x-4)}{(x-4)(x+4)}=\frac{2}{6}=\frac{1}{3} \Rightarrow x^2-16=6x$$

$$\therefore x^2-6x-16=0 \Rightarrow x^2-8x+2x-16=0 \Rightarrow x(x-8)+2(x-8)=0$$

$(x-8)(x+2)=0 \Rightarrow x=8.$

$\therefore$ शान्त जल में वेग = 8 किमी०/घण्टा.

धारा के प्रतिकूल वेग = (8 – 4) किमी०/घण्टा = 4 किमी०/घण्टा

अभीष्ट समय $=\frac{6}{4}$ घण्टे $=\frac{3}{2}$ घण्टे $=1\frac{1}{2}$ घण्टा.

10. माना स्थिर जल में खेने की दर = x किमी०/घण्टा तथा दूरी = y किमी०. तब

$$\frac{y}{(x-2)}=\frac{2y}{(x+2)} \Rightarrow \frac{1}{(x-2)}=\frac{2}{(x+2)}$$

$$\Rightarrow 2x-4=x+2 \Rightarrow x=6.$$

$\therefore$ स्थिर जल में खेने की दर = 6 किमी०/घण्टा.

11. माना नौका की गति = x किमी०/घण्टा. तब, प्रवाह की गति $=\frac{x}{2}$ किमी०/घण्टा.

अनुप्रवाह गति $=\left(x+\frac{x}{2}\right)$ किमी०/घण्टा $=\frac{3x}{2}$ किमी०/घण्टा.

परन्तु, अनुप्रवाह गति $=\frac{30}{2}$ किमी०/घण्टा = 15 किमी०/घण्टा.

$$\therefore \frac{3x}{2}=15 \Rightarrow 3x=30 \Rightarrow x=10.$$

$\therefore$ नौका की गति = 10 किमी०/घण्टा.

12. धारा की दिशा में गति $=\left(\frac{1}{10}\times 60\right)$ किमी०/घण्टा = 6 किमी०/घण्टा.

धारा के विपरीत दिशा में गति $=\left(\frac{1}{30}\times 60\right)$ किमी०/घण्टा = 2 किमी०/घण्टा.

धारा की गति $=\frac{1}{2}(6-2)$ किमी०/घण्टा = 2 किमी०/घण्टा.

13. धारा की दिशा में नौका की गति $=\frac{20}{2}$ किमी०/घण्टा = 10 किमी०/घण्टा.

धारा के विपरीत नौका की गति $=\frac{20}{5}$ किमी०/घण्टा = 4 किमी०/घण्टा.

स्थिर पानी में नौका की गति $=\frac{1}{2}(10+4)$ किमी०/घण्टा = 7 किमी०/घण्टा.

14. माना उस व्यक्ति की शान्त जल में चाल = x किमी०/घण्टा तथा धारा की गति = y किमी०/घण्टा.

$$\therefore \frac{48}{x+y}+\frac{48}{x-y}=14 \qquad \ldots(i)$$

तथा $\frac{4}{(x+y)}=\frac{3}{(x-y)} \Rightarrow 4x-4y=3x+3y \Rightarrow x=7y \qquad \ldots(ii)$

(i) में $x = 7y$ रखने पर : $\frac{48}{8y}+\frac{48}{6y}=14$

$\Rightarrow \frac{6}{y}+\frac{8}{y}=14 \Rightarrow 14y=14 \Rightarrow y=1.$

$\therefore$ धारा की गति = 1 किमी०/घण्टा.

15. माना शान्त जल में मोटर बोट का वेग = x किमी०/घण्टा.

धारा की दिशा में वेग = $(x+1)$ किमी०/घण्टा, धारा के विपरीत वेग = $(x-1)$ किमी०/घण्टा.

$$\therefore \frac{35}{(x+1)}+\frac{35}{(x-1)}=12 \Rightarrow \frac{1}{(x-1)}+\frac{1}{(x+1)}=\frac{12}{35}$$

$$\Rightarrow \frac{(x+1+x-1)}{(x^2-1)}=\frac{12}{35} \Rightarrow 12x^2-12=70x$$

$$\Rightarrow 6x^2-35x-6=0 \Rightarrow 6x^2-36x+x-6=0$$

$$\Rightarrow 6x(x-6)+(x-6)=0 \Rightarrow (x-6)(6x+1)=0 \Rightarrow x=6.$$

$\therefore$ शान्त जल में मोटर बोट का वेग = 6 किमी०/घण्टा.

16. माना धारा के विपरीत नाव की चाल = x किमी०/घण्टा तथा धारा की दिशा में चाल = y किमी०/घण्टा.

तब, $\frac{30}{x}+\frac{44}{y}=10 \quad \ldots(i)$ तथा $\frac{40}{x}+\frac{55}{y}=13 \quad \ldots(ii)$

(ii) को 4 से तथा (i) को 5 से गुणा करके घटाने पर :

$$\left(\frac{160}{x}-\frac{150}{x}\right)=2 \Rightarrow \frac{10}{x}=2 \Rightarrow 2x=10 \Rightarrow x=5.$$

(i) में $x=5$ रखने पर $\frac{44}{y}=4 \Rightarrow 4y=44 \Rightarrow y=11.$

$\therefore$ शान्त जल में नाव की चाल $=\frac{1}{2}(5+11)$ किमी०/घण्टा = 8 किमी०/घण्टा.

17. माना शान्त जल में नाव का वेग = x किमी०/घण्टा. तब,

धारा की दिशा में नाव का वेग = $(x+3)$ किमी०/घण्टा.

धारा के विपरीत नाव का वेग = $(x-3)$ किमी०/घण्टा.

$\therefore (x+3)\times 1=(x-3)\times\frac{3}{2} \Rightarrow 2x+6=3x-9 \Rightarrow x=15.$

अत: शान्त जल में नाव का वेग = 15 किमी०/घण्टा.

18. माना धारा का वेग = x किमी०/घण्टा.

धारा की दिशा में वेग $=\left(\frac{28}{3}+x\right)$ किमी०/घण्टा.

धारा के विपरीत वेग $=\left(\frac{28}{3}-x\right)$ किमी०/घण्टा.

$$\therefore 3\left(\frac{28}{3}-x\right)=\left(\frac{28}{3}+x\right) \Rightarrow 4x=\left(28-\frac{28}{3}\right)=\frac{56}{3} \Rightarrow x=\frac{14}{3}=4\frac{2}{3}.$$

अत: धारा का वेग $=4\frac{2}{3}$ किमी०/घण्टा.

19. माना धारा के अनुकूल नाव की गति = x किमी०/घण्टा.

तब, धारा के विपरीत नाव की गति $=\frac{x}{2}$ किमी०/घण्टा.

$\therefore$ शान्त जल में नाव की चाल $=\frac{1}{2}\left(x+\frac{x}{2}\right)$ किमी०/घण्टा $=\frac{3x}{4}$ किमी०/घण्टा.

धारा का वेग $= \frac{1}{2}\left(x - \frac{x}{2}\right)$ किमी०/घण्टा $= \frac{x}{4}$ किमी०/घण्टा.

अभीष्ट अनुपात $= \frac{3x}{4} : \frac{x}{4} = 3:1$.

20. माना शान्त जल में नाव की चाल = x किमी०/घण्टा तथा धारा का वेग = y किमी०/घण्टा.
धारा की दिशा में नाव की चाल = $(x + y)$ किमी०/घण्टा.
धारा के विपरीत नाव की चाल = $(x - y)$ किमी०/घण्टा.

$(x+y)\times 4 = (x-y)\times\frac{44}{5} \Rightarrow 20x + 20y = 44x - 44y \Rightarrow 24x = 64y \Rightarrow \frac{x}{y} = \frac{64}{24} = \frac{8}{3}$.

∴ अभीष्ट अनुपात = 8 : 3.

21. धारा की दिशा में तैराक की चाल = (5 + 1) किमी०/घण्टा = 6 किमी०/घण्टा.
धारा के विपरीत तैराक की चाल = (5 − 1) किमी०/घण्टा = 4 किमी०/घण्टा,
माना अभीष्ट दूरी = x किमी०. तब

$\frac{x}{6} + \frac{x}{4} = 1 \Rightarrow 2x + 3x = 12 \Rightarrow 5x = 12 \Rightarrow x = 2\cdot 4$.

अत: अभीष्ट दूरी = 2·4 किमी०.

22. धारा के विरुद्ध तैराक की चाल $= \left(\frac{3}{4}\times\frac{4}{45}\times 60\right)$ किमी०/घण्टा = 4 किमी०/घण्टा.

धारा की दिशा में तैराक की चाल $= \left(\frac{3}{4}\times\frac{2}{15}\times 60\right)$ किमी०/घण्टा = 6 किमी०/घण्टा.

शान्त जल में तैराक की चाल $= \frac{1}{2}(4+6)$ किमी०/घण्टा = 5 किमी०/घण्टा.

प्रश्नमाला 19B

1. एक नदी में धारा का वेग 4 किमी०/घण्टा है. एक नाव एक निश्चित बिन्दु से धारा के विपरीत 6 किमी० दूरी तय करके वापिस उसी बिन्दु पर 2 घण्टे में पहुँच जाती है. नाव का शान्त जल में वेग ज्ञात कीजिए तथा धारा के विपरीत जाने में समय ज्ञात कीजिए. **(एस०एस०सी० परीक्षा, 2009)**

2. नदी में एक व्यक्ति किसी निश्चित बिन्दु से धारा के विपरीत d किमी० दूरी तय करके वापिस उसी बिन्दु तक 5 घण्टे 15 मिनट में पहुँच जाता है. वह धारा के विपरीत $2d$ किमी० की दूरी 7 घण्टे में तैर सकता है. यही $2d$ किमी० दूरी धारा की दिशा में तय करने में उसे कितना समय लगेगा ? **(एस०एस०सी० परीक्षा, 2004)**

3. एक स्टीमर धारा के विपरीत 20 किमी० दूरी तय करने में उतना ही समय लेता है जितना कि वह धारा की दिशा में 50 किमी० दूरी तय करने में लेता है. यदि धारा का वेग 3 किमी०/घण्टा हो, तो शान्त जल में स्टीमर का वेग ज्ञात कीजिए. **(एस०एस०सी० परीक्षा, 2003)**

4. एक नाविक अपनी नाव से 30 किमी० धारा के विपरीत जाने में तथा 44 किमी० धारा की दिशा में जाने में 10 घण्टे लेता है. वह 40 किमी० धारा के विपरीत जाने में तथा 55 किमी० धारा की दिशा में जाने में 13 घण्टे लेता है. धारा का वेग तथा शान्त जल में नाव की गति ज्ञात कीजिए. **(एस०एस०सी० परीक्षा, 2000)**

5. एक स्टीमर को धारा की दिशा में एक बन्दरगाह से दूसरी बन्दरगाह तक पहुँचने में 4 घण्टे लगते हैं. धारा की विपरीत दिशा में उसी दूरी को तय करने में उसे 5 घण्टे लगते हैं. यदि धारा की गति 2 किमी०/घण्टा हो, तो दोनों बन्दरगाहों के बीच की दूरी ज्ञात कीजिए. **(एस०एस०सी० परीक्षा, 2003)**

6. एक नाविक नदी में बहाव की ओर 3 घण्टे 45 मिनट में 30 किमी० नाव चलाता है तथा बहाव के विरुद्ध 2 घण्टे 30 मिनट में 15 किमी० नाव चलाता है. स्थिर पानी में नाव की गति तथा प्रवाह की गति ज्ञात कीजिए.

7. एक व्यक्ति शान्त जल में 5 किमी० प्रति घण्टा की दर से तैर सकता है. एक निश्चित दूरी को धारा की दिशा में तैरकर पार करने में उसे जो समय लगता है उससे तिगुना समय उसे इस दूरी को धारा के विपरीत पार करने में लगता है. धारा का वेग ज्ञात कीजिए.

8. एक व्यक्ति नाव द्वारा धारा के विपरीत बिन्दु A से बिन्दु B तक 21 किमी० की दूरी तय करके वापिस बिन्दु A तक आने में 10 घण्टे लेता है. यदि उसे धारा की दिशा में 7 किमी० दूरी तय करने में उतना ही समय लगे जितना कि धारा की विपरीत दिशा में 3 किमी० दूरी तय करने में लगता है, तो धारा का वेग तथा शान्त जल में नाव का वेग ज्ञात कीजिए.

9. एक नाविक नदी में धारा के विपरीत $\left(\frac{3}{4}\right)$ किमी० जाने में 11 मिनट 15 सैकण्ड लेता है तथा वापिस 7 मिनट 30 सैकण्ड में प्रारम्भिक बिन्दु पर पहुँच जाता है. शान्त जल में नाविक की चाल तथा धारा का वेग ज्ञात कीजिए.

10. एक तैराक शान्त जल में 3·5 किमी० प्रति घण्टा की चाल से तैर सकता है. यदि धारा के विरुद्ध एक निश्चित दूरी तय करने में लगा समय, धारा की दिशा में इतनी ही दूरी तय करने में लगे समय का 2 गुना हो, तो धारा का वेग ज्ञात कीजिए.

उत्तरमाला (प्रश्नमाला 19B)

1. 8 किमी०/घण्टा, 1 घण्टा 30 मिनट **2.** 3 घण्टे 30 मिनट **3.** 7 किमी०/घण्टा
4. 3 किमी०/घण्टा, 8 किमी०/घण्टा **5.** 80 किमी० **6.** 7 किमी०/घण्टा, 1 किमी०/घण्टा
7. 2·5 किमी०/घण्टा **8.** 2 किमी०/घण्टा, 5 किमी०/घण्टा
9. 5 किमी०/घण्टा, 1 किमी०/घण्टा **10.** 1·5 किमी०/घण्टा.

दिये गये प्रश्नों के हल प्रश्नमाला 19B

1. माना शान्त जल में नाव का वेग $= x$ किमी०/घण्टा.

धारा की दिशा में नाव का वेग $= (x+4)$ किमी०/घण्टा.

धारा के विपरीत नाव का वेग $= (x-4)$ किमी०/घण्टा.

$$\therefore \frac{6}{(x-4)} + \frac{6}{(x+4)} = 2 \Rightarrow \frac{1}{(x-4)} + \frac{1}{(x+4)} = \frac{1}{3}$$

$$\therefore \frac{(x+4)+(x-4)}{(x^2-16)} = \frac{1}{3} \Rightarrow x^2 - 16 = 6x \Rightarrow x^2 - 6x - 16 = 0$$

$$\Rightarrow x^2 - 8x + 2x - 16 = 0 \Rightarrow x(x-8) + 2(x-8) = 0 \Rightarrow (x-8)(x+2) = 0$$

$\Rightarrow x = 8$. [$\therefore$ नाव का वेग ऋणात्मक नहीं हो सकता]

$\therefore$ शान्त जल में नाव का वेग = 8 किमी०/घण्टा

धारा के विपरीत जाने में लगा समय $= \frac{6}{(8-4)}$ घण्टे $= \frac{6}{4}$ घण्टे $= \frac{3}{2}$ घण्टे

= 1 घण्टा 30 मिनट.

2. माना शान्त जल में तैराक की चाल $= x$ किमी०/घण्टा तथा धारा का वेग $= y$ किमी०/घण्टा.

धारा की दिशा में तैराक का वेग $= (x+y)$ किमी०/घण्टा.

धारा के विपरीत तैराक का वेग $= (x-y)$ किमी०/घण्टा.

$$\therefore \frac{d}{(x+y)} + \frac{d}{(x-y)} = \frac{21}{4} \quad \ldots(i) \qquad \text{तथा} \qquad \frac{2d}{(x-y)} = 7 \Rightarrow \frac{d}{(x-y)} = \frac{7}{2} \quad \ldots(ii)$$

(ii) से (i) में मान रखने पर $\frac{d}{(x+y)}+\frac{7}{2}=\frac{21}{4}$

$\Rightarrow \frac{d}{(x+y)}=\left(\frac{21}{4}-\frac{7}{2}\right)=\frac{7}{4} \Rightarrow \frac{2d}{(x+y)}=\frac{7}{2}$.

अभीष्ट समय $=\frac{7}{2}$ घण्टे = 3 घण्टे 30 मिनट.

3. माना शान्त जल में स्टीमर का वेग = x किमी०/घण्टा.

धारा के विपरीत स्टीमर का वेग = $(x-3)$ किमी०/घण्टा.

धारा की दिशा में स्टीमर का वेग = $(x+3)$ किमी०/घण्टा.

$\frac{20}{(x-3)}=\frac{50}{x+3} \Rightarrow 20\,(x+3)=50\,(x-3)$

$\Rightarrow 30x=(60+150)=210 \Rightarrow x=7$.

शान्त जल में स्टीमर का वेग = 7 किमी०/घण्टा.

4. माना शान्त जल में वेग = x किमी०/घण्टा तथा धारा का वेग = y किमी०/घण्टा.

धारा की दिशा में नाव का वेग = $(x+y)$ किमी०/घण्टा.

धारा के विपरीत नाव का वेग = $(x-y)$ किमी०/घण्टा

$\frac{30}{(x-y)}+\frac{44}{(x+y)}=10 \quad \ldots(i)$ तथा $\frac{40}{(x-y)}+\frac{55}{(x+y)}=13 \quad \ldots(ii)$

$\therefore \left.\begin{array}{ll} 30\,a+44\,b=10 & \ldots(iii) \\ 40\,a+55\,b=13 & \ldots(iv) \end{array}\right\}$ जहाँ $\frac{1}{x-y}=a$ तथा $\frac{1}{x+y}=b$.

(iii) को 4 से तथा (iv) को 3 से गुणा करके घटाने पर :

$(176\,b-165\,b)=(40-39) \Rightarrow 11\,b=1 \Rightarrow b=\frac{1}{11}$.

(iii) में $b=\frac{1}{11}$ रखने पर $30\,a+4=10 \Rightarrow 30\,a=6 \Rightarrow a=\frac{1}{5}$.

$\therefore x-y=5$ तथा $x+y=11$.

इन्हें हल करने पर $x=8$ तथा $y=3$.

$\therefore$ धारा का वेग = 3 किमी०/घण्टा, शान्त जल में नाव की गति = 8 किमी०/घण्टा.

5. माना दोनों बन्दरगाहों के बीच की दूरी = x किमी०. तब,

धारा की दिशा में स्टीमर की चाल $=\left(\frac{x}{4}\right)$ किमी०/घण्टा.

धारा के विपरीत स्टीमर की चाल $=\left(\frac{x}{5}\right)$ किमी०/घण्टा.

धारा की गति $=\frac{1}{2}\left(\frac{x}{4}-\frac{x}{5}\right)$ किमी०/घण्टा $=\frac{x}{40}$ किमी०/घण्टा.

$\therefore \frac{x}{40}=2 \Rightarrow x=80$ किमी०.

6. धारा की दिशा में नाव की चाल $=\frac{\text{दूरी}}{\text{समय}}=\frac{30}{\left(3\frac{3}{4}\right)}$ किमी०/घण्टा

$$= \left(30 \times \frac{4}{15}\right) \text{ किमी०/घण्टा} = 8 \text{ किमी०/घण्टा.}$$

धारा के विरुद्ध नाव की चाल $= \frac{\text{दूरी}}{\text{समय}} = \frac{15}{\left(2\frac{1}{2}\right)}$ किमी०/घण्टा $= \left(15 \times \frac{2}{5}\right)$ किमी०/घण्टा = 6 किमी०/घण्टा.

स्थिर पानी में नाव की गति $= \frac{1}{2}(8+6)$ किमी०/घण्टा = 7 किमी०/घण्टा.

प्रवाह की गति $= \frac{1}{2}(8-6)$ किमी०/घण्टा = 1 किमी०/घण्टा.

7. माना धारा का वेग = x किमी०/घण्टा तथा निश्चित दूरी = y किमी०.

धारा की दिशा में व्यक्ति की चाल = $(5 + x)$ किमी०/घण्टा.

धारा के विपरीत व्यक्ति की चाल = $(5 - x)$ किमी०/घण्टा.

$$\therefore \frac{y}{(5-x)} = \frac{3y}{5+x} \Rightarrow (5+x) = 3(5-x)$$

$$\Rightarrow 4x = 10 \Rightarrow x = 2 \cdot 5 \text{ किमी०/घण्टा.}$$

8. माना शान्त जल में नाव का वेग = x किमी०/घण्टा तथा धारा का वेग = y किमी०/घण्टा.

तब, धारा के अनुकूल नाव का वेग = $(x + y)$ किमी०/घण्टा.

धारा के विपरीत नाव का वेग = $(x - y)$ किमी०/घण्टा.

$$\frac{21}{(x-y)} + \frac{21}{(x+y)} = 10 \Rightarrow \frac{(x+y)+(x-y)}{(x^2-y^2)} = \frac{10}{21} \Rightarrow 10(x^2-y^2) = 42x$$

$$\frac{7}{(x+y)} = \frac{3}{(x-y)} \Rightarrow 7(x-y) = 3(x+y) \Rightarrow 4x = 10y \Rightarrow y = \frac{2x}{5}.$$

$y = \frac{2x}{5}$ रखने पर

$$10\left(x^2 - \frac{4x^2}{25}\right) = 42x \Rightarrow \frac{210x^2}{25} = 42x$$

$$\Rightarrow x = \left(\frac{42 \times 5}{42}\right) = 5 \text{ किमी०/घण्टा.}$$

$$\therefore y = \left(\frac{2}{5} \times 5\right) \text{ किमी०/घण्टा} = 2 \text{ किमी०/घण्टा.}$$

शान्त जल में नाव का वेग = 5 किमी०/घण्टा तथा धारा का वेग = 2 किमी०/घण्टा.

9. $\frac{45}{4 \times 60}$ घण्टे में धारा के विपरीत तय की गई दूरी $= \frac{3}{4}$ किमी०.

1 घण्टे में धारा के विपरीत तय की गई दूरी $= \left(\frac{3}{4} \times \frac{16}{3}\right)$ किमी० = 4 किमी०.

धारा के विपरीत चाल = 4 किमी०/घण्टा.

$\frac{15}{2 \times 60}$ घण्टे में धारा की दिशा में तय की गई दूरी $= \frac{3}{4}$ किमी०.

1 घण्टे में धारा की दिशा में तय की गई दूरी $= \left(\frac{3}{4} \times 8\right)$ किमी०/घण्टा = 6 किमी०/घण्टा

शान्त जल में नाविक की चाल $= \frac{1}{2}(4+6)$ किमी०/घण्टा = 5 किमी०/घण्टा.

धारा का वेग $= \frac{1}{2}(6-4)$ किमी०/घण्टा = 1 किमी०/घण्टा.

10. माना धारा का वेग = x किमी०/घण्टा तथा दूरी = y किमी०.

धारा की दिशा में तैराक का वेग $= (3 \cdot 5 + x)$ किमी० प्रति घण्टा.

धारा के विरुद्ध तैराक का वेग $= (3 \cdot 5 - x)$ किमी० प्रति घण्टा.

$$\therefore \frac{y}{(3 \cdot 5 - x)} = \frac{\frac{5}{2}y}{(3 \cdot 5 + x)} \Rightarrow \frac{1}{(3 \cdot 5 - x)} = \frac{5}{2(3 \cdot 5 + x)}$$

$$\Rightarrow 7 + 2x = 17 \cdot 5 - 5x \Rightarrow 7x = 10 \cdot 5 \Rightarrow x = 1 \cdot 5.$$

अतः धारा का वेग = 1·5 किमी०/घण्टा.

---

20 मिश्रण (ALLIGATION & MIXTURE)

सामान्य नियम

मिश्रण: बहुधा एक सस्ती तथा दूसरी महंगी वस्तु को एक विशेष अनुपात में मिलाकर एक नया मिश्रण प्राप्त होता है.

औसत-मूल्य: मिश्रण के एक इकाई माप के क्रय-मूल्य को **औसत-मूल्य** कहते हैं.

माना सस्ती वस्तु की 1 इकाई का क्रय-मूल्य = ₹ c.

माना महंगी वस्तु की 1 इकाई का क्रय-मूल्य = ₹ d.

माना, औसत मूल्य = ₹ m. तब,

(सस्ती वस्तु की मात्रा) : (महंगी वस्तु की मात्रा) = $(d - m) : (m - c)$.

एक इकाई सस्ती वस्तु का क्रय-मूल्य (c) एक इकाई महंगी वस्तु का क्रय-मूल्य (d)

औसत मूल्य (m)

$(d - m)$ $(m - c)$

(सस्ती वस्तु की मात्रा) : (महंगी वस्तु की मात्रा) = $(d - m) : (m - c)$.

साधित उदाहरण

प्रश्न 1. ₹ 63 प्रति किग्रा० की चाय, ₹ 90 प्रति किग्रा० की चाय के साथ किस अनुपात में मिलाई जाये कि मिश्रण का क्रय-मूल्य ₹ 72 प्रति किग्रा० हो जाये ?

हल : मिश्रण नियम द्वारा :

(1 किग्रा० सस्ती चाय का क्र०-मूल्य) (₹ 63)   (1 किग्रा० महँगी चाय का क्र०-मूल्य) (₹ 90)

औसत मूल्य (₹ 72)

18   9

∴ (सस्ती चाय की मात्रा) : (महंगी चाय की मात्रा) = 18 : 9 = 2 : 1.

प्रश्न 2. ₹ 37 प्रति किग्रा० के कितने चावल, ₹ 48·40 प्रति किग्रा० वाले 25 किग्रा० चावल से मिलाये जायें कि मिश्रण को ₹ 46 प्रति किग्रा० बेचने से 15% लाभ हो ?

हल : 1 किग्रा० मिश्रण का विक्रय-मूल्य = ₹ 46, लाभ = 15%.

1 किग्रा० मिश्रण का क्रय-मूल्य = ₹ $\left(\frac{100}{115}\times 46\right)$ = ₹ 40.

अब मिश्रण नियम द्वारा :

(1 किग्रा० सस्ते चावल का क्र०-मूल्य) (₹ 37)

(1 किग्रा० महँगे चावल का क्र०-मूल्य) (₹ 48·40)

औसत मूल्य (₹ 40·00)

8·40 3

∴ (सस्ते चावल की मात्रा) : (महंगे चावल की मात्रा) = 8·4 : 3 = 84 : 30 = 14 : 5.

माना x किग्रा० सस्ते चावल, 25 किग्रा० महँगे चावल में मिलाये जायें.

तब, $\frac{x}{25}=\frac{14}{5}\Rightarrow x=\left(\frac{14}{5}\times 25\right)\Rightarrow x=70.$

अतः अभीष्ट मात्रा = 70 किग्रा०.

प्रश्न 3. दूध और पानी किस अनुपात में मिलाया जाये कि मिश्रण को क्रय-मूल्य पर भी बेचने से 20% लाभ हो?

हल : माना 1 किग्रा० दूध का क्रय-मूल्य = ₹ 1.

तब, 1 किग्रा० मिश्रण का विक्रय-मूल्य = ₹ 1.

∴ 1 किग्रा० मिश्रण का क्रय-मूल्य = ₹ $\left(\frac{100}{120}\times 1\right)$ = ₹ $\frac{5}{6}$.

अब मिश्रण नियम द्वारा:

(1 किग्रा० दूध का क्र०-मूल्य) (₹ 1)

(1 किग्रा० पानी का क्र०-मूल्य) (₹ 0)

औसत मूल्य ₹ $\frac{5}{6}$

$\frac{5}{6}$ $\frac{1}{6}$

∴ दूध : पानी = $\frac{5}{6}:\frac{1}{6}$ = 5 : 1.

प्रश्न 4. दो बर्तनों A तथा B में दूध और पानी के मिश्रण हैं. इनमें दूध और पानी का अनुपात क्रमशः 5 : 2 तथा 8 : 5 है. इन मिश्रणों को किस अनुपात में मिलाया जाये कि नये मिश्रण में दूध और पानी का अनुपात 9 : 4 हो?

हल : माना दूध का क्रय मूल्य ₹ 1 प्रति लीटर है.

A के 1 लीटर में दूध की मात्रा = $\frac{5}{7}$ लीटर.

B के 1 लीटर में दूध की मात्रा = $\frac{8}{13}$ लीटर.

A तथा B के 1 लीटर मिश्रण में दूध की मात्रा $= \frac{9}{13}$ लीटर.

A के 1 लीटर मिश्रण का मूल्य = ₹ $\frac{5}{7}$.

B के 1 लीटर मिश्रण का मूल्य = ₹ $\frac{8}{13}$.

1 लीटर मिश्रण का औसत मूल्य = ₹ $\frac{9}{13}$.

A के 1 लीटर का मूल्य (₹ $\frac{5}{7}$) B के 1 लीटर का मूल्य (₹ $\frac{8}{13}$)

औसत मूल्य (₹ $\frac{9}{13}$)

$\frac{1}{13}$ $\frac{2}{91}$

अभीष्ट अनुपात $= \frac{1}{13} : \frac{2}{91} = 7 : 2.$

प्रश्नमाला 20A

निम्नलिखित प्रश्नों में से प्रत्येक में ठीक उत्तर को चिन्हांकित (✓) कीजिए :

1. ₹ 14·40 प्रति किग्रा० के गेहूँ को ₹ 11·40 प्रति किग्रा० के गेहूँ के साथ किस अनुपात में मिलाया जाये कि मिश्रण का मूल्य ₹ 12·60 प्रति किग्रा० हो जाये ?

(*a*) 1 : 3 (*b*) 2 : 3 (*c*) 3 : 4 (*d*) 4 : 5

2. एक दुकानदार को ₹ 30 प्रति किग्रा० के चावल को ₹ 40 प्रति किग्रा० के चावल के साथ किस अनुपात में मिलाया जाये कि मिश्रण का मूल्य ₹ 33 प्रति किग्रा० हो जाये ?

(*a*) 3 : 7 (*b*) 5 : 7 (*c*) 7 : 3 (*d*) 7 : 5

3. ₹ 36 प्रति लीटर के दूध के साथ पानी किस अनुपात में मिलाया जाये कि मिश्रण का मूल्य ₹ 28 प्रति लीटर हो जाये ?

(*a*) 9 : 7 (*b*) 7 : 9 (*c*) 9 : 2 (*d*) 7 : 2

4. 30% सान्द्रता वाले ऐलकोहल को 50% सान्द्रता वाले ऐल्कोहल में किस अनुपात में मिलाया जाये कि 35% सान्द्रता वाला ऐल्कोहल प्राप्त हो ? **(एस०एस०सी० परीक्षा, 2009)**

(*a*) 2 : 1 (*b*) 3 : 1 (*c*) 6 : 7 (*d*) 3 : 5

5. ₹ 48 प्रति किग्रा० मूल्य वाली 60 किग्रा० चीनी में ₹ 55 प्रति किग्रा० वाली कितनी चीनी मिलाई जाये ताकि मिश्रित चीनी का मूल्य ₹ 52·50 प्रति किग्रा० हो जाये ? **(रेलवे परीक्षा, 2005)**

(*a*) 90 किग्रा० (*b*) 95 किग्रा० (*c*) 102 किग्रा० (*d*) 108 किग्रा०

6. एक पंसारी ₹ 60 प्रति किग्रा० की चाय को ₹ 65 प्रति किग्रा० की चाय के साथ किस अनुपात में मिलाये कि मिश्रण को ₹ 68·20 प्रति किग्रा० की दर से बेचने पर उसे 10% लाभ हो ? **(एस०एस०सी० परीक्षा, 2004)**

(*a*) 3 : 2 (*b*) 3 : 4 (*c*) 3 : 5 (*d*) 4 : 5

7. एक दुकानदार ₹ 100 प्रति किग्रा० के शुद्ध घी को ₹ 50 प्रति किग्रा० वाले वनस्पति घी के साथ मिलाकर मिश्रण को ₹ 96 प्रति किग्रा० की दर से बेचकर 20% लाभ कमाता है. किस अनुपात में दोनों प्रकार के घी मिलाये गये हैं ? **(एम०बी०ए० परीक्षा, 2008)**

(*a*) 1 : 2 (*b*) 3 : 2 (*c*) 3 : 1 (*d*) इनमें से कोई नहीं

8. पानी के साथ सिप्रिट को किस अनुपात में मिलाया जाये कि मिश्रण को लागत मूल्य पर बेचने से $16\frac{2}{3}\%$ लाभ मिले ? **(रेलवे परीक्षा, 2002)**

(*a*) 1 : 4 (*b*) 1 : 5 (*c*) 1 : 6 (*d*) 1 : 3

9. सिप्रिट के साथ पानी किस अनुपात में मिलाया जाये कि मिश्रण को लागत मूल्य पर बेचने से 20% लाभ हो ?

(*a*) 5 : 2 (*b*) 5 : 1 (*c*) 5 : 3 (*d*) 5 : 4

(एम०बी०ए० परीक्षा, 2005)

10. एक डिब्बे में 50 किग्रा० दूध है. उसमें से 5 किग्रा० दूध निकाल कर उतना ही पानी भर दिया गया. इस प्रक्रिया को दो बार और दोहराया गया. अन्त में डिब्बे में कितना दूध बचा ? **(इन्शयूरैन्स कम्पनी परीक्षा, 2006)**

(*a*) 34·50 किग्रा० (*b*) 35·45 किग्रा० (*c*) 35·50 किग्रा० (*d*) 36·45 किग्रा०

11. शुद्ध दूध से भरे किसी बर्तन से 20% दूध निकालकर उतनी ही मात्रा में पानी डाल दिया जाता है. यह प्रक्रिया कुल तीन बार की जाती है. तीसरी प्रक्रिया के बाद बर्तन में शुद्ध दूध की मात्रा घटकर कितनी रह जायेगी ?

(*a*) 40% (*b*) 50% (*c*) 51·2% (*d*) 58·8%

(एस०एस०सी० परीक्षा, 2008)

12. एक कनस्तर शराब से भरा था. इसमें से 8 लीटर शराब निकाल कर खाली बचे भाग में 8 लीटर पानी भर दिया गया. यह प्रक्रिया तीन बार और दोहराई गई. अन्त में प्राप्त घोल में शराब तथा पानी का अनुपात 16 : 65 रह गया. प्रारम्भ में कनस्तर में कितनी शराब थी ?

(*a*) 18 लीटर (*b*) 24 लीटर (*c*) 32 लीटर (*d*) 42 लीटर

13. एक कनस्तर में बने मिश्रण में दो द्रवों A तथा B का अनुपात 7 : 5 था. इसमें से 9 लीटर मिश्रण निकाल कर उसके स्थान पर B भरने पर प्राप्त मिश्रण में इन द्रवों का अनुपात 7 : 9 हो गया. कनस्तर में आरम्भ में द्रव A की मात्रा कितनी थी ?

(*a*) 10 लीटर (*b*) 20 लीटर (*c*) 21 लीटर (*d*) 25 लीटर

14. एक बर्तन में एक द्रव भरा है जिसमें 3 भाग पानी तथा 5 भाग शीरा है. इसमें से कितने मिश्रण को निकाल कर उसके स्थान पर उतना ही पानी भर दें कि शेष द्रव में आधा पानी तथा आधा शीरा हो ?

(*a*) $\frac{1}{3}$ (*b*) $\frac{1}{4}$ (*c*) $\frac{1}{5}$ (*d*) $\frac{1}{7}$

15. एक व्यापारी के पास 1000 किग्रा० चावल हैं. इसका कुछ भाग वह 8% लाभ पर तथा शेष 18% लाभ पर बेचता है. यदि कुल मात्रा पर उसे 14% लाभ मिले तो 8% लाभ पर उसने कितना चावल बेचा ?

(*a*) 400 किग्रा० (*b*) 560 किग्रा० (*c*) 600 किग्रा० (*d*) 640 किग्रा०

16. एक व्यक्ति के पास ₹ 100000 थे. वह इसमें से कुछ धन को 9% वार्षिक दर पर तथा शेष धन को 10% वार्षिक दर से साधारण ब्याज पर देता है. यदि इनसे उसकी कुल वार्षिक आय ₹ 9400 हो, तो 10% की दर पर उसने कितना धन उधार दिया ?

(*a*) ₹ 60000 (*b*) ₹ 40000 (*c*) ₹ 36500 (*d*) ₹ 45000

17. नीता ₹ 180 प्रति किग्रा० की चाय को ₹ 200 प्रति किग्रा० की चाय के साथ 5 : 3 के अनुपात में मिलाकर बने मिश्रण को ₹ 210 प्रति किग्रा० के भाव से बेचती है. उसका लाभ प्रतिशत कितना होगा ?

(*a*) 10% (*b*) 11% (*c*) 12% (*d*) 13%

18. दो बर्तनों A तथा B में रखे मिश्रणों में दूध और पानी के अनुपात क्रमश: 5 : 3 तथा 2 : 3 हैं. इन दोनों मिश्रणों को किस अनुपात में मिलाया जाये कि नये मिश्रण में आधा दूध तथा आधा पानी हो ?

(*a*) 10 : 9 (*b*) 9 : 10 (*c*) 5 : 2 (*d*) 4 : 5

19. 729 मिली० मिश्रण में दूध और पानी का अनुपात 7 : 2 है. इसमें कितना पानी और डाला जाये कि नये मिश्रण में दूध और पानी का अनुपात 7 : 3 हो ?

(*a*) 79 मिली० (*b*) 72 मिली० (*c*) 81 मिली० (*d*) 91 मिली०

उत्तरमाला (प्रश्नमाला 20A)

1. (*b*) **2.** (*c*) **3.** (*d*) **4.** (*b*) **5.** (*d*) **6.** (*a*) **7.** (*b*) **8.** (*c*) **9.** (*b*) **10.** (*d*)
11. (*c*) **12.** (*b*) **13.** (*c*) **14.** (*c*) **15.** (*a*) **16.** (*b*) **17.** (*c*) **18.** (*d*) **19.** (*c*)

दिये गये प्रश्नों के हल प्रश्नमाला 20A

1. मिश्रण नियम द्वारा :

(1 किग्रा० सस्ते गेहूँ का क्रय मूल्य) (1 किग्रा० महँगे गेहूँ का क्रय मूल्य)

(1440 पैसे) (1140 पैसे)

औसत मूल्य

(1260 पैसे)

120 180

अभीष्ट अनुपात = 120 : 180 = 2 : 3.

2. मिश्रण नियम द्वारा :

(1 किग्रा० सस्ते चावल का क्रय मूल्य) (1 किग्रा० महँगे चावल का क्रय मूल्य)

(₹ 30) (₹ 40)

औसत मूल्य

(₹ 33)

7 3

अभीष्ट अनुपात = 7 : 3.

3. मिश्रण नियम द्वारा :

(1 किग्रा० दूध का क्रय मूल्य) (1 किग्रा० पानी का क्रय मूल्य)

(₹ 36) (₹ 0)

औसत मूल्य

(₹ 28)

28 8

अभीष्ट अनुपात = 28 : 8 = 7 : 2.

4. मिश्रण नियम द्वारा :

(पहली प्रकार के घोल की सान्द्रता) (दूसरी प्रकार के घोल की सान्द्रता)

(30%) (50%)

मिश्रण की सान्द्रता

(35%)

15 5

अभीष्ट अनुपात = 15 : 5 = 3 : 1.

5. मिश्रण नियम द्वारा :

(सस्ती चीनी का भाव प्रति किग्रा०) (महँगी चीनी का भाव प्रति किग्रा०)

(₹ 48) (₹ 55)

औसत मूल्य

(₹ 52·50)

2·50 4·50

इन दोनों का अनुपात $= 2 \cdot 50 : 4 \cdot 50 = \frac{250}{450} = \frac{5}{9} = 5 : 9.$

अभीष्ट भार $= \left(\frac{9}{5} \times 60\right)$ किग्रा० = 108 किग्रा०.

6. 1 किग्रा० मिश्रण का विक्रय मूल्य = ₹ 68·20, लाभ = 10%

माना 1 किग्रा० मिश्रण का क्रय मूल्य = ₹ x. तब

$x \times \frac{110}{100} = 68 \cdot 20 \Rightarrow 11x = 682 \Rightarrow x = 62.$

$\therefore$ 1 किग्रा० मिश्रण का क्रय मूल्य = ₹ 62.

(1 किग्रा० सस्ती चाय का क्रय मूल्य) (1 किग्रा० महँगी चाय का क्रय मूल्य)

(₹ 60) (₹ 65)

औसत मूल्य

(₹ 62)

3 2

अभीष्ट अनुपात = 3 : 2.

7. 1 किग्रा० मिश्रण का विक्रय मूल्य = ₹ 96, लाभ अर्जित = 20%.

माना 1 किग्रा० मिश्रण का क्रय मूल्य = ₹ x. तब

$x \times \frac{120}{100} = 96 \Rightarrow 12x = 960 \Rightarrow x = 80.$

$\therefore$ 1 किग्रा० मिश्रण का क्रय मूल्य = ₹ 80

(1 किग्रा० शुद्ध घी का क्रय मूल्य) (1 किग्रा० वनस्पति का क्रय मूल्य)

(₹ 100) (₹ 50)

औसत मूल्य

(₹ 80)

30 20

अभीष्ट अनुपात = 30 : 20 = 3 : 2.

8. माना 1 किग्रा० सिप्रिट का क्रय मूल्य = ₹ 100.

तब, 1 किग्रा० मिश्रण का विक्रय मूल्य = ₹ 100, लाभ अर्जित $= \frac{50}{3}\%$.

माना 1 किग्रा॰ मिश्रण का क्रय मूल्य = ₹ x. तब

$$x \times \frac{350}{3 \times 100} = 100 \Rightarrow x = \frac{100 \times 300}{350} = \frac{600}{7}.$$

$\therefore$ 1 किग्रा॰ मिश्रण का क्रय मूल्य = ₹ $\frac{600}{7}$.

(1 किग्रा॰ पानी का क्रय मूल्य) (1 किग्रा॰ सिप्रिट का क्रय मूल्य)

(₹ 0) (₹ 100)

औसत मूल्य

$\left(₹ \frac{600}{7}\right)$

$\frac{100}{7}$ $\frac{600}{7}$

अभीष्ट अनुपात $= \frac{100}{7} : \frac{600}{7} = 100 : 600 = 1 : 6.$

9. माना 1 इकाई सिप्रिट का क्रय मूल्य = ₹ 100.

तब, 1 इकाई मिश्रण का विक्रय मूल्य = ₹ 100, लाभ अर्जित = 20%.

माना 1 इकाई मिश्रण का क्रय मूल्य = ₹ x. तब

$$x \times \frac{120}{100} = 100 \Rightarrow x = \frac{100 \times 100}{120} = \frac{250}{3}.$$

(1 इकाई सिप्रिट का क्रय मूल्य) (1 इकाई पानी का क्रय मूल्य)

(₹ 100) (₹ 0)

औसत मूल्य

$\left(₹ \frac{250}{3}\right)$

$\frac{250}{3}$ $\frac{50}{3}$

अभीष्ट अनुपात $= \frac{250}{3} : \frac{50}{3} = 250 : 50 = 5 : 1.$

10. दूध की शेष मात्रा $= a\left(\frac{a-b}{a}\right)^n$, जहाँ $a = 50, b = 5$ तथा $n = 3$

$$= 50 \times \left(\frac{50-5}{50}\right)^3 = 50 \times \left(\frac{45}{50}\right)^3 = 50 \times \left(\frac{9}{10}\right)^3$$

$$= \frac{50 \times 9 \times 9 \times 9}{10 \times 10 \times 10} = \frac{729}{20} \text{ लीटर} = 36{\cdot}45 \text{ लीटर}.$$

11. माना कुल दूध = 100 लीटर प्रत्येक बार ली गई मात्रा = 20 लीटर.

तीन क्रियाओं के बाद बने घोल में दूध की मात्रा $= a\left(\frac{a-b}{a}\right)^n$, जहाँ $a = 100, b = 20, n = 3$

$$= \left[100 \times \left(\frac{100-20}{100}\right)^3\right] \text{ लीटर } = \left[100 \times \left(\frac{80}{100}\right)^3\right] \text{ लीटर } = 100 \times \left(\frac{4}{5}\right)^3 \text{ लीटर}$$

$$= \left(\frac{100 \times 64}{125}\right) \text{लीटर} = \frac{256}{5} \text{ लीटर} = 51 \cdot 2 \text{ लीटर.}$$

अभीष्ट % = 51·2%.

12. माना कनस्तर में प्रारम्भ में a लीटर शराब थी.

4 प्रक्रियाओं के बाद कनस्तर में बची शराब $= a\left(\frac{a-8}{a}\right)^4$.

$$\therefore \frac{a\left(1-\frac{8}{a}\right)^4}{a} = \frac{16}{81} \Rightarrow \left(1-\frac{8}{a}\right)^4 = \left(\frac{16}{81}\right) = \left(\frac{2}{3}\right)^4$$

$$\Rightarrow 1-\frac{8}{a} = \frac{2}{3} \Rightarrow \frac{8}{a} = \left(1-\frac{2}{3}\right) = \frac{1}{3} \Rightarrow a = 24.$$

अत: कनस्तर में प्रारम्भ में 24 लीटर शराब थी.

13. माना आरम्भ में द्रव A तथा B क्रमश: $7x$ लीटर तथा $5x$ लीटर थे.
अब कुल मिश्रण = $(12x - 9)$ लीटर.

इस मिश्रण में $A = (12x-9) \times \frac{7}{12}$ तथा $B = (12x-9) \times \frac{5}{12}$.

पुन: भरने पर, $A = (12x-9) \times \frac{7}{12} = \frac{(84x-63)}{12} = \frac{(28x-21)}{4}$

तथा $B = (12x-9) \times \frac{5}{12} + 9 = \frac{(60x-45)}{12} + 9 = \frac{(60x-45+108)}{12} = \frac{60x+63}{12} = \frac{(20x+21)}{4}$.

$$\therefore \frac{(28x-21)}{4} \times \frac{4}{(20x+21)} = \frac{7}{9} \Rightarrow 7\,(20x+21) = 9\,(28x-21)$$

$$\Rightarrow (252-140)x = 147+189 = 336$$

$$\Rightarrow 112x = 336 \Rightarrow x = 3.$$

आरम्भ में A की मात्रा = (7×3) लीटर = 21 लीटर.

14. माना आरम्भ में पानी = 3 लीटर तथा शीरा = 5 लीटर. कुल द्रव = 8 लीटर.
माना x लीटर मिश्रण निकाल कर इतना ही पानी डाल दें.

तब $(8 - x)$ लीटर मिश्रण में शीरा $= \frac{5}{8}(8-x)$ लीटर तथा पानी $= \frac{3}{8}(8-x)$ लीटर.

नये मिश्रण में शीरा $= \frac{5\,(8-x)}{8}$ लीटर तथा पानी $= \left\{\frac{3(8-x)}{8} + x\right\}$ लीटर.

$$\therefore \frac{5(8-x)}{8} = \frac{3(8-x)}{8} + x \Rightarrow \frac{40-5x}{8} = \frac{24-3x+8x}{8}$$

$$\Rightarrow 40-5x = 24+5x \Rightarrow 10x = 16 \Rightarrow x = \frac{16}{10} = \frac{8}{5}.$$

निकाला गया मिश्रण = 8 लीटर का $\frac{1}{5}$ भाग.

15. (पहले भाग पर लाभ %) (दूसरे भाग पर लाभ %)

(8) (18)

औसत लाभ %

(14)

4 6

(पहला भाग) : (दूसरा भाग) = 4 : 6 = 2 : 3.

8% लाभ पर बेचा गया भाग $= \left(1000 \times \frac{2}{5}\right)$ किग्रा० = 400 किग्रा०.

16. कुल धन पर ब्याज की औसत दर % $= \left(\frac{100 \times 9400}{100000 \times 1}\right)\% = 9 \cdot 4\%$.

(पहले भाग पर दर %) (दूसरे भाग पर दर %)

(9) (10)

औसत दर %

(9·4)

0·6 0·4

(पहला भाग) : (दूसरा भाग) $= \frac{0 \cdot 6}{0 \cdot 4} = \frac{3}{2} = 3 : 2.$

10% की दर पर दिया गया धन = ₹ $\left(100000 \times \frac{2}{5}\right)$ = ₹ 40000.

17. माना पहली प्रकार की 5 किग्रा० चाय के साथ दूसरे प्रकार की 3 किग्रा० चाय मिलाती है.

तब क्रय मूल्य = ₹ $[(180 \times 5) + (200 \times 3)]$ = ₹ $(900 + 600)$ = ₹ 1500.

विक्रय मूल्य = ₹ (210 × 8) = ₹ 1680.

लाभ = ₹ (1680 – 1500) = ₹ 180.

लाभ % $= \left(\frac{180}{1500} \times 100\right)\% = 12\%$.

18. माना A में दूध $= \frac{5}{8}$ लीटर, B में दूध $= \frac{2}{5}$ लीटर, मिश्रण में दूध $= \frac{1}{2}$ लीटर

माना 1 लीटर दूध का क्रय मूल्य = ₹ 1. तब

मिश्रण नियम द्वारा :

(A में 1 लीटर मिश्रण का क्रय मूल्य) (B में 1 लीटर मिश्रण का क्रय मूल्य)

(₹ $\frac{5}{8}$) (₹ $\frac{2}{5}$)

औसत मूल्य

(₹ $\frac{1}{2}$)

$\frac{1}{10}$ $\frac{1}{8}$

$A : B = \frac{1}{10} : \frac{1}{8} = 4 : 5.$

19. दिये गये मिश्रण में दूध की मात्रा $= \left(729 \times \frac{7}{9}\right)$ मिली॰ = 567 मिली॰.

इस मिश्रण में पानी की मात्रा = (729 – 567) मिली॰ = 162 मिली॰.

माना पानी की अभीष्ट मात्रा = x मिली॰. तब,

$$\frac{567}{162 + x} = \frac{7}{3} \Rightarrow 1134 + 7x = 1701 \Rightarrow 7x = 567 \Rightarrow x = 81.$$

अत: पानी की अभीष्ट मात्रा = 81 मिली॰.

प्रश्नमाला 20B

1. बाजार में दो टाईप के स्टील A तथा B उपलब्ध हैं. टाईप A में 5% निक्कल है तथा टाईप B में 40% निक्कल है. दोनों प्रकार के स्टील कितनी-कितनी मात्रा में मिलाये जायें कि कुल 140 टन स्टील प्राप्त हो, जिसमें 30% निक्कल हो? **(एस॰एस॰सी॰ परीक्षा, 2000)**

2. तीन गिलासों की धारिताओं का अनुपात 1 : 2 : 3 है. इनमें एल्कोहल तथा पानी के मिश्रण भरे हैं. पहले, दूसरे तथा तीसरे गिलास में अल्कोहल तथा पानी के अनुपात क्रमश: (1 : 5), (3 : 5) तथा (5 : 7) हैं. इन गिलासों के मिश्रणों को एक अन्य बर्तन में डाल दिया जाता है. इस बर्तन में अल्कोहल तथा पानी का अनुपात ज्ञात कीजिए. **(एस॰एस॰सी॰ परीक्षा, 2001)**

3. नमक व पानी के घोल में 15% नमक है. इस घोल से 30 किग्रा॰ पानी को वाष्प के रूप में उड़ा देने पर शेष घोल में 20% नमक है. प्रारम्भिक दशा में घोल कितना था? **(एस॰एस॰सी॰ परीक्षा, 2008)**

4. एल्कोहल तथा पानी के 5 लीटर घोल में एल्कोहल की सान्द्रता 20% है. इसमें से 2 लीटर घोल निकाल कर उसके स्थान पर 2 लीटर पानी डाल दिया जाता है. नये घोल में एल्कोहल की सान्द्रता कितनी है? **(एस॰एस॰सी॰ परीक्षा, 2008)**

5. एक बर्तन में अम्ल तथा पानी का घोल है जिसमें अम्ल की सान्द्रता 36% है. इसमें से 4 लीटर घोल निकाल कर उसके स्थान पर इतना ही पानी मिला दिया जाता है. इस घोल में अम्ल की सान्द्रता 30% है. उस बर्तन में घोल की मात्रा कितनी थी? **(एस॰एस॰सी॰ परीक्षा, 2007)**

6. एक बर्तन में दूध और पानी का अनुपात 7 : 3 है तथा दूसरे बर्तन में यह अनुपात 8 : 5 है. दोनों बर्तनों में से किस अनुपात में मिश्रण लिये जायें कि इन्हें मिलाकर बने मिश्रण में दूध और पानी का अनुपात 42 : 23 हो जाये?

7. दो बर्तनों A तथा B में रखे घोलों में स्प्रिट तथा पानी का अनुपात क्रमश: 5 : 2 तथा 7 : 6 है. एक नये बर्तन C में A तथा B घोलों का मिश्रण है तथा इस मिश्रण में स्प्रिट और पानी का अनुपात 8 : 5 है. C में A तथा B का अनुपात कितना-कितना है?

8. तीन बर्तनों में पानी भरा है. पहले बर्तन का $\frac{1}{3}$ भाग पानी दूसरे बर्तन में उंडेल दिया जाता है. इसके बाद दूसरे बर्तन के $\frac{1}{4}$ भाग पानी को तीसरे बर्तन में उंडेल दिया जाता है. इसके बाद तीसरे बर्तन के $\frac{1}{10}$ भाग पानी को पहले बर्तन में उंडेल दिया जाता है. यदि अन्त में प्रत्येक बर्तन में 9 लीटर पानी हो, तो आरम्भ में प्रत्येक बर्तन में पानी की मात्रा कितनी-कितनी थी? **(एस॰एस॰सी॰ परीक्षा, 2000)**

9. रमेश ने ₹ 120000 में से कुछ धन A को 10% वार्षिक साधारण ब्याज की दर से तथा शेष धन B को 12% वार्षिक साधारण ब्याज की दर से उधार दिया. यदि 2 वर्ष के अन्त में उसे कुल ब्याज ₹ 25920 प्राप्त हुआ हो, तो भिन्न-भिन्न दरों पर उसने कितना-कितना रुपया उधार दिया?

10. एक व्यापारी के पास 6 क्विन्टल चीनी थी. इसमें से उसने कुछ चीनी 7% लाभ पर तथा शेष 17% लाभ पर बेची. सारी चीनी पर उसे 11% लाभ हुआ. ज्ञात कीजिए कि उसने 7% लाभ पर कितनी चीनी बेची?

11. एक व्यक्ति ने 188 किमी॰ दूरी 10 घण्टे में तय की. इसमें से उसने कुछ दूरी साईकिल द्वारा 8 किमी॰ प्रति घण्टे की दर से तथा शेष दूसरी मोपेड से 35 किमी॰/घण्टा की चाल से तय की. मोपेड से तय की गई दूरी कितनी है?

उत्तरमाला (प्रश्नमाला 20B)

1. $A = 40$ टन, $B = 100$ टन **2.** 29 : 43 **3.** 120 किग्रा॰ **4.** 12% **5.** 24 लीटर **6.** 4 : 7
7. 7 : 9 **8.** 12 लीटर, 8 लीटर, 7 लीटर **9.** ₹ 72000, ₹ 48000 **10.** 3.6 क्विन्टल **11.** 75·2 किमी॰.

दिये गये प्रश्नों के हल प्रश्नमाला 20B

1. (टाइप A में निक्कल का %) (टाइप B में निक्कल का %)

(5%) (40%)

निक्कल की औसत %
(30%)

10 25

टाइप A : टाइप $B = 10 : 25 = 2 : 5$.

140 टन में A की मात्रा $= \left(140 \times \frac{2}{7}\right)$ टन $= 40$ टन.

140 टन में B की मात्रा $= \left(140 \times \frac{5}{7}\right)$ टन $= 100$ टन.

2. माना तीन गिलास A, B, C हैं जिनकी धारिता क्रमशः 1 लीटर, 2 लीटर तथा 3 लीटर हैं.

A में एल्कोहल $= \left(1 \times \frac{1}{6}\right)$ लीटर $= \frac{1}{6}$ लीटर, पानी $= \left(1 - \frac{1}{6}\right)$ लीटर $= \frac{5}{6}$ लीटर.

B में एल्कोहल $= \left(2 \times \frac{3}{8}\right)$ लीटर $= \frac{3}{4}$ लीटर, पानी $= \left(2 - \frac{3}{4}\right)$ लीटर $= \frac{5}{4}$ लीटर.

C में एल्कोहल $= \left(3 \times \frac{5}{10}\right)$ लीटर $= \frac{3}{2}$ लीटर, पानी $= \left(3 - \frac{3}{2}\right)$ लीटर $= \frac{3}{2}$ लीटर.

इन गिलासों के मिश्रण में एल्कोहल $= \left(\frac{1}{6} + \frac{3}{4} + \frac{3}{2}\right)$ लीटर $= \frac{(2+9+18)}{12}$ लीटर $= \frac{29}{12}$ लीटर.

इन गिलासों के मिश्रण में पानी $= \left(\frac{5}{6} + \frac{5}{4} + \frac{3}{2}\right)$ लीटर $= \frac{(10+15+18)}{12}$ लीटर $= \frac{43}{12}$ लीटर.

नये बर्तन में एल्कोहल : पानी $= \frac{29}{12} : \frac{43}{12} = 29 : 43$.

3. माना कुल घोल का भार $= x$ किग्रा॰.

इस घोल में पानी का भार $= \frac{85x}{100}$ किग्रा॰ $= \frac{17x}{20}$ किग्रा॰,

तथा नमक का भार $= \left(x - \frac{17x}{20}\right)$ किग्रा॰ $= \frac{3x}{20}$ किग्रा॰.

30 किग्रा॰ पानी वाष्प के रूप में उड़ने के बाद घोल का भार $= (x - 30)$ किग्रा॰.

इस घोल में नमक का भार $= \frac{3x}{20}$ किग्रा०.

$$\therefore \frac{\left(\frac{3x}{20}\right)}{(x-30)} \times 100 = 20 \Rightarrow \frac{3x}{20} \times \frac{1}{(x-30)} \times 100 = 20$$

$$\Rightarrow \frac{3x}{(x-30)} = \frac{20}{5} = 4 \Rightarrow 3x = 4x - 120 \Rightarrow x = 120.$$

अतः कुल घोल का भार = 120 किग्रा०.

4. 3 लीटर घोल में एल्कोहल की मात्रा $= \left(3 \times \frac{20}{100}\right)$ लीटर $= \frac{3}{5}$ लीटर.

इस घोल में पानी की मात्रा $= \left(3 - \frac{3}{5}\right)$ लीटर $= \frac{12}{5}$ लीटर.

नये 5 लीटर घोल में एल्कोहल की मात्रा $= \frac{3}{5}$ लीटर.

$\therefore$ इस घोल की सान्द्रता % $= \left(\frac{\frac{3}{5}}{5} \times 100\right)\% = \left(\frac{3}{5} \times \frac{1}{5} \times 100\right)\% = 12\%.$

5. माना कुल घोल की मात्रा = x लीटर.

$(x-4)$ लीटर घोल में अम्ल की मात्रा $= (x-4) \times \frac{36}{100}$ लीटर $= \frac{(9x-36)}{25}$ लीटर .

नये घोल के x लीटर में अम्ल की मात्रा $= \frac{(9x-36)}{25}$ लीटर.

इस घोल की सान्द्रता = 30%

$$\therefore \frac{(9x-36)}{25 \times x} \times 100 = 30 \Rightarrow 30x = 4\,(9x-36)$$

$$\Rightarrow 6x = 144 \Rightarrow x = 24.$$

अतः आरम्भ में उस बर्तन में घोल की मात्रा 24 लीटर थी.

6. माना दूध का क्रय-मूल्य ₹ 1 प्रति लीटर है.

माना ये बर्तन A तथा B हैं. तथा नये मिश्रण का बर्तन C है.

A के 1 लीटर में दूध की मात्रा $= \frac{7}{10}$ लीटर.

B के 1 लीटर में दूध की मात्रा $= \frac{8}{13}$ लीटर.

C के 1 लीटर में दूध की मात्रा $= \frac{42}{65}$ लीटर.

(A के 1 लीटर का मूल्य) $\left(₹\,\frac{7}{10}\right)$ (B के 1 लीटर का मूल्य) $\left(₹\,\frac{8}{13}\right)$

औसत मूल्य $\left(₹\,\frac{42}{65}\right)$

$\frac{2}{65}$ $\frac{7}{130}$

अभीष्ट अनुपात $= \frac{2}{65} : \frac{7}{130} = 4 : 7.$

7. A में स्प्रिट की मात्रा $= \frac{5}{7}$ लीटर, B में स्प्रिट की मात्रा $= \frac{7}{13}$ लीटर,

तथा C में स्प्रिट की मात्रा $= \frac{8}{13}$ लीटर.

माना 1 लीटर स्प्रिट का क्रय-मूल्य = ₹ 1.

मिश्रण-नियम द्वारा:

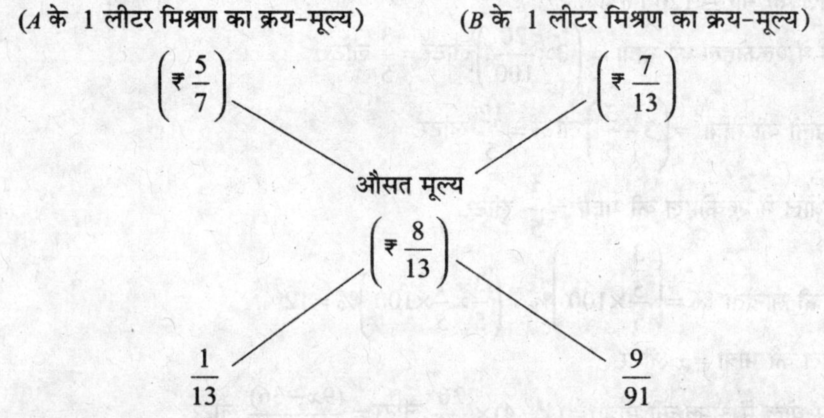

$A : B = \frac{1}{13} : \frac{9}{91} = 7 : 9.$

8. माना आरम्भ में पहले, दूसरे तथा तीसरे बर्तन में क्रमशः x लीटर, y लीटर तथा z लीटर पानी था.

क्रिया 1. पहले बर्तन से निकाला गया पानी $= \frac{x}{3}$ ली०. इसमें शेष पानी $= \left(x - \frac{x}{3}\right)$ ली० $= \frac{2x}{3}$ ली०.

अब दूसरे बर्तन में पानी $= \left(y + \frac{x}{3}\right)$ ली०.

क्रिया 2. दूसरे बर्तन से निकाला गया पानी $= \frac{1}{4}\left(y + \frac{x}{3}\right)$ ली०. इसमें शेष पानी $= \frac{3}{4}\left(y + \frac{x}{3}\right)$ ली०.

अब तीसरे बर्तन में कुल पानी $= \left\{z + \frac{1}{4}\left(y + \frac{x}{3}\right)\right\}$ ली०.

क्रिया 3. तीसरे बर्तन से निकाला गया पानी $= \frac{1}{10}\left\{z + \frac{1}{4}\left(y + \frac{x}{3}\right)\right\}$ ली०.

इसमें शेष पानी $= \frac{9}{10}\left\{z + \frac{1}{4}\left(y + \frac{x}{3}\right)\right\}$ ली०.

अब पहले बर्तन में पानी $= \left[\frac{2x}{3} + \frac{1}{10}\left\{z + \frac{1}{4}\left(y + \frac{x}{3}\right)\right\}\right]$ ली० $= \left(\frac{27x}{40} + \frac{y}{40} + \frac{z}{10}\right)$ ली०.

अब, प्रत्येक बर्तन में 9 लीटर पानी है.

$$\therefore \quad \frac{3}{4}\left(y + \frac{x}{3}\right) = 9 \Rightarrow \frac{3y + x}{3} = 9 \times \frac{4}{3} = 12 \Rightarrow 3y + x = 36 \quad ...(i)$$

$$\frac{9}{10}\left\{z + \frac{1}{4}\left(y + \frac{x}{3}\right)\right\} = 9 \Rightarrow z + \frac{3y + x}{12} = 9 \times \frac{10}{9} = 10 \Rightarrow 12z + 3y + x = 120 \quad ...(ii)$$

$$\frac{27x}{40}+\frac{y}{40}+\frac{z}{10}=9 \Rightarrow 27x+y+4z=360 \qquad ...(iii)$$

(*ii*) में से (*i*) घटाने पर, $12z = 84 \Rightarrow z = 7$.

(*iii*) को 3 से गुणा करने पर, $81x + 3y + 12z = 1080$ ...(*iv*)

(*iv*) में से (*ii*) घटाने पर $80x = 960 \Rightarrow x = 12$.

(*i*) में $x = 12$ रखने पर $3y = 24 \Rightarrow y = 8$.

अत: $x = 12, y = 8, z = 7$.

अत: आरम्भ में पहले, दूसरे तथा तीसरे बर्तन में क्रमश: 12 लीटर, 8 लीटर, 7 लीटर पानी था.

9. ₹ 120000 का 2 वर्ष का कुल ब्याज = ₹ 25920.

ब्याज की औसत दर $=\left(\frac{100\times 25920}{120000\times 2}\right)\%$ वार्षिक = 10·8% वार्षिक.

(पहली ब्याज की दर %) (दूसरी ब्याज की दर %)

(10) (12)

औसत दर %

(10·8)

1·2 0·8

दोनों धनों का अनुपात $=1\cdot 2:0\cdot 8=\frac{1\cdot 2}{0\cdot 8}=\frac{12}{8}=\frac{3}{2}=3:2$.

10% की दर पर दिया गया धन = ₹ $\left(120000\times\frac{3}{5}\right)$ = ₹ 72000.

12% की दर पर दिया गया धन = ₹ (120000 – 72000) = ₹ 48000.

10. पहले भाग पर लाभ % दूसरे भाग पर लाभ %

(7) (17)

औसत लाभ %

(11)

6 4

दोनों भागों का अनुपात = 6 : 4 = 3 : 2.

7% लाभ पर बेची गई चीनी का भार $=\left(6\times\frac{3}{5}\right)$ क्विन्टल $=\frac{18}{5}$ क्विन्टल = 3·6 क्विन्टल.

11. कुल दूरी = 188 किमी०, समय = 10 घण्टे

$\Rightarrow$ औसत चाल $= \left(\frac{188}{10}\right)$ किमी०/घण्टा = 18·8 किमी०/घण्टा

(साइकिल से चाल प्रति घण्टा) (8 किमी०)

(मोपेड से चाल प्रति घण्टा) (35 किमी०)

औसत चाल/घण्टा (18·8 किमी०)

16·2 10·8

साईकिल तथा मोपेड से तय की गई दूरियों का अनुपात = 16·2 : 10·8

$$= \frac{162}{108} = \frac{162 \div 54}{108 \div 54} = \frac{3}{2} = 3:2.$$

मोपेड से तय की गई दूरी $= \left(188 \times \frac{2}{5}\right)$ किमी० $= \frac{376}{5}$ किमी० = 75·2 किमी०.

21 साधारण ब्याज (SIMPLE INTEREST)

सामान्य नियम

जब कोई व्यक्ति किसी साहूकार अथवा बैंक से रुपया उधार लेता है, तो दूसरे का धन प्रयोग करने के लिए उसे अतिरिक्त धन देना पड़ता है. इस अतिरिक्त धन को **ब्याज** कहते हैं.

उधार लिए गये धन को **मूलधन** (मू०)कहते हैं.

मूलधन तथा ब्याज के योगफल को **मिश्रधन** कहते हैं.

साधारण ब्याज : जो ब्याज केवल मूलधन पर एक निश्चित अवधि के लिए एक ही दर पर लगाया जाता है, उसे साधारण ब्याज (सा० ब्याज) कहते हैं.

सूत्र

(*i*) $\text{साधारण ब्याज} = \frac{(\text{मू०} \times \text{दर} \times \text{समय})}{100}$. (*ii*) $\text{मू०} = \frac{(100 \times \text{सा० ब्याज})}{(\text{दर} \times \text{समय})}$.

(*iii*) $\text{दर} = \frac{(100 \times \text{सा० ब्याज})}{(\text{मू०} \times \text{समय})}$. (*iv*) $\text{समय} = \frac{(100 \times \text{सा० ब्याज})}{(\text{मू०} \times \text{दर})}$.

(*v*) माना कोई धन T वर्ष बाद देय है तथा ब्याज की दर $R\%$ वार्षिक है. तब

$$\text{तत्काल धन} = \frac{\text{देय धन} \times 100}{100 + (R \times T)}.$$

साधित उदाहरण

प्रश्न 1. ₹ 6000 पर 6% वार्षिक दर से 8 माह का साधारण ब्याज तथा मिश्रधन ज्ञात कीजिए.

हल : मूलधन = ₹ 6000, दर = 6% वार्षिक, समय $= \frac{8}{12}$ वर्ष $= \frac{2}{3}$ वर्ष.

साधारण ब्याज = ₹ $\left(6000 \times 6 \times \frac{2}{3} \times \frac{1}{100}\right)$ = ₹ 240.

मिश्रधन = ₹ (6000 + 240) = ₹ 6240.

प्रश्न 2. ₹ 2500 का 5% वार्षिक दर से 219 दिन का साधारण ब्याज कितना होगा?

हल : मूलधन = ₹ 2500, दर = 5% वार्षिक, समय $= \frac{219}{365}$ वर्ष $= \frac{3}{5}$ वर्ष.

साधारण ब्याज = ₹ $\left(2500 \times \frac{5}{100} \times \frac{3}{5}\right)$ = ₹ 75.

प्रश्न 3. ₹ 3200 पर 4 अप्रैल 2012 से 16 जून 2012 तक का 5% वार्षिक दर पर साधारण ब्याज कितना होगा?

टिप्पणी : जिस दिन धन जमा होता है वह दिन ब्याज हेतू नहीं गिना जाता. परन्तु जिस दिन धन निकाला जाता है वह दिन ब्याज हेतू गिना जाता है.

हल : मूलधन = ₹ 3200, दर = 5% वार्षिक

अप्रैल मई जून

↓ ↓

समय = (26 + 31 + 16) दिन = 73 दिन $= \frac{73}{365}$ वर्ष $= \frac{1}{5}$ वर्ष.

$\therefore$ साधारण ब्याज = ₹ $\left(3200 \times \frac{5}{100} \times \frac{1}{5}\right)$ = ₹ 32.

प्रश्न 4. किसी धन का साधारण ब्याज की 8% वार्षिक दर से 3 वर्ष का मिश्रधन ₹ 6944 है. वह धन ज्ञात कीजिए.

हल : माना मूलधन = ₹ x. तब,

साधारण ब्याज = ₹ $\left(x \times \frac{8}{100} \times 3\right)$ = ₹ $\frac{6x}{25}$.

$\therefore$ मिश्रधन = ₹ $\left(x + \frac{6x}{25}\right)$ = ₹ $\frac{31x}{25}$.

$\therefore \frac{31x}{25} = 6944 \Rightarrow x = \frac{6944 \times 25}{31} = 5600.$

अत: अभीष्ट धन = ₹ 5600.

प्रश्न 5. किसी धन का साधारण ब्याज से 2 वर्ष का मिश्रधन ₹ 8700 तथा $3\frac{1}{2}$ वर्ष का मिश्रधन ₹ 9600 है. मूलधन तथा ब्याज की दर ज्ञात करें.

हल : $\frac{3}{2}$ वर्ष का ब्याज = ₹ (9600 – 8700) = ₹ 900.

2 वर्ष का ब्याज = ₹ $\left(900 \times \frac{2}{3} \times 2\right)$ = ₹ 1200.

$\therefore$ मूलधन = ₹ (8700 – 1200) = ₹ 7500.

$\therefore$ दर $= \left(\frac{100 \times 1200}{7500 \times 2}\right)\%$ वार्षिक = 8% वार्षिक.

अत: मूलधन = ₹ 7500 तथा दर = 8% वार्षिक.

प्रश्न 6. साधारण ब्याज की किस दर से कोई धन 8 वर्ष में दुगुना हो जायेगा?

हल : माना मूलधन = ₹ x. तब, सा० ब्याज = ₹ x, समय = 8 वर्ष.

$\therefore$ दर $= \left(\frac{100 \times x}{x \times 8}\right)\%$ वार्षिक = 12·5% वार्षिक.

प्रश्न 7. एक व्यापारी ने ₹ 45000 का ऋण दो बैंकों से लिया. एक ऋण के लिए 8% वार्षिक ब्याज दिया तथा दूसरे ऋण के लिए 12% वार्षिक. यदि एक वर्ष का कुल ब्याज ₹ 4440 हो, तो 8% की दर पर कितना धन लिया गया?

हल : माना 8% की दर पर लिया गया धन = ₹ x.

तब, 12% की दर पर लिया गया धन = ₹ (45000 – x).

$$\therefore \left(x \times \frac{8}{100} \times 1\right) + \left\{(45000 - x) \times \frac{12}{100} \times 1\right\} = 4440$$

$$\Rightarrow \frac{2x}{25} + \frac{3(45000 - x)}{25} = 4440$$

$$\Rightarrow 2x + 135000 - 3x = 111000 \Rightarrow x = (135000 - 111000) = 24000.$$

अत: 8% की दर पर लिया गया धन = ₹ 24000.

प्रश्न 8. कोई धन किसी निश्चित दर पर 2 वर्ष के लिए साधारण ब्याज पर दिया गया. यदि ब्याज की दर 3% अधिक होती तो ₹ 108 ब्याज अधिक मिलता. मूलधन ज्ञात कीजिए.

हल : माना मूलधन = ₹ x तथा दर = R % वार्षिक. तब

$$\left\{\frac{x\times(R+3)\times2}{100}\right\}-\left(\frac{x\times R\times2}{100}\right)=108$$

$$\Rightarrow\left(\frac{x\times R\times2}{100}\right)+\left(\frac{x\times3\times2}{100}\right)-\left(\frac{x\times R\times2}{100}\right)=108$$

$$\Rightarrow\frac{3x}{50}=108\Rightarrow x=\frac{108\times50}{3}=1800.$$

अत: मूलधन = ₹ 1800.

प्रश्न 9. 3 वर्ष बाद देय ₹ 1092 बराबर वार्षिक किस्तों में चुकाना है. यदि साधारण ब्याज की दर 12% वार्षिक हो, तो प्रत्येक किस्त का मान ज्ञात कीजिए.

हल : माना वार्षिक किस्त का मान = ₹ x. तब,

₹ x का 2 वर्ष का मिश्रधन + ₹ x का 1 वर्ष का मिश्रधन + ₹ x = 1092

$$\Rightarrow\left(x+\frac{x\times2\times12}{100}\right)+\left(x+\frac{x\times1\times12}{100}\right)+x=1092$$

$$\Rightarrow\left(x+\frac{6x}{25}\right)+\left(x+\frac{3x}{25}\right)+x=1092$$

$$\Rightarrow\frac{31\,x}{25}+\frac{28\,x}{25}+x=1092\Rightarrow(31\,x+28\,x+25\,x)=(1092\times25)$$

$$\Rightarrow84\,x=1092\times25\Rightarrow x=\frac{1092\times25}{84}=325.$$

अत: प्रत्येक किस्त का मान = ₹ 325.

प्रश्नमाला 21A

निम्नलिखित प्रश्नों में से प्रत्येक में ठीक उत्तर को चिन्हांकित (✓) कीजिए :

1. ₹ 988 की राशि पर 18% वार्षिक दर से 5 वर्ष के अन्त में कितना साधारण ब्याज अर्जित होगा?

(*a*) ₹ 711.36 (*b*) ₹ 898.20 (*c*) ₹ 799.25 (*d*) ₹ 805.40

(बैंक पी०ओ० परीक्षा, 2007)

2. एक व्यक्ति ने ₹ 8500 साधारण ब्याज पर 9% वार्षिक दर से उधार लिये. $2\frac{1}{2}$ वर्ष के अन्त में उसे कितना धन वापिस देना होगा? **(रेलवे परीक्षा, 2005)**

(*a*) ₹ 10412.50 (*b*) ₹ 11412.50 (*c*) ₹ 12412.50 (*d*) ₹ 13412.50

3. ₹ 3600 की राशि को दो भागों में इस प्रकार विभक्त करें कि पहले भाग पर 5% वार्षिक दर से 3 वर्ष का साधारण ब्याज, दूसरे भाग पर $6\frac{1}{4}$% वार्षिक दर से 4 वर्ष के साधारण ब्याज के बराबर हो. ये राशियाँ हैं क्रमश:

(एस०एस०सी० परीक्षा, 2010)

(*a*) ₹ 2250 तथा ₹ 1350 (*b*) ₹ 2150 तथा ₹ 1450

(*c*) ₹ 2350 तथा ₹ 1250 (*d*) ₹ 2050 तथा ₹ 1550

4. X तथा Y को दो समान राशियाँ 7.5% वार्षिक दर से क्रमश: 4 वर्ष तथा 5 वर्ष के लिए उधार दी गई. यदि इनके द्वारा दिये गये ब्याज में ₹ 150 का अन्तर हो, तो प्रत्येक दी गई राशि कितनी है?

(*a*) ₹ 500 (*b*) ₹ 1000 (*c*) ₹ 2000 (*d*) ₹ 3000

(एस०एस०सी० परीक्षा, 2009)

5. अरुण ने 4 वर्ष के लिए किसी धनराशि का साधारण ब्याज की एक निश्चित दर पर निवेश किया. यदि उसने इसी राशि का 6 वर्ष के लिए निवेश किया होता तो उसके द्वारा अर्जित ब्याज की राशि पहले अर्जित ब्याज की राशि से

50% अधिक होती. ब्याज की वार्षिक दर क्या है ? **(बैंक पी०ओ० परीक्षा, 2010)**

(*a*) 4% (*b*) 8% (*c*) 5% (*d*) निर्धारित नहीं की जा सकती

(*d*) इनमें से कोई नहीं

6. एक राशि का साधारण ब्याज की किसी दर पर 2 वर्ष के लिए निवेश किया गया. यदि यह निवेश 3% अधिक ब्याज की दर पर किया जाता, तो ₹ 72 अधिक मिलते. यह राशि कितनी है ? **(एस०एस०सी० परीक्षा, 2009)**

(*a*) ₹ 1200 (*b*) ₹ 1500 (*c*) ₹ 1600 (*d*) ₹ 1800

7. ब्याज पर धन देने वाले एक व्यक्ति को ज्ञात हुआ कि उसके धन पर ब्याज की दर में 8% से $7\frac{3}{4}$% गिरावट होने पर उसकी वार्षिक आय में ₹ 61.50 की कमी हो जाती है. उसकी पूँजी कितनी है ?

(*a*) ₹ 26000 (*b*) ₹ 24600 (*c*) ₹ 23800 (*d*) ₹ 22400

(जीवन बीमा निगम परीक्षा, 2009)

8. किसी राशि पर 8% वार्षिक दर से 6 वर्ष में उपचित साधारण ब्याज ₹ 1200 है. इस मूलधन से तिगुनी राशि पर 10% वार्षिक दर से 2 वर्ष के अन्त में साधारण ब्याज कितना होगा ? **(बैंक पी०ओ० परीक्षा, 2010)**

(*a*) ₹ 3750 (*b*) ₹ 1250 (*c*) ₹ 3650 (*d*) ₹ 1950 (*e*) इनमें से कोई नहीं

9. किसी धनराशि का एक तिहाई 3% वार्षिक दर पर, $\frac{1}{6}$ भाग 6% वार्षिक दर पर तथा शेष धनराशि 8% वार्षिक दर पर निवेश की जाती है. यदि एक वर्ष में कुल साधारण ब्याज ₹ 600 मिले तो वह धनराशि कितनी है ?

(*a*) ₹ 6000 (*b*) ₹ 6666 (*c*) ₹ 7500 (*d*) ₹ 10000

(होटल मैनेजमैन्ट परीक्षा, 2010)

10. समिता ने 6% वार्षिक दर से साधारण ब्याज पर कोई ऋण लिया. यह दर प्रति वर्ष 1.5% वार्षिक दर से बढ़ती है. तीन वर्ष की समाप्ति पर वह ₹ 8190 ब्याज के रूप में देती है. यह ऋण-राशि कितनी है ?

(*a*) ₹ 36000 (*b*) ₹ 35400 (*c*) ₹ 36800 (*d*) निर्धारित नहीं की जा सकती

(*d*) इनमें से कोई नहीं **(बैंक पी०ओ० परीक्षा, 2010)**

11. ₹ 2400 का किसी निश्चित ब्याज की दर से 4 वर्ष का मिश्रधन ₹ 3264 हो जाता है. ब्याज दर में 1% वृद्धि करने पर इसी धनराशि का उतने ही समय में मिश्रधन कितना हो जायेगा ? **(दिल्ली पुलिस परीक्षा, 2010)**

(*a*) ₹ 3260 (*b*) ₹ 3310 (*c*) ₹ 3360 (*d*) ₹ 3460

12. *A* ने *B* को ₹ 5000, 2 वर्ष के लिए तथा *C* को ₹ 3000, 4 वर्ष के लिए साधारण ब्याज की एक ही दर से उधार दिये. उसने उन दोनों से ब्याज के रूप में कुल ₹ 2200 प्राप्त किये. ब्याज की वार्षिक दर कितनी है ?

(*a*) 5% (*b*) 7% (*c*) 8% (*d*) 10%

(एस०एस०सी० परीक्षा, 2010)

13. ₹ 2500 पर 6 वर्ष में उपचित साधारण ब्याज ₹ 1875 है. इसी दर पर इतने ही समय के लिए ₹ 6875 पर कितना साधारण ब्याज उपचित होगा ? **(बैंक पी०ओ० परीक्षा, 2009)**

(*a*) ₹ 4556.50 (*b*) ₹ 5025.25 (*c*) ₹ 4895.25 (*d*) ₹ 5245.50 (*d*) इनमें से कोई नहीं

14. कितने समय में 3% वार्षिक दर से ₹ 8000 का साधारण ब्याज उतना ही होगा जितना कि 4% वार्षिक दर से ₹ 6000 का साधारण ब्याज 5 वर्ष में होगा ? **(रेलवे परीक्षा, 2007)**

(*a*) 3 वर्ष (*b*) 4 वर्ष (*c*) 5 वर्ष (*d*) 6 वर्ष

15. साधारण ब्याज की एक निश्चित दर से कोई धन 20 वर्ष में दुगुना हो जाता है. इस धन को तिगुना होने में कितना समय लगेगा ? **(एस०एस०सी० परीक्षा, 2009)**

(*a*) 30 वर्ष (*b*) 38 वर्ष (*c*) 41 वर्ष (*d*) 40 वर्ष

16. कम से कम कितने वर्षों में ₹ 2600 का $6\frac{2}{3}$% वार्षिक दर से साधारण ब्याज पूरे रुपयों में होगा ?

(*a*) 6 वर्ष (*b*) 5 वर्ष (*c*) 3 वर्ष (*d*) 2 वर्ष

(एस०एस०सी० परीक्षा, 2009)

17. कितने वर्षों में 12% वार्षिक दर से ₹ 3000 का साधारण ब्याज ₹ 1080 हो जायेगा?

(*a*) 3 वर्ष (*b*) $2\frac{1}{2}$ वर्ष (*c*) 2 वर्ष (*d*) $3\frac{1}{2}$ वर्ष

(एस०एस०सी० परीक्षा, 2009)

18. कोई धनराशि साधारण ब्याज की किसी दर से 8 वर्ष में ₹ 2900 तथा 10 वर्ष में ₹ 3000 हो जाती है. वार्षिक ब्याज की दर कितनी है? **(एस०एस०सी० परीक्षा, 2009)**

(*a*) 4% (*b*) $2\frac{1}{2}$% (*c*) 3% (*d*) 2%

19. कोई धन 8 वर्ष में साधारण ब्याज की किस दर से दुगुना हो जायेगा? **(होटल मैनेजमैन्ट परीक्षा, 2010)**

(*a*) 16% (*b*) 14% (*c*) 12.5% (*d*) 8%

20. 5% वार्षिक दर से 3 महीने के लिए निवेश किये गये कितने मूलधन पर साधारण ब्याज ₹ 25 होगा?

(*a*) ₹ 1800 (*b*) ₹ 1850 (*c*) ₹ 1900 (*d*) ₹ 2000

(रेलवे परीक्षा, 2009)

21. विश्वास ने कुल ₹ 30000 उधार लिये. इसका एक भाग 12% वार्षिक साधारण ब्याज की दर से तथा शेष भाग 10% वार्षिक साधारण ब्याज की दर से लिया गया. यदि 2 वर्ष बाद कुल ₹ 36480 का भुगतान किया गया हो, तो 12% की दर पर ली गई राशि कितनी थी? **(बैंक पी०ओ० परीक्षा, 2008)**

(*a*) ₹ 16000 (*b*) ₹ 18000 (*c*) ₹ 17500 (*d*) ₹ 12000 (*e*) इनमें से कोई नहीं

22. किसी राशि पर साधारण ब्याज मूलधन का $\frac{1}{4}$ है तथा वर्षों की संख्या प्रतिशत दर के बराबर है. ब्याज की वार्षिक दर कितनी है? **(रेलवे परीक्षा, 2009)**

(*a*) 2.5% (*b*) 5% (*c*) $7\frac{1}{2}$% (*d*) 10%

23. कितने समय में ₹ 10000 का साधारण ब्याज 6% वार्षिक दर से ₹ 450 हो जायेगा?

(*a*) 8 माह (*b*) 9 माह (*c*) 10 माह (*d*) 1 वर्ष 3 माह

24. साधारण ब्याज की वार्षिक दर 11.5% से 10% हो जाने पर एक व्यक्ति को 1 वर्ष में ₹ 55.50 की हानि होती है, मूलधन कितना है? **(एस०एस०सी० परीक्षा, 2003)**

(*a*) ₹ 3700 (*b*) ₹ 7400 (*c*) ₹ 8325 (*d*) ₹ 11100

25. साधारण ब्याज की वार्षिक दर $6\frac{1}{2}$% से 8% हो जाने के कारण एक व्यक्ति की वार्षिक आय में ₹ 40.50 की वृद्धि हो जाती है. मूलधन कितना है? **(एस०एस०सी० परीक्षा, 2003)**

(*a*) ₹ 2500 (*b*) ₹ 2700 (*c*) ₹ 3000 (*d*) ₹ 3500

26. कोई धन साधारण ब्याज की एक विशेष दर पर 2 वर्ष के लिए उधार दिया गया. यदि ब्याज की दर 1% वार्षिक अधिक होती तो इससे ₹ 240 अधिक आय होती. यह धन कितना है?

(*a*) ₹ 5000 (*b*) ₹ 6000 (*c*) ₹ 8000 (*d*) ₹ 12000

27. ₹ 4000 को दो भागों में साधारण ब्याज पर उधार दिया गया. यदि एक भाग पर ब्याज की दर 8% वार्षिक हो तथा दूसरे भाग पर यह दर 10% वार्षिक हो तथा कुल वार्षिक ब्याज ₹ 352 मिले, तो 8% वार्षिक दर पर कितना धन दिया गया? **(मैनेजमैन्ट परीक्षा, 2005)**

(*a*) ₹ 1600 (*b*) ₹ 1800 (*c*) ₹ 2400 (*d*) ₹ 2800

28. कोई धन साधारण ब्याज से 30 वर्ष में तिगुना हो जाता है. ब्याज की वार्षिक दर क्या है?

(*a*) 6% (*b*) $6\frac{2}{3}$% (*c*) $7\frac{1}{3}$% (*d*) 10%

29. साधारण ब्याज की किस वार्षिक दर पर किसी धन का 10 वर्ष का ब्याज उस धन का $\frac{2}{5}$ होगा?

(*a*) 4% (*b*) $5\frac{2}{3}$% (*c*) 6% (*d*) $6\frac{2}{3}$%

(एस०एस०सी० परीक्षा, 2002)

30. एक राशि साधारण ब्याज पर 10 वर्ष में दुगुनी हो जाती है. कितने वर्षों में यह समान ब्याज दर पर तिगुनी हो जायेगी ? **(रेलवे परीक्षा, 2006)**

(*a*) 25 वर्ष (*b*) 20 वर्ष (*c*) 30 वर्ष (*d*) 15 वर्ष

31. कितने समय में किसी धन में साधारण ब्याज की 5% वार्षिक दर से 40% की वृद्धि हो जायेगी ?

(*a*) 5 वर्ष (*b*) 6 वर्ष (*c*) 7 वर्ष (*d*) 8 वर्ष

32. एक व्यक्ति क्रमशः 6 वर्ष, 10 वर्ष तथा 12 वर्ष के लिए साधारण ब्याज की क्रमशः 10%, 12% तथा 15% वार्षिक दर पर धन लगाता है. यदि 3 वर्ष बाद प्रत्येक स्कीम से बराबर ब्याज मिले, तो इन मूलधनों का अनुपात क्या होगा ? **(रेलवे परीक्षा, 2002)**

(*a*) 2 : 3 : 4 (*b*) 3 : 4 : 6 (*c*) 4 : 6 : 2 (*d*) 6 : 3 : 2

33. एक व्यक्ति ₹ 10000 के एक भाग को 5% तथा दूसरे भाग को 6% वार्षिक दर पर निवेशित करता है. यदि 5% पर निवेशित राशि, 6% पर निवेशित राशि से प्रतिवर्ष ₹ 76.50 अधिक ब्याज दे, तो 6% पर निवेशित धनराशि कितनी है ? **(एस०एस०सी० परीक्षा, 2008)**

(*a*) ₹ 3600 (*b*) ₹ 3550 (*c*) ₹ 3850 (*d*) ₹ 4000

34. ₹ 2500 का 6 वर्ष के अन्त में उपचित ब्याज ₹ 1875 है. इसी दर पर तथा इसी अवधि के लिए ₹ 6875 का कितना साधारण ब्याज होगा ? **(बैंक पी०ओ० परीक्षा, 2009)**

(*a*) ₹ 4556.50 (*b*) ₹ 5025.25 (*c*) ₹ 4895.25 (*d*) ₹ 5245.50 (*d*) इनमें से कोई नहीं

35. सुहित ने विकास से साधारण ब्याज पर 14% वार्षिक दर से 3 वर्ष के लिए ₹ 6300 उधार लिए. उसने इसमें कुछ और धनराशि जोड़कर मोहित को उतनी ही अवधि के लिए 16% वार्षिक दर पर साधारण ब्याज पर उधार दे दिये. इस सारे लेन-देन में सुहित को ₹ 618 का लाभ हुआ. उसने मोहित को कितनी राशि उधार दी थी ?

(*a*) ₹ 7000 (*b*) ₹ 6800 (*c*) ₹ 7200 (*d*) निर्धारित नहीं की जा सकती
(*e*) इनमें से कोई नहीं **(बैंक पी०ओ० परीक्षा, 2007)**

36. श्री वर्मा ₹ 14500 की राशि का 6 वर्ष के लिए साधारण ब्याज पर निवेश करते हैं. ब्याज की किस वार्षिक दर पर उन्हें ₹ 21460 मिलेंगे ? **(जीवन बीमा निगम परीक्षा, 2008)**

(*a*) 4% (*b*) 10% (*c*) 6% (*d*) 8% (*e*) इनमें से कोई नहीं

37. एक महाजन एक ग्रामीण को ₹ 4000 तीन वर्ष के लिए उधार देता है. इसके कुछ भाग पर साधारण ब्याज की दर 10% वार्षिक है तथा शेष भाग पर यह दर 12% वार्षिक है. 3 वर्ष बाद उसे कुल धनराशि ₹ 5350 प्राप्त हुई. उसने 12% ब्याज पर कितनी धनराशि दी ? **(बी०बी०ए० परीक्षा, 2007)**

(*a*) ₹ 2000 (*b*) ₹ 2250 (*c*) ₹ 2500 (*d*) ₹ 2275

38. साधारण ब्याज की 4% वार्षिक दर से 4 वर्ष बाद देय ₹ 848 के ऋण के निपटान हेतू कितना वार्षिक भुगतान करना होगा ? **(एस०एस०सी० परीक्षा, 2010)**

(*a*) ₹ 212 (*b*) ₹ 200 (*c*) ₹ 250 225

39. A को B के $1\frac{1}{2}$ वर्ष बाद ₹ 1573 देने हैं तथा B को A के 6 माह बाद ₹ 1444.50 देने हैं. यदि साधारण ब्याज की दर 14% वार्षिक हो तथा अभी एक दूसरे के कर्ज का निपटारा करना हो तो किसको कितने रुपये देने होंगे ?

(*a*) A, ₹ 28.50 (*b*) B, ₹ 17.50 (*c*) A, ₹ 56.00 (*d*) B, ₹ 50.00

40. आशीष ने कुछ धन उधार लिया जिस पर ब्याज की दर पहले 2 वर्ष तक 6% वार्षिक, अगले 3 वर्ष तक 9% वार्षिक तथा इसके बाद 14% वार्षिक थी. यदि 9 वर्ष बाद उसने कुल साधारण ब्याज ₹ 11400 दिया हो, तो उसने कुल कितना धन उधार लिया ?

(*a*) ₹ 12000 (*b*) ₹ 14000 (*c*) ₹ 16000 (*d*) ₹ 18000 (*e*) इनमें से कोई नहीं

41. यदि समान वार्षिक दर से समान समय के लिए ₹ x का साधारण ब्याज ₹ y हो तथा ₹ y का साधारण ब्याज ₹ z हो, तो निम्न में से कौन-सा कथन सत्य है ?

(*a*) $xyz = 1$ (*b*) $z^2 = xy$ (*c*) $x^2 = yz$ (*d*) $y^2 = zx$

उत्तरमाला (प्रश्नमाला 21A)

1. (*b*)	**2.** (*a*)	**3.** (*a*)	**4.** (*c*)	**5.** (*d*)	**6.** (*a*)	**7.** (*b*)	**8.** (*e*)	**9.** (*d*)	**10.** (*e*)
11. (*c*)	**12.** (*d*)	**13.** (*e*)	**14.** (*c*)	**15.** (*d*)	**16.** (*c*)	**17.** (*a*)	**18.** (*d*)	**19.** (*c*)	**20.** (*d*)
21. (*d*)	**22.** (*b*)	**23.** (*b*)	**24.** (*a*)	**25.** (*b*)	**26.** (*d*)	**27.** (*c*)	**28.** (*b*)	**29.** (*a*)	**30.** (*b*)
31. (*d*)	**32.** (*d*)	**33.** (*c*)	**34.** (*e*)	**35.** (*b*)	**36.** (*d*)	**37.** (*c*)	**38.** (*b*)	**39.** (*d*)	**40.** (*a*)
41. (*d*)									

दिये गये प्रश्नों के हल प्रश्नमाला 21A

1. मूलधन = ₹ 988, दर = 18% वार्षिक, समय = 5 वर्ष.

साधारण ब्याज $= \dfrac{\text{मू०} \times \text{दर} \times \text{समय}}{100} = ₹\left(\dfrac{988 \times 18 \times 5}{100}\right)$

$= ₹\ \dfrac{4446}{5} = ₹\ 889.20.$

2. मूलधन = ₹ 8500, दर = 9% वार्षिक, समय $= \dfrac{5}{2}$ वर्ष.

साधारण ब्याज $= ₹\left(8500 \times \dfrac{9}{100} \times \dfrac{5}{2}\right) = ₹\left(\dfrac{3825}{2}\right) = ₹\ 1912.50$

वापिस किया गया धन = ₹ (8500 + 1912.50) = ₹ 10412.50.

3. माना पहला भाग = ₹ x तथा दूसरा भाग = ₹ $(3600 - x)$.

$x \times \dfrac{5}{100} \times 3 = (3600 - x) \times \dfrac{25}{4} \times \dfrac{1}{100} \times 4$

$\Rightarrow \dfrac{3x}{20} = \dfrac{(3600 - x)}{4} \Rightarrow 12x = 72000 - 20x$

$\Rightarrow 32x = 72000 \Rightarrow x = \dfrac{72000}{32} = 2250.$

$\therefore$ पहला भाग = ₹ 2250, दूसरा भाग = ₹ (3600 – 2250) = ₹ 1350.

4. माना प्रत्येक राशि = ₹ x. तब

$\left(x \times \dfrac{15}{2} \times \dfrac{1}{100} \times 5\right) - \left(x \times \dfrac{15}{2} \times \dfrac{1}{100} \times 4\right) = 150$

$\Rightarrow \dfrac{3x}{8} - \dfrac{3x}{10} = 150 \Rightarrow 15x - 12x = 6000 \Rightarrow 3x = 6000 \Rightarrow x = 2000.$

अत: प्रत्येक राशि = ₹ 2000.

5. माना मूलधन = ₹ P तथा दर = R % वार्षिक.

$P \times \dfrac{R}{100} \times 6 = P \times \dfrac{R}{100} \times 4 \times \dfrac{150}{100}$

स्पष्ट है कि इससे R ज्ञात नहीं किया जा सकता.

6. माना अभीष्ट राशि = ₹ P तथा दर = R % वार्षिक. तब

$\left\{P \times \dfrac{(R+3)}{100} \times 2\right\} - \left(P \times \dfrac{R}{100} \times 2\right) = 72$

$\Rightarrow \left(P \times \dfrac{R}{100} \times 2\right) + \dfrac{6P}{100} - \left(P \times \dfrac{R}{100} \times 2\right) = 72 \Rightarrow \dfrac{6P}{100} = 72$

$\Rightarrow P = \dfrac{72 \times 100}{6} = 1200.$ अत: अभीष्ट राशि = ₹ 1200.

7. माना अभीष्ट राशि = ₹ x. तब

$$\left(x\times\frac{8}{100}\times1\right)-\left(x\times\frac{31}{4}\times\frac{1}{100}\times1\right)=61\cdot50$$

$$\Rightarrow \frac{2x}{25}-\frac{31x}{400}=61\cdot50 \Rightarrow 32x-31x=61\cdot50\times400 \Rightarrow x=24600.$$

∴ अभीष्ट राशि = ₹ 24600.

8. पहला मूलधन = ₹ $\left(\frac{100\times1200}{8\times6}\right)$ = ₹ 2500.

नया मूलधन = ₹ 7500.

अभीष्ट ब्याज = ₹ $\left(7500\times\frac{10}{1000}\times2\right)$ = ₹ 1500.

9. माना अभीष्ट धनराशि = ₹ x.

$$\left(\frac{x}{3}\times\frac{3}{100}\times1\right)+\left(\frac{x}{6}\times\frac{6}{100}\times1\right)+\left(\frac{x}{2}\times\frac{8}{100}\times1\right)=600$$

$$\Rightarrow \frac{x}{100}+\frac{x}{100}+\frac{4x}{100}=600 \Rightarrow 6x=600\times100 \Rightarrow x=10000.$$

∴ अभीष्ट राशि = ₹ 10000.

10. माना ऋण-राशि = ₹ x. तब

$$\left(x\times\frac{6}{100}\times1\right)+\left(x\times\frac{15}{2}\times\frac{1}{100}\times1\right)+\left(x\times\frac{9}{100}\times1\right)=8190$$

$$\Rightarrow \frac{3x}{50}+\frac{3x}{40}+\frac{9x}{100}=8190 \Rightarrow 12x+15x+18x=1638000$$

$$\Rightarrow 45x=1638000 \Rightarrow x=36400.$$

∴ ऋण राशि = ₹ 36400.

11. मूलधन = ₹ 2400, वर्ष = 4 वर्ष, सा० ब्याज = ₹ (3264 – 2400) = ₹ 864.

दर = $\left(\frac{100\times864}{2400\times4}\right)$% वार्षिक = 9% वार्षिक.

नई दर = 10% वार्षिक.

इच्छित ब्याज = ₹ $\left(2400\times\frac{10}{100}\times4\right)$ = ₹ 960.

मिश्रधन = ₹ (2400 + 960) = ₹ 3360.

12. माना ब्याज की दर = R % वार्षिक. तब

$$\left(5000\times\frac{R}{100}\times2\right)+\left(3000\times\frac{R}{100}\times4\right)=2200$$

$$\Rightarrow (100R+120R)=2200 \Rightarrow 220R=2200 \Rightarrow R=10.$$

अत: ब्याज की दर = 10% वार्षिक.

13. मूलधन = ₹ 2500, समय = 6 वर्ष, सा० ब्याज = ₹ 1875

दर = $\left(\frac{100\times1875}{6\times2500}\right)$% वार्षिक = $\frac{25}{2}$% वार्षिक.

अभीष्ट ब्याज = ₹ $\left(6875\times\frac{25}{2}\times6\times\frac{1}{100}\right)$ = ₹ $\left(\frac{20625}{4}\right)$ = ₹ 5156.25.

14. सा० ब्याज = ₹ $\left(6000\times\frac{4}{100}\times5\right)$ = ₹ 1200.

अभीष्ट समय $=\left(\frac{100\times1200}{8000\times3}\right)$ वर्ष = 5 वर्ष.

15. माना मूलधन = ₹ x, समय = 20 वर्ष, मिश्रधन = ₹ $2x$.

अत: सा० ब्याज = ₹ $(2x-x)$ = ₹ x.

दर $=\left(\frac{100\times x}{x\times20}\right)\%=5\%$ वार्षिक.

अब, मूलधन = ₹ x, दर = 5% वार्षिक, मिश्रधन = ₹ $3x$.

∴ सा० ब्याज = ₹ $(3x-x)$ = ₹ $2x$.

∴ अभीष्ट समय $=\left(\frac{100\times2x}{x\times5}\right)$ वर्ष = 40 वर्ष.

16. मूलधन = ₹ 2600, दर $=\frac{20}{3}\%$ वार्षिक. माना समय = x वर्ष.

सा० ब्याज = ₹ $\left(2600\times\frac{20}{3}\times\frac{1}{100}\times x\right)$ = ₹ $\left(\frac{520}{3}\times x\right)$

स्पष्ट है कि $x=3$. (पूरे रुपयों में लेने हेतू).

17. समय $=\left(\frac{100\times1080}{3000\times12}\right)$ वर्ष = 3 वर्ष.

18. 2 वर्ष का ब्याज = ₹ (3000 – 2900) = ₹ 100

∴ 8 वर्ष का ब्याज = ₹ $\left(100\times\frac{1}{2}\times8\right)$ = ₹ 400.

∴ मूलधन = ₹ (2900 – 400) = ₹ 2500, ब्याज = ₹ 400, समय = 8 वर्ष.

दर $=\left(\frac{100\times400}{2500\times8}\right)\%=2\%$.

19. माना मूलधन = ₹ x. तब, मिश्रधन = ₹ $2x$.

∴ मूलधन = ₹ x, सा० ब्याज = ₹ x, समय = 8 वर्ष.

दर $=\left(\frac{100\times x}{x\times8}\right)\%$ वार्षिक = 12·5% वार्षिक.

20. दर = 5% वार्षिक, समय $=\frac{3}{12}$ वर्ष $=\frac{1}{4}$ वर्ष, सा० ब्याज = ₹ 25.

मूलधन = ₹ $\left(100\times25\times\frac{1}{5}\times\frac{4}{1}\right)$ = ₹ 2000.

21. माना 12% की दर पर ली गई राशि = ₹ x तथा 10% की दर पर ली गई राशि = ₹ $(30000-x)$.

$\left(x\times\frac{12}{100}\times2\right)+(30000-x)\times\frac{10}{100}\times2=(36480-30000)$

$\Rightarrow\frac{6x}{25}+\frac{(30000-x)}{5}=6480\Rightarrow6x+150000-5x=6480\times25$

$\Rightarrow x=(162000-150000)=12000$.

∴ 12% पर ली गई राशि = ₹ 12000.

22. माना मूलधन = ₹ x. तब, सा० ब्याज = ₹ $\frac{x}{4}$. माना दर = R % तथा समय = R वर्ष.

$x\times\frac{R}{100}\times R=\frac{x}{4}\Rightarrow R^2=25\Rightarrow R=5$.

∴ दर = 5% वार्षिक.

23. मूलधन = ₹ 10000, दर = 6%, सा० ब्याज = ₹ 450.

समय $= \left(\frac{100\times450}{10000\times6}\right)$ वर्ष $= \frac{3}{4}$ वर्ष $= \left(\frac{3}{4}\times12\right)$ माह = 9 माह.

24. माना मूलधन = ₹ x. तब

$$\left(x\times\frac{23}{2}\times\frac{1}{100}\times1\right)-\left(x\times\frac{10}{100}\times1\right)=\frac{111}{2}$$

$$\Rightarrow \frac{23x}{200}-\frac{x}{10}=\frac{111}{2}\Rightarrow 23x-20x=11100$$

$$\Rightarrow 3x=11100\Rightarrow x=3700.$$

∴ मूलधन = ₹ 3700.

25. माना मूलधन = ₹ x. तब

$$\left(x\times\frac{8}{100}\times1\right)-\left(x\times\frac{13}{2}\times\frac{1}{100}\times1\right)=\frac{81}{2}$$

$$\Rightarrow \frac{2x}{25}-\frac{13x}{200}=\frac{81}{2}\Rightarrow 16x-13x=8100\Rightarrow 3x=8100\Rightarrow x=2700.$$

∴ मूलधन = ₹ 2700.

26. माना मूलधन = ₹ x तथा दर = R % वार्षिक.

$$\left\{x\times\frac{(R+1)}{100}\times2\right\}-\left(x\times\frac{R}{100}\times2\right)=240$$

$$\Rightarrow\left(x\times\frac{R}{100}\times2\right)+\frac{x\times1\times2}{100}-\left(x\times\frac{R}{100}\times2\right)=240$$

$$\Rightarrow x=(240\times50)=12000.$$

∴ मूलधन = ₹ 12000.

27. माना पहला भाग = ₹ x. तब, दूसरा भाग = ₹ $(4000-x)$. तब

$$\left(x\times\frac{8}{100}\times1\right)+\left\{(4000-x)\times\frac{10}{100}\times1\right\}=352$$

$$\Rightarrow\frac{2x}{25}+\frac{(4000-x)}{10}=352\Rightarrow 4x+20000-5x=17600$$

$$\Rightarrow x=(20000-17600)\Rightarrow x=2400.$$

∴ अभीष्ट धन = ₹ 2400.

28. माना मूलधन = ₹ x. तब, मिश्रधन = ₹ $3x$.

∴ सा० ब्याज = ₹ $(3x-x)$ = ₹ $2x$, समय = 30 वर्ष.

दर $= \left(\frac{100\times2x}{x\times30}\right)\%$ वार्षिक $= \frac{20}{3}\%$ वार्षिक $= 6\frac{2}{3}\%$ वार्षिक.

29. माना मूलधन = ₹ x. तब, सा० ब्याज = ₹ $\frac{2x}{5}$, समय = 10 वर्ष.

दर $= \left(\frac{100\times\frac{2x}{5}}{x\times10}\right)\%$ वार्षिक = 4% वार्षिक.

30. माना मूलधन = ₹ x. तब, मिश्रधन = ₹ $2x$, समय = 10 वर्ष.

∴ मूलधन = ₹ x, सा० ब्याज = ₹ x, समय = 10 वर्ष.

अतः दर $= \left(\frac{100\times x}{x\times10}\right)\%$ वार्षिक = 10% वार्षिक.

अब, मूलधन = ₹ x, मिश्रधन = ₹ $3x$, दर = 10% वार्षिक.

∴ मूलधन = ₹ x, सा० ब्याज = ₹ $2x$, दर = 10% वार्षिक.

∴ समय $= \left(\frac{100\times 2x}{x\times 10}\right)$ वर्ष = 20 वर्ष.

31. माना मूलधन = ₹ x. तब, मिश्रधन = ₹ (x का 140%) = ₹ $\left(\frac{140x}{100}\right)$ = ₹ $\frac{7x}{5}$.

∴ मूलधन = ₹ x, सा० ब्याज = ₹ $\left(\frac{7x}{5}-x\right)$ = ₹ $\frac{2x}{5}$, दर = 5% वार्षिक.

समय $= \left(\frac{100\times\frac{2x}{5}}{x\times 5}\right)$ वर्ष = 8 वर्ष.

32. माना मूलधन क्रमशः ₹ x, ₹ y तथा ₹ z हैं. तब

$\frac{x\times 6\times 10}{100}=\frac{y\times 10\times 12}{100}=\frac{z\times 12\times 15}{100}=k$ (माना)

$\Rightarrow \frac{3x}{5}=\frac{6y}{5}=\frac{9z}{5}=k$

$\Rightarrow x=\frac{5k}{3}, y=\frac{5k}{6}, z=\frac{5k}{9}$

$\Rightarrow x:y:z=\frac{5k}{3}:\frac{5k}{6}:\frac{5k}{9}=\frac{1}{3}:\frac{1}{6}:\frac{1}{9}=6:3:2.$

33. माना 6% की दर पर दिया गया धन = ₹ x.

तब 5% की दर पर दिया गया धन = ₹ $(10000-x)$.

$(10000-x)\times\frac{5}{100}\times 1-\left(x\times\frac{6}{100}\times 1\right)=76\cdot 50$

$\Rightarrow 50000-5x-6x=7650$

$\Rightarrow 11x=(50000-7650)=42350\Rightarrow x=3850.$

अतः 6% की दर पर दिया गया धन = ₹ 3850.

34. मूलधन = ₹ 2500, सा० ब्याज = ₹ 1875, समय = 6 वर्ष.

∴ दर $=\left(\frac{100\times 1875}{2500\times 6}\right)\%$ वार्षिक = 12·5% वार्षिक.

अब, मूलधन = ₹ 6875, समय = 6 वर्ष, दर $=\frac{25}{2}\%$ वार्षिक.

∴ सा० ब्याज = ₹ $\left(6875\times 6\times\frac{25}{2}\times\frac{1}{100}\right)$ = ₹ $\frac{20625}{4}$ = ₹ 5156·25.

35. माना अभीष्ट राशि = ₹ $(6300+x)$. तब

$\left[(6300+x)\times\frac{16}{100}\times 3\right]-\left(6300\times\frac{14}{100}\times 3\right)=618$

$\Rightarrow \frac{4(6300+x)}{25}-882=206\Rightarrow\frac{4(6300+x)}{25}=1088$

$\Rightarrow (6300+x)=\left(1088\times\frac{25}{4}\right)=272\times 25=6800\Rightarrow x=500.$

अभीष्ट राशि = ₹ (6300 + 500) = ₹ 6800.

36. माना ब्याज की दर R % वार्षिक है.

सा० ब्याज = ₹ (21460 − 14500) = ₹ 6960.

$14500\times\frac{R}{100}\times 6=6960\Rightarrow R=\frac{6960}{145\times 6}=8\%$ वार्षिक.

37. माना 12% ब्याज पर दी गई राशि = ₹ x.

तब 10% ब्याज पर दी गई राशि = ₹ $(4000 - x)$.

सा० ब्याज = ₹ $(5350 - 4000)$ = ₹ 1350.

$$\left(x \times \frac{12}{100} \times 3\right) + \left\{(4000 - x) \times \frac{10}{100} \times 3\right\} = 1350$$

$$\Rightarrow \frac{9x}{25} + \frac{3(4000-x)}{10} = 1350 \Rightarrow 18\,x + 15\,(4000 - x) = 67500$$

$$\Rightarrow 18\,x - 15\,x = 67500 - 60000 \Rightarrow 3\,x = 7500 \Rightarrow x = 2500.$$

∴ 12% ब्याज पर दी गई राशि = ₹ 2500.

38. माना प्रत्येक वार्षिक किस्त = ₹ x. तब

$$\left(x + \frac{x \times 4 \times 3}{100}\right) + \left(x + \frac{x \times 4 \times 2}{100}\right) + \left(x + \frac{x \times 4 \times 1}{100}\right) + x = 848$$

$$\Rightarrow \frac{28\,x}{25} + \frac{27\,x}{25} + \frac{26\,x}{25} + x = 848$$

$$\Rightarrow (28\,x + 27\,x + 26\,x + 25\,x) = 848 \times 25 \Rightarrow 106\,x = 848 \times 25$$

$$\Rightarrow x = \frac{848 \times 25}{106} = 200.$$

अत: प्रत्येक किस्त = ₹ 200.

39. तत्काल धन $= \dfrac{\text{देयधन} \times 100}{100 + (\text{दर} \times \text{समय})}$.

A के कर्ज का तत्काल धन = ₹ $\left\{\dfrac{1573 \times 100}{100 + \left(14 \times \frac{3}{2}\right)}\right\}$ = ₹ $\left(\dfrac{1573 \times 100}{121}\right)$ = ₹ 1300.

B के कर्ज का तत्काल धन = ₹ $\left\{\dfrac{1444 \cdot 50 \times 100}{100 + \left(14 \times \frac{1}{2}\right)}\right\}$ = ₹ $\left(\dfrac{144450}{107}\right)$ = ₹ 1350.

अत: B द्वारा A को ₹ 50 देने होंगे.

40. माना मूलधन = ₹ x. तब

$$\left(x \times \frac{6}{100} \times 2\right) + \left(x \times \frac{9}{100} \times 3\right) + \left(x \times \frac{14}{100} \times 4\right) = 11400$$

$$\Rightarrow \frac{3\,x}{25} + \frac{27\,x}{100} + \frac{14\,x}{25} = 11400 \Rightarrow (12\,x + 27\,x + 56\,x) = 1140000$$

$$\Rightarrow 95\,x = 114000 \Rightarrow x = \frac{1140000}{95} = 12000.$$

अत: उधार लिया गया धन = ₹ 12000.

41. माना दर = R % वार्षिक तथा समय = T वर्ष.

तब, $\dfrac{x \times R \times T}{100} = y$ तथा $\dfrac{y \times R \times T}{100} = z$

$$\Rightarrow R \times T = \frac{100 \times y}{x} \quad \text{तथा} \quad R \times T = \frac{100 \times z}{y}$$

$$\Rightarrow \frac{100 \times y}{x} = \frac{100 \times z}{y} \Rightarrow \frac{y}{x} = \frac{z}{y} \Rightarrow y^2 = zx.$$

प्रश्नमाला 21B

1. कोई धनराशि साधारण ब्याज पर 3 वर्ष में ₹ 1016 तथा 7 वर्ष में ₹ 1304 हो जाती है. धनराशि तथा ब्याज की दर ज्ञात कीजिए. **(एस०एस०सी० परीक्षा, 2006)**

2. साधारण ब्याज की किस वार्षिक प्रतिशत दर से कोई धनराशि 12 वर्ष में स्वयं की दुगुनी हो जायेगी? **(एस०एस०सी० परीक्षा, 2008)**

3. किसी धन का 2 वर्ष 4 माह का 6% वार्षिक दर से मिश्रधन ₹ 4047 हो जाता है. मूलधन ज्ञात कीजिए.

4. किसी धनराशि का साधारण ब्याज की किसी दर से 2 वर्ष का मिश्रधन ₹ 756 तथा $3\frac{1}{2}$ वर्ष का मिश्रधन ₹ 873 हो जाता है. ब्याज की दर ज्ञात कीजिए.

5. कोई व्यक्ति ₹ 375000 की राशि को अपने पुत्र तथा पुत्री में जो क्रमशः 12 वर्ष तथा 14 वर्ष की आयु के हैं, इस प्रकार बाँटना चाहता है कि प्रत्येक को 18 वर्ष का होने पर 5% वार्षिक साधारण ब्याज की दर से समान धनराशि मिले. प्रत्येक का भाग ज्ञात कीजिए. **(एस०एस०सी० परीक्षा, 2004)**

6. ₹ 28740 को तीन भागों में इस प्रकार बाँटिये कि 12% वार्षिक दर से इनके साधारण ब्याज पर क्रमशः 1 वर्ष, 2 वर्ष तथा 3 वर्ष के मिश्रधन बराबर हों.

7. किसी राशि का साधारण ब्याज से 3 वर्ष का मिश्रधन ₹ 9440 हो जाता है. यदि ब्याज की दर में 25% की वृद्धि कर दी जाये तो वह राशि उतने ही समय में ₹ 9800 हो जाती है. राशि तथा ब्याज की दर ज्ञात कीजिए.

8. कोई धन 3 वर्ष के लिए साधारण ब्याज पर उधार दिया गया. यदि ब्याज की दर 2% अधिक होती तो ₹ 360 अधिक ब्याज मिलता. धन ज्ञात कीजिए.

9. किसी धन पर एक निश्चित दर से एक निश्चित समय के लिए साधारण ब्याज मूलधन का $\frac{16}{25}$ है. यदि दर प्रतिशत वार्षिक तथा वर्षों के संख्यात्मक मान बराबर हों, तो दर तथा समय ज्ञात कीजिए.

10. 5 वर्ष बाद देय ₹ 3600 के ऋण को बराबर वार्षिक किस्तों में चुकाना है. यदि ब्याज की दर 10% वार्षिक हो, तो प्रत्येक किस्त कितने रुपये की है?

11. कोई व्यक्ति ₹ 140000 दो प्रकार के बॉडों में निवेश करना चाहता है. बॉड A पर 12% वार्षिक आय है तथा बॉड B पर 16% वार्षिक. परन्तु, यह प्रतिबन्ध है कि बॉड B में निवेश राशि बॉड A में निवेश राशि के 40% से अधिक नहीं हो सकती. वह व्यक्ति प्रतिवर्ष कितनी अधिकतम आय प्राप्त कर सकता है?

12. किसी व्यक्ति ने स्टेट बैंक में लगातार 3 वर्ष तक 11% वार्षिक साधारण ब्याज पर प्रत्येक वर्ष के प्रारम्भ में एक निश्चित धनराशि जमा की. यदि 3 वर्ष बाद उसके बैंक खाते में ₹ 15006 हों, तो ज्ञात कीजिए कि प्रतिवर्ष उसने कितना धन जमा किया?

13. एक 10 वर्ष के लड़के को अपने पिता से ₹ 50000 प्राप्त हुये जो एक ट्रस्ट में जमा कर दिये गये. ट्रस्ट ने यह धन 4% वार्षिक साधारण ब्याज पर दे दिया. यह ट्रस्ट ₹ 1200 प्रति वर्ष इस लड़के को देता है तथा ट्रस्ट का खर्च ₹ 300 वार्षिक है. 18 वर्ष की आयु होने पर उस लड़के को ट्रस्ट से कितना धन मिलेगा? **(एस०एस०सी० परीक्षा, 2000)**

14. एक व्यक्ति ₹ 9000 इस शर्त पर उधार लेता है कि उधार दी गई धनराशि को ₹ 1000 मासिक की दस किस्तों में दस मास में वापिस करना होगा. साधारण ब्याज की वार्षिक दर ज्ञात कीजिए. **(एस०एस०सी० परीक्षा, 2006)**

उत्तरमाला (प्रश्नमाला 21B)

1. ₹ 800, 9% वार्षिक
2. $8\frac{1}{3}$% वार्षिक
3. ₹ 3550
4. 13% वार्षिक
5. पुत्र का भाग = ₹ 180000, पुत्री का भाग = ₹ 195000
6. ₹ 10540, ₹ 9520, ₹ 8680
7. राशि = ₹ 8000, दर = 6% वार्षिक
8. मूलधन = ₹ 6000
9. दर = 8% वार्षिक, समय = 8 वर्ष
10. प्रत्येक किस्त = ₹ 600
11. ₹ 18400
12. ₹ 4100
13. ₹ 54000
14. $26\frac{2}{3}$% वार्षिक

दिये गये प्रश्नों के हल प्रश्नमाला 21B

1. 4 वर्ष का ब्याज = ₹ (1304 – 1016) = ₹ 288.

3 वर्ष का ब्याज = ₹ $\left(\frac{288}{4}\times 3\right)$ = ₹ 216.

∴ मूलधन = ₹ (1016 – 216) = ₹ 800, ब्याज = ₹ 216, समय = 3 वर्ष

दर $=\left(\frac{100\times 216}{800\times 3}\right)\%$ वार्षिक = 9% वार्षिक.

अतः मूलधन = ₹ 800 तथा दर = 9% वार्षिक.

2. माना मूलधन = ₹ x. तब, सा० ब्याज = ₹ x, समय = 12 वर्ष.

दर $=\left(\frac{100\times x}{x\times 12}\right)\%$ वार्षिक $=8\frac{1}{3}\%$ वार्षिक.

3. माना मूलधन = ₹ x, समय $=2\frac{1}{3}$ वर्ष $=\frac{7}{3}$ वर्ष, दर = 6% वार्षिक.

सा० ब्याज = ₹ $\left(x\times\frac{7}{3}\times\frac{6}{100}\right)$ = ₹ $\frac{7x}{50}$.

∴ मिश्रधन = ₹ $\left(x+\frac{7x}{50}\right)$ = ₹ $\frac{57x}{50}$.

अतः $\frac{57x}{50}=4047 \Rightarrow x=\frac{4047\times 50}{57}=3550.$

अतः मूलधन = ₹ 3550.

4. $\frac{3}{2}$ वर्ष का ब्याज = ₹ (873 – 756) = ₹ 117.

2 वर्ष का ब्याज = ₹ $\left(117\times\frac{2}{3}\times 2\right)$ = ₹ 156.

∴ मूलधन = ₹ (756 – 156) = ₹ 600.

दर $=\left(\frac{100\times 156}{600\times 2}\right)\%$ वार्षिक = 13% वार्षिक.

5. माना पुत्र का भाग = ₹ x. तब, पुत्री का भाग = ₹ $(375000 - x)$.

₹ x का 6 वर्ष का मिश्रधन = ₹ $(375000 - x)$ का 4 वर्ष का मिश्रधन

$$\Rightarrow \left(x + x \times 6 \times \frac{5}{100}\right) = (375000 - x) + \left[(375000 - x) \times \frac{5}{100} \times 4\right]$$

$$\Rightarrow \frac{13x}{10} = (375000 - x)\left(1 + \frac{1}{5}\right) \Rightarrow \frac{13x}{10} = \frac{6(375000 - x)}{5}$$

$$\Rightarrow 13x = 12(375000 - x) \Rightarrow 25x = 12 \times 375000$$

$$\Rightarrow x = \frac{12 \times 375000}{25} = 180000.$$

∴ पुत्र का भाग = ₹ 180000, पुत्री का भाग = ₹ (375000 – 180000) = ₹ 195000.

6. माना अभीष्ट भाग क्रमशः ₹ x, ₹ y तथा ₹ z हैं. तब

₹ x का 1 वर्ष का मिश्रधन = ₹ y का 2 वर्ष का मिश्रधन = ₹ z का 3 वर्ष का मिश्रधन

$$\Rightarrow \left(x + x \times \frac{12}{100} \times 1\right) = \left(y + y \times \frac{12}{100} \times 2\right) = \left(z + z \times \frac{12}{100} \times 3\right)$$

$$\Rightarrow \frac{28x}{25} = \frac{31y}{25} = \frac{34z}{25} = k \text{ (माना)}$$

$$\Rightarrow x = \frac{25k}{28}, y = \frac{25k}{31}, z = \frac{25k}{34}$$

$$\Rightarrow x : y : z = \frac{25k}{28} : \frac{25k}{31} : \frac{25k}{34} = \frac{1}{28} : \frac{1}{31} : \frac{1}{34}$$

$$\Rightarrow x : y : z = (31 \times 34) : (28 \times 34) : (28 \times 31) = (31 \times 17) : (28 \times 17) : (14 \times 31)$$

$$= 527 : 476 : 434.$$

इन पदों का योग = (527 + 476 + 434) = 1437.

$$\therefore \text{पहला भाग} = ₹ \left(\frac{28740 \times 527}{1437}\right) = ₹\ 10540.$$

$$\text{दूसरा भाग} = ₹ \left(\frac{28740 \times 476}{1437}\right) = ₹\ 9520.$$

$$\text{तीसरा भाग} = ₹ \left(\frac{28740 \times 434}{1437}\right) = ₹\ 8680.$$

7. माना मूलधन = ₹ x तथा दर = R % वार्षिक. तब

$$\left(x + x \times \frac{R}{100} \times 3\right) = 9440 \Rightarrow (100 + 3R)\,x = 944000 \quad \ldots(i)$$

$$\text{ब्याज की नई दर} = \left(\frac{125R}{100}\right)\% = \left(\frac{5R}{4}\right)\%.$$

$$\left(x + x \times \frac{5R}{4 \times 100} \times 3\right) = 9800 \Rightarrow (80 + 3R)\,x = 784000 \quad \ldots(ii)$$

(i) को (ii) से भाग देने पर :

$$\frac{(100+3R)}{(80+3R)}=\frac{944000}{784000}\Rightarrow\frac{100+3R}{80+3R}=\frac{59}{49}$$

$$\Rightarrow 4900+147R=4720+177R\Rightarrow 30R=180\Rightarrow R=6.$$

अत: ब्याज की अभीष्ट दर = 6% वार्षिक.

(i) में $R=6$ रखने पर

$$x=\frac{784000}{98}=8000.$$

अत: मूलधन = ₹ 8000.

8. माना मूलधन = ₹ x, दर = R % वार्षिक, समय = 3 वर्ष. तब,

$$\left[x\times\frac{(R+2)}{100}\times 3\right]-\left(x\times\frac{R}{100}\times 3\right)=360$$

$$\Rightarrow\left(x\times\frac{R}{100}\times 3\right)+\left(x\times\frac{2}{100}\times 3\right)-\left(x\times\frac{R}{100}\times 3\right)=360$$

$$\Rightarrow\frac{6x}{100}=360\Rightarrow x=\frac{360\times 100}{6}=6000.$$

∴ मूलधन = ₹ 6000.

9. माना मूलधन = ₹ x. तब, साधारण ब्याज = ₹ $\frac{16x}{25}$.

माना दर = R % वार्षिक तथा समय = R वर्ष.

तब, $\frac{x\times R\times R}{100}=\frac{16\,x}{25}\Rightarrow R^2=\left(\frac{16}{25}\times 100\right)=64\Rightarrow R=8.$

∴ दर = 8% वार्षिक तथा समय = 8 वर्ष.

10. माना प्रत्येक किस्त = ₹ x. तब

$$\left(x+x\times 4\times\frac{10}{100}\right)+\left(x+x\times 3\times\frac{10}{100}\right)+\left(x+x\times 2\times\frac{10}{100}\right)+\left(x+x\times 1\times\frac{10}{100}\right)+x=3600$$

$$\Rightarrow\frac{7\,x}{5}+\frac{13\,x}{10}+\frac{6\,x}{5}+\frac{11\,x}{10}+x=3600$$

$$\Rightarrow(14\,x+13\,x+12\,x+11\,x+10\,x)=36000\Rightarrow 60\,x=36000\Rightarrow x=600.$$

प्रत्येक किस्त = ₹ 600.

11. माना बॉड A में निवेशित राशि = ₹ x.

तब, बॉड B में निवेशित राशि = ₹ $\left(x\times\frac{40}{100}\right)$ = ₹ $\frac{2x}{5}$.

$$x+\frac{2x}{5}=140000\Rightarrow 7x=700000\Rightarrow x=100000.$$

बॉड A में निवेशित राशि = ₹ 100000.

बॉड B में निवेशित राशि = ₹ (140000 – 100000) = ₹ 40000.

अभीष्ट आय = ₹ $\left\{\left(100000\times1\times\frac{12}{100}\right)+\left(40000\times1\times\frac{16}{100}\right)\right\}$

= ₹ (12000 + 6400) = ₹ 18400.

12. माना प्रति वर्ष बैंक में जमा कराई गई धनराशि = ₹ x. तब

(₹ x का 3 वर्ष का मिश्रधन) + (₹ x का 2 वर्ष का मिश्रधन)

+ (₹ x का 1 वर्ष का मिश्रधन) = ₹ 15006

$$\Rightarrow \left(x+x\times\frac{11}{100}\times3\right)+\left(x+x\times\frac{11}{100}\times2\right)+\left(x+x\times\frac{11}{100}\times1\right)=15006$$

$$\Rightarrow \frac{133\,x}{100}+\frac{61\,x}{50}+\frac{111\,x}{100}=15006$$

$$\Rightarrow (133\,x+122\,x+111\,x)=1500600 \Rightarrow 366\,x=1500600 \Rightarrow x=4100.$$

अत: अभीष्ट धन = ₹ 4100.

13. कुल ब्याज = ₹ $\left(50000\times\frac{4}{100}\times8\right)$ = ₹ 16000.

कुल खर्च = ₹ $[(1200\times8)+(300\times8)]$ = ₹ 12000.

राशि जो लड़के को मिलती है = ₹ $[(50000+16000)-12000]$ = ₹ 54000.

14. ब्याज = ₹ $[(1000\times10)-9000]$ = ₹ 1000.

स्पष्ट है कि ₹ 9000 का 1 महीने का ब्याज, ₹ 8000 का 1 महीने का ब्याज,

₹ 7000 का 1 महीने का ब्याज + ... + ₹ 1000 का 1 महीने का ब्याज = ₹ 1000.

$$[9000+8000+7000+\ldots\ldots+1000]\times\frac{R}{100}\times\frac{1}{12}=1000$$

$$\Rightarrow 45000\times\frac{R}{100}\times\frac{1}{12}=1000$$

$$\Rightarrow R=\frac{100\times12\times1000}{45000}=\frac{80}{3}=26\frac{2}{3}\%.$$

22 चक्रवृद्धि ब्याज (COMPOUND INTEREST)

सामान्य नियम

चक्रवृद्धि ब्याज : कभी-कभी उधार दिये गये धन को चुकता करने के लिए एक निश्चित अवधि तय कर ली जाती है. यह अवधि प्राय: **वार्षिक** अथवा **छमाही** अथवा ***तिमाही*** होती है. इस अवधि की समाप्ति के बाद ब्याज को मूलधन में जोड़ने पर बना मिश्रधन, अगली अवधि के लिए मूलधन बन जाता है.

प्रत्येक अवधि के लिए यही क्रिया दोहराई जाती है.

अन्त में प्राप्त मिश्रधन ही **चक्रवृद्धि मिश्रधन** कहलाता है.

चक्रवृद्धि ब्याज = (चक्रवृद्धि मिश्रधन) – (मूलधन).

चक्रवृद्धि मिश्रधन के लिए सूत्र

1. माना मूलधन = ₹ P, दर = $R\%$ वार्षिक तथा समय = n वर्ष.

(*i*) जब ब्याज वार्षिक देय हो, तब **चक्रवृद्धि मिश्रधन** $= P\left(1+\frac{R}{100}\right)^n$.

(*ii*) जब ब्याज **छमाही देय** हो, तब दर $=\left(\frac{R}{2}\right)\%$ **प्रति छमाही** तथा **समय = (2n) छमाही.**

$\therefore$ **चक्रवृद्धि मिश्रधन** $= P\times\left(1+\frac{R}{2\times100}\right)^{2n}$.

(*iii*) जब ब्याज तिमाही देय हो, तब दर $=\left(\frac{R}{4}\right)\%$ **प्रति तिमाही** तथा **समय = (4n) तिमाही.**

$\therefore$ **चक्रवृद्धि मिश्रधन** $= P\times\left(1+\frac{R}{4\times100}\right)^{4n}$.

(*iv*) जब समय एक परिमेय संख्या हो, जैसे $4\frac{2}{3}$ वर्ष तथा ब्याज वार्षिक देय हो, तब

चक्रवृद्धि मिश्रधन $= P\times\left(1+\frac{R}{100}\right)^4\times\left(1+\frac{2/3R}{100}\right)$.

(*v*) जब ब्याज की दर पहले वर्ष $= R_1\%$, दूसरे वर्ष $= R_2\%$ तथा तीसरे वर्ष $= R_3\%$ हो, तब

चक्रवृद्धि मिश्रधन $= P\times\left(1\times\frac{R_1}{100}\right)\times\left(1+\frac{R_2}{100}\right)\times\left(1+\frac{R_3}{100}\right)$.

2. माना कोई धन = ₹ x, n वर्ष बाद देय है तथा ब्याज की दर = $R\%$ वार्षिक है,

तो **इस धन का वर्तमान मूल्य** $=\frac{x}{\left(1+\frac{R}{100}\right)^n}$.

साधित उदाहरण

प्रश्न 1. ₹ 6750 का $6\frac{2}{3}\%$ वार्षिक दर से 3 वर्ष का चक्रवृद्धि ब्याज ज्ञात कीजिए.

हल : मूलधन = ₹ 6750, दर = $\frac{20}{3}\%$ वार्षिक, समय = 3 वर्ष.

चक्रवृद्धि मिश्रधन = ₹ $\left\{6750 \times \left(1+\frac{20}{3\times100}\right)^3\right\}$

= ₹ $\left(6750\times\frac{16}{15}\times\frac{16}{15}\times\frac{16}{15}\right)$ = ₹ 8192.

चक्रवृद्धि ब्याज = ₹ (8192 – 6750) = ₹ 1442.

प्रश्न 2. ₹ 16000 का 10% वार्षिक दर से 1 वर्ष का चक्रवृद्धि ब्याज ज्ञात कीजिए जबकि ब्याज प्रति छमाही देय हो.

हल : मूलधन = ₹ 16000, दर = 5% प्रति छमाही, समय = 2 छमाही.

चक्रवृद्धि मिश्रधन = ₹ $\left\{16000\times\left(1+\frac{5}{100}\right)^2\right\}$

= ₹ $\left(16000\times\frac{21}{20}\times\frac{21}{20}\right)$ = ₹ 17640.

चक्रवृद्धि ब्याज = ₹ (17640 – 16000) = ₹ 1640.

प्रश्न 3. ₹ 125000 का 8% वार्षिक दर से 9 माह का चक्रवृद्धि ब्याज ज्ञात कीजिए, जबकि ब्याज तिमाही देय हो.

हल : मूलधन = ₹ 125000, दर = $\frac{8}{4}\%$ प्रति तिमाही = 2% प्रति तिमाही, समय = 3 तिमाही.

चक्रवृद्धि मिश्रधन = ₹ $\left\{125000\times\left(1+\frac{2}{100}\right)^3\right\}$

= ₹ $\left(125000\times\frac{51}{50}\times\frac{51}{50}\times\frac{51}{50}\right)$ = ₹ 132651.

चक्रवृद्धि ब्याज = ₹ (132651 – 125000) = ₹ 7651.

प्रश्न 4. ₹ 9000 का 10% वार्षिक दर पर 2 वर्ष 4 माह का चक्रवृद्धि ब्याज कितना होगा, जबकि ब्याज वार्षिक देय हो ?

हल : मूलधन = ₹ 9000, दर = 10% वार्षिक, समय = $2\frac{4}{12}$ वर्ष = $2\frac{1}{3}$ वर्ष.

चक्रवृद्धि मिश्रधन = ₹ $\left\{9000\times\left(1+\frac{10}{100}\right)^2\times\left(1+\frac{10\times\frac{1}{3}}{100}\right)\right\}$

= ₹ $\left(9000\times\frac{11}{10}\times\frac{11}{10}\times\frac{31}{30}\right)$ = ₹ 11253.

∴ चक्रवृद्धि ब्याज = ₹ (11253 – 9000) = ₹ 2253.

प्रश्न 5. किसी धन का 12% वार्षिक दर पर 2 वर्ष के चक्रवृद्धि ब्याज तथा साधारण ब्याज का अन्तर ₹ 180 है. मूलधन ज्ञात कीजिए.

हल : माना मूलधन = ₹ x, दर = 12% वार्षिक, समय = 2 वर्ष

चक्रवृद्धि मिश्रधन = ₹ $\left\{x\times\left(1+\frac{12}{100}\right)^2\right\}$ = रु० $\left\{x\times\frac{28}{25}\times\frac{28}{25}\right\}$ = रु० $\left(\frac{784x}{625}\right)$.

चक्रवृद्धि ब्याज = ₹ $\left(\frac{784x}{625}-x\right)$ = रु० $\left\{\frac{(784x-625x)}{625}\right\}$ = रु० $\frac{159x}{625}$.

साधारण ब्याज = ₹ $\left(x\times\frac{12}{100}\times2\right)$ = रु० $\frac{6x}{25}$.

$\therefore \frac{159x}{625}-\frac{6x}{25}=180 \Rightarrow (159x-150x)=180\times625$

$\Rightarrow 9x=180\times625 \Rightarrow x=\frac{180\times625}{9}=12500.$

अतः मूलधन = ₹ 12500.

प्रश्न 6. चक्रवृद्धि ब्याज पर दिये गये धन के 2 वर्ष तथा 3 वर्ष के मिश्रधन क्रमशः ₹ 9680 तथा ₹ 10648 हो जाते हैं. दर प्रतिशत तथा मूलधन ज्ञात कीजिए.

हल : ₹ 9680 का 1 वर्ष का ब्याज = ₹ (10648 – 9680) = ₹ 968.

दर = $\left(\frac{100\times968}{9680\times1}\right)$% वार्षिक = 10% वार्षिक.

माना मूलधन = ₹ x. तब $x\left(1+\frac{10}{100}\right)^2=9680$

$\therefore x\times\frac{11}{10}\times\frac{11}{10}=9680 \Rightarrow x=\left(9680\times\frac{10}{11}\times\frac{10}{11}\right)=8000.$

अतः मूलधन = ₹ 8000 तथा दर = 10% वार्षिक.

प्रश्न 7. किसी धन का 8% वार्षिक दर से 2 वर्ष का चक्रवृद्धि ब्याज ₹ 2080 है. इस धन का इसी दर पर इतने ही समय का साधारण ब्याज कितना होगा?

हल : माना अभीष्ट धन = ₹ x. तब

$x\left(1+\frac{8}{100}\right)^2-x=2080 \Rightarrow \left(x\times\frac{27}{25}\times\frac{27}{25}-x\right)=2080$

$\therefore (729x-625x)=625\times2080 \Rightarrow 104x=625\times2080$

$\Rightarrow x=(625\times20)=12500.$

$\therefore$ मूलधन = ₹ 12500.

साधारण ब्याज = ₹ $\left(12500\times\frac{8}{100}\times2\right)$ = ₹ 2000.

प्रश्न 8. कितने समय में 10% वार्षिक चक्रवृद्धि ब्याज की दर से ₹ 2000 का मिश्रधन ₹ 2420 हो जायेगा?

हल : माना अभीष्ट समय = n वर्ष. तब

$2000\times\left(1+\frac{10}{100}\right)^n=2420 \Rightarrow \left(\frac{11}{10}\right)^n=\frac{2420}{2000}=\frac{121}{100}=\left(\frac{11}{10}\right)^2 \Rightarrow n=2.$

$\therefore$ अभीष्ट समय = 2 वर्ष.

प्रश्न 9. कितने समय में ₹ 800 का 10% वार्षिक दर से छमाही देय चक्रवृद्धि मिश्रधन ₹ 926·10 हो जायेगा?

हल : माना अभीष्ट समय = n वर्ष = $2n$ छमाही, दर = 5% प्रति छमाही. तब

$800\times\left(1+\frac{5}{100}\right)^{2n}=926\cdot10$

$\Rightarrow \left(\frac{21}{20}\right)^n=\frac{926\cdot10}{800}=\frac{92610}{80000}=\frac{9261}{8000}=\left(\frac{21}{20}\right)^3 \Rightarrow n=3$ छमाही.

अभीष्ट समय = 3 छमाही = $1\frac{1}{2}$ वर्ष.

प्रश्न 10. किसी धन पर एक निश्चित दर से 2 वर्ष का साधारण ब्याज ₹ 160 तथा चक्रवृद्धि ब्याज ₹ 170 है. ब्याज की वार्षिक दर कितनी है?

हल : 1 वर्ष का साधारण ब्याज = ₹ 80.

2 वर्ष के चक्रवृद्धि ब्याज तथा साधारण ब्याज का अन्तर = ₹ (170 – 160) = ₹ 10.

₹ 80 का 1 वर्ष का ब्याज = ₹ 10.

$\therefore$ दर $= \left(\frac{10}{80}\times 100\right)\% = 12\frac{1}{2}\%$ वार्षिक.

प्रश्न 11. 8% वार्षिक चक्रवृद्धि ब्याज की दर से 2 वर्ष बाद देय ₹ 14580 का वर्तमान मूल्य कितना होगा?

हल : अभीष्ट मूल्य = ₹ $\left[\frac{14580}{\left\{\left(1+\frac{8}{100}\right)^2\right\}}\right]$ = रु० $\left(14580\times\frac{25}{27}\times\frac{25}{27}\right)$ = रु० 12500.

अतः देय धन का वर्तमान मूल्य ₹ 12500 है.

प्रश्नमाला 22A

निम्नलिखित प्रश्नों में से प्रत्येक में ठीक उत्तर को चिन्हांकित (✓) कीजिए :

1. ₹ 45000 पर 15% वार्षिक दर से 2 वर्ष के अन्त में कितना चक्रवृद्धि ब्याज उपचित होगा?

(*a*) ₹ 16411.50 (*b*) ₹ 14461.50 (*c*) ₹ 16461.50 (*d*) ₹ 14641.50

(*e*) इनमें से कोई नहीं **(बैंक पी०ओ० परीक्षा, 2010)**

2. ₹ 10000 का 3 वर्ष का चक्रवृद्धि ब्याज कितना होगा जबकि ब्याज की दर प्रथम वर्ष 4%, द्वितीय वर्ष 5% तथा तृतीय वर्ष 6% हो? **(एस०एस०सी० परीक्षा, 2006)**

(*a*) ₹ 1600 (*b*) ₹ 1625.80 (*c*) ₹ 1575.20 (*d*) ₹ 2000

3. ₹ 160000 का 2 वर्ष में 10% वार्षिक दर से छमाही देय चक्रवृद्धि ब्याज कितना होगा?

(*a*) ₹ 34846 (*b*) ₹ 34481 (*c*) ₹ 19448 (*d*) ₹ 37946

4. ₹ 16000 का 20% वार्षिक दर से 9 माह का चक्रवृद्धि ब्याज कितना होगा जबकि ब्याज त्रैमासिक संयोजित हो? **(एस०एस०सी० परीक्षा, 2006)**

(*a*) ₹ 2530 (*b*) ₹ 2524 (*c*) ₹ 2522 (*d*) ₹ 2518

5. अर्द्धवार्षिक रूप में संयोजित चक्रवृद्धि ब्याज की 10% वार्षिक दर से ₹ 800 की धनराशि कितने वर्षों में ₹ 926.10 हो जायेगी? **(एस०एस०सी० परीक्षा, 2010)**

(*a*) $1\frac{1}{2}$ वर्ष (*b*) $1\frac{2}{3}$ वर्ष (*c*) $2\frac{1}{3}$ वर्ष (*d*) $2\frac{1}{2}$ वर्ष

6. 10% वार्षिक चक्रवृद्धि ब्याज की दर से ₹ 8000 की धनराशि कितने समय में ₹ 9261 हो जायेगी, जबकि ब्याज अर्द्धवार्षिक रूप में संयोजित होता हो? **(एस०एस०सी० परीक्षा, 2009)**

(*a*) $3\frac{1}{2}$ वर्ष (*b*) $1\frac{1}{2}$ वर्ष (*c*) $2\frac{1}{2}$ वर्ष (*d*) 2 वर्ष

7. ₹ 1000 की धनराशि पर 5% वार्षिक दर से 2 वर्ष के चक्रवृद्धि ब्याज तथा साधारण ब्याज का अन्तर कितना होगा? **(एस०एस०सी० परीक्षा, 2009)**

(*a*) ₹ 2.00 (*b*) ₹ 2.50 (*c*) ₹ 3.00 (*d*) ₹ 3.50

8. चक्रवृद्धि ब्याज से कौनसी धनराशि 1 वर्ष के अन्त में ₹ 650 तथा 2 वर्ष के अन्त में ₹ 676 हो जायेगी?

(*a*) ₹ 520 (*b*) ₹ 572 (*c*) ₹ 600 (*d*) ₹ 625

(एस०एस०सी० परीक्षा, 2009)

9. 10% वार्षिक दर से 3 वर्ष के लिए किसी धनराशि के चक्रवृद्धि ब्याज तथा साधारण ब्याज का अन्तर ₹ 620 हो, तो वह धनराशि कितनी होगी? **(बैंक पी०ओ० परीक्षा, 2010)**

(*a*) ₹ 40000 (*b*) ₹ 12000 (*c*) ₹ 10000 (*d*) ₹ 20000

10. किसी धन का 4% वार्षिक दर से 2 वर्ष का चक्रवृद्धि ब्याज ₹ 102 है. उसी धन का उसी दर से उतनी ही अवधि के लिए साधारण ब्याज कितना होगा? **(होटल मैनेजमैन्ट परीक्षा, 2010)**

(*a*) ₹ 99 (*b*) ₹ 100 (*c*) ₹ 101 (*d*) ₹ 102

11. एक राशि पर 3 वर्ष के अन्त में 15% वार्षिक दर से उपचित चक्रवृद्धि ब्याज ₹ 6500.52 है. राशि कितनी है?

(*a*) ₹ 12480 (*b*) ₹ 10500 (*c*) ₹ 14800 (*d*) ₹ 13620 (*e*) इनमें से कोई नहीं

(एम०बी०ए० परीक्षा, 2008)

12. ₹ 18000 पर 10% वार्षिक दर से 3 वर्ष में प्राप्त होने वाला चक्रवृद्धि ब्याज कितना होगा?

(*a*) ₹ 5628 (*b*) ₹ 5400 (*c*) ₹ 5940 (*d*) ₹ 5958 (*e*) इनमें से कोई नहीं

(जीवन बीमा निगम परीक्षा, 2007)

13. ₹ 20000 पर 3 वर्ष के अन्त में ₹ 7200 साधारण ब्याज उपचित होता है. उसी राशि पर उसी अवधि का उसी दर से चक्रवृद्धि ब्याज कितना होगा? **(बैंक पी०ओ० परीक्षा, 2008)**

(*a*) ₹ 8342.36 (*b*) ₹ 8098.56 (*c*) ₹ 8246.16 (*d*) ₹ 8112.86 (*e*) इनमें से कोई नहीं

14. ₹ 8000 का 15% वार्षिक दर से 2 वर्ष 4 माह का वार्षिक रूप में संयोजित चक्रवृद्धि ब्याज कितना होगा?

(*a*) ₹ 2980 (*b*) ₹ 3091 (*c*) ₹ 3109 (*d*) ₹ 3100

(एस०एस०सी० परीक्षा, 2007)

15. किसी धनराशि के 10% वार्षिक दर से 2 वर्ष के चक्रवृद्धि ब्याज तथा साधारण ब्याज का अन्तर ₹ 40 है. वह धनराशि कितनी है? **(एस०एस०सी० परीक्षा, 2007)**

(*a*) ₹ 4000 (*b*) ₹ 3600 (*c*) ₹ 4200 (*d*) ₹ 3200

16. ₹ 6000 का 10% वार्षिक दर से $1\frac{1}{2}$ वर्ष का चक्रवृद्धि ब्याज कितना है जबकि ब्याज वार्षिक रूप में संयोजित हो? **(एस०एस०सी० परीक्षा, 2008)**

(*a*) ₹ 910 (*b*) ₹ 870 (*c*) ₹ 930 (*d*) ₹ 900

17. किसी धनराशि पर एक निश्चित दर से 2 वर्ष के साधारण ब्याज तथा चक्रवृद्धि ब्याज क्रमशः ₹ 900 तथा ₹ 954 हैं. वह धनराशि कितनी है? **(एस०एस०सी० परीक्षा, 2008)**

(*a*) ₹ 3700 (*b*) ₹ 4650 (*c*) ₹ 3850 (*d*) ₹ 3750

18. चक्रवृद्धि ब्याज की किसी दर से कोई धनराशि 2 वर्ष में ₹ 2420 तथा 3 वर्ष में ₹ 2662 हो जाती है, जबकि ब्याज वार्षिक रूप में संयोजित होता है. ब्याज की वार्षिक दर कितनी है? **(एस०एस०सी० परीक्षा, 2008)**

(*a*) 6% (*b*) 8% (*c*) 9% (*d*) 10%

19. किसी धन पर 2 वर्ष का चक्रवृद्धि ब्याज ₹ 282.15 है तथा साधारण ब्याज ₹ 270 है. ब्याज की वार्षिक दर कितनी है? **(एस०एस०सी० परीक्षा, 2003)**

(*a*) 8% (*b*) 9% (*c*) 10% (*d*) 12%

20. किसी राशि पर 8% वार्षिक चक्रवृद्धि ब्याज की दर से प्रथम वर्ष का ब्याज ₹ 48 है. दूसरे वर्ष का ब्याज क्या होगा?

(*a*) ₹ 48 (*b*) ₹ 51.84 (*c*) ₹ 56.48 (*d*) ₹ 96

21. कोई धन चक्रवृद्धि ब्याज से 15 वर्ष में दुगुना हो जाता है. कितने वर्षों में यह अपने से 8 गुना हो जायेगा?

(*a*) 20 वर्ष (*b*) 30 वर्ष (*c*) 40 वर्ष (*d*) 45 वर्ष

(एम०बी०ए० परीक्षा, 2004)

22. चक्रवृद्धि ब्याज पर जमा की गई ₹ 12000 की धनराशि 5 वर्ष में दुगुनी हो जाती है. 20 वर्ष बाद यह कितनी हो जायेगी? **(एस०एस०सी० परीक्षा, 2010)**

(*a*) ₹ 144000 (*b*) ₹ 120000 (*c*) ₹ 150000 (*d*) ₹ 192000

23. सोनिका ने 2 वर्ष के लिए ₹ 5800 का निवेश किया. 2 वर्ष के अन्त में चक्रवृद्धि ब्याज ₹ 594.50 किस वार्षिक दर पर मिलेगा? **(बैंक पी०ओ० परीक्षा, 2010)**

(*a*) 5% (*b*) 4% (*c*) 6% (*d*) 8% (*e*) इनमें से कोई नहीं

24. ₹ 15000 पर 2 वर्ष में उपचित चक्रवृद्धि ब्याज ₹ 2496 है. ब्याज की वार्षिक दर कितनी है?

(*a*) 8% (*b*) 10% (*c*) 6% (*d*) निर्धारित नहीं की जा सकती
(*e*) इनमें से कोई नहीं **(बैंक पी०ओ० परीक्षा, 2009)**

25. किसी धन पर 5% वार्षिक दर से 2 वर्ष के चक्रवृद्धि ब्याज तथा साधारण ब्याज का अन्तर ₹ 35 है. वह धन कितना है? **(बैंक पी०ओ० परीक्षा, 2006)**

(*a*) ₹ 10000 (*b*) ₹ 13000 (*c*) ₹ 14000 (*d*) ₹ 15000 (*e*) इनमें से कोई नहीं

26. ₹ 5000 का $1\frac{1}{2}$ वर्ष में 4% वार्षिक दर से चक्रवृद्धि ब्याज का अन्तर कितना होगा जबकि ब्याज क्रमशः वार्षिक तथा छमाही देय हो? **(एस०एस०सी० परीक्षा, 2000)**

(*a*) ₹ 2.04 (*b*) ₹ 3.06 (*c*) ₹ 4.80 (*d*) ₹ 8.30

27. वह धन कितना है जिसका दूसरे वर्ष का चक्रवृद्धि ब्याज 10% वार्षिक दर से ₹ 132 है?

(*a*) ₹ 1000 (*b*) ₹ 1200 (*c*) ₹ 1320 (*d*) इनमें से कोई नहीं

28. किसी धन पर एक निश्चित दर से 2 वर्ष का साधारण ब्याज ₹ 120 तथा चक्रवृद्धि ब्याज ₹ 129 है. ब्याज की वार्षिक दर क्या है?

(*a*) 12% (*b*) $12\frac{1}{2}$% (*c*) 14% (*d*) 15%

29. ₹ 1025 का ऋण दो बराबर वार्षिक किस्तों में चुकाना है. यदि चक्रवृद्धि ब्याज की दर 5% वार्षिक हो, तो प्रत्येक किस्त का मान कितना होगा?

(*a*) ₹ 550 (*b*) ₹ 560 (*c*) ₹ 560.75 (*d*) ₹ 551.25

30. ₹ 66200 का ऋण तीन बराबर वार्षिक किस्तों में चुकाना है. यदि चक्रवृद्धि ब्याज की दर 10% वार्षिक हो, तो प्रत्येक किस्त का मान कितना होगा?

(*a*) ₹ 13310 (*b*) ₹ 19965 (*c*) ₹ 26620 (*d*) ₹ 23540

31. कुछ धन उधार लिया गया तथा उसे दो वार्षिक किस्तों में चुकाया गया. यदि प्रत्येक किस्त का मान ₹ 882 हो तथा ब्याज की दर 5% वार्षिक हो, तो कितना धन उधार लिया गया?

(*a*) ₹ 1620 (*b*) ₹ 1640 (*c*) ₹ 1680 (*d*) ₹ 1780

32. एक पेड़ की ऊँचाई में प्रतिवर्ष $\frac{1}{8}$ गुना वृद्धि होती है. यदि पेड़ की वर्तमान ऊँचाई 64 सेमी० हो, तो 2 वर्ष बाद इसकी ऊँचाई कितनी होगी?

(*a*) 70 सेमी० (*b*) 80 सेमी० (*c*) 81 सेमी० (*d*) 84 सेमी०

उत्तरमाला (प्रश्नमाला 22A)

1. (*e*) **2.** (*c*) **3.** (*b*) **4.** (*c*) **5.** (*a*) **6.** (*b*) **7.** (*b*) **8.** (*d*) **9.** (*d*) **10.** (*b*)
11. (*a*) **12.** (*d*) **13.** (*b*) **14.** (*c*) **15.** (*a*) **16.** (*c*) **17.** (*d*) **18.** (*d*) **19.** (*b*) **20.** (*b*)
21. (*d*) **22.** (*d*) **23.** (*a*) **24.** (*a*) **25.** (*c*) **26.** (*a*) **27.** (*b*) **28.** (*d*) **29.** (*d*) **30.** (*c*)
31. (*b*) **32.** (*c*)

दिये गये प्रश्नों के हल | प्रश्नमाला 22A

1. मूलधन = ₹ 45000, दर = 15% वार्षिक, समय = 2 वर्ष.

$$\text{चक्रवृद्धि मिश्रधन} = ₹ \left\{45000 \times \left(1+\frac{15}{100}\right)^2\right\}$$

$= ₹ \left(45000 \times \frac{23}{20} \times \frac{23}{20}\right) = ₹ \frac{119025}{2}$.

चक्रवृद्धि ब्याज $= ₹ \left(\frac{119025}{2} - 45000\right) = ₹ \frac{29025}{2} = ₹ 14512 \cdot 50$.

2. चक्रवृद्धि मिश्रधन $= ₹ \left\{10000 \times \left(1 + \frac{4}{100}\right) \times \left(1 + \frac{5}{100}\right) \times \left(1 + \frac{6}{100}\right)\right\}$

$= ₹ \left(10000 \times \frac{26}{25} \times \frac{21}{20} \times \frac{53}{50}\right) = ₹ \frac{57876}{5}$.

चक्रवृद्धि ब्याज $= ₹ \left(\frac{57876}{5} - 10000\right) = ₹ \frac{7876}{5} = ₹ 1575 \cdot 20$.

3. मूलधन = ₹ 160000, दर = 5% प्रति छमाही, समय = 4 छमाही.

चक्रवृद्धि मिश्रधन $= ₹ \left\{160000 \times \left(1 + \frac{5}{100}\right)^4\right\}$

$= ₹ \left(160000 \times \frac{21}{20} \times \frac{21}{20} \times \frac{21}{20} \times \frac{21}{20}\right) = ₹ 194481$.

चक्रवृद्धि ब्याज = ₹ (194481 – 160000) = ₹ 34481.

4. मूलधन = ₹ 16000, दर = 5% त्रैमासिक, समय = 3 तिमाही.

चक्रवृद्धि मिश्रधन $= ₹ \left\{16000 \times \left(1 + \frac{5}{100}\right)^3\right\}$

$= ₹ \left(16000 \times \frac{21}{20} \times \frac{21}{20} \times \frac{21}{20}\right) = ₹ 18522$.

चक्रवृद्धि ब्याज = ₹ (18522 – 16000) = ₹ 2522.

5. मूलधन = ₹ 800, मिश्रधन = ₹ 926.10, दर = 5% प्रति अर्द्धवार्षिक.

माना समय = n छमाही. तब

$$800 \times \left(1 + \frac{5}{100}\right)^n = 926 \cdot 10 \Rightarrow \left(\frac{21}{20}\right)^n = \frac{92610}{80000} = \frac{9261}{8000} = \left(\frac{21}{20}\right)^3 \Rightarrow n = 3.$$

$\therefore$ समय = 3 छमाही $= 1\frac{1}{2}$ वर्ष.

6. मूलधन = ₹ 8000, मिश्रधन = ₹ 9261, दर = 5% प्रति छमाही

माना समय = n छमाही. तब

$$8000 \times \left(1 + \frac{5}{100}\right)^n = 9261 \Rightarrow \left(\frac{21}{20}\right)^n = \frac{9261}{8000} = \left(\frac{21}{20}\right)^3.$$ अत: $n = 3$.

$\therefore$ समय = 3 छमाही $= 1\frac{1}{2}$ वर्ष.

7. माना अभीष्ट धनराशि = ₹ x तथा दर = R% वार्षिक. तब

$$x\left(1 + \frac{R}{100}\right) = 650 \quad \ldots(i)$$

$$x\left(1 + \frac{R}{100}\right)^2 = 676 \quad \ldots(ii)$$

(ii) को (i) से भाग देने पर : $\left(1 + \frac{R}{100}\right) = \frac{676}{650}$.

$$\therefore \frac{R}{100} = \left(\frac{676}{650} - 1\right) = \frac{(676 - 650)}{650} = \frac{26}{650} = \frac{1}{25} \Rightarrow R = \left(\frac{1}{25} \times 100\right) = 4.$$

(*i*) में $R = 4$ रखने पर : $x\left(1+\frac{4}{100}\right) = 650$

$\therefore\ x \times \frac{26}{25} = 650 \Rightarrow x = \left(650 \times \frac{25}{26}\right) = 625.$

अभीष्ट धनराशि = ₹ 625.

8. माना राशि = ₹ 100. तब

साधारण ब्याज = ₹ $\left(\frac{100 \times 10 \times 3}{100}\right)$ = रु० 30.

चक्रवृद्धि मिश्रधन = ₹ $\left\{100 \times \left(1+\frac{10}{100}\right)^3\right\}$

$= ₹ \left(100 \times \frac{11}{10} \times \frac{11}{10} \times \frac{11}{10}\right)$ = रु० $\frac{1331}{10}$.

$\therefore$ चक्रवृद्धि ब्याज = ₹ $\left(\frac{1331}{10} - 100\right)$ = रु० $\frac{331}{10}$.

(चक्रवृद्धि ब्याज) – (साधारण ब्याज) = ₹ $\left(\frac{331}{10} - 30\right)$ = रु० $\frac{31}{10}$.

यदि दोनों ब्याजों का अन्तर ₹ $\frac{31}{10}$ है, तो मूलधन = ₹ 100.

यदि दोनों ब्याजों का अन्तर ₹ 620 है, तो मूलधन = ₹ $\left(100 \times \frac{10}{31} \times 620\right)$ = ₹ 20000.

10. माना मूलधन = ₹ *x*. तब

$x\left(1+\frac{4}{100}\right)^2 - x = 102 \Rightarrow \left(x \times \frac{26}{25} \times \frac{26}{25}\right) - x = 102$

$\therefore\ \left(\frac{676x}{625} - x\right) = 102 \Rightarrow (676x - 625x) = 102 \times 625$

$\Rightarrow 51x = 102 \times 625 \Rightarrow x = 1250.$

$\therefore$ साधारण ब्याज = ₹ $\left(1250 \times \frac{4}{100} \times 2\right)$ = ₹ 100.

11. माना अभीष्ट राशि = ₹ *x*. तब

$x \times \left(1+\frac{15}{100}\right)^3 - x = \frac{650052}{100} \Rightarrow \left(x \times \frac{23}{20} \times \frac{23}{20} \times \frac{23}{20}\right) - x = \frac{650052}{100}$

$\Rightarrow (12167x - 8000x) = \frac{650052}{100} \times 8000$

$\Rightarrow x = \left(\frac{650052}{100} \times \frac{8000}{4167}\right) = (156 \times 80) = 12480.$

12. चक्रवृद्धि ब्याज = ₹ $\left\{18000 \times \left(1+\frac{10}{100}\right)^3 - 18000\right\}$

= ₹ $\left\{\left(18000 \times \frac{11}{10} \times \frac{11}{10} \times \frac{11}{10}\right) - 18000\right\}$ = रु० (23958 − 18000) = रु० 5958.

13. दर = $\left(\frac{100 \times 7200}{20000 \times 3}\right)$% वार्षिक = 12% वार्षिक.

चक्रवृद्धि ब्याज = ₹ $\left\{20000\times\left(1+\frac{12}{100}\right)^3-20000\right\}$

= ₹ $\left\{20000\times\frac{28}{25}\times\frac{28}{25}\times\frac{28}{25}-20000\right\}$

= ₹ $\left(\frac{702464}{25}-20000\right)$ = रु० $\frac{202464}{25}$ = रु० 8098·56.

14. चक्रवृद्धि मिश्रधन = ₹ $\left\{8000\times\left(1+\frac{15}{100}\right)^2\times\left(1+\frac{15\times\frac{4}{12}}{100}\right)\right\}$

= ₹ $\left\{8000\times\frac{23}{20}\times\frac{23}{20}\times\frac{21}{20}\right\}$ = रु० 11109.

∴ चक्रवृद्धि ब्याज = ₹ (11109 – 8000) = ₹ 3109.

15. माना धनराशि = ₹ x. तब

साधारण ब्याज = ₹ $\left(x\times\frac{10}{100}\times2\right)$ = रु० $\frac{x}{5}$.

चक्रवृद्धि ब्याज = ₹ $\left\{x\times\left(1+\frac{10}{100}\right)^2-x\right\}$ = रु० $\left(\frac{21x}{100}\right)$.

(चक्रवृद्धि ब्याज) – (साधारण ब्याज) = ₹ $\left(\frac{21x}{100}-\frac{x}{5}\right)$ = रु० $\frac{x}{100}$.

∴ $\frac{x}{100}=40\Rightarrow x=4000.$

अतः मूलधन = ₹ 4000.

16. चक्रवृद्धि ब्याज = ₹ $\left\{6000\times\left(1+\frac{10}{100}\right)\times\left(1+\frac{5}{100}\right)-6000\right\}$

= ₹ $\left(6000\times\frac{11}{10}\times\frac{21}{20}-6000\right)$ = रु० (6930 – 6000) = रु० 930.

17. माना मूलधन = ₹ x तथा दर = R% वार्षिक.

$\frac{x\times R\times2}{100}=900\Rightarrow x\times R=\frac{900\times100}{2}=45000$

$\left[x\left(1+\frac{R}{100}\right)^2-x\right]=954\Rightarrow x\left(1+\frac{R^2}{10000}+\frac{2R}{100}\right)-x=954$

$\Rightarrow\frac{xR\times R}{10000}+\frac{xR}{50}=954\Rightarrow\frac{45000\times R}{10000}+\frac{45000}{50}=954$

$\Rightarrow\frac{9R}{2}=(954-900)=54\Rightarrow R=\frac{54\times2}{9}=12.$

∴ $x\times12=45000\Rightarrow x=3750.$ अतः धनराशि = ₹ 3750.

18. ₹ 2420 का 1 वर्ष का ब्याज = ₹ (2662 – 2420) = ₹ 242.

∴ ब्याज की दर = $\left(\frac{100\times242}{2420\times1}\right)$% वार्षिक = 10% वार्षिक.

19. 1 वर्ष का साधारण ब्याज = ₹ $\left(\frac{1}{2}\times270\right)$ = ₹ 135.

2 वर्ष का चक्रवृद्धि ब्याज तथा साधारण ब्याज का अन्तर = ₹ (282.15 – 270) = ₹ 12.15

₹ 135 का 1 वर्ष का ब्याज = ₹ 12.15.

ब्याज की दर $= \frac{(12 \cdot 15 \times 100)}{(135 \times 1)}\%$ वार्षिक = 9% वार्षिक.

20. दूसरे वर्ष का ब्याज = ₹ 48 + ₹ 48 का 1 वर्ष का ब्याज

$$= ₹\left(48 + \frac{48 \times 8 \times 1}{100}\right) = ₹\ (48 + 3.84) = ₹\ 51.84.$$

21. माना मूलधन = ₹ x. तब, 15 वर्ष में मिश्रधन = ₹ $2x$.

$$x \times \left(1 + \frac{R}{100}\right)^{15} = 2x \Rightarrow \left(1 + \frac{R}{100}\right)^{15} = 2 \quad \ldots(i)$$

माना n वर्ष में मूलधन 8 गुना हो जायेगा. तब

$$x \times \left(1 \times \frac{R}{100}\right)^{n} = 8x \Rightarrow \left(1 + \frac{R}{100}\right)^{n} = 8 = 2^3 = \left(1 + \frac{R}{100}\right)^{45} \Rightarrow n = 45 \text{ वर्ष.}$$

22. $12000 \times \left(1 + \frac{R}{100}\right)^{5} = 24000 \Rightarrow \left(1 + \frac{R}{100}\right)^{5} = 2$

$$\Rightarrow \left\{\left(1 + \frac{R}{100}\right)^{5}\right\}^{4} = 2^4 = 16\,.$$

20 वर्ष बाद मिश्रधन = ₹ $\left\{12000 \times \left(1 + \frac{R}{100}\right)^{20}\right\}$ = रु० (12000×16) = रु० 192000.

23. चक्रवृद्धि मिश्रधन = ₹ (5800 + 594.50) = ₹ 6394.50.

$$5800 \times \left(1 + \frac{R}{100}\right)^{2} = \frac{639450}{100}$$

$$\Rightarrow \left(1 + \frac{R}{100}\right)^{2} = \frac{639450}{5800 \times 100} = \frac{441}{400} = \left(\frac{21}{20}\right)^{2}$$

$$\Rightarrow 1 + \frac{R}{100} = \frac{21}{20} \Rightarrow \frac{R}{100} = \left(\frac{21}{20} - 1\right) = \frac{1}{20} \Rightarrow R = \left(100 \times \frac{1}{20}\right) = 5\%.$$

24. चक्रवृद्धि मिश्रधन = ₹ (15000 + 2496) = ₹ 17496.

$$15000 \times \left(1 + \frac{R}{100}\right)^{2} = 17496 \Rightarrow \left(1 + \frac{R}{100}\right)^{2} = \frac{17496}{15000} = \frac{729}{625} = \left(\frac{27}{25}\right)^{2}$$

$$\therefore \left(1 + \frac{R}{100}\right) = \frac{27}{25} \Rightarrow \frac{R}{100} = \left(\frac{27}{25} - 1\right) = \frac{2}{25} \Rightarrow R = \left(\frac{2}{25} \times 100\right) = 8.$$

अत: ब्याज की दर = 8% वार्षिक.

25. माना मूलधन = ₹ x. तब

साधारण ब्याज = ₹ $\left(x \times \frac{5}{100} \times 2\right)$ = रु० $\frac{x}{10}$.

चक्रवृद्धि ब्याज = ₹ $\left\{x \times \left(1 + \frac{5}{100}\right)^{2} - x\right\}$ = रु० $\left(x \times \frac{21}{20} \times \frac{21}{20} - x\right)$ = रु० $\frac{41x}{400}$.

$$\frac{41x}{400} - \frac{x}{10} = 35 \Rightarrow (41x - 40x) = (35 \times 400) \Rightarrow x = 14000\,.$$

∴ मूलधन = ₹ 14000.

26. अभीष्ट अन्तर $= ₹ \left[5000\times\left(1+\frac{2}{100}\right)^3 - 5000\times\left(1+\frac{4}{100}\right)\left(1+\frac{2}{100}\right)\right]$

$= ₹ \left[\left(5000\times\frac{51}{50}\times\frac{51}{50}\times\frac{51}{50}\right)-\left(5000\times\frac{26}{25}\times\frac{51}{50}\right)\right]$

$= ₹ \left[5100\times\left(\frac{2601}{2500}-\frac{26}{25}\right)\right] =$ रु० $\left(5100\times\frac{1}{2500}\right) =$ रु० $\frac{51}{25} =$ रु० $2\cdot 04$.

27. माना मूलधन = ₹ x.

दूसरे वर्ष का चक्रवृद्धि ब्याज = (2 वर्ष का मिश्रधन) – (1 वर्ष का मिश्रधन)

$= ₹ \left\{x\times\left(1+\frac{10}{100}\right)^2 - x\times\left(1+\frac{10}{100}\right)\right\} =$ रु० $\left\{\left(x\times\frac{11}{10}\times\frac{11}{10}\right)-\left(x\times\frac{11}{10}\right)\right\}$

$= ₹ \left(\frac{121x}{100}-\frac{11x}{10}\right) =$ रु० $\left(\frac{121x-110x}{100}\right) =$ रु० $\frac{11x}{100}$.

$\frac{11x}{100} = 132 \Rightarrow x = \left(\frac{132\times 100}{11}\right) = 1200$. अत: मूलधन = ₹ 1200.

28. 1 वर्ष का साधारण ब्याज = ₹ 60.

2 वर्ष के चक्रवृद्धि ब्याज तथा साधारण ब्याज का अन्तर = ₹ (129 – 120) = ₹ 9.

₹ 60 का 1 वर्ष का ब्याज = ₹ 9.

$\therefore$ दर $= \left(\frac{9}{60}\times 100\right)\% = 15\%$ वार्षिक.

29. माना प्रत्येक किस्त का मान = ₹ x. तब

(1 वर्ष बाद देय ₹ x का वर्तमान मूल्य) + (2 वर्ष बाद देय ₹ x का वर्तमान मूल्य) = ₹ 1025

$$\Rightarrow \frac{x}{\left(1+\frac{5}{100}\right)} + \frac{x}{\left(1+\frac{5}{100}\right)^2} = 1025 \Rightarrow \frac{20x}{21} - \frac{400x}{441} = 1025$$

$$\Rightarrow (420x + 400x) = (1025\times 441) \Rightarrow 820x = (1025\times 441)$$

$$\Rightarrow x = \frac{1025\times 441}{820} = \frac{2205}{4} = 551\cdot 25.$$

अत: प्रत्येक किस्त का मान = ₹ 551.25.

30. माना प्रत्येक किस्त का मान = ₹ x. तब

$$\frac{x}{\left(1+\frac{10}{100}\right)} + \frac{x}{\left(1+\frac{10}{100}\right)^2} + \frac{x}{\left(1+\frac{10}{100}\right)^3} = 66200$$

$$\Rightarrow \frac{10x}{11} + \frac{100x}{121} + \frac{1000x}{1331} = 66200$$

$$\Rightarrow (1210x + 1100x + 1000x) = (66200\times 1331)$$

$$\Rightarrow 3310x = 66200\times 1331 \Rightarrow x = \frac{66200\times 1331}{3310} = 26620.$$

$\therefore$ प्रत्येक किस्त का मान = ₹ 26620.

31. उधार लिया गया धन

= (1 वर्ष बाद देय ₹ 882 का वर्तमान मूल्य) + (2 वर्ष बाद देय ₹ 882 का वर्तमान मूल्य)

$$= ₹ \left\{\frac{882}{\left(1+\frac{5}{100}\right)}+\frac{882}{\left(1+\frac{5}{100}\right)^2}\right\} = \text{रु०} \left\{\left(882\times\frac{20}{21}\right)+\left(882\times\frac{20}{21}\times\frac{20}{21}\right)\right\}$$

$= ₹ (840 + 800) = ₹ 1640.$

32. वार्षिक वृद्धि दर $= \left(\frac{1}{8}\times100\right)\% = \frac{25}{2}\%.$

2 वर्ष बाद ऊँचाई $= \left\{64\times\left(1+\frac{25}{2\times100}\right)^2\right\}$ सेमी०

$= \left(64\times\frac{9}{8}\times\frac{9}{8}\right)$ सेमी० = 81 सेमी०.

प्रश्नमाला 22B

1. यदि किसी धनराशि पर 8% वार्षिक ब्याज की दर से 1 वर्ष के अर्द्ध-वार्षिक रूप से संयोजित चक्रवृद्धि ब्याज तथा साधारण ब्याज का अन्तर ₹ 30 हो, तो वह धनराशि ज्ञात कीजिए. **(एस०एस०सी० परीक्षा, 2008)**

2. ₹ 15000 की धनराशि पर 2 वर्ष में उपार्जित वार्षिक रूप से संयोजित चक्रवृद्धि ब्याज तथा साधारण ब्याज का अन्तर ₹ 96 है. इस पर ब्याज की वार्षिक दर कितनी है ? **(एस०एस०सी० परीक्षा, 2009)**

3. वह धनराशि ज्ञात कीजिए जो 8% वार्षिक ब्याज की दर से 6 मास में ₹ 26010 हो जायेगी, जबकि ब्याज त्रैमासिक रूप में संयोजित हो. **(एस०एस०सी० परीक्षा, 2006)**

4. ₹ 66300 को *A* तथा *B* में इस प्रकार बाँटिये कि 10 वर्ष बाद *B* के भाग का चक्रवृद्धि मिश्रधन 8 वर्ष बाद के *A* के भाग के चक्रवृद्धि मिश्रधन के बराबर हो, जबकि ब्याज की दर 10% वार्षिक है. **(एस०एस०सी० परीक्षा, 2006)**

5. एक टी०वी० सैट ₹ 19650 के नकद भुगतान अथवा ₹ 3100 के नकद भुगतान तथा तीन समान वार्षिक किस्तों में उपलब्ध है. यदि दुकानदार वार्षिक रूप से संयोजित 10% वार्षिक चक्रवृद्धि ब्याज की दर से लगाये, तो प्रत्येक किस्त में दी जाने वाली धनराशि ज्ञात कीजिए. **(एस०एस०सी० परीक्षा, 2005)**

6. 3 वर्ष बाद देय ₹ 4913 का वर्तमान मूल्य क्या होगा जबकि ब्याज की दर $6\frac{1}{4}\%$ वार्षिक हो ? **(एस०एस०सी० परीक्षा, 2005)**

7. कोई धन चक्रवृद्धि ब्याज पर 3 वर्ष में ₹ 6690 तथा 6 वर्ष में ₹ 10035 हो जाता है. धन ज्ञात कीजिए.

8. किसी धन पर एक निश्चित दर से 3 वर्ष का साधारण ब्याज ₹ 225 है तथा इसी धन पर इसी दर से 2 वर्ष का चक्रवृद्धि ब्याज ₹ 153 है. मूलधन तथा ब्याज की दर ज्ञात कीजिए. **(एस०एस०सी० परीक्षा, 2003)**

9. एक व्यक्ति ने कुछ राशि उधार ली तथा इसे ₹ 8820 प्रति वर्ष को दो समान किस्तों में वापिस लौटा दिया. यदि चक्रवृद्धि ब्याज की दर 5% वार्षिक हो, तो उधार ली गई राशि ज्ञात कीजिए. **(एस०एस०सी० परीक्षा, 2000)**

10. एक व्यक्ति ने ₹ 19860 उधार लिये तथा कुल मिश्रधन का तीन समान किस्तों में भुगतान किया. यदि ब्याज 10% वार्षिक दर से संयोजित हो, तो वार्षिक किस्त की राशि ज्ञात कीजिए.

उत्तरमाला (प्रश्नमाला 22B)

1. ₹ 18750 **2.** 8% वार्षिक **3.** ₹ 25000 **4.** $A \rightarrow$ ₹ 36300, $B \rightarrow$ ₹ 30000
5. ₹ 6655 **6.** ₹ 4096 **7.** ₹ 4460 **8.** ₹ 1875
9. ₹ 16400 **10.** ₹ 7986

दिये गये प्रश्नों के हल | प्रश्नमाला 22B

1. माना मूलधन = ₹ x, दर $= \frac{8}{2}\%$ प्रति छमाही = 4% प्रति छमाही, समय = 2 छमाही.

$\therefore$ चक्रवृद्धि मिश्रधन = ₹ $\left\{x \times \left(1+\frac{4}{100}\right)^2\right\}$ = ₹ $\left(x \times \frac{26}{25} \times \frac{26}{25}\right)$ = ₹ $\left(\frac{676x}{625}\right)$.

चक्रवृद्धि ब्याज = ₹ $\left(\frac{676x}{625} - x\right)$ = ₹ $\left(\frac{676x - 625x}{625}\right)$ = ₹ $\frac{51x}{625}$.

पुन: ₹ x पर 8% वार्षिक दर से 1 वर्ष का सा० ब्याज = ₹ $\left(x \times \frac{8}{100} \times 1\right)$ = ₹ $\frac{2x}{25}$.

(चक्रवृद्धि ब्याज) – (साधारण ब्याज) = ₹ $\left(\frac{51x}{625} - \frac{2x}{25}\right)$ = ₹ $\frac{x}{625}$.

$\therefore \frac{x}{625} = 30 \Rightarrow x = (625 \times 30) = 18750.$

अत: मूलधन = ₹ 18750.

2. माना ब्याज की दर = R % वार्षिक. तब,

साधारण ब्याज = ₹ $\left(15000 \times \frac{R}{100} \times 2\right)$ = ₹ $300R$.

चक्रवृद्धि ब्याज = ₹ $\left\{15000 \times \left(1+\frac{R}{100}\right)^2 - 15000\right\}$

= ₹ $\left\{15000 \times \left(1 + \frac{R^2}{10000} + \frac{2 \times R}{100}\right) - 15000\right\}$

= ₹ $\left(\frac{3}{2}R^2 + 300R\right)$.

$\therefore \left(\frac{3}{2}R^2 + 300R\right) - (300R) = 96 \Rightarrow \frac{3}{2}R^2 = 96$

$\therefore R^2 = \left(96 \times \frac{2}{3}\right) = 64 = 8^2 \Rightarrow R = 8.$

अत: ब्याज की दर = 8% वार्षिक.

3. माना धनराशि = ₹ x. ब्याज की दर $= \frac{8}{4}\%$ त्रैमासिक = 2% त्रैमासिक, समय = 2 तिमाही.

चक्रवृद्धि मिश्रधन = ₹ $\left\{x \times \left(1+\frac{2}{100}\right)^2\right\}$ = ₹ $\left(x \times \frac{51}{50} \times \frac{51}{50}\right)$ = ₹ $\left(\frac{2601x}{2500}\right)$

$\therefore \frac{2601x}{2500} = 26010 \Rightarrow x = \frac{2500 \times 26010}{2601} = 25000.$

अभीष्ट धनराशि = ₹ 25000.

4. माना A का भाग = ₹ x. तब, B का भाग = ₹ $(66300 - x)$.

$$x \times \left(1+\frac{10}{100}\right)^8 = (66300 - x)\left(1+\frac{10}{100}\right)^{10}$$

$\Rightarrow x \times \left(\frac{11}{10}\right)^8 = (66300 - x)\left(\frac{11}{10}\right)^{10} \Rightarrow x = (66300 - x) \times \frac{121}{100}$

$\Rightarrow 100x = (66300 \times 121)0 - 121x \Rightarrow 221x = (66300 \times 121)$

$\Rightarrow x = \frac{66300 \times 121}{221} = 36300.$

$\therefore$ A का भाग = ₹ 36300, B का भाग = ₹ (66300 – 36300) = ₹ 30000.

5. ₹ 3100 के नकद भुगतान के बाद शेष नकद मूल्य = ₹ (19650 – 3100) = ₹ 16550.

माना प्रत्येक वार्षिक किस्त = ₹ x.

1 वर्ष बाद देय ₹ x, 2 वर्ष बाद देय ₹ x, 3 वर्ष बाद देय ₹ x के वर्तमान मूल्य

क्रमशः ₹ $\frac{x}{\left(1+\frac{10}{100}\right)}$, ₹ $\frac{x}{\left(1+\frac{10}{100}\right)^2}$ ₹ $\frac{x}{\left(1+\frac{10}{100}\right)^3}$

अर्थात ₹ $\frac{10x}{11}$, ₹ $\frac{100x}{121}$ तथा ₹ $\frac{1000x}{1331}$ हैं.

$\therefore \frac{10x}{11} + \frac{100x}{121} + \frac{1000x}{1331} = 16550 \Rightarrow (1210x + 110x + 1000x) = (16550 \times 1331)$

$\therefore 3310x = 16550 \times 1331 \Rightarrow x = \frac{16550 \times 1331}{3310} = 6655.$

अतः प्रत्येक वार्षिक किस्त = ₹ 6655.

6. अभीष्ट वर्तमान मूल्य = ₹ $\left\{\frac{4913}{\left(1+\frac{25}{4 \times 100}\right)^3}\right\}$

$= ₹ \left(\frac{4913 \times 16 \times 16 \times 16}{17 \times 17 \times 17}\right) = ₹\ 4096.$

7. माना मूलधन = ₹ x तथा दर = $R\%$ वार्षिक. तब

$x\left(1+\frac{R}{100}\right)^3 = 6690$ ...(i)

तथा $x\left(1+\frac{R}{100}\right)^6 = 10035$ ...(ii)

भाग देने पर $\left(1+\frac{R}{100}\right)^3 = \frac{10035}{6690} = \frac{3}{2}$

यह मान (i) में रखने पर : $x \times \frac{3}{2} = 6690 \Rightarrow x = \left(6690 \times \frac{2}{3}\right) = 4460.$

$\therefore$ मूलधन = ₹ 4460.

8. 1 वर्ष का साधारण ब्याज = ₹ $\left(\frac{225}{3}\right)$ = ₹ 75.

2 वर्ष का साधारण ब्याज = ₹ (75 × 2) = ₹ 150.

2 वर्ष का चक्रवृद्धि ब्याज = ₹ 153.

2 वर्ष का चक्रवृद्धि ब्याज तथा साधारण ब्याज का अन्तर = ₹ (153 – 150) = ₹ 3.

₹ 75 पर 1 वर्ष का ब्याज = ₹ 3.

$\therefore$ दर $\left(\frac{100 \times 3}{75 \times 1}\right)\%$ वार्षिक = 4% वार्षिक.

मूलधन = ₹ $\left(\frac{100\times225}{3\times4}\right)$ = ₹ 1875.

9. 1 वर्ष बाद देय ₹ 8820 का वर्तमान मूल्य = ₹ $\frac{8820}{\left(1+\frac{5}{100}\right)}$ = रु० $\left(8820\times\frac{20}{21}\right)$ = ₹ 8400.

2 वर्ष बाद देय ₹ 8820 का वर्तमान मूल्य = ₹ $\frac{8820}{\left(1+\frac{5}{100}\right)^2}$ = रु० $\left(8820\times\frac{20}{21}\times\frac{20}{21}\right)$ = ₹ 8000.

उधार ली गई राशि = ₹ (8400 + 8000) = ₹ 16400.

10. माना प्रत्येक वार्षिक किस्त = ₹ x.

इन किस्तों के कुल वर्तमान मूल्य

$$= ₹\left\{\frac{x}{\left(1+\frac{10}{100}\right)}+\frac{x}{\left(1+\frac{10}{100}\right)^2}+\frac{x}{\left(1+\frac{10}{100}\right)^3}\right\}$$

$$= ₹\left(\frac{10x}{11}+\frac{100x}{121}+\frac{1000x}{1331}\right)=\frac{(1210x+1100x+1000x)}{1331}=\frac{3310x}{1331}$$

$\therefore\ \frac{3310x}{1331}=19860 \Rightarrow x=\frac{19860\times1331}{3310}=7986.$

अतः प्रत्येक किस्त की राशि = ₹ 7986.

23 क्षेत्रफल (AREA)

सामान्य नियम

I. (*i*) आयत का क्षेत्रफल = (लम्बाई × चौड़ाई).

$\therefore$ लम्बाई $= \left(\dfrac{\text{क्षेत्रफल}}{\text{चौड़ाई}}\right)$, चौड़ाई $= \left(\dfrac{\text{क्षेत्रफल}}{\text{लंबाई}}\right)$.

(*ii*) आयत का परिमाप = 2 (लम्बाई + चौड़ाई).

II. (*i*) वर्ग का क्षेत्रफल $= (\text{भुजा})^2 = \dfrac{1}{2} \times (\text{विकर्ण})^2$. (*ii*) वर्ग का विकर्ण = ($\sqrt{2} \times$ भुजा)

III. कमरे की चार दीवारों का क्षेत्रफल = 2×(लम्बाई + चौड़ाई)×ऊँचाई.

IV. (*i*) त्रिभुज का क्षेत्रफल $= \left(\dfrac{1}{2} \times \text{आधार} \times \text{ऊँचाई}\right)$.

(*ii*) त्रिभुज का क्षेत्रफल $= \sqrt{s(s-a)(s-b)(s-c)}$, जहाँ $s = \dfrac{1}{2}(a+b+c)$ तथा *a*, *b*, *c* त्रिभुज की भुजायें हैं.

(*iii*) समबाहु त्रिभुज का क्षेत्रफल $= \left[\dfrac{\sqrt{3}}{4} \times (\text{भुजा})^2\right]$.

(*iv*) *a* भुजा वाली समबाहु त्रिभुज के अन्तः वृत्त की त्रिज्या $= \dfrac{a}{2\sqrt{3}}$.

(*v*) *a* भुजा वाली समबाहु त्रिभुज के परिवृत्त की त्रिज्या $= \dfrac{a}{\sqrt{3}}$.

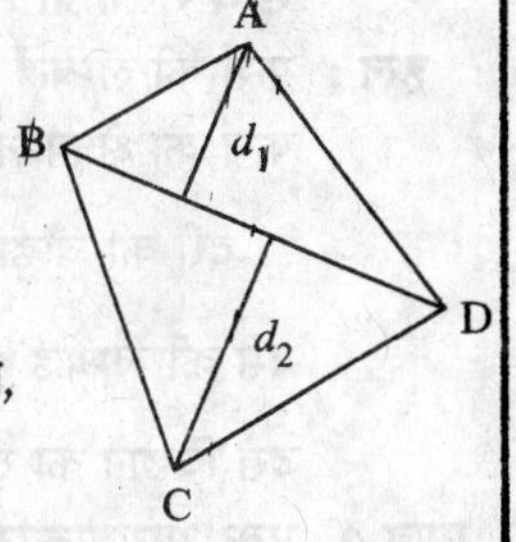

V. (*i*) समान्तर चतुर्भुज का क्षेत्रफल = (आधार×ऊँचाई).

(*ii*) समचतुर्भुज का क्षेत्रफल $= \dfrac{1}{2} \times$ (विकर्णों का गुणनफल).

(*iii*) किसी समचतुर्भुज के विकर्णों के आधे भाग एवं समचतुर्भुज की एक भुजा, एक समकोण त्रिभुज बनाते हैं जिसका कर्ण चतुर्भुज की भुजा होती है.

VI. समलम्ब चतुर्भुज का क्षेत्रफल

$= \dfrac{1}{2} \times$ (समान्तर भुजाओं का योग) × उनके बीच की दूरी.

VII. एक चतुर्भुज के विकर्ण की लम्बाई *d* सेमी० है तथा इसके विपरीत शीर्षों से विकर्ण पर डाले गये लम्बों की लम्बाई p_1 तथा p_2 हैं. तब, इस चतुर्भुज का क्षेत्रफल $= \dfrac{1}{2}(p_1 + p_2)d$.

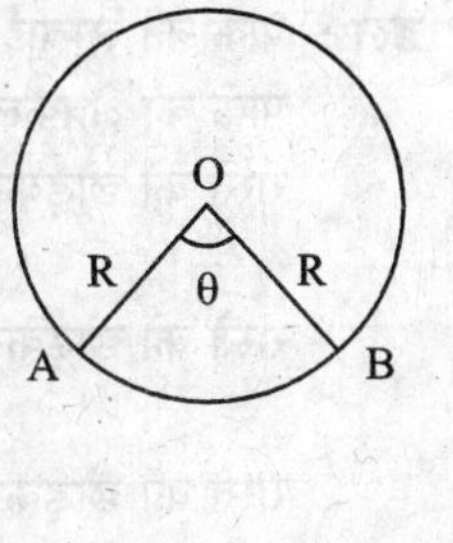

VIII. (*i*) वृत्त का क्षेत्रफल $= \pi R^2$.

(*ii*) वृत्त की परिधि $= 2\pi R$.

(*iii*) अर्द्ध-वृत्त का क्षेत्रफल $= \dfrac{1}{2} \times \pi R^2$.

(*iv*) अर्द्ध-वृत्त की परिमिति $= (\pi R + 2R)$.

(*v*) चाप की लम्बाई $= \dfrac{2\pi R\theta}{360}$.

(*vi*) वृत्तखण्ड AOB का क्षेत्रफल $= \dfrac{1}{2} \times (\text{चाप } AB) \times R = \dfrac{\pi R^2 \theta}{360}$.

साधित उदाहरण

प्रश्न 1. एक आयताकार भूखण्ड की लम्बाई तथा चौड़ाई क्रमशः 40 मीटर तथा 30 मीटर हैं. भूखण्ड का क्षेत्रफल तथा इसके विकर्ण की लम्बाई ज्ञात कीजिए.

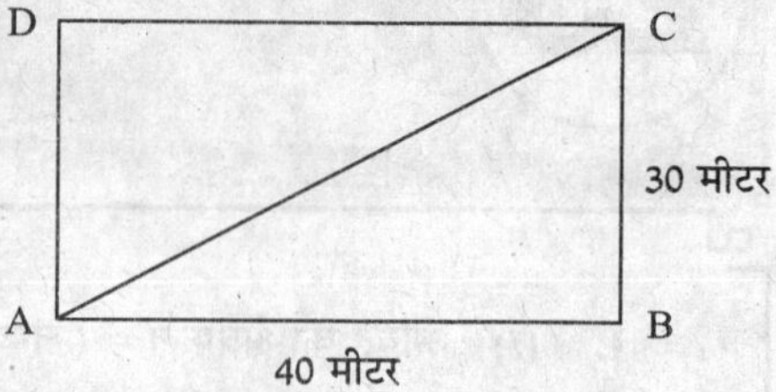

हल : लम्बाई = 40 मीटर, चौड़ाई = 30 मीटर.

भूखण्ड का क्षेत्रफल = (40 × 30) वर्ग मीटर

= 1200 वर्ग मीटर.

माना आयताकार भूखण्ड $ABCD$ है. तब

विकर्ण $AC = \sqrt{AB^2 + BC^2} = \sqrt{(40)^2 + (30)^2} = \sqrt{1600 + 900} = \sqrt{2500} = 50$ मीटर.

प्रश्न 2. एक आयत की लम्बाई 15 सेमी० तथा इसके विकर्ण की लम्बाई 17 सेमी० है. आयत का क्षेत्रफल ज्ञात कीजिए.

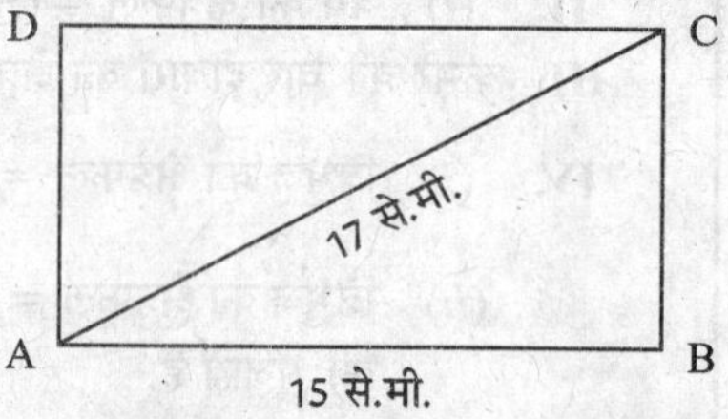

हल : माना दी गई आयत $ABCD$ है जिसमें

$AB = 15$ सेमी० तथा $AC = 17$ सेमी०

$BC^2 = (AC)^2 - (AB)^2$

$= (17)^2 - (15)^2 = (289 - 225) = 64.$

$\therefore\ BC = \sqrt{64} = 8$ सेमी०.

∴ लम्बाई = 15 सेमी० तथा चौड़ाई = 8 सेमी०

अतः आयत का क्षेत्रफल = (15 × 8) वर्ग सेमी० = 120 वर्ग सेमी०.

प्रश्न 3. एक कमरा 20 मीटर लम्बा तथा 15 मीटर चौड़ा है. इसके फर्श पर 60 सेमी० चौड़ी दरी बिछाने का खर्च ₹ 20 प्रति मीटर की दर से कितना होगा?

हल : फर्श की लम्बाई = 20 मीटर तथा चौड़ाई = 15 मीटर.

फर्श का क्षेत्रफल = (20 × 15) वर्ग मीटर = 300 वर्ग मीटर.

∴ दरी की चौड़ाई $= \frac{60}{100}$ मीटर $= \frac{3}{5}$ मीटर.

दरी की लम्बाई = (क्षेत्रफल ÷ चौड़ाई) $= \left(300 \times \frac{5}{3}\right)$ मीटर = 500 मीटर.

दरी बिछाने का खर्च = ₹ (500 × 20) = ₹ 10000.

प्रश्न 4. एक आयताकार पार्क की लम्बाई 90 मीटर तथा चौड़ाई 60 मीटर है. इसके अन्दर चारों ओर 5 मीटर चौड़ा रास्ता है. इस रास्ते पर ₹ 15 प्रति वर्ग मीटर की दर से रोड़ी बिछाने का खर्च क्या होगा?

हल : पार्क की लम्बाई = 90 मीटर तथा चौड़ाई = 60 मीटर.

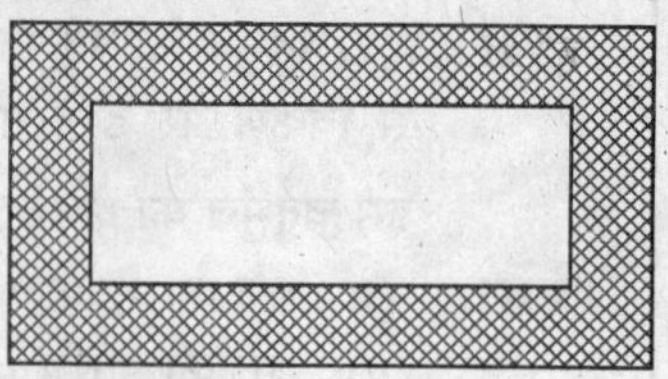

पार्क का क्षेत्रफल = (90 × 60) वर्ग मी० = 5400 वर्ग मी०.

रास्ते को छोड़कर शेष भाग की लम्बाई = (90 – 2×5) मी०

= 80 मीटर.

रास्ते को छोड़कर शेष भाग की चौड़ाई = (60 – 2×5) मी०

= 50 मीटर.

रास्ते को छोड़कर शेष भाग का क्षेत्रफल = (80 × 50) वर्गमीटर = 4000 वर्गमीटर.

रास्ते का क्षेत्रफल = (5400 – 4000) वर्ग मीटर = 1400 वर्ग मी०.

रास्ते पर रोड़ी बिछाने का खर्च = ₹ (1400 × 15) = ₹ 21000.

प्रश्न 5. उस वर्ग का क्षेत्रफल ज्ञात करें जिसके विकर्ण की लम्बाई 6 मीटर है.

हल : वर्ग का क्षेत्रफल $= \frac{1}{2}d^2 = \left(\frac{1}{2}\times 6\times 6\right)$ वर्ग मी॰ = 18 वर्ग मी॰.

प्रश्न 6. एक वर्ग की प्रत्येक भुजा की लम्बाई में 20% वृद्धि करने पर इसके क्षेत्रफल में कितने प्रतिशत वृद्धि होगी?

हल : माना वर्ग की प्रत्येक भुजा = 10 मीटर.

तब, वर्ग का क्षेत्रफल = (10 × 10) वर्ग मी॰ = 100 वर्ग मीटर.

नये वर्ग की प्रत्येक भुजा = 10 मीटर का 120%

$$= \left(10\times\frac{120}{100}\right) \text{ मीटर} = 12 \text{ मीटर}.$$

नये वर्ग का क्षेत्रफल = (12 × 12) वर्गमीटर = 144 वर्गमीटर.

क्षेत्रफल में वृद्धि % = (144 – 100)% = 44%.

प्रश्न 7. एक त्रिभुजाकार खेत की भुजायें क्रमशः 20 मीटर, 21 मीटर तथा 29 मीटर लम्बी हैं. इस खेत में ₹ 25 प्रति वर्ग मीटर की दर से फसल काटने का खर्च क्या होगा?

हल : यहाँ $a = 20$ मीटर, $b = 21$ मीटर तथा $c = 29$ मीटर.

$\therefore\ s = \frac{1}{2}\ (20+21+29)$ मीटर = 35 मी॰,

$(s-a) = 15$ मी॰, $(s-b) = 14$ मी॰ तथा $(s-c) = 6$ मीटर.

$\therefore\ \Delta = \sqrt{s(s-a)\,(s-b)\,(s-c)} = \sqrt{35\times 15\times 14\times 6} = (5\times 7\times 3\times 2)$ वर्ग मी॰ = 210 वर्ग मी॰.

फसल काटने का खर्च = ₹ (210 × 25) = ₹ 5250.

प्रश्न 8. एक त्रिभुज की भुजाओं का अनुपात 3 : 4 : 5 है तथा इस त्रिभुज का क्षेत्रफल 216 वर्ग सेमी॰ है. इस त्रिभुज की परिमिति कितनी है?

हल : माना त्रिभुज की भुजायें $3x$ सेमी॰, $4x$ सेमी॰ तथा $5x$ सेमी॰ हैं. तब

$s = \frac{1}{2}(3x+4x+5x) = 6x,\ (s-a) = 3x, (s-b) = 2x$ तथा $(s-c) = x$.

$\Delta = \sqrt{s(s-a)\,(s-b)\,(s-c)} = \sqrt{6x\times 3x\times 2x\times x} = 6x^2$

$\therefore\ 6x^2 = 216 \Rightarrow x^2 = 36 = 6\times 6 \Rightarrow x = 6.$

अतः त्रिभुज की परिमिति = $(3x + 4x + 5x)$ सेमी॰ = $12\,x$ सेमी॰ = (12 × 6) सेमी॰ = 72 सेमी॰.

प्रश्न 9. दो त्रिभुजों के क्षेत्रफलों का अनुपात 4 : 3 है तथा इनकी ऊँचाइयों का अनुपात 3 : 4 है. इनके आधार की लम्बाइयों का अनुपात क्या होगा?

हल : माना त्रिभुजों के आधार क्रमशः x_1 तथा x_2 तथा ऊँचाइयाँ क्रमशः $3y$ तथा $4y$ हैं.

$$\frac{\frac{1}{2}\times x_1\times 3y}{\frac{1}{2}\times x_2\times 4y} = \frac{4}{3} \Rightarrow \frac{3x_1}{4x_2} = \frac{4}{3} \Rightarrow \frac{x_1}{x_2} = \left(\frac{4}{3}\times\frac{4}{3}\right) = \frac{16}{9}.$$

$\therefore$ इन त्रिभुजों के आधार की लम्बाईयों का अनुपात = 16 : 9.

प्रश्न 10. एक समकोण त्रिभुज का आधार 12 सेमी॰ तथा कर्ण 13 सेमी॰ है. इस त्रिभुज का क्षेत्रफल ज्ञात कीजिए.

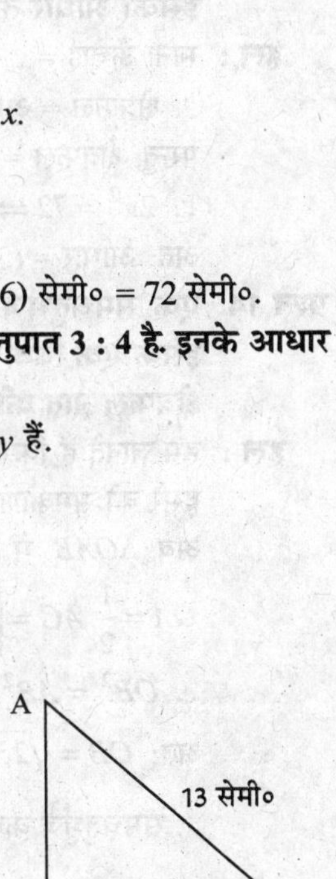

हल : माना $\Delta\,ABC$ में $\angle B = 90°$.

आधार BC = 12 सेमी॰, कर्ण AC = 13 सेमी॰.

$AB^2 = (AC^2 - BC^2) = (13)^2 - (12)^2 = (169-144) = 25.$

$\therefore\ AB=\sqrt{25}=5$ सेमी०.

त्रिभुज का क्षेत्रफल $=\left(\frac{1}{2}\times 12\times 5\right)$ वर्ग सेमी० = 30 वर्ग सेमी०.

प्रश्न 11. एक समबाहु त्रिभुज की प्रत्येक भुजा 8 सेमी० है. इसका क्षेत्रफल कितना है? इस त्रिभुज की ऊँचाई भी ज्ञात कीजिए.

हल : त्रिभुज का क्षेत्रफल $=\left(\frac{\sqrt{3}}{4}\times a^2\right)=\left(\frac{\sqrt{3}}{4}\times 8\times 8\right)$ वर्ग सेमी० $=16\sqrt{3}$ वर्ग सेमी.

$\frac{1}{2}\times$ आधार $\times$ ऊँचाई $=16\sqrt{3} \Rightarrow \frac{1}{2}\times 8\times$ ऊँचाई $=16\sqrt{3}$

$\Rightarrow$ ऊँचाई $=\frac{16\sqrt{3}}{4}=4\sqrt{3}$ सेमी०.

प्रश्न 12. एक त्रिभुजाकार खेत का आधार इसकी ऊँचाई का तीन गुना है. यदि इस खेत की फसल काटने का खर्च ₹ 100 प्रति हैक्टेयर की दर से ₹ 1350 हो, तो इसका आधार तथा ऊँचाई ज्ञात कीजिए.

हल : खेत का क्षेत्रफल $=\frac{\text{कुल खर्च}}{\text{दर}}=\left(\frac{1350}{100}\right)$ हैक्टेयर = 13·5 हैक्टेयर

= (13.5 × 10000) वर्ग मी० = 135000 वर्ग मी०.

माना ऊँचाई = h मीटर, तब, आधार = $3h$ मीटर.

$\therefore\ \frac{1}{2}\times 3h\times h=135000 \Rightarrow h^2=\left(135000\times\frac{2}{3}\right)=90000$.

$\therefore\ h=\sqrt{90000}=300$ मीटर.

अत: आधार = 900 मीटर तथा ऊँचाई = 300 मीटर.

प्रश्न 13. एक समान्तर चतुर्भुज का आधार उसकी ऊँचाई से दुगुना है. यदि इसका क्षेत्रफल 72 वर्ग सेमी० हो तो इसका आधार तथा ऊँचाई ज्ञात कीजिए.

हल : माना ऊँचाई = x सेमी० तथा आधार = $2x$ सेमी०.

$\therefore$ क्षेत्रफल = आधार × ऊँचाई = $(2x\times x)$ वर्ग सेमी० $=2x^2$ वर्ग सेमी०.

परन्तु, क्षेत्रफल = 72 वर्ग सेमी०.

$\therefore\ 2x^2=72 \Rightarrow x^2=36=6^2 \Rightarrow x=6$.

अत: आधार = (2 × 6) सेमी० = 12 सेमी० तथा ऊँचाई = 6 सेमी०.

प्रश्न 14. एक समचतुर्भुज की प्रत्येक भुजा 20 सेमी० लम्बी है तथा इसके एक विकर्ण की लम्बाई 24 सेमी० है. समचतुर्भुज का क्षेत्रफल ज्ञात कीजिए.

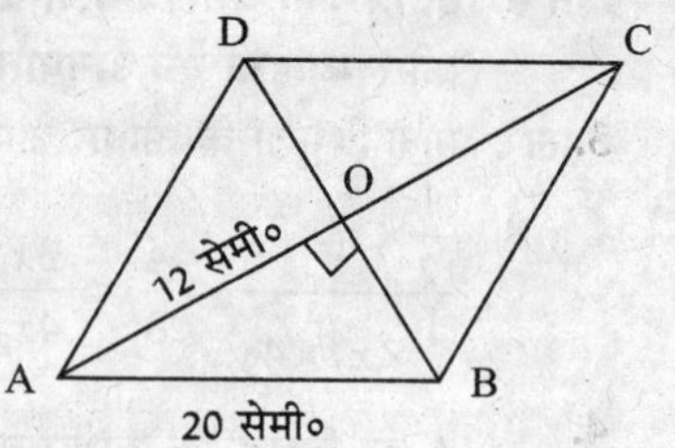

हल : हम जानते हैं कि किसी समचतुर्भुज के विकर्ण परस्पर एक दूसरे को समकोण पर समद्विभाजित करते हैं.

अब ΔOAB में $\angle AOB=90°$, $AB=20$ सेमी०,

$OA=\frac{1}{2}AC=\left(\frac{1}{2}\times 24\right)$ सेमी० = 12 सेमी०.

$\therefore\ OB^2=AB^2-OA^2=(20)^2-(12)^2=(400-144)=256$.

अत: $OB=\sqrt{256}=16$ सेमी०. अत: $BD=2\times OB=(2\times 16)$ सेमी० = 32 सेमी०.

$\therefore$ समचतुर्भुज का क्षेत्रफल $=\frac{1}{2}\times AC\times BD=\left(\frac{1}{2}\times 24\times 32\right)$ वर्ग सेमी० = 384 वर्ग सेमी०.

प्रश्न 15. एक पहिया 88 किमी० दूरी तय करने में 4000 चक्कर लगाता है. पहिये की त्रिज्या ज्ञात कीजिए.

हल : 4000 चक्करों में तय की गई दूरी = (88 × 1000) मीटर.

1 चक्कर में तय की गई दूरी $= \frac{(88 \times 1000)}{4000}$ मीटर = 22 मीटर.

$\therefore$ पहिये की परिधि = 22 मीटर.

माना पहिये की त्रिज्या = R मीटर.

तब, $2\pi R = 22 \Rightarrow 2 \times \frac{22}{7} \times R = 22$

$$\Rightarrow R = \left(22 \times \frac{7}{44}\right) \text{ मीटर} = \frac{7}{2} \text{ मीटर} = 3{\cdot}5 \text{ मीटर.}$$

प्रश्न 16. बस के एक पहिये की त्रिज्या 70 सेमी० है. इसे 66 किमी०/घण्टा की गति के लिए प्रति मिनट कितने चक्कर लगाने होंगे?

हल : बस की चाल = (66 × 1000) मीटर/घण्टा $= \left(\frac{66 \times 1000}{60}\right)$ मीटर/मिनट = 1100 मीटर/मिनट.

1 मिनट में तय की गई दूरी = 1100 मीटर.

पहिये की परिधि $= \left(2 \times \frac{22}{7} \times 70\right)$ सेमी० = 440 सेमी० $= \frac{440}{100}$ मीटर $= \frac{22}{5}$ मीटर.

एक चक्कर में तय की गई दूरी $= \frac{22}{5}$ मीटर.

1 मिनट में लगाये गये चक्करों की संख्या $= \left(1100 \times \frac{5}{22}\right) = 250.$

प्रश्नमाला 23A

निम्नलिखित प्रश्नों में से प्रत्येक में ठीक उत्तर को चिन्हांकित (✓) कीजिए :

1. एक आयत का क्षेत्रफल 252 वर्ग सेमी० है. इसकी लम्बाई तथा चौड़ाई का अनुपात 9 : 7 है. इसकी परिमिति कितनी है? **(बैंक पी०ओ० परीक्षा, 2009)**

(*a*) 64 सेमी० (*b*) 68 सेमी० (*c*) 128 सेमी० (*d*) 96 सेमी० (*d*) इनमें से कोई नहीं

2. उस आयत की परिमिति कितनी होगी जिसकी एक भुजा 10 सेमी० तथा विकर्ण 26 सेमी० हो?

(*a*) 64 सेमी० (*b*) 72 सेमी० (*c*) 60 सेमी० (*d*) 68 सेमी०

(एस०एस०सी० परीक्षा, 2008)

3. एक आयताकार प्लाट की लम्बाई तथा चौड़ाई का अनुपात क्रमश: 8 : 5 है. यदि चौड़ाई लम्बाई से 60 मीटर कम हो, तो प्लाट की परिमिति कितनी होगी? **(बैंक पी०ओ० परीक्षा, 2008)**

(*a*) 260 मीटर (*b*) 160 मीटर (*c*) 500 मीटर (*d*) निर्धारित नहीं की जा सकती

(*d*) इनमें से कोई नहीं

4. एक आयताकार खेत की लम्बाई उसकी चौड़ाई से 48 मीटर अधिक है तथा इसका परिमाप 800 मीटर है. खेत का क्षेत्रफल कितना है? **(बैंक पी०ओ० परीक्षा, 2008)**

(*a*) 39424 वर्ग मीटर (*b*) 40000 वर्ग मीटर (*c*) 31376 वर्ग मीटर (*d*) निर्धारित नहीं किया जा सकता

(*d*) इनमें से कोई नहीं

5. एक आयताकार क्षेत्र के चारों ओर घूमने पर एक व्यक्ति 6 किमी० की दूरी तय करता है. यदि इसका क्षेत्रफल 2 वर्ग किमी० हो तो इसकी लम्बाई तथा चौड़ाई का अन्तर कितना है? **(एस०एस०सी० परीक्षा, 2009)**

(*a*) 0·5 किमी० (*b*) 1 किमी० (*c*) 1·5 किमी० (*d*) 2 किमी०

6. यदि किसी आयत की लम्बाई तथा परिमिति 5 : 16 के अनुपात में हों तो इसकी लम्बाई तथा चौड़ाई का अनुपात क्या होगा ? **(एस०एस०सी० परीक्षा, 2008)**

(*a*) 5 : 11 (*b*) 5 : 8 (*c*) 5 : 4 (*d*) 5 : 3

7. किसी आयत की लम्बाई उसकी चौड़ाई से 1 सेमी० अधिक है तथा इसका परिमाप 14 सेमी० है. आयत का क्षेत्रफल कितना है ? **(एस०एस०सी० परीक्षा, 2006)**

(*a*) 16 वर्ग सेमी० (*b*) 14 वर्ग सेमी० (*c*) 12 वर्ग सेमी० (*d*) 10 वर्ग सेमी०

8. एक आयत के एक विकर्ण की लम्बाई 25 सेमी० तथा इसका क्षेत्रफल 168 वर्ग सेमी० है. इस आयत की लम्बाई कितनी होगी ? **(एस०एस०सी० परीक्षा, 2010)**

(*a*) 31 सेमी० (*b*) 24 सेमी० (*c*) 17 सेमी० (*d*) 7 सेमी०

9. एक आयताकार खेत के विकर्ण की लम्बाई 17 मीटर तथा परिमाप 46 मीटर है. इस खेत का क्षेत्रफल कितना है ?

(*a*) 112 वर्ग मीटर (*b*) 120 वर्ग मीटर (*c*) 132 वर्ग मीटर (*d*) 289 वर्ग मीटर

10. यदि किसी आयताकार भूखण्ड की लम्बाई में 5% वृद्धि तथा चौड़ाई में 10% कमी कर दी जाये तो उसके क्षेत्रफल में कितने प्रतिशत वृद्धि अथवा कमी होगी ? **(एस०एस०सी० परीक्षा, 2010)**

(*a*) 6·5% वृद्धि (*b*) 5·5% कमी (*c*) 5·5 की वृद्धि (*d*) 6·5% की कमी

11. यदि किसी आयत की लम्बाई में 10% वृद्धि तथा चौड़ाई में 10% कमी कर दी जाये तो इसके क्षेत्रफल में कितना परिवर्तन होगा ? **(एस०एस०सी० परीक्षा, 2010)**

(*a*) 1% की वृद्धि (*b*) 1% की कमी (*c*) 10% की वृद्धि (*d*) कोई परिवर्तन नहीं

12. एक आयत की लम्बाई 50% कम कर दी जाती है तथा चौड़ाई में 80% वृद्धि कर दी जाती है. उस आयत के क्षेत्रफल में कितना परिवर्तन होगा ? **(दिल्ली पुलिस परीक्षा, 2010)**

(*a*) 5% कमी (*b*) 10% कमी (*c*) 20% वृद्धि (*d*) 50% कमी

13. विरंजन के उपरान्त एक तौलिया की लम्बाई में 20% कमी तथा चौड़ाई में 10% कमी हो गई. इसके क्षेत्रफल में कितने प्रतिशत कमी हुई ? **(दिल्ली पुलिस परीक्षा, 2010)**

(*a*) 10% (*b*) 10·8% (*c*) 20% (*d*) 28%

14. एक आयत की लम्बाई में 50% वृद्धि तथा चौड़ाई में 50% कमी करने पर नये आयत का क्षेत्रफल पहले क्षेत्रफल की तुलना में कितना कम अथवा अधिक होगा ?

(*a*) क्षेत्रफल में कोई परिवर्तन नहीं (*b*) पहले से 10% कम (*c*) पहले से 25% अधिक
(*d*) इनमें से कोई नहीं

15. किसी आयताकार खेत की केवल लम्बाई में 50% वृद्धि करने पर इसके क्षेत्रफल में कितने प्रतिशत वृद्धि होगी ?

(*a*) 50% (*b*) 25% (*c*) 20% (*d*) इनमें से कोई नहीं

16. एक आयत की लम्बाई में 25% वृद्धि कर दी जाती है. इसकी चौड़ाई में कितने प्रतिशत कमी की जाये कि क्षेत्रफल में कोई परिवर्तन न हो ?

(*a*) 20% (*b*) 25% (*c*) 18% (*d*) 28% (*e*) इनमें से कोई नहीं

17. एक आयताकार मैदान की परिमिति 480 मीटर है. इसकी लम्बाई तथा चौड़ाई का अनुपात 5:3 है. मैदान का क्षेत्रफल कितना है ? **(रेलवे परीक्षा, 2006)**

(*a*) 13500 वर्ग मीटर (*b*) 12000 वर्ग मीटर (*c*) 18500 वर्ग मीटर (*d*) 2200 वर्ग मीटर

18. एक 40 मीटर लम्बे तथा 15 मीटर चौड़े बरामदे को आयताकार पत्थरों से पक्का कराना है. यदि प्रत्येक पत्थर का आकार 6 डेसीमीटर × 5 डेसीमीटर हो, तो इन पत्थरों की संख्या कितनी है ? **(रेलवे परीक्षा, 2006)**

(*a*) 1000 (*b*) 2000 (*c*) 3000 (*d*) 4000

19. एक कमरे के फर्श का परिमाप 18 मीटर है तथा इसकी ऊँचाई 3 मीटर है. इस कमरे की चार दीवारों का क्षेत्रफल कितना है ? **(एस०एस०सी० परीक्षा, 2007)**

(*a*) 21 वर्ग मीटर (*b*) 42 वर्ग मीटर (*c*) 54 वर्ग मीटर (*d*) 108 वर्ग मीटर

20. एक श्रोताकक्ष की लम्बाई तथा चौड़ाई का अनुपात 3 : 2 है. यदि छत का क्षेत्रफल 600 वर्ग मीटर तथा चार दीवारों का क्षेत्रफल 1500 वर्ग मीटर हो, तो इस कक्ष की ऊँचाई कितनी है? **(रेलवे परीक्षा, 2005)**

(*a*) 12 मीटर (*b*) 15 मीटर (*c*) 20 मीटर (*d*) 10 मीटर

21. एक आयत की लम्बाई इसकी चौड़ाई से दुगुनी है. लम्बाई में 5 सेमी० कमी करने तथा चौड़ाई में 5 सेमी० की वृद्धि करने पर इसके क्षेत्रफल में 75 वर्ग सेमी० की वृद्धि हो जाती है. आयत की लम्बाई कितनी है?

(*a*) 20 सेमी० (*b*) 30 सेमी० (*c*) 40 सेमी० (*d*) 50 सेमी०

22. एक आयत का विकर्ण 10 सेमी० है तथा यह आयत की लम्बाई से दुगुना है. आयत का क्षेत्रफल कितना है?

(*a*) 25 वर्ग सेमी० (*b*) 100 वर्ग सेमी० (*c*) $25\sqrt{3}$ वर्ग सेमी० (*d*) $10\sqrt{3}$ वर्ग सेमी०

(रेलवे परीक्षा, 2006)

23. 18 सेमी० लम्बे तथा 14 सेमी० चौड़े आयत के अन्तर्गत खींचे जाने वाले सबसे बड़े वृत्त का क्षेत्रफल कितना होगा?

(*a*) 49 वर्ग सेमी० (*b*) 154 वर्ग सेमी० (*c*) 378 वर्ग सेमी० (*d*) 1078 वर्ग सेमी०

(एस०एस०सी० परीक्षा, 2007)

24. एक 8 मीटर लम्बे तथा 6 मीटर चौड़े कमरे में 1·6 मीटर चौड़ा कालीन बिछाया गया है. कालीन की लम्बाई कितनी है?

(*a*) 24 मीटर (*b*) 36 मीटर (*c*) 30 मीटर (*d*) 76·8 मीटर

25. एक पार्क की लम्बाई तथा चौड़ाई में 3 : 2 का अनुपात है. एक व्यक्ति 12 किमी० प्रति घण्टा की चाल से साईकिल द्वारा 8 मिनट में इसके चारों ओर एक पूरा चक्कर लगाता है. पार्क का क्षेत्रफल कितना है?

(*a*) 1536 वर्ग मीटर (*b*) 15360 वर्ग मीटर (*c*) 153600 वर्ग मीटर (*d*) इनमें से कोई नहीं

26. एक कमरे की चार दीवारों का क्षेत्रफल 220 वर्ग मीटर है. इसकी चौड़ाई तथा ऊँचाई क्रमश: 8 मीटर तथा 5 मीटर हैं. कमरे की लम्बाई कितनी होगी?

(*a*) 5·5 मीटर (*b*) 11 मीटर (*c*) 22 मीटर (*d*) 14 मीटर

27. एक कमरे की ऊँचाई तथा इसके अर्द्ध–परिमाप का अनुपात 2 : 5 है. दरवाजों तथा खिड़कियों के 15 वर्ग मीटर को छोड़कर शेष दीवारों पर 50 सेमी० चौड़ा कागज, ₹ 8 प्रति मीटर की दर से लगाने का खर्च ₹ 1040है. इस कमरे की ऊँचाई कितनी है?

(*a*) 2·6 मीटर (*b*) 3·9 मीटर (*c*) 4 मीटर (*d*) 4·2 मीटर

28. एक कमरे की चार दीवारों पर कागज लगाने का खर्च ₹ 750 है. एक दूसरे कमरे की लम्बाई, चौड़ाई तथा ऊँचाई में से प्रत्येक इस कमरे से दुगुनी है. नये कमरे की चार दीवारों पर कागज लगाने का खर्च क्या होगा?

(*a*) ₹ 1500 (*b*) ₹ 2250 (*c*) ₹ 3000 (*d*) इनमें से कोई नहीं

29. 25 मीटर लम्बे तथा 15 मीटर चौड़े आयताकार पार्क में लम्बाई तथा चौड़ाई के समानान्तर बीचों-बीच 2 मीटर चौड़ी दो सड़कें परस्पर काटती हैं. शेष भाग में घास उगाई गई है. घास वाला क्षेत्रफल कितना है?

(*a*) 295 वर्ग मी० (*b*) 299 वर्ग मी० (*c*) 300 वर्ग मी० (*d*) 375 वर्ग मी०

30. एक 38 मीटर लम्बे तथा 32 मीटर चौड़े आयताकार क्षेत्र के अन्दर की ओर चारों ओर एक समान चौड़ाई का रास्ता बनाया गया है. यदि इस रास्ते का क्षेत्रफल 600 वर्ग मीटर हो, तो रास्ते की चौड़ाई कितनी है?

(*a*) 3 मीटर (*b*) 5 मीटर (*c*) 10 मीटर (*d*) 18·75 मीटर

(एस०एस०सी० परीक्षा, 2007)

31. 15 मीटर लम्बे कमरे में 75 सेमी० चौड़ी दरी बिछाने का खर्च ₹ 50 प्रति मीटर की दर से ₹ 6000 है. कमरे की चौड़ाई कितनी है?

(*a*) 6 मीटर (*b*) 8 मीटर (*c*) 13·4 मीटर (*d*) 18 मीटर

32. एक श्यामपट की लम्बाई उसकी चौड़ाई से 8 सेमी० अधिक है. यदि इसकी लम्बाई में 7 सेमी० की वृद्धि कर दें तथा चौड़ाई में 4 सेमी० की कमी कर दें, तो इसका क्षेत्रफल अपरिवर्तित रहता है. श्यामपट की लम्बाई कितनी है?

(*a*) 28 सेमी० (*b*) 34 सेमी० (*c*) 40 सेमी० (*d*) 56 सेमी०

33. 108 मीटर लम्बे आयत का क्षेत्रफल उस वर्ग के क्षेत्रफल के बराबर है जिसकी प्रत्येक भुजा 72 मीटर लम्बी है. आयत की चौड़ाई कितनी होगी ?

(*a*) 36 मीटर (*b*) 37·5 मीटर (*c*) 42 मीटर (*d*) 48 मीटर

34. एक आयत का क्षेत्रफल 360 वर्ग सेमी० है जो एक वर्ग के क्षेत्रफल का 90% है. वर्ग की प्रत्येक भुजा की लम्बाई कितनी है ? **(बैंक पी०ओ० परीक्षा, 2010)**

(*a*) 20 सेमी० (*b*) 15 सेमी० (*c*) 40 सेमी० (*d*) 25 सेमी० (*e*) इनमें से कोई नहीं

35. किसी वर्ग के क्षेत्रफल तथा वर्ग के विकर्ण पर बने वर्ग के क्षेत्रफल में क्या अनुपात है ?

(*a*) 1:1 (*b*) $1:\sqrt{2}$ (*c*) 1:2 (*d*) 1:4

(होटल मैनेजमैंट परीक्षा, 2010)

36. एक वर्ग के अन्त:वृत्त तथा परिवृत्त के क्षेत्रफलों का अनुपात क्या होगा ?

(*a*) 1:2 (*b*) $\sqrt{2}:1$ (*c*) $1:\sqrt{2}$ (*d*) 2:1

37. यदि किसी वर्ग की प्रत्येक भुजा में 10% की वृद्धि कर दी जाये तो इसके क्षेत्रफल में कितनी वृद्धि होगी ?

(*a*) 10% (*b*) 21% (*c*) 42% (*d*) 100%

(एस०एस०सी० परीक्षा, 2010)

38. एक वर्ग की परिमिति एक 39424 वर्ग सेमी० के क्षेत्रफल वाले वृत्त की त्रिज्या के समान है. वर्ग का क्षेत्रफल कितना है ? **(बैंक पी०ओ० परीक्षा, 2009)**

(*a*) 1225 वर्ग सेमी० (*b*) 441 वर्ग सेमी० (*c*) 784 वर्ग सेमी० (*d*) निर्धारित नहीं किया जा सकता

(*e*) इनमें से कोई नहीं

39. एक वृत्त तथा एक वर्ग का कुल क्षेत्रफल 5450 वर्ग सेमी० है तथा वृत्त का व्यास 70 सेमी० है. वृत्त की परिधि तथा वर्ग की परिमिति का योग कितना है ? **(बैंक पी०ओ० परीक्षा, 2010)**

(*a*) 360 सेमी० (*b*) 380 सेमी० (*c*) 270 सेमी० (*d*) निर्धारित नहीं किया जा सकता

(*e*) इनमें से कोई नहीं

40. एक वर्गाकार बंजर भूमि की परिमिति 208 मीटर है. इसके चारों ओर 2 मीटर चौड़ा रास्ता है. रास्ते सहित भूमि के चारों ओर ₹ 12·50 प्रति मीटर की दर से बाड़ लगाने का खर्च कितना होगा ? **(रेलवे परीक्षा, 2010)**

(*a*) ₹ 2500 (*b*) ₹ 2700 (*c*) ₹ 2800 (*d*) इनमें से कोई नहीं

41. किसी वर्गाकार खेत के चारों ओर 2 मीटर चौड़ा रास्ता बना है. यदि रास्ते का क्षेत्रफल 72 वर्गमीटर हो, तो खेत का क्षेत्रफल कितना होगा ? **(बी०सी०ए० परीक्षा, 2008)**

(*a*) 70 वर्ग मीटर (*b*) 68 वर्ग मीटर (*c*) 49 वर्ग मीटर (*d*) 80 वर्ग मीटर

42. एक वर्गाकार मैदान का क्षेत्रफल 1764 वर्ग मीटर है. इससे चार गुना बड़े वर्गाकार मैदान की परिमिति कितनी होगी ? **(रेलवे परीक्षा, 2006)**

(*a*) 352 मीटर (*b*) 312 मीटर (*c*) 336 मीटर (*d*) 344 मीटर

43. एक आयत तथा एक वर्ग में से प्रत्येक की परिमिति 160 मीटर है. आयत का क्षेत्रफल वर्ग के क्षेत्रफल से 100 वर्ग मीटर कम है. आयत की लम्बाई कितनी है ? **(एस०एस०सी० परीक्षा, 2005)**

(*a*) 30 मीटर (*b*) 60 मीटर (*c*) 40 मीटर (*d*) 50 मीटर

44. एक वर्ग तथा एक आयत के परिमाप बराबर हैं. यदि उनके क्षेत्रफल क्रमश: A वर्ग मी० तथा B वर्ग मी० हों, तो निम्नलिखित में से कौन-सा कथन सत्य है ?

(*a*) $A < B$ (*b*) $A \le B$ (*c*) $A > B$ (*d*) $A \ge B$

45. एक वर्ग तथा एक आयत के क्षेत्रफल बराबर हैं. यदि इनके परिमाप क्रमश: p_1 तथा p_2 हों, तो निम्नलिखित में से सही कथन कौन-सा है ?

(*a*) $p_1 < p_2$ (*b*) $p_1 \le p_2$ (*c*) $p_1 > p_2$ (*d*) $p_1 \ge p_2$

46. एक आयत तथा एक वर्ग की परिमिति समान है तथा प्रत्येक 80 सेमी० है. इनके क्षेत्रफलों का अन्तर 100 वर्ग सेमी० है. आयत की भुजायें हैं:

(*a*) 30 सेमी०, 10 सेमी० (*b*) 28 सेमी०, 12 सेमी० (*c*) 25 सेमी०, 15 सेमी० (*d*) इनमें से कोई नहीं

47. दो वर्गों के क्षेत्रफलों में क्या अनुपात होगा जबकि पहले वर्ग का विकर्ण दूसरे वर्ग के विकर्ण से दुगुना हो ?

(*a*) 2 : 1 (*b*) 3 : 1 (*c*) 1 : 4 (*d*) 4 : 1

48. यदि दो वर्गों के क्षेत्रफलों में 1 : 2 का अनुपात हो, तो उनकी परिमापों में क्या अनुपात होगा ?

(*a*) 1 : 2 (*b*) 1 : 4 (*c*) 2 : 1 (*d*) $1 : \sqrt{2}$

49. दो वर्गों के परिमाप क्रमशः 24 मीटर तथा 32 मीटर हैं. एक ऐसे वर्ग का परिमाप क्या होगा जिसका क्षेत्रफल इन दोनों वर्गों के क्षेत्रफल के योग के बराबर हो ?

(*a*) 30 मीटर (*b*) 40 मीटर (*c*) 50 मीटर (*d*) इनमें से कोई नहीं

50. किसी वर्ग का विकर्ण $4\sqrt{2}$ सेमी० है. एक अन्य वर्ग का क्षेत्रफल पहले वर्ग के क्षेत्रफल से दुगुना है. बड़े वर्ग के विकर्ण की लम्बाई क्या होगी ? **(एस०एस०सी० परीक्षा, 2005)**

(*a*) $8\sqrt{2}$ सेमी० (*b*) 16 सेमी० (*c*) $4\sqrt{2}$ सेमी० (*d*) 8 सेमी०

51. 14 सेमी० भुजा वाले वर्ग के अन्तर्गत खींचे जाने वाले अधिकतम त्रिज्या के वृत्त का क्षेत्रफल क्या होगा ?

(*a*) 154 वर्ग सेमी० (*b*) 84 वर्ग सेमी० (*c*) 204 वर्ग सेमी० (*d*) इनमें से कोई नहीं

52. 3 मीटर भुजा वाले वर्गाकार फर्श पर 20 सेमी० × 30 सेमी० साइज के कितने पत्थर लगेंगे ?

(*a*) 25 (*b*) 100 (*c*) 150 (*d*) 225

53. एक वर्ग तथा एक आयत के क्षेत्रफल बराबर हैं. यदि आयत की लम्बाई वर्ग की प्रत्येक भुजा से 5 सेमी० अधिक हो तथा आयत की चौड़ाई वर्ग की प्रत्येक भुजा से 3 सेमी० कम हो, तो आयत की परिमिति कितनी है ?

(*a*) 17 सेमी० (*b*) 36 सेमी० (*c*) 30 सेमी० (*d*) 34 सेमी०

(एस०एस०सी० परीक्षा, 2005)

54. एक वृत्त की त्रिज्या तीन गुनी करने से उसकी परिधि अपनी पूर्व परिधि से कितने गुना होगी ?

(*a*) 3 गुना (*b*) $\frac{1}{3}$ गुना (*c*) 9 गुना (*d*) इनमें से कोई नहीं

(रेलवे परीक्षा, 2006)

55. यदि किसी वृत्त की त्रिज्या में 50% वृद्धि कर दी जाये, तो इसके क्षेत्रफल में कितनी वृद्धि होगी ?

(*a*) 125% (*b*) 100% (*c*) 75% (*d*) 50%

(एस०एस०सी० परीक्षा, 2005)

56. वर्गाकार रूप में मुड़ी हुई एक इस्पात की तार 121 वर्ग सेमी० क्षेत्रफल घेरे हुए है. इस तार को वृत्ताकार रूप में मोड़े जाने पर वृत्त का क्षेत्रफल क्या होगा ? **(रेलवे परीक्षा, 2006)**

(*a*) 168 वर्ग सेमी० (*b*) 172 वर्ग सेमी० (*c*) 154 वर्ग सेमी० (*d*) 180 वर्ग सेमी०

57. किसी वृत्त की त्रिज्या में 1 सेमी० की वृद्धि करने पर इसके क्षेत्रफल में 22 वर्ग सेमी० की वृद्धि हो जाती है. वृत्त की प्रारम्भिक त्रिज्या कितनी है ? **(एस०एस०सी० परीक्षा, 2007)**

(*a*) 6 सेमी० (*b*) 3·2 सेमी० (*c*) 3 सेमी० (*d*) 3·5 सेमी०

58. एक वृत्त के क्षेत्रफल का मान इसकी परिधि के संख्यात्मक मान का 7 गुना है. वृत्त की परिधि कितनी है ?

(*a*) 616 इकाई (*b*) 132 इकाई (*c*) 88 इकाई (*d*) ज्ञात नहीं की जा सकती

(*e*) इनमें से कोई नहीं **(बैंक पी०ओ० परीक्षा, 2006)**

59. एक वृत्त की परिधि एवं त्रिज्या का अन्तर 37 सेमी० है. इस वृत्त का क्षेत्रफल क्या होगा ?

(*a*) 111 वर्ग सेमी० (*b*) 148 वर्ग सेमी० (*c*) 154 वर्ग सेमी० (*d*) 259 वर्ग सेमी०

60. किसी वृत्त की त्रिज्या में 30% कमी करने पर इसके क्षेत्रफल में कितनी कमी आयेगी ?

(*a*) 30% (*b*) 60% (*c*) 45% (*d*) इनमें से कोई नहीं

61. किसी वृत के व्यास में 40% वृद्धि करने पर इसके क्षेत्रफल में कितनी वृद्धि होगी ?
(*a*) 40% (*b*) 80% (*c*) 96% (*d*) 82%

62. यदि किसी वृत्त की परिधि में 50% वृद्धि कर दी जाये, तो इसके क्षेत्रफल में कितने प्रतिशत वृद्धि होगी ?
(*a*) 50% (*b*) 100% (*c*) 125% (*d*) 225%

63. दो वृत्तों के व्यासों का योग 35 मीटर तथा इनकी परिधियों का अन्तर 22 मीटर है. छोटे वृत्त का क्षेत्रफल कितना है ? **(रेलवे परीक्षा, 2005)**
(*a*) 144 वर्ग मी० (*b*) 154 वर्ग मी० (*c*) 121 वर्ग मी० (*d*) 308 वर्ग मी०

64. एक पहिये का व्यास 1·26 मीटर है. 500 चक्कर लगाने में यह कितनी दूरी तय करेगा ?
(*a*) 2530 मीटर (*b*) 1980 मीटर (*c*) 1492 मीटर (*d*) 2880 मीटर

65. एक गाड़ी के पहिये की त्रिज्या 0·25 मीटर है. 11 किमी० दूरी तय करने में यह पहिया कितने चक्कर लगायेगा ?
(*a*) 7000 (*b*) 4000 (*c*) 5500 (*d*) 2800
(रेलवे परीक्षा, 2005)

66. एक पहिये का अर्द्धव्यास 14 सेमी० है. 44 किमी० दूरी तय करने में यह कितने चक्कर लगायेगा ?
(*a*) 20000 (*b*) 35000 (*c*) 50000 (*d*) 70000

67. एक पहिया 88 किमी० दूरी तय करने में 1000 चक्कर लगाता है. पहिये की त्रिज्या कितनी है ?
(*a*) 7 मीटर (*b*) 12 मीटर (*c*) 14 मीटर (*d*) 20 मीटर

68. एक वृत्त के अन्तर्गत एक वर्ग खींचा जाता है तथा इसी त्रिज्या के अर्द्धवृत्त के अन्तर्गत एक वर्ग खींचा जाता है. दोनों वर्गों के क्षेत्रफलों का अनुपात क्या है ? **(होटल मैनेजमैंट परीक्षा, 2009)**
(*a*) 5 : 2 (*b*) 5 : 4 (*c*) 4 : 5 (*d*) 2 : 5

69. ₹ 15 प्रति मीटर की दर से एक वृत्ताकार प्लॉट की बाड़ लगाने का खर्च ₹ 3300 है. इस प्लॉट का फर्श ₹ 100 प्रति वर्ग मीटर की दर से पक्का कराने का खर्च कितना होगा ? **(बैंक पी०ओ० परीक्षा, 2009)**
(*a*) ₹ 385000 (*b*) ₹ 220000 (*c*) ₹ 350000 (*d*) निर्धारित नहीं किया जा सकता
(*d*) इनमें से कोई नहीं

70. 176 मीटर परिधि वाले किसी वृत्ताकार पार्क के बाहर चारों ओर एक 7 मीटर चौड़ी सड़क बनाई गई है. सड़क का क्षेत्रफल कितना होगा ? **(एस०एस०सी० परीक्षा, 2010)**
(*a*) 1386 वर्ग मी० (*b*) 1742 वर्ग मी० (*c*) 1512 वर्ग मी० (*d*) 1760 वर्ग मी०

71. एक आयत का क्षेत्रफल 21 सेमी० त्रिज्या वाले एक वृत्त के क्षेत्रफल के समान है. यदि आयत की लम्बाई तथा चौड़ाई का अनुपात क्रमशः 14 : 11 हो, तो इसकी परिमिति कितनी है ? **(बैंक पी०ओ० परीक्षा, 2009)**
(*a*) 142 सेमी० (*b*) 140 सेमी० (*c*) 132 सेमी० (*d*) 150 सेमी० (*e*) इनमें से कोई नहीं

72. एक वृत्त की परिधि 100 सेमी० है. इस वृत्त के अन्त:वर्ग की प्रत्येक भुजा की माप कितनी होगी ?
(*a*) $(25\sqrt{2})\pi$ सेमी० (*b*) $\frac{50\sqrt{2}}{\pi}$ (*c*) $(50\sqrt{2})\pi$ सेमी० (*d*) $\frac{25\sqrt{2}}{\pi}$ सेमी०
(बैंक पी०ओ० परीक्षा, 2009)

73. यदि किसी अर्द्धवृत्त का परिमाप 36 सेमी० हो, तो इसका क्षेत्रफल कितना है ? **(रेलवे परीक्षा, 2001)**
(*a*) 154 वर्ग सेमी० (*b*) 206 वर्ग सेमी० (*c*) 77 वर्ग सेमी० (*d*) इनमें से कोई नहीं

74. एक वर्ग के अन्त:वृत्त तथा बाह्यवृत्त के क्षेत्रफलों में क्या अनुपात है ?
(*a*) 1:4 (*b*) 3:4 (*c*) 2:3 (*d*) 1:2

75. दो भिन्न वृत्तों की दो चाप लम्बाई में बराबर हैं. यदि ये चापें वृत्तों के केन्द्रों पर क्रमशः 60° तथा 75° के कोण बनायें, तो दोनों वृत्तों की त्रिज्याओं का अनुपात कितना है ? **(रेलवे परीक्षा, 2001)**
(*a*) 5:3 (*b*) 2:1 (*c*) 4:3 (*d*) 5:4

76. उस वृत्त की त्रिज्या क्या होगी जिसका क्षेत्रफल 5 मीटर तथा 12 मीटर त्रिज्या वाले दो वृत्तों के क्षेत्रफल के योग के बराबर है ? **(रेलवे परीक्षा, 2010)**
(*a*) 13 मीटर (*b*) 14 मीटर (*c*) 15 मीटर (*d*) इनमें से कोई नहीं

77. यदि किसी वृत्त की परिधि को 50% कम कर दिया जाये तो इसके क्षेत्रफल में कितने प्रतिशत कमी होगी ?
(*a*) 25% (*b*) 50% (*c*) 60% (*d*) 75%
(एस०एस०सी० परीक्षा, 2010)

78. अलग-अलग त्रिज्या वाले दो वृत्त दिये गये हैं. एक वर्ग का क्षेत्रफल 196 वर्ग सेमी० है, जिसकी भुजा बड़े वृत्त की त्रिज्या से आधी है. छोटे वृत्त की त्रिज्या बड़े वृत्त की त्रिज्या का $\frac{3}{7}$ है. छोटे वृत्त की परिधि कितनी है ?
(*a*) 12π सेमी० (*b*) 16π सेमी० (*c*) 24π सेमी० (*d*) 32π सेमी०
(बैंक पी०ओ० परीक्षा, 2010)

79. दो वृत्तों की परिधि क्रमश: 132 मीटर तथा 176 मीटर है. इनके क्षेत्रफलों में कितना अन्तर है ?
(*a*) 1048 वर्ग मी० (*b*) 1076 वर्ग मी० (*c*) 1078 वर्ग मी० (*d*) 1090 वर्ग मी०
(*a*) इनमें से कोई नहीं **(बैंक पी०ओ० परीक्षा, 2010)**

80. एक आयत की लम्बाई में 60% की वृद्धि की गई है. इसकी चौड़ाई कितने प्रतिशत कम की जाये कि क्षेत्रफल में कोई परिवर्तन न हो ? **(एस०एस०सी० परीक्षा, 2009)**
(*a*) $37\frac{1}{2}\%$ (*b*) 60% (*c*) 75% (*d*) 120%

81. एक समकोण समद्विबाहु त्रिभुज का कर्ण 5 सेमी० है. त्रिभुज का क्षेत्रफल कितना है ?
(*a*) 5 सेमी०^2 (*b*) 6·25 सेमी०^2 (*c*) 6·50 सेमी०^2 (*d*) 12.5 सेमी०^2
(एस०एस०सी० परीक्षा, 2009)

82. 6 सेमी० भुजा वाले एक समबाहू त्रिभुज के कोनों को काटकर एक समषटभुज बनाया गया है. इस समषटभुज का क्षेत्रफल कितना होगा ? **(एस०एस०सी० परीक्षा, 2010)**
(*a*) $3\sqrt{3}$ सेमी०^2 (*b*) $3\sqrt{6}$ सेमी०^2 (*c*) $6\sqrt{3}$ सेमी०^2 (*d*) $\frac{5\sqrt{3}}{2}$ सेमी०^2

83. एक समकोण त्रिभुज की परिमिति 60 सेमी० तथा विकर्ण 26 सेमी० हो, तो उसका क्षेत्रफल कितना होगा ?
(*a*) 120 सेमी०^2 (*b*) 125 सेमी०^2 (*c*) 115 सेमी०^2 (*d*) 110 सेमी०^2
(बी०एड० परीक्षा, 2005)

84. एक त्रिभुज की भुजायें क्रमश: 3 सेमी०, 4 सेमी० तथा 5 सेमी० लम्बी हैं. इसका क्षेत्रफल कितना है ?
(*a*) 6 सेमी०^2 (*b*) 10 सेमी०^2 (*c*) 60 सेमी०^2 (*d*) 30 सेमी०^2
(रेलवे परीक्षा, 2009)

85. एक त्रिभुजाकार खेत की भुजायें क्रमश: 20 मीटर, 21 मीटर तथा 29 मीटर हैं. इस खेत में ₹ 9 प्रति वर्ग मीटर की दर से फसल काटने का खर्च कितना होगा ?
(*a*) ₹ 1800 (*b*) ₹ 1890 (*c*) ₹ 2610 (*d*) ₹ 3780

86. एक समबाहु त्रिभुज की प्रत्येक भुजा 8 सेमी० है. इसका क्षेत्रफल कितना है ?
(*a*) $2\sqrt{3}$ वर्ग सेमी० (*b*) $16\sqrt{3}$ वर्ग सेमी० (*c*) 32 वर्ग सेमी० (*d*) 64 वर्ग सेमी०

87. एक समबाहु त्रिभुज का क्षेत्रफल $4\sqrt{3}$ वर्ग सेमी० है. इसकी प्रत्येक भुजा की लम्बाई कितनी है ?
(*a*) 3 सेमी० (*b*) 4 सेमी० (*c*) $\frac{4}{\sqrt{3}}$ सेमी० (*d*) $\frac{\sqrt{3}}{4}$ सेमी०

88. एक समबाहु त्रिभुज की प्रत्येक भुजा $2\sqrt{3}$ सेमी० है. इसकी ऊँचाई कितनी है ?
(*a*) 3 सेमी० (*b*) $\sqrt{3}$ सेमी० (*c*) $\frac{\sqrt{3}}{2}$ सेमी० (*d*) $\frac{\sqrt{3}}{4}$ सेमी०

89. एक समबाहु त्रिभुज की प्रत्येक भुजा में 2 सेमी० की वृद्धि करने पर इसके क्षेत्रफल में $2\sqrt{3}$ वर्ग सेमी० की वृद्धि हो जाती है. त्रिभुज की प्रत्येक भुजा की लम्बाई कितनी है ?
(*a*) 1 सेमी० (*b*) $\sqrt{3}$ सेमी० (*c*) 3 सेमी० (*d*) $(\sqrt{3}+2)$ सेमी०

90. एक समबाहु त्रिभुज की ऊँचाई $\sqrt{6}$ सेमी॰ है. इसका क्षेत्रफल कितना होगा?

(*a*) $3\sqrt{3}$ वर्ग सेमी॰ (*b*) $2\sqrt{3}$ वर्ग सेमी॰ (*c*) $2\sqrt{2}$ वर्ग सेमी॰ (*d*) $6\sqrt{2}$ वर्ग सेमी॰

91. एक समबाहु त्रिभुज की माध्यिका की लम्बाई x हो, तो त्रिभुज का क्षेत्रफल कितना होगा?

(*a*) x^2 (*b*) $\frac{1}{2}x^2$ (*c*) $\frac{\sqrt{3}}{2}x^2$ (*d*) $\frac{\sqrt{3}x^2}{3}$

(एम॰बी॰ए॰ परीक्षा, 2005)

92. एक समबाहु त्रिभुज की प्रत्येक भुजा 24 सेमी॰ है. इसके अन्त:वृत्त का क्षेत्रफल क्या होगा?

(*a*) 18π वर्ग सेमी॰ (*b*) 24π वर्ग सेमी॰ (*c*) 36π वर्ग सेमी॰ (*d*) 48π वर्ग सेमी॰

93. एक समबाहु त्रिभुज के अन्त:वृत्त का क्षेत्रफल 462 वर्ग सेमी॰ है. इस त्रिभुज का परिमाप क्या होगा?

(*a*) $42\sqrt{3}$ सेमी॰ (*b*) 72·6 सेमी॰ (*c*) 126 सेमी॰ (*d*) 168 सेमी॰

94. एक वर्ग तथा एक समबाहु त्रिभुज की परिमिति समान हैं. यदि वर्ग के विकर्ण की लम्बाई $12\sqrt{2}$ सेमी॰ हो, तो त्रिभुज का क्षेत्रफल क्या होगा?

(*a*) $64\sqrt{3}$ वर्ग सेमी॰ (*b*) $32\sqrt{3}$ वर्ग सेमी॰ (*c*) $24\sqrt{3}$ वर्ग सेमी॰ (*d*) $24\sqrt{2}$ वर्ग सेमी॰

95. एक समद्विबाहु त्रिभुज की परिमिति 14 सेमी है तथा बराबर भुजाओं में से एक भुजा तथा तीसरी भुजा का अनुपात 5 : 4 है. इस त्रिभुज का क्षेत्रफल कितना है?

(*a*) $\frac{\sqrt{21}}{2}$ वर्ग सेमी॰ (*b*) $\frac{3\sqrt{21}}{2}$ वर्ग सेमी॰ (*c*) $2\sqrt{21}$ वर्ग सेमी॰ (*d*) $\sqrt{21}$ वर्ग सेमी॰

96. एक समकोण त्रिभुज का क्षेत्रफल 30 वर्ग सेमी॰ है तथा इसके कर्ण की लम्बाई 13 सेमी॰ है. छोटी भुजा की लम्बाई कितनी है?

(*a*) 4 सेमी॰ (*b*) 5 सेमी॰ (*c*) 6 सेमी॰ (*d*) 7 सेमी॰

97 किसी समद्विबाहु त्रिभुज की दो भुजाओं की लम्बाई क्रमश: 7 सेमी॰ तथा 15 सेमी॰ है. इस त्रिभुज की परिमिति कितनी है? **(रेलवे परीक्षा, 2006)**

(*a*) 29 सेमी॰ (*b*) 37 सेमी॰ (*c*) 22 सेमी॰ (*d*) इनमें से कोई नहीं

98. यदि 12 सेमी॰ आधार वाले त्रिभुज का क्षेत्रफल, 12 सेमी॰ भुजा वाले एक वर्ग के क्षेत्रफल के समान हो तो त्रिभुज के शीर्ष लम्ब की लम्बाई क्या होगी? **(एस॰एस॰सी॰ परीक्षा, 2005)**

(*a*) 12 सेमी॰ (*b*) 18 सेमी॰ (*c*) 24 सेमी॰ (*d*) 36 सेमी॰

99. एक त्रिभुज का क्षेत्रफल उस वर्ग के क्षेत्रफल के बराबर है जिसकी प्रत्येक भुजा 60 मीटर है. यदि त्रिभुज की ऊँचाई 90 मीटर हो तो त्रिभुज के आधार की लम्बाई कितनी है? **(रेलवे परीक्षा, 2006)**

(a) 75 मीटर (*b*) 85 मीटर (*c*) 65 मीटर (*d*) 80 मीटर

100. एक वर्ग तथा एक समबाहु त्रिभुज एक ही आधार पर बनाये गये हैं. इनके क्षेत्रफलों का अनुपात क्या होगा?

(*a*) 2:1 (*b*) 1:1 (*c*) $\sqrt{3}:4$ (*d*) $4:\sqrt{3}$

(एस॰एस॰सी॰ परीक्षा, 2005)

101. एक त्रिभुज के आधार की लम्बाई 15 मीटर तथा ऊँचाई 12 मीटर है. एक दूसरी त्रिभुज का क्षेत्रफल इस त्रिभुज के क्षेत्रफल से दुगुना है तथा इस त्रिभुज के आधार की लम्बाई 20 मीटर है. इस त्रिभुज की ऊँचाई कितनी होगी?

(*a*) 4·5 मीटर (*b*) 9 मीटर (*c*) 12 मीटर (*d*) 18 मीटर

102. किसी समान्तर चतुर्भुज की एक भुजा 18 सेमी॰ है तथा इस भुजा की विपरीत भुजा से दूरी 8 सेमी॰ है. समान्तर चतुर्भुज का क्षेत्रफल कितना है?

(*a*) 48 वर्ग सेमी॰ (*b*) 72 वर्ग सेमी॰ (*c*) 100 वर्ग सेमी॰ (*d*) 144 वर्ग सेमी॰

103. एक समान्तर चतुर्भुज की संगत भुजायें क्रमश: 30 मीटर तथा 14 मीटर लम्बी हैं तथा इन भुजाओं के शीर्षों को मिलाने वाले विकर्ण की लम्बाई 40 मीटर है. समान्तर चतुर्भुज का क्षेत्रफल कितना है?

(*a*) 336 वर्ग मीटर (*b*) 168 वर्ग मीटर (*c*) 372 वर्ग मीटर (*d*) 480 वर्ग मीटर

104. एक वर्ग तथा एक समचतुर्भुज एक ही आधार पर बने हैं. इनके क्षेत्रफलों का अनुपात क्या होगा ?
(*a*) 1 : 1 (*b*) 1 : 2 (*c*) 1 : 4 (*d*) 1 से बड़ा

105. एक समचतुर्भुज का क्षेत्रफल 144 वर्ग सेमी० है. इसके एक विकर्ण की लम्बाई 18 सेमी० है. दूसरे विकर्ण की लम्बाई कितनी है ?
(*a*) 8 सेमी० (*b*) 12 सेमी० (*c*) 16 सेमी० (*d*) 20 सेमी०

106. एक समचतुर्भुज के एक विकर्ण की लम्बाई, दूसरे विकर्ण की लम्बाई का 80% है. इस चतुर्भुज का क्षेत्रफल बड़े विकर्ण के वर्ग का कितने गुना होगा ?
(*a*) $\frac{4}{5}$ (*b*) $\frac{2}{5}$ (*c*) $\frac{3}{4}$ (d) $\frac{1}{4}$

107. एक समचतुर्भुज की एक भुजा 5 सेमी० तथा एक विकर्ण 8 सेमी० हैं. इसका क्षेत्रफल क्या होगा ?
(*a*) 20 वर्ग सेमी० (*b*) 24 वर्ग सेमी० (*c*) 26 वर्ग सेमी० (*d*) 40 वर्ग सेमी०

108. एक समचतुर्भुज का परिमाप 52 मीटर है तथा छोटा विकर्ण 10 मीटर है. इसके बड़े विकर्ण की लम्बाई कितनी है ?
(*a*) 12 मीटर (*b*) 10·4 मीटर (*c*) 18 मीटर (*d*) 24 मीटर

109. एक समलम्ब चतुर्भुज की समान्तर भुजायें क्रमशः 1·5 मीटर तथा 2·5 मीटर लम्बी हैं तथा इन भुजाओं के बीच की लम्बवत् दूरी 6·5 मीटर है. इस चतुर्भुज का क्षेत्रफल कितना होगा ? **(एस०एस०सी० परीक्षा, 2005)**
(*a*) 13 वर्ग मीटर (*b*) 14 वर्ग मीटर (*c*) 12 वर्ग मीटर (*d*) 11 वर्ग मीटर

110. एक समलम्ब चतुर्भुज की समान्तर भुजाओं का अनुपात 3 : 5 है तथा इनके बीच की दूरी 12 सेमी० है. यदि इस चतुर्भुज का क्षेत्रफल 384 वर्ग सेमी० हो, तो समान्तर भुजाओं में से छोटी भुजा की लम्बाई कितनी है ?
(*a*) 16 सेमी० (*b*) 24 सेमी० (*c*) 32 सेमी० (*d*) 40 सेमी०

111. एक घोड़ा 40 मीटर लम्बे तथा 24 मीटर चौड़े आयताकार घास के मैदान के एक कोने पर गाडी गई खूँटी से 14 मीटर लम्बी रस्सी से बँधा हुआ है. घोड़ा खेत के कितने क्षेत्रफल तक चर सकता है ? **(रेलवे परीक्षा, 2008)**
(*a*) 154 मी०^2 (*b*) 308 मी०^2 (*c*) 240 मी०^2 (*d*) 480 मी०^2

112. एक समबाहु ΔABC के परिवृत्त की त्रिज्या r है. $\angle A, \angle B$ तथा $\angle C$ के अर्द्धक AD, BD तथा CD बिन्दु D पर मिलते हैं. AD को मिलाकर नीचे बढ़ाया गया है, जो BC को E पर काटता है. यदि $AD = BD = CD = r$ हो, तो ΔABC के क्षेत्रफल के लिए निम्नलिखित में से सत्य कथन कौन–सा है ? **(बैंक पी०ओ० परीक्षा, 2005)**

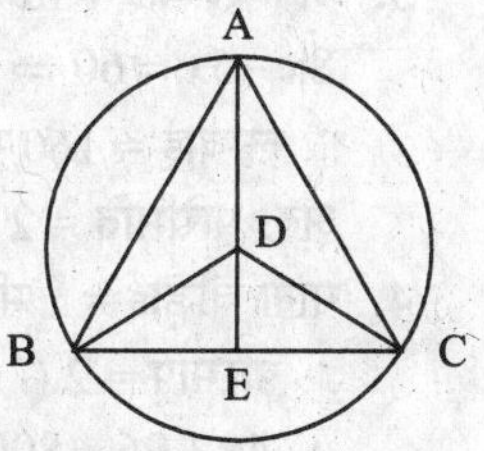

(*a*) $(r-DE)^{\frac{1}{2}} (r+DE)^2$ (*b*) $(r-DE)^2 (r+DE)^2$
(c) $(r-DE)^{\frac{1}{2}} (r+DE)^{\frac{3}{2}}$ (*d*) $(r+DE)^{\frac{1}{2}} (r-DE)^{\frac{3}{2}}$ (*e*) इनमें से कोई नहीं

113. एक समबाहु त्रिभुज की प्रत्येक भुजा 8 सेमी० लम्बी है इस त्रिभुज के परिवृत्त तथा अन्तःवृत्त के बीच के क्षेत्र का क्षेत्रफल कितना होगा, जबकि $\pi = \frac{22}{7}$? **(एस०एस०सी० परीक्षा, 2008)**
(*a*) $50\frac{1}{7}$ सेमी०^2 (*b*) $50\frac{2}{7}$ सेमी०^2 (*c*) $75\frac{1}{7}$ सेमी०^2 (*d*) $75\frac{2}{7}$ सेमी०^2

114. किसी त्रिभुज के प्रत्येक शीर्ष बिन्दु से उसकी सम्मुख भुजा के समान्तर एक रेखा खींची जाती है. इस प्रकार बने त्रिभुज की परिमिति का प्रारम्भिक त्रिभुज की परिमिति से क्या अनुपात है ? **(एस०एस०सी० परीक्षा, 2008)**
(*a*) 3 : 2 (*b*) 4 : 1 (*c*) 2 : 1 (*d*) 2 : 3

उत्तरमाला (प्रश्नमाला 23A)

1. (*a*)	**2.** (*d*)	**3.** (*e*)	**4.** (*a*)	**5.** (*b*)	**6.** (*d*)	**7.** (*c*)	**8.** (*b*)	**9.** (*b*)	**10.** (*b*)
11. (*b*)	**12.** (*b*)	**13.** (*d*)	**14.** (*d*)	**15.** (*a*)	**16.** (*a*)	**17.** (*a*)	**18.** (*b*)	**19.** (*c*)	**20.** (*b*)
21. (*c*)	**22.** (*c*)	**23.** (*b*)	**24.** (*c*)	**25.** (*c*)	**26.** (*d*)	**27.** (*c*)	**28.** (*c*)	**29.** (*b*)	**30.** (*b*)

31. (a)	32. (a)	33. (d)	34. (a)	35. (c)	36. (a)	37. (b)	38. (c)	39. (b)	40. (c)
41. (c)	42. (c)	43. (d)	44. (c)	45. (a)	46. (a)	47. (d)	48. (d)	49. (b)	50. (d)
51. (a)	52. (c)	53. (d)	54. (a)	55. (a)	56. (c)	57. (c)	58. (c)	59. (c)	60. (d)
61. (c)	62. (c)	63. (b)	64. (b)	65. (a)	66. (c)	67. (c)	68. (a)	69. (a)	70. (a)
71. (d)	72. (b)	73. (c)	74. (d)	75. (d)	76. (a)	77. (d)	78. (c)	79. (c)	80. (a)
81. (b)	82. (c)	83. (a)	84. (a)	85. (b)	86. (b)	87. (b)	88. (a)	89. (a)	90. (b)
91. (d)	92. (d)	93. (c)	94. (a)	95. (c)	96. (b)	97. (b)	98. (c)	99. (d)	100. (d)
101. (d)	102. (d)	103. (a)	104. (d)	105. (c)	106. (b)	107. (b)	108. (d)	109. (a)	110. (b)
111. (a)	112. (c)	113. (b)	114. (c)						

दिये गये प्रश्नों के हल प्रश्नमाला 23A

1. माना लम्बाई $= 9x$ सेमी० तथा चौड़ाई $= 7x$ सेमी०. तब,

$$9x \times 7x = 252 \Rightarrow x^2 = \frac{252}{63} = 4 = 2^2 \Rightarrow x = 2.$$

$\therefore$ लम्बाई $= 18$ सेमी० तथा चौड़ाई $= 14$ सेमी०.

अत: परिमिति $= 2(l+b) = 2(18+14)$ सेमी० $= 64$ सेमी०.

2. दिया है आयत $ABCD$ में $BC = 10$ सेमी० तथा $AC = 26$ सेमी०

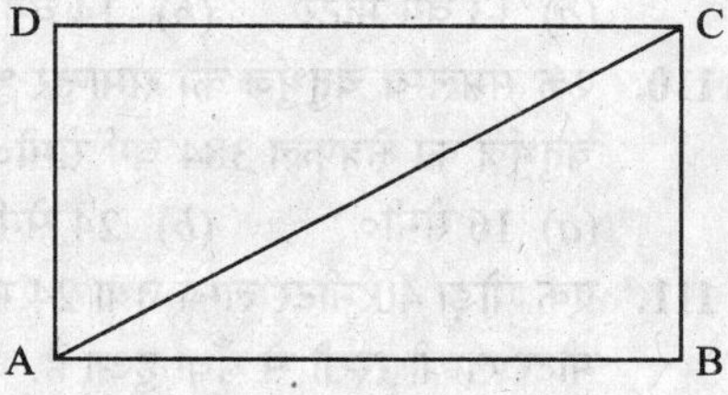

$$AB^2 = (AC)^2 - (BC)^2 = (26)^2 - (10)^2$$
$$= (26+10)(26-10) = (36 \times 16)$$

$\Rightarrow AB = (6 \times 4) = 24$ सेमी०.

$\therefore$ लम्बाई $= 24$ सेमी० तथा चौड़ाई $= 10$ सेमी०.

परिमिति $= 2(l+b) = 2(24+10)$ सेमी० $= 68$ सेमी०.

3. माना लम्बाई $= 8x$ मीटर तथा चौड़ाई $= 5x$ मीटर.

$8x - 5x = 60 \Rightarrow 3x = 60 \Rightarrow x = 20.$

$\therefore$ लम्बाई $= 160$ मीटर तथा चौड़ाई $= 100$ मीटर.

अत: परिमिति $= 2(l+b) = 2(160+100)$ मीटर $= 520$ मीटर.

4. माना चौड़ाई $= x$ मीटर तथा लम्बाई $= (x+48)$ मीटर.

$\therefore$ परिमाप $= 2(l+b) = 2[(x+48)+x]$ मीटर $= (4x+96)$ मीटर.

$\therefore\ 4x + 96 = 800 \Rightarrow 4x = (800-96) = 704 \Rightarrow x = 176.$

अत: चौड़ाई $= 176$ मीटर तथा लम्बाई $= (176+48)$ मीटर $= 224$ मीटर

खेत का क्षेत्रफल $= (224 \times 176) = (200+24)(200-24)$

$$= (200)^2 - (24)^2 = (40000 - 576) = 39424 \text{ वर्ग मीटर.}$$

5. $[2(l+b) = 6$ किमी० $\Rightarrow (l+b) = 3$ किमी०$]$ तथा $lb = 2$ वर्ग किमी०

$(l-b)^2 = (l+b)^2 - 4lb = (3^2 - 4 \times 2) = (9-8) = 1 \Rightarrow l - b = \sqrt{1} = 1.$

अत: लम्बाई तथा चौड़ाई का अन्तर $= 1$ किमी०.

6. माना $l = 5x$ तथा $2(l+b) = 16x$ अर्थात $(l+b) = 8x$.

$\therefore\ b = (8x - 5x) = 3x.$

अत: $l : b = 5x : 3x = 5 : 3.$

7. माना चौड़ाई $= x$ सेमी० तथा लम्बाई $= (x+1)$ सेमी०.

$2(l+b) = 14 \Rightarrow l + b = 7 \Rightarrow x + 1 + x = 7 \Rightarrow 2x = 6 \Rightarrow x = 3.$

$\therefore$ चौड़ाई $= 3$ सेमी० तथा लम्बाई $= 4$ सेमी०.

अत: आयत का क्षेत्रफल $= (4 \times 3)$ वर्ग सेमी० $= 12$ वर्ग सेमी०.

8. दिया है $l^2+b^2=(25)^2=625$ तथा $lb=168$.

$(l+b)^2=(l^2+b^2)+2lb=(625+2\times168)=(625+336)=961$

$\Rightarrow (l+b)=\sqrt{961}\Rightarrow (l+b)=31$. ...(i)

$(l-b)^2=(l^2+b^2)-2lb=(625-2\times168)=(625-336)=289$

$\Rightarrow (l-b)=\sqrt{289}\Rightarrow (l-b)=17$. ...(ii)

(i) तथा (ii) को जोड़ने पर : $2l=48\Rightarrow l=24$ सेमी०.

9. दिया है : $l^2+b^2=(17)^2\Rightarrow l^2+b^2=289$.

तथा $2(l+b)=46\Rightarrow (l+b)=23\Rightarrow (l+b)^2=(23)^2=529$.

$2\,lb=(l+b)^2-(l^2+b^2)=(529-289)=240$.

$\therefore\ lb=\left(\frac{1}{2}\times240\right)=120.$

अत: खेत का क्षेत्रफल = 120 वर्ग मीटर.

10. $A=lb$ तथा $A'=\left(\frac{105}{100}\times l\right)\times\left(\frac{90}{100}\times b\right)=\frac{189}{200}(lb)$.

क्षेत्रफल में कमी $=\left(lb-\frac{189}{200}lb\right)=\frac{11}{200}lb$.

क्षेत्रफल में कमी $\%=\left(\frac{11}{200}lb\times\frac{1}{lb}\times100\right)\%=\frac{11}{2}\%=5\cdot5\%$.

11. $A=lb$ तथा $A'=\left(\frac{110}{100}\times l\right)\times\left(\frac{90}{100}\times b\right)=\frac{99}{100}(lb)$.

क्षेत्रफल में कमी $=\left(lb-\frac{99}{100}lb\right)=\frac{lb}{100}$.

क्षेत्रफल में कमी $\%=\left(\frac{lb}{100}\times\frac{1}{lb}\times100\right)\%=1\%$.

12. $A=lb$ तथा $A'=\left(\frac{50}{100}\times l\right)\left(\frac{180}{100}\times b\right)=\frac{9}{10}lb$

क्षेत्रफल में कमी $=\left(lb-\frac{9}{10}lb\right)=\frac{lb}{10}$.

क्षेत्रफल में कमी $\%=\left(\frac{lb}{10}\times\frac{1}{lb}\times100\right)\%=10\%$.

13. $A=lb$ तथा $A'=\left(\frac{80}{100}\times l\right)\times\left(\frac{90}{100}\times b\right)=\frac{18}{25}lb$

क्षेत्रफल में कमी $=\left(lb-\frac{18}{25}lb\right)=\frac{7}{25}lb$.

क्षेत्रफल में कमी $\%=\left(\frac{7}{25}lb\times\frac{1}{lb}\times100\right)\%=28\%$.

14. $A=lb$ तथा $A'=\left(\frac{150}{100}\times l\right)\times\left(\frac{50}{100}\times b\right)=\frac{3}{4}lb$.

क्षेत्रफल में कमी $=\left(lb-\frac{3}{4}lb\right)=\frac{lb}{4}$.

क्षेत्रफल में कमी $\%=\left(\frac{lb}{4}\times\frac{1}{lb}\times100\right)\%=25\%$.

15. $A = lb$ तथा $A' = \left(\frac{150}{100} \times l\right) \times b = \frac{3}{2} lb.$

क्षेत्रफल में वृद्धि $= \left(\frac{3}{2} lb - lb\right) = \frac{1}{2} lb.$

क्षेत्रफल में वृद्धि $\% = \left(\frac{1}{2} lb \times \frac{1}{lb} \times 100\right)\% = 50\%.$

16. $A = lb$ तथा $A' = \left(\frac{125}{100} \times l\right) \times c,$ माना नई चौड़ाई $= c.$

तब $lb = \frac{5\,lc}{4} \Rightarrow c = \frac{4}{5} b = \left(\frac{4}{5} b \times 100\right)\% = 80\%$ *of b*.

चौड़ाई में अभीष्ट कमी = 20%.

17. माना लम्बाई $= 5x$ मीटर तथा चौड़ाई $= 3x$ मीटर.

तब, $2(5x + 3x) = 480 \Rightarrow 8x = 240 \Rightarrow x = 30.$

$\therefore$ लम्बाई = 150 मीटर तथा चौड़ाई = 90 मीटर.

अत: क्षेत्रफल = (150 × 90) वर्ग मीटर = 13500 वर्ग मीटर.

18. बरामदे का क्षेत्रफल = (40 × 15) वर्ग मीटर = 600 वर्ग मीटर.

प्रत्येक पत्थर का क्षेत्रफल $= \left(\frac{6}{10} \times \frac{5}{10}\right)$ वर्ग मीटर $= \frac{3}{10}$ वर्ग मीटर.

पत्थरों की संख्या $= \left(600 \div \frac{3}{10}\right) = \left(600 \times \frac{10}{3}\right) = 2000.$

19. $2(l + b) = 18$ मीटर तथा $h = 3$ मीटर.

कमरे की चार दीवारों का क्षेत्रफल $= [2(l + b) \times h] = (18 \times 3)$ वर्ग मीटर = 54 वर्ग मीटर.

20. माना लम्बाई $= 3x$ मीटर तथा चौड़ाई $= 2x$ मीटर.

तब, $3x \times 2x = 600 \Rightarrow 6x^2 = 600 \Rightarrow x^2 = 100 = (10)^2 \Rightarrow x = 10.$

$\therefore$ लम्बाई = 30 मीटर तथा चौड़ाई = 20 मीटर.

$2(30 + 20) \times h = 1500 \Rightarrow h = \frac{1500}{100}$ मीटर = 15 मीटर.

अत: कक्ष की ऊँचाई = 15 मीटर.

21. माना चौड़ाई $= x$ सेमी० तथा लम्बाई $= 2x$ सेमी०. तब,

$(2x - 5)(x + 5) - 2x \times x = 75$

$\Rightarrow 2x^2 + 5x - 25 - 2x^2 = 75 \Rightarrow 5x = 100 \Rightarrow x = 20.$

$\therefore$ लम्बाई = 40 सेमी०.

22. आयत की लम्बाई $= \left(\frac{1}{2} \times 10\right)$ सेमी० = 5 सेमी०.

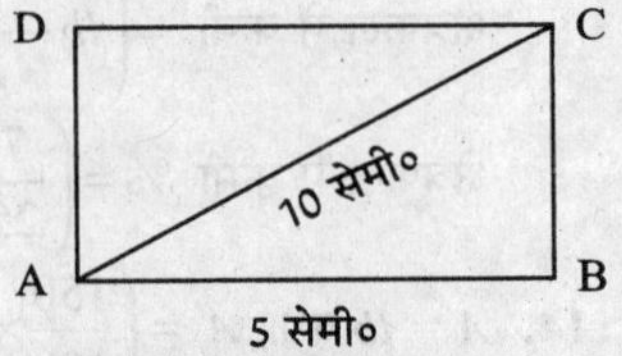

$BC^2 = (AC^2 - AB^2) = (10)^2 - (5)^2 = (100 - 25) = 75$

$\Rightarrow BC = \sqrt{75} = 5\sqrt{3}$ सेमी०.

आयत का क्षेत्रफल $= AB \times BC = (5 \times 5\sqrt{3})$ वर्ग सेमी०

$= 25\sqrt{3}$ वर्ग सेमी०.

23. स्पष्ट है कि वृत्त की त्रिज्या $= \left(\frac{1}{2} \times \text{आयत की चौड़ाई}\right)$

$= \left(\frac{1}{2} \times 14\right)$ सेमी० = 7 सेमी०.

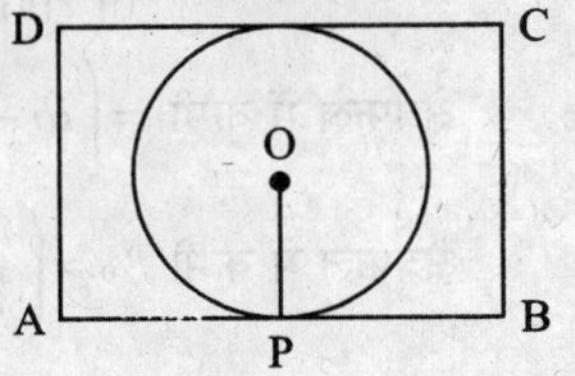

इस वृत्त का क्षेत्रफल $= \pi R^2 = \left(\frac{22}{7}\times 7\times 7\right)$ वर्ग सेमी० = 154 वर्ग सेमी०.

24. फर्श का क्षेत्रफल = कालीन का क्षेत्रफल. माना कालीन की लम्बाई = x मीटर.

$\therefore\ 8\times 6 = 1\cdot 6\times x \Rightarrow x = \left(\frac{8\times 6\times 10}{16}\right) = 30$.

अत: कालीन की लम्बाई = 30 मीटर.

25. माना पार्क की लम्बाई = $3x$ मीटर तथा चौड़ाई = $2x$ मीटर.

पार्क की परिमिति = 2 $(3x + 2x)$ मीटर = $(10x)$ मीटर.

व्यक्ति की चाल $= \left(12\times\frac{5}{18}\right)$ मीटर प्रति सैकण्ड $= \frac{10}{3}$ मीटर प्रति सैकण्ड

$= \left(\frac{10}{3}\times 60\right)$ मीटर प्रति मिनट =200 मीटर प्रति मिनट.

पार्क की परिमिति = 8 मिनट में तय की गई दूरी = (200 × 8) मीटर = 1600 मीटर.

$\therefore\ 10x = 1600 \Rightarrow x = 160$.

अत: लम्बाई = (3 × 160) मीटर = 480 मीटर तथा चौड़ाई = (2 × 160) मीटर = 320 मीटर.

पार्क का क्षेत्रफल = (480 × 320) वर्ग मीटर = 153600 वर्ग मीटर.

26. कमरे की चौड़ाई = 8 मीटर तथा ऊँचाई = 5 मीटर. माना लम्बाई = x मीटर.

तब, $2\times(x+8)\times 5 = 220 \Rightarrow x+8 = 22 \Rightarrow x = 14$.

अत: कमरे की लम्बाई = 14 मीटर.

27. माना कमरे की ऊँचाई = $2x$ मीटर तथा (लम्बाई + चौड़ाई) = $5x$ मीटर.

कागज की लम्बाई $= \frac{\text{कुल खर्च}}{\text{दर प्रति मीटर}} = \left(\frac{1040}{8}\right)$ मीटर = 130 मीटर.

कागज की चौड़ाई $= \left(\frac{50}{100}\right)$ मीटर $= \frac{1}{2}$ मीटर.

कागज का क्षेत्रफल $= \left(130\times\frac{1}{2}\right)$ वर्ग मीटर = 65 वर्ग मीटर.

चार दीवारों का क्षेत्रफल = (65 + 15) वर्ग मीटर = 80 वर्ग मीटर.

$2\,(l+b)\times h = 80 \Rightarrow 2\,(5x\times 2x) = 80 \Rightarrow 10x^2 = 40 \Rightarrow x^2 = 4 \Rightarrow x = 2$.

कमरे की ऊँचाई = $2x$ मीटर = (2 × 2) मीटर = 4 मीटर.

28. पहले कमरे की चार दीवारों का क्षेत्रफल = $[2\,(l + b) \times h] = A$ माना

दूसरे कमरे की चार दीवारों का क्षेत्रफल = $[2\,(2l + 2b) \times 2h] = 4 \times [2\,(l + b) \times h] = (4 \times A)$.

$\therefore$ अभीष्ट खर्च = ₹ (4 × 750) = ₹ 3000.

29. पार्क का कुल क्षेत्रफल = (25 × 15) वर्ग मी० = 375 वर्ग मी०.

सड़कों का कुल क्षेत्रफल = [(25 × 2) + (15 × 2) – (2 × 2)] वर्ग मी०

= (50 + 30 – 4) वर्ग मी० = 76 वर्ग मी०.

घास वाले भाग का क्षेत्रफल = (375 – 76) वर्ग मी० = 299 वर्ग मीटर.

30. सारे क्षेत्र का क्षेत्रफल = (38 × 32) वर्ग मीटर = 1216 वर्ग मीटर.

माना रास्ते की चौड़ाई = x मीटर.

इस रास्ते का क्षेत्रफल = (क्षेत्रफल $ABCD$) – (क्षेत्रफल $EFGH$)

$= \left[(1216) - (38-2x)\,(32-2x)\right]$ वर्ग मीटर

$= \left[1216 - (1216 - 140x + 4x^2)\right]$ वर्ग मी० $= (140x - 4x^2)$ वर्ग मी०

$\therefore\ 140x - 4x^2 = 600 \Rightarrow x^2 - 35x + 150 = 0$

$\Rightarrow x^2 - 30x - 5x + 150 = 0 \Rightarrow x(x-30) - 5(x-30) = 0$

$\Rightarrow (x-30)(x-5) = 0 \Rightarrow x = 5 \quad [\because\ x \neq 30]$

अत: रास्ते की चौड़ाई = 5 मीटर.

31. दरी की लम्बाई $= \left(\dfrac{\text{कुल खर्च}}{\text{दर प्रति मीटर}}\right)$ मीटर $= \left(\dfrac{6000}{50}\right)$ मीटर = 120 मीटर.

दरी का क्षेत्रफल $= \left(120 \times \dfrac{75}{100}\right)$ वर्ग मीटर = 90 वर्ग मीटर.

माना कमरे की चौड़ाई = x मीटर. तब

$15 \times x = 90 \Rightarrow x = 6.$

$\therefore$ कमरे की चौड़ाई = 6 मीटर.

32. माना श्यामपट की चौड़ाई = x सेमी० तथा लम्बाई = $(x + 8)$ सेमी०.

$(x+8)\,x = (x+15)(x-4) \Rightarrow x^2 + 8x = x^2 + 11x - 60$

$\Rightarrow 3x = 60 \Rightarrow x = 20.$

$\therefore$ श्यामपट की लम्बाई = 28 सेमी०.

33. माना आयत की चौड़ाई = x मीटर. तब

$108 \times x = 72 \times 72 \Rightarrow x = \dfrac{72 \times 72}{108} \Rightarrow x = 48$.

$\therefore$ आयत की चौड़ाई = 48 मीटर.

34. माना वर्ग का क्षेत्रफल $= a^2$. तब

$\dfrac{90}{100} \times a^2 = 360 \Rightarrow a^2 = \left(\dfrac{360 \times 10}{9}\right) = 400 = (20)^2.$

$\therefore\ a = 20$ सेमी०. अत: वर्ग की प्रत्येक भुजा 20 सेमी० है.

35. माना वर्ग की प्रत्येक भुजा = a. तब, इसका विकर्ण $= \left(\sqrt{2}a\right)$

इन पर बने वर्गों के क्षेत्रफलों का अनुपात $= a^2 : \left(\sqrt{2}a\right)^2 = a^2 : 2a^2 = 1:2.$

36. माना वर्ग की प्रत्येक भुजा = a. तब, इसका विकर्ण $= \left(\sqrt{2}a\right)$.

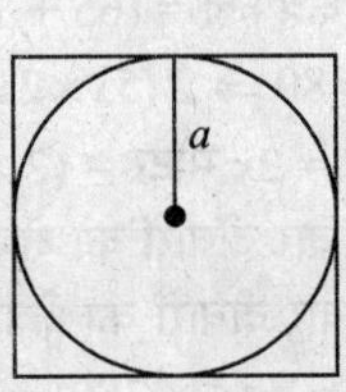

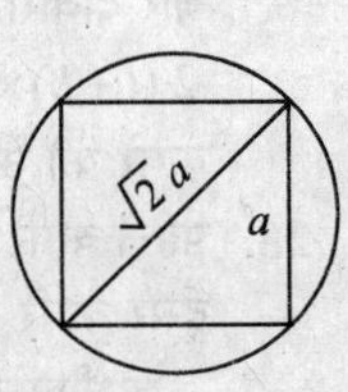

अत:वृत्त की त्रिज्या $= \dfrac{a}{2}$.

परिवृत्त की त्रिज्या $= \dfrac{\sqrt{2}a}{2} = \dfrac{a}{\sqrt{2}}.$

इनके क्षेत्रफलों का अनुपात $= \pi \times \left(\dfrac{a}{2}\right)^2 : \pi \times \left(\dfrac{a}{\sqrt{2}}\right)^2$

$= \dfrac{\pi a^2}{4} : \dfrac{\pi a^2}{2} = 1:2.$

37. माना वर्ग की प्रत्येक भुजा = a. तब, क्षेत्रफल $= a^2$.

वृद्धि के बाद प्रत्येक भुजा $= \dfrac{110\,a}{100} = \dfrac{11\,a}{10}$.

नये वर्ग का क्षेत्रफल $= \left(\dfrac{11\,a}{10} \times \dfrac{11\,a}{10}\right) = \dfrac{121\,a^2}{100}.$

क्षेत्रफल में वृद्धि $= \left(\dfrac{121\,a^2}{100} - a^2\right) = \dfrac{21\,a^2}{100}$.

क्षेत्रफल में वृद्धि $\% = \left(\frac{21a^2}{100} \times \frac{1}{a^2} \times 100\right)\% = 21\%.$

38. माना वृत्त की त्रिज्या = R सेमी०. तब $\pi R^2 = 39424.$

$\therefore\ R^2 = \left(39424 \times \frac{7}{22}\right) = (1792 \times 7) = 7 \times 256 \times 7 = (7 \times 7 \times 16 \times 16)$

$\Rightarrow R = (7 \times 16) = 112$ सेमी०.

वर्ग की परिमिति = 112 सेमी० $\Rightarrow 4a = 112 \Rightarrow a = 28.$

वर्ग की प्रत्येक भुजा = 28 सेमी०.

वर्ग का क्षेत्रफल = (28 × 28) वर्ग सेमी० = 784 वर्ग सेमी०.

39. $2R = 70 \Rightarrow R = 35$ सेमी०.

वृत्त का क्षेत्रफल $= \pi R^2 = \left(\frac{22}{7} \times 35 \times 35\right)$ वर्ग सेमी० = 3850 सेमी०.

वर्ग का क्षेत्रफल = (5450 – 3850) वर्ग सेमी० = 1600 वर्ग सेमी०.

वर्ग की प्रत्येक भुजा $= \sqrt{1600}$ सेमी० = 40 सेमी०.

(वृत्त की परिधि + वर्ग की परिमिति) $= (2\pi R + 4a)$

$= \left[\left(2 \times \frac{22}{7} \times 35\right) + (4 \times 40)\right]$ सेमी० = (220 + 160) सेमी० = 380 सेमी०.

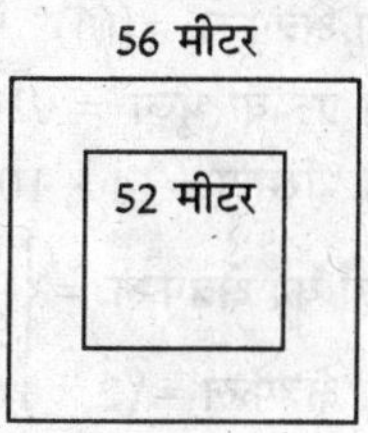

40. बंजर भूमि की प्रत्येक भुजा $= \left(\frac{1}{4} \times 208\right)$ मीटर = 52 मीटर.

रास्ते सहित वर्गाकार भूमि की प्रत्येक भुजा = (52 + 2 + 2) मीटर
= 56 मीटर.

इस भूमि का परिमाप = (4 × 56) मीटर = 224 मीटर.

अभीष्ट खर्च = ₹ $\left(224 \times \frac{25}{2}\right)$ = ₹ 2800.

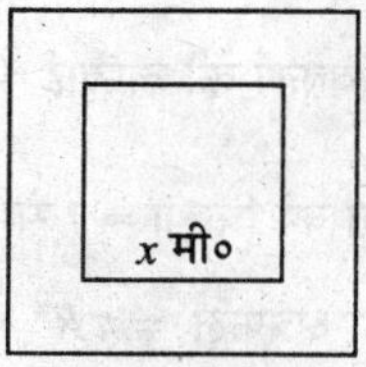

41. माना वर्गाकार खेत की लम्बाई = x मीटर.

रास्ते सहित वर्गाकार जगह की लम्बाई = $(x + 2 + 2)$ मीटर
= $(x + 4)$ मीटर

$(x+4)^2 - x^2 = 72 \Rightarrow x^2 + 8x + 16 - x^2 = 72$

$\Rightarrow 8x = 56 \Rightarrow x = 7.$

खेत की लम्बाई = 7 मीटर. अत: खेत का क्षेत्रफल = 49 वर्ग मीटर.

42. बड़े मैदान का क्षेत्रफल = (4 × 1764) वर्ग मी० = 7056 वर्ग मीटर.

इस मैदान की प्रत्येक भुजा $= \sqrt{7056}$ मी० = 84 मीटर.

इस मैदान की परिमिति = (4 × 84) मीटर = 336 मीटर.

```
   8 | 70 56 (84
     | 64
 164 |    656
     |    656
     |     x
```

43. वर्ग की प्रत्येक भुजा $= \frac{160}{4}$ मीटर = 40 मीटर.

वर्ग का क्षेत्रफल = (40 × 40) वर्ग मी० = 1600 वर्ग मी०.

आयत का क्षेत्रफल = (1600 – 100) वर्ग मी० = 1500 वर्ग मी०.

$\{2(l+b) = 160 \Rightarrow l + b = 80\},\ l \times b = 1500$

$(l-b)^2 = (l+b)^2 - 4lb = (80)^2 - 4 \times 1500 = (6400 - 6000) = 400.$

$\therefore\ l - b = \sqrt{400} = 20.$

$l + b = 80$ तथा $l - b = 20$ को हल करने पर $l = 50$ मीटर.

44. यदि एक वर्ग तथा एक आयत के परिमाप बराबर हैं, तो वर्ग का क्षेत्रफल सदैव बड़ा होगा. अत: $A > B$ सत्य है.

45. यदि एक वर्ग तथा एक आयत के क्षेत्रफल बराबर हैं, तो वर्ग की परिमिति छोटी होगी.
अत: $p_1 < p_2$ सत्य है.

46. माना वर्ग की प्रत्येक भुजा = a सेमी॰. तब, $4a = 80 \Rightarrow a = 20$ सेमी॰.
वर्ग का क्षेत्रफल = (20 × 20) वर्ग सेमी॰ = 400 वर्ग सेमी॰.
वर्ग तथा आयत की परिमिति बराबर हों, तो वर्ग का क्षेत्रफल अधिक होगा.
∴ आयत का क्षेत्रफल = (400 – 100) वर्ग सेमी॰ = 300 वर्ग सेमी॰.
$2(l+b) = 80 \Rightarrow (l+b) = 40.$
अब, ($l+b=40$ तथा $lb=300$) $\Rightarrow (l-b)^2 = (l+b)^2 - 4lb = (1600 - 4\times300) = 400 \Rightarrow (l-b) = 20.$
$l+b = 40$ तथा $l - b = 20$ को हल करने पर $l = 30, b = 10$.

47. माना दूसरे वर्ग का विकर्ण = d. तब, पहले वर्ग का विकर्ण = $2d$.
इनके क्षेत्रफलों का अनुपात $= \frac{1}{2}\times(2d)^2 : \frac{1}{2}\times d^2 = 4d^2 : d^2 = 4:1.$

48. $a^2 : b^2 = 1:2 \Rightarrow a:b = \sqrt{1}:\sqrt{2} = 1:\sqrt{2}$
$\Rightarrow 4a : 4b = 4 : 4\sqrt{2} = 1 : \sqrt{2}.$

49. पहले वर्ग की भुजा $= \frac{24}{4}$ मी॰ = 6 मी॰, दूसरे वर्ग की भुजा $= \frac{32}{4}$ मी॰ = 8 मी॰.
बड़े वर्ग का क्षेत्रफल $= [(6)^2 + (8)^2]$ वर्ग मी॰ = 100 वर्ग मी॰.
इस वर्ग की प्रत्येक भुजा $= \sqrt{100}$ मी॰ = 10 मी॰.
इस वर्ग का परिमाप = (4 × 10) मी॰ = 40 मीटर.

50. दिये गये वर्ग का क्षेत्रफल $= \left\{\frac{1}{2}\times(4\sqrt{2})^2\right\}$ वर्ग सेमी॰ $= \left(\frac{1}{2}\times32\right)$ वर्ग सेमी॰ = 16 वर्ग सेमी॰.
नये वर्ग का क्षेत्रफल = (2 × 16) वर्ग सेमी॰ = 32 वर्ग सेमी॰.
$\frac{1}{2}d^2 = 32 \Rightarrow d^2 = 64 = (8)^2 \Rightarrow d = 8$.
अत: बड़े विकर्ण की लम्बाई = 8 सेमी॰

51. अभीष्ट वृत्त की त्रिज्या = 7 सेमी॰.
इस वृत्त का क्षेत्रफल $= \pi R^2 = \left(\frac{22}{7}\times7\times7\right)$ वर्ग सेमी॰.
= 154 वर्ग सेमी॰.

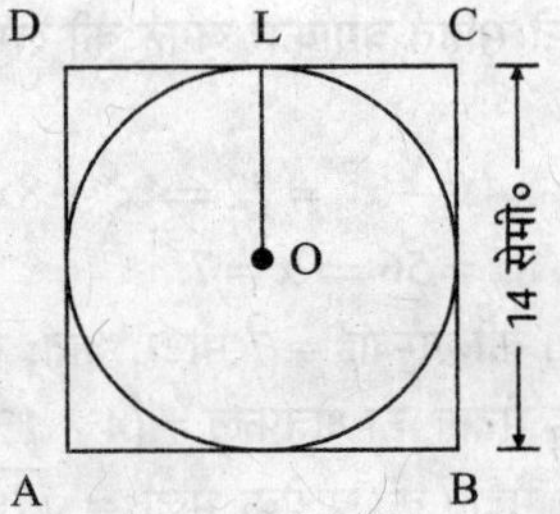

52. फर्श का क्षेत्रफल = (300 × 300) वर्ग सेमी॰.
प्रत्येक पत्थर का क्षेत्रफल = (20 × 30) वर्ग सेमी॰.
पत्थरों की संख्या $= \left(\frac{300\times300}{20\times30}\right) = 150.$

53. माना वर्ग की प्रत्येक भुजा = x सेमी॰. तब, वर्ग का क्षेत्रफल = x^2 वर्ग सेमी॰.
$\therefore (x+5)(x-3) = x^2 \Rightarrow x^2 + 2x - 15 = x^2 \Rightarrow 2x = 15 \Rightarrow x = 7\cdot5.$
∴ लम्बाई = 12·5 सेमी॰ तथा चौड़ाई = 4·5 सेमी॰.
आयत की परिमिति = 2 (12·5 + 4·5) सेमी॰ = 34 सेमी॰.

54. $C_1 = 2\pi R \Rightarrow C_2 = 2\pi(3R) = 3\times(2\pi R) = 3\times C_1.$

55. माना प्रारम्भिक त्रिज्या $= R$. तब, क्षेत्रफल $= \pi R^2$.

नया क्षेत्रफल $= \pi \times \left(\frac{150}{100}R\right)^2 = \pi \times \left(\frac{3R}{2}\right)^2 = \frac{9}{4}\pi R^2$.

क्षेत्रफल में वृद्धि $= \left(\frac{9}{4}\pi R^2 - \pi R^2\right) = \frac{5}{4}\pi R^2$.

क्षेत्रफल में वृद्धि $\% = \left(\frac{5}{4}\pi R^2 \times \frac{1}{\pi R^2} \times 100\right)\% = 125\%$.

56. माना वर्ग की प्रत्येक भुजा $= a$ सेमी०.

तब, $a^2 = 121 \Rightarrow a = \sqrt{121} = 11$ सेमी० $\Rightarrow$ तार की लम्बाई $= (4 \times 11)$ सेमी० $= 44$ सेमी०.

वृत्ताकार रूप में लेने पर, $2\pi R = 44 \Rightarrow 2 \times \frac{22}{7} \times R = 44 \Rightarrow R = \left(44 \times \frac{7}{44}\right) = 7$ सेमी०.

वृत्त का क्षेत्रफल $= \pi R^2 = \left(\frac{22}{7} \times 7 \times 7\right)$ वर्ग सेमी० $= 154$ वर्ग सेमी०.

57. माना प्रारम्भिक त्रिज्या $= R$. तब $\pi(R+1)^2 - \pi R^2 = 22$

$\frac{22}{7} \times \left[(R+1)^2 - R^2\right] = 22 \Rightarrow (R^2 + 2R + 1 - R^2) = 7 \Rightarrow 2R + 1 = 7 \Rightarrow 2R = 6 \Rightarrow R = 3$.

अत: प्रारम्भिक त्रिज्या $= 3$ सेमी०.

58. $\pi R^2 = 7 \times 2\pi R \Rightarrow R = 14$.

वृत्त की परिधि $= 2\pi R = \left(2 \times \frac{22}{7} \times 14\right) = 88$ इकाई.

59. $(2\pi R - R) = 37 \Rightarrow (2\pi - 1) \times R = 37 \Rightarrow \left(2 \times \frac{22}{7} - 1\right) \times R = 37 \Rightarrow \frac{37R}{7} = 37 \Rightarrow R = 7$.

वृत्त का क्षेत्रफल $= \pi R^2 = \left(\frac{22}{7} \times 7 \times 7\right)$ वर्ग सेमी० $= 154$ वर्ग सेमी०.

60. पहली त्रिज्या $= R \Rightarrow$ पहले क्षेत्रफल $= \pi R^2$ वर्ग इकाई.

नई त्रिज्या $= \left(\frac{70R}{100}\right) = \frac{7R}{10}$. नया क्षेत्रफल $= \pi \left(\frac{7R}{10}\right)^2 = \frac{49\pi R^2}{100}$ वर्ग इकाई.

क्षेत्रफल में कमी $= \left(\pi R^2 - \frac{49\pi R^2}{100}\right) = \frac{51\pi R^2}{100}$ वर्ग इकाई.

क्षेत्रफल में कमी $\% = \left(\frac{51\pi R^2}{100} \times \frac{1}{\pi R^2} \times 100\right)\% = 51\%$.

61. माना व्यास $= 2R$. तब, क्षेत्रफल $= \pi R^2$.

नया व्यास $= \left(2R \times \frac{140}{100}\right) = \frac{14R}{5} = 2 \times \left(\frac{7R}{5}\right)$.

नया क्षेत्रफल $= \pi \times \left(\frac{7R}{5}\right)^2 = \frac{49\pi R^2}{25}$.

क्षेत्रफल में वृद्धि $= \left(\frac{49\pi R^2}{25} - \pi R^2\right) = \frac{24\pi R^2}{25}$.

क्षेत्रफल में वृद्धि $\% = \left(\frac{24\pi R^2}{25} \times \frac{1}{\pi R^2} \times 100\right)\% = 96\%$.

62. मान पहले परिधि $= 2\pi R$. तब, क्षेत्रफल $= \pi R^2$.

नई परिधि $= \left(2\pi R \times \frac{150}{100}\right) = 2\pi\left(\frac{3R}{2}\right)$.

नया क्षेत्रफल $= \pi \times \left(\frac{3R}{2}\right)^2 = \frac{\pi \times 9R^2}{4} = \frac{9}{4}\pi R^2$.

क्षेत्रफल में वृद्धि $= \left(\frac{9\pi R^2}{4} - \pi R^2\right) = \frac{5\pi R^2}{4}$.

क्षेत्रफल में वृद्धि % $= \left(\frac{5\pi R^2}{4} \times \frac{1}{\pi R^2} \times 100\right)\% = 125\%$.

63. $(2R_1 + 2R_2) = 35$ ...(i)

$(2\pi R_1 - 2\pi R_2) = 22 \Rightarrow \frac{22}{7} \times (2R_1 - 2R_2) = 22$

$\therefore (2R_1 - 2R_2) = 7$ ...(ii)

(i) तथा (ii) को जोड़ने पर $4R_1 = 42 \Rightarrow R_1 = 10\cdot 5$.

(i) में से (ii) घटाने पर $4R_2 = 28 \Rightarrow R_2 = 7$.

छोटे वृत्त का क्षेत्रफल $= \pi(R_2)^2 = \left(\frac{22}{7} \times 7 \times 7\right)$ वर्ग मी० = 154 वर्ग मीटर.

64. 1 चक्कर में तय की गई दूरी $= 2\pi R = \pi \times (2R) = \left(\frac{22}{7} \times 1\cdot 26\right)$ मीटर = 3·96 मीटर.

500 चक्करों में तय की गई दूरी = (3·96 × 500) मीटर = 1980 मीटर.

65. 1 चक्कर में तय की गई दूरी $= 2\pi R = \left(2 \times \frac{22}{7} \times \frac{25}{100}\right)$ मीटर $= \frac{11}{7}$ मीटर.

(11 × 1000) मीटर दूरी तय करने में लगे चक्करों की संख्या $= \left(11 \times 1000 \times \frac{7}{11}\right) = 7000$.

66. एक चक्कर में तय की गई दूरी $= \left(2 \times \frac{22}{7} \times 14\right)$ सेमी० = 88 सेमी०.

44 किमी० दूरी तय करने में लगाये गये चक्करों की संख्या $= \frac{(44 \times 1000 \times 100)}{88} = 50000$.

67. एक चक्कर में तय की गई दूरी $= \frac{88 \times 1000}{1000}$ मीटर = 88 मीटर.

पहिये की परिधि = 88 मीटर.

$\therefore 2 \times \frac{22}{7} \times R = 88 \Rightarrow R = \left(88 \times \frac{7}{44}\right) = 14$ मीटर.

अत: पहिये की त्रिज्या = 14 मीटर.

68. माना वृत्त की त्रिज्या = a.

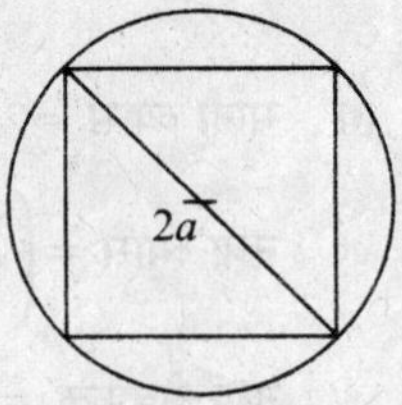

इसके अन्तर्गत बने वर्ग का विकर्ण = $2a$.

इस वर्ग का क्षेत्रफल $= \frac{1}{2} \times (2a)^2 = 2a^2$.

अर्द्ध-वृत्त की त्रिज्या = a. इसमें बने वर्ग की भुजा = b (माना)

तब $AB = b,\ OA = \frac{b}{2},\ OB = a$.

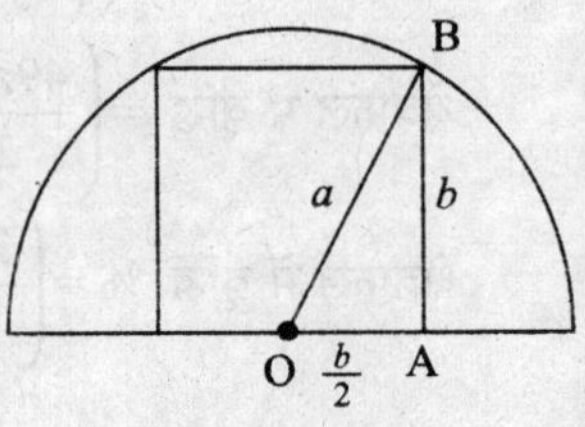

$\therefore a^2 = b^2 + \left(\frac{b}{2}\right)^2 \Rightarrow b^2 + \frac{b^2}{4} = a^2 \Rightarrow \frac{5b^2}{4} = a^2 \Rightarrow b^2 = \frac{4a^2}{5}$.

नये वर्ग का क्षेत्रफल $= b^2 = \frac{4a^2}{5}$.

अभीष्ट अनुपात $= 2a^2 : \frac{4a^2}{5} = 10:4 = 5:2.$

69. वृत्ताकार प्लॉट की परिमिति $= \left(\frac{3300}{15}\right)$ मीटर = 220 मीटर.

$2\pi R = 220 \Rightarrow 2\times\frac{22}{7}\times R = 220 \Rightarrow R = \left(220\times\frac{7}{44}\right) = 35$ मीटर.

फर्श का क्षेत्रफल $= \pi R^2 = \left(\frac{22}{7}\times 35\times 35\right)$ वर्ग मी॰ = 3850 वर्ग मीटर.

फर्श पक्का कराने का खर्च = ₹ (3850 × 100) = ₹ 385000.

70. माना पार्क की त्रिज्या = R मीटर. तब, $2\pi R = 176$.

$\therefore\ 2\times\frac{22}{7}\times R = 176 \Rightarrow R = \left(176\times\frac{7}{44}\right) = 28$ मीटर.

सड़क सहित पार्क की त्रिज्या = (28 + 7) मीटर = 35 मीटर.

सड़क का क्षेत्रफल $= \left[\pi\times(35)^2 - \pi\times(28)^2\right]$ वर्ग मी॰

$= \pi\times\left[(35)^2 - (28)^2\right]$ वर्ग मी॰ $= \left[\frac{22}{7}\times(35+28)\times(35-28)\right]$ वर्ग मी॰

= (22 × 63) वर्ग मी॰ = 1386 वर्ग मीटर.

71. माना आयत की लम्बाई = $14\,x$ सेमी॰ तथा चौड़ाई = $11\,x$ सेमी॰.

आयत का क्षेत्रफल $= (14\,x\times 11\,x)$ वर्ग सेमी॰ $= (154\,x^2)$ वर्ग सेमी॰.

वृत्त का क्षेत्रफल $= \left[\pi\times(21)^2\right]$ वर्ग सेमी॰ $= \left(\frac{22}{7}\times 21\times 21\right)$ वर्ग सेमी॰ = 1386 वर्ग सेमी॰.

$\Rightarrow 154x^2 = 1386 \Rightarrow x^2 = \frac{1386}{154} = 9 = (3)^2 \Rightarrow x = 3.$

आयत की परिमिति = 2 ($14\,x + 11\,x$) सेमी॰ = $50\,x$ सेमी॰ = (50 × 3) सेमी॰ = 150 सेमी॰.

72. माना वृत्त की त्रिज्या = R सेमी॰. तब, $2\pi R = 100 \Rightarrow R = \frac{50}{\pi}$.

$\therefore$ इस वृत्त में बने वर्ग के विकर्ण की लम्बाई = $2R$.

माना वर्ग की प्रत्येक भुजा = a सेमी॰.

तब, $a^2 + a^2 = (2R)^2 = 4R^2 \Rightarrow 2a^2 = 4R^2 \Rightarrow a^2 = 2R^2.$

$\Rightarrow a = \left(\sqrt{2}R\right) = \left(\frac{50\sqrt{2}}{\pi}\right)$ सेमी॰.

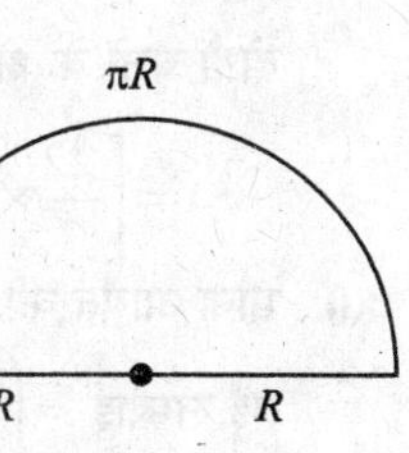

73. माना अर्द्धवृत्त की त्रिज्या = R सेमी॰. तब

$\pi R + 2R = 36 \Rightarrow \left(\frac{22}{7}+2\right)R = 36 \Rightarrow \frac{36R}{7} = 36 \Rightarrow R = 7.$

अर्द्धवृत्त का क्षेत्रफल $= \left(\frac{1}{2}\times\pi R^2\right) = \left(\frac{1}{2}\times\frac{22}{7}\times 7\times 7\right)$ वर्ग सेमी॰

= 77 वर्ग सेमी॰.

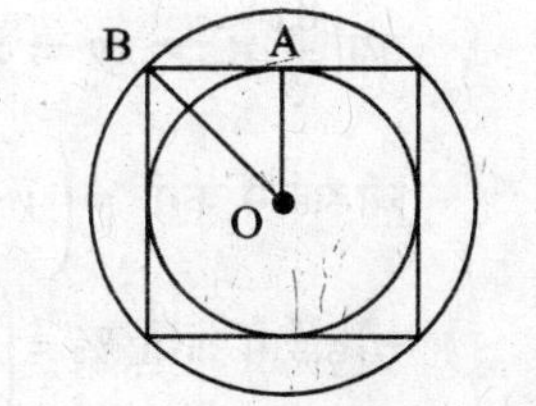

74. माना वर्ग की प्रत्येक भुजा = $2a$.

तब, अन्त:वृत्त की त्रिज्या = a.

$OB^2 = OA^2 + AB^2 = (a^2 + a^2) = 2a^2 \Rightarrow OB = \sqrt{2}a.$

बाह्यवृत्त की त्रिज्या $= \sqrt{2}a.$

इन वृत्तों के क्षेत्रफलों का अनुपात $= \pi a^2 : \pi\,(\sqrt{2}a)^2$

$= \pi a^2 : 2\pi a^2 = 1:2.$

75. माना इन वृत्तों की त्रिज्यायें क्रमशः R तथा r हैं.

तब, पहले वृत्त की चाप $=\left(R\times\frac{\pi}{3}\right)=\frac{R\pi}{3}$.

दूसरे वृत्त की चाप $=\left(r\times\frac{75\pi}{180}\right)=\frac{5\pi r}{12}$.

$\therefore\ \frac{R\pi}{3}=\frac{5\pi r}{12}\Rightarrow\frac{R}{r}=\left(\frac{5}{12}\times 3\right)=\frac{5}{4}$.

अत: $R:r=5:4$.

76. माना अभीष्ट त्रिज्या $=R$ मीटर. तब

$\pi R^2=\pi\times(5)^2+\pi\times(12)^2$

$\Rightarrow R^2=(5)^2+(12)^2=(25+144)=169=(13)^2$

$\Rightarrow R=13$ मीटर.

77. माना दिये गये वृत्त की त्रिज्या $=R$. तब, इसकी परिधि $=2\pi R$.

नई परिधि $=\left(\frac{50}{100}\times 2\pi R\right)=\pi R=2\pi\times\left(\frac{R}{2}\right)$.

पहले वृत्त का क्षेत्रफल $=\pi R^2$.

नये वृत्त का क्षेत्रफल $=\pi\times\left(\frac{R}{2}\right)^2=\frac{1}{4}\pi R^2$.

क्षेत्रफल में कमी $=\left(\pi R^2-\frac{1}{4}\pi R^2\right)=\frac{3}{4}\pi R^2$.

क्षेत्रफल में कमी % $=\left(\frac{3}{4}\pi R^2\times\frac{1}{\pi R^2}\times 100\right)\%=75\%$.

78. वर्ग की प्रत्येक भुजा $=\sqrt{196}$ सेमी० = 14 सेमी०.

बड़े वृत्त की त्रिज्या, $R=(2\times 14)$ सेमी० = 28 सेमी०.

छोटे वृत्त की त्रिज्या, $r=\left(\frac{3}{7}\times 28\right)$ सेमी० = 12 सेमी०.

छोटे वृत्त की परिधि $=2\pi r=(2\times\pi\times 12)$ सेमी० $=(24\pi)$ सेमी०.

```
 1 | 196 ( 14
   |  1
24 |  96
   |  96
   |   x
```

79. $2\pi r=132\Rightarrow 2\times\frac{22}{7}\times r=132\Rightarrow r=\left(132\times\frac{7}{44}\right)=21$ सेमी०.

$2\pi R=176\Rightarrow 2\times\frac{22}{7}\times R=176\Rightarrow R=\left(176\times\frac{7}{44}\right)=28$ सेमी०.

दोनों वृत्तों के क्षेत्रफलों में अन्तर $=\pi\times\left[(28)^2-(21)^2\right]$ वर्ग सेमी०.

$=\left[\frac{22}{7}\times(28+21)\times(28-21)\right]$ वर्ग सेमी० $=\left(\frac{22}{7}\times 49\times 7\right)$ वर्ग सेमी० = 1078 वर्ग सेमी०.

80. माना आयत की लम्बाई $=x$ तथा चौड़ाई $=y$.

नई लम्बाई $=\left(\frac{160}{100}\times x\right)=\frac{8x}{5}$. माना नई चौड़ाई $=z$.

तब $\frac{8x}{5}\times z=xy\Rightarrow z=\frac{5y}{8}$.

चौड़ाई में कमी $=\left(y-\frac{5y}{8}\right)=\frac{3y}{8}$.

चौड़ाई में कमी % $=\left(\frac{3y}{8}\times\frac{1}{y}\times 100\right)\%=\frac{75}{2}\%=37\frac{1}{2}\%$.

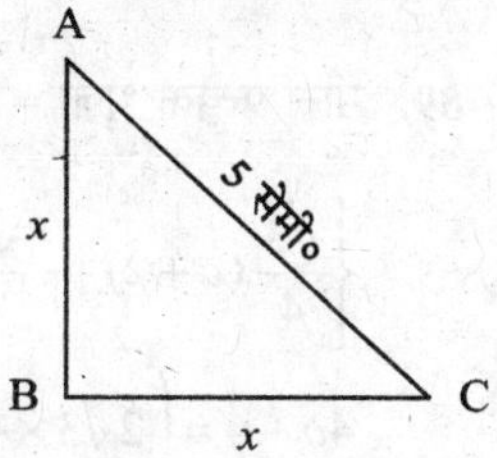

81. समकोण समद्विबाहु त्रिभुज में कर्ण $AC = 5$ सेमी०.

माना $AB = BC = x$ सेमी०. तब

$x^2 + x^2 = 5^2 \Rightarrow 2x^2 = 25 \Rightarrow x^2 = \frac{25}{2}$

त्रिभुज का क्षेत्रफल $= \left(\frac{1}{2} \times x \times x\right)$ वर्ग सेमी० $= \left(\frac{1}{2}x^2\right)$ वर्ग सेमी०

$= \left(\frac{1}{2} \times \frac{25}{2}\right)$ वर्ग सेमी० $= \frac{25}{4}$ वर्ग सेमी० $= 6{\cdot}25$ सेमी०^2.

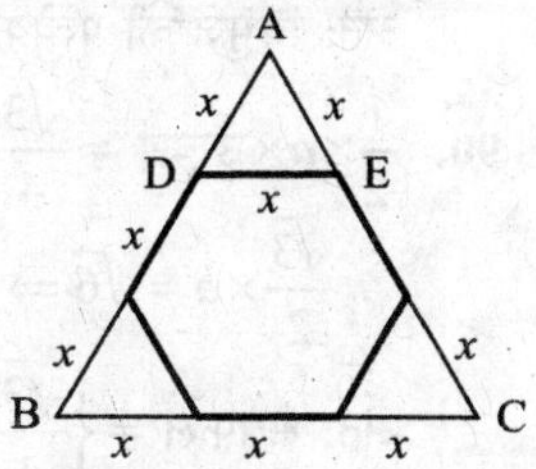

82. माना त्रिभुज की प्रत्येक भुजा $= 3x$ सेमी०. तब

$3x = 6 \Rightarrow x = 2.$

समषटभुज का क्षेत्रफल $= \Delta\, ABC$ का क्षेत्रफल $-3 \times (\Delta\, ADE$ का क्षेत्रफल)

$= \left[\left(\frac{\sqrt{3}}{4} \times 6 \times 6\right) - \left(3 \times \frac{\sqrt{3}}{4} \times 2 \times 2\right)\right]$ वर्ग सेमी०.

$= (9\sqrt{3} - 3\sqrt{3})$ वर्ग सेमी० $= 6\sqrt{3}$ वर्ग सेमी०.

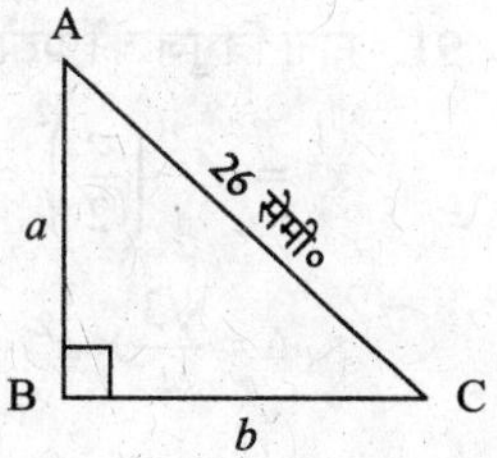

83. दिया है: $a + b + 26 = 60 \Rightarrow a + b = 34 \Rightarrow (a+b)^2 = (34)^2$.

$a^2 + b^2 = (26)^2$.

$2ab = (a+b)^2 - (a^2 + b^2) = (34)^2 - (26)^2 = (34+26)\,(34-26)$

$\Rightarrow 2ab = 60 \times 8 \Rightarrow ab = 240.$

$\Delta\, ABC$ का क्षेत्रफल $= \frac{1}{2} \times a \times b = \left(\frac{1}{2} \times 240\right) = 120$ सेमी०^2.

84. माना $a = 3$ सेमी०, $b = 4$ सेमी० तथा $c = 5$ सेमी०.

$\therefore\ s = \frac{1}{2}(a+b+c) = \frac{1}{2}(3+4+5)$ सेमी० $= 6$ सेमी०.

$\therefore\ \Delta = \sqrt{s\,(s-a)\,(s-b)\,(s-c)} = \sqrt{6 \times 3 \times 2 \times 1} = \sqrt{36} = 6$ सेमी०^2.

85. माना $a = 20$ मीटर, $b = 21$ मीटर तथा $c = 29$ मीटर. तब

$s = \frac{1}{2}(a+b+c) = \frac{1}{2}(20+21+29)$ मीटर $= 35$ मीटर.

$\therefore\ \Delta = \sqrt{s(s-a)\,(s-b)\,(s-c)} = \sqrt{35 \times 15 \times 14 \times 6}$

$= \sqrt{7 \times 7 \times 5 \times 5 \times 6 \times 6} = (7 \times 5 \times 6) = 210$ वर्ग सेमी०.

अभीष्ट खर्च = ₹ (210 × 9) = ₹ 1890.

86. $\Delta = \left(\frac{\sqrt{3}}{4} \times a^2\right) = \left(\frac{\sqrt{3}}{4} \times 8 \times 8\right)$ वर्ग सेमी० $= 16\sqrt{3}$ वर्ग सेमी०.

87. माना प्रत्येक भुजा $= a$ सेमी०. तब, क्षेत्रफल $= \left(\frac{\sqrt{3}}{4}a^2\right)$ वर्ग सेमी०.

$\therefore\ \frac{\sqrt{3}}{4}a^2 = 4\sqrt{3} \Rightarrow a^2 = 16 \Rightarrow a = 4.$

अत: प्रत्येक भुजा = 4 सेमी०.

88. $\Delta = \left(\frac{\sqrt{3}}{4} \times a^2\right) = \left[\frac{\sqrt{3}}{4} \times (2\sqrt{3})^2\right]$ वर्ग सेमी० $= \left(\frac{\sqrt{3}}{4} \times 12\right)$ वर्ग सेमी० $= 3\sqrt{3}$ वर्ग सेमी०.

$\frac{1}{2} \times 2\sqrt{3} \times h = 3\sqrt{3} \Rightarrow \sqrt{3} \times h = 3\sqrt{3} \Rightarrow h = 3$ सेमी०.

अत: त्रिभुज की ऊँचाई = 3 सेमी०.

89. माना प्रत्येक भुजा = a सेमी०. तब, क्षेत्रफल $= \left(\frac{\sqrt{3}}{4}a^2\right)$ वर्ग सेमी०.

$\left\{\frac{\sqrt{3}}{4}(a+2)^2 - \frac{\sqrt{3}}{4}a^2\right\} = 2\sqrt{3} \Rightarrow \frac{\sqrt{3}}{4}.\ \{(a+2)^2 - a^2\} = 2\sqrt{3}$

$4a+4 = \left(2\sqrt{3}\times\frac{4}{\sqrt{3}}\right) = 8 \Rightarrow 4a = 4 \Rightarrow a = 1.$

अत: त्रिभुज की प्रत्येक भुजा = 1 सेमी०.

90. $\frac{1}{2}\times a\times$ ऊँचाई $= \frac{\sqrt{3}}{4}a^2 \Rightarrow$ ऊँचाई $= \left(\frac{\sqrt{3}}{2}\times a\right)$

$\therefore\ \frac{\sqrt{3}}{2}\times a = \sqrt{6} \Rightarrow a = \frac{\sqrt{6}\times 2}{\sqrt{3}} = 2\sqrt{2}.$

अत: क्षेत्रफल $= \left\{\frac{\sqrt{3}}{4}\times(2\sqrt{2})^2\right\}$ सेमी०^2 $= \left(\frac{\sqrt{3}}{4}\times 8\right)$ सेमी०^2 $= (2\sqrt{3})$ सेमी०^2.

91. माना त्रिभुज की प्रत्येक भुजा = a. तब

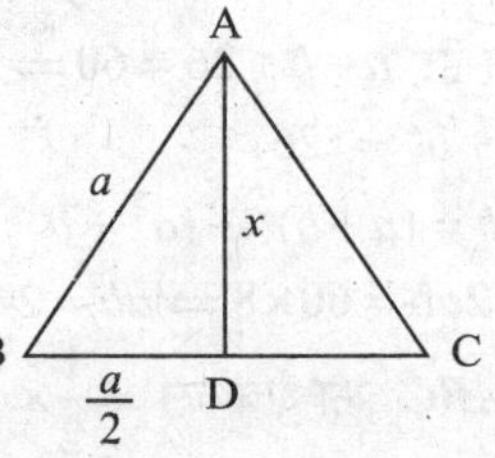

$x^2 = a^2 - \left(\frac{a}{2}\right)^2 = \left(a^2 - \frac{a^2}{4}\right) = \frac{3a^2}{4} \Rightarrow a^2 = \frac{4x^2}{3}.$

$\therefore\ \Delta = \frac{\sqrt{3}}{4}\times a^2 = \left(\frac{\sqrt{3}}{4}\times\frac{4x^2}{3}\right) = \frac{\sqrt{3}x^2}{3}.$

92. माना त्रिभुज की ऊँचाई = h सेमी०. तब

$\frac{1}{2}\times 24\times h = \frac{\sqrt{3}}{4}\times 24\times 24 \Rightarrow h = 12\sqrt{3}$ सेमी०.

$3r = 12\sqrt{3}$ (नोट करें) $\Rightarrow r = 4\sqrt{3}$.

अन्त:वृत्त का क्षेत्रफल $= \pi r^2 = \pi\times(4\sqrt{3})^2 = (48\pi)$ वर्ग सेमी०.

93. $\pi r^2 = 462 \Rightarrow \frac{22}{7}\times r^2 = 462 \Rightarrow r^2 = \left(462\times\frac{7}{22}\right) = 147 \Rightarrow r = 7\sqrt{3}$ सेमी०

त्रिभुज की ऊँचाई $= 3r = 21\sqrt{3}$ सेमी०.

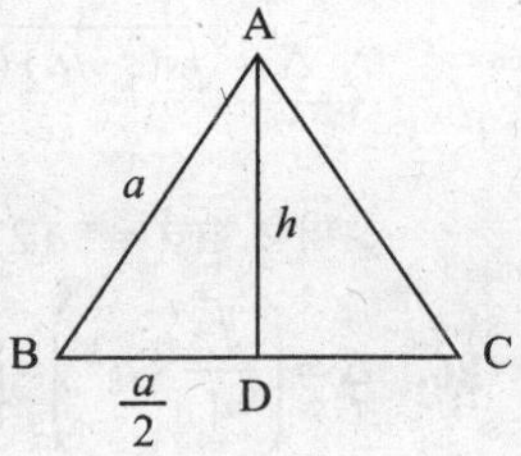

$\therefore\ h^2 = a^2 - \left(\frac{a}{2}\right)^2 = \left(a^2 - \frac{a^2}{4}\right) = \frac{3a^2}{4}$

$\Rightarrow \frac{3a^2}{4} = (21\sqrt{3})^2 = 1323$

$\Rightarrow a^2 = \left(\frac{1323\times 4}{3}\right) = (441\times 4) \Rightarrow a = (21\times 2) = 42$ सेमी०.

त्रिभुज का परिमाप = (3 × 42) सेमी० = 126 सेमी०.

94. माना वर्ग की प्रत्येक भुजा = a सेमी०. तब, वर्ग का विकर्ण $= \sqrt{2}a$.

$\therefore\ \sqrt{2}a = 12\sqrt{2} \Rightarrow a = 12.$

त्रिभुज की परिमिति = वर्ग की परिमिति = (4 × 12) सेमी० = 48 सेमी०.

त्रिभुज की प्रत्येक भुजा $= \left(\frac{1}{3}\times 48\right)$ सेमी० = 16 सेमी०.

त्रिभुज का क्षेत्रफल $= \left(\frac{\sqrt{3}}{4}\times 16\times 16\right)$ वर्ग सेमी० $= 64\sqrt{3}$ वर्ग सेमी०.

95. माना त्रिभुज की भुजायें $5x$ सेमी०, $5x$ सेमी० तथा $4x$ सेमी० हैं. तब

$(5x+5x+4x)=14 \Rightarrow 14x=14 \Rightarrow x=1.$

$\therefore a=5$ सेमी०, $b=5$ सेमी० तथा $c=4$ सेमी०.

$\Rightarrow s=\frac{1}{2}(5+5+4)=7, (s-a)=2, (s-b)=2$ तथा $(s-c)=3$

$\Rightarrow \Delta=\sqrt{s(s-a)(s-b)(s-c)}=\sqrt{7\times2\times2\times3}=2\sqrt{21}$ वर्ग सेमी०.

96. माना त्रिभुज की शेष भुजायें a तथा b हैं. तब,

$a^2+b^2=(13)^2=169$ तथा $\frac{1}{2}\times ab=30 \Rightarrow ab=60.$

$(a+b)^2=(a^2+b^2)+2ab=(169+2\times60)=289.$

$(a-b)^2=(a^2+b^2)-2ab=(169-2\times60)=49.$

$\therefore (a+b)=\sqrt{289}=17$ तथा $(a-b)=\sqrt{49}=7.$

इन्हें हल करने पर, $a=12$ तथा $b=5$.

अत: छोटी भुजा की लम्बाई = 5 सेमी०.

97. हम जानते हैं कि प्रत्येक त्रिभुज में इसकी दो भुजाओं का योग सदैव तीसरी भुजा से बड़ा होता है.

अत: किसी समद्विबाहु त्रिभुज की भुजायें 7 सेमी०, 7 सेमी० तथा 15 सेमी० नहीं हो सकतीं.

अत: ये भुजायें 7 सेमी०, 15 सेमी० तथा 15 सेमी० हैं.

$\therefore$ इस त्रिभुज की परिमिति = (7 + 15 + 15) सेमी० = 37 सेमी०.

98. $\frac{1}{2}\times12$ ऊँचाई $=12\times12 \Rightarrow$ ऊँचाई = 24 सेमी० $\Rightarrow$ शीर्ष लम्ब = 24 सेमी०.

99. $\frac{1}{2}\times$ आधार $\times 90=60\times60 \Rightarrow$ आधार $=\frac{(60\times60)}{45}=80$ मीटर.

100. माना वर्ग की प्रत्येक भुजा = a सेमी० तथा त्रिभुज की प्रत्येक भुजा = a सेमी०.

(वर्ग का क्षेत्रफल) : (त्रिभुज का क्षेत्रफल) $=a^2:\frac{\sqrt{3}}{4}a^2=4:\sqrt{3}.$

101. पहले त्रिभुज का क्षेत्रफल $=\left(\frac{1}{2}\times15\times12\right)$ वर्ग मीटर = 90 वर्ग मीटर.

नई त्रिभुज का क्षेत्रफल = (2 × 90) वर्ग मीटर = 180 वर्ग मीटर.

माना इस त्रिभुज की ऊँचाई = h मीटर.

तब, $\frac{1}{2}\times20\times h=180 \Rightarrow h=18$ मीटर.

102. समान्तर चतुर्भुज का क्षेत्रफल = (आधार × ऊँचाई) = (18 × 8) वर्ग सेमी० = 144 वर्ग सेमी०.

103. माना दिया गया समान्तर चतुर्भुज $ABCD$ है. जिसमें

$AB=30$ मीटर, $BC=14$ मीटर तथा $AC=40$ मीटर.

$\therefore s=\frac{1}{2}(30+14+40)=42, (s-a)=12, (s-b)=28, (s-c)=2.$

$\Rightarrow \Delta=\sqrt{s(s-a)(s-b)(s-c)}=\sqrt{42\times12\times28\times2}$

$=\sqrt{7\times7\times6\times6\times4\times4}$

$=(7\times6\times4)=168$ वर्ग मीटर.

$\Rightarrow$ समान्तर चतुर्भुज $ABCD$ का क्षेत्रफल = (2 × 168) वर्ग मीटर = 336 वर्ग मीटर.

104. स्पष्ट है कि वर्ग का क्षेत्रफल, समचतुर्भुज के क्षेत्रफल से बड़ा होगा.
अत: अभीष्ट अनुपात 1 से बड़ा होगा.

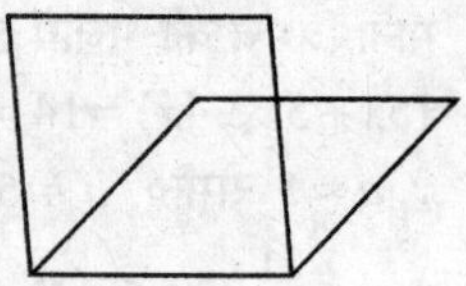

105. समचतुर्भुज का क्षेत्रफल $= \left(\frac{1}{2} \times d_1 \times d_2\right)$

$\therefore \frac{1}{2} \times 18 \times x = 144 \Rightarrow 9x = 144 \Rightarrow x = 16.$

अत: दूसरा विकर्ण = 16 सेमी०.

106. माना $d_1 = x$ तथा $d_2 = x$ का 80% $= \left(x \times \frac{80}{100}\right) = \frac{4x}{5}.$

क्षेत्रफल $= \left(\frac{1}{2} \times x \times \frac{4x}{5}\right) = \frac{2}{5}x^2.$

अभीष्ट मान $= \frac{2}{5}.$

107. समचतुर्भुज *ABCD* में :

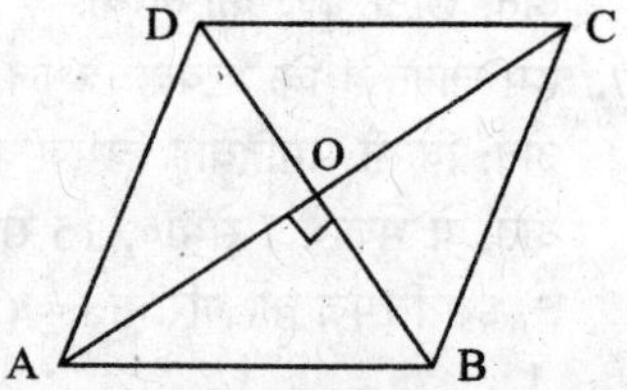

$OA = \frac{1}{2} \times AC = \left(\frac{1}{2} \times 8\right)$ सेमी० = 4 सेमी०

$AB = 5$ सेमी० (दिया है) तथा $\angle AOB = 90°.$

$\therefore OB^2 = (AB^2 - OA^2) = (5)^2 - (4)^2 = (25 - 16) = 9$

$\Rightarrow OB = 3$ सेमी० $\Rightarrow BD = (2 \times OB) = 6$ सेमी०.

$\therefore$ समचतुर्भुज *ABCD* का क्षेत्रफल $= \frac{1}{2} \times AC \times BC = \left(\frac{1}{2} \times 8 \times 6\right)$ वर्ग सेमी० = 24 वर्ग सेमी०.

108. $AB = \left(\frac{1}{4} \times 52\right)$ मीटर = 13 मीटर.

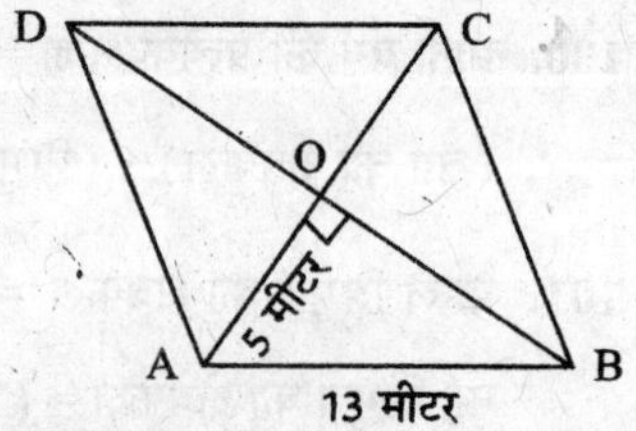

$OA = \left(\frac{1}{2} \times AC\right) = \left(\frac{1}{2} \times 10\right)$ मीटर = 5 मीटर.

$OB^2 = (AB^2 - OA^2) = (13)^2 - (5)^2 = (169 - 25) = 144$

$\Rightarrow OB = \sqrt{144} = 12$ मीटर.

$\Rightarrow$ बड़े विकर्ण की लम्बाई = $BD = (2 \times 12)$ मीटर = 24 मीटर.

109. समलम्ब चतुर्भुज का क्षेत्रफल $= \frac{1}{2} \times$ (समान्तर भुजाओं का योग) $\times$ उनके बीच की दूरी

$= \left\{\frac{1}{2} \times (1 \cdot 5 + 2 \cdot 5) \times 6 \cdot 5\right\}$ वर्ग मी० = 13 वर्ग मी०.

110. माना समलम्ब चतुर्भुज की भुजायें $3x$ सेमी० तथा $5x$ सेमी० हैं. तब,

$\frac{1}{2}(3x + 5x) \times 12 = 384 \Rightarrow 48x = 384 \Rightarrow x = 8.$

छोटी भुजा की लम्बाई = (3×8) सेमी० = 24 सेमी०.

111. अभीष्ट क्षेत्रफल $= \frac{1}{4} \times \pi R^2$

$= \left(\frac{1}{4} \times \frac{22}{7} \times 14 \times 14\right)$ मी०^2 = 154 मी०^2.

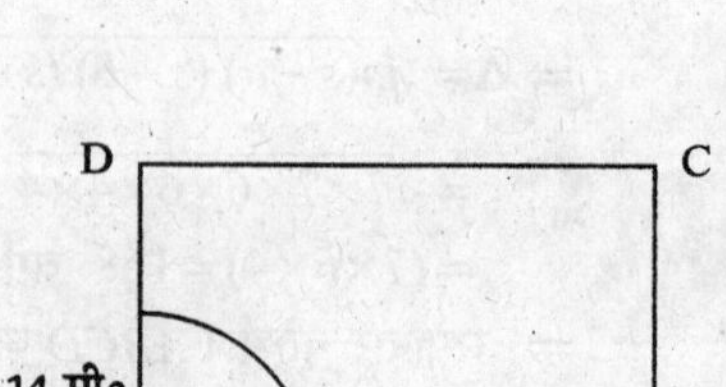

112. ΔABC का क्षेत्रफल $= \frac{1}{2} \times BC \times AE$

$$= \frac{1}{2} \times 2BE \times AE = BE \times AE$$

$$= \left(\sqrt{BD^2 - DE^2}\right)(AD + DE)$$

$$= (r^2 - DE^2)^{\frac{1}{2}} (r + DE) = (r - DE)^{\frac{1}{2}} (r + DE)^{\frac{1}{2}} (r + DE)$$

$$= (r - DE)^{1/2} (r + DE)^{3/2}.$$

113. परिवृत्त की त्रिज्या, $R = \frac{abc}{4\Delta}$

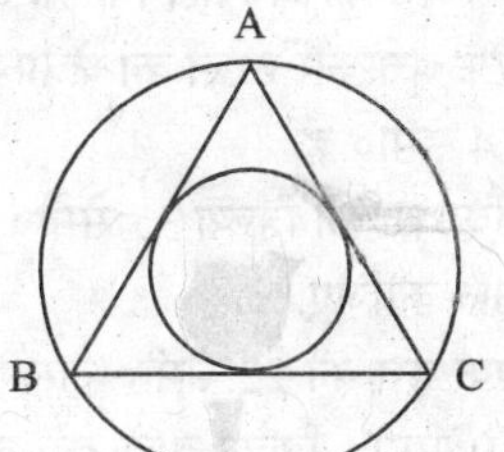

$$\Rightarrow R = \left(\frac{8 \times 8 \times 8}{4 \times \frac{\sqrt{3}}{4} \times 8 \times 8}\right) = \frac{8}{\sqrt{3}}.$$

अन्तःवृत्त की त्रिज्या, $r = \frac{\Delta}{s}$

$$\Rightarrow r = \frac{\frac{\sqrt{3}}{4} \times 8 \times 8}{\frac{1}{2}(8 + 8 + 8)} = \frac{\sqrt{3} \times 16 \times 2}{24} = \frac{4}{\sqrt{3}}.$$

अभीष्ट क्षेत्रफल $= \pi(R^2 - r^2) = \frac{22}{7} \times \left(\frac{64}{3} - \frac{16}{3}\right) = \left(\frac{22}{7} \times 16\right)$ सेमी॰^{2}

$$= \frac{352}{7} \text{ सेमी॰}^2 = 50\frac{2}{7} \text{ सेमी॰}^2.$$

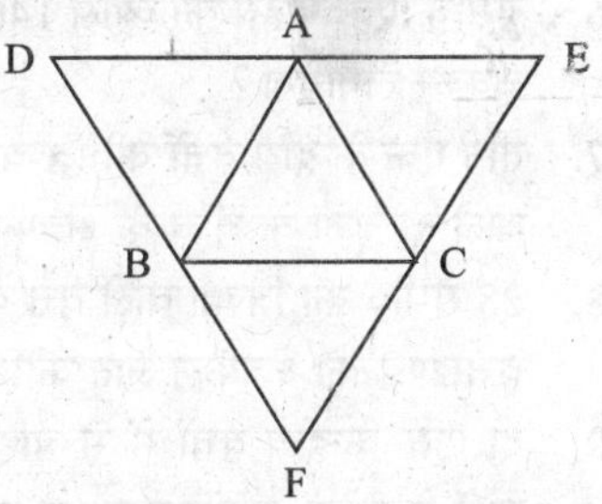

114. ΔDEF की परिमिति $= DE + DF + EF$

$$= 2\,BC + 2\,AC + 2\,AB$$

$$= 2\,(BC + AC + AB)$$

$= 2 \times$ (ΔABC की परिमिति)

$\frac{\Delta DEF \text{ की परिमिति}}{\Delta ABC \text{ की परिमिति}} = \frac{2}{1} \Rightarrow$ अभीष्ट अनुपात = 2 : 1.

प्रश्नमाला 23B

1. वर्ग $ABCD$ की भुजा CD पर एक बिन्दु X इस प्रकार है कि CD = 5 सेमी॰. यदि ΔADX का क्षेत्रफल 42 वर्ग सेमी॰ हो, तो वर्ग की प्रत्येक भुजा की लम्बाई ज्ञात कीजिए. **(एस॰एस॰सी॰ परीक्षा, 2006)**
2. एक आयताकार खेल का मैदान 160 मीटर लम्बा तथा 120 मीटर चौड़ा है. इसके चारों ओर अन्दर की ओर समान चौड़ाई का रास्ता बना है. यदि इस रास्ते का क्षेत्रफल 2176 वर्गमीटर हो, तो रास्ते की चौड़ाई ज्ञात कीजिए.
3. एक आयताकार मैदान की लम्बाई 31 मीटर तथा चौड़ाई 14 मीटर है. इसके बाहर चारों ओर 2 मीटर चौड़ा रास्ता बना है. इस रास्ते पर ₹ 7 प्रति वर्ग मीटर की दर से रोड़ी बिछाने का खर्च क्या होगा?
4. एक आयताकार खेत 40 मीटर लम्बा तथा 28 मीटर चौड़ा है. खेत के एक कोने से 12 मीटर लम्बा, 6 मीटर चौड़ा तथा 5 मीटर गहरा गड्ढा खोदकर उसमें से निकाली गई मिट्टी खेत के शेष भाग में समान रूप से फैला दी गई है. ज्ञात कीजिए कि खेत का स्तर कितना ऊँचा उठ गया है. **(एस॰एस॰सी॰ परीक्षा, 2000)**
5. 80 मीटर लम्बे तथा 60 मीटर चौड़े एक आयताकार मैदान के बीचों-बीच परस्पर काटती हुई समान चौड़ाई वाली दो सड़कें हैं. यदि इन सड़कों का क्षेत्रफल 675 वर्ग मीटर हो, तो प्रत्येक सड़क की चौड़ाई कितनी है? **(एस॰एस॰सी॰ परीक्षा, 2001)**

6. एक आयताकार मैदान की लम्बाई में 60% की वृद्धि करने तथा चौड़ाई में 60% की कमी करने पर इस मैदान के क्षेत्रफल में कितने प्रतिशत कमी अथवा वृद्धि होगी ?

7. एक वर्गाकार मैदान की परिमिति एक वृत्ताकार मैदान की परिमिति के बराबर है. यदि वर्गाकार मैदान का क्षेत्रफल 3025 वर्ग मीटर हो, तो वृत्ताकार मैदान का क्षेत्रफल ज्ञात कीजिए.

8. किसी चतुर्भुज के एक विकर्ण की लम्बाई 30 सेमी० है तथा विपरीत शीर्ष बिन्दुओं से इस विकर्ण पर डाले गये लम्बों की लम्बाइयाँ क्रमश: 6·8 सेमी० तथा 9·6 सेमी० हैं. चतुर्भुज का क्षेत्रफल ज्ञात कीजिए.

9. एक चतुर्भुज $ABCD$ का क्षेत्रफल ज्ञात कीजिए जिसमें $AB = 28$ सेमी०, $BC = 26$ सेमी०, $AC = 30$ सेमी०, $AD = 40$ सेमी० तथा $CD = 50$ सेमी० है.

10. एक तार को 28 सेमी० की त्रिज्या के वृत्त के आकार में मोड़ा गया है. इसे यदि वर्ग के आकार में मोड़ा जाये, तो इस वर्ग का क्षेत्रफल कितना होगा ? **(एस०एस०सी० परीक्षा, 2004)**

11. एक वृत्ताकार छल्ले का क्षेत्रफल क्या होगा जिसकी बाह्य तथा अन्त: परिधियों के अर्द्धव्यास क्रमश: 21 सेमी० तथा 14 सेमी० हों ?

12. एक वृत्त की त्रिज्या 35 सेमी० है. इसकी 44 सेमी० लम्बी चाप तथा दो त्रिज्याओं के बीच बने वृत्तखण्ड का क्षेत्रफल ज्ञात कीजिए.

13. एक वृत्त की 22 सेमी० लम्बी एक चाप केन्द्र पर 72° का कोण बनाती है. वृत्त की त्रिज्या ज्ञात कीजिए.

14. 10 सेमी० त्रिज्या वाले वृत्त की एक जीवा AB वृत्त के केन्द्र पर समकोण बनाती है. वृत्त के लघु एवं दीर्घ वृत्त खण्डों के क्षेत्रफल ज्ञात कीजिए. ($\pi = 3{\cdot}14$ लें) **(एस०एस०सी० परीक्षा, 2006)**

15. एक वृत्त की त्रिज्या 28 सेमी० है. इसकी एक चाप केन्द्र पर 72° का कोण बनाती है. इस चाप की लम्बाई ज्ञात कीजिए तथा इस प्रकार बने वृत्तखण्ड का क्षेत्रफल ज्ञात कीजिए.

16. बस के एक पहिये का व्यास 140 सेमी० है. 66 किमी० प्रति घण्टा की चाल के लिये यह पहिया प्रति मिनट कितने चक्कर लगायेगा ?

17. तीन एक केन्द्रीय वृत्तों की त्रिज्यायें 1 : 2 : 3 के अनुपात में हैं. अन्दर वाले दो वृत्तों के बीच के क्षेत्रफल का बाहर वाले दो वृत्तों के बीच के क्षेत्रफल से अनुपात ज्ञात कीजिए. **(एस०एस०सी० परीक्षा, 2008)**

18. 28 सेमी० की त्रिज्या वाले वृत्त की एक चाप केन्द्र पर 72° का कोण बनाती है. चाप की लम्बाई तथा उससे निर्मित वृत्तखण्ड का क्षेत्रफल ज्ञात कीजिए. **(एस०एस०सी० परीक्षा, 2008)**

19. दो एक-केन्द्रीय वृत्तों में से बाहरी वृत्त का अर्द्धव्यास 24 सेमी० है. यदि अन्दर वाले वृत्त का क्षेत्रफल उन दोनों वृत्तों के बीच के क्षेत्रफल का एक-तिहाई हो, तो बाहर वाले वृत्त की परिधि का अन्दर वाले वृत्त की परिधि से अनुपात ज्ञात कीजिए. **(एस०एस०सी० परीक्षा, 2009)**

20. एक त्रिभुजाकार खेत की भुजायें क्रमश: 112 मीटर, 78 मीटर तथा 50 मीटर लम्बी हैं. इस खेत का क्षेत्रफल ज्ञात कीजिए.

21. एक त्रिभुजाकार खेत का परिमाप 450 मीटर है तथा इसकी भुजाओं का अनुपात 5:12:13 है. इस खेत में ₹ 20 प्रति वर्गमीटर की दर से फसल काटने का खर्च क्या होगा ?

22. एक बगीचा त्रिभुजाकार आकृति का है जिसकी प्रत्येक भुजा 10 मीटर लम्बी है. इस बगीचे का क्षेत्रफल ज्ञात करें, जबकि $\sqrt{3} = 1{\cdot}732$.

23. एक समबाहु त्रिभुज की प्रत्येक भुजा 20 सेमी० लम्बी है. इस त्रिभुज की ऊँचाई ज्ञात कीजिए.

24. एक समबाहु ΔABC के एक आन्तरिक बिन्दु O से भुजा BC, AC तथा AB पर लम्ब क्रमश: OD, OE तथा OF खींचे गये हैं. इन लम्बों की लम्बाई क्रमश: 24 सेमी०, 20 सेमी० तथा 22 सेमी० हैं. ΔABC का क्षेत्रफल ज्ञात कीजिए.

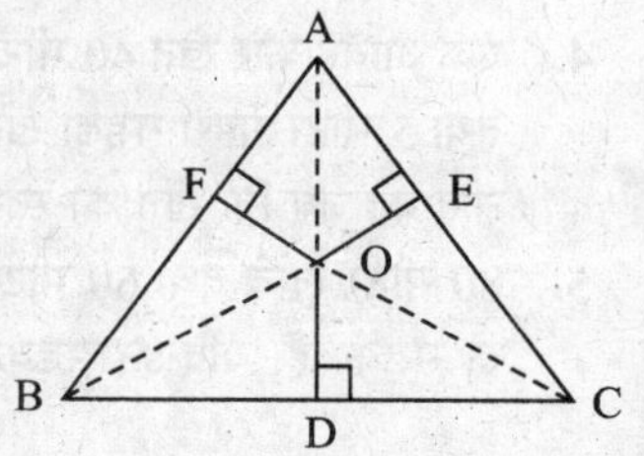

25. एक त्रिभुजाकार खेत के आधार की लम्बाई, ऊँचाई से तीन गुनी है. यदि खेत में ₹ 120 प्रति हैक्टेयर की दर से फसल काटने का कुल खर्च ₹ 1620 हो, तो खेत का आधार तथा ऊँचाई ज्ञात कीजिए.

26. एक वृत्त की परिधि उसके व्यास से 16·8 सेमी॰ अधिक है. वृत्त की त्रिज्या कितनी है ?

(एस॰एस॰सी॰ परीक्षा, 2003)

27. एक वृत्त में एक अन्त:वर्ग खींचा गया है. वृत्त के क्षेत्रफल का वर्ग के क्षेत्रफल से क्या अनुपात है ?

(एस॰एस॰सी॰ परीक्षा, 2003)

28. संलग्न आकृति में *POQ* तथा *ROS* उस वृत्त के व्यास हैं जिसका केन्द्र *O* तथा त्रिज्या 14 सेमी॰ है. इसमें छायांकित भाग का क्षेत्रफल ज्ञात कीजिए.

(एस॰एस॰सी॰ परीक्षा, 2000)

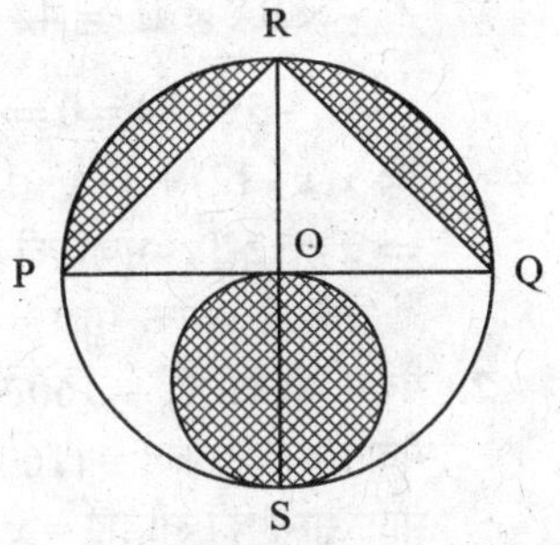

29. एक समचतुर्भुज का क्षेत्रफल एक ऐसे त्रिभुज के क्षेत्रफल के बराबर है जिसका आधार 24·8 सेमी॰ तथा ऊँचाई 16·5 सेमी॰ हैं. यदि इस समचतुर्भुज का एक विकर्ण 22 सेमी॰ लम्बा हो, तो दूसरे विकर्ण की लम्बाई ज्ञात कीजिए.

30. एक समचतुर्भुज की प्रत्येक भुजा 20 सेमी॰ लम्बी है तथा इसके एक विकर्ण की लम्बाई 24 सेमी॰ है. इस समचतुर्भुज का क्षेत्रफल ज्ञात कीजिये.

31. एक समान्तर चतुर्भुज का आधार इसकी ऊँचाई का तिगुना है. यदि इसका क्षेत्रफल 108 वर्ग सेमी॰ हो तो इसका आधार तथा ऊँचाई ज्ञात कीजिए.

32. एक समलम्ब चतुर्भुज का क्षेत्रफल 352 वर्ग सेमी॰ है तथा इसकी समान्तर भुजाओं के बीच की दूरी 16 सेमी॰ है. यदि समान्तर भुजाओं में से एक भुजा 25 सेमी॰ लम्बी हो, तो दूसरी भुजा की लम्बाई ज्ञात कीजिए.

33. एक समलम्ब चतुर्भुज की समान्तर भुजायें क्रमश: 25 सेमी॰ तथा 13 सेमी॰ लम्बी हैं तथा इसकी असमान्तर भुजाओं में से प्रत्येक की लम्बाई 10 सेमी॰ है. इस समलम्ब चतुर्भुज का क्षेत्रफल ज्ञात कीजिए.

34. एक समलम्ब चतुर्भुज *ABCD* में $AB \parallel DC$, $AB = 78$ सेमी॰, $CD = 52$ सेमी॰, $AD = 28$ सेमी॰ तथा $BC = 30$ सेमी॰ हैं. इस समलम्ब चतुर्भुज का क्षेत्रफल ज्ञात कीजिए.

उत्तरमाला (प्रश्नमाला 23B)

1. 12 सेमी॰ **2.** 4 मीटर **3.** ₹ 1372 **4.** 34·35 सेमी॰ **5.** 5 मीटर
6. 36% **7.** 3850 वर्ग मीटर **8.** 246 वर्ग मी॰ **9.** 936 वर्ग सेमी॰ **10.** 1936 वर्ग सेमी॰
11. 770 वर्ग सेमी॰ **12.** 770 वर्ग सेमी॰ **13.** 17·5 सेमी॰ **14.** 78·5 वर्ग सेमी॰, 235·5 वर्ग सेमी॰
15. 492·8 वर्ग सेमी॰ **16.** 250 **17.** 3 : 5 **18.** 492·8 वर्ग सेमी॰
19. 2 : 1 **20.** 1680 वर्ग सेमी॰ **21.** ₹ 13500
22. 43·3 वर्ग सेमी॰ **23.** 17·32 वर्ग सेमी॰ **24.** $(1452\sqrt{3})$ वर्ग सेमी॰
25. 900 मीटर, 300 मीटर **26.** 3·92 सेमी॰ **27.** 11 : 7 **28.** 266 वर्ग सेमी॰
29. 18·6 सेमी॰ **30.** 384 वर्ग सेमी॰ **31.** 18 सेमी॰, 6 सेमी॰ **32.** 19 सेमी॰
33. 152 वर्ग सेमी॰ **34.** 1680 वर्ग सेमी॰

दिये गये प्रश्नों के हल प्रश्नमाला 23B

1. माना दिया गया वर्ग $ABCD$ है जिसकी भुजा CD पर बिन्दु X इस प्रकार दिया है कि $CX = 5$ सेमी०.

माना वर्ग की प्रत्येक भुजा $= x$ सेमी०.

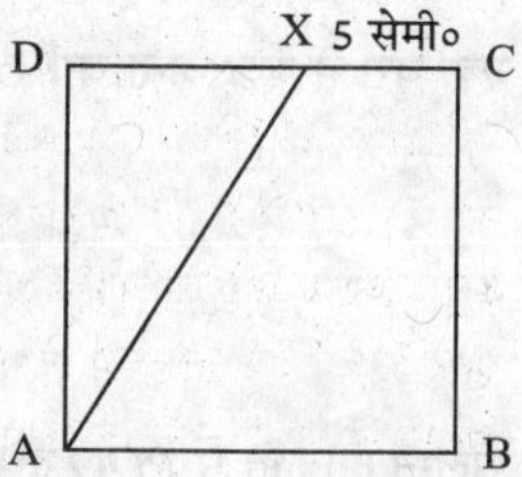

स्पष्ट है कि ΔADX में $\angle ADX = 90°$.

दिया है कि ΔADX का क्षेत्रफल = 42 वर्ग सेमी०.

$\therefore \frac{1}{2} \times DX \times AD = 42 \Rightarrow \frac{1}{2}(x-5)\,x = 42$

$\Rightarrow x^2 - 5x - 84 = 0 \Rightarrow x^2 - 12x + 7x - 84 = 0$

$\Rightarrow x(x-12) + 7(x-12) = 0 \Rightarrow (x-12)(x+7) = 0$

$\Rightarrow x = 12$ [$\because$ भुजा की लम्बाई ऋणात्मक नहीं हो सकती]

$\therefore$ वर्ग की प्रत्येक भुजा = 12 सेमी०.

2. मैदान की लम्बाई = 160 मीटर तथा चौड़ाई = 120 मीटर.

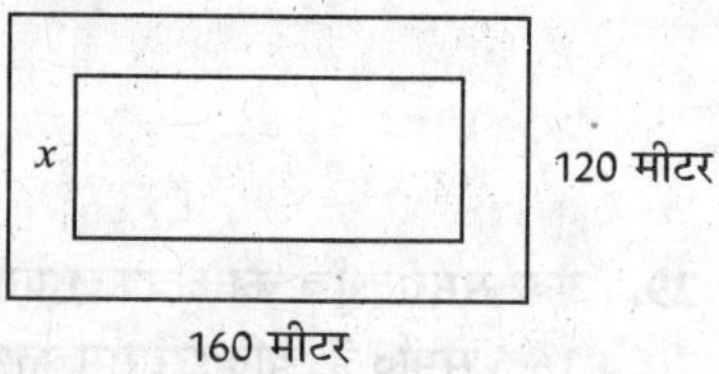

मैदान का क्षेत्रफल = (160 × 120) वर्ग मीटर = 19200 वर्ग मीटर.

माना रास्ते की चौड़ाई $= x$ मीटर.

रास्ते को छोड़कर शेष मैदान की लम्बाई $= (160 - 2x)$ मी०

तथा चौड़ाई $= (120 - 2x)$ मी०.

रास्ते को छोड़कर मैदान का क्षेत्रफल $= (160 - 2x)(120 - 2x)$ वर्ग मीटर.

रास्ते का क्षेत्रफल $= [19200 - (160 - 2x)(120 - 2x)]$ वर्ग मीटर

$= (560x - 4x^2)$ वर्ग मीटर.

$\therefore 560x - 4x^2 = 2176 \Rightarrow 4x^2 - 560x + 2176 = 0$

$\Rightarrow x^2 - 140x + 544 = 0$

$\Rightarrow x^2 - 136x - 4x + 544 = 0 \Rightarrow x(x-136) - 4(x-136) = 0$

$\Rightarrow (x-136)(x-4) = 0 \Rightarrow x = 4 \quad [\because x \neq 136]$

अत: रास्ते की चौड़ाई = 4 मीटर.

3. मैदान की लम्बाई = 31 मीटर तथा चौड़ाई = 14 मीटर.

रास्ते सहित मैदान की लम्बाई = (31 + 2 × 2) मीटर = 35 मीटर तथा चौड़ाई = (14 + 2 × 2) मी० = 18 मी०.

रास्ते का क्षेत्रफल = [(35 × 18) – (31 × 14)] वर्ग मी० = (630 – 434) वर्ग मी० = 196 वर्ग मी०.

रोड़ी बिछाने का खर्च = ₹ (196 × 7) = ₹ 1372.

4. खेत की लम्बाई = 40 मीटर तथा चौड़ाई = 28 मीटर.

मिट्टी का आयतन = (12 × 6 × 5) घन मीटर = 360 घन मीटर.

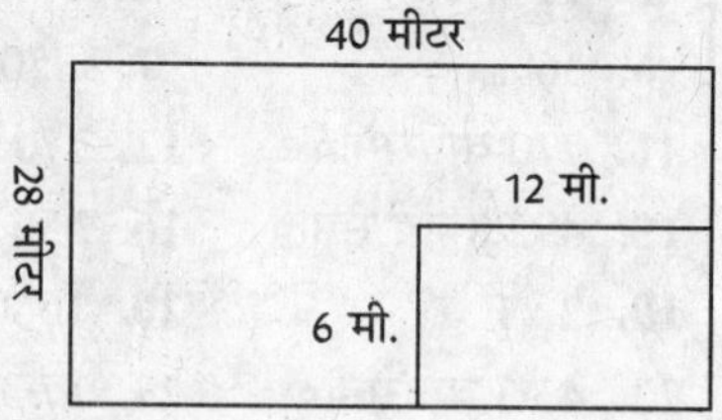

गड्ढे का क्षेत्रफल = (12 × 6) वर्ग मी० = 72 वर्ग मी०.

मिट्टी बिछाई जाने वाले भाग का क्षेत्रफल

= [(40 × 28) – 72] वर्ग मी० = (1120 – 72) वर्ग मी०

= 1048 वर्ग मी०.

माना इस भाग की ऊँचाई $= h$ मीटर. तब,

$1048 \times h = 360 \Rightarrow h = \left(\frac{360}{1048} \times 100\right)$ सेमी० = 34·35 सेमी०.

अत: खेत के स्तर में वृद्धि = 34·35 सेमी०.

5. माना प्रत्येक सड़क की चौड़ाई = 3 मीटर.

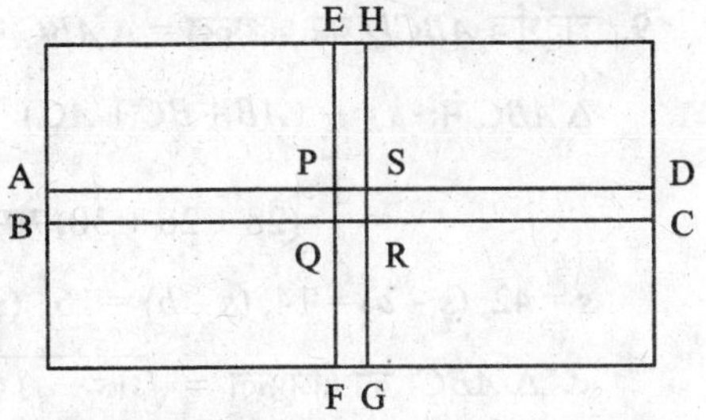

सड़कों का क्षेत्रफल = $ABCD + EFGH - PQRS$

$= (80 \times x + 60 \times x - x \times x)$ वर्ग मी०.

$\therefore\ 80x + 60x - x^2 = 675 \Rightarrow x^2 - 140x + 675 = 0$

$\Rightarrow x^2 - 135x - 5x + 675 = 0$

$\Rightarrow x(x-135) - 5(x-135) = 0$

$\Rightarrow (x-135)(x-5) = 0 \Rightarrow x = 5.$

अत: सड़क की चौड़ाई = 5 मीटर.

6. माना मैदान की मूलरूप से लम्बाई = a मीटर तथा चौड़ाई = b मीटर.

इसका क्षेत्रफल = ab वर्ग मी०.

नई लम्बाई = a का 160% $= \left(a \times \frac{160}{100}\right)$ मी० $= \frac{8a}{5}$ मी०.

नई चौड़ाई = b का 40% $= \left(b \times \frac{40}{100}\right)$ मी० $= \frac{2b}{5}$ मी०.

नया क्षेत्रफल $= \left(\frac{8a}{5} \times \frac{2b}{5}\right)$ वर्ग मी० $= \left(\frac{16}{25}ab\right)$ वर्ग मी०.

क्षेत्रफल में कमी $= \left(ab - \frac{16ab}{25}\right)$ वर्ग मी० $= \frac{9ab}{25}$ वर्ग मी०.

क्षेत्रफल में कमी % $= \left(\frac{9ab}{25} \times \frac{1}{ab} \times 100\right)\% = 36\%.$

7. वर्गाकार मैदान का क्षेत्रफल = 3025 वर्ग मी०.

```
  5 | 3025 (55
    | 25
    |-----
105 |  525
    |  525
    |-----
    |   x
```

वर्गाकार मैदान की प्रत्येक भुजा $= \sqrt{3025} = 55$ मीटर.

वर्गाकार मैदान की परिमिति = (4 × 55) मीटर = 220 मीटर.

वृत्ताकार मैदान की परिमिति = 220 मीटर.

माना इस मैदान की त्रिज्या = R मीटर. तब,

$$2\pi R = 220 \Rightarrow 2 \times \frac{22}{7} \times R = 220 \Rightarrow R = \left(220 \times \frac{7}{44}\right) = 35 \text{ मीटर.}$$

वृत्ताकार मैदान का क्षेत्रफल $= \pi R^2 = \left(\frac{22}{7} \times 35 \times 35\right)$ वर्ग मी० = 3850 वर्ग मी०.

8. माना दिया गया चतुर्भुज $ABCD$ है जिसमें $AC = 30$ सेमी०

माना $BL \perp AC$ तथा $DM \perp AC$. तब, $BL = 6 \cdot 8$ सेमी० तथा $DM = 9{\cdot}6$ सेमी०.

$ABCD$ का क्षेत्रफल = $\Delta\, ABC$ का क्षेत्रफल + $\Delta\, DAC$ का क्षेत्रफल

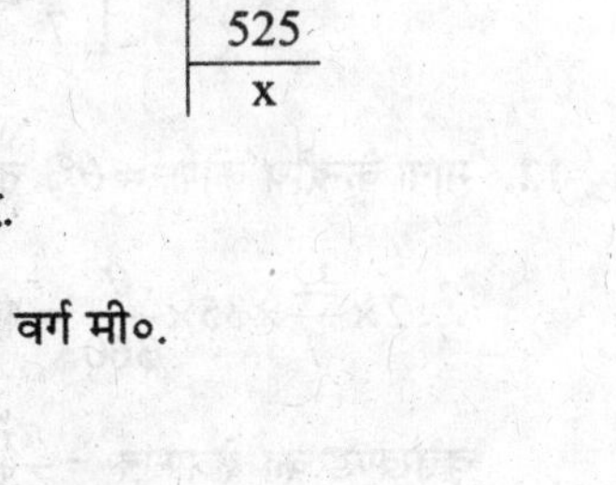

$$= \left(\frac{1}{2} \times AC \times BL\right) + \left(\frac{1}{2} \times AC \times DM\right)$$

$$= \left[\left(\frac{1}{2} \times 30 \times 6 \cdot 8\right) + \left(\frac{1}{2} \times 30 \times 9 \cdot 6\right)\right] \text{ वर्ग सेमी०}$$

$$= \left[\frac{1}{2} \times 30 \times (6 \cdot 8 + 9 \cdot 6)\right] \text{ वर्ग सेमी०}$$

$= (15 \times 16{\cdot}4)$ वर्ग सेमी० = 246 वर्ग सेमी०.

9. चतुर्भुज $ABCD$ का क्षेत्रफल = ΔABC का क्षेत्र० + ΔACD का क्षेत्र०.

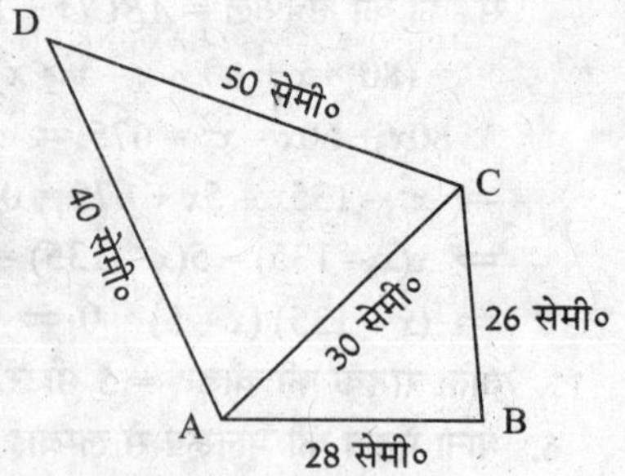

ΔABC में: $s = \frac{1}{2}(AB + BC + AC)$

$= \frac{1}{2}$ (28 + 26 + 30) सेमी०.

$s = 42, (s-a) = 14, (s-b) = 16, (s-c) = 12.$

$\therefore \Delta ABC$ का क्षेत्रफल $= \sqrt{s(s-a)(s-b)(s-c)}$

$= \sqrt{42 \times 14 \times 16 \times 12} = 336$ वर्ग सेमी०.

ΔACD में: $s = \frac{1}{2}(30+40+50) = 60,$

$(s-d) = 30, (s-e) = 20, (s-f) = 10.$

$\therefore \Delta ACD$ का क्षेत्रफल $= \sqrt{s(s-d)(s-e)(s-f)} = \sqrt{60 \times 30 \times 20 \times 10} = 600$ वर्ग सेमी०.

चतुर्भुज $ABCD$ का क्षेत्रफल = (336 + 600) वर्ग सेमी० = 936 वर्ग सेमी०.

10. तार की लम्बाई = वृत्त की परिधि = $2\pi R$, जहाँ $R = 28$ सेमी०.

वृत्त की परिधि $= 2\pi R = \left(2 \times \frac{22}{7} \times 28\right)$ सेमी० = 176 सेमी०.

$\therefore$ वर्ग की परिमिति = 176 सेमी० $\Rightarrow$ वर्ग की प्रत्येक भुजा $= \frac{176}{4}$ सेमी० = 44 सेमी०.

वर्ग का क्षेत्रफल = (44 × 44) वर्ग सेमी० = 1936 वर्ग सेमी०.

11. माना छल्ले की बाह्य त्रिज्या = R सेमी० तथा अन्त: त्रिज्या = r सेमी०.

तब, $R = 21$ तथा $r = 14$.

छल्ले का क्षेत्रफल $= (\pi R^2 - \pi r^2) = \pi(R^2 - r^2) = \pi(R+r)(R-r)$

$= \left[\frac{22}{7} \times (21+14) \times (21-14)\right]$ वर्ग सेमी० $= \left(\frac{22}{7} \times 35 \times 7\right)$ वर्ग सेमी०

= 770 वर्ग सेमी०.

12. माना केन्द्रीय कोण = $\theta°$. तब, $\frac{2\pi R\theta}{360} = 44.$

$\therefore 2 \times \frac{22}{7} \times 35 \times \frac{\theta}{360} = 44 \Rightarrow \theta = \left(\frac{44}{220} \times 360\right)^{\circ} = 72°.$

वृत्तखण्ड का क्षेत्रफल $= \frac{\pi R^2 \theta}{360} = \left(\frac{22}{7} \times \frac{35 \times 35 \times 72}{360}\right)$ वर्ग सेमी० = 770 वर्ग सेमी०.

13. माना वृत्त की त्रिज्या = R सेमी०. तब,

$2 \times \frac{22}{7} \times R \times \frac{72}{360} = 22 \Rightarrow \frac{44R}{35} = 22 \Rightarrow R = \frac{22 \times 35}{44}$ सेमी० = 17·5 सेमी०.

अत: वृत्त की त्रिज्या = 17·5 सेमी०.

14. लघु वृत्त-खण्ड का क्षेत्रफल $= \frac{3.14 \times 10 \times 10 \times 90}{360} = \frac{157}{2}$ वर्ग सेमी० = 78·5 वर्ग सेमी०.

दीर्घ-वृत्त-खण्ड का क्षेत्रफल = [(3·14 × 10 × 10) – 78·5] वर्ग सेमी०

= (314 – 78·5) वर्ग सेमी० = 235·5 वर्ग सेमी०.

15. यहाँ $r = 28$ सेमी० तथा $\theta = 72°$.

$\therefore$ चाप की लम्बाई $= \frac{2\pi r\theta}{360} = \left(2 \times \frac{22}{7} \times 28 \times \frac{72}{360}\right)$ सेमी० = 35·2 सेमी०.

वृत्तखण्ड का क्षेत्रफल $= \frac{\pi r^2 \theta}{360} = \left(\frac{22}{7} \times 28 \times 28 \times \frac{72}{360}\right)$ वर्ग सेमी० = 492·8 वर्ग सेमी०.

16. पहिया द्वारा 1 मिनट में तय की गई दूरी $= \frac{(66\times1000\times100)}{60}$ सेमी॰ = 110000 सेमी॰.

इस पहिया की त्रिज्या = 70 सेमी॰.

इस पहिया की परिधि $= 2\pi R = \left(2\times\frac{22}{7}\times70\right)$ सेमी॰ = 440 सेमी॰.

एक चक्कर में तय की गई दूरी = 440 सेमी॰.

1 मिनट में लगाये गये चक्करों की संख्या $= \left(\frac{110000}{440}\right) = 250.$

17. माना तीन एक-केन्द्रीय वृत्तों की त्रिज्यायें क्रमशः R, $2R$ तथा $3R$ हैं. तब

अभीष्ट अनुपात $= \frac{\text{अन्दर वाले दो वृत्तों के बीच का क्षेत्रफल}}{\text{बाहर वाले दो वृत्तों के बीच का क्षेत्रफल}}$

$$= \frac{\{\pi\times(2R)^2 - \pi R^2\}}{\{\pi\times(3R)^2 - \pi\times(2R)^2\}} = \frac{(4\pi R^2 - \pi R^2)}{(9\pi R^2 - 4\pi R^2)} = \frac{3\pi R^2}{5\pi R^2} = \frac{3}{5} = 3:5.$$

18. अभीष्ट चाप की लम्बाई $= \left(\frac{72}{360}\times2\times\frac{22}{7}\times28\right)$ सेमी॰ $= \frac{176}{5}$ सेमी॰ = 35·2 सेमी॰.

वृत्तखण्ड का क्षेत्रफल $= \left(\frac{22}{7}\times28\times28\times\frac{72}{360}\right)$ वर्ग सेमी॰ $= \frac{2464}{5}$ वर्ग सेमी॰ = 492·8 वर्ग सेमी॰.

19. माना अन्दर वाले वृत्त की त्रिज्या = R सेमी॰.

तब, $\pi R^2 = \frac{1}{3}\times\left[\pi\times(24)^2 - \pi R^2\right]$

$\Rightarrow \left(\pi R^2 + \frac{1}{3}\pi R^2\right) = 192\pi \Rightarrow \left(R^2 + \frac{1}{3}R^2\right) = 192$

$\Rightarrow \frac{4R^2}{3} = 192 \Rightarrow R^2 = \left(192\times\frac{3}{4}\right) = 144 = (12)^2$

$\Rightarrow R = 12$ सेमी॰.

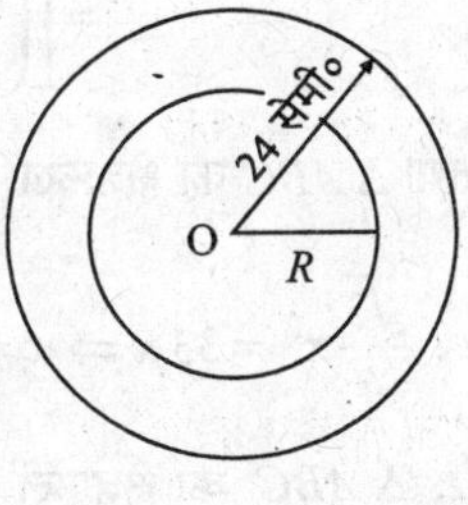

अभीष्ट अनुपात $= \frac{\text{बाहर वाले वृत्त की परिधि}}{\text{अन्दर वाले वृत्त की परिधि}} = \frac{2\pi\times24}{2\pi\times12} = \frac{2}{1} = 2:1.$

20. माना a = 112 मीटर, b = 78 मीटर, c = 50 मीटर.

$s = \frac{1}{2}(a+b+c) = \frac{1}{2}(112+78+50)$ मी॰ = 120 मीटर.

$(s-a) = (120-112)$ मी॰ = 8 मी॰, $(s-b) = (120-78)$ मी॰ = 42 मी॰,

$(s-c) = (120-50)$ मी॰ = 70 मी॰.

$\therefore$ खेत का क्षेत्रफल $= \sqrt{s(s-a)(s-b)(s-c)} = \sqrt{120\times8\times42\times70} = 1680$ वर्ग मी॰.

21. माना खेत की भुजायें क्रमशः $5x$ मीटर, $12x$ मीटर, $13x$ मीटर हैं.

खेत का परिमाप = $(5x + 12x + 13x)$ मी॰ = $30x$ मी॰.

$\therefore 30x = 450 \Rightarrow x = 15.$

खेत की भुजायें (5×15) मी॰, (12×15) मी॰ तथा (13×15) मी॰.

$\therefore a = 75$ मी॰, $b = 180$ मी॰, $c = 195$ मी॰.

$s = \frac{1}{2}(a+b+c) = \frac{1}{2}(75+180+195)$ मी॰ = 225 मी॰.

$(s-a) = (225-75)$ मी॰ = 150 मी॰, $(s-b) = (225-180)$ मी॰ = 45 मी॰,

$(s-c) = (225 - 195)$ मी० = 30 मी०.

खेत का क्षेत्रफल $= \sqrt{s(s-a)(s-b)(s-c)} = \sqrt{225 \times 150 \times 45 \times 30}$

$= (25 \times 9 \times 6 \times 5)$ वर्ग मी० = 6750 वर्ग मी०.

फसल काटने का खर्च = ₹ (6750×20) = ₹ 135000.

22. बगीचे का क्षेत्रफल $= \left(\frac{\sqrt{3}}{4} \times a^2\right)$ वर्ग इकाई जहाँ $a = 10$ मी०

$= \left(\frac{\sqrt{3}}{4} \times 10 \times 10\right)$ वर्ग मी० $= \left(25 \times \sqrt{3}\right)$ वर्ग मी० $= (25 \times 1{\cdot}732)$ वर्ग मी० $= 43{\cdot}3$ वर्ग मी०.

23. दिये गये त्रिभुज का क्षेत्रफल $= \left(\frac{\sqrt{3}}{4} \times a^2\right) = \left(\frac{\sqrt{3}}{4} \times 20 \times 20\right)$ वर्ग सेमी०

$= (1{\cdot}732 \times 100)$ वर्ग सेमी० $= 173{\cdot}2$ वर्ग सेमी०.

माना त्रिभुज की ऊँचाई = h सेमी०. तब $\frac{1}{2} \times 20 \times h = 173{\cdot}2 \Rightarrow h = 17.32$ सेमी०.

अत: त्रिभुज की ऊँचाई = $17{\cdot}32$ सेमी०.

24. ΔABC का क्षेत्रफल $= \Delta BOC + \Delta AOC + \Delta AOB$

$= \left(\frac{1}{2} \times BC \times OD\right) + \left(\frac{1}{2} \times AC \times OE\right) + \left(\frac{1}{2} \times AB \times OF\right)$

$= \left[\left(\frac{1}{2} \times x \times 24\right) + \left(\frac{1}{2} \times x \times 20\right) + \left(\frac{1}{2} \times x \times 22\right)\right]$ वर्ग सेमी० $= (33\,x)$ वर्ग सेमी०.

तथा ΔABC का क्षेत्रफल $= \frac{\sqrt{3}}{4} x^2$.

$\therefore \frac{\sqrt{3}}{4} x^2 = 33\,x \Rightarrow x = \left(\frac{33 \times 4}{\sqrt{3}} \times \frac{\sqrt{3}}{\sqrt{3}}\right) = 44\sqrt{3}.$

$\therefore \Delta ABC$ का क्षेत्रफल $= 33x = (33 \times 44\sqrt{3}) = (1452\sqrt{3})$ वर्ग सेमी०.

25. खेत का क्षेत्रफल $= \left(\frac{1620}{120}\right)$ हैक्टेयर $= \left(\frac{27}{2} \times 10000\right)$ वर्ग मीटर = 135000 वर्ग मीटर.

माना खेत की ऊँचाई = x मीटर तथा आधार = $3\,x$ मीटर. तब

$\frac{1}{2} \times 3x \times x = 135000 \Rightarrow x^2 = \left(135000 \times \frac{2}{3}\right) = 90000$

$\Rightarrow x = \sqrt{90000} = 300.$

$\therefore$ खेत का आधार = 900 मीटर तथा ऊँचाई = 300 मीटर.

26. माना दिये गये वृत्त की त्रिज्या = R सेमी०. तब

$(2\pi R - 2R) = 16 \cdot 8 \Rightarrow 2R(\pi - 1) = \frac{168}{10} \Rightarrow 2R\left(\frac{22}{7} - 1\right) = \frac{84}{5}$

$\Rightarrow 2R \times \frac{15}{7} = \frac{84}{5} \Rightarrow R = \left(\frac{84}{5} \times \frac{7}{30}\right) = \frac{98}{25} = 3 \cdot 92.$

अत: दिये गये वृत्त की त्रिज्या = $3{\cdot}92$ सेमी०.

27. माना वृत्त की त्रिज्या = R. तब, वर्ग का विकर्ण = $2R$.

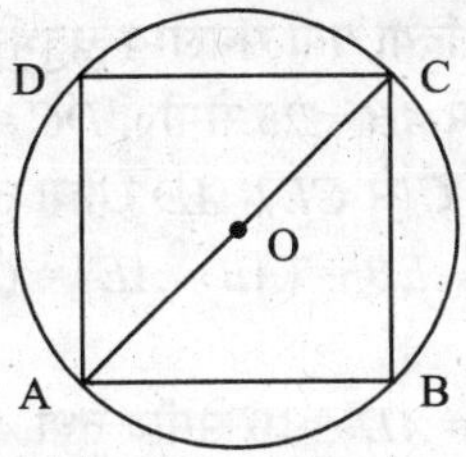

$$\frac{\text{वृत्त का क्षेत्रफल}}{\text{वर्ग का क्षेत्रफल}} = \frac{\pi R^2}{\frac{1}{2}\times(2R)^2} = \frac{\pi}{2} = \left(\frac{22}{7}\times\frac{1}{2}\right) = \frac{11}{7}.$$

अभीष्ट अनुपात = 11 : 7.

28. छायांकित भाग का क्षेत्रफल

= (अर्द्धवृत्त PRQ का क्षेत्रफल) – ($\Delta\, PRQ$ का क्षेत्रफल) + छोटे वृत्त का क्षेत्रफल

$= \left(\frac{1}{2}\times\pi R^2\right) - \left(\frac{1}{2}\times PQ\times OR\right) + \pi r^2$, जहाँ R बड़े वृत्त की त्रिज्या है तथा r छोटे वृत्त की त्रिज्या है.

$= \left[\left(\frac{1}{2}\times\frac{22}{7}\times 14\times 14\right) - \left(\frac{1}{2}\times 28\times 14\right) + \left(\frac{22}{7}\times 7\times 7\right)\right]$ वर्ग सेमी०

= (308 – 196 + 154) वर्ग सेमी० = 266 वर्ग सेमी०.

29. समचतुर्भुज का क्षेत्रफल = त्रिभुज का क्षेत्रफल

$= \left(\frac{1}{2}\times 24\cdot 8\times 16\cdot 5\right)$ वर्ग सेमी० = 204·6 वर्ग सेमी०.

माना समचतुर्भुज का दूसरा विकर्ण = d सेमी०.

तब, $\frac{1}{2}\times 22\times d = 204\cdot 6 \Rightarrow d = \frac{204\cdot 6}{11}$ सेमी० = 18·6 सेमी०.

30. माना दिया गया समचतुर्भुज $ABCD$ है जिसमें $AB = BC = CD = DA = 20$ सेमी०

तथा विकर्ण $AC = 24$ सेमी०.

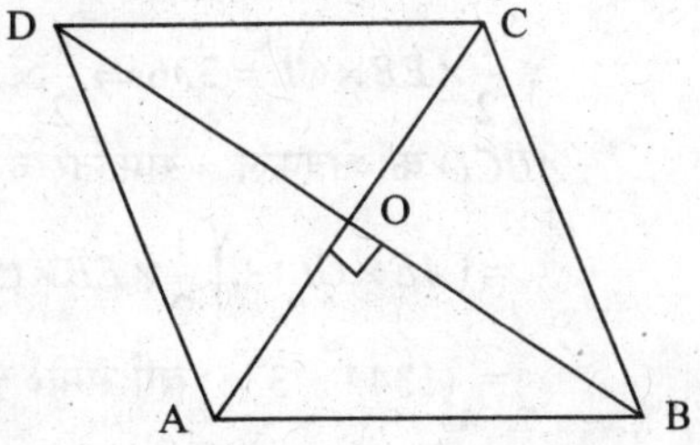

हम जानते हैं कि समचतुर्भुज के विकर्ण एक दूसरे को समकोण पर समद्विभाजित करते हैं.

$\therefore AB = 20$ सेमी०, $OA = \left(\frac{1}{2}\times 24\right)$ सेमी० = 12 सेमी०

तथा $\angle AOB = 90°$.

$OB^2 = (AB^2 - OA^2) = (20)^2 - (12)^2 = (400-144) = 256$

$\Rightarrow OB = \sqrt{256} = 16$ सेमी०

$\Rightarrow BD = (2\times OB) = (2\times 16)$ सेमी० = 32 सेमी०.

$\therefore$ समचतुर्भुज $ABCD$ का क्षेत्रफल $= \left(\frac{1}{2}\times AC\times BD\right) = \left(\frac{1}{2}\times 24\times 32\right)$ वर्ग सेमी०

= 384 वर्ग सेमी०.

31. माना दिये गये समान्तर चतुर्भुज की ऊँचाई = x सेमी० तथा आधार = $3\,x$ सेमी०.

तब, इस चतुर्भुज का क्षेत्रफल = $(3\,x\times x)$ वर्ग सेमी० = $(3x^2)$ वर्ग सेमी०.

$\therefore\ 3x^2 = 108 \Rightarrow x^2 = 36 = 6^2 \Rightarrow x = 6.$

अत: आधार = (3×6) सेमी० = 18 सेमी० तथा ऊँचाई = 6 सेमी०.

32. माना दूसरी भुजा की लम्बाई = x सेमी०. तब

$\frac{1}{2}\times(25+x)\times 16 = 352 \Rightarrow (25+x) = 44 \Rightarrow x = 19.$

अत: दूसरी भुजा की लम्बाई = 19 सेमी०.

33. माना दिया गया समलम्ब चतुर्भुज $ABCD$ है.

जिसमें $AB = 25$ सेमी०, $DC = 13$ सेमी० तथा $AD = BC = 10$ सेमी०.

बिन्दु C से $CE \parallel AD$ खींचो तथा $CL \perp AB$ खींचो.

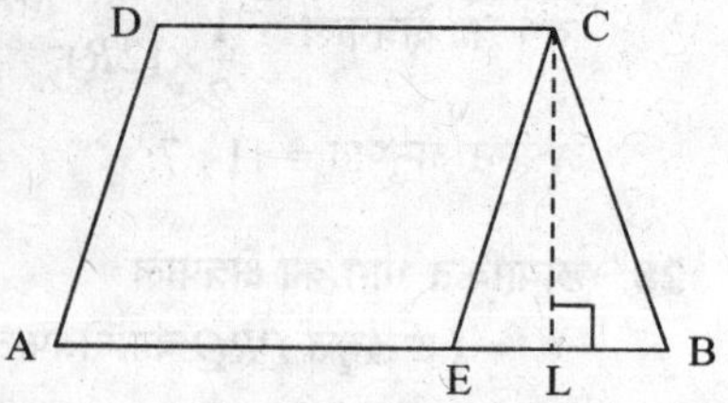

अब, $EB = (AB - AE) = (AB - DC) = (25 - 13)$ सेमी०
$= 12$ सेमी०.

$CE = AD = 10$ सेमी० तथा $AE = DC = 13$ सेमी०.

ΔCEB एक समद्विबाहु त्रिभुज है तथा $CL \perp EB$.

अत: $EL = LB = 6$ सेमी०.

$ABCD$ का क्षेत्रफल = समान्तर चतुर्भुज $AECD$ का क्षेत्र० + ΔCEB का क्षेत्र०

$$= (AE \times CL) + \left(\frac{1}{2} \times EB \times CL\right) = \left[(13 \times 8) + \left(\frac{1}{2} \times 12 \times 8\right)\right] \text{ वर्ग सेमी०}$$

$= (104 + 48)$ वर्ग सेमी० $= 152$ वर्ग सेमी०.

34. माना दिया गया समलम्ब चतुर्भुज $ABCD$ है. $CE \parallel AD$ तथा $CL \perp AB$ खींचो.

$EB = (AB - AE) = (AB - CD) = (78 - 52)$ सेमी० $= 26$ सेमी०.

$CE = AD = 28$ सेमी० तथा $BC = 30$ सेमी०.

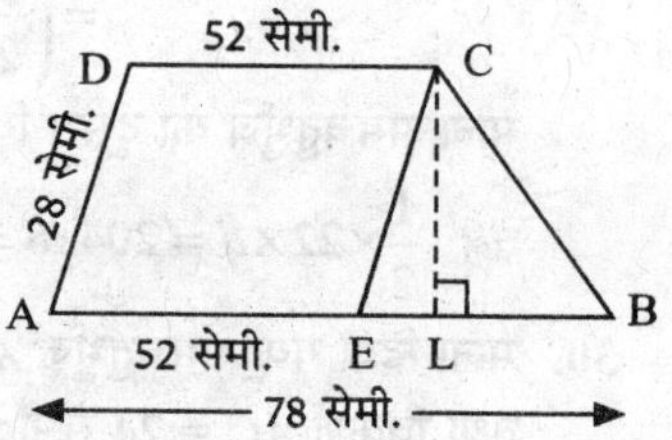

ΔCEB में, $s = \frac{1}{2}(28 + 26 + 30) = 42$,

$(s - a) = 14$, $(s - b) = 16$ तथा $(s - c) = 12$.

ΔCEB का क्षेत्र० $= \sqrt{s(s-a)(s-b)(s-c)}$

$= \sqrt{42 \times 14 \times 16 \times 12} = 336$ वर्ग सेमी०.

$\therefore \frac{1}{2} \times EB \times CL = 336 \Rightarrow \frac{1}{2} \times 26 \times CL = 336 \Rightarrow CL = \frac{336}{13}$ सेमी०.

$ABCD$ का क्षेत्रफल = समान्तर चतुर्भुज $AECD$ का क्षेत्र० + ΔCEB का क्षेत्र०

$$= (AE \times CL) + \left(\frac{1}{2} \times EB \times CL\right) = \left[\left(52 \times \frac{336}{13}\right) + \left(\frac{1}{2} \times 26 \times \frac{336}{13}\right)\right] \text{ वर्ग सेमी०}$$

$= (1344 + 336)$ वर्ग सेमी० $= 1680$ वर्ग सेमी०.

24 ठोस वस्तुओं के आयतन (VOLUME OF SOLIDS)

सूत्र

1. घनाभ (CUBOID) : इसके छः फलक होते हैं तथा प्रत्येक फलक आयताकार होता है. माना घनाभ की लम्बाई = l सेमी०, चौड़ाई = b सेमी० तथा ऊँचाई = h सेमी०. तब,

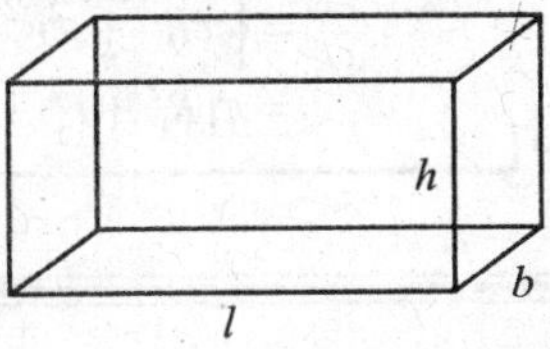

(i) घनाभ का आयतन = $(l \times b \times h)$ घन सेमी०.

(ii) घनाभ का विकर्ण = $\sqrt{l^2 + b^2 + h^2}$ सेमी०.

(iii) घनाभ के सम्पूर्ण पृष्ठ का क्षेत्रफल = $2\,(lb + bh + lh)$ वर्ग सेमी०.

2. घन (CUBE) : इसके छः फलक होते हैं तथा प्रत्येक फलक वर्गाकार होता है.
माना घन की प्रत्येक भुजा = a सेमी०. तब,

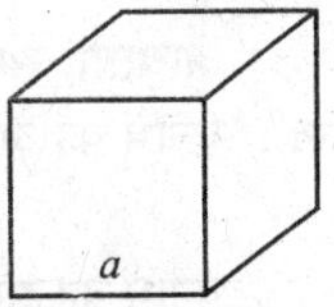

(i) घन का आयतन = a^3 घन सेमी०.

(ii) घन के सम्पूर्ण पृष्ठ का क्षेत्रफल = $(6a^2)$ वर्ग सेमी०.

(iii) घन का विकर्ण = $(\sqrt{3}a)$ सेमी०.

3. बेलन (CYLINDER): माना बेलन के आधार की त्रिज्या = r सेमी०
तथा बेलन की लम्बाई (अथवा ऊँचाई) = h सेमी०. तब,

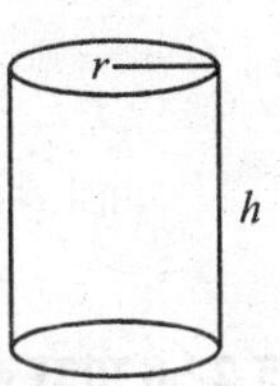

(i) बेलन का आयतन = $(\pi r^2 h)$ घन सेमी०.

(ii) बेलन के वक्र-पृष्ठ का क्षेत्रफल = $(2\pi rh)$ वर्ग सेमी०.

(iii) बेलन के सम्पूर्ण पृष्ठ का क्षेत्रफल = $(2\pi rh + 2\pi r^2)$ वर्ग सेमी०.

4. शंकु (CONE) : माना शंकु के आधार की त्रिज्या = r सेमी०, ऊँचाई = h सेमी० तथा तिर्यक ऊँचाई = l सेमी०. तब,

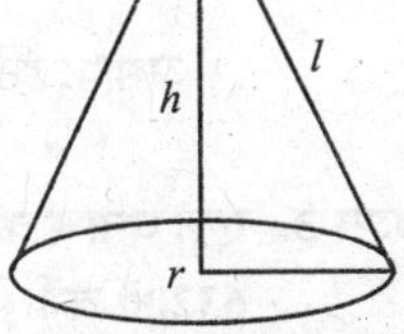

(i) $l = \sqrt{r^2 + h^2}$.

(ii) शंकु का आयतन = $\left(\frac{1}{3}\pi r^2 h\right)$ घन सेमी०.

(iii) शंकु का वक्र पृष्ठ = (πrl) वर्ग सेमी०.

(iv) शंकु का सम्पूर्ण पृष्ठ = $(\pi rl + \pi r^2)$ वर्ग सेमी०.

5. गोला (SPHERE): माना किसी गोले की त्रिज्या = r सेमी०. तब,

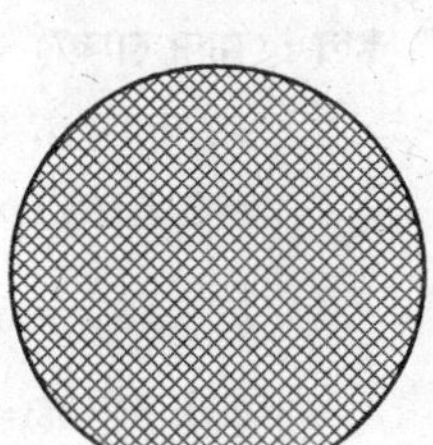

(i) गोले का आयतन = $\left(\frac{4}{3}\pi r^3\right)$ घन सेमी०.

(ii) गोले का वक्र-पृष्ठ = $(4\pi r^2)$ वर्ग सेमी०.

(iii) अर्द्ध-गोले का आयतन = $\left(\frac{2}{3}\pi r^3\right)$ घन सेमी०.

(iv) अर्द्ध-गोले का सम्पूर्ण पृष्ठ = $3\pi r^2$ वर्ग सेमी०.

6. शंकु का छिन्नक (FRUSTUM OF A CONE) :
माना किसी शंकु के छिन्नक के आधार तथा शीर्ष की त्रिज्यायें क्रमशः R सेमी० तथा r सेमी० हैं.
माना इसकी ऊँचाई = h सेमी० तथा तिर्यक ऊँचाई = l सेमी०.

(*i*) शंकु के छिन्नक का आयतन $= \frac{\pi h}{3}(R^2 + r^2 + Rr)$ घन सेमी०.

(*ii*) तिर्यक भाग का क्षेत्रफल $= \pi l(R + r)$ वर्ग सेमी०,

जहाँ $l^2 = h^2 + (R - r)^2$.

(*iii*) छिन्नक के सम्पूर्ण पृष्ठ का क्षेत्रफल

= (आधार का क्षेत्रफल) + (शीर्ष भाग का क्षेत्रफल)

+ (वक्र पृष्ठ का क्षेत्रफल)

$= \{\pi R^2 + \pi r^2 + \pi l\,(R + r)\}$ वर्ग सेमी०

$= \pi[R^2 + r^2 + l(R + r)]$ वर्ग सेमी०.

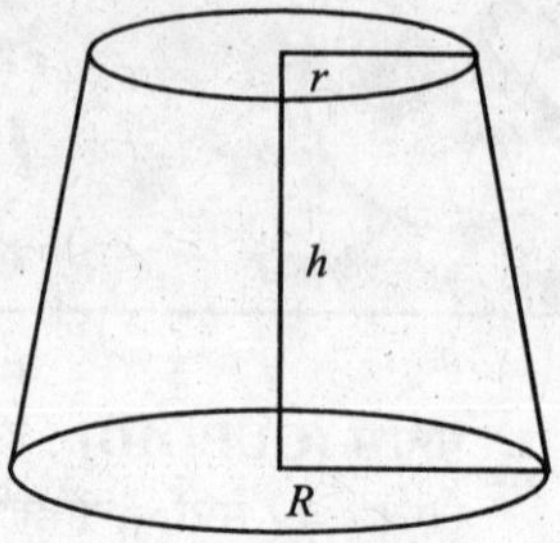

साधित उदाहरण

प्रश्न 1. एक घनाभ की लम्बाई, चौड़ाई तथा ऊँचाई क्रमशः 20 सेमी०, 12 सेमी० तथा 9 सेमी० है. इसका आयतन, सम्पूर्ण पृष्ठ तथा विकर्ण ज्ञात कीजिए.

हल : घनाभ का आयतन $= (l \times b \times h)$

$= (20 \times 12 \times 9)$ सेमी०^3 $= 2160$ सेमी०^3.

घनाभ का सम्पूर्ण पृष्ठ $= 2 \times [(l \times b) + (b \times h) + (l \times h)]$

$= 2 \times [(20 \times 12) + (12 \times 9) + (20 \times 9)]$ सेमी०^2

$= 2 \times (240 + 108 + 180)$ सेमी०^2 $= (2 \times 528)$ सेमी०^2 $= 1056$ सेमी०^2.

घनाभ का विकर्ण $= \sqrt{l^2 + b^2 + h^2}$

$= \sqrt{(20)^2 + (12)^2 + (9)^2} = \sqrt{400 + 144 + 81} = \sqrt{625} = 25$ सेमी०.

प्रश्न 2. 8 मीटर लम्बी, 6 मीटर ऊँची तथा 22.5 सेमी० चौड़ी एक दीवार को बनाने के लिए कितनी ईंटें चाहियें जबकि प्रत्येक ईंट 25 सेमी० लम्बी, 11.25 सेमी० चौड़ी तथा 6 सेमी० ऊँची हो ?

हल : दीवार का आयतन $= (800 \times 600 \times 22.5)$ सेमी०^3.

प्रत्येक ईंट का आयतन $= (25 \times 11.25 \times 6)$ सेमी०^3.

$\therefore$ अभीष्ट ईंटों की संख्या $= \frac{\text{दीवार का आयतन}}{\text{प्रत्येक ईंट का आयतन}} = \left(\frac{800 \times 600 \times 22 \cdot 5}{25 \times 11 \cdot 25 \times 6}\right) = 6400.$

प्रश्न 3. एक घनाभ की लम्बाई, चौड़ाई तथा ऊँचाई का अनुपात 8 : 5 : 3 है तथा इसके सम्पूर्ण पृष्ठ का क्षेत्रफल 63200 वर्ग सेमी० है. इसका आयतन ज्ञात कीजिए.

हल : माना लम्बाई $= 8x$ सेमी०, चौड़ाई $= 5x$ सेमी० तथा ऊँचाई $= 3x$ सेमी०.

$\therefore$ घनाभ के सम्पूर्ण पृष्ठ का क्षेत्रफल $= 2 \times [(l \times b) + (b \times h) + (l \times h)]$ सेमी०^2

$= 2 \times [(8x \times 5x) + (5x \times 3x) + (8x \times 3x)]$ सेमी०^2 $= (158x)$ सेमी०^2.

$\therefore 158x = 63200 \Rightarrow x = \frac{63200}{158} = 400.$

अतः लम्बाई =3200 सेमी० =32 मी०, चौड़ाई =2000 सेमी० =20 मी०, ऊँचाई =1200 सेमी० =12 मी०.

$\therefore$ घनाभ का आयतन $= (32 \times 20 \times 12)$ घन मीटर $= 7680$ घन मीटर.

प्रश्न 4. एक घन की प्रत्येक भुजा 8 सेमी० लम्बी है. घन का आयतन, सम्पूर्ण पृष्ठ तथा विकर्ण ज्ञात कीजिए.

हल : घन का आयतन $= a^3 = (8 \times 8 \times 8)$ सेमी०^3 $= 512$ सेमी०^3.

घन का सम्पूर्ण पृष्ठ $= 6a^2 = (6 \times 8 \times 8)$ सेमी०^2 $= 384$ सेमी०^2.

घन का विकर्ण $= \sqrt{3}a = 8\sqrt{3}$ सेमी०.

प्रश्न 5. किसी घन का सम्पूर्ण पृष्ठ 150 वर्ग सेमी॰ है. इस घन का आयतन ज्ञात कीजिए.

हल : माना घन की प्रत्येक भुजा = a सेमी॰.

तब, घन का सम्पूर्ण पृष्ठ $= 6a^2$ सेमी॰^{2}.

$\therefore \quad 6a^2 = 150 \Rightarrow a^2 = 25 = 5^2 \Rightarrow a = 5$ सेमी॰.

$\therefore$ घन का आयतन $= a^3 = 5^3 = 125$ सेमी॰^{3}.

प्रश्न 6. एक घन के विकर्ण की लम्बाई $6\sqrt{3}$ सेमी॰ है. इसका आयतन तथा सम्पूर्ण पृष्ठ का क्षेत्रफल ज्ञात कीजिए.

हल : माना घन की प्रत्येक भुजा = a सेमी॰. तब, घन का विकर्ण $= \sqrt{3}\,a$ सेमी॰.

$\therefore \sqrt{3}\,a = 6\sqrt{3} \Rightarrow a = 6.$

अत: घन का आयतन $= a^3 = (6 \times 6 \times 6)$ सेमी॰^{3} $= 216$ सेमी॰^{3}.

तथा घन का सम्पूर्ण पृष्ठ $= 6\,a^2 = (6 \times 6 \times 6)$ सेमी॰^{2} $= 216$ सेमी॰^{2}.

प्रश्न 7. एक लम्बवृत्तीय बेलन की लम्बाई 80 सेमी॰ तथा आधार की त्रिज्या 3.5 सेमी॰ हैं. इस बेलन का आयतन, वक्रपृष्ठ तथा सम्पूर्ण पृष्ठ ज्ञात कीजिए.

हल : यहाँ $r = \frac{7}{2}$ सेमी॰ तथा $h = 80$ सेमी॰.

बेलन का आयतन $= \pi r^2 h = \left(\frac{22}{7} \times \frac{7}{2} \times \frac{7}{2} \times 80\right)$ सेमी॰^{3} $= 3080$ सेमी॰^{3}.

बेलन का वक्रपृष्ठ $= 2\pi rh = \left(2 \times \frac{22}{7} \times \frac{7}{2} \times 80\right)$ सेमी॰^{2} $= 1760$ सेमी॰^{2}.

बेलन का सम्पूर्ण पृष्ठ $= \left(2\pi rh + 2\pi r^2\right) = 2\pi r(h + r)$

$$= \left[2 \times \frac{22}{7} \times \frac{7}{2} \times \left(80 + \frac{7}{2}\right)\right] \text{ सेमी॰}^2 = (11 \times 167) \text{ सेमी॰}^2 = 1837 \text{ सेमी॰}^2.$$

प्रश्न 8. एक बेलनाकार टंकी की धारिता 1848 मीटर^3 तथा इसका व्यास 14 मीटर है. टंकी की गहराई ज्ञात कीजिए.

हल : दिया है : टंकी का अर्द्धव्यास $r = 7$ मीटर तथा टंकी की धरिता $= 1848$ मी^{3}.

माना टंकी की गहराई $= h$ मीटर. तब

$$\pi r^2 h = 1848 \Rightarrow \frac{22}{7} \times 7 \times 7 \times h = 1848$$

$$\Rightarrow h = \frac{1848}{154} = 12.$$

$\therefore$ टंकी की गहराई = 12 मीटर.

प्रश्न 9. लोहे के बने एक खोखले पाईप की लम्बाई 1 मीटर तथा इसकी अन्दरी चौड़ाई 3 सेमी॰ है. यह 1 सेमी॰ मोटी लोहे की चादर का बना है. यदि 1 घन सेमी॰ लोहे का भार 21 ग्राम हो, तो इस पाईप का भार कितना है?

हल : पाईप की अन्दरी त्रिज्या = 1·5 सेमी॰, बाहरी त्रिज्या = 2·5 सेमी॰.

लोहे का आयतन $= \{\pi \times (2.5)^2 \times 100 - \pi \times (1{\cdot}5)^2 \times 100\}$ घन सेमी॰

$$= \pi \times 100 \times \{(2{\cdot}5)^2 - (1{\cdot}5)^2\} \text{ घन सेमी॰}$$

$$= \left\{\frac{22}{7} \times 100 \times (2{\cdot}5 + 1{\cdot}5)\,(2{\cdot}5 - 1{\cdot}5)\right\} \text{ घन सेमी॰}$$

$$= \left(\frac{22}{7} \times 100 \times 4 \times 1\right) \text{ घन सेमी॰} = \frac{8800}{7} \text{ घन सेमी॰}.$$

पाईप का भार $= \left(\frac{8800}{7} \times \frac{21}{1000}\right)$ किग्रा० = 26·4 किग्रा०.

प्रश्न 10. एक शंकु के आधार की त्रिज्या 21 सेमी० तथा ऊँचाई 28 सेमी० है. इसकी तिर्यक ऊँचाई, आयतन, वक्र-पृष्ठ का क्षेत्रफल तथा सम्पूर्ण पृष्ठ का क्षेत्रफल ज्ञात कीजिए.

हल : दिया है : $r = 21$ सेमी० तथा $h = 28$ सेमी०.

तिर्यक ऊँचाई, $l = \sqrt{r^2 + h^2} = \sqrt{(21)^2 + (28)^2} = \sqrt{1225} = 35$ सेमी०.

(*i*) शंकु का आयतन $= \frac{1}{3}\pi r^2 h = \left(\frac{1}{3} \times \frac{22}{7} \times 21 \times 21 \times 28\right)$ घन सेमी० = 12936 घन सेमी०.

(*ii*) वक्र-पृष्ठ का क्षेत्रफल $= \pi r l = \left(\frac{22}{7} \times 21 \times 35\right)$ वर्ग सेमी० = 2310 वर्ग सेमी०.

(*iii*) सम्पूर्ण पृष्ठ का क्षेत्रफल $= (\pi r l + \pi r^2) = \left(2310 + \frac{22}{7} \times 21 \times 21\right)$ वर्ग सेमी० = 3696 वर्ग सेमी०.

प्रश्न 11. एक शंक्वाकार तम्बू के आधार की त्रिज्या 7 मीटर तथा ऊँचाई 24 मीटर है. इसे बनाने में 1·25 मीटर चौड़ा कितना कपड़ा लगेगा ?

हल : यहाँ $r = 7$ मीटर तथा $h = 24$ मीटर.

$l = \sqrt{r^2 + h^2} = \sqrt{49 + 576} = \sqrt{625} = 25$ मीटर.

कपड़े का क्षेत्रफल $= \pi r l = \left(\frac{22}{7} \times 7 \times 25\right)$ वर्ग मीटर = 550 वर्ग मीटर.

कपड़े की चौड़ाई = 1·25 मीटर.

कपड़े की लम्बाई $= \frac{\text{क्षेत्रफल}}{\text{चौड़ाई}} = \frac{550}{1 \cdot 25}$ मीटर = 440 मीटर.

प्रश्न 12. दो लम्बवृत्तीय शंकुओं की ऊँचाई का अनुपात 1 : 2 है तथा इनके आधार की परिमिति का अनुपात 3 : 4 है. इनके आयतनों का अनुपात ज्ञात कीजिए.

हल : माना शंकुओं की ऊँचाई क्रमशः $h, 2h$ हैं तथा आधार की त्रिज्यायें क्रमशः r तथा R हैं. तब, $\frac{2\pi r}{2\pi R} = \frac{3}{4} \Rightarrow \frac{r}{R} = \frac{3}{4}$.

दिये गये शंकुओं के आयतनों का अनुपात $= \frac{\frac{1}{3}\pi r^2 h}{\frac{1}{3}\pi R^2 (2h)} = \frac{r^2}{2R^2} = \frac{1}{2} . \left(\frac{r}{R}\right)^2 = \frac{1}{2} \times \left(\frac{3}{4}\right)^2 = \frac{9}{32}$.

अतः अभीष्ट अनुपात = 9 : 32.

प्रश्न 13. एक गोले की त्रिज्या 10·5 सेमी० है. इसका आयतन तथा सम्पूर्ण पृष्ठ ज्ञात कीजिए.

हल : यहाँ $r = \frac{21}{2}$ सेमी०.

गोले का आयतन $= \frac{4}{3}\pi r^3 = \left(\frac{4}{3} \times \frac{22}{7} \times \frac{21}{2} \times \frac{21}{2} \times \frac{21}{2}\right)$ घन सेमी० = 4851 घन सेमी०.

गोले के सम्पूर्ण पृष्ठ का क्षेत्रफल $= 4\pi r^2$

$= \left(4 \times \frac{22}{7} \times \frac{21}{2} \times \frac{21}{2}\right)$ वर्ग सेमी० = 1386 वर्ग सेमी०.

प्रश्न 14. एक गोले की त्रिज्या में 50% वृद्धि करने पर इसके आयतन में कितने प्रतिशत वृद्धि होगी तथा इसके सम्पूर्ण पृष्ठ के क्षेत्रफल में कितने प्रतिशत वृद्धि होगी ?

हल : माना गोले की प्रारम्भिक त्रिज्या = r.

तब इसका सम्पूर्ण पृष्ठ $= 4\pi r^2$.

नई त्रिज्या = r का 150% $= \left(r \times \frac{150}{100}\right) = \frac{3r}{2}$.

नया सम्पूर्ण पृष्ठ $= 4\pi\left(\frac{3r}{2}\right)^2 = 9\pi r^2.$

सम्पूर्ण पृष्ठ में वृद्धि % $= \left(\frac{5\pi r^2}{4\pi r^2}\times 100\right)\% = 125\%.$

प्रश्न 15. एक गोले की त्रिज्या में 20% वृद्धि होने पर इसके आयतन में कितने प्रतिशत वृद्धि होगी?

हल : माना गोले की प्रारम्भिक त्रिज्या $= r.$

तब, इसका आयतन $= \frac{4}{3}\pi r^3.$

नई त्रिज्या $= \left(r\times\frac{120}{100}\right) = \frac{6r}{5}.$

नया आयतन $= \frac{4}{3}\pi\left(\frac{6r}{5}\right)^3 = \frac{216}{125}\left(\frac{4}{3}\pi r^3\right).$

आयतन में वृद्धि $= \frac{4}{3}\pi r^3\left(\frac{216}{125}-1\right) = \frac{4}{3}\pi r^3 \times \frac{91}{125}.$

आयतन में वृद्धि % $= \left\{\frac{\frac{4}{3}\pi r^3}{\frac{4}{3}\pi r^3}\left(\frac{91}{125}\right)\times 100\right\}\% = \frac{364}{5}\% = 72\cdot 8\%.$

प्रश्न 16. धातु के बने 28 सेमी० ऊँचे तथा 6 सेमी० त्रिज्या वाले ठोस बेलन को पिघलाकर गोलियाँ बनाई गई हैं. जिनमें से प्रत्येक का व्यास 1·5 सेमी० है. इन गोलियों की संख्या कितनी है?

हल : बेलन का आयतन $= \pi R^2 H = (\pi \times 6 \times 6 \times 28)$ घन सेमी०.

एक गोली का अर्द्ध-व्यास $= \frac{3}{4}$ सेमी०.

1 गोली का आयतन $= \frac{4}{3}\pi r^3 = \frac{4}{3}\pi\times\left(\frac{3}{4}\right)^3 = \frac{9\pi}{16}$ घन सेमी०.

गोलियों की संख्या $= \frac{\text{बेलन का आयतन}}{\text{1 गोली का आयतन}} = \left(36\times 28\times\pi\times\frac{16}{9\pi}\right) = 1792.$

प्रश्न 17. जस्ते के बने एक गोले का व्यास 18 सेमी० है. इस गोले से 4 मिमी० व्यास की तार खींची गई है. इस तार की लम्बाई कितनी है?

हल : गोले का अर्द्धव्यास = 9 सेमी०.

गोले का आयतन $= \frac{4}{3}\pi R^3 = \left\{\frac{4}{3}\pi\times(9)^3\right\}$ घन सेमी०.

तार की त्रिज्या $= \frac{2}{10}$ सेमी० $= \frac{1}{5}$ सेमी०.

माना तार की लम्बाई $= x$ सेमी०. तब $\pi\times\frac{1}{5}\times\frac{1}{5}\times x = \frac{4}{3}\pi\times 9\times 9\times 9 \Rightarrow x = 24300$ सेमी० = 243 मीटर.

अत: तार की अभीष्ट लम्बाई = 243 मीटर.

प्रश्न 18. एक शंकु तथा एक गोले की बराबर त्रिज्या तथा बराबर आयतन हैं. गोले के व्यास तथा शंकु की ऊँचाई का अनुपात ज्ञात कीजिए.

हल : माना प्रत्येक की त्रिज्या $= R$ तथा शंकु की ऊँचाई $= h.$ तब

$\frac{4}{3}\pi R^3 = \frac{1}{3}\pi R^2 h \Rightarrow \frac{R}{h} = \frac{1}{4} \Rightarrow \frac{2R}{h} = \frac{2}{4} = \frac{1}{2}.$ अभीष्ट अनुपात = 1 : 2.

प्रश्न 19. एक अर्द्ध गोले की त्रिज्या 10·5 सेमी॰ है. इसका आयतन, वक्र-पृष्ठ तथा सम्पूर्ण पृष्ठ का क्षेत्रफल ज्ञात कीजिए.

हल : दिया है : $r=\frac{21}{2}$ सेमी॰.

(*i*) अर्द्ध-गोले का आयतन $=\frac{2}{3}\pi r^3=\left(\frac{2}{3}\times\frac{22}{7}\times\frac{21}{2}\times\frac{21}{2}\times\frac{21}{2}\right)$ घन सेमी॰ $=\frac{4851}{2}$ घन सेमी॰

$= 2425.5$ घन सेमी॰.

(*ii*) अर्द्ध-गोले का वक्र-पृष्ठ $=2\pi r^2=\left(2\times\frac{22}{7}\times\frac{21}{2}\times\frac{21}{2}\right)$ वर्ग सेमी॰ = 693 वर्ग सेमी॰.

(*iii*) अर्द्ध-गोले का सम्पूर्ण पृष्ठ $=3\pi r^2=\left(3\times\frac{22}{7}\times\frac{21}{2}\times\frac{21}{2}\right)$ वर्ग सेमी॰ = 1039·5 वर्ग सेमी॰.

प्रश्न 20. एक शंकु, एक अर्द्ध-गोला तथा एक बेलन के बराबर आधार तथा बराबर ऊँचाई हैं. इनके आयतनों का अनुपात ज्ञात कीजिए.

हल : माना प्रत्येक की त्रिज्या = R = अर्द्ध गोले की ऊँचाई = बेलन की ऊँचाई.

(शंकु का आयतन) : (अर्द्ध गोले का आयतन) : (बेलन का आयतन)

$$=\left(\frac{1}{3}\pi R^2\times R\right):\left(\frac{2}{3}\pi R^3\right):(\pi R^2\times R)=\frac{1}{3}:\frac{2}{3}:1=1:2:3.$$

अतः अभीष्ट अनुपात = 1 : 2 : 3.

प्रश्नमाला 24A

निम्नलिखित प्रश्नों में से प्रत्येक में ठीक उत्तर को चिन्हांकित (✓) कीजिए :

1. एक कमरा 12 मीटर लम्बा, 9 मीटर चौड़ा तथा 8 मीटर ऊँचा है. इसमें अधिकतम किस लम्बाई का बाँस रखा जा सकता है? **(एस॰एस॰सी॰ परीक्षा, 2008)**

(*a*) 17 मीटर (*b*) 16 मीटर (*c*) 15 मीटर (*d*) 14 मीटर

2. (10 मीटर × 10 मीटर × 5 मीटर) विभाओं वाले कमरे में रखी जा सकने वाली सबसे लम्बी छड़ की लम्बाई कितनी होगी? **(एस॰एस॰सी॰ परीक्षा, 2010)**

(*a*) $15\sqrt{3}$ मीटर (*b*) 15 मीटर (*c*) $10\sqrt{2}$ मीटर (*d*) $5\sqrt{3}$ मीटर

3. रीता और मीता दोनों के लंच बॉक्स घनाभाकार हैं. रीता के बॉक्स की लम्बाई तथा चौड़ाई मीता के बॉक्स से 10% अधिक है. परन्तु रीता के बॉक्स की गहराई मीता के बॉक्स से 20% कम है. रीता के बॉक्स की धारिता और मीता के बॉक्स की धारिता में क्या अनुपात है? **(होटल मैनेजमैंट परीक्षा, 2010)**

(*a*) 11 : 15 (*b*) 15 : 11 (*c*) 125 : 121 (*d*) 121 : 125

4. एक आयताकार जलाशय में 42000 लीटर जल है. यदि जलाशय की लम्बाई 6 मीटर तथा चौड़ाई 3·5 मीटर हो, तो जलाशय में जल की गहराई कितनी है? **(रेलवे परीक्षा, 2006)**

(*a*) 2 मीटर (*b*) 5 मीटर (*c*) 6 मीटर (*d*) 8 मीटर

5. एक कमरे की चौड़ाई इसकी ऊँचाई की दुगुनी तथा लम्बाई से आधी है. यदि कमरे का आयतन 512 घन मीटर हो, तो कमरे की लम्बाई कितनी है?

(*a*) 12 मीटर (*b*) 16 मीटर (*c*) 20 मीटर (*d*) 32 मीटर

6. 8 मीटर लम्बे, 7 मीटर चौड़े तथा 6 मीटर ऊँचे डिब्बे में 8 सेमी॰ लम्बे, 7 सेमी॰ चौड़े तथा 6 सेमी॰ ऊँचे अधिक से अधिक कितने डिब्बे रखे जा सकते हैं?

(*a*) 9800000 (*b*) 7500000 (*c*) 1000000 (*d*) 1200000

7. 4 मीटर लम्बी, 3 मीटर ऊँची तथा 13 सेमी॰ चौड़ी दीवार बनाने के लिए 20 सेमी॰ लम्बी, 12 सेमी॰ चौड़ी तथा 6·5 सेमी॰ ऊँची कितनी ईंटों की आवश्यकता होगी?

(*a*) 500 (*b*) 1000 (*c*) 1500 (*d*) 2000

8. 24 मीटर लम्बी, 8 मीटर ऊँची तथा 60 सेमी० चौड़ी दीवार बनाने के लिए 24 सेमी० लम्बी, 12 सेमी० चौड़ी तथा 8 सेमी० ऊँची कितनी ईंटें लगेंगी, जबकि दीवार के कुल आयतन का 10% भाग सीमेंट तथा रेत के मिश्रण से बना हो ?

(*a*) 50000 (*b*) 45000 (*c*) 40000 (*d*) 25000

9. एक घनाभ के विकर्ण की नाप 28 सेमी० है तथा इसके तीनों कोरों की लम्बाई का योग 44 सेमी है. इस घनाभ के सम्पूर्ण पृष्ठ का क्षेत्रफल कितना होगा ?

(*a*) 576 वर्ग सेमी० (*b*) 1152 वर्ग सेमी० (*c*) 1728 वर्ग सेमी० (*d*) 2304 वर्ग सेमी०

10. एक घनाभ की लम्बाई, चौड़ाई तथा ऊँचाई का योग 19 सेमी० है तथा इसके विकर्ण की लम्बाई $5\sqrt{5}$ सेमी० है. इसके सम्पूर्ण पृष्ठों का क्षेत्रफल कितना है ?

(*a*) 361 वर्ग सेमी० (*b*) 486 वर्ग सेमी० (*c*) 236 वर्ग सेमी० (*d*) 125 वर्ग सेमी०

11. एक घनाभ का आयतन 210 घन सेमी० है तथा इसके सम्पूर्ण पृष्ठ का क्षेत्रफल 214 वर्ग सेमी० है. यदि इसके आधार का क्षेत्रफल 42 वर्ग सेमी० हो, तो इस घनाभ की विभायें हैं:

(*a*) 5 सेमी०, 4 सेमी०, 3 सेमी०, (*b*) 6 सेमी०, 5 सेमी०, 4 सेमी०,

(*c*) 7 सेमी०, 6 सेमी०, 5 सेमी०, (*d*) 8 सेमी०, 7 सेमी०, 6 सेमी०,

12. लोहे का एक शहतीर 9 मीटर लम्बा, 40 सेमी० चौड़ा तथा 20 सेमी० ऊँचा है. यदि 1 घनमीटर लोहे का भार 50 किग्रा० हो, तो शहतीर का भार कितना होगा ?

(*a*) 56 किग्रा० (*b*) 48 किग्रा० (*c*) 36 किग्रा० (*d*) 27 किग्रा०

13. संगमरमर के एक आयताकार टुकड़े की चौड़ाई 28 सेमी० तथा मोटाई 5 सेमी० है. इस टुकड़े का भार 112 किग्रा० है. यदि 1 घन सेमी० संगमरमर का भार 25 ग्राम हो, तो टुकड़े की लम्बाई कितनी है ?

(*a*) 36 सेमी० (*b*) 37.5 सेमी० (*c*) 32 सेमी० (*d*) 26·5 सेमी०

14. एक 45 मीटर चौड़ी तथा 2·5 मीटर गहरी नदी का बहाव 3·6 किमी०/घण्टा है. इससे कितना पानी प्रति मिनट समुद्र में गिरता है ?

(*a*) 6650 घन मीटर (*b*) 6750 घन मीटर (*c*) 6850 घन मीटर (*d*) 6950 घन मीटर

15. एक आयताकार पानी की टंकी के आधार का क्षेत्रफल 6500 वर्ग सेमी० है तथा इसमें भरे पानी का आयतन 2·6 घन मीटर है टंकी में पानी की गहराई कितनी है ?

(*a*) 3·5 मीटर (*b*) 4 मीटर (*c*) 5 मीटर (*d*) 6 मीटर

16. धातु के बने एक घनाभ का भार 16 किग्रा० है. यदि इसकी सभी विभाओं में से प्रत्येक को पहले का एक-चौथाई कर दें, तो नये घनाभ का भार कितना होगा ? **(मैट्रो रेलवे परीक्षा, 2003)**

(*a*) 0·25 किग्रा० (*b*) 0·50 किग्रा० (*c*) 0·75 किग्रा० (*d*) 1 किग्रा०

17. 1·5 हैक्टेयर के क्षेत्रफल के मैदान में 5 सेमी० गहरी वर्षा गिरने पर इक्कट्ठे हुये पानी का आयतन कितना होगा ?

(*a*) 75 घन मीटर (*b*) 750 घन मीटर (*c*) 7500 घन मीटर (*d*) 75000 घन मीटर

18. एक 0·6 घन मीटर की सोने की चादर को पीटकर इस प्रकार फैलाया गया है कि यह ठीक 1 हैक्टेयर क्षेत्रफल को पूरा का पूरा ढ़क लेती है. इस फैली हुई चादर की मोटाई कितनी है ?

(*a*) 6 मिमी० (*b*) 0.6 मिमी० (*c*) ·06 मिमी० (*d*) ·006 मिमी०

19. एक 24 सेमी० लम्बे, 14 सेमी० चौड़े तथा 7·5 सेमी० ऊँचे घनाभ का सम्पूर्ण पृष्ठ कितना है ?

(*a*) 2520 वर्ग सेमी० (*b*) 1260 वर्ग सेमी० (*c*) 1242 वर्ग सेमी० (*d*) 621 वर्ग सेमी०

20. एक घनाभ की लम्बाई, चौड़ाई तथा ऊँचाई का अनुपात 6 : 5 : 4 है. यदि इसका सम्पूर्ण पृष्ठ 33300 वर्ग सेमी० हो, तो इसका आयतन कितना होगा ?

(*a*) 45000 घन सेमी० (*b*) 455000 घन सेमी० (*c*) 405000 घन सेमी० (*d*) आँकड़े अपर्याप्त

21. तैरने के लिए बना एक तालाब 24 मीटर लम्बा तथा 15 मीटर चौड़ा है. कुछ व्यक्तियों के इस तालाब में डुबकी लगाने पर पानी के तल की ऊँचाई में 1 सेमी॰ की वृद्धि हो जाती है. यदि प्रत्येक व्यक्ति 0·1 घन मीटर पानी विस्थापित करे, तो तालाब में कितने व्यक्ति हैं ? **(मैनेजमैन्ट परीक्षा, 2005)**

(*a*) 32 (*b*) 36 (*c*) 42 (*d*) 46

22. एक आयताकार लोहे की चादर 48 सेमी॰ लम्बी तथा 36 सेमी॰ चौड़ी है. इसके चारों कोनों से चार बराबर वर्ग काटे गये हैं जिनमें से प्रत्येक की भुजा 8 सेमी॰ है. शेष बची चादर को मोड़कर एक खुला डिब्बा बनाया गया है. इस डिब्बे की धारिता कितनी है ? **(मैनेजमैन्ट परीक्षा, 2006)**

(*a*) 5110 घन सेमी॰ (*b*) 5120 घन सेमी॰ (*c*) 5130 घन सेमी॰ (*d*) 5140 घन सेमी॰

23. एक आयताकार प्लाट 13·5 मीटर लम्बा तथा 2·5 मीटर चौड़ा है. इसमें एक आयताकार टंकी (5 मीटर × 4.5 मीटर × 2.1 मीटर) खोदी गई है. इसमें से निकाली गई मिट्टी को प्लाट के शेष भाग में समान रूप से बिछाया गया है. इससे प्लाट के धरातल की ऊँचाई में कितनी वृद्धि होगी ? **(मैनेजमैन्ट परीक्षा, 2005)**

(*a*) 4 मीटर (*b*) 4·1 मीटर (*c*) 4·2 मीटर (*d*) 4·3 मीटर

24. धातु से बना एक खुला ट्रंक 50 सेमी लम्बा, 40 सेमी॰ चौड़ा तथा 23 सेमी॰ ऊँचा है. इसकी तली तथा प्रत्येक दीवार की मोटाई 3 सेमी॰ है. यदि ट्रंक के धातु के एक घन सेमी॰ का भार 0·5 ग्राम हो, तो खाली ट्रंक का भार कितना है ?

(*a*) 6·832 किग्रा॰ (*b*) 7·576 किग्रा॰ (*c*) 7·16 किग्रा॰ (*d*) 8·04 किग्रा॰

25. एक घनाभ की लम्बाई, चौड़ाई तथा ऊँचाई क्रमशः a, b, c हैं. इसका आयतन V घन इकाई तथा इसके सम्पूर्ण पृष्ठों का क्षेत्रफल S वर्ग इकाई है. तब, $\frac{1}{V} = ?$

(*a*) $\frac{1}{2}S(a+b+c)$ (*b*) $\frac{2S}{(a+b+c)}$ (*c*) $2S\,(a+b+c)$ (*d*) $\frac{2}{S}\left(\frac{1}{a}+\frac{1}{b}+\frac{1}{c}\right)$

26. एक घनाभ के तीन आसन्न पृष्ठों के क्षेत्रफल क्रमशः x, y तथा z वर्ग इकाई हैं तथा इसका आयतन V घन इकाई है. तब, $xyz = ?$

(*a*) V (*b*) V^2 (*c*) $2V$ (*d*) $2V^2$

27. किसी घनाभ के तीन संगत फलकों के क्षेत्रफलों का अनुपात 2 : 3 : 4 है तथा इसका आयतन 9000 घन सेमी॰ है. घनाभ की सबसे छोटी भुजा की लम्बाई कितनी है ?

(*a*) 10 सेमी॰ (*b*) 15 सेमी॰ (*c*) 20 सेमी॰ (*d*) 30 सेमी॰

28. किसी घनाभ की माप 25 सेमी॰ × 20 सेमी॰ × 4 सेमी॰ है. एक घन का आयतन इस घनाभ के आयतन से आधा है. घन के सम्पूर्ण पृष्ठ का क्षेत्रफल कितना है ? **(एस॰एस॰सी॰ परीक्षा, 2007)**

(*a*) 400 सेमी॰^{2} (*b*) 600 सेमी॰^{2} (*c*) 800 सेमी॰^{2} (*d*) 1200 सेमी॰^{2}

29. किसी घन के विकर्ण की लम्बाई 6 सेमी॰ है. घन का आयतन कितना होगा ?

(*a*) $18\sqrt{3}$ सेमी॰^{3} (*b*) $24\sqrt{3}$ सेमी॰^{3} (*c*) $28\sqrt{3}$ सेमी॰^{3} (*d*) $30\sqrt{3}$ सेमी॰^{3}

(एस॰एस॰सी॰ परीक्षा, 2010)

30. एक घन के विकर्ण की लम्बाई $9\sqrt{3}$ सेमी॰ है. इसके सम्पूर्ण पृष्ठ का क्षेत्रफल कितना होगा ?

(*a*) 243 सेमी॰^{2} (*b*) 486 सेमी॰^{2} (*c*) 648 सेमी॰^{2} (*d*) 324 सेमी॰^{2}

31. एक घन के सम्पूर्ण पृष्ठ का क्षेत्रफल 13254 सेमी॰^{2} है. इसके विकर्ण की लम्बाई कितनी होगी ?

(*a*) $44\sqrt{3}$ सेमी॰ (*b*) $45\sqrt{3}$ सेमी॰ (*c*) $46\sqrt{3}$ सेमी॰ (*d*) $47\sqrt{3}$ सेमी॰

32. एक घन के विकर्ण की माप $4\sqrt{3}$ सेमी॰ है. इस घन का आयतन कितना होगा ?

(*a*) 16 सेमी॰^{3} (*b*) 27 सेमी॰^{3} (*c*) 64 सेमी॰^{3} (*d*) 48 सेमी॰^{3}

(एस॰एस॰सी॰ परीक्षा, 2006)

33. एक घन का आयतन 512 सेमी॰^{3} है. इसका सम्पूर्ण पृष्ठ कितना होगा?
(a) 192 सेमी॰^{2} (b) 256 सेमी॰^{2} (c) 320 सेमी॰^{2} (d) 384 सेमी॰^{2}

34. एक घनाभ का आयतन एक घन से दुगुना है. यदि घनाभ की विभायें 9 सेमी॰, 8 सेमी॰ तथा 6 सेमी॰ हों, तो घन का सम्पूर्ण पृष्ठ कितना होगा? **(एस॰एस॰सी॰ परीक्षा, 2005)**
(a) 72 सेमी॰^{2} (b) 216 सेमी॰^{2} (c) 108 सेमी॰^{2} (d) 432 सेमी॰^{2}

35. 25 सेमी॰ भुजा वाले एक घन को पिघलाकर, 5 सेमी॰ भुजा वाले कितने घन बनेंगे? **(रेलवे परीक्षा, 2004)**
(a) 100 (b) 120 (c) 125 (d) 150

36. लोहे के तीन घनों के सिरों की लम्बाई क्रमशः 6 सेमी॰, 8 सेमी॰ तथा 10 सेमी॰ है. इन्हें पिघला कर बनाये गये घन की प्रत्येक भुजा की लम्बाई कितनी होगी? **(मैनेजमैंट परीक्षा, 2008)**
(a) 12 सेमी॰ (b) 14 सेमी॰ (c) 16 सेमी॰ (d) 18 सेमी॰

37. एक घन के सम्पूर्ण पृष्ठ का क्षेत्रफल 150 वर्ग सेमी॰ है. इसका आयतन कितना होगा?
(a) 100 सेमी॰^{3} (b) 125 सेमी॰^{3} (c) 150 सेमी॰^{3} (d) 175 सेमी॰^{3}

38. धातु के बने एक घन की प्रत्येक भुजा 12 सेमी॰ है. इसे पिघला कर तीन छोटे घनों में ढ़ाला गया है. यदि इनमें से दो घनों की भुजायें क्रमशः 6 सेमी॰ तथा 8 सेमी॰ हों, तो तीसरे घन की प्रत्येक भुजा की लम्बाई कितनी है?
(a) 10 सेमी॰ (b) 12 सेमी॰ (c) 14 सेमी॰ (d) 18 सेमी॰
(मैनेजमैन्ट परीक्षा, 2006)

39. एक ठोस घनाभ की भुजायें क्रमशः 72 सेमी॰, 75 सेमी॰ तथा 135 सेमी॰ हैं. ऐसे घन की प्रत्येक भुजा की लम्बाई कितनी होगी जिसका आयतन इस ठोस घनाभ के आयतन के बराबर हो?
(a) 75 सेमी॰ (b) 80 सेमी॰ (c) 85 सेमी॰ (d) 90 सेमी॰

40. 8 सेमी॰ कोर वाले दो घनों को उनके सिरों से मिलाने पर प्राप्त घनाभ का पृष्ठीय क्षेत्रफल कितना होगा?
(a) 1440 वर्ग सेमी॰ (b) 830 वर्ग सेमी॰ (c) 640 वर्ग सेमी॰ (d) 560 वर्ग सेमी॰
(एस॰एस॰सी॰ परीक्षा, 2006)

41. 125 घन सेमी॰ आयतन वाले तीन समान घनों को परस्पर साथ रखकर किनारे से इस प्रकार जोड़ा गया है कि एक घनाभ बन जाता है. इस घनाभ का कुल पृष्ठीय क्षेत्रफल कितना होगा? **(बी॰एड॰ प्रवेश परीक्षा, 2007)**
(a) 175 सेमी॰^{2} (b) 200 सेमी॰^{2} (c) 300 सेमी॰^{2} (d) 350 सेमी॰^{2}

42. एक आयताकार लकड़ी का टुकड़ा (6 सेमी॰ × 9 सेमी॰ × 12 सेमी॰) विभाओं का है. इसे काटकर बराबर आयतन के घन बनाये गये हैं जिनकी संख्या पूर्ण है. ऐसे घनों की कम से कम संख्या कितनी होगी?
(a) 6 (b) 9 (c) 24 (d) 30
(एस॰एस॰सी॰ परीक्षा, 2003)

43. 15 सेमी॰ लम्बी कोर वाले घन को एक आयताकार बर्तन में पानी में पूरा डूबो दिया गया है. यदि बर्तन की तली की लम्बाई 20 सेमी॰ तथा चौड़ाई 15 सेमी॰ हो तो पानी की सतह में कितनी वृद्धि होगी?
(a) 11·25 सेमी॰ (b) 12·5 सेमी॰ (c) 16 सेमी॰ (d) 22·5 सेमी॰
(रेलवे परीक्षा, 2003)

44. दो घनों के आयतनों का अनुपात 27 : 64 है. इनके सम्पूर्ण पृष्ठों के क्षेत्रफलों का अनुपात क्या होगा?
(a) 3 : 8 (b) 3 : 4 (c) 9 : 16 (d) 27 : 64
(एस॰एस॰सी॰ परीक्षा, 2002)

45. धातु के बने तीन ठोस घनों की कोरें क्रमशः 30 सेमी॰, 40 सेमी॰ तथा 50 सेमी॰ हैं. इन्हें पिघला कर बनाये गये घन का सम्पूर्ण पृष्ठ कितना होगा?
(a) 2 वर्ग मीटर (b) 2·15 वर्ग मीटर (c) 2·16 वर्ग मीटर (d) 2·2 वर्ग मीटर

46. एक घन की प्रत्येक भुजा में 50% वृद्धि करने पर इसके आयतन में कितनी वृद्धि होगी?
(a) 50% (b) 150% (c) $133\frac{1}{3}\%$ (d) $237\frac{1}{2}\%$
(एस॰एस॰सी॰ परीक्षा, 2009)

47. एक घन की प्रत्येक भुजा को दुगुना करने पर इसके सम्पूर्ण पृष्ठ के क्षेत्रफल में कितने प्रतिशत वृद्धि होगी?
(*a*) 150% (*b*) 200% (*c*) 300% (*d*) 600%
(रेलवे परीक्षा, 2005)

48. एक बेलन के आधार की त्रिज्या 3·5 सेमी॰ तथा लम्बाई 8 सेमी॰ है. इस बेलन का सम्पूर्ण पृष्ठ कितना है?
(*a*) 165 सेमी॰^{2} (*b*) 126·5 सेमी॰^{2} (*c*) 253 सेमी॰^{2} (*d*) 214·5 सेमी॰^{2}

49. दो बेलनों की आधार त्रिज्यायें 2 : 3 के अनुपात में हैं तथा इनकी ऊँचाइयों का अनुपात 5 : 3 है. इनके आयतनों का अनुपात कितना है? **(एस॰एस॰सी॰ परीक्षा, 2005)**
(*a*) 27 : 28 (*b*) 20 : 27 (*c*) 9 : 4 (*d*) 4 : 9

50. दो बेलनों की आधार त्रिज्यायें क्रमशः 3 : 5 के अनुपात में हैं तथा इनकी ऊँचाईयाँ क्रमशः 2 : 3 के अनुपात में हैं. इनके वक्रपृष्ठों के क्षेत्रफलों का अनुपात क्या होगा? **(एस॰एस॰सी॰ परीक्षा, 2007)**
(*a*) 2 : 5 (*b*) 2 : 3 (*c*) 3 : 5 (*d*) 5 : 3

51. एक बेलनाकार स्तम्भ का वक्रपृष्ठ 264 वर्ग मीटर तथा आयतन 924 घन मीटर है. इसके व्यास का इसकी ऊँचाई से क्या अनुपात होगा? **(एस॰एस॰सी॰ परीक्षा, 2005)**
(*a*) 7 : 6 (*b*) 6 : 7 (*c*) 3 : 7 (*d*) 7 : 3

52. एक बेलन के आधार का व्यास 42 सेमी॰ है तथा इसके वक्रपृष्ठ का क्षेत्रफल 1320 सेमी॰^{2} है. इस बेलन की ऊँचाई कितनी है?
(*a*) 8 सेमी॰ (*b*) 9 सेमी॰ (*c*) 10 सेमी॰ (*d*) 12 सेमी॰

53. एक लम्बवृत्तीय बेलन के आधार की त्रिज्या तथा ऊँचाई का अनुपात क्रमशः 2 : 3 है. यदि इसका आयतन 12936 सेमी॰^{3} हो, तो इस बेलन के सम्पूर्ण पृष्ठ का क्षेत्रफल कितना होगा?
(*a*) 3080 सेमी॰^{2} (*b*) 38808 सेमी॰^{2} (*c*) 25872 सेमी॰^{2} (*d*) 2587·2 सेमी॰^{2}

54. एक लम्बवृत्तीय बेलन की ऊँचाई 14 सेमी॰ है तथा इसका वक्रपृष्ठीय क्षेत्रफल 88 वर्ग सेमी॰ है. इसके आधार की त्रिज्या कितनी है? **(एस॰एस॰सी॰ परीक्षा, 2008)**
(*a*) 4 सेमी॰ (*b*) 8 सेमी॰ (*c*) 1 सेमी॰ (*d*) 2 सेमी॰

55. दो बेलनों *A* तथा *B* के आधारों के अर्द्धव्यास 3 : 2 तथा इनकी ऊँचाईयाँ *n* : 1 के अनुपात में हैं. यदि बेलन *A* का आयतन, बेलन *B* के आयतन का 3 गुना हो, तो *n* का मान कितना होगा? **(एस॰एस॰सी॰ परीक्षा, 2008)**
(*a*) $\frac{4}{3}$ (*b*) $\frac{2}{3}$ (*c*) $\frac{3}{4}$ (*d*) $\frac{3}{2}$

56. 0·75 सेमी॰ त्रिज्या तथा 0·2 सेमी॰ मोटाई वाले सिक्कों को पिघला कर 3 सेमी॰ त्रिज्या तथा 8 सेमी॰ ऊँचाई वाला एक लम्बवृत्तीय बेलन बनाने के लिए कितने सिक्कों की आवश्यकता होगी? **(एस॰एस॰सी॰ परीक्षा, 2010)**
(*a*) 640 (*b*) 600 (*c*) 500 (*d*) 480

57. एक लम्बवृत्तीय बेलन के आधार के अर्द्धव्यास तथा उसकी ऊँचाई में से प्रत्येक में 10% वृद्धि कर दिये जाने पर बेलन के आयतन में कितनी वृद्धि होगी? **(एस॰एस॰सी॰ परीक्षा, 2008)**
(*a*) 3·31% (*b*) 14·5% (*c*) 33·1% (*d*) 19·5%

58. यदि एक बेलन की ऊँचाई में 15% वृद्धि तथा इसके आधार के अर्द्धव्यास में 10% कमी कर दी जाये तो उसके वक्रपृष्ठ में कितना परिवर्तन होगा? **(एस॰एस॰सी॰ परीक्षा, 2006)**
(*a*) 3·5% की कमी (*b*) 3·5% की वृद्धि (*c*) 5% की वृद्धि (*d*) 5% की कमी

59. बेलनाकार आकृति वाले एक गीजर का व्यास 35 सेमी॰ तथा ऊँचाई 1·2 मीटर है. इसकी दीवारों की मोटाई की उपेक्षा करते हुए इसके बाहरी पार्श्व-पृष्ठ का क्षेत्रफल कितना होगा? **(रेलवे परीक्षा, 2009)**
(*a*) 11200 सेमी॰^{2} (*b*) 13200 सेमी॰^{2} (*c*) 12100 सेमी॰^{2} (*d*) 9600 सेमी॰^{2}

60. एक बेलनाकार खम्भे के वक्र-पृष्ठ का क्षेत्रफल 528 मी॰^{2} है तथा इसका आयतन 2772 मी॰^{3} है. खम्भे की ऊँचाई कितनी है?
(*a*) 10·5 मीटर (*b*) 7·5 मीटर (*c*) 8 मीटर (*d*) 5·25 मीटर

61. एक ठोस बेलन का सम्पूर्ण पृष्ठ 231 सेमी०^2 है. यदि इसका वक्र-पृष्ठ इसके सम्पूर्ण पृष्ठ का दो-तिहाई हो, तो बेलन का आयतन कितना है?

(*a*) 269·5 सेमी०^3 (*b*) 385 सेमी०^3 (*c*) 308 सेमी०^3 (*d*) 363·4 सेमी०^3

62. एक बेलन के वक्र-पृष्ठ तथा सम्पूर्ण पृष्ठ के क्षेत्रफलों का अनुपात 1 : 2 है. यदि इसके सम्पूर्ण पृष्ठ का क्षेत्रफल 616 सेमी०^2 हो, तो बेलन का आयतन कितना है?

(*a*) 1078 सेमी०^3 (*b*) 1232 सेमी०^3 (*c*) 1848 सेमी०^3 (*d*) इनमें से कोई नहीं

63. 3 सेमी० त्रिज्या वाले ताँबे के एक गोले को पीट पीट कर 0·2 सेमी० व्यास की एक तार में बदलें, तो इस तार की लम्बाई कितनी होगी? **(एस०एस०सी० परीक्षा, 2005)**

(*a*) 9 मीटर (*b*) 12 मीटर (*c*) 18 मीटर (*d*) 36 मीटर

64. एक तार को पिघला कर एक-तिहाई त्रिज्या की तार बनाने पर समान आयतन वाले तार की लम्बाई कितनी होगी?

(*a*) 3 गुनी (*b*) 2 गुनी (*c*) 6 गुनी (*d*) 9 गुनी

65. 1·5 सेमी० व्यास तथा 0·2 सेमी० मोटाई के कितने सिक्के पिघलाये जायें जिससे एक ऐसा ठोस बेलन प्राप्त किया जा सके जिसका व्यास 4·5 सेमी० तथा ऊँचाई 10 सेमी० हो?

(*a*) 380 (*b*) 450 (*c*) 472 (*d*) 540

66. एक ठोस बेलन के आधार की त्रिज्या तथा ऊँचाई का योग 37 मीटर है. बेलन का सम्पूर्ण पृष्ठ 1628 मी०^2 है. बेलन का आयतन कितना है?

(*a*) 5240 मी०^3 (*b*) 4620 मी०^3 (*c*) 3180 मी०^3 (*d*) इनमें से कोई नहीं

67. पानी से भरे दो बेलनाकार बर्तनों के आधार की त्रिज्यायें क्रमशः 15 सेमी० तथा 10 सेमी० हैं तथा इनकी ऊँचाइयाँ क्रमशः 35 सेमी० तथा 15 सेमी० हैं. इन बर्तनों के पानी को 15 सेमी० ऊँचे नये बेलनाकार बर्तन में पलट दिये जाने पर यह बर्तन ठीक पूरा भर जाता है. इस बर्तन के आधार की त्रिज्या कितनी है?

(*a*) 17·5 सेमी० (*b*) 18 सेमी० (*c*) 20 सेमी० (*d*) 25 सेमी०

68. दो बेलनों के बराबर आयतन हैं तथा इनकी ऊँचाइयों का अनुपात 1 : 3 है. इनकी त्रिज्याओं का अनुपात क्या होगा?

(*a*) $4:\sqrt{3}$ (*b*) $3:2\sqrt{3}$ (*c*) $2:\sqrt{3}$ (*d*) $3:\sqrt{3}$

69. यदि 1 घन सेमी० कच्चे लोहे का भार 21 ग्राम हो, तो कच्चे लोहे से बने उस पाईप का भार क्या होगा जिसकी लम्बाई 1 मीटर, अन्दरी व्यास 3 सेमी० तथा दीवार की मोटाई 1 सेमी० हो?

(*a*) 18·6 किग्रा० (*b*) 21 किग्रा० (*c*) 24·2 किग्रा० (*d*) 26·4 किग्रा०

70. एक बेलनाकार पाईप का अन्दरी व्यास 2 सेमी० है. इसमें से 6 मीटर प्रति सैकन्ड की दर से पानी बहकर एक बेलनाकार टंकी में गिरता है जिसके आधार की त्रिज्या 60 सेमी० है. 30 मिनट में इस टंकी में पानी के स्तर में कितनी वृद्धि होगी? **(मैनेजमैन्ट परीक्षा, 2006)**

(*a*) 2 मीटर (*b*) 3 मीटर (*c*) 4 मीटर (*d*) 5 मीटर

71. ताँबे की एक गोल छड़ 8 सेमी० लम्बी है तथा इसका व्यास 1 सेमी० है. इसे पिघला कर 18 मीटर लम्बी तथा समान व्यास की तार बनाई गई है. इस तार की त्रिज्या कितनी है? **(एस०एस०सी० परीक्षा, 2005)**

(*a*) $\frac{1}{15}$ सेमी० (*b*) $\frac{1}{30}$ सेमी० (*c*) $\frac{2}{15}$ सेमी० (*d*) $\frac{1}{5}$ सेमी०

72. 2 इंच व्यास का एक पाईप एक टंकी को 1 घन्टे में पूरी भर देता है. यदि पाईप का व्यास 4 इंच हो, तो टंकी को भरने में कितना समय लगेगा? **(रेलवे परीक्षा, 2006)**

(*a*) 10 मिनट (*b*) 15 मिनट (*c*) 30 मिनट (*d*) 45 मिनट

73. 80 सेमी० व्यास के एक बेलनाकार बर्तन में कुछ पानी भरा है. इसमें 60 सेमी० व्यास का एक गोला पूर्णतया डूबो देने पर पानी के स्तर में कितनी वृद्धि हो जायेगी?

(*a*) 22·5 सेमी० (*b*) 30·5 सेमी० (*c*) 32·5 सेमी० (*d*) 35·2 सेमी०

74. 20 सेमी॰ लम्बे लोहे के पाईप का बाहरी व्यास 25 सेमी॰ है तथा इसकी दीवारों की मोटाई 1 सेमी॰ है. पाईप के सम्पूर्ण पृष्ठों का क्षेत्रफल कितना है ? **(मैनेजमैन्ट परीक्षा, 2006)**

(*a*) 3068 वर्ग सेमी॰ (*b*) 3168 वर्ग सेमी॰ (*c*) 3268 वर्ग सेमी॰ (*d*) 3368 वर्ग सेमी॰

75. एक कुयें का व्यास 7 मीटर तथा गहराई 22·5 मीटर है. इसकी अन्दरी सतह पर ₹ 30 प्रति वर्ग मीटर की दर से पलास्टर कराने का खर्च कितना होगा ?

(*a*) ₹ 14650 (*b*) ₹ 14850 (*c*) ₹ 14750 (*d*) ₹ 14950

76. एक आयताकार कागज का साइज 100 सेमी॰ × 44 सेमी॰ है. इस कागज को इसकी लम्बाई के अनुदिश मोड़कर एक बेलन बनाया जाता है. बेलन का आयतन कितना है ? **(एस॰एस॰सी॰ परीक्षा, 2007)**

(*a*) 4400 घन सेमी॰ (*b*) 15400 घन सेमी॰ (*c*) 35000 घन सेमी॰ (*d*) 144 घन सेमी॰

77. एक 4 मीटर व्यास वाली 56 मीटर लम्बी बेलनाकार सुरंग को खोदने से प्राप्त हुई मिट्टी से एक 48 मीटर लम्बी, 16·5 मीटर चौड़ी तथा 4 मीटर गहरी खाई का कितना भाग भरा जा सकता है ? **(एस॰एस॰सी॰ परीक्षा, 2007)**

(*a*) $\frac{1}{9}$ (*b*) $\frac{2}{9}$ (*c*) $\frac{7}{9}$ (*d*) $\frac{8}{9}$

78. समान अर्द्धव्यास वाले एक लम्ब-वृत्तीय बेलन तथा एक गोले के आयतन बराबर हैं. गोले के व्यास का बेलन की ऊँचाई से अनुपात कितना है ? **(एस॰एस॰सी॰ परीक्षा, 2007)**

(*a*) 3 : 2 (*b*) 2 : 3 (*c*) 1 : 2 (*d*) 2 : 1

79. एक ठोस बेलन के आधार का व्यास 16 सेमी॰ तथा ऊँचाई 2 सेमी॰ है. इसे पिघलाकर समान माप के 12 गोले बनाये गये हैं. प्रत्येक गोले का व्यास क्या होगा ? **(एस॰एस॰सी॰ परीक्षा, 2005)**

(*a*) 2 सेमी॰ (*b*) 4 सेमी॰ (*c*) 3 सेमी॰ (*d*) $\sqrt{3}$ सेमी॰

80. 6 सेमी॰ व्यास के गोले को पिघलाकर 1 मिमी॰ त्रिज्या वाला तार बनाया जाये, तो इस तार की लम्बाई क्या होगी ?

(*a*) 20 मीटर (*b*) 30 मीटर (*c*) 36 मीटर (*d*) 40 मीटर

(रेलवे परीक्षा, 2005)

81. यदि किसी गोले के अर्द्धव्यास में 2 मीटर की वृद्धि कर दी जाये तो उसके पृष्ठीय क्षेत्रफल में 704 वर्ग मीटर की वृद्धि हो जाती है. गोले का प्रारम्भिक अर्द्धव्यास कितना है ? **(एस॰एस॰सी॰ परीक्षा, 2010)**

(*a*) 16 मीटर (*b*) 15 मीटर (*c*) 14 मीटर (*d*) 13 मीटर

82. 1 सेमी॰, 2 सेमी॰ तथा 3 सेमी॰ त्रिज्या की तीन गोलाकार गेंदों को पिघलाकर एक नई गेंद बनाई गई है. इस प्रक्रिया में 25% सामग्री नष्ट हुई है. नई गेंद की त्रिज्या कितनी है ? **(एस॰एस॰सी॰ परीक्षा, 2010)**

(*a*) 6 सेमी॰ (*b*) 5 सेमी॰ (*c*) 3 सेमी॰ (*d*) 2 सेमी॰

83. 3 सेमी॰, 4 सेमी॰ तथा 5 सेमी॰ त्रिज्याओं वाले तीन गोलों को पिघलाकर एक नया गोला बनाया गया है. बड़े गोले की त्रिज्या कितनी है ? **(होटल मैनेजमैंट परीक्षा, 2009)**

(*a*) 6 सेमी॰ (*b*) 7·5 सेमी॰ (*c*) 10 सेमी॰ (*d*) 12 सेमी॰

84. यदि दो गोलों के अर्द्धव्यास क्रमशः 3 : 2 के अनुपात में हों तो उनके आयतनों का अनुपात क्या होगा ?

(*a*) 9 : 4 (*b*) 3 : 2 (*c*) 8 : 27 (*d*) 27 : 8

(एस॰एस॰सी॰ परीक्षा, 2007)

85. यदि दो गोलों के अर्द्धव्यास क्रमशः 1 : 4 के अनुपात में हों तो उनके पृष्ठीय क्षेत्रफलों का अनुपात क्या होगा ?

(*a*) 1 : 2 (*b*) 1 : 4 (*c*) 1 : 8 (*d*) 1 : 16

(एस॰एस॰सी॰ परीक्षा, 2007)

86. r सेमी॰ त्रिज्या वाली गोलीय खोखली गेंद के अन्तर्गत बड़े से बड़े घन का आयतन कितना होगा ?

(*a*) $\frac{2r^2}{\sqrt{3}}$ सेमी॰^{3} (*b*) $\frac{4r^2}{3}$ सेमी॰^{3} (*c*) $\frac{8r^3}{3\sqrt{3}}$ सेमी॰^{3} (*d*) $\frac{r^3}{3\sqrt{3}}$ सेमी॰^{3}

(होटल मैनेजमैंट परीक्षा, 2009)

87. 3 सेमी० व्यास वाले धातु के ठोस गोले कितने पिघलाये जायें कि इनसे एक ठोस बेलन बन सके जिसका व्यास 4 सेमी० तथा ऊँचाई 54 सेमी० हो?

(*a*) 16 (*b*) 24 (*c*) 36 (*d*) 48

88. किसी 2 सेमी० व्यास वाले ठोस बेलन की लम्बाई क्या होगी जिसे पिघलाकर एक खोखला बेलन बनाया जाये जिसकी लम्बाई 16 सेमी०, मोटाई 2·5 मिमी० तथा बाहरी व्यास 20 सेमी० है?

(*a*) 81 सेमी० (*b*) 29·62 सेमी० (*c*) 39·5 सेमी० (*d*) 79 सेमी०

89. एक गोले का आयतन 4851 सेमी०^3 है. इसके वक्र पृष्ठ का क्षेत्रफल कितना होगा?

(*a*) 1716 सेमी०^2 (*b*) 1386 सेमी०^2 (*c*) 1625 सेमी०^2 (*d*) 3087 सेमी०^2

90. एक गोले के वक्र-पृष्ठ का क्षेत्रफल 5544 सेमी०^2 है. इसका आयतन कितना है?

(*a*) 38808 सेमी०^3 (*b*) 42304 सेमी०^3 (*c*) 22176 सेमी०^3 (*d*) 33951 सेमी०^3

91. एक घन तथा एक गोले के सम्पूर्ण पृष्ठ समान हैं. इनके आयतनों का अनुपात क्या होगा?

(*a*) $\sqrt{\pi} : \sqrt{6}$ (*b*) $\sqrt{\pi} : \sqrt{2}$ (*c*) $\sqrt{\pi} : \sqrt{3}$ (*d*) इनमें से कोई नहीं

92. एक घन तथा इसमें ठीक पूरी तरह से फिट हो जाने वाले गोले के आयतनों का अनुपात क्या होगा?

(*a*) $2 : \pi$ (*b*) $4 : \pi$ (*c*) $6 : \pi$ (*d*) $4 : 3\pi$

93. एक शंकु तथा एक गोले की समान त्रिज्यायें तथा समान आयतन हैं. गोले के व्यास तथा शंकु की ऊँचाई का अनुपात क्या होगा?

(*a*) 3 : 1 (*b*) 1 : 3 (*c*) 6 : 1 (*d*) 1 : 2

94. एक बेलन तथा एक शंकु की त्रिज्याओं का अनुपात 3 : 4 है तथा इनकी ऊँचाईयों का अनुपात 2 : 3 है. इनके आयतनों का अनुपात क्या होगा?

(*a*) 9 : 8 (*b*) 3 : 4 (*c*) 8 : 9 (*d*) 4 : 3

95. दो शंकुओं के आयतनों का अनुपात 1 : 4 है तथा इनके व्यास 4 : 5 के अनुपात में हैं. इनकी ऊँचाइयों का अनुपात क्या होगा?

(*a*) 1 : 5 (*b*) 5 : 4 (*c*) 5 : 16 (*d*) 25 : 64

96. दो शंकुओं की ऊँचाइयों का अनुपात 1 : 3 है तथा उनके आधार के व्यास 3 : 5 के अनुपात में हैं. इनके आयतनों का अनुपात क्या होगा?

(*a*) 1 : 5 (*b*) 5 : 9 (*c*) 3 : 25 (*d*) इनमें से कोई नहीं

97. समान व्यास तथा समान ऊँचाई वाले एक बेलन, एक शंकु तथा एक गोले के आयतनों का अनुपात क्या होगा?

(*a*) 1 : 3 : 2 (*b*) 2 : 3 : 1 (*c*) 3 : 1 : 2 (*d*) 3 : 2 : 1

98. यदि एक गोले, एक बेलन तथा एक शंकु की त्रिज्यायें समान हों तथा इनके सम्पूर्ण पृष्ठ समान हों, तो इनकी ऊँचाइयों का अनुपात क्या होगा?

(*a*) $2:1:2\sqrt{2}$ (*b*) $\sqrt{2}:1:2$ (*c*) $2 : 1 : 3\sqrt{2}$ (*d*) $6\sqrt{2}:3\sqrt{3}:4$

99. एक शंकु, एक अर्द्ध गोला तथा एक बेलन के समान आधार तथा समान ऊँचाइयाँ हैं. इनके आयतनों का अनुपात क्या होगा?

(*a*) 1 : 2 : 3 (*b*) 2 : 1 : 3 (*c*) 2 : 3 : 1 (*d*) 3 : 2 : 1

100. एक लम्ब-वृत्तीय शंकु की ऊँचाई में 200% की वृद्धि तथा उसके आधार के अर्द्धव्यास में 50% की कमी करने पर शंकु के आयतन में क्या परिवर्तन होगा? **(एस०एस०सी० परीक्षा, 2006)**

(*a*) 25% की वृद्धि (*b*) 50% की वृद्धि (*c*) 25% की कमी (*d*) कोई परिवर्तन नहीं

101. एक समकोण त्रिभुज की भुजायें 3 सेमी०, 4 सेमी०, 5 सेमी० लम्बी हैं. यदि इसे 3 सेमी० वाली भुजा के अनुदिश घुमाया गया हो, तो इस तरह से बने शंकु का आयतन क्या होगा? **(एस०एस०सी० परीक्षा, 2007)**

(*a*) (16π) सेमी०^3 (*b*) (12π) सेमी०^3 (*c*) (15π) सेमी०^3 (*d*) (20π) सेमी०^3

102. धातु के कुछ ठोस लम्ब-वृत्तीय शंकुओं में से प्रत्येक के आधार की त्रिज्या 3 सेमी० तथा ऊँचाई 4 सेमी० है. इन्हें पिघलाकर 6 सेमी० त्रिज्या का एक ठोस गोला बनाया जाता है. इन शंकुओं की संख्या कितनी है?

(*a*) 12 (*b*) 24 (*c*) 48 (*d*) 6

(एस०एस०सी० परीक्षा, 2006)

103. यदि किसी लम्बवृत्तीय शंकु के आधार की त्रिज्या तथा उसकी ऊँचाई में से प्रत्येक में 10% की वृद्धि कर दी जाये तो शंकु के आयतन में कितने प्रतिशत वृद्धि होगी? **(एस०एस०सी० परीक्षा, 2010)**

(*a*) 20% (*b*) 33·1% (*c*) 44·2% (*d*) 100%

104. एक लम्बवृत्तीय बेलन का आयतन एक गोले के आयतन के बराबर है तथा इनके अर्द्धव्यास भी बराबर हैं. यदि बेलन की ऊँचाई h तथा गोले का व्यास d हो, तो निम्नलिखित में से कौन-सा सम्बन्ध सही है?

(*a*) $h = d$ (*b*) $2h = d$ (*c*) $2h = 3d$ (*d*) $3h = 2d$

(एस०एस०सी० परीक्षा, 2008)

105. एक ठोस लम्बवृत्तीय शंकु की ऊँचाई 8 सेमी० तथा आधार की त्रिज्या 2 सेमी० है. इस शंकु को पिघलाकर एक गोला बनाया गया है. इस गोले का व्यास कितना है?

(*a*) 2 सेमी० (*b*) 3 सेमी० (*c*) 4 सेमी० (*d*) 6 सेमी०

106. एक ताँबे के तार की लम्बाई 36 मीटर तथा व्यास 2 मिमी० है. इसे पिघलाकर एक गोला बनाया गया है. गोले का अर्द्धव्यास कितना है? **(एस०एस०सी० परीक्षा, 2010)**

(*a*) 2·5 सेमी० (*b*) 3 सेमी० (*c*) 3·5 सेमी० (*d*) 4 सेमी०

107. किसी धातु के एक ठोस बेलन के आधार की त्रिज्या r सेमी० तथा ऊँचाई 6 सेमी० है. इसे पिघलाकर उतनी ही आधार की त्रिज्या वाला एक ठोस शंकु बनाया जाता है. शंकु की ऊँचाई कितनी है?

(*a*) 54 सेमी० (*b*) 27 सेमी० (*c*) 18 सेमी० (*d*) 9 सेमी०

(एस०एस०सी० परीक्षा, 2007)

108. एक शंकु की ऊँचाई 6 सेमी० तथा आधार की त्रिज्या 12 सेमी० है. यदि इस शंकु का आयतन एक गोले के आयतन के बराबर हो, तो गोले की त्रिज्या कितनी है? **(एस०एस०सी० परीक्षा, 2008)**

(*a*) 8 सेमी० (*b*) 6 सेमी० (*c*) 7.2 सेमी० (*d*) 2·5 सेमी०

109. यदि किसी शंकु की ऊँचाई तथा आधार के अर्द्धव्यास में से प्रत्येक में 100% वृद्धि कर दी जाये तो इसका आयतन प्रारम्भिक आयतन का **(एस०एस०सी० परीक्षा, 2006)**

(*a*) दुगुना हो जायेगा (*b*) 3 गुना हो जायेगा (*c*) 6 गुना हो जायेगा (*d*) 8 गुना हो जायेगा

110. 9 सेमी० ऊँचाई तथा 18 सेमी० आधार के व्यास वाला एक शंकु एक 9 सेमी० त्रिज्या वाले लकड़ी के ठोस गोले से काट लिया जाता है. इस प्रक्रिया में नष्ट हुई लकड़ी कितने प्रतिशत है? **(रेलवे परीक्षा, 2006)**

(*a*) 55% (*b*) 65% (*c*) 75% (*d*) 60%

111. 3 सेमी० त्रिज्या वाली एक गोलाकार गेंद को पिघलाकर तीन गोलाकार गेंदें बनाई जाती हैं. इनमें से दो गेंदों की त्रिज्यायें क्रमश: 1·5 सेमी० तथा 2 सेमी० हैं. तीसरी गेंद की त्रिज्या कितनी है? **(एस०एस०सी० परीक्षा, 2006)**

(*a*) 0·5 सेमी० (*b*) 1 सेमी० (*c*) 1·5 सेमी० (*d*) 2·5 सेमी०

112. 21 सेमी० गहरे तथा 16 सेमी० व्यास वाले एक शंक्वाकार बर्तन में रखे पानी का भार कितना होगा?

(*a*) 1·256 किग्रा० (*b*) 1·408 किग्रा० (*c*) 2·480 किग्रा० (*d*) 3·875 किग्रा०

(रेलवे परीक्षा, 2006)

113. जस्ते के बने 6 सेमी० त्रिज्या के अर्द्ध-गोले को पिघला कर 75 सेमी० ऊँचाई के शंकु में ढाला गया है. इस शंकु के आधार की त्रिज्या क्या होगी?

(*a*) 1·4 सेमी० (*b*) 2 सेमी० (*c*) 2·4 सेमी० (*d*) 4·2 सेमी०

114. एक अर्द्ध-गोलाकार आकृति के बर्तन की आन्तरिक त्रिज्या 9 सेमी० है. यह बर्तन किसी द्रव से भरा है. इस द्रव को छोटी बेलनाकार बोतलों से भरा गया है. यदि प्रत्येक बोतल के आधार का व्यास 3 सेमी० तथा ऊँचाई 4 सेमी० हो, तो ऐसी कितनी बोतलों की आवश्यकता होगी ?

(*a*) 27 (*b*) 35 (*c*) 54 (*d*) 63

115. एक अर्द्ध गोले तथा एक शंकु के आधार की त्रिज्यायें बराबर हैं. यदि इनकी ऊँचाइयाँ भी समान हों, तो उनके वक्रपृष्ठों के क्षेत्रफलों का अनुपात क्या होगा ? **(एस०एस०सी० परीक्षा, 2005)**

(*a*) $1:\sqrt{2}$ (*b*) $\sqrt{2}:1$ (c) 1 : 2 (d) 2 : 1

116. धातु की दो गोलाकार गेंदें *A* तथा *B* इस प्रकार हैं कि *A* का व्यास *B* के व्यास से दुगुना है. *A* तथा *B* के आयतनों का अनुपात क्या है ? **(रेलवे परीक्षा, 2006)**

(*a*) 6 : 1 (*b*) 8 : 1 (*c*) 2 : 1 (*d*) 4 : 1

117. लोहे की उस चादर का क्षेत्रफल क्या होगा जिससे 24 सेमी० ऊँचा तथा 7 सेमी० आधार की त्रिज्या वाला शंकु बनाया जा सके ?

(*a*) 550 वर्ग सेमी० (*b*) 1232 वर्ग सेमी० (*c*) 704 वर्ग सेमी० (*d*) 616 वर्ग सेमी०

118. एक शंकु तथा एक बेलन के आधारों के क्षेत्रफल समान हैं तथा इनके वक्र-पृष्ठों के क्षेत्रफल भी समान हैं. यदि बेलन की ऊँचाई 3 मीटर हो, तो शंकु की तिर्यक ऊँचाई कितनी होगी ?

(*a*) 3 मीटर (*b*) 4 मीटर (*c*) 6 मीटर (*d*) 7 मीटर

119. धातु के बने 10·5 सेमी० त्रिज्या वाले एक गोले को पिघलाकर छोटे-छोटे लम्ब-वृत्तीय शंकुओं में ढ़ाला गया है. यदि प्रत्येक शंकु के आधार की त्रिज्या 3·5 सेमी० तथा ऊँचाई 3 सेमी० हो, तो ऐसे शंकुओं की संख्या कितनी होगी ? **(एस०एस०सी० परीक्षा, 2005)**

(*a*) 105 (*b*) 113 (*c*) 126 (*d*) 135

120. एक लम्ब-वृत्तीय शंकु के आधार का व्यास 14 सेमी० है तथा इसके वक्रपृष्ठ का क्षेत्रफल 550 वर्ग सेमी० है. इस शंकु का आयतन क्या होगा ?

(*a*) 1230 घन सेमी० (*b*) 1231 घन सेमी० (*c*) 1232 घन सेमी० (*d*) 1233 घन सेमी०

121. एक बेलनाकार बर्तन की त्रिज्या 18 सेमी० तथा ऊँचाई 32 सेमी० है. रेत से भरे इस बर्तन को पृथ्वी पर उलट कर खाली कर दिया गया तथा रेत को एक शंक्वाकार ढ़ेर के रूप में परिवर्तित कर दिया गया. यदि इस ढ़ेर की ऊँचाई 24 सेमी० हो, तो इसके आधार की त्रिज्या क्या होगी ?

(*a*) 12 सेमी० (*b*) 24 सेमी० (*c*) 36 सेमी० (*d*) 48 सेमी०

122. एक लम्ब-वृत्तीय शंकु की त्रिज्या तथा ऊँचाई का अनुपात 3 : 4 है. यदि इसका आयतन 96π घन सेमी० हो, तो इसकी तिर्यक ऊँचाई कितनी है ?

(*a*) 8 सेमी० (*b*) 9 सेमी० (*c*) 10 सेमी० (*d*) 12 सेमी०

123. एक लम्ब-वृत्तीय शंकु की तिर्यक ऊँचाई 10 सेमी० तथा ऊँचाई 8 सेमी० हैं. इसके वक्र-पृष्ठ का क्षेत्रफल कितना है ? ($\pi = 3.14$ लें)

(*a*) 175·5 सेमी०^2 (*b*) 185·5 सेमी०^2 (*c*) 188·4 सेमी०^2 (*d*) 198·5 सेमी०^2

124. एक शंक्वाकार पहाड़ी की तिर्यक ऊँचाई 2·5 किमी० है तथा इसके आधार का क्षेत्रफल 1·54 वर्ग किमी० है. पहाड़ी की ऊँचाई कितनी है ?

(*a*) 2·2 किमी० (*b*) 2·4 किमी० (*c*) 3 किमी० (*d*) 3·11 किमी०

125. 5 मिमी० व्यास के एक बेलनाकार पाईप द्वारा पानी 10 मीटर प्रति मिनट की गति से बहकर एक शंक्वाकार बर्तन में गिरता है, जिसके आधार का व्यास 40 सेमी० तथा ऊँचाई 24 सेमी० है. कितनी देर में यह बर्तन पानी से भर जायेगा ?

(*a*) 48 मिनट 15 सै० (*b*) 51 मिनट 12 सै० (*c*) 52 मिनट 1 सै० (*d*) 55 मिनट

126. 10 सेमी० त्रिज्या के एक ठोस गोले को पिघला कर बराबर त्रिज्या वाले 8 छोटे ठोस गोलों में ढ़ाला गया है. ऐसे प्रत्येक गोले की त्रिज्या कितनी होगी ?

(*a*) 1·25 सेमी० (*b*) 2·5 सेमी० (*c*) 3·75 सेमी० (*d*) 5 सेमी०

127. एक लम्बवृत्तीय बेलन एक अर्द्धगोले के परिगत इस प्रकार है कि इनके आधार उभयनिष्ठ हैं. इनके आयतनों में क्या अनुपात है ? **(एस०एस०सी० परीक्षा, 2010)**

(*a*) 1 : 3 (*b*) 1 : 2 (*c*) 2 : 3 (*d*) 3 : 4

128. यदि r त्रिज्या के एक गोले को समान चार भागों में विभञ्जत किया जाये, तो चारों भागों का सम्पूर्ण पृष्ठीय क्षेत्रफल कितना होगा ? **(एस०एस०सी० परीक्षा, 2010)**

(*a*) $4\pi r^2$ वर्ग इकाई (*b*) $2\pi r^2$ वर्ग इकाई (*c*) $8\pi r^2$ वर्ग इकाई (*d*) $3\pi r^2$ वर्ग इकाई

उत्तरमाला (प्रश्नमाला 24A)

1. (*a*)	**2.** (*b*)	**3.** (*d*)	**4.** (*a*)	**5.** (*b*)	**6.** (*c*)	**7.** (*b*)	**8.** (*b*)	**9.** (*b*)	**10.** (*c*)
11. (*c*)	**12.** (*c*)	**13.** (*c*)	**14.** (*b*)	**15.** (*b*)	**16.** (*a*)	**17.** (*b*)	**18.** (*c*)	**19.** (*c*)	**20.** (*c*)
21. (*b*)	**22.** (*b*)	**23.** (*c*)	**24.** (*d*)	**25.** (*d*)	**26.** (*b*)	**27.** (*b*)	**28.** (*b*)	**29.** (*b*)	**30.** (*b*)
31. (*d*)	**32.** (*c*)	**33.** (*d*)	**34.** (*b*)	**35.** (*c*)	**36.** (*a*)	**37.** (*b*)	**38.** (*a*)	**39.** (*d*)	**40.** (*c*)
41. (*d*)	**42.** (*c*)	**43.** (*a*)	**44.** (*c*)	**45.** (*c*)	**46.** (*d*)	**47.** (*c*)	**48.** (*c*)	**49.** (*b*)	**50.** (*a*)
51. (*d*)	**52.** (*c*)	**53.** (*a*)	**54.** (*c*)	**55.** (*a*)	**56.** (*a*)	**57.** (*c*)	**58.** (*b*)	**59.** (*b*)	**60.** (*c*)
61. (*a*)	**62.** (*a*)	**63.** (*d*)	**64.** (*d*)	**65.** (*b*)	**66.** (*b*)	**67.** (*d*)	**68.** (*d*)	**69.** (*d*)	**70.** (*b*)
71. (*b*)	**72.** (*b*)	**73.** (*a*)	**74.** (*b*)	**75.** (*b*)	**76.** (*b*)	**77.** (*b*)	**78.** (*a*)	**79.** (*b*)	**80.** (*c*)
81. (*d*)	**82.** (*c*)	**83.** (*a*)	**84.** (*d*)	**85.** (*d*)	**86.** (*c*)	**87.** (*d*)	**88.** (*d*)	**89.** (*b*)	**90.** (*a*)
91. (*a*)	**92.** (*c*)	**93.** (*d*)	**94.** (*a*)	**95.** (*d*)	**96.** (*c*)	**97.** (*c*)	**98.** (*a*)	**99.** (*a*)	**100.** (*c*)
101. (*a*)	**102.** (*b*)	**103.** (*b*)	**104.** (*d*)	**105.** (*c*)	**106.** (*b*)	**107.** (*c*)	**108.** (*b*)	**109.** (*d*)	**110.** (*c*)
111. (*d*)	**112.** (*b*)	**113.** (*c*)	**114.** (*c*)	**115.** (*b*)	**116.** (*b*)	**117.** (*c*)	**118.** (*c*)	**119.** (*c*)	**120.** (*c*)
121. (*c*)	**122.** (*c*)	**123.** (*c*)	**124.** (*b*)	**125.** (*b*)	**126.** (*d*)	**127.** (*d*)	**128.** (*c*)		

दिये गये प्रश्नों के हल प्रश्नमाला 24A

1. बाँस की अभीष्ट लम्बाई = कमरे के विकर्ण की लम्बाई

$$= \sqrt{l^2+b^2+h^2} = \sqrt{(12)^2+(9)^2+(8)^2} = \sqrt{144+81+64}$$

$$= \sqrt{289} = 17 \text{ मीटर.}$$

2. छड़ की अभीष्ट लम्बाई = कमरे के विकर्ण की लम्बाई

$$= \sqrt{l^2+b^2+h^2} = \sqrt{(10)^2+(10)^2+5^2} = \sqrt{100+100+25}$$

$$= \sqrt{225} = 15 \text{ मीटर.}$$

3. माना मीता के बॉक्स की लम्बाई, चौड़ाई तथा ऊँचाई क्रमशः x, y तथा z है.

तब रीता के बॉक्स की लम्बाई, चौड़ाई तथा ऊँचाई क्रमशः $\frac{110x}{100}, \frac{110y}{100}, \frac{80z}{100}$

अर्थात $\frac{11x}{10}, \frac{11y}{10}, \frac{4z}{5}$.

$$\therefore \frac{\text{रीता के बॉक्स की धारिता}}{\text{मीता के बॉक्स की धारिता}} = \frac{\left(\frac{11x}{10}\times\frac{11y}{10}\times\frac{4z}{5}\right)}{xyz} = \frac{121}{125}.$$

अभीष्ट अनुपात = 121 : 125.

4. जलाशय का आयतन = 42000 लीटर = 42 घन मीटर.

माना जलाशय की गहराई = x मीटर. तब

$$6\times3\cdot5\times x=42\Rightarrow 21\,x=42\Rightarrow x=2.$$

अतः जलाशय की गहराई = 2 मीटर.

5. माना ऊँचाई = x मीटर. तब, चौड़ाई = $2\,x$ मीटर तथा लम्बाई = $4\,x$ मीटर.

कमरे का आयतन = $(4\,x\times2\,x\times x)$ घन मीटर $=8\,x^3$ घन मीटर.

$\therefore\ 8\,x^3=512\Rightarrow x^3=64=(4)^3\Rightarrow x=4.$

अतः कमरे की लम्बाई = $4\,x$ मीटर = (4×4) मीटर = 16 मीटर.

6. बड़े डिब्बे का आयतन = $(800\times700\times600)$ घन सेमी०.

छोटे डिब्बे का आयतन = $(8\times7\times6)$ घन सेमी०.

डिब्बों की अभीष्ट संख्या $=\dfrac{(800\times700\times600)}{(8\times7\times6)}=1000000.$

7. दीवार का आयतन = $(400\times300\times13)$ घन सेमी०.

1 ईंट का आयतन = $(20\times12\times6.5)$ घन सेमी०.

ईंटों की अभीष्ट संख्या $=\dfrac{400\times300\times13}{20\times12\times6\cdot5}=1000.$

8. दीवार का कुल आयतन = $(2400\times800\times60)$ घन सेमी०.

दीवार में लगी ईंटों का कुल आयतन $=\left(2400\times800\times60\times\dfrac{90}{100}\right)$ घन सेमी०.

1 ईंट का आयतन = $(24\times12\times8)$ घन सेमी०.

ईंटों की संख्या $=\left(2400\times800\times60\times\dfrac{90}{100}\times\dfrac{1}{24\times12\times8}\right)=45000.$

9. विकर्ण $=\sqrt{l^2+b^2+h^2}=28$ तथा $(l+b+h)=44.$

अब, $(l^2+b^2+h^2)=(l+b+h)^2-2(lb+bh+lh)$

$\Rightarrow\ (28)^2=(44)^2-$ (सम्पूर्ण पृष्ठ का क्षेत्रफल)

$\Rightarrow$ सम्पूर्ण पृष्ठ का क्षेत्रफल = $[(44)^2-(28)^2]$ वर्ग सेमी० = $(44+28)\,(44-28)$ वर्ग सेमी०

= (72×16) वर्ग सेमी० = 1152 वर्ग सेमी०.

10. $(l+b+h)=19$ तथा $(l^2+b^2+h^2)=\left(5\sqrt{5}\right)^2=125.$

अब, $(l+b+h)^2=(l^2+b^2+h^2)+2(lb+bh+lh)$

$\Rightarrow 2(lb+bh+lh)=(l+b+h)^2-(l^2+b^2+h^2)=[(19)^2-125]=(361-125)=236.$

$\therefore$ घनाभ के सम्पूर्ण पृष्ठों का क्षेत्रफल = 236 वर्ग सेमी०.

11. $lbh=210,\ 2(lb+bh+lh)=214$ तथा $lb=42.$

$\therefore\ h=\dfrac{lbh}{lb}=\dfrac{210}{42}=5.$

अतः $2(42+5b+5l)=214\Rightarrow 42+5(l+b)=107\Rightarrow 5(l+b)=65\Rightarrow l+b=13.$

$(l-b)^2=(l+b)^2-4lb=(13)^2-(4\times42)=(169-168)=1\Rightarrow(l-b)=1.$

$(l+b=13)$ तथा $(l-b)=1$ को हल करने पर, $l=7$ तथा $b=6.$

अतः घनाभ की विमायें हैं 7 सेमी०, 6 सेमी० तथा 5 सेमी०.

12. शहतीर का आयतन $=\left(9\times\dfrac{40}{100}\times\dfrac{20}{100}\right)$ घन मीटर $=\dfrac{18}{25}$ घन मीटर.

शहतीर का भार $=\left(\dfrac{18}{25}\times50\right)$ किग्रा० = 36 किग्रा०.

13. माना टुकड़े की लम्बाई = x सेमी०. तब, आयतन = $(x \times 28 \times 5)$ घन सेमी०.

टुकड़े का भार $= \left(x \times 28 \times 5 \times \frac{25}{1000}\right)$ किग्रा०. $= \frac{7x}{2}$ किग्रा०.

$\therefore \frac{7x}{2} = 112 \Rightarrow x = \frac{(112 \times 2)}{7} = 32.$

अत: टुकड़े की लम्बाई = 32 सेमी०.

14. पानी का बहाव $= \frac{3 \cdot 6 \times 1000}{60}$ मीटर/मिनट = 60 मीटर/मिनट.

पानी का अभीष्ट आयतन $= \left(60 \times 45 \times \frac{25}{10}\right)$ घन मीटर = 6750 घन मीटर.

15. टंकी में पानी का आयतन = 2.6 घन मीटर.

टंकी के आधार का क्षेत्रफल $= \left(\frac{6500}{100 \times 100}\right)$ वर्ग मी० $= \frac{13}{20}$ वर्ग मीटर.

पानी की गहराई $= \frac{\text{आयतन}}{\text{क्षेत्रफल}} = \left(2 \cdot 6 \times \frac{20}{13}\right)$ मीटर = 4 मीटर.

16. माना दिये गये घनाभ की लम्बाई = x मी०, चौड़ाई = y मी० तथा ऊँचाई = z मी०.

घनाभ का आयतन = xyz घन मी०.

नई लम्बाई $= \frac{x}{4}$ मी०, नई चौड़ाई $= \frac{y}{4}$ मी०, नई ऊँचाई $= \frac{z}{4}$ मी०.

नये घनाभ का आयतन $= \left(\frac{x}{4} \times \frac{y}{4} \times \frac{z}{4}\right)$ घन मी० $= \frac{xyz}{64}$ घन मी०.

नये घनाभ का भार $= \left(\frac{1}{64} \times 16\right)$ किग्रा० $= \frac{1}{4}$ किग्रा० = 0.25 किग्रा०.

17. मैदान का क्षेत्रफल = $(1{\cdot}5 \times 10000)$ वर्ग मी० = 15000 वर्ग मी०, गहराई $= \frac{5}{100}$ मीटर.

पानी का आयतन = (क्षेत्रफल × गहराई) $= \left(15000 \times \frac{5}{100}\right)$ घन मीटर = 750 घन मीटर.

18. चादर का आयतन = 0.6 घन मी० = $(0.6 \times 100 \times 100 \times 100)$ घन सेमी०.

चादर का क्षेत्रफल = 1 हैक्टेयर = 10000 वर्ग मी० = $(10000 \times 100 \times 100)$ वर्ग सेमी०.

चादर की मोटाई $= \frac{\text{आयतन}}{\text{क्षेत्रफल}} = \frac{0 \cdot 6 \times 100 \times 100 \times 100}{10000 \times 100 \times 100}$ सेमी० $= \frac{0 \cdot 6 \times 10}{100}$ मिमी० = 0·06 मिमी०.

19. दिये गये घनाभ का सम्पूर्ण पृष्ठ = $2(lb + bh + lh)$

$= 2 \times (24 \times 14 + 14 \times 7.5 + 24 \times 7.5)$ वर्ग सेमी० = 1242 वर्ग सेमी०.

20. माना लम्बाई = $6x$ सेमी०, चौड़ाई = $5x$ सेमी० तथा ऊँचाई = $4x$ सेमी०. तब,

घनाभ का सम्पूर्ण पृष्ठ $= 2[(6x \times 5x) + (5x \times 4x) + (6x \times 4x)]$ वर्ग सेमी० $= (148x^2)$ वर्ग सेमी०.

$\therefore 148x^2 = 33300 \Rightarrow x^2 = 225 = (15)^2 \Rightarrow x = 15.$

$\therefore$ लम्बाई = 90 सेमी०, चौड़ाई = 75 सेमी० तथा ऊँचाई = 60 सेमी०

घनाभ का आयतन = $(90 \times 75 \times 60)$ घन सेमी० = 405000 घन सेमी०.

21. माना कुल डुबकी लगाने वालों की संख्या = x. तब

$x \times 0 \cdot 1 = 24 \times 15 \times \frac{1}{100} \Rightarrow x \times \frac{1}{10} = \frac{18}{5} \Rightarrow x = \left(\frac{18}{5} \times 10\right) \Rightarrow x = 36.$

अत: अभीष्ट व्यक्तियों की संख्या = 36.

22. डिब्बे की लम्बाई = (48 – 8 × 2) सेमी॰ = 32 सेमी॰.
डिब्बे की चौड़ाई = (36 – 8 × 2) सेमी॰ = 20 सेमी॰.
डिब्बे की ऊँचाई = 8 सेमी॰.
डिब्बे की धारिता = (32 × 20 × 8) घन सेमी॰ = 5120 घन सेमी॰.

23. दिये गये प्लाट का क्षेत्रफल $=\left(\frac{27}{2}\times\frac{5}{2}\right)$ वर्ग मीटर $=\frac{135}{4}$ वर्ग मीटर.
आयताकार टंकी का क्षेत्रफल $=\left(5\times\frac{9}{2}\right)$ वर्ग मीटर $=\frac{45}{2}$ वर्ग मीटर.
शेष जगह का क्षेत्रफल $=\left(\frac{135}{4}-\frac{45}{2}\right)$ वर्ग मीटर $=\frac{45}{4}$ वर्ग मीटर.
निकाली गई मिट्टी का आयतन $=\left(5\times\frac{9}{2}\times\frac{21}{10}\right)$ घन मीटर $=\frac{189}{4}$ घन मीटर.
ऊँचाई में वृद्धि $=\left(\frac{189}{4}\times\frac{4}{45}\right)$ मीटर $=\frac{21}{5}$ मीटर = 4·2 मीटर.

24. धातु का आयतन = [(50 × 40 × 23) – (44 × 34 × 20)] घन सेमी॰
= (46000 – 29920) घन सेमी॰ = 16080 घन सेमी॰.
धातु का भार $=\left(16080\times\frac{5}{10}\times\frac{1}{1000}\right)$ किग्रा॰ = 8·04 किग्रा॰.

25. $\frac{1}{V}=\left(\frac{1}{S}\times\frac{S}{V}\right)=\frac{2(ab+bc+ca)}{S\times abc}=\frac{2}{S}\left(\frac{ab+bc+ca}{abc}\right)=\frac{2}{S}\left(\frac{1}{a}+\frac{1}{b}+\frac{1}{c}\right).$

26. दिया है $lb=x, bh=y$ तथा $lh=z$.
$\therefore\ xyz=(lb)\times(bh)\times(lh)=(lbh)^2=V^2$.

27. माना $lb=2x, bh=3x$ तथा $lh=4x$. तब, $(lbh)^2=24x^3$.
$lbh=9000\Rightarrow(lbh)^2=(9000)^2$
$\Rightarrow 24x^3=(9000)^2\Rightarrow x^3=\frac{9000\times9000}{24}=\frac{27000000}{8}=\left(\frac{300}{2}\right)^3=(150)^3$
$\Rightarrow x=150$
$\therefore\ lb=300, bh=450,\ lh=600$ तथा $lbh=9000$
$\Rightarrow h=\frac{lbh}{lb}=\frac{9000}{300}=30,\ l=\frac{lbh}{bh}=\frac{9000}{450}=20$ तथा $b=\frac{lbh}{lh}=\frac{9000}{600}=15.$
⇒ सबसे छोटी भुजा = 15 सेमी॰.

28. घन का आयतन $=\frac{1}{2}(25\times20\times4)$ सेमी॰^{3} = (1000) सेमी॰^{3} $=(10)^3$ सेमी॰^{3}
घन की प्रत्येक भुजा = 10 सेमी॰.
घन का सम्पूर्ण पृष्ठ $=6a^2=(6\times10\times10)$ सेमी॰^{2} = 600 सेमी॰^{2}.

29. घन का विकर्ण $=\sqrt{3}a$. अत: $\sqrt{3}a=6\Rightarrow a=\frac{6}{\sqrt{3}}=\frac{3\times2}{\sqrt{3}}=2\sqrt{3}$ सेमी॰.
घन का आयतन $=a^3=(2\sqrt{3})^3=(8\times3\times\sqrt{3})=24\sqrt{3}$ सेमी॰^{3}.

30. माना घन की प्रत्येक भुजा = a सेमी॰. तब, इसका विकर्ण $=\sqrt{3}a$ सेमी॰.
$\sqrt{3}a=9\sqrt{3}\Rightarrow a=9$ सेमी॰.
अत: घन का सम्पूर्ण पृष्ठ $=6a^2=(6\times9\times9)$ सेमी॰^{2} = 486 सेमी॰^{2}.

31. माना घन की प्रत्येक भुजा = a सेमी॰. तब इसका सम्पूर्ण पृष्ठ $= 6a^2$ सेमी॰^{2}.

$\therefore\ 6a^2 = 13254 \Rightarrow a^2 = 2209 = (47)^2 \Rightarrow a = 47$ सेमी॰.

विकर्ण की लम्बाई $= \sqrt{3}a$ सेमी॰ $= 47\sqrt{3}$ सेमी॰.

4	$\overline{22}\ \overline{09}$ (47
	16
87	609
	609
	X

32. माना घन की प्रत्येक भुजा = a सेमी॰. तब, इसका विकर्ण $= \sqrt{3}a$ सेमी॰.

$\sqrt{3}a = 4\sqrt{3} \Rightarrow a = 4$ सेमी॰.

अत: घन का आयतन $= a^3 = (4)^3 = 64$ सेमी॰^{3}.

33. माना घन की प्रत्येक भुजा = a सेमी॰. तब, इसका आयतन $= a^3$ सेमी॰^{3}.

$\therefore\ a^3 = 512 = (8)^3 \Rightarrow a = 8.$

अत: सम्पूर्ण पृष्ठ $= 6a^2 = (6\times8\times8)$ सेमी॰^{2} $= 384$ सेमी॰^{2}.

34. घनाभ का आयतन $= (9\times8\times6)$ सेमी॰^{3}.

घन का आयतन $= \frac{1}{2}(9\times8\times6)$ सेमी॰^{3} $= 216$ सेमी॰^{3}.

माना घन की प्रत्येक भुजा = a सेमी॰.

तब, $a^3 = 216 = (6)^3 \Rightarrow a = 6$ सेमी॰.

घन का सम्पूर्ण पृष्ठ $= 6a^2 = (6\times6\times6)$ सेमी॰^{2} $= 216$ सेमी॰^{2}.

35. बड़े घन का आयतन = (25 × 25 × 25) सेमी॰^{3}.

प्रत्येक छोटे घन का आयतन = (5 × 5 × 5) सेमी॰^{3}.

छोटे घनों की संख्या $= \frac{(25\times25\times25)}{(5\times5\times5)} = 125.$

36. नये घन का आयतन $= \left[(6)^3 + (8)^3 + (10)^3\right]$ सेमी॰^{3}

$= (216+512+1000)$ सेमी॰^{3} $= 1728$ सेमी॰^{3}.

नये घन की प्रत्येक भुजा $= (1728)^{\frac{1}{3}} = \sqrt[3]{2^3\times6^3}$

= (2 × 6) सेमी॰ = 12 सेमी॰.

37. माना घन की प्रत्येक भुजा = a सेमी॰. तब, सम्पूर्ण पृष्ठ $= 6a^2$ सेमी॰^{2}.

$\therefore\ 6a^2 = 150 \Rightarrow a^2 = 25 = (5)^2 \Rightarrow a = 5.$

घन का आयतन $= a^3 = 5^3 = 125$ सेमी॰^{3}.

38. माना तीसरे घन की प्रत्येक भुजा = a सेमी॰. तब

$(12)^3 = (6)^3 + (8)^3 + a^3 \Rightarrow a^3 = (1728) - (216+512) = (1728-728) = 1000$

$\Rightarrow a^3 = (10)^3 \Rightarrow a = 10$ सेमी॰.

अत: घन की प्रत्येक भुजा = 10 सेमी॰.

39. घन का आयतन = घनाभ का आयतन

$= (72\times75\times135) = (3^2\times2^3\times3\times5^2\times5\times3^3)$

$= (3^3\times2^3\times3^3\times5^3) = (3\times2\times3\times5)^3 = (90)^3.$

घन की प्रत्येक भुजा = 90 सेमी॰.

40. घनाभ की लम्बाई = 16 सेमी॰, चौड़ाई = 8 सेमी॰ तथा ऊँचाई = 8 सेमी॰.

$\therefore$ घनाभ का पृष्ठीय क्षेत्रफल $= 2(lb + bh + lh)$

$= 2(16\times8 + 8\times8 + 16\times8)$ सेमी॰^{2} $= 2(128 + 64 + 128)$ सेमी॰^{2} $= 640$ सेमी॰^{2}.

41. प्रत्येक घन का आयतन = 125 सेमी॰^{3} = $(5)^3$ सेमी॰^{3}.

प्रत्येक घन की प्रत्येक भुजा = 5 सेमी॰.

नये घनाभ की लम्बाई = (3 × 5) सेमी॰ = 15 सेमी॰, चौड़ाई = 5 सेमी॰, ऊँचाई = 5 सेमी॰.

∴ इस घनाभ का कुल पृष्ठीय क्षेत्रफल = $2(lb + bh + lh)$

$= 2(15 \times 5 + 5 \times 5 + 15 \times 5)$ सेमी॰^{2} $= 2(75 + 25 + 75)$ सेमी॰^{2} = 350 सेमी॰^{2}.

42. लकड़ी के टुकड़े का आयतन = (6 × 9 × 12) घन सेमी॰ = 648 घन सेमी॰.

सबसे बड़े घन की भुजा = {6, 9, 12 का म॰स॰} सेमी॰ = 3 सेमी॰.

इस घन का आयतन = (3 × 3 × 3) घन सेमी॰ = 27 घन सेमी॰.

अभीष्ट घनों की संख्या $= \left(\frac{648}{27}\right) = 24.$

43. पानी के आयतन में वृद्धि = घन का आयतन.

माना पानी की सतह में वृद्धि = x सेमी॰. तब,

$20 \times 15 \times x = 15 \times 15 \times 15 \Rightarrow x = \frac{(15\times15)}{20} = \frac{45}{4}$ सेमी॰ = 11.25 सेमी॰.

44. माना इन घनों की भुजायें क्रमशः a तथा b हैं. तब

$$\frac{a^3}{b^3} = \frac{27}{64} = \frac{3^3}{4^3} \Rightarrow \frac{a}{b} = \frac{3}{4}.$$

इनके सम्पूर्ण पृष्ठों के क्षेत्रफलों का अनुपात $= \frac{6a^2}{6b^2} = \frac{a^2}{b^2} = \left(\frac{a}{b}\right)^2 = \left(\frac{3}{4}\right)^2 = \frac{9}{16} = 9:16.$

45. नये घन का आयतन $= \left[\left(\frac{30}{100}\right)^3 + \left(\frac{40}{100}\right)^3 + \left(\frac{50}{100}\right)^3\right]$ घनमीटर

$= \left[\left(\frac{3}{10}\right)^3 + \left(\frac{4}{10}\right)^3 + \left(\frac{5}{10}\right)^3\right]$ घनमीटर $= \left(\frac{27}{1000} + \frac{64}{1000} + \frac{125}{1000}\right)$ घनमीटर

$= \left(\frac{216}{1000}\right)$ घनमीटर $= \left(\frac{6}{10}\right)^3$ घनमीटर.

इन घन की प्रत्येक भुजा $= \frac{6}{10}$ मीटर $= \frac{3}{5}$ मीटर.

इस घन का सम्पूर्ण पृष्ठ $= 6a^2 = \left[6 \times \left(\frac{3}{5}\right)^2\right]$ वर्ग मीटर $= \left(\frac{6\times9}{25}\right)$ वर्ग मीटर

$= \frac{54}{25}$ वर्ग मीटर = 2·16 वर्ग मीटर.

46. माना घन की प्रत्येक भुजा = a. तब, इसका आयतन $= a^3$.

नये घन की प्रत्येक भुजा $= \left(a \times \frac{150}{100}\right) = \frac{3a}{2}$. नये घन का आयतन $= \left(\frac{3a}{2}\right)^3 = \frac{27a^3}{8}$.

आयतन में वृद्धि $= \left(\frac{27a^3}{8} - a^3\right) = \frac{19a^3}{8}$.

आयतन में वृद्धि % $= \left(\frac{19a^3}{8} \times \frac{1}{a^3} \times 100\right)\% = \frac{475}{2}\% = 237\frac{1}{2}\%.$

47. माना घन की प्रत्येक भुजा = a. तब, इसका सम्पूर्ण पृष्ठ $= 6a^2$.

नये घन की प्रत्येक भुजा = $2a$. नये घन का सम्पूर्ण पृष्ठ $= 6\times(2a)^2 = 24a^2$.

सम्पूर्ण पृष्ठ में वृद्धि $= (24a^2 - 6a^2) = 18a^2$.

सम्पूर्ण पृष्ठ में वृद्धि % $= \left(\frac{18a^2}{6a^2}\times 100\right)\% = 300\%$.

48. यहाँ $r = \frac{7}{2}$ सेमी० तथा $h = 8$ सेमी०,

बेलन का सम्पूर्ण पृष्ठ $= (2\pi rh + 2\pi r^2)$

$$= 2\pi r(h+r) = \left[2\times\frac{22}{7}\times\frac{7}{2}\times\left(8+\frac{7}{2}\right)\right] \text{ सेमी०}^2$$

$$= \left(22\times\frac{23}{2}\right) \text{ सेमी०}^2 = 253 \text{ सेमी०}^2.$$

49. माना बेलनों की आधार त्रिज्यायें क्रमशः $2x$ तथा $3x$ हैं तथा इनकी ऊँचाईयाँ क्रमशः $5y$ तथा $3y$ हैं. तब,

इनके आयतनों का अनुपात $= \frac{\pi\times(2x)^2\times 5y}{\pi\times(3x)^2\times 3y} = \frac{20}{27} = 20:27$.

50. माना बेलनों की आधार त्रिज्यायें क्रमशः $3x$ तथा $5x$ हैं तथा इनकी ऊँचाईयाँ क्रमशः $2y$ तथा $3y$ हैं. तब,

इनके वक्रपृष्ठों के क्षेत्रफलों का अनुपात $= \frac{2\pi\times 3x\times 2y}{2\pi\times 5x\times 3y} = \frac{2}{5} = 2:5$.

51. माना स्तम्भ का अर्द्धव्यास = r मीटर तथा ऊँचाई = h मीटर.

तब, $\frac{\text{वक्रपृष्ठ}}{\text{आयतन}} = \frac{264}{924} \Rightarrow \frac{2\pi rh}{\pi r^2 h} = \frac{2}{7} \Rightarrow r = 7$ मीटर.

$2\pi rh = 264 \Rightarrow 2\times\frac{22}{7}\times 7\times h = 264 \Rightarrow h = \frac{264}{44} = 6$.

$\therefore$ व्यास : ऊँचाई $= 2r : h = 14 : 6 = 7 : 3$.

52. दिया है $2r = 42$ तथा $2\pi rh = 1320$.

$\therefore\ 2\times\frac{22}{7}\times 21\times h = 1320 \Rightarrow 132h = 1320 \Rightarrow h = 10$ सेमी०.

53. माना $r = 2x$ सेमी० तथा $h = 3x$ सेमी०.

तब, $\pi r^2 h = 12936 \Rightarrow \frac{22}{7}\times 4x^2\times 3x = 12936$

$$\Rightarrow x^3 = \left(\frac{12936\times 7}{22\times 12}\right) = (7)^3 \Rightarrow x = 7.$$

$\therefore\ r = 14$ सेमी० तथा $h = 21$ सेमी०.

अतः सम्पूर्ण पृष्ठ $= (2\pi rh + 2\pi r^2) = 2\pi r(h+r)$

$$= \left[2\times\frac{22}{7}\times 14\times(21+14)\right] \text{ सेमी०}^2 = 3080 \text{ सेमी०}^2.$$

54. दिया है : $h = 14$ सेमी० तथा $2\pi rh = 88$.

$\therefore\ 2\times\frac{22}{7}\times r\times 14 = 88 \Rightarrow r = 1$.

अतः बेलन के आधार की त्रिज्या = 1 सेमी०.

55. माना बेलन A का अर्द्धव्यास = $3x$ तथा बेलन B का अर्द्धव्यास = $2x$.

माना A की ऊँचाई = ny तथा B की ऊँचाई = y.

तब, A का आयतन = 3 × (B का आयतन)

$\Rightarrow \pi\times(3x)^2\times ny = 3\times\left[\pi\times(2x)^2\times y\right] \Rightarrow 9n(\pi x^2 y) = 12\,(\pi x^2 y)$

$\Rightarrow n = \frac{12}{9} = \frac{4}{3}.$

56. प्रत्येक सिक्के के लिए, $r = \frac{75}{100}$ सेमी० $= \frac{3}{4}$ सेमी० तथा $h = \frac{2}{10}$ सेमी० $= \frac{1}{5}$ सेमी०.

प्रत्येक सिक्के का आयतन $= \pi r^2 h = \left(\pi\times\frac{9}{16}\times\frac{1}{5}\right)$ सेमी०$^3 = \frac{9\pi}{80}$ सेमी०^3.

माना सिक्कों की अभीष्ट संख्या $= n$.

बनाये जाने वाले बेलन का आयतन $= \pi R^2 H = [\pi\times(3)^2\times 8]$ सेमी०^3 $= 72\,\pi$ सेमी०^3.

$\therefore\ n\times\frac{9\pi}{80} = 72\pi \Rightarrow n = \left(\frac{72\times 80}{9}\right) = 640.$

अत: सिक्कों की अभीष्ट संख्या = 640.

57. माना बेलन के आधार की त्रिज्या $= r$ तथा ऊँचाई $= h$.

तब, बेलन का आयतन $= \pi r^2 h$.

नया आधार $= \left(r\times\frac{110}{100}\right) = \frac{11r}{10}$, नई ऊँचाई $= \left(h\times\frac{110}{100}\right) = \frac{11h}{10}$.

नये बेलन का आयतन $= \pi\times\left(\frac{11r}{10}\right)^2\times\left(\frac{11h}{10}\right) = \left(\frac{1331}{1000}\right)\pi r^2 h.$

आयतन में वृद्धि $= \left(\frac{1331}{1000}\pi r^2 h - \pi r^2 h\right) = \left(\frac{331}{1000}\right)\pi r^2 h.$

आयतन में वृद्धि % $= \left(\frac{331}{1000}\times\pi r^2 h\times\frac{1}{\pi r^2 h}\times 100\right)\% = \frac{331}{10}\% = 33\cdot 1\%.$

58. माना बेलन के आधार की त्रिज्या $= r$ तथा ऊँचाई $= h$.

तब, बेलन का वक्रपृष्ठ $= 2\pi rh$.

नये आधार की त्रिज्या $= \left(r\times\frac{90}{100}\right) = \frac{9r}{10}$, नई ऊँचाई $= \left(h\times\frac{115}{100}\right) = \frac{23h}{20}$.

नये बेलन का वक्रपृष्ठ $= \left(2\pi\times\frac{9r}{10}\times\frac{23h}{20}\right) = \frac{207}{200}(2\pi rh)$.

वक्रपृष्ठ में वृद्धि $= \left(\frac{207}{200} - 1\right)(2\pi rh) = \frac{7}{200}(2\pi rh)$.

वक्रपृष्ठ में वृद्धि % $= \left(\frac{7}{200}\times 2\pi rh\times\frac{1}{2\pi rh}\times 100\right)\% = \frac{7}{2}\% = 3\cdot 5\%.$

59. दिया है : $r = \frac{35}{2}$ सेमी० तथा $h = (1\cdot 2\times 100)$ सेमी० = 120 सेमी०.

पार्श्व–पृष्ठ का क्षेत्रफल $= 2\pi rh$

$= \left(2\times\frac{22}{7}\times\frac{35}{2}\times 120\right)$ सेमी०^2 = 13200 सेमी०^2.

60. दिया है : $2\pi rh = 528$ तथा $\pi r^2 h = 2772$.

$\frac{\pi r^2 h}{2\pi rh} = \frac{2772}{528} = 5\cdot 25 \Rightarrow r = 10\cdot 5 = \frac{21}{2}.$

$\therefore\ 2\times\frac{22}{7}\times\frac{21}{2}\times h = 528 \Rightarrow h = \frac{528}{66} = 8.$

अत: खम्भे की ऊँचाई = 8 मीटर.

61. सम्पूर्ण पृष्ठ = 231 सेमी०^2 , वक्र-पृष्ठ $=\left(\frac{2}{3}\times 231\right)$ सेमी०^2 = 154 सेमी०^2 .

$2\pi rh=154$ तथा $2\pi rh+2\pi r^2=231$.

$\therefore\ (154+2\pi r^2)=231\Rightarrow 2\pi r^2=77\Rightarrow 2\times\frac{22}{7}\times r^2=77$

$$\Rightarrow r^2=\left(77\times\frac{7}{44}\right)=\frac{49}{4}=\left(\frac{7}{2}\right)^2\Rightarrow r=\frac{7}{2}.$$

$\therefore\ 2\times\frac{22}{7}\times\frac{7}{2}\times h=154\Rightarrow h=7$.

बेलन का आयतन $=\pi r^2h=\left(\frac{22}{7}\times\frac{7}{2}\times\frac{7}{2}\times 7\right)$ सेमी०^3 $=\frac{539}{2}$ सेमी०^3 = 269·5 सेमी०^3.

62. दिया है : $\frac{2\pi rh}{2\pi rh+2\pi r^2}=\frac{1}{2}\Rightarrow\frac{2\pi rh}{2\pi r(h+r)}=\frac{1}{2}\Rightarrow\frac{h}{(h+r)}=\frac{1}{2}\Rightarrow 2h=h+r\Rightarrow h=r.$

$2\pi rh+2\pi r^2\Rightarrow 2\pi r(h+r)=616$

$\Rightarrow 4\pi r^2=616\quad[\because \underline{h=r}].$

$\Rightarrow 4\times\frac{22}{7}\times r^2=616\Rightarrow r^2=\left(616\times\frac{7}{88}\right)=49\Rightarrow r=7=h.$

बेलन का आयतन $=\pi r^2h=\left(\frac{22}{7}\times 7\times 7\times 7\right)$ सेमी०^3 = 1078 सेमी०^3.

63. माना तार की अभीष्ट लम्बाई = x मीटर. गोले की त्रिज्या = 0·1 सेमी० $=\frac{1}{1000}$ मी०.

तब, तार का आयतन = गोले का आयतन

$\Rightarrow\pi\times\left(\frac{1}{1000}\right)^2\times x=\frac{4}{3}\pi\times\left(\frac{3}{100}\right)^3$

$\Rightarrow x=\left(\frac{4}{3}\times\frac{27}{1000000}\times 1000000\right)$ मीटर = 36 मीटर.

64. माना तार की त्रिज्या = r तथा लम्बाई = h.

इस तार का आयतन $=\pi r^2h$.

नई तार की त्रिज्या $=\frac{r}{3}$. माना नई लम्बाई = H.

इस तार का आयतन $=\pi\left(\frac{r}{3}\right)^2\times H=\frac{\pi r^2H}{9}$.

$\pi r^2h=\frac{\pi r^2H}{9}\Rightarrow H=9h.$

नई तार की लम्बाई = 9 × (दिये गये तार की लम्बाई).

65. प्रत्येक सिक्के का अर्द्धव्यास $=\left(\frac{15}{2\times 10}\right)$ सेमी० $=\frac{3}{4}$ सेमी०, ऊँचाई $=\frac{2}{10}$ सेमी० $=\frac{1}{5}$ सेमी०.

प्रत्येक सिक्के का आयतन $=\left\{\pi\times\left(\frac{3}{4}\right)^2\times\frac{1}{5}\right\}=\frac{9\pi}{80}$ सेमी०^3.

नये बेलन का अर्द्धव्यास $=\left(\frac{45}{2\times 10}\right)$ सेमी० $=\frac{9}{4}$ सेमी०, ऊँचाई = 10 सेमी०.

इस बेलन का आयतन $=\left\{\pi\times\left(\frac{9}{4}\right)^2\times 10\right\}=\frac{405\pi}{8}$ सेमी०^3.

माना अभीष्ट सिक्कों की संख्या = n.

तब, $n\times\frac{9\pi}{80}=\frac{405\pi}{8}\Rightarrow n=\left(\frac{405}{8}\times\frac{80}{9}\right)=450.$

अत: अभीष्ट सिक्कों की संख्या = 450.

66. दिया है : $(r+h)=37$.

सम्पूर्ण पृष्ठ $=2\pi rh+2\pi r^2=2\pi r(r+h)=(2\pi r\times 37)$

$2\pi r\times 37=1628\Rightarrow 2\times\frac{22}{7}\times r\times 37=1628$

$\Rightarrow r=\left(1628\times\frac{7}{44\times 37}\right)=7.$

$\therefore$ $r=7$ मीटर तथा $h=30$ मीटर.

बेलन का आयतन $=\pi r^2h=\left(\frac{22}{7}\times 7\times 7\times 30\right)$ मी०^3 = 4620 मी०^3.

67. दोनों बर्तनों के पानी का कुल आयतन $=\left[\left\{\pi\times(15)^2\times 35\right\}+\left\{\pi\times(10)^2\times 15\right\}\right]$ घन सेमी०

$=(7875\pi+1500\pi)$ घन सेमी० $=9375$ घन सेमी०.

माना नये बर्तन के आधार की त्रिज्या = r सेमी०. तब

$\pi r^2\times 15=9375\pi\Rightarrow r^2=625=(25)^2\Rightarrow r=25.$

$\therefore$ अभीष्ट त्रिज्या = 25 सेमी०.

68. माना दिये गये बेलनों की त्रिज्यायें क्रमश: R तथा r हैं तथा ऊँचाईयाँ क्रमश: h तथा $3h$ हैं. तब

$\pi R^2h=\pi r^2(3h)\Rightarrow\frac{R^2}{r^2}=\frac{3}{1}\Rightarrow\frac{R}{r}=\frac{\sqrt{3}}{1}=\frac{3}{\sqrt{3}}\Rightarrow R:r=3:\sqrt{3}.$

69. पाईप की बाहरी त्रिज्या $=\frac{25}{10}$ सेमी० $=\frac{5}{2}$ सेमी० तथा अन्दरी त्रिज्या $=\frac{15}{10}$ सेमी० $=\frac{3}{2}$ सेमी०.

लोहे का आयतन $=\left\{\pi\times\left(\frac{5}{2}\right)^2\times 100-\pi\times\left(\frac{3}{2}\right)^2\times 100\right\}$ घन सेमी०

$=\left\{\pi\times 100\times\left(\frac{25}{4}-\frac{9}{4}\right)\right\}$ घन सेमी० $=\left(\frac{22}{7}\times 400\right)$ घन सेमी० $=\frac{8800}{7}$ घन सेमी०.

लोहे का भार $=\left(\frac{8800}{7}\times\frac{21}{1000}\right)$ किग्रा० = 26·4 किग्रा०.

70. 1 सैकण्ड में गिरने वाले पानी का आयतन $=\left\{\pi\times\left(\frac{1}{100}\right)^2\times 6\right\}$ घन मीटर.

30 मिनट में गिरने वाले पानी का आयतन $=\left(\pi\times\frac{1}{100}\times\frac{1}{100}\times 6\times 60\times 30\right)$ घन मीटर

$=\frac{108\pi}{100}$ घन मीटर $=\frac{27\pi}{25}$ घन मीटर.

माना पानी के स्तर में वृद्धि = x मीटर. तब

$\pi\times\left(\frac{60}{100}\right)^2\times x=\frac{27\pi}{25}\Rightarrow\frac{9}{25}x=\frac{27}{25}\Rightarrow x=\left(\frac{27}{25}\times\frac{25}{9}\right)=3.$

अत: पानी के स्तर में वृद्धि = 3 मीटर.

71. माना तार की त्रिज्या = r सेमी०. तब

$$\pi\times\left(\frac{1}{2}\right)^2\times 8=\pi r^2\times 1800\Rightarrow r^2=\frac{1}{900}=\left(\frac{1}{30}\right)^2\Rightarrow r=\frac{1}{30}.$$

अत: तार की त्रिज्या $=\frac{1}{30}$ सेमी०.

72. पहले पाईप का आयतन = $[\pi\times(1)^2\times h]$ घन इंच = (πh) घन इंच.

दूसरे पाईप का आयतन = $[\pi\times(2)^2\times h]$ घन इंच = $(4\pi h)$ घन इंच.

दूसरे पाईप से 4 गुना पानी जायेगा.

अत: इस पाईप द्वारा टंकी को भरने में लगा समय $=\left(\frac{1}{4}\times 60\right)$ मिनट = 15 मिनट.

73. माना पानी के स्तर में वृद्धि = h सेमी०. तब

$$\pi\times(40)^2\times h=\frac{4}{3}\pi\times(30)^3\Rightarrow h=\left(\frac{4}{3}\times\frac{27000}{1600}\right)\Rightarrow h=\frac{45}{2}.$$

∴ पानी के स्तर में वृद्धि = 22·5 सेमी०.

74. सम्पूर्ण पृष्ठ का क्षेत्रफल = बाहरी क्षेत्र० + अन्दरी सतह का क्षेत्र० + अन्तिम छोरों का क्षेत्र०

$$=\left(2\pi\times\frac{25}{2}\times 20\right)+\left(2\pi\times\frac{23}{2}\times 20\right)+2\pi\times\left\{\left(\frac{25}{2}\right)^2-\left(\frac{23}{2}\right)^2\right\}$$

= $(500\,\pi+460\,\pi+48\,\pi)$ वर्ग सेमी०

= $(1008\,\pi)$ वर्ग सेमी० $=\left(1008\times\frac{22}{7}\right)$ वर्ग सेमी० = 3168 वर्ग सेमी०.

75. कुयें की अन्दरी सतह का क्षेत्रफल $=2\pi rh$

$=\left(2\times\frac{22}{7}\times\frac{7}{2}\times\frac{45}{2}\right)$ मीटर^2 = 495 मीटर^2.

अभीष्ट खर्च = ₹ (495 × 30) = ₹ 14850.

76. माना बेलन के आधार की त्रिज्या = r सेमी०. तब

$2\pi r=44\Rightarrow 2\times\frac{22}{7}\times r=44\Rightarrow r=\left(44\times\frac{7}{44}\right)=7$ सेमी०.

अत: $r=7$ तथा $h=100$.

∴ $V=\pi r^2h=\left(\frac{22}{7}\times 7\times 7\times 100\right)$ सेमी०^3 = 15400 सेमी०^3.

अत: बेलन का आयतन = 15400 घन सेमी०.

77. सुरंग से निकली मिट्टी का आयतन $=\pi r^2h$

$=\left(\frac{22}{7}\times 2\times 2\times 56\right)$ मीटर^3 = (22 × 32) मीटर^3.

खाई का आयतन $=\left(48\times\frac{33}{2}\times 4\right)$ मीटर^3 = (48 × 66) मीटर^3.

अभीष्ट भाग $=\frac{(22\times 32)}{(48\times 66)}=\frac{2}{9}$.

78. माना प्रत्येक का अर्द्धव्यास = r इकाई तथा बेलन की ऊँचाई = h इकाई. तब,

$\pi r^2h=\frac{4}{3}\pi r^3\Rightarrow r=\frac{3}{4}h\Rightarrow 2r=\frac{3}{2}h.$

(गोले का व्यास) : (बेलन की ऊँचाई) $=\frac{2r}{h}=\frac{3}{2}=3:2.$

79. बेलन का आयतन $= \pi R^2 H = (\pi \times 8 \times 8 \times 2)$ सेमी०^3 $= (128\pi)$ सेमी०^3.

माना प्रत्येक गोले का व्यास $= 2r$ सेमी०.

तब, प्रत्येक गोले का आयतन $= \left(\frac{4}{3}\pi r^3\right)$ सेमी०^3.

$\therefore\ 12 \times \left(\frac{4}{3}\pi r^3\right) = 128\pi \Rightarrow r^3 = 8 = 2^3 \Rightarrow r = 2.$

अत: प्रत्येक गोले का व्यास $= 2r = 4$ सेमी०.

80. गोले का आयतन $= \frac{4}{3}\pi \times \left(\frac{3}{100}\right)^3$ घन मीटर.

माना तार की लम्बाई $= x$ मीटर.

तब, $\pi \times \left(\frac{1}{10} \times \frac{1}{100}\right)^2 \times x = \frac{4}{3}\pi \times \left(\frac{3}{100}\right)^3 \Rightarrow x = \frac{4}{3} \times \frac{27}{10^6} \times 10^6 \Rightarrow x = 36.$

अभीष्ट लम्बाई $= 36$ मीटर.

81. माना गोले का प्रारम्भिक अर्द्धव्यास $= r$ मीटर.

तब, गोले का पृष्ठीय क्षेत्रफल $= (4\pi r^2)$ वर्ग मीटर.

गोले का नया अर्द्धव्यास $= (r + 2)$ मीटर.

$\therefore$ नये गोले का पृष्ठीय क्षेत्रफल $= 4\pi(r+2)^2$ वर्ग मीटर.

$\therefore 4\pi(r+2)^2 - 4\pi r^2 = 704$

$\Rightarrow 4\pi(r^2 + 4r + 4) - 4\pi r^2 = 704$

$\Rightarrow 16\pi r + 16\pi = 704 \Rightarrow 16\pi(r+1) = 704$

$\Rightarrow 16 \times \frac{22}{7} \times (r+1) = 704 \Rightarrow (r+1) = \left(704 \times \frac{7}{16 \times 22}\right) = 14 \Rightarrow r = 13.$

$\therefore$ गोले का प्रारम्भिक अर्द्धव्यास $= 13$ मीटर.

82. तीनों गेंदों को पिघलाने पर प्राप्त आयतन $= \left[\frac{4}{3}\pi \times (1)^3 + \frac{4}{3}\pi \times (2)^3 + \frac{4}{3}\pi \times (3)^3\right]$ सेमी०^3

$= \frac{4}{3}\pi \times \{1 + 8 + 27\}$ सेमी०^3 $= (48\pi)$ सेमी०^3.

इनसे बची सामग्री $= \left(48\pi \times \frac{75}{100}\right)$ सेमी०^3 $= (36\pi)$ सेमी०^3.

माना नई गेंद की त्रिज्या $= r$ सेमी०.

$\therefore\ \frac{4}{3}\pi r^3 = 36\pi \Rightarrow r^3 = \left(36 \times \frac{3}{4}\right) = 27 = 3^3 \Rightarrow r = 3$ सेमी०.

अत: नई गेंद की त्रिज्या $= 3$ सेमी०.

83. माना नये गोले की त्रिज्या $= r$ सेमी०. तब

$\frac{4}{3}\pi r^3 = \frac{4}{3}\pi \times \{(3)^3 + (4)^3 + (5)^3\} \Rightarrow r^3 = (27 + 64 + 125) = 216 = (6)^3$

$\Rightarrow r = 6.$

अत: बड़े गोले की त्रिज्या $= 6$ सेमी०.

84. माना गोलों के अर्द्धव्यास क्रमश: $3x$ तथा $2x$ हैं. तब,

इन गोलों के आयतनों का अनुपात $= \dfrac{\frac{4}{3}\pi (3x)^3}{\frac{4}{3}\pi (2x)^3} = \frac{27x^3}{8x^3} = \frac{27}{8} = 27 : 8.$

85. माना गोलों के अर्द्धव्यास क्रमशः x तथा $4x$ हैं. तब,

इनके पृष्ठीय क्षेत्रफलों का अनुपात $= \frac{4\pi(x)^2}{4\pi(4x)^2} = \frac{4\pi x^2}{64\pi x^2} = \frac{4}{64} = \frac{1}{16} = 1:16.$

86. बड़े से बड़े सम्भव घन का विकर्ण = गोले का व्यास = $2r$ सेमी०.

इस घन की प्रत्येक भुजा $= \frac{2r}{\sqrt{3}}$ सेमी०.

इस घन का आयतन $= \left(\frac{2r}{\sqrt{3}}\right)^3$ सेमी०^3 $= \frac{8r^3}{3\sqrt{3}}$ सेमी०^3.

87. माना ठोस गोलों की अभीष्ट संख्या = n. तब

$$n \times \frac{4}{3}\pi\left(\frac{3}{2}\right)^3 = \pi \times (2)^2 \times 54 \Rightarrow n \times \frac{4}{3} \times \frac{27}{8} = 4 \times 54$$

$$\therefore\ n = \frac{4 \times 54 \times 24}{4 \times 27} = 48.$$

गोलों की अभीष्ट संख्या = 48.

88. माना बेलन की अभीष्ट लम्बाई = x सेमी०.

खोखले बेलन का बाहरी अर्द्धव्यास = 10 सेमी०, अन्दरी अर्द्धव्यास = (10 – 0·25) सेमी० = 9·75 सेमी० तथा लम्बाई = 16 सेमी०.

$$\pi \times (1)^2 \times x = \pi\,[(10)^2 - (9{\cdot}75)^2] \times 16 \Rightarrow x = (19{\cdot}75 \times 0{\cdot}25 \times 16) = 79 \text{ सेमी०}.$$

89. माना गोले की त्रिज्या = r सेमी०. तब

$$\frac{4}{3}\pi r^3 = 4851 \Rightarrow \frac{4}{3} \times \frac{22}{7} \times r^3 = 4851$$

$$\Rightarrow r^3 = \left(4851 \times \frac{21}{88}\right) = \frac{441 \times 21}{8} = \left(\frac{21}{2}\right)^3 \Rightarrow r = \frac{21}{2}.$$

गोले के वक्र-पृष्ठ का क्षेत्रफल $= 4\pi r^2$

$$= \left(4 \times \frac{22}{7} \times \frac{21}{2} \times \frac{21}{2}\right) \text{ सेमी०}^2 = 1386 \text{ सेमी०}^2.$$

90. माना गोले की त्रिज्या = r सेमी०. तब

$$4\pi r^2 = 5544 \Rightarrow 4 \times \frac{22}{7} \times r^2 = 5544$$

$$\Rightarrow r^2 = \left(5544 \times \frac{7}{88}\right) = 441 = (21)^2 \Rightarrow r = 21.$$

$\therefore$ गोले का आयतन $= \frac{4}{3}\pi r^3$

$$= \left(\frac{4}{3} \times \frac{22}{7} \times 21 \times 21 \times 21\right) \text{ सेमी०}^3 = 38808 \text{ सेमी०}^3.$$

91. माना घन की प्रत्येक भुजा = a तथा गोले की त्रिज्या = r.

तब, $6a^2 = 4\pi r^2 \Rightarrow \frac{a^2}{r^2} = \frac{4\pi}{6}$.

इनके आयतनों का अनुपात $= \frac{a^3}{\frac{4}{3}\pi r^3} = \frac{3a^3}{4\pi r^3} = \frac{3}{4\pi} \cdot \left(\frac{a^2}{r^2}\right) \cdot \left(\frac{a}{r}\right)$

$$= \frac{3}{4\pi} \times \frac{4\pi}{6} \times \sqrt{\frac{4\pi}{6}} = \sqrt{\frac{\pi}{6}} = \sqrt{\pi} : \sqrt{6}.$$

92. माना घन की भुजा = a इकाई. तब, गोले की त्रिज्या $= \frac{a}{2}$ इकाई.

घन का आयतन $= a^3$ घन इकाई तथा गोले का आयतन $= \frac{4}{3}\pi \times \frac{a^3}{8} = \frac{\pi a^3}{6}$.

अभीष्ट अनुपात $= a^3 : \frac{\pi a^3}{6} = 6 : \pi$.

93. माना गोले की त्रिज्या = शंकु की त्रिज्या = r तथा शंकु की ऊँचाई = h.

दिया है कि गोले तथा शंकु के आयतन समान हैं.

अत: $\frac{4}{3}\pi r^3 = \frac{1}{3}\pi r^2 h \Rightarrow 4r = h \Rightarrow \frac{2r}{h} = \frac{1}{2} = 1:2$.

94. माना बेलन की त्रिज्या = $3x$ तथा शंकु की त्रिज्या = $4x$.

माना बेलन की ऊँचाई = $2h$ तथा शंकु की ऊँचाई = $3h$.

इनके आयतनों का अनुपात $= \frac{\pi \times (3x)^2 \times 2h}{\frac{1}{3}\pi \times (4x)^2 \times 3h} = \frac{18}{16} = \frac{9}{8} = 9:8$.

95. माना दो शंकुओं के आधार के व्यास क्रमश: $4x$ तथा $5x$ हैं तथा इनकी ऊँचाईयाँ क्रमश: h तथा H हैं. तब

इनके आयतनों का अनुपात $= \frac{\frac{1}{3}\pi \times (4x)^2 \times h}{\frac{1}{3}\pi \times (5x)^2 \times H} = \frac{16h}{25H}$.

दिया है : $\frac{16h}{25H} = \frac{1}{4} \Rightarrow \frac{h}{H} = \left(\frac{1}{4} \times \frac{25}{16}\right) = \frac{25}{64} = 25:64$.

96. माना दो शंकुओं के आधार के व्यास क्रमश: $3x$ तथा $5x$ हैं तथा इनकी ऊँचाईयाँ क्रमश: y तथा $3y$ हैं. तब

इनके आयतनों का अनुपात $= \frac{\frac{1}{3}\pi \times (3x)^2 \times y}{\frac{1}{3}\pi \times (5x)^2 \times 3y} = \frac{9}{75} = \frac{3}{25} = 3:25$.

97. माना प्रत्येक का अर्द्धव्यास = r तथा प्रत्येक की ऊँचाई = h. तब

इनके आयतनों का अनुपात $= \pi r^2 h : \frac{1}{3}\pi r^2 h : \frac{4}{3}\pi r^3$

$= h : \frac{1}{3}h : \frac{4}{3}r = 3h : h : 4r$

$= 3h : h : 2h = 3:1:2$ [$\because$ गोले में $2r = h$]

98. माना प्रत्येक की त्रिज्या = r तथा गोले की ऊँचाई = $2r$.

माना बेलन की ऊँचाई = h तथा शंकु की ऊँचाई = H.

दिया है : गोले का सम्पूर्ण पृष्ठ = बेलन का सम्पूर्ण पृष्ठ = शंकु का सम्पूर्ण पृष्ठ

$\therefore\ 4\pi r^2 = (2\pi rh + 2\pi r^2) = (\pi rl + \pi r^2) = \pi r\left(\sqrt{r^2 + H^2}\right) + \pi r^2$

$4\pi r^2 = 2\pi r(h + r) \Rightarrow h + r = 2r \Rightarrow h = r$.

$4\pi r^2 = \pi r\sqrt{r^2 + H^2} + \pi r^2$

$\Rightarrow 4\pi r^2 = \pi r\left[\sqrt{r^2 + H^2} + r\right] \Rightarrow \sqrt{r^2 + H^2} = 3r$

$\Rightarrow r^2 + H^2 = 9r^2 \Rightarrow 8r^2 = H^2 \Rightarrow H = 2\sqrt{2}r$.

इनकी ऊँचाईयों का अनुपात $= 2r : h : H = 2r : r : 2\sqrt{2}r = 2:1:2\sqrt{2}$.

99. माना शंकु, अर्द्ध–गोले तथा बेलन में से प्रत्येक की त्रिज्या $= r$
तथा प्रत्येक की ऊँचाई $= h$. तब $h = r$.

इनके आयतनों का अनुपात $= \frac{1}{3}\pi r^2 h : \frac{2}{3}\pi r^3 : \pi r^2 h$

$$= \frac{1}{3}\pi r^3 : \frac{2}{3}\pi r^3 : \pi r^3 = 1:2:3.$$

100. माना शंकु के आधार की त्रिज्या $= r$ तथा ऊँचाई $= h$.

तब, शंकु का आयतन $= \frac{1}{3}\pi r^2 h.$

नई त्रिज्या $= \left(r\times\frac{50}{100}\right) = \frac{r}{2}$, नई ऊँचाई $= \left(h\times\frac{300}{100}\right) = 3h.$

शंकु का नया आयतन $= \frac{1}{3}\pi\left(\frac{r}{2}\right)^2 \times 3h = \frac{1}{4}\pi r^2 h.$

आयतन में कमी $= \left(\frac{1}{3}\pi r^2 h - \frac{1}{4}\pi r^2 h\right) = \left(\frac{1}{3}-\frac{1}{4}\right)\pi r^2 h = \frac{1}{12}\pi r^2 h.$

आयतन में कमी % $= \left(\frac{1}{12}\pi r^2 h\times\frac{3}{\pi r^2 h}\times 100\right)\% = 25\%.$

101. इस शंकु के लिए $r = 4$ सेमी॰ तथा $h = 3$ सेमी॰.

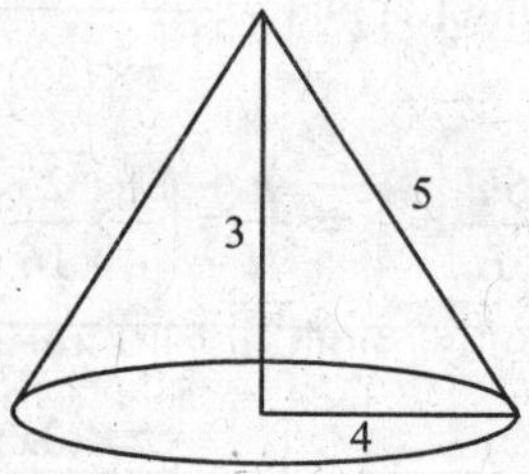

शंकु का आयतन $= \frac{1}{3}\pi r^2 h = \left(\frac{1}{3}\pi\times 16\times 3\right)$

$= (16\pi)$ सेमी॰^{3}.

102. माना शंकुओं की अभीष्ट संख्या $= n$. तब

$$n.\left\{\frac{1}{3}\pi\times(3)^2\times 4\right\} = \frac{4}{3}\pi\times(6)^3 \Rightarrow 9n = 216 \Rightarrow n = 24.$$

अत: शंकुओं की अभीष्ट संख्या $= 24$.

103. माना शंकु के आधार की त्रिज्या $= r$ तथा ऊँचाई $= h$.

तब, शंकु का आयतन $= \frac{1}{3}\pi r^2 h.$

नए शंकु के आधार की त्रिज्या $= \left(\frac{110}{100}\times r\right) = \frac{11r}{10}$ तथा नई ऊँचाई $= \left(\frac{110}{100}\times h\right) = \frac{11h}{10}.$

नए शंकु का आयतन $= \frac{1}{3}\pi\left(\frac{11r}{10}\right)^2 \times \frac{11h}{10} = \frac{1}{3}\pi r^2 h\left(\frac{1331}{1000}\right).$

आयतन में वृद्धि $= \frac{1}{3}\pi r^2 h\left(\frac{1331}{1000}-1\right) = \frac{1}{3}\pi r^2 h\times\frac{331}{1000}.$

आयतन में वृद्धि % $= \left(\frac{1}{3}\pi r^2 h\times\frac{331}{1000}\times\frac{3}{\pi r^2 h}\times 100\right)\% = \frac{331}{10}\% = 33{\cdot}1\%.$

104. बेलन का अर्द्धव्यास = गोले का अर्द्धव्यास $= \frac{d}{2}$. बेलन की ऊँचाई $= h$.

दिया है गोले का आयतन = बेलन का आयतन.

$$\therefore \frac{4}{3}\pi\left(\frac{d}{2}\right)^3 = \pi\left(\frac{d}{2}\right)^2 \times h \Rightarrow \frac{d^3}{6} = \frac{d^2}{4}\times h \Rightarrow \frac{3h}{2} = d \Rightarrow 3h = 2d.$$

105. शंकु का आयतन $= \frac{1}{3}\pi r^2 h = \left(\frac{1}{3}\pi \times 4 \times 8\right)$ सेमी॰^{3} $= \left(\frac{32\pi}{3}\right)$ सेमी॰^{3}.

माना गोले की त्रिज्या $= r$. तब, गोले का आयतन $= \frac{4}{3}\pi r^3$.

$\therefore \frac{4}{3}\pi r^3 = \frac{32\pi}{3} \Rightarrow r^3 = 8 \Rightarrow r^3 = 2^3 \Rightarrow r = 2 \Rightarrow d = 2r = 4$ सेमी॰.

अत: गोले का व्यास = 4 सेमी॰.

106. तार की लम्बाई = (36 × 100) सेमी॰, तार का अर्द्धव्यास = 1 मिमी॰ $= \frac{1}{10}$ सेमी॰.

तब, तार का आयतन $= \left[\pi \times \left(\frac{1}{10}\right)^2 \times 36 \times 100\right]$ सेमी॰^{3} $= (36\pi)$ सेमी॰^{3}.

माना गोले का अर्द्धव्यास $= r$. तब, गोले का आयतन $= \frac{4}{3}\pi r^3$.

$\therefore \frac{4}{3}\pi r^3 = 36\pi \Rightarrow r^3 = \left(36 \times \frac{3}{4}\right) = 27 = 3^3 \Rightarrow r = 3.$

अत: गोले का अर्द्धव्यास = 3 सेमी॰.

107. माना शंकु की ऊँचाई $= h$ सेमी॰. तब

$\pi r^2 \times 6 = \frac{1}{3}\pi r^2 h \Rightarrow h = 18.$

अत: शंकु की ऊँचाई = 18 सेमी॰.

108. माना गोले की त्रिज्या $= r$ सेमी॰. तब

$\frac{4}{3}\pi r^3 = \frac{1}{3}\pi \times (12)^2 \times 6 \Rightarrow r^3 = \left(288 \times \frac{3}{4}\right) = 216 = (6)^3 \Rightarrow r = 6.$

अत: गोले की त्रिज्या = 6 सेमी॰.

109. माना प्रारम्भिक अर्द्धव्यास $= r$ सेमी॰ तथा ऊँचाई $= h$ सेमी॰.

प्रारम्भिक आयतन $= \frac{1}{3}\pi r^2 h$ घन सेमी॰.

नया अर्द्धव्यास = (r का 200%) $= \left(r \times \frac{200}{100}\right) = 2r.$

नई ऊँचाई = (h का 200%) $= \left(h \times \frac{200}{100}\right) = 2h.$

नया आयतन $= \frac{1}{3}\pi (2r)^2 \times (2h) = 8 \times \frac{1}{3}\pi r^2 h = 8 \times$ (प्रारम्भिक आयतन).

110. ठोस गोले का आयतन $= \frac{4}{3}\pi \times (9)^3$ घन सेमी॰ = 972 π घन सेमी॰.

शंकु के लिए $r = 9$ सेमी॰ तथा $h = 9$ सेमी॰.

शंकु का आयतन $= \frac{1}{3}\pi \times (9)^2 \times 9 = 243\pi$ घन सेमी॰.

नष्ट हुई लकड़ी = (972 π – 243 π) घन सेमी॰ = 729 π घन सेमी॰.

नष्ट हुई लकड़ी की प्रतिशतता $= \left(\frac{729\pi}{972\pi} \times 100\right)\% = 75\%.$

111. माना तीसरी गेंद की त्रिज्या $= r$ सेमी॰. तब,

$\frac{4}{3}\pi \times \left(\frac{3}{2}\right)^3 + \frac{4}{3}\pi \times 2^3 + \frac{4}{3}\pi r^3 = \frac{4}{3}\pi \times (3)^3$

$\Rightarrow \frac{27}{8} + 8 + r^3 = 27 \Rightarrow r^3 = \left(27 - 8 - \frac{27}{8}\right) = \left(19 - \frac{27}{8}\right) = \frac{125}{8} = \left(\frac{5}{2}\right)^3$

$\Rightarrow r = \frac{5}{2}$.

अत: तीसरी गेंद की त्रिज्या = 2·5 सेमी०.

112. यहाँ $r = 8$ सेमी० तथा $h = 21$ सेमी०.

पानी का आयतन $= \left(\frac{1}{3} \times \frac{22}{7} \times 8 \times 8 \times 21\right)$ घन सेमी० = 1408 घन सेमी० = 1·408 लीटर.

$\therefore$ पानी का भार = 1·408 किग्रा०.

113. अर्द्ध-गोले का आयतन $= \left\{\frac{2}{3}\pi \times (6)^3\right\}$ सेमी०^3 $= (144\pi)$ सेमी०^3.

शंकु का आयतन $= \left\{\frac{1}{3}\pi r^2 \times 75\right\}$ सेमी०^3 $= (25\pi r^2)$ सेमी०^3.

$\therefore 25\pi r^2 = 144\pi \Rightarrow r^2 = \frac{144}{25} = \left(\frac{12}{5}\right)^2 \Rightarrow r = \frac{12}{5} = 2 \cdot 4$.

अत: शंकु के आधार की त्रिज्या = 2·4 सेमी०.

114. अर्द्ध-गोलाकार बर्तन में द्रव का आयतन $= \left(\frac{2}{3}\pi \times 9 \times 9 \times 9\right)$ सेमी०^3 $= (486\,\pi)$ सेमी०^3.

एक भरी बोतल में द्रव का आयतन $= \left\{\pi \times \left(\frac{3}{2}\right)^2 \times 4\right\}$ सेमी०^3 $= (9\pi)$ सेमी०^3.

बोतलों की अभीष्ट संख्या $= \left(\frac{486\pi}{9\pi}\right) = 54$.

115. माना अर्द्ध-गोले तथा शंकु में से प्रत्येक की त्रिज्या = r तथा ऊँचाई = r.

शंकु की त्रिर्यक ऊँचाई, $l = \sqrt{h^2 + r^2} = \sqrt{r^2 + r^2} = \sqrt{2r^2} = \sqrt{2}r$.

अर्द्ध गोले का वक्र-पृष्ठ $= 2\pi r^2$.

शंकु का वक्र पृष्ठ $= \pi rl = \pi r \times \sqrt{2}r = \sqrt{2}\,(\pi r^2)$.

अभीष्ट अनुपात $= \frac{2\pi r^2}{\sqrt{2}(\pi r^2)} = \frac{\sqrt{2}}{1} = \sqrt{2} : 1$.

116. माना B का व्यास = d. तब, A का व्यास = $2d$.

$\Rightarrow B$ का अर्द्धव्यास $= \frac{d}{2}$ तथा, A का अर्द्धव्यास = d.

A तथा B के आयतनों का अनुपात $= \dfrac{\frac{4}{3}\pi d^3}{\frac{4}{3}\pi\left(\frac{d}{2}\right)^3} = \frac{8}{1} = 8 : 1$.

117. चादर का क्षेत्रफल = शंकु का सम्पूर्ण पृष्ठ $= (\pi rl + \pi r^2)$.

अब, $r = 7$ तथा $h = 24 \Rightarrow l^2 = (r^2 + h^2) = (49 + 576) = 625$

$\Rightarrow l = \sqrt{625} = 25$.

चादर का क्षेत्रफल $= (\pi rl + \pi r^2) = \pi r(l + r)$

$= \left[\frac{22}{7} \times 7 \times (25 + 7)\right]$ सेमी०^2 $= 704$ सेमी०^2.

118. $\pi r^2 = \pi R^2 \Rightarrow r = R$.

$\pi rl = 2\pi rh = 2\pi r \times 3 \Rightarrow l = 6$.

अत: तिर्यक ऊँचाई = 6 मीटर.

119. माना शंकुओं की अभीष्ट संख्या = n. तब,

$$n\times\frac{1}{3}\pi\times\frac{7}{2}\times\frac{7}{2}\times3=\frac{4}{3}\pi\times\frac{21}{2}\times\frac{21}{2}\times\frac{21}{2}\Rightarrow\frac{49n}{4}=\frac{3087}{2}\Rightarrow n=\frac{3087}{2}\times\frac{4}{49}=126.$$

120. दिया है : $r = 7$ सेमी० तथा वक्रपृष्ठ, $\pi rl = 550$.

$\therefore\ \frac{22}{7}\times7\times l=550\Rightarrow l=\frac{550}{22}=25$ सेमी०.

$h^2=(l^2-r^2)=(25)^2-(7)^2=(625-49)=576=(24)^2\Rightarrow h=24$ सेमी०.

शंकु का आयतन $=\frac{1}{3}\pi r^2h=\left(\frac{1}{3}\times\frac{22}{7}\times7\times7\times24\right)$ सेमी०^3 $= 1232$ सेमी०^3.

121. माना शंकु के आधार की त्रिज्या = r सेमी०. तब

$\pi\times(18)^2\times32=\frac{1}{3}\pi\times r^2\times24\Rightarrow8r^2=18\times18\times32$

$\therefore\ r^2=\frac{18\times18\times32}{8}=(18\times2)^2=(36)^2\Rightarrow r=36.$

अत: शंकु के आधार की त्रिज्या = 36 सेमी०.

122. माना शंकु की त्रिज्या = $3x$ तथा ऊँचाई = $4x$. तब

$l^2=(3x)^2+(4x)^2=25x^2=(5x)^2\Rightarrow l=5x.$

शंकु का आयतन $=\frac{1}{3}\pi r^2h=\frac{1}{3}\pi\times9x^2\times4x=12\pi x^3$.

$\therefore\ 12\pi x^3=96\pi\Rightarrow x^3=8=2^3\Rightarrow x=2.$

$\therefore$ तिर्यक ऊँचाई = $5x = (5\times2)$ सेमी० = 10 सेमी०.

123. दिया है : $l = 10$ सेमी० तथा $h = 8$ सेमी०.

$r^2=(l^2-h^2)=(10)^2-(8)^2=36=6^2\Rightarrow r=6.$

वक्र पृष्ठ का क्षेत्रफल $=\pi rl=(3\cdot14\times6\times10)$ सेमी०^2 $= 188\cdot4$ सेमी०^2.

124. दिया है $l = 2\cdot5$ किमी०. माना आधार की त्रिज्या = r किमी० तथा ऊँचाई = h किमी०.

$\pi r^2=1\cdot54\Rightarrow r^2=\left(\frac{154}{100}\times\frac{7}{22}\right)=\left(\frac{7\times7}{10\times10}\right)\Rightarrow r=\frac{7}{10}=0\cdot7$ किमी०.

$h^2=(l^2-r^2)=(2\cdot5)^2-(0\cdot7)^2=(2\cdot5+0\cdot7)(2\cdot5-0\cdot7)$

$=(3\cdot2\times1\cdot8)=\left(\frac{32\times18}{100}\right)=\left(\frac{16\times36}{100}\right)$

$\Rightarrow h=\frac{(4\times6)}{10}=\frac{24}{10}=2\cdot4$ किमी०

125. 1 मिनट में बर्तन में गिरने वाला आयतन $=\left\{\pi\times\left(\frac{2\cdot5}{10}\right)^2\times1000\right\}$ सेमी०^3.

$=\left\{\pi\times\left(\frac{25}{100}\right)^2\times1000\right\}$ सेमी०^3 $=\left(\frac{125\pi}{2}\right)$ सेमी०^3.

शंक्वाकार बर्तन का आयतन $=\left\{\frac{1}{3}\pi\times(20)^2\times24\right\}$ सेमी०^3 $=(3200\pi)$ सेमी०^3.

बर्तन भरने में लगा समय $=\left(3200\pi\times\frac{2}{125\pi}\right)$ मिनट = 51 मिनट 12 सैकण्ड.

126. माना प्रत्येक गोले की त्रिज्या = r सेमी॰. तब

$$8\times\frac{4}{3}\pi r^3=\frac{4}{3}\pi\times(10)^3\Rightarrow r^3=\frac{1000}{8}=125=(5)^3\Rightarrow r=5.$$

अतः प्रत्येक गोले की त्रिज्या = 5 सेमी॰.

127. माना अर्द्धगोले की त्रिज्या = r.

तब, बेलन की त्रिज्या = r तथा बेलन की ऊँचाई = r.

बेलन तथा अर्द्धगोले के आयतनों का अनुपात

$$=\frac{\pi r^2\times r}{\frac{4}{3}\pi r^3}=\frac{3}{4}=3:4.$$

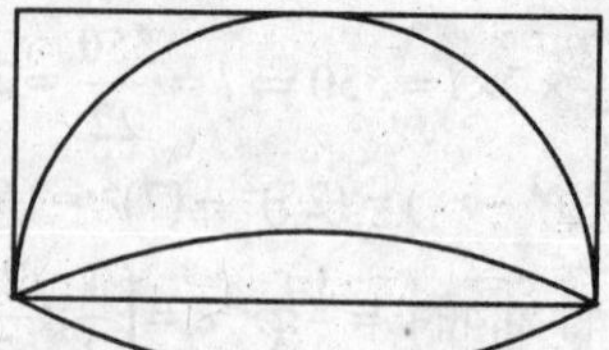

128. एक गोले को समान चार भागों में विभक्त करने पर प्रत्येक भाग की ऊपरी सतह गोले की कुल सतह का $\frac{1}{4}$ भाग होगी तथा नीचे दो अर्द्धवृत्त बनेंगे.

अतः चारों भागों का सम्पूर्ण पृष्ठीय क्षेत्रफल

$$=4\times\left[\left(\frac{1}{4}\times4\pi r^2\right)+\frac{1}{2}(\pi r^2)+\frac{1}{2}(\pi r^2)\right]=4\times\left[\left(\pi r^2+\pi r^2\right)\right]$$

$$=(4\times2\pi r^2)=(8\pi r^2)\text{ वर्ग इकाई.}$$

प्रश्नमाला 24B

1. ΔABC एक समकोण त्रिभुज है जिसमें $\angle B=90°$. इस त्रिभुज को भुजा BC के अनुदिश घुमाने पर बने शंकु का आयतन 2512 सेमी॰^{3} है तथा इस त्रिभुज को भुजा AB के अनुदिश घुमाने पर बने शंकु का आयतन 6028·8 सेमी॰^{3} है. इस त्रिभुज के कर्ण की लम्बाई ज्ञात कीजिये. (दिया है : $\pi=3.14$)

(एस॰एस॰सी॰ परीक्षा, 2009)

2. धातु के बने एक ठोस आयताकार टुकड़े की लम्बाई 32 सेमी॰, चौड़ाई 22 सेमी॰ तथा ऊँचाई 14 सेमी॰ है. इसे पिघलाकर एक ठोस बेलन में ढाला गया है जिसकी ऊँचाई 16 सेमी॰ है. इस बेलन के सम्पूर्ण पृष्ठ का क्षेत्रफल ज्ञात कीजिए $\left(\pi=\frac{22}{7}\text{ लें}\right)$.

(एस॰एस॰सी॰ परीक्षा, 2009)

3. धातु के बने एक ठोस बेलन के आधार की त्रिज्या r सेमी॰ तथा ऊँचाई 3 सेमी॰ है. इसे पिघलाकर आधार की उसी त्रिज्या वाले शंकु में ढ़ाला गया है. इस शंकु की ऊँचाई कितनी है? **(एस॰एस॰सी॰ परीक्षा, 2008)**

4. एक ठोस बेलन के आधार का व्यास 7 सेमी॰ है तथा इसकी ऊँचाई 15 सेमी॰ है. इसमें दो बराबर शंक्वाकार छेद किये गये हैं जिनमें से प्रत्येक का व्यास बेलन की ऊँचाई का $\frac{2}{5}$ तथा ऊँचाई 4 सेमी॰ है. शेष ठोस का आयतन तथा सम्पूर्ण पृष्ठ ज्ञात कीजिए. $\left(\pi=\frac{22}{7}\text{ लीजिए}\right)$.

(एस॰एस॰सी॰ परीक्षा, 2009)

5. एक लम्बवृत्तीय बेलन के आधार की त्रिज्या तथा ऊँचाई का योग 37 सेमी॰ है. यदि बेलन के सम्पूर्ण पृष्ठ का क्षेत्रफल 1628 सेमी॰^{2} हो, तो इसका आयतन ज्ञात कीजिए. $\left(\pi=\frac{22}{7}\text{ लीजिए}\right)$.

(एस॰एस॰सी॰ परीक्षा, 2008)

6. एक लम्बवृत्तीय शंकु का आयतन एक लम्बवृत्तीय बेलन के आयतन के बराबर है, जिसके आधार की त्रिज्या 30 सेमी॰ तथा ऊँचाई 9 सेमी॰ है. शंकु की ऊँचाई 108 सेमी॰ है. इसके आधार की त्रिज्या ज्ञात कीजिए.

(एस॰एस॰सी॰ परीक्षा, 2007)

7. एक बेलनाकार पाईप की भीतरी त्रिज्या 7 सेमी॰ है. इस पाईप से 5 किमी॰/घण्टा की गति से पानी बहकर 100 मीटर लम्बी तथा 44 मीटर चौड़ी एक आयताकार टंकी में गिरता है. कितने समय में इस टंकी में पानी के स्तर में 14 सेमी॰ की वृद्धि होगी. $\left(\pi=\frac{22}{7}\text{ लीजिए}\right)$.

(एस॰एस॰सी॰ परीक्षा, 2007)

8. एक बेलनाकार पाईप की भीतरी त्रिज्या 0·5 सेमी० है. इस पाईप से 10 मीटर/मिनट की दर से पानी बहकर एक शंक्वाकार बर्तन में गिरता है जिसकी ऊपरी सिरे की त्रिज्या 20 सेमी० तथा गहराई 21 सेमी० है. इस बर्तन को भरने में कितना समय लगेगा? **(एस०एस०सी० परीक्षा, 2007)**

9. एक वृत्ताकार पाईप का भीतरी व्यास 2 सेमी० है. इसमें से 7 मीटर प्रति सैकण्ड की गति से पानी निकल कर एक बेलनाकार टंकी में गिरता है जिसके आधार की त्रिज्या 40 सेमी० है. आधे घण्टे में टंकी में पानी का स्तर कितना बढ़ेगा? **(एस०एस०सी० परीक्षा, 2000)**

10. एक टंकी घनाभ आकार की है जिसकी लम्बाई 7·2 मीटर तथा चौड़ाई 2·5 मीटर है. 5 सेमी० × 3 सेमी० के अनुप्रस्थ काट वाले एक पाईप से 10 मीटर प्रति सैकण्ड की गति से पानी इस टंकी में भरा जा रहा है. ज्ञात कीजिए कि 40 मिनट बाद टंकी में पानी का स्तर कितना ऊँचा उठ जायेगा? **(एस०एस०सी० परीक्षा, 2004)**

11. एक घन के विकर्ण की लम्बाई 17·32 सेमी० है. घन का आयतन ज्ञात कीजिए. **(एस०एस०सी० परीक्षा, 2005)**

12. एक 14 सेमी० लम्बे धातु के बेलनाकार पाईप के बाह्य तथा आन्तरिक पृष्ठीय क्षेत्रफलों का अन्तर 44 वर्ग सेमी० है. यदि पाईप 99 घन सेमी० आयतन वाली धातु का बना हो, तो पाईप के बाह्य तथा आन्तरिक अर्द्धव्यास ज्ञात कीजिए. **(एस०एस०सी० परीक्षा, 2003)**

13. 4·4 मीटर लम्बे, 2·6 मीटर चौड़े तथा 1 मीटर ऊँचे लोहे के टुकड़े को पिघला कर एक खोखला बेलनाकार पाईप बनाया गया है जिसकी अन्दर से त्रिज्या 30 सेमी० है तथा जिसकी दीवार की मोटाई 5 सेमी० है. पाईप की लम्बाई ज्ञात कीजिए.

14. किसी ठोस का आकार एक लम्ब वृत्तीय बेलन जैसा है जिसके दोनों सिरे अर्द्धगोलाकार हैं. ठोस की कुल ऊँचाई 35 सेमी० है तथा बेलन का व्यास उसकी ऊँचाई का $\frac{1}{4}$ है. उस ठोस का आयतन तथा सम्पूर्ण-पृष्ठीय क्षेत्रफल ज्ञात कीजिए. **(एस०एस०सी० परीक्षा, 2008)**

15. एक कुएँ का अन्दरी व्यास 5·6 मीटर है तथा इसे 10 मीटर गहरा खोदा गया है. इसमें से निकाली गई मिट्टी को कुएँ के चारों ओर 7 मीटर चौड़े रास्ते पर फैलाया गया है. रास्ते की ऊँचाई ज्ञात कीजिए.

16. जस्ते के बने एक खोखले बेलनाकार पाईप की लम्बाई 3·5 मीटर, बाहरी व्यास 2·4 सेमी० तथा दीवार की मोटाई 2 मिमी० है. इस पाईप का भार क्या होगा जबकि 1 घन सेमी० जस्ते का भार 11·4 ग्राम है?

17. एक सर्कस का टैन्ट 7 मीटर की ऊँचाई तक बेलनाकार तथा उसके ऊपर शंकु के आकार का है. बेलनाकार भाग का व्यास 10 मीटर तथा टैन्ट की कुल ऊँचाई 19 मीटर है. टैन्ट को बनाने में ₹ 35 प्रति वर्ग मीटर की दर से कपड़ा लगाने का व्यय ज्ञात कीजिए.

18. 45 सेमी० ऊँची एक बाल्टी एक शंकु के छिन्नक के रूप में है. इसके सिरों की त्रिज्यायें क्रमशः 28 सेमी० तथा 7 सेमी० हैं. बाल्टी की धारिता तथा पृष्ठ-क्षेत्रफल ज्ञात कीजिए. **(एस०एस०सी० परीक्षा, 2000)**

19. 120 सेमी० लम्बे एक रोलर का व्यास 84 सेमी० है. एक खेल के मैदान को समतल करने के लिए यदि इसे 1000 चक्कर लगाने पड़ें, तो ₹ 5 प्रति वर्ग मीटर की दर से कितना धन खर्च होगा?

20. लोहे के एक खम्भे का कुछ भाग एक लम्ब-वृत्तीय बेलन है तथा शेष भाग एक लम्ब-वृत्तीय शंकु है. बेलन तथा शंकु में से प्रत्येक के आधार की त्रिज्या 8 सेमी० है. बेलनाकार भाग की ऊँचाई 240 सेमी० तथा शंक्वाकार भाग की ऊँचाई 36 सेमी० है. इस खम्भे का भार ज्ञात कीजिए जबकि 1 घन सेमी० लोहे का भार 7·5 ग्राम है.

21. एक अर्द्ध-गोले पर एक खोखला बेलन टिका कर रखने से एक बर्तन बना है. अर्द्ध-गोले का व्यास 12 सेमी० तथा बर्तन की कुल ऊँचाई 16 सेमी० है. बर्तन की धारिता ज्ञात कीजिए.

22. धातु की बनी एक गोलाकार गेंद की त्रिज्या 3 सेमी० है. इसे गला कर तीन अन्य गोलाकार गेंदों में ढ़ाला जाता है. यदि इनमें से दो गेंदों की त्रिज्यायें क्रमशः 1·5 सेमी० तथा 2 सेमी० हों, तो तीसरी गेंद का व्यास ज्ञात कीजिए. **(एस०एस०सी० परीक्षा, 2001)**

23. एक लम्ब-वृत्तीय बेलन तथा एक गोले के आयतनों का अनुपात 3 : 2 है. यदि गोले की त्रिज्या बेलन के आधार की त्रिज्या की दुगुनी हो, तो बेलन तथा गोले के पृष्ठीय क्षेत्रफलों का अनुपात ज्ञात कीजिए.

(एस०एस०सी० परीक्षा, 2001)

24. किसी लम्बवृत्तीय शंकु का आयतन एक लम्बवृत्तीय बेलन के आयतन के बराबर है. यह बेलन 9 सेमी० ऊँचा है तथा इसके आधार का व्यास 60 सेमी० है. शंकु की ऊँचाई 108 सेमी० है. शंकु के आधार का व्यास ज्ञात कीजिए.

(एस०एस०सी० परीक्षा, 2000)

25. r सेमी० अर्द्धव्यास वाले एक ठोस अर्द्धगोले में से अधिकतम आयतन वाला एक गोला काटा गया है. अर्द्धगोले के आयतन का गोले के आयतन से अनुपात ज्ञात कीजिए. **(एस०एस०सी० परीक्षा, 2003)**

उत्तरमाला (प्रश्नमाला 24B)

1. 26 सेमी० **2.** 2640 सेमी०^2		**3.** 9 सेमी०	**4.** 502·07 सेमी०^3, 444·7 सेमी०^2
5. 4620 सेमी०^3	**6.** 15 सेमी०	**7.** 8 घण्टे	**8.** 11 मिनट 12 सैकण्ड
9. 7·875 मीटर **10.** 2 मीटर	**11.** 1 मीटर^3	**12.** 7 सेमी०, 6·5 सेमी०	**13.** 112 मीटर
14. 1257·67 सेमी०^3, 770 सेमी०^2		**15.** 89 सेमी०	**16.** 5·52 किग्रा० **17.** ₹ 14850
18. 48510 घन सेमी०, 8074 वर्ग सेमी०		**19.** ₹ 15840	**20.** 380·16 किग्रा०
21. 1584 घन सेमी०	**22.** 5 सेमी०	**23.** 2 : 1	**24.** 30 सेमी० **25.** 4 : 1

दिये गये प्रश्नों के हल **प्रश्नमाला 24B**

1. भुजा BC के अनुदिश घुमाने पर

$r = BC = a, h = AB = c$.

इस शंकु का आयतन $= \frac{1}{3}\pi \times a^2 \times c$.

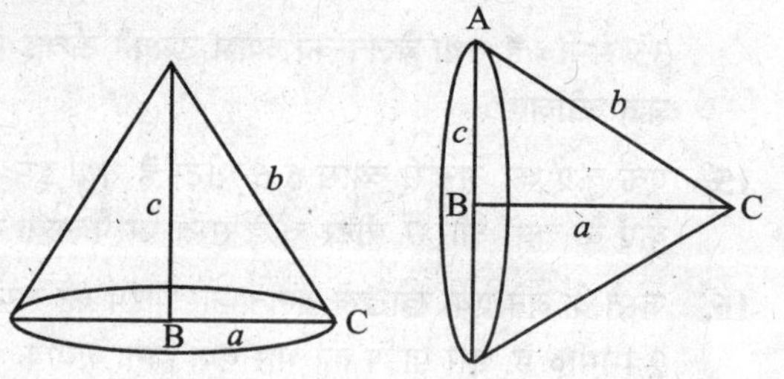

भुजा AB के अनुदिश घुमाने पर बने शंकु के लिए

$r = AB = c, h = BC = a$.

इस शंकु का आयतन $= \frac{1}{3}\pi \times c^2 \times a$.

$\therefore \frac{1}{3}\pi \times a^2 \times c = 2512$ तथा $\frac{1}{3}\pi \times c^2 \times a = 6028 \cdot 8$

भाग देने पर $\frac{a^2c}{c^2a} = \frac{2512}{6028 \cdot 8} \Rightarrow \frac{a}{c} = \frac{25120}{60288} = \frac{5}{12}$.

माना $a = 5\,x$ तथा $c = 12\,x$.

तब, $\frac{1}{3} \times 3 \cdot 14 \times 25x^2 \times 12x = 2512 \Rightarrow x^3 = \frac{2512 \times 3 \times 100}{314 \times 25 \times 12} = 8 = 2^3$

$\Rightarrow x = 2.$

$\therefore b^2 = (c^2 + a^2) = (12x)^2 + (5x)^2 = 169x^2 = (169 \times 4)$

$\Rightarrow b = \sqrt{169 \times 4} = (13 \times 2) = 26$ सेमी०.

अत: कर्ण की लम्बाई = 26 सेमी०.

2. दिये गये ठोस आयताकार टुकड़े का आयतन = (32 × 22 × 14) सेमी०^3 = 9856 सेमी०^3.

दिया गया है, बेलन की ऊँचाई = 16 सेमी०. माना बेलन की त्रिज्या = r सेमी०

तब, $\pi r^2 \times 16 = 9856 \Rightarrow r^2 = \left(9856 \times \frac{1}{16} \times \frac{7}{22}\right) = 196 \Rightarrow r = \sqrt{196} = 14$ सेमी०.

बेलन का सम्पूर्ण पृष्ठ $= 2\pi rh + 2\pi r^2$

$= 2\pi r(h + r) = \left[2 \times \frac{22}{7} \times 14 \times (16 + 14)\right]$ सेमी०^2

$= (88 \times 30)$ सेमी०^2 = 2640 सेमी०^2.

3. बेलन का आयतन $=(\pi\times r^2\times 3)$ सेमी०^3.

माना शंकु की ऊँचाई $= h$ सेमी०. दिया है शंकु के लिए आधार की त्रिज्या $= r$ सेमी०.

तब, शंकु का आयतन $=\frac{1}{3}\pi r^2 h.$

$\therefore\ 3\pi r^2=\frac{1}{3}\pi r^2 h\Rightarrow h=9.$

अत: शंकु की ऊँचाई = 9 सेमी०.

4. प्रत्येक शंक्वाकार छेद की त्रिज्या $=\left(\frac{1}{2}\times\frac{2}{5}\times 15\right)$ सेमी० = 3 सेमी०.

प्रत्येक शंक्वाकार छेद की ऊँचाई = 4 सेमी०.

2 शंक्वाकार छेदों का कुल आयतन $=\left(2\times\frac{1}{3}\pi\times 3\times 3\times 4\right)$ सेमी०^3 $=(24\pi)$ सेमी०^3.

दिये गये ठोस बेलन का आयतन $=\pi r^2 h=\left(\pi\times\frac{7}{2}\times\frac{7}{2}\times 15\right)$ सेमी० $=\frac{735\pi}{4}$ सेमी०^3.

शेष ठोस का आयतन $=\left(\frac{735\pi}{4}-24\pi\right)$ सेमी०^3 $=\left(\frac{639\pi}{4}\right)$ सेमी०^3.

$=\left(\frac{639}{4}\times\frac{22}{7}\right)$ सेमी०^3 $=\frac{7029}{14}$ सेमी०^3 $=502{\cdot}07$ सेमी०^3.

शेष ठोस का सम्पूर्ण पृष्ठ = (बेलन का वक्र पृष्ठ + शेष आधार का क्षेत्रफल + शंक्वाकार 2 छेदों का वक्र पृष्ठ)

$=2\pi r_1 h+2\pi\left(r_1^2-r_2^2\right)+2\pi r_2\times l,$ जहाँ $r_1=3{\cdot}5$ सेमी०, $r_2=3$ सेमी०, $l=\sqrt{3^2+4^2}=5$ सेमी०

$=2\pi\left[3{\cdot}5\times 15+\left\{(3{\cdot}5)^2-3^2\right\}+3\times 5\right]$ सेमी०^2 $=2\pi(52{\cdot}5+3{\cdot}25+15)$ सेमी०^2

$=\left(2\times\frac{22}{7}\times 70{\cdot}75\right)$ सेमी०^2 $=\frac{3113}{7}$ सेमी०^2 $=444{\cdot}7$ सेमी०^2.

5. माना लम्बवृत्तीय बेलन के आधार की त्रिज्या $= r$ सेमी०, तथा ऊँचाई $= h$ सेमी०.

$\therefore\ (h+r)=37$.

बेलन का सम्पूर्ण पृष्ठ = 1628 सेमी०^2

$\Rightarrow 2\pi rh+2\pi r^2=1628$

$\Rightarrow 2\pi r(h+r)=1628\Rightarrow 2\pi r\times 37=1628$

$\Rightarrow 2\pi r=\frac{1628}{37}=44\Rightarrow 2\times\frac{22}{7}\times r=44\Rightarrow r=\left(44\times\frac{7}{44}\right)=7$ सेमी०.

$\therefore\ r=7$ सेमी० तथा $h=(37-7)$ सेमी० = 30 सेमी०.

बेलन का आयतन $=\pi r^2 h$

$=\left(\frac{22}{7}\times 7\times 7\times 30\right)$ सेमी०^3 = 4620 सेमी०^3.

6. माना शंकु के आधार की त्रिज्या $= r$ सेमी०. तब

$\frac{1}{3}\pi r^2\times 108=\pi\times(30)^2\times 9\Rightarrow 36r^2=8100\Rightarrow r^2=\frac{8100}{36}=\left(\frac{90}{6}\right)^2=(15)^2\Rightarrow r=15.$

अत: शंकु के आधार की त्रिज्या = 15 सेमी०.

7. पानी के बहाव की दर = 5 किमी०/घण्टा $=\left(5\times\frac{5}{18}\right)$ मीटर/सैकण्ड $=\frac{25}{18}$ मीटर/सैकण्ड.

1 सैकण्ड में बहने वाले पानी का आयतन $=\left(\pi\times\frac{7}{100}\times\frac{7}{100}\times\frac{25}{18}\right)$ मीटर^3.

$$= \left(\frac{49}{7200} \times \frac{22}{7} \right) \text{ मीटर}^3 = \left(\frac{77}{3600} \right) \text{ मीटर}^3.$$

टंकी में पानी का आयतन = (100 × 44 × 0·14) मीटर^3 = 616 मीटर^3.

$$\text{अभीष्ट समय} = \left(616 \times \frac{3600}{77} \right) \text{ सैकण्ड} = \left(\frac{616 \times 3600}{77} \times \frac{1}{60 \times 60} \right) \text{ घण्टे} = 8 \text{ घण्टे}.$$

8. बेलनाकार पाईप की त्रिज्या $= \frac{1}{2}$ सेमी०.

पानी के बहाव की गति = 10 मीटर/मिनट = 1000 सेमी०/मिनट.

इस पाईप से प्रति मिनट बहने वाले पानी का आयतन $= \pi r^2 h$

$$= \left\{ \pi \times \left(\frac{1}{2} \right)^2 \times 1000 \right\} \text{ सेमी}^3 = (250\,\pi) \text{ सेमी}^3.$$

शंक्वाकार बर्तन के लिए $r = 20$ सेमी० तथा $h = 21$ सेमी०.

$$\text{इस बर्तन का आयतन} = \left\{ \frac{1}{3} \pi \times (20)^2 \times 21 \right\} \text{ सेमी}^3 = (2800\pi) \text{ सेमी}^3.$$

$$\text{अभीष्ट समय} = \left(\frac{2800\pi}{250\pi} \right) \text{ मिनट} = \frac{56}{5} \text{ मिनट} = 11 \text{ मिनट } 12 \text{ सैकण्ड}.$$

9. वृत्ताकार पाईप का भीतरी अर्द्धव्यास = 1 सेमी०.

$$1 \text{ सै० में इस पाईप से निकले पानी का आयतन} = \pi r^2 h = \left(\frac{22}{7} \times 1 \times 1 \times 700 \right) \text{ घन सेमी०} = 2200 \text{ घन सेमी०}.$$

आधे घण्टे में इस पाईप से टंकी में गिरने वाले पानी का आयतन

= (2200 × 60 × 30) घन सेमी० = 3960000 घन सेमी०.

माना बेलनाकार टंकी में पानी के स्तर में वृद्धि = h सेमी०. तब,

$$\frac{22}{7} \times 40 \times 40 \times h = 3960000 \Rightarrow h = \left(3960000 \times \frac{7}{22} \times \frac{1}{1600} \right) = 787 \cdot 5 \text{ सेमी०} \Rightarrow h = 7{\cdot}875 \text{ मीटर}.$$

पानी के स्तर में अभीष्ट वृद्धि = 7·875 मीटर.

10. माना टंकी में पानी की अभीष्ट गहराई = x मीटर.

$$\text{इस टंकी में पानी का आयतन} = (7 \cdot 2 \times 2 \cdot 5 \times x) \text{ मीटर}^3 = (18x) \text{ मीटर}^3.$$

$$40 \text{ मिनट में टंकी में भरे पानी का आयतन} = \left(\frac{5}{100} \times \frac{3}{100} \times 10 \times 40 \times 60 \right) \text{ मीटर}^3 = 36 \text{ मीटर}^3.$$

$\therefore\ 18x = 36 \Rightarrow x = 2.$

पानी के ऊँचे उठे स्तर की गहराई = 2 मीटर.

11. माना घन की प्रत्येक भुजा = a सेमी०. तब, घन के विकर्ण की लम्बाई $= \left(\sqrt{3}a \right)$ सेमी०.

$\therefore\ \sqrt{3}a = 17 \cdot 32 \Rightarrow 1 \cdot 732a = 17 \cdot 32 \Rightarrow a = 10.$

अतः घन की प्रत्येक भुजा = 10 सेमी०.

$\therefore$ घन का आयतन $= (10 \times 10 \times 10)$ सेमी०^3 = 1000 सेमी०^3 = 1 मी०^3.

12. माना पाईप के बाह्य तथा आन्तरिक अर्द्धव्यास क्रमशः R सेमी० तथा r सेमी० हैं.

पाईप की लम्बाई = 14 सेमी०.

पाईप के बाह्य पृष्ठ का क्षेत्रफल = $(2\pi R \times 14)$ वर्ग सेमी० = $(28\,\pi R)$ वर्ग सेमी०.

पाईप के आन्तरिक पृष्ठ का क्षेत्रफल = $(2\pi r \times 14) = (28\,\pi r)$ वर्ग सेमी० .

$$(28\,\pi R - 28\,\pi r) = 44 \Rightarrow 28\pi\,(R - r) = 44 \Rightarrow (R - r) = \left(44 \times \frac{1}{28} \times \frac{7}{22} \right) = \frac{1}{2}.$$

पाईप के धातु का आयतन

$$= \left(\frac{1}{3} \pi R^2 \times 14 \right) - \left(\frac{1}{3} \pi r^2 \times 14 \right) = \frac{14\pi}{3} (R^2 - r^2) \text{ घन सेमी०}$$

$=\frac{14}{3}\times\frac{22}{7}\times(R^2-r^2)=\frac{44}{3}(R^2-r^2)$ घन सेमी०.

$\therefore\ \frac{44}{3}(R^2-r^2)=99\Rightarrow(R^2-r^2)=\left(99\times\frac{3}{44}\right)=\frac{27}{4}$

$\therefore\ (R^2-r^2)=\frac{27}{4}$ तथा $(R-r)=\frac{1}{2}$.

भाग देने पर : $(R+r)=\left(\frac{27}{4}\times\frac{2}{1}\right)=\frac{27}{2}$.

$R-r=\frac{1}{2}$ तथा $R+r=\frac{27}{2}$ को हल करने पर, $R=7$ तथा $r=6\cdot5$.

अतः पाईप की बाह्य त्रिज्या = 7 सेमी० तथा आन्तरिक त्रिज्या = 6·5 सेमी०.

13. लोहे के टुकड़े का आयतन = (440 × 260 × 100) घन सेमी०.

पाईप की अन्दरी त्रिज्या = 30 सेमी० तथा बाहरी त्रिज्या = 35 सेमी०.

माना पाईप की लम्बाई = x मीटर. तब,

पाईप का आयतन = $\{\pi(R^2-r^2)\times x\times 100\}=[\pi\times\{(35)^2-(30)^2\}\times x\times 100]$ घन सेमी०

$=\left(\frac{22}{7}\times 65\times 5\times x\times 100\right)$ घन सेमी०.

$\therefore\ \frac{22}{7}\times 65\times 5\times x\times 100=440\times 260\times 100\Rightarrow x=\frac{440\times 260\times 100\times 7}{22\times 65\times 500}=112.$

अतः पाईप की अभीष्ट लम्बाई = 112 मीटर.

14. एक लम्बवृत्तीय बेलन दिया गया है जिसके दोनों सिरे अर्द्ध-गोलाकार हैं.

माना बेलन का व्यास = d सेमी०.

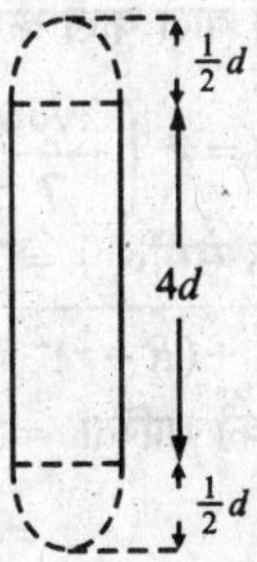

प्रत्येक अर्द्धगोले की त्रिज्या $=\frac{d}{2}$ सेमी०.

बेलन की ऊँचाई = $4d$ सेमी०.

पूर्ण ठोस की ऊँचाई $=\left(4d+\frac{d}{2}+\frac{d}{2}\right)$ सेमी० = $5d$ सेमी०.

$\therefore\ 5d=35\Rightarrow d=7.$

अर्द्ध गोले की त्रिज्या $=\frac{d}{2}=\frac{7}{2}$ **सेमी०.**

बेलन की ऊँचाई = (4 × 7) सेमी० = 28 सेमी०.

दिये गये ठोस का आयतन = (बेलन का आयतन) + (दो अर्द्धगोलों का आयतन) $=\left(\pi r^2h+2\times\frac{2}{3}\pi r^3\right)$

$=\left[\left(\frac{22}{7}\times\frac{7}{2}\times\frac{7}{2}\times 28\right)+\left(\frac{4}{3}\times\frac{22}{7}\times\frac{7}{2}\times\frac{7}{2}\times\frac{7}{2}\right)\right]$ घन सेमी०

= 1257·67 घन सेमी०.

दिये गये ठोस के सम्पूर्ण पृष्ठ का क्षेत्रफल

$=(2\pi rh+2\pi r^2+2\pi r^2)=(2\pi rh+4\pi r^2)$

$=2\pi r(h+2r)=\left\{2\times\frac{22}{7}\times\frac{7}{2}\times(28+7)\right\}$ वर्ग सेमी०

= (22 × 35) वर्ग सेमी० = 770 वर्ग सेमी०.

15. कुएँ की त्रिज्या = 2·8 मीटर तथा गहराई = 10 मीटर.

कुएँ से निकाली गई मिट्टी का आयतन $=\pi R^2H=\left(\frac{22}{7}\times\frac{28}{10}\times\frac{28}{10}\times 10\right)$ घन मीटर $=\frac{1232}{5}$ घन मीटर.

रास्ते सहित कुएँ की त्रिज्या = (2·8 + 7) मीटर = 9·8 मीटर.

रास्ते का क्षेत्रफल $= \frac{22}{7} \times [(9\cdot8)^2 - (2\cdot8)^2]$ वर्ग मीटर $= \left[\frac{22}{7} \times (9\cdot8 + 2\cdot8)(9\cdot8 - 2\cdot8)\right]$ वर्ग मीटर

$= \left(\frac{22}{7} \times 12\cdot6 \times 7\right)$ वर्ग मीटर $= \frac{1386}{5}$ वर्ग मीटर.

रास्ते की ऊँचाई $= \frac{\text{आयतन}}{\text{क्षेत्रफल}} = \left(\frac{1232}{5} \times \frac{5}{1386}\right)$ मीटर $= 0\cdot89$ मी० $= 89$ सेमी०.

16. पाईप की बाहरी त्रिज्या $= 1\cdot2$ सेमी० तथा अन्दरी त्रिज्या $= (1\cdot2 - 0\cdot2)$ सेमी० $= 1$ सेमी०.

जस्ते का आयतन $= (\pi R^2 h - \pi r^2 h) = \pi h(R^2 - r^2) = \times 350 \times [(1\cdot2)^2 - 1^2] = 484$ घन सेमी०.

पाईप का भार $= \frac{(484 \times 11\cdot4)}{1000}$ किग्रा० $= 5\cdot5176$ किग्रा० $= 5\cdot52$ किग्रा०.

17. बेलनाकार भाग का अर्द्धव्यास = 5 मीटर तथा ऊँचाई = 7 मीटर.

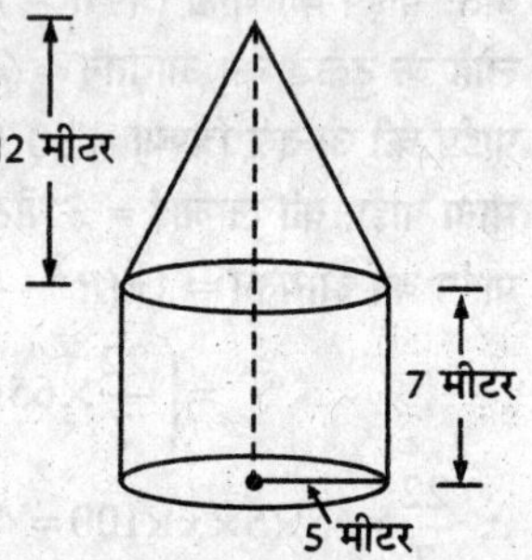

बेलनाकार भाग में लगने वाले कपड़े का क्षेत्रफल

$= 2\pi rh = \left(2 \times \frac{22}{7} \times 5 \times 7\right)$ वर्ग मी० $= 220$ मीटर^2.

शंक्वाकार भाग की त्रिज्या = 5 मीटर, ऊँचाई = 12 मीटर.

शंक्वाकार भाग की तिर्यक ऊँचाई

$= \sqrt{5^2 + (12)^2} = \sqrt{25 + 144} = \sqrt{169} = 13$ मीटर.

शंक्वाकार भाग पर लगने वाले कपड़े का क्षेत्रफल $= \pi rl$

$= \left(\frac{22}{7} \times 5 \times 13\right)$ मीटर^2 $= \frac{1430}{7}$ मीटर^2

टैन्ट में लगने वाले कुल कपड़े का क्षेत्रफल $= \left(220 + \frac{1430}{7}\right)$ मीटर^2 $= \left(\frac{2970}{7}\right)$ मीटर^2

अभीष्ट व्यय = ₹ $\left(\frac{2970}{7} \times 35\right)$ = ₹ 14850.

18. यहाँ $R = 28$ सेमी०, $r = 7$ सेमी० तथा $h = 45$ सेमी०.

$\therefore\ l = \sqrt{h^2 + (R - r)^2} = \sqrt{(45)^2 + (21)^2} = \sqrt{2466} = 49\cdot6$ सेमी०.

(*i*) बाल्टी की धारिता = छिन्नक का आयतन

$= \frac{\pi h}{3} \cdot (R^2 + r^2 + Rr) = \frac{22}{7} \times \frac{1}{3} \times 45 \times [(28)^2 + 7^2 + (28 \times 7)]$ घन सेमी०

$= \left(\frac{330}{7} \times 1029\right)$ घन सेमी० $= 48510$ घन सेमी०.

(*ii*) बाल्टी का क्षेत्रफल $= \{\pi R^2 + \pi r^2 + \pi l(R + r)\}$

$= \pi\{R^2 + r^2 + l(R + r)\} = \frac{22}{7} \times \{784 + 49 + 49\cdot6 \times 35\}$ वर्ग सेमी०

$= \left(\frac{22}{7} \times 2569\right)$ वर्ग सेमी० $= 8074$ वर्ग सेमा०.

19. रोलर का अर्द्धव्यास $= r = \frac{42}{100}$ मीटर $= \frac{21}{50}$ मीटर, लम्बाई $= h = \frac{120}{100}$ मीटर $= \frac{6}{5}$ मीटर.

रोलर का वक्र-पृष्ठ $= 2\pi rh = \left(2 \times \frac{22}{7} \times \frac{21}{50} \times \frac{6}{5}\right)$ वर्ग मीटर $= \frac{396}{125}$ वर्ग मीटर.

1 चक्कर लगाने पर समतल क्षेत्रफल $= \frac{396}{125}$ वर्ग मीटर.

1000 चक्कर लगाने पर समतल क्षेत्रफल $= \left(\frac{396}{125} \times 1000\right)$ वर्ग मीटर = 3168 वर्ग मीटर.

कुल खर्च = ₹ (3168 × 5) = ₹ 15840.

20. बेलन के आधार की त्रिज्या = $r = 8$ सेमी०, शंकु के आधार की त्रिज्या = $r = 8$ सेमी०.

बेलन की ऊँचाई = $h = 240$ सेमी०, शंकु की ऊँचाई = $H = 36$ सेमी०.

लोहे का कुल आयतन = (बेलन का आयतन) + (शंकु का आयतन)

$$= \pi r^2 h + \frac{1}{3}\pi r^2 H = \pi r^2\left(h + \frac{1}{3}H\right)$$

$$= \frac{22}{7} \times 8 \times 8 \times \left(240 + \frac{1}{3} \times 36\right) \text{ घन सेमी०}$$

$$= \left(\frac{22}{7} \times 64 \times 252\right) \text{ घन सेमी०} = 50688 \text{ घन सेमी०}.$$

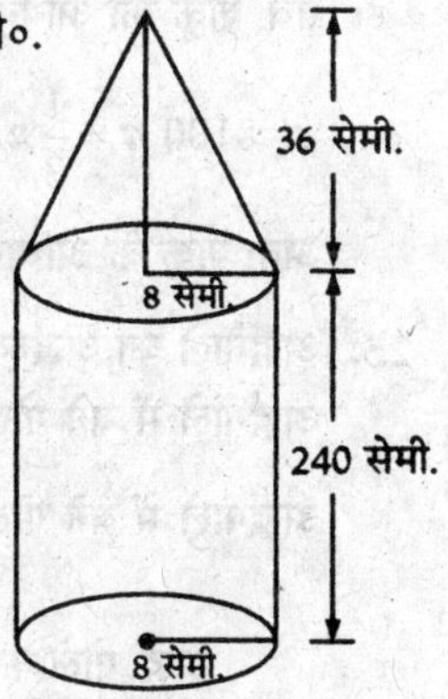

स्तम्भ का भार $= \frac{(50688 \times 7 \cdot 5)}{1000}$ किग्रा० = 380·16 किग्रा०.

21. अर्द्ध-गोले की त्रिज्या = $r = 6$ सेमी०.

बेलन की त्रिज्या = अर्द्ध-गोले की त्रिज्या = $r = 6$ सेमी०.

बेलन की ऊँचाई = $h = (16 - 6)$ सेमी० = 10 सेमी०.

बर्तन की धारिता = (अर्द्ध-गोले का आयतन) + (बेलन का आयतन)

$$= \left(\frac{2}{3}\pi r^3 + \pi r^2 h\right) = \pi r^2\left(\frac{2r}{3} + h\right)$$

$$= \left\{\frac{22}{7} \times 6 \times 6 \times \left(\frac{2}{3} \times 6 + 10\right)\right\} \text{ घन सेमी०}$$

$$= \left(\frac{22}{7} \times 36 \times 14\right) \text{ घन सेमी०} = 1584 \text{ घन सेमी०}.$$

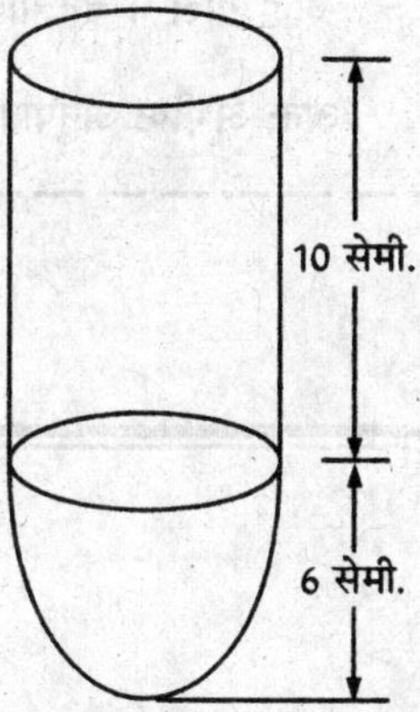

22. माना तीसरी गेंद की त्रिज्या = r सेमी०. तब,

तीनों गेंदों के आयतन का योग = बड़ी गेंद का आयतन.

$$\therefore \frac{4}{3}\pi \times \left(\frac{3}{2}\right)^3 + \frac{4}{3}\pi \times (2)^3 + \frac{4}{3}\pi r^3 = \frac{4}{3}\pi \times (3)^3$$

$$\therefore \frac{27}{8} + 8 + r^3 = 27 \Rightarrow r^3 = \left(19 - \frac{27}{8}\right) = \frac{(152 - 27)}{8} = \frac{125}{8} = \left(\frac{5}{2}\right)^3.$$

अत: तीसरी गेंद की त्रिज्या $= \frac{5}{2}$ सेमी०.

$\therefore$ तीसरी गेंद का व्यास = 5 सेमी०.

23. माना बेलन के आधार की त्रिज्या = r सेमी०. तब, गोले की त्रिज्या = $2r$ सेमी०

$$\frac{\text{बेलन का आयतन}}{\text{गोले का आयतन}} = \frac{3}{2} \Rightarrow \frac{\pi r^2 h}{\frac{4}{3}\pi(2r)^3} = \frac{3}{2} \Rightarrow \frac{3\pi r^2 h}{32\pi r^3} = \frac{3}{2}$$

$$\Rightarrow \frac{h}{r} = \left(\frac{3}{2} \times \frac{32}{3}\right) = 16 \Rightarrow h = 16r.$$

$$\frac{\text{बेलन का पृष्ठीय क्षेत्रफल}}{\text{गोले का पृष्ठीय क्षेत्रफल}} = \frac{2\pi rh}{4\pi(2r)^2} = \frac{2\pi rh}{16\pi r^2} = \frac{h}{8r} = \frac{16r}{8r} = \frac{2}{1}.$$

अत: अभीष्ट अनुपात = 2 : 1.

24. बेलन का आयतन $= \pi R^2 H = (\pi \times 30 \times 30 \times 9)$ सेमी॰^{3} $= (8100\,\pi)$ सेमी॰^{3}.

माना शंकु के आधार की त्रिज्या = r सेमी॰.

तब, शंकु का आयतन $= \left(\frac{1}{3}\pi r^2 \times 108\right)$ सेमी॰^{3}

$\therefore\ 8100\,\pi = \frac{1}{3}\pi r^2 \times 108 = 36\pi r^2 \Rightarrow r^2 = \frac{8100\,\pi}{36\,\pi} = 225 = (15)^2$.

अत: शंकु के आधार का व्यास = $2\,r$ = 30 सेमी॰.

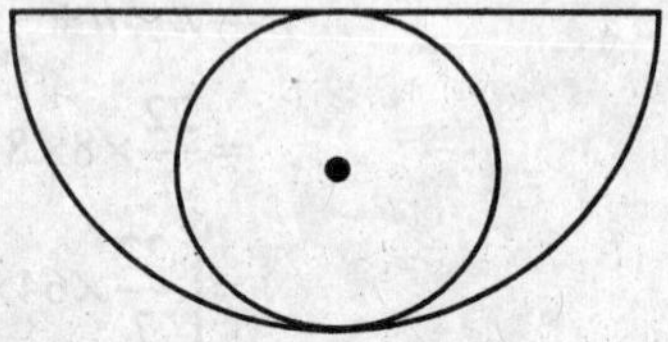

25. अर्द्धगोले का अर्द्धव्यास = r सेमी॰.

अर्द्धगोले में बने गोले का व्यास = r सेमी॰.

अर्द्धगोले में बने गोले का अर्द्धव्यास $= \frac{r}{2}$ सेमी॰.

$$\frac{\text{अर्द्ध गोले का आयतन}}{\text{अर्द्ध गोले में बने गोले का आयतन}} = \frac{\frac{2}{3}\pi r^3}{\frac{4}{3}\pi\left(\frac{r}{2}\right)^3} = \left(\frac{2}{3} \times \frac{3}{4} \times 2^3\right) = \frac{(2\times3\times8)}{12} = \frac{4}{1}.$$

अत: अभीष्ट अनुपात = 4 : 1.

25 दौड़ (RACES)

सामान्य नियम

दौड़: व्यक्तियों की दौड़, घुड़दौड़, नौका–दौड़ तथा तैराकी आदि प्रतिस्पर्धायें दौड़ कहलाती हैं.

(*i*) जिस मैदान या रास्ते पर ये प्रतिस्पर्धायें होती हैं, उसे **रेस कोर्स** कहते हैं.

(*ii*) जिस स्थान से दौड़ आरम्भ होती है, उसे **प्रारम्भिक बिन्दु** कहते हैं.

(*iii*) जिस स्थान पर दौड़ समाप्त होती है, उसे **जीत–बिन्दु** कहते हैं.

(*iv*) आरम्भ में यदि *A* प्रारम्भिक बिन्दु पर हो तथा *B, A* से 12 मीटर आगे हो, तो हम कहते हैं कि *A, B* को 12 मीटर का स्टार्ट देता है.

साधित उदाहरण

प्रश्न 1. 1 किमी० की दौड़ में *A, B* को 28 मीटर अथवा 7 सैकण्ड से हरा देता है. इस दौड़ को पूरा करने में *A* कितना समय लेता है?

हल : स्पष्ट है कि *B*, 7 सैकण्ड में 28 मीटर दौड़ता है.

1 किमी० दौड़ने में *B* द्वारा लिया गया समय $= \left(\frac{7}{28}\times1000\right)$ सैकण्ड = 250 सैकण्ड.

1 किमी० दौड़ने में *A* द्वारा लिया गया समय $= (250 - 7)$ सैकण्ड = 243 सैकण्ड = 4 मिनट 3 सैकण्ड.

$\therefore$ अभीष्ट समय = 4 मिनट 3 सैकण्ड.

प्रश्न 2. *A*, 1 किमी० दौड़ में 3 मिनट 10 सैकण्ड लेता है, जबकि *B* इस दौड़ में 3 मिनट 20 सैकण्ड लेता है. *A, B* को कितने मीटर से हराता है?

हल : *A, B* को 10 सैकण्ड से हराता है.

B द्वारा 200 सैकण्ड में तय की गई दूरी = 1000 मीटर.

B द्वारा 10 सैकण्ड में तय की गई दूरी $= \left(\frac{1000}{200}\times10\right)$ मीटर = 50 मीटर.

अत: *A, B* को 50 मीटर से हराता है.

प्रश्न 3. 100 मीटर की दौड़ में *A*, 8 किमी०/घण्टा की गति से दौड़ता है. यदि *A, B* को 4 मीटर का आरम्भ दे तथा 15 सैकण्ड से उसे हरा दे, तो *B* की चाल ज्ञात करें.

हल : *A* की चाल = 8 किमी०/घण्टा $= \left(8\times\frac{5}{18}\right)$ मीटर/सै० $= \frac{20}{9}$ मीटर/सै०.

A द्वारा 100 मीटर दौड़ने में लिया गया समय $= \left(100\times\frac{9}{20}\right)$ सै० = 45 सै०.

B को 4 मीटर का आरम्भ दिया गया है. अत: *B*, $(100 - 4)$ मी० = 96 मी० दौड़ता है.

96 मीटर दौड़ने में *B* द्वारा लिया गया समय $= (45 + 15)$ सै० = 60 सै०.

B की चाल $= \frac{96}{60}$ मीटर/सै० $= \left(\frac{96}{60}\times\frac{18}{5}\right)$ किमी०/घण्टा = 5·76 किमी०/घण्टा.

प्रश्न 4. एक किमी० की दौड़ में रवि, नितिन को 400 मीटर से तथा दीपक को 200 मीटर से हरा देता है. दीपक, नितिन को कितने मीटर से हरायेगा? (एस०एस०सी० परीक्षा, 2001)

हल : स्पष्ट है कि जितनी देर में रवि 1000 मीटर दौड़ता है, उतनी देर में नितिन दौड़ता है (1000 – 400) मी० अर्थात् 600 मीटर तथा दीपक दौड़ता है (1000 – 200) मी० अर्थात् 800 मीटर.

800 मीटर की दौड़ में दीपक नितिन को हराता है = 200 मीटर से.

1000 मीटर की दौड़ में दीपक नितिन को हराता है = $\left(\frac{200}{800}\times1000\right)$ मीटर से = 250 मीटर से.

अत: 1 किमी० की दौड़ में दीपक नितिन को 250 मीटर से हरायेगा.

प्रश्न 5. 200 मीटर की एक दौड़ में *A, B* को 20 मीटर से हरा देता है, जबकि 100 मीटर की दौड़ में *B, C* को 5 मीटर से हरा देता है. यह मानते हुए कि विभिन्न दौड़ों में *A, B, C* की अपनी चालें एक समान रहती हैं, एक किमी० की दौड़ में *A, C* को कितने मीटर से हरायेगा? (असिस्टैंट ग्रेड परीक्षा, 2004)

हल : जितने समय में *A* 200 मीटर दौड़ेगा, उतने समय में *B* दौड़ेगा = (200 – 20) मी० = 180 मी०.

∴ जितने समय में *A* 100 मीटर दौड़ेगा, उतने समय में *B* दौड़ेगा = $\left(\frac{180}{200}\times100\right)$ मी० = 90 मी०.

जितने समय में *B* 100 मीटर दौड़ेगा, उतने समय में *C* दौड़ेगा = (100 – 5) मीटर = 95 मीटर.

जितने समय में *B* 90 मीटर दौड़ेगा, उतने समय में *C* दौड़ेगा = $\left(\frac{95}{100}\times90\right)$ मीटर = 85.5 मीटर.

∴ जितने समय में *A* 100 मीटर दौड़ेगा, उतने समय में *C* दौड़ेगा = 85.5 मीटर.

जितने समय में *A* 1000 मीटर दौड़ेगा, उतने समय में *C* दौड़ेगा = $\left(\frac{85\cdot5}{100}\times1000\right)$ मीटर = 855 मीटर.

अत: 1 किमी० की दौड़ में *A, C* को (1000 – 855) मीटर अर्थात् 145 मीटर से हराता है.

प्रश्न 6. एक किमी० दौड़ में तीन व्यक्ति *A, B, C* भाग लेते हैं. यदि *A, B* को 40 मीटर का तथा *C* को 64 मीटर का आरम्भ दे, तो *B, C* को कितने मीटर का आरम्भ दे सकता है?

हल : जितनी देर में *A* 1000 मीटर तय करता है, उतनी देर में *B*, (1000 – 40) मी० अर्थात् 960 मीटर दूरी तय करता है तथा *C*, (1000 – 64) मी० अर्थात् 936 मी० दूरी तय करता है.

जितनी देर में *B* 960 मी० दूरी तय करता है, उतनी देर में *C* तय करता है = 936 मी०.

जितनी देर में *B* 1000 मी० दूरी तय करता है, उतनी देर में *C* तय करता है = $\left(\frac{936}{960}\times1000\right)$ मी० = 975 मी०.

अत: *B, C* को (1000 – 975) मी० अर्थात् 25 मीटर का आरम्भ दे सकता है.

प्रश्नमाला 25A

नीचे दिये गये प्रश्नों में से प्रत्येक प्रश्न में ठीक उत्तर को चिन्हांकित (√) कीजिए:

1. 100 मीटर दौड़ में, *A* इस दूरी को 36 सैकण्ड में तथा *B* 45 सैकण्ड में तय करता है. इस दौड़ में *A, B* को कितने मीटर से हराता है?

(*a*) 20 मीटर से (*b*) 25 मीटर से (*c*) 22·5 मीटर से (*d*) 9 मीटर से

2. *A* एक 200 मीटर की दौड़ में *B* को 35 मीटर अथवा 7 सैकण्ड से हरा देता है. *A* कितनी देर में यह दौड़ पूरी करता है?

(*a*) 40 सैकण्ड (*b*) 47 सैकण्ड (*c*) 33 सैकण्ड (*d*) इनमें से कोई नहीं

3. 800 मीटर की दौड़ में *A* ने *B* को 15 सैकण्ड से परास्त किया. यदि *A* की चाल 8 किमी०/घण्टा हो, तो *B* की चाल कितनी है? **(एस०एस०सी० परीक्षा, 2004)**

(*a*) $8\frac{17}{25}$ किमी०/घण्टा (*b*) $7\frac{17}{25}$ किमी०/घण्टा

(*c*) $2\frac{16}{27}$ किमी०/घण्टा (*d*) $1\frac{11}{16}$ किमी०/घण्टा

4. *A*, 1 किमी० की दूरी दौड़कर 3 मिनट 10 सै० में तय करता है जबकि *B* इसे 3 मिनट 20 सै० में. *A*, *B* को कितनी दूरी से हराता है ? **(रेलवे परीक्षा, 2005)**

(*a*) 50 मीटर (*b*) 52 मीटर (*c*) 55 मीटर (*d*) 60 मीटर

5. *A*, 1 किमी० दौड़ में 4 मिनट 54 सै० लेता है जबकि *B* इस दौड़ में 5 मिनट लेता है. आरम्भ में *A* से *B* कितना मीटर आगे खड़ा हो कि दौड़ के अन्तिम बिन्दु पर दोनों साथ-साथ पहुँचें ? **(रेलवे परीक्षा, 2003)**

(*a*) 14·5 मीटर (*b*) 16 मीटर (*c*) 18 मीटर (*d*) 20 मीटर

6. 1 किमी० की दौड़ में *A*, *B* को 100 मीटर से हराता है तथा *B*, *C* को 150 मीटर से. इसी दौड़ में *A*, *C* को कितने मीटर से हराता है ? **(मैनेजमैन्ट परीक्षा, 2004)**

(*a*) 225 मीटर (*b*) 235 मीटर (*c*) 240 मीटर (*d*) 250 मीटर

7. 100 मीटर की दौड़ में *A*, *B* को 10 मीटर से तथा *C* को 13 मीटर से हरा सकता है. 180 मीटर की दौड़ में *B*, *C* को कितने मीटर से हरायेगा ? **(जीवन बीमा निगम परीक्षा, 2003)**

(*a*) 4·5 मीटर (*b*) 5·4 मीटर (*c*) 5 मीटर (*d*) 6 मीटर

8. 200 मीटर की दौड़ को *A* तथा *B* क्रमश: 22 सैकण्ड तथा 25 सैकण्ड में पूरा करते हैं. जब *A* दौड़ के अन्तिम छोर पर पहुँचेगा तो *B* उससे कितनी दूर होगा ? **(रेलवे परीक्षा, 2004)**

(*a*) 24 मीटर (*b*) 30 मीटर (*c*) 48 मीटर (*d*) 54 मीटर

9. 500 मीटर की एक दौड़ में दो धावकों *A* तथा *B* की चालों का अनुपात 3 : 4 है. आरम्भ में *A*, *B* से 140 मीटर आगे है. इस दौड़ में *A* कितने मीटर से जीत जाता है ?

(*a*) 60 मीटर (*b*) 40 मीटर (*c*) 20 मीटर (*d*) 10 मीटर

10. *A*, *B* से $\frac{5}{3}$ गुना तेज दौड़ता है. आरम्भ में *B*, *A* से 80 मीटर आगे है. दौड़ का अन्तिम बिन्दु प्रारम्भिक बिन्दु से कितनी दूर है, जबकि *A* तथा *B* एक ही समय पर इस बिन्दु पर पहुँचते हैं ?

(*a*) 160 मीटर (*b*) 200 मीटर (*c*) 270 मीटर (*d*) 330 मीटर

11. 200 मीटर की दौड़ में *A*, *B* को 31 मीटर से तथा *C* को 18 मीटर से हरा सकता है. 350 मीटर की दौड़ में *C*, *B* को कितने मीटर से हरायेगा ?

(*a*) $7\frac{4}{7}$ मीटर (*b*) $19\frac{1}{2}$ मीटर (*c*) 25 मीटर (*d*) $22\frac{3}{4}$ मीटर

12. जितनी देर में *A* 22·5 मीटर दूरी तय करता है उतनी देर में *B*, 25 मीटर दूरी तय करता है. एक किलोमीटर की दौड़ में *B*, *A* को कितने मीटर से हरायेगा ?

(*a*) 25 मीटर (*b*) 50 मीटर (*c*) $111\frac{1}{9}$ मीटर (*d*) 100 मीटर

13. 400 मीटर की एक दौड़ में *A*, *B* को 5 मीटर से हराता है. इसी रास्ते पर *B*, *C* से 4 मीटर से जीत जाता है. इसी रास्ते पर *D*, *C* से 16 मीटर से जीत जाता है. यदि *A* तथा *D* इस रास्ते पर दौड़ें तो कौन तथा कितने मीटर से जीतेगा ?

(*a*) *A*, 7·2 मीटर से (*b*) *A*, 8·4 मीटर से (*c*) *D*, 7·3 मीटर से (*d*) *D*, 8·4 मीटर से

(मैनेजमैन्ट परीक्षा, 2002)

14. *A*, *B* से 1·375 गुना तेज भागता है. यदि आरम्भ में *B*, *A* से 150 मीटर आगे हो तथा दौड़ के अन्तिम बिन्दु पर दोनों साथ-साथ पहुँचें, तो अन्तिम छोर प्रारम्भिक बिन्दु से कितनी दूरी पर है ?

(*a*) 330 मीटर (*b*) 440 मीटर (*c*) 550 मीटर (*d*) इनमें से कोई नहीं

15. 100 मीटर की दौड़ में *A* तथा *B* भाग लेते हैं. *A*, 5 किमी०/घण्टा की चाल से दौड़ता है. आरम्भ में *B*, *A* से 8 मीटर आगे है, फिर भी *A* उसे 8 सैकण्ड में हरा देता है. ज्ञात करें कि *B* किस गति से दौड़ता है ?

(*a*) 4·14 किमी०/घण्टा (*b*) 4·25 किमी०/घण्टा

(*c*) 4·4 किमी०/घण्टा (*d*) 5·15 किमी०/घण्टा

उत्तरमाला (प्रश्नमाला 25A)

1. (*a*) **2.** (*c*) **3.** (*b*) **4.** (*a*) **5.** (*d*) **6.** (*b*) **7.** (*d*) **8.** (*a*) **9.** (*c*) **10.** (*b*)
11. (*c*) **12.** (*d*) **13.** (*c*) **14.** (*c*) **15.** (*a*)

दिये गये प्रश्नों के हल प्रश्नमाला 25A

1. B द्वारा लिया गया अधिक समय = (45 – 36) सै० = 9 सै०.

9 सै० में B द्वारा तय की गई दूरी = $\left(\frac{100}{45}\times 9\right)$ मीटर = 20 मीटर.

अत: A, B को 20 मीटर से हरा देता है.

2. B, 35 मीटर दूरी तय करता है = 7 सै० में.

B, 200 मीटर दूरी तय करेगा = $\left(\frac{7}{35}\times 200\right)$ सै० में = 40 सै० में.

$\therefore A$ द्वारा लिया गया समय = (40 – 7) सै० = 33 सै०.

3. A की चाल = 8 किमी०/घण्टा = $\left(8\times\frac{5}{18}\right)$ मीटर/सै० = $\frac{20}{9}$ मीटर/सै०.

A द्वारा 800 मीटर दूरी तय करने में लगा समय = $\frac{800}{\left(\frac{20}{9}\right)}$ सै० = 360 सै०.

B द्वारा 800 मीटर दूरी तय करने में लगा समय = (360 + 15) सै० = 375 सै०.

B की चाल = $\frac{800}{375}$ मी०/सै० = $\left(\frac{800}{375}\times\frac{18}{5}\right)$ किमी०/घण्टा = $\frac{192}{25}$ किमी०/घण्टा = $7\frac{17}{25}$ किमी०/घण्टा.

4. स्पष्ट है कि A, B को 10 सै० से हराता है.

B द्वारा 200 सै० में तय की गई दूरी = 1000 मीटर.

B द्वारा 10 सै० में तय की गई दूरी = $\left(\frac{1000}{200}\times 10\right)$ मीटर = 50 मीटर.

अत: A, B को 50 मीटर से हराता है.

5. स्पष्ट है कि A, B को 6 सै० से हराता है.

B द्वारा 300 सै० में तय की गई दूरी = 1000 मीटर.

B द्वारा 6 सै० में तय की गई दूरी = $\left(\frac{1000}{300}\times 6\right)$ मीटर = 20 मीटर.

अत: A से B, 20 मीटर आगे खड़ा होना चाहिए.

6. जितनी देर में A 1000 मी० दौड़ता है उतनी देर में B दौड़ता है = (1000 – 100) मी० = 900 मी०.

जितनी देर में B 1000 मी० दौड़ता है उतनी देर में C दौड़ता है = (1000 – 150) मी० = 850 मी०.

जितनी देर में B 900 मी० दौड़ता है उतनी देर में C दौड़ता है = $\left(\frac{850}{1000}\times 900\right)$ मीटर = 765 मीटर.

A, C को (1000 – 765) मी० = 235 मी० से हराता है.

7. $A : B = 100 : 90$ तथा $A : C = 100 : 87$.

$$\therefore \quad \frac{B}{C} = \left(\frac{B}{A} \times \frac{A}{C}\right) = \left(\frac{90}{100} \times \frac{100}{87}\right) = \frac{30}{29}.$$

जितनी देर में B 30 मीटर दौड़ता है उतनी देर में C दौड़ता है = 29 मीटर.

जितनी देर में B 180 मीटर दौड़ता है उतनी देर में C दौड़ता है $= \left(\frac{29}{30} \times 180\right)$ मी० = 174 मीटर.

अत: B, C को $(180 - 174) = 6$ मी० से हराता है.

8. 25 सैकण्ड में B द्वारा तय की गई दूरी = 200 मीटर.

22 सैकण्ड में B द्वारा तय की गई दूरी $= \left(\frac{200}{25} \times 22\right)$ मीटर = 176 मीटर.

अत: दौड़ के अन्तिम छोर में B, A से $(200 - 176) = 24$ मीटर दूर होगा.

9. जीतने के बिन्दु तक पहुँचने के लिए A को दूरी तय करनी होगी = $(500 - 140)$ मी० = 360 मी०.

जितनी देर में A 3 मी० दूरी तय करता है, उतनी देर में B तय करता है = 4 मी०.

जितनी देर में A 360 मी० दूरी तय करता है, उतनी देर में B तय करता है $= \left(\frac{4}{3} \times 360\right)$ मीटर = 480 मीटर.

अत: A, $(500 - 480) = 20$ मीटर से जीत जाता है.

10. A तथा B की चालों का अनुपात $= \frac{5}{3} : 1$ अर्थात् $5 : 3$.

2 मीटर अन्तर हेतु कुल दौड़ = 5 मीटर.

80 मीटर अन्तर हेतु कुल दौड़ $= \left(\frac{5}{2} \times 80\right)$ मीटर = 200 मीटर.

11. $A : B = 200 : 169$ तथा $A : C = 200 : 182$.

$$\therefore \quad \frac{C}{B} = \left(\frac{C}{A} \times \frac{A}{B}\right) = \left(\frac{182}{200} \times \frac{200}{169}\right) = 182 : 169.$$

जितनी देर में C 182 मीटर दौड़ता है, उतनी देर में B दौड़ता है = 169 मीटर.

जितनी देर में C 350 मीटर दौड़ता है, उतनी देर में B दौड़ता है $= \left(\frac{169}{182} \times 350\right)$ मीटर = 325 मीटर.

अत: C, B को $(350 - 325)$ मी० = 25 मीटर से हराता है.

12. जितनी देर में B 25 मीटर दूरी तय करता है उतनी देर में A तय करता है = 22·5 मी०.

जितनी देर में B 1000 मीटर दूरी तय करता है उतनी देर में A तय करता है $= \left(\frac{22 \cdot 5}{25} \times 1000\right)$ मी० = 900 मी०.

अत: B, A को 100 मीटर से हराता है.

13. A दौड़ता है 400 मी० तो B दौड़ता है = 395 मीटर.

B दौड़ता है 400 मी० तो C दौड़ता है = 396 मीटर.

B दौड़ता है 395 मी० तो C दौड़ता है $= \left(\frac{396}{400} \times 395\right)$ मी० $= \frac{(99 \times 79)}{20}$ मी०.

D दौड़ता है 400 मी० तो C दौड़ता है = 384 मीटर.

यदि C दौड़ता है 384 मी० तो D दौड़ता है = 400 मी०.

यदि C दौड़ता है $\frac{(99\times79)}{20}$ मी० तो D दौड़ता है = $\left(\frac{400}{384}\times\frac{99\times79}{20}\right)$ मी० = 407·3 मी०.

स्पष्ट है कि D, A से 7·3 मीटर से जीत जाता है.

14. माना दौड़ की कुल लम्बाई = x मीटर.

जितनी देर में A x मीटर दौड़ता है, उतनी देर में B $(x - 150)$ मी० दौड़ता है.

$$\therefore \quad \frac{x}{(x-150)} = \frac{1\cdot375}{1} \Rightarrow x = 1\cdot375\,x - 150 \times 1\cdot375$$
$$\Rightarrow \cdot375\,x = 150 \times 1\cdot375 \Rightarrow x = \frac{150\times1375}{375} = 550.$$

अतः दौड़ की कुल लम्बाई = 550 मीटर.

15. A की चाल = $\left(5\times\frac{5}{18}\right)$ मी०/सै० = $\frac{25}{18}$ मी०/सै०.

100 मीटर दूरी तय करने में A द्वारा लिया गया समय = $\left(100\times\frac{18}{25}\right)$ सै० = 72 सै०.

B द्वारा 92 मीटर दूरी तय करने में लगा समय = (72 + 8) सै० = 80 सै०.

B की चाल = $\left(\frac{90}{80}\times\frac{18}{5}\right)$ किमी०/घण्टा = 4·14 किमी०/घण्टा.

प्रश्नमाला 25B

1. एक किमी० की दौड़ में A, B को 28 मीटर अथवा 7 सैकण्ड से हरा देता है. इस दौड़ को पूरा करने में A कितना समय लेता है ?

2. एक किमी० की दौड़ में A, 3 मिनट 10 सै० लेता है जबकि B इस दौड़ में 3 मिनट 20 सैकण्ड लेता है. A, B को कितने मीटर से हराता है ?

3. एक किमी० की दौड़ में A, B को 400 मीटर से तथा C को 200 मीटर से हरा देता है. C, B को कितने मीटर से हरायेगा ?

4. 200 मीटर की दौड़ में A, B को 20 मीटर से हरा देता है जबकि 100 मीटर की दौड़ में B, C को 5 मीटर से हरा देता है. यह मानते हुए कि विभिन्न दौड़ों में A, B, C की अपनी चालें एक समान रहती हैं. 1 किमी० की दौड़ में A, C को कितने मीटर से हरायेगा ? **(असिस्टैन्ट ग्रेड परीक्षा, 2004)**

5. एक किमी० दौड़ में तीन व्यक्ति A, B, C भाग लेते हैं. यदि A, B को 40 मीटर का तथा C को 64 मीटर का आरम्भ दे, तो B, C को कितने मीटर का आरम्भ दे सकता है ?

6. जितनी देर में A 22·5 मीटर दूरी तय करता है उतनी देर में B, 25 मीटर दूरी तय करता है. एक किमी० की दौड़ में B, A को कितने मीटर से हरायेगा ?

7. 100 मीटर की दौड़ में A, B को 10 मीटर से तथा C को 13 मीटर से हरा सकता है. 180 मीटर की दौड में B, C को कितने मीटर से हरायेगा ?

उत्तरमाला (प्रश्नमाला 25B)

1. 4 मिनट 3 सै० **2.** 50 मीटर से **3.** 250 मीटर से **4.** 145 मीटर से **5.** 25 मीटर का
6. 100 मीटर से **7.** 7 मीटर से

दिये गये प्रश्नों के हल प्रश्नमाला 25B

1. स्पष्ट है कि B, 7 सैकण्ड में 28 मीटर दौड़ता है.

1 किमी० दौड़ने में B द्वारा लिया गया समय $= \left(\frac{7}{28}\times 1000\right)$ सै० = 250 सै०.

1 किमी० दौड़ने में A द्वारा लिया गया समय = (250 – 7) सै० = 243 सै० = 4 मिनट 3 सै०.

अत: अभीष्ट समय = 4 मिनट 3 सै०.

2. A, B को 10 सै० से हराता है.

B द्वारा 200 सै० में तय की गई दूरी = 1000 मीटर.

B द्वारा 10 सै० में तय की गई दूरी $= \left(\frac{1000}{200}\times 10\right)$ मी० = 50 मीटर.

अत: A, B को 50 मीटर से हराता है.

3. जितनी देर में A 1000 मीटर दौड़ता है उतनी देर में B दौड़ता है = (1000 – 400) मी० अर्थात् 600 मीटर तथा C दौड़ता है = (1000 – 200) मी० = 800 मी०.

800 मीटर की दौड़ में C, B को हराता है = 200 मीटर से.

1000 मीटर की दौड़ में C, B को हराता है $= \left(\frac{200}{800}\times 1000\right)$ मीटर से = 250 मीटर से.

अत: 1 किमी० की दौड़ में C, B को 250 मीटर से हरायेगा.

4. जितने समय में A 200 मीटर दौड़ेगा, उतने समय में B दौड़ेगा = (200 – 20) मी० = 180 मी०.

जितने समय में A 100 मीटर दौड़ेगा, उतने समय में B दौड़ेगा $= \left(\frac{180}{200}\times 100\right)$ मी० = 90 मी०.

जितने समय में B 100 मीटर दौड़ेगा, C दौड़ेगा = (100 – 5) मीटर = 95 मीटर.

जितने समय में B 90 मीटर दौड़ेगा, C दौड़ेगा $= \left(\frac{95}{100}\times 90\right)$ मीटर = 85·5 मीटर.

जितने समय में A 100 मीटर दौड़ेगा, उतने समय में C दौड़ेगा = 85·5 मी०.

जितने समय में A 1000 मीटर दौड़ेगा, उतने समय में C दौड़ेगा $= \left(\frac{85\cdot 5}{100}\times 1000\right)$ मी० = 855 मीटर.

अत: 1 किमी० की दौड़ में A, C को (1000 – 855) मीटर अर्थात् 145 मीटर से हराता है.

5. जितनी देर में A 1000 मीटर दूरी तय करता है उतनी देर में B, (1000 – 40) मीटर अर्थात् 960 मीटर दूरी तय करता है तथा C, (1000 – 64) = 936 मी० दूरी तय करता है.

जितनी देर में B 960 मीटर दूरी तय करता है उतनी देर में C तय करता है = 936 मी०.

जितनी देर में B 1000 मीटर दूरी तय करता है उतनी देर में C तय करता है $= \left(\frac{936}{960}\times 1000\right)$ मी० = 975 मी०.

अत: B, C को आरम्भ दे सकता है = (1000 – 975) = 25 मीटर का.

6. जितनी देर में B 25 मीटर दौड़ता है, उतनी देर में A दौड़ता है $= \frac{45}{2}$ मीटर.

जितनी देर में B 1000 मीटर दौड़ता है, उतनी देर में A दौड़ता है $= \left(\frac{45}{2}\times\frac{1}{25}\times 1000\right)$ मी० = 900 मी०.

अत: B, A को 100 मीटर से हराता है.

7. $A : B = 100 : 90$ तथा $A : C = 100 : 87$.

$\therefore \frac{B}{C} = \left(\frac{B}{A}\times\frac{A}{C}\right) = \left(\frac{90}{100}\times\frac{100}{87}\right) = \frac{30}{29}$.

जितनी देर में B 30 मीटर दौड़ता है उतनी देर में C 29 मीटर दौड़ता है.

जितनी देर में B 180 मीटर दौड़ता है उतनी देर में C दौड़ता है $= \left(\frac{29}{30}\times 180\right)$ मी० = 174 मी०.

अत: B, C को हरायेगा = (180 – 174) = 6 मीटर से.

26 कैलेण्डर (CALENDAR)

सामान्य नियम

इस अध्याय में हम मुख्य रूप से ऐसी विधि विकसित करेंगे जिसके अन्तर्गत किसी भी वर्ष के किसी भी दिन सप्ताह का कौन-सा दिन होगा, यह ज्ञात कर सकेंगे।

ध्यान देने योग्य बातें

(*i*) **अतिरिक्त दिन (odd days):** किसी दिए हुए अन्तराल में ऐसे दिनों की संख्या जो पूर्ण-सप्ताहों की संख्या से अधिक हों, अतिरिक्त दिन कहलाते हैं.

(*ii*) **लीप वर्ष:** प्रत्येक ऐसा वर्ष (शताब्दी न हो), जो 4 से पूर्णतया विभक्त हो तथा प्रत्येक वह शताब्दी जो 400 से पूर्णतया विभक्त हो, लीप वर्ष कहलाता है. स्पष्ट है कि जो शताब्दी 400 से विभक्त न हो, लीप वर्ष नहीं होगी.

उदाहरण:

(*i*) वर्ष 1620, 1860, 1940, 1984, 1996, 2004, 2008 आदि सभी लीप वर्ष हैं.

(*ii*) वर्ष 400, 800, 1200, 1600, 2000, 2400 आदि सभी लीप वर्ष हैं.

(*iii*) वर्ष 1726, 1982, 1800, 2100 आदि लीप वर्ष नहीं हैं.

(*iii*) 1 साधारण वर्ष = 365 दिन तथा 1 लीप-वर्ष = 366 दिन.

(*iv*) **अतिरिक्त दिनों की गिनती करना:**

I. 1 साधारण वर्ष = 365 दिन = (52 सप्ताह) + (1 दिन)

अत: 1 साधारण वर्ष में 1 अतिरिक्त दिन होता है.

II. 1 लीप वर्ष = 366 दिन = (52 सप्ताह) + (2 दिन)

अत: 1 लीप वर्ष में 2 अतिरिक्त दिन होते हैं.

III. 100 वर्ष = 76 साधारण वर्ष + 24 लीप वर्ष

= 76 अतिरिक्त दिन + (24 × 2) अतिरिक्त दिन

= 124 अतिरिक्त दिन = (17 सप्ताह + 5 दिन)

= 5 अतिरिक्त दिन.

100 वर्ष के अतिरिक्त दिन = 5.

200 वर्ष के अतिरिक्त दिन = 10 अर्थात् (1 सप्ताह 3 दिन) = 3 दिन.

300 वर्ष के अतिरिक्त दिन = 15 अर्थात् (2 सप्ताह 1 दिन) = 1 दिन.

400 वर्ष के अतिरिक्त दिन = (20 + 1) = 21 अर्थात् 0.

800 वर्ष, 1200 वर्ष, 1600 वर्ष, 2000 वर्ष आदि के अतिरिक्त दिन = 0.

दिन	रवि	सोम	मंगल	बुध	बृह०	शुक्र	शनि
अतिरिक्त दिनों की संख्या	0	1	2	3	4	5	6

साधित उदाहरण

प्रश्न 1. 15 अगस्त 1947 को भारत देश स्वतंत्र हुआ. वह सप्ताह का कौन-सा दिन था?

हल : (15 अगस्त 1947) = (1946 वर्ष + 1 जनवरी 1947 से 15 अगस्त 1947)

1600 वर्ष में अतिरिक्त दिन = 0

300 वर्ष में अतिरिक्त दिन = 1

46 वर्ष = (11 लीप वर्ष + 35 सा० वर्ष) = (22 + 35) अति० दिन = 57 अति० दिन ≡ 1 अति० दिन.

जन० फर० मार्च अप्रैल मई जून जुलाई अग०

(31 + 28 + 31 + 30 + 31 + 30 + 31 + 15) = 227 दिन = (7 × 32 + 3) दिन = 3 अति० दिन.

कुल अति० दिन = (0 + 1 + 1 + 3) = 5.

अत: अभीष्ट दिन = शुक्रवार.

प्रश्न 2. 8 मार्च 2012 को सप्ताह का कौन-सा दिन था?

हल : 8 मार्च 2012 = (2011 वर्ष + 1 जनवरी 2012 से 8 मार्च 2012).

1600 वर्ष में अतिरिक्त दिन = 0.

400 वर्ष में अतिरिक्त दिन = 0.

11 वर्ष = (2 लीप वर्ष + 9 सा० वर्ष) = (4 + 9) अति० दिन = 6 अति० दिन.

जनवरी फरवरी मार्च

(31 + 29 + 8) दिन = 68 दिन = (7 × 9 + 5) दिन = 5 अति० दिन.

कुल अतिरिक्त दिन = (0 + 0 + 6 + 5) दिन = 11 दिन = 4 दिन.

अत: अभीष्ट दिन बृहस्पतिवार होगा.

प्रश्न 3. 31 मई 2020 को सप्ताह का कौन-सा दिन होगा?

हल : 31 मई 2020 = (2019 वर्ष + 1 जनवरी 2020 से 31 मई 2020).

1600 वर्ष में अतिरिक्त दिन = 0.

400 वर्ष में अतिरिक्त दिन = 0.

19 वर्ष = (4 लीप वर्ष + 15 सा० वर्ष) = (4 × 2 + 15 × 1) अति० दिन = 23 अति० दिन ≡ 2 अति० दिन.

जनवरी फरवरी मार्च अप्रैल मई

(31 + 29 + 31 + 30 + 31) = 152 दिन = (7 × 21 + 5) दिन = 5 अति० दिन.

कुल अतिरिक्त दिन = (0 + 0 + 2 + 5) = 7 ≡ 0 अति० दिन.

अत: अभीष्ट दिन रविवार होगा.

प्रश्न 4. सिद्ध कीजिए कि वर्ष 2006 तथा वर्ष 2017 के कैलेण्डर एक समान होंगे.

हल: अभीष्ट तथ्य सिद्ध करने हेतु हमें सिद्ध करना होगा कि 1 जनवरी 2017 का साप्ताहिक दिन वही होगा जो 1 जनवरी 2006 को है.

इसके लिए 31 दिसम्बर 2005 तथा 31 दिसम्बर 2016 के बीच अतिरिक्त दिनों की संख्या शून्य होगी.

इस अन्तराल में 2008, 2012, 2016 लीप वर्ष होंगें.

वर्ष	2006	2007	2008	2009	2010	2011	2012	2013	2014	2015	2016
अति० दिन	1	1	2	1	1	1	2	1	1	1	2

∴ कुल अति० दिन = 14 = (7 × 2 + 0) ≡ 0.

अत: वर्ष 2006 तथा 2017 के कैलेण्डर एक समान होंगे.

प्रश्न 5. मार्च 2011 में किस-किस दिन मंगलवार था ?

हल : पहले हम 1 मार्च 2011 का दिन ज्ञात करेंगे.

2000 वर्षों में अतिरिक्त दिन = 0

10 वर्ष = (2 लीप वर्ष + 8 सा० वर्ष) = (2 × 2 + 8 × 1) अति० दिन.

≡ 12 अति० दिन ≡ 5 अति० दिन.

जनवरी फरवरी मार्च

(31 + 28 + 1) = 60 दिन ≡ 4 अति० दिन.

कुल अतिरिक्त दिन = (0 + 5 + 4) = 9 ≡ 2 अति० दिन.

∴ 1 मार्च 2011 को मंगलवार था.

अत: 1 मार्च, 8 मार्च, 15 मार्च, 22 मार्च तथा 29 मार्च 2011 को मंगलवार था.

प्रश्नमाला 26A

निम्नलिखित प्रश्नों में से प्रत्येक में ठीक उत्तर को चिन्हांकित (√) कीजिए:

1. x सप्ताह तथा x दिनों में कुल कितने दिन होते हैं ?

(*a*) $7x^2$ (*b*) $8x$ (*c*) $14x$ (*d*) इनमें से कोई नहीं

2. p सप्ताह तथा q दिनों में कुल कितने दिन होते हैं ?

(*a*) $(p + q)$ दिन (*b*) pq दिन (*c*) $(7p + q)$ दिन (*d*) $(7q + p)$ दिन

3. लेखक का जन्म 2 जनवरी 1946 को हुआ. वह सप्ताह का कौन-सा दिन था ?

(*a*) सोमवार (*b*) मंगलवार (*c*) बुधवार (*d*) शुक्रवार

4. 26 जनवरी 1950 को भारतवर्ष गणतन्त्र घोषित हुआ. वह दिन सप्ताह का कौन-सा दिन था ?

(*a*) सोमवार (*b*) मंगलवार (*c*) बृहस्पतिवार (*d*) शनिवार

5. 19 अक्तूबर 2000 को कौन-सा दिन था ?

(*a*) मंगलवार (*b*) बृहस्पतिवार (*c*) शुक्रवार (*d*) शनिवार

6. 11 मार्च 2012 को सप्ताह का कौन-सा दिन था ?

(*a*) शुक्रवार (*b*) शनिवार (*c*) रविवार (*d*) सोमवार

7. 8 नवम्बर 2018 को सप्ताह का कौन-सा दिन होगा ?

(*a*) शुक्रवार (*b*) शनिवार (*c*) रविवार (*d*) बृहस्पतिवार

8. 29 जुलाई 1969 को सप्ताह का कौन-सा दिन था ?

(*a*) सोमवार (*b*) मंगलवार (*c*) बुधवार (*d*) शुक्रवार

9. जुलाई 2007 में पहला सोमवार किस तिथि को था ?

(*a*) 1 जुलाई (*b*) 2 जुलाई (*c*) 3 जुलाई (*d*) 5 जुलाई

10. 5 जून 2007 को मंगलवार था. 5 जून 2006 को कौन-सा दिन था ?

(*a*) रविवार (*b*) सोमवार (*c*) मंगलवार (*d*) बुधवार

11. आज मंगलवार है. आज से 62 दिन बाद कौन-सा दिन होगा ?

(*a*) बुधवार (*b*) मंगलवार (*c*) सोमवार (*d*) रविवार

12. निम्नलिखित में से किस वर्ष का कैलेण्डर वर्ष 1990 के कैलेण्डर जैसा है ? **(एम०बी०ए० परीक्षा, 2004)**

(*a*) 1994 (*b*) 1996 (*c*) 1997 (*d*) 2000

13. निम्नलिखित में से किस वर्ष का कैलेण्डर वर्ष 2003 के कैलेण्डर जैसा है ?

(*a*) 2009 (*b*) 2010 (*c*) 2012 (*d*) 2014

14. 5 मार्च 2012 को सोमवार था, 5 नवम्बर 2012 को कौन-सा दिन होगा ?

(*a*) सोमवार (*b*) रविवार (*c*) मंगलवार (*d*) बुधवार

उत्तरमाला (प्रश्नमाला 26A)

1. (*b*) **2.** (*c*) **3.** (*c*) **4.** (*c*) **5.** (*b*) **6.** (*c*) **7.** (*d*) **8.** (*b*) **9.** (*b*) **10.** (*b*)
11. (*c*) **12.** (*b*) **13.** (*d*) **14.** (*a*)

दिये गये प्रश्नों के हल प्रश्नमाला 26A

1. x सप्ताह + x दिन = $(x \times 7)$ दिन + x दिन = $(7x + x)$ दिन = 8 x दिन.

2. p सप्ताह + q दिन = $(7p + q)$ दिन.

3. 1600 वर्ष में अतिरिक्त दिन = 0.

300 वर्ष के अतिरिक्त दिन = 1.

45 वर्ष = (11 लीप वर्ष + 34 सा० वर्ष) = (22 + 34) अति० दिन = (56) अति० दिन ≡ 0 अति० दिन.

जनवरी = 2 दिन

कुल अतिरिक्त दिन = (0 + 1 + 0 + 2) दिन = 3 दिन.

अत: अभीष्ट दिन बुधवार था.

4. 1600 वर्ष के अतिरिक्त दिन = 0.

300 वर्ष के अतिरिक्त दिन = 1.

49 वर्ष = (12 लीप वर्ष + 37 सा० वर्ष) = (24 + 37) अति० दिन = 61 अति० दिन

= 8 सप्ताह 5 दिन ≡ 5 अति० दिन.

जनवरी के अतिरिक्त दिन = 5.

कुल अतिरिक्त दिन = (0 + 1 + 5 + 5) ≡ 4.

अत: अभीष्ट दिन बृहस्पतिवार था.

5. 1600 वर्ष के अति० दिन = 0.

300 वर्ष के अति० दिन = 1.

99 वर्ष = (24 लीप वर्ष + 75 सा० वर्ष) = (48 + 75) अति० दिन = 123 अति० दिन ≡ 4 अति० दिन.

जन० फर० मार्च अप्रैल मई जून जुलाई अगस्त सितम्बर अक्तूबर

31 + 29 + 31 + 30 + 31 + 30 + 31 + 31 + 30 + 19 = 293 दिन = 6 अति० दिन.

कुल अति० दिन = (1 + 4 + 6) अर्थात् 4.

∴ अभीष्ट दिन = बृहस्पतिवार.

6. 2000 वर्ष में अति० दिन = 0.

11 वर्ष = (2 लीप वर्ष + 9 सा० वर्ष) = (4 + 9) अति० दिन ≡ 6 अति० दिन.

जनवरी फरवरी मार्च

(31 + 29 + 11) = 71 अति० दिन ≡ 1 अति० दिन.

कुल अति० दिन = (0 + 6 + 1) = 7 ≡ 0 अति० दिन.

∴ अभीष्ट दिन रविवार था.

7. 8 नवम्बर 2018 = (2017 वर्ष + 1 जनवरी 2018 से 8 नवम्बर 2018).

2000 वर्ष में अतिरिक्त दिन = 0.

17 वर्ष = (4 लीप वर्ष + 13 सा० वर्ष) = (8 + 13) अति० दिन ≡ 0 अति० दिन.

1 जनवरी से 8 नवम्बर तक दिनों की संख्या

= (31 + 28 + 31 + 30 + 31 + 30 + 31 + 31 + 30 + 31 + 8) = 312 दिन = 4 अति० दिन.

कुल अति० दिन = (0 + 0 + 4) = 4.

अभीष्ट दिन बृहस्पतिवार होगा.

8. 1600 वर्ष के अति० दिन = 0.

300 वर्ष के अति० दिन = 1.

68 वर्ष = (17 लीप वर्ष + 51 सा० वर्ष) = (34 + 51) अति० दिन = 85 अति० दिन

= (7 × 12 + 1) अति० दिन ≡ 1 अति० दिन.

जन० फर० मार्च अप्रैल मई जून जुलाई

(31 + 28 + 31 + 30 + 31 + 30 + 29) = 210 अति० दिन ≡ (0 अति० दिन)

कुल अतिरिक्त दिनों की संख्या = (0 + 1 + 1 + 0) = 2.

अत: अभीष्ट दिन मंगलवार था.

9. 2000 वर्षों में अतिरिक्त दिन = 0.

6 वर्ष = (1 लीप वर्ष + 5 साधा० वर्ष) = (2 + 5) अति दिन ≡ 0 अति० दिन.

जनवरी फरवरी मार्च अप्रैल मई जून जुलाई

(31 + 28 + 31 + 30 + 31 + 30 + 1) = 182 दिन = (7 × 26) दिन = 0 अति० दिन.

∴ 1 जुलाई 2007 को रविवार होगा.

अत: 2 जुलाई 2007 को इस माह का पहला सोमवार होगा.

10. वर्ष 2006 एक साधारण वर्ष है. इसके अतिरिक्त दिन = 1.

अत: अभीष्ट दिन 5 जून 2007 के दिन से 1 दिन पहले होगा.

अभीष्ट दिन = सोमवार.

11. सप्ताह का प्रत्येक दिन 7 दिन बाद आता है.

∴ 63 दिन बाद मंगलवार होगा.

अत: 62 दिन बाद सोमवार होगा.

12. 31 दिसम्बर 1989 के बाद अतिरिक्त दिनों की संख्या

वर्ष	1990	1991	1992	1993	1994	1995
अति० दिन	1	1	2	1	1	1

= 7 दिन ≡ 0 अति० दिन.

अत: वर्ष 1996 का कलैण्डर वर्ष 1990 के समान होगा.

13. 31 दिसम्बर 2002 के बाद अतिरिक्त दिनों की संख्या

वर्ष	2003	2004	2005	2006	2007	2008	2009	2010	2011	2012	2013
अति० दिन	1	2	1	1	1	2	1	1	1	2	1

कुल अति० दिन = 14 दिन ≡ 0 अति० दिन.

∴ वर्ष 2014 का कैलेण्डर वर्ष 2003 जैसा होगा.

14. मार्च की किसी तिथि को जो दिन होगा वही दिन उस वर्ष के नवम्बर मास की उसी तिथि को होगा. अत: अभीष्ट दिन सोमवार होगा.

प्रश्नमाला 26B

1. सिद्ध कीजिए कि किसी शताब्दी का अन्तिम दिन मंगलवार, बृहस्पतिवार अथवा शनिवार नहीं हो सकता.
2. 10 फरवरी 2012 को शुक्रवार था. 10 फरवरी 2011 को कौन-सा दिन था ?
3. 6 जनवरी 2009 को मंगलवार था. 6 जनवरी 2008 को कौन-सा दिन था ?
4. 15 जनवरी 2012 को रविवार था. 15 जनवरी 2013 को कौन-सा दिन होगा ?
5. 16 जुलाई 1776 को कौन-सा दिन था ?
6. 23 जुलाई 1953 को कौन-सा दिन था ?
7. 8 अप्रैल 1992 को कौन-सा दिन था ?
8. 21 जनवरी 2005 को कौन-सा दिन था ?
9. 25 मार्च 2016 को कौन-सा दिन होगा ?

उत्तरमाला (प्रश्नमाला 26B)

2. बृहस्पतिवार **3.** रविवार **4.** मंगलवार **5.** मंगलवार **6.** रविवार
7. बुधवार **8.** शुक्रवार **9.** शुक्रवार

दिये गये प्रश्नों के हल प्रश्नमाला 26B

1. 100 वर्ष में अतिरिक्त दिन = 5.
   अत: प्रथम शताब्दी का अन्तिम दिन शुक्रवार होगा.
   200 वर्ष में अतिरिक्त दिन = 10 दिन = 3 दिन.
   अत: दूसरी शताब्दी का अन्तिम दिन बुधवार होगा.
   300 वर्ष में अतिरिक्त दिन = 15 दिन = 2 सप्ताह 1 दिन ≡ 1 दिन.
   अत: तृतीय शताब्दी का अन्तिम दिन सोमवार होगा.
   400 वर्ष में अतिरिक्त दिन = 0.
   अत: चौथी शताब्दी का अन्तिम दिन रविवार होगा.
   स्पष्ट है कि किसी शताब्दी का अन्तिम दिन मंगलवार, बृहस्पतिवार तथा शनिवार में से कोई नहीं हो सकता.
2. वर्ष 2011 एक साधारण वर्ष है. इसके अतिरिक्त दिन = 1.
   अत: 10 फरवरी 2011 का दिन, 10 फरवरी 2012 से 1 दिन पहले होगा.
   अत: अभीष्ट दिन = बृहस्पतिवार.
3. वर्ष 2008 एक लीप वर्ष है. इसके अतिरिक्त दिन = 2.
   अत: 6 जनवरी 2008 का दिन, 6 जनवरी 2009 से 2 दिन पहले होगा.
   अत: 6 जनवरी 2008 को रविवार था.
4. वर्ष 2012 एक लीप वर्ष है. इसके अतिरिक्त दिन = 2.
   15 जनवरी 2012 को रविवार था. अत: 15 जनवरी 2013 को मंगलवार होगा.
5. 1600 वर्षों के अति० दिन = 0.
   100 वर्षों के अति० दिन = 5.
   75 वर्ष = (18 लीप वर्ष + 57 सा० वर्ष) = (18 × 2 + 57) अति० दिन = 93 अति० दिन
   = (7 × 13 + 2) अति० दिन ≡ 2 अति० दिन.

जन॰ फर॰ मार्च अप्रैल मई जून जुलाई

(31 + 29 + 31 + 30 + 31 + 30 + 16) = 198 दिन = (7 × 28 + 2) दिन ≡ 2 अति॰ दिन.

कुल अतिरिक्त दिनों की संख्या = (0 + 5 + 2 + 2) = 9 = (7 × 1 + 2) ≡ 2 अति॰ दिन.

∴ अभीष्ट दिन = मंगलवार.

6. 1600 वर्षों के अतिरिक्त दिन = 0.

300 वर्षों के अतिरिक्त दिन = 1.

52 वर्ष = (13 लीप वर्ष + 39 सा॰ वर्ष) = [(13 × 2) + 39] अति॰ दिन = 65 दिन

= (7 × 9 + 2) अति॰ दिन ≡ 2 अति॰ दिन.

जन॰ फर॰ मार्च अप्रैल मई जून जुलाई अगस्त

(31 + 28 + 31 + 30 + 31 + 30 + 31 + 23) = 235 दिन = (33 × 7 + 4) दिन ≡ 4 अति॰ दिन.

कुल अतिरिक्त दिनों की संख्या = (0 + 1 + 2 + 4) = 7 ≡ 0 अति॰ दिन.

∴ अभीष्ट दिन = रविवार.

7. 1600 वर्षों के अतिरिक्त दिन = 0.

300 वर्षों के अतिरिक्त दिन = 1.

91 वर्ष = (22 लीप वर्ष + 69 सा॰ वर्ष) = [(22 × 2) + 69] अति॰ दिन = 113 अति॰ दिन

= (7 × 16 + 1) अति॰ दिन ≡ 1 अति॰ दिन.

जन॰ फर॰ मार्च अप्रैल

(31 + 29 + 31 + 8) = 99 दिन = (14 × 7 + 1) दिन ≡ 1 अति॰ दिन.

कुल अतिरिक्त दिनों की संख्या = (0 + 1 + 1 + 1) = 3.

∴ अभीष्ट दिन = बुधवार.

8. 1600 वर्षों के अतिरिक्त दिन = 0.

400 वर्षों के अतिरिक्त दिन = 0.

4 वर्ष = (1 लीप वर्ष + 3 सा॰ वर्ष) = (2 + 3) अति॰ दिन = 5 अति॰ दिन.

जनवरी → 21 दिन = (3 सप्ताह + 0 दिन) = 0 अति॰ दिन.

कुल अतिरिक्त दिनों की संख्या = (0 + 0 + 5 + 0) = 5.

∴ अभीष्ट दिन = शुक्रवार.

9. 1600 वर्षों के अतिरिक्त दिन = 0.

400 वर्षों के अतिरिक्त दिन = 0.

15 वर्ष = (3 लीप वर्ष + 12 सा॰ वर्ष) = (3 × 2 + 12 × 1) अति॰ दिन

= 18 अति॰ दिन = (7 × 2 + 4) ≡ 4 अति॰ दिन.

जन॰ फरवरी मार्च

(31 + 29 + 25) = 85 दिन = (7 × 12 + 1) दिन ≡ 1 अति॰ दिन.

कुल अतिरिक्त दिनों की संख्या = (0 + 0 + 4 + 1) = 5.

∴ अभीष्ट दिन = शुक्रवार.

27 घड़ी (CLOCKS)

सामान्य नियम

घड़ी का डायल प्राय: वृत्ताकार होता है जिसकी परिधि को 60 बराबर भागों में बाँटा जाता है. प्रत्येक भाग को मिनट-दूरी कहा जाता है. घड़ी में दो सूईंयाँ होती हैं. छोटी सूई घण्टे की सूई तथा बड़ी सूई मिनट की सूई कहलाती है.

कुछ विशेष तथ्य

(*i*) घण्टे की सूई 1 घण्टे में कोण बनाती है = 30°.

(*ii*) मिनट की सूई 5 मिनट में कोण बनाती है = 30°.

(*iii*) घण्टे की सूई 1 घण्टे में तय करती है = 5 मिनट की दूरी.

(*iv*) मिनट की सूई 1 मिनट में तय करती है = 1 मिनट की दूरी.

(*v*) प्रत्येक घण्टे में मिनट की सूई, घण्टे की सूई से 55 मिनट की अधिक दूरी तय करती है.

(*vi*) प्रत्येक घण्टे में दोनों सूई परस्पर सम्पाती होती हैं.

(*vii*) जब दोनों सूई 90° पर होती हैं, वे 15 मिनट के फासले पर होती हैं. यह प्रति घण्टा दो बार होता है.

(*viii*) यदि ठीक समय 9 बजे है तथा घड़ी में उस समय 9·15 बजे हैं, तो हम कहते हैं कि घड़ी 15 मिनट तेज है.

(*ix*) यदि ठीक समय 8 बजे है तथा घड़ी में उस समय 7·45 बजे हैं, तो हम कहते हैं कि घड़ी 15 मिनट सुस्त है.

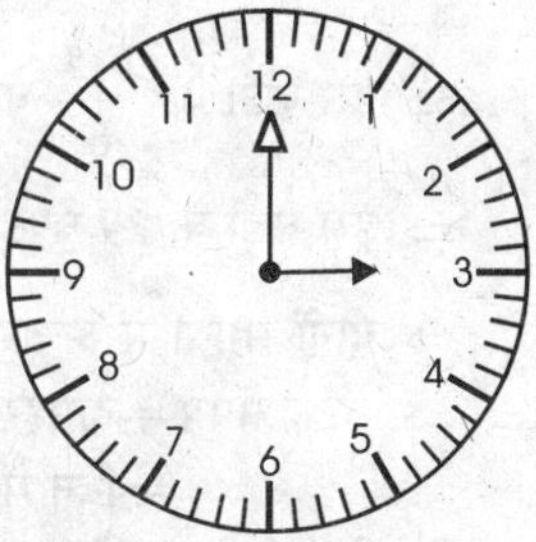

साधित उदाहरण

प्रश्न 1. 7 बजकर 20 मिनट पर घड़ी में घण्टे की सुई तथा मिनट की सुई के बीच का कोण ज्ञात कीजिए.

हल : घण्टे की सुई द्वारा 1 घण्टे में बना कोण = 30°.

घण्टे की सुई द्वारा $7\frac{20}{60}$ घण्टे में बना कोण $= \left(30 \times \frac{22}{3}\right)^\circ = 220^\circ$.

मिनट की सुई द्वारा 1 मिनट में बना कोण = 6°.

मिनट की सुई द्वारा 20 मिनट में बना कोण = (6 × 20)° = 120°.

अभीष्ट कोण = (220° – 120°) = 100°.

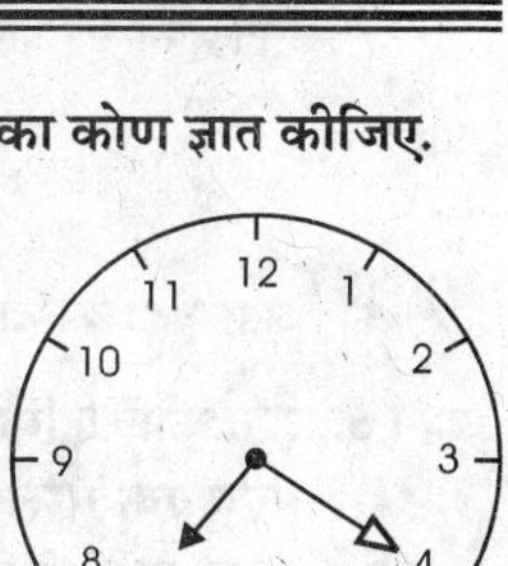

प्रश्न 2. 2 बजकर 40 मिनट पर घड़ी में घण्टे की सुई तथा मिनट की सुई के बीच का कोण ज्ञात कीजिए.

हल : घण्टे की सुई द्वारा 1 घण्टे में बना कोण = 30°.

घण्टे की सुई द्वारा $2\frac{2}{3}$ घण्टे में बना कोण $= \left(30 \times \frac{8}{3}\right)^\circ = 80^\circ$.

मिनट की सुई द्वारा 1 मिनट में बना कोण = 6°.

मिनट की सुई द्वारा 40 मिनट में बना कोण = (6 × 40)° = 240°.

अभीष्ट कोण = (240° – 80°) = 160°.

प्रश्न 3. एक दीवार घड़ी को एक दिन प्रातः 5 बजे ठीक कर दिया गया. यह घड़ी 24 घण्टे में 16 मिनट सुस्त पड़ जाती है. जब इस घड़ी में चौथे दिन रात के 10 बजे हों, तो इसका ठीक समय क्या होगा?

हल : किसी दिन प्रातः 5 बजे से चौथे दिन रात के 10 बजे तक का समय = 89 घण्टे.

इस घड़ी के 23 घण्टे 44 मिनट अर्थात् $\frac{356}{15}$ घण्टे = ठीक घड़ी के 24 घण्टे

$\Rightarrow$ इस घड़ी के 89 घण्टे = ठीक घड़ी के $\left(24\times\frac{15}{356}\times 89\right)$ घण्टे = 90 घण्टे.

अतः ठीक समय है इस घड़ी से (90 – 89) अर्थात 1 घण्टा आगे अर्थात 11 बजे.

प्रश्न 4. एक दीवार घड़ी में एक दिन प्रातः 8 बजे ठीक समय कर दिया गया. यह घड़ी 24 घण्टे में 10 मिनट आगे चलती है. अगले दिन जब इस घड़ी में दोपहर के 1 बजे हों, तो इसका ठीक समय क्या होगा?

हल : किसी दिन प्रातः 8 बजे से अगले दिन दोपहर 1 बजे तक का समय = 29 घण्टे.

इस घड़ी के 24 घण्टे 10 मिनट = ठीक घड़ी के 24 घण्टे.

$\Rightarrow$ इस घड़ी के $\frac{145}{6}$ घण्टे = ठीक घड़ी के 24 घण्टे

$\Rightarrow$ इस घड़ी के 29 घण्टे = ठीक घड़ी के $\left(24\times\frac{6}{145}\times 29\right)$ घण्टे = ठीक घड़ी के 28 घण्टे 48 मिनट.

$\Rightarrow$ दोनों समयों में अन्तर = 29 घण्टे – (28 घण्टे 48 मिनट) = 12 मिनट

$\Rightarrow$ ठीक समय = दोपहर 1 बजे से 12 मिनट पहले

= दिन में 12 बजकर 48 मिनट.

प्रश्न 5. किसी घड़ी में 8 बजे तथा 9 बजे के बीच में किस समय मिनट तथा घण्टे की सुई परस्पर सम्पात्ती होंगी?

हल : 8 बजे, घण्टे की सुई 8 पर तथा मिनट की सुई 12 पर होंगी.

अतः ये सुईयाँ 40 मिनट के अन्तराल पर हैं.

इन दोनों को परस्पर सम्पात्ती होने के लिए मिनट की सुई को घण्टे की सुई से 40 मिनट अधिक चलना होगा.

मिनट की सुई द्वारा 55 मिनट का अन्तराल पूरा होता है = 60 मिनट में

मिनट की सुई द्वारा 40 मिनट का अन्तराल पूरा होता है

$$=\left(\frac{60}{55}\times 40\right) \text{ मिनट में } = \frac{480}{11} \text{ मिनट में } = 43\frac{7}{11} \text{ मिनट में.}$$

अतः घड़ी की दोनों सुईयाँ 8 बजकर $43\frac{7}{11}$ मिनट पर परस्पर सम्पात्ती होंगी.

प्रश्न 6. ज्ञात कीजिए कि 8 बजे तथा 9 बजे के बीच किस समय घड़ी की दोनों सुईयाँ परस्पर सम्पात्ती नहीं होंगी परन्तु एक सरल रेखा में होंगी?

हल : 8 बजे घड़ी की छोटी सुई 8 पर तथा बड़ी सुई 12 पर होगी.

इन सुईंयों के बीच में 20 मिनट का फासला है.

यदि सुईंयाँ सम्पाती न हों परन्तु सरल रेखा में हों, तो इनके बीच में 30 मिनट का फासला होगा.

अतः मिनट वाली सुई को अभी घण्टे वाली सुई से (30 – 20) मिनट

= 10 मिनट का और फासला तय करना होगा.

अब मिनट की सुई द्वारा 55 मिनट का अन्तराल पूरा होगा = 60 मिनट में.

$\therefore$ मिनट की सुई द्वारा 10 मिनट का अन्तराल पूरा होगा = $\left(\frac{60}{55}\times 10\right)$ मिनट में = $10\frac{10}{11}$ मिनट में.

अतः घड़ी की सुईयाँ सम्पाती नहीं परन्तु सरल रेखा में होंगी = 8 बजकर $10\frac{10}{11}$ मिनट पर.

प्रश्न 7. 4 बजे तथा 4·30 बजे के बीच में कितने बजे घड़ी की सुईयाँ परस्पर लम्बवत होंगी?

हल : 4 बजे, घण्टे की सुई 4 पर तथा मिनट की सुई 12 पर होगी.

इनका अन्तराल 20 मिनट का है.

दोनों सुईयों के लम्बवत होने की स्थिति में उनके बीच का अन्तराल 15 मिनट का होना चाहिए.

4 बजे तथा 4·30 बजे के बीच दोनों सुईयों को लम्बवत् होने के लिए मिनट की सुई को $(20-15)=5$ मिनट का और फासला तय करना होगा.

मिनट की सुई द्वारा 55 मिनट का अन्तराल पूरा होगा = 60 मिनट में.

मिनट की सुई द्वारा 5 मिनट का अन्तराल पूरा होगा $=\left(\frac{60}{55}\times 5\right)$ मिनट में $=5\frac{5}{11}$ मिनट में.

अतः 4 बजकर $5\frac{5}{11}$ मिनट पर घड़ी की दोनों सुईयाँ परस्पर लम्बवत् होंगी.

प्रश्नमाला 27A

निम्नलिखित प्रश्नों में से प्रत्येक में ठीक उत्तर को चिन्हांकित (✓) कीजिए :

1. 4·56 बजे अपराह्न से 5·32 बजे अपराह्न के बीच का समय 1 घण्टे का कौन-सा भाग है?

(*a*) $\frac{1}{4}$ (*b*) $\frac{3}{4}$ (*c*) $\frac{3}{5}$ (*d*) $\frac{1}{2}$

(रेलवे परीक्षा, 2010)

2. सायं 6·50 बजे से सायं 7·38 बजे के बीच का समय 1 घण्टे का कौन-सा भाग है?

(*a*) $\frac{3}{4}$ (*b*) $\frac{4}{5}$ (*c*) $\frac{5}{6}$ (*d*) $\frac{1}{2}$

3. घड़ी की दोनों सुईयों के बीच का कोण कितने बजे सर्वाधिक होता है? **(दिल्ली पुलिस परीक्षा, 2010)**

(*a*) 4 बजे (*b*) 5 बजे (*c*) 9 बजे (*d*) 6 बजे

4. 255 मिनट में घड़ी की मिनट वाली सुई कितने डिग्री घूमती है? **(बी०एड० प्रवेश परीक्षा, 2009)**

(*a*) 90° (*b*) 450° (*c*) 1530° (*d*) 810°

5. किसी घड़ी की मिनट वाली सुई को $\frac{3\pi}{2}$ रेडियन के कोण की रचना करने में कितना समय लगेगा?

(*a*) 60 मिनट (*b*) 45 मिनट (*c*) 30 मिनट (*d*) 15 मिनट

(अध्यापक पात्रता परीक्षा, 2009)

6. 24 मिनट में घण्टे की सुई कितने अंश घूम जायेगी?

(*a*) 60° (*b*) 24° (*c*) 12° (*d*) 18°

7. 2 घण्टे 25 मिनट में छोटी सुई कितने कोण पर घूम जायेगी?

(*a*) 67·5° (*b*) 72·5° (*c*) 82·5° (*d*) इनमें से कोई नहीं

8. दिल्ली समय से लन्दन समय साढ़े पाँच घण्टे पीछे है. दिल्ली में यदि प्रातः के 02:35 बजे हैं, तो लन्दन में क्या समय होगा?

(*a*) 21 : 05 बजे (*b*) 21 : 35 बजे (*c*) 07 : 05 बजे (*d*) 08 : 05 बजे

9. 3 बजकर 40 मिनट पर घड़ी की दो सुईयों के बीच कितने अंश का कोण होता है? **(पुलिस परीक्षा, 2008)**

(*a*) 120° (*b*) 130° (*c*) 150° (*d*) इनमें से कोई नहीं

10. 5 बजकर 15 मिनट पर घड़ी की दो सुईयों के बीच कितने अंश का कोण होता है?

(*a*) 72·5° (*b*) 64° (*c*) 67·5° (*d*) 58·5°

(जीवन बीमा निगम परीक्षा, 2006)

11. एक घड़ी हर 30 मिनट में 3 मिनट आगे हो जाती है. यदि प्रात: 5 बजे ठीक समय मिलाया जाये तो 6 घण्टे बाद यह घड़ी क्या समय दिखायेगी? **(बैंक पी०ओ० परीक्षा, 2009)**

(*a*) 10 : 54 प्रात: (*b*) 11:30 प्रात: (*c*) 11 : 36 प्रात: (*d*) 11 : 42 प्रात: (*e*) 11 : 38 सायं

12. एक घड़ी प्रतिदिन 15 मिनट आगे हो जाती है. इसे दोपहर 12 बजे मिलाया गया. यह घड़ी अगले दिन प्रात: 4 बजे क्या समय दिखायेगी? **(रेलवे परीक्षा, 2006)**

(*a*) 4 : 10 पूर्वाह्न (*b*) 4 : 15 पूर्वाह्न (*c*) 4 : 30 पूर्वाह्न (*d*) 3 : 45 पूर्वाह्न

13. एक घड़ी प्रत्येक घण्टे में 10 सैकण्ड आगे हो जाती है. इसे प्रात: 10 बजे ठीक घड़ी से मिलाया गया. अगले दिन सही समय क्या था जबकि यह सायं 4 बजकर 5 मिनट दर्शाती है? **(रेलवे परीक्षा, 2005)**

(*a*) 4 बजकर 10 मिनट (*b*) 4 बजकर 5 मिनट (*c*) सायं 4 बजे (*d*) सायं 4 बजने में 5 मिनट कम

14. दीवार घड़ी में 3:25 अपराह्न का समय होने पर घण्टे की सुई तथा मिनट की सुई के बीच का न्यूनकोण कितना है? **(पी०सी०एस० परीक्षा, 2005)**

(*a*) 60° (*b*) $52\frac{1}{2}^\circ$ (*c*) $47\frac{1}{2}^\circ$ (*d*) 42°

15. 11 बजे, घण्टे तथा मिनट की सुईयों के बीच का कोण कितना होगा?

(*a*) 15° (*b*) $22\frac{1}{2}^\circ$ (*c*) 30° (*d*) 36°

16. किसी घड़ी में 5 बजे से 6 बजे के बीच कितने बजे घण्टे तथा मिनट की सुई एक-दूसरे के सम्पात्ती होंगी?

(*a*) 5 बजकर 25 मिनट पर (*b*) 5 बजकर $27\frac{3}{11}$ मिनट पर

(*c*) 5 बजकर $26\frac{3}{11}$ मिनट पर (*d*) इनमें से कोई नहीं

17. किसी घड़ी में 2 बजे से 3 बजे के बीच कितने बजे घण्टे तथा मिनट की सुई एक दूसरे के सम्पाती होंगी?

(*a*) 2 बजकर $10\frac{10}{11}$ मिनट पर (*b*) 2 बजकर $10\frac{5}{11}$ मिनट पर

(*c*) 2 बजकर 10 मिनट पर (*d*) इनमें से कोई नहीं

18. किसी घड़ी में 10 बजे तथा 11 बजे के बीच कितने बजे घण्टे तथा मिनट की सुई एक दूसरे के सम्पाती होंगी?

(*a*) 10 बजकर 50 मिनट पर (*b*) 10 बजकर 54 मिनट पर

(*c*) 10 बजकर $54\frac{6}{11}$ मिनट पर (*d*) इनमें से कोई नहीं

19. 5·30 बजे तथा 6 बजे के बीच में कितने बजे घड़ी की सुईयाँ परस्पर लम्बवत् होंगी?

(*a*) 5 बजकर 43 मिनट पर (*b*) 5 बजकर $43\frac{7}{11}$ मिनट पर

(*c*) 5 बजकर $36\frac{7}{11}$ मिनट पर (*d*) इनमें से कोई नहीं

20. एक दीवार घड़ी 9 बजे टन-टन करने में 9 सेकण्ड लेती है. इस घड़ी को 11 बजे टन-टन करने में कितना समय लगेगा? **(एस०एस०सी० परीक्षा, 2004)**

(*a*) 10 सेकण्ड (*b*) 11 सेकण्ड (*c*) 11·25 सेकण्ड (*d*) 10·80 सेकण्ड

उत्तरमाला (प्रश्नमाला 27A)

1. (*c*) **2.** (*b*) **3.** (*d*) **4.** (*c*) **5.** (*b*) **6.** (*c*) **7.** (*b*) **8.** (*a*) **9.** (*b*) **10.** (*c*)
11. (*c*) **12.** (*a*) **13.** (*c*) **14.** (*c*) **15.** (*c*) **16.** (*b*) **17.** (*a*) **18.** (*c*) **19.** (*b*) **20.** (*b*)

दिये गये प्रश्नों के हल | प्रश्नमाला 27A

1. अभीष्ट समय = (5·32 घण्टे – 4·56 घण्टे) = 36 मिनट

अभीष्ट भाग $= \frac{36}{60} = \frac{3}{5}$.

घण्टे	मिनट
~~5~~ 4	~~32~~ 92
– 4	56
0	36

2. अभीष्ट समय = (19.38 घण्टे) – (18.50 घण्टे)

= 48 मिनट

अभीष्ट भाग $= \frac{48}{60} = \frac{4}{5}$.

घण्टे	मिनट
~~19~~ 18	~~38~~ 98
– 18	50
0	48

3. स्पष्ट है कि 6 बजे दोनों सुईयों के बीच 180° का कोण होता है, जो सर्वाधिक है.

4. मिनट की सुई द्वारा 1 मिनट में बना कोण = 6°.

मिनट की सुई द्वारा 255 मिनट में बना कोण $= (6 \times 255)^\circ = 1530^\circ$.

5. मिनट की सुई द्वारा 2π रेडियन कोण बनाने में लगा समय = 60 मिनट

मिनट की सुई द्वारा $\frac{3\pi}{2}$ रेडियन कोण बनाने में लगा समय $= \left(\frac{60}{2\pi} \times \frac{3\pi}{2}\right)$ मिनट = 45 मिनट.

6. (12 × 60) मिनट में घण्टे की सुई घूमती है = 360°

24 मिनट में घण्टे की सुई घूमती है $= \left(\frac{360}{12 \times 60} \times 24\right)^\circ = 12^\circ$.

7. छोटी सुई द्वारा 12 घण्टे में बना कोण = 360°.

छोटी सुई द्वारा $2\frac{25}{60}$ घण्टे अर्थात् $\frac{29}{12}$ घण्टे में बना कोण $= \left(\frac{360}{12} \times \frac{29}{12}\right)^\circ$

$= \left(\frac{145}{2}\right)^\circ = 72 \cdot 5^\circ$.

8. (5 घण्टे 30 मिनट) – (2 घण्टे 35 मिनट) = 2 घण्टे 55 मिनट

(24 : 00) – (2 : 55) = 21 : 05

अतः लन्दन में उस समय 21 : 05 बजे हैं.

घण्टे	मिनट	घण्टे	मिनट
~~24~~ 23	~~00~~ 60	~~5~~ 4	~~30~~ 90
– 2	55	– 2	35
21	05	2	55

9. घण्टे की सुई द्वारा 1 घण्टे में बना कोण = 30°

घण्टे की सुई द्वारा $3\frac{40}{60}$ घण्टे में बना कोण $= \left(30 \times \frac{11}{3}\right)^\circ = 110^\circ$.

मिनट की सुई द्वारा 1 मिनट में बना कोण = 6°.

मिनट की सुई द्वारा 40 मिनट में बना कोण = (6 × 40)° = 240°.

अभीष्ट कोण = (240° – 110°) = 130°.

10. घण्टे की सुई द्वारा 1 घण्टे में बना कोण = 30°

घण्टे की सुई द्वारा $5\frac{15}{60}$ घण्टे में बना कोण $= \left(30 \times \frac{21}{4}\right)^\circ = \left(\frac{315}{2}\right)^\circ = (157 \cdot 5)^\circ$

मिनट की सुई द्वारा 1 मिनट में बना कोण = 6°.

मिनट की सुई द्वारा 15 मिनट में बना कोण $= (6 \times 15) = 90^\circ$.

अभीष्ट कोण = (157·5 – 90)° = 67·5°.

11. 1 घण्टे में घड़ी में बढ़ा समय = 6 मिनट.

6 घण्टे में घड़ी में बढ़ा समय = (6 × 6) मिनट = 36 मिनट.

अभीष्ट समय = 11 : 36 प्रातः

12. 24 घण्टे में बढ़त = 15 मिनट.

16 घण्टे में बढ़त $= \left(\frac{15}{24} \times 16\right)$ मिनट = 10 मिनट.

अत: घड़ी द्वारा दिखाया गया समय = 4 : 10 पूर्वाह्न.

13. पहले दिन प्रात: 10 बजे से अगले दिन सायं 4 बजे तक का समय = (24 + 6) घण्टे = 30 घण्टे.

1 घण्टे में आगे बढती है = 10 सेकण्ड.

30 घण्टे में आगे बढ़ती है = (10 × 30) सेकण्ड $= \frac{300}{60}$ मिनट = 5 मिनट.

अत: जब घड़ी 4 बजकर 5 मिनट दर्शाती है तब सही समय 4 बजे सायं था.

14. घण्टे की सुई द्वारा 1 घण्टे में बना कोण = 30°.

घण्टे की सुई द्वारा $3\frac{25}{60}$ घण्टे में बना कोण $= \left(30 \times \frac{41}{12}\right)^\circ = \left(\frac{205}{2}\right)^\circ = (102 \cdot 5)^\circ$.

मिनट की सुई द्वारा 1 मिनट में बना कोण = 6°.

मिनट की सुई द्वारा 25 मिनट में बना कोण = (6 × 25)° = 150°.

अभीष्ट कोण $= (150^\circ - 102{\cdot}5^\circ) = 47{\cdot}5^\circ = 47\frac{1}{2}^\circ$.

15. 11 बजे, घण्टे की सुई 11 पर तथा मिनट की सुई 12 पर होगी.

स्पष्ट है कि इनके बीच का कोण = 30°.

16. 5 बजे घण्टे की सुई 5 पर तथा मिनट की सुई 12 पर होगी.

ये सुईयाँ 25 मिनट के अन्तराल पर हैं.

इन दोनों को सम्पाती होने के लिए मिनट की सुई को घण्टे की सुई से 25 मिनट अधिक चलना होगा.

मिनट की सुई द्वारा 55 मिनट का अन्तराल पूरा होता है = 60 मिनट में.

मिनट की सुई द्वारा 25 मिनट का अन्तराल पूरा होता है $= \left(\frac{60}{55} \times 25\right)$ मिनट में $= 27\frac{3}{11}$ मिनट में.

∴ दोनों सुईयों के मिलने का समय = 5 बजकर $27\frac{3}{11}$ मिनट.

17. 2 बजे घण्टे की सुई 2 पर तथा मिनट की सुई 12 पर होगी.

ये सुईंयाँ 10 मिनट के अन्तराल पर हैं.

इन दोनों को सम्पाती होने के लिए मिनट की सुई को घण्टे की सुई से दस मिनट अधिक चलना होगा.

मिनट की सुई द्वारा 55 मिनट का अन्तराल पूरा होता है = 60 मिनट में.

मिनट की सूई द्वारा 10 मिनट का अन्तराल पूरा होता है $= \left(\frac{60}{55} \times 10\right)$ मिनट में $= 10\frac{10}{11}$ मिनट में.

अत: दोनों सुईयों का सम्पाती होने का समय = 2 बजकर $10\frac{10}{11}$ मिनट.

18. 10 बजे घण्टे की सुई 10 पर तथा मिनट की सुई 12 पर होगी.

इन्हें सम्पाती होने के लिए मिनट की सुई को घण्टे की सुई से 50 मिनट अधिक चलना होगा.

मिनट की सुई द्वारा 55 मिनट का अन्तराल पूरा होता है = 60 मिनट में.

मिनट की सुई द्वारा 50 मिनट का अन्तराल पूरा होता है $= \left(\frac{60}{55} \times 50\right)$ मिनट में $= 54\frac{6}{11}$ मिनट में.

∴ अभीष्ट समय = 10 बजकर $54\frac{6}{11}$ मिनट.

19. 5 बजे, घण्टे की सुई 5 पर तथा मिनट की सुई 12 पर होगी.
इनका अन्तराल 25 मिनट का है.
5·30 बजे तथा 6 बजे के बीच दोनों सुईयों के लम्बवत् होने की स्थिति में मिनट की सुई घण्टे की सूई से 15 मिनट के अन्तराल से आगे होगी.
अत: मिनट की सुई को (25 + 15) = 40 मिनट का और फासला तय करना होगा.
अब मिनट की सुई द्वारा 55 मिनट का अन्तराल पूरा होगा = 60 मिनट में.
मिनट की सुई द्वारा 40 मिनट का अन्तराल पूरा होगा = $\left(\frac{60}{55}\times 40\right)$ मिनट में = $43\frac{7}{11}$ मिनट में.
अत: घड़ी की दोनों सुईयाँ लम्बवत् होंगी 5 बजकर $43\frac{7}{11}$ मिनट पर.

20. स्पष्ट है कि यह दीवार घड़ी 11 बजे टन-टन 11 बार करेगी.
अत: इसे 11 बजे टन-टन करने में 11 सेकण्ड लगेंगी.

प्रश्नमाला 27B

1. 3 बजकर 35 मिनट पर घण्टे तथा मिनट की सुईयों के बीच कोण ज्ञात करें.
2. 8 बजकर 15 मिनट पर घण्टे तथा मिनट की सुईयों के बीच कोण ज्ञात करें.
3. 5 बजकर 12 मिनट पर घण्टे तथा मिनट की सुईयों के बीच कोण ज्ञात करें.
4. 10 बजे घण्टे तथा मिनट की सुईयों के बीच कोण ज्ञात करें.
5. घड़ी में 5 बजे से 6 बजे के बीच कितने बजे घण्टे तथा मिनट की सुईयाँ परस्पर सम्पांती होंगी.
6. घड़ी में 10 बजे से 11 बजे के बीच कितने बजे घण्टे तथा मिनट की सुईयाँ परस्पर सम्पाती होंगी.
7. 9 बजे से 10 बजे के बीच किस समय घड़ी की दोनों सुईयाँ एक सीधी रेखा में होंगी परन्तु सम्पाती नहीं.
8. एक दीवार घड़ी जो समान गति से तेज होती जा रही है एक रविवार को प्रात: 8 बजे 5 मिनट धीरे थी. अगले रविवार को रात 8 बजे यह 5 मिनट 48 सेकेण्ड तेज चलती पाई गई. ज्ञात कीजिये कि घड़ी ने कब ठीक समय दिखाया ?

उत्तरमाला (प्रश्नमाला 27B)

1. $\left(102\frac{1}{2}\right)^\circ$ **2.** $\left(157\frac{1}{2}\right)^\circ$ **3.** 84° **4.** 60° **5.** 5 बजकर $27\frac{3}{11}$ मिनट
6. 10 बजकर $54\frac{6}{11}$ मिनट **7.** 9 बजकर $16\frac{4}{11}$ मिनट **8.** बुधवार को 7 बजकर 20 मिनट पर

दिये गये प्रश्नों के हल प्रश्नमाला 27B

1. घण्टे की सुई द्वारा 1 घण्टे में बनाया गया कोण = 30°.

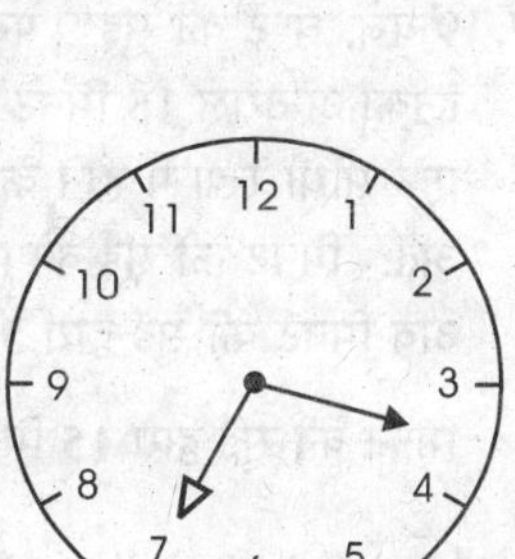

घण्टे की सुई द्वारा $\frac{43}{12}$ घण्टे में बनाया गया कोण

$$=\left(30\times\frac{43}{12}\right)^\circ=\left(\frac{215}{2}\right)^\circ=\left(107\frac{1}{2}\right)^\circ.$$

मिनट की सुई द्वारा 1 मिनट में बनाया गया कोण = 6°.
मिनट की सुई द्वारा 35 मिनट में बनाया गया कोण = (6 × 35°) = 210°.

अभीष्ट कोण $=\left(210^\circ-107\frac{1}{2}^\circ\right)=102\frac{1}{2}^\circ.$

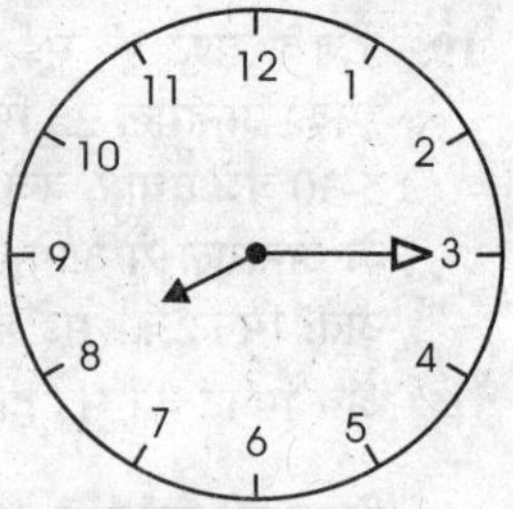

2. घण्टे की सुई द्वारा 1 घण्टे में बनाया गया कोण = 30°.

घण्टे की सुई द्वारा $8\frac{1}{4}$ घण्टे में बनाया गया कोण $= \left(30 \times \frac{33}{4}\right)^\circ$

$= \left(\frac{495}{2}\right)^\circ = \left(247\frac{1}{2}\right)^\circ.$

मिनट की सुई द्वारा 1 मिनट में बनाया गया कोण = 6°.

मिनट की सुई द्वारा 15 मिनट में बनाया गया कोण = (6 × 15)° = 90°.

अभीष्ट कोण $= \left(247\frac{1}{2}^\circ - 90^\circ\right) = \left(157\frac{1}{2}\right)^\circ.$

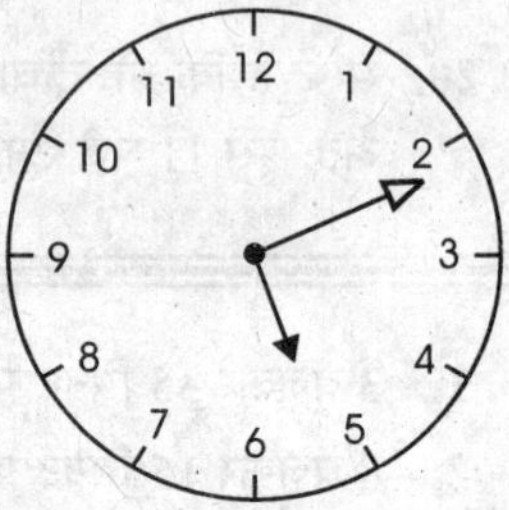

3. घण्टे की सुई द्वारा 1 घण्टे में बनाया गया कोण = 30°.

घण्टे की सुई द्वारा $5\frac{1}{5}$ घण्टे में बनाया गया कोण $= \left(30 \times \frac{26}{5}\right)^\circ = 156^\circ.$

मिनट की सुई द्वारा 1 मिनट में बनाया गया कोण = 6°.

मिनट की सुई द्वारा 12 मिनट में बनाया गया कोण = (6 × 12)° = 72°.

∴ अभीष्ट कोण = (156° – 72°) = 84°.

4. 10 बजे घण्टे की सुई 10 पर तथा मिनट की सुई 12 पर होगी.
इनके बीच का कोण = 60°.

5. 5 बजे, घण्टे की सुई 5 पर तथा मिनट की सुई 12 पर होगी.
ये सुईंयाँ 25 मिनट के अन्तराल पर हैं.
इन दोनों को सम्पाती होने के लिए मिनट की सुई को घण्टे की सुई से 25 मिनट अधिक चलना होगा.
मिनट की सुई द्वारा 55 मिनट का अन्तराल पूरा होता है = 60 मिनट में.

मिनट की सुई द्वारा 25 मिनट का अन्तराल पूरा होता है $= \left(\frac{60}{55} \times 25\right)$ मिनट में $= 27\frac{3}{11}$ मिनट में.

∴ दोनों सुईयों के मिलने का समय = 5 बजकर $27\frac{3}{11}$ मिनट.

6. 10 बजे, घण्टे की सुई 10 पर तथा मिनट की सुई 12 पर होगी.
इन्हें सम्पाती होने के लिए मिनट की सुई को घण्टे की सुई से 50 मिनट अधिक चलना होगा.
मिनट की सुई द्वारा 55 मिनट का अन्तराल पूरा होता है = 60 मिनट में.

मिनट की सुई द्वारा 50 मिनट का अन्तराल पूरा होता है $= \left(\frac{60}{55} \times 50\right)$ मिनट में $= 54\frac{6}{11}$ मिनट में.

अत: अभीष्ट समय = 10 बजकर $54\frac{6}{11}$ मिनट.

7. 9 बजे, घण्टे की सुई 9 पर तथा मिनट की सुई 12 पर होगी.
इनका अन्तराल 15 मिनट का है.
एक सीधी रेखा में होने के लिए जबकि वे सम्पाती न हों, उनका अन्तराल 30 मिनट का होगा.
अत: मिनट की सूई को (30 – 15) मिनट = 15 मिनट का और फासला तय करना होगा.
अब मिनट की सुई द्वारा 55 मिनट का अन्तराल पूरा होगा = 60 मिनट में.

मिनट की सुई द्वारा 15 मिनट का अन्तराल पूरा होगा $= \left(\frac{60}{55} \times 15\right)$ मिनट में $= 16\frac{4}{11}$ मिनट में.

अत: घड़ी की दोनों सूईयाँ एक सरल रेखा में होंगी परन्तु सम्पाती नहीं = 9 बजकर $16\frac{4}{11}$ मिनट पर.

8. रविवार को प्रातः 8 बजे से अगले रविवार के रात 8 बजे तक का समय = 7 दिन 12 घण्टे = 180 घण्टे.

180 घण्टे में घड़ी तेज़ होती है $=\left(5+5\frac{4}{5}\right)$ मिनट $=\frac{54}{5}$ मिनट.

$\frac{54}{5}$ मिनट तेज होने में समय लगेगा = 180 घण्टे.

1 मिनट तेज होने में समय लगेगा $=\left(180\times\frac{5}{54}\right)$ घण्टे $=\frac{50}{3}$ घण्टे.

5 मिनट तेज होने में समय लगेगा $=\left(\frac{50}{3}\times5\right)$ घण्टे $=\frac{250}{3}$ घण्टे

= 83 घण्टे 20 मिनट = 3 दिन 11 घण्टे 20 मिनट

अतः रविवार को प्रातः 8 बजे से 3 दिन 11 घण्टे 20 मिनट बाद अर्थात बुधवार को रात 7 बजकर 20 मिनट पर घड़ी ठीक समय दिखायेगी.

---

28 स्टॉक तथा शेयर (STOCK AND SHARES)

आवश्यक तथ्य एवं सूत्र

किसी कारखाने अथवा कम्पनी को चलाने के लिए अत्यधिक धन की आवश्यकता होती है. कुछ लोग मिलकर भी इसे चलाना चाहें तो इतना धन इकट्ठा करना इनके सामर्थ्य से बाहर होता है. अत: कुछ लोग मिलकर एक कम्पनी बना लेते हैं तथा इस कम्पनी को चलाने हेतु इसके बारे में विस्तार से अपनी योजनाओं को जनता के सामने प्रस्तुत करते हैं तथा पब्लिक को इसमें धन लगाने के लिए आमन्त्रित करते हैं. इसके लिए निम्नलिखित तथ्यों का जानना आवश्यक है.

(*i*) **स्टॉक अथवा पूँजी:** कम्पनी चलाने हेतु जिस कुल धन की आवश्यकता होती है, उसे स्टॉक अथवा पूँजी कहते हैं.

(*ii*) **शेयर:** पूरी पूँजी को छोटी-छोटी बराबर मूल्य की इकाइयों में बाँट दिया जाता है. प्रत्येक इकाई को एक शेयर कहते हैं. जिस व्यक्ति के पास ये शेयर होते हैं उसे **शेयर-धारक** कहते हैं.

(*iii*) **लाभांश:** कम्पनी द्वारा अर्जित कुल वार्षिक लाभ में से कुछ भाग शेयर धारकों में बाँट दिया जाता है. इसे लाभांश कहते हैं. यह प्राय: प्रतिशेयर अथवा शेयरों के कुल अंकित पूँजी की प्रतिशतता के रूप में दिया जाता है.

(*iv*) **प्रत्यक्ष मूल्य अथवा अंकित मूल्य:** शेयर सर्टीफिकेट पर छपे मूल्य को उस शेयर का अंकित मूल्य कहते हैं.

(*v*) **बाजारी मूल्य:** विभिन्न कम्पनियों के शेयर, शेयर बाजार में बेचे अथवा खरीदे जाते हैं. जिस मूल्य पर कोई शेयर खरीदा अथवा बेचा जाता है उसे इस शेयर का बाजारी मूल्य कहते हैं.

(*vi*) किसी शेयर के विक्रय मूल्य को कहते हैं:

(*i*) **समतोल मूल्य,** यदि **(वि०मू०) = (अंकित मूल्य).**

(*ii*) **अवमूल्य,** यदि **(वि०मू०) < (अंकित मूल्य).**

(*iii*) **अधिमूल्य,** यदि **(वि०मू०) > (अंकित मूल्य).**

उदाहरण: (*i*) ₹ 8 अधिमूल्य का अर्थ है, अंकित मूल्य से ₹ 8 अधिक.

(*ii*) ₹ 5 अवमूल्य का अर्थ है, अंकित मूल्य से ₹ 5 कम.

(*vii*) **दलाली:** प्राय: शेयर खरीदने तथा बेचने की प्रक्रिया किसी दलाल के माध्यम से होती है, जो कुछ धन दलाली के रूप में लेता है.

ध्यान रहे : (*i*) शेयर खरीदने पर वास्तविक क्रय-मूल्य = (क्र० मू० + दलाली).

(*ii*) शेयर बेचने पर प्राप्त धन = (वि०मू० – दलाली).

ध्यान रहे : (*i*) प्रत्येक शेयर का अंकित मूल्य स्थिर होता है.

(*ii*) शेयर का बाजारी मूल्य परिवर्तित होता रहता है.

(*iii*) किसी शेयर पर लाभांश उसके अंकित मूल्य पर मिलता है.

उदाहरण : ₹ 100 के, ₹ 120 पर 9% स्टॉक का अर्थ है :

(*i*) प्रत्येक शेयर का अंकित मूल्य = ₹ 100.

(*ii*) प्रत्येक शेयर का विक्रय मूल्य = ₹ 120.

(*iii*) 1 शेयर पर वार्षिक लाभांश = ₹ 9.

(*iv*) ₹ 120 की लागत पर 1 वर्ष में आय = ₹ 9.

साधित उदाहरण

प्रश्न 1. ₹ 5400 के 9% स्टॉक का ₹ 90 पर मूल्य कितना होगा?

हल : ₹ 100 के स्टॉक का मूल्य = ₹ 90.

₹ 5400 के स्टॉक का मूल्य = ₹ $\left(\frac{90}{100}\times 5400\right)$ = ₹ 4860.

प्रश्न 2. ₹ 7000 के 8% स्टॉक का 3 अधिमूल्य पर मूल्य क्या होगा?

हल : ₹ 100 के स्टॉक का मूल्य = ₹ 103.

₹ 7000 के स्टॉक का मूल्य = ₹ $\left(\frac{103}{100}\times 7000\right)$ = ₹ 7210.

प्रश्न 3. ₹ 4500 के 6% स्टॉक का मूल्य 10 अवमूल्य पर कितना होगा?

हल : ₹ 100 के स्टॉक का मूल्य = ₹ (100 – 10) = ₹ 90.

₹ 4500 के स्टॉक का मूल्य = ₹ $\left(\frac{90}{100}\times 4500\right)$ = ₹ 4050.

प्रश्न 4. ₹ 5000 का 8% स्टॉक 120 पर खरीदने हेतू कितने धन की आवश्यकता होगी, जबकि दलाली 2% हो?

हल : ₹ 100 के स्टॉक का मूल्य = ₹ $\left(120+\frac{2}{100}\times 120\right)$ = ₹ 122.40.

₹ 5000 के स्टॉक का मूल्य = ₹ $\left(\frac{122\cdot 40}{100}\times 5000\right)$ = ₹ 6120.

प्रश्न 5. ₹ 15000 के 9% स्टॉक को 10 अवमूल्य पर बेचने से कितने धन की प्राप्ति होगी जबकि दलाली 2% हो?

हल : ₹ 100 के स्टॉक का विक्रय मूल्य = ₹ $\left\{(100-10)-\left(\frac{2}{100}\times 90\right)\right\}$ = ₹ (90 – 1·80) = ₹ 88·20

₹ 15000 के स्टॉक का विक्रय मूल्य = ₹ $\left(\frac{88\cdot 20}{100}\times 15000\right)$ = ₹ 13230.

प्रश्न 6. ₹ 105 पर 8% स्टॉक में ₹ 6300 निवेश करने पर वार्षिक आय कितनी होगी?

हल : ₹ 105 निवेश करने पर आय = ₹ 8.

₹ 6300 निवेश करने पर आय = ₹ $\left(\frac{8}{105}\times 6300\right)$ = ₹ 480.

प्रश्न 7. निम्नलिखित में से किस स्टॉक में धन लगाना अधिक लाभप्रद है : 112 पर 8% स्टॉक में अथवा 120 पर 10% स्टॉक में?

हल : माना प्रत्येक स्टॉक में निवेशित धन = ₹ (112 × 120).

प्रथम स्टॉक से आय:

₹ 112 निवेश करने पर वार्षिक आय = ₹ 8.

₹ (112 × 120) निवेश करने पर वार्षिक आय = ₹ $\left(\frac{8}{112}\times 112\times 120\right)$ = ₹ 960.

द्वितीय स्टॉक से आय:

₹ 120 निवेश करने पर वार्षिक आय = ₹ 10.

₹ (112 × 120) निवेश करने पर वार्षिक आय = ₹ $\left(\frac{10}{120}\times 112\times 120\right)$ = ₹ 1120.

स्पष्ट है कि 120 पर 10% स्टॉक में धन लगाना अधिक लाभप्रद है.

प्रश्न 8. ₹ 10 वाले 96 शेयरों का $\frac{3}{4}$ अवमूल्य पर क्रय मूल्य कितना होगा, जबकि दलाली $\frac{1}{4}$ प्रति शेयर हो?

हल : 1 शेयर का क्रय मूल्य = ₹ $\left(10-\frac{3}{4}+\frac{1}{4}\right)$ = ₹ $\frac{19}{2}$.

96 शेयरों का क्रय-मूल्य = ₹ $\left(\frac{19}{2}\times 96\right)$ = ₹ 912.

प्रश्नमाला 28A

निम्नलिखित प्रश्नों में से प्रत्येक में ठीक उत्तर को चिन्हांकित (✓) कीजिए:

1. ₹ 2800 के 3·5% स्टॉक का ₹ 94 की दर से मूल्य कितना होगा? **(एस०एस०सी० परीक्षा, 2010)**
(*a*) ₹ 2632 (*b*) ₹ 2500 (*c*) ₹ 2362 (*d*) ₹ 2178

2. $4\frac{1}{2}$% स्टॉक में ₹ 9600 निवेश करने पर ₹ 360 वार्षिक आय हो, तो ₹100 के स्टॉक का मूल्य कितना होगा? **(रेलवे परीक्षा, 2002)**
(*a*) ₹ 115 (*b*) ₹ 120 (*c*) ₹ 100 (*d*) ₹ 125

3. ₹ 87 की दर वाले $3\frac{1}{4}$% के ₹ 4000 के स्टॉक को ₹ 145 की दर से $6\frac{1}{4}$% के स्टॉक में बदलने पर आय में कितनी वृद्धि होगी? **(रेलवे परीक्षा, 2002)**
(*a*) ₹ 20 (*b*) ₹ 58 (*c*) ₹ 36·90 (*d*) ₹ 18

4. 8% स्टाक में ₹ 1620 लगाने पर सन्दीप को ₹135 वार्षिक आय होती है. ₹100 के शेयर का मूल्य कितना है? **(रेलवे परीक्षा, 2007)**
(*a*) ₹ 108 (*b*) ₹ 96 (*c*) ₹ 80 (*d*) इनमें से कोई नहीं

5. एक व्यक्ति 15% के ऋणपत्र (Debentures) पर, जिसका अंकित मूल्य ₹ 100 है तथा बाजार मूल्य ₹ 104 है, ₹ 1500 वार्षिक आय चाहता है. यदि दलाली 1% हो, तो उसको कितना धन लगाना होगा?
(*a*) ₹ 19642 (*b*) ₹ 10784 (*c*) ₹ 10504 (*d*) ₹ 15000
(मैनेजमैन्ट परीक्षा, 2002)

6. ₹ 16000 के 14% लाभांश वाले शेयर 10% अवमूल्य पर बेचने से कितना धन मिलेगा, जबकि दलाली 1·5% हो? **(इ०गा०वि०वि० परीक्षा, 2004)**
(*a*) ₹ 14300 (*b*) ₹ 14384 (*c*) ₹ 14184 (*d*) ₹ 15184 (*d*) इनमें से कोई नहीं

7. ₹ 96 के 10% स्टॉक में लगे धन के बराबर, ₹ x के 12% स्टॉक में धन लगाने पर बराबर आय हो, तो x का मान कितना है?
(*a*) 120 (*b*) 115·20 (*c*) 125·40 (*d*) 80

8. ₹ 96 पर 8% स्टॉक से ₹ 750 वार्षिक आय प्राप्त करने हेतू कितना धन निवेश करना होगा?
(*a*) ₹ 7200 (*b*) ₹ 9000 (*c*) ₹ 10836 (*d*) ₹ 10940

9. ₹ 84 पर $6\frac{2}{3}$% स्टॉक में धन लगाने से एक व्यक्ति की वार्षिक आय ₹ 860 है. उसकी कुल लागत कितनी है?
(*a*) ₹ 12900 (*b*) ₹ 13460 (*c*) ₹ 10836 (*d*) ₹ 10940

10. ₹ 100 के 12% स्टॉक से लागत पर 10% ब्याज की प्राप्ति होती है. इस स्टॉक का बाजारी मूल्य कितना है?
(*a*) ₹ 112 (*b*) ₹ 120 (*c*) ₹ 110 (*d*) ₹ 83·33

11. ₹ 120 के 6% स्टॉक से कितने प्रतिशत वार्षिक आय होती है ?

(*a*) $7\frac{1}{5}\%$ (*b*) 6% (*c*) 5% (*d*) 20%

12. सजल अपने धन का कुछ भाग ₹ 96 के 9% स्टॉक में तथा शेष भाग ₹ 120 के 12% स्टॉक में लगाता है. यदि दोनों स्टॉकों से वार्षिक लाभांश बराबर हो, तो दोनों स्टॉकों में लगे धनों का अनुपात कितना है ?

(*a*) 3 : 4 (*b*) 3 : 5 (*c*) 4 : 5 (*d*) 16 : 15

13. राजन ₹ 12100 का कुछ भाग ₹ 90 के 4% स्टॉक पर तथा शेष भाग ₹ 105 के 6% स्टॉक पर निवेश करता है. यदि कुल स्टॉक से उसे ₹ 600 वार्षिक आय हो, तो उसने पहले स्टॉक में कितने धन का निवेश किया ?

(*a*) ₹ 7200 (*b*) ₹ 4900 (*c*) ₹ 6300 (*d*) ₹ 6750

14. निम्नलिखित में से किस स्टॉक में धन लगाना लाभप्रद है : ₹ 144 के 11% स्टॉक में अथवा ₹ 117 के $9\frac{3}{4}\%$ स्टॉक में ?

(*a*) ₹ 144 के 11% स्टॉक में (*b*) ₹ 117 के $9\frac{3}{4}\%$ स्टॉक में

(*c*) दोनों बराबर लाभ देने वाले हैं (*d*) ज्ञात नहीं किया जा सकता

15. ₹ 12750 में ₹ 25 मूल्य वाले कितने शेयर खरीदे जा सकेंगे, जबकि दलाली प्रति शेयर $\frac{1}{2}$ हो ?

(*a*) 450 (*b*) 500 (*c*) 550 (*d*) 600

(मैनेजमैन्ट परीक्षा, 2002)

16. ₹ 10 वाले, $\frac{3}{4}$ अवमूल्य पर 96 शेयरों का मूल्य कितना होगा जबकि दलाली प्रति शेयर $\frac{1}{4}$ हो ?

(*a*) ₹ 910 (*b*) ₹ 912 (*c*) ₹ 915 (*d*) ₹ 920

(जीवन बीमा निगम परीक्षा, 2003)

17. 175 शेयरों से वार्षिक आय कितनी होगी, जबकि प्रति शेयर तिमाही लाभांश ₹ 3 हो ?

(*a*) ₹ 525 (*b*) ₹ 1800 (*c*) ₹ 2100 (*d*) ₹ 2400

(रेलवे परीक्षा, 2004)

18. एक व्यक्ति किसी कम्पनी के ₹ 50 वाले तथा 10% लाभांश वाले शेयर खरीदता है. यदि उसे उसकी लागत पर 12·5% वार्षिक आय प्राप्त हो, तो एक शेयर का बाजार भाव कितना है ? **(एम०बी०ए० परीक्षा, 2006)**

(*a*) ₹ 37·50 (*b*) ₹ 40 (*c*) ₹ 48 (*d*) ₹ 52

उत्तरमाला (प्रश्नमाला 28A)

1. (*a*) **2.** (*b*) **3.** (*a*) **4.** (*b*) **5.** (*c*) **6.** (*c*) **7.** (*b*) **8.** (*b*) **9.** (*c*) **10.** (*b*)
11. (*c*) **12.** (*d*) **13.** (*a*) **14.** (*b*) **15.** (*b*) **16.** (*b*) **17.** (*c*) **18.** (*b*)

दिये गये प्रश्नों के हल प्रश्नमाला 28A

1. ₹ 100 के स्टॉक का मूल्य = ₹ 94.

₹ 2800 के स्टॉक का मूल्य = ₹ $\left(\frac{94}{100}\times 2800\right)$ ₹ 2632.

2. ₹ 360 की वार्षिक आय हेतू निवेश = ₹ 9600.

₹ $\frac{9}{2}$ की वार्षिक आय हेतू निवेश = ₹ $\left(\frac{9600}{360}\times\frac{9}{2}\right)$ = ₹ 120.

अतः ₹ 100 के स्टॉक का मूल्य = ₹ 120.

3. **प्रथम स्टॉक से आय :**

₹ 100 के स्टॉक से आय = ₹ $\frac{13}{4}$.

₹ 4000 के स्टॉक से आय = ₹ $\left(\frac{13}{4}\times\frac{1}{100}\times4000\right)$ = ₹ 130.

इस स्टॉक को बेचने पर :

₹ 100 के स्टॉक का विक्रय मूल्य = ₹ 87.

₹ 4000 के स्टॉक का विक्रय मूल्य = ₹ $\left(\frac{87}{100}\times4000\right)$ = ₹ 3480.

द्वितीय स्टॉक से आय :

₹ 3480 की लागत पर आय = ₹ $\left(\frac{25}{4}\times\frac{1}{145}\times3480\right)$ = ₹ 150.

आय में वृद्धि = ₹ (150 – 130) = ₹ 20.

4. ₹ 135 की वार्षिक आय हेतू निवेश = ₹ 1620.

₹ 8 की वार्षिक आय हेतू निवेश = ₹ $\left(\frac{1620}{135}\times8\right)$ = ₹ 96.

अत: ₹ 100 के शेयर का मूल्य = ₹ 96.

5. ₹ 100 के ऋण पत्र का बाजार मूल्य = ₹ $\left(104+\frac{104\times1}{100}\right)$ = ₹ 105·04

₹ 15 आय हेतू धन लगाना होगा = ₹ 105.04.

₹ 1500 आय हेतू धन लगाना होगा = ₹ $\left(\frac{105\cdot04}{15}\times1500\right)$ = ₹ 10504.

6. ₹ 100 का स्टॉक बेचने से प्राप्त धन = ₹ $\left(90-\frac{90\times1\cdot5}{100}\right)$ = ₹ (90 – 1·35) = ₹ 88.65.

₹ 16000 का स्टॉक बेचने से प्राप्त धन = ₹ $\left(\frac{88\cdot65}{100}\times16000\right)$ = ₹ 14184.

7. ₹ 10 की आय के लिए निवेश = ₹ 96.

₹ 12 की आय के लिए निवेश = ₹ $\left(\frac{96}{10}\times12\right)$ = ₹ 115·20.

अत: x = 115·20.

8. ₹ 8 आय हेतू निवेश = ₹ 96.

₹ 750 आय हेतू निवेश = ₹ $\left(\frac{96}{8}\times750\right)$ = ₹ 9000.

9. ₹ $\frac{20}{3}$ आय हेतू लागत = ₹ 84.

₹ 860 आय हेतू लागत = ₹ $\left(84\times\frac{3}{20}\times860\right)$ = ₹ 10836.

10. ₹ 10 आय के लिए लागत = ₹ 100.

₹ 12 आय के लिए लागत = ₹ $\left(\frac{100}{10}\times12\right)$ = ₹ 120.

अत: ₹ 100 के स्टॉक का बाजारी मूल्य = ₹ 120.

11. ₹ 120 की लागत पर आय = ₹ 6.

₹ 100 की लागत पर आय = ₹ $\left(\frac{6}{120}\times100\right)$ = ₹ 5.

अत: इस स्टॉक से वार्षिक आय = 5%.

12. माना निवेशित धन का अभीष्ट अनुपात = $x : 1$. तब

$$\frac{9}{96}\times x=\frac{12}{120}\times 1 \Rightarrow x=\left(\frac{1}{10}\times\frac{96}{9}\right)=\frac{16}{15}.$$

अभीष्ट अनुपात $=\frac{16}{15}:1=16:15.$

13. माना ₹ 90 के 4% स्टॉक में निवेशित धन = ₹ x.

तब, ₹ 105 के 6% स्टॉक में निवेशित धन = ₹ $(12100 - x)$.

$$\therefore \left(\frac{4}{90}\times x\right)+\left[\frac{6}{105}\times(12100-x)\right]=600$$

$$\Rightarrow \frac{2x}{45}+\frac{2(12100-x)}{35}=600$$

$$\Rightarrow 14x+217800-18x=189000 \Rightarrow 4x=28800 \Rightarrow x=7200.$$

अत: अभीष्ट धन = ₹ 7200.

14. माना प्रत्येक स्टॉक में निवेश = ₹ (144×117).

प्रथम स्टॉक से वार्षिक आय = ₹ $\left(144\times117\times\frac{11}{144}\right)$ = ₹ 1287.

द्वितीय स्टॉक से वार्षिक आय = ₹ $\left(144\times117\times\frac{39}{4\times117}\right)$ = ₹ 1404.

चूँकि द्वितीय स्टॉक से वार्षिक आय अधिक है, अत: ₹ 117 के $9\frac{3}{4}\%$ स्टॉक में धन लगाना लाभप्रद है.

15. 1 शेयर का मूल्य = ₹ $\left(25+\frac{1}{2}\right)$ = ₹ $\frac{51}{2}$.

शेयरों का कुल मूल्य = ₹ 12750.

शेयरों की संख्या $=\frac{12750}{(51/2)}=\left(12750\times\frac{2}{51}\right)=500.$

16. 1 शेयर का मूल्य = ₹ $\left(10-\frac{3}{4}+\frac{1}{4}\right)$ = ₹ $\frac{19}{2}$.

96 शेयरों का मूल्य = ₹ $\left(\frac{19}{2}\times 96\right)$ = ₹ 912.

17. प्रति शेयर वार्षिक लाभांश = ₹ (3×4) = ₹ 12.

175 शेयरों से वार्षिक लाभांश = ₹ (175×12) = ₹ 2100.

18. माना प्रति शेयर लागत = ₹ x. तब

₹ (x का 12·5%) = ₹ (50 का 10%)

$$\Rightarrow x\times\frac{12\cdot5}{100}=50\times\frac{10}{100} \Rightarrow \frac{25x}{2}=500 \Rightarrow x=\frac{500\times2}{25}=40.$$

प्रश्नमाला 28B

1. (*i*) ₹ 8700 के ₹ 94 पर 8% स्टॉक का मूल्य कितना है?

(*ii*) ₹ 6000 के 5 अवमूल्य पर 9% स्टॉक का मूल्य कितना है?

(*iii*) ₹ 7500 के 16 अधिमूल्य पर 10% स्टॉक का मूल्य कितना है?

2. (*i*) ₹ 6400 के समतोल पर 8% स्टॉक का क्रय मूल्य ज्ञात कीजिए जबकि दलाली $\frac{1}{4}\%$ हो.

(*ii*) ₹ 1600 के 10 अधिमूल्य पर 12% स्टॉक का क्रय मूल्य ज्ञात कीजिए जबकि दलाली $\frac{1}{2}\%$ हो.

3. ₹ 3000 का 10 अवमूल्य पर 8% स्टॉक बेचने पर कितना धन प्राप्त होगा जबकि दलाली 2% हो ?

4. एक व्यक्ति को ₹ 15 अधिमूल्य पर प्राप्त 9% स्टॉक में कितना धन लगाना चाहिए कि ₹ 7560 वार्षिक आय प्राप्त हो ?

5. किस स्टॉक में धन लगाना अधिक लाभप्रद है :
₹ 143 के भाव के 10% स्टॉक में अथवा ₹ 93 के भाव के 7% स्टॉक में ?

6. एक व्यापारी ₹ 8370 का कुछ भाग 6% के ₹ 96 के स्टॉक में निवेश करता है तथा शेष धन 8% के ₹ 120 वाले स्टॉक में निवेश करता है. प्रत्येक लागत से उसे समान वार्षिक लाभांश मिलता है. प्रत्येक स्टॉक में व्यापारी कितना-कितना धन लगाता है.

7. एक व्यक्ति ₹ 5000 का ₹ 156 पर 12% स्टॉक बेचता है. इससे प्राप्त राशि के कुछ भाग को ₹ 90 के 8% स्टॉक में तथा शेष राशि को ₹ 108 के 9% स्टॉक में निवेश करता है. इससे उसकी आय में ₹ 70 की वृद्धि होती है. प्रत्येक स्टॉक पर उसने कितने धन का निवेश किया ? **(मैनेजमैन्ट परीक्षा, 2005)**

8. एक व्यापारी के पास किसी कम्पनी के ₹ 5 वाले 1000 शेयर थे. इनमें से उसने 400 शेयर ₹ 9 प्रति शेयर की दर से बेच दिये तथा इस धन को ₹ 90 के स्टॉक में लगा दिया. यदि शेयरों का लाभांश 9% वार्षिक तथा स्टॉक पर 10% वार्षिक हो, तो व्यापारी की वार्षिक आय ज्ञात कीजिए.

9. एक व्यक्ति ने किसी कम्पनी से ₹ 25 वाले शेयर खरीदे. यह कम्पनी 9% लाभांश देती है. यदि उस व्यक्ति को अपनी लागत पर 10% आय प्राप्त हो तो उसने शेयर किस दर प्रति शेयर खरीदे ?

10. एक कम्पनी ₹ 50 के प्रत्येक शेयर पर 10% अनुलाभ देती है. एक व्यक्ति ने इस कम्पनी के शेयर खरीदे तथा उसे अपनी लागत पर 12·5% लाभ प्राप्त हुआ. उसने किस मूल्य पर शेयर खरीदे ?
(जीवन बीमा निगम परीक्षा, 2006)

11. कोई व्यक्ति ₹ 10 प्रति शेयर की दर से कुछ शेयर खरीदता है जिनसे वर्ष के अन्त में 8% लाभांश मिलता है. यदि कुल लाभांश ₹ 300 हो, तो उसने कितने शेयर खरीदे ?

12. यदि ₹ 9600 के निवेश से ₹ 360 वार्षिक आय हो तो $4\frac{1}{2}\%$ स्टॉक का बाजारी मूल्य कितना है ?
(रेलवे परीक्षा, 2002)

उत्तरमाला (प्रश्नमाला 28B)

1. (*i*) ₹ 8178 (*ii*) ₹ 5700 (*iii*) ₹ 8700 **2.** (*i*) ₹ 6416 (*ii*) ₹ 1768·80 **3.** ₹ 2646
4. ₹ 96600 **5.** 93 का 7% स्टॉक **6.** ₹ 4320, ₹ 4050
7. ₹ 3600, ₹ 4200 **8.** ₹ 670 **9.** ₹ 22·50 **10.** ₹ 40 प्रति शेयर
11. 375 **12.** ₹ 120

दिये गये प्रश्नों के हल | प्रश्नमाला 28B

1. (*i*) ₹ 100 के स्टॉक का मूल्य = ₹ 94.

₹ 8700 के स्टॉक का मूल्य = ₹ $\left(\frac{94}{100}\times 8700\right)$ = ₹ 8178.

(*ii*) ₹ 100 के स्टॉक का मूल्य = ₹ (100 – 5) = ₹ 95.

₹ 6000 के स्टॉक का मूल्य = ₹ $\left(\frac{95}{100}\times 6000\right)$ = ₹ 5700.

(*iii*) ₹ 100 के स्टॉक का मूल्य = ₹ 116.

₹ 7500 के स्टॉक का मूल्य = ₹ $\left(\frac{116}{100}\times 7500\right)$ = ₹ 8700.

2. (*i*) ₹ 100 के स्टॉक का क्रय-मूल्य = ₹ $\left(100+\frac{1}{4}\times\frac{100}{100}\right)$ = ₹ (100 + 0·25) = ₹ 100·25.

₹ 6400 के स्टॉक का क्रय-मूल्य = ₹ $\left(\frac{100\cdot 25}{100}\times 6400\right)$ = ₹ 6416.

(*ii*) ₹ 100 के स्टॉक का क्रय-मूल्य = ₹ $\left(110+\frac{1}{2}\times\frac{110}{100}\right)$ = ₹ 110·55

₹ 1600 के स्टॉक का क्रय-मूल्य = ₹ $\left(\frac{110\cdot 55}{100}\times 1600\right)$ = ₹ 1768·80.

3. ₹ 100 के स्टॉक का विक्रय मूल्य = ₹ $\left(90-\frac{2}{100}\times 90\right)$ = ₹ 88·20.

₹ 3000 के स्टॉक का विक्रय मूल्य = ₹ $\left(\frac{88\cdot 20}{100}\times 3000\right)$ = ₹ 2646.

4. ₹ 9 की वार्षिक आय हेतू निवेशित धन = ₹ 115.

₹ 7560 की वार्षिक आय हेतू निवेशित धन = ₹ $\left(\frac{115}{9}\times 7560\right)$ = ₹ 96600.

5. माना कुल निवेशित धन = ₹ (143 × 93).

₹ 143 वाले 10% स्टॉक में धन लगाने पर वार्षिक आय = ₹ $\left(\frac{10}{143}\times 143\times 93\right)$ = ₹ 930.

₹ 93 वाले 7% स्टॉक में धन लगाने पर वार्षिक आय = ₹ $\left(\frac{7}{93}\times 143\times 93\right)$ = ₹ 1001.

स्पष्ट है कि ₹ 93 वाले 7% स्टॉक से आय अधिक है. अतः इसी में धन लगाना अधिक लाभप्रद है.

6. माना 6% के ₹ 96 के स्टॉक में निवेशित धन = ₹ *x*.

तब 8% के ₹ 120 के स्टॉक में निवेशित धन = ₹ (8370 – *x*).

प्रत्येक लागत से समान वार्षिक लाभांश मिलता है.

$$\therefore \frac{6}{96}\times x=\frac{8}{120}\times(8370-x)\Rightarrow\frac{x}{16}=\frac{8370-x}{15}$$
$$\Rightarrow 15x=133920-16x$$
$$\Rightarrow 31x=133920\Rightarrow x=\frac{133920}{31}=4320.$$

∴ 6% के ₹ 96 के स्टॉक में निवेशित धन = ₹ 4320.

8% के ₹ 120 के स्टॉक में निवेशित धन = ₹ (8370 – 4320) = ₹ 4050.

7. ₹ 5000 के 12% स्टॉक से आय = ₹ $\left(\frac{12}{100}\times 5000\right)$ = ₹ 600.

इस स्टॉक को ₹ 156 पर बेचने से प्राप्त धन = ₹ $\left(\frac{156}{100}\times 5000\right)$ = ₹ 7800.

माना ₹ 90 के 8% में निवेशित धन = ₹ *x*.

तब ₹ 108 के 9% में निवेशित धन = ₹ (7800 – *x*).

दोनों से कुल वार्षिक आय = ₹ (600 + 70) = ₹ 670.

$$\therefore \frac{8}{90}\times x+\frac{9}{108}\times(7800-x)=670$$
$$\Rightarrow \frac{4x}{45}+\frac{(7800-x)}{12}=670$$
$$\Rightarrow 16\,x+15\,(7800-x)=120600\Rightarrow x=(120600-117000)\Rightarrow x=3600.$$

∴ ₹ 90 के 8% में निवेशित धन = ₹ 3600 तथा ₹ 108 के 9% में निवेशित धन = ₹ 4200.

8. 600 शेयरों का वास्तविक मूल्य = ₹ (5 × 600) = ₹ 3000.

इन शेयरों पर लाभांश = ₹ $\left(3000\times\frac{9}{100}\right)$ = ₹ 270.

400 शेयरों का विक्रय मूल्य = ₹ (9 × 400) = ₹ 3600.

इन धन से खरीदा गया स्टॉक = ₹ $\left(\frac{100}{90}\times 3600\right)$ = ₹ 4000.

इस स्टॉक से आय = ₹ $\left(4000\times\frac{10}{100}\right)$ = ₹ 400.

कुल वार्षिक आय = ₹ (270 + 400) = ₹ 670.

9. माना 1 शेयर ₹ x में खरीदा. तब

$$\frac{25\times 9}{100}=\frac{x\times 10}{100}\Rightarrow x=\frac{25\times 9}{100}\times 10=\frac{225}{10}\Rightarrow x=22\cdot 50.$$

अत: प्रति शेयर क्रय मूल्य = ₹ 22·50.

10. माना उसने ₹ x प्रति शेयर की दर से शेयर खरीदे.

1 शेयर पर अनुलाभ = ₹ $\left(50\times\frac{10}{100}\right)$ = ₹ 5.

$$\therefore\ \frac{x\times 12\cdot 5}{100}=5\Rightarrow x=\frac{5\times 100}{12\cdot 5}=40.$$

अत: उसने ₹ 40 प्रति शेयर की दर से शेयर खरीदे.

11. माना उसने x शेयर खरीदे. तब

$$\frac{x\times 10\times 8}{100}=300\Rightarrow x=\frac{300\times 100}{10\times 8}\Rightarrow x=375.$$

अत: उसने कुल 375 शेयर खरीदे.

12. ₹ 360 आय हेतू निवेश = ₹ 9600.

₹ $\frac{9}{2}$ आय हेतू निवेश = ₹ $\left(\frac{9600}{360}\times\frac{9}{2}\right)$ = ₹ 120.

अत: ₹ 100 के स्टॉक का बाजारी भाव = ₹ 120.

29 मिती काटा (TRUE DISCOUNT)

सामान्य नियम

मिती काटा: माना किसी कर्जदार व्यक्ति को कोई धन एक निश्चित समय के बाद वापिस देना है. परन्तु, वह इस कर्ज को अभी चुकाना चाहता है. प्रश्न उठता है कि उसे अपना कर्ज चुकाने के लिए कितना धन देना होगा. स्पष्ट है कि तय किये गये ब्याज की दर से जिस धन का मिश्रधन, देय धन हो, उतना ही धन देकर कर्ज चुकता हो जायेगा.

इस समय दिये गये धन को **तत्काल धन** कहते हैं तथा देय धन और तत्काल धन के अन्तर को **मिती-काटा** कहते हैं.

(i) मिती काटा = (देय धन) – (तत्काल धन)

(ii) मिती काटा = तत्काल धन पर ब्याज.

सूत्र

(i) $\text{मिती काटा} = \dfrac{(\text{देय धन} \times \text{दर} \times \text{समय})}{\{100 + (\text{दर} \times \text{समय})\}} = ₹ \dfrac{(x \times R \times T)}{\{100 + (R \times T)\}}$.

(ii) $\text{तत्काल धन} = \dfrac{(100 \times \text{देय धन})}{\{100 + (\text{दर} \times \text{समय})\}} = ₹ \dfrac{(100 \times \text{देयधन})}{\{100 + (R \times T)\}} = \dfrac{(100 \times \text{मिती काटा})}{(\text{दर} \times \text{समय})}$.

(iii) मिती काटा = तत्काल धन पर ब्याज.

(iv) $\text{देय धन} = \dfrac{(\text{सा० ब्याज}) \times (\text{मिती काटा})}{(\text{सा० ब्याज}) - (\text{मिती काटा})}$.

(v) (साधारण ब्याज) – (मिती काटा) = मिती काटा पर साधारण ब्याज.

(vi) $\text{चक्रवृद्धि ब्याज पर तत्काल धन} = \dfrac{\text{देय धन}}{\left(1+\dfrac{\text{दर}}{100}\right)^{\text{समय}}}$.

साधित उदाहरण

प्रश्न 1. 3 वर्ष बाद देय ₹ 6500 का तत्काल धन तथा मिती काटा ज्ञात करें जबकि ब्याज की दर 10% वार्षिक हो.

हल : देय धन = ₹ 6500, समय = 3 वर्ष, दर = 10% वार्षिक.

$\therefore \text{तत्काल धन} = \dfrac{(100 \times \text{देय धन})}{\{100 + (\text{दर} \times \text{समय})\}} = ₹ \dfrac{(100 \times 6500)}{\{100 + (10 \times 3)\}} = ₹ \left(\dfrac{100 \times 6500}{130}\right) = ₹\ 5000.$

मिती काटा = (देय धन) – (तत्काल धन) = ₹ (6500 – 5000) = ₹ 1500.

प्रश्न 2. 2 वर्ष बाद देय धन पर 8% वार्षिक दर से मिती काटा ₹ 1200 है. देय धन तथा तत्काल धन ज्ञात कीजिए.

हल : मिती काटा = ₹ 1200, दर = 8% वार्षिक, समय = 2 वर्ष.

माना देय धन = ₹ x. तब

$\text{मिती काटा} = \dfrac{(x \times R \times T)}{100 + (R \times T)} = ₹ \left\{\dfrac{(x \times 8 \times 2)}{100 + (8 \times 2)}\right\} = ₹ \left(\dfrac{16x}{116}\right) = ₹ \left(\dfrac{4x}{29}\right).$

$\therefore \ \frac{4x}{29} = 1200 \Rightarrow x = \frac{(1200 \times 29)}{4} = 8700.$

अतः देय धन = ₹ 8700 तथा तत्काल धन = ₹ (8700 – 1200) = ₹ 7500.

प्रश्न 3. 3 वर्ष बाद देय किसी धन पर मिती काटा ₹ 900 है तथा इसी धन पर इसी दर से इतने ही समय का साधारण ब्याज ₹ 1170 है. देय धन तथा दर प्रतिशत ज्ञात कीजिए.

हल : मिती काटा = ₹ 900 तथा साधारण ब्याज = ₹ 1170.

$$\text{देय धन} = \frac{(\text{सा० ब्याज}) \times (\text{मिती काटा})}{(\text{सा० ब्याज}) - (\text{मिती काटा})} = ₹\left(\frac{1170 \times 900}{1170 - 900}\right)$$

$$= ₹\left(\frac{1170 \times 900}{270}\right) = ₹\ 3900.$$

$$\text{दर} = \frac{100 \times \text{सा० ब्याज}}{\text{मूलधन} \times \text{समय}} = \left(\frac{100 \times 1170}{3900 \times 3}\right)\%\ \text{वार्षिक} = 10\%\ \text{वार्षिक}.$$

प्रश्न 4. 6 माह बाद देय किसी धन पर 8% वार्षिक दर से मिती काटा तथा साधारण ब्याज का अन्तर ₹ 30 है. देय धन ज्ञात कीजिए.

हल : माना देय धन = ₹ x. तब इस धन पर :

$$\text{साधारण ब्याज} = ₹\left(\frac{x \times 8 \times \frac{6}{12}}{100}\right) = ₹\left(\frac{x}{25}\right).$$

$$\text{मिती काटा} = ₹\left\{\frac{\left(x \times 8 \times \frac{6}{12}\right)}{100 + \left(8 \times \frac{6}{12}\right)}\right\} = ₹\left(\frac{4x}{104}\right) = ₹\left(\frac{x}{26}\right).$$

$$\therefore \ \frac{x}{25} - \frac{x}{26} = 30 \Rightarrow \frac{(26x - 25x)}{(25 \times 26)} = 30 \Rightarrow x = (30 \times 25 \times 26) \Rightarrow x = 19500.$$

अतः देय धन = ₹ 19500.

प्रश्न 5. एक बिल 1 वर्ष बाद देय है. ऋणदाता आधा धन तत्काल लेकर शेष आधा धन 2 वर्ष बाद लेने को तैयार है. यदि ब्याज की दर 8% वार्षिक हो तथा इस सौदे से ₹ 40 का लाभ हो, तो देय धन ज्ञात कीजिए.

हल : माना देय धन = ₹ x. तब

$$\frac{x}{2} + \frac{\left(\frac{x}{2} \times 100\right)}{\{100 + (8 \times 2)\}} - \frac{(x \times 100)}{\{100 + (8 \times 1)\}} = 40$$

$$\Rightarrow \frac{x}{2} + \frac{25x}{58} - \frac{25x}{27} = 40 \Rightarrow \frac{54x}{58} - \frac{25x}{27} = 40$$

$$\Rightarrow \frac{27x}{29} - \frac{25x}{27} = 40 \Rightarrow \frac{(729x - 725x)}{29 \times 27} = 40$$

$$\Rightarrow 4x = 40 \times 29 \times 27 \Rightarrow x = (10 \times 29 \times 27) = 7830.$$

अतः देय धन = ₹ 7830.

प्रश्नमाला 29A

निम्नलिखित प्रश्नों में से प्रत्येक में ठीक उत्तर को चिन्हांकित (✓) कीजिए :

1. 2 वर्ष बाद देय ₹ 5800 का तत्काल धन कितना होगा, जबकि ब्याज की दर 8% वार्षिक हो ?
(*a*) ₹ 6728 (*b*) ₹ 4872 (*c*) ₹ 5000 (*d*) इनमें से कोई नहीं

2. 8 माह बाद देय किसी धन का 6% वार्षिक दर से मिती काटा ₹ 260 है. देय धन कितना है ?
(*a*) ₹ 6760 (*b*) ₹ 6500 (*c*) ₹ 6240 (*d*) इनमें से कोई नहीं

3. 3 वर्ष बाद देय किसी धन का 10% वार्षिक दर से मिती काटा ₹ 390 है. देय धन कितना है ?
(*a*) ₹ 1300 (*b*) ₹ 1690 (*c*) ₹ 910 (*d*) इनमें से कोई नहीं

4. 6 माह बाद देय ₹ 5200 पर मिती काटा ₹ 200 है. ब्याज की वार्षिक दर कितनी है ?
(*a*) $7\frac{9}{13}\%$ (*b*) $8\frac{1}{3}\%$ (*c*) 8% (*d*) इनमें से कोई नहीं

5. कुछ समय बाद देय ₹ 2580 का 6% वार्षिक दर से मिती काटा ₹ 180 है. यह धन कितने समय बाद देय है ?
(*a*) 4 माह (*b*) 5 माह (*c*) 1 वर्ष 3 माह (*d*) 1 वर्ष 4 माह

6. एक निश्चित समय बाद देय किसी धन पर एक निश्चित दर पर मितीकाटा तथा साधारण ब्याज क्रमशः ₹ 170 तथा ₹ 180 हैं. देय धन कितना है ?
(*a*) ₹ 3500 (*b*) ₹ 3060 (*c*) ₹ 6120 (*d*) इनमें से कोई नहीं

7. एक दुकानदार को किसी व्यापारी को 1 वर्ष बाद देय ₹ 10028 देना है. 3 माह बाद दुकानदार अपना ऋण चुकाना चाहता है. यदि ब्याज की दर 12% वार्षिक हो, तो उसे कितना धन देना होगा ?
(*a*) ₹ 9200 (*b*) ₹ 9600 (*c*) ₹ 9560 (*d*) ₹ 9025·20

8. एक व्यक्ति ने एक घड़ी ₹ 1950 में नकद खरीदी तथा उसी समय 1 वर्ष बाद देय ₹ 2160 में बेच दी. यदि ब्याज की दर 8% वार्षिक हो, तो उस व्यक्ति को कितना लाभ हुआ ?
(*a*) ₹ 210 (*b*) ₹ 60 (*c*) ₹ 50 (*d*) इनमें से कोई नहीं

9. एक व्यक्ति ने एक गाय ₹ 15000 नकद में खरीदी तथा उसी दिन 2 वर्ष बाद देय ₹ 18720 में उधार बेच दी. यदि ब्याज की दर 10% वार्षिक हो, तो उस व्यक्ति को कितने प्रतिशत लाभ हुआ ?
(*a*) 2% (*b*) 3% (*c*) 5% (*d*) 4%

10. एक व्यक्ति अपना स्कूटर बेचना चाहता है. इसके दो ग्राहक हैं. एक ग्राहक ₹ 24000 नकद देना चाहता है तथा दूसरा 8 माह बाद देय ₹ 27000. यदि ब्याज की दर 12% वार्षिक हो, तो बेचने वाले व्यक्ति को कौन-सा सौदा लाभप्रद होगा ?
(*a*) ₹ 24000 नकद (*b*) 8 माह बाद देय ₹ 27000 (*c*) दोनों एक जैसे हैं

11. मैंने एक साईकिल ₹ 2000 में नकद खरीदी तथा उसी दिन 6 माह बाद देय ₹ 2415 में उधार बेच दी. यदि ब्याज की दर 10% वार्षिक हो, तो मुझे कितने प्रतिशत लाभ हुआ ?
(*a*) $16\frac{2}{5}\%$ (*b*) 15% (*c*) $12\frac{1}{2}\%$ (*d*) इनमें से कोई नहीं

12. दो बराबर छमाही किस्तों में देय ₹ 7020 का तत्काल धन कितना होगा जबकि ब्याज की दर 8% वार्षिक हो ?
(*a*) ₹ 6750 (*b*) ₹ 7500 (*c*) ₹ 6625 (*d*) ₹ 6500

13. 6 माह के अन्त में देय एक निश्चित धन पर मिती काटा ₹ 24 है तथा उसी धन पर उसी दर से 6 माह का साधारण ब्याज ₹ 25 है. ब्याज की वार्षिक दर कितनी है ?
(*a*) $8\frac{1}{3}\%$ (*b*) $8\frac{3}{4}\%$ (*c*) $8\frac{1}{2}\%$ (*d*) 8%

14. एक निश्चित समय बाद देय ₹ 110 के बिल पर मिती काटा ₹ 10 है. इसी बिल पर इसी दर से इससे दुगुने समय के बाद देय बिल पर मिती काटा कितना होगा ?
(*a*) ₹ 20 (*b*) ₹ 18·33 (*c*) ₹ 21·81 (*d*) ₹ 22

15. एक निश्चित समय बाद देय ₹ 260 के बिल पर मिती काटा ₹ 20 है. इसी दर पर आधे समय के बाद देय इसी बिल पर मिती काटा कितना होगा ?

(*a*) ₹ 10 (*b*) ₹ 10·40 (*c*) ₹ 13 (*d*) ₹ 15·20

16. यदि ₹ 700 का 2 वर्ष का साधारण ब्याज, ₹ 826 पर उतने ही समय के लिए तथा उसी दर पर मिती काटे के बराबर हो, तो ब्याज की वार्षिक दर कितनी होगी ?

(*a*) 9% (*b*) 8% (*c*) $7\frac{1}{2}\%$ (*d*) $6\frac{3}{4}\%$

उत्तरमाला (प्रश्नमाला 29A)

1. (*c*) **2.** (*a*) **3.** (*b*) **4.** (*c*) **5.** (*c*) **6.** (*b*) **7.** (*a*) **8.** (*c*) **9.** (*d*) **10.** (*b*) **11.** (*b*) **12.** (*c*) **13.** (*a*) **14.** (*b*) **15.** (*b*) **16.** (*a*)

दिये गए प्रश्नों के हल प्रश्नमाला 29A

1. देय धन = ₹ 5800, दर = 8% वार्षिक, समय = 2 वर्ष.

$$\text{तत्काल धन} = \frac{(100 \times \text{देय धन})}{100 + (\text{दर} \times \text{समय})} = ₹ \left\{\frac{100 \times 5800}{100 + (8 \times 2)}\right\} = ₹ \left(\frac{100 \times 5800}{116}\right) = ₹\ 5000.$$

2. $$\text{तत्काल धन} = \frac{100 \times \text{मिती काटा}}{\text{दर} \times \text{समय}} = ₹\ \frac{(100 \times 260)}{\left(6 \times \frac{8}{12}\right)} = ₹\ 6500.$$

देय धन = ₹ (6500 + 260) = ₹ 6760.

3. $$\text{तत्काल धन} = \frac{100 \times \text{मिती काटा}}{\text{दर} \times \text{समय}} = ₹\ \frac{(100 \times 390)}{(10 \times 3)} = ₹\ 1300\ .$$

देय धन = ₹ (1300 + 390) = ₹ 1690.

4. तत्काल धन = ₹ (5200 – 200) = ₹ 5000.

$$\text{ब्याज की दर} = \left(\frac{100 \times 200}{5000 \times \frac{6}{12}}\right)\% \text{ वार्षिक} = 8\% \text{ वार्षिक}.$$

5. तत्काल धन = ₹ (2580 – 180) = ₹ 2400.

$$\text{समय} = \left(\frac{100 \times 180}{2400 \times 6}\right) \text{ वर्ष} = \frac{5}{4} \text{ वर्ष} = 1 \text{ वर्ष } 3 \text{ माह}.$$

6. $$\text{देय धन} = \frac{(\text{सा० ब्याज}) \times (\text{मिती काटा})}{(\text{सा० ब्याज}) - (\text{मिती काटा})} = ₹ \left(\frac{180 \times 170}{180 - 170}\right) = ₹\ (18 \times 170) = ₹\ 3060.$$

7. स्पष्ट है कि अब दुकानदार को देना होगा = 9 माह बाद देय ₹ 10028 का वर्तमान मूल्य

$$= ₹ \left\{\frac{100 \times 10028}{100 + \left(12 \times \frac{9}{12}\right)}\right\} = ₹ \left(\frac{100 \times 10028}{109}\right) = ₹\ 9200.$$

8. घड़ी का क्रय मूल्य = ₹ 1950 तथा

विक्रय मूल्य = 1 वर्ष बाद देय ₹ 2160 का तत्काल धन

$$= ₹\ \frac{(100 \times 2160)}{\{100 + (8 \times 1)\}} = ₹ \left(\frac{100 + 2160}{108}\right) = ₹\ 2000 \text{ नकद}.$$

∴ लाभ = ₹ (2000 – 1950) = ₹ 50.

9. गाय का क्रय मूल्य = ₹ 15000.

गाय का विक्रय मूल्य = 2 वर्ष बाद देय ₹ 18720 का वर्तमान मूल्य

$$= ₹ \left\{\frac{(100\times18720)}{100+(10\times2)}\right\} = ₹ \left(\frac{100\times18720}{120}\right) = ₹\, 15600.$$

लाभ = ₹ (15600 − 15000) = ₹ 600.

$\therefore$ लाभ % $= \left(\frac{600}{15000}\times100\right)\% = 4\%.$

10. 8 माह बाद देय ₹ 27000 का वर्तमान मूल्य $= ₹ \left[\frac{100\times27000}{100+\left(12\times\frac{8}{12}\right)}\right] = ₹\, 25000.$

नकद मूल्य = ₹ 27000.

अत: 8 माह बाद देय ₹ 27000, बेचने वाले के लिए लाभप्रद है.

11. 6 माह बाद देय ₹ 2415 का वर्तमान मूल्य $= ₹ \left[\frac{100\times2415}{100+\left(10\times\frac{6}{12}\right)}\right] = ₹ \left(\frac{100\times2415}{105}\right) = ₹\, 2300.$

नकद मूल्य = ₹ 2000.

लाभ % $= \left(\frac{300}{2000}\times100\right)\% = 15\%.$

12. तत्काल धन = 6 माह बाद देय ₹ 3510 का तत्काल धन + 1 वर्ष बाद देय ₹ 3510 का तत्काल धन

$$= ₹ \left\{\frac{100\times3510}{100+\left(8\times\frac{1}{2}\right)}\right\} + ₹ \left\{\frac{100\times3510}{100+(8\times1)}\right\}$$

$$= ₹ \left(\frac{100\times3510}{104}\right) + ₹ \left(\frac{100\times3510}{108}\right) = ₹\, (3375+3250) = ₹\, 6625.$$

13. देय धन $= ₹ \left(\frac{25\times24}{25-24}\right) = ₹\, 600.$

$\therefore$ ₹ 600 का 6 माह का साधारण ब्याज = ₹ 25.

अत: ब्याज की दर $= \left(\frac{100\times25}{600\times\frac{6}{12}}\right)\%$ वार्षिक $= \frac{25}{3}\%$ वार्षिक $= 8\frac{1}{3}\%$ वार्षिक.

14. ₹ (110 − 10) पर एक निश्चित समय का साधारण ब्याज = ₹ 10.

₹ 100 पर दुगुने समय का ब्याज = ₹ 20.

₹ 120 पर मिती काटा = ₹ 20.

₹ 110 पर मिती काटा $= ₹ \left(\frac{20}{120}\times110\right) = ₹\, 18{\cdot}33.$

15. ₹ (260 − 20) पर एक निश्चित समय का सा० ब्याज = ₹ 20.

₹ 240 पर आधे समय का ब्याज = ₹ 10.

₹ 250 पर मिती काटा = ₹ 10.

₹ 260 पर मिती काटा $= ₹ \left(\frac{10}{250}\times260\right) = ₹\, 10{\cdot}40.$

16. माना अभीष्ट दर = $R\%$ वार्षिक.

तब, साधारण ब्याज $= ₹ \left(\frac{700\times R\times2}{100}\right) = ₹\, (14R).$

तथा, मिती काटा = ₹ $\left\{\frac{826\times R\times 2}{100+(R\times 2)}\right\}$ = ₹ $\left(\frac{1652R}{100+2R}\right)$

$\therefore \frac{1652R}{(100+2R)} = 14R \Rightarrow 1652R = 1400R + 28R^2$

$\Rightarrow 28R^2 - 252R = 0 \Rightarrow 28R\,(R-9) = 0 \Rightarrow R-9=0 \Rightarrow R=9.$

∴ अभीष्ट दर = 9% वार्षिक.

प्रश्नमाला 29B

1. 2 वर्ष बाद देय ₹ 5220 का तत्काल धन ज्ञात कीजिए जबकि ब्याज की दर 8% वार्षिक हो.

2. 8 माह बाद देय किसी धन पर 9% वार्षिक दर से मिती काटा ₹ 540 है. देय धन तथा तत्काल धन ज्ञात कीजिए.

3. 1 वर्ष 3 माह बाद देय धन पर 8% वार्षिक दर से मिती काटा ₹ 150 है. देय धन तथा तत्काल धन ज्ञात कीजिए.

4. $3\frac{1}{2}$ वर्ष बाद देय ₹ 1458 का मिती काटा ₹ 378 है. दर प्रतिशत ज्ञात कीजिए.

5. किसी निश्चित समय के बाद देय ₹ 2760 का 9% वार्षिक दर से मिती काटा ₹ 360 है. समय ज्ञात कीजिए.

6. मैं अपना स्कूटर बेचना चाहता हूँ. इसके दो ग्राहक हैं. एक ग्राहक ₹ 17050 में नकद लेना चाहता है तथा दूसरा 6 माह बाद देय ₹ 17940 में. यदि ब्याज की दर 8% वार्षिक हो, तो कौन-सा सौदा लाभप्रद है ?

7. 8 माह बाद देय किसी धन पर 9% वार्षिक दर से मिती काटा तथा साधारण ब्याज का अन्तर ₹ 36 है. धन ज्ञात कीजिए.

8. एक बिल 9 माह बाद देय है. ऋणदाता आधा धन तत्काल लेकर शेष आधा धन 18 माह बाद लेने को तैयार है. इस सौदे से उसे ₹ 36 लाभ होता है. देय धन कितना है, जबकि ब्याज की दर 8% वार्षिक हो ?

9. 2 वर्ष बाद B को A के ₹ 2204 देने हैं तथा 6 माह बाद A को B के ₹ 1872 देने हैं. यदि दोनों तत्काल एक-दूसरे का ऋण चुकाना चाहें तो किसे दूसरे को कितने रुपये देने होंगे जबकि ब्याज की दर 8% वार्षिक हो ?

10. मैंने एक साईकिल ₹ 1600 में नकद खरीदी तथा उसी दिन 6 माह बाद देय ₹ 1749 में उधार बेच दी. यदि ब्याज की दर 12% वार्षिक हो, तो मेरा लाभ अथवा हानि प्रतिशत ज्ञात कीजिए.

11. 6 माह बाद देय वह धन ज्ञात कीजिए जिस पर 12% वार्षिक दर से साधारण ब्याज तथा मिती काटा का अन्तर ₹ 57·60 हो.

12. 2 वर्ष बाद देय धन का मिती काटा ₹ 640 है. इसी धन पर इसी दर से 2 वर्ष का साधारण ब्याज ₹ 800 है. देय धन तथा ब्याज की दर ज्ञात कीजिए.

13. किसी निश्चित समय बाद देय ₹ 371 का मिती काटा ₹ 21 है. इसी दर से इतने ही धन का इससे दुगुने समय का मिती काटा कितना होगा ?

14. 7 माह बाद देय एक बिल का वर्तमान मूल्य ₹ 1200 है. यदि बिल का भुगतान $2\frac{1}{2}$ वर्ष बाद देय होता तो इसका वर्तमान मूल्य ₹ 1016 होता. बिल की राशि तथा ब्याज की दर ज्ञात कीजिये.

15. यदि ₹ 1200 का 3 वर्ष का साधारण ब्याज तथा इसी दर पर इतने ही समय के लिए ₹ 1560 का मिती काटा बराबर हो, तो दर प्रतिशत ज्ञात कीजिए.

16. 2 वर्ष बाद देय ₹ 2916 का तत्काल धन ज्ञात कीजिए जबकि चक्रवृद्धि ब्याज की दर 8% वार्षिक हो. मिती काटा भी ज्ञात कीजिए.

उत्तरमाला (प्रश्नमाला 29B)

1. ₹ 4500 **2.** ₹ 9540, ₹ 9000 **3.** ₹ 1650, ₹ 1500 **4.** 10% वार्षिक
5. 1 वर्ष 8 माह **6.** दूसरा **7.** ₹ 10600 **8.** ₹ 11872 **9.** B, A को ₹ 100 देगा
10. लाभ % = $3\frac{1}{8}$% **11.** ₹ 16960 **12.** ₹ 3200, 12·5% वार्षिक **13.** ₹ 39·75
14. ₹ 1270, 10% वार्षिक **15.** 10% वार्षिक **16.** ₹ 416

दिये गए प्रश्नों के हल प्रश्नमाला 29B

1. देय धन = ₹ 5220, दर = 8% वार्षिक, समय = 2 वर्ष.

$\therefore$ तत्काल धन $= \dfrac{(100 \times \text{देय धन})}{100 + (\text{दर} \times \text{समय})} = ₹ \left\{\dfrac{(100\times5220)}{100+(8\times2)}\right\} = ₹ \left(\dfrac{100\times5220}{116}\right) = ₹\ 4500.$

2. माना देय धन = ₹ x. तब

मिती काटा $= \dfrac{x\times R\times T}{100+(R\times T)} = ₹ \left\{\dfrac{x\times9\times\frac{8}{12}}{100+\left(9\times\frac{8}{12}\right)}\right\} = ₹ \left(\dfrac{6x}{106}\right) = ₹\ \dfrac{3x}{53}.$

$\therefore \dfrac{3x}{53} = 540 \Rightarrow x = \left(540\times\dfrac{53}{3}\right) \Rightarrow x = 9540.$

अत: देय धन = ₹ 9540.

तत्काल धन = (देयधन) – (मिती काटा) = ₹ (9540 – 540) = ₹ 9000.

3. माना देय धन = ₹ x. तब

मिती काटा $= \dfrac{x\times R\times T}{100+(R\times T)} = ₹\ \dfrac{\left(x\times8\times\frac{5}{4}\right)}{\left[100+\left(8\times\frac{5}{4}\right)\right]} = ₹ \left(\dfrac{10x}{110}\right) = ₹\ \dfrac{x}{11}.$

$\therefore \dfrac{x}{11} = 150 \Rightarrow x = (150\times11) = 1650.$

अत: देय धन = ₹ 1650.

तत्काल धन = (देय धन) – (मिती काटा) = ₹ (1650 – 150) = ₹ 1500.

4. तत्काल धन = (देय धन) – (मिती काटा) = ₹ (1458 – 378) = ₹ 1080.

₹ 1080 पर $\dfrac{7}{2}$ वर्ष का व्याज = ₹ 378.

अत: दर $= \left(\dfrac{100\times378}{1080\times\frac{7}{2}}\right)\%$ वार्षिक = 10% वार्षिक.

5. तत्काल धन = (देय धन) – (मिती काटा) = ₹ (2760 – 360) = ₹ 2400.

₹ 2400 का 9% वार्षिक दर से सा० ब्याज = ₹ 360.

अत: अभीष्ट समय $= \dfrac{(100\times360)}{(2400\times9)}$ वर्ष $= \dfrac{5}{3}$ वर्ष = 1 वर्ष 8 माह.

6. स्कूटर का नकद मूल्य = ₹ 17050.

6 माह बाद देय ₹ 17940 का तत्काल धन $= ₹ \left\{\dfrac{100\times17940}{100+\left(8\times\frac{1}{2}\right)}\right\} = ₹ \left(\dfrac{100\times17940}{104}\right) = ₹\ 17250.$

स्पष्ट है कि 17250 > 17050.

अत: दूसरा सौदा अधिक लाभप्रद है.

7. माना देय धन = ₹ x. तब

$$\text{मिती काटा} = ₹ \left\{\frac{\left(x\times 9\times\frac{2}{3}\right)}{100+\left(9\times\frac{2}{3}\right)}\right\} = ₹\ \frac{3x}{53}.$$

$$\text{साधारण ब्याज} = ₹ \left(x\times 9\times\frac{2}{3}\times\frac{1}{100}\right) = ₹\ \frac{3x}{50}.$$

$$\therefore \left(\frac{3x}{50}-\frac{3x}{53}\right) = 36 \Rightarrow (159x-150x) = (36\times 50\times 53)$$

$$\Rightarrow x = \frac{(36\times 50\times 53)}{9} = 10600.$$

अत: देय धन = ₹ 10600.

8. माना देय धन = ₹ x. तब

$$\frac{x}{2}+\frac{\left(\frac{x}{2}\times 100\right)}{\left\{100+\left(8\times\frac{3}{2}\right)\right\}}-\frac{(x\times 100)}{\left\{100+\left(8\times\frac{3}{4}\right)\right\}} = 36 \Rightarrow \frac{x}{2}+\frac{25x}{56}-\frac{50x}{53} = 36$$

$$\Rightarrow 1484x+1325x-2800x = (2968\times 36) \Rightarrow 9x = (2968\times 36) \Rightarrow x = \frac{2968\times 36}{9} = 11872.$$

अत: देय धन = ₹ 11872.

9. B पर ऋण = 2 वर्ष बाद देय ₹ 2204 का तत्काल धन

$$= ₹ \left\{\frac{100\times 2204}{100+(8\times 2)}\right\} = ₹ \left(\frac{100\times 2204}{116}\right) = ₹\ 1900.$$

A पर ऋण = 6 माह बाद देय ₹ 1872 का तत्काल धन

$$= ₹ \left\{\frac{100\times 1872}{100+\left(8\times\frac{6}{12}\right)}\right\} = ₹ \left\{\frac{100\times 1872}{(100+4)}\right\} = ₹ \left\{\frac{100\times 1872}{104}\right\} = ₹\ 1800.$$

अत: B, A को ₹ 100 देगा.

10. साईकिल का क्रय-मूल्य = ₹ 1600.

साईकिल का विक्रय-मूल्य = 6 माह बाद देय ₹ 1749 का तत्काल धन

$$= ₹ \left\{\frac{(100\times 1749)}{100+\left(12\times\frac{1}{2}\right)}\right\} = ₹ \left(\frac{100\times 1749}{106}\right) = ₹\ 1650.$$

लाभ = ₹ (1650 – 1600) = ₹ 50.

$$\text{लाभ}\ \% = \left(\frac{50}{1600}\times 100\right)\% = \frac{25}{8}\% = 3\frac{1}{8}\%.$$

11. माना देय धन = ₹ x. तब

(₹ x का 6 माह का ब्याज) – (6 माह बाद देय ₹ x का मिती काटा) = ₹ 57·60

$$\Rightarrow \left(x\times 12\times\frac{1}{2}\times\frac{1}{100}\right)-\left\{\frac{\left(x\times 12\times\frac{1}{2}\right)}{100+\left(12\times\frac{1}{2}\right)}\right\} = 57\cdot 60$$

$\Rightarrow \frac{3x}{50} - \frac{3x}{53} = \frac{5760}{100} \Rightarrow 3x(53-50) = \left(\frac{288}{5} \times 50 \times 53\right)$

$\Rightarrow 9x = (288 \times 10 \times 53) \Rightarrow x = \frac{(288 \times 10 \times 53)}{9} \Rightarrow x = 16960.$

अत: अभीष्ट धन = ₹ 16960.

12. देय धन $= \frac{\text{(सा० ब्याज)} \times \text{(मिती काटा)}}{\text{(सा० ब्याज)} - \text{(मिती काटा)}} = ₹ \left(\frac{800 \times 640}{800 - 640}\right) = ₹ \left(\frac{800 \times 640}{160}\right) = ₹\ 3200.$

तत्काल धन = ₹ (3200 – 640) = ₹ 2560.

₹ 2560 का 2 वर्ष का सा० ब्याज = ₹ 640.

अत: ब्याज की दर $= \left(\frac{100 \times 640}{2560 \times 2}\right)\%$ वार्षिक $= \frac{25}{2}\%$ वार्षिक = 12·5% वार्षिक.

13. तत्काल धन = ₹ (371 – 21) = ₹ 350.

₹ 350 पर एक निश्चित समय के लिए ब्याज = ₹ 21.

₹ 350 पर इससे दुगुने समय के लिए ब्याज = ₹ 42.

₹ (350 + 42) पर मिती काटा = ₹ 42.

$\therefore$ ₹ 371 पर मिती काटा $= ₹ \left(\frac{42}{392} \times 371\right) = ₹ \frac{159}{4} = ₹\ 39 \cdot 75.$

14. माना ब्याज की दर = $R\%$ वार्षिक.

देय धन $= ₹ \left\{1200 + \left(1200 \times \frac{7}{12} \times \frac{R}{100}\right)\right\} = ₹\ (1200 + 7R).$

तथा देय धन $= ₹ \left\{1016 + \left(1016 \times \frac{5}{2} \times \frac{R}{100}\right)\right\} = ₹ \left(1016 + \frac{127R}{5}\right).$

$\therefore (1200 + 7R) = \left(1016 + \frac{127R}{5}\right) \Rightarrow \left(\frac{127R}{5} - 7R\right) = (1200 - 1016)$

$\Rightarrow \frac{92R}{5} = 184 \Rightarrow R = \left(\frac{184 \times 5}{92}\right) \Rightarrow R = 10.$

अत: ब्याज की दर = 10% वार्षिक.

देय धन $= ₹ \left[1200 + \left(1200 \times \frac{7}{12} \times \frac{10}{100}\right)\right] = ₹\ (1200 + 70) = ₹\ 1270.$

15. स्पष्ट है कि ₹ 1560 का मिती काटा = ₹ 1200 का 3 वर्ष का सा० ब्याज.

$\therefore$ ₹ 1200 का 3 वर्ष का सा० ब्याज = ₹ (1560 – 1200) = ₹ 360.

अत: दर $= \frac{(100 \times 360)}{(1200 \times 3)}\%$ वार्षिक = 10% वार्षिक.

16. तत्काल धन $= ₹ \left\{\frac{2916}{\left(1 + \frac{8}{100}\right)^2}\right\} = ₹ \left(2916 \times \frac{25}{27} \times \frac{25}{27}\right) = ₹\ 2500.$

$\therefore$ मिती काटा = ₹ (2916 – 2500) = ₹ 416.

30 महाजनी बट्टा
(BANKER'S DISCOUNT)

सामान्य नियम

कई बार एक व्यापारी दूसरे व्यापारी से उधार माल खरीदता है तथा इसका भुगतान हुण्डी द्वारा करता है. हुण्डी एक प्रकार का बिल है जिसमें अंकित धनराशि को खरीददार एक निश्चित समय के अन्त में चुकाने का लिखित वायदा करता है. इस पर खरीददार अपने हस्ताक्षर करके विक्रेता को वापिस कर देता है. हुण्डी को लिखित तिथि के तीन दिन बाद, जिन्हें रियायती दिन कहते हैं, भुनाया जा सकता है.

यदि माल विक्रेता को हुण्डी की अवधि समाप्त होने से पहले धन चाहिए तो वह इसे बैंकर को बेच देता है. बैंकर देय धन पर शेष समय का ब्याज (जिसे **महाजनी बट्टा** कहते हैं), काट कर हुण्डी का भुगतान कर देता है.

(महाजनी बट्टा) – (मिती काटा) = महाजनी लाभ.

महाजनी बट्टा = देय धन पर ब्याज.

सूत्र

1. महाजनी बट्टा = शेष समय के लिए बिल पर ब्याज.
2. महाजनी लाभ = (महाजनी बट्टा) – (मिती काटा) = मिती काटा पर सा० ब्याज = $\frac{(\text{मिती काटा})^2}{\text{तत्काल धन}}$.
3. महाजनी बट्टा = $\frac{\text{देय धन} \times \text{दर} \times \text{समय}}{100}$.
4. मिती काटा = $\sqrt{\text{तत्काल धन} \times \text{महाजनी लाभ}}$.
5. देय धन = $\frac{(\text{महाजनी बट्टा}) \times (\text{मिती काटा})}{(\text{महाजनी बट्टा}) - (\text{मिती काटा})}$.
6. मिती काटा = $\frac{\text{महाजनी लाभ} \times 100}{\text{दर} \times \text{समय}}$.

साधित उदाहरण

प्रश्न 1. 2 वर्ष बाद देय ₹ 1850 का महाजनी बट्टा कितना होगा जबकि ब्याज की दर 8% वार्षिक हो ?

हल : महाजनी बट्टा = $\frac{\text{देय धन} \times \text{दर} \times \text{समय}}{100}$ = ₹ $\left(\frac{1850 \times 8 \times 2)}{100}\right)$ = ₹ 296.

प्रश्न 2. 8 माह बाद देय किसी धन के महाजनी बट्टा तथा मिती काटा क्रमशः ₹ 1300 तथा ₹ 1200 हैं. देय धन तथा दर प्रतिशत ज्ञात कीजिए.

हल : देय धन = $\frac{(\text{महाजनी बट्टा}) \times (\text{मिती काटा})}{(\text{महाजनी बट्टा}) - (\text{मिती काटा})}$ = ₹ $\left\{\frac{(1300 \times 1200)}{(1300 - 1200)}\right\}$ = ₹ 15600.

महाजनी बट्टा = देय धन पर ब्याज.

अतः दर = $\frac{(100 \times 1300)}{\left(15600 \times \frac{8}{12}\right)}\% = \frac{25}{2}\% = 12 \cdot 5\%$.

प्रश्न 3. 8 माह बाद देय धन पर मिती काटा ₹ 216 है तथा इतने ही धन पर उसी दर से $2\frac{1}{2}$ वर्ष का साधारण ब्याज ₹ 855 है. देय धन तथा ब्याज की दर ज्ञात कीजिये.

हल : देय धन पर $\frac{5}{2}$ वर्ष का सा० ब्याज = ₹ 855.

देय धन पर $\frac{8}{12}$ वर्ष का सा० ब्याज = ₹ $\left(855 \times \frac{2}{5} \times \frac{8}{12}\right)$ = ₹ 228.

∴ महाजनी बट्टा = ₹ 228 तथा मिती काटा = ₹ 216.

देय धन = $\frac{\text{(महाजनी बट्टा)} \times \text{(मिती काटा)}}{\text{(महाजनी बट्टा)} - \text{(मिती काटा)}}$ = ₹ $\left(\frac{228 \times 216}{228 - 216}\right)$ = ₹ $\left(\frac{228 \times 216}{12}\right)$ = ₹ 4104.

महाजनी बट्टा देय धन पर साधारण ब्याज है.

∴ ₹ 4104 पर $\frac{2}{3}$ वर्ष का साधारण ब्याज = ₹ 228.

अतः दर = $\left(\frac{100 \times 228}{4104 \times \frac{2}{3}}\right)$% वार्षिक = $\frac{25}{3}$% वार्षिक = $8\frac{1}{3}$% वार्षिक.

प्रश्न 4. कुछ समय बाद देय ₹ 1650 पर मिती काटा ₹ 150 है. इस पर महाजनी बट्टा कितना होगा?

हल : तत्काल धन = (देय धन) – (मिती काटा) = ₹ (1650 – 150) = ₹ 1500.

₹ 1500 पर साधारण ब्याज = ₹ 150.

₹ 1650 पर साधारण ब्याज = ₹ $\left(\frac{150}{1500} \times 1650\right)$ = ₹ 165.

अतः महाजनी बट्टा = ₹ 165.

प्रश्न 5. एक निश्चित समय बाद देय ₹ 2028 पर महाजनी बट्टा ₹ 169 है. मिती काटा तथा महाजनी लाभ ज्ञात कीजिए.

हल : देय धन = $\frac{\text{(महाजनी बट्टा)} \times \text{(मिती काटा)}}{\text{(महाजनी बट्टा)} - \text{(मिती काटा)}} = \frac{\text{(महाजनी बट्टा)} \times \text{(मिती काटा)}}{\text{महाजनी लाभ}}$

$\Rightarrow \frac{\text{(मिती काटा)}}{\text{महाजनी लाभ}} = \frac{\text{देय धन}}{\text{महाजनी बट्टा}} = \frac{2028}{169} = \frac{12}{1}$.

माना महाजनी लाभ = ₹ x. तब, मिती काटा = ₹ $12x$.

महाजनी बट्टा = (मिती काटा) + (महाजनी लाभ) = ₹ $(12x + x)$ = ₹ $13x$.

∴ $13x = 169 \Rightarrow x = 13$.

अतः महाजनी लाभ = ₹ 13 तथा मिती काटा = ₹ (12 × 13) = ₹ 156.

प्रश्न 6. एक निश्चित समय बाद देय किसी धन का वर्तमान मूल्य ₹ 28900 तथा मिती काटा ₹ 850 है. महाजनी बट्टा तथा महाजनी लाभ ज्ञात कीजिए.

हल : मिती काटा = $\sqrt{\text{तत्काल धन} \times \text{महाजनी लाभ}}$

$\Rightarrow$ (मिती काटा)^2 = (तत्काल धन) × (महाजनी लाभ)

$\Rightarrow$ महाजनी लाभ = $\frac{\text{(मिती काटा)}^2}{\text{तत्काल धन}}$ = ₹ $\left(\frac{850 \times 850}{28900}\right)$ = ₹ 25.

$\Rightarrow$ महाजनी बट्टा = (मिती काटा + महाजनी लाभ) = ₹ (850 + 25) = ₹ 875.

प्रश्नमाला 30A

निम्नलिखित प्रश्नों में से प्रत्येक में ठीक उत्तर को चिन्हांकित (✓) कीजिए :

1. कुछ समय बाद देय किसी धन पर महाजनी बट्टा तथा मिती काटा क्रमशः ₹ 720 तथा ₹ 600 हैं. देय धन कितना है?

(*a*) ₹ 5400 (*b*) ₹ 4320 (*c*) ₹ 4050 (*d*) ₹ 3600

2. 4 माह बाद देय किसी धन का महाजनी बट्टा तथा मिती काटा क्रमशः ₹ 515 तथा ₹ 500 हैं. ब्याज की वार्षिक दर कितनी है ? **(मैनेजमैन्ट परीक्षा, 2004)**
(*a*) 8% (*b*) 9% (*c*) 10% (*d*) 7·5%

3. $1\frac{1}{2}$ वर्ष बाद देय किसी धन पर महाजनी बट्टा ₹ 360 है तथा 2 वर्ष बाद देय इसी धन पर मिती काटा ₹ 400 है. ब्याज की वार्षिक दर कितनी है ?
(*a*) 10% (*b*) 8% (*c*) 9% (*d*) 12%

4. 9 माह बाद देय किसी धन पर 8% वार्षिक दर से मिती काटा ₹ 300 है. इस धन पर महाजनी बट्टा कितना होगा ?
(*a*) ₹ 312 (*b*) ₹ 316 (*c*) ₹ 318 (*d*) ₹ 324

5. ₹ 1650 के बिल पर मिती काटा ₹ 150 है. इस पर महाजनी बट्टा कितना होगा ?
(*a*) ₹ 175 (*b*) ₹ 165 (*c*) ₹ 185 (*d*) ₹ 135

6. 2 वर्ष बाद देय किसी धन पर महाजनी बट्टा, मिती काटा का $\frac{6}{5}$ है. ब्याज की वार्षिक दर कितनी है ?
(*a*) 8% (*b*) 9% (*c*) 10% (*d*) 7·5%

7. एक निश्चित समय के बाद देय किसी बिल का वर्तमान मूल्य ₹ 1100 है तथा इस बिल पर मिती काटा ₹ 110 है. महाजनी बट्टा कितना होगा ?
(*a*) ₹ 165 (*b*) ₹ 121 (*c*) ₹ 141 (*d*) इनमें से कोई नहीं

8. कुछ समय बाद देय किसी धन का वर्तमान मूल्य ₹ 1600 है तथा इस पर मिती काटा ₹ 120 है. महाजनी लाभ कितना है ?
(*a*) ₹ 9 (*b*) ₹ 10 (*c*) ₹ 12 (*d*) ₹ 16

9. 2 वर्ष बाद देय किसी धन का 10% वार्षिक दर से महाजनी लाभ ₹ 160 है. देय धन कितना है ?
(*a*) ₹ 3200 (*b*) ₹ 3600 (*c*) ₹ 4000 (*d*) ₹ 4800

10. 1 वर्ष बाद देय किसी धन पर 8% वार्षिक दर से महाजनी लाभ ₹ 60 है. इस धन पर मिती काटा कितना होगा ?
(*a*) ₹ 480 (*b*) ₹ 960 (*c*) ₹ 540 (*d*) ₹ 750

11. 2 वर्ष बाद देय किसी धन पर 10% वार्षिक दर से महाजनी लाभ ₹ 240 है. इसका तत्काल धन कितना होगा ?
(*a*) ₹ 2400 (*b*) ₹ 3600 (*c*) ₹ 6000 (*d*) ₹ 4800

12. 8 माह बाद देय किसी धन पर $7\frac{1}{2}\%$ वार्षिक दर से महाजनी बट्टा ₹ 210 है. मिती काटा कितना होगा ?
(*a*) ₹ 200 (*b*) ₹ 205 (*c*) ₹ 202·50 (*d*) इनमें से कोई नहीं

13. 3 वर्ष बाद देय किसी धन पर 9% वार्षिक दर से महाजनी लाभ ₹ 405 है. महाजनी बट्टा कितना होगा ?
(*a*) ₹ 1620 (*b*) ₹ 1500 (*c*) ₹ 1180 (*d*) ₹ 3645

14. कुछ समय बाद देय किसी धन का वर्तमान मूल्य ₹ 5760 तथा महाजनी लाभ ₹ 160 है. मिती काटा कितना होगा ?
(*a*) ₹ 360 (*b*) ₹ 480 (*c*) ₹ 720 (*d*) ₹ 960

उत्तरमाला (प्रश्नमाला 30A)

1. (*d*) **2.** (*b*) **3.** (*a*) **4.** (*c*) **5.** (*b*) **6.** (*c*) **7.** (*b*) **8.** (*a*) **9.** (*d*) **10.** (*d*)
11. (*c*) **12.** (*a*) **13.** (*b*) **14.** (*d*)

दिये गये प्रश्नों का हल — प्रश्नमाला 30A

1. $\text{देय धन} = \dfrac{(\text{महाजनी बट्टा}) \times (\text{मिती काटा})}{(\text{महाजनी बट्टा}) - (\text{मिती काटा})} = ₹ \left(\dfrac{720 \times 600}{120}\right) = ₹ 3600.$

2. $\text{देय धन} = \dfrac{(\text{महाजनी बट्टा}) \times (\text{मिती काटा})}{(\text{महाजनी बट्टा}) - (\text{मिती काटा})} = ₹ \left(\dfrac{515 \times 500}{15}\right) = ₹ \dfrac{51500}{3}.$

$\therefore$ ₹ $\frac{51500}{3}$ पर $\frac{1}{3}$ वर्ष का सा० ब्याज = ₹ 515.

अतः ब्याज की दर $= \frac{(515\times100)}{\left(\frac{51500}{3}\times\frac{1}{3}\right)}\%$ वार्षिक = 9% वार्षिक.

3. $\frac{3}{2}$ वर्ष का महाजनी बट्टा = ₹ 360 $\Rightarrow$ 2 वर्ष का महाजनी बट्टा = ₹ $\left(360\times\frac{2}{3}\times2\right)$ = रु० 480.

देय धन $= \frac{(\text{महाजनी बट्टा})\times(\text{मिती काटा})}{(\text{महाजनी बट्टा})-(\text{मिती काटा})}$ = ₹ $\left(\frac{480\times400}{80}\right)$ = ₹ 2400.

₹ 2400 का 2 वर्ष का सा० ब्याज = ₹ 480.

अतः ब्याज की दर $= \left(\frac{100\times480}{2400\times2}\right)\%$ वार्षिक = 10% वार्षिक.

4. महाजनी लाभ = मिती काटा पर सा० ब्याज = ₹ $\left(300\times\frac{9}{12}\times\frac{8}{100}\right)$ = ₹ 18.

$\therefore$ महाजनी बट्टा = (मिती काटा) + (महाजनी लाभ) = ₹ (300 + 18) = ₹ 318.

5. देय धन = ₹ 1650, मिती काटा = ₹ 150.

तत्काल धन = ₹ (1650 − 150) = ₹ 1500.

₹ 1500 पर साधारण ब्याज = ₹ 150.

₹ 1650 पर साधारण ब्याज = ₹ $\left(\frac{150}{1500}\times1650\right)$ = ₹ 165.

अतः महाजनी बट्टा = ₹ 165.

6. माना मिती काटा = ₹ x. तब, महाजनी बट्टा = ₹ $\frac{6x}{5}$.

देय धन $= \frac{(\text{महाजनी बट्टा})\times(\text{मिती काटा})}{(\text{महाजनी बट्टा})-(\text{मिती काटा})}$ = ₹ $\frac{\left(\frac{6x}{5}\times x\right)}{\left(\frac{6x}{5}-x\right)}$ = ₹ $6x$.

$\therefore$ ₹ $6x$ पर 2 वर्ष का ब्याज = ₹ $\frac{6x}{5}$.

अतः ब्याज की दर $= \left(\frac{100\times\frac{6x}{5}}{6x\times2}\right)\%$ वार्षिक = 10% वार्षिक.

7. महाजनी लाभ $= \frac{(\text{मिती काटा})^2}{\text{वर्तमान मूल्य}}$ = ₹ $\frac{(110\times110)}{1100}$ = ₹ 11.

महाजनी बट्टा = ₹ (110 + 11) = ₹ 121.

8. महाजनी लाभ $= \frac{(\text{मिती काटा})^2}{\text{वर्तमान मूल्य}}$ = ₹ $\left(\frac{120\times120}{1600}\right)$ = ₹ 9.

9. मिती काटा $= \frac{\text{महाजनी लाभ}\times100}{\text{दर}\times\text{समय}}$ = ₹ $\left(\frac{160\times100}{10\times2}\right)$ = ₹ 800.

महाजनी बट्टा = ₹ (800 + 160) = ₹ 960.

देय धन $= \frac{(\text{महाजनी बट्टा})\times(\text{मिती काटा})}{(\text{महाजनी बट्टा})-(\text{मिती काटा})}$ = ₹ $\left(\frac{960\times800}{160}\right)$ = ₹ 4800.

10. महाजनी लाभ = मिती काटा पर साधारण ब्याज.

$\therefore$ मिती काटा = ₹ $\left(\frac{60\times100}{8\times1}\right)$ = ₹ 750.

11. महाजनी लाभ = मिती काटा पर साधारण ब्याज.

$\therefore$ मिती काटा = ₹ $\left(\frac{240\times100}{10\times2}\right)$ = ₹ 1200.

मिती काटा = तत्काल धन पर साधारण ब्याज.

$\therefore$ तत्काल धन = ₹ $\left(\frac{1200\times100}{10\times2}\right)$ = ₹ 6000.

12. मिती काटा = $\frac{(\text{महाजनी बट्टा})\times100}{100+(\text{दर}\times\text{समय})}$ = ₹ $\left\{\frac{210\times100}{100+\left(\frac{15}{2}\times\frac{8}{12}\right)}\right\}$

= ₹ $\left(\frac{210\times100}{105}\right)$ = ₹ 200.

13. मिती काटा = $\left(\frac{\text{महाजनी लाभ}\times100}{\text{दर}\times\text{समय}}\right)$ = ₹ $\left(\frac{405\times100}{9\times3}\right)$ = ₹ 1500.

14. मिती काटा = $\sqrt{\text{वर्तमान मूल्य}\times\text{महाजनी लाभ}}$ = ₹ $\left\{\sqrt{5760\times160}\right\}$ = ₹ 960.

प्रश्नमाला 30B

1. ₹ 20600 का एक बिल (अर्थात हुण्डी) 15 जुलाई 2011 को 5 माह के लिए लिखा गया तथा 6 अक्तूबर 2011 को 10% की दर से भुना लिया गया. महाजनी बट्टा, मिती काटा तथा महाजनी लाभ ज्ञात कीजिए. यह भी ज्ञात कीजिए कि विक्रेता को कितना धन मिला?
2. 8% वार्षिक दर से 6 माह बाद देय किसी धन पर मिती काटा ₹ 375 है. इसी दर पर तथा इतने ही समय के लिए महाजनी बट्टा कितना होगा?
3. 1 वर्ष 3 माह बाद देय किसी धन का महाजनी बट्टा तथा मिती काटा क्रमशः ₹ 1300 तथा ₹ 1200 हैं. देय धन तथा दर प्रतिशत ज्ञात कीजिए.
4. ₹ 1800 पर 9% वार्षिक दर से किसी निश्चित समय का महाजनी बट्टा तथा इसी दर पर इतने ही समय के लिए ₹ 1908 पर मिती काटा बराबर हैं. समय ज्ञात कीजिये.
5. 10 माह बाद देय धन पर मिती काटा ₹ 1200 है. इतने ही धन पर इसी दर से $2\frac{1}{2}$ वर्ष का साधारण ब्याज ₹ 3780 है. देय धन तथा ब्याज की दर ज्ञात कीजिए.
6. एक निश्चित समय बाद देय किसी धन का वर्तमान मूल्य ₹ 28900 तथा मिती काटा ₹ 850 है. महाजनी बट्टा तथा महाजनी लाभ ज्ञात कीजिए.
7. 1 वर्ष 4 माह बाद देय किसी धन का 9% वार्षिक दर से महाजनी लाभ ₹ 108 है. देय धन ज्ञात कीजिए.
8. $1\frac{1}{2}$ वर्ष बाद देय किसी धन का महाजनी बट्टा, मिती काटा का $\frac{23}{20}$ है. ब्याज की दर प्रतिशत ज्ञात कीजिए.
9. 1 वर्ष 3 माह बाद देय किसी धन का महाजनी लाभ, महाजनी बट्टे का $\frac{1}{11}$ है. ब्याज की दर प्रतिशत ज्ञात कीजिए.
10. एक व्यापारी अपने 10 माह बाद देय बिल का भुगतान देने में 10% काट लेता है. उसे किस दर से ब्याज मिलता है?

उत्तरमाला (प्रश्नमाला 30B)

1. महाजनी बट्टा = ₹ 408, मिती काटा = ₹ 400, महाजनी लाभ = ₹ 8, विक्रेता को मिला धन = ₹ 20392

2. ₹ 390 **3.** ₹ 15600, $6\frac{2}{3}$% वार्षिक **4.** 8 माह **5.** ₹ 25200, 6% वार्षिक

6. ₹ 25, ₹ 875 **7.** ₹ 8400 **8.** 10% वार्षिक **9.** 8% वार्षिक **10.** $13\frac{1}{3}$% वार्षिक

दिये गये प्रश्नों के हल | प्रश्नमाला 30B

1. देय धन = ₹ 20400.

बिल लिखे जाने की तिथि = 15 जुलाई, 2011 (5 माह के लिए)

देय तिथि = 15 दिसम्बर, 2011.

शुद्ध देय तिथि = 18 दिसम्बर, 2011

बिल भुनाये जाने की तिथि = 6 अक्तूबर, 2011.

शेष समय अक्तू० नव० दिस०

$(25 + 30 + 18)$ दिन = 73 दिन $= \frac{1}{5}$ वर्ष.

महाजनी बट्टा = ₹ 20400 पर 10% वार्षिक दर से $\frac{1}{5}$ वर्ष का ब्याज

$= ₹ \left(20400 \times \frac{10}{100} \times \frac{1}{5}\right) = ₹ 408.$

मिती काटा $= ₹ \left\{\frac{20400 \times 10 \times \frac{1}{5}}{100 + \left(10 \times \frac{1}{5}\right)}\right\} = ₹ 400.$

महाजनी लाभ = ₹ (408 – 400) = ₹ 8.

विक्रेता को मिला धन = ₹ (20400 – 8) = ₹ 20392.

2. महाजनी लाभ = मिती काटा पर साधारण ब्याज $= ₹ \left(375 \times \frac{8}{100} \times \frac{6}{12}\right) = ₹ 15.$

महाजनी बट्टा = (मिती काटा) + (महाजनी लाभ) = ₹ (375 + 15) = ₹ 390.

3. महाजनी बट्टा = ₹ 1300 तथा मिती काटा = ₹ 1200.

देय धन $= \frac{(\text{महाजनी बट्टा}) \times (\text{मिती काटा})}{(\text{महाजनी बट्टा}) - (\text{मिती काटा})} = ₹ \left(\frac{1300 \times 1200}{100}\right) = ₹ 15600.$

महाजनी बट्टा = देय धन पर सा० ब्याज

$\Rightarrow$ ₹ 15600 का $\frac{5}{4}$ वर्ष का ब्याज = ₹ 1300.

$\Rightarrow$ दर $= \frac{(100 \times 1300)}{\left(15600 \times \frac{5}{4}\right)}\%$ वार्षिक $= \frac{20}{3}\%$ वार्षिक $= 6\frac{2}{3}\%$ वार्षिक.

4. स्पष्ट है कि ₹ 1908 का वर्तमान मूल्य = ₹ 1800.

$\therefore$ ₹ 1800 पर 9% वार्षिक दर से सा० ब्याज = ₹ 108.

अत: समय $= \frac{(100 \times 108)}{(1800 \times 9)}$ वर्ष $= \frac{2}{3}$ वर्ष $= \left(\frac{2}{3} \times 12\right)$ माह = 8 माह.

5. देय धन पर $\frac{5}{2}$ वर्ष का ब्याज = ₹ 3780.

देय धन पर $\frac{10}{12}$ वर्ष का ब्याज $= ₹ \left(3780 \times \frac{2}{5} \times \frac{10}{12}\right) = ₹ 1260.$

महाजनी बट्टा = ₹ 1260 तथा मिती काटा = ₹ 1200.

देय धन $= ₹ \left(\frac{1260 \times 1200}{1260 - 1200}\right) = ₹ \left(\frac{1260 \times 1200}{60}\right) = ₹ 25200.$

महाजनी बट्टा = देय धन पर साधारण ब्याज

$\therefore$ ₹ 25200 का $\frac{5}{6}$ वर्ष का सा० ब्याज = ₹ 1260.

अतः दर $= \dfrac{(100\times1260)}{\left(25200\times\dfrac{5}{6}\right)}\%$ वार्षिक = 6% वार्षिक.

6. महाजनी लाभ = $\dfrac{(\text{मिती काटा})^2}{\text{तत्काल धन}}$ = ₹ $\left(\dfrac{850\times850}{28900}\right)$ = ₹ 25.

महाजनी बट्टा = (मिती काटा + महाजनी लाभ) = रु (850 + 25) = रु 875.

7. मिती काटा = $\dfrac{(\text{महाजनी लाभ}\times100)}{(\text{दर}\times\text{समय})}$ = ₹ $\left(\dfrac{108\times100}{9\times\dfrac{4}{3}}\right)$ = ₹ 900.

महाजनी बट्टा = ₹ (900 + 108) = ₹ 1008.

देय धन = $\dfrac{(\text{महाजनी बट्टा}\times\text{मिती काटा})}{(\text{महाजनी बट्टा}-\text{मिती काटा})} = \dfrac{(\text{महाजनी बट्टा}\times\text{मिती काटा})}{\text{महाजनी लाभ}}$

= ₹ $\left(\dfrac{1008\times900}{108}\right)$ = ₹ 8400.

8. माना मिती काटा = ₹ x. तब, महाजनी बट्टा = ₹ $\dfrac{23x}{20}$.

देय धन = ₹ $\left\{\dfrac{\left(\dfrac{23x}{20}\times x\right)}{\left(\dfrac{23x}{20}-x\right)}\right\}$ = ₹ $\dfrac{23x}{3}$.

∴ ₹ $\dfrac{23x}{3}$ का $\dfrac{3}{2}$ वर्ष का सा० ब्याज = ₹ $\dfrac{23x}{20}$.

अतः दर $= \dfrac{\left(100\times\dfrac{23x}{20}\right)}{\left(\dfrac{23x}{3}\times\dfrac{3}{2}\right)}\%$ वार्षिक = 10% वार्षिक.

9. माना महाजनी बट्टा = ₹ x. तब, महाजनी लाभ = ₹ $\dfrac{x}{11}$.

मिती काटा = ₹ $\left(x-\dfrac{x}{11}\right)$ = रु० $\dfrac{10x}{11}$.

देय धन = ₹ $\left\{\dfrac{\left(x\times\dfrac{10x}{11}\right)}{\left(x-\dfrac{10x}{11}\right)}\right\}$ = ₹ $10x$.

₹ $10x$ पर $\dfrac{5}{4}$ वर्ष का साधारण ब्याज = ₹ x.

∴ दर $= \dfrac{(100\times x)}{\left(10x\times\dfrac{5}{4}\right)}\%$ वार्षिक = 10% वार्षिक.

10. माना देय धन = ₹ 100. तब, काटा गया धन = ₹ 10.

बिल वाले व्यापारी को अभी मिलेगा = ₹ 90.

∴ ₹ 90 पर $\dfrac{10}{12}$ वर्ष का साधारण ब्याज = ₹ 10.

अतः दर $= \left(\dfrac{100\times10}{90\times\dfrac{10}{12}}\right)\%$ वार्षिक $= \dfrac{40}{3}\%$ वार्षिक $= 13\dfrac{1}{3}\%$ वार्षिक.

31

भाग 2 : समंकों का विश्लेषण

सारणीयन (TABULATION)

निर्देश (प्र० न० 1 से 5 तक) : नीचे दी गई तालिका में एक परीक्षा में विभिन्न छात्रों द्वारा विभिन्न विषयों में प्राप्त अंकों का प्रतिशत दिया गया है. इस तालिका का ध्यानपूर्वक अध्ययन करके निम्नलिखित प्रश्नों के उत्तर दीजिए. **(बैंक पी०ओ० परीक्षा, 2010)**

एक परीक्षा में विभिन्न छात्रों द्वारा विभिन्न विषयों में प्राप्त अंकों का प्रतिशत

विषय	अंग्रेजी	हिन्दी	विज्ञान	इतिहास	गणित	भूगोल
पूर्णांक	100	100	150	60	150	40
छात्र ↓						
A	68	75	82	60	96	55
B	88	73	85	65	88	65
C	75	56	72	75	75	80
D	70	66	80	80	72	62
E	72	60	68	74	68	75
F	85	70	90	70	74	70

1. सभी विषयों में कुल मिलाकर *C* को लगभग कितने प्रतिशत अंक मिले ?
(*a*) 78% (*b*) 69% (*c*) 75% (*d*) 71% (*e*) 65%
2. *B* के अंग्रेजी तथा गणित में प्राप्तांकों का योग तथा *F* के इन विषयों में प्राप्तांकों के योग में कितना अन्तर है ?
(*a*) 24 (*b*) 17 (*c*) 15 (*d*) 28 (*e*) इनमें से कोई नहीं
3. *E* के भूगोल के प्राप्तांक उसके हिन्दी के प्राप्तांकों का कितने प्रतिशत है ?
(*a*) 45% (*b*) 55% (*c*) 50% (*d*) 60% (*e*) इनमें से कोई नहीं
4. *D* को इतिहास तथा भूगोल में मिलाकर मिले अंकों का प्रतिशत कितना है ?
(*a*) 73·4% (*b*) 72·8% (*c*) 70·5% (*d*) 68·8% (*e*) इनमें से कोई नहीं
5. विज्ञान में सभी छात्रों का औसत प्राप्तांक कितना है ?
(*a*) 77·16 (*b*) 120·5 (*c*) 118 (*d*) 121 (*e*) इनमें से कोई नहीं

दिये गये प्रश्नों के हल

1. (*d*) : *C* के सभी विषयों में मिले प्राप्तांक $= \left(75+56+\frac{72}{100}\times150+\frac{75}{100}\times60+\frac{75}{100}\times150+\frac{80}{100}\times40\right)$

$= (75 + 56 + 108 + 45 + 112{\cdot}5 + 32) = 428{\cdot}5.$

अभीष्ट $\% = \left(\frac{428\cdot5}{600}\times100\right)\% = 71\cdot4\% \simeq 71\%$ लगभग.

2. (*a*) : *B* के अंग्रेजी तथा गणित के कुल प्राप्तांक $= \left(88+\frac{88}{100}\times150\right) = (88+132) = 220.$

F के अंग्रेजी तथा गणित के कुल प्राप्तांक $= \left(85+\frac{74}{100}\times150\right) = (85+111) = 196.$

अभीष्ट अन्तर = (220 – 196) = 24.

3. (*c*) : E के भूगोल में प्राप्तांक $= \left(\frac{75}{100} \times 40\right) = 30.$

E के हिन्दी में प्राप्तांक = 60.

अभीष्ट % $= \left(\frac{30}{60} \times 100\right)\% = 50\%.$

4. (*b*) : D के इतिहास तथा भूगोल के कुल प्राप्तांक $= \left(\frac{80}{100} \times 60\right) + \left(\frac{62}{100} \times 40\right) = (48 + 24 \cdot 8) = 72 \cdot 8.$

कुल अंक = (60 + 40) = 100.

अभीष्ट % = 72·8%.

5. (*e*) : विज्ञान में सभी छात्रों के अंकों का योग

$= \left(\frac{82}{100} \times 150\right) + \left(\frac{85}{100} \times 150\right) + \left(\frac{72}{100} \times 150\right) + \left(\frac{80}{100} \times 150\right) + \left(\frac{68}{100} \times 150\right) + \left(\frac{90}{100} \times 150\right)$

$= (123 + 127 \cdot 5 + 108 + 120 + 102 + 135) = 715 \cdot 5.$

अभीष्ट औसत प्राप्तांक $= \frac{715 \cdot 5}{6} = 119 \cdot 25.$

निर्देश (प्र० न० 6 से 10 तक) : नीचे दी गई तालिका में विगत वर्षों में छः विभिन्न कम्पनियों द्वारा निर्मित इकाइयों की संख्या (हजारों में) दी गई है. इस तालिका का ध्यानपूर्वक अध्ययन करके निम्नलिखित प्रश्नों के उत्तर दीजिये. **(बैंक पी०ओ० परीक्षा, 2010)**

विगत वर्षों में 6 विभिन्न कम्पनियों द्वारा निर्मित इकाइयों की संख्या (हजारों में)

वर्ष	कम्पनी					
	A	B	C	D	E	F
2004	14·5	13·8	11·6	16·2	13·9	15·1
2005	15·8	14·9	12·4	16·3	14·1	15·2
2006	15·9	14·6	12·7	16·0	15·4	15·5
2007	16·0	15·0	12·9	15·3	15·7	16·1
2008	15·4	15·5	13·8	15·6	16·4	16·7
2009	16·2	16·7	14·9	16·3	16·6	16·7

6. वर्ष 2008 में कम्पनी F द्वारा निर्मित इकाईयों की संख्या में पिछले वर्ष की तुलना में कितने प्रतिशत वृद्धि हुई ? (दशमलव के 2 अंकों तक पूर्णांकित)

(*a*) 3·73% (*b*) 3·62% (*c*) 4·35% (*d*) 4·16% (*e*) इनमें से कोई नहीं

7. वर्ष 2004 तथा वर्ष 2007 में कुल मिलाकर कम्पनी D द्वारा निर्मित इकाईयों का औसत कितना है ?

(*a*) 14650 (*b*) 15750 (*c*) 13750 (*d*) 16470 (*e*) इनमें से कोई नहीं

8. वर्ष 2009 में कम्पनी A तथा B द्वारा निर्मित इकाईयों की कुल संख्या का उसी वर्ष कम्पनी C तथा D द्वारा निर्मित इकाईयों की कुल संख्या से क्रमशः कितना अनुपात है ?

(*a*) 312 : 329 (*b*) 317 : 311 (*c*) 329 : 312 (*d*) 311 : 317 (*e*) इनमें से कोई नहीं

9. वर्ष 2005 में कम्पनी *E* द्वारा निर्मित इकाईयों की संख्या सभी वर्षों में मिलाकर उसके द्वारा निर्मित इकाईयों की कुल संख्या का लगभग कितने प्रतिशत है ?

(*a*) 31% (*b*) 27% (*c*) 7% (*d*) 15% (*e*) 23%

10. सभी वर्षों में कुल मिलाकर कम्पनी *C* द्वारा निर्मित इकाईयों की संख्या कितनी है ?

(*a*) 783 (*b*) 7830 (*c*) 78300 (*d*) 783000 (*e*) इनमें से कोई नहीं

दिये गये प्रश्नों के हल

6. (*a*) : वर्ष 2007 में कम्पनी *F* द्वारा निर्मित इकाईयाँ = (16·1 × 1000) = 16100.

वर्ष 2008 में कम्पनी *F* द्वारा निर्मित इकाईयाँ = (16·7 × 1000) = 16700.

अभीष्ट वृद्धि $\% = \left(\frac{600}{16100}\times100\right)\% = \left(\frac{600}{161}\right)\% = 3\cdot726\% \simeq 3\cdot73\%.$

7. (*b*) : वर्ष 2004 तथा 2007 में कम्पनी *D* द्वारा निर्मित इकाईयों का औसत

$$= \frac{(16\cdot2+15\cdot3)\times1000}{2} = \frac{31\cdot5\times1000}{2} = (15\cdot75\times1000) = 15750.$$

8. (*c*) : वर्ष 2009 में (*A* + *B*) की कुल इकाईयाँ = (16·2 + 16·7) × 1000 = 32900.

वर्ष 2009 में (*C* + *D*) की कुल इकाईयाँ = (14·9 + 16·3) × 1000 = 31200.

अभीष्ट अनुपात $= \frac{32900}{31200} = \frac{329}{312} = 329:312.$

9. (*d*) : वर्ष 2005 में *E* द्वारा निर्मित इकाईयाँ = (14·1 × 1000) = 14100.

सभी वर्षों में *E* द्वारा निर्मित कुल इकाईयाँ

= (13·9 + 14·1 + 15·4 + 15·7 + 16·4 + 16·6) × 1000 = (92·1 × 1000) = 92100.

अभीष्ट $\% = \left(\frac{14100}{92100}\times100\right)\% = \left(\frac{141}{921}\times100\right)\% = \frac{4700}{307}\% = 15\cdot3\% \simeq 15\%.$

10. (*c*) : सभी वर्षों में *C* द्वारा निर्मित कुल इकाईयाँ

= (11·6 + 12·4 + 12·7 + 12·9 + 13·8 + 14·9) × 1000 = (78·3 × 1000) = 78300.

निर्देश (प्र० न० 11 से 15 तक) : नीचे दी गई तालिका में विगत वर्षों में 6 कम्पनियों द्वारा अर्जित लाभ प्रतिशत दिया गया है. सारणी का ध्यानपूर्वक अध्ययन करके निम्नलिखित प्रश्नों के उत्तर दीजिये.

(बैंक पी०ओ० परीक्षा, 2010)

विगत वर्षों में 6 कम्पनियों द्वारा अर्जित लाभ प्रतिशत

	कम्पनी					
वर्ष	**P**	**Q**	**R**	**S**	**T**	**U**
2004	11	12	3	7	10	6
2005	9	10	5	8	12	6
2006	4	5	7	13	12	5
2007	7	6	8	14	14	7
2008	12	8	9	15	13	5
2009	14	12	11	15	14	8

11. यदि वर्ष 2007 में कम्पनी P द्वारा अर्जित लाभ 2·1 लाख ₹ हो, तो उस वर्ष इस कम्पनी का व्यय कितना था?

(*a*) ₹ 30 लाख (*b*) ₹ 15 लाख (*c*) ₹ 23 लाख (*d*) ₹ 27 लाख (*e*) इनमें से कोई नहीं

12. वर्ष 2005 में कम्पनी Q द्वारा अर्जित लाभ प्रतिशत तथा शेष कम्पनियों द्वारा अर्जित औसत लाभ प्रतिशत में कितना अन्तर है?

(*a*) 4% (*b*) 2% (*c*) 1% (*d*) 3% (*e*) इनमें से कोई नहीं

13. यदि वर्ष 2008 में कम्पनी R द्वारा अर्जित लाभ ₹ 18·9 लाख हो, तो उस वर्ष इस कम्पनी की आय कितनी थी?

(*a*) ₹ 303·7 लाख (*b*) ₹ 264·5 लाख (*c*) ₹ 329·4 लाख
(*d*) ₹ 228·8 लाख (*e*) इनमें से कोई नहीं

14. वर्ष 2009 में कम्पनी T के लाभ प्रतिशत में वर्ष 2004 की तुलना में कितने प्रतिशत वृद्धि हुई?

(*a*) 42% (*b*) 35% (*c*) 26% (*d*) 48% (*e*) इनमें से कोई नहीं

15. सभी वर्षों में कुल मिलाकर कम्पनी S का औसत लाभ प्रतिशत कितना था?

(*a*) 13·5% (*b*) 11% (*c*) 12% (*d*) 14% (*e*) इनमें से कोई नहीं

दिये गये प्रश्नों के हल

11. (*a*) : माना वर्ष 2007 में कम्पनी P का व्यय = ₹ x. दिया है : लाभ = ₹ 2·1 लाख,

$\therefore$ ₹ x पर लाभ = 2·1 लाख ₹

₹ 100 पर लाभ $= \left(\frac{2\cdot 1 \text{ लाख}}{x} \times 100\right)$

$$\therefore \frac{2\cdot 1 \text{ लाख} \times 100}{x} = 7 \Rightarrow x = \frac{2\cdot 1 \text{ लाख} \times 100}{7} = \frac{2\cdot 1 \text{ लाख} \times 100}{7} = 30 \text{ लाख रु०.}$$

12. (*b*) : वर्ष 2005 में कम्पनी Q को छोड़कर शेष कम्पनियों का औसत लाभ प्रतिशत

$$= \frac{(9+5+8+12+6)}{5} = \frac{40}{5} = 8\%.$$

अभीष्ट अन्तर = (10% − 8%) = 2%.

13. (*e*) : माना वर्ष 2008 में कम्पनी R की आय = ₹ x. लाभ = ₹ 18·9 लाख.

तब, $\frac{x+9}{100} = 18\cdot 9 \text{ लाख} \Rightarrow x = \frac{18\cdot 9 \text{ लाख} \times 100}{9} = 2\cdot 1 \text{ लाख} \times 100 = \text{रु० } 210 \text{ लाख}$

$\therefore$ वर्ष 2008 में कम्पनी R की आय = ₹ 210 लाख.

14. (*e*) : वर्ष 2004 में T का लाभ % = 10%, वर्ष 2009 में T का लाभ % = 14%.

लाभ में वृद्धि = 4%.

लाभ में वृद्धि % $= \left(\frac{4}{10} \times 100\right)\% = 40\%.$

15. (*c*) : सभी वर्षों में S का औसत लाभ प्रतिशत $= \frac{(7+8+13+14+15+15)}{6}\% = \frac{72}{6}\% = 12\%.$

निर्देश (प्र० न० 16 से 20 तक) : नीचे दी गई तालिका में विभिन्न योजनाओं के अन्तर्गत जमा पूँजियों पर 5 कम्पनियों द्वारा दी जा रही ब्याज की दर प्रतिशत प्रति वर्ष, दी गई है. इनका भली भाँति अध्ययन करके निम्नलिखित प्रश्नों के उत्तर दीजिए. **(बैंक पी०ओ० परीक्षा, 2009)**

विभिन्न योजनाओं के अन्तर्गत जमा पूँजियों पर 5 कम्पनियों द्वारा दी जा रही ब्याज की दरें (% प्रति वर्ष)

योजना	कम्पनी				
	A	B	C	D	E
I	8·5	9·0	8·0	8·5	9·0
II	9·5	8·5	9·0	9·0	8·5
III	8·0	8·0	7·5	8·5	8·5
IV	10·0	9·5	10·5	9·5	10·0

16. श्री X ने योजना II में कम्पनी C में 2 वर्ष के लिए एक राशि जमा की. दो वर्ष बाद उसने मिली राशि में से केवल मूल राशि को 2 वर्ष के लिए कम्पनी B की योजना IV में पुर्ननिवेश किया. दोनों योजनाओं से उपचित कुल साधारण ब्याज ₹ 14800 है. मूल राशि कितनी थी ?

(*a*) ₹ 48000 (*b*) ₹ 42000 (*c*) ₹ 40000 (*d*) निर्धारित नहीं किया जा सकता
(*e*) इनमें से कोई नहीं

17. कम्पनी E योजना I के अन्तर्गत चक्रवृद्धि ब्याज तथा कम्पनी A योजना IV के अन्तर्गत साधारण ब्याज देती है. ₹ 1·2 लाख की राशि पर 2 वर्ष में कम्पनी E की योजना I तथा कम्पनी A की योजना IV के अन्तर्गत क्रमशः अर्जित ब्याज के बीच कितना अन्तर होगा ?

(*a*) ₹ 1428 (*b*) ₹ 1328 (*c*) ₹ 1528 (*d*) ₹ 1548 (*e*) इनमें से कोई नहीं

18. कम्पनी D योजना II के अन्तर्गत चक्रवृद्धि ब्याज तथा योजना IV के अन्तर्गत साधारण ब्याज देती है. अभिजीत ने इस कम्पनी में योजना IV के अन्तर्गत ₹ 25000 का निवेश किया तथा एक वर्ष बाद ब्याज सहित धन लेकर 1 वर्ष के लिए योजना II में धन लगा दिया. उसके बाद 2 वर्ष के अन्त में उसे कितना धन मिलेगा ?

(*a*) ₹ 28939·25 (*b*) ₹ 29838·75 (*c*) ₹ 31748·25 (*d*) ₹ 31738·75 (*e*) इनमें से कोई नहीं

19. अभिषेक ने कम्पनी B की चक्रवृद्धि ब्याज देने वाली योजना III में ₹ 45000 का 2 वर्ष के लिए निवेश किया तथा जीवन ने उतनी ही राशि का कम्पनी C की साधारण ब्याज देने वाली योजना IV के अन्तर्गत 2 वर्ष के लिए निवेश किया. किसने अधिक ब्याज कमाया तथा कितना अधिक ?

(*a*) अभिषेक, ₹ 1875 (*b*) जीवन, ₹ 1875 (*c*) अभिषेक, ₹ 1962 (*d*) जीवन, ₹ 1962
(*e*) इनमें से कोई नहीं

20. श्रीलाल ने कम्पनी A में साधारण ब्याज देने वाली योजना II में ₹ 30000 तथा कम्पनी D की चक्रवृद्धि ब्याज देने वाली योजना II में ₹ 48000 का निवेश किया. 2 वर्ष बाद श्रीलाल द्वारा अर्जित कुल ब्याज की राशि कितनी होगी ?

(*a*) ₹ 14728·80 (*b*) ₹ 17428·50 (*c*) ₹ 14827·70 (*d*) ₹ 16728·20
(*e*) इनमें से कोई नहीं

दिये गये प्रश्नों के हल

16. (*c*) : माना मूल राशि = ₹ x. तब

$$\frac{(x\times9\times2)}{100}+\frac{(x\times9\cdot5\times2)}{100}=14800 \Rightarrow 18x+19x=1480000$$

$$\therefore\ 37x=1480000 \Rightarrow x=\frac{1480000}{37}=40000.$$

अतः मूल राशि = ₹ 40000.

17. (*a*) : कम्पनी E की योजना I से 2 वर्ष का ब्याज = ₹ $(1\cdot2\times100000)\left[\left(1+\frac{9}{100}\right)^2-1\right]$

$$= ₹\left\{120000\times\frac{(109)^2-(100)^2}{(100)^2}\right\} = ₹\left\{\frac{120000\times209\times9}{10000}\right\} = ₹\ 22572.$$

कम्पनी A की योजना IV से 2 वर्ष का ब्याज = ₹ $\left\{\frac{(1\cdot2\times100000)\times10\times2}{100}\right\}$ = ₹ 24000.

अभीष्ट अन्तर = ₹ (24000 − 22572) = ₹ 1428.

18. (*b*) : 1 वर्ष के बाद मिश्रधन = ₹ $\left[25000\left(1+\frac{9}{100}\right)\right]$ = ₹ $\left(\frac{25000\times109}{100}\right)$ = ₹ 27250.

₹ 27250 पर D की योजना IV से 1 वर्ष का ब्याज = ₹ $\left(\frac{27250\times9\cdot5\times1}{100}\right)$ = ₹ 2588·75

2 वर्ष के अन्त में मिला धन = ₹ (27250 + 2588·75) = ₹ 29838·75.

19. (*d*) : अभिषेक द्वारा B की योजना III से प्राप्त ब्याज

$$= ₹\left\{45000\times\left[\left(1+\frac{8}{100}\right)^2-1\right]\right\} = ₹\left[\left(45000\times\frac{27}{25}\times\frac{27}{25}\right)-45000\right]$$

= ₹ (52488 − 45000) = ₹ 7488.

जीवन द्वारा C की योजना IV से प्राप्त ब्याज

$$= ₹\left(\frac{45000\times10\cdot5\times2}{100}\right) = ₹\ 9450.$$

स्पष्ट है कि जीवन को अधिक मिले = ₹ (9450 − 7488) = ₹ 1962.

20. (*a*) : कम्पनी A की योजना II से मिला 2 वर्ष का ब्याज

$$= ₹\left(30000\times\frac{9\cdot5}{100}\times2\right) = ₹\ 5700.$$

कम्पनी D की योजना II से 2 वर्ष का ब्याज

$$= ₹\left[48000\times\left\{\left(1+\frac{9}{100}\right)^2-1\right\}\right] = ₹\left[48000\times\left\{\left(\frac{109}{100}\right)^2-1\right\}\right]$$

$$= ₹\left\{48000\times\frac{(109)^2-(100)^2}{100\times100}\right\} = ₹\left(\frac{48000\times209\times9}{100\times100}\right)$$

$$= ₹\left(\frac{45144}{5}\right) = ₹\ 9028\cdot80$$

अभीष्ट ब्याज = ₹ (5700 + 9028·80) = ₹ 14728·80.

निर्देश (प्र० न० 21 से 25 तक) : नीचे दी गई सारणी में 6 अलग-अलग संगठनों के विभिन्न विभागों में कार्यरत महिलाओं की संख्या दी गई है. इस सारणी का भली-भाँति अध्ययन करके निम्नलिखित प्रश्नों के उत्तर दीजिये. **(बैंक पी०ओ० परीक्षा, 2005)**

छः अलग-अलग संगठनों के विभिन्न विभागों में कार्यरत महिलाओं की संख्या

संगठन \ विभाग	उत्पादन	एच०आर०	आई०टी०	वित्त	विपणन	मर्चेन्डाईजिंग
P	155	250	320	405	150	50
Q	178	300	415	318	127	90
R	58	275	204	250	188	66
S	102	190	198	200	190	75
T	110	100	256	305	250	85
U	60	150	225	220	168	35

21. संगठन *P, Q* तथा *U* में कुल मिलाकर आई०टी० विभाग में कार्यरत महिलाओं की संख्या तथा संगठन *P, S* तथा *T* में कुल मिलाकर विपणन विभाग में कार्यरत महिलाओं की संख्या का क्रमशः क्या अनुपात है ?
(*a*) 59 : 33 (*b*) 96 : 31 (*c*) 71 : 19 (*d*) 71 : 23 (*e*) इनमें से कोई नहीं

22. संगठन *Q* के उत्पादन विभाग में कार्यरत महिलाओं को यदि मर्चेन्डाइजिंग विभाग में कार्य करना पड़े तो इस संगठन के मर्चेन्डाइजिंग विभाग में कार्यरत महिला कर्मचारियों का प्रतिशत लगभग कितना होगा ?
(*a*) 19% (*b*) 26% (*c*) 11% (*d*) 23% (*e*) 15%

23. सभी संगठनों को मिलाकर वित्त विभाग में कार्यरत महिलाओं की औसत संख्या कितनी है ?
(*a*) 226 (*b*) 283 (*c*) 312 (*d*) 308 (*e*) इनमें से कोई नहीं

24. संगठन *S* के एच०आर० विभाग में कार्यरत महिलाओं की संख्या सभी संगठनों को मिलाकर एच०आर० विभाग में कार्यरत महिलाओं की संख्या का कितने प्रतिशत है ? (दशमलव के 2 अंकों तक)
(*a*) 13·45 (*b*) 19·16 (*c*) 21·92 (*d*) 15·02 (*e*) इनमें से कोई नहीं

25. किस संगठन में दिये गये सभी विभागों में कार्यरत महिला कर्मचारियों की संख्या न्यूनतम है ?
(*a*) *T* (*b*) *R* (*c*) *U* (*d*) *S* (*e*) इनमें से कोई नहीं

दिये गये प्रश्नों के हल

21. (*e*) : अभीष्ट अनुपात = (320 + 415 + 225) : (150 + 190 + 250) = 960 : 590 = 96 : 59.

22. (*a*) : $$\text{अभीष्ट } \% = \left\{\frac{(178+90)}{(178+300+415+318+127+90)}\times 100\right\}\% = \left(\frac{268}{1428}\times 100\right)\%$$
$= 18{\cdot}7\% \simeq 19\%$.

23. (*b*) : $$\text{अभीष्ट औसत संख्या} = \frac{(405+318+250+200+305+220)}{6} = \frac{1698}{6} = 283.$$

24. (*d*) : $$\text{अभीष्ट } \% = \left\{\frac{190}{(250+300+275+190+100+150)}\times 100\right\}\% = \left(\frac{190}{1265}\times 100\right)\%$$
$= 15{\cdot}02\%$.

25. (*c*): $T \rightarrow (110 + 100 + 256 + 305 + 250 + 85) = 1106$,
$R \rightarrow (58 + 275 + 204 + 250 + 188 + 66) = 1041$,
$U \rightarrow (60 + 150 + 225 + 220 + 168 + 35) = 858$,
$S \rightarrow (102 + 190 + 198 + 200 + 190 + 75) = 955$.
स्पष्ट है कि यह U में न्यूनतम है.

निर्देश (प्र० न० 26 से 30) : नीचे दी गई सारणी में विगत वर्षों में 6 विभिन्न कम्पनियों द्वारा विक्रय की गई यूनिटों की संख्या (करोड़ों में) दी गई है. इस सारणी का ध्यानपूर्वक अध्ययन करके निम्नलिखित प्रश्नों के उत्तर दीजिए.

विगत वर्षों में 6 विभिन्न कम्पनियों द्वारा विक्रय की गई यूनिटों की संख्या (करोड़ों में) दी गई है.

कम्पनी	वर्ष					
	2005	**2006**	**2007**	**2008**	**2009**	**2010**
L	107.0	80·0	28·48	38·0	26·5	36·6
M	175·1	76·0	31·38	43·0	27·5	32·8
N	156·6	66·49	43·7	45·2	19·0	40·12
O	112·4	78·24	56·6	35·1	25·1	25·0
P	95·1	111·8	53·2	48·9	22·5	37·0
Q	192·0	72·18	31·04	42·2	17·0	30·0

26. विगत वर्षों में किस कम्पनी ने सर्वाधिक संख्या में यूनिट बेचे ?
(*a*) Q (*b*) M (*c*) N (*d*) P (*e*) इनमें से कोई नहीं

27. वर्ष 2007 में बेचे गये यूनिटों की लगभग औसत संख्या कितनी है ?
(*a*) 407300000 (*b*) 42740000 (*c*) 427400000 (*d*) 4073000000 (*d*) 40730000

28. कम्पनी M द्वारा वर्ष 2010 में बेचे गये यूनिटों की संख्या, सभी कम्पनियों द्वारा उस वर्ष बेचे गये कुल यूनिटों की संख्या का कितने प्रतिशत है ? (दशमलव के 2 अंकों तक)
(*a*) 14·16% (*b*) 21·48% (*c*) 16·28% (*d*) 26·26% (*e*) इनमें से कोई नहीं

29. कम्पनी *O* द्वारा वर्ष 2005 में तथा वर्ष 2008 में बेचे गये यूनिटों की संख्या में कितना अन्तर है ?
(*a*) 7730000000 (*b*) 703000000 (*c*) 7030000000 (*d*) 77300000

30. किस वर्ष कम्पनी *L* की पिछले वर्ष की तुलना में बेचे गये यूनिटों की संख्या में प्रतिशत वृद्धि/कमी न्यूनतम थी ?
(*a*) 2008 (*b*) 2010 (*c*) 2009 (*d*) 2006 (*e*) इनमें से कोई नहीं

दिये गये प्रश्नों के हल

26. (*b*): **विभिन्न कम्पनियों द्वारा विगत वर्षों में विक्रय की गई यूनिटों की संख्या**
L → (107 + 80 + 28·48 + 38 + 26·5 + 36·6) करोड़ = 316·58 करोड़;
M → (175·1 + 76 + 31·38 + 43 + 27·5 + 32·8) करोड़ = 385·78 करोड़;
N → (156·6 + 66·49 + 43·7 + 45·2 + 19 + 40·12) करोड़ = 371·11 करोड़;
O → (112·4 + 78·24 + 56·6 + 35·1 + 25·1 + 25) करोड़ = 332·44 करोड़;
P → (95·1 + 111·8 + 53·2 + 48·9 + 22·5 + 37) करोड़ = 368·50 करोड़;
Q → (192 + 72·18 + 31·04 + 42·2 + 17 + 30) करोड़ = 384·42 करोड़;
स्पष्ट है कि इनमें अधिकतम यूनिटों की संख्या M ने बेची.

27. (*a*) : वर्ष 2007 में बेचे गये यूनिटों की औसत संख्या

$$= \frac{(28\cdot48+31\cdot38+43\cdot7+56\cdot6+53\cdot2+31\cdot04)}{6} \text{ करोड़} = \frac{244\cdot40}{6} \text{ करोड़}$$

$= 40{\cdot}73$ करोड़ $= (40{\cdot}73 \times 10000000) = 407300000.$

28. (*c*) : वर्ष 2010 में M द्वारा बेचे गये यूनिटों की संख्या = 32·8 करोड़.

वर्ष 2010 में सभी कम्पनियों द्वारा बेचे गये यूनिटों की संख्या

$= (36{\cdot}6 + 32{\cdot}8 + 40{\cdot}12 + 25{\cdot}0 + 37{\cdot}0 + 30{\cdot}0)$ करोड़ = 201·52 करोड़.

$$\text{अभीष्ट } \% = \left(\frac{32\cdot8}{201\cdot52}\times100\right)\% = \frac{328000}{20152}\% = 16\cdot28\%.$$

29. (*a*) : अभीष्ट अन्तर = (112·4 – 35·1) करोड़ = 77·3 करोड़ = (77·3 × 10000000) = 773000000.

30. (*d*) : कम्पनी L की बिक्री में :

$$\text{वर्ष 2006 में कमी } \% = \left(\frac{107-80}{107}\times100\right)\% = \left(\frac{27}{107}\times100\right)\% = 25\cdot23\%.$$

$$\text{वर्ष 2007 में कमी } \% = \left(\frac{80-28\cdot48}{80}\times100\right)\% = \left(\frac{51\cdot52}{80}\times100\right)\% = \frac{5152}{80}\% = 64\cdot4\%.$$

$$\text{वर्ष 2008 में वृद्धि } \% = \left(\frac{38-28\cdot48}{28\cdot48}\times100\right)\% = \left(\frac{9\cdot52}{28\cdot48}\times100\right)\% = \frac{95200}{2848}\% = 33\cdot42\%.$$

$$\text{वर्ष 2009 में कमी } \% = \left(\frac{38-26\cdot5}{38}\times100\right)\% = \left(\frac{11\cdot5}{38}\times100\right)\% = \frac{1150}{38}\% = 30\cdot26\%.$$

$$\text{वर्ष 2010 में वृद्धि } \% = \left(\frac{36\cdot6-26\cdot5}{26\cdot5}\times100\right)\% = \left(\frac{10\cdot1}{26\cdot5}\times100\right)\% = \frac{10100}{265}\% = \frac{2020}{53}\% = 38\cdot11\%.$$

स्पष्ट है कि वर्ष 2006 में कमी % न्यूनतम रही.

निर्देश (प्र० न० 31 से 35) : नीचे दी गई तालिका में पाँच राज्यों *A, B, C, D* तथा *E* की अलग-अलग महीनों में जनसंख्या (दस लाख में) दी गई है. इसका ध्यानपूर्वक अध्ययन करके निम्नलिखित प्रश्नों के उत्तर दीजिए.

(बैंक पी०ओ० परीक्षा, 2005)

राज्यों *A, B, C, D, E* की अलग-अलग महीनों में जनसंख्या (दस लाख में)

महीना \ राज्य	*A*	*B*	*C*	*D*	*E*
जनवरी	51	167	26	210	78
फरवरी	53	168	27	222	79
मार्च	57	171	28	226	80
अप्रैल	61	180	30	228	81
मई	63	184	32	310	82
जून	63	187	33	319	84
जुलाई	64	192	34	321	85
अगस्त	65	201	35	328	87

31. अगस्त तथा जनवरी में राज्य *B* की जनसंख्या का अन्तर कितना था ?

(*a*) 340 लाख (*b*) 330 लाख (*c*) 34 लाख (*d*) 340000 (*e*) इनमें से कोई नहीं

32. जुलाई से अगस्त में किस राज्य का जनसंख्या वृद्धि प्रतिशत न्यूनतम था ?

(*a*) *C* (*b*) *E* (*c*) *A* (*d*) *D* (*e*) इनमें से कोई नहीं

33. जनवरी से अगस्त में राज्य *A* की जनसंख्या में लगभग प्रतिशत वृद्धि कितनी है ?

(*a*) 28% (*b*) 14% (*c*) 22% (*d*) 21% (*e*) 18%

34. अगस्त में किन दो राज्यों की जनसंख्या के बीच अन्तर न्यूनतम था ?

(*a*) *A* और *C* (*b*) *C* और *E* (*c*) *B* और *D* (*d*) *E* और *A* (*e*) इनमें से कोई नहीं

35. किस राज्य की जनसंख्या सर्वाधिक है ?

(*a*) *A* (*b*) *B* (*c*) *C* (*d*) *D* (*e*) *E*

दिये गये प्रश्नों के हल

31. (*a*) : अभीष्ट अन्तर = (201 − 167) × 10 लाख = 340 लाख.

32. (*c*) : जुलाई से अगस्त में जनसंख्या वृद्धि प्रतिशत :

$$A \rightarrow \left(\frac{1}{64}\times 100\right)\% = \frac{25}{16}\% = 1\cdot 56\%, \quad B \rightarrow \left(\frac{9}{192}\times 100\right)\% = \frac{73}{16}\% = 4\cdot 56\%,$$

$$C \rightarrow \left(\frac{1}{34}\times 100\right)\% = \frac{50}{17}\% = 2\cdot 94\%, \quad D \rightarrow \left(\frac{7}{321}\times 100\right)\% = \frac{700}{321}\% = 2\cdot 18\%,$$

$$E \rightarrow \left(\frac{2}{85}\times 100\right)\% = \frac{40}{17}\% = 2\cdot 35\%.$$

स्पष्ट है कि वृद्धि प्रतिशत *A* का न्यूनतम रहा.

33. (*a*) : राज्य *A* की जनसंख्या में जनवरी से अगस्त में वृद्धि % :

$$= \left(\frac{14}{51}\times 100\right)\% = \frac{1400}{51}\% = 27\cdot 45\% \simeq 28\%.$$

34. (*e*) : अगस्त में :

$(B-A) = 136\times 10$ लाख, $(A-C) = 30\times 10$ लाख, $(D-A) = (263\times 10$ लाख$)$,
$(E-A) = 25\times 10$ लाख, $(B-C) = 166\times 10$ लाख, $(D-B) = 127\times 10$ लाख, $(B-E) = 114\times 10$ लाख,
$(D-C) = 293\times 10$ लाख, $(E-C) = 52\times 10$ लाख, $(D-E) = 241\times 10$ लाख.

स्पष्ट रूप से *E* तथा *A* का अन्तर न्यूनतम है.

35. (*d*) : स्पष्टतया *D* राज्य की जनसंख्या सर्वाधिक है.

निर्देश (प्र० न० 36 से 40) : नीचे दी गई तालिका में 6 वर्षों के दौरान पाँच अलग-अलग अकादमियों से पास होने वाले अधिकारियों की संख्या (हजारों में) दी गई है. इनका भली-भाँतिपूर्वक अध्ययन करके निम्नलिखित प्रश्नों के उत्तर दीजिए.

(बैंक पी०ओ० परीक्षा, 2010)

अलग-अलग 6 वर्षों में 5 अलग-अलग अकादमियों से पास होने वाले अधिकारियों की संख्या (हजारों में)

वर्ष	अकादमी				
	वायु सेना	थल सेना	नौसेना	तटरक्षक	बी०एस०एफ०
2004	1·4	4·2	0·6	1·7	2·6
2005	1·7	5·1	0·9	2·8	3·1
2006	0·9	7·7	1·2	1·6	4·7
2007	2.4	3.6	1.8	4.7	5.8
2008	1.3	4.5	2.9	5.1	6.4
2009	2.7	3.9	3.5	3.9	4.3
	10.4	29.0	10.9	19.8	26.9

36. वर्ष 2007 में सभी अकादमियों से कुल मिलाकर पास होने वाले अधिकारियों की औसत संख्या कितनी थी ?
(*a*) 1830 (*b*) 3660 (*c*) 3·66 लाख (*d*) 1·83 लाख (*e*) इनमें से कोई नहीं

37. वर्ष 2004 से वर्ष 2009 तक किस अकादमी में पास होने वाले अधिकारियों की संख्या में सतत् वृद्धि हुई ?
(*a*) वायु सेना (*b*) थल सेना और बी०एस०एफ० (*c*) केवल नौसेना
(*d*) तटरक्षक (*e*) बी०एस०एफ० तथा नौसेना

38. वर्ष 2006 में वायुसेना अकादमी से पास होने वाले अधिकारियों की संख्या तथा वर्ष 2009 में तटरक्षक अकादमी से पास होने वाले अधिकारियों की संख्या में क्रमशः क्या अनुपात है ?
(*a*) 30 : 17 (*b*) 3 : 23 (*c*) 17 : 30 (*d*) 45 : 13 (*e*) इनमें से कोई नहीं

39. वर्ष 2008 में बी०एस०एफ० अकादमी से पास होने वाले अधिकारियों की संख्या सभी वर्षों में थल सेना अकादमी से पास होने वाले अधिकारियों की संख्या का लगभग कितने प्रतिशत है ?
(*a*) 12% (*b*) 19% (*c*) 33% (*d*) 28% (*e*) 22%

40. सभी वर्षों में मिलाकर किस अकादमी से पास होने वाले अधिकारियों की कुल संख्या अधिकतम है ?
(*a*) वायु सेना (*b*) थल सेना (*c*) नौसेना (*d*) तटरक्षक (*e*) बी०एस०एफ०

दिये गये प्रश्नों के हल

36. (*b*) : वर्ष 2007 में सभी अकादमियों से पास होने वालों की संख्या

$$= (2{\cdot}4 + 3{\cdot}6 + 1{\cdot}8 + 4{\cdot}7 + 5{\cdot}8) \times 1000 = (18{\cdot}3 \times 1000) = 18300.$$

अभीष्ट औसत संख्या $= \dfrac{18300}{5} = 3660.$

37. (*c*) : स्पष्ट है कि सतत् वृद्धि केवल नौसेना में हुई.

38. (*e*) : वर्ष 2006 में वायुसेना अकादमी से पास होने वालों की संख्या $= (0{\cdot}9 \times 1000) = 900.$

वर्ष 2009 में तटरक्षक अकादमी से पास होने वालों की संख्या $= (3{\cdot}9 \times 1000) = 3900.$

अभीष्ट अनुपात $= \dfrac{9000}{3900} = \dfrac{3}{13} = 3:13.$

39. (*e*) : वर्ष 2008 में बी०एस०एफ० से पास होने वालों की संख्या $= (6{\cdot}4 \times 1000) = 6400.$

सभी वर्षों में थल सेना अकादमी से पास होने वालों की संख्या

$$= (4{\cdot}2 + 5{\cdot}1 + 7{\cdot}7 + 3{\cdot}6 + 4{\cdot}5 + 3{\cdot}9) \times 1000 = 29000.$$

अभीष्ट % $= \left(\dfrac{6400}{29000} \times 100\right)\% = 22\cdot06\% \simeq 22\%.$

40. (*b*) : सभी वर्षों में अलग-अलग अकादमी से पास होने वालों की कुल संख्या तालिका में देखें. यह अधिकतम थल सेना में है.

निर्देश (प्र० न० 41 से 45) : नीचे दी गई तालिका में 6 विभिन्न नगरों से एक प्रवेश-परीक्षा में बैठने वाले उम्मीदवारों की संख्या (लाखों में) तथा इसमें पास व फेल होने वालों का अनुपात दिया गया है. इसका भली-भाँति अध्ययन करके निम्नलिखित प्रश्नों के उत्तर दीजिये. **(बैंक पी०ओ० परीक्षा, 2010)**

6 विभिन्न शहरों में एक प्रवेश परीक्षा में बैठने वाले उम्मीदवारों की संख्या (लाखों में) तथा इसमें पास व फेल होने वालों का अनुपात

नगर	उम्मीदवारों की संख्या (लाखों में)	पास व फेल होने वालों का अनुपात
A	1·25	7 : 3
B	3·14	5 : 3
C	1·08	4 : 5
D	2·27	1 : 3
E	1·85	3 : 2
F	2·73	7 : 5

41. नगर C से परीक्षा देने वाले उम्मीदवारों की संख्या नगर B से परीक्षा देने वाले उम्मीदवारों की संख्या का कितने प्रतिशत है ? (निकटस्थ पूर्णांक तक)

(*a*) 27% (*b*) 34% (*c*) 42% (*d*) 21% (*e*) 38%

42. नगर E से परीक्षा में पास होने वाले उम्मीदवारों की संख्या कितनी है ?

(*a*) 13000 (*b*) 1110000 (*c*) 113000 (*d*) 11000 (*e*) इनमें से कोई नहीं

43. नगर D से परीक्षा में फेल हुये उम्मीदवारों की संख्या का नगर A से परीक्षा में फेल हुये उम्मीदवारों से क्रमश: क्या अनुपात है ?

(*a*) 289 : 42 (*b*) 42 : 289 (*c*) 227 : 50 (*d*) 50 : 227 (*e*) इनमें से कोई नहीं

44. नगर F से परीक्षा में पास हुये उम्मीदवारों की संख्या सभी शहरों से मिलाकर उम्मीदवारों की कुल संख्या का कितने प्रतिशत है ? (दशमलव के दो अंकों तक पूर्णांकित)

(*a*) 12·93% (*b*) 14·46% (*c*) 10·84% (*d*) 11·37% (*e*) इनमें से कोई नहीं

45. प्रवेश परीक्षा में फेल होने वाले छात्रों की सर्वाधिक संख्या किस नगर की है ?

(*a*) F (*b*) C (*c*) B (*d*) D (*e*) इनमें से कोई नहीं

दिये गये प्रश्नों के हल

41. (*b*) : अभीष्ट $\% = \left(\frac{1\cdot08 \text{ लाख}}{3\cdot14 \text{ लाख}} \times 100\right)\% = \left(\frac{108}{314} \times 100\right)\% = \frac{5400}{157}\%$

$= 34\cdot39\% \simeq 34\%.$

42. (*e*) : नगर E से पास होने वालों की संख्या $= \left(1\cdot85 \text{ लाख} \times \frac{3}{5}\right)$

$= \left(1\cdot85 \times 100000 \times \frac{3}{5}\right) = (1\cdot85 \times 60000) = \left(\frac{185}{100} \times 60000\right)$

$= (185 \times 600) = 111000.$

43. (*c*) : अभीष्ट अनुपात $= \left\{(2\cdot27 \times 100000) \times \frac{3}{4}\right\} : (1\cdot25 \times 100000) \times \frac{3}{10}$

$= \left(\frac{227 \times 3}{4}\right) : \left(\frac{125 \times 3}{10}\right) = \left(\frac{681}{4} \times \frac{2}{75}\right) = \frac{227}{50} = 227 : 50.$

44. (*a*) : सभी नगरों से उम्मीदवारों की कुल संख्या

$= (1\cdot25 + 3\cdot14 + 1\cdot08 + 2\cdot27 + 1\cdot85 + 2\cdot73) \text{ लाख} = (12\cdot32) \text{ लाख}$

नगर F से पास होने वाले उम्मीदवारों की संख्या $= \left(2\cdot73 \text{ लाख} \times \frac{7}{12}\right) = \frac{19\cdot11 \text{ लाख}}{12}$

$= 1\cdot5925 \text{ लाख}.$

45. (*d*) : प्रवेश परीक्षा में फेल होने वालों की संख्या = ...

$A \rightarrow \left(1\cdot25 \text{ लाख} \times \frac{3}{10}\right) = 0\cdot375 \text{ लाख}$, $B \rightarrow \left(3\cdot14 \text{ लाख} \times \frac{3}{8}\right) = 1\cdot1775 \text{ लाख}$

$C \rightarrow \left(1\cdot08 \text{ लाख} \times \frac{5}{9}\right) = 0\cdot60 \text{ लाख}$, $D \rightarrow \left(2\cdot27 \text{ लाख} \times \frac{3}{4}\right) = 1\cdot7025 \text{ लाख}$

$E \rightarrow \left(1\cdot85 \text{ लाख} \times \frac{2}{5}\right) = 0\cdot74 \text{ लाख}$, $F \rightarrow \left(2\cdot73 \text{ लाख} \times \frac{5}{12}\right) = 1\cdot1375 \text{ लाख}$

स्पष्ट है कि यह सर्वाधिक D की है।

निर्देश (प्र० न० 46 से 50) : नीचे दी गई तालिका में 6 विभिन्न उत्पादों का चयन करने वाले लोगों की संख्या तथा इन उत्पादों का चयन करने वाले पुरुषों, महिलाओं और बच्चों का प्रतिशत दिया गया है. इस तालिका का भली-भाँति अध्ययन करके निम्नलिखित प्रश्नों के उत्तर दीजिये. **(बैंक पी०ओ० परीक्षा, 2008)**

6 विभिन्न उत्पादों का चयन करने वालों की संख्या तथा इनका चयन करने वाले पुरुषों, महिलाओं और बच्चों का प्रतिशत

उत्पाद	इन उत्पादों का चयन करने वालों की कुल संख्या	प्रतिशत		
		पुरुष	महिलायें	बच्चे
A	46280	35	25	40
B	45540	25	35	40
C	32240	25	55	20
D	60430	20	50	30
E	36230	10	20	70
F	53990	40	40	20

46. उत्पाद *E* का चयन करने वाले बच्चों की संख्या कितनी है ?

(*a*) 27172 (*b*) 25361 (*c*) 23413 (*d*) 21781 (*e*) इनमें से कोई नहीं

47. सभी उत्पादों का मिलाकर चयन करने वाली महिलाओं की औसत संख्या कितनी है ?

(*a*) 20859 (*b*) 18765 (*c*) 19076 (*d*) 17383 (*e*) इनमें से कोई नहीं

48. उत्पाद *A* का चयन करने वाली महिलाओं की कुल संख्या का उत्पाद *D* का चयन करने वाली महिलाओं की संख्या से क्रमशः क्या अनुपात है ?

(*a*) 1 : 3 (*b*) 14 : 17 (*c*) 2314 : 6043 (*d*) 413 : 678 (*e*) इनमें से कोई नहीं

49. उत्पाद *C* का चयन करने वाले बच्चों की संख्या उत्पाद *B* का चयन करने वाले बच्चों की संख्या का कितने प्रतिशत है ? (दशमलव के 2 अंकों तक पूर्णांकित)

(*a*) 35·40% (*b*) 287·10% (*c*) 59·71% (*d*) 185·40% (*e*) इनमें से कोई नहीं

50. उत्पाद *F* का चयन करने वाले पुरुषों की संख्या का सभी उत्पादों का चयन करने वालों की कुल संख्या का लगभग कितने प्रतिशत है ?

(*a*) 19% (*b*) 14% (*c*) 3% (*d*) 23% (*e*) 8%

दिये गये प्रश्नों के हल

46. (*b*) : उत्पाद *E* का चयन करने वाले बच्चों की संख्या $= \left(36230 \times \frac{70}{100}\right) = 25361.$

47. (*d*) : सभी उत्पादों का चयन करने वाली महिलाओं की संख्या

$$= \left(46280 \times \frac{25}{100}\right) + \left(45540 \times \frac{35}{100}\right) + \left(32240 \times \frac{55}{100}\right) + \left(60430 \times \frac{50}{100}\right)$$

$$+ \left(36230 \frac{20}{100}\right) + \left(53990 \times \frac{40}{100}\right)$$

$$= (11570 + 15939 + 17732 + 30215 + 7246 + 21596) = 104298$$

अभीष्ट औसत संख्या $= \frac{104298}{6} = 17383.$

48. (*c*) : अभीष्ट अनुपात $=\left(46280\times\frac{25}{100}\right):\left(60430\times\frac{50}{100}\right)=\frac{11570}{30215}=\frac{2314}{6043}=2314:6043.$

49. (*a*) : उत्पाद C का चयन करने वाले बच्चों की संख्या $=\left(32240\times\frac{20}{100}\right)=6448.$

उत्पाद B का चयन करने वाले बच्चों की संख्या $=\left(45540\times\frac{40}{100}\right)=18216.$

अभीष्ट $\%=\left(\frac{6448}{18216}\times100\right)\%=35\cdot39\%\simeq35\cdot40\%.$

50. (*e*) : उत्पाद F का चयन करने वाले पुरुषों की संख्या $=\left(53990\times\frac{40}{100}\right)=21596.$

सभी उत्पादों का चयन करने वालों की कुल संख्या

$=(46280+45540+32240+60430+36230+53990)$
$=274710$

अभीष्ट $\%=\left(\frac{21596}{274710}\times100\right)\%=7\cdot86\%\simeq8\%$ लगभग.

निर्देश (प्र० न० 51 से 55) : नीचे दी गई सारणी में विगत वर्षों में किसी परीक्षा में बैठे विद्यार्थियों की संख्या तथा उनका उत्तीर्ण प्रतिशत दिया गया है. इस सारणी का भली–भाँति अध्ययन करके निम्नलिखित प्रश्नों के उत्तर दीजिये.

(बैंक पी०ओ० परीक्षा, 2009)

विगत वर्षों में किसी परीक्षा में बैठे विद्यार्थियों की संख्या तथा उनका उत्तीर्ण प्रतिशत

संस्थान / वर्ष ↓	A		B		C		D		E		F	
	बैठे	उत्तीर्ण %	बैठे	उत्तीर्ण %	बैठे	उत्तीर्ण %	बैठे	उत्तीर्ण %	बैठे	उत्तीर्ण %	बैठे	उत्तीर्ण %
2001	450	60	540	40	300	65	640	50	600	45	680	60
2002	520	50	430	70	350	60	620	40	580	70	560	70
2003	430	60	490	70	380	50	580	50	680	70	700	66
2004	400	65	600	75	450	70	600	75	720	60	780	70
2005	480	50	570	50	400	75	700	65	700	48	560	50
2006	550	40	450	60	500	68	750	60	450	50	650	60
2007	500	58	470	60	470	60	720	70	560	60	720	50

51. वर्ष 2003 में संस्थान F से उत्तीर्ण होने वाले विद्यार्थियों की संख्या तथा वर्ष 2005 में संस्थान B से उत्तीर्ण होने वाले विद्यार्थियों की संख्या के बीच क्रमशः क्या अनुपात है ?

(*a*) 95 : 154 (*b*) 154 : 95 (*c*) 94 : 155 (*d*) 155 : 94 (*e*) इनमें से कोई नहीं

52. सभी वर्षों में संस्थान A तथा संस्थान D से परीक्षा में बैठे विद्यार्थियों की औसत संख्या के बीच क्रमशः क्या अनुपात है ?

(*a*) 463 : 353 (*b*) 353 : 463 (*c*) 461 : 333 (*d*) 333 : 461 (*e*) इनमें से कोई नहीं

53. वर्ष 2006 में सभी संस्थानों से उत्तीर्ण हुए विद्यार्थियों की संख्या कितनी है ?

(*a*) 1895 (*b*) 1985 (*c*) 1295 (*d*) 1465 (*e*) इनमें से कोई नहीं

54. वर्ष 2004 में सभी संस्थानों से कुल मिलाकर उत्तीर्ण होने वाले विद्यार्थियों का समग्र प्रतिशत कितना है ? (निकटतम पूर्णांक तक पूर्णांकित)

(*a*) 68% (*b*) 70% (*c*) 69% (*d*) 71% (*e*) इनमें से कोई नहीं

55. सभी वर्षों में संस्थान *C* से उत्तीर्ण होने वाले विद्यार्थियों का लगभग समग्र प्रतिशत कितना है ?

(*a*) 60% (*b*) 70% (*c*) 75% (*d*) 55% (*e*) 65%

दिये गये प्रश्नों के हल

51. (*b*) : अभीष्ट अनुपात $=\left(700\times\frac{66}{100}\right):\left(570\times\frac{50}{100}\right)=\frac{462}{285}=\frac{154}{95}-154:95.$

52. (*d*) : सभी वर्षों में *A* से परीक्षा में बैठे विद्यार्थियों की संख्या

$$=(450+520+430+400+480+550+500)=3330.$$

सभी वर्षों में *D* से परीक्षा में बैठे विद्यार्थियों की संख्या

$$=(640+620+580+600+700+750+720)=4610.$$

अभीष्ट अनुपात $=\frac{3330}{4610}=\frac{333}{461}=444:461.$

53. (*a*) : वर्ष 2006 में सभी संस्थानों से उत्तीर्ण हुए विद्यार्थियों की संख्या

$$=\left(550\times\frac{40}{100}\right)+\left(450\times\frac{60}{100}\right)+\left(500\times\frac{68}{100}\right)+\left(750\times\frac{60}{100}\right)+\left(450\times\frac{50}{100}\right)+\left(650\times\frac{60}{100}\right)$$

$$=(220+270+340+450+225+390)=1895.$$

54. (*c*) : वर्ष 2004 में सभी संस्थानों से बैठे विद्यार्थियों की संख्या

$$=(400+600+450+600+720+780)=3550.$$

वर्ष 2004 में कुल उत्तीर्ण होने वालों की संख्या

$$=\left(400\times\frac{65}{100}\right)+\left(600\times\frac{75}{100}\right)+\left(450\times\frac{70}{100}\right)+\left(600\times\frac{75}{100}\right)+\left(720\times\frac{60}{100}\right)+\left(780\times\frac{70}{100}\right)$$

$$=(260+450+315+450+432+546)=2453.$$

अभीष्ट $\%=\left(\frac{2453}{3550}\times100\right)\%=\frac{4906}{71}\%=69\%.$

55. (*e*) : सभी वर्षों में *C* से बैठे विद्यार्थियों की कुल संख्या

$$=(300+350+380+450+400+500+470)=2850.$$

सभी वर्षों में *C* से उत्तीर्ण विद्यार्थियों की संख्या

$$=\left(300\times\frac{65}{100}\right)+\left(350\times\frac{60}{100}\right)+\left(380\times\frac{50}{100}\right)+\left(450\times\frac{70}{100}\right)+\left(400\times\frac{75}{100}\right)$$

$$+\left(500\times\frac{68}{100}\right)+\left(470\times\frac{60}{100}\right)$$

$$=(195+210+190+315+300+340+282)=1832.$$

अभीष्ट $\%=\left(\frac{1832}{2850}\times100\right)\%=\frac{3664}{57}\%=64\cdot29\%\simeq65\%.$

प्रश्नमाला 31

निर्देश (प्र० न० 1 से 5) : नीचे दी गई तालिका में 6 छात्रों द्वारा विभिन्न विषयों में प्राप्तांक दिये गये हैं. इनका भली-भाँति अध्ययन करके निम्नलिखित प्रश्नों के उत्तर दीजिए.

5 छात्रों द्वारा विभिन्न विषयों में प्राप्तांक

छात्र ↓	विषय					
	A 75 में से	*B* 80 में से	*C* 120 में से	*D* 125 में से	*E* 150 में से	*F* 150 में से
P	40	52	90	88	110	120
Q	42	66	85	92	105	100
R	36	68	105	99	100	98
S	45	55	88	106	96	90
T	60	70	96	102	120	130
U	54	72	110	100	125	135

1. विषय B में सभी छात्रों द्वारा प्राप्तांकों का लगभग औसत प्रतिशत कितना है ?
(*a*) 60% (*b*) 65% (*c*) 70% (*d*) 75% (*e*) 80%

2. Q द्वारा कुल सभी विषयों में प्राप्तांक प्रतिशत कितना है ?
(*a*) 68·5% (*b*) 65% (*c*) 70% (*d*) 67·75% (*e*) **इनमें से कोई नहीं**

3. विषय A में सभी छात्रों द्वारा औसत प्राप्तांक क्या है ?
(*a*) $46\frac{1}{3}$ (*b*) $42\frac{1}{6}$ (*c*) $42\frac{1}{3}$ (*d*) $46\frac{1}{6}$ (*e*) **इनमें से कोई नहीं**

4. सभी छात्रों द्वारा विषय F में औसत प्राप्तांक क्या है ?
(*a*) $112\frac{1}{3}$ (*b*) $112\frac{1}{6}$ (*c*) $116\frac{1}{3}$ (*d*) $116\frac{1}{6}$ (*e*) **इनमें से कोई नहीं**

5. R द्वारा सभी विषयों में प्राप्तांक, U द्वारा सभी विषयों में प्राप्ताकों का कितने प्रतिशत है ?
(*a*) 82% (*b*) 83% (*c*) 85% (*d*) 87% (*e*) **इनमें से कोई नहीं**

दिये गये प्रश्नों के हल

1. (*e*) : अभीष्ट % $= \left\{\frac{(52+66+68+55+70+72)}{(6\times80)}\times100\right\}\% = \left(\frac{383}{480}\times100\right)\% = 80\%.$

2. (*c*) : अभीष्ट % $= \left\{\frac{(42+66+85+92+105+100)}{(75+80+120+125+150+150)}\times100\right\}\% = \left(\frac{490}{700}\times100\right)\% = 70\%.$

3. (*d*) : अभीष्ट औसत $= \frac{(40+42+36+45+60+54)}{6} = \frac{277}{6} = 46\frac{1}{6}.$

4. (*b*) : अभीष्ट औसत $= \frac{(120+100+98+90+130+135)}{6} = \frac{673}{6} = 112\frac{1}{6}.$

5. (*c*) : R द्वारा सभी विषयों में प्राप्तांक = (36 + 68 + 105 + 99 + 100 + 98) = 506.

U द्वारा सभी विषयों में प्राप्तांक = (54 + 72 + 110 + 100 + 125 + 135) = 596.

माना 506 = 596 का x%. तब $596 \times \frac{x}{100} = 506$.

$$\therefore \quad x = \left(\frac{506 \times 100}{596}\right) = 84.9\% \cong 85\%.$$

निर्देश (प्र० न० 6 से 10) : नीचे दी गई सारणी में दो राज्यों A तथा B का जनसंख्या विवरण दिया गया है. इसका ध्यानपूर्वक अध्ययन करके निम्नलिखित प्रश्नों के उत्तर दीजिए. (बैंक पी०ओ० परीक्षा, 2006)

2 राज्यों A तथा B का जनसंख्या विवरण

राज्य / वर्ग	A		B	
	जनसंख्या (लाख में)	स्त्री %	जनसंख्या (लाख में)	स्त्री %
ग्रामीण	22.5	47.5	18.5	47
शहरी	30.5	42	35	45.5
अर्द्ध-शहरी	26	46	32	49

6. राज्य A के ग्रामीण वर्ग से स्त्रियों की संख्या तथा राज्य B के अर्द्ध-शहरी वर्ग से स्त्रियों की संख्या का क्रमशः अनुपात कितना है ?

(*a*) 3595 : 5324 (*b*) 4275 : 6272 (*c*) 6272 : 4275 (*d*) 5324 : 3595 (*e*) इनमें से कोई नहीं

7. राज्य A के अर्द्ध-शहरी वर्ग में पुरुषों की संख्या इस राज्य की जनसंख्या का लगभग कितने प्रतिशत है ?

(*a*) 22% (*b*) 15% (*c*) 11% (*d*) 25% (*e*) 18%

8. दोनों राज्यों को कुल मिलाकर ग्रामीण वर्ग में पुरुषों की कुल संख्या कितनी है ?

(*a*) 1894560 (*b*) 2335650 (*c*) 2161750 (*d*) 2042400 (*e*) इनमें से कोई नहीं

9. राज्य B के शहरी वर्ग में पुरुषों की संख्या कितनी है ?

(*a*) 1850210 (*b*) 1960500 (*c*) 1805700 (*d*) 1907500 (*e*) इनमें से कोई नहीं

10. राज्य B में स्त्रियों की कुल संख्या कितनी है ?

(*a*) 4030000 (*b*) 3175000 (*c*) 4182000 (*d*) 3050000 (*e*) इनमें से कोई नहीं

दिये गये प्रश्नों के हल

6. (*b*) : राज्य A के ग्रामीण वर्ग से स्त्रियों की संख्या $= \left(22 \cdot 5 \times 100000 \times \frac{47 \cdot 5}{100}\right) = (225 \times 4750)$.

राज्य B के अर्द्ध-शहरी वर्ग से स्त्रियों की संख्या $= \left(32 \times 100000 \times \frac{49}{100}\right) = (32 \times 49 \times 1000)$.

अभीष्ट अनुपात = (225 × 4750) : (32 × 49 × 1000) = 4275 : 6272.

7. (*e*) : राज्य A के अर्द्ध-शहरी वर्ग में पुरुषों की संख्या = 26 लाख का 54%

$$= \left(2600000 \times \frac{54}{100}\right) = 1404000.$$

राज्य A की कुल जनसंख्या = (22·5 + 30·5 + 26) लाख = 79 लाख.

अभीष्ट % = $\left(\frac{1404000}{7900000}\times100\right)\% = 17{\cdot}77\% \cong 18\%.$

8. (*c*) : दोनों राज्यों को मिलाकर ग्रामीण वर्ग में पुरुषों की संख्या

$= (22{\cdot}5 \times 100000 \times 52{\cdot}5\%) + (18{\cdot}5 \times 100000 \times 53\%)$

$= \left(\frac{225}{10}\times100000\times\frac{525}{1000}\right)+\left(\frac{185}{10}\times100000\times\frac{53}{100}\right)$

$= (1181250 + 980500) = 2161750.$

9. (*d*) : राज्य B के शहरी वर्ग में पुरुषों की संख्या = $\left(3500000\times\frac{54\cdot5}{100}\right) = 1907500.$

10. (*a*) : राज्य B में स्त्रियों की संख्या = (18·5 लाख का 47%) + (35 लाख का 45·5%) + (32 लाख का 49%)

$= \left(18\cdot5\times100000\times\frac{47}{100}\right)+\left(3500000\times\frac{45\cdot5}{100}\right)+\left(3200000\times\frac{49}{100}\right)$

$= (869500 + 1592500 + 1568000) = 4030000.$

निर्देश (प्र० न० 11 से 15) : नीचे दी गई तालिका में एक कम्पनी के 5 यूनिटों द्वारा निर्मित (*M*) तथा दोषपूर्ण (*D*) वस्तुओं की संख्या (हजारों में) दी गई है. इनका भली-भाँतिपूर्वक अध्ययन करके निम्नलिखित प्रश्नों के उत्तर दीजिये.

विगत वर्षों में किसी कम्पनी के 5 यूनिटों द्वारा निर्मित (*M*) तथा दोषपूर्ण (*D*) वस्तुओं की संख्या (हजारों में)

वर्ष	यूनिट									
	I		II		III		IV		V	
	M	D	M	D	M	D	M	D	M	D
2005	52	21	45	12	76	38	56	21	46	18
2006	49	18	32	10	45	24	63	24	36	14
2007	50	18	48	18	55	16	68	30	34	15
2008	65	20	68	15	57	20	54	19	48	12
2009	70	31	72	13	82	22	48	27	58	10
2010	44	15	56	22	38	32	40	15	60	11

11. यूनिट IV द्वारा निर्मित वस्तुओं में से किस वर्ष दोषपूर्ण वस्तुओं का प्रतिशत सर्वाधिक था ?
(*a*) 2005 (*b*) 2006 (*c*) 2007 (*d*) 2008 (*e*) 2009

12. यूनिट I में किस वर्ष में पिछले वर्ष की तुलना में निर्माण में प्रतिशत वृद्धि/कमी सर्वाधिक थी ?
(*a*) 2007 (*b*) 2010 (*c*) 2008 (*d*) 2006 (*e*) इनमें से कोई नहीं

13. दिये गये वर्षों में यूनिट II से दोषपूर्ण वस्तुओं की औसत संख्या कितनी है ?
(*a*) 21500 (*b*) 7000 (*c*) 12500 (*d*) 15000 (*e*) इनमें से कोई नहीं

14. सभी दिये गये वर्षों में यूनिट III द्वारा निर्मित कुल वस्तुओं की संख्या का इन वर्षों में यूनिट V द्वारा निर्मित कुल वस्तुओं की संख्या से क्या अनुपात है ?

(*a*) 353 : 282 (*b*) 282 : 353 (*c*) 457 : 215 (*d*) 215 : 457 (*e*) इनमें से कोई नहीं

15. वर्ष 2010 में सभी यूनिटों द्वारा निर्मित वस्तुओं की संख्या की तुलना में दोषपूर्ण वस्तुओं का प्रतिशत लगभग कितना था ?

(*a*) 42% (*b*) 40% (*c*) 37% (*d*) 33% (*e*) इनमें से कोई नहीं

दिये गये प्रश्नों के हल

11. (*e*) : यूनिट IV की दोषपूर्ण वस्तुओं का प्रतिशत

$$2005 \rightarrow \left(\frac{21}{56}\times 100\right)\% = 37{\cdot}5\%, \qquad 2006 \rightarrow \left(\frac{24}{63}\times 100\right)\% = 38\%,$$

$$2007 \rightarrow \left(\frac{30}{68}\times 100\right)\% = 44{\cdot}1\%, \qquad 2008 \rightarrow \left(\frac{19}{54}\times 100\right)\% = 35\%,$$

$$2009 \rightarrow \left(\frac{27}{48}\times 100\right)\% = 56\%, \qquad 2010 \rightarrow \left(\frac{15}{40}\times 100\right)\% = 37{\cdot}5\%.$$

अत: यूनिट IV में दोषपूर्ण वस्तुओं का प्रतिशत अधिकतम 2009 में था.

12. (*b*) : यूनिट I के निर्माण में:

$$2006 \text{ में कमी } \% = \left(\frac{3}{52}\times 100\right)\% = 5{\cdot}7\%, \quad 2007 \text{ में वृद्धि } \% = \left(\frac{1}{49}\times 100\right)\% = 2\%,$$

$$2008 \text{ में वृद्धि } \% = \left(\frac{15}{50}\times 100\right)\% = 30\%, \quad 2009 \text{ में वृद्धि } \% = \left(\frac{5}{65}\times 100\right)\% = 8\%,$$

$$2010 \text{ में कमी } \% = \left(\frac{24}{70}\times 100\right)\% = 34{\cdot}3\%.$$

अत: यह कमी % वर्ष 2010 में सर्वाधिक थी.

13. (*d*) : यूनिट II से दोषपूर्ण वस्तुओं की औसत संख्या $= \frac{(12+10+18+15+13+22)}{6}$ हजार

$$= \frac{90000}{6} = 15000.$$

14. (*a*) : दिये गये वर्षों में यूनिट III द्वारा निर्मित वस्तुओं की संख्या

= (76 + 45 + 55 + 57 + 82 + 38) हजार = 353000.

दिये गये वर्षों में यूनिट V द्वारा निर्मित वस्तुओं की संख्या

= (46 + 36 + 34 + 48 + 58 + 60) हजार = 282000.

अभीष्ट अनुपात = 353000 : 282000 = 353 : 282.

15. (*b*) : अभीष्ट % = $\left\{\frac{15+22+32+15+11 \text{ हजार}}{(44+56+38+40+60) \text{ हजार}}\times100\right\}\% = \left(\frac{95}{238}\times100\right)\% = 40\%.$

निर्देश (प्र० न० 16 से 20) : नीचे दी गई तालिका में किसी राज्य की विभिन्न आयु-वर्गों में प्रतिशत जनसंख्या दी गई है. इस तालिका का ध्यानपूर्वक अध्ययन करके निम्नलिखित प्रश्नों के उत्तर दीजिये.

किसी राज्य की विभिन्न आयु-वर्गों में प्रतिशत जनसंख्या

आयु-वर्ग	15 वर्ष तक	16–25	26–35	36–45	46–55	56–65	66 तथा ऊपर	कुल
प्रतिशत जनसंख्या	30%	17·75%	17·25%	14·5%	14.25%	5·12%	1·13%	100%

16. किस आयु-वर्ग में अधिकतम जनसंख्या है ?

(*a*) 16-25 (*b*) 26-35 (*c*) 36-45 (*d*) 56-65 (*e*) इनमें से कोई नहीं

17. प्रत्येक 4200 पर, 25 वर्ष से कम आयु के व्यक्ति कितने हैं ?

(*a*) 2005 (*b*) 1260 (*c*) 746 (*d*) 515

18. यदि 36 वर्ष से कम आयु के व्यक्ति 2000 लाख हों, तो 56-65 आयु-वर्ग के कितने व्यक्ति हैं ?

(*a*) 300·7 लाख (*b*) 157·5 लाख (*c*) 127·2 लाख (*d*) 593 लाख

19. यदि 56 वर्ष तथा इससे अधिक आयु के व्यक्ति 1 करोड़ हों, तो 16-25 तथा 46-55 आयु-वर्ग के व्यक्तियों का अन्तर कितना है ?

(*a*) 68 लाख (*b*) 56 लाख (*c*) 284 लाख (*d*) 347 लाख

20. यदि 46-55 तथा 26-35 के वर्गों का अन्तर 117·5 लाख हो, तो राज्य की कुल जनसंख्या कितनी है ?

(*a*) 4 करोड़ (*b*) 3·9167 करोड़ (*c*) 3·6 करोड़ (*d*) 4·6 करोड़

उत्तर

16. (*e*) **17.** (*a*) **18.** (*b*) **19.** (*b*) **20.** (*b*)

32 दण्ड-आलेख (BAR GRAPH)

उदाहरण 1

निर्देश (प्र०न० 1 से 5) : नीचे दिये गये दण्ड-आलेख का अध्ययन करके नीचे दिये गये प्रश्नों के उत्तर दीजिए. **(बैंक पी०ओ० परीक्षा, 2011)**

एक विश्वविद्यालय में दिये गये पाँच वर्षों की अवधि में तीन अलग-अलग विशेषज्ञताओं को चुनने वाले विद्यार्थियों की संख्या (हजारों में)

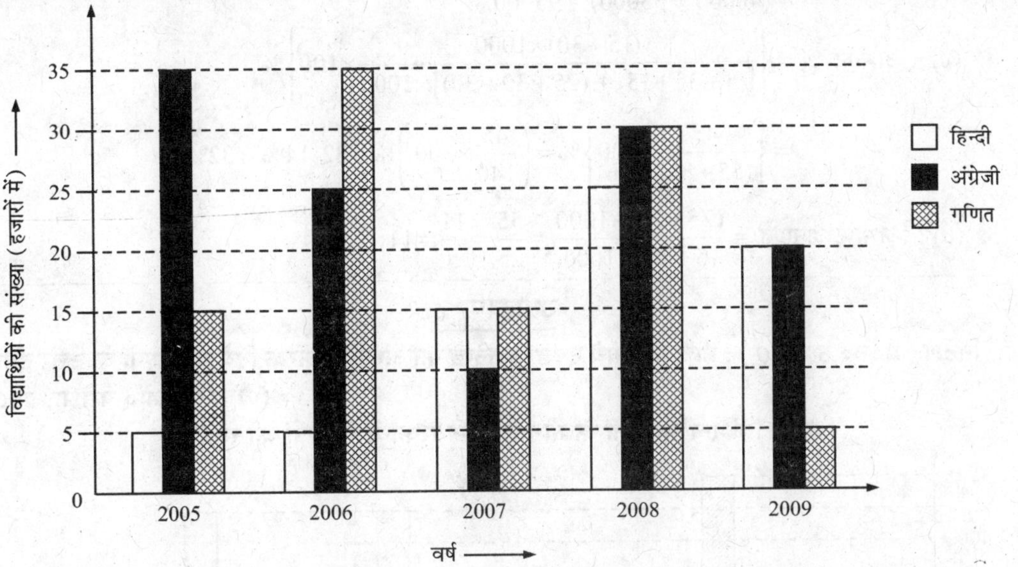

1. वर्ष 2009 में दिये गये तीन विषयों को चुनने वाले कुल विद्यार्थियों में से 38% लड़कियाँ थीं. इसी वर्ष गणित चुनने वाले लड़के कितने थे ?

(*a*) 1322 (*b*) 1332 (*c*) 1312 (*d*) निर्धारित नहीं किया जा सकता
(*e*) इनमें से कोई नहीं

2. वर्ष 2007 में विश्वविद्यालय में विद्यार्थियों की संख्या 455030 हो, तो दिये गये तीन विषयों को चुनने वाले विद्यार्थियों की कुल संख्या कुल विद्यार्थियों का लगभग कितने प्रतिशत थी ?

(*a*) 19% (*b*) 9% (*c*) 12% (*d*) 5% (*e*) 23%

3. वर्ष 2006, 2007 तथा 2009 में कुल मिलाकर हिन्दी तथा गणित चुनने वाले विद्यार्थियों की संख्या कितनी थी ?

(*a*) 97000 (*b*) 93000 (*c*) 85000 (*d*) 96000 (*e*) इनमें से कोई नहीं

4. वर्ष 2005 तथा 2008 में मिलाकर गणित चुनने वाले विद्यार्थियों की संख्या इन्हीं वर्षों में तीनों विषय चुनने वाले विद्यार्थियों की कुल संख्या का लगभग कितने प्रतिशत थी ?

(*a*) 38% (*b*) 28% (*c*) 42% (*d*) 32% (*e*) 48%

5. वर्ष 2006 तथा 2008 में मिलाकर अंग्रेजी चुनने वाले विद्यार्थियों की संख्या तथा वर्ष 2005 और 2009 में मिलाकर हिन्दी चुनने वाले विद्यार्थियों की संख्या के बीच क्रमशः क्या अनुपात है ?

(*a*) 11 : 5 (*b*) 12 : 7 (*c*) 11 : 7 (*d*) 12 : 5 (*e*) इनमें से कोई नहीं

दिये गये प्रश्नों के हल

1. (*d*) : वर्ष 2009 में तीन विषयों को चुनने वाले विद्यार्थियों की कुल संख्या

$= (20 + 20 + 5)$ हजार $= 45000.$

इसमें लड़कियों की संख्या $= \left(45000 \times \frac{38}{100}\right) = 17100.$

स्पष्ट है कि इससे गणित के लड़कों की संख्या निर्धारित नहीं की जा सकती.

2. (*b*) : अभीष्ट % $= \left\{\frac{(15+10+15)\times 1000}{455030} \times 100\right\}\% = \left(\frac{40000 \times 100}{455030}\right)\% = 8 \cdot 79\% \simeq 9\%.$

3. (*e*) : वर्ष 2006, 2007 तथा 2009 में हिन्दी और गणित चुनने वालों की संख्या

$= (5 + 15 + 20)$ हजार $+ (35 + 15 + 5)$ हजार

$= (40000 + 55000) = 95000.$

4. (*d*) : अभीष्ट % $= \left\{\frac{(15+30)\times 1000}{[(5+35+15)+(25+30+30)]\times 1000} \times 100\right\}\%$

$= \left\{\frac{45}{(55+85)} \times 100\right\}\% = \left(\frac{45}{140} \times 100\right)\% = 32 \cdot 14\% \simeq 32\%.$

5. (*a*) : अभीष्ट अनुपात $= \frac{(25+30)\times 1000}{(5+20)\times 1000} = \frac{55}{25} = \frac{11}{5} = 11:5.$

उदाहरण 2

निर्देश (प्र०न० 6 से 10) : नीचे दिये गये दण्ड-आलेख का अध्ययन करके दिये गये प्रश्नों के उत्तर दीजिए.

(बैंक पी०ओ० परीक्षा, 2008)

पाँच विभिन्न संस्थानों के तीन विभिन्न संकायों में छात्रों की संख्या

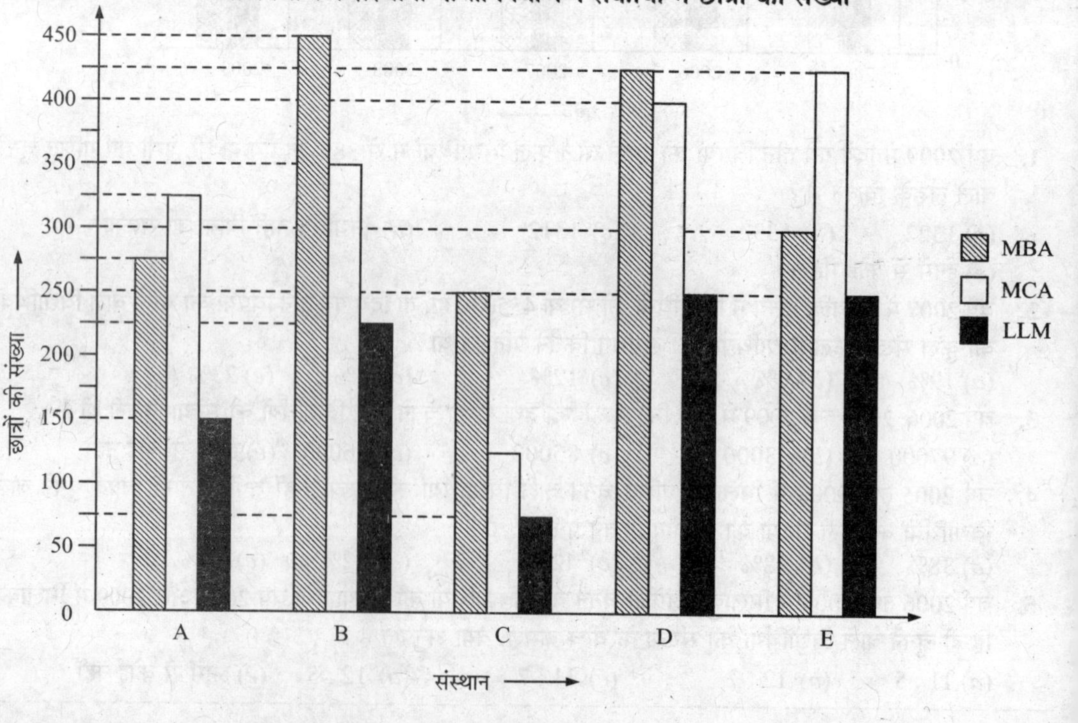

6. संस्थान D में MCA के छात्रों की संख्या उस संस्थान के सभी संकायों में पढ़ रहे छात्रों की कुल संख्या का कितने प्रतिशत है ? (दशमलव के 2 अंकों तक)

(*a*) 38·85% (*b*) 40·48% (*c*) 37·21% (*d*) 36·36% (*e*) इनमें से कोई नहीं

7. संस्थान E में MCA के छात्रों की संख्या सभी संस्थानों के MCA के कुल छात्रों की संख्या का लगभग कितने प्रतिशत है ?

(*a*) 42% (*b*) 26% (*c*) 38% (*d*) 12% (*e*) 20%

8. संस्थान C तथा E में कुल LLM के छात्रों की संख्या का संस्थान A तथा B में कुल MBA के छात्रों की संख्या से क्रमशः कितना अनुपात है ?

(*a*) 2 : 5 (*b*) 7 : 6 (*c*) 2 : 1 (*d*) 13 : 29 (*e*) इनमें से कोई नहीं

9. सभी संस्थानों में MBA के छात्रों की संख्या कुल कितनी है ?

(*a*) 1800 (*b*) 1725 (*c*) 1875 (*d*) 1650 (*e*) इनमें से कोई नहीं

10. सभी संस्थानों में MBA, MCA तथा LLM के छात्रों की संख्या में क्रमशः क्या अनुपात है ?

(*a*) 68 : 65 : 38 (*b*) 68 : 38 : 65 (*c*) 68 : 61 : 38 (*d*) 68 : 38 : 61

(*e*) इनमें से कोई नहीं

दिये गये प्रश्नों के हल

6. (*c*) : अभीष्ट $\% = \left\{\frac{400}{(425+400+250)}\times 100\right\}\% = \left(\frac{400\times 100}{1075}\right)\% = 37\cdot 209\% \simeq 37\cdot 21\%.$

7. (*b*) : अभीष्ट $\% = \left\{\frac{425}{(325+350+125+400+425)}\times 100\right\}\%$

$= \left(\frac{425\times 100}{1625}\right)\% = 26\cdot 15\% \simeq 26\%.$

8. (*d*) : अभीष्ट अनुपात $= \frac{(75+250)}{(275+450)} = \frac{325}{725} = \frac{13}{29} = 13:29.$

9. (*e*) : सभी संस्थानों में MBA के छात्रों की कुल संख्या

= (275 + 450 + 250 + 425 + 300) = 1700.

10. (*a*) : अभीष्ट अनुपात = 1700 : 1625 : (150 + 225 + 75 + 250 + 250)

= 1700 : 1625 : 950 = 68 : 65 : 38.

उदाहरण 3

निर्देश (प्र०न० 11 से 15) : नीचे दिये गये दण्ड-चित्रों में विगत सात वर्षों में दो वस्तुओं X तथा Y का उत्पादन (लाख टनों) में दर्शाया गया है. इन दण्ड-चित्रों का ध्यानपूर्वक अध्ययन करके निम्नलिखित प्रश्नों के उत्तर दीजिए.

(बैंक पी०ओ० परीक्षा, 2006)

विगत 7 वर्षों में दो वस्तुओं X तथा Y का उत्पादन (लाख टनों में)

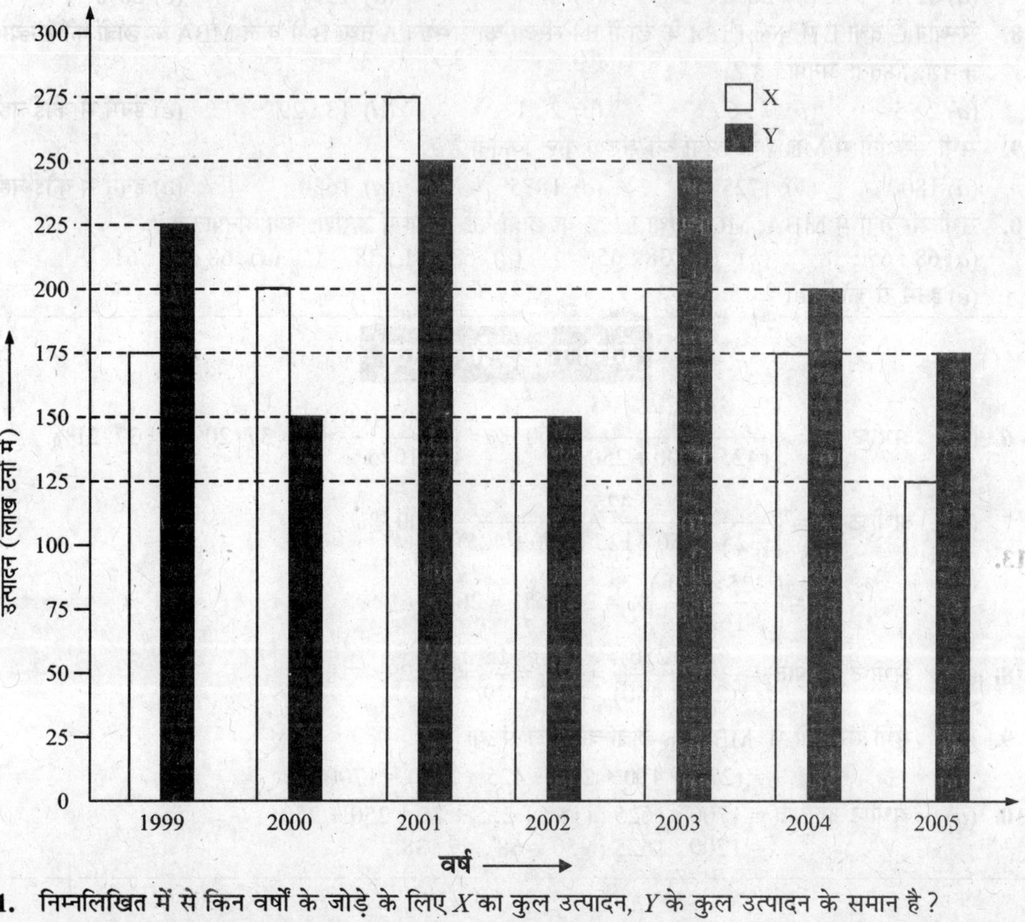

11. निम्नलिखित में से किन वर्षों के जोड़े के लिए X का कुल उत्पादन, Y के कुल उत्पादन के समान है ?

(*a*) 2004 तथा 2005 (*b*) 2001 तथा 2003 (*c*) 2000 तथा 2004
(*d*) 2001 तथा 2005 (*e*) 1999 तथा 2000

12. किस वर्ष में पिछले वर्ष की तुलना में X के उत्पादन में प्रतिशत वृद्धि/कमी अधिकतम थी ?

(*a*) 2001 (*b*) 2003 (*c*) 2002 (*d*) 2005 (*e*) इनमें से कोई नहीं

13. Y का औसत उत्पादन इन वर्षों में कितना था ?

(*a*) 275 लाख टन (*b*) 250 लाख टन (*c*) 225 लाख टन (*d*) 200 लाख टन
(*e*) इनमें से कोई नहीं

14. वर्ष 1999, 2000 तथा 2001 में मिलाकर दोनों वस्तुओं के कुल उत्पादन तथा वर्ष 2003, 2004, 2005 में मिलाकर दोनों वस्तुओं के कुल उत्पादन में क्रमशः अनुपात क्या हैं ?

(*a*) 17 : 15 (*b*) 7 : 6 (*c*) 15 : 17 (*d*) 6 : 7 (*e*) इनमें से कोई नहीं

15. सभी वर्षों का मिलाकर X के कुल उत्पादन का तथा सभी वर्षों का मिलाकर Y के कुल उत्पादन का क्रमशः अनुपात क्या है ?

(*a*) 23 : 18 (*b*) 13 : 14 (*c*) 14 : 13 (*d*) 18 : 23 (*e*) इनमें से कोई नहीं

दिये गये प्रश्नों के हल

11. (*e*) : 2004 तथा 2005 में $X = (175 + 125) = 300$ लाख टन, $Y = (200 + 175) = 375$ लाख टन.
2001 तथा 2003 में $X = (275 + 200) = 475$ लाख टन, $Y = (250 + 250) = 500$ लाख टन.
2000 तथा 2004 में $X = (200 + 175) = 375$ लाख टन, $Y = (150 + 200) = 350$ लाख टन.
2001 तथा 2005 में $X = (275 + 125) = 400$ लाख टन, $Y = (250 + 175) = 425$ लाख टन.
1999 तथा 2000 में $X = (175 + 200) = 375$ लाख टन, $Y = (225 + 150) = 375$ लाख टन.

12. (*c*) : 2001 में वृद्धि $\% = \left\{\frac{275-200}{200} \times 100\right\}\% = 37 \cdot 5\%.$

2003 में वृद्धि $\% = \left\{\frac{(200-150)}{150} \times 100\right\}\% = 33 \cdot 33\%.$

2002 में कमी $\% = \left\{\frac{(275-150)}{275} \times 100\right\}\% = \left(\frac{125}{275} \times 100\right)\% = \frac{500}{11}\% = 45 \cdot 4\%.$

2005 में कमी $\% = \left\{\frac{(175-125)}{175} \times 100\right\}\% = \left(\frac{50}{175} \times 100\right)\% = \frac{200}{7}\% = 28 \cdot 5\%.$

अतः उत्तर (*c*) सही है.

13. (*d*) : Y का औसत उत्पादन $= \frac{(225+150+250+150+250+200+175)}{7}$ लाख टन

$= \frac{1400}{7}$ लाख टन $= 200$ लाख टन.

14. (*a*) : वर्ष 1999, 2000, 2001 में दोनों का कुल उत्पादन

$= (175 + 225 + 200 + 150 + 275 + 250) = 1275$ लाख टन.

वर्ष 2003, 2004, 2005 में दोनों का कुल उत्पादन

$= (200 + 250 + 175 + 200 + 125 + 175) = 1125$ लाख टन.

अभीष्ट अनुपात $= 1275 : 1125 = 51 : 45 = 17 : 15.$

15. (*b*) : सभी वर्षों में X का कुल उत्पादन

$= (175 + 200 + 275 + 150 + 200 + 175 + 125) = 1300$ लाख टन.

सभी वर्षों में Y का कुल उत्पादन

$= (225 + 150 + 250 + 150 + 250 + 200 + 175) = 1400$ लाख टन.

अभीष्ट अनुपात $= 1300 : 1400 = 13 : 14.$

उदाहरण 4

निर्देश (प्र०न० 16 से 20) : नीचे दिये गये दण्ड-आलेख में विभिन्न कॉलोनियों में रहने वाले पुरुषों, महिलाओं तथा बच्चों का प्रतिशत दिखाया गया है. इसके नीचे दी गई सारणी में विभिन्न कॉलोनियों के निवासियों की कुल संख्या दी गई है. इस दण्ड आलेख तथा सारणी का भली-भाँति अध्ययन करके नीचे दिये गये प्रश्नों के उत्तर दीजिए.

(बैंक पी०ओ० परीक्षा, 2010)

विभिन्न कालोनियों में रहने वाले पुरुषों, महिलाओं तथा बच्चों का प्रतिशत

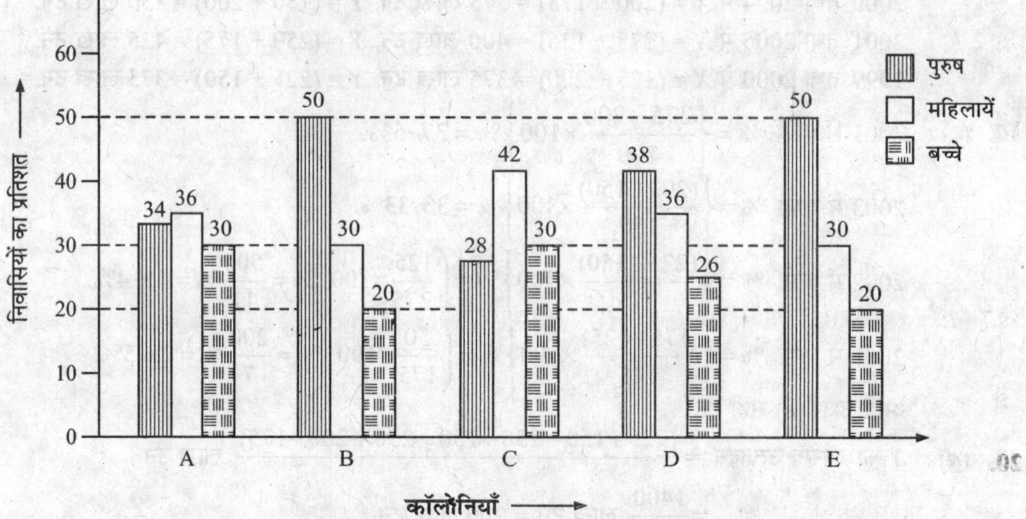

विभिन्न कॉलोनियों के निवासियों की कुल संख्या

कॉलोनियाँ	निवासी
A	1250
B	2050
C	1800
D	1150
E	1620

16. कॉलोनी *A*, *B* तथा *C* को मिलाकर महिलाओं की कुल संख्या कितनी है ?
(*a*) 1785 (*b*) 1821 (*c*) 1479 (*d*) 1692 (*e*) इनमें से कोई नहीं

17. कॉलोनी *A* के बच्चों की संख्या कॉलोनी *E* के बच्चों की संख्या का लगभग कितने प्रतिशत है ?
(*a*) 121% (*b*) 116% (*c*) 75% (*d*) 101% (*e*) 98%

18. कॉलोनी *B* के पुरुषों की संख्या का उसी कॉलोनी की महिलाओं की संख्या से क्रमश: क्या अनुपात है ?
(*a*) 3 : 5 (*b*) 7 : 5 (*c*) 8 : 7 (*d*) 5 : 7 (*e*) इनमें से कोई नहीं

19. सभी कॉलोनियों के कुल निवासियों की औसत संख्या कितनी है ?
(*a*) 1654 (*b*) 1600 (*c*) 1580 (*d*) 1574 (*e*) इनमें से कोई नहीं

20. कॉलोनी *D* के पुरुषों की संख्या तथा उसी कॉलोनी के बच्चों की संख्या का अन्तर कितना है ?
(*a*) 138 (*b*) 126 (*c*) 136 (*d*) 135 (*e*) इनमें से कोई नहीं

दिये गये प्रश्नों के उत्तर

16. (*b*) : कॉलोनी *A, B* तथा C की कुल महिलाओं की संख्या

$$= \left\{\frac{1250\times36}{100}+\frac{2050\times30}{100}+\frac{1800\times42}{100}\right\} = (450+615+756) = 1821.$$

17. (*b*) : कॉलोनी *A* के बच्चों की संख्या $= \left(1250\times\frac{30}{100}\right) = 375.$

कॉलोनी *E* के बच्चों की संख्या $= \left(1620\times\frac{20}{100}\right) = 324.$

अभीष्ट $\% = \left(\frac{375}{324}\times100\right)\% = \frac{3125}{27}\% = 115\cdot7\% \simeq 116\%.$

18. (*e*) : कॉलोनी *B* के पुरुषों की संख्या $= \left(2050\times\frac{50}{100}\right) = 1025.$

कॉलोनी *B* की महिलाओं की संख्या $= \left(2050\times\frac{30}{100}\right) = 615.$

अभीष्ट अनुपात $= \frac{1025}{615} = \frac{5}{3} = 5:3.$

19. (*d*) : सभी कॉलोनियों के कुल निवासियों की संख्या

$$= (1250 + 2050 + 1800 + 1150 + 1620) = 7870.$$

इनकी औसत संख्या $= \frac{7870}{5} = 1574.$

20. (*a*) : कॉलोनी *D* के पुरुषों की संख्या $= \left(1150\times\frac{38}{100}\right) = 437.$

कॉलोनी *D* के बच्चों की संख्या $= \left(1150\times\frac{26}{100}\right) = 299.$

अभीष्ट अन्तर = (437 – 299) = 138.

उदाहरण 5

निर्देश (प्र०न० 21 से 25) : नीचे दिये गये दण्ड-आलेख में एक संगठन के विभिन्न विभागों में कार्यरत कर्मचारियों की संख्या को दिखाया गया है. इसके नीचे दी गई सारणी में अलग-अलग विभागों में कार्यरत पुरुषों तथा महिलाओं का अनुपात दिया गया है. इस दण्ड-आलेख तथा सारणी का भली-भाँति अध्ययन करके नीचे दिये गये प्रश्नों के उत्तर दीजिए. **(बैंक पी०ओ० परीक्षा, 2009)**

एक संगठन के विभिन्न विभागों में कार्यरत कर्मचारियों की संख्या

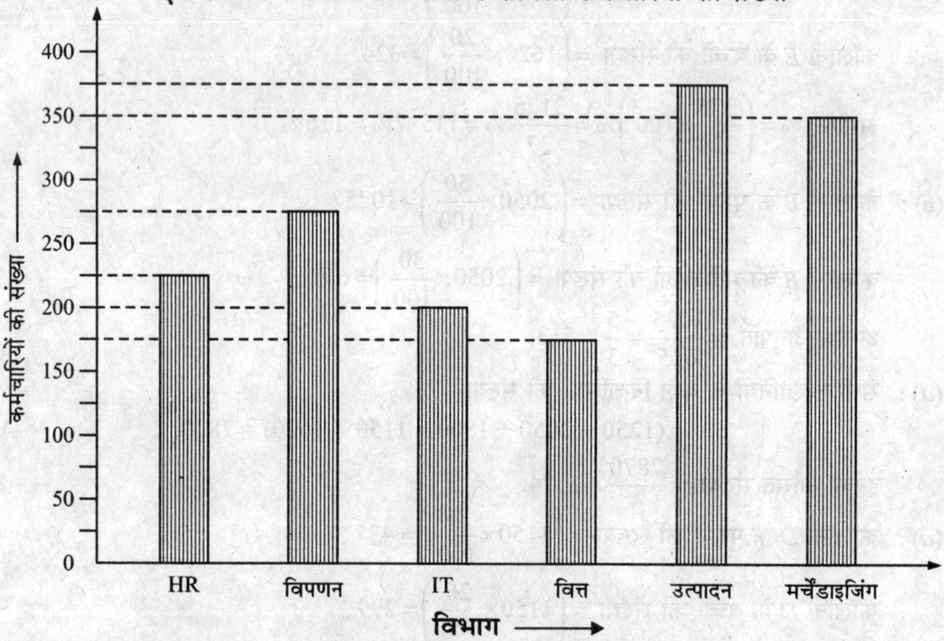

कर्मचारियों में पुरुष-महिला अनुपात

विभाग	पुरुष : महिला
HR	9 : 16
विपणन	3 : 2
IT	9 : 31
वित्त	2 : 3
उत्पादन	11 : 4
मर्चेंडाइजिंग	4 : 3

21. सभी विभागों में कार्यरत पुरुषों की कुल संख्या कितनी है ?
(*a*) 755 (*b*) 925 (*c*) 836 (*d*) 784 (*e*) इनमें से कोई नहीं

22. HR विभाग में कार्यरत महिलाओं की संख्या कितनी है ?
(*a*) 158 (*b*) 128 (*c*) 136 (*d*) 144 (*e*) इनमें से कोई नहीं

23. उत्पादन विभाग के कर्मचारियों की संख्या तथा मर्चेंडाइजिंग विभाग के कर्मचारियों की संख्या का अनुपात कितना है ?
(*a*) 15 : 14 (*b*) 8 : 7 (*c*) 14 : 15 (*d*) 7 : 8 (*e*) इनमें से कोई नहीं

24. किस विभाग में महिलाओं की न्यूनतम संख्या कार्यरत है ?
(*a*) विपणन (*b*) उत्पादन (*c*) HR (*d*) वित्त (*e*) इनमें से कोई नहीं

25. संगठन में सभी विभागों में कुल कर्मचारियों की संख्या कितनी है ?

(*a*) 1500 (*b*) 1575 (*c*) 1525 (*d*) 1625 (*e*) इनमें से कोई नहीं

दिये गये प्रश्नों के हल

21. (*c*) : सभी विभागों में कार्यरत पुरुषों की कुल संख्या

$$= \left(225\times\frac{9}{25}\right)+\left(275\times\frac{3}{5}\right)+\left(200\times\frac{9}{40}\right)+\left(175\times\frac{2}{5}\right)+\left(375\times\frac{11}{15}\right)+\left(350\times\frac{4}{7}\right)$$

$$= (81+165+45+70+275+200) = 836.$$

22. (*d*) : HR विभाग में कार्यरत महिलाओं की संख्या $= \left(225\times\frac{16}{25}\right) = 144.$

23. (*a*) : (उत्पादन में कर्मचारियों की संख्या) : (मर्चेंडाइजिंग में कर्मचारियों की संख्या)

$$= \frac{375}{350} = \frac{15}{14} = 15:14.$$

24. (*b*) : विभिन्न विभागों में महिलाओं की संख्या :

HR $\rightarrow \left(225\times\frac{16}{25}\right) = 144$, विपणन $\rightarrow \left(275\times\frac{2}{5}\right) = 110$,

IT $\rightarrow \left(200\times\frac{31}{40}\right) = 155$, वित्त $\rightarrow \left(175\times\frac{3}{5}\right) = 105$,

उत्पादन $\rightarrow \left(375\times\frac{4}{15}\right) = 100$, मर्चेंडाइजिंग $\rightarrow \left(350\times\frac{3}{7}\right) = 150.$

इनमें से सबसे कम संख्या उत्पादन में है.

25. (*e*) : सभी विभागों के कुल कर्मचारियों की संख्या

$$= (225 + 275 + 200 + 175 + 375 + 350) = 1600.$$

उदाहरण 6

निर्देश (प्र०न० 26 से 30) : नीचे दिये गये दण्ड-आलेख में एक कम्पनी द्वारा विगत वर्षों में विनिर्मित तथा बेची गई मदों की संख्या (लाखों में) दी गई है. इसका ध्यानपूर्वक अध्ययन करके नीचे दिये गये प्रश्नों के उत्तर दीजिए.

(बैंक पी०ओ० परीक्षा, 2009)

विगत वर्षों में एक कम्पनी द्वारा विनिर्मित और बेची गई मदों की संख्या (लाखों में)

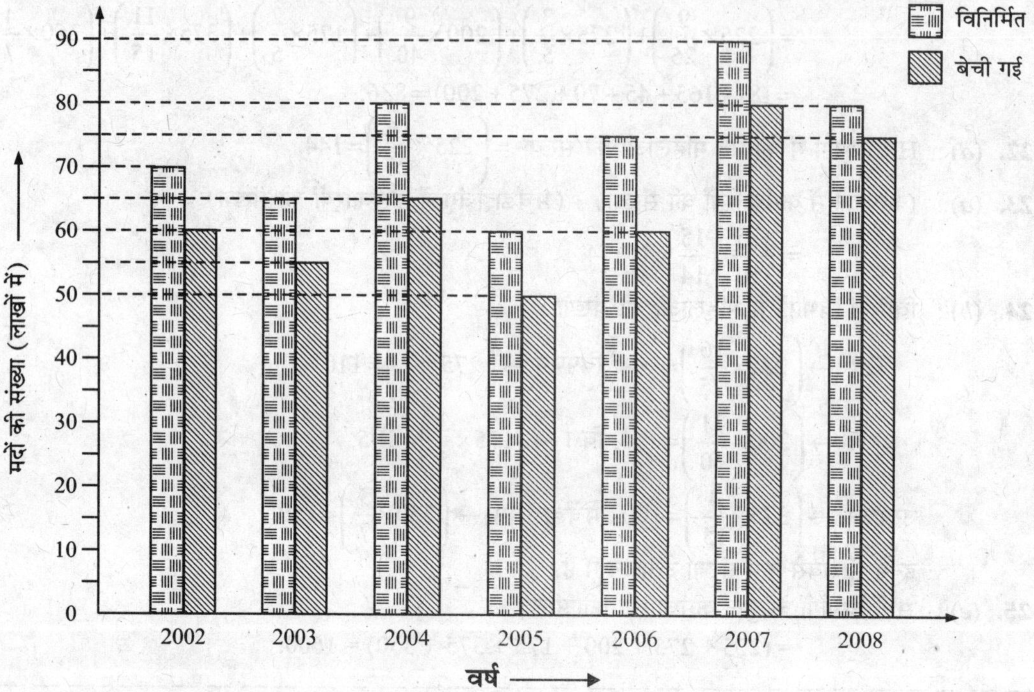

26. सभी वर्षों में कुल मिलाकर नहीं बेची गई मदों की लगभग औसत संख्या कितनी है ?

(*a*) 1050000 (*b*) 1055000 (*c*) 1043000 (*d*) 1040000 (*e*) 1070000

27. सभी वर्षों में कुल मिलाकर बेची गई मदों की लगभग औसत संख्या कितनी है ?

(*a*) 60 लाख (*b*) 61 लाख (*c*) 63 लाख (*d*) 67 लाख (*e*) 69 लाख

28. वर्ष 2007 में विनिर्मित मदों की संख्या, सभी वर्षों में विनिर्मित मदों की कुल संख्या का कितने प्रतिशत है ? (दशमलव के बाद 2 अंकों तक पूर्णांकित)

(*a*) 17·31% (*b*) 13·71% (*c*) 17·03% (*d*) 13·97% (*e*) इनमें से कोई नहीं

29. सभी वर्षों में मिलाकर बेची गई मदों की कुल संख्या तथा विनिर्मित मदों की कुल संख्या के बीच का क्रमशः क्या अनुपात है ?

(*a*) 87 : 104 (*b*) 89 : 102 (*c*) 87 : 102 (*d*) 89 : 104 (*e*) इनमें से कोई नहीं

30. किस वर्ष में नहीं बेची गई मदों का प्रतिशत सर्वाधिक था ?

(*a*) 2004 (*b*) 2006 (*c*) 2008 (*d*) 2002 (*e*) इनमें से कोई नहीं

दिये गये प्रश्नों के हल

26. (*e*) : सभी वर्षों में नहीं बेची गई मदों की संख्या

$= [(70-60)+(65-55)+(80-65)+(60-50)+(75-60)+(90-80)+(80-75)]$ लाख

$= (10+10+15+10+15+10+5)$ लाख $= 75$ लाख.

27. (*c*) : सभी वर्षों में बेची गई मदों की संख्या

$= (60+55+65+50+60+80+75)$ लाख $= 445$ लाख.

अभीष्ट औसत संख्या $= \frac{445}{7}$ लाख $= 63{\cdot}57$ लाख $= 63$ लाख (लगभग).

28. (*a*) : वर्ष 2007 में विनिर्मित मदों की संख्या = 90 लाख.

सभी वर्षों में विनिर्मित मदों की संख्या

$= (70+65+80+60+75+90+80)$ लाख $= 520$ लाख.

अभीष्ट $\% = \left(\frac{90}{520}\times 100\right)\% = 17\cdot 309\% \simeq 17\cdot 31\%.$

29. (*d*) : सभी वर्षों में बेची गई मदों की कुल संख्या = 445 लाख.

सभी वर्षों में विनिर्मित मदों की कुल संख्या = 520 लाख.

अभीष्ट अनुपात $= \frac{445 \text{ लाख}}{520 \text{ लाख}} = \frac{445}{520} = \frac{89}{104} = 89:104.$

30. (*b*) : प्रत्येक वर्ष नहीं बेची गई मदों के प्रतिशत का ब्यौरा :

$$2002 \rightarrow \left(\frac{10}{70}\times 100\right)\% = \frac{100}{7}\% = 14\cdot 3\%;$$

$$2003 \rightarrow \left(\frac{10}{65}\times 100\right)\% = \frac{200}{13}\% = 15\cdot 38\%$$

$$2004 \rightarrow \left(\frac{15}{80}\times 100\right)\% = \frac{75}{4}\% = 18\cdot 75\%$$

$$2005 \rightarrow \left(\frac{10}{60}\times 100\right)\% = \frac{50}{3}\% = 16\cdot 67\%$$

$$2006 \rightarrow \left(\frac{15}{75}\times 100\right)\% = 20\%$$

$$2007 \rightarrow \left(\frac{10}{90}\times 100\right)\% = \frac{100}{9}\% = 11\cdot 11\%$$

$$2008 \rightarrow \left(\frac{5}{80}\times 100\right)\% = \frac{25}{4}\% = 6\cdot 25\%$$

स्पष्ट है कि ये सर्वाधिक वर्ष 2006 में है.

उदाहरण 7

निर्देश (प्र०न० 31 से 34 तक) : नीचे दिये गये दण्ड-चित्रों में दिया गया दण्ड-आलेख मार्च 2008 में पाँच कम्पनियों के रंगीन टी०वी० की माँग तथा उत्पादन को दर्शाता है. आलेख का भली-भाँति अध्ययन करके निम्नलिखित प्रश्नों के उत्तर दीजिए. (एस०एस०सी० परीक्षा, 2009)

मार्च 2008 में कम्पनियों के रंगीन टी०वी० की माँग तथा उत्पादन

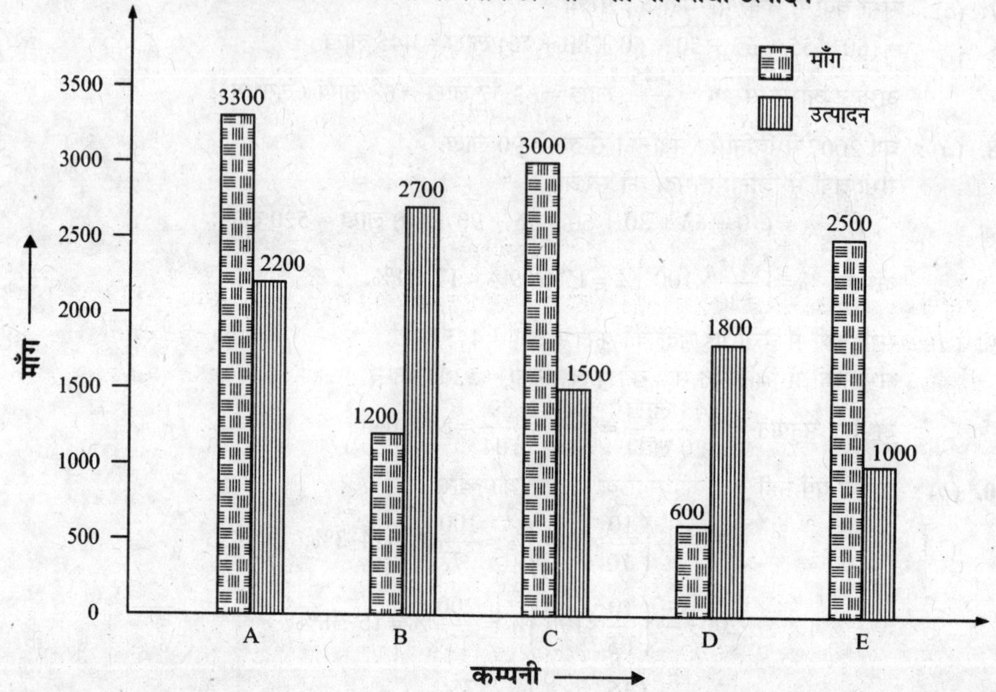

31. उत्पादन से अधिक माँग वाली कम्पनियों की संख्या तथा माँग से अधिक उत्पादन वाली कम्पनियों की संख्या में क्या अनुपात है ?
(*a*) 2 : 3 (*b*) 4 : 1 (*c*) 1 : 1 (*d*) 3 : 2

32. पाँचों कम्पनियों को मिलाकर औसत माँग तथा औसत उत्पादन के बीच कितना अन्तर है ?
(*a*) 1400 (*b*) 400 (*c*) 280 (*d*) 138

33. कम्पनी *D* की माँग, कम्पनी *E* की माँग का लगभग कितने प्रतिशत है ?
(*a*) 12% (*b*) 20% (*c*) 24% (*d*) 30%

34. कम्पनी *B* तथा *D* की औसत माँग और औसत उत्पादन का क्या अनुपात है ?
(*a*) 1 : 5 (*b*) 2 : 5 (*c*) 3 : 5 (*d*) 4 : 5

दिये गये प्रश्नों के हल

31. (*d*) : उत्पादन से अधिक माँग वाली कम्पनियाँ *A, C* तथा *E* हैं.
माँग से अधिक उत्पादन वाली कम्पनियाँ *B* तथा *D* हैं.
अभीष्ट अनुपात = 3 : 2.

32. (*c*) : पाँचों कम्पनियों की औसत माँग $= \frac{1}{5}(3300+1200+3000+600+2500)$

$= \left(\frac{1}{5}\times 10600\right) = 2120.$

पाँचों कम्पनियों का औसत उत्पादन $= \frac{1}{5}(2200+2700+1500+1800+1000)$

$$= \left(\frac{1}{5} \times 9200\right) = 1840.$$

अभीष्ट अन्तर = (2120 − 1840) = 280.

33. (*c*) : कम्पनी *D* की माँग = 600, कम्पनी *E* की माँग = 2500.

$$\text{अभीष्ट } \% = \left(\frac{600}{2500} \times 100\right)\% = 24\%.$$

34. (*b*) : *B* तथा *D* की औसत माँग $= \frac{(1200+600)}{2} = \frac{1800}{2} = 900.$

B तथा *D* का औसत उत्पादन $= \frac{(2700+1800)}{2} = \frac{4500}{2} = 2250.$

अभीष्ट अनुपात $= \frac{900}{2250} = \frac{2}{5} = 2:5.$

उदाहरण 8

निर्देश (प्र०न० 35 से 39 तक) : नीचे दिये गये दण्ड-आरेख का भली-भाँति अध्ययन करके नीचे दिये गये प्रश्नों के उत्तर दीजिए. **(बैंक पी०ओ० परीक्षा, 2010)**

विगत वर्षों में अलग-अलग तीन प्रकार की मोबाइल सेवा का उपयोग करने वाले लोगों की संख्या (हजारों में)

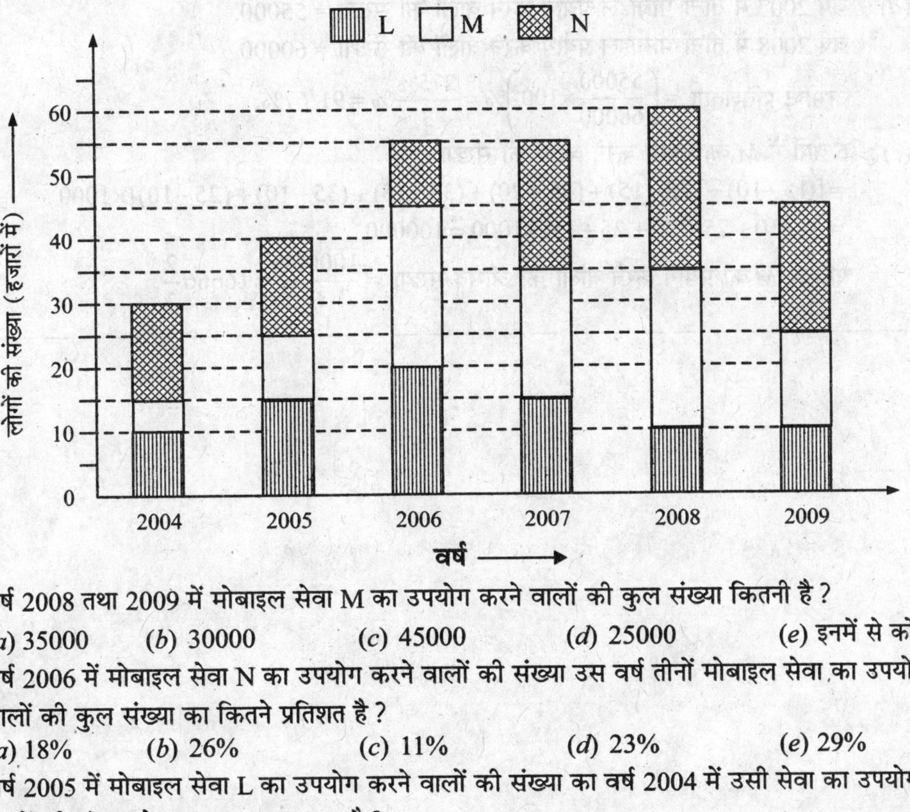

35. वर्ष 2008 तथा 2009 में मोबाइल सेवा M का उपयोग करने वालों की कुल संख्या कितनी है ?

(*a*) 35000 (*b*) 30000 (*c*) 45000 (*d*) 25000 (*e*) इनमें से कोई नहीं

36. वर्ष 2006 में मोबाइल सेवा N का उपयोग करने वालों की संख्या उस वर्ष तीनों मोबाइल सेवा का उपयोग करने वालों की कुल संख्या का कितने प्रतिशत है ?

(*a*) 18% (*b*) 26% (*c*) 11% (*d*) 23% (*e*) 29%

37. वर्ष 2005 में मोबाइल सेवा L का उपयोग करने वालों की संख्या का वर्ष 2004 में उसी सेवा का उपयोग करने वालों की संख्या से क्रमश: क्या अनुपात है ?

(*a*) 8 : 7 (*b*) 3 : 2 (*c*) 19 : 13 (*d*) 15 : 11 (*e*) इनमें से कोई नहीं

38. वर्ष 2007 में तीनों मोबाइल सेवा का उपयोग करने वालों की कुल संख्या वर्ष 2008 में तीनों मोबाइल सेवा का उपयोग करने वालों की कुल संख्या का कितने प्रतिशत है ? (दशमलव के 2 अंकों तक पूर्णांकित)

(*a*) 89·72% (*b*) 93·46% (*c*) 88·18% (*d*) 91·67% (*e*) इनमें से कोई नहीं

39. सभी वर्षों को मिलाकर मोबाइल सेवा M का उपयोग करने वाले लोगों की औसत संख्या क्या है ?

(*a*) $16\frac{2}{3}$ (*b*) $14444\frac{1}{6}$ (*c*) $16666\frac{2}{3}$ (*d*) $14\frac{1}{6}$ (*e*) इनमें से कोई नहीं

दिये गये प्रश्नों के हल

35. (*d*) : वर्ष 2008 तथा वर्ष 2009 में मोबाइल सेवा M का प्रयोग करने वालों की कुल संख्या = (35 – 10) × 1000 + (25 – 10) × 1000
= (25000 + 15000) = 40000.

36. (*a*) : वर्ष 2006 में N का प्रयोग करने वालों की संख्या = (55 – 45) × 1000 = 10000.
वर्ष 2006 में तीनों मोबाइल सेवाओं का प्रयोग करने वालों की संख्या = 55000.
अभीष्ट प्रतिशत्ता $= \left(\frac{10000}{55000}\times 100\right)\% = \frac{200}{11}\% = 18\cdot 1\% \simeq 18\%.$

37. (*b*) : वर्ष 2005 में L का प्रयोग करने वालों की संख्या = 15000.
वर्ष 2004 में L का प्रयोग करने वालों की संख्या = 10000.
अभीष्ट अनुपात = 15000 : 10000 = 3 : 2.

38. (*d*) : वर्ष 2007 में तीनों मोबाइल प्रयोग करने वालों की संख्या = 55000.
वर्ष 2008 में तीनों मोबाइल प्रयोग करने वालों की संख्या = 60000
अभीष्ट प्रतिशत्ता $= \left(\frac{55000}{60000}\times 100\right)\% = \frac{275\%}{3}\% = 91\cdot 67\%.$

39. (*c*) : 6 वर्षों में M का प्रयोग करने वालों की संख्या
$= [(15-10)+(25-15)+(45-20)+(35-15)+(35-10)+(25-10)]\times 1000$
$= (5+10+25+20+25+15)\times 1000 = 100000$.
प्रतिवर्ष M का प्रयोग करने वालों की औसत संख्या $= \frac{100000}{6} = 16666\frac{2}{3}$.

उदाहरण 9

निर्देश (प्र०न० 40 से 44) : नीचे दिये गये दण्ड-चित्रों में पाँच संस्थानों के विभिन्न संकायों में छात्रों की संख्या दी गई है. इनका ध्यानपूर्वक अवलोकन करके नीचे दिये गये प्रश्नों के उत्तर दीजिए.

(बैंक पी०ओ० परीक्षा, 2005)

पाँच संस्थानों के विभिन्न संकायों में छात्रों की संख्या

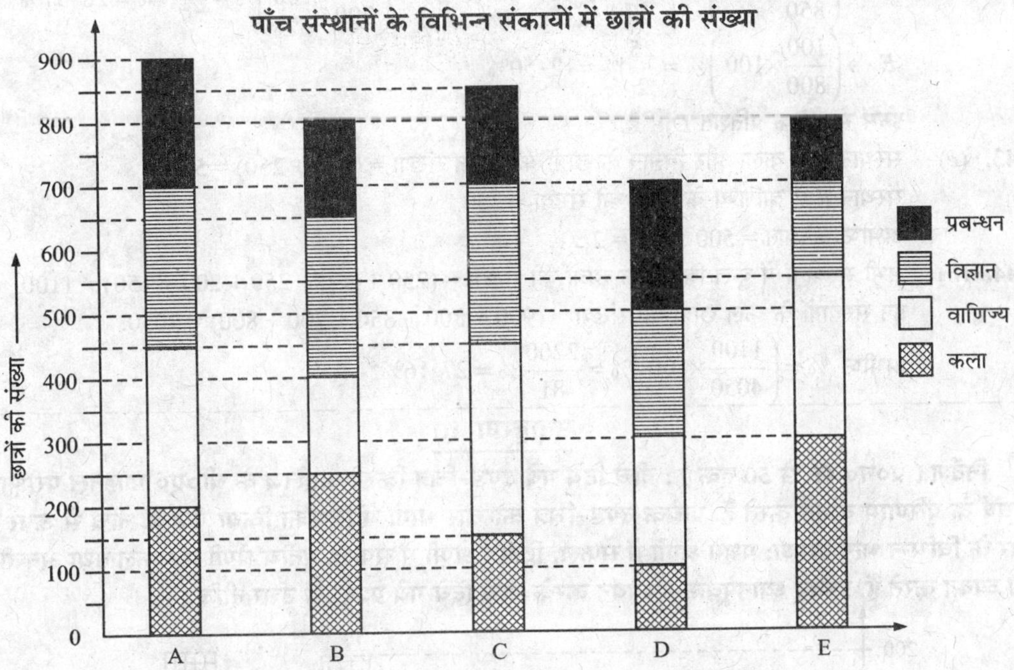

40. सभी संस्थानों को मिलाकर कला के छात्रों की संख्या कितनी है ?

(*a*) 1200 (*b*) 1050 (*c*) 1150 (*d*) 1500 (*e*) इनमें से कोई नहीं

41. संस्थान *D* में वाणिज्य के छात्रों की संख्या का उस संस्थान के कुल छात्रों की संख्या का कितना प्रतिशत है ?

(*a*) $28\frac{4}{7}\%$ (*b*) $16\frac{5}{7}\%$ (*c*) $27\frac{1}{7}\%$ (*d*) $15\frac{6}{7}\%$ (*e*) इनमें से कोई नहीं

42. किस संस्थान के प्रबन्धन के छात्रों का प्रतिशत उस संस्थान के छात्रों की कुल संख्या का सर्वाधिक है ?

(*a*) A (*b*) B (*c*) C (*d*) D (*e*) E

43. संस्थान *B* से कला और विज्ञान के कुल छात्रों की संख्या तथा संस्थान *E* से वाणिज्य के छात्रों की संख्या का क्रमशः क्या अनुपात है ?

(*a*) 2 : 3 (*b*) 3 : 2 (*c*) 5 : 4 (*d*) 4 : 5 (*e*) इनमें से कोई नहीं

44. सभी संस्थानों में कुल मिलाकर विज्ञान के छात्रों की संख्या इन संस्थानों के कुल छात्रों की संख्या का कितने प्रतिशत है ? (दशमलव के बाद 2 अंकों तक पूर्णांकित)

(*a*) 31·64% (*b*) 27·16% (*c*) 29·42% (*d*) 32·19% (*e*) इनमें से कोई नहीं

दिये गये प्रश्नों के हल

40. (*e*) : सभी संस्थानों में कला के कुल छात्र = (200 + 250 + 150 + 100 + 300) = 1000

41. (*a*) : संस्थान *D* में वाणिज्य के छात्रों की संख्या = (300 – 100) = 200.

संस्थान *D* में कुल छात्रों की संख्या = 700.

$$\text{अभीष्ट } \% = \left(\frac{200}{700}\times 100\right)\% = \frac{200}{7}\% = 28\frac{4}{7}\%.$$

42. (*d*) : विभिन्न संस्थानों में प्रबन्धन के छात्रों का उस संस्थान के छात्रों की कुल संख्या का प्रतिशत :

$$A \rightarrow \left(\frac{200}{900} \times 100\right)\% = 22 \cdot 22\%, \quad B \rightarrow \left(\frac{150}{800} \times 100\right)\% = \frac{75}{4}\% = 18 \cdot 75\%$$

$$C \rightarrow \left(\frac{150}{850} \times 100\right)\% = \frac{300}{17}\% = 17 \cdot 65\%, \quad D \rightarrow \left(\frac{200}{700} \times 100\right)\% = \frac{200}{7}\% = 28 \cdot 57\%$$

$$E \rightarrow \left(\frac{100}{800} \times 100\right)\% = \frac{25}{2}\% = 12 \cdot 50\%$$

इनमें सर्वाधिक प्रतिशत D में है.

43. (*e*) : संस्थान B में कला और विज्ञान के छात्रों की कुल संख्या = (250 + 250) = 500.

संस्थान E में वाणिज्य के छात्रों की संख्या = 250.

अभीष्ट अनुपात = 500 : 250 = 2 : 1.

44. (*b*) : सभी संस्थानों में कुल विज्ञान के छात्रों की संख्या = (250 + 250 + 250 + 200 + 150) = 1100.

इन संस्थानों के कुल छात्रों की संख्या = (900 + 800 + 850 + 700 + 800) = 4050.

$$\text{अभीष्ट } \% = \left(\frac{1100}{4050} \times 100\right)\% = \frac{2200}{81}\% = 27 \cdot 16\%.$$

उदाहरण 10

निर्देश (प्र०न० 45 से 50 तक) : नीचे दिये गये दण्ड-चित्र किसी कालिज के बी०ए० फाइनल परीक्षा के 3 वर्ष के परिणाम व्यक्त करते हैं. प्रत्येक दण्ड-चित्र को चार भागों में विभक्त किया गया है. नीचे से ऊपर की ओर के विभिन्न भाग क्रमशः प्रथम श्रेणी में सफल, द्वितीय श्रेणी में सफल, तृतीय श्रेणी में सफल तथा अनुत्तीर्णों को व्यक्त करते हैं. इनका ध्यानपूर्वक अध्ययन करके नीचे दिये गये प्रश्नों के उत्तर दीजिए.

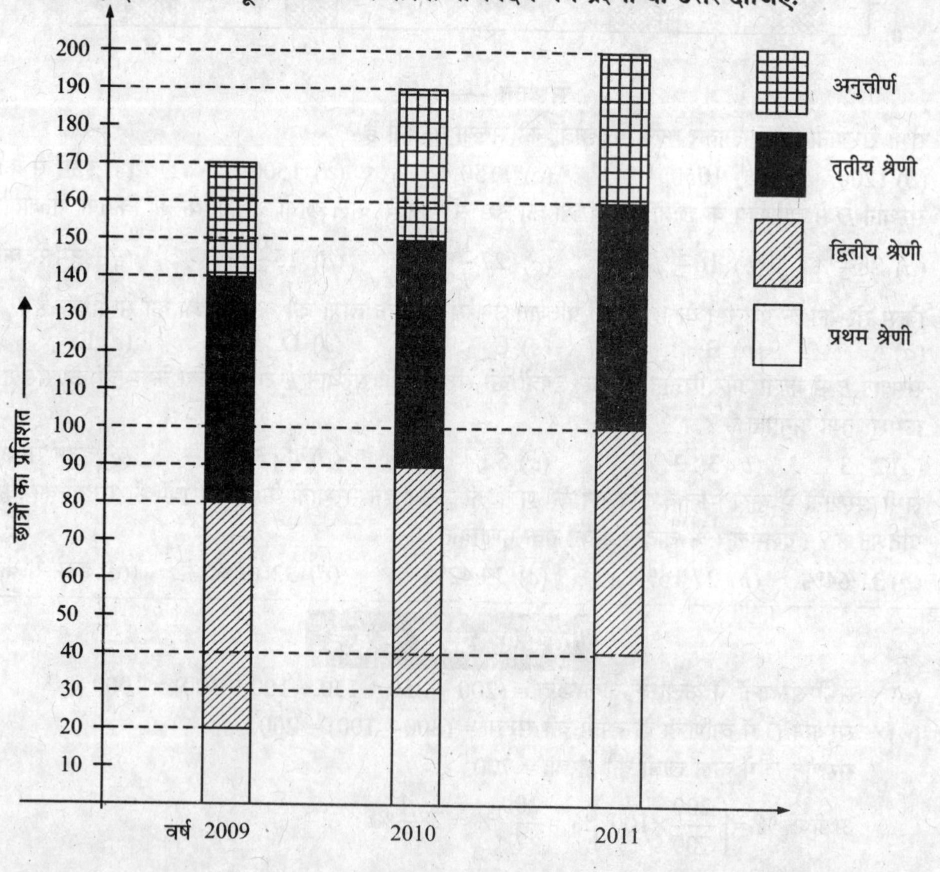

45. वर्ष 2009 में कितने प्रतिशत विद्यार्थी प्रथम श्रेणी में उत्तीर्ण हुए ? (दशमलव के 2 अंकों तक)
(*a*) 10·84% (*b*) 9·92% (*c*) 11·76% (*d*) 12·24%

46. वर्ष 2010 में कितने प्रतिशत विद्यार्थी उत्तीर्ण हुए ? (दशमलव के 2 अंकों तक पूर्णांकित)
(*a*) 78·95% (*b*) 73·65% (*c*) 81·46% (*d*) 88·24%

47. किस वर्ष में कालिज का बी०ए० का परिणाम सर्वोत्तम रहा ?
(*a*) 2009 (*b*) 2010 (*c*) 2011 (*d*) किसी में भी नहीं

48. वर्ष 2011 में तृतीय श्रेणी में उत्तीर्ण होने वालों की संख्या कितनी रही ?
(*a*) 72 (*b*) 60 (*c*) 64 (*d*) 56

49. वर्ष 2011 में विद्यार्थियों की संख्या, वर्ष 2009 के विद्यार्थियों की संख्या का कितने प्रतिशत रही ?
(*a*) 123·4% (*b*) 121·6% (*c*) 117·6% (*d*) 119·3%

50. तीनों वर्षों का कुल मिलाकर उत्तीर्ण प्रतिशत कितना रहा ?
(*a*) 78·2% (*b*) 80·3% (*c*) 82·1% (*d*) 84·6%

दिये गये प्रश्नों के हल

45. (*c*) : वर्ष 2009 में विद्यार्थियों की कुल संख्या = 170.
वर्ष 2009 में प्रथम श्रेणी में उत्तीर्ण विद्यार्थियों की संख्या = 20.
अभीष्ट $\% = \left(\frac{20}{170}\times 100\right)\% = 11\cdot 76\%$.

46. (*a*) : वर्ष 2010 में उत्तीर्ण हुए विद्यार्थियों का प्रतिशत $= \left(\frac{150}{190}\times 100\right)\% = 78\cdot 95\%$.

47. (*a*) : वर्ष 2009 में उत्तीर्ण $\% = \left(\frac{140}{170}\times 100\right)\% = 82\cdot 35\%$.
वर्ष 2010 में उत्तीर्ण % = 78.95%.
वर्ष 2011 में उत्तीर्ण $\% = \left(\frac{160}{200}\times 100\right)\% = 80\%$.
अत: वर्ष 2009 में परीक्षा परिणाम सर्वोत्तम रहा.

48. (*b*) : वर्ष 2011 में तृतीय श्रेणी में उत्तीर्ण होने वालों की संख्या = (160 – 100) = 60.

49. (*c*) : माना वर्ष 2011 में छात्रों की संख्या = वर्ष 2009 में छात्रों की संख्या का $x\%$
$\therefore$ 200 = 170 का $x\% \Rightarrow 170\times\frac{x}{100} = 200 \Rightarrow x = \left(\frac{200\times 100}{170}\right) = 117\cdot 6\%$.

50. (*b*) : तीनों वर्षों में उत्तीर्ण छात्रों की संख्या = (140 + 150 + 160) = 450.
तीनों वर्षों में कुल छात्रों की संख्या = (170 + 190 + 200) = 560.
अभीष्ट $\% = \left(\frac{450}{560}\times 100\right)\% = 80\cdot 3\%$.

प्रश्नमाला 32

निर्देश (प्र०न० 1 से 4 तक) : नीचे दिये गये दण्ड-चित्र में एक कालिज के चार संकायों में वर्ष 2009-10 से वर्ष 2011-12 तक विद्यार्थियों की संख्या में हुए परिवर्तन को दर्शाया गया है. इनका भली-भाँति अध्ययन करके नीचे दिये गये प्रश्नों के उत्तर दीजिए.

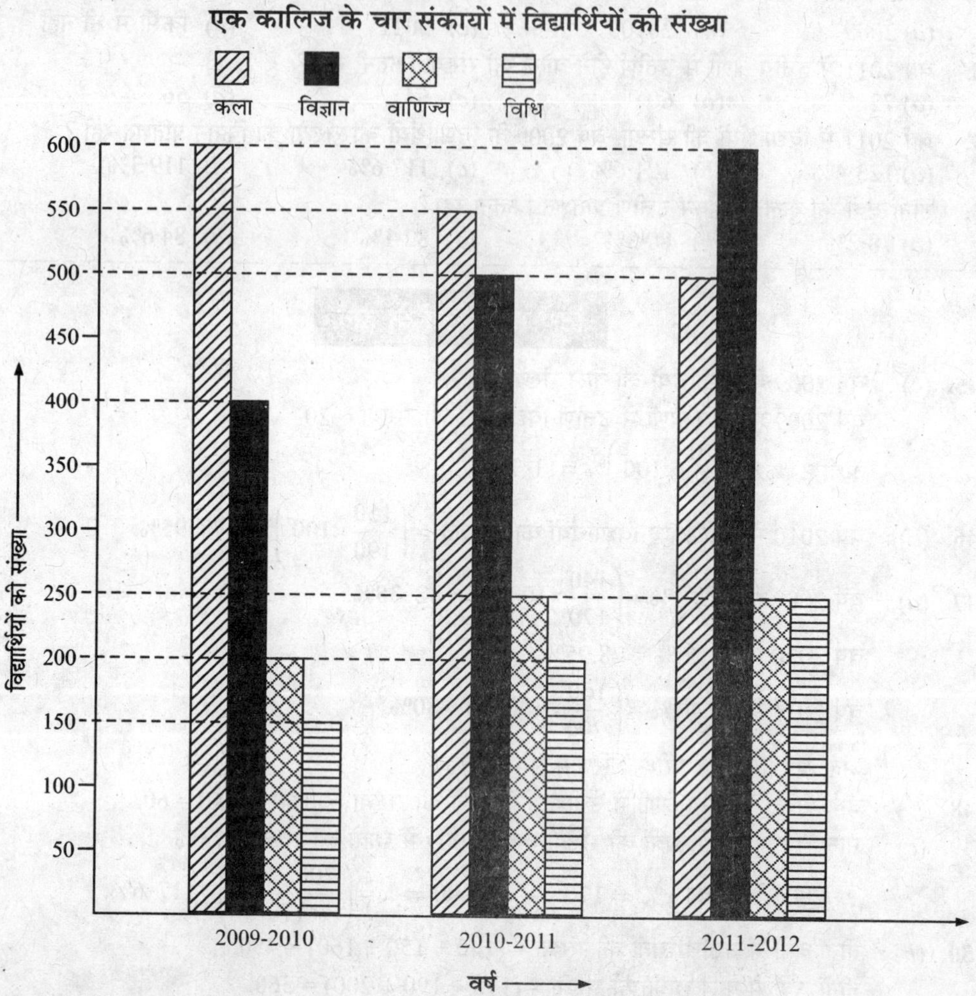

1. वर्ष 2009-10 में विज्ञान संकाय में कितने प्रतिशत विद्यार्थी थे ?

(*a*) 26·9% (*b*) 27·8% (*c*) 29·6% (*d*) 30·2%

2. वर्ष 2010-11 में विद्यार्थियों की कुल संख्या उसी वर्ष वाणिज्य के विद्यार्थियों की संख्या का कितने गुना थी ?

(*a*) तीन-गुना (*b*) चार-गुना (*c*) पाँच-गुना (*d*) छः-गुना

3. वर्ष 2009-10 की तुलना में वर्ष 2011-12 में विज्ञान के विद्यार्थियों में कितने प्रतिशत वृद्धि हुई ?

(*a*) 50% (*b*) $66\frac{2}{3}\%$ (*c*) 75% (*d*) 150%

4. किस संकाय में विद्यार्थियों की संख्या में लगातार कमी आयी ?

(*a*) कला (*b*) विज्ञान (*c*) वाणिज्य (*d*) विधि

उत्तरमाला

1. (*c*) **2.** (*d*) **3.** (*a*) **4.** (*a*)

दिये गये प्रश्नों के संकेतात्मक हल

1. (*c*) : वर्ष 2009-10 में विज्ञान में विद्यार्थियों का प्रतिशत $= \left\{\frac{400}{(600+400+200+150)} \times 100\right\}\%$

$= \left(\frac{40}{1350} \times 100\right)\% = 29 \cdot 6\%.$

2. (*d*) : वर्ष 2010-11 में विद्यार्थियों की कुल संख्या = (550 + 500 + 250 + 200) = 1500.
वर्ष 2010-11 में वाणिज्य में विद्यार्थियों की संख्या = 250.
स्पष्ट है कि 1500 = 6 × 250.

3. (*a*) : वर्ष 2009-10 में विज्ञान के विद्यार्थियों की संख्या = 400.
वर्ष 2011-12 में विज्ञान के विद्यार्थियों की संख्या = 600.
वृद्धि $\% = \left(\frac{200}{400} \times 100\right)\% = 50\%.$

4. (*a*) : स्पष्ट है कि कला संकाय में विद्यार्थियों की संख्या में लगातार कमी आयी.

निर्देश (प्र०न० 5 से 9 तक) : नीचे दिये गये दण्ड-चित्रों में किसी वर्ष में पाँच कालिजों में लड़कों तथा लड़कियों की संख्या (सैकड़ों में) दर्शाई गई है. इन दण्ड-चित्रों का भली-भाँति अध्ययन करके निम्नलिखित प्रश्नों के उत्तर दीजिए.

किसी वर्ष में 5 कालिजों में लड़कों तथा लड़कियों की संख्या

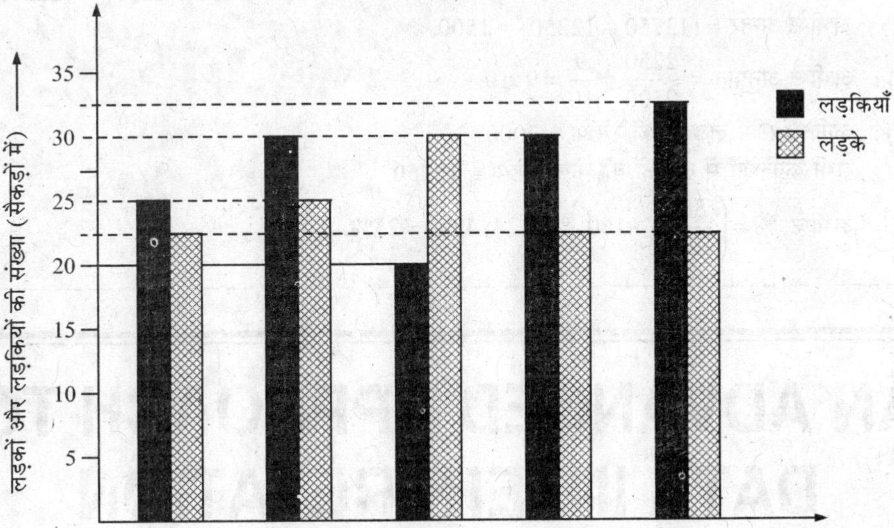

5. सभी कालेजों में मिलाकर लड़कियों की औसत संख्या कितनी है ?
(*a*) 2500 (*b*) 2750 (*c*) 2700 (*d*) 2550 (*e*) इनमें से कोई नहीं

6. कालेज *D* तथा *E* को मिलाकर कुल लड़कियों की संख्या, कालेज *A, B, C* की मिलाकर कुल लड़कियों की संख्या का कितने प्रतिशत है ?
(*a*) 83% (*b*) 75% (*c*) 70% (*d*) 88% (*e*) इनमें से कोई नहीं

7. सभी कालेजों में कुल मिलाकर लड़कियों की संख्या तथा लड़कों की संख्या में कितना अन्तर है ?
(*a*) 1350 (*b*) 1400 (*c*) 1550 (*d*) 1600 (*e*) इनमें से कोई नहीं

8. कालेज *D* के कुल लड़कों की संख्या का कालेज *B* के कुल लड़कों की संख्या से क्रमशः क्या अनुपात है ?
(*a*) 10 : 9 (*b*) 8 : 9 (*c*) 9 : 10 (*d*) 9 : 8 (*e*) इनमें से कोई नहीं

9. कालेज C के लड़कों की संख्या सभी कालेजों के कुल लड़कों की संख्या का लगभग कितना प्रतिशत है ?
(*a*) 43% (*b*) 35% (*c*) 38% (*d*) 25% (*e*) 21%

उत्तरमाला

5. (*b*) **6.** (*a*) **7.** (*c*) **8.** (*c*) **9.** (*d*)

दिये गये प्रश्नों के हल

5. (*b*) : सभी कालिजों में लड़कियों की औसत संख्या $= \frac{1}{5}(2500 + 3000 + 2000 + 3000 + 3250)$

$= \frac{13750}{5} = 2750.$

6. (*a*) : D तथा E में कुल लड़कियाँ = (3000 + 3250) = 6250.
A, B तथा C में कुल लड़कियाँ = (2500 + 3000 + 2000) = 7500.
अभीष्ट $\% = \left(\frac{6250}{7500} \times 100\%\right) = 83 \cdot 3\% \simeq 83\%.$

7. (*c*) : सभी कालिजों में लड़कियों की संख्या = 13750.
सभी कालिजों में लड़कों की संख्या = (2250 + 2500 + 3000 + 2250 + 2250) = 12250.
अभीष्ट अन्तर = (13750 − 12250) = 1500.

8. (*c*) : अभीष्ट अनुपात $= \frac{2250}{2500} = \frac{9}{10} = 9 : 10.$

9. (*d*) : कालिज C में लड़कों की संख्या = 3000.
सभी कालिजों में लड़कों की कुल संख्या = 12250.
अभीष्ट $\% = \left(\frac{3000}{12250} \times 100\right)\% = 24 \cdot 49\% \simeq 25\%.$

निर्देश (प्र०न० 10 से 14 तक) : नीचे दिये गये दण्ड-चित्रों में विगत छः वर्षों में कुछ विशेष कारों का उत्पादन तथा निर्यात (हजारों में) दिखाया गया है. इन दण्ड-चित्रों का ध्यानपूर्वक अध्ययन करके निम्नलिखित प्रश्नों के उत्तर दीजिए.

विगत 6 वर्षों में कुछ विशेष कारों का उत्पादन तथा निर्यात (हजारों में)

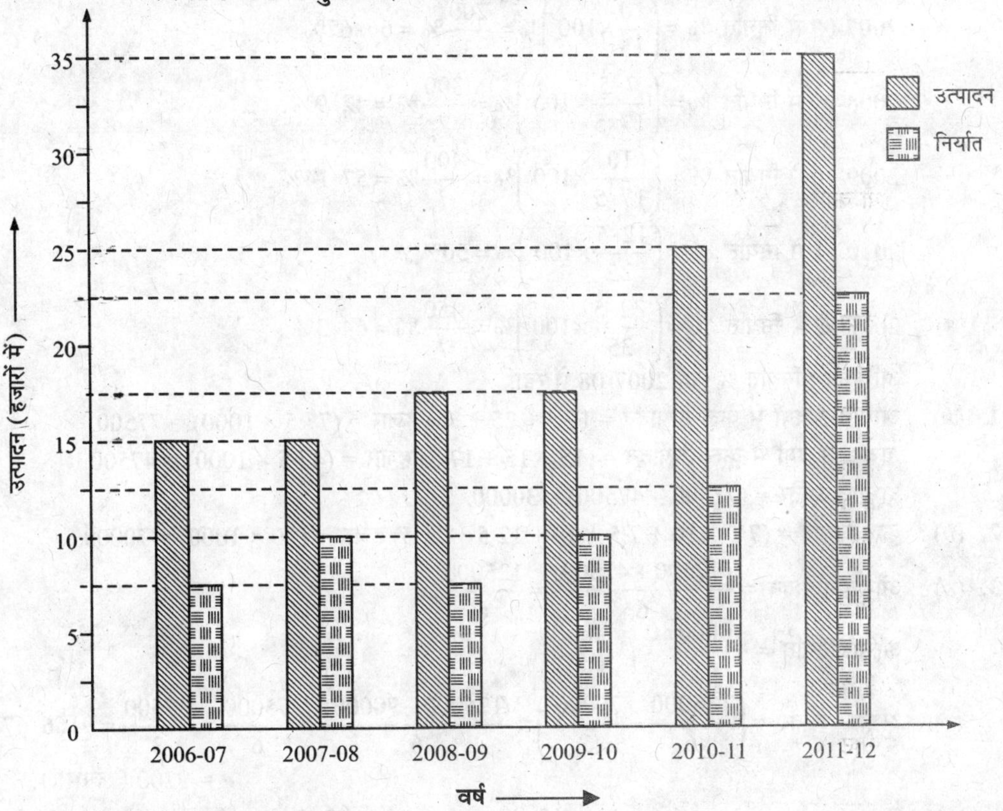

10. किस वर्ष में उत्पादन में से निर्यात का प्रतिशत अधिकतम था ?
(*a*) 2011-12 (*b*) 2010-11 (*c*) 2009-10 (*d*) 2008-09 (*e*) इनमें से कोई नहीं

11. अन्तिम तीन वर्षों तथा प्रथम तीन वर्षों के उत्पादन में कितना अन्तर है ?
(*a*) 20000 (*b*) 30000 (*c*) 35000 (*d*) 55000 (*e*) इनमें से कोई नहीं

12. दिये गये वर्षों का कुल निर्यात कितना है ?
(*a*) 7000 (*b*) 70000 (*c*) 75000 (*d*) 125000 (*e*) इनमें से कोई नहीं

13. दिये गये वर्षों में औसत उत्पादन तथा औसत निर्यात के बीच लगभग कितना अन्तर है ?
(*a*) 9200 (*b*) 11000 (*c*) 2200 (*d*) 2083 (*e*) 1166

14. पिछले वर्ष के संदर्भ में किन वर्षों में निर्यात में प्रतिशत वृद्धि-न्यूनतम थी ?
(*a*) 2007-08 (*b*) 2009-10 (*c*) 2010-11 (*d*) 2011-12 (*e*) इनमें से कोई नहीं

उत्तरमाला

10. (*e*) **11.** (*b*) **12.** (*b*) **13.** (*a*) **14.** (*c*)

दिये गये प्रश्नों के हल

10. (*e*) : 2006-07 में निर्यात $\% = \left(\frac{7\cdot5\times1000}{15\times1000}\times100\right)\% = 50\%$.

2007-08 में निर्यात $\% = \left(\frac{10}{15}\times100\right)\% = \frac{200}{3}\% = 66\cdot67\%$.

2008-09 में निर्यात $\% = \left(\frac{7\cdot5}{17\cdot5}\times100\right)\% = \frac{300}{7}\% = 42\cdot9\%$.

2009-10 में निर्यात $\% = \left(\frac{10}{17\cdot5}\times100\right)\% = \frac{400}{7}\% = 57\cdot14\%$.

2010-11 में निर्यात $\% = \left(\frac{12\cdot5}{25}\times100\right)\% = 50\%$.

2011-12 में निर्यात $\% = \left(\frac{22\cdot5}{35}\times100\right)\% = \frac{450}{7}\% = 64\cdot3\%$.

अधिकतम निर्यात % वर्ष 2007-08 में रहा.

11. (*b*) : अन्तिम 3 वर्षों में कुल उत्पादन = 17·5 + 25 + 35) हजार = (77·5 × 1000) = 77500.

प्रथम 3 वर्षों में कुल उत्पादन = (15 + 15 + 17·5) हजार = (47·5 × 1000) = 47500.

अभीष्ट अन्तर = (77500 – 47500) = 30000.

12. (*b*) : कुल निर्यात = (7·5 + 10 + 7·5 + 10 + 12·5 + 22·5) हजार = (70 × 1000) = 70000.

13. (*a*) : औसत उत्पादन $= \frac{(77500+47500)}{6} = \frac{125000}{6}$.

औसत निर्यात $= \frac{70000}{6}$

अभीष्ट अन्तर $= \left(\frac{125000}{6} - \frac{70000}{6}\right) = \frac{(125000-70000)}{6} = \frac{55000}{6} = \frac{27500}{3} = 9166\cdot67$

= 9200 (लगभग).

14. (*c*) : 2007-08 में निर्यात में वृद्धि $\% = \left\{\frac{(10-7\cdot5)}{7\cdot5}\times100\right\} = \left(\frac{2\cdot5}{7\cdot5}\times100\right)\% = \frac{100}{3}\% = 33\cdot34\%$

2009-10 में निर्यात में वृद्धि % = 33·34%.

2010-11 में निर्यात में वृद्धि $\% = \left\{\frac{(12\cdot5-10)}{10}\times100\right\}\% = \left(\frac{2\cdot5}{7\cdot5}\times100\right)\% = 25\%$.

2011-12 में निर्यात में वृद्धि $\% = \left\{\frac{(22\cdot5-12\cdot5)}{12\cdot5}\times100\right\}\% = \left(\frac{100}{125}\times100\right)\% = 80\%$.

स्पष्ट है कि निर्यात में न्यूनतम वृद्धि % वर्ष 2010-11 में रही.

निर्देश (प्र०न० 15 से 18) : नीचे दिया गया दण्ड-आलेख कुछ देशों की जन्म दरों को दर्शाता है. आलेख का अध्ययन कीजिए तथा निम्नलिखित प्रश्नों के उत्तर दीजिए.

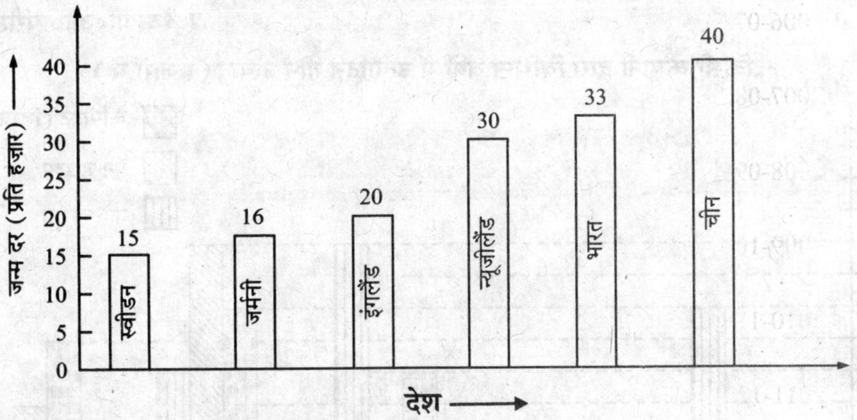

15. किस देश की जन्म दर जर्मनी से 25% अधिक है ?

(*a*) न्यूजीलैण्ड (*b*) इंग्लैण्ड (*c*) भारत (*d*) चीन

16. भारत में जन्म-दर इंग्लैण्ड की जन्म दर की कितनी प्रतिशत है ?

(*a*) 123% (*b*) 135% (*c*) 65% (*d*) 165%

17. भारत की जन्म दर का स्वीडन की जन्म दर से क्या अनुपात है ?

(*a*) 11 : 5 (*b*) 5 : 11 (*c*) 2 : 3 (*d*) 5 : 16

18. इंग्लैण्ड की जन्म-दर न्यूजीलैण्ड की जन्म दर से कितने प्रतिशत कम है ?

(*a*) 10% (*b*) 50% (*c*) $33\frac{1}{3}\%$ (*d*) इनमें से कोई नहीं

उत्तरमाला

15. (*b*) **16.** (*d*) **17.** (*a*) **18.** (*c*)

दिये गये प्रश्नों के हल

15. (*b*) : जर्मनी की जन्म दर = 16 प्रति हजार.

$$\text{अभीष्ट जन्म दर} = \left(\frac{16}{1000} \times 125\%\right) = \left(\frac{16}{1000} \times \frac{125}{100}\right) = \frac{20}{1000} = 20 \text{ प्रति हजार.}$$

स्पष्ट है कि यह जन्म दर इंग्लैण्ड की है.

16. (*d*) : भारत में जन्म दर = 33 प्रति हजार, इंग्लैण्ड में जन्म दर = 20 प्रति हजार.

$$\text{अभीष्ट } \% = \left(\frac{33}{1000} \times \frac{1000}{20} \times 100\right)\% = 165\%.$$

17. (*a*) : $\text{भारत : स्वीडन} = \frac{33}{15} = \frac{11}{5} = 11:5.$

18. (*c*) : न्यूजीलैंड की जन्म दर = 30 प्रति हजार, इंग्लैण्ड की जन्म दर = 20 प्रति हजार.

इसमें कमी = (30 – 20) प्रति हजार = 10 प्रति हजार.

$$\text{कमी } \% = \left\{\frac{\frac{10}{1000}}{\frac{30}{1000}} \times 100\right\}\% = \left(\frac{10}{30} \times 100\right)\% = 33\frac{1}{3}\%.$$

निर्देश (प्र०न० 19 से 23) : नीचे दिये गये दण्ड-आलेख में एक कम्पनी द्वारा 5 वर्षों में उत्पादित तीन अलग-अलग उत्पाद (हजारों में) दिये गये हैं. इनका ध्यानपूर्वक अध्ययन करके निम्नलिखित प्रश्नों के उत्तर दीजिए.

(बैंक पी०ओ० परीक्षा, 2010)

किसी कम्पनी द्वारा विभिन्न वर्षों में उत्पादित तीन उत्पाद (हजारों में)

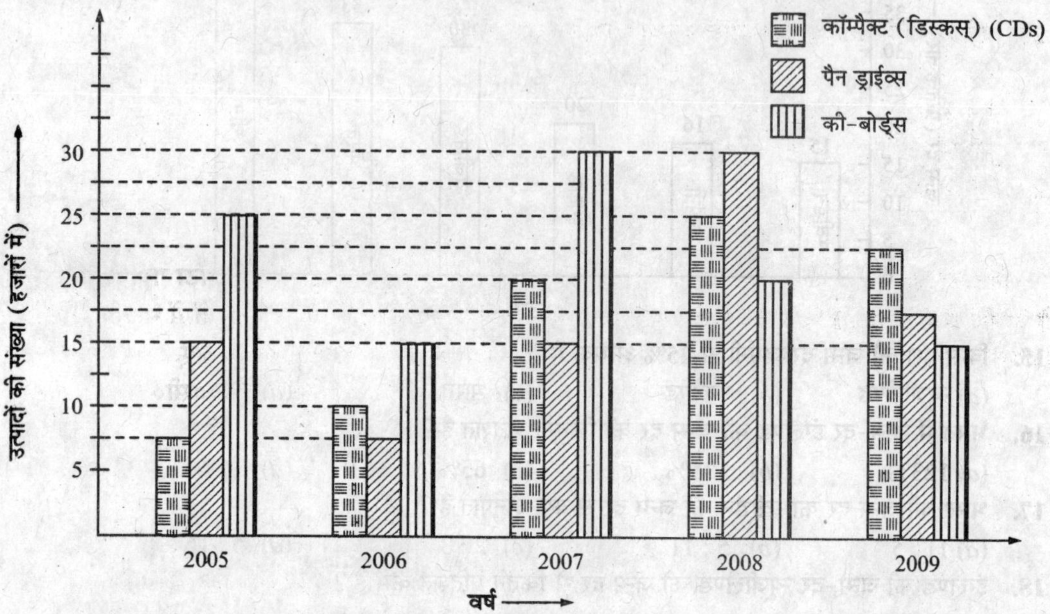

19. सभी वर्षों में कम्पनी द्वारा उत्पादित पैन-ड्राइव्स की औसत संख्या कितनी है ?

(*a*) 1700 (*b*) 1·7 लाख (*c*) 17000 (*d*) 85000 (*e*) इनमें से कोई नहीं

20. वर्ष 2006 तथा 2008 में कम्पनी ने सभी उत्पादों की कुल कितनी संख्या का उत्पादन किया था ?

(*a*) 10750 (*b*) 107·5 लाख (*c*) 105700 (*d*) 10570 (*e*) इनमें से कोई नहीं

21. वर्ष 2009 में कम्पनी द्वारा उत्पादित CDs की संख्या तथा वर्ष 2005 में कम्पनी द्वारा उत्पादित की-बोर्ड्स की संख्या के बीच क्या अनुपात था ?

(*a*) 9 : 10 (*b*) 11 : 10 (*c*) 10 : 9 (*d*) 10 : 11 (*e*) इनमें से कोई नहीं

22. वर्ष 2008 में कम्पनी द्वारा उत्पादित पेन-ड्राइव्स और CDs की कुल संख्या तथा वर्ष 2008 में कम्पनी द्वारा उत्पादित की-बोर्ड की संख्या के बीच कितना अन्तर है ?

(*a*) 40000 (*b*) 4000 (*c*) 35000 (*d*) 3500 (*e*) इनमें से कोई नहीं

23. वर्ष 2006, 2007 तथा 2009 में कम्पनी द्वारा उत्पादित की-बोर्ड्स की संख्या के बीच अनुपात क्या है ?

(*a*) 1 : 2 : 3 (*b*) 1 : 2 : 2 (*c*) 2 : 1 : 3 (*d*) 1 : 2 : 1 (*e*) इनमें से कोई नहीं

उत्तरमाला

19. (*c*) **20.** (*e*) **21.** (*a*) **22.** (*c*) **23.** (*d*)

दिये गये प्रश्नों के हल

19. इन वर्षों में कम्पनी द्वारा उत्पादित कुल पेन-ड्राइव्स

$$= (15 + 7{\cdot}5 + 15 + 30 + 17{\cdot}5) \text{ हजार} = 85000.$$

इनकी अभीष्ट औसत संख्या $= \dfrac{85000}{5} = 17000.$

20. वर्ष 2006 तथा 2008 में उत्पादित सभी उत्पादों की कुल संख्या

$= (10 + 7{\cdot}5 + 15)$ हजार $+ (25 + 30 + 20)$ हजार

$= (32{\cdot}5 \times 1000) + (75 \times 1000) = (32500 + 75000) = 107500.$

21. अभीष्ट अनुपात $= \frac{22500}{25000} = \frac{9}{10} = 9:10.$

22. वर्ष 2008 में उत्पादित पेन-ड्राइव्स तथा CDs की कुल संख्या

$= (30000 + 25000) = 55000.$

वर्ष 2008 में उत्पादित की-बोर्ड्स की संख्या = 20000.

अभीष्ट अन्तर = (55000 – 20000) = 35000.

23. वर्ष 2006, 2007 तथा 2009 में उत्पादित की-बोर्ड्स की संख्याओं का अनुपात

= 15000 : 30000 : 15000 = 1 : 2 : 1.

निर्देश (प्र०न० 24 से 27) : एक निर्वाचन क्षेत्र को चार क्षेत्रों *A*, *B*, *C* तथा *D* में बाँटा गया है. इस क्षेत्र से दो उम्मीदवारों *X* तथा *Y* ने चुनाव लड़ा. नीचे दिया गया दण्ड-चित्र निर्वाचन के चारों क्षेत्रों में मतों का विभाजन दर्शाता है. नीचे दिये गये ग्राफ का अध्ययन कीजिए तथा निम्नलिखित प्रश्नों के उत्तर दीजिए.

(एस०एस०सी० परीक्षा, 2007)

चार क्षेत्रों में *X* तथा *Y* द्वारा प्राप्त मतों की संख्या (हजारों में)

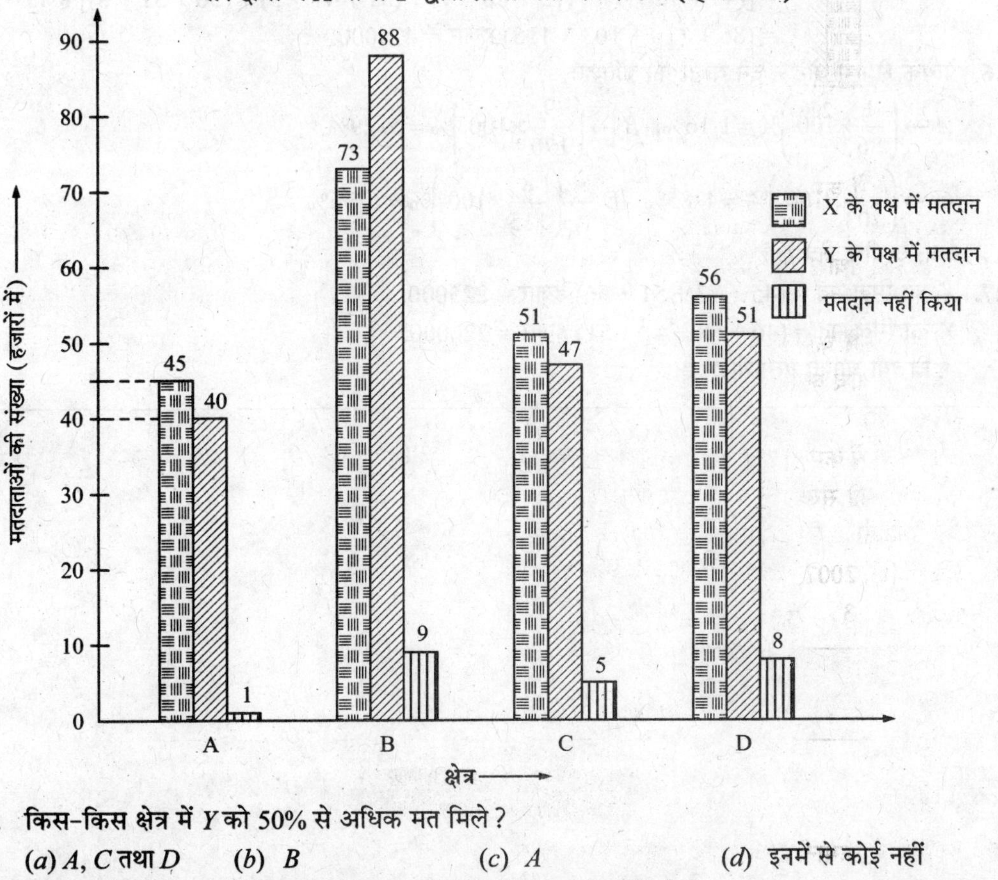

24. किस-किस क्षेत्र में *Y* को 50% से अधिक मत मिले ?

(*a*) *A*, *C* तथा *D* (*b*) *B* (*c*) *A* (*d*) इनमें से कोई नहीं

25. दिये गये निर्वाचन क्षेत्र में कुल मिलाकर मतदाताओं की संख्या कितनी थी ?

(*a*) 474 (*b*) 226000 (*c*) 474000 (*d*) 574000

26. किस क्षेत्र में वोट न देने वालों का प्रतिशत सर्वाधिक था ?

(*a*) A (*b*) B (*c*) C (*d*) D

27. इस निर्वाचन क्षेत्र से किस प्रत्याशी को विजयी घोषित किया गया ?

(*a*) X (*b*) Y (*c*) दोनों के मत बराबर थे

(*d*) दी गई जानकारी के आधार पर निश्चित रूप से नहीं कहा जा सकता

उत्तरमाला

24. (*b*) **25.** (*c*) **26.** (*d*) **27.** (*b*)

दिये गये प्रश्नों के सांकेतिक हल

24. A क्षेत्र में Y के मत $=\left\{\dfrac{40 \text{ हजार}}{(45+40+1) \text{ हजार}}\times 100\right\}\% = \left(\dfrac{40}{86}\times 100\right)\% = 46\cdot 5\%$.

B क्षेत्र में Y के मत $=\left\{\dfrac{88}{(73+88+9)}\times 100\right\}\% = \left(\dfrac{88}{170}\times 100\right)\% = 51\cdot 76\%$, जो 50% से अधिक है.

25. सारे निर्वाचन क्षेत्र में मतदाताओं की कुल संख्या

$= [(45 + 40 + 1) + (73 + 88 + 9) + (51 + 47 + 5) + (56 + 51 + 8)]$ हजार

$= (86 + 170 + 103 + 115)$ हजार $= 474000$.

26. प्रत्येक क्षेत्र में वोट न देने वालों की प्रतिशत

$A \to \left(\dfrac{1}{86}\times 100\right)\% = 1\cdot 16\%,\ B \to \left(\dfrac{9}{170}\times 100\right)\% = 5\cdot 29\%,$

$C \to \left(\dfrac{5}{103}\times 100\right)\% = 4\cdot 85\%,\ D \to \left(\dfrac{8}{115}\times 100\right)\% = 6\cdot 96\%$

अत: अभीष्ट क्षेत्र D है.

27. X को मिले मत $= (45 + 73 + 51 + 56)$ हजार $= 225000$.

Y को मिले मत $= (40 + 88 + 47 + 51)$ हजार $= 226000$.

$\therefore$ विजयी घोषित प्रत्याशी Y है.

निर्देश (प्र०न० 28 से 32 तक) : नीचे दिये गये दण्ड-चित्रों में दो परिवारों *A* तथा *B* का भोजन, कपड़े, शिक्षा, ईंधन, मकान किराया तथा मिश्रित खर्चों का मासिक व्यय प्रतिशत दिया गया है.

इन दण्ड-चित्रों का ध्यानपूर्वक अध्ययन करके निम्नलिखित प्रश्नों के उत्तर दीजिए.

परिवारों *A* तथा *B* का भोजन, शिक्षा, ईंधन, मकान किराया तथा मिश्रित खर्चों का मासिक व्यय प्रतिशत

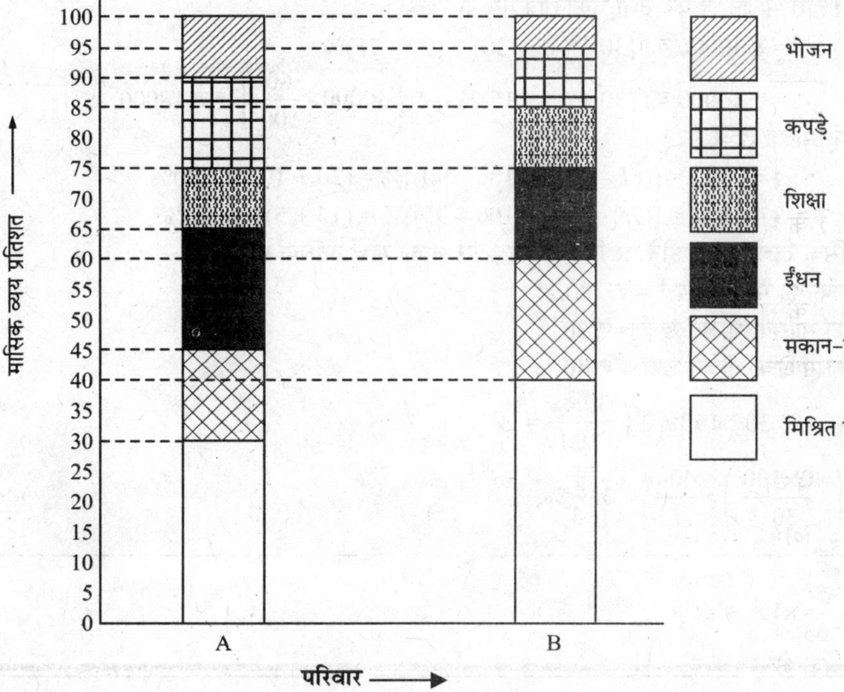

28. पीरवार *A* में कुल खर्च का कौन-सा भाग शिक्षा पर खर्च किया जाता है ?

(*a*) $\frac{1}{3}$ (*b*) $\frac{2}{5}$ (*c*) $\frac{3}{8}$ (*d*) $\frac{1}{5}$

29. यदि परिवार *B* का कुल मासिक खर्च ₹ 20000 हो, तो परिवार द्वारा पूरे वर्ष में कपड़े पर कितना धन खर्च किया जाता है ?

(*a*) ₹ 60000 (*b*) ₹ 48000 (*c*) ₹ 42000 (*d*) ₹ 36600

30. यदि परिवार *A* का कुल मासिक खर्च ₹ 30000 हो, तो परिवार द्वारा भोजन, कपड़े व मकान किराये पर मासिक खर्च कितना है ?

(*a*) ₹ 18000 (*b*) ₹ 16000 (*c*) ₹ 16500 (*d*) ₹ 12000

31. यदि दोनों परिवारों का मासिक खर्च बराबर हो, तो किस परिवार द्वारा शिक्षा एवं् मिश्रित खर्चों पर अधिक खर्च किया जाता है ?

(*a*) *A* (*b*) *B* (*c*) दोनों का खर्च बराबर है

(*d*) ज्ञात नहीं किया जा सकता

32. यदि दोनों परिवारों का मासिक खर्च बराबर हो, तो *B* का भोजन खर्च, *A* के भोजन खर्च का कितने प्रतिशत है ?

(*a*) $33\frac{1}{3}\%$ (*b*) 36% (*c*) $133\frac{1}{3}\%$ (*d*) 136%

उत्तरमाला

28. (*d*) **29.** (*b*) **30.** (*a*) **31.** (*a*) **32.** (*c*)

दिये गये प्रश्नों के सांकेतिक हल

28. परिवार A द्वारा शिक्षा पर खर्च $= (65-45)\% = 20\% = \frac{20}{100}$ भाग $= \frac{1}{5}$ भाग.

29. परिवार B द्वारा 1 माह का कपड़े पर खर्च = ₹ 20000 का $(60-40)\%$ = ₹ $\left(20000 \times \frac{20}{100}\right)$ = ₹ 4000.

30. परिवार A द्वारा भोजन, कपड़े तथा मकान किराये पर खर्च

= ₹ 30000 का $[30 + (45-30) + (90-75)\%$

= ₹ 30000 का $(30 + 15 + 15)\%$ = ₹ $\left(30000 \times \frac{60}{100}\right)$ = ₹ 18000.

31. शिक्षा एवं मिश्रित खर्चों पर :

A का व्यय $= [(65-45) + (100-90)]\% = (20 + 10)\% = 30\%$.

B का व्यय $= [(75-60) + (100-95)]\% = (15 + 5)\% = 20\%$.

अत: मासिक खर्च बराबर होने पर दिये गये मदों पर A का खर्च अधिक होगा.

32. माना प्रत्येक का मासिक खर्च = ₹ 100.

तब, A का मासिक भोजन खर्च = ₹ 30.

तथा B का मासिक भोजन खर्च = ₹ 40.

माना ₹ 40 = ₹ 30 का $x\%$. तब $\frac{30 \times x}{100} = 40$

$\therefore\ x = \left(\frac{40 \times 100}{30}\right) = \frac{400}{3} = 133\frac{1}{3}\%$.

---

33 रेखा चित्र (LINE GRAPH)

उदाहरण 1

निर्देश (प्र०न० 1 से 5 तक) : नीचे दिये गये रेखिक-ग्राफ में विभिन्न शहरों में अभियोग्यता परीक्षा में बैठने वाले विद्यार्थियों की संख्या (हजारों में) दर्शाई गई है. इसका ध्यानपूर्वक अध्ययन करके निम्नलिखित प्रश्नों के उत्तर दीजिए. **(बैंक पी०ओ० परीक्षा, 2010)**

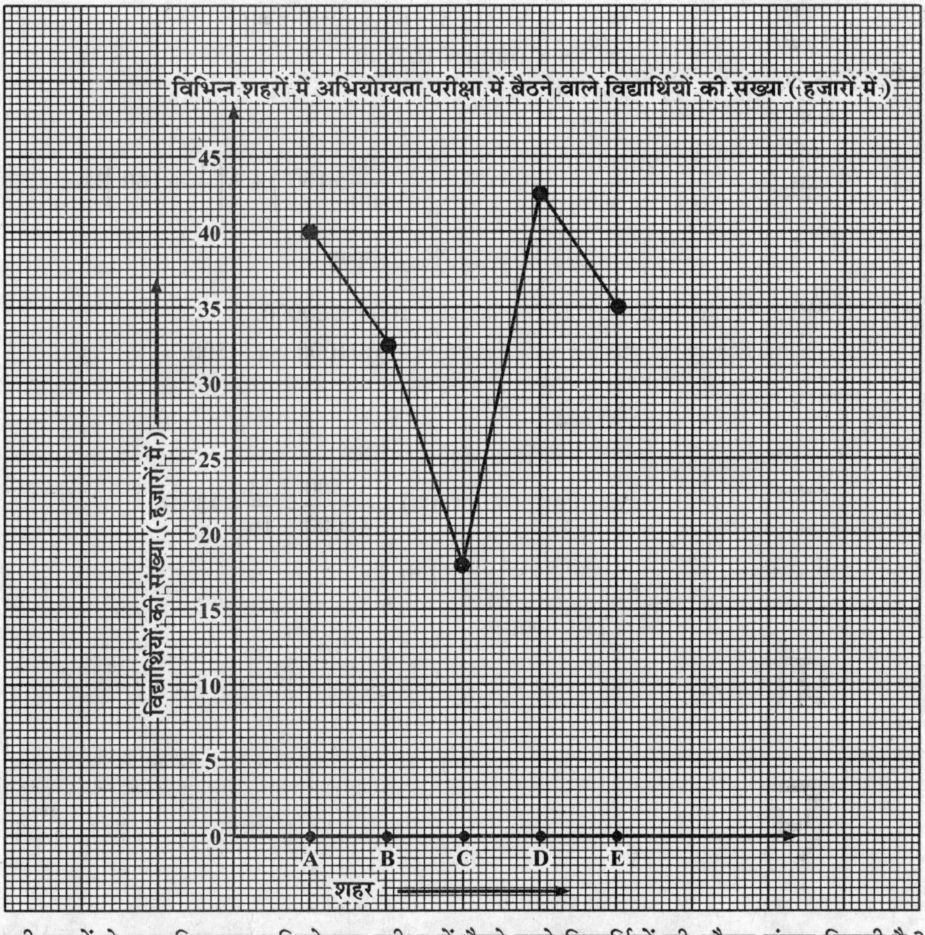

1. सभी शहरों से कुल मिलाकर अभियोग्यता परीक्षा में बैठने वाले विद्यार्थियों की औसत संख्या कितनी है ?

(*a*) 33500 (*b*) 3350 (*c*) 17500 (*d*) 33·5 (*e*) इनमें से कोई नहीं

2. शहर *D* से अभियोग्यता परीक्षा में बैठने वालों की संख्या, शहर *C* से अभियोग्यता परीक्षा में बैठने वालों की संख्या का लगभग कितने प्रतिशत है ?

(*a*) 243% (*b*) 413% (*c*) 134% (*d*) 341% (*e*) 143%

3. शहर *C* तथा *D* से कुल अभियोग्यता परीक्षा में बैठने वालों की संख्या का शहर *A, D* तथा *E* से कुल इस परीक्षा में बैठने वालों की संख्या से क्रमशः क्या अनुपात है ?

(*a*) 11 : 13 (*b*) 20 : 43 (*c*) 20 : 47 (*d*) 37 : 20 (*e*) इनमें से कोई नहीं

4. शहर B से अभियोग्यता परीक्षा में बैठने वालों की संख्या का शहर A से इस परीक्षा में बैठने वालों की संख्या का क्या अनुपात है ?

(*a*) 3 : 4 (*b*) 13 : 16 (*c*) 11 : 16 (*d*) 2 : 3 (*e*) इनमें से कोई नहीं

5. शहर E से अभियोग्यता परीक्षा में बैठने वालों की संख्या का सभी दिये गये शहरों से इस परीक्षा में बैठने वालों की संख्या का लगभग कितने प्रतिशत है ?

(*a*) 15% (*b*) 17% (*c*) 19% (*d*) 21% (*e*) 23%

दिये गये प्रश्नों के हल

उत्तर 1 (*a*) : सभी शहरों के अभियोग्यता परीक्षा में बैठने वालों की कुल संख्या

$= (40 + 32 \cdot 5 + 17 \cdot 5 + 42 \cdot 5 + 35)$ हजार

$= (167 \cdot 5 \times 1000) = 167500.$

अभीष्ट औसत संख्या $= \frac{167500}{5} = 33500.$

उत्तर 2 (*a*) : अभीष्ट $\% = \left\{\frac{(42 \cdot 5 \times 1000)}{(17 \cdot 5 \times 1000)} \times 100\right\}\% = \left(\frac{42500}{17500} \times 100\right)\% = \left(\frac{17}{7} \times 100\right)\%$

$= \left(\frac{1700}{7}\right)\% = 242 \cdot 86 \simeq 243\%$ (लगभग).

उत्तर 3 (*e*) : C तथा D के कुल विद्यार्थी $= (17 \cdot 5 + 42 \cdot 5) \times 1000 = 60000.$

A, D तथा E के कुल विद्यार्थी $= (40 + 42 \cdot 5 + 35) \times 1000 = 117500.$

अभीष्ट अनुपात $= \frac{60000}{117500} = \frac{24}{47} = 24 : 47.$

उत्तर 4 (*b*) : B के विद्यार्थियों की संख्या : A के विद्यार्थियों की संख्या

$= (32 \cdot 5 \times 1000) : (40 \times 1000) = \frac{32500}{40000} = \frac{13}{16} = 13 : 16.$

उत्तर 5 (*d*) : अभीष्ट $\% = \left(\frac{35000}{167500} \times 100\right)\% = \left(\frac{14}{67} \times 100\right)\%$

$= 20 \cdot 89\% \simeq 21\%$ लगभग.

उदाहरण 2

निर्देश (प्र०न० 6 से 10 तक) : निम्नलिखित रेखा चित्रों में दो कम्पनियों A तथा B द्वारा विगत छ: वर्षों में अर्जित प्रतिशत लाभ का ब्यौरा दिया गया है. इनका ध्यानपूर्वक अध्ययन करके नीचे दिये गये प्रश्नों के उत्तर दीजिए.

(बैंक पी०ओ० परीक्षा, 2009)

$$\text{प्रतिशत लाभ} = \left\{\frac{(\text{आय}) - (\text{व्यय})}{\text{व्यय}} \times 100\right\}\%$$

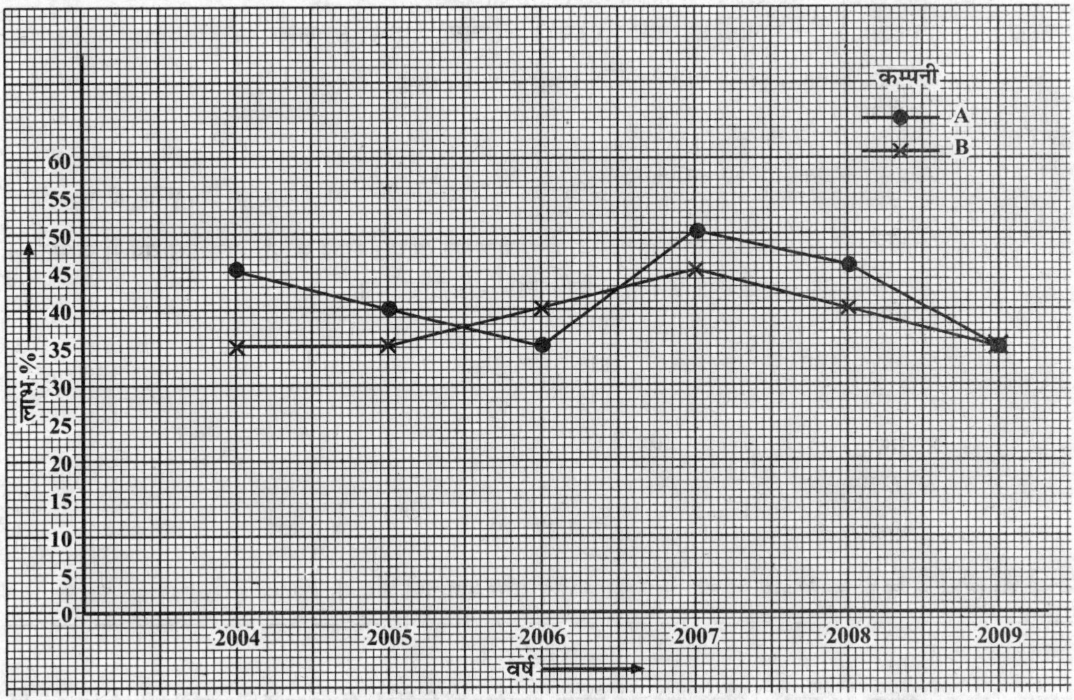

6. वर्ष 2007 में कम्पनी A की आय 6·3 लाख रुपये थी. उस वर्ष व्यय कितना था ?
(*a*) ₹ 420000 (*b*) ₹ 325000 (*c*) ₹ 516500 (*d*) ₹ 250000
(*e*) इनमें से कोई नहीं

7. वर्ष 2009 में कम्पनी A द्वारा अर्जित लाभ की राशि ₹ 31·85 लाख थी. उस वर्ष व्यय कितना था ?
(*a*) ₹ 107 लाख (*b*) ₹ 45 लाख (*c*) ₹ 91 लाख (*d*) निर्धारित नहीं किया जा सकता
(*e*) इनमें से कोई नहीं

8. सभी वर्षों को मिलाकर कम्पनी A का औसत लाभ प्रतिशत लगभग कितना था ?
(*a*) 37% (*b*) 33% (*c*) 39% (*d*) 48% (*e*) 42%

9. वर्ष 2004 में यदि कम्पनियों A तथा B की आय समान हो, तो उनके व्यय का क्रमश: अनुपात क्या होगा ?
(*a*) 31 : 33 (*b*) 27 : 29 (*c*) 16 : 23 (*d*) निर्धारित नहीं किया जा सकता
(*e*) इनमें से कोई नहीं

10. विगत वर्षों में कम्पनी B द्वारा अर्जित लाभ की औसत राशि कितनी है ?
(*a*) ₹ 41·69 लाख (*b*) ₹ 38·33 लाख (*c*) ₹ 26·45 लाख (*d*) निर्धारित नहीं किया जा सकता
(*e*) इनमें से कोई नहीं

दिये गये प्रश्नों के हल

उत्तर 6 (*a*) : माना वर्ष 2007 में कम्पनी A का व्यय = ₹ x लाख. तब

$$\frac{6\cdot3-x}{x}=\frac{50}{100}=\frac{1}{2}\Rightarrow x=12\cdot6-2x$$
$$\Rightarrow 3x=12\cdot6\Rightarrow x=4\cdot2.$$

∴ वर्ष 2007 में कम्पनी A का व्यय = ₹ 4·2 लाख.

उत्तर 7 (*c*) : वर्ष 2009 में कम्पनी A का लाभ = (आय) − (व्यय) = ₹ 31·85 लाख

$$\frac{31\cdot85}{\text{व्यय}}\times100=35\Rightarrow \text{व्यय}=\frac{3185}{35}\text{ लाख}=\text{रु० }91\text{ लाख.}$$

उत्तर 8 (*e*) : सभी वर्षों में A का औसत लाभ %

$$=\frac{(45+40+35+50+45+35)\%}{6}\%=\frac{250}{6}\%=\frac{125}{3}\%=41\cdot66\%=42\%\text{ लगभग.}$$

उत्तर 9 (*b*) : माना वर्ष 2004 में कम्पनी A तथा B में से प्रत्येक की आय x लाख ₹ थी. माना इस वर्ष में कम्पनी A का व्यय = ₹ y लाख तथा कम्पनी B का व्यय = ₹ z लाख. तब

$$\frac{x-y}{y}=\frac{45}{100}\quad\text{तथा}\quad\frac{x-z}{z}=\frac{35}{100}$$
$$\Rightarrow 100x=145y\quad\text{तथा}\quad 100x=135z$$
$$\Rightarrow y=\frac{20x}{29}\quad\text{तथा}\quad z=\frac{20x}{27}$$
$$\Rightarrow \frac{y}{z}=\frac{20x}{29}\times\frac{27}{20x}=\frac{27}{29}\Rightarrow y:z=27:29.$$

उत्तर 10 (*d*) : स्पष्ट है कि B द्वारा अर्जित लाभ की औसत राशि ज्ञात नहीं की जा सकती.

उदाहरण 3

निर्देश (प्र०न० 11 से 15 तक) : नीचे दिये गये दण्ड-आलेख में विभिन्न विद्यालयों में बच्चों की संख्या दर्शाई गई है तथा उसके नीचे दिये गये ग्राफ में लड़कियों का प्रतिशत अंकित है. इन दोनों का भली-भाँति अध्ययन करके निम्नलिखित प्रश्नों के उत्तर दीजिए. **(बैंक पी०ओ० परीक्षा, 20010)**

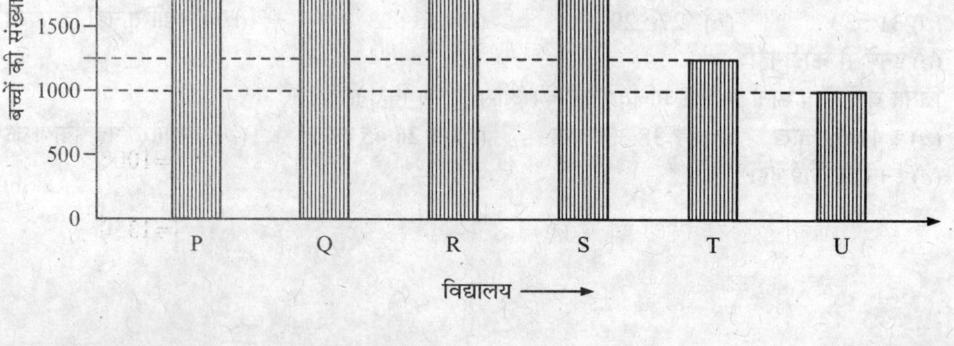

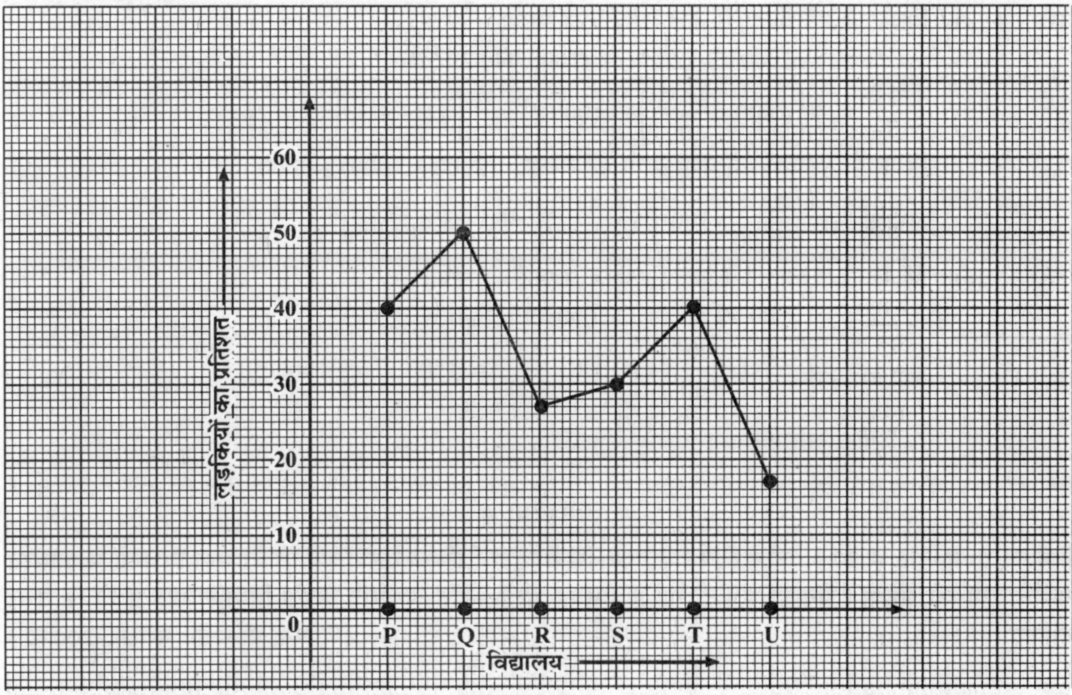

11. विद्यालय T में लड़कों की कुल संख्या कितनी है ?

(*a*) 500 (*b*) 600 (*c*) 750 (*d*) 850 (*e*) इनमें से कोई नहीं

12. विद्यालय R में छात्रों की कुल संख्या विद्यालय S के छात्रों की कुल संख्या का लगभग कितने प्रतिशत है ?

(*a*) 89% (*b*) 75% (*c*) 78% (*d*) 82% (*e*) 94%

13. विद्यालय P में लड़कियों की संख्या का विद्यालय Q में लड़कियों की संख्या से क्रमशः क्या अनुपात है ?

(*a*) 27 : 20 (*b*) 17 : 21 (*c*) 20 : 27 (*d*) 21 : 17 (*e*) इनमें से कोई नहीं

14. विद्यालयों R तथा U में कुल मिलाकर लड़कों का प्रतिशत कितना है ? (दशमलव के बाद 2 अंकों तक पूर्णांकित)

(*a*) 78·55% (*b*) 72·45% (*c*) 76·28% (*d*) 75·83% (*e*) इनमें से कोई नहीं

15. विद्यालयों P तथा Q में कुल मिलाकर लड़कों की औसत संख्या कितनी है ?

(*a*) 1425 (*b*) 1575 (*c*) 1450 (*d*) 1625 (*e*) इनमें से कोई नहीं

दिये गये प्रश्नों के हल

उत्तर 11 (*c*) : विद्यालय T में कुल बच्चों की संख्या = 1250.

इसमें से लड़कियों की संख्या $= \left(1250 \times \frac{40}{100}\right) = 500.$

इस विद्यालय में लड़कों की संख्या = (1250 – 500) = 750.

उत्तर 12 (*a*) : विद्यालय R में कुल छात्र = 2000, विद्यालय S में कुल छात्र = 2250.

अभीष्ट % $= \left(\frac{2000}{2250} \times 100\right)\% = \frac{800}{9}\% = 88 \cdot 89\% \simeq 89\%.$

उत्तर 13 (*c*) : विद्यालय P में लड़कियों की संख्या = (2500 का 40%) $= \left(2500 \times \frac{40}{100}\right) = 1000.$

विद्यालय Q में लड़कियों की संख्या = (3000 का 45%) $= \left(3000 \times \frac{45}{100}\right) = 1350.$

अभीष्ट अनुपात $= \frac{1000}{1350} = \frac{20}{27} = 20 : 27.$

उत्तर 14 (*d*) : विद्यालयों R तथा U में कुल लड़कों की संख्या

$$= (2000 \text{ का } 72\cdot5\%) + (1000 \text{ का } 82\cdot5\%)$$

$$= \left(2000 \times \frac{72\cdot5}{100}\right) + \left(1000 \times \frac{82\cdot5}{100}\right) = (1450 + 825) = 2275.$$

विद्यालयों R तथा U में कुल बच्चों की संख्या = (2000 + 1000) = 3000.

$$\text{अभीष्ट } \% = \left(\frac{2275}{3000} \times 100\right)\% = \frac{455}{6}\% = 75\cdot83\%.$$

उत्तर 15 (*b*) : विद्यालयों P तथा Q में कुल मिलाकर लड़कों की संख्या

$$= (2500 \text{ का } 60\%) + (3000 \text{ का } 55\%)$$

$$= \left(2500 \times \frac{60}{100}\right) + \left(3000 \times \frac{55}{100}\right) = (1500 + 1650) = 3150.$$

$$\therefore \text{ अभीष्ट औसत संख्या } = \frac{3150}{2} = 1575.$$

उदाहरण 4

निर्देश (प्र०न० 16 से 20) : नीचे दिये गये रेखा-चित्रों में दो विभिन्न कम्पनियों के विभिन्न विभागों में कार्यरत कर्मचारियों की संख्या (सैंकड़ों में) दी गई है. इसका भली-भाँति अध्ययन करके निम्नलिखित प्रश्नों के उत्तर दीजिए. **(बैंक पी०ओ० परीक्षा, 20010)**

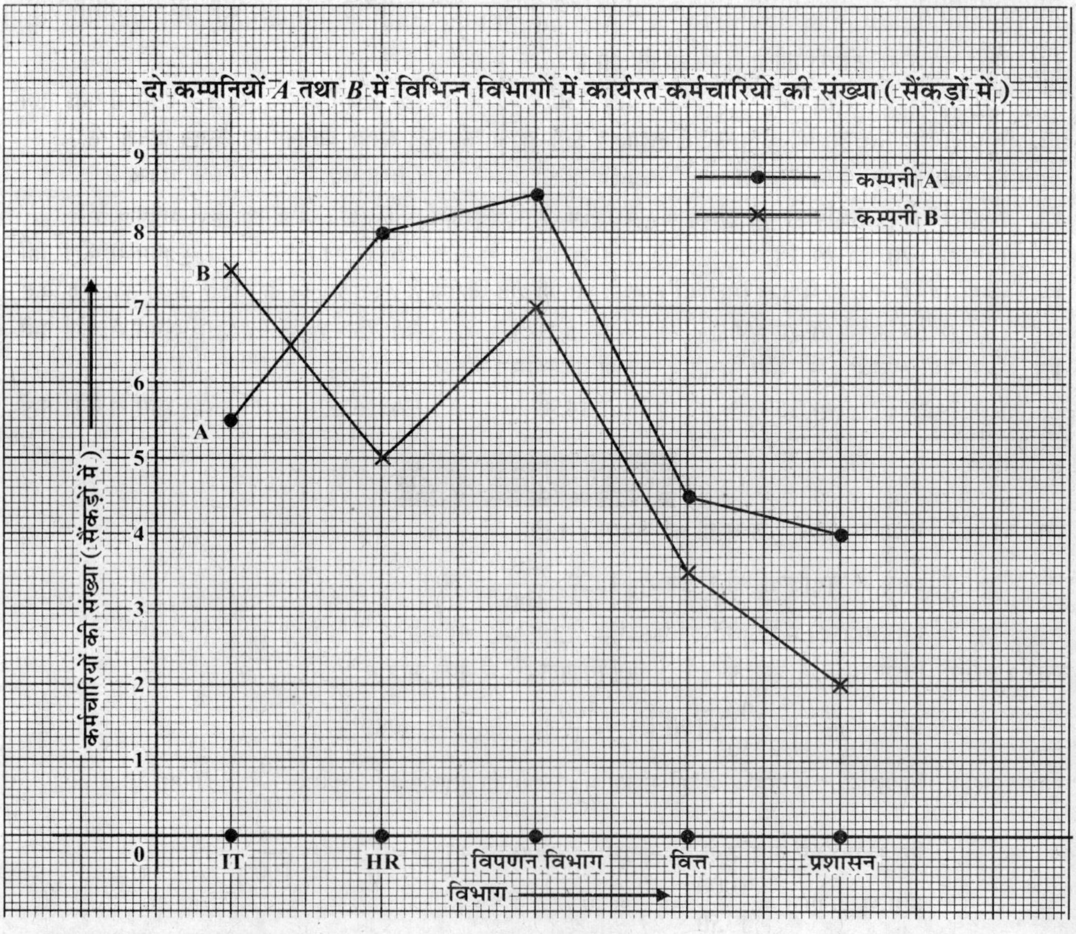

16. कम्पनी B के विपणन विभाग में कार्यरत कर्मचारियों की संख्या कम्पनी में कार्यरत कर्मचारियों की कुल संख्या का कितने प्रतिशत है ?
(*a*) 30% (*b*) 28% (*c*) 23% (*d*) 32% (*e*) इनमें से कोई नहीं

17. दोनों कम्पनियों के प्रशासन विभागों में कुल मिलाकर कार्यरत कर्मचारियों की संख्या की दोनों कम्पनियों के वित्त विभागों में कुल मिलाकर कार्यरत कर्मचारियों की संख्या से क्रमशः क्या अनुपात है ?
(*a*) 2 : 3 (*b*) 4 : 3 (*c*) 3 : 2 (*d*) 3 : 4 (*e*) इनमें से कोई नहीं

18. कम्पनी A के HR विभाग में कार्यरत कर्मचारियों की संख्या कम्पनी B के वित्त विभाग में कार्यरत कर्मचारियों की संख्या का लगभग कितने प्रतिशत है ?
(*a*) 44% (*b*) 207% (*c*) 53% (*d*) 229% (*e*) 198%

19. यदि कम्पनी B के IT विभाग में कार्यरत कर्मचारियों की संख्या में 20% वृद्धि हो जाये, तो कम्पनी B के IT विभाग तथा कम्पनी A के प्रशासन विभाग में कार्यरत कर्मचारियों की संख्या के बीच कितना अन्तर होगा ?
(*a*) 500 (*b*) 350 (*c*) 700 (*d*) 400 (*e*) इनमें से कोई नहीं

20. कम्पनी A के सभी विभागों में कार्यरत कर्मचारियों की औसत संख्या कितनी है ?
(*a*) 600 (*b*) 585 (*c*) 620 (*d*) 615 (*e*) इनमें से कोई नहीं

दिये गये प्रश्नों के हल

उत्तर 16 (*b*) : कम्पनी B में विपणन विभाग के कर्मचारियों की संख्या = 700.
कम्पनी B में कार्यरत कर्मचारियों की कुल संख्या
$$= (750 + 500 + 700 + 350 + 200) = 2500.$$
$$\text{अभीष्ट } \% = \left(\frac{700}{2500} \times 100\right)\% = 28\%.$$

उत्तर 17 (*d*) : कम्पनी A तथा B के प्रशासन विभागों के कर्मचारियों की कुल संख्या
$$= (400 + 200) = 600.$$
कम्पनी A तथा B के वित्त विभागों के कर्मचारियों की कुल संख्या
$$= (450 + 350) = 800.$$
$$\text{अभीष्ट अनुपात} = \frac{600}{800} = \frac{3}{4} = 3 : 4.$$

उत्तर 18 (*d*) : कम्पनी A के HR विभाग के कर्मचारियों की संख्या = 800.
कम्पनी B के वित्त विभाग के कर्मचारियों की संख्या = 350.
$$\text{अभीष्ट } \% = \left(\frac{800}{350} \times 100\right)\% = \frac{1600}{7}\% = 228 \cdot 57\% \simeq 229\% \text{ (लगभग)}.$$

उत्तर 19 (*a*) : कम्पनी B के IT विभाग में कर्मचारियों की नई संख्या $= \left(750 \times \frac{120}{100}\right) = 900$.
कम्पनी A के प्रशासन विभाग में कर्मचारियों की संख्या = 400.
अभीष्ट अन्तर = (900 – 400) = 500.

उत्तर 20 (*e*) : कम्पनी A के कर्मचारियों की सभी विभागों में औसत संख्या
$$= \frac{1}{5}(500 + 800 + 850 + 450 + 400) = \frac{3050}{5} = 610.$$

उदाहरण 5

निर्देश (प्र०न० 21 से 25) : नीचे दिये गये ग्राफ में विगत वर्षों में तीन कम्पनियों द्वारा अर्जित लाभ (करोड़ रु० में) दिखाया गया है. इसका ध्यानपूर्वक अध्ययन करके निम्नलिखित प्रश्नों के उत्तर दीजिए.

(बैंक पी०ओ० परीक्षा, 2010)

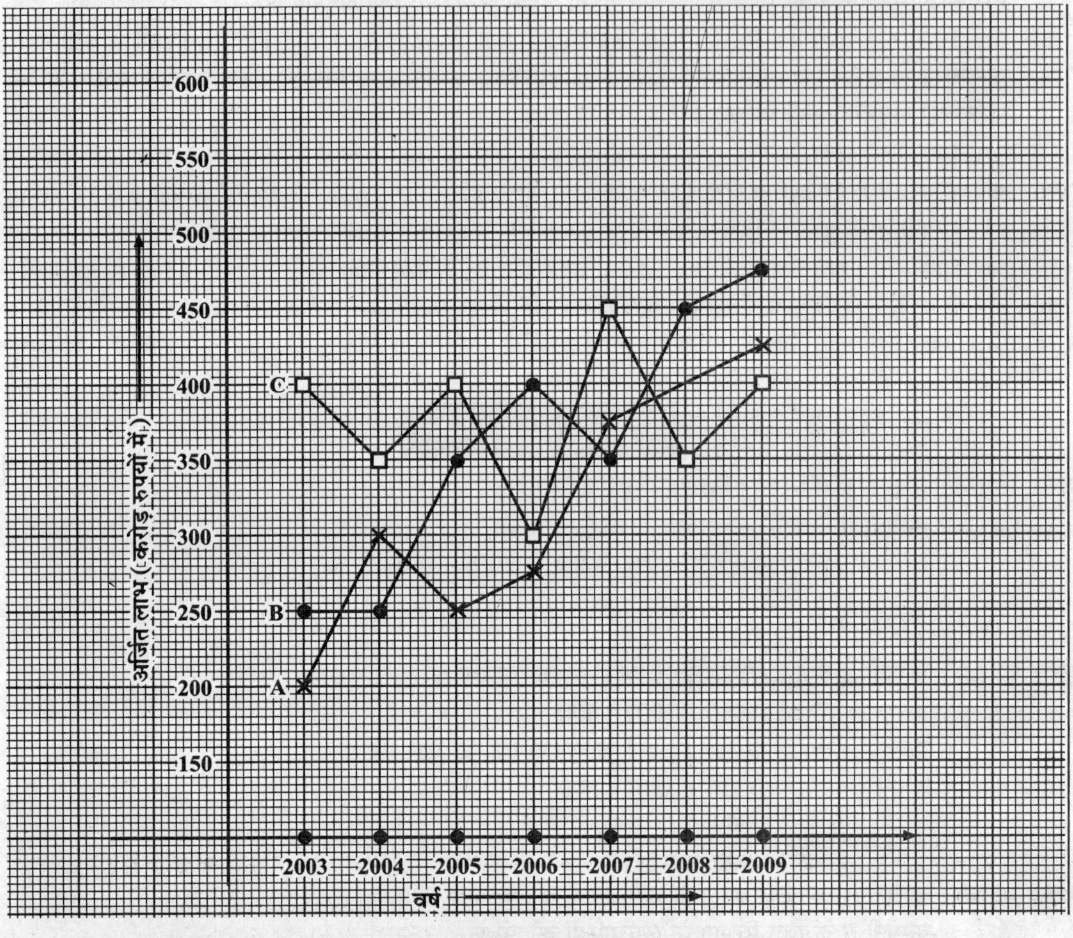

21. वर्ष 2008 में तीनों कम्पनियों द्वारा अर्जित औसत लाभ कितना था?

(*a*) ₹ 300 करोड़ (*b*) ₹ 400 करोड़ (*c*) ₹ 350 करोड़ (*d*) ₹ 520 करोड़

(*e*) इनमें से कोई नहीं

22. निम्नलिखित में से किस वर्ष कम्पनियाँ *B* तथा *A* द्वारा अर्जित लाभ के बीच न्यूनतम अन्तर था?

(*a*) 2003 (*b*) 2004 (*c*) 2005 (*d*) 2008 (*e*) इनमें से कोई नहीं

23. निम्नलिखित में से किस वर्ष तीनों कम्पनियों द्वारा मिलाकर कुल अर्जित लाभ सर्वाधिक था?

(*a*) 2004 (*b*) 2007 (*c*) 2008 (*d*) 2009 (*e*) इनमें से कोई नहीं

24. वर्ष 2006 से वर्ष 2007 तक कम्पनी *A* द्वारा अर्जित लाभ में लगभग कितने प्रतिशत वृद्धि हुई?

(*a*) 36% (*b*) 24% (*c*) 40% (*d*) 20% (*e*) 54%

25. वर्ष 2004 में कम्पनी *A* द्वारा अर्जित लाभ तथा वर्ष 2009 में कम्पनी *C* द्वारा अर्जित लाभ का कितना अन्तर था?

(*a*) ₹ 50 करोड़ (*b*) ₹ 1 करोड़ (*c*) ₹ 100 करोड़ (*d*) ₹ 200 करोड़

(*e*) इनमें से कोई नहीं

दिये गये प्रश्नों के हल

उत्तर 21 (*b*) : अभीष्ट औसत लाभ = ₹ $= \frac{1}{3}(350+400+450)$ करोड़ = ₹ 400 करोड़.

उत्तर 22 (*e*) : भिन्न-भिन्न वर्षों में *A* तथा *B* के लाभ का अन्तर :

2003 → (250 − 200) करोड़ रु० = 50 करोड़ रु०, 2004 → (300 − 250) करोड़ रु० = 50 करोड़ रु०.

2005 → (350 − 250) करोड़ रु० = 100 करोड़ रु०, 2006 → (400 − 275) करोड़ रु० = 125 करोड़ रु०

2007 → (375 − 350) करोड़ रु० = 25 करोड़ रु०, 2008 → (450 − 400) करोड़ रु० = 50 करोड़ रु०

2009 → (475 − 425) करोड़ रु० = 50 करोड़ रु०.

इन सबमें से न्यूनतम अन्तर वर्ष 2007 में रहा.

उत्तर 23 (*d*) : भिन्न-भिन्न वर्षों में तीनों कम्पनियों का कुल लाभ :—

2003 → (200 + 250 + 400) करोड़ रु० = 850 करोड़ रु०.

2004 → (300 + 250 + 350) करोड़ रु० = 900 करोड़ रु०.

2005 → (250 + 350 + 400) करोड़ रु० = 1000 करोड़ रु०.

2006 → (275 + 400 + 300) करोड़ रु० = 975 करोड़ रु०.

2007 → (375 + 350 + 450) करोड़ रु० = 1175 करोड़ रु०.

2008 → (400 + 450 + 350) करोड़ रु० = 1200 करोड़ रु०.

2009 → (425 + 475 + 400) करोड़ रु० = 1300 करोड़ रु०.

स्पष्ट है कि यह सर्वाधिक वर्ष 2009 में रहा.

उत्तर 24 (*a*) : वर्ष 2006 में *A* का लाभ = ₹ 275 करोड़.

वर्ष 2007 में *A* का लाभ = ₹ 375 करोड़.

वृद्धि $\% = \left(\frac{100}{275}\times 100\right)\% = \frac{400}{11}\% = 36\cdot 36\% = 36\%$ लगभग.

उत्तर 25 (*c*) : वर्ष 2004 में कम्पनी *A* द्वारा अर्जित लाभ = ₹ 300 करोड़.

वर्ष 2009 में कम्पनी *C* द्वारा अर्जित लाभ = ₹ 400 करोड़.

अभीष्ट अन्तर = ₹ (300 − 300) करोड़ = ₹ 100 करोड़.

उदाहरण 6

निर्देश (प्र०न० 26 से 30 तक) : नीचे दिये गये ग्राफ तीन कम्पनियों *A*, *B* तथा *C* के निर्यात में प्रतिवर्ष हुई प्रतिशत वृद्धि दर्शाते हैं. इनका ध्यानपूर्वक अध्ययन करके नीचे लिखे प्रश्नों के उत्तर दीजिए.

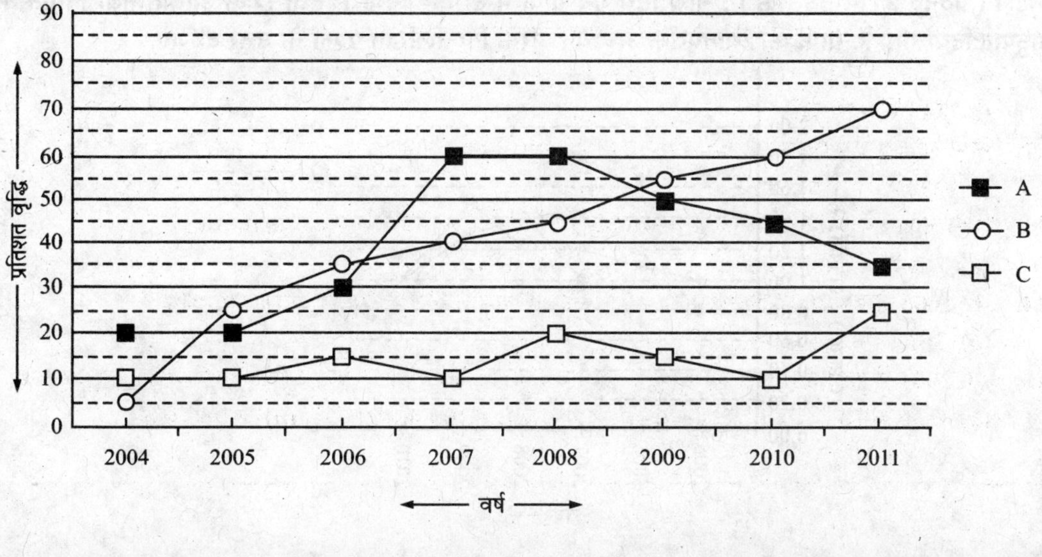

26. दिये गये वर्षों में कम्पनी A के लिये निर्यातों में प्रतिशत वृद्धि का औसत कितना है ?

(*a*) 60 (*b*) 45 (*c*) 40 (*d*) $36\frac{2}{3}$ (*e*) इनमें से कोई नहीं

27. वर्ष 2007 में किस कम्पनी के निर्यात सर्वाधिक थे ?

(*a*) A (*b*) B (*c*) C (*d*) निर्धारित नहीं किया जा सकता

(*e*) इनमें से कोई नहीं

28. कम्पनी C के वर्ष 2007 में निर्यात 950 हों, तो वर्ष 2009 में कितने थे ?

(*a*) 1311 (*b*) 1254 (*c*) 1442 (*d*) 1140 (*e*) 1268

29. दिये गये वर्षों में प्रति वर्ष पिछले वर्ष की तुलना में किस कम्पनी के निर्यातों में प्रतिशत वृद्धि सतत् रही है ?

(*a*) B (*b*) C (*c*) A (*d*) निर्धारित नहीं किया जा सकता

(*e*) इनमें से कोई नहीं

30. यदि कम्पनी C के वर्ष 2005 में कुल निर्यात 1078 हों, तो वर्ष 2004 में निर्यात कितने थे ?

(*a*) 1078 (*b*) 1186 (*c*) 990 (*d*) 1000 (*e*) 980

दिये गये प्रश्नों के हल

उत्तर 26 (*c*) : कम्पनी A के निर्यातों में प्रतिशत वृद्धि का औसत

$$= \frac{(20+20+30+60+60+50+45+35)}{8} = \frac{320}{8} = 40.$$

उत्तर 27 (*d*) : चूँकि किसी भी कम्पनी के वर्ष 2004 अथवा इसके बाद निर्यातों की संख्या अज्ञात थी, अतः यह ज्ञात नहीं किया जा सकता कि वर्ष 2007 में किस कम्पनी के निर्यात सर्वाधिक थे.

उत्तर 28 (*a*) : कम्पनी C के वर्ष 2007 में निर्यात = 950.

$\therefore$ कम्पनी C के वर्ष 2009 में निर्यात

$$= 950 \text{ का } 120\% \text{ का } 115\% = \left(950 \times \frac{120}{100} \times \frac{115}{100}\right) = 1311.$$

उत्तर 29 (*a*) : स्पष्ट है कि कम्पनी B के निर्यात में वृद्धि लगातार (सतत्) रही.

उत्तर 30 (*e*) : माना वर्ष 2004 में कम्पनी C के निर्यात $= x$.

$$\text{तब, } x\left(1+\frac{10}{100}\right) = 1078 \Rightarrow x \times \frac{11}{10} = 1078 \Rightarrow x = \left(1078 \times \frac{10}{11}\right) = 980.$$

उदाहरण 7

निर्देश (प्र०न० 31 से 35 तक) : नीचे दिये गये ग्राफ में दो कम्पनियों P तथा Q के आयात तथा निर्यात का अनुपात दिया गया है. ग्राफ का ध्यानपूर्वक अध्ययन करके निम्नलिखित प्रश्नों के उत्तर दीजिए.

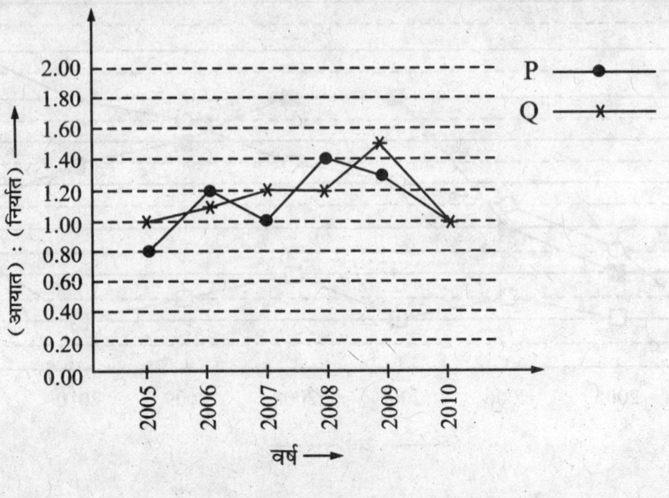

31. यदि कम्पनी Q का वर्ष 2007 तथा 2008 में कुल निर्यात ₹ 24 करोड़ हो, तो इन दो वर्षों में आयात कितना था?
(*a*) ₹ 20 करोड़ (*b*) ₹ 32 करोड़ (*c*) ₹ 16 करोड़ (*d*) इनमें से कोई नहीं

32. दिये गये वर्षों में से कितने वर्षों में Q का आयात निर्यात से अधिक रहा?
(*a*) 2 (*b*) 4 (*c*) 3 (*d*) 1

33. यदि वर्ष 2008 में कम्पनी P का निर्यात 60 करोड़ ₹ हो, तो इस वर्ष इस कम्पनी का आयात कितना था?
(*a*) ₹ 62 करोड़ (*b*) ₹ 70 करोड़ (*c*) ₹ 84 करोड़ (*d*) ₹ 88 करोड़

34. दिये गये वर्षों में कम्पनी Q का औसत निर्यात कितना था?
(*a*) ₹ 60 करोड़ (*b*) ₹ 70 करोड़ (*c*) ₹ 100 करोड़ (*d*) आँकड़े अपर्याप्त

35. दिये गये वर्षों में कम्पनी P का निर्यात, आयात की तुलना में किस वर्ष अधिकतम रहा?
(*a*) 2006 (*b*) 2007 (*c*) 2005 (*d*) 2010

दिये गये प्रश्नों के हल

उत्तर 31 (*d*) : कम्पनी Q के लिए :

वर्ष 2007 में, $\frac{I_1}{E_1} = 1\cdot 2 \Rightarrow I_1 = (1\cdot 2)\,E_1$.

वर्ष 2008 में, $\frac{I_2}{E_2} = 1\cdot 2 \Rightarrow I_2 = (1\cdot 2)\,E_2$.

$\therefore\ (I_1 + I_2) = (1\cdot 2)\,E_1 + (1\cdot 2)\,E_2 = (1\cdot 2)\,(E_1 + E_2)$

$= (1\cdot 2 \times 24$ करोड़ ₹$) = 28\cdot 8$ करोड़ ₹

अतः कम्पनी Q का इन 2 वर्षों का आयात = 28.8 करोड़ ₹.

उत्तर 32 (*b*) : कम्पनी Q के लिए आयात > निर्यात तभी होगा जबकि $\frac{\text{आयात}}{\text{निर्यात}} > 1$ हो.
यह तब होगा जबकि (आयात : निर्यात) > 1 हो.
Q के ग्राफ से स्पष्ट है कि यह अनुपात > 1 वर्ष 2006, 2007, 2008 तथा 2009 अर्थात चार वर्षों में रहा.

उत्तर 33 (*c*) : कम्पनी P के लिए वर्ष 2008 में $\frac{I}{E} = 1\cdot 4$.

$\therefore\ I = (1\cdot 4 \times E) = (1\cdot 4 \times 60$ करोड़ रु०$) = 84$ करोड़ रु०.

अतः वर्ष 2008 में P का आयात 84 करोड़ ₹ रहा.

उत्तर 34 (*d*) : दिये गये वर्षों में हमें कम्पनी Q के निर्यात की जानकारी नहीं है.
अतः इन वर्षों का कम्पनी Q का औसत निर्यात ज्ञात नहीं किया जा सकता.

उत्तर 35 (*c*) : P का निर्यात अधिकतम तब होगा जबकि $\left(\frac{\text{आयात}}{\text{निर्यात}}\right)$ न्यूनतम हो,
अर्थात् (आयात : निर्यात) न्यूनतम हो.
ग्राफ से स्पष्ट है कि यह वर्ष 2005 में है.

उदाहरण 8

निर्देश (प्र०न० 36 से 40 तक) : नीचे दिये गये ग्राफ में किसी कम्पनी द्वारा 6 वर्षों में दो धातुओं *A* तथा *B* की खपत (हजार टनों में) दर्शाई गई है. इसका अध्ययन करके नीचे लिखे प्रश्नों के उत्तर दीजिये.

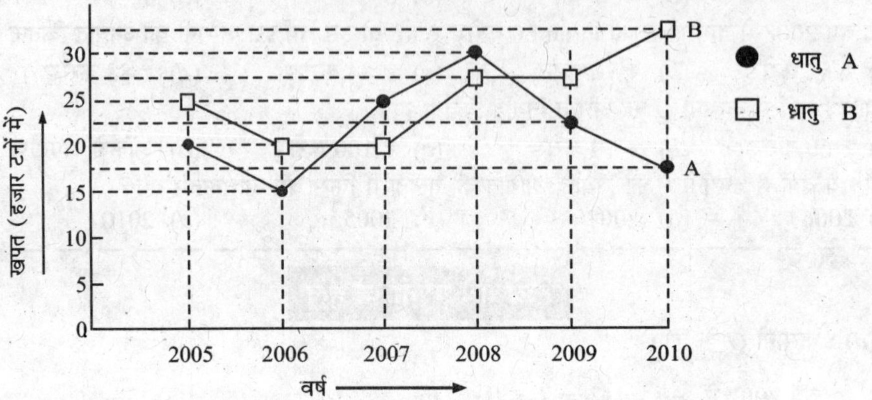

36. कितने वर्षों में धातु *A* की खपत दिये गये वर्षों में धातु *B* की औसत खपत से कम है ?

(*a*) 2 वर्ष (*b*) 3 वर्ष (*c*) 4 वर्ष (*d*) 5 वर्ष

37. वर्ष 2009 में *A* तथा *B* की खपत में कितना अन्तर था ?

(*a*) 500 टन (*b*) 50 टन (*c*) 5000 टन (*d*) 5 टन

38. किस वर्ष में दोनों धातुओं की खपत अधिकतम रही ?

(*a*) 2005 (*b*) 2007 (*c*) 2008 (*d*) 2009

39. वर्ष 2009 में वर्ष 2008 की तुलना में *A* की खपत में कितने प्रतिशत कमी आयी ?

(*a*) 30% (*b*) 25% (*c*) 35% (*d*) 40%

40. वर्ष 2010 में *B* की खपत किन दो वर्षों की *A* की कुल खपत के बराबर रही ?

(*a*) 2005 तथा 2006 (*b*) 2006 तथा 2010 (*c*) 2005 तथा 2010 (*d*) 2007 तथा 2009

दिये गये प्रश्नों के हल

उत्तर 36 (*d*) : धातु *B* की औसत खपत $= \frac{1}{6}(25+20+20+27\cdot5+27\cdot5+32\cdot5)$ हजार टन

$$= \left(\frac{152\cdot5}{6}\right) \text{ हजार टन} = 25\cdot4 \text{ हजार टन.}$$

स्पष्ट है कि धातु *A* की खपत 25·4 हजार टन से कम वर्ष 2005, 2006, 2007, 2009 तथा 2010 में रही अर्थात 5 वर्ष रही.

उत्तर 37 (*c*) : वर्ष 2009 में धातु *B* तथा धातु *A* की खपत में अन्तर

$$= (27500 - 22500) \text{ टन} = 5000 \text{ टन.}$$

उत्तर 38 (*d*) : विभिन्न वर्षों में दोनों धातुओं की कुल खपत (हजार टनों में) :

$2005 \to (20+25) = 45,\ 2006 \to (15+20) = 35,\ 2007 \to (25+20) = 45.$

$2008 \to (30+27\cdot5) = 57\cdot5,\ 2009 \to (22\cdot5+27\cdot5) = 50,\ 2010 \to (17\cdot5+32\cdot5) = 50$

स्पष्ट है कि दोनों धातुओं की कुल खपत वर्ष 2008 में अधिकतम रही.

उत्तर 39 (*b*) : वर्ष 2008 में धातु *A* की खपत = 30000 टन

वर्ष 2009 में धातु *A* की खपत = 22500 टन

$$\text{खपत में कमी } \% = \left(\frac{7500}{30000}\times100\right)\% = 25\%.$$

उत्तर 40 (*b*) : वर्ष 2010 में धातु B की खपत = 32500 टन.

वर्ष 2006 तथा वर्ष 2010 में धातु A की कुल खपत

= (15000 + 17500) टन = 32500 टन.

उदाहरण 9

निर्देश (प्र०न० 41 से 45 तक) : नीचे दिये गये ग्राफ में सात वर्षों में चाय के निर्यात की मात्रा (हजार क्विंटल में) तथा उसका मूल्य (करोड़ ₹ में) दिया गया है. ग्राफ का अध्ययन करें तथा निम्नलिखित प्रश्नों के उत्तर दें.

पिछले सात वर्षों में चाय के निर्यात की मात्रा तथा मूल्य

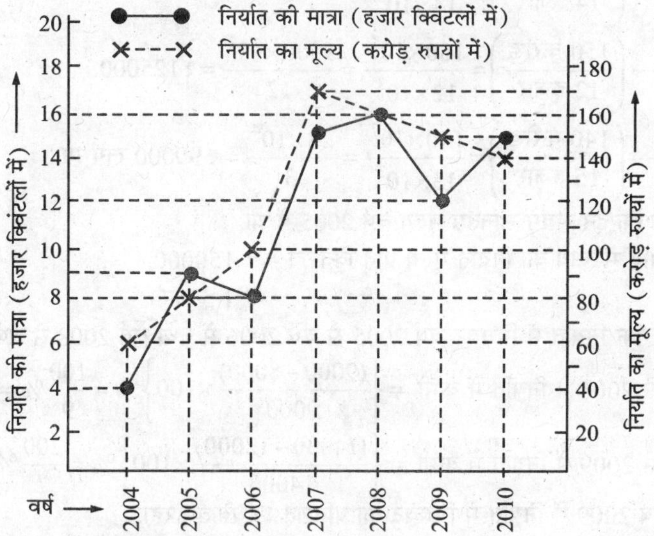

41. वर्ष 2004 से वर्ष 2005 में कुल निर्यात में कितनी वृद्धि हुई ?
(*a*) ₹ 20 करोड़ (*b*) ₹ 2 करोड़ (*c*) ₹ 40 लाख (*d*) ₹ 40 करोड़

42. दिये गये वर्षों में से किस वर्ष प्रति क्विंटल निर्यात मूल्य न्यूनतम था ?
(*a*) 2004 (*b*) 2006 (*c*) 2008 (*d*) इनमें से कोई नहीं

43. वर्ष 2004 में चाय का निर्यात मूल्य प्रति क्विंटल कितना था ?
(*a*) ₹ 150 लाख (*b*) ₹ 15 लाख (*c*) ₹ 1·5 लाख (*d*) ₹ 15 हजार

44. दिये गये वर्षों में किस वर्ष निर्यात की मात्रा में उसके पिछले वर्ष की तुलना में गिरावट का प्रतिशत अधिकतम रहा ?
(*a*) 2006 (*b*) 2007 (*c*) 2008 (*d*) 2009

45. वर्ष 2006 से वर्ष 2007 में निर्यात मात्रा में कितने प्रतिशत वृद्धि हुई ?
(*a*) 70% (*b*) 87·5% (*c*) 100% (*d*) 105·5%

दिये गये प्रश्नों के हल

उत्तर 41 (*a*) : वर्ष 2004 में निर्यात का मूल्य = ₹ 60 करोड़

वर्ष 2005 में निर्यात का मूल्य = ₹ 80 करोड़

निर्यात में वृद्धि = ₹ (80 करोड़ – 60 करोड़) = ₹ 20 करोड़.

उत्तर 42 (*d*) : विभिन्न वर्षों में प्रति क्विंटल निर्यात मूल्य :

$$2004 \rightarrow \left(\frac{60 \text{ करोड़}}{4 \text{ हजार}}\right) = \frac{60\times10^7}{4\times10^3} = (15\times10^4) = ₹\ 150000$$

$$2005 \rightarrow \left(\frac{80 \text{ करोड़}}{9 \text{ हजार}}\right) = \frac{80\times10^7}{9\times10^3} = (9\times10^4) \text{ लगभग} = ₹\,90000.$$

$$2006 \rightarrow \left(\frac{100 \text{ करोड़}}{8 \text{ हजार}}\right) = \frac{100\times10^7}{8\times10^3} = \frac{100\times10^4}{8} = \frac{250\times10^3}{2} = ₹\,125000.$$

$$2007 \rightarrow \left(\frac{170 \text{ करोड़}}{15 \text{ हजार}}\right) = \frac{170\times10^7}{15\times10^3} = \frac{34\times10^4}{3} = 110000 \text{ लगभग} = ₹\,110000$$

$$2008 \rightarrow \left(\frac{160 \text{ करोड़}}{14 \text{ हजार}}\right) = \frac{160\times10^7}{14\times10^3} = \frac{80\times10^4}{7} = 11\cdot4\times10000 = ₹\,114000.$$

$$2009 \rightarrow \left(\frac{150 \text{ करोड़}}{12 \text{ हजार}}\right) = \frac{150\times10^7}{12\times10^3} = \frac{1500\times10^3}{12} = ₹\,125000.$$

$$2010 \rightarrow \left(\frac{140 \text{ करोड़}}{15 \text{ हजार}}\right) = \frac{140\times10^7}{15\times10^3} = \frac{28\times10^4}{3} = ₹\,90000 \text{ लगभग}$$

स्पष्ट है कि इन सबमें न्यूनतम मूल्य वर्ष 2005 में था.

उत्तर 43 (*c*) : वर्ष 2004 में चाय का निर्यात मूल्य प्रति क्विंटल = ₹ 150000.

= ₹ 1·5 लाख.

उत्तर 44 (*d*) : स्पष्ट है कि निर्यात में गिरावट वर्ष 2005 से वर्ष 2006 में तथा वर्ष 2008 से वर्ष 2009 में आयी.

$$2005 \text{ से } 2006 \text{ में निर्यात में कमी } = \left\{\frac{(9000-8000)}{9000}\times100\right\}\% = \frac{100}{9}\% = 11\cdot11\%.$$

$$2008 \text{ से } 2009 \text{ में निर्यात में कमी } = \left\{\frac{(14000-12000)}{14000}\times100\right\}\% = \frac{200}{7}\% = 14\cdot29\%.$$

अत: वर्ष 2009 में निर्यात में गिरावट का प्रतिशत अधिकतम रहा.

उत्तर 45 (*b*) : वर्ष 2006 से वर्ष 2007 में चाय के निर्यात की मात्रा में प्रतिशत वृद्धि

$$= \left\{\frac{(15000-8000)}{8000}\times100\right\}\% = \frac{700}{8}\% = 87\cdot5\%.$$

उदाहरण 10

निर्देश (प्र०न० 46 से 50 तक) : नीचे दिये गये ग्राफ में छः वर्षों में एक राज्य में मोटे पुरुषों, मोटी महिलाओं तथा मोटे बच्चों का प्रतिशत दिखाया गया है. इसी के नीचे दी गई तालिका में इस राज्य में इन वर्षों में पुरुषों, महिलाओं तथा बच्चों की कुल संख्या दी गई है. इनका भली-भाँति अध्ययन करके नीचे दिये गये प्रश्नों के उत्तर दीजिए.

(बैंक पी०ओ० परीक्षा, 2010)

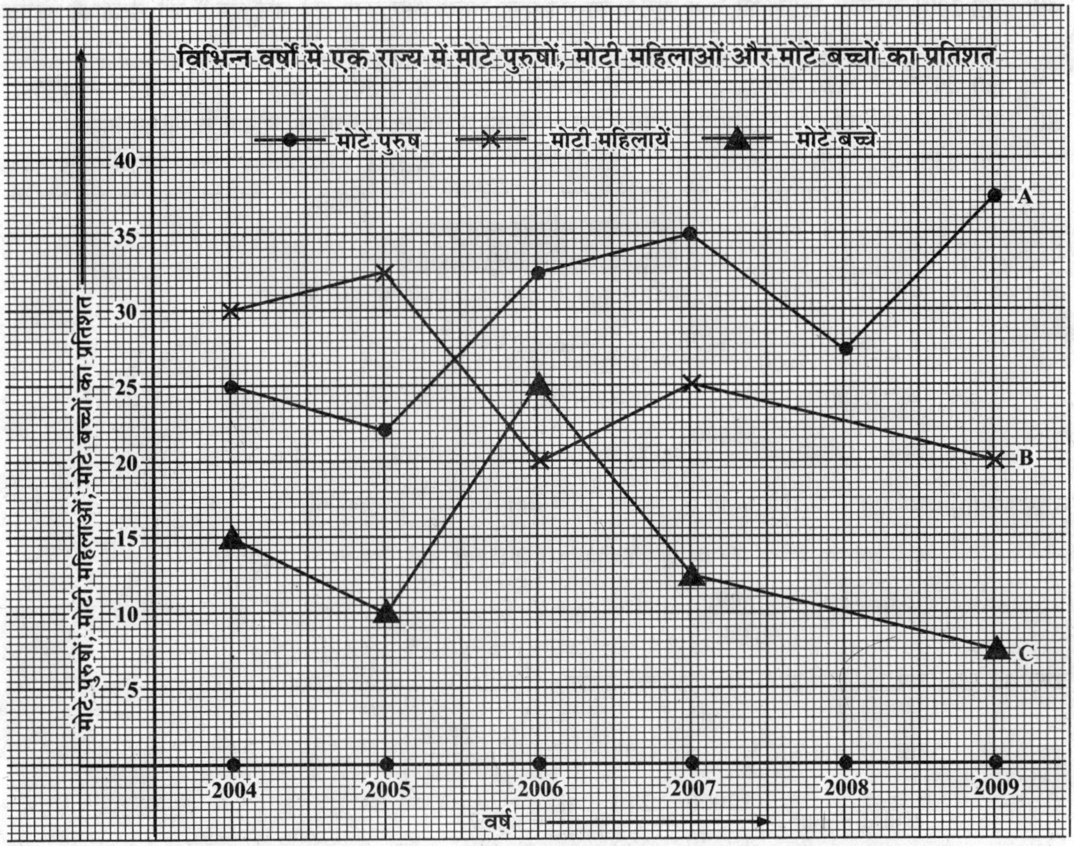

विगत वर्षों में एक राज्य में पुरुषों, महिलाओं और बच्चों की कुल संख्या

वर्ष	पुरुष	महिलायें	बच्चे
2004	54000	38000	15000
2005	75000	64000	21000
2006	63000	60000	12000
2007	66000	54000	16000
2008	70000	68000	20000
2009	78000	75000	45000

46. वर्ष 2007 में मोटे पुरुषों, मोटी महिलाओं तथा मोटे बच्चों का लगभग औसत कितना था?

(*a*) 12683 (*b*) 12795 (*c*) 12867 (*d*) 12843 (*e*) 12787

47. वर्ष 2009 में मोटे पुरुषों की संख्या उसी वर्ष मोटापे से पीड़ित न होने वाले पुरुषों की संख्या का कितने प्रतिशत थी ?

(*a*) 55% (*b*) 60% (*c*) 50·5% (*d*) 65·5% (*e*) इनमें से कोई नहीं

48. वर्ष 2006 में मोटी महिलाओं की संख्या तथा वर्ष 2008 में मोटे पुरुषों की संख्या का लगभग कितना अनुपात था ?

(*a*) 6 : 7 (*b*) 21 : 65 (*c*) 15 : 73 (*d*) 48 : 77 (*e*) इनमें से कोई नहीं

49. वर्ष 2006 में मोटी महिलाओं तथा मोटे बच्चों की कुल संख्या और उसी वर्ष मोटे पुरुषों की संख्या में कितना अन्तर है ?

(*a*) 5475 (*b*) 5745 (*c*) 5045 (*d*) 5075 (*e*) इनमें से कोई नहीं

50. वर्ष 2004 तथा वर्ष 2005 में कुल मिलाकर ऐसे बच्चों की संख्या कितनी थी जो मोटापे से पीड़ित नहीं थे ?

(*a*) 4350 (*b*) 31560 (*c*) 4530 (*d*) 31650 (*e*) इनमें से कोई नहीं

दिये गये प्रश्नों के हल

उत्तर 46 (*c*) : वर्ष 2007 में मोटे पुरुषों, मोटी महिलाओं तथा मोटे बच्चों की कुल संख्या

$$= \left(66000 \times \frac{35}{100} + 54000 \times \frac{25}{100} + 16000 \times \frac{12 \cdot 5}{100}\right)$$

$= (23100 + 13500 + 2000) = 38600.$

अभीष्ट औसत $= \frac{38600}{3} = 12866 \cdot 66 = 12867$ लगभग.

उत्तर 47 (*b*) : वर्ष 2009 में मोटे पुरुषों की संख्या $= \left(78000 \times \frac{37 \cdot 5}{100}\right) = 29250.$

इसी वर्ष उन पुरुषों की संख्या जो मोटे नहीं थे $= (78000 - 29250) = 48750.$

अभीष्ट $\% = \left(\frac{29250}{48750} \times 100\right)\% = 60\%.$

उत्तर 48 (*d*) : वर्ष 2006 में मोटी महिलाओं की संख्या $= \left(60000 \times \frac{20}{100}\right) = 12000.$

वर्ष 2008 में मोटे पुरुषों की संख्या $= \left(70000 \times \frac{27 \cdot 5}{100}\right) = 19250.$

अभीष्ट अनुपात $= \frac{12000}{19250} = \frac{240}{385} = \frac{48}{77} = 48 : 77.$

उत्तर 49 (*a*) : वर्ष 2006 में मोटी महिलाओं तथा मोटे बच्चों की कुल संख्या

$$= \left(60000 \times \frac{20}{100} + 12000 \times \frac{25}{100}\right) = (12000 + 3000) = 15000.$$

वर्ष 2006 में मोटे पुरुषों की संख्या $= \left(63000 \times \frac{32 \cdot 5}{100}\right) = 20475.$

अभीष्ट अन्तर $= (20475 - 15000) = 5475.$

उत्तर 50 (*d*) : वर्ष 2004 में मोटे बच्चों की संख्या $= \left(15000 \times \frac{15}{100}\right) = 2250.$

वर्ष 2005 में मोटे बच्चों की संख्या $= \left(21000 \times \frac{10}{100}\right) = 2100.$

इन वर्षों में कुल ऐसे बच्चों की संख्या जो मोटे नहीं हैं

$= (15000 - 2250) + (21000 - 2100)$

$= (12750 + 18900) = 31650.$

प्रश्नमाला 33

निर्देश (प्र०न० 1 से 5 तक) : नीचे दिये ग्राफ में एक रोगी का एक दिन का 3 घण्टे के अन्तराल में लिया गया तापमान (°F) में दिखाया गया है. इस ग्राफ का अध्ययन करके निम्नलिखित प्रश्नों के उत्तर दीजिए.

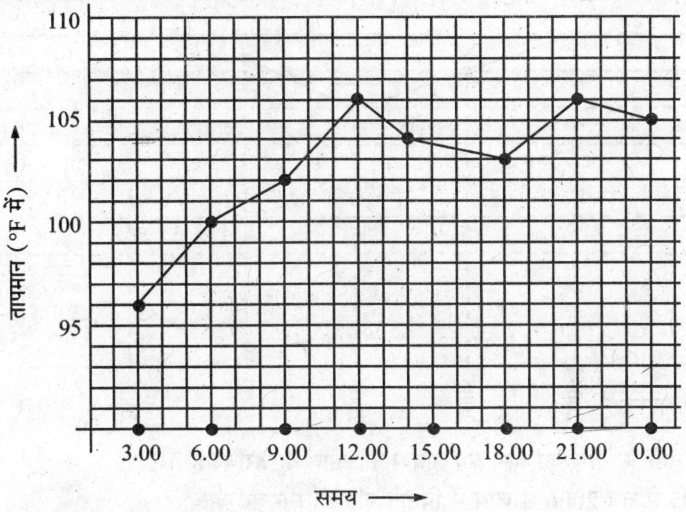

प्रश्न 1. रोगी का प्रात: 9 बजे तापमान कितना था ?

प्रश्न 2. किस समय रोगी का तापमान सबसे अधिक था ?

प्रश्न 3. किस समय रोगी का तापमान सबसे कम था ?

प्रश्न 4. 12 बजे से 14 बजे के बीच तापमान कितना कम हुआ ?

प्रश्न 5. 9 बजे से 21 बजे के बीच तापमान में कितना अन्तर था ?

दिये गये प्रश्नों के हल

उत्तर 1 : रोगी का प्रात: 9 बजे तापमान 102°F था.

उत्तर 2 : ग्राफ से स्पष्ट है कि रोगी का पूरे दिन में सबसे अधिक तापमान 106°F था, जो कि दोपहर 12 बजे था.

उत्तर 3 : ग्राफ से स्पष्ट है कि रोगी का पूरे दिन में सबसे कम तापमान 96°F था, जो प्रात: 3 बजे था.

उत्तर 4 : 12 बजे तथा 14 बजे के बीच तापमान में कमी = (106°F) – (104°F) = 2°F.

उत्तर 5 : 9 बजे तथा 21 बजे के बीच तापमान में वृद्धि = (106°F) – (102°F) = 4°F.

निर्देश (प्र०न० 6 से 10 तक) : नीचे दिये ग्राफ में किसी कम्पनी के पिछले छः वर्षों की आय तथा व्यय के दो ग्राफ दिये गये हैं. इनका भली-भाँति अध्ययन करके निम्नलिखित प्रश्नों के उत्तर दीजिये.

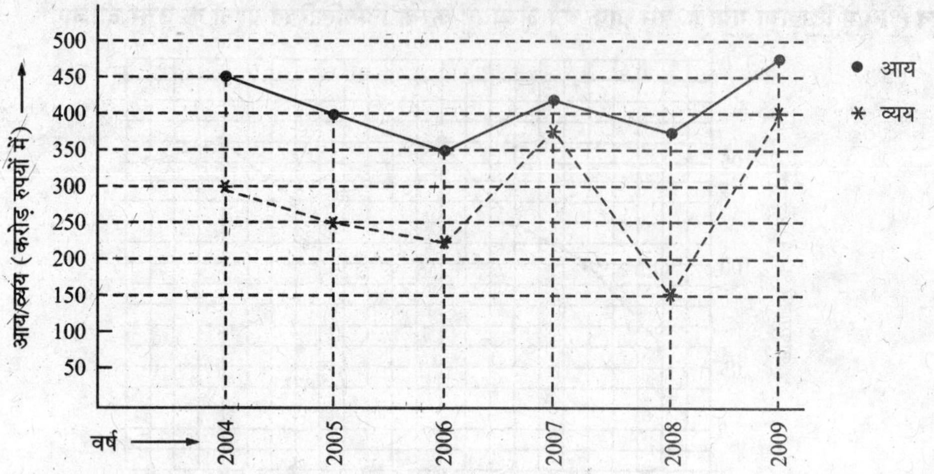

प्रश्न 6. किन दो वर्षों के खर्च का योग वर्ष 2009 की आय के बराबर है ?

प्रश्न 7. वर्ष 2005 से वष 2006 में व्यय में कितने प्रतिशत गिरावट आयी ?

प्रश्न 8. दिये गये वर्षों में से कितने वर्षों में व्यय, दिये गये वर्षों के औसत व्यय से अधिक रहा ?

प्रश्न 9. कितने वर्षों में खर्च प्रतिशत आय के आधार पर उच्चतम रहा ?

प्रश्न 10. वर्ष 2008 से वर्ष 2009 में आय में कितने प्रतिशत वृद्धि हुई ?

दिये गये प्रश्नों के हल

उत्तर 6 : वर्ष 2009 में आय = 475 करोड़ ₹.

वर्ष 2005 तथा वर्ष 2006 में कुल खर्च = (250 + 225) करोड़ ₹ = 475 करोड़ ₹.

अत: वर्ष 2009 की आय = वर्ष 2005 तथा 2006 का कुल खर्च.

उत्तर 7 : वर्ष 2005 में कुल व्यय = 250 करोड़ ₹, वर्ष 2006 में कुल व्यय = 225 करोड़ ₹

व्यय में कमी $\% = \left(\frac{25}{250} \times 100\right)\% = 10\%$.

उत्तर 8 : औसत व्यय $= \frac{1}{6}(300+250+225+375+175+400)$ करोड़ ₹

$= \left(\frac{1}{6} \times 1725\right)$ करोड़ ₹ = 287·5 करोड़ ₹

स्पष्ट है कि वर्ष 2004, 2007 तथा 2009 में खर्च औसत खर्च से अधिक रहा.

अत: अभीष्ट वर्षों की संख्या = 3.

उत्तर 9 : विभिन्न वर्षों में आय के आधार पर खर्च प्रतिशत.

$2004 \rightarrow \left(\frac{300}{450} \times 100\right)\% = \frac{200}{3}\% = 66 \cdot 67\%$, $2005 \rightarrow \left(\frac{250}{400} \times 100\right)\% = \frac{125}{2}\% = 62 \cdot 5\%$,

$2006 \rightarrow \left(\frac{225}{350} \times 100\right)\% = \frac{450}{7}\% = 64 \cdot 3\%$, $2007 \rightarrow \left(\frac{375}{425} \times 100\right)\% = \frac{1500}{17}\% = 88 \cdot 24\%$,

$2008 \rightarrow \left(\frac{175}{350} \times 100\right)\% = \frac{140}{3}\% = 46 \cdot 67\%$, $2009 \rightarrow \left(\frac{400}{475} \times 100\right)\% = \frac{1600}{19}\% = 84 \cdot 2\%$.

अत: आय के आधार पर खर्च प्रतिशत अधिकतम वर्ष 2007 में रहा.

उत्तर 10 : वर्ष 2008 म आय = 375 करोड़ ₹, वर्ष 2009 में आय = 475 करोड़ ₹.

आय में वृद्धि $\% = \left(\frac{100}{375}\times 100\right)\% = \frac{80}{3}\% = 26\cdot 6\%.$

निर्देश (प्र०न० 11 से 15 तक) : नीचे दिये गये ग्राफ में दो कम्पनियों *A* तथा *B* द्वारा पिछले 6 वर्षों में अर्जित किया गया लाभ प्रतिशत दिया गया है. इसका भली-भाँति अध्ययन करके निम्नलिखित प्रश्नों के उत्तर दीजिए.

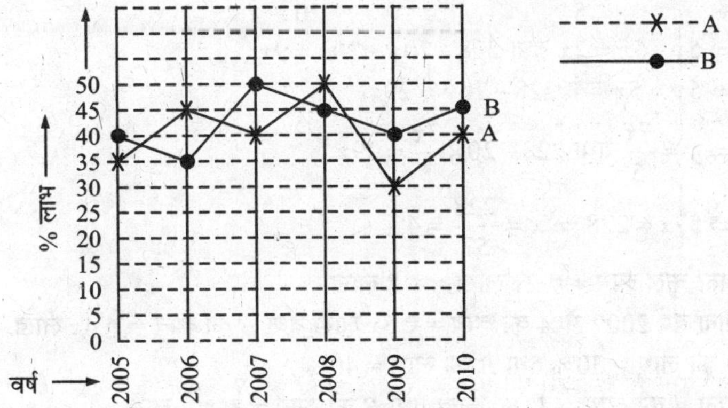

प्रश्न 11. यदि वर्ष 2007 तथा वर्ष 2008 में कम्पनी *B* की आय का अनुपात 2 : 3 हो, तो इन दो वर्षों में कम्पनी *B* के व्यय का अनुपात कितना था ?

प्रश्न 12. यदि इन 6 वर्षों में कम्पनी *A* का कुल व्यय ₹ 165 लाख हो, तो कम्पनी *A* की कुल आय इन 6 वर्षों में कितनी थी ?

प्रश्न 13. यदि वर्ष 2010 में कम्पनियाँ *A* तथा *B* का व्यय समान हो तथा दोनों कम्पनियों की कुल आय ₹ 11·4 लाख हो, तो इस वर्ष इन दोनों कम्पनियों का कुल व्यय कितना था ?

प्रश्न 14. यदि वर्ष 2009 में *A* तथा *B* के व्यय का अनुपात 3 : 4 हो, तो इस वर्ष इनकी आय का अनुपात कितना होगा ?

प्रश्न 15. वर्ष 2006 तथा वर्ष 2007 में कम्पनी *B* का व्यय क्रमश: ₹ 12 लाख तथा ₹ 14·5 लाख हो, तो इन दो वर्षों में इस कम्पनी की कुल आय कितनी थी ?

दिये गये प्रश्नों के हल

उत्तर 11 : माना वर्ष 2007 तथा 2008 में *B* की आय क्रमश: ₹ $2x$ तथा ₹ $3x$ थी.

इन वर्षों में *B* का लाभ क्रमश: 50% तथा 45% था.

माना इन वर्षों में *B* का व्यय क्रमश: E_1 तथा E_2 था. तब,

$$\frac{2x-E_1}{E_1} = \frac{50}{100} = \frac{1}{2} \text{ तथा } \frac{3x-E_2}{E_2} = \frac{45}{100} = \frac{9}{20}$$

$$\Rightarrow 4x - 2E_1 \text{ तथा } 60x - 20E_2 = 9E_2$$

$$\Rightarrow 3E_1 = 4x \text{ तथा } 29E_2 = 60x$$

$$\Rightarrow E_1 = \frac{4x}{3} \text{ तथा } E_2 = \frac{60x}{29}$$

$$\Rightarrow E_1 : E_2 = \frac{4x}{3}\times\frac{29}{60x} = \frac{29}{45} = 29:45.$$

उत्तर 12 : यह ज्ञात करना संभव नहीं है. आँकड़े अपर्याप्त हैं.

उत्तर 13 : माना वर्ष 2010 में A का व्यय = B का व्यय = ₹ x लाख.

कुल आय = 11·4 लाख ₹, A का लाभ % = 40%, B का लाभ % = 45%.

माना A की आय = ₹ y लाख. तब, B की आय = ₹ $(11{\cdot}4 - y)$ लाख.

$\therefore \frac{(y-x)}{x}\times 100 = 40$ तथा $\frac{(11\cdot 4-y)-x}{x}\times 100 = 45$

$\Rightarrow \frac{(y-x)}{x} = \frac{2}{5}$ तथा $\frac{(11\cdot 4-y)-x}{x} = \frac{9}{20}$

$\Rightarrow 5y - 5x = 2x$ तथा $228 - 20y - 20x = 9x$

$\Rightarrow 5y = 5x$ तथा $228 - 20y = 29x$

$\Rightarrow y = \frac{7x}{5}$ तथा $228 - 20\times\frac{7x}{5} = 29x$

$\Rightarrow 57x = 228 \Rightarrow x = \frac{228}{57} = 4.$

अत: कुल व्यय = ₹ $2x$ लाख = ₹ 8 लाख.

उत्तर 14 : माना वर्ष 2009 में A का व्यय = ₹ $3x$ लाख तथा B का व्यय = ₹ $4x$ लाख.

A का लाभ = 30% तथा B का लाभ = 40%.

माना A की आय = ₹ y_1 लाख तथा B की आय = ₹ y_2 लाख.

तब $\frac{(y_1-3x)}{3x}\times 100 = 30$ तथा $\frac{(y_2-4x)}{4x}\times 100 = 40$

$\Rightarrow \frac{(y_1-3x)}{3x} = \frac{3}{10}$ तथा $\frac{(y_2-4x)}{4x} = \frac{2}{5}$

$\Rightarrow 10y_1 - 30x = 9x$ तथा $5y_2 - 20x = 8x$

$\Rightarrow 10y_1 - 30x = 9x$ तथा $5y_2 = 28x$

$\Rightarrow y_1 = \frac{39x}{10}$ तथा $y_2 = \frac{28x}{5}$

$\Rightarrow \frac{y_1}{y_2} = \left(\frac{39x}{10}\times\frac{5}{28x}\right) = \frac{39}{56} \Rightarrow y_1 : y_2 = 39:56.$

उत्तर 15 : माना वर्ष 2006 तथा 2007 में कम्पनी B की आय क्रमश: ₹ x_1 लाख तथा ₹ x_2 लाख थी.

इन वर्षों में B का लाभ क्रमश: 35% तथा 50% था.

$\therefore \frac{(x_1-12)}{12}\times 100 = 35$ तथा $\frac{(x_2-14\cdot 5)}{14\cdot 5}\times 100 = 50$

$\Rightarrow \frac{(x_1-12)}{12} = \frac{7}{20}$ तथा $\frac{(x_2-14\cdot 5)}{14\cdot 5} = \frac{1}{2}$

$\Rightarrow 20x_1 - 240 = 84$ तथा $2x_2 - 29 = 14\cdot 5$

$\Rightarrow 20x_1 = 324$ तथा $2x_2 = 43\cdot 5$

$\Rightarrow x_1 = 16\cdot 2$ तथा $x_2 = 21\cdot 75$

$\therefore$ कुल आय = ₹ (16·2 लाख + 21·75 लाख) = ₹ 37·95 लाख.

निर्देश (प्र०न० 16 से 20 तक) : नीचे दिये गये रेखाचित्रों में तीन विद्यालयों *A, B* तथा *C* में विद्यार्थियों की संख्या (हजारों में) दर्शाई गई है. इनका भली-भाँतिपूर्वक अध्ययन करके निम्नलिखित प्रश्नों के उत्तर दीजिए.

(बैंक पी०ओ० परीक्षा, 2010)

विगत 3 वर्षों में तीन विद्यालयों में छात्रों की संख्या (हजारों में)

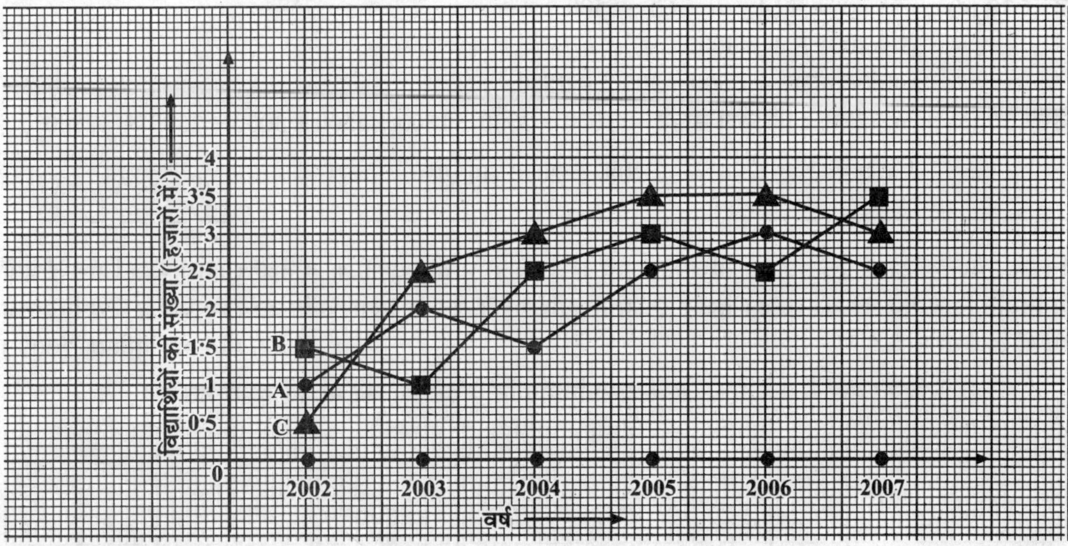

प्रश्न 16. वर्ष 2006 में सभी विद्यालयों में छात्रों की औसत संख्या कितनी थी ?
(*a*) 30000 (*b*) 9000 (*c*) 3000 (*d*) 6000 (*e*) इनमें से कोई नहीं

प्रश्न 17. दिये गये वर्षों में से कितने वर्षों में तीनों विद्यालयों में छात्रों की कुल संख्या समान थी ?
(*a*) 2 (*b*) 5 (*c*) 4 (*d*) 3 (*e*) इनमें से कोई नहीं

प्रश्न 18. वर्ष 2004 में *B* तथा *C* के विद्यार्थियों की संख्या वर्ष 2007 में *B* तथा *C* के विद्यार्थियों की संख्या का लगभग कितने प्रतिशत थी ?
(*a*) 85% (*b*) 80% (*c*) 75% (*d*) 184% (*e*) 131%

प्रश्न 19. वर्ष 2003 में सभी विद्यालयों के सभी विद्यार्थियों की कुल संख्या तथा वर्ष 2005 में *B* के विद्यार्थियों की संख्या में कितना अन्तर था ?
(*a*) 2000 (*b*) 3000 (*c*) 3500 (*d*) 2500 (*e*) इनमें से कोई नहीं

प्रश्न 20. विद्यालय *A* में सभी वर्षों को मिलाकर विद्यार्थियों की औसत संख्या कितनी थी ?
(*a*) 1990 (*b*) 2090 (*c*) 2300 (*d*) 1800 (*e*) 2700

दिये गये प्रश्नों के हल

उत्तर 16 (*c*) : वर्ष 2006 में तीनों विद्यालयों में छात्रों की कुल संख्या = (2500 + 3000 + 3500) = 9000.

इन विद्यालयों में छात्रों की औसत संख्या $= \frac{9000}{3} = 3000.$

उत्तर 17 (*d*) : विभिन्न वर्षों में, *A, B* तथा *C* में छात्रों की कुल संख्या :

$2002 \rightarrow (1000+1500+500) = 3000$, $2003 \rightarrow (2000+1000+2500) = 5500$,
$2004 \rightarrow (1500+2500+3000) = 7000$, $2005 \rightarrow (2500+3000+3500) = 9000$,
$2006 \rightarrow (3000+2500+3500) = 9000$, $2007 \rightarrow (2500+3500+3000) = 9000$.

स्पष्ट है कि 3 वर्षों 2005, 2006, 2007 में $(A + B + C) = 9000$.

उत्तर 18 (*a*) : वर्ष 2004 में $(B + C) = (2500 + 3000) = 5500.$

वर्ष 2007 में $(B + C) = (3500 + 3000) = 6500.$

अभीष्ट प्रतिशत्ता $= \left(\frac{5500}{6500} \times 100\right)\% = \frac{1100}{13}\% = 84 \cdot 61\% \simeq 85\%.$

उत्तर 19 (*d*) : वर्ष 2003 में $(A + B + C) = 5500.$

वर्ष 2005 में $B = 3000.$

अभीष्ट अन्तर $= (5500 - 3000) = 2500.$

उत्तर 20 (*b*) : 6 वर्षों में A की कुल संख्या $= (1000 + 2000 + 1500 + 2500 + 3000 + 2500) = 12500.$

अभीष्ट औसत $= \frac{12500}{6} = 2083 \simeq 2090$ लगभग.

निर्देश (प्र०न० 21 से 25 तक) : नीचे दिये गये रेखा-चित्रों में तीन देशों *A, B* तथा *C* द्वारा सात विभिन्न वर्षों में निर्यात किये गये गेहूँ की मात्रा (हजार टन में) दर्शाई गई है. इनका भली-भाँति अध्ययन करके नीचे दिये गये प्रश्नों के उत्तर दीजिए. **(बैंक पी०ओ० परीक्षा, 2009)**

विगत वर्षों में 3 देशों *A, B, C* द्वारा निर्यात किये गये गेहूँ की मात्रा (हजार टन में)

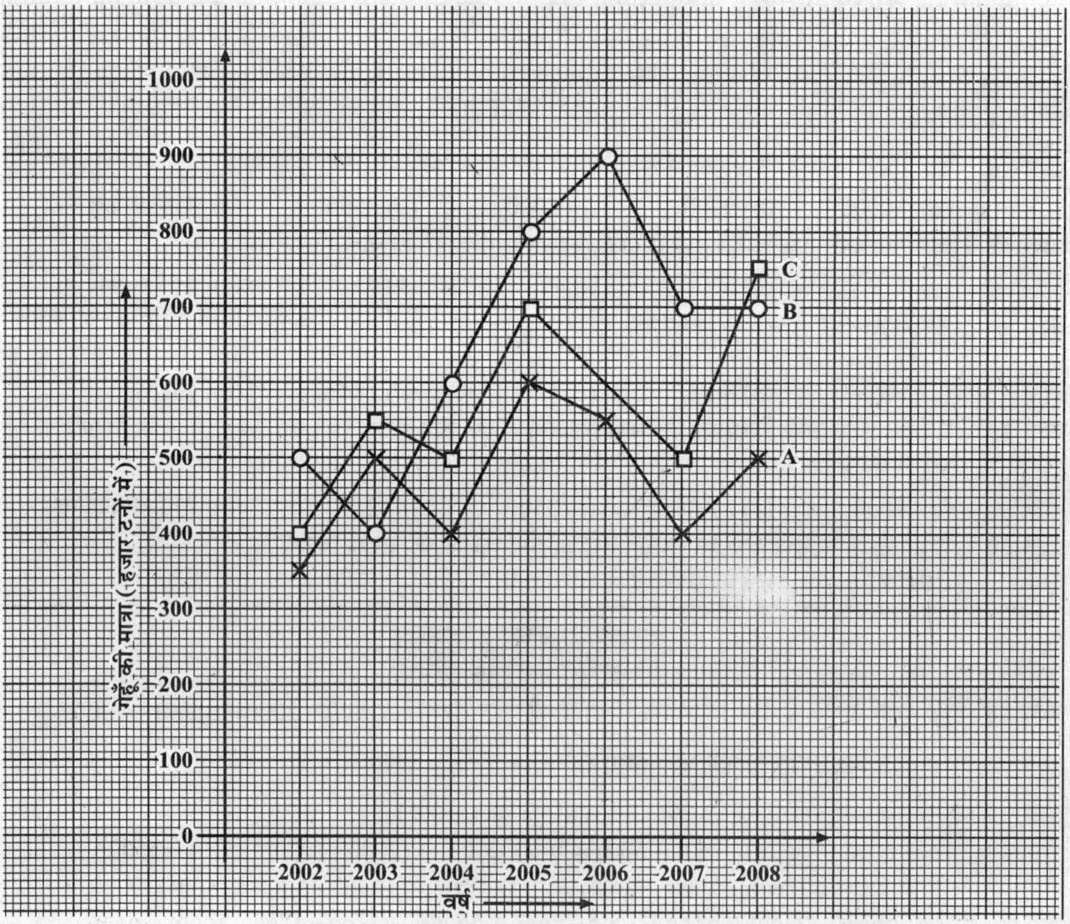

प्रश्न 21. वर्ष 2004 से वर्ष 2008 में C के निर्यात में कितने प्रतिशत वृद्धि हुई ?

(*a*) 50% (*b*) 33·33% (*c*) 150% (*d*) 133·33% (*e*) इनमें से कोई नहीं

प्रश्न 22. सभी वर्षों के लिए A का कुल निर्यात, B के कुल निर्यात का लगभग कितने प्रतिशत है ?

(*a*) 75% (*b*) 128% (*c*) 139% (*d*) 68% (*e*) 72%

प्रश्न 23. कम्पनी B के लिए किस वर्ष के निर्यात में, पिछले वर्ष की तुलना में प्रतिशत वृद्धि अधिकतम थी ?

(*a*) 2005 (*b*) 2004 (*c*) 2006 (*d*) 2008 (*e*) इनमें से कोई नहीं

प्रश्न 24. सभी वर्षों में B के औसत निर्यात कितने हैं ?

(*a*) 766.67 हजार टन (*b*) 667.14 हजार टन (*c*) 657.14 हजार टन

(*d*) 756.57 हजार टन (*e*) इनमें से कोई नहीं

प्रश्न 25. वर्ष 2003 तथा वर्ष 2006 में तीनों देशों के कुल निर्यात के बीच क्रमशः क्या अनुपात है ?

(*a*) 41 : 29 (*b*) 51 : 29 (*c*) 29 : 51 (*d*) 29 : 41 (*e*) इनमें से कोई नहीं

दिये गये प्रश्नों के हल

उत्तर 21 (*a*) : वर्ष 2004 में C का निर्यात = 500 हजार टन.

वर्ष 2008 में C का निर्यात = 750 हजार टन.

अभीष्ट वृद्धि $\% = \left(\frac{250}{500} \times 100\right)\% = 50\%.$

उत्तर 22 (*e*) : सभी वर्षों में A का कुल निर्यात = (350 + 500 + 400 + 600 + 550 + 400 + 500) हजार टन

= 3300 हजार टन.

सभी वर्षों में B का कुल निर्यात = (500 + 400 + 600 + 800 + 900 + 700 + 700) हजार टन

= 4600 हजार टन.

अभीष्ट प्रतिशतता $= \left(\frac{3300}{4600} \times 100\right)\% = \frac{1650}{23}\% = 71 \cdot 74\% \simeq 72\%.$

उत्तर 23 (*b*) : B के निर्यात में विभिन्न वर्षों में प्रतिशत वृद्धि :

2003 → वृद्धि नहीं, $2004 \rightarrow \left\{\frac{(600-400)}{400} \times 100\right\}\% = 50\%,$

$2005 \rightarrow \left\{\frac{(800-600)}{600} \times 100\right\}\% = 33 \cdot 34\%,\ 2006 \rightarrow \left\{\frac{(900-800)}{800} \times 100\right\}\% = 12 \cdot 5\%,$

2007 → वृद्धि नहीं, 2008 → वृद्धि नहीं.

अभीष्ट वर्ष = 2004.

उत्तर 24 (*c*) : 7 वर्षों में B के कुल निर्यात = 4600 हजार टन.

इन वर्षों में B के औसत निर्यात $= \frac{4600}{7}$ हजार टन = 657·14 हजार टन.

उत्तर 25 (*d*) : वर्ष 2003 में $(A + B + C)$ के कुल निर्यात = (500 + 400 + 550) हजार टन

= 1450 हजार टन.

वर्ष 2004 म $(A + B + C)$ के कुल निर्यात = (400 + 600 + 500) हजार टन

= 1500 हजार टन.

अभीष्ट अनुपात $= \frac{1450}{1500} = \frac{29}{30} = 29 : 30.$

---

34 पाई–चार्ट (PIE-CHART)

उदाहरण 1

निर्देश (प्र०नं० 1 से 4) : दिये गये पाई–ग्राफ में एक मकान के बनाने में किये गये व्यय का ब्यौरा है. इस निर्माण में कुल ₹ 600000 व्यय हुए. ग्राफ का अध्ययन करके नीचे लिखे प्रश्नों का उत्तर दीजिए.

(एस०एस०सी० परीक्षा, 2006)

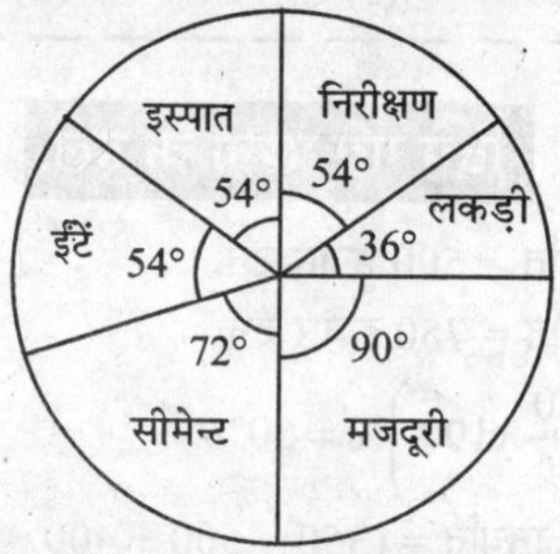

प्रश्न 1. सीमेन्ट के मद पर किए गये व्यय की धनराशि कितनी है ?

(*a*) ₹ 200000 (*b*) ₹ 160000 (*c*) ₹ 120000 (*d*) ₹ 100000

प्रश्न 2. मजदूरी की मद पर व्यय की गई धनराशि इस्पात पर आये व्यय की राशि से कितनी अधिक है ?

(*a*) कुल व्यय का 5% (*b*) कुल व्यय का 10% (*c*) कुल व्यय का 12% (*d*) कुल व्यय का 15%

प्रश्न 3. सीमेन्ट, इस्पात तथा निरीक्षण पर कुल मिलाकर व्यय की गई धनराशि कुल व्यय का कितने प्रतिशत है ?

(*a*) 40% (*b*) 45% (*c*) 50% (*d*) 55%

प्रश्न 4. मजदूरी की मद पर व्यय की गई धनराशि निरीक्षण पर की गई धनराशि से कितनी अधिक है ?

(*a*) ₹ 200000 (*b*) ₹ 160000 (*c*) ₹ 120000 (*d*) ₹ 60000

हल

उत्तर 1. (*c*) : सीमेन्ट के मद में किया गया व्यय $= \left(\frac{72}{360} \times 600000\right)$ ₹ = 120000 ₹.

उत्तर 2. (*b*) : (मजदूरी) – (इस्पात पर व्यय) $= \left[\left(\frac{90}{360} \times 600000\right) - \left(\frac{54}{360} \times 600000\right)\right]$ ₹

= (150000 – 90000) ₹ = 60000 ₹.

माना कुल व्यय का $x\%$ = 60000 ₹.

तब, $600000 \times \frac{x}{100} = 60000 \Rightarrow x = 10.$

अभीष्ट उत्तर = कुल व्यय का 10%.

उत्तर 3. (*c*) : (सीमेन्ट + इस्पात + निरीक्षण) = $(72 + 54 + 54)° = 180°$ = कुल व्यय का 50%.

उत्तर 4. (*d*) : (मजदूरी) – (निरीक्षण) = $(90° - 54°) = 36° = \left(\frac{36}{360} \times 600000\right)$ = 60000 ₹.

उदाहरण 2

निर्देश (प्र० न० 5 से 9) : दिया गया पाई-चार्ट किसी शहर में विभिन्न व्यवसाय में लगे मजदूरों के भागों को प्रदर्शित करता है. इस चार्ट का अध्ययन करके नीचे दिये गये प्रश्नों के उत्तर दीजिए. (रेलवे परीक्षा, 2006)

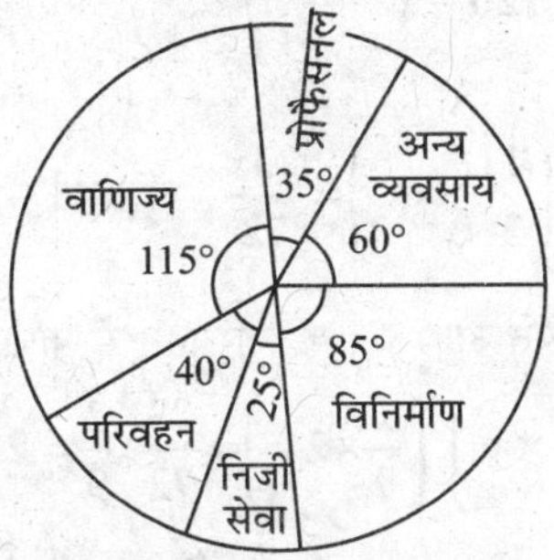

प्रश्न 5. यदि निजी सेवा से प्राप्त मजदूरों की औसत आय परिवहन से प्राप्त औसत आय की दुगुनी हो, तो इन व्यवसाय से प्राप्त आय का अनुपात क्या होगा ?

(*a*) 3 : 4 (*b*) 4 : 3 (*c*) 4 : 5 (*d*) 5 : 4

प्रश्न 6. यदि निजी सेवा में लगे व्यक्तियों की संख्या 2160 हो, तो परिवहन में लगे व्यक्तियों की संख्या कितनी होगी ?

(*a*) 1456 (*b*) 2456 (*c*) 3456 (*d*) 5456

प्रश्न 7. यदि मजदूरों की कुल संख्या 10% बढ़ा दी जाये तथा अगले वर्ष वाणिज्य में मजदूरों की संख्या 15% कर दी जाये, तो उस वर्ष पाई-चार्ट में वाणिज्य का समीपवर्ती केन्द्रीय कोण कितना होगा ?

(*a*) 120° (*b*) 125° (*c*) 130° (*d*) 135°

प्रश्न 8. यदि वाणिज्य से प्राप्त कुल आय परिवहन से प्राप्त आय का दुगुनी हो, तो इन व्यवसायों में औसत आय का अनुपात क्या होगा ?

(*a*) 16 : 23 (*b*) 23 : 16 (*c*) 5 : 4 (*d*) 23 : 8

प्रश्न 9. शहर में निर्माण फैक्टरी में कुल कितने प्रतिशत मजदूर काम में लगे हैं ?

(*a*) 8·6 (*b*) 13·6 (*c*) 18·6 (*d*) 23·6

हल

उत्तर 5. (*d*) : माना कुल मजदूर = x.

निजी सेवा में लगे मजदूर $=\left(\frac{25}{360}\times x\right)$, परिवहन में लगे मजदूर $=\left(\frac{40}{360}\times x\right)$.

माना परिवहन से प्राप्त औसत आय = ₹ y, निजी सेवा की औसत आय = ₹ $2y$.

कुल आय का अनुपात $=\left(\frac{25}{360}\times x\times 2y\right):\left(\frac{40}{360}\times x\times y\right)=5:4.$

उत्तर 6. (*c*) : माना कुल मजदूर = x.

निजी सेवा में लगे मजदूर $=\left(\frac{25}{360}\times x\right)$, परिवहन में लगे मजदूर $=\left(\frac{40}{360}\times x\right)$.

$$\frac{25}{360}\times x=2160 \Rightarrow x=\left(2160\times\frac{360}{25}\right)=31104.$$

परिवहन में लगे मजदूर $=\left(\frac{40}{360}\times x\right)=\left(\frac{1}{9}\times 31104\right)=3456.$

उत्तर 7. (*b*) : माना पहले कुल मजदूर = x.

अब मजदूरों की संख्या $=\left(\frac{110}{100}\times x\right)=\frac{11x}{10}.$

अगले वर्ष वाणिज्य में मजदूरों की संख्या $=\left(\frac{115}{360}\times\frac{11x}{10}\right)=\frac{253x}{720}.$

अभीष्ट केन्द्रीय कोण $=\left(\frac{253}{720}\times\frac{1}{x}\times 360\right)^{\circ}=126\cdot5^{\circ}=125^{\circ}$ लगभग.

उत्तर 8. (*b*) : माना पहले कुल मजदूर $= x$.

वाणिज्य में लगे मजदूर $=\left(\frac{115}{360}\times x\right)=\frac{23x}{72}$, परिवहन में लगे मजदूर $=\left(\frac{40}{360}\times x\right)=\frac{x}{9}.$

माना वाणिज्य से प्राप्त औसत आय $= y$ ₹, परिवहन से प्राप्त औसत आय $= 2y$ ₹.

अभीष्ट अनुपात $=\left(\frac{23x}{72}\times y\right):\left(\frac{x}{9}\times 2y\right)=\frac{23}{72}:\frac{2}{9}=23:16.$

उत्तर 9. (*d*) : शहर में निर्माण फैक्ट्री में कार्यरत मजदूरों का प्रतिशत $=\left(\frac{85}{360}\times 100\right)\%=23\cdot6\%.$

उदाहरण 3

निर्देश (प्र० न० 10 से 14) : दिया गया पाई-चार्ट वर्ष 2004-05 के अन्तराल में विभिन्न मदों में विदेशी मुद्रा अर्जन को प्रदर्शित करता है. इस चार्ट का अध्ययन करके नीचे दिये गये प्रश्नों के उत्तर दीजिए: (रेलवे परीक्षा, 2006)

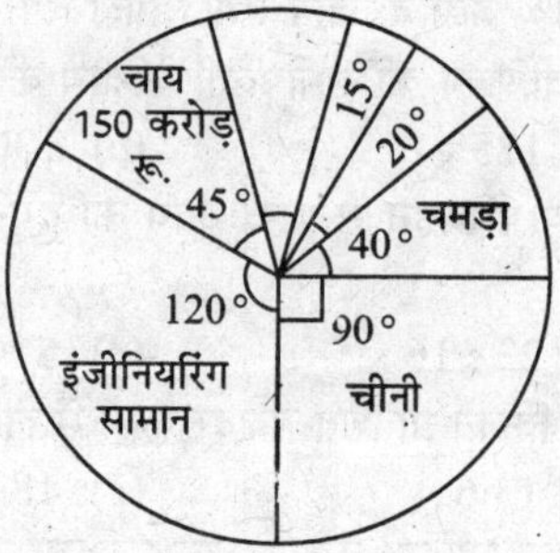

प्रश्न 10. चीनी क्षेत्र के बराबर विदेशी मुद्रा अर्जित करने के लिए आई०टी० क्षेत्र को अपने निर्यात में कितनी और अधिक वृद्धि करनी होगी ?

(*a*) ₹ 250 करोड़ (*b*) ₹ 600 करोड़ (*c*) ₹ 400 करोड़ (*d*) ₹ 300 करोड़

प्रश्न 11. विदेशी मुद्रा अर्जन में मूल्य की दृष्टि से चीनी क्षेत्र का निर्यात इंजीनियरिंग क्षेत्र के निर्यात का कितने प्रतिशत है ?

(*a*) 80% (*b*) 60% (*c*) 75% (*d*) 90%

प्रश्न 12. वर्ष 2004-2005 के अन्तराल में देश द्वारा अर्जित कुल विदेशी मुद्रा थी:

(*a*) ₹ 1400 करोड़ (*b*) ₹ 1200 करोड़ (*c*) ₹ 900 करोड़ (*d*) आँकड़े अपर्याप्त

प्रश्न 13. यदि अगले वर्ष अर्जन में 50% वृद्धि हो, तो इंजीनियरिंग सामान का योगदान कितना होगा यदि इसका प्रतिशत योगदान पहले के समान हो ?

(*a*) ₹ 500 करोड़ (*b*) ₹ 600 करोड़ (*c*) ₹ 450 करोड़ (*d*) आँकड़े अपर्याप्त

प्रश्न 14. यदि चमड़े के निर्यात मूल्य में 10% की कमी आई हो, तो मूल्य की दृष्टि से इसका योगदान कितना होगा ?

(*a*) ₹ 30 करोड़ (*b*) ₹ 60 करोड़ (*c*) ₹ 120 करोड़ (*d*) ₹ 90 करोड़

हल

45° प्रदर्शित करता है = ₹ 150 करोड़, 360° प्रदर्शित करता है = ₹ $=\left(\frac{150}{45}\times360\right)$ करोड़ = ₹ 1200 करोड़.

कुल विदेशी मुद्रा अर्जन = ₹ 1200 करोड़.

उत्तर 10. (*a*) : आई०टी० क्षेत्र द्वारा अर्जित मुद्रा = ₹ $=\left(\frac{90}{360}\times1200\right)$ करोड़ = ₹ 50 करोड़.

चीनी क्षेत्र द्वारा अर्जित मुद्रा = ₹ $=\left(\frac{90}{360}\times1200\right)$ करोड़ = ₹ 300 करोड़.

अभीष्ट वृद्धि = ₹ (300 – 50) करोड़ = ₹ 250 करोड़.

उत्तर 11. (*c*) : चीनी क्षेत्र का निर्यात = ₹ $=\left(\frac{90}{360}\times1200\right)$ करोड़ = ₹ 300 करोड़.

इंजीनियरिंग क्षेत्र का निर्यात = ₹ $=\left(\frac{120}{360}\times1200\right)$ करोड़ = ₹ 400 करोड़.

माना ₹ 300 करोड़ = ₹ 400 करोड़ का x%.

तब, $300 = 400 \times \frac{x}{100} \Rightarrow x = 75.$

अभीष्ट % = 75%.

उत्तर 12. (*b*) : वर्ष 2004-05 के अन्तराल में अर्जित विदेशी मुद्रा = ₹ 1200 करोड़.

उत्तर 13. (*b*) : अगले वर्ष कुल अर्जन = ₹ 1200 करोड़ का 150%

= ₹ $=\left(1200\times\frac{150}{100}\right)$ करोड़ = 1800 ₹ करोड़.

इंजीनियरिंग सामान का योगदान = ₹ $=\left(\frac{120}{360}\times1800\right)$ करोड़ = ₹ 600 करोड़.

उत्तर 14. (*c*) : चमड़े का निर्यात मूल्य = ₹ $=\left(\frac{40}{360}\times1200\right)$ करोड़ = ₹ $=\frac{400}{3}$ करोड़.

कमी आने पर निर्यात मूल्य = ₹ $=\left(\frac{400}{3}\times\frac{90}{100}\right)$ करोड़ = = ₹120 करोड़.

उदाहरण 4

निर्देश (प्र०न० 15 से 19) : एक संस्था के विभिन्न विभागों में कार्यरत कर्मचारियों के प्रतिशत का विवरण नीचे दिय गये पाई-चार्ट में प्रदर्शित किया गया है. उनमें से पुरुषों तथा महिलाओं का अनुपात नीचे तालिका में दिया गया है. पाई-चार्ट तथा तालिका का अध्ययन करके नीचे दिये गये प्रश्नों के उत्तर दीजिए.

(बैंक पी०ओ० परीक्षा, 2010)

कर्मचारियों की कुल संख्या = 1800.

कर्मचारियों के प्रतिशत का विवरण

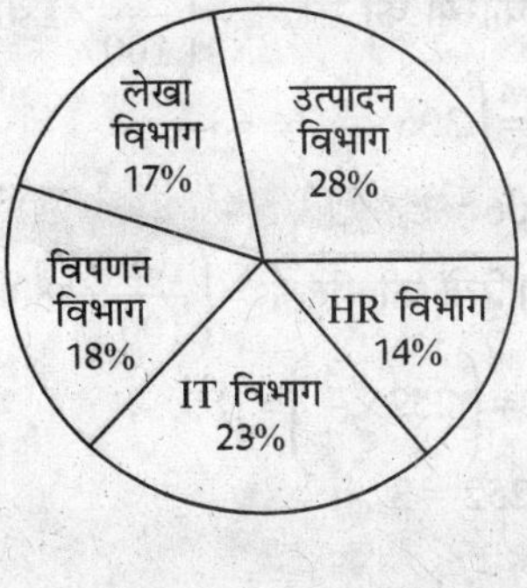

पुरुषों का महिलाओं से अनुपात

विभाग	पुरुष : महिलायें
उत्पादन	11 : 1
HR	1 : 3
IT	5 : 4
विपणन	7 : 5
लेखा	2 : 7

प्रश्न 15. विपणन विभाग में कार्यरत पुरुषों की संख्या कितनी है ?

(*a*) 132 (*b*) 174 (*c*) 126 (*d*) 189 (*e*) इनमें से कोई नहीं

प्रश्न 16. संस्था के उत्पादन विभाग में कार्यरत पुरुषों की संख्या उस विभाग में कार्यरत कर्मचारियों की कुल संख्या का कितने प्रतिशत है ? (दशमलव के दो अंकों तक पूर्णांकित)

(*a*) 89.76% (*b*) 91.67% (*c*) 88.56% (*d*) 94.29% (*e*) इनमें से कोई नहीं

प्रश्न 17. लेखा विभाग में कार्यरत पुरुषों की संख्या का उस विभाग में कार्यरत कर्मचारियों की कुल संख्या से क्रमश: अनुपात कितना है ?

(*a*) 9 : 2 (*b*) 7 : 6 (*c*) 2 : 9 (*d*) 6 : 7 (*e*) इनमें से कोई नहीं

प्रश्न 18. संस्था के HR विभाग में कार्यरत् महिलाओं की संख्या का उस विभाग में कार्यरत कर्मचारियों की कुल संख्या से क्रमश: क्या अनुपात है ?

(*a*) 3 : 4 (*b*) 2 : 5 (*c*) 2 : 9 (*d*) 3 : 7 (*e*) इनमें से कोई नहीं

प्रश्न 19. संस्था के IT विभाग में कार्यरत महिलाओं की संख्या संस्था के सभी विभागों में कार्यरत कर्मचारियों की कुल संख्या का लगभग कितने प्रतिशत है ?

(*a*) 7% (*b*) 5% (*c*) 19% (*d*) 15% (*e*) 10%

हल

उत्तर 15. (*d*) : विपणन विभाग में कार्यरत कर्मचारियों की संख्या $= \left(\frac{18}{100} \times 1800\right) = 324$.

इनमें से पुरुषों की संख्या $= \left(324 \times \frac{7}{12}\right) = 189$.

उत्तर 16. (*b*) : उत्पादन विभाग में कुल कर्मचारियों की संख्या $= \left(\frac{28}{100} \times 1800\right) = 504$.

इनमें से पुरुषों की संख्या $= \left(504 \times \frac{11}{12}\right) = 462$.

पुरुषों का अभीष्ट $\% = \left(\frac{462}{504} \times 100\right)\% = 91 \cdot 67\%$.

उत्तर 17. (*c*) : लेखा विभाग में कुल कर्मचारियों की संख्या $= \left(\frac{17}{100} \times 1800\right) = 306$.

इनमें से पुरुषों की संख्या $= \left(306 \times \frac{2}{9}\right) = 68$.

अभीष्ट अनुपात = 68 : 306 = 2 : 9.

उत्तर 18. (*a*) : HR विभाग में कुल कर्मचारियों की संख्या $= \left(\frac{14}{100} \times 1800\right) = 252$.

इनमें से स्त्रियों की संख्या $= \left(252 \times \frac{3}{4}\right) = 189$.

अभीष्ट अनुपात = 189 : 252 = 3 : 4.

उत्तर 19. (*e*) : IT विभाग में कुल कर्मचारियों की संख्या $= \left(\frac{23}{100} \times 1800\right) = 414.$

IT विभाग में कार्यरत महिलाओं की संख्या $= \left(414 \times \frac{4}{9}\right) = 184.$

सभी विभागों में कार्यरत कर्मचारियों की संख्या = 1800.

अभीष्ट $\% = \left(\frac{184}{1800} \times 100\right)\% = 10 \cdot 2\% = 10\%$ (लगभग)

उदाहरण 5

निर्देश (प्र०न० 20 से 24) : दिये गये पाई-चार्ट में 3000 विद्यार्थियों का नौकरी के लिए *A* से *F* तक समूहों में प्लेसमैन्ट दिखाया गया है.

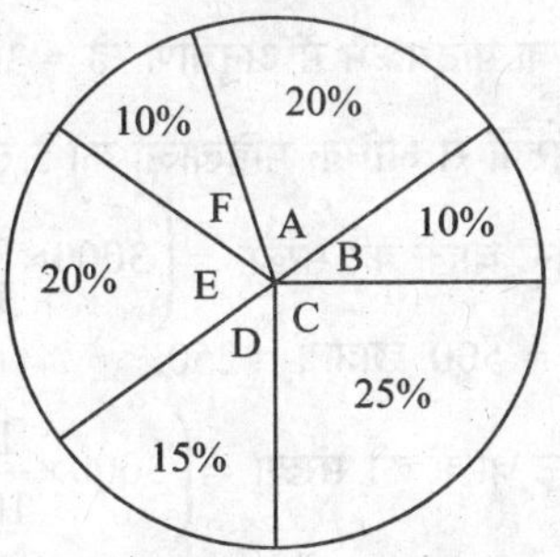

	पुरुष : महिला
***A* (बहुराष्ट्रीय कम्पनियाँ)**	**1 : 2**
***B* (औसत वेतन 5 लाख ₹ से अधिक)**	**1 : 1**
***C* (स्थानीय संगठन)**	**2 : 1**
***D* (राष्ट्रीय संगठन)**	**4 : 5**
***E* (प्लेसमैन्ट नहीं हुआ)**	**7 : 5**
***F* (पाठ्यक्रम में उत्तीर्ण नहीं हुये)**	**2 : 1**

ऊपर दिये गये पाई-चार्ट एवं सारणी का अध्ययन करके निम्नलिखित प्रश्नों के उत्तर दीजिए:

(बैंक पी०ओ० परीक्षा, 2005)

प्रश्न 20. कितनी महिला विद्यार्थियों का बहुराष्ट्रीय कम्पनियों में प्लेसमैन्ट हुआ ?

(*a*) 200 (*b*) 300 (*c*) 500 (*d*) 450 (*e*) इनमें से कोई नहीं

प्रश्न 21. कितने विद्यार्थी पाठ्यक्रम में अनुत्तीर्ण रहे ?

(*a*) 300 (*b*) 200 (*c*) 400 (*d*) 250 (*e*) इनमें से कोई नहीं

प्रश्न 22. निम्नलिखित में से कौन-सी जानकारी सही नहीं है ?

(*a*) विद्यार्थी की अधिकांश संख्या का स्थानीय संगठनों में प्लेसमैन्ट हुआ था.

(*b*) राष्ट्रीय संगठनों में पुरुषों से अधिक महिलाओं का प्लेसमैन्ट हुआ था.

(*c*) जिनका प्लेसमैन्ट नहीं हुआ तथा जो अनुत्तीर्ण रहे उनकी संख्या 900 थी.

(*d*) महिला विद्यार्थियों से पुरुष विद्यार्थी अधिक थे.

(*e*) बहुराष्ट्रीय कम्पनियों में पुरुषों से अधिक महिलाओं का प्लेसमैन्ट हुआ था और पुरुषों से अधिक महिलाओं को 5 लाख रुपये से अधिक का औसत वेतन मिला था.

प्रश्न 23. स्थानीय संगठनों और राष्ट्रीय संगठनों में कुल कितनी छात्राओं का प्लेसमैन्ट हुआ था ?

(*a*) 300 (*b*) 750 (*c*) 1200 (*d*) 600 (*e*) इनमें से कोई नहीं

प्रश्न 24. महिलाओं तथा पुरुषों का क्रमश: अनुपात कितना है ?

(*a*) 7 : 5 (*b*) 9 : 8 (*c*) 8 : 9 (*d*) 7 : 8 (*e*) इनमें से कोई नहीं

हल

उत्तर 20. (*e*) : उन विद्यार्थियों की संख्या जिनका बहुराष्ट्रीय कम्पनियों में प्लैसमैन्ट हुआ $= \left(3000 \times \frac{20}{100}\right) = 600.$

उन महिला विद्यार्थियों की संख्या जिनका बहुराष्ट्रीय कम्पनियों में प्लैसमैन्ट हुआ $= \left(600 \times \frac{2}{3}\right) = 400.$

उत्तर 21. (*a*) : उन विद्यार्थियों की संख्या जो पाठ्यक्रम में अनुत्तीर्ण रहे = 3000 का 10% $= \left(3000 \times \frac{10}{100}\right) = 300.$

उत्तर 22. (*e*) : यह कथन असत्य है कि पुरुषों से अधिक महिलाओं को 5 लाख रुपये से अधिक का वेतन मिला था।

उत्तर 23. (*e*) : स्थानीय संगठनों में प्लेसमैन्ट वालों की संख्या $= \left(3000 \times \frac{25}{100}\right) = 750.$

इनमें छात्र $= \left(750 \times \frac{2}{3}\right) = 500,$ छात्रायें = 250.

राष्ट्रीय संगठनों में प्लेसमैन्ट वालों की संख्या $= \left(3000 \times \frac{15}{100}\right) = 450.$

इनमें छात्र $= \left(450 \times \frac{4}{9}\right) = 200,$ छात्रायें = 250.

छात्राओं की संख्या = (250 + 250) = 500.

उत्तर 24. (*d*) : *A* में कुल प्लेसमैन्ट $= \left(\frac{20}{100} \times 3000\right) = 600.$

इनमें महिलायें $= \left(600 \times \frac{2}{3}\right) = 400,$ पुरुष = 200.

B में कुल प्लेसमैन्ट $= \left(\frac{10}{100} \times 3000\right) = 300.$ इनमें महिलायें = 150, पुरुष = 150.

C में कुल प्लेसमैन्ट $= \left(\frac{25}{100} \times 3000\right) = 750.$

इनमें महिलायें $= \left(750 \times \frac{1}{3}\right) = 250,$ पुरुष = 500.

D में कुल प्लेसमैन्ट $= \left(\frac{15}{100} \times 3000\right) = 450.$

इनमें महिलायें $= \left(450 \times \frac{5}{9}\right) = 250,$ पुरुष = 200.

E में प्लेसमैन्ट $= \left(\frac{20}{100} \times 3000\right) = 600.$ इनमें महिलायें $= \left(600 \times \frac{5}{12}\right) = 250,$ पुरुष = 350.

F में प्लेसमैन्ट $= \left(\frac{10}{100} \times 3000\right) = 300.$ इनमें महिलायें $= \left(300 \times \frac{1}{3}\right) = 100,$ पुरुष = 200.

कुल महिलायें = (400 + 150 + 250 + 250 + 250 + 100) = 1400, पुरुष = 1600.

अभीष्ट अनुपात = 1400 : 1600 = 7 : 8.

उदाहरण 6

निर्देश (प्र०न० 25 से 29) : दिये गये पाई-चार्ट में वर्ष 2005 तथा 2006 में किसी संस्थान में विविध कोर्स पढ़ने वाले विद्यार्थियों का विवरण दिया गया है. वर्ष 2005 तथा 2006 में कुल विद्यार्थियों की संख्या क्रमशः 1900 तथा 2400 है.

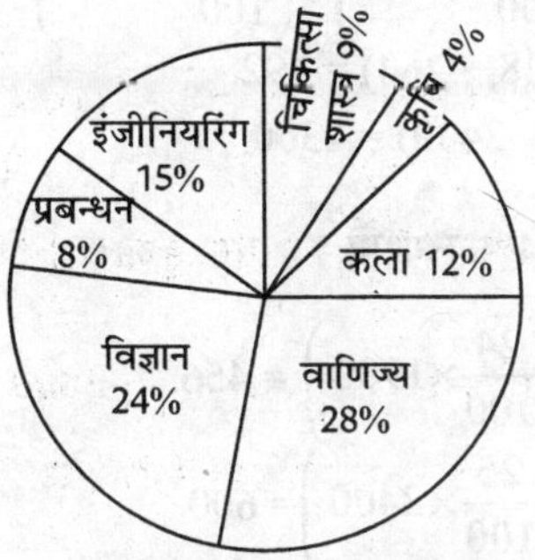

वर्ष 2005 में विविध कोर्स पढ़ने वाले छात्रों का विवरण
कुल विद्यार्थी =1900

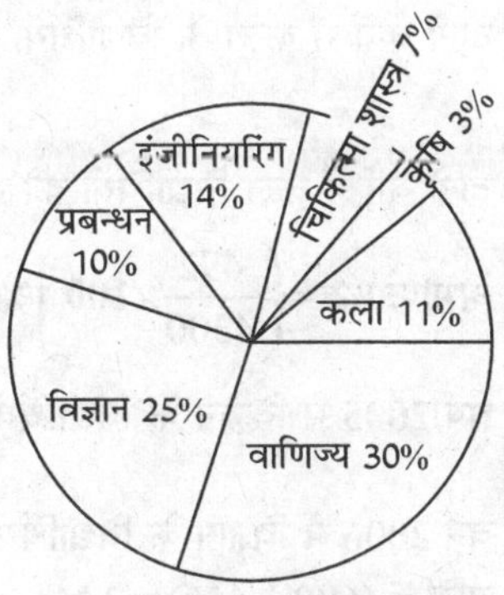

वर्ष 2006 में विविध कोर्स पढ़ने वाले छात्रों का विवरण
कुल विद्यार्थी = 2400

इन पाई-चार्टों का ध्यानपूर्वक अध्ययन करके नीचे दिये गये प्रश्नों के उत्तर दीजिए: (बैंक पी०ओ०, 2008)

प्रश्न 25. वर्ष 2005 तथा वर्ष 2006 में कृषि में पढ़ रहे विद्यार्थियों की संख्या का क्रमशः क्या अनुपात है ?

(*a*) 13 : 12 (*b*) 8 : 7 (*c*) 18 : 19 (*d*) 12 : 13 (*e*) इनमें से कोई नहीं

प्रश्न 26. वर्ष 2005 में चिकित्सा शास्त्र के विद्यार्थियों की संख्या वर्ष 2005 में विज्ञान, इन्जीनियरिंग तथा चिकित्सा शास्त्र के कुल विद्यार्थियों की संख्या का कितने प्रतिशत है ?

(*a*) 16·25% (*b*) 21·50% (*c*) 23·25% (*d*) 18·75% (*e*) इनमें से कोई नहीं

प्रश्न 27. वर्ष 2005 तथा वर्ष 2006 में कुल मिलाकर कला के विद्यार्थियों की संख्या इन दो वर्षों में सभी अनुशासनों के विद्यार्थियों की कुल संख्या का लगभग कितने प्रतिशत है ?

(*a*) 25% (*b*) 11% (*c*) 16% (*d*) 20% (*e*) 9%

प्रश्न 28. वर्ष 2005 से वर्ष 2006 में विज्ञान के विद्यार्थियों की संख्या में कितने प्रतिशत वृद्धि अथवा कमी हुई ?

(*a*) 32% वृद्धि (*b*) 32% कमी (*c*) 28% वृद्धि (*d*) 28% कमी (*e*) इनमें से कोई नहीं

प्रश्न 29. वर्ष 2005 में प्रबंधन के विद्यार्थियों की संख्या तथा वर्ष 2006 में कला के विद्यार्थियों की संख्या का क्रमशः अनुपात क्या है ?

(*a*) 33 : 19 (*b*) 16 : 31 (*c*) 19 : 33 (*d*) 31 : 16 (*e*) इनमें से कोई नहीं

हल

उत्तर 25. (*e*) : वर्ष 2005 में कृषि के विद्यार्थियों की संख्या $= \left(\frac{4}{100} \times 1900\right) = 76.$

वर्ष 2006 में कृषि के विद्यार्थियों की संख्या $= \left(\frac{3}{100} \times 2400\right) = 72.$

अभीष्ट अनुपात = 76 : 72 = 19 : 18.

उत्तर 26. (*d*) : वर्ष 2005 में चिकित्सा शास्त्र के विद्यार्थियों की संख्या $= \left(\frac{9}{100} \times 1900\right) = 171.$

वर्ष 2005 में विज्ञान, इन्जीनियरिंग तथा चिकित्सा शास्त्र के कुल विद्यार्थियों की संख्या

$$= \left\{\frac{(24+15+9)}{100} \times 1900\right\} = (48 \times 19) = 912.$$

अभीष्ट % $= \left(\frac{171}{912} \times 100\right)\% = 18{\cdot}75\%.$

उत्तर 27. (*b*) : दोनों वर्षों में कला के विद्यार्थियों की संख्या $= \left(\frac{12}{100} \times 1900\right) + \left(\frac{11}{100} \times 2400\right)$

$= (228 + 264) = 492.$

दोनों वर्ष में कुल विद्यार्थियों की संख्या = (1900 + 2400) = 4300.

अभीष्ट % $= \left(\frac{492}{4300} \times 100\right)\% = 11{\cdot}44\% \equiv 11\%$ लगभग.

उत्तर 28. (*a*) : वर्ष 2005 में विज्ञान के विद्यार्थियों की संख्या $= \left(\frac{24}{100} \times 1900\right) = 456.$

वर्ष 2006 में विज्ञान के विद्यार्थियों की संख्या $= \left(\frac{25}{100} \times 2400\right) = 600.$

वृद्धि = (600 – 456) = 144.

वृद्धि % $= \left(\frac{144}{456} \times 100\right)\% = 31{\cdot}57\% \equiv 32\%.$

उत्तर 29. (*e*) : वर्ष 2005 में प्रबन्धन के विद्यार्थियों की संख्या $= \left(\frac{8}{100} \times 1900\right) = 152.$

वर्ष 2006 में कला के विद्यार्थियों की संख्या $= \left(\frac{10}{100} \times 2400\right) = 240.$

अभीष्ट अनुपात = 152 : 240 = 19 : 30.

उदाहरण 7

निर्देश (प्र०न० 30 से 34) : नीचे दिये गये पाई-चार्ट में एक विद्यालय के 3000 विद्यार्थियों की विभिन्न व्यवसायिक पाठ्यक्रमों की प्रतिशतता दी गई है. इनमें 1750 लड़कियाँ हैं.

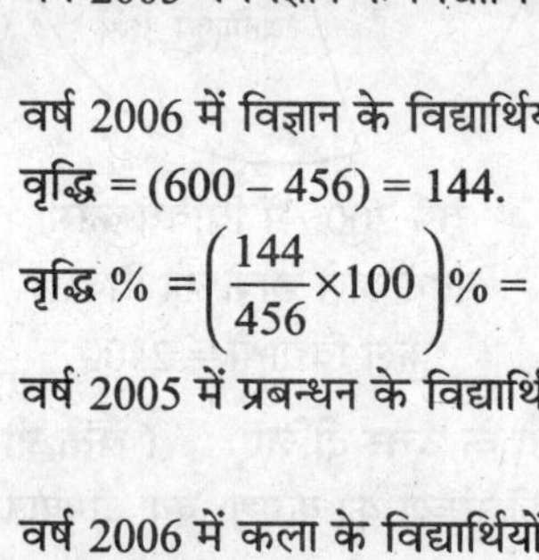

विभिन्न व्यवसायिक पाठ्यक्रमों
में भर्ती 3000 विद्यार्थियों का प्रतिशत

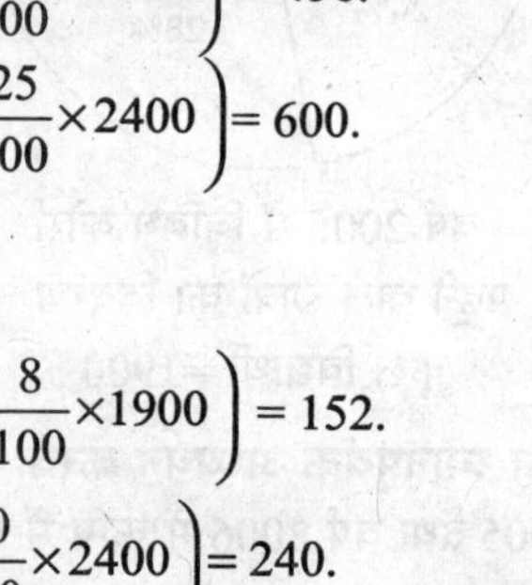

इन पाठ्यक्रमों में 1750
लड़कियों का प्रतिशत

इन चार्टों का अध्ययन करके निम्नलिखित प्रश्नों के उत्तर दीजिए :

प्रश्न 30. विद्यालय में लड़कों का लगभग प्रतिशत कितना है ?

(*a*) 34% (*b*) 56% (*c*) 28% (*d*) 50% (*e*) 42%

प्रश्न 31. गायन तथा क्राफ्ट में कुल कितने लड़के भर्ती हुए हैं ?

(*a*) 505 (*b*) 610 (*c*) 485 (*d*) 420 (*e*) इनमें से कोई नहीं

प्रश्न 32. तैराकी और चित्रकारी में मिलाकर कुल कितनी लड़कियाँ भर्ती हुई हैं ?

(*a*) 480 (*b*) 525 (*c*) 505 (*d*) 495 (*e*) इनमें से कोई नहीं

प्रश्न 33. नृत्य में भर्ती लड़कियों की संख्या विद्यालय के कुल विद्यार्थियों की संख्या का कितने प्रतिशत है ?

(*a*) 12·35% (*b*) 14·12% (*c*) 11·67% (*d*) 10·08% (*e*) इनमें से कोई नहीं

प्रश्न 34. तैराकी में भर्ती लड़कियों की संख्या का तैराकी में भर्ती लड़कों की संख्या से क्रमशः क्या अनुपात है ?

(*a*) 47 : 49 (*b*) 23 : 29 (*c*) 29 : 23 (*d*) 49 : 47 (*e*) इनमें से कोई नहीं

हल

उत्तर 30. (*e*) : विद्यालय में लड़कों की संख्या = (3000 – 1750) = 1250.

लड़कों का % $=\left(\frac{1250}{3000}\times 100\right)\% = 41{\cdot}66\% \equiv 42\%$.

उत्तर 31. (*a*) : गायन तथा क्राफ्ट में कुल विद्यार्थी = 3000 × (21 + 25)% $=\left(3000\times\frac{46}{100}\right) = 1380$.

गायन तथा क्राफ्ट में कुल लड़कियाँ = 1750 × (28 + 22)% $=\left(1750\times\frac{50}{100}\right) = 875$.

गायन तथा क्राफ्ट में कुल लड़के = (1380 – 875) = 505.

उत्तर 32. (*b*) : तैराकी और चित्रकारी में कुल लड़कियाँ = 1750 का (14 + 16)% $=\left(1750\times\frac{30}{100}\right) = 525$.

उत्तर 33. (*c*) : नृत्य में भर्ती लड़कियों की संख्या = (1750 का 20%) $=\left(1750\times\frac{20}{100}\right) = 350$.

अभीष्ट % $=\left(\frac{350}{3000}\times 100\right)\% = 11{\cdot}67\%$.

उत्तर 34. (*c*) : तैराकी में भर्ती लड़कियाँ $=\left(1750\times\frac{14}{100}\right) = 245$.

तैराकी में भर्ती कुल विद्यार्थी $=\left(3000\times\frac{16}{100}\right) = 480$.

तैराकी में भर्ती लड़के = (480 – 245) = 235.

अभीष्ट अनुपात = 245 : 235 = 49 : 47.

उदाहरण 8

निर्देश (प्र०न० 35 से 38) : दिये गये पाई-चार्ट में 31 मार्च 2004 को विभिन्न बैंक के क्रेडिट कार्डों से खर्च किए गये धन का भाग दिखाया गया है. **(मैनेजमैन्ट परीक्षा, 2007)**

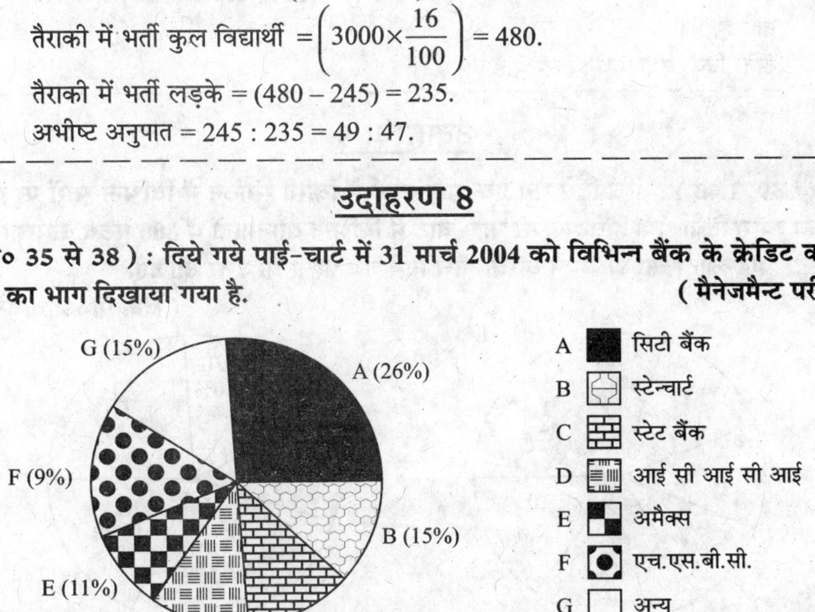

इस पाई-चार्ट का अध्ययन करके निम्नलिखित प्रश्नों के उत्तर दीजिए.

प्रश्न 35. यदि वर्ष 2003-04 में क्रेडिट कार्ड द्वारा खर्च किया गया कुल धन 20555 करोड़ ₹ हो, तो इसमें से स्टेन्चार्ट बैंक का भाग कितना है ?

(*a*) 3083 करोड़ ₹ (*b*) 4305 करोड़ ₹ (*c*) 3803 करोड़ ₹ (*d*) 5043 करोड़ ₹

प्रश्न 36. एच एस बी सी कार्ड तथा स्टेट बैंक कार्ड द्वारा किये गये खर्चों का अनुपात कितना है ?

(*a*) 2 : 3 (*b*) 1 : 3 (*c*) 1 : 4 (*d*) 3 : 4

प्रश्न 37. स्टेट बैंक कार्ड तथा आई सी आई सी आई कार्ड दोनों के द्वारा किये गये खर्च से कितना अधिक सिटी बैंक कार्ड द्वारा किया गया खर्च है ?

(*a*) 4011 करोड़ ₹ (*b*) 311 करोड़ ₹ (*c*) 411 करोड़ ₹ (*d*) 431 करोड़ ₹

प्रश्न 38. निम्नलिखित में से कौन-सा कथन सही नहीं है ?

(*a*) स्टेट बैंक कार्ड तथा आई सी आई सी आई कार्ड द्वारा किया गया कुल खर्च एच.एस.बी.सी. कार्ड तथा स्टैन्चार्ट कार्ड द्वारा किये गये कुल खर्च के बराबर है.

(*b*) सिटी बैंक कार्ड द्वारा कुल खर्च, अमैक्स और अन्य बैंकों के कार्ड के बराबर है.

(*c*) सिटी बैंक का क्रेडिट कार्ड व्यापार में सबसे बड़ा हिस्सा है.

(*d*) स्टेट बैंक और अमैक्स साथ मिलकर लगभग सभी बैंकों से आगे हैं.

हल

उत्तर 35. (*a*) : स्टेन्चार्ट बैंक का अभीष्ट भाग = ₹ $= \left(\frac{15}{100} \times 20555\right)$ करोड़

= ₹ 3083.25 करोड़ ≡ ₹ 3083 करोड़.

उत्तर 36. (*d*) : अभीष्ट अनुपात = 9% : 12% $= \frac{9}{100} : \frac{12}{100} = 3 : 4$.

उत्तर 37. (*c*) : अभीष्ट मान = (26%) – (12% + 12%) = 2% = ₹ $= \left(\frac{2}{100} \times 20555\right)$ करोड़ = ₹ 411 करोड़.

उत्तर 38. (*d*) : (स्टेट बैंक + अमैक्स) का क्रेडिट कार्ड खर्च = (12 + 11)% = 23%, जो स्टेट बैंक से अधिक नहीं है.

अत: दिया गया कथन असत्य है.

उदाहरण 9

निर्देश (प्र०न० 39 से 43) : नीचे दिये गये एक पाई-चार्ट में किसी संगठन में विभिन्न स्तरों पर कार्यरत 1500 कर्मचारियों का ब्यौरा दिया गया है तथा दूसरे पाई-चार्ट में विभिन्न वेतनमानों में 800 पुरुष कर्मचारियों का ब्यौरा दिया गया है. इन पाई-चार्टों का अध्ययन करके नीचे दिये गये प्रश्नों के उत्तर दीजिए.

(बैंक पी०ओ० परीक्षा, 2009)

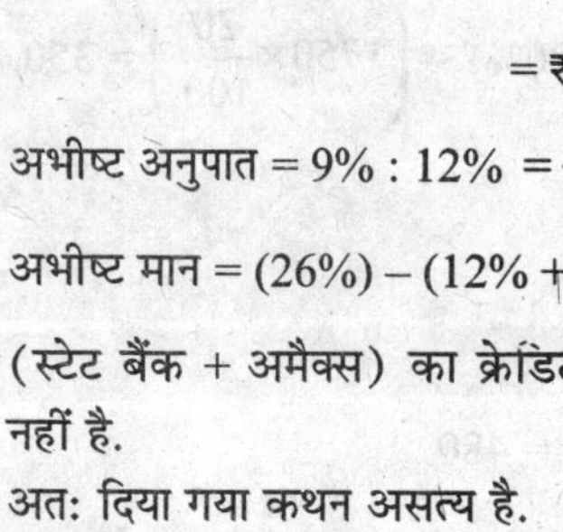

1500 कर्मचारियों का ब्यौरा

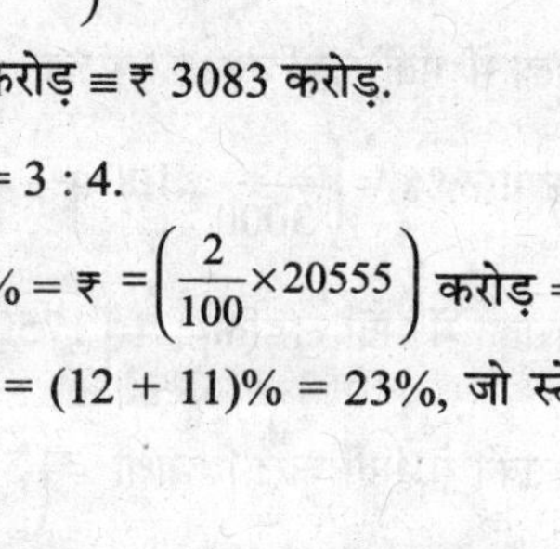

विभिन्न वेतनमानों में 800 पुरुष कर्मचारियों का ब्यौरा

प्रश्न 39. वेतनमान VI में कार्यरत पुरुष कर्मचारियों की संख्या उस वेतनमान के कुल कर्मचारियों का कितने प्रतिशत है ? (निकटतम पूर्णांक तक)

(*a*) 35% (*b*) 46% (*c*) 44% (*d*) 34% (*e*) इनमें से कोई नहीं

प्रश्न 40. वेतनमान VI की महिला कर्मचारियों तथा वेतनमान I के पुरुष कर्मचारियों के बीच क्रमशः अनुपात क्या है ?

(*a*) 32 : 33 (*b*) 22 : 33 (*c*) 12 : 23 (*d*) 23 : 12 (*e*) इनमें से कोई नहीं

प्रश्न 41. वेतनमान V में कार्यरत पुरुष तथा महिला कर्मचारियों के बीच क्रमशः अनुपात क्या है ?

(*a*) 7 : 8 (*b*) 2 : 1 (*c*) 8 : 7 (*d*) 1 : 2 (*e*) इनमें से कोई नहीं

प्रश्न 42. कितनी महिलायें वेतनमान II में कार्यरत हैं ?

(*a*) 144 (*b*) 81 (*c*) 96 (*d*) 138 (*e*) इनमें से कोई नहीं

प्रश्न 43. वेतनमान III और IV में कार्यरत महिला कर्मचारियों की कुल संख्या कितनी है ?

(*a*) 219 (*b*) 157 (*c*) 162 (*d*) 285 (*e*) इनमें से कोई नहीं

हल

उत्तर 39. (*d*) : वेतनमान VI में कार्यरत पुरुष कर्मचारियों की संख्या $=\left(\frac{9}{100}\times 800\right)=72.$

वेतनमान VI में कार्यरत कुल कर्मचारियों की संख्या $=\left(\frac{14}{100}\times 1500\right)=210.$

अभीष्ट % $=\left(\frac{72}{210}\times 100\right)\% = 34\cdot 2\% \simeq 34\%.$

उत्तर 40. (*e*) : वेतनमान VI के कुल कर्मचारियों की संख्या $=\left(\frac{14}{100}\times 1500\right)=210.$

वेतनमान VI के पुरुष कर्मचारियों की संख्या $=\left(\frac{9}{100}\times 800\right)=72.$

वेतनमान VI की महिला कर्मचारियों की संख्या $=(210-72)=138.$

वेतनमान I के पुरुष कर्मचारियों की संख्या $=\left(\frac{24}{100}\times 800\right)=192.$

अभीष्ट अनुपात $=138:192=\frac{138}{192}=\frac{23}{32}=23:32.$

उत्तर 41. (*c*) : वेतनमान V में कार्यरत कुल कर्मचारी $=\left(\frac{12}{100}\times 1500\right)=180.$

वेतनमान V में कार्यरत पुरुष कर्मचारियों की संख्या $=\left(\frac{12}{100}\times 800\right)=96.$

वेतनमान V में कार्यरत महिला कर्मचारियों की संख्या $= (180 - 96) = 84.$

अभीष्ट अनुपात $= 96 : 84 = 8 : 7.$

उत्तर 42. (*b*) : वेतनमान II में कार्यरत कुल कर्मचारियों की संख्या $=\left(\frac{15}{100}\times 1500\right)=225.$

वेतनमान II में कार्यरत पुरुष कर्मचारियों की संख्या $=\left(\frac{18}{100}\times 800\right)=144.$

वेतनमान II में कार्यरत महिला कर्मचारियों की संख्या $=(225-144)=81.$

उत्तर 43. (*a*) : वेतनमान III और IV में कुल कर्मचारियों की संख्या $=\left[\frac{(16+11)}{100}\times 800\right]$

$=\left(\frac{29}{100}\times 1500\right)=435.$

वेतनमान III और IV में कुल पुरुष कर्मचारियों की संख्या $= \left[\frac{(16+11)}{100} \times 800\right]$

$= \left(\frac{27}{100} \times 800\right) = 216.$

$\therefore$ अभीष्ट संख्या = (435 − 216) = 219.

उदाहरण 10

निर्देश (प्र०न० 44 से 47) : नीचे दिया गया पाई-चार्ट एक परिवार द्वारा विभिन्न मदों में किये गये एक महीने के खर्च को दर्शाता है. इसका भली-भाँति अध्ययन करके नीचे दिये गये प्रश्नों के उत्तर दीजिए.

(एस०एस०सी० परीक्षा, 2011)

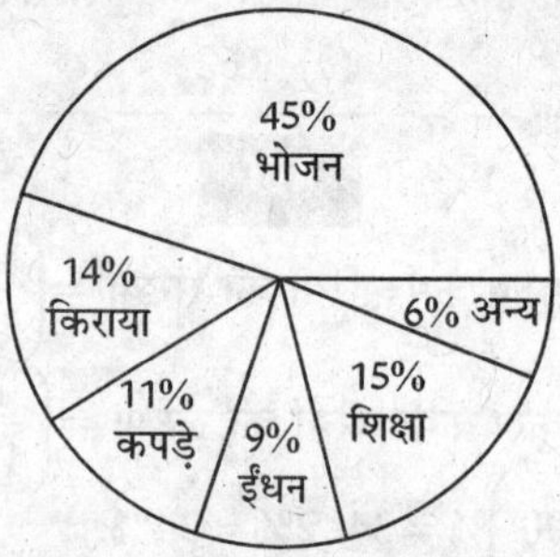

प्रश्न 44. किराये पर किया गया खर्च ईंधन के खर्च का कितने प्रतिशत है ?

(*a*) 135% (*b*) 156% (*c*) 167% (*d*) 172%

प्रश्न 45. किन तीन मदों के खर्चों में केन्द्रीय बिन्दु पर 108° का कोण बनता है ?

(*a*) ईंधन, कपड़े एवं अन्य (*b*) ईंधन, किराया एवं अन्य

(*c*) कपड़े, किराया एवं अन्य (*d*) शिक्षा, किराया एवं अन्य

प्रश्न 46. यदि उस परिवार की कुल आय ₹ 25000 हो तो किराया तथा भोजन पर कुल मिलाकर कितना खर्च हुआ है ?

(*a*) ₹ 17250 (*b*) ₹ 14750 (*c*) ₹ 11250 (*d*) ₹ 8500

प्रश्न 47. शिक्षा तथा भोजन पर किये गये खर्च में क्या अनुपात है ?

(*a*) 1 : 3 (*b*) 3 : 1 (*c*) 3 : 5 (*d*) 5 : 3

हल

उत्तर 44. (*b*) : अभीष्ट $\% = \left(\frac{14}{9} \times 100\right)\% = \frac{1400}{9}\% = 155 \cdot 6\% \simeq 156\%.$

उत्तर 45. (*b*) : $108° = \left(\frac{108}{360} \times 100\right)\% = 30\%.$

स्पष्ट है कि यह ईंधन, किराया एवं अन्य तीन मदों में किये गये खर्च से बनता है.

उत्तर 46. (*b*) : किराया तथा भोजन पर कुल खर्च = ₹ (25000 का 59%)

$= ₹ \left(25000 \times \frac{59}{100}\right) = ₹\ 14750.$

उत्तर 47. (*a*) : (शिक्षा पर खर्च) : (भोजन पर खर्च) = 15 : 45 = 1 : 3.

उदाहरण 11

निर्देश (प्र०न० 48 से 51) : नीचे दिया गया पाई-चार्ट किसी गाँव के भूमि वितरण को प्रदर्शित करता है. इस पाई-चार्ट का भली-भाँति अध्ययन करके नीचे दिये गये प्रश्नों के उत्तर दीजिए.

(एस०एस०सी० परीक्षा, 2011)

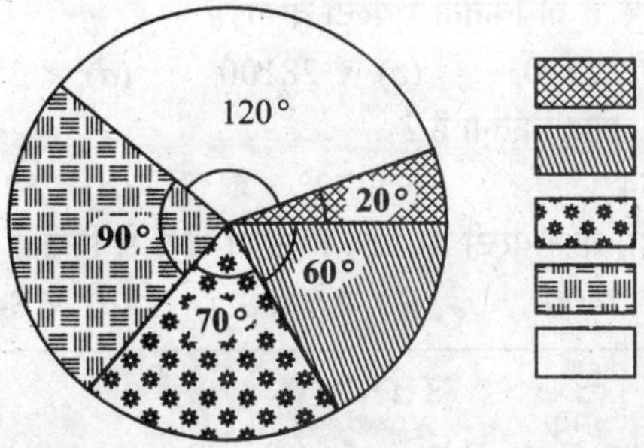

प्रश्न 48. बंजर भूमि का कृषि भूमि से क्या अनुपात है ?

(*a*) 4 : 3 (*b*) 3 : 2 (*c*) 2 : 1 (*d*) 3 : 1

प्रश्न 49. सड़कों के उपयोग में आयी भूमि बसी हुई भूमि की कितने प्रतिशत है ?

(*a*) $66\frac{2}{3}\%$ (*b*) 48% (*c*) $33\frac{1}{3}\%$ (*d*) 30%

प्रश्न 50. यदि गाँव का कुल क्षेत्रफल 7200 एकड़ है, तो कुल तर भूमि का क्षेत्रफल कितना है ?

(*a*) 1028 एकड़ (*b*) 5040 एकड़ (*c*) 3600 एकड़ (*d*) 1400 एकड़

प्रश्न 51. कुल भूमि का कितना प्रतिशत कृषि उपयोग में लाया गया है ?

(*a*) 24% (*b*) 25% (*c*) 50% (*d*) 90%

हल

उत्तर 48. (*a*) : (बंजर भूमि) : (कृषि भूमि) = 120 : 90 = 4 : 3.

उत्तर 49. (*c*) : सड़कों के उपयोग में आयी भूमि $= \left(\frac{20}{60}\times 100\right)\% = 33\frac{1}{3}\%$.

उत्तर 50. (*d*) : तर भूमि का क्षेत्रफल $= \left(\frac{70}{360}\times 7200\right)$ एकड़ = 1400 एकड़.

उत्तर 51. (*b*) : कृषि के उपयोग में भूमि $= \left(\frac{90}{360}\times 100\right)\% = 25\%$.

प्रश्नमाला 34

निर्देश (प्र०न० 1 से 5) : एक प्रकाशक द्वारा एक पुस्तक छापने पर विभिन्न मदों में किये गये खर्च का ब्यौरा नीचे दिये गये पाई-चार्ट में दिया गया है. इसका भली-भाँति अध्ययन करके नीचे दिये गये प्रश्नों के उत्तर दीजिए.

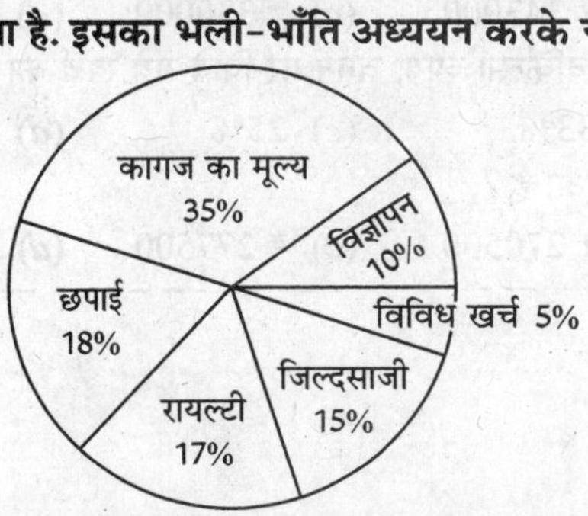

पुस्तक प्रकाशन में विभिन्न मदों में खर्च (प्रतिशत में)

प्रश्न 1. जिल्दसाजी का खर्च कागज के मूल्य का कितने प्रतिशत है ?

(*a*) 37% (*b*) 39% (*c*) 43% (*d*) 51%

प्रश्न 2. रायल्टी के संगत केन्द्रीय कोण, विज्ञापन के संगत केन्द्रीय कोण से कितना अधिक है ?

(*a*) 18° (*b*) 21·6° (*c*) 25·2° (*d*) 28·8°

प्रश्न 3. यदि छपाई का खर्च 30600 ₹ है तो कितनी रायल्टी दी गई ?

(*a*) ₹ 25500 (*b*) ₹ 27300 (*c*) ₹ 28100 (*d*) ₹ 28900

प्रश्न 4. जिल्दसाजी के संगत केन्द्रीय कोण कितना है ?

(*a*) 15° (*b*) 54° (*c*) 72° (*d*) 75°

प्रश्न 5. यदि विविध खर्च 6000 ₹ हों, तो रायल्टी पर खर्च विज्ञापन खर्च से कितना अधिक है ?

(*a*) ₹ 5600 (*b*) ₹ 7400 (*c*) ₹ 7800 (*d*) ₹ 8400

उत्तरमाला

1. (*c*) **2.** (*c*) **3.** (*d*) **4.** (*b*) **5.** (*d*)

निर्देश (प्र०न० 6 से 10) : एक संगठन का विभिन्न शीर्षों के अन्तर्गत औसत मासिक व्यय नीचे दिये गये पाई-चार्ट में दिया गया है. यदि कुल मासिक व्यय ₹ 1850000 हो, तो नीचे दिये गये प्रश्नों के उत्तर दीजिए.

(बैंक पी०ओ० परीक्षा, 2009)

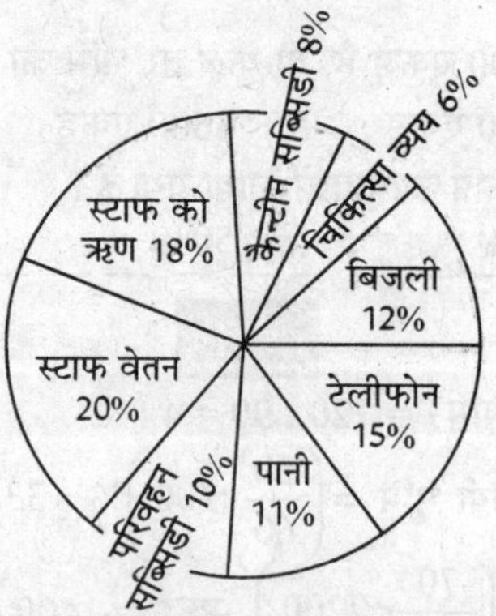

प्रश्न 8. स्टाफ के वेतन तथा स्टाफ के ऋणों पर हुए खर्च में कितना अन्तर है ?

(*a*) ₹ 37200 (*b*) ₹ 35700 (*c*) ₹ 37500 (*d*) ₹ 35000 (*e*) इनमें से कोई नहीं

प्रश्न 7. बिजली और पानी दोनों का कुल व्यय कितना है ?

(*a*) ₹ 425000 (*b*) ₹ 425500 (*c*) ₹ 422500 (*d*) ₹ 425800 (*e*) इनमें से कोई नहीं

प्रश्न 8. परिवहन सब्सिडी तथा कैंटीन सब्सिडी पर कुल कितना व्यय हुआ ?

(*a*) ₹ 334000 (*b*) ₹ 343000 (*c*) ₹ 330000 (*d*) ₹ 333000 (*e*) इनमें से कोई नहीं

प्रश्न 9. स्टाफ पर खर्च किया गया चिकित्सा व्यय, वेतन पर किये गये खर्च का कितने प्रतिशत हैं ?

(*a*) 30% (*b*) 33% (*c*) 25% (*d*) 22% (*e*) इनमें से कोई नहीं

प्रश्न 10. टेलीफोन पर कितना खर्च हुआ है ?

(*a*) ₹ 275000 (*b*) ₹ 270500 (*c*) ₹ 277500 (*d*) ₹ 277000 (*e*) इनमें से कोई नहीं

उत्तरमाला

6. (*e*) **7.** (*b*) **8.** (*d*) **9.** (*a*) **10.** (*c*)

दिये गये प्रश्नों के हल

उत्तर 6. अभीष्ट अन्तर $= ₹ \left[\left(1850000\times\frac{20}{100}\right)-\left(1850000\times\frac{18}{100}\right)\right]$

$= ₹ \left[1850000\times\left(\frac{20}{100}-\frac{18}{100}\right)\right] = ₹ \left(1850000\times\frac{2}{100}\right)$

$= ₹ (37000).$

उत्तर 7. अभीष्ट व्यय $= ₹ \left[1850000\times\frac{(12+11)}{100}\right] =$ रु० $\left(1850000\times\frac{23}{100}\right)$

$= ₹ 425500.$

उत्तर 8. अभीष्ट व्यय $= ₹ \left[1850000\times\frac{(10+8)}{11}\right] =$ रु० $\left(1850000\times\frac{18}{100}\right)$

$= ₹ 333000.$

उत्तर 9. चिकित्सा व्यय $= ₹ \left(1850000\times\frac{6}{100}\right) = ₹ 111000.$

वेतन पर व्यय $= ₹ \left(1850000\times\frac{20}{100}\right) = ₹ 370000.$

अभीष्ट % $= \left(\frac{111000}{370000}\times 100\right)\% = 30\%.$

उत्तर 10. टेलीफोन पर खर्च $= ₹ \left(\frac{15}{100}\times 1850000\right) = ₹ 277500.$

निर्देश (प्र०न० 11 से 14) : यहाँ दिया गया पाई-चार्ट किसी भवन के निर्माण में विभिन्न मदों पर आयी लागत को दर्शाता है. चार्ट का अध्ययन करके निम्न प्रश्नों के उत्तर दीजिए. (एस०एस०सी० परीक्षा, 2008)

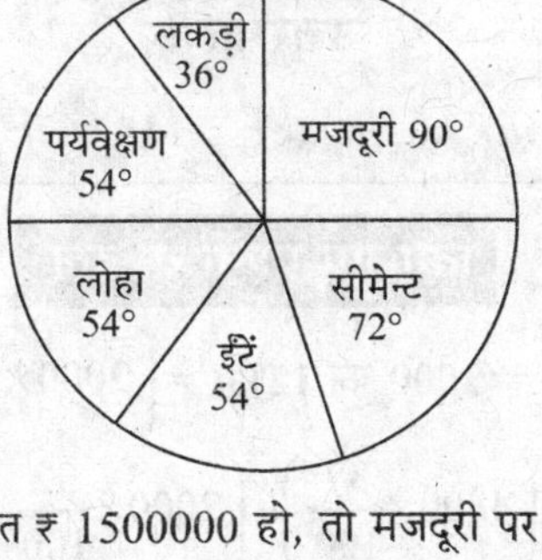

प्रश्न 11. यदि भवन निर्माण पर कुल लागत ₹ 1500000 हो, तो मजदूरी पर कितनी धनराशि खर्च हुई ?
(*a*) ₹ 90000 (*b*) ₹ 250000 (*c*) ₹ 360000 (*d*) ₹ 375000

प्रश्न 12. ईंट, लोहे तथा सीमेंट पर खर्च हुई धनराशि भवन निर्माण की कुल लागत का कितने प्रतिशत है ?
(*a*) 50% (*b*) 54% (*c*) 72% (*d*) 75%

प्रश्न 13. लकड़ी पर किया गया खर्च सीमेन्ट पर किये गये खर्च का कितने प्रतिशत है ?
(*a*) 36% (*b*) 50% (*c*) 72% (*d*) 18%

प्रश्न 14. भवन निर्माण पर कुल लागत में से मजदूरी तथा पर्यवेक्षण पर कुल खर्च कितना हुआ ?
(*a*) ₹ 144000 (*b*) ₹ 300000 (*c*) ₹ 600000 (*d*) ₹ 750000

उत्तरमाला

11. (*d*) **12.** (*a*) **13.** (*b*) **14.** (*c*)

निर्देश (प्र०न० 15 से 19) : एक कालिज के विभिन्न विभागों में कुल विद्यार्थियों के प्रतिशत आँकड़े तथा प्रत्येक विभाग में छात्राओं के प्रतिशत आँकड़े निम्न पाई चार्टों में दिये गये हैं. इनका भली-भाँति अध्ययन करके नीचे दिये गये प्रश्नों के उत्तर दीजिए. **(बैंक पी०ओ० परीक्षा, 2009)**

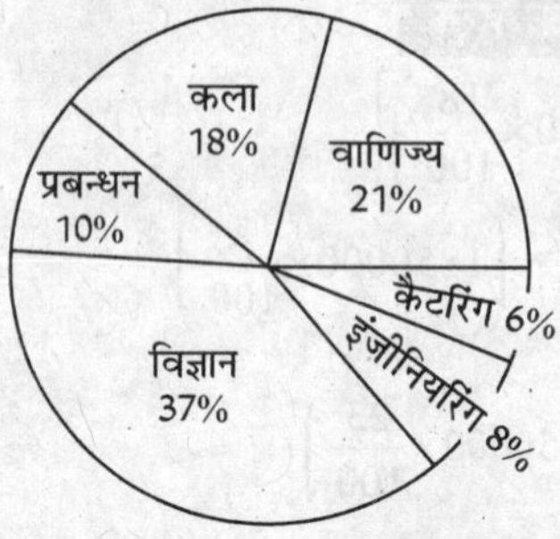

प्रत्येक विभाग में विद्यार्थियों का प्रतिशत
कुल विद्यार्थी = 4800.

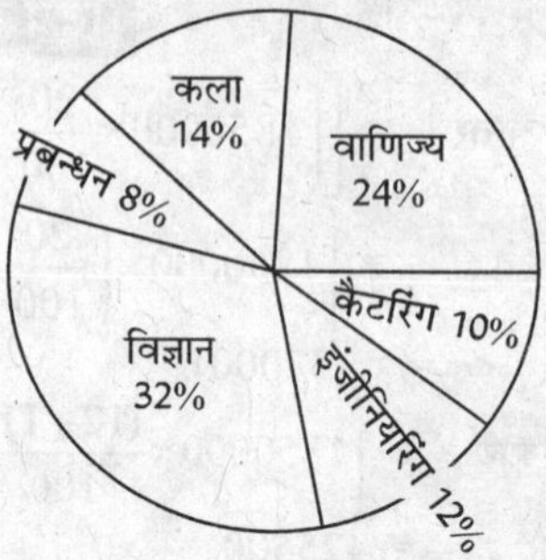

प्रत्येक विभाग में छात्राओं का प्रतिशत
कुल छात्रायें = 2000.

प्रश्न 15. इंजीनियरिंग में छात्राओं की संख्या कितनी है ?
(*a*) 180 (*b*) 220 (*c*) 320 (*d*) 260 (*e*) इनमें से कोई नहीं

प्रश्न 16. किस विभाग में लड़कों की संख्या सर्वाधिक है ?
(*a*) विज्ञान (*b*) वाणिज्य (*c*) कला (*d*) प्रबन्धन (*e*) इनमें से कोई नहीं

प्रश्न 17. वाणिज्य में लड़कों की संख्या उस विभाग के कुल विद्यार्थियों की संख्या का कितने प्रतिशत है ?
(*a*) 41% (*b*) 52% (*c*) 36% (*d*) 28% (*e*) 68%

प्रश्न 18. प्रबन्धन में लड़कों की संख्या तथा विज्ञान में लड़कों की संख्या का क्या अनुपात है ?
(*a*) 71 : 20 (*b*) 18 : 67 (*c*) 20 : 71 (*d*) 67 : 18 (*e*) इनमें से कोई नहीं

प्रश्न 19. कैटरिंग में छात्राओं की संख्या कालेज के कुल विद्यार्थियों का कितने प्रतिशत है ? (दशमलव के दो अंकों तक)
(*a*) 3·28% (*b*) 5·61% (*c*) 3·95% (*d*) 4·17% (*e*) इनमें से कोई नहीं

उत्तरमाला

15. (*e*) **16.** (*a*) **17.** (*b*) **18.** (*c*) **19.** (*d*)

दिए गए प्रश्नों के हल

15. इंजीनियरिंग में छात्राओं की संख्या = (2000 का 12%) $= \left(2000 \times \frac{12}{100}\right) = 240.$

16. विज्ञान में लड़कों की संख्या $= \left[\left(4800 \times \frac{37}{100}\right) - \left(2000 \times \frac{32}{100}\right)\right]$
$= (1776 - 640) = 1136.$

वाणिज्य में लड़कों की संख्या $= \left[\left(4800 \times \frac{21}{100}\right) - \left(2000 \times \frac{24}{100}\right)\right]$
$= (1008 - 480) = 528.$

कला में लड़कों की संख्या $= \left[\left(4800 \times \frac{18}{100}\right) - \left(2000 \times \frac{14}{100}\right)\right]$
$= (864 - 280) = 584.$

प्रबन्धन में लड़कों की संख्या $= \left[\left(4800\times\frac{10}{100}\right)-\left(2000\times\frac{8}{100}\right)\right]$

$= (480 - 160) = 320.$

$\therefore$ लड़कों की सर्वाधिक संख्या विज्ञान में है.

17. वाणिज्य में कुल विद्यार्थी $= \left(4800\times\frac{21}{100}\right) = 1008.$

वाणिज्य में छात्राओं की संख्या $= \left(2000\times\frac{24}{100}\right) = 480.$

वाणिज्य में लड़कों की संख्या $= (1008 - 480) = 528.$

अभीष्ट % $= \left(\frac{528}{1008}\times 100\right)\% = 52\cdot 38\% \simeq 52\%.$

18. प्रबन्धन में कुल विद्यार्थी $= \left(4800\times\frac{10}{100}\right) = 480.$

प्रबन्धन में छात्राओं की संख्या $= \left(2000\times\frac{8}{100}\right) = 160.$

प्रबन्धन में लड़कों की संख्या $= (480 - 160) = 320.$

विज्ञान में कुल विद्यार्थी $= \left(4800\times\frac{37}{100}\right) = 1776.$

विज्ञान में छात्राओं की संख्या $= \left(2000\times\frac{32}{100}\right) = 640.$

विज्ञान में लड़कों की संख्या $= (1776 - 640) = 1136.$

अभीष्ट अनुपात $= \frac{320}{1136} = \frac{20}{71} = 20:71.$

19. कैटरिंग में छात्राओं की संख्या $= \left(2000\times\frac{10}{100}\right) = 200.$

अभीष्ट % $= \left(\frac{200}{4800}\times 100\right)\% = 4\cdot 17\%.$

निर्देश (प्र०न० 20 से 24) : एक संगठन के कुल 4200 कर्मचारियों का विभिन्न विभागों में प्रतिशत तथा विभिन्न विभागों में पदोन्नत कर्मचारियों की संख्या दो पाई-चार्टों में नीचे दी गई है. इनका भली-भाँति अध्ययन करके नीचे दिये गये प्रश्नों के उत्तर दीजिए. (बैंक पी०ओ० परीक्षा, 2007)

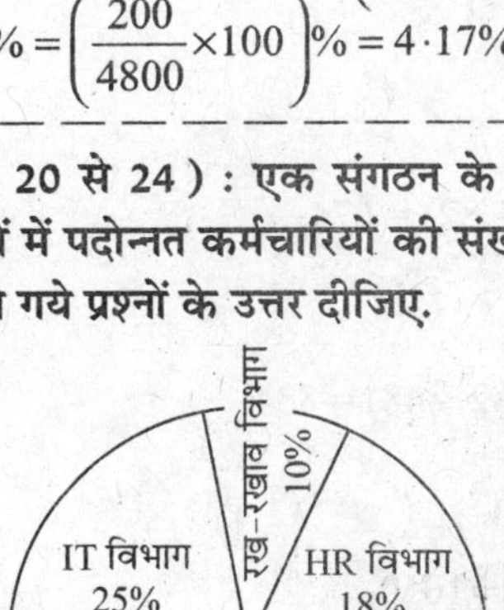

विभिन्न विभागों में कर्मचारियों का प्रतिशत

कुल कर्मचारी = 4200

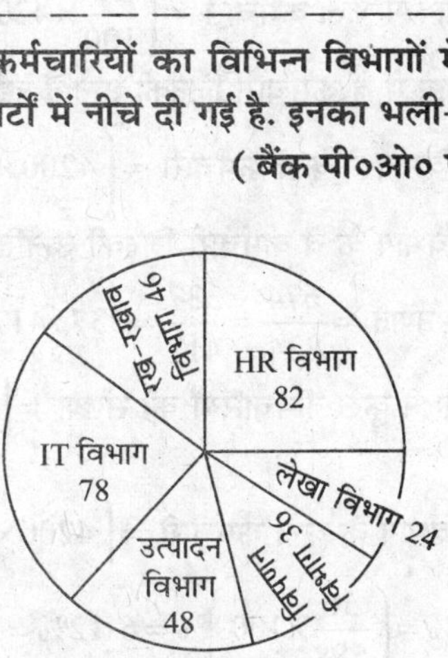

पदोन्नत कर्मचारियों की संख्या

प्रश्न 20. रखरखाव व लेखा विभाग के कुल पदोन्नत कर्मचारियों की संख्या इन विभागों के कुल कर्मचारियों की संख्या का कितने प्रतिशत है ? (दशमलव के 2 अंकों तक)

(*a*) 7·58% (*b*) 6·27% (*c*) 9·15% (*d*) 8·34% (*e*) इनमें से कोई नहीं

प्रश्न 21. HR विभाग में जिन कर्मचारियों की उन्नति नहीं हुई तथा उत्पादन विभाग में जिन कर्मचारियों की उन्नति नहीं हुई इनका क्रमशः अनुपात क्या है ?

(*a*) 216 : 389 (*b*) 337 : 417 (*c*) 389 : 216 (*d*) 417 : 337 (*e*) इनमें से कोई नहीं

प्रश्न 22. IT विभाग में कार्यरत कर्मचारियों की संख्या कितनी है ?

(*a*) 1020 (*b*) 1045 (*c*) 1150 (*d*) 1140 (*e*) इनमें से कोई नहीं

प्रश्न 23. किस विभाग के कुल कर्मचारियों में से पदोन्नत कर्मचारियों का प्रतिशत सर्वाधिक है ?

(*a*) IT (*b*) विपणन (*c*) रखरखाव (*d*) HR (*e*) इनमें से कोई नहीं

प्रश्न 24. विपणन विभाग से पदोन्नत कर्मचारियों की संख्या उस विभाग के कुल कर्मचारियों की संख्या का कितने प्रतिशत है ? (निकटतम पूर्णांक तक)

(*a*) 12% (*b*) 10% (*c*) 3% (*d*) 6% (*e*) इनमें से कोई नहीं

उत्तरमाला

20. (*a*) **21.** (*b*) **22.** (*e*) **23.** (*c*) **24.** (*d*)

दिए गए प्रश्नों के हल

20. रखरखाव व लेखा विभाग के कुल कर्मचारियों की संख्या $= \left\{\frac{(10+12)}{100}\times 4200\right\} = 924.$

इन विभागों के पदोन्नत कर्मचारियों की संख्या = (46 + 24) = 70.

अभीष्ट $\% = \left(\frac{70}{924}\times 100\right)\% = 7\cdot 58\%.$

21. HR विभाग में कुल कर्मचारी $= \left(\frac{18}{100}\times 4200\right) = 756.$

HR विभाग में वे कर्मचारी जिनकी उन्नति नहीं हुई = (756 – 82) = 674.

उत्पादन विभाग में कुल कर्मचारी $= \left(4200\times\frac{21}{100}\right) = 882.$

उत्पादन विभाग के वे कर्मचारी जिनकी उन्नति नहीं हुई = (882 – 48) = 834.

अभीष्ट अनुपात $= \frac{674}{834} = \frac{337}{417} = 337 : 417.$

22. IT विभाग में कुल कर्मचारियों की संख्या $= \left(4200\times\frac{25}{100}\right) = 1050.$

23. स्वयं करें :

24. विपणन विभाग के कुल कर्मचारी $= \left(4200\times\frac{14}{100}\right) = 588.$

अभीष्ट $\% = \left(\frac{36}{588}\times 100\right)\% = 6\cdot 12\% \simeq 6\%.$

निर्देश (प्र०न० 25 से 29) : एक नगर में कुल 40250 व्यक्तियों में से विभिन्न उद्योगों में रात की पाली में काम करने वालों का प्रतिशत नीचे पाई-चार्ट में दिया गया है.

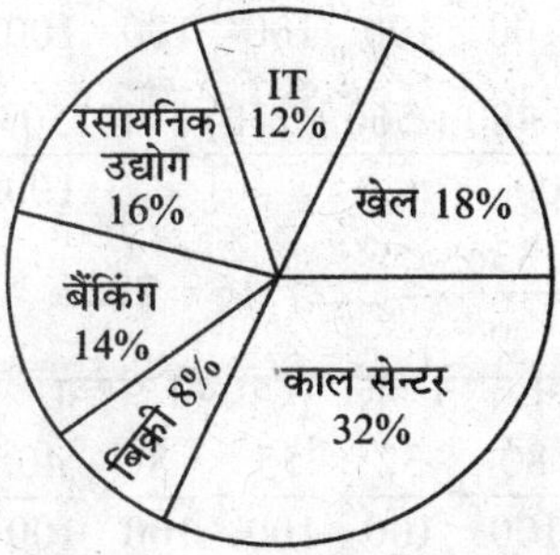

इनमें से रात की पाली में काम करने वाली महिलाओं का प्रतिशत नीचे चार्ट में दिया गया है.

उद्योग	महिलायें
IT	20%
खेल	20%
कॉल सेन्टर	45%
बिक्री	60%
बैंकिंग	40%
रसायनिक उद्योग	15%

इनका भली-भाँति अध्ययन करके निम्नलिखित प्रश्नों के उत्तर दीजिए. **(बैंक पी०ओ० परीक्षा, 2008)**

प्रश्न 25. कॉल सेन्टर में रात की पाली में काम करने वाले पुरुषों का महिलाओं से क्रमशः कितना अनुपात है ?

(*a*) 9 : 11 (*b*) 7 : 5 (*c*) 8 : 13 (*d*) 11 : 7 (*e*) इनमें से कोई नहीं

प्रश्न 26. सभी उद्योगों में मिलाकर रात की पाली में काम करने वाली महिलाओं की औसत संख्या लगभग कितनी है ?

(*a*) 2227 (*b*) 4481 (*c*) 3326 (*d*) 2823 (*e*) 4107

प्रश्न 27. सभी उद्योगों में मिलाकर रात की पाली में काम करने वाले पुरुषों की संख्या कितनी है ?

(*a*) 28297 (*b*) 25788 (*c*) 28678 (*d*) 26887 (*e*) इनमें से कोई नहीं

प्रश्न 28. सभी उद्योगों में मिलाकर रात की पाली में काम करने वालों की कुल संख्या से खेल उद्योग की महिलाओं की संख्या कितने प्रतिशत है ?

(*a*) 5·6% (*b*) 3·6% (*c*) 3·2% (*d*) 4·4% (*e*) इनमें से कोई नहीं

प्रश्न 29. सभी उद्योगों में मिलाकर रात की पाली में काम करने वाले कुल पुरुषों की संख्या तथा कुल महिलाओं की संख्या में कितना अन्तर है ?

(*a*) 13254 (*b*) 13542 (*c*) 13524 (*d*) 13363 (*e*) इनमें से कोई नहीं

उत्तरमाला

25. (*e*) **26.** (*a*) **27.** (*d*) **28.** (*b*) **29.** (*c*)

दिए गए प्रश्नों के हल

25. कॉल सेन्टर में रात की पाली में काम करने वाले पुरुषों तथा महिलाओं का अनुपात

$$= \frac{55\%}{45\%} = \frac{55}{45} = \frac{11}{9} = 11:9.$$

26. सभी उद्योगों में रात की पाली में काम करने वाली महिलाओं की संख्या

$$= 40250 \times \left[\frac{12}{100} \times \frac{20}{100} + \frac{18}{100} \times \frac{20}{100} + \frac{32}{100} \times \frac{45}{100} + \frac{8}{100} \times \frac{60}{100} + \frac{14}{100} \times \frac{40}{100} + \frac{16}{100} \times \frac{15}{100}\right]$$

$$= 40250 \times \frac{(240 + 360 + 1440 + 480 + 560 + 240)}{10000} = \frac{40250 \times 3320}{10000} = 13363.$$

इन महिलाओं की औसत संख्या $= \frac{13363}{6} = 2227 \cdot 16 \simeq 2227.$

27. सभी उद्योगों में रात की पाली में काम करने वाले पुरुषों की संख्या

$$= 40250 \times \left[\frac{12}{100} \times \frac{80}{100} + \frac{18}{100} \times \frac{80}{100} + \frac{32}{100} \times \frac{55}{100} + \frac{8}{100} \times \frac{40}{100} + \frac{14}{100} \times \frac{60}{100} + \frac{16}{100} \times \frac{85}{100}\right]$$

$$= 40250 \times \frac{(960 + 1440 + 1760 + 320 + 840 + 1360)}{10000}$$

28. रात की पाली में खेल उद्योग में काम करने वालों की संख्या $= \left(40250 \times \frac{18}{100}\right) = 7245.$

रात की पाली में खेल उद्योग में महिलाओं की संख्या $= \left(7245 \times \frac{20}{100}\right) = 1449.$

अभीष्ट $\% = \left(\frac{1449}{40250} \times 100\right)\% = 3 \cdot 6\%.$

29. रात की पाली में सभी उद्योगों में काम करने वाले पुरुषों की संख्या = 26887.

रात की पाली में सभी उद्योगों में काम करने वाली स्त्रियों की संख्या = (40250 – 26887) = 13363.

अभीष्ट अन्तर = (26887 – 13363) = 13524.

निर्देश (प्र०न० 30 से 39) : नीचे दिये गये दो पाई-चार्टों तथा एक सारणी में किसी देश की व्यस्क जनसंख्या का राज्यवार विवरण दिया गया है. इनका ध्यानपूर्वक अध्ययन करके नीचे दिये गये प्रश्नों के उत्तर दीजिए.

(बैंक पी०ओ० परीक्षा, 2009)

ग्रेजुएट एवं अधिक
कुल संख्या : 24 लाख

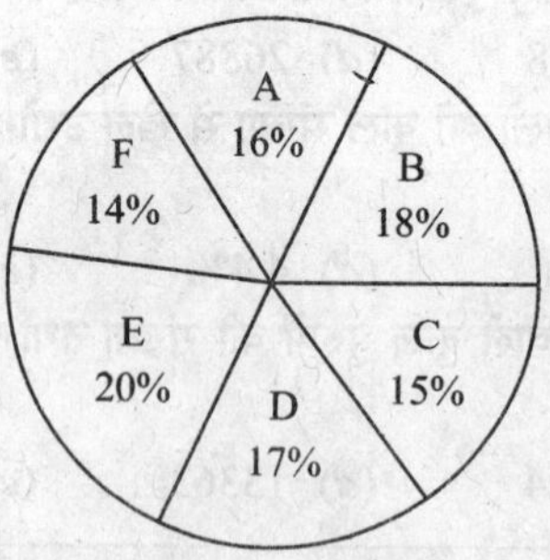

कक्षा XII तक
कुल संख्या : 32 लाख

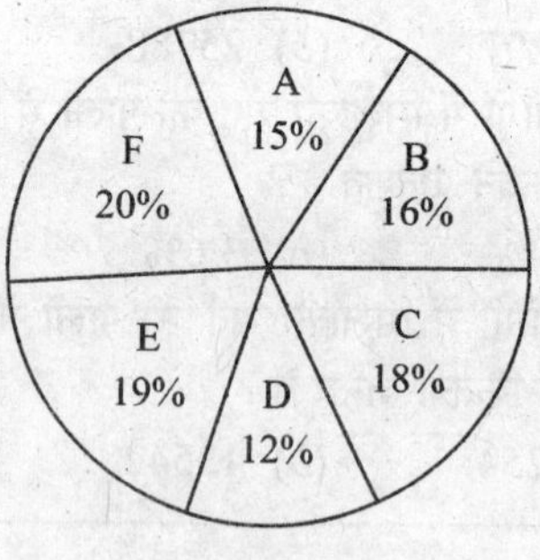

पुरुष-महिला अनुपात (M : F)

राज्य	ग्रेजुएट एवं अधिक M : F	कक्षा XII तक M : F
A	7 : 5	7 : 9
B	5 : 3	3 : 5
C	5 : 4	4 : 5
D	9 : 8	5 : 7
E	9 : 7	9 : 10
F	4 : 3	3 : 2

प्रश्न 30. राज्य *A* में ग्रेजुएट पुरुषों की संख्या तथा कक्षा XII तक के पुरुषों की संख्या के बीच कितना अन्तर है ?

(*a*) 24000 (*b*) 14000 (*c*) 28000 (*d*) 36000 (*e*) इनमें से कोई नहीं

प्रश्न 31. राज्य *E* में ग्रेजुएट महिलाओं की संख्या तथा राज्य *D* की कक्षा XII तक की महिलाओं में क्रमशः कितना अनुपात है ?

(*a*) 7 : 5 (*b*) 5 : 7 (*c*) 16 : 15 (*d*) 15 : 16 (*e*) इनमें से कोई नहीं

प्रश्न 32. राज्य *C* में ग्रेजुएट महिलाओं की संख्या उस राज्य की कक्षा XII तक की महिलाओं की संख्या का कितने प्रतिशत है ?

(*a*) 40% (*b*) 62·5% (*c*) 50% (*d*) 52·5% (*e*) इनमें से कोई नहीं

प्रश्न 33. राज्य *C* में कक्षा XII तक के पुरुषों की संख्या, कक्षा XII तक पढ़ी सारी जनसंख्या का कितने प्रतिशत है ?

(*a*) 8% (*b*) 12% (*c*) 11% (*d*) 9% (*e*) इनमें से कोई नहीं

प्रश्न 34. राज्य *E* में ग्रेजुएट पुरुषों की संख्या तथा कक्षा XII तक की महिलाओं की संख्या के बीच क्रमशः क्या अनुपात है ?

(*a*) 4 : 5 (*b*) 5 : 4 (*c*) 32 : 45 (*d*) 45 : 32 (*e*) इनमें से कोई नहीं

प्रश्न 35. राज्य *F* में कुल ग्रेजुएट जनसंख्या, राज्य *A* की कक्षा XII तक की जनसंख्या का कितने प्रतिशत है ?

(*a*) 56% (*b*) 72% (*c*) 68% (*d*) 76% (*e*) इनमें से कोई नहीं

प्रश्न 36. राज्य *E* के कक्षा XII तक के पुरुषों की संख्या, राज्य *F* के कक्षा XII तक के पुरुषों की संख्या का कितने प्रतिशत है ?

(*a*) 70% (*b*) 75% (*c*) 68% (*d*) 72% (*e*) इनमें से कोई नहीं

प्रश्न 37. राज्य *A* के कुल ग्रेजुएट और कक्षा XII तक की पुरुषों की संख्या तथा उसी राज्य के कुल ग्रेजुएट और कक्षा XII तक की महिलाओं की संख्या के बीच क्रमशः क्या अनुपात है ?

(*a*) 215 : 216 (*b*) 214 : 215 (*c*) 217 : 215 (*d*) 215 : 217 (*e*) इनमें से कोई नहीं

प्रश्न 38. राज्य *D* के कुल ग्रेजुएट तथा उसी राज्य की कक्षा XII तक की जनसंख्या के बीच क्रमशः क्या अनुपात है ?

(*a*) 17 : 16 (*b*) 16 : 17 (*c*) 64 : 51 (*d*) 51 : 64 (*e*) इनमें से कोई नहीं

प्रश्न 39. राज्य *B* की ग्रेजुएट महिलाओं की संख्या, राज्य *E* की ग्रेजुएट महिला जनसंख्या का कितने प्रतिशत है ?

(*a*) 129% (*b*) 82% (*c*) 77% (*d*) 107% (*e*) इनमें से कोई नहीं

उत्तरमाला

30. (*b*) **31.** (*d*) **32.** (*c*) **33.** (*a*) **34.** (*e*) **35.** (*e*) **36.** (*b*)
37. (*e*) **38.** (*a*) **39.** (*c*)

दिए गए प्रश्नों के हल

30. राज्य A में ग्रेजुएट पुरुषों की संख्या $= \left(2400000 \times \frac{16}{100} \times \frac{7}{12}\right) = 224000$.

राज्य A में कक्षा XII तक के पुरुषों की संख्या $= \left(3200000 \times \frac{15}{100} \times \frac{7}{16}\right) = 210000$.

अभीष्ट अन्तर $= (224000 - 210000) = 14000$.

31. राज्य E में ग्रेजुएट महिलाओं की संख्या $= \left(2400000 \times \frac{20}{100} \times \frac{7}{16}\right) = 210000$.

राज्य D में कक्षा XII तक की महिलाओं की संख्या $= \left(3200000 \times \frac{12}{100} \times \frac{7}{12}\right) = 224000$.

अभीष्ट अनुपात $= 210000 : 224000 = 15 : 16$.

32. राज्य C में ग्रेजुएट महिलाओं की संख्या $= \left(2400000 \times \frac{15}{100} \times \frac{4}{9}\right) = 160000$.

राज्य C में कक्षा XII तक की महिलाओं की संख्या $= \left(3200000 \times \frac{18}{100} \times \frac{5}{9}\right) = 320000$.

अभीष्ट $\% = \left(\frac{160000}{320000} \times 100\right)\% = 50\%$.

33. राज्य C में कक्षा XII तक के पुरुषों की संख्या $= \left(3200000 \times \frac{18}{100} \times \frac{4}{9}\right) = 256000$.

कक्षा XII तक की कुल जनसंख्या $= 3200000$.

अभीष्ट $\% = \left(\frac{256000}{320000} \times 100\right)\% = 8\%$.

34. राज्य E में ग्रेजुएट पुरुषों की संख्या $= \left(2400000 \times \frac{20}{100} \times \frac{9}{16}\right) = 270000$.

राज्य E में कक्षा XII तक की महिलाओं की संख्या $= \left(3200000 \times \frac{19}{100} \times \frac{10}{19}\right) = 320000$.

अभीष्ट अनुपात $= 270000 : 320000 = 27 : 32$.

35. राज्य F में कुल ग्रेजुएट जनसंख्या $= \left(2400000 \times \frac{14}{100}\right) = 336000$.

राज्य A की कक्षा XII तक की कुल जनसंख्या $= \left(3200000 \times \frac{15}{100}\right) = 480000$.

अभीष्ट $\% = \left(\frac{336000}{480000} \times 100\right)\% = 70\%$.

36. राज्य E के कक्षा XII तक के पुरुषों की संख्या $= \left(3200000 \times \frac{19}{100} \times \frac{9}{19}\right) = 288000$.

राज्य F के कक्षा XII तक के पुरुषों की संख्या $= \left(3200000 \times \frac{20}{100} \times \frac{3}{5}\right) = 384000$.

अभीष्ट $\% = \left(\frac{288000}{384000} \times 100\right)\% = 75\%$.

37. राज्य A के कुल ग्रेजुएट और कक्षा XII तक की पुरुषों की संख्या

$$= \left(2400000 \times \frac{16}{100}\right) + \left(3200000 \times \frac{15}{100} \times \frac{7}{16}\right)$$

$$= (384000 + 21000) = 594000.$$

राज्य A के कुल ग्रेजुएट और कक्षा XII तक की महिलाओं की संख्या

$$= \left(2400000 \times \frac{16}{100}\right) + \left(3200000 \times \frac{15}{100} \times \frac{9}{16}\right)$$

$$= (384000 + 270000) = 654000.$$

अभीष्ट अनुपात $= \frac{594000}{654000} = \frac{297}{327} = 297:327.$

38. राज्य D के कुल ग्रेजुएट $= \left(2400000 \times \frac{17}{100}\right) = 408000.$

राज्य D की कुल कक्षा XII तक की जनसंख्या $= \left(3200000 \times \frac{12}{100}\right) = 384000.$

अभीष्ट अनुपात $= \frac{408000}{384000} = \frac{408}{384} = \frac{17}{16} = 17:16.$

39. राज्य B की ग्रेजुएट महिलाओं की संख्या $= \left(2400000 \times \frac{18}{100} \times \frac{3}{8}\right) = 162000.$

राज्य E की ग्रेजुएट महिला जनसंख्या $= \left(240000 \times \frac{20}{100} \times \frac{7}{16}\right) = 210000.$

अभीष्ट % $= \left(\frac{162000}{210000} \times 100\right)\% = \left(\frac{162}{210} \times 100\right)\% = 77 \cdot 14\% \simeq 77\%.$

भाग 3 : सामान्य सचेतता

35 संख्या श्रेणी (NUMBER SERIES)

इस अध्याय में दिया गया प्रत्येक प्रश्न एक निश्चित संख्या श्रेणी पर आधारित होता है. श्रेणी की प्रत्येक संख्या को उसका पद कहा जाता है. इन पदों के मध्यान्तर एक निश्चित क्रम होता है और परीक्षार्थी को इसी क्रम को ज्ञात कर तत्पश्चात् लुप्त पद अथवा गलत पद पहचानना होता है.

टाइप 1 : दी गई श्रेणी में लुप्त पद ज्ञात करना

निर्देश : ***निम्नलिखित प्रत्येक संख्या श्रेणी में प्रश्न-चिह्न (?) के स्थान पर आने वाली संख्या को उसके नीचे दिए गए विकल्पों में से चुनिए :***

प्रश्न 1. 10 20 31 ? 56 70 **(पी०सी०एस०, 2008)**

(*a*) 42 (*b*) 43 (*c*) 44 (*d*) 45 (*e*) इनमें से कोई नहीं

हल : दी गई श्रेणी में क्रम है : + 10, + 11, ...

इस प्रकार 10 + 10 = 20; 20 + 11 = 31, ...

∴ अभीष्ट पद = 31 + 12 = 43.

अतः सही उत्तर है (*b*).

प्रश्न 2. 102 99 104 97 106 ? **(बैंक पी०ओ०, 2008)**

(*a*) 94 (*b*) 95 (*c*) 96 (*d*) 100 (*e*) इनमें से कोई नहीं

हल : दी गई श्रेणी में क्रम है : – 3, + 5, – 7, + 9, ...

इस प्रकार, 102 – 3 = 99; 99 + 5 = 104; 104 – 7 = 97; 97 + 9 = 106.

∴ अभीष्ट पद = 106 – 11 = 95.

अतः सही उत्तर है (*b*).

प्रश्न 3. 14 70 350 ? 8750 43750

(*a*) 785 (*b*) 875 (*c*) 1570 (*d*) 1750 (*e*) इनमें से कोई नहीं

हल : दी गई श्रेणी में क्रम है : × 5.

इस प्रकार, 14 × 5 = 70; 70 × 5 = 350; ....

∴ अभीष्ट पद = 350 × 5 = 1750.

अतः सही उत्तर है (*d*).

प्रश्न 4. 7776 1296 216 ? **(इग्नू परीक्षा, 2004)**

(*a*) 16 (*b*) 21 (*c*) 36 (*d*) 108 (*e*) इनमें से कोई नहीं

हल : दी गई श्रेणी में क्रम है : ÷ 6.

इस प्रकार, 7776 ÷ 6 = 1296; 1296 ÷ 6 = 216; ....

∴ अभीष्ट पद = 216 ÷ 6 = 36.

अतः सही उत्तर है (*c*).

प्रश्न 5. 12 6 18 9 26 13 36 18 ? **(पी०सी०एस०, 2007)**

(*a*) 46 (*b*) 48 (*c*) 50 (*d*) इनमें से कोई नहीं

हल : दी गई श्रेणी दो श्रेणियों का मिश्रित रूप है :

I. 12, 18, 26, 36, ? तथा II. 6, 9, 13, 18

I में क्रम है : + 6, + 8, + 10, ... तथा II में क्रम है : + 3, + 4, + 5.

∴ अभीष्ट पद = 36 + 12 = 48.

अतः सही उत्तर है (*b*).

प्रश्न 6. 1 4 27 256 3125 46656 ? **(बैंक पी०ओ०, 2007)**

(*a*) 16807 (*b*) 117649 (*c*) 279936 (*d*) 705894 (*e*) 823543

हल : दी गई श्रेणी के पद हैं : $1^1, 2^2, 3^3, 4^4, 5^5, 6^6$, ...

$\therefore$ अभीष्ट पद $= 7^7 = 823543$.

अत: सही उत्तर है (*e*).

प्रश्न 7. 16 14 24 66 256 1270 ? **(बैंक परीक्षा, 2008)**

(*a*) 4561 (*b*) 5672 (*c*) 6340 (*d*) 7608 (*e*) 8564

हल : दी गई श्रेणी में क्रम है : $\times 1 - 2,\ \times 2 - 4,\ \times 3 - 6,\ \times 4 - 8$, ...

इस प्रकार, $16 \times 1 - 2 = 14$; $14 \times 2 - 4 = 24$; $24 \times 3 - 6 = 66$; $66 \times 4 - 8 = 256$; $256 \times 5 - 10 = 1270$.

$\therefore$ अभीष्ट पद $= 1270 \times 6 - 12 = 7608$.

अत: सही उत्तर है (*d*).

प्रश्न 8. 12 6.5 7.5 12.75 27.5 71.25 ? **(बैंक परीक्षा, 2008)**

(*a*) 209.75 (*b*) 216.75 (*c*) 225.75 (*d*) 236.75 (*e*) 249.75

हल : दी गई श्रेणी में क्रम है : $\times 0.5 + 0.5,\ \times 1 + 1,\ \times 1.5 + 1.5,\ \times 2 + 2$, ...

इस प्रकार, $12 \times 0.5 + 0.5 = 6.5$; $6.5 \times 1 + 1 = 7.5$; $7.5 \times 1.5 + 1.5 = 12.75$; $12.75 \times 2 + 2 = 27.5$; $27.5 \times 2.5 + 2.5 = 71.25$.

$\therefore$ अभीष्ट पद $= 71.25 \times 3 + 3 = 213.75 + 3 = 216.75$.

अत: सही उत्तर है (*b*).

प्रश्न 9. $33\frac{1}{3}\%$ **(मैट परीक्षा, 2006)**

(*a*) $\frac{9}{32}$ (*b*) $\frac{10}{17}$ (*c*) $\frac{11}{36}$ (*d*) $\frac{12}{35}$ (*e*) इनमें से कोई नहीं

हल : दी गई भिन्नों के अंश श्रेणी बनाते हैं : 1, 3, 5, 7 तथा हरों द्वारा निर्मित श्रेणी है : 2, 4, 8, 16 अर्थात् $2^1, 2^2, 2^3, 2^4$.

इसी क्रमानुसार अभीष्ट पद का अंश होगा (7 + 2) अर्थात् 9 तथा हर होगा 2^5 अर्थात् 32.

$\therefore$ अभीष्ट पद $= \frac{9}{32}$.

अत: सही उत्तर है (*a*).

प्रश्नमाला 35A

निर्देश : निम्नलिखित प्रत्येक प्रश्न में दी गई संख्या श्रेणी में प्रश्न-चिह्न के स्थान पर आने वाली संख्या ज्ञात कीजिए :

1. 3 5 8 12 17 ? 30 **(बैंक पी०ओ०, 2008)**

(*a*) 22 (*b*) 24 (*c*) 25 (*d*) 27 (*e*) इनमें से कोई नहीं

2. 5 16 29 46 65 88 ? **(बैंक पी०ओ०, 2006)**

(*a*) 106 (*b*) 115 (*c*) 121 (*d*) 134 (*e*) इनमें से कोई नहीं

3. 235 346 457 ? **(रेलवे परीक्षा, 2006)**

(*a*) 468 (*b*) 558 (*c*) 568 (*d*) 578 (*e*) इनमें से कोई नहीं

4. 5690 5121 4552 3983 3414 2845 ? **(बैंक पी०ओ०, 2006)**

(*a*) 2276 (*b*) 2356 (*c*) 2516 (*d*) 2746 (*e*) इनमें से कोई नहीं

5. 2 6 ? 20 30 **(पी०सी०एस०, 2007)**

(*a*) 10 (*b*) 12 (*c*) 15 (*d*) 22 (*e*) इनमें से कोई नहीं

6. 30 46 78 126 190 270 ? (बैंक पी०ओ०, 2007)
(*a*) 414 (*b*) 398 (*c*) 382 (*d*) 366 (*e*) 356

7. 7413 7422 7440 ? 7503 7548 (बैंक पी०ओ०, 2008)
(*a*) 7456 (*b*) 7464 (*c*) 7466 (*d*) 7477 (*e*) इनमें से कोई नहीं

8. 3 7 15 31 63 ? (रेलवे परीक्षा, 2006)
(*a*) 92 (*b*) 115 (*c*) 127 (*d*) 131 (*e*) इनमें से कोई नहीं

9. 0.5 1.5 3 5 7.5 10.5 ? (इग्नू परीक्षा, 2004)
(*a*) 13.5 (*b*) 14 (*c*) 15 (*d*) 21 (*e*) इनमें से कोई नहीं

10. 13 10 4 – 5 – 17 ? (कैम्पस परीक्षा, 2007)
(*a*) – 34 (*b*) – 32 (*c*) – 22 (*d*) 34 (*e*) इनमें से कोई नहीं

11. 6 11 21 36 56 ? (होटल मैनेजमैंट, 2003)
(*a*) 42 (*b*) 51 (*c*) 81 (*d*) 91 (*e*) इनमें से कोई नहीं

12. 1 6 9 7 12 15 13 18 ? 19
(*a*) 20 (*b*) 21 (*c*) 22 (*d*) 23 (*e*) इनमें से कोई नहीं

13. 1 $\frac{1}{8}$ $\frac{-3}{4}$? (इग्नू परीक्षा, 2003)
(*a*) – 1 (*b*) $-\frac{4}{7}$ (*c*) $-\frac{13}{8}$ (*d*) $\frac{1}{3}$ (*e*) इनमें से कोई नहीं

14. 1.001 0.991 0.971 0.941 0.901 ?
(*a*) 0.841 (*b*) 0.851 (*c*) 0.861 (*d*) 0.871 (*e*) इनमें से कोई नहीं

15. 59.76 58.66 56.46 52.06 ? 25.66
(*a*) 43.26 (*b*) 43.46 (*c*) 46.53 (*d*) 48.08 (*e*) इनमें से कोई नहीं

16. 104 109 99 114 94 ? (बैंक पी०ओ०, 2006)
(*a*) 69 (*b*) 78 (*c*) 120 (*d*) 124 (*e*) इनमें से कोई नहीं

17. 380 465 557 656 762 875 ? (बैंक पी०ओ०, 2007)
(*a*) 955 (*b*) 975 (*c*) 995 (*d*) 1015 (*e*) 1025

18. 4 16 36 64 100 ? (बैंक पी०ओ०, 2008)
(*a*) 120 (*b*) 136 (*c*) 144 (*d*) 180 (*e*) इनमें से कोई नहीं

19. 32 49 83 151 287 559 ? (बैंक पी०ओ०, 2006)
(*a*) 979 (*b*) 1103 (*c*) 1118 (*d*) 1120 (*e*) इनमें से कोई नहीं

20. $1\frac{1}{3}$ 3 $4\frac{2}{3}$? 8
(*a*) $5\frac{2}{3}$ (*b*) $6\frac{1}{3}$ (*c*) $6\frac{2}{3}$ (*d*) $7\frac{1}{3}$ (*e*) इनमें से कोई नहीं

21. 1 $\frac{1}{6}$ $\frac{-2}{3}$? (इग्नू परीक्षा, 2004)
(*a*) $-\frac{3}{8}$ (*b*) $-\frac{3}{2}$ (*c*) $-\frac{5}{6}$ (*d*) $\frac{5}{6}$ (*e*) इनमें से कोई नहीं

22. 10 18 34 ? 130 258 (एम०बी०ए०, 2000)
(*a*) 32 (*b*) 60 (*c*) 66 (*d*) 68 (*e*) इनमें से कोई नहीं

23. 0 4 6 3 7 9 6 ? 12 (होटल मैनेजमैन्ट, 2003)
(*a*) 8 (*b*) 10 (*c*) 11 (*d*) 14 (*e*) इनमें से कोई नहीं

24. $\frac{4}{9}$ $\frac{9}{20}$? $\frac{39}{86}$ **(सिविल सेवा परीक्षा, 1998)**

(*a*) $\frac{17}{40}$ (*b*) $\frac{19}{42}$ (*c*) $\frac{20}{45}$ (*d*) $\frac{29}{53}$ (*e*) इनमें से कोई नहीं

25. 12 14 17 13 8 14 21 13 4 ? **(बैंक पी०ओ०, 2006)**

(*a*) 2 (*b*) 13 (*c*) 14 (*d*) 15 (*e*) इनमें से कोई नहीं

26. 18 21 16 23 12 25 ? **(बैंक पी०ओ०, 2008)**

(*a*) 8 (*b*) 10 (*c*) 14 (*d*) 24 (*e*) इनमें से कोई नहीं

27. $\frac{12}{17}$ $\frac{13}{16}$? $\frac{14}{15}$ $\frac{10}{19}$ **(एम०बी०ए०, 2005)**

(*a*) $\frac{10}{14}$ (*b*) $\frac{11}{18}$ (*c*) $\frac{15}{17}$ (*d*) $\frac{14}{16}$ (*e*) इनमें से कोई नहीं

28. 89 87 91 ? 99 **(एम०बी०ए०, 2002)**

(*a*) 81 (*b*) 83 (*c*) 85 (*d*) 93 (*e*) इनमें से कोई नहीं

29. 0 1 1 2 3 5 8 13 ? 34 **(एस०एस०सी०, 2007)**

(*a*) 17 (*b*) 19 (*c*) 20 (*d*) 21 (*e*) इनमें से कोई नहीं

30. 15 17 32 49 81 130 ? **(बैंक पी०ओ०, 2007)**

(*a*) 179 (*b*) 194 (*c*) 211 (*d*) 226 (*e*) इनमें से कोई नहीं

31. 2 3 6 ? 108 1944 209952 **(बैंक पी०ओ०, 2006)**

(*a*) 9 (*b*) 12 (*c*) 18 (*d*) 32 (*e*) इनमें से कोई नहीं

32. 1481 905 576 329 247 ? **(एस०एस०सी०, 2003)**

(*a*) 106 (*b*) 92 (*c*) 88 (*d*) 82 (*e*) इनमें से कोई नहीं

33. 6 18 3 21 7 56 ? **(इग्नू परीक्षा, 2004)**

(*a*) 8 (*b*) 9 (*c*) 63 (*d*) 64 (*e*) इनमें से कोई नहीं

34. 4 6 9 $13\frac{1}{2}$? **(इग्नू परीक्षा, 2004)**

(*a*) $17\frac{1}{2}$ (*b*) 19 (*c*) $20\frac{1}{4}$ (*d*) $22\frac{3}{4}$ (*e*) इनमें से कोई नहीं

35. 1 0.5 0.25 0.125 ?

(*a*) 0.625 (*b*) 0.0625 (*c*) 6.25 (*d*) 0.00625

36. 16 24 36 54 81 121.5 ? **(बैंक परीक्षा, 2008)**

(*a*) 158.95 (*b*) 166.55 (*c*) 174.85 (*d*) 182.25 (*e*) 190.65

37. 1050 420 168 67.2 26.88 10.752 ? **(बैंक पी०ओ०, 2006)**

(*a*) 4.3008 (*b*) 4.4015 (*c*) 5.6002 (*d*) 6.5038 (*e*) इनमें से कोई नहीं

38. 400 240 144 86.4 51.84 31.104 ? **(बैंक पी०ओ०, 2007)**

(*a*) 16.8824 (*b*) 17.2244 (*c*) 18.6624 (*d*) 19.2466 (*e*) इनमें से कोई नहीं

39. 600 960 1536 2457.6 3932.16 ? **(बैंक पी०ओ०, 2008)**

(*a*) 6219.456 (*b*) 6291.456 (*c*) 7684.32 (*d*) 7864.32 (*e*) इनमें से कोई नहीं

40. $\frac{2}{\sqrt{5}}$ $\frac{3}{5}$ $\frac{4}{5\sqrt{5}}$ $\frac{5}{25}$? **(एम०बी०ए०, 2000)**

(*a*) $\frac{7}{25}$ (*b*) $\frac{6}{125}$ (*c*) $\frac{6}{5\sqrt{5}}$ (*d*) $\frac{6}{25\sqrt{5}}$

41. $\frac{1}{2}$ $\frac{3}{4}$ $\frac{5}{8}$ $\frac{7}{16}$? (एस०एस०सी०, 2002)

(*a*) $\frac{9}{24}$ (*b*) $\frac{10}{24}$ (*c*) $\frac{9}{32}$ (*d*) $\frac{11}{32}$

42. 7 42 504 ? 217728 6531840 (बैंक पी०ओ०, 2008)

(*a*) 3024 (*b*) 6048 (*c*) 9072 (*d*) 10080 (*e*) इनमें से कोई नहीं

43. 5 10 40 ? 1920 19200 (बैंक पी०ओ०, 2003)

(*a*) 80 (*b*) 160 (*c*) 200 (*d*) 240 (*e*) इनमें से कोई नहीं

44. – 1 3 – 15 105 – 945 10395 ? (एम०बी०ए०, 2004)

(*a*) – 135135 (*b*) 135135 (*c*) – 145535 (*d*) 145535

45. 3 6 9 18 27 ? 81 (रेलवे परीक्षा, 2002)

(*a*) 48 (*b*) 54 (*c*) 63 (*d*) 69 (*e*) इनमें से कोई नहीं

46. 16 8 12 30 ? (बैंक परीक्षा, 2003)

(*a*) 84 (*b*) 87 (*c*) 95 (*d*) 96 (*e*) इनमें से कोई नहीं

47. 4 6 12 ? 90 315 1260 (बैंक पी०ओ०, 2008)

(*a*) 24 (*b*) 30 (*c*) 36 (*d*) 42 (*e*) इनमें से कोई नहीं

48. 88 ? 264 660 1980 6930 27720 (बैंक परीक्षा, 2006)

(*a*) 116 (*b*) 132 (*c*) 144 (*d*) 168 (*e*) इनमें से कोई नहीं

49. 12 12 18 45 180 1170 ? (बैंक परीक्षा, 2008)

(*a*) 12285 (*b*) 13485 (*c*) 14675 (*d*) 15890 (*e*) 16756

50. 70000 14000 2800 ? 112 22.4 (बैंक पी०ओ०, 2008)

(*a*) 420 (*b*) 540 (*c*) 560 (*d*) 640 (*e*) इनमें से कोई नहीं

51. 980 392 156.8 ? 25.088 10.0352 (बैंक पी०ओ०, 2006)

(*a*) 60.28 (*b*) 62.72 (*c*) 63.85 (*d*) 65.04 (*e*) इनमें से कोई नहीं

52. 15 30 ? 40 8 48 (बैंक परीक्षा, 2002)

(*a*) 10 (*b*) 12 (*c*) 18 (*d*) 20 (*e*) इनमें से कोई नहीं

53. 16 24 12 ? 9 13.5

(*a*) 15 (*b*) 16 (*c*) 18 (*d*) 21 (*e*) इनमें से कोई नहीं

54. 4.5 18 2.25 ? 1.6875 33.75 (बैंक परीक्षा, 2008)

(*a*) 25.5 (*b*) 27 (*c*) 36 (*d*) 40 (*e*) इनमें से कोई नहीं

55. 1 8 27 64 ? 216 643 (बैंक पी०ओ०, 2008)

(*a*) 125 (*b*) 145 (*c*) 160 (*d*) 180 (*e*) इनमें से कोई नहीं

56. 1 8 9 ? 25 216 49 (एस०एस०सी०, 2003)

(*a*) 16 (*b*) 36 (*c*) 64 (*d*) 96 (*e*) इनमें से कोई नहीं

57. 169 ? 361 529 841 961 (स्पेशलिस्ट आफिसर, 2006)

(*a*) 196 (*b*) 225 (*c*) 250 (*d*) 289 (*e*) इनमें से कोई नहीं

58. 1331 2197 4913 6859 ? 24389 (बैंक परीक्षा, 2006)

(*a*) 9261 (*b*) 12167 (*c*) 13824 (*d*) 15625 (*e*) इनमें से कोई नहीं

59. 1.21 1.44 1.69 1.96 2.25 2.56 ?

(*a*) 2.85 (*b*) 2.94 (*c*) 3.24 (*d*) 3.61 (*e*) इनमें से कोई नहीं

60. 0 2 8 18 ? 50 **(एस०एस०सी०, 2005)**
(*a*) 28 (*b*) 30 (*c*) 32 (*d*) 36 (*e*) इनमें से कोई नहीं

61. 3 12 27 48 75 108 ? **(फैशन टेक्नोलोजी, 2000)**
(*a*) 147 (*b*) 162 (*c*) 183 (*d*) 192 (*e*) इनमें से कोई नहीं

62. 2 16 54 ? **(एस०एस०सी०, 2000)**
(*a*) 96 (*b*) 116 (*c*) 128 (*d*) 134 (*e*) इनमें से कोई नहीं

63. 0 7 26 63 ? 215 342 **(पुलिस सब-इंस्पेक्टर्स, 2004)**
(*a*) 115 (*b*) 124 (*c*) 125 (*d*) 135 (*e*) इनमें से कोई नहीं

64. – 1 6 25 62 123 214 ? **(एस०एस०सी०, 2005)**
(*a*) 341 (*b*) 342 (*c*) 343 (*d*) 344 (*e*) इनमें से कोई नहीं

65. 1 2 9 28 65 ? **(रेलवे परीक्षा, 2006)**
(*a*) 126 (*b*) 182 (*c*) 196 (*d*) 245 (*e*) इनमें से कोई नहीं

66. 0 6 24 60 120 210 ? **(होटल मैनेजमैंट, 2006)**
(*a*) 240 (*b*) 290 (*c*) 336 (*d*) 504 (*e*) इनमें से कोई नहीं

67. 30 68 130 222 ? 520 **(एस०एस०सी०, 2002)**
(*a*) 328 (*b*) 342 (*c*) 350 (*d*) 364 (*e*) इनमें से कोई नहीं

68. 0 24 120 360 ? **(होटल मैनेजमैंट, 2002)**
(*a*) 460 (*b*) 625 (*c*) 720 (*d*) 840 (*e*) इनमें से कोई नहीं

69. 0 4 18 48 100 ? **(एस०एस०सी०, 2002)**
(*a*) 144 (*b*) 156 (*c*) 180 (*d*) 196 (*e*) इनमें से कोई नहीं

70. 3 3 11 15 27 35 51 ? 83 99 **(होटल मैनेजमैंट, 2002)**
(*a*) 61 (*b*) 63 (*c*) 65 (*d*) 67 (*e*) इनमें से कोई नहीं

71. 5 10 17 29 40 53 71 88 107 ?
(*a*) 128 (*b*) 129 (*c*) 130 (*d*) 131 (*e*) इनमें से कोई नहीं

72. 2 12 36 ? **(इग्नू परीक्षा, 2004)**
(*a*) 60 (*b*) 66 (*c*) 72 (*d*) 80 (*e*) इनमें से कोई नहीं

73. 22 23 27 36 52 77 ? **(बैंक परीक्षा, 2008)**
(*a*) 109 (*b*) 111 (*c*) 113 (*d*) 115 (*e*) 117

74. 36 157 301 470 ? 891 **(बैंक पी०ओ०, 2008)**
(*a*) 639 (*b*) 646 (*c*) 669 (*d*) 695 (*e*) इनमें से कोई नहीं

75. 24 ? 109 134 150 159 **(बैंक पी०ओ०, 2006)**
(*a*) 53 (*b*) 65 (*c*) 71 (*d*) 86 (*e*) इनमें से कोई नहीं

76. 7 8 ? 43 107 232 **(बैंक पी०ओ०, 2003)**
(*a*) 12 (*b*) 16 (*c*) 20 (*d*) 24 (*e*) इनमें से कोई नहीं

77. 4 148 248 312 ?
(*a*) 328 (*b*) 344 (*c*) 376 (*d*) 412 (*e*) इनमें से कोई नहीं

78. 0 1 2 5 26 ? **(मैट परीक्षा, 2002)**
(*a*) 30 (*b*) 56 (*c*) 273 (*d*) 677 (*e*) इनमें से कोई नहीं

79. 40 43 49 60 78 ?
(*a*) 103 (*b*) 105 (*c*) 107 (*d*) 111 (*e*) इनमें से कोई नहीं

80. 879 536 ? 195 131 104 **(स्पेशलिस्ट ऑफिसर, 2006)**
(*a*) 250 (*b*) 296 (*c*) 315 (*d*) 384 (*e*) इनमें से कोई नहीं

81. 228 224 208 172 108 ? **(स्पेशलिस्ट ऑफिसर, 2004)**
(*a*) 8 (*b*) 34 (*c*) 51 (*d*) 78 (*e*) इनमें से कोई नहीं

82. 2 6 33 49 174 210 ? **(बैंक पी०ओ०, 2003)**
(*a*) 259 (*b*) 274 (*c*) 426 (*d*) 553 (*e*) इनमें से कोई नहीं

83. 112 111 119 92 156 31 ? **(बैंक पी०ओ०, 2006)**
(*a*) 247 (*b*) 287 (*c*) 375 (*d*) 387 (*e*) इनमें से कोई नहीं

84. 2 5 10 14 18 23 26 32 ? **(एस०एस०सी०, 2005)**
(*a*) 33 (*b*) 34 (*c*) 36 (*d*) 37 (*e*) इनमें से कोई नहीं

85. 3 16 6 20 9 26 12 34 ? ? **(पी०सी०एस०, 2006)**
(*a*) 12, 30 (*b*) 15, 38 (*c*) 15, 44 (*d*) 18, 44

86. 0 5 8 17 24 37 48 65 ? **(बी०बी०ए०, 2004)**
(*a*) 80 (*b*) 85 (*c*) 90 (*d*) 95 (*e*) इनमें से कोई नहीं

87. 625 5 125 25 25 ? 5 **(मैट परीक्षा, 2001)**
(*a*) 5 (*b*) 25 (*c*) 125 (*d*) 625 (*e*) इनमें से कोई नहीं

88. 64 128 92 220 148 404 ? **(बैंक पी०ओ०, 2003)**
(*a*) 260 (*b*) 276 (*c*) 296 (*d*) 332 (*e*) इनमें से कोई नहीं

89. 15 29 57 113 ? 449 **(एल०आई०सी०, 2007)**
(*a*) 215 (*b*) 224 (*c*) 226 (*d*) 235 (*e*) इनमें से कोई नहीं

90. 12 33 96 ? 852 2553 **(बैंक पी०ओ०, 2008)**
(*a*) 250 (*b*) 285 (*c*) 288 (*d*) 384 (*e*) इनमें से कोई नहीं

91. 6 7 16 51 208 ? 6276 **(बैंक पी०ओ०, 2008)**
(*a*) 941 (*b*) 1045 (*c*) 836 (*d*) 1254 (*e*) इनमें से कोई नहीं

92. 4.5 7 18 ? 335 2004 **(बैंक पी०ओ०, 2008)**
(*a*) 63 (*b*) 64 (*c*) 72 (*d*) 76 (*e*) इनमें से कोई नहीं

93. 12 22 69 272 1365 ? **(बैंक पी०ओ०, 2007)**
(*a*) 6830 (*b*) 8184 (*c*) 8195 (*d*) 8196 (*e*) इनमें से कोई नहीं

94. 16 14 24 66 256 1270 ? **(बैंक परीक्षा, 2008)**
(*a*) 4561 (*b*) 5672 (*c*) 6340 (*d*) 7608 (*e*) 8564

95. 14 16 35 109 441 ?
(*a*) 2205 (*b*) 2211 (*c*) 2315 (*d*) 2651 (*e*) इनमें से कोई नहीं

96. 0.4 2.4 ? 27.4 114.6 579 **(बैंक पी०ओ०, 2008)**
(*a*) 4.2 (*b*) 6.4 (*c*) 7.8 (*d*) 8.3 (*e*) इनमें से कोई नहीं

97. 3 22 133 666 ? 7996 **(स्पेशलिस्ट ऑफिसर, 2004)**
(*a*) 2665 (*b*) 4556 (*c*) 5146 (*d*) 5332 (*e*) इनमें से कोई नहीं

98. 1 5 11 49 239 ? **(बैंक परीक्षा, 2003)**
(*a*) 429 (*b*) 956 (*c*) 1427 (*d*) 1441 (*e*) इनमें से कोई नहीं

99. 12 6.5 7.5 12.75 27.5 71.25 ? **(बैंक परीक्षा, 2008)**
(*a*) 209.75 (*b*) 216.75 (*c*) 225.75 (*d*) 236.75 (*e*) 249.75

100. 13 30 66 140 ? 592 **(बैंक पी०ओ०, 2006)**
(*a*) 210 (*b*) 290 (*c*) 428 (*d*) 430 (*e*) इनमें से कोई नहीं

101. 4 3 5 10.5 ? 67.5 **(बैंक परीक्षा, 2007)**
(*a*) 24 (*b*) 25 (*c*) 26 (*d*) 27 (*e*) इनमें से कोई नहीं

102. 988 3443 10316 25779 ? 77316.5
(*a*) 38184 (*b*) 43249 (*c*) 46382 (*d*) 51549 (*e*) इनमें से कोई नहीं

103. 2 11 46 141 ? 291 **(बैंक पी०ओ०, 2003)**
(*a*) 224 (*b*) 236 (*c*) 246 (*d*) 286 (*e*) इनमें से कोई नहीं

104. 6 21 55 176 ?
(*a*) 537 (*b*) 539 (*c*) 713 (*d*) 715 (*e*) इनमें से कोई नहीं

105. 4 10 36 156 ? 4830 33852
(*a*) 525 (*b*) 650 (*c*) 755 (*d*) 800 (*e*) इनमें से कोई नहीं

106. 14 42 144 596 ? 18018
(*a*) 2396 (*b*) 2995 (*c*) 3000 (*d*) 3582 (*e*) इनमें से कोई नहीं

107. 1 6 36 240 1960 ? **(बैंक पी०ओ०, 2006)**
(*a*) 3680 (*b*) 19600 (*c*) 19660 (*d*) 36800 (*e*) इनमें से कोई नहीं

108. 3 10 32 111 ? **(बैंक पी०ओ०, 2004)**
(*a*) 345 (*b*) 440 (*c*) 448 (*d*) 460 (*e*) इनमें से कोई नहीं

109. 3600 725 150 35 12 ? **(बैंक परीक्षा, 2006)**
(*a*) 7.4 (*b*) 8 (*c*) 10 (*d*) 10.5 (*e*) इनमें से कोई नहीं

110. 354 180 64 21 10.2 ? **(बैंक परीक्षा, 2008)**
(*a*) 1.7 (*b*) 3.8 (*c*) 5.6 (*d*) 8.7 (*e*) इनमें से कोई नहीं

111. 6 16 57 244 ? 7506
(*a*) 645 (*b*) 1245 (*c*) 2166 (*d*) 3234 (*e*) इनमें से कोई नहीं

112. 3 4 16 75 364 ? **(बैंक पी०ओ०, 2004)**
(*a*) 783 (*b*) 828 (*c*) 1293 (*d*) 1945 (*e*) इनमें से कोई नहीं

113. 12 28 75 316 1555 ? **(बैंक पी०ओ०, 2006)**
(*a*) 7811 (*b*) 9294 (*c*) 9336 (*d*) 9366 (*e*) इनमें से कोई नहीं

निर्देश (*प्रश्न 114–120*) : निम्नलिखित प्रत्येक प्रश्न में एक संख्या श्रेणी दी गई है, जिसमें किसी एक संख्या को *n* से स्थानान्तरित कर दिया गया है. *n* का मान ज्ञात कीजिए तथा उस श्रेणी के नीचे दिये गये व्यंजक में प्रश्न-चिह्न के स्थान पर आने वाली संख्या को दिए गए विकल्पों में से चुनिए.

114. 42 62 92 132 *n* 242 312
$n + 14 = ? \times 14$
(*a*) $11\frac{6}{7}$ (*b*) $12\frac{1}{6}$ (*c*) $12\frac{1}{2}$ (*d*) $12\frac{5}{7}$ (*e*) 14

115. 68 68.5 69.5 71 *n* 75.5 78.5
$n \times 121 + ? = 10000$
(*a*) 1150 (*b*) 1160 (*c*) 1180 (*d*) 1200 (*e*) इनमें से कोई नहीं

116. 18 24 *n* 51 72 98 129
$n \times \frac{3}{7} \times \frac{4}{5} = ?$ **(बैंक पी०ओ०, 1999)**

(*a*) $10\frac{2}{7}$ (*b*) $11\frac{23}{35}$ (*c*) 12 (*d*) $12\frac{12}{35}$ (*e*) $14\frac{2}{5}$

117. 510 254 *n* 62 30 14 6

n का 40% + ? = 9^2

(*a*) 29.8 (*b*) 30.6 (*c*) 31.4 (*d*) 50.4 (*e*) इनमें से कोई नहीं

118. 19 20 24 33 49 74 *n* 159

$n^2 \div 10000 = ?$ **(बैंक पी०ओ०, 2000)**

(*a*) 0.121 (*b*) 1.21 (*c*) 12 (*d*) 12.1 (*e*) इनमें से कोई नहीं

119. $\frac{3}{8}$ $\frac{3}{4}$ $\frac{9}{16}$ $\frac{9}{8}$ $\frac{27}{32}$ $\frac{27}{16}$ n

$\sqrt{n} = ?$

(*a*) $\frac{9}{8}$ (*b*) $\frac{3}{4}$ (*c*) $\frac{2}{3}$ (*d*) $\frac{4}{3}$ (*e*) $\frac{3}{2}$

120. 2 5 14 41 122 365 *n*

$n - 5670$ का $16\frac{2}{3}\% - (?)^2 = (10)^2$ **(बैंक पी०ओ०, 2000)**

(*a*) $\sqrt{7}$ (*b*) $\sqrt{149}$ (*c*) 7 (*d*) 49 (*e*) इनमें से कोई नहीं

दिए गए प्रश्नों के हल | प्रश्नमाला 35A

1. (*e*) : क्रम है : + 2, + 3, + 4, + 5, ...

∴ अभीष्ट पद = 17 + 6 = 23.

2. (*e*) : क्रम है : + 11, + 13, + 17, + 19, + 23, ... (केवल अभाज्य संख्याएँ जोड़ी गई हैं)

∴ अभीष्ट पद = 88 + 29 = 117.

3. (*c*) : क्रम है : + 111.

∴ अभीष्ट पद = 457 + 111 = 568.

4. (*a*) : क्रम है : – 569.

∴ अभीष्ट पद = 2845 – 569 = 2276.

5. (*b*) : क्रम है : + 4, + 6, + 8, + 10.

∴ अभीष्ट पद = 6 + 6 = 12.

6. (*d*) : क्रम है : + 16, + 32, + 48, + 64, + 80, ...

∴ अभीष्ट पद = 270 + 96 = 366.

7. (*e*) : क्रम है : + 9, + 18, + 27, + 36, ...

∴ अभीष्ट पद = 7440 + 27 = 7467.

8. (*c*) : क्रम है : + 4, + 8, + 16, + 32, ...

∴ अभीष्ट पद = 63 + 64 = 127.

9. (*b*) : क्रम है : + 1, + 1.5, + 2, + 2.5, + 3, ...

∴ अभीष्ट पद = 10.5 + 3.5 = 14.

10. (*b*) : क्रम है : – 3, – 6, – 9, – 12, ...

∴ अभीष्ट पद = – 17 – 15 = – 32.

11. (*c*) : क्रम है : + 5, + 10, + 15, + 20, ...

∴ अभीष्ट पद = 56 + 25 = 81.

12. (*b*) : क्रम है : + 5, + 3, – 2, + 5, + 3, – 2, ...
∴ अभीष्ट पद = 18 + 3 = 21.

13. (*c*) : क्रम है : $\frac{7}{8}$.
∴ अभीष्ट पद $-\frac{3}{4}-\frac{7}{8}=-\frac{13}{8}$.

14. (*b*) : क्रम है : – 0.010, – 0.020, – 0.030, ...
∴ अभीष्ट पद = 0.901 – 0.050 = 0.851.

15. (*a*) : क्रम है : – 1.1, – 2.2, – 4.4, – 8.8, ...
∴ अभीष्ट पद = 52.06 – 8.8 = 43.26.

16. (*e*) : क्रम है : + 5, – 10, + 15, – 20, ...
∴ अभीष्ट पद = 94 + 25 = 119.

17. (*c*) : क्रम है : + 85, + 92, + 99, + 106, + 113, ...
∴ अभीष्ट पद = 875 + 120 = 995.

18. (*c*) : क्रम है : + 12, + 20, + 28, + 36, ...
∴ अभीष्ट पद = 100 + 44 = 144.

19. (*b*) : क्रम है : + 17, + 34, + 68, + 136, + 272, ...
∴ अभीष्ट पद = 559 + 544 = 1103.

20. (*b*) : क्रम है : $+1\frac{2}{3}$.
... अभीष्ट पद $=4\frac{2}{3}+1\frac{2}{3}=6\frac{1}{3}$.

21. (*b*) : क्रम है : $-\frac{5}{6}$.
... अभीष्ट पद $=-\frac{2}{3}-\frac{5}{6}=-\frac{9}{6}=-\frac{3}{2}$.

22. (*c*) : क्रम है : + 8, + 16, + 32, ...
∴ अभीष्ट पद = 34 + 32 = 66.

23. (*b*) : क्रम है : + 4, + 2, – 3, + 4, + 2, – 3, ...
∴ अभीष्ट पद = 6 + 4 = 10.

24. (*b*) : अंशों में क्रम है : + 5, + 10, + 20, ... तथा हरों में क्रम है : + 11, + 22, + 44, ...
अत: अभीष्ट पद का अंश = 9 + 10 = 19;
अभीष्ट पद का हर = 20 + 22 = 42.
∴ अभीष्ट पद $=\frac{19}{42}$.

25. (*c*) : क्रम है : + 2, + 3, – 4, – 5, + 6, + 7, – 8, – 9, ...
∴ अभीष्ट पद = 4 + 10 = 14.

26. (*a*) : क्रम है : + 3, – 5, + 7, – 11, + 13, ... (केवल अभाज्य संख्यायें ही जोड़ी व घटाई गई हैं)
∴ अभीष्ट पद = 25 – 17 = 8.

27. (*b*) : अंशों में क्रम है : + 1, – 2, + 3, – 4 तथा हरों में क्रम है : – 1, + 2, – 3, + 4.
अत: अभीष्ट पद का अंश = 13 – 2 = 11;
अभीष्ट पद का हर = 16 + 2 = 18.
∴ अभीष्ट पद $=\frac{11}{18}$.

28. (*b*) : क्रम है : $-2, +4, -8, +16, ...$
$\therefore$ अभीष्ट पद $= 91 - 8 = 83$.

29. (*d*) : श्रेणी में प्रत्येक पद अपने से पहले के दो पदों का योग है.
$\therefore$ अभीष्ट पद $= 8 + 13 = 21$.

30. (*c*) : श्रेणी में प्रत्येक पद अपने से पहले के दो पदों का योग है.
$\therefore$ अभीष्ट पद $= 81 + 130 = 211$.

31. (*c*) : श्रेणी में प्रत्येक पद अपने से पहले के दो पदों का गुणनफल है.
$\therefore$ अभीष्ट पद $= 3 \times 6 = 18$.

32. (*d*) : श्रेणी में प्रत्येक पद अपने से पहले के दो पदों का अन्तर है.
$\therefore$ अभीष्ट पद $= 329 - 247 = 82$.

33. (*a*) : श्रेणी में प्रत्येक दो अंकों वाली संख्या अपने दोनों ओर की संख्याओं का गुणनफल है.
माना अभीष्ट पद x है.
तब, $7 \times x = 56 \Rightarrow x = 56 \quad 7 = 8$.

34. (*c*) : क्रम है : $\times\frac{3}{2}$.
$\therefore$ अभीष्ट पद $= 13\frac{1}{2}\times\frac{3}{2} = \frac{27}{2}\times\frac{3}{2} = \frac{81}{4} = 20\frac{1}{4}$.

35. (*b*) : क्रम है : $\times 0.5$.
$\therefore$ अभीष्ट पद $= 0.125 \times 0.5 = 0.0625$.

36. (*d*) : क्रम है : $\times 1.5$.
$\therefore$ अभीष्ट पद $= 121.5 \times 1.5 = 182.25$.

37. (*a*) : क्रम है : $\times 0.4$.
$\therefore$ अभीष्ट पद $= 10.752 \times 0.4 = 4.3008$.

38. (*c*) : क्रम है : $\times 0.6$.
$\therefore$ अभीष्ट पद $= 31.104 \times 0.6 = 18.6624$.

39. (*b*) : क्रम है : $\times 1.6$.
$\therefore$ अभीष्ट पद $= 3932.16 \times 1.6 = 6291.456$.

40. (*d*) : अंशों में क्रम है : $+1$ तथा हरों में क्रम है : $\times\sqrt{5}$.
$\therefore$ अभीष्ट पद $= \frac{5+1}{25\sqrt{5}} = \frac{6}{25\sqrt{5}}$.

41. (*c*) : अंशों में क्रम है : $+2$ तथा हरों में क्रम है : $\times 2$.
अत: अभीष्ट पद का अंश $= 7 + 2 = 9$; अभीष्ट पद का हर $= 16 \times 2 = 32$.
$\therefore$ अभीष्ट पद $= \frac{9}{32}$.

42. (*c*) : क्रम है : $\times 6, \times 12, \times 18, \times 24, \times 30$.
$\therefore$ अभीष्ट पद $= 504 \times 18 = 9072$.

43. (*d*) : क्रम है : $\times 2, \times 4, \times 6, \times 8, \times 10$.
$\therefore$ अभीष्ट पद $= 40 \times 6 = 240$.

44. (*a*) : क्रम है : $\times(-3), \times(-5), \times(-7), \times(-9), \times(-11)$.
$\therefore$ अभीष्ट पद $= 10395 \times (-13) = -135135$.

45. (*b*) : क्रम है : $\times 2, \times 1\frac{1}{2}, \times 2, \times 1\frac{1}{2}, ...$
$\therefore$ अभीष्ट पद $= 27 \times 2 = 54$.

46. (*e*) : क्रम है : × 0.5, × 1.5, × 2.5, ...
$\therefore$ अभीष्ट पद = 30 × 3.5 = 105.

47. (*b*) : क्रम है : × 1.5, × 2, × 2.5, × 3, × 3.5, × 4.
$\therefore$ अभीष्ट पद = 12 × 2.5 = 30.

48. (*b*) : क्रम है : × 1.5, × 2, × 2.5, × 3, × 3.5, × 4.
$\therefore$ अभीष्ट पद = 88 × 1.5 = 132.

49. (*a*) : क्रम है : × 1, × 1.5, × 2.5, × 4, × 6.5, ...
i.e. × 1, × 1.5, × (1 + 1.5), × (1.5 + 2.5), × (2.5 + 4), ...
$\therefore$ अभीष्ट पद = 1170 × (4 + 6.5) = 1170 × 10.5 = 12285.

50. (*c*) : क्रम है : ÷ 5.
$\therefore$ अभीष्ट पद = 2800 ÷ 5 = 560.

51. (*b*) : क्रम है : ÷ 2.5.
$\therefore$ अभीष्ट पद = 156.8 ÷ 2.5 = 62.72.

52. (*a*) : क्रम है : × 2, ÷ 3, × 4, ÷ 5, × 6.
$\therefore$ अभीष्ट पद = 30 ÷ 3 = 10.

53. (*c*) : क्रम है : × 1.5, ÷ 2, × 1.5, ÷ 2, ...
$\therefore$ अभीष्ट पद = 12 × 1.5 = 18.

54. (*b*) : क्रम है : × 4, ÷ 8, × 12, ÷ 16, ...
$\therefore$ अभीष्ट पद = 2.25 × 12 = 27.

55. (*a*) : दी गई श्रेणी के पद हैं : $1^3, 2^3, 3^3, 4^3$, ...
$\therefore$ अभीष्ट पद = $5^3 = 125$.

56. (*c*) : दी गई श्रेणी के पद हैं : $1^2, 2^3, 3^2$, ..., $5^2, 6^3, 7^2$.
$\therefore$ अभीष्ट पद = $4^3 = 64$.

57. (*d*) : दी गई श्रेणी के पद हैं : 13^2, ..., $19^2, 23^2, 29^2, 31^2$.
(केवल अभाज्य संख्याओं के वर्ग)
$\therefore$ अभीष्ट पद = $17^2 = 289$.

58. (*b*) : दी गई श्रेणी के पद हैं : $11^3, 13^3, 17^3, 19^3$, ..., 29^3
(केवल अभाज्य संख्याओं के घन)
$\therefore$ अभीष्ट पद = $23^3 = 12167$.

59. (*e*) : दी गई श्रेणी के पद हैं : $(1.1)^2, (1.2)^2, (1.3)^2, (1.4)^2, (1.5)^2, (1.6)^2$, ...
$\therefore$ अभीष्ट पद = $(1.7)^2 = 2.89$.

60. (*c*) : दी गई श्रेणी के पद हैं : $2 \times 0^2, 2 \times 1^2, 2 \times 2^2, 2 \times 3^2$, ...
$\therefore$ अभीष्ट पद = $2 \times 4^2 = 32$.

61. (*a*) : दी गई श्रेणी के पद हैं : $3 \times 1^2, 3 \times 2^2, 3 \times 3^2, 3 \times 4^2, 3 \times 5^2, 3 \times 6^2$, ...
$\therefore$ अभीष्ट पद = $3 \times 7^2 = 147$.

62. (*c*) : दी गई श्रेणी के पद हैं : $2 \times 1^3, 2 \times 2^3, 2 \times 3^3$, ...
$\therefore$ अभीष्ट पद = $2 \times 4^3 = 128$.

63. (*b*) : दी गई श्रेणी के पद हैं : $1^3 - 1, 2^3 - 1, 3^3 - 1, 4^3 - 1$, ...
$\therefore$ अभीष्ट पद = $5^3 - 1 = 124$.

64. (*a*) : दी गई श्रेणी के पद हैं : $1^3 - 2, 2^3 - 2, 3^3 - 2, 4^3 - 2, 5^3 - 2, 6^3 - 2$, ...
$\therefore$ अभीष्ट पद = $7^3 - 2 = 341$.

65. (*a*) : दी गई श्रेणी के पद हैं : $0^3 + 1, 1^3 + 1, 2^3 + 1, 3^3 + 1, 4^3 + 1$, ...
∴ अभीष्ट पद $= 5^3 + 1 = 126$.

66. (*c*) : दी गई श्रेणी के पद हैं : $1^3 - 1, 2^3 - 2, 3^3 - 3, 4^3 - 4, 5^3 - 5, 6^3 - 6$, ...
∴ अभीष्ट पद $= 7^3 - 7 = 343 - 7 = 336$.

67. (*c*) : दी गई श्रेणी के पद हैं : $3^3 + 3, 4^3 + 4, 5^3 + 5, 6^3 + 6$, ...
∴ अभीष्ट पद $= 7^3 + 7 = 343 + 7 = 350$.

68. (*d*) : दी गई श्रेणी के पद हैं : $1^2 - 1, 5^2 - 1, 11^2 - 1, 19^2 - 1$, ...
अर्थात् $1^2 - 1, (1 + 4)^2 - 1, (5 + 6)^2 - 1, (11 + 8)^2 - 1$, ...
∴ अभीष्ट पद $= (19 + 10)^2 - 1 = (29)^2 - 1 = 840$.

69. (*c*) : दी गई श्रेणी के पद हैं : $1^3 - 1^2, 2^3 - 2^2, 3^3 - 3^2, 4^3 - 4^2, 5^3 - 5^2$, ...
∴ अभीष्ट पद $= 6^3 - 6^2 = 216 - 36 = 180$.

70. (*b*) : दी गई श्रेणी के पद हैं : $1^2 + 2, 2^2 - 1, 3^2 + 2, 4^2 - 1, 5^2 + 2, 6^2 - 1, 7^2 + 2$, ...
∴ अभीष्ट पद $= 8^2 - 1 = 64 - 1 = 63$.

71. (*d*) : दी गई श्रेणी के पद हैं : $2^2 + 1, 3^2 + 1, 4^2 + 1, 5^2 + 4, 6^2 + 4, 7^2 + 4, 8^2 + 7, 9^2 + 7, 10^2 + 7$, ...
∴ अभीष्ट पद $= 11^2 + 10 = 121 + 10 = 131$.

72. (*d*) : दी गई श्रेणी के पद हैं : $1^3 + 1^2, 2^3 + 2^2, 3^3 + 3^2$, ...
∴ अभीष्ट पद $= 4^3 + 4^2 = 64 + 16 = 80$.

73. (*c*) : क्रम है : + 1, + 4, + 9, + 16, + 25, ... अर्थात् $+ 1^2, + 2^2, + 3^2, + 4^2, + 5^2$, ...
∴ अभीष्ट पद $= 77 + 6^2 = 77 + 36 = 113$.

74. (*e*) : क्रम है : + 121, + 144, + 169, ... अर्थात् $+ 11^2, + 12^2, + 13^2$, ...
∴ अभीष्ट पद $= 470 + 14^2 = 470 + 196 = 666$.

75. (*e*) : क्रम है : + 49, + 36, + 25, + 16, + 9 अर्थात् $+ 7^2, + 6^2, + 5^2, + 4^2, + 3^2$.
∴ अभीष्ट पद $= 24 + 7^2 = 24 + 49 = 73$.

76. (*b*) : क्रम है : + 1, + 8, + 27, + 64, + 125 अर्थात् $+ 1^3, + 2^3, + 3^3, + 4^3, + 5^3$.
∴ अभीष्ट पद $= 8 + 2^3 = 8 + 8 = 16$.

77. (*e*) : क्रम है : + 144, + 100, + 64, ... अर्थात् $+ 12^2, + 10^2, + 8^2$, ...
∴ अभीष्ट पद $= 312 + 6^2 = 312 + 36 = 348$.

78. (*d*) : श्रेणी का प्रत्येक पद अपने से पहले पद के वर्ग से 1 अधिक है.
∴ अभीष्ट पद $= (26)^2 + 1 = 676 + 1 = 677$.

79. (*b*) : क्रम है : + 3, + 6, + 11, + 18, ... अर्थात् $+ (1^2 + 2), + (2^2 + 2), + (3^2 + 2), + (4^2 + 2)$, ...
∴ अभीष्ट पद $= 78 + (5^2 + 2) = 78 + 27 = 105$.

80. (*e*) : क्रम है : – 343, – 216, – 125, – 64, – 27 अर्थात् $- 7^3, - 6^3, - 5^3, - 4^3, -3^3$.
∴ अभीष्ट पद $= 536 - 6^3 = 536 - 216 = 320$.

81. (*a*) : क्रम है : – 4, – 16, – 36, – 64, ... अर्थात् $+ 2^2, - 4^2, - 6^2, - 8^2$, ...
∴ अभीष्ट पद $= 108 - 10^2 = 108 - 100 = 8$.

82. (*d*) : क्रम है : + 4, + 27, + 16, + 125, + 36, ... अर्थात् $+ 2^2, + 3^3, + 4^2, + 5^3, + 6^2$, ...
∴ अभीष्ट पद $= 210 + 7^3 = 210 + 343 = 553$.

83. (*a*) : क्रम है : – 1, + 8, – 27, + 64, – 125, ...अर्थात् $- 1^3, + 2^3, - 3^3, + 4^3, - 5^3$, ...

$\therefore$ अभीष्ट पद = $31 + 6^3 = 31 + 216 = 247$.

84. (*b*) : दी गई श्रेणी दो श्रेणियों का मिश्रित रूप है :

I . 2, 10, 18, 26, ? तथा II. 5, 14, 23, 32

I में क्रम है : + 8, तथा II में क्रम है : + 9.

$\therefore$ अभीष्ट पद = 26 + 8 = 34.

85. (*c*) : दी गई श्रेणी दो श्रेणियों का मिश्रित रूप है :

I. 3, 6, 9, 12, ? तथा II. 16, 20, 26, 34, ?

I में क्रम है : + 3, तथा II में क्रम है : + 4, + 6, + 8, ...

अत: I में लुप्त पद = 12 + 3 = 15 तथा II में लुप्त पद = 34 + 10 = 44.

86. (*a*) : दी गई श्रेणी दो श्रेणियों का मिश्रित रूप है :

I . 0, 8, 24, 48, ? तथा II. 5, 17, 37, 65

I में क्रम है : + 8, + 16, + 24, ... तथा II में क्रम है : + 12, + 20, + 28.

$\therefore$ अभीष्ट पद = 48 + 32 = 80.

87. (*c*) : दी गई श्रेणी दो श्रेणियों का मिश्रित रूप है :

I. 625, 125, 25, 5 तथा II. 5, 25, ?

I में क्रम है : ÷ 5 तथा II में क्रम है : × 5.

$\therefore$ अभीष्ट पद = 25 × 5 = 125.

88. (*a*) : दी गई श्रेणी दो श्रेणियों का मिश्रित रूप है :

I. 64, 92, 148, ? तथा II. 128, 220, 404

I में क्रम है : + 28, + 56, ... तथा II में क्रम है : + 92, + 184.

$\therefore$ अभीष्ट पद = 148 + 112 = 260.

89. (*e*) : क्रम है : × 2 – 1.

$\therefore$ अभीष्ट पद = 113 × 2 – 1 = 226 – 1 = 225.

90. (*b*) : क्रम है : × 3 – 3.

$\therefore$ अभीष्ट पद = 96 × 3 – 3 = 288 – 3 = 285.

91. (*b*) : क्रम है : × 1 + 1, × 2 + 2, × 3 + 3, × 4 + 4, ...

$\therefore$ अभीष्ट पद = 208 × 5 + 5 = 1040 + 5 = 1045.

92. (*e*) : क्रम है : × 2 – 2, × 3 – 3, × 4 – 4, × 5 – 5, ...

$\therefore$ अभीष्ट पद = 18 × 4 – 4 = 72 – 4 = 68.

93. (*b*) : क्रम है : × 2 – 2, × 3 + 3, × 4 – 4, × 5 + 5, ...

$\therefore$ अभीष्ट पद = 1365 × 6 – 6 = 8190 – 6 = 8184.

94. (*d*) : क्रम है : × 1 – 2, × 2 – 4, × 3 – 6, × 4 – 8, × 5 – 10, ...

$\therefore$ अभीष्ट पद = 1270 × 6 – 12 = 7620 – 12 = 7608.

95. (*b*) : क्रम है : × 1 + 2, × 2 + 3, × 3 + 4, × 4 + 5, ...

$\therefore$ अभीष्ट पद = 441 × 5 + 6 = 2205 + 6 = 2211.

96. (*c*) : क्रम है : × 1 + 2, × 2 + 3, × 3 + 4, × 4 + 5, ...

$\therefore$ अभीष्ट पद = 2.4 × 2 + 3 = 4.8 + 3 = 7.8.

97. (*a*) : क्रम है : × 7 + 1, × 6 + 1, × 5 + 1, ...

$\therefore$ अभीष्ट पद = 666 × 4 + 1 = 2664 + 1 = 2665.

98. (*d*) : क्रम है : $\times 2 + 3, \times 3 - 4, \times 4 + 5, \times 5 - 6, ...$

$\therefore$ अभीष्ट पद $= 239 \times 6 + 7 = 1434 + 7 = 1441.$

99. (*b*) : क्रम है : $\times 0.5 + 0.5, \times 1 + 1, \times 1.5 + 1.5, \times 2 + 2, \times 2.5 + 2.5, ...$

$\therefore$ अभीष्ट पद $= 71.25 \times 3 + 3 = 213.75 + 3 = 216.75.$

100. (*b*) : क्रम है : $\times 2 + 4, \times 2 + 6, \times 2 + 8, ...$

$\therefore$ अभीष्ट पद $= 140 \times 2 + 10 = 280 + 10 = 290.$

101. (*b*) : क्रम है : $\times 0.5 + 1, \times 1 + 2, \times 1.5 + 3, ...$

$\therefore$ अभीष्ट पद $= 10.5 \times 2 + 4 = 21 + 4 = 25.$

102. (*d*) : क्रम है : $\times 3.5 - 15, \times 3 - 13, \times 2.5 - 11, ...$

$\therefore$ अभीष्ट पद $= 25779 \times 2 - 9 = 51549.$

103. (*d*) : क्रम है : $\times 5 + 1, \times 4 + 2, \times 3 + 3, ...$

$\therefore$ अभीष्ट पद $= 141 \times 2 + 4 = 286.$

104. (*c*) : क्रम है : $\times 1 + 15, \times 2 + 13, \times 3 + 11, ...$

$\therefore$ अभीष्ट पद $= 176 \times 4 + 9 = 704 + 9 = 713.$

105. (*d*) : क्रम है : $\times 2 + 2, \times 3 + 6, \times 4 + 12, ...$ अर्थात् $\times 2 + (2 \times 1), \times 3 + (3 \times 2), \times 4 + (4 \times 3), ...$

$\therefore$ अभीष्ट पद $= 156 \times 5 + (5 \times 4) = 780 + 20 = 800.$

106. (*c*) : क्रम है : $\times 2 + 14, \times 3 + 18, \times 4 + 20, ...$ अर्थात् $\times 2 + 2 \times 7, \times 3 + 3 \times 6, \times 4 + 4 \times 5, ...$

$\therefore$ अभीष्ट पद $= 596 \times 5 + (5 \times 4) = 2980 + 20 = 3000.$

107. (*c*) : क्रम है : $\times 2 + 4, \times 4 + 12, \times 6 + 24, \times 8 + 40, ...$ अर्थात्

$\times 2 + 4, \times 4 + (4 + 8), \times 6 + (12 + 12), \times 8 + (24 + 16), ...$

$\therefore$ अभीष्ट पद $= 1960 \times 10 + (40 + 20) = 19600 + 60 = 19660.$

108. (*d*) : क्रम है : $\times 1 + 7, \times 2 + 12, \times 3 + 15, ...$ अर्थात्

$\times 1 + (7 \times 1), \times 2 + (6 \times 2), \times 3 + (5 \times 3), ...$

$\therefore$ अभीष्ट पद $= 111 \times 4 + (4 \times 4) = 444 + 16 = 460.$

109. (*a*) : क्रम है : $\div\ 5 + 5.$

$\therefore$ अभीष्ट पद $= 12\ \div\ 5 + 5 = 2.4 + 5 = 7.4.$

110. (*d*) : क्रम है : $\div\ 2 + 3,\ \div\ 3 + 4,\ \div\ 4 + 5,\ \div\ 5 + 6, ...$

$\therefore$ अभीष्ट पद $= 10.2\ \div\ 6 + 7 = 1.7 + 7 = 8.7.$

111. (*b*) : क्रम है : $\times 2 + 4, \times 3 + 9, \times 4 + 16, ...$ अर्थात् $\times 2 + 2^2, \times 3 + 3^2, \times 4 + 4^2, ...$

$\therefore$ अभीष्ट पद $= 244 \times 5 + 5^2 = 1220 + 25 = 1245.$

112. (*d*) : क्रम है : $\times 1 + 1, \times 2 + 8, \times 3 + 27, \times 4 + 64, ...$ अर्थात्

$\times 1 + 1^3, \times 2 + 2^3, \times 3 + 3^3, \times 4 + 4^3, ...$

$\therefore$ अभीष्ट पद $= 364 \times 5 + 5^3 = 1820 + 125 = 1945.$

113. (*d*) : क्रम है : $\times 2 + 4, \times 3 - 9, \times 4 + 16, \times 5 - 25, ...$ अर्थात्

$\times 2 + 2^2, \times 3 - 3^2, \times 4 + 4^2, \times 5 - 5^2, ...$

$\therefore$ अभीष्ट पद $= 1555 \times 6 + 6^2 = 9330 + 36 = 9366.$

114. (*e*) : क्रम है : $+ 20, + 30, + 40, ...$

$\therefore n = 132 + 50 = 182.$

माना अभीष्ट संख्या x है.

तब, $n + 14 = x \times 14 \Rightarrow 14x = 182 + 14 = 196 \Rightarrow x = 14.$

115. (*e*) : क्रम है : + 0.5, + 1, + 1.5, ...

$\therefore n = 71 + 2 = 73.$

माना अभीष्ट संख्या x है.

तब, $n \times 121 + x = 10000 \Rightarrow 73 \times 121 + x = 10000$

$\Rightarrow x = 10000 - 8833 = 1167.$

116. (*c*) : क्रम है : + 6, + 11, + 16, + 21, + 26, ...

$\therefore n = 24 + 11 = 35.$

$n \times \frac{3}{7} \times \frac{4}{5} = 35 \times \frac{3}{7} \times \frac{4}{5} = 3 \times 4 = 12.$

117. (*b*) : क्रम है : $\div\ 2 - 1$.

$\therefore n = 254 \div 2 - 1 = 126.$

माना अभीष्ट संख्या x है.

तब, n का $40\% + x = 9^2 \Rightarrow 126$ का $40\% + x = 81$

$\Rightarrow 50.4 + x = 81 \Rightarrow x = 81 - 50.4 = 30.6.$

118. (*b*) : क्रम है : $+ 1^2, + 2^2, + 3^2, + 4^2, ...$

$\therefore n = 74 + 6^2 = 74 + 36 = 110.$

$n^2 \div 10000 = (110)^2 \div 10000 = 12100 \div 10000 = 1.21.$

119. (*a*) : क्रम है : $\times 2, \times \frac{3}{4}, \times 2, \times \frac{3}{4}, ...$

$\therefore\ n = \frac{27}{16} \times \frac{3}{4} = \frac{81}{64}.$

$\sqrt{n} = \sqrt{\frac{81}{64}} = \frac{9}{8}.$

120. (*c*) : क्रम है : $\times 3 - 1$.

$\therefore n = 365 \times 3 - 1 = 1095 - 1 = 1094.$

माना अभीष्ट संख्या x है.

तब, $n - 5670$ का $16\frac{2}{3}\% - x^2 = (10)^2 \Rightarrow 1094 - \left(5670 \times \frac{50}{3} \times \frac{1}{100}\right) - x^2 = 100$

$\Rightarrow 1094 - 945 - x^2 = 100 \Rightarrow x^2 = 49 \Rightarrow x = 7.$

टाइप 2 : दी गई श्रेणी के आधार पर एक निश्चित संख्या से आरंभ होने वाली अन्य श्रेणी बनाना

इस प्रकार के प्रत्येक प्रश्न में एक संख्या श्रेणी और उसके पश्चात एक अन्य संख्या व (A), (B), (C), (D) तथा (E) दिए जाते हैं. पहली श्रेणी के पदों के मध्यान्तर जो क्रम विद्यमान है, उसी क्रम के अनुसार दी गई संख्या से आरंभ होने वाली श्रेणी का निर्माण कर (A), (B), (C), (D) तथा (E) के स्थान पर आने वाले पदों को ज्ञात करना होता है.

साधित उदाहरण

प्रश्न 1. 16 24 36 54 81 121.5

14 (A) (B) (C) (D) (E)

(B) के स्थान पर क्या आएगा ? **(बैंक परीक्षा, 2004)**

(*a*) 30.5 (*b*) 31.5 (*c*) 32 (*d*) 34 (*e*) इनमें से कोई नहीं

हल : **पहली संख्या श्रेणी**

16 $\times\frac{3}{2}$ = 24

24 $\times\frac{3}{2}$ = 36

36 $\times\frac{3}{2}$ = 54

54 $\times\frac{3}{2}$ = 81

81 $\times\frac{3}{2}$ = 121.5

दूसरी संख्या श्रेणी

14 $\times\frac{3}{2}$ = 21(A)

21(A) $\times\frac{3}{2}$ = 31.5(B)

31.5(B) $\times\frac{3}{2}$ = 47.25(C)

47.25(C) $\times\frac{3}{2}$ = 70.875(D)

70.875(D) $\times\frac{3}{2}$ = 106.3125(E)

स्पष्ट है कि (B) के स्थान पर 31.5 आएगा. अत: सही उत्तर है (*b*).

प्रश्न 2. 3 13 37 87 191 401

1 (A) (B) (C) (D) (E)

(D) के स्थान पर क्या आएगा ? **(बैंक पी०ओ०, 2005)**

(*a*) 159 (*b*) 161 (*c*) 169 (*d*) 171 (*e*) इनमें से कोई नहीं

हल : **पहली संख्या श्रेणी**

3 × 2 + 7 = 13

13 × 2 + 11 = 37

37 × 2 + 13 = 87

87 × 2 + 17 = 191

191 × 2 + 19 = 401

दूसरी संख्या श्रेणी

1 × 2 + 7 = 9(A)

9(A) × 2 + 11 = 29(B)

29(B) × 2 + 13 = 71(C)

71(C) × 2 + 17 = 159(D)

159(D) × 2 + 19 = 337(E)

स्पष्ट है कि (D) के स्थान पर 159 आएगा.

अत: सही उत्तर है (*a*).

प्रश्न 3. 1 2 6 39 1525

3 (A) (B) (C) (D) (E)

(B) के स्थान पर क्या आएगा ? **(बैंक पी०ओ०, 2005)**

(*a*) 10 (*b*) 21 (*c*) 22 (*d*) 101 (*e*) 102

हल : पहली संख्या श्रेणी में : $1^2 + 1 = 2$; $2^2 + 2 = 6$; $6^2 + 3 = 39$; $(39)^2 + 4 = 1525$.

दूसरी संख्या श्रेणी में : $3^2 + 1 = 10$ (A); $10^2 + 2 = 102$ (B); $(102)^2 + 3 = 10407$ (C), ...

स्पष्ट है कि (B) के स्थान पर 102 आएगा.

अत: सही उत्तर है (*e*).

प्रश्न 4. 5 6 14 41 105 230

8 (A) (B) (C) (D) (E)

(C) के स्थान पर क्या आएगा ? **(बैंक परीक्षा, 2003)**

(*a*) 43 (*b*) 44 (*c*) 56 (*d*) 63 (*e*) इनमें से कोई नहीं

हल :

पहली संख्या श्रेणी

$5 \xrightarrow{+1^3} 6 \xrightarrow{+2^3} 14 \xrightarrow{+3^3} 41 \xrightarrow{+4^3} 105 \xrightarrow{+5^3} 230$

दूसरी संख्या श्रेणी

$8 \xrightarrow{+1^3} 9(A) \xrightarrow{+2^3} 17(B) \xrightarrow{+3^3} 44(C) \xrightarrow{+4^3} 108(D) \xrightarrow{+5^3} 233(E)$

स्पष्ट है कि (C) के स्थान पर 44 आएगा.

अत: सही उत्तर है (*b*).

प्रश्न 5. 640 480 600 1050 2362.5

280 (A) (B) (C) (D) (E)

(C) के स्थान पर क्या आएगा ? **(बैंक पी०ओ०, 2005)**

(*a*) 625.75 (*b*) 950 (*c*) 459.375 (*d*) 345.5 (*e*) इनमें से कोई नहीं

हल :

पहली संख्या श्रेणी

$640 \xrightarrow{\times\frac{3}{4}} 480 \xrightarrow{\times\frac{5}{4}} 600 \xrightarrow{\times\frac{7}{4}} 1050 \xrightarrow{\times\frac{9}{4}} 2362.5$

दूसरी संख्या श्रेणी

$280 \xrightarrow{\times\frac{3}{4}} 210(A) \xrightarrow{\times\frac{5}{4}} 262.5(B) \xrightarrow{\times\frac{7}{4}} 459.375(C)$

स्पष्ट है कि (C) के स्थान पर 459.375 आएगा.

अत: सही उत्तर है (*c*).

प्रश्नमाला 35B

निर्देश : निम्नलिखित प्रत्येक प्रश्न में एक संख्या-शृंखला दी गई है. शृंखला के बाद एक अंक तथा उसके बाद (A), (B), (C), (D), (E) दिए गए हैं. मूल संख्या-शृंखला के अनुसार दिए गए अंक से आरम्भ होने वाली शृंखला को पूरा करके अभीष्ट उत्तर दीजिए.

1. 101 103 107 109 113
113 (A) (B) (C) (D)
(A) के स्थान पर क्या आएगा ? **(फैशन टेक्नोलोज़ी, 2003)**
(*a*) 115 (*b*) 121 (*c*) 125 (*d*) 127 (*e*) इनमें से कोई नहीं

2. 12 31 48 63
24 (A) (B) (C) (D) (E)
(C) के स्थान पर क्या आएगा ?
(*a*) 43 (*b*) 60 (*c*) 88 (*d*) 99 (*e*) इनमें से कोई नहीं

3. 5 8 6 10 7 12
7 (A) (B) (C) (D) (E)
(C) के स्थान पर क्या आएगा ? **(बैंक पी०ओ०, 2003)**
(*a*) 9 (*b*) 11 (*c*) 14 (*d*) 16 (*e*) इनमें से कोई नहीं

4. 6 18 36 108 216 648
2 (A) (B) (C) (D) (E)
(E) के स्थान पर क्या आएगा ? **(बैंक परीक्षा, 2004)**
(*a*) 216 (*b*) 344 (*c*) 420 (*d*) 482 (*e*) इनमें से कोई नहीं

5. 21 63 252 1260 7560 52920
17 (A) (B) (C) (D) (E)
(C) के स्थान पर क्या आएगा ? **(बैंक पी०ओ०, 2005)**
(*a*) 6324 (*b*) 5644 (*c*) 1020 (*d*) 4980 (*e*) इनमें से कोई नहीं

6. 6 3 4.5 2.25
40 (A) (B) (C) (D) (E)
(C) के स्थान पर क्या आएगा ? **(बैंक पी०ओ०, 2000)**
(*a*) 15 (*b*) 20.5 (*c*) 21.5 (*d*) 33.75 (*e*) 69.5

7. 6 9 18 45 135
20 (A) (B) (C) (D) (E)
(C) के स्थान पर क्या आएगा ?
(*a*) 30 (*b*) 150 (*c*) 375 (*d*) 1125 (*e*) इनमें से कोई नहीं

8. 8 4 6 15 52.5 236.25
12 (A) (B) (C) (D) (E)
(C) के स्थान पर क्या आएगा ? **(बैंक पी०ओ०, 2004, 2005)**
(*a*) 18.25 (*b*) 19 (*c*) 20.75 (*d*) 22.5 (*e*) इनमें से कोई नहीं

9. 6 9 27 121.5 729
8 (A) (B) (C) (D) (E)
(C) के स्थान पर क्या आएगा ? **(एम०बी०ए०, 2002)**
(*a*) 12 (*b*) 36 (*c*) 162 (*d*) 972 (*e*) 7290

10. 360 72 18 6 3
240 (A) (B) (C) (D)
(C) के स्थान पर क्या आएगा ? **(फैशन टेक्नोलोजी, 2003)**
(*a*) 4 (*b*) 6 (*c*) 8 (*d*) 9 (*e*) इनमें से कोई नहीं

11. 28 14 21 7 14 3.5
144 (A) (B) (C) (D) (E)
(D) के स्थान पर क्या आएगा ? **(बैंक परीक्षा, 2000)**
(*a*) 18 (*b*) 36 (*c*) 72 (*d*) 104 (*e*) इनमें से कोई नहीं

12. 1 1 4 8 9
9 (A) (B) (C) (D)
(D) के स्थान पर क्या आएगा ? **(फैशन टेक्नोलोजी, 2003)**
(*a*) 25 (*b*) 36 (*c*) 81 (*d*) 125 (*e*) इनमें से कोई नहीं

13. 3 5 23 77
7 (A) (B) (C) (D)
(D) के स्थान पर क्या आएगा ?
(*a*) 13 (*b*) 2365 (*c*) 9031 (*d*) 16771 (*e*) इनमें से कोई नहीं

14. 15 16 25 50
189 (A) (B) (C) (D) (E)
(E) के स्थान पर क्या आएगा ?
(*a*) 273 (*b*) 354 (*c*) 394 (*d*) 426 (*e*) इनमें से कोई नहीं

15. 15 159 259 323
7 (A) (B) (C) (D) (E)
(C) के स्थान पर क्या आएगा ?
(*a*) 151 (*b*) 176 (*c*) 251 (*d*) 315 (*e*) इनमें से कोई नहीं

16. 7 232 488 777 1101 1462
5 (A) (B) (C) (D) (E)
(D) के स्थान पर क्या आएगा ? **(बैंक पी०ओ०, 2005)**
(*a*) 1099 (*b*) 1505 (*c*) 988 (*d*) 1005 (*e*) इनमें से कोई नहीं

17. 289 168 87 38
343 (A) (B) (C) (D) (E)
(E) के स्थान पर क्या आएगा ? **(बैंक परीक्षा, 2000)**
(*a*) 56 (*b*) 57 (*c*) 65 (*d*) 91 (*e*) इनमें से कोई नहीं

18. 5 149 49 113
146 (A) (B) (C) (D) (E)
(D) के स्थान पर क्या आएगा ?
(*a*) 218 (*b*) 234 (*c*) 254 (*d*) 290 (*e*) इनमें से कोई नहीं

19. 25 194 73 154 105
14 (A) (B) (C) (D) (E)
(D) के स्थान पर क्या आएगा ?
(*a*) 62 (*b*) 69 (*c*) 94 (*d*) 183 (*e*) इनमें से कोई नहीं

20. 616 496 397 317 254
838 (A) (B) (C) (D) (E)
(E) के स्थान पर क्या आएगा ?
(*a*) 428 (*b*) 476 (*c*) 529 (*d*) 619 (*e*) 718

21. 434 353 417 368 404 379
108 (A) (B) (C) (D) (E)
(D) के स्थान पर क्या आएगा ? **(मैट परीक्षा, 2005)**
(*a*) 27 (*b*) 42 (*c*) 53 (*d*) 78 (*e*) 91

22. 16 33 67 135 271 543
4 (A) (B) (C) (D) (E)
(B) के स्थान पर क्या आएगा ? **(बैंक पी०ओ०, 2005)**
(*a*) 12 (*b*) 19 (*c*) 6.5 (*d*) 7 (*e*) इनमें से कोई नहीं

23. 5 13 29 69 125 253
7 (A) (B) (C) (D) (E)
(D) के स्थान पर क्या आएगा ? **(बैंक पी०ओ०, 2004)**
(*a*) 77 (*b*) 143 (*c*) 153 (*d*) 157 (*e*) इनमें से कोई नहीं

24. 7 20 46 98 202 410
4 (A) (B) (C) (D) (E)
(D) के स्थान पर क्या आएगा ? **(बैंक पी०ओ०, 2003)**
(*a*) 146 (*b*) 162 (*c*) 166 (*d*) 184 (*e*) इनमें से कोई नहीं

25. 3 5 9 17 33 65
7 (A) (B) (C) (D) (E)
(D) के स्थान पर क्या आएगा ? **(बैंक पी०ओ०, 2003)**
(*a*) 49 (*b*) 51 (*c*) 95 (*d*) 99 (*e*) इनमें से कोई नहीं

26. 1260 628 312 154
788 (A) (B) (C) (D) (E)
(D) के स्थान पर क्या आएगा ? **(बैंक पी०ओ०, 2000)**
(*a*) 45.5 (*b*) 48 (*c*) 72.5 (*d*) 194 (*e*) इनमें से कोई नहीं

27. 2 10 27 60
5 (A) (B) (C) (D) (E)
(B) के स्थान पर क्या आएगा ?
(*a*) 13 (*b*) 34 (*c*) 38 (*d*) 2189 (*e*) इनमें से कोई नहीं

28. 2 10 14 34 62
1 (A) (B) (C) (D) (E)
(B) के स्थान पर क्या आएगा ? **(एम०बी०ए०, 2002)**
(*a*) 6 (*b*) 8 (*c*) 10 (*d*) 12 (*e*) इनमें से कोई नहीं

29. 7 24 10 33 14.5 46.5
11 (A) (B) (C) (D) (E)
(B) के स्थान पर क्या आएगा ? **(बैंक पी०ओ०, 2004)**
(*a*) 16 (*b*) 19.5 (*c*) 21 (*d*) 23.5 (*e*) इनमें से कोई नहीं

30. 2 6 16 38 84 178

3 (A) (B) (C) (D) (E)

(D) के स्थान पर क्या आएगा ? **(एम०बी०ए०, 2002)**

(*a*) 88 (*b*) 92 (*c*) 96 (*d*) 98 (*e*) इनमें से कोई नहीं

31. 3 5 13 43 177 891

2 (A) (B) (C) (D) (E)

(D) के स्थान पर क्या आएगा ? **(बैंक परीक्षा, 2003)**

(*a*) 137 (*b*) 147 (*c*) 153 (*d*) 173 (*e*) इनमें से कोई नहीं

32. 7 13 29 53 113 217

5 (A) (B) (C) (D) (E)

(E) के स्थान पर क्या आएगा ? **(बैंक पी०ओ०, 2004)**

(*a*) 151 (*b*) 153 (*c*) 171 (*d*) 173 (*e*) इनमें से कोई नहीं

33. 6 7 16 51 208

5 (A) (B) (C) (D) (E)

(E) के स्थान पर क्या आएगा ? **(एम०बी०ए०, 2005)**

(*a*) 45 (*b*) 184 (*c*) 741 (*d*) 925 (*e*) इनमें से कोई नहीं

34. 2 9 57 337

3 (A) (B) (C) (D) (E)

(B) के स्थान पर क्या आएगा ? **(बैंक पी०ओ०, 2001)**

(*a*) 15 (*b*) 93 (*c*) 553 (*d*) 3323 (*e*) इनमें से कोई नहीं

35. 1 9 65 393

2 (A) (B) (C) (D) (E)

(C) के स्थान पर क्या आएगा ?

(*a*) 490 (*b*) 729 (*c*) 731 (*d*) 853 (*e*) इनमें से कोई नहीं

36. 4 14 51 149 295

2 (A) (B) (C) (D) (E)

(C) के स्थान पर क्या आएगा ? **(एम०बी०ए०, 2002)**

(*a*) 22 (*b*) 24 (*c*) 26 (*d*) 29 (*e*) इनमें से कोई नहीं

37. 3 10 26 83 336 1683

7 (A) (B) (C) (D) (E)

(B) के स्थान पर क्या आएगा ? **(एम०बी०ए०, 2002)**

(*a*) 30 (*b*) 32 (*c*) 34 (*d*) 36 (*e*) इनमें से कोई नहीं

38. 2 3 7 25 121 721

3 (A) (B) (C) (D) (E)

(C) के स्थान पर क्या आएगा ? **(बैंक पी०ओ०, 2003)**

(*a*) 31 (*b*) 39 (*c*) 45 (*d*) 49 (*e*) इनमें से कोई नहीं

39. 5 7 10 36 136 690

2 (A) (B) (C) (D) (E)

(E) के स्थान पर क्या आएगा ?

(*a*) 64 (*b*) 110 (*c*) 310 (*d*) 330 (*e*) इनमें से कोई नहीं

40. 1 14 90 455

3 (A) (B) (C) (D)

(A) के स्थान पर क्या आएगा ?

(*a*) 24 (*b*) 32 (*c*) 174 (*d*) 875 (*e*) इनमें से कोई नहीं

41. 4 9 25 103

3 (A) (B) (C) (D) (E)

(C) के स्थान पर क्या आएगा ? **(एम०बी०ए०, 2002)**

(*a*) 79 (*b*) 81 (*c*) 91 (*d*) 391 (*e*) इनमें से कोई नहीं

42. 5 12 30 70 154

2 (A) (B) (C) (D) (E)

(D) के स्थान पर क्या आएगा ?

(*a*) 46 (*b*) 84 (*c*) 106 (*d*) 178 (*e*) 230

43. 3 11 59 419 3779 41579

11 (A) (B) (C) (D) (E)

(B) के स्थान पर क्या आएगा ? **(बैंक पी०ओ०, 2005)**

(*a*) 419 (*b*) 67 (*c*) 129 (*d*) 179 (*e*) इनमें से कोई नहीं

44. 4 3 4 7 15 38.5

6 (A) (B) (C) (D) (E)

(C) के स्थान पर क्या आएगा ? **(एम०बी०ए०, 2002)**

(*a*) 8 (*b*) 8.5 (*c*) 9 (*d*) 9.5 (*e*) इनमें से कोई नहीं

45. 7 4 5 9 20 52.5

9 (A) (B) (C) (D) (E)

(C) के स्थान पर क्या आएगा ? **(बैंक परीक्षा, 2003)**

(*a*) 10.5 (*b*) 11 (*c*) 11.5 (*d*) 12 (*e*) इनमें से कोई नहीं

46. 5 6 11 25 66.5

3 (A) (B) (C) (D) (E)

(D) के स्थान पर क्या आएगा ?

(*a*) 49.5 (*b*) 51 (*c*) 52 (*d*) 52.5 (*e*) इनमें से कोई नहीं

47. 3 8 30 132 680 4110

4 (A) (B) (C) (D) (E)

(C) के स्थान पर क्या आएगा ? **(बैंक पी०ओ०, 2004)**

(*a*) 136 (*b*) 142 (*c*) 148 (*d*) 156 (*e*) इनमें से कोई नहीं

48. 3 10 32 111 460 2315

2 (A) (B) (C) (D) (E)

(B) के स्थान पर क्या आएगा ? **(बैंक परीक्षा, 2002)**

(*a*) 26 (*b*) 28 (*c*) 29 (*d*) 30 (*e*) इनमें से कोई नहीं

49. 4 13 40 135 552 2765

2 (A) (B) (C) (D) (E)

(C) के स्थान पर क्या आएगा ? **(बैंक पी०ओ०, 2005)**

(*a*) 123 (*b*) 127 (*c*) 131 (*d*) 133 (*e*) इनमें से कोई नहीं

50. 3 4 12 45 196 1005
5 (A) (B) (C) (D) (E)
(D) के स्थान पर क्या आएगा ? **(एम०बी०ए०, 2002; बैंक पी०ओ०, 2004)**
(*a*) 216 (*b*) 224 (*c*) 236 (*d*) 244 (*e*) इनमें से कोई नहीं

51. 3 40 176 537 1078 1079
1 (A) (B) (C) (D) (E)
(E) के स्थान पर क्या आएगा ? **(बैंक पी०ओ०, 2003)**
(*a*) 738 (*b*) 829 (*c*) 839 (*d*) 938 (*e*) इनमें से कोई नहीं

52. 5 6 20 87 412
9 (A) (B) (C) (D) (E)
(C) के स्थान पर क्या आएगा ? **(बैंक परीक्षा, 2000)**
(*a*) 103 (*b*) 111 (*c*) 132 (*d*) 508 (*e*) इनमें से कोई नहीं

53. 9 10 16 57 212 1085
2 (A) (B) (C) (D) (E)
(C) के स्थान पर क्या आएगा ? **(बैंक पी०ओ०, 2003)**
(*a*) 15 (*b*) 18 (*c*) 25 (*d*) 37 (*e*) इनमें से कोई नहीं

54. 3 19 103 439 1381 2887
5 (A) (B) (C) (D) (E)
(B) के स्थान पर क्या आएगा ? **(बैंक पी०ओ०, 2005)**
(*a*) 139 (*b*) 157 (*c*) 161 (*d*) 163 (*e*) इनमें से कोई नहीं

55. 5 6 11.25 26.5 72.5 226.5
3 (A) (B) (C) (D) (E)
(B) के स्थान पर क्या आएगा ? **(बैंक पी०ओ०, 2004)**
(*a*) 8.25 (*b*) 8.5 (*c*) 9.25 (*d*) 9.5 (*e*) इनमें से कोई नहीं

56. 848 420 206 99 45.5
664 (A) (B) (C) (D) (E)
(B) के स्थान पर क्या आएगा ? **(एम०बी०ए०, 2001)**
(*a*) 13 (*b*) 34 (*c*) 76 (*d*) 160 (*e*) 328

57. 5 12 4 10 3 8
6 (A) (B) (C) (D) (E)
(D) के स्थान पर क्या आएगा ? **(बैंक पी०ओ०, 2005)**
(*a*) 3 (*b*) 4 (*c*) 5 (*d*) 7 (*e*) इनमें से कोई नहीं

दिए गए प्रश्नों के हल | प्रश्नमाला 35B

1. (*a*) :

पहली संख्या श्रेणी		दूसरी संख्या श्रेणी	
101		113	
	+ 2		+ 2
103		115(A)	
	+ 4		+ 4
107		119(B)	
	+ 2		+ 2
109		121(C)	
	+ 4		+ 4
113		125(D)	

(A) के स्थान पर 115 आएगा.

2. (*e*) :

पहली संख्या श्रेणी		दूसरी संख्या श्रेणी	
12		24	
	+ 19		+ 19
31		43(A)	
	+ 17		+ 17
48		60(B)	
	+ 15		+ 15
63		75(C)	
			+ 13
		88(D)	
			+ 11
		99(E)	

(C) के स्थान पर 75 आएगा.

3. (*e*) :

पहली संख्या श्रेणी		दूसरी संख्या श्रेणी	
5		7	
	+ 3		+ 3
8		10(A)	
	− 2		− 2
6		8(B)	
	+ 4		+ 4
10		12(C)	
	− 3		− 3
7		9(D)	
	+ 5		+ 5
12		14(E)	

(C) के स्थान पर 12 आएगा.

4. (*a*) :

पहली संख्या श्रेणी		दूसरी संख्या श्रेणी	
6		2	
	× 3		× 3
18		6(A)	
	× 2		× 2
36		12(B)	
	× 3		× 3
108		36(C)	
	× 2		× 2
216		72(D)	
	× 3		× 3
648		216(E)	

(E) के स्थान पर 216 आएगा.

5. (*c*) :

पहली संख्या श्रेणी		दूसरी संख्या श्रेणी	
21		17	
	× 3		× 3
63		51(A)	
	× 4		× 4
252		204(B)	
	× 5		× 5
1260		1020(C)	
	× 6		× 6
7560		6120(D)	
	× 7		× 7
52920		42840(E)	

(C) के स्थान पर 1020 आएगा.

6. (*a*) :

पहली संख्या श्रेणी		दूसरी संख्या श्रेणी	
6		40	
	× 0.5		× 0.5
3		20(A)	
	× 1.5		× 1.5
4.5		30(B)	
	× 0.5		× 0.5
2.25		15(C)	
			× 1.5
		22.5(D)	
			× 0.5
		11.25(E)	

(C) के स्थान पर 15 आएगा.

7. (*b*) :

पहली संख्या श्रेणी		दूसरी संख्या श्रेणी	
6		20	
	× 1.5		× 1.5
9		30(A)	
	× 2		× 2
18		60(B)	
	× 2.5		× 2.5
45		150(C)	
	× 3		× 3
135		450(D)	
			× 3.5
		1575(E)	

(C) के स्थान पर 150 आएगा.

8. (*d*) :

पहली संख्या श्रेणी		दूसरी संख्या श्रेणी	
8		12	
	× 0.5		× 0.5
4		6(A)	
	× 1.5		× 1.5
6		9(B)	
	× 2.5		× 2.5
15		22.5(C)	
	× 3.5		× 3.5
52.5		78.75(D)	
	× 4.5		× 4.5
236.25		354.375(E)	

(C) के स्थान पर 22.5 आएगा.

9. (*c*) : **पहली संख्या श्रेणी** **दूसरी संख्या श्रेणी**

पहली संख्या श्रेणी		दूसरी संख्या श्रेणी	
6		8	
	× 1.5		× 1.5
9		12(A)	
	× 3		× 3
27		36(B)	
	× 4.5		× 4.5
121.5		162(C)	
	× 6		× 6
729		972(D)	
			× 7.5
		7290(E)	

(C) के स्थान पर 162 आएगा.

10. (*a*) : **पहली संख्या श्रेणी** **दूसरी संख्या श्रेणी**

पहली संख्या श्रेणी		दूसरी संख्या श्रेणी	
360		240	
	÷ 5		÷ 5
72		48(A)	
	÷ 4		÷ 4
18		12(B)	
	÷ 3		÷ 3
6		4(C)	
	÷ 2		÷ 2
3		2(D)	

(C) के स्थान पर 4 आएगा.

11. (*c*) : **पहली संख्या श्रेणी** **दूसरी संख्या श्रेणी**

पहली संख्या श्रेणी		दूसरी संख्या श्रेणी	
28		144	
	÷ 2		÷ 2
14		72(A)	
	× 1.5		× 1.5
21		108(B)	
	÷ 3		÷ 3
7		36(C)	
	× 2		× 2
14		72(D)	
	÷ 4		÷ 4
3.5		18(E)	

(D) के स्थान पर 72 आएगा.

12. (*a*) : **पहली संख्या श्रेणी** **दूसरी संख्या श्रेणी**

पहली संख्या श्रेणी	दूसरी संख्या श्रेणी
$x^2 \rightarrow 1^2$	$3^2 = 9$
$x^3 \rightarrow 1^3$	$3^3 = 27$(A)
$(x+1)^2 \rightarrow 2^2$	$4^2 = 16$(B)
$(x+1)^3 \rightarrow 2^3$	$4^3 = 64$(C)
$(x+2)^2 \rightarrow 3^2$	$5^2 = 25$(D)

(D) के स्थान पर 25 आएगा.

13. (*e*) : **पहली संख्या श्रेणी** **दूसरी संख्या श्रेणी**

पहली संख्या श्रेणी	दूसरी संख्या श्रेणी
$x \rightarrow 3$	7
$x^2 - 4 \rightarrow 5$	$7^2 - 4 = 45$(A)
$x^3 - 4 \rightarrow 23$	$7^3 - 4 = 339$(B)
$x^4 - 4 \rightarrow 77$	$7^4 - 4 = 2397$(C)
	$7^5 - 4 = 16803$(D)

(D) के स्थान पर 16803 आएगा.

14. (*b*) : **पहली संख्या श्रेणी** **दूसरी संख्या श्रेणी**

पहली संख्या श्रेणी		दूसरी संख्या श्रेणी	
15		189	
	$+ 1^2$		$+ 1^2$
16		190(A)	
	$+ 3^2$		$+ 3^2$
25		199(B)	
	$+ 5^2$		$+ 5^2$
50		224(C)	
			$+ 7^2$
		273(D)	
			$+ 9^2$
		354(E)	

(E) के स्थान पर 354 आएगा.

15. (*d*) : **पहली संख्या श्रेणी** **दूसरी संख्या श्रेणी**

पहली संख्या श्रेणी		दूसरी संख्या श्रेणी	
15		7	
	$+ 12^2$		$+ 12^2$
159		151(A)	
	$+ 10^2$		$+ 10^2$
259		251(B)	
	$+ 8^2$		$+ 8^2$
323		315(C)	
			$+ 6^2$
		351(D)	
			$+ 4^2$
		367(E)	

(C) के स्थान पर 315 आएगा.

16. (*a*) : **पहली संख्या श्रेणी** **दूसरी संख्या श्रेणी**

पहली संख्या श्रेणी		दूसरी संख्या श्रेणी	
7		5	
	$+ 15^2$		$+ 15^2$
232		230(A)	
	$+ 16^2$		$+ 16^2$
488		486(B)	
	$+ 17^2$		$+ 17^2$
777		775(C)	
	$+ 18^2$		$+ 18^2$
1101		1099(D)	
	$+ 19^2$		$+ 19^2$
1462		1460(E)	

(D) के स्थान पर 1099 आएगा.

17. (*e*) : **पहली संख्या श्रेणी** **दूसरी संख्या श्रेणी**

पहली संख्या श्रेणी		दूसरी संख्या श्रेणी	
289		343	
	$- 11^2$		$- 11^2$
168		222(A)	
	$- 9^2$		$- 9^2$
87		141(B)	
	$- 7^2$		$- 7^2$
38		92(C)	
			$- 5^2$
		67(D)	
			$- 3^2$
		58(E)	

(E) के स्थान पर 58 आएगा.

18. (*a*) :

पहली संख्या श्रेणी		दूसरी संख्या श्रेणी	
5		146	
	$+12^2$		$+12^2$
149		290(A)	
	-10^2		-10^2
49		190(B)	
	$+8^2$		$+8^2$
113		254(C)	
			-6^2
		218(D)	
			$+4^2$
		234(E)	

(D) के स्थान पर 218 आएगा।

19. (*c*) :

पहली संख्या श्रेणी		दूसरी संख्या श्रेणी	
25		14	
	$+13^2$		$+13^2$
194		183(A)	
	-11^2		-11^2
73		62(B)	
	$+9^2$		$+9^2$
154		143(C)	
	-7^2		-7^2
105		94(D)	
			$+5^2$
		119(E)	

(D) के स्थान पर 94 आएगा।

20. (*a*) :

पहली संख्या श्रेणी		दूसरी संख्या श्रेणी	
616		838	
	$-(11^2-1)$		$-(11^2-1)$
496		718 (A)	
	$-(10^2-1)$		$-(10^2-1)$
397		619 (B)	
	$-(9^2-1)$		$-(9^2-1)$
317		539 (C)	
	$-(8^2-1)$		$-(8^2-1)$
254		476 (D)	
			$-(7^2-1)$
		428 (E)	

(E) के स्थान पर 428 आएगा।

21. (*d*) :

पहली संख्या श्रेणी		दूसरी संख्या श्रेणी	
434		108	
	-9^2		-9^2
353		27(A)	
	$+8^2$		$+8^2$
417		91(B)	
	-7^2		-7^2
368		42(C)	
	$+6^2$		$+6^2$
404		78(D)	
	-5^2		-5^2
379		53(E)	

(D) के स्थान पर 78 आएगा।

22. (*b*) :

पहली संख्या श्रेणी		दूसरी संख्या श्रेणी	
16		4	
	$\times 2+1$		$\times 2+1$
33		9(A)	
	$\times 2+1$		$\times 2+1$
67		19(B)	
	$\times 2+1$		$\times 2+1$
135		39(C)	
	$\times 2+1$		$\times 2+1$
271		79(D)	
	$\times 2+1$		$\times 2+1$
543		159(E)	

(B) के स्थान पर 19 आएगा।

23. (*d*) :

पहली संख्या श्रेणी		दूसरी संख्या श्रेणी	
5		7	
	$\times 2+3$		$\times 2+3$
13		17(A)	
	$\times 2+3$		$\times 2+3$
29		37(B)	
	$\times 2+3$		$\times 2+3$
61		77(C)	
	$\times 2+3$		$\times 2+3$
125		157(D)	
	$\times 2+3$		$\times 2+3$
253		317(E)	

(D) के स्थान पर 157 आएगा।

24. (*e*) :

पहली संख्या श्रेणी		दूसरी संख्या श्रेणी	
7		4	
	$\times 2+6$		$\times 2+6$
20		14(A)	
	$\times 2+6$		$\times 2+6$
46		34(B)	
	$\times 2+6$		$\times 2+6$
98		74(C)	
	$\times 2+6$		$\times 2+6$
202		154(D)	
	$\times 2+6$		$\times 2+6$
410		314(E)	

(D) के स्थान पर 154 आएगा।

25. (*e*) :

पहली संख्या श्रेणी		दूसरी संख्या श्रेणी	
3		7	
	$\times 2-1$		$\times 2-1$
5		13(A)	
	$\times 2-1$		$\times 2-1$
9		25(B)	
	$\times 2-1$		$\times 2-1$
17		49(C)	
	$\times 2-1$		$\times 2-1$
33		97(D)	
	$\times 2-1$		$\times 2-1$
65		193(E)	

(D) के स्थान पर 97 आएगा।

26. (*a*) :

पहली संख्या श्रेणी		दूसरी संख्या श्रेणी	
1260	$\times\frac{1}{2}-2$	788	$\times\frac{1}{2}-2$
628	$\times\frac{1}{2}-2$	392(A)	$\times\frac{1}{2}-2$
312	$\times\frac{1}{2}-2$	194(B)	$\times\frac{1}{2}-2$
154		95(C)	$\times\frac{1}{2}-2$
		45.5(D)	$\times\frac{1}{2}-2$
		20.75(E)	

(D) के स्थान पर 45.5 आएगा.

27. (*e*) :

पहली संख्या श्रेणी		दूसरी संख्या श्रेणी	
2	$\times 2+6$	5	$\times 2+6$
10	$\times 2+7$	16(A)	$\times 2+7$
27	$\times 2+6$	39(B)	$\times 2+6$
60		84(C)	$\times 2+7$
		175(D)	$\times 2+6$
		356(E)	

(B) के स्थान पर 39 आएगा.

28. (*c*) :

पहली संख्या श्रेणी		दूसरी संख्या श्रेणी	
2	$\times 2+6$	1	$\times 2+6$
10	$\times 2-6$	8(A)	$\times 2-6$
14	$\times 2+6$	10(B)	$\times 2+6$
34	$\times 2-6$	26(C)	$\times 2-6$
62		46(D)	$\times 2+6$
		98(E)	

(B) के स्थान पर 10 आएगा.

29. (*a*) :

पहली संख्या श्रेणी		दूसरी संख्या श्रेणी	
7	$\times 3+3$	11	$\times 3+3$
24	$\times\frac{1}{2}-2$	36(A)	$\times\frac{1}{2}-2$
10	$\times 3+3$	16(B)	$\times 3+3$
33	$\times\frac{1}{2}-2$	51(C)	$\times\frac{1}{2}-2$
14.5	$\times 3+3$	23.5(D)	$\times 3+3$
46.5		73.5(E)	

(B) के स्थान पर 16 आएगा.

30. (*e*) :

पहली संख्या श्रेणी		दूसरी संख्या श्रेणी	
2	$\times 2+2$	3	$\times 2+2$
6	$\times 2+4$	8(A)	$\times 2+4$
16	$\times 2+6$	20(B)	$\times 2+6$
38	$\times 2+8$	46(C)	$\times 2+8$
84	$\times 2+10$	100(D)	$\times 2+10$
178		210(E)	

(D) के स्थान पर 100 आएगा.

31. (*c*) :

पहली संख्या श्रेणी		दूसरी संख्या श्रेणी	
3	$\times 1+2$	2	$\times 1+2$
5	$\times 2+3$	4(A)	$\times 2+3$
13	$\times 3+4$	11(B)	$\times 3+4$
43	$\times 4+5$	37(C)	$\times 4+5$
177	$\times 5+6$	153(D)	$\times 5+6$
891		771(E)	

(D) के स्थान पर 153 आएगा.

32. (*b*) :

पहली संख्या श्रेणी		दूसरी संख्या श्रेणी	
7	$\times 2-1$	5	$\times 2-1$
13	$\times 2+3$	9(A)	$\times 2+3$
29	$\times 2-5$	21(B)	$\times 2-5$
53	$\times 2+7$	37(C)	$\times 2+7$
113	$\times 2-9$	81(D)	$\times 2-9$
217		153(E)	

(E) के स्थान पर 153 आएगा.

33. (*d*) :

पहली संख्या श्रेणी		दूसरी संख्या श्रेणी	
6	$\times 1+1$	5	$\times 1+1$
7	$\times 2+2$	6(A)	$\times 2+2$
16	$\times 3+3$	14(B)	$\times 3+3$
51	$\times 4+4$	45(C)	$\times 4+4$
208		184(D)	$\times 5+5$
		925(E)	

(E) के स्थान पर 925 आएगा.

34. (*b*) :

पहली संख्या श्रेणी		दूसरी संख्या श्रेणी	
2		3	
	× 6 − 3		× 6 − 3
9		15(A)	
	× 6 + 3		× 6 + 3
57		93(B)	
	× 6 − 5		× 6 − 5
337		553(C)	
			× 6 + 5
		3323(D)	
			× 6 − 7
		19931(E)	

(B) के स्थान पर 93 आएगा.

35. (*b*) :

पहली संख्या श्रेणी		दूसरी संख्या श्रेणी	
1		2	
	× 8 + 1		× 8 + 1
9		17(A)	
	× 7 + 2		× 7 + 2
65		121(B)	
	× 6 + 3		× 6 + 3
393		729(C)	
			× 5 + 4
		3649(D)	
			× 4 + 5
		14601(E)	

(C) के स्थान पर 729 आएगा.

36. (*d*) :

पहली संख्या श्रेणी		दूसरी संख्या श्रेणी	
4		2	
	× 5 − 6		× 5 − 6
14		4(A)	
	× 4 − 5		× 4 − 5
51		11(B)	
	× 3 − 4		× 3 − 4
149		29(C)	
	× 2 − 3		× 2 − 3
295		55(D)	
			× 1 − 2
		53(E)	

(C) के स्थान पर 29 आएगा.

37. (*c*) :

पहली संख्या श्रेणी		दूसरी संख्या श्रेणी	
3		7	
	× 1 + 7		× 1 + 7
10		14(A)	
	× 2 + 6		× 2 + 6
26		34(B)	
	× 3 + 5		× 3 + 5
83		107(C)	
	× 4 + 4		× 4 + 4
336		432(D)	
	× 5 + 3		× 5 + 3
1683		2163(E)	

(B) के स्थान पर 34 आएगा.

38. (*d*) :

पहली संख्या श्रेणी		दूसरी संख्या श्रेणी	
2		3	
	× 2 − 1		× 2 − 1
3		5(A)	
	× 3 − 2		× 3 − 2
7		13(B)	
	× 4 − 3		× 4 − 3
25		49(C)	
	× 5 − 4		× 5 − 4
121		241(D)	
	× 6 − 5		× 6 − 5
721		1441(E)	

(C) के स्थान पर 49 आएगा.

39. (*d*) :

पहली संख्या श्रेणी		दूसरी संख्या श्रेणी	
5		2	
	× 1 + 2		× 1 + 2
7		4(A)	
	× 2 − 4		× 2 − 4
10		4(B)	
	× 3 + 6		× 3 + 6
36		18(C)	
	× 4 − 8		× 4 − 8
136		64(D)	
	× 5 + 10		× 5 + 10
690		330(E)	

(E) के स्थान पर 330 आएगा.

40. (*e*) :

पहली संख्या श्रेणी		दूसरी संख्या श्रेणी	
1		3	
	× 7 + 7		× 7 + 7
14		28(A)	
	× 6 + 6		× 6 + 6
90		174(B)	
	× 5 + 5		× 5 + 5
455		875(C)	
			× 4 + 4
		3504(D)	
			× 3 + 3
		10515(E)	

(A) के स्थान पर 28 आएगा.

41. (*a*) :

पहली संख्या श्रेणी		दूसरी संख्या श्रेणी	
4		3	
	× 2 + 1		× 2 + 1
9		7(A)	
	× 3 − 2		× 3 − 2
25		19(B)	
	× 4 + 3		× 4 + 3
103		79(C)	
			× 5 − 4
		391(D)	
			× 6 + 5
		2351(E)	

(C) के स्थान पर 79 आएगा.

42. (*c*) :

पहली संख्या श्रेणी		दूसरी संख्या श्रेणी	
5		2	
	× 2 + 2		× 2 + 2
12		6(A)	
	× 2 + 6		× 2 + 6
30		18(B)	
	× 2 + 10		× 2 + 10
70		46(C)	
	× 2 + 14		× 2 + 14
154		106(D)	
			× 2 + 18
		230(E)	

(D) के स्थान पर 106 आएगा.

43. (*d*) :

पहली संख्या श्रेणी		दूसरी संख्या श्रेणी	
3		11	
	× 3 + 2		× 3 + 2
11		35(A)	
	× 5 + 4		× 5 + 4
59		179(B)	
	× 7 + 6		
419			
	× 9 + 8		
3979			
	× 11+10		
41579			

(B) के स्थान पर 179 आएगा.

44. (*b*) :

पहली संख्या श्रेणी		दूसरी संख्या श्रेणी	
4		6	
	× 0.5+1		× 0.5+1
3		4(A)	
	× 1 + 1		× 1 + 1
4		5(B)	
	× 1.5+1		× 1.5+1
7		8.5(C)	
	× 2 + 1		× 2 + 1
15		18(D)	
	× 2.5+1		× 2.5+1
38.5		46(E)	

(C) के स्थान पर 8.5 आएगा.

45. (*a*) :

पहली संख्या श्रेणी		दूसरी संख्या श्रेणी	
7		9	
	× 0.5+0.5		× 0.5+0.5
4		5(A)	
	× 1 + 1		× 1 + 1
5		6(B)	
	× 1.5+1.5		× 1.5+1.5
9		10.5(C)	
	× 2 + 2		× 2 + 2
20		23(D)	
	× 2.5+2.5		× 2.5+2.5
52.5		60(E)	

(C) के स्थान पर 10.5 आएगा.

46. (*e*) :

पहली संख्या श्रेणी		दूसरी संख्या श्रेणी	
5		3	
	× 1 + 1		× 1 + 1
6		4(A)	
	× 1.5+2		× 1.5+2
11		8(B)	
	× 2 + 3		× 2 + 3
25		19(C)	
	× 2.5+4		× 2.5+4
66.5		51.5(D)	
			× 3 + 5
		159.5(E)	

(D) के स्थान पर 51.5 आएगा.

47. (*d*) :

पहली संख्या श्रेणी		दूसरी संख्या श्रेणी	
3		4	
	× 2+(1×2)		× 2+(1×2)
8		10(A)	
	× 3+(2×3)		× 3+(2×3)
30		36(B)	
	× 4+(3×4)		× 4+(3×4)
132		156(C)	
	× 5+(4×5)		× 5+(4×5)
680		800(D)	
	× 6+(5×6)		× 6+(5×6)
4110		4830(E)	

(C) के स्थान पर 156 आएगा.

48. (*d*) :

पहली संख्या श्रेणी		दूसरी संख्या श्रेणी	
3		2	
	× 1+(1×7)		× 1+(1×7)
10		9(A)	
	× 2+(2×6)		× 2+(2×6)
32		30(B)	
	× 3+(3×5)		× 3+(3×5)
111		105(C)	
	× 4+(4×4)		× 4+(4×4)
460		436(D)	
	× 5+(5×3)		× 5+(5×3)
2315		2195(E)	

(B) के स्थान पर 30 आएगा.

49. (*a*) :

पहली संख्या श्रेणी		दूसरी संख्या श्रेणी	
4		2	
	× 1+(1×9)		× 1+(1×9)
13		11(A)	
	× 2+(2×7)		× 2+(2×7)
40		36(B)	
	× 3+(3×5)		× 3+(3×5)
135		123(C)	
	× 4+(4×3)		× 4+(4×3)
552		504(D)	
	× 5+(5×1)		× 5+(5×1)
2765		2525(E)	

(C) के स्थान पर 123 आएगा.

50. (*d*) : **पहली संख्या श्रेणी** **दूसरी संख्या श्रेणी**

पहली संख्या श्रेणी		दूसरी संख्या श्रेणी	
3		5	
	$\times 1 + 1^2$		$\times 1 + 1^2$
4		6(A)	
	$\times 2 + 2^2$		$\times 2 + 2^2$
12		16(B)	
	$\times 3 + 3^2$		$\times 3 + 3^2$
45		57(C)	
	$\times 4 + 4^2$		$\times 4 + 4^2$
196		244(D)	
	$\times 5 + 5^2$		$\times 5 + 5^2$
1005		1245(E)	

(D) के स्थान पर 244 आएगा.

51. (*c*) : **पहली संख्या श्रेणी** **दूसरी संख्या श्रेणी**

पहली संख्या श्रेणी		दूसरी संख्या श्रेणी	
3		1	
	$\times 5 + 5^2$		$\times 5 + 5^2$
40		30(A)	
	$\times 4 + 4^2$		$\times 4 + 4^2$
176		136(B)	
	$\times 3 + 3^2$		$\times 3 + 3^2$
537		417(C)	
	$\times 2 + 2^2$		$\times 2 + 2^2$
1078		838(D)	
	$\times 1 + 1^2$		$\times 1 + 1^2$
1079		839(E)	

(E) के स्थान पर 839 आएगा.

52. (*b*) : **पहली संख्या श्रेणी** **दूसरी संख्या श्रेणी**

पहली संख्या श्रेणी		दूसरी संख्या श्रेणी	
5		9	
	$\times 1 + 1^3$		$\times 1 + 1^3$
6		10(A)	
	$\times 2 + 2^3$		$\times 2 + 2^3$
20		28(B)	
	$\times 3 + 3^3$		$\times 3 + 3^3$
87		111(C)	
	$\times 4 + 4^3$		$\times 4 + 4^3$
412		508(D)	
			$\times 5 + 5^3$
		2665(E)	

(C) के स्थान पर 111 आएगा.

53. (*a*) : **पहली संख्या श्रेणी** **दूसरी संख्या श्रेणी**

पहली संख्या श्रेणी		दूसरी संख्या श्रेणी	
9		2	
	$\times 1 + 1^2$		$\times 1 + 1^2$
10		3(A)	
	$\times 2 - 2^2$		$\times 2 - 2^2$
16		2(B)	
	$\times 3 + 3^2$		$\times 3 + 3^2$
57		15(C)	
	$\times 4 - 4^2$		$\times 4 - 4^2$
212		44(D)	
	$\times 5 + 5^2$		$\times 5 + 5^2$
1085		245(E)	

(C) के स्थान पर 15 आएगा.

54. (*d*) : **पहली संख्या श्रेणी** **दूसरी संख्या श्रेणी**

पहली संख्या श्रेणी		दूसरी संख्या श्रेणी	
3		5	
	$\times 6 + 1^3$		$\times 6 + 1^3$
19		31(A)	
	$\times 5 + 2^3$		$\times 5 + 2^3$
103		163(B)	
	$\times 4 + 3^3$		$\times 4 + 3^3$
439		679(C)	
	$\times 3 + 4^3$		$\times 3 + 4^3$
1381		2101(D)	
	$\times 2 + 5^3$		$\times 2 + 5^3$
2887		4327(E)	

(B) के स्थान पर 163 आएगा.

55. (*a*) : **पहली संख्या श्रेणी** **दूसरी संख्या श्रेणी**

पहली संख्या श्रेणी		दूसरी संख्या श्रेणी	
5		3	
	$\times 1 + 1^2$		$\times 1 + 1^2$
6		4(A)	
	$\times 1.5+(1.5)^2$		$\times 1.5+(1.5)^2$
11.25		8.25(B)	
	$\times 2 + 2^2$		$\times 2 + 2^2$
26.5		20.5(C)	
	$\times 2.5+(2.5)^2$		$\times 2.5+(2.5)^2$
72.5		57.5(D)	
	$\times 3 + 3^2$		$\times 3 + 3^2$
226.5		181.5(E)	

(B) के स्थान पर 8.25 आएगा.

56. (*d*) : **पहली संख्या श्रेणी** **दूसरी संख्या श्रेणी**

पहली संख्या श्रेणी		दूसरी संख्या श्रेणी	
848		664	
	$\div 2 - 4$		$\div 2 - 4$
420		328(A)	
	$\div 2 - 4$		$\div 2 - 4$
206		160(B)	
	$\div 2 - 4$		$\div 2 - 4$
99		76(C)	
	$\div 2 - 4$		$\div 2 - 4$
45.5		34(D)	
			$\div 2 - 4$
		13(E)	

(B) के स्थान पर 160 आएगा.

57. (*b*) : **पहली संख्या श्रेणी** **दूसरी संख्या श्रेणी**

पहली संख्या श्रेणी		दूसरी संख्या श्रेणी	
5		6	
	$\times 2 + 2$		$\times 2 + 2$
12		14(A)	
	$\div 2 - 2$		$\div 2 - 2$
4		5(B)	
	$\times 2 + 2$		$\times 2 + 2$
10		12(C)	
	$\div 2 - 2$		$\div 2 - 2$
3		4(D)	
	$\times 2 + 2$		$\times 2 + 2$
8		10(E)	

(D) के स्थान पर 4 आएगा.

टाइप 3 : दी गई श्रेणी में त्रुटिपूर्ण संख्या ज्ञात करना

इस प्रकार के प्रत्येक प्रश्न में एक संख्या श्रेणी दी जाती है. इस श्रेणी के पदों के मध्यान्तर एक निश्चित क्रम होता है, किन्तु एक संख्या इस प्रकार की होती है कि वह उस क्रम का अनुसरण नहीं करती. यही संख्या त्रुटिपूर्ण होती है और परीक्षार्थी को उसी संख्या का चयन करना होता है.

निर्देश : निम्नलिखित प्रत्येक प्रश्न में त्रुटिपूर्ण संख्या ज्ञात कीजिए :

प्रश्न 1. 217 224 213 226 210 228 **(बैंक पी०ओ०, 2005)**

(*a*) 210 (*b*) 213 (*c*) 226 (*d*) 228 (*e*) इनमें से कोई नहीं

हल : दी गई श्रेढ़ी में क्रम है : + 7, – 11, + 13, ... (केवल अभाज्य संख्यायें जोड़ी व घटाई गई हैं)

इस प्रकार : 217 + 7 = 224; 224 – 11 = 213; 213 + 13 = 226; 226 – 17 = 209; 209 + 19 = 228.

$\therefore$ 210 त्रुटिपूर्ण संख्या है.

अत: सही उत्तर है (*a*).

प्रश्न 2. 900 450 180 90 38 18 **(स्पेशलिस्ट ऑफिसर, 2007)**

(*a*) 18 (*b*) 90 (*c*) 180 (*d*) 450 (*e*) इनमें से कोई नहीं

हल : दी गई श्रेढ़ी में क्रम है : $\times\frac{1}{2}, \times\frac{2}{5}, \times\frac{1}{2}, \times\frac{2}{5}, ...$

इस प्रकार : $900\times\frac{1}{2}=450; 450\times\frac{2}{5}=180; 180\times\frac{1}{2}=90; 90\times\frac{2}{5}=36; 36\times\frac{1}{2}=18.$

$\therefore$ 38 त्रुटिपूर्ण संख्या है और उसके स्थान पर 36 होना चाहिए.

अत: सही उत्तर है (*e*).

प्रश्न 3. 7 28 63 124 215 342 511

(*a*) 7 (*b*) 28 (*c*) 124 (*d*) 215 (*e*) इनमें से कोई नहीं

हल : दी गई श्रेढ़ी में 28 के अतिरिक्त प्रत्येक पद में 1 जोड़ने पर एक पूर्ण घन प्राप्त होता है.

$\therefore$ 28 त्रुटिपूर्ण संख्या है. अत: सही उत्तर है (*b*).

प्रश्न 4. 7 4 5 9 18 52.5 160.5

(*a*) 4 (*b*) 5 (*c*) 9 (*d*) 18 (*e*) 52.5

हल : दी गई श्रेढ़ी में क्रम है : × 0.5 + 0.5, × 1 + 1, × 1.5 + 1.5, ...

इस प्रकार : 7 × 0.5 + 0.5 = 4; 4 × 1 + 1 = 5; 5 × 1.5 + 1.5 = 9; 9 × 2 + 2 = 20;
20 × 2.5 + 2.5 = 52.5; 52.5 × 3 + 3 = 160.5.

$\therefore$ 18 त्रुटिपूर्ण संख्या है और उसके स्थान पर 20 आना चाहिए.

अत: सही उत्तर है (*d*).

प्रश्नमाला 35C

निर्देश (प्रश्न 1 से 83) : नीचे दिए गए प्रत्येक प्रश्न में त्रुटिपूर्ण संख्या ज्ञात कीजिए :

1. 156 468 780 1094 1404 1716 **(स्पेशलिस्ट ऑफिसर, 2007)**

(*a*) 468 (*b*) 780 (*c*) 1094 (*d*) 1716 (*e*) इनमें से कोई नहीं

2. 56 72 90 108 132 **(मैट परीक्षा, 1999)**

(*a*) 72 (*b*) 108 (*c*) 132 (*d*) 90 (*e*) इनमें से कोई नहीं

3. 5 8 15 20 29 40 53 **(एस०एस०सी०, 2003)**

(*a*) 15 (*b*) 20 (*c*) 29 (*d*) 40 (*e*) इनमें से कोई नहीं

4. 8 13 21 32 47 63 83

(*a*) 21 (*b*) 32 (*c*) 47 (*d*) 63 (*e*) 83

5. 17 22 32 45 67 92 (एल०आई०सी०, 2007)
(a) 22 (b) 32 (c) 45 (d) 67 (e) इनमें से कोई नहीं

6. 113 130 164 215 293 368 (बैंक पी०ओ०, 2006)
(a) 130 (b) 164 (c) 215 (d) 293 (e) इनमें से कोई नहीं

7. 10 15 24 35 54 75 100 (बैंक परीक्षा, 2002)
(a) 15 (b) 24 (c) 35 (d) 54 (e) 75

8. 52 51 48 43 34 27 16 (एम०बी०ए०, 2005)
(a) 27 (b) 34 (c) 43 (d) 48 (e) इनमें से कोई नहीं

9. 36 20 12 8 6 5.5 4.5 (बैंक पी०ओ०, 2002)
(a) 5.5 (b) 6 (c) 8 (d) 12 (e) 20

10. 16 24 34 54 81 (रेलवे परीक्षा, 2002)
(a) 24 (b) 34 (c) 54 (d) 81 (e) इनमें से कोई नहीं

11. 3 51 663 7293 51055 255255 (एल०आई०सी०, 2005)
(a) 51 (b) 7293 (c) 51055 (d) 255255 (e) इनमें से कोई नहीं

12. 5040 3014 1814.4 1088.64 653.184 391.9104 (स्पेशलिस्ट ऑफिसर, 2006)
(a) 1088.64 (b) 391.9104 (c) 1814.4 (d) 653.184 (e) इनमें से कोई नहीं

13. 3 7.5 15 37.5 75 167.5 375 (बैंक परीक्षा, 2002)
(a) 7.5 (b) 15 (c) 37.5 (d) 75 (e) 167.5

14. 36 54 135 472.15 2126.25 11694.375 (बैंक पी०ओ०, 2006)
(a) 135 (b) 54 (c) 472.15 (d) 11694.375 (e) इनमें से कोई नहीं

15. 6 9 18 45 157.5 472.5 1890 (मैट परीक्षा, 2002)
(a) 9 (b) 18 (c) 45 (d) 157.5 (e) 472.5

16. 2 14 91 546 3002 15015 (बैंक परीक्षा, 2002)
(a) 14 (b) 91 (c) 546 (d) 3002 (e) 15015

17. 16 4 2 1.5 1.75 1.875 (बैंक पी०ओ०, 2003)
(a) 1.5 (b) 1.75 (c) 1.875 (d) 2 (e) 4

18. 24576 6144 1536 386 96 24 (मैट परीक्षा, 2003)
(a) 96 (b) 386 (c) 1536 (d) 6144 (e) इनमें से कोई नहीं

19. 108 54 36 18 9 6 4 (बैंक परीक्षा, 2002)
(a) 6 (b) 9 (c) 18 (d) 36 (e) 54

20. 2 9 28 63 126 (रेलवे परीक्षा, 2002)
(a) 2 (b) 9 (c) 28 (d) 63 (e) 126

21. 4 9 16 25 34 49 64 (रेलवे परीक्षा, 2002)
(a) 4 (b) 16 (c) 34 (d) 64 (e) इनमें से कोई नहीं

22. 3 4 12 38 103 228 (स्पेशलिस्ट ऑफिसर, 2007)
(a) 12 (b) 38 (c) 103 (d) 228 (e) इनमें से कोई नहीं

23. 1 5 14 30 55 97 (रेलवे परीक्षा, 2002)
(a) 5 (b) 14 (c) 30 (d) 55 (e) 97

24. 3 4 9 17 33 58 94 (बैंक पी०ओ०, 2003)
(a) 4 (b) 9 (c) 17 (d) 33 (e) 58

25. 3 4 13 38 87 166 289 (बैंक पी०ओ०, 2002)
(*a*) 4 (*b*) 13 (*c*) 38 (*d*) 87 (*e*) 166

26. 778 634 488 407 358 333 324
(*a*) 333 (*b*) 358 (*c*) 407 (*d*) 488 (*e*) 634

27. 444 300 200 136 87 84 80 (एम०बी०ए०, 2004)
(*a*) 84 (*b*) 87 (*c*) 136 (*d*) 200 (*e*) 300

28. 50 51 47 56 42 65 29 (बैंक पी०ओ०, 2008)
(*a*) 42 (*b*) 47 (*c*) 51 (*d*) 56 (*e*) 65

29. 7 8 16 46 107 232 448 (बैंक पी०ओ०, 2006)
(*a*) 8 (*b*) 16 (*c*) 46 (*d*) 107 (*e*) 232

30. 93 309 434 498 521 533 (एम०बी०ए०, 2005)
(*a*) 309 (*b*) 434 (*c*) 498 (*d*) 533 (*e*) इनमें से कोई नहीं

31. 1015 799 674 615 583 575 (एल०आई०सी०, 2007)
(*a*) 799 (*b*) 674 (*c*) 583 (*d*) 575 (*e*) इनमें से कोई नहीं

32. 5 6 33 158 374 1230 2561
(*a*) 6 (*b*) 33 (*c*) 158 (*d*) 374 (*e*) 1230

33. 30 33 39 50 68 93 133
(*a*) 33 (*b*) 39 (*c*) 50 (*d*) 68 (*e*) 93

34. 71 83 154 237 391 625 1019 (एल०आई०सी०, 2005)
(*a*) 154 (*b*) 237 (*c*) 391 (*d*) 625 (*e*) इनमें से कोई नहीं

35. 2 6 12 72 865 62208 (स्पेशलिस्ट ऑफिसर, 2007)
(*a*) 12 (*b*) 72 (*c*) 865 (*d*) 62208 (*e*) इनमें से कोई नहीं

36. 4 7 24 196 5488 1075648 (एम०बी०ए०, 2002)
(*a*) 24 (*b*) 196 (*c*) 5488 (*d*) 1075648 (*e*) इनमें से कोई नहीं

37. 69 55 26 13 5 (मैट परीक्षा, 2003)
(*a*) 5 (*b*) 13 (*c*) 26 (*d*) 55 (*e*) इनमें से कोई नहीं

38. 439 778 1456 2812 5624 10948 (स्पेशलिस्ट ऑफिसर, 2006)
(*a*) 778 (*b*) 1456 (*c*) 2812 (*d*) 5624 (*e*) इनमें से कोई नहीं

39. 4 7 16 46 124 367 1096 (बैंक पी०ओ०, 2003)
(*a*) 7 (*b*) 16 (*c*) 46 (*d*) 124 (*e*) 367

40. 2 7 17 37 67 157 317 (बैंक पी०ओ०, 2004)
(*a*) 7 (*b*) 17 (*c*) 37 (*d*) 67 (*e*) 157

41. 8 14 26 48 98 194 386 (मैट परीक्षा, 2004)
(*a*) 14 (*b*) 48 (*c*) 98 (*d*) 194 (*e*) इनमें से कोई नहीं

42. 3 4 9 33 136 685 4116 (बैंक परीक्षा, 2005)
(*a*) 4 (*b*) 9 (*c*) 33 (*d*) 136 (*e*) 685

43. 4 10 20 43 90 185 376
(*a*) 10 (*b*) 20 (*c*) 43 (*d*) 90 (*e*) 185

44. 1 4 9 31 129 651 3913 (एम०बी०ए०, 2002)
(*a*) 4 (*b*) 9 (*c*) 31 (*d*) 129 (*e*) 651

45. 12 26 56 116 244 498 1008
(*a*) 26 (*b*) 56 (*c*) 116 (*d*) 244 (*e*) 498

46. 3 10 28 64 152 324 672
(*a*) 10 (*b*) 28 (*c*) 64 (*d*) 152 (*e*) 324

47. 1 12 65 264 795 1590 1593 **(बैंक परीक्षा, 2003)**
(*a*) 12 (*b*) 65 (*c*) 264 (*d*) 795 (*e*) 1590

48. 2 4 16 86 610 5480 60512
(*a*) 4 (*b*) 16 (*c*) 86 (*d*) 610 (*e*) 5480

49. 2 13 65 271 817 1639 1645
(*a*) 13 (*b*) 65 (*c*) 271 (*d*) 817 (*e*) 1639

50. 2 14 36 117 476 2387 14328
(*a*) 14 (*b*) 36 (*c*) 117 (*d*) 476 (*e*) 2387

51. 3 16 113 673 3361 13441 40321 **(बैंक पी०ओ०, 2004)**
(*a*) 16 (*b*) 113 (*c*) 673 (*d*) 3361 (*e*) 13441

52. 2 6 24 96 285 568 567
(*a*) 6 (*b*) 24 (*c*) 96 (*d*) 285 (*e*) 568

53. 4 5 9 29 111 556 3335 **(बैंक पी०ओ०, 2002)**
(*a*) 5 (*b*) 9 (*c*) 29 (*d*) 111 (*e*) 556

54. 2 13 27 113 561 3369 23581
(*a*) 13 (*b*) 27 (*c*) 113 (*d*) 561 (*e*) 3369

55. 3 9 23 99 479 2881 20159
(*a*) 9 (*b*) 23 (*c*) 99 (*d*) 479 (*e*) 2881

56. 2 11 38 197 1172 8227 65806 **(बैंक पी०ओ०, 2003)**
(*a*) 11 (*b*) 38 (*c*) 197 (*d*) 1172 (*e*) 8227

57. 2 5 13 55 271 1632 11411 **(बैंक पी०ओ०, 2005)**
(*a*) 5 (*b*) 13 (*c*) 55 (*d*) 271 (*e*) 1632

58. 6 4 5.5 10.25 22.5 60.5 **(स्पेशलिस्ट ऑफिसर, 2007)**
(*a*) 4 (*b*) 5.5 (*c*) 10.25 (*d*) 22.5 (*e*) इनमें से कोई नहीं

59. 488 245 124 64 35 20.25 **(बैंक पी०ओ०, 2005)**
(*a*) 35 (*b*) 64 (*c*) 124 (*d*) 245 (*e*) इनमें से कोई नहीं

60. 11 6 8 12 26 67.5 205.5 **(बैंक पी०ओ०, 2004)**
(*a*) 6 (*b*) 8 (*c*) 12 (*d*) 26 (*e*) 67.5

61. 7 4 6 9 20 52.5 160.5 **(बैंक पी०ओ०, 2002)**
(*a*) 4 (*b*) 6 (*c*) 9 (*d*) 20 (*e*) 52.5

62. 2 9 32 105 436 2195 13182
(*a*) 9 (*b*) 32 (*c*) 105 (*d*) 436 (*e*) 2195

63. 12 114 600 2428 7272 14550 **(बैंक पी०ओ०, 2006)**
(*a*) 114 (*b*) 600 (*c*) 2428 (*d*) 7272 (*e*) इनमें से कोई नहीं

64. 11 42 214 1045 4148 12417 **(बैंक पी०ओ०, 2005)**
(*a*) 42 (*b*) 214 (*c*) 1045 (*d*) 4148 (*e*) इनमें से कोई नहीं

65. 696 344 168 76 36 14 3
(*a*) 14 (*b*) 36 (*c*) 76 (*d*) 168 (*e*) 344

66. 258 130 66 34 18 8 6
(*a*) 8 (*b*) 18 (*c*) 34 (*d*) 66 (*e*) 130

67. 701 348 173 85 41 19 8
(*a*) 19 (*b*) 41 (*c*) 85 (*d*) 173 (*e*) 348

68. 376 188 88 40 16 4 −2
(*a*) 4 (*b*) 16 (*c*) 40 (*d*) 88 (*e*) 188

(बैंक पी०ओ०, 2006)

69. 828 424 220 116 64 33
(*a*) 33 (*b*) 64 (*c*) 116 (*d*) 220 (*e*) इनमें से कोई नहीं

70. 14604 2420 480 108 28 8 4
(*a*) 8 (*b*) 28 (*c*) 108 (*d*) 480 (*e*) 2420

(एम०बी०ए०, 2002)

71. 6066 1005 196 48 12 4 3
(*a*) 4 (*b*) 12 (*c*) 48 (*d*) 196 (*e*) 1005

72. 812 394 192 90 40 16 5
(*a*) 16 (*b*) 40 (*c*) 90 (*d*) 192 (*e*) 394

73. 6072 1008 200 48 14 5 3
(*a*) 5 (*b*) 14 (*c*) 48 (*d*) 200 (*e*) 1008

(बैंक पी०ओ०, 2004)

74. 24 14 26 17 28 16 30
(*a*) 14 (*b*) 16 (*c*) 17 (*d*) 26 (*e*) 28

75. 4 6 14 51 220 1125 6786
(*a*) 6 (*b*) 14 (*c*) 51 (*d*) 220 (*e*) 1125

(बैंक पी०ओ०, 2004)

76. 12 11 18 45 196 795 4734
(*a*) 11 (*b*) 18 (*c*) 45 (*d*) 196 (*e*) 795

77. 3 7 23 71 191 446 1047
(*a*) 7 (*b*) 23 (*c*) 71 (*d*) 191 (*e*) 446

(बैंक परीक्षा, 2002)

78. 3 4 16 75 366 1945 11886
(*a*) 4 (*b*) 16 (*c*) 75 (*d*) 366 (*e*) 1945

(स्पेशलिस्ट ऑफिसर, 2007)

79. 14 24 68 236 1155 6894
(*a*) 24 (*b*) 68 (*c*) 236 (*d*) 1155 (*e*) इनमें से कोई नहीं

(एम०बी०ए०, 2005)

80. 12 35 136 677 4010 28045
(*a*) 136 (*b*) 677 (*c*) 4010 (*d*) 28045 (*e*) इनमें से कोई नहीं

(बैंक पी०ओ०, 2004)

81. 5 12 7 10 3 8 2
(*a*) 3 (*b*) 7 (*c*) 8 (*d*) 10 (*e*) 12

(मैट परीक्षा, 2004)

82. 11 5 20 12 40 26 74 54
(*a*) 5 (*b*) 20 (*c*) 26 (*d*) 40 (*e*) इनमें से कोई नहीं

(बैंक पी०ओ०, 2002)

83. 2 3 5 8 14 23 41 69
(*a*) 5 (*b*) 8 (*c*) 14 (*d*) 41 (*e*) 69

निर्देश (प्रश्न 84 से 90) : निम्नलिखित प्रत्येक प्रश्न में दी गई संख्या श्रेणी में त्रुटिपूर्ण संख्या ज्ञात करें और उस संख्या से आरंभ होती हुई समान क्रम पर आधारित एक अन्य श्रेणी बनाएँ. इस नयी श्रेणी के तीसरे पद को दिए गए विकल्पों में से सही उत्तर के रूप में चुनिए.

84. 4 9 21 66 267 1338

(*a*) 12 (*b*) 17 (*c*) 20 (*d*) 25 (*e*) इनमें से कोई नहीं

85. 1 2 6 33 148 765 4626

(*a*) 18 (*b*) 46 (*c*) 82 (*d*) 124 (*e*) इनमें से कोई नहीं

86. 3 4 10 34 136 685 4116

(*a*) 12 (*b*) 22 (*c*) 72 (*d*) 276 (*e*) 1374

87. 7 23 58 127 269 555

(*a*) 261 (*b*) 263 (*c*) 286 (*d*) 299 (*e*) इनमें से कोई नहीं

88. 2 9 5 36 125 648 3861

(*a*) 11 (*b*) 12 (*c*) 72 (*d*) 75 (*e*) इनमें से कोई नहीं

89. 214 18 162 62 143 90 106

(*a*) – 34 (*b*) 10 (*c*) 38 (*d*) 91 (*e*) 110

90. 6 10.5 23 59.5 183 644 2580

(*a*) 182 (*b*) 182.5 (*c*) 183 (*d*) 183.5 (*e*) इनमें से कोई नहीं

निर्देश (प्रश्न 91 से 95) : निम्नलिखित प्रत्येक प्रश्न में दी गई संख्या श्रेणी में त्रुटिपूर्ण संख्या ज्ञात करें और उस संख्या से आरंभ होती हुई समान क्रम पर आधारित एक अन्य श्रेणी बनाएँ. इस नई श्रेणी के चौथे पद को दिए गए विकल्पों में से सही उत्तर के रूप में चुनिए. **(बैंक पी०ओ०, 2000)**

91. 8 4 4 6 12 28 90

(*a*) 18 (*b*) 21 (*c*) 24 (*d*) 42 (*e*) इनमें से कोई नहीं

92. 17 17.25 18.25 20.75 24.5 30.75

(*a*) 23.25 (*b*) 24.25 (*c*) 24.5 (*d*) 24.75 (*e*) इनमें से कोई नहीं

93. 438 487 447 476 460 469

(*a*) 425 (*b*) 475 (*c*) 485 (*d*) 496 (*e*) इनमें से कोई नहीं

94. 2 7 18 45 99 209 431

(*a*) 171 (*b*) 172 (*c*) 174 (*d*) 175 (*e*) इनमें से कोई नहीं

95. 6 8 10 42 146 770 4578

(*a*) 858 (*b*) 868 (*c*) 882 (*d*) 8872 (*e*) इनमें से कोई नहीं

दिए गए प्रश्नों के हल प्रश्नमाला 35C

1. (*c*) : क्रम है : + 312.

अत: 1094 त्रुटिपूर्ण है तथा इसके स्थान पर (780 + 312) अर्थात् 1092 होना चाहिए.

2. (*b*) : क्रम है : + 16, + 18, + 20, ...

अत: 108 त्रुटिपूर्ण है तथा इसके स्थान पर (90 + 20) अर्थात् 110 होना चाहिए.

3. (*a*) : क्रम है : + 3, + 5, + 7, + 9, + 11, + 13.

अत: 15 त्रुटिपूर्ण है तथा इसके स्थान पर (8 + 5) अर्थात् 13 होना चाहिए.

4. (*c*) : क्रम है : + 5, + 8, + 11, + 14, ...

अत: 47 त्रुटिपूर्ण है तथा इसके स्थान पर (32 + 14) अर्थात् 46 होना चाहिए.

5. (*c*) : क्रम है : + 5, + 10, + 15, ...
अत: 45 त्रुटिपूर्ण है तथा इसके स्थान पर (32 + 15) अर्थात् 47 होना चाहिए.

6. (*d*) : क्रम है : + 17, + 34, + 51, ...
अत: 293 त्रुटिपूर्ण है तथा इसके स्थान पर (215 + 68) अर्थात् 283 होना चाहिए.

7. (*c*) : क्रम है : + 5, + 9, + 13, ...
अत: 35 त्रुटिपूर्ण है तथा इसके स्थान पर (24 + 13) अर्थात् 37 होना चाहिए.

8. (*b*) : क्रम है : – 1, – 3, – 5, ...
अत: 34 त्रुटिपूर्ण है तथा इसके स्थान पर (43 – 7) अर्थात् 36 होना चाहिए.

9. (*a*) : क्रम है : – 16, – 8, – 4, – 2, ...
अत: 5.5 त्रुटिपूर्ण है तथा इसके स्थान पर (6 – 1) अर्थात् 5 होना चाहिए.

10. (*b*) : क्रम है : × 1.5.
अत: 34 त्रुटिपूर्ण है तथा इसके स्थान पर (24 × 1.5) अर्थात् 36 होना चाहिए.

11. (*c*) : क्रम है : × 17, × 13, × 11, ... (केवल अभाज्य संख्याओं से गुणा करना)
अत: 51055 त्रुटिपूर्ण है तथा इसके स्थान पर (7293 × 7) अर्थात् 51051 होना चाहिए.

12. (*e*) : क्रम है : $\times\frac{3}{5}$.
अत: 3014 त्रुटिपूर्ण है तथा इसके स्थान पर $\left(5040\times\frac{3}{5}\right)$ अर्थात् 3024 होना चाहिए.

13. (*e*) : क्रम है : × 2.5, × 2, × 2.5, × 2, ...
अत: 167.5 त्रुटिपूर्ण है तथा इसके स्थान पर (75 × 2.5) अर्थात् 187.5 होना चाहिए.

14. (*c*) : क्रम है : × 1.5, × 2.5, ...
अत: 472.15 त्रुटिपूर्ण है तथा इसके स्थान पर (135 × 3.5) अर्थात् 472.5 होना चाहिए.

15. (*d*) : क्रम है : × 1.5, × 2, × 2.5, ...
अत: 157.5 त्रुटिपूर्ण है तथा इसके स्थान पर (45 × 3) अर्थात् 135 होना चाहिए.

16. (*d*) : क्रम है : × 7, × 6.5, × 6, ...
अत: 3002 त्रुटिपूर्ण है तथा इसके स्थान पर (546 × 5.5) अर्थात् 3003 होना चाहिए.

17. (*b*) : क्रम है : × 0.25, × 0.5, × 0.75, ...
अत: 1.75 त्रुटिपूर्ण है तथा इसके स्थान पर (1.5 × 1) अर्थात् 1.5 होना चाहिए.

18. (*b*) : क्रम है : ÷ 4.
अत: 386 त्रुटिपूर्ण है तथा इसके स्थान पर (1536 ÷ 4) अर्थात् 384 होना चाहिए.

19. (*b*) : क्रम है : ÷ 2, ÷ 1 5, ÷ 2, ...
अत: 9 त्रुटिपूर्ण है तथा इसके स्थान पर (18 ÷ 1.5) अर्थात् 12 होना चाहिए.

20. (*d*) : श्रेणी के पद हैं : $1^3 + 1, 2^3 + 1, 3^3 + 1$, ...
अत: 63 त्रुटिपूर्ण है तथा इसके स्थान पर $(4^3 + 1)$ अर्थात् 65 होना चाहिए.

21. (*c*) : श्रेणी के पद हैं : $2^2, 3^2, 4^2, 5^2$, ...
अत: 34 त्रुटिपूर्ण है तथा इसके स्थान पर 6^2 अर्थात् 36 होना चाहिए.

22. (*b*) : श्रेणी के पद हैं : $0^2 + 3, 1^2 + 3, 3^2 + 3, 6^2 + 3, 10^2 + 3, 15^2 + 3$.
अत: 38 त्रुटिपूर्ण है तथा इसके स्थान पर $(6^2 + 3)$ अर्थात् 39 होना चाहिए.

23. (*e*) : क्रम है : $+ 2^2, + 3^2, + 4^2, + 5^2$, ...
अत: 97 त्रुटिपूर्ण है तथा इसके स्थान पर $(55 + 6^2)$ अर्थात् 91 होना चाहिए.

24. (*b*) : क्रम है : $+ 1^2, + 2^2, + 3^2, + 4^2$, ...
अत: 9 त्रुटिपूर्ण है तथा इसके स्थान पर $(4 + 2^2)$ अर्थात् 8 होना चाहिए.

25. (*e*) : क्रम है : $+ 1^2, + 3^2, + 5^2, + 7^2$, ...
अत: 166 त्रुटिपूर्ण है तथा इसके स्थान पर $(87 + 9^2)$ अर्थात् 168 होना चाहिए.

26. (*e*) : क्रम है : $– 13^2, – 11^2, – 9^2, – 7^2$, ...
अत: 634 त्रुटिपूर्ण है तथा इसके स्थान पर $(778 – 13^2)$ अर्थात् 609 होना चाहिए.

27. (*b*) : क्रम है : $-12^2, -10^2, -8^2, -6^2, -4^2, ...$
अत: 87 त्रुटिपूर्ण है तथा इसके स्थान पर $(136 - 6^2)$ अर्थात् 100 होना चाहिए.

28. (*a*) : क्रम है : $+1^2, -2^2, +3^2, ...$
अत: 42 त्रुटिपूर्ण है तथा इसके स्थान पर $(56 - 4^2)$ अर्थात् 40 होना चाहिए.

29. (*c*) : क्रम है : $+1^3, +2^3, +3^3, +4^3, ...$
अत: 46 त्रुटिपूर्ण है तथा इसके स्थान पर $(16 + 3^3)$ अर्थात् 43 होना चाहिए.

30. (*e*) : क्रम है : $+6^3, +5^3, +4^3, ...$
अत: 521 त्रुटिपूर्ण है तथा इसके स्थान पर (498 + 27) अर्थात् 525 होना चाहिए.

31. (*e*) : क्रम है : $-6^3, -5^3, -4^3, ...$
अत: 615 त्रुटिपूर्ण है तथा इसके स्थान पर $(674 - 4^3)$ अर्थात् 610 होना चाहिए.

32. (*d*) : क्रम है : $+1^3, +3^3, +5^3, ...$
अत: 374 त्रुटिपूर्ण है तथा इसके स्थान पर $(158 + 7^3)$ अर्थात् 501 होना चाहिए.

33. (*e*) : क्रम है : $+(1^2 + 2), +(2^2 + 2), +(3^2 + 2), +(4^2 + 2), ...$
अत: 93 त्रुटिपूर्ण है तथा इसके स्थान पर $68 + (5^2 + 2)$ अर्थात् 95 होना चाहिए.

34. (*d*) : श्रेणी का प्रत्येक पद अपने से पहले के दो पदों का योग है.
अत: 625 त्रुटिपूर्ण है तथा इसके स्थान पर (237 + 391) अर्थात् 628 होना चाहिए.

35. (*c*) : श्रेढ़ी का प्रत्येक पद अपने से पहले के दो पदों का गुणनफल है.
अत: 865 त्रुटिपूर्ण है तथा इसके स्थान पर (12 × 72) अर्थात् 864 होना चाहिए.

36. (*a*) : श्रेढ़ी का प्रत्येक पद अपने से पहले के दो पदों का गुणनफल है.
अत: 24 त्रुटिपूर्ण है तथा इसके स्थान पर (4 × 7) अर्थात् 28 होना चाहिए.

37. (*a*) : श्रेणी का प्रत्येक पद अपने से पहले पद के अंकों के गुणनफल से 1 अधिक है.
अत: 5 त्रुटिपूर्ण है तथा इसके स्थान पर (1 × 3 + 1) अर्थात् 4 होना चाहिए.

38. (*d*) : क्रम है : × 2 – 100.
अत: 5624 त्रुटिपूर्ण है तथा इसके स्थान पर (2812 × 2 – 100) अर्थात् 5524 होना चाहिए.

39. (*c*) : क्रम है : × 3 – 5.
अत: 46 त्रुटिपूर्ण है तथा इसके स्थान पर (16 × 3 – 5) अर्थात् 43 होना चाहिए.

40. (*d*) : क्रम है : × 2 + 3.
अत: 67 त्रुटिपूर्ण है तथा इसके स्थान पर (37 × 2 + 3) अर्थात् 77 होना चाहिए.

41. (*b*) : क्रम है : × 2 – 2.
अत: 48 त्रुटिपूर्ण है तथा इसके स्थान पर (26 × 2 – 2) अर्थात् 50 होना चाहिए.

42. (*b*) : क्रम है : × 1 + 1, × 2 + 2, × 3 + 3, ...
अत: 9 त्रुटिपूर्ण है तथा इसके स्थान पर (4 × 2 + 2) अर्थात् 10 होना चाहिए.

43. (*a*) : क्रम है : × 2 + 1, × 2 + 2, × 2 + 3, ...
अत: 10 त्रुटिपूर्ण है तथा इसके स्थान पर (4 × 2 + 1) अर्थात् 9 होना चाहिए.

44. (*a*) : क्रम है : × 1 + 2, × 2 + 3, × 3 + 4, ...
अत: 4 त्रुटिपूर्ण है तथा इसके स्थान पर (1 × 1 + 2) अर्थात् 3 होना चाहिए.

45. (*c*) : क्रम है : × 2 + 2, × 2 + 4, ...
अत: 116 त्रुटिपूर्ण है तथा इसके स्थान पर (56 × 2 + 6) अर्थात् 118 होना चाहिए.

46. (*c*) : क्रम है : × 2 + 4, × 2 + 8, ...
अत: 64 त्रुटिपूर्ण है तथा इसके स्थान पर (28 × 2 + 12) अर्थात् 68 होना चाहिए.

47. (*e*) : क्रम है : × 6 + 6, × 5 + 5, × 4 + 4, × 3 + 3, ...
अत: 1590 त्रुटिपूर्ण है तथा इसके स्थान पर (795 × 2 + 2) अर्थात् 1592 होना चाहिए.

48. (*e*) : क्रम है : × 1 + 2, × 3 + 4, × 5 + 6, ...
अत: 5480 त्रुटिपूर्ण है तथा इसके स्थान पर (610 × 9 + 10) अर्थात् 5500 होना चाहिए.

49. (*b*) : क्रम है : × 6 + 1, × 5 + 2, × 4 + 3, × 3 + 4, ...
अत: 65 त्रुटिपूर्ण है तथा इसके स्थान पर (13 × 5 + 2) अर्थात् 67 होना चाहिए.

50. (*a*) : क्रम है : $\times 1 + 11, \times 2 + 10, \times 3 + 9, \times 4 + 8$, ...
अत: 14 त्रुटिपूर्ण है तथा इसके स्थान पर $(2 \times 1 + 11)$ अर्थात् 13 होना चाहिए.

51. (*a*) : क्रम है : $\times 8 - 7, \times 7 - 6, \times 6 - 5, \times 5 - 4$, ...
अत: 16 त्रुटिपूर्ण है तथा इसके स्थान पर $(3 \times 8 - 7)$ अर्थात् 17 होना चाहिए.

52. (*b*) : क्रम है : $\times 6 - 6, \times 5 - 5, \times 4 - 4$, ...
अत: 24 त्रुटिपूर्ण है तथा इसके स्थान पर $(6 \times 5 - 5)$ अर्थात् 25 होना चाहिए.

53. (*c*) : क्रम है : $\times 1 + 1, \times 2 - 1, \times 3 + 1, \times 4 - 1$, ...
अत: 29 त्रुटिपूर्ण है तथा इसके स्थान पर $(9 \times 3 + 1)$ अर्थात् 28 होना चाहिए.

54. (*a*) : क्रम है : $\times 2 + 7, \times 3 - 6, \times 4 + 5$, ...
अत: 13 त्रुटिपूर्ण है तथा इसके स्थान पर $(2 \times 2 + 7)$ अर्थात् 11 होना चाहिए.

55. (*c*) : क्रम है : $\times 2 + 3, \times 3 - 4, \times 4 + 5$, ...
अत: 99 त्रुटिपूर्ण है तथा इसके स्थान पर $(23 \times 4 + 5)$ अर्थात् 97 होना चाहिए.

56. (*d*) : क्रम है : $\times 3 + 5, \times 4 - 6, \times 5 + 7, \times 6 - 8$, ...
अत: 1172 त्रुटिपूर्ण है तथा इसके स्थान पर $(197 \times 6 - 8)$ अर्थात् 1174 होना चाहिए.

57. (*e*) : क्रम है : $\times 2 + 1, \times 3 - 2, \times 4 + 3, \times 5 - 4$, ...
अत: 1632 त्रुटिपूर्ण है तथा इसके स्थान पर $(271 \times 6 + 5)$ अर्थात् 1631 होना चाहिए.

58. (*d*) : क्रम है : $\times 0.5 + 1, \times 1 + 1.5, \times 1.5 + 2, \times 2 + 2.5$, ...
अत: 22.5 त्रुटिपूर्ण है तथा इसके स्थान पर $(10.25 \times 2 + 2.5)$ अर्थात् 23 होना चाहिए.

59. (*a*) : क्रम है : $\times 0.5 + 1, \times 0.5 + 1.5, \times 0.5 + 2$, ...
अत: 35 त्रुटिपूर्ण है तथा इसके स्थान पर $(64 \times 0.5 + 2.5)$ अर्थात् 34.5 होना चाहिए.

60. (*b*) : क्रम है : $\times 0.5 + 0.5, \times 1 + 1, \times 1.5 + 1.5$, ...
अत: 8 त्रुटिपूर्ण है तथा इसके स्थान पर $(6 \times 1 + 1)$ अर्थात् 7 होना चाहिए.

61. (*b*) : क्रम है : $\times 0.5 + 0.5, \times 1 + 1, \times 1.5 + 1.5$, ...
अत: 6 त्रुटिपूर्ण है तथा इसके स्थान पर $(4 \times 1 + 1)$ अर्थात् 5 होना चाहिए.

62. (*b*) : क्रम है : $\times 1 + (7 \times 1), \times 2 + (6 \times 2), \times 3 + (5 \times 3)$, ...
अत: 32 त्रुटिपूर्ण है तथा इसके स्थान पर $[9 \times 2 + (6 \times 2)]$ अर्थात् 30 होना चाहिए.

63. (*c*) : क्रम है : $\times 6 + (6 \times 7), \times 5 + (5 \times 6), \times 4 + (4 \times 5)$, ...
अत: 2428 त्रुटिपूर्ण है तथा इसके स्थान पर $[600 \times 4 + (4 \times 5)]$ अर्थात् 2420 होना चाहिए.

64. (*b*) : क्रम है : $\times 7 - (7 \times 5), \times 6 - (6 \times 6), \times 5 - (5 \times 7), \times 4 - (4 \times 8)$, ...
अत: 214 त्रुटिपूर्ण है तथा इसके स्थान पर $[42 \times 6 - (6 \times 6)]$ अर्थात् 216 होना चाहिए.

65. (*c*) : क्रम है : $\div 2 - 4$.
अत: 76 त्रुटिपूर्ण है तथा इसके स्थान पर $(168 \div 2 - 4)$ अर्थात् 80 होना चाहिए.

66. (*a*) : क्रम है : $\div 2 + 1$.
अत: 8 त्रुटिपूर्ण है तथा इसके स्थान पर $(18 \div 2 + 1)$ अर्थात् 10 होना चाहिए.

67. (*e*) : क्रम है : $\div 2 - 1.5$.
अत: 348 त्रुटिपूर्ण है तथा इसके स्थान पर $[(701 \div 2) - 1.5]$ अर्थात् 349 होना चाहिए.

68. (*e*) : क्रम है : $\div 2 - 4$.
अत: 188 त्रुटिपूर्ण है तथा इसके स्थान पर $[(376 \div 2) - 4]$ अर्थात् 184 होना चाहिए.

69. (*b*) : क्रम है : $\div 2 + 10, \div 2 + 8, \div 2 + 6$, ...
अत: 64 त्रुटिपूर्ण है तथा इसके स्थान पर $(116 \div 2 + 4)$ अर्थात् 62 होना चाहिए.

70. (*d*) : क्रम है : $\div 6 - 14, \div 5 - 12, \div 4 - 10, \div 3 - 8$, ...
अत: 480 त्रुटिपूर्ण है तथा इसके स्थान पर $(2420 \div 5 - 12)$ अर्थात् 472 होना चाहिए.

71. (*c*) : क्रम है : $\div 6 - 6, \div 5 - 5, \div 4 - 4$, ...
अत: 48 त्रुटिपूर्ण है तथा इसके स्थान पर $(196 \div 4 - 4)$ अर्थात् 45 होना चाहिए.

72. (*e*) : क्रम है : $\div 2 - 8, \div 2 - 7, \div 2 - 6$, ...
अत: 394 त्रुटिपूर्ण है तथा इसके स्थान पर $(812 \div 2 - 8)$ अर्थात् 398 होना चाहिए.

73. (*e*) : क्रम है : $\div 6 - 2, \div 5 - 2, \div 4 - 2, \div 3 - 2, ...$
अत: 1008 त्रुटिपूर्ण है तथा इसके स्थान पर $(6072 \div 6 - 2)$ अर्थात् 1010 होना चाहिए.

74. (*c*) : क्रम है : $\div 2 + 2, \times 2 - 2, \div 2 + 2, \times 2 - 2, ...$
अत: 26 त्रुटिपूर्ण है तथा इसके स्थान पर $(26 \div 2 + 2)$ अर्थात् 15 होना चाहिए.

75. (*a*) : क्रम है : $\times 1 + 1^2, \times 2 + 2^2, \times 3 + 3^2, \times 4 + 4^2, ...$
अत: 6 त्रुटिपूर्ण है तथा इसके स्थान पर $(4 \times 1 + 1^2)$ अर्थात् 5 होना चाहिए.

76. (*d*) : क्रम है : $\times 1 - 1^2, \times 2 - 2^2, \times 3 - 3^2, ...$
अत: 196 त्रुटिपूर्ण है तथा इसके स्थान पर $(45 \times 4 - 4^2)$ अर्थात् 164 होना चाहिए.

77. (*e*) : क्रम है : $\times 2 + 1^2, \times 2 + 3^2, \times 2 + 5^2, \times 2 + 7^2, ...$
अत: 446 त्रुटिपूर्ण है तथा इसके स्थान पर $(191 \times 2 + 9^2)$ अर्थात् 463 होना चाहिए.

78. (*d*) : क्रम है : $\times 1 + 1^3, \times 2 + 2^3, \times 3 + 3^3, ...$
अत: 366 त्रुटिपूर्ण है तथा इसके स्थान पर $(75 \times 4 + 4^3)$ अर्थात् 364 होना चाहिए.

79. (*b*) : क्रम है : $\times 2 - 2^2, \times 3 - 3^2, \times 4 - 4^2, \times 5 - 5^2, ...$
अत: 68 त्रुटिपूर्ण है तथा इसके स्थान पर $(24 \times 3 - 3^2)$ अर्थात् 63 होना चाहिए.

80. (*b*) : क्रम है : $\times 3 - 1^2, \times 4 - 2^2, \times 5 - 3^2, \times 6 - 4^2, ...$
अत: 677 त्रुटिपूर्ण है तथा इसके स्थान पर $(136 \times 5 - 3^2)$ अर्थात् 671 होना चाहिए.

81. (*b*) : दी गई श्रेणी दो श्रेढ़ियों का मिश्रित रूप है :
I. 5, 4, 3, 2 तथा II. 12, 10, 8
अत: 7 त्रुटिपूर्ण है तथा इसके स्थान पर 4 होना चाहिए.

82. (*d*) : दी गई श्रेणी दो श्रेणियों का मिश्रित रूप है :
I. 11, 20, 38, 74 तथा II. 5, 12, 26, 54
I में क्रम है : + 9, + 18, + 36 तथा II में क्रम है : + 7, + 14, + 28.
अत: 40 त्रुटिपूर्ण है तथा इसके स्थान पर 38 होना चाहिए.

83. (*e*) : दी गई श्रेणी दो श्रेणियों का मिश्रित रूप है :
I. 2, 5, 14, 41 तथा II. 3, 8, 23, 68
I तथा II प्रत्येक में क्रम है : $\times 3 - 1$.
अत: 69 त्रुटिपूर्ण है तथा इसके स्थान पर $(23 \times 3 - 1)$ अर्थात् 68 होना चाहिए.

84. (*b*) : क्रम है : $\times 1 + 3, \times 2 + 3, \times 3 + 3, \times 4 + 3, ...$
अत: 4 त्रुटिपूर्ण है तथा इसके स्थान पर 6 होना चाहिए.
इस प्रकार, $6 \times 1 + 3 = 9$.
4 को प्रथम पद लेकर श्रेणी बनती है : 4, $(4 \times 1 + 3)$ अर्थात् 7, $(7 \times 2 + 3)$ अर्थात् 17, $(17 \times 3 + 3)$ अर्थात् 54, ...
स्पष्ट है कि इसका तीसरा पद 17 है.

85. (*a*) : क्रम है : $\times 1 + 1^2, \times 2 + 2^2, \times 3 + 3^2, \times 4 + 4^2, ...$
अत: 6 त्रुटिपूर्ण है तथा इसके स्थान पर $(2 \times 2 + 2^2)$ अर्थात् 8 होना चाहिए.
6 को प्रथम पद लेकर श्रेणी बनती है : 6, $(6 \times 1 + 1^2)$ अर्थात् 7, $(7 \times 2 + 2^2)$ अर्थात् 18, $(18 \times 3 + 3^2)$ अर्थात् 63, ...
स्पष्ट है कि इसका तीसरा पद 18 है.

86. (*c*) : क्रम है : $\times 1 + 1, \times 2 + 2, \times 3 + 3, ...$
अत: 34 त्रुटिपूर्ण है तथा इसके स्थान पर $(10 \times 3 + 3)$ अर्थात् 33 होना चाहिए.
34 को प्रथम पद लेकर श्रेणी बनती है : 34, $(34 \times 1 + 1)$ अर्थात् 35, $(35 \times 2 + 2)$ अर्थात् 72, $(72 \times 3 + 3)$ अर्थात् 219, ...
स्पष्ट है कि इसका तीसरा पद 72 है.

87. (*a*) : क्रम है : $\times 2 + 9, \times 2 + 11, \times 2 + 13, ...$
अत: 58 त्रुटिपूर्ण है तथा इसके स्थान पर $(23 \times 2 + 11)$ अर्थात् 57 होना चाहिए.

58 को प्रथम पद लेकर श्रेणी बनती है : 58, $(58 \times 2 + 9)$ अर्थात् 125, $(125 \times 2 + 11)$ अर्थात् 261, $(261 \times 2 + 13)$ अर्थात् 535, ...
स्पष्ट है कि इसका तीसरा पद 261 है.

88. (*e*) : क्रम है : $\times 1 + 7, \times 2 - 11, \times 3 + 15, \times 4 - 19$, ...
अत: 5 त्रुटिपूर्ण है तथा इसके स्थान पर $(9 \times 2 - 11)$ अर्थात् 7 होना चाहिए.
5 को प्रथम पद लेकर श्रेणी बनती है : 5, $(5 \times 1 + 7)$ अर्थात् 12, $(12 \times 2 - 11)$ अर्थात् 13, $(13 \times 3 + 15)$ अर्थात् 54, ...
स्पष्ट है कि इसका तीसरा पद 13 है.

89. (*d*) : क्रम है : $-14^2, +12^2, -10^2$, ...
अत: 143 त्रुटिपूर्ण है तथा इसके स्थान पर $(62 + 8^2)$ अर्थात् 126 होना चाहिए.
143 को प्रथम पद लेकर श्रेणी बनती है : 143, $(143 - 14^2)$ अर्थात् -53, $(-53 + 12^2)$ अर्थात् 91, $(91 - 10^2)$ अर्थात् -9, ...
स्पष्ट है कि इसका तीसरा पद 91 है.

90. (*d*) : क्रम है : $\times 1.5 + 1.5, \times 2 + 2, \times 2.5 + 2.5$, ...
अत: 59.5 त्रुटिपूर्ण है तथा इसके स्थान पर $(23 \times 2.5 + 2.5)$ अर्थात् 60 होना चाहिए.
59.5 को प्रथम पद लेकर श्रेणी बनती है : 59.5, $(59.5 \times 1.5 + 1.5)$ अर्थात् 90.75, $(90.75 \times 2 + 2)$ अर्थात् 183.5, ...
स्पष्ट है कि इसका तीसरा पद 183.5 है.

91. (*b*) : क्रम है : $\times 0.5, \times 1, \times 1.5, \times 2$, ...
अत: 28 त्रुटिपूर्ण है तथा इसके स्थान पर (12×2.5) अर्थात् 30 होना चाहिए.
28 को प्रथम पद लेकर श्रेणी बनती है : 28, (28×0.5) अर्थात् 14, (14×1) अर्थात् 14, (14×1.5) अर्थात् 21, (21×2) अर्थात् 42, ...
स्पष्ट है कि इसका तीसरा पद 21 है.

92. (*b*) : क्रम है : $+ 0.25 \times 1^2, + 0.25 \times 2^2, + 0.25 \times 3^2$, ...
अत: 20.75 त्रुटिपूर्ण है तथा इसके स्थान पर $(18.25 + 0.25 \times 3^2)$ अर्थात् 20.5 होना चाहिए.
20.75 को प्रथम पद लेकर श्रेणी बनती है : 20.75, $(20.75 + 0.25 \times 1^2)$ अर्थात् 21, $(21 + 0.25 \times 2^2)$ अर्थात् 22, $(22 + 0.25 \times 3^2)$ अर्थात् 24.25, ...
स्पष्ट है कि इसका चौथा पद 24.25 है.

93. (*c*) : क्रम है : $+7^2, -6^2, +5^2, -4^2, +3^2$, ...
अत: 447 त्रुटिपूर्ण है तथा इसके स्थान पर $(487 - 6^2)$ अर्थात् 451 होना चाहिए.
447 को प्रथम पद लेकर श्रेणी बनती है : 447, $(447 + 7^2)$ अर्थात् 496, $(496 - 6^2)$ अर्थात् 460, $(460 + 5^2)$ अर्थात् 485, ...
स्पष्ट है कि इसका चौथा पद 485 है.

94. (*e*) : क्रम है : $\times 2 + 3, \times 2 + 5, \times 2 + 7, \times 2 + 9$, ...
अत: 18 त्रुटिपूर्ण है तथा इसके स्थान पर $(7 \times 2 + 5)$ अर्थात् 19 होना चाहिए.
18 को प्रथम पद लेकर दूसरी श्रेणी बनती है : 18, $(18 \times 2 + 3)$ अर्थात् 39, $(39 \times 2 + 5)$ अर्थात् 83, $(83 \times 2 + 7)$ अर्थात् 173, ...
स्पष्ट है कि इसका चौथा पद 173 है.

95. (*c*) : क्रम है : $\times 1 + (1 \times 2), \times 2 - (2 \times 3), \times 3 + (3 \times 4), \times 4 - (4 \times 5)$, ...
अत: 146 त्रुटिपूर्ण है तथा इसके स्थान पर $[42 \times 4 - (4 \times 5)]$ अर्थात् 148 होना चाहिए.
146 को प्रथम पद लेकर दूसरी श्रेणी बनती है : 146; $[146 \times 1 + (1 \times 2)]$ अर्थात् 148, $[148 \times 2 - (2 \times 3)]$ अर्थात् 290, $[290 \times 3 + (3 \times 4)]$ अर्थात् 882, ...
स्पष्ट है कि इसका चौथा पद 882 है.

अतिरिक्त

प्रश्न-उत्तर संग्रह

संख्या पद्धति

1. यदि $\frac{a}{b}$ का भागफल धनात्मक है, तो निम्नलिखित में से क्या सही होना चाहिए?

(*a*) $b > 0$ (*b*) $b > 0$ (*c*) $ab > 0$ (*d*) $a + b > 0$

(एस.एस.सी.-मल्टी टास्किंग स्टाफ परीक्षा, 2014)

2. किसी विद्यालय में विद्यार्थी या तो अंग्रेजी, या कन्नड़ या दोनों भाषाएँ बोलते हैं। यदि 350 विद्यार्थी अंग्रेजी, 250 विद्यार्थी कन्नड़ एवं 150 विद्यार्थी अंग्रेजी एवं कन्नड़ दोनों भाषाएँ बोलते हैं तो विद्यालय में कितने विद्यार्थी हैं?

(*a*) 400 (*b*) 600 (*c*) 450 (*d*) 500

(डी.एस.एस.एस.बी. -ग्रेड-II टियर-I परीक्षा, 2016)

3. एक व्यक्ति ने एक सेवक को इस शर्त पर रखा कि वह एक वर्ष की सेवा के पश्चात् उसे ₹90 और पगड़ी देगा। सेवक ने केवल 9 महीने काम किया और उसे पगड़ी और ₹65 की राशि प्राप्त हुई। पगड़ी की कीमत बताएँ।

(*a*) ₹25 (*b*) ₹18.75 (*c*) ₹10 (*d*) ₹2.50

(एस.एस.सी-सी.जी.एल. डी.ई.ओ.-एल.डी.सी. परीक्षा, 2014)

4. यदि सार्वत्रिक समुच्चय $U = \{1,2,3,4,5,6,7,8\}$ और $A = \{1,2,3,4\}$ हो तो A^c किसके बराबर होगा?

(*a*) $\{5,6,7,8\}$ (*b*) $\{5,6,1,2\}$ (*c*) $\{5,6,2,3\}$ (*d*) $\{5,6,3,4\}$

(एस.एस.सी-सी.जी.एल. डी.ई.ओ.-एल.डी.सी. परीक्षा, 2014)

5. $49237 \times 3995 \times 738 \times 83 \times 9$ के गुणनफल का इकाई के स्थान का अंक बताएँ।

(*a*) 0 (*b*) 7 (*c*) 5 (*d*) 6

(एस.एस.सी-सी.जी.एल. डी.ई.ओ.-एल.डी.सी. परीक्षा, 2014)

6. किसी संस्थान का बिजली का बिल आशिंक रूप से निर्धारित है और आंशिक रुप से बिजली की यूनिटों की संख्या के अनुसार बदलता है जब एक महीने में 560 यूनिटों का उपभोग हुआ, तो बिल ₹2400 आया. एक दूसरे महीने में 620 यूनिटों का उपयोग हुआ, तो बिल ₹2640 आया एक अन्य महीने में 500 यूनिटों की खपत हुई, तो उस महीने का बिल होगा:

(*a*) ₹1660 (*b*) ₹1860 (*c*) ₹2160 (*d*) ₹2260

(मध्य प्रदेश राज्य सेवा प्रारंभिक परीक्षा, 2016)

7. एक दो अंकों वाली संख्या 'PQ' है, जिसके अंको का जोड़ 11 आता है मूल संख्या के अंकों की अदला बदली करके एक नई संख्या 'OP' को बनाया जा सकता है 'PQ' से 'QP' को घटानें से 9 आता है मूल संख्या 'PQ' है:

(*a*) 83 (*b*) 47 (*c*) 74 (*d*) 65

(मध्य प्रदेश राज्य सेवा प्रारंभिक परीक्षा, 2016)

8. वंदना के पास ₹200 से कम रुपए है और अपने रुपए का आधा हिस्सा अपने मित्र को देने का निर्णय लेती है वह किसी भी समय अपने पास बचे धन का आधा हिस्सा अपने अन्य मित्रों को देती रहती है जब तक की उसके हाथ में शेष रुपए दो अंको वाली पहली अभाज्य संख्या के बराबर नहीं हो जाते।
पहले मित्र को दिए गए धन को, आखिरी मित्र को दिए गए धन से विभाजित करने पर आई भाज्य संख्या:

(*a*) 2 (*b*) 8 (*c*) 4 (*d*) 16

(मध्य प्रदेश राज्य सेवा प्रारंभिक परीक्षा, 2016)

उत्तरमाला (संख्या पद्धति)

1. (*c*) **2.** (*c*) **3.** (*c*) **4.** (*a*) **5.** (*a*) **6.** (*c*) **7.** (*d*) **8.** (*b*)

दिये गए प्रश्नों के हल | संख्या पद्धति

1. दिया गया है $\frac{a}{b}$ का भागफल धनात्मक है:

$\Rightarrow ab > 0$

अगर $a = -5$ $\quad b = -2 \Rightarrow a < 0, b < 0 \Rightarrow ab > 0$

अगर $a = 5$ $\quad b = 2 \Rightarrow a > 0, b > 0 \Rightarrow ab > 0$

2. दिया गया है $n(E) = 350;\ n(K) = 250;\ n(E \cap K) = 150$

$\therefore\ n(EUK) = n(E) + n(K) - n(E \cap K)$

$= 350 + 250 - 150 = 450$

3. माना कि सेवक का मासिक वेतन ₹ x है।

प्रश्नानुसार, 1 माह का वेतन $\Rightarrow 12x = 90 +$ पगड़ी .... (i)

9 महीने का वेतन $\Rightarrow 9x = 65 +$ पगड़ी .... (ii)

समीकरण (i) एवं (ii) हल करने पर,

$3x = 25$

$x = \frac{25}{3}$

समीकरण (i) से,

$12\left(\frac{25}{3}\right) = 90 +$ पगड़ी

$\Rightarrow$ पगड़ी का मूल्य $= 100 - 90 =$ ₹10

4. $U = \{1, 2, 3, 4, 5, 6, 7, 8\}$

$A = \{1, 2, 3, 4\}$

$A^C = \{5, 6, 7, 8\}$

5. $49237 \times 3995 \times 738 \times 83 \times 9$

$= 7 \times 5 \times 8 \times 3 \times 9 = 14\underline{0} = 0$

6. 560 यूनिटों के उपभोग पर बिल आया = ₹2,400

620 यूनिटों के उपभोग पर बिल आया = ₹2,640

(620 - 560) यूनिटों के उपभोग पर बिल आया = ₹ (2,640 - 2,400) = ₹240

60 यूनिटों के उपभोग पर बिल आया = ₹240

(560 - 60) यूनिटों के उपभोग पर बिल आया = ₹ (2,400 - 240) = ₹2,160

7. दिए गए विकल्प में से 65 वो संख्या है जिसका स्थान परिवर्तन करने के बाद संख्या 56 होती है

$\Rightarrow 6 + 5 = 11\ ;\ 5 + 6 = 11$

$\Rightarrow 65 - 56 = 9$

8. पहले दो अंको वाले अभाज्य संख्या = 11

प्रश्नानुसार, वांछित श्रृंखला = 11 ; 22 ; 44 ; 88

इस प्रकार पहले मित्र तथा अन्तिम मित्र के बीच दिए गए धन की संख्या का भागफल $= \frac{88}{11} = 8$

महत्तम समापवर्तक तथा लघुत्तम समापवर्त्य

1. ऐसी लघुत्तम संख्या बताएँ जिसे 5, 7, 11 और 13 से विभाजित करने पर क्रमशः 2, 4, 8 और 10 शेषफल आता है:

(*a*) 5005 (*b*) 5002 (*c*) 5008 (*d*) 5029

(एस.एस.सी.-मल्टी टास्किंग स्टाफ परीक्षा, 2014)

2. दो संख्याओं का म.स. एवं ल.स. क्रमशः 10 एवं 200 है। यदि इनमें से एक संख्या 50 है, तो दूसरी संख्या क्या है?

(*a*) 20 (*b*) 30 (*c*) 40 (*d*) 100

(डी.एस.एस.एस.बी.- ग्रेड-II टियर-I परीक्षा, 2016)

3. $\left(ab-b^2\right)$ एवं $\left(a^2-b^2\right)$ का ल.स. है:

(*a*) $a\left(a^2-b^2\right)$ (*b*) $b\left(a^2-b^2\right)$ (*c*) $\left(a^2-b^2\right)$ (*d*) $b(a-b)$

(डी.एस.एस.एस.बी.- ग्रेड-II टियर-I परीक्षा, 2016)

4. तीन घंटियाँ क्रमशः 15, 20 एवं 30 मिनट के अंतराल पर बजती हैं। यदि घंटियाँ 11 बजे पूर्वाह्न एक साथ बजती हैं तो पुनः अगली बार कब वे एक साथ बजेगी?

(*a*) 11 : 30 AM (*b*) 12 : 00 PM (*c*) 12 : 30 PM (*d*) 1 : 00 PM

(आर.आर.बी.-(एन.टी.पी.सी.) परीक्षा, 2016)

5. 3 द्वारा विभाज्य तीन अनुक्रमिक प्राकृत संख्याओं का योग 45 है। इनमें से लघुत्तम संख्या क्या होगी?

(*a*) 18 (*b*) 3 (*c*) 12 (*d*) 9

(एस.एस.सी-सी.ए.पी.एफ.एस.(सी.पी.ओं) एस.आई और ए.एस.आई परीक्षा, 2016)

6. माना a एक धनात्मक पूर्णांक है। जब 89 और 125 को a से विभाजित किया जाता है, तो शेषफल क्रमशः 4 और 6 रहता है। तब a का मान क्या होगा?

(*a*) 17 (*b*) 9 (*c*) 15 (*d*) 7

(एस.एस.सी.-सी.ए.पी.एफ.एस. और सी.आई.एस.एफ. उप-निरिक्षक परीक्षा, 2016)

उत्तरमाला (महत्तम समापवर्तक तथा लघुत्तम समापवर्त्य)

1. (*b*) **2.** (*c*) **3.** (*b*) **4.** (*b*) **5.** (*c*) **6.** (*a*)

दिये गए प्रश्नों के हल महत्तम समापवर्तक तथा लघुत्तम समापवर्त्य

1. 5, 7, 11 और 13 का ल.स. $= 5 \times 7 \times 11 \times 13 = 5005$

लघुतम संख्या $= 5005 - 3 = 5002$

2. दिया गया है कि म.स. एवं ल.स. क्रमशः 10 एवं 200 है।

माना कि दूसरी संख्या x है।

$$\Rightarrow \text{दूसरी संख्या} = \frac{\text{म.स.} \times \text{ल.स.}}{\text{पहली संख्या}} = \frac{10 \times 200}{50} = 40$$

3. $\left(ab-b^2\right)$ एवं $\left(a^2-b^2\right)$

$\Rightarrow\ (a-b)b$ एवं $(a-b)(a+b)$

$\therefore\ \left(ab-b^2\right)$ एवं $\left(a^2-b^2\right)$ का ल.स. $= b(a+b)(a-b) = b\left(a^2-b^2\right)$ है।

4. दिया गया समय = 15, 20 एवं 30 मिनट का ल.स. = 60 मिनट

तो पुन: अगली बार तीन घंटिया बजेगी 12 बजे दोपहर

5. माना संख्याएँ है $3x, 3x+3$ एवं $3x+6$

प्रश्नानुसार, $3x+3x+3+3x+6=45$

$\Rightarrow\ 9x+9=45$

$\Rightarrow\ 9x=45-9=36$

$\Rightarrow\ x=\frac{36}{9}=4$

$\therefore$ तो लघुत्तम संख्या $=3x=3\times 4=12$

6. संख्याएँ हैं $(89-4)=85$ एवं $(125-6)=119$

$=85$ एवं 119 का म.स $=17$

$$\begin{array}{l} 85\,)\,119\,(\,1 \\ \quad\ \ -85 \\ \quad\ \ \overline{34\,)\,85\,(\,2} \\ \qquad\quad -68 \\ \qquad\quad \overline{17\,)\,34\,(\,2} \\ \qquad\qquad\ -34 \\ \qquad\qquad\ \overline{\quad\times\quad} \end{array}$$

दशमलव भिन्नें

1. $34.1 \times 1.34 \times 11.34 \times 0.13 = ?$

(*a*) 374.15028 (*b*) 67.3620948 (*c*) 374.15208 (*d*) 374.12508

(आर.आर.सी.-सिकंदराबाद रेलवे ग्रुप 'डी' परीक्षा, 2014)

2. $\left[2\frac{1}{8} \div 1\frac{7}{11}\right] \div \left[3\frac{1}{4} \div \frac{8}{16}\right] \times \left[4\frac{3}{5} \div \frac{25}{10}\right] = ?$

(*a*) 1 (*b*) $1\frac{1}{2}$ (*c*) $1\frac{6}{5}$ (*d*) उपर्युक्त में से कोई नहीं

(आर.आर.सी.-सिकंदराबाद रेलवे ग्रुप 'डी' परीक्षा, 2014)

3. $\frac{1}{2} + \frac{1}{4} + \frac{15}{4} - \frac{9}{8} = ?$

(*a*) $3\frac{3}{8}$ (*b*) $2\frac{3}{8}$ (*c*) $3\frac{8}{3}$ (*d*) $2\frac{8}{3}$

(आर.आर.सी.-सिकंदराबाद रेलवे ग्रुप 'डी' परीक्षा, 2014)

4. $1.1 + 99099.90009 + 9.00001 - 8672.1 - 90430.00010 = ?$

(*a*) 7.9 (*b*) 7.91 (*c*) 7.0 (*d*) 7.009

(आर.आर.सी.-सिकंदराबाद रेलवे ग्रुप 'डी' परीक्षा, 2014)

5. मान ज्ञात कीजिए:

$$5 - \cfrac{5}{1 + \cfrac{1}{3 + \cfrac{1}{2 + \cfrac{1}{4}}}}$$

(*a*) $\frac{4}{9}$ (*b*) $\frac{9}{8}$ (*c*) $\frac{31}{9}$ (*d*) $\frac{40}{31}$

(मध्य प्रदेश राज्य सेवा प्रारंभिक परीक्षा, 2016)

6. यदि नीचे दी गई सभी संख्याओं को अवरोही क्रम में व्यवस्थित किया जाए तो मध्य में कौन-सी संख्या होगी?

4456, 4465, 4655, 4665, 4565

(*a*) 4465 (*b*) 4565 (*c*) 4456 (*d*) 4655

(आर.आर.बी.-(एन.टी.पी.सी.)सी.बी.टी. परीक्षा, 2016)

7. किसी विद्यालय में $\frac{2}{3}$ भाग बच्चे 1-12 आयु वर्ग के हैं। इनमें से $\frac{3}{4}$ भाग बच्चे 1-8 आयु वर्ग के हैं। आयु वर्ग 9-12 में बच्चों का भाग ज्ञात कीजिए।

(*a*) $\frac{1}{3}$ (*b*) $\frac{1}{4}$ (*c*) $\frac{1}{6}$ (*d*) $\frac{1}{2}$

(आर.आर.बी.-(एन.टी.पी.सी.)सी.बी.टी. परीक्षा, 2016)

उत्तरमाला (दशमलव भिन्नें)

1. (*b*) **2.** (*d*) **3.** (*a*) **4.** (*a*) **5.** (*b*) **6.** (*b*) **7.** (*c*)

दिये गए प्रश्नों के हल दशमलव भिन्नें

1. $34.1\times1.34\times11.34\times0.13=?$

$=\dfrac{341\times134\times1134\times13}{10\times100\times100\times100}=\dfrac{673620948}{10,000,000}=67.3620948$

2. $\left[2\frac{1}{8}\div1\frac{7}{11}\right]\div\left[3\frac{1}{4}\times\frac{8}{16}\right]\times\left[4\frac{3}{5}\div\frac{25}{10}\right]=?$

$=\left[\frac{17}{8}\div\frac{18}{11}\right]\div\left[\frac{13}{4}\times\frac{8}{16}\right]\times\left[\frac{23}{5}\div\frac{25}{10}\right]=?$

$=\left[\frac{17}{8}\times\frac{11}{18}\right]\div\left[\frac{13}{8}\right]\times\left[\frac{23}{5}\times\frac{10}{25}\right]=?$

$=\left[\frac{187}{144}\div\frac{13}{8}\right]\times\left[\frac{46}{25}\right]=?$

$=\frac{187}{144}\times\frac{8}{13}\times\frac{46}{25}=?$

$\Rightarrow\ ?=1.47$

3. $\frac{1}{2}+\frac{1}{4}+\frac{15}{4}-\frac{9}{8}=?$

2, 4, 4, 8 का ल.स. = 8

$\dfrac{4+2+30-9}{8}=\dfrac{36-9}{8}=\dfrac{27}{8}=3\frac{3}{8}$

4. $(1.1+99099.90009+9.00001)-8672.1-90430.00010=?$

$=99110.0001-99102.1001=7.9$

5. $5-\cfrac{5}{1+\cfrac{1}{3+\cfrac{1}{2+\cfrac{1}{4}}}}=5-\cfrac{5}{1+\cfrac{1}{3+\cfrac{1}{\cfrac{9}{4}}}}=5-\cfrac{5}{1+\cfrac{1}{3+\cfrac{4}{9}}}$

$=5-\cfrac{5}{1+\cfrac{1}{\cfrac{31}{9}}}=5-\cfrac{5}{1+\cfrac{9}{31}}=5-\cfrac{5}{\cfrac{40}{31}}$

$=5-\frac{5\times31}{40}=5-\frac{31}{8}=\frac{40-31}{8}=\frac{9}{8}$

6. $4665>4655>4565>4465>4456$ तो मध्य की संख्या = 4565

7. (1 - 12) आयु वर्ग में बच्चों का भाग $=\frac{2}{3}$

(1 - 8) आयु वर्ग में बच्चों का भाग $=\frac{2}{3}\times\frac{3}{4}=\frac{1}{2}$ भाग

$\therefore$ (9 - 12) आयु वर्ग में बच्चों का भाग $=\left(\frac{2}{3}-\frac{1}{2}\right)=\frac{4-3}{6}=\frac{1}{6}$ भाग

सरलीकरण

1. $6\frac{1}{8}\times12\frac{3}{4}\times1\frac{1}{7}\times2\frac{2}{7}=?$

(*a*) 200 (*b*) 202 (*c*) 204 (*d*) 206

(आर.आर.सी- सिकंदराबाद रेलवे ग्रुप 'डी' परीक्षा, 2014)

2. $58\times23\times8\div4=?$

(*a*) 2468 (*b*) 2568 (*c*) 2668 (*d*) 2768

(आर.आर.सी- सिकंदराबाद रेलवे ग्रुप 'डी' परीक्षा, 2014)

3. $(2.52\div1.8)+(2.73\div1.3)+(1.44\div1.2)=$

(*a*) 4.6 (*b*) 4.7 (*c*) 4.8 (*d*) 4.9

(आर.आर.सी- सिकंदराबाद रेलवे ग्रुप 'डी' परीक्षा, 2014)

4. $3333921+6777189-9998909-79566+79566=?$

(*a*) 1,32,635 (*b*) 1,12,201 (*c*) 1,21,201 (*d*) 1,12,209

(आर.आर.सी- सिकंदराबाद रेलवे ग्रुप 'डी' परीक्षा, 2014)

5. $(11890\div29)+(10634\div26)-(7850\div25)=?$

(*a*) 505 (*b*) 510 (*c*) 515 (*d*) 520

(आर.आर.सी- सिकंदराबाद रेलवे ग्रुप 'डी' परीक्षा, 2014)

6. यदि $a+b=6$, एवं $a-b=2$, तो $2(a^2+b^2)$ का मान है:

(*a*) 30 (*b*) 40 (*c*) 20 (*d*) 10

(डी.एस.एस.एस.बी.- ग्रेड-II, टियर-I परीक्षा, 2016)

7. यदि $P^3+3P^2+3p=7$ है, तो P^2+2P का मान क्या होगा?

(*a*) 4 (*b*) 3 (*c*) 5 (*d*) 6

(एस.एस.सी.-सी.एच.एस.एल., डी.ई.ओ.-एल.डी.सी. परीक्षा, 2014)

8. यदि $x=2015$, $y=2014$ और $z=2013$ है, तो $x^2+y^2+z^2-xy-yz-zx$ का मान बताएँ।

(*a*) 3 (*b*) 4 (*c*) 6 (*d*) 2

(एस.एस.सी.-सी.एच.एस.एल., डी.ई.ओ.-एल.डी.सी. परीक्षा, 2014)

9. यदि $a+b+c=0$ तो $(a+b-c)^2(b+c-a)^2+(c+a-b)^2$ का मान बताएँ।

(*a*) 0 (*b*) 8 *abc* (*c*) $4(a^2+b^2+c^2)$ (*d*) $4(ab+bc+ca)$

(एस.एस.सी.-सी.एच.एस.एल., डी.ई.ओ.-एल.डी.सी. परीक्षा, 2014)

उत्तरमाला (सरलीकरण)

1. (*c*) **2.** (*c*) **3.** (*b*) **4.** (*b*) **5.** (*a*) **6.** (*b*) **7.** (*b*) **8.** (*a*) **9.** (*a*)

दिये गए प्रश्नों के हल — सरलीकरण

1. $6\frac{1}{8}\times12\frac{3}{4}\times1\frac{1}{7}\times2\frac{2}{7}=?$

$\Rightarrow \frac{49}{8}\times\frac{51}{4}\times\frac{8}{7}\times\frac{16}{7}=?$ $\Rightarrow ?=204$

2. $58 \times 23 \times 8 \div 4 = ?$

$\Rightarrow\ ? = 58 \times 23 \times 2$

$\Rightarrow\ ? = 58 \times 46 = 2668$

3. $(2.52 \div 1.8) + (2.73 \div 1.3) + (1.44 \div 1.2) = ?$

$\Rightarrow\ \frac{2.52}{1.8} + \frac{2.73}{1.3} + \frac{1.44}{1.2}$

$= 1.4 + 2.1 + 1.2 = 4.7$

4. $3333921 + 6777189 - 9998909 - 79566 + 79566 = ?$

$= 3333921 + 6777189 - 9998909\ = 10111110 - 9998909\ = 112201$

5. $(11890 \div 29) + (10634 \div 26) - (7850 \div 25) = ?$

$\Rightarrow\ \frac{11890}{29} + \frac{10634}{26} - \frac{7850}{25}$

$\Rightarrow\ 410 + 409 - 314 = 505$

6. $(a + b) = 6$ .... (i)

$(a - b) = 2$ .... (ii)

समीकरण (i) एवं (ii) का वर्ग करके योग करने पर:

$(a + b)^2 = 6^2$

$(a - b^2) = 2^2$

$\Rightarrow 2\,(a^2 + b^2) = 40$

7. दिया गया है: $P^3 + 3P^2 + 3P = 7$

अगर $P = 1$

$\Rightarrow\ (1)^3 + 3(1)^2 + 3(1) = 7$

$\Rightarrow\ 7 = 7$

अब $P = 1 \Rightarrow\ P^2 + 2P = (1)^2 + 2(1) = 3$

8. दिया गया है: $x = 2015;\ y = 2014;\ z = 2013$

$$x^2 + y^2 + z^2 - xy - yz - zx = \frac{1}{2}\left(2x^2 + 2y^2 + 2z^2 - 2xy - 2yz - 2zx\right)$$

$$= \frac{1}{2}\left[(x-y)^2 + (y-z)^2 + (z-x)^2\right]$$

$$= \frac{1}{2}\left[(2015-2014)^2 + (2014-2013)^2 + (2013-2015)^2\right]$$

$$= \frac{1}{2}\left((1)^2 + (1)^2 + (-2)^2\right) = \frac{1}{2}(6) = 3$$

9. दिया गया है: $a + b + c = 0$ ....(i)

तो $(a + b - c)^2 + (b + c - a)^2 + (c + a - b)^2$

समीकरण (i) से,

$\Rightarrow\ (-c-c)^2 + (-a-a)^2 + (-b-b)^2$

$= (-2c)^2 + (-2a)^2 + (-2b)^2$

$= 4c^2 + 4a^2 + 4b^2$

$= 4\left(a^2 + b^2 + c^2\right) = 4(0) = 0$

वर्गमूल तथा घनमूल

1. एक संख्या जिसका वर्गमूल उसके घनमूल से दोगुना हैं उसका मान होगा:

(*a*) 4 (*b*) 16 (*c*) 64 (*d*) 128

(मध्य प्रदेश राज्य सेवा प्रारंभिक परीक्षा, 2016)

2. 16 के वर्गमूल एवं 4 के वर्गमूल का गुणनफल क्या है?

(*a*) 4 (*b*) 8 (*c*) 16 (*d*) 32

(आर.आर.बी.-(एन.टी.पी.सी.) परीक्षा, 2016)

3. यदि $x=\sqrt[3]{7}+3$, तो $x^3-9x^2+27x-34$ का मान क्या होगा?

(*a*) 0 (*b*) 1 (*c*) 2 (*d*) −1

(एस.एस.सी.-सी.ए.पी.एफ.एस (सी.पी.ओ) परीक्षा, 2016)

4. निम्नलिखित का मान क्या होगा?

$$\sqrt{12+\sqrt{12+\sqrt{12+.....}}}$$

(*a*) $2\sqrt{2}$ (*b*) $2\sqrt{3}$ (*c*) 2 (*d*) 4

(एस.एस.सी.-सी.ए.पी.एफ.एस (सी.पी.ओ) परीक्षा, 2016)

5. निम्नलिखित का सरलीकृत मान क्या होगा?

$$\frac{1}{\sqrt{11-2\sqrt{30}}}-\frac{3}{\sqrt{7-2\sqrt{10}}}-\frac{4}{\sqrt{8+4\sqrt{3}}}$$

(*a*) 0 (*b*) 1 (*c*) $\sqrt{2}$ (*d*) $\sqrt{3}$

(एस.एस.सी.-सी.ए.पी.एफ.एस (सी.पी.ओ) परीक्षा, 2016)

उत्तरमाला (वर्गमूल तथा घनमूल)

1. (*c*) **2.** (*b*) **3.** (*a*) **4.** (*d*) **5.** (*a*)

दिये गए प्रश्नों के हल | वर्गमूल तथा घनमूल

1. वो संख्या 64 है जिसका वर्गमूल 8 तथा घनमूल 4 है।
जो कि घनमूल का दोगुना है।

2. $\sqrt{16}\times\sqrt{4}=4\times 2=8$

3. $x=\sqrt[3]{7}+3$

$\Rightarrow x-3=\sqrt[3]{7}$

दोनों पक्षों का घन करने पर:

$(x-3)^3=\left(\sqrt[3]{7}\right)^3 \Rightarrow (x-3)^3=7$

$\Rightarrow x^3-3^3-3.x.3(x-3)=7$

$$\Rightarrow x^3 - 27 - 9x(x-3) = 7$$

$$\Rightarrow x^3 - 9x^2 + 27x - 34 = 0$$

4. $x = \sqrt{12 + \sqrt{12 + \sqrt{12 + \ldots\ldots}}}$

दोनों पक्षों का वर्ग करने पर:

$$x^2 = 12 + \sqrt{12 + \sqrt{12 + \ldots\ldots}}$$

$$x^2 = 12 + x$$

$$x^2 - x - 12 = 0$$

$$x^2 - 4x + 3x - 12 = 0$$

$$x(x-4) + 3(x-4) = 0$$

(x ℵü)(x   )

$x = 4$ क्योंकि $x \neq -3$

5. $$\frac{1}{\sqrt{11-2\sqrt{30}}} = \frac{1}{\sqrt{6+5-2\sqrt{6}\times\sqrt{5}}} = \frac{1}{\sqrt{\left(\sqrt{6}\right)^2 + \left(\sqrt{5}\right)^2 - 2\sqrt{6}\sqrt{5}}}$$

$$= \frac{1}{\sqrt{\left(\sqrt{6}-\sqrt{5}\right)^2}} = \frac{1}{\sqrt{6}-\sqrt{5}} = \frac{\sqrt{6}+\sqrt{5}}{\left(\sqrt{6}-\sqrt{5}\right)\left(\sqrt{6}+\sqrt{5}\right)} = \sqrt{6}+\sqrt{5} \quad \text{.... (i)}$$

$$\frac{3}{\sqrt{7-2\sqrt{10}}} = \frac{3}{\sqrt{5+2-2\sqrt{5}\times\sqrt{2}}} = \frac{3}{\sqrt{\left(\sqrt{5}\right)^2 + \left(\sqrt{2}\right)^2 - 2\sqrt{5}\times\sqrt{2}}} = \frac{3}{\sqrt{\left(\sqrt{5}-\sqrt{2}\right)^2}}$$

$$= \frac{3}{\sqrt{5}-\sqrt{2}} = \frac{3\left(\sqrt{5}+\sqrt{2}\right)}{\left(\sqrt{5}-\sqrt{2}\right)\left(\sqrt{5}+\sqrt{2}\right)} = \frac{3\left(\sqrt{5}+\sqrt{2}\right)}{5-2} = \sqrt{5}+\sqrt{2} \quad \text{......... (ii)}$$

$$\frac{4}{\sqrt{8+4\sqrt{3}}} = \frac{4}{\sqrt{8+2\sqrt{12}}} = \frac{4}{\sqrt{6+2+2\sqrt{6}\times\sqrt{2}}} = \frac{4}{\sqrt{\left(\sqrt{6}+\sqrt{2}\right)^2}}$$

$$= \frac{4}{\sqrt{6}+\sqrt{2}} \times \frac{\sqrt{6}-\sqrt{2}}{\sqrt{6}-\sqrt{2}} = \frac{4\left(\sqrt{6}-\sqrt{2}\right)}{6-2} = \sqrt{6}-\sqrt{2} \quad \text{......... (iii)}$$

∴ तो (i), (ii) एवं (iii) से,

$$\left(\sqrt{6}+\sqrt{5}\right) - \left(\sqrt{5}+\sqrt{2}\right) - \left(\sqrt{6}-\sqrt{2}\right)$$

$$= \sqrt{6}+\sqrt{5}-\sqrt{5}-\sqrt{2}-\sqrt{6}+\sqrt{2} = 0$$

औसत

1. क्रमिक विषम धनात्मक पूर्णांक का औसत 9 है। उनमें से सबसे छोटा क्या है?

(*a*) 5 (*b*) 3 (*c*) 1 (*d*) 7

(एस.एस.सी.-मल्टी टास्किंग परीक्षा, 2014)

2. P के पास Q से दोगुनी धनराशि है एवं Q के पास R से 50% अधिक धनराशि है। यदि सभी को मिलाकर औसत धनराशि ₹110 हो, तो P के पास धनराशि है:

(*a*) ₹90 (*b*) ₹60 (*c*) ₹55 (*d*) ₹180

(डी.एस.एस.एस.बी.-ग्रेड-II टियर-I परीक्षा, 2016)

3. 36 विद्यार्थियों को औसतन 52 अंक प्राप्त हुए। किन्तु बाद में पता चला कि पद 64 को गलती से 46 पढ़ा गया। अंको का सही माध्य क्या होगा?

(*a*) 54 (*b*) 53.5 (*c*) 53 (*d*) 52.5

(एस.एस.सी.-सी.एच.एस.एल. डी.ई.ओ.-एल.डी.सी. परीक्षा, 2014)

4. पांच सदस्यों के एक परिवार की 3 वर्ष पहले औसत आयु 17 वर्ष थी। परिवार में एक बच्चे का जन्म हुआ, किन्तु वर्तमान में परिवार की औसत आयु वही रहती है। वर्तमान में बच्चे की आयू क्या है?

(*a*) 3 वर्ष (*b*) 2 वर्ष (*c*) 1 वर्ष (*d*) 1.5 वर्ष

(एस.एस.सी.- सी.एच.एस.एल. डी.ई.ओ.-एल.डी.सी. परीक्षा, 2014)

5. एक कंपनी में 10 कर्मचारियों में से प्रत्येक को ₹36,200 वेतन मिलता है एवं 15 कर्मचारियों में से प्रत्येक को ₹33,550 वेतन मिलता है। कंपनी में कर्मचारियों का औसत वेतन क्या है?

(*a*) ₹34,610 (*b*) ₹34,640 (*c*) ₹35,610 (*d*) ₹32,610

(आर.आर.बी.-(एन.टी.पी.सी.) परीक्षा, 2016)

6. राज ने 4 विषयों में क्रमशः 67, 69, 78 एवं 88 अंक प्राप्त किया। उसे पांचवें विषय में कितने अंक प्राप्त करना चाहिए ताकि समग्र औसत 80 अंक हो जाएं?

(*a*) 89 (*b*) 92 (*c*) 98 (*d*) 100

(आर.आर.बी.-(एन.टी.पी.सी.) परीक्षा, 2016)

7. पांच सतत् विषम संख्याएँ दी गई हैं। यदि प्रथम दो विषम संख्याओं के औसत के वर्ग एवं अन्तिम दो विषम संख्याओं के औसत के वर्ग का अंतर 588 हो तो सबसे छोटी विषम संख्या क्या है?

(*a*) 45 (*b*) 47 (*c*) 41 (*d*) 49 (*e*) 43

(एल.आई.सी.-(ए.ए.ओ) परीक्षा, 2016)

8. पति, पत्नी और उनके बच्चे की औसत आयु 3 वर्ष पूर्व 27 वर्ष थी और पत्नी एवं बच्चे की औसत आयु 5 वर्ष पूर्व 20 वर्ष थी। पति की वर्तमान आयु क्या है?

(*a*) 50 वर्ष (*b*) 40 वर्ष (*c*) 35 वर्ष (*d*) दिए गए विकल्पों में से कोई नहीं

(एस.एस.सी.-सी.ए.पी.एफ.एस. (सी.पी.ओं) एस.आई-ए.एस.आई परीक्षा, 2016)

उत्तरमाला (औसत)

1. (*d*) **2.** (*d*) **3.** (*d*) **4.** (*b*) **5.** (*a*) **6.** (*c*) **7.** (*a*) **8.** (*b*)

दिये गए प्रश्नों के हल — औसत

1. माना कि 5 क्रमिक विषम धनात्मक संख्याएँ $x, x+1, x+2, x+3, x+4$

प्रश्नानुसार, $\frac{x+x+1+x+2+x+3+x+4}{5}=9$

$\Rightarrow 5x+10=45 \quad \Rightarrow 5x=35 \quad \Rightarrow x=7$

2. माना कि Q के पास धनराशि ₹x है; P के पास धनराशि ₹$2x$ है; R के पास धनराशि

$(x-50\% \text{ of } x)=x-\frac{x}{3}=\frac{3x-x}{3}=₹\frac{2x}{3}$ है।

प्रश्नानुसार, $x+2x+\frac{2x}{3}=110\times 3$

$\Rightarrow 3x+6x+2x=330\times 3 \quad \Rightarrow 11x=990 \quad \Rightarrow x=\frac{990}{11}=₹90$

R के पास धनराशि $=\frac{2\times 90}{3}=₹60$

P के पास धनराशि $=2x=2\times 90=₹180$

3. 36 विद्यार्थियों को प्राप्त अंको की औसत = 52

प्रश्नानुसार, सही औसत $=\frac{52\times 36-46+64}{36}=\frac{1872-46+64}{36}=\frac{1890}{36}=52.5$

4. पाँच सदस्यों के परिवार की वर्तमान आयु का योग $=5\times 20=100$ वर्ष

छः सदस्यों के परिवार की वर्तमान आयु $=6\times 17=102$ वर्ष

बच्चे की वर्तमान आयु $=(102-100)=2$ वर्ष

5. 10 कर्मचारियों में से प्रत्येक को मिला वेतन = ₹36,200

15 कर्मचारियों में से प्रत्येक को मिला वेतन = ₹33,550

25 कर्मचारियों का औसत वेतन $=\frac{36,200\times 10+33,550\times 15}{10+15}$

$=\frac{36,2000+50,3250}{25}=\frac{86,5250}{25}=₹34,610$

6. 4 विषयों मे प्राप्त कुल अंक = 67 + 69 + 78 + 88 = 302

5 विषयों मे प्राप्त कुल अंक = 80 × 5 = 400

पाँचवे विषय में प्राप्त अंक = 400 - 302 = 98

7. माना कि सतत् विषम संख्याएँ है: $x, x+2, x+4, x+6$ एवं $x+8$

प्रश्नानुसार, $\left(\frac{x+6+x+8}{2}\right)^2-\left(\frac{x+x+2}{2}\right)^2=588$

$\Rightarrow (x+7)^2-(x+1)^2=588 \quad \Rightarrow x^2+49+14x-x^2-1-2x=588$

$\Rightarrow 12x+48=588 \quad \Rightarrow 12x=588-48=540$

$\Rightarrow x=\frac{540}{12}=45$

8. पति, पत्नी एवं बच्चों की वर्तमान उम्र $=3\times 30=90$ वर्ष

पत्नी एवं बच्चों की वर्तमान उम्र $=2\times 25=50$ वर्ष

पति की वर्तमान उम्र $=(90-50)$ वर्ष = 40 वर्ष

संख्याओं पर आधारित प्रश्न

1. दो सतत् संख्याएँ ज्ञात कीजिए यदि पहली संख्या का तीन गुना दूसरी संख्या के दोगुने से 5 अधिक है।

(*a*) 5 और 6 (*b*) 6 और 7 (*c*) 7 और 8 (*d*) 9 और 10

(आर.आर.बी. (एन.टी.पी.सी) परीक्षा, 2016)

2. किसी संख्या को 15% बढ़ाया जाता है और फिर उसे 25% घटाया जाता है और तब परिणामी संख्या मूल संख्या से 22 कम हो जाती है। मूल संख्या क्या है?

(*a*) 120 (*b*) 100 (*c*) 140 (*d*) 160

(एस.एस.सी.-सी.ए.पी.एफ.एस.-सी.आई.एस.एफ, उप. निरिक्षक परीक्षा, 2016)

3. यदि p, q एवं r वास्तविक संख्याएँ है, तो $(p-q)^3+(q-r)^3+(r-p)^3$ किसके बराबर होगा?

(*a*) $3(p-q)(q-r)(r-p)$ (*b*) $(p-q)(q-r)(r-p)$ (*c*) 1 (*d*) 0

(एस.एस.सी.-सी.ए.पी.एफ.एस.-सी.आई.एस.एफ, उप. निरिक्षक परीक्षा, 2016)

4. दो धनात्मक संख्याओं का योग उनके वर्गों के योग का 20 प्रतिशत है और उनके वर्गों के अंतर का 25 प्रतिशत है। यदि संख्याएँ X और Y है, तो $\frac{X+Y}{X^2}$ कितना होगा?

(*a*) $\frac{1}{4}$ (*b*) $\frac{3}{8}$ (*c*) $\frac{2}{9}$ (*d*) $\frac{1}{3}$

(एस.एस.सी.-सिपाही सी.ए.पी.एफ.एस एन.आई.ए.और एस.एस.एफ. परीक्षा, 2015)

5. दो संख्याओं का योगफल $15\frac{1}{3}$ है और उनका अतंर $4\frac{2}{3}$ है। संख्याओं का गुणनफल क्या होगा?

(*a*) 60 (*b*) $53\frac{1}{3}$ (*c*) 50 (*d*) $48\frac{2}{3}$

(एस.एस.सी.-सी.ए.पी.एफ.एस.-सी.आई.एस.एफ, उप. निरिक्षक परीक्षा, 2016)

उत्तरमाला (संख्याओं पर आधारित प्रश्न)

1. (*c*) **2.** (*d*) **3.** (*a*) **4.** (*c*) **5.** (*b*)

दिये गए प्रश्नों के हल | संख्याओं पर आधारित प्रश्न

1. माना दो संख्याएँ x एवं $x+1$ है।

प्रश्नानुसार, $3(x)-2(x+1)=5$

$\Rightarrow 3x-2x-2=5$

$\Rightarrow x=7$

दो संख्याएँ है 7 एवं 8.

2. माना कि मूल संख्या x है।

एकल समतुल्य $=\left(x+y+\frac{xy}{100}\right)\%$

$x=15\%; y=-25\%$

$$= \left(15 - 25 + \frac{15 \times -25}{100}\right)\% = (-10 - 3.75)\% = -13.75\%$$

(–) चिह्न कमी दर्शाता है।

$\therefore$ x का 13.75% = 22

$$\Rightarrow x \times \frac{13.75}{ü} = 22$$

$$\Rightarrow x = \frac{22 \times 100}{13.75} = \frac{22 \times 10000}{1375} = 160$$

3. माना कि $x = p - q$; $y = q - r$ और $z = r - p$

$\therefore$ $x + y + z = p - q + q - r + r - p = 0$

$\therefore$ $a^{3'} + b^3 + x^3 - 3abc = 0$

$\Rightarrow$ $a^3 + b^3 + c^3 = 3abc = 3(p-q)(q-r)(r-p)$

4. दिया गया है: दो संख्याएँ है x एवं y

प्रश्नानुसार, $(x+y) = \frac{1}{5}(x^2 + y^2)$ .... (i)

$(x+y) = \frac{1}{4}(x^2 - y^2)$ .... (ii)

समीकरण (i) व (ii) से,

$$\frac{1}{5}(x^2 + y^2) = \frac{1}{4}(x^2 - y^2)$$

$$\Rightarrow 4x^2 + 4y^2 = 5x^2 - 5y^2$$

$$\Rightarrow x^2 = 9y^2$$

$$\frac{x+y}{x^2} = \frac{\frac{1}{5}(x^2 + y^2)}{x^2} = \frac{\frac{1}{5}(9y^2 + y^2)}{9y^2} = \frac{1}{5} \times \frac{10}{9} = \frac{2}{9}$$

5. माना कि संख्याएँ है x एवं y ; $x > y$

$x + y = 15\frac{1}{3} = \frac{46}{3}$ .... (i)

$x - y = 4\frac{2}{3} = \frac{14}{3}$ .... (ii)

समीकरण (i) व (ii) का योग करने पर:

$$2x = \frac{46}{3} + \frac{14}{3} = \frac{60}{3} = 20$$

$\Rightarrow x = 10$

समीकरण (i) से,

$$x + y = \frac{46}{3} \Rightarrow y = \frac{46}{3} - x = \frac{46}{3} - 10 = \frac{46 - 30}{3} = \frac{16}{3}$$

$$\therefore xy = 10 \times \left(\frac{16}{3}\right) = \frac{160}{3} = 53\frac{1}{3}$$

आयु सम्बन्धी प्रश्न

1. दो लड़कों और उनके पिता की औसत आयु उन दो लड़कों और उनकी माता की औसत आयु से 3 वर्ष अधिक है। उन चारों की औसत आयु 19 वर्ष है। यदि दो लड़कों की औसत आयु $5\frac{1}{2}$ वर्ष है, तो पिता और माता की आयु क्या है?

(*a*) 37 वर्ष और 28 वर्ष (*b*) 47 वर्ष और 38 वर्ष

(*c*) 50 वर्ष और 41 वर्ष (*d*) 35 वर्ष और 32 वर्ष

(एस.एस.सी.-मल्टी टास्किंग स्टाफ परीक्षा, 2014)

2. 5 वर्ष पूर्व राजू की आयु रवि की आयु का एक तिहाई थी। यदि राजू की वर्तमान आयु 15 वर्ष हो तो रवि की वर्तमान आयु है?

(*a*) 30 वर्ष (*b*) 35 वर्ष (*c*) 45 वर्ष (*d*) उपर्युक्त में से कोई नहीं

(आर.आर.सी.-सिकंदराबाद रेलवे ग्रुप 'डी' परीक्षा, 2014)

3. पिता की वर्तमान उम्र, पुत्र की वर्तमान उम्र की सात गुनी है। 5 वर्ष बाद, उसकी उम्र, अपने पुत्र की उम्र का चार गुना हो जाएगी। पिता की वर्तमान उम्र क्या है?

(*a*) 45 वर्ष (*b*) 30 वर्ष (*c*) 40 वर्ष (*d*) इनमें से कोई नहीं

(डी.एस.एस.एस.बी.- ग्रेड-II टियर-I परीक्षा, 2016)

4. आज एक पिता अपने पुत्र की आयु से तीन गुना बड़ा है दस वर्ष बाद, पिता अपने पुत्र की आयु से दोगुना बड़ा हो जाएगा, जब पुत्र की आयु अपने पिता की आयु की $\frac{3}{4}$ हो जाएगी, तब उस समय पुत्र की आयु क्या होगी?

(*a*) 30 (*b*) 45 (*c*) 60 (*d*) 75

(मध्य प्रदेश राज्य सेवा प्रारंभिक परीक्षा, 2016)

5. राम की वर्तमान उम्र उसके पुत्र की वर्तमान उम्र की चोगुनी है। 5 वर्ष पश्चात् राम की उम्र उसके पुत्र की उस समय की उम्र की तिगुनी हो जाएगी। उनकी वर्तमान उम्र क्या है?

(*a*) 60 एवं 15 (*b*) 40 एवं 10 (*c*) 20 एवं 5 (*d*) 32 एवं 8

(आर.आर.बी.-(एन.टी.पी.सी.) परीक्षा, 2016)

उत्तरमाला (आयु सम्बन्धी प्रश्न)

1. (*a*) **2.** (*b*) **3.** (*d*) **4.** (*c*) **5.** (*b*)

दिये गए प्रश्नों के हल आयु सम्बन्धी प्रश्न

1. दिया गया है दोनों लड़कों की औसत आयु $= 5\frac{1}{2}$ वर्ष

दोनों लड़कों की कुल आयु $= \left(2 \times \frac{11}{2}\right) =$ वर्ष

चारों की औसत आयु = 19 वर्ष

चारों की कुल आयु $= 19 \times 4 = 76$ वर्ष

पिता और माता की कुल आयु $= (76-11) = 65$ वर्ष
दिए गए विकल्पों में से सिर्फ A विकल्प ही है जो इसको संतुष्ट करता है।
पिता और माता की क्रमशः आयु 37 वर्ष और 28 वर्ष है।

2. माना कि 5 वर्ष पूर्व, राजू की आयु x वर्ष और
रवि की आयु $= 3x$ वर्ष
राजू की वर्तमान आयु $= 15$ वर्ष
$\Rightarrow\ x+5=15$ वर्ष
$\Rightarrow\ x=10$ वर्ष
रवि की वर्तमान आयु $= 3x+5 = 3\times10+5 = 35$ वर्ष

3. माना कि पुत्र की वर्तमान आयु $= x$ वर्ष
पिता की वर्तमान आयु $= 7x$ वर्ष
प्रश्नानुसार, 5 वर्ष बाद
$7x+5=4(x+5)$
$\Rightarrow\ 7x+5=4x+20$
$\Rightarrow\ 3x=15$
$\Rightarrow\ x=5$
पिता की वर्तमान आयु $= 7x = 7\times5 = 35$ वर्ष

4. माना कि पुत्र की आयु एवं पिता की आयु क्रमशः x एवं $3x$ है।
प्रश्नानुसार, $= \dfrac{3x+10}{x+10} = \dfrac{2}{1}$
$3x+10=2x+20$
$\Rightarrow x=10$
पुत्र एवं पिता की आयु क्रमशः 10 वर्ष एवं 30 वर्ष है।
पिता और पुत्र की आयु के मध्य अन्तर $= 30-10 = 20$ वर्ष
जब पिता की आयु 80 वर्ष होगी तो पुत्र की आयु $= 80\times\dfrac{3}{4} = 60$ वर्ष

5. पुत्र की वर्तमान आयु $= x$ वर्ष
पिता की वर्तमान आयु $= 4x$ वर्ष
प्रश्नानुसार, 5 वर्ष बाद
$3(x+5)=(4x+5)$
$3x+15=4x+5$
$\Rightarrow\ x=10$ वर्ष
पिता की वर्तमान आयु $= 40$ वर्ष
पुत्र की वर्तमान आयु $= 10$ वर्ष

घातांक तथा करणी

1. $(196)^{\frac{1}{2}}-(64)^{\frac{1}{3}}-\sqrt{10^2}=?$

(a) 10 (b) 0 (c) 4 (d) इनमें से कोई नहीं

(डी.एस.एस.एस.बी.- ग्रेड-II टियर-I परीक्षा, 2016)

2. यदि $x+\frac{1}{x}=2$, तो $x^3+3x+\frac{3}{x}+\frac{1}{x^3}=?$

(a) 16 (b) 18 (c) 8 (d) 9

(डी.एस.एस.एस.बी.- ग्रेड-II टियर-I परीक्षा, 2016)

3. $\sqrt[3]{9}, \sqrt{3}, \sqrt[4]{16}$ एवं $\sqrt[6]{80}$ में सबसे बड़ी संख्या हैं?

(a) $\sqrt[3]{9}$ (b) $\sqrt{3}$ (c) $\sqrt[4]{16}$ (d) $\sqrt[6]{80}$

(डी.एस.एस.एस.बी.- ग्रेड-II टियर-I परीक्षा, 2016)

4. यदि $3a^2=b^2\neq 0$ हो तो $\frac{(a+b)^3-(a-b)^3}{(a+b)^2+(a-b)^2}$ का मान बताएँ।

(a) $\frac{3}{2}b$ (b) b (c) $\frac{1}{2}b$ (d) $\frac{2}{3}b$

(एस.एस.सी.-सी.एच.एस.एल., डी.ई.ओ.-एल.डी.सी. परीक्षा, 2014)

उत्तरमाला (घातांक तथा करणी)

1. (b) **2.** (c) **3.** (a) **4.** (a)

दिये गए प्रश्नों के हल घातांक तथा करणी

1. $(196)^{\frac{1}{2}}-(64)^{\frac{1}{3}}=\sqrt{10^2}=?=(14\times14)^{\frac{1}{2}}-(4\times4\times4)^{\frac{1}{3}}-\sqrt{10^2}=?$

$$=14^{2\times\frac{1}{2}}-4^{3\times\frac{1}{3}}-10=?$$

$$=14-4-10$$

$$\Rightarrow 14-14=0$$

2. दिया गया है $x+\frac{1}{x}=2$

$$x^3+3x+\frac{3}{x}+\frac{1}{x^3}=?$$

$$\Rightarrow \left(x^3+\frac{1}{x^3}\right)+3\left(x+\frac{1}{x}\right)$$

$$\Rightarrow \left(x+\frac{1}{x}\right)^3-3\left(x+\frac{1}{x}\right)+3\left(x+\frac{1}{x}\right) \quad \left\{\because a^3+b^3=(a+b)^3-3ab(a+b)\right\}$$

$$=(2)^2-3(2)+3(2)=2^3=8$$

3. करणी के घात 3, 2, 4 एवं 6 का ल.स. = 12

$\sqrt[3]{9}$; $\sqrt{3}$; $\sqrt[4]{16}$; $\sqrt[6]{80}$

$9^{\frac{1}{3}}$; $3^{\frac{1}{2}}$; $16^{\frac{1}{4}}$; $80^{\frac{1}{6}}$

$\Rightarrow 9^{\frac{1}{3}\times\frac{4}{4}}$; $3^{\frac{1}{2}\times\frac{6}{6}}$; $16^{\frac{1}{4}\times\frac{3}{3}}$; $80^{\frac{1}{6}\times\frac{2}{2}}$

$\Rightarrow 9^{\frac{4}{12}}$; $3^{\frac{6}{12}}$; $16^{\frac{3}{12}}$; $80^{\frac{2}{12}}$

$\Rightarrow \left(9^4\right)^{\frac{1}{12}}$; $\left(3^6\right)^{\frac{1}{12}}$; $\left(16^3\right)^{\frac{1}{12}}$; $\left(80^2\right)^{\frac{1}{12}}$

$\Rightarrow (6561)^{\frac{1}{12}}$; $729^{\frac{1}{12}}$; $4096^{\frac{1}{12}}$; $6400^{\frac{1}{12}}$

$(6561)^{\frac{1}{12}} = \sqrt[3]{9}$ सबसे बड़ी संख्या है।

4. $$\frac{(a+b)^3-(a-b)^3}{(a+b)^2+(a-b)^2}=\frac{(a+b-a+b)\left[(a+b)^2+(a-b)^2+(a+b)(a-b)\right]}{a^2+b^2+2ab+a^2+b^2-2ab}$$

$$\left\{\because x^3-y^3=(x-y)\left(x^2+y^2+xy\right)\right\}$$

$$=\frac{2b\left[a^2+b^2+2ab+a^2+b^2-2ab+a^2-b^2\right]}{2a^2+2b^2}$$

$$=\frac{2b\left[3a^2+b^2\right]}{2a^2+2b^2}=\frac{2b\left[3a^2+b^2\right]}{2\left(a^2+b^2\right)}=\frac{b\left(b^2+b^2\right)}{\frac{b^2}{3}+b^2}\quad\left\{\because 3a^2=b^2\Rightarrow a^2=\frac{b^2}{3}\right\}$$

$$=\frac{b\left(2b^2\right)\times 3}{b^2+3b^2}=\frac{6b^3}{4b^2}=\frac{3}{2}b$$

प्रतिशतता

1. एक संख्या में 10 प्रतिशत वृद्धि की जाती है और फिर उस बढ़ी हुई संख्या को 10 प्रतिशत कम किया जाता है। संख्या में कुल वृद्धि अथवा कमी कितनी है?
(*a*) 1% कमी (*b*) 2% वृद्धि (*c*) 0.1% वृद्धि (*d*) 0.2% कमी
(एस.एस.सी.-मल्टी टास्किंग स्टाफ परीक्षा, 2014)

2. पहले वर्ष के दौरान एक गाँव की जनसंख्या में 5 प्रतिशत वृद्धि हुई और दूसरे वर्ष में उसमें 5 प्रतिशत का ह्रास हुआ। दूसरे वर्ष के अन्त में उसकी जनसंख्या 47,880 थी। पहले वर्ष के प्रारम्भं में उसकी जनसंख्या कितनी थी?
(*a*) 45,500 (*b*) 48,000 (*c*) 43,500 (*d*) 53,000
(एस.एस.सी.-मल्टी टास्किंग स्टाफ परीक्षा, 2014)

3. कुल आय में से एक आदमी घर किराए पर 15% तथा 65% अन्य घरेलू वस्तुओं पर खर्च करता है। यदि वह 8,925 की बचत करता है तो उसकी कुल आय है:
(*a*) ₹44,625 (*b*) ₹30,000 (*c*) ₹25,000 (*d*) उपर्युक्त में से कोई नहीं
(आर.आर.सी.-सिकंदराबाद रेलवे ग्रुप 'डी' परीक्षा, 2014)

4. यदि $\sqrt{2x}$ का 5% = 0.01 हो, तो x का मान होगा:
(*a*) 0.02 (*b*) 0.01 (*c*) 0.05 (*d*) 0.03
(डी.एस.एस.एस.बी.- ग्रेड-II टियर-I परीक्षा, 2016)

5. यदि किसी संख्या के 26% के $\frac{3}{7}$ का 25% = 136.5 हो तो संख्या क्या है?
(*a*) 6300 (*b*) 5600 (*c*) 4800 (*d*) 4900
(डी.एस.एस.एस.बी.- ग्रेड-II टियर-I परीक्षा, 2016)

6. यदि किसी वर्ग के प्रत्येक कोर को दोहरा कर दिया जाए, तो उसके क्षेत्रफल में कितने प्रतिशत वृद्धि हुई?
(*a*) 200% (*b*) 250% (*c*) 280% (*d*) 300%
(एस.एस.सी.-सी.एच.एस.एल., डी.ई.ओ.-एल.डी.सी. परीक्षा, 2014)

7. y में से y के x% को घटाने का अर्थ y को निम्नलिखित में से किससे गुणा करना है?
(*a*) $\frac{x}{100}$ (*b*) $\frac{x}{100}-1$ (*c*) $1-\frac{x}{100}$ (*d*) $x\left(1-\frac{x}{100}\right)$
(एस.एस.सी.-सी.एच.एस.एल., डी.ई.ओ.-एल.डी.सी. परीक्षा, 2014)

8. एक गाँव में 30 प्रतिशत लोग शिक्षित है। यदि गाँव की कुल जनसंख्या 6,600 हो, तो उसमें अशिक्षित लोगों की संख्या बताएँ।
(*a*) 1,980 (*b*) 4,620 (*c*) 2,200 (*d*) 3,280
(एस.एस.सी.-सी.एच.एस.एल., डी.ई.ओ.-एल.डी.सी. परीक्षा, 2014)

9. रोहन अपनी मासिक छात्रवृत्ति (Scholarship) का 25% पुस्तकों पर खर्च करता है बची हुई राशि का 75% वह छात्रावास और महाविद्यालय के शुल्क पर खर्च करता है. यदि उसके पास महीने के अंत में ₹120 बचते है, तो रोहन की मासिक छात्रवृत्ति क्या है?
(*a*) ₹640 (*b*) ₹850 (*c*) ₹1,000 (*d*) ₹1,260
(मध्य प्रदेश राज्य सेवा प्रारंभिक परीक्षा, 2016)

उत्तरमाला (प्रतिशतता)

1. (*a*) **2.** (*b*) **3.** (*a*) **4.** (*a*) **5.** (*d*) **6.** (*d*) **7.** (*c*) **8.** (*b*) **9.** (*a*)

दिये गए प्रश्नों के हल | प्रतिशतता

1. माना कि संख्या 100 है।

10 प्रतिशत वृद्धि के बाद संख्या $= 100 + \frac{10 \times 100}{100} = 110$

10 प्रतिशत बढ़ी हुई संख्या को 10% प्रतिशत कम करने के बाद संख्या $= 110 - \frac{10 \times 110}{100} = 110 - 11 = 99$

वांछित प्रतिशत $= \frac{100-99}{100} \times 100 = 1\%$ कमी

2. माना कि पहले वर्ष के प्रारंभ में गाँव की जनसंख्या x है।

प्रश्नानुसार, $47,880 = P\left(1+\frac{R}{100}\right)\left(1-\frac{R}{100}\right)$

$\Rightarrow 47,880 = x\left(1+\frac{5}{100}\right)\left(1-\frac{5}{100}\right)$

$\Rightarrow 47,800 = x\left(\frac{105}{100}\right)\left(\frac{95}{100}\right)$

$\Rightarrow 47,880 \times \frac{20}{21} \times \frac{20}{19} = x$

$\Rightarrow x = 48,000$

3. माना कि कुल आय ₹ x है।

कुल खर्च % $= 15\% + 65\% = 80\%$

बचत प्रतिशत $= 20\%$

प्रश्नानुसार, x का 20% = 8,925

$\Rightarrow \frac{x \times 20}{100} = 8,925$

$\Rightarrow \frac{x}{5} = 8,925$

$\Rightarrow x = 8,925 \times 5 =$ ₹44,625

4. $\sqrt{2x}$ का 5% = 0.01

$\Rightarrow \sqrt{2x} \times \frac{5}{100} = 0.01$

$\Rightarrow \sqrt{2x} \times 5 = 0.01 \times 10$

$\Rightarrow \sqrt{2x} \times 5 = 1$

$\Rightarrow \sqrt{2x} = \frac{1}{5}$

दोनों ओर वर्ग करने पर:

$\left(\sqrt{2x}\right)^2 = \left(\frac{1}{5}\right)^2 \Rightarrow 2x = \frac{1}{25}$

$\Rightarrow\ x = \frac{1}{50} = 0.02$

5. माना कि संख्या x है तो

प्रश्नानुसार, x का 26% के $\frac{3}{7}$ का 25% = 136.5

$\Rightarrow \frac{x \times 26 \times 3 \times 25}{100 \times 100 \times 7} = 136.5$

$\Rightarrow \frac{39x}{1400} = 136.5$

$\Rightarrow\ x = \frac{136.5 \times 1400}{39} = 4900$

6. माना कि वर्ग की प्रत्येक कोर x से.मी. से $2x$ से.मी. हो जाए तो

वर्ग का क्षेत्रफल = x^2 से.मी.^{2}

वर्ग का नया क्षेत्रफल = $4x^2$ से.मी.^{2}

क्षेत्रफल में वृद्धि $= 4x^2 - x^2 = 3x^2$

वांछित प्रतिशत वृद्धि $= \frac{3x^2}{x} \times 100 = 300\%$

7. प्रश्नानुसार, $y - x \times \frac{y}{100} = y - \frac{xy}{100} = y\left(1 - \frac{x}{100}\right)$

तो y को $\left(1 - \frac{x}{100}\right)$ से गुणा करना होगा।

8. गाँव की कुल जनसंख्या = 6,600

लोगों की शिक्षित जनसंख्या $= \frac{6,600 \times 30}{100} = 1,980$

लोगों की अशिक्षित जनसंख्या $= 6,600 - 1,980 = 4,620$

9. माना कि रोहण की मासिक छात्रवृत्ति ₹100 है।

एक महीने में किताबों पर किया गया खर्च = ₹25

बाकी बची राशि = ₹ (100 - 25) = ₹75

छात्रावास और महाविद्यालय के शुल्क पर खर्च = 75 का 75%

$= \frac{75 \times 75}{100} = \frac{5625}{100} =$ ₹56.25

बाकी बची राशि $= 100 - (25 + 56.25) = 100 - 81.25 =$ ₹18.75

रोहण की मासिक छात्रवृत्ति $= \frac{100 \times 120}{18.75} =$ ₹640

लाभ तथा हानि

1. एक फल विक्रेता 700 संतरे ₹500 के 100 संतरे की दर से खरीदता है और एक अन्य किस्म ₹700 के 100 संतरे की दर से 500 संतरे खरीदता है और ₹84 प्रति दर्जन पर बेचता है। लाभ प्रतिशतता बताएँ।

(*a*) 20 (*b*) 40 (*c*) 30 (*d*) 10

(एस.एस.सी.-मल्टी टास्किंग स्टाफ परीक्षा, 2014)

2. एक व्यक्ति ने अपनी घड़ी ₹75 में बेची और उसे लागत-मूल्य के बराबर लाभ प्रतिशतता मिली। घड़ी का लागत-मूल्य कितना है?

(*a*) ₹40 (*b*) ₹45 (*c*) ₹50 (*d*) ₹55

(एस.एस.सी.-मल्टी टास्किंग स्टाफ परीक्षा, 2014)

3. यदि 16 पेन का लागत-मूल्य 12 पेन के विक्रय-मूल्य के बराबर है, तो लाभ अथवा हानि की प्रतिशतता कितनी है?

(*a*) $33\frac{1}{3}\%$ लाभ (*b*) 25% लाभ (*c*) 25% हानि (*d*) $33\frac{1}{3}\%$ हानि

(एस.एस.सी.-मल्टी टास्किंग स्टाफ परीक्षा, 2014)

4. एक दुकानदार उसके स्टोर से खरीदी जाने वाली वस्तुओं पर 10 प्रतिशत छूट देने का विज्ञापन देता है। एक ग्राहक को ₹560 कीमत का सूटकेस, ₹90 कीमत का बैग और ₹45 कीमत का तौलिया खरीदने पर मिलने वाली छूट बताएँ।

(*a*) ₹70.00 (*b*) ₹70.50 (*c*) ₹69.50 (*d*) ₹72.00

(एस.एस.सी.-मल्टी टास्किंग स्टाफ परीक्षा, 2014)

5. एक सी.डी. की कीमत 25 प्रतिशत घटा दी गई। एक व्यक्ति ने सी.डी. के लिए ₹24 अदा किए। नकद छूट कितनी मिली?

(*a*) ₹25 (*b*) ₹6 (*c*) ₹1 (*d*) ₹8

(एस.एस.सी.-मल्टी टास्किंग स्टाफ परीक्षा, 2014)

6. एक विक्रेता ₹950 अंकित-मूल्य का एक पुराना कूलर खरीदता है और उसे उत्तरोत्तर 20 प्रतिशत और 10 प्रतिशत की छूट मिलती है। वह उसे पेंट कराने पर ₹66 खर्च करता है। वह कूलर को 25 प्रतिशत लाभ पर बेचता है। उसका विक्रय-मूल्य बताएँ।

(*a*) ₹937.50 (*b*) ₹935.00 (*c*) ₹940.00 (*d*) ₹936.50

(एस.एस.सी.-मल्टी टास्किंग स्टाफ परीक्षा, 2014)

7. किसी कैलकुलेटर को ₹340 में विक्रय करने की अपेक्षा ₹350 में विक्रय करने पर 5% अधिक लाभ प्राप्त होता है तो कैलकुलेटर का क्रय-मूल्य क्या है?

(*a*) ₹225 (*b*) ₹215 (*c*) ₹200 (*d*) ₹195

(आर.आर.सी-सिकंदराबाद रेलवे ग्रुप 'डी' परीक्षा, 2014)

8. एक व्यक्ति ₹500 में चाय की एक मेज एवं एक कुर्सी खरीदता है। वह मेज को 10% की हानि पर बेचता है एवं कुर्सी को 10% लाभ पर बेचता हैं। वह पूरे लेन-देन में ₹10 का लाभ प्राप्त करता है। कुर्सी का क्रय-मूल्य है:

(*a*) ₹350 (*b*) ₹300 (*c*) ₹250 (*d*) ₹200

(डी.एस.एस.एस.बी.-ग्रेड-II, टियर-I परीक्षा, 2016)

9. एक खाद्यान्न विक्रेता किसी वस्तु को खरीदते एवं बेचते समय प्रत्येक स्थिति में गलत बाट का प्रयोग कर 10% की बेईमानी करता है। उसका कुल लाभ प्रतिशत है:

(*a*) 21% (*b*) 20% (*c*) 25% (*d*) 23%

(डी.एस.एस.एस.बी.-ग्रेड-II, टियर-I परीक्षा, 2016)

10. जब टेलीविजन का मूल्य 30% बढ़ा दिया गया, तो बेचे गए टेलीविजनों की संख्या में 20% की कमी हो गई। इससे लाभ पर क्या प्रभाव पड़ा?

(*a*) 8% ह्रास (*b*) 8% वृद्धि (*c*) 4% वृद्धि (*d*) 4% ह्रास

(डी.एस.एस.एस.बी.-ग्रेड-II, टियर-I परीक्षा, 2016)

11. एक डबल-बैड की कीमत ₹7,500 चिह्नित की गई है। दुकानदार उस पर 8 प्रतिशत, 5 प्रतिशत और 2 प्रतिशत की आनुक्रमिक छूट देता है। नकद बिक्री कीमत बताएँ।

(*a*) ₹6,500 (*b*) ₹6,000 (*c*) ₹6,423.90 (*d*) ₹6,500.50

(एस.एस.सी.-सी.एच.एस.एल., डी.ई.ओ.-एल.डी.सी. परीक्षा, 2014)

12. X ने कोई मद 10 प्रतिशत छूट पर खरीदी और Y को 10% लाभ पर बेच दी। अंकित कीमत और उस कीमत जिस पर Y ने मद खरीदी का अनुपात क्या होगा?

(*a*) 1 : 1 (*b*) 10 : 99 (*c*) 20 : 99 (*d*) 100 : 99

(एस.एस.सी.-सी.एच.एस.एल., डी.ई.ओ.-एल.डी.सी. परीक्षा, 2014)

13. एक जूता बेचने वाली कंपनी ने एक दिन में 10,000 के 50 जोड़ी जूते बेचे और प्रत्येक जूते की कीमत ₹189.50 थी। उस कंपनी को कितना लाभ (रुपये में) हुआ?

(*a*) 522 (*b*) 525 (*c*) 573 (*d*) 612

(एस.एस.सी.-सी.एच.एस.एल., डी.ई.ओ.-एल.डी.सी. परीक्षा, 2014)

14. कमला ने एक साईकिल ₹1,650 की खरीदी। उसको उसे 8 प्रतिशत हानि पर बेचना पड़ा। कमला ने साइकिल कितने रुपये की बेची?

(*a*) ₹1,581 (*b*) ₹1,518 (*c*) ₹1,510 (*d*) ₹1,508

(एस.एस.सी.-सी.एच.एस.एल., डी.ई.ओ.-एल.डी.सी. परीक्षा, 2014)

15. एक व्यक्ति 144 नारंगियाँ ₹360 मूल्य पर खरीदता है। वह सभी नारंगियों को 10% के लाभ पर बेचता हैं। उसे प्रति दर्जन किस दर पर नारंगियाँ बेचनी चाहिए?

(*a*) 25 (*b*) 30 (*c*) 33 (*d*) 36

(आर.आर.बी (एन.टी.पी.सी) सी.बी.टी परीक्षा, 2016)

16. अनिल ने 6 रुपए/अंडे की दर से 100 अंडे खरीदे। उसने 25 अंडे 10% लाभ पर बेचे। अन्य 25 अंडे उसने 25% की हानि पर बेचे। शेष 50 अंडे उसने 20% लाभ पर बेचे। अनिल का समग्र लाभ/हानि क्या है?

(*a*) 6.25% हानि (*b*) 6.25% लाभ (*c*) 8% लाभ (*d*) 12% हानि

(आर.आर.बी (एन.टी.पी.सी) सी.बी.टी परीक्षा, 2016)

उत्तरमाला (लाभ तथा हानि)

1. (*a*) **2.** (*c*) **3.** (*a*) **4.** (*c*) **5.** (*d*) **6.** (*a*) **7.** (*c*) **8.** (*b*) **9.** (*a*) **10.** (*c*)
11. (*c*) **12.** (*d*) **13.** (*b*) **14.** (*b*) **15.** (*c*) **16.** (*b*)

दिये गए प्रश्नों के हल | लाभ तथा हानि

1. कुल खरीदे गए संतरों की गिनती $=(700+500)=1200$ संतरे

कुल 1200 संतरों के लिए क्रय-मूल्य $=(500\times7)+(700\times5)=(3,500+3,500)=₹7,000$

कुल विक्रय-मूल्य $=\frac{84}{12}\times1,200=₹8,400$

कुल लाभ $=₹\ (8,400-7,000)=₹1,400$

वांछित लाभ प्रतिशत $=\frac{1,400}{7,000}\times100=\frac{14}{70}\times100=20\%$

2. माना कि घड़ी का लागत-मूल्य ₹ x है और लाभ प्रतिशत $x\%$ हैं।

विक्रय-मूल्य $=₹75$

प्रश्नानुसार, $x\%=\frac{75-x}{x}\times100$

$\Rightarrow x^2=7,500-100x$

$\Rightarrow x^2+100x-7,500=0$

$\Rightarrow x^2-50x+150x-7,500=0$

$\Rightarrow x(x-50)+150(x-50)=0$

$\Rightarrow (x-50)(x+150)=0$

$\Rightarrow x=₹50$

घड़ी का लागत-मूल्य ₹50 है।

3. माना कि एक पेन का लागत-मूल्य $=₹x$

12 पेन का लागत-मूल्य $=₹12x$

16 पेन का विक्रय-मूल्य $=₹16x$

लाभ $=16x-12x=₹4x$

लाभ प्रतिशत $=\frac{4x}{12x}\times100=\frac{100}{3}\%=₹33\frac{1}{3}\%$

4. सूटकेस, बैग और तौलिए का कुल मूल्य $=₹(560+90+45)=₹695$

वांछित छूट $=695$ का 10% $=\frac{695\times10}{100}=₹69.5$

5. माना कि सी.डी. की कीमत ₹ x है।

छूट $=25\%$

सी.डी. के लिए अदा की गई कीमत $=₹24$

प्रश्नानुसार, $=x-x$ का $25\%=24$

$\Rightarrow x-\frac{25x}{100}=24$

$\Rightarrow \frac{75x}{100}=24$

$\Rightarrow \frac{3x}{4}=24$

$\Rightarrow x=\frac{24\times4}{3}=₹32$

नकद छूट $=₹\ (32-24)=₹8$

6. कूलर का अंकित-मूल्य = ₹950

छूट % = 20% ; 10%

कूलर का क्रय-मूल्य $= 950 \times \frac{80}{100} \times \frac{90}{100} = \frac{95 \times 8 \times 9}{10} =$ ₹684

कूलर का कुल क्रय-मूल्य = ₹ (684 + 66) = ₹750

कूलर का विक्रय-मूल्य $= \frac{(100+25)}{100} \times 750 = \frac{125}{100} \times 750 =$ ₹937.50

7. माना कि कैलकुलेटर का क्रय-मूल्य = ₹x है

प्रश्नानुसार, x का 5% = ₹$(350-340)$

$\Rightarrow \frac{x \times 5}{100} =$ ₹10

$\Rightarrow \frac{}{20} \quad 10$

$\Rightarrow x =$ ₹200

⇒ कैलकुलेटर का क्रय-मूल्य ₹200 है।

8. माना कि कुर्सी एवं मेज का क्रय-मूल्य क्रमशः ₹ x एवं ₹$(500-x)$ है।

कुल विक्रय-मूल्य = ₹510

लाभ = ₹10

प्रश्नानुसार, $x \times \frac{110}{100} + (500-x) \times \frac{90}{100} = 510$

$\Rightarrow \frac{11x}{10} + \frac{4500-9x}{10} = 510$

$\Rightarrow 11x + 4500 - 9x = 5100$

$\Rightarrow 2x = 600$

$\Rightarrow x =$ ₹300

कुर्सी का क्रय-मूल्य = ₹300

9. माना कि x एवं y क्रमशः 10% एवं 10% हैं

प्रश्नानुसार, लाभ% $= \left(x + y + \frac{xy}{100}\right)\% = \left(10 + 10 + \frac{10 \times 10}{100}\right)\% = 21\%$

10. टेलीविजन का बढा प्रतिशत मूल्य =30%

टेलीविजन की संख्या में प्रतिशत कमी = –20%

$\Rightarrow x = 30\% \quad y = -20\%$

वांछित प्रतिशत $= \left(x + y + \frac{xy}{100}\right)\%$

$= \left(\frac{30 - 20 + 30 \times (-20)}{100}\right)$

$= 10 + (-6) = 4\%$ वृद्धि

11. डबल-बैड की कीमत = ₹7500

दुकानदार द्वारा आनुक्रमिक छूट = 8%, 5% एवं 2%

छूट के बाद डबल-बैड की कीमत $= 7500 \times \frac{92}{100} \times \frac{95}{100} \times \frac{98}{100} =$ ₹6423.90

12. माना कि मद का अंकित-मूल्य = ₹100

X ने मद खरीदी = 100 - (100 का 10%) = (100-10) = ₹90

Y ने मद बेचा = 90 + (90 का 10%) = (90 + 9) = ₹99

वांछित अनुपात = 100 : 99

13. 50 जोड़ी जूते का क्रय-मूल्य = 50 × 189.50 = ₹9,475

50 जोड़ी जूते का विक्रय-मूल्य = ₹10,000

लाभ = ₹ (10,000 – 9475) = ₹525

14. साइकिल का क्रय-मूल्य = ₹1650

साइकिल का विक्रय-मूल्य $= \left(\frac{100 - \text{हानि}}{100}\right) \times$ क्रय मूल्य

$$= \frac{(100-8)}{100} \times 1,650$$

$$= \frac{92}{100} \times 1,650 = ₹1,518$$

15. 144 नारंगियो का क्रय-मूल्य = ₹360

144 नारंगियो का विक्रय-मूल्य $= \frac{360 \times (100+10)}{100}$

$$= \frac{360 \times 110}{100} = 36 \times 11 = ₹396$$

प्रति दर्जन नारंगियो का विक्रय मूल्य $= \frac{396}{12} = ₹33$

16. 1 अंडे का क्रय-मूल्य = ₹6

100 अंडों का क्रय-मूल्य $= 6 \times 100 = ₹600$

10% लाभ पर 25 अंडों का विक्रय-मूल्य $= \frac{25 \times 6 \times (100+10)}{100}$

$$= \frac{25 \times 6 \times 110}{100} = ₹165$$

25% हानि पर 25 अंडों का विक्रय-मूल्य $= \frac{25 \times 6 \times (100-25)}{100}$

$$= \frac{25 \times 6 \times 75}{100} = ₹112.5$$

20% लाभ पर 50 अंडों का विक्रय-मूल्य $= \frac{50 \times 6 \times (100+20)}{100}$

$$= \frac{50 \times 6 \times 120}{100} = ₹360$$

कुल विक्रय-मूल्य $= 165 + 112.5 + 360 = ₹637.5$

लाभ $= ₹(637.5 - 600) = ₹37.5$

लाभ प्रतिशत $= \frac{37.5}{600} \times 100 = \frac{3750}{600} = 6.25\%$

अनुपात तथा समानुपात

1. एक मनी-बैग में ₹1, ₹2 और ₹5 के सिक्के हैं। यदि सिक्कों की संख्या का अनुपात 4 : 3 : 2 है और बैग में कुल धनराशि ₹500 है, तो उसमे ₹2 के सिक्के में कितनी राशि है?
(*a*) 250 (*b*) 200 (*c*) 150 (*d*) 100
(एस.एस.सी.-मल्टी टास्किंग स्टाफ परीक्षा, 2014)

2. यदि एक परिमाण को 3 : 5 के अनुपात में विभाजित किया जाता है, बड़ा भाग 75 है। परिमाण बताएँ।
(*a*) 120 (*b*) 130 (*c*) 240 (*d*) 150
(एस.एस.सी.-मल्टी टास्किंग स्टाफ परीक्षा, 2014)

3. राम 8 दिन में ₹125 अर्जित करता हैं और श्याम 10 दिन में ₹140 अर्जित करता है, उनके अर्जन का अनुपात क्या है?
(*a*) 125 : 110 (*b*) 112 : 125 (*c*) 125 : 112 (*d*) 100 : 112
(एस.एस.सी.-मल्टी टास्किंग स्टाफ परीक्षा, 2014)

4. ₹3,900 को A, B, C में बाँटा गया। यदि उनके हिस्सों का अनुपात $\frac{1}{2}:\frac{1}{3}:\frac{1}{4}$ हो तो C से A को कितना अधिक मिला?
(*a*) ₹300 (*b*) ₹600 (*c*) ₹900 (*d*) ₹1,800
(आर.आर.सी. सिकंदराबाद रेलवे ग्रुप 'डी' परीक्षा, 2014)

5. ₹1,800 की पुरस्कार राशि को तीन विद्यार्थियों A, B और C में इस प्रकार बाँटा जाता है कि A के हिस्से का चौगुना B के हिस्से के छः गुना के बराबर है जो C के हिस्से के तिगुने के बराबर है। A का हिस्सा है:
(*a*) ₹600 (*b*) ₹400 (*c*) ₹800 (*d*) ₹700
(डी.एस.एस.एस.बी.- ग्रेड-II टियर-I परीक्षा, 2016)

6. संख्याओं 23, 30, 57 एवं 78 में से प्रत्येक में मे कौन सी संख्या घटायी जाए ताकि परिणामी संख्याएँ परस्पर समानुपाती हो जाएं?
(*a*) 5 (*b*) 6 (*c*) 4 (*d*) 3
(डी.एस.एस.एस.बी.- ग्रेड-II टियर-I परीक्षा, 2016)

7. यदि A : B = 3 : 4 एवं B : C = 6 : 7, तो A : B : C क्या होगा?
(*a*) 18 : 24 : 11 (*b*) 9 : 12 : 14 (*c*) 9 : 14 : 12 (*d*) 18 : 12 : 25
(डी.एस.एस.एस.बी.- ग्रेड-II टियर-I परीक्षा, 2016)

8. यदि 3A = 4B = 6C हो, तो A : B : C = ?
(*a*) 4 : 3 : 2 (*b*) 24 : 18 : 7 (*c*) 16 : 9 : 7 (*d*) 3 : 4 : 6
(डी.एस.एस.एस.बी.- ग्रेड-II टियर-I परीक्षा, 2016)

9. A को अंग्रेजी विषय में विज्ञान विषय की अपेक्षा दोगुने अंक मिले। अंग्रेजी, विज्ञान और गणित विषयों में उसे कुल मिलाकर 180 अंक प्राप्त हुए। यदि उसे अंग्रेजी और गणित विषयों में प्राप्त अंको का अनुपात 2 : 3 है, तो उसे विज्ञान विषय में कितने अंक प्राप्त हुए?
(*a*) 20 (*b*) 60 (*c*) 30 (*d*) 40
(एस.एस.सी.-सी.एच.एस.एल., डी.ई.ओ.-एल.डी.सी. परीक्षा, 2014)

उत्तरमाला (अनुपात तथा समानुपात)

1. (*c*) **2.** (*a*) **3.** (*c*) **4.** (*c*) **5.** (*a*) **6.** (*b*) **7.** (*b*) **8.** (*a*) **9.** (*c*)

दिये गए प्रश्नों के हल अनुपात तथा समानुपात

1. माना कि मनी-बैग में एक रुपये, दो रुपये और ₹5 के सिक्कों की गिनती क्रमशः $4x$, $3x$ और $2x$ है।

प्रश्नानुसार, $(4x \times 1) + (3x \times 2) + (2x \times 5) = 500$

$\Rightarrow 4x + 6x + 10x = 500$

$\Rightarrow 20x = 500$

$\Rightarrow x = 25$

दो रुपए के सिक्कों की गिनती $= 3x = 3 \times 25 = 75$

वांछित राशि $= 75 \times 2 =$ ₹150

2. माना कि परिमाण x है।

प्रश्नानुसार,

$\Rightarrow x = \frac{8}{5} \times 75 = 8 \times 15 = 120$

$\Rightarrow x = 120$

3. राम 8 दिन में अर्जित करता है = ₹125

श्याम 10 दिन में अर्जित करता है = ₹140

वांछित अनुपात $= \frac{125}{8} \times \frac{10}{140} = \frac{125}{112} = 125 : 112$

4. कुल राशि = ₹3,900

हिस्सों का अनुपात $\frac{1}{2} : \frac{1}{3} : \frac{1}{4} = \frac{1}{2} \times 12 : \frac{1}{3} \times 12 : \frac{1}{4} \times 12$

$\Rightarrow 6 : 4 : 3$

अनुपातिक योग $= 6 + 4 + 3 = 13$

A का हिस्सा $= \left(\frac{6}{13} \times 3,900\right) =$ ₹1,800

B का हिस्सा $= \left(\frac{4}{13} \times 3,900\right) =$ ₹1,200

C का हिस्सा $= \left(\frac{3}{13} \times 3,900\right) =$ ₹900

तो C से A को ₹(1,800 - 900) = ₹900 अधिक मिले।

5. पुरस्कार की कुल राशि = ₹1,800

प्रश्नानुसार, 4A = 6B = 3C

4, 6 एवं 3 का ल.स. = 12

$\Rightarrow \frac{4A}{12} = \frac{6B}{12} = \frac{3C}{12}$

$\Rightarrow \frac{A}{3} = \frac{B}{2} = \frac{C}{4}$

$\Rightarrow A : B : C = 3 : 2 : 4$

आनुपातिक योग $= 3 + 2 + 4 = 9$

A का हिस्सा $= \left(\frac{3}{9} \times 1,800\right) =$ ₹600

6. दिए गए विकल्प (2) में से,

$23 - 6 \ ; \ 30 - 6 = 57 - 6 : 78 - 6$

$\Rightarrow 17 : 24 = 51 : 72$

$\Rightarrow \frac{17}{24} = \frac{51}{72}$ या $\frac{17}{24} = \frac{3}{3}\left(\frac{17}{24}\right)$

7. दिया गया है: $A : B = 3 : 4$ एवं $B : C = 6 : 7$

$\frac{A}{B} = \frac{3 \times 3}{4 \times 3} = \frac{9}{12}$

एवं $\frac{B}{C} = \frac{6 \times 2}{7 \times 2} = \frac{12}{14}$

$\Rightarrow A : B : C = 9 : 12 : 14$

8. दिया गया है: $3A = 4B = 6C$

तो 3, 4 एवं 6 का ल.स. = 12

$\frac{3A}{12} = \frac{4B}{12} = \frac{6C}{12}$

$\Rightarrow \frac{A}{4} = \frac{B}{3} = \frac{C}{2}$

$\Rightarrow A : B : C = 4 : 3 : 2$

9. माना कि अंग्रेजी और गणित में क्रमश: $2x$ और $3x$ अंक प्राप्त हुए है।

विज्ञान में प्राप्त अंक $= \frac{2x}{2} = x$

प्रश्नानुसार, $x + 2x + 3x = 180$

$6x = 180$

$\Rightarrow x = \frac{180}{6} = 30$

$\therefore$ विज्ञान विषय में प्राप्त अंक 30 हैं।

साझा

1. A, B तथा C में से प्रत्येक ने ₹10,000 निवेश पर एक व्यवसाय आरंभ किया। 6 महीने पश्चात् A तथा C प्रत्येक ने अपने निवेश से ₹5,000 निकाल लिए। वर्ष के अंत में कुल लाभ ₹1,00,000 है। A तथा C का लाभांश ज्ञात कीजिए।

(*a*) प्रत्येक ₹30,000 (*b*) प्रत्येक ₹60,000
(*c*) प्रत्येक ₹1,20,000 (*d*) उपयुर्क्त में से काई नहीं

(आर.आर.सी., सिकंदराबाद रेलवे ग्रुप 'डी' परीक्षा, 2014)

2. A एवं B मे क्रमशः 5 : 3 के अनुपात में निवेश से एक साझा व्यापार आरंभ किया। व्यापार के आरंभ के 6 माह पश्चात् C भी साझेदार बन गया एवं B तथा C के निवेश का अनुपात क्रमशः 2 : 3 था। यदि उनके द्वारा अर्जित कुल वार्षिक लाभ ₹12300 हो, तो B एवं C के लाभांश में क्या अंतर था।

(*a*) ₹900 (*b*) ₹800 (*c*) ₹600 (*d*) ₹400 (*e*) ₹700

(आई.बी.पी.एस.-बैंक पी.ओ/एम.टी. सी.डब्ल्यू.ई-5 परीक्षा, 2015)

उत्तरमाला (साझा)

1. (*a*) **2.** (*a*)

दिये गए प्रश्नों के हल — साझा

1. A, B तथा C द्वारा किया गया निवेश = ₹10,000

A, B तथा C द्वारा 1 वर्ष के लिए किए गए निवेश का अनुपात

$= (10,000\times6+5,000\times6):(10,000\times12):(10,000\times6+5,000\times6)$

$= 90,000:1,20,000:90,000$

$= 90:120:90$

$= 3:4:3$

आनुपातिक योग $= 3+4+3 = 10$

कुल लाभ 10,000

A द्वारा प्राप्त लाभांश $= \left(\frac{3}{10}\times1,00,000\right) =$ ₹30,000

C द्वारा प्राप्त लाभांश = ₹30,000

$\Rightarrow$ प्रत्येक A और C द्वारा प्राप्त लाभांश = ₹30,000

2. A एवं B के निवेश में अनुपात = 5 : 3 = 10 : 6

B एवं C के निवेश में अनुपात = 2 : 3 = 6 : 9

A, B एवं C के निवेश में अनुपात = 10 : 6 : 9

A, B एवं C के एक माह के लिए किए गए निवेश का अनुपात

$= 10 \times 12 : 6 \times 12 : 9 \times 6$

$= 120 : 72 : 54$

$= 20 : 12 : 9$

निवेश का अनुपातिक योग $= 20 + 12 + 9 = 41$

$\therefore$ B एवं C के लाभांश अंतर $= \frac{12-9}{41}\times12,300 = \frac{3}{41}\times12,300 =$ ₹900

मिश्र समानुपात

1. 12 व्यक्ति 1.5 किमी. लंबी सड़क का 7 दिन में निर्माण करते हैं। 28 व्यक्ति 12 कि.मी. लंबी सड़क का कितने दिन में निर्माण करेंगे?

(*a*) 20 दिन (*b*) 28 दिन (*c*) 24 दिन (*d*) 38 दिन

(डी.एस.एस.एस.बी.- ग्रेड-II टियर-I परीक्षा, 2016)

2. यदि 12 आदमी या 24 लड़के एक काम को 66 दिन में कर सकते हैं, तो 15 आदमी और 6 लड़के उस काम को कितने दिन में करेंगें?

(*a*) 44 (*b*) 33 (*c*) 55 (*d*) 66

(एस.एस.सी.-सी.एच.एस.एल., डी.ई.ओ.-एल.डी.सी. परीक्षा, 2014)

उत्तरमाला (मिश्र समानुपात)

1. (*c*) **2.** (*a*)

दिये गए प्रश्नों के हल | मिश्र समानुपात

1.

व्यक्ति	12	28
सडक की लम्बाई	1.5	12
दिन	7	x

$$\therefore \left.\begin{matrix} 28:12 \\ 1.5:12 \end{matrix}\right\} :: 7:x$$

$$\Rightarrow 28 \times 1.5 \times x = 12 \times 12 \times 7$$

$$\Rightarrow x = \frac{12 \times 12 \times 7}{28 \times 1.5} = 24 \text{ दिन}$$

2. 12 आदमी = 24 लड़के

15 आदमी = 30 लड़के

24 लड़के काम को खत्म करते है = 66 दिन में

(30 + 6) लड़के काम को खत्म करते है $= \frac{66 \times 24}{36} = 44$ दिन में

समय तथा कार्य

1. A, B और C किसी कार्य को 2 घंटे में पूरा कर सकते हैं। यदि A उस कार्य को अकेले 6 घंटे में और B 5 घंटे मे करता है, तो C उस कार्य को अकेले कितने समय में करेगा?

(*a*) $5\frac{1}{2}$ घंटे (*b*) $7\frac{1}{2}$ घंटे (*c*) 9 घंटे (*d*) $4\frac{1}{2}$ घंटे

(एस.एस.सी.-मल्टी टास्किंग स्टाफ परीक्षा, 2014)

2. एक आदमी और चार लड़के एक काम को 10 दिन में पूरा कर सकते है, जबकि तीन आदमी और दो लड़के उसी काम को छह दिन में कर सकते हैं, दो आदमी और तीन लड़के उसी काम को करने में कितने दिन लगाएंगे?

(*a*) 4.5 (*b*) 7.5 (*c*) 12 (*d*) 15

(मध्य प्रदेश राज्य सेवा प्रारंभिक परीक्षा, 2016)

3. अमन एवं अजय अकेले-अकेले किसी दीवार को क्रमशः 9 एवं 12 दिनों में बना सकते हैं। दोनों एक साथ मिलकर उस दीवार को कितने दिनों में बना सकते हैं?

(*a*) $5\frac{1}{7}$ (*b*) $11\frac{1}{2}$ (*c*) 2 (*d*) 7

(आर.आर.बी (एन.टी.पी.सी) सी.बी.टी परीक्षा, 2016)

4. 12 पुरुष किसी काम को 20 दिन में समाप्त कर सकते हैं। 8 पुरुषों ने कार्य-आरम्भ किया एवं 10 दिन पश्चात् उनके स्थान पर 18 महिलाएं कार्य पर लगायी गई। इन 18 महिलाओं ने शेष काम 16 दिनों में पूरा किया। 18 महिलाएं पूरे काम को कितने दिन में समाप्त करेंगी?

(*a*) 32 (*b*) 18 (*c*) 28 (*d*) 24 (*e*) 21

(एल.आई.सी.-(ए.ए.ओ) परीक्षा, 2016)

5. Aकिसी काम को 12 दिन में और B उसी काम को 24 दिन में पूरा कर सकता हैं। यदि वे मिलकर काम करें तो उस काम को कितने दिन में पूरा कर लेंगे?

(*a*) 12 दिन (*b*) 20 दिन (*c*) 15 दिन (*d*) 8 दिन

(एस.एस.सी., सी.ए.पी.एफ.एस.(सी.पी.ओ.) एस.आई. एवं ए.एस.आई परीक्षा, 2016)

6. A, B और C अलग-अलग काम करके किसी काम को क्रमशः 11 दिन, 20 दिन और 55 दिन में पूरा कर सकते हैं। यदि B और C एकांतर दिन में A की सहायता करें तो काम कितने दिन में पूरा हो जाएगा?

(*a*) 2 (*b*) 6 (*c*) 4 (*d*) 8

(एस.एस.सी., सी.ए.पी.एफ.एस.(सी.पी.ओ.) एस.आई. एवं ए.एस.आई परीक्षा, 2016)

उत्तरमाला (समय तथा कार्य)

1. (*b*) **2.** (*b*) **3.** (*a*) **4.** (*d*) **5.** (*d*) **6.** (*d*)

दिये गए प्रश्नों के हल | समय तथा कार्य

1. A द्वारा 1 घंटे में किया गया काम $= \frac{1}{6}$

B द्वारा 1 घंटे में किया गया काम $= \frac{1}{5}$

A और B द्वारा एक घंटे में किया गया काम $= \frac{1}{6} + \frac{1}{5} = \frac{11}{30}$

A, B और C द्वारा एक घंटे में किया गया काम $= \frac{1}{2}$

C द्वारा एक घंटे में किया गया काम $= \frac{1}{2} - \frac{11}{30} = \frac{15-11}{30} = \frac{4}{30} = \frac{2}{15}$

C उस कार्य को अकेले $7\frac{1}{2}$ घंटे में पूरा करेगा।

2. दिया गया है 1 आदमी और चार लड़के एक काम को पूरा करते है = 10 दिन में

1 आदमी और 4 लड़कों का एक दिन का काम $= \frac{1}{10}$

3 आदमी और 2 लड़कों का एक दिन का काम $= \frac{1}{6}$

$\Rightarrow x + 4y = \frac{1}{10}$ …….(i)

$3x + 2y = \frac{1}{6}$ …….(ii)

समीकरण (i) एवं (ii) को हल करने पर:

$x = \frac{7}{150}$ एवं $y = \frac{1}{75}$

दो आदमी और तीन लड़कों का एक दिन का काम,

$2x + 3y = 2\left(\frac{7}{150}\right) + 3\left(\frac{1}{75}\right)$

$= \frac{7}{75} + \frac{3}{75} = \frac{10}{75}$

अत: दो आदमी और तीन लड़के काम खत्म करेगे 7.5 दिन में।

3. अमन द्वारा 1 दिन में किया गया काम $= \frac{1}{9}$

अजय द्वारा 1 दिन में किया गया काम $= \frac{1}{12}$

अमन एवं अजय द्वारा 1 दिन में किया गया काम $= \frac{1}{9} + \frac{1}{12} = \frac{4+3}{36} = \frac{7}{36}$

अमन एवं अजय मिलकर काम खत्म करेगें $= \frac{36}{7} = 5\frac{1}{7}$ दिन में।

4. माना कि 8 व्यक्तियों द्वारा 10 दिन में किया गया काम W है।

दिया गया है:

$M_1 = 12 \ D_1 = 20$

$M_2 = 8 \ D_2 = 10$

$\Rightarrow M_1 D_1 = \frac{M_2 D_2}{W}$

$\Rightarrow 12\times 20=\frac{8\times 10}{W}$

$\Rightarrow W=\frac{8\times 10}{12\times 20}=\frac{1}{3}$

शेष बचा काम $=1-\frac{1}{3}=\frac{2}{3}$

$\frac{2}{3}$ काम करने में 18 महिलाओं को लगा समय = 16 दिन

$\therefore$ 1 काम करने में 18 महिलाओं को लगा समय $=\frac{16\times 3}{2}=24$ दिन

5. A द्वारा एक दिन में किया गया काम $=\frac{1}{12}$

B द्वारा एक दिन में किया गया काम $=\frac{1}{24}$

A एवं B द्वारा एक दिन में किया गया काम $=\frac{1}{12}+\frac{1}{24}=\frac{2+1}{24}=\frac{3}{24}=\frac{1}{8}$

तो A एवं B मिलकर 8 दिन में पूरा काम खत्म कर लेंगे।

6. A द्वारा 1 दिन में किया गया कार्य $=\frac{1}{11}$

B द्वारा 1 दिन में किया गया कार्य $=\frac{1}{20}$

A एवं B द्वारा 1 दिन में किया गया कार्य $=\frac{1}{11}+\frac{1}{20}=\frac{20+11}{220}=\frac{31}{220}$

A एवं C द्वारा 1 दिन में किया गया कार्य $=\frac{1}{11}+\frac{1}{55}=\frac{5+1}{55}=\frac{6}{55}$

प्रथम दो दिन में किया गया काम $=\frac{31}{220}+\frac{6}{65}=\frac{31+24}{220}=\frac{55}{220}=\frac{1}{4}$

$\therefore$ अभीष्ट समय $=2\times 4=8$ दिन

पाईप तथा टंकी के प्रश्न

1. एक टैंक को एक नल द्वारा 6 घंटों में तथा एक दूसरे नल द्वारा 8 घंटों में भरा जा सकता है। यदि दोनों नलों को एक साथ खोल दिया जाए तो टैंक कितने घंटों में भर जाएगा?

(*a*) $3\frac{2}{7}$ घंटो में (*b*) $3\frac{3}{7}$ घंटो में (*c*) $3\frac{1}{7}$ घंटो में (*d*) उपर्युक्त में से कोई नहीं

(आर.आर.सी.-सिकंदराबाद रेलवे ग्रुप 'डी' परीक्षा, 2014)

2. एक टंकी दो पाइपों X एवं Y द्वारा क्रमश: 5 घंटे एवं 10 घंटे में भरी जाती हैं। अन्य पाइप Z भरी टंकी को 20 घंटों में खाली कर सकता हैं। यदि तीनों नल एक साथ खोल दिए जाएं तो टंकी कितने घंटों में भर जाएगी?

(*a*) 5 (*b*) 4 (*c*) 7 (*d*) 8

(आर.आर.बी (एन.टी.पी.सी) सी.बी.टी परीक्षा, 2016)

3. एक टंकी में दो अंत: प्रवाही नल A एवं B लगे है। नल A अकेले खाली टंकी को 2 घंटे में एवं नल B अकेले 3 घंटे में भर सकते है; जब टंकी के तली में कोई छिद्र न हो। टंकी की तली में एक छिद्र हो जाता है जो भरी टंकी को x घंटे में खाली कर सकता है; जब कोई नल नहीं खुला हो। अब केवल नल A खोला जाता है जो, खाली टंकी को भरने में 3 घंटे समय लेता है। खाली टंकी को भरने में नल B कितना समय लगा? (घंटों में)

(*a*) 4.5 (*b*) 7.5 (*c*) 3 (*d*) 9 (*e*) 6

(आई.बी.पी.एस.-बैंक पी.ओ/एम.टी. सी.डब्ल्यू.ई-5 परीक्षा, 2015)

उत्तरमाला (पाईप तथा टंकी के प्रश्न)

1. (*b*) **2.** (*b*) **3.** (*e*)

दिये गए प्रश्नों के हल | पाईप तथा टंकी के प्रश्न

1. पहले नल द्वारा 1 घंटे में टैंक का भाग भरा $=\frac{1}{6}$

दूसरे नल द्वारा 1 घंटे में टैंक का भाग भरा $=\frac{1}{8}$

दोनों नल को एक साथ खोला जाए तो 1 घंटे में पानी भरा $=\frac{1}{6}+\frac{1}{8}=\frac{4+3}{24}=\frac{7}{24}$ भाग

दोनों नलों द्वारा टैंक को भरने में लगा समय $=\frac{24}{7}=3\frac{3}{7}$ घंटों में।

2. X पाइप द्वारा 1 घंटे में भरी टंकी $=\frac{1}{5}$

Y पाइप द्वारा 1 घंटे में भरी टंकी $=\frac{1}{10}$

Z पाइप द्वारा 1 घंटे मे खाली की गई टंकी $=\frac{1}{20}$

तीनों नल एक साथ खोलने पर 1 घंटे में टंकी का भरा गया भाग $=\frac{1}{5}+\frac{1}{10}-\frac{1}{20}=\frac{4+2-1}{20}=\frac{5}{20}=\frac{1}{4}$

वांछित समय = 4 घंटे

3. दिया गया है: A एवं B नल अकेले टंकी को 2 घंटे में 3 घंटे में भर सकते है।

जब नल A खोला जाता है छिद्र द्वारा 1 घंटे में खाली किया भाग $=\frac{1}{3}-\frac{1}{2}=\frac{2-3}{6}=-\left(\frac{1}{6}\right)$ भाग

पूरी टंकी को खाली करने में लगा समय = x घंटे

नल B द्वारा 1 घंटे में टंकी का भरा गया भाग $=\frac{1}{3}-\frac{1}{6}=\frac{2-1}{6}=\frac{1}{6}$

तो खाली टंकी भरने में नल B 6 घंटे लेगा।

समय तथा दूरी

1. एक कार 40 कि.मी. प्रति घंटा की गति से चलना आरंभ करती है और प्रति घंटा उसकी गति 5 कि.मी. प्रति घंटा बढ़ती जाती है। वह 385 कि.मी. की दूरी कितने घंटों मे तय करेगी?

   (*a*) $8\frac{1}{2}$ घंटे (*b*) $9\frac{1}{2}$ घंटे (*c*) 9 घंटे (*d*) 7 घंटे

   (एस.एस.सी.-मल्टी टास्किंग स्टाफ परीक्षा, 2014)

2. एक व्यक्ति 6 घंटे में 285 किमी. की दूरी तय करता है। यात्रा के प्रथम भाग में वह 40 किमी./घंटा की चाल से गतिमान बस में सफर करता है एवं यात्रा के दूसरे भाग में वह 55 किमी./घंटा की चाल से गतिमान रेलगाड़ी से सफल करता है। रेलगाड़ी से तय की गई दूरी है:

   (*a*) 156 किमी. (*b*) 625 किमी. (*c*) 615 किमी. (*d*) 165 किमी.

   (डी.एस.एस.एस.बी.- ग्रेड-II टियर-I परीक्षा, 2016)

3. स्थान A से स्थान B तक की दूरी 300 किमी. है। दो स्कूटर सवार क्रमश: स्थान A एवं B से एक दूसरे की ओर एक ही समय में प्रस्थान करते हैं। 2.5 घंटे पश्चात् उनके बीच की दूरी 25 किमी. है। एक स्कूटर सवार की चाल दूसरे से 10 किमी./घंटा अधिक है। प्रत्येक स्कूटर सवार की चाल (किमी./घंटा में) ज्ञात कीजिए।

   (*a*) 50 और 60 (*b*) 30 और 40 (*c*) 40 और 50 (*d*) 60 और 70

   (आर.आर.बी (एन.टी.पी.सी) सी.बी.टी परीक्षा, 2016)

4. बस में सवार एक व्यक्ति पाता है कि बस 1 मिनट में 35 विद्युत खंभों को पार करती है। दो सतत् खंभों के मध्य दूरी 50 मीटर है। बस की चाल क्या है?

   (*a*) 100 किमी./घंटा (*b*) 105 किमी./घंटा (*c*) 110 किमी./घंटा (*d*) 90 किमी./घंटा

   (आर.आर.बी (एन.टी.पी.सी) सी.बी.टी परीक्षा, 2016)

5. एक कार ने 400 कि.मी की यात्रा $12\frac{1}{2}$ घंटे में पूरी की। पहली $\frac{3}{4}$ यात्रा 30 कि.मी/घंटा की चाल से तय की गई। शेष यात्रा के लिए कार की गति की गणना कीजिए।

   (*a*) 45 किमी./घंटा (*b*) 25 किमी./घंटा (*c*) 40 किमी./घंटा (*d*) 30 किमी./घंटा

   (एस.एस.सी.-सिपाही, सी.ए.पी.एफ.एस., एन.आई.ए.-एस.एस.एफ. परीक्षा, 2016)

उत्तरमाला (समय तथा दूरी)

1. (*d*) **2.** (*d*) **3.** (*a*) **4.** (*b*) **5.** (*c*)

दिये गए प्रश्नों के हल | समय तथा दूरी

1. पहले घंटे में तय की गई दूरी $= 40$ किमी.

   दूसरे घंटे में तय की गई दूरी $= 45$ किमी.

   माना कि x घंटे में 385 किमी. दूरी तय की गई है।

   $\Rightarrow S_n = \frac{n}{2}\left(2a+(n-1)d\right) \quad a=40;\ d=5;\ n=x;\ S_n=385$

$\Rightarrow 385 = \frac{x}{2}\left(2\times 40 + (x-1)5\right)$ $\Rightarrow 385\times 2 = x(80+5x-5)$

$\Rightarrow 385\times 2 = x(80+5x-5)$ $\Rightarrow 770 = 80x + 5x^2 - 5x$

$5x^2 + 75x - 770 = 0$ $\Rightarrow x^2 + 15x - 154 = 0$

$\Rightarrow (x-7)(x+22) = 0$

तो कार 385 कि.मी. की दूरी 7 घंटे में तय करती है।

2. माना कि रेलगाड़ी एवं बस द्वारा तय की गई दूरी क्रमशः x एवं $(285-x)$ किमी. है।

समय = दूरी/चाल

प्रश्नानुसार, $\frac{x}{55} + \frac{(285-x)}{40} = 6$ घंटे

$\Rightarrow \frac{8x + 11(285-x)}{440} = 6$ घंटे $\Rightarrow 8x + 3135 - 11x = 440\times 6$

$\Rightarrow 3135 - 3x = 2640$ $\Rightarrow -3x = 2640 - 3135$

$\Rightarrow -3x = -495$ $\Rightarrow x = \frac{495}{3} = 165$ किमी.

$\Rightarrow$ रेलगाड़ी द्वारा तय की गई दूरी 165 किमी. है।

3. दिया गया है दो स्थान A से B तक दूरी = 300 किमी.

बिन्दु A से चलने वाले स्कूटर सवार की चाल = xकिमी./घंटा

बिन्दु B से चलने वाले स्कूटर सवार की चाल = $(x + 10)$ किमी./घंटा

2.5 घंटे में तय की गई दूरी = 300 - 25 = 275 किमी.

$\Rightarrow x\times 2.5 + (x+10)\times 2.5 = 275$ $\Rightarrow x + x + 10 = \frac{275}{2.5} = 110$

$\Rightarrow 2x = 110 - 10 = 100$ $\Rightarrow x = 50$ किमी./घंटा

दूसरे स्कूटर की चाल = 60 किमी./घंटा

4. दो खंभों के मध्य दूरी = 50 मीटर

35 खंभों के मध्य दूरी = 35 × 50 = 1750 मीटर

समय = 1 मिनट = 60 सेंकड

$\therefore$ बस की चाल = $\left(\frac{1750}{60}\times\frac{18}{5}\right)$ किमी./घंटा= 105 किमी./घंटा

5. कार द्वारा तय की गई कुल दूरी = 400 किमी.

समय $= 12\frac{1}{2}$ घंटे $= \frac{25}{2}$ घंटे

कुल यात्रा का $\frac{3}{4}$ भाग $= \frac{3}{4}\times 400 = 300$ किमी. तय किया गया

30 किमी./घंटा की चाल से

समय = दूरी/चाल $= 300/30 = 10$ घंटे

बाकी बचा समय $= \frac{25}{2} - 10 = \frac{25-20}{2} = \frac{5}{2} = 2\frac{1}{2}$ घंटे

शेष दूरी = 100 किमी.

$\therefore$ कार की चाल = $\frac{\text{दूरी}}{\text{समय}} = \frac{100}{\frac{5}{2}} = \frac{100 \times 2}{5} = 40$ किमी./घंटा

रेल सम्बन्धित प्रश्न

1. एक रेलगाड़ी 45 किमी./घंटा की दर से तथा एक दूसरी रेलगाड़ी 10 मीटर प्रति सेकेण्ड की दर से गतिमान है। दोनों रेलगाड़ियों की गतियों का अनुपात है:

(*a*) 5 : 4 (*b*) 4 : 5 (*c*) 9 : 2 (*d*) 2 : 9

(आर.आर.बी.-सिकंदराबाद रेलवे ग्रुप 'डी' परीक्षा, 2014)

2. 100 मीटर लम्बी एक रेलगाड़ी 50 किमी./घंटा की चाल से चलते हुए विपरीत दिशा से 82 किमी./घंटा की चाल से चलायमान 120 मीटर लंबी एक दूसरी रेलगाड़ी को कितने समय में पूरी तरह पार करेगी?

(*a*) 6 सेकण्ड (*b*) 12 सेकण्ड (*c*) 10 सेकण्ड (*d*) 4 सेकण्ड

(डी.एस.एस.एस.बी.- ग्रेड-II टियर-I परीक्षा, 2016)

3. दो रेलगाड़ियाँ A और B स्टेशनों से रवाना होती है और क्रमश: 50 कि.मी/घंटा व 60 कि.मी. प्रति घंटा की चाल से एक-दूसरे की ओर चलती हैं। जब वे एक दूसरे से मिलती हैं उस स्थान तक दूसरी रेलगाड़ी पहली वाली की अपेक्षा 120 कि.मी. अधिक यात्रा करती है। A और B के बीच की दूरी बताएँ।

(*a*) 1200 किमी. (*b*) 1440 किमी. (*c*) 1320 किमी. (*d*) 990 किमी.

(एस.एस.सी.-सी.एच.एस.एल., डी.ई.ओ.-एल.डी.सी. परीक्षा, 2014)

4. एक आदमी 60 किमी. प्रति घण्टे की गति से चलने वाली ट्रेन में बैठा हुआ है और ध्यान से देखता है कि उलटी दिशा से आने वाली मालगाड़ी 9 सेकण्ड में उसके पास से निकल जाती है, यदि मालगाड़ी की लम्बाई 250 मीटर है, तो मालगाड़ी की गति किमी. प्रति घण्टा होगी:

(*a*) 20 (*b*) 30 (*c*) 40 (*d*) 50

(मध्य प्रदेश राज्य सेवा प्रारंभिक परीक्षा, 2016)

5. 150 मीटर लंबी एक रेलगाड़ी को 450 मीटर लंबे प्लेटफॉर्म से गुजरने में 20 संकड का समय लगता है। रेलगाड़ी की गति कितने कि.मी. प्रति घंटा है?

(*a*) 108 (*b*) 100 (*c*) 106 (*d*) 104

(एस.एस.सी., सी.ए.पी.एफ.एस.(सी.पी.ओ.) एस.आई. एवं ए.एस.आई परीक्षा, 2016)

6. एक 200 मीटर लंबी रेलगाड़ी 72 कि.मी./घंटा की गति से चल रही है। 800 मीटर लंबे पुल को पार करने मे उसे कितना समय लगेगा?

(*a*) 40 सेकेंड (*b*) 30 सेकेंड (*c*) 60 सेकेंड (*d*) 50 सेकेंड

(एस.एस.सी.-सिपाही, सी.ए.पी.एफ.एस., एन.आई.ए.-एस.एस.एफ. परीक्षा, 2015)

उत्तरमाला (रेल सम्बन्धित प्रश्न)

1. (*a*) **2.** (*a*) **3.** (*c*) **4.** (*c*) **5.** (*a*) **6.** (*d*)

दिये गए प्रश्नों के हल रेल सम्बन्धित प्रश्न

1. पहली रेलगाड़ी की गति = 45 किमी./घंटा

दूसरी रेलगाड़ी की गति $= 10 \times \frac{18}{5} = 36$ किमी./घंटा

अभीष्ट अनुपात $= 45 : 36 = 5 : 4$

2. दिया गया है कि रेलगाड़ियाँ विपरीत दिशा में चल रही है।

$\therefore$ सापेक्ष चाल $= 50 + 82 = 132$ किमी./घंटा

$= \frac{132 \times 5}{18} = \frac{110}{3}$ मीटर/सेंकड

दोनों रेलगाड़ियों की लम्बाई क्रमशः 100 मीटर एवं 120 मीटर है।

$\therefore$ अभीष्ट समय $= \frac{\text{दोनों रेलगाड़ियों की लम्बाई}}{\text{सापेक्ष चाल}}$

$= \frac{100 + 120}{\frac{110}{3}}$

$= \frac{220 \times 3}{110} = 6$ सेंकड

3. माना कि ट्रेन A एवं ट्रेन B द्वारा तय की गई दूरी क्रमशः x किमी. एवं $x + 120$ किमी. है।

प्रश्नानुसार, $\frac{x}{50} = \frac{x + 120}{60}$

$\Rightarrow 60x = 50x + 6000$

$\Rightarrow 10x = 6000$

$\Rightarrow x = 600$

स्टेशन A और B के बीच की दूरी = 600 + (600 + 120) = 1320 किमी.

4. मालगाड़ी की लम्बाई = 250 मीटर

मालगाड़ी की चाल $= \left(\frac{250 \times 60 \times 60}{9 \times 1000}\right) - 60$ किमी./घंटा

$= (100 - 60) = 40$ किमी./घंटा

5. रेलगाड़ी की लम्बाई = 150 मीटर

प्लेटफॉर्म की लम्बाई = 450 मीटर

रेलगाडी की चाल $= \frac{(\text{रेलगाड़ी की लम्बाई + प्लेटफॉर्म की लम्बाई})}{\text{पार करने में लगा समय}}$

$= \frac{150 + 450}{20} = \frac{600}{20}$ मीटर सेकण्ड = 30 मीटर सेकण्ड

$= \left(30 \times \frac{18}{5}\right)$ किमी./घंटा = 108 किमी./घंटा

6. दिया गया है कि कुल तय की गई दूरी = ट्रेन की लम्बाई + पुल की लम्बाई = 200 + 800 = 1000 मीटर

रेलगाड़ी की गति = 72 किमी.

वांछित समय $= \frac{1,000 \times 3,600}{72 \times 1,000} = 50$ सेंकड

धारा तथा नाव सम्बन्धी प्रश्न

1. एक व्यक्ति धारा के विरूद्ध 3 कि.मी. या धारा के साथ 15 कि.मी. नाव खेने में 3 घंटा लेता है। धारा की चाल क्या है?

(*a*) 2 कि.मी/घंटा (*b*) 4 कि.मी/घंटा (*c*) 6 कि.मी/घंटा (*d*) 9 कि.मी/घंटा

(आर.आर.बी.-सिकंदराबाद रेलवे ग्रुप 'डी' परीक्षा, 2014)

2. एक व्यक्ति 600 सेकेंड में धारा की प्रतिकूल दिशा में 750 मीटर नौका चलाता है और $7\frac{1}{2}$ मिनट में वापस लौटता है। शांत जल में उसकी नौका चालन गति (कि.मी./घंटा में) कितनी होगी?

(*a*) 5.75 (*b*) 5 (*c*) 5.5 (*d*) 5.25

(एस.एस.सी.-सिपाही, सी.ए.पी.एफ.एस., एन.आई.ए.-एस.एस.एफ. परीक्षा, 2015)

3. एक नाव की ऊर्ध्वप्रवाह चाल एवं अनुप्रवाह चाल का अनुपात क्रमश: 3 : 4 है। नाव की शांत जल में चाल क्या है, यदि वह अनुप्रवाह में 70 किमी. की दूरी 3 घंटे 30 मिनट में तय करती है? (कि.मी/घंटा में)

(*a*) 18 (*b*) 18.5 (*c*) 17 (*d*) 17.5 (*e*) 16

(आई.बी.पी.एस.-बैंक पी.ओ/एम.टी. सी.डब्ल्यू.ई-5 परीक्षा, 2015)

4. एक नाव अनुप्रवाह में 35 मिनट में 12.6 किमी. दूरी तय करती है। यदि धारा की चाल, नाव की शांत जल में चाल की $\frac{1}{4}$ हो तो, नाव द्वारा ऊर्ध्वप्रवाह में 28 मिनट में तय की गई दूरी क्या है? (किमी. में)

(*a*) 7 (*b*) 7.5 (*c*) 8.5 (*d*) 9 (*e*) 6

(एल.आई.सी.-(ए.ए.ओ) परीक्षा, 2016)

उत्तरमाला (धारा तथा नाव सम्बन्धी प्रश्न)

1. (*a*) **2.** (*d*) **3.** (*d*) **4.** (*e*)

दिये गए प्रश्नों के हल धारा तथा नाव सम्बन्धी प्रश्न

1. धारा के विरूद्ध व्यक्ति की चाल = 3 किमी.

धारा के साथ व्यक्ति की चाल = 15 किमी.

व्यक्ति की अनुप्रवाह चाल $= \frac{15}{3} = 5$ किमी./घंटा

व्यक्ति की ऊर्ध्वप्रवाह चाल $= \frac{3}{3} = 1$ किमी./घंटा

$\therefore$ धारा की चाल $= \frac{1}{2}(5-1) = \frac{1}{2} \times 4 = 2$ किमी./घंटा

2. माना कि शांत जल में नौका की गति x किमी./घंटा एवं नौका की गति y किमी./घंटा है।

प्रश्नानुसार, $\frac{750}{x-y} = 600$ .....(i)

$\frac{750}{x+y} = 450$ .....(ii)

$\Rightarrow 600(x-y) = 450(x+y)$

$\Rightarrow\ 600x-600y=450x+450y$

$\Rightarrow\ 600x-450x=600y+450y$

$\Rightarrow\ 150x=1050y$

$\Rightarrow\ x=7y$

$\Rightarrow\ \dfrac{750}{7y-y}=600$

समीकरण (i) से,

$\dfrac{750}{6y}=600$

$\Rightarrow\ y=\dfrac{750}{600\times 6}=\dfrac{750}{3,600}$

$\Rightarrow\ x=\dfrac{750\times 7}{3,600}\text{ m/s}$

$=\dfrac{750\times 7\times 3,600}{1,000\times 3,600}=5.25$ कि.मी./घंटा

3. दिया गया है कि नाव की ऊर्ध्वप्रवाह चाल एवं अनुप्रवाह चाल क्रमशः $3x$ किमी./घंटा एवं $4x$ किमी./घंटा

प्रश्नानुसार,

$\dfrac{70}{4x}=3$ घंटे 30 मिनट $\left\{\because \text{ समय } = \dfrac{\text{दूरी}}{\text{चाल}}\right\}$

$\dfrac{70}{4x}=\dfrac{7}{2}$

$\Rightarrow\ x=\dfrac{70\times 2}{7\times 4}=5$

$\therefore$ नाव की ऊर्ध्वप्रवाह चाल $3x=3\times 5=15$ किमी./घंटा

नाव की ऊर्ध्वप्रवाह चाल $=4x=4\times 5=20$ किमी./घंटा

शांत जल में नाव की चाल $=\dfrac{1}{2}(20+15)=17.5$ किमी./घंटा

4. नाव द्वारा अनुप्रवाह में 35 मिनट में तय की गई दूरी = 12.6 किमी.

नाव की अनुप्रवाह चाल $=\dfrac{12.6}{\frac{35}{60}}=\dfrac{12.6\times 60}{35}=21.6$ किमी./घंटा

माना कि धारा की चाल x किमी./घंटा हैं।

शांत जल में नाव की चाल = $4x$ किमी./घंटा

$\therefore\ 4x+x=21.6$

$5x=21.6$

$x=\dfrac{21.6}{5}=4.32$ किमी./घंटा

$\therefore$ नाव की ऊर्ध्वप्रवाह चाल $=3x=3\times 4.32=12.96$ किमी./घंटा

$\therefore$ अभीष्ट दूरी $=\dfrac{12.96\times 28}{60}=6.048\approx 6$ किमी.

साधारण ब्याज

1. शिल्पा ने समान धनराशि दो अलग-अलग बैंकों में जमा की, जो क्रमशः 10 प्रतिशत और 12 प्रतिशत की दर से साधारण ब्याज देते हैं। तीन वर्ष के बाद उसे कुल ₹3300 ब्याज मिला। उसने कुल कितनी राशि जमा की थी?
   (*a*) ₹10,000 (*b*) ₹11,000 (*c*) ₹12,000 (*d*) ₹12,250

   (एस.एस.सी.-मल्टी टास्किंग स्टाफ परीक्षा, 2014)

2. जनवरी महीने में एक व्यक्ति ₹3500 में से ₹1500, 4% प्रतिवर्ष सरल ब्याज पर तथा ₹1,000, 3% प्रतिवर्ष सरल ब्याज पर उधार देता है। वह शेष राशि को सरल ब्याज की दर किस वार्षिक से उधार दे कि वर्ष के अंत में उसे ₹3,500 पर कुल लाभ 5% हो?
   (*a*) 7.5% (*b*) 8.5% (*c*) 6.0% (*d*) 2%

   (आर.आर.बी-सिकंदराबाद रेलवे ग्रुप 'डी' परीक्षा, 2014)

3. साधारण ब्याज की दर जिस पर कोई धनराशि 25 वर्षों में तिगुनी हो जाती है, क्या है?
   (*a*) 4% प्रति वर्ष (*b*) 8% प्रति वर्ष (*c*) 5% प्रति वर्ष (*d*) 6% प्रति वर्ष

   (डी.एस.एस.एस.बी.-ग्रेड-II, टियर-I परीक्षा, 2016)

4. मीणा ने एक कार खरीदने के लिए बैंक से ₹2,75,000 का ऋण लिया। उसने 8% प्रति वर्ष की दर से ब्याज अदा किया जो 3 वर्ष के बाद भुगतान किया गया। भुगतान के समय उसने ₹3,35,000 एवं पुराना स्कूटर बैंक को दिया। भुगतान के समय स्कूटर का मूल्य क्या था?
   (*a*) ₹60,000 (*b*) ₹6,000 (*c*) ₹66,000 (*d*) ₹6,600

   (आर.आर.बी (एन.टी.पी.सी) सी.बी.टी परीक्षा, 2016)

5. एक ही समयावधि में कोई धनराशि 5% के ब्याज पर ₹2,200 और 8% के ब्याज पर ₹2,320 हो जाती है। समयावधि क्या है?
   (*a*) 3 वर्ष (*b*) 4 वर्ष (*c*) 5 वर्ष (*d*) 2 वर्ष

   (एस.एस.सी., सी.ए.पी.एफ.एस.(सी.पी.ओ.) एस.आई. एवं ए.एस.आई परीक्षा, 2016)

उत्तरमाला (साधारण ब्याज)

1. (*a*) **2.** (*b*) **3.** (*b*) **4.** (*b*) **5.** (*d*)

दिये गए प्रश्नों के हल | साधारण ब्याज

1. माना कि जमा की गई राशि ₹ x है।

प्रश्नानुसार, $\frac{x \times 10 \times 3}{100} + \frac{x \times 12 \times 3}{100} = 3300$

$\Rightarrow \frac{3x}{10} + \frac{9x}{25} = 3300$

$\Rightarrow \frac{15x + 18x}{50} = 3300 = \frac{33x}{50} = 3300$

$\Rightarrow x = \frac{3300 \times 50}{33} = ₹5000$

कुल निवेश की गई राशि = ₹ (5000×2) = ₹10000

2. कुल राशि = ₹3500

₹1,500, 4% प्रतिवर्ष सरल ब्याज पर

₹1,000, 3% प्रतिवर्ष सरल ब्याज पर

माना कि ₹1,000, $x\%$ प्रतिवर्ष सरल ब्याज पर दिए गए है।

$$\text{ब्याज} = \frac{\text{मूलधन} \times \text{दर} \times \text{समय}}{100}$$

प्रश्नानुसार,

$$\Rightarrow \frac{1,500\times4\times1}{100}+\frac{1,000\times3\times1}{100}+\frac{1,000\times x\times1}{100}=\frac{3,500\times5\times1}{100}$$

$$\Rightarrow 60+30+10 \ =175$$

$$\Rightarrow 90+10x=175$$

$$\Rightarrow 10x=85$$

$$\Rightarrow x=8.5\%$$

3. माना कि मूलधन ₹ x और ब्याज ₹ $2x$ है।

समय = 25 वर्ष

$$\therefore \text{ दर } = \frac{\text{ब्याज} \times 100}{\text{मूलधन} \times \text{समय}} = \frac{2x\times100}{x\times25} = 8\% \text{ प्रतिवर्ष}$$

4. दिया गया है मूलधन = ₹2,75,000; दर = 8% ; समय = 3 वर्ष

$$\text{ब्याज} = \frac{\text{मूलधन} \times \text{दर} \times \text{समय}}{100} = \frac{2,75,000\times8\times3}{100} = ₹66,000$$

भुगतान की जाने वाली धनराशि = 2,75,000 + 66,000 = ₹3,41,000

भुगतान की गई धनराशि = ₹3,35,000

$\therefore$ स्कूटर का मूल्य ₹ $=(3,41,000-3,35,000)$ = ₹6,000

5. माना कि मूलधन एवं समय क्रमश: ₹P एवं T वर्ष है

$$\therefore \text{ साधारण ब्याज } \quad \frac{\text{मूलधन} \times \text{दर} \times \text{समय}}{100}$$

$$\text{प्रश्नानुसार}, P+\frac{PT\times5}{100}=2,200$$

$$\Rightarrow P+\frac{PT}{20}=2,200 \qquad \text{.......(i)}$$

$$\frac{PT\times8}{100}-\frac{PT\times5}{100}=(2,320-2,200) \quad \Rightarrow \frac{3PT}{100}=120$$

$$\Rightarrow PT=\frac{120\times100}{3}=4,000 \qquad \text{.......(ii)}$$

समीकरण (i) से

$$P+\frac{4,000}{20}=2,220 \Rightarrow P+200=2,200$$

$P=₹2,000$

$$\Rightarrow PT=4,000$$

$$\Rightarrow T=\frac{4,000}{P}=\frac{4,000}{2,000}=2 \text{ वर्ष}$$

चक्रवृद्धि ब्याज

1. एक राशि क्रमश: 5 प्रतिशत, 10 प्रतिशत और 20 प्रतिशत चक्रवृद्धि ब्याज पर 3 वर्षों के लिए निवेश की जाती है। यदि तीन वर्षों मे वह राशि ₹16,632 हो जाती है, तो निवेश की गई राशि कितनी है?

(*a*) ₹11,000 (*b*) ₹12,000 (*c*) ₹13,000 (*d*) ₹14,000

(एस.एस.सी.-मल्टी टास्किंग स्टाफ परीक्षा, 2014)

2. ₹6,000 की धनराशि पर 10% प्रति वर्ष ब्याज की दर से 2 वर्षों में चक्रवृद्धि ब्याज एवं साधारण ब्याज का अंतर क्या होगा?

(*a*) ₹100 (*b*) ₹60 (*c*) ₹120 (*d*) ₹80

(डी.एस.एस.एस.बी.-ग्रेड-II, टियर-I परीक्षा, 2016)

3. ₹32,000 की धनराशि पर 4 वर्ष के लिए 10 प्रतिशत वार्षिक की दर से चक्रवृद्धि ब्याज और साधारण ब्याज का अंतर बताएँ।

(*a*) 2,051.20 (*b*) 2,052.50 (*c*) 2,025.20 (*d*) 2,501.20

(एस.एस.सी.-सी.एच.एस.एल., डी.ई.ओ.-एल.डी.सी. परीक्षा, 2014)

4. ₹37,500 के मूलधन का 8% प्रति वर्ष चक्रवृद्धि ब्याज की दर से $1\frac{1}{2}$ वर्ष में मिश्रधन क्या होगा यदि ब्याज अर्द्ध वार्षिक संयोजित होता है?

(*a*) ₹42,180,40 (*b*) ₹42,000 (*c*) ₹42,120 (*d*) ₹42,812.4

(आर.आर.बी (एन.टी.पी.सी) सी.बी.टी परीक्षा, 2016)

5. एक निश्चित धनराशि को स्कीम A में 10% प्रति वर्ष की दर से वार्षिक रूप से संयोजित चक्रवृद्धि ब्याज पर दो वर्षों के लिए निवेशित किया गया। समान धनराशि को स्कीम B में x% प्रति वर्ष साधारण ब्याज की दर पर 3 वर्षों के लिए निवेशित किया गया। स्कीम A से अर्जित ब्याज, स्कीम B से अर्जित ब्याज का आधा है। x का मान क्या है?

(*a*) 20 (*b*) 9 (*c*) 12 (*d*) 18 (*e*) 14

(एल.आई.सी (ए.ए.ओ) परीक्षा, 2016)

उत्तरमाला (चक्रवृद्धि ब्याज)

1. (*b*) **2.** (*b*) **3.** (*a*) **4.** (*d*) **5.** (*e*)

दिये गए प्रश्नों के हल | चक्रवृद्धि ब्याज

1. माना कि निवेश की गई राशि ₹ x है।

ब्याज की दर = 5%, 10%, और 20%

समय = 3 वर्ष

प्रश्नानुसार, $16,632 = x\left(1+\frac{5}{100}\right)\left(1+\frac{10}{100}\right)\left(1+\frac{20}{100}\right)$

$$16,632 = x\times\frac{21}{20}\times\frac{11}{10}\times\frac{6}{5}$$

$\Rightarrow\ x = 16,632 \times \frac{20}{21} \times \frac{10}{11} \times \frac{5}{6} = ₹12,000$

$\therefore$ जमा की गई राशि ₹12,000 है।

2. मूलधन = ₹6000, दर = 10% प्रति वर्ष, समय = 2 वर्ष

माना कि चक्रवृद्धि ब्याज एवं साधारण ब्याज में अंतर x है

$\Rightarrow\ x = \frac{PR^2}{10,000} \quad \Rightarrow\ x = \frac{6,000 \times 10 \times 10}{10,000} = ₹60$

3. दिया गया है मूलधन = ₹32,000 ; समय = 4 वर्ष ; दर = 10%

साधारण ब्याज $= \frac{32,000 \times 10 \times 4}{100} = ₹12,800$

चक्रवृद्धि ब्याज $= \left(32,000\left(1 + \frac{10}{100}\right)^4\right) - 32,000$

$= \left(32,000 \times \frac{11}{10} \times \frac{11}{10} \times \frac{11}{10} \times \frac{11}{10}\right) - 32,000$

$= 46,851.2 - 32,000 = ₹14,851.2$

वांछित अंतर $= 14,851.2 - 12,800 = ₹2,051.20$

4. दिया गया है समय $= 1\frac{1}{2}$ वर्ष $= \frac{3}{2}$ वर्ष $= 3$ अर्द्ध वर्ष

दर = 8% प्रतिवर्ष = 4% प्रतिवर्ष

$A = P\left(1 + \frac{R}{100}\right)^T = 37,500\left(1 + \frac{4}{100}\right)^3 = 37,500\left(\frac{26}{25}\right)^3 = \frac{37,500 \times 26 \times 26 \times 26}{25 \times 25 \times 25} = ₹42,812.4$

5. चक्रवृद्धि ब्याज $= P\left[\left(1 + \frac{R}{100}\right)^T - 1\right]$

साधारण ब्याज $= \frac{P \times R \times T}{100}$

प्रश्नानुसार, $2P\left[\left(1 + \frac{10}{100}\right)^2 - 1\right] = \frac{P \times x \times 3}{100}$

$\Rightarrow\ 2\left[\left(1 + \frac{1}{10}\right)^2 - 1\right] = \frac{3x}{100} \quad \Rightarrow\ 2\left[\left(\frac{11}{10}\right)^2 - 1\right] = \frac{3x}{100}$

$\Rightarrow\ 2\left(\frac{121}{100} - 1\right) = \frac{3x}{100} \quad \Rightarrow\ 2\left(\frac{121 - 100}{100}\right) = \frac{3x}{100}$

$\Rightarrow\ \frac{2(21)}{100} = \frac{3x}{100} \quad \Rightarrow\ 42 = 3x$

$\Rightarrow\ x = \frac{42}{3} = 14\%$

क्षेत्रफल

1. एक अर्धवृत्ताकार पार्क में बाड़ लगाने के लिए 288 मीटर रेलिंग की आवश्यकता है। पार्क का क्षेत्रफल बताएँ। $\left(\pi = \frac{22}{7}\right)$

(*a*) 6589 मीटर^2 (*b*) 9865 मीटर^2 (*c*) 8956 मीटर^2 (*d*) 9856 मीटर^2

(एस.एस.सी.-मल्टी टास्किंग स्टाफ परीक्षा, 2014)

2. एक बस के पहिए (ड्राइविंग व्हील) की त्रिज्या 35 से.मी. है। 33 कि.मी. प्रति घंटा की गति बनाए रखने के लिए पहिए को प्रति मिनट कितनी बार घूमना पड़ेगा?

(*a*) 350 (*b*) 250 (*c*) 200 (*d*) 150

(एस.एस.सी.-मल्टी टास्किंग स्टाफ परीक्षा, 2014)

3. यदि किसी वृत्त के एक जीवा की लंबाई जो इसके एक सिरे पर खींची गई स्पर्शज्या से 45° का कोण बनाती है, 6 से.मी. है, तो वृत्त की त्रिज्या क्या है?

(*a*) 6 से.मी. (*b*) $3\sqrt{2}$ से.मी. (*c*) $6\sqrt{2}$ से.मी. (*d*) 5 से.मी.

(डी.एस.एस.एस.बी.-ग्रेड-II, टियर-I परीक्षा, 2016)

4. एक उद्यान रोलर का व्यास 1.4 मीटर है एवं इसकी लंबाई 2 मीटर है। 10 चक्करों में रोलर द्वारा तय किया गया क्षेत्रफल है:

(*a*) 88 वर्ग मीटर (*b*) 44 वर्ग मीटर (*c*) 8.8 वर्ग मीटर (*d*) 76.8 वर्ग मीटर

(डी.एस.एस.एस.बी.-ग्रेड-II, टियर-I परीक्षा, 2016)

5. एक वृत्त की त्रिज्या 13 से.मी. है। वृत्त के केन्द्र से 12 से.मी. की दूरी पर स्थित जीवा की लंबाई है:

(*a*) 12 से.मी. (*b*) 20 से.मी. (*c*) 15 से.मी. (*d*) 10 से.मी.

(डी.एस.एस.एस.बी.-ग्रेड-II, टियर-I परीक्षा, 2016)

6. केन्द्र O वाले एक वृत्त की परिधि पर तीन बिन्दु A, B और P हैं। यदि $\angle OAP = 25°$ एवं $\angle OBP = 35°$, तो $\angle AOB$ का माप है:

(*a*) 150° (*b*) 60° (*c*) 75° (*d*) 120°

(डी.एस.एस.एस.बी.-ग्रेड-II, टियर-I परीक्षा, 2016)

7. 8 से.मी. त्रिज्या वाले वृत्त के अंदर एक वर्ग खींचा गया है। वर्ग का क्षेत्रफल है:

(*a*) 16 वर्ग से.मी. (*b*) 128 वर्ग से.मी. (*c*) 64 वर्ग से.मी. (*d*) 148 वर्ग से.मी.

(डी.एस.एस.एस.बी.-ग्रेड-II, टियर-I परीक्षा, 2016)

8. यदि Δ ABC एवं Δ DEF के समरूप हैं एवं BC = 3 से.मी., EF = 4 से.मी. तथा ΔABC का क्षेत्रफल = 54 वर्ग से.मी. हो, तो Δ DEF का क्षेत्रफल है:

(*a*) 96 वर्ग से.मी. (*b*) 66 वर्ग से.मी. (*c*) 54 वर्ग से.मी. (*d*) 78 वर्ग से.मी.

(डी.एस.एस.एस.बी.-ग्रेड-II, टियर-I परीक्षा, 2016)

9. 9 से.मी. एवं 4 से.मी. त्रिज्या के दो वृत्त एक दूसरे को बाह्यत: स्पर्श करते हैं। प्रत्यक्ष सार्व स्पर्शज्या की लंबाई ज्ञात कीजिए।

(*a*) 13 से.मी. (*b*) 11 से.मी. (*c*) 12 से.मी. (*d*) 10 से.मी.

(डी.एस.एस.एस.बी.-ग्रेड-II, टियर-I परीक्षा, 2016)

10. एक वर्ग का विकर्ण $8\sqrt{2}$ से.मी. है। वर्ग का परिमाप है:

(*a*) 64 से.मी. (*b*) 46 से.मी. (*c*) 32 से.मी. (*d*) 40 से.मी.

(डी.एस.एस.एस.बी.-ग्रेड-II, टियर-I परीक्षा, 2016)

11. किसी वृत्त के दो जीवा AB एवं CD बिन्दु P पर एक दूसरे को काटते हैं। यदि $\angle APC = 80°$ एवं $\angle ADP = 30°$ तो $\angle BCD$ का मान है?

(*a*) 60° (*b*) 65° (*c*) 55° (*d*) 50°

(डी.एस.एस.एस.बी.-ग्रेड-II, टियर-I परीक्षा, 2016)

12. यदि किसी समचतुर्भुज के विकर्ण 24 से.मी. और 32 से.मी. है, तो उस समचतुर्भुज का परिमाप बताएँ।

(*a*) 80 से.मी. (*b*) 84 से.मी. (*c*) 76 से.मी. (*d*) 72 से.मी.

(एस.एस.सी.-सी.एच.एस.एल., डी.ई.ओ-एल.डी.सी. परीक्षा, 2014)

13. यदि किसी समभुज त्रिकोण की आंतरिक त्रिज्या $\sqrt{3}$ से.मी. है, तो उस त्रिकोण का परिमाप बताएँ।

(*a*) 18 से.मी. (*b*) 15 से.मी. (*c*) 12 से.मी. (*d*) 6 से.मी.

(एस.एस.सी.-सी.एच.एस.एल., डी.ई.ओ-एल.डी.सी. परीक्षा, 2014)

14. दो एक बराबर की अधिकतम आकार की गोल प्लेटों को एक गोल कागज की शीट, जिसकी परिधि 352 से.मी. है, मे से काटा जाता है। प्रत्येक गोल प्लेट की परिधि बताएँ।

(*a*) 176 से.मी. (*b*) 150 से.मी. (*c*) 165 से.मी. (*d*) 180 से.मी.

(एस.एस.सी.-सी.एच.एस.एल., डी.ई.ओ-एल.डी.सी. परीक्षा, 2014)

15. किसी ABC त्रिकोण की मध्य रेखा AD है और O उसका इस प्रकार केन्द्रक है कि AO = 10 से.मी. है। OD की लंबाई (से.मी.) में बताएँ।

(*a*) 2 (*b*) 4 (*c*) 5 (*d*) 7

(एस.एस.सी.-सी.एच.एस.एल., डी.ई.ओ-एल.डी.सी. परीक्षा, 2014)

उत्तरमाला (क्षेत्रफल)

1. (*d*) **2.** (*b*) **3.** (*b*) **4.** (*a*) **5.** (*d*) **6.** (*d*) **7.** (*b*) **8.** (*a*) **9.** (*c*) **10.** (*c*)
11. (*d*) **12.** (*a*) **13.** (*a*) **14.** (*a*) **15.** (*c*)

दिये गए प्रश्नों के हल — क्षेत्रफल

1. माना कि पार्क की त्रिज्या '*x*' है

प्रश्नानुसार, $\pi R + 2R = 288$

$$\Rightarrow R(\pi + 2) = 288$$

$$\Rightarrow R\left(\frac{22}{7} + 2\right) = 288$$

$$\Rightarrow \frac{36R}{7} = 288$$

$$\Rightarrow R = \frac{288 \times 7}{36} = 56 \text{ मीटर}$$

पार्क का क्षेत्रफल $= \pi R^2 = \frac{22}{7} \times 56 \times 56 = 9856$ मीटर^2

2. पहिए की त्रिज्या = 35 से.मी.

1 मिनट में तय की गई दूरी $= \frac{33 \times 1000}{60} = 550$ मीटर

वांछित प्रति मिनट पहिए का घूमना $= \frac{550 \times 100 \times 7}{2 \times 22 \times 35} = 250$

3. जीवा PQ की लम्बाई = 6 से.मी.

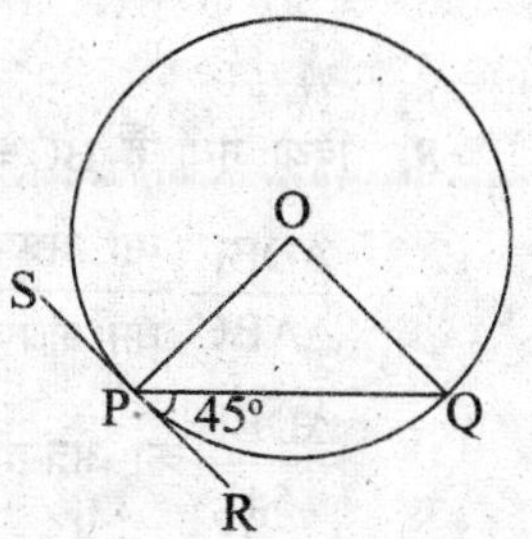

OP = OQ = त्रिज्या

$\angle OPR = 90^\circ$

$\therefore \angle OPQ = \angle OQP = 45^\circ$

$\therefore \angle POQ = 90^\circ$

$\therefore OP^2 + OQ^2 = PQ^2$

$\Rightarrow 2OP^2 = 6^2$

$\Rightarrow OP^2 = \frac{36}{2} = 18$

$\Rightarrow OP = \sqrt{18} = 3\sqrt{2}$ से.मी.

4. रोलर का व्यास = 1.4 मीटर

रोलर का त्रिज्या = 0.7 मीटर

रोलर की लम्बाई = 2 मीटर

एक चक्कर में तय किया गया क्षेत्रफल $= 2\pi rh$

$= 2 \times \frac{22}{7} \times 0.7 \times 2 = 8.8$ मीटर^2

10 चक्करों में तय किया गया क्षेत्रफल $= 8.8 \times 10 = 88$ मीटर^2

5. OA = OB = 13 से.मी.

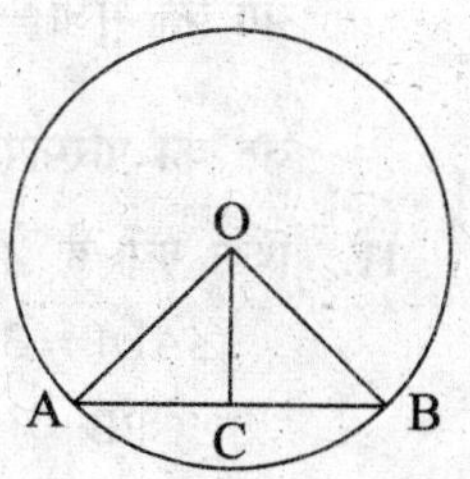

OC = 12 से.मी.

$OC \perp AB$

$\therefore AC = AC = \sqrt{OA^2 - OC^2}$

$= \sqrt{13^2 - 12^2} = \sqrt{169 - 144} = \sqrt{25} = 5$ से.मी.

AB = 2 AC = 2 × 5 = 10 से.मी.

6. चक्र की त्रिज्याएं OA = OP = OB

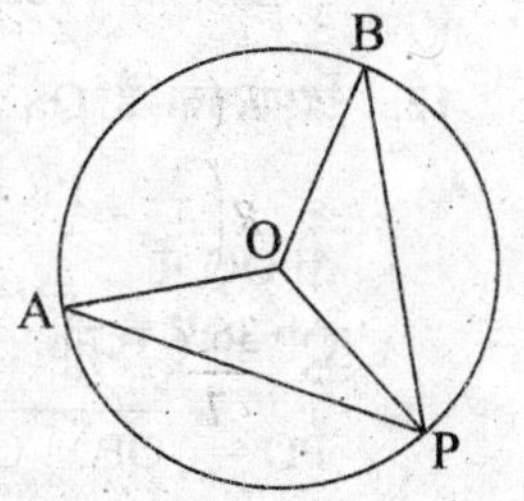

ΔOAP में

OA = OP

$\angle OAP = \angle OPA = 25^\circ$

$\therefore \angle AOP = 180^\circ - (25^\circ + 25^\circ) = 130^\circ$

Δ POB में

$\angle OBP = \angle OPB = 35^\circ$

$\therefore \angle POB = 180^\circ - (35^\circ + 35^\circ) = 110^\circ$

$\angle AOB = 360^\circ - (130^\circ + 110^\circ) = 120^\circ$

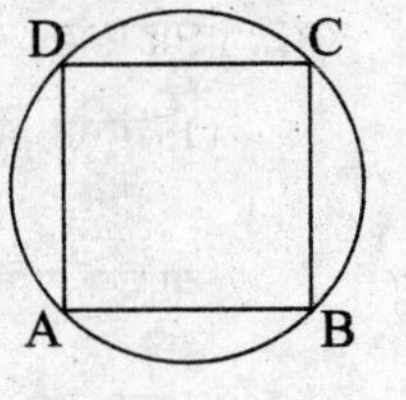

7. वर्ग का विकर्ण = वृत्त का व्यास = 16 से.मी.

$\therefore$ वर्ग का क्षेत्रफल $= \frac{1}{2} \times$ (विकर्ण)2

$= \frac{1}{2} \times 16 \times 16 = 128$ से.मी.^{2}

8. दिया गया है BC = 3 से.मी., EF = 4 से.मी. एवं ΔABC का क्षेत्रफल = 54 से.मी.^{2}

$\frac{\Delta DEF \text{ का क्षेत्रफल}}{\Delta ABC \text{ का क्षेत्रफल}} = \frac{EF^2}{BC^2} = \frac{4^2}{3^2}$

$\frac{\Delta DEF \text{ का क्षेत्रफल}}{54} = \frac{16}{9}$

$\Rightarrow \Delta DEF$ का क्षेत्रफल $= \frac{16}{9} \times 54 = 96$ से.मी.^{2}

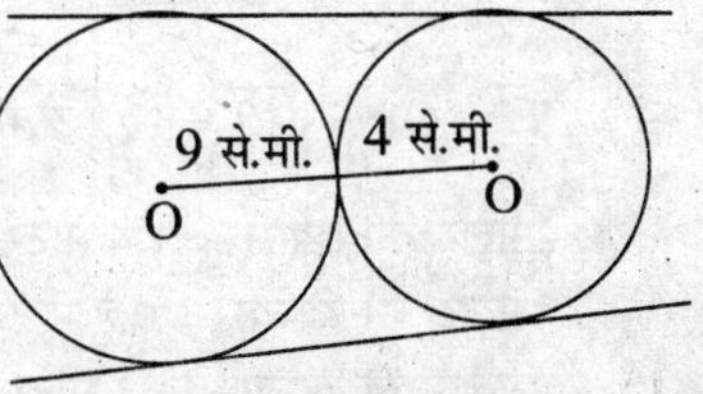

9. प्रत्यक्ष सार्व स्पर्शज्या

$= \sqrt{(\text{क्रेन्द्र के बीच की दूरी})} - \sqrt{(r_1 - r_2)^2}$

यहां $r_1 = 9$; $r_2 = 4$

$= \sqrt{(9+4)^2 - (9-4)^2}$

$= \sqrt{13^2 - 5^2} = \sqrt{169 - 25} = \sqrt{144} = 12$ से.मी.

10. वर्ग के विकर्ण का माप $= 8\sqrt{2}$ से.मी..

वर्ग की भुजा $= \frac{\text{विकर्ण}}{\sqrt{2}} = \frac{8\sqrt{2}}{\sqrt{2}} = 8$ से.मी.

वर्ग का परिमाप = 4 × भुजा = 4 × 8 = 32 से.मी.

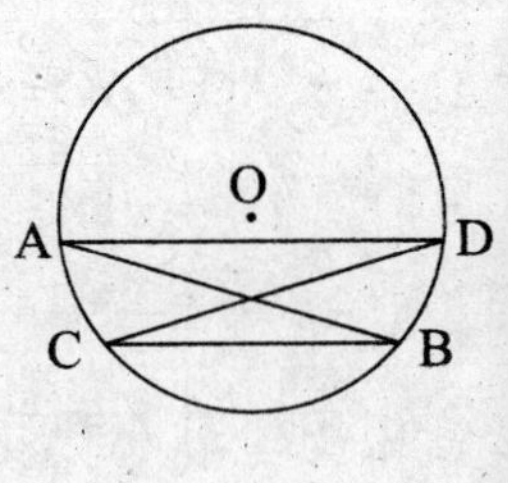

11. दिया गया है $\angle APC = 80^\circ$

$\angle ADP = 30^\circ$

$\angle CPB = 180^\circ - \angle APC = 180^\circ - 80^\circ = 100^\circ$

$\angle ADP = \angle ABC = 30^\circ$

$\therefore \angle BCD = 180^\circ - (100^\circ + 30^\circ) = 50^\circ$

12. दिया गया है QS = 24 से.मी.

PR = 32 से.मी.

ΔPOQ में

OP = 16 से.मी. ; OQ = 12 से.मी.

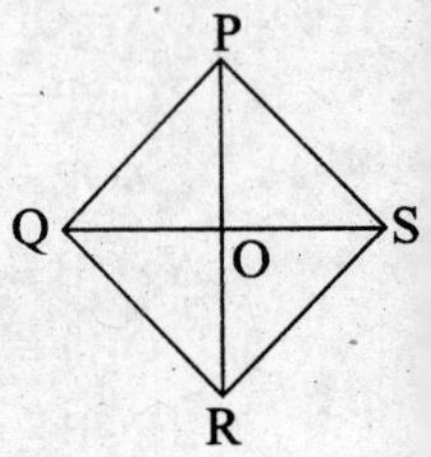

$PQ = \sqrt{OP^2 + OQ^2} = \sqrt{16^2 + 12^2}$

$= \sqrt{256 + 144} = \sqrt{400} = 20$ से.मी.

समचर्तुभुज का परिमाप $= 4 \times$ भुजा $= 4 \times 20 = 80$ से.मी.

13. दिया गया है

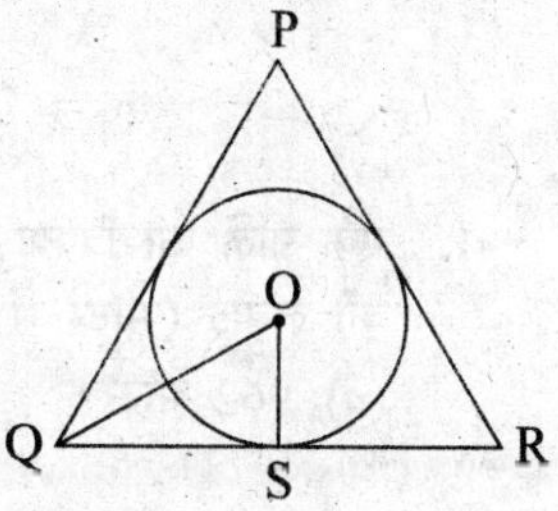

$OS = \sqrt{3}$ से.मी.

$\therefore \ \frac{OS}{QS} = \tan 30^o$

$\Rightarrow \ \frac{\sqrt{3}}{QS} = \frac{1}{\sqrt{3}}$

$\Rightarrow$ QS = 3 से.मी.

$\Rightarrow$ QR = 2QS = 6 से.मी.

समकोण त्रिकोण का परिमाप $= 3 \times 6 = 18$ से.मी.

14. कागज शीट की परिधि = 352 से.मी.

कागज शीट का व्यास $= \pi d = 352$

$d = \frac{352 \times 7}{22} = 112$ से.मी.

एक प्लेट का व्यास $= \frac{112}{2} = 56$ से.मी.

प्लेट की परिधि $= \frac{56 \times 22}{7} = 176$ से.मी.

15. ΔABC में

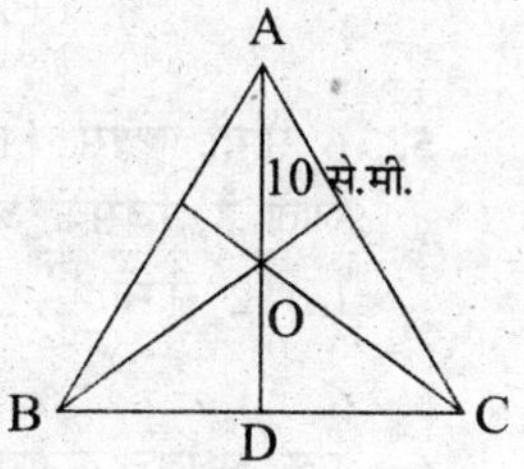

AO = 10 से.मी.

'O' मध्य रेखा AD को 2 : 1 के अनुपात में बाँटता है।

$\Rightarrow \ \frac{AO}{OD} = \frac{10}{5}$

$\Rightarrow$ OD = 5 से.मी.

ठोस वस्तुओं के आयतन

1. एक गोले की त्रिज्या 9 से.मी. है। इसे पिघलाकर 2 मिलीमीटर व्यास के तार के रूप में ढाला जाता है? तार की लंबाई (मीटर में) ज्ञात कीजिए?

(*a*) 962 मीटर (*b*) 972 मीटर (*c*) 970 मीटर (*d*) 900 मीटर

(डी.एस.एस.एस.बी.-ग्रेड-II, टियर-I परीक्षा, 2016)

2. 10.5 से.मी. त्रिज्या वाले एक धात्विक गोले को पिघलाया जाता है एवं उसे 3.5 से.मी. त्रिज्या एवं 3 से.मी. ऊँचाई के एक समान छोटे शंकुओं के रूप में ढाला जाता हैं। इस प्रकार ढाले गए शंकुओं की संख्या क्या होगी?

(*a*) 112 (*b*) 116 (*c*) 120 (*d*) 126

(डी.एस.एस.एस.बी.-ग्रेड-II, टियर-I परीक्षा, 2016)

3. दस भुजा वाले एक समबहुभुज में कितने विकर्ण खींचे जा सकते है?

(*a*) 55 (*b*) 45 (*c*) 35 (*d*) 25

(डी.एस.एस.एस.बी.-ग्रेड-II, टियर-I परीक्षा, 2016)

4. एक घन का पूर्ण पृष्ठ 150 sq- cm. है, तो घन का आयतन क्या होगा?

(*a*) 125 से.मी.^{3} (*b*) 216 से.मी.^{3} (*c*) 343 से.मी.^{3} (*d*) 512 से.मी.^{3}

(एस.एस.सी.-सी.एच.एस.एल., डी.ई.ओ-एल.डी.सी. परीक्षा, 2014)

5. 6 से.मी. व्यास की एक ठोस धात्विक गोल बॉल को पिघलाकर पुनः ढाला जाता है और शंकु आकार दिया जाता है, जिसके आधार (बेस) का व्यास 12 से.मी. है। शंकु की ऊँचाई बताएँ।

(*a*) 2 से.मी. (*b*) 3 से.मी. (*c*) 4 से.मी. (*d*) 6 से.मी.

(एस.एस.सी.-सी.एच.एस.एल., डी.ई.ओ-एल.डी.सी. परीक्षा, 2014)

6. एक अर्धवृत्त कटोरा है, जिसमे तरल पदार्थ भरा है और उसकी आंतरिक त्रिज्या 15 से.मी. है। उस तरल पदार्थ को 5 से.मी. व्यास और 6 से.मी ऊँचाई वाली बेलनाकार बोतलों में भरा जाता है। उस कटोरे को खाली करने के लिए कितनी बोतलों की आवश्यकता होगी?

(*a*) 30 (*b*) 40 (*c*) 50 (*d*) 60

(एस.एस.सी.-सी.एच.एस.एल., डी.ई.ओ-एल.डी.सी. परीक्षा, 2014)

7. किसी तार की त्रिज्या एक तिहाई कम कर दी जाती है। यदि आयतन शेष रहे तो लंबाई कितनी बढ़ जाएगी?

(*a*) 6 गुना (*b*) 1 गुना (*c*) 3 गुना (*d*) 9 गुना

(एस.एस.सी., सी.ए.पी.एफ.एस.(सी.पी.ओ.) एस.आई. एवं ए.एस.आई परीक्षा, 2015)

8. माना कि ABCDEF एक प्रिज़्म है जिसका आधार समकोणीय त्रिभुज है जिसकी 90° की संलग्न भुजाएं 9 से.मी. और 12 से.मी. हैं। यदि प्रिज़्म को रंगने की लागत 20 पैसे प्रति वर्ग से.मी. की दर से ₹151.20 है तो प्रिज़्म की ऊँचाई कितनी है?

(*a*) 17 से.मी. (*b*) 18 से.मी. (*c*) 15 से.मी. (*d*) 16 से.मी.

(एस.एस.सी., सी.ए.पी.एफ.एस.(सी.पी.ओ.) एस.आई. एवं ए.एस.आई परीक्षा, 2015)

उत्तरमाला (ठोस वस्तुओं के आयतन)

1. (*b*) **2.** (*d*) **3.** (*c*) **4.** (*a*) **5.** (*b*) **6.** (*d*) **7.** (*d*) **8.** (*b*)

दिये गए प्रश्नों के हल | ठोस वस्तुओं के आयतन

1. गोले की त्रिज्या = $r = 9$ से.मी.

गोले का आयतन $= \frac{4}{3}\pi r^3 = \frac{4}{3} \times \pi \times 9 \times 9 \times 9 = 972\pi$ घन से.मी.

तार का आयतन $= \pi R^2 H$

$H =$ तार की लम्बाई, R = तार की त्रिज्या

$R = \frac{2}{2 \times 10} = \frac{1}{10}$ से.मी.

$\Rightarrow 972\pi = \pi \times \frac{1}{10} \times \frac{1}{10} \times H$

$\Rightarrow 972 = \frac{H}{100}$

$\Rightarrow H = 972 \times 100 = 97200$ से.मी. $= 972$ मीटर

2. गोले की त्रिज्या = 10.5 से.मी.

गोले का आयतन $= \frac{4}{3}\pi r^3 = \left(\frac{4}{3} \times \pi \times 10.5 \times 10.5 \times 10.5\right)$ घन से.मी.

शंकु का आयतन $= \frac{1}{3}\pi r_1^2 h = \frac{1}{3} \times \pi \times 3.5 \times 3.5 \times 3 = \pi(3.5)^2$ घन से.मी.

$\therefore$ शंकुओं की संख्या $= \frac{\frac{4}{3}\pi(10.5)^3}{\pi(3.5)^2} = \frac{4 \times (10.5)^3}{3 \times (3.5)^2} = 126$ शंकु

3. माना कि दस भुजा वाले समबहुभुज में विकर्णों की संख्या x है।

$\Rightarrow x = \frac{n(n-3)}{2} = \frac{10(10-3)}{2} = \frac{10 \times 7}{2} = 35$ विकर्णों

4. दिया गया है घन का पूर्ण पृष्ठ $= 150$ से.मी.^{2}

माना कि घन की प्रत्येंक भुजा a से.मी. है।

प्रश्नानुसार, $6a^2 = 150$

$a^2 = \frac{150}{6} = 25$

$\Rightarrow a = 5$ से.मी.

घन का आयतन $= a^3 = 5^3 = 125$ घन से.मी.

5. गोले की त्रिज्या = 3 से.मी.

गोले का आयतन $= \frac{4}{3}\pi r^3 = \frac{4}{3} \times \pi \times (3)^3 = 36\pi$

माना कि कोण की ऊचाई h से.मी. है।

कोण का आयतन $= 36\pi$

$\Rightarrow \frac{1}{3}\pi r^2 h = 36\pi$

$\Rightarrow 6^2 h\pi = 108\pi$

$\Rightarrow h = \frac{108\pi}{36\pi} = 3$ से.मी.

6. दिया गया है अर्धवृत्त कटोरे की त्रिज्या = 15 c.c

तरल का आयतन $= \frac{2}{3}\pi(r)^3 = \frac{2}{3}\times\pi\times(15)^3$

बोतल की त्रिज्या एवं ऊँचाई क्रमशः $\frac{5}{2}$ से.मी. एवं 6 से.मी. है।

एक बोतल का आयतन $= \pi\times\left(\frac{5}{2}\right)^2\times 6$

बोतलों की संख्या $= \dfrac{\frac{2}{3}\times\pi\times(15)^3}{\pi\times\left(\frac{5}{2}\right)^2\times 6} = \dfrac{2\pi\times 15\times 15\times 15\times 4}{\pi\times 5\times 5\times 3\times 6} = 60$ बोतल

7. प्रश्नानुसार, $r_1 = \frac{r}{3}$; $h_1 = x$

तर का आयतन $= \pi r^2 h$

$\therefore\ \pi r^2 h = \pi r_1^2 h_1$

$\Rightarrow\ r^2 h = r_1^2 h_1$

$\Rightarrow\ r^2 h = \left(\frac{r}{3}\right)^2\times h_1$

$\Rightarrow\ r^2 h = \frac{r^2}{9}\times h_1$

$\Rightarrow\ h_1 = 9h$

8. प्रिज़्म का कुल पृष्ठीय क्षेत्रफल $= \dfrac{\text{कुल खर्च}}{\text{प्रिज्म को रंगने की लागत प्रति वर्ग सेमी}}$

$= \frac{151.20}{0.20} = \frac{1512}{2} = 756$ वर्ग से.मी.

त्रिभुजाकार आधार का कर्ण $= \sqrt{9^2+12^2} = \sqrt{81+144} = \sqrt{225} = 15$ से.मी.

त्रिभुजी आधार का परिमाप $= 9+12+15 = 36$ से.मी.

$\therefore$ कुल पृष्ठीय क्षेत्रफल = आधार का परिमाप × ऊँचाई + 2 × आधार का क्षेत्रफल

$\Rightarrow 756 = 36\times h + 2\times\frac{1}{2}\times 9\times 12$

$\Rightarrow\ 756 = 36h + 108$

$\Rightarrow\ 36h = 756 - 108 = 648$

$\Rightarrow\ h = \frac{648}{36} = 18$ से.मी.

घड़ी

1. 1 मिनट 12 सेकंड का समय 1 घंटे का कितना प्रतिशत है?

(*a*) 2% (*b*) 12% (*c*) 11% (*d*) 12%

(आर.आर.बी (एन.टी.पी.सी) सी.बी.टी परीक्षा, 2016)

उत्तरमाला (घड़ी)

1. (*a*)

दिये गए प्रश्नों के हल — घड़ी

1. 1 मिनट = 60 सेंकड

1 मिनट 12 सेंकड = 60 + 12 = 72 सेंकड

1 घंटा = 60 × 60 = 3600 सेंकड

$\therefore$ अभीष्ट प्रतिशत $= \frac{72}{3600} \times 100 = 2\%$

स्टॉक तथा शेयर

1. श्रीमान् सुरेश ने ₹100 अंकित-मूल्य के शेयरों में जो ₹20 के बट्टे पर उपलब्ध हैं एवं जो 8% लाभांश देते हैं, ₹52,000 का निवेश किया। इस निवेश से अर्जित वार्षिक लाभांश है:

(*a*) ₹5,000 (*b*) ₹4,160 (*c*) ₹5,100 (*d*) ₹5,200

(डी.एस.एस.एस.बी.-ग्रेड-II, टियर-I परीक्षा, 2016)

उत्तरमाला (स्टॉक तथा शेयर)

1. (*d*)

दिये गए प्रश्नों के हल स्टॉक तथा शेयर

1. कुल निवेश = ₹52,000

शेयरों का मूल्य = ₹80

शेयरों की संख्या $= \frac{52,000}{80} = 650$ शेयर

अंकित-मूल्य = $650 \times 100 =$ ₹65,000

वार्षिक लाभ $= \frac{65,000 \times 8}{100} =$ ₹5,200

सारणीयन

निर्देश (1–5): निम्न सारणी का सावधानीपूर्वक अध्ययन कीजिए एवं दिए गए प्रश्नों के उत्तर दीजिए।

कंपनी	कर्मचारियों की कुल संख्या	महिला कर्मचारियों की संख्या
A	5550	2410
B	3200	1860
C	2000	1600
D	2500	1220
E	4240	2600
F	3560	1240

1. कंपनी D में कार्यरत पुरूष कर्मचारियों की संख्या कंपनी C में कार्यरत महिला कर्मचारियों की संख्या से कितना प्रतिशत कम है?

(*a*) 12 (*b*) 15 (*c*) 20 (*d*) 22 (*e*) 18

(एल.आई.सी (ए.ए.ओ) परीक्षा, 2016)

2. कंपनी A, C एवं F में कार्यरत महिला कर्मचारियों की औसत संख्या क्या है?

(*a*) 1750 (*b*) 1720 (*c*) 1710 (*d*) 1730 (*e*) 1760

(एल.आई.सी (ए.ए.ओ) परीक्षा, 2016)

3. कंपनी A एवं कंपनी F में पृथकत: कार्यरत पुरूष कर्मचारियों की संख्या के मध्य क्या अंतर है?

(*a*) 840 (*b*) 810 (*c*) 820 (*d*) 740 (*e*) 790

(एल.आई.सी (ए.ए.ओ) परीक्षा, 2016)

4. यदि अप्रैल 2015 में कंपनी E में कार्यरत महिला कर्मचारियों की संख्या में 10% की वृद्धि हुई एवं कंपनी में कर्मचारियों की कुल संख्या समान रहती है, तो पुरूष कर्मचारियों की संख्या क्या थी?

(*a*) 1430 (*b*) 1420 (*c*) 1410 (*d*) 1360 (*e*) 1380

(एल.आई.सी (ए.ए.ओ) परीक्षा, 2016)

5. कंपनी B एवं कंपनी F को मिलाकर महिला कर्मचारियों की कुल संख्या, कंपनी D में कर्मचारियों की कुल संख्या का कितना प्रतिशत है?

(*a*) 124 (*b*) 122 (*c*) 125 (*d*) 134 (*e*) 135

(एल.आई.सी (ए.ए.ओ) परीक्षा, 2016)

निर्देश (6–10): निम्नलिखित तालिका का अध्ययन कीजिए जिसमें एक राज्य के दो जिलों A और B के कोर अवसंरचनात्मक क्षेत्रों में निवेश की गई पूँजी की राशि (करोड़ रुपए में) दर्शायी गई है एवं प्रश्नों के उत्तर दीजिए।

	जिला A		जिला B	
कोर क्षेत्र	**1995**	**1996**	**1995**	**1996**
विद्युत	815.2	1054.2	2065.8	2365.1
रासायन	389.5	476.7	745.3	986.4
ताप	632.4	565.9	1232.7	1026.3
सौर	468.1	589.6	1363.5	1792.1

	जिला A		जिला B	
कोर क्षेत्र	**1995**	**1996**	**1995**	**1996**
न्यूक्लियर	617.9	803.1	1674.3	2182.1
योग	2923.1	3489.5	7081.6	8352.0

6. 1995 की तुलना में 1996 में दो जिलों A और B में कुल निवेश लगभग कितने प्रतिशत अधिक हुआ?

(*a*) 24% (*b*) 21% (*c*) 14% (*d*) 18%

(एस.एस.सी.-सी.ए.पी.एफ.एस. और सी.आई.एस.एफ. उप-निरिक्षक परीक्षा, 2016)

7. इन दो जिलों A और B में 1995 में विद्युत और ताप ऊर्जा में कुल निवेश उसी वर्ष के समग्र निवेश का लगभग कितना प्रतिशत हुआ?

(*a*) 52% (*b*) 41% (*c*) 55% (*d*) 47%

(एस.एस.सी.-सी.ए.पी.एफ.एस. और सी.आई.एस.एफ. उप-निरिक्षक परीक्षा, 2016)

8. जिला B में 1996 में किस क्षेत्र में निवेश 1995 में उसी क्षेत्र में निवेश के अधितम प्रतिशत वृद्धि को दर्शाता है?

(*a*) रासयन (*b*) न्यूक्लियर (*c*) विद्युत (*d*) सौर

(एस.एस.सी.-सी.ए.पी.एफ.एस. और सी.आई.एस.एफ. उप-निरिक्षक परीक्षा, 2016)

9. वर्ष 1995 और 1996 में जिला B में निवेश उन्हीं वर्षों में जिला A में कुल निवेश का लगभग कितना गुना था?

(*a*) 2.8 (*b*) 2.4 (*c*) 1.7 (*d*) 1.9

(एस.एस.सी.-सी.ए.पी.एफ.एस. और सी.आई.एस.एफ. उप-निरिक्षक परीक्षा, 2016)

10. यदि जिला B में कुल निवेश वर्ष 1997 में उतनी की वृद्धि दर को दर्शाता है जितनी 1995 से 1996 तक दर्शायी थी, तो जिला B में 1997 में कुल निवेश लगभग कितना रहा होगा?

(*a*) ₹9,170 करोड़ (*b*) ₹8,540 करोड़

(*c*) ₹10,020 करोड़ (*d*) ₹9,850 करोड़

(एस.एस.सी.-सी.ए.पी.एफ.एस. और सी.आई.एस.एफ. उप-निरिक्षक परीक्षा, 2016)

उत्तरमाला (सारणीयन)

1. (*c*) **2.** (*a*) **3.** (*c*) **4.** (*e*) **5.** (*a*) **6.** (*d*) **7.** (*d*) **8.** (*a*) **9.** (*b*) **10.** (*d*)

दिये गए प्रश्नों के हल — सारणीयन

1. कम्पनी D में पुरूष कर्मचारियों की संख्या = 2,500 − 1,220 = 1,280

कम्पनी C में महिला कर्मचारियों की संख्या = 1,600

अभीष्ट प्रतिशत $= \frac{1,600 - 1,280}{1,600} \times 100 = \frac{320}{1,600} \times 100 = 20\%$

2. कम्पनी A, C एवं F में कार्यरत महिला कर्मचारियों की औसत संख्या

$= 2,410 + 1,600 + 1,240 = \frac{5,250}{3} = 1,750$

3. कम्पनी A में कार्यरत पुरूष कर्मचारियों की संख्या = 5,550 – 2,410 = 3,140

कम्पनी F में कार्यरत पुरूष कर्मचारियों की संख्या = 3,560 – 1,240 = 2,320

अभीष्ट अंतर = 3140 – 2320 = 820

4. अप्रैल 2015 में कम्पनी E में कार्यरत महिला कर्मचारियों की संख्या $= \frac{2,600 \times (100+10)}{100}$

$= \frac{2,600 \times 110}{100} = 26 \times 110 = 2,860$

पुरूष कर्मचारियों की संख्या = 4,240 – 2,860 = 1,380

5. कम्पनी B एवं कम्पनी F में कुल महिला कर्मचारियों की संख्या = 1,860 + 1,240 = 3,100

कम्पनी D में कुल कर्मचारियों की संख्या = 2,500

अभीष्ट प्रतिशत $= \frac{3,100}{2,500} \times 100 = 124\%$

6. जिला A और जिला B में वर्ष 1995 में कुल निवेश = 29,231.1 + 7,081.6 = 10,004.7

जिला A और जिला B में वर्ष 1996 में कुल निवेश = 3,489.5 + 8,352.0 = 11,841.5

वांछित प्रतिशत वृद्धि $= \frac{11,841.5 - 10,004.7}{1004.7} \times 100 = \frac{1,836.8}{1,004.7} \times 100 = 18.5\% \approx 18\%$

7. वर्ष 1995 में दोनों जिलों A एवं B में विद्युत और ताप ऊर्जा में कुल निवेश = 815.2 + 632.4 + 2,065.8 + 1,232.7 = ₹4,746.1 करोड़

वर्ष 1995 में दोनों जिलों में कुल निवेश = 2,923.1 + 7,081.6 = ₹10,004.7

अभीष्ट प्रतिशत $= \frac{4,746.1}{10,004.7} \times 100 = 47.43\% \approx 47\%$

8. जिला B में 1996 में रसायन क्षेत्र में निवेश 1995 में उसी क्षेत्र में निवेश के अधिकत्तम प्रतिशत दर्शाता है।

$\frac{986.4 - 745.3}{745.3} \times 100$

$= \frac{241.1}{745.3} \times 100 = 32.34\% \approx 32\%$

9. वर्ष 1995 और 1996 मे जिला B मे कुल निवेश = 7,081.6 + 8,352 = 15,433.6

वर्ष 1995 और 1996 मे जिला A में कुल निवेश = 2,923.1 + 3,489.5 = 6,412.6

अभीष्ट उत्तर $= \frac{15,433.6}{6,412.6} = 2.4$ गुना

10. वर्ष 1996 मे जिला B में निवेश में प्रतिशत वृद्धि $= \frac{8,352 - 7,081.6}{7,081.6} \times 100 = 17.93\% \approx 18\%$

वर्ष 1997 में जिला B में कुल निवेश $= \frac{8,352 \times 118}{100} = 9,855 \approx$ ₹9,850 करोड़

दण्ड आलेख

1. विभिन्न राज्यों की लाटरियों के एक एजेंट द्वारा एक दिन में बेचे गए टिकटों का बार ग्राफ दिया गया है। ग्राफ को पढ़े और निम्नलिखित का उत्तर दें:

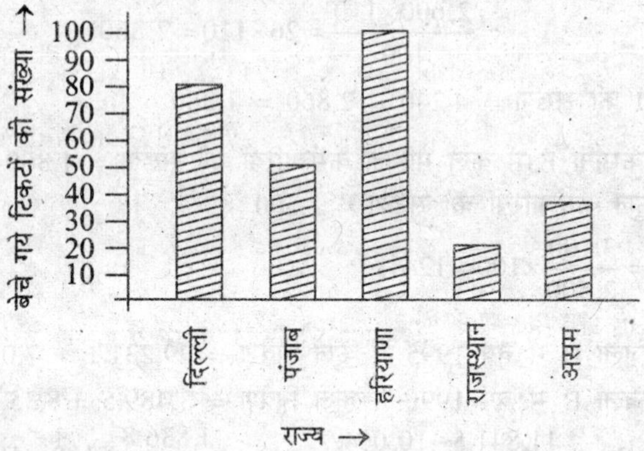

एक दिन में बेची गई कुल टिकटों की संख्या कितनी है?

(*a*) 230 (*b*) 250 (*c*) 285 (*d*) 280

(एस.एस.सी.-मल्टी टास्किंग स्टाफ परीक्षा, 2014)

निर्देश (2-6): निम्नलिखित स्तंभ आरेख को ध्यान से देखें और प्रश्नों के उत्तर दें।

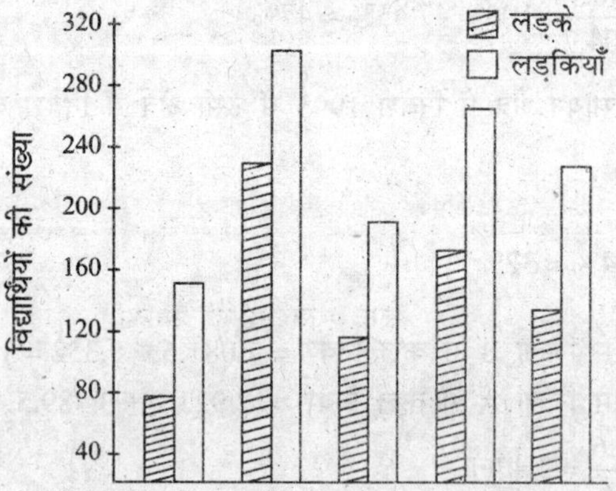

महाविद्यालय के पाँच भिन्न-भिन्न विभागों में लड़कों और लड़कियों की संख्या

2. अन्य सभी विभागों को मिलाकर उनमें लड़कियों की कुल संख्या की तुलना में जीव विज्ञान की लड़कियों से करते हुए उसका प्रतिशत बताएँ।

(*a*) $37\frac{1}{2}$ (*b*) 37 (*c*) $36\frac{1}{2}$ (*d*) $35\frac{1}{2}$

(एस.एस.सी.-सी.एच.एस.एल., डी.ई.ओ.-एल.डी.सी. परीक्षा, 2014)

3. सभी विभागों में मिलाकर लड़के और लड़कियों की कुल संख्या का अंतर है:

(*a*) 540 (*b*) 520 (*c*) 460 (*d*) 440

(एस.एस.सी.-सी.एच.एस.एल., डी.ई.ओ.-एल.डी.सी. परीक्षा, 2014)

4. सभी विभागों को मिलाकर उनमें लड़कों की औसत संख्या बताएँ।

(*a*) 123 (*b*) 132 (*c*) 134 (*d*) 142

(एस.एस.सी.-सी.एच.एस.एल., डी.ई.ओ.-एल.डी.सी. परीक्षा, 2014)

5. सभी विभागों के लड़कों की कुल संख्या की तुलना जीव विज्ञान के लड़कों की संख्या से करते हुए उसका प्रतिशत बताएँ।

(*a*) $33\frac{1}{2}$ (*b*) 50 (*c*) $33\frac{1}{3}$ (*d*) 30

(एस.एस.सी.-सी.एच.एस.एल., डी.ई.ओ.-एल.डी.सी. परीक्षा, 2014)

6. 1 दर्शन शास्त्र विभाग की लड़कियों की संख्या और मनोविज्ञान विभाग की लड़कियों की संख्या का परस्पर अनुपात बताएँ।

(*a*) 7 : 11 (*b*) 11 : 7 (*c*) 7 : 10 (*d*) 6 : 11

(एस.एस.सी.-सी.एच.एस.एल., डी.ई.ओ.-एल.डी.सी. परीक्षा, 2014)

निर्देश (7–9): निम्नांकित चित्र में भाषाओं की संख्या के आँकड़े 150 व्यक्तियों से नमूना-संग्रह पर आधारित है. इन आँकडों पर विचार करके प्रश्नों के उत्तर दीजिए।

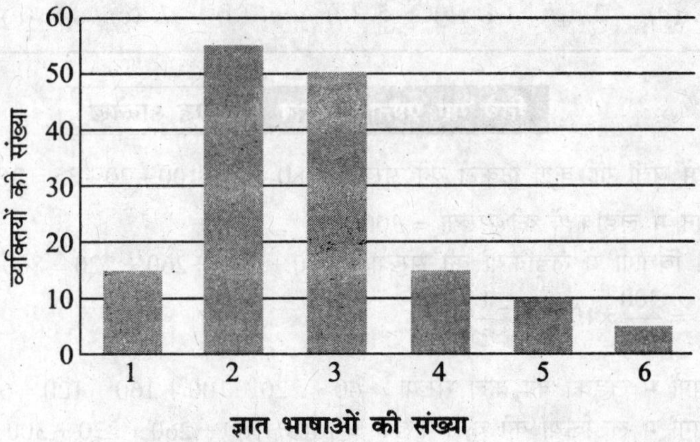

7. कम-से-कम 3 भाषाओं को जानने वाले व्यक्तियों की संख्या है:

(*a*) 50 (*b*) 55 (*c*) 80 (*d*) 120

(मध्य प्रदेश राज्य सेवा प्रारंभिक परीक्षा, 2016)

8. अधिकतम 4 भाषाओं को जानने वाल व्यक्तियों की संख्या है:

(*a*) 15 (*b*) 30 (*c*) 105 (*d*) 135

(मध्य प्रदेश राज्य सेवा प्रारंभिक परीक्षा, 2016)

9. कम-से-कम दो भाषाओं को जानने वाले व्यक्तियों की संख्या और अधिकतम दो भाषाओं को जानने वाले व्यक्तियों की संख्या का अनुपात है:

(*a*) 27/14 (*b*) 11/30 (*c*) 7/8 (*d*) 3/10

(मध्य प्रदेश राज्य सेवा प्रारंभिक परीक्षा, 2016)

10. निम्न आरेख में दुकानदार द्वारा बेची गई साईकिलों की संख्या दर्शाई गई है। बृहस्पतिवार से रविवार तक कितनी साइकिलें बेची गई?

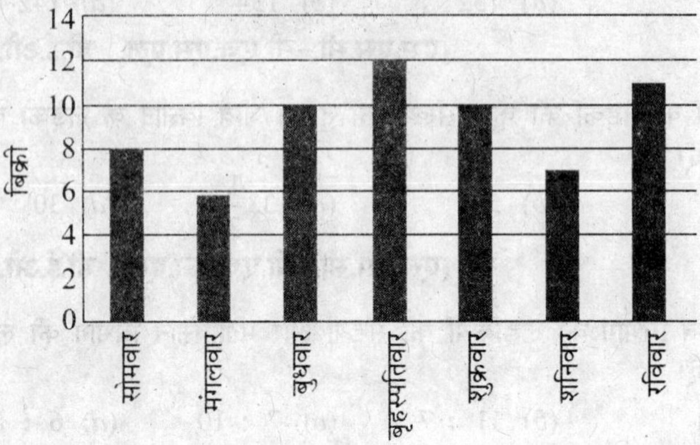

(*a*) 39 (*b*) 38 (*c*) 40 (*d*) 36

(आर.आर.बी (एन.टी.पी.सी) सी.बी.टी परीक्षा, 2016)

उत्तरमाला (दण्ड आलेख)

1. (*c*) **2.** (*a*) **3.** (*d*) **4.** (*b*) **5.** (*c*) **6.** (*a*) **7.** (*c*) **8.** (*a*) **9.** (*a*) **10.** (*c*)

दिये गए प्रश्नों के हल | दण्ड आलेख

1. एक दिन में बेची गई कुल टिकटों की संख्या $= 80 + 50 + 100 + 20 + 35 = 285$ टिकटें

2. जीव विज्ञान में लड़कियों की संख्या $= 300$

अन्य सभी विभागों में लड़कियों की संख्या $= 140 + 180 + 260 + 220 = 800$

वांछित % $= \frac{300}{800} \times 100 = 37\frac{1}{2}\%$

3. सभी विभागों में लड़कों की कुल संख्या $= 60 + 220 + 100 + 160 + 120 = 660$

सभी विभागों में लड़कियों की कुल संख्या $= 140 + 180 + 260 + 220 + 300 = 1100$

वांछित अंतर $= 1100 - 660 = 440$

4. लड़कों की कुल संख्या $= 660$ वांछित औसत $= \frac{660}{5} = 132$

5. सभी विभागों में लड़कों की कुल संख्या $= 660$

जीव विज्ञान में लड़कों की संख्या $= 220$

वांछित % $= \frac{220}{660} \times 100 = \frac{100}{3} = 33\frac{1}{3}\%$

6. दर्शन शास्त्र विभाग की लड़कियों की संख्या $= 140$

मनोविज्ञान विभाग की लड़कियों की संख्या $= 220$

वांछित अनुपात $= 140 : 220 \Rightarrow 7 : 11$

7. कम से कम 3 भाषाओं को जानने वाले व्यक्तियों की संख्या $= 50 + 15 + 10 + 5 = 80$

8. अधिकतम 4 भाषाओं को जानने वाले व्यक्तियों की संख्या 15 है।

9. वांछित अनुपात $= 135 : 70 \Rightarrow 27 : 14$

10. बृहस्पतिवार से रविवार तक बेची गई साइकिलों की संख्या $= 12 + 10 + 7 + 11 = 40$ साइकिल

रेखाचित्र

1. ग्राफ का अध्ययन करें और निम्न प्रश्न का उत्तर दें:

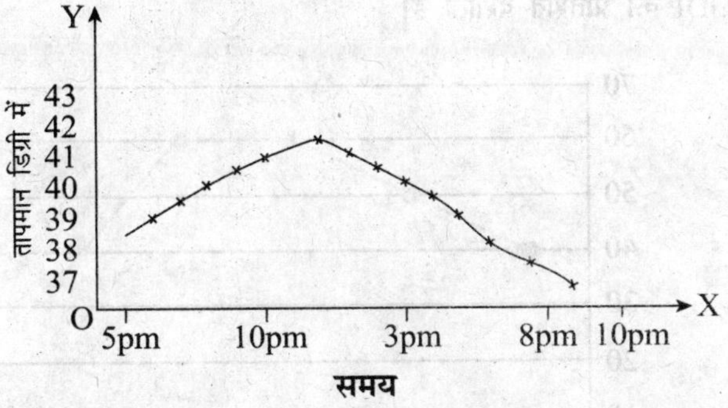

प्रातः 8 बजे और दोपहर 12 बजे के बीच रोगी को तापमान एकाएक कितना बढा?

(*a*) 0.5ºC (*b*) 2.5ºC (*c*) 2ºC (*d*) 1.5ºC

(एस.एस.सी.-मल्टी टास्किंग स्टाफ परीक्षा, 2014)

निर्देश (2–5): 273 परीक्षार्थियों द्वारा प्राप्तांक आवृति बहुभुज में दिखाए गए है, यह मानते हुए कि माध्य अंक 59.5 हैं। आवृति बहुभुज का अध्ययन करके प्रश्नों का उत्तर दें।

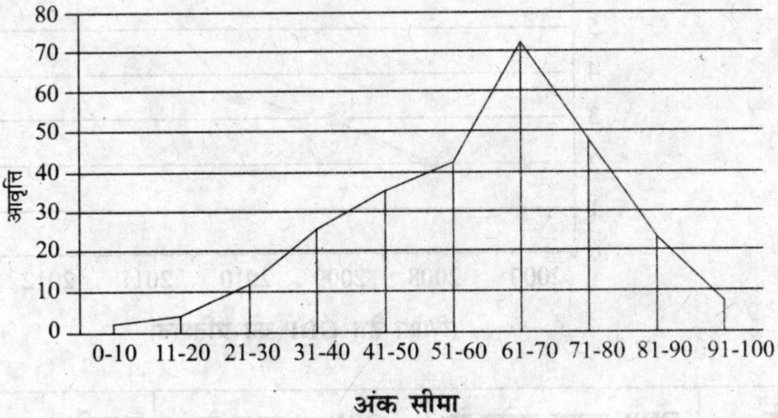

2. औसत से अधिक अंक प्राप्त करने वाले परीक्षार्थियों की संख्या है:

(*a*) 72 (*b*) 105 (*c*) 152 (*d*) 164

(एस.एस.सी.-सी.एच.एस.एल., डी.ई.ओ.-एल.डी.सी. परीक्षा, 2014)

3. उन विद्यार्थियों का प्रतिशत जिन्होंने 80 प्रतिशत से अधिक अंक प्राप्त किए हैं:

(*a*) 9.81 (*b*) 10.53 (*c*) 11.28 (*d*) 11.72

(एस.एस.सी.-सी.एच.एस.एल., डी.ई.ओ.-एल.डी.सी. परीक्षा, 2014)

4. 60 प्रतिशत से अधिक और 80 प्रतिशत से कम अंक प्राप्त करने वाले विद्यार्थियों का प्रतिशत है:

(*a*) 43.95 (*b*) 48.39 (*c*) 51.06 (*d*) 56.84

(एस.एस.सी.-सी.एच.एस.एल., डी.ई.ओ.-एल.डी.सी. परीक्षा, 2014)

5. यदि 40 उत्तीर्ण होने के लिए आवश्यक अंक हों, तो कितने प्रतिशत विद्यार्थी फेल हुए?

(*a*) 14.56 (*b*) 15.84 (*c*) 16.11 (*d*) 17.25

(एस.एस.सी.-सी.एच.एस.एल., डी.ई.ओ.-एल.डी.सी. परीक्षा, 2014)

निर्देश (6-10): नीचे दिए गए ग्राफ में उपलब्ध सूचनाओं के आधार पर प्रश्न का उत्तर दें। दिए गए वर्षों में ग्राफ GDP एवं शिक्षा हेतु GDP का प्रतिशत दर्शाता है।

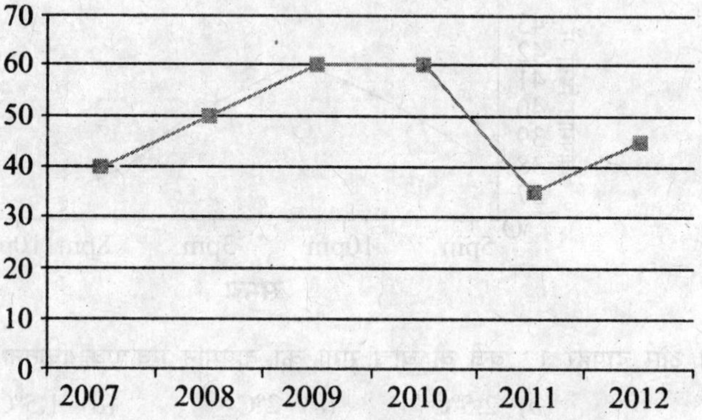

(GDP हज़ार करोड़ रुपये में)

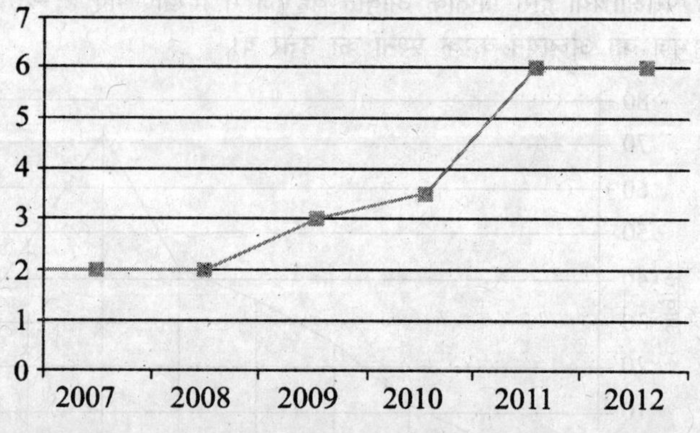

(शिक्षा हेतु GDP का प्रतिशत)

वर्ष	GDP (हजार करोड़ में)	GDP (प्रतिशत में)	वास्तविक व्यय
2007	40	2%	$\frac{40\times2}{100}$ = ₹0.8 हजार करोड़
2008	50	2%	$\frac{50\times2}{100}$ = ₹1 हज़ार करोड़
2009	60	3%	$\frac{60\times3}{100}$ = ₹1.8 हजार करोड़

वर्ष	GDP (हजार करोड़ में)	GDP (प्रतिशत में)	वास्तविक व्यय
2010	60	3.5%	$\frac{60\times35}{1000}$ = ₹2.1 हजार करोड़
2011	35	6%	$\frac{35\times6}{100}$ = ₹2.1 हजार करोड़
2012	45	6%	$\frac{45\times6}{100}$ = ₹2.7 हजार करोड़
कुल खर्च		₹290 हजार करोड़	₹10.5 हजार करोड़

6. गतवर्ष की तुलना में कितने वर्षों में वास्तविक शिक्षा खर्च घटा है:

(*a*) 0 (*b*) 1 (*c*) 2 (*d*) इनमें से कोई नहीं

(एफ.सी.आई मैनेजमेंट ट्रेनी परीक्षा, 2015)

7. दिए गए वर्षों के मध्य, दोनों सम्मिलित, देश की कुल GDP का कितना प्रतिशत शिक्षा पर खर्च हुआ है:

(*a*) 4.3% (*b*) 3.6% (*c*) 5.4% (*d*) 4.9%

(एफ.सी.आई मैनेजमेंट ट्रेनी परीक्षा, 2015)

8. शिक्षा पर दी कुल रकम रक्षा पर दी गई कुल रकम की कितनी गुना होगी, यदि प्रत्येक वर्ष रक्षा पर GDP का 2% दिया जाता है (संपूर्ण काल के लिए)?

(*a*) 2.15 बार (*b*) 1.55 बार (*c*) 1.35 बार (*d*) 1.80 बार

(एफ.सी.आई मैनेजमेंट ट्रेनी परीक्षा, 2015)

9. यदि मानव संसाधन मंत्रालय के रिपोर्ट के कारण सरकार के लिए शिक्षा पर 2013 में कम से कम ₹3200 करोड़ आवंटित करना है, बशर्ते कि शिक्षा खर्च GDP के 6.5% से ज्यादा न हो तो वर्ष 2013 के लिए कम से कम GDP की कितनी रकम वांछित होगी? (हजार करोड़ रुपए में)

(*a*) 51.52 (*b*) 48.24 (*c*) 49.23 (*d*) 42.72

(एफ.सी.आई मैनेजमेंट ट्रेनी परीक्षा, 2015)

10. किस वर्ष में शिक्षा पर खर्च सबसे कम रहा?

(*a*) 2010 (*b*) 2009 (*c*) 2008 (*d*) 2007

(एफ.सी.आई मैनेजमेंट ट्रेनी परीक्षा, 2015)

निर्देश (11-12): निम्नलिखित सूचनाओं के आधार पर इन प्रश्नों के उत्तर दें। नीचे दिए गए ग्राफ में *xyz* लिमिटेड के पाँच वर्षों का 2007-08 से 2011-12 का बिक्री एवं लाभ करोड़ रुपयों में प्रदर्शित करता है। इस काल में बिक्री बढ़कर ₹150 करोड़ से ₹800 करोड़ हो गई। इसके समानान्तर शुद्ध लाभ 4.2 करोड़ से बढ़कर 15 करोड़ हो गया। शुद्ध लाभ को कुल लागत पर बिक्री के आधिक्य के रूप में परिभाषित किया जाता है।

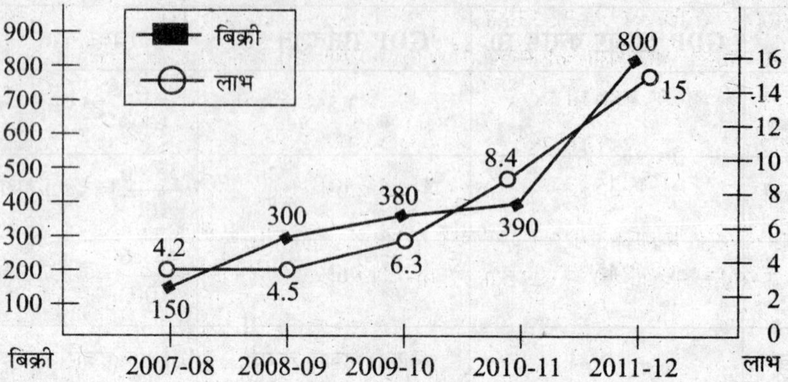

xyz **लिमिटेड का बिक्री एवं लाभ**

11. गतवर्ष के सापेक्ष बिक्री में वृद्धि का सवोच्च प्रतिशत किस वर्ष में है:

(*a*) 2008-09 (*b*) 2009-10 (*c*) 2010-11 (*d*) 2011-12

(एफ.सी.आई मैनेजमेंट ट्रेनी परीक्षा, 2015)

12. गतवर्ष के सापेक्ष शुद्ध लाभ में वृद्धि का सवोच्च प्रतिशत किस वर्ष प्राप्त किया गया:

(*a*) 2008-09 (*b*) 2009-10 (*c*) 2010-11 (*d*) 2011-12

(एफ.सी.आई मैनेजमेंट ट्रेनी परीक्षा, 2015)

निर्देश (13-17): निम्न ग्राफ का सावधानीपूर्वक अध्ययन कीजिए एवं दिए गए प्रश्नों के उत्तर दीजिए।

वर्ष 2005 में 5 विद्यालयों से एक प्रमाणन परीक्षा
में शामिल/सफल विद्यार्थियों की संख्या

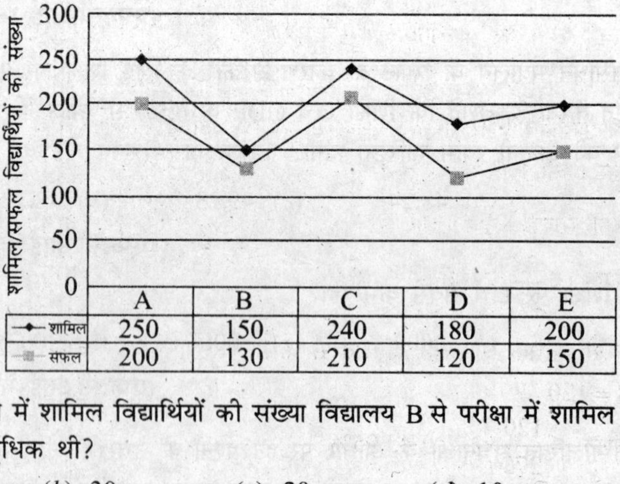

13. विद्यालय D से परीक्षा में शामिल विद्यार्थियों की संख्या विद्यालय B से परीक्षा में शामिल विद्यार्थियों की संख्या से कितना प्रतिशत अधिक थी?

(*a*) 50 (*b*) 30 (*c*) 20 (*d*) 10 (*e*) 25

(एल.आई.सी (ए.ए.ओ) परीक्षा, 2016)

14. दिए गए सभी विद्यालयों में से, किस विद्यालय के लिए परीक्षा में असफल विद्यार्थियों की संख्या अधिकत्तम थी?

(*a*) C (*b*) E (*c*) D (*d*) B (*e*) A

(एल.आई.सी (ए.ए.ओ) परीक्षा, 2016)

15. वर्ष 2006 में विद्यालय A से परीक्षा में शामिल विद्यार्थियों की संख्या, वर्ष 2005 में उसी विद्यालय से परीक्षा में शामिल विद्यार्थियों की संख्या से 12% अधिक थी। वर्ष 2006 में विद्यालय A से परीक्षा में शामिल विद्यार्थियों की संख्या क्या थी।

(*a*) 272 (*b*) 280 (*c*) 254 (*d*) 260 (*e*) 285

(एल.आई.सी (ए.ए.ओ) परीक्षा, 2016)

16. विद्यालय C एवं विद्यालय E को मिलाकर परीक्षा में शामिल विद्यार्थियों की संख्या तथा इन्हीं विद्यालयों से परीक्षा में सफल विद्यार्थियों की संख्या के मध्य क्रमशः क्या अनुपात है?

(*a*) 11 : 7 (*b*) 13 : 9 (*c*) 11 : 8 (*d*) 11 : 9 (*e*) 4 : 3

(एल.आई.सी (ए.ए.ओ) परीक्षा, 2016)

17. विद्यालय A, B एवं C से परीक्षा में सफल विद्यार्थियों की औसत संख्या क्या है?

(*a*) 190 (*b*) 160 (*c*) 180 (*d*) 150 (*e*) 140

(एल.आई.सी (ए.ए.ओ) परीक्षा, 2016)

उत्तरमाला (रेखाचित्र)

1. (*d*) **2.** (*c*) **3.** (*d*) **4.** (*a*) **5.** (*c*) **6.** (*a*) **7.** (*b*) **8.** (*d*) **9.** (*c*) **10.** (*d*)
11. (*d*) **12.** (*d*) **13.** (*c*) **14.** (*c*) **15.** (*b*) **16.** (*d*) **17.** (*c*)

दिये गए प्रश्नों के हल | रेखाचित्र

1. प्रात: 8 बजे रोगी का तापमान $= 40^{o}C$

दोपहर 12 बजे रोगी का तापमान $= 41.5^{o}C$

बढ़ा हुआ तापमान $= 41.5^{o} - 40^{o}C = 1.5^{o}C$

2. वांछित परीक्षार्थियों की संख्या $= 72 + 48 + 24 + 8 = 152$

क्योंकि माध्य अंक 59.5 है।

3. विद्यार्थियों की संख्या $= 24 + 8 = 32$

वांछित प्रतिशत $= \frac{32}{273} \times 100 = 11.72\%$

4. 60 प्रतिशत से अधिक और 80 प्रतिशत से कम अंक प्राप्त करने वाले विद्यार्थियों की संख्या

$= 72 + 48 = 120$

वांछित प्रतिशत $= \frac{120}{273} \times 100 = 43.95\%$

5. फेल विद्यार्थियों की संख्या $= 2 + 4 + 12 + 26 = 44$

वांछित प्रतिशत $= \frac{44}{273} \times 100 = 16.11\%$

वर्ष	GDP (हजार करोड़ में)	GDP (प्रतिशत में)	वास्तविक व्यय
2007	40	2%	$\frac{40\times2}{100}$ = ₹0.8 हजार करोड़
2008	50	2%	$\frac{50\times2}{100}$ = ₹1 हजार करोड़
2009	60	3%	$\frac{60\times3}{100}$ = ₹1.8 हजार करोड़
2010	60	3.5%	$\frac{60\times35}{1000}$ = ₹2.1 हजार करोड़
2011	35	6%	$\frac{35\times6}{100}$ = ₹2.1 हजार करोड़
2012	45	6%	$\frac{45\times6}{100}$ = ₹2.7 हजार करोड़
कुल खर्च		₹290 हजार करोड़	₹10.5 हजार करोड़

6. उपयुर्क्त सारणी से गतवर्ष में किसी भी वर्ष में वास्तविक शिक्षा खर्च नहीं घटा है।

7. शिक्षा पर कुल व्यय = ₹10.5 हजार करोड़

कुल GDP = ₹290 हजार करोड़

अभीष्ट प्रतिशत $= \frac{10.5}{290}\times100 = \frac{105}{2900}\times100 = \frac{105}{29} = 3.6\%$

8. रक्षा पर व्यय $= \frac{290\times2}{100}$ = ₹5.8 हजार करोड़

$\therefore$ अभीष्ट उत्तर $= \frac{10.5}{5.8} = 1.80$ बार

9. माना कि वर्ष 2013 मे GDP के लिए धनराशि ₹ x हजार करोड़ है

प्रश्नानुसार, $\frac{x\times6.5}{100} = 3.2$

$\Rightarrow x = \frac{3.2\times100}{6.5}$ = ₹49.23 हजार करोड़

10. वर्ष 2007 में शिक्षा पर खर्च सबसे कम रहा है।

वर्ष 2007 में शिक्षा पर खर्च = ₹0.8 हजार करोड़

11. वर्ष 2011-12 में वृद्धि ₹390 करोड़ से ₹800 करोड़ की है

वांछित प्रतिशत वृद्धि $= \frac{800-390}{390}\times100 = \frac{410}{390}\times100 = 105\%$ लगभग

12. शुद्ध लाभ में प्रतिशत वृद्धि 2011-12 में हुई है।

वांछित प्रतिशत वृद्धि $= \frac{15-8.4}{8.4}\times 100 = \frac{6.6}{8.4}\times 100 = \frac{66}{84}\times 100 = 79\%$

13. विद्यालय D में शामिल विद्यार्थियों की संख्या = 180

विद्यालय B में शामिल विद्यार्थियों की संख्या = 150

अभीष्ट प्रतिशत $= \frac{180-150}{150}\times 100 = \frac{30}{150}\times 100 = 20\%$

14.

विद्यालय	शामिल विद्यार्थी	सफल विद्यार्थी	असफल विद्यार्थी
A	250	200	50
B	150	130	20
C	240	210	30
D	180	120	60
E	200	150	50

विद्यालय D में परीक्षा में असफल विद्यार्थियों की संख्या अधिकतम थी।

15. वर्ष 2006 में विद्यालय A से परीक्षा में शामिल विद्यार्थी $= \frac{250\times(100+12)}{100} = \frac{250\times 112}{100} = 280$

16. विद्यालय C एवं विद्यालय E को मिलाकर परीक्षा में शामिल विद्यार्थियों की संख्या तथा इन्हीं विद्यालयों से परीक्षा में सफल विद्यार्थियों की संख्या के मध्य क्रमशः अनुपात

$= (240+200):(210+150)$

$= 440:360$

$= 11:9$

17. विद्यालय A, B एवं C से परीक्षा में सफल विद्यार्थियों की औसत $= \frac{200+130+210}{3} = \frac{540}{3} = 180$

पाई-चार्ट

निर्देश (1-2): प्रश्न का उत्तर देने के लिए नीचे दिए पाई चित्र और तालिका का अध्ययन कीजिए:

पहले छह महीने के दौरान दो वितरकों (A और B) द्वारा बेची गई कारों की संख्या, पाई चित्र में वितरण प्रतिशत के रूप में दर्शाई गई है बेची गई कारों की कुल संख्या 1,500 है।

छह महीनों के अन्दर कम्पनी A और कम्पनी B के द्वारा बेची गई कारों का क्रमिक अनुपात, तालिका में दिखाया गया है।

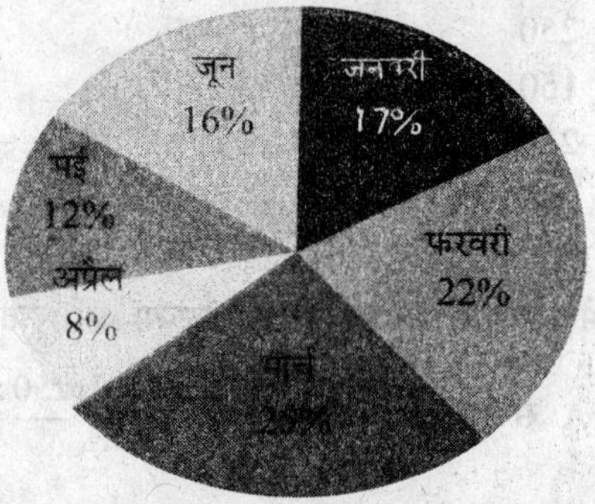

मास	अनुपात (A : B)
जनवरी	8 : 7
फरवरी	1 : 2
मार्च	3 : 2
अप्रैल	7 : 5
मई	7 : 8
जून	7 : 9

1. यदि कम्पनी A द्वारा मई में 25% कारें छूट पर बेची गई, तो इसी महीने में कम्पनी A की बिना छूट के बेची गई कारों की संख्या है:

(*a*) 21 (*b*) 63 (*c*) 84 (*d*) 105

(मध्य प्रदेश राज्य सेवा प्रारंभिक परीक्षा, 2016)

2. कम्पनी B द्वारा जनवरी में बेची गई और जून में बेची गई कारों की संख्या का क्रमशः अनुपात क्या है?

(*a*) 116 : 135 (*b*) 119 : 145

(*c*) 116 : 145 (*d*) 119 : 135

(मध्य प्रदेश राज्य सेवा प्रारंभिक परीक्षा, 2016)

निर्देश (3-7): निम्न पाई-चार्ट में तम्बाकू का सेवन करने से संबद्ध 1,19,060 लोगों के सर्वेक्षण से प्राप्त परिणाम को दर्शाया गया है। पाइ-चार्ट का अध्ययन कीजिए और प्रश्नों के उत्तर दीजिए।

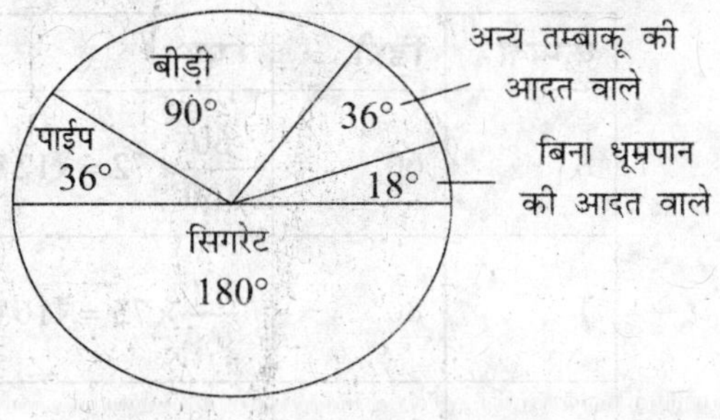

3. मान लीजिए P ऐसे लोगों का प्रतिशत है जो धूम्रपान के लिए सिगरेट, पाइप और बीड़ी का सेवन करते हैं और Q ऐसे लोगों का प्रतिशत है जो धूम्रपान के लिए अन्य किसी उत्पाद का सेवन करते है। P, Q से कितना अधिक है?

(*a*) 25% (*b*) 10% (*c*) 85% (*d*) 75%

(एस.एस.सी., सी.ए.पी.एफ.एस.(सी.पी.ओ.) एस.आई. एवं ए.एस.आई परीक्षा, 2016)

4. सिगरेट पीने वाले लोगों की संख्या कितनी है?

(*a*) 53,905 (*b*) 59,305 (*c*) 59,530 (*d*) 11,906

(एस.एस.सी., सी.ए.पी.एफ.एस.(सी.पी.ओ.) एस.आई. एवं ए.एस.आई परीक्षा, 2016)

5. बीड़ी पीने वाले लोगों की संख्या कितनी है?

(*a*) 29,790 (*b*) 29,765 (*c*) 35,718 (*d*) 37,185

(एस.एस.सी., सी.ए.पी.एफ.एस.(सी.पी.ओ.) एस.आई. एवं ए.एस.आई परीक्षा, 2016)

6. सिगरेट पीने वाले लोगों की संख्या पाइप का सेवन करने वाले लोगों से कितनी अधिक है?

(*a*) 29,765 (*b*) 47,624 (*c*) 11,906 (*d*) 59,530

(एस.एस.सी., सी.ए.पी.एफ.एस.(सी.पी.ओ.) एस.आई. एवं ए.एस.आई परीक्षा, 2016)

7. सर्वेक्षण के अंतर्गत ऐसे लोगों का प्रतिशत क्या है जिन्हें किसी भी प्रकार के धूम्रपान की आदत नहीं है?

(*a*) 5.2% (*b*) 5% (*c*) 10% (*d*) 7.5%

(एस.एस.सी., सी.ए.पी.एफ.एस.(सी.पी.ओ.) एस.आई. एवं ए.एस.आई परीक्षा, 2016)

निर्देश (8-9): निम्नलिखित पाई-चार्ट में चार कंपनियों S, T, U और V का बाजार शेयर दर्शाया गया है। कुल बाजार ₹72 करोड़ का है। पाई-चार्ट का अध्ययन कीजिए और प्रश्नों के उत्तर दीजिए।

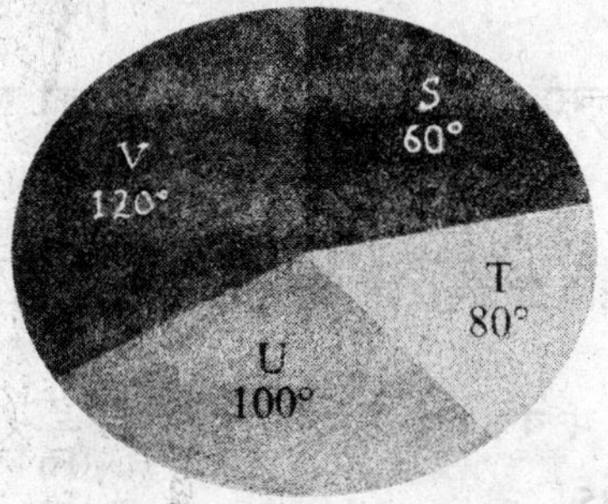

कम्पनी	डिग्री	रुपए
S	60°	$\frac{60}{360}\times 72 =$ ₹12 करोड़
T	80°	$\frac{80}{360}\times 72 =$ ₹16 करोड़
V	120°	$\frac{120}{360}\times 72 =$ ₹24 करोड़
U	100°	$\frac{100}{360}\times 72 =$ ₹20 करोड़

8. कम्पनियों V और U के बाजार शेयर में कितना अंतर है?

(*a*) 8 करोड़ (*b*) 4 करोड़ (*c*) 9 करोड़ (*d*) 6 करोड़

(एस.एस.सी.-सिपाही, सी.ए.पी.एफ.एस., एन.आई.ए.-एस.एस.एफ. परीक्षा, 2015)

9. अधिकतम बाजार शेयर वाली कम्पनी कौन-सी है?

(*a*) U (*b*) V (*c*) T (*d*) S

(एस.एस.सी.-सिपाही, सी.ए.पी.एफ.एस., एन.आई.ए.-एस.एस.एफ. परीक्षा, 2015)

उत्तरमाला (पाई-चार्ट)

1. (*b*) **2.** (*d*) **3.** (*d*) **4.** (*c*) **5.** (*b*) **6.** (*b*) **7.** (*b*) **8.** (*b*) **9.** (*b*)

दिये गए प्रश्नों के हल | पाई-चार्ट

1. मई महीने में वितरक A और B द्वारा बेची गई कारों की संख्या $= \frac{1,500\times 12}{100} = 180$

मई महीने में वितरक A द्वारा बेची गई कारों की संख्या $= \frac{7}{15}\times 180 = 84$

मई महीने में छूट पर बेची गई कारों की संख्या $= \frac{84\times(100-25)}{100} = 63$

2. कम्पनी A एवं B द्वारा जनवरी एवं जून में बेची गई कारों की संख्या क्रमशः

$= \frac{17\times 1,500}{100} = 255$ एवं $\frac{16\times 1,500}{100} = 240$ है।

कम्पनी B द्वारा जनवरी महीने में बेची गई कारो की संख्या $= \frac{7}{15}\times 255 = 119$

कम्पनी B द्वारा जून महीने में बेची गई कारो की संख्या $= \frac{9}{16}\times 240 = 135$

वांछित अनुपात $= 119 : 135$

3. P = सिगरेट पाइप एवं बीड़ी पीने वाले लोगों का कोण = $180^\circ + 36^\circ + 90^\circ = 306^\circ$

Q = अन्य उत्पाद का सेवन करने वाले लोगों का कोण = 36°

अंतर = $306^\circ - 36^\circ = 270^\circ$

$\therefore 360^\circ \cong 100\%$

$$270^\circ = \frac{100}{360} \times 270 = 75\%$$

4. सिगरेट पीने वाले लोगों की संख्या $= \frac{180^\circ}{360^\circ} \times 1,19,060 = 59,530$

5. बीड़ी पीने वाले लोगों की संख्या $= \frac{90}{360} \times 1,19,060 = 29,765$

6. सिगरेट एवं पाइप पीने वाले लोगों की संख्या में अन्तरः

$$= \frac{180^\circ - 36^\circ}{360^\circ} \times 1,19,060 = 47,624$$

7. ऐसे लोगों का प्रतिशत जो बिना धूम्रपान की आदत वाले है,

$$= \frac{18 \times 100}{360} = 5\%$$

8. कंपनी U का शेयर बाजार = 20 करोड़

कंपनी V का शेयर बाजार = 24 करोड़

अंतर = 24 − 20 = 4 करोड़

9. अधिकतम बाजार शेयर वाली कंपनी V है।

संख्या श्रेणी

1. निम्न संख्या श्रृंखला में लुप्त संख्या है:

7, 7, 14, 42, ________, 840.

(*a*) 158 (*b*) 168 (*c*) 178 (*d*) 188

(आर.आर.बी.-सिकंदराबाद रेलवे ग्रुप 'डी' परीक्षा, 2014)

2. निम्नलिखित श्रृंखला में प्रश्नचिह्न की जगह सही विकल्प का पता लगाइए:

1, 5, 13, 29, 61, 125, ...?....

(*a*) 186 (*b*) 232 (*c*) 250 (*d*) 253

(मध्य प्रदेश राज्य सेवा प्रारंभिक परीक्षा, 2016)

3. निम्नलिखित श्रेणी में केवल एक अंक सही नहीं है, गलत अंक कौन-सा है?

2, 3, 8, 62, 3968

(*a*) 2 (*b*) 8 (*c*) 62 (*d*) 3968

(मध्य प्रदेश राज्य सेवा प्रारंभिक परीक्षा, 2016)

4. निम्नलिखित संख्या श्रृंखला में प्रश्न चिह्न (?) के स्थान पर क्या आएगा?

6 12 20 30 ? 56 72

(*a*) 40 (*b*) 42 (*c*) 44 (*d*) 48

(आर.आर.बी (एन.टी.पी.सी) सी.बी.टी परीक्षा, 2016)

निर्देश (5-9): निम्नलिखित प्रत्येक संख्या श्रृखला में प्रश्नचिह्न (?) के स्थान पर कौन-सी संख्या आएगी?

5. 1 2 5 16 65 ?

(*a*) 312 (*b*) 294 (*c*) 326 (*d*) 482 (*e*) 257

(एल.आई.सी (ए.ए.ओ) परीक्षा, 2016)

6. 160 151 133 106 ? 25

(*a*) 70 (*b*) 32 (*c*) 55 (*d*) 40 (*e*) 25

(एल.आई.सी (ए.ए.ओ) परीक्षा, 2016)

7. 16 ? 8 16 64 512

(*a*) 12 (*b*) 10 (*c*) 32 (*d*) 8 (*e*) 24

(एल.आई.सी (ए.ए.ओ) परीक्षा, 2016)

8. 400 375 424 343 464 ?

(*a*) 251 (*b*) 385 (*c*) 295 (*d*) 371 (*e*) 562

(एल.आई.सी (ए.ए.ओ) परीक्षा, 2016)

9. 68 36 20 12 ? 6

(*a*) 5 (*b*) 8 (*c*) 10 (*d*) 9 (*e*) 4

(एल.आई.सी (ए.ए.ओ) परीक्षा, 2016)

निर्देश (10-14): निम्नलिखित प्रत्येक संख्या श्रृंखला में प्रश्न चिह्न (?) के स्थान पर कौन-सी संख्या आएगी?

10. 9 5 6 10.5 23 ?

(*a*) 85 (*b*) 60 (*c*) 78 (*d*) 49 (*e*) 97

(आई.बी.पी.एस.-बैंक पी.ओ/एम.टी. सी.डब्ल्यू.ई-5 परीक्षा, 2015)

11. 59 66 80 108 ? 276

(*a*) 150 (*b*) 125 (*c*) 164 (*d*) 132 (*e*) 178

(आई.बी.पी.एस.-बैंक पी.ओ/एम.टी. सी.डब्ल्यू.ई-5 परीक्षा, 2015)

12. 47 23 11 5 2 ?

(*a*) 0.2 (*b*) 1 (*c*) 0.4 (*d*) 2 (*e*) 0.5

(आई.बी.पी.एस.-बैंक पी.ओ/एम.टी. सी.डब्ल्यू.ई-5 परीक्षा, 2015)

13. 1 2 6 21 88 ?

(*a*) 539 (*b*) 398 (*c*) 216 (*d*) 445 (*e*) 615

(आई.बी.पी.एस.-बैंक पी.ओ/एम.टी. सी.डब्ल्यू.ई-5 परीक्षा, 2015)

14. 300 298 307 279 344 ?

(*a*) 265 (*b*) 218 (*c*) 253 (*d*) 289 (*e*) 298

(आई.बी.पी.एस.-बैंक पी.ओ/एम.टी. सी.डब्ल्यू.ई-5 परीक्षा, 2015)

निर्देश (14-18): दी गई संख्याओं की श्रृखला में प्रश्न चिह्न (?) के स्थान पर क्या आएगा?

15. 190 94 46 22 ? 4

(*a*) 19 (*b*) 15 (*c*) 10 (*d*) 8 (*e*) 16

(आई.बी.पी.एस बैक पी.ओ (प्रा.) परीक्षा, 2015)

16. 320 320 314 290 230 ?

(*a*) 114 (*b*) 110 (*c*) 50 (*d*) 98 (*e*) 142

(आई.बी.पी.एस बैक पी.ओ (प्रा.) परीक्षा, 2015)

17. 3 4 9 28 113 ?

(*a*) 782 (*b*) 424 (*c*) 646 (*d*) 384 (*e*) 566

(आई.बी.पी.एस बैक पी.ओ (प्रा.) परीक्षा, 2015)

18. 8 4 6 15 ? 236.25

(*a*) 64.5 (*b*) 84 (*c*) 52.5 (*d*) 36 (*e*) 46

(आई.बी.पी.एस बैक पी.ओ (प्रा.) परीक्षा, 2015)

उत्तरमाला (संख्या श्रेणी)

1. (*b*) **2.** (*d*) **3.** (*c*) **4.** (*b*) **5.** (*c*) **6.** (*e*) **7.** (*d*) **8.** (*c*) **9.** (*b*) **10.** (*b*)
11. (*c*) **12.** (*e*) **13.** (*d*) **14.** (*b*) **15.** (*c*) **16.** (*b*) **17.** (*e*) **18.** (*c*)

दिये गए प्रश्नों के हल | संख्या श्रेणी

1. 7, 7, 14, 42, ________, 840.

$7 \times 1 = 7$

$7 \times 2 = 14$

$14 \times 3 = 42$

$42 \times 4 = \boxed{168}$

$168 \times 5 = 840$

2. 1, 5, 13, 29, 61, 125, ...? ......

$1 + 4 = 5$

$5 + 8 = 13$

$13 + 16 = 29$

$29 + 32 = 61$

$61 + 64 = 125$

$125 + 128 = \boxed{253}$

3. 2, 3, 8, 62, 3968

$2^2 - 1 = 3$

$3^2 - 1 = 8$

$8^2 - 1 = 63$

$63^2 - 1 = 3968$

गलत संख्या = 62

4. $6 + 6 = 12$

$12 + 8 = 20$

$20 + 10 = 30$

$30 + 12 = \boxed{42}$

$42 + 14 = 56$

$56 + 16 = 72$

5. $1 \times 1 + 1 = 2$

$2 \times 2 + 1 = 5$

$5 \times 3 + 1 = 16$

$16 \times 4 + 1 = 65$

$65 \times 5 + 1 = \boxed{326}$

6. $160 - 1 \times 9 = 151$

$151 - 2 \times 9 = 133$

$133 - 3 \times 9 = 106$

$106 - 4 \times 9 = 70$

$70 - 5 \times 9 = \boxed{25}$

7. $16 \times \frac{1}{2} = \boxed{8}$

$8 \times 1 = 8$

$8 \times 2 = 16$

$16 \times 4 = 64$

$64 \times 8 = 512$